U0215869

CONRADI GESNERI

medici Tigurini Hiſtoriæ Anima=
lium Liber II. de Quadru
pedibus ouiparis.

ADIECTAE ſunt etiam nouæ aliquot Quadrupedum figuræ, in primo libro
de Quadrupedibus uiuiparis deſideratæ, cum deſcriptionibus plero=
runque breuiſsimis ꞉ item Ouiparorum quorun=
dam Appendix.

TIGVRI EXCVDEBAT C. FROSCHOVERVS

ANNO SALVTIS M. D. LIIII.

Cum priuilegijs S. Cæſareæ Maieſtatis ad octennium, & Chriſtianiſsimi
Regis Galliarum ad decennium.

CLARISSIMO VIRO D. VALENTINO GRAVIO DECIMARIO ET SENATORI FRIBERGENSI, CONRADUS GESNERUS S. D. P.

AD condendam Animalium Historiam, clarissime GRAVI, cum animum appulissem, uideremq; minimã esse cognitionem in me eorũ animalium quorũ naturas scribere aggressus eram: neq; ueterum duntaxat scripta coaggerare liberet, sed mea quoque industria aliquid addẽdum statuissem, inops ab initio ferè consilij eram. Nam peregrinationem lõgius, res uarias plenius explorandi gratia aut indagandi nouas, quod maximè cupiebã, propter sumptus quàm pro meis fortunis maiores, suscipere mihi non licebat. Reliquũ erat, ut ab amicis & uiris eruditis, quos uel de facie uel fama per diuersa Europæ loca noueram, uarias animantium formas historiasq; ad me mitti peterem: sed hoc quoq; ne facerem, quoniam hæc sine sumptu curari non possunt, uerecundia retrahebat. Interim dum ista meditor, & omnem ferè spem de peregrinis animalium figuris, marinis alijsq; acquirendis abijcio, & in ueterum huius argumenti scriptis legendis inq; suos locos & ordines describendis pergo, paulatim factum est ut egregij quidam uiri & ad literas illustrandas literatosq; iuuandos nati, alij sponte, alij à me pudore posito rogati, liberaliter multa communicarint. Aliorum igitur beneficentiæ aliâs, si uixero, omnem grati (ut par est) animi significationem declarabo. In præsentia uerò tuæ, uir ornatissime, hoc secundo Historiæ nostræ libro in nomen tuum inscripto, eximiæ in me liberalitati gratias agere uolui. Multas enim & raras animãtium uolucrium, nantium & terrestrium figuras, tuo beneficio, cum descriptionibus & historijs etiam plerorunq;, optimus & doctissimus ille in omni literarum genere GEORGIVS FABRICIVS, præclarum Germaniæ nostræ decus, iam aliquoties ad me misit. Porrò præter gratitudinis officium, quod omnino præstare debebã, hoc etiam obiter lucrari me uideo gaudeoq;, quòd inclyti nominis tui patrocinio & authoritate, splendoris & dignitatis nõ mediocre ornamentum Operi nostro sit accessurum. Id enim mihi certò polliceor, qui ut eruditum in optimis literis te uirum esse, grauissimo Georg. Fabricij testimonio, ita & humanissimum ac studiosorum hominũ Mecœnatem singularem, eodem & ipsa in me beneficentia tua adductus, facile & libenter agnoscam. Postremò hanc ueluti coronidem & corollarium lucri mei mihi fore aliquando persuadeo, ut tua cura, industria & liberalitate, Oceani Germanici Balthiciq; aliquot pisciũ & belluarum, præter illas quas iam prius misisti, icones ac corporis naturæq; ipsorũ descriptiones accipiam. Hanc equidẽ spem quasi uigilans somnio (ut suos quisq; amores solet) & opto hoc mihi somnium ratum aliquando & hypar, ut Græcè dicam, euenire. Nec dubito quin ad hoc conandũ Georg. Fabricius noster tum excitare te, tum ad perficiendũ uiam ostendere & uelit & possit. Verum tu mihi ignosces humanissime GRAVI, quòd plura etiã quàm hactenus contulisti in ignotum ac nihil de te bene meritum hominem, beneficia postulare uideear. Siquidem illa non uni mihi, sed uniuersæ Reipublicæ literariæ, Philologiæ præcipuè & Physiologiæ peto; quibus ego excolẽdis hac præsertim in parte Naturę, iandudum me (ut uides) totum astrinxi. Partim uerò etiã tibi & nomini tuo. Quid enim honestius inter omnia maximi illius Alexandri facta legitur, legeturq; perpetuò, quàm quòd Aristotelem ut omnem animalium naturam quàm plenissimè traderet, & omnia in hac pulcherrima naturę parte miracula, uel terris remota, uel in aquis & mari toto abdita, in apertum educeret, proponeretq; spectanda, liberalissimè iuuit? Cætera eius, ut plerorunq; principum uirorum gesta, bellis, sanguine, cædibus, iniurijs, ambitione, libidine,

* 2

Epiſtola Nuncup.

alijſᵩ malis & uitijs referta, ita literis prodita ſunt, ut magna cum ignominia apud omᵉ
nes bonos & cordatos homines hæc eorum fama perennet. Sed hæc ego fruſtra tibi, nec
omnino commemoraſſem, niſi alios etiam hæc fortè lecturos ſperaſſem. Optârim enim
quàm plurimos penitus intelligere, rem longè honeſtiſsimam eſſe, circa optima & pulᵉ
cherrima mortalium ſtudia bene merendo, famam & gloriam ſibi immortalem comparare. Quippe hoc nobiliſsimum gloriæ præmium uiros bonos & utilitatē doctrinamᵩ
publicam promouentes, etiam ſponte ſua, ueluti umbra corpus, conſequitur. Verum
hæc omnia tanquam extra propoſitum à me dicta exiſtimare te uelim. Vnum enim hoc
huiuſce dedicationis inſtitutum mihi fuit, ut pro illis quorum hactenus mihi author fuiſti
beneficijs, non eſſem planè ingratus. Quòd ſi in poſterum etiam (ut uiri boni ſemper ſui
ſimiles ſunt) eodem me meosᵩ lucubrandi in quibus conſeneſco labores animo fouere,
ac promouere perrexeris, per abundantiam quidem bonitatis ac liberalitatis tuæ id fieri
interpretabor. Vale & uiue uir ampliſsime animo & corpore beatus in Domino noᵉ
ſtro Ieſu Chriſto, ut eius imprimis gloriam, deinde bonas literas omnes ornaᵉ
re & colere, ut cœpiſti, pergas. Tiguri anno Salutis
M. D. LIIII. tertio Idus Februarij.

ENVMERATIO QVADRVPEDVM OVIPAᵉ
RORVM EO ORDINE QVO IN HOC
uolumine deſcribuntur.

HALCIS ſeu chalcidica lacerta, quam & ſepa nominant, pag. 1
Chamæleon 2
Crocodilus 7
Scincus, quē aliqui crocodilum terreſtrem uocant 21
Lacertus aquaticus 27
Lacertus 28
Lacertus uiridis 36
Lacerti alij diuerſi 39
Rana aquatica & in genere 41
Ranæ temporariæ 55
Ranunculus uiridis, uel rana calamites aut dryopetes 55
Rana ſiue rubeta gibboſa, & aliæ ranæ mutæ in genere 58
Ranæ rubetæ tum paluſtres tum terreſtres, & re media contra omnes uenenatas ranas 59
Rana uenenata foſsilis 74
Cordula ſiue cordulus ibid.
Salamandra 74
Stellio 84
Teſtudines in genere 90
Teſtudo terreſtris 99
Teſtudines quæ in aqua dulci uiuunt ſiue paluſtri ſiue fluente 103
Teſtudo marina 105
Teſtudo polypus 110

FINIS.

EORVNᵉ

A Dare 40
Ballecola uel ba
leccara, uox barba=
ra pro genere lacer=
tæ 22
Barchora nomen bar=
barum 105
Bardati 40
Borax 40
Bufo cornutus 60
Chalcidica lacerta 1
Chalcis 1
Chamæleon 2
Cordula siue cordulus
47
Crassa uel crassantium
barbaris pro ranun=
culo uiridi 61
Crocodilus 7
Crocodil. terrestris 21
'Lacertus 28
Lacerti diuersi 39
Lacertæ crassissimę 39
bicubitales, & pere=
grinæ diuersæ 39.40
Lacertus aquaticus 17
Lacerta chalcidica 1
Lacertus Martensis 39
Lacerta Facetana 39
Lacerta pissinna 39
Lacerta solaris 40
Lacerta uenenaria uel
pharmacis 40
Lacerta uermicularis
40
Lacertus uiridis 36
Miles 103
Mus aquatilis 103
Mus marinus 103.105
Ophiomachus 36
Ophionicus 36
Rana 41
Rana calamites 55
Ranæ citrinæ 61
Rana cornuta 60
Rana dryopetes 55
Rana gibbosa 58
Ranæ lacunales uiri=
des 61
Rana lurida 61
Ranæ mutæ 58
Ranæ marinæ 61. ma=
rinæ rubeæ, ibid.
Ranę rubetæ palustres
& terrestres 59
Ranæ scincoides 60
Ranæ temporariæ 55
Rana uenenata fossi=

Iis 74
Ranūculus uiridis 55
Rimatrix 75
Rubeta æstiua 59
Rubeta gibbosa 58
Salamandra 74
Scincoides ranæ 60
Scincus 21
Seps 1
Stellio 84
Stellio trāsmarinus 85
& 88
Tarātula barbaris
pro stellione 84
Tartuca barbaris 91
Testudines in genere
90
Testudines quæ in a=
qua dulci siue palu=
stri siue fluēte degūt
103
Testudo lutaria 103
Testudo marina 105
Testudo polypus 110
Testudo terrestris 99
Zamia 55
Zytyron 103

INDEX NOMINVM
Hebraicorum, quibus
etiam Arabica & Chal
daica adiūximus. Ara=
bica quædam al articu
lum præfixum habent,
quem (quod ad alpha=
beti ordinem) neglexi=
mus. Sunt quæ a,
tantum pro al
habent.

אכריסא 42
Dab uel aldab Ar.8.21
Dafda Ar. 42
Adhaya Ar. 29 aliás
alhadaie
Diphdaha Ar. 42
Vasga Ar. 85
חובא Ar. 29
חימוטא Chald. 29
חלטוּתא Chald. 29
חמט 91.29
Alhadaie uel Alhatha
ie Arabice. 29. uide
עטאיא inferius.
בית 21.61
ברבה 29
לטאק 29
מושקר 42

עלוקח, aluka 8
Vrdea Arab. 42
עוּרדענא Ar. 42
עוּרדעניא Chald. 8
Vrel uel alurel Ar.39.
85.coniicio autē pri=
mam huius uocis lite
ram esse ain. nam &
guaril à multis scribi
tur, & uideo in alijs
etiam ain sepe in gu.
conuerti.
Vrel aquaticus 22
Guaril Ar.21.39.85 ui
de paulò ante Vrel.
Alguasgon Ar. 39
עטאיא Ar. uide supra
in Daleth Alhadaie.
29
מגוליירא Ar. 8
מליח 29
צב 61.42.21
צפארע Arab. 8
צפריע 428
קיפר 91
Saambras Ar. ab alijs
samabras scribitur, sa
mambras , senabras
29.39.40.74
שבלול 90
Sel hafe Ar. 91
Samabras, uide Saam=
bras
Samambras, uide Sa=
ambras
שממית 85
Scen Ar. 40
Schanchur uel aschan
chur Ar. 22
Senabras, uide Saam=
bras
Thab Ar. 8
Altahaul 42
תיבללא Ch. 91
תמסח timsach Ar. 8
alij aliter scribūt, Tis=
ma, Thesarach, Tem
sa, Altensa.
Tenchea Ar. 8

VOCES quædam
Hebraicis literis scri=
ptæ, quas Rabini aut
recentiores Iudæi ex
diuersis linguis, Hispa
nica præsertim &
Gallica mutua=
ti sunt.

גריגוליירא 8
לוישורדה 29
לימסא límax 29
לימרא pro límace 95
לנגרוש 29
עיגלש à Germanica
uoce eglos, quę lacer
tum significat 29

VOCABVLA
Persica.

אוגן 29
סוסמר 29
זקסא,zaksaha, Pers.à
zakse singulari 8
אוןרסה 8

GRAECA.

Ἀμύς 103
Ἀσκαλαβῶ 84
Ἀσκαλαβώτης 29.84
Βάτραχ 41
Βάτραχ ἢ φρῦ ἢ ἔλεος
60
Βάτραχ καλαμίτης ἢ
δρυοπετής 56
Βάτραχ χλωρός 55
Βάτραχ ἔλεος, λιμναῖος,
πλματαῦ 41
Ἐλεοσβάτραχ 58
Βρέξαντης 55
Γαλιώτης 84
Ἔλεος 40
ἔλιξ 103
Καλαβώτης 29
Κίκιρ 21
Κολισκύρα Grecè uulgò
29
Κέρδυλ ἢ κερδύλη 74
Λαλαγος 42
Κωλώτης 84
Μαύης 56
Μῦς 103
Ξυλοσῶτης 84
Ὀφιόμαχ 36
Ὀφιώνιο 36
Σιελφρω 74
Σαλαμάνδρα 74
Σαῦρ 28
Σαῦρ φρυδρ 27
Σαῦρα ἡλιακή 40
Σαῦρα χαλκή 40
Σαῦρα χαλκιδική 1
Σαῦρα χλωρά 36
Σίλινος 40
Σκίγκος 21

Σὶψ 1
Τοιχοβάτης 84
φρῦνΘ 60
φρῦνΘ ἢ βάτραχΘ ἴλειος
ibidem
ΓνείφρυνΘ 74
Χάλκις, ἡ χαλκιδικὴ σαῦρα
1
Χελύψαι 8
Χελώνη 90
Χελώνη λιμναία 103
Χελώνη χερσαία ἢ ὀρεία 99
Χλωροσαυρα 36
Σίμυς 103. 109

¶ Λακόνι uocabulum
recentioris Græciæ
85. 40

ITALICA.

Bisca scutellaria 91
Boffa 61
Botta 61
Boug circa Neocomū
butto 61
Buffo , buffa , buffone
61
Chiatto 61
Chatt Rhætis buffo 61
Coforona 91
Cufuruma 91
Gaiandre de aqua 103
Gallana 91
Gez 36
Leguro 29
Liguro 29
Lucerta 29
Lucertula 29
Marafandola 27
Racenella 61
Racano 29
Racula 55
Ramarro 29. 61
Rana 42
Ranauoto 55
Ranocchio 55
Ranonchia de rubetto
55
Rospo 61
Salamandra 75
Tarantula 84
Tartocha 91
Tartuca 91
Tartugella 91
Tefiudine 91
Teftugine 91
Teftunia 91
Tatto 61

HISPANICA.

Cagado 103

Gagado 91. 103
Galapago 91. 103
Lagardixa 29
Lagartifla 29
Lagarto 29
Rana 42
Salamantegua 75
Sapo efcuerco 61
Tartaruga 105
Tartuga 91

GALLICA.

Alebrenne 75
Arraffade 75
Boug coupe circa Ne
ocomūm 91
Blande 75
Chamelyon 2
Crapault 61
Crocodilo 7
Croiffet 55
Graiffet 55
Grenouille 42
Lyfarde 29
Lyfarde uerde 36
Muron Normānis 75
Renogle 55
Sourd 75
Stinco 21
Tartue 91
Taffot 27
Thar Neocomi 75
Tortue 91
Tortuc des boys 100
Tortue de mer 105
Verdier 55

GERMANICA.

Adey 29
Wafferadey 27
Akeriffe Flandris 29
Crocodill 7
Egles 29
Egochs 29
Eydetfch 29
Frôfch/frofch 41
Gartenfrôfch 58
Graffrôfch 58
Laubfrôfch 55
Reinfrôfchlin 55
Furfrott 74
Gartenfrôfch 58
Gartekrot/rubeta ter
reftris 61
Graffrôfch 58. 42
Gfchertzenfider 91
grüner Heydox 36
Güllenkröttle 60
Hopttger 42
Krott 60

Furkrott 74
Gartenkrott 61
Güllenkröttle 60
Schiltkrott/ Such
im S. 91
Tällerkrott 91
Laubfrôfch 55
Maal 75
Puntermaal 75
Mönle 60
Molch 75
Moldwurm 75
Moll 75
Waffermoll 27
Olm 75
Padde Flandris 61
Puntermaal 75
Püttt Flandris 42
Quapp Saxonice 61
Quatterterfch 75
Reinfrôfchle 55
Schiltkrott 91
Schiltkrot im füffen
waffer 103
Im meer 105
Schiltpadde Fäldris
91
Tällerkrott 91
Votfch Flandris 42
Wafferadey 27
Waffermoll 27

ANGLICA.

Frogg 42
Lufard 29
Lyfard 29
Schelcrabb 91
Tode 59
Torteyfe 91

ILLYRICA.

Geffcierka 29
Gefflier 29
Zaba 42
Zaba trawna 55

IN APPENDICE
de quadrupedibus ui-
uiparis hæc con-
tinentur.

Vrus pagina 3
Bifon 4
Bifo albus Scoticus 4
Bonafus 5
Tarandus 6
Gazella 7
Ceruus palmatus 8
Dama Plinij 8
Strepficeros duplex 9

Mufmen 10
Oues feræ 10
Tragelaphus 10
Platyceros & Hippe-
laphus 11
Axis 11
Bubalus Africanus 11
Monoceros 12
Canes Scotici triū ge-
nerum 13. & 14
Lupus aureus, qui &
papio quibufdam 14
Papio alius fimiarum
generis 14
Simiarum genera di-
uerfa 15
Tartarinus uel cynoce
phalus 16
Belluæ humanæ fermę
in Noruegia 16
Cricetus 17
Vulpes 18
Sciurus Getulus 18
Cuniculus uel porcel-
lus Indicus 19
Tatus 19
Feles zibethi , quam
hyænam effe Petrus
Bellcnius conijcit 20
Ichneumon 21
Mus Indicus 21
Cafior 22
Lutra 23
Lupus marinus 23
Mus aquaticus 24

APPENDIX DE
Cuiparis.

Chamæleon 24
Crocodilus Niloticus
25
Crocodilus terreftris
25
Scincus 25
Cordulus 26
Rana 26
Tefludines 27
Salamandra ficta 27

FINIS.

CONRADI GESNERI TI-
GVRINI HISTORIAE ANIMALIVM
LIBER II. DE QVADRVPEDIBVS
OVIPARIS.

DE CHALCIDE SEV CHALCIDICA LA-
CERTA, QVAM ET SEPA NOMINANT.

A.

LACERTA quã hi ſepa, alij chalcidem uocãt, in uíno pota morſus ſuos ſanat, Plinius, & ſimiliter Dioſcorides & Galenus, qui non chalcidem, ſed chalcidicam lacertam (σαῦραν χαλκιδικὴν) uocant: Ariſtoteles, Nicandri Scholiaſtes, ut Dioſcorides, χαλκί δ'α. Hermolaus Barbarus aliam chalcidem, aliam chalcidicam lacertam eſſe putat in Caſtigationibus Plinij lib. 32. cap.3.& 4. non alio argumẽto impulſus, quàm quod apud Plinium 32. 4. legitur, Salſamentorum (piſcium ſalſorum) cibus prodeſt à ſerpente percuſſis,&c.peculiariter à chalcide, ceraſte, aut quas ſepas uocant, aut elope dipſadeue percuſ-ſis. Ego ſepas hoc in loco non lacertorum, ſed ſerpentium generis accipio, de quibus in Ser-pentium hiſtoria plura dicam, Idem ſerpentis genus Nicander nõ ſepem, ut Aetius & Lucanus, ſed ſepedóna nominat. Apparet autem tum lacerto ſepi, tum ſerpenti hoc nomen à ui uenenoſa fa-ctum, quod uim habeant ſepticam, hoc eſt exedendi, & tabem atcp putredinem quandam corpo-ribus morſu ſuo inferendi. Nam & Nicandri Scholiaſtes de ſepe lacerto ſcribit, ſic uocari παρὰ τὸ σήπ̣ειν οὖν πληγέντας. Chalcidis uocabulum inde natum eſt, quòd uirgis quibuſdam æreí coloris diſtinguatur hæc lacerta: uide in B. Lacertam hanc uero & antiquo nomine chalcidem à colo-re dictam fuiſſe credimus, & ex eo deinde nomine, cuius rationem non nouiſſent omnes ad ad-iectiuum gentis & loci nomen translatam eius appellationem fuiſſe, dictamcp chalcidicam, quaſi in Chalcide Euboeæ plurima inueniretur, quod falſum eſt: cum in Libya & Cypro naſci præci-puè dicatur. Factum ob id etiam eſt, ut in antiquis ſcriptoribus modo chalcis, modo chalcidica la certa inueniatur, eorumcp authoritate diuerſum (notat Hermolaum) non idem creditű hoc ani-mal fuerit, Marcellus Vergilius in Dioſcoridem. Chalcis, alij ζυγνίδ'α (Gaza dygnidam uertit) ſuo morſu aut interimit, aut uehementem dolorem mouet, Ariſtot. ζίγνις, (in utracp ſyllaba per iota,) ἡ χαλκῆ ſαῦρα, Heſych. & Varinus: qui ζίγλας etiam κῶλα interpretantur, qua uoce Græci ar tus, hoc eſt manus ac pedes intelligunt, unde ſtellio dictus κωλώτης: & forſan ζίγνις etiam παρὰ τὰς ζίγλας, & apud Latinos lacertus ab iiſdem partibus. ρισπάλις,ἡ παρὰ τισι χαλνὶς, παρὰ, δὲ φίοις ſαῦρα, Heſych. Varin. Sed quærendum an ρισπάλις uox, forte à ζίγνις corrupta ſit. ρίγαλ⊙, ſαῦρ⊙ ὁ καλούμεν⊙ χαλνὶς, Iidem. ¶Lacerti alij maiores ſunt, qui uirides cognominantur, minores alij qui & chalcides, Io. Rauiſius & Fr. Alumnus. Atqui ego uulgarem lacertam minorem, quæ paſſim apud nos ruri inter fruteta & ſæpes & per parietes repit, ſimpliciter lacertam uocandam affirmâ-rim, non etiam chalcidem: quæ quidem peregrina & alterius orbis uidetur, nobis ignota. Geor gius Agricola Græcam uocem chalcis ab ære factam imitãdo Germanicũ nomen fingit **kupffer-adex**, id eſt, ærea lacerta.

B.

Chalcis ſeu zygnis, ſimilis paruis lacertis eſt: ſed colore ſerpentis quam cæciliam nominant, Ariſtot. Σὺπά γε μὴν πελανοῖσι δομὴν ſαύροισιν ἀλίξας, Nicander in Theriacis. hoc eſt, Vitabis etiam ſepem corpore ſimilẽ humilibus lacertis. Scholiaſtes ſbμίω corpus interpretatur, λεπτὸ δ'ὲ ὁμοίαρ, Seps ideo etiam chalcis appellatur, quod quibuſdam lineis (uirgis) æris ſpeciem gerentibus, eius dorſum diſtinguatur. ad octo palmorum (πελαειῶρ) longitudinem accedit. naſcitur in Syria, Li-bya & Cypro. Nicandri Scholiaſtes. ¶Ge. Agricola lacertam chalcidicam à uiridi non corpo-ris figura differre ſcribit, ſed colore tantum. Ego communi & paruæ lacertæ potius, ut Ariſtote-les, quàm uiridi, quæ maior eſt, eam comparârim.

C.

Saxa incolit, Nicandri Scholia.

G.

Suo morſu aut interimit, aut uehementem dolorem inſert, Ariſtot. In uíno pota morſus ſuos ſanat, Dioſcorid. & Plinius. Lacertam chalcidicam (diſſectam) proprio morſui imponunt, & ex uino propinant, Galenus lib.11.de ſimplic. Qui à lacerta chalcide appellata percuſſi ſunt, eos tumor pellucidus conſequitur, ueluti nigrore in ambitu plagæ relucente. cõſequitur autem & pu trefactio. Curatio uero eadem illis accommodata eſt, quæ ad muris aranei morſum referetur, Ae-tius 13.13. Sunt & ſeruatis piſcibus medicinæ, ſalſamentorumcp cibus prodeſt à ſerpente percuſ-ſis, & contra beſtiarum ictus, mero ſubinde hauſto, ita ut ad ueſperam cibus uomitione reddatur,

A

peculiariter à chalcide, ceraste, aut quas sepas uocant, percussis, Plin. Et alibi, Castorea aduersus phalangia & araneos ex mulso bibuntur, ita ut uomitione reddantur: aut ut retineantur, cum ruta: aduersus chalcidas (aliás chalcidicas) cum myrtite (uino.)

H.

a. Est & tuberculi maioris ac pestilentis nomen seps apud Hippocratem, ab erodendo impositum, Hermolaus. Meminit Hippocrates libro 3. Epidemiorum sectione 3. circa principium: Ἄνθρακες πολλοὶ ἰσχίῳ δ᾽θερῷ, καὶ ἄλλα ἄσιν καλίττα, ἐκθύματα μεγάλα. Et rursus lib. 6. (secundum diuisionem Græci codicis) sect. 8. Lumbos dolenti (inquit) recursus ad latus, & pustulæ quæ seps uocantur. ¶ Κατὰ δὲ ἢ αὐτὸ τὸ σώματος φύσιν (locus obscurus, quod ex abrupto citetur) ὁ καλόμῳ σὴψ, καὶ τὸ τὸ σκφυλίνα σώματα, Phanias, ut citat Athenæus libro 9. unde hoc salté apparet quod seps plantæ cuiusdam nomen sit. ¶ Chalcidicam Aelianus, si quis inquit habeat in tritico, fore ut incorruptum seruetur: de serpente (imò lacerto) intelligat, an de pisce chalcidico, qui & chalcis dicitur, non constat, Hermolaus. Atqui Varro lib. 1. de re rustica idē hoc scribens, terræ aut cretæ genus Chalcidicam intelligere uidetur, ubi de tritico cōdendo agit, his uerbis: Quidam ipsum triticum conspergunt quum addant in circiter mille modiûm quadrantal amurcæ: item alius aliud affriat aut aspergit, ut Chalcidicam, aut Caricam cretam, aut absinthium. Chalcidica herba & amygdala optimè faciunt ad mellificium. Plurimum enim fœtum (γόνου) ex eis fieri aiunt, Aristot. in Mirabilibus. Est & chalcis accipitrum generis. Millepedam siue scolopēdram, insectum siue uermem oblongum, pilosis pedibus, pecori præcipuè nociuum, millepedam Latini, Græci scolopendram & sepa uocãt, Plinio teste (duobus locis) nec immeritò, quoniam morsum, ut idem scribit, tumor insequitur & putrescit locus, quare non placet uetus lectio, quæ ipsa pro sepa habet, ipsenim aliud genus uermis est.

DE CHAMAELEONTE.

A.

CHAMAELEONEM Latino an chamæleontem Græco more proferas, parûm interest: (ego tamen Græcorum more, quoniam dictio Græca est, chamæleontem potius dixerim:) & in recto similiter chamæleo, ut Gaza dixit, uel chamæleon. Nomen à Græcis ei datum uidetur, quod aliqua ex parte leonem, grandem & ferocem bestiam, suo corpore repræsentet: sonat enim chamæleo humilem & ueluti per terram repentem leonem. Simili ratione plurimas herbas ab aliqua maiorum arborum similitudine dixerunt, ut chamæcerasum, chamæcyparissum, chamædryn, chamæpityn. Cauda sanè huius animantis, leonis alcæam quodammodo repræsentat. Harbe uel alharbe, animal est quadrupes, quod Plinius chamæleontem uocat, cuius meminit Auicenna 2. can. cap. harbe, Andreas Bellunen. Idem alarbian animal aquaticum de genere scinci (id est, crocodili terrestris) declinans ad colorem citrinum, nõnullos interpretari scribit. Auicenna lib. 2. cap. 350. de re medica, harbe uel harba nōminat hoc animal. In historia uerò animalium, Aristotelis locum de chamæleonte transferens, Credo (inquit) quod sit halarce uel harcon (sic enim habent codices impressi.) Et paulò post, Sed reuera nõ ardon, sed similis ei, Hæc ille. Docent autem peritiores Hebræi hardon uel harduñ, speciem esse alzab, id est crocodili. Dioscoridis etiam lonchitis herba ab Auicenna harbe uocatur, lōchitides duas in unam confundente. Vetus Auicennæ glossographus harbe bubonem interpretatur, alharba lanceam, quam Græci lonchen appellant. Serapioni in libro de simplic. cap. 421. harbe ἄλαφρον, id est, felem, aut σίλαφον, id est, silurum piscem significat: nam quæ adfert Galeni uerba, apud illum de felium carne leguntur lib. 11. Simplicium: quæ uerò Dioscoridis, de siluro, lib. 2. & sanè facilis erat error, præsertim in Græcis dictionibus: nam si pro α. legas σ. aut contra, ἄλαφρον & σίλαφρον, inse commutabuntur: quin & hodie excusi quidam codices Dioscoridis Græci pro σίλαφρον inepte habent ἄλαφρον. Ego apud Galenum etiam errorem esse conijcio lib. 11. Simplic. & σίλαφρον non ἄλαφρον legendum: (apparet enim hæc uerba à Dioscoride eum mutuatum,) & Serapionem apud utrumcᵨ malè ælurum legisse, & una uoce transtulisse harbe: quasi ælurus & chamæleon unum esset animal, quales multi Arabum medicorum errores sunt. בית, koah, uel koach, Leuitici 11. R. Kimhi docet genus esse hazab, id est crocodili. Rabi Iona dicit Arabice uocari תרירן, hardun. (Auicenna hardun facit speciem aldab: uide infra hoc in capite in uerbis Alberti, & in Lacerto A. de uoce hardun) R. Salomon לתירין, id est, lacertam interpretatur, Sanctes rubetam. Chaldæus reddit koaha: Arabs hardun, Persa סבגא uel אן an sanga (an articulus est, sanga uox ad scincum alludit, qui est crocodilus terrestris.) Septuaginta & Hieronymus, chamæleon. Eadē uox koah repetitur Numeri 14. Iudæus quidam testudinem mihi interpretabatur: ego planè scincum significari crediderim. Huic finitima uox est אה oah uel oach: Hieronymus draconem uertit, Iudæi cercopithecum exponunt: R. Isaac koph, id est, simiam, uel chuldah, id est, mustelam. Kimhi Hispanicè uocat furon, id est, uiuerram. Syluaticus uocem oac salamandram interpretatur. קאת, kaath, in sacris literis alij aliter transferunt, cuculum Iudæi: Hieronymus mergulum, pelicanum, onocrotalum,

onocrotalum, Septuaginta pelecâna, & catarrhacten ali
bi, & Sophoniæ 2, chamæleontes, nimiruɩn uocis affini
tate decepti, nam coach quoᴂ Leuit. 11. chamæleontem
interpretantur.   Lilith Hebraicam uocem aliɩ aliud ſi‐
gnificare docent, (ut pluribus dixi in Onocētauro poſt
Aſini hiſtoriam:) ſunt qui auem magnam interpretētur
uento uiⱷitantem, quam uocant ליליוב, gamalion, que̜
quidè ridicula eſt interpretatio: chamæleon enim quem
nonnulli aere uiⱷitare falſò putant, nō auis, ſed quadrũ
10 pes ouipara eſt. ¶Χαμαιλέων, ζᴣȣον αἰστόνσν κȣ πⱳζον, id eſt,
Chamæleon animal ouiparum & greſſile. Pro chaɩniæ
leon recentiores quidam barbari corrrupte̜ ſcribũt ga‐
maleon, zameleon, aamelon, hamaleon, meleon. Iſidò
rus, Albertus & huius farinæ authores, chamæleontem
cum ſalamandra & ſtellione iɩleptiſſime̜ confundũt.
Hamaleon eſt animal quod nos ſtellionē uocamus ma‐
iorem: hoc enim eſt ſimile corporis ſui figura lacertiulo
magno, cui etiam ſimilis eſt ille crocodilus qui hardon
Græce̜ uocatur, Latinē autem hamaleon, Albertus de
20 animal. 2. 1. 5.   Et circa finem eius capitis, cum chaɩnæ
leonte̜ Ariſtotelis uerbis copioſe̜ deſcripſiſſet, ſubijcit:
Hoc autem animal certò eſt de̜ genere ſtellionis, illud
ſcilicet quòd uulgò draconem uocant, noſtrates lindt‐
wurm, hoc eſt uermem tiliæ aut uermē ſyluæ. Sed hæc
omnia magnam Alberti inſcitiam arguunt. Pere̜gri‐
num eſt animal, quamobrem nullum ex aliɩs linguis no
men ſuppetit, quod Latinis etiam deeſt. Germanicum
fingo ein rattadex / ex ratto mure quem magnitudine
& cauda refert, & crurium altitudine (altior tamen eo)
30 & lacerto, quem reliqua ſpecie bona ex parte repræſen‐
tat, compoſito nomine, ac ſi murilacertum dicas,

B.

Chamæleontem & Africa gignit, quanquā frequen‐
tiorem India, Plinius.   Per omnem Aſiam chamæleon
plurimus, Solín.   Indiæ animal eſſe Aelianus ſcribit.
¶ Similis, & magnitudine eſt (lego figura & magnitu‐
dine) ſupradicto (terreſtri ſcilicet) crocodilo chamæ‐
leon, ſpinæ tantum acutiore curuatura, & caudæ ampli‐
tudine diſtans, Plinius.   Figura totius corporis lacer‐
40 tam plane repræſentat: latera deorſum ducta uentri iun
guntur, ut piſcibus: & ſpina (dorſi) modo piſcium emi‐
net, Ariſtot.   Figura & magnitudo erat lacerti (ſtellio‐
nis, Arnoldus) niſi crura eſſent recta & excelſiora: late‐
ra uentri iunguntur ut piſcibus, & ſpina ſimili modo,
Plinius.   Animal eſt quadrupes, facie qua lacertæ, ni‐
ſi crura recta & longiora uentri iungerentur, Solinus:
apparet autem locũ mutilum eſſe, ex Plinio & Ariſtot.
reſtituendum: non enim crura in eo uentri iunguntur,
ſed latera.   Elatior à terra eſt ᴂ lacerta, Ariſtot. Ipſe
50 celſus, hianti ſemper ore, Plinius.   Corpus aſperum to
tum, ut crocodilo, Ariſtot. & Plin.   Aſperũ cute, qua‐
lem in crocodilis deprehendimus, Solinus. Squamoſum, Arnoldus de Villanoua. Longitudo
à ſummo roſtro ad initium caudæ, digiti ſeptem uel octo. Proceritas ſiue altitudo, digiti ferè quinᴂ:
crurum per ſe, tres cum dimidio. Caudæ longitudo, digiti octo uel nouem.   Spina dorſi eminens
& acuta, & quodammodo criſtata eſt, per dorſum & caudam rotam: iuxta quam proxime̜, ſed hu‐
milius, utrinᴂ ad ſingula coſtarum initia tuberculis eminentibus oſſeis, linea deſcendit, & per cau
dam quoᴂ extenditur utrinᴂ. Quòd niſi tuberculis iſtis trium, quos dixi, uerſuum: & aliorũ trium
in ima parte, quæ planior eſt, exaſperaretur, eſſet plane̜ magnitudine & figura rattorũ, id eſt, maio‐
rum murium caudæ ſimilis.   Medius locus inter imum uentrem & ſummum dorſum, flexum ſi‐
60 ue angulum coſtarum circiter ſedecim continet, ad Λ. literæ Græcæ formam, ſed angulo patentio‐
re, qui retrò ad caudam ſpectat: repletur autem his coſtis totus corporis aluteus, ac uenter totus, in‐
tegro ubiᴂ ambitu, ut ipſe obſeruaui. ¶Mutat ſuum colorem inflatus. Verum & niger nō longe̜

A 2

dissimilis crocodilo est:& pallidus,ut lacertæ : maculis distinctus, ut pardus,nigris. Mutatur color
toto in corpore:nam & oculi concolores reliquo corpori redduntur,& cauda eundem colorem ac
cipit:pallescit cum moritur,defunctusớ colorem eundem seruat,Aristot. Mutat colorem subin=
de,& oculis,& cauda,& toto corpore:redditớ semper quemcunớ proximè attingit,præter rubrū
candidumớ. defuncto pallor est,Plinius. Ex duobus quidem sceletis,quos habeo,alter pallidi co
loris,alter nigricantis est. Color uarius & in momento mutabilis, ita ut cuicunớ rei se coniunxe=
rit,concolor ei fiat:colores duo sunt non ualet,rubrus & candidus, (aliqui candidum
tantum excipiunt,Marc.Verg. nos id apud Philem legimus & Suidam:) cæteros facile mētitur,
Solinus. Non uno colore spectatur, sed sese furtim subducit, & uidentium oculos ueluti perstrin
git:nam nigro colore si eum offendis,mutat se ipse,ac se citò in uiriditatem inuertit:alius rursus ui= **10**
sus album colorem (hunc Plinius & Solinus ei negant) tanquam aliam personam histrio induit,
Aelianus. Nullum animal pauidius existimatur,& ideo uersicoloris esse mutationis,Plinius. So
linus cutim glabram & læuem speculi modo proxima æmulantem, in chamæleonte & polypo,mu
tationis colorum in eis causam assignat,ut in Tarando recitaui. Id quoớ quod uentis animal nu=
tritur & aura, Protinus assimilat,tetigit quoscunớ colores, Ouidius 15,Metam. Colores suos
multifaria qualitate commutat,modo uenota,modo blattea,modo prasina,modo cyanea,Cassiodo
rus in epist.de chamæleonte. Non timor,imò cibus,nimirum limpidus aer, Ambo simul ua
rio membra colore nouant,Io.Vrsinus. Ego tenuissimam cutem (qualem esse in sceleto animad
uerti) instar tenuis laminæ corneæ facile reddere puto,præsertim cum neớ sanguis impe=
diat,neớ uiscera admodum,cum solus ferè pulmo manifestus in eo sit. Tertullianus in libello de **20**
Pallio: Hoc soli (inquit) chamæleoni datum,quod uulgò dictum est,de suo corio ludere:sentiens
chamæleonem pro suo arbitrio uertere colorem cutis: Quod annotauit Des.Erasmus in prouer=
bio,De alieno corio ludere,quo in eos utemur,qui securius agunt sed alieno periculo. Hinc etiam
prouerbium, Chamæleonte mutabilior, Χαμαιλεοντος θυμιντπβολώτρώ, quadrabit in homine uersi=
pellem,uarium,ac inconstantem, ac pro tempore sese uertentem in omnem habitum : uel , ut alijs
uerbis dicam,qui ad omnia commodè atớ commodissimè se habeat: quod in Atheniensem Alci=
biadem relatum est.Aristoteles etiam lib.1.de moribus ad Nicomachum, chamæleontis uocem u=
surpat ad exprimendum inconstantiæ uitium. Chamæleon ouiparorum terrestrium omnium te=
nuissimus est:quippe qui omnium maximè inopia sanguinis rigeat:causa ad mores animæ eius re=
ferenda est:præ nimio nanớ metu multiformis efficitur. Metus enim refrigeratio per inopiam san **30**
guinis calorisớ est,Aristoteles.Plutarchus etiam meticulosum & trepidum natura hoc animal es=
se scribit:eaớ solum de causa colorem uariare,non quod consulto quicquam siruere latitareue insti
tuat. Chamæleon singulis horis diei mutat colorem,Kiranides. ¶Faciem habet leonis,pedes &
caudam crocodili,colorem uarium , à capite uscớ ad caudam nemium unum solidum,Idem. Car
nem nusquam nisi in capite & maxillis, & postremo caudæ (πφι ἄκραν τὴν δι κερχα πρόσφυσιν, id est,
circa principium caudæ,qua corpori committitur) admodum exiguam possidet: nec alibi sangui=
nem quàm in corde,& oculis,& loco à corde superiore, & uenulis hinc tendentibus. Verum nec
in ijs quidem ulla copia,sed pauxillum habetur sanguinis,Aristot. Caro in capite & maxillis,&
ad commissuram caudæ admodum exigua:nec alibi toto corpore.Sanguis in corde & circa oculos
tantum , Plinius. Corpus penè sine carne, Solinus. Membranæ in omnes ferè corporis partes **40**
multæ ac ualidæ,longeớ firmiores quàm in cæteris tendunt,Aristot. A medio capite retrorsum
ossea pars triquetra eminet:reliqua pars antrorsum colligitur caua & quasi canaliculata, eminenti
bus utrinớ osseis marginibus,asperis & leuiter serratis. Cerel rū paulò superius oculis positū est,
& propè ijs contiguum.Cute autem exteriore detracta oculis,quiddam luces ueluti anulus æneus
tenuis, (Gaza addit, nulla pelle interceptus, Niphus pro pelle legit palla, quæ pars est in annulo
gemmam recipiens,ut annulus sine palla intelligatur æqualis & continuus) cingit,Aristot. Ocu
li in recessu cauo intus recepti,prægrandes, (maiores quàm pro portione,ut in sceletis mihi appa=
ret) rotundi,cute simili, atớ reliquum corpus obducti, media sui parte perquam exigua detecti,
qua uideant:quæ uelut sedes nunquam cute operitur: nec pupillæ motu,sed totius ocu
li uersatione in orbem mutationeớ quoquo uersus aspicit,quæ uelit,Idem. Chamæleonis oculos **50**
circumagi totos tradunt,Plinius. Et rursus,Oculi in recessu cauo,tenui discrimine, prægrandes,
& corpori concolores: nunquam eos operit:nec pupillæ motu, sed totius oculi uersatione circum
aspicit. Subducti oculi,& recessu concauo introrsum recepti, quos nūquam nictatione obnubit,
Visum deniớ non circumlatis pupillis,sed obtutu rigidi orbis intentat, Solinus. Rostrum simiæ
porcariæ (χοιροπιθήκω) simillimum,Aristot. Eodem modo Albertus etiam legit,uel potius Auicen=
na quem sequitur,Plinius uerò aliter: sic enim reddit, Eminet rostrum, ut in paruo haud absimile
suillo. Ipse celsus,hianti semper ore, Plin. Hiatus æternus,ac sine ullius usus ministerio:quippe
cum neớ cibum capiat,&c.Solinus. Dentium & gingiuarum loco os continuum supra infraớ
labra ambiens serratum est:labrum superius breuius & reductius. Gulam atớ arteria situ eodem
continet,quo lacerta,Aristot. Pulmo ei portione maximus,& nihil aliud intus,Plin. Theophra **60**
stus parum abesse scribit,Plutarcho teste, quin corpus totum pulmo expleat: unde aura uiuere,&
mutationibus perquam obnoxium esse conijcit.Sic enim Latinus interpres Simon Grynæus red=
didit

didit hæc uerba, ὅθεν τεκμαίρεται τὸ πανθυμαίακὸν αὐτῶ. Nõ nisi in cõrculo pauxilli sanguinis deprehen
ditur, Solinus: Plinij & Aristotelis eadem de re uerba paulò ante retuli. Viscera sine splene, Plin.
& Solinus. Lienem conspicuum nusquam continet, Aristot. Cauda prælonga, in tenuitatem de
sinens, & (in uertiginem torta, Solin.) longis (uiperinis, Plin.) implicata in se orbibus lori modo
permultis, Aristot. Pedes singuli bipartito secantur, partesϙ talem inter se habent situm, qualem
pollex ad manus reliquam partem obiectus: Sed ipsæ etiam reliquæ partes paulotenus in digi=
tos quosdam finduntur: uidelicet primores, triplici fissura interius, duplici exterius: posteriores in=
terius duplici, exterius triplici, Aristot. Vola (ut sic appellem) inter digitos satis ampla est, à qua
ceu calcaria quædam enata parum prominent, in posterioribus tantùm cruribus. Crura recta, &
10 longiora quàm lacertæ, sed inflexus eorũ similis, Aristot. Vngues (Vnguiculi) adunci, Aristot.
Plinius: hamati subtili aduncitate, Solinus. Et hæc quidem partim ex ueterum, partim ex nostra
obseruatione chamæleontis descriptio est, mirabilis certe animantis, & quo Aristoteles nullum se=
rè inter omnia diligentius descripsit.

ꝯ.

Dissectus hic totus spirare præterea diu potest, motu admodũ exiguo adhuc circa cordis sedem
extante. Et cum omnes corporis partes contrahit, tum uel maxime costas cogere atϙ adducere po
test, Aristot. ⸿ Visus ei, non circunlatis pupillis, sed totius oculi uersatione, ut in ʙ. dixi. ⸿ Motus
(incessus) ei piger admodum, ut testudinis, est, Aristot. Plin. Solinus. Audio eum per arborum ra=
mos lento gradu reptare. ⸿ Ipse celsus, hianti semper ore, solus animalium nec cibo nec potu ali
20 tur, nec alio quàm aeris alimento, Plinius. Et alibi, Chamæleonum stelliones quodammodo nar
ram habent, rore tamen uiuentes, præterϙ araneis. Similis cicadis uita. (Viuunt enim cicadæ &
stelliones rore, qui ex aere descendit.) Hiatus æternus, ac sine ullius usus ministerio: quippe cùm
neϙ cibum capiat, neϙ potu alatur, nec alimento alio quàm haustu aeris tiuat, Solinus. Id quoϙ
quòd uentis animal nutritur & aura, Protinus assimilat, tetigit quoscunϙ colores, Ouidius lib. 15.
Metam. Chamæleontem solo aere nutriri falsum est: quoniam interiora, ut Aristoteles inquit, si=
milia omnia habet lacertæ, quam non solo aere nutriri constat: quare melius puto chameleonem ro
re enutriri ac uiuere, ut Theophrastus ait. Videntur autem illi decepti, quoniam longo tempore ui
uit sine cibo & rore: nam propter exiguum calorem diu sine alimẽto degere potest, Niphus. Ipse
à quodam qui usum habuerat, cuius sceleton mihi tradidit, audiui obseruatum sibi aliquoties mu=
30 scas ab eo deuorari, quas longa lingua exerta inuolutas (aut forte transfixas, ut iynx sua lingua for
micas figit) arriperet. Num quæ animalia odoribus & spiritu aluntur, disputat Celius Rhodig.
Lectionum Antiq. 24. 21. ⸿ Gignunt & quadrupedes oua, chamæleontes, lacertæ, Plinius. Cha
mæleon animal est ouiparum & gressile, Hesych. ⸿ Subit cauernas, & latitat more lacertarum, A=
ristot. Hybernis mensibus latet ut lacerta, Plinius. Latet hyeme, producitur uere, Solinus.

ᴅ.

Nullum animal pauidius existimatur, & ideo uersicoloris esse mutationis, Plin. Sed coloris
mutationem alij in alias causas reijciunt, ut in ʙ. dixi. Circa caprificos ferus, innoxius alioqui,
Plin. ⸿ Alexander Myndius chamæleontem contra famelici serpentis impetum hoc modo mu=
nire se ait: Festucam bene latam & ualidam mordicus tenet, sub qua ceu clypeo se uersans contra
40 hostem serpẽtem uenit. Serpens quia festuca latior est, quàm oris hiatu superari ab eo possit: & cha
mæleontis reliqua membra firmiora, quàm ut morsibus lædantur, frustra laborat ac se fatigat, Hæc
Aelianus & Philes. ⸿ Coruus occiso chamæleonte, qui etiam uictori nocet, lauro infestum uirus
extinguit, Plinius. Chamæleo impetibilis est coraci, à quo cum interfectus est, uictorem suũ peri
mit interemptus: nam si uel modicum ales ex eo ederit, illico moritur: sed corax habet præsidium
ad medelam, natura manum porrigente: nam cum afflictum se intelligit, sumpta fronde laurea, re=
cuperat sanitatem, Solinus. Elephas chamæleonte concolore frondi deuorato (casu,) occurrit o=
leastro huic ueneno suo, Plin. & Solin. Vis eius maxima contra accipitrũ genus: detrahere enim
supra uolantem ad se traditur, & uoluntarium præbere lacerandum cæteris animalibus, Plinius.
⸿ Recentiores quidam chamæleontem animal fraudulentum, rapax, & ingluuiosum, ideoϙ secun
50 dum legem impurum esse scripserunt: quodϙ per aduersam ualetudinem mansuetum se fingat,
perquam efferatum alioquin.

ɢ.

Chamæleontem peculiari uolumine dignũ existimauit Democritus, per singula membra de=
secratum, (unde nos quædam depromemus,) non sine magna uoluptate nostra cogniti proditisϙ
mendacijs Græcè uanitatis, Plinius. Deinde cum multa superstitiosa ex hoc animali, authore De
mocrito, recensuisset, addit: Felle glaucomata & suffusiones corrigi, prope creditur, tridui inun=
ctione. (reliqua, quoniam superstitiosa uidẽtur omnia, ad ʜ. e. differo.) Chamæleontis fel tantam
uim habere creditur, ut hypochyses intra triduum inunctionibus sanet, Marcellus. Galenus lib.
4. cap. 8. de compos. sec. locos medicamento cuidam ad tollendos pilos inutiles & pungentes in
60 palpebris chameleontis etiã fel admixtum ab Archigene meminit: qui usus sellis huius etiam apud
Auicennam legitur. Pro felle cameli fel ascalabotæ, id est, stellionis substituendum ad remedia le
gimus inter Antiballomena Aeginetæ: ubi ego pro camelo chamæleontem potius legerim: nam

A 3

cum camelo nihil commune uidetur habere stellio, cum chamæleonte multa. Fel eius dulcifica= tum (forte cum dulci aliquo mixtum) ornat quotidianum, (f. rte, curat quotidianam,) Kiranides. ¶ Creduntur depilari palpebræ chamæleontis sanguine illitæ, Dioscor. & Auicenna. Vide infra in Ranunculo uiridi. Inunctio temporum cum sanguine harbe animalis (uulpam ipse interpreta tur,uespertilionem,ni fallor,intelligens) somnia terrifica inducit, Artoldus de Villanoua. Lin gua eius suspensa super obliuiosum,memoriã ei restituit,Idem & Rasis. Chamæleo à capite usç ad caudam habet unum solum neruum solidum, qui abstractus nomine ægrotantis,& collo alliga= tus,opisthotonum sanat, Kiranides. Cæteræ eius partes eadem præstant quæ phocæ uel hyænæ partes,Idem. ¶ Ad comitialem,Chamæleontem in olla coquito,donec intabuerit,& oleum spisse icat:cõsumpto autem animali,ossa ipsius selecta in locum Solis expertem reponito , ac comitialem ro collapsum in uentrem conuertito, oleoç dorsum à sacro osse usç ad primam uertebram inungito, ac statim excitabitur:hoc ubi septies feceris,ex toto ægrum liberabis: oleum autem pyxide reponi to,Tralliamus. Ad podagram quæ nondum cõtraxit nodos,admirabile & probatum remedium: Chamæleontis caput & pedes ipsius, extimaç pedum,uel genuum præscindito,& quæ ex dextro pede habentur,seorsim seruato:& rursus à sinistro pede extrema similiter præscindito, seruatoç & ipsa priuatim,ac ubi duos digitos dextræ manus impresseris,pollicem & annularem ungue chame leontis,inquinans sanguine digitorum dextræ manus extrema , dextra chamæleontis:sinistræ au tem manus sanguine,sinistra animantis extrema : in exiguum canalem includito,ac gestato dextra quidem animantis extrema dextro pede , sinistra autem sinistro,usç dum æger curatus fuerit. At chamæleontem præcisis extremitatibus adhuc uiuentem panniculo lineo puro inuolutum attingi 10 to,ad Solis exortum . Sin autem contingat manus quoç prædicto affectu cruciari, attingito etiam manus,ac in exiguos canales indito, curabisç ipsas:facito autem hoc Luna desinente, Tralliamus. ¶ Alharbe (Arnoldus ex hoc loco non recte lacertam uertit,ego chamæleontem intelligo: nam & supra lib.2.cap.350. de harba scribens ea quæ chamæleontis sunt, de ouo eius uenenato libro 4. dicturum se promisit:quamquam alibi uerspertilionem significat,ut in A.retuli) uenenosa est,pro xima stellioni:ouum quidem eius intra horæ spatium interimere fertur. Curatur autem tum huius tum stellionis(in cibum aut potum illapsi,mixtiue)uenenum, cura communi, & similiter ut cantha ridum, Auicenna 4. 6. 2. 5. Oua alharbe,ut quidam putant,in corpus sumpta,mortem statim in ferunt,nisi remedia accelerentur. Detur igitur in potu stercus accipitris (falconis,Bellunen.) è ui no,ut uomitus integer sequatur, inungaturç corpus butyro bubulo cocto, & capiti sal cataplasma 30 tis instar imponatur:& uescatur ficubus siccis,& oleo(aliàs butyro crudo)& gentiana. ¶ Elephas chamæleone cõcolore frondi deuorato (casu,Solin.) occurrit oleastro huic ueneno suo,Plin . Im petibilis est coraci (coruo,Plinius) à quo cum interfectus est,uictorem suum perimit interemptus: nam si uel modicum ales ex eo ederit,illico moritur:sed corax habet præsidium ad medelam,natu ra manum porrigente : nam cum afflictum se intelligit, sumpta fronde laurea recuperat sanitatem, Solinus:& Plinius ut in D.recitaui. Ego ex hoc animali utcunç uenenoso , nõnullos (in Africa) paratum quoddam remedium equis exhibere audiui.

H.

¶ a. Chamæleontes aulicos nominat Budæus libro quinto de Asse,eos qui egregiè simulare no runt,& reconcinnare se identidem ad mores aulicæ potëtiæ. Aristoteles Ethicorum 1. chamæleon 40 tem pro homine mutabili ponit. ¶ Est & chamæleon herba in carduorum censu, sic dicta,ut Pli nius scribit,à uarietate coloris:mutat enim cum terra colores,hic niger,illic uiridis,aliubi cyaneus, aliubi croceus,atç alijs coloribus.Istam quidem colorum uarietatem Dioscorides nigro priuatim attribuit:ut albus forte idem nomen habeat,nõ quod similiter colores mutet, sed à similitudine par tium suarum cum nigro. Statuuntur enim duo hæc genera, album & nigrum,à radicis colore uoca ta. Miror quòd Plinius scribit 21. 16. chamæleontem in folijs non habere aculeos , quum res ipsa aliter nos doceat . Memini in Gallia & alibi genus quoddam cardui uidere folijs diuisis,albicanti bus,amaris,non aculeatis,capitibus spinosis multis stellatim (ut ita dicam aut muricum ferreorum instar radiatis,candidis,sed à chamæleonte diuersum ut iudico . Plura de his carduis scripsi in Ca ne c. inter morbos canum.Arabes Græcum nomen seruãt : scribunt enim kameleonta, kemalium, 50 chamalium . Fenuchia alkemelion , Vetus glossographus Auicennæ. Arnoldus de Villanoua in Breuiario 3. 21. florem chamæleontis coaguli usum præstare scribit. Atqui spina illa,cuius floribus in multis Galliæ locis hodie ad lac coagulandum utuntur,spina alba Græcorum est, quod & Ruel lio placuit.Chamæleontum generis esse dixerim carlinam hodie medicis appellatam, quasi cardi nam:carduus enim humilis est,cuius itidem duæ uel tres differentiæ sunt. Viscum, id est, humio rem concretum & glutinosum , masticchæ aut thuri similem,circa radices chamæleontis albi quan doç reperiri aiunt:& tum peculiariter chamæleontem ixiam,id est, uiscarium aut uiscigerum nun cupari,magisç uenenosum esse:quanquam et sine uisco & simpliciter utriç uis uenenosa attribua tur,nigro præcertim,quamobrem ne inter corpus quidem datur, ut Galenus scribit: apud Aetium tamen libro 3. isti corticem inuenio dari ad pituitam euacuandam præcipuè:cæterum libro 12.cap. 60 46. in antidoto purgatorio quodam ixion interpretatur chamæleonem nigrum . Galenus in Glos sis Hippocratis ιξιον, folium chamæleontis albi interpretatur. Inter nomenclaturas apud Dioscori dem

dem ixias cognomen tum albo tum nigro attribuitur : cum Dioscorides circa albi tantum radices
uiscum reperiri meminerit: Plinius, Ruellio teste, circa utrumqʒ. Chamæleontem utrumqʒ quibusdam locis circa folia sua dicunt uiscum emittere, Author de simplic. ad Paternianum. Ferunt & ni
gri uiscum, sed quod pro mastiche non sit ex albo, Hermolaus. Nec refert an circa folia aut circa
radicem dicas, quoniam folia in terra tantum strata habent, circa radicem radiata. Coagulum hœdi
remedio est contra uiscum & chamæleontem album, Plinius. Idem alibi sæpe uiscum simpliciter
pro chamæleonte uiscario nominat, inepte quidem & imperite. Sed hac de re plura legas in Hermolai Corollario & Castigationibus Plinianis, & Ruellij historia stirpium &c. Chamæleon niger
ulophyton (al. ulophonon, Sipontinus buphonon legit,) quoniam anginæ modo iuuencas necet,
Hermolaus. Est & inter dipsaci nomenclaturas, chamæleon apud Dioscor. Arabes chamæleon
tem & chamelæam, quam & mezercon uocant, nulla ratione consundunt: quanquam & inter Dio
scoridis nomenclaturas, Cnidios coccos tū chamelææ tum chamæleonti nigri adscribatur, qui neu
trius istorum, sed thymelææ proprie fructus est. Crocodilion chamæleontis herbæ nigræ figuram
habet, &c. Plinius. ¶ Mygale chamæleonti similis esse dicitur, Obscurus : atqui mygale mus araneus est, qui minimū aut nihil cum chamæleonte similitudinis habet. ¶ Chamæleontis Heracleo-
tæ scriptoris libri diuersi passim ab Athenæo citantur.

¶ᵉ Hunc in locum referre libuit superstitiosos quosdam tum medicos tum alios magicos usus
ex chamæleonte, ut apud Plinium legitur, his uerbis: Caput eius & guttur si roboreis lignis accen
dantur, imbrium & tonitruum concursus facere, Democritus narrat: Item iecur in tegulis ustum.
Reliqua ad ueneficia pertinentia quæ dicit, quanquam falsa existimantes, omittemus, præterquam
ubi irrisu coarguendum, Dextro oculo, si uiuenti eruatur, albugines oculorum cum lacte caprino
tolli: Lingua adalligata, pericula puerperij. Eundem salutarem esse parturientibus si sit domi: Si ue
ro inferatur, perniciosissimum. Linguam si uiueti exempta sit, ad iudiciorum euentus pollere. Cor
aduersus quartanas illigatum nigra lana primæ tonsuræ. Pedem e prioribus dextrum, genæ pelle il
ligatum sinistro brachio, cōtra latrocinia terroresqʒ nocturnos pollere. Item dextram mammillam
contra formidines pauoresqʒ. Sinistrum uero pedem torreri in furno cum herba, quæ etiā chamæleon uocetur, additoqʒ unguento in pastillos digeri : eos in ligneo uase conditos, præstare (si credimus) ne cernatur ab alijs qui habeat. Armum dextrum ad uinciendos aduersarios, uel hostes ualere, utiqʒ si abiectos eiusdem neruos calcauerint. Sinistrum, mirum, quibus monstris consecret, qua
liter somnia quæ uelis, & quibus uelis mittantur, pudet referre. Omnia e dextro pede resolui: sicut
sinistro latere lethargos, quos fecerit dextrum. Capitis dolores, insperso uino, in quo latus alterutrū
maceratum sit, sanari. Feminis sinistri uel pedis cineri si misceatur lac suillum, podagricos fieri illitis pedibus. Felle glaucomata & suffusiones corrigi prope creditur, tridui inunctione : Serpentes
fugari ignibus instillato: Mustellas contrahi in aquam coniecto. Corpore uero illito, detrahi pilos.
Idem præstare narrant iecur, cum ranæ rubetæ pulmone illitum. Præter ea iocinere amatoria dissol
ui. Melancholicos autem sanari, si ex corio chamæleontis herbæ succus bibatur. Intestina & fimum
eorum, cum id animal nullo cibo uiuat, cum simiarum urina illita inimicorum ianuæ, odium omnium hominum his conciliare. Cauda, flumina & aquarum impetus sisti, serpētes soporari. Eadem
medicata cedro & myrrha, illigataqʒ gemino ramo palmæ, percussam aquam discuti, ut quæ intus
sint omnia appareant : utinamqʒ eo ramo contactus esset Democritus, quoniā ita loquacitates im-
modicas promisit inhiberi: Palamqʒ est, uirum alias sagacem & uitæ utilissimum nimio iuuādi mor
tales studio prolapsum, Hucusqʒ Plinius. Lingua chamæleontis gestata cum radice herbæ chamæ
leontis & cynoglossæ, obmutescere facit inimicos efficaciter, Kiranides. Dixerunt quidam
alharbe (id est, chamæleontis) decocto sparso in aquam balnei, uiridi colore inficiillum qui immoratur in balneo illo aliquantisper, & deinde paulatim pristinum colorem recuperare, quod quidem
ego uerum esse non affirmârim, Auicenna 4. 6. 2. 5.

¶ʰ Chamæleonte mutabilior, χαμαιλέοντΘ δυμεταβολώτϕΘ, prouerbium, supra in B. explicatum est.

¶ Alciati Emblema in adulatores:

Semper hiat, semper tenuem qua uescitur auram,   Reciprocat chamæleon,
Et mutat faciem, uarios sumitqʒ colores,   Præter rubrum uel candidum,
Sic & adulator populari uescitur aura,   Hiansqʒ cuncta deuorat,
Et solum mores imitatur principis atros,   Albi & pudici nescius.

DE CROCODILO.

A.

 ROCODILVS genus non est, sed species simplex intelligitur, ut etiam serpens : quod ad
proximum genus anonymon est, Aristot. Atqui Palladius crocodilum lacertam quasi
generis uocabulo nominat. Et sane uidetur omne genus quadrupedis ouipari, aut lacerti
aut ranæ aut testudinis genere recte comprehendi. Hebraicam uocē, בוח koah, Leuit. 11.

A 4

Dauid Kimhi interpretat genus hazab, id est,
crocodili, quod Arabicè hardun uocetur, Persa
transtulit sanga, (quæ uox ad scincū, crocodilū
terrestrem accedit,) Septuaginta & Hierony=
mus chamæleon. צב, zab, Leuit. 11. crocodilum
interpretatur D. Kimhi gereschnit, גרשינית: &
R. Salomon, saget, מגירט, animal simile zephar=
dea, id est, ranæ, bufonem forte intelliges: quod
quidam hodie congruere putant, quoniam no=
men ab intumescendo factum sit. Chaldæus za
ba uertit, Persa רסא an rasu. Septuaginta cro
codilus terrestris, (malim crocodilus simplici=
ter, quoniam additur iuxta genus suum,) Hiero
nymus simpliciter crocodilus . Arabes (aut
Chaldæi,) pro zab uidentur thab dicere : nam
apud Auicennam legitur lacertū (hardun) esse
aldab, ut Bellunensis legit, uetus codex non re=
ctè habet athab: (ego non aldab, sed speciem al=
dab esse dixerim : nam & in Chamæleonte A.
hardun speciem alzab, id est, crocodili esse do=
cui ex R. Kimhi. עמרד, zephardea, Exodi 8.
sunt qui piscem dicant, (ut scribit R. Abraham)
qui exiens è flumine rapit homines, (qui nimi=
rum crocodilus fuerit) qui Arabicè uocetur
אל תמסח al timsach. Ipse magis probat ranas si=
gnificari. Salomon pagulera, מגרולירא, & gre=
nolera, גרירגולירא: Septuaginta, Iosephus &
Hieronymus βάτραχοι, ranæ. Chaldæus urdea=
nisa, עירדעניא. Arabs zephada, צפדא. Persa
zaksaha, זקסא, in singulari zakse. Chaldæus &
Arabs Hebraicum nomen relinquunt, Psalmo
78. Chaldæus similiter interpretatur : Arabs al
zephada, ut supra. Laaluka, לעלוקה, duas ha=
bet filias (clamantes) affer affer, Prouerb. 30. A=
luka Iudæi interpretantur sanguisugam: Kimhi
uidetur crocodilum intelligere : dicit enim esse
uermem magnum, qui iuxta fluuios resideat, et
prætereuntes homines iumentaq capiat quo=
rum sanguinem exugat, Munsterus: locus is est
de rebus quæ non saturantur. Crocodili quæ=
dam species uocatur tenchea, (de qua uoce pau
lò mox) alia hardon , (de qua in Chamæleonte
A) alia thesarach, (huic similis est Arabica thím
sach paulò ante dicta,) Auicenna 2, 2, 1. Cor=
uo & crocodili generi quod hardeos siue hard=
don Græci uocant, amicitia intercedit, Alber=

tus, sed imperitè. Aristotelis enim uerba quæ illic transtulit, de cornicis & ardeolæ amicitia suntiar=
deola autem Græcè herodios uocatur, unde corrupta uox hardeos, quam crocodili genus interpre=
tatur, deceptus Arabicæ uocis hardon similitudine. Tísma Auicennæ 2, 706, crocodilus est, Syl=
uaticus. Idem alibi uoces tisma & atinsa, crocodilum exponit: Andreas Bellunensis altensa, (aliàs
temsa.) Cum sint multa genera crocodilorum , omnia maxillam inferiorem mouent præter ten=
cheam, Albertus. Idem alibi tencheam non communem crocodilum , sed aliam quandam speciem
eius in Aegypto esse ait, quod non probo: quæcunq enim Aristoteles de crocodilo simpliciter, ea=
dem omnia de tenchea ipse (ex Auicenna nimirum) scribit. Addit, tenchea Aegyptiæ linguæ uo=
cabulum esse. In Arsinoitica præfectura mirum in modum colitur crocodilus , & est sacer apud
eos in lacu quodam seorsum nutritus, & sacerdotibus mansuetus, & suchus uocatur, Strabo. Dubi=
tet autem aliquis sacrine tantum, an cuiusuis crocodili nomen apud illos suchus sit: sed commune
uidetur uel inde quòd uox similis est scincus, qua Græci crocodilum terrestrem nominant : à qua
tinsa etiam & similes Arabicæ prædictæ non abludūt. Crocodili Aegyptij champse (χάμψαι, si ϑάμ
ψαι legeres, accederet uox ad Arabicam temsa) uocantur: Iones appellauere crocodilos, illi generi
crocodilorum quod apud eos in sepibus gignitur , quantum ad corporis speciem , comparantes,
Herodotus. Videtur autem per crocodilos in sepibus nascentes, scincos, id est, crocodilos terrestres,

                 aut

aut ſtelliones, aut aliud lacerti genus intelligere: ut & Varinus, aut quiſquis eſt à quo ille deſumpſit
hæc uerba, Crocodilus animalculum paruum eſt. Scribitur autem Græce κροκόδειλΘ, & quandoχ
κροκόδειλΘ, per enallagen literarum, Idem. Apud Paulum Aeginetam νειλοκροκόδειλοι legimus, hoc
eſt fluuiatiles è Nilo, ad differentiam terreſtrium quos proxime nominarat. Δρυφόιτης, crocodilus,
Heſychius & Varinus. In Nilo ſunt animalia quædam ad ſimilitudinem draconis, uulgò Coca=
trix uocant, Haithonus Armenus: ſubijcit autem ſtatim crocodili deſcriptionem. Albertus & alij
Barbari ſcriptores Cocodrillum nominant. Germani, Illyrij, & aliæ gentes, Europæ ſaltem, pleræά
que omnes crocodili nomen retinent.

B.

io   Crocodilum Aegyptus fert, Ariſtot. Crocodilum habet Nilus, terra pariter ac flumine infe=
ſtum, Plinius. eſt enim amphibius, ut in c. dicam. Nilus hippopotamos, crocodilosχ uaſtas be=
luas gignit, Mela. Ingens eorum multitudo eſt in Nilo & ſtagnis propinquis, Diodorus Siculus.
Mauritaniæ flumina crocodilos habent, Strabo. Bambotum amnis iuxta Atlantem Africæ mon=
tem, crocodilis & hippopotamis refertus eſt, Plinius lib.5.cap. i.& Solin. cap. 27. Ibidem Plinius
Darat Mauritaniæ flumen memorat, in quo crocodili gignantur. Scincos in Libya duos cubitos
excedere Pauſanias exiſtimat, Hermolaus. atqui Pauſaniæ locus in Atticis hic eſt, Aqua iuxta At=
lantem turbida eſt, ϗ πεὸς τῇ πηγῇ κροκόδειλοι πήχεων (uidetur numerus deeſſe in excuſis codicibus,
Hermolaus legit δ᾽νοῑρ᾽)ήσαιⲣ ἐκ ἐλασσοϲ.id eſt, & iuxta fontem crocodili erant non minores duobus cu
bitis.(Abrahamus Lœſcherus uertit, cubito uno non minores)accedentibus aũt hominibus merge
20 bantur in fontem. Vnde apparet Pauſanià hic de crocodilis proprie dictis, id eſt aquaticis uel am=
phibijs loqui, non autem de ſcincis qui terreſtres crocodili ſunt. In Bithynia Chalcedonis agro fe=
rè, crocodilos minutos quodam fonte naſci qui Azaritia dicatur, Strabo meminit, fortaſſεχ pro
ſcincis accipit, quoniam paruos eſſe tradat, Hermolaus ſimili ut ſupra errore lapſus. Syagro ma=
ximo totius orbis promontorio in Arabia thurifera, propinqua eſt inſula Dioſcoridis (cuius & Ste
phanus meminit) in qua crocodili & uiperæ plurimæ ſunt, Arrianus. Crocodili in Nilo & alijs
quibuſdam & Indiæ fluuijs uerſantur, Albertus. Apollonius & ſocij cum per flumen Indum na=
uigio ueherentur, equos fluuiales cõplures ferunt ſibi occurriſſe, multos etiã crocodilos illis ſimi=
limos qui in Nilo reperiuntur, Philoſtratus.

30   ¶Crocodilum maiorem quanquàm amphibium, authores tamen (Ariſtoteles) ſæpe fluuiatilem
cognominant, ad differentiam terreſtris, qui in terra tantum agit, multo minor, & ſcincus etiam uo
catur, aliqui tamẽ, Plinio teſte, ſcincum à crocodilo terreſtri diſtinguunt, quòd cutis ei candidior ac
tenuior ſit, & ſquamarum ſeta à cauda ad caput uerſa. Crocodilus, ſecundum Arabes, ſi pepererit
oua in aqua, generatur alius crocodilus (ſimilis ei:) ſi uerò in ripis iuxta aquam, ſcincus naſcitur.
quamobrem fertur ſcincum eſſe de ſemine crocodili, Andreas Belluneñ, Duo crocodilorum ge=
nera Ganges fluuius generat, horũ alteri nihil nocet, alteri inexorabili atχ immiſericordi in quidli=
bet uoragine carniuori ſunt. In eorum ſummo roſtro, quiddam tanquam cornu eminet, Aelianus.
Plura de generibus crocodilorum dixi in A, præſertim ex Alberto ſeu Auicenna.

    ¶Crocodilus lacertam per omnia refert, cauda tantum differt, Albertus. ¶Ad cubitorum lon
gitudinem decem interdum extenditur, Marcellinus. Ouum non maius quàm anſeris edit: maxi=
40 mumχ animal minima hac origine euadit. creſcit enim ad quindecim cubita. Sunt qui eum tandiu
augeri, quandiu uiuat, confirment, Ariſtot. Quidam hoc unum animal (aliqui etiam urſam, recen
tiores obſcuri) quandiu uiuat, creſcere arbitrantur, Plin. Amometus in quadam Libyca urbe dicit
ſacerdotes ex lacu quodam cantionum illecebris præſtrictos crocodilos decem & ſeptem cubito=
rum educere, Aelianus. Excretus ad decem & ſeptem & amplius cubitos peruenit, Herodotus.
Magnitudine excedit plerunχ duodeuiginti cubita, Plinius. Plerunχ ad uiginti ulnas magnitu=
dine coaleſcit, Solinus. Iſidorus quidem pleraχ ex Solino mutuatus, non ulnarum ſed cubitorum
uiginti longitudine plerunχ uideri ſcribit. In tantam magnitudinem ſæpe excreſcit, ut Pſammi=
tichi Aegyptiorum regis tempore Philarchus uiginti quinque cubitorum dicat uiſum fuiſſe : reg=
nante Amaſide, ſex & uiginti cubita exceſſiſſe, Aelianus. Albertus ſcribit duos à ſe uiſos, unum
50 ſedecim cubitorum, alterum decem & octo. Ipſe Viennæ uidi Venetijs aduectos complures cro
codilos cubitorum ſex, & tenellos etiamnum unius cubiti, lacertis noſtratibus granditſculis admo=
dum ſimiles, niſi quod colore plerunχ ſunt flauo, Vadianus in Melam. Petrus Martyr colorem
eis flauum tribuit, ſed uentrem ſubalbidum. Crocodilus à croceo colore dictus eſt, Iſidorus &
Arnoldus. Colorem chamæleo mutat, & niger nõ longe diſſimilis crocodilo eſt, Ariſtot. ¶Cor
pus ei totum aſperum, Idem. Chamæleonti aſperum cute corpus eſt, quale in crocodilis deprehen
dimus, Solinus. Crocodilo fluuiatili cutis eſt corticoſa, contra omnem ictum inuicta, Ariſtoteles.
Alibi etiam cortice eum tegi ſcribit, eoχ tam duro & rigido, ut firmior oſſe euadat. Herodotus pel
lem eis circa tergum impenetrabilem eſſe prodidit, Valla interprete: Græce legitur, δ᾽ὁῤμα λιπιδωτ
τϸ, ἄῤῥηκτϸ. Squamis præduris oſtreorum modo totus obducitur, Volaterranus. Cute eſt con
60 tra omnes ictus inuicta, Plin. Et alibi, crocodilis & duritia tergoris tribuitur, & ſolertia. Pellis
eorum rugoſa, (aſpera, corticoſa,) & adeo firma ut ea quaſi clypeo muniantur, Albertus. Circun
datur maxima cutis firmitate, in tantũ ut ictus quouis tormento adactos, tergore repercutiat, Soliñ.

Cutim ita ualidam gerit, ut eius terga cataphracta, uix tormentorum ictibus perforentur, Marcel. Venter tantum ei mollior, (quod & Petrus Martyr testatur) qua parte à delphinorum quodam genere sauciantur, ut dicam in D. Dorsum squamis durissimis, conchylij ferè duritie, ut neq; sagittis transfigi possit, armatur, Petrus Martyr. Tergum & cauda, imò tota pars prona, ut ipse obseruaui, multis corticibus subrotundis squamatim compingitur, & eminentibus ijs secundum longitudinem exasperatur. Iidē ad latera minores sunt, minusq; eminent, in uentre candicant leuesq; sunt, hoc est nihil omnino eminent. Tergum & caudam eis ab omni inuictas partes, & armatas squamarum robore testis crustisúe haud dissimilium: uentrem uerò molli & tenui esse cute Tentyritæ sciunt, Aelianus. ¶ Crocodili (forte abundat hæc uox) uespa uolans, aut sanguis crocodili, hominem noxium aut cædem (percussorem aut sanguinem) significant, Orus 2.25. ut ipse transfero: Mer 10 cerus & Trebatius interpretes aliter.

¶ Crocodilo fluuiatili oculi sunt suis, (suilli) Aristot. & Herodotus. Oculi hebetes, Aelianus. Visus in aqua hebes, extra acerrimus, Aristot. Quadrupedes quæ oua pariunt, ut testudines, crocodili, palpebram inferiorem tantum habent sine ulla nictatione, propter oculos præduros, Plinius. Aegyptij crocodilum solum ex ijs quæ degunt in humido, à fronte tenuem ac perspicuã quandam pelliculam deducere tradunt, & uisum obtegere, Cælius Calcagninus ex Plutarcho ni fallor. Lati capitis est, Kiranides. Rostro porcino, Petrus Martyr. ¶ Crocodilus fluuiatilis solus animalium maxillam superiorem mouet, Aristot. Reddit autem huius rei causam de partib. animal. 4.11. quoniam pedes ad capiendum retinendumq; inutiles habet: parui enim admodum sunt. itaq; ad hunc usum natura os ei pro pedibus utile condidit. ad retinendū uerò, ūde ictus inferri uehemen- 20 tius potest, inde motus commodius agitur. insertur autē uehementius desuper, quàm de parte inferiore. Ergo cum utriusq; tum capiendi tum mordendi usus ore administretur, magis autem necessarium retinendi officium sit, cui neq; manus sint, nec pedes idonei, cōmodius huic est mouere superiorem maxillam, quàm inferiorem, Hæc ille. Inferiorem maxillam solus animalium non mouet, sed superiorem inferiori admouet, Herodotus, Plinius, Solinus, Marcellinus. Vnum hoc animal superiore mobili maxilla imprimit morsum, Plinius. Cum sint multa genera crocodilorum, omnia mouent mandibulam inferiorem præter tencheam: & ideo hoc animal est fortissimi morsus, Albertus. Idem alibi uisos sibi scribit duos crocodilos qui mandibulam inferiorem mouerint. Et rursus alibi crocodilum marinum (non fluuiatilem) se uidisse, maxilla inferiore mobili. Ad marini quidem crocodili differentiam Niphus etiam ab Alberto persuasus, crocodilum fluuiatilē aliquan 30 do ab Aristotele cognominari putat: Ego uerò non quia marinus sit ullus crocodilus, (nisi quod forte crocodilo simile in mari est animal, alterius generis,) sed ad differentiam terrestris fluuiatilem ab Aristotele dici censeo. Crocodilo unico animalium superior maxilla mobilis uisitur, inferiori interim cum temporum ossibus adeò unita, ut ne tantillum quidem moueri queat, ipsaq; duos sinus nanciscatur, quibus superior singulis utrinq; tuberculis latis nec nostris admodū dissimilibus inarticulatur, magna ex parte lacertarum testudinumq; inferiori maxillæ eleganter respondens: quemadmodum etiā totus crocodilus imagine (non autem magnitudine & geniculatis caudæ tuberibus) lacertæ similis uisitur, And. Vesalius. ¶ Crocodilus fluuiat, lingua caret, Aristot, Diodorus Siculus, Marcellinus. Linguam non habet, Solinus: neq; ullum eius signum, Albert. Soli croco dilo ex omnibus feris lingua innata nō est, Herod. Vnū hoc animal terrestre linguæ usu caret, Plin. 40 Et alibi, Crocodilis lingua tota adhæret. Aquatile genus (inquit Aristot. de partibus animal. 2.17.) breui tempore sentit sapores, hinc sit ut pro sui usus breuitate linguam parum discretam habeant. raptim enim summaq; celeritate cibus ad uentrem ingeritur, quod immorari saporibus perfruendis nequeant, humore interlabente. Crocodilis nonnihil causæ ad eius partis uitiationē affert etiam immobilitas maxillæ inferioris. lingua enim inferiori annectitur maxillæ, quam illi quasi contra habent superiorem. Cæteris enim superior immobilis est. Itaq; ad superiorem non habent, quòd cibi aditus tollitur: sic ad inferiorem carent, quòd superior quasi translata in locum inferioris est. Accedit ad hæc genus uitæ, quam more piscium agit, cum tamen ipse terrestre sit. itaq; uel ob eam rem inexplanatā hanc partem habeat necesse est. Et rursus eiusdē operis 4.15. Quadrupedes omnes linguam in ore continent, excepto uno crocodilo fluuiatili. hunc enim non nisi locum tantum- 50 modo linguæ habere putaueris, cuius rei causa est, quod idem & terrestris & aquatilis quodammodo est. ergo ut terrestris locum obtinet linguæ, ut aquaticus elinguis est. ¶ Dentes habet magnos exertosq;, Aristot. Diodorus Siculus, & Herodotus. Valla pro uoce χωλιόδοντας, reddit prominentes atq; serratos, cum uox Græca prominentes tantum siue exertos significet, quales in apris spectiantur. quanquam in his duo tantum extra os eminent sursum: ut in talpa totidem deorsum, in crocodilis uero plures è superiore maxilla deorsum prominent, ita ut etiam ore clauso foris spectentur, & quidem anteriores omnes, postremi aliquot non item. Verum est tamen simul etiam καρχαρόδον- τας esse, id est serratis præditos dentibus crocodilos: quanquam scio Aristotelem scribere nullum animal simul & serratis & exertis dentibus esse. Dentes crocodili albent, feri, oblongi, Petrus Martyr. Dentes habet magnos pro portione corporis & prominentes, Herodotus. Canini den- 60 tes crocodili febres statas arcent, thure repleti. sunt enim caui, Plinius. Vnum hoc animal superiore mobili maxilla imprimit morsum, aliàs terribile, pectinatim stipante se dentium serie, Plinius.

Morsus

Morſus ei horribili tenacitate conueniunt,ſtipante ſe dentium ſerie pectinatim,Solinus. Ordine
dentium pectinato,pernicioſis morſibus quicquid tetigerit pertinaciter tenet,Marcellinus. Den
tes eius fortiſsimi ſunt,Albertus:nec non acutiſsimi, & modice recurui , ut in catulo animaduerti.
Herculem Ion Chius inquit habuiſſe dentium tres ordines,ὀδϐντωῳ πρϊσυιχϸυ θϵσϊυ,multi etiam croco
dilum,quidam uerò & cete,Io. Tzetzes Chiliade 3. 115. Ego nihil tale in crocodilo reperio. Den
tes poſsident ſexaginta,Aelianus,& recte quidem , ut & ipſe numeraui. ¶ Sexaginta uertebras
in ſpina habent,quam totidem neruis alligatam eſſe ferunt, Aelianus. ¶ Rictus oris eius uſq; ad
locum aurium patet,ſi aures haberet,Albertus. Crocodilis quibuſdã in Gange fluuio in ſummo
roſtro quiddam tanquam cornu eminet,Aelianus. ¶ Crocodilus minimũ habet lienem,Ariſtot.
10 Lienem quidam putant ineſſe oua parientibus admodum exiguum : ita certè apparet in teſtudine
& crocodilo,& lacertis & ranis,Plinius. ¶ Crocodilo teſtes intus adhærent lumbis , Ariſtoteles.
¶ Caudam habet oblongam,eadem ferè qua reliquum corpus longitudine , quod in catulo obſer
uatum mihi eſt. Eam ſimiliter ut dorſum cortices ualidi & eminetes exaſperant muniuntq; parte
prona & ad latera:nam inferne læues tenuioreſq; ſunt. Crocodilus lacertam refert, niſi quod cau
dam non habet adeò rotudam (non ita geniculatis tuberibus diſtinctam , Veſalius,) & pinnas in
eadem habet,Albertus.Ego pinnam ineſſe uidi in catulo per ſex aut ſeptem digitos extenſam uſq;
ad partem poſtremam. Crocodilus(aliâs Cordula, Κορϐύλη,quod magis placet,hæc enim parua ad
ſilurum dici poteſt,non crocodilus)natat pedibus & cauda,quam ſimilem ſiluro habet, quoad par
uum magno licet cõferre,Ariſtot. Crocodilus eſt cauda breui,(longa,ut Kiranides ſcribit,)craſſa,
20 in turbinem à corpore deſinenti,non uti in cæteris quadrupedibus,ſed uti in piſcibus cernimus:la
certis breuibus,unguibus rapaciſsimis. urſinas diceres crocodili manus pedeſq; , niſi huic eſſent
ſquammei,illi autem uilloſi,Petrus Martyr. Non habere eum unde egerat niſi per os,quidam tra
diderunt, Idem. Crocodilum habet Nilus quadrupes malum,Plinius & alij. Ouiparis qua
drupedibus,ut crocodilo,lacertæ,& reliquis generis eiuſdem, crura tum priora , tum etiam poſte
riora retroflectuntur,paulum in latus uergentia,Ariſtot. Homini genua & cubita contraria:item
urſis & ſimiarum generi,ob id minimè pernicibus:oua parietibus quadrupedum crocodili, Plin.
¶ Vnguibus(unguium immanitate,Solinus)armatus eſt,Plinius. Vngues robuſtos habet, Ari
ſtot.& Herodotus. Quòd ſi ut armatus eſt unguibus,haberet etiam pollices,ad euertendas quoq;
naues ſufficeret,uiribus magnis,Marcellinus.

30 C

Crocodilus quanquam ambigentis ſiue ambigui uictus animal eſt , ab Ariſtotele tamen & alijs
fluuiatilis ferè cognominatur,ad differentiam terreſtris,qui perpetuò in terra degit. Terreſtris &
aquatilis eſt,Herodotus. Aſſuetus elementis ambobus, Marcellinus. Vita ei in aqua terraq; com
munis,Plinius. Quadrupes eſt malum,& terra pariter ac flumine infeſtũ,Idem.in terra & in flu
mine pariter ualet,Solinus. Crocodilus greſsilis eſt,& degit quidè in fluido, uictumq; inde emo
litur:ſed aerem non humorem recipit,& foris parere ſolet,Ariſtot. Humore ut nec prorſus care
re poſsunt,ita niſi aliquando reſpirant,in ipſo ſuffocantur,Idem. Dies in terra parte maxima agit,
noctes in aqua teporis ratione : tepidiorem enim aquam experitur quàm aerem,Ariſtot. Dies
in terra agit, noctes in aqua, utrunq; ratione teporis , Plin. Plerunq; diei in ſicco agit , ſed totam
40 noctem in flumine,quod calidior aqua ſit quàm nocturnus aer ſerenus & roſcidus,(θϵρμότϵρου γαϸ
ϐτϊ τὸ ὕϋλοϱ τῆς τ̓ ἀϊθϵῖυς κϣὶ τ̓ ϸρϐόϵτϵ,)Herodotus. Noctibus quieſcit per undas , diebus humi ueſci
tur,confidentia cutis ualidiſsimæ, Marcellinus. Noctibus in aqua degit,per diẽ humi acquieſcit,
Solinus. ¶ Per diem in terra quieſcit,& ad Solem iacet adeò immobilis , ut qui conſuetudinem
eius neſcit,mortuum putet,Liber de nat.rerum & Albertus. ¶ Aegyptij Solis ortum ſignifican
tes,geminos oculos crocodili pingunt.ϵπϵϸΏᵘπϐυ (lego,ϵπϵϸϊῖᵘ πϔ).ϖϣυϸϘς ϭῶμϣτϘς ζῶϦ οϊ ὀφθϣλμοὶ ϵϰ τϔ
Bϋϐϖ ἀυϣφϣίυϖυτϣι. hoc eſt, ut ego interpretor, Quoniam ante omne reliquũ corpus oculi huius feræ
ex profundo aquæ emicant,(emergũt.)Aliter Mercerus,& aliter quàm ille Trebatius uertit,uterq;
(meo iudicio)deceptus.Leguntur autẽ hæc in Hieroglyphicis Hori. Et rurſus, Occaſum ſignifi
cantes,crocodilum capite inclinato pingunt:αὐτϐ́τοϖϣϸ γαϸ κϣὶ κϣτϣφϸϵ̀ς τϐ ζῶϖϱ. Trebatius inepte uer
50 tit:Eſt enim hoc animal rotundum & promiſcuè parit. Decepit eum uox κϣτϣφϔϸϵ̀ς, libidinoſum
aliàs ſignificans:quæ hoc in loco idem quod κϐκϖφϸς eſt, id eſt capite deorſum inclinato. Mercerus
quoq; non minus inepte,Ad partum enim facile , & ad Venerem procliue eſt hoc animal. Atqui
ϵὐϖϐτϖκϖϱ uox corrupta uidetur,pro qua legerim κϣτϖϖϖπϔ aut κϣτϣπϔϱ , uel aliquid ſimile. tali enim
ſitu,(nempe capite decliuiore,aquam uerſus,reliquo uerò corpore altiore & ab aqua auerſo,)in ri
pis crocodilum iacere conijcio,ut facilius & promptius cũ res poſtulat in aquam mergatur. Et
ſanè cum ut Orientem ſignificent caput eius & oculos ſuperiore quàm reliquum corpus ſitu ex
aqua emergentis pingant,par eſt ad Occidentem denotandum eo habitu pingi quo uiſitur cum ſe
mergere parat. ¶ Hebetes oculos hoc animal dicitur habere in aqua,extra acerrimi uiſus,Ariſto
teles & Plin. Inter aquas cæcus,ſub dio(ϗ τῇ ἀϊθϸϊ)perſpicaciſsimus,Herodotus. In aqua obtu
60 ſius uidet,in terra acutiſsime,Marcellinus & Solinus. Faba naſcitur & in Aegypto ſpinoſo caule:
qua de cauſa crocodili oculis timentes refugiunt , Plinius. ¶ Propter breuitatẽ pedum piger eſt,
Albertus. Si perſequantur quempiam,uertere ſe non poſsunt,ſed ſolum rectà procedere queunt,

unde pluribus occasio fugæ haud dubia , Cardanus. Ex cauernas subeuntibus quadrupeda, eadem
 ouipara, (ut crocodili, lacertæ, stelliones, & testudinum genera,) omnia à latere crura adiuncta,& summam terram obradentia habent,eademq in obliquum detorquent,quoniam ita formata
usui sunt ad commodius subeundum,& ad ouorum incubatum atq custodiam peragendam.Cum
igitur extrorsum pateant,necesse est ut femoribus contrahendis , & sub se condendis toto corpore
in sublime sese efferant,quod quidem corpus cum ita se moueat, fieri non potest ut crura aliter in-
flectantur quàm extrorsum,Aristoteles in libro De communi anim. gressu. ¶ Mensibus quatuor
frigidissimis latent crocodili , nec interim quicquam edunt, Aristoteles. Quatuor menses hyemis inedia semper transmittere dicitur hoc animal in specu,Plin. Quatuor mensibus hybernis (à
coeptu brumæ,Solinus)nihil omnino edit,Herodotus,Marcellinus. Crocodilus latet quadragin- **10**
ta dies,Suidas in φωλώωτόρ.Aelianus sexaginta dies eum quotānis in latibulo sine ullo cibo quiesce
re prodidit , eundem numerum sexagenarium in multis etiam alijs ei attribuens. Crocodilus &
testudo latibulis quidem se condunt, sed senectam non exuunt, & Suidas in φωλώωτόρ.
¶ Aegyptij cum significant tenebras,crocodili caudā pingunt. neq enim aliter ad exitium & internecionem perducit crocodilus quodcunq apprehenderit animal, nisi cauda prius cæsum,inua-
lidum reddiderit.nanq in hac corporis parte præcipua est crocodili uis ac robur, Orus. Non solum homines comedit,sed & cætera terrestria animantia flumini appropinquantia unguibus grauiter discerpit,Diod. Deuorant equos & homines, & quodcunq animal in flumine aut super ri
pam inuenerint,Obscurus. Crocodilus uitulum aliquando matri(uaccæ)ereptum in fluuium defert,Syluat. Nealces asellum in littore (ripa Nili)bibentem pinxit, & crocodilum insidiantem ei, **20**
Plinius. Satiati piscibus quasi somnolenti caput ingerunt ripis , Albertus. Hunc saturum cibo
piscium,& semper esculento ore in littore somno datum,trochilus parua auis inuitat ad hiandum,
&c.Plinius. Canes crocodilorum metu è Nilo in transcursu tantum rapiunt potum,unde natum
prouerbium,Vt canis è Nilo bibit & fugit. Luto pascitur, Arnoldus de Villanoua, In Arsinoitica præfectura crocodilus sacer à sacerdotibus nutritur pane, carne & uino, quæ à peregrinis afferuntur ad eiusmodi spectaculum uenientibus. Sunt qui placentas etiā , & carnes assas & mulsum
eis afferant,Strabo. Aegyptij hominem comedentem significant crocodilo hiante picto, Orus.
¶ Crocodilus foecunditate excedit,& singulis annis parit,Diodorus Siculus. Aegyptij tum alias,
tum foecundum significantes,crocodilum pingunt. est enim foecundum (πολύτικνον)animal, Orus.
Pariunt educantq in sicco,Aristot. Testudines & crocodilos dicunt cum in terra partum edide- **30**
rint,obruere oua,deinde discedere, ita & per se nascuntur & educantur, Gillius nō citato authore.
Illi quidem quos nos legimus,non sponte sed incubitu,oua crocodilorum excludi testantur. Oua
parit in terra crocodilus excluditq , Herodotus. Tam terrestres quàm fluuiatiles crocodili sua
oua terræ gremio committunt , Aristot. Sexaginta dies uentrem ferunt, sexaginta oua totidem
diebus ex sese pariunt,totidemq diebus ex hæc fouent. Curatio partus ab eisdem sexaginta diebus pera
gitur, Aelianus. Crocodili uicibus incubant mas & foemina , Plinius. In partu fouendo mas &
foemina uices seruant,Solinus. Crocodili oua tempore anni(calore scilicet mediocri)concoquun
tur & perficiuntur : ut etiam stirpes non germinant nisi tempus idoneum , quo concoquatur alimentum,accedat,Aristot. Problem.2,26. Oua sexaginta complurimum parit, maximumq animal minima hac origine euadit,ouum enim non maius quàm anseris , & foetus inde exclusus pro- **40**
portione est. Sunt qui eum tandiu augeri,quandiu uiuat,confirment,Aristot. Parit oua quanta
anseres(quod Solinus etiam & Marcellinus scribunt)nec aliud animal ex minori origine in maiorem crescit magnitudinem,Plinius. Ex omnibus cognitis animalibus hoc maximum existit ex
minimo:siquidem oua gignit haud multo maiora anserinis, & proportione oui foetus excluditur.
excretus ad decem & septem & amplius cubitos peruenit,Herodotus & Diodorus. Inter aquatilia crocodilus ex minimo maximus euadit, ut ex uolucribus magna struthio,ex quadrupedibus
elephantus,Aelianus. Quidam hoc unum animal quandiu uiuat crescere arbitrātur. uiuit autem
longo tempore,Plinius. Oua exclusa extra eum locum transferens, semper incubat, præ diuinatione quadam,ad quem summo auctu eo anno egressurus est Nilus. Metatur locum nido naturali
prouidentia;nec alibi foetus premit, (uide an promit legendum. quanquam Plinius alibi exclusa **50**
transferri ait,)quàm quò crescentis Nili aquæ non possunt peruenire,Solinus. Crocodilorum par-
tus(inquit Plutarchus in libro Vtra anim.)cetera quidem similia habet testudinum partui marina-
rum:locum uerò quem excubaturi designat quibúsnam coniiciat modis , ratiocinio humano nullo
deprehendi potest.unde nec humanæ sed fatidicæ cuiusdam facultatis illam bestiæ prædictionem
esse putant. Nec altius enim nec inferius,sed eo præsertim loco ponit oua, quo summo Nilus auctu,
eo quidem anno terram ablaturus conditurusq peruadet. Itaq qui rusticus prior incidit , locum
notat,ac summum cæteris nunciat fluminis incrementum. Adeo uero locum commetitur, ut eo
aquis operto,non opertus ipse incubet,Hæc ille. Nostrates similia quædā de fibri domicilio scribunt,quod ita struat,ut pars dimidia aquam contineat, altera supra aquam extet. quod si agricolæ
domicilia eorum altius posita uiderint,in montibus ferunt:sin humilius, in uallibus. Exclusis cro- **60**
codili catulis quisquis emergit protinus, nihil autem arripit eorum quæ forte occurrerunt, ac neq
uel ranam uel limacem uel testucam uel herbulā populatur, ore lanians , cum morsu mater repente
necat;

hecat:feroces contrà ac ftrenuos amat colitq́z, iudicio, quod mortalium fapientifsimi côfueuerunt, non amans affectu, Plutarchus in eodem libro, & Aelianus cuius uerba in D. referam. Eſt etiam admiratio in beſtijs aquatilibus his quæ gignuntur in terra, ueluti crocodili, aquatilesq́z teſtudines, ortæ enim extra aquam, ſimul ac primum niti poſſunt, aquam perſequuntur, Gillius. Crocodilo= rum ѽотокіа, id eſt ouorum partus circa Nilum, uernum tempus indicat, Heliodorus. Oua pluri= ma (ἐῶν ϛωϱὸν) crocod. parit: quæ ut primum excluſa ſunt, aculeatus quidam ſcorpius ab eis prore= pit, à quo ille letaliter ictus interit, Philes. Crocodili multiplicarentur nimis pluribus ouis editis: ſed non niſi iuxta aquas uiuere queunt: amphibij enim ſunt, & præter id iniurijs aquarum obnoxij, Cardanus. Scincus eſt guariſ (lacertus) Nili: & putarunt aliqui hunc eſſe fœtum crocodili in cam
10 pos, (terreſtrem,) Auicenna. ¶ Crocodilus longo tempore uiuit, Ariſtot. & Plinius. Longitu= dine uitæ hominis fermè eſt, Diodorus Siculus. Annos uiuit ſexaginta, Aelianus.

D.

Crocodilus natura timidus, improbus, malitioſus, fallax cum ad rapinas faciendas, tum ad cóſ parandas inſidias acerrimus & promptiſsimus exiſtit, Aelianus. Sunt qui ſubtilitatem animi cóſ ſtare nô tenuitate ſanguinis putent, ſed cute operimêtisq́z corporû magis aut minus bruta eſſe, &c. ceu uerò nô crocodilis & duritia tergoris tribuatur, & ſolertia, Plin. Crocodilus diuinatione qua= dam oua ſua extra eum locum transferens, ad quem ſummo auctu eo anno egreſſurus eſt Nilus, ſemper incubat, ut pluribus dixi in c. Cum ex ſeſe pepererunt, hoc experimento legitimum ab ſpurio internoſcunt, ut ſi quid ſimulatque excluſus eſt, rapuerit, in reliquum tempus in crocodilini
20 generis numero locoq́z à parentibus ducatur: ſin ignauia eum ipſum tardauerit, ad comprehenden dam alicunde aut muſcam aut lacertulas (culicem, muſcam, aut locuſtam, Io. Tzetzes) eum parens tanquam à ſe degenerantem, nihiloq́z ad ſe pertinentem lacerat: atq́z tanquam ad ſolis radios aquilæ ſuorum ingenuitatem experiuntur, ſic celeri alacritate prædam capiendi ij ſuos probant, Aelianus & Plutarchus, cuius uerba præcedenti capite recitaui. Idem aſpides etiam, cancros, & teſtudines in Aegypto facere Aelianus alibi ſcribit. Eſt in eis pietas crocodili, aſtutia hyænæ, Mantuanus. In partu fouendo mas & fœmina uices ſeruant, Plin. & Solinus.

¶ Crocodilis hiantibus trochili aues inuolantes (à carunculis quæ inhæſerint, roſtro) dentes de= purgant, & crocodilus ſentiens ſecum commodè agi, nihil nocet: ſed cum egredi auem uult, ceruiꞏ ces mouet ne comprimat, Ariſtot. in hiſtoria anim. & in Mirabilibus. Crocodilus ita immobilis
30 ad Solem iacet ut uideatur mortuus, (ſomnum ſimulans aues hiatu ſuo pabuli gratia inuitat) quo tempore ei hianti auiculæ quædam dentes purgant, quas os concludens deglutit, Albertus & Auꞏ thor libri de nat. rerum ex Ariſtotelis uerbis (ut apparet) non intellectis. Trochilus auicula breuis eſt, ea dum reduuias (reliquias, reduuias conchyliorum ſupra dixerat Marcellinus minutias) eſca= rum affectat, os belluæ huiuſce paulatim ſcalpit, & ſenſim ſcalpurigine blandiête aditum ſibi in uſq́z fauces facit: quod enhydrus conſpicatus, alterum ichneumonum genus, penetrat belluam, popula= tisq́z uitalibus, eroſa exit aluo, Solinus, & alij ut in Ichneumone recitaui. Ab omni maximè com= mercio abhorrens, marinorum fluuiatilium lacuſtriumq́z omnium maximè ferus crocodilus, ultro ſe tam miranda cum gratia trochili congreſsibus præbet. Auicula trochilus eſt circum paludibus & fluuijs uicinos locos agitans, crocodili ſatelles paraſitusq́z, non domi ſed reliquijs huius uicti=
40 tare conſueta. Hæc ubi ſtertenti crocodilo ab Ichneumone luto in hoc ſe pugilis inſtar armante, parari inſidias animaduertit, aduolat, ſomnum diſcutit, uoce partim, partim uellicatu roſtri. Hoc ille officio ſic demulcetur, pateſacto deinde rictu intra fauces admittit, titillari & inter ſepta dêtium carnes roſtro leniter excerpi mirifice gaudens. cuius uoluptatis cum ſatur eſt, ac os colligere iam & rictum claudere parat, inclinata paulum ſuperiore mandibula præmonet, totam uero non antè demittit, quàm euolare trochilo quoq́z colluuium uideatur, Plutarchus in libro Vtra animalium, &c. Crocodilus cum in aqua uitam degat, os fert introrſum hirudinibus refertum. Poſtquam igi= tur ex aqua in terram egreſſus eſt, ac deinde hiauit: ſemper enim ferè hoc ad zephyrum (Solis ra= dios intuens aduerſos maximè, Aelianus) facere ſolet: tunc in eius os trochilus penetrans deuorat ſanguiſugas. qua utilitate delectatus crocodilus, nihil omnino trochilum lædit, Herodotus, Aeliaꞏ
50 nus, Philes. Sed cum multa ſint trochilorum genera & nomina, haudquaquam cum ijs omnibus amicitiam colit crocodilus, ſed cum ſolo nuncupato cladorynncho, (cladarorynchum legit Hermo= laus in Plinium 8.25.) qui nulla offenſione hirudines ei legere poteſt, Aelianus.

¶ Crocodili qui in paludibus manu Ombitarum factis nutriuntur, eis domeſtici & uernáculi ſunt, & ſe appellantes intelligunt. Capita idcirco hoſtiarum eis edenda obijciunt, quod ea ipſi non comedunt, Aelianus. Alibi tamen, In Ombitis (inquit) uel Coptitis, uel Arſinoitis tutum non eſt aut pedes lauare, aut aquam haurire: ſed neq́z in ripis inambulare, niſi ſumma cautione, liberûm eſt. Et rurſus, Belluas etiam in eos ipſos à quibus beneficium acceperint, uehementer gratas eſſe, teſtiꞏ monio ſunt uel Aegypti admodum ſera animalia, feles, ichneumones, crocodili. Crocodili locis quibuſdam Aegypti ſacerdoti manſuetos ſe exhibent, propter cibi curam quæ ibi inſumitur, Ariꞏ
60 ſtoteles. Sacerdotum clamantum non ſolum uocem agnoſcunt, contrectarîq́z ſuſtinent, ſed aper= to rictu purgandos manibus dentes & linteolo detergendos prębent, Plutarchus in libro Vtra aniꞏ malium, &c. Sæuientes ſemper hæ feræ, quaſi pacto fœdere quodã caſtrenſi per ſeptem ceremôꞏ

B

niofos dies mitefcunt ab omni fæuitia defcifcentes, quibus facerdotes Memphi natales celebrant
Apis, Marcellinus & Plin. Vide plura in h. quàm familiariter crocodili à facerdotibus in Aegy
pto tractentur. Plutarchus (in libro Vtra animalium, &c.) commemorat quendam nomine Phili
num, qui Aegyptum obiuerat, fibi narraffe, fe in oppido Antæo (Antæi) nuncupato, aniculam in
fpexiffe, fimul cum crocodilo in lectulo dormire, eidemḉ hunc porrectũ adiacere, Gillius. ¶ Ae
gyptij rapacem aut infanum fignificantes, crocodilum pingunt. is enim fi quando à petita rapina
prohibeatur, in feipfum iratus furit, Orus. ¶ Ad hanc rationem de Nilo aquã haurientibus cro
codili abftrufas infidias inftruunt: nam per uirgulta, quibus funt tecti, & intuentur, & fubter ea ipfa
natantes, & fic operti, fe ad littus magnis faltibus incitant, confeftimḉ ex uirgultorũ latebris erum
pentes, aquatores dum aquam hauriunt uiolento raptu interceptos deuorant: quod quidem ipfum 10
crocodi'orum malitiam & fraudem facile oftendit, Aelianus. Et rurfus, Ad comprehendendos
homines, aliáue beftias, crocodilo hæc eft malitia & ueteratoria, ut quã nouerit eos in flumen de
fcendere, uel ad aquationem, uel ad confcenfionem in naues, uiam ore, quod quidem ipfum multa
compleuerit aqua, de nocte madefaciat, præcipitem efficere ftudens, quo faciliorem fibi captu præ
dam reddat, ij fane quoniam lubricum gradum fuftinere non queant, præcipites aguntur, & croco
dili impetu corripiuntur, & deuorantur. Crocodili lachrymæ, Κροκοδείλȣ διάκρυα, prouerbium eft
de ijs qui fefe fimulant grauiter angi incõmodo cuiufpiam, cui perniciem attulerint ipfi, cuiue ma
gnum aliquod malum moliantur. Sunt qui fcribant, crocodilum confpecto procul homine, lachry
mas emittere, atḉ eundem mox deuorare. Alij narrant hanc effe crocodili naturam, ut cum fame
ftimulatur, & infidias machinatur, os haufta impleat aqua, quam effundit in femita, qua nouit aut 20
alia quæpiam animantia, aut homines aquatum uenturos, quo lapfos ob lubricum defcenfum, neḉ
ualentes aufugere, corripiat, correptosḉ deuoret, deinde reliquo deuorato corpore, caput lachry
mis effufis macerat, itaḉ deuorat hoc quoḉ, Erafmus. Crocodilus hominem quoque cum poteft
interficit, fed eundem poftea, ut dicunt quidam, deplangit, Albertus. Crocodilum folum ex bru
tis lachrymari quidam tradunt, Petrus Martyr. Ipfi, quorum uanitas ridetur, Aegyptij, nullã bel
luam, nifi ob aliquam utilitatem, confecrauerunt: uelut crocodilum, quòd terrore arceat latrones,
&c. Cicero. ¶ Crocodilus omnem ftrepitum perhorrefcit, humanam uocem contentiorem exti
mefcit: eos à quibus paulò cõfidentius inuaditur, reformidat, Aelianus. Audax monftrum fuga
cibus, ubi audacem fenferit timidifsimum, Marcellinus. Tradiderunt aliqui fugere crocodilum
fi recto oculo infpiciatur: fequi uerò fi meticulofum obuium fenferit, ac interimere, Pet. Martyr. 30
Fugax animal audaci, audaci'fimum timido. Nec illos Te tyritæ (dicti ab infula Tentyri quam ha
bitant, Hermolaus) generis aut fanguinis propinquitate fuperant, fed contemptu & temeritate.
Vltro enim infequuntur, fugientesḉ iniecto trahunt laqueo: pleriḉ pereunt quibus minus præ
fens animus ad perfequendum fuit, Seneca lib.4. Natur. quæft. In infula Nili Tentyri nafcentes
tanto funt crocodilis terrori, ut uocem quoḉ eorum fugiant, Plinius. Et alibi, Quin & gens ho
minum eft huic beluæ aduerfa in ipfo Nilo Tentyritæ, ab infula in qua habitat appellata. Menfura
eorum parua, fed præfentia animi in hoc tantum ufu mra. Terribilis hæc contra fugaces bellua eft,
fugax contra infequentes: fed aduerfum ire foli hi audent. Quin etiam flumini innatant, dorfoḉ
equitantium modo impofiti, hiantibus refupino capite ad morfum addita in os claua, dextra ac læ
ua tenentes extrema eius utrinḉ, ut frenis in terram agunt captiuos: ac uoce etiam fola territos, co 40
gunt euomere recentia corpora ad fepulturã. Iraḉ ei uni infulæ crocodili non adnatant: olfactuḉ
eius generis hominum, ut Pfyllorum ferpentes fugantur, Hæc ille & Solinus. Tentyritæ omni
bus modis crocodilum exofum habent, inueftigant atḉ occidunt. Sunt qui dicant quod quemad
modum Pfylli apud Cyrenaicam regionem naturalem quandam uim habent contra ferpentes, fic
& Tentyritæ contra crocodilos, ut nihil ab eis patiantur, fed intrepidè natent, & aquam tranent,
alio nemine audente. Cumḉ crocodili Romam allati effent ut uiderentur, Tentyritæ eos feque
bantur, facta eft illis pifcina quædam, & foramen in uno laterum, ut ex aqua in apricum egredi pof
fent. Tentyritæ aderant, qui eos interdum rete educebant ad Solem, ut à fpectatoribus uiderentur,
interdum in aquam intrantes rurfum eos in pifcinam retrahebant, Strabo. Teteryntæ (Tenty
ritæ) fic nuncupati Aegyptij, qua ex parte comprehenfibilis atḉ expugnabilis fit, præclare intelli 50
gunt. Etenim eius oculos, quòd fint hebetes, planè fciunt peropportunos effe ad uulnus accipien
dum: atḉ etiam eiufdem uentrem, quòd molli & tenui fit cute, idcirco commode feriri poffe. Con
tra uero tergum & cauda ab omni ictu inuicta ideo exiftere, quod tecta fint, & quafi armata fquam
marum robore, teftis, cruftifue haud difsimilium. Ii igitur quos modo dixi populi, eos comprehen
dere foliti, tam ualde ijs ipfis inimico infenfóḉ animo funt, ut illic fluuius à crocodilis tãtopere con
quiefcat & liber fit, ut fidenter ibidem natatio exerceri pofsit, Aelianus. Calepinus Tentyritas
ineptè genus animalis uenenofi interpretatur.

¶ De crocodilis quæ inter natigandum ab accolis nautis noua perdidici, (inquit Petrus Mar
tyr lib.3. legationis Babylonicæ) mens eft differere. Ab urbe Cairo ad mare ufḉ non femper noxios
effe croco diilos referunt: ab urbe autem aduerfo Nilo quantò altius uerfus montana nauigatur, tan 60
tò uiolentiores ferocioresḉ aqua & terris effe aiunt. Plerafḉ eius rei caufas mihi interroganti ad
duxerunt in medium. Primum, quod ea Nili pars quæ inter urbem & mare iacet, pifcibus tum in
             Nilo

Nilo enutritis, tum ex mari prodeuntibus, quibus crocodili uescuntur, semper abundet: propterea
piscibus contentos, in terram illos nõ longe à ripa descendere hominibus aut quadrupedibus damna illaturos, prædicant. Cum autem & inferiores crocodili, & piscatorum ingens multitudo, piscium turbas ad superna transire, quin illos retibus intercipiant, paucas patiantur: crocodili qui superiores Nili partes incolunt, atrociori fame urgentur: ita famelica rabie arreptos, in terram descen
dere illos inquiunt, adorirícq; ac perimere quicquid obuium sit. Quædam præterea præmij spes ma
gnos crocodilos capientibus proposita facit, ut multò pauciores audeant à Nili ripis longius prodire. Cuicq; enim ad urbem Cairum crocodilum grandiorem afferenti, aurei nummi de fisco præbentur decem, quamobrem crocodilis grandibus circa urbem, ut alibi leonibus, ursis, cæterisq; bru
10 tis animalibus uiolentis ac rapacibus, dulci habendæ pecuniæ spe multæ insidiæ parantur. Tunc
autem crocodili nocentiores sunt, damnaq; ad uicina rura exeuntes maiora inferunt, quando redijt ad alueum Nilus: cum nanq; sint eo tempore Nili ostia magis arenosa, ob humiliorem aquæ in
ipsis faucibus profunditatem, minor marinorum piscium copia per fluenta Nili ascendit. Inde fame compulsos, cum Niliaci pisces illis ad saturitatem non suppetant, uictum ipsos terra quæritare
aiunt. Hic euenisse prædicant accolæ, quod Nilo ad alueum deducto, sæpe latean in insidijs obuo-
luti cœno crocodili in ripæ ora, in eorum locorum uicinia ad quæ Niliaci rurales aut oppidani fœ
minas aquæ hauriendæ gratia mittunt, immissoq; per ancillam cantharo in aquæ decursum, croco
dilum, inquiunt, transilire, & fœminam dentibus, quos habet rapacissimos, manu, qua cantharum
immisit, rapere, ac in fluuium in caput tractam dilacerare. Camelum, equum, iuuencam, & quod-
20 cunq; genus quadrupedis ei occurrit, cum in terrà famelicus exit crocodilus grandior, ictu caudæ
adeò acriter ferit, ut illud cruribus fractis prosternat ac demũ interimat. Tanta est enim illius caudæ uis, ut fregisse quatuor uno ictu grandioris animalis crura repertus sit aliquando. Emergit aliud
imminens periculum decrementi tempore Nilum pernauigantibus. Cum enim cõtra Nili torren-
tem ascenditur, deficiente uento, sæpius contis quàm remis agitur: nauemq; ascēdentem crocodili
latenter sequuntur: & nautam cum crocodilus uideat conto ad expungendam nauem totum fixo
pectore inhærere, ictu caudæ conto acriter discusso præcipitem cadere in fluuium facit: ac uix de-
lapsum rapit & uorat. Sponda etiam manibus apprehensa ingressum plerunq; tentasse, aut nauim
deuoluere fuisse conatos, asserunt. Tanta est eorum rabies fame urgente, Hæc omnia Pet. Martyr.

¶ Et paulò post, Crocodilos præterea zelotypos & amantissimos uxorũ, aiunt Aegyptij: quod
50 hoc experimento comprobarunt. Iisdem ferè temporibus, quibus ego regiones illas peragrabam,
nautæ quidam adnauigando cum cernerent crocodilos coeuntes in insula Niliaca, quam fluuij de-
crementum siccam reliquerat, ad eos cum ingenti strepitu ac minitātibus similes descendunt, Inde
masculus primo impetu perterritus, relicta uxore resupina, sese præcipitem in fluuium dedit. Re-
supinat enim illam masculus, & in uentrem deuoluit: cum ipsa ob crurum breuitatem per se minimè queat. Atq; ita relictam eius uxore nautæ interimunt auferuntq;. Cum uerò masculus redijsset,
uxore non reperta, conspectoq; in arena sanguine, peremptam & ablatam coniectatus, ad nauim
aduerso Nilo ira concitus, ueluti rabidus, despumans natando percurrit: ratem unguibus tenacis-
sime comprehendit, omni conatu nititur sui oblitus nautas perempturus intra nauim prosilire. Ve
rum enim fustibus ac telis nautæ illum in caput alij, alij in digitos quibus sese suspendebat, ita con-
40 cusserunt, ut attritis manibus, capite quassato, linquere prouinciam quam sumpserat coactus fuerit, timuére tamen nautæ non mediocriter, Hucusq; Pet. Martyr.

¶ Sui & crocodilo natura eam conciliauit amicitiam, ut impune sues circa Nili ripas obuersentur, neq; à crocodilis offensam ullam patiantur, Calcagninus. ¶ Ichneumon oua crocodili inquirens conterit, nulla utilitate sua: nec enim comedit illa, sed natura duce, Diodorus Siculus.
Ichneumones crocodilis apricantibus insidiantes in oris hiatum intrant, & exesis uisceribus è uen
tre mortuorum egrediuntur, Strabo. Sed amica crocodilo trochilus auicula, excitat eum & admo
net cum propinquum uiderit ichneumonem, ut superius retuli. Plura leges in Ichneumone D. inter quadrupedes uiuiparas. ¶ Cercopitheci crocodilos oderunt, ut in ipsorum historia dictũ est.
¶ Buffalus uulgò dictus, aut bos quidam syluestris apud Parthos, crocodilum habet inimicum,
50 quem si inuenerit extra aquam, conculcando prosternit, Albertus de animalib. 2. 1. 3. Et alibi, Cm
nibus animalibus insidiatur crocodilus maximè, & è conuerso crocodilũ bubalus conculcat in arena. ¶ Accipitres crocodilorum hostes sunt, Aelianus. ¶ Author est Aristobolus nullum piscem
ex mari in Nilum ascendere, præter mugilem, alosam, (thrissam?) & delphinos crocodilorum gra
tia, quibus præstantiores sunt, Strabo lib. 17. In crocodilo maior erat pestis, quàm ut uno esset eius
hoste natura contenta. Itaq; & delphini immeantes Nilo, quorum dorso tanquam ad hunc usum
cultellata inest pinna, (spina) abigentes eos præda, ac uelut in suo tantum amne regnantes, alioquin
impares uiribus ipsi, astu interimunt. Callent enim in hoc aduersa animalia, sciuntq; non modo sua
commoda, uerum & hostium aduersa: norunt sua tela, norunt occasiones, partesq; dissidentium im
belles. In uentre mollis est tenuisq; cutis crocodilo: ideo se ut territi immergunt delphini, subeun-
60 tesq; aluum illam (aliàs illa) secant spina, Plinius. Est & delphinum genus in Nilo, quorum dorsa
serratas habent cristas. hi delphines crocodilos studio eliciunt ad natandum, demersiq; astu fraudu
lento tenera uentrium subternatantes secant & interimunt, Solinus. Ex crocodilis præter eos qui

B 2

fortuita pereunt morte, alij disrumpuntur suffossis aluis mollibus certis ferarum dorsualibus cri=
stis (cristis, ex Solino,) quas delphinis similes Nilus nutrit, Marcellinus. Babillus uirorum opti=
mus per ectusᵩ in omni literarum genere, rarissimus author est, cum ipse præfectus obtineret Ae=
gyptium, Heraclitio ostio Nili, quod est maximum , spectaculo sibi fuisse delphinorum à mari oc=
currentium, & crocodilorum à flumine aduersum agmen agentium , uelut pro partibus prælium.
Crocodilos ab animalibus placidis morsuᵩ innoxijs uictos. His superior pars corporis dura & im
penetrabilis est, etiam maiorum animalium dentibus, at inferior mollis ac tenera, hanc aduersi spi
nis quas dorso eminentes gerunt, submersi uulnerabant, & in aduersum emersi (emissi) diuidebant.
Recisis hoc modo pluribus, cæteri uelut acie uersa refugerunt, Seneca lib.4. natural. quæstionum.
❡ Crocodili à porcis piscibus abstinent, qui cum rotundi sint, & spinas ad caput habeant, pericu=10
lum belluis afferunt, Strabo lib. 17. ❡ Aegyptij inimicum cum pari congredientem inimico in=
dicare uolentes, scorpium & crocodilum pingunt. uterᵩ enim alteri mutuum affert exitium. Sin
uero uictorem alterum, quiᵩ inimicum sustulerit innuant, aut crocodilum pingunt, aut scorpium.
si celeriter quidem sustulerit , crocodilum: si lentè , scorpium, ob eius difficilem tardumᵩ motum,
Orus. Ab exclusis crocodili ouis mox scorpius prorepit aculeatus, à quo letali ictu afflictus in=
terit, Philes. ❡ Aegyptij pro homine rapace & otioso crocodilum pingunt cum ibidis penna in
capite. hunc enim si ibidis penna tangas, immobilem reddes , Orus & Aelianus. ❡ Coluber est in
aqua uiuens, huius adipem & fel habentes qui crocodilos uenantur, mirè adiuuari produntur, ni=
hil contra bellua audente, (uide etiam in ᴇ. mox:) efficacius etiamnū si herba potamogeton misceae=
tur, Plinius. Et alibi, Potamogeton aduersatur crocodilis : itaᵩ secum habent eam qui uenantur il.20
los. Nascitur in Aegypto faba spinosa decem cubitos longa, quam crocodili fugiunt, timentes ne
spinis oculos lædant, Crescentiensis.

E.

   Crocodilum Ammianus Marcellinus exitiale quadrupes malum nominat. ❡ Si persequan=
tur quempiam, uertere se non possunt, sed solum rectà procedere queunt, unde pluribus occasio fu
gæ haud dubia. aliqui etiam gnari huius naturæ plus rationi quàm terrori immanis bestiæ tribuen=
tes, pluribus ictibus conuersi, cum illa minimè flectere se possit, in latus eam côficiunt, tametsi pelle
durissima & impenetrabili, unde cæsim fuste melius agitur, quàm uel punctim, aut lancea aut gla=
dio, Cardanus. Rarò capitur, cum & incolæ quidam eum uenerentur, & externis inutilis sit labor
ob carnes esui malas, Diodorus Siculus. Capiebatur priscis temporibus hamis, recenti carne appo30
sita: nunc quandoᵩ reti ualido, prout & quidam prisces, quandoᵩ instrumento ferreo ex cymba ad
caput iniecto, Idem. Suidas in Κογχύλη scribens uim odores transmittendi, non in aere solum, sed
etiam in aqua esse, subdit: καὶ οἱ κροκόδειλοι τῆς κραυγῆς ποϋὶ τὴν τῷ ὕδατῷ ἐπιφανείαν κρίμαμμδρίκων, ἐφ᾽ πον τα
ἀνοῖς. Crocodilum capiendi cum complura & multiplicia genera, (ἁὖσι πολλὰ:) unum tantū hoc
quod mihi maximè dignum relatu uidetur, puto scribendum. Vbi tergum suillum hamo circunda=
tum, ad alliciendum crocodilum, pertulit in medium fluminis uenator, ipse ad ora fluminis porcel=
lum, quem uiuum tenet, uerberat: cuius uocem crocodilus audiens, secundū illam tendit, nactusᵩ
tergum deuorat. Et posteaquam attractus est , ante omnia eius oculos uenator cœno opplet. Hoc
acto cætera facile sanè obtinet, alioqui cum labore adepturus, Herodotus. Tentyritæ Aegypti po
puli quomodo crocodilos captēt, diximus iam supra in ᴅ. Enydris serpens est masculus & albus. 40
huius adipe perunguntur qui crocodilum captant , Plinius. Et alibi, Coluber est in aqua uiuens:
huius adipem & fel habentes, qui crocodilos uenantur, mirè adiuuari produntur, nihil contra bel=
lua audente: efficacius etiamnum si herba potamogeton misceatur.

   ❡ Possum de ichneumonum utilitate, de crocodilorum, de felium dicere, sed nolo esse longior,
Cicero de Nat. lib. 1. & 5. Tuscul. Primus hippopotamum & quinᵩ crocodilos Romæ ædilitatis
suæ ludis M. Scaurus temporario euripo ostendit, Plinius & Solinus. Edita munera in quibus
crocodilos atᵩ hippopotamos, &c. exhibuit, Capitolinus in Antonino Pío. Heliogabalus hippo=
potamos & crocodilum habuit, Lampridius. ❡ Duo crocodilorum genera Ganges fluuius gene
rat. Horum alteri nihil nocent, alteri inexorabili atque immisericordi in quælibet uoragine carni=
uori sunt. In eorum summo rostro, quiddā tanquam cornu eminet. Iis ipsis administris ad ulciscen=50
dos maleficos, turpissimis iudicijs conuictos, Indi utuntur. nam eosdem rerum capitalium damna=
tos eis obijciunt: neᵩ ad percutiendos eos securi, laqueóue ad frangendam ipsorum ceruicem car=
nifice egent, Aelianus. Scripsit aliquando Aurelius Festiuus, ille qui Aureliani libertus fuit, Fir=
mum Aegypti tyrannum crocodilorum adipe perunctum, inter crocodilos impune innatasse, id
quod Spartianus adnotauit: ut uerisimile sit, immanem sæuitia bestiam sui generis odore seductam
naturæ parcere, non homini, Vadianus in Melam. Sunt qui omnem uenenatam feram adipe eius
perunctis abstinere putent, ut legimus apud Aetiū lib. 13. cap. 8. Plinius hoc etiam terrestri cro=
codili adipi tribuit, ut eo peruncti ab aquaticis tuti sint. Vide in Scinco ɢ.

   ❡ Est crocodilorū alia à quadrupedibus (inquit Petrus Martyr) in progressu natura. Cum enim
è Nilo in terram longius proficiscuntur, alia nesciunt regredi uia , quàm per ea uestigia quæ in are=60
na uenientes reliquerunt. propterea cum descēdisse (exijsse è flumine) crocodilum incolæ sentiunt,
celeri cursu cum ligonibus & ramorum fascibus accurrunt : in eaᵩ semita fossam profundam effo=
diunt,

diunt,ac ramis illam superimpofitis arena contegunt,ne rediens crocodilus infidias fentiat,dehinc
per uestigia crocodilum quaeritant,sic repertum strepitu & lituorum aeneorumcp tinnitu in fugam
uersum infequuntur,ita in foueam delabentem aut perimunt,aut laqueis irretitum ad urbem(Cairum)portant. Diximus enim decem aureorum praemium effe grandes crocodilos uiuos afferenti
propofitum.Paucis antequam ego adijffem diebus , unum allatum fuiffe uiuum mihi retulit magnus interpres,quem uix duo poffent cameli fimul,uti boues araturi,coniuncti tergo sufferre.Alius
eodem tempore magnae molis crocodilus in regione quae Nilo adiacet,nomine Saetum,tres infan
tes in quodam rure Niliaco e cunis raptos deglutiuit.Captus tamen, modo quo diximus capi solere,fuit interemptus:euulsoscp infantes uix adhuc exanimos fuiffe sepultos,referebatur.Iifdem die
10 bus ex utero alterius irretiti ac trucidati arietem fere integrum uoratum, ac una dilaceratae mulieris manum,armilla adhuc extante aenea, se extraxiffe quidam accolae perhibebant. Habitos enim,
quandocuncp curae non eft ad urbem eos afferre,excoriant, cum utile ad multa medicamenta crocodilorum abdomen effe didicerint: Nec defunt etiam qui corium illoru quaeritent, quod eft adeo
durum,ut necp fagitta transfigi pofsit.

F.

Crocodilus raro capitur, cum & incolae quidam eum uenerentur,& externis inutilis fit labor ob
carnes efui malas,Diodorus. Qui circa Elephantinam in Aegypto incolunt, quod sacros effe nô
censeant,etiam comedunt,Herodotus. In urbe Apollinis sancitum eft ut quifcp de crocodilo comedat ablegata omni exceptione,Calcagninus. Apollonopolitae crocodilos comprehesos ex alto
20 suspendunt,& flebiliter gementes multis primum uerberibus affligunt, deinde ijs concisis uescuntur,Aelianus. Hazab Leuit.11. inter impura cibo animalia legitur ; Septuaginta crocodilum terrestrem uertunt.

G.

Crocodili fanguinem aliqui morsibus serpentium auxiliari docent,Dioscorid.6.39. Idem com
munem curatione aduersus omnes ictus uirulentos docens,Erasistratus (inquit) non immerito reprehendit eos qui incognitas ad hunc usum facultates conscripserunt , ut elephanti fel crocodiliue
sanguinem,&c. Vtriuscp crocodili(aquatici & terrestris) sanguis claritatem uifus inunctis donat,
& cicatrices oculorum emendat,Plin. Crocidili sanguis hebetudinem curat perfecte ; Kirandes.
¶ Si quis fixerit(lego,frixerit,ut in xylobate,id eft stellione apud eundem) crocodilum,& unxerit
30 se inde, nulla uulnera uel ictus fentiet,Kirandes. Crocodilus alius aquaticus,alius
terrestris eft:corij utriuscp cinis ex aceto illitus his partibus quas secari opus fit, aut nidor cremati,
sensum omnem scalpelli aufert,Plinius. Vide in Scinco. Pellem crocodili tritam fi quis insperse-
rit membro urendo uel incidendo,abscp dolore fiet,Kirandes. Cor (lege, corium) lacertae(fic aliqui uocem zab uertunt,sed Rasij interpres & alij,crocodili)crematum,aut(&) mixtum cum amurca olei,inunctum membro mutilando,mortificat id adeo ut ferrum non fentiat,Arnold. ¶ Aegyptij aegros suos aduersus febrium horrores crocodili adipe perungunt, Plinius. Crocodili adeps
eandem facultatem habet,quam canis marini, utin Succidaneis cum Aegineta publicatis legitur,
& apud Rasim quocp. A crocodilis morsos ipsorum adipe uulneribus imposito, summopere iuuari scimus,Galenus ad Pisonem. Demorsos a crocodilo locos acri muria aut piscium garo perfu
40 sos ac fotos,adipe crocodili eliquato illinito,Aetius ex Apollonio. Ex adipe tinsa (temsa) emplastrum fit super morsum eius,& dolor statim sedatur,Auicenna 2.706.& Rasis. Si coquatur cum
aqua & aceto,& os colluatur,tollit dolorem dentium,Decoctio eius opitulatur contra morsum uer
mium,muscarum,aranearum,& huiusinodi,Idem. Adipe crocodili(siue terrestris siue aquatici,
uide in Scinco) perunctos a morsu crocodili tutos effe perhibent. ¶ Crocodili e dextra maxilla
dentes adalligati dextro lacerto,coitus(si credimus) stimulant. Canini eius dentes febres statas arcent thure repleti. Sunt enim caui, ita ne diebus quincp ab aegro cernatur qui adalligauerit. Idem
pollere & uentre exemptos lapillos , aduersus febrium horrores uenientes tradunt,Plinius. Et
alibi,Concitat Venerem dens crocodili maxillaris annexus brachio. Crocodili dentes abstracti,
eo uiuo dimiffo,in gestante tensionem uel erectionem(membri pudendi)excitant:(ex dextra parte
50 in uiro:)sinister mulieribus.Si uero utercp adaptentur, erunt inter se contrarij ,Kirandes. ¶ Fimum crocodili ad alopeciam commendatur a Sorano & Archigene apud Galenum, intelligo autem terrestris:cuius etiam ad impetigines & alia multa usus eft. Vide in Scinco.
¶ Morsu eft aspero tetrocp,ut quod dentibus laceret nunquam sanetur, Diodorus Sic. Morsus eius horribili tenacitate conueniunt , stipante se dentium serie pectinatim, Solinus. uide in B.
Cum fint multa genera crocodilorum,caetera mandibulam inferiorem mouent praeter tencheam:
& ideo haec fortifsimi morsus eft,Albert. ¶ Quos crocodilus momordit(inquit Aetius 13.6.)pri-
mum quam tutifsime custodire oportet,in domo conclusos fenestras non habente. Etenim ob con
trariam quandam affectionem fere in totum syluestres maxime feles ad demorsos accedere consue
uerunt.Remedia autem his eadem quae ad morsos a cane(a cane rabido, Arnoldus de Villanoua.
60 Morsus a crocodilo curetur similiter illi, qui morsus eft a cane non rabido, Auicenna)ac ad reliquos
relata sunt conueniunt. Proprie aut humanum stercus & mify simul trita & imposita ad eos faciunt,
aut piscium garum , aut carnium salsarum iusculu morsui infunde, ¶Salsamenta(id eft pisces salsos,

Aggregator) scorpionum plagis imponere conuenit: contra crocodilorum quidem morsus non aliud præsentius habetur, Plinius.) Aut salem & myrrhã æquali pondere in acerrimo aceto quàm tenuissimo contere, & cerato excepta impone. [Sal crocodilorum morsibus imponitur, tritus in linteolo & intinctus aceto, ita ut uinculis loca constringantur, Dioscorid.] Aliud; Stercoris hyænæ drach.quatuor, æruginis drachmas nouem, adipis anserini drachmas sex, galbani drachmã unam, ceræ drachmas octo, olei drachmas duodecim. Aerugine & stercus aceto terito, & liquefacta assun dito, Quod si hyenæ stercus non adsit, porcino utitor. Apollonius autē inquit, demorsos locos acri muria aut piscium garo perfusos ac fotos, adipe crocodili eliquato illinito, & linamētis inditis obli= gato. Aut carnium salsarum pinguiores partes tusas indito , aut melanthium cum aceti fæce tritum imponito. Hæc enim & ulcus serpens compescunt, & morsus è uestigio ab inflammatione uindi= to cant. Post hæc autem lenticulam coctam cum melle tritam cataplasmatis modo adhibeto. Erui uerò farina cum melle subacta, aut iride cum melle morsum expleto. De cætero uerò ulcera renutrito, & per communia auxilia ad cicatricem perducito, Hæc Aetius. Aduersus crocodili morsus nitrum cum melle læuigatum tantisper dum hulcus repurgetur, imponito: mox melle, butyro, medulla cer ui, adipe anserino impleto. (Eodem emplastro, nisi quod terebinthina additur, Aetius initio libri 13. contra hominis morsum utitur.) Porrò Galenus testatur à crocodilo demorsos adipe ipsorum uulneribus imposita, exactè periculo liberatos cognouisse, Aegineta. De remedio ex adipe, uide etiam supra in E.circa finem. Eruum datur contra serpentium ictus ex aceto , ad crocodiloru ho= minumq́ morsum, Plinius. Auicenna 4. 6. 4. 11. eadem quæ Aegineta scribit. Laudantur præ= terea ad crocodili morsum à Plinio, ut Aggregator citat, garum piscium lib.31.& sal cum aceto, ibi= 20 dem. & sex aceti libro 23.

H.

2. Crocodilus à croceo colore dictus est, Isidorus. Crocodilus nominatur quod crocum ti= meat.nam cum ad aluearia repens terrestris crocodilus (scincus) mel uorat, apiarij foris crocum ap= ponunt, quo ille cōspecto fugit. Marinus (fluuiatilis potius uel Niliacus, Eustathius habet γνυΔ⊙, non ϑαλάσι⊙ ut Varinus) uerò sic dictus uideri potest, quòd crocas, id est littora (uel arenas litto= rum) timeat.in terra enim pauidus est, Varinus, & Cælius Rhodig.15.21. (qui etiam crocas [& cro= calas, Eustath.] Græcis dici scribit calculos frequenti motu in maris littore rotundatos, quos Lati= ni umbilicos appellent:) & Eustathius in Homeri Iliados.

¶ Epitheta. Niliacus, improbus, Nilicola, apud Textorem.   30

¶ Est & crocodilea siue crocodilina & crocodilitis uocata, quæstio sophistarū ludicra, ut prion & ceratina, Hermolaus. Sapientem formantes non modo cognitione cœlestium uel mortaliū pu= rant instituendum, sed per quædam parua sanè, si ipsa demum æstimes, ducunt, sicut exquisita in= terim ambiguitates: non quia ceratinæ aut crocodilinæ possint facere sapientem, sed quia illum ne in minimis quidem oporteat falli, Quintilianus.1.16. De crocodiline inuenimus (inquit Politia= nus in Miscellaneis cap. 55.) apud Aphthonij Græcum enarratorem Doxapatrem, quamuis apud eum crocodilites potius quàm crocodiline uocatur , quod & uerius puto. Verba ipsius ita Latinè interpretamur. Serra, inquit, & crocodilites, sicuti est in Aegyptiaca fabula. Mulier quæpiam cum filio secundum fluminis ripas ambulabat: ei crocodilus filium abstulit, redditurum dicens, si uerum mulier responderet. Negauit illa forè ut redderetur, atq́ ob id æquum aiebat reddi, Hactenus ille. 40 Moxq́ idem, Crocodiliten (inquit) hanc propositionem uocant, crocodili huius gratia, quam etiam πολονα, id est, serra uocari à Græcis indicat. Adiuuat Lucianus in dialogo cui titulus Vitarum uen= ditiones, ita fermè Chrysippum loquentem inducens, eiq́ respondentem quempiam , qui se profi= teatur emptorem: Cōsidera igitur ita. Est ne tibi filius? Quorsum istud? Si fortè illum iuxta fluuium errabundum crocodilus inueniat rapiatq́, dein redditurum polliceatur cum uerum dixeris, utrum redditurus ei uideatur nec ne. Quid enim sentire dices? Rem sanè perplexam interrogas. Ex his ut arbitror (inquit Politianus) liquet etiam crocodilitē, sicut supra ceratinen, sophismatos esse parum explicabilis speciem, quo dialectici ueteres , potissimumq́ stoici uterentur. ¶ Hesychius croco= dilum etiam τύλω interpretatur. intelligo autem tomentum quo puluini & sellæ quædam replen= tur. nam & κροκύδες, γνάφαλα exponuntur: & κνέφαλον (pro γνάφαλον, ut conijcio) τύλη. Κροκοδίλω 50 φιλύμφ⊙ ἔπι τὸ κέταγμα ἦτοι μηρυγμα, (ωλιύιορ,) Pollux 7.9. ¶ Cum crocotillis crusculis, Plautus: Pompeius interpretatur ualde exilibus.

¶ Icon. Nealces cum prælium nauale Aegyptiorum & Persarum pinxisset , quod in Nilo, cu ius aqua est mari similis, factū uolebat intelligi, argumento declarauit, quod arte non poterat. Asel= lum enim in littore (littus dixit pro ripa) bibentem pinxit , & crocodilum insidiantem ei , Plinius. Crocodilus in hieroglyphicis literis malum significat, Diodorus Sic. lib. 4. Biblioth. Aegyptio= rum alij in nauigio, alij super crocodilo Solem ostendunt, sic innuentes Solem iter suum per aerem dulcem & humidum peragendo, tempus generare, quòd quidem per crocodilum significatur pro= pter aliam quandam sacram (ἱσραπικλω) historiam, Clemens lib. 5. ςρωματ.

¶ Crocodilion chamæleontis herbæ nigræ figuram habet , radice longa, æqualiter crassa, odo= 60 ris asperi. Nascitur in sabuletis, &c. Plinius. Meminit & Dioscorides, & Galenus in libro de sim= plicibus. Idem lib.2.de composit. medic. secundum locos cap. 2. mentionem facit radicis croco=

diliadis

diliadis maximæ, quæ locis aquoſis naſcatur. Dioſcorides crocodilion ſuum ἐν ἀρουμάνεωψ, id eſt ſyluoſis naſci prodidit. Quin & dipſacus apud Dioſcoridem crocodilion cognominatur: & lilium ab
Oſthane auram crocodili uocitari inter nomenclaturas eidem attributas legimus.

¶ Quos Aegyptij champſas uocant, Iones appellauère crocodilos, illi generi crocodiloru quod
apud eos in ſæpibus gignitur; quantum ad corporis ſpeciem, comparantes, Herodotus. Eſt &
κροκυδλαλ Θ̄, (cum acuto in antepenultima, uel ſecundum alios in ultima, & ypſilo in antepenult.)
paruum animalculum apud Hipponacte, Euſtathius. Similis crocodilo, ſed minor etiam ichneu
mone, eſt in Nilo uocatus ſcincos, Plinius. Petrus Martyr Oceaneæ Decadis primæ lib. 3. in loco
quodam Cubæ appellatæ ab Hiſpanis inuentos ait ſerpentes octo pedum in ueruibus ligneis appo-
ſitos igni una cum piſcium libris circiter centum: quos incolę piſcatores ceperant ut regi ſuo conui
uium pro altero rege paranti afferrent, & conſpectis Hiſpanis accedentibus fugientes reliquerant.
Tum Hiſpani (inquit) diſcumbunt, piſcibus lęti fruuntur, ſerpentes relinquunt, quos nihilo penitus
ab Aegyptijs crocodilis differre affirmant, præterquam magnitudine, cum maximi eorum octo pe
des non excederent. Propinquum nemus poſtmodum iam ſaturi ingredientes ex ijs ſerpentibus,
arboribus funiculis alligatos complures compérère, quorum ora alij funibus aſtricta, dentes alij
euulſos habebant. Demum per interpretem cognouerunt nihil eſſe inter edulia quod incolæ tanti
faciant, quanti ſerpétes illos, popularibus eos comedere minus licet, quàm apud nos phaſianos aut
pauones, Hæc Petrus Martyr. Non probo autem quòd ſerpentes appellat, quos à crocodilis ſola
magnitudine differre ſcribit: lacertos enim potius, quòd quadrupedes ſint, nominari oportebat.
Idem Decadis ſecundæ libro ſecundo, Beraguæ prouinciæ Noui orbis flumen quoddam eſſe ait,
quod Hiſpani Lacertorum flumen uocarint, quia lacertos nutriat maximos, hominibus cæterisq
animalibus noxios, Niliacos crocodilos æmulantes.

¶ Aeſculapio templum conſecratum fuit in monte Libyæ circa Crocodilorum littus, ut ſcribit
Hermes Triſmegiſtus in Aſclepij dialogo. ¶ In Phœnice fuit oppidum crocodilon, (crocodilorum,) Plinius 5. 19. non procul à Carmelo promontorio. Crocodilorum ciuitas in Aegypto eſt,
Arſinoe dicta poſtea, Strabo. Hinc dictus puto Crocodilopolitæ nomos apud Plinium. Crocodilorum urbs ſita eſt in Mœride palude * in Aegypto, ut meminit Herodotus lib. 2. Sic autem uocata eſt quòd cùm *Minas rex, (Diodorus Sic. ut interpres habet: Menes, ut Herodotus) equo uectus
canes proprios perſequètes fugeret, equo in palude collapſo, ipſe à crocodilo exceptus et in ulterio
rem ripâ delatus ſit, quo in loco cōdita crocodili cōſecrati & pro dijs habiti ſunt, eorūq cæde
omnibus interdictum. Ciuis, Crocodilopolites, Hæc Stephanus, cuius locum mutilum ſarcies ex
Diodori Siculi de fabuloſis antiquorum geſtis lib. 2. quem Pogius interpres parum commodè red
didit. ¶ Crocodilus mons eſt in Ciliciæ uel Syriæ ora, Plinius 5. 27.

¶ e. Grandini creditur obuiare ſi quis crocodili pellem, uel hyænæ, uel marini uituli per ſpa
tia poſſeſſionis circunferat, & in uilla aut cortis ſuſpendat ingreſſu, cum malum uiderit imminere, Palladius. Corium crocodili, aut lupi claudi aut ſimiæ ſi circundetur ferendo ipſum cum coal-
dea, & ſuperficies eius, nunquam cadet in ea grando, Raſis. apparet autem lupum claudum ab interprete poſitum pro hyæna: nam & apud Auicennam 4. 6. 4. 9. qui locus eſt de cura morſi à cane rabido, pro aldabha, id eſt hyæna, interpres reddit adabacum claudicantem. Cæterum ſimiæ no
men ab eodem poſitum ſuſpicor pro uitulo marino, qui Græce phoca dicitur, Hebræi autè ſimiam
koph uocant, unde per literarum metatheſin error committi potuit.

¶ h. Artemidorum grammaticum Apollonius memorat nitente greſſu crocodilum in harena iacentem expauiſſe, atq eius motu percuſſa mente, credidiſſe ſibi ſiniſtrum crus atq manum à
ſerpente comeſtam, & literarum memoria caruiſſe obliuione poſſeſſum, Cælius Aurelianus in
Chronijs, capite de furore ſiue inſania.

¶ Aegyptiorum morem quis ignorat? quorum imbutæ mentes prauitatum erroribus, quàmuis carnificinam potius ſubierint, quàm ibim, aut aſpidem, aut crocodilum uiolent, Cicero. In diuerſis Aegypti locis coluntur ſcarabeus, crocodilus, feles, Plutarchus in Symp. 4. 5. Crocodilon
adorat Pars hæc (Aegypti:) illa pauet ſaturam ſerpentibus ibim, Iuuenalis Sat. 15. Sed neq crocodilus ſine cauſa ueriſimili ac plena perſuaſionis honorem nactus eſt. Ad ſummum enim numen
quandam habet imitationem, utpote ex omnibus unus elinguis. Neque enim ſermo diuinus uoce
indiget: & per mutam & ſilentem uiam ac iuſtitiam aſcendens, ad uocalem iuſtitiam perducit mortalia, (καὶ δ' ἀ Ιόφα Βαίνων κελάθα καὶ δίκης, τὰ θνητὰ ἄγα κατὰ δίκω.) Solū autem ex ijs quæ degunt in
humido à fronte tenuem (λεῖον, lætum) ac perſpiciam quandam pelliculam deducere tradunt, & ui
ſum obtegere, ita ut non uiſus uideat, quod primo numini plane congruit. Vbi uerò crocodilus fœ
mina pepererit, ibi terminum incrementi Nili futurum agnoſcit. Quum enim in humido partum
ædere non poſſit, procul autem non auſit: id ſeruat temperamentum, ut exacte futurum incrementum præſentiat, ut à partu dum incubant & fouent oua ſimul ipſæ fluminis beneficio frui poſſint,
ſimul uerò & oua loco inhumecto ac ſicco cuſtodiantur. Pariunt autem (oua) ſexaginta, & totidem
dies ceſſant, (ἐκλέπσι, lego ἐκλέπσιν, id eſt excludunt:) totidem etiam uiuunt annos qui plurimum
uiuunt: quæ dimenſionum prima eſt ijs qui cœleſtia ſpeculantur, Hæc fere Calcagninus in libro de
Aegyptiacis, ex Plutarcho de Iſide & Oſiride. Ipſi quorum uanitas ridetur Aegyptij nullam bel-

B 4

luam,nisi ob aliquam utilitatem consecrauerunt:uelut ibin, quòd maximam uim serpentium con﹣
ficiat:crocodilum,quòd terrore arceat latrones,Cicero. Crocodilos admirantur multi,cum homi﹣
nes interficiant ædantꝗ rem perniciosam mortalibus, quur lege ut pro dijs colantur , fuerit sanci﹣
tum. Sed uidentur toti patriæ securitatem afferre,non tantùm Nilus, sed et qui in eo sint crocodili.
Quos Arabiæ Libyæꝗ latrones ueriti, non audent flumen transire populatum. Affertur & alia ab
historicis huius bestiæ colendæ ratio. Nam regem quem Minam(Menem, Herodotus lib.2.)dixe﹣
re,cum sui canes persequerentur,fugisse aiunt in Mœridis(alij Mίridis uel Murίdis legunt,neutrū
probo)paludem, ibiꝗ(collapso in palude equo quo uehebatur,ipsum, ut Stephanus habet)suscep﹣
tum à crocodilo,mirabile dictu,in continentem fuisse delatum.Igitur ut gratiam animali redderet,
condita ciuitate paludi propinqua, quam crocodilorum appellauit,mandasse accolis,ut pro deo ea 10
bestia coleretur,paludemꝗ in earum cibum uouisse , Diodorus Siculus de fabulosis antiquorum
gestis lib.2.Pogio interprete qualicunꝗ. In Arsinoitica præfectura(inquit Strabo lib.17.)mirum
in modum colitur crocodilus,& est sacer apud eos in lacu quodam (Mœridis scilicet) seorsum nu﹣
tritus,& sacerdotibus mansuetus & suchus uocatur.Nutritur autem pane,carnę & uino,quæ à pe﹣
regrinis afferuntur ad eiusmodi spectaculum uenientibus. Hospes itaꝗ uir inter alios honoratissi﹣
mus,qui nobis sacra commonstrabat,ad locum ueniens,placentulam,& carnę assam,& quoddam
mulsi uasculum ex cœno attulit. Beluam in ripa lacus inuenimus,ex sacerdotibus alij eius os ape﹣
ruerunt,alius bellaria imposuit,postea carnem, deinde mulsam iniecit. Ille in lacum exsiliens in ul﹣
teriorem partę traiecit. Sed cū alius hospes aduenisset, & similiter primitias attulisset,cursu lacum
circumeuntes itidem inuento crocodilo obtulerunt, Hæc ille. Et alibi, Arsinoitæ crocodilos co﹣ 20
lunt,& propterea fossam habent crocodilis plenam,& Mœridis lacum.nam &eos colunt,& ab eis
abstinent. Crocodilos sacros adꝙmodum esse existimant qui circa Thebas & Mœrios(Mοιε☉)sta﹣
gnum incolunt:quorum utriꝗ unum ex omnibus crocodilis alunt cicurem & edoctum manu tra﹣
ctari,appendētes eius auribus uel gemmas,uel ex auro fusiles inaures(ἀρτήματα λίθινα χυτὰ ☉ χρύσεα)
& primoribus pedibus catenam(ἐμφιάeας,armillas)innectentes: cibaria quoꝗ accommodata ac sa﹣
cra(ἱφία)præbentes,consectantur tanquam pulcherrimè uiuentem,(tanquam homines delicatos
curant.)Vbi mortem obijt,sale conditum(ταειχσῦσαντς)sacris in urnis sepeliunt, Herodotus. Co﹣
ptitæ (qui Coptum incolunt in Aegypto,) accipitres ut crocodilorum hostes odio adducti sæpe in
crucem agunt.Iidem ob similitudinem quam cum aqua crocodilis esse affirmāt, crocodilos diuino
honore afficiunt, Aelianus. Ab aspidibus & crocodilis morsos felices & deo dignos arbitrantur 30
Aegyptij,Iosephus lib.2.contra Appionem. Crocodilorum colentes Ombitæ Aegyptij populi,
sic hos dierum celebratione dignantur, quemadmodum magnificentissima celebramus Olympiæ
certamina.A crocodilis suos liberos rapi mirificè gaudent, & matres ex eo magnam lætitiam uolu
ptatemꝗ capiunt:& simul magnificè,& amplè de se sentiunt,quę nimirum deo cibaria pepererint,
Aelianus. Volaterranus quidem hæc eadem ex Aeliano de Ombitis pariter & Coptitis scribit.
Quàm familiariter à sacerdotibus in Aegypto crocodili tractantur, scripsi quædam supra in D.
Amometus in quadam Libyæ urbe dicit sacerdotes ex lacu quodam canticorum illecebris præfri﹣
ctos crocodilos decem & septem cubitorum educere. De crocodilis hanc etiam auditionem ex
Aegyptijs accepi,sacros esse,& mansuescere,& à ministris se facile contrectari sustinere,& sibi fru﹣
sta esculenta in dentes insita, extrahentibus patulum os præbere,atꝗ antiquiores & præstantiores 40
diuinatione pollere, Aegyptij ferunt:idꝗ Ptolemæi testimonio comprobant: cum sanè cum ex cro
codilis antiquissimum & præstantissimum appellaret,non exauditum fuisse:cum cibaria ei come﹣
denda obiecisset,reiecisse:inde sacerdotes collegisse,ex Ptolemæo idcirco crocodilum , quòd eum
uicinum ad moriendum prænosceret,cibum capere noluisse , Aelianus. Eadem ferè apud Plutar﹣
chum leguntur in libro Vtra animalium, &c. Quidam apud Heliodorum in Aethiopicis (initio
lib.6.)cum uidissent crocodilum à dextra in læuam ferri , & in alueum fluminis Nili celere impetu
se condere,nihil commoti sunt hoc spectaculo tanquam eis familiari & usitato, Calasiris tamen im﹣
pedimentum aliquod circa iter eis obuenturum monebat. Cnemon uerò uehementer perturbatus
est,quòd non exactè ipsum animal,sed humilem quandam & obscuram eius umbram uidere sibi ui
sus fuisset,Hæc ille. ¶ Apollinis ciuitas in Aegypto crocodilis est inimica,Strabo. Neminem di 50
cuntur lædere diebus ijs quos Apis natales habet . Calcagninus. Apollonopolitæ comprehensos
ex alto suspendunt,atꝗ eos primum flebiliter gementes , permulta uerberatione affligunt, deinde
ijs concisis uescuntur,Aelianus. Et rursus,Apollonopolitæ eiusmodi bestiam oderunt, quòd di﹣
cant, Typhonem eius formam induisse.Alij non ob eam causam , sed quòd Psamniti regis iustissi﹣
mi uiri filiam crocodilus rapuerit,eius cladis recordatione suos posteros uniuersam eorum natio﹣
nem odisse. In urbe Apollinis sancitum est,ut quisque de crocodilo comedat ablegata omni exce﹣
ptione: uenantesꝗ ac enecantes quotquot possunt è crocodilis è regione templi proponunt, asseren
tes quòd Typhon factus crocodilus Horum aufugerit:omnia deniꝗ animalia infesta , omnes affe﹣
ctus improbos,omnes motus pestilentes Typhoni imputant,Calcagninus. Qui circa Elephanti﹣
nam urbem incolunt,quòd sacros esse non censeant crocodilos etiam comedunt,Herodotus. Est 60
in Aegypto Herculis ciuitas,ubi ab Heracleotis colūtur ichneumones qui crocodilis & aspicibus
(uide in Ichneumone D.)perniciem inferunt, Strabo. Tentyritæ populi (de quibus plura scripsi
supra

fupra in D.)crocodilum reijciunt,captumᶜᵖ arbore fufpendunt : & multis prius affectum uerberibus poftmodum comedunt, Textor. Iidem(Aeliano prodēte) accipitres ut crocodilorum hoftes
fanctiſsimé colunt.

¶Prouerbia. Crocodili lachrymæ, Vide fupra in D. ¶Vt canis è Nilo bibit & fugit, (metu
fcilicet crocodilorum:) Vide inter prouerbia ex Cane. Certum eft canes iuxta Nilum amnem currentes lambere,ne crocodilorum auiditati occafionem præbeant,Plinius.

DE SCINCO quem & CROCODILVM terreftrem uocant.

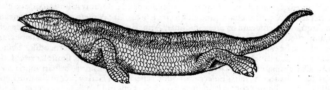

A.

SCORPIONES fcinci lacertiᶜᵖ uermibus non ferpentibus adfcribuntur, Solinus cap.
30. Ego uerò hæc animalia ἑρπετὰ,id eft reptilia, non σκώλνκας, id eft uermes, rectè appellari dixerim. Scincum Diofcorides eundem terreftri crocodilo effe fcribit, hinc & crocodileam fimum eius appellant,de terreftri non aquatico crocodilo intelligentes. Auicenna confundit. Ex eadem(crocodili)fimilitudine eft fcincus, quem quidam terreftrem crocodilum effe dixerunt,candidiore autem & tenuiore cute. Præcipua tamen differentia dignofcitur à
crocodilo,fquammarum feta à cauda ad caput uerfa ; Plinius. Ego fcincos quofdam lacertis fimiles,ac magnitudine ferè æquales , qui ex Aegypto afferuntur,uidi, cute quidem quàm crocodilorum candidiore tenuioreᶜᵖ,fquammas uerò,ut Plinius inquit,à cauda ad caput uerti non potui in
eis animaduertere,cum tamen ueros illos fcincos effe non dubitem. Quamobrem conijcio tria faltem genera crocodili ftatuenda:unum aquaticum,qui fimpliciter ita nominatur : & duo terreftria,
unum cognitum nobis, quod fcinci nomine ex Aegypto adferri hodieᶜᵖ dixi: & tertium nobis ignotum,cuius fquamæ ad caput uertantur. Non probant Bellunenfis fententiam, qui in Mefuen
commentarios ædiderunt monachi,nempe ex ouis crocodili in aqua æditis, crocodilum nafci: ex
ijfdē in ripa iuxta aquam,fcincum. Atqui hoc non afferit Bellunenfis,fed fecundum Arabes ita exi
ftimari fcribit:& propterea(inquit)dicitur quod fcincus fit de femine crocodili. Certum eft tamen
crocodilum nunquam oua fua in aqua parere, fed femper in ficco. Græcè σκίγκος fcribitur, ab illiteratis quibufdam pharmacopolis & alijs ftincus,quod nomen etiam pro fchino,id eft lentifco aliquando ineptè ponitur in Arabum libris. Apud Nicolaum Myrepfum etiam in Græco codice ali
cubi σίγκ pro σκίγκω fcribitur. Albertus lib.24.de aquaticis animalibus agens , fcincos cum fciuris
confundit:& mox cum de ftella marina agere deberet,ubi fturitus fcribitur, aliàs ftincus (utrunᶜᵖ
ineptè pro after, id eft ftella)uim ciendæ Veneris uehementem ei tribuit, quæ fanè fcinco à bonis
authoribus,ijfdem penè uerbis,non ftellæ marinæ adfcribitur. Plurimi ex pharmacopolis indocti
homines,fcinci loco,lacerti genus aquaticum noftræ regionis uendunt, prona parte pallidum, nigrum fupina, Syluaticum & alios huius farinæ fcriptores fecuti , qui fcincum interpretantur lacertum aquaticum.quem ego fanè uenenatum effe arbitror:fcincum non item , eundemᶜᵖ nec noftræ
regionis,nec omnino aquaticum.quamuis monachi interpretes Mefuei, fcincos circa Romam fibi
uifos fomniant, Syluaticus & Platearius in Apulia. Sunt qui lacertos quofdā duabus infignes caudis pro fcincis uendant, ab ijfdem monachis reprehenfi. Sed de lacertis aquaticis priuatim agam.
ΚικᾦⓏ,crocodilus terreftris,Hefychius & Varinus.fed σκίγκος uox apud alios authores ufitata eft,
κικᾦⓏ alibi nufquam legi. Koach Hebraicam uocem, הוה, aliqui crocodilum interpretantur , alij
lacertam,fcincum forte melius dicturi,uide in Chamæleonte A. צב,zab,etiam aliqui fcincum exponunt,fed crocodilum propriè fignificat. Arabes & Chaldæi dab & aldhab dicunt:uertunt enim
z in d.Serapionis interpres in capite de Stercore ubi Galeni uerba de crocodilea citantur, pro cro
codilo terreftri duas uoces ponit,ftellionem & adhaya, fi rectè fic fcribitur. Diofcoridis etiam uetus interpres ftellionem reddit,ubi crocodilum terreftrem uertere debebat. Garis fluminis,id eft
fcincus,Syluaticus. Apud eundem alibi guaril,fcincus exponitur : & ita folum rectè legi puto,
non garis. Guaril aquaticus, id eft fcincus, fed ucrius ftellio, Vetus gloffographus Auicennæ.
Aggregator etiam guaril apud Auicennam ftellionem interpretatur, ipfe non probo. De fcinco

Auicenna(ut scribunt Monachi in Mesuen) tribus aut forte quinq; capitibus agit, Arabicè guaril
nominans:Et in primo capite inscripto de guaril, simi tantum eius uires describit, ut Dioscorides
crocodileæ,reliqua duo capita de scinco inscribuntur, unde error Auicennæ apparet, qui de una
& eadem re diuersis locis egerit,Instituit præterea caput de tinsa uel tempsa, quod crocodilus est,
& propriè aquaticus:quare non rectè ei uires simi terrestris crocodili adscribit, easdem quas in ca
pite de guaril recensuerat.Cæterum Pandectarius in capite Rhule, quod interpretatur renes, (ex
Serapione cap.450.)scinci meminit;attribuunt enim authores uim medicam illis præcipuè in hoc
animali partibus quæ circa renes sunt, Hæc Monachi.   Rasis interpres pro scinco piscem sagitta
lem uertit, piscem fortè arbitratus quoniam recentiores nonnulli non rectè aquaticum animal esse
scripserunt.Hebræi crocodilum zab uocant,Arabes & Chaldæi dab, piscem uerò dag, unde for- **10**
sitan natus error.Serapionis etiam interpres cap.446. scincū ineptè piscem facit : & Serapio falsò
attribuit Galeno qui scripserit scincum esse speciem stellionis aquatici.   Alarbian ut scribunt Ara
bes,sicut Ebenesis,& alij,est animal aquaticum declinans ad colorem citrinum,& de eo est salsum,
& de eo est recens,& dicitur etiam quod est species scincorum : & dicitur etiam de carne moll. ad
dita in naso quæ conuenit cum hæmorrhoidibus, And. Bellunensis. Videtur autem de scinco in
telligendum,quod is quoq; tum recès tum salsus aut simpliciter inueteratus in usu habeatur. Quin
& harbe uel alharbe chamæleonem interpretantur, & speciem zab, id est crocodili. Scincus uox
facta uidetur à tinsa uel suchus, uide in Crocodilo A.   Aldab est animal simile lacerto, sed maius,
Bellunen.   Dab animal est instar lacertæ magnæ,uentre maiore, Latinè(forsitan apud recentiores
aliquos barbaros)ballecola, (aliàs Baleccara,) quod reperitur in Barbaria & in Sardinia,colore la- **20**
certæ,cuius stercus illinitur contra lentigines,&c. Syluaticus in Dab & in Baleccara. Eadem au
tem ferè etiam de scinco scribit.   Schanchur est guaril de Nilo,qui capitur in Aegypto, Auicenna
2.644.Serapioni secancur dicitur.   Rursus Auicenna 2. 603. Aschanchur(inquit)est guaril(uel,
ut Bellunensis legit)aquaticus qui in ripis Nili capitur,& fertur nasci de generatione alterna, cum
illa extra aquam oua parit.   Sic apparet Auicennam in tribus aut fortè quinq; capitibus de scinco
agere,ut Monachi qui commentarios ediderunt in Mesuen obseruarunt. Primum in guaril, dein
de bis in scinco:item in tinsa uel tempsa, qui crocodilus est & propriè aquaticus, non rectè terre
stris crocodili uires in guaril enumeratas ei adscribens.   Askincor,id est scincus,Syluaticus. Sce
rantum,id est scincus de mari rubro, Vetus glossographus Auicennæ.   Nudalep uel nudalepi,id
est scincus,Syluaticus.   **30**

B.

Scinci ueri & peregrini,qui ex oriente uel Aegypto ad nos aduehitur,forma hæc est, mihi ma
nibus tractanti obseruata.Lineæ per dorsum alternis fuscæ & albæ sunt,latiusculæ : sed fuscæ etiam
punctis albis distinguuntur. Collum superius magis fuscum est, caput & cauda magis albent. Pe
des & tota pars supina, id est uenter,pectus, &c,albo colore squamularum nitent. Pedum digitos
quinos unguiculi muniunt exigui. Cruris longitudo sesquipollicem æquat. Toti corpori à capite
ad caudæ acumen longitudo duorum palmorum, id est octo digitorum secundum transuersum,
aut paulò breuior.Caudæ lōgitudo,digiti duo,quæ subito ex crassiuscula in acutissimā exit. Exen
teratos(sachare puto conspergunt,) bombyce explent, atq; ita uendunt:pretio ferè drachmarum se
ptem cū dimidia in ternos. Tales erant quos ipse uidi:sed nuper amicus quidam noster Cōstantino **40**
poli rediens uulgo illic quinq; uel sex palmorum,id est uiginti aut uiginti quatuor digitorū scincos
ua nire mihi affirmauit.   ¶ Similis crocodilo,sed minor etiam ichneumone, est in Nilo (quasi ue
rò aquaticus sit, quod alibi negat) natus scincus,Plinius. Alter illi(crocodilo) similis, multum in
fra magnitudinem,in terra tantum,Idem. Scinci circa Nilum frequentissimi, crocodilis quidem
similes,sed modica forma & angusta,Solinus. Cardanus lib.9.de subtilitate,in India occidentali,
atq; alibi etiam sed rarius longè,lacertos maximos nasci tradit,quos crocodileos uocant,crocodilis
magnitudine & forma similes,excrementis alui odoratis. Galenus lib. 10. de simplicibus crocodi
los terrestres,quorum simum in usu est,paruos & humiles, μικρ ὸς κỳ χαμαιρπεῖς esse scribit.Hæc ma
gnitudinis differentia ad regiones referri potest:nisi quis omnino contendat inueniri aliquod cro
codili terrestris genus à scincis diuersum.   Crocodili tricubitali ad summum magnitudine, terre- **50**
stres,lacertis assimiles,apud aratores Afros ad occidentem reperiuntur,Herodotus lib.2. Sunt au
tem hi uel scinci,uel simile crocodili terrestris genus, sola forsan magnitudine discreti. Plinius e
nim suum crocodilum terrestrem,ichneumone minorem esse scribit,est autem ichneumon nō ma
ior catello.Plinius quidem 28.8.an scincus idem esset, qui terrestris crocodilus ille cuius crocodi
lea,id est simum in usu medicorum est, dubitauit. Primum enim de remedijs ex crocodilo amphi
bio agit,deinde ex terrestri,tertio loco ex chamæleonte. Postea subijcit, Ex eadem similitudine est
scincus,quem quidam terrestrem crocodilum esse dixerunt. Scincus animal est Indicum,quadru
pes,lacertæ simile,sed multo maius,longius, & uentrosum, ut Syluaticus & alij ex Dioscoride ci
tant,apud quem ego huiusmodi nihil reperio : sed in libro Simplicium ad Paternianum.   ¶ Scin
cus aut Aegypti,aut Indiæ, aut rubri maris alumnus, quamuis inueniatur in Lydia Mauritaniæ, **60**
terrestris crocodilus est sui generis,Dioscorides. Ego Lydiam Mauritaniæ regionem nullam inue
nio,quanquam Serapionis quoq; interpres Lodiam reddit,pro Lydia. Rasis in libro de sexaginta
                                                                     animali

animalibus, cæteras regiones ex Diofcoride nominat, hanc omittit. Marcellus Vergilius uertit in
Libyæ Mauritania: ego malim in Libya Mauritaniæ, nam Græcè legitur ἡ Μαυροτάδος. Libya enim
aliquando pro tota Africa ponitur, aliquando pro certa eius parte: eftʠ hoc nomine etiam fluuius
in Mauritania. Maximus fcincus Indicus eft, deinde Arabicus, Plinius. Quanquam Diofcori‐
des fcincum, crocodilum terreftrem nominat, illi tamē qui hodie Venetias afferuntur, marini funt
è mari rubro: & alij ex Nilo Aegypti, hi specie quidem corporis crocodilos referunt, non maiores
tamen funt maximis lacertis noftris. fquamæ ipforum albæ funt ad pallidum inclinantes cum linea
bertina à capite ad caudam, cum crocodili in fummo dorfo toti nigri fint, Recentior quidam. Sa‐
lamandra fimilis eft lacertæ aut crocodilo terreftri. Syluaticus in capite Rhule(renem interpreta‐
10 tur)fcincum tradit fimilem effe lacertæ, cauda tamen non rotunda, fed ad latera cōpreffa: item uen‐
trofum, ut nos pluries circa Romam in aquis ftantibus uidimus, (hi potius lacerti aquatici uulga‐
res fuerint, de quibus infra priuatim.)Quamobrem fcinci qui uenduntur ficci cum duabus caudis,
probantur non effe ueri. Platearius fcincos in Apulia etiam reperiri fcribit, fed efficaciores effe ul‐
tramarinos, Monachi interpretes Mefuæi. Præcipua fcinci à crocodilo differentia dignofcitur,
fquammarum feta à cauda ad caput uerfa, Idem. Vide quædam in A. fuperius.

c.

Crocodili tam terreftres quàm fluuiatiles fua oua terræ gremio cōmittunt, Ariftot. ¶Lacertæ
infidias in apes faciunt: ac terreni crocodili peftem perniciemʠ illis inftruunt. farina ad ueratrum
admifta, aut maluæ fucco fuffufa, & ante alueos difperfa, guftātibus illis omnibus perniciem affert,
20 Aelianus. Crocodilus nominatur quòd crocū timeat, nam cum ad aluearia repens terreftris cro‐
codilus mel uorat, apiarij foris crocum apponunt, quo ille confpecto fugit. Marinus uerò (fluuiati‐
lis potius, fic dictus uideri poteft, quòd crocas, id eft littora timeat. in terra enim pauidus eft, Vari‐
nus. ¶ Herodotus crocodilos (nimirum lacertorum generis) in Ionia in fæpibus gigni fcribit,
uulgò fic dictos, & ab iftorum corporis fimilitudine, aquaticos etiam illos quos Aegyptij champfas
uocant, crocodilos ab eis dici. An uerò crocodili illi fæpium incolæ in Ionia fcinci fint, aut aliud la‐
certi genus, non facile dixerim. Venales fcincos ex Aegypto licet uidere, lacerti magni fimilitu‐
dine, Hermolaus Barb. Libya fola crocodilos alit terreftres, duobus cubitis non minores, Paufa‐
nias in Corinthiacis. Scincus quidam in rubro mari nafcitur, (ἐν τῇ ἐρυθρᾷ, Marcellus uertit ad ru‐
brum mare,)Diofcorid. Crocodilum terreftrem, cuius fimum in ufu eft, Auicenna ferè in Arabia
30 tantum reperiri fcribit. Adib(pro aldab)fimilis eft lacertæ magnæ, & degit in aquis, Syluaticus.
Aldeb feu aldab animal maius, in Oriente & uerfus Mecham in defertis arenofis reperitur,
Bellunenfis. Vide etiam fupra in B. quibus in locis fcinci reperiantur. ¶ Scincus odoratifsimis
floribus uiuit, Plinius. quamobrem non mirum mellis eundem auidum effe, ceu ex floribus confe‐
cti. Crocodili apibus nocent, Florentius in Geopon. ¶ Fimum eius album, odoratū, & odoris
fubacidi effe, referemus in G.

G.

Scincus ficcandus reponitur in nafturtio, (uel cum nafturtio inueteratur,) Diofcorides. quod
Is Græcè dicit, παιχϐύεται ἢν καρολάμω. Ruellius uertit, Sale inueteratur cū nafturtio. Marcellus, Ad‐
dito nafturtio fale inueteratur. Atqui παιχϐύεδαι uerbum quoquo modo inueterari fignificat, tum
40 cum fale, tum fine fale, ut pluribus docuit Cornarius in commentarijs in Galeni libros de medica‐
mentorum compof. fecundum locos. Sale quidem non opus eft ubi nafturtium, fiue herbam, fiue
femina eius intelligas, apponitur: quod id acrimonia fua per fe fatis exiccet, &uermiculos nafci pro
hibeat. Quanquam Plinius quoʠ fcincos falfos afferri fcribit, deceptus & ipfe forfan quòd uim uer
bi παιχϐύναν nefciret. Qui ad nos etiam adferuntur fcinci, falfi mihi non uidentur. Quamobrem non
accefferim Marcello Vergilio, qui mutilum hunc Diofcoridis locum fufpicatur, & Diofcoridem
fortafsis fcripfiffe, nafturtio æquales fcinco ad excitandam Venerem uires effe, quòd Paulus Ae‐
gineta in fcinco dixerit, καρδάμῳ δύναμιν ὁμοίαν ἔχει: aut quod Plinius fatyrium, hic nafturtium dixerit. Ego apud Aeginetam tale nihil inue‐
nio: & ut inueniatur, non eft tamen ulla uel corrupti uel mutili huius Diofcoridis loci apud me fu‐
50 fpicio: fed Aeginetæ potius, & pro cardamo fatyrion legendum, ut in Antiballomenis apud eun‐
dem. ¶ Mifcetur fcincus in antidota, Diofcorides. In antidota quoque nobilia additur, Plinius.
Antidota accipio medicamenta compofita aduerfus uenena, & alios magnos præfertim uifcerum
morbos. Huiufmodi eft & nobilifsima quidem antidotus Mithridatia, quæ & diafcincu uocatur, à
Galeno lib. 2. de antidotis, & Actuario alijfʠ defcripta. Eodē de antidotis lib. Galenus defcribit
antidotum ad fcorpiones, quo quidam in Libya omnes à periculo liberabat, quod inter alia carnem
crocodili terreftris uel fcinci dicti recipit: & mox Zoili medicamētum ad idem, cui crocodili ter‐
reftris drachmæ decē mifcentur. Vt drachmæ duæ antidoto quod infcribitur ad omnia letalia, præ‐
fumptum & poftea datum: item ad rabioforum morfus, pleuriticos, &c. fed hoc à Mithridatio mini
mum differt, eo præfertim quod Damocrates carmine defcripfit. Eiufdem Mithridatij aliæ duæ
60 defcriptiones funt, ab initio eiufdem libri: prior fcinci drachmas duas recipit, altera fcinci lumbo‐
rum drachmas fex. Aduerfus mel uenenatum, aut ex melle fyncero faftidium cruditatēmue gra‐
uifsimam, fcincum antidotum effe, author eft Apelles, Plinius. Et alibi, Prodeft & contra fagitta‐

rum uenena, ut Apelles tradit, ante posteaq; sumptus. Serapio epilepticis dat medicamen, quod ex crocodili terreni stercore confectum probat, Cælius Aurelianus cui hoc non placet. Corpus scinci, excepto capite pedibusq;, elixum manditur ischiadicis: tussimq; ueterem sanat, præcipuè in pueris: item lumborum dolores, Idem. Crocodilus terrenus, præcisis summis partibus, egestisq; interaneis, ex iure coctus, cibatui datus, magnum ischiadicis præstat auxilium, Marcellus. Scinci admiscentur in Amaranti grammatici ad pedum dolores antidotum, apud Galenum lib. 2. de antidotis circa finem. Miscentur utiliter medicamentis ad frigidos affectus neruorum, Meseha & Rasis apud Serapionem & Auicenna. Scincus calidus est, auget semen, & libidinem stimulat. præfertur maior, pinguior, quiq; uerno capitur, Iidem: & eo tempore quo feruet ad coitum, Auicenna. Alexander Benedictus in compositione quadam ad mouendam uenerem scincum non carnosum requirit, & in alia scincum arefactum non uetustum, ut forte pro non carnoso legi debeat, non annosus. Syluaticus ex Paulo citat, capite de scinco, quòd sit calidus & siccus in tertio ordine: quod ego apud Paulum non reperio. Scinci ad opem salutarem non qualibet necessarij sunt. medentes quippe ex ipsis pocula inficiunt, quibus & stupor neruorum excitetur (hoc est, tollatur & curetur:) & ueneni uis extinguatur, Solinus. Scinci caro impinguat corpus, quum fit ex ea acafea: & si saliatur, (inueteretur,) bibaturq; ex ea pondus aurei cum uase uini, confirmat renes & colem; & libidinem excitat, Rasis. Antidotus tentiginem excitans, dextro aut sinistro imposita pedi, renibus item & teneræ cuti, numero 69. apud Nicolaum Myrepsum, inter cætera medicamenta accipit stellionem, cantharides & scincum. Sal scinci excitat coitum, quanto plus caro eius, & præcipuè caro suminis, & quæ sequitur renes, maximè uerò adeps ex eis, Auicenna. Ad omnem mâlin (pestilentem affectum, &c.) iumentorum, Crocodilum terrestrem & ranam, uiuentes in oleo discoques, donec carnes eorum in oleum resoluantur, tum colabis & infundes naribus iumenti, ut legimus in Hippiatricis Græcis capite secundo. In regione Indorum elephantiasi affectos assiduè per sedem eluere per urinæ asininæ infusionem heminæ mensura calefactæ consueuerunt. Crocodilum item terrestrem accipiunt, eiusq; extremas partes amputant, ac interiora abijciunt, deinde fermento obuolutum assant: tum ablato fermento, & scabricie eius derasa, carnis ipsius drachmam unam quotidie præbent, Aetius 13.122. ¶ Scincorũ partes circa renes tanquam naturalibus erigendis efficaces bibuntur, Trallianus 9. 9. Aiunt carnes quæ renes amplectantur, (τὸ περὶ τοὺς νεφροὺς αὐτοῦ μόριον, Marcellus uertit laterum carnes, & Plinius quoq; latera scinci nominat, alij lumbos. sed uidetur quicquid circa renes est undiquaq; accipi posse, cum alioqui totum corpus simpliciter preter caput & pedes in remedijs detur) id sibi uirium uendicasse, ut si drachmæ pondere bibantur cum uino (Ruellius hæc uerba, cum uino, omittit) uenerem accendant. uerum decocto lentis cum melle, aut semine lactucæ cum aqua poto, excitatas inde ueneris cupiditates inhiberi, Dioscorides. Syluaticus ex eodem sic legit, Facit scinci caro ad Venereos usus si uno cyatho (alij, si ex uini cyatho) bibatur. nam si plus sumatur neruos lædit, quæ non apud Dioscoridem, sed in libro simplicium ad Paternianum leguntur. Eadem ferè apud Galenum legimus, (qui tamen lactucæ semen potum efficacius resistere putat tentigini isti, quàm lentis decoctum, ut ex loquendi modo apparet, neque enim expresse hoc dicit. mirum sanè Dioscoridem in lente quæ edẽdo est, nullam huiusmodi facultatem eius commemorare:) item apud Aetium & Aeginetam. Marcellus Vergilius tamen non lentẽ simpliciter apud Aeginetam, sed lentem palustrem ad hunc usum nominari ait, quod in codicibus uulgatis non reperio: nec si usquam reperiatur probo. nam Arabes quoq; qui ex Dioscoride transtulerunt, lentis simpliciter decoctum uertunt: & lens palustris intra corpus non sumitur, sed foris tantum refrigerandi gratia, aut enterocelas puerorum conglutinandi imponitur, apud Dioscoridem & alios. Sestius scincum plus quàm drachmæ pondere in uini hemina potum, perniciem afferre tradit. Præterea eiusdem decocti ius cum melle sumptũ, Venerem inhibere, Plinius. Quòd si cum Dioscoride, & reliquis eum secutis Græcis & Arabibus, Plinium conciliare uoluerimus, sic legemus: Præterea lentium decocti ius cum melle sumptum, Venerem illam inhibere. sed si hoc dicere Plinius uoluit, non suo loco dixit, statim enim à mentione Veneris ex scinci è uino poti excitatæ, poni hæc uerba oportuisset. quamobrem hunc errorem (si error est, ut ego conijcio) in authorem potius quàm librarios reiecerim. Rost rum scinci & pedes in uino albo poti, cupiditates ueneris accendunt: utiq; cum satyrio & erucæ semine, singulis drachmis omniũ, ac piperis duabus admixtis, ita ut pastilli singularum drachmarum bibantur: per se laterum carnes obolis binis cum myrrha & pipere pari modo potæ, efficaciores ad idem creduntur, Plinius. Ego reliquum corpus potius, rostro & pedibus resectis, sumendum dixerim, ut ipse Plinius alibi in ischiadicis sumendum, caput & pedes demenda expresse monens, consuluit. Marcellus ijsdem præcisis summis partibus utilem facit, nec tamen nominat illas partes, ut & Aetius elephantiacis. Ego caput & pedes semper abstulerim, tum quòd nihil aut minimum carnis hæ partes habeant, tum quòd forsan etiam uenenosius aliquid quàm cæteræ partes: itaq; uiperarum etiã, cum ad remedia parantur, capita & caudæ amputantur. In scincis equidem non totas caudas, sed partes tantum extremas earum absciderim, quæ tenuissima est. reliqua enim non parum carnis habet, & caudæ scincorum à nonnullis authoribus etiam per se usurpatur. Sit igitur hic quoq; uel Plinij, uel librariorum lapsus. Intestinis & reliquo corpore crocodili terrestris suffiri uulua laborantes salutare tradunt. item uelleribus circundari ua-

pore

pore eius infectis, Plinius. Pro scinco satyrium substitui licere, (nempe ad Venerem ciendam,)
in Antiballomenis legitur:& pro satyrio, erucam. Ex salamandra etiam & stellione tum simplici=
ter tum transmarino remedia ad Venerem excitandam, ut ex scinco, ueterum aliqui praescribunt.
Ego boni & honesti medici esse aio, medicamentis huiusmodi, quae Venerem aut cum periculo,
aut nimium citant,& ad breue tempus tantum cum ui & impetu praeter naturam, prorsus abstine=
re:& ubi licitum est,hoc est in coniugibus, necdū aetate exhaustis, uti ijs potius quae uel nutrimenti
ratione, quod probum & copiosum corpori conferunt, uim generandi naturalē restituant:aut maior sit
nutrimenti simul alimentiq́ uires obtineant, ut quae nutriendo etiam calefaciunt, aut inflant, aut hu
midiorem liquidioremq́ reddunt sanguinē, si is forte siccior est; Vel deniq́ medicamentis tantum,
quae eiusmodi sint, ut corporis habitum ad naturalem statum conuertere ab eo qui praeter naturam
est possint, frigidos calefacere, confirmare imbecillos:minimē uero eiusmodi, quae uel nimiam uel
ad breue tempus, dum impetus medicamenti uiget, concitatam Venerem accendant:quod non
aliud est quàm peccati, & illicitae nimiaeq́ Veneris authorem esse: saepe uerò etiam corporis peri=
culi. Huiusmodi enim medicamenta, inter quae primas obtinent scinci, ueneno non carent : Et ex=
hibitis ijs, ut plurimum, uel nullus effectus, (praesertim si aetas & alia non respondeant: aut maior sit
impotentiae causa:) uel nimius (eaq́ ipsa causa periculosus:) uel denique ueneno noxius sequetur.
Nam & ueri scinci noxij sunt, ut infra dicetur; & multo magis falsi supposititijq́. Hoc nimirum
etiam ueteres Graeci medici uiderunt:quamobrem Galenus, Dioscorides & alij, ita scincis hanc fa
cultatem attribuunt, tanquam ipsi nunquam experti, & auditu solo aut lectione cognitam. Caete=
rum antidotis scincos misceri alia ratio est, nec id fieri reprehendo. miscentur enim alia multa, qui=
bus noxia eorum uis extinguitur, salubria medicamenta:& ferè praestantissima quae uenenis & icti
bus uenenatis aduersantur, ipsa quoq́ ueneno non carent. Sed de his agere non institui. hoc unum
addam, malle me ueris scincis, si etiam satis recentes esse constaret, ad theriacae antidoti composi=
tionem uti quàm pastillis e uiperarum carnibus. quoniā illi ferè adulterantur:& uel nullius serpen=
tis, uel alterius quàm uiperae, quiq́ aut uenenosior sit, aut certè minus efficax, carne conficiuntur.
Verae autem uiperae neq́ ipsae in nostra regione sunt, neq́ cuiquam ut aduehantur curae est : & de
pastillis an ueram uiperarum carnem receperint iudicare nemo potest. At scinci ueri apportantur,
& multis apud ueteres quoq́ praeclaris contra uenena antidotis admiscebantur, ut Mithridatio om
nium nobilissimo, alijsq́ supra nominatis. Scincus contra uenena praecipuū est antidotum : item
ad inflammandam uirorum Venerem, Plinius. Renes scincorum tanquam pudendum ad Vene
rem intendentes quidam bibunt, alij sumen quoq́ & caudam assumunt, Syluius : citat autē Galeni
uerba ex undecimo de simplicibus, ubi ille non renes, sed τὰ περὶ τοὺς νεφρούς, id est partes circa renes,
scripsit. Celebratur apud medicos diasatyrion compositio, quae ab Actuario descripta scincos etiā
accipit:qui tamen in eadem descriptione apud Nicolaum Myrepsum omittuntur : miscetur autem
alteri eiusdem nominis antidoto statim subiectae, numero 66. Recentiores etiā nonnulli compo=
sitis suis medicamentis ad coitum excitandum scincos admiscent. Albertus lib. 24. de aquaticis
animalibus scribens, scincos cum sciuris confundit:& mox cum de stella marina agere deberet, ubi
sturitus scribitur, pro aster, aliàs stincus, uim ciendae Veneris uehementem ei attribuit, quae sanè
scinci non stellae marinae est. ¶ Corij utriusq́(crocodili, tum aquatici tum terrestris) cinis ex acéto
illitus his partibus quas secari opus sit, aut nidor cremati, sensum omnem scalpelli aufert, Plin. Si
comburatur corium lacertae(crocodilum intelligo, presertim aquaticum, quem zab uel dab uocat,
alijs crocodilum alijs lacertum interpretantibus) & inde cum sece olei inungatur membrū amni abscin=
dendum ferro, omnem eius sensum extinguit, Rasis in lib. de 60. animalibus. Sanguis utriusque
(terrestris & aquatici) claritatem uisus inunctis donat, & cicatrices oculorum emendat, Plinius.
An crocodili terrestris sanguis uisum acuit experiri nolui, cum haberem probata aciei exacuendae
medicamina, quae Graeci uocant ὀξυωπῶ, Galenus de simplicibus 10.6. Scinci sanguis si calidus
sumatur,& inungatur eo locus sordidatus, cum belliricis & emblicis, reducit corpus ad colorem
proprium:& si permisceatur ei baurac,& illinantur inde maculae faciei ac lentigines,& maculae mi
nutissimae, remouet eas,& clarum colorem reddit, Rasis. Adeps scinci expellit dolorem renum,
& facit destillare sperma, Rasis. In libro secretorum qui Galeno attribuitur, compositio quaedam
ad mouendum coitum destinata, inter caetera recipit adipis scinci drachmas decem. Crocodili
(tam terrestris scilicet quàm aquaticus:quare in multitudinis numero loquitur) adipem habet quo
tactus pilus defluit, hic perunctos à crocodilis tuetur, instillaturq́ morsibus, Plinius. Qui inun=
ctus fuerit sepo lacertae(crocodilum uocat dab uel dab Arabicam uocem utroq́ modo reddunt) & pro
iecerit se supra crocodilos, non timebit illos,& ludent cum eo, Rasis. Sed hanc facultatem Plinius
alibi priuatim crocodili aquatici tantū adipi adscribit, quod magis placet. Vide in Crocodilo aqua=
tico D.& E. ¶ Cor(utriusuis crocodili puto, de utroque enim antea locutus est) annexum in lana
ouis nigrae, cui nullus alius color incursauerit, & primo partu genitae, quartanas abigere dicitur,
Plinius. Cor lacertae si suspendatur supra mulierem, prohibet partum, Rasis ; pro lacerta Arabice
puto zab uel dab legit, quae uox crocodilum potius significat. attribuit autem ei eo in capite Rasis
quaedam, quae Plinius & alij uel terrestri uel aquatico crocodilo priuatim, uel utriq́. ¶ Et mox ibi
dem, In felle lacertae utilissima uis est aduersus alopeciam, cum sternutatorium ex eo medicamen=

C

tum fit cum radicibus betarum. Felle crocodili terrestris inunctis oculis ex melle contra suffusio=
nes nihil utilius prædicant, Plinius. ¶ Si medius scinci nodus, qui renes tegit, suspendatur supra
dorsum uiri, iuuat uirgam & promouet coitum, Rasis. ¶ Si de testiculo scinci dextro bibatur ad
pondus unius alkilat(alkirat)cum aqua rutæ, facit destillare sperma, idcp desiccat. Sinister uerò te=
stis eodem pondere potus cum aqua cicerum ruboerum, & uase uno uini purissimi, & duas extra
(sic habet codex impressus)id est, bis sex drachmis butyri uaccini, facit destillare sperma, prouocat
coitum, renes calfacit,& uirgam corroborat, Rasis. ¶ Vnguentum entaticon, hoc est ad arrigen=
dum genitale apud Aeginetam lib.7.præter alia capit scinci caudas. Apud Aetium etiam in anti=
doto quadam podagrica caudam scinci legimus. ¶ Intestinis & reliquo corpore crocodili terre=
stris suffiri uulua laborantes salutare tradunt: item uelleribus circundari uapore eius infectis, Plin. 10

¶ Fimum humanum propter foetorem abominabile est; boum uerò & caprarum & crocodilo=
rum terrestrium, & canum qui ossa ederint, nec foetet, & experientia sui abunde non nobis solum,
sed & aliis ante nos medicis exhibuit, Galenus de simplic.10.18. Aetius hunc locum reddens, Ca=
ninum uerò (inquit) præ cæteris plurima experimenta nobis præbuit. Idem Aetius lib.2.cap.117.
cum anseris, accipitris & gruum alui excrementa inutilia esse dixisset, subdit: terrestrium uerò cro=
codilorum inuetu difficile est: id eocp uires eius omittit. Terrestris crocodili fimum, crocodileam
uocant, quæ mulieribus bonum colorem in facie', nitoremcp conciliat. Optima est candidissima
(Græcus codex noster non recté λευκοτάτη pro λαυκοτάτη habet)& friabilis: amyli modo leuis, in hu=
more statim eliquescens: quæ cum teritur subacida est & fermenti odorem refert. Adulterant eam
sturnorum fimo, quos oryza pascunt: ipsumcp non dissimile uendunt. ¦Alij amylum aut cimoliam 20
miscentes (ut Ruellius: aqua macerantes, Marcellus. Græcè est φυρῶντς, id est subigentes, ità scilicet
ut farina ad panificium cum aqua subigitur: Serapionis interpres uertit, amylum cum cimolia mi=
scentes, non probo,) adscito anchusæ colore per rarum cribrum paulatim (ut Ruellius: in tabulas,
ut Marcellus ex ueteri translatione apud Syluaticum. Græcè εἰς ὀλίγον. ego hunc locum sic lege=
rim, δ᾽ ἀριὲ κοσκίνε εἰς ὀλίγα ἀπιθέωσιν ὡς σκωλήκια, καὶ ξηράναντες πωλῶσιν αντὶ ταύτης, nam & Serapionis
interpres sic uertit, & cribrant cribro lato[raro]ut fiat cribratio sicut uermiculi, & desiccant ac uen=
dunt) exprimunt, ut se contrahat in uermiculorum speciem, qui siccati pro crocrodilea uæneunt,
Dioscorides. Optima est crocodilea, quæ candidissima & friabilis, minimecp ponderosa, cum te=
ratur inter digitos fermentescens. Lauatur ut cerussa. Adulterant amylo aut cimolia: sed maximè
qui captos (qui sturnos captos, ut Hermolaus ex Dioscoride legit) oryza tantum pascunt, Plinius: 30
apparet autem ipsum in hoc crasse, quòd inter digitos fermentescés dixit: quod si ita sit, molle hoc
fimum & facile subactu uel digitis fiat friabile tum friabile tum ipse tum Dioscorides commen=
dent. Apud Dioscoridem certè illud probatur, quod digitis tritum subacidum & fermenti odorem
reddat: Græcè ζυμίζαν dixit, ut τραγίζαν, ὀινίζαν, & ὀξίζαν dicuntur, hoc est resipere odorem hirci, ui=
ni, aceti:& ne quis fermenti in substantia aut alia qualitate similitudinem intelligeret, ζυμίζον τὴν ὀσ=
μὴν diserté protulit. Dhab aliud est à lacerto inuento in regione nostra, quamuis sit ei similis, & ha
beat dispositiones & uirtutes ei proximas, Auicenna 2.226. est autem dhab uel zab aquaticus cro=
codilus potius, ipse hic pro terrestri abutitur. Veteres interpretes Galeni & Dioscoridis, stellio=
nem aliquoties pro crocodilo terrestri, in simi eius métione reddunt. Terrestrium crocodilorum,
paruos illos & humiles dico', fimum pretiosum luxuria foeminarum fecit, quæ non contentæ tot 40
medicamentis quæ splendidam extentamcp faciei cutem reddunt, crocodilorum etiam fimum eis
adijciunt. Redditur autem huic simile sturnoru quocp fimum, quum sola oryza passi fuerint. Con=
stat igitur hæc stercora abstergendi exiccandicp uim posside, utrancp mediocriter : multò mode=
ratius tamen & infirmius sturnorum stercus est: Crocodilorum uerò (terrestrium,) ut maculas fa=
ciei à Sole excitatas (hoc & Auicenna repetit) sic & uitiligines & impetigines tollere potest, Gale=
nus: cuius uerba Arabes eorumue interpretes malè transtulerunt. Crocodilus terrestris odoratissi
mis floribus uiuit: ob id intestina eius diligenter exquiruntur iucundo nidore farcta, crocodileam
uocant, Plinius. Crocodileam Plinius etiam intestina ipsa terrestris crocodili appellat, Hermo=
laus. Atqui cum Græci omnes fimum duntaxat sic nominent, Plinij quocp uerba ita acceperim, ut
non intestina crocodileam nominet, sed iucundum illum odorem hoc est odoratum excremétum, 50
cuius gratia exquirantur & dissecentur. Serpentum stercus, propter siccitatem eorum, plerucp
bene olet: ut & lacertorum maximorum quos crocodileos uocant. hi sunt crocodilis magnitudine
& forma similes, & in India occidentali, atcp alibi etiam sed rarius longè, nascuntur, Cardan. Aegi=
neta libro sexto terrestris crocodili fimum lentigines exterere dicit, aquatici autem oculorum albu
gines, Marcellus Vergilius: ego nihil tale apud Aeginetam reperio, ne septimo quidem ubi de sim=
plicibus singulatim tractat. sed omnino utracp ista uis authorum omniu consensu, alterius tantum
crocodili nempe terrestris simo adscribitur: aquatici uerò necp hæc necp alia ulla. Crocodilea illita
ex oleo cyprino, molestias in facie enascentes tollit: ex aqua uerò inuncta morbos omnes, quorum
natura serpit in facie, nitoremcp reddit. lentigines delet, ac uaros, omnescp maculas, Plinius. Al=
phos tollit crocodilea, Aegineta. Kiranides ut albulæ tollantur, cum melle inungi uult: cum oleo, 60
ad inducendum faciei splendorem. E stercore crocodili meretrices unguentum parant, quo ru=
gas faciei extendunt: sed lota facies deterius ad pristinas reuertitur rugas, Albertus : scribit autem

hæc

hæc falſo in aquatici crocodili mētione. Coloréqᶜ Stercore fucatus crocodili, Horatius Epodo 12. Naſo quoqᶜ in poemate de Arte amãdi, præcipit ut quæ nigriore uultu eſſet, ad piſcis Pharij opem conſugeret, hoc uerſiculo: Nigrior ad Pharij conſuge piſcis opem: nimirum quòd crocodili non terreſtris ſed aquatici ſimum ad hunc uſum facere falſo putaret, quanquam is etiam improprié piſcis diceretur. Stercoris felis aut crocodili drachmas octo, (aliás ſex:) ſinapis drachmas quatuor, ex acri aceto alopecijs iſline, Soranus apud Galenum de compoſ. ſec. locos: item Archigenes ibidem. Eadem apud Raſin in libro de 60. animalib. cap. de lacerta legimus: Sumatur (inquit) de ſtercore lacertæ ad pondus ſex aureorum, & ſinapis ad pondus quatuor aureorum, & terantur cum forti aceto, & inungatur cum hoc alopecia: item ſtercus furonis, (id eſt felis,) Deprehēdet & alias
10 quaſdam facultates lacerti ſimpliciter ſimo attribui, quas alij crocodileæ priuatim adſcripſerunt, qui hæc cum remedijs ex lacerto contulerit. Arnoldus de Villanoua cantharides & ſtercus crocodili miſcet medicamentis alijs pilos regenerantibus. Stercus crocodili aiunt per infundibulum ſuffitum, feras uenenoſas ex latibulis ſuis exigere, Aetius 13. 7. nec mirum, cum acido & fermenti ſeré odore ſit, ut Dioſcorides ait. Crocodili terreſtris ſimum apud Trallianum 2. 5. miſcetur collyrio cuidam ad cicatrices oculorum & leucomata exterenda & extenuanda. Crocodilea oculorum uitijs utiliſsima eſt, cum porri ſucco inunctis, & contra ſuffuſiones uel caligines, Plinius. Confert albugini oculi & deſcenſioni aquæ, Auicenna 2. 226. in Dhab. Et rurſus de eodem in Tinſa uel Temſa, Stercus eius confert albugini oculi, 2.706. Et alibi, ubi de diuerſorum animalium excrementis agit, Stercus ſtellionis, & lacerti & crocodili ualet albugini oculi. In libro etiam Secre-
20 torum qui inter notha Galeno adſcripta legitur, ſtercus lacertæ cum alijs quibuſdam ad albugines oculorum commendatur. Sed quoniã in eo libro multa Arabica aut ex Arabico ſermone tranſlata ſunt, lacertam puto pro ſcinco aut crocodilo terreſtri poſitam eſſe, ut alibi etiã ſæpe faciunt Arabum interpretes. Crocodili ſtercus miſcetur medicamento cuidam ad detergendum albi uitium in oculis equorum, apud Vegetium 2.22. Item collyrio ſicco ad ſuffuſionem in Hippiatricis Græcis cap. 11. Miſcetur & alijs quibuſdam ad oculorum in equis epiphoram apud Vegetium. Contra comitiales morbos bibitur ex aceto mulſo binis obolis: appoſitum menſes ciet, Plinius.
¶ Seſtius ſcincum plus quàm drachmæ pondere in uini hemina potum, perniciem afferre tradit, Plin. Si ex uini cyatho bibatur ſcinci caro Venerem incitat: ſi plus ſumatur, neruos lædit, Author de ſimplicibus ad Paternianum. ¶ Si ſcincus piſcis ille ſeu ſtellio momorderit aliquem,
30 & febricitauerit, priuſquam mingat aut febricitet homo, interficiet uirum. Et ſi febricitauerit uir, priuſquam mingat piſcis ille, aut febricitet, morietur ille piſcis, & morſus euadet, Raſis & Arnoldus de Villanoua. Mihi quidē locus obſcurus eſt, neqᶜ enim urinam excernunt quadrupedes ouiparæ: & ſi obſcurus non eſſet, parum tamen ueriſimilis uidetur quod ad mutuos illos affectus & an tipathias. ¶ Stellio cui nomen ſcincus inditum eſt, ueneficium eſt per ſe, (philtrum uenenoſum,) & mentem mutat potius quàm ad amandum mulierem quæ id dederit cogat, Cardanus.

H.

a. Scincos inter ruſci ſuffruticis ſpinoſi nomenclaturas eſt apud Dioſcoridem.
¶ PHATTAGE. In Indis naſcitur beſtia, quæ Crocodili terreni ſpeciem ſimilitudineméqᶜ ge rit, magnitudine eſt Meliteñſis canis: eius pellis adeò aſperis ſquammis quibuſdam ſcatet, ut more
40 ſerræ æs diſſecet, & ferrum exedat & conficiat, eam Indi phattagen uocant, Aelianus.
¶ e. Scincus ſi ſuſpendatur ſuper pueros qui timent in ſomnijs, curat eos, Raſis. Scincus ſi coquatur, & ex eo procurentur duo homines qui habent odium unus aduerſus alium, reducentur ad concordiam & ad amorem, Idem.

DE LACERTO AQVATICO.

A.

50 LACERTI genus aquaticum, paruum & nigrũ, quod hic depictum damus, à Germanis uocatur Waſſermoll, id eſt ſalamandra aquatilis: uel waſſeradex, id eſt lacertus aquaticus. Gallicé taſſot, Italicé maraſandola, quod nomen diminutum uidetur à maraſſo: ſic autem uiperam uulgò uocant: quod licet paruula quadrupes, uiperæ tamen inſtar uenenata ſit. Græcé nomi natum non inuenio: qui uoluerit, σαῦϱον ϙ̓ν́υδϱον, id eſt lacertum aquaticum appel-
60 labit. Hoc lacerto pharmacopolæ quidã non recté pro ſcinco ſeu crocodilo terreſtri utuntur, ut in hiſtoria eius ſcripſi.

Guatil aquaticus, id eſt ſcinctus: ſed uerius ſtellio, Vetus

C 2

glossographus Auicennæ. Vide infra in stellione A. Lacertula aquæ, id est scincus, Syluaticus. In nostris regionibus scincos (lacertos aquaticos intelligit) tam paruos habemus, ut sunt lacertæ nuper natæ, & in aqua degunt, Syluaticus in uoce Rhule, id est Renes. Scincus in aqua degit, lacertæ similis, sed uentrosior, & caudam latam ut anguilla habet, ad natandum aptam, Monachi in Mesuen. Lacerti aquatici illi parui nigri, qui in quibusdam lacubus (lacunis potius) iuxta Vincentiam reperiuntur, sæpe à pharmacopolis pro scincis usurpantur: sed effectus illos à quibus scinci prædicantur, deesse eis crediderim, Matthæolus. Sunt & Vicentino agro sui quidam scinci, minores multo ueris, etiamsi pro Aegyptijs officinæ subijciunt, Hermolaus.

B.

Hæc cum scriberem animal ipsum inspexi: reperitur enim satis frequens circa urbem nostram 10 in fossis hortorum quæ aquam continent. Longitudo totius, digiti ferè septē, Color niger dorso & lateribus: sed puncta multa alba & minima sunt inter latera & uentrem, alijsq́ partibus supinis: reliquum corpus & ipsum nigrum est, & concoloribus sibi punctis exasperatur. Georg. Agricola tamen hanc bestiolam colore uel cinereâ, uel in cinereo fuscam esse prodidit: quo colore apud nos raram aut nullam esse puto: semel tantum in mōte quodam hoc colore uidi, Venter & caudæ pars ima luteo aut flauo colore apparent. Pellis ualida & dura est, ita ut cultello etiam acuto resistat. Ex uulneribus lactea quædam sanies manat, ut in salamandra quoq̃. Os tenaciter claudit, ut & salamandra: nec mordet, sed nec aperit os, utcunq̃ urgeatur & stimuletur, nisi per uim hoc ei exprimatur. Lingua breuissima & latiuscula est: dentes breuissimi exilissimiq̃, circa labra interius: tantilli ut uisum ferè effugiant. Anteriorum pedum digiti sunt quaterni, posteriorum quini. Cauda per 20 medium crassiuscula prominet, supra infraq̃ (hoc est prona & supina parte) contrahitur, rhombi figuræ quadam similitudine: ac si ex solidis rhombis aliquot contiguis corpus cōtexatur, spacijs etiã uacuis expletis: quæ figura ferè etiam redditur, si oblongum corpus quadrangulum ita collocetur, ut anguli duo in medio laterum utrinq̃ sint, tertius in summo, quartus in imo è regione. sed media laterum crassities in huius lacerti cauda angulos non habet. Monachi interpretes Mesuæi scribunt, caudam ei latam esse ut anguillæ, (quod non satis conuenit,) ad natandū aptam. In hac quam dissecui bestiola caudæ pars resecta mouebatur: & quum reliquum corpus immobile maneret cum reliqua parte caudæ, ea quoq̃ resecta mouebatur, quæ corpori adhuc hærens immobilis iacuerat.

C.

Testudinis aut salamandræ instar tardius ingreditur aquatilis lacertus, Georg. Agricola. Vita 30 ei in aqua (in fontibus frigidis, ut audio) & in terra: sed crebrius in aqua, Latet per hyemem. Gignitur in lacunis opacis, quæ in pingui solo sunt, & in quibusdam mœniorum fossis, Idem. Delectari eos limosa aqua audio, & ferè ubi limus albus sit, polentæ aut farinæ non dissimilis: & sub petras in aquis, si quæ sunt, se abdere: oua eorum magnitudine pisi, multa cohærere: Natare ipsos sub aqua, ad superficiem rarò emergere. Atqui ego cum in uitreum uas unum huius generis coniectum per dies aliquot seruarem cum aqua, ore semper ferè extra aquam prominente, ut ranas, deprehendi. Impositus sali caudam mouet ac effugere conatur. nam eum, quia ualde mordet, non potest ferre, statimq̃ moritur, quum alioqui uerberatus diu uiuat, Georg. Agricola. Ego cum per dies aliquot in uase uitreo haberem, aliquando per diem unum sine aqua relinquebam, ac uidebatur mihi sine ea deterius habere.   40

D.

Irritata si exarserit, elata & quodam modo inflata, rectis pedibus insistit, & terribilis oris hiatu (ego eam os, non nisi per uim expresseris, aperire obseruaui) acriter oculis intuetur eum, à quo fuerit lacessita: manatq̃ sensim lacteo & uiroso sudore usq̃ dum tota fiat candida, Geor. Agricola.

G.

Lacerti aquatici illi parui nigri, sæpe à pharmacopolis pro scincis ponuntur: sed puto eis deesse effectus illos à quibus scinci prædicantur, Matthæolus. Ego non utiles tantum uires eis abesse puto, sed insuper ualde noxias & uenenosas inesse, non minus fortè quàm salamandræ, quòd illi similiter lacteam ubicunq̃ uulnerantur saniem emittant: nisi fortassis uita in aqua uenenum eorum dilutius reddat. Sed salamandræ etiam aquoso & pluuio tempore magis & nascuntur & uigent. 50 Audiui à Gallis quibusdam, suem si forte hanc lacertam ederit, interire: quod sanè miretur aliquis, cum à salamandra (si id uerè scribitur ab Aeliano) deuorata sues nihil lædantur.

DE LACERTO.

A.

   LACERTVS & lacerta idem animal utrouis genere dicitur, (ut apud Græcos etiam σαῦ-
ρ@ & σαύρα, teste Varino:) nimirum à similitudine lacertorum hominis, quod pedes eorum similiter in digitos tanquam è uolis aut palmis findantur, & in obliquum flectantur
ad latera, eo modo quo homo manum flectit cum quadrupes ingreditur. Hinc est quòd 60 lacerti uocabulum communius sit ad omnia huius generis quadrupedum ouiparum hoc modo pedibus prædita: priuatim uerò ad communem & notissimam lacerti speciem, cuius hic imago adiecta

ecta est, contrahitur. Σαῦρⓖ etiam aut σαῦρα Græcis
& si ratione nominis nõ æque commune uocabulum
sit, à similitudine tamen corporis lacerti communis
ad alias quoq̃ species deriuatur. hinc sauram chalcidicam, & sauram pharmacitidem legimus, & sauram
uiridem, ut apud Latinos lacertum uiridem, &c. La
certus est reptilis genus, sic uocatus, quòd habet bra
chia, & quatuor pedibus innititur. Genera uerò lacertorum plura sunt, ut salamandra, saura, stellio, Isi-

10 dorus. Crocodilus lacerta est Nili, Palladius. In
Arabum etiam libris Latinè redditis sæpe lacertam pro crocodilo tum aquatico tum terrestri legimus. Cardanus lacertas non rectè insectis adnumerat, insecta definiens ea omnia quæ præcisa par
te uitam in ea retinent. Scorpiones, scinci, lacerti q̃ uermibus nõ serpentibus adscribuntur, Solinus cap. 30. Lacertam potius uermem dicunt quidam quàm serpentem, quia clementius ferit, &c.
Author libri de nat. rerum. Sed isti uermium nomine abutuntur pro reptilibus, reptilia enim (ἑρπε
τὰ) tum insecta plurima, tum in quadrupedum genere minores dicuntur quæ per parietes scandere
possunt, & improprié etiam serpentes: uermis uerò appellatio omnino intra insecta contineri debet, ut & σκώληκος Græcis. ¶ Letaah, לטאה, Leuitici 11. & Num. 14. reptile quoddam, quod R. Sa
lomon uocat לינרבושא (forte laniger mus, ut quidam ᴄonijcit, ego nullum huiusmodi murem no
20 ui, & alij omnes lacerti genus interpretantur, ut uox illa pro alia quàdam Gallica uulgari corruptè
posita uideatur.) Idem R. Salomon Leuit. 11. לישרדא, lisarda, id est lacertam uoce Gallica interpretatur, ut Nicolaus Lyranus intelligit. Ibidem Chaldæus interpres uertit חלטאה haltetha: Arabs,
עשׁאא, ataia: Persa אן גז, an gas (: Itali hodie uiridem lacertum uocant gez.) Septuaginta κωλαβώτης,
uel (ut Complutensis habet codex) ἀσκαλαβώτης: Hieronymus, stellio. Videtur autem letaah uocari
Hebraicè à clandestinis insidijs quibus animal hoc instructum est, לוט lot, enim clancularium sonat.
Munsterus etiam letaah stellionem interpretatur, Germanicè עיגלעש Æglos, id est lacertum communem, nimirum ex Rabino quopiam. Stercus stellionis & adhaya & zerzir, &c. Serapionis
interpres ex Galeno, ubi Galenus habet stercus crocodili terrestri & sturni, sturnum quidem zerzir uertunt. pro terrestri autem crocodilo, adhab posuit Auicenna, quod nomen forte Serapio tan-
30 quam generalius in stellionem & adhaya ceu duas species diuisisse uidetur. Alhathaie seu alhadaie est lacertus paruus in domibus & hortis communiter repertus, & à uulgaribus appellatur lucerta, Andreas Bellunensis. Aranetus lacertos paruos (Auicennæ interpretatio habet adeclaie) ag
greditur, Aristot. de hist. anim. 9.39. חמט, hómet, aliqui (teste Rabi D. Kimhi) לימסא, limacè intelligunt, alij uerò ברבי carbo, id est lacertam: (quæ uox [Arabica puto] forte facta est à Græca quasi sar
bo pro sauro.) Chaldæus interpres Leuitici 11. uertit חומטא humeta. Arabs, חרבא, herba, (harbe
quidem Auicenna, Andrea Bellunensi teste chamæleontem appellat:) Persa, כוספאר, an susphar.
Septuaginta σαῦρα, Hieronymus lacerta. Munsterus homet interpretatur limacè, testudinem, con-
cham. sed communis hic quorundam error est apud Germanos, ut pro limace testudinem aut con
cham dicant. Ego omnino lacertum intellexerim, quòd in ea interpretatione plerique consentiant.
40 (Vide plura infra in F.) Fortasis autem Græca uox saura, ab Arabica herba uel harbe uel carbo per
metathesin facta est, uel contra. Inuenio & טליה, pelijah, in trilingui dictionario Munsteri pro la
certa, nescio cuius dialecti uocabulum. Aliqui etiam hardun Arabicam uocem lacertam interpretantur, ut Andreas Bellunensis, cuius naturam proximam esse aiunt naturæ guaril seu urel, id
est stellionis, &c. Aliqui idem animal (ex lacertorum genere) Hebraicè koah, Arabicè hardun uocari docent: Vide supra in Chamæleonte A. Arab, id est lacertus, Vetus glossographus Auicennæ: uoce corrupta ut conijcio. Samabras, uel ut Bellunensis legit saambras, lacerta est eodem interprete, Auicennæ 2.646. uideri sanè potest salamandræ nomen hinc factum. Scatirofa, id est lacerta, Syluaticus. Olen, id est lacertus, Idem. ¶ Lacerta Græcis hodie uulgò κολιοσαῦρα uocatur,
corrupto forte nomine à χλωροσαῦρα: uel cõposito ex colote, id est stellione, propter similitudinè cor
50 poris, & saura. Italicè liguro, uel leguro, uel lucerta aut lucertula, ut Alunnus habet. Mattheolus
Senensis in commentario in salamandram Dioscoridis, Ramarri (inquit) à Tridentinis uocantur,
qui ab alijs racani, liguri, & lucerti. Atqui ramarrum aliqui in Italia etiam bufonem uocant, ut audio. Hispanicè lacertus dicitur lagárto: lacerta, lagartisa, uel lagardixa. Gallicè, lysarde. Germanicè Adex, uel Ægles quod quidã in fœminino genere proferũt: nostri in masculino dicunt ein Ægochs.
Hessis Æydesch. Flandris Akettisse. Non probo illum qui lacertam Germanicè interpretatur
grũn adex, id est uiridem lacertam. Quanquam enim communis etiam lacerta, de qua hic scribo,
uiridis aliquando reperiatur, sed rarò, propriè tamẽ alterum genus maius, & semper uiride, de quo
infra agetur, sic appellari solet apud authores. Anglicè gesscierka, uel
gesstier. ¶ Lacertum indoctuli stellionem dixére, cum stellio sit minor lacerta, Grapaldus & Pe-
60 rottus. Lacerti parui uulgò creduntur stelliones, sed falsò, Matthæolus.

                                        B.

De lacertis diuersis, qui à paruis & communibus nostris tum aliàs tum magnitudine differunt,

                                                                        C 3

separatim agemus infra. ¶ In Anglia lacertos extare negant.

¶ Lacerti cortice teguntur, Aristot. quamobrem cutis eorum dura est. Absint & picti squalen-
tia terga lacerti, Vergil. Georg. Chamæleon & niger non longè dissimilis crocodilo est: & pallidus, ut lacertæ, Aristot. Plinius lacertorum meminit qui ferrugineas maculas habeãt, lineis etiam
per caudam distincti. Parui etiã lacerti aliquando uirides, aliàs alio colore reperiuntur, nullo insi-
per discrimine uariantes. Saura multarum specierum est, inter quas tamen pulcherrima uiridis
candicante uentre prope dumeta & sæpes, Christoph. Saluelden. ait autem harum in uentre reperiri gemmam sauriten, quod Plinius de lacertis uiridibus, maioribus scilicet quæ per excellentiam
uirides cognominantur, scripsit, non de minoribus quæ & ipsæ aliquando uirides reperiuntur. Lacertæ paruæ quam nuper initio Septembris obseruaui, color fuscus erat, sed splendens & ad æreum 10
accedens, uenter partim uiridem partim luteum colorem præferebat: Vtrinq; in lateribus puncta
aliquot deinceps erant, splendentia ceu asterisci quidam. Longitudo digitûm quatuor. Retro oculos meatus aurium rotundi apparebant. Nullus in ea lacteus liquor (qualis in aquaticis lacertis &
salamandris est) quamuis Demetrius Byzantius inaccipitrum cura ἀργαλακτίζαν uerbo de lacerta
utatur. Digiti perexiles, ante & retro quini, cum unguiculis, in posterioribus longissimus erat qui
indicis situm obtinet, pollex inferiore loco ut in manibus hominis: anteriores ueró pollicem cum
cæteris eodem situ habebant, Hæc ex nostra inspectione. ¶ Lacerti parui sanguinem in uenis habent, non carent ut stelliones, Matthæolus Senensis. ¶ Cortice intecta, ut lacertæ, superiore etiam
palpebra conniuent, inferiore quidem omnia, Aristot. Palpebræ sunt quadrupedum etiam illis,
quibus molle tergus, ut serpentibus: & quadrupedum quæ oua pariunt, ut lacertæ, Plinius. La- 20
certorum & serpentium lingua summa bifida est, sed præcipuè serpentium, Aristot. Idem lib. 2.
de partibus animalium cap. 17. causam inquirit, cur his & serpentibus lingua longa & bifida contigerit, eamq; in horum animalium ingluuiem (uoracitatem) reijcit, ut & diutius & quasi duplicem
ex cibo uoluptatem caperent. Et alibi, Lingua (inquit) eis bifida est ut serpentibus, parteq; extrema pilosa admodum. Lingua lacertis bifida & pilosa, Plinius, Author libri de nat. rerum, & Ge.
Agricola. Atqui alio in loco Plinius serpentibus & lacertis linguam, nõ pilosam, sed capillamenti
tenuitate esse scribit: transtulit autem utrunq; locum ex Aristotele, unum ex libro quarto de partibus animaliũ cap. undecimo, ubi Aristoteles habet ἐπ᾽ ἄκρϛ ἄγαν ριχώδ᾽ν, ualde pilosam uertit Gaza.
alterum ex eiusdem operis secundo lib. cap. 17. ubi ὰ ἄκρϛ λεπϧὸν καὶ ριχῶδες ἔχϛσι legit, Gaza uertit,
& parte extrema capillamenti tenuitate, id quod in altero etiam loco facere debuisset, ut Plinius 30
quoq; non enim pilosum, id est pilis hirsutum, Græcis δ᾽ασὺ & λεῖσιον, sed à figura ριχῶδες, id est capillamenti instar oblongum & exile Aristoteles intelligere uoluit. Lacerta linguam dicitur habere pilosam, sed non habet: imò sunt dentes parui ut pili, & est bifida sicut lingua serpentis, Albert.
Et rursus, Cũ mordet lacertus & stellio, dentes paruos oris sui, qui subtiles & nigri sunt, & quasi pili
nigri, in loco morsus infixos relinquit. Terrestres quadrupedes ouiparæ, ut lacerti, testudines, &c.
pulmonem habent exiguum & siccum, sed aptum ampliari ac extumescere cum inflatur, Aristot.
Eadem omnia uentrem unum & simplicem habet, Idem. Exta serpentibus & lacertis longa, Plin.
Lacerta perexiguum habet lienem, Aristot. & Plin. & rotundum, Aristot. Lacerto testes intus
adhærent lumbis, Idem. Caudam serpenti consimilem habet, Author lib. de nat. rerum. Lacertis
& serpentibus amputatæ caudæ renascuntur, Aristot. & Plinius. Colotis & lacertis caudam re- 40
nasci haud falsum, Plin. Cardanus in fine lib. 9. de subtilitate, causam cur quibusdam animalibus
partes quædam præcisæ excisæue renascantur, in eo collocat quòd imperfecta sint: medici (inquit)
ob id quòd humidiora sint dicerent. In lacertis inueniuntur & geminæ caudæ, Plin. Talem sanè
figuram Bononiæ sibi uisi lacerti, nec aliter à nostris communibus differentis, doctissimus medicus
Misnensis Io. Kentmannus ad nos misit. Scinci qui uenduntur sicci cum duabus caudis, nõ sunt
ueri scinci, Platearius. Americus Vespucius scribit se in insula quadam Oceani mille leucis à Ly-
sbona distante, lacertas inuenisse bifurcam caudam habentes. Lacerti quaternos habent pedes,
Aristot. Priora genua eis post curuantur, posteriora in priorem partem. Sunt autè crura his obliqua, humani poplitis modo, Plin. Lacertarum pedes Græci blæsos uocant, hoc est quorum pars
extrorsum, pars introrsum spectet, Hermolaus.   50

C.

Non hic antiquorum testimonio mihi erit opus, quæ ipse uidi explicabo. Cum uir quispiam Lacertum magnum & opimum comprehendisset, atq; æreo stilo excæcauisset, eundemq; in fictilem
ollam, recentem utrinq; eatenus exiguis foraminibus pertusam, ut neq; spirare sera prohiberetur,
neque tamen exitum haberet, conclusisset: & simul terram roscidam, & herbam, cuius nomen non
explicauit, imposuisset: ac deinde ferreo annulo, cui inesset gagates lapis, in quo lacertus incisus
erat, nouem signa impressisset, quorum quotidie unum deleret: post ubi nono signo sublato ollam
reclusisset, lacertum uidi, oculorum usu recuperato, clarius quàm ante excæcationem aspicere,
Aelianus. Quum lacerti in senecta oculi excæcantur, intrat in foramen parietis contra orientem,
& ad ortum Solis intendens illuminatur, Isidor. Idem Albertus scribit ex libro Iorach cuiusdam.   60
Quòd si uerum hic dicit (inquit Albertus) obtenebrationis oculorũ causa fuerit frigiditas constrin-
gens humorem oculi, quem calor lucis solaris dissoluit & attenuat, & sic uisum restituit. ¶ Captæ

                                                                lacertæ

De Lacerto. C.D. Lib. II. 31

lacertæ cum aliquando lignum ori inſererem, tenaciſſimè id mordebat. Et alterius cuiuſdam colore candicantis in littore Hadriatici maris captæ digitum ori cum inderem, comprimebat illa quidem os, ſed mordere & cutim penetrare non poterat. ¶ Lacerta ſibilat ut ſerpens, Author libri de
nat.rerum. ¶ Si quis ſeu fortuito lacertum, ſeu conſulto in caluaria percutiat, & uirga medium
diſcindat, huius partium neutra moritur, ſed ab altera ſeorſum utraq́ graditur, & duobus pedibus
adrepens uiuit. Deinde ſi coitio utriuſq́ cum altera fiat, conſenſione quadam tacita, & naturali col
ligatione uelut conſeruntur, contexunturq́: atq́ ex ſeparatis duabus partibus unus atq́ idem rurſus efficitur lacertus: & tametſi loci prius affecti ueſtigium cicatrix indicat, tamen & uitam priſtinam retinet, & ei cætera perſimilis eſt, qui talia nunquam perpeſſus ſit, Aelianus. Lacertus diſſe-
10 ctus partibus ſuis iterum coit: εἰσὶ δὲ σαφῶς τῆν μόρφην αἱ συνέσεις, ὅταν ὁ νεκρὸς τοῖς ποσὶν ἐφαπτύσαι,
Philes: Mihi quidem obſcurus eſt locus. Lacertum ſi quis diſſecuerit & diuulſerit medium, Ἕλκε
μὲν αὐτὸν σὺν κλόνῳ (πόνῳ) τὰ τμήματα, Συνωρχύεται δὲ καὶ πάλιν τὰ λείψανα, Suidas ex innominato in Σαύ
ρα. ¶ Lacertæ ac cæteræ quadrupedum ouiparæ quomodo moueantur, explicat Ariſtoteles in libro de communi animaliũ greſſu. ¶ Lacerti cauernas ſubeunt, Ariſtot. In ſepulchris habitant,
Gloſſa in Leuit.11. Plerunq́ in rubetis & ſpinetis ſolent uerſari, Georg. Agricola. Γᾶ δ᾽ ἥ τὺ μιον-
μέριον πόδεες ἕλκεις· Ἀνίκα δ᾽ ἢ καὶ σαῦρΘ· ἐφ᾽ αἱματοῶν καββάλησι, &c. Theocrit.Idyl.7. Amat lacertus ue
tera ædificia, muros & mœnia, fuſcus præſertim lacertus: uirides uero (ij quoq́ parui, nec niſi colore differentes. nõ enim de maioribus uiridibus loquitur) in campis potius ſunt. utriq́ tamen utrobi
que reperiuntur, Herus. ¶ Lacerti omniuori ſunt, Ariſtot. Inſidias aliquando in apes faciunt,
20 Aelianus. Lacertus apibus inſidiatur, Columella: ut & ſtellio quem ibidem nominat. Audio &
formicas ab eis edi. Edunt cochleas, bruchos, cicadas, gryllos & ſimilia animalcula, Matthæolus
Seneſis. Menſibus quatuor frigidiſſimis latent, & nihil interea comedunt, Ariſtot. ¶ Lacertæ
coëunt ut ſerpentes, Ariſtot. Lacertæ, ut ea quæ ſine pedibus ſunt, circumplexu Venerem nouere, Plinius. Audio eas uere circa exitum Martij, inter ſe complicatas coire, non ſuperuenientes,
ſed incumbentes lateribus & uentribus iunctis ſe amplectentes, caudis & reliquo corpore intortis.
¶ Gignunt & quadrupedes oua, (oua perfecta, Ariſtot.) ut chamæleontes, lacertæ, Plinius. Et alibi, Quadrupedum oua gignentium lacertam ore parere, ut creditur uulgo, Ariſtoteles negat: neq́
incubant eædem, oblitæ quo ſint in loco enixæ, quoniam huic animali nulla memoria. itaq́ catuli
per ſe erumpunt. Lacertæ & crocodili tam terreſtres quàm fluuiatiles, ſua oua terræ gremio com-
30 mittunt. lacertarum oua ſponte in terra aperiuntur. uitam enim earum annum non complere, ſed
ſemeſtrem finire aiunt, Ariſtot.hiſtor.anim.5.33. An uerò ore pariant néc ne, & utrũ memoria careant, quæ itidem Plinius ex Ariſtotele citat, nuſquam apud eum legere memini. Author libri de
natura rerum, (& Albertus quoq́,) eadem quæ Plinius ſcribit: & inſuper, Quidam (inquit) dicunt
fœtus à matribus deuorari. Dicunt quidam quòd lacerta deuorat partum præter unũ magis inertem, qui tamen poſtea parentes deuorat, quod omnino falſum eſt, Albertus. ¶ Negantur ſemeſtrem uitam excedere, Plinius & Ariſtot. ¶ Latent per hyemem (menſibus quatuor frigidiſſimis)
Ariſtot. lacertus, ſalamandra, &c. Eadem ſenectutem exuunt, Aelian. Lacertus ſenectutem uere
& autumno exuit, ut & reliqua cortice intecta, quibus cutis eſt mollior, nec prædura & teſlacata ut
teſtudini, Ariſtot. ¶ In lacertis & alijs quadrupedibus ouiparis, eadem ratio uuluæ quæ in auibus
40 eſt. enimuero ceruix una inſernè & carnulentior eſt: fiſſura autem & oua ſupernè proxima ſepto
continentur, Ariſtot.

D.

Plinius ſcribit lacertos compares incedere, & capto uno alterum efferari in capientem, Albert.
Homini beneuoli ſunt, Matthæolus Seneſis. Sed hoc alij de lacerta uiridi ſcribunt, ut copioſe in
eius hiſtoria retuli. Quidam dicunt fœtus à matribus deuorari, præter unum magis inertem, qui
tamen poſtea parentes deuoret, quod omnino falſum eſt, Albertus. Per muſtelam, murem, lacertum & huiuſmodi animalia in Vetere teſtamento clandeſtini inſidiatores & fures ſignificantur,
quod ad quemuis ſtrepitum ſimiliter perterreantur, Procopius in Leuiticum de animalibus ad cibum impuris ſcribens. Lacerta impurum animal ſecundũ Legem, in ſepulchris habitat, & incon-
50 ſtantiam uitæ ſignat, Gloſſa in Leuiticum. ¶ Vtiliſſimũ eſt pro frequentia domicilij (aluearium)
duos uel tres aditus in eodem operculo diſtantes inter ſe fieri contra fallaciam lacerti, qui uelut cu
ſtos ueſtibuli prodeuntibus inhians apibus affert exitium, Columella. Abſint & picti ſqualentia
terga lacerti Pinguibus à ſtabulis, (aluearibus apũ,) Vergilius. Lacertæ inſidias in apes faciunt:
terreni quoq́ crocodili peſtem perniciemq́ illis inſtruunt, his omnibus farina ad ueratrum admiſta, aut maluæ ſucco ſuffuſa, ante alueos diſperſa, guſtantibus perniciem adfert, Aelianus. ¶ Lacertæ cochleis inimiciſſimæ ſunt, Plin. cochleas ab eis uorari in c. ſcripſimus. ¶ Lacerti quotiens
cum ſerpentibus conſeruêre pugnam, uulnerati uires herba quadam refouent: itaq́ ad ſerpentium
ictus præcipua habetur, Plinius. Lacerti maioris & uiridis cum ſerpente pugnam in eius hiſtoria
deſcribemus. Ophionicum Syluaticus lacertam interpretatur. Bufo cum lacerta pugnat, Phy-
60 ſiologus. ¶ In Aethiopia ſcorpios lacertis audio expleri, & omni ſerpentium genere, Aelianus.
¶ Noctuæ quædam uenantur mures & lacertas, & alia parua animalcula, Ariſtoteles & Albertus.
¶ Araneus paruos lacertos aggreſſus circundat os, & filis obducit, donec cohibeat: mox adhærens

C 4

morſum defigit, Ariſtot. Venantur & lacertarum catulos aranei. hos primum tela inuoluentes, & tunc demum labra utraco morſu apprehendentes, amphitheatrali ſpectaculo cum contigit, Plin. Serpente ciconia pullos Nutrit & inuenta per deuſa rura lacerta, Iuuenalis. Nocturnæ aues(gi= mus & gimeta)édunt lacertas & ranas, Creſcentienſis.

E.

Lacertos apibus nocere:& quomodo id caueatur, tum quomodo interimantur, iam dictum eſt ín D. Inſidiantur quidem apibus & melli terreſtres etiam crocodili, ſiue ij ſcinci ſunt, ſiue alij qui= dam lacerti ab Ionibus ſic dicti:& appoſito extra aluearia croco arcentur. item ſtelliones.

F.

Chamæleo,(koah,)ſtellio,(letaah,)lacerta,(homet, alij limacê uertunt,)& talpa, hæc omnia im= 10 pura ſunt, Leuitici 11. ubi Gloſſographus, Lacerta (inquit) immundum animal ſecundum legem, in ſepulchris habitat,& inconſtantiam uitæ ſignat. Et eodem in loco, Muſtela, mus,& crocodilus (hazab) iuxta genus ſuum, impura ſunt. ubi pro hazab Septuaginta crocodilum terreſtrem uer= tunt:ſed forte præſtat crocodilum ſimpliciter, aut generali uocabulo lacertum uertere, quoniam ſubijcitur, iuxta genus ſuû,(apud Hebræos : Septuaginta omiſerunt.)crocodilus uero terreſtris ge nus non eſt, ſed ſpecies indiuidua. Iidem Septuaginta ibidê pro homet lacertam uertût. Muſtela, mus, lacerta,& ſimilia, clandeſtinos inſidiatores & fures denotant, quòd ad quemuis ſtrepitum ſi= militer perterreantur, Procopius in Leuiticum.

¶ Troglodytæ Aethiopes ſerpentibus lacertiſco & alijs id genus reptilibus ueſcuntur, Hero= dotus lib. 4. Amazones lacertis ac teſtudinibus & id genus beſtijs alebantur : inde forſitan appel= 20 latæ, quòd nullis mazis aut delicijs, ſed tenui & promiſcuo uictu uterentur, Cælius. Lacertis ui= rentibus ueſci in more Afris eſt, Idem. In Dioſcoridis inſula lacertæ permagnæ ſunt, quarum car= nes edur.t, pinguedine uero líquata pro oleo utuntur, Arrianus.

G.

Remedia quæ ex lacerta deſcribit Raſis in lib. de 60. animalibus cap. 28. omnia pertinent ad crocodilum uel terreſtrem, uel aquaticum, uel utruncp. Zab enim uel dhab Hebraicum & Arabi= cum nomen generale uidetur, quod has ceu ſpecies continet. Aldab, id eſt lacertus (in titulo ta= men eiuſdê capitis hardun pro lacerto ſcribitur) natura præditus eſt uicina naturæ guaril ſeu urel, & eſt ſimilis urel,(ſtellionem uetus interpres reddit)propter nutrimentum, Auicenna. Guaril eſt maxima figurarum alguaſgon & ſamambras (maximus ex lacertis, Bellunenſis) longa cauda, par= 30 uo capite, diuerſus à lacerto, ſed forte proximus eius naturæ. caro eius ualde calida eſt, Auicenna. Attribuit autem ei ferè eaſdem uires, quas Dioſcorides lacerto ſimpliciter. Adeps & caro guaril (maximi lacerti)impinguant fortiter,& propriè quaſdam mulieres, Idem. Si cum lacertæ ſepo, ha linitro cyminoco farinam tritici miſcueris, gallinæ hoc cibo ſaginatæ adeo pinguefaciunt homines qui eas ederint, ut diſrumpantur, Cardanus. Stellio, teſtudo, lacerta in cibo faciunt ut accipitres pennas citius mutent, Creſcentienſis. Falconibus male affectis Albertus aliquando lacertam pro remedio dari iubet. Harundines & tela, quæco alia extrahenda ſunt corpori, euocat mus diſſectus impoſitus:præcipuè uero lacerta diſſecta; & uel caput eius tantum contuſum cum ſale impoſitum, Plinius. Si ſtirps aliqua inhæſerit, lacertam per medium ſciſſam ei loco apponito, celerrimè edu= 40 cetur. uel, capita ipſa lacertarum contuſa impoſitaco ſimiliter proſunt, Marcellus. Vide plura infe= rius de capite. Caro guaril(id eſt lacerti maximi)extrahit ſurculos & ſpinas, Auicenna. Idem rur ſus in capite de ſaambras, id eſt lacerto: Fit (inquit) ex eo emplaſtrum ſuper ſpinas,& ea quæ carni ſunt infixa,& ſuper uerrucas côtrito,& extrahit eas:& ſuper ea quæ ſunt ut claui,& euellit, (eadem ex capite eius remedia Dioſcorides præſcribit.) Dicunt etiam ſiccum ſi miſceatur cum oleo, capil= los reuocare in manantibus capitis ulceribus. Et alibi, Caput lacertæ recens amputatum cum ari= ſtolochia longa & radice cannæ & bulbo narciſſi, mirabiliter extrahit ſpinas, haſtulas, ſagittas & partes uitri, ſi forma emplaſtri admoueatur. Lacerta ſi diuulſa admoueatur, ictis à ſcorpione leua= mentum præſtat, Dioſcor.& Auicenna in ſaambras. Prodeſt ad ictus ſcorpionum etiam lacerta diuulſa, Plinius:item ſtellio ſic in oleo putrefactus, ut in eius hiſtoria dicemus. Lacerta exſecta adpo ſita clauorum intra triduum perſeuerantiam tollit, Marcellus. Panos aperit lacerta diuiſa adpoſi= 50 ta, item cinis eius, Plinius & Marcellus. Vt ſponte dens excidat, Lacertam agreſtem arefactam, diſſectam, contritamco repone, cum dentem circummundaueris imponito,& paulo poſt attrahito, quoniam ſequetur, Galenus Eupor. 2. 12. Lacertæ tritæ coctæco fronti illitæ, epiphoras ſedant, ſiue per ſe, ſiue cum polline, ſiue cum thure, ſic & ſolatis proſunt. Viuas quoco cremare & cinere earum cum melle Cretico inungi caligines, utiliſſimû eſt, Plinius : Vide in Lacerta uiridi. Lacerti inueterati in os pendentiû addito ſale, contuſi, ab ictu læſas aures ſanant: efficaciſſime autem ferru= gincas maculas habentes, lineis etiam per caudam diſtincti, Plinius. Oleum de lacertis fit uel ex communibus iſtis quæ per domos noſtras & parietes uerſantur, uel ex uiridibus. utruncp autê alij ex uitijs lacertis parant, alij ex mortuis & exenteratis, ne ſtercora oleo innatent, Braſauolus. Vide plura in uiridibus lacertis G. de olco cum eis facto. Lacertas pauxillas uenatus mundo oleo eli= 60 quato, atcp ita in aurem demitrito:& uermes ſi in aure fuerint, interficies, Galenus Euporiſt. 2. 4. Vix eſt ſerio complecti quædam, non omittenda tamen, quia ſunt prodita; Ramici infantium la=

certa

certa mederi iubent:Marem hanc prehendi,id intelligi,& quod sub cauda unam cauernam habeat.
Id agendum ut per aurum,aut argentum, aut ostrum mordeat uitium. Tum in calice nouo illiga=
gatur,& in fumo ponitur. Lacertæ quoq,ut docuimus,combustæ,cum radice recentis harundi=
ris,quæ ut unà cremari possit,minutatim findenda est, ita myrteo oleo permixto cineres capillo=
rum defluuia continent:(Efficacius uirides lacertæ omnia eadem præstant:) Etiamnum utilius ad=
mixto sale,& adipe ursino,& cepa tusa.Quidam denas uirides in decem sextarijs olei ueteris disco
quunt,contenti semel in mense ungere,Plinius. De lacerta Martensi usta ad locum glabrum pilis
explendum:deq lacerta pissina usta ad aciem oculorum acuendam,scribemus infra inter Lacertas
diuersas. Arnoldus de Villanoua lacertos uirides miscet medicamentis quibusdam pilos re=
10 generantibus.

¶ Varices ne nascantur:lacertæ sanguine crura puero ieiunus illine, in totum carebit hac fœ=
ditate,Marcellus: Vel ut Plinius,lacertæ sanguine pueris crura ieiunis à ieiuno illinuntur. Lacer=
tæ iecur aut sanguis in lanula adplicitus,clauorum intra triduum perseuerantiam tollit, Marcellus.
Verrucas omnium generum sanat caput lacertæ uel sanguis, uel cinis totius, Plinius. Verrucam
poterit sanguis curare lacertæ,Serenus. Sanguis guaril(alijs urel)&lacerti,confortat uisum,Aui
cenna. Vrina saambras (id est lacertæ, sed apparet locum esse corruptum, aut interpretem, cum
nulla ouiparorum urina sit)& sanguis ipsius mire iuuant rupturam infantium, cum insident in de=
coctione eius.& quandoq miscetur urinæ sanguiniue eius aliquid moschi, & immittitur uirgæ in=
fantis, quod quidem summum est rupturæ remedium. ¶ Dentes scarificant & ossibus lacertæ è
20 fronte luna plena exemptis,ita ne terram attingant, Plinius. Lacertæ caput intritu & appositum,
aculeos & omnia corpori infixa extrahit.uaros,formicantes uerrucas,& pensiles (quas acrochor=
donas uocant)tollit,Dioscorides:& clauos , ut addit Galenus de simplic. 11.6, reliqua similiter ha=
bet ut Dioscorides. Si stilps aliqua inhæserit, capita lacertarum contusa impositaq prosunt, aut
ipsa lacerta per medium scissa & apposita,Marcellus. Verrucas omnium generum sanat caput la=
certæ,Plinius. ¶ Lacertæ cerebrum suffusionibus prodest,Idem. ¶ Cor lacertæ combustum aut
mixtum cum amurca,impositum membro torporem insert adeò ut ferrum non sentiat, Arnoldus
de Villanoua:sed hæc Rasis & Plinius de corio lacertæ, id est crocodili scribunt: Vide in Croco=
dilo G. ¶ Lacertæ iecur exesis dentibus impositum dolores finit, Dioscorides : finire aliqui scri=
pserunt,Galenus. Dicitur hepar eius sedare dolorem molaris dentis,Auicenna. Cauis dentibus
30 inditum iecur lacertarum aridum,dolores dentium sanat, Plinius. Lacertæ iecur aut sanguis in la
na adplicitus,clauorum intra triduum perseuerantiam tollit.

¶ Lacerti stercus uulnera purgare,& adurere, apud Celsum legimus:quærendum autem an de
lacerti simpliciter simo intelligendum sit, an terrestris potius:an eadē utriusq facultas sit, quod ma
gis uidetur.uideo enim multa(ut in sequentibus patebit)lacerti simo simpliciter attribui,quæ alij de
crocodilea,id est terrestris crocodili simo priuatim scripserunt. Stercus stellionis & lacerti & cro=
codili,utile est albugini oculi,Auicenna. Aldab(inscriptio habet, hardun, id est lacertus) naturæ
est similis urel seu stellioni , & stercus eius confert albugini & pruritui, & acuit uisum, Idem. Et
alibi,stercus guaril seu urel panno (maculis à Sole) & lentiginibus mederi scribit , & idem contri=
tum eradicare uerrucas:ac simile esse stercori lacerti.ualere enim ad albuginem oculi. Stercus la=
40 certæ illitum prodest ad oculorum albugines,Galenus Eupor.1.43.& de compos.medic.4. 8. Mi=
scetur etiam cum alijs quibusdam ad albugines oculorum, in libro Secretorum qui Galeno adscri=
bitur. Ad ulcera oculorum & albugines:Ex stercore lacertæ facies collyrium cum aqua unge,Ga
lenus Euporist.2.99. Arnoldus de Villanoua stercus lacertæ abiecto nigro in farina subacta deco
qui iubet in furno uel alibi,tum adde(inquit)aquæ nitri scrupulum, spumæ maris drachmam, & si=
mul in succo chelidonij uel alio conueniente coquito,tum exsiccata usui reserua ad pannum oculo=
rum.uel adde parum sarcocollæ,& in oculo pone,remouet enim pannum & omnem oculorum tu
nicam supernatam,quod ipse expertus sum. Hierocles medicamento cuidā, quod equo ad stran=
guriam infunditur,stercus lacertæ (κόπρον σαύρας) adijcit.

¶ Lacertæ uenenum esse negant , Mich. Herus. Salamandræ uenenum expugnatur ijsdem
50 remedijs,quorum usus est à cantharidum potu,aut lacerta in cibo sumpta,Plinius: quanquam non
prorsus ijsdem uerbis.locus enim corruptus est apud Plinium. Species lacertorum(ut habet Aui=
cenna 4.6.2.6.quod de lacertis inscribitur)est salamandra,aut in ipsa est similitudo naturæ eius: &
quæ ei similia sunt,interimunt. & accidunt ei qui sumpserit carnem eius , apostema (inflammatio)
linguæ & pruritus,& dolor capitis,& adustio,& caligo oculorum.Sic affecto in potu dare oportet
sesamum, & xyloceratia nabati , & sacchar , æquis portionibus mixta, cum butyro cocto bubulo.
Dandum etiam in potu lac dulce,& inunctione olei alicuius balneoq utendum,Hæc ille.mox au=
tem in sequenti capite alia contra salamandram sumptam remedia præscribit, quam lacertorū spe=
ciem facit:unde conijcio initium capitis hic recitati,corruptum esse, intelligiq oportere genus ali=
quod lacerti salamandræ simile,septicum & adurens, ideoq dulcibus & lenibus auxilijs ei occur=
60 rendum. Caro lacertæ inflammat linguam,insert pruritum,&c.(ut Auicenna,) Arnoldus in libro
de uenenis. Et mox,Oua autem ipsius necant,secundum filium patriarchæ, nisi statim subuenia=
tur cum stercore falconis & uino puro : postea cum uomitu nucis uomicæ : Sed hæc Auicenna

4.6.3.18.non de lacerti, sed de alharbe, id est chamæleontis ouis scribit. ¶ Cerebrum lacertæ ueneficium(philtrum uenenosum)est,quod mentem mutat potius,quàm ad amãdum mulierem,quæ id dederit,cogat, Cardanus.

¶ Stellio & lacerta cum mordet(mordent,Albertus,) dimittit (dimittunt,Albertus) in loco sui morsus dentes paruos,subtiles,nigros,pilorum instar:& non cessat locus dolere & prurire, donec auferantur cum serra,aut cucullo(cultello,Albertus) transeunte super eos, & assumat eos, & colligat eos:quare sedatur dolor.Et quandoꝗ extrahit dentes eius oleum, & cinis:(fricetur locus oleo & cinere donec egrediantur dentes:deinde ex iisdem commixtis emplastrum imponatur, Rasis.) deinde sugatur locus,& ponatur in aqua calida.Et dictum est quod altaraxacon in cibo sumptum, utilissimum est ad morsum eius. Quòd si dolor augeatur,detur in potu theriaca rutelæ,Auicen.4. to 7. 1. 18. & Rasis tractatu 8.

H.

a. Lacertam & lacertum idem genus esse conspicor, ut est apud Græcos quoꝗ sauros atꝗ saûra,Hermolaus. Nam ad lacertas captandas tempestates non sunt idoneæ, Cicero ad Atticũ lib.2. Reperitur & neutro genere,ut apud Actium Atreo,Concoquit partem uapore, flammam tribuit uerubus lacerta in focos. Lacertus animal dictum, ut placet grammaticis, quod pedes habeat ad similitudinem nostrorum lacertorum, hoc est nostrarum manuum & pedum. ¶ Σαυϱήγϱ,herba quædam,& lacerta animal, Hesychius & Varinus. Ἀϊδϱξ Græcam uocem, (quam ego nusquam adhuc reperi,)& Germanicam Ἀγδοϱ,Gelenius in Lexico symphono è regione ponit,item Græcam κικϱϱΘ,(quæ tamen scincum potius seu crocodilum terrestrē significat,) & Illyricam gesstier. 10 Σμύλλα,lacerta, Hesychius & Varinus.

¶ Epitheta. Picti squalētia terga lacerti,Vergilius Geor. Parua Lacerta,Ouidius 5.Metam. ΣαυϱΘ ἀγϱὸς,Philes.

¶ Lacertus in homine dicitur brachium à cubito ad manus uertebram , quæ carpus uocatur. Aspexisse lacertos suos dicitur,illachrymansꝗ dixisse,&c. Cicero de senect. O pectora, ó terga, ó lacertorum tori,Idem 2.Tusc. Adductis spumant freta uersa lacertis, Verg.3.Aeneid. Hinc lacertosus,robustus ac ualidis lacertis apud Columellam,Ciceronem,Ouidium. ¶ Lacerta uidetur & uasis genus esse apud Iurisperitos,sicut & apud Græcos saura, cuius in Palma meminit Hippocrates,Hermolaus:quasi scriptum aliquod Hippocratis Palma inscribatur,quale ego nullum reperio.Quare uel Hermolaus errauit,uel librarius, legendumꝗ , quod è palma fieri meminit Hippo- 30 crates,Est autem locus Hippocratis in libro de articulis circa finem,ἐμβάλλϵον δὲ ὡλϵινίως ϗ αἱ σϱϵϱαὶ ἐκ τῶν φοινίκων πλϵϱϱρμϵναι, hoc est,Moderatè etiam articulos luxatos reponunt quæ sauϱ uocantur ex palmis contexi solitæ.Ego sauras intelligo,non uasa,sed funiculos ex palmis contextos,mali sparto, aut cannabi,aliáue materia,ut Varinus scribit. Strϱα,ϭϱμὸς πλϵκϯϵς,Idem. Σϵϱα,πλϵκϯὸν ἱμάντωμα ῷ ταῖς ναυσῖν,Idem:cõtextum nimirum illud è uiminibus,cui remus inseritur:malim oxytonum σϵϱά. Est & σϵϱΘ uas,in quo far & legumina reponuntur,Etymologus:quæ uox apud Aetiũ ultimam acuit. nam libro quarto cap. 13. Siriasis,(Σϵϱίασις,aliâs σϵϱίασις:aliqui non rectè syriasin scribunt) inflamma tio est partium cerebri & membranarum eius,infantibus contingens, usꝗ ad concauitatem sincipitis & oculorum : sic dicta, quoniam σϵϱὸς Græcè uas concauum (σῶμα κὄιλον) dicitur, quo semina asseruantur.Apud eundem libro primo in quercu uersa σϵϱὸς legimus, pro fossis subterraneis, in quibus agricolæ tanquam in horreis frumētum aut alios fructus per hyemem adseruant,quæ Latinè etiam siri appellantur Curtio lib. 7. & Columellæ ac Varroni. Nostri rapa præcipuè in huiusmodi fossis 50 conseruant.Σϵϱὸς, ὁ λάκκος. ϗ σϱϱόϊς,ὀϱύγμασιν, ῷ οἷς κατατίθϵται τὰ σϱϱματα, Suidas : sed hæc præter institutum. Cæterum omnes hæ uoces cum contextum aliquid significant, siue ad uinculi aut funiculi,siue ad uasis alicuius,ut fisci, calathi aut nassæ aut alterius figuram, Hebraicæ originis uidentur,à uerbo zar uel zarar: quod ligare significat, ut asar quoꝗ: uel quòd ad ligandum apta sint,ut uincula:uel quòd ex uiminibus alijsue inter se connexis & contortis cõtexantur,ut eadem & uasa diuersa. Hinc & illa quæ subijciam uocabula,orta mihi uidentur: Σαϱγάνη, σϱοινίον, ϗ πλϵκτὸν γυϱγαθῶδϵς,ϗ ϵἶδϵς σϱυϱϵιδϵς, Varinus. Σϵϱαχίον,ἀχχϵϵον ϵἰς ὃ σῦκα ἐμβάλλϵται, ἢ ξυλϵκανθυλία,Idem. Σϵϱϵα,ramus palmæ apud Lacones:& Σϵϱομάϵης,lorum,Idem. Palmarum sanè tum folium ad utilia utilissimum est,tum funes rudentesꝗ in Aegypto ex tunicis eius nectuntur, ut apud Theophrastum legitur. Saura igitur apud Hippocratem genus quoddam texti è tunicis aut corticibus palmæ fumi- 60 culi erit,(cui nihil cum lacerta animali commune:)non autem uasis genus ut Hermolaus & Cælius putarunt,quòd id extendendo reponendoꝗ articulo minus aptum foret:Lacertam uerò apud Iureconsul-

reconsultos uasis genus esse à figura sic dicti (fortassis quòd quatuor pedibus in digitos transuerso
situ formatis insistat)non negauerim. Σαυεία,corruptio segetum, iaculu, uenabulum, Vide Theocritum in Pharma. Σαυείαζω,segetes destruere,iaculari, ferire, Σαυροειδὲς simile lacertæ. Σαυρωτὴ,
ποικίλη,id est uaria,Hesych,nimirum à uarietate coloris lacertorum. ❡ Σαυρωτήρ pars hastæ,de qua
alij aliter docent.Hastę postremum quod ferreum est,uocatur sauroter:quanquam eo nomine sunt
qui intelligant locum item in quo reponatur hasta, Cælius. Hastæ finis (manibus proximior,spi-
culo oppositus,Pollux 1. 10.)σαυρωτήρ uocatur:pars media,ancyle: quæ uerò prominet αχμη (id est
spiculum uel mucro)& epidoratis & styrax.Et rursus 10.31. Hastæ pars qua erigitur uel cui insistit,
(τὸ τῶ δόρατ۠ ἰσπμένον,) σαυρωτήρ dicitur,& styrax & styracion:ferrum uerò prominens, λόγχη,αχμη,
10 ὠπιδορατίς.De styrace plura Cælius. Varinus aliam adfert originem,his uerbis:Sauroter ferreum est
catum & in fine mucronatum,cui inserta posteriorhastæ pars, hastam terræ infixam, pali seu cru-
cis(σαυρ۠)aut patibuli instar, erigi facit:ut σαυρωτήρ quasi σαυρωτήρ ἀπὸ τῶ σαυρῶ dictus uideatur, (quod
Eustathius quoq; tradit:)sed apud ueteres σαυρωτήρ nominatur,nępe in altero hastæ fine extremum
spiculum ferreum.Apud Homerum autem sauroter uocatur etiam υείλαχ۠: apud alios uerò κρόσφ۠
quoq; aut χρόσφ۠:item styrax pars eadem quasi σύραξ,ἀφ᠗(ἐφ᠗) ὁ δήλαρθη ὅτι τὸ δόρυ ἑλῶσα. Intelligo autem posteriorem hastæ partem quæ manibus tenetur,uel quæ mucroni opposita est,ubi hodie simpliciter circulus ferreus hastæ inseritur. Ονέλαχος(ut idem alibi habet) pars posterior & spiculo hastæ opposita,ueluti cauda hastæ,quæ & styrax & sauroter uocatur, & χρόσφ۠ & σόρθυγξ appellatur.
Εγχεα δέ σφιν ὂρθ᠗ ἐπὶ σαυρωτήρ۠ ἐλήλατο,Iliad. κ. ubi Scholia, ὀρθὰ ἐπὶ τὸ κρόσφα. sic enim uocatur fer-
20 rum è regione epidoratidis situm. Σαυρωτήρα,τοῖς εὐραῖς τοῖς ὀπίσθ τῶ ἀγροτήρων,Εκῖνα δηκτὸς Σαυρωτήρα.
Καὶ ταχὺ ποδισρίζας τὸν ἴππον ἐσπισιόντα, ψαίει τῶ σαυρωτήρι ὁία τὸ τραχήια. Η ξυσὸν δόρυ,ἢ σύραξ,ὸ۠ γνισι και-
λῶσιν υείλαχον,Suidas. Σαυρωτήρ significat etiam stathmen,id est perpendiculum (quòd in eo quoque
plumbum funiculo extremo addatur, ut ferrum hastæ) & cestum (id est cingulum uarium uel acu
pictum,ut & lacerti color uarijs punctis distinguitur,)Hesychius. (Σαυρωτοῖς δόρασι, hastis quæ sau-
roteras habent in epidoratide, Idem. Σαυροβριδὴς ἔγχος, ἐκ τῶ σαυρωτῆρ۠ βαρὺ sic Aeschylus, ὁπίδα-
ῶειδὴς ἴγχ۠,Hesych,& Varinus. Σαυρίων, εἶδος σημαίας ἢ φλαμέλη, Suidas. Σημαία, τὸ φλάμμελον, ἢ ση-
μεῖον, Varinus. Vexilli genus intelligo, flammeum quidem Latini grammatici genus uestimenti
lutei coloris interpretantur,quo amiciebatur noua nupta boni ominis causa,&c.

30 ❡ Praxiteles statuarius inter cætera fecit & puberem(Gyraldus legit, & Apollinem puberem)
subrepenti lacertæ cominus sagitta insidiantem,quem Sauroctonon uocant, Plinius.

❡ Est & herbæ nomen saura Plutoni sacra, ut Nicander poeta docuit illo uersu: Σαύρην τ᾽ ἢ χθο
νός πέλεται σύφ۠ ἠγχολάκ:fortasse۠ in eo uerbo aut anagallidem intelligit, quippe quam Dioscorides sauritin(aliàs gauritin)à nonnullis dici prodat, & prophetæ nycteritin, quasi nocturno & sub-
terraneo dicatam numini:aut ipsum sinapi,quod(ut Plinio placet)ab Atheniensibus saurion uoca-
tur:aut nasturtium quod ab Hippocrate sauridion quoq; dicitur,Hermolaus. Et alibi, Hippocrates nasturtium sauridion uocat,à sinapis similitudine,quod & saurion dicitur. Sauridion Hippocrati nasturtium est,à similitudine figuræ,Galenus in Glossis & Varinus.Vsurpatur autê hæc uox
ab Hippocrate in libro de ulceribus. Σαυρίγγη,herba quædam, Varinus & Hesych.

❡ Lacertis similia sunt, aut lacertorum generis multa ex ouiparis quadrupedibus, omnia nem-
40 pe quæ oblongiore sui corporis alueo serpentes imitantur, essentq; serpentes ablatis pedibus:ut
stellio,scincus,salamandra,seps siue lacerta chalcidica. Salamandra magnitudine est lacertæ, Suidas. Stelliones lacertarum figura sunt,Plinius. Ascalabotes(id est stellio)animalculum est lacertæ
simile,Suidas. Aldab animal figura lacerto simile est,sed maius: Vide in Scinco A. Alurel (aliàs
guaril)animal terrestre,lacerto simile,And.Bellunensis. Chamæleontis figura & magnitudo erat
lacerti,nisi crura essent recta & excelsiora,Plinius. Sunt & sauri Grecis,ut lacerti Latinis inter pisces. Sauritæ genus serpentium, Varinus & Hesych.

❡ Sauros & Batrachos statuarij , natione Lacones , fecêre templa Octauiæ porticibus inclusa,
Plinius. Cum Erymanthum fluuium traieceris ad Sauri iugum,ut uocãt,& Sauri monumentum
uidebis,& Herculis templi rudera.Dicitur autem hic Saurus latro fuisse,& uiatores affluxisse &ac-
50 colas,priusquam Herculi pœnas dedit,Pausanias in Eliacis. Saureas serui nomen apud Festum legitur. Σαύρα, gens Thraciæ, Varinus & Hesych. Amazones nullis mazis aut delicijs,sed tenui
& promiscuo uictu utebantur,ut inde uideri possent appellationem ducere:quod nec Eustathio di
splicet,quoniam lacertis ac testudinibus,& id genus bestijs alerentur. Quamobrem etiam Sauro-
matidas,siue sauropatidas nuncupatas uolunt, οἷα τὸ σαύρας πάσασθαι, ὅ ἐςι γεύσασθαι, quanquam alij
quòd in Sauromatica Scythia aliquãdo habitauerint,dictas ita opinantur, quod Stephanus tradit.
Sed & Eustathius Sauromatas Amazonum connubio insignes refert, Cælius. Sarmatæ, Græcis
Sauromatæ dicti,Scythiæ populi sunt, Plinius. Et rursus , A Buge super Mæotin Sauromatæ tenent. In Creta fons est ab aditu speluncæ Idææ duodecim plurimum stadia distans, Sauri dictus,
Theophrastus de hist.plant.3.5.

60 ❡ b. Σαύρα λοιπτὸν ἐμφρρὶς ἐγένετο,Innominatus apud Suidam in Σαῦρα: forte pro eo quod est ex-
palluit,ut de uiridi lacerto intelligatur.

❡ c. Aelianus rem miram de hoc animali tradit : Quidam uidelicet comprehensam lacertam, ac oculis stilo acuto orbatam, in ollam sictilem nouam inclusit utrinque pertusam paruis cauernis: mox illita cera, addita herba quadam, cuius nomen non indicauit: deinde gagate lapide annulo ligato ferreo nouem signis signauit, quorum quotidie unum delebat: post nonum uero, reclusa olla, lacerta inuenta est oculis restituta. Anulum nanque illum aiebat oculis utilem esse, Volaterranus. Vide infra in Lacerta uiridi G. Lacertum aliqui fratrem Lombardorum uocant, ut busonem Salernitanorum: quòd apud hos populos mulieres aliquando hæc animalia in utero gestare è uulgo quidam fabulentur.

¶ g. In urina uirili lacerta necata, uenerem eius qui fecerit, cohibet. nam inter amatoria esse magi dicunt, Plinius.

¶ h. Incantata lacertis Vincula, Horatius Serm. 1. 8. de ueneficis mulieribus. ¶ Apollo Sau 10 roctonos: uide superius inter deriuata. Deos aliquot animalium nominibus ueteres appellarunt, ut Dianam lupam, Solem lacertum, Porphyrius lib. 4. de abstinendo ab animatis.

DE LACERTO VIRIDI.

A.

LACERTA maior quæ & uiridis dicitur, Grecis σαύρα χλωρά, & χλωροσαύρα apud recentio- 30 res, Italis gez, Germanis grüner Heydox. Syluaticus & alii quidam ophionicum siue ophiomachum quoq lacertum interpretantur, quæ nomina a uincendis & impugnandis serpentibus facta sunt: ideoq & cicadæ genus, & ichneumonem ophiomachum uocant. Sunt qui lacertam uiridem & stellionem confundant, ut uetus glossographus Auicennæ, & quidam etiam nostra ætate. Et Syluaticus, Stellio (inquit) id est lacerta Facetana: uel secundum alios, lacerta uiridis.

B.

Viridi colore sunt, unde & nominantur: præcipue tamẽ, ut Georg. Agricola scribit, uerno tempore, æstiuo nonnihil pallidi. Morbus regius cum uirore pallidus est, quales sunt lacerti cum uirore pallentes, Hippocr. lib. 3. de morbis. Maiores ferè duplo sunt, ut puto, communibus lacertis, rari apud nos: calidioribus locis frequentes, ruri sub dio & in pratis magis, non etiam ut commu- 40 nes circa parietes reptant. Plinius priuatim meminit lacerti uiridis longo collo nascentis in sabulosis.

D.

Italia magnas habet lacertas & uirides. hoc animal natura & homini amicũ est, & serpentibus inimicum. Nam ubicunq prospicit homo, ibi congregantur lacertæ, obliquato capite diu contemplantes hominis faciem. si expuas, elambunt saliuam ore redditam: uidi & puerorum mictum exorbentes. Quin & puerorum manibus tractantur impune, atq etiam læduntur, & admotæ ori gaudent saliuam lambere. Cæterum si comprehensæ inter se committantur, dictu mirum quàm in sese sæuiant, nec appetunt committentem. Si quis in agris ambulet per uiam cauam, nunc hinc, nunc illinc strepitu dimoti rubi admonent hominem, insuetus crederet serpentem esse, ubi dispexeris la- 50 certæ sunt, obliquato capite contemplantes donecq consistas: si pergas, sequentes. Rursus aliud agentem admonent. Diceres eas ludere uehementerq delectari hominis aspectu. Quodã die uidi prægrandem & mirè uiridem in ostio caui decertantem cum serpente. Primum mirabamur quid esset rei. nam serpens nobis non erat conspicuus. Italus admonebat in antro esse hostem. paulo post uenit ad nos lacerta, uelut ostendens sua uulnera ac remedium flagitans: seq tantum non tangi patiebatur. Quoties autem restabamus, restabat & illa nos contemplans. Serpens alterum latus pene totum eroserat, & ex uiridi rubrum fecerat, ac rursus in antrum se abdiderat. Post aliquor dies cum forte inambularemus per eundem locũ, serpens è fonte uicino biberat: erat enim æstus prodigiosus, adeò ut nos quoq aquæ inopia periclitaremur. Commodum occurrit ex agris puer natus annos tredecim, gestans rastrum quo sœnum demessum conuerrunt agricolæ: hic simul ut serpentem ui- 60 dit, præ gaudio exclamat, uelut insultans deprehenso hosti. Ferit rastro, serpens se contrahit. ille nõ facit feriendi finem, donec contrito capite serpens in longum porrigitur, quod non facit nisi moriens.

riens. Ad hæc, eius ruris agricolæ pro comperto ñobis aliud quiddam mirabile referebant. Agri=
colæ nonnunquam fessi obdormiunt in agró: tum serpentes interdum clanculum adrepentes in os
patens dormientis conijciunt sese, & in stomachum sese conuoluunt. Verum in hoc discrimine nõ
raró lacerta quamuis pusilla seruat hominém, nam ubi sensit serpentem insidiari, circuncursat per
collum & faciem hominis, nec finem facit donec pruritus scalptuqʒ unguium excitetur. Porró qui
expergiscitur conspecta in propinquo lacerta, mox intelligit hostem alicubi esse in insidijs, ac cir=
cumspiciens deprehendit, Hæc omnia Ephorinus quidam apud Erasmum in Colloquio de amici=
tia. Atqui Matthæolus Senésis de lacertis minoribus scribit, esse eas homini beneuolas. Plinius
lacertas simpliciter cum serpentibus pugnare prodidit. Ophionicum Syluaticus (offionicum ipse
10 scribit) lacertam interpretatur: alij ophiomachum, quòd serpentes impugnet ac uincat: nisi ophio=
nicus pro ophiomacho corrupte scribatur.

E.

Multi contra erucas, & mâla ne pútrescant, lacertæ uiridis pelle tangi cacumina arborum iu=
bent, Plinius. Lacertæ uiridis felle, (nõ pelle, ut Plinij codices habent) si tangantur cacumina mali
non putrescit, Palladius. Vt fructus mali in arbore nõ computrescat, neqʒ ipsum eruca contingat,
lacerti uiridis felle truncum illine, Anatolius in Geoponicis.

F.

Lacertis uirentibus uesci in more Afris est, Cælius (ex D. Hieronymo.) De his qui lacertos
simpliciter edunt, uide supra in Lacerto F. Ischiadicis prodesse dicunt lacertam uiridem in cibo,
20 ablatis pedibus, interaneis, capite, Plinius.

G.

Lacerta uiridis pro salamandra substitui potest ad remedia, ut legitur in Antiballomenis Aegi=
netæ adiunctis. Solaris lacerta eadem potest quæ & uiridis, Kiranides. Lacerta uiridis cremata,
carni alicui aspersa, mutationem pennarum in accipitre, qui ederit, accelerat, Albert. Demetrius
Constantinop. in libro de cura accipitrum, accipitri ad cibum obijcit lacertam uiridem minutatim
concisam, ne unguibus retinere possit, nam pes sanie lacertæ læsus contraheretur. Et ad eundem
effectum ut pennæ cito abijciantur, lacertam uiridem in aqua decoqui iubet: tum in mortario con=
tundi, affusaqʒ aqua tepida accipitré in ea lauari. Ad idem alius Græcus scriptor innominatus, tri=
duo accipitri in cibo dari præcipit lacertos uirides uiuos, aut siccatos in Sole & suillæ aspersos car=
30 ni. Ad comitiales prodest lacerta uiridis cum condimentis quæ fastidium abstergeant, ablatis pe=
dibus & capite, Plinius. Phthisin sentientibus utilissimam esse tradūt lacertam uiridem decoctã
in uini sextarijs tribus ad cyathum unum, singulis cochlearibus sumptis per dies (continuos) donec
conualescant, Plinius. Lacerta uiridis uiua immissa in uas fictile nouum, & cum uini sextarijs tri=
bus decocta ad cyathum unum, incredibiliter phthisico prodest, si ex uinõ eo mane ieiunius bibat
cochleare unum, Marcellus. Ischiadicis prodesse dicunt lacertã uiridem in cibo, ablatis pedibus,
interaneis, capite, Plin. Et rursus, In lumborum dolore lacertę uirides decisis pedibus & capite in
cibo sumuntur. Idem hoc remedium scinco etiam siue crocodilo terrestri, & stellioni simpliciter, &
stellioni trãsmarino similiter in cibo sumptis attribuitur. ¶ Lacertas pluribus modis ad oculorum
remedia assumunt. Alij enim uiridem includunt nouo fictili, ac lapillos qui uocantur cinædia, quæ
40 & inguinum tumoribus adalligari solent, nouem singulos signis signantes, & singulos detrahunt
per dies. Nono emittunt lacertam, lapillos seruant ad oculorum dolores. Alij terram substernunt la
certę uiridi excæcatę, & unã in uitreo uase annulos includunt é ferro solido uel auro: cum recepisse
uisum lacertam apparuerit per uitrum, emissa ea, annulis contra lippitudinem utuntur. Alij capitis
cinere pro stibio ad scabritias. Quidam uiridem longõ collo in sabulosis nascentem comburunt, &
incipientem epiphoram inungūt; item glaucomata. Mustelæ etiã oculis punctu erutis, aiunt uisum
reuerti, eademqʒ quæ in lacertis & annulis faciunt, Plinius. Lacertam uiridem excæcatam acu cu
prea in uas uitreum mittes, cum ãnulis aureis, argenteis, ferreis, & electrinis, si fuerint, aut etiam cũ
preis, deinde uas gypsabis, aut claudes diligenter atqʒ signabis, & post quintum uel septimũ diem
aperies, lacertamqʒ sanis luminibus inuenies: quam uiuam dimittes, annulis uerõ ad lippitudinem
50 ita utéris, ut non solum digito gestentur, sed etiam oculis crebrius adplicentur, ita ut per foramen
anuli uisus transmittatur. obseruandum sane imprimis ut in loco nitido atqʒ herbido deponatur ã
pulla, & cum lacerta discesserit, tum anuli colligantur. obseruandum etiam ut Luna uetere, id est ã
Luna nonadecima in uicesimam quintam, die Iouis, Septembri mense, capiatur lacerta; atqʒ ita re
medium fiat, sed ab homine maxime puro atqʒ casto, Marcellus. (Vide superius ex Volaterrano, in
Lacerta simpliciter H. c. Kiranides lib. secundo idem hoc remedium paulo aliter describit.) Et
rursus Marcellus, Lacerti (inquit) uiridis quèm ceperis die Iouis, Luna uetere, mense Sep=
tembri, aut etiam quocunqʒ alio, oculos erues acu cuprea, & intra bullam uel lupinũ aureum clau=
des, colloqʒ suspendes: quod remedium quandiu tecum habueris, oculos non dolebis. lacertum sa=
ne eodem loco in quo ceperis dimittes, uel etiã si sanguinem de oculis eius lana munda excipias,
60 eamqʒ phœnicio conuoluas, colloqʒ suspendas, uteris efficacissimo aduersùm oculorum dolorem
remedio. ¶ Et in tertianis fiat potestas experiendi, an lacerta uiridis adalligata uiua in eo uase
quod capiat, prosit, quo genere & recidiuas frequenter abigi affirmant, Plinius. In quartanis ad=
alligari iubent lacertæ uiridis uiuæ dextrum oculum effossum mox cum capite suo deciso, in pelli=

D

cula caprína, Idem. Et alibi, Propter ſtrumas exulceratas lacertus uíridís adalligatur: poſt dies trí-
ginta oportet alium adalligari. Alienis dolore liberat & lacerta uíridís, uiua in olla ante cubiculum dormítorij eius cui medetur ſuſpenſa, ut egrediens reuertenſq attingat manu, Plin. Ramices
infantium lacertæ uíridi admotæ dormientibus morſu emendantur. Poſtea harundini adalligatæ
ſuſpenduntur in fumo: traduntq pariter cum ea expirante ſanari infantem, Idem. ¶ Oleum de lacertis fit uel ex communibus iſtis quæ per domos noſtras & parietes uerſantur, uel ex uíridíbus,
utrunq autem alij ex uiuis lacertis parant, alij ex mortuis & exenteratis, neſter cora oleo innatent,
Braſauolus. Lacertas uírides ſeptenas in dimidia menſura (in libris ferè duabus) olei communis
ſuffocato, atq ita per triduum inſolato, hoc oleum guttam roſaceam, ut uocant, faciei illitu mírabi-
líter emendat, ut doctíſsimus medicus Geor. Pictorius ad nos ſcripſit. Videtur autem excremen- **10**
torum lacerti ratione potiſsimum hoc præſtare: quoniã & ſcinci ſeu crocodili terreſtris excrementa faciem dealbant, & maculas delent. Si fractum (θλάσμα) in equo ſurſum uerſus, qua ungula ena-
ſcitur, prorumpere cõtingat, id quod præduris ueterinorum pedibus ſolet euenire: in primis oleum
aceto dilutum in ellychnio receptum adhibebis. Si uerò quantum fieri poteſt dolor leniatur: medicamine quod lacertis conſtat, erit utendum. Hoc autem unguine delibuta tota ungula ſuccreſcit, &
augetur: ſicq depulſum ſenſim adparens diruptionis uitium abigitur. Ratio medicamenti hæc eſt:
In fictile nouum terni conijciuntur olei ſextarij, in quod lacertæ uírides merguntur, & indito oper
culo tantiſper coquuntur, dum in oleo crematæ cõtabuerint, (κατακαυθῶιαι, lego κατατακῶιαι:) dein
oſsículis earum exemptis, triti bítumínis ſelibra, & liquidæ picis hemina cum adipis ſuilli ueterís li
bris duabus adijciuntur, hæc omnia rectè coquuntur, & cum poſtulat uſus, ungula perungitur, hoc **20**
quantum maximè fieri poteſt ungulam durat, firmioremq animantis pedem præbet, Hierocles in
Hippiat.101. Molliſsimæ equorum ungulæ hoc uno medicamine, quo potentius nihil eſt, aſſolent
indurari: Lacertum uiuum uíridem in ollam nouam mittis, adijcies olei ueteris libram, aluminis (le
go, bítumínis) Iudaici ſelibram, ceræ libram, abſinthij tunſi ſelibram, & decoques cum lacerto: Cum
fuerit reſolutum, calentia uniuerſa colabis, abiectiſq oſsibus & purgamētis, liquatum medicamen
in ollam remittes: & cum ungues indurare uolueris, ungulam ſubradis, & factum unguentum in
cannam uíridem mittes, adhibitis carbonibus, propè feruens per cannam inſtillas ungulis : proui-
ſurus ne coronam tangas aut ranulas, ſi his exceptis, in ſolo & in circuitu ſolidaturus ungulam con
fricabis. Memineris autem ungulas excreſcendo renouari, & ideo interpoſitis diebus uel ſingulis
menſibus talis cura non deerit, per quam naturæ emendatur infirmitas, Vegetius. Ad ſupercilia **30**
piloſa: Lacertam uíridem coque in oleo, & poſtquam euuleris pilos, unge locum, Galenus Euporiſton 2.103. ¶ Lacertæ, ut docuimus, combuſtæ, cum radice recentis harundinis, quæ ut unã cremari poſsit, minutatim findenda eſt , ita myrteo oleo permixto cineres capillorum defluuia continent. Efficacius uírides lacertæ omnia eadem præſtant: Etiamnum utilius admixto ſale, & adipe ur
ſino, & cepa tuſa. Quidam denas uírides in decem ſextarijs olei ueteris diſcoquunt, contenti ſemel
in menſe ungere, Plinius. Arnoldus de Villanoua etiam lacertas uírides medicamentis alijs pilos
reuocantibus admiſcet. Vide infra in Lacerto Martenſe, in capite de Lacertis diuerſis. Lacertæ
uíridis cinis cicatrices ad colorem reducit, Plinius. ¶ Oſſa lacertæ uíridis proſunt comitialibus
nouo experimento, Colligi autem oſſa tali modo debent: Imponas lacertam uíridem adhuc uiuam,
captam, in aliquod uas clauſum, plenum optimo ſale. Sal enim paucis diebus carnem eius & inte- **40**
ſtina omnia conſumit, ut facilè iam oſſa colligantur : quæ tam ad comitialem proſunt quàm ungula
alces, quamuis & hæc eſt magni momenti, Chriſtophorus Salueldenſis. cõijcio autem ſentire eum
geſtanda hæc oſſa pro amuleto. ¶ Lacertæ uíridis ſanguis ſubtritus (ſubtritos, aliàs attritos) & ho-
mínum & iumentorum pedes ſublitus ſanat, Plin. Clauos pedum (clauellos & callos pedibus mo
leſtos, Marcell.) lacertæ uíridis ſanguis flocco impoſitus (mirè, Marcell.) ſanat, Plinius. ¶ Oculus
lacertæ uíridis à quibuſdam ſuperſtitioſè, contra quartanam adalligatur : item oculi eruti intra bullam auream incluſi contra oculorum dolores geſtantur, uel ſanguis de oculis phœnicio exceptus,
ut ſuperius dictum eſt. ¶ Contra ſtrumas exulceratas quidam cor lacertæ uíridis in argenteo uaſculo ſeruant, Plinius. Contra omnes ſtrumas & ſœminis & maribus utiliſsimum eſt, ſi cor lacertæ
uíridis lupino argenteo clauſum in collo ſuſpenſum ſemper hãbeant, Marcellus. ¶ Clauos pedum **50**
ſanat iecur lacertæ uíridis uel ſanguis flocco impoſitus, Plinius & Kiranides, qui hoc de ſolari lacer
ta ſcribit. Ex lacerte uíridis iecore phylacterium ſuperſtitioſum Marcellus Empiricus præſcribit.
    ¶ Pilos in palpebris incommodos euulſos renaſci non patitur fel lacertæ uíridis in uino albo
Sole coctum ad craſsitudinem mellis in æreo uaſe, Plin. Lacertæ uíridis fel miſce cum uino albo
quantum ſufficere exiſtimaueris , & mitte in uas æreum, poſitumq ad Solem tandiu agita donec
craſsitudinem mellis habeat, atq ex eo loca pilorum uulſorum ungue, Marcellus. Fel lacertæ ſolaris (hanc enim eadem poſſe quæ uíridis ait) in uino putrefactum per dies 40. ſub dio ad Solem in
diebus canicularibus, pilos palpebrarum extirpat, Kiranides.
                            H.

    2. Epitheta. Seu uírides rubum Dimouére lacertæ, Horat.1.Carm. Nunc uírides etiam oc- **60**
cultant ſpineta lacertos, Verg. 2. Aegl. Sed præſtat uíridem lacertum dici aſſerere periphraſticè
potius loco unius ſubſtantiui, ad differentiam lacerti communis ſiue minoris, quàm epitheticè.
                                                        ¶ Sa

¶ Sauriten gemmam in uentre uiridis lacerti harundine diſſecti tradunt inueniri, Plinius.
¶ c. Puluis lacertæ uiridis & lapathum acutum aperiunt ſeras & alia multa præſtant, Obſcur.

DE LACERTIS DIVERSIS.

GVARIL (uel potius VREL, ut Bellunenſis legit) eſt maxima figurarū alguaſgon & ſamambras (Bellunenſis uertit, ex lacertis uel liguris,) longa cauda, paruo capite, & non eſt lacertus. Lacertus enim aut nunquam aut raro reperitur præterquam ruri: & caput & corpus eius diuerſa ſunt
alguaril, ſed forte proximus eſt ei facultatibus ſuis. Fimo eius ephelides & lentigines aboletur, &c.
10 (ut ſcripſi in Lacerto G,) Auicenna.
¶ Si quis maleficijs capillos perdiderit, hac eos ad priſtinam rationem forma reparabit: ſi LA-
CERTVM ſalſum MARTENSEM cum ſuo capite, & lanæ purpureæ optime in conchylio tincta duas ligulas, & chartam cubitalis menſuræ ſeparatim comburat, cineremꝗ permiſceat, conte-
ratꝗ cum oleo cedrino paulatim adiecto, ut craſſitudinem uelut glutinis faciat: eoꝗ medicamine
glabrum locum perfricet, ita ut prius diu linteo aſperiore detergeat, Marcel. Lacerta uiridi uſta
etiam utuntur ad capillorum defluuia, ut ſupra ſcriptum eſt.
¶ LACERTAS PISSINNAS quæ in ſegetibus morātur, quas Græci aruras uocant, comburito, & ad tenuiſſimum pulterem redigito: atꝗ ex eo cum uino aut melle optimo caligantes oculos inunge, ualde proderit, Marcellus.
20 ¶ Stellio, id eſt LACERTA FACETANA, ſecundum alios Lacerta uiridis, Syluaticus.
¶ Quidam ex amicis noſtris fide dignis, narrauit mihi uiſas ſibi in Prouincia (regione Galliæ,)
& Hiſpania aliquando LACERTAS ea craſſitudine, qua crus humanum ſub genu eſt, non admodum longas, quæ caua terræ incolerent, & homines aliaſꝗ animantes prætereuntes ſublimi ſaltu
impeterent, ita ut aliquando uno ictu totam hominis maxillam reſecarent, Albertus. ¶ Ipſe etiam
in illa Italiæ ſiue Galliæ ciſalpinæ regione quam Pedemontis uocant, permagnos lacertos in montibus reperiri audiui, catulorum canis circiter magnitudine, quorum excrementa ab incolis colligantur: quod tamen ita ſe habere nondum aſſero, donec fide dignior aliquis teſtis accedat. ¶ In
quadam Libyæ parte in Mauritania lacertos bicubitales reperiri dicunt, Strabo lib. 17. ¶ Ex for-
tunatis inſulis una Capraria appellatur, grandibus (enormibus) lacertis referta, Plinius & Solinus.
30 ¶ In Dioſcoridis inſula prope Arabiam thuriferam lacertæ permagnæ ſunt, quarum carnes inſu-
lani edunt, pinguedinem uero liquant & pro oleo utuntur, Arrianus. ¶ In Arabia lacerti ad duorum cubitorum magnitudinem accedunt, Aelian. Lacerti Arabiæ cubitales: in Indiæ uero Nyſa
monte uigintiquatuor in longitudine pedum, colore fului, aut punicei, aut cærulei, Plinius. Poly-
cletus maximos ait lacertos in India, tum ualde uario colore, naſci: ut pellis floridis quibuſdam picturis maxime diſtincta, & ad tactum mollis & tenera ſit, Aelian. ¶ Lacertus Luteriæ in palatio
pendet, ut audio ab oculatis teſtibus, hominis fere craſſitie: proceritate etiã paulo infra hominem.
hunc aliqui aiunt deprehenſum in carceribus quibuſdam, qui captiuos infeſtarit, mordendo aut ſu-
gendo tibias eorum: & aliquid ea de re memorari ab ijs qui Chronica Gallica ſcripſerint. Spectatur
& alius ſimilis, ut ferunt, eadem in urbe, ſed paulo minor, in æde diuo Antonio ſacra. Ex Aethio-
40 piæ inſulis nuper à regibus Luſitaniæ occupatis, Romam iuſſu cardinalis Vlyxiponenſis lacerta
extincta circiter octonũ cubitorum longitudine aduecta eſt: oris uero hiatu, quo ſolidum infantem deuoraret, ac tholo diuæ genitricis ad portam Flumentanam, miraculi gratia ſuſpenſa nunc cernitur, Volaterranus.
¶ In prouincia Caraiam, Tartarorum regi ſubiecta, naſcuntur ſerpentes maximi, quorum quidam in longitudine continent decem paſſus, & in complexu craſſitudinis decem palmos, (dodrantes.) Horum aliqui prioribus carent pedibus, quorum loco ungulas habent inſtar ungularum leonis aut falconis. Caput ipſorum magnum eſt, & oculi prægrandes, ut duorum panũ adæquent
quantitatem. Os & rictum habent tam amplum, ut hominem deglutire ualeant, dentes quoꝗ magni & acerrimi rictui illi tam horrendo non deſunt. Nullus certe homo, nec ullum animal, ſerpen-
50 tes illos ſine terrore aſpexerit, nedum adiuerit. Capiuntur uero hunc in modum. Solet is ſerpens
interdiu latitare in cauernis ſubterraneis, aut alijs montium petrarumue ſpecubus, nocte uero egreditur paſſim circumiens, & potiſſimum aliorum animalium luſtrans latibula, quærens quod deuoret. Neꝗ enim ullum beſtiarum genus metuit, ſed magnas ac paruas deuorat, leones etiã & urſos:
& ubi uentrem ſaturauerit, redit ad ſpeluncam ſuam. Cæterum cum terra illa admodum ſit ſabulo-
ſa, mirum eſt quantam foueam corporis ſui pondere in arenam imprimat: putares dolium aliquod
uino plenum per ſabulum uoluatatum. Venatores itaꝗ beluæ inſidiantes, interdiu figunt multos palos in ſabulum, fortes, & acuto ferro in ſuperiore extremitate dentatos. hos ſabulo tegunt, ne à ſerpente uideri poſſint: multos paſſim terræ infigunt, præſertim ubi in uicino norint belluam latitare,
Et quando nocte ſolito more progreditur, ut eſcam ſibi quærat, & mole corporis ſui per cedentem
60 arenam reptando & trahendo mouet, ſit aliquando, ut pectus in latentem ſudem ferro acuminatam
uiolenter intrudat, & ſeipſum interficiat, aut graui læſione ſauciet: & tunc latentes uenatores accurrentes belluam interficiunt, ſi adhuc uiuit, & fel extrahunt, quod magno uedunt pretio. Mire enim

D 1

medendo pollet.quòd si quis à rabido cane morsus, uel unius denarij pondus inde bíberit, statim sanatur:Et mulier in partu laborans, si quantulumcunꝗ inde gustârit, mox partu exoneratur. Hæmorrhoides etiam aut sici anus inde peruncti, intra paucos dies sanantur. Porrò carnes huius serpentis uendunt:nam libenter ea uescuntur homines, M.Paulus Venetus.

¶ Extra Fortunatas insulas uiginti septem dierum nauigatione Americus Vespucius occidentem ferè uersus nauigando ad regionem quandam peruenit, ubi reperit anthropophagos:unde rursus iuxta idem littus progressus intra paucos dies ad alios populos peruenit, qui in cibo utuntur animali quodam asso:quod erat(inquit)demptis alis quibus carebat serpenti simillimũ, tamꝗ brutum ac ferum apparebat, ut eius non modicum miraremur feritatem.Progressi deinde longius per eadem tentoria, plurimos huiuscemodi serpentes uiuos inuenimus, qui ligatis pedibus, ora quoꝗ funibus ligata ne aperire possent, habebant, ita ut canes aut aliæ feræ ne mordere queant impediri solent.Aspectum quidem tam ferum eadem præ se ferunt animalia, ut nos illa uenenosa putantes ne tangere quidem auderemus.Capreolos magnitudine,sesquibrachium longitudine æquant. Pedes longos materialesꝗ(crassos)multum ac fortibus ungulis armatos,nec nõ & discolorem pellem diuersissimam habent,rostrumꝗ ac faciem ueri serpentis gestant, à quorum naribus usꝗ ad extremam caudam seta quædam per tergum sic protenditur, ut animalia illa ueros serpentes esse iudicaremus,& nihilominus eis gens prædicta uescitur, Hæc ille.

¶ In Calechuto Indiæ orientalis animalia sunt serpentibus similia,scilicet ore,oculis,cauda prælonga,absꝗ pilis,aprorum magnitudine,aliquãto etiam uastiore capite, sed pedes habent quatuor, ueneneoꝗ carent,(morsu tantum noxij, quaternorum cubitorum longitudine in palustribus locis nascentes,maximis suibus non absimiles,Ludouicus Rom.Nauigationis suæ 5.22.)Alia his similia edunt in Hispaniola insula occidentali Indiæ uocata Hyuana,dorso spinosa, aphona seu absꝗ uoce,quatuor pedibus, lacertarum cauda,dentibus acutissimis, cuniculis maiora, ceu leporum magnitudine,in arboribus, terra & aquis absque discrimine degentia, famis ad multos dies patientia, pelle coloribus uarijs distincta ac leui,ut serpentibus cæteris:uenter supremus qualis auibus est,sed amplissimus à mento ad pectus.Sunt & quos uocant B A R D A T O S à phaleratorum equorum similitudine,iucundi gustu, magnitudine cuniculi, colore albo & cinereo distincto,in terræ foueis, quas pedibus excauant,habitare solent, & ipsi quatuor pedibus,anguina pelle & cauda, fert hos India occidentalis iuxta eandem insulam,Cardanus.

¶ Salamandra asperior & scabra magis est quàm L A C E R T A V E N E N A T A, Aetius, ạt=30 qui Hermolaus in Corollario aliter hunc locum interpretatur: Similis (inquit) ascalabotæ salamandra est Aetio,lacerta uenenaria,hoc est pharmacitide uelocior. Nicander in Alexipharmacis eandem facit salamandram, & lacertam φαρμακίολα,

¶ De L A C E R T A R V M genere est & alia quædã bestiola parua,similis lacertæ, sed caudam habet nigram,quæ araneis syluestribus uescitur,Albertus.

¶ Stellio uulgò L A C E R T A V E R M I C V L A R I S rusticè, inuénitur in foraminibus ueterum ædificiorum,in quibus aranei quoque uersari solent,Niphus. Sed de stellione priuatim agemus infra.

¶ Λ Ι Α Κ Ο Ν Ι uulgò à Græcis hodie nominari audio, lacertæ genus paruum, argenteo colore splendido, in siccis & apricis locis agens. Videtur autem mihi hoc quoque animal non aliud esse 40 quàm stellio.

¶ A D A R E genus lacertæ, Syluaticus.

¶ S C E N,id est lacertæ rubeæ,Idem:pro scinco fortasis è mari rubro.

¶ S E N A B R A S idem est quod lacerta uel stellio qui in hortis reperitur, Andreas Bellunen. Samabras Auicennæ,uel saambras,non stellio sed lacertus est, ut nos obseruauimus.

¶ Σ Η Ν Ι Κ Η,animal quadrupes lacertæ simile : & animal multipes asellis domesticis non dissimile,Hesychius.

¶ Έ Λ Ε Ι Ο Σ animal inter frutices nascens lacertis simile, ut Aristarchus interpretatur apud Varinum:alij glirem,alij uermis genus interpretantur,&c. ut docui in Glire A.

¶ L A C E R T A S O L A R I S, σαῦρα ἡλιακὴ, dicta fortasis fuerit quòd Solis calore delectetur, 50 eiꝗ se exponere gaudeat.Kiranides lacertæ tria genera facit, heliacam omnibus notam, ut inquit: χαλκλὺ,id est æream, (chalcidem nimirum aliàs dictam, de qua ab initio huius libri scripsimus)& chlorãn,id est uiridem.

¶ Lacerta solaris eadem potest quæ & uiridis,Kiranides. Iecur eius emplastri modo impositum clauos sanat: (quod Plinius de lacerta uiridi iecore scribit.) fel in uino putrefactũ per dies 40. sub dio ad Solem in diebus canicularibus,pilos palpebrarum extirpat, (uel, ut alij de lacertæ uiridi felle,euulsos renasci non patitur,)Idem Kiranides,qui & alia quædam nimis superstitiosa de hac lacerta scribit, quæ repetere ex eo non libet.

¶ Lacerta solaris ubi per tempus hebetem uisum habuit, per conuersionem ad Solem oculos rursus leuat,dum in latibulo ad Solem cõuerso seipsam apprimit, & ieiuna se ad Orientem con= 60 uertit,Epiphanius in Sampsæis hæreticis, quos hisce lacertis comparat.nam Sampsæi etiam uox, inquit,si interpreteris,solares sonat. Coniecerim ego solares lacertos non alios esse quàm uulgares nostros paruos.
　　　　　　　　　　　　　　　　　　　　　　　　　　　　　　　　　　¶ Anno

¶ Anno à nato Domino 1543.audiuimus,in finibus Germaniæ prope Stiriam subito multos lacertos,uel serpentes quadrupedes lacertorum instar,apparuisse,alatos,morsu irremediabili, Rur sus anno 1551.peruenit ad nos historia Viennæ impressa,huiusmodi. Hac æstate circa diem diuæ Margaritæ in Hungaria prope pagum Zichsam iuxta Theysam fluuium,accidit ut in multorum hominum corporibus serpentes & lacerti naturalibus similes nascerentur: unde sæuissimi dolo= res oborti tandem eos enecarunt,ita ut circiter tria hominum millia sic perisse feratur.Quibusdam humi ad Solem iacentibus serpentes & lacerti per os aliquatenus emerserunt,sed mox iterum se abdiderunt in uentrem.Nobili cuidam puellæ diris cruciatibus mortuæ cum uenter inciderentur, serpentes duo prodiuerunt. His additur historia eiusdem temporis & loci,de serpentibus innu=
10 meris in strue manipulorum frumenti repertis,quos cum exurere uellent rustici , manipuli ignem respuisse dicuntur,& serpens cæterorum maximus capite in summa strue erecto, humano sermo= ne monuisse,ab incendio ut desisterent,neq́ enim exuri se posse cum non secundum naturam sint nati neq́ sponte huc uenerint,sed diuinitus propter hominum peccata immissi sint.

DE RANA AQVATICA ET INNOXIA: ET
de ijs quæ ad ranas quasuis in genere spectant.

RANA PERFECTA.   **FOETVS RANAE CAVDATVS.**

A.

RANAM aliqui recentiores inter uermes numerant, ut Albertus & similes, quod neuti= quam probo:reptile enim potius fuerit,si quis generis appellationem quærat;magis pro= prie uerò reptilia ranarum illæ dicentur quæ scandere in sublime possunt, ut minores illæ
40 uirides. Sed cum multiplex ranarum genus sit, à locis quos habitant præcipuam diffe= rentiam statuerim,ut quædam aquaticæ,aliæ terrestres dicantur. Videntur autem aquaticæ omnes amphibiæ,quòd & in terra aliquandiu degere cõmode possint:terrestres uerò non omnes in aquis etiam agere. Rursus aquaticæ uel in paludibus aut lacubus & stantibus aquis,uel in fluentibus ut riuis & fluuiorum marginibus reperiuntur.in mari nullæ, contra quàm recentiores aliqui scripse= runt:in quo Marcellus Vergilius etiam à Fr. Massario notatur. nam rana marina uel potius rana piscatrix,piscis est planus,nõ quadrupedum generis , quam Aristoteles aliquando etiam βάτραχον, id est,ranam simpliciter nominat,ubi scilicet de alijs quoque piscibus agit , ut dubitationis nihil sit. Iam in ijsdem aquis & uirides habentur,& aliæ coloris diuersi,ut dicam in B. Terrestres igitur ra= næ dicuntur,non ad marinarum,sed ad aquaticarum differentiam: quarum diuersas species,prout
50 uel in hortis,uel inter frutices,uel quibusuis locis cauis & opacis degunt, infra singillatim propo= nam. Plinius alicubi ranas aquaticas simpliciter nuncupat,alibi distinctius fluuiatiles. Ranæ lu= tariæ(πλματαῖοι βάτραχοι)apes ubi ad aquam accesserint rapiunt, Aristoteles interprete Gaza. lice= bit autem πλματαῖον etiam palustrem uertere, ἕλειον uerò lacustrem, (quamuis apud Dioscoridem lib.6.in capite de rubeta βάτραχον ἕλειον ranam palustrem uertunt , & uenenatam faciunt.) Sed ani= maduertendum ne rubeta in paludibus agens , quam aliqui simpliciter ranam palustrem uocant, (quod non probarim,)cum communi & innoxia rana palustri confundatur. Dioscorides quidem phrynon,id est rubetam, βάτραχον ἕλειον, hoc est ranam palustrem cognominat:ut Aegineta etiam 5.36. Aetius distinguit,13.55.& remedia quoque separata tradit. Ranam de lacu apud Marcellum Empiricum legimus,& βάτραχον λιμναῖον,id est ranam lacustrē apud Hippiatros. Ranas commu=
60 nes Aristot.telmatiæos aut limnæos,hoc est lutarias & lacustres nominat,Hermol. ¶ Est quando rana absolutè nominatur pro rubeta aut alia uenenata.nam & mutæ quædam uenenosæ sunt,& ru= betæ duplex genus est. Ranæ saliua contra morsum eiusdem bibitur, Plinius. Artemisia alligata

D 3

priuatim potens traditur, potáue, aduerſus ranas, Idem. Cynogloſsi radíx pota ex aqua, ranis &
ſerpentibus aduerſatur, Idem. Eryngij radix illinitur plagis uenenatis, peculiariter efficax contra
cherſydros ac ranas, Plín. Et alíbi, Sunt & ranis uenena, rubetis maximê. Aſpidis morſus ſi ra-
nᵃʳᵐ comederit, inſanabilis omnino ſit, Aelian. ¶ Ranæ uirides aliæ maiores ſunt, nempe aquaticæ, quarum coxæ in cibum ueniunt: aliæ minores & terreſtres. Ego apud medicos cum ad remedia
ranas uirides aut aliquid earum requirunt, minores tantum quæ ſui generis & terreſtres ſunt, intelligi puto: quod aliquando expreſſa magnitudinis nota deſignant, aliquando omittunt. ¶ צב, zab,
Leuitici 11. & Num. 14. crocodilum, alij ſcincum, alij ranam interpretantur: Vide in Crocodilo A.
Illyrij quidem ranam etiamnum zaba uocitant. Sic & צפרדע, zephardea, uocem Hebraicam (Exo
di 8.) alius crocodilum alius ranam facit: Lege ibidem. Munſterus in Lexico trilingui עקרב, ur- 10
deana etiam, & urdea, (Arabicas ut côijcio uoces) ranam exponit, item אקרוק, akruka: & משרו,
maskar. Vox quidem urdeana, alludit ad hardun, facit autem Auicenna hardun ſpeciem aldab, id
eſt crocodili uel lacerti, ut docui in Chamæleonte A. Porro zephardea uel zepardea dictio compo
ſita uideri poteſt â zab & urdea: & Græcum nomen bátrachos per metatheſin inde factum uideri
poteſt. Auicenna 2.596. ranam daſda nominat: Cui ſimiles ſunt apud Syluaticû uoces, diſdah, &
diſſoa cap. 221. utranq; ranam exponit, apud Serapionem diphdaha ſcribitur. Altahaul, rana in
aquis degens, Syluaticus. Bracatas apud eundem pro rana, non dubium quin ex Græco batrachos corruptum ſit, ut forté etiam garazum. ¶ Βάτραχ⟨ος⟩ Græcis commune nomen eſt ad omne
genus ranarum. λάλαγχς priuatim dicuntur uirides ranæ, (aliâs λάταγχ⟨ος⟩ apud eundem, quod mínus
placet. lalages enim quaſi garrulæ ob uocem obſtreperam recté dici uidentur,) circa lacus, quas alij 20
κεμύξ⟨ος⟩ appellant, Varinus: Sunt autem ranæ illæ quarum hic effigiem adieci, non minores illæ uí
rides, quæ neq; loquaces ſunt, nec aquaticæ. Rana apud Italos & Hiſpanos nomen Latinum ſeruat: Gallis eſt grenouille. Germanis Froſch, Froſch, Froſche: nos fœminino genere dicimus die
Froſch: alij quidam maſculino der Froſch. Cæterum uirides illæ maiores & aquaticæ, quarum coxæ, ut dixi, eduntur, priuatim â noſtris Hoptzger, (nimirû â ſaliendo, hoc eſt ⟨hebr⟩,) appellantur: ab alijs, ni fallor, Graßfroſch, ob colorem herbaceum. quanquam alij non aquaticam â colore,
ſed terreſtrem ſiue hortenſem ranam, quôd in gramine degat, ſic (ut audio) nominant. Flandricé
rana Vroſch (aliâs Voſch & Vtieſch) uel Püit appellatur. Anglicé frogg uel frogge. Illyricé
& Polonicé zaba, uoce (ut apparet) originis Hebraicæ.   30

B.

Ranarum genera diuerſa ſunt, ut partim præcedentí capite expoſui, partim ex ipſis titulis pi-
cturisq; ſequentibus apparebit. Differunt & generatione, cum quædam coitu, quædam ex putredine naſcantur, ut temporariæ, de quibus & infra in C. & poſtea priuatim nonnihil dicã. Item colore:
nam aquaticæ illæ quæ præ cæteris in cibum admittuntur, uirides ſunt, nigris paſsim aſperſæ macu
lis. Sunt & ſubliuidæ atq; ſubcinereæ quædam aquaticæ: quæ partim uocales & edules ſunt, partim
mutæ & non eduntur, ut Georg. Agricola ſcribit. Viridi colore paſsim in Flandria & Germania
tota (ni fallor) reperiuntur: in Anglia nullæ, ut audio: quare nec ullæ ranæ illic uiuunt. Porrò cum
ad remedia, ut quarum ſanguis commendatur, ne euulſi é palpebris pili renaſcantur, uirides requiruntur ranæ, minores illas terreſtres, non aquaticas maiores acceperim: Vide in G. ¶ Rana figura eſt bufonis, ſed ſine ueneno, Albertus. Fœmina mare maior eſt, Ariſtot. Aegyptij hóminem 40
impudentem, & uiſu acutum ac celerem (ϗὶ τὼ ὀξεωπ⟨ος⟩ uel ⟨grc⟩) deſignantes, ranam pingunt: hæ enim
non alibi ſanguinem habet quàm in oculis. Porrò qui illos ſanguine reſperſos habent, impudentes
dicunt: unde & poeta, Ebrie, luminibus canis effrons, pectore cerui, (Οἰνοβαρές, κυνὸς ὄμματ᾽ ἔχων, κρα-
δίϊω δ᾽ ἐλάφοιο, Iliad. α.) Orus. Idem alibi muſcam impudentiæ ſignum facit, (unde & Homerica ſimilitudo,) quam conſtat in capite tantum circa oculos ſanguinem habere. &De lingua ranarum,
dicam ſequenti capite, ubi etiam de uoce. Pulmonê pauca habent aquatilia, ac cætera oua parien-
tia exiguum, ſpumoſum, nec ſanguineum, ideo non ſitiunt: Eadem eſt cauſa, quare ſub aqua diu ra
næ & phocæ urinentur, Plinius. Iecur ranæ geminû eſſe dicunt, Idem. Rana (ut & reliquæ quadrupedes ouiparæ) lienem perexiguum habent, Ariſtot. & Plinius. Quadrupedum ouipararum,
ut ranæ aliarumq; uulua, qualis auium eſt: uide in Lacerta B. Ventri echinorum (marinorum) ſub- 50
dita ſunt oua, & ranæ rubetæq; ſimiliter, &c. Ariſtot. de hiſtor. animal. lib. 4. circa finem cap. quinti.
Coëunt ranæ, ut & cæteræ quadrupedes ouiparæ, ſuperueniente mare. habent uerô in quod meatus contingant, & quo per coitum adhæreant, Ariſtot. Ranæ crura poſterius longa, (ut apta ſint
ad ſaltus) anterius breuia ſunt, cum digitis longis, quibus intertexta eſt membrana ut commodius
natent, Albertus.

C.

Rana paluſtris eſt, Ariſtot. In Piſanorum aquis calidis ranæ innaſcuntur, Plinius. Virides
ranæ, in fluuijs atq; piſcinis uerſantur: Subliuidæ & ſubcinereæ in fluuijs, lacubus, paludibus, lacunis uiuunt. Vtræq; hybernis menſibus conduntur in terra. Argumento eſt, quôd uerno tempore
non tantum carum fœtus conſpiciantur in lacunis, ſed ipſæ ueteres etiam ranæ. Quare uerum non 60
eſt quod ſcribit Plinius, mirúmq; ſemeſtri uita reſoluuntur in limum nullo cernente: & rurſus uernis aquis renaſcuntur, quæ ſuæ natæ, perinde occulta ratione, cum omnibus annis id eueniat,
Georg.

Georg.Agricola. In paludibus illis quæ per hyemem non conglaciantur, omni tempore, præcipuè tamen uêre, ranæ reperiuntur, Matthæolus: hoc non fieret, si in limum resoluerentur. Audio
apud nos ranas hyeme aliquando in fontibus minus frigidis reperiri: & aliquando cũ mustelarum
piscium genere quod thryscios nostri uocant, ore eis adhærentes tanquam alimentũ ab ipsis exu-
gant, extrahi. Et rursus Agricola, Latent (inquit) hyeme in terra ranæ omnes, exceptis temporarijs istis minimis (de quibus infra priuatim agemus.) Hyeme latet rana extra aquam in rimis calidis, & aliquando in aquis sub terra, quæ hyeme sunt calidæ: Vere procedit ad aquas. Aliquando
etiam autumno quum frigore infestatur intrat in domos hominum, & aliquando reptat in sinu super inguen uel uentrem hominis, Albertus. Pariunt ac educant in sicco. Humore ut non prorsus
10 carere sustinent, ita in ipso intereunt, nisi interdum respiratio detur, Aristot. Theophrastus commemorat pisces, qui sic ex fluminibus in terram tanquã ranæ exeant, & rursus in aquam redeant.

¶ Omnis rana terrestris muta est, Io. Tzetzes. 8. 167. atqui ranunculos uirides qui terrestres
sunt, constat non esse mutos. Aquaticæ ranæ, quas gerynos Aratus uocat, omnes uocales sunt,
præter Seriphias, Idem Tzetzes. atqui Aratus non ipsas ranas aquaticas, sed ipsarum fœtus gerynos uocauit. Ranis sonus sui generis, ut dictum est. nisi ità & in ijs ferenda dubitatio est, (quasi non
uera sit uox, ut in insectis,) qui mox in ore concipitur, non in pectore. Multum tamen in ijs refert
& locorum natura. Mutæ in Macedonia traduntur, Plin. Ranæ uocales olim in Cyrenensi agro
deerant, Aristot. Et in Mirabilibus, Ranas in Cyrene aiunt planè mutas esse. Theophrastus tradit
inuectitias esse in Cyrenaica uocales ranas, Plinius. Et alibi, Cyrenis mutæ fuêre ranæ, illatis è con
20 tinente uocalibus durat genus earum. Cyrenææ ranæ propter aquæ amaritudinem mutæ sunt, Simocatus. Mutæ sunt etiam nunc in Seripho insula. Eædem alio translatæ canunt: quod accidere
& in lacu Thessaliæ Sicendo tradunt, Plinius. Theophrastus aquæ frigiditatem causatur, quòd
mutæ sint Seriphiæ ranæ, Aelianus: alij fabulam quandam adferunt: Vide infra in h. inter prouerbia. Seriphiæ ranæ in Scyrum allatæ uocem non ædebant, Suidas & Varinus. Ranæ coaxant,
Spartianus. Quoaxare ranæ dicuntur cum uocem emittunt, Festus. Rana gracidat uel coaxat,
Alunnus. Vtranq; uocem per onomatopœiam fictam esse constat. Apud Aristophanem in Ranis
subinde repetuntur imitationes illæ ranarum uocis, βρεκεκεκέξ, κοάξ, κοάξ. Cæterum coaxatio etiam
Latinè dicitur opus axibus constans, (vertäflung:)axes (laden/bretter) enim transuersis tignis impositi contignationum sola (tile) fulciunt, Budæus in Pandectis. Et alibi, Coaxatio, quæ & coassatio
30 dicitur, tabulis, asses & axes uocant, id genus conserta est quibus cupæ & lacus (väffer vnd stan-
den vß tugen)conficiuntur. Ταῖς νύμφαισιν δ’ ἰσέφξην ἀεί τὸν Βάτραχον ἀσέσαι· Τῷ δ’ ἐχὶ ε φθονίουμ, τὸ γὰρ
μέλG᾽ ὐ καλόγ ἄδε᾽α, Marcus Musurus apud Theocritum. Plinius etiam ranas canere dixit. Rana
cum læditur exilem dat uocem, sicut mus in timore, Albertus. Ranis lingua sui generis est. pars
enim prima, quæ cæteris absoluta est, ijs cohæret, ijs modo tota ferè piscium. intima uerò absoluta
ad guttur applicatur, qua suam uocem solent emittere. Et quidem genus illud ululatus, quam ololy
ginem nominant, mares intra aquam reddunt, ut eieant ad coitũ fœminas, Aristot. Et alibi, Reddunt ranæ suam ololyginem illam, maxilla inferioris labro demisso pari libra, cum aqua modice re
cepta in fauces, superioreq; intenta. Flagrant tantisper oculi modo lucernæ, cum sinus buccarum
maxillis distentis interluceat. Coitum enim noctu magna ex parte agere uisuntur. Ex his locis
40 Aristotelis sua transferens Plinius, Ranis (inquit) prima lingua cohæret, (quo modo infantium lingua cum hæret, id uitium uulgò filum à Gallis uocatur) intima absoluta à gutture qua uocem mittunt. Mares tum uocantur ololygones , stato id tempore euenit, cientibus ad coitũ fœminas. Tum
siquidem inferiore labro demisso, ad libramentum modicæ aquæ receptæ in fauces , palpitante ibi
lingua ululatus elicitur. Tunc extenti buccarum sinus perlucent, oculi flagrant labore perpulsi.
Super hoc loco Plinij Hermolaus scribens, pro ololygones (inquit) legi potest ololyzontes. quandoquidem uoces & ululatus ipsi dicuntur ololygones, ut ex Aristotele patet, Hæc ille. Sed forsan
ololygones rectè legetur, nec temerè aliquid mutandum ubi nulla ueterum codicum lectio suffragatur. Quamuis enim ololygon proprie uocem ipsam per onomatopœian significet, accipi tamen
potest pro animali talem uocem ædente. Apud Aratum quidam ὀλολυγόνα interpretantur auis soli-
50 tariæ genus, quam Cicero acredulam, id est lusciniam uocârit. Syluaticus auem localem, id est aluconem interpretatur. Varino ὀλολυγώ (lege ὀλολυγὼ)animalculum est in aquis nascens, simile intestino terræ. Et rursus, ὀλολυγώ, ἀπὸ τῷ ὀλολύζαμ. ἰςὶ γὰρ Ἀριςοτέλω, πάνυ ὀλολύζα τὸ ζῷογ ἐν τοῖς ἐλώδεσι (Bος-
εορώσεσι, Theocriti Scholiastes)τόποις ἰςὶ τὴν νύκτα. (Sed Aristot. de sola rana hoc refert.) Et, ὀλολυγώμ
auis sic dicta à sono uocis, Idem. τράξεG᾽, ὀλολυγώ, Hesychius & Varinus. De ololygone insecto
simili lumbrico, inter insecta dicemus. Vide in Acredula aue. Ranæ lingua palato adhæret, unde
uox æditur coax à gutture ad os resonans : & quia spiritus lingua impediente non rectà procedit,
duas tanquam uesicas inflat utrinq; ad os: tenet autem cum uoce emittit labrum inferius in superficie aquæ, & superius extra aquam, mas uidelicet fœminam alliciens, Albertus. Ranæ mares olo-
lygmo (ololygine) suo, tanquam amatorio & epithalamio carmine ad hoc composito fœminas ad
60 Venerem irritant, quas ubi iam allexêre, noctem in commune expectant. coire quippe in aquis
quidem non possunt, progredi uerò in continentem interdiu ob metũ nolunt. Noctu uerò egressæ
in magna securitate complexibus indulgent liberè, Plutarchus in libro Vtra animalium, &c. &

D 4

Gillius in Aeliano. Ranæ superueniunt, prioribus pedibus alas fœminæ mare apprehendente, posterioribus clunes, Plinius. Ouiparæ quadrupedes etiam mare superueniente coëunt. habent uerò in quod meatus contingant, & quo per coitū adhæreant, ut ranæ, & reliqua generis eiusdem, Aristot. Ranæ in coitu multum immorantur, multumᶜ̧ seminis effundunt, Author lib. de nat. rerum. Ranarum semen nostri uocant fröschmalter, alij fröschzogen. Ranæ quædam nascuntur per se, conspersis tantum æstiuo imbre littorum & itinerū pulueruletis arenis, quarum breuis uita & nullus usus est:aliæ legitimo naturæ ordine, (ex coitu natæ,) in aquis suos natales habent, Marcellus Vergilius. In Aegypto mures ex terra & imbre nascūtur, & in alijs locis ranæ, serpentesᶜ̧ & similia, Macrobius. Cum ex Italia Neapoli Puteolos iter facerē, ranas perspexi, quarum pars quæ ad caput pertinet, repebat, & duobus pedibus agebatur:altera nondū conformata concretioni to limosi humoris similis trahebatur, Aelianus. Et eodem corpore sæpe Altera pars uiuit, rudis est pars altera tellus, Ouidius 1. Metam. de ranis. Idem lib. 15. Semina limus habet uirides generantia ranas, Et generat truncas pedibus. Sed cum non omnes ranæ ex cœno limōue nascantur, non omnes etiam in limum resolui dicēdum est:ut Plinius qui hoc scripsit, quasi omnes ranæ in limum quotannis resoluantur, aut errârit, (ut supra etiam circa initium huius capitis monui,) aut ita excusandus sit, quasi non de omnibus ranis sed temporarijs tantum, hoc est ex putredinæ terræ & aquæ natis, hæc uerba protulerit. Ranis aliquando pluisse author Phylarchus est apud Aethenæū lib. 8. Et ut ibidem legimus, Heraclides Lembus historia XXI. circa Dardaniam & Pæoniam, inquit, ranis pluisse, idᶜ̧ tam copiose ut domus & uiæ replerentur. Itaᶜ̧ primis diebus aliquot tum occisis ra 20 nis, tum domibus occlusis, sustinebant incolæ:cum uerò nihil proficerent, sed uasa implerentur, & una cum edulijs coctæ simul assaeûe reperirentur ranæ, nec aquis uti liceret, nec pedes in terra ponere propter ranas coaceruatas:his accedebat grauis interfectarum odor, regionem deseruerunt. Hoc & apud Cælium legimus 24. 3. qui authorem citat Eustathiū, & quartum Bibliothecæ Diodori. Autoritates(Autariâtᶜ̧ Stephano, gens est Thesprotica: Autaridæ Plinio 6.28. in Arabia, ut uidetur)Indi ranis inchoatis & imperfectis, de cœlo lapsis, in alium locum demigrare coacti sunt, Aelianus. Attariotas ranæ è nubibus delapsæ expulerunt in quam nunc quoque habitant oram, Diodorus Sic. lib. 4. de fabulosis antiquorum gestis. Cardanus lib.16. de subtilitate pluuiarum mirabilium causam in uentos referens:Fiunt (inquit) hæc omnia uentorum ira, sæuiunt enim hi in iugis montium, ergo neᶜ̧ mirum pluere ranas, pisciculos, lapides. Nam ranæ ac pisces è montium 30 iugis uenti impetu transferuntur, transfertur & puluis qui ui uentorum cogitur in lapides. Et rursus, Transferuntur & oua paruorum animalium, ut etiam ranarum & piscium, quæ inter turbines uentorum & hymbrium procellas emittunt animalia quæ pluere uidentur. De ranis quibus Aegyptij afflicti sunt, Exodi cap. 8. sic ferè legimus:Dixit Dominus ad Mosen : Ingredere ad Pharaonem & dic ad eum:Sic dicit Dominus:dimitte populum meum ut seruiant mihi. Quòd si recusas, ecce infestabo omnes regiones tuas ranis.Et copiosè producet fluuius ranas, quæ ascendent & intrabunt in domum tuam, & in conclaue cubilis tui, & super lectum tuum, & in domum seruorum tuorum, & in populum tuum, deniᶜ̧ in furnos & cibos tuos.Et rursus:Dic Aharoni, Extende manum tuã cum uirga tua, super fluuios, super riuos, & super stagna, ut adducas ranas in Aegyptum. Cum igitur extendisset Aharon manū suam super aquas Aegypti, ascenderūt ranæ, operueruntᶜ̧ 40 terram Aegypti. Tum magi quoᶜ̧ incantationibus suis ranas similiter induxerunt. Itaque Pharao Mose & Aharone uocatis ait:Orate ad Dominum ut auferat ranas à me, & à populo meo, & dimittam populum, ut sacrificet Domino. Moses uerò respondit Pharaoni:Gloriare de me, (& dic)quan do orem pro te & tuis, ut exterminentur ranæ, & in fluuio remaneant. Tum Pharao, Cras.Et Moses dixit, Fiat iuxta uerbum tuum, ut scias incomparabilem esse Dominum deum nostrum. Egressi igitur sunt à Pharaone:& Moses inuocauit Dominum:fecitᶜ̧ Dominus ut petierat ille, & mortuæ sunt ranæ abolitæᶜ̧ è domibus, atrijs, atᶜ̧ agris. Et congregauerunt eas aceruatim,& computruit terra. Item Psalmo 77.Misit Dominus in Aegyptios cynomyiam, (arob, mixtionem insectorum, Munsterus,) & ranas quæ perdiderunt eos. Et Psalmo 104. Et ædidit terra Aegyptiorum ranas, in penetralibus regum. Et Sapientiæ 19. Pro piscibus eructauit fluuius multitudinem ranarum (in 50 Aegypto.) M. Varro author est ciuitatem ab ranis in Gallia pulsam, Plinius. Quidam ubi spuisset, intra dimidium horæ spatium ranas pro sputo exiguas ostendit, Cardanus. Vide infra in Ranis temporarijs seorsim. ¶ Ranæ pariunt ac educant in sicco, Aristot. Continentem emittunt suum fœtum, Idem de hist. 6. 14. Oua pariunt, nō animal, etiamsi Plinius partus earum minimas carnes nigras, hoc est gyrinos uocauerit, Massarius. Pariunt minimas carnes nigras, quas gyrinos uocant, oculis tantum & cauda insignes:mox pedes figurantur, cauda findente se in posteriores, Plinius. Aegyptij hominem qui cum diu se mouere non potuerit, postea tandē pedibus moueatur, demonstrantes, ranam pingunt posteriores pedes habentem. hæc enim primum sine pedibus nascitur, (quod & Aelianus scribit,)sed postea dum augetur, pedes assumit posteriores, Orus. Ra na uere coit, & parit multa oua in aqua sequentis anni uere ex illo coitu: & in medio ouorum illo 60 rum rana latet absondita:& cum oua excluduntur, ranunculi sunt magni capitis, cum uentre iuxta caput, & cauda posterius cum pinnis ad natandum : post Maium mensem deinde cauda delabente pedes quatuor formantur, Albert. Et alibi, Apud nos est animal illud quod in aquis primo

generatur

generatur ex ouis ranarum magno capite & longa cauda cum pinnis (ut in piscibus ferè, in aquis
stantibus tepidis)cuius cauda decidit & subnascuntur pedes quatuor: & antequam habeat pedes si
extrahatur de aqua,moritur. Ranarum aquaticarum (tum uiridium, tum illarum quæ subliuidæ
seu subcinereæ sunt)fœtus sunt primò carnes paruæ, rotundæ, nigræ, dein oculis tantum & cauda
insignes:quas Nicander quia caudam mouent,μολυείσλας: Aratus quia rotundæ, γυείνω: alij Græci
βατραχίσας,quasi dicas ranunculos,nominant. quorum postea figurãtur pedes, priores ex pectore,
in posteriores finditur cauda, Georg. Agricola. Idem hæc animalia interpretatur καυλκrotten:
quidam in Germania inferiore κülpogen : nostri appellant roßköpff, hoc est hippocephalos, (&
roßnägel) quòd reliqui corporis proportione caput eis magnum sit. Gyrini informes dicuntur
ranarum partus,quod scribit Theon:id est,ἀσλάπλαsι ρχυνύματα καὶ ἄποσ΄α,quando ursarum more pa
riant ranæ.Hinc in Prognosticis Aratus,Αντόβχν ὸχ ὐσλατ᾽σ ππερόσν Βοόωσι γυείνω. Γυείνου, γὲ ἐκ τὸ Βα
τραχχ παισλον, Hesychius. Γυείνοι(penanflexum : in Etymologico proparoxytonum etiam reperio)
paruæ sunt ranæ, Varinus: quòd γυροι,id est rotundi sint,Etymologus. Apud eundem γυείνω, sim
pliciter pro rana exponitur. Γυροίν, (malim γυείνω,)βατρόχοιν. Γυροί το ρχῖμα,παρ᾽ Αθλιοῖς, οἱ μὴ πόσ᾽ας
ἔχοντϵς. Ιων͠ότ σλὲ ὑχὶ Γαυσανίαν γϙρυόνϵς ϙὺ πιόντϵς φασὶ, Varinus. hinc & gyrinæ nimirum ranæ dictæ
quandiu scilicet pedibus carent.Dicuntur autem non gyrini tantum, sed & geryni, ut apud Nican
drum in Theriacis obseruaui, cuius hæc uerba sunt : Αλλ᾽ ὅτι γϙρμύων κανaχοὶ πϕελalsa τοκπἱόσν Βατροα
χοι ὡν χύτροισι κανϴλ κυλόντϵσν ἀϙεισιν Βάμματι. Rana gyrina sapientior , adagium est(inquit Erasmus)
sumptum ab informi partu ranarum,quem Græci γυείνως uocant, à figura corporis in gyrum orbi
culati,quo fit ut mira celeritate se quò uelint uoluant uersentῳ,quemadmodum testatur Etymolo
gici author.Meminit gyrinorum etiam Suidas, Aristophanis adducens testimoniũ, πατϕρόσν Βοόωσι
γυείνω, (Arati hæc uerba sunt. ut rectè Suidas citat, non Aristophanis ut Varin.) Porrò cum ranæ
tribuatur loquacitas,quæ stoliditatis solet esse comes, minimũ mentis inesse oportet gyrinis, quos
uix deprehendas animal esse nisi mouerentur. Plato in Theæteto, ότι ἡμϵῖς μὲν αὐτϙν ὥσπϵρ θϵὸν ἐλου
μάζομϵν ὑϴὶ σοϕίᾳ,ὁ σ᾽ ἄϙα ἐτύγχανϵν ὢν της φϙόνησιν οὐσλὲν Βϵλτίων Βατράχου γυείνα:Id est, Nos illum tanquam
deum ob sapientiam admirabamur. at ille nihilo magis antecellebat prudentia , quàm rana gyrina,
Hæc Erasmus. Sunt qui expuncta ueteri lectione apud Platonẽ, gryneam substituunt:sed utrum
magis quadret,doctorum fuerit perpensio, Cælius. Βρύηχοι , ranæ paruæ caudatæ, Hesychius &
Varinus. Μολυείσλαι,Βατραχίσλαι,Hesychius & Varinus. Hydrus serpens in pratis capit μολυείσλας
ἤ Βατραχίσλας,Nicander:cuius interpres moluridas interpretatur animalia cicadis similia. Vnde ap
paret grammaticos in Lexica transcripsisse has uoces,sed corruptè, nisi librarij corruperunt. est &
alter error quòd ita coniungunt has uoces , tanquam idem significantes. Latinè nobis gyrini no
men deest,& circumlocutione utendum,unde Plinius : Aliqui & nascentiũ ranarum in aqua qui
bus adhuc cauda est,&c. Rubetis etiam,inquit Hermolaus, aliquãdo cauda initio est,quam pòst
amittunt:ob id in stagnis cum adhuc pusilli sunt mutili ruribus uocantur. ¶ Ranæ lutariæ apes
ubi ad aquam accesserint,rapiunt,Aristot.Puto eas & herbis uesci, (unde nomina illa in Batracho
myomachia imposita ab herbis, Prassophagus,Prassæus, Seutlæus, Calaminthius,) & terra quan
doῳ.nam & rubetas terram edere aiunt. Tam ranæ quàm bufones comedunt mortuam talpam,
ut obseruatum sibi Albertus scribit : nam talpæ ranarum genera uiua captant & deuorant. Τᾦ σλὲ
Συραπϴσίων τότων ἀμϵλήσωῳ, Οἵ πίνϵσι μόνον,Βατροαχίχων πρόπον,ϵϴ᾽γί ἔσλωτϴν, Archestratus apud Athenæũ
lib.3. Augusto mense nunquam potest os aperire pro usu cibi, uel potus, uel uocis,quòd si manu,
uel baculo tentaueris,difficulter aperire poteris, Liber de nat. rerum. Augusto mẽse dicitur adeò
compressa habere labia,quòd etiam instrumento aperiri non possunt extra aquam, Albert. ¶ So
boles ranarum lutariarum,si quis in earum lacum uerbasci (tithymalli nimirum qui uerbasco simi
lia fert folia)nucisue folia injiciat,necatur,Aelianus:cuius uerba Græca Suidas in Phlomo sic reci
tat.ἐμϐαλὼν σλὲ ϵἰς τὼ λίμνlω φλόμϙ φύλλα ἤ καϙύα (fortè coccalos uulgò dictos quibus & pisces pereunt,
uel nuces secundæ speciei tithymalli)ἀπώλϵσϵ ϙὺ γυείνϵς.

D.

Aegyptiarum genus ranarum sapientia excellit.nam si in natricem inciderit arundinis frustum
obliquum mordicus tenet,& nihil de robore remittens,firmissimè retinet.Is igitur eam non potest
deuorare,propter arundinem,quam ore complecti nequit, Gillius (ex Aeliani Variorum primo.)
Ranæ lutariæ(πλμαπαῖοι Βατραχοι,)apes ubi ad aquam accesserint, rapiunt. quamobrem eas apiarij
per paludes & stagna,unde apes aquantur, uenari solent , Aristot. Apibus aquantibus ranæ insi
diantur:nec hæ tantum quæ stagna ritosῳ obsident,uerum & rubetæ ueniunt ultro, adrepentesῳ
sufflant,Plinius. ¶ Mustelæ rusticæ illæ,quas putorios appellant, nostri iltissos, ranis insidiantur:
& sæpe plures ab eis cõgestæ in caua aliqua arbore reperiuntur. Ranæ hostis est buteo:rapit enim
eam exeditῳ,Aristot.& Oppianus. Butorius etiam,qui ardea stellaris uidetur,ranas uorat,&.ge
nera quædam miluorum,ut recentiores quidam obscuri tradunt. item nocturnæ aues gimus & gi
meta,Crescentiensis. Hydri ranas deuorant,Aratus & Nicander. Anguis quidam(Chersydrus)
in Calabria, dum aquæ suppetunt,illas habitans,piscibus atram Improbus ingluuiem, ranisῳ lo
quacibus explet,deficientibus uerò aquis exilit in siccum, Vergilius in Georg. Quam Latini na
tricem,& Dioscorides hydrum uocat, Nicander Chersydrum appellare uidetur, is in locis parũ

aquæ habentibus, aut paludibus uersans, ranis infestissimus existit, Gillius. Quòd natricem rana male oderit, atcp incredibiliter pertimescat, ipsum ideo contrà summa uocis contentione exterrere conatur, Aelianus. Ranæ ex omnibus hydrum maximè odêre ac timent, quare appropinquante eo hostem prius clamitando aduersus eunt, Volaterranus (ex Aeliano, ut uidetur, nescio an rectè.) Obseruatum sibi Albertus scribit talpas libenter pasci bufonibus & ranis, eascp uiuas à talpis aliquando comprehendi: ranas uerò & bufones comedere talpam mortuã. Martion Smyrnęus rumpi scolopendras marinas sputo tradit: item rubetas aliascp ranas, Plinius. ¶ Ranæ obstreperæ conticescent, si in ripa exposueris lucernam accensam, Africanus in Geopon. Græcis.

E.

Pueri apud nos rubicunda lana aut panno rubente ad hamum alligato ranas capiunt. ¶ Fel 10 capræ in terra in uase aliquo repositum ad se dicitur ranas congregare, ac si gratum aliquid in eo re periant, Albertus. Ex ranis esca fit ad cancros capiendos, ut dicam in Cancris. Carnibus ranarum uel hamo additis, præcipuè purpuras certum est allici, Plinius. Fœtus ranarum (quos gyrinos uocari diximus) urunt, & eo cinere felem exenteratũ & pelle detracta tostum, illitumcp melle, aspergunt: & ita circa syluam aliquam, ubi uulpes aut lupi uersantur, trahunt, ut odore alliciant, ut scripsi in Lupo E. ¶ Aquarum notæ sunt iuncus, & harundo, multumcp alicui loco pectore incu bans rana, Plinius 31. 3. ¶ Ranæ lutariæ apibus nocent, Aelianus. ¶ Ranæ ultra solitum uocales, tempestatis signa sunt, Plinius: pluuiam denuncians, Aelianus. Altius uel clarius solito coaxantibus ranis pluuiam portendi obseruatum est, Plutarchus in libro Vtra animal. Ingruentium aquarum certius præsagium exhibent ranæ præter solitum uocales; Quod Aratus, Plinius, Maro 20 quocp noster prodidêre, Cælius. Tempestatem (χειμῶνα) prædicunt, ut Aratus canit, cum magis & supra consuetudinem clamant: Quoniam, ut Theon interpres scribit, aquam frigidiorem reddi sen tiunt: uel quia gaudent aquis, & maximè pluuiis utpote dulcioribus, unde & fœcundiores reddun tur, ut plantæ etiam pluuiis rigatæ lætius germinant. Arati carmẽ Auienus sic reddit: Et ueterem in limo ranæ cecinere querelam. Et Cicero lib. 1. de Diuinatione, Vos quocp signa uidetis aquai dulcis alumnæ, Cum clamore paratis inanes fundere uoces, Absurdocp sono fontes & stagna cietis. Certum est autem eum hæc uerba de ranis protulisse, quanquam interpositis quibusdam, ordine forsan per librarios turbato, iterum de ranis sic scribat: Quis est qui uidere ranunculos hoc suspicari possit? Sed inest mira & ranunculis quædam natura, significans aliquid, per se satis certa, cognitioni autem hominũ obscurior. Ranę coaxantes uesperi pruinam postridie non futuram in- 30 dicant, idcp certò ut aiunt, pleruncp etiam serenitatem sequentis diei, sed hoc non rarò fallit. ¶ M. Varro author est ab ranis ciuitatem in Gallia pulsam, Plinius. De pluuia ranarum in Pæonia & Dardania, &c. scripsi in C.

F.

Virides ranæ præcipuè in cibum admittuntur: sed & subcinereæ quædã & subliuidæ, ut Geor. Agricola scribit, quæ similiter in fluuiis, lacubus & piscinis uiuunt, partim uocales & edules sunt, partim mutæ & nõ eduntur. In Anglia uirides deesse audio, nec ullas edi. Apud ueteres quidem ranas aut earum decoctum intra corpus sumi solitum, medicamenti tantũ, non cibi gratia legimus, ut sequenti capite ostendemus.
¶ Ranarum ius ranascp ipsas sumptas ijs mirificè opitulari, qui à uenenatis percussi essent re- 40 ptilibus, (uerba sunt Aloisij Mundellæ ex epistola numero octaua in Volumine epistolarum eius) legimus in secundo Aëtij lib. cap. 162. & lib. 13. eiusdem cap. 5. & septimo Pauli Aeginetæ libro: ubi ab illis asseritur, si cum sale oleocp ranarum ius hauriri, mirificè prodesse percussis à reptilibus: Quorum testimonio fretus ranas interdum edere nõ dubitaui, aliiscp ut ederent permittere: quamuis illarum nutrimentum, quod in corpus hominis distribuitur, tale fore existimauerim, quale à Galeno lib. 3. de aliment. fac. cartilagineis attribuitur, minus concoctioni difficile, & mediocriter in alium exiens, Nuper uerò cum ranas sale oleocp conditas in cœna sumpsissem, partim ex iure albo coctas, partim frixas, adeò uehemens uomitus me inuasit, aliacp uerenda symptomata tribus ferè diebus continuis me exagitarunt, ut aliquod uenenum me sumpsisse proculdubio existimauerim. erant enim ranæ illæ, ut postea mihi relatum fuit, stagnantis cuiusdam loci & palustris incolæ, lon- 50 gocp ex itinere ad nos delatæ, continuo calore & agitatione semicorruptæ, ranarum enim substantia, quòd laxa sit atcp humida, putredini parata est. Si uerò recenter capiantur, & diligentissimè denudentur, & in puris aquis degerint, non limosis, non tantum ut aliàs noxias esse dixerim, præsertim quæ carne solidiore constant, optimæcp conditæ sunt. Verum huiusmodi cibos non multũ laudauerim, qui penuria urgente, aut uiuendi copia & luxu populos edi solent, quàm ulla ratione, sicuti fungi, legumina omnia ferè, cochleæ, carnes serorum animalium, & pleracp id genus reliqua, ut ait Galenus in lib. de cibis boni & mali succi, & in lib. de morbis uulg. Cur autẽ Aetius lib. 13. cap. 55. palustres ranas inter uenena connumeret, loco uerò superius à nobis citato dicat palustrium ranarum ius magnum præsidium ijs ferre qui à uenenatis icti sunt reptilibus, si illæ oleo & sale conditæ aqua elixentur, equidem incertus sum, &c. (Excusatur Aetius quòd lib. 2. βατράχις λιμναίας pro 60 antidoto commendârit: lib. autem 13. ἐλείας, ut puto, (nam & Dioscorides φρύνου ἢ βατράχου ἔλειον dicit) inter uenena numerârit: Latini interpretes pro utracp uoce palustres uertunt. Sed λίμναι, lacus

sunt

sunt maiores liberiorisꝗ aquæ:ἵᴀⱪ,paludes minores & impuriores,plantis è cœno nascētibus confertæ.)Cꝗterum longè laudabilius esse existimo ac tutius,ranas omnino interdici,aut saltem dictis
de causis parcius in cibis sumendas esse,in primis uerò propter uendētium auaritiam & fraudem.
rubetas enim & mutas ranas,indubitata uenena, palàm in foro piscario & publicis tabernis,mag-
no salutis nostræ periculo,quotidie nobis uenundare non erubescunt aut timent. Illud quoꝗ non
conticuerim quod piscator quidam me nuperrimè admonuit,ranas scilicet quæ adempta cartilagine exteriore &cute,magis albo colore sunt,alijs quidem longè nocentiores,& minus cibis idoneas
esse,quòd ueneni speciem quandam præ se ferant,quibus de causis in posterum, ut dixi, omnino
ab illis abstinere constitui:id quod ut cꝗteri quoꝗ faciant consulo adhortorꝗ,Hactenus Mundella.
10 Cæterum quæ ille citat ex Aetio & Aegineta, eadem prius Dioscorides scripserat de ranarum(sim
pliciter,non palustrium)facultate aduersus uenenatis morsus lib.2.at sexto libro rubetam inter uenena numerans,ranam palustrem cognominat, est enim rubeta quædam palustris, alia terrestris,
sed hꝗc nocentior est,ni fallor.Marcellus uel coniunctionem disiunctiuam addit, tanquam de duobus ranarum generibus sed utrisꝗ uenenatis Dioscorides in eo loco agat : nam & Aegineta sic le-
git.Vt ut est, uis quæ ex ranis earumꝗ iure contra serpentes petitur,ranis simpliciter,(edulibus ni
mirum & in puriore aqua degentibus) attribuitur : uenenum uerò rubetis & ranis palustribus,id
est bufonibus siue in terra siue in aqua palustri & impuriore uersantibus. ¶ Rana figura est bufo
nis,sed sine ueneno, Albert. Ranis aquaticis plurimi securè uescuntur, (apud nos uiridibus tantum,)& præcipuè Lombardi per quadragesimam. Ranarum fluuiatilium posteriores pedes gra-
20 tissimi sunt in cibo , & contra serpentes adiumento , Sipontinus. Ranæ bolo captæ meliores esui
putantur,quàm quæ fuscina. à serpentum enim morsu attrectatæ ac læsæ bolum attingere non pu-
tantur.Captarum coxulas denudatas pelle,per noctem aut diem in recenti aqua natare sinimus:in-
uolutas deinde farina in oleo frigimus. Frictas & in patinam translatas Palellus meus salsa uiridi
suffundit, ac fœniculi floribus aromatibusꝗ inspergit, Platina.
    Vltima,sed nostros non accessura lebetes,   Ni saliat,putris rana parabat iter.
    Noluimus,succi est pluuij & limosa maligni.   Irata est,& adhuc rauca coaxat aquis,Fiera.
Qui ranis frequenter utuntur,colore plumbeo inficiuntur, quamobrem non cibi sed medicamenti
ratione sumi debent,reddunt enim corpus putrefactioni aptum, Galeatius de S. Sophia. Scholiastes Nicandri docet rubetas in calidioribus locis magis uenenosas esse : similiter ego ranas iudi-
30 carim in calidis regionibus in cibo sumptas nonnihil ueneni habere, in Germania uerò & frigidis
locis innocentiores esse. Refert etiam quo tempore capiantur. nam libidinis suæ tempore noxias
esse non dubito. Plinius, Tussim (inquit) sanare dicuntur piscium modo è iure decoctæ ranæ. suspensæ autem pedibus, cum distillauerit in patinam saliua earum, exenterari iubentur, abiectisꝗ
interaneis condiri.

G.

    In omni uirulenti animalis morsu auxiliantur ranæ elixæ & comestæ. Verũ si qui earum esum
auersentur,ranas donec uietꝗ(flaccidæ)reddātur coquito,& iusculum ipsum ignaris absorbendum
præbeto, Aetius 13.10. Caro ranæ resistit puncturæ uermium uenenosorum, Auicenna 2.146.
Contra omnium serpentiũ (ἑρπετῶν)uenena pro antidoto sunt ranæ, si ex sale & oleo decoctæ edan-
40 tur,iusꝗ earum itidem sorbeatur,Dioscorides Ruellio interprete. Ego Marcelli translationē præfero,quæ habet:Sumitur eadem utilitate & decoctarum ius:ut nihil referat ranæ elixæ per se edantur,an ius earum per se sorbeatur:quem sensum Aetius quoꝗ secutus est : ut ex eius uerbis iam recitatis apparet.Quod si quis ipsas unà cum iure sumere uoluerit,rectè & ille fecerit , & forte effica-
cius.Aegineta simpliciter habet ranas cum iure paratas, (βατράχος ζωμὸς. constat autem ius simpliciter dictum aqua, oleo, & sale,) edi ab illis qui à uenenatis animalibus morsi fuerint. Idem rursus
inter remedia ad uiperæ morsum,Aliqui(inquit)ranas in iure coctas in cibo dederunt. Ranæ palustres in aqua elixatæ,saleꝗ & modico oleo conditæ uenenosorum reptilium ictibus, si ius earum
bibatur,magnum præsidium afferunt,Aetius 2.163. Fluuiatiles ranæ,si carnes edantur, iúsue decoctarum sorbeatur,prosunt,& contra leporem marinum,& contra serpentes supradictas,(chalci-
50 den,cerasten,sepem,elapem,dipsadem,&c.)contra scorpiones ex uino, Plinius. Marcellus Hermolaum reprehendit,qui ex Dioscoride reddiderit succum ranarum è sale atꝗ oleo decoctarũ con
tra serpentium uenena sumi:imitatus uidelicet Plinium 32. 4. scribentem, Ranarũ marinarum ex
uino & aceto decoctarum succus contra uenena bibitur. sed ranæ marinæ (uel piscatrices potius,
βάτραχοι ἁλιεῖς)sui generis pisces sunt inter planos : & succus non idem quod ius : ille exprimitur,
hoc coquendo fit.Plura de hoc Plinij errore circa ranas marinas,leges infra in Salamandra G. Nicander in Theriacis contra morsus uenenosos elixas è bammate commendat: Scholiastes cum uino uel aqua uel aceto coqui & bibi iubet.ego βάμμα acetum potius quàm alium liquorem interpre
tor : quod id præcipuè , uel per se,uel alijs condimentis adiectis ad intinctus , quos & embammata
Græci uocant,in usu sit. Auicenna & Serapio Dioscoridis uerba transferentes,non solum contra
60 uenena aut uermes uenenosos, sed contra lepram quoꝗ ranas in iure coctas remedio esse scribunt,
quod ab Auicenna 2.596. bis scribitur, primum sub titulo de decoratione , ubi remedia aduersus
scabiem quoꝗ & lepram collocare solet:& rursus ad finē capitis, nec aliquid mutatur à Bellunensi.

Ego huius erroris occasionem non uideo:hoc tantùm ad eius excusationem occurrit,ranas nõ intra corpus sumptas,sed foris illitas,(decoctas scilicet cum aqua uel simplici,uel salsa & marina,)pso
ræ & scabiei,cuius & lepra species est,remedium esse,ut infra ex Plinio docebimus. Ranæ coctæ
comestæ,& iusculum earum potum,efficacissimè prosunt contra uiperæ morsum,Aetius. Iis qui
salamandram intra corpus sumpserunt,præter opinionem prodest ranarum iusculum,si eryngij radices in eo coquantur,Aetius. Iisdem Auicenna prodesse scribit oua testudinis marinæ,& ranæ
decoctæ cum calamintha. Testudinum marinarum carnes ammixtæ ranarum carnibus contra salamandras præclarè auxiliantur,Plinius.Et alibi,Ranarum marinarum(quæ piscium planorum ge
neris sunt,ut supra dixi)ex uino & aceto decoctarum succus contra uenena bibitur, & contra ranæ
rubetæ uenenum,& contra salamandras. Ranæ coctæ(elixæ)uel assæ caro pro remedio datur con 10
tra rubetæ uenenum,& contra salamandras. Ranæ coctæ(elixæ)uel assæ caro pro remedio datur con
tra rubetæ uenenum,Nicander. Apollodórus eryngiũ aduersus toxica cum rana decoquit,Plin.
Falconibus malè affectis Albertus inter remedia ranam aliquando dari iubet. Idem ranunculum
aridum tritum cum carne calida falconi fascinato à quibusdam dandum præscribi meminit. Quidam ranam excoriatam impositam spicula & quicquid carni infixum hæret, extrahere putat, authorem citantes Auicennam. ¶ Contra spasmum aliqui iuscellum ranarum dant, experimentum
esse dicentes.sed hoc odiosum est,& nihil in se cõmodi habet quod ratio probet, Cælius Aurelian.
¶ Prosunt ranæ elixæ(cum oleo & sale)contra ueteres abscessus πυόντων,(id est tendinum in ceruí-
ce,ut Marcellus in Annotationibus suis pluribus astruit,)Dioscorides. Ruellius uertit contra inue
teratos tendinum rigores:Plinium,ut uideo,secutus,cuius hæc sunt uerba:Rigor ceruicis mollitur
castoreo poto cum pipere ex mulso mixto ranis decoctis ex oleo & sale , ut sorbeatur succus:Sic & 20
opisthotono medentur, tetano, spasticis uerò pipere adiecto. Ex his uerbis Plinius non tenontas,
id est tendines,sed tetanum legisse uidetur,qui ipsi ac Celso rigor ceruicis est:ut mireris,cur nominato ceruicis rigore mox rursus tetanum tanquam diuersum affectum nominet. Hoc etiam interest,quòd Plinius hoc remedium bibi uult,Aetius & Arabes foris adhiberi:Dioscorides non expri
mit. Rana in oleo elixata sui decocti fomentatione (χρονίωνίσσι)diuturnos chordarum (πυόντωμ
έδωας)dolores sedat,morbum articularem leuat,ac durities mollit,Aetius. Sed hæc facultas fortassis ad ranas rubetas magis pertinet, è quibus acopum ad morbos omnes articulares celebratur , ut
dicam infra in Rubetis. Ius ranarum in sale & oleo coctarum confert apostematibus chordarum
quum eis superinfunditur,Auicenna;cum puluerizatur super eã,Serapio (quod nõ placet.) Tussim sanare dicuntur piscium modo è iure decoctæ in patinis ranæ.suspensæ autem pedibus,cum di- 30
stillauerit in patinam saliua earum,exenterari iubentur,abiectisẃ interaneis condiri,Plinius. Dysentericis medentur ranæ cum scilla decoctæ,ita ut pastilli fiant,Idem. Ranæ aquaticæ in uino ue
tere & farre decoctæ,ac pro cibo sumptæ,ita ut bibatur ex eodem uase, hydropicis medentur, Author cuius nomen excidit. Aquam educit per aluum rana fluuialis ex albo iure comesta,Nic.My
repsus. ¶ Psoras tollit rana decocta in heminis quinẃ aquæ marinæ:excoqui debet donec sit crassitudo mellis,Plinius. ¶ Equorum scabiem ranæ decoctæ in aqua extenuant,donec illini possit;
aiuntẃ ita curatos non repeti postea,Idem. Si equus aut aliud iumentum scabiem patiatur : ranas
palustres (βατράχος λιμναίας) cum aceto acerrimo , oleoẃ & spuma nitri commiscens pro certa portione,simul decoquito, & illinito, Tiberius in Hippiat. Græcis. Super tumores pestilentes ranas
aliqui recentiores superilligant,& mortuis recentes substituere pergunt donec nulla amplius mo- 40
riatur. Maximè autem quartanis liberant ablatis unguibus ranæ adalligatæ & rubetæ,Plin. Ranas contritas aut uentres eorum scissos pro malagmate articulis imponito,efficaciter quoscunẃ do
lores eorum sedabis,Marcellus. Emplastrum Ioannis de Vigo ad dolores articulorum , quod repetit Iac.Syluius in libro de delectu simplicium,&c.recipit inter cætera ranas uiuentes sex. Neruis uulneratis prodest, terræ lumbricos indere tritos, Queis uetus & ranis sociari axungia debet,
Serenus. Ignes sacros restinguunt ranarum uiuẽtium uentres impositi , pedibusẃ posterioribus
pronas adalligari iubent,ut crebriore anhelitu prosint, Plinius. Siriascis infantium spongia frigida ccrebro humefacto rana inuersa adalligata efficacissimè sanat, quam aridam inueniri affirmant,
Idem. ¶ Decoctæ(probe coctæ,Archigen.) in aceto & aqua,dentium dolores collutione leniunt,
Dioscorid. & Archigenes apud Galenum de compos. med. sec. locos, qui hoc decoctum diutius 50
ore retinendum docet. Decoquuntur ranæ singulæ in aceti heminis,ut dentes dolentes ita colluan
tur,contineaturẃ in ore succus. Si fastidium obstaret,suspendebat pedibus posterioribus eas Salu-
stius Dionysius,ut ex ore uirus deflueret in acetum feruens, idẃ è pluribus ranis. Fortioribus sto-
machis ex iure edendas dabat.Maxillaresẃ ita sanari dentes præcipuè putant:mobiles uerò supradicto aceto stabiliri. Ad hæc quidam ranarum corpora binarum præcisis pedibus in uini hemina
macerant,& ita collui dentes labantes iubent. Aliqui totas adalligant maxillis. Alij denas in aceti
sextarijs tribus decoxère ad tertias partes,ut mobiles dentium stabilirent.Nec non XXXVI. ranarum corda in olei ueteris sextario sub æreo testo discoxère, ut infunderent per aurem dolentis maxillæ. Alij iecur ranæ decoctum & tritum cum melle imposuere dentibus. Omnia suprascripta ex
marina rana efficaciora. Si cariosi & fœtidi sunt, centum(ranam forte, unam scilicet) in furno are- 60
fieri per noctem præcipiunt: postea tantundem salis addi atẃ fricari, Hucusẃ Plinius. Anginas
abolet ranarum decoctarum ex aceto succus : hic & contra tonsillas prodest, Idem. Rana uiua si
uentri

uentri torminofi adponatur, in eam uitium confeftim tranfire dicitur, Marcellus. ¶ Oleum de ranis Io. Mefuæus defcribit cap. 449. his uerbis: Recipe ranarum aquaticarū circiter libram femis;
& funde fuper eas in uafe uitreo olei fefamini chift(fextarium)femis: & obturato ore uafis decoque
ficut dixi in oleo de ferpentibus (cap. 447.) Confert hoc oleum (ut ex Mefuæo Syluaticus citat
cap. 221. dolori arthritico & podagræ calidæ: & temporibus illitum in febribus ob inflammationem
aliquam ortis, fomnum prouocat. (Vide infra in Rubetis G.) Hoc oleum (inquit Syluius) etiam hodie parant, ob id tantum quòd fit neceffarium ad emplaftri de ranis compofitionem à Io. Vigo de-
fcriptam. Podagræ calenti admouerunt quidam, fed nullo fructu, neqz enim frigiditas in eo magna effe poteft ab his capitibus (ranarum) coquendo coctione tam longa, & ea in oleo fefamino, al-
10 teratis. Rectius meo iudicio ranæ uirides in fyluis crebræ, unguibus reptantes in altiffimas quafqz
arbores, & fub noctem brexantes(uox enim earum unica eft brex) oleo uiolato, uel omphacino ad
hos ufus incoquerentur. Oleo de ranis (inquit Manardus in Mefuen) uidi quofdam utentes in
podagra. Sed in ea nullum magis præfentaneum uidi auxilium & abfque periculo, quàm ut eam
homo æquo animo ferat expectans Hippocratis terminum. Olea ex animalibus facienda, triua
ipfa recipiunt, ut in his moriantur fcorpiones, ferpentes, ranæ, &c. Syluius. Oleum de ranis, utile
eft podagricis & arthriticis doloribus, & membris quæ malè nutriuntur aut contabefcunt: fit autem
hoc modo, In olei communis libram ranæ fluuiatiles quatuor iniectæ, cum fuffocatæ fuerint coqui
debent in olla noua incruftata & obtecta, lento igne, donec carnes ab offibus diffoluantur; tum extrahi, & in mortario tritæ rurfus inijci: cumqz femel tantum in oleo efferbuerint, oleum ab igne re-
20 motum colatur ne quid feculentum remaneat, fic addes, terebinthinæ lotæ & claræ uncias quatuor,
& ad ignem mifcebis non amplius decoquendo. Hoc oleum miræ efficaciæ eft, ut nos docuit Geor
gius Pictorius infignis medicus Enfishemij. Sæpe ita peruadit uis frigoris, ac tenet artus, Vt
uix quæfito medicamine pulfa recedat. Si ranam ex oleo decoxeris, abijce carnem, Membra fo-
ue, Serenus. Ranæ in triuio decoctæ oleo, abiectis carnibus, perunctos liberant quartanis, funt
qui ftrangulatas in oleo ipfas clam adalligent, oleoqz eo perungant. Cor earum adalligatum frigora
febrium minuit: & oleum in quo inteftina decocta fint, Plinius. Vt pellatur quartana quidam iubent indulgere Veneri initio caloris: Sed prius eft oleo partus feruefcere ranæ In triuijs, illoqz artus perducere fucco, Serenus. Contra omnem mâlin, (peftilentem in iumentis affectum;) crocodilum terreftrem & ranam oleo inijce & coque in olla, donec carnes eorum in oleum refoluantur:
30 tum cola, & infunde naribus iumenti, Agathoryches in Hippiatricis cap. 2. Podagris articulari-
busqz morbis utile eft oleum in quo decocta eft rana & ipfius inteftina, Plinius. Vtiliter in dolore
perunguntur (articuli & pedes) oleo in quo diu decocta fint inteftina ranarum, Marcellus. Si con
firmata iam fuerit podagra, proderit nitido ranæ decoctum uifcus oliuo, Serenus. Oleum in quo
difcocta fit rana, ad dolores (alias abfceffus, alias rigores) tendinum fotu utile eft, Aetius lib. 2. Vide
fuperius inter facultates ranæ eiusue decocti intra corpus fumendi.

¶ Ex pofterioribus nonnulli ranam abiecto capite arefactam fefquidrachmæ pondere potam
ex uino aut pulte, tædium Veneris adferre affirmant, Alex. Benedictus.

¶ Ex ranis uiridibus quæ ad ripas aquarum degunt, uel ex ouis earum, liquor ui ignis inftrumento chymiftico elicitur: qui omnes præter naturam tumores calidos, uel abfqz tumore fupercal-
40 factos locos linteolis ex eo madentibus impofitis mitigat & refrigerat: item articulares dolores calidos. Sanat etiam manus, quæ rimis & cutis duritie nimia humorum acrimonia & calore afficiuntur, fi fubinde lauentur eo, & linteolis ex ipfo madefactis humectentur, Ryffius ex Hieron. Brun
fuicenfi ut conijcio, cuius librum adeat cui uacat.

¶ Ranæ cuiufcunqz cinis in potu datus fuum morbis medetur, Plinius. Ranarum cinis illitus
(ἀνωπλὸς, infperfus) profluentis fanguinis impetus fiftit, Diofcorides: fiftere traditur, Galen. Caufam addit Aegineta, quoniam maximè ficcet, Sunt & recentiores qui hoc confirment. Ranæ crematæ cinis membranæ cerebri uulneratæ, aut ruptæ uenæ infperfus, fanguinem reprimit, Aetius
lib. 2. Ad fluxum fanguinis è uulnere: Vftæ ranæ cinerem uulneri infpergito, fed fuperponi debet
fpongia ex oxycrato, & frequenter ficcitatis ratione mutari, Galenus Euporift. 1. 129. Ad fangui-
50 nem fiftendum & ranarum illinunt cinerem, uel fanguinem inarefactum, Quidam ex rana calamite, id eft minima & uiridiffima, cinerem fieri iubent. Aliqui & nafcentium ranarū in aqua quibus
adhuc cauda eft, in calice nouo combuftarum cinerem, fi fanguis per nares fluat, inijci, Plin. Ranæ cinis infperfus fanguinem undecunqz profluentem, cohibet: & è naribus erumpentem, fi inftil-
letur, Rafis. Infufflatio (in nares) de rana adufta, uehementer reftringit fanguinê, quin pultis eius
circa collum fufpenfus prohibet fanguinem undecunqz fluentem. Nuper quidam alligauit hunc
puluerem circa collum gallinæ, & mox amputato eius capite nihil fanguinis profluxit, Galeatius
de S. Sophia. Cinis ranæ cum aceto fluxum narium, ulcerum & fexuum (genitalium) reftringit.
Venas etiam & arterias & combuftionem fanat, Kiranides. Theophraftus Paracelfus in Chirur-
gia fua Germanica ranæ cinerem numerat inter remedia quæ fanguinem fupprimât. Vide infra
60 in Rubeta G. & in Ranunculo uiridi. Vt pili totius corporis aboleantur: Pellem ranæ uftam inijce in aquam balnei, Kiranides. Echinum cöburi cum uiperinis pellibus ranisqz, & cinerem afper-
gi potioni iubent magi, claritatem uifus promittentes, Plinius. Ranarum cinis cum pice liquida

E

illitus alopecias sanat, Dioscorides & Kiranides, qui emplastri modo imponi iubet:sanare perhibetur, Galenus. plurimum enim siccat, Aegineta. Auicena liquidae picis mentione in hoc remedio omisit. Alopecias replet, ranarum trium, si uiuae in olla cocrementur, cinis cum melle, melius cum pice liquida, Plinius. Ranae paruae uruntur, & cinis cum pice liquida miscetur: quo remedio si fricentur alopeciam expertae partes donec rubescant, & mox eodem inungatur, prodest, Rasis. Ranam habentem longa crura combure, & terens assume cum pice liquida, & unge locum praefricando ipsum, Galenus Euporist. 2. 86. Vide infra in Ranunculo uiridi.

¶ Ranarum paruarum siue uiridium, sanguinem siue succum pro psilothro aliqui commendant, & ne euulsi in palpebris pili renascantur:Plinius etiam ranarum simpliciter : quae nos omnia ad ranam uiridem paruam priuatim referemus. Quoniam enim psilothra uel caustica uel septica sunt, non ad uirides maiores & edules ranas, sed ad uenenatas uis ista referenda uidetur. quanquam & paruae uirides parum ueneni habere uidentur, ut psilothri uis ad rubetas forte magis pertineat. Si quis uoluerit quòd pili titillarium pueri non nascantur, depilentur & inungantur loca sanguine ranarum, Elluchasem. ¶ Ranarum carnes impositae suggillationem rapiunt, Plinius. Ranarum carnem morsui salamandrae imponi iubet Auicenna.

¶ Ranarum adeps auribus instillatus statim dolores tollit, Plin. Adeps ranarum palustrium liquefacta, si tepens in aurem infundatur, dolores nimios mitigabit, Marcellus. Auditus difficultatem emendari putant, infuso ranarum pingui, dum coquuntur illae, collecto, incertus. ¶ Oculis earum(ranarum : nisi eorum legas, id est cancrorum, de quibus propius dixerat) ante Solis ortum adalligatis aegro, ita ut cecas dimittant in aquam, tertianas abigi promittunt.Eosdem oculos cum carnibus lusciniae in pelle adalligatos, praestare uigiliam, somno fugato tradunt, Plin. Ranae dexter oculus dextro , sinistro laeuus suspensi e collo natiui coloris panno , lippitudines sanant. Quòd si per costum ranae eruantur, albugine quoq, alligati similiter in putamine oui, Cancri etiam oculos adalligatos collo, mederi lippitudini dicunt, Idem. Ranam de lacu prendes , & spina oculos ei subtiliter erues, atq, in panno coccineo delicio ligatos oculis interius cruetis superpones, citò medeberis, Marcellus. ¶ Affectus quidam fistula supra stomachum, quae antea curari non poterat, quotidie mane quinq, ranarum aquaticarum corda, catapotiorum instar degluturit, unde breui curatus est, Arnoldus lib. 4. Breuiarij. Dysentericis medetur sel siue cor ranarum cum melle tritum, ut tradit Niceratus, Plinius. Cor ranarum adalligatum frigora febrium minuit, Idem. Et rursus, Iecur ranae uel cor adalligatur in panno leucophaeo contra febres. Aliqui 36. ranarum corda in olei ueteris sextario sub aereo testo discoxere, ut infunderet per aurem dolentis maxillae, Plinius inter remedia ad dolores dentium. Iecur ranae geminum esse dicunt, obijciet formicis oportere, eam partem quam appetunt contra omnia uenena esse pro antidoto, Plinius. Contra morsus uenenosos iecur ranae ex quolibet uino salubriter bibitur , Nicander in Theriacis. Si rana scindatur per dorsum, & capiatur iecur ranae & ponatur in folio caulis , & exiccetur & detur epileptico, mirabiliter confert, Galeatius. Aliqui iecur ranae decoctum & tritum cum melle imposuere dentibus dolentibus, Plinius. ¶ Plinius cum docuisset phagedaenae & cacoethe quomodo curentur, subdit : Vermes uerò innati ranarum felle tolluntur. Obscurus quidam tanquam ex Plinio, citat, uermes natos in homine hoc felle tolli, uerum Plinius non quosuis in homine uermes hoc loco, sed ulcerum tantum intelligit. Vermes ulceribus capitis uel quibuscunq, innati, ranarum felle tolluntur, Marcellus. Fel ranarum sanandis oculis aptissimum esse alicubi legere uel audire memini. Dysentericis medentur ranae cum scilla decoctae, ita ut pastilli fiant : sel siue cor earum cum melle tritum, ut tradit Niceratus, Plinius. Prodest & febri ranarum fellis cinis, Idem. ¶ Ranas contritas aut uentres earum scissos pro malagmate articulis imponito, efficaciter quoscunque dolores eorum sedabis, Marcellus. Vtiliter in dolore perunguntur(articuli & pedes)in quo diu decocta sint intestina ranarum, Idem. Plinius idem oleum contra febres inungendum commendat. ¶ Ranarum crura ab Alexandro Benedicto laudantur in phthisicorum cibo, mire enim (inquit) recolligentibus uires conueniunt. refrigerant sanguinem, & choleram pariter sedant, conglutinant, bene nutriunt, non euanescente facile nutrimento. Et ex ijs aqua ex sublimato uapore collecta efficacissima perhibetur. ¶ Si quis Martio mense cum genituram seu sperma(uel oua potius)ranarum primum inuenerit in aquis, manus inde abluerit, scabiem & impetiginem earum curari audio. Retulit hoc nobis expertus quidam in seipso, cum post Gallicum morbum manus impetiginosas habuisset longo tempore, legerat autem in libro quodam manuscripto, eum qui manus puras & nitidas toto anno habere uellet oportere hoc spermate mense Martio manus lauare : & sic manus illas insuper habituras eam uim ut impositae morbos quosdam curent, ut uentris tormina, & lactis grumos in mamillis. Sunt qui asserant, manum semel sic lotam toto anno efficacem futuram ut uermem uulgò dictum, (cuius species est paronychia,) extinguat , si digitum aut partem affectam comprehendens aliquandiu teneat. Alij uerisimilius, non postea, sed cum primum lota est manus hoc spermate siue recenti, siue seruato in olla, uim illam habere putant, ut si madida adhuc à lotione partem affectam uel hominis uel bruti aliquantisper tenuerit, auxilietur. hoc ut quotiescunque opus est fieri possit, sperma collectum mese Martio in ollam uitreatam ponunt:quam linteo & operculo insuper ligneo tectam terra defossam obruunt, & per duos uel tres menses relinquunt in loco Soli exposito. Sic
sperma

sperma in aquam resoluitur, quæ primò obscurior & turbulenta est, postea sit clarior. Hæc aqua ser
uatur: & cum uermis seu paronychia urget, intinctum in eam linteum, digito applicatur, unde uer
mis (dolor) eodem die extinguitur: quo facto digitum foueri oportet supra decoctum hibisci & cha
mæmali, hæc scilicet apotherapia est propter sperma nimium refrigerans. Videntur enim mihi ranæ aquaticæ & omnes earum partes, fel excipio, frigidæ humidǽq́ esse; & refrigerando dolorem
auferre, ut narcotica ferè: maximè uerò sperma earum. Audiui & ab alijs, uno & altero, qui manus suas recenti ranarum spermate ablutas, à scabie liberatas aiebãt. Ad uermes seu paronychias
pulsantes propter inflammationem, quę scilicet suppurari possũt: Sperma ranarum in uase uitreo
sine in aquam solui: in qua madefactum linteum parti affectæ circumpone: uel digitale ex cera uir-
10 gine hoc liquore subacta factum impone. hoc suppurationem prohibet, Ex libro Germanico manuscripto. Ranarum spermatis usus est etiam ut purior & nitidior sit facies, Mich. Herus.

H.

a. Rana animal est amphibium, quòd in aqua & terra possit uiuere, à sua uoce dictum, Varro.
Rana à garrulitate uocata est, eò quòd circa genitales paludes strepit, & sonos uocis importunis
clamoribus reddit, Isidorus. Βάτραχος dictus est à uocis asperitate, ἤγα το βολω τραχειαν εχειν, Βόκτρα
χές τις ὤν, Varinus. Sed fortè ab Hebræis potius deducta hæc dictio fuerit, quibus rana zephardea
dicitur, per aphęresin & metathesin literarum. Βότραχε pro Βάτραχε apud Hippocratem legitur: sed
codices quidam Βάτραχε habent, Galenus in Glossis. Βότραχος, rana, Hesych. Βότραχος, rana, Varinus. Est & Βόετραχος secundum aliquos ἡ ἰππικη και στρωσις ποσις, Hesych. & Varinus. Βάτραχου
20 poëtæ & Iones Βότραχον uocant, quod & apud Aristophanem & Xenophanē poëtas legitur, Hermolaus. Βρότραχος, rana, Ionicè: Cyprijs Βρύχετος, Varinus. Βύρτικος, rana, Idem. Βάθρακος pro Βά
τραχος Ionicum esse apud eundem legimus in uoce Κίθων. Βρατρίκος, rana, Βάτραχος, Hesychius & Varinus. Βρόταγχος, rana, Iidem. Βεικχέν, rana Phocensibus, Iidem. Βάσαοι Eliensibus cicadæ, Ponticis ranæ sunt, Hesych. & Varinus. Βλαχω, rana, Varinus. Βλίκαρος, rana, Suidas. Βλίκανον, Βαλ
τραχον και Βλίχου, Hesiodus & Varinus. Βεινοῖ, ranæ, Varinus. Βαξ, rana, Idem: nimirũ quasi boax,
quòd uocalis clamosá́q́ sit: nam & piscis quidam qui uocalis creditur, eodem nomine appellatur.
Γαρφυνοῖς, ranę, Varinus: quòd buccas scilicet inter clamandum inflare soleant: ut & reliquum corpus aliquando, præsertim per iram. Κααρτίας, rana, Idem. accedit autem hæc uox ad Germanicam
Krott, qua bufonem significamus. Κοάξ, rana, Varinus: per onomatopœian, si rectè legitur: nam
30 hæc dictio proprie pertinet ad ipsam ranarum uocem, ut in c. scripsimus. Βάρακος, rana, Hesych.
Vulgò hodie Græcis Βορδανας.

¶ Epitheta. Garrula limosis rana coaxat aquis, Author Philomenæ. Hic piscibus atram Im
probus illuuiem, ranisq́ loquacibus explet, Verg. lib. 3. Georg. de chersydro. Turpes, Horat.
Epodo. Palustres, Idem 1. Serm. Virides, Ouidius 15. Metam. Sunt & alia apud Textorem:
querula (ex Columella:) uirens, obstrepens, aquatica, blaterans, paludicola, paludigena, stagnicola,
canora, coaxans, crepitans, rauca, coaxatrix, & lurida: quòd postremum rubetæ propriũ dixerim.
quanquam Hermolaus scribat epitheton hoc ranarum omnium à poëtis existimari. Βλακοντό
σλης, Βάτραχος, Suid. Δαλαι γλυιαι, Aratus de ranis. Γερμύνων καναχοι τοκῆες Βατράχοι, Nicander in The
riacis: item λαυδρὸς (impudentes ob multum clamorem) γρμύνων τοκῆας. Λιμναῖα κρειωῶν (pro λιμνῶν κρά
40 κρειωῶν) τέκνα, Aristophanes in Ranis. Φιλωντῶν γλῖος, Ibidem. ¶ Epithetis addemus etiam própria
illa ranarum conficta ab Homero nomina in sua Batrachomyomachia, quæ sunt: Λιμνόχαρεις, Ρηλευς,
Ὑδρομέδ̓σα, Φυσιγναθ̓σ, Ψιβόσης, Σευτλαῖος, Πολύφωνος, Κραμβοφάγος, Λιμνίσιος, Καλαμίνθιος, Ὑδρόχαρεις,
Βορβοροκοίτης, Πρασοφάγος, Πηλίων, Πηλοβάτης, Κρασισαῖος ης, Πρασσαῖος.

¶ A rana diminutiuum est ranula (ut Græcis Βατράχιον apud Pausaniam) quo utitur Apuleius:
item ranunculus. Ennius cum dicit, Propter stagna ubi lanigerum genus piscibus pascitur, est
paludem demõstrat, in qua nascuntur pisces similes ranunculis, (cordyli fortassis Aristoteli dicti,)
Festus. Ranunculos per iocum uocat Cicero Velabrenses, qui sibi obloquerentur, eò quòd cla-
marent tanquam ranæ, quæ præsertim instante uespere, totas paludes coaxationibus implent, Ad
Trebatium lib. 7. Est & bátrachus Græcè, Latinè ranula, ungulæ pars equinæ: Vide in Equo B.
50 ¶ Genus mali ubi tument sub lingua uenæ bátrachos uocatur, Cælius. Solent etiam fastidia cibo
afferre uitiosa incrementa linguæ, quas ranas ueterinarij uocant. hæc ferro reciduntur, &c. Columella in remedijs boum. Ranæ uitium in boue (inquit quidam nostri sæculi) iacet uelut latum ulcus supra linguam, nigricans, & nono die necat nisi curetur: (curandi ratio in Boue exposita est.)
Tumorem sub lingua cum inflammatione, præcipuè in pueris, bátrachon Græci uocant, Auicenna ranulam, Manardus. Bátrachos morbi genus est tumentibus sub lingua uenis, cui similem fortasse Plinius uigesimisexti uoluminis initio monstrauit, rubentis sub lingua durtiæ, Hermolaus.
Amicus quidam medicus nobis retulit uisum sibi tuberculum sub lingua cuiusdã latitudine duorum digitorum, quod sermonem impedierit, cuti concolor reliquæ. id curatum transfixa acti per
totum tuberculum, & cum scalpello postea auctum uulnus, unde effluxerit materia lactі coagulato
60 similis (forte qualis athromatis est) paulatim ea copia, ut duas ferè uiolas impleret, qua inania iussus est aquam mulsam gargarissare: quæ etiam per siphonem in tuberculum transfixum immissa
est, deinde purgato corpore astringentibus usum esse & conualuisse. Nicolaus Myrepsus inter

E 2

emplaſtra capite 195. remedia præſcribit ad ranas quæ ſub língua è deſtillatione fiunt. Petrus de Tuſignano medicus batrachíon numerat ínter abſceſſus peſtilentes, qui ex materia uenenoſa oboriantur:id quod conuenit cum carbunculo peſtilente plerunꝗ ſub lingua naſcente, cuius meminit Plinius 26.1. ¶ Βατραχίσκοι pars quædam citharæ, Varinus. ¶ Βατραχ⊕, ειδὸς ιχ̣αρας, Idem. ¶ Inter ueſtes tragicas (ὑπελήματα τραγικὰ) numerantur à Polluce, Βατραχίς, χλανίς, χλαμὺς, &c. Βατραχίς ueſtis uirilis à colore nomen traxit, Pollux 7. 13. Scholiaſtes Ariſtophanis in fine Equitum, batrachidem docet, eſſe genus ueſtis floridæ, à colore (nimirum uiridi, qualis ranarum eſt)denominatæ. idem ex eo Varinus repetit. Βατ.νμλⲓ⊕ Βατραχίοις, Ariſtoph. in Equitibus, ubi interpres Βατρά- χιον docet eſſe coloris genus, à quo βατραχίς ueſtis appellata ſit. inungebant autem (inquit) hoc colore faciem ante inuentas perſonas (πριν ὑπλέσϑαι, lege ὑπνοεϑιωσι ex Scholiaſte Ariſtoph. & Suida:) Varinus. Cuiuſmodi batrachis foret, indicat plane in Caligula Dion; Batrachida, inquit, inducenti, & inde ab colore praſino nuncupato, erat addictus adeó, ut uel nunc Caianum appellent locum, in quo is currus agitaret. Batrachiũ & Phœnicium fuiſſe Athenienſibus dicaſtería, auctor Pauſanias eſt, de coloribus appellatione ducta, Cælius. Et alibi. Apud chymſias batrachium ex latice diuino computreſcente prouenit, in auri confectione miraculi præcipue memorati, ſpecie ranunculi, ueneno uis tanta, uti halitu etiamnum ſolo (imprudentes) perimat. Id ab effectu etiam chryſocollam nuncuparunt. Sed eadem prius in Corollario Hermolaus ſcripſerat. ¶ Βατραχ⊕ μοίσα, Suidas, nec aliud addit. ¶ Βαⲃραχίζω, in morem ranæ nato, ut quidã in Lexicon Græcolat. retulit, ſine authore.

¶ Icon. Et uidi ex ore draconis & ex ore beſtiæ, & ex ore pſeudoprophetæ exire ſpiritus tres immundos in modum ranarum, Apocalyp. 16. De ranis expreſſis ad truncum palmæ, uide infra in h. Mecœnatis rana per collationem pecuniarum in magno terrore erat, Plinius 37. 1. ubi de ſignis gemmarum loquitur, quibus ueteres ad ſignandum uſi ſunt.

¶ Batrachites lapis ranæ uiridi ſimilis colore atꝗ effigie, Plin. lib. 37. Vide in Rubeta.

¶ Batrachium, id eſt ranunculum Græci uocant herbam, quòd locis paluſtribus naſcatur ubi & ranæ, cuius genera plura faciunt ueteres. Polyanthemon, quam quidam batrachion appellant, cauſtica ui exulcerat cicatrices & ad colorem reducit, Plinius. Nos genus unum terreſtre, cui flos calycis inuerſus, (ghoſſelet glyſſblůmen,) radix uertibulo ſimilis & cauſtica, quanquam repoſita uim urendi ſtatim amittit, dulcis duntaxat deinceps, flammulam uocamus. Huic & alia ſimilia ſunt genera in pratis & locis ſiccis, quæ omnino non urunt, & quædam uere etiam in cibum ueniunt: in paluſtribus uero naſcitur quod apium riſus uel apium hæmorrhoidum uocant, (quòd folia fere apꝗ producat,) aliqui herbam ſardiniam, unde riſus ſardinius in prouerbio dictus, barbari recentiores apium raninum, uel ranum, melius ranarum dicturi. Apium aquaticum ranũ dicitur, quod in aquis naſcitur ubi ranæ morantur: uel quoniam renibus (ridiculè hoc) opitulatur, Creſcentienſis. Apium hæmorrhoidum ſimile eſt ranino, niſi quia habet guttas magnas in folijs, Obſcurus. Batrachio herbæ idem eſt apiaſtrum, id eſt apium ſylueſtre, no autem meliſſophyllon, ut Hermolaus ſcribit Corollario 42. Madafon, id eſt apium riſus, Syluaticus. ¶ Plantaginem aquaticam, in paludibus & ſtagnis naſcentem, noſtri nominãt froſchlöffelkrut, id eſt, cochleariũ ranarum: ſunt qui aliſma putant. Βατραχίς inter ſpecies braſſicæ Nicandro in Georg. nominatur, ut citat Athenæus.

¶ Ranam marinam Cicero & Plinius uocant piſcem marinum è genere planorum: Græci Βά- τραχον ἁλίαν, ego piſcatricè potius quàm marinam reddiderim. Vocatur autem rana à ſimilitudine quadam oris ut puto: piſcatrix uero, quoniam eminentia ſub oculis cornicula turbato limo exerit, atꝗ ita aſſultanteis piſciculos pertrahit, donec eam prope accedant, ut aſſiliat, Sipontinus. Piſcis quidam rana in mari appellatur, Plinius. Ariſtoteles quoꝗ ſimpliciter aliquando ranam nominat, ſed inter cæteros piſces marinos. ¶ Amatus Luſitanus Centuria 1. Curatione 37. refert mulierem quandam in Italia, quum omnium opinione prægnans diceretur, quatuor animalia ranis ſimillima peperiſſe, & optime ualuiſſe. Rurſus aliam inter ſecundas animal ranæ ſimillimum eieciſſe, nec ipſius nec pueri ualetudine læſa.

¶ Sauros & Batrachos ſtatuarij, natione Lacones, fecère templa Octauiæ porticibus incluſa, Plinius.

¶ b. Quorum latera turgidiora & ueluti inflata ſunt, loquaces & ſtultiloqui habentur, boum aut ranarum argumento, Ariſtot. in Phyſiog. Limus ranas generat truncas pedibus, mox apta na tando Crura dat, utꝗ eadem ſint longis ſaltibus apta Poſterior ſuperat partes menſura priores, Ouidius 15. Metam.

¶ c. Ἀμφίβιον γὰρ ἔσϑωκε νομὺν Βατραχοιοι κρονίωυ, Homerus in Batrachomyomachia. Nullus eſt hoc ſeculo nebulo ac rynthon, qui non dicat nihil ſua intereſſe, utrum his piſcibus(ſqualis & mugilibus)ſtagnum habeat plenum an ranis, Varro 3.3. & ex eo Columella. Ranæ diebus apricis in paludibus ſuis ſaliunt per cyperum & phleon gaudètes ὠδ᾽ὑς πολυκνήμοιοι μέλισῃ, Ariſtoph. in Ranis. Sole & calore gaudent: fugiunt autem imbrem, forte quia auctis inde torrentibus abripiuntur, Interpres Ariſtophanis. Paraſitus quidam in Ariſtophontis Pythagoriſta apud Athenæum lib. 6. 60 dicitur eſſe, ſi aqua ſit bibenda, rana: ſi olera edenda, eruca, &c. ¶ Et ueterem in limo ranæ cecinère querelam, Vergilius 1. Georg. Nam neꝗ ſicca placet, nec quæ ſtagnata palude Perpetitur querulæ

querulæ semper conuitia ranæ, Columella de natura soli. In maris Caspij insulis auem quandam
nasci ferunt magnitudine supra anserem, pedibus grui simile, uoce ranis, &c. Aelianus. ¶ Ranæ
pullos Horatius dixit 2. Ser. Inferos esse, & Stygio ranas in gurgite nigras, Nec pueri credunt,
Iuuenalis Sat. 2.

¶ d. Salpe negat canes latrare, quibus in offa rana uiua data sit, Plinius. Saserna in agricul=
tura præcepit, qui uellet se à cane sectari, uti ranam obijciat coctam, Varro.

¶ e. Dicunt quidam quòd si lingua ranæ aquaticæ natantis superponatur capiti dormientis,
in somno loquetur & reuelabit secreta, Albertus. Ranæ linguam si quis absciderit, eamq́ uiuam
dimiserit;& superscripserit linguæ certos characteres, (hi in codice manuscripto corrupti erant,)&
to latenter dormientis mulieris pectori imposuerit, efferet illa quicquid commisit per omnem uitam,
Kiranides. Democritus quidem tradit, si quis extrahat ranæ uiuenti linguam nulla alia corporis
parte adhærente, ipsaq́ dimissa in aqua, imponat supra cordis palpitationem mulieri dormienti,
quæcunq́ interrogauerit, uera responsuram. addunt etiamnum alia magi, quæ si uera sunt, multò
utiliores uitæ existimentur ranæ quàm leges: Nanq́ harundine transfixa natura per os, si surculus
in menstruis defigatur à marito, adulteriorum tædium fieri, Plinius.

¶ g. Baculus quo angui rana excussa sit, parturientes adiuuat, Plin. Qui absciderit pedem
ranæ ambulantis in aqua, deinde suspenderit illos duos pedes super podagricum ligatos in corio
cerui, curabit ipsum, Rasis. Si quis uiuentem ranam ceperit in nomine patientis, eo tempore quo
neq́ Sol neq́ Luna super terram sunt, & forpice absciderit eius posteriores pedes, & in pelle cer=
20 uina dextrum dextro pedi, sinistrū sinistro alligauerit, podagricus sanabit absq́ dubio, Kiranides.
Quidam dicunt mulierem ranam accipientem, & os eius aperientem, terq́ sibi spuentem non con=
cipere uno anno, Constantinus in libro de incantatione.

¶ h. Bion dicebat pueros ranas, quoties colludunt, lapidibus petere: at illas iam non ioco, sed
serio perire, Plutarchus. Ἐυκτὸς ὁ τῶ βατράχῳ πάιδες ΒίΘ, ὃ μελεδαίνει Τὸν ϗ πιεῖν ἐγχεῶντα, τᾳέρισι γὼ
ἄφθονον αὐτῶ, Theocritus Idyl. 10. ad finem. ¶ Cum Darius inopia rerum laboraret, reges Scytha=
rum id intelligentes, mittunt ad eum cum muneribus caduceatorem, aue, mure, rana, & quinque
sagittis, ut ex Herodoto retuli in mure h. Scythæ Dario regionem ipsorū inuadenti, authore He=
rodoto, miserunt auem, sagittam & ranam, Patroclus uerò Ptolemæi imperator (ut tertio historia=
rum Phylarchus prodit) Antigono regi sicus uirides & pisces magnos misit, quibus rex acceptis in
30 conuiuio cum omnes addubitarent quid hæc munera sibi uellent, dixit uideri sibi Patroclum hoc
monere, ut uel maris imperiū sibi pararet, uel sicos ederet, Athenæus lib. 8. ¶ Batrachomyoma=
chia inscribitur iocosum Homeri poema, quo ille ranarum & murium pugnā describit. Magnes
poeta ueteris comœdiæ inter cætera batrachos, id est ranas scripsit. Extat eiusdē inscriptionis co=
mœdia Aristophanis, ubi Bacchus ad inferos descendere fingitur, ut Euripidem aut Aeschylum,
(alterutrum scilicet, qui in certamine apud inferos uicisset,) ad superos reduceret: & cum paludem
Charontis traijceret, ranas coaxantes audire & colludere. In hac fabula Aristophanes (ut scribit
Tzetzes in Varijs 8.201.) illos irridet qui sibi sapientes uidebantur, cum ueteribus collati planè sto=
lidi essent, ranas autem appellat. Ἔχω πόλλας φιλήτας, κράιζας, ἀκαιρϙόσας, Ἐκείνας μεγαλωνῶτας ὲ λο=
γισμῷ ϗϗ κρίσει, Ἀλλ᾽ ἀλογίσοις ταῖς φωναῖς, τρόπῳ βατράχων λίμνης, Ὅυτω κάγω σόυ Φιλήτας νῦν ἔφιν Βα=
40 τραχίϗες; Hæc ille sub lemmate, πϙι τῶ, Τὰς σὰς βατραχίοϗας φωγναϙϙας. ¶ Latona puerpera cum
à Lycijs rusticis prohiberetur ne sitiēs ex lacu biberet, nec supplex etiā admitteretur, imprecata eis
Aeternum stagno(dixit) uiuatis in isto.   Eueniunt optata deæ, iuuat esse sub undis,
Et modo tota caua summergere mēbra palude,   Nunc ꝑferre caput summo modo gurgite nare,
Sæpe super ripam stagni consistere, sæpe   In gelidos resilire lacus. sed nunc quoq́ turpes
Litibus exercent linguas, pulsoq́ pudore   Quāuis sint sub aqua, sub aqua maledicere ten=
Vox quoq́ iam rauca est, inflataq́ colla tumescūt: Ipsaq́ dilatant patulos conuitia rictus.   (tant.
Terga caput tangunt, colla intercepta uidentur. Spina uiret, uēter, pars maxima corporis, albet,
Limosoq́ nouæ saliunt in gurgite ranæ, Ouidius 6. Metam. ¶ Ranæ in comœdia Aristophanis
gloriantur se propter cantum suum, & arundines quas in aquis alant, gratas esse Musis, Pani, &
50 Apollini. Ranarum cultores (inquit Philastrius in libro de hæresibus) ranas illas coluerunt, quas
sub Pharaone per iram Dei tunc temporis Aegyptiorum terra emisit, ut putore Aegyptios desati=
garent:inq́ eo scelere adhuc perseuerant, putantes Dei iram ex hac uana obseruantia posse placari.
Cypselus Periandri pater, infans adhuc ne occideretur à quibusdam ad hoc facinus missis, à matre
in cista (κυψίλη) occultatus & seruatus est:unde postea Cypselus Delphis domum quandam conse=
crauit, in qua ad imum palmæ arboris truncum ranæ expressæ sunt: eò quòd deus (Apollo) plora=
tum eius in cista latentis inhibuisset, ut lateret, ut refert Chersias apud Plutarchum in Conuiuio se=
ptem sapientum circa finem : quid uerò ranæ ad Apollinem aut Cypselum faciant, explicaturum
se pollicitus, omittit. Cæterum in libro in quo quæritur cur Pythia non amplius carmine respon=
deat, ranas & hydros sub palma ærea in Corinthiam domum allato anathemate è templo Apollinis
60 Delphici, sculptos conijcit, quia Sol secundum quosdam uapore aquarum nutriri existimetur : uel
potius ad ortum Solis significandum. fingunt enim poetæ ex aqua (Oceano) oriri Solem. Apud
Magos talparum exta & ranarum euentus fortunatos, nonnunquam magnos casus prædicere

E 3

crediderunt, Alexander ab Alexandro lib. quinto, cap. tricesimoquinto.

¶ PROVERBIA. Ranæ aquam, βατράχῳ ὕδωρ, subaudiendum ministras: Vbi quid exhibetur, quo uel præcipuè gaudet is qui accipit. Veluti si quem natura bibacem ad bibendi certamen prouoces, aut homini loquaculo narrandi materiam & occasionem subministres. Diuersum ab illo, βατράχῳ οἰνοχοεῖς. Rectè accommodabitur, ubi quid datur abundanti. nam ranis affatim est aquæ. Apud Aethenæum refertur hoc carmen in Syracusios: οἱ πίνοσι μόνον βατρακχῳ πρόπον ὑδ' ᾧ ἐδ῀ντου, id est, Qui absq́ cibo uiuunt ranarum more bibentes, Erasmus. βάρ῀αχω ὕδωρ, ὡς γαλῆ ς῀αρ, ἀλλὰ τῶν τούτα δ῀δόντων οἷς χείρουσιν οἱ λαμβάνοντος, Suidas. Quidam Germanicum etiam prouerbium facit, Et gibt den fröschen zů trincken, Ranis propinat. ¶ Rana gyrina sapientior, Vide supra in c. Rana cum locusta. Impar certamen expressit hac figura Theocritus in Thalysiis, βάτραχο῀ δ῀ ποτ' ἐκελάς ὥπτε ᾿εἴ῀ω. addit Scholiastes Græcis ranam dici βάτραχον quasi βοάραχον, ob uocis asperitatem, Erasmus. ¶ Minus de istis laboro quàm de ranis palustribus, μέλει μοι τῶ τοίουτου ὑδ'ᾧ, ἥσου τῶ ῳ τοῖς τίλμασι βάρ῀αχου: prouerbialis hyperbole qua significamus nihil omnino ad nos pertinere negotii. Rectè dicetur & in obtrectatores, quorum obloqutiones dicemus nos fortiter contemnere. Siquidem ranæ tametsi assiduè obganniat, & odiosam illam cantionē iterent sine fine, βρικικικῖ κοὰξ κοὰξ, tamen nemo commouetur. Ad hoc facit quòd Origenes Aegyptias ranas dialecticorum & sophistarum garrulitatem interpretatur in decretis pontificiis, Erasmus. ¶ Rana Seriphia, in homines mutos, & canendi dicendiq́ prorsus imperitos dicebatur. inde natum, quòd Seriphiæ ranæ in Scyrum deportatæ non ædebant uocem. In hunc modum Collectanea Græcorum prouerbiorum decerpta è libris Didymi, Tarrhæi & aliorum. Totidem uerbis Suidas. Et, βάτραχο῀ Σεςίφ῀, id est Rana Seriphia. proditum enim est in Seripho insula ranas mutas haberi. Seriphus quidem una est insularum quas Græci Sporades uocant. Non uidentur autem satis conuenire uerba Plinij. nam hic ait mutas esse in Seripho, illi negant uocem ędere deportatas in Scyrum, quasi in Seripho uocales, in Scyro obmutescerent. Verum attentius intuenti rem, nihil est absurdi. Seriphus ranas habebat mutas, eas ut rem prodigiosam deportabant in Scyrū, quas cum Scyrij mirarentur esse mutas, præter ingenium ranarum indigenarum, dicebant βάτραχο῀ ἐκ Σεςίφ῀. ea uox abijt in prouerbium, Erasmus. In Seripho (inquit Aelianus) ranæ prorsus mutæ sunt. si uerò has aliò importes, acre quiddam & tragicum sonant. In Pierium lacum, qui nō perennis est, sed hyeme tantum existit ex aquis in eum confluentibus, ranas si quis inijciat, silent: alibi tamē uocales. Seriphij de his ranis gloriātur, hoc uidelicet fieri munere quodam Perseo diuinitus dato: qui cum rediret cum capite Medusæ, & terram lustrasset permultam, cumq́ ut par erat fessus prope lacum illum somnum capere uoluisset, ranas strepentes interpellasse: itaq́ Perseum molestia affectum, à patre Ioue deprecatum fuisse, ut ranas clamare prohiberet: Patrem uero eius precationem exaudisse, ac ranas illius loci perpetui silentij condemnasse. Theophrastus tamen hanc explodens fabulam, (nimiam) aquæ frigiditatem affert causam esse, (ut Tzetzes etiam refert 8. 167.) cur hæ mutæ sint, Aelianus. ¶ Ranis uinum præministras uel infundis, βάρ῀αχοις οἰνοχοεῖς: in eum dicebatur qui id ministraret, quo nihil esset opus ei cui exhiberetur: ueluti si quis apud indoctos multa de philosophia disserat. Ranis enim nihil opus uino, aqua palustri magis gaudentibus. Explicatur adagium à Zenodoto, Suida, Diogeniano. Pherecrates apud Athenæum in Coriano, (ὧ κοσκυννά,) ἔξω ἐς κόρακας, βάρ῀αχοις οἰνοχόων σὺ δ῀ά, id est, Abi in malam rem, ranis pocillari te oportuit. obiurgat enim pincernam, quòd quatuor uini cyathis duos infuderit aquæ. Vnde licet conijcere, prouerbium in hos quoq́ conuenire, qui uinū immodica diluunt aqua, ita ut aquam, non uinum bibere uideantur ranarum ritu, Erasmus.

¶ Germanis peculiaria ex ranis prouerbia. Rana conculcata tandem coaxat, Man trydt doeck ein fotsch wol so lange/dat he quaeket: usitatum apud inferiores Germanos. sensus conuenit cum illo, Furor fit læsa sæpius patientia. Rana in paludem resilit, uel aurea sede relicta: Se votsch huppet wider in den pol/ Wan he oeck sethe vp een gulden stol.

¶ Scita fabella est, perrexisse olim peringentem taurum ad aquas restinguendæ sitis gratia. Dum uerò auidius bellua se aquis inijcit, ranunculos ibi attriuit aliquos. Vnus qui euaserat, peruenit ad matrem, cui fratrum miserabile exitiū narrauit, ut à staturoso nescio quo immaniter fuerint exculcati. At illa nimis inscita, nimisq́ exoculata, ut quæ filio aliqua uolebat uideri, tumescere amplius cœpit, ac flatu modo magnitudinem captare, rogans, ecquid tanta foret pernicialis belluæ? Cui is, Multo maior, inquit: illa etiamnum inflari plus ac subinde cœpit, cupiens omnino magnitudinem uisam exhibere filio. At is frustra conari illam animaduertens: Non si te ruperis (inquit) par unquam futura es. Id prouerbij formam habet, (in eos qui sui & domesticæ humilitatis obliti, magna affectant nomina.) Meminit Theocritus in Bucoliastis, ὄυπω νικαροῖς μ' ἀσδ' ἔπι πάδοις τύ γ' ἀεδ'όυρ: quod est, εἰ σκάραγέικς, Cælius. Eundem apologum secundo Sermonum Horatius Sat.3. (un de mutuatus est Cælius) his carminibus exprimit.

Absentis ranæ pullis uituli pede pressis,	Vnus ubi effugit, matri denarrat, ut ingens
Bellua cognatos eliserit. illa rogare,	Quantáne: num tandē, se inflans, sic magna fuit?
Maior dimidio:num tanto? Cum magis atq́	Se magis inflaret.nō si te ruperis, inquit, (isset,
Par eris. hæc à te non multum abludit imago.	¶ Fabula Aesopica de ciconia qui à Ioue rex ra

nis datus fingitur, elegatissimè describitur à Gaspare Heldelino in Encomio ciconiæ. Seruius in Georgicis

Georgicis explicans hoc carmen, Et ueterem in limo ranæ cecinere querelam: Fabula(inquit)du-
plex est.nam, ut Ouidius dicit, Ceres quum Proserpinam quæreret, ad releuandam sitim accessit
ad quendam fontem.tunc eam Lycij rustici à potu prohibere cœperunt, & conturbantes pedibus
fontem, quum contra eam mitterent turpem naribus sonum, illa irata eos conuertit in ranas, quæ
nunc quoq ad illius soni imitationem coaxant. Sed hoc non est ualde aptum. nam illud magis in-
sultatio fuerat quàm querela, & pœnam sacrilegij iustè pertulerant. Vnde magis Aesopus sequen-
dus est, qui dicit: Quum Iupiter reges omnibus animalibus daret, & ranis dedisset colendum breuissimum lignum, tunc illud aspernatæ sunt. Iupiter iratus, hydrum eis dedit, qui uescitur ranis,
Hæc ille. Cæterum Probus idem carmen enarrans: In Lycia (inquit) Latona æstu exhaustis ube-
10 ribus educans Apollinem & Dianam infantes, accessit ad Melam fontem: & quum uellet bibere,
prohibuit eam Neocles pastor. Quum autem illa pertinacior esset, prohibuerunt aqua. Itaque deæ
numine mutati sunt in ranas.

DE RANIS TEMPORARIIS.

LATENT hybernis mensibus in terra ranæ omnes, exceptis temporarijs istis minimis, (Germani uocant Reinfröschlin,) quæ pallent in cœno, & reptant in uijs & littoribus, Hæ enim quia nõ
ex semine, quod effundunt mas & fœmina cum cõplexu Venereo iunguntur, sed ex puluere æsti-
uis imbribus madefacto oriri uidentur, diu in uita esse non possunt, Georg. Agricola. Plura leges
20 superius in Rana simpliciter capite tertio.

DE RANVNCVLO VIRIDI, SIVE
Rana calamite aut dryopete.

A.

MINIMAM & uiridissimam ranam Plinius calamiten (ba-
trachon) aut dryophyten à Græcis appellari nos docet:
30 quare non sunt audiendi qui calamiten busonem uel rospum uulgò Italicè dictum interpretatur, ut Aggregator:
cuius sententiæ Albertus quoq fuisse uidetur, ranã rubetam dictam
scribens, quòd frequenter in rubis & arundinetis degat: perinde ac
si eandem calamiten esse innuat, cui è calamis hoc est arundinibus
nomen. Varro luridam ranam dicendo pro calamite uidetur accepisse, quoniam psilothrum sit, ut Plinius idem q Varro affirmant,
illud efficacissimum: quanquam & epitheton ranarum omnium putant id poetæ, Hermolaus. Ego
uerò cum calamites læti & uiridissimi coloris sit, luridam ranam non hanc, sed aliam terrestrem uenenatam, esse dixerim, siue rubetam, siue illam quam mutam dicunt: utraq enim luridi coloris &
40 uenenata est. Ranis autem uenenatis omnibus psilothri uim communem esse existimo. Esto igitur calamites parua uel minima rana uiridis, ut Plinius interpretatur. Et de ore pastoricij runcinan-
rens exiluit ranula, Apuleius lib. 9. Metam. Ranunculus uiridis calamites super arbores corylos
frequenter reperitur, &c. Vincentius Belluacensis. Nominat autem ranunculum uiridem Marcellus Empiricus quoq. Dioscorides & alij (ut dicam in G.) simpliciter aliquando ranam uiridem
uocant, cum addere deberent paruam aut calamiten, distinguendi gratia à maiore illa uiridi quæ
edendo est: aut certè terrestrem, quoniam maior aquatica uel amphibia est. Paruam quidem recentiores aliqui (Andreas Bellunen.) arboream appellant, quòd arbores scandat, Βάτραχοι χλωροὶ δὶ ἐϖὶ
ϖῶν καλάμων γίγνονται, Archigenes apud Galenum de compositione secundum locos libro quarto capite ultimo. Blesaricon, id est ranunculus uiridis, Syluaticus. Cuconiones, id est ranunculi uiri-
50 des, Idem. Et alius quidam obscurus, Cucuriones, id est ranunculæ uirides. Irici siue ranulæ, Nicolaus. Ranæ paruæ uirides, βρέξαντς nominãtur à quibusdam, Galenus in opere de simplicibus.
Vox quidem βρέξας, ad Germanicam Frösch accedit, qua ranam in genere significamus. Vbi ma
num iniicit benigne, ibi onerat aliquam zamiam, Plautus de diuite auaro blandiente pauperi. ubi
Scholiastes, zamiam id est damnum. nam zamia dicuntur ranulæ in arbore, quæ nisi detrahantur
alios lædunt. zημία quidem Græce damnum significat, Dores ζαμίαν proferunt. Rana uiridis racula (uulgo scilicet apud Italos) dicta, Aggregator. Ranocchio, ranunculus, Alunnus Italus.
Scoppa grammaticus Italus rubetam interpretatur lo ranauoto, ranonchia de rubetto: quæ tamen
uoces diminutiuæ à rana uidentur. Ranas uirides paruas Galli croissetz uulgò dicunt, Syluius.
alij graisset scribunt: uide in Rubeta A. Alij in Gallia uerdier, à colore. Renogle, Sabaudicè.
60 Loubfrösch, Germanicè. Zaba trawna, Polonis. ¶ Ad sanguinem sistendum, quidam ex ea
rana, quam Græci calamiten uocant, quoniam inter harundines fruticesq uiuat, minima omnium
& uiridissima, cinerem fieri iubent, Plinius. Et alibi, Venerem concitat iecur ranæ diopetis & ca-

E 4

lamitæ,&c. Vetus lectio in quodam codice erat, dryophetes & calamites: ubi Hermolaus, Scriben
dum fortè sit dryopetes siue dryophytes, & calamitæ: quoniam in arboribus, frutetis, arundinetisᶓ
uersentur, ut hoc illud sit omnino, quod superius diphthites, mendosè legebatur. Et alibi, Mini
mam istam & uiridissimam ranam mutam, dryopetem quoᶓ uocari credimus à Plinio, quia inter
frutices & arbores uersatur. Sipontinus apud Plinium diphthitas corruptè legit. Ipse dryopetes
legerim: ut sit βάραχꝍ δρυοπετης, sic dicta ranula quòd ab arbore in arborem quasi uolando transire
uideatur, ut dicam in c. aut, si quis malit, δνπτης, quòd non nata è terra sed ex aere delapsa uideatur
quum in arbore reperitur. sed δνπτης magis propriè dicentur ranæ quæ portentosè aliquando cum
pluuia deferuntur. licebit & δρυοβάτην βάραχον dicere, quòd per arbores incedat, uel easdem scādat.
δρυοφύτην uerò quomodo rectè dicamus, & ex Græcæ linguæ proprietate, non uideo, & si Hermo- 10
laus ita dici posse coniecerit, tanquam ab arboribus & fruticibus composito nomine, sed φυτὰ quæ
uis plantæ sunt. δρυόφυτον potius dixeris, (ut νεόφυτον,) quæ tamen uox in arbore natum uel natam
significabit. Ranam hanc calamiten, in arundinetis ac herbis maximè uiuere Plinius scribit, mutam ac sine uoce, uiridem; à qua distinguit alteram paruam arbores scandentem, & ex ea uociferan
tem. Sequuntur Plinium Hermolaus & Sipontinus. Ego uerò Georg. Agricolæ sententiam sequor, in hæc uerba scribentis: Rana uiridis illa parua, quam Græci calamiten uocant, quòd in arun
dinetis agere consueuerit, arbores quoᶓ scandit atᶓ in herbis uiuit: Græci etiam βρεκάτην uocant,
quòd sono sui generis pluuias futuras prænunciet. Nec enim, ut Plinius à nobis dissentiat, est muta
& sine uoce. Vide plura in c. μαύνη, rana in hortis est, Hesychius & Varinus: sic dicta fortè quòd
uoce sua pluuias præsagiat, ranæ quidem mutæ uatis nomen non conueniret. 20

B.

Minimum hoc ranæ genus & uiridissimum est, ut ex Plinio iam retuli. Batrachites lapis ranæ
uiridi similis colore atᶓ effigie, Plinius: ubi minimum hoc genus, an maiores & aquaticas uirides
ranas accipiat aliquis, nihil interest. Hæc quidè, qua de nunc agimus, undiᶓ uiridis est, præter pedes & digitos, quorum color ex luteo ruffoᶓ remissis mixtus uidetur. unguiculi extremi globulis
terminantur. Ego in hac rana dissecta sanguinem reperi passim, sed pauciꞏ cor albicans, iecur nigricans cum felle diluto: item lienem & oua aliquot in fine Iunij.

C.

Ranula hæc uiridis inter frutices & arundines: unde & calamitæ nomen, ut diximus, reperitur.
apparet & in hortis aliquando, sed magis locis syluestribus: quin & arbores scandit, præcipuè cory- 30
los, ut Vincentius Bell. scribit. Vnguibus reptant in altissimas quasque arbores, Syluius. Arborum & uitium folijs insident. ¶ Hyeme in terra conditur, uerno tempore sepenumero uidetur ex
terra eminere media, media adhuc in ea latere, Geor. Agricola. ¶ Vulgus eam uolare putat, quoniam arbores & frutices ascendat, ut inde forsan δρυοπετης appelletur. ¶ Est rana parua arborem
scandès, & ex ea uociferans, Plinius. Græci βρεκάτην uocant, quòd sono sui generis pluuias futuras prænunciet. nec enim, ut Plinius à nobis dissentiat, est muta & sine uoce, Georg. Agricola.
Arbores ascendit, & futuras pluuias cantando prædicit, alijs temporibus silet, Albertus. Super co
rylis frequenter reperitur, ubi assidue carabadrion uoces emittit, Vincentius Belluac. Brexantes
dicuntur à uoce. nam sub noctem uox earum unica est brex, Syluius. Rauco garrula questu, Serenus de parua rana. Nicander in Theriac. ranunculum uiridem surdum & mutum cognominat. 40
¶ Rana calamites in arundinetis frutetisᶓ roris linctu uictitat, Hermolaus: ex Nicandro, qui scribit: ὅσ᾽ ᾗ θάμνοις Εἵλκει πεφύντα μοχθεις λιχμωμλꝍ ἐρσ῾λω.

E.

Arbores ascendit, & futuras pluuias uoce (cantando) prædicit, aliàs muta, Albertus ut pluribus
retuli præcedenti capite. ¶ Hanc ferunt in os canis iniectam, mutum reddere: unde in Ecclesiasti-
co dicatur, Xenia & dona excæcant oculos iudicum, & quasi mutus in ore canis auertit correctiones eorum, Vincentius Belluacen. addès hanc ranam ab hoc effectu mutà dici, quòd uoce canem
priuet, non quòd ipsa nullam ædat: sed authore nullo se munit. Mihi quidem dubium nō est, quam
authores ranam mutam inter uenena nominarunt, à calamite (quanquā & ipsa uenenata, ut ferunt)
differre. Cæterum in citato Ecclesiastici loco, circa finem capitis uicesimi, uulgata translatio absque 50
canis mentione habet, & quasi mutus in ore auertit correctiones eorum. Græcè legimus, ξένια καὶ δῶρα
ἀποτυφλοῖ ὀφθαλμοὺς σοφῶν, καὶ ὡς φιμὸς ἐν σόματι ἀποστρέφει ἐλεγμούς. Id est, Xenia & munera excæcant oculos
sapientum, & ueluti frenum in ore auertunt correctiones.

G.

Est rana parua arborem scandens & ex ea uociferans, in huius os si quis expuat, ipsamᶓ dimittat, tussim liberare dicitur, Plinius. Iecur ranæ diopetis & calamitæ in pellicula gruis alligatum,
Venerem cōcitat, Idem. ¶ Ad oleum ex ranis, quod medici aduersus articulares dolores calidos
laudant, ut copiose scripsimus supra in Rana simpliciter, Iac. Syluius ranas uirides syluaticas præfert. ¶ Ranas uirides (paruas) croissetz uulgò dictas, manibus uiuas hodie ex more tenent ad re-
frigerium febre acuta aliqua ardentes, Syluius. Ad febres hecticas Gaynerius: Ranulas uirides 60
quæ in siccis locis super arboribus uiuunt, quarum uentres lactei (albi) sunt, capitibus abscissis &
uisceribus eiectis, in aqua tandiu coques ut caro earum ab ossibus separetur: deinde admixta farina
hordei,

hordei,uel potius frumenti,cum iure illo & carnibus fac paſtam,qua cibabis gallinas & pullos qui=
bus alendus eſt æger. Vel loco ranarum accipe anguillas, aut quosuis pisces, & fac ſimiliter. nam
pulli ita nutriti mirifice conferunt hecticis,Gaynerius. ¶ Qui ex ſanguine huius ranunculi reme
dia tradunt,aliqui ſanguinem appellarunt,alij ſaniem, uel ſuccum, uel humorem. Horus quidem
ranam non alibi quàm in oculis ſanguinem habere ſcribit. Viridium ranarum cruor auulſos ge=
nis pilos renaſci prohibet, in ueſtigia euulſorum inſtillatus, Dioſcorides: ubi ego non uirides i.las
edules, maiores ſcilicet & aquaticas,ſed paruas uirides & terreſtres intelligo, quæ ueneno non ua=
cant,ideoꝗ pſilothri uim forte habent,ut & reliquæ uenenoſæ ranæ, quamuis huic inter cęteras ue
neni minimum ineſſe putem. Nuper quidam cum ranunculum uiridẽ aliquandiu in pollice ma=
10 nus geſtaſſet, paulò poſt illum duriuſculo tumore affectum mihi oſtendit. Crito apud Galenum
lib.1.de compoſitione medic. ſec. locos, inter remedia quæ pilos diſperdant,numerat ranarum in
uiridibus arundinetis degentium cruorem ſiue mucum. Cum aſſereret quidam ſanguinem uiri=
dium ranarum (inquit Galenus de ſimplicium facultatibus 10.5.) paruarum ſcilicet, quas quidam
brexantes nuncupant, ſi euulſis ex palpebra pilis inungeretur,ut in poſterum nõ recreſcerent pro=
hibiturum,falſum id comperi facto periculo. poſtea uerò ſcriptum à quibuſdã reperi illud ipſum:
ut & de ricinorum ſanguine,qui ne ipſe quidem facto periculo promiſſa præſtitit. Papias Laodi=
cenſis apud Galenum lib.4.de comp.ſecundum locos, euulſis palpebrarum pilis, mox dropace lo=
cum irritabat, deinde chamæleonem album tritum cum ranarum ſanguine permixtum illinebat.
Plinius idem auxilium (lib.32.cap. 7.) tradit,ſed pro chamæleone albo lachrymã uitis habet,quod
20 remedium etiam poſtea repetit.Hoc uerò loco Papiæ apud Galenum chamæleo albus tritus ammi
ſcendus, haud ſcio an recte legatur, quum neꝗ Dioſcorides,neꝗ Galenus,neꝗ Plinius hoc de cha=
mæleone herba tradant.De chamæleone certe animali Dioſcorides tradit,quòd ſanguis eius æque
ut uiridium ranarum pilos palpebrarum denudet.Sed Paulus lib.3.idem remedium ſcribens : Lo=
cum uerò,inquit, ſtatim ſanguine ranæ per ſe illines,aut cum cinere chamæleontis albi,Cornarius.
Ad ſupercilia piloſa, Chamæleonis ſeu laureolæ radicem permiſce cum ſanguine ranæ & unge
locum,Galenus Parabilium 2. 109. Pungentes in palpebris pilos ubi euulſeris,inuerſas genas re=
centi ranarum aut cimicum ſanguine illinito,ſinitoꝗ refrigerari, (exiccari,) uel chamæleontem al=
bum urito,ac cinerem ranarum ſanguine excipito, atꝗ uſus tempore ſaliua diluito,& poſt euulſio=
nem pilorum inungito, Aetius 7. 67. Et mox, Vel cochlearum carnes cum uiridium ranarum ha=
30 rundineta incolentium, uel herinacei terreſtris ſanguine ſubigito, & adiecta atramenti ſutorij cum
menſurata quantitate exiccari ſinito, & utere,cauendo ne pupillam attingas. Sanguis ranarum ui
ridium, & ſanguis alhalem(cimicum) prohibet ortum pilorum magis quàm ueſpertilionis, Auicen
na. Ranunculum uiridem comprehenſum acu cuprea pungito , & ſanguine eius excepto palpe=
bras de quibus pilos tuleris,(uulſeris,)ſubinde continge,nunquam renaſcentur,Marcellus. Præ=
terea quaſcunꝗ uoles auertere ſetas, (pilos palpeb.) Atꝗ in perpetuum rediuiua occludere tela,
Corporibus uulſis ſaniem perducito ranæ, Sed quæ parua ſitu eſt, & rauco garrula queſtu, Sere=
nus: uidetur autem omnino calamiten intelligere, eamꝗ minime mutam facere. Ranas quinde=
cim coniectas in fictili nouo iuncis conſtituens quidam:ſuccum earum qui ita effluxerit , admiſcent
lachrymæ quæ ex alba uite emanat, atꝗ ita palpebras emendant inutilibus pilis exemptis acu inſtil
40 lantes hunc ſuccum in ueſtigia euulſorum,Meges pſilothrum palpebrarum faciebat in aceto ene=
cans putreſcentes, & huc utebatur multis (forte, mutis)uarijsꝗ per aquationes autumni naſcenti=
bus, Plinius. ¶ Et alibi,Ranæ paruæ,quam in oculorum curatione deſcripſimus, ſanies efficaciſ=
ſime pſilothrum eſt,ſi recens illinatur: & ipſa arefacta ac tuſa, mox decocta tribus heminis ad ter=
tias , uel in oleo decocta æreis uaſis. Eadem menſura alij ex quindecim ranis conficiunt pſilo=
thrum , ſicut in oculis diximus. Varro luridam ranam dicendo pro calamite uidetur accepiſſe,
quoniam pſilothrum ſit,ut Plinius idemꝗ Varro affirmant,illud efficaciſſimum, Hermolaus:Ego
quidẽ,ut in A.ſuperius dixi,luridam ranam pro rubeta acceperim : omnis uerò ranæ uenenatæ ſa=
niem pſilothrum eſſe coniicio. Si quis cum ſanguine ranarum uiridium confecerit azarech, (au=
ripigmentum,) Arnoldus in libro de uenenis,) trita, & inde aliquis aurei pondus biberit,retinebitur
50 eius urina,Raſis. Paruæ ranæ uiridis, quæ in arundinetis uiuit , humorem corporis deraſum pe=
nicillis claritatem oculis inunctis narrant afferre,ipſasꝗ carnes doloribus oculorum ſuperponunt,
Plinius. Corpus ranæ, & maximè pinguitudo eius,facilem facit dentium eradicationem. uidetur
autem hoc eſſe ex petroſa (arborea hortulana , uel Belluneſis habet,) & non domeſtica, Auicenna
lib.2.cap.596.& ex eo Syluaticus cap. 221. inter nocumenta ex rana rubeta. Sed de rana arborea,
id eſt calamite, non de rubeta hæc accipi debere,tum Belluneſis teſtis eſt, tum Syluaticus eodem
mox capite uerba Meſuæi hæc citans:Adeps ranæ uiridis quæ habitat in arboribus ſi linatur ſuper
ipſum(dentem)frangit ipſum. Auicenna tamen lib.4.ſcribit, eius qui ſumpto rubeta ueneno eua
ſerit,dentes excidere.
¶ Eſt parua rana in arundinetis & herbis maximè uiuẽs, muta ac ſine uoce,uiridis,ſi forte hau=
60 riatur,uentres boum diſtendens,Plinius & ex eo Albertus. Videtur autem boues facilius hoc ra=
næ genus deuorare propter paruitatem eius & colorẽ herbaceum. Venenatos autem hòs ranun=
culos eſſe coniicimus,quoniã & aliæ terreſtres ranæ uenenum continẽt ; & de his ipſis pſilothrum

esse,& dentes eradicare authores prodiderunt,quòd abſʠ uehemẽti & uenenoſa ui non contingeret. Vide infra in rana gibboſa,ubi docemus ueteres uideri calamiten ranam cum rubeta terreſtri muta confudiſſe.Remedia quidem omnis ranæ uenenatæ in rubeta coniungemus.

¶ Ad ſanguinem ſiſtẽdum & ranarum illinunt cinerem,üel ſanguinem inarefactum. Quidam ex ea rana,quam Græci calamiten uocant,quoniam inter harundines fruticesʠ uiuat, minima omnium & uiridiſſima,cinerem fieri iubent, Plinius. Producunt & ex rubeta rana ad ſanguinem cohibendum remedia,ut in eius hiſtoria dicemus:nec nõ ex rana ſimpliciter. Ad alopeciã,Cinerem paruularum ranaru cum molli pice impone,Kiranides. Vide ſupra in Rana ſimpliciter. Ranunculos paruos exure,eorumʠ cinerẽ cum pice,ſæpe,uſquequo craſſa facta ſit ſeruefacta, illine, loco neʠ raſo neʠ prius conſtricto,Archigenes ad alopecias apud Galenum de compoſ.ſec.locos. Vbi etiam ex Sorano idem remedium legimus,Ranas paruas uſtas pici liquidæ tepidæ inſperge, deinde neʠ præraſis neʠ præfrictis illine. Et rurſus ex eodem ad alopecias, Ranarum uſtarum drachmas X V I I I. pumicis uſti drachmas X I I. (aliàs X V.) ſinapis drachmas V I I I. nitri drach.I I I I. nucum uſtarum drach. X X I I I I. Item ex Archigene,Cineris ranarum minimarum in ollula uſtarum partem unam,muſcerdæ,ueratri albi,radicis calami uſtæ,piperis albi,ſingulorũ æquales portiones aceto excipe,& ad præfrictum ac præraſum locum utere. Vide ſupra in Rana aquatica G.

H.

a. Nicandri Scholiaſtes ranam (uiridem) quam mutam putat,κωφʼϲϕον dici ait. ¶ Epitheta. Rauco garrula queſtu,Serenus. Κωφὸς,ἄφθογγ᷉,λαχεϊδ᷉ις,ὧν ὀυνάκωϲι θηµίζων, Nicander.

DE RANA SIVE RVBETA GIBBOSA,
& alijs mutis ranis in genere.

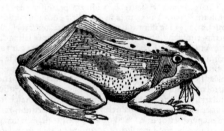

R A N AE genus luridum & terreſtre, ac ut ex ipſo colore apparet, uenenoſum mutumʠ in hortis & ſyluis inter frutices reperitur apud nos, magnitudine qua uulgares aquaticæ ranæ,dorſo gibboſo utrinʠ ad latera eminentibus oſiculis,uidetur autem rubetis adnumerandum. Germanicè appello **Gartenfroſch**, id eſt hortenſem ranam: aliqui **Graßfröſch**,id eſt graminis ranam,quòd in gramine degat. ſed eodem nomine alij uirides aquaticas à colore nuncupant.Et quanquam Io.Tzetzes in Varijs 8. 167.omnem ranam terreſtrem mutam eſſe ſcribit,gibboſa tamen iſta non omnino muta eſt.nam cum in horto nuper unam enſe perſequerer, clamabat etiam antequam ferirem.mutas tamen appellare licet, quod uocem,niſi uis aliqua exprimat,non emittant. Μαῖνις,rana in hortis,& ſpecies locuſtæ,Heſychius & Varinus,quanquã oxytona apud eos dictio eſt. Ego ranunculum uiridem mantin,id eſt uatem appellari cõiecerim, quòd uoce ſua pluuias præſagiat: muta enim rana uatis nomine indigna uidetur. Inuenio & paluſtrem mutam inter uenena hoc eſt heliobátrachon,diuerſam à phryno,quoniam & ſigna & medicinæ uariant,præſertim Aetio,Hermolaus. Scribit autem Aetius de rana rubeta lib.13.cap.54. & mox ſequenti capite de rana paluſtri, non rectè intellectis, ut mihi uidetur, Nicandri uerbis, quem imitatus apparet.Facit enim Nicander duas ranas uenenatas, primum rubetã æſtiuam paluſtrem & uocalem, deinde ranam uiridem inter arundines degentem & mutam ſiue ſurdam: nam & κωφὸν & ἄφθογγον uocat.Aetius uerò rubetæ duas ſpecies facit ſurdam & non ſurdam,& priorem tantum exitioſam. deinde tertiam addit ranam paluſtrem. Atqui Nicander, ut dixi, primum ſtatim phrynon, id eſt rubetam uocans,paluſtrem & uocalem eſſe ait,& ueneni eius tum notas tum remedia deſcribit,quæ apud Dioſcoridem non leguntur. nam quæ Dioſcorides habet, à Nicandro ad alteram ranam nempe mutam refertur. Videtur autem Nicander utranʠ ex iſtis uenenatis ranis appellare phrynon,τὸν µὲν θηϱιόµενον και λιµναῖον:τὸν δὲ ἄφθογγον ἢ κωφὸν λαχεῖν ἢ και καλαµιῶλυ,etſi non calamiten dicit.

dicit, sed quod idem ualet, ὧν δυνάκτοσι θαμίζων, id est harundineta frequentans, λαχεῖᾶ, uiridem inter‑
pretor, (Scholiastes eam uocem non attingit: sed uidetur legisse λασειδῖΘ-, pro λασις, propter hæc
uerba, τὸ ἀφώνε κỳ δ'ασῖΘ-: id est mutæ & hirsutæ. nos quidem rubetæ genus paruum, sed lurido co‑
lore ut maiores, pedibus clunibusẹ hirsutum nouimus,) quasi λαχανοειδῆ, hoc est coloris olerum &
herbacei. Scholiastes tamen rubetæ nomẽ palustri tantum conuenire ait; mutam uerò illam, ranam
esse, non rubetam, hoc est ranæ speciem à rubeta diuersam. Itaẹ Hermolaus Aetium non intelle‑
xisse uidetur, nec Aetius Nicandrum; Nicander uerò in re ipsa errasse, nisi concedere uelimus uiri‑
dem illam paruam, quam calamiten uocant & mutam authores, usẹ adeò uenenatam esse: quod ta‑
men hodie uulgus nõ putat, nec medici ipsi, nec mihi uerisimile est: & reuera non est muta. Quòd
10 si de hac sentiebant authores, magnitudinis discrimen addere debuerant, ut alibi solent, ranas
uirides paruas dicendo. Sed ut ea quoẹ sit uenenata, confudisse mihi ueteres uidentur ranulam
hanc uiridem terrestrem, cum altera rana terrestri uenenata, nempe bufone seu rubeta terrestri. sin
minus, ostendi cupio ubi nam de terrestri rubeta loquantur. Nam de palustri tantum rubeta scri‑
bunt, ut Dioscorides, φρυῶΘ- βάτραχΘ- ἐλεΘ-, &c. Omnino igitur in ea sentẽtia sum, ranã terrestrem
mutam uel duplicem esse, uel etiam triplicem: nempe bufonem seu rubetam terrestrem, rubetam
gibbosam, & ranulam uiridem, quæ tamen non omnino muta est, cum instantem pluuiam præsa‑
giat. Tzetzes etiam, ut dixi, ranam omnem terrestrem mutam esse scribit. Ad hæc, non uirides so‑
lum inter frutices & harundines reperiuntur, sed rubetæ etiam aliquando, & gibbosæ quidem sæ‑
pius. Facile igitur confundere has differentias fuit parum animaduertentibus. Vtcunẹ, nos re‑
20 media aduersus omnes ranas uenenosas in Rubeta dicemus. Nicandri Scholiastes ranã mutam,
hybernam quoẹ dici ait, inde colligens quoniam poeta rubetam palustrem φρῦμον θεφειόμλνου ἢ θερέ‑
φντα, id est æstiuã cognominat, (inquit Scholiastes) uocales & innocentiores, hy‑
bernæ uerò mutæ & exitiales. Verũ Nicander ipse nullam uocat hybernam, & æstiuam uere etiam
apparere, ac uernum tempus uoce sua inter algas prenunciare scribit. Alij æstiuam dici coniiciunt,
quòd per æstatem uenenũ ex ea conficiatur: nimirum quòd tum temporis propter calorem uene‑
num syncerius sit, nam in calidioribus quoque locis ranarum genus nocentius est, ut Scholia‑
stes tradit.

¶ Ranæ gibbosæ, cuius hic effigiem dedimus, duo quasi cornicula in dorso medio utrinẹ emi‑
nent. color ei uiridis ferè, sed obscurus & subfuscus est. latera maculis ruffis scatent, sunt & digiti pe‑
30 dum ruffi. Dorsum supra thoracẽ paucis maculis nigris distinguitur. Venenosam esse ex ipsa spe‑
cie coloreẹ apparet. Hoc genus à serpentibus in syluis deuorari aiunt. Conduntur hyeme & ra‑
næ pallidæ in hortis agentes, quæ non comeduntur, & mutæ sunt, Georg. Agricola.

DE RANIS RVBETIS TVM PALVSTRI‑
bus tum terrestribus: Et de remedijs contra omnes uenenatas ranas.

A.

40 **D**E RVBETIS uel ranis rubetis non
omnino conueniunt inter se authores
tam antiqui quàm recentiores. nam &
in alijs quibusdam discrepant, & in lo‑
cis in quibus degant assignandis. Nicander & alij
medici Græci phrynon suum, (sic enim rubetam
uocant) palustrem tantum faciunt, (uide plura su‑
perius in Rana gibbosa:) Plinius & alij in utroẹ
elemento rubetam ex æquo uiuere scribunt, di‑
stinguunt alij, primum in aqua uiuere, deinde in
50 terram progredi affirmantes. alij in sicco tantum.
alij duplicem faciunt rubetam, unã palustrem sui
generis, & diuersam ab ea terrestrem: unde opi‑
nionum uariarũ differentias sex colligimus. Ego,
ut authores conciliem, quosdam unum tantum genus cognouisse existimo, siue palustre, siue terre‑
stre tantum: alios utruncẹ. Et inquirendum est, an palustris quædam rubeta semper in paludibus
agat: alia uerò paludes, siue coacta deficientibus aquis, siue etiam sponte deserat. Ranæ rubetæ in
terra & in humore uiuunt, Plinius. Rubeta uel rubetum (sed posterior hæc uox Latina non est:
Aggregator ranam rubeti dicit ex Kiranide) frequenter inter rubos & arundineta degit, & tam in
aqua quàm in terra ex æquo uiuit, Albertus. Sunt (ranæ) quæ in uepribus tantum uiuunt, ob id ru
60 betarum nomine, ut diximus, quas Græci phrynos uocant, grandissimæ cunctarum, geminis ue‑
luti cornibus, plenæ ueneficiorum, Plinius, in hoc sibi contrarius: cum alibi, ut iam recitaui, in terrã
& in humore rubetas uiuere scripserit. quod ego de minoribus rubetis uerum esse puto: grandissi‑

mas uerò quas bufones & boraces aliqui nominant, terrestres tantùm, quàmuis non affirmo. Pli=
nius uerò grandissimas dicendo,non in rubetarum genere intellexit, quod non distinguit in spe=
cies,sed simpliciter inter ranas. Iam quòd geminis cornibus hoc genus insigniri ait, id ego non ru=
betæ propriè dictæ aut bufoni,sed ranæ mutæ illi tantùm quam superius gibbosam nominaui con=
uenire puto, quæ quidem nunquam in humore degit, non tamen grandissima est,sed communis
aquaticæ ranæ magnitudine. Rubeta dicta est,quia in uepribus uiuit, quanquam prius in aquis,
postea fit terrestris,grandissima cunctarum, geminis quandoq; ueluti corniculis,ut inquit Plinius,
dorsum exasperat,Hermolaus: qui addendo uerbum quandoq; , fatetur non simpliciter aut omni=
bus rubetis id conuenire ut Plinius scripserat. Sipontinus etiam in uepribus tantùm & inter ru=
bos rubetam agere prodidit,Plinium secutus. Sic Marcellus Vergilius quoq;, Sunt & quæ in sicco 10
agunt ranæ,ut rubetæ & calamitæ. Kiranides phrynon ranam in sicco degentem esse scribit. Ra=
næ quædam terrestres sunt, quæ in humore etiam degunt, ut rubetæ asperæ & uenenosæ, lapidem
in capite gerentes,Massarius.Is autem asperas dicendo rubetas, ab Hermolao deceptus est,cuius
in Corollario hæc sunt uerba : Miror quamobrem Dioscorides φρῦνον, hoc est rubetam, λεῖον, quod
est læuis,cognominari dixerit:nisi quis rubetæ duo genera cõstituat,læuis & sine cornibus, ex qua
delibutorium uenenum,sicut ex palustri quoq; muta conditur,(hoc sine authore scribit: & ego nul
lam palustrem mutã scio:) & aspera cornutaq; propriè sit buffo, cuius dorsum paulò ante scabrum
esse diximus ex Aetij sententia,Hæc ille. Imposuit autem ei, ut uideo, codex Græcus manuscrip=
tus,in quo λεῖ⊕ pro ἑλεῖ⊕ legit,quod autem ἑλεῖ⊕, id est palustris legendum sit, tum ex Aegineta,
tum ex Nicandri Alexipharmacis constat. & rectè codices impressi Dioscoridis ἑλεῖ⊕ habent, ut 20
& Vergilius interpres legit,sed perperam transtulit, Rubeta uel muta palustris rana, cum Græcè
nihil aliud legatur,quàm φρῦ⊕ βάτραχ⊕ ἑλεῖ⊕,hoc est, Rubeta rana palustris: Aegineta addit disi=
iunctiuam particulam φρῦ⊕ ἢ βάτραχ⊕ ἑλεῖ⊕, hæc lectio ex Nicandro etiam comprobari potest,
qui postquam de palustri hac rubeta uocali egit,mox peculiariter de altera rana muta docet. Cæte=
rum Aetius 13.36. de rubeta scribens quæ è palustri terrestris euadit, Exasperat (inquit) & uibrat
terga sunt dum spiritu expletur,hoc est cum inflatur per iracundiam. Sed hinc nemo conuicerit læuem
quandam esse rubetam,ab aspera diuersam. Rubeta ranæ species est, quæ palustris uitæ conditio=
nem in terrestrem mutauit,unde & rubeta appellatur, Aetius interprete Cornario. Grǽca mihi hǽc
scribenti ad manum non erant: sed faciunt huc quæ apud Varinum legimus, φρυνίⓈ pro φρῦ⊕,
abundante e.uocali, ἔιδὸς βατράχⓈ,ἤϡα ϖ ἐμφρηεὶς ἔϐ πᵗὸς οὖ ἄλλϵ, ἤ ἐϖ πѿ φφϵϙⲑⲁ ἀϖ ϡⲗ λιμνώδϵυϛ φύϲϵωϛ 30
ϫϖ ϯὸ χϱⲟⲭⲟⲛ,Etymologus. Rubetam poeta bufonem uocat,duo eius genera sunt: altera terrena,
quæ in domibus & uepribus agit: altera palustris, quæ sui generis uocem ædit, Georg.Agricola.
Nos palustres quasdam & paruas rubetas , (de quibus Agricolam quoque sentire puto,) uocamus
Güllenkröttle, id est rubetulas lacunarum (quòd in lacunis & circa sterquilinia reperiantur:) &
Möhle,quasi paruas salamandras aquaticas, quòd similiter & uenenosæ sint & in aquis degant,co
lore etiam uentris similes. Hæ semper paruæ sunt, uentre pallido siue citrino, punctis quibusdam
discolore:& suo quodam sono uocis utuntur,nam cæteri bufones terrestres cõtinuatam quendam
sonum ædunt grugrugru, Hǽ forte R A N A E   S C I N C O I D E S sunt,(quòd scincos aquaticos,siue
salamandras aquaticas,ut nunc scripsi,referant,) quas Alexander Benedictus scribit, numerosius
quàm par sit enatas, pestilentiæ futuræ aliquando præsagium esse, putrificam materiam uberius in= 40
dicante natura. Rana in paludibus degit:item genus quoddam ranunculi cœnulentum in dorso,
croceis in uentre maculis,quod non clamat nisi post quartam horam diei feruente Sole,Albertus.
Hoc idem nimirum genus est bufonis,quod recentiores quidam barbari C O R N V T V M uocant,
non ab eminẽtibus(ut in rubeta Plinij)ueluti cornibus,sed à sono uocis,quo cornu seu tubam imi=
tatur quodammodo. In Gallijs est bufonis genus quod cornutum dicitur,à uoce qua cornicinem
refert.colores habet duos,tetrum(luridum seu fuscum) & croceum. Verno tempore prodeunt hæ
ranæ,& uocem instar tubarum binæ inuicẽ emittunt.In sola Gallia uocales, elatæ uoce amissa mu=
tæ sunt,Liber de nat.rer. Rana cornuta coloris est(inquit Albertus)cinerei fusci, & crocei in uen
tre:& moratur in paludibus putridis , freqûes clamore.extra Galliam,si quis efferat, uocem ædere
aliqui negarunt:sed id falsum esse expertum se Albertus ait, quùm per totam Germaniam altissi= 50
mè clament. Hæc scripseram cum ex agri Tigurini loco iuxta arcem Kiburgã , rubetæ genus par=
uum mihi allatum est,duplo minus ferè cõmuni rubeta, cætera simile, quod iam sub trunco ut illic
per hyemem lateretse abdiderat. erat enim initium Septembris, tergo lurido,aspero,uêtre ex fusco
albicante, oculis aureolis:clunibus cruribusq;,sed præcipuè digitis posterioribus,pilosis. Has ranas
alibi nullas aut rarissimas haberi aiunt:uocem eis argutissimam esse, quæ tubæ aut campanæ in=
star audiatur etiam ex longinquo:degere ipsas non in aquosis sed in aridis locis. Vêre uocem suam
emittere & æstate:cum uesperi clamant,noctem sequentem sine pruina futuram certò sperari. au=
tumno & hyeme non audiri. ¶ Rubeta, id est bufo, Niphus. Buffo à nonnullis f. duplici scribi=
tur,quod non probo. Bufo rana terrestris nimiæ magnitudinis, Grammaticus quidam. Inuen=
tusq; cauis bufo,Vergilius 1.Georg. Borax (uox corrupta à Græca βάτραχⓈ) species est bufonis, 60
fusci coloris & maxima, ita quòd cubitalis efficitur magnitudinis in terris calidis : & consueuit ali=
quando partum suum super dorsum gestare, lapidem in fronte habet, &c. Albertus. Rubetis ali=
quando

quando cauda initio est, quam post amittunt: ob id in stagnis cum adhuc pusillæ sunt, mutili ruribus uocantur, Hermolaus. Luridam ranam apud Varronem rubetam intelligo, non calamiten
ut Hermolaus:causam dixi in Ranunculo uiridi A. ¶ Zab, צב, Leuitici 11. R. Salomon interpretatur reptile simile ranæ:aliqui bufonem accipiunt,& nomen ab inflatione factum putant.ego crocodilum interpretor aut scincum, (uide in Crocodilo A.) Illyrij quidem hodie ranam omnem zaba
uocitant,bufonem Hispani sapo escuerco. Koach, חם,quoq Leuitici 11.uarie interpretantur, chamæleontem,crocodilum,lacerta,rubetam:uide in Chamæleonte A. Triorches, phrynus & ophis
(id est buteo,rubetà & serpens,)inter se pugnant, Aristot. hic Albertus habet, Pugnant frichachyz,
& coronos, id est coruus aquaticus:tyrus autè aquaticum animal uocatum trihaue,deuorat utrun-
10 que istorum: quibus uerbis nihil ineptius dici poterat. Auicennæ interpres,ubi de nocumentis
ueneni rubetæ agitur:Corpus ranæ (inquit)& maxime pingue eius, facilem reddit dentium eradi-
cationem.uidetur autem hoc esse ex petrosa,(hic Bellunensis pro petrosa arboream hortulanam re
ponit,)& non domestica,&c. Auicenna 4. 6. 2, 8. ranas lacunales uirides nominat, & marinas
rubeas,pro rubetis simpliciter:& mox sequenti capite ranas citrinas,pro ranis palustribus uenenatis ut Aetius habet, 13. 54. & 55. Et rursus 4. 6. 5, 15. de morsu ranæ marinæ rubeæ, pro rubeta
simpliciter ex Aetio 13. 36. Mare quidem Hebraica lingua de stagno etiam & palude dicit. rubeas
uero interpres fortassis pro rubetis dixerit, uel à uiridibus distinguendi causa. ¶ Græci rubetam
φρυνον appellant, ut supra ex Plinio & alijs ostendimus. debet autem hæc uox semper penanflexa
scribi, quoniam penultimam longam habet,nõ(ut à quibusdam scribitur) paroxytona. Misoxus,
20 id est rana terrestris uenenosa rubea, Syluaticus. est autem uox corrupta à Græca μυοξΘ, quæ non
rubetam sed glirem significat,ut in Gliris historia ostendi : à Syluatico ipso alibi misosos glis exponitur. Quamobrem errauit etiam Gillius qui in Aeliano suo μυοξω (ex Oppiano) bufones interpretatur. Ranam rubetam Nicander φρυνον δορυχτα, hoc est æstiuam cognominat: uide supra in
Rana gibbosa. Καχριας Varino rana simpliciter exponitur : Gelenius noster affinem putat hanc
uocem,Germanicæ Krott, qua rubetam significamus. Rubeta Italice nominatur rospo , botta,
boffa,teste Lucio Scoppa. & à quibusdam chiatto , (apud Rhætos qui Italicè loquuntur chatt:) uel
zatto, ut in Longobardia,item buffo,buffa,buffone, ab alijs ramarro,qua uoce Matthæolus Senensis,magis propriè puto, pro lacerto minore utitur. Ranæ quædam terrestres sunt, ut sunt mutæ,
& rubetæ:quæ & racanellæ quasi raniculæ uocantur:& non comeduntur,quoniam sæpius cum bu
30 fonibus coëunt, quam ob causam malignæ reputantur, Monachi in Mesuen. Scoppa rubetam
etiam ranauoto,& ranonchia de rubetto interpretatur : quæ uoces diminutiuæ sunt , & fortè ad ra
nunculum uiridem pertinent,nam & in Gallica lingua aliqui cõfundunt, crassam uel crassantium,
ut ipsi scribunt,(graisset,ou uerdier,) uulgò dictam ranam, rubetam interpretantes , quæ omnino
ranunculus uiridis est:rubeta uerò Gallicè crapault uocatur, circa Neocomum boug. Hispanicè
sapo escuerco. Germanicè Krott, nomen in Heluetia fœmininum, Argentinæ & alibi masculi-
num:alij scribunt Krote.Terrestrem priuatim uocamus Gartenkrott, id est hortensem rubetam:
(licet nonnulli ranam gibbosam supra descriptam sic appellent,)Saxones Quapp. Flandris rana
est Puitt,rubeta Padde. Anglis tode. Illyrij omne genus ranæ zaba uocitant.

B.

40 De paruis palustribus seu lacunarum pòtius rubetis, quas & cornutas uocant à sono uocis,præ
cedenti capite scripsi:ubi etiam cornibus exasperari rubetarum dorsum ; quod Plinius scripsit,ha-
ctenus mihi non uisum dixi:& unum tantum rubetæ genus,quod ranam gibbosam appellaui,ossi-
bus cornuum ferè instar eminentibus in dorso mihi cognitum esse. Rubeta quæ palustrem uitam
in terrestrem mutat, animal est magnitudine nihilo minus testudine parua,Aetius. Similis ranæ
est,sed pedibus breuioribus , inertiorìq & turgidiore corpore, Mich. Herus. Color bufoni cinereus,pellis densissima uiscosaq,ita ut magnis etiam ictibus non lædatur,Albertus: durissima,ut ba
culis etiam ægrè uulneretur,Matthæolus Senensis. Bufo quem ipse nuper inspexi,mense Iunio ca
ptum iuxta sterquilinium, lurido & fusco seu nigricante colore erat, crassis & deformibus membris,cute maculis & ueluti pustulis quibusdam exasperata, torpido & ignauo corpore:maculis ni-
50 gris, præsertim in lateribus : uentre turgido inflatoq, dum baculo tangerem & ferirem, aridiuscu-
lus sonus ob asperam duritiem cutis, & tanquam ex concauo reddebatur.capite crasso latoq:dorso
plano,non ita eminente ut in mutis illis ranis quas supra gibbosas nominaui. Sub capite circa collum parte prona (id est terram spectante) color pallidus uel subflauus erat. Apocynon appellant
osiculum in rubetæ latere compertum sinistro, quoniam canum impetus inhibeat:nam aliud ad su
perstitiosos similiter usus in dextro latere quæritur , ut in G. recitabitur. Ibidem dicam de lapide
quem bufones quidam in capite gestare falsò creduntur. In Hispaniæ partibus illud præcipuè bo
racis genus reperitur,quod lapidem in fronte portat,Obscurus. Borax species est bufonis,colore
fusco,maximi,&c.(ut in A. retuli,)quæ lapidem in fronte gerit, Albertus. ¶ Bufo animal aspectu
fœdissimo, fertur habere cor in gutture, nec facile interfici nisi per medium guttur transfigatur,
60 Obscurus. Rubetæ iecur omnino uitiatum est, ut corpus quoq eius totum prauo temperamentó
afficitur, Aristot. de part. 3. 12. Iecur ei duplex assignatur,ut capite septimo recitabo. Rubeta
perquam exiguum habet lienem,Aristot. Dicta eius oua uentri subdita sunt, Idem. Pedestrium

F

quadrupedes quæ oua pariunt, eodem coëunt modo quo ea quæ animal generant, mare superue=
niente. habent uerò in quod meatus (genitales) contingant, & quo per coitum adhæreant, ut rana
& paſtinaca, & reliqua generis eiuſdem, Ariſtot. ego legendum coniício, ut rana & rubeta, &c.
quanquam Græcè προγίνεʃ legitur, id eſt paſtinacę, pro quo φρμῶν repono. Rubetis aliquando cau
da initio eſt, quam poſt amittunt : ob id in ſtagnis cum adhuc puſillæ ſunt, mutili ruribus uocan=
tur, Hermolaus.

c.

Rubetæ dictæ ſunt quòd ferè in rubis & uepribus degant, quanquam & amphibiæ ſunt, quæ=
dam terreſtres, quædam paluſtres tantum, aut maiori ex parte, ut pluribus expoſui ſuperius capite
primo. Humida loca & marcida incolit: Solis claritatem odit, nec facile ſuſtinet. interdiu latet, no 10
ctu progreditur, præcipuè per uías tritas ab hominibus, Obſcurus & Albertus. Aeſtate incolit
ſubterranea & umbroſa loca, Ponzettus. Interdiu non apparet niſi locis admodū ſolitarijs: & non
egreditur de terra niſi tempore pluuíæ, Albertus. In terra humida & opaca, & inter ſæpes uerſari
gaudet, Mich. Herus. Conditur hyeme, Georg. Agricola. ¶ Sub terra habitat, & humore terre=
no uiuit. herbas & lumbricos aliquando comedit, Albertus. Buſo terra ueſcitur, idéq; pondere &
menſura. quantum enim anteriore pede concludere poteſt, hoc illi pro cibo quotidiano eſt. timet
enim ne ſibi terra pro cibo deficiat, Author de nat. rerum. Dicitur de buſſone quòd de terreſtri
humido non edit, niſi quantum manu ſemel capere poteſt, timens quòd ei tota terra non ſufficiat.
ſed hoc à uulgo acceptum eſt, nec ullo experimento conſtat, Albertus. Hínc eſt quod ſuperioris
ſæculi (apud Germanos) pictores, auaritiam expreſſuri, mulierem buſoni inſidentem pinxerunt, 20
Mich. Herus. Saluia libenter ueſcitur, cuius radix tamē ei letalis eſt, Phyſiologus. Rubeta etiam
apes interimit. ſubiens enim aditus aluei, afflat, & obſeruans rapit euolantes. nullo hæc affici malo
ab apibus poteſt, ſed ab apiario facilè interimitur, Ariſtot. uide mox in D. ¶ Animalia quæ habent
ſpiritus ſubtiles & debiles, noctu uident non interdiu, ſicut buſones, Gordonius. uidetur aūt bubo
nes aues nocturnas intelligere, quæ ab Italis & Hiſpanis buſones dicuntur. Credi autem poteſt
etiam buſo noctu cernere, quoniam noctu progreditur, interdiu latet, ut aues pleræq; omnes quæ
idem faciunt. ¶ Ranæ terreſtres, ut mutæ & rubetæ, non comeduntur: quoniā ſæpius cum buſſo=
nibus coëunt, Monachi in Meſuen. Buſo ex putredine uel corruptione terræ naſci putatur, Ob=
ſcurus. Ex buſonis cremati relicto cinere, buſo uiuus regeneratur, nec tantū unus, ſed etiam plu= 30
res, Phyſiologus. In Dariene prouincia noui orbis aër inſaluberrimus eſt, utpote cœnoſa & palu=
dibus fœtidis ſepta: imò uicus ipſe palus eſt, ubi ex guttis mancipiorum dextra cadentibus, dum
irrigant pauimenta domus, illico buſones gignuntur: uti alicubi ego ipſe uidi in pulices guttas illas
æſtate conuerti, Pet. Martyr. ¶ De uoce quam ædant tum paluſtres paruæ rubetæ, tum terreſtres
maiores, ſatis dictum eſt ſupra cap. primo. ¶ Goſturdi aues (alaudæ criſtatæ) dicuntur oua in terra
parere & rarò fouere: unde uulgus mentitur hæc à buſonibus foueri, Albertus. Scribit autem au=
thor libri de nat. rer. uulgò ſerri goſturdorum oua à buſone foueri, & pullos demum excluſos è pa=
rentibus curari. ¶ Non ſaliunt rubetæ ut cæteræ ranæ, ſed propter corpus ignauū, turgidum atq;
iners, & pedum quoq; breuitatem, tardè procedunt. Iratæ tamen aliquando manifeſtè inſurgunt,
& lædendi animo, ut Aetius ſcribit, inſiliunt. ¶ Borax cum tangit, inſiliunt, Obſcurus. Rana
quæ rubet, deterior eſt. hæc menſe Auguſto os ita occludit, ut neq; cibi potuſue ſumendi cauſa, ne= 40
que uocis ædendæ aperiat. quòd ſi manu uel baculo urgeas, ægrè tamen aperies, Author de nat. re=
rum. Itali ramarro, id eſt buſoni (ſecundum alios lacerto paruo) ſimilem uulgò dicunt eſſe homi=
nem, qui conceptam iram non remittit antequam ſe ulciſcatur, obſtinatus potius moriturus. aiunt
enim buſonem, ſi quid in os ei inſeratur, ut ferrum aut aliud quidpiam, id non dimittere, ſed ſubin=
de mordicus tenere, ut moriatur potius quàm remittat. Itaq; auarum etiam hominem & nimium
tenacem buſoni comparant. ¶ Vtraq; rubeta (tum terrena tum paluſtris) ſi bacillo ſæpius uerbe=
retur, inflato corpore, uirus primo è clunibus exprimit, deinde lacteis quibuſdam guttis ſudat, gra=
uiter odoratis & putidis, occiditur autem difficulter, Georg. Agricola. Noſtri humorem illum ue
nenoſum retro eiaculantes rubetas, meiere dicunt, ſed impropriè. nulla enim ueſica neq; urina ra=
nis. Obſeruaui etiam ipſe nuper humorem quendam à rubeta capta excerni. ¶ Rubeta frigi= 50
diſſimum eſt animal, Obſcurus : perquam frigidum & humidum, nam niſi abundaret in eis humi=
ditas, corpora earum non augerentur tam citò, Ponzettus. Tota prauo temperamento afficitur,
Ariſtot. ¶ Peculiari quadam herba utitur qua uitam (uiſum, ut legit Io. Vrſinus) recuperat, ruta
uerò interficitur, Obſcurus. Saluia delectatur in cibo, cuius tamen radix ei letalis eſt, Idem. Buſo
primo aqua perfuſus, & poſtea ſalſus, crepat, & tandem conſumitur uſq; ad oſſa, Albertus.

D.

Rubeta animal eſt perquam iracundum, & ſi quid ei obtenſum mordicus arripuerit, mori po=
tius quàm remittere uelit, ut in c. dixi. Verberata ſæpe uirus è clunibus emittit, & inficit uerbe=
rantem. Exaſperat & uibrat terga dum ſpiritu expletur, atq; ob id ipſum audentior euadit, ad læ=
dendum itaq; & manifeſtè inſurgit, & ſaltibus interpoſitum ſpatium contrahit, raro quidem mor= 60
ſum infligens, uerum anhelitum conſueuit uehementer uirulentum inducere, adeò ut etiam ſi an=
helitu contingat tantum, eos qui propè ſunt lædat, Aetius & Auicēna. Inflat ſe irata, tam proteruè
audax,

audax, ut infiliat quoq; proximum, quanquam fufpirio fe frequentius quàm morfu uindicas, bufo
inde ut arbitror à Vergilio & uulgo dicta, Hermolaus. ¶ Rubeta apes interimit, ut ex Ariftotele
recitaui in c. Apibus aquantibus ranæ infidiantur: nec hæ tantum quæ ftagna riuosq; obfident,
uerum etiam rubetæ ueniunt ultro, adrepentesq; fufflant, ad hoc prouolant, confeftimq; abripiuntur, nec fentire ictus apum ranæ traduntur, Plinius. Apibus nocent rubetæ & ranæ lutariæ, Aelia
nus. Expertus fum quòd talpa auide pafcitur bufonibus & ranis, reperi enim talpam quæ fub ter
ra pede fortiter tenebat magnum bufonem: qui iam fugiens è terra totum corpus fubduxerat, & altam uocem propter morfum talpæ ædebat, fed ranæ etiam ac bufones, (quod & ipfum experimento mihi conftat,) mortuam talpam edunt, Albertus. ¶ Bufo nunc cum aranea, nunc cum lacerta,
10 quandoq; uerò cum colubro, uel etiam cum ferpente prælium fubit, læfus autem ueneno alterius
animalis uenenofi à plantagine remediū accipit, Phyfiologus. Cum aranea pugnat & ab ea uincitur, nam cum illa frequenter pupugerit, nec bufo ulcifci fe pofsit, ufq; adeò inflatus turget, ut medius crepet & moriatur, Obfcurus. Borax pugnat cū aranea, ficut & ferpens. aranea quidē fupernè filo fufpenfa defcendit, & cerebrum utriufius eorum pungit. bufo autem irafcens inflatur, & aliquando crepat ob uenenum araneæ, Albertus. Accepi ab ijs qui fpectarunt (inquit Erafmus in
Amicitia inter Colloquia) fimile difsidium araneo effe cum buffonibus, (quale cum ferpente,) fed
buffonem ictum fibi plantagine admorfa mederi. Audies (alloquitur fuum congerronem) fabulam
Britannicam. Scis illic conclauium folum confterni fcirpis uirentibus. Monachus quidam fafcicu-
los aliquot fcirporum in cubiculum congefferat, fparfurus quum effet cōmodum. Is quum à pran-
20 dio fupinus dormiret, buffo ingens erepfit, & os dormientis obfedit, infixis fuperno atq; inferno labro quatuor pedibus. Detrahere buffonem certa mors erat, non amoueri quiddam erat morte cru-
delius. Quidam fuaferunt ut monachus ad feneftram deferretur fupinus, in qua ingens araneus habebat telam. Factum eft. Mox araneus hofte confpecto filo fe librat, & buffoni fpiculum infigit, ac
filo fe recipit in telam. Intumuit buffo, fed nō eft auulfus. Repetitur ab araneo, magis intumuit, fed
uixit. Tertio ictus, abduxit pedes, ac mortuus decidit. Hanc gratiam araneus retulit hofpiti fuo,
Hæc ille. Catus cum bufonibus quoq; pugnare dicitur, Obfcurus. Catus ferpentes & bufones
interficit, fed non edit: & læditur ueneno, nifi aquam ftatim fuperbibat, Albertus. Rubetam rapit
exeditq; buteo, Ariftot. item accipiter rubetarius. Et alibi, Buteo, rubeta ac ferpens pugnant.
¶ Martion Smyrnæus rumpi fcolopēdras marinas fputo tradit: item rubetas aliasq; ranas, Plinius.
30 Borax herba peculiari utitur qua uitam (aliàs uifum) recuperat, ruta uerò interficitur: & odorem
florentis uineæ fugit, Obfcurus & Albertus. Serpentes quoq; rutam & uineæ florentis odorem fugere legimus. Ciconia bufonem non nifi in magna fame comedit: unde uenenofa bufonis natura
intelligitur, Liber de nat. rerum.

E.

Carnibus rubetarum in hamum pofitis, purpuras præcipuè allici certum eft, Albertus & Ifidò-
rus ex Plinio, qui hoc de ranis fimpliciter non de rubetis fcribit. Nicander rubetam paluftrem in
algis clamore fuo ueris aduētum prænunciare docet. Rubetæ paruæ terreftres cum uefperi fuum
inftar cornu aut tubæ fonum ædunt, nocte fequentem abfq; pruina futuram certò pollicentur. Bufones cum uefperi è cauernis egrediuntur, magni præfertim & multi numero, pluuiam præmon-
40 ftrant, Gratarolus.

F.

Hifpani quidam cum in Beragua infula noui Orbis ad extremam famem redacti effent, ægrotus quidam bufones duos coctos emit pro duabus lineis auro intexto fubuculis, quæ aureis Caftel-
lanis fex uendi poterant, ut fcribit Petrus Martyr lib. 10. Oceaneæ Decadis 2. & rurfus circa finem
lib. 2. tertiæ Decadis.

G.

Rubeta frigidifsimum eft animal, Obfcurus. Saferna in libris de agricultura, fi quē glabrum
facere uelis, ranam luridam (rubetam intelligo, ut dixi in Ranunculo uiridi A.) conijcere in aquam
iubet, ufquequo ad tertiam partem decoxeris, eaq; unguere corpus, Varro. Rubetæ fanguis pfi-
50 lothrum eft, Kiranides. ¶ Sunt ex recentioribus qui rubeta arida buboni peftilenti impofita uene
num mirè extrahi doceant. ¶ Acopon ex rubetis quod omnem affectionē tollit, defcribitur apud
Aetium lib. 12. cap. 44. his uerbis, Radicis cucumeris agreftis uiridis libras fex, olei dulcis libras
fex, medullæ ceruinæ, terebinthinæ, ceræ, cuiufq; fefcuncem, ranas rubetas appellatas uiuas numero fex, rubetas traiecto per pedis plantam filo in oleum demiffas donec flaccefcant coquimus: dein
de extractis per plantas filo traiectis ranis, fylueftris cucumeris radicem uiridem concifam inijci-
mus, atq; donec uires fuas in oleum tranfmittat coquimus & excolamus. Poftremum percolata,
itidem percolata, ad oleum addimus, & in uitro reponimus, Vtere mane & uefpere ad podagricos,
arthriticos, ifchiadicos, & refolutos. Per huius ufum nouimus homines à podagra & chiragra toto
corpore diftortos, poft lauacrum, in tantum conualuiffe, ut citra omnem offenfionem obambula-
60 rent. Quandoq; apparauimus, inquit Afclepiades, hoc pharmacum, additis ad hanc defcriptionem
famfuci libra una, unguenti crocini libra una, opobalfami quadrante, fanguine teftudinum numero decem, Hæc Aetius. Simile autem paulò poft ex Galeno adfcribam. Ab hoc differt quod legi-

F 2

tur apud Galenum lib. 7. de compoſ.medic.ſec.genera:Hoc,inquit, uſus uir xyſticus, (athleta,)&
acopi & malagmatis modo,à toto affectu conualuit.confectio ſic habet. Olei ueteris Sabini, cucumeris agreſtis radicis,ceræ,apochymatis,adipis ſuillæ ueteris, ſingulorum libras tres. ranarum rubetarum magnarum numero tres, uel ſi hæ non ſint paruarum (nimirum uiridium quas,calamitas
uocant,)quinϙ, medullæ ceruinæ,aphronitri,ſulfuris uiui,olei laurini, irini, ſingulorum unc.tres.
unguenti malabathrini,ſampſuchi, utriuſϙ libram. Radices in craſſiora fruſta ſectas, ac in oleum
ſimul cum ſampſucho coniectas,ſupra prunas incoquito. ubi radices inaruerint, humorem exprimito,radices quidem & ſampſuchum abijcito:ranas in ſportulam textam imponens, huiuſϙ oras
conſuens,& oleo expreſſo committens,rurſus uas coopertum igni ſupraponito. ubi iam ſatis magnum temporis ſpatium interceſſerit, ut ranæ colliqueſcant, (contabuerint,) ſportula depoſita hu- 10
more expreſſo abijciatur.Reliquo oleo liquabilia indito, mouens ſine requie, poſtremò medullam
& galbanum (ſic etiam Actuarius habet, unde apparet galbani mentionem & pondus ſuperius
omiſſa)adiungito.Poſtquam ſoluta fuerint,ab igne tollito,ac modicè refrigerari permittens, arida
tunſa,ac tenuiſſimo cribro ſecreta inſpergito,mouens aſſiduè.Tum in mortarium effuſis, iterumϙ
tunſis,malabathrini unguenti pondo & ſemiſſem(pondo tantum, id eſt librã,ut ſupra.ſic & Actuarius habet) adiungito, & rurſus tundito,excepta uaſe plumbeo undiϙ obturato, ut nihil perſpiret,
ſeruato. Vtèris medicamento interim ut malagmate, facta morbi inclinatione, interim ut collini-
tione,nam pharmaci quod ſatis eſt capientes,ſoluenteſϙ unguento,ut cerati liquidi ſpiſſitudinem
habeat,utimur,Hucuſϙ Galenus;ex quo ad uerbum eandem deſcriptionem mutuatus eſt Actuarius in libro de medicamentorum compoſitione. Rurſus eodem loco apud Galenum habetur & 20
aliud acopum ex rubetis Flauij Clementis ſimile illi quod ſuperius ex Aetio retulimus. & mox
aliud pretioſum & ex multis medicamentis compoſitum,Pompeij Sabini, quæ breuitatis cauſa relinquimus. In priore quidem parando oleum diuiditur,ita ut in una eius parte radices cucumeris
agreſtis coquantur,in altera ranæ:deinde percolatis ijs mixtiſϙ liquabilia adduntur, ut galbanum,
terebinthina,cera,medulla. Sunt etiam qui teſtudinum(terreſtrium)ſanguinè,& alia quædam adijciant. Rubetæ quinϙ miſcentur acopo Piſcatoris alteri, apud Galenum de compoſ. medic. ſec.
genera lib.2. Rubetæ multæ decoctæ in oleo cum ſummis thymi ramulis,& preſſus & ſale(& expreſſæ & illitæ)per triduum continuè in camino balnei,podagricos ſanant, Kiranides. ¶ Ranam
rubetam & adipis urſinæ uncias tres cum olei ueteris ſextarijs tribus in olla rudi ad medias decoquito,deinde colato,hæc unctio frequenter adhibita, non ſolum neruos confirmat (arthriticis,) ſed 30
& paralyſin repellit & reprimit, Marcellus. Ad ſcabiem equorum:Rubetam occiſam cum uino
& aqua in uaſe æneo coquito, & hoc decocto ſiue liquore (ἰχῶει) inungito, Eumelus in Hippiat.
Græcis. ¶ Rubeta decocta & in aqua potui data, ſuum morbis medetur, uel cuiuſcunϙ ranæ cinis,Plinius. Et alibi,Omnium quadrupedum morbis capram ſolidam cum corio, & ranam rube
tam diſcoctas;mederi reperimus. Ranarum cor adalligatum frigora febrium minuit. maximè au
tem quartanis liberãt ablatis unguibus ranæ adalligatæ & rubetæ.Iecur eius(rubetæ)uel cor adalli
gatur in panno leucophæo,Plinius. ¶ Ranæ rubetæ occiſæ in ſumo arefactæ particula, quanta ui
debitur,in linteolo inuoluta,& ex licio collo ſuſpenſa eius cui nares ſanguine fluunt,mirè prodeſt,
Marcellus. Audio Fridericum Saxoniæ ducem noſtra memoria,ad ſanguinem ſiſtendum, bufonem ueru ligneo transfixum & in umbra diligenter arefactum, inuolutum ſindone manu tenen- 40
dum dediſſe laborantibus,donec intra manum incaleſceret, ita ſanguinem mox repreſſum : cuius
rei rationem non uideo,niſi quod horror & metus facit, ſanguine ad cogitationem de animali tam
contrario naturæ hominis refugiente. ſed forſan illum qui tenet aut alligatum gerit, quid linteolo
contineatur ignorare oportet,ut in pleriſϙ iſtis ſuperſtitioſis amuletis. Buſones hodie ſuſpendun
tur aére ut arefiant,& præſentiſſimo remedio ſiſtunt omnem fluxum ſanguinis,Chriſtophorus Sal
uelden. Alij cinerem rubetæ,ut ſanguis ſiſtatur aſpergi uolunt,cui remedio ratio non deeſt. Vide
etiam in Rana G. Buffo uſtus ſiſtit naturæ dote cruorem,Io. Vrſinus:cui Iacobus Oliuarius ſcholiaſtes adijcit,nihil melius ſanguinem ſiſtere.Plinius tamen hanc uim non rubetæ,ſed aliarum rana
rum cineri attribuit:Ad ſanguinem ſiſtendum(inquit)& ranarum illinunt cinerem, uel ſanguinem
inarefactum.Quidam ex ea rana calamite,minima omniũ & uiridiſſima, cinerem fieri iubent. ali- 50
qui & naſcentium ranarum in aqua,quibus adhuc cauda eſt,in calice nouo cõbuſtarum, cinerem,
ſi per nares fluat,inijciendum. Corium bufonis & teſta teſtudinis ſicca tritaϙ, uel etiam uſta, puluere autcinere fiſtulis immiſſo, ſanant eam prius mortificatam, Arnoldus in Breuiario 3. 21. Et
paulò poſt:Bufo,quãtus haberi maximus poteſt,exenteratus,totus impleatur radice laureolæ trita
& ſtercore gallinæ,& ſale cum unguento ex althæa commixtis : & ſic in ueru aſſetur donec combu
ſtus ſit,ita ut cum omnibus illis quibus farctus eſt conteri poſſit.Colligenda eſt etiam emanans pin
guedo : & de ea quandoϙ modicum in fiſtula & de puluere omnium prædictorum ponatur. hoc
puluere ruſticus quidam,ut ipſe mihi retulit, omnes fiſtulas in quauis parte corporis abundantes
curabat. Cum mulieris mamilla ob lactis abundantiam ſuppuratur, & cancroſa ſit,ac perforatur,
tum caro illa infecta & partes uicinas exedés,hoc modo breui tempore curatur: Bufonem craſſum 60
occide quocunϙ modo, & ligno infixum domum portes, & in bilance ponderes, addaſϙ eiuſdem
ponderis cancros uiuos,& in olla rudi uitreata opertaϙ & luto munita, ita ut in medio tantum foramen

ramen exiguum relinquatur,urito super pruna mediocri,calore non intermisso: & hoc cinere uti,
tor,Innominatus. Interdum hæmorrhoides tantum dolorem inferũt, & adeo largum sanguinem
profundunt,ut sæpe totum hominem breui exhauriant. Huic malo Nicolaus Florentinus empla=
strum superimponit e cinere bufonis,cuius uirus (ut & scorpionum) adustione cõsumi scribit librõ
de curandis morbis capite de hæmorrhoidibus. Nam & sanguinem (inquit) hæmorrhoidum sistit,
& dolorem sedat,& ipsas delet.Hoc cinere ad eundem affectum tanquã secreto quodam remedio,
usum esse audio Lutetiæ quoqȝ insignem quendã medicum. Contra uenena marini leporis & ru=
betæ,cinis eorum remedio est in aqua potus , Obscurus. Albertus simpliciter horum animalium
cinerem remedium esse scribit contra uenenum ipsorum. Podagris articularibusqȝ morbis utilis
10 est rubetæ cinis cum adipe uetere,quidam & hordei cinerem adjiciunt,trium rerum æquo ponde=
re,Plinius. Articulis & pedibus prodest ranæ rubetæ exustæ cinis, cum sambuci coliculis tritis
& seuo hircino uetere permixto & decocto,pariterqȝ imposito,Marcel. Samonicus parua sambu=
cum cum hircino seuo(absqȝ rubeta)ad podagram commendat. Sunt qui equis puluerem ex bufo
ne (usto nimirum) in oculos albugine aut simili uitio laborantes insent. Puluis bufonis exente=
rati,cõbusti in pignato,pannum oculi corrodit, Albertus de Villanoua. Falconi bufo ustus in
pastu datur,si pennæ eius à tineis exedantur,Albertus. ¶ Ranam recentiores quidam uocant ul
cus latum nigricans & pestilens(carbunculum puto rectius uocatur)quo boues interdum,nisi cu=
rentur,nono die pereunt,curatur autem cuspide lignea,qua rana rubeta transfixa fuerit uel simpli=
citer,uel etiam in ea arefacta. ¶ Corpus ranæ,& præsertim pingue eius, facilem facit dentium era
20 dicationem,uidetur autem hoc esse ex petrosa, (arborea hortulana,Bellunensis) & non domestica,
Auicenna & Syluaticus inter nocumenta rubetæ. Vide supra in Ranunculo uiridi G. Rubetæ
sanguis psilothrum est,Kiranid. Vide initium huius capitis, alij ranæ uiridis paruæ sanguini hanc
uim adscribunt. ¶ Ranæ terrestris dictæ oculi recipiuntur in unguento contra lumbricos nume=
ro 59. apud Nic. Myrepsum. ¶ De rubetis ranis quæ in ueptibus tantum uiuunt , mira certatim
tradunt authores.Illatis in populum silentium fieri.Ossiculo quod sit in dextro latere in aquam fer
uentem deiecto,refrigerari uas,nec postea seruere nisi exempto.Id inueniri obiecta rana formicis,
carnibusqȝ erosis,singula in solium addi. Et aliud esse in sinistro latere, quò deiecto seruere uidea=
tur,apocynon uocari, (Christoph. Salureldensis Germanice interpretatur die zacken in trotten:)
canum impetus eo cohiberi,amorem concitari , & iurgia addito in potionem. Venerem adalliga=
30 tum stimulare,rursus à dextro latere refrigerari seruentia.Hoc & quartanas sanari adalligato in pel
licula agnina recenti,aliasqȝ febres,amorem inhiberi eo. Sunt qui nostro tempore,in Anglia præ=
cipuè,non ex lateribus rubetæ os illud superstitiosum,sed ex fronte requirant,hoc modo:Rubetam
magnam & annosam per medium scindunt, & in myrmecia formicis exponunt, quæ carnes ero=
dunt,sic ossibus tantum relictis capitur ea frõtis,quod in uetulis buffonibus nigricat & prædurum
est,osseæ tamen non lapideæ substantiæ. Sed quoniam multi falso credunt uerum lapidem in ca=
pite buffonis reperiri,quæ de lapide illo apud authores obseruaui, adscribam.

¶ Recentiores lapidem in capite rubetæ haberi tradunt, quem ad dolores ilium gestatu pro=
bent,sed qui uiua ea sit exemptus,quales uulgò magna etiam copia feruntur anulis,quanquã hunc
elici potius quàm eximi uiuentibus constat, puniceo in panno, cuius plurimum colore delectan=
40 tur,ita dum ipsi seriando relaxant se, capitis onus deponunt, id mox in subiectam cistam e medio
foramine collabitur.alioqui ea est aliis inuidissima natura,ut lapidẽ eum, nisi tolleretur , resorbeat,
Hermolaus & Massarius. Borax,sunt qui cheloniten uocent lapidem, inuenitur ut aiunt in capi=
te buffonis senis ac magni. Brasauolus refert se in capite illius animalis inuenisse, esseqȝ os potius
quàm lapidem, (quod ipse e bufonis capite eduxerit colore ad nigrum inclinante.) Duplex est,ca=
uus ossiqȝ persimilis,colore fusco pallente,& alter qui in osse lapidem continet. Verùm os capitis
est,ut Brasauolus refert,quod uetustate concrescit,quia terra alitur. Sed uires non noui : aduersus
calculum ualere putant,ego incertus sum an prohibeat lapidis generationem.at omnino prohibere
non potest,neqȝ omnis. an uerò aliquis retardet, dignum dubitatione est,Cardanus lib.7.de subtil.
Et rursus, Oriuntur lapides in animalibus duobus modis;altero quidẽ, frigore, ut in limace,perca,
50 cancris,buffone, &(ut aiunt)Indicis testudinibus. Borax species est buffonis, fusci coloris & ma=
xima,ita quòd cubitalis efficitur magnitudinis in terris calidis: & solet aliquando partum suum in
dorso gestare. In huius fronte lapis inuenitur,cuius gratia etiam occiditur. Est autem lapis inter=
dum albus,qui præfertur:interdum fuscus subniger, qui probatur quum in medio habet guttam ci
trinam:alias uirulentus,& tempore meo inuentus est totus uiridis, & quando buffonis figura in eo
uisitur impressa, Albertus lib. 22. de animalibus. Sed paulo aliter citat Albeti uerba Syluaticus
in Pandectis cap. 435. ex Alberti libro de mineralibus uel lapidibus,sunt autem hæc: Lapis borax
(inquit Albertus)in capite generis cuiusdam bufonis repertus, duorum est generum. Vnus albus
aliquantulum fuscus:& alter si uiuo adhuc palpitante bufone extrahitur, in medio habet oculũ cœ
ruleum.Nostra quidem ætate extractus fuit unus è bufone paruus,uiridis, Aliquos etiam uidimus
60 in quibus effigies bufonis erat expressa,qui de hoc genere dicebantur. uulgò autẽ crapodinæ (cra
paudinæ Gallicè)dicuntur.Sordes purgant intestinorum & superfluitates, Hæc Syluaticus ex Al
berto. Sed Albertus hanc uim expurgãdi intestina illi tãtum generi tribuit in cuius medio ocu=

F   3

lus quasi cœruleus apparet, si deglutiatur. Et rursus cap. 469. iterum ex Alberto, Lapis nise (aliàs nuse) ut quidam dicunt, è genere lapidum est, qui inuenitur in capite bufonis. Sunt autem duo genera: unus subalbidus, tanquam si lac (multum) mixtum sanguini (pauco) fuerit, ita ut lactis color superet: & ideo sanguinis obscuras uias (uenas) in eo dicunt apparere. Et alius est niger: & aliquando pingitur in eo bufo sparsis pedibus & ante & post. Dicunt etiam quòd si ambo simul includantur præsente ueneno, eos adurere manum tangentis. probari autem hunc lapidem, si cum exhibetur (admouetur) bufoni uiuo, bufo eleuetur contra eum, & ore si potest attingat. Dicitur etiam præsente ueneno uarium effici illum qui subalbidus est. hoc similiter Euax scribit, Hucusque Syluaticus. Lapis ex capite bufonis ab homine gestatus ueneni malitiam arcet, Physiologus. Hic lapis cum bufoni uino & palpitanti extractus fuerit, in medio sui oculum habere dicitur: Cum autem bufo 10 aliquandiu ante mortuus fuerit, tunc malitia ueneni oculus extinguitur, & lapis uitiatur, Liber de nat. rerum. Georg. Agricola lib. 5. de natura fossilium de brontia, (quam interpretatur bufonis lapidem maiorem:) & de ceraunia, (quam interpretatur lapidem bufonis maiorem Içuem,) ita scribit: Habent etiam lineas eminentes & strias lapides in agris nati, ex quibus cum qui cum tonitruis, ut nunc quoq; credit uulgus, cadit, brontiam uocant Græci, capitibus testudinum similem: qui cum imbribus, ombriam. Nostri sunt modo sublutei, modo subuirides, modo subrubri, modo subfusci, nunc uerò uariant colore. politi tanquam specula, imagines reddunt, figura ipsis fere dimidiati globi, rarò oblonga: interdum oui magnitudine sunt, sed sæpius minores. Aliquibus bini sunt circuli quasi quidam moduli, (modioli,) à quorum superiori quinæ lineæ eminetes æqualibus inter se spacijs diuisæ, procedunt ad inferiorem, quarum singulæ utrinq; striam habet; &c. (has lineas aut 20 strias aliæ aliter habent.) Ceraunia quoq; ex eo nomen inuenit, quòd cum fulmine, ut idem uulgus credit, cadit, nec tantum in Carmania nascitur, sed etiam in nostris agris, caret strijs & lineis, atq; in hoc differt à brontia. læuis uerò est, & nunc rotunda, nunc oblonga: cuius genera coloribus distinguuntur. nam alia partim est candida & pellucens, partim fusca, alia nigra est, alia rubet, Hæc Agricola. Idem in rerum metallicarum interpretatione, Chelonitidas Germanice interpretatur minores lapides bufonum, quorum tamen in libris suis quod sciam non meminit: nisi quòd brontiam (quæ tamen ei maior lapis bufonis est) capitibus testudinum similem facit, ex Plinio. hæc (ut inquit Plinius) cum tonitruis cadit, ut putant, & fulmine tacta restinguit, si credimus. Rubetæ species (inquit Christophorus Salueldensis) in Gallia & Hispania, cornuta, maculis croceis & nigris liuen 30 tibus, nomine borax, in capite gemmam fert eiusdem nominis, quæ aliàs coloris in candido fusci est, ut uidimus: aliàs nigra notulis liuentibus nigris, ut nostri sunt bufones, quale habuimus: quæ magnitudine mediocris fabæ & rotundæ erat. Annulis principum includitur. nam ubi uenena sunt præsens hic lapis colorem mutat, & quasi sudans guttas emittit, (Hoc & de glossopetra aliqui dicunt, Indica etiam gemma quæ subrufo colore est, in attritu sudorem purpureum emanat, Georg. Agricola.) & mirè, quod uidi, expetitur à nostris bufonibus hic lapis, ita ut saltu eum rapere nitantur. congregantur etiam circa eum ubi apponitur in terram. Cæterum an gignatur in cerebro bufonis, ut draconites uel echites, aliorum relinquo iudicio. Aliqui eum nasci uolunt ex uiscosa illa spuma, quam bufones uerno congregatæ effiant in caput alicuius eximij quasi regis bufonis. Et nostri quoque bufones tales lapides flare dicuntur, Hæc ille. Sed quòd in cornuta dicta rubeta nascatur, aliorum nemo meminit, cum illa cæteris minor sit: gemmam uerò in maximis rubetis plerunq; 40 reperiri traditur, quod & nuper amicus quidam Italus ad me scripsit, his uerbis: Inueniuntur quos ipse uidi, bufones quidam longitudine palmi, (dodrantis,) & suprà, qui nunquam ingrediuntur aquas, sed ruinas ueterum domorum, locaq; humida & inter sæpes habitant, ex istis extrahitur lapis contra multos morbos, maximè comitialem, commendatus, Hæc ille. Ego planè persuaderi non possum tanta duritie solidissimum lapidem in animante concrescere, summa nimis durities & soliditas absq; summis efficientibus causis calore aut frigore fieri non potest. Tantam uerò harum qualitatum uim animalium natura non admittit, intra corpus quidem: quod addo, ne quis siliceas marinorum quorundam testas obijciat: itaq; molliores tantum & penè friabiles, hoc est qui dentibus non ægrè comminuantur, in animantibus nasci gemmas uerisimile est. Etsi ossa quædam prædura & λιθοειδῆ, ut medici uocant à specie lapidis, in animalium corporibus nascantur, in leone præ 50 sertim calidissima fera, sed ossium materia diuersa est & flexilis. Batrachiten ueteribus dictã gemmam, non a' iam esse quàm boracem uel crapodinam cõijcio, tum nominis ratione, nam à batracho borax nomen corruptum est: & si non esset, utraq; tamen à rana nomen habet, cum borax sit rana rubeta. tum colorum: de quibus Plinius, Batrachitas (inquit) gemmas mittit & Coptos: unam ranæ similem colore, alteram ebori, tertiam rubentem è nigro. Et alibi, Batrachites lapis ranæ uiridi similis colore atq; effigie. Atqui omnes isti colores, & ranæ etiam effigies, in diuersis hodie etiam boracum lapidum generibus reperiuntur. Kiranides batrachiten lapidem phrynon etiam uocat, si rectè legitur: & superstitiosos quosdam usus indignosq; recenseri ex eo memorat. Lapidem ranæ terrestris in capite eius repertum ligato cum diligētia, ac trito (sic habet codex impressus) & appende ceruici ægrotanti hydropici, pertingat autem usq; ad stomachum, & ita æger gratia Dei sanabi 60 tur, Nicolaus Myrepsus interprete Fuchsio. Idem Nicolaus borachium (βοράχιον) lapidem nominat in unguento de citrijs ad liuores & lentigines faciei. sed chrysocolla intelligit, quæ hodie etiam uulgò uulgo ubiqʒ borras appellatur. Veneni bufonis bezoar (proprium remedium) eſt lapis inuentus in capite bufonis, qui apud gemmarios uocatur borax, uulgo crapaudina, Petrus Aponenſis. Borace gemma tanquam plana & læui, aliqui oculos ſalubriter demulceri putant.

¶ Iecur chamæleontis piloſ detrahere cum ranæ rubetæ pulmone illitum Democritus prodidit, Plinius. ¶ Iecur eis duplex eſſe ferunt, alterum exitiale, alterum antipharmacum, ut infra dicetur. Item ex his ranis lien contra uenena quæ fiant ex ipſis, auxiliatur, Plinius & Nicander: cor uero etiam efficacius eſt, Plinius.

¶ Rubetæ ranæ in uepribus tantum uiuunt, grandiſsimæ cunctarum, plenæ ueneficiorum, Plinius. Et alibi, Ranæ quoqʒ rubetæ, quarum & in terra & in humore uita, plurimis referæ medicaminibus, deponere ea quotidie ac reſumere à paſtu dicuntur, uenena tantum ſibi reſeruantes. Ex quibus uerbis colligimus rubetas tum in aqua tum in terra uenenatas eſſe: terreſtres tamen (ſiue in terra naſcantur quædam, ſiue potius ſemper in aquis primum degant, poſt illis relictis in ſicco) multo nocentiores crediderim. Videntur enim humore uenena dilui ac temperari. Quanquam rurſus aquæ nonnullæ, in quibus rubetæ, minores præſertim, degunt, ita corruptæ ſunt, ut uenenum ab illis accipere potius, quàm ſuum in eis remittere uideantur. ſed uenenum etiam uenno permixtum, quod genere differat, uim eius imminuit. Rubeta rana dicitur quæ paluſtris uitæ conditionem in terreſtrem mutauit, hac autem mutatione, ſimiliter ut cherſydrus, ægrè curabilem afflictionem eis qui in eam inciderint, induicit, Aetius. Mattheolus Senenſis etiã rubetas terreſtres aquaticis magis uenenoſas eſſe ſcribit, & terreſtriũ illas præcipuè quæ locis frigidis & opacis reperiuntur, ut in nemoribus umbroſis uallium, & inter arundineta denſa. Quanquam autem ille frigidis locis uenenoſiores eſſe ſcribat, non ideo tamen putandum eſt in frigidis quoqʒ regionibus magis uenenoſas eſſe quàm in calidis, ſed contra potius, non enim ſimpliciter in locis frigidis, ſed ſimul opacis denſiſqʒ & humilibus uerſantes ranas deteriores eſſe ſcribit, nimirum propter aerem craſſum incluſumqʒ, & tranſpirationem prohibitam: cuius contrarium ferè in regionibus frigidis accidit. Sed infra etiam ex Nicandro eiuſqʒ Scholiaſte æſtiuas ranas & in calidioribus locis (id eſt regionibus) ueneni uehementioris eſſe docebo. Rubeta mulieres ueneficæ quondã ad ueneficia ſunt uſæ, Georg. Agricola: (ut uim coëundi, ni fallor, in uiris tollerent.) Aſpidis morſus ſi ranam (nimirum rubetam) comederit, inſanabilis omnino fit, Aelianus. Apros in Pamphylia & Ciliciæ montuoſis, ſalamandra ab his deuorata, qui edere moriuntur, Plinius: idem fieri audio ſi rubetam ederint. Sunt & ranis uenena, rubetis maximè, uidimuſqʒ Pſyllos in certamine patinis candefactas admittentes, ocyore etiam quàm aſpidum pernicie, Plinius. Occurrit matrona potens, quæ molle Calenum Porrectura, uiro miſcet ſitiente rubetam, Iuuenalis Sat. 1. Funus promittere patris Nec uolo, nec poſſum. ranarum uiſcera nunquam Inſpexi, Idem Sat. 3. Iecoris enim rubetarum fibra altera pernicioſa eſſe fertur, altera eius ueneno reſiſtere. Rubetæ iecur omnino uitiatũ eſt, ut corpus quoqʒ eius totum prauo temperamento afficitur, Ariſtot. Rubeta uenena habet, ſed pauca, Albertus, hoc fortaſsis in Germania uerum fuerit, propter frigiditatem regionis, alibi non item. aut ſic ſcripſit Albertus alium ſecutus authorem, qui ranunculum uiridẽ pro rubeta intellexit. ſic enim quidam ineptè interpretati ſunt. Λαϵίδα, φϱύνων, ὅϱψ, κỳ λαδίκιας ωϵιφόϱψ, Κỳ κύκα λυοϲκτῆϱα (λυοϲίκτλὺ potius propter carmen) κỳ πέλι Λαδίκιας, Suidas in Φϱũῳˑ ex Epigrammate. Sed apud eundem in litera ∧. legimus Λαϰιδίας, ubi tamen literarum ordo legi poſtulat λαϰιδίας per ι, non per ʹ, in antepenultima: Varinus ſuo ordine poſuit λαϰιϐίας, quod non uideo. Videtur etiam deriuari à recto λαϰιϐὶς, & eunuchus aut cinædus ſignificari, nefanda libidine attritus, nam & λαϰὶς dicuntur attritæ aut laceræ ueſtes, ωϱασϐίνες. Σπάδων eunuchus eſt: ωϱασϐὼν uero oxytonum, unde ωϱασϐόνϵϛ in plurali, quanquam & ωϱασϐῶνϵϛ apud Varinum in plurali legitur, idem quod λαϰὶς. Λαδίκιας quidem legi, ut Suidas in φϱῦνῳˑ habet, non placet. nam à δίκη λαδίκιον formari oporteret, ut φιλάδικον. Λαϰὶς, τὸ ϲίϲμα, Scholiaſtes Ariſtophanis in Nebulas: ubi poeta διαλακικῶϲϐε pro διαϱϱήγαγεῖϲϐε poſuit, & λα ſyllabam produxit. Et rurſus in Acharnenſes, λαϰιδίας, τὰ διϵϱϱωγότα ἱμάτια, ubi poëta λα ſyllabam corripuit, hoc uerſu: Poίας ποτ ἀνὴϱ λαϰιδίας ἀιτῆται πέπλων. Sed in Nebulis poſſet etiã διαλακικῶσϐε legi per duplex κ. à λάκικϲ. nam & λακιϲπϱωκτϴ dicitur, & eo in loco πϵϱὶ τὸ πϱωϰτὸ ſermo eſt. ¶ Bu fone ſale extincto magno, ſi ſal in aqua (aquam) diſſoluatur, interula uerò ſeu camiſia in eâ aqua lauetur, illum qui eam induerit, ſcabie grauiſsima corripi affirmant, Cardan. Catus ſerpentes etiam & bufones interficit, ſed nõ comedit, (ciconia etiam rubetis abſtinet præterquam in magna eſurie) & læditur ueneno, niſi aquam ſtatim ſuperbibat, Albert. ¶ Rubeta rarò morſum infligit, uerum anhelitum conſueuit uehementer uirulentum inducere, adeo ut etiam ſi anhelitu cõtingat tantum, eos qui propè ſunt lædat, Aetius & Auicenna. Apes etiam interimit. ſubiens enim aditus aluei, afflat, & obſeruans rapit euolantes, Ariſtot. Audio rubetas in hortis aliquando iuxta radices plantarum quarundam, præcipuè ſaluiæ, latentes, ueneno ſuo eas inſicere. Atqui obſcurus quidam author ſcribit, rubetam ſaluia in cibo delectari, radicẽ uerò eiuſdem letalem ei eſſe. fieri quidẽ poteſt, ut rubeta non radicem latitans iuxta eam, ſed folia exedendo afflandoqʒ uenenata efficiat. Rubetæ ut inficiant plantam aliquam, aut animal quod caua earum ingreſſum propius ipſas acceſſerit, inflant ſe, & contrahunt in ſeſe, & mox tenore illo remiſſo exprimunt eliduntqʒ humorẽ quendam, quo uicina quæqʒ leuiter aſpergunt & inficiunt, (uulgus eas aliquid permingere dicit,) Hoc modo

F 4

emissione illius humoris, aut etiam saliuæ infectas herbas, fraga aut boletos, multos qui gustarunt, malè affectos constat, quosdam etiam mortuos. Nam saliua earum non minus exitialis est quàm napellus, & similiter sanguis earū, Matthæolus Senensis. Fieri potest ut etiam perreptando per herbas, tardius enim procedunt, & incubando, humoris uenenati aliquid relinquant. Huc pertinent Hippocratis uerba in epistola ad Crateuam rhizotomum: Herbis (inquit) multa reptilia uenenum immittunt, & hiatu suo internæ ipsarum teneritudini adflictionem pro auxilio inspirant. Et huius rei ignorantia erit, nisi sanè nota aliqua, aut macula, aut odor ferus & grauis, rei faciæ indicationem fecerit, Hæc ille. Quidam rubetæ uenenum inter primi ordinis uenena numerant, hoc est deterrima & quæ intra tres horas interimant. ¶ Est rubetarum genus, cuius facta non modo perniciosa, 10 sed illius aspectus aspicientibus infestissimus existit, Aelianus. Et mox, Eius aspectus hanc improbitatem habet, ut eam aduersam si quis acriter intueatur, & illa cōtra improbo obtutu suo respiciat, ac suam aspirationem humano corpori hostilem anhelauerit, hominem eo pallore afficit, ut ægrotanti similis esse uideatur: ac pallor per aliquot dies manet, deinde euanescit. Rubetam aspiciens etiam optimè coloratus aliquis pallore tanquam ictericus afficitur, Philes. Buso habet uisum pestilentem, Liber de naturis rerum. Rubeta rana palustris assumpta tumores ciet, Dioscor. (Φϱυν̄Ο-βάτϱαχΟ- ἑλειΟ-,) est autem per appositionem adiectum, rana palustris: Aegineta disiunctiuam coniunctionem, aut, adiecit, quem & Ruellius in transferendo Dioscoride imitatus est, cum ita obscurior sensus sit, & dubitandi occasio diuersūmne an idem animal rubeta & rana palustris sit. Nicander eandem facit, cui maior apud me authoritas quàm Aetij distinguentis non solùm nomine, sed etiam remedijs, cum cæteri omnes ferè aut non distinguant in diuersa animalia, aut saltem reme- 20 dia eadem præscribant. Marcellus Vergilius aliter conuertit, Haustæ rubeta uel muta palustris rana: quem reprehendi supra in rana gibbosa, quòd nō solum à Dioscoridis uerbis recedat, sed etiam falsa scribat, cum nulla palustrium muta sit, nec esse tradatur ab authoribus. nam Matthæolus in Italica sua translatione, Potæ siue terrestres siue palustres rubetæ, interpretans, aliud quidem quàm Dioscorides dicit, uerum tamen, ut uidetur, cum utriscɋ eadem remedia conuenire uero simile sit. Et quanquam Dioscorides eadem remedia hîc tradat, quæ Nicander non ad rubetam palustrem, sed ad mutam ranam: supra tamen (in Gibbosa) ostendi, Nicandrum quocɋ & alios ueteres in ranis istis uenenatis distinguendis errasse mihi uideri.

¶ Vtcuncɋ est, nos hoc in loco ad quas suis ranas uenenatas ueterum ac recentiorum scripta con geremus omnia. Primū igitur Dioscorides: Rubeta rana palustris (inquit) assumpta, tumores ciet, 30 pallor corpus uehementer decolorat, (quod alij etiam ex solo aspectu eius euenire dicunt,) ut planè buxeum spectetur. spirandi difficultas torquet, & grauis halitus (fœtor) oris, singultuscɋ.inuita interdum genituræ profusio consequitur. Adiuuantur autem facilè secundū uomitionem multo uini meraci potu, & arundinis radicis binis drachmis, aut cyperi totidem. Breuiter, cogendi sunt ut uehementi ambulationi & cursui se credant, ob torporem quo corripiuntur. quinetiam quotidie lauandi sunt, Hæc Dioscorides & Aegineta. Rursus alibi Dioscorides, Grauis (inquit) odor uomitu regestorum, leporis marini aut rubetæ uenesicia deprehendit. Ranæ rubetæ (inquit Aetius 13. 54.) duæ sunt species, altera surda (id est muta,) altera non. Surda autem exitiosa censetur. Pascitur ea in arundinibus roris linctu uiuens: & ex eadem uenenum apparatur: Quod qui acceperint, febris comitatur, extremæ partes incenduntur, frequenticɋ anelæ ac difficili spiratione angun- 40 tur, &c. ut Dioscorides. Cæterum facilè opem reperiunt, si post aquæ & olei uomitum, uinum meracum multum sumant, aut picem cum uino, (quod rɋmedium Nicander etiam contra ranam palu strem uocalem scripsit.) Radicem etiam harundinum in quibus ranæ rubetæ pascuntur contusam ex uino bibendam dato, aut cyperum ibidem enatam pondere drachmarum duarum ex uino.Aut marinæ testudinis sanguinem cum leporis coagulo & cumino ex uino præbeto. Porrò dolium insuper aut furnum igne seruefacito, ignecɋ extracto laterem imponito, & ægrum immitti, multumcɋ ac diu exudare iubeto. Cogatur autem & ad continentem inambulationem, &c. ut Dioscorides. Et mox cap. 55. Qui ranam palustrem acceuperit appetitione priuantur, sequiturcɋ oris humectatio, nausea, uomitus, & oris stomachi leuior morsus. Curâtur autem uini multi potu cum omnibus quæ calfactoriam uim habent: uelut est Cyrenaicus succus, laser, silphium, cuminum, piper & simi. 50 lia, Hæc Aetius. Apparet autem eum pleracɋ omnia ex Nicandri Antipharmacis transcripsisse, aut certe ab alio qui à Nicandro mutuatus sit, sed ordine inuerso. Nam quæ Nicander remedia præscribit aduersus ranæ mutæ uenenum, Aetius, ut Dioscorides quocɋ aduersus ranam palustrem, quæ uocalis Nicandro est, commendat: notas uerò seu signa quæ Nicander in duobus istis ranarum uenenis distinguit, ipsi ferè confundunt, ut & remedia quædam. Sed audiamus ipsum Nicandrum: Ranæ (inquit, ut nos conuertimus) uenenosæ duorum sunt generum. una æstiua, altera uiridis, (λαχεϑʮς,) quæ uerno tempore inter frutices nascitur, rorem lambens. Harum æstiua colorem ceu thapsi inducit, membra accendit, (πιμπϱησι:) frequentem ac difficilem respiratiōe mouet, odor oris fœtidus sequitur. Huic subueniens ranæ elixæ aut assæ carne, aut pice ex uino propinata. Ipsius etiam rubetæ lien auxilietur, rubetæ inquam palustris clamosæ, quæ inter algas primum sua uoce 60 amœnum uer annunciat. Cæterum sumpto ranæ mutæ illius, quæ inter harundines degit, ueneno, pleruncɋ buxi color membra obsidet: sæpe os bileo humore abundat, & singultus hominē cum oris

 uentriculi

uentriculi quadam erosione frequentes concutiunt. Est quando genitale semen uiris aut mulieri-
bus(præter uoluntatem)effluit.(Quidam interpretantur, ut in Scholijs legimus: Viros aut mulieres,genitura per corpus eorum dispersa,steriles & infœcundos fieri, Rasis etiam ab hoc ueneno in
mulieribus conceptionem impediri tradit.)Sic affectis uinum merum propinato copiosum,& uomitum quanquam non nauseantibus excites,aut in dolio igne calefacto impositis sudorem affatim
elicias,Item procerarum harundinum palustrium radices secas eodem in loco ubi ranæ uersantur,
ex uino propines,aut uuacis cyperidis siue cyperi:atq́ ipsum sine cibo potuq̃ assiduis ambulatio-
nibus exicca & defatiga,Hactenus Nicander. Rubetæ uenenum collecturi,inquit Scholiastes Ni
candri, pellem eius pungunt, & saniem emanantem collectam cibo aut potui illius quem occidere
10 uoluerint,ammiscent. Et rursus,Punctæ rubetæ in superficie tantum, uulnusculis minimè profun
dis,in uas non picatum inijciuntur,ubi aqua eis affunditur, quæ postea cibis aut potibus addita,le-
talis est. Si quis ex ijs qui malas artes ingeniose factitare sciunt,rubetam primo contriuerit,deindè
eius sanguinem siue ad uinum, siue ad aliam potionem admistum cuispiam per insidias bibendum
dederit,is sanè sine mora perit, Aelianus. Non autem omnis rubeta ueneficijs apta est , sed ea maximè quæ calidioribus in locis reperitur. itaq́ per æstatem uenenum efficacius ab ea extrahitur, quod
Apollodorus è uino propinari ait , Scholiastes Nicandri, hinc fortè æstiuam rubetam poeta dixit:
& nos supra in calidioribus regionibus nocentius rubetarum genus haberi monuimus. Ei qui ru
betas bibit(inquit Auicenna 4. 6. 2. 8. quanquam interpres eius non rubetas nominat,sed ranas la
cunales uirides,& marinas rubeas)accidit obfuscatio coloris ad citrinitatem tendens, & apostema-
20 tio(tumor)corporis cum mollitie, & adustio in gutture ac ore,item difficultas anhelitus, tenebrosi-
tas oculorum,uertigo & fœtor oris.Et quandoq́ accidit spasmus aut tetanus, aut solutio uentris dy
senterica,nausea,uomitus, permistio rationis,& syncope.Est quando genitura & excrementa inuo
luntario profluunt.Quòd si quis euaserit,dentes tamen excident,(& capilli, Arnoldus:pili,Rasis.)
Curabitur autem, si euomuerit à potu olei & aquæ calidæ, aut uini copiosi : & plurimum exercitatus fuerit,ac sudauerit in balneo & solio calido,& oleis calidis inunctus fuerit. Salubre etiam ei est
medicamentum diacurcuma,& lacha, (diálacha, Rasis 8. 31.) & quicquid hydropicos iuuat: item
uinum plurimum,cum tribus drachmis radicum harundinis,nec non cyperus, & calamus aroma-
ticus cum uino. Et mòx sequenti capite nono,quòd dé ranis citrinis inscribitur, (sumptum ut apparet ex Aetij capite de ranis palustribus supra recitato:) Per has, inquit, tollitur appetitus cibi,&
30 acidi fiunt ructus,color corrumpitur:superuenit syncope,nausea, uomitus , & dolor oris stomachi:
& uenter & crura apostemate(tumore nimirum)afficiuntur. Curandi autem ratio proxima est cu-
rationi præcedentium ranarum quas lacunales & marinas uocauimus , Hucusq́ Auicenna. Borax dicta ru.(rubeta)genus ranæ uenenosæ , degit in aquis & in terra, redditq́ membrum tactu in-
sensibile ac stupidum,Arnoldus de Villanoua. Caro ranæ sicca sumpta & formicæ magnæ terantur,& conficiantur cum succo squillæ : Si quis inde biberit danich , incurret pruritum, scabiem, &
maculas pessimas.Quòd si de rana decollata arida sumpserit ad pondus aurei in pulte uinóue,lon-
go tempore ab accessu mulierum prohibebitur,Et si mulier inde aliquid ederit biberitúe,impedie-
tur uiris conceptio,Rasis. Si quis sanguinem ranarum uiridium sumpserit , & confecerit cum eo
azarech, trita,& potauerit ex eo pondus aurei,retinebitur eius urina, Idẽ. Atqui apud Arnoldum
40 in libro de uenenis sic legimus:Eius qui biberit aureum de sanguine ranæ uiridis confecto cum aut
ripigmento,obstruitur urina. Pota aqua in quam emiserit bufo saliuam suam,uel in qua degit,in-
flatur corpus uehementer sicut hydropici:color sit liuidus cum permixta citrinitate:dolor & angu
stia accidit in stomacho,œsophago & intestinis,&c. uomitus & emissio spermatis una hora, demũ
syncope mortalis. Pauci euadunt,atq́ ij dentes amittunt propter laxam gingiuæ inductam molli-
ciem:quæ huius ueneni proprietas est,Bertrutius. Ille cui in potu datus fuerit sanguis bufonis,pa
tietur difficultatem anhelitus,& cardiacæ accidentia.& si quis spurum ipsius(saliuam bufonis)sum
pserit,uicinus erit morti non minus quàm qui napellum biberit. Cura est,ut bibatur smaragdi scru
pulus,deinde intrare corpus animalis quadrupedis magni,ut est bos,asinus, uel mulus, uel equus,
idq́ repetere aliquoties:deinde theriacæ drachmas duas bibere. Et eius bezoar est lapis inuentus
50 in capite bufonis,qui borax uocatur,Hæc Petrus Aponensis,qui eiusdem libri de uenenis cap.78.
communia remedia contra leporem marinum & ranam marinam præscribit, & infectorum quoq́
eadem signa,ranam autem marinam in barbarorum & Arabum scriptis semper rubetam palustrem
intelligo. Superioribus annis (inquit Ponzettus cardinalis) quidam capit cannam, in cuius sum
mitate infixus fuerat bufo:& expellens cum ea animalia ex suo agro , reuersus domum, quàm pri
mum incœpit comedere,euomuit cibum quem tangebat:nec cessauit donec cibus per manus alterius ei administratus est.Et ita intellectum est uenenum à canna illa manibus eius inductum:quòd
cum esset crassæ substantiæ nec aptum penetrare,cutem solum infecit nullo uitæ periculo. Sed neq́
anhelando inficit bufo,nisi inflammetur ob iram, unde sumosus sit anhelitus:qui si crassus & fœtidus esset,uitari posset. Saliua quoq́ nisi inflammata non inficit:nec potest cito inflammari cum ual
60 de humida sit.Quamobrem uenefici hoc animal suspendunt,& sæpe percutiunt baculo.tunc enim
spuma emanans uenenum est pestiferum,ictibus & ira acutum. Est autem aliter curandus qui spu
mam sumpsit,uel saliuam(sic enim lego)uel sanguinẽ, aliter morsus. Nam qui spumam uel sangui-

nem factum acutum sumpserit, poni debet in uentre animalis magni, ut mulæ recens occisæ, calor enim huiusmodi cum calore naturali animalium perfectorum conuenit, qui inde auctus fortius resistit: & competit omnibus nimium frigidis uenenis: & interdum calidis, saltem quantum ad intentionem roborandi uires attinet. Pro antidoto tamen solent dari decem grana smaragdi triti cum uino, uel oleum balsami cum lacte. Et cum sentiunt frigus, utiliter dantur pistacia, uel piper longum, Hæc Ponzettus. Toxicum potest aliquando esse frigidum, ut spuma uel sanguis botracis supercalefactæ, Idem. ego uerò hoc uenenum tota substantia eiusmodi esse puto, & natura septicum, nec ullum propriè dictum toxicum prò inficiendis sagittis esse frigidum: Vide in Lupo A. in aconiti mentione. Quòd si uenenum istud rubetæ ab ipsa inflammata ira uerberibusქ sumitur, & supercalefacta, ut Ponzettus loquitur, non debet frigidum uideri.   10

¶ Bufones aridi poti, mortis periculum inferunt, Matthæolus.

¶ His subijciam particularia quædam contra rubetæ uenenum medicamenta, ut apud authores obseruaui. Contra rubetarum uenena auxiliatur phrynion in uino pota, aliqui neurada appellant, à radicibus neruosis, alij poterion, Plinius. (apparet autem ab hoc ipso contra rubetas auxilio nomen ei factũ. Phrynos enim rubeta est. Nostro quidem seculo, quod sciam, ignotũ.) Item alisma, quam alij damasonion, alij lyron appellant, folijs plantaginis, angustioribus, & magis laciniosis, conuexisq in terram, aliàs etiã uenosis similiter, caule simplici & tenui, cubitali, capite thyrsi, radicibus densis, tenuibus, ut ueratri nigri, acribus, odoratis, pinguibus, nascitur in aquosis. Alterum genus eiusdem in syluis, nigrius, maioribus folijs. Vsus in radice utriusq aduersus ranas & lepores marinos, drachmæ pondere in uino poti, Plin. ¶ Cancri fluuiatiles triti potiù ex aqua recentes,   20 seu cinere adseruato, contra uenena omnia prosunt, priuatim contra scorpionum ictus cum lacte, addi & uinum oportet, eadem uis contra uenenatorum omnium morsus, priuatim contra leporem marinum ac ranam rubetam, Plinius. ¶ Cynoglossus caninas imitatur linguas. Est alia similis ei, & quæ ferat lappas minutas: eius radix pota ex aqua ranis & serpentibus aduersatur, Plinius. Ego istam cynoglosso similem, ipsam esse cynoglosson puto. lappas enim nostra cynoglossus fert postquam defloruit, in summo caule & ramulis. diuersam forte iudicarunt, qui sine caule ipsam primo anno toto uiderunt, (secundo enim demum caulescit) ut scribit Dioscorides. similis error in bechio etiam commissus est. Plinius tamen caulem cynoglosso attribuit, lib. 25. cap. 8. thyrsos eius semen gerentes memorans. Matthæolus Senensis cynoglossum uulgò dictam pharmacopolis, secundam hanc Plinij cynoglossum esse putat, lappas ferentem. Dioscoridis uerò cynoglossum Romæ sibi uisã   30 sam, nunquam caulescere, folijs crasis, longis, pilosis, in terra radiatis rotæ aut Solis instar, sed forsitan ea quoq caulem profert, eo tempore non uisa Matthæolo: quod facilius conijcio, quoniam in petasite etiam similiter ab eo erratum est. Sed quod ad remediũ ipsum pertinet, idem hoc præstari puto similiter à quauis anchusæ, echij aut cynoglossi buglossiue radice, ut pote congenerum plantarum tum forma tum facultatibus, siccando nempe refrigerandoq, quanquam cynoglossus nostra, mollibus & catulos redolentibus folijs, nonnihil à reliquarum genere discessit, cum nec ita aculeata sit, nec semen simile proferat: & ut ipse iudico, refrigerando efficacior sit. ¶ Ceruus dextrum cornu terra obruit, contra rubetarum uenena necessarium, Plinius. ¶ Ex his ranis lien, contra uenena quæ fiunt ex ipsis auxiliatur, cor uerò etiam efficacius est, Plinius. Splenem quidem rubetæ palustris ueneno eius obsistere Nicãder etiam docuit: in Scholijs ἐπὸς pro ἀπλώ malè legitur.   40 Timæus & Neocles medicus rubetas dicunt duo iecora habere: & alterum quidem occidere, alterum alteri aduersans salutem adferre, Aelianus, Philes. Ranarum rubetarum altera fibra à formicis non attingitur, propter uenenum, ut arbitrantur, Plin. Rubetæ cinis, sicut & cinis leporis marini, medicamen est contra uenenum ipsorum, Albertus. Alius quidam obscurus, horum animalium cinerem in aqua potum, uenena ipsorum expugnare tradit. ¶ Ranarũ marinarum ex uino & aceto decoctarum succus contra uenena bibitur, & contra ranæ rubetæ uenenum, & contra salamandras, Plinius. Sunt autem ranæ marinæ Græcorum & Latinorum ueterum non palustres rubetæ, ut Arabum interpretes transferunt, sed pisces quidam plani. Vide in Salamandra G. ¶ Testudinis marinæ sanguis cum uino & leporis coagulo cuminoq contra serpentium morsus, & hausta rubetæ uenena, conuenienter bibitur, Dioscorid. Sanguis testudinum terrestrium contra serpentium omnium & ranarum uenena auxiliatur, seruato sanguine in farina pilulis factis, & cum   50 opus sit in uino datis, Plinius. ¶ Mirè efficax est contra rubetas quinta essentia theriacalis nostra, nec non oleum nostrum de scorpionibus, quæ supra descripsimus in prologo in hunc sextum Dioscoridis librum, Matthæolus Senensis.

¶ Rubeta si conspuerit hominem, mox pilos omnes amittet ille, Kiranides. Aduersus uenenum rubetarum (siue morsu nimirũ siue aliter infecto corpore) terra sigillata uera, quæ uulgò terra S. Pauli nominatur, saliua subacta utilissimè imponitur, Theophrastus Paracelsus.

¶ Bufonis morsus uenenosus est, ut serpentis, Arnoldus: sicut serpentis secundi ordinis, Albertus. Pessimus est bufonis morsus, & insanabilis efficitur, Obscurus. Membra stupore afficit, Ponzettus. Catus cum bufonibus quoq pugnare dicitur: quorum licet uenenatis aculeis (forte den-   60 tes eorum sic nominat) impugnetur, non tamen necatur, Obscurus. Rubeta dum spiritu expletur exasperat & uibrat terga, atq ob id ipsum audentior euadit, (audentius inuadit.) ad lædendum itaq

                           & ma-

& manifestè insurgit, & saltibus interpositum spatium contrahit, rarò quidem morsum infligens, sed anhelitu(suspirio,Hermolaus)uirulento inficies,Aetius 13.36. Dentes cum inflixerit, negant morsum remittere,ut & salamandram : & si auellatur, letale esse, itaq; relinquèdam aiunt à morsu pendentem.Lege supra historia in D. Qui à rubetis læsi (morsi) sunt, his omne corpus intumescit & diffinditur,ac citò omnino pereunt.Porrò quæ opem auxiliarem his ferre possunt, ex uniuersa= libus & communibus antidotis ac epithematis huc transferantur,itemq; & reliquis quæ ad curatio nem pertinere uidebuntur, Ibidem : ex quo loco Auicenna etiam transtulit 4. 6.5. 25. Ex morsu (inquit)rubetæ apostema magnum accidit,& interitus uelox. Curatio autè adhiberi debet per the= riacam magnam,& huiusmodi (communia remedia.) Lac muliebre contra morsum ranæ bibitur
10 stillaturêq;,Plinius. Eryngij radix illinitur plagis(uenenatis,)peculiariter efficax côtra chersydros ac ranas,Idem. Bufones etiam morsu suo,quanquam non profundo, uenenum immittunt, Mat= thæolus. Morsis à bufone sufficit dari de osse quod etià in latere dextro capitis eius reperitur,Pon zettus. Atqui Plinius,qui solus huius osiculi mentionem fecit, non in dextra rubetæ capitis par= te,sed simpliciter in dextro latere contineri scribit, nec ullam uim contra huius animantis morsum ei attribuit.Decepit forte Ponzettum quod Aponensis scripsit, lapidê in capite bufonis repertum præcipuum contra eius uenenum esse remediū:constat autem non lapidem,sed ossa tantum in eius capite reperiri,ut supra docuimus.

¶ Vulgus nostrum humorem quem inflata irataq; rubeta emittit,urinam eius uocat: & permi= ctum illum dicit,qui eo aspersus fuerit.De hoc ueneno etsi iam superius sparsim egi,hic tamen pri=
20 uatim quædam commemorabo. Cutim sic infectam putrescere aiunt,& difficulter sanari. Rube= ta tum terrena tum palustris , si bacillo sæpius uerberetur , inflato corpore uirus primo è clunibus exprimit longius,deinde sudat:cuius sudoris lactei guttæ admodum graues & putidi sunt odoris, ac cum occiditur ferè opij,Georg.Agricola. Lacteus quidè ueneni humor est in salamandra etiam & lacertis aquaticis,forsan & terrestribus.Itaq; ob colorem spumam aliqui(ut Ponzettus)hoc uene num uocant,forte & saliuam eandem:nisi ea oris propria uideatur. Si rana saliua sua oculum asper serit,præcipuum est remedium in lacte muliebri,Plinius.

¶ Mulieres aliquando unà cum fœtu humano pecus etiam concipiunt: sic enim Cælius Aure= lianus & Platearius nominant:& interdum ranas seu bufones , & lacertos,aut similia eis animalia. cuius quidem monstrosæ conceptionis causam alijs inquirendam relinquo. Notandum (inquit
30 Platearius in capite de retentione menstruorum)quòd ea quæ ualent ad menstrua prouocanda edu cunt & secundinam,& bufonem fratrem Salernitanorum, (sic & lacertum Lombardorum fratrem aliqui nominarunt.) Notandū etiam quòd mulieres Salernitanæ in principio conceptionis,& ma= ximè quando debent fœtus uiuificari, prædictum animal nituntur occidere, bibentes succum apij & porrorum,Hæc ille. Mulier quædam recens nupta, quum omnium opinione prægnans dice= retur,loco fœtus,quatuor animalia ranis simillima peperit, & optimè ualuit:sed postea circa pecti= nem dolorem sentiebat,quem paucis adhibitis remedijs sedauimus,& pulcherrimè uiuit. Similiter mulier alia quum puerum optimè peperisset, inter secundas animal ranæ simillimum eiecit,& ipsa & puer pancraticè habent. Mercatoris quoq; cuiusdam uxor abortiuit, & altero post abortum die simile animal peperit,ut multis alijs euenisse uidimus,præcipuè Anconitanis. Debet autem animal
40 hoc inter molæ genera adnumerari,Amatus Lusitanus in Curationibus suis cap. 27. Idem in Hel= uetia euenisse mulieribus quibusdam audio, sed rarius.

¶ Cæterum in uentriculis quorundă aut intestinis bufones reperiri, facilius reddi ratio potest. uidetur enim fieri id aliquando posse genitura ipsorū,uno aut altero ouo scilicet à côtinua illa ouo= rum serie separato,cum potu aquæ hausta. Quanquam enim in terra & aquis bufones ex putredi= nè nascantur, in corpore tamen humano id fieri posse non est uerisimile,nam lumbrici quidem in= tus ex putredine nascuntur,sed non tam corrupta & praua qualem generandis bufonibus subijci oporteret,& lumbrici nihil ferè quàm carnei sunt, ut facile ex putredine quauis generentur, bufo= nis uerò corpus uarijs membris , organis , & ossibus constat, ut id nisi hausta genitura in homine nasci non credam,Ea uerò cum hausta fuerit in potu facile uentriculi uillis adhæret propter substan
50 tiam uiscosam & tenacem,non concoquitur uerò neq; uincitur à uentriculo, cum naturam nostræ prorsus contrariam habeat,à qua tamen uenenum fortè in corpus non dispergitur, quoniam pelli= cula continetur tum ouum, tum multò magis cum ex eo animal nascitur , & in uentriculo manet, & meliore intus succo nutritur à prima statim origine. adde quod minus ueneni in genitura quæ in aqua fuerit esse uerisimile sit,ut in ipsis rubetis aquaticis minus quàm in terrestribus : & insuper uicinitatis partui ratione.quo grandius enim animal quodq; uenenatum sit, eò magis siccescit, & syncerius uenenum habet.itaq; in regionibus calidis & siccis, non tam caliditatis puto quàm sicci= tatis ratione,aut certe utriusq; uehementiora animalium uenena sunt, quod si minora tenerio= raq; animalia,utpote humidiora, minus noxia sunt, genituram ipsam quantum fieri in cuiusq; ge= nere potest minimè noxiam esse oportet. Neq; hoc tamen prohibet quin animalium quorundam,
60 (in genere serpentium,lacertorū & insectorum,)oua interimere possint:cum quorundă adeò inten sum sit uenenum,ut quamuis per gradus aliquot imminutum adhuc interimat,tardius tamen. Bu= fonum uerò uenenum cum non sit uehemens,in nostris præsertim regionibus frigidis & humidis,

minus mirum fuerit ueneni illius quod genituræ ipforum ineft uim tam debilem effe ut multo tem
pore fuperftes homo durare pofsit. quod quidē etiam in alijs quibufdam uehenis fepticis ex plantis contingit, ut aconito: fic enim temperari poffunt à maleficis, authore Theophrafto, ut longo poft
tempore interimant. Etiamfi ueró quod genituræ ineft uenenum minus effe dixerim, grauida tamen animalia uenenata, eo tempore quo oua aut foetum geftant, nocentiora funt: nō quòd ab ouis
foetuue ueneni aliquid accipiāt matres, fed quoniam fi quid boni & dulcioris fucci habent alendo
foetui communicant, unde corpus eorum ficcius manet, & deterior tantum fuccus eis relinquitur.
Sed hæc forte intempeftiuius, cûm in eo fermone qui in genere de animalibus uenenatis inftitui-
tur, tractari deberent. ¶ Natos quidem in corpore bufones, hoc potius quàm ranarum nomine
dici puto, quòd colore fint lurido: & uerifimile eft à fumpta etiam ranarum in potu genitura, ranas 10
in corpore natas, & forma nōnihil, & colore præcipuè, à ranis quæ in fuis aquis nafcuntur differre,
propter alienam nutrimenti & quo continentur loci naturam, aerifq; & Solis priuationem: itaque
ranas etiam intus natas bufones appellari. Interim tamen non negārim uerorum etiam bufonum
genituram aliquando hauriri, & ueros inde bufones nafci. Non mirum autem poffe eos ita inclu-
fos uiuere, cum alioqui etiam in cauis latere foleant, & hybernos menfes abditi exigere: & aliquando faxis etiam inclufi uiui reperiantur. Raro enim pulmone genus omne ouiparum eft, nec tantum
refpiratione indiget quantum uiuiparæ animantes. ¶ Ad bufones in uentre natos: Serpentem
excenterato, caput & caudam ad duos digitos amputato. reliquum corpus in frufta aliquot fecato, in
aqua elixato, & pingue fupernatans forbeto, fic bufones uomitu reddes, hoc remedium repetes, donec omnes euomueris. Poftea medicamentis reftaurantibus & aromaticis utitor, Liber quidā Ger 20
manicus manufcriptus.

H.

a. Rubeta inflat fe irata, tam proterue audax ut infiliat quoque proximum, quanquam fufpirio fe frequentius quàm morfu uindicans, buffo inde, ut arbitror, à Vergilio & uulgo dicta, Hermolaus. ¶ Καρφύκοι, rubetæ, apud Rhodios, Hefychius & Varinus. accedit nōnihil hæc uox ad Gallicam crapaude. φρῦνθ scribi debet, ut fit uox penanflexa, non paroxytona neq; oxytona, ut quidam ineptè fcribunt. Nicander & alij penultimā rectè producāt: quare cum acuto fcribi nō poteft.
φρωνώ etiam in Etymologico & apud Varinū legitur pro rubeta, πζὰ τὸ ἐμφρὴς πḗς ḗῷ ἄλλης βα-
τράχοις, ἡ ἵκζ Ψ φρὸτ̄εθταζ ἱκζ ἐ̓ λιμναῖ̓ ὂς φύσεως ἀιτ ἔφ(forte τόπον) χρωσίαν. Item φρώνιον, ἡ φρῦνθ φρῦνθ
in Lexico Græcolatino nefcio quàm rectè. φρώνη in foeminino genere apud Nicādrum, poeticum 30
tantum uidetur. φρώνιχθ pro φρῦνθ reperitur apud Galenum libro feptimo de compof. medica-
minum generalium, in mentione acopi ex rubetis. ipfe quidem erratum fufpicor, quum fæpius ibidem φρώνοι non φρώνιχοι(quod femel tantum fcribitur)nominentur. Chryfippus philofophus tradidit phryganion adalligatum remedio effe quartanis. quod effet animal, nec ille defcripfit, nec nos
inuenimus qui nouiffet. demonftrandum tamē fuit à tam graui authore dictum, fi cuiufquam cura
efficacior effet ad inquirendum, Plinius. Ego non aliud animal à Chryfippo quàm rubetam indi-
catum puto, quoniam & nomina uicina funt phrynion & phryganion: & forte ut Latini rubetam
dixére, quod inter uepres & rubos degat, fic Græci quidam phryganion à phryganis id eft uirgultis minoribus, quæ aliqui fuffrutices nominant, alij per fyncopen phrynion & phrynon. Conuenit
& remedium. Nam ut Plinius ipfe alibi fcribit, Rubetæ ablatis unguibus adalligatæ quartanis libe- 40
rant, iecur etiam eius uel cor adalligatur ad quartanas, item officulum è dextro eius latere. Efto igitur phryganion Chryfippi rubeta, quoniam certius aliud adhuc nemo docuit. φρῦνθ, βαθρακθ ἡ
παχὺς, Hefychius: fed forfan ἡ cōiunctio tolli debet, aut pro ea legi articulus ὁ. ut fenfus fit, rubetam,
craffam & turgidam ranam effe. φρῦνθ ὁ ἀδιάπλατος βάτραχθ, Suidas, uidetur autem eiror. adiapla-
ftos enim informem fignificat, qualis rana, nondum fcilicet in membra & pedes digefta, γφράνθ
uel γύενθ non φρῦνθ uocatur. Et fane grammatici γύενθς interpretantur βατράχος ἀδιαπλάστος, ut fcripfi in Rana c. Si quis tamen adiaplaston hic fimpliciter pro craffo & inarticulato accipiat, permit-
tam illi, fed fic ut improprie ita accipi moneam. φρῦνθ quidem pro γφρῦνθ facilè fcribi ab imperito
aliquo potuit: nec obftat authoritas Lexicorum Græcorum, cum & alia fimilia errata in eis deprehendantur. Petrus de Tufignano barbarus fcriptor, buffonem, quem & bubonem nominat, inter 50
peftilentiales abfceffus numerat, ut batrachion quoq. fed hoc à materia uenenofa excitari ait, bubonem non item: quem ridiculè buffonem nominari putat, quoniam ut animal huius nominis continuò ftet, fic enim loquitur.

¶ Epitheta. φρῦνθ θθράόμλθ, θθρόεις, λιμναῖθ, πολυχκὴς, apud Nicādrum. Lurida rana apud
Varronem, ut conijcio, rubeta eft. Poffunt quidem ranarum quædam epitheta etiam rubetis attribui, ut turpis, paluftris, rauca.

¶ Phrynion frutex eft, qui alias poterion, apud Plinium & Diofcoridem, &c. fic dictus quod
aduerfus rubetarum uenena auxilio fit, ut fuperius in G. fcripfi, Idem nomen etiam paronychiæ
apud Diofcoridem attribuitur. Quidam Germanicè herbā quam uulgus medicorum cotulam foe-
tidam nominat, Krottendyll, id eft anethum bufonum appellant, cui ego nihil cum bufonibus rei 60
effe puto: & fictum Germanicum nomen à fimili Latina uoce cauta uel cotula: & fimiliter fimillimam ei, nifi fuaui odore differret chamæmalum, Krottenkraut, id eft herbam bufonum aliqui uocant.

eant. Harum similitudinem in floribus parthenium repræsentat, quam Hetrusci olim cautam uo‐
citabant, ut inter nomenclaturas Dioscoridis legitur.   Sed in quibusdã Heluetiæ locis herbam bo‐
tryn appellant ℑ𝔯𝔬𝔱𝔱𝔢𝔫𝔨𝔯𝔞𝔲𝔱 : nimirum quod folijs circa radicem priusquam caulescit sessilibus
terræ incumbat: nisi fortasis à rubetis etiam appetitur in hortis ubi seri aut sponte nasci solet. No‐
stri etiam lactariam quandam herbam, quæ tithymalis adnumerari possit, minimam in eo gehere,
densam & fruticosam, locis cultis prouenientem, ℑ𝔯𝔬𝔱𝔱𝔢𝔫𝔨𝔯𝔲𝔱 nominant : quæ ueterum chamæ‐
syce uidetur.   Chamæbatum aliqui ℑ𝔯𝔬𝔱𝔱𝔢𝔫𝔟𝔢𝔢𝔯𝔢 uocitant, alij sambucum aquaticam eodem nõ‐
mine. Sunt qui linariam uulgò dictam, Germanice ℑ𝔯𝔬𝔱𝔱𝔢𝔫𝔣𝔩𝔞𝔠𝔥𝔰, id est linum rubetarum inter‐
pretantur. Ruellius de nat.stirpium 3. 112. tertium genus sideritidis à Gallis uulgo herbam terre‐
10 nam uocari meminit, à nonnullis crapodinam , quòd bufonis modo semper sessilis humi resideat.
Cicutam nonnulli ℑ𝔯𝔬𝔱𝔱𝔢𝔫𝔭𝔢𝔱𝔢𝔯𝔩𝔢, id est petroselinum seu apium bufonum dicunt, ut Laur. Fri‐
sius annotauit. Garab est arbor super quam generatur borax, Vetus glossograph. Auicēnæ: intel‐
ligit autem per uocē borax lanam xylinam siue gossipiũ, quæ à nonnullis uulgo borra nominatur.

  ¶ φρυνολόχϘ ἰϵῤίαξ, id est rubetarius accipiter uocatur, qui rubetis insidiatur ut deuoret. ¶ In lit‐
toribus Oceani Gallici crappam quàsi crappaudam , id est rubetam nominari audio piscem quem
accolæ Balthici littoris torsch uocitant, cuius corpus totum in capite & cauda est.

  ¶ Veteres (hoc est superioris seculi apud nos pictores) ad denotandam auaritiam, mulierem bu‐
foni insidentem pingebant, (cæcam, cor manu comprehensum rodentem,) quòd bufo licet totus in
terra occultetur, non satis tamen terræ in cibo absumere ausit, Mich. Herus. Gallorum reges inue‐
20 nio olim insigne regni habuisse tres bufones nigros in spatio flaui coloris : postea uerò Clothoueũ
tria lilia aurea in spatio cœruleo tanquam cœlitus transmissum insigne usurpasse. Troiani Ilio
destructo traiecto mari circa Mæotin habitarunt: ubi cum à Gothis infestarentur , Marcomirus rex
eorum cum reliquijs populi præfectis, nouam & quietiorem sedem quærere statuit. Et cum oraculo
moneretur ut locum illum adiret ubi Rhenus in mare illabitur, à maga etiam Aruna nomine ad
profectionem illam suscipiendam impulsus est. Effecit enim mulier illa arte sua ut noctu appareret
regi Marcomiro spectrum quoddam triceps, aquilæ, bufonis & leonis capitibus : ex quibus aquila
his uerbis eum allocuta est: Genus tuum ò Marcomire opprimet me , & conculcabit leonem & in‐
terficiet bufonem. Quibus uerbis significauit futurum, posteros eius Gallis Romanis & Germa‐
nis imperaturos, Munsterus.

30 ¶ Propria. Phrynis, citharœdus Mitylenæus. Phrynichi duo Athenienses tragici , tertius
comicus , quartus sophista Bithynus, quorum omnium Suidas meminit. Apud eundem φρύνων
proprium uiri nomen. Phryne, meretrix olim famosa. Eustathius Iliados χ. interpretans, Phry‐
nen meretricem alteram Thespicam fuisse scribit : alteram Sestum cognomine, σιεόψ, ὅϊε τὸ ἐϰρνήθεμ
ϰὺ ἐϰρύϊɣαμ ᾧς αὐτῆ σωόντες. Alij uerò, inquit, Phrynen alteram κλωσίϒελωμ cognominatã scribunt,
alteram Saperdion. Mnesarete aurea fuit Delphis , ea scilicet quæ Phryne cognominata fuit pro‐
pter pallorem , Plutarchus in libro Cur Pythia non amplius carmine respondeat. Phrynondas,
φρωϊωνδʹϵ, uir Atheniensis fuit, notæ improbitatis, nõ minus Eurybate, unde homines malos Phry‐
nondas cognominant, Etymologus. Eustathius quoꝗ Phrynondam hominem improbum & ma
lignum fuisse refert. φρῦϿϙοι populi sunt Scythiæ Dionysio in Periegesi, aliàs φρῦνοι ὁμώνυμως τȢ ζώȣ,
40 id est ranis rubetis cognomines, Eustathius in Dionysium.

  ¶ c. Mustelas fluuiatiles, quas nostri thryscias uocant, alij 𝔮𝔲𝔞𝔭𝔭𝔢𝔫, 𝔞𝔩𝔮𝔲𝔞𝔭𝔭𝔢𝔫, cum ranis
aquaticis maioribus coire putant aliqui: uel etiam cum rubetis aquaticis. nam & oris rictu ranas re
ferunt, & uentriculus eorum appendices quasdam habet pedibus seu manibus raninis similes. hinc
Saxones dicũt prouerbio, 𝔈𝔰 𝔴𝔞𝔯𝔡 𝔢𝔦𝔫 𝔮𝔲𝔞𝔭𝔭 𝔫𝔬 𝔫𝔦𝔢 𝔰𝔬 𝔤𝔲̈𝔱, 𝔖𝔦𝔢 𝔟𝔢𝔰𝔱 𝔦𝔫𝔫 𝔰𝔦𝔠𝔨 𝔢𝔶𝔫 𝔭𝔞𝔱𝔱𝔢𝔫 𝔣𝔲̈𝔯,
ut Christophorus Encelius annotauit. ¶ Buffones gigno (anas loquitur in poëmate Io. Ursini)
putrida tellure sepulta, Humores pluuũ forte quòd ambo sumus. Humet is & friget , mea sic
uis humet & alget Cum perit in terra qui prius ignis erat.

  ¶ e. Archibius ad Antiochum Syriæ regem scripsit: si fictili nouo obruatur rubeta rana in me‐
dia segete, non esse noxias tempestates, Plinius. Multi ad milij remedia, rubetam noctu aruo cir‐
50 cumferri iubent, (Democritus iubet, Ruellius) priusquam sarriatur, defodiꝗ in medio inclusam
uase fictili: ita nec passerem, nec uermem nocere : sed eruendam priusquam metatur, alioqui ama‐
rum fieri, Idem. Sunt qui rubeta rana in limine hordei pede è longioribus suspensa, grana inuehe
re iubeant, (contra gurguliones,) Idem. Venerem concitant nerui rubetæ dextro lacerto adalli‐
gati, Amorem finit in pecoris recenti corio rubeta alligata , Plinius. Sunt & aliæ quædam super‐
stitiosæ huiusmodi nugæ ex rubeta aut partibus eius adalligatis , præsertim ossiculorum quæ in la‐
teribus eius reperiuntur, quas supra in G. recitauimus.

  ¶ h. Bufonem undecunꝗ & quomodocunꝗ obuium ueteres in augurijs felicissimum habue‐
runt. nam licet uel solo uisu molestus sit, hominibus tamen nihil feliciores successus enunciat bufo‐
ne. auguria enim cum uel nomina sint deõrum , multoties per ea quæ primo aspectu molesta sunt,
60 hominibus deferuntur, Aug. Niphus lib. 1. de augurijs. ¶ In hominem stolidum & nullius mentis
uulgus nostrum prouerbialiter dicit, 𝔖𝔲 𝔥𝔞𝔰𝔱 𝔞𝔟𝔢𝔫 𝔰𝔦𝔫𝔫/ 𝔴𝔦𝔢 𝔢𝔦𝔫 𝔨𝔯𝔬𝔱𝔱 𝔥𝔞𝔞𝔯 : Tantum sensus tibi
inest, quantum pilorum rubetæ.

G

DE RANA VENENATA FOSSILI.

RANA uenenata, quam metallici nostri ex ignis colore qui insidet ei, πυρόφρυνον, (Feurkrott,) nominant, in saxis perpetuò quasi condita & sepulta latet, Altius intra terram gignitur, & reperitur modo in uenis, fibris, saxorum commissuris, cum hæ excauantur: modo in saxis ita solidis, ut nulla foramina, quæ uideri possint, appareant, cum cuneis diuiduntur. Quo sanè modo & Snebergi & Mannisfeldi fuit inuenta. Ea ex subterraneis cauernis elata in lucem primò turget ac inflatur, mox de uita decedit, talis etiam rana crebrius reperitur in Gallijs Tolosæ in saxo arenario rubro candidis maculis distincto, ex quo molæ fiunt. quocirca id genus saxa omnia priusquam molas ex eis faciant, perfringunt. quod ni fecerint, ranæ, ubi, cum molæ uersantur, concaluerint, inflari solent, & 10 disruptis molis frumenta ueneno inficere, Georg. Agricola.

DE CORDVLA SIVE CORDVLO.

CORDVLA, κορδύλη, palustris est ut rana quoqβ, Aristot. 1. 1. historiæ anim. Et alibi, Cordulus (κορδύλος) non pulmonem, sed branchias habet, egressusβ cibum petit in terra solus aquatilium, & quadrupes idem est ut ad ambulandum idoneus. Et rursus, Cordula (aliâs crocodilus, quod nõ placet) natat pedibus & cauda, quam similem siluro habet, quoad paruum magno licet conferre. Et lib. 4. cap. 13. de partib. anim. Corduli (κορδύλοι) quamuis branchijs præditi, pedes habent, quo- 20 niam pinna carent, caudam etiam habent laxam & latam, μιωυθή ἐπὶ πλατείαν. Alia est cordyla siue scordyla uel cordylus scordylusue piscis, de qua in Thunni piscis historia dicemus. Cordula qui- dem quadrupes mihi ignota est. apparet autem eam ambigere inter pisces & ouiparas quadrupe- des, ac sui omnino generis esse. Cauda & pedibus scinci etiam siue lacerti aquatici natant, & in ter ram egrediuntur: sed ij pulmone non carent. Cordyla, κορδύλη, animal est palustre, πελματαῖον, si- mile ascalabotæ, id est stellioni, Hesychius. Hieronymus Cardanus, uir doctissimus, cum nuper per ciuitatem nostram iter faceret, narrabat mihi se iuxta Lugdunum in quibusdam aquis animal- cula uidisse, quorum descriptio ex ipsius uerbis omnino cum cordulo Aristotelis cõgruebat. Al- bertus piscem quendam diem appellat, qui eodẽ die quo natus est perficiatur moriaturβ, pedibus duobus & totidem pinnis præditum.

30

DE SALAMANDRA.

Figura hæc ad uiuum expressa est. altera uerò quæ stellas in dorso gerit, in libris quibusdam publicatis reperitur, conficta ab aliquo, qui salamandram & stellionem à stellis dictum, animal unum putabat, ut coniicio.

A.

LACERTORVM genera plura sunt, ut salamandra, saura, stellio, Isidorus. Salaman- dra, non uermis ut inepti quidam literatores uolunt, sed lacerti genus, σαλαμάνδρα Græ- cè uocatur, quod quidem nomen pleræqβ omnes linguæ hactenus retinent: eò quod ue- 50 ram salamandram ubiqβ opinor satis frequentem nemo ferè cognoscendam sibi curârit, & omnes nescio quam peregrinam & portentosam bestiam sibi fixerint. Videtur etiam Aristo- teles tanquam de ignoto animali dubius de ea loqui, uno tantum in loco, cum inquit: Nonnulla cor pora esse animalium, quæ igne non absumantur, salamandra documento est: quæ, ut aiunt, ignem inambulans per eum extinguit. Nam si nota ei fuisset, nec ex fama tantum de ea scribere, neqβ rem falsam, ut post dicemus, asserere debebat. Lacertum Arabes samabras, uel, ut Bellunensis apud Auicennam legit, saambras uocant. unde salamandræ Græcis Latinisqβ deductum uocabulum fa- cile coniicio. Accedit nonnihil etiam Hebraica uox semamit, quæ stellionem significat, Prouer. 30. etsi alij araneam, alij simiã interpretantur, ut diximus in Simia A. Ridicula Isidori opinio est, qui salamandram dictam suspicatur quasi ualincendram, quòd contra incendia ualeat. Idem & Alber- 60 tus & alij quidam recentiores salamandram, stellionem & chamæleontem magno errore confun- dunt. Syluaticus dictionem oac salamandram interpretatur, & alio loco odac. Koach quidem alij chamæ-

chamæleonem, alij crocodili siue lacerti genus faciunt, ut pluribus docui in Chamæleóne A. Sala=
mandra, hoc est illud ipsum animal quod hic pictum damus, apud Italos & Rhætos qui Italicè lo=
quuntur, uetus adhuc nomen retinet. A Gallis sourd, ut audio, nominatur: non quidé puto quód
surda mútaue sit, sed à Græco saura fortassis, In Gallia Narbonensi blande, à lento incessu, ut coni=
cio. blandum enim pro tardo & lento dicunt: & alibi in Gallia alebrenne, alibi arrassade: quę nomi=
na forte à salamandra interpolata sunt. Neocomi that. Normannis, ni fallor, muron. Hispanis
salamantegua, Germani appellant ein Mool, alij Moll uel Molch, uel Moldwurm ut in Carin=
thia: alij Olm. Euricius Cordus ulmam & mulcham Latina terminatione. Harum sané uocum ety
ma certa non habeo, sed coniecturas meas afferam, aut enim Mool conciso & transposito salaman
10 dræ uocabulo dicta est, aut à maculis, & punctis, quibus toto corpore pingitur atque distinguitur.
mool enim maculam, & moolen pingere nostri dicunt. quare etiam stellatum hoc animal Plinius
dixit: & forsan inde moti sunt aliqui, ut cum stellione confunderent: cui similiter stellæ, id est macu=
læ nominis occasio fuerunt: & ardea stellaris, & alia quædam eandem ob causam à stellis cognomi=
nata sunt. Idcirco etiam Puntermool, in quibusdam Germaniæ locis appellatur, à punctis ut dixi,
ut à lacertis aquaticis, quos Wassermaalen, nominamus, discernatur. Aut forte Molch rectius
uocatur, quód liquore lacteo turgeat, quod & Plinius testatur, & ipse obseruaui. Quanquã & aliud
lacerti genus in alpibus reperi, figura & magnitudine salamandræ simile, cuius forte species fue=
rit, quod in fine mensis Iulij uirga à me percussum, lacteo humore copioso manabat. Molchen no
stri & lac & omne opus lactarium indigetant, Et quoniam crasso amploq́ capite lacertus hic est, ho
20 mines similiter capitatos Wollenkopff appellant. Salamandram Germani, quia propter crura
breuia tardè graditur, Græco nomine μόλγιυ appellant, ut Georg. Agricolæ placet, nimirum ab ad=
uerbio μόλις deriuanti, aut quia Varinus μολγὸν interpretatur, ἦν βραδύυ. Sed cum etymologia Ger=
manica non desit, superuacuum est externam quærere. & si dictio μόλγὸ Græcis in usu esset, ut non
est, facta uideri posset à lacteo liquore, non minus quàm Germanica. μολγὸς enim & ἀμολγὸς à uerbo
ἀμέλγψ, quod est lac mulgere, deriuantur. Quidam in Heluetia Rhętis sinitimi crasso uocabulo,
& per onomatopœiam, ut uidetur, conficto, Quattertetsch hæc animalia uocant: quoniam plura
simul aliquando, eaq́ crassis corporibus, tanquam in uno cumulo circa uias cœlo pluuio reperian
tur. ¶ Anglicum eius nomen nullum adhuc rescisere potui. ¶ Albertus lib. 26. historiæ anim.
in dictione Stelle (stellio scribendum) eadem omnino scribit quæ Plinius de salamandra. nam, ut su
30 pra quoq́ monui, duo hæc animalia confundit. Rimatrix est serpens ordinis primi, (id est acutissimi ueneni,) ut dicit Iorach, rimas aquas & cibos, & insiciens: & si quis ex insectis aliquid gustaue
rit, statim moritur, Albertus. Ego apud idoneos authores de salamandra hæc & similia tradi inue
nio: nec obstat nobis quód serpens nominatur, cum barbari authores eorumq́ interpretes, serpen=
tium, uermium, lacertorumq́ nomina more suo confundant. Quin & Albertus salamandram ser=
pentem nominat, ut stellionem quoq́ & saurani.

B.

Salamandra lacertæ species est, Dioscorides & Isidorus. Lacerti figura, Plinius. Ramarro,
(id est paruo lacerto, ut Itali quidam uocant: quanquam & bufonem à quibusdam sic uocari audio)
similis corpore & magnitudine ferè, maior tamen tum corpore tum capite, cruribus altioribus cau
40 daq́ breuiore, Matthæolus. Auicenna etiam lib. 4. caudam breuem ei tribuit. Illæ quas uidi cras=
siores erant lacerto uulgari, uentre pallido, crassiusculo, longæ circiter dodrantè: cutis pars niger=
rima, pars flaua auripigmêti colore, utraq́ splendens: linea (si bene memini) per dorsum nigra erat,
punctis quibusdam orbiculatis, ceu ocellis impressa. Dioscorides animal uarium, Plinius stella=
tum esse dicit. A coloris quidem uarietate stellioni etiam & ardeæ stellari nomen impositum. Si=
milis ascalabotæ (id est stellioni, ut Nicandri Scholiastes quoq́ tradit) salamandra est Aetio, lacerta
uenenaria, hoc est pharmacitide uelocior, Hermolaus in Corollario: Sed non rectè παχύτϱ@ pro
τραχύτϱ@ legit, neq́ enim uelocior est salamandra ullo lacerti genere, sed tardissima omnium: aspe
rior uerò ei cutis & scabrior est, in dorso præsertim propter puncta quæ dixi, & forte Nicáder hanc
ob causam ῥαχόν d̕ οϕ@ salamandram dixit, quòd cutis interrupta his uelut oculis uideatur. ex his in
50 pelle eius rupturis, inquit Scholiastes, cum in igne fuerit, sudor effluens, ignem extinguit. Præ=
terea notandum quòd Actius lacertam pharmacitidem à salamandra diuersam facit, Nicander in
Alexipharmacis eandem. Salamãdra quadrupes est, similis lacertæ aut crocodilo terrestri: uel, ut
alij, parua est ut lacerta, cauda breui, Scholia Nicandri. Maior lacerta uiridi, Kiranides. ego cras=
siorem reperiri puto, nunquam uerò longiorem. Suidas simpliciter magnitudine lacertæ esse scri=
bit: & Zoroastres in Geoponicis 15. 1. animal esse minimum. Subtile & paruum est animal, lum=
bricis associum, flauo colore uestitum, Hermolaus ex Cassiodoro. Salamandræ toto corpore ni=
gro flauoq́ colore alternis uariegantur, utroq́ adeò splendente, ac si arte splendor ille inductus
fuisset. sed animal est ipso aspectu homini contrarium & abominabile, Matthæolus: hinc scilicet Ni
candro cognominatur ὀδύσειρ d̕ ἄκϱσ ἀιεὶ ἀπεχθὲς. De maculis quibus quasi depingitur, unde nomen
60 ei fortassis apud nostros, dixi in A. Memini tamen aliquando in alpibus reperire unam huius ge=
neris quæ tota erat fusca, absq́ splendore, corporis forma alioqui simili, cauda breui, & lacteo succo
percussa similiter manabat, ut etiam lacerti aquatici, quos nostri Wassermollen, id est salamandras

G 2

aquaticas uocant, de quibus supra priuatim scripsi. Videntur salamandræ in ualle Anania per syl
uas ubiꝗ, & alibi passim in Tridentina ditione, Matthæolus. Apud nos quoꝗ non sunt raræ, &
plures aliquando simul quasi conuolutæ reperiuntur, ut dictum est in A. & alibi passim in Germania. Salamandram nonnulli dicunt cute & squamis carere, Gillius. ego in solis Nicandri scholijs
hoc dictum reperio, quæ λιπόῤῥινον epitheton quod poeta huic lacertæ attribuit sic interpretantur,
ὅτιον δ' ἔῤῥμα ἐκ ἔχει, ὅτι λιπίδ'α, ἢ ὅτι λίπος ἐϕίησιν ἀπὲ τὸ δ'ἔῤῥματΘ. γλίσχρΘ (γλίσχρα) γάρ ἐςι καὶ λιπώδης.
Sed alia quoꝗ multa sæpe absurda in istis Nicandri scholijs leguntur. Mihi ea interpretatio arridet,
λιπόῤῥινον cognominari, quod splendida & renitente tanquam pingui aliquo delibuta sit pelle:& ma
gis, quàm ut idem Scholiastes inquit, quoniam succum pinguem è cute remittat, quo quidem ma-
nante ignem quoꝗ extinguat. nam si propriè pinguis esset hic humor, ignem aleret potius. Theo-   10
phrastus humorem salamandræ densum, tenacem & frigidum esse docet. Salamandræ an sexus
differentia careant, quod Plinius scribit, uide circa finem capitis sequētis. ¶ Caput eis magnum,
uenter lutei coloris, ut etiam ima caudæ pars. reliquum corpus totum alternis maculis nigris & luteis quasi stellatum distinguitur, Georg. Agricola. In quibusdam syluis paludosis Germaniæ iuxta
uias reperiuntur totæ nigræ in dorso, & in uentre ruffæ, Matthæolus.

c.

Salamandræ loca frigida & humida incolunt, qualia sunt umbrosa & opaca, & circa fontes, in
pratis & circa semitas reperiuntur. Kiranides in uepribus & fruticibus eas degere scribit. ¶ Nun
quam nisi magnis imbribus proueniunt, & serenitate deficiunt, Plinius. Idem nostri homines testantur: nempe pluuiosa solum tempestate eas uisi, siue quòd tum nascantur, siue potius quòd lati-   20
bula sua tum temporis deserant, ut & intestina terræ. Vulgò etiam animal æstiuum esse fertur,
quòd primo uere apparens æstatem aut uer potius prænunciet, uernū melius appellandum. Memini equidē uidere hunc lacertū initio Februarij, & aliàs Aprilis, crepusculo uespertino in uia inter riuum & sæpe. Tempore pluuiali præcipuè uerno & autumnali apparent, cum aūt frigora uer
na sunt, & æstate calores intensi, rarissimè è terra prodeunt, Matthæ. ¶ Animal est iners, νωχελὲς,
Diosc. ingressu tardissimum, Matthæolus: quod nos quoꝗ obseruauimus: hinc Galli Narbonenses
blandam nominant, ut uidetur. ¶ Sunt qui ore hiante aërē ab ea captari dicant, quod ego in una
quam diebus multis domi in uase uitreo retinui, nunquam animaduerti. Vnde deceptos eos conij
cio ab illis qui salamandram cum chamæleonte confuderunt. Sunt qui lac eam appetere mihi re-
tulerint, & si forte in sylua cubantis uaccæ uber suxerint, emori uber, nec amplius lacte manare.   30
Fauos exedit ueluti promuscide quadam, Iod. Vuillichius in quartum Georgicorum. ego nullam
in ea promuscidem obseruaui.

¶ Salamandram aliqui illæsam per ignem transire scribunt, alij simpliciter nihil ab igne lædi, alij
ignem ab ea extingui, alij uiuere eam & nutriri ab igne, alij etiam generari in eo. quæ sententiæ ipsæ
inter se pugnant. quomodo enim uiuet in igne aut generabitur in eodem, si ignis ab ea extinguitur? Sed primum illorum qui hæc stultè affirmarunt uerba recitabo, secundo loco aliorum qui tan
quam falsa negarunt. Nonnulla corpora esse animalium quæ igne non absumantur, salamandra
documento est: quæ, ut aiunt, ignem inambulans per eum extinguit, Aristot. 5. 19. historiæ anim.
Apparet autem eum non suam sed aliorum sententiam retulisse, ex uerbis, ut aiunt, adiectis, quod
philosophum hominem decebat. alij enim incautius simpliciter quod audiebant tantum, nec un-   40
quam uiderant, asseruerunt. Hominem igne combustum significantes Aegyptij, salamandram
pingunt, hæc enim utroꝗ capite interimit, Horus in Hieroglyphicis 2. 60. ut interpretes uerterūt,
& Græcus etiam codex habet, mihi quidē locus obscurus aut potius deprauatus uidetur. quis enim
salamandram legit bicipitem:& si salamandra igne non uritur, absurdum & cōtrarium est salamandra picta hominem qui eodem uratur insinuare. Nicander in Alexipharmacis salamandram per
ignem transeunti nullum inferri damnum canit, nec pelle eam nec pedibus uri. Scholiastes addit,
meatibus quibusdam patere huius animantis cutem, (unde poeta ϕαγεδο σίεῤΘ dixerit,) unde humor
destillans ignem extinguat. Et rursus in Alexipharmacis idē poeta nihil eam ab igne pati scribit:
ubi Scholiastes Andream quendam citat à quo proditum sit, manum aut uestem salamandræ sanguine illitam, nihil damni ab igne accepturam:& lipórrhinon à poeta cognominari hunc lacertum,   50
quòd pinguem quendam ac tenacem succum à cute remittat, quo destillante restinguatur ignis.
Salamandra animal frigidissimæ est naturæ, adeò ut ignis quoꝗ si in flammam irrepat, extinguatur ipso interim illæso, Suidas. Huic tantus rigor, ut ignem tactum extinguat, nō alio modo quàm
glacies, Plinius. An uerò frigidum huius animantis temperamentum sit, disquiremus infra. Salamandra quanquam ex igne non nascitur ut pyrigoni : contra tamen hunc ire audet, contraꝗ illius
flammam ueniens, tanquam aduersus hostem quendam, eam expugnare aggreditur. Cuius rei
testimonium fabri, quorum opera atꝗ artificium igne nititur, afferunt: nam quandiu eis ex flammæ
splendore ignis flagrare eorumꝗ artem fabrilem adiuuare uidetur, huiusmodi animal magna securitate ipsi negligunt. Cum autem ignis euanescit, ac restinguitur, frustraꝗ folles flant, hoc sibi tum
animal aduersari præclarè intelligunt. Quare hoc ipsum peruestigant, atꝗ inuestigatum ulciscun-   60
tur. ignis autem postea iterum succensus fabrile opus, modo ut ante erat solitus alatur, iuuare perseuerat, Aelianus. Seu salamandra potens, nullisꝗ obnoxia flammis, Serenus. Miramur animalia

malia quædam, quæ per medios ignes, sine noxa corporum transeunt: quanto hic mirabilior uir qui per ferrũ & ruinas & ignes, illæsus & indemnis euasit: Seneca epist. 1.9. de Stilbone loquens. Salamandra minimum animal, ex igne generatur, & in igne uiuit non urente eam flamma, Zoroastres in Geoponicis 15. 1. uidentur autem hæc dicta potius ad pyrigonos muscas quàm ad salamandras pertinere. Sed uide quàm nullus est stultitiæ finis: non satis erat nugari salamandram in igne uiuere, addiderunt quidam ascendere eam ad ignem illum elementarem orbi Lunari finitimum. Quomodo potest salamandræ patere accessus ad sphæram ignis ? præsertim quum aues quæ altius iusto euolant, relabuntur deorsum, aër enim illic nimium subtilis, ictus alarum sustinere non potest, Ferdinandus Ponzettus. Salamandra (inquit Aetius citante Hermolao) per ignem cadentibus flammis ambulat, eumq́ non solum frigoris ui, sed etiam pondere corrumpit quasi obruens.
Fertur in libro de proprietatibus rerum, genus esse salamandræ aliud, cuius pellis uillosa ac pilosa sit, cuius pili post longam uetustatem, ut comperitur, in ignem proiecti, igniti extrahantur illæsi, Arnoldus de Villanoua in libro de uenenis. ¶ Recitaui uerba illorum, qui salamandras ab igne non lædi scripserunt: nunc addam aliorum uerba quibus hæc opinio improbatur, ut debet. exuri enim ipsam meo experimento noui, & cineris eius in re medica usus est. Quæ magi ex salamandris tradunt contra incendia, quoniam ignes sola animalium extinguat, si forent uera, iam esset experta Roma, Plinius. Sextius negat ignem restingui ab ijs, Idem. Salamandra lacerte genus frustra creditum est ignibus non uri, Dioscorid. Aetius scribit salamandra ignem transeunte, diuisam flammam ab ea discedere: si tamẽ immoretur, cõsumpto frigido eius humore exuri, hoc nos quoq́
experti sumus. Salamandra ad certum usq́ terminum ab igni nihil patitur, uritur autem si longiore spatio igni sit admota, Galenus lib. 3. de temperamentis. Theophrastus etiam testatur salamandram igne comburi, si in eo diu mansitet, Niphus. Prunæ imposita extinguit eam, quod experiri uolui, ut cuiusuis animantis caro cruda: at si in ipsum ignem flammis uigentem inieceris, ibi nõ exuri eam, aut igne eam uiuere ut chamæleon aëre, nulla ratione credi potest, Matthæolus, quanquam sunt qui in Cypro muscas quasdam in igne nasci & inde nutriri putent: de quibus inter insecta loquemur. Salamandræ aliqui (inquit Albertus) inesse dicunt lanam quandam quæ in igne non aduratur, quòd penetrare eam non possit. Sed ego expertus sum id quod ad nos defertur pro huiusmodi lana, non esse lanam animantis. quidam lanuginem cuiusdam planete (uox uidetur corrupta) quod etiam ego non sum expertus. Hoc quidem expertus sum, lanuginem esse ferri. ubi enim magnæ massæ ferri (ut pro incudibus) fabricantur, scinditur aliquãdo ferrum & euolat uapor ignis: qui, cum panno uel manu colligitur, uel tecto fabricæ adhæret, lanam fuscam & aliquando albam refert. hæc autem lanugo ignem non sentit, & à nonnullis lana salamandræ uocatur. Multi autem sequentes Iorach philosophum dicunt quòd hoc animal uiuit in igne, quod falsum est, (simpliciter dictum,) ad breue enim tempus, Galeno etiam teste, in eo durare potest. Quòd si mediocris sit ignis, ut inquit Iorach, extinguit eum: non ideo quòd uita eius in igne sit, sed quia frigidissimum est, ut placet Aristoteli, (ego hoc nusquam apud Aristotelem inuenio:) & pelle tam densa, ut poros eius ignis non penetret, nisi diutius in eo remanserit. Ego aliquando araneam spissæ pellis & frigidi humoris posui in ferro candenti, quæ diu iacuit antequam moueretur & sentiret calorem adurentem: & ad aliam magnam adhibui lumen paruum, quod ab aranea tanquam flatu quodã restinctum est,
Hæc Albertus. Crassitiem sanè pellis in salamandra obstare puto quo minus citò ab igne afficiatur, salamandris quidem aquaticis adeò duram tenacemq́ pellem esse deprehendi, ut uictu difficulter uulneretur, quod si etiam ui ignis rupta fuerit cutis, humor crassus & copiosus erumpens, ali quandiu obstare potest. multo enim humore abundare hoc animal, ipsa eius corporis crassities signum est, & quòd humidis tantum pluuijsq́ temporibus apparet, idem humor an frigidus sit, ad extinguendum ignem non multum refert. Iam corporis læuitas illa splendida, tanquam oleo aut uernice (ut uulgò uocãt) delibata, meatus omnes quàm maxime clausos esse ostendit, ideoq́ difficiliorem igni urenti aditum. Ex salamandræ pilis, quos nullos habet, inextinguibilem telam fieri falsum est. Nam huiusmodi materia est uel ex amianto: uel ex quodam apud Plinium lini genere, si non & id amianto lapidi idem fuerit, Euricius Cordus. Salamandra propter frigus ignem non aliter ac glacies extinguit: quo modo etiam oua serpentium in ignem camini coniecta flammam solent extinguere. attamen tam ipsa oua quàm salamandra comburuntur, Georg. Agricola. Lini asbestini Plinius meminit libro 19. quod si in ignem proijciatur, non uritur, ego id arbitror ex lapide quodam esse, qui amiantus dicitur, is, ut Dioscor. lib. 5. inquit, in Cypro nascitur, similis alumini schisto, id est de pluma à nobis uocato. ex eo theatris uela texuntur. hæc autem in ignem coniecta, inflammantur quidẽ omnino, sed splendescunt magis exempta, & nihil igni deperdunt. Nos hunc lapidem habemus, & nendo in fila diduci certum est. Multi ex alumine schisto, sed frustra, conati sunt lintea in hunc finem parare. Nõ desuere qui ex salamandræ cortice similes mappas, quæ comburi non possunt, factas putarent: sed falsò. uidi enim ipse salamandram comburi, parumq́ aberat, quin sanies eius in os mihi prosiliret, Ant. Brasauolus. De Carystio lapide ex quo mantilia fiebant, quæ igne purgabantur non urebantur, lege Varinum in uoce Carystos. In prouincia Chin chintalas Tartarorum regi subiecta (ut scribit Paulus Venetus 1. 47.) mons est in quo inueniuntur minerę chalybis & audanici: itemq́ salamãdræ, de quibus fit pannus, qui in ignem proiectus com

G 3

buri non poteſt. Fit autem pannus ille de terra in hunc modum, ut quidam é ſocijs meis uir ſingulari induſtria, Turchus religione, me edocuit, qui in prouincia illa rebus metallicis præfuit. Inuenitur in monte illo foſsilis quædam terra, quæ fila producit lanæ haud diſsimilia, quæ ad Solem deſic
cata in mortario æneo teruntur: deinde ſic purgata & attenuata ut reliquum lanificij genus nentur,
atق in pannum contexuntur. Hos cum dealbare uolunt proijciunt ad horæ ſpatium in ignem, &
tunc ex flammis illæſi educuntur niue candidiores. Eoſdem ſimiliter purgant quum maculas aliquas contraxerint. nam lotura alia præter ignem illis non adhibetur. De ſalamandra uero ſerpente
qui in igne uiuere dicitur, nihil explorare potui in orientalibus regionibus. Aiunt Romæ mappam
quandam haberi ex ſalamandra contextam, in qua ſudarium Domini inuolutum retinetur, quam
rex quidam Tartarorum Romano miſit pontifici, Hæc ille. Alexander papa, ut fertur, ex huius **10**
animalis lana ueſtimentum habuit, quod non aliter purgabatur, quàm igni iniectú, unde candeſce-
bat, Obſcurus. Contextæ ex hac lana pallida zonæ, non exuruntur, ut recentiores quidam tradunt. Alumen Scaiolæ uulgò dictum, eſt aſter Samius apud ueteres, nec eſt ex ſuccorum genere: ut nec alumen plumæ : ex quo ſi itant licinia, non ardent, ſed perpetuò oleum conſumitur, ipſa
manent. Commune eſt hoc omni fermè generi cruſtati lapidis. Nam & in Eisleba ex pyritide, tum
lapide alio ſciſsili pyræ impoſito, liquor uiridis emanat, qui cum igne extincto cogitur, ignem amplius non ſentit. Sic & ex amianto lapide Romæ mappas, & in Vereberg0 Bohemiæ mantilia eſſe
affirmat Agricola, quæ non aqua ſed ignibus eluantur. Et ex Magneſia lapide ſquammoſo argenteı
& plumbei coloris in Boldecrana menſæ fiunt, quæ igne purgantur, nec uitiantur: ex tenuiore autem thryalides pro lucernis, &c. Cardan. Et alibi, Aſterem Samium & calcem extinctá in maluæ **10**
ſucco aut mercurialis, efficere poſſe putant, ſi manus illinantur, ne ignis noceat, Georg. Agricola
amiantum Germanice interpretatur **Fȧderwyß/Salamander haar.** Albertus lapidis iſcultos
(aliàs iſcuſtos, quæ uox corrupta uidetur à Græca asbeſtos) mentionem facit, qui an idem ſit cum
amianto, an eius ſpecies, aliorum relinquimus iudicio. Verba Alberti hæc ferè ſunt, Iſcuſtos lapis,
ut Iſidorus & Aaron tradunt, in ultimis Hiſpaniarum partibus iuxta Gades apud Herculis Colum
nas frequenter inuenitur: is propter uiſcoſum humorem in eo exiccatú, in fila deduci poteſt : é quibus facta ueſtis non comburitur, ſed igne purgatur & nitet. & fortè hoc eſt quod pennam (plumas)
uocant ſalamandræ, quæ eſt lanugo quædam tanquam lapidis humidi. Ignis tum alijs modis extinguitur, (inquit Theophraſius in libro de igne, ut nos transfulimus,) tum infuſo humore aliquo:
qui ſi frigidus etiam fuerit, ualidius extinguet: id quod circa ſalamandram accidere aiunt, eſt enim **30**
hoc animal natura frigidum : & quæ effluit ab eo humiditas tenax, ſed eius naturæ ut facile poſsit
procul penetrare. argumento ſunt aquæ exitiales factæ, itemق fructus quibus admixta fuerit, præſertim mortua. eſt etiam nonnihil cauſæ in tarditate inceſsus eius. nam cum ſic diutius immoretur
igni, magis extinguit. Extinguitur autem ab illa non quantuſcunق ignis, ſed mediocris ſi conferas
ad naturam & potentiam eius: in quo ſi non diutius uerſetur, denuo excitatur (ignis.) Eiuſdem rationis eſt quòd uiſco illita non uruntur, utpote humore lento, denſoق & frigido : & quòd acetum
præſertim cum albo oui liquore mixtum incendia ualidiſsime extinguit, &c. Hæc ille. Ignis maximè extinguitur aceto & uiſco & ouo, Plinius 33. 5. Cor negatur cremari poſſe in ijs qui cardiaco
morbo obierunt, negatur & ueneno interemptis. Certe extat oratio Vitellij, qua reum Piſonem
eius ſceleris coarguit, hoc uſus argumento: palàm ق teſtatus, non potuiſſe ob uenenum cor Germa- **40**
nici cæſaris cremari: contra genere morbi defenſus eſt Piſo, Plinius. In epiſtola Aeſculapij cuiuſdam ad Octauianum Auguſtum, legitur uenenum quoddam eſſe tantæ frigiditatis quòd cor hominis interempti illo ueneno conſeruet ab igne. Et ſi cor illud in igne ponatur tam diu donec aſſatio-
ne lapideſcat, lapidem illú uocari profilis (uox uidetur corrupta) ab igne, à materia uerò humanum:
& pretioſum eſſe eò quòd uictores faciat & à ueneno præſeruet, &c. rubere aiunt candore admixto, Albertus de foſsilibus 2, 14. Hæc de ſalamandra, & alijs quæ igni reſiſtere legimus.

¶ Frigidiſsimam eſſe ſalamandram apud Suidam legitur. Theophraſius & Nicandri Scholiaſtes ſimpliciter frigidam eſſe ſcribunt, Plinius tantum ei rigorem eſſe ſcribit, ut ignem tactu extinguat non alio modo quàm glacies. Quod ſi uerum eſt, falſum fuerit animalia omnia calida & hu- **50**
mida eſſe, nimirum ſi cóferas inanimatis. atqui ex inanimatis corporibus mixtis nullum eſt quod
æque ac glacies ignem extinguat. Ipſe quidem agnoſco ſalamandram frigidam eſſe actu tactuق ut
ſerpentes omnes: & hanc etiam magis, quòd & humoris plus habeat, & ſub terra frequentius lateat,
neق calidis & ſiccis temporibus prorepat, ſed uere & autumno ferè tantum, idق tempore pluuio.
Habet tamen in uiſceribus ac uenis calorem ſuum natiuum, eò fortaſsis efficaciorem per antiperi-
ſtaſin. Ad hominem quoق calida eſt, ſed calore humido putridoق, quare inter ſeptica uenena ponitur, quæ corpus erodunt, non ſic ut calida & ſicca, ſed ita ut ſimul tabe quadam afficiant. itaق pilos detrahit, quod nullum ex frigidis facit. Dioſcorides ei uim calefaciendi & ulcerandi adſcribit.
Sed alios quoق ſerpentes, eorumق uenena aliqui frigida crediderunt, quos reprehendit Albertus
lib. 25. hiſt. anim. & Matthæolus in ſextum Dioſcoridis cap. 40. Videntur autem mihi omnino **60**
non ſerpentium tantum lacertorumق omnium, ſed quæcunق ex animalibus uenena ſunt, ſeptica
eſſe, hoc eſt cum calore humido ac putrefaciente coniuncta.

¶ Quædam gignuntur ex non genitis, & ſine ulla ſimili origine: Ex ijs quædam nihil gignunt,
ut ſala-

ut salamandræ:neqʒ est ijs genus masculinũ fœmineũue, sicut neqʒ in anguillis, omnibusqʒ quæ nec animal nec ouum ex sese generant, Plinius. In hoc genere non est masculus neqʒ fœmina, sed omnes gignunt, Obscurus qui ex Plinio mutuatus uidetur, & pro nihil legisse omnes. Latet hyber nis mensibus salamandra, (uerba sunt Geor. Agricolæ:latitare autem eas Aelianus quoque author est.)Etenim hoc anno in Februario Snebergi maxima uis salamandrarum ex uicinis locis collecta agglomerataqʒ in ultima cuniculi cuiusdam parte suit reperta. Et proximo anno in Nouembri sala mandra uiua ex fonte finitimæ syluæ per fistulas in hoc oppidum influxit. Pluuiæ autem & subse quens serenitas salamandras excitant ex uenis, fibris cõmissurisqʒ saxorũ. Huic animali nec mascu linum nec fœmininum genus falso putant esse, Geor. Agricola. Salamandra catulos excludit iam
10 perfectos, & protinus ut nati incedentes, quadraginta aut quinquaginta numero, omnes sine ullo inuolucro, ut uipera quoqʒ, Petrus Belonius. Quanquam autem uiuos pariat, in utero tamen primum oua concipit, sola in hoc genere quod sciam: ut sola inter serpentes uipera. Zoroastres salamandram ex igne generari scribit: Aelianus non nasci quidem ex igne ut pyrigoni, in igne ta men uersari illæsam, ut superius recitaui ac reprehendi.

D.

Salamandra irritata saniem euomit lacteam, Agricola. Audax est, neque hominem fugit, sed etiam persequenti se opponit, ut quidã mihi retulit. Ego hoc in duabus quas domi per aliquot dies uiuas retinui, non potui animaduertere. Et forte cum propter tarditatem gressus effugere non pos
20 sit, audacior uidetur, ac si sponte non fugiat.

E.

Salamandra uisa signum pluuiæ futuræ est.

G.

Remedia ex salamandra. Vim habet erodentem, calfactoriam, exulcerantem. additur, ut can tharis, in medicamenta, quorũ uis est exesse, & lepras abolere, similiqʒ modo reconditur, Dioscor. Vide supra in c.ubi de temperamento eius docui. Raim. Lullius in libro de quinta essentia hoc animal adnumerat remedijs, aut uenenis potius, illis quæ quarto gradu refrigerant. Galenus non ipsam, sed ustæ eius cinerem, medicamentis septicis, lepricis & psoricis admisceri scribit. Celsus inter ea quæ exedunt corpus & aduruntsalamandram adnumerat. Pro salamandra substitui po test lacerta uiridis, Author succidaneorum. Liquefacta in oleo pilos euellit, Dioscor. interprete
30 Ruellio. Græce legitur, ταϰᾶσα μετ᾽ ἐλαίν, hoc est in oleo macerata aut tabefacta potius. Marcellus Vergilius ϰϰᾶσι legere mauult, id est usta. quoniam Paulus Aegineta quoqʒ crematæ salamandræ cinerem tantum ad hos usus adhibeat, cuius hæc sunt uerba, Σαλαμάνδϱας δὲ ϰϰυβείσης τὴν τέφϱαν ὗιοι μόϱϱσου: Quod est, Crematæ autem salamandræ cinerem aliqui miscent. Ego salamandram non ustam magis septicam esse puto quàm cum usta est: quòd igne uenenum illud septicum maiori ex parte consumatur. Salamandræ cinis pilos in palpebris incommodos euulsos renasci nõ patitur, Plinius. Salamandræ ustæ cinerem terrestrium herinaceorum felle excipito, ac pilis antea euulsis utitor, Galenus de compos.medic.secundum locos 4.7. ad pilos palpebrarum pungentes. Et rur sus lib.1.inter ea quæ Crito ad pilos disperdendos scribit: Quin & fortiora iam dictis ex herinaceis & salamandra componunt in oleo coctis. Salamãdræ cinis aspersus myrmecias & clauos pedum
40 breui extirpat, Kiranid. Intestina salamandræ pilos abolet, Nicandri Scholiastes. sed apud Diosco ridem aliter habetur, Exenterata detractis pedibus & capite in melle seruatur, ad eundem usum, (ad euellendos pilos.) Verum Plinius hunc reponendi salamandras modum in alium usum refert: Sex tius(inquit) Venerem accendi cibo earum, si detractis interaneis & pedibus, in melle seruentur tra dit, Mihi quidem Pliniana lectio magis probatur, nam ex scinco etiam & stellione, tum simpliciter tum transmarino, capite caudaqʒ rescisis, medicamenta inunt intra corpus sumenda ad Venerem ciendam, & alios quosdam usus. Hæc scribo ut ueterum scripta explicẽ, non quod huiusmodi quic quam intra corpus dari approbem. Sextium sane Plinius alibi etiam sæpe citat, ita ut semper fere eadem apud Dioscoridem quoqʒ reperiantur. Salamandræ sanie quæ lactea ore uomitur, quacun que parte corporis humani contacta, toti(totius corporis)defluunt pili:idqʒ quod contactum est, co
50 lorem in uitiliginem mutat, Plinius.

Defluit expulsus morbo latitante capillus,   Seu raro lauitur, seu uis epota ueneni,
Seu salamandra potens, nullisqʒ obnoxia flammis   Eximium capitis tactu deiecit honorem,
Q. Serenus. Hoc salamandra caput, uel sæua nouacula nudet, &c. Martialis mulieri imprecans.
Plura uide mox in ueneno eius. ¶ Salamandræ cor circa genua mulieris gestatum, cõceptum im pedit & menstrua, ita ut extinguantur. Quòd si in pelle nigra cubito alligetur, tertianam & hemi tritæum & quartanam, & omnem typum febris aufert, Kiranides. Persuasio quidem illa circa ste rilitatem inducendam mulieri hoc cor iuxta genua gestanti, inde orta uideri potest quòd salamã dræ etiam steriles creditæ fuerint, nam & alias similes falsas credulitates (ut sic dicam) recitauimus in Lepore G.
60 ¶ Contra salamandram aut aliquod ex ea uenenum intra corpus sumptum. Inter omnia uene nata, salamandræ scelus maximum est. Cætera enim singulos feriũt, nec plures pariter interimunt, ut omittam, quòd perire conscientia dicuntur homine percusso, neqʒ amplius admitti ad terras. Sa

G 4

lamandra populos pariter necare improuidos potest. Nam si arbori irrepsit, omnia poma inficit ueneno, & eos qui ederint necat frigida ui, nihil aconito distans. Quinimo si contacto ab ea ligno uel
pede crusta panis incoquatur idem ueneficium est, uel si in puteum cadat. Quippe cum saliua eius
quacunq̃ parte corporis, uel in pede imo respersa, omnis in toto corpore defluat pilus. Tamen talis & tanta uis ueneni à quibusdam animalium ut suibus manditur, domante eadem illa rerum dis-
sidentia. Venenum eius extingui primum omniũ ab his quæ uescantur illa uerisimile est. His uerò
similia sunt quæ prodantur (probantur à) cantharidum potu, aut lacerta in cibo sumpta. Cætera ad-
uersantia diximus, dicemusq̃ suis locis, Hæc omnia Plinius 19. 4. In quo non probo, quòd salamandræ uenenum frigidum facit, & aconito comparat. nam neq̃ illud frigidũ esse supra in c. ostendi, neq̃ aconitum in Lupo a. Deinde quod scribit uenenum eius primũ extingui ab his quæ uescan   10
tur ea, uerisimile esse, de suibus tantum accipio, (Nicander quidem suillam carnem cum testudine
elixam cõmendat,) ut præcipua alexipharmaca ex sue petẽda sint, ijs uerò similia & proxima, nem
pe secundo loco, ea quæ aduersus cantharides aut lacertas produntur uel probantur, id est laudantur. Multa enim, ut in sequentibus patebit, commune aduersus salamandras & cantharides auxiliarem uim obtinent. quamobrem miror cum simile sit cantharidum uenenum, & remedia ferè eadem contra utrasq̃, quomodo Plinius rursus (eodem capite inferius) cantharides salamandris resistere scribat, his uerbis: Salamandris cantharides contrariæ sunt, ut diximus. Atqui hoc nusquam
alibi ab eo dictum reperio: neq̃ si reperirem approbaturus essem. Itaq̃ deprauatũ esse dixerim Plinij locum, aut mutilatum. Codex iam olim Basileæ excusus sic habet, Solipugis cor uespertilionis
contrarium, omnibusq̃ formicis, salamãdris resistit. Cantharides diximus: sed & in ijs magna quæ-   20
stio, &c. Hermolaus nullam hic uariæ lectionis mentionem facit, ut neq̃ Sigismundus Gelenius.
Hic reprehendendus est etiam Matthæolus, qui miratur quomodo Dioscorides iubeat ijsdem auxilijs contra salamandram uti, quæ aduersus cantharides adhibentur, cum hæ calidissimæ sint, illa,
ut inquit, frigida: itaq̃ non de particularibus remedijs, sed tantum de communi uenenis medendi
genere intelligenda Dioscoridis uerba putat. Sed uulgo errat, cum neq̃ frigidum sit, ut sæpe iam
dixi, salamandræ uenenum, & particularia auxilia, ut in sequentibus apparebit, multa eadem sint.
Interim tamen remedia illa quæ contra cantharides præscripta sunt tanquam communia, nõ omittenda esse, & de ijs præcipue intelligenda esse Dioscoridis uerba non negârim, si ita legas ut codices nostri habent, & Marcellus transtulit, ἐφ' ὧν πάντα ποιήσομεν ὅσα καὶ ἐπὶ κανθαρίδων, ἰδιαίτερον δ
τοῖς προσφέρομεν, &c. Sin legas ut Aegineta, ἐφ' ὧν ἅπαντα ποιήσομεν ὅσα & ὑπὸ τῆς κανθαρίδος, ἰδιαίτερον δ   30
αὐτοῖς, &c. cui lectioni Plinius etiam astipulari uidetur, de particularibus quoq̃ medicamẽtis eum
sensisse dici potest. Sed Aetius hac in parte cum Matthæolo facit, scribens, Danda uerò & his quæ
in cantharide sunt relata, ut inde uomant. Ephemero sumpto, quemadmodum & à salamandræ
potu, remedio sunt uomitiones & clysteres, Dioscorides. Qui biberit salamãdram, patietur signa
cantharidum, & cura eius & bezoar est una, Aponensis. Salamandra ab apris in Pamphylia & Ciliciæ montuosis deuorata, qui edere moriũtur, nec est intellectus ullus in odore uel sapore, Plinius.
Sus si quando salamandram comederit, ipse extra periculũ est: eos autem qui carnibus eius uescantur, interimit, Aelianus.   Et aqua uinumq̃ interimit salamandra ibi immortua, uel si omnino biberit unde potetur, Plinius. Aquas, quibus admixta fuerit, exitiales reddit, item fructus, præsertim
mortua, Theophrastus. Verisimile est autem mortuæ uenenum latius spargi propter accedentem   40
putredinem, & emanantes inde uapores odore & flatu solo inficere. Nostro etiam tempore uenenosa hæc eius uis non ignoratur. nam Galli quidam olim mihi narrarunt, uulgò apud eos ferri, si
blanda (sic salamandram Narbonenses uocant) in aceruo tritici reperiatur, totum inficí, adeò ut uel
gallinæ uescentes inde pereant. Apud nos quidẽ non usquequò male audit: & Antonius Brasauolus salamandram nostrã (inquit) nõ puto adeò uenenosam esse, ut uulgus & recentiores multi arbitrantur. Sed præstat hac in re ueterum scriptis credere quàm experiri. Rimatrix est serpens ordinis primi, (id est pessimi ueneni) rimans aquas & cibos, & inficiens eos: & si quis ex infectis aliquid gustauerit, statim moritur, ut dicit Iorach, Albertus. Hæc mihi omnino eadem quæ salamãdra uidetur, ex simili aut eadem potius ui ueneni, eoq̃ magis quòd nec in ipsa salamandra & quem
cum ea confundit stellione, nec alibi tale uenenum Albertus ex Ioracho commemoret, cuius ta-   50
men uerba in plerisq̃ omnibus alijs serpẽtium generibus adducit. nec obstat quòd serpens dicitur,
cum his nominibus barbari abutantur ut monui in A. In obsonia aliquando dum coquuntur inci-
dere solent, serpens, salamandra, erucæ, Aetius 13. 9. In quibusdam Heluetiæ locis sac à salamandris appeti aiunt, & si forte in sylua cubantis uaccæ uber suxerint, emori id, nec amplius lacte manare. Saniem aut saliuam ore lacteam uomit, irritata præcipuè, ut Agricola tradit. Hæc uel calcata
tantum, hominem inficit, Arnoldus. Ab huius in quacunq̃ corporis parte contactu toti (totius corporis) desfluunt pili, idq̃ quod contactum est, colorem in uitiligine mutat, Plinius. Quamobrem
medici quidam uehementius psilothris salamandram aut cinerem eius admiscent, ut supra scripsi.
In herbis aut fructibus quos ore tetigerint, saliuam quandam relinquunt, uenenum præsens, & eosdem lacteo illo succo, quem toto corpore residant, transeundo inficiunt, Matthæolus.   60

¶ Signa eorum qui salamandram sumpserunt. Linguæ inflammatio consequitur, Dioscorid.
γλώσσης βάθ⊙ ἐμπρήσθυ, Nicander. Est autem periphrasis, inquit Scholiastes, γλώσσης βάθ⊙ pro ipsa
lingua,

lingua, quæ huius ueneni ui craſſeſcit. Lingua exaſperatur, Largus. Mens & ſermo præpeditur, ut ex Dioſcoride Ruellius & Matthæolus tranſtulerunt. Marcellus Vergilius non mentis, ſed ſermonis tantum impedimentum fieri tranſtulit, eam quæ in Aeginetæ libris habetur lectionem ſecutus, λαλιᾶς ἐμποδιϲμός. Et quanquam ueriſimile eſt inflammata lingua ſermonem impediri, omnes tamen quos ego uidi, præter Aeginetam, qui de hoc ueneno tractarunt ſcriptores, non λαλιᾶς ſed ϲφαϲνοίας habent, Dioſcorides, Aetius, Nicander. & Auicenna 4. 6. 2. 7. idem tamen 4. 6. 5. 20. ubi de morſu ſalamandræ agit, & ſigna remediaq́; ea repetit quæ ad uenenú eius in corpus ſumptum pertinent, non ad morſum, Aeginetæ lectionem ſequitur. nam ubi legitur & grauitas linguæ, & punctio eius, Bellunenſis reponit, & grauitas linguæ, & loquela difficilis in qua pronunciatur mumu.

10 Verſus quidem Nicandri hi ſunt, οἱ δὲ πτεισφαλίοντες ἅτε βρέφ᾽ ἐρπύζϲι τετραπόδεϲϲι, νοθρᾶ γάρ ϲφι φρόνϲι ἀμβλυόντι. Hoc eſt, Illi membris inualidi (aut titubantes) infantis inſtar reptant quadrupedes. mens enim eis obtuſa eſt. Tremor cum torpore (ſtupore) aut horrore quodam ac exolutione accedit, Dioſcor. Græcè legitur καὶ τρόμ᾽ μετὰ νάρκης ἤ φολκης τινὸς καὶ ἑλκώϲϲ. apud Aeginetam ἑλκύϲϲ, ſed uideo interpretes omnes, & rectè quidem meo iudicio, legiſſe ἰκλύϲϲ. eclyſis enim reſolutionem & imbecillitatem ſignificat. Cornarius etiam apud Aetium exolutionem uertit. Matthæolo neſcio quid in mentem uenit ut pro tribus iſtis uocabulis, quæ ſunt, torpor, horror ac reſolutio, triſtitiam, pauorem ac debilitatem magnam reddiderit. Corpus inualidum ſit, & torpet rigoribus quibuſdam, Largus. Ἀψ δ᾽ ὑπὸ μάλκης δάμναται, ἐμβαρύϲϲϲ δὲ κακὸς τρόμ᾽ δ᾽ ψία λύϲι, Nicander. hoc eſt, Mox autem frigore corpus corripitur, & grauans malus tremor membra reſoluit. Ad

20 hæc partes nonnullæ corporis liuoribus circunquaq́ ſugillantur: ſæpeq́; diutius immorante ueneno putreſcentes defluunt, Dioſcorid. ut Ruellius, Marcellus, & Matthæolus uertunt. (hic quidem etiam clarius, corruptas in terram decidere:) item Auicenna, & ex Aetio Cornarius. Dioſcoridis uerba ſunt ὡς πολλάκις ϲκπόμνα περίρει τὰ μόρι᾽, Mihi quidem non uidetur partes ipſas delabi integras, cum tantam putredinem oboriri in membris, uita & corde adhuc incolumi, uix ſit ueriſimile: nec ab ullius alterius ueneni uel intra corpus ſumpti, uel per ictum morſúmue in ipſum tranſlati, tale quid accidere legimus, quod meminerim. Et ſi enim Marcellus Vergilius à cenchro morſis carnes decidere transfert ex Dioſcoride: Græcè tamen legitur περίρειν, quod eſt humore diffluere. Itaque ἀπορίρειν malim ſimpliciter interpretari fluere & manare, humore ſcilicet putrido, & ſaniem ſtillare, pro περίρειν. In hanc ſententiam induxerunt me Nicandri uerſus iſti, Σάρκα δ᾽ ὕπνροχόωϲι ἀυλμές

30 ἄκρα πελιδνὰ Σμώδιγϲν ϲτάξϲι κελαινοϲύλης παχύτητ᾽. quod eſt, Per ſummam autem cutim liuentes maculæ paſſim apparent, eouſq; ſcilicet diſperſa ueneni malitia. Vbi interpres habet, Ἐπιτρέχϲι τῇ ϲαρκὶ πελιδνότης, ὃξ ἧς ἐργαϲία, lego ὑγραϲία. Et mox, Σμώδιγϲν αὐτὰ κατὰ ϲωτήκϲι τῇ ϲαρκὸς ϲτάξϲι. Sed aliàs, inquit, ſcribitur ϲίξϲι, id eſt pungunt, ut ſenſus ſit, liuores illos multos & diſperſos in eis eſſe punctiorum inſtar. Sed ego ϲτάξϲi malim, quod cóuenit cum uerbo ἀπορίρειν. Corpus liuoribus quaſi maculis uariatur, Largus. Auicenna 4. 6. 2. 7. alia etiam ſigna ex Aetio citat, ſed corruptè, quare omitto. Habet enim Aetius omnia ut Dioſcorides: niſi quod præterea addit hæc uerba, Primum equidem maculæ albæ per ſummam cutem apparent, deinde nigræ, poſtea nigræ cum putrefactione & defluuio capillorum. quæ uerba etiam ipſa cum Nicandri & noſtra ſententia faciunt. Sed hæc ſigna eueniunt etiam ubi pars aliqua corporis à ſaliua ſalamandræ contacta eſt, unde toti defluunt pili,

40 idq́; quod contactum eſt colorem in uitiliginem mutat, ut Plinius ſcribit. Et à morſu eius probabile eſt eadem fieri. A potu ſalamandræ accidunt dolores uehementes in ano (aliàs in ſtomacho, Bellunenſis) & apoſtema ſicut hydrops, & in uentre ſpaſmus, & retentio urinæ, Auicenna: ex quo etiam Arnoldus repetit ſed corruptiſſimè ut excuſi codices habent, in libro de uenenis. Video autem deceptum Auicennam, cum Dioſcorides hæc ſigna de ijs ſcribat qui bupreſtin ſumpſerunt, de qua proximè ante ſalamandram agit.

⁋ De peculiaribus remedijs aduerſus hauſtam ſalamandram, quæ ſcilicet poſt communia ſtatim (ut ſunt uomitiones & clyſteres, de quibus ſupra nonnihil dixi,) adhiberi debent. ⁋ Auicenna 4. 6. 2. 7. eadem quæ Dioſcorides & Aetius remedia præſcribit, ſed deprauatius. Salamandræ cura communis, eſt ut cura opij: & dentur in potu theriacæ magnæ, ut theriaca alſeruch, & Mithridatum & ſimilia, Auicenna. Quanquam autem curam eius cómunem eſſe dixit ut opij curam,

50 non iccirco oportet ſalamandræ uenenum eſſe frigidum, ut Matthæolus ratiocinatur, oblitus ſe paulò ante negaſſe calidum eſſe uenenum licet eadem cura communis, quæ aduerſus cantharides, ei debeatur, nam & calidis & frigidis uenenis una eademq́; cura communis ferè omnibus debetur. ⁋ Nunc particularia remedia, ut ab authoribus tradita ſunt, ordine alphabetico ſubiungam. Aqua mulſa, uide in Lino. Calamintha, ut Auicenna ponit, non rectè, uide in Rana. Aiugæ ſiue chamæpityos decoctú, in quo nuclei pinei (ſtrobili, uel ut Aegineta habet ſtrobili, unde Auicen. tranſtulit grana pini parua,) conterantur, Dioſc. Chamæpityos folia coque cum conis, & ἱψκωτν (ἐδεξαϲτν, Scholiaſt.) πωίκης, Nican. Vide in pino infra. Cupreſſi folia, Auicenna: uide infra in Pino. ⁋ Eruum, uide in Vrtica. Eryngium, uide infra in Rana. ⁋ Galbanum ex melle linctum, aut

60 reſina pinea ex melle, Aetius & Dioſcorid. Auicenna (aut eius interpres) ex Aetio, quem citat, hunc locum malè tranſtulit, his uerbis: Priuatim conferunt, ammoniacú, (reſina, Bellunñ.) & gluten albotin, & ſumatur de eis, aut ambo cum ſtyrace. Galbani radix, Nicand. ⁋ Lac recens, præ

cipuè bubulum, contra salamandræ uenenum efficax est, Dioscorid. Lac infunditur phthisicis,
cantharidum, aut salamandræ uenenis, Plinius. infundi intelligo per clysterem. nam poti remedia
mox priuatim subiungit. Dioscorides autem lac in potu dari uult: nec aduersantur, sed utruncp fecisse profuerit. Lilium, uide in Vrtica. Lini seminis farina ex aqua mulsa sumpta, quàm plurimum bene adiuuat, Largus. ¶ Mel quàm plurimum per se, uel cum resina ex pinu, Largus. Gal
banum ex melle linctum, Dioscorid. Mustum cantharidum naturæ aduersatur, & salamandræ,
Plinius, à quo & sapa commendatur. ¶ Oleum prodest contra cantharides, salamandras, &c. per
se potum redditumcp uomitionibus, Plinius. ¶ Resina pinus, (φητίνη πιτυΐνη,) aut galbanum cum
melle, in eclegmate, Dioscor. Aetius clarius, Resinam pinus cum melle delingendam præbe, aut
etiam galbanum cum melle. Δάκρυα πεύκης, id est lachrymæ piceæ, (quanquam Gaza ex Theo-10
phrasto πεύκην pinum uertit, πίτυν piceam,) cum melle, Nicander: & paulò pòst, Resina (simpliciter) cum melle. sed hic mel apum, ὀργα μελίσσης, expressè nominat, supra uerò mel τενδρηνης, quod genus insecti ex apum genere uel api simile, uel ipsum alueare interpretatur Scholiastes. Resina ex
pinu, cuius etiã tenera folia cum herba quam Græci chamæpityn appellant, decocta, ex aqua mulsa prosunt, Largus. Ἧ χαμαιπίτυΘ βλαςίμονΘ ἄμμιγα κώνοις φύλλα καθεψήσειας, ὅσε εἰψήσουσι πεύκην, Νi
cander. ubi Scholiastes, Σuν Ἰήσεας ἥν φησι ἴσερ (ἀλὲ σροβίλας) τοῖς φύλλοις Ἦ χαμαιπίτυΘ Ἦ βλαςήμονΘ δυε
μυίμως μύλνις καθεψήσεις τὰ φύλλα κỳ ὰὸ κλῶνας ὅσυς ἑὸριΨατπὶ πεύκην, δέ ίω πίεψη. ὁμωνύμως λέγεται ὁ καρπός, ὁ
σροβίλης, κỳ ὁ κλών, Hæc ille. mihi quidem Nicander nullam ramulorum pinus, sed fructuum tantum
mentionem fecisse uidetur. necp enim uel strobilum uel conum in alia quàm pro ipso fructu signifi
catione legi dixerim. De re ipsa tamen non contendo, cum & Largus pini folia commendet, & cu-20
pressi folia Auicenna. quanquam is super hoc remedio Aetium citat, apud quem nihil tale reperio.
Aiugæ decoctum in quo nuclei pinei conterantur, Dioscorides & alij. ¶ Ranarum (βατράχων,
Aegineta βατράχων habet, quod magis probo, ne quis uirides ranunculos terrestres intelligat) ius
cum quibus eryngij radix incocta sit, Dioscorid. & Aetius, qui remedium hoc præter opinionem
auxiliari scribit. Nicander præterea scammonium addi & simul decoqui iubet: in cuius Scholijs
non scammonium, sed ammoniacum legitur, quod minus probo non admittente carmine. quanquam uetus etiam Auicennæ translatio ammoniacum inter remedia habet, tanquam ex Aetio sed
perperam. Bellunensis legit, resina, Aetius galbanum habet. Scammoniæ quidem liquor etiam contra leporem marinum à Dioscoride cõmendat. Ranæ decoctæ cum calamintha, Auicenna tanquam ex Aetio: sed ille cum eryngij radice decoquit, ut Dioscorides, nulla prorsus calaminthæ fa-30
cta mentione. De remedio ex ranis uide plura mox in Testudine. Resina, uide supra in Pinu.
Rutæ genera (ut satiua, & syluestris) ualent tum contra alia multa uenena, tum contra cantharides
ac salamandras, Plinius. ¶ Sæpe usus contra cantharides, salamandras, & contra mordentia uene
nata, Plinius à quo & mustum laudatur. Scammonium, uide paulò ante in Rana. Styrax, ut ab
Auicenna ponitur, nescio quàm rectè: uide supra in Galbano. Suis præpinguis carnes, (τρώτη, car
nes, Thracibus, Eustathio teste, & Nicander alibi, Καί τε βοὸς νέα χρύται) coctæ cum carnibus testudinis siue marinæ, siue terrestris, Nicander. est & alia quædam lectio in Scholijs, ubi nulla suis mentio, quæ mihi nequaquam probatur. Sues quidem & apros salamãdris deuoratis nihil pati, supra
diximus: unde Plinius etiam colligit primum & præcipuum ex suibus petendum esse remedium,
ut supra exposui. ¶ Oua testudinis marinæ aut terrestris, cocta, Dioscor. κỳ ὥτα βιάζε χλώνης ἁλ.40
θαίνει, Nicander. Grammatici θερμόν tum aliter, tum feruidum apud Nicãdrum interpretantur. ego
hic oua cocta intelligo, ut Dioscor. quæ ab igne aquæ uel cineris ubi cocta sunt adhuc caleant. Con
tra salamandras carnium decoctarum testudinis marinæ succum bibisse satis est, Plinius. Testudinem marinarum carnes admixtæ ranarum carnibus contra salamandras præclaris auxiliantur:
necp est testudine aliud salamandræ aduersius, Plinius. Et alibi, (lib. 32. cap. 5.) Ranarum marinarum ex uino & aceto decoctarum succus contra uenena bibitur, & contra ranæ rubetæ uenenum,
& contra salamandras. Sed cum ranæ ouiparæ quadrupedes nullæ in mari sint, quæ autē ranæ marinæ (βάτραχοι ἁλιεῖς) uocantur ex genere piscium planorum habeantur, quarum nulla contra uenena prædicetur, quod sciam, suspectus est mihi hic Plinij locus, ita ut dubitē an potius legendum
sit, Testudinum marinarum ex uino & aceto decoctarum succus, &c. nam & alibi testudinis mari-50
næ succum simpliciter decoctum (nimirum in aqua) ut superius recitaui, contra salamandras commendat. Fieri autem potest ut hoc erratum (si est) commiserit Plinius ipse memoria lapsus: etsi de ra
nis illic omnino eum agere, ex ijs quæ sequuntur patet, nempe de fluuiatilibus ranis. alibi sanè nusquam ranam marinam nisi pro pisce plano nominauit, longè diuersi generis quàm ranæ fluuiatiles
sint, ut necp remedia comparari debeant. Contra rubetæ quidem uenenum nullum ab alio quoquam ex rana marina remedium præscriptum inuenio, sed necp contra salamandram, ex testudine
uerò marina contra utruncp. Testudinis marinæ sanguis cum uino, &c. contra rubetam bibitur,
Dioscor. Aut igitur omnino apud Plinium pro ranarum marinarum reponemus testudinum ma
rinarum: aut saltem nullum periculum est si id fecerimus, cum Plinius ipse testetur nihil testudine
aduersius esse salamandris. Suis præpinguis carnes cum testudine marina aut terrestri coctæ, Ni-60
cander. Apollodorus urticæ semen salamandris contrarium esse affirmat cum iure decoctæ testudinis, Plinius. Vrticæ folia cum lilijs & oleo decocta, Dioscor. Nicander urticam cum oleo &

                                            crinnis

crimnis coquit, & in cibo dat ad saturitatem. est autem κϵιμϵνϵ farina crassiuscule molita, κϵίμνοι οἱ πα χύτϵροι τῶν ἀλϵύρων, κϕ κϵίμνϵ ἡ κϵχθί. Scholiastes hic farinam erui exponit (cuius & proximè antè mentionem fecerat, cum sicca erui farina semen urticæ miscendum pro remedio monens,) aut hor- deaceam. facilis aũt transitus est à κϵίμνοις in uocem κϵίνος, id est lilijs, ut Aegineta, Aetius & Diosco rid. habent. Mihi Nicandri lectio placet. Vrticæ semen etiam Auicenna inter remedia numerat, tañ quam ex Aetio, apud quem hoc non legitur.

¶ De morsu salamandræ. Hanc lacertam in quibusdam Galliæ locis, ut dixi, arressadam uo- cant, cuius morsum adeò exitialem esse putant, ut nulla uitæ spes relinquatur. itaǵ uulgò hæc me- tra celebrant: Si mordu t'a une arressade, Prens ton lincieul & ta flassade, hoc est, Si te salamandra
10 momorderit, accipe linteum tuum ac ruam lodicem. Rhæti qui Italicè hodie loquuntur, aiunt à salamandra morsum tot medicis opus habere, quot distinguitur maculis. Sic & apud Arnoldum de uenenis, affices quidam serpens multis & uarijs distinctus maculis, tot habet species nocendi, quot colores distinctos. Dentes ubi semel inflixit salamandra, (ut quidam mihi retulerunt, nescio an uere)nunquam remittit, & si auellatur, letale est, ita enim relinquitur uenenum, (quod etiam de bufone fertur.)itaǵ relinquenda est à morsu pendens, quòd homo interim uiuere possit. Nican- der in Theriacis salamandræ morsum dolosum & semper infestum esse scribit, Καὶ σαλαμάνδροιο δό λιον δ'ἀκϵ ἀϵϕ ἀπϵχθϵς. Significat autem δ'ἀκϵ tum serpentem mordentem, tum morsum ipsum, ut Varinus docet. Salamandræ duæ, quas domi habui, cum sæpe à me bacillis ligneis, herbarũ cau- libus aliterǵ tentarentur, nunquam tamen ne os quidem tanquam morsuræ diduxerunt : morsum
20 etiam ab eis apud nos nunquam audiui quenquam, sed fieri potest ut non omni tempore aut non in quauis regione mordeant, ut stelliones quoǵ. ¶ Quos salamandra percussit, eos dolor uehemens & crustæ productio consequitur, adhibeatur autem eis communis cura iam prædicta, Aetius. Aui cenna 4. 6. 5. 10. de salamandræ morsu scribens, (nam de alijs quoǵ in eodem tractatu ictu mor- suue relinquentibus uenenum agit,) eadem tum signa tum remedia ponit quæ Græci salamandræ in corpus sumptæ ueneno adscripserũt, & ipse etiam scripserat supra 4. 6. 2. 7. nisi quòd illic quæ- dam aliter habent, eò quòd è Græcis malè translata sint. Vnicum est hoc in loco remedium quod morsui conuenit, quòd ranas decoctas edi iubet, & ius in potu dari, (quanquam hoc etiam inter alᵉ xipharmaca ponitur:) & insuper carnem earum imponi, quod theriacum est, id est morsui conue- niens. Cor uespertilionis contra salamandras prodesse Aggregator citat ex Plinij lib. 29. ubi nos
30 cap. 4. cor uespertilionis non salamandris, sed salpugis siue solifugis contrarium esse legimus. Idem Aggregator remedia tanquam contra morsum salamandræ scribit, quæ ab authoribus con- tra uenenum eius intra corpus sumptum prodita sunt. Morsus quidem salamandræ solus Nican- der, Aetius & Auicenna meminerunt: remedia uerò ad eum particularia nemo scripsit, (nam Aui cennam in hoc errasse ostendi:)nimirum quod cura communis satis facta uideretur. Nicander quidem in Theriacis, cum animalia aliquot uenenosa, & ictu morsue ab eis læsorum signa descri- psisset, ut phalangia, scorpios, apes, uespas, scolopendram, salamandram, uenenata marina, & aliᵃ: mox remedia subijcit, tanquam communia contra hæc omnia, nihil distinguens.

¶ Curiosi quidam homines, in salamandris uim quandam inesse persuasi, qua argentum ui- uum in aurum mutetur, ipsas in olla super carbonibus ignitis ponunt, & argentum uiuum per tu-
40 bum ferreum oblongum superinfundunt : in quo opere interdum uenenoso uapore exhalante ita inficiuntur, ut corpore intumescant, uel alia noxa implicentur, uel etiam de uita periclitentur. His Theophrastus Paracelsus remedio esse scribit nescio quam axungiam Solis, (oleum auri fortasis,) quam inter arsenici & argẽti uiui alexipharmaca descripserit. nos eam descriptionem in libris eius non reperimus.

H.

a. Ζωοφόρϵ, κϕ σαλαμάνδροα, κϕ ἀγγαϊον νϵκρϵ, Hesychius & Varinus. uidetur autem significari urna in qua crematorum funerum ossa condebantur, aut ipsa cadauera integra : quam & sarcopha- gum uocabant, quòd ex certo lapidis genere fieri soleret, qui carnes mortuorum consumebat: quo sensu ζωοθϵρον potius dixerim à consumenda animalium carne, quæ uis septica & exedens salaman-
50 dris etiam in uiua animalium corpora est.

¶ Epitheta. Seu salamandra potens, nullisǵ obnoxia flammis, Samonicus. Nicander cogno minat λιπορρινον, & φαρμακίσια σαυρων πολυκνϵδϵα. Et rursus, Καὶ σαλαμάνδροιοι δόλιον δ'ἀκϵ ἀϵϕ ἀπϵχθϵς, non de morsu, sed de ipsa salamandra. sequitur enim, Ἤτϵ κϕ ἀσθϵϵιον, &c.

¶ Lapis Eislebanus refert aliquando effigiem salamandræ, aliás aliorum animalium, Georg. Agricola.

¶ e. Alchymistæ dicti salamandra nescio quomodo in metallorum metamorphosi & chryso- pœia utuntur, ut aiunt: Vide nonnihil supra in fine capitis septimi. ¶ Salamandræ cor gestatum, securitatem ab igne præstat, & audacem contra incendium & incremabilem reddit.
Animal ipsum in caminum uel ignem immissum, omnem flam=
60 mam extinguit, Kiranides.

DE STELLIONE.
A.

ENERA lacertorum plura funt, ut falamandra, faura, ftellio, Ifidorus. Hermolaus Barbarus conijcit ftelliones effe quas Romanum uulgus tarantulas uocat, albas, innocuas, & pufillis lacertis fimiles. Idem Perottus & Grapaldus afferunt, & Lucius Ioan. Scoppa. Stelliones nonnulli tarantulas effe putant, Niphus. Stellio multas maculas paruas in dorfo habet fimiles ftellis. non enim eft illa lacerta quæ afpicit homines. ifta enim eft uiridis. illa habet colorem æruginis æris: & forte eft de genere earum, quæ uerfantur in ædificijs & domibus antiquis, & raro mordet. quia habet dentes tortuofos, quos relinqueret in uulnere, Ponzettus cardi- 10 nalis: uidetur autem non de alia quàm tarantula fentire. Circa Romã inuenitur genus quoddam parui lacerti, dorfo per totum ftellato, quod terrantulam uocant, quoniam fub terra degere foleat. id quia ualde uenenofum eft, fæpe cogitaui Diofcoridis fepa fiue chalcidicam lacertam effe: aut fi ea non fit, uetrum ftellionem, Petrus Matthæolus Senenfis in Diofcorid. 2, 58. Et rurfus 6. 4. Stelliones (inquit) in Italia uenenatos effe & letales alicubi Ariftoteles fcribit, qui uerò illi fint, non facile dixerim, nifi fuerint tarantulæ quæ apud Thufcos reperiuntur in domibus, præcipuè in cauis quibufdam mururum prope terram. Paruis enim lacertis fimile eft hoc animal, & araneis uiuit, ut Plinius & Ariftoteles de ftellione fcribunt: & per dorfum totum ftellis quibufdam infignitur, unde forfan nomen inuenit: & in Thufcia morfus eius peftifer eft, Hæc ille. Ponzettus tarantulas non à terra, fed à Tarento ciuitate circa quàm abundant, dictas fufpicatur. Stellio, id eft lacer- 20 ta uiridis, Vetus gloffographus Auicennæ, & Ant. Mufa Brafauolus de fimplicib. cap. 524. Stellionem medici noftri temporis magno errore accipiunt effe, cum longè aliud animal fit lacerta minus, Perottus & Grapaldus. Matthæolus in Diofcor. 6. 4. reprehendit illos qui lacertum minorem pro ftellione accipiunt, cum lacertus ille fanguinem habeat, & inter fæpes ac macerias uerfetur, quorum neutrum ftellioni conuenit, qui etiam rore & araneis uiuit, ille bruchis, cicadis, gryllis, cochleis, &c. homini beneuolus, nec ut ftellio noxius. Stellio, id eft lacerta facetana, fed fecundum quofdam eft lacerta uiridis, Syluaticus. Stellio, uulgò lacerta uermicularis ruftice, inuenitur in foraminibus domorum antiquarum, in quibus aranei quoque manere folent, Niphus.
¶ Stellionem Græci coloton (lego coloten) uocant, & afcalaboten, & galeoten, Plinius. Lacerti
fiue ftelliones qui per parietem repunt, curti funt, Græcè afcalabotæ uocantur, Marcellus Empiri- 30 cus. Ariftophanes in Nebulis fingit, dum Socrates ore hiante Lunæ motum noctu obferuat, ἀσκα-
λαβώτην uel γαλεώτην (nam utroq́ nomine uocat) à tecto alui excrementum ei immittere. Nicander in Theriacis ἀσκάλαβον uocat, nimirum carminis gratia. Afcalabotes à Græcis dicitur, quòd apud eos ἄσκαλος circulus eft. ftelliones autem circulis quibufdam depicti funt, & ueluti lucentibus guttis in modum ftellarum, unde nomen, Perottus. Ego hanc etymologiam apud nullum idoneum authorem inuenio, ut neq́ afcalon pro circulo ufquam. Hebræi quidem agil, ליגע, circulum & rotundum uocant. Grammatici ἀσκάλαβα interpretantur impura, quod fanè etymon animali impuro & uenenato congrueret. Sed afcalabotes forte quafi κωλοβάτης dictus fuerit, quod artuum fuorum digitis & unguiculis innixus per parietes repat, & felium aut muftelarum inftar afcedat. nam & colotes, ut iam ex Plinio dixi, uocatur, & κωλαβώτης Suidæ: nifi quis malit à calis, id eft lignis fic 40 dictum, ut & calopodion, pedem uel calceum ligneum dicimus. nam & xylobates & toechobates à Kiranide nominatur, quòd ligna (afteres fcilicet ligneos) & parietes fcandat. ξυλοβάτης (inquit) uel τιοχοβάτης eft fpecies parua crocodili (id eft lacerti.) κωλώτης, qui & γαλεώτης, ἀκ ῠ δ αὐτὸς ὀυσύχως ἄλλεώτω πόει αὐ μῦς, Varinus, hoc eft, Videtur autem fcitè & argute circa mures falire: quafi hoc etymon ftatuat, ut inde nomen habeat, tanquam ὀυσκαλώτης. fed hoc feli potius aut muftelæ quàm ftellioni conuenit, qui mures nihil curat. Sciendum itaq́ ueteres afcalabotæ & colotæ nomine tum de fele feu muftela potius, tum de ftellione ex æquo ufos effe, ut Grammatici quidem in dictionarijs interpretantur, Varinus & Suidas, nam apud ipfos authores nufquam inuenio his uocibus felem aut muftelam fignificari, quũ illam femper ἄιλουρον, hanc γαλῆν nominent. Recentiores tamen Græci γαλῆν etiam pro fele feu cato pofuerunt, ut in Cati hiftoria docui. Videtur autem uulgus Græco- 50 rum hæc nomina de duobus feu tribus iftis animalibus ideo confudiffe, quòd ex æquo omnes in fublime fuis pedibus & unguiculis reptando fcandant. In picorum genere arborum cauatores funt, fcandentes in fubrectum felium modo, illi uerò & fupini, Plin. 10. 18. Tranftulit autem hunc locum ex Ariftotele de hiftoria anim. 9. 9. ubi ille Gaza interprete, Picus martius (inquit) fcandit per arborem omnibus modis. nam uel refupinus more ftellionum ingreditur. Græcè pro ftellionibus hic afcalabotas legimus, Hermolaus etiam ftelliones uertit. Sed Græca integra apponam: Ὁ δρυοκολάπτης πορ´ευεται ἀπὶ τοῖς δ´ενδροτ πτχέως πάντα τρόπον, καὶ ὑπτίۄ, καθάπερ ὁι ἀσκαλαβῶται· In Mirabilibus eadem leguntur, fed ifta clarius, καὶ ὑπτίۄ, καὶ ἀπὶ τἠν γαςέρα. atqui feles afcendunt quidem commode, minus commode uerò defcendunt, ut defilire plerunq́ uel omnino uel ex parte malint. ftelliones utrunq́ pari facilitate præftant. Quare miror cur Plinius non potius ftelliones tranftule- 60 rit, ut debebat, quibus per parietes ingreffus feu reptatio fecundum omnes modos (furfum, deorfum, & in tranfuerfum obliquumq́) conuenit, ut & pícis & fciuris. ὑπτίۄ etiam dixeris reptare animal,

mal, cum sub aliquo transuerso progreditur: ut ὑδϊ γαϊοϝα, cum super eodem, hîc dorso sursum, illic deorsum spectante. Cæterum alibi ubicȝ Plinius ascalaboten & galeoten ex Græcis uel simpliciter stellionem, uel stellionem transmarinum reddit, uti nos obseruauimus. Κωλεπίναις, ἀσκαλαβώταις, Hesychius & Varinus. Colotæ quidem nomen nô aliter à colis, id est artubus & pedibus factum est Græcis, quàm ab ijsdem in hoc genere apud Latinos lacertis. Γαλεὸς & γαλιώτης, ἀσκαλαβώτης, Hesychius & Varinus. Galeotes igitur stellio uocatur, uel quòd ut galæ, id est mustelæ & feles, pedibus in sublime scandit: aut forte quod corporis ductu sit oblongiore, unde & galeis piscibus, id est mustelis inditum nomen. sed stellio tum longitudine tum humilitate etiam crurum mustelæ quodammodo refert. Ascalabotes stellio est quem & καλαβώτluυ uocant, sed frequentius galeoten.

10 ἡ καὶ ὁ ποντικὸς, καὶ ἡ κοινῶς λεγομένη νυμφῖτζα, Suidas, & partim Varinus. Est autem nymphitza recentioribus Græcis non alia quàm mustela: ponticus uerò, mus, cui ascalabotæ nomen alius præter Suidam nemo quod sciam attribuit. His tamen omnibus reptatio in sublime conuenit. Ascalabi etymon deduci potest etiam ϖϝὰ τὸ ἀκαλῶς βαίνειν, à molli & tacito ingressu, (ut Etymologo & Varino placet) qui & felium & stellionum generi competit. Cæterum ascalaphos per ph. dictus fuit Martis filius, ϖϝὰ τὸ ἀκαλὸν καὶ τὴν ἀφλὼ, ὁ τῷϸλίν ϖη κϸα καὶ εὐαφὴς. ἀκαλὸν enim est lene, molle, quietum, Varinus. At Suidas contra, Ἀσκάλαφῷ ϖϝὰ τὸ ἀσπαλὲς (ἀσκελὲς) ϑλ ἀφὴς, ὁ λίαν σκληϸὸς. Ægi=
netæ interpretes 5. 11. pro galeota, id est stellione felem non rectè transtulerunt, (ut in Fele ostendi=
mus: & quòd ascalabotes ac galeotes unum sit animal, licet Ægineta separasse uideatur,) & Auicennæ 4. 6. 4. 13. Σοφῆς ἀϸχγχης ἰσὼν εὐϸε κωλώτης, Καὶ λεπτὸν ϑηϸολὺ φαϸῷ, ἐκϊεμὼν ποίχα, Babrius apud
20 Suidam. uescitur autem stellio araneis, ut in c. dicam. Dormit colotes in præsepibus, & narem sub-
biens asini, ne comedat impedit, Aristot. Albertus nescio quomodo coloten hic rattum exponit,
idcȝ sine authore. Apud Græcos hodie uulgo stellionem λιακὸν conijcio: quæ enim sic uocant, lacertum esse aiunt paruum, argenteo lucido colore, in siccis & apricis locis: & nomen ipsum
quodammodo ad stellionem alludit, sed per aphæresin. A nonnullis tamen stellio esse putatur, qui
uulgò Græcis hodie ϑαμάμιϸῷ aut ψαμαμύϸη uocatur, quo nomine lacertum paruum significari pu
to, sed certum nihil habeo. ¶ De stellionis nominibus Hebraicis uide quædã supra in Lacerto A.
nam Septuaginta letaah transferunt in ascalaboten, id est stellionê, &c. Munsterus שממית semamith stellionem uertit, alij araneam aut lumbricum: Vide in nomenclaturis salamandræ & simiæ.
Ego omnino aut stellionem ipsum aut simile lacerti genus esse puto, proxima huic est uulgaris ho-
30 die uox Græca psamamythe & thamiamithos, de quibus paulò antè dixi. Prouerb. 30. sapientia ani
malia minuta quatuor numerantur, formicæ, cuniculi, locustæ, & semamith, quod manibus nititur
& moratur in ædibus regijs, ut Hieronymus uertit; Munsterus araneam quæ manibus negotietur.
sed Hebraica uox taphas apprehendere & capere, non negotiari significat. Manus quidem de stellione potius, qui manus digitatas habet ut lacerti, quàm de araneo dici possunt. Semamith Hebraicæ uoci uicina est Arabica samabras, uel saambras, ut Bellunensis legit, aliàs senabras uel semabras, unde salamandræ nomen deductum uidetur, non quòd idem sed quòd simile & congener sit
animal. Sarnabraus, id est stellio, Vetus glossographus Auicennæ. Senabras idem est quòd lacertus uel stellio qui in hortis reperitur, Bellunensis. Videtur autem abuti stellionis nomine, ut &
alij Arabum interpretes, idcȝ generis loco statuere, sub quo species aliquot contineantur, quod re-
40 ctius & Latinius lacerti quàm stellionis nomine facere poterant. Samabras quidem Auicennæ lib.
2. cap. 646. lacertam simpliciter significat, ut ex adscriptis ei remedijs clarissimè constat. Guaril
seu urel apud Auicennam lib. 2. in capite de athab seu aldab, id est lacerto, uetus interpres stellionem reddit, Bellunensis Arabicas uoces relinquit. Alurel est animal terrenum, simile lacerto, coloris cinerei, longum ad quantitatem trium palmorum, Bellunensis. Guaril lacerto similis est, sed
corporis forma differt, cauda longa, & paruo capite, Obscurus. Guasemabras, id est stellio, Vetus
glossographus Auicennæ: qui ibidem duas uoces guaril & semabras in unam confudit. Guaufes ani
mal quoddam habens sanguinem, & est stellio, Syluaticus. uidetur & hæc uox corrupta. Verus
quidê stellio, teste Plinio, sanguinem nô habet. Guaril aquaticus, id est scincus, sed uerius stellio,
Vetus glossograph. Auicennæ. Sed stellionis aquatici ex huius authoribus nemo meminit. Epi-
50 thetos, id est stellio, Syluaticus. Ascalabotes (id est stellio) & araneus pugnant, Aristot. ubi Albertus ineptissimè habet, Auis ascalonitis aliquando comedit abachiez. VASGA Arabicè sunt rept
lia, ut stellio, subnigra, dicta in Catalonia dracones domorum, quæ cum mordent, inflatur locus, do
nec denticuli infixi extrahantur, sicut etiam denticuli stellionis uel lacertorũ, Arnoldus in libro de
uenenis. Videntur autê mihi nihil ferè à ueris stellionibus differre, præterquã colore. ¶ Albertus
Magnus chamæleontem interpretatur stellionem maiorem, quod minimè probo. Idem chamæleontem, salamandram & stellionem imperitissimè confundit: & pro colote alicubi arcolum habet,
ex Auicennæ interprete nimirum. ¶ Germani, Galli & Angli, nullum quod sciam huius lacerti
nomen habent, cum ipso etiam animante careant. Errat qui stellionem Germanicè interpretatur
Puntermolch: quod animal omnino salamandram esse supra docui. ¶ Est & STELLIO transl.
60 marinus Plinio & Æginetæ, idem forte qui scincus: de quo plura in G. & mox in B.

B.

Reperiuntur stelliones in Italia, etiam uenenati morsus, Aristotele teste: item in Thracia, Ni-
H

candro. Nos supra circa Romam & in Thuscia stelliones tarantularum nomine haberi docuimus, Plinius in Italia nasci negat stellionis illud genus scorpioni contrariu quod Graeci ascalaboten & coloten uocent:(quod forte alibi stellionem transmarinum dicit,) Est enim hic (Graecorum stellio, inquit)plenus lentigine , stridoris acerbi, & uescitur : quae omnia à nostris stellionibus aliena sunt. Stelliones in Sicilia aiunt morsum habere letalem,non ut apud nos infirmum & leuem, Aristot. in Mirabilibus. ¶ Cortice integuntur, Aristot. Stellio terga depicta habet interlucentibus oculis in modum stellarum,unde nomen,Albertus.Et alibi, Piger est,dorso & cauda latior lacerto:& guttatus, cum lacerta sit unius coloris. sed haec coniuncta , ad salamandram magis referenda uidentur, quam,ut dixi,cum stellione confundit. Circulis quibusdam depicti sunt & ueluti lucentibus guttis in modum stellarum,unde, nomen,Perottus. Vide plura in A. Aptumᶐ colori. Nomen habet uarijs stellatus corpora guttis,Ouidius. Tarantulae, ut Romae uocant, albae sunt, innocuae, & pusillis lacertis similes,Hermolaus. Audiui etiam ex oculato quodam teste,tarantulam illam corpore lucido esse & fragili.Sed λιακόνι etiam uulgo apud Graecos dictus lacertus,siue idem siue similis,argenteo colore lucido esse fertur. Vidi ego nostros etiam communes lacertos in littore prope Venetias,albo colore,innoxios,nec mordentes licet digito in os inserto. Ascalabotes animalculum est lacertae simile , Suidas. Similis ascalabotae salamandra est , Aetius. Lacerti siue stelliones qui Graecè ascalabotae uocantur,curti sunt, Marcellus Empiricus. ¶ Stelliones sanguine carent, lacertarum figura,Plinius. hinc forte albo & lucido colore apparent. Sunt qui & ranam in quadrupedum ouiparorum genere sanguinem praeterquam in oculis habere negent. Chamaeleontem Aristoteles scribit sanguine carere exceptis oculis & corde , & quibusdam ex eo nascentibus uenulis. Quamobrem errasse uidetur Syluaticus (aut librarius, qui negationem omiserit) apud quem legimus, Guauses animal quoddam habens sanguinem , & est stellio. ¶ Stellio uel lacerta cum mordet,dimittit in loco sui morsus dentes paruos,subtiles, nigros, Auicenna & Albertus : plura leges supra in Lacerto B.& G. Stellio forte est de genere lacertarum, quae uersantur in aedificijs & domibus antiquis,& raro mordet:quia habet dentes tortuosos,quos relinqueret in uulnere , Ponzettus. Lacertorum etiam, qui Arabicè uasga dicuntur, stellioni similium dentes in morsu infixi haerent,ut Arnoldus scribit. ¶ Polypo brachia à congro abrosa, renasci, sicut colotis & lacertis caudam,haud falsum, Plinius. Stellio Graecorum plenus est lentigine,quod nostro non conuenit.atqui alibi non ipsum lentigine plenum esse scribit,sed faciem illorum qui medicamentum ex ipso factum biberint,lentigine obduci,quod magis probo.

C.

Stellio est lacerta inhabitans domos,Elluchasem. Stelliones in nouis domibus cernuntur, ut Marcellinus inquit, Hermolaus. In ueteribus domibus, Ponzettus. Cubilia eorum in locis hostiorum fenestrarumᶐ sunt,aut cameris sepulchrisue,Plinius. Ascalabotae aliquando ex superioribus locis in cibos, dum praeparantur,decidunt,Dioscorides. Parietes aedificiorum rependo conscendunt, Suidas & Marcellus Empiricus. In sublime scandunt, felium modo:sed & deorsum reptant & ad latera, ut in A. dixi. Latebras petunt,Ouidius 5. Metam. Senabras idem est quod lacerta uel stellio, qui in hortis reperitur,Bellunensis. Stelliones & aliae quadrupedes ouiparae quomodo ingrediantur, ex Aristotelis libro de communi animalium gressu,in Crocodilo scripsi.

¶ Nam saepe fauos ignotus adedit Stellio, Vergilius 4. Georg. Foramina aluearium angustissima esse debent,ut nec uenenatus stellio, nec aliud animalculum noxium intrare & fauos populari possit,Columella. Chamaeleonum stelliones quodammodo naturam habent, rore tantum uiuentes,praeterᶐ araneis, Plinius. Et alibi, Graecorum galeotes,stridoris est acerbi,& uescitur,quae à nostris stellionibus aliena sunt. Puto autem eum ex Graecis haec uertisse, & pro βρυγμὸς aut simili uoce morsum significante,stridorem reddidisse,homonymia deceptus. Βρυγμὸς enim utrunque significat,& stridorem qualis ex collisione dentium fit,& morsum, ut apud Nicandrum de ipso stellione, ἔνθα καὶ ὑπ’ ἀνϑ’ρώπ ἀπιχϑίᾳ βρύγματ’ ἴασιν Ἀσκαλάϐα. Inter stellionem & araneum bellum est. deuorantur enim aranei à stellione,Aristot. Σοφῆς ἀράχνης ἱσὸν εὗρε κωλώτης, Καὶ λειπ̄ὸν ᾧκιϑ’υ φᾶξϱ, ἰκ̄ημόϱν πύξον, Babrius apud Suidam.

¶ Stelliones mensibus quatuor frigidissimis latent,& nihil edunt interea, Aristot.
¶ Senectutem uere & autumno exuunt, ut & reliqua cortice intecta quibus mollis est cutis, Aristot. Tuniculam eodem modo ut anguis exuunt, Plinius. Exutam mox deuorant, uide in D. Γῆρας γαλιώ̄του , pellis stellionis, quam ut serpens per senectam exuit, Varinus. ¶ Oua parit,quorum liquor,ut Plinius scribit, euulsos palpebrarum pilos renasci non patitur. ¶ Animal est infirmum, Obscurus. Hinc nimirum ὑπὸ’ωνὸῳ ἀσκάλαϐὸν Nicander dixit. ¶ Tarantulas in quibusdam Italiae locis dictas(id est stelliones)si desuper alicubi cadant,caudam frangere aiūt : quod prae nimia corporis siccitate eis contingere uidetur.

D.

Theophrastus autor est,angues & stelliones senectutem exuere, eamᶐ protinus deuorare, praeripientes comitiali morbo remedia , Plinius & Aelianus. Ego id in libris Theophrasti qui extant non reperio,sed in Mirabilibus quae Aristoteli tribuuntur. Aduersus comitiales magnificè laudatur tunicula stellionis. Operaepretium est scire quomodo praeripiatur , cum exuitur membrana hyberna

hyberna,aliâs deuoranti eam,quoniam nullum animal fraudulentius inuidére homini tradunt. In=
de stellionum nomen aiunt in maledictum translatum.Obseruant cubíle eius æstatibus. Est autem
in locis hostiorum senestrarumĉ,aut cameris sepulchrisuè. Ibi uere incipiente sissis harundinibus
contextas opponunt casas,quarum angustijs etiam gaudet,eò facilius exuens circundatum torpo=
rem. Sed eo derelicto non potest remeare, Plin. Inuidentissimum hoc animal intelligitur, quo=
niam senectutem suam deuoret,&c. hinc stellare uerbum pro inuidere, Hermolaus. Ab hoc ani=
mali (inquit Perottus) stellionatus crimen apud Iurisconsultos nomen sumpsit : cuius cognitio, ut
Vlpianus sentit,ad præsidem spectat,cum scilicet aliquid dolo factum est:ut si quis rem alij obliga=
tam,dissimulata obligatione,per calliditatem alij distraxerit,uel permutauerit,uel insolutum dede=
10 rit:aut si quis merces supposuerit,uel obligatas auerterit,uel corruperit:aut imposturam fecerit,cu=
ius nulla alia ordinaria pœna est,sed extraordinariè plectitur,Hæc ex Vlpiano de crim.stell. Causa
autem nominis secundum quosdam hæc fuit,quòd qui huiusmodi criminis rei sunt,astu & dolo ue
lut quodam stellionis medicamento homines fallunt. fit enim è stellione malum medicamentum.
etenim cum mortuus est in uino,faciem eorum qui biberint,lentigine obducit. Nos autem causam
nominis ueriorem hanc esse existimamus,quòd nullum animal fraudulentius inuidere homini tra
dunt.ideo nomen hoc uersum est in maledictum:& quoties insidiatorem aliquem significare uolu
mus,stellionem nominamus. Scit stellio nihil tuniculæ suæ in comitialibus morbis præferri, &c.
ex Plinio,Hæc Perottus. A stellione fraudulentissimo animali stellionatus crimen & stellatura di
citur,Hermolaus. Stellatura nomē erat annonæ militaris,Lampridius in Alex. Annonas,inquit,
20 militum diligenter inspexit:Tribunos qui per stellaturas militibus aliquid abstulissent, capitali pœ
na affecit.Spartianus in Pescennio Nigro:Nam & Imperator Tribunos duos,quos constitit stella=
turas accepisse,lapidibus obrui ab auxiliaribus iussit,Budæus. Mihi non uidetur nomen esse an=
nonæ in priori exemplo,in posteriori potest. Sunt inter recentiores Grammaticos qui stellaturam
interpretentur extortionem siue fraudem qua capitanei seu duces subtrahebant militibus partem
annonæ ab Imperatore eis designatæ. Stellaturam sunt qui in fraudum usurpent ratione. Illud gra
uius,quod eruditis obseruatum scio,Stellaturam in militaris annonæ erogatione uideri frumenta=
rijs tesseris persimilem,quibus acceptis,plebi gratuitum distribuebatur frumentū,quippe hac con=
tributa,uilius constabat militibus annona. Meminit in Alexandro Lampridius, Frumentaria per=
ceptio in ratione hac nuncupatur Iulio Capitolino in Antoníni philosophi uita : Ob hanc, inquit,
30 coniunctionem pueros & puellas nouorum hominum frumentariæ perceptioni adscribi præcepe=
runt,Hæc ex Antiquis lectionibus Cælij. Stellionatus igitur est quasi surtum quoddam callidum
& dolosum,quod fit malè erogando aut distribuendo aliquid:aut contrahendo, emendo, uenden=
do,quod forsan etiam à Græco uerbo στέλλειν aut ὑποςέλλειν, quod est subtrahere, deriuatum aliquis
conjiciat. Non solum autem circa senectam suam,ut diximus, deuorandā, calliditas stellionis no
tatur:sed aliâs quoĉ astutum est animal,nam & apibus dolosè insidiatur.quamuis enim Columella
9.7. lacerto hanc fraudem tribuit,uidetur tamen de stellione accipi posse, quem paulò antè pecu=
liariter nominauit,aut uterĉ forsan apibus insidiatur. ὑποιοί δὲ γαλεῶται γέρων, Menander, ut citat
Suidas in Ascalabote.ubi galeoten senem astutum forte quis rectè interpretetur.

¶ Colotæ hostis asinus est. dormit enim colotes in præsepibus,& narem subiens asini, ne comē
40 dat impedit,Aristotel. Albertus hoc loco coloten ineptè rattum,id est murem maiorem exponit.
¶ Scorpionibus contrarius maximè inuicem stellio traditur, ut uisu quoĉ pauorem ijs afferat, &
torporem frigidi sudoris. Itaĉ in oleo putrefaciunt eum, & ita quæ scorpio pupugerit loca inun=
gunt,Plinius. Scalaboten,id est stellionem,hostem existimat scorpius, νάρκη δὲ ἅτερ, Philes,lego,
νάρκα δὲ ἅτερ,hoc est,afficit autem illum torpore.quamuis non scorpio stellioni,sed stellio scorponi
torporem inferat,ut iam ex Plinio diximus. Idem testatur Galenus in lib. de theriaca ad Pisonem.
Stellio (inquit)uisus à scorpijs,ναρκᾶ πηγνυσιν αὐτόν,Ὁ οὕτως αναιρεῖ : id est,torpore eos afficit, & ita interi=
mit. Magnam aduersitatem scorpionibus oleo mersis & stellionibus putant esse, innocuis dunta=
xat ijs,qui & ipsi carent sanguine,lacertarum figura. atĉ scorpiones in totum nulli nocere cui non
sit sanguis,Plinius. Vetus lectio habebat, magnam aduersitatem stellionibus putant esse,&c.
50 sine his uerbis,oleo mersis,ijs ad præcedentia relatis.Quòd si ad sequentia referas, sensus erit, scor=
pios oleo mersos, stellionibus aduersari, eorum scilicet morsui. atqui superius ex Plinio récitaui=
mus,stellionem in oleo putrefieri contra scorpionum ictus. Sed ut idem refert, inuicem contrarij
sunt,ut utrunĉ aduersus alterius uenenum ualere probabile sit. Stellione scorpius hostiliter odit:
scorpionem torpedo admota cōprimit, Aelianus interprete Gillio:sed perperam, ut supra ex Phile
uerbis per nos castigatis apparet. Crediderim autem Aeliani codicem, quò usus est Gillius corru=
ptum fuisse: ut & illum quo usus est Philes,qui sua omnia ab Aeliano mutuatus est,aut si ita scripsit
Aelianus, illum ipsum errasse ex Plinij & Galeni uerbis conuincemus. ¶ Inter stellionem etiam
& araneum bellum est,deuorantur enim aranei à stellione, Aristot.

E.
60 Fel stellionum tritum in aqua mustelas congregare dicitur, Plinius.

F.
Stellio,præsertim transmarinus,editur etiam,sed ad remedia tantum,ut proximè dicetur.

H 2

G.

DE REMEDIIS EX STELLIONE TVM SIMPLICITER VEL
Italico, tum transmarino uel Græcorum stellione.

Stellio & lacerta in cibo faciunt ut accipitres citius mutent pennas, Crescentiensis. Aduersus comitiales stellionem aliqui harundine exenteratum inueteratumꝗ bibendum dedère. alij in cibo in ligneis uerubus inassatum, Plin. Hydrocelicis stelliones mirè prodesse tradit. capite, pedibus, interaneisꝗ demptis, reliquum corpus inassatur. in cibo id sæpius datur, sicut ad urinæ incontinentiam, Idem. Dysentericis stellio transmarinus medetur, ablatis intestinis & capite, pedibusꝗ ac cute, decoctusꝗ & in cibo sumptus, Plinius. Lumborum dolori medetur stellio transmarinus, 10 capite ablato & intestinis, decoctus in uino (sic enim legendum) cum papaueris nigri denarij pondere dimidio eo succo bibitur, Idem. ego post dimidio distinxerim: & pro eo succo, legerim, & succus: id est, decoctum uel ius, bibitur. Idem remedium alibi sic describit, Ischiadicis stellionem potu prodesse dicunt, adiectis papaueris nigri obolis tribus. ¶ Ascalaboten aiunt ictibus scorpij utiliter imponi, Galenus lib. 11. de simplic. Scorpionibus contrarius maximè inuicem stellio traditur, ut in D. retuli. Itaꝗ in oleo putrefaciunt eum, & ita ea (quæ scorpius inflixerit) uulnera perungunt. Quidam oleo illo spumam argenteam decoquunt ad emplastri genus, atque ita illinunt, Plin. Oleo stellionis si quis locum à scorpio ictum inunxerit, dolorem compescet, ut Democritus docet, Diophanes in Geoponicis. Oleum stellionis, id est lacertæ inhabitantis domos, illitum axillis adolescentium, pilos euulsos enasci prohibet, Elluchasem. ¶ Magnificè laudatur contra comitiales 20 stellionis transmarini cinis potus in aceto, Plin. Ad uuulæ morbos, Stellionem uiteis lignis crematum imponito, & bene facit, Galenus Euporist.1.14. Crocodili (stelliones, de his enim tractat, tanquam crocodilorum, id est lacertorum specie) in cibo sumpti tanquam pisces, impudentes & inuerecundos (nimirum ad Venerem procliues) reddunt, Kiranides. Mirum & de stellionis cinere, si uerum est, linamento inuolutum in sinistra manu Venerem stimulare: si transferatur in dextram, inhibere, Plin. Ad Venerem ciendam. Oribasij apud Aetium: Stellionem ustum quàm tenuissimè conterito, deinde oleum affundito: atꝗ ex eo magnum dextri pedis digitum inungito, & coito, ubi uerò à coitu cessare uelis, digitum ipsum abluito. ¶ Antidotus tentiginem excitans, dextro aut sinistro imposita pedi, renibus item & teneræ cuti, numero 69. apud Nicolaū Myrepsum, inter cætera medicamenta recipit stellionem, cantharides & scincum. Vnguentum entaticon, ad 30 accendendam Venerem, quod Aegineta describit cap. 17. lib. 7. inter cætera tres ascalabotas accipit, qui uiui macerari iubentur in aceto per dies quadraginta, uase defosso in fimo. Vt in Venerem cum uolueris sis paratus, remedium tale facies. Lacerti appellantur siue stelliones qui per parietem repunt, curti sunt, quiꝗ Græcè ascalabotæ uocantur. hi quatuor infunduntur in acetum acre, triduo uel quatriduo, quousꝗ putrescant. hoc teres in mortario, & adiunges galbani scrup. IX. Abrotoni, castorei, sulphuris uiui, resinæ terebinthinæ, croci, singulorū scrup. XII. Euzomi succi, mentæ uiridis succi, staphisagriæ, iris Illyricæ, aluminis scissi, singul. scrup. VI, Myrrhæ, seminis herbæ symphoniacæ siccæ, utriusꝗ scrup. III. Hæc omnia separatim trita simul miscebis, & iterum simul teres. inde emplastrum facies uel pittacium, & pones in dextri pedis pollice cum uti uolueris Venere: & cum cessare uolueris, ad sinistri pedis pollicem transferes, Marcellus. Dextra xylobatæ 40 tæ molla (forte, in collo) gestata, arrectionem facit: sinistra uerò mulieribus delectatione æqualem, Kiranides. Vt ex stellione, sic ex salamandra etiam, ueterum aliqui remedia ad Venerem excitandam præscribunt, sed maximè ex scinco.

¶ Theophrastus autor est stelliones senectutem exuere, eamꝗ protinus deuorare, præripientes comitiali morbo remedia, Plinius. Vide supra in D. Nos hoc legimus in Mirabilibus quæ Aristotelis nomine feruntur. Tunicula stellionis, quam eodem modo ut anguis exuit, potam, magnificè laudatur aduersus comitiales, Plinius. Et rursus, Nihil ei remedio in comitialibus morbis præfertur. ¶ Guaril, urel, uel alurel, aliqui stellionem interpretantur. nos quæ ei Arabes tribuunt remedia, (carni, sanguini & fimo eius,) in Lacerto retulimus: quoniam lacerto Græci ferè eadem attribuunt. ¶ Stellionis caput combustum & tritum, & melli Attico admixtum, oculos lacrymosos 50 inunctione adsidua siccat & sanat, Marcellus. Lachrymantibus sine fine oculis, cinis stellionis capitis cum stibio eximiè medetur, Plin. Ad sonitus & inflationes aurium, Viticem & stellionis caput pari pondere trita ammixto oleo instilla, Apollonius apud Galenum de compos. medic. sec. locos. Idem planè remedium Plinius memorat ad clauos pedum. ¶ Mande cor, & tantus prosternet corpora somnus, Vt scindi possint absꝗ dolore manus, Io. Vrsinus de stellione ex Arnoldo ut Scholiastes annotauit. Nos hoc apud Arnoldum de corde lacertæ legimus. Veteres quidam crocodili corio hanc uim adscribunt: Vide supra in Crocodilo G. Xylobatæ frixura inunctus aliquis, sine dolore erit ad uerbera, (uulnera, sectiones,) Kiranides. ¶ Pilos in palpebris incōmodos euulsos renasci non patitur ouorum stellionis liquor, Plinius. ¶ In medicamentis succidaneis, quæ cum Galeni & Aeginetæ operibus habentur, pro felle cameli (malim chamæleontis) fel ascalabotæ 60 substituendum legimus. ¶ Stellionis stercus curat impetiginem, & ephelides faciei & alphos aufert, Serapionis interpres ex Galeno: quum Galenus de crocodili terrestris stercore hæc scribat.

Vide

Vide supra in Lacerti simo. Stercus xylobatæ, ut & sanguis, hebetudinem oculorum & albugi=
nem sanat, Kiranides.

DE VENENO STELLIONIS IN CIBO AVT POTV SVMPTI.

Sæpe ex superioribus locis in cibos dum præparantur decidunt uenenata quædam animalcula,
ut phalangía, ascalabotæ, & alía, Dioscorid. Caro stellionis mortificat. & quandoꝗ cadit in uino,
cui immoritur & dissoluitur,hoc qui biberit, uomitu & dolore stomachi uehemente conflictatur.
Siue cibus autem siue potus hoc ueneno infectus & ingestus fuerit, cura communis & eadem quæ
aduersus cantharides adhiberi debet, Auicenna 4. 6. 2. 5. Aduersus salamandræ etiam & lacerti ue
10 nenum,eadem remedia ualere, quæ contra cantharides, apud Plinium legimus. Curandi ratio ad=
hiberi debet communis:hoc est per uomitus & clysteres ab initio, & exhibitionem theriacæ uel al=
terius antidoti,Matthæolus. Alharbe (id est chamæleo)exitialis est, similiter stellioni, Auicenna.

DE MORSV STELLIONIS ET REMEDIIS.

Stelliones forte sunt,quos Romanum uulgus tarantulas uocat,albas,innocuas, & pusillis lacer
tis similes,Hermolaus. Venenatum stellionem Columella dixit,ubi aditus aluearium adeò angu
stos fieri iubet,ut hoc animal irrepere non possit. Theophrastus author est stelliones pestiferi in
Græcia morsu,innoxios esse in Sicilia,Plin. 8. 31. Nos hæc in Aristotelis de Mirabilibus libro le=
gimus,contrario sensu:nempe in Sicilia morsum stellionum letalem esse,in Græcia ueró infirmum
20 & leuem. Italiæ locis quibusdam morsus etiam stellionum exitiales sunt, Aristoteles. Nicander
quoꝗ in Theriacis, circa insulas Thraciæ stellionis utcunque infirmi animalis morsus noxios esse
ait, Ἔνθα καὶ ὑπόλαυρα πέρ ἀπηχθεῖ βεύγματ᾽ ἔχουσιν Ἀσκαλαβότι. Hinc Plinium transtulisse puto quod scri=
bit,stellionem transmarinum animal esse stridoris acerbi, ut supra dixi in c. Stelliones nonnulli
tarantulas esse putant.horum morsus perrarò interimit hominem, tamen semistupidum efficit, ua=
rieꝗ afficit,Niphus,loquitur autem de tarantulis lacertorum generis. Qui à stellione morsi sunt,
assiduè & contentè dolitant,morsusꝗ locum liuidum habent. Iuuantur autem euestigio,si cæpe &
allia cataplasmatis modo eis imponantur.Auxiliatur eadem comesta, uino meraco post eorum ac=
ceptionem absorpto. Vtiliter etiam sesamum eis imponitur,aut melanthium aqua mulsa affatim af=
fusa,Aetius 13. 12. Eadem habet Aegineta 5. 11.Sed ille aut librarius in hoc peccauit,quòd primum
30 aduersus ascalabotæ morsum, sesamum tritum imponi iubet:deinde reliqua, ut Aetius, subiungit,
ad galeotæ tanquam diuersi animalis morsum.Errarunt etiam interpretes qui eo in loco pro galeo
ta,id est stellione,felem reddiderunt. Qui error ab Auicenna quoꝗ aut eius interprete commissus
est 4. 6. 4. 13.ubi eadem habet Auicenna,quæ Aetius,eodemꝗ ordine,sed addit,curari à stellione
morsos cura communi. & pro allio calamintham montanam nominat, qui lapsus forte interpretis
est. Stellio & lacerta dimittunt in loco sui morsus dentes paruos, subtiles, nigros : nec cessat locus
pruritum & dolorem mouere donec extrahantur, &c. Vide supra in b. & in Lacerto in b. & g.
Vasga Arabicè sunt reptilia ut stellio , subnigra , dicta in Catalonia dracones domorum, quæ cum
mordent,inflatur locus,donec denticuli infixi extrahantur,sicut etiam denticuli stellionis uel lacer
torum,Arnoldus. Quum morsus stellionis manifestè apparet, dicunt quòd debet poni super eo
40 scorpio tritus,& pro antidoto dari modicum de stercore falconis,cum uino,Ponzettus qui stellio=
nem & alia lacertorum genera confundit. Sesama stellionum morsibus resistit, Plinius. Rhazæ
Arabis uerba de remedijs ad morsus stellionis & lacertæ, recitauimus in Lacerta g. Scorpio tri=
tus stellionum ueneno aduersatur.Fit enim & è stellionibus malum medicamentum.Nam cum in
mortuus est uino,faciem eorum qui biberint,lentigine obducit. Ob hoc in unguento necant eum
insidiantes pellicum formæ,Remedium est oui luteum, & mel ac nitrum, Plinius.

H.

a. Est & stellio araneorum generis,Perottus & Niphus. Ego Latinorum neminem noui,qui
inter araneos stellionem nominârit. quare deceptum suspicor Perottum , uel quia Græci asterion
phalangijs adnumerant:uel quia tarantulam tum phalangij siue aranei genus uocitant, tum lacerti
50 qui stellio existimatur. ⸿Ἀσκάλαβος,γαλεώς.ἀσκαλαβώτης,καὶ (ὁ) αὐτός, Hesychius & Varinus in τα=
λεός. Nos γαλεώ pro galeota & stellione apud authores non reperimus, prætequam Stephanum,
Ἀσκάλαχα,ἀσκαλαβώτης,Hesych.& Varinus. Καλαβώς,καλαβώτης. Καλαβώτης,οὗς κωλώτας,Ἀργεῖοι, Καλα=
βώτης,piscis quidam,& lacertus, Iidem. Κώλαφϑ,ἀσπαλαφϑ,μαγνῆτις, Iidem.sed Ascalaphus per
ph.proprium uiri est. Syluaticus scalabotas imperitè cantharides interpretatur. Γαλιῶται, ἀσκα=
λαβῶται,λάκωνϑ,Hesychius. Κωλώτινας,ἀσκαλαβώτας,Hesychius & Varin: Αἰγύπτης, ἀσκαλαβώτης,
σίν̓ης, Iidem.

Epitheta. Venenatus stellio, Columella. Οὐηόλαυός, Nicander. Ignotus stellio apud Vergi=
lium,à Seruio exponitur ignobilis,uel ex improuiso ueniens.

Icon. Thrasybuli statua est in Olympia , cuius dextrum humerum stellio (γαλιώτης, quamuis
60 Loëscherus interpres felem reddidit)ascendit,& canis uictima adiacet,Pausanias Eliac.2.

Stellare,stellatura,stellionatus: Vide supra in d. ⸿Γαλιώτης γόρων, apud Menandrum, de scne,
ut uidetur,callido uel inuido.

H 3

Γαλιώτης,nomen proprium,Suidas. Galeotæ dicebantur uates quidam in Sicilia & Attica, ut
ait Stephanus:à Galeote(Galeo,Steph.apud quem tamen mox rursus Galeotes legitur) Apollinis
filio & Themistûs,(qui in Sicilia oracula obtinuit,unde Galeotæ ibidem dicti eius successores, Gy
raldus:)quæ Zabij regis Hyperboreorum filia fuerit.Hic autem Galeotes frater Telmissi eius tra
ditur,qui Telmissum urbem in Caria condiderit,oraculo ex Dodone accepto,ut alter orientem So
lem uersus,alter occidentem nauigaret:atꝗ ubi ea quæ sacrificassent ab aquila rapi cernerent, in eo
loco sedem capesserent. Aelianus quoꝗ Dionysium tyrannum Galeotas solitum consulere in Si
cilia significat.Cicero quoꝗ in primo Diuinationis lib.portētorum interpretes in Sicilia, Galicios
appellat:ut fortasse non Galicios, sed Galeotas scribere oporteat, Hermolaus. Stephanus etsi ga
leon interpretatur ascalabóten,id est stellionem in Galeotarum mentione: ipsos tamē dictos innuit 10
à galeis,id est mustelis piscibus marinis longè callidissimis,aut obiter tantū hæc adfert propter uo
cis affinitatem,Galeotas uerò ab eiusdem nominis Apollinis filio tantum nominatos uult. aut po
tius dubitat ab illóne,tanquam uate,dicti sint,an ab astutis animalibus,siue galeo terrestri, siue ga
leis marinis,ut locus pro mutilo habeatur.Idem plura se de Galeotis in Telmisso dicturum pollice
tur,ubi tamen nullam Galeotarum mentionem reperimus: mutilato nimirum codice ut aliàs sæpe.
Hyblæ urbis minoris in Sicilia, incolæ Galeotæ uel Megarei dicuntur, Stephanus. Galeotæ ua
tes Siculi,Galei quoꝗ dicti Pausaniæ grammatico, qui in Hybla (inquit) habitarent, Hermolaus.
Γαλεοι,μάντεις,ὅτοι ἡξ τὴν Σικελίαν ᾤκησαν, κỳ χꝓῦ τὸ, ὡς φασι φαυόλημᾳ κỳ Ρίνθων Ταρωντίνος, Hesych.
& Varinus. ¶ Κωλώτης per o,magnum in prima & secunda syllaba, stellio est & Bacchus, ut Ve
nus κωλῶτις. Κολώτης uerò per o.breue in prima,nomen est Epicurei cuiusdam philosophi cuius me- 20
minit Macrobius:& statuarij apud Pliniū 35. 8. Colotes in Elidis Cyllene mira specie fecit Aescu
lapium eburneum, Strabo libro 8. Fuit etiam Teius quidam pictor hoc nomine, cuius meminit
Quintilianus lib.2. ¶ Ascalabus per b,stellio est, Ascalaphus per ph, Astyochæ & Martis filius:
& alius Acherontis & Orphnes,in bubonem mutatus Ouidij Metam. 5.

    b. Scordyle,animal quoddam palustre est,simile stellioni,Hesychius.

    d. In fraudulentos Emblema Alciati.

Parua lacerta,atris stellatus corpora guttis	Stellio,qui latebras & caua busta colit.
Inuidiæ prauiꝗ doli fert symbola pictus:	Heu nimium nuribus cognita zelotypis.
Nam turpi obtegitur facie lentigine,quisquis,	Sit quibus immersus stellio , uina bibat.
Hinc uindicta frequens decepta pellice uino,	Quam formæ amisso flore relinquit amans. 30

Vide supra in fine capitis septimi.

    e. Io. Vrsinus in carminibus suis de animalibus scribit, si quis caudam stellionis amputatam
manu contineat donec tota immoriatur , & eadem manu postea naturam mulieris attingat, nemi
nem alium cum illa rem habere posse. Oliuarius Scholiastes addit, hoc tradere Marcellum in Em
pirica.ego nihil tale apud Marcellum Empiricum reperi. Xylobates insigne philtrum est,Kiran.

    g. Contra quartanas,Magi stellionem inclusum capsulis subijciunt capiti,& sub decessu febris
emittunt,Plinius.

    h. Cererem Metanœra mulier hospitio suscepit:& cum sacrificaret ei, Abas filius Metaniræ in
dignatus est matri quòd hospitio deam suscepisset, & sacrificium eius per inuidiam irrisit, & contra
deam locutus est:unde illa irata,potum(κυθᾳϣμα)in cratère relictum super eum effudit, & sic in stel- 40
lionem mutauit, Scholiastes Nicandri in Theriaca. & Ouidius Metam. 5. paulò aliter. Combibit
os maculas, & quæ modo brachia gessit, Crura gerit,cauda est mutatis addita membris. Inꝗ bre
uem formam,ne sit uis magna nocendi, Contrahitur,paruaꝗ minor mensura lacerta est.

DE TESTVDINIBVS IN GENERE.

A.

T E S T V D O,quam Grƿci χιλώνⳗ uocant,quadrupes est ouipara, & sanguine prædita.Re
centiores quidam,ut Albertus & interpres Rasis,testudinem pro limace ineptissimè po- 50
nunt interdum. Anxie ab eruditis id quæsitum,in piscitij decuriam ueniántne tesudi
nes.Et non uenire forsan liquidò ualet cōprobari,ac primum ratione principij, quoniam
uti gallinæ oua ædunt,colore ac substantia & cortice ferè eadem.deinde nec generatio est diuersa,
quum perfricatione pisces nascantur.Spirant quoꝗ,quod pisci non contribuit Aristoteles. ambu
lant item,squammas non habent,sed ossa,Cȩlius. ¶ Sed cum tria summa testudinum genera sint,
primum terrestre, secundum quod in dulcibus aquis , tertium quod in marinis degit,dicam prius
de ijs quæ apud authores in genere scripta reperio, ita ut cuius ex istis generibus accommodari
possint:deinde priuatim de singulis. ¶ שבליל,schablul, Hebraicè limacem significat, ut mihi ui
detur,non testudinem ut quidam interpretatur , confundens fortè limacem cum testudine. Instar
limacis defluentis (impij)abeant,(& fiant ueluti) abortus mulieris, qui non uidet Solem, Psalmo 60
58.Dauid Kimhi uocem schablul interpretatur לימאץ id est limacem, cui consentit R.Salomon in
Psalmum iam citatum scribens, & Abraham Esra quoꝗ.Aliqui tamen spicam intellexerunt. Chal
daíca

daica tranſlatio habet תיבללא, thíblela. Arabica, לשמעת, liſemat, ſi rectè ſcribo. Septuaginta κηφδε, id eſt cera, ut & Hieronymus, qui tamen in altera tranſlatione uermem reddit. Quidam impetum aquæ interpretantur, teſte Munſtero. Dauid Kimhi (ut idem ſcribit) reptile eſſe ait, quod contegit ſe in medio teſtæ qua ueſtitur, & incedendo diſſoluitur, (ſoluti humoris ſui ueſtigia poſt ſe relinquit.) hoc reptile ſi contuderis, & impoſueris ulceri, præſentaneum dicitur eſſe remedium. Verbum quiedem םס, mas, uel םסמ, maſas, apud Hebræos, non ſimpliciter diſſolui, ſed liqueſcere ſeu liquefieri ſignificat: quod limaci magis quàm uli animalium conuenit. nam & aliâs facilè liqueſcit: & ſale tacta, ferè tota in humorem ſoluitur. Auicenna tamen limacem uocat halzun, neſcio an Arabica an Perſica uoce, teſtudinem uerò ſel hafe lib. 2. cap. 698. חמט, homet, Leuitici undecimo teſtudia
10 nem aliqui transferunt: ego lacertű uideri hac uoce ſignificari, pluribus aſſerui in Lacerto A. סירפ, kipod, quoq Hebraicâ uoce, non teſtudinem, ut aliqui ineptè exponunt, ſed omnino erinaceum deſignare ſuo loco oſtendi. Halachiæ apud Albertum, (uel Auicennam potius ex quo ille deſumpſit) ubi Ariſtotelis animalium hiſtoriæ caput ſextum libri noni interpretatur, teſtudo eſt, Iadach ciconia: ipſe ſtultiſſimè equos & equiceruos interpretatur. ¶ Teſtudo Italicè uocatur teſtuma, teſtudine uel teſtugine, tartuca, cuſuruma, ut Scoppa docet. alibi etiam tartocha & coſorona lego. Teſtudines (inquit Braſſauolus Ferrarienſis) gallanæ à nobis, ab alijs tartugellæ, à nonnullis biſcæ ſcutellariæ uocantur, (id eſt ſerpentes ſcutati.) Tortucam uocant aliqui ſerpentem ſcutatum, Albertus. Teſtudo, gágado Luſitanis: galápago uel tartúga, reliquis Hiſpanis. Tortue, Gallicè, uel tartue. Tortuca, id eſt teſtudo, Syluaticus. uſurpant enim hoc nomen tanquam Latinum recen
20 tiores quidam barbari ſcriptores, Albertus & alij. Neocomenſes circa Sabaudiam, qui lingua Gallica utuntur, uocant boug coupé, id eſt rubetam truncatam. quoniam retracto in teſtam capite, truncata uidetur. Germani Schiltkrott uel Tallerkrott, id eſt rubetam teſta ſcuti aut orbis effiegie intectam. & Flandri eodem ſenſu Schiltpadde. Angli ſchelcrabb, id eſt cancrum ſcutatum, uel corteyſe. Aliqui Germanicè Gſchertzenſider: nimirum quòd pedes earum quodammodo alas reeferant, præcipuè marinarum. Vox σκάδιμ in Demetrij Conſtantinopolitani de accipitribus libro, niſi teſtudinem, ut conijcio, ſignificet, ignota mihi eſt.

B.

Teſtudinum genera, ut dixi, tria ſunt, edendo omnia: Chelonophagi tamen Indiæ gens, non à
30 quibuſuis, ſed marinis tantum edendis hoc nomen inuenit. Quibus in regionibus hæc animantia abundent, uide in E.
¶ Teſtudo, quòd teſta tectum hoc animal, Varro. Quæ oua pariunt, pennas habent, aut ſquaemas, aut corticem, aut teſtam, ut teſtudines, Plinius. Gaza ex Ariſtotele transferens, In teſtudine (inquit) apparet, quàm durus & rigidus cortex (φολίς) ſit quo tegitur, & in crocodilo, ſirmior enim oſſe euadit. Memini audire tam firmam eſſe hanc teſtam, ut à plauſtri etiam ſuperinuecti rotis nő comminuatur, Palladius coriű teſtudinis dixit, Marcellus Empiricus tegumen, Plinius operimenetum, putamen, & ſuperficiem. Teſtudo operculum habet teſtaceum, & inter cortice intecta (φολιδωτὰ) numeratur, Ariſtot. Græci chelonium uocitant, & generali nomine oſtracon, ut E. dicam. Germani ſua lingua ſcutum, unde & animal ipſum rubetam ſcutatam uocant, ut Nican
40 der χελώνιω ἀκανθόδεσκεν. Tortuca (inquit Albertus) ſcuta duo gerit, unum in dorſo, alterum in uenetre: quæ quatuor initijs coniunguntur. Arbores quæ corticem tenuem & ſiccum habent, intrineſecus autem carne ſicca cőſtant, ſanæ diuturnæq ſunt, nec facile putreſcunt: ſic & animalia, ut teſtudines, & quicquid eiuſmodi eſt, Hippocrates in libro de humoribus. Aliqui γῆρας, id eſt ſenectutem uocant, ut Aelianus, negans teſtudinem exuere ſenectam: & Suidas in φολιδωτόρ, γῆρας ἐκ ἐκδύεται ὡς ἐδὲ ἡ χελώνη. ¶ Teſtudini pellis (cutis) ſcabra ſit lacertæ, Albertus. ¶ Tortuca caput habet & caudam ſerpentis: quòd ſi magna fuerit, habet etiam ſcutum in capite, Albertus. Pacuuius teſtudines cognominat domiferas, capite breui, ceruice anguinea, aſpectu truci. ¶ Quadrupedes quæ oua pariunt, ut teſtudines, crocodili, inferiore tantum palpebra conniuent, ſine ulla nictatione, proepter præduros oculos, Plin. ¶ Teſtudo quamuis prægrandem pulmonem & ſub toto tegumen
50 to habeat, ſine ſanguine tamen habet, Plinius. ¶ Ventrem unum & ſimplicem, ut & reliquæ ouiaparæ quadrupedes, Ariſtot. ¶ Teſtudinis iecur uitiatum eſt, ut reliquum corpus eius praui temeperamenti, Ariſtot. ¶ Perexiguum habet lienem, Idem & Plin. ¶ Teſtudo ſola ex corticatis reenes habet. Genus tamen teſtudinis, quam lutariam uocant, & ueſica & renibus caret. ſit enim propter eius mollitudinem tegminis ut humor facilè diffluat, Ariſtot. Oua parientium teſtudo ſola renes habet, quæ & alia omnia uiſcera, Plin. Sola ouiparorum (uel corticatorum) ueſicam haebet, Idem, & Ariſtoteles: qui etiam cauſam huius rei adfert lib. 3. de partibus cap. 8. Teſtudinum fœminæ ſingularem habent utriuſq excrementi foras pertingentem meatum, quanquam ueſicam obtineant, Ariſtoteles. ¶ Teſtudini teſtes intus adhærent lumbis, Idem. ¶ De uulua teſtudinis, uide ſupra in Lacerto B. ¶ Oua durioris teſtæ, & bicolora ædit, quale ouum auium eſt, Ariſtot.
60 Oua eius dicta uentri ſubdita ſunt, uide in Echinis. ¶ Cauda ei infra duo (dorſi & uentris) ſcuta procedit, ſerpentinæ ſimilis, Albertus. Et rurſus, Inter duo ſcuta exeunt quatuor pedes tortucæ, qui uidentur pedes lacertarum, cum quinq digitis & unguibus.

H   4

C.

Testudo amphibia est, Stephanus Aquæus. Geminus similiter (ut fibrorum) uiscus in aquis terraꝗ & testudinum, Plinius 32 4. Sed forsan distinctius agendum erat, nam castor unius & idem amphibius est, testudo uero terrestris, aquatica & marina, tria genera sunt diuersa: ex quibus terre-stres, non recte amphibiæ dici posse uidentur, cæteræ possunt. nam cum in humore degant, respi-ratione tamen indigent: & in terra dormiunt, & propter partum foris moratur. ¶ Testudineum incessum de tardissimo dicimus. Pacuuius testudinem tardigradam dixit. Chamæleonti mo-tus piger admodū ut testudinis est, Arist. ¶ Senectutē testudo non exuit, Aelian. ¶ Abruptum & perexiguum sibilū ædit, Arist. Oua parientibus sibilus, serpentibus longus, testudini abruptus, Plin. Sibilat altius quàm serpens, Albert. ¶ Testudines ideo incredibiliter timēt & oderunt ma- 10 ritos suos, ꝗ haudquaquã eis similiter ut cæteris bestijs iucundus coitus sit, imo maximum dolorem eis affert. nam maris os & durum, & aculeatū, & inflexibile fœminā intolerabili doloris sensu affi-cit. Quamobrem dentibus inter se pugnant, quod hæc infestum coitū effugere contendat, ille inui-tam tandiu conuellit, quoad robore uictam subegerit, & tanquam longi belli præmium ceperit, & pulchram rapuerit in bello puellam. Earum coitus terrenorum canum, & uisulorum marinorum similis est, Gillius. Quadrupedum ouiparæ eodem coëunt modo quo ea quæ animal generant, mare superueniente, ut testudo tam aquatilis quàm terrestris, Aristot. Testudines omnes salaces esse magnopere compertum est, Volaterranus ex Aelian. ¶ Testudo animal est ouiparum, Ari-stot. Oua gallinarum ouis similia parit, & in terra effossa reponit, donec ad calorem Solis exeat pullus, Albertus. Testudines & crocodilos dicunt cum in terra partum ediderint, obruere oua, 20 deinde discedere, ita & per se nascuntur, & educantur, Aelianus. Idem de testudine marina fertur. ¶ Testudinis iecur uitiatum est, ut reliquū corpus eius praui temperamēti, Aristot. de partib.3.12.

D.

Sunt qui subtilitatem animi constare non tenuitate sanguinis putent, sed cute operimentisꝗ corporum magis aut minus bruta esse, ut ostrea & testudines, Plin.
¶ Perdici hostis est testudo, Aelianus & Philes.
¶ Simia quantum oderit testudinem, aut potius limacem, scripsimus in Simia D.

E.

Vt olera animalia infesta non generent, in corio testudinis omnia semina, quæ sparsurus es, sic- 30 ca, Palladius.
¶ Testudinum testæ in laminas dissectæ, operibus intestinis ornandis adhibebantur, ex quo-uis, ni fallor, earum genere, ut ex sequentibus authorum locis apparebit. Testudinum putamina secare in laminas, lectosꝗ & repositoria his uestire, prodigi & sagacis ad luxuriæ instrumenta ingenij, Plinius. Nam fictili (olim) aut lignea, aut uitrea, aut ærea deniꝗ sup-pellectili utebantur: nunc ex ebore, atꝗ testudine, & argento, &c. Celsus ff. de supell. leg. Testu-dines terrestres in operibus chersinæ uocantur, Plinius. Et alibi, Luxuriæ placuit materiem & in mari'quæri. Testudo in hoc secta: nuperꝗ portentosis ingenijs principatu Neronis inuentum, ut pigmentis perderet se, plurisꝗ ueniret imitata lignum. Sic lectis pretia quærrūtur, sic terebinthum uinci iubent, sic cedrum pretiosius fieri, sic acer decipi. Modo luxuria non fuerat contenta ligno, iam lignum emi testudinem facit. Cum homines adhuc frugi essent, nemo curabat Qualis in 40 Oceani fluctu testudo nataret, Clarum Troiugenis factura ac nobile fulcrum, Iuuenalis Sat. 11. Quàm in testudineo lecto culcitra plumea in die dormire, Varro apud Nonium Marc. Testudi-neum hexaclinon, opere testudineato factum. nam id antiquis summo in pretio fuit, quod opus Carbilius Pollio primus instituit. Et testudineum mensus quater hexaclinon, Ingemuit citro nō satis esse suo, Martialis lib. 9. Plato dixit κλίνlυ πυξίνlυ: οὐ δ' αὖ ᾗ ἐλεφαντίνlυ ἔποις, καὶ χελάνης, καὶ σφψ διάμνϛ, Pollux. Chelonophagi orientales populi testudinibus (marinis) uitam agunt, unde no-men. Earum quoꝗ testa uasorum uice & nauium utuntur, domos eadem sibi contegentes Chelo-nophagi in Carmaniæ angulo sunt, testudinum superficie casas tegentes, carne uescētes, Plin. 6.25. Hæ adeo in Indico mari magnæ sunt, ut singularum superficies habitabiles casas integant, Plinius & Solinus. Strabo lib. 16. tantas alio in loco reperiri scribit, ut Chelonophagi in eis nauigent. Sed 50 hæc de marinis tantum testudinibus, quarum insignis est magnitudo, intelligi possunt. Vide infra in Testudine marina E. In Rhaptis emperio iuxta mare rubrum, plurimum est ebur: καὶ χελώνη διάφορ☉ μετὰ τλὺ ἰνδικλὺ, Arrianus in Periplo. Insula Oceani ultima adipsum orientem Solem, testudinem fert omnium circa rubrum mare locorum optimam, Idem. Et rursus, Insula Serapidis in eodem mari testudinem multam & eximiam habet. In mari rubro paruæ quædam insulæ testu-dines proferunt quæ ad Emporium exportantur, Arrianus in Periplo. Mosyllon locus ad mare rubrum χελωνέκαι pauca habet, Ibidem. Et alibi, Ptolemais ἡ τῷ θηρῷ, emporium est ad mare ru-brum, quod habet χελώνlυ ἀληθινlυ καὶ χόρσαίαν ὀλίγlυ: καὶ λόυκlυ μικρούσsαν τοῖς ὀσράκοιϛ, id est testudi-nem ueram, & terrestrem paucam: & candidam, testis (ὀσράκοις) minoribus. Et rursus, Dioscoridis insula in mari rubro, testudinem fert ueram, & terrestrem, & candidam. plurimam uero excellen- 60 tem & maioribus testis, item montanam prægrandem, ostraci, id est testæ crassissimæ: ὃ τὰ ἀίγια τlυ κοιλίαν μόρ/ω μὲν τὰ τὴς χήλῶντα, τομίlω ἐκ ἀδυ'ὶχεται, καὶ πυρρότερα ὄντα. ὅλοσπλῶς δὲ τὰ εἰς γλωσσόκομα, καὶ πινα-κίδια,

νιόσα, καὶ μαγιόσα ἐγκηκόντα, καὶ τοικύτλω τινα κρύτλω καπατέμνεται,

F.

Amazones lacertis ac testudinibus & id genus bestijs uescebantur, Cælius. Tortucæ caro est tardæ digestionis, & generat choleram nigram, Rasis. Caro testudinum inter carnem quadrupedum & piscium ambigit, Stephanus Aquæus & Baptista Fiera. Testudines insigniter nutriunt ut docuit Conciliator, Cælius. Qui cito obesare uoluerint equos, tortucas cum pabulo molli decoquunt, unde equis magna sed falsa pinguitudo accedit, Albertus. Aloysius Cadamustus Nauigationum suarum cap. 40. de insula quadam Noui orbis scribens, Erant ibi (inquit) testudines innumeræ, quibus pro tegmento natura uastissimas testas dederat, magnitudinis tantæ, ut pro clypeo
10· non inepte sufficerent. Nostri itaque esculentis huiusmodi oblectati plurimum, exenteratis testudinibus multijuga eduliorum genera parabant, asserentes eis aliâs se solitos ubertim uesci, & cum primis in sinu Argino, qui huiusmodi testudinibus scatet: hortabanturque ut ego eis uesci uellem. Esitaui igitur cibum inibi insuetum, ut complura experirer, uisus est nô insuauis. albicat enim caro hæc, nec multum est absimilis uitulinis carnibus, si fragrantiam & saporem spectes, Hæc ille: Videntur autem de marinis tantum intelligenda hæc uerba. Obseruatum nobis de testudine illud quinto Halieuticôn ex Oppiani interprete: Testudine, inquit, si quis uescatur deglutiâtue πυλνο·
μ̅μος, multum inde iuuari: Si uerô πρὸς κόρον, kæsionem fieri manifestam, enata inde parœmia, χελωνης κρέας ἢ μὴ φαγεῖν, testudinea carne aut uescendum, aut non omnino uescendum. Paucitas stro phos facere narratur, id est tormina: copia uerô detergere atque expurgare, Cælius. Η̅ δ'ἐι χελωνης κρέα
20· φαγεῖν ἢ μὴ φαγεῖν, senarius prouerbialis à Demone quodam, uel (ut alij) Terpsione usitatus: in eos qui negotium aliquod subeunt quidem, sed nimis cunctanter. (sic enim emendo uitiosam Suidæ & Apostolij lectionem, ut legam, ῶ̅ τῷ ἐποδώντων μὲ̅ τὸ πρᾶγμα, σραχδυομένων μὴ.) quoniam hæ carnes si parce sumantur, uentrem torqueant: sin copiosus, purgent. Conuenit hic trimeter (inquit Erasmus) in eos, qui negotium susceptum frigide ducunt, neque explicantes, neque relinquentes. Sunt qui putent hoc dictum ab authore Terpsione profectum esse: quorum est Athenæus lib. 8. declarans hunc primû præcepisse de gastrologia: æditis regulis per quas liqueret à quibus esset abstinendum, quibus contra uescendum. Inter quas erat & hæc de testudine, Η̅ φαγεῖν ἢ μὴ φαγεῖν. Addunt testudinis carnem si modice edatur, uentris tormina facere: rursum si copiose, lenire. Nam pleræque res sunt, quas si facias acriter, plurimum conducunt: sin ignauiter, officiunt. Plinius testudinem de·
30· cisis pedibus, capite, cauda, & intestinis exemptis, reliqua carne ita condita ut citra fastidium sumi possit, inter hydropis remedia ponit. Simili modo decoctam, antidotum esse scribit, aduersus fastidium aut cruditatem ex melle obortam, authorem citans Pelopem. Eodem sane modo serpentes etiam edendi parabâtur, unde apparet ueteribus nisi remediorum gratia, hunc cibum, ut ranarum quoque, ferê inusitatum fuisse. Aristoteles certe testudinis iecur uitiatum esse scribit, ut reliquû corpus eius praui temperamenti. Testudines in cibo ætate nostra multum appetuntur, & inter delicias quidem: quod miretur aliquis, cum Apicius deliciarum omnium pater, nullam earum in scriptis suis mentiônê fecerit. Videtur sane cibus ex eis insalubris nec sine periculo, à quo ferê ipsa natura nos absterrere debebat, quæ adeo deforme & uel ipso aspectu aduersum nobis hoc animal (capite & cauda, serpentibus simile: pedibus, lacertis) produxit. Hoc etiam illi qui his scilicet delicijs
40· fruuntur, fateri uidentur, multis illis & uarijs condimentis quæ adhibere solent, tanquam sine illis uel non placeret hic cibus, uel noxius foret. Nam quod ad morbos quosdam cômendatur, hoc ipso conuincitur, eam pro medicamento potius quàm alimento homini datam. Hoc intelligens Oppianus lib. 5. de piscibus, modicum eius usum nocere dixit inductis torminibus, copiosum iuuare ac uentrem subducere, Hæc ferê Stephanus Aquæus in libello Gallicê ædito de testudinibus, ranis, &c. Ait autem se non simpliciter hunc cibum damnare, sed iniuriam uel curiosam eius & in delicijs affectationem. Porrô locum quem citat ex quinto Oppiani de piscibus, ego nusquam reperio. nihil enim aliud eo in libro Oppianus, quàm de capiendis testudinibus marinis docet. quare Athenæi octauum potius dicere debuit. Sed de cibo ê singulis testudinum generibus, terrestri, aquatico & marino, in singulorum historia dicetur.

50· G.

Remedia ex testudine tota. Leonellus Fauentinus remedio cuidam ad phthisicos carnem testudinis admiscet, aut eius loco pulpam phasiani cancorûmue. Hydropicis medetur testudo decisis pedibus, capite, cauda, & intestinis exemptis, reliqua carne ita condita, ut citra fastidium sumi possit, Plin. Vrticæ semen Apollodorus affirmat salamandris contrarium esse cum iure decoctæ testudinis: item aduersari hyoscyamo, & serpentibus & scorpionibus, Plin. Si ex melle syncero (non uenenato) fastidium cruditasue quæ sit grauissima incidat, testudinem circuncisis pedibus, capite, cauda, decoctam, antidotum esse autor est Pelops, Idem. Testudo (terrestris, Demetrius) & lacerta in cibo faciunt ut accipitres citius mutent pennas, Crescêtiensis. Falconibus malê affectis, ranam aut testudinem, &c. in cibo dari iubet Albertus. Puluis tortucæ in collyrio adhibitus cæcitatem inducit per albedinem quæ prouenit in oculis, Rasis. Quòd si in lebetê balnei tortuca proji·
60· ciatur, quotquot illic balneantur, obcæcabuntur, Idem. ¶ Si pili iumentorum tardius creuerint, uiuam testudinem supra sarmenta combures, & cineres eius in nouum cacabum mittes, additâ

uncijs tribus aluminis crudi, medullæ ceruinæ quod sufficit, & uino infuso decoques, & diebus plu
rimis impones, reuocare pilos creditur, Vegetius artis ueterinariæ 2. 63. & Pelagonius cum Hip-
piatris Græcis cap. 55. Tortuca cremata & trita cum albumine oui, aut lacte asinæ, si uentri, uberibus, aut femoribus mulieris illinatur, fissuras abolet, Rasis. Vide in terrestri infra.

¶ Sanguis testudinis ad remedia colligitur hunc in modum, ut docetur in libro uulgari Nicolai Præpositi, ex Bulcasi de præparat. medicamentorum. Testudinem aquæ (non exprimit dulcisne
an marinæ, sed parum interesse puto, cum terrestris etiam testudinis sanguis in usu sit) supinam pone in paropside, & abscinde caput eius subito, & sanguinem effluentem collige, & cum coagulabi-
tur, tege paropsidem cum cribro ex setis uel ex panno lini, & expone Soli donec desiccetur, & serua. Vide infra in Testudine marina. Plinius testudinis terrestris sanguinem farina excipi iubet, 10
& pilulas inde fieri, quæ cum opus sit in uino dentur contra uenena serpentium. Testudinis tum
marinæ tum terrestris sanguinem uenenis resistere legimus. Testudinis sanguis cum alijs quibusdam miscetur pro medicamento aduersus scorpiones & morsu noxias feras apud Galenum lib. 2.
de antidotis. Testudinis sanguis exiccatus cum syluestri cumino potus, mirabiliter facit contra ui
peræ morsum, Aetius. Vide in Marina. Cimicem cum sanguine testudinis utiliter illini morsibus
quos serpentes inflixerint, aliqui prodiderunt. Aduersum malidem, sic dictum morbum pestilentem in bubus: Paribus casiæ myrrhæ φ & thuris ponderibus, tantundem sanguinis marinæ testudinis miscetur, cum uini ueteris sextarijs tribus, & ita parua res (per nares, legēdum) infunditur. Sed
ipsum medicamentum pondere sex unciarum diuisum, portione æqua per triduum cum uino dedisse sat erit, Columella & Pelagonius in Hippiatricis Græcis cap. 4. ubi sic legitur, τότε τὸ βοήθη- 20
μά τ τὰς δύο ὑγίας εἰς τρία ποιήσας, προθύνγκαι ὑδὶ ἡμέϱαις τρισί. Sanguinem marinæ testudinis colliges, & cum uino per os dabis: quam quia inuenire difficile est, uulgarium testudinum prodesse æsti
mant. quod utrum bene opinentur usus uiderit, Nam authores de terrestri (marina, legerim) testudine tractauerunt, Vegetius, &c. ut in Boue c. recitauimus, nam medicamentum cum casia, myrrha & thure, hic absq̢ testudinis sanguine infundit. Vide infra in terrestri testudine G. Porrigini
depellendæ, Prodest & tarda demptus testudine sanguis, Serenus, Vide infra in Marina. Ad defluuium capillorum & ophiasin, Nonnunquam uariant maculæ, paruisq̢ parumper Orbibus
aspersum ducit noua uulnera tempus, &c. Tu testudineo mala permulceto cruore, Idem. Vide in
Terrestri. Ad achôras, Apollonius (citante Galeno lib. 1. de compos. sec. loc.) testudinis sanguine
caput illini iubet. Sed hoc pharmacum, inquit Galenus, curiosum & superuacaneum est, necq̢ un- 30
quam tentaui eius periculum facere. Ignem sacrum, cuiuscunq̢ generis testudinum sanguine illini quidam iubent: item capitis ulcera, & uerrucas, Plin. Vt pili alarum adolescentium nō nascantur, euulsis illis, illinantur loca sanguine ranarum uel testudinum, mixto cum ouis formicarum, uel
cum oleo stellionis, Elluchasem. Collyrium cum sanguine tortucæ factū excęcat, & similiter ster-
nutationes cum eodem factæ, Rasis. Arnoldus de Villanoua sanguinem testud. per se uel cum uino potum, aduersus epilepsiam commendat. Rasis non simpliciter, sed agrestis (id est terrestris) testudinis sanguinem in hoc morbo laudat. Vide infra in Terrestri & Marina. Praxagoras in
epilepsia, cum accessionem uiderit commoueri, deprimit partes quæ fuerint in querela, & sanguine testudinis aut alijs quibusdam defricat, quod ipsum facientem Cælius Aurelianus reprehendit.
Aliqui sanguinem testudinum lethargicis illinunt, Plinius. Testudinis sanguis diu ore cōtentus, 40
dentes (motos) corroborat, Galenus Euporist. 2. 12. Vt uino nō sæpius sit utendum: Testudinem
uiuam ablue uino bono iusto tempore (aliquandiu:) & accipe de sanguine, ac illum cum uino misce
to, daq̢ clam bibendum mensura calicis dimidij mane ieiuno diebus tribus, & uidebis diuinā uim,
Nicolaus Myrepsus.

¶ Testa testudinis sicca & trita, uel etiam combusta, fistulis immissa, sanat eam prius mortificatam, Arnoldus de Villanoua in Breuiario 3. 21. Testudinis tegumen concrematur, eiusq̢ fauilla
ex uino & oleo temperata, ulceribus pedum utiliter inducitur, Marcel. Vt pili cicatricibus equorum renascantur, cinerem è tesiis auellanarum cum uetere bombycino usitatum, cum
permisce cum oleo & inunge, Rasis. Ad hæmorrhoides, Testudinis testa suffita bene facit, Galenus Euporist. 3. 197. ¶ Cheloniæ lapides gestati cum radice pæoniæ compote (epilepsiam forte) 50
summe sanant, Kiranides, statim post facultates testudinis palustris.

¶ Fel testudinum anginis, & in ore infantium nomis prodest: naribus inditum, comitiales
erigit, Dioscorid. & Rasis. Auribus (lego, Naribus ex Dioscor. & Auicenna) instillatum, epilepticos iuuat, Arnoldus de Villanoua. Valet ad cola (forte collyria:) Illitū prodest ad præfocationem
(nimirum anginam : Vetus interpres habet scrophulas,) Auicenna. Cum melle optimo mixtum
& diu agitatum, mire caliginem tollit, si oculi inde assidue circumlinantur, aut subtiliter suffundan
tur, Marcellus. Vide in Testudine terrestri G. ¶ Pes tortucæ positus super pedem podagrici, dexter super dextrum, & sinister super sinistrum, expellit podagram. Et similiter manus eius, dextra
dextræ hominis chiragrici, sinistra sinistræ imposita, sanat, Rasis & Constantinus in libro de incantatione. ¶ Testudinis unguis in maxillaris dentis exesi foramen coniectus, multum proficit, Ga- 60
lenus Euporist. 2. 12. ¶ Quidam promittunt testudinum omnium simo panos discuti, Plinius.
¶ Ouum testudinis ualet ad tussim infantium, Auicenna. Erasistratus non iniusta reprehensione
                                                                       eos in-

eos inceſsit, qui incognitas ad hunc uſum (ad remedia morſuum uenenatorum) facultates conſcri-
pſerunt, ut elephanti ſel, oua teſtudinis, &c. Dioſcorid.

H.

¶ a. Teſtudo, animal dictum quòd teſta tegatur, ut ait Varro. Candelabra, id eſt teſtudo,
Syluaticus. Palmuſirich, id eſt teſtudo animalis, Idem. Celon, id eſt teſtudo, Idem: uoce corrupta
à Chelone. χελῶνα aliqui uocant teſtudinem marinam, Heſychius & Varinus, nimirum à recto
χελώη. ¶ Χέλυς, idem quod χελώνη animal, id eſt teſtudo (ut grammatici docent) uſurpatur ab Oppia
no. χελὺς, teſtudo, Heſychius & Varinus. κλεμμὺς, & ſφραγίς, pro teſtudine, apud eoſdem. Κραλί
κειται, χελώνϗ, δι δὲ φάκλω, Iidem. Χραμαδδίλαι, teſtudines, uel canes pigerrimi, uel cochleæ, Heſychius & Varinus. omnibus quidem iſtis tarditatis nota conuenit. Teſtudines paruas Arrianus χ
λωνάρια uocat.

¶ Epitheta. Amphion apud Pacuuium ænigma hoc protulit: Quadrupes, Domiporta, tardigrada, agreſtis, humilis, aſpera, Capite breui, ceruice anguinea, aſpectu truci, Euiſcerata, inanima, cum animali ſono. (Criniuts 11. 7. hos uerſus ſic citat: Sanguine caſſa, domiporta, terrigena
traditur, Quadrupes, tardigrada, agreſtis, &c.) Quod, cum hoc obſcurius dixiſſet Amphion, re-
ſponderunt Attici, Nõ intelligimus, niſi apertè dixeris. Tum ille uno uerbo reſpondit, teſtudinem
eſſe. Huius ænigmatis meminit M. Tullius, & Tertullianus Septimius. Hæc tria quidem, euiſcerata, inanima, cum animali ſono, ad teſtudinem citharam pertinent, quàm primum ex exiccata teſtudine Mercurius inueniſſe dicitur. Quidam non rectè de cochlea hæc interpretati ſunt, (ut Crinitus,) Gyraldus in libro ænigmatum. Citatur autem hoc Pacuuiũ ænigma apud Ciceronem de diuinatione, & Tertullianum in libro de pallio. Idem me admonet alterius ſimilis, quod Moſchopulo
tribuitur, huiuſmodi:

Ξάνης εἰμὶ φύσεως ζῷον, πνέω δίχα πνοίης,
Οἷσιϋ ὑφ' ἡγεμόνεσιϋ ὁδοιπορέω τὰ πρόσθϋ,
Ἄδυλόχρω κατακούθεται διηζῇ τε κλεισῇ τε.
Ἡμμένου, ἕως λύκη κοιλίϋ ζῴδϋ ἐπεσιϋ.
Ὀφθαλμοῖσιϋ ἀρίπρεπέϊς εἰδὸς ἔχουσι τὸϋ ϋόϊν
Ἄφθογγον δί τ' ἐόϋ γε, πολυθρόου ἰξιφαανϋ.

Δοιά μοι ὄμματ' ὄπιθϋ τῇ' ἐγκεφάλῳ ἐπίκειντϋ,
Κυανέῳ ἱῶϋ γαsρἱα βαίνω, ἥς ὑπὸ γαsὴρ
Ὄμματα δί ὁ πτερῷ' ὄϋεαι οἰγομϋ', οὐδὲ πορέιϋ
Αὐτὴς ἐπίϋ αὐτηχὶ κρυsαλμϋϋ φαίνονται
Δέρκεταί ὄμματ', ἐπαγομέϋως δὲ μύϋω' οδὕϊο.

Hoc eſt, Animal peregrinæ naturæ, ſine ſpiritu ſpi-
ro, geminis oculis retro iuxta cerebrum, quibus ducibus antrorſum progredior. Super uentre cœruleo pergo, ſub quo uenter latet albus, apertus & clauſus. Oculi non aperiuntur, neῷ progredior,
donec uenter intus albus (uacuus) eſt. Hoc ſaturato, oculi apparent inſignes, & pergo ad iter: Et
quanquam mutum uarias ædo uoces. Sic de Mercurio inuentore teſtudinis Nicander, Ἀυδ'ηεσσαϋ
ἴλϋκυϋ ἀναειδιϋτϋ πόρ' ἰεσσιϋ. ¶ Sed redeo ad epitheta. Tarda teſtudo, Serenus. Sunt & apud Textorem teſtudinis epitheta, ſanguine caſſa, minax, tumida. Sed teſtudinem ſanguine carere falſum
eſt, & apud Ciceronem lib. 2. de diuinatione cochlea ſanguine caſſa dicitur. ¶ Ὀsρακόϋωτϋϋ, apud
Suidam. Κρατάιευϋ, in oraculo quod Crœſo datũ Herodotus lib. 1. deſcribit. Ἀsπιδδεισα, κρανάϊ,
marinæ teſtudinis epitheta apud Oppianum, ut terreſtris τραχεϊα, de quauis teſtudine uſurpari poſſunt. Φερέοικος, χελώϋ, Etymologus & Varinus. Sunt qui φερέοικοϋ interpretentur cochleam, alij inſectum maius ueſpa: alij animal ſimile muſtelæ, glandiuorum, Heſychius & Etymol. Χελώϋ ρικνά,
Cercidas apud Stobæum.

¶ Teſtudines (inquit Nonius) loca dicuntur in ædificijs camerata, ad ſimilitudinem aquatilium
teſtudinum, quæ duris tergoribus ſunt & incuruis. Tum foribus diuæ, media teſtudine templi,
Verg. 1. Aeneid. Caius Titinnius primo ante teſtudinem conſtitit: deinde apud cõſulem cauſam
atῷ excuſationem præferre cœpit, Siſenna apud Nonium. Nunc hoc uel honeſtate teſtudinis,
uel ualde boni æſtiuum locum obtinebit, Cic. ad Quint. frat. lib. 3. Nec uarios inhiant pulchra teſtudine poſtes, Vergilius Georg. 2. de agricolis. Teſtudo (ut periſtylum tectum tegulis, aut rete)
ſit magna, in qua millia aliquot turdorum ac merularum includere poſſint, Varro: Qui etiam teſtu
dinem & cameram pro eodem accepiſſe uidetur. Teſtudo ex duobus arcubus conſtat in centro ſe
ſecantibus. Quatuor enim arcuatæ pilæ inuicem transuerſæ & crucem configurantes teſtudinem
abſoluunt, Budæus in Pandect. Teſtudo, machina bellica, erat autem materia tabulatis, & corijs ci
licinis aut centonibus, & alijs quæ difficulter comburi poſſunt, contexta. Hæc intrinſecus habet
trabem, quæ unco præfigebatur ferreo, & falx uocabatur, ab eo quòd incuruata eſſet, & de muro
extraheret lapides. Retro enim ducebatur trabs funiculis ſuſpenſa, ut reducta impetuoſius feriret.
ideoῷ & teſtudo dicta à ſimilitudine reptilis, quòd caput nunc exerat, nunc reducat. Hoc etiam inſtrumentum arietem appellant, ab eo quòd aries fronte pugnet. Cæſar 5. belli Gallici, Reliquiſῷ
diebus turres ad altitudinem ualli, falces teſtudineſῷ, quas ipſim captiui docuerant, parare ac facere cœperunt. Vergilius 2. Aeneidos, Obſeſſumῷ acta teſtudine limen. Et lib. 9. Cùm tamen
omnes Ferre libet ſubter denſa teſtudine caſus. Cum proximè ante dixiſſet, Accelerant acta pariter teſtudine Volſci. Aliqui hic teſtudinem, continuatam ſcutorum ſeriem, curuatam in formam
teſtudinis, interpretantur, ut Guilielmus Budæus: qui & ſequentes Liuij & Cæſaris locos ſimiliter
exponit. Galli teſtudine facta, conſerti ſtabant, Liuius 10. ab Vrbe. At milites legionis ſeptimæ
teſtudine facta, & aggere ad munitiones adiecto, locum ceperunt, Cæſar 5. belli Gall. Sed in iam

citato Vergilij loco similiter interpretari non placet, cum acta testudo, ut proximè dixerat, de ea quæ continuata scutorum serie sit, accipi non possit, sed de instrumento tantum quod in parietes agitur & impellitur. Si quis tamen de alia atcӄ alia testudine, quanquam in proximis uersibus, poë-tam loqui contenderit, non admodum reluctabor. De testudine machina, quæ & testudo arieta-ria dicitur, plura attuli in Ariete a. & in Oryge a. Vide etiam mox inferius in χελώνη. ¶ Testudo quocӄ lyra dicitur, quoniam Mercurius Apollinis citharã de testudine sicca meditatus est, ut Ara-tus & Higinus referunt, Hinc Horatius illum curuæ lyræ parentem nuncupauit, & per apostro-phen ad citharam, inquit: O decus Phœbi, & dapibus supremi Grata testudo Iouis, ô laborum Dulce leuamen. Lyram quæ postea in cœlum translata est, ut Grammatici scribunt, Mercurius in Cyllene monte Arcadiæ ex reperta testudine effecit: inde Orpheo traditam dicunt. Alij putant 10 concessam Orpheo ab Apolline, post repertam citharam, interfecto Orpheo Musæ in cœlo lyram collocauére. Alij esse lyrã Arionis Citharœdi omniũ primi. Aliqui dicunt Mercuriũ (inquit Hi-ginus) cum primum lyram fecisset, septem chordas instituisse, ex Atlantidum numero, quòd Maia una ex illarum numero esset, quæ Mercurij est mater. Deinde postea cum Apollinis boues abe-gisset, deprchensus est ab eo: & quo sibi facilius ignosceret, petenti Apollini ut dicere liceret se inue nisse lyram, concessit, &c. Ipse caua solans ægrum testudine amorem, Vergilius 4. Georg. de Or pheo; ubi Seruius, Periphrasis (inquit) est citharæ, cuius usus repertus est hoc modo. Quum regre-diens Nilus in suos meatus uaria in terris reliquisset animalia, relicta etiam testudo est, quæ cum pu trefacta esset, & nerui eius remansissent extenti intra corium, percussa à Mercurio sonitum dedit, ex cuius imitatione cithara est composita. Mercurius lyram fecit Apollini pro bubus. nam cum 20 Apollo pro mercede seruiret Admeto, boues eius pascebat: quos suffuratus est Mercurius, & de-prehensus dedit ei pro redemptione (ἀντι λύρας, lego ἀντι λύτρα) citharam, quam & chélyn dicunt, ex chelona, id est testudine ab ipso fabricatam. unde lyra dicta est, quasi lytra (redemptionis pretium pro bubus,) Scholiastes Nicandri. Dicitur & pars citharæ, testudo. Quocirca & in fidibus testu-dine resonatur, aut cornu: & ex tortuosis locis & inclusis soni referuntur ampliores, Cicero 2. de Nat. Testudinem organum, testudinis animalis formam habere docet idẽ Cicero de diuinatione, Budæus. Acuta testudo, Martialis lib. 13. Blanda, Claud. 8. Paneg. Tuqӄ testudo resonare sep-tem Callida neruis, Horatius Carm. 3. 11. O testudinis aureæ Dulcem quæ strepitum Pieri tem peras, Idem Carm. 4. Et in libro de Arte poët. Saxa mouere sono testudinis. Cyllenæa, eburna, Apollinea, arguta, querula, uocalis, epitheta testudinis musici instrumenti apud Textorem. Pacu 30 uius in ænigmate quod supra recensuimus, testudinem euisceratam inanimam cum animali sono, dicendo, non animal, sed organum muscum intellexit. Plura uide mox inferius in Chelona & Chely uocibus Græcis. Testudines maiores, aptæ sunt ad compingendas lyras, Vide infra in Testudine terrestri E. ¶ Testudo aliquando simpliciter pro testa accipitur. Iste licet digitos te-studine pungat acuta, Cortice deposito mollis echinus erit, Martialis lib. 13. ¶ Testudo nomen est tumoris cuiusdam caluariæ apud recétiores medicos, ut docuimus in Talpa H. a. Testudinea-tus, adiectiuum, quod concauum & incuruum est, testudinis more. Et inter se accliues testudineato tecto, more tuguriorum, inarescentem ficum à rore, & interdum à pluuia defendant, Columel. lib. 12. Sed & testudineatum in usum uenisse, Plin. lib. 33. Apud Vitruuium testudinatum legitur quinцӄ syllabis, quod magis probo, lib. 6. cap. 3. Est autem id unum inter quincӄ genera cauædio- 40 rum. Testudineus, adiectiuum, quod est testudini. Testudineus gradus, gressus, uel incessus, id est tardus, Plautus Amphitr. Testudineum, opere testudineato factum: uide in E. A testudi-ne fit uerbum testudinare, quo utitur Politianus: Qua cauus exesum pumex testudinat antrum.

¶ Χελώνη, cithara. fit enim ea ex testudinum putaminibus, Hesychius; sed non suo loco. Autho-res quidem tum Græci tum Latini, chelyn potius quàm chelónen, musicum instrumentum appel lant, ut mox apparebit. Χελώνη, machina bellica, Hesychius & Varinus: malim χελώνη, cum & La-tine testudo dicatur, ut supra explicatum est. Χελῶναι & κριοι inter machinas bellicas à Polluce nu-merãtur. Suidas interpretatur χελώνἰυ, εἶδος πολεμιςήριον: ὅτι δὲ χελῶναι καὶ κριοὶ ὥσπερίδες πολιορκητίκϼ μηχανή-μα καὶ κριοί. Idem & πηγατήγνει, id est aciei militaris quandam speciem chelónen uocari ait. ea forté fuerit, quam continuata scutorum serie fieri, & Latine quocӄ testudinem dici, supra scripsi. ¶ Χε- 50 λώνη, scabellum, Τὸ ὑπὸπόδιον, καὶ πκλεποννησιακὸν (addiderim, νόμισμα, de quo infra dicemus,) Hesych. & Varinus. Ζηλοτυπῆσαι αἱ Θετἠαλαι γυναῖκες, τὼ Λαΐδα τὼ ἑτείραν ξυλίναις χελώναις ἐφόνευσαν τυπήσαι ἐν τῷ ἱσϼῳ θͫ ἀφροδίτης παγκύφεως ἔσης. ὑςερον δὲ ἱσϼῳ ἐπίκοισεν ἀνοίκις ἀφροδίτης. ἐπ αὶ αὶ γυναῖκες ἐν τῷ ἱσϼῳ εὐνόσϼῳ τυπολμήκεσι φόνῳ, Suidas. qua uero significatione χελώνη hic accipi debeat, tacet. mihi quidem ὑπὸπόσϼα accipi posse uidentur. Eandem historiam Athenæus refert lib. 13. Χελώνη, trópis, id est ca rina nauis, propter figuram incuruam, Hesych. & Varinus. Cauum pedis in ungula equi, Græci χελισβίνα uocant, uel χελωνίδα, quod Ioachimus Camerarius uir eruditus Latiné etiam testudinem no minare uoluit. Καταυλεμβένως πῶς χελωνίδος πολυκρότϼ ψόφϼ, Posidonius apud Athenæum alicubi, ut nos obseruauimus. Sed rursus alibi (lib. 5.) eiusdem Posidonij uerba sic citat, κατωλεμβναι πῶς χε-λιδίϼ πολυκρότϼυ ψόφϼς; qui locus an de equinæ ungulæ parte intelligi debeat, dubito. Μαρμαρίρꝰ δ᾽ 60 ἑλίκοισι κατασφήκωντο χελώνης, Tryphiodorus de ungulis equi Durij. Chelonia utrincӄ suculam con tinent, à similitudine testudinis dicta, Chelonium enim tegumentum est testudinis animalis, cuius similitu-

similitudinem habent chelonia,id eſt retinacula quibus intra tigna ſucula retinetur,Budæus in Pan
dect. Vtitur hac uoce Vitruuius 10. 2. ubi Philander Scholiaſtes, Chelonia (inquit) ſunt ueluti
umbilici aut anſæ quæ adpinguntur, id eſt affiguntur arrectarijs, (den ſtöcken der häſpeln,)in quas
ceu in armillas,coniecti ſucularum (axium) cardines uerſantur, atcȝ adeo ipſæ totæ (ſuculæ) dicta
ſunt chelonia,à ſimilitudine tegumenti chelonæ, id eſt teſtudinis quadrupedis, quod ſimiliter che
lonion uocatur. Celonia autem (κηλώνια, Vide in Ciconia H.a.) apud Ariſtotelem Mechanicorum
quæſtione 28. ſunt machinæ iuxta puteos ad hauriendam facilius aquam, alteram partem prægra
uante pondere.Tollenones, niſi fallor,uocauit Plinius lib. 18. cap. 2. & Sex. Pompeius, Hæc ille.
Chelonia ſunt in ratione tollendorum onerum, quæ in quadris tignorum, quo loci diuaricantur,
10 figi ſolent,ut in ea coniiciantur ſucularum capita,ut uerſentur facilius, proximè capita uectibus in
fixis,Cælius. Teſtudines in organis ad id collocatæ ſunt,ut corpora quæ reſtituuntur,paulatim &
minimè concuſſa extendantur.quemadmodum enim teſtudines animalia lento gradu procedunt,
ita machinæ quibus illa referuntur,Oribaſius in libro de machinis cap. 4. ubi & differentias reſtu
dinum inſtrumentorum indicat. Νωτα πάνυ ὑπ' αἰχμῆς κειμένα, τὸ μὲ ἔγκυρτον χελώνιον ὀνομάζεται, τὰ δὲ
ἐπιστρεφόμενον ὠμοπλατῶν πτέρυγια,&c.Pollux lib.2. Camerarius ſic uertit:Infra ceruicem eſt tergum: at
que huius gibbera pars, chelónion, quaſi teſtudunculam dicas, utrincȝ iuxta omoplatas, pterygia
nominantur, id eſt alæ,quæ fortaſſe ſcapulæ ſunt. Alius quidam ex Polluce uertit,chelónion ſum
mam partem dorſi eſſe iuxta ceruicem. Chelonium,tegumentum eſt teſtudinis animalis. Eius au
tem integumenti ſimilitudinem habent chelonia,id eſt retinacula,quibus intra tigna ſucula retine
20 tur,Budæus. Χελωνιδος, ὀσλὸς (τὸ ὀςλῶ, Suid.) ᾗ θύρας ᾗ σκληὸς,Heſych.& Varin. Chelichelone(in
quit Pollux lib. 9.)ludus eſt puellaris ,ſimilis illi quem Chytran uocant. Sedet enim puella aliqua
in medio chelóne,id eſt teſtudo dicta,aliæ uerò circa eam ſubinde currentes interrogant:Χελιχλώνη
(Χέλα χλώνη,duabus dictionibus,quarum prior terminatur per α. diphthögum,ut habet Euſtathius
in Odyſſ. φ. Ἔςι δὲ ᾧ τένος τὸ χέλα πλωστενικῶ πλάθω, πωρηχειμένον τῇ χλώνη,Idem.) τί ποιεῖς ἐν τῷ μέσῳ;
Chelichelone quid rei in medio facis ; Reſpondet illa, ἔρια μαρύομαι (ἤγεν κλώθω) καὶ κρόκλιυ μιλήσιω.
Deduco lanas uelleris Mileſij. Tum rurſus illæ,ὁ δ' ἔκγονός (ἔχγον., Euſtath.) σε τί ποιῶν ἀπώλετο; Sed
filium tuum quæ cauſa perdidit;Hæc uerò,λευπᾶν ἀφ' ἵππων εἰς θάλασσαν ἅλετο, Equis ab albis in ma
re ſe præceps dedit. ¶Chelonia gemma, oculus eſt Indicæ teſtudinis , uel portentoſiſſima mago
30 rum mendacijs.Melle enim colluto ore impoſitam linguæ, futurorum diuinationem præſtare pro
mittunt,quintadecima Luna & ſilente rota die;decreſcente uerò, ante Solis ortum, cæteris diebus
à prima in ſextam horam.Sunt & chelonitides teſtudinum ſimiles, ex quibus ad tempeſtates ſedan
das multa uaticinantur.Eam uerò quæ ſit aureis guttis,cum ſcarabeo deiectam in aquam ſeruētem
tempeſtates tueri,Plin. 37. 10. Cheloniæ lapides geſtati cum radice pæoniæ compote (forte, epi
lepſiam)ſummè ſanat,Author Kœranidum. Chelonites gemma eſt purpurei coloris & uarij,quæ
dicitur in corde teſtudinis inueniri.Sunt enim quædam maximæ teſtudines,habentes domos, quæ
ſunt ut ueræ margaritæ,& nitentes,Albertus(lib.2.de foſſilibus,ubi etiā addit negare aliquos hunc
lapidem ab igne corrumpi) apud Syluaticum. Georg. Agricola Chelonitidas gemmas interpre
tatur,kleine krottenſtein,hoc eſt paruos lapides boracis ſiue rubetæ. ¶Brontia quamuis capitibus
40 teſtudinum ſimilis,& cum tonitruis cadit,ut putant;& fulmine tacta reſtinguit, ſi credimus, Plin.
Vide ſupra in Rubeta. Chelonitides (inquit Georg. Agricola) ex eo quòd teſtudinū ſimiles ſint,
intus enim cauæ,nomen inuenerunt. eas Germani uocabulo compoſito ex rana rubeta & lapide
nominarunt,quòd ipſis perſuaſum fuerit ipſas in capite huius animālis uenenati naſci, ut his quæ
dam nigræ ſunt, quædam fuſcæ, & aliqua ſui parte candidæ, nigris in caua conuexitate interdum
ſanguineæ & candidæ guttæ,interdum aureæ,omnes oculi figura extuberant, ſed non omnes ſunt
cauæ.cum tamen utræcȝ ſint eiuſdem generis, rarò ſunt lupinis maiores, ſæpius minores, Sic ille.
Nuper quidam , uir alioqui diligens , chelonitas uocauit lapides quoſdam cochleis & ſtrombis fi
gura ſimiles,quod non probo.nihil enim teſtudo cum iſtis præter teſtæ duritiem commune habet.
nos eos lapides conchitas potius aut ſtrombitas nominabimus. de quibus ſuo loco inter aquatilia
50 dicetur.G. ¶Χελωνίας,ἡ ποικίλη πανθαρίς,Heſych.& Varinus, id eſt cantharis uaria,quanquam maſcu
lini generis eſt,ut cantharus ſubintelligatur.

¶Χέλυς, muſicum inſtrumentum Polluci. Leui canoram uerberans plectro chelyn, Seneca
Troa. Pulſatur manibus Phœbea chelys, Ouidius ad Piſonem 35. Chelyn grammatici Græci
partim lyram, partim citharam interpretantur, ut Heſych.& Suidas. Χελώνιον τᾶ λύρας, χέλυς ἡ κι
θάρα.ex teſta enim teſtudinis cithara fit, Heſych. Chelys, id eſt lyra organum , aliquando chordas
habebat lineas.Dicta eſt autem lyra quaſi lytra,quòd Mercurius eam è teſtudinis teſta fabricārit, ut
ſolueret iram Apollinis ei propter furtum irati, εἰς λύσιν μῆνιδος, Varin. χέλῶς etiam & χελῶς, haud
ſcio quàm rectè, apud eundem & Heſychium pro cithara,uel organio muſico exponūtur. Quidam
in Lexico Græcolat. chelyn propriè latiorem teſtudinis planitiem ſignificare ſcripſit. Χελώνη,la
bia,alij citharam interpretantur,& teſtudinem,& lyram, & machinam bellicam,Heſychius. Ety
60 mologus author eſt χελώνιω & citharam hac uoce apud Aeoles ſignificari,Idem chelyn citharam di
ctam ſcribit,quoniam ex chelonæ pelle à Mercurio facta ſit. εἰς χέλυν ἑρμόσω , κιθαειρ ὡς ὀσλύς Ἀπόλ
λων,Bion in Bucolicis. Sed de muſico inſtrumento huius nominis ; uide plura ſuperius in Græcā

I

uoce χελώνη, & Latina Teſtudo. χέλυς etiam pro machina(bellica)accipitur, Heſychius. Quare ap
paret tria hęc uocabula χελώνη, χέλυς, & χελύων, pleraſɋ ſignificationes habere communes. Ἠλιγυρίω
φόρμιγγα χελυκλόνου ἐρμαιων⊙, Orpheus in Argonauticis. χέλειον, teſtæ inſtar induratum teſtudinis
putamen, Heſychius & Varinus : apud quos ἀπνωσρακνώνου legi debet, per o. magnum in ſecunda
ſyllaba, non per e. breue. Ἑρμάης. σαρκος γαρ ἀπνόσ⊙ισε χέλυον Ἄιολον, ἀχνωας δε δύω παρετεινατο πῶ
ζας, Nicander in Alexipharmacis. Hermolaus Barb. etiam & Cælius χέλυον legerunt per ypſilon,
in penult. ego per α. malim. χέλα⊙ νῶτ⊙, ὀςρακώδης, id eſt tergũ teſtaceum, Heſych. & Varinus.
Fiunt enim frequentia adiectiua in ⟨ε⊙ per α.per υ. non item. χέλυς etiam pectus ſignificat, unde
uerbum χλυοσεɸα, ferè pollens idem quod apud nos expectorare, Hermolaus. ἔνϑα δ' ἀλλήιζων ὁτὲξ
χελύοσεται ἄτη, Nicander: lambda propter carmen geminato. Heſychius interpretatur βήσσαι, id eſt 16
tuſſire : Scholiaſtes ᴐσὲ χελύ⊙, τοτέσι τὸ σιλϑες τὴν ἀναφοράν τῶν ϕυγματων ποιεῖν, id eſt eructare. Ἀναχε
λύοσεται καὶ ἠρυγμένα ϑαμινὰ πνεύματα, Hippocrates. Galenus in Gloſsis ἀναχλύοσεɸα, ἀναξηραίνεɸα
interpretatur, id eſt reſiccari, etſi codices impreſsi ἀναχάινεɸα habent, qua uoce præcedens etiam
ἀναχάινεɸα exponitur ab eo.Cornarius uertit, reſoluitur, refricatur: & ἀναχλύοσεɸα (ſic enim legendum, non ἀναχλίοσεɸα ut codices excuſi habent) ſimiliter. Varinus Ἀναχελώνεɸα legit, (niſi librarij
error ſit,ſi error eſt, poteſt enim hoc uerbum formari à χελώνη,quæ uox idem quod χέλυς eſt) & rectè
interpretatur ἀναξηραίνεɸα. Videtur autem non ſimpliciter ſignificare reſiccari, ſed ſicca uel arida
tuſsi laborare. Sic & χελύσκιον (melius per ypſilon in antepenult.ut Varinus habet)ϕηρόν, id eſt tuſsi-
cula arida apud Hippocratem legitur, cum nihil humoris in tuſsiendo aut ſcreando deriuatur.
Χελύοσεɸα, natans,ᴐα πλέοισα, νηχομένη, καὶ γαρ οι νηχόμενοι τοῖς χέλεσι τὸ ὕδωρ παρελέγχοισι. Χελύειν (Varinus 20
non rectè Χελύνειν habet,) βήσσαι, καὶ χελύσσειν(malim χελύσσειν)βήσσαι, Heſych. Χέλυσμα, lignum quod
carinæ (τροπὴ, lego τρόπιδι) affigitur, ne atteratur aut labefactetur inter trahendum, Varinus. Sed &
ipſa carina chelone dicitur,ut ſupra annotauimus, ne illa atteratur,che
lyſma quaſi corium & tegumentum nomen habet, Cælius Calcagninus. Theophraſtus lib. 5. de
hiſt.plant.cap.8.nauium partes,& quæ quibus materia conueniat,deſcribens,χέλυσμα etiam nominat, quod ex ligno robuſto fieri oporteat, Gaza teſtudinem uertit. Labrum ſuperius inueni qui
chelynen dici arbitrentur:quanquam alij in ambitu poſita partem eo uocabulo intelligere malunt,
Vnde chelynidæ (apud Etymologum) nuncupantur, quibus ea grandior portio eſt, Cælius. La-
beones Latinè dixeris. Μύταξ ῥωμαίοις ᴐ ὑπωβάγας χελώνης κατήσσαμ⊙,Etymologus. Ego labium ſimpliciter,ſiue ſuperius ſiue inferius, χελύνην uocari puto,nam ſi ſuperius tantum ſignificaret,nõ opus 30
foret ſuperioris uocabulum adijci.ἐως τὴν ὑπωβάγαν χελύλην ὁισὸς Μιδήισσ ἐνεθρίζωτο,Ariſtophanes citante
Suida,Item in Veſpis, τᾶς(aliàs Σται)αἴνιρ τῇ͂ ἀνδρὶ ὑπ' ὀργῆς τὴν χελύλην ᴐδιαίνει: ubi Scholiaſtes (& Va
rinus,)ᴐανῆ τὸ τὰ χείλη.οι γαρ ὀργιζόμενοι ᴐμϐ' ἄκνεσι τὰ χείλη. Χελύν,χῆλ⊙, καὶ μῆϕ⊙ τῇ͂ ἱερέων, Heſychius
& Varinus. Χελύνιον, labellum, Etymologus: & idem quod χελύνιον, teſte Heſychio. Ruellius ex
Hippiatricis Græcis cap.34.& 108.χελύνια, labra transtulit. Χελώνιων, χημώη, (fortè χελώη.) & Χελώας,
χῆλαι, (fortè χείλη, aut χηλαί, id eſt ungulæ,nam χελώη alioqui pars eſt ὁπλὴ, id eſt ungulæ ſolidæ, chela
uerò ungula biſulca eſt. Heſych. Χελωνάζειν,χλδυάζειν,Heſychius & Varinus, id eſt irridere,ſubſan
nare. Χελών, piſcis è mugilum genere apud Athenæum, nimirum à labiorum magnitudine. Nicander χελέας latibula ſerpentium uocauit, ἤϑε τὸ χείϑεα ὧν αὐταῖς ᴐδε ὄφεις,ut Scholiaſtes annotauit.

¶ Icon. Lego(apud Pollucem lib.9.)Peloponnéſium nummum fuiſſe quendam ab incuſa ani 40
malis forma chelonen,id eſt teſtudinem nuncupatum.Nam obolum Eupolis callichelonum appel
lauit,ueluti teſtudinem dicas pulchram. Hinc emanauit illud, Τὰν ἀρετὰν καὶ τὰν σοφίαν νικᾷ͂ τὴ χελώ
ναι. Quod eſt, Virtutem ac ſapientiam teſtudo ſuperat,Cælius. Χελώνιον, τὸ ὑπνοπόδιον, καὶ Πελετπονκα
σιαϰόν,(addiderim νόμισμα,)Heſych. Varinus. Καλιχέλων⊙ obolus inſculptam habebat teſtudinem,
Heſychius & Varinus. Eraſmus carmen ex Pollice iam recitatum prouerbiale facit , quo uelut
ænigmate innuatur,pecuniam longè plus poſſe,quàm aut uirtutem aut ſapientiam. Cõſimili figura
(inquit)dictum & illud multas noctuas ſub tegulis latitare, & bos in lingua. ¶ Teſtudo apud uete
res ſecreti ac ſilentij ſymbolum fuit.Hoc enim argumento Elienſibus Phidias Venerem fecit, quæ
teſtudinem calcaret, opertius implicatiuſɋ cõmonſtrans, eſſe mulicbris decoris ædes cuſtodire ac
ſilentium, (ſilentium ac tardũ & lentum ſermonem, Steph. Aquæus,) Cælius. Iuxta forum Eleo-50
rum templũ eſt Veneris Vraniæ,id eſt Cœleſtis,cũ ſimulachro deæ quod Phidias partim ex ebore
partim ex auro fabricauit,cuius pes alter teſtudini inſiſtit.Ceterũ in crepidine nemoris ibidem, Ve
nus eſt Pandemos,id eſt popularis,quę capro æneo inſidet,Pauſanias in Eliacis. Τῷ͂ ᴐ ἀφροδίτης ᴐ͂ͅ
Ἤλιδι ἀγάλματι Φειδίας τὴν χελώνην παρέθηκεν, ὡς τὰς μὲν παρϑένας φυλακῆς δεομένας, ταῖς ᴐ γαμεταῖς οἰκοϑίας
καὶ σωπλϖ πρέπουσαν, Plutarchus in libro de Iſide. ¶ Chelonium inter cyclamini nomenclaturas
apud Dioſcoridem reperio.

¶ Chelonitæ inſula in rubro mari, gentile ſimiliter, Stephanus. Chelonates promontorium
Achaiæ,quod Ptolemæo Chelonita dicitur, Idem. Poſt Cyllenen Chelonatas eſt promontorium,
ſignum ex tota Peloponneſo maximè in occaſum protenſum, Strabo lib. 8. Etruſcus , In medio
Chelonatæ ac Cyllenæ ſpatio Penius effunditur.

¶ b. Chorus Veſparum Ariſtophanis aculeos cuidam minitatur his uerbis, Ἀλλ' ἄφιει τὸν ἄνδρα; 60
ὲ δὲ μή,φημ' ἐγὼ Τὰς χελώνας μακαρίειν σε τὸ δέρματ⊙. oſſeum enim teſtudinum tergus aculeis ueſpa-
rum

ŕum pungi non poteft. Volaterranus teftudinis conuexum dixit pro tefta eius.

¶ e. Aliqui tradunt, incredibile dictu, tardius ire nauigia, teftudinis pedem dextrum uehen-tia, Plinius. Si quis pofuerit dorfum tortucæ euerfum fuper ollam, non bulliet olla, Rafis.

¶ f. Ὀσμὴ μ᾽ ὅιν φρηνὰς ἦλθε κρατευολνειο χελώνης Ἑψομένης ὠν χαλκῴ ἅμ᾽ ἀρνέοισι κρέασιν, &c. Oraculum Crœfo Delphis refponfum, Suidas in Κροῖσος ex primo Herodoti.

¶ h. Troglodytæ teftudines confecrarunt, Gyraldus.fed hoc de marinis intelligendum.

¶ PROVERBIA. Aquilam teftudo uincit, Vide infra in terreftri. Teftudinem equus infe-quitur: conueniet uti cum rem præpofterè & abfurdè geri fignificamus: finitimum illi, Teftudi-nem Pegafo comparas:&, Citius teftudo leporem præuerterit, Erafmus. Vide in Equo inter pro-uerbia. Teftudines edendæ aut non edendæ, Vide fuperius in F. Ipfi teftudines edite qui cepi-ftis: Αὐτοὶ χελώνας ἐδίετ᾽ ὅιπερ εἵλετε : In eos iacitur, qui pofteaquam inconfultè quippiam adorti funt, aliorum implorant auxilium, quos fuo negotio admifceant. Paræmiã ex huiufmodi quodam apo-logo natam exiftimant.Pifcatores aliquot iacto reti, teftudines eduxerunt. Eas cum effent inter fe partiti,necβ fufficerent omnibus comedendis, Mercurium fortè accedentem inuitarunt ad conui-uium.At is intelligens fe nequaquam humanitatis gratia uocari, fed ut eos faftidito cibo fubleua-ret,recufauit,iuffitβ ut ipfi fuas teftudines ederent, quas cepiffent, Erafmus. ¶ Prius teftudo le-porem præuerterit, πρότερον χελώνη παραδραμεῖται δ᾽ἀσυπόδα, de re neutiquam ueriſimili, Erafmus. Aefopus fabulatur quòd teftudo leporis curfu uicerit, ut pigros ad laborem impelleret, & uelo-ces(ingenioſos)à torpore deterreret, Io. Tzetzes. ¶ Quàm curat teftudo mufcas, ὅσον μέλει τῇ χελώ-νη μυιῶν.Suidas ex authore nefcio quo refert hæc uerba, τῷ δὲ Ἀγαμέμνονι δὲ θεροίτυ παῤῥησίας ἤπου ἔμε-λεν ἢ χελώνη μυιῶν τὸ δὲ παροιμίας. Teftudini nihil nocere poffunt mufcæ propter teftam qua munita eft.Confine illi, Non curat culicem elephantus.Lepidius erit ad res animi detortum, Animus uir-tute ac philofophia munitus, nihil plus timet fortunæ incurfum, quàm teftudo mufcas, Erafmus. Huc pertinet quod fuperius in b. recitaui ex Vefpis Ariftophanis. Refertur à Suida in χελώνη. ¶ Teftudinem Pegafo comparas, χελώνην Πηγάσῳ συγκρίνεις:de rebus nequaquam inter fe conferen-dis, Pegafus equus erat uolucer,fi fabulis credimus, teftudine nihil tardius, Erafmus. ¶ Teftudi-nes uincunt fapientiam & uirtutem, Vide fupra in a.inter icones. ¶ Domus amica,domus opti-ma: ὅικος φίλος,ὅικος ἄριστος. Nufquam commodius, nufquam liberius, nufquam lautius homini uiuere contingit, quàm domi.Quidam per iocum detorquent ad teftudinem, de qua fertur apologus hu-iuſmodi.Iupiter cum animantiũ omne genus ad nuptias rogaffet, ueniffentβ reliqua,præter unam teftudinem(nam hæc peracto conuiuio tum demum aduenit,) Iupiter admirans percunctatus eft, quid nam illi fuiffet in mora.Atβ illa refpondit, ὅικος φίλος,ὅικος ἄριστος.Iratus ille,iuffit ut quocunque iret,domum fuam fecum circunferret.Ad apologum allufit M. Tullius in Epift.quadam ad Dolo-bellá:Hæc loca uenufta funt,abdita certè, & fi quid fcribere uelis ab arbitris libera,fed nefcio quo-modo ὅικος φίλος. Itaβ me referunt pedes in Tufculanum. Huc adfcribendum quod refert Plutar-chus in uita T.Flaminij.Is dehortans Achaicos ne fibi uindicarent infulam Zacynthiorum, dice-bat, κινδυνεύειν οὖν ὥσπερ αἱ χελῶναι πεξβ᾽ωνϊσα τὴν κεφαλὴν δὲ Πελοπόννησον πϸτείνωσιν. Id eft, Periculũ ipfis fore,quemadmodum teftudinibus,fi longius à Peloponnefo proferrent caput. His non diffimilia T.Liuius de bello Macedonico lib. 6. ubi fic loquitur Quintius:Si utilem poffeffionem eius infu-læ cenferem Achæis effe, autor effem S. P. Q. R. ut eam uos habere fineret. Cæterum ficut teftudi-nem,ubi collecta in fuum tegumen eft, tutam ad omnes ictus uideo effe: ubi exerit partes aliquas, quodcunβ nudauit,obnoxium atβ infirmum habere:Haud diffimiliter uobis Achæi claufis undi-que maris, quod intra Peloponnefum eft, termino, ea & iungere uobis, & iuncta tueri facile : fi fe-mel auiditate plura amplectendi hinc excedatis , nuda uobis omnia quæ extra fint, & expofita ad omnes ictus effe, Hæc omnia Erafmus. Τὸ τᾶς μικνᾶς χελώνας ἀμνάμονα, ὅικος γαρ ἄριστος᾽ἄλαϑίαις κϸ φίλ⌀, Cercidas in Hemiambis apud Stobæum in fermone de tranquillitate.

¶ Mulieris famam,non formam uulgatam effe oportere, emblema Alciati.

Alma Venus quænam hæc facies,quid denotat illa   Teftudo, molli quam pede diua premis?
Me fic effinxit Phidias,fexumβ referri   Fœmineum noftra iuſsit ab effigie.
Quodβ manere domi,& tacitas decet effe puellas,   Suppofuit pedibus talia figna meis,

DE TESTVDINE TERRESTRI.

Teftudinis terreftris putamen tantum hoc tempore habuimus.

A.

TESTVDO terreftris eft, quæ nec in dulci nec in falfo humóre degit, nec in cœno & pa-ludibus,fed locis ficcis. Recentiores aliqui parum Latini uocauerunt etiam fylueftrem, campeftrem,agreftem & nemoralem. Græci χελώνην χερσαίαν. Sunt & terreftres , quæ ob id in operibus cherfinæ uocantur, Plinius. Nicander ὀρείλω dixit, Oppianus ὀρεσίφοι-την,id eft montanam. Videntur autem montanæ cæteris terreftribus maiores fieri, Vide infra in E.

I 2

Galli tortue des boys, id est testudinē syluarum
appellant. Sed conuenient ei eadem nomina quę
supra in Testudine simpliciter retulimus.

B.

Testudines terrestres in Africæ desertis repe=
riuntur, Plin. In quadam Libyæ parte (in Mau=
ritania) in campis testaceorum multitudinem esse
dicunt, Strabo lib. 17. Terrenæ testudines apud
Indos gignuntur magnitudinē maximarum gle=
barum, quæ in altis arationibus terræ non diffici=
lis excitantur, bene penitus intrante aratro, & sul
cum facillimē proscindēte, & glebas in excelsum
excitante. Eiusmodi testudinum genus aiunt te=
stas exuere: ac sane easdem ab agricolis sic ligoni=

bus abstrahi, quemadmodum uermes ex uerminosis locis, Aelianus interprete Gillio. Parthe=
nius mons Arcadiæ testudines exhibet, Pausanias. Et rursus, Soron & alia querceta Arcadiæ, in=
genti magnitudine testudines alunt. ¶ Terrestrium testudinum tergus luteo & nigro colore pul=
chrè distinctis spatijs uariare uidi, ferè instar pellis salamandræ. Testudines quas nos marinas di=
cimus, albo cortice tectas, & nigris quibusdam signis uermiculatas, ex mari non sunt, sed maritimis
nemoribus & sabulosis, nostra autem nemora & fouearum aquæ nigras faciunt, Brassauolus. ϲαρ
νος γαρ απανόσϙιϲϙ χελειϙν Αίόλϙν, Nicander de testudine à Mercurio reperta. ¶ Terrestres quadrupe
des ouiparæ, ut lacerti, testudines, &c. pulmonem habent exiguum & siccum, sed aptum ampliari
ac extumescere cum inflatur, Aristot. Vrina earum ad remedia quædam commendatur. Hanc
Plinius aliter quàm in uesica dissectarum inueniri posse non arbitratur. Testudo tam aquatilis
quàm terrestris, habent in quod meatus contingant, & quo per coitum adhæreant, Aristot. Pul=
monem ac uentrem habent ita, ut omne genus terrestre ouiparum, Idem.

C.

Testudines terrestres testæ elegantioris, amant agros in quibus fruges consitæ sunt, ut audio,
nimirum quòd frugibus uescantur: nam & domi quidā eas cistis inclusas farina nutriunt. Cochl=
leas quoq & lumbricos ab eis edi aiunt. Sunt & montanæ. Arrianus in insula quadā maris rubri
χελάνην ὀρανίην haberi scribit. Nicander testudinē montanam κυϊϲϙκυϙμ cognominat, quòd cytisum
depascatur: non enim probo Scholiastæ interpretationem, non ad cytisum sed cytinos mali Puni=
cæ flores, hanc dictionem referentis. Testudo cum uiperam ederit, mox cunilam (origanum)
edit: quod cum ita sæpius factum animaduertisset quidam, cum gustata cunila uiperam testudo
repeteret, herbam euulsit, quo facto testudo interijt, Aristot. in historia animalium, & in Mirabili=
bus: & Zoroastres in Geoponicis 15. Testudo cunilæ quam bubulam uocant pastu, uires contra
serpentes refouet, Plinius. Aelianus uel ipse, uel deceptus eius interpres Gillius, origanū & cu=
nilam tanquam diuersa remedia testudini aduersus uiperæ esum memorat. Testudo cum origa=
num ederit, uiperam præclare contemnit. Quòd si eius facultatem nō assequatur, comesa ruta con=
tra hostem armatur. Iam si utriusq facultate caruerit, à serpente exeditur planeq conficitur, Aelia=
nus, Cunila bubula se muniunt testudines cum serpentibus pugnaturæ, quidāq in hunc usum pa=
nacem uocant, Plinius. Testudines terrestres sunt in Africæ desertis, qua parte maxime sitienti=
bus harenis squalent, roscido (ut creditur) humore uiuentes: neq aliud ibi animal puenit, Plinius.
¶ Testudo tum marina tum terrestris in dorsum inuersa, ad pristinum statum redire non potest,
Oppianus. ¶ Omne hybernum tempus testudo intra terram abdita manet immobilis: cuius na=
turam non ignorantes homines, eam ineunte hyeme terræ operimento obducunt: post uero hye=
mem ibi locatam ac sitam, ubi terra obruerunt, reperiunt, sine cibo totam hyemem traduxisse.
¶ Quadrupedes ouiparæ pedestres, eodem coëunt modo quo ea quæ animal generant, mare su=
perueniente: ut testudo tam aquatilis quàm terrestris: habent uerò in quod meatus contingant, &
quo per coitum adhæreant, Aristot. Testudines montanæ ex uentis cōcipiunt, ut & coturnices,
Scholiastes Nicandri ubi poëta κυϊϲϙκυϙμ testudinem cognominārat, quasi ipse legerit κυϊϲϙϙκυϙϙ,
aut similem quandam uocem, ἀπὸ τ κύϙν ἐκ τ ἀνϙμϙ. Ex terrenis testudinibus mas ad uenerem in=
flammatissimus est. Demostratus fœminam humi ad coitum stratam ait supinam iacere, deinde
expleto coitu, propter testæ magnitudinem cum se conuertere non queat, escam paratam à marito
relinqui cum alijs animalibus, tum aquilæ: (Vide supra in Testudine in genere D.) unde fit, ut ma=
res eas ad coitum ideo illicere nō possint, quòd fœminæ magna moderatione libidines contineant,
& salutem uoluptati anteponant. At enim mares mirabili quadam natura illecebram amatoriam,
& omnis metus obliuionem afferentem fœminis inijciunt: neque tamen huiuscemodi illecebræ
sunt cantiunculæ, quales Theocritus, pastoritia lusionis compositor, nugatur: sed occulta herba,
cuius neque ille nomen se scire dicit, neq alium cognoscere confitetur. itaque mares eam ore con=
tinentes, ad libidinem fœminas alliciunt: & quæ antea fugiebant, nunc exardescunt ad coitum, &
nullo de se timore afficiuntur, Aelian. ¶ Oua non modo incubare solo aspectu dicitur, sed etiam
ad ex=

ad excluſionem perducere, Gillius. Sed authores de marina tantum hoc ſcribunt, ut in eius hiſtoria dicetur. Aliqui e uulgo putant quòd oris ſpiritu afflando, ea maturet. ¶ Teſtudo latibulis
tegitur, ſenectutem uerò non exuit, Aelianus. Et alibi, Teſtudines terrenas apud Indos aiunt
teſtas exuere.

D.

Teſtudo contra uiperas & ſerpentes pugnat. Vide in c. ¶ Aquilæ ut morbis quibuſdam occurrant, teſtudines comedunt, Oppianus in Ixeuticis. Teſtudines terreſtres foeminæ in coitu ſupinæ iacent, quo peracto cùm ſe conuertere nequeant, præda cum alijs animantium, tum aquilæ
relinquuntur, Aelianus. Χελωνοφαγοι αετοι τινες, Heſych. & Varinus. Tertium aquilarum genus
10 anatariam uocant, &c. ingenium eſt ei teſtudines raptas frangere è ſublimi iaciendo: quæ ſors interemit poëtam Aeſchylum, prædicta ſatis (ut ferunt)eius diei ruinam, ſecura coeli ſide cauentem,
Plinius: & Suidas in Χελων, ubi Aeſchylum ſic oppreſſum annorum quinquaginta octo fuiſſe refert. Sotades apud Stobæum hoc ei ſcribenti accidiſſe ait. Terrenas Teſtudines à ſe comprehen-
ſas ex alto deijcientes aquilæ ad ſaxa allidunt, & ex contrita Teſtudinum teſta extractam carnem
exedunt, coficiuntq. Itaq Eleuſinius Aeſchylus tragicus poëta de uita migraſſe dicitur. Cum enim
is in ſaxo ſedens(in agro aprico ſedens annos natus octo & quinquaginta, quòd tabulati ruina me-
tueret, quam ei oraculum prædixerat, Gyraldus) ex conſuetudine inſtitutoq ſuo & philoſophare-
tur, & ſcriberet, eius caput à pilis nudum, aquila ſaxum eſſe arbitrata, teſtudinem, quam in ſublime
extulerat, in idipſum deiecit, & ſine aberratione ictum dirigens, uirum interfecit, Aelianus. De
20 Aeſchylo interempto ab aquila anataria, meminerunt Valerius Maximus lib. 9. & Gellius lib.13.
& lib.7. Idem hoc uerſiculo Sotades teſtatus eſt: Αισχύλον γραφοντι επι τω πω πζακε χελωνι.

E.

Teſtudines aliqui in hortis alunt, ut purgent eos à cochleis & lumbricis. ¶ Parthenius mons
Arcadiæ teſtudines exhibet, ad compingendas lyras aptiſſimas, Pauſanias. Et rurſus, Soron &
alia querceta Arcadie, ingenti magnitudine teſtudines alunt, ex quibus lyras conficeres, æquales
illis quæ ex Indica teſtudine componuntur.(Sed de teſtudine muſico inſtrumento diximus ſupra
in Teſtudine in genere H.a.) Dioſcoridis inſula in mari rubro fert teſtudinē ueram,& terreſtrem,
& albam:& plurimam excellentem, ac teſtis maioribus, montanam quoq maximam, & teſtæ craſ-
ſiſſimæ, Arrianus. Vide ſupra in Teſtudine in genere cap. 5. Sunt & terreſtres, quæ ob id in ope-
50 ribus cherſinæ uocantur, Plin. Et 32. 4. Geminus, inquit, ſimiliter (ut fibrorum) uictus in aquis
terraq, & teſtudinum, effectus quoq pari honore habendi, uel propter excellens in uſu pretium,
naturæq proprietatem. Vide mox in G. ab initio.

F.

Tortuca terreſtris magis eſt temperatæ carnis quàm aquatica, neutra tamen eſt uenenoſa: ſed
utraq in cibo multum impinguat. Dicunt tamen quidam quòd ſi quis ſuper renes mortuæ tortucæ
calcauerit, ueneno inficitur, Albert. Teſtudines aquatice meliores ſunt quàm terreſtres, pro equis
qui cum ſatis pabuli abſumant non proficiunt, Laur. Ruſius. Terrenæ teſtudines in India maximæ gignuntur, eædemq non amaræ ut marinæ ſunt:ſed & ſuaues & pingues habentur earum carnes, Aelianus. Amputato capite pedibuſq, ex iure in cibo ſumuntur contra morbos quoſdam,
40 ut mox in G. referetur.

G.

Geminus ſimiliter (ut fibrorum) uictus in aquis terraq, & teſtudinum, effectus quoq pari hono
re habendi, uel propter excellens in uſu pretium, naturæq proprietatem, Plinius: Videtur autem
ſentire, effectus in re medica ſiue ex terreſtri, ſiue ex aquatica teſtudine eoſdē haberi: & teſtudinem
amphibium animal non minus celebre eſſe quàm fibri ſint, cùm non ad remedia tantum diuerſæ
eius partes, ſed etiam ad ornatiſſima opera tegumentū tūm terreſtris tū aquaticæ requiratur. Oua
ſane teſtudinis uel marinæ, uel terreſtris ſimiliter, contra ſalamandræ uenenum commendantur:&
ius coctum ex ſuilla pingui cum teſtudine utrauis, authore Nicandro. Et pro ſanguine marinæ te-
ſtud.uulgarium ſanguinem prodeſſe exiſtimāt quidam, (ut ex Vegetio citauimus in Teſtudine in
50 genere.) Quare etiam cætera remedia ex eis ferè indifferentia eſſe aliquis ſuſpicetur. Aquilæ teſtudines pro medicamēto uorant, Oppianus Ixeuticis. Teſtudines aquaticæ meliores ſunt quàm
terreſtres, pro equis qui ex pabulo ſatis copioſo parum aut nihil proficiunt, Ruſius cap. 156. Vide
paulò ante in F. Idem Ruſius cap. 165. teſtudines ad tuſſim ſiccam equorum laudans, ſic ſcribit:
Teſtudines abiectis capitibus, caudis, pedibus & inteſtinis in aqua coques donec carnes ab oſsibus
ſeparentur, & aqua bene pinguis fiat. Hac aqua equum potabis, ita ut aliud nihil bibat antequam
eam abſumpſerit. Carnes ſi quæ remanſerint, mixtas cum annona equo in cibo dabis, hoc facies do
nec equum uideas curatum. Et quamuis terreſtres teſtudines bonæ ſint, aquaticæ tamen præferuntur. Idem cum limacibus facere potes. Amatus Luſitanus pro puella quadam uentriculi eroſione
chronica cum deſtillatione capitis & tuſſi ingenti ſicca, inter cætera tale remedium præſcribit. Te-
60 ſtudines nemorales duæ bulliant in aqua feruentiſſima, demptis corticibus: deinde lauentur uino,
ac poſtea aqua hordei uel roſacea: tandem interana pulpamenta dicta, cum infra ſcriptis rebus coquantur. Rec. florum boraginis, capillorum Veneris, ſem. melonis, lactucæ ana unc. ſemis. Radi-

I 3

cum petroselini, boraginis, ana ʒ.j. tragacanthi, gummi Arabici, amyli, glycyrrhizæ ana drach. se=
mis. Pinearum mundatarum, amygdalarum albarum, pistaciorum mundatorum, ana drach. duas.
Bulliant in libris sex aquæ ad consumptionem mediæ partis, & colentur. Huius decocti quincunx un
cias cum una syrupi uiolacei quotidie ieiuna bibat. Syrupum quendam de testudinibus terrestri=
bus cum alijs remedijs parandum Guaynerius describit in curatione febris hecticæ: Item liquorem
ex capo gallóue, aut ijsdem testudinibus aut limacibus destillandum. Testudo terrestris usta tota,
& cum melle sumpta, uetustissima leucomata continuo purgat, & dolores nubeculasæ illita sanat,
Author Kœranidum. Testudinem captam ex aridis locis (alij testudinem simpliciter nominant)
accipitri da in cibo. sic enim pennas citius mutabit, & pulchriores habebit, Demetrius Constanti=
nop. ⁊ Terrestrium carnes suffusionibus proprie, magicisæ artibus refutandis, & contra uenena 10
salutares produntur, Plurimæ in Africa, Hæ ibi amputato capite pedibusæ pro antidoto dari di=
cuntur: & ex iure in cibo sumptæ, strumas discutere, ac lienes tollere: Item comitiales morbos, Plin.
⁊ Testæ crematæ cinis cum uino mixtus chimela sanat: & cum butyro uetere solutus, carbuncu=
los curat, Author Kœranidum. Tegumenti cinis uino & oleo subactus, pedum rimas ulceraæ sa=
nat, Plinius. Rasis testudinis simpliciter cinerem cum albumine oui aut lacte asinino, fissuras in
uentre, uberibus & femoribus mulierum sanare prodidit. Squamæ è summa parte derasæ, & in po
tu datæ uenerem cohibent. Eò magis hoc mirum, quoniam totius tegumenti farina accendere tra=
ditur libidinem, Plinius. ⁊ Sanguis testudinis terrestris additur acopis quibusdã arthriticis Ascle
piadæ apud Galenum de compos. medic. sec. genera libro septimo. Et apud Aetium lib. 12. cap.
44. testudinum decem sanguis acopo ex rubetis adijcitur. Vide in Rubeta G. Testudinum terre=20
strium decem sanguis apud Galenum de compos. medic. sec. genera lib. 7. (unde Actuarius etiam
mutuatus est) miscetur Acopo Piscatoris primo: secundo uero simpliciter testudinum plurium san=
guis cum rubetis quincæ, &c. Testud. terrest. sanguinem epotum tradunt prodesse comitialibus,
Dioscorid. Rasis, & author Kœranid. Auicenna in eundem usum cum uino bibi iubet: & alibi
caputpurgium ex eo fieri. Vide supra in Testudine simpliciter. Sanguis earum claritatem uisus
facit, suffusionesæ oculorum tollit: (Non igitur uerisimile est quod apud Rasim legitur, collyrium
cum sanguine tortucæ factum excæcare. Et contra serpentium omnium, & araneorum & similium,
& ranarum uenena auxiliatur, seruato sanguine in farina pilulis factis, & cum opus sit in uino da=
tis, Plin. Sed de seruando sanguine testudinum simpliciter, diximus supra in Testudine in genere,
initio capitis septimi. Sanguis testud. terrest. potus, ab echidna uel scorpione percussos, summe 30
adiuuat, Author Kœranid. (Alij testudinis simpliciter, alij marinæ, ad eosdem ferè usus commen=
dant.) Cum spolio serpentis & aceto solutus, dolores aurium & usturas sanat: Inunctus capiti
alopeciam densat, & furfures abstergit, Idem. In testudine simpliciter, sanguinem eius ad capillo=
rum defluuium, ophiasin & achóras, à quibusdam prædicari scripsimus. Galeno curiosum & super
uacaneum hoc remedium non placet. Vide infra in Marina. ⁊ Testud. terrest. iecur tritũ in pesso
naturalibus imponito, aduersus uteri strangulatum, Galenus Euporist. 2.72. ⁊ Felle testudinum
terrest. cum Attico melle glaucomata inungi prodest: & scorpionum plagæ instillari, Plin. Cum
melle cicatrices & leucomata summè sanat, Author Kœranidum. Si misceatur fel tortucæ agrestis
cum pari melle, & hoc collyrio illinatur aliquis triduo, mane ter, & nocte ter, conferet hoc aquæ in
oculo coëunti, (suffusioni,) Rasis. Vide supra in Testudine in genere. Fel agrestis tortucæ per 40
mixtũ lacti mulieris, si destilletur in nares uel aures à quibus fluit sanguis, confert, Rasis. ⁊ Vri=
nam earum aliter quàm in uesica dissectarum, inueniri posse non arbitror: & inter ea quoque esse,
quæ portentosa magi demonstrèt aduersus aspidum ictus singularem, efficaciorem tamen ut aiunt
cimicibus ammixtis, Plinius. Vide in Marina G. ad finem. ⁊ Oua durata illinuntur strumis & ul
ceribus frigore aut adustione factis, Sorbentur in stomachi doloribus, Plinius. Oua testudinis ma
rinæ aut terrestris cocta, prosunt contra salamandram, Dioscorides: Nicander in Alexipharm. sim=
pliciter testudinis oua comendat. Καὶ ῶτα θέρμα (ab igne adhuc feruida) χελώνης ἀλέαίνει. Oua testud.
syluestris aiunt prodesse comitialibus, & ad tussim infantium nõ sine experimento laudantur, Aui=
cenna, Author Kœranidum marinæ oua in cibo sumpta lunaticos sanare scribit.

H.   50

a. Epitheta. ὀυράιη & κυπιολωέμ☉, Nicandro. Τραχεῖα & ὑρισίφοιτ☉, Oppiano. Vide supra in
Epithetis Testudinis in genere.

c. Bœus scribit ex Gerano (muliere quondam inter Pygmæos insigni in gruem mutata) & Ni=
codamante, testudinem terrestrem natam esse, Athenæus.

e. Testudinem musicum instrumentum Mercurius fabricasse dicitur reperta testudine in Cyl
lene monte Arcadiæ, (nimirum terrestri:) uel in littore decrescente Nilo, (nimirum aquatica.) Vide
supra in Testudine in genere H. a.

h. Testudines Parthenij Arcadiæ montis, accolæ tum ipsi uerentur capere, tum peregrinos
tollere non patiuntur: Pani enim sacras esse arbitrantur, Pausanias.

PROVERBIVM. Aquilam testudo uincit. Diogenes Laertius in uita Menedemi Philo= 60
sophi, ex Achæi poëtæ Satyra, cui titulus Omphale, refert hos senarios: Ἡλίσκυτ᾽ ἄρ᾽αγκ καὶ πὸς ἀθέ=
νῶν ταχύς, Καὶ πὸς χελώνης ἄετὸς ἐν Βραχεῖ χρόνῳ. Hoc est, Captus aliquando est celer ab imbecillibus,

Et

Et aquila tempore in breui à teſtudine. Eoſꝗ ait uſurpare ſolitum Menedemum in illos, qui ſecum
in ciuilibus honoribus contenderent. Accipi poteſt per ironiam: aut ſimpliciter, ubi quis potentio-
rem arte uincit, aut quod uiribus non poteſt, aſsiduitatè conficit, Eraſmus.

DE TESTVDINIBVS QVAE IN AQVA
dulci uiuunt ſiue paluſtri ſiue fluente.

A.

ESTVDO aquatica nominatur à Marcello Empirico, quod nomen commune uideri po
teſt ad omnes teſtudines quæ in aquis degunt, uel marinis uel dulcibus: & his ſiue fluentibus ſiue ſtantibus: & fortè etiã lutarias, quæ non tam in aqua quàm in cœno paludum degunt. Plinius teſtudinũ generà quatuor numerat. Sunt enim (inquit) terreſtres, marinæ, lu
tariæ, & quæ in dulci aqua uiuunt. Has quidã è Græcis emydas appellant. Gaza Ariſtotelis de animalibus librorum interpres teſtudinem lutariam & murem aquatilem pro uno genere accipit, Ariſtotelis emyde, quod non probo : deceptus fortè, quòd codices quidam Plinij in loco iam recitato,
ſic legant: lutariæ, quæ in dulci aqua uiuunt, &c. Sed ſic tria tantum genera eſſent, cùm Plinius diſertè genera quatuor ſtatuat.   Muris quidem nomen pro teſtudine, non quauis, ſed aquatili aut ma
rina apud Plinium uſurpatur, imitatione uocis Græcæ ut coniicio, μῦς, cuius genitiuus eſt μυὸς, ſi
rectè μυὸς in Lexico Græcolatino uulgari legitur. mihi quidem non placet, ut neꝗ ὡμῦς & ἀμῦς
per o, magnum, quas uoces in Græcorum Lexicis non reperias. ἐμῦς uerò per epſilon ſcribi pla
cet, quod à librarijs fortè alicubi omiſſum eſt, aut in ω. mutatum, ἐμῦς, ζῷον ὂν λίμνῃ ἢ ᾧ τηχῇ γρφόμενον,
ὅτι δὲ χελώνην τινὰ ἔχουσαν ὀρεάν, Heſychius & Varinus.   Apud Galenum de compoſitione ſec. locos, lib.
2. cap. 2. ἀμῦσα per alpha legitur, in uerbis Archigenis. interpretatur autem χελώνην λιμναίαν, id eſt
teſtudinem paluſtrem ſeu lacuſtrem. & ſimiliter Euporiſton 1. 9.   Author Kœranidum de tribus
dũntaxat generibus ſcribit, terreſtri, marina, & paluſtri quam uocat emyda.   Mydæ, de genere te
ſtudinum à colore luteo dictæ, quæ in aquis inueniuntur, ut inquit Plinius, Niphus. Sed apparet
illum mydæ pro emydes legiſſe apud Plinium 32.4. ubi codices antiqui emydas habent, recentiores aliqui emidas, (minus rectè.) item Ariſtoteles ac Theophraſtus, teſte Hermolao Barbaro. Et rur
ſus in eiuſdem libri caput undecimum: Tria (inquit) inuenio in mari quæ μῦς dicuntur : primum te
ſtudines ſunt, ideoꝗ non μύες in plurali ſed μῦς & ἐμῦς uocantur. Genus hoc aquatilis mus, & lu
taria teſtudo à Theodoro, marinus mus à Plinio quandoꝗ lib. 9. uertitur. alterum inter piſces. tertium inter oſtrea pro mytulo, Hæc Hermolaus. Sed marinus mus Plinij marina teſtudo eſt, non
ἐμῦς, id eſt paluſtris aut dulcis aquæ. Et non in plurali tantum numero ἐμῦες, ſed in obliquis etiam
ſingularibus ἐμῦος, ἐμῦδι, & ἐμῦδα rectè dici aſſeruerim. Iam quòd Niphus ait mydas à luteo colore
dictas, propter Græcæ linguæ imperitiam eum ſomniaſſe puto.   Amphibia quædam propter uictum aquas relinquunt, ut phoca καὶ ὁ μῦς ; Theophraſtus in libello de piſcibus. Marinum genus
μυῶν, id eſt murium, pro teſtudinibus marinis, Oppianus lib. 1. de piſcatione nominat.   In Caſinate
fluuius appellatur Scatebra, frigidus, in quo, ut in Arcadiæ Stymphali, enaſcuntur aquatiles muſ-
culi, Plinius. quæ uerba de muribus uiuiparis accipio ; qui & alibi in Arcadia aquatici eſſe traduntur, ut in Quadrupedum uiuiparorum hiſtoria in Mure aquatico ſcripſimus. Quod ſi quis teſtudinem lutariam ad uerbum Grꝗce reddere uelit, χελώνην παλαμύδα dixerit: & per aphæreſin ἀμῦδα.
Vtcunꝗ eſt, ſiue e. ſiue a, ſiue o. primam ſyllabam facias, id potius placet quàm monoſyllabum μῦς,
homonymiæ uitandæ cauſa. Μῦς enim, id eſt mus aquatilis etiam uiuiparus eſt, & mus ſiue muſculus piſcis: & genus oſtrei, Gaza mitilum uertit. Μῦδν, id eſt mures, dicuntur tum domeſtici mures,
tum marini, Heſychius. per marinum uerò an teſtudinem uel piſcem uel oſtreum intelligat, quærendum.   Nemora noſtra & fouearum aquæ teſtudines nigras producunt, Braſſauolus Ferrarien
ſis.   Teſtudinum tertium genus in cœno (unde lutarias ſuperius appellauit) & paludibus uiuen-
tium. Latitudo his in dorſo pectori ſimilis, nec conuexo incurua calice, ingrata uiſu, Plinius. Et
mox, Ex quarto genere teſtudinum quæ ſunt in amnibus, &c. ſanguis inſtillatus crebro, capitis do
lores ſedat. Has ſuperius ſimpliciter in aqua dulci degere dixerat. Nam in lacubus frequẽtius quàm
amnibus aut fluuijs reperiri puto, niſi qui fluuij admodum magni ſint, ita ut aqua circa ripas eorum
ſtagnet, Idem remedium aduerſus capitis dolorem emydi ſiue limneæ, id eſt lacuſtri teſtudini Archigenes attribuit. Itaꝗ teſtudinum genera quatuor eſſe apparet, & lutariam ab emyde diuerſam,
quod Gaza & alij quidam non animaduerterunt.   Marinæ etiam teſtudines, authore Plinio, circa
Phœnicium mare ſtato tempore in amnem Eleutherum ſe recipiunt. Teſtudines India in Gange
fluuio fert maximas. ¶ Teſtudinem fluuialem Luſitani cagado uel gagado uocant, cæteri Hiſpani galapago. Itali gaiandre de aqua: Sed nomina teſtudinis in genere, ſupra nobis enumerata, huic
etiam attribui poſſunt.

B.

Teſtudines Heluetia etiam in lacubus quibuſdam habet : Tigurinus quidẽ ager in exiguo lacũ

I   4

iuxta Andelsingam pagum. In Gange fluuio Indiæ testudines nascuntur, quarum testa non minori magnitudine sit, quàm dolium capax uiginti amphorarum, Aelianus duobus in locis, interpre
te Gillio. Et rursus, Testudinis Indicæ & fluuiatilis testa, non minor est quàm scapha iustæ magnitudinis. decem enim leguminum modios capit. Nicolaus Damascenus prodit, Antiochiæ sibi
uissos Indorum legatos, qui Cæsari Augusto inter cætera munera testudinem fluuiatilem trium cubitorum attulerint, Gillius. Sunt & in Nilo testudines, Aeliano teste. ¶ Aquatilium tegumenta
plura sunt: alia corio & pilis teguntur, ut uituli: alia cortice, ut testudines, Plinius. Testudini quæ
in cœno & paludibus uiuit, latitudo in dorso est pectori similis, nec conuexo incurua calice, ingrata uisu, Idem. Mus aquatilis (Emys) tegmen habet testaceum, & inter operta cortice recensetur,
sicut & testudo, Aristot. Licnem perexiguum habet, Idem. Testudo sola ex corticatis renes ha- 10
bet. genus tamen testudinis quam uocant lutariam (emyda, id est in dulci aqua degentem) & uesica
& renibus caret. fit enim propter eius mollitudinem tegminis, ut humor facilè diffluat, Aristot.

C.

Mures aquatiles dicti parere educareq; solent in sicco, prorsus tamen ab aquæ natura disclusæ
uiuere nequeunt. In humore etiam intereunt, nisi interdum respirent. non secus & marinæ testudines, Aristot. In terra scrobe effossa dolij amplitudine pariunt oua, quæ deserũt terra obruta, dieq;
tricesimo repetunt, refossaq; aperiunt, fœtumq; continuò ducunt in aquam, Idem. Oua testudinum in sicco maturantur, Plinius. Testudo mas in coitu superuenit: Vide in Terrestri C. Aquatiles testudines ortæ extra aquam, simulac primùm niti possunt, aquam persequuntur, Gillius.   10

D.

Testudines, cancri & crocodili, futuram Nili inundationem præsentientes, in loca Nilo inaccessa oua transferunt, Aelianus.

F.

Ad cibum præferendæ uidentur amnicæ aut lacustres ijs quæ in cœno & paludibus diuersan-
tur. Vide supra in Terrestri.

G.

Accipiter nimium carnosus & obesus, attenuabitur cibo testudinis aquaticæ, Demetrius Constantinop. Testudines aquaticæ ad tussim siccam equorum cõmodant, Vide supra in Terrestri G.
ex Rusio. ¶ Cinis huius testudinis cum ceroto rosaceo illitus, igne cõbusta, erysipelata, calidasq;
podagras summè sanat, Idem cinis inspersus omnem sanguinis eruptionem sistit, & narium & pla- 30
garum, Author Kœranidum. ¶ Ad capitis dolorem, Testudinis lacustris, quam quidam amyda
uocant, sanguis sincipiti instilletur, Archigenes apud Galenum secund. locos, 2. 2. inter amuleta.
ubi Galenus, Hoc (inquit) si uerum est, inter pharmaca & cum discrimine referri conueniebat: nisi
sanè hoc uult quòd omnem capitis dolorẽ iuuet, idq; omni temporis occasione. Idem remedium
inuenio in Euporistis Galeni 1.9. non ad quemuis capitis dolorem, sed ex ebrietate tantum ac Solis æstu obortum. Testud. palustris, quæ dicitur emys, sanguis hemicraneam & omnem capitis
dolorem sanat, illitus fronti, Author Kœranidum. Et rursus, Capiti illitus ueteres cephalalgias sanat, & eos qui nocuum quid sumpserunt, (potus nimirum, ut terrestris etiam & marinæ.) Testudinum quæ sunt in amnibus sanguis instillatus crebro, capitis dolores sedat: item strumas. Sunt qui
testudinum sanguinem cultro æreo supinarum capitibus præcisis, excipi nouo fictili iubeant, Plin. 40
Suffusiones oculorum emendat testudinis marinæ fel cum fluuiatilis sanguine, & lacte mulierum,
Plinius. ¶ Ex eodem genere testudinum quæ sunt in amnibus diuulsarũ pingui cum aizoo herba tuso, admixto unguento & semine lilij, ante accessiones si perungantur ægri, præter caput, mox
conuoluti calidam aquam bibant, quartanis liberari dicuntur. Hanc testudinẽ quintadecima Luna
capi oportere, ut plus pinguium reperiatur: uerum ægrum sextadecima Luna perungi tradunt, Pli
nius. ¶ Fel emydos illitum, omnem caliginem abolet. Hepar potum phthisicos sanat, Author Kœ
ranidum. ¶ Ad ischiadem physicum remedium: Testudinis aquaticæ crus præcide, & phœnicio
inuolutum ex ea parte qua quis ischiadem patitur adpone, potenter remediabitur, Marcellus Empiricus. Vide supra in Testudine terrestri simpliciter.
¶ Ex hac quoq; testudine quæ in paludibus uiuit, aliqua contingunt auxilia. Tres nanq; in suc 50
censa sarmenta deiectæ, diuidentibus se tegumentis rapiuntur. Tum euulsæ carnes earum coquun
tur in aquæ congio, sale modicè addito. Ita decoctarum ad tertias partes succus paralysin & articu-
larios morbos sentientibus bibitur. Detrahit item fel pituitas, sanguinemq; uitiatum. Sistitur ab eo
remedio aluus aquæ frigidæ potu, Plinius.

H.

a. Mydia insula, quæ etiam Delos dicitur, Stephanus. Sed forte hæc nihil ad mydes siue emydas testudines.
e. Grandini creditur obuiare, si palustrem testudinem dextra manu supinam ferens uineas
perambulet, & reuersus eodẽ modo sic illam ponat in terra, & glebas dorsi eius objiciat curuaturæ,
ne possit inuerti, sed supina permaneat. Hoc facto fertur spatium sic defensum nubes inimica trans- 60
currere, Palladius. Testudinem musicum instrumentum Mercurius primum fabricasse dicitur
inuenta testudine in littore decrescente Nilo: Vide supra in Testudine in genere H. a.

DE TE-

DE TESTVDINE MARINA.

A.

ESTVDO marina, à Plinio etiam mus marinus appellatur: & Albertus quoꝗ murem marinum rectè teſtudinē interpretatur. Vide ſupra in Teſtudine aquæ dulcis A. Asful-haſch, id eſt teſtudo marina, Syluaticus. Luſitani tartarugam uocant. Cæteræ gentes nuncupare poſſunt generali teſtudinis nomine, adiecta tantum differentia marinæ, ut Germani ein Meerſchiltkrott. Tortuca maris eſt id quod uulgus militem uocat, nigerrima, Albertus. Barchora(uide ne corruptum ſit nomen ab oſtracodermo) animal eſt duræ teſtæ, ſub quo tortuca maris, cum alijs quibuſdam ſpeciebus continetur, Idem. Et mox, Hoc animal piſcatores Germaniæ & Flandriæ militem uocant, eò quòd gerit ſcutum & galeam. Zytyron animal maris eſſe dicunt, quod antiqui(fortè aliqui)militem uocauerunt, magnum eſt ac fortiſſimum. Anterius quaſi armati militis figuram præfert. Caput enim ceu caſſide galeatum eſt ex cute rugoſa & dura, & à collo eius ueluti ſcutum dependet, longum, durum & firmum, ualde cauum inferius. Venæ enim & nerui quaſi de collo eius & de ſpondylis procedunt, quibus hoc ſcutum alligatur, forma triangulum. Anteriora crura ei quaſi brachia longa ſunt, perquam ualida & bifurcata, quibus ua-lidiſſimè pugnat. Captum uix niſi malleis opprimitur. Apparuit hoc animal in mari Britannico, & eſt de genere tortucarum, Albertus.

B.

Troglodytæ teſtudines cornigeras habent, ut in lyra, annexis cornibus latis, ſed mobilibus, quorum in natando remigio ſe adiuuant: Celtium genus id uocatur, eximiæ teſtudinis, ſed raræ. Nanꝗ ſcopuli præacuti Chelonophagos terrent. Troglodytæ autem ad quos adnatant, ut ſacras adorant, Plinius. Codices quidam Plinij Celtinum habent. Hermolaus celetum non celtium ſcri-bi poſſe iudicat. Et rurſus in caſtigationibus capitis decimi lib. 9. Fuit (inquit) quando chelytium genus putauerim ſcribendum, ἀπὸ τῇ χέλυ΅, quæ uox & teſtudinem ſignificat & pectora, quaſi ma-gnas & pectoroſas intelligi uoluiſſent. Vtcunꝗ, celetas credo teſtudines dicendas, hoc eſt κέλητας, quæ uox equitum genus ſignificat apud Græcos. nam & cancrorum eſt genus quoddam ἱππεὺς Ariſtoteli, itemꝗ formicarum alterum, quas Plinius pennatas uocat, à uelocitate omnia, quoniam remigio, inquit, cornuum adiuuant ſe natando, ceu equites uideri poſſint, non pedeſtres ut cherſi-næ à terra nominatæ, Hæc ille. Et rurſus in Gloſſematis, Et nauigia quædam, inquit, celetes appel-lantur, authore Polluce: uti mirum ne ſit teſtudinum quoque id genus celetes uocatum fuiſſe. ¶De alijs quibuſdam generibus, barchora & zytyron, uide in A. ¶ Tortuca maris ſimilis eſt ter-

I 5

reſtri,niſi quod in magnitudinem excreſcit,ita ut aliquando octo cubitorum inueniatur,& ſcutum
dorſi eius quinque cubitorum,Albertus. Scutum eius octo uel nouem pedum inuenitur, Idem.
Teſtudines tantæ magnitudinis Indicum mare emittit, ut ſingularum ſuperficies habitabiles caſas
integant: atque inter inſulas rubri præcipuè maris nauigent his cymbis, Plinius. Nymphes author eſt, apud Troglodytas teſtudinum tegmenta ea eſſe magnitudine,ut ſex modios Atticos ſingula capiant,Aelianus. Qui incolunt Taprobanam inſulam, marinas teſtudines capere gaudent:
quarum tanta eſt magnitudo,ut ſuperficies earum domũ faciat,& numeroſam familiam non arctè
receptet,Solinus. Taprobanæ inſulæ tecta aiunt non ex ligno facta, ſed ex integumentis maximarum teſtudinum, quæ in eo mari procreantur. Vniuſcuiuſcp ſuperficies integrum tectum præſtare poteſt.nam ſingulæ teſtæ ad quindecim cubitorum magnitudinem procedunt, ut ſub eis non 10
pauci habitare queant,ac nimirum uehemẽtiſsimos ſolis ardores defendant, & prolixam umbram
efficiant: ſicq ad perferendos imbres reſiſtunt, ut melius quàm omnes tegulæ pluuiarum uim re-
pellant. Necp enim ſic eas habitatores, quemadmodum tegulas fractas ſarcire habent neceſſe,nam
totum tectum ex ſolida teſta conſtat, ut ſuffoſſo ſaxo & cauernoſo & natiuum tectũ efficienti, ſimilis eſſe uidetur,Aelianus. Incolæ Sumatræ(id eſt Taprobanæ) ædes humiles ex lapidibus conſtruunt,loco imbricum piſcis tartarucæ pelles ſuccedunt,mittit enim eum piſcem (inepte & impro
priè piſcem uocat)pelagus Indicum.Nam illic agens uidi adeò uaſtum belluæ corium, ut pondo librarum centum triumcp eſſet, Ludouicus Romanus. De Chelonophagis & earum teſtudinibus
uide in F.

¶ Marinæ teſtudines præter magnitudinem & pedes terreſtribus ſimiles ſunt,Pauſanias. Ni-20
gerrimæ,Albertus. Cornu(corium)habent in capite ſicut tortuca agreſtis:& hoc circundat caput
ad modum galeæ,Idem. Scutum eius quodammodo de quincp aſſeribus cõpoſitum uidetur,Idem.
Teſtudini marinæ lingua nulla,nec dentes,ſed roſtri acie comminuit omnia. Poſtea arteria & ſtomachus denticulatus callo,in modum rubi ad conficiendos cibos, decreſcentibus crenis quicquid
appropinquat uentri. Nouiſsima aſperitas ut ſcobina fabri, (tam modicis ſcilicet eminẽtijs,) Plinius. Et rurſus,Dentes ei non ſunt , ſed roſtri margines acuti ſuperna parte inferiorem claudente
pyxidum modo,oris duritia tanta ut lapides comminuant. Oppianus tamen libro primo de piſca
tione mures marinos contra homines etiam certare ſcribit, duritia tergoris & crebris dentibus fretos,forte ipſos roſtri margines dentium nomine appellans. Oculi teſtudinis marinæ longè latecp
fulgorem iaculantur:quorum pupillæ candidiſsimæ ac ſplendidiſsimæ cum exiſtant, eruuntur, ut 30
uel auro includantur uel monilibus imponantur,Aelianus. ¶ Teſtudo marina ſola ex quadrupedibus ouiparis renes & ueſicam habet,magnitudine ad cæterarum partium rationem. Similes bubulis renes ei omnino adhærent,quaſi ex multis exiguis conſtituti, Ariſtot. ¶ Pedes ut phocæ ha
bent,Pauſanias.ad ambulandum ineptos , quippe alæ uidentur quibus pro remis utuntur, Braſſauolus. ¶ Crura longa , & digitos & ungues fortiores habent quàm leo, Albert. Pedes quatuor
multorum digitorum,caudam inſtar ſerpentis,Idem.

c.

Mures marini in petris & arenis degunt, Oppianus. Teſtudines marinæ ne uiuere quidem
poſſunt diſcluſæ ab aquæ natura,intereunt autem in humore, niſi aliquãdiu(per interualla)ſpirent:
parere tamen educarecp ſolent in ſicco,ſic & lutariæ teſtudines, Ariſtot. Vituli marini ſpirant ac 40
dormiunt in terra:item teſtudines ,Plinius. Paſtum egrediuntur noctu, Idem. Et 9. 19.Exeunt
in terram & qui marini mures uocantur. ¶ Summa in aqua nonnunquam obdormiſcunt , & ſonum ſtertentes ædunt,Plinius. Conchulas petunt.habent enim os omnium robuſtiſsimum,quic-
quid nancp in os ceperint,ſiue lapidem, ſiue quoduis aliud, perfringunt ac deuorant, exeunt etiam
in terram,& paſcunt herbã,Ariſtot. In mari uiuunt conchylijs, tanta oris duritia,ut lapides comminuant,Plinius. Piſciculos paruos uenantur,& his aliquando ligatis filo deceptæ capiuntur,Al-
bertus. In Attica rupes ſunt maritimæ quas Sceleſtas uocant.Accola enim ipſarum Sciron, quoſ-
cuncp comprehendit,peregrinos,in mare ibi præcipites dedit. Teſtudo autem ex ſcopulis ut pro-
natauit,abiectos eò dicitur rapuiſſe,Pauſanias in Atticis. ¶ Fœminam aiunt coitum fugere, donec mas feſtucam aliquam imponat aduerſæ,Plinius. Teſtudo marina diu in terra uiuit , & illic 50
coit,Oppianus. In terram egreſſæ in herbis pariunt oua,auium(anſerum,Albertus.auium corta-
lium, Solinus ni fallor) ouis ſimilia. eacp defoſſa extra aquas , & cooperta terra , ac pauita corpore
(aliás pectore, ut Albertus quocp legit) & complanata, incubant noctibus , Plinius & Ariſtoteles.
Teſtudo oua durioris teſtæ & bicolora ædit, quale ouum auium eſt : eacp defoſſa & cooperta terra
ac pauita & complanata (epicroto) incubat, crebrius repetens : fœtumcp ſequente anno excludit,
Ariſtot. Cælius Rhodiginus epicroton terram interpretatur pauitam & complanatam ubi incubet teſtudo,ſed quæuis plana & pauita terra inſtar areæ , rectè epicrotos dicetur, qualis etiam apta
eſt equorum curſibus. Mus marinus in terra ſcrobe effoſſa parit oua, & rurſus obruit terra. triceſimo die refoſſa aperit, fœtumcp in aquam ducit,Plinius. Idem Aelianus ſcribit, & ita per ſe naſci
ac educari.Alibi tamen, Teſtudinum(inquit)amor circa curam fœtuum ſuorum ex eo perſpicitur, 60
cum parturiunt,ex aqua egrediuntur, atcp in arido ex ſeſe ſecundũ mare oua pariunt, quæ cum uel
ad incubanda infirmæ ſint,uel diu in terra uerſari non poſsint, ea primum leui & molli arenarũ cumulo

mulo obruunt, deinde notam pedibus imprimunt, qua poſt reuerſionem locum recognoſcũt. Alij
uero dicunt fœminam triginta dies oua perſeuerare cuſtodire, eandemᴂ interea à mare nutriri:po
ſteaᴂ libenter & prompte ſic ſuos fœtus, tanquam aurum defoſſum homines, refodere, Hæc ille in
hiſtoria anim.In Varijs uero, lib. 1. cap. 6, Tantum(inquit)habent rationis, ut quadraginta dies nũ
merare poſsint intra quas fœtus cõpactis ouis in animalia iam euadit. Tunc redeuntes ad eundem
locum, terram ſoboli repoſitæ iniectam effodiunt, & iſſam iam ſequi ualentem ſecum abducunt.
Teſtudo marina (inquit Plutarchus) mari egreſſa haud procul, ſabulo primum deponit oua, mox
harena tenuiſsima molliſsimaᴂ obruit, ac ubi iam contumulauit probe, pedibus, ut alij putant, iñ=
ſculpit ſignatᴂ locum, cognobilem ſibi reddes:ut alij, ab ipſo reſupinata marito fœmina, teſtæ pro=
10 priæ characterem ſphragidemᴂ inſcribit. iam quod longe mirabilius eſt, præſtituto die quadrage=
ſimo(nam hoc interuallum ad maturitatem oua perducendi iuſtum eſt)redit, ac ſuum quæᴂ theſau
rum agnitum longe quàm illos auri argentiue loculos homines, alacrius lætiuſᴂ recludit. Ouo=
rum numerus maximus eſt. nam ad centena pariunt oua, Ariſtot. & Plinius. centum uel amplius,
Albertus.ad ducenta numero, Cicero 2.de Nat. Educant fœtus annuo ſpacio, Quidam oculis ſpe=
ctando quoᴂ oua foueri ab ijs putant,(quod falſum eſt, Albertus,) Plinius. Læuo Hiſpaniolæ la=
teri ad meridiem portui Beatæ proxima inhæret inſula, Altus bellus appellata. Mira ferunt de hu=
ius inſulæ belluis marinis, ſed de teſtudinibus præſertim. Magno ancili ſcuto inquiunt eſſe gran=
diores. Quo tempore genitalis & improbus eas furor exagitat, è mari prodeunt. Egeſta in profun=
dam ſcrobem arena, ter & quater centum oua dicitur in ſcrobem demittere. Genitali uulua iam ex=
20 hauſta, remittit arenæ tantum, quantum ad oua cooperienda ſufficit, reditᴂ ad marina paſcua, de
ſobole niſ ſolicita. Ad ſtatutos illi belluæ procreandæ à natura dies, pullulat, uti è formicario, teſtu=
dinum multitudo, ſolo calore Solis ſine parentũ adminiculo generata. Anſerina ferè oua inquiunt
æquare magnitudinem, Petrus Martyr lib. 9. Oceaneæ Decadis 3. ¶ Teſtudo marina tres homi=
nes inuadere non dubitat, reſupinata uero inualida redditur, quòd ſurgere nequeat, Albert. Mus
marinus etſi nõ ita magnus, præcipue tamen animoſus eſt, ut auſit etiam contra homines pugnare,
& contra alios piſces, duritia tergoris & crebris dentibus fretus, Oppianus. Et alibi, Teſtudini
marinæ non auſit aliquis temerè obuiare in undis. ¶ Caput marinæ teſtudini abſciſſum non cõ=
tinuò moritur, ſed & uidet, & ſi ante oculos ei manus obuerſetur, illos claudit : & paulò etiam pro=
pius ſi manum admoueas, mordet, Aelianus. ¶ Laborant plerunᴂ & intereunt quoties innatan=
30 tes ſiccantur Sole.deferri enim in gurgitem facile nequeunt, Ariſtot. Si quandoᴂ egrediuntur ad
Solem, ſcutum dorſi exiccatur, quod poſtea niſi diu remolliatur, pro arbitrio flectere non poſ=
ſunt, Albertus.

D.

Mures marini adeo animoſi ſunt ut auſint etiam contra homines certare & alios piſces, Oppia=
nus, ut in C. retuli. Verum hoc forte non ad animum eorum referri debet, ſed potius ad naturam ui=
rium ſuarum robur ſentientem, quæ quantumcunᴂ poteſt ad corporis ſui conſeruationẽ experitur.

E.

Capiuntur multis quidem modis, ſed maxime euectæ in ſumma pelagi antemeridiano tepore
blandito, eminente toto dorſo per tranquilla fluitantes: quæ uoluptas libere ſpirandi, in tantum fal=
40 lit obliuiſui ſui, ut ſolis uapore ſiccato cortice, non queant mergi, inuitæᴂ fluitent opportunæ uenan=
tium prædæ. Ferunt & paſtum egreſſas noctu, auideᴂ ſaturatas laſſari: atᴂ ut remearint matutino,
ſumma in aqua obdormiſcere: id prodi ſtertentium ſonitu, tumᴂ leuiter capi. Adnatare enim ſin=
gulis ternos, à duobus in dorſum uerti, à tertio laqueum iniici ſupinæ, atᴂ ita ad terram à pluribus
trahi. In Phœnicio mari haud ulla difficultate capiuntur, ultroᴂ ueniunt ſtato tempore anni in am=
nem Eleutherum effuſa multitudine, Plinius. Teſtudines marinæ ſæpe nocent piſcatoribus, lania=
tis retibus, unde & ipſæ & piſces alij euadunt. Capiuntur autem facile, ſi quis natando aliquam ſu=
biens inuertat, ut ſupina ſit & pedibus erectis: neᴂ enim ad ſuum ſtatum redire poteſt. itaᴂ à piſca=
toribus aut percutitur ferreis telis, aut alligata fune attrahitur quò uoluerint. Sæpe etiam radijs So=
lis exiccata eius teſta, cum mergere ſe amplius nequeat, facile à piſcatoribus capitur, Oppianus. In
50 inſula quadam maris rubri nauiculæ paruæ monoxylæ ſunt, quibus utuntur πϱⱷ ἁλίϗ ϗ ἄϱϱαν χⱷ=
λιωνη. ἐϖ δὲ τϗύτη νήϗⱷ ϗ γϱγϗϑίοιϛ ϗυϱⱷϛ ἰδίωϛ λινϗϑιⱷϱ, ἀϖ δἰϗύⱷϱ ϗϗιϗϱϗⱷϛ ϗὐϗϟϛ ϖ ὲϗ ὰ ϗϗ́ϗⱷϗ ϖ ⱷ πϗϱ=
ϱϗϗⱷϱ, Arrianus in Periplo. ¶ De marinis teſtudinibus quod ad ornatũ & caſas tegendas, uide ſu=
pra in Teſtudine ſimpliciter E. Teſtudines tantæ magnitudinis Indicum mare emittit, ut ſingula=
rum ſuperficies habitabiles caſas integant, atᴂ inter inſulas rubri præcipue maris nauigent his cym
bis, Plinius: Vide etiam ſupra in B.ex Solino & Aeliano, & mox in F.in mentione Chelonophago=
rum. Cum exirem è Damiata(id eſt Peluſio)ut uiderè mare (inquit author innominatus, qui iter
Hieroſolymitanum Italicè perſcripſit)inueni mercatorem quẽdam cum plurimis teſtudinibus, in=
ter quas erat teſta (chera Italicè ſcribitur) una tres ulnas longa. Teſtæ ſuperiores perquam ualidæ
ſunt, quamobrem emuntur à Sarracenis in uſum ſcutorum: nullo enim ferro concedunt, nam cum
60 ex eis uni altus ſecuris ictus infligeretur, (ut uidi,) nihil tamen reſoluebatur, ſed rumpebatur ſecu=
ris, Hæc ille. Hiſtoria prodit, id in Cæſarum familia peculiarius ſeruatum, uti domus paruuli teſtu
dineis abluerentur alueis : & inde Clodio Albino factum imperij præſagium, nam eo recens nato,

teſtudo magnitudinis uiſendæ ab piſcatore patri eſt allata.quam is homo impenſè literatus, ad pue-
riles deſtinauit excaldationes, Cælius.   Teſtudinis marinæ oculi longè latéq́ fulgorem iaculantur:
quorum pupillæ candidiſsimæ ac ſplendidiſsimæ cum exiſtant, eruuntur, ut uel auro includantur,
uel monilibus imponantur:quamobrem mulierum admiratione plurimi æſtimantur, Aelianus.

F.

De alimento ex teſtudine marina uide nonnihil ſupra in Teſtudine ſimpliciter. Teſtudinis
marinæ carnem uitulinæ comparant ſapore, Petrus Martyr. India habet genus hominum, qui nõ
alia quàm teſtudinis carne uiuunt, hirſuti omnia facie tenus, quæ ſola leuis eſt. Iidem corijs piſcium
ueſtiuntur, Chelonophagi cognominati, Solinus.   Chelonophagi teſtudinum teſtis conteguntur,
quæ adeò magnæ ſunt ut uel in eis nauigent, Strabo.   In Oceano inſulæ ſunt iuxta continentẽ nu= 10
mero plures, ſed paruæ humileſq́, Inter has magnus habetur teſtudinum numerus, quæ eò confugiunt ob maris tranquillitatem. Noctu in profundo commorantur intentæ cibo. Die inter inſulas
diuertentes iacent, reſpicientes ad Solem, inuerſiſq́ nauiculis piſcatorijs aſpectu ſimiles. excellunt
enim magnitudine præcipua inter marinas conchas. Barbari inſulas incolentes, interdiu paulatim
ne ſentiantur, uerſus teſtudines natant. Eas adorti, quidam ab uno latere ad terram premunt, quidam ab altero ſurſum leuant, quo reddãt reſupinas, ne uertere ſe, néue effugere queant. Tum longa reſte per caudam ligatas, nando ad terram deducunt. In inſula expoſitis, omnia interiora, paruo
tempore ad Solem aduſta, comedunt. Teſta, quæ concaua eſt, tum ueluti cymba ad continentem
nauigant, tum pro aquæ receptaculo, tum pro tentorijs utuntur, quibus natura admodum opitulata
eſt, ut una res uario uſui accommodaretur. Cibo enim, uaſe, domo, naui, uitam illorum adiuuant, 20
Diodorus Siculus lib. 4. de fabuloſis antiquorum geſtis.   Teſtudines terrenæ in India non amaræ
ut marinæ ſunt, ſed & ſuaues & pingues habentur earum carnes, Aelianus. Prouerbium, Ipſi teſtudines edite qui cepiſtis, ſupra inter prouerbia ex teſtudine in genere explicatum eſt.

G.

Teſtudinum marinarum carnes ammixtæ ranarum carnibus contra ſalamandras præclarè au-
xiliantur.neq́ eſt teſtudine aliud ſalamandræ aduerſius, Plinius. Nicander ad idem remediũ laudat ſuillam coctam cum carne teſtudinis marinæ. Et rurſus, Contra ſalamandras uel ſuccum decoctæ bibiſſe ſatis eſt. ❡ In alopecijs cutem replet muris marini cinis cum oleo, Plin. ❡ Teſtudinis
marinæ ſanguinem antidotis quibuſdam contra morſus uenenatos adijci obſeruaui, ut apud Scri-
bonium Largum capite 177. in antidotum Marciani. Præparatur autem, ut docet Aetius lib. 13. 30
cap. 24. hunc in modum: Teſtudinem ſuper ligneũ aut fictile uas ſupinam reclinato, eiuſq́ caput
ſtatim amputato, & leuata ipſa ſanguinem ſuppoſito uaſe excipito, & congelatum deinde per ha-
rundinem in multas partes ſecato, atq́ operculi uice cribrũ uaſi ſupperponito, & ad Solem locato:
(Vide ſupra in Teſtudine ſimpliciter G.) ſiccatũ ueró reponito, ac utitor ad uiperæ morſum drachmis duabus exhibitis, ex poſcæ cyatho uno : ſequenti deinde die ſicci ſanguinis drachmas quatuor
cum aceti cyathis duobus dato:& tertia deinceps, ſanguinis drachmas octo, ex aceti cyathis tribus.
Eadem habet Aegineta lib. 5. cap. 24. ſed quædã paulo aliter:Sanguine (inquit) arido utere ad mor-
ſos à uipera ut dictum eſt (nihil autem in mentione morſorum à uipera dixerat, quàm dandum eis
hunc ſanguinem cum cymino ſylueſtri)drachmas duas propinando cum aceti duobus cyathis:ter-
tio ueró die drachmas duas cum aceti cyathis tribus, ut codex noſter impreſſus habet, ſed mutilus 40
(ut apparet)& ex Aetio reſtituendus. Teſtudinis marinæ ſanguis omnibus ſeris eſt remedium, &
omnis feræ morſus & aſpidis magnifice ſanat, author Kœranidum. Et rurſus, Iuuat percuſſos ab
echidna & potus & illitus ulceri cum pultibus cõditus & potus, ſanat eos qui nocuum aliquid
ſumpſerunt. Sanguis teſtudinis marinæ cum uino & leporis coagulo cuminóq́ cõtra ſerpentium
morſus & hauſta rubetæ uenena cõuenienter bibitur, Dioſcorides. Apud Aetium idem remedium
contra ranam rubetam inuenio. Aegineta teſtudinis marinæ ſanguinem aridum cum cymino ſylueſtri morſis à uipera dari iubet:aut coaguli leporis hinnuliue tres obolos per ſe. Auicenna hunc
ſanguinem cum coagulo, nulla cumini mentione facta, contra morſus uenenoſos, & contra uenenum ex herbis quibuſdam lactarijs, celebrat. Nicander in Theriacis ad quoſuis ſerpentiũ morſus
ſanguinis huius amputato capite excepti, defæcati & arefacti drachmas quatuor, cumini ſylueſtriꝭ 50
drachmis duabus admiſcet, & coaguli leporis drachmæ dimidiæ. Inde drachmã ex uino propinat.
Ad uiperatum morſus Dorothei Heliæ remedia, deſcripta à Galeno lib. 2. de antidotis:Teſtudinis
marinæ exiccati ſanguinis drachmæ (duæ)ex aceto potæ commendantur : Inter compoſita ueró id
quod ab Apollodoro compoſitum eſt , & à Softrato laudatum, ac omnibus qui ab eo acceperunt,
quod ex ſanguine teſtudinis conſtat, ita habet:Cumini ſylueſtris ſeminis acetabulum, teſtud. marinæ ſanguinis aridi drachmas quatuor, ſtatéres duos coaguli hinnuli, ſin minus, leporini, tres:hœdi-
ni ſanguinis drachmas quatuor:omnia mixta uinoq́ optimo excepta, reponito: in uſu magnitudinem oliuæ ſumens, conterito: ex uino quàm præſtantiſsimo cyathi dimidium potui dato : ſi medicamentum reuomat, rurſus oliuæ dimidium, ſicuti prædictum eſt, exhibeto:ac rurſus ſi eijcit, tertio
fabæ Aegyptiæ inſtar porrigito, quemadmodum dictum eſt prius. Sed de remedio teſtudinis ma 60
rinæ contra peſtilentem morbum in bobus, uide ſupra in Teſtudine ſimpliciter. Sanguine teſtud.
marinæ alopeciarum inanitas & porrigo, omniaq́ capitis ulcera curantur. Inareſcere autem eum
oportet,

oportet,lenteǫ ablui,Plinius:& Serenus qui hanc uim testudini simpliciter adscribit: alij terrestri.
Alopecijs testud. marinæ sanguinem illine. ex laudatissimis enim hic est, Archigenes apud Galenum sec.locos,& Galenus Euporiston 2. 86. Atqui Crito apud eundē lib. 1. de compos.sec.locos,
marinæ testud.sanguinē pharmacis pilos disperdentibus addi scribit. Instillatur & dolori aurium
cum lacte mulierum.Quòd si dentes per annum colluantur testudinū sanguine, immunes à dolore
fiunt,Plinius. Anhelitus discutit,quasǫ orthopnœas uocant:ad has in polenta datur,Idem & author Kœranidum. Aduersus comitiales morbos manditur cum polline frumenti.Miscetur autem
sanguis heminis tribus aceti hemina uini addita his,& cum hordeacea farina,aceto quoǫ admixto,
ut sit quod deuoretur fabæ magnitudine.Hæc singula & matutina & uespertina dantur, dein post
10 aliquot dies uespera.Comitialibus instillatur ore diducto, his qui modicè corripiātur. Spasmo cum
castoreo clystere infunditur,Plinius. Serapion pro epilepticis ordinat quæ specialiter passioni con
grua medicamina nuncupauit,& inter cætera medicamento cuidam testudinis marinæ sanguinem
admiscet,Cælius Aurelianus,non probans hoc Serapionis remedium.Et rursus,In epilepsia biben
dum dant aliqui lac asininū cum sale,uel sanguine testudinis marinæ aut humano,Idem, hoc quoǫ
improbans. Ad comitialem iumentorum consulunt aliqui in nares infundi testudinis marinæ san
guinis dimidiam cotylam cum pari aceto, & uino pari, admixta liquoris Cyrenaici drachma, Absyrtus in Hippiatricis Græcis 109. Vide supra in Testudine simpliciter,& in Terrestri quoǫ. Hip
pocrates lib. 1. seu morbis muliebribus glandem seu medicamentum subdititium describit,quod re
cipit Testudinis marinæ cerebrum & crocum Aegyptium,& salem Aegyptium:nec exprimit eius
20 uim.uidetur tamen factum ut aperiat uterum,fortasis & fœtum immortuum extrahat. ¶ Fel effi
cacissimū esse creditur scorpionis marini,& callionymi piscis,marinæǫ testudinis,& hyænæ, &c.
Dioscor. Et paulò post,Testudinis fel anginis,& puerorum ulceribus quæ pascendo serpunt, me-
detur.Comitialibus in nares utiliter inditur. Caprino felli(inquit Galenus 10. 13. de medic.simpli-
cib.)simile fermè est ursinum & bubulum,taurinum uerò ualidius est istis,sed inferius felle hyæna-
rum,ut hoc rursus imbecillius est quàm fel callionymi,& scorpij mar. & testudinis marinæ. Fel te
studinum(inquit Plinius)claritatem oculorum facit:cicatrices extenuat,tonsillas sedat,& anginas,
& omnia oris uitia:priuatim nomas ibi:item ardentium testium.Naribus illitum comitiales erigit,
attollitǫ.Idem cum uernatione anguium aceto ammixto, unicè purulentis auribus prodest: Quidam bubulum fel admiscēt,decoctarumǫ carnium testudinis succum, addita æquè uernatione an-
30 guium : Sed diù in uino testudines excoqunt. Oculorum quoǫ uitia omnia fel inunctum cum
melle emendat.suffusiones etiam marinæ fel cum fluuiatilis sanguine & lacte mulierum. Capilluſ
inficitur felle,Hæc Plinius. Ad suffusos prima ferè omnium compositionum est,quæ ex fœniculi
succo,& hyænæ felle ac melle Attico constat.quidam uerò etiam caprinum fel addiderunt.Verum
postea alius alius aliud fel ammiscuit,alius galli,alius uiperæ,alius testudinis marinæ, Galenus lib. 4. de
compos.sec.locos. Aelij Galli remedium ad suffusiones : Fellis testudinis marinæ drachmas octo,
mellis Attici tantundem,fellis taurini drachmæ duæ,&c.apud Galenum de compos.sec.locos 4.7.
inter liquidas oculares compositiones Asclepiadis. Et mox 4. 8. ex Archigene aliud ad suffusiones præscribit huiusmodi, Fellis testud. marinæ partem unam cum Attico melle quadruplo illine.
Fel ipsum etiam per se sufficit cum aqua illitum. Ad auditus grauitatem ex Apollonio apud Ga-
40 lenum de compos.sec.locos : Senecta anguium cum selle bubulo,aut caprino, aut testudinis marinæ,aut callionymi diluta utitur. Idem ferè locus à Plinio expressus est,his uerbis:Senectus serpen
tium feruente testa usta instillatur auribus rosaceo admixto, contra omnia quidem uitia efficax,sed
contra graueolentiam præcipuè : aut si purulentæ sunt ex aceto , melius cum selle caprino, uel bubulo,aut test.marinæ. ¶ Medicamentum quod puerperij purgamenta expurgat:Testudinis marinæ hepar uiride adhuc uiuentis , in lacte muliebri terito, & cum unguento irino ac uino subigito
& apponito,Hippocrates lib. 1. de morbis mulieb. ¶ Testes marinæ testud. sumpti multum pro
desse traduntur morsis à serpentibus,Dioscorides 6. 39. Item oua testudinis aliqui ad eundē usum
commendant,Ibidem. Et inter remedia aduersus salamandram , Prosunt etiam (inquit) oua testudinis marinæ aut terrestris,cocta. Vide in Terrestri supra. Oua eius assa(aliàs esa)lunaticos sanat,
50 Author Kœranidum. ¶ Vrina quoǫ eius sexus pota, morsos ab aspide uel echidna sanat, Idem.
Vide in terrestri. ¶ Medicamentum quod infunditur utero si non concipiat mulier:Lac mulieris
masculum alentis,grana mali punici recentis terito,ac succum exprimito:& testudinis marinæ par
tem inter anum & pudendum comburito ac terito, & hæc in pudendum muliebre infundito,Hip-
pocrates de morbis mulieb.lib. 1.

H.

a. χέλυδϸος est testudo marina, ὡς ϟραχύιδϸμον ἐϟὰ ϟ γῆϸας, Varinus. Etsi uerò chelydros propriè
colubrum significat, ut inter serpentes dicemus : fortasis tamen pro testudine aquatica accipi potest,ut sic dicatur quasi χέλυς φύϟδϸϘ· : sed authorem non habemus. χέλωνα aliqui marinam testudinem uocat,Hesychius & Varinus. Omys (ώμυς) marina quæ hybenbras : aliud autem est hym-
60 bros , tenue animal quod in cibum uenit, menida uocant, Kiranides lib. 1. litera ultima. Ibidem
ώμύδϟα scribit à quibusdam sic uocari, quòd in humeris magnam uim habeat. nam ὦμος est hume-
rus. Videtur autem mænida piscem, & emyda siue omyda quadrupedem ouiparam confundere.

nam quod animal tenue esse scribit ac spinas habere, pisci conuenit: cætera testudini.

¶ Epitheta. χέλυς κραναή, de marina, Oppianus: sed cuius testudini conuenit ut κραναή, id est aspe
ra dicatur. βρστλογὸς, Nicander in Theriacis: fortè quod contra homines pugnare audeat. Εἰναλίη
χέλυς, Eidem. Ποντιὰς χελώνη, Crates Comicus apud Athenæum. Ἅλιου ὁλάκος, χελώνη θαλασσαία, Op‑
pianus. Μυῶν χελωτόρ χθόρ, πεδι πάντων θαροπιλίοι νεπιόλων, Oppianus. Reliqua epitheta communia
testudinum generi supra retulimus.

¶ Apud Chelonophagos insulæ tres sunt deinceps, quarum una testudinū appellatur, Strabo.

¶ c. Ἡ ταχινήση (alias ἄκρεση) ὀλαπλίωι πιθρίγκοσι, Nicander de marina testudine, id est, Quæ celeri‑
bus (alias summis) natat pedibus.

¶ e. Ἀ θαλασσία λυπᾶς, Callias Mitylenæus in Oda apud Alcæum. ubi Aristophanes pro λιπᾶς 10
legit χέλυς: & Dicæarchum ait non rectè λιπάδια legisse. addit etiam pueros his ori applicatis (inser‑
tis) uti pro fistulis per ludū, ut etiam tellinis alibi, Athenæus. Kiranides lib.1. litera ultima, de omy‑
de, id est testudine marina, multa superstitiosa adfert, indigna relatu.

¶ h. Troglodytæ testudines cornigeras habent. Celtium genus id uocatur eximiæ testudinis,
sed raræ. Nancꝙ scopuli præacuti Chelonophagos terrent: Troglodytæ autem ad quos adnatant, ut
sacras adorant, Plinius. Circa Trœzenem olim polypos & testudinem marinam attingere nefas
erat, Athenæus ex Clearcho.

DE TESTVDINE POLYPODE.

20

INSVLA ab Iambolo reperta in Oceano uersus meridiem animalia producit, magnitudine
quidem parua, sed natura & sanguinis uirtute admirabilia. Corpore sunt rotundo ac testudinibus
simili, duabus lineis inuicem per medium transuersis, in quarū cuiuslibet extremo sit auris & ocu‑
lus, ut quatuor oculis uideant, totidemꝙ audiant auribus. Vnicus uenter, atꝙ intestina, in quæ co‑
mesta confluunt, pedes circum habent plures, quibus in utranꝙ parte ambulant. Huius beluæ san‑
guis mirabili asseritur uirtute. Omne enim corpus concisum dum spirat, hoc tinctum sanguine co
hæret, Io. Boëmus.

FINIS LIBRI DE QVADRVPEDIBVS OVIPARIS.

APPENDIX HISTORIAE

Quadrupedum uiuiparorum & oui‑
parorum Conradi Gesneri
Tigurini.

TIGVRI EXCVDEBAT C. FROSCHOVERVS
ANNO SALVTIS M. D. LIIII.

AMPLISSIMO VIRO D· IOAN-
NI STEIGERO, ILLVSTRIS REIP. BERNENSIS
SENATORI ET PROVINCIAE SABAVDICAE QVAESTORI,
Conradus Gesnerus S. D. P.

APPENDICEM istam ad nostram Animalium historiam, STEIGERE clarißime, cum non multa qui-
dem, sed rara & spectatu lectuq́; digna, & quæ ab homine etiam occupato cum uoluptate inspici possent, continere iu=
dicarem, te illi ueluti patronum & spectatorem præcipuum delegi. Spero autem te pro summa humanitate tua, & uete=
ris consuetudinis nostræ quæ nobis in Gallia olim intercessit recordatione, libentißime humaníßméq; hanc dedicationé
accepturum. Quamuis enim ab illo tempore quo te adolescentem familiariter noui, & ingenij tui uirtutes semper ap-
probaui, ad summos in patria honores euectus, uirtutum tuarum & rerum præsertim ciuilium, linguarumq́; Latinæ &
Gallicæ cognitionis merito, cum foris, hoc est in Sabaudica prouincia, quæ imperium uestrum agnoscit, tum domi magistratus aliquot magna cum laude gesseris, & nunc etiam in splendidißimo illustris Reip. uestræ loco uerseris, pristinam tamen humanitatem benignitatemq́;
tuam, nullo ut pleriq; solent morum fastu, nec ueterum amicorum & literarum contemptu permutasti Quamobrem cum hancce ueluti sÿl=
uam, aut theatrum potius, in quo uariæ & maxime peregrinæ animantes spectandæ exhibentur, rem liberalem & liberalißimo uiro, qua=
lis tu inter primos es, dignam mecum existimarem, eandem ad te primum mittendam, & magnifico nomini tuo perpetuum obseruationis ac
amoris in te mei pignus & monumentum dedicandam , mihi constitui. Nam si reges & principes uel singula aliquando animalia peregrina,
dono inter se mittunt: uel etiam partes duntaxat eorum, ut cornua fortasis egregia & raritate sua pretiosa, te quoq; uirum magno & regio
animo præditum, non unum nec pauca huiusmodi animalia, præsertim ab homine tui obseruantißimo missa, benigne & amanter admissurum
mihi persuasi, Etsi enim ea uiua non sunt, diutius tamen quàm ulla bestia uiua apud homines ingenuos & eruditos, qui hæc ex nostris lucu=
brationibus cognoscere dignabuntur, superuictura sperauerim. Vale, & clarißimo doctißimóq; in Rep. uestra uiro D. Nicolao Zerchin
te, amicísq; reliquis plurimam meo nomine salutem dicito. Tiguri, duodecimo Calendas Martij, anno Domini M. D. LIIII.

AD LECTOREM.

POSTVLAT à me ratio & officium gratitudinis, humanißime Lector, ut per quos profecerim ingenuè fatear, & be=
neficiorum mihi authores nominibus eorú honorifice cõmemoratis agnoscam. Quanquam illi eadem opera nõ minus publice
etiam & de cõmunibus literarú studijs bene meriti sunt, uiri planè digni quos boni & eruditi omnes, quibus hæc studia cordi
sunt, perpetuò ament ac celebrent.   A primo igitur Historiæ animalium nostræ ædito libro, prueuenerunt ad me imagines
aliquot, & historiæ simul quorundam, peregrinorum animalium (in quadrupedum genere. nam de cæteris in præsentia non dicam) quas
communicarunt clarißimi uiri:

Vri & Bisonis, Vuolfgangus Lazius Viennensis medicus, historicus & à consilijs potentißimi Romanorum regis Ferdinandi &c.

Bouis feri Scotici, & Canum Scottcorum uel Britannicorum trium generum, uir genere nobilis & literarum cognitione nobilior Henri=
cus à S. Clai o metropolitanæ ecclesiæ Glasguensis in Scotia Decanus, per doctißimum uirum Ioannem Ferrerium Pedemontanum.

Tarandi & Vulpis crucigeræ, Valentinus Grauius Decimarius & Senator Fribergensis in Misnia.

Gazellæ siue Capreæ moschi, Ant. Musa Brasauolus illustrißimi Ferrariæ ducis medicus.

Musmonis & simiæ quam cynocephalum putamus, Theodorus Beza Burgundus uir nobilis & utriusq; linguæ professor doctißimus in cla=
rißima Academia Lausannensi.

Damæ Plinij, Sciuri Getuli: & capitum bonasi, cerui palmati, strepsicerotis, Ioannes Caius Britannus medicus excellentißimus Londini in
Anglia.

APPEN=

APPENDIX HISTORIAE
QVADRVPEDVM VIVIPARORVM
CONRADI GESNERI.
DE VRO. Germanice Awerochf/ Vrochf.
Polonice Tur.

AEC uri icon, & bisonis quæ proxime sequetur, ad uiuum redditæ sunt, ut Vuolf gangus Lazius nobis asseruit, cura nobilissimi doctissimiᴂ herois Sigismundi Liberi Baronis in Herberstain &c. qui etiam in suis rerum Moscouiticarum Commentarijs, de his duobus boum serorum generibus ita scribit: In Lithuuania reperitur bison, qui patrio nomine Suber(zubro Alberto)uocatur, Germanice Aurox. Vri etiam quos indigenæ Thur, Germani Bisontes uocant, in sola Mazouia reperiūtur. Vrus autem est forma bouis nigri, habet longiora cornua quàm bisons. Nec te moueat dictio Germanica, quæ urum bisontem uocat, & bisontem aurox. Nam ex Commentarijs Cæsaris habes, Germanos urorum cornibus pro insignioribus poculis quondam usos fuisse:quem usum etiam hodie Samogithæ obseruant. Vrorum porrò cornua, quæ etiam nostro tempore in quibus dam templis auro & argento exornata, ueluti rara quædam monimenta reperiuntur, & longitudine & colore à bisontis cornibus aliquanto breuioribus, poculisᵩ minime aptis, facile discernūtur, Hæc Sigismundus Liber. Idem hoc animal, quod ex eius sententia bisonem esse diximus, non apte, scribit, Germanice aurox, id est urum boue appellari, cum à bouis forma diuersus sit: urum uero, Germanice Wisent dictum, bouem forma referre ait. Sed hæc in tabula cum imaginibus horum animalium ab ipso(ni fallor) Viennæ ædita, ambigue scribuntur, mihi quidem utrunᵩ animal bubuli generis uidetur omnino:sed bison ex pictura propter iubas, barbam & magnitudinem & gibbum, etiam multò horribilior aspectu fera apparet. Huius ego opinioni interim acquiescam, do nec aliquis rem certius aperiat, neᵩ dum enim affirmare omnino possum, quod illi uidetur, bouem cuius hic figuram dedimus, urum esse, cum altero quem subijciemus minor appareat:Cæsar autem uros magnitudine paulò infra elephantos esse scribat. quanquam Cæsar etiam in nonnullis quæ de Germaniæ feris scripsit, facile à peritis reprehendi potest. Sed neᵩ bouem illum ferum, cuius figura iam subijcietur, omnino bisonem uel bisontem esse asseruerim, cum nomē (ut ipse Sigismundus scribit)uri uulgo ei tribuatur, quanquā hoc conuenit quod ferè iubatus instar leonis, & insuper bar batus appareat, quantum pictura refert, quorum utruᵩ bisoni Oppianus tribuit. Scoticus quidem bos ferus, cuius iconem uidebis inferius, iubatus est, & bison albus uel Scoticus uel Calydonius, meo quidem iudicio recte appellabitur, sed non simpliciter bison, quoniam barbatus non est. Porrò quæ ueteres ac recentiores de bisone tradiderint, leges libro 1, Historiæ nostræ, pagina 143. in bo

a 2

4

um fyluestrium historia, (ubi etiam ostendi scriptores aliquot urum, bisonem, bubalū & bonasum, confundere:) & de uro, eodem libro pagina 157. & rursus in Paralipomenis pagina 1097. ubi bouē hic pro bisone ex Sigismundi Liberi sententia pictum, pro uro copiosius descripsi. Miserat enim illum tum temporis ad me doctissimus felicis memorię uir Sebastianus Munsterus pro uro, ut etiam ipse acceperat, quoniam sic uulgò uocatur.   Quod si quis utrunq; ex hisce bubus Latinè urum appellârit, minoris tantum & maioris, aut barbati iubatiue differentia adiecta, rectè illum facturum arbitror, quoniam bisonis aliud Latinum nomen non habemus.

BISON. Germanice **Wisent.** De quo ea tantum cognoui#
mus, quæ iam inter cætera de Vro scripta sunt.   10

DE BISONE ALBO SCOTICO.

IN

N Scotia Calydoniæ syluæ olim dictæ nomen adhuc manet uulgare Callendar & Caldar. ea excurrit per Monteth & Erneuallem lôgo tractu ad Atholiam & Loquhabriam uscȝ. Gignere solet hæc sylua boues candidissimos in formam leonis iubam ferentes, cætera mansuetis simillimos, uerum adeò feros indomitosȝ atcȝ humanum refugientes consor= tium, ut quas herbas arboresȝ aut frutices humana contrectatas manu senserint, plurimos dein= ceps dies fugiant: capti autem arte quapiam (quod difficillimum est) mox paulò præ mœstitia mo= riantur. Quum uerò sese peti senserint, in obuium quæcuncȝ magno impetu irruentes eum proster= nunt, non canes, non uenabula, nec ferrum ullum metuũt, Hector Boëthius in Descriptione regni Scotiæ. Et rursus, Huius autem animalis carnes esui iucundissimæ sunt, atcȝ in primis nobilitati
10 gratæ, uerum cartilaginosæ. Cæterum quum tota olim sylua nasci ea solerent, in una tantum nunc eius parte reperiuntur, quæ Cummirnald appellatur, alijs gula humana ad internicionem redactis, Hæc ille. Mihi quidem genus hoc bouis uidetur recte appellari posse Bison albus Scoticus uel Calydonius, eò quod leonis instar iubatus sit, ut de bisone Oppianus scribit: sed non etiam barba= tus, ut bison simpliciter dictus eidem.

BONASI (ut conijcimus) CAPVT ad sceleton expressum.

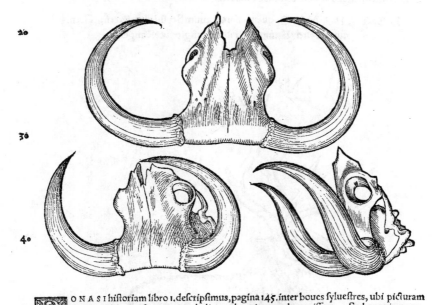

20

30

40

ONASI historiam libro 1. descripsimus, pagina 145. inter boues syluestres, ubi picturam quocȝ capitis eius & cornuum dedimus ab amico quodam missam. Sed quoniam præ= stantissimus medicus Io. Caius ex Anglia nuper figuram cornibus differentem misit, unà cum descriptione ad sceleton facta, hanc quocȝ in commune proponere uolui. Mitto ad
50 te (inquit in epistola ad me) caput uasti cuiusdam animalis, cui nudum os capitis unà cum ossibus, quæ cornua sustinebant, grauissimi ponderis sunt, & iustum ferè attollentis onus, Quorum curua= tura ita se promittit, ut non rectà deorsum uergat, sed oblique antrorsum. quod quia uideri nequit in facie prospiciente, curaui ut appareret in auertente in latus. Spacium frontis inter cornua, palm. Rom. trium est cum semisse, Longitudo cornuum, ped. 2. palm. trium, & digiti semissis est. In ambi= tu, ubi capiti iunguntur, pedis unius & palm. semissis sunt. Huius generis caput aliud Varuici in castello uidi, quo loco magni & robusti Guidenis, comitis olim Varuicensis, arma sunt. cuius cor= nuum ossibus si ipsa cornua addas, multo fierent longiora, & alia figura atcȝ curuatura. Eo in loco etiam uertebra colli eiusdem animalis est, tanta magnitudine, ut non nisi lôgitudine 3. pedũ Rom. & 2. palm. cum semisse circundari possit. Aequè & ad id animal pertinere existimo omoplatam il=
60 lam quæ uisitur catenis suspensa è porta septentrionali Couentriæ, cui ut nulla spina est, (si bene me mini) ita lata est ima sua parte pedes 3. digito 2. Longa ped. 4. palm. 2. Ambitus acetabuli quod ra= mum excepit, ped. trium est, & palm. unius, Circundat os integrum, non nisi pedũ undecim, palm.

a 3

unius longitudo & ſemiſſis, In ſacello magni Guidonis, quod poſitum eſt non amplius 1000 paſſ. à
Varuico oppido, ſuſpenditur coſta huius item animalis(ut ego quidem reor)cuius ambitus quo lo
co minima eſt, palm. trium eſt:Longitudo,ſex pedũ cum dimidio. Sicca ea eſt, & in extima ſuper‐
ficie carioſa,pendit tamen lib.9.cum ſemiſſe.Ex uulgo pars, apri eſſe coſtam putant, à Guidone oc
ciſi: pars, uacceæ quæ prope Couentriam in foſſa quadam commorabatur, multis infeſta. Quæ po‐
ſterior opinio ad uerum propius accedit puto, cum bonaſi forſan eſſe poſſit. Vri eſſe dicere, uerant
cornua recurua.Hæc forſan ſuperuacua ſunt,quod in libro tuo bonaſi facie depinxiſti. tamen quia
dubitauerim de animali hoc,uolui cogitandi materiam tibi miniſtrare,ut ſi forte alius animalis cſſa
eſſent,tu per otium nomen nobis aperires, Hæc ille : cuius coniecturis ipſe etiam aſſentiar, donec
aliquando fortaſſis aliquid certius exploratum nobis fuerit,Bonaſum quidem boum ferorum om‐ 10
nium longè maximum ueteres faciunt. Huius enim pellis uel domum totam intexerit, (τὸ ϑέρμα
ἀυτοῦ καλύπτει ὅλον οἶκον, ſed οἶκον hic domus partem accipio,cœnaculum uel cubiculum)propter ca‐
pronas uiſum impedientes nõ rectà ſed oblique intuetur.color eius ſimilis eſt terræ & locis in qui‐
bus moratur,& cornua gerit οἷα τὸ ἀυτινἑυδυ ἀλλήλοις μὴ Βλάπῆοντα, id eſt innoxia quod ad ſe inuicem
conuertantur, ut in Coronide quadam Græci codicis manu ſcripti Aeliani de animalibus reperi.
Hanc quidem coloris mutationẽ cum alij authores tarando adſcribant,Aelianus aut quiſquis hanc
coronidem ſcripſit,bonaſo non rectè tribuere uidetur.

DE TARANDO, quem etiam ceruum Scythicum dixerim, Germa‐ nice Reyner/Rainger. Gallicè Rangier, uel Ranglier.   20

    30

    40

    50

    60

TARAN‐

ARANDI ciusᵹ cornuum falſam imaginem, Tabulæ regionum Septentrionaliū Olai Magni imitatione decepti, poſuimus in libro de hiſtoria quadrupedum uiuiparorum, pagina 950. rangiferi nomine. dubitabam enim adhuc an tarandus idem rangifero eſſet, quod doctiſſimo uiro Gc. Agricolæ uidetur:cui ego nunc magis aſſentior, etſi tum quoᵹ nõ omnino negaui, ſed dubitatione aliqua motus, quæ de tarando ueteres ſcripſére, in boum ſylueſtrium hiſtoria conſcripſi, pagina 156. & rurſus ſeorſim quæ de rangifero recentiores, pagina 950. quo loco (ſequente mox pagina) poſitum à nobis cornu, tarandi ſiue rangiferi non eſſe nunc certò ſcio.tum enim dubitabam.Cuius uerò animantis id ſit, niſi alces eſt (quanquam differt ab eo cornu alces, quod aliàs ab amico quodam ad me miſſum in Alces hiſtoria poſui)ignorare me ingenue fa-
10 teor.Id uerò quod in præſentia damus animal, à Cl. V. Valentino Grauio ad nos miſſum, tarandū ſiue rangiferum ad uiuum expreſſum eſſe non dubito. nam cornuum quoᵹ omnino ſimilium effigiem doctiſſimus uir Benedictus Martinus Bernenſis, qualia Bernæ in curia ſpectantur, nuper miſit. His addam quæ de hoc animante Ge. Fabricius ad me ſcripſit. Tarandus (inquit) quem populi Septentrionales ſua lingua Rehenſchier nominãt,formam cerui habet, ſed corpus robuſtius: colorem ſecundum anni tempus mutat, etiam pro locorum in quibus uixerit, uarietate, ut auctor Admirandorum ſcribit,ſiue Ariſtoteles ille ſit,ſeu Trophilus. Arborum autem & locorum, & rerum quas attigerit uniuerſarum, colorem imitari, nɩ bɩs adhuc cõmpertum non eſt.Eum autẽ quod anni temporibus mutet,inde colligitur,quod alij colore aſini,alij cerui eſſe dicant.Pectus toroſum, & uillis albis prominentibuſᵹ denſum atᵹ rigidum, crura piloſa,bifidæ concauæᵹ ungulæ,& mo-
20 biles,in curſu enim eas explicat. Ipſe ad celeritatem expeditiſsimus:ita ut et ſummas niues calcet, non impreſsis altè ueſtigijs,& pernicitate inſidiantia in uallibus animalia effugiat. Cornua geſtat præalta,quæ ſtatim à fronte ramis duobus latis mucronantur quaſi in digitos:in medio ramulus ueluti internodium interiectus,inde rurſus in ramos latos, digitorum expanſorum ſpecie mucronatos exeunt. Cornua ſunt alba,uenuliſᵹ longis diſtincta,differunt ab alces cornibus altitudine,à cerui latitudine:ab utriſᵹ colore & ramorum multitudine:quamuis aliter ſcribat Zieglerus Landauus.Currendo ea in tergum demittit.nam ſtanti frontem penè inferiores rami tegunt. His inferioribus concreta frigoribus flumina, ad potum capiẽdum rumpere fertur.Syluarum fructibus,et arborum muſco ueſcitur.Latibula ſtruit in montibus Septentrionalibus,et in Moſbergum,alioſᵹ montes Noruegiæ intenſioribus frigoribus procedit. Capitur ab hominibus ad uſus domeſticos.
30 nam ad conficienda itinera, domatur à curſoribus:ad opera ruſtica,ab agricolis. Infeſtatur ad prædam è multis animantibus.caro enim tarandi è ferinis illorum locorum optima & delicatiſſima.Inprimis autem infeſtos habet lupum,gulonem,& quod propter horrorem ululatus, uulgò Feldge-ſchɾey,ab Olao propter feritatem Grimlaͤtt appellatur. Hoc animal ad prædam exit gregatim, lupo minus,maius uulpe,pilis nigris,maximè ſerum, & tarando præ cæteris inimicum. Sigiſmundus Liber, qui de rebus Moſcouiticis ſcripſit,ait apud Lappos ceruorum eſſe greges, ut apud nos boum,qui Noruegiorum lingua, Rhen uocentur, noſtratiſᵹ ceruis eſſe aliquanto maiores: ijs Lappos uti equorum iumẽtorumᵹ uice,hoc modo. Vehiculo in ſcaphæ piſcatoriæ formam facio, ceruos iungunt:in quo homo,ne tarando uice excidat, pedibus alligatur. Lorum quo
40 id gubernat,ſiniſtra tenet,dextra baculum,quo uehiculi,ſi quam forte in partem plus æquo uergat, caſum euerſionémue ſiſtinet.Tali curriculo ſe uiginti milliaria uno die confeciſſe ait, certúmᵹ dɩ miſſum,ad conſueta ſtabula nullo duce rediſſe.In hâc ferè ſententiam ille.Animal hoc natura congregabile & ſocietatis eſt amans.nam armenta mille tarandorum in uaſtis illis ſyluis ſimul conſpici ferunt.Quod fieri poſſe etiã uox Pſalmi quinquageſimi teſtatur,in quo Aſaphi ore loquitur Deus: Omnes beſtiæ terræ meæ ſunt,& armenta montium,in quibus numero millenario congregantur. Fœminæ in hoc genere ramis carent,& lactis abundantia gentem alunt. Tarandos in Noruegia reperiri mercatores aſſerunt:in Suecia ſuperiore, Olaus Magnus:in Lapponia, Sigiſmūdus Liber: in Polonia interdum, Agricola Ammonius.Superioribus annis bini, cum frenis,ſellis,& phaleris Auguſtam Vindelicorum dicuntur adducti. Hæc diuerſis temporibus, ex Alenpeciorum Friber gentium(qui illis in locis negotiantur)relatione,& ex adductis auctoribus, ſcripſit ad me uir humanitate & integritate præſtans Valentinus Grauius,qui quoniam Reipub.negotijs atque Principis
50 occupatus eſt,per me tibi ſignificatum uoluit.idem etiam picturam ad te miſit.

DE GAZELLA uel Caprea Moſchi.

HANC effigiem tanquam animantis è quo moſchus pretioſiſſimum odoramentum habetur,Antonius Muſa Braſauolus ad nos miſit. Id animal Italicè dici poteſt capriolo del muſco.Gallicè cheureul du muſc. Germanicè Biſemthierle oder Biſemreech, cuius hiſtoriam iam dedimus libro 1.pagina 786. Petrus Bellonius in Memorabilibus peregrinationum ſuarum,libro 2.capite 51.(in capitis inſcriptione)gazellam à priſcis orygem dictam ſcri-
60 bit.ſed cum oryx ſit unicornis,gazella bicornis, differre exiſtimandæ ſunt,quamuis utraᵹ caprarum ſylueſtrium generis. Deinde gazellam deſcribens : In arce Cairi(inquit) uidimus gazellas cicuratas, capriolis planè ſimiles, rupicapræ magnitudine & colore ; anteriore corporis par-

a 4

te humili, posteriore alta instar
leporis. Lineam supra oculos
nigram habent ut rupicapræ.
Vocem ferè caprinam ædunt,
sed barba (arunco) carent. Pilus earum ruffus ad pallidum
uergit, politus ac splendidus. in
pectore & coxis albus, ut platy
ceroti. Cauda etiam inferius alba est, superius Bætico colore,
ad poplites usque demissa ut pla-
tyceroti. Currit & ascèdit mul
tò facilius per môtes quàm descendit, in planicie progressus
ei uelox. Auriculas instar cerui erigit. Crura gracilia sunt, pe
des bisulci. Collium longum &
gracile, ut rupicapræ. Cornua
maris quàm fœminæ grandiora, plane recta nisi in mucrone
modice adunca essent, longiora quàm rupicapræ, lunæ (crescentis) quadam effigie. Morari solent in planitie locis sterilibus & aridis, Hæc ille. Cæterum hæc eius descriptio omnino non conuenit cum icone
quam Brasauolus ad nos misit,
ut eam alterius feræ, axis fortaſ
sis, (quanquam diuersa uidetur
axis Bellonij, cauda ad poplites usque porrecta, de qua infrà
mentio fiet) si modo ad uiuã ali
quã expressa est, esse conijciã.

DE CERVO PALMATO.

A P V T hoc in Anglia depictũ,
uidetur esse eius animalis, quod
Iulius Capitolinus in historia sua
de tribus Gordianis ceruum pal
matum ex argumento uocat. Si eius non
sunt, alicuius sunt ex genere platycerotõ.
Verum quod cornua hæc aut æquant aut
superãt & longitudine & crassitudine ceruina, & latitudine excedunt platycerotis
cornua, consonum est corpus animalis cer
ui potius, quàm platycerotis simile esse, ut
Io. Caius medicus Britannus ad nos scripsit. Nostra quidem de ceruo palmato
scripta, habentur libro 1. pag. 356. Nunc
postquam a Io. Caio hęc cornua ad me mis
sa sunt, cum illo potius senserim.

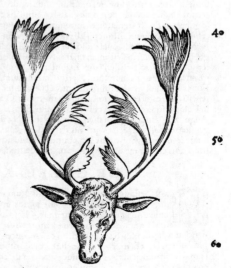

DAMA

DAMA PLINII.

ABC icon damæ est eas ex caprarū genere esse, indicat pilus, aruncus, figura corporis, atcp cornua, nisi quod his in aduersum adunca, cum cæteris in auersum acta sint. Capræ magnitudine est dama, & colore dorcadis, Ioan. Caius. Quæ nos de dama obseruauimus, leges libro primo pagina 334.

DE STREPSICEROTE.

N Creta (inquit Petrus Bellonius) præsertim in monte Ida, genus ouis reperitur, q̃d pastores strepsicerotem nominant: cui cornua non ut ouibus communibus reflexa, sed omnino recta erectaq̃ ut unicornis, spiris canaliculatis capreolorum instar intorta sunt: nec aliud à nostris ouibus differt, ne magnitudine quidem: & similiter ut nostræ gregarium est, & in magnis gregibus degit cuius figuram nos primi à nemine alio excerptā publicamus, Hæc ille.

Sed aliam strepsicerotis cornuum effigiem Io. Caius ex Anglia pictam ad nos misit, (cum descriptione eorundem) quam hic adijcio. Strepsicerotis cornua (inquit) tam graphicè descripsit Plinius, ut lōgiore uerborum ambitu opus non sit. Ergo hoc tantum addam, ea esse intus caua, sed longa pedes Romanos duos, palmos tres, si recto ductu metiaris: si flexo pro natura cornuum, pedes tres integros. Crassa sunt ubi capiti cōmittuntur, digitos Rom. tres cum semisse, describuntur in ambitu pal. Rom. 2. & dimidio, eo ipso in loco, In summo, leuore quodam nigrescunt, cum in imo fusca magis & rugosa sint. Iam inde à primo ortu sensim gracilescunt, & tandem in acutum exeunt. Pendunt unà cum facie sicca per longitudinem dimidiata, lib. 7. uncias iij. & semissem. Facies, quæ adhuc superest iuncta cornibus, & frontis ceruicisq̃ pilus, loquuntur strepsicerotem animal esse magnitudine ferè ceruina, et pilo rufo ad instar ceruini. Sed an nare & figura corporis ceruina sit, ex facie nihil habeo certi dicere, cum nares diuturni temporis usu detritæ sint,& facies eadem de caussa hinc inde glabra sit.Coniiceres tamen ex eo quod superest, eum pro= pius accedere ad ceruum aut platycerotem . Hinc pictor ceruinas adiunxit nares strepsicerotis fa= ciei.Aures tamen habes strepsicerotis, exiguas scilicet & breuiores quàm pro faciei magnitudine. Quod inter radices cornuum uides, pars colli est, Hæc Caius.   Nostras de strepsicerote obserua= tiones protulimus libro 1.pagina 323.

DE MVSMONE, & alia simili fera:& Ouibus Hebridum & Orchadum.

H A N C Musmonis effigiem ad uiuũ expressam, à Genuensi quodã mer= catore acceptam Theodorus Beza nobis communicauit, uocant autem in Sardinia uulgò musionem.   Vide libro 1,de quadrupedibus nostro, pagina 934.

I D E M aut proximũ musmoni uidetur ani= mal,cuius Hector Boëthius in Descriptione re gni Scotiæ meminit his uerbis : Hirthæ insulæ Hebridum postremæ adiacet alia quædam sed inhabitabilis insula,In ea animalia quædã sunt, ouibus forma haud dissimilia, cæterum fera, & quæ nisi indagine capi nequeant: pilos medio modo inter oues & capras ferentia,necȝ molles ut ouium lanam,necȝ ut caprarum duros. Nec alterius in ea generis ullum pecus uisitur.

O M N I V M Hebridum postrema insula est quæ Hirtha appellatur, polarem habens eleua= tionem sexaginta trium graduum. Nomen au= tẽ huic ab ouibus,quas prisca lingua hierth uo= camus,inditum est.Siquidem oues fert uel ma= ximos hircos altitudine exuperãtes. cornua bu bulis crassitudine æqua,sed lõgitudine aliquan to etiam superantia. præterea caudas in terram usȝ promissas habentes,Idem Boëthius. Ger= mani herd gregem pecorum uocant,& hirt pastorem,& forsitan oues quocȝ Hebridũ incolæ pro= xima Germanis(ni fallor)lingua utentes,eadem origine hierth nominãt, cui etiam Græcum nomẽ ἰσφεία colludit.   Sunt & aliæ oues syluestres diuersæ, de quibus scripsi partim in Oue B. pagina 875. partim in Musmonis historia.   I N Orchadibus insulis oues penè omnes geminos, immò trigeminos pleræcȝ partus edunt,Hector Boëthius in Descriptione regni Scotiæ.

DE TRAGELAPHO.

T R A G E L A P H V S(cuius no men Gallicum non habeo, in quit Bellonius)quod ad pilos ibicem refert,sed barba caret. Cornua ei caprinis similia,sed aliquan to retorta,sicut arieti,ea nũquam amit= tit,rostro, fronte & auriculis ouem re= fert,ut scroto etiam pendulo & admo= dum crasso.Crura eius albicant,ouillis similia.Cauda nigra,coxæ(femora)sub cauda albæ sunt . Pilos tam longos ha= bet circa stomachum & colli prona su= pinacȝ parte,ut barbatus uideatur, Pili etiam armorum(scapularũ)& pectoris longi & nigri sunt,cum duabus macu= lis cinereis(griseis)utrincȝ ad ilia. Na= res nigræ, rostrum albũ ut etiam totus uenter inferne. ❡ Docti quidã in Ger mania tragelaphum esse putant genus cerui,quod Germani appellant brand hirtȝ, de quo copiose scriptũ est nobis in primi Lib.Paralip.pag.101.

DE CAPREA PLATYCEROTE
& Hippelapho.

LATYCEROS, quam Græci hodie uulgò platogna uocant, Aristotelis prox uidetur,
pro qua uoce interpretes damam reddunt. Accedit hoc animal ad corpulentiam cerui,
maius capreolo, à quo colore etiam differt. Cornua ei præ cæteris antrorsum inclinant,
quæ quotannis amittit. Color dorsi subflauus est, cum linea nigra per dorsum. Cauda longa usque ad poplites, ut in uitulo. Latera eius aliquando maculis albis distinguuntur, quas senescens
10 perdit. Fœminæ etiam aliquando totæ albæ sunt, ita ut capræ uideri possent, nisi pilo breuiore dis-
ferrent. Cornua eius diuersis in locis propter magnitudinem ostentantur, ut illa quæ spectantur in
ascensu arcis Ambausij. Vbi etiam alterius bestiæ huius generis effigies uidetur in lapide sculpta,
cui cornua uera (quæ animal uiuum gestauerat) adiuncta sunt. Hæc forte bestia fuerit quam Aristoteles Hippelaphum nominauit, quoniam barbam gerit ibicis instar. Sed quocunque nomine uocetur, animal sane rarum & memorabile est, quod in Gallia aliquando cospectum fuisse, effigies eius
publicè spectanda cum cornibus exposita persuadet, Bellonius. Ad hippelaphi historiam hoc
quoque pertinet, quod Franciscus Galliarum rex equum habuit posteriore corporis parte ceruina,
natum (ut fertur) ex ceruo & equa. Sed hic cum cornibus caruerit, hippelaphus Aristotelis esse nô
potest, Idem.

20

DE AXI.

N arce Cairi uidimus marem & fœminam animalis cuiusdam peregrini, quod Axin Plinij esse conijcio, his ab eo uerbis descriptum: In India & feram nomine axin, hinnuli pelle, pluribus candidioribusque maculis, sacrâ Libero patri. Hoc animal in utroque sexu corni
bus carebat: & caudam longam ad poplites usque demittebat, ut damæ. Et sane primo aspectu damas esse putabam: sed mox quid à damis differrent animaduerti. Fœmina mare minor est.
Tota eorum pellis maculis rotundis & albis uaria erat, in spatio coloris fului uel subflaui: camelopardalis contra in spatio albo maculas punicei coloris habet, per corpus dispersas satis amplas. Vo
30 cem quàm ceruus clariorem & argutiorem (magis sonoram) ædunt, Petrus Bellonius.

DE BVBALO Africano, longè diuerso à bubalo recentiorum.

IDIMVS præterea
(inquit idem) in Cai-
ro paruû bouê Afri-
canum, forma corpo-
ris plena, parua, in se côsercia,
40 crassa, sed scitè expressa, hunc
statim bubalum ueterum Græcorum esse conieci, notis omnibus. Aduectus autem erat
Cairo è regione Asamiæ: quam
uis in Africa quoque reperiatur.
Aetate iam prouectus erat, cor
poris mole ceruo inferior, sed
plenior & maior capreolo: mê-
bris omnibus tam scitè in se cô
50 fertis & compactis, ut iucun-
dissimum sui conspectum præ
beret. Pilus etiam cum coloris
subflaui esset, præ splendore po
litus uidebatur. idem sub uen-
tre magis ruffus est ad subflauum inclinans colorem quàm in dorso, ubi ferè bæticus apparet. Pedes eius bubulis similes sunt, crura compacta & breuia. collum crassum & breue, palearia uix modicè præ se ferens. Caput bouis, in quo cornua ab osse quodam eleuantur in uertice capitis, nigra,
& ualde crenata, (cochées, Gallice. cæterum in Gazellæ cornibus describendis facit ea in extremo parum esse crochues, id est adunca) sicut in gazella: & arcuata instar lunæ crescentis, quibus
60 non admodum defendere se posset, eò quod mucrones introrsum uersi se inuicem spectent. Auriculæ uaccinæ, scapulæ nonnihil eleuatæ & ualidæ. cauda ut camelopardali usque ad poplites extenditur, pilis nigris intecta duplo maioribus quàm setæ in cauda equi. Mugitus qui bouis, sed minus

altus. In summa, si quis fingat uidere se bouem paruum, politum, (nitidum) bene compactum, ful=
uum & splendidum, cornibus instar Lunæ crescentis armatum, altis & supra caput erectis, ueram
huius animantis formam conceperit. Cæterum bouis illius qui uulgò bubalus hodie uocatur, no=
men antiquum ignorare me fateor: quamuis per Italiam, Græciam & Asiam, ita abundet, ut uix
aliud animal frequentius occurrat, Petrus Bellonius. Ego de bubalo uulgò sic dicto, sententiam
meam suo loco protuli in Boum historia: bubalum uerò siue bubalidem Græcorum, inter capreas
retuli, multas ob causas, quas hîc repetere non libet, Libri 1. pagina 330.

¶ Nescio an idem quod Bellonius bubalum Africanū uocauit animal sit, quod nuper quidam
ex Italia rediens Florentiæ sibi uisum referebat, bouis Indici nomine, magnitudine iuuenci, co=
lore flauo ferè ad ruffum inclinante, capite magno proportione reliqui corporis, oblongo: cor- 10
nibus non altis, rectis, modicè supra intortis quasi in spiras, parte circa lumbos multò humiliore.
Sed fieri potest ut ille, cum obiter tantum speciârit, non rectè omnia meminerit.

DE MONOCEROTE.

E Monocerote abūde tractaui Libro 1. pagina 781. & in Paralipomenis pagina 1103. ubi
ex Nicolai Gerbelij descriptione, de cornu monocerotis quod in thesauro summi templi
Argentorati seruatur mentionem feci, quæ cum legisset Io. Ferrerius Pedemontanus, ad
nos scripsit, in tēplo S. Dionysij prope Parisios esse monocerotis cornu unū longum sex
pedes, in quo omnia quæ ex Gerbelio in Paralipomenis nostris scripta sint, conspiciantur, & pon= 20
dus, & color: sed magnitudine præstare Argentoratensi, etiā concauitate ferè ad unum pedē ab ea
parte qua fronti animalis adhæret, hoc seipsum deprehendisse in æde S. Dionysij, & cornu ipsum
quandiu uoluerit manibus cōtrectasse. Audio superiore anno (qui fuit à natiuitate Domini 1553.
quum Vercellæ à Gallis diriperentur, ex thesauro inde ablatum cornu monocerotis ingens, cuius
pretium æstimaretur circiter octoginta mille ducatorum, ad regem Gallorum peruenisse.

Paulus Iouius de monocerote affirmat, animal esse pulli equini forma, colore cinereo, iubata
ceruice, hircina barba, bicubitali cornu armatam fronte præferre, quod leuore (inquit) candoreq̄
eburneo, & pallidis distinctum spiris, ad obtundenda, hebetandaq̄ uenena mirificam potestatem
habere dicitur. Cornu enim immisso & per lymphas circunducto fontes expiare perhibent, ut sa=
lubriter bibat si inde uirosæ bestiæ præpotarint. Id uiuo animali non detrahi, quum ullis insidijs in= 30
tercipi nequeat. Cornu tamen sponte decisum in desertis reperiri, ut in ceruis accidere uidemus,
qui ex senectæ uitijs renouante natura uetus cornu exuunt, uenantibusq̄ relinquunt. Hoc cornu
regijs impositum mensis, toxica si qua sint epulis indita emisso statim admirabili sudore conuiuis
prodere narrant. Ex his duo uidimus bicubitalia, brachiali ferè crassitudine: primum Venetijs,
quod postea Senatus Solymano Turcarum imperatori dono misit: alterum pari propè magnitu=
dine, sed præcisa cuspide argenteæ basi insertum: quod Clemens pontifex Massiliam profectus pro
insigni munere ad Franciscum regem detulit. Cæterum de ui tantæ dotis in hac animáte nihil plus
affirmauerim, quàm quod euulgata fama credentibus suadet.

¶ Petrus Bellonius scribit compertum sibi esse pro monocerotis cornu interdum uēdi dentem
animalis cuiusdam (de dent de Rohart. ego quod animal hac uoce significetur non intelligo, ut ne= 40
que ullus Gallorū qui apud nos degunt) & sic quoq̄ adulteratum nōnunquam uendi fragmentum
paruum trecentis ducatis. Quòd si etiam uerum cornu fuerit, nō tamen illud uidetur de eo animali
esse, quod ueteres monocerotis nomine descripserunt, præsertim Aelianus qui solus mirabilē hanc
uim contra uenena & grauissimos quosdam morbos ei adscribit. is enim non album, ut nostrum ui
detur, hoc cornu facit, sed extrinsecus puniceum, interius album, intima & media parte nigrum.
Quin tamen uerè de uiua aliqua fera (& illa quoq̄ unicorni) nostrum quoq̄ sumptum sit, negari nō
potest. Inueniuntur enim circiter uiginti integra, & totidem forte fracta in Europa nostra, e quibus
duo ostenduntur in thesauro ædis S. Marci Venetijs (alterum nuper à Venetis imperatori Turca=
rum dono missum audio) utrumq̄ sesquicubiti lōgitudine, altera parte extrema crassiore, tenuiore
altera. ea quæ crassior est, non excedit trium pollicū iustorum crassitiem, quæ etiā asini Indici cor= 50
nu tribuitur, sed reliquæ eiusdem notæ desunt. Scio etiam id quod rex Angliæ possidet in spiras re
tortum esse, sicut illud quod in æde S. Dionysij (prope Parisios) habetur, quo nullum maius uisum
arbitrantur. Et sanè nihil unquam circa animalia maiore quàm hoc cornu celebratione dignius ui=
di. Res naturæ non artis est, in qua notæ omnes quæ uerum animátis cornu requirit, inueniuntur.
Et quoniam aliquatenus cauum est, (ultra pedis mensuram, qua exit à capite, & osse ab eodem na=
scente comprehenditur,) coniicio id nunquam decidere, ut neq̄ gazellæ, rupicapræ & ibicis cor=
nua decidunt, eadem in dama, ceruo, capreolo, & camelopardali decidua. Lōgitudo ea ut uix pro
cerissimus aliquis eius summitatem attingat, æquat enim septem magnos pedes. Libras tredecim
cum triente appendit: cum simpliciter manu ponderatum multò grauius appareat. Figura planè ce
reum (duplicatum & intortum in se) refert, ab una parte crassior & paulatim uersus mucronem se 60
attenuans. crassissima pars manu claudi non potest. diameter digitorum quinq̄ est. circunferentia,
si filo metiaris, dodrans cum tribus digitis. Pars quæ capiti committitur nonnihil asperitatis habet:

cætera

cætera politæ læuitatis. Spirarum canaliculi læues & non profundi funt; fimiles ferè intortis limacum anfractibus uel periclymeni circa aliquod lignum reuolutionibus. Progrediuntur autem à de
xtra finiftrorfum ab initio cornu ad finem ufq̃. Color non omnino albus eft, longo tempore nonni
hil obfcuratus. Cæterum ex ipfo pondere facile eft conijcere, animal ipfum quod tantum fuo capite
onus gerat, mole corporis uel grandi boue inferius effe non oportere.

DE CANIBVS SCOTICIS TRIVM GENERVM.

CANIS SCOTICVS Venaticus, quem Scoti uocant ane grew hownd, id eft canem Græcum.

CANIS SCOTICVS SAGAX, uulgò dictus ane Rache. Germanice dici poteft, Ein Schottifcher Wafferhund.

CANIS SCOTICVS furum deprehenfor, Scotis uocatus ane Schluth hownd. Germanice Schlatthund uocari poteft.

SVNT apud Scotos præter uulgares domeſticoſq̃ tria canum genera, quæ aliubi nuſquã
(ut opinor) terrarum inuenias: unum genus uenaticum eſt (ane grew hownd) cum celerrimum, tum audaciſſimum: nec modo in feras, fed in hoftes etiam latroneſq̃ : præfertim
fi dominum ductorémue iniuria affici cernat, aut in eos concitetur.   Alterũ (ane rache)
b

est odorisequorum, feras, aues, immò & pisces quoque inter saxa latentes odoratu inuestigantium. Tertium genus (ane sluth hownd) est haud maius odorisequis: sed ut plurimum ruffum nigris inspersum maculis, aut nigrum ruffis. Tanta uerò his sagacitas inest, ut fures furtoque ablata persequantur, & deprehensos continuo inuadat. Quod si fur, quò fallat, fluuium traiecerit, quo loco fluuium ingressus est & ipsi se præcipitant, & in aduersam deuenientes ripam in gyrum circunquaque procurrere non cessant, donec odoratu uestigia assequuti sunt. Id minus uerum uideri possit, nisi uulgaris eorum esset usus Scotis Anglisque in confinibus, ubi ex mutua agrorum prædatione multi sibi uictum quærere consueuerunt. Quod si quis pacis tempore dum sibi ablatum quispiam cane, indagatore persequitur, uel etiam in secretiora cubicula cani ingressum deneget, is planè pro fure habetur, Hector Boëthius in Descriptione regni Scotici.

DE LVPO AVREO.

G E N V S quoddam lupi minoris in Cilicia & passim in Asia reperitur, qui aufert & suratur omne genus uasorum, uestium & supellectilis, quod inuenerit, eorum qui in agris æstate dormiunt. Bestia hæc inter lupum & canem est, cuius multi authores ueteres Græci & Arabes meminerunt. Græci uulgò squilachi (σκυλακος nimirum, à canis similitudine, unde plurale σκύλακι) nominant. Et uideri potest hic esse quem Græci authores chryseon, id est aureum lupum appellarunt. Est is quidem adeo rapax & insidiosus, ut noctu ad homines usque dormientes accedat, & quæ circa ipsos inuenerit auferat, ut pileos, ocreas, frenos, calceos & alia. Magnitudine parum infra lupum est, noctu inclusus instar canis latrat, Nunquam solus uagatur, sed semper gregarius, ita ut aliquando circiter ducenti in unum gregem conueniant, nec quicquam his feris in Cilicia frequentius. Gregatim euntes, ululare solent unus post alterum, ut canes aliquando faciunt. Quod nisi canes obstarent, ingrederentur etiam in uicos. Color pellis perpulcher & flauus est, eas incolæ paratas ad uestimenta magno pretio uendunt, Petrus Bellonius. Ego libro primo in Hyænæ historia hanc feram ex Alberto Papione nominaui, pagina 630. & ex Andrea Bellunensi dabha uel dahab. Auicenna libro 3. sen 2. tractatu 2. cap. 11. podagricos utiliter insessuros scribit in decoctione aldabha & uulpis. quod quidem remedium Galenus scribit de hyæna & uulpe in oleo decoctis. Quare cum & remedium conueniat, & alia plura quæ de hyæna traduntur hic non repetenda, hoc potius animal, quàm ciuettam, hyænam ueterum esse sentire pergam, donec certius aliquid adferatur: quod etsi fore non puto, libet tamen experiri & ingenia eruditorum excitare. De ciuetta, quam Bellonius hyænam arbitratur, scribemus infra.

DE PAPIONE simiarum generis.

H Y AE N A M proximè scripsi à quibusdã, ut Alberto, papionem uocari. unde mihi in mentem uenit hic statim de altera eiusdem apud aliquos nominis bestia agere, quam omnino simiarum generis esse apparet. Ego figuram eius haud scio quàm probè expressam, in charta quadam publicata reperi, cum Germanica descriptione huiusmodi: Hoc animal papio (pauyon Germanicè scribitur) à frequente populo spectatum Augustæ Vindelicorum, anno Salutis 1551. in magnis Indiæ solitudinibus, & rarò quidem reperitur. Vescitur malis, pyris, & alijs arborum fructibus, apud nos etiam pane. in potu uinum amat. Esuriens conscendit arbores, easque concutit ut fructus decidant. Quod si elephantum sub arbore uiderit, nihil curat: alia uerò animalia cum ferre non possit, omnibus modis repellere conatur. Natura alacre est, & præcipuè cum muliere uiderit (ad libidinem pronum) alacritatem suam ostendit. Digitos in pedibus quatuor humanæ manus digitis similes habet. Fœmina in hoc genere semper geminos parere solet, marem simul & fœmi-

3° fœminam, Hæc ad uerbum ex charta Germanica reddidimus. Quòd si ea quam dedimus icon be
ne & ad uiuum expressa esset, ex ipsa sanè animalis specie ARCTOPITHECVM aliquis esse aut
dici posse coniecerit, quod nomen apud Nicephorum Callistum tantum reperio, ut mox recitabo.

DE SIMIARVM generibus diuersis, Aegopitheco, Arctopitheco, Leonto-
pitheco, Cynocephalo, Pane, Satyro, Sphinge, ex Nicephori Callisti historia.

VB æquinoctiali ad Orientem & Meridiem est qui dicitur AEGOPITHECVS, simia
quædam. Plurima enim sunt simiarum genera, ARCTOPITHECI scilicet, LEONTO
4° PITHECI, & CYNOCEPHALI, & aliæ alijs multarum animantium speciebus, simiarum forma permista. Quarum permultæ etiam ad nos perlatæ, hoc manifestò declarant.
Ex quibus etiam est is qui dicitur PAN, capite, uultu, & cornibus caprā referens, & ab ilibus item
deorsum uersum caprinis pedibus insistens, uentre autem, pectore & manibus mera simia: qualem
Indorum Rex Cōstantio misit. Quod sanè animal ad tempus aliquod, quum serretur in cauea pró-
pter ferocitatem inclusum, uixit. Vbi uerò mortuum est, aromatibus condicunt exenteratum, qui
ferebant, & insolitæ formæ ostentandæ gratia Constantinopolim seruatum pertulerunt. Videntur
autem mihi animal hoc olim uidisse Græci, & insolentia aspectus exterriti deum sibi constituisse:
quum solenne hoc illis esset, ut quæ fidem excellerent, ea in Deos referrent. Id quod in SATYRO
5° quoqȝ ab eis est factum, qui & ipse simia est, facie rubra, ad motum facilis, & caudam habens. Quin
& SPHINX ex genere simiarum est: cuius reliquum corpus ut aliarum simiarum hirsuttim est,
pectus autem ad collum usc̄ȝ glabrū. Mammas porrò mulieris habet, totumc̄ȝ corpus, qua nudum
est, rubra quædam & tenuis milij specie eminentia in orbem circundat, & multum decoris atque
gratiæ colori, qui in medio humanus est, conciliat. facies plusculum rotunda & acuta est, & ad muliebrem inclinans formam. Vox itidem prorsus humana, sed non articulata, celeriter cum quadam
quasi indignatione & dolore obscurum quiddam uociferāti similis: grauior autem est & molestior,
si ea acuatur. Ipsum porrò animal ferum admodum est, astutum & maleuolum, neqȝ adeò facilè domatur. Hoc antiquitus mihi uidetur Thebas Bœotiæ esse apportatum: & quam forte in quosdam,
qui ad spectaculum eius confluxerant, insiluisset, & uultus eorum unguibus deformasset, nō ferentem Oedipum ciuium suorum contumeliam, feram interemisse, & nomen inde illustre retulisse.
6° Cæterum fabulæ Oedipo fortitudinis laudem adornantes, alas beluæ isti affingunt, quod celeriter
in obuios inuolaret. Eædem illi pectus mulieris & corpus leonis accommodant, illud propter nu-
ditatis commoditatem & muliebris formæ similitudinem, hoc propter ferocitatem, & quod pluris

b 2

mum quatuor infiftat pedibus. Sermonem quoq; ei figmentum tribuit, quod uox eius humanæ cõ
formis effet;tribuit & ænigmata, quod obfcura & non intellecta uociferaretur. Necq; hoc mirũ eft,
nam & multa alia Græci fabulis fingendis mutare confueuerunt.

DE CYNOCEPHALO.

AE C eft figura ad uiuũ expreffa fimiæ cuiuf
dam, quam Theodorus Beza ad nos mifit,
qui uiuam fibi talem Lutetiæ uifam ait, Tar
tarinum uulgò dictam. Ego(inquit)ex cyno
cephalorum genere effe arbitror, quod uel ex pudendo
natura circuncifo (nam cynocephalum circuncifum gi
gni author eft Orus)animaduerti poteft. Magnitudo eft
ut canis leporarij, bipes plerunque obambulat,& uocem
penè articulatam habet.   Videtur & hoc conuenire,
quod legimus cynocephalos fimijs maiores effe, minus
erectos,roftro longiore,ferè canino. Caudas quidem alia
etiam fimiarum genera habent.   Tartarini uocabulum
haud fcio an à Tartaria factum fit,quod ex ea regione for
fitan primum aductus fit.   Hæc fcripferam,cum in Pe
tri Bellonij de eadem hac beftia fcriptum incidi, SIMIAE
(inquit) quoddam genus Galli tartaretum uel tartari
num,& in alijs locis magot nominant,uidetur autem ea
dem effe quæ ab alijs populis maimon appellatur, & Ari
ftoteli fimia porcaria. Sunt tamen qui tartaretum fimiam
ab illa quæ magot uel maimon dicitur, diuerfam effe de
fendant.

DE BELLVIS humanæ formæ in Noruegia, quarum hiftoria fi uera eft, Satyrorum hiftoriæ fubiungi poteft.

INIS nunc imponendus effet his quæ de regni Scotici defcriptione memorauimus, nifi
unius rei nouitas properantem remoraretur calamum : quam nuper accepimus referen
tibus probiffimis uiris ab Iacobo quarto Scotorum rege ad Galliarum regem oratoribus
miffis : quorum facile princeps Iacobus Ogiluius gymnafij Aberdonenfis gratiffimus
alumnus: Hi afcenfo mari repente exorta procellofa tempeftate per tranfuerfum in Noruegiam
pulfi,quum in litus egreffi effent,non ita longè in montibus,homines ut apparebat uillofos ac qua
les uulgò pingunt fylueftres appellatos difcurrere uidentes, portento conftitère attoniti. Mox ab
incolis edocti funt,belluas effe humana effigie mutas, uerùm homines infigni perfequentes o
dio.Cæterum per lucem adeò metuentes ut nec in afpectum quidem hominis fubire audeant : per
noctem autem graffantes,uillas gregatim inuadere,nifi eas difterrentes canes arceant, ad quorum
latratum ftatim effugiunt.Quod fi per noctem canis abfit,effractis foribus, ædes irruentes, cum te
nebræ reuerentiam humani oris occultent,quicquid in ea eft occidere ac deuorare. Sunt enim tam
immani corporis robore,ut mediocris magnitudinis arbores manibus euellant radicitus : quibus
auulfis ramis,inter fe depugnant. Qua re exterriti legati,factis per noctem ingentibus ignibus, ac
uigilijs difpofitis,ubi nulla accepta noxa illuxiffet,poftridie immania linquentes litora, curfum un
de difiecti erant læti repetierunt, Hector Boëthius.

DE CRICETO, ut Albertus nominat,(de quo plura leges lib. 1. hiftoriæ anim.pag.836.)Germani **hameſter** uocant.

AMESTER animal eft agrefte(ut Ge.Fabricius in epiftola ad me fcripfit) fub terra ha
bitans, apud nos non ignotũ, colore uario, ut ex defcriptione doctiffimi uiri Geor, Agri
colæ licet cognofcere. Ventre nõ cãdido,quod initio auctore Alberto pofuifti,fed potius
nigerrimo.In pofteriores pedes cũ erigitur,colore & habitu urfum refert. Quæ cauffa fortaffe eft,
ut aliqui putarint idem hoc effe animal cum eo,quod ἀρκτομυῦ uocarunt Palæftini.Dentes habet in
anterioris

anterioris oris ima supremaq̃ parte binos, prominetes & acutos: malas laxas & amplas, ambas ex=
portando importandoq̃ replet: ambabus mandit, unde nostris de homine uorace sermo ortus est,
Er frißt wie ein hamster, de eo qui ambabus malis expletis uorat, quo uicio Stasimus seruus in
Trinummo Plauti notatur. Cum terram effodit, primum anterioribus pedibus (quos talpæ similes
habet breuitate, sed minus latos) eam retrahit, longius progressus, ore exportat. Cuniculos ad an=
trum plures agit cubiti profunditate, sed admodum angustos, sic ut laterum pilos itu redituq̃ atte=
rat: antrum intus extendit ad capienda frumenta. Angustia cuniculorum & multitudo, partim con
tra animalium insidias apta est, partim ad effugium: interior uero amplitudo, & domicilium præ=
bet & horreum. Cuniculi etiam oblique fossi, & in alios incidentes efficiunt, ut latibulū eius, si quis
10 perfodiat terram, difficilius inueniat. Messis tempore, grana omnis generis frumeti importat: neq̃
minus in colligendo industrius, quàm in eligendo cōseruandoq̃ est astutus. optima enim reponit,
& ne sub terra excrescentia minus durent, fibras & capillamenta granorum omnium arrodit, inter
dum stipulas gramenq̃ colligit. Congestis granis hians incubare fertur, ut auarus indormit saccis,
qui in Satyra reprehenditur. Somno pinguescit, ut glires, ut cuniculi. Terra ante cuniculos eruta,
non tumuli modo assurgit, ut talparum tumuli: sed ut agger dilatatur, idq̃ propter cauernarū mul=
titudinem aptius est. Ea tamen cauerna e qua plerunq̃ exit, semita proditur, & in aditu nihil impe=
dimenti habet, reliquæ terra superius ingesta, sunt tectiores: quas cum aperire uult, auersus egredi=
tur. Vnum antrum mas & fœmella simul habitant: edito fœtu pristinum relinquunt, & nouum fo=
diunt domicilium. In masculo hoc infidelitatis inest, quod paratis intus copijs, fœmellam excludit:
20 quæ perfidiam fraude ulciscitur, nam propinquam aliquam occupans cauernam, cōgestis frumen=
tis, non sentiente masculo, ex altera parte pariter fruitur. Adeò natura mirabiliter prospexit omniū
inopiæ: nec aliter inter homines pleriq̃ quod æquitate nequeunt, fraude impetrāt. Venit hoc quoq̃
in sermonem uulgi, ut hominem parum fidū & suorum non studiosum appellet, Ein vngetreuen
hamster. Cantillant puellæ rusticanæ de hoc carmen non illepidum, quod Iambicis quaternarijs
conatus sum exprimere.

Hamester ipse cum sua	Sed fœminis quis insitam
Prudens catusq̃ coniuge,	Vincat dolis astutiam?
Stipat profundum pluribus	Nouum parans cuniculum
Per tempus antrum frugibus.	Furatur omne triticum.
30 Possitq̃ solus ut frui,	Egens maritus perfidam
Lectis aceruis hordei	Quærit per antra coniugem,
Auarus, antro credulam	Ne se repellat blandulis
Extrudit arte coniugem.	Demulcet inuentam sonis.
Serua, inquit, exiens foras,	Illi esse iam communia
Cœli serena & pluuias.	Seruata dum sinit bona,
At perfidus multiplices	Rursus fruuntur mutuis
Opponit intus obices.	Antris, cibis, amplexibus.

Vescitur hoc animal frumento omnis generis: & si domi alatur, pane ac carnibus: in agro etiam
mures uenatur. Cibum cum capit, in pedes priores erigitur. Pedibus prioribus caput, aures, os de=
40 mulcere solet: quod & sciurus & feles, & inter amphibia castor quoq̃ facit. Quamuis autem corpo=
re exiguum sit, natura tamen est pugnax & temerarium. Lacessitum quidquid ore gestat, pulsatis
utroque pede malis, subitò egerit, rectà hostem inuadens, spiritu oris & assultu proteruum ac mi=
nax. Vnde rursus nostri de eo, qui iracundus est, & ore immanitatem spirat, dicere consueuerunt:
Su spuest wie ein Hamster. Nec terretur facile, etiamsi uiribus impar ei sit, quem petit. Quam=
obrem alij etiam prouerbio locum dedit, ut nostri hominem insanè temerarium uocet, Ein tollen
Hamster. Acrius resistentem, fugit: fugientem, cursu insequitur. Vidi ipse, cum equum assultan=
do, naribus corripuisset, nō prius morsu dimisisse, quàm ferro occideretur. Tollitur uarijs modis.
Nam aut infusa calida expellitur, uel intus suffocatur, aut ligone rutróue effossus occiditur: aut à
canibus, interdum à uulpe eruitur, læditurue: aut decipula pondere superius imposito opprimitur,
50 aut uiuus denicq̃ arte capitur, idq̃ noctis tempore, cum ad prædā egreditur, interdiu enim plerunq̃
latet. Ante cauernam usitatam, quæ (ut dixi) trito semitæ deprehenditur, olla, quæ campi æquet pla=
niciem, terræ infoditur. Fundo ollæ terra duorum digitorum altitudine inijcitur, desuper circum=
quaque tegens ollam imponitur lapis. Is eleuatur ligno, ad quod panis frustum infra alligatur. In=
ter ollæ & cauernæ spacium, micæ panis sparguntur, quas persequens & in ollam insiliens, ligno ce
dente capitur. Captus reliquorum more animalium, cibū non attingit. Si lapis coctilis, quales sunt
quibus pauimenta sternuntur, aut e quibus imbrices fiunt, ollę fuerit imposita, captum animal sit,
néc ne, ex humore lapidis mane cognoscitur: etenim spiritus animalis inclusi & sæuientis, propter
raritatem penetrans, lapidem humectat. Hamestri pellis maximè durabilis: ex ijs talare quoddam
& uarium pallium sit, quo in Misena et Silesia admodum honorato mulieres utuntur, nigri rutiliq̃
60 coloris, cum latis ex lutræ pellibus fimbrijs. Eiusmodi palliū ferè æstimatur quindecim aut uiginti
aureorum Rhenensium precio, nam factas e panno tres quatuórue uestes diuturnitate superat. In
Turingia & Misena hoc animal frequens est, non omnibus tamen in locis: in Turingia eo abundat

b 3

totus tractus Erfurdanus,& Salcensis:in Misena,Lipsensis & Pegensis ager,uberrima & fertilissi=
ma utriusq̃ regionis loca.In Lusatia circa Radeburgum, è satis panici effoditur, Mulbergi ad Al=
bim in uinetis reperitur. nam maturis quoq̃ uuis uescitur,Hamestrum nostri uiuum in olla clausa
cremare ad equorum medicinas solent.

VVLPES.

Figura hæc est uulpis crucigeræ.

10

20

V L P I V M magnæ sunt in coloribus differentiæ. Vnum genus notissimum, quod in re=
gionibus frigidis nobilius coloratur. nam in ijs, quæ ad meridiem & occasum pertinent
plagis, colore est cinereo, & quasi lupino, & pilos fluxos habet , ut in Italia & Hispania.
Hoc genus apud nos duobus nominibus,propter gutturis uarietatem, distinguitur. nam
Kóler appellantur,quibus guttur quasi carbonum puluere cospersum,in albo uidelicet nigricans. 30
Rursus Birckfuchse,qui candido sunt gutture , quod quo magis candet, eo est pretiosius. Alte=
rum genus est, primo simile,sed nota insigni differens. nam ab ore per caput,tergum,caudam recta
nigri coloris linea ducitur:tum per reliquum corpus & pedes anteriores, transuersa ; ita ut utraque
crucis exprimat similitudinem,unde & nomē illis est Kreützfuchse, quasi crucigeræ. Gutture hoc
genus nigriore est, & ex alijs ad nos importatur regionibus.Tertium genus est,quod colorem isati=
dis uel guadi,aut cœli sereni refert,Blauwfuchse,qui color & equis nomen indidit, Blauwschim=
mel:sed is color in uulpibus multo dilutior. Vulpes pili rutili capiuntur apud nos , Brandfuchse:
candidi, ut & cerui & ursi candidi, in Suetia & Noruegia,licet rarius:nigri,in Vuolocha,ut auctor
est Sigismundus Liber.Crucigeræ uulpis picturam,beneficio Valentini Grauij, uiri tui amantissi=
mi accipis,qui etiam bonam huius descriptionis partē mihi suggessit. Scripti sunt libri duo lingua 40
Saxonica de uulpe Reineca,ut auctor appellauit,ingeniosum admodum & præclarum sigmētum,
in quo artes aulicæ multiplices, & fraudulētorum hominum actiones astutæ sunt expressæ fabulis
animantium. Vulpes autem improbissima, nulli uterè amica & ex animo beneuola, omnibus hu=
mana & affabilis, cum omnes fallat & euertat,primum tamen locum dignitatis atq̃ bonorum obti=
net.Quæ omnia Georg. Fabricius ad nos perscripsit.

Ad Vuagam fluuium in Moscouia capiuntur uulpes nigræ & coloris cinericei,nigræ quidem
etiam in Vstyug prouincia abundant, Sigismundus Liber.

DE SCIVRO GETVLO.

50

60

SCIVRVS

C I V R V S Getulus coloris est mixti ex rufo & nigro, ab armis ad caudã per latera & dorsum albæ fuscæcૉ lineæ, alternatim cértis distinctæ interuallis decentissimè depingunt. Idem aliquibus fit in colore ex albo & nigro, uenter illi cœruleum colorẽ imitatur in albo positum. Paulò minor is est uulgari sciuro, nec aures extantes habet ut ille, sed depressas magis & ferè capiti æquas, orbiculares, & per cutis superficiem deductas in longum. Caput, ranæ ferè est. Cætera similis uulgari sciuro. Nam figura corporis eadem, eadem natura pili, mos idem, & uiuendi ratio. Cauda se contegit more cæterorum sciurorum, Io. Caius in epistola ad me data unã cum figura animalis.

DE CVNICVLO uel PORCELLO Indico.

A N I M A L cuius hæc effigies est, primùm à nobili quodam uiro amico meo Lutetia missum accepi: cuius quidem corporis partes describi nõ est necesse, cum ex pictura satis manifesta sit. Magnitudo est cuniculi communis, sed breuiore corpore, & pleniore præsertim in eo quod è Gallia accepi, nam binos postea, marem & fœminam, doctissimus in illustri Fuggerorum familia medicus Io. Henricus Munzingerus ad me misit Augusta Vindelicorum, minores & tenuiores, Auriculæ eis humiles, subrotundæ, & glabræ ferè: crura breuia, digiti seni anterius, quini posterius, dẽtes ut in muribus, cauda nulla, color aliis alius. Vidi ego totos candidos, & totos ruffos, & utrocૉ distinctum qualem hîc pinximus. Vox nonnihil ad porcellorum uocem accedit. Vescuntur omne genus herbis & fructibus, pane, auena. Sunt qui etiam aquam eis apponant. ego absque potu aliquot multis iam mensibus nutrio, sed pleruncૉ fructus humidos, eorumcૉ cortices (ut pomorum, raporum) & reiectamenta eis exhibeo. Sed Munzingeri quocૉ nostri de illorum natura ad me scriptum non omittendum duxi, Mas unus (inquit) ad fœturam fœmellis pluribus (septenis uel nouenis pleruncૉ) satisfacit: fiuntcૉ sic fœcundiores, sin uerò unicam tantum sortiatur fœmellam, salacitate nimia ad aborsum interdum irritat. Aiunt ante sexagesimum à conceptu diem non parere. Nos nuper octonos natos in urbe nostra conspeximus, è quibus tres in utero suffocati uisebantur. Tu pro sedulitate tua obseruabis plura, quæ porcorum potius, quàm cuniculorum uel leporum naturam imitentur, Hæc ille. Pariunt hyeme etiam, & catulos, non cæcos ut cuniculi, sed neque ita fodiendo mordendóue noxĳ sunt ut illi: & manibus tractabiliores, hoc est mitiore ingenio, quanquam non apti alioqui ut uerè mansuescant. Mares duo inter se commissi, si fœmina adsit, acriter pugnant. ĳdem catulis recens in lucem editis, quantum in meis obseruaui, nihil nocent. Mari si fœminam sequẽdi libertas detur, ut est libidinosissimus, subinde cum murmure quodam appetentis potius quàm irascentis persequi non desinit. In cibo quales sint nondum expertus sum. Superfœtare eos certum est. Petrus Martyr in historĳs nauigationum ad nouas insulas, tria cuniculorum genera alicubi reperta scribit, & alibi animal utias dictum in quibusdam insulis nouis cuniculo nostro simile esse, magnitudine non supra murem, ad cibos quæsitum.

DE TATO.

V M iter facerem per Turchiam, apud agyrtas & uagos pharmacópolas inueni animal quod uulgò nominant T A T V, quod è Guinea & Orbe nouo adfertur, cuius mẽtio nulla apud ueteres. Facile autem in longinquas regiones transfertur hoc animal, quoniam natura munitum est duro cortice, & testa squamata ueluti loricatum, & quia facile potest caro eius intrinsecus eximi abscૉ ulla noxa natiuæ eius figuræ. Videtur autem esse herinacei species Brasiliæ insulæ. retrahit enim se intra corticem suum, ut intra spinas herinaceus. Magnitudine non excedit porcellum mediocrem: & porcino generi affine uidetur, quod cruribus, pedibus & rostro refert. iam enim in Galliam quocૉ allatum est hoc animal uiuum, ubi seminibus & fructibus uesci uisum est, Bellonius in libro Gallico memorabilium rerum quas peregrinando obseruauit.

ubi etiam huius quadrupedis figurā proponit, bisul-
cis pedibus ut in sue, & cruribus quàm in nostra figura altioribus, & rictu etiam alio. Nostram quidē egre
gius uir Adrianus Marsilius à Dongē Pharmacopo-
la Vlmēsis ad me misit, unà cum cortice ipso, cauda
& cruribus huius animalis, unde picturam quoq; re-
ctissimè opera eius expressam omnino apparet. pedes in ea non bisulci, sed multifidi sunt: quinis in posterioribus digitis, quaternis ante: duo quidem extre
mi utrobiq; breuissimi sunt, & introrsum ita reducti
ut ferè lateant, unguibus omnes satis ualidis muniti.

DE CIVETTA aut FELE Zibethi, quam ueterum HYAENAM esse con ijcit Petrus Bellonius.

PROCVRATOR (consulem uocant) mer
cium Florentinorum Alexādriæ, ciuettam
habebat adeò cicurem, ut ludēs cum hominibus nasos, auriculas & labia eorū leuiter
& sine ulla noxa morsu perstringeret. nutrita enim
erat mox à natiuitate uberibus mulieris. Res certè mi
ra & rara, bestiam tam feram & difficilem cicuratu,
adeò mansuescere. Hanc ueteres hyænā appellarunt,
quod facile ipsorū uerbis probauerim: & si nunquam
obseruauerint tanti odoris excremētum ab ea reddi.
nam de pantheræ tantum specie odorata mētionem
fecerunt. Ita quidem de hyæna scribūt authores, tanquam de bestia Africana syluestri, unde cōcio ciuet
tam Arabico nomine sic dictam, eo tempore caueis
inclusam non fuisse. Hodie uerò cum cicuretur, non
parū ex ea lucri ad suos nutritores redit. Corpore est
compacto in se instar melis aut taxi, sed corpulētior.
Et quoniam meatum alium præter naturalem (genitalium) habet, multi lecta hyænæ historiā, taxum esse
arbitrati sunt. Sed taxus priscis & Aristoteli trochus
est. Ciuetta pilos nigros in collo superius gerit, & per
totam spinam dorsi, quos per iracundiam, non aliter
quàm setas suas porcus, erigit. unde factum est ut gla
nis etiā piscis alio nomine hyena diceretur. Rostrum
ei acutius quàm feli, barbatum similiter. Oculi splendent & rubent. maculæ duæ nigræ sub oculis
sunt, auriculæ rotundæ, ut in taxo ferè. Corpus albicat maculis atris distinctum. crura etiam eius &
pedes nigri coloris sunt ut in ichneumone. Cauda lōga est, supernè nigra, maculis quibusdam albis
infernè. Corpore est agili, uiuit carne. Hanc ciuettæ descriptionem qui cum hyena ueterum contulerit, eandē esse animaduertet, Hæc Bellonius. ¶ Mihi quidē hyæna potius uidetur animal quod
aliquibus papio dicitur, ut supra dictum est in Lupo aureo. Nos hyenę historiā copiosè texuimus
lib. 1. pagina 624. ciuettam uerò seorsim pagina 948. quòd ab hyæna diuersam arbitrarer, ubi etiam
figuram addidi, quam in Italia amicus quidam ad uiuum fieri curârat: quæ à Bellonij figura nonnihil differt, quòd cauda crassiore minusq; longa sit, nec alternas in ea maculas per transuersum osten
dat, ut Bellonij, &c. Vtra quidem melior sit, qui uiuam inspexerint iudicabunt.

DE HYAENA ex scriptis quibusdam Aeliani cuidam codici manuscripto (quem habemus) adiunctis Græce.

HABET hyæna pilos acutos & densos. ceruicem non flectit, ut quæ unico osse spondyli loco
constet. Coit cum LVPO, & parit eum qui ὀνόλυκος (lego ὁιόλυκος) uocatur, qui quidem nō gregatim
sed solitarius degit. homines & pecora rapit, &c.

¶ VIDIMVS etiam Constantinopoli animalia duo parua, tam similia FELI, ut non nisi magnitudine differre uiderentur: quorum nomen antiquum non inuenio, nisi forte de genere lyncum
sunt. Mirum est feras plerasq; illic tam benignè tractari ut prorsus mansuetas se exhibeant: ut GE-
NETHAE etiam quas Constantinopoli per domos cicures uagari sinunt tanquam catos, Bellonius: qui etiam figuram hanc quam subiecimus posuit, cuius pellem si cōseras cum ea quam nos
dedimus libro 1. pagina 1102. talem omnino, qualem apud pellificem spectauimus, macularum spe-
ciem

ciem diuersam & oblon
giorem uidebis . Histo-
riam eius habes eiusdem
libri pagina 619.

DE ICHNEVMONE.

ROCODILO Nilotico(inquit Bellonius, ex quo iconē quoꝗ hãc mutuatus sũ)fato
quodam naturæ infensus est,ac propē lethalis Ichneumon, quemadmodũ & delphino
hamia,thynno asilus,& reliquis quoꝗ piscibus culices ac pediculi.Quod quũ inter cætera naturæ ludicra magnopere admirandum esse censeam, cumꝗ multis ob id rationibus adducti ueteres,ichneumonem inter amphibia connumerarint(litoralis enim & Nilo æquē pe
culiaris est,ac nostris lacubus & amnibus lutra)eius ob id picturam ex uera effigie à nobis cum cro
codilo conspectam hoc loco proponere æquum esse uisum est . Est autem melis corpore, eodemꝗ
pilo,recurtis pedibus,nigris,capite oblongo,nare prominula,mustelam iratam esse diceres; cuius
ea est natura,ut dormienti crocodilo magno impetu in fauces irrumpat, ut ab eo deuoratam escam
depascatur,qua abunde exaturatus,crocodili uentrem erodere atꝗ ipsum enecare traditur:alioqui
magnus est Aegypti serpentium depopulator . Quamobrem huius loci uulgus ichneumonem in
priuatis domibus, ut & nos feles educat, muremꝗ Pharaonis appellat:neꝗ uero uulgo nostro credendum esse duxerim, qui aliud quadrupedis, latioribus ueluti tabellis loricati genus (Tattoum

c

uocant)pro Ichneumone affumūt:eft enim ab hoc longè diuerfum animal, Hæc ille in libro Latinè
fcripto de aquatilibus. Cæterum in Gallico libro Memorabilium obferuationū fuarū in alia etiam
quædam de eodem animante tradit: quæ huc in Latinum fermonem tranflata adjicere uifum eft.
Ichneumonis catulos,inquit,ruftici Alexandriæ in foro uendūt aluntur enim in domibus, quoniā
mures captant inftar muftelæ,& ferpentes etiam queslibet in cibo appetit, paruum eft animal,fed
mirè ftudiofum puritatis.Primus à me Alexandriæ uifus,inter ruinas arcis captam à fe gallinam uo
rabat.Cautus & callidus eft circa prædam, erigit enim fe in pedes pofteriores, & cum prædā prope
confpexerit,tranquillo per humum corporis tractu fe promouet,& impetu tandem in animal ftran
gulandum fefe iaculatur. Vefcitur autē indifferenter quibufuis uiuentibus,limace,lacerto,chamæ
leonte,quouis ferpēte,rana,muribus,& aliis huiufmodi.Aues in primis appetit, & præ cæteris gal- **10**
linas ac pullos.Iratus pilos erigit,qui duplici in eo colore uifuntur,nempe albicātes uel fubflaui per
interualla,& leucophæi, duri & afperi inftar pili lupini.Corpus quàm feli longius & cōpacius eft:
roftrum nigrum & acuminatum inftar furonis dicti in genere muftelarū,abíq? barba. Auriculæ bre
ues & rotundæ.Colore(forte in fuperficie tantū.nam alioqui duos diuerfos colores pilis eius paulò
ante afsignauit)leucophæus eft, ad pallidum uel fubflauum inclinās,quemadmodum cercopitheci.
Crura eius nigra funt,digiti quíncq in pedibus pofterioribus:quorum poftremus ab interiore parte
perbreuis eft.cauda longa & craffa ab ea parte qua lumbos attingit.lingua & dētes felis.Hoc ei peculiare,unde fcriptores tam mares quàm fœminas concipere putauerunt, quòd meatū peramplum
habet undíq? pilis cinctum, extra meatū excrementi, genitali muliebri nō difsimile. quem quidem
aperire folet in magno calore,claufo interim excrementi loco & cauitatē aliquam admittente. Te- **20**
ftes etiam ut feles habet.A uento admodū fibi timet,Animofus & agilis eft,ita ut magno etiam cani
fe opponere nō dubitet.imprimis ueró catum fi inuenerit,tribus dentiū ictibus ftrangulat. Et quoniam roftrum ei nimis acutum eft,ægre crafsiufculū aliquid mordere poteft,& ne hominis quidem
pugnum claufum,Hucufq? Bellonius. Mifit ad me aliquando Ant.Mufa Brafauolus muris Indici
(fic enim appellabat)effigie, quam ego priufquã ueram hanc à Bellonio publicatā uidiffem,ichneu-
monis effe coniiciebam.& roftro quidem(fi barbā adimas)& auriculis ferè conuenit:fed differt cau
da,qua felem magis refert, & aliis pluribus,quæ facile conferendo eft obferuare. Volui autem eam
quoq? quam Brafauolus communicauit effigiem non omittere, quòd etfi ichneumonis non eft, alterius tamen animalis ad uiuum expreffi icon mihi uideatur.

M V S   I N D I C V S.   **30**

HACTENVS inter alia,quadrupedum aliquot uiuipararum figuras atq? defcriptiones ex do-
ctifsimi diligentifsimíq? uiri PETRI BELLONII Cenomani,(cuius pulcheri imos circa animalium ftirpiúmq? illuftrandam hiftoriam conatus,Deus opt.max.fortunet atq? promoueat,)Cōmen
tariis Gallicis Memorabilium obferuationum fuarum per diuerfas trium orbis partium peregrina- **50**
tiones,mutuari & in Latinum fermonem quantū eius potui transferre uolui. Nunc ex eiufdem de
Aquatilibus opere,Lutetiæ nuper accuratifsimè edito(ex quo fupra etiam de ichneumone fcripfimus)de lupo marino & mure aquatico,& poftea de ouiparis etiam nōnullis quadrupedibus, hifto-
rias,& quorundam figuras pariter antehac nobis defideratas, adfcribemus.

DE CASTORE.

ASTOR & fiber à Latinis dictus,Ariftotelis latax eft.Eius magnitudo, rufticum medio
cris notæ canem non excedit:pedibus tamen eft breuioribus, necp quatuor digitis à terra
elatus,quorum anteriores caninis refpondent,atq? ungulati funt:pofteriores, digitos ob-
longiores habent,latiore membrana intertextos,ut in palmipedibus, atq? adeò anferibus **60**
uidemus,quibus in terra minimè ualet.Quamobrem fuas cauernas non longè à litore feligit,è quibus exiliens, protinus in flumen aut mare ad conquirendum uictum immergitur. Vnde etiam ab
Arifto-

Aristotele κολυμϐητής, hoc est, urinator appellatus est. Cæterum corpore est recurto, catelli pinguis modo, capite breui ac rotundo, auribus atᵹ oculis paruis & orbiculatis : nare anteriore, ut in feli= bus diffiſſa, ac barbis lōgioribus obseſſa, dentibus anterioribus quaternis (ut in muribus) oblongis, falcatis & ualidiſſimis, quorum superiores longi quidem sunt, sed inferiores extra maxillam pro= minent, superioribus lōgiores: posteriores ad talpinos aut porcinos accedunt. Pelle uestitur spiſſa, uilloſa, ad ichneumonem accedente, nigriore tamen, ex qua chlamydes & chirothecas aduersus im brium & frigoris iniurias conficere solent. Verum ea usᵹ ad caudam tantum talis est. Est enim ca= storis cauda, quiddam ueluti natura diuersum à reliquo huius animantis corpore: nam ea magis ad piscem accedit. Vnde Lotharingis per ieiunia in delicijs habetur, quod ea murænam bene præpa=
10 rata ipso gustu propemodū referat. In maiori castore sesquipedalis est, senos digitos lata, duos craſ= sa, quatuor interdum librarum pondo, ad margines in tenuitatem desinens, membrana glabra ac li= uida, contecta, super quam lineæ quædam squamas dimentientes incredibili artificio depictæ sunt. Cæterā introrsum neruosa est, ut integrum piscem pinnis carentem, ac soleam referentem dixeris, qua ueluti gubernaculo quodam in aquis utitur. Quòd autē ad internam totius castoris anatomen spectat: in eo certè nihil magis admirandum, aut scriptione dignum esse duxi, quàm testes, quibus pro corporis exiguitate, adeò ingentibus ac crassis præditus est, ut hi ad taurinos accedant, in qui= bus rotundi calculi, oui magnitudine, mihi plærunᵹ conspecti. Sunt autem hi medendis corpori= bus permultum utiles: quamobrem à mercatoribus magna solertia disquiruntur, magnoᵹ uænire solent. Fabulam esse putat Dioscorides, quod castor à uenatoribus excitatus, sibi testes execet, cum
20 illuc usᵹ caput extendere nulla ratione poſſit. Verum quidem esse potest, mercatores aut uenato= res, post exectos castoris testes, corpus ita uiuum aliquando dimiſiſſe, ac nonnullos postea repertos fuiſſe castores testibus carentes. Proinde huiusmodi amphibio Europa nostra abūdat, ut apud Bur gundiones, Lotharingos atᵹ Austrios permulti cicures etiam hodie reperiantur, Bellonius.

¶Atqui Aristoteles libro 8.cap.5. fibrum à latace manifestè distinguit. Sunt (inquit) inter feras quadrupedes quæ uictum ex lacu & fluuijs petant, ut fiber, satherium, satyrium, lutris, latax, &c. Nec alibi usquam puto uel fibri uel latacis meminit. Ea quidem quæ lataci tribuit, fibro etiam con= uenire uidentur. de pilo tantū an specie inter uituli marini & cerui pilum sit, affirmare non satis poſ sum. Præterea in loco Aristotelis iam citato, quadrupedem feram nullam præter uitulū marinum, è mari uictum petere legimus: & mox castorem cum alijs numerari inter eas quæ ex aqua dulci ui=
30 uant. quamobrem miror quòd Bellonius scribit castorem è mari etiam uiuere, nec Aristotelem ali= ter scribentem reprehendit. Locus etiam ubi ab Aristotele κολυμϐητής appellatur nullus mihi occur rit. Quæ alij partim lutræ, partim lataci, ea Plinius fibris tribuit. nempe quòd sit animal horrendi morsus: arbores iuxta flumina ut ferro cædat : hominis parte comprehensa non antequam fracta concrepuerint ossa, morsus resoluere, ut Vuottonius etiam obseruauit. Postremo quod rotundos calculos oui magnitudine in testibus fibri sæpe sibi conspectos Bellonius testatur, in ueris testibus id accidere non sit mihi uerisimile: in adulteratis uerò si calculi reperiantur, nihil mirū. Adulteran= tur autem, ut nos monuimus, à quamplurimis.

DE LVTRA.

40 **V** TRA castorem refert si caudam adimas, animal amphibium, fibrorum nūmero adscri= ptum, hoc tamen ab his distans, quod fiber utriᵹ aquæ & falsæ & dulci, lutra mari nun= quam immergitur. Caput illi est caninum, dentes quoᵹ ad canem uenaticum acceden= tes: aures castoris: sed graciliori & longiori est corpore, oblongamᵹ, teretem, & in fasti= gium desinentem caudam gerit. Vulpinis est cruribus, paulò crassioribus tamen, quibus magis in aqua, quàm in terra ualet, habet enim posteriores pedes planos, & membranis communtos, ut in castore dictum est. pelle contegitur minus quàm castor spiſſa, frequenti ac breui pilo consfersa, cō lore nonnihil ad castaneum accedente: quæ nobis per hyemem maximo est usui, magnoᵹ pretio diuendi solet. Cuius etiam causſa, nostri uenatores magna sagacitate lutris insidiari solent: atque ea= rum uestigia in litore, excrementorumᵹ piscium ariftis commixtorum naturam obseruare solent.
50 pisci bus enim lutra uescitur, lacubus, stagnantibus & quietioribus fluuiorum aquis infensiſſima, quos magna solertia, magnoᵹ impetu exterrens ad litorum cauernulas adigit, ut facilius interci= piat, copiosioreᵹ præda perfruatur : quanquam famem teneris etiam herbarum asparagis arceat. Cæterum cuniculos non longè à litore sibi excauat, à quibus mane exiliens, amplius quàm duo mi liaria sursum contra aquæ defluxum tēdit, ut postea piscibus saturata, facilius secundum aquæ de= cursum in destinatam sibi cauernam redeat. Plures catulos suis uberibus lactat, quos prouectiores, atᵹ adeò matres ipsas, uenatores per hyemem defluxis plantarum folijs peruestigare solent, Bello.

DE LVPO MARINO.

60 **D** E lupo marino etsi à ueteribus nihil, quod sciam, hactenus traditum fuerit : tam insignis est tamen eius, siue prædonem, siue monstrum marinum dicere uolueris, forma, à labra= ce (id est lupo pisce) lōgè diuersa, ut particularem sibi descriptionem promerere uideatur. Amphibium autem est animal, piscibus magna ex parte famem exaturans: in Oceani Bri

c 2

tannici litore aliquando conspectum, sic terrestrem lupum referens, ut non immeritò lupi nomen
apud uulgum retinuerit. Cicurè diu uixisse aiunt, capite enormi, oculos permultis undecunq́ pilis
adumbratos gerens, nare ac dentibus caninis, robustisq́ barbis ere obsesso: pelle uillis erectioribus
hispida: nigris maculis undicq̃ (ut & totum corpus) distincta: cauda oblonga, crassa, uillosa, ac spissa,
cætera lupum referens: quemadmodum ex pictura proposita facile cernes.

DE MVRE AQVATICO.

MVR I S aquatici naturam ac descriptionē ab antiquis prætermissam fuisse miror: cum sit
amphibium animal, atq̃ herbosis amnium ripis frequentissimum, id aūt ab ijs factum est,
uel quòd eius utilitatem illi nondum percepissent, uel quòd superfluum existimarent hu
iusmodi animalis genus inter aquatilia connumerare. Quanquã Plinius ea muri marino
aut aquatico tribuat, quæ certè testudini debētur. Sed hoc reuera fatendum est, magnam esse huius
cum rattis, hoc est maioribus nostris muribus similitudinem: hoc dempto tamē, quòd foeminæ tres
excernendis excrementis (urina, fæcibus, foetu:) meatus extrorsum distinctos præ se ferant. Proinde
mus aquaticus præter aliorum naturam, etiam maximos amnes natando traijcit: herbā depascitur:
ac si quando ab origine sua, ac consueto domicilio recedat, iisdem frugibus uescitur quibus & cæteri
mures. Proinde Nilo, & apud Stryn.onem frequentissimus est: quo in loco, sub nocte, sereno tem
pore deambulantes per multos ex aqua in ripam cōcedere, & aquatiles plantas erodere, atq̃ audito
strepitu rursus in aquas demergi multoties conspeximus, Hæc Bellonius: qui figurā etiam addidit,
quam nos omisimus, quòd muri maiori domestico (ratto) undicquacq̃ similis uideat, nisi quòd rostro
est obtusiore: ut meritò rattus aquaticus appellari possit: & Germanicè **Wasserratz**. Inuenio qui
dem ego apud ueteres quoq̃ muris aquatici uiuipari (non testudinis) mentionem factam, ut libro I.
Historiæ quadrup. uiuip. menui, pagina 830. Aristotelē scilicet in Mirabilibus, & Theophrastū ci
tante Plinio, qui & alibi de ijsdem: In Casinate (inquit) fluuius appellatur Scatebra, frigidus, in quo,
ut in Arcadiæ Stymphali, enascuntur aquatiles musculi.

APPENDIX PRO QVADRVPEDIBVS OVIPA
ris, de Chalcide, Chamæleonte, Crocodilo Nilotico & Terrestri, Scinco, Cor
dulo, Ranis & Testudinibus. Quæ omnia ex Petri Bello
nij scriptis desumpta sunt, &c.

IRCA Cairum Aegypti, uesperi apparere solet parui lacerti genus muros perreptans, &
muscas deuorās, quod à Græcis uulgò Samiamitos appellatur, ab Italis **TARENTOLA**
uel terrantula potius à terra, à ueteribus **CHALCIDICA LACERTA**.

CHAMAELEON.

DICTVM est ranam ad chameleonē hoc ipso accedere, quòd in capiendo cibo eadem ferè
nitatur industria. Hoc aūt ut certius ex scripto ac pictura appareat, de chamæleone etiam
inter aquatilia dicere instituimus. est enim paludibus etiam frequens animal. Chamæleon
igitur duplex à nobis conspectus est. Alter in Arabia pusillus, lacertam uiridem nō exce
dens, colore albicāte, subfuluis ac rubentibus maculis distinctus: alter in Aegypti æstuarijs freques,
corpore, duplo quàm Arabicus, maiori: colore inter indicum & uiridem ambiguo, quē ex luteo in
fuluum uariè cōmutare solet: unde uersicolorē chamæleonem antiqui appellauerunt. Vterq̃ autem
                                             chamæ

chamæleon capite est cristato in camelopardalis modum, duobus utrinq; osticulis in summa fronte prominent ibus:lucidissimis oculis, pisi magnitudine, sola pelle contectis, ut quod ab ea extet, milij magnitudinem non excedat: admodum flexilibus, ut altero sursum aut deorsum inspiciente, alter, præter cæterorum animalium morem, alió intentus esse possit. Iners est animal ut & salamandra, neq; currere ut lacerta potest. Quamobrem hominum conspectum non refugit, nec facilè terretur, imò nec morsu hominem appetit. Arbusta côscendit ob uiperarum ac cerastarum metum. Famem octo meses, atq; interdum annum ferè integrum tolerat. Vnde falsò creditum est, eum nihil edere, ac uento ali. nam cum pulmonibus magnis per uentris latera exporrectis præditus sit, uentum in trò magno impetu attrahit, eoq; intumescit. Foramina ad nares & auditum habet. Oris rictum am 10 plum, maxillas dentibus serratis supra & infra communitas, quales in typhloti serpente uideas. lin guam teretem, sesquipalmum longam: quam à longè in insecta, quibus maximè uescitur, uibrat: & mucore, quem in extremo spongiosum habet, muscas, scarabeos, locustas, formicas ad se adducit. Lineam habet sub uentre squamulis denticulatam, albam, ad caudam usq; protensam. adeoq; arti ficiose in huius animalis pedibus natura lusit, ut anteriores eius pedes à posterioribus maximè dis sideant. Anterioribus enim ternos intrà digitos, extrà binos: posterioribus autem ternos extrà, in trà binos posuit. Duodecim oua excludit, longa, lacertarum modo. Cor habet muris domestici ma gnitudine, hepatis lobos duos, quorum sinister maior est. Folliculus fellis grani hordei magnitudi nem non excedit, sinistro hepatis lobo inhærens, Bellonius.

DE CROCODILO NILOTICO.

20
ROCODILVS, nomine ac forma omnibus ex æquo notissimus: Niloticum animal est, amphibium, quadrupes, lacertosi generis: o uiparum, pisciuorum, ex parua origine in ma ximam molem crescens: dentibus longis, exertis, pectinatim utriq; maxillæ infixis, quarũ superior tantum moueri conspicitur: lingua pro corporis magnitudine adeò exigua, atq; inferiorj maxillæ ita inhærente, ut solum eius uestigium esse credas. Illi noctu diuq; insidiantur indigenæ, eiusq; cutim salitam ac tomento conditam nostris mercatoribus diuendunt. Ea est rugosa, multis in tergo tuberculis armata, subtus læuis, sursum uero sessilibus squamis aspera, ingenti cauda præ dita, coloris undecunq; cinericij: à qua uasta ac breuiora crura emanant: pedibus in quinos digitos dississis, robustissimis ac prælongis unguibus communiti, quibus terrestria animalia, atq; adeò hu 30 mana corpora discerpere creditur. Huius figuram multa ueterum numismata referunt, multæq; ur bes pellem eius ad insignem plebis admirationem, in palatiorum eminentioribus locis collocant: cuiusmodi Lutetiæ in plærisq; sacris ædibus, atq; adeò aula forensi maiore uidemus, Bellonius.

DE CROCODILO TERRESTRI.

40

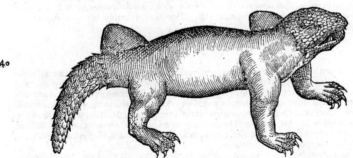

50
ROCODILI genus terrestre, haud ita procerum, Aegypto atq; Arabiæ peculiare, reli quis animalibus infensum, lacertam prouectiorem ac maximam esse dixeris: à qua tamẽ præter duritiem ac cutis firmitudinem hoc distat, quod caput crurumq; articulos, atque adeò pedum digitos squamosos gerat. Verumetiã à Nilotico crocodilo hoc differt, quod caudam habeat in clauæ modum tuberculis elatioribus asperam: qua corpora quibus insultat, atro cissime diuerberare creditur, Bellonius. Hoc animal, ni fallor, pharmacopolæ quidam in Italia ostentant, & caudiuerberam nuncupant.

DE SCINCO.

60
CINCVS eandem cum crocodilo naturam habere creditur, unde crocodilus minor à quibusdam appellatus est, nullumq; præterea uulgare nomen habet. Proinde quadrupes est, lacertæ uiridis aut salamandræ magnitudine, ut pollicis crassitiem quadrantisq; lon gitudinem non excedat, colore candido, quibusdam lineis in dorso puniceis transuersis,

c 3

cerastæ modo distinctus. Cætera cordulum(lacertum aquaticum)refert, nisi crassiore atque oblon‐
giore esset corpore, cauda rotunda , squamisᶭ undecunque scateret: quas cum piscibus, ut & late‐
rales lineas cōmunes habet. Sed ossibus præditus est. Edulis non est : Asiæ & Europæ peregrinus:
Aegypti, Indiæ & Mauritaniæ alumnus, præsertim apud Memphim , quo in loco indigenæ exen‐
teratos, ac sale uel nitro inueteratos scincos mercatoribus diuēdere solent, quos isthic adferant.

DE CORDVLO.

ORDVLVM Aristoteles, κόρδυλον Numenius uocat , id salamandrini amphibij genus, 10
quod pharmacopolarum officinæ falsò pro Scinco exponere solent. uiuiparū animal esse
comperimus, admodum alacre, in quo salamandram excedit: scinco multò minus, bran‐
chijs præditū, pinnis lateralibus carens, caudam laxam & latā habens, siluri modo (quoad
paruum magno licet conferre)minimè squamosum, tergore nigricante, ac glabro, tuberculis tamen
horridulo, quodᶭ facile glubi potest, digitisᶭ attrectatum lacteum humorem ut salamādra emittit,
qui naribus admotus uirulētum quidpiam referat: rostro obtuso, dentibus asperioribus cōmunito,
digitis anteriorum pedū in quaternos, posteriorū in quinos articulos diuisis: quod dum per aquam
fertur, pinnam carnosam erigit, quæ à uertice secundum dorsum usᶭ ad caudā protensa, ipsam am‐
bire conspicitur. quamobrē sinuoso corporis impulsu, siluri, anguillæ ac murenæ modo natare solet.
Proinde quòd ad eius interiores partes attinet, linguā ranæ fluuiatilis modo spongiosam habet, qua 20
glutinis more facile ad os adducit hirudines fluuiales & terrestres oniscos & lūbricos, quibus præ‐
cipuè uescitur: ob idᶭ circa fauces quiddam ueluti carnosum ad linguæ radicem illi extuberat. Cæ‐
terum costis ac sterno, ut & salamandra caret, ossaᶭ pro spinis gerit. cor spongiosum, dextro lateri
incumbens, cuius auricula sinistra maiorē pericardij partem occupat: pulmonibus caret, branchijs
enim præditus est. hepate est nigerrimo, ad cōuexam partem aliquantulum bifido, liene subrubro,
uentriculi fundo adhærente: renibus spongiosis, cruribus ferè incumbentibus, qua in parte(& circa
spinam)carnosus tantum comperitur. alioqui ad pectus, & sub uētre totus cutaneus est: oua gerit in
bicorni uulua per ordinem, ut in uiuiparis cartilagineis disposita, quæ rufo quodā adipe fouentur,
ex quibus postea uiuos fœtus, eosᶭ numerosos, ut & salamandra excludit, Bellonius. ¶ Nos hoc
animal non cordulum, sed lacertum aquaticū nominauimus , & figurā eius historiamᶭ inter qua‐ 30
drupeda ouipara posuimus. Quòd si brāchias habuerit (ut Bellonius scribit, neᶜ dum enim id satis
obseruaui, in siccis quidē, quos hæc dum scriberem inspexi, nullæ mihi apparuerunt)non dubitabo
etiam ipse cordulū esse fateri. Cordylum Aristoteles amphibiū esse scribit, & perire illum Sole ex
iccatum(ἀναξηρανϴεντα, lego αὐαανϴέντα.) Numenius eundem in Halieutico curylū (κόρυλον)uocat, his uersi‐
bus: Τοῖσιν⸲ ἀρκεῦσι πάντα, ἠδ᾽ πληϊάδος δὲ μύρα, Κόρυλον ἠ τε φρύνα, ἠ ἐναλίλυ ἑρπήλκιν, Idem & cordyliidis
meminit γλωκίνυ κορύδυλιν appellans, Athenæus lib. 7. Ego de cordylo nihil tale apud Aristotelem
legisse memini.

R A N AE.

40
RANA aquis innatat, saltando per terram graditur. Multorum quidem est generū, sed pa‐
lustris ac marina tantū edulis est. Venenata est quæ cœnosis antris ac cloacis plātarumᶭ
radicibus, & sub terra altè defossa reperitur, rospum & bussonem nomināt, è cuius capite
detracti calculi, oculis ac uenenatis poculis mederi falsò circulatorū uulgus autumat. hi
enim potius à rubetæ cerebro detrahūtur: uulgus nostrū crapodinas appellat: quas ab antiquis che‐
lonites uocatas postea docebimus, cum de lapidibus nomen à piscibus habentibus à nobis disseret.
Rana marina ad palustrem accedit, sed cartilagines habet ossium loco, estᶭ palustri procerior,
atᶭ æstuarijs frequens, ut suo loco tractabitur.
Rana palustris paucis antehac annis in cibis apud nos expetita , ore est prægrandi, nullis den‐
tibus prædito, quod foras ex aqua, testudinis modo, emittit, ut auram excipiat: chamæleonē in cibo 50
capiendo imitatur, uesciturᶭ muscis, locustis, millepedibus, erucis, culicibus: quibus dū insidiatur,
linguam ternûm digitorū longitudinis foras exerit ac uibrat, in cuius extremo spongiosus quidam
ueluti mucus, uisci modo, quicquid contingit, agglutinat, ut integrū scarabeum plerunᶭ in aluum
demittere conspiciatur. Ad quod munus ossicula utrinᶭ duo in radice linguæ(ut & serpentes) ha‐
bet, quibus ipsa miro naturæ artificio cōfirmatur. Ranæ oua pariunt, coeunt, fœtusᶭ emittunt con
tinuo ueluti filo sibi cohærentes(carnes minutim conscissas ac nigras esse dixeris) gyrinos uocant,
oculis & cauda insignes, qui mox in posteriores pedes abeūt. Ranæ hepar in tres lobos distinctum
est, sub quo una utrinᶭ pulmonis pars apparet: lienem quoᶭ rotundum & paruum habet: intestina
nodulis intercepta, uesicam, testes, ac cætera ferè interiora membra reliquis animalibus terrestri‐
bus similia, Bellonius.
¶ RANA muta quam gibbosam cognominaui, ab Italis sconpisson, id est permicitrix, appella‐ 60
tur, eam procul saltare aiunt, & interim permingere hominem.

TESTV‐

TESTVDINES.

VIPARORVM amphibiorum quadrupedum naturam habent omnes ferè testudines. Hæ uerò etsi præter aliorum, quos descripsimus, aquatilium quadrupedum morem, concha longè durissima contegantur, quia tamen lacertosi generis esse nemo negauerit, post crocodilorum species iure describendas esse duximus. Marinæ testudines duorù sunt discriminum, longæ ac rotundæ, ambæ litorales. Longæ tamen magis pelagiæ, quæ (ut & reliquæ omnes) dum paulum in aqua steterùt, per eius summum tantisper caput exerunt, dum externo aëre (quod & uitulis marinis accidit) pulmones, quos carnosos & sanguineos habent, saturauerint. Te-

10 studines enim in mari per nares spiritum trahere necessarium fuit, cum branchijs careant, uesicam quoq; ut & re iqua quadrupeda terrestria habent. Omnibus item testudinibus hoc est peculiare, ut mortuæ sicut & delphini supinæ fluctuent. Mares planam subtus testam, fœminæ concauam habent. Oblongas testudines omnium maximas in portu Torræ rubri maris ciuitatis frequentes uidimus, quarum testæ, uanni bene magni longitudinem ac latitudinem exæquant. Caput habebant admodum solidum, atq; os ita durum, ut uel crassissimos asseres eroderent. Proinde omnes edules sunt, atq; optimi gustus, (sed Græcis per religionem his nõ licet uti,) fluuiatilesq; præter magnitudinem omnino imitantur, quemadmodum & marinæ rotundæ ad terrestres ac nemorales ipsa forma accedunt, quarum plurimas in foro Veneto me uidisse memini, calice cõuexo, multis tuberculis elato,

20 inæquali tegmine, in gyrum crenato, duro, rigidoq;, utrinq; decliui, ac cataphracti clypei modo in rotunditatem desinente: cauda breuiore, capite admodum duro, rostro aquilino, ferè osseo, dètibus & lingua carente, adunco, cuius margines cultelli in morem secare possent.

Fluuiales testudines, Aristoteles hæmidas (emydas; uocat, quas à chelonijs secernere uidetur: ob id (ita enim puto) quod lato neq; ita conuexo dorso appareant. Græci ποταμία χελώνια uocauerunt. Plinius Lutarias testudines appellare maluit, quod luto ac cœnosis paludibus oblectentur: à marinis testudinibus ipsa tantum retiæ uastitate distant. Sunt enim harum, quemadmodum & marinarum, quædam longæ, aliæ etiam rotundæ, Bellonius. Atqui nos testudinem lutariam à fluuiatili diuersam esse suo loco ostendimus.

Montanas testudines Græci ὀρεινὰς, nostri nemorales, alij terrestres appellauerunt, omnium longè delicatissimas, ac magis salubres: quamobrem à medicis in resumptiuo uictus genere, hecticis,

30 & marasmo ac tabe laborantibus præcipi solent. offerùt autem eas capitibus ac pedibus ablatis, uel furno, uel testa exassatas: uel cũ pineis, pistacijs & saccharo subactas, ex quibus alimenti genus conficiunt quod tortugatum nominant. Multæ sunt in Thracia, Macedonia, & apud nostros Linguoscythonicos, quarum forma ad marinas rotundas, sola magnitudine dempta, accedit.

Inauditum antiquis testudinis genus apud Turcas è longinquis regionibus allatum uidi: cuius testa rara est ac pellucida, chrysolithi colorem mentiens, ex qua Turcæ cultellorum manubria effor mant, tanti pretij, ut etiam clauis aureis exornare non dedignentur, Bellonius.

40

SALAMANDRAE figura falsa. Nos ueram salamandræ iconem suo loco dedimus, pagina
50 74. in Historia quadrupedum uiuiparorum: ubi falsam quoq;, reprehendendi tantum causa illos qui eam publicarunt, posituri eramus: sed obliuione quadam tactum est ut illic sit omissa. Apparet autem confictam eam esse ab imperitis quibusdam, salamandram & stellionem animal unum arbitratis: & cum à stellis stellionem dictum legissent, dorsum eius stellis insignire uoluisse.

FINIS.

CONRADI GESNERI

Tigurini medici & Philosophiæ pro=
fessoris in Schola Tigurina, Histo=
riæ Animalium Liber III.
qui est de Auium
natura.

ADIECTI sunt ab initio Indices alphabetici decem super nominibus Auium
in totidem linguis diuersis : & ante illos Enumeratio Auium eo ordine quo in
hoc Volumine continentur.

CVM Priuilegijs S. Cæsareæ Maiestatis ad octennium, & Christia=
nissimi Regis Galliarum ad decennium.

TIGVRI APVD CHRISTOPH. FROSCHOVERVM,·
ANNO M. D. LV.

CONRADVS GESNERVS

AN·DOM·M·D·LV

AETATIS·SVAE·XXXX

CAROLVS QVINTVS, Diuina fauente clementia, Romanorum Imperator Augustus, ac Germaniae, Hispaniarum, utriusq́ Siciliae, Hierusalem, Hungariae, Dalmatię, Croatię, &c. Rex, Archidux Austrię, Dux Burgundiae, &c. Comes Habspurgi, Flandriae, Tyrolis, &c. Notum facimus tenore praesentium. QVOD quum expositum nobis fuerit ex parte nostri & Imperij sacri fidelis dilecti Christophori Froschoueri Typographi Tigurini, ipsum in gratiam studiosorum suscepisse imprimendum ingens opus Conradi Gesneri, de omni animalium genere, in aliquot uolumina digerendum, magno iam in illud labore & sumptu in sculpendis ad uiuum animantium imaginibus facto, & id opus partim iam aedidisse in publicum, partim uero adhuc sub incude, & praeterea Epitomen eiusdem operis Latine & Germanice aedendum prae manibus habere: uereri autem, ne quis ipsum fructu suorum laborum & impensarum priuet, huiusmodi opera temere imitando. Itaq́ à nobis suppliciter petijt, ut suae indemnitati cauere, & ipsum Priuilegio nostro aduersus hanc iniuriam munire, de benignitate nostra Imperiali dignaremur. NOS qui plurimum illis fauemus, qui sua opera & industria publica studia iuuare contendunt, admissis huiusmodi precibus, tenore praesentium, authoritate nostra imperiali, & ex certa scientia, decernimus, statuimus & ordinamus, ne quis Chalcographus, Bibliopola, Mercator, Institor, aut quicunque alius, cuiuscunq́ status, aut conditionis fuerit, noster & Imperij sacri subditus, quacunq́ Imperij & Ditionis nostrae fines patent, memorata opera Gesneri, seu aliquam eorum partem, aut quicquam inde excerptum siue Latine, siue Germanice, intra tempus octo annorū, à cuiusuis operis prima aeditione typis incudere, aut alibi excusum, intra fines Imperij & Ditionis nostrae adportare, uendere, distrahere, aut uendi seu distrahi facere, aut uaenū exponere publice, uel occulte, necq́ audeat, necq́ praesumat, absq́ ipsius Christophori Froschoueri expressa uoluntate, & beneplacito. Quatenus praeter librorum, sic ad aemulationē impressorum, amissionem, quos ipse Christophorus Froschouerus, suiue haeredes, ubicunq́ locorum nactos, per se aut suos, adiumento Magistratus loci, uel citra id, sibi uendicandi plenū ius & potestatem habeant, pœnam seu mulctam octo Marcharum auri puri Fisco nostro, & ipsi Christophoro Froschouero eiúsue haeredibus ex aequo irremissibiliter pendendam, uitare cupiant. Harum testimonio literarum sigilli nostri appensione munitarum, Datum ad Oenipontem, die quinta Mensis Ianuarij. Anno Domini, Millesimo quingentesimo, quinquagesimo secundo. Imperij nostri trigesimo secundo, Et regnorum nostrorum trigesimo sexto.

Ad mandatum Caesareae & Catholicae Maiest. proprium.

Obernburger.

◄ 2

HEnry par la grace de dieu Roy de France/ ¶ A noz amez et feaulx conseilliers/ les gens tenãs noz courtz de Parlement de Paris / Thoulouze/Bozdeaux/ Rouen/Dijon/Prouēce/ Grenoble/ Chambery : Preuost de Paris/Seneschaulx de Lyon / Thoulouze / Prouence / et a tous noz aultres Officiers ou leurs Lieutenans / Salut. Receu auons lhumble supplication de nostre cher et bien ame Monsieur Conrad Gesner/ Docteur en la faculte de Medicine a Surich. Contenant que a son grand labeur il auroit escript et compose vng liure intitulle Historia animalium. Lequel a lutilite des studieux il feroit voluntiers imprimer/ tant en langue Latine que Francoyse/ et tãt leuure total/ qui est assez grant/ que le Sommaire dicelluy. Mais il doubte / que apres ladicte impression/ par luy mise en lumiere a ses coustz et de spens/ plusieurs aultres Libraires ou Imprimeurs le veullent faire imprimer/ ou aulcun liure dicelluy/ en Latin ou en Francoys / ou ledict Sommaire : en priuant par ce moyen ledict suppliant de sondict labeur fraiz et mises/ si par nous ne luy estoit pourueu de noz cõge/ grace et prouision au cas requiz et necessaires. Pource est il que nous a ces choses cõsiderees inclinãs a la supplication et requeste dudict suppliãt/ luy auõs de grace specialle par les presentes permys et octroye/ permettõs et octroyons/ voulõs et nous plaist/ quil puisse et luy laisse imprimer ou faire imprimer/ vendre et debiter/ ledict liure en Latin et Francoys/ et Sõmaire dicelluy/ en chascune desdictes langues/ par tel imprimeur ou imprimeurs que bon luy semblera/ iusques a dix ans prochains en suyuans/ a commēcer du iour que ledict oeuure sera acheue dimprimer/ sans ce que durant ledict temps aultre que luy/ ou ayant mission de luy/ le puisse imprimer / ou faire imprimer/ vendre ne debiter/ sur peine de mil escuz damende/ et confiscation de tous lesdictz liures ainsi imprimez sans son conge et permission. Si vous mandons et expressement enioignons/ et a chascun de vous/ si comme a luy appartiendra/ que de noz presentes grace/ conge/ permission vous faictes ledict Cõrad Gesner iouyr et vser plainement et paisiblement/ durant ledict temps de dix ans/ en faisant/ ou faisant faire expresses inhibitions et deffences de par nous/ si mestier est/ sur les peynes cy dessus/ a tous imprimeurs et libraires et aultres quil appartiendra/ que durant ledict temps de dix ans ilz nayent a imprimer/ ou faire imprimer/ vendre ne debiter ledict liure/ partie ou portion dicelluy/ soit Latin ou Francoys/ sans le vouloir et consentement dudict suppliant/ sur lesdictes peines de mil escuz damende/ et confiscation desdictz liures/ formes et caracteres/ qui se trouueront auoyr este faictz au contraire et en cas dopposition/ contredict ou debat desdictes inhibitions et deffences faictes et audict cas tenans et cõtreuenãs a icelles a ce contrainctz/ sur les peines desdidictes/ ledict temps durant. Nonobstãt oppositions ou appellations quelzconques faictes/ ou a faire relleuees/ ou a relleuer/ et sans preiudice dicelluy faictes aux parties ouyes raison et iustice. Car tel est nostre plaisir: nonobstant (cõme dessus est dict) quelzcõques lettres subrepptices impetrees ou a impetrer a ce contraires. De ce faire vous auons donne et donnons pouoir/ puissance/ auctorite/ commission et mandement special par ces presentes. Mandõs commandons a tous noz iusticiers/ officiers et subiectz/ que a vous en ce faisant soit obey. Donne a Chaalons le xviij. iour de May/ lan de grace mil cinq cens cinquante deux. Et de nostre regne le sixiesme.

Par le Roy en son conseil
estably aupres la Royne
regente vous present.

Coignet.

ILLVSTRI ET GENEROSO

VIRO D. IOANNI IACOBO FVGGERO,
KIRCHBERGAE ET VVEISSENHORNI DOMINO, &c,
Domino & Meccœnati suo Conradus Gesnerus
Tigurinus s. d.

QVICQVID LITERIS ITA PRODENDVM AC ILLV-
strandum est, uir amplissime, ut nihil præterea eo in genere de=
sideretur, quãtum quidem ab uno homine perfici potest, ad id
duo maximè requiruntur, iudicium siue ratio & experientia. Il=
lud à natura, uel Deo potius (à quo omnis natura dependet) con
fertur, hæc in hominis posita arbitrio uidetur. Nam ut aliquis ra
tione & iudicio polleat, uel natura ingeniosus solers ǫ sit, non
penes ipsum est: Vt uerò multa experiatur, audiat, uideat, legat,
peregrinetur, obseruet, & inerti otio ignauiaǫ superior in usum
atǫ experientiam omnia uocet, hoc quisǫ uel facere uel non facere potest: nisi ualetudo,
aut fortun, aut maior aliqua causa impediat. Multi ingenio præstant, experientia desti=
tuti, qui rationem potius alijs gnauis & laboriosis, rerum scientiam acquirendi præscri=
bere, quàm ipsi aliquid cum laude perficere possunt. Sic dialectici cum rerũ cognitionem
nullam profiteantur, artibus & scientijs omnibus modũ, ac rationem qua constituantur,
quaǫ commodè tum disci tum doceri possint ostendunt. Alij cum iudicio & ratione pa=
rum, utcunǫ experientia multum ualeant, sæpe neque delectum habere, neǫ modum aut
ordinem in rebus seruare, non ex paruis magna, non ex manifestis seu rationi seu sensi=
bus, obscura: nõ omnino alterum ex altero uenari & deprehendere, non uidere res inter
sese cognatas, similes aut dissimiles: non deniǫ alia huiusmodi, quæ uiri ingenio acres &
rationali methodo instructi præstare possunt. Rarò autem contingit ut unus homo his
ambobus donis pariter excellat: eò quòd ferè uni temporis tãtum detrahitur, quantũ im=
penditur alteri. Quamuis enim ingenium multis natura datum sit, oportet tamẽ id quoǫ
bonis disciplinis & artibus condiscendis à puero coli ac perfici, periturum alioqui negli=
gentia, qua fœcundissimi interdum agri pereunt. Plato philosophos utcunǫ sapientes
uiros, in forũ & actiones publicas si prodeant, prorsus ineptos ac ridiculos uulgo se præ
bere ait. An quòd ingenio illi careant? Nequaquã. sed quoniam desit eis rerum ciuilium
usus, & litigandi, & uarijs iudicum auditorumǫ affectibus se accõmodandi experientia,
quam illi ueluti se indignam aspernantur. Hæc duo (ratio inquam & experientia) reipsa
separari non debent, neǫ alterum sine altero quisquam sibi optare: nisi forte aliquis siue
fortunis siue animo diues, idemǫ otiosus & solitarius, ratione rerum ac contemplatione
esse contentus, quàm ad actiones & experientias progredi malit: & contrà alius propter
genus uitæ, per quod ei otioso ac solitario esse non licet aut libet, agere potius & experiri
multa uel exigua cum ratione, quàm summa cum intelligentia otiari, ac sibi & Musis ui=
uere, optârit. Sed siue reipsa separentur, siue cogitatione solum contemplantis, ratio sanè
multò nobilior, magisǫ honoranda fuerit, experientia forte utilior. Quamobrem illa a=
pud paucos & sapientes, hæc multorum & uulgi iudicio præfertur. Author est Galenus
hæc duo tanquã crura esse, quibus ars omnis innititur absoluaturǫ, in alterutro seorsim
omnino uacillatura. Sed è duobus cruribus nobilius dextrum est, nam omne dextrum
ferè sinistro calidius ualidiusǫ esse aiunt: inǫ cruribus & manibus, motus initium à de=
xtris proficisci. Vita corporibus nostris primum à iecore, deinde etiam corde & cerebro
influit, à iecore quidem utilior, hoc est, magis necessaria, & tempore prior, à corde uerò
nobilior, à cerebro nobilissima. Sic solam experientiam, licet illam aliquis magis necessa=
riam, utilioremǫ, & forte etiam tempore priorem esse affirmet, (quod tamen non omni=
no conceditur,) per se ignobilem esse dixerim, quæ si cum ratione suũ opus peragat,

Rationis et experientiæ ad omnes artes necessitas, earũǫ inter se cõparatio.

a 3

Epiſtola

iam præſtantior fuerit, præſtantiſſima uerò ratio, quæ cum nihil ipſa particulare agat,
animo interim contempletur uniuerſa, (ſiue ſimpliciter, ut primus philoſophus: ſiue quæ
intra certos ſcientiarum limites concluduntur, ut architectus in ſua, alij in alijs artibus,)
& cæteris quid factu ſit opus imperare, & docendo dictandoǿ præeſſe nôrit. Ratio uniuerſalia præcepta complectitur, quibus tanquam ideis & exemplaribus, icones & particularia omnia inſunt potentia, ut loquuntur philoſophi, & ex hoc tanquam fonte ſcatu-
riunt. Hac inſtructus haud paulò facilius & breuiori tempore, experientiæ quantum ſatis eſt ſibi comparabit, quàm fieri contrà poſſet. Nam ab experientia & particularibus ad
rationem ac uniuerſalia longè difficilior uia eſt: ut ardua in aduerſum fluminis nauigatio
ad fontem, deorſum à fonte facilis : & ſimiliter omnis ferè deſcenſus procliuior aſcenſu.
Ratio enim ſemper à ſuperioribus ſcientijs inchoans quaſi deſcendit, à particularibus uerò ad rationem aſcenſus eſt. Vt facile per uaſta maria nauigatio magnetis & nauticæ py-
xidis opera dirigitur: ſine illa, ſi longius iter ſit, erratur. ad proxima uerò & quæ conſpectum non effugiunt, magnete opus non eſt. Ita ad res nobis proximas, quæǿ noſtris ſen-
ſibus uſurpantur, ratione nô indigemus, ut neǿ lumine per meridiem accenſo. At ſi quid
remotius eſt, ſi obſcurius, nihil abſǿ ratione perficitur. Hæc uerò ſicut magnes ad Septen
trionem ſeu polum, ad Deum, hoc eſt uerè ſupremum mundi faſtigium, in quo ſolo immobili uertuntur ac mouentur omnia, ſiue ſuapte natura, ſiue diuina potius & ineffa-
bili quadā ui influente trahenteǿ, ſeſe conuertit. Hæc nobis in animo lucet, non quidem
per ſe, ſed mutuata hanc lucem à ſuprema lucidiſſimaǿ ſpirituali mente ac luce, ut ſuam
Luna à Sole, obſcura alioqui & opaca. Sed uideo me iſta nimis altè repetere, ac inſtituti
oblitum, neſcio qua uoluptate has contemplationes promouente, longius digreſſum.

Libri de ani-
malium hiſto-
ria, qua ratio-
ne, quoǿ ordi-
ne, & quantis
laboribus ſint
conſcripti.

Ad hiſtoriam animalium uenio. In hac equidem conſcribenda eadem hæc duo, quæ
ad artem omnem atǿ omne opus laudabile conſtituendum neceſſaria ſunt, quantū eius
omni ingenio meo ſummiſǿ laboribus efficere potui, coniungere ſum conatus. Quòd ſi
ingenium iudiciumǿ aliquando mihi defuit, in hac rerum ſingularium infinita fermè copia ac uarietate, & occupationibus meis omnino diuerſi generis, mirum non eſt: atque fa
cilius hac parte, ni fallor, ueniam merebor apud illos qui ipſi etiam homines neǿ iudicij
undequaǿ abſoluti ſe eſſe meminerint. Rationis quidē & iudicij uis in ipſo eorū quæ
conſcribuntur ordine, maximè eluceſcit. Ordo autem primum in toto, deinde per partes
ſingulas conſideratur. Ego meos de Quadrupedibus & Auibus libros literarum ordine diuidere uolui, doctorum tum ueterum tum noſtræ memoriæ quorundam in hoc ex-
empla ſecutus. Ne uerò hic ordo cognatas animantes nimium diſtraheret, eas plerunǿ
pariter coniunxi, ſingulis nempe poſt cōmune & præcipuum unius generis nomen deinceps cōmemoratis : ut hîc in Auium hiſtoria poſt Accipitrem uarijs accipitrum falco-
numǿ differentijs : poſt Gallinaceas alites uillaticas, plurimis eiuſdem generis terreſtris
aut aquatici auibus. Omnia equidem per ſuas claſſes ordine magis artificioſo digerere
potuiſſem, id quod feci in libris qui ſolas effigies Quadrupedū & Auium cum nomenclaturis Latinis, Italicis, Gallicis & Germanicis cōtinent. ſed alphabetica ſeries cum alijs,
tum præcipuè minus exercitato lectori, quiǿ genera & ſpecies non ſatis diſtinguit, ad inquirendum commodior mihi uiſa eſt. Cæterum in partibus ſingularum hiſtoriarum,
quas primis octo alphabeti Latini literis plerunǿ notaui atǿ diſtinxi, obſeruati ordinis
rationem reddidi cum in primum de animalibus librum præfarer. Sunt ſanè omnia in eis
eo ordine partim naturali partim artificioſo diſpoſita, ut nihil uſquam extra ſuum & con
ſtitutum ſemel ab initio ordinem reperiatur, & tāquam in acie ſuum ſingula locum tuean
tur, ita ut ſi uel prius uel poſterius legerentur, inſtitutū turbaretur noſtrum. Hoc etiam
rationis opus fuit, ad quod genus animal quodǿ pertineret uidere: item quo nomine a-
pud ueteres Græcos, Latinos, Hebræos (neǿ enim in alijs linguis monumenta habemus
uetuſta) appellatum fuiſſet: & in multis magniſǿ ſcriptorum diſſenſionibus uerum aut
uero proximum deprehendere: & ubi uetera nomina non inueniebantur, ſolerter imponere noua. In his & alijs quæ ratione duce perficiuntur, nūquid effecerim, aliorum eſto
iudicium.

Nuncupatoria.

iudicium, bonorum scilicet ac eruditorum hominum. Rogo autem illos etiam ne præcipitem forte aut temerariam de scriptis nostris sententiam ferant, antequam ea quæ in primum librum ad lectorem præfati sumus legerint atcǫ perpenderint. His enim intellectis
uelim eos in ipsis libris sparsim quæ uoluerint degustare, & inde nõ tam an optimus qui
in hoc genere scribi posset hic sit liber, necǫ an talis qualẽ ipsi maximè probarent, cum sua
sit cuicǫ sententia: quàm an proposito ac promissionibus meis magna ex parte satisfaciat
experiri. Sed ut iudicio parum præstiterim, diligentiæ certè, curæ & laboris nõ multum
spero in me desideratum iri. Nam & annis hactenus multis hoc institutum exercui, ita ut
si minus etiam temporis in cuiuscuncǫ professionis aut scientiæ studium collocassem, in
ea iam forte non essem postremus. Libros ueterum ac recentiorũ in diuersis linguis(quã
rum qualemcuncǫ notitiam Dei gratia sum consecutus)innumeros legi: & scripta authorum supra centum quinquaginta, quos post præfationem in primum librum enumero,
in unum uolumen conclusi:ita ut quorundam ferè integros libros, omnium nempe qui
ex professo de animalibus quicquam condiderunt, sed ordine mutato, assumpserim : ex
alijs passim quæ huius argumenti erant excerpserim. Literas ad homines doctos in diuersas Europæ regiones frequentissimas misi, quibus animalium effigies eorumcǫ naturæ
descriptiones petij, & sæpius frustra, ut semper maior est illiberalium numerus. Quid dicam de laboribus illis quos domi ac foris uidendo subinde sciscitandocǫ quàm plurima
pertuli? Sumptibus etiam pro mea tenuitate non peperci, quos si facere maiores potuis-
sem, uel ullus Meccœnas meis studijs contigisset propitius, multò absolutius hoc opus e-
uasurum fuisset. quod fortassis in posterum aliquando fiet, si Deo opt.max. uidebitur.
Ego quidem quandiu uixero paulatim præcipuam hanc de animalibus Naturæ in hoc
mundi theatro partem, & alteram quæ de stirpibus agit, ornare atcǫ excolere pergam, &
contra nostri sæculi in hęc studia ingratitudinem & contemptum forti animo eluctabor.
Sat mihi solatij fuerit, utcuncǫ paucis sed doctrina & uirtute præstantibus uiris, ac tibi inter illos in primis nobilissime I O. IACOBE FVGGERE, non displicuisse. Dedi equi- *De utilitate*
dem operã ut & iucunda & utilis tota hæc tractatio esset, nec ad ullius priuata studia eam *huius operis.*
accõmodaui, sed in uniuersum per odesse omnibus uolui. Est quod hic legat philosophi,
præsertim naturæ studiosi, sed etiam morum atcǫ uirtutum disciplinæ. est unde medici,
poetæ, grammatici, philologi & utriuscǫ linguæ candidati, proficiant ac oblectentur. Ea
sanè quæ circa uictum & cibum ex singulis animantibus docentur, communi omniũ utilitate legentur. Primarius quidem hæc ut conderem scopus mihi fuit, ipsa rerum notitia,
& honestissima contemplatio naturæ, quæ animis ad architecti per omnia summi & nostri naturæcǫ dõmini ac patris cognitionem ac uenerationem conscendentibus, sese sub-
mittens scalarum instar præbet, & ueluti per gradus in sublime prouehit. Secundus, ut
hoc ueluti communi cõmentario multa & uaria quæ de animalibus extant, pulcherrima
præsertim ueterum scripta, interpretarer, quæ uel ex professo uel obiter de illis reliquerunt. Et quoniam in sacris quocǫ literis crebra diuersorum animalium mentio fit, & magna hactenus circa quàm plurima eorum nomina, alijs aliter interpretãtibus, dissensio ac
ignorantia apud ipsos etiam Iudæos & eorum Rabinos fuit:in Hebraicis etiam nominibus enucleandis non mediocrem diligentiam adhibui. Reliquas utilitates taceo:hoc tantum addam, multa sanè præclara & cognitu digna in his libris extare de affectibus, mori
bus, uarijscǫ uirtutibus, uitijs & ingenijs animalium, quæ non tantum legentem oblecta-
re, sed hominem etiam docere & sui officij admonere possunt. De uenatione & aucupio
multa:item quomodo ali seruaricǫ debeant animantes singulæ. Volui autem celsitudi- *Dedicatio.*
ni tuæ, clarissime heros & Meccœnas optime, pulcherrimam huius operis partem, hoc de
Auium natura uolumen dicare & consecrare, ut & fœlicius in tui nominis auspicio publi
cè appareret, & meam erga te obseruantiam testaretur. Te certè unum omnium hoc munere dignissimũ iudicaui : & multis hactenus annis, quibus in eo perficiendo elaboraui,
animo meo id tibi nec temere nec immeritò destinaui. Nam ut cæteras in te uirtutes, quibus te Dominus Deus plenissimè ornauit, tuacǫ in quàm plurimos mortalium beneficia

Epist. Nuncupatoria.

& liberalitatem, & quæcunque in te laudanda sunt, ijs relinquã celebranda, qui id facere grauius locupletiusꝗ possunt, & te tuaꝗ propius ac familiarius norunt: quis nobilium & principum uirorum, tantum in bonis literis & hominibus earum studiosis fouendis ac promouendis operæ sumptusꝗ collocare dignatur? Neꝗ tu uerò in hoc solum plerosꝗ omnes longè post te relinquis, sed doctrina etiam & penitiore literarum cognitione, in principibus uiris rara, luculenter excellis. Testantur hoc multæ doctissimorum uirorum lucubrationes(& inter præcipuos Hieronymi Vuolfij Bibliothecæ tuæ præfecti) quas il li clarissimo nomini tuo, non tam ut splendoris aliquid illi adferrent, quàm ut authorita= tem suis operibus inde mutuati compararent, inscripsère. Testatur amplissima illa quam paras omne genus librorum BIBLIOTHECA, tanto quidem studio, ut plerosꝗ etiam reges in eo iam aut æques aut superes. Ac sanè regium istud opus te liberalissimum & re= gio uerè animo præditum heroëm uehementer decet, maiorem tuæ famæ in omnem po= steritatem gloriam propagaturum, apud omnes bonos & sapiêtes perennaturam, quàm si eundem aut multò maiorem sumptum in magnifica ædificia, uel alias res, que uulgo ho minum admirationem pariunt, conferre uoluisses. Quamobrem Deum bonorum om= nium benignissimum authorem etiam atque etiam orabimus, ut & amplitudinem tuam, fortunasꝗ omnes, & hunc in te nũquam satis laudatum animũm quàm diu= tissimè incolumem conseruet. Vale. Tiguri Heluetiorum.

idibus Martij, anno Salutis D. M. L V.

LIBRORVM nostrorum de animalibus prolixitatem, & ex omni genere scriptorum sed *Excusatur ope* non inordinatam congeriem, quanquam copiosè excusaui in primi libri ingressu, atque *ris prolixitas.* omnem consilij mei institutiç rationem explicaui,non desinunt tamen quidam hæc no- bis ceu uitia objicere. quibus nunc etiam , si fortè illa non legerint, breuiter respondebo. Primum quod ad prolixitatem, fuit illa mihi sanè laboriosa, ac maluissem tantis laboribus absti- nere, nisi aliud propositum nostrum fuisset. Sic enim in uniuersum mihi persuadeo , nihil utilius, *Optandum in* nihil magis optandum esse studiosis hominibus,quàm ut in omnibus artibus, scientijs, historijs, & *omnibus ijs quæ* quibuscunçrebus utilibus quæ in libros & literas relatæ sunt,duos extare libros, Pandectas & Epi- *literis prodita* tomen. Pandectas appello uolumen maius , & diexodicam, hoc est plenam & copiosam tractatio- *sunt, duos ex-* nem , in qua omnia omnium quæ bene & utiliter dicta scriptaue sunt , bono ordine congerantur, *tare libros,* Epitomen uerò compendium illius maioris operis , in quo omnia certius breuiusç proponantur, *Pandectas in* & rerum explicationis maior quàm uerborum habeatur cura. Sed paulò fusiùs sententiam meam *quas ordine om-* exponam, quoniam ad communem studiorum rationem utilis uidetur. Pandectas igitur in quo- *nia omnium di* cunque argumento conscribi operæpretium foret,à uiro erudito,ingenioso,diligente,laborioso,& *ligenter ac cu-* uariarum linguarum perito, ut transferre ex omnibus aliquid posset : quem uel rex aut princeps, *riosè digesta* uel diues aliquis & liberalis Mecœnas proposito honestissimi laboris præmio foueret. Antequam *sint : & earum* uerò rem aggrederetur,diu secum meditari & cum uiris doctis deliberare oporteret, cum de opere *Epitomen,&c.* uniuerso,tum eius ordine,methodo,ac locis locorumç partibus & particulis , ita ut tota diuisio nõ temere,sed ex philosophiæ & dialecticæ præceptis institueretur. Deinde operis iam inchoati spe- cimen,non multis,sed paucis & in eo genere doctissimis uiris ostendendum , illorumç consilio & consensui candide acquiescendum. Sic igitur nobis instructus Pandectarum, si contingat,futurus author,congerat ille primum & materiam operis paret,uel ex omnibus qui id argumētum ex pro- fesso,aut etiam obiter aliquam eius partem tractauerint libris : uel illis tantù qui ipsi ac doctis(quo- rum consilio utitur)probati fuerint.Cõgesta deinde in locos & ordines quæç suos referat, quorum tabulam seu breuem rationem ipse sibi conscripserit ab initio operis præfigendam : & ne quid absç causa repetatur & abundet,cum multa à multis eadem dicantur:& è conuerso ne quid omittatur,cã ueat.Authorum nomina ubiç adscribat:non solum ut suum cuiç reddatur , quod homines gratos decet,cum omnes iuuandi & bene merendi animo scripserint : sed etiam propter rerum certitudi- nem,plus enim aut minus cuiç creditur,prout alius alio doctrina,aut experientia, aut quo uixit sæ culo prior aut posterior fuerit.Et quod plurium testimonio confirmatur , id certè fidem magis me- retur.Nominentur igitur authores , nec magna interim de stilo cura sit , quanquam is inæquabilis futurus est.Satis enim laboris circa cætera insumitur. Stili uerò elegãtia & æqualitas ad Epitomen magis pertinet, quæ quidem scribetur ut serie continua legatur, cum Pandectæ commentariorum potiùs loco sint.Addat etiam uocabula & sentētias,si sit opus,Græcæ & Hebraicæ linguarum,quæ ut antiquissimæ inter cæteras,ita doctissimæ sunt : & sacri profaniç libri his linguis cõscripti quàm plurimi extant. Sententias uerò, id est consiuncta aliquot uerba quandocunç in his linguis citaue- rit,mox Latinè exprimat,propter eos qui harum linguarum imperiti sunt. Ex cæteris autê linguis nihil adferet,sed quæ ex ijs placuerint Latinè reddet.Nuda tamen rerũ de quibus agitur,præsertim si physicum argumentum fuerit,in diuersis linguis poni uocabula,laudarim.Quæ ad philologiam, Grammaticam & poëticam spectant,non omittat, sed separet. Quod si res aut sententia eadem ad locos diuersos quadrare uideatur,sat fuerit in uno posuisse , & à cæteris ad illum remittere. Verba & sententias authorum,in quibus aliquid dubium,obscurum,falsum aut corruptum est,quoad eius potest,explanare,conciliare,arguere,& emendare conetur,ubi res postulabit.Sæpius enim hoc fa- cio opus non erit,cum ipsi authores inter se hoc præstant, quod uel apertè sit, uel ex collatione de- prehenditur.Est autem hoc optimum genus commentariorum,cum loca authorum collatione mu tua dilucidantur.quod in Pandectis facillimè sit, cum eiusdem argumenti scriptorum sententiæ in unum omnes locum conueniant.Ita fiet ut non solum in Epitomen eiusdem operis , sed prorsus in omnes quotquot ijsdem de rebus aliquid literis mandarint authores,unũ hoc uolumē absolutissimi commentarij uice sit. Postremò non aliena tantum recitet, sed summa cura omniç studio de suis etiam obseruationibus, quicquid desiderari potest , quicquid utile aut iucundum cognitu adinue- nerit,scriptis ac inuentis ueterum addat. Sic absolutæ fuerint Pandectæ seu Commētarij,quorum usus erit præcipuè doctoribus & professoribus uni alicui scientiæ peculiariter addictis : ac digni erunt ut tanquam thesauri in Bibliothecis asseruentur. Et quanquam non scripti sint ut continua lectione euoluerentur,præsertim ab illis quibus per occupationes, aut genus diuersum studiorum, aliámue ob causam,id facere aut non libet aut non licet:erunt tamen illis etiam utiles,si eis tanquam Dictionarijs uti uoluerint, ita ut una tantum de re de qua inquirunt in ipsis legant , quam propter ordinem eundem perpetuò seruatum reperient facile. Ex his Commentarijs postea fiet Epitome, ita ut certa tantum & uera,aut maximè probabilia accuratè deligãtur, & sicut dixi rerum duntaxat cura habeatur,non etiam uerborum. Quicquid ad philologiam aut Grammaticam facit, poëtica,

Epiſtola

prouerbia, ſimilia, fabulæ, ſuperſtitioſa, ſuperflua, dubia, falſa, obſcura, pugnantia, & quicquid eſt
huiuſmodi omittuntur. Authorum nomina non citentur, Stilus eſto purus, elegans, & æquabilis:
elocutio breuis & arguta. Nihil niſi Latinũ afferatur. Græca, Hebraica, & multò magis cæterarum
linguarum uocabula omittuntur. Ab hac Epitome Lector ad Pandectas tanquam cõmentarios ſe
recipiet ubi uoluerit. Hæc diſcentibus aptior erit, illæ docentibus. Talem quandam rationem ferè
in Iuris ciuilis prudentia ſecutus eſt Iuſtinianus: cum primum Pandectas, deinde Inſtitutiones ueluti earum Epitomen conſcribi imperauit. Et Procopius Gazæus ſophiſta in pleroſ̃ç ueteris teſtamenti libros commentariorum ex patribus Pandectas primum, deinde compendium ædidit, quod
patrueles mei typographi Latinitate donatum proximè in lucẽ dabunt. Idem olim Vincentius Bel
luacenſis, uir non malè de bonis literis meritus, multis magniſç̃ de omni philoſophia, theologia &
hiſtorijs uoluminibus editis, præſtare conatus eſt. Et ego nuper amico meo Hieronymo Maſſa-
rio Italo medico excellenti author fui, ut optimos uetuſtiſſimoſç̃ rei medicæ authores in Pandectas redigeret, quod opus iam propemodum ab eo confectum & breui Baſileæ excudendum ſpero.
Sic certè ſtudiorum laboribus conſulitur, ne eadem toties apud diuerſos ſint legenda, non acquie-
ſcente interim animo, dum aliud apud alios fortè melius inuentum iri ſperatur. Magna hæc cõmo-
ditas eſt, omnia ſemel tãtum legi, & uno in loco, ne tempus inquirendo abeat. Sic etiam ſumptibus
parcitur, quo minus multi codices ſint emendi. Poteram pluribus de huius conſilij in omnibus literis utilitate diſſerere, niſi hæc ſatis factura uiris bonis & doctis arbitrarer. Illis ſi hoc probabitur, &
ego eandem in hiſce libris rationem ſecutus ſum, quam ad Pandectas quaſcunç̃ condendas lauda-
ui, eadem opera prolixitatis noſtræ & tot ſcriptorum congeſtionis excuſationem admittent; præſertim cum agnoſcam rerum magnitudine copiaç̃ me ſuperatum, meo quoç̃ deſiderio non ſatisfe-
ciſſe, & in multis tum doceri tum reprehẽdi me poſſe fatear, idç̃ ut fiat cupiam, non enim tam gloriæ meæ, quàm pulcherrimi huius operis illuſtrandi auidus ſum. Cæterum Epitomen omnium
cum primum fuerit commoditas, ſi non ipſe conſcribam, per eruditum ac diligentem aliquem uirum fieri curabo. Interim hiſce tanquam Pandectis & Cõmentarijs ſuper animalium natura fruan-
Excuſantur
alia quædam.
tur ſtudioſi, neç̃ duros ſe mihi & nimium ſeueros uel operis totius æſtimatores, uel in ſingulis ſi
quæ occurrant erratis ad ueniam difficiles præbeant. In peregrinis quarundam linguarum uocabulis lapſus ſum fortè aliquando, ſiue in orthographia tantum, ſiue quòd falſa pro ueris poſuerim, ut in
Illyricis, Hiſpanicis, Italicis & alijs fortaſſe, quod ſicubi deprehendetur, culpa in illos reijcienda fue
rit à quibus ſcripta uel dictata accepi. Iam ſi animalia quædam omiſſa ſunt, poteruntilla tamen ferè
omnia ad genera aut ſpecies eorum quæ poſuimus referri. Fateor equidem tum icones tum hiſtorias complures accedere potuiſſe, ſi nihil in fortuna mea & alijs quibuſdam cauſis impedimenti fuiſ
ſet. Sed hæc ipſa quæ præſtiti tam multa ſunt, ut facile ſperem non negandam mihi ueniam propter
omiſſa. Quòd ſi quis indices tantum, qui nomina animalium continent ordine literarum, inſpicere,
& in Latinis ac uernaculæ linguæ tantum uocabulis, quantum ex illis numerum ignoret, uel ſaltem Latinè nominare nequeat, experiri uoluerit, quanto in labore ac difficultate ſim uerſatus facilè
intelliget. Figurarum ſiue iconum inæqualitatem, & quòd ſæpe nulla proportione ſeruata minores
factæ ſunt, quæ maiores eſſe debebant, uel contrà, in primi libri præfatione excuſaui. Culpa quidem
mea non eſt: neç̃ hoc impediet lectorem aut ſpectatorem, cum magnitudinis differentia plerunç̃ à
Tractationis
de animalibus
præſertim aui-
bus difficul-
tat:ç̃ eius cau
ſa ueterum hu
ius argumenti
aliquot libro-
rum interitus.
nobis adſcripta ſit. Auium quidem nomina naturaſç̃ ante nos & pauci & breuiter attigerũt, ex qui
nus Gyb. Longolius Germanus, & Guilielmus Turnerus Anglus uiri doctiſsimi præcipuam merentur laudem. Miratus ſæpe ſum (inquit Longolius) Galeni tempeſtatem, cum uiris etiam magnis
auium formæ cognitioneſç̃ tam ſuēre ignotæ, ut is coactus ſit alaudas ita lectoribus ſuis, citatis huc
& fabulis & poetarum teſtimonijs, deſcribere, quemadmodum in ludo grammatico literatores ſolent. Idem animaduertit Ariſtotelẽ hac in parte minus quàm in alijs hiſtorijs fuiſſe diligentem. Sanqualis & immuſſuli auium Plinij ſæculo nomina ſolum tenebant. Quidam (inquit) poſt Mutium au
gurem uiſos non eſſe Romæ confirmauère. Ego (quod ueriſimilius eſt) in deſidia rerum omnium
interierunt, tam obſcura eorum natura fuit, uenia certè nos ſumus digniores qui in tanta obſcuritate
& tam paucis anguſtiſç̃ ueterum deſcriptionibus adiuti ſcribimus, ſi quando offendimus, ſi multa
ignoramus. Fruſtra deſideramus Trogi de animalibus libros, ex quibus decimum citat Chariſius:
qui etiam Fabiani ſeu Fauiani philoſophi de animalibus & cauſarum naturalium libros nominat.
Ptolemæum aliquot libros reliquiſſe cõmentariorum de regia Alexandriæ & animalibus in ea nutritis, Athenæus refert. Apud eundem liber ſecundus Alexandri Myndij de animantibus uolucribus memoratur. Callimachi de auibus libri crebra eſt in Scholijs Ariſtophanis mentio. Ex ueteri-
Qui extent
nondum pu-
blicati.
bus hi omnes interierunt, & alij complures in primilibri ingreſſu nobis enumerati. Ex recentio-
bus Græcis inuenio Georgij Piſidæ quædam de diuerſis animalibus ſcripta in quibuſdam Italiæ
bibliothecis latitare: quæ quidem non magni momenti eſſe iudico. Mallem qui Bononiæ in cœno-
bio quodam occulatur Nemeſiani poetæ Latini de aucupio librum nobis tandem publicum fieri.
Ego nullum ex ſcriptoribus nondum publicatis hactenus conſequutus ſum, præter Græcam para-
phraſin in Oppiani Ixeutica, id eſt, de aucupio libellos, quos quidem Latinos feci & paſſim huic
de auibus uolumini integros inſerui: & recentiorum quorundam Demetrij Conſtantinopolitani &
alterius

Ad Lectorem.

alterius innominati de accipitribus eorumq́ cura libros similiter Græcè scriptos: item Aeliani animaliū historiam Græcam, quæ tamen interprete Petro Gillio iandudum Latinè legitur. Edoardus *Publicati qu-*
Vuottonus Anglus nuper de animaliū differentijs libros decē ædidit, in quibus etiamsi suarū ob- *dam.*
seruationum quod ad historiam nihil adferat, neq́ noui aliquid doceat, laude tamen & lectione dignus est, quod pleraq́ ueterum de animalibus scripta ita digesserit, ac inter se conciliárit, ut ab uno
ferè authore profecta uideantur omnia, stylo satis æquabili & puro, scholijs etiam ac emendationi-
bus utilissimis adiectis:& quod priusquam ad explicandas singulorum naturas accederet,quę com
munia & in genere dici poterāt doctissimè exposuerit. Petri Bellonij Cenomani de auibus librum
Lutetiæ hoc ipso tempore excudi audio,qui fortè iam absolutus est,ad nos quidem nondum perue
nit.In illo non dubito raras aliquot auium & icones & descriptiones haberi. Nã ille partim in Gallia,partim in remotissimis orbis regionibus,quas peregrinationibus suis ei inuisere datum est, non
pauca quibus nos caremus sibi comparare potuit. Idem in libro Gallico,quem Singulares obserua
tiones inscripsit,passim aliquot auium meminit,unde nos & alia quædam & meropis effigiem mutuati sumus.

CATALOGVS DOCTORVM VIRORVM, QVI
AD ABSOLVENDAM AVIVM HISTORIAM
liberalissimè nos adiuuerunt.

Aegidius Tschudus Claronensis, uir illustris.
Guliel.Rondeletius, medicus,in Schola
Monspeliensi professor regius, cuius
nuper doctissimi absolutissimíq́ de piscibus libri prodiuerunt.
Hieronymus Zanchus Italus,theologiæ
& philosophię interpres in Schola Ar
gentinensi.
Hierony.Massarius Vicētinus medicus.
Melchior Guilādinus Borussus medico.

Ioannes Caius Anglus medicus.
Ioannes Dryander, medicus & professor in Aca
demia Marpurgensi.
Leodigarius Grimault Normannus.
Ludouicus Lauaterus Tigurinus, Ecclesiæ mi-
nister.
Nicolaus Dalonuille diœcesis Charnoteñ.
Raphael Seilerus Augustanus CL. V. Geryo-
nis Seileri medici F.
Thomas Erastus Heluetius medicus.
Vlysses Aldrouandus Bononiensis medicus.

¶Et præter hos alij in primo & secundo libro à me nominati, tum ab initio librorum, tum etiam
cum iconibus, descriptionibus uel historijs quas singuli communicarunt, ex diuersis Germaniæ,
Galliæ, Angliæ & Italiæ regionibus ad me missis. Scio etiam in Hispanijs, in Dania & remotioribus ad Septentrionem Scandinauiæ locis, multos esse doctissimos uiros ad quos fortassis nostri
quoq́ libri deportantur: quorum si quis liberalitate ac beneuolentia sua me prosequi, ac laboribus
nostris fauere dignabitur:næ ille & mihi alacritatem & stimulū ad reliquos de aquatilibus, serpenti
bus & insectis libros citius absoluendos addiderit,& publicum in promouenda hac naturæ historia
beneficium præstiterit. Rogo itaq́ doctos omnes in remotissimis regionibus, qui in hos libros inciderint, primum ut æquos ac benignos censores se nobis exhibeant, deinde si quid ad eos emen-
dandos,augendos,iconibus & descriptionibus nouis,aut quoquo modo illustrandos conferre possunt, id candidè , liberaliter matureq́ ut faciant. Quod si quis non multa docere aut communicare
possit,illum utcunq́ pauca , & uel unum aut alterum quippiam duntaxat nobis præstitisse,gratissi-
mum fuerit. Scribendi quidem mittendíq́ occasio nõ deerit, per mercatores præcipuè,qui magna
emporia frequentant,Antuerpiam, Venetias,Lugdunum,Francfordiam & alia,ad quæ etiam maiorum Germaniæ nostræ ciuitatum mercatores adire solent,per quos curari & transmitti ad me facile poterit quicquid acceperint.Ego quoq́ eadem uia ad uiros doctos & liberales, quorum
nomina & uoluntatem cognouero, tum scribendo, tum si quid desidera-
rint mittendo gratum me declarare potero.

A.

ACANTHIS, quā Gaza spinū uel ligurinum uertit 1
¶ Accipiter, in cuius historia multa insunt communia omnibus auibus uncorum unguiū quæ ad prædam auium nutriuntur & instituuntur, accipitrum, falconum & aquilarum generis 3
Accipitrum genera & differentiæ 40
Aesalon 43
Buteo 45
Subbuteo 48
Circus accipiter ibid.
Ciris uel cirrhis 49
Accipiter fringillarius 50
Accipiter palūbarius ibid.
Sparueriusuel nisus recentiorum 51
Tinnunculus 53
Chalcis uel cymindis, quam & hybridē & ptyngem uocari putant 55
Accipiter Aegyptius 56
¶ Falco in genere 57
Falcones diuersi 63
Falco sacer 64
Hierofalchus 66
Falco montanus 68
Falco peregrinus 69
Mediani 70
Gentiles ibid.
Falco gibbosus, & ille qui semper tanquam uolaturus alas extendit 71
Falco niger ibid.
Falco albus 72
Falco rubeus ibid.
Falco cui pedes cœrulei 73
Lithofalcus & dendrofalcus 74
Lanarij ibid.
Falcones mixti 75
¶ Acredula 76
Alaudæ, cristata & sine crista ibid.

Alcyon 84
Aluco 94
Ampelis ibid.
¶ Anas cicur & in genere ibid.
Anates feræ, & primū in genere 100
Boscas duplex, & phascas 102
Querquedula & similes aues, hoc est anati similes, sed minores 103
Glaucium 105
Penelops ibid.
Capella auis 106
Brēthus anatis autmergi species, et alia eiusdē nominis auis mōtana ibid.
Brāta uel bernicla 107. & rursus 109
Puffinus Anglicus 110
Anates feræ in Heluetia communes, quarum nomina Latina nobis incerta sunt: & primū de anate fera torquata minore ib.
Anas fera torquata maior 111
Anas fera fusca uel media, id est mediæ magnitudinis 112
Anas muscaria 114
Anates platyrhynchi, id est latirostræ 115
Aliæ quædam anates, quas Ge. Fabricius apud Misenos nobis descripsit, et lacus Acronij 117
Anates quædam Germaniæ inferioris & maritimæ, Meanca, Tela, Slub, &c. anate fera minores 118
¶ Mergi in genere, quidǭ ab anatibus differant: & seorsim de Mergo apud Latinos ueteres, & Aethyia apud Græcos 118
Rursus de æthyia 122
Mergi diuersi 123
Columbus & colym-

bis uel urinatrix, itē Thraces & Dytini 124
Vria 125
Phalaris ibid.
Mergi aliquot, quorū nomina uulgaria tantū nobis cognita sūt; primum in genere, deinde de mergis uarijs, hoc est albo nigroǭ distinctis, ex quibus est anas Rheni uulgò dicta 126
Alij eiusdem generis mergi, ex Ge. Fabricij descriptione 128
Cæteri mergi eiusdem generis, hoc est anati formes, rostro latiusculo anteriùs adūco, & albo nigroǭ distincti: sed collo breuiore multò 128
Mergus cirrhatus siue longirostra maior:& ille qui à thymallis piscibus uorādis nomē apud Germanos habet 129
Mergi magni, Mergāser, Gulo, Scheledracus, & Morfex ibid.
Carbo aquaticus, & Magnales 131
Colymbi maiores 133
Trapozordæ uel merguli 135
¶ Anser domesticus, & de anseribus quædam in genere 136
Anseres feri in genere 152
Vulpanser 155
Anserum genera diuersa 157
Anser Bassanus siue Scoticus 158
Gustarda auis Scotica 159
Capricalca Scotis uulgò dicta ibid.
¶ Anthus 159
¶ Apus 160
¶ Aqla germana, quā herodiū Albertus & alij quidam uocant,

Aelianus chrysaëton & stellarem 162
Aquilæ diuersæ quarū ueteres meminerunt 189
Aquila anataria, quam & clangam seu plangam, & morphnum appellant 190
Anopæa Homeri 192
Aquila alba siue cygnea 193
Aquila quam percnopterum, & oripelargum, & gypaētū uocant ibid.
Haliæetus, id est aquila marina, Nisus ueterum 194
Melanæetus seu ualeria aquila 196
Ossifraga 197
Pygargus 199
Aquilæ diuersæ apud recentiores 200
Aquila heteropus 200
¶ Ardeæ historia in genere, ubi cum cæteris ardearū generibus, tum pelle imprimis siue cinereæ uulgò dictæ pleraque conueniunt 201
Ardea pulla siue cinerea 205
Ardea alba 207
Ardea stellaris minor, quam botaurum uel butorium recētiores uocant 208
Ardea stellaris maior 212
Ardeæ diuersæ ibid.
Alia quædā ardea 213
Falcinellus 214
Arquata siue numenius 215
¶ Asilus 217
Asio ibid.
¶ Attagen 219
Francolinus 223
Gallina corylorumseu bonosaAlberto dicta 223
Gallus palustris 225
¶ Auosetta ibid.
Auriuittis 226

Enumeratio

B.

Baritæ 117
Bethylus ibid.
Bubo 117
Budytæ 133

C.

Calamódytes 113
Calidris ibid.
Capra uel capella auis 134
Capriceps ibid.
Caprimulgus 134
Carduelis 135
Carystiæ aues 137
Caryocataces ibid.
Caspia uel Indica auis 138
Catarractes 139
Catreus 140
Alcatraz 141
Caucalias ibid.
Ceblepyris 141
Cebrion ibid.
Cela 141
Celeus ibid.
Cepphus 141
Certhias 144
Charadrius ibid.
Chloris 147
Citrinella 148
Serinus 149
Chlorió seu Chloreus ibid.
Ciconia 150
Ciconiæ similes aues 161
Ciconia nigra ibid.
Cinamomus auis 163
Cindapsus ibid.
Cinopeon 163
Cinnyris ibid.
Cnipológos, culicilega Gazæ 164
Cliuina ibid.
Coccothraustes 164
Cœruleus 165
Colaris 166
Collurio ibid.
Colũba domestica, & in genere quæ ad columbaceũ genus pertinent 167
Colũbaceo generi uni uerso communia 193
Columbæ feræ in genere 294
Columbæ feræ quædã, porcellana, saxatilis, œnas 294
Liuia columba 295

Palumbes maior & minor 297
Turtur 303
Contilus 307
Coraphus ibid.
Corcora 307
Corinta uel Cornica ibid.
Cornix 308
Cornices diuersæ: & primum de frugiuora 319
Cornix uaria ibid.
Cornix aquatica et marina 319
Coruino generi communia quædam 320
Coruus 320
Corui diuersi, aquaticus,pyrrhocorax,incendula 336
Coruus syluaticus 337
Coturnix 338
Ortygometra 346
Crex 347
Cuculus 348
Cureus 355
Curruca ibid.
Cygnus 357
Cynchramus 366

D.

Dacnas 367
Dicæræ Indicæ auiculæ ibid.
Diomedeæ aues 367
Dryops 368

E.

Edolius 368
Elaphis 369
Eleas ibid.
Elasãs 369
Enthyscus ibid.
Epimachus 369
Erythropus ibid.
Ermacos 369
Erythrotaon ibid.
Externæ 370

F.

Ficedula & atricapilla 370
Fringilla siue spiza & phrygilus 371
Quç de fringilla recentiores scripserũt ibid.
Fringillæ seu Vincones diuersi 373
Fringilla mõtana 374
Fulica ueterum ibid.
Fulica recentiorũ 375

Fulicæ nostræ aues similes, ut cotta Anglorũ, & Rallus Italorum 377

G.

Galbula uel galgulus 377
¶ De gallo gallinaceo & ijs omnibus quæ ad Gallinaceum genus in genere pertinent 379
Capus 411
De gallina : & de ouis tum gallinaceis tum in genere 414
De gallinis syluestribus in genere , ac de nonnullis etiam particulatim 459
Gallina rustica 461
Meleagris ibid.
De Meleagride recentiorũ opiniones 463
Gallina Africana seu Numidica ibid.
Gallopauus uel Gallus Indicus 464
Gallina Indica diuersa ibid.
Gallinæ lanigeræ 466
Otis ibid.
De otide quid sentiant recentiores 468
Tardæ uel bistardæ historia è recentioribus 468
De tetrace, tetrice, tetraone,erythrotaone, ex ueterum scriptis 471
De tetrace uel tetraone,&c. scripta recentiorum 471
Vrogallus ibid.
Gallus betulæ 475
Vrogallus minor , uel tetraon minor ibid.
Grygallus maior 477
Grygallus minor 478
De ordine sequẽtium gallinacei generis, ut uulgus fere appellat, auium:quæ omnes feræ sunt, gallinis uillaticis aliqua ex parte similes , minores tamen , lõgis cruribus, &c. 478
De gallinulis terrestribus,& primùm de il-

lis,quę uulgò Germanis Hegescharæ dicuntur 478
De gallinula quam nostri uocãt Brachhũn: uel de arquata maiore & phæopode duplici,quarum alteram arquatam minorem uocaui 480
Rala uel ralla terrestris 481
De auibus siue gallinulis aquaticis:lõgis cruribus,&c.quædam in genere cum tabella diuisionis, & particulatim quædam 482
De auibus quarum ueteres mentionem fecerunt,quæ ad genus gallinaginum aquaticarũ referri posse uidentur 483
Rusticula uel perdix rustica maior ibid.
Rusticula syluat. 486
Rusticula siue gallinago minor 487
¶ De duodecim generibus gallinularum aquaticarũ , quæ circa Argentoratũ capiuntur,quarum nulli peculiare aliquod,Latinum Græcúmue nomẽ assignare possum, in genere uerò nonnihil de eis dictũ est suprà,hinc Greca confinxi à coloribus,precipuè crurum,Et primùm de erythropode 488 Rotbein
Glottis , uulgò dicta Glutt 489
Poliopus 490 Seffyt
Ochrop9 magnus 491 Schnirring
Rhodopus 492 Steingällyl
Hypoleucos 493 Fysterlin
Melampus 494 Rotknillis
Ochrop9 medius 495 Wattknillis
Erythra 496 Wattkern
Ochra 497 Wynkernnell
Erythrop9 minor 497 Koppric-

Roppꝛiegerlin
Ochropus minor 498
Riegerle
Goduuitta uel sedoa
Anglorum 498
Totanus & Limosa sic
dictæ aues circa Ve=
netias.funt autem ma
ritimæ siue gallinulæ
siue ardeolæ 499
¶ Glottis ueterum 501
Gnaphalus ibid.
De gracculis uel mo=
nedulis in genere : &
priuatim de illa spe=
cie quæ tota nigra est,
rostro etiam & pedi=
bus, quã Aristoteles
lycon cognominat, &
plerisꝗ hodie præ cæ=
teris monedulam 501
Gracculus uel cornix
faxatilis 503
Steintahen
Pyrrhocorax 508
Grus 509
Gryps, ex ueterib. 521
Ex recentiorib. 522
Gyges auis 523

H

Harpe 523
Harpyiæ 524
Heliodromus 526
Helorius 527
Himantopus ibid.
Hippocamptus auicu=
la 528
Hippus auis ibid.
Hirundo domestica &
in genere 528
Hirūdines diuerse 543
Hirundines syluestres
544
De hirundinibus ripa=
rijs, & primũ de dre=
panide 545
Horion 546

I

Ibis 546
Incendiaria auis seu
spinturnix 550
Ispida 550
Ityx 551
Iunco ibid.
Iynx 552
Izines 554

L

Lagopus 554
Lagopus uaria 556
Lalages 557
Lanius cinereus 557

Thoꝛnkretzer
Lanius maior 558
Warkengel
Larus 559
Larorum genera diuer
fa quorum mentio fit
apud recentiores 562
De laris ꝗ circa aquas
dulces degunt, & pri=
mum de cinereo 563
Wew/Holbꝛot
Sterna 564 **Stirn**
Spyrer
Larus piscator 565
Fischerlin/Sel
Larus niger 566
Weyuögelin.
de Laris marinis , &
primum de albo 566
Seemewen
Libyus 567
Linaria 567
Schöfszlin
Linaria rubra 568
Schöfferle
Linurgus Oppiani
ibidem
Loxias 568 **Krütz=**
uogel
Luscinia 569

M

Magnales 575
Martyeis ibid.
Melanderus 575
Memnoniæ aues ibid.
Merops 575
Merops alter 578
Merula 579
Merularũ species, uel
eis cognatæ aues 581.
& 583
Merula torquata 583
Passer solitarius 584
Merula aquatica 584
Miliaria 585
Miluus 585
Molliceps 590
de Motacillis. i. caudã
motitantibus diuersis
auibus: & primũ quæ
dam in genere 591
Cinclus 592
Cercion 593
Motacilla quam Ger=
mani albam cognomi
nant 593
Motacilla flaua, & aliæ
diuersæ 594
Motacillæ genus quod
Germani quidã Pil=
wegichen uel Pilente

nominant 594
Mytex 595

N

Nertos 595
Noctua 595
Noctua faxatilis 597
Steinkutz
Nycticorax 602

O

Oce 604
Oenanthe ibid.
Onocrotalus 605
Ophiomachus 609
Ophiurus ibid.
Opilo 609
Orchilus ibid.
Oryx 609
Otus 610

P

Paradisea uel paradisi
auis 611
Pardalus 614
Parra ibid.
¶ De Paris diuersis, &
primũ in genere 614
Parus maior 615
Parus cœruleus 616
Parus ater ibid.
Parus palustris 616
Parus cristatus 617
Parus caudatus ibid.
Parus syluaticus 617
¶ Passer 618
Passer syluestris par=
uus siue torquatus
624
Passeres diuersi quorũ
Græci meminerunt,
ibidem.
Passer syluestris mag=
nus 624
Tetrax paruus ibid.
Spermologus paruus
615
Passer troglodytes, ibi.
Passeres quidã, illi præ
sertim quorum nomi
na Germanica tantũ
nobis cognita sunt. Et
primũ de passere ha=
rundinario 627
Prunella passer 627
Emberiza flaua duorũ
generum 628
Emberiza alba 629
Emberiza pratensis
ibidem.
Passer muscatus 629
Passer stultus 630
Passeres alij, præsertim
quorum Italica tene=
mus nomina, de anti=

quis Latinis aut Græ
cis dubitamus 630
¶ Pauo 630
Pelecanus seu Platea
. 639
Perdix 643
Perdix maior 655
Phasianus 657
Phlexis 662
Phœnicopterus ibid.
Phœnix 663
Phoix 666
¶ De Pica in genere,
præcipue uero de illa
quæ uaria & caudata
à caudæ longitudine
cognominatur 666
Pica glãdaria, uel Gar
rulus auis 672
Garrulus qui circa Ar
gentoratum Roller
appellatur 674
Garrulus Bohemicus
. 674
¶ De Picis Martijs, &
picorũ genere in uni
uersum 775
Picus maximus uel ni
ger 679
Picorũ genus uarium
ex albo & nigro 680
Picus uiridis 681
Picus cinereus uel sit=
ta 682
Picus muralis 683
Pici diuersi, Craugus,
Dryops, Alcatraz,
Picutus, &c. 683
Oriolus, Picus nidum
suspendens 684
¶ Piphallis 685
Ploas ibid.
Pluuialis 685
Porphyrio 687
Poyx 689
Porphyris ibid.
Psiphæon 689
Psittacus ibid.
Pyralis 694

R

Regulus, Trochilus
694
Rhaphus 697
Rhinoceros auis ibi.
Rhyntaces, Rhynda=
ce 697
Rubetra ibid.
Rubecula & Ruticil=
la: Erithacus & Phœ
nicurus 697
De ijsdem ex recentio
ribus 698.699.700
Rubectulę aut Phœni=

b 2

Enum.Auium.

citro cognatæ aues di
uersæ   700
Rubecula saxatilis,cya
nus   701
Rubicilla siue pyrrhu=
las   ibid.

s.

Salpinx   702
Salus uel Aegith9 702
Sarau peregrinæ aues
703
Sarin   703
Scylla   ibid.
Scips   703
Seleucis   ibid.
Sialendris   703
Sialis   ibid.
Sincolina   703
Sirênes   704
Sitaris   706
Smerinthus   ibid.
Sôdes   706
Sparasion   ibid.

Spergulus   706
Sphicas   ibid.
Spyngas   706
Spinturnix   ibid.
Stethias   706
Strix   ibid.
Struthio, Struthioca=
melus   708
Sturnus   714
Stymphalides   718
Subis   ibid.

T.

Tautasus   718
Tengyrus   ibid.
Teleas   718
Thous   ibid.
Thraces   718
Thratta   719
Tiphia   ibid.
Titys   719
Tityrus   ibid.
Tityras   719
Tragopanas   ibid.

Todus   719
Triccus   ibid.
Trochili aquatici 719
Trogon   710
¶ Turdi in genere, &
priuatim de illo quê
Aristoteles tricháda
nominat, Gaza pila=
rem   710
Turd9 uisciuorus 727
Turdus minor , illas
uel tylas   728
Turdus minor alter,
Trostel uulgò 729
Tyrannus   730

v.

Vanellus, Vannellus
731
Vanello cognatæ aues
733
Varones   ibid.
Vespertilio   733
Vespertiliones diuer=

si, Vulpecula   739
Vlula   740
Vlulæ genus alterum,
quod quidam flam=
meatû cognominant
742
Voisgra   742
Vpupa   743
Vulpecula   739
Vultur   747

APPENDIX de aui=
bus nonnullis igno=
tis uel innominatis,
&c.   761

PARALIPOMENA
quæ côtinent auium
aliquot figuras & de=
scriptiones , in præ=
cedentibus suis locis
omissas.

FINIS.

INDICES

INDICES ALPHABETICI QVI

AVIVM HVIVS VOLVMINIS NOMINA IN DI
VERSIS LINGVIS CONTINENT, HEBRAICA, PERSICA, GRAECA
uetera & noua, Latina, Italica, Hispanica, Gallica, Germanica,
Anglica, Illyrica, Turcica.

HEBRAICA quibus etiam Arabica & Chaldaica adiunximus, & recentiora quædam ex uulgaribus linguis, & alia quædam incognitæ dialecti, sed Hebraicis literis in Rabinorum libris scripta. Arabicis
Hebraicè scriptis plerisque Ar. syllabam apposuimus: Latinè uerò scriptis, quæ plurima in medicorum libris leguntur, notam nullam adiecimus, præsertim cum de non paucis Arabicáne essent dubitaremus. articulum al uel a. qui frequenter Arabicis dictionibus præponitur, quod ad literarum ordinem plerunq; ne-
gleximus. Ch. nota Chaldaicum designat. Quod ad literarum ordinem & Orthographiam in plerisq;
mihi incognitam, coniecturis usus sum: & Latinè scripta quæ ab s. incipiebant, ad ש retuli, quæ à t. uel th.
ad ח &c. Arabum quidem interpretes multas uoces è Græcis ita peruerterunt, ut cuius sint linguæ, non
facilè appareat.

אבר	202	balazub Ar.	641	dorache	339	זמא Ar.	119
abka cottus	321	belschiat	675	dura	675	זרור	4.163.380
abenagi	764	banchem	348	alduragi	220		
adicalugeg	380	במאש Ar.	734	duram	303		
aduduc Auicenæ 217.		באזו Ar.	4	duraz	220.303	alchabegi	655
602		albazi Auicennę 4.69		רואמת Ar.	268	alchubugi	ibid.
adoram	764	bar	94	דית	586.746	alchaugi	370
aduzaruz egi	380	ברבור	379	דית רגונית	201	חרא Ar.	586
adduuta		ברגוא	521	רירתא Ch.	251.586	חרירתא Ch.	250
אדוד Ar.	136	barar	94	dic Saracen.	380	חרירתא	251
אנגית	195.521	barbaiū Auicenæ ossi=		darharcaria	576	חטרפיתא Ch.	560
achal	164	fraga	199	alderariz	657	chym	523.748
אטלקחא Ar.	268	beseher	94	¶ Euchem	348	alchilim Auicenæ pro
אטלמא Ch.	734	Vuofzhe Saracenis.				haliæeto	195
אי	227	136		ח		chame	268
אית	585.586.747	albasach	764	חבן	630	חמאמות	268
איים	740	bat uel bath	94	חבור	380	alchamari Ar.	710
akeuius	576	בת רענה	709	haberi	765	חסירה	202.250
alacona	321	בת כנפא Ch.	586	alhabari	466	chafas	734
anacanati	764	בת נעמיתא Ch.	709	alhada	586	chorab, Vide in Ain.
אופת	244.201.471			alhedud	744	חרירתא Ch.	250
afabyhuc	764	ג		חרחר Ar.	460	cheren	84
azuri	715	גארת Ar.	586	alhudud	744	chauraf	528
azedaraz	764	זמר	380	חובן	630	alchata	298
aztor	764	זברא Ch.	ibid.	hudubub Auicenę 217		chataf	528
aridam uel aradā 164.		gagila	164	hachoac Alberto pro		chatas	ibid.
747		gigeg	380.414	cornice			
ascebete	94	algadem	308	חחמא	460	ט	
alasafir	618	geceid Auicennæ 78		חיררו	202	טאויס Ar.	630
assikakak	764	guarascen, uide in ש		hakik	348	טאיר Ar.	618
אשטורגל	163	algardaione	528	hacokoz	744	taëra Ismaëlitarum lin
		genges	765	haukeb	164	gua, columba	268
ב		alguesim	298	hamam	168	טורס	460
באשש Ar.	358			hemame Saraceñ. 168		טורסא Ar.	630
babebot	618	גיול	168	hamen	168	טורסין	ibid.
בבגת Ar.	202	giaziudiuch	380	hanabroch	77	theiugi	643
albegath	764	guidez	308	har	94	טורש	586
albucalmum	483	gaudes	ibid.	harbe	217	טבמו	163
burachet	94			alhassafir	618	thalim, thaliz uel tha-
בורתא Ch.	357	ד		hastaialga	690	lium	709
baltat	94	ראה 57.585.586.747				תראת	202
belez	197	digegi uel digedi 414		ז		טרמפיתא	585
		רוביפת	460	דזו	460		

b 3

ירוע   591
ירעין   ibid.
יון   268
יונה   ibid.
οὐνὰ Syrorum & He‑
braeorum lingua co‑
lumbam oenadem si‑
gnificat, Tzetzes 268
יונה   Ch. ibid.
יובן   217
ינשוח   546.357
ינשת   595
יענה   595.709
ירקירקא   Ch.357.687

ב

cabagi   655
cabegi   643.655
kabin Auicennae ossi‑
fraga   197
cabarû Auicennç ossi‑
fraga   ibid.
בגר תורא   460
cubata   643
alcubi   644
cubegi   655
alcubigi   ibid.
cubugi   643.655
cubes   643
cubeth   ibid.
cumen   765
komor   ibid.
cunteg   643
בוס   57.201.217.595
בורכא   Ar. 308
ביהא   Ch. 357
בטאת   509.550
kym   197.523.748
cyfred p ossifraga Al‑
berto   198
בבלי   338
akakamati   194
cekar   197
clas   466
alkalkan   764
kambrah   77
camberi Damasci ibid.
cambura Damasci 77
alcamer   168
alkemus   576
canaberi Damasci 77
alcanabiri, aliâs alcana‑
bir Damasci ibid.
kanen   603
cafesci   734
ברבים   765
alkarauen   764
cafekso   734
alcatha   298
alcatraz   241.683

ל

ladach ciconia 250
allakaliki   596
lacalit Serapioni 250
lalath ciconia ibid.
laaman   268

מ

almebacalbum 483
madion   765
macha Auicennae, cor‑
uus aquaticus 336
מוחירתא   251
almeliki   764
almencalbum 483

נ

naam   709
נבא   Ch. 4
נגרשירא   Ch. 460
nham   709
alnuaheb Ar. 269
נרצה   4
nacham   709
נישרא   Ch. 162
נסר   Ar. 162
נעאמה   Ar. 709
נעלסח   460
napam Syriace 164
נץ   4
נרגל   380
נשר   162

ס

סוס   509
סיס   ibid.
סמוי   380
סביריא   ibid.
סליא   338
סליו   ibid.
סנביריתא Ch. 509
סגוגית   ibid.
סס   509

ע

עגור   250.509
עזיא   521
עיכאב   Ar. 42
עזניה   44
עטלח   734
עצבור   Ar. 618
עצמור   Ar. 227
עקאב   Ar. 42
עיר   Ch. 163
ערב   321
Oreb   308
Gorab   Ar. ibid.
alchorab 84.321.336
algerab uel algorab 321
Guarafcen, guarefcen,
Guarifcen 298.303

alurafen   198
urefan   ibid.
alurfan   198
aluers   ibid.
ocke Saracenis 136

פ

alfuachat uel alfuachet
299
alfuachet   303
furogi uel furogigi 380
פרסין   Ar. 657
פלקון   217
fengarion   94
פסיוגין   Ch. 338
alfrach   268.458
פרס 4.42.73.163.195.
521
פרך   Ar. 168
alfethi gallinae 415

צ

צדא   Ar. 586
ציאיטא zueta 357
צרצלתא   303
ציגריריא   250
צציא   Ch. 195
zimmiech uel zum‑
mach aquilae genus
164.200
צפור   618
צפרא   Ch. ibid.
zezir   714
צקן   Ar. 250
alzarazir   714
zaratro   715

ק

קאת   119
קאקאתא   348
קאת 119.201.239.308.
348.640
קריא   Ch. 217
קולרא   338
קורץ   227
קוק   Ar. 119
קורא   643
קוריא   Ch. ibid.
קורריאה Ch. 643
קטאח   509
סימוס   Ar. 596
סימופא Ch. 227.358.
596.603
קיק 119.308.348.606
קקי   136
קתא   Ch. 119

ר

ראח   57.586.747
רחם uel רחמה 197.
357.666

rocham   194
alrachme   ibid.
arachamati   194
rachame uel rachamat
ibid.
רכם   Ar. 357
רגן   460
רשת   747

ש

שאת   Ar. 217
sabech   41.51
alseudeni   715
שחת 4.217.559.348
schachepha Ch. 227
שבוי   380
alfecrah Damasci 250
שלו   338
שלוא   ibid.
אלשלוי   Ar. 338
שלוי   Ch. ibid.
שולניא   119
שלך 119.201.239.348
Seman Auicennae 339
שנח   217
spumos   765
alfafanin 303. simile est
Chaldaicum nomen
safarahun   625
fafurion   615.591
שמניא Ar.Ch. 303
farfar   765
שורקרק Ar. 666

ת

tagi   748
atederaz   657
altedarigi   ibid.
altedarugi   339.657
taui   368.748
תור   303.630
תחומתא   195
תחמס   559.595
altaiugi   339.643
alteiugi   643
altheiugi   ibid.
altaiaigi   643
teyuz   ibid.
atheiz   643
תנשמת   357.546
tefefe   414
תר   303
taram   748
תרנגול ברא Ch. 460
תרנגילא   380
תרנגילת   414
חשולה   119

PERSICA.

מראונבז   4
mar an baz   69
אגאגשר

Index.

גישושר 618
מור אן ראה 586
אן רית ibid.
חבוס 227
hamoni 197
732
חסירה 250
מור אן טיח 286
ישות 358
בכוהר בצר 268
בה בה 102
אן בה בנך 460
בפתר 268
שא buel אתא 338
סורמי 42
אן סרמורג 162
קאת 119
רחם 357
אן שב פרך 734
schachepha 227
תתרי 303

VARIA ET IG=
nota quædam.

caficium, p colūba 268
fachari falco Auicen=
næ 66
feph Babylonijs & Af
fyrijs 65
femy ibid.
hynaire ibid.
dícærus Indica lingua
367
manuco díata in Molu
chis ínfulís Noui or=
bis 611
barbax 4. accipiter, Li
byce

AEGYPTIACA.
baydach 41.51
cucufa 744
thauftus 4.

GRAECA.
Ἀγός Cyprijs 164
ἀερόϊς 559
ἔασκυψ 217
ἀετός 162
ἀετὸς uel ἀιτός 164
ἀετὸς λαγωφόνⓈ 197
ἀετὸς μίλας ibid.
ἀετὸς νεβροφόνⓈ 199
ἀετὸς ἐγχύλας 189
ἀετὸς ασρκυόπ7όⓈ 193
ἀετώψ 569
ἀθηκειδὲς 125
ἀιγιθρα 667
ἀιγίθαλος 614
ἀιγίθαλος απίζιτης 615
ἄιγινθⓈ, ἀιγίνθⓈ 702
ἀγίποψ 189
ἀιγοθήλας 234
ἀιγοκέφαλος 234

ἀιγυπιὸς 189
ἀιγωλιός 740
ἄιθυια 118
ἄιξ ὄρνεον 106.121.234.
732
ἄισανος 698
ἀισάλωψ 43
ἀιτωλιός 740
ἀκανθίς 1.235
ἄκμων 189
ἀλεκ7ειλίης 458
ἀλεκ7είδ'ωψ νεοπίδες 458
ἀλεκ7ειδὶς 415
ἀλεκ7είσκος 458
ἀλεκ7ρυόνιον ibid.
ἀλεκ7ωρ, ἀλεκ7ρυώψ 380
ἀλκυώψ 84
ἀλειαύτ⚬ 194
ἀλώπηξ ὄρνεον 739
ἀμπελίς ἢ ἀμπελίωψ 94
ἀνθⓈ 159
ἀνόπταια 192
ἄπυς 160
ἀρπέτος 523
ἅρπη ibid.
ἄρπυια 524
ἀσίρλα 250
ἄσος 219
ἀσκαλώπας 483
ἀσήρ 236
ἀσραγαλῖνⓈ 235
ἄσφαλος 369
ἀ7αβυγᾶς 220
ἀ7αγλω, ἀ7αγᾶς, ἀ7ά=
γας 219.220
Βαρεῖται 227
Βασίλεια 694
Βασιλικός 695
Βασίς 697
Βήβυλος 227
Βί7ακος ibid.
Βοίας 128
Βόσκας ἢ Βοσκάς 102
Βωγίλα 110.121
Βυθ'ῦτα 233
Βρεθλίνα 593
Βώπελις 228
Βω7εμάειρα 122
ΒύφⓈ 596
ΒρεγθⓈ 106
Βύας 227
Γαωπελίτης 501
Γέραν⚬ 509
γλαυκίον 105
γεάπιν 761
γεάπελος 509.614
γρυνοκνύξ 477
γρῶω 521
γελψ 521
γύγας 523
γυπαιετⓈ 193
γυποπίόρχης 48

γίψ 747.749
Δάκια 367
δ'ακνάς ἢ δ'ακνίς 367
δασύπαλος 698
δίκαιρⓈ ἢ δίκαιⓈ 367
δομόλυς ὄρνεα 367
δρασηνὶς 545
δρεπανίς 545
δρυοκόπι 675
δρυμοκόλαψ 675
δρυοκολάπ7ης 675
δρουῦψ 683
δ'ύπης 122
Δυτῖναι 124
Εδ'ώλιⓈ 368
εἰδ'αλίς 368
εἰδώλιⓈ 368
ἐλαιός 369.615
ἐλασᾶς 369
ἐλαξίς 369
ἐλέα 369
ἐλλὰς 396
ἐλείας 369
ἐλεός 94
ἐλάωρⓈ 517
ἐψθόσκος 369
ἰλλαΐς 356
ἐπολιός 740
ἔπωψ 743
ἐρίθακος 697.698
ἐριθεύς 697
ἐρίθυλος 697
ἐρύμακοψ 369
ἐρυθρόπυς 369.488
ἐρωδιὸς 202
ἐρωδιὸς ἀστείας 208
ἐρωδιὸς ἀφροδίσιⓈ 212
ἐρωδιὸς λδλνὸς 207.208
ἐρωδιὸς ὁ πέλλος 205
ΗλιοδρόμⓈ 516
ἡμίονιον 526
ἡεισαλπίηγξ 701
Θεοκρόν⚬ 41
Θράκες 124
θεάπία 719
θεαυπίς 235
θωός 718
ἴϐις 546
ἴϐυς 548
ἴϐυξ uel ἴϐιξ 548
ἱέραξ 4
ἱζινὸν 554
ἰκτὶψ, ἰκτῖνⓈ 586
ἰλλὰς 728
ἱμαντόπυς 517
ἱππία 675
ἱππάειον 129.133
ἵπποι, pulli 458
ἱππόκαμπ7⚬ 518
ἴππⓈ 675
ἴτυξ 551
ἰύγξ 552

Καλάμοδ'ύτης 133.617
κανά 233
καλίσϐοις 233
καλυτύπος 675
καρυοκα7άκτης 237
κατάρράκ7ης ἢ κατάρακ=
7ης 239
κατρόϋς 240
κανκαλίας 241
καύηξ 242
κίδλη 241
κεελήπνρεὶς 241
κιϐελόνης 241
κεγχρίς 55
κεγχρῖται 157
κελαιός 241
κελεός 241
κάελὶς 49
κείρυλος 49
κήλα 241
κήξ 121.242
κύρυλος 85
κήρυξ 49
κίϐύξ 85
κίκφ⚬ 241.347. bis
κορϐ̄ιⓈ 244
κόρηκς 348
κόρκίς 244
κόρκίωψ 593
κόρχνⓈ 54.55
κίγκαλος 592
κίγκλίς 592
κίγκλος 592
κικυμίς 596
κίλλα 241
κίλλυρⓈ 591
κίναιδος 552
κιννάμωμ⚬ ἢ κιννάμωμ⚬ 263
κινδ'αψός 263
κιννυνείς 163
κινώπεωψ 263
κιείς 49
κίρκος 48
κύρρίς 49
κίρυλος 49
κίοσα 666
κίσλα 666
κίχλα 710
κίχλη ἰλλὰς, ἰλιὰς, τυλὰς
728 (717
κίχλη ἰξοϐόρⓈ, ἰξοφάγ⚬ 190
κλάρχⓈ 719
κλαδ'αρόρυγχ⚬ 719
κνιπολόγⓈ 164
κθκνθθρανίσης 164
κόκκυξ 348
κόλαεις 166
κολιός 681
κολιός 241.675.68ɩ
κολυμϐίων 267
κολοσϐ̄ος 591

b 4

- 163 -

Index.

κόλυμϐΘ, κολυμϐὶς, κόλυμ
βοὶς   124
κόσσυφος   307
κόραξ   311
κόραξ (χύνδΘ)   131
κόραξ τεχνόπτης   336
κόραφθ   307
κόρϐιλλΘ   695
κόρκορα   307
κόρυδὸς uel κόρυδ'αλὸς 76
κορύλλου   78
κόρυθΘ   338.720
κορυλλίου   267
κορώνη   308
κορώνη θαλασσία 112.310
quae & κορώνη simpli-
citer   112
κόσσυφΘ   579
κόθσυφΘ   579
κεκηφά   744
κοτίς   307
κώτιχΘ   579
πραυγός   685
κρέξ   347
κρίγη   596
κύαυΘ   265
κυϐίωη   596
κύγχραμΘ   366
κύμινδὶς   55
κυπκείοσια   460
κύχραμΘ   366
κύτιλος   160
κωνωποθήρας   264
κώψ   218
λαγωθήρας   197
λαγωδίας   610
λαγώπης   555
λαγώπες   554
λάλαγχος   557
λάρΘ   559
λάσκηχΘν   557
λοθικοφώσθ   207.208.
λιϐυός   567
λιγυργὸς   157.568
λόκκαλος   94
λόφον ἔχοντα   78
Μακηυεὶς   575
μεθυσείδης   585
μαλακηκραυθὶς   590
μελαναίτΘ   196
μελαγκόρυφΘ 370.604
615
μεθαιῶναρΘ   575
μελταγρὶς 461 & 463
μέμνουσι ἢ μέμνον ὄρνεις
575
μόρϐΘ   575
μιπηὑξ   595
Νίϐρακοϐν   458
νεοσσοὶ ὀρνίθϐν   458
νεοσῖίδες ἀλεκτεἰδίων 458
νοβίτΘ   595

νόοσα 4. pro nez He-
braico 7e. interpretes
νῆοσα   94
νῆοσαι ἄγριαι   106
νόοσανόν   458
νεμίσιΘ 215.720
νυκτερὶς   733
νυκλικόραξ   601
νυκτοϐας,νυκϐϐοα 599.707
Ξάνθοι   761
Οἰναύθη ὄρνεον   194
οἶνας   194
οἰνιάξ   194
οἶσοΘ ὄρνεου   217
ὀλαπή,ὀλαποὶ   625
ὀλολυγών   76
ὀνοκρόταλος   606
ὀξύπηθΘ   43
ὀρειπέλαργΘ   193
ὀρνιθϐν νεοσσοὶ   458
ὄρνις 414.415
ὀροσπίζης   374
ὀρτάλιχοι   458
ὀρτυγομήτρα   346
ὄρτυξ   339
ὀσχίλος   609
ὄτις   466
οὐνὼ   168
οὔραξ 469.471
οὐεία   125
οὔτις   466
ὀῶιχΘ   609
ΓῶππΘ   136
παρδ'αλὶς   614
παρδ'αλος   614
πελειάδες   269
πελειὰς uel πέλεια   295
πελαργός   251
πελεκαυ   639
πελεκας   643
πελεκίνΘ   640
πελωεὶς   643
πορδῖξ   643
πελεισρὰ, uel πελεισρός
168
πελεισρὰ οἰκιδία ἢ νομὰς,
ἢ Βοσκὰς   168 bis
πελεισρὰ πυργῖτις   168
πελεισίου, πελεισείδιου,
πελεισεισδύς
περκνΘ uel περκνός 190
πιμελοΘψ   105
πίπρα   675
πιπὼ   675
πιείας   615
πίτυλος   614
πιφαλλὶς   685
πίφιγξ   685
πλάγΘ   190
πλωὸς   685
πλωΐδες   718

πνίξ uel πνύξ   707
ποικιλὶς 235.667.733
πορφυεὶς   689
πορφυείων   687
πρέσϐυς   694
πῆυγξ   55
πύγαργΘ   199
πυρροκτλὶς 135. mergul9
πυραλὶς   694
πυργίτης   618
πυεὶας   615
πυεὶς   694
πυρρίας   ibid.
πυρρέλας   701
πωῦγρλ 120.122
πωῦξ 666.689
ῬάφΘ 468.641
ῥινόκερως ὄρνις   697
ῥόϐιλλΘ   695
ῥωδ'άκη   697
ῥωτάκης   ibid.
ῥωσδ'ὸς   201
Σαλπυγκῖης   695
σάλπιγξ   702
σατέμ   703
σεισπύγιου   591
σειρωδ'ὸς   704
σεισσπύγιον   552
σέισρα   591
σεισπαυγὶς 552.591.592.
σεισόφιλος   710
σελδυκὶς   703
σκαλωδεὶς   ibid.
σκαλὶς   ibid.
σίαργο   707
σκιΘ   703
σκολόπαξ   483
σκωψ   217
σμύευνθΘ   706
σίππη   682
σισσρὰ   591
σιπαεὶς   706
σπῆακος   690
σῖθας 683.690
σίῆη   682
σῖτΘ   596
σπερωδσαυ 624.706
σπίλεκος   643
σποργχελος 624.706
σπερμολόγος   319
σπερμολόγΘ σροθὸς   615
σπερμονόμΘ   ibid.
σπίζα   372
σπιζίας   50
σπίνθασις   706
σπίνΘ   371
σπύγγας   706
στεφανίωυ   503
σπθίας   706
στέλλος 599.707
σείγξ   707
σροϐία   618

σροθίου μονάζου   584
σροθοκάμηλος   708
σροθὸς μεγάλη ἢ Λιϐυκή,
σροθὸς ὁ ᾦ Λιϐύη 708.
709
σροθὸς   618
σροθοὶ πυργῖται   ibid.
συμφαλίδες   718
συνκαλὶς   370
σύγνια   707
συροσπόρδῖξ   657
χοίνικλος uel χοινίου 551
σΦίνας   706
σῶτς   ibid.
Ταχυωαρίου   210
παχλυί   ibid.
πάειρα   168
πάπτω   730
παπύρας   657
παύτηκος   718
παώς, παές   630
παχύρΘ   718
πηλίας   ibid.
πίταρτΘ   657
πετραλδ'ωρ   471
πετράζου   625
πέτραξ σροθὸς   624
πτράωυ 471.657
πίπριξ, πίπραξ 469.471.
625
πτύγας   719
πίτυρΘ   ibid.
πίτυς   719
πόΘια   ibid.
πόργχ   749
προαγοπιπώας   719
πρόηεων   296
πρόικηος 695.719
τελέορχης   45
προχίλος.   694
προχίλος ὁ παρ' ὕδασι 719
προύγχασΘ 483.593
προυγών   303
προωγλίτης   618
προωγλοδύτης   625
τυλὰς   718
τύμπανΘ   730
τύραυνΘ   ibid.
τυτώ   596
ὕϐεις   55
ὑπάιτΘ   193
ὑποθυμὶς   356
ὑπολαΐς uel ὑπολαῒς, λαῦ
λῦῒς   356
ὑποπριόρχης   48
φαϐοτῖονΘ   51
φαϐοτύπΘ   50
φαλακροκόραξ 336.337.
657
φαλακρ'ϊονΘ   51
φάλαεις   374
φάλαεὶς ἢ φάλωεὶς   125
φάλκωυ

φωλκιωμ 57
φασιανός 657
φαςηᾶς 103
φίκοσα 298
φιλοσοφόν 50
φωθία 298
φαψ 298
φίλινοι 157
φλων 197
Φιλάδελφ 164. aqui- læ genus.
φλεγυας 191
φλέψις 661
φλόγ 159.567
φλώγ 576. μερον
φοινικεο ὄρνις 661
φοινικόπ]ερ 661
φοινίκεο 697.699
φοινιξ 663
φρυγίλος 371.663
φωιξ 666.689
Χαλκνδρα, χάλανδρος 79
χαλκις 55
χαμαιζηλος 78
χαραδρον 244
χελιδ'ίων 518
χλω 136
χλωσαλιόπηξ 155
χλοεύς 147
χλωσαίομ ἤ χλωρος 249. 378
χευσωπ 162
χευσωμίτρης 216
χυερα 150
Ψας,ψαρ 74
Ψαρις 624
Ψιτάκη 689
Ψιτᾶκός 690
Ψιφαιομ 689
ᾠκνῇσερ 43
ᾠείωμ 546
ᾠτις 466
ᾠτο 217.60.

GRAECA VVL- garia.

ἐδύνι 569
ἀϊδόνι 569
ἄλξ 732
ἀλέκτωρ ἤ ἀλέκτορας 380
ἀλκίωμ 552 ἴυγξ
ἀρδιόλη 201
ἀσταρχίτης 618
ἀσφρόνελος 376.604
ἀστεραωδς 248
Βατακιδ'ι 119
Βιφ 228
Γαλαγκάς 566
γεφρέλι 236
γοράκι 4
γερανός 509
γίπας 749
γλαίνη 733

γκφ 218
Δικοκτω 348
Καλικωτ 120.122
καρανέξα 673
κόρακας 321
κοτοργο in Creta 655
κόκκθα 218
κακεβαγια 733
κορκανισκς 675
κορενα uel κορονα 308
κωτζλα 76
κοφ 218
κυπρῖν 357 κυκν
κύχλα 710
λακιογ 201
λαρ 562
λικαθ'θερ 586
λυθπ 586
λύθφκ 375
Μακελιμτ 216
μελανοκέφαλος 370.604
μελιοσοφάγ uel μελιοσο- φάς 576
Νυκτίσια 733
Ξουτια 51
ξυλοριθθα 485
ὀρνιθοπεδια 458
ὄρνις ἤ ὄρνιθα 415
ὀρτύκυ uel ὀρτικι 339
Παγόνι 630
παπαγάς 690
παπιτζα ἤ παπαπ 95. 136
πελαργός 251
πορδ'ικη uel πορδηκα 643
ποδεισερά uel ποδεισόρι 268
ποδεισόποληομ 269
πετροκόσυφ 266.701
πισσ 720
Σπλόπι 228
σκοραπελα 508
σουσουφάελα 264
σπινιδισια 372
σπρογουίτης 618
σπρογυωτης 618
σιλιαπις 617
σριφοκάμιλος 709
συκοφάγ 377
Τάως άχρι 731
τετ[ιγαμ 696.730
Τζίχλα 710
τριγόνι 303
τριλᾶπ 699
τρυλίης 76
τρυγόνα 303
φαςπ 298
φλορ 160
φρυγιλος 372
φειγγιλαρ 371 & 374
Χαμοχίλαδς 76
χελιδόνι, χελιδ'ώνη 528
χλινα 94.136 χινα 136

LATINA VOCA- bula, quibus etiam bar bara quædam admixta sunt, sed usurpata ab ijs qui utcunqz Latinè scripserunt.

A

ACanthis uel acanthylis 1. 235
acanthylis 546.614
accipiter 1. Insunt autem in eius historia multa cōmu- nia omnibus auibus unco rum unguium quæ ad præ dam auium nutriuntur & instituuntur, accipitrū, fal- conum aut aquilarum ge- neris.
accipitrum genera & diffe- rentiæ 40
accipiter Aegyptius 56
accipiter Aethiopicus 42
accipiter circus 48
accipiter fringillarius uide- tur sparuerius Alberto, sine rillus Nipho 43.50
accipitres ignobiles, uillani 75
accipiter læuis & rubetarius 43
accipiter marinus 194.169
accipitres mediani 70
accipiter minor mas 766
accipiter palumbarius 50. Albertus asturem facit.
accipiter qualearius 50
accipiter stellaris 41 bis, et 42
accipiter perdicotheras 42
accipiter tanysipteros ibid.
accipiter chiluo 42
accipiter ῥηος 42
accipiter φρυνολος ibid.
accipiter σμίλος 42
accipiter πυρκλ uel πυρνὸ, uel μορφνὸς ibid.
accipiter πύρρης, pernix Gazæ 42
achani 667
acmon, genus aquilæ 189
acredula 76
aëdon 540
ælius 64 falco sacer
ægithalus 234. 614
ægithus 702
æthyia 118. 122
aëriphilus 64. falco sacer
aëropes uel aëropodes 575
æsalon 43
ætolius 740
afra auis 714
alario 162
alauda 76
alaudæ sine crista icon 77
alaudæ cristatæ icon altera ibidem.
alba frons 125 uulgo Italis quibusdā dicta. fulica no- stra uidetur.
albardeola 207. 208
albicilla 593.604
albicula Gazæ 208.593
alcatraz 241
alcedo 84

alcyon 84
alectoris 484
aluco 94
amarellus, genus anatis 105
ampelis uel ampeliō 94.370
anas alticrura(mergorum ge neris) 128
anas caudacuta 117
anas cicur & in genere 94
anas circia 105
anas cicur mas 766
anas cirrhata 117
anas clangula 117
anates feræ, & primum in ge nere 100
anas fistularis 117
anas fuligula 116
anas fera fusca uel media, id est medię magnitudinis 112
anates quædā Germaniæ in- ferioris & maritimæ 118
anas graminea uel iuncea 113
anates feræ in Heluetia com- munes, quarū nomina La- tina nobis incerta sunt 110
anas Italica 130
anates Hispaniolæ insulę 118
anas latirostra maior 116
anas Indica 767 cuius fi- gura in sequentē paginam transposita est
anates latirostræ 115
anas longirostra minor 128. maior 129
anas magna 111
anas marina rostro breui & lato 117. Eius icon inter Pa ralipomena est
anas quadrupes 117. cuius icon in Paralipom. est 767
anas muscaria 114
anas mustelaris 128
anas raucedula 128
anatis schellariæ Germano- rum icon 115
anas strepera 117
anas fera torquata minor & maior 111
anati similes aues, sed mino- res, ut querquedula, &c. 103
ancha uel aucha, auis maxi- ma apud Rasim 522
anopæa Homeri 192
anser 136
anserum genera diuersa 157
anseres alpini, uel tardi 118
anser aquosus Alberti 157
anser arborum Alberto 153 157
anser Bassanus siue Scoticus 158
anser cinereus maior 152
anseres feri in genere 152
anser grandinis uel niuis Al- berto 152
anseres Hispanæ insulæ 157
anser Indicus 606
anthus 159
apiaster uel apiastra 159
apodes maiores 160. mi- nores ibid.
apodes minores 544
apus uel apes 160
aquilarum genus, uide Acci- piter

Index.

aquilæ diuersæ quarum uete
res meminerunt 189
aquilæ diuersæ apud recentiores 100
aquila alba siue cygnea 193
aquila anataria 190
aquila germana uel nobilis
162
aquila heteropus, id est cuius
crus unū ab altero differt
colore 200
aquila hinnularia 199
aquila hongylas 189
aquila Iouis sola carnes non
attingit 190
aquila leporaria 196
aquila marina 195
aquila percnopterus 193
aquila regalis 199
aquilæ genus ualidū in Scan
dinauia 200
aquila stellaris 162
aquila truncalis 197
aquila ualeria, eadem pulla
uel fuluia Gazæ 196
aquila in pelle leporis aut
uulpis oua sua innoluens
169
aquilis maiores aues Indicæ
200
aquilæ genus in Rhæticis &
Helueticis alpibus 768
Arabicæ alites 761
arba 523
archia, merula 579
de ardeis in genere 201
ardeæ diuersæ 212
ardeola 201
ardea alba, maior & minor
207.208.641.
ardea magna cristata 213
ardeolæ marinæ, Limosa &
Totanus 499
ardea pella, pulla siue cinerea dicta 205
ardea stellaris maior 212.213
ardea stellaris minor 208
ardea Venerea 201
argatilis uel argathylis 546
arquata 215
arquata maior 480
arquata minor 481
ascalaphus 227
asilus auis 217
asio 217.596. bis 610
asionem esse otum potius
quàm scopem contra Ga-
zam 219
aster 236.568
astragalinus 235
astrolinus, astrogallus 235
astur, id est accipiter maior 3
atricapilla 357
attagen uel attagas, uel attagena 219.220
attagen an sit genus gallinaginis ꝗd Angli Goduuit-
tam uel Fedoam appellāt,
Turnerus dubitat 498
attagen albus, quiidem lago
podi albo uidetur: & aliorum colorum 556
attagen alpinus 477
authis 536
auca, anser 136

aucha, anser 136
aucha uel ancha, auis maxima apud Rasim 522
aues albæ 208
aues bicipites 761
aues insulæ Ascēsionis ibid.
aues Pharaonis 463
aues (anates uel anseres) ex
putredine in mari nascen-
tes 157
auis Caspia uel Indica 238
auis cohortalis 414
auis rapax omnium maxi-
ma in Misnia capta 200
auis Medica pauo 381
auis Persica, gallus ibid.
auis tarda 466
auosetta 225
aureola 249
aurifrigius 196
auriuittis 216
azida 709

B.
barbatus, uide Brantæ
baritæ 227
barliatæ 108. uide Brantæ
basilicæ aues 6¡ .
berniclæ uel brantæ Britan-
norum 107
bernecæ, uide Brantæ
bechyius 217
betulæ gallus 475
bistarda 468
bitriscus 697
bittacus 217
bohemica auis 729
bonosa 223
borositis, cornix Kiranidæ
308
boscas maior 103
bosca uel boscas 102
boschades uel boschides Co
lumellæ ibid.
botaurus 208
brantæ uel berniclæ Britan-
norū, aliâs barliatæ & bar-
bates, uel bernecæ : aues è
ligno putrescente crescentes 107.108.109
brenthus anatis aut mergi
species, 106. & alia eiusdē
nominis auismōtana ibid.
bubo 217
bubo & noctua Alberto cō-
funduntur 229
budytæ 233
buffus 228
buphagus lari genus 560
buteo 45
butio 211
butorius 208

C.
caca 233
cadon Arnoldo Villan. 298
calamodytes 233.617
calandris 78
calidris 233
canaria 234
caper hirundinis Alberto
544
captilus 765
capra, capella auis 234.732
capra uel capella auis 106
capricalca auis Scotica 159
capriceps 234

caprimulgus ibid.
capus uel capo 411
carbo aquaticus 131
carduelis 226.235
carulus 85
caryocatactes 237
carystiæ 237
caspia auis 238
cassita 78
cataractes uel catarrhactes
239.367
catarrhactes Alberto genus
mergi magni 132
catreus 240
caucalias 241
caudatremula 591
ceble 241
ceblepyris ibid.
cebriones 241
cela ibid.
celeus 241
cenchrantus 366
cenchritæ 157
cepphus 243.374. bis 559
ceramides pro chenalopeces
aliqui apud Plinium legūt
105
cercion 591
cercis 244
cercuris 103
certhius 244.264.683
ceruina, ceruia aut ceruaria
369
ceruus aquaticus 110
ceyx 85
ciccaba 596
ciconia 250
ciconia montana 193
ciconia nigra 261
ciconiæ similis auis innominata, cuius Oppianus me-
minit. uide in Ciconia D.
eidē similis est Onsch̄wal
Germanicè dicta 261
cicuma 603
cilla 241
cinædion 591
cinædus 552
cinclis 552.592
cinclus 592
cinnamomus, uel cinnamol-
gus auis 263
cindapsus 263
cinnamomus, uide Cinamo-
mus
cinnyris 263
cinopeon ibid.
cnipológos 264
circa 48
circanea ibid.
ciris 49
cirrhis ibid.
circus accipiter 48
citrinella 248
chalandra 78
chalcis 55.596
charadrius 244
chenalopex 155
chenerotes 107.157
cherubim 765
chloreus 247
chlorion uel chloreus 249.
684
chloris 247
chyrrhabus 250

cladarorynchus 719
clamatoria 264.
clanga uel clangus 190
cliuina 264.
coccothraustes ibid.
cocix Alberto cornix frugiuora 319.
cœruleus 265
colaris 266
collitorquis 552
collurio 266
de columba domestica, & in
genere de ijs quæ ad colū-
baceū genus pertinēt 267
columbę uulgaris icon 267.
Anglicæ uel Russicæ ibid.
columbaceo omni generi cō
munia quædam 293
columbæ agrestes uel saxati
les 269
columbæ cauernārum Al-
berto 291
colūbæ feræ in genere 294.
diuersæ ibid.
columba liuia 295
columbæ miscellæ 268
columbæ porcellanæ 294
columbæ Russicæ uel An-
glicæ dasypodes 268
columba saxatilis 268.294
colymbus, colymbis, uel co-
lymbas 114. colymbis
parua ibid.
colymbi maiores 133
colymbi maioris cornuti alterum genus 134.
colymbus maximus 135
contilus 307
córaphos ibid.
corcora ibid.
corinta rectioribus barbaris, aliâs cornica 307
cornica, uide Corinta
cornix 308
cornicem, moneduḷ & cor-
uum confundit Albertus
ibid.
cornices diuersæ 319
cornix aquatica 319.584.
cornix cœrulea 770
cornix Cornubiæ 320
cornix fera & syluestris 319
cornix frugiuora ibid.
cornix hyberna, quæ & ua-
ria & marina 319.770
cornix marina, eadē æthyia;
Arriano diuersa 122.319.
336.337
cornix uaria 319
coruus 321
coruino generi communia
quædam 320
coruus aquaticus 120.131.
336.657
coruus marinus 121.336. bis
337
coruus syluaticus 337
corylhus 338.710
coturnix 338
coturnix uulgo dicta Italis
655
peregrina Politiano ibid.
coturnicum rex 346
craugus 683
crex 347
cristatela,

Index.

cristatela, falconis genus 66
cuccus 348
cucullus ibid.
cuculus 348. Eiuſdem fi
gura uerior 771
cucuba 218
cucupha 744
culcilega Gazæ 264
currelius, coturnix 339
curuca 356
curruca 355
cuzardi 78
cyanus 701
cychramus 366
cycnus 357
cygnus ibid.
cynchramus 366
cymindis 55
cypſelus 160

D.
dendrofalcus 74
dicærus 367
diomedeæ aues 367.771
drepanis 545
dryacha pro drepanide 545
dryocolaptę tria genera 675
dryops 368.603
dytini 124

E.
edolius 368
elaphis 369
elaſas ibid.
eleas ibid.
elorius 527
emberiza alba 629
emberiza flaua 628
emberiza pratenſis 629
emeriæ 557
enneactonos, lanius 557
enthyſcus 369
epimachus ibid.
epops 743
erithacus 697.698
erna Anglorum 199
erna Friſiorū, genus aquilæ
nigrum 197
erythra 406
erythropus 369. 488
erythropus minor 497
erythroraon 369.470.471
eumeli filia in uolucrem 761
externæ aues 369.644

F.
facator 370 (215
falcinellus Italis dictus 214.
falco in genere 57
falconū genª, uide Accipiter
falcones diuerſi 63
falco albus 72.rubeus ibid.
falco ardearum 64
falco cœruleis pedibus 73
falco gentilis 70
falco gibboſus 71
falco gruum 64
falco ignobilis, lanarius 74
falcones mediani 70 (75
falcones mixti & bigeneres
falco montanus 68
falco niger 64
falco nobilis 70.71
falco peregrinus uel com-
means 65.69
falco ſacer uel Britannicus
64. uel aereus, aerinus 65
falco Tuniſius 64
falco qui ſemper tanquā uo-

latirus alas extendit 71
falcula 161.545
faſianus 657
fatator 370
ſecetola pro ſicedula ibid.
fetix 370.765
ſicedula 370.604
filacotonæ 299
finora Raſi 78
florus 159
florus pro merope 576
francolinus, attagen.& alius
piſcibus uiués 220.& alius
Neapoli ſic dictus, ibid. Vi
de etiam 223
fraudius 682.bis
frigellus parum Latinè 372
frigelli Arnoldo Villan. 94
frigilla, uide Fringilla
fringilla uel frigilla 372. &
rurſus quæ recentiores de
ea ſcripſerint, ſeorſim
fringilla etiā uermitora 772
fringillæ diuerſæ 373
fringilla Italica ibid.
fringilla montana 374
fringillago 615
frogellus, id eſt muſcetus 51
frugilega gracculorum gene
ris 503
frugilega cornix 319
fulca ᵱ fulica Arnoldo 376
fulica Gazæ, cepphus 242
fulicas alias marinas eſſe, a-
lias dulcium aquarum 376
fulica minor, noſtra commu
nis 336.maior, (ſortè phala
crocórax uel coruus aqua-
ticus Ariſtotelis,) ibid.
fulica recentiorum 374
fulica ueterum ibid.
fulicęnoſtrę ſimiles aues 377
fulſa ᵱ fulica Arnoldo 376
fulix 374

G.
gaia 666
galbula 377.684.685
galerita 77
galgulus 378.681
gallina 414.415
gallina Africana, uel Numidica, uel Libyca 463
gallinæ aquaticæ genus Patauij 761.in finé
gallinæ Adrianicæ uel Ha-
drianæ 380
gallina coryloru 219.220.223
gallina deſerti 463
gallinæ Hieroſolymitanæ ib.
gallina Indica criſtata, & uiridis 465. Alia Indica
ibid. Alia 773
gallinæ Indicæ 381.464
gallina lanata 466
gallinæ Lydæ 380
gallinæ magnæ, Medicæ uel
Patauinæ, uulgò Puluera-
riæ 380. & rurſus de Me-
dicis inferius 381
gallinæ monoſiræ ibid.
gallinæ Rhodiæ, Chalcidi-
cæ, Alexandrinæ 380
gallina ruſtica 461
gallinæ ſylueſtres in genere
459
gallinæ Tuneti Africæ 463

gallinacei pulli 458
gallinago, Ruſticula 483
gallinagines uel gallinulę a-
quaticæ in genere 482.
483.478 (nor 487
gallinago uel Ruſticula mi-
gallinagines aquaticæ ueteribus memoratæ 483
gallinellæ 478
de gallinulis aquaticis, longis cruribus, &c. quædam
in genere 482
gallinularum aquaticarū ge
nera 12. quæ circa Argento
ratum capiuntur 488.
Earūdem ſpecies alia 773
gallinulæ ſiue ardeolæ mari
nę, Limoſa &Totanª 499
gallopauus 464
de Gallo gallinaceo,& ijs o-
mnibus quæ ad gallinaceū
genª in genere punēt 379
gallus pro capo 412
gallus aquæ 483
gallus betulæ 475
gallus Mauritanus uel Nu-
midicus 772
gallus paluſtris 225.460
gallus ſylueſtris Scoticª 460
galli Tanagræi, pugnaces, &
coſſyphi 380.381
gallus ſpado, id eſt capª 412
ganza Morinis 137
Garamantis 774
garrulus auis 672
garrulorum tria genera 673
garrulus Bohemicus 674
garruli genus q̄d circa Argē
tinā Roller appellat 674
gauia 559
gauia alba 566
gauia cinerea 563
gauſalites 501
gaza 666
gimeta 596
gimus ibid.
girifalco 66
glaucium 105
glottis 501 (489
glottis Germanorum Glutt
goſturdi 78
de Gracculis in genere 501
gracculus bomolóchos, id
eſt ſcurra 501 (503.508
gracculus coracias 501.502.
gracculus lupus 501.502
gracculus palmipes 501
gracculus ſaxatilis 503
gracculus ſpatula 502
graculus 501. uide Graccul.
gradipes apud Albertū 468
graucalus 509.614
grifalchus 66
grus 509
grus Balearica ibid.
grygallus maior 477
grygallus minor 478
gryps 521
gryllª uel gryllodª auis 249
gulo, mergus magnus 130
gurgulio auis pro genere a-
laudæ 78
gurgulª auis Alberto 78.356
guſtarda auis Scotica aquatica 159
gyges auis 523

gypræetus 193
gyrofalcus 86
gyrola 249

H.
hæmatopus 527
halcedo 84
haliæetus 194
harpe 192.523
harpe Ariſtotelis 524
harpe Oppiani 524.749
harpyiæ 524
Hercyniſ ſyluaues 527.764
hegeſcharæ 478
heliodromos auis Kirań.526
helorius 227
hemionion auis 526
herodiª falco recentiorib.66
herodius Alberti & aliorū,
id eſt aquila germana 126.
alij herodium hierofalchū
faciunt,&c. lege in Hiero-
hierofalchus 66 (falcho
himantopus 527
hipparion 129.133
hippocamptus 528.624
hippolais 356
de hirūdine domeſtica & in
genere 528
hirundines diuerſæ 543
hirundines agreſtes, ruſticæ,
ſylueſtres 160.161.544
hirūdines marinæ 544.578.
579
hirundo marina nautis Italiæ dicta 85
hirundines ripariæ 545
hirundinum prænuncia 594
hiongylas 189
horion 546
hortulana 546.585.774
hybris 55
hypoleucos 493
hypothymis 356

I.
ibis 546. ibis nigra 527
ibis nigra Belloni 337. coruus ſyluaticus noſter
ichneumó aquilæ ſpecies 189
immuſſulus,immuſtulus,im
muſculus,immiſſulus 190
icterus 377
incendiaria 550.706
incendula pro monedula a-
pud Albertum legitur 336
incubus 707
Indica auis 238 (550
intuba auis quibuſdā credita
iſmerlus 44
iſpida 550
louis auis 235
ityx 551
iunco 551. 627
ixon 747
iyrx 552.591
izines 554

K.
kokis pro cornice 308

L.
lagodias 610
lagoines 555
lagois ibid.
lagopus duplex 554
lagopus uaria 556. eadem &
alia uaria 775
lagus corruptum ᵱ laro 562
lalages 557

lanarij 74
lanij aues 557
lanius cinereus 557.777
lanius maior 559
larus 559
lari diuersi ex Oppiano 560
lari diuersi apud recentiores 562
lari aquarum dulcium 563
larus cinereus 563
lari marini 566.albi & alij diuersi ibid.
larus niger 566
larus piscator 565
libyus 567
ligurinus 1
limosa Venetijs 499.500
linachos pro haliæeto 194
linaria 567
linaria rubra 568
lingulaca auis 501
linurgi 157,568
lithofalcus 74
loxias 568
lucidiæ 527
lupus gracculus 501,562
luteus uel lutea Gazæ 249
luscinia 569
lycos gracculus 501.502.503

M.
magnales 133.575
mamuco diata in Nouo orbe,id est Auicula Dei 611
marochos pro merope 576
meanca pro laro 564
meanca Alberti 118
meba pro laro 562
mediani accipitres seu falcones 70
melampus 494
melanæetus 196
melanderus 575
melba pro laro 562
melba magna 566
meleagris 461 & 463.772
memnonides nel memnoniæ aues 575
mergulus 135
merguli genus alterum 135
mergulus niger 136
mergus Latinorum ueterum 118
mergi in genere, & quid ab anatibus differant 118
mergi diuersi 123
mergi quorum nomina uulgaria tantum nobis cognita sunt 126.127.& deinceps
mergi reliqui anatiformes, rostro laniusculo, anterius adunco,& albo nigroq; distincti, sed collo breuiore, 128
mergus albus 129
merganser 129
mergus anseri similis, in Heluetia Merrach 129
mergus cirrhatus 129
mergus cornutus 120.123. 133.
mergus glacialis uel brumalis 127
mergi magni 129
mergus magnus niger 131
mergus marinus 767

mergus niger 123.128
mergus niger Alberti, non fulica nostra,sed larus niger uidetur 376
mergus Rheni 127
mergus ruber 128
mergus thymallos pisces deuorans 129
mergus uarius 127
merillus,uide Meristio.
meristio uel merillus accipiter 44
merops 575
merops alter 578
Merula 579
merula aquatica uel riualis 584
merula fusca 584
merula torquata uel syluatica 583
merulus 579
merulus stercorosus 584
methydrides 585
miliaria 567.585
milion tanquam Latinu pro aquila 164
miluus 585
milui regales 586
miluirisus 586
molliceps 590
de monedulis in genere 501
monialis fusca, mergoru generis 129
monosiri 591
montifringilla 374
morfex Alberti 131 mergus quidam magnus
morphnus 190
motacillæ, id est caudam motitantes diuersæ aues:& primum quædã in genere 591
motacilla alba 593
motacilla flaua 594
motacillæ in Misnia genera duo 594
musceus uel muschetus 4
muscicapa 575
myttex 595

N.
næuia 190
nepa uel Sneppa Germanorum 485
nertos 595
nisus pro haliæeto 194
nisus recentiorum 51,id est sparterius
noctua 595
nucipeta 683
numenius 215,720
nycticorax 596.602

O.
oca 136 anser
oce 604
ochra 497
ochropus magnus 491
ochropus medius 495
ochropus minor 498
ocnus 211.212
œnanthe auis 294.604
œnas 294.769
ololygo pro alucone 94
onocrotalus 605
opilo 609
ophiomachus 609
ophiurus 609
orchilus 609

oriolus 684
oripelargus 193
orix 223
orrygometra 346
oryx 629
osina 606
ossifraga uel ossifragus 197.524
ossifraga imperitè pro osina & onocrotalo 606
otis 466
de otide quid recentiores sentiant 468
otus 217.596.bis 610 uide Asio
de ouis tum gallinaceis, tum in genere,414.& deinceps

P.
palara 729
palumbus ferus 297 domesticus uel cellaris ibid.torquatus ibidem.
palumbes Gazæ pro duabus Græcis diuersis,phaps & phassa 298
palumbus(maior,) palúba, palumbes 297
palumbus minor 295
palumbes noui orbis 299
pandionis ales 536
papagallus 691
papiagabius 691
para 614
paradisea,paradisi auis 611
paradisi aues diuersæ 614
parcus 732
pardalus 614.685
parix 614
paro 614
parra 614. 695.
pari diuersi,& primum in genere 614
parus ater 616
parus carbonarius 615
parus caudatus 617
parus cœruleus 616
parus cristatus 617
parus maior 615
parus minor 616
parus monticola 616.617
parus palustris 551.616,617
parus syluaticus 617
passer 618
passeres diuersi, illi præsertim quorum nomina Germanica tantù nobis cognita sunt 627
passer aquaticus uel harundinarius 627
passer gramineus 356 curruca.
passeres Indici,muscatus 629
stultus 630
passer marinus, Struthiocamelus 709
passer muscatus 629
passeres pyrgitæ 624
passer solitarius 584
passer syluestris magn9 624
passer syluestris paruus siue torquatus 624
passer stultus 630
passer troglodytes 625
passeres troglitæ 624
pauo,pauus,paua 630

pauo Indicus 464
639
pelecan,pelecanus 639.606
pelecinus 640.641
pelicanus 639
penelops 105
percnus 190
perdix 643
perdices diuersæ 657
perdix Græca 655.Damasci. 769
perdix minor et maior 644
perdix maior 655
perdix rustica maior 483
perdix syluestris,scolopax 484
peregrinæ auiculæ Gallis 762
persica auis 381. gallus
phæopus duplex 480
phalaris 125.374.
pharaonis aues 463
phascas 103
phasianus 657
phalacrocorax 336.337.376. 657
phelini 157
philomela 540.569
phlexis 662
phœnicopterus 662
phœnicurus ex ueterib. 697
ex recentioribus 699
phœnicuro cognatæ 700
phrygilus 663
phœnix 662
phoix 666,689
planga uel plangus 190
platalea 639
platea 639
de pica in genere, præcipuè uero de uaria & caudata 666
pica achani 667
pica glandaria 666,672
pica marina 527.662
pica marina alia 767.debuerat autem hæc eius pictura in sequentem paginam referri, ubi etiam descriptio continetur.
de picis Martijs & picorum genere in uniuersum 675
picus pro gryphe 521
pici diuersi 683
picus cinereus 682
picus cornicinus 679
picus linguosus Alberti 501
picus marinus & agrestis Alberto 84.681
picus maxim9 uel niger 679
picus muralis 682
picus nidu suspendens 684
picorum genus uarium ex albo & nigro 680
pici uarij minores 681
picus uiridis 681
picutus 683
pifex 685
piphallis 685
piphinx 685
pipio 268
pipo 675
pipra 675
pitylus 614 ploas 685
ploides 718
plumbina 550. ispida

Index.

plumbina,mergulus 135
pluuialis 685
pnigalion 707
pnix ibid.
poliopus 470
porphyrio 687.776
porphyris 689
poyx 666.689
Progne 536.540.569
prunella passer 627
psaris 614
psiphæon 689
psitace ibid.
psittace 689
psittacus in genere ibid.
psittaceus erythrocyanus 690
psittacus erythroxanthus 689
prynx 55
puffinus Anglicus 110
pullaster,pullastra 458
pulleiacium ibid.
pullicenus uel pullicinus pro
   pullo gallinaceo 458
pulli absolutè pro gallinaceis 458
pullus aquæ Alberto 376
pulli gallinacei 458
pygargus aquila 199. pygar
   gus ardea,ibid.
pyralis,pyrallis 694
pyrgites 618
pyris 694
pyrrhias ibid.
pyrrhocorax 320.336.503.
   508
pyrrhulas 701

Q.
qualea;coturnix 339
qualia Italis pro querquedula 103
quaquila uulgò Italis pro co
   turnice 339
quiscula,coturnix ibid.
querquedula 103. bis & tertio de eadem ex professo

R.
rala,uide Ralla
rala Anglorum 369
rala uel ralla terrestris 481.
   482
ralla uel rala 346.347
rallus Italorum 377
ramphius 641
regaliolus 695
regillus 696
regulus 694
regulus pro troglodyte 625
de Regulo quid Albertus &
   eiusdem sæculi scriptores
   prodiderint 695. De eodem ex scriptoribus nostrę
   memoriæ & observationi-
   bus proprijs 696
rhinoceros auis 697
riparia 161
ripariæ hirundines 545
ripariola ibid.
rhodopus 492
rhyndace 697
rhyntace 686
rhyntaces 697
roborisci generis aues 675
rubecula ex ueteribus 697.
   ex recentioribus
rubecula æstiua 699
rubecula saxatilis 701

rubeculæ cognatæ 700
rubetra 697
rubicilla 701
ruc auis omnium maxima
   523
rusticula 483
rusticulæ 644
rusticula uel Gallinago minor 487
rusticula syluatica 486.487
ruticilla 697.699

S.
salus 702
salpinx ibid.
sanqualis 198
sarau aues in Calechut 703
sarin ibid.
scalopax 483
scheledracus 131
schœniclus 617
scips 703
scops,uide Asio
scylla 703
seleucis ibid.
semiramis 294
semperasio 217
serinus 249
sialendris 703
sialis ibid.
sincolinæ aues in Tartaria
   703
sirenes 704
sisophelos 720
sitace 689
sitaris 706
sitta 682
sittace 689
sittas 690
smerinthus 706
sodes ibid.
sparasion 624.706
sparuerius 51
spergulus 624. 706
spermologus uel spermono
   mus,gracculorum generis
   503
spermologus paruus 625
spermologus passer 628
sphicas 706
spinitorquus 557
spinturnix 550.706
spinus 1
spiza 372
spyngas 706
stardæ 468
stephanion 503
sterna,larus minor 564.565
stethias 706
struthio,struthius 708
stritomellus 709
strix 235.706
struthocamelus uel struthiocamelus 708
struthos 618
sturnellus 714
sturnus ibid.
stymphalides, Stymphali a-
   ues 718
subaquila 193
subbuteo 48
subis 682.718
syluia 697
syrnia 707
syroperdix 657

T.
tantalus pro ardea 202

tarax Nemesiano 469
tarda auis 466.468. per
   totum
targula 303
taurus auis 211
taurasus 718
telamon 687
teleas 718
tengyrus ibid.
terraneola 78
tercellinus 4
tertiolus, tricellus, trizolus,
   id est accipiter uel falco
   mas 3
tetrao Moscouitis 472
tetraon 466
tetrao, tetrax, ex recentioribus 469
tetraon minor 475
tetrax,tetrix,tetraon,ex ueterum scriptis 471. ex recen
   tioribus 472
tetrax passerum generis 614
tetrix 78.625
theocronos 41
thopios uel thops 219
thous 718
thraces 124
thratta 719
thraupis 235
tinnunculus accipiter 53
tiphia 719
titij ibid.
tityras ibid.
tityrus 719
titys ibid.
todi 719
torquilla 552
totanus Venetis 499
traguliduntes, pro troglodyte 591
tragopanas 719
trapazorola 135
tremulus 594.733
triccus 719
tricellus,uide Tertiolus
tringas,melius Tryngas
triorches 45
trizolus, uide Tertiolus
trochilus ueterum 694
trochilus aquaticus 719
trochilus, arquata uel similis 215
trochilus terrestris 479
trochilus Alberti mergorü
   generis 127
troglites 618
troglodytes passer 625
trogon 720
truo 605
tryngas 483.593.594
turbo 552
turdela 729
turdo 720
turdulus Bohemicus 729
de Turdis in genere : & priuatim de Trichade, quem
   pilarem Gaza uertit 720
turdorum tria genera 720
turdus illas uel tylas 728
turdus iliacus minor 718
turdus minor alter 729
turdus uiscuiorus 727
turtur 303.769
tympanus 730
tyrannus 630.730

V.
uanellus,uanellus 731
uannellus fuscus 685
uariæ 733
uarones ibid.
uelia 369
uenator auis, uel uenatica
   559
uespertilio 733
uespertiliones Aegyptij cauda oblonga 739. Baby-
   lonici qui in esum condiuntur, ibid. Indici & alij
   in Nouo Orbe ibid.
uespertiliones uel similes eis
   aues in Arabia 739
uinago 294
uincones diuersi 373
uipio, grus minor 509
uitiflora 604
ulula 740
ululæ genus alterum, quod
   quidam flammeatum co-
   gnominant 742
uoisgra ibid.
upupa 743
urax 470.471
utria 125
uria maior 133
urinatrix 124
urogallus, tetraon Plinij
   472
urogallus minor 475
uulpanser 155
uulpecula auis 739
uultur 747
uultur albus 524.749
uultur aureus 524.748

X.
xercula, id est cornix 308.
   Syluaticus
xuthros 618
xyon 747

Z.
zaucos 524.749
zena 235
zeucocs 524.749
zingion 524.749

ITALICA.
A.
aieta 45
aigeron 269
airone 202
airon negro 205
agiron 202
agnista piumbina 196
agrotto 606
aguglia 164
alba frons 374
allodola 76
allodetta ibid.
alocho 94
anadre 95
anatre ibid.
anitra 95
anghiron 202
aquila 164
aquilastro 192
arcase 215
arcera 484
arcia ibid.
aregaza 666
aryotin 625

Index.

arzáuola 135.761
auoltoio 749
auoſetta 225

B.

balarina 591.593
barada 697
barbaian 229.603
barbaiano 740
barbaro 576
barbaſtello 734
barello 761
beccoroëlla 225
beccoſtorta 225
becquafiga 684
becquefigo 370.378
becquaroueglia 64
berta 673
biui 528
boarina 630
bruſola 684
buba 744
bucciario 45
bufo 228.229
buorino 630

C.

calandrella uel chalandra, chalandrella 78
calmaza 475
canibello 53
canuarola 567
capelluta 77
capetorto 552
capo nero uel capo negro, capifuſcula Nipho 370
capo negro, parus maior 615
capon, capone 412
caranto 247
cardellino 236
carzerino 236
cedron 473
celega 619
ceppa 629
cercedula 103
cerceuolo 103
ceſana 358
ceſila 528
ceſon genus anatis, aliâs cygnum ſignificat 110
chapelina 78
charlot 215
chio 596
cholanze 761
chorchalle 761
chorchalone 761
chotroniſſe 655
chouaduri 761
chus 218.596
cia 628
cia montanina 629
ciagula 503
ciccun 157
cigno 358
cigogna 251
cilega 619
cino 358
ciou 729
cipper 729
cipperina 78
cirrinella 248
cinetta 596
cochalli 761
codacinciola 591
codatremula 591
cogiuuanella 591

colſotorto 552
columbo 268
columba, colomba 268
colmeſtre 557
colombo fauaro 298
columbo ſaxarolo 268
corbo 321
cornacchia, cornachio 308
cornice 308
coroſſolo 699.791
coruo 321
coruo marino 120
coruo ſyluatico 337
coruo ſpilato 337
coruz 245
cotremula 594
cotretola 591
couarella 78
couatremola 591
criſtella 744
crocay, crocalo 562
croſſeron 701
cucco 348
cucho 348
cuco 348
currucula 356
culo uel cullo bianco 604
cutta 503

D.

dardanelli 546
dardano 160
dardaro 576
dardo 576
deſtolo falconiero 557
dreſſo 720.727
drexano 727
duco uel dugo 229

F.

fagiano 658
falcinello 214.215
falcon, falcone 57
falcon montanáro 68
falcon pelegrino 69
falcon zafiro 73
falconello 777
fanello 567
fangarolla 761
faragnia 78
faſan, faſano 658
faſan negro 476
faſanella 223
faſiano alpeſtre 476
felizete 761
ferbott 699
fior rancio 625.696
fohonelo 567
fólega 374.375
follata 376
follega maior & minor 376
folor uel folun d'aqua 584
formicula auis, iynx 552
forſanelli 761
francolino 210.223
franguello, franguoglio 220
372
franguel inuernengk 702
franguel montagno 264
702
frangolini columbarii generis 294
frenguelo 372
fringuello 372
frinon 247

friſon 264
fruſone 264

G.

galbedro 378.684
galber 378
galedor 565
galerra 563
galleto de magio 744
gallina 415
gallina arcera 484
gallina d'India 464
gallina ruſtica uel ruſticella 461
gallinaza 484
gallinella 484
gallo 380
gallo alpeſtre 476
gallo cedrone 475
gallo de paradiſo 744
gallo ſeluatico 473
garbella 685
garde 761
gardellin uel gardelino 236
gardello 236
garganey 127
garganello 103.127
gargea 208
garietto 208
garza 202
garza bianca 208
garzeta 212
garzetto 208
gauinello 51
gaulo 576
gazza 666
gaza falconiera 777
gaza ghiandaia uel ghiandara 673
gaza marina 557
gaza ſperuiera 557
gaza ucrla 673
gazzara 666
gazzuola 666
geron 593
ghiandaica 666
giarioli 482
girardelli 482
girono 208
ginara 761
gyuen 127
gracchia 308
grallo 378.576
grotto, grotto molinaro, grotto marino 606
gru, grua 509
guachi 761
guo uel guuo 218.229

H.

herbey 556
hoche marine 562

I.

ieuolo 576
iurár 133

L.

lagan 761
langanino 761
lequila 248
legora uel legorin 1
lerlichirollo 584
leucaro 1
limoſa 499.500
locala 218
lodola 76
lodola campeſtra 78
lodora 76

loyette 51
lucaro 94
luganello 2
lugaro uel lugarino 2
luocalo 94
lupo de l'api 576
lſigſiniuolo 569

M.

magun 133
maluiccio 710
maluizo 729
martino peſcatore 550
megliarina 628
meleſiozallo 378
mergón 120
merle alpadic 237
merlo 580
merulo alpeſtro 584
merulo ſolitario 584
merulo ſtercoroſo 584
miluio 586
morgon 117
mulacchia 319
munacchia 319
muſchette 44

N.

nibbio 586
nichio 586
niggo 586
nitoran 603.761
nottola 596.734
notula 734

O.

ocello d'el ducha 606
ocha marina 157. groſſa, ba letta, ibid.
ocha ſyluatica 152
ocha ſterna 157
ocharella 157
ochio bouino 696
ocho 136
orbeſina 614.615
oreſta 557
ortelano 585
otorno 557

P.

pagolino 630
pagone 630
paienzo 628
paipo duplex 761
palumbella 295
palumbo 268.298
palumbo giandaro uel torquato 297.298
panedra 761
paon 732
paoncello 732
papagallo 690
papara, paparo, papero 136
pariſola 615
parizola 614
pariſola domeſticha 615
parozolina 616
paruſſola 615
paruſſolin 616
parrúza 614
parula 614
paſon 509
paſſara, paſſara cazarenga 619
paſſera gazéra 557
paſſara montanina 630
paſſara ſolitaria 630
paſſara ualina 630
paſſarino, paſſorono 630
pataſcio

Index.

patasclo 614
pauon,pauone 639
pauonzino 732
peccietto,pechietto 699
penazi 761
perchia chagia Siculis 625
perdice 644
perdice alpestre 223.556
pernigona 644
pernis alpedica 223
pernise bianche de la montaigne 556
pernisette 644
perniso,pernisa 655
pescatore, pescatore del re
550
petronella 78
petto rosso 699
petusso 699
pit 683
piccafiga 357.370
picciaferro 376
picchio 675
piccione 269
picha 666
picó 575.683
pico tocciulo 501.684
pigeon 269
pigozo 682
pillar 720
piombin 135
pipistrello 734
pipissa 591
piuero 761.bis
piuier 686
piumbino 550
pizamosche 357
poyana 45.586
polá 484.503
pollastro 458
polle 479
pollò 458
polono 127
polun 376
pulcin 458
pullon 376
puniono 268
puppula 744
putta 666.744

Q.
quaglia 339
quaiotto 212
quallia 339
quaro 761

R.
rallo 377
raparino 236 carduelis
ratto penugo uel penago 734
rauarino 236 carduelis
re de quaie 346
reatin 625
rectino 696
regalbulo 249
regazza 666
regestola, regestola falconiera 557.777
regillo 696
regio 78
reigalbulo uel reigalbero 378
reillo 625.696
rendena 160.518
reuezól 699
rezestolla 761
rhoncas 356

rigey 249.378
rondena 528
rondena marina 562
rondine 528
rondinella 528
rondone 528
rondoni 546
roscignuolo,roscignolo,ro-
signuolo 569
rubeccio 701
rundine 528
ruscigniuolo 569
russcy 212

S.
sartagnia 356 curuca
sartella 103 genus anatis,bis.
scartzetino 249
scauolo 103
schiron 710
scricciola 625.696
scurapola 503
serin 249
sgaià 680
smergo 110
smerlo uel smeriglio 43
souige 761
spaiarda 618
sparauiero 5
spargadollo 761
sparuiero uel sparauier, spa-
rauicro,sparauero 51
speluier 509
spetga 133
spinzago 215
spinzago d'aqua 215
sportegliono 734
sporzana 761
squasacoa 591
starna 644
stolzo,stolgo,stolcho 473
storno,stornello 714
stortacoil 552
strapozino 761
struzzo 709
sturnello 714
sturzo 709
suffuleno 702

T.
Tacola uel taccola 502.503.509
tarabusso 208
tarangolo 481
taranto 247
tarlino 215
tartari 546
terlino 215
terrabusa 208
terzolo 5
titilpisa 591
tordo 710
tordo 729
torquaro 215
torquilla 552
totano 499
totone 761
trapazorola 135
tristarello 53
tristinculo 53
trumbono 208
tschirnabó 615
tudon 208
tunes 463
tuordo 729
turdella 727

turdo 719
V.
ucciello di neue 591
uccello d'oro 249
ucelo del paradiso 550
ucelo di santa Maria 550
uerderro 247
uerdmontan 247
uerdon 247
uertilla 552
uerzerot 628
uessuillo 630.730
uilpistrello,uipistrello 734
uiscada,uiscardo 720.727
uitriolo 550
upega 744
urban 556
uscigniuolo 569

Z.
zaranto 247
zerisalco 66
zigognia 251
ziguetta 596
zinzin 614
ziollo 685
zisila 528
ziuetta 596
zori genus gracculi 503.509
zueta 596
zus 218.596

HISPANICA ET Lusitanica.

A
Abubilla 744
adam Lusit. 135
aden Lusit. 95
águila 164
aguza nicue 591
alionine 616
anáde 95
andorinha 528
ansár bráuo 152
ansaron 136
artexáquo 160
aruela Lusit. 550
auciuríco 576
aueloa Lusit. 593
B.
bequebó 675.680
bybe Lusit. 732
bufo Lusit. 229
buho 229
C.
calandra,chalandra, chalan-
dria 78
cerccia 103.242
cernicalo 53
ciguenna 251
cisne 358
chamaris 616
codornix Lusit. 641
corneia 308
corusa Lusit. 740
cróto 606
cuaderuiz 339
cuclillo 348
cuervo 321
cuerno caluo 657
cuerno marino 336

E.
Ema Lusit. 509
F.
faisán 658
Francello 51
G.
gallo 386
gallina enána 380
gallina Morisca 463
garza 202
gatirhas Lusit. 135
gauiam 46
gazola 209
golondrina 528
gorrión 619
graio uel graia 503
grou 202 .pro ardea
grulla 509
H.
halcón 5
L.
lechúza 596
M.
melroa Lusit. 580
mierla 580
milano 586
milheiro 616
mocho Lusit. 229.596
mochuelo 610
morcego Lusit. 734
murzicgalo 734
O.
oroyéndola 684
P.
paloma 298
paloma torcáz 298
papagáio 698
pauon 630
pauon de las Indias 464
paxáro 619
perdiz 644
pezpitalo 591
pigaza 666
pintacilgo 236
pitiroxo Lusit. 699
pópa Lusit. 744
R.
ruisennór 569
S.
sielecolore 236
sirguerito 236
sturnino Lusit. 715
T.
telamon 687
tintilaum Lusit. 615
tórdo 720 tórtola 303
tortole 303
tortore uel tortora 303
torzicuello 552
turtura 303
V.
Venceio 160
Verdelha 247
Z.
zernicalo 53
zorzól 720

GALLICA ET Sabaudica.

A.
Aelyon 64
agasse 666. Sab.
aigle 164
aigle courte Sab. 199
aigle de mer. Sab. 196

ç 2

Index.

aigrette 662.762
airon Sabau. 202
alebranda genus anatis 103
alouette 78
arbenne Sabaudis 556
arncat 557
artre, iſpida 550
auberet Sabaudis 43
auſtecue Sabaud. 594
auſtour 5
auſtruche 709
autruche 709

B.

batteleſſifue 594
battemare 591.594
battequeue 594
becafiga, becafigo 370.604
becaſſe grande 484. petite 487
becaſſon 487
becquefigue 370
belleque Neocomi 376
bequaſſe 484
beque Sab. 563
berée 699
bergeronnette 264
beſche bos 675
beurichon 625
bieure Vulpanſer. 156
bijen 762
blereau 762
boudrée 194
bouſat Sab. 46
bouſat de mer Sabaud. 196
boutor 209
bruant 160
bruyan 628
bubo 762
buyſart 46
buzart 46

C.

caille 339
canard 95
caniard 85
cane 95
canne grigne 762
canne petiere 220.685.762.
canon, canichõ, anaticula 95
caſtagneux, mergulus quidam 136
caſſenoix 237.264
cedrin 249
cercelle, cercerelle 103 bis 105
cercerelle 53
ceriſin 1
chahuhan 229
chappon 412
chardonneret 236
charderaulat Sab. 236
chargais 762
chaſſeront 229
chat huant 229.762
chauue ſouriz 734
cheualier 762
cheueche 740.596
choca 503
choche pierre 264
cocheuis 78
choquar Valeſijs 509
chouette 503.596
chouette Valeſijs 509
chucas 503
chue Sabaud. 503
cicogne 251
cigogne 251

cinit 1
coc de bois Sab. 475
cochet 458
cocou 348
cocq 380
cog 380
colapa Sabaud. 593
colombe 268
columb biſet 294
columb grand 294
colombe paſſagiere uel ro- chéray 268
conta faſona Sab. 625
coquu 348
corbeau 321
corbeau crochereyx Sabau. 133
corbeau d'eau 336.657
corbeau peſcheret 336.657
corlis 215.216
cormorant 119.131.336.657
corneille 308
corneille de mer Lotharin- gis 337
coulon 268
coulon ramier 298
criblettes 762
crocherant 762
croiſeau 295
crot peſcherot Burgundis 196.i.coruus piſcator. 336.
cul blanc 370.604
cygne 358
cyne 358

D.

dama Gallis Ciſalpinis 741
dame 666
diable 376
dixhuict 732
duc Sabaudis 229

E.

effraye 235
emerillon 43
eriguane paſtre 593
eſcorfile 586
eſmereillon Sabaud. 43
eſpernier uel eſparuier 51
eſtourneau 715
etpie Sab. 744

F.

faiſant 658
farfonte 625
faulcon 57
faucon haultain, et alter de repaire 64. et paſſager uel de paſſage ibid. abier ibidem
faulcon de mareſt, de riuiere 64
faulcon pelegrin 69
flambant 662
flamman 662
foucque 376
foulcre 376
foulque 376
francolino 220.223
freynno Sabaud. 199
freſaye 235
frinſon 373

G.

gabian 562
gaion Sabaud. 673
Gal 380
Gay 503.673
gau 380 gauian 563
geau 380 geline 415

gelinette (d'eau) 376
geline uel gelinote de boys 223
gelinette uel gelinette ſauua= ge 223
genillete Sabaud. 415
gerfau 66
glaumer 563
gorge rouge 699
goutreuſe Sabaud. 606
graillat 308
graille 308
grebe Sabaud. 563
griaibe Sabaud. 563
grimauld 740
griue 710.727
griue fiſalle Sabaud. 727
griuette Sabaud. 729
grolle 762
grue 509
gueſpier 576
guignecue 591
guillemot 686.762
guinſon 372

H.

harondelle 528
hauſſequeue 594
heron 202
heyron Sab. 202.563
hibou 229.596.740
la grande hirondelle 160
houtarde 469
huans 610
huard 192
hupe 744
huppe 744
hybou 740

I.

iaquette 666
iars 136
iodelle 376
ioudarde ibid.

L.

lardera Sabaudis 616
lauandiere 264
linotte 567
litorne 720
loere 133. Sabaudis 720
loriot 684
lucherant 229
lupege 744
lynnette Sabaudis 567

M.

machette 740
maienze Sabaudis 616
marenge 616
margaires 762
martelet 160
martinet 160.546
martinet peſcheur 550.iſpida
matagaſſe Sabaudis 557
mauue 562
mauuiz 720.729
mayenche Sabaudis 614
milan 586
merle 580
merlé au collier 583
meſange 614
meſange houpée 617
moineau 619
moyne uel Moyneton Sa- baudis 616
montan 374
morillon genus anatis 103
moucer 619
mouette 561.563

mounier 550.618

O.

offraye 196.199
oiſeau de nerte 720
ophraye 196.199
orfraye 196.199.235
orio 684
ouſtarde 469
oyard 136
oye ibid.
oyon 136
oyſon ibid.

P.

pale 605.641
paon 630
papafiga 604
papafigho 370
papegay 690
paſſe 619
paſſerat ibid.
paſſereau 619
paſſeteau ibid.
perdris 644
pdrix blanche de Sauoie 556
perdris des champs 644
perdris gaye, uel gaille, uel gaule Sabaudis 655
perdris gringette ou grie- ſche 644
perdris griſe ou goache 644
perdris de montaigne 223
pdris aux pieds rouges 655
perniſſe Sedunis qui Sabau dicẽ loquuntur ibid.
perroquet 690
peſcheur 550. iſpida
phaba Gallis Aquiranis 298. palumbes
pic 675
pie 666
pie ancrouelle 557
pie eſcrayere Sabaudis 557
pie grieche 557
pie griayche Sabaudis 557
pie de mer 517.662
pieu mart 675
pigeon paté 268
pigeon ramier 298
pimar 675
pion Lotharingis 702
pinſon 372
pinſon d'Ardaine 374
pitſchat Sabaudis 683
piuerd 682. pro iſpida 550
piuoine 370.604.702
plongeon uel plonger 120
pluuier 685
poche 641
pol 458
polaille ibid.
poller 458
poul 696.730
poulle 415
poulle d'eau 376
poulle d'Inde 464
pouſſin 458
pouſſin ibid.
purput 744

Q.

quercerela 53
quinſon 762
quinſon Sabaudis 372

R.

ramier 298
raſcle 644
raſle 346
raſſe

Index.

raffe 562
ralle de genet 347
ratte sauuage 734
ratte uolage 734
rebeire 625
redoyell Sabaudis 625
rezero Sabaudis 625
rossignol 569
roy *625
petit roy 696
roy des cailles 346
roy des oiseaux 625
roitelat Sabaudis 625.696
rottolet 696
rouge bourse Sabaudis 699
rouge gorge 699
roussignol 569
roussignol de mur 699
rubeline 699

S.
sacre 64
sarcella genus anatis 103
scenicle 1
serin 248
serrant 53
siricach 53
siuetre 596
soucie 696.730
sourcicle 696.730
souette 596
souriz chauue 734
sparuoczolo 614

T.
tarin 248
tartarin, ispida 550
terco 552
tiercelet 5
tirin 248
torcol 762
tortorelle 303
tortue Sabaudis, turdi genus 730
tourd 720
touret 720
tourte 303
tourterelle 303
trasle 720.729
trincos 261
tringo 546
truble 641
turcot 552

V.
uauteur Sabaudis 749
uerdeyre Sabaudis 247
uerdier 248
uerdon pro curruca 356
uerdrier, uerdere, uerderule 628
uerdun 628
uidecocq 484

Z.
Zoëtta 596

GERMANICA,
quibus cognata quædã
etiam inter Anglica
reperies.

A.
Adebar circa Rostochium 251.2

adler 164
agerst 666
agerstspecht 680
alguſſʒ 131
alke monedula Saxonibus 503
ante uel ande Fland. 95
arn 164
aschent 129
aschmeiſſle 616
arter Fland. 666
aglaſter. agelaſter 666
albuſ 566
alenbock 563
algaſter 666
alpkachlen 509
alp: app 336.509
amſel 580
ant 95
antuogel 95
ar/arn/art 164
arbn 44
arnt uel arent Fland. 164.2
arseuoet / Holland. mergulus 135.2
arſſfüſʒ/mergulus 135
arunde Brabant. 528
aſʒgyr 749
atzel 666
atzelſpecht 681
aurhan/uide Orhan
awerhan 472

B.
bachamſel 594
bachſteltz 593
baumfalck 74
baumgenſʒ 108.109
baumbeckel 244
baumhätzel 673
baumbecker 675.683
baumkletterlin 233.244. 683
baumlerch 79
baumſperlingk 625
beemerle 674.720
beemeziemar 729
beenen pyrrhocoraces 509.
beena Rhætis monedula uul garis 503
begeſtertz 593
behemle 674.729
beinbrecher 198
belch 376
belchinen 376
bergdul 509
bergent 156
bergfaſan 473
berghün pro lagopede 556. 56
berghuw 229
berckmeiſſe 617
bergſchwalben 544
bergtroſtel 729.730
bieroliff 684
bymeiſſe 616
byrolt 684
birgamſel 584
birgfalck 68
birgfaſan 475
birckhün/à betula, uel à montibus 472.473.474. 475 478
birckfilgen/anatis genus 105
bitter 729
blafüſʒ 73

blaſſent 110
blawſpechtle 683
blawmeiſʒ 616
blawuogel 266.706
bleſʒ 376
bleſſing 376
blindchlän 683
blütfinck 701.702
bolch/bolhene/bollhune 125. 376
bollhinen 376
bomerlin 729
bollebick 264
bollenbyſſer 702
brachamſel 347
brachhün 480. bis
brachuogel 215.265.267. 347.480. bis. 481.730.
brachuogel auis cruribus proceris maior & minor 367
klein brachuogelchen 480. 697
brandtmeiſʒ 615
brandtuogel 566
breitſchnabel / anatis genus 116
brommeiſʒ 702
brombenn 475
broburen 46
büſchſchnepflin 234.488
brüder beroliff 684
buchbyſſer 762
buchfinck 702
bulfinche 70
bundtekrae 319
bunterſpecht 680
bürſiner 357.604.700
busant / bußhard/ bußahrn/ buſe/bußhen 46

C.
catul auis circa Oceanũ Germanicum
chau/uide ka
chlän 244.682
clauſrapp 337
coote 657
cotracken Saxon. coruus minor. 321
crackaſona genus anatis 105
croiſi Brabant. palumbus minor. 295

D.
Daſchünle 380
Dale/monedula 504
Daucher. Süch taucher/daucher 127
Deffyt 490
Diſtelfinck 226.236
Diſteluogel 236
Dol / monedula 504
Dole 503
Domphorn uel Dompehorn ardea ſtell. 210
Dorendreer 558
weiſſer Drittuogel 116
Droſchel 729
Droeſſel 729
Droſſel 729
Droſtel uel Durſtel 267
meertriſche Drueſſel 730
Duchentle 135

Ducher 119.127
Duchent 127
Ducher 131
Dul/ſüch Tul
Dumeling 625
Durſtel 729
Duue Saxonicè 268. columba
Diſchel 132
Diſchelin 125.135
Dükeckin Fland. 120

E.
ebeher Saxonibus 251. ciconia
eggenſchär 478
eiſſuogel 550
elbs 358
elps 358
elſter 666
elſterſpecht 680
wyſſe Emberitz 619
embritz 628
emmeritz/ emmering / emmerling 628.556
engelchen 1
ent uel endt 95
wilde blawe Ent 110. wilde grawe 112.
entenſtöſſel 192.bis
entrich uel entrach 95
erdbüll 210. ardea ſtellaris
erdhennle 380
ern 164
erpell Saxonibus, anas mas 95.2
eſelſchreyer 606
eul 569.740

F.
fademle 249. ſerinus
falck 57
groſſer falck 66
roter falck 72
faſan/faſian/faſant 658
fauſer 641
fel 565
feelſchwalm 546
finck/ Rotfinck / Büchfinck 373
fiſcharn 195
fiſcher 192. genus aquilæ
fiſcherlin 565
fiſchgeyer 749
fyſterlin 493
flachſſfinck 567
fladermauſʒ 734
fliegenſtecher 264.
floin 376
fluder mergus quidam magnus 134
flügelſchlapp 762
flügenſtecherlin 763

G.
gabich Miſeniæ. 238
gacke/monedula 504
gaey Fland. monedula 504
galgenregel 770
galgenſiken 628
gäluogel 1
gan uel ganner 129
ganſʒ 136
ganſer uel ganſerich 136

c 3

wilde ganß 152
gaulamer 628
gauß 136
geelgoist 628
geir 749
gelbling 378
gerfalck 66
gerolf 684
gerschwalm uel geyr-schwalb 160
gersthamer 614.697
gybytz 732
guckerlin 594.761
gielsincke Frif. 379
gierfalck 66
gyfitz/gynit 732
gyfitzen lari marini 566
gilberschen 628
gilbling 628
gilwertsch 628
gympel 701
gyntel 763
gyr 749
girau Brabant. 673
gyrle 249
girlitz serinus 249
gixerle 719
giuggeren 415
glutt 489
goldamer 556.628
goldfinck 267.227
goldgyr 524.749
gorse 356.628
goldhendlin / goldhendli 557.696.730
goldmerle 583.684
goll 701
gollammer 628
graacke/monedula 504
graganß 152
graßschnepf 487
graßspecht 680
graßmugg / graßmuck/ graßmusch/graßnuckle 356.703.370
graßmusch/pro troglodyte 625
grawentle 103
grawer gyfitz 685
griel 145
grienußgelin 762
griffuogel Frif. 118
grynerlin 76
grossent 110 bis,& 111.
grütte Frif. 488
grüy arquata 215
grüner oder blawgrüner gyfitz 732
grünfinck 236.247
grünling 247
grünspecht 682
grügelban 475.477
gucker 348
guckerlin 762
gugckuser 348
guggauch 348.771
gul 380
gumpel 701
gäs Frif. 136
gütsfinck 701
gurse 628
güggel 380
gügger 217.701
gümpel 227

H.
habergeißlin 234.488
habich 5
babspurger 43
häbchle 5
häber 673
hänffling 567
bär 673
bärsneff 487
bätzel/hätzler 673
haffin Flandris accipiter mas 5
hagelganß 152.376.
hagent 110
hail 702
halbuogel/turdi genus 730
halckregel 770
han/haußhan 380
hanikens Hollandis, arquata 215
hanncKin Flardi, monedula 504
hapch 5
harschnepf 487
haselhün 120. 223
hasengeyer 749
heerganß pro ardea 202
heidenhempfling 567
heidenmeiß 617
heidenelster 667.770
heidlerch 78
heggeschär 478
hemmerling 628
henn 415
brüthennen 415
kluckhennen 415
mertzhennen 415
groß Welsch oder Lombardisch hennen 381
herrenuogel 673
herrschnepf 487
hertzog 229
heubellerch 78
heubelmeiß 617
himmelgeiß 234
himmellerch 78
birengryl/birngryll/fädemle 144.249
birßfinck 248
birßuogel 248
bolbrot 118.563
bolbrüder 563
bolkräe/bolkrahe 319.680
boltzhün 680
holtzkräe 680. Wilde 770
holtzlerch 78
holtzschnepf 487
holtzschreyer 673
holtztuben 295
groß holtztub 298
hottybel ardea stellaris 210
botzgyr 749
bouare Fland. ciconia 251
huron Brabant. 744
buhu 741
groß buhu 229
hünerarb 43.586
hünerdieb 45.586
hünle 458
hün 380.415
Indianisch oder Kalekuttisch / oder Wältsch hün 464
wild wyßhün 556
huppetup Flandr. 744
hußrötele 699
buw 229
hünckel 458.767

hürchele 135
hürtz 229

J.
iack 673
iasine Brabant. 628
imbenfraß 576
imbenwolff 576
iochimken 707

K.
Ka uel Kau uel chau Belgis monedula 504.
Kaatmeißle 616.
Kabel Frif. 564
Käferentle mergulus 135
Kätzle/genus anatis 118
Kaycke Saxonibus monedula 504.
Kapaun 412
Kaphan 412
Kappun 412
Kathean 744
Keibgyr 749
Kernbeiß 264
Kernbeysser carduelis maior 236
Kernell genus anatis 105
Kersenryse 684
Ketitzlin 218.597
Kybitz 562.564
Kilchenspyr 160
Kirchschwalben 544
Kirchile Flandr. 742
Kirseschneller 264
Kirßfinck 248.264
Kirßfinck pro genere carduelis maiore 236
Kynütt 732
Knütz 732
Kläber 683
Klättenspecht 683
Kleinent 103
Klepper 264
Klinger anatis genus 116
Klosterfröuwle 593
Kobellerch 79
Kobelmeiß 617
KockKock uel Kockütit Flandr. 348
Köningkin Flandr. 696
Köpple 218.596
Kolkraben Saxonibus coruus maior 321
Kolfalck 71
Kolmeiß 615. 616. bis. pari genus
Kolmeiß troglodytes 625
Kolmusch troglodytes 625
Kopera 79
Kopptiegerle 497
Kornuogel 628
Kottler 683
Kräe 308
hußkräe 308
Kräye 308
schwartzkräe 308
Kräspecht 679
Krabe 308
Krametuogel 710
Kran/Krane 509
Kranich/Kranch 509
Kranwituogel 710

Krautent 118
Krewelberger 43
Krichentlin 103
Krye 509
Kriel 380
Krießduue Flandr. 298
Krigelster 667.770
Krigente 103
Krintz 552
iynx 576
Kropfuogel 606
KrucKentle 103.104
Krumschnabel 568
Krützuogel 568
KukFuck 348
Kuningßen Fland. 625
Kuppe 64. bis
Kürbeß 225.463
Kureramsel 584
Kuttuogel chleris 247
Kutz 596
niderlendisch Kutzen 596
Kützlin 596
Kützle/Kleine frömbde oder Weltsche 218.596

L.
lachwy 586
lammerzig/aquilae aut uulris genus 200
langschnabel 118. mergi genus
laubhan 478
leewercke Flandris & Saxonibus 38
lesler 641
leihenne 389
leymtrosel 730
leiner genus anatis 117
lepler Frißns 641
lerch 76
leurick Hollan. 76
linfinck 567
lyßklicker 592
lyster Hollandis 580. merula
lobfinck 227.701
lochtuben 295
löffelganß 641
löffler 641
lotrind 210
lüningk 619. passer
luffuogel 611
lurlen 78

M.
mayß 614
mansau Brabant. 298
marcol Frißns genus fulicae maius & marinum 320. 376
marcolfus 673
margraff 673
masenge Brabant. 615
maß / uel potius moß, id est palus. inde cõposita nomina auium require in Moß
mattkern 348.496
mattknillis 495
meb 563. such Mew
meelmeisse 616
meercoot Hollandis fulica nostra 376
meerel 580. merula
meerent 125
meerganß 696
meerrind

meerrind 209
meerschwalm larus 562
meeruogel 566
meew frießl. 564. such Mew
Meysse 614
grosse Meiß 615
meyspecht 683
meyuögelin 566
merch 118.127.129
wysse Merch 129
merg 129
merl 580. merula
merlaer Fland. 580. merula
merrach 129. ter
mertzennt 110
meußkönig 625
mew/mewe/mewb 118. 562.563
wysser Mewe 118.242
mieß/miese 562.563
mürgigeln 135. Misenis mergulus
murle 43
mistelfinck 728
mistler 728
mittelent 103.113. bis moot genus anatis 118.& ardea stellaris 210
moßent 115
moßhuw 46.94
moßkü 209
moßochß 210
moßreigel 210
moßsperlingk 625
moßwy 46.192
motol 680
müsche Belgis 619
müsserfalken 63
muggenstecher 594
muggent 114
mürent 115,118
mürentle 103
mürhan 215
mürmeiß 616
murschwalben 544
murspecht 683
murspyren 544
muscher Fland. 51
muttuogel 125
münchlein 370
münsterspyren 544

N.
nachteul 596.740
nachtgall 569
nachtmännle 707
nachtrabe 603.604
nachtram 235.604
nachtrap 235
nabelkrae 319.770
naghtraue 235
narerbalß 552
naterwendel ibid.
naterzwang 552
neppe 485
nesselkünig 625
netzescharb 131
nünmörder 777
nunnen mergorum generis 127
grawe Nunn 129
nußbicker 237.683
nußbrecher / nußbreischer 237
nußhäcker 683

nußhaer / nußhäher 237. 683
nünmörder 557.739
nüntöder 557

O.
ochseneugle 696
odeboer circa Rostochium 251. ciconia
oefener 762
olimerle Brabant. 684. 583
onschwal 212.261
onuogel 606
orban uel urban 472.473. 474
ölb uel ölbsch 358
örliwy 587
kleiner Orhan 475
orbüwel 610
orkutz 596
osgeyer 749

P.
pagelun Saxonibus 630
pappengey 690
Teutscher Pappagey 776
paradißuogel 610
parnysse 655
pauw Fland. 630
passer solitari 584
pernyßen 655
perrrüß Fland. 644
petter Frießl. carduelis 236
pfäfilin 702
pfaff 376
pfannenstiglitz 617
pfannenstil 616.617
pfaw 630
pfeiffent 117
pfulschnepf 499
pfurzi 135. mergulius
pickart 210. ardea stellaris
pilart Brabantis 702
pisente 594
pylstert Holland. 129
pilwegichen 594
pilwenckgen 594
pimpelmeiß 616
pirckhun 472.473.474
pittouer 210. ardea stellaris
plochtub 298
polschnep 499
pütznellen 617
pulröß 685
puluier 685
pundterkrae 319

Q.
quackel Fland. 339
quersch 702
quickstertz 593

R.
rab 311
räbhün 644
rot Räbhün 655
welsch Räbhün 655
wyß Räbhün 556
rägenuogel 481
rayer 202. ardea
ranßcül 610
ranßulle Holland. 742
rapp 311
rappfinck 248
rarg Frießl. 202. ardea
raue Fland. 311

reck 125
reckolteruogel 710
regenuogel 215
reidommel Frießl. 210. ardea stellaris
reidtmuß 551.627
reiger uel reigel 202
blawer oder grawer reigel 205
wysser Reiger 208
reigerfalk 64
reiher 202
reynschwalb 161
reinuogel/rynuogel 496
retschen/retschent anas mas 95.110
richau Brabant. 673
riegerle 498
riegher Fland. 202. ardea
riethanen 460
rietmeiß 551. 616
rietschnepf 485
rinderschysser 233.593. 594
rinderstaar 715
rynent 117
ringamsel 583
ringelspatz 624
ringeltub 298
rinnenkläber 244
rynschwalme 545
ryserle 594.533
roeck 319. cornix frugiuora
rötele 699
kätschrötele 700
rötelwy 585.586
rogis 128. mergus quidam
roller 674
rordump / rordumpf / rordummel 210
rotgentz/roigytz 627
rothennle/belch 376
rotreigel 210
rospatz 233
rospar/rospätzle 627
rosperling 627
rotrum 210
rosdam 210. ardea stellaris
roßamsel 584
roßgyr 749
rotbein 369.488
rotbrüstle 699
rotelgeyer 50.749
rotfinck 369
rotbalß anatis genus 106. 113
rothün 655.460
rotkelchyn 699
rotknillis 494
rotkröpff/rotkröpfflin 699
rotschwenzel 699. & alia eiusdem nominis 700
rotstertz/rotstert 699
rotuogel 702
rozägel 699
rowert 374
rubin Frießl. 567
rüch cornix frugiuora 135. 319.503
rüggelen 135
rüsgen anatis genus 116
rüttelwy 46.586

S.
sacker 64
samethünle 771
sangdruschel 729
sanglerch 78
salueren 131
scharb 119.131
scheldrack 131
scheller 337. coruus syluaticus
schiltent 116. anatis genus, & aliud eiusdem hominis ibid.
schiltkrae 319
schyrkryen 320
schlagtub 298
schlagtuben zam 268
schleiereül 603.610.742
schellent 116
schleiereul 596
schluchtente 128
schnilent 111
schmirring 492
schneefinck 374
scheegantz 151.606. bis
schneehün 556
schneeköning 625
schnepf 485
schnepfhün 485
schnepfflin 487.700
schnerrer 728
schneuogel 556
schnykünig 625
schnirring 565
schößlin 236.567
schößlerlin 236.568.703
scholucheren 151. mergus magnus, alias schaluchorn
Schorbenne 380
schrätiele 707
schrathun 556
schrierlin 707
schrye Frießl. 215.348.480. Arquata
schrick 347.348. 480
schüffel uel schüffeul 229. 227
schuffauß uel schuffans 229
schuster 641
schulueren 131
schwälderle 249. scirnus
schwalken vorbott Frießl. 594
schwalbe 528
schwalm/hußschwalm 528
schwän 358
schwantzmeißlin 617
schwarzer Mew 566
schwarzkopf 357.370
schwemmerganß 119.157. 657
scolucheren 131. mergus magnus
srecke 366.347.348
seesluder 130. mergus quidam magnus
seegall 566
seegens 157
seemeew 239.562.566
seeschwalm 578
seeuogel 566
seeuogel anatis genus 117. Eius icon inter Paralipomena est 3
sickust 690

c 4

Index.

sisgen 1. Frießl. zinßle
sittich 690
slup/slub/schlub Frieß.117.
118.genus anatis
sincant Frießl. 118. genus
anatis
smirle 43
sneppe Fland. 485
socke / anatis genus paruum
103
sockerfalck 64.
soßer 196
sozentle 103
späze 619
spar/spatz/hußspar ibid.
specht 675
grosser schwarzer Specht
680
spechlin 680
speiren 545
speirschwalb ibid.
speckmauß 734
sperck 619
sperlingk ibid.
sperwer uel sperber 51
spicht Fland. 675
spiegelent 110
spiegelmeiß 615
spilhan 475.478
spyr 160.161.545
wysse Spyren 544
spyrschwalb 160.161
spyrer 565
spitzschwantz / genus anatis
117
spriehe 715
spreuwe Fland. ibid.
sprintz 51
sprintzel ibid.
sprintzle 51
sprintzling ibid.
spriue Brabant. 715
staar ibid.
stär/stö:/starn 715
steinamsel 584
steinauff 229. in Carinthia
steinbeisser/steinbysser 264.
592
steinbicker 592
steinbrüchel 198.749
steineul 596.bis
steinfalck 74
steingällyl 492
steingall 53. Saxonibus tinnunculus
steingyr 749
sternganß 157
steinbetzen 509
steinbün 556.775
steinbün klein/groß 557
steinkräe 320
steinfutz 218.596
steinlerch 79
steinrapp 337
steinrötele 265.266.701
steinschmatz 53.tinnunculus
in Saxonia
steintaben 336.503
steintub 268.294
steintröstel 701
steintil 218
stern 565
stigelitz 226.236
stirn 565
stockahrn 64.197
stocker 64

stockeul 596.740
stockhensling 568
storck uel storch 251
schwarzer Storck 261
storzent uel storent 111
stoßfalck 65
stoßgyr 749
strauß/struuß 709
strüßle 696
strußmeißlin 617
summerrötele 699
swale Saxonib.hirundo 528
schwartztüicherlin 585

T.

täschenmul anatis genus 116
tahe / taha genus gracculi
503.504. pyrrhocorax
509
talhe 504. monedula
taube 268. uide Tube
taubenfalck 51
taucher ,p fulica nostra 376,
such Teucher
schwartztaucher 376. pro
fulica nostra
teling Frießl. 104.118
teucher 120. such Taucher
roter Teucher 128
schwarzer Teucher ibid.
thannfinck 374
thannmeißlin 617.696
thonnkretzer 557
thonnträer 557.777
thumberr 702
thumpfaff 227.702
thurnkönick 625
tirck Frießl. 498
tyrolt 160.684. florus quis-
busdam
todtenuogel 594.763
tortler 683
touch Alberto 319. cornix
fruguiora.lego Küch
trächalß 552
trapp / trappganß / ackertrapp 157.468.469
trybuogel genus anatis 118
triel 245
trößlen / anatis genus paruum 103
trossel 729
trostel ibid.
klein Trostel 730
rot Trostel 729
wyß Trostel ibid.
trunes Rhætis 236. carduelis
trusel 729
tschauytle 227.596
tschützscherle 568
tub 268
ghößlet Tuben ibid.
kleine wilde Tuben 295
Welsch Tuben 268
wysse Tuchent 127
tucher 120. such Taucher
tul 503
tulla ibid.
wilde Tulen 509
turtel/turteltub 303.769
tutter 247. chloris
schwartz Tücherlin 114
tücherli 135

V.

valke Belgis 57
überschwalbe 161.545.546
veldböck 268

veldhün 644
veldtuben 268
vho in Saxonia 229
vhu ibid.
vinche 373
vißgeir 749
visharn 195. nostri dicerent
Fischarn
ül 740
vogelheine 606
vollent 117
ütenschwalb 212
vrhan 472.uide Orhan
vrrind 209

W.

wachholteruogel 720
wachtel 339
wachtel circa Rostochium
monedula 504
wachtelkünig 346
wäglerch 78
waldamsel 583
waldfinck 374
waldbäher/waldherr 557.
lanius
waldlerch 79
waldmeißlin 617
waldrapp 337
waldrötele 699
waldschnepf 487
waldspatz 624
waldtrostel 730
waldzinslin 617
wamber 762
wannewäher/wandwäher 53
wanntwehen 53
warkengel/warchegel 558.
559
wasseramsel 114.584
wasserhenn 483
wasserhün/belch 376.377
wasserbünle 481.487
wasserbünle pro alcyone 85
wasserbünle groß 478
wasserrabe 336
wasserochß 210
wasserschwalme 545
wasserstelz / wyß od graw
593. gälb 594
wassertrostle 483
vuchtarß/füchtarß 131. mergus magnus
wecholterziemer 710
wedehoppe 744
wedewal 684
wegestertz 593
wegflecklin 700.763
wei 586
weicker 246
wedwail 684
weye 586
weiher 586. miluus
weindtuschel 729
weingartuogel ibid.
werkengel 558
wetteruogel 215.481
wickel Frießl. 51
widdewal 684
wydengtückerlin 763
wydenspatz 627
wyderle 763
wydhopf 744
widwol/widwal 684
wiegwehen 53
wy 586
wiggügel 763

windhalß 552
winduogel 215.481
wynkernell 497
winsel 267.720.729.730
winterfinck 374
winterkräe 308
winterküninck 625
winterrötele 699
winthalß 576
wyntrostel 729.730
wintze 729
wynuögele 699
wiselgen 128. genus mergi
wisemmertz 629
wißkern 763
wyßspecht 680
wittewalch 684
witwol ibid.
wüstling 700
wonitz Saxonibus 149
vwel 740
wülp Frießl. 488
wüiwe Fland. 586. mil-
uus

Y.

ysengart Pomeranis ispida
550
yßent 127
yßuogel 550

Z.

zagelmeiß 617
zapp Rostochij fulica no-
stra 376
zaunköning 625
zaunschlipslin ibid.
zeisel 1
zerrer 728
ziemer 720
ziepdzuschel 730
ziering 728
zierolf 763
zigelhempfling 567
zilzelperlin 617
zilzepsle 763
klein Zimmer 265.730
zinsle 1
zinzerelle 674
zyschen 1
zysele ibid.
zitrynle 248
zötscherlin 702
zuckeruögele 234
zunkünig 625
zunschlipsle 357.625
zweiel 732

ANGLICA ET
Scotica.

A.
Arlyng 265
B.
bal 734
balbushard 192
bank marinet 545
barnacle 107
bauncok 381
bergander 156
bistard 469
bittour 210
blak byrd 580
blak osel ibid.
blokdoue 298
bramling 374
busharda bussard 46
buntinga

buntinga 624.697
buſtard 469
buttour 210

C.

cadde 504
cadeſſe ibid.
capercalze Scotis 159
capon 412
chylt 458
chirche martnettes 544
chogh 504
choughe ibid.
clakis Scotis 109
clotburd 265
cok 380
blak cok, Scotis 460
cok of kynde 381
blak cop 242
cormorant 119.131.657
cornish choghe 509
cootte, cote 124.376.377
coushot 298
crane 509
crepera 244
cryel heron 208
crouu 308
crouue 321
cukkouu 348
culuer 268

D.

dakerhen 348.480
dauue 504
dob chekin 135
doue 268
duck 95

E.

egle 164. a right egle,
ibid.
erne 199

F.

fedoa 220.498
feldefare 720.729
feſan, feſant 658
filfar 720.729
finch 373

G.

geir 749
glede 586
gul 130
guſtardes Scotis 471
goduuitta 220.498
goſe 137
gouke 348
grenefinche 248

H.

hauke 5
hedgeſparouue 357.625
hen 415
hennes of Genny 463
grey Hen 460. Scotis
henharroer 43
heron 202
the blue Heron 205
duuarf Heron 208
cryel Heron ibid.
uuhite Herouu ibid.
hethcok 461
hethlerck 78
hobbia 50
hobie 5
horn oul 610.742
houulet 596.741
houupe 744
huholo 681

I.

iay 504.673

K.

ka 504
kaſtrel 53
keſtrell ibid.
kiſtrel ibid.
kyte 586
a Kok of Inde 464
kurlu uel kurlett 215
kut 377

L.

lapuuing 732
lark 76
lauerock ibid.
lerk 76
uuilde Lerc 78
lyke foule 219
lingetta 336.357
linota 567

M.

mare 707
martlettes 160
mauis 729
myre dromble 208
morehen, morhen 223.461.
483
mortettera 697
muuyrcok 215

N.

nyghtyngall 569
nynmurder 557
nonna 616
nope 764
nutiobber 683

O.

oiſtris 709
oſprey 196
oſtrige 709
oull 741
ouuele 741
ouul 596
ouul 741
great Oxei 615

P.

pecok 630
pertrige 644
py 666
pie ibid.
piot ibid.
pittour 210
pocharda 103
poluer 728
popingey 690
popiniay 690
puffin 110
puttok 586

Q.

quayll 339

R.

ray, rayl 480.481
raynbyrde 675
rala 484
rauen 321
reare mous 734
redbreſt 373.699
rede ſparouu 627
redetale 699
redſchanca 528.488
ringed doue 298
ringtal 48.199
robyn 373.699
robyn rock 699
rok martinettes 544
ruddocke 373.699

S.

ſchaffinche 373

ſcheldrake 116
ſchoſter 641
ſeccob 242.563.566
ſeegell 563.566
uuhite ſemauu 242
ſchouelard 641
ſhrike 557
ſhryche oule 610.229
ſiſgin 1
ſchel appel 373
ſmatche 265
ſnype 485
ſnyt 483.594
ſolédgenß, ſolandis, ſolend,
guuys, Scotis 107.158
ſparhanke 51
ſparrou 619
ſpecht 675.680
ſpink 373
friche, uide Schryche
ſtare 715
ſtarll ibid.
ſteinchek 265
ſteyngall 53
ſterlyng 715
ſtocdoue 295.298
ſtonchattera 480.697
ſtorke 251
ſuuallouue 528
ſuuan 358

T.

tela uel teale 103.104
truſhe 729
titlinga 356
titmouſe 614
great Titmous 615
leß Titmous 616
troſſel 729
turtell 303

V.

uagtale 593
uuater crouue 657
uuater hen 483
uuaterſuuallouu 592
uuigena 103.104
uuituuol 684
uuodcok 485.bis
uuodpecker 675
uuodſpecht 680
uuren 625.696

Y.

yelouuham 628
youulring ibid.

ILLYRICA ET
Polonica.

baſant Polonis 658
baziant ibid.
boczan Polonis 251
bukacz 210
bunk Polonis ibid.
byalozor Polonis 66.67
cziap 251
cziepie 202
czieruuenca 699
czieyka 732
cziß 1
czizek Polonis ibid.
dedek 744
diuuoky 298
dlaſk 702

drozd 729
droſa 468
dudek Polonis 744
dzieziol Polonis 675
dzika Polonis 376
genſy 137
gerzab 509
gerzabek 223
geſtrzab 5
gikauuecz 729
gluch Polonis 710
golub 268
hauuran 321
hrdlicze 303
hus 137
iemiolucha Polonis 710
kacziér 95
kacza Polonis 376
kaczka Polonis 95
kautka 504
kalus, kalaus 596
kiczot 67
kokot 380
koropathuua Polonis 644
kos 580
kretzet Moſcouit, 66
krolik Polonis 625.696
krziepelka, krzepelka 339
krziuuonoſka 568
kuroptuua 644
kuuicziela 710
labut 358
lelek 94
luniak 586
lyſka 336.376
morſka 562
netopyrz 734
nietopeiß Polonis 734
orel 164
orzil ibid.
oſtrziß 196
pappauſſek 690
papuga Polonis ibid.
pauu 630
pienige 357
pienkauua 373
pinkauua ibid.
prſkauuecz 728
pſtros 709
pußzyk Polonis 741
rorayg 161
roreycz ibid.
raroh 73
rzierziabek 223
ſczigil Polonis 236
ſemp uel ſep Polonis 749
ſlauuik 569
ſlouuick Polonis 373
ſokol Polonis 51.57
ſouua 741
ſoyka 673
ſpatzek Polonis 715
ſſpacziek ibid.
ſteglick 236
ſtrakauel 666
ſtrnad 628
ſtrus Polonis 709
ſup 749
ſykora 614
ſzouua Polonis 596
terres 472
tetrzeuu 472.473
trop Polonis 468
uulaſtouuige 528.562
uurabecz 619
uurana 308

Index.

uuyr	229	alá	615	gezegén	567	ſercé	696
zaſtrzamp Polonis	3	baharé	563	gulguruik	732	ſuglún	658
zeglolka	248	baigus	596	iabantaú	223	tſchauka	504
zegzolka Polonis	504	dudi	691	ibik	744	ugú	229
ziezgule	348	balaczél	202	ieluć	487	uilugan	1
zorauu Polonis	202,509	belbék	594	iugargen	268	zeluk	225
zoma Polonis	682	bilbil	625	karabarak	136	zil	644
		feluek	580	leglék	251		
TVRCICA.		gargá	237	ſackaguſch	606	**VNGARICVM.**	
		garazauk	728	ſágarieck	675		
agaſcakán	683	geluæ	201	ſaré	248	tſchaſarmadár	228
agulguiſsin	618	gezegari	357	ſchaháu	192		

Finis Indicum.

DE PROVIDENTIA DEI CIRCA ANIMA-
LIA, EX PSALMO CIIII.

DOMINVS fontes emittit in fluuios, qui inter medios montes defluunt: ut inde potet omne
genus animalium quod in agris degit, & ſitim extinguát onagri. Supra fluuios quæ in aëre
uolitant aues nidulátur, & inter arborum frondes cantillant. DOMINVS rigat montes è nubibus,
& fructu operum eius ſatiantur quæcunq́ degunt in terris. Fœnum in uſum beſtiarum producit,
& è terra cibum homini olera ac fruges. Vinum etiam prouenire facit, quod animos hominum ex-
hilaret: & oleum, quo niteant corpora: & panem, qui uires hominum confirmet. Ab illo incremen
tum capiunt arbores, & quæ in Libano eminent cedri tam excelſæ, ut ipſe uideri poſsit plantaſſe
illas. In ijs nidificant uolucres, ciconię nidum abies ſuſtentat. Montes altiſsimi capris feris incolun-
tur, in ſaxis latitant cuniculi, Lunæ ſtata mutationum tempora definiuit, & Soli occaſum. Ab illo
ſunt etiam tenebræ noctis, in quibus quæ per diem latuerant ſylueſtres beſtiæ prorepunt. Leones
tum rugientes inhiant prædæ, ut beneficio Dei ſaturentur. Iterum exorto Sole in latibula & cubilia ſua ſe recipiunt: homo autem ad perficiendum opus quiſq́ ſuum progreditur uſq́ ad ueſperam.
Quot quantaq́ ſunt opera tua Domine? quæ tu omnia ſapienter feciſti, plena eſt terra uarijs poſſeſ-
ſionibus tuis. Immenſi maris littora quantum inter ſe diſtant? hoc natantium & reptilium
innumeras continet tum maximas tum minimas animantes. Per mare tranſeunt naues, & cete ac belluæ marinæ, quas ut in eo luderent
creauiſti. Hæc omnia te ſuſpiciunt, & ut tempeſtiuè à te alantur expe-
ctant, &c.

CONRADI GESNERI TI-
GVRINI HISTORIAE ANIMALIVM
LIBER III. QVI EST DE AVIBVS.

DE AVIBVS, QVARVM NOMINA SIVE PAR-
TICVLARIA SIVE GENERALIA AB A.
LITERA INCIPIVNT.

DE ACANTHIDE AVICVLA, QVAM
Gaza fpinum & ligurinum uocat.

A.

CANTHIDEM & car-
duelem plericp noftro fe-
culo pro eadem aue acci
piunt, quòd utricp à fpi-
nis fiue carduis nomen
fit: diligentiores difcer-
nunt. Acanthylis auis eft quæ & acan
this dicitur: fpinus & ligurinus à Theo
doro, alia omnino ab argathyli, diftat
10 etiam à carduele, quæ thraupis uocatur
Ariftoteli, Hermolaus. Gaza quidem
thraupin carduelem uertit, hæc, ut omnes norūt, uoce & colore floridis commendatur. acanthides uerò Ariftoteli
& uita & colore ignobiles funt, fed ua-
lent uocis amœnitate. Hinc facilè conftat uulgò hodie dictam carduelem, quum uarijs floridiscp co
loribus placeat, ab acanthide diuerfam effe. Eft autem acanthis, cuius figuram dedimus, colore ui
ridi, fed obfcuro non fplendido: (uiridem fanè colorem in chlorione etiam aue Ariftoteles damnat:
Vireo, inquit, totus uiridis eft, & mox, nec grati eft coloris,) uertex nigri coloris eft, & fimiliter ala
20 rum pennæ, uiridi tamen eas diftinguente. quamobrem aliqui (ut Gybertus Longolius) chlorin pu
tauerunt: quam ego potius aliam auiculam totam χλωϱὰν, hoc eft uiridem, exiftimo, unde & nomen
ei apud Germanos. Grapaldus grammaticus non indoctus, rectè acanthida aliam à carduele cre
dit: carduelem uerò pafferem folitarium effe non rectè. Noftra igitur, Gazæ & Hermolai acanthis, Siculis legora dicitur: Italis lugaro, & lugarino, uel legorin & luganello: unde etiam Gaza ligu
rinum tranftulit. Vocis origo forfan Græca fuerit, οἷα τὸ λεγυϱὸν ϑι φωνῆς, à uocis argutie. Niphus Ita
lus leucarum uulgò dici fcribit. Gallis, ut audio, appellatur fcenicle, alibi ferin uel cerifin, alibi cinit. Germanis Zintzle, uel Zeifel, uel Zyfele, uel Zyfchen, Louanienfibus Gälvogel, Frifijs Sif-
gen. Polonis, czizek. Illyrijs czifz. Turcis utlugán. ¶ Albertus ex Auicennæ nimirum interprete ubi acanthis apud Ariftotelem legitur, corruptiffimas uoces habet, ut fatalyz, afflauados,
30 amaftorochoz. Acanthidis feu ligurini duo funt genera, minus quod non ualde diffimile cardueli
colorem ex albo nigrocp mixtum habet, nos etiam Diftelfincken uocamus. Maius fringillam duplo excedit, cætera ferè fimile, Kirchfincken (potius Kirffincken) & Kernbeiffer, colore utruncp
ignobile, amœnitate uocis commendatur, Eberus & Peucerus. Ligurinus communia quædam
habet cum cardueli auicula per excellentiam dicta, quod & colorum elegantia & uocis amœnitate
cæteris in hoc genere præferatur, item cum fringilla & miliaria fiue linota: quas omnes, ceu unius
generis cardueliū fpecies quatuor diuerfas Albertus enumerat. Turnerus acanthidem facit auiculam cui à uiriditate nomen apud nos, ein Grünfinck uel Grünling, de qua nos inter chlorides
dicemus. noftram uerò acanthidem, chlorin putat propter colorem uiridem, etfi Gaza luteolam
tranftulit. Luteola (inquit Turnerus acanthida noftram intelligens) Anglis uocatur a fiskin, Ger-
40 manis ein Zeyfich, quibufdam ein Engelchen: lutea (chloreo) multò minor eft, & colore ad uiriditatem magis tendente, pectore luteo, & roftro longiufculo, tenui & acuto, auriuittis fimili, duas habet maculas nigras: alteram in fronte, alteram fub mento, cantillat non infuauiter. Rara apud Anglos hæc eft, nec ufpiam ferè alibi quàm in caueis cernitur. Semel tamen in Cantabrigianis agris ui
diffe recordor. Huius generis funt quas Anglia aues CANARIAS uocat. Hæc ille. Syluaticus
acalanthida (uoces apud ipfum corruptæ funt, acardelentes & acalantia) carduelem exponit.

a

B.

Spini magnitudine est culicilega auicula, Aristot. De colore eius præcedēti capite dictum est, Acanthis auis minima est, Plinius. Fœmella cinerea est & uaria, imò uentre pallida, Eberus & Peucerus.

C.

Capiuntur ligurini in Heluetia non passim, sed in montibus præcipuè, ijsᶜᵗ nemorosis, in quibus etiam per æstatem nidificare ac degere solent. Carduelium genera omnia gregatim uolant, Albertus. Idem in carduelium genere præcipuè musicam esse scribit illam, quæ hoc nomen per excellentiam sibi uulgò uendicauit: ab ea ziselam, id est ligurinum. Ligurini & uita & colore ignobiles sunt, sed ualent uocis amœnitate, Aristot. Spinus splendidè canorus est, Aelian. Litto= 10
raᵉᵗ alcyonem resonāt, & acanthida dumi, Vergilius. Ἄνϑον κόρυϑοι καὶ ἀκανϑίδες, Theocritus. ¶ In spinis uiuit, Plinius: inde nomen, Aelianus. In spinis habitare acanthidem Aristoteles & Alexander scribunt, Cælius. Acanthophaga neᶜᵗ uermem neᶜᵗ ullum animal attingunt, Aristot. Hæc sunt apud nos (inquit Albertus) genera uinconum, sicut aues ceycos (Zeysle potius) dictæ apud nos, & uinco cardui (id est carduelis, & uinco rubens pectore, & auis Ourse dicta,) Hæc ille. Sed uinconem simpliciter appellamus fringillam, quæ quidem uermibus pascitur. Spinus, carduelis & auriuittis, dormiunt & pascuntur eodem in loco. uermem aut quoduis animal edere aspernantur, Aristot. Acanthis est auis minima, sed fœcunda. nam duodenos simul parit pullos, Plinius. Herbarum pabulo reficitur: & ob hoc odio habet equos, &c. Author libri de naturis rerum, acan= thidem cum floro (sic transfert Gaza ἄνϑον Græcè dictum) confundens. Aucupes nostri nihil certi 20 de acanthidis nostræ pullorum numero & nido referre potuerunt, quòd hæc auicula nō apud nos, sed in altis montium syluis nidificet. Aues paruæ, ut philomena, alauda & sciscendula, (ligurinum intelligere uidetur,) & huiusmodi, semel anno pariunt quatuor aut quinᶜᵗ oua, Albertus. ¶ Spini aues in posterum longissimè prouidentes, hominibus ad rerum futurarum coniecturam sapientiores sunt. Etenim hyemem futuram præsentiunt, & niuem prænoscūt, & multa cautione obseruant, ne ijs opprimantur: itaᶜᵗ earum acerbitates metuentes, tanquam ad persugia, sic ad loca nemoribus frequentia confugiunt, Aelianus.

D.

Spinus, florus & ægithus (quem salum uoco) odium inter se exercent. & nimirum sanguinem ægithi & flori misceri non posse dicitur, Aristot. Gillius ex Aeliano eundem locum transferens, 30 spini & sali sanguinem, si quis in eodem uase permisceat, coire & commisceri negat. deinde, Hunc (inquit, spinúmne an salum intelligens nescio) sacrum esse aiunt genijs, qui præsunt hominibus itinera ingredientibus. Plinius etiam lib. 10. Acanthis (inquit) in tantum odit auem ægithum, ut non coire credant sanguinem eorum. Spinus & asinus inimici inter se sunt. uictus enim spino à uepribus, quas asinus tenellas adhuc pascit, Aristot. & Plinius. Corydalis, id est alauda odit acanthyli= dem, Aelianus & Philes.

E.

τρύτη sunt uascula parua testacea, ut aurificum δε μικραὶ χῶναι, & potistrides, id est potoria uascula omnium auium acanthidum, Tzetzes: in caueis scilicet inclusarum. Genera carduelium omnia cornu suspensum, rostro trahunt ut bibant, sed à potu temere delabi sinunt, Albertus. Eadem om= 40 nia quomodo capiantur in Carduele scribam ex Alberto.

H.

a. Acanthis auis eadem quæ acanthyllis, (malim ἀκανϑυλὶς per λ. simplex:) & apud Lacones ἀκαλανϑὶς, Hesychius & Varinus. Ἀκανϑυλλὶς, genus passeris, Iidem. Ἀκανϑὶς, apud Theocriti Scholiasten legitur, per ιὀta in penultima, ego per υ malim. Acalanthis, ἀκαλανϑὶς, auis nomen est, Varinus: Videtur autem hæc uox per metathesin facta pro acanthylis. Resonant & acanthida dumi, Vergilius lib. 3. Georg. sunt qui legant, Resonant acalanthida dumi. Aristophanes in Auibus Dianæ acalanthidis nomen fingit in auium honorem. nam acalanthis nomen est auis ut interpres admonet: item canis, πᾱρὰ τὸ ἀδυλμᾳῃ, id est ab adulando fortassis. quòd familiaribus aduletur, peregrinos allatret. Rursus idem poëta in Pace, obscurum quoddam & fictum oraculum referens, 50 χ' ἡ κώδωρ (obstrepera, clamosa) ἀκαλανϑὶς ἐπιγριμόμενον τυφλὰ τίκτᾳ, ubi Scholiastes, de solo cane memoratur in prouerbio, quòd festinans cæcos pariat. itaᶜᵗ acalanthis uidetur hic canis alicuius insignis nomen esse. quanquam & aues βασιλικοὶ (id est regiæ) uulgò dictæ acalanthides nominētur. Acan= this auis est, quam alij lusciniam, alij carduelem esse uolunt, Grammaticus quidam. Ἀκανϑὶς ἡ ἀκανϑυλλὶς, σποθίον ὅν ταῖς ἀκάνϑαις καϑήμενον, Varinus. Locus est apud Aristotelem historiæ anim. 9. 13. de acanthyli, ubi Plinius 10. 33. & Gaza melius argathylim legerunt. Est autē argathylis auis diuersa, quæ lino intexit nidum, in ripariarum genere.

¶ Est & apud Græcos spinus uel spinnus dicta auis, & Pollux σπιν⟨⟩σα auiculas nominat. ὅτι συνείρων οὐδ̕ σπίννος πωλεῖ καθ' ἑπτὰ τὸ ὀξολῆ, Hoc est fascem è septenis spinnis cōnexam obolo uendit. Aristophanes: ubi interpres nihil aliud quàm spinnum genus auis interpretatur, & ex eo Varinus. 60 Idem Aristophanes in Pace τὸ σπίνο penultima breui dixit, Scholiastes ᾷδὸς σρεθῦ facit. Σπίνοι ab Oppiano in Ixeuticis numerantur inter aues quæ uisco fallantur. Idem paulo post spinos & tur= tures

tures ſub arboribus capi ſcribit, aue ſui generis demonſtrata. τίλλειν τε φάττας καὶ κίχλας ὁμοῦ σπίνοις, Eubulus apud Athenæum. eſt autem ſenarius iambicus, penultima in ſpino correpta. Idem, citante rurſus Athenæo inter alias auiculas σπίνια & ἀκανθυλλίδας nominat. Hic ſpinus Græcorũ an idem ſit acanthidi, quam uoce Latina Gaza ſpinum uertit, non facilè dixerim, ſed diuerſus uidetur, & per onomatopœiam ſic dictus. Σπίνα, ὁ σπίνος, Heſych. Gelenius ſpinum Illyricè uocat pienicze, Germanicè Graßmugg. ſed hæc curruca eſt ut ego iudico, & docti ferè conſentiunt. Σπίνος per onomatopœiam dicitur, (ut & uerbum σπίζειν apud Aratum,) Varinus in ἀσπίδας. Sed Aratus primam corripit, & acuit, καὶ σπίνος ἠῶα σπίζων, id eſt, Et ſpinus in aurora ſibilans, inter ſigna imminentis tempeſtatis. Videtur autem prima ſemper acui debere, non circunflecti, tanquam breuis. nam Ariſtophanes cum producere uellet, n. literam duplicauit. Auienus ex Arato pro ſpino fringillam reddidit, hoc uerſu: Si matutino fringilla reſultat ab ore. Σπινθία, εἶδος ὀρνιθαρίων, σπῖνοι. Cæterum σπῖνος penanflexum, nomen eſt lapidis Ariſtoteli in Mirabilibus. Auis ſpinæ, id eſt auis tragumlitides, obſcurus quidam, Syluaticus ſi bene memini.

¶ Acanthis picta, apud Textorē in epithetis. Sed apparet hoc epitheton acanthidi adſcriptum à recentiore aliquo qui eandem carduelem putauit, ut etiam ipſe Textor.

¶ Acanthidem ſuperat cornix, ab Eraſmo inter prouerbia memoratur. Aſtyle credibile eſt, ſi uincat acanthida cornix, Vocalem ſuperet ſi turpis aëdona bubo, Calphurnius.

¶ Auicula quædam rubente capitis uertice inſignis ex parorum ſiue ægithalorum genere, uulgò Thannmeisle, id eſt parulus abietum, (uolitat enim in ſyluis circa abietes,) appellatus, à nonnullis etiam Waldzinsle, id eſt acanthis ſyluatica nominatur. figuram eius inter paros requires.

Pontani ſolertiam mirari licet, qui in libro de aſpiratione lenam Acanthida Propertio de loquacitate nuncupatam & aurium offenſaculis, prodere ſibi permiſit, niſi quòd apud Theocriti interpretem obſeruatum eſt, dici acanthida auem colore uariam, uoce λιγυρὰν, id eſt ſtridulam (argutam potius, quod laudatur, ſtridulum non item) quam ex uarietatis ratione pœcilida item nuncupent, Cælius. nos de pœcilide in pica dicemus. iſta quidem Theocriti Scholiaſtæ pœcilis, omnino carduelis uulgo etiamnum dicta uidetur, non ligurinus. ſed nimirum ueteres etiam, in diuerſis regionibus præſertim & temporibus, hæc nomina confuderunt. Quòd ſi acalanthis auis eadem quæ acanthis eſt, acalanthis autem κώδων, id eſt tinnula, obſtrepera, loquax ab Ariſtophane cognominatur, ut ſupra citaui, non ineptè dixerit Pontanus.

DE ACCIPITRE, IN CVIVS HISTORIA MVLta inſunt communia omnibus auibus uncorum unguium quæ ad prædam auium nutriuntur & inſtituuntur, accipitrum, falconum, aut aquilarum generis.

A.

ACCIPITER auis rapax ab accipiendo nomen tulit, uel quòd in auſpicijs olim accepta grataq́ eſſet. Eſt autem nomen cõmune, & multa auium prædæ inhiantium genera complectitur, ut falcones, niſos, buteones, &c. Aſtures etiam de natura accipitrum ſunt; Creſcentienſis. Et alibi, Accipitres quidam ſunt parui, qui communi nomine uocantur accipitres: & quidam magni, qui uocantur aſtures. ſunt autem ita congeneres ut magnus & paruus canis. Accipiter dicitur etiam aſtur ab aſtu naturali quem habet, quia ſemper ferè latet, & iuxta terram, contra morem falconum, Albertus. Aſtures, id eſt accipitres Theodotion ad Ptolemæum regem Aegypti ſcribens, in falconum generibus collocauit, accipitres & omnes aues rapaces, quarum uſus eſt in aucupio, falcones uocans, Idem. Aſtures uulgo notæ aues ſunt, ſic nuncupatæ Firmico Matheſeos quinto, qui & falcones non reticet, Cælius. Accipiter aſterias eſt Ariſtoteli, quem nos aſturem corruptè dicimus, Niphus. Vide infra in Capite de accipitribus diuerſis. Accipitres ambo carniuori ſunt, id eſt palumbarius & fringillarius, qui multum inter ſe magnitudine differunt, Ariſtot. de hiſt. anim. 8. 3. unde apparet duo hæc genera præ cæteris, accipitris nomine ſimpliciter ferè nominari. Albertus in huius loci interpretatione palumbarium aſturem facit: fringillarium uerò, id eſt minorem accipitrem, niſum aut ſperueriũ uulgò dictum. Michael Epheſius accipitrem palumbarium, falconem gentilem interpretatur, Niphus. Aſtorgios Pauſanias ponit, quos Itali aſtures dicunt, Volaterranus. Ego in Pauſaniæ libris hactenus hoc non legi. Torgos quidem uultures dici inuenio apud Heſychium, à Torgio Siciliæ monte, in quo nidificent. Aſtures ex genere infimo aquilarum uel miluorum eſſe Paulus Iouius ſcribit. ſed cùm accipitrum generis eos eſſe inter omnes harum rerum peritos conueniat, cum aquilis aut miluis eos confundi abſurdum eſt. Tertiolus (aliqui etiam tricellum & trizolum ſcribunt) uocatur mas in accipitrum & falconum genere, quia ſimul tres in nido naſcuntur, duæ fœminæ, & tertius mas: qui fœmina minor eſt, minusq́ audax & fortis. fœminæ quidem ſimpliciter accipitres aut falcones dicuntur;

a 2

4

Crescentiensis. Tertiolum absolutè positum pro accipitre mare accipi obseruauimus: alioqui pro aliarum etiam rapacium mare usurpatur, quæ ternos scilicet pariunt. nam tinnunculus (inquit Ari=stot.) fœcundissimus in hoc genere, non parit supra quatuor. Aquila, Theodotion, & Symma=chus omnia accipitrum genera falcones uocant: & ea quatuor generibus dirimunt, asturem primæ quantitatis ponentes in genere primo: & asturem minorem quem tercellinum uocamus in ge=nere secundo: & nisum in genere tertio, muscetum in quarto: Quibus nullo modo consentiendum. Nam tercellinus (qui sic uocatur, quoniam pulli tres in uno nido nascuntur, duæ fœminæ & tertius mas, Tardiuus) inuenitur in nido accipitris, & muscetus in nido nisi. Sexu enim dūtaxat differunt, cū tercellinus mas sit, accipiter fœmina: & similiter nisus fœmina, muscetus mas, Alber. Crescen=tiensis accipitres mares, qui fœminis minores & inutiliores sunt, muschetos uocauit: nos Albertī sententiam & nomina magis probamus. Hoc admonendus est lector, quòd cum falconibus & ac=cipitribus permulta sint cōmunia, operepretium fore ut qui curiosius horum uel illorum historiam cogniturus est, utranq́ perlegat. sæpe enim authores communia quædam de uno tantum genere prodiderunt. ¶ נץ, nez, Hebræis accipiter est. Rabi Kimhi interpretatur auem quæ uenetur, & ad dominum suum redeat, uulgo dictā sparuerium: similiter R. Salomon Leuit. 11. Author Chaldaicā dictionarij asturem exponit. Chaldaica interpretatio Leuitici 11. habet נבא, naba, Arabica באזי, basi. Andreas Bellunen̄. albazi interpretatur auē quæ falco peregrinus uulgò dicatur. Persica מוראן, mar an bas. Septuaginta ἱέραξ. Hieronymus accipiter. Deuteronomij etiam cap. 14. pro nez uoce Hebraica L X X. uerterunt κόραξ, id est coruus. Sed hæc uox omnino accipitrem significat, à qua forsitan etiam nisus Latina descenderit. uidetur autem facta à uerbo נצה, nazah, quod uolare signi=ficat, quoniam hæc auis uolatu plurimum ualeat. Iob 39. נצה, nozah, uocabulum plumam signifi=cat, & non accipitrem ut quidam uertunt, Munsterus. Septuaginta relicta uoce Hebraica νίσσα red=diderunt. פרס etiam, peres, Leuit. 11. & Deut. 14. accipiter exponitur uel haliæetos: à Iudæis uul=go בלאבוי, blafüß. πέρκος quidem uel πέρκνος aquila est uenationi dedita: item πέρκος, aquila, apud Macedones, Varinus. Plura de Hebraica uoce peres, deq́ Græcis πέρκνος & πέρνις, leges infra in Capite de accipitribus diuersis. ¶ Albasach est auis quæ dicitur accipiter, Bellunensis. nos supra basi Arabicam, bas Persicam uocem esse diximus. Albazi & falco sachari & albasach, auium ra=pacium nomina, leguntur apud Auicennam 2. 614. ubi uetus interpres habet; accipiter & cristatela (si rectè legitur. tinnunculum quidem accipitrem Italorum aliqui tristunculum uocant) & basich. Vocem albazi Bellunensis falconem peregrinū interpretatur. Sarsir Hebraicam uocem Prouer. 30. alij aliter exponunt, ut recitabimus in Aquila. quidam auem אשטרגל, asturgal. sturnum aliqui coniiciunt intelligendum, ego asturem malim. Pro schachaph dictione Hebraica Leuit. 11. Sep=tuaginta hierax, id est accipiter uertunt, nobis bubo potius uidetur, uide in Bubone. Aegyptij ac=cipitrem thaustum nomināt, Aelianus. Apud Libyes βαβαξ uocatur, Hesych. Græcè ἱέραξ: & ho die uulgò γεράκι, quod nomen etiam falconi attribuunt. Accipitris nomen licet, ut dixi, ueteribus

plura

plura genera contineat, apud recentiorés tamen pro uno ferè ufurpatur,cuius hîc effigiem damus;
in quo genere mas tercellinus uocatur. Alunnus tamen accipitrem Italicé fimpliciter terzolo inter
pretatur, alíj fparauiero uel fparuiére, quem uulgò nifum interpretantur. Accipiter Hifpanis eft
halcón. Gallis, auftour, mas tiercelet. Germanis, **Bapch** uel **Babich**, uel **Babicht**:(mas uerò
qui minor eft, **das Bäbchle**.) Flandris, **Baftin**. Anglis hawke uel hobie. Illyrijs geftrzab.
Polonis zaftrzamp. Nuper quidam, qui animalium nomenclaturas fcripferunt, accipitrem Ger=
manis fimpliciter dictum (**Babicht**) fubbuteonem Ariftotelis interpretati funt; quibus ego non
affentior.

B.

10   Accipitres fortiores maioresép fiunt in regionibus aquilonem uerfus, Albertus. Et alibi,Om
ne animal abundat ubi copia fuerit cibi quo utitur,quare cum hufus generis aues pafcatur auibus;
præfertim aquaticis,quæ & tardiores funt ad uolatum,& carnofiores ad efcam: iccirco uerfus fep=
tentrionem accipitrum & falconum & aquilarum abundant genera, ut in Britannia, Suecia, Liuo=
nia,& finitimis regionibus Sclauorum, Prutenorum & Rutenorum. Et quia frigidæ funt iftæ re=
giones, & in terris frigidis nafcuntur corpora magna, quæ copiofo fanguine & fpiritu abundant,
unde audacia & feritás prouemiunt:ideo etiam aues rapaces in iam dictis regionibus magnæ funt,
magisép rapaces & feroces.In alijs uerò locis fecundum proportionem uigor, audacia & ferocitas
in eis fpectantur. Inueniuntur accipitres in alpibus quibufdam nidificare, qui cæteris præferun=
tur,ut qui nafcuntur in alpibus de Brufia in Sclauonia, boni etiam reperiri dicütur in alpibus circa
20 Veronam & Tridentum, Crefcentienfis. In Heluéticis etiam alpibus multi íép magni & fortes
capiuntur, cum alijs plerifép tum Galanda monte Rhætico, inde Mediolanum & in Italiam delati
magno uenduntur. Tappius præ cæteris laudat Germanicos, præfertim in Marchia Vueftphaliæ
captos,unde(inquit)in Brabantiam,Galliam, Hifpaniam & Angliam deferuntur, ac maioris inter
cæteros uæneunt. Aduentitij accipitres etiam ex Creta importantur, Budæus. Aftures & nifos
circa Neapolin captos , multo maiores & præftantiores noftris (Heluéticis) effe audio. Aftures
(inquit Crefcentienfis)nafcuntur in alpibus & nemoribus. Sunt autem fuper pulchritudine & bo=
nitate afturum indicia eadem quæ deaccipitribus traduntur. ¶ Accipitrum genera diuerfa, quæ
magnitudine,forma,& uenandi modo differunt,mox poft communem accipitris hiftoriam fingil=
latim profequemur. Aftures(inquit Tardiuus)ex Armenia & Perfia omnibus præferuntur:dein=
30 de è Græcia,tertio ex Africa.Armenijs oculi uirides,fed præftant qui oculis & dorfo nigricät.Per=
ficus corpore grandi eft,& bene ueftito plumis, oculis claris, cauis:fupercilijs pendentibus.Grecus
capite grandi fpectatur,& raris in collo plumis. Africano dorfum nigrum, & oculi fimiliter in iu=
uentute,nam ætatis progreffu ruffefcunt. Cæterum forma afturis laudatur huiufmodi: Aftur boni
ponderis efto,ut qui ex Armenia magna adfertur. In Syria aues quæ prædæ & aucupio feruiunt,
ad pondus emuntur, eoép maioris quò plus appenderint, colorem & alias earum conditiones pa=
rum curant. Albus aftur obefior eft, pulcher & facilis inftitutioni, fed inter cæteros infirmior.
gruem enim capere non poteft,fed quoniam in fublimi uolat,& facilius fert frigiditate in alto aëre,
ad aues quæ altius uolant capiendas probatur. Aftur fubniger, & cui plumæ à uertice frontem uer
fus inftar capillitij dependent,élegans eft,fed parum fortis. Laudabilis forma afturis eft, fi caput fit
40 modicum,facies longa & angufta ficut in uulture, & fi fimilitudine aquilam referat: fauces & gula
probantur amplæ:oculi magni,caui, cum paruo orbe nigro in eis:nares, aures, cauda & pedes am=
pli:roftrum longum & nigrum:collum longum,pectus craffum,caro longæ,coxæ longæ carnofæ &
diftantes:offa crurum & genuum breuia, ungues craffi & longi : plumæ coxarum caudam uerfus
latæ:& fimiliter plumæ in cauda , quæ etiam fubruffæ & molles præferuntur. Color fub cauda non
alius quàm in pectore, probatur : & fuper fingulis pennis in fuperiore parte caudæ aliqua diuifio.
Color in extremis caudæ pennis niger effe debet circa caules feu lineas pennarum.Inter colores ex
cellitruffus qui uergit ad nigrum aut fufcum fplendidum, &c. Signa in paruis afturibus laudan=
tur hæc:oculi clari & ampli, item capacitas aurium & oris ampla, caput paruum, collum longum,
digiti longi,pennæ breues & occultæ, pedes uirides, ungues ampli & excarnes; concoctio facilis,
50 excrementi meatus amplus, & excretio longius emiffa. Si quæ nigredo in extremo roftro fuerit,
bonum eft fignum. Damnantur tum in magnis tum paruis afturibus, caput magnum,collum bre
ue,carnofum, molle, & plumis plenum : pennæ colli mixtæ & inuolutæ : coxæ breues & graciles,
crura longa, digiti breues , color Bæticus nigricans, afperitas fub pedibus. Oculi rubentes inftar
fanguinis,nunquam quiefcere,femper appetere pugnam,& de pertica in faciem aftantis uelle inuo
lare.improbantur & qui maciem ferre non poffunt,& fi obefentur, fugiunt. Timidus etiam,quòd
uix pofsit inftitui,& manum aucupis fugiat. Item cui plumæ fupra oculos dependent, & alba ocu=
lorum pars nimium alba eft,color ruffus aut Bæticus clarus. His notis infignes plerunép mali funt;
& reuocati ad manũ non redeunt.Si quando tamen huius formæ accipiter reperiatur bonus,illum
planè optimum fore exiftimandum.Fit enim interdum,fed rarò,ut improbam quoép corporis fpe=
60 ciem bonæ conditiones & uirtutes fequantur,Placet accipiter,leuis, alacris, quiép non facilè fatige=
tur, & aues magnas capiat , Hæc omnia Tardiuus. Accipitrum pulchritudo cognofcitur, fi funt
magni,breues,paruo(& oblongo, Tappius)capite, pectore & fpatulis craffis, tibijs amplis, pedibus

a 3

magnis & expansis,pennarum colore nigro,Crescentiensis.   Tappius præterea requirit in probo
accipitre,collum paruum & longum, nares amplas, linguam & interiora oris nigra,alas paruas &
breues,modicè inflexas ferè ut gallinæ,cum pennis latis & ualidis:cruribus magnis,latis(seu planis)
& altis,quæ uersus coxas angusto interuallo distent , magno uersus pedes, modicè inflexis : cauda
oblonga, russa aut nigra:maculis in pectore fuscis,pennis dorsi puniceis quarum extrema albicent:
plumis femorum giluis seu subruffis absq; maculis:cauda etiam maculis quę fulmina picta referant
insigni cum aliis diuersæ figuræ, Hæc Tappius.   ¶ In accipitrum delectu primæ partes tribuuntur neanisco, id est iuueni, (inquit Demetrius Constantinopolitanus:) secundæ ophiocephalis dictis,quòd caput serpentium instar paruum & planum habeant.Rotundi & quadrati oblongis præ-
ponuntur,Nares sint amplæ. citrinus color in naso non admodum splendeat.talis enim accipitrem 10
breuis futurum uitæ significat.Lingua optima quæ nigra fuerit, deinde quæ dimidiam partem alteram nigram,alteram albam habuerit:pessima ex toto alba. Est etiã is breuis uitæ, qui uulgo ἐλαια-
φόρ᾽ dicitur, (à maculis in naso quas Græci elæas uocant.) Omnis laudatus accipiter pennas tredecim in cauda gerit,& in paruis digitis χιώματα,ὃς καὶ φασι βαρυθίχρος ἐῖ μάλιϛα. Et rursus, Laudabilis
accipiter caput habet paruum , & superius planum, (ὡς ὀφιγίλας καλύμδυ ᾧ ἐπᾷς,) linguam nigram,
elæas,id est maculas in naso nigras,pennas caudæ tredecim uel undecim: in unguibus neluti squa-
mas(δια χαράγματα,ἤγου τὰς τὶς χιώματα λεπίσ᾽ας)instar cyprini piscis: & intrinsecus clauos habet post id
quod cornu(κώονον)uocatur tanquam perdix mas. Καλὸν δ᾽ἐϛιν ἐὰν καὶ ἤγου μακρὸν ἐκ ὦκπολὺ λαγχίαν
τὶω φεαν ἔχει. Et mox, Accipiter laudatur ὀλοφαὸ͂ρ᾽ (forte ἐλαιοφόρ᾽,quem tamẽ supra dixit breuis uitæ esse : sed rursus laudauit elæis , id est maculis in naso nigris insignem) id est qui grana tanquam 20
milij nigra habet,uel qui circa unguis radicem scissuram (χάραγμα) ceu lineam habet:uel infra alam
pennam acutam uersus latus aut humeros:καὶ ἐὰν τὰ βασιλιονκιεια μακρά ἔχη ἰϛανταῖν πτελύκτων: καὶ ἐὰν
ἔχη ἤγου πτέρον σκέπτιρ λοχχόφου δ᾽ νφᾶς αὐτοῖ τὸ μέσον, Hucusq; Demetrius. De accipitrũ siue falconum
natura, uiribus, animiq; præstantia ex pennarum colore iudicanda , in genere dicemus in Hierofalcho ex Belisario. ¶ Accipitres in Aegypto minores quàm in Græcia fiunt,Aristot. Accipitres magnitudine aquilis non inferiores sunt,Gillius. Non in hoc tantum, sed omni auium rapacium genere mas minor est , fœmina maior & fortior. Ferocia accipitribus non nisi diuino ex calore inest,qui quanto est in masculo uehementior,tanto minus uirium sufficit ad crementum:fœmi-
nis autem,quia remissior est,maius crescendi adiumentum præstat.Impedit enim minus id naturæ
calor intemperatus,Ca!entius in epistolis. Aues prædatoriæ colore uariant,pro ratione loci & ar- 30
borum.nam quæ in frutice spinoso aut acere (opulo) habitant , ad ruffum aut nigrum colorem magis inclinant:quæ in fago,ad giluum seu pallidũ.In regionibus frigidis,& in rupibus accipitres maiores & fortiores fiunt, sed difficilius instituuntur quàm qui in loco calido nati educatiq; fuerint,
Tappius. Quædam temporis ratione mutari uidentur, ut accipiter, upupa, & similes uolucres,
Theophrastus & author Geoponicorum 15. 1. Donatus mihi aliquando est accipiter totus albus,
captus in montibus nostris, Augustinus Niphus Suessanus. Accipiter colorem oculorum mutat
& rostrum,Physiologus. Accipiter totus est uarius: sed primo anno fuluas & nigras habet maculas,deinceps autem maculis albis & nigris distinguitur,quæ albiores & nigriores fiunt cum sæpius
mutatus fuerit.Pedes eius croceii,ungues magni, sed non quanti aquilarum.Caput quàm aquilæ ro- 40
tundius: rostrum curuum , & pro eius portione breuius quàm aquilæ, & longius quàm falconum.
In dorso paucas habet maculas albas,& plures nigras.Alas pro sua portione habet acutiores quàm
aquilarum genera,& minus acutas quàm genera falconum,Albertus. Accipiter auis est elegans,
ualido corpore,dorsi colore fusco uel subnigro,capitis fusco dilutiore,pectore & uẽtre uarius,ocu-
lis splendidis,rostro adunco,aspectu alacri,pedibus crassis,& unguibus longis,Stumpfius. Accipiter eiusdem ferè figuræ est cum niso , qui speruerius uocatur , licet maior eo sit. Est etiam minor
aquila truncali , sed maior quàm aquila quæ pisces rapit, Albertus. In asture anterior pars capitis
extensa paulatim angustior fit,& terminatur in rostrum, ut etiam in capite aquilæ,Idem. In asture
anterior capitis pars paulatim extensa colligitur & terminatur in rostrum, sicut & aquilæ caput.fal-
conis uerò caput naturale non extenditur nec similiter se colligit, Albertus. Vncinatis unguibus 50
sunt quibus incuruum est rostrum,ut accipitres,aquilæ,Aelianus. ἱόφαξ τὶω ὧφενγκιδ᾽α γκγλωφακφα
ὑπὸ τὶω χφίαν,Innominatus apud Suidam. Rostra accipitrum nimis magna non probantur. accipitres enim parum leues arguunt,ut in Hierofalcho recitabimus ex Belisario. Accipitri uentriculus est feruentior,Aristot. Iecori eius simul & intestino iungitur fel, Idem. Fel plerisq; toto intestino est,sicut accipitri,miluo,Plinius. Et alibi,Fel in quibusdam intestino tantum iungitur, ut columbis,accipitri. Accipitrum & aquilarum fel colore ærugineo est interdum, Galenus. Accipitris lien magnitudine deficit, Aristot. Et rursus, Accipitribus, ut magnæ parti auium, lien adeo
exiguus est,ut propemodum sensum effugiat. Asturis & nisi cauda dependet, Albertus. Apud
Demetrium Constantinopolitanum & alia quædam partium accipitris rariora nomina leguntur,
superius à nobis memorata:& hæc,ὁδώλει ἀνύχωρ,mucrones unguium. Ἐλάτα, uel ἐλατηρὸ͂ρ τῶ πτερῶμ ἤ 60
ἦλίσφαῖ:maiores pennas intelligo,quæ in aliis & cauda sunt,(ϸwingf덴eren:) ut καλύπκρας (alias κα=
λύπηκρας) minores. Verba eius de accipitre in cauea incluso subscribam : Καὶ ὅταν γκώνται λιπαρός
πάνυ,καὶ ἄρξκται ἀφ᾽ ἑαυτῶ ῥίπῳεῳ οδς καλύπκρας,καὶ τὸν λειπίτω μελδῖ᾽ἰς ὅλα τὰ πτέρα τῶ ἐλάτων παρέξσηλὶ ἀλι

3vu

χων καλυπ[τ]ήρων πο ἐγγὺς πω ἐλάτων. Et alibi, πρὸς θρακὸ σιπήσ̣θον ἱϛᾱκε· ϒδατι γλυκεῖ ϗαὶ θϵρμῷ συχνῷ οῦ (πὰς potius in fœmínino)ἐλάτας αὐτα διάγϵι. Et rursus, ἐὰν ῥύμματ[ο]δὶ ὁ ἱϛᾱξ οῦ ἀγκῶνας, ἐ̣ν[η]ϵ αὐτα τὰς ἐλά= τας. Item, προσϵχων ὥϵ μὴ βλαβϵια αὐτ̣σ οῦ ἐλατηϵς πω πηϵρῶν, ἄϑ̣ πϵρᾱς. Hinc & **πϕ̣τνλϵπε**,uel potius **πϕτ̣νλϵπε** uox composita uidetur, & ex maioribus alarū pennis primas ac longissimas significare, quas & ocyptera nominari censeo. nam, ut Scholiastes Aristophanis scribit, pennarum aliæ πήῑα uocantur, (minores scilicet molliores̃q,plumæ potius dicæda:) aliæ πϵρά, id est pennæ simpliciter. aliæ ἀκύπηϵρα, maximæ scilicet,in quibus ad pernicitatem uolandi præcipua uis. Ἐπὶ τοῖς οὖς ἀκυ= πηϵροις χιλῶ, Aristoph. in Auibus. Porrò ἀλεπηϵρίαν partem in orrhopygio pustulæ instar eminen= tem interpretor, sic dictam fortassis quòd humorem album & pinguem contineat. Ἀλεπηϵρία ἐϟ̣ το

10 ἐπάνω πω ὀπισθίων τὸ ἐξισϵμϵλϵον, ὃ πϵρί τινος καλϵϛι κϵλϵιω, Demetrius. Hoc est, Aliptarea pars est supra crura(sic interpretor τὰ ὀπισθία in auibus)quæ eminet,hordeum nonnullis dicta. Hac parte infla= mata uel tumescente aues quædam morbo acuto pereunt,nostri morbum auium uocant. ¶ Astu= ris & nisi cauda dependet(ob longitudinem scilicet)quod in falconibus improbatur, Albert. Ac= cipitrum caudæ tęnijs quibusdam transuersis distinguuntur, & cruribus quàm buteones breuio= ribus sunt.

c̃.

Aues omnes quarum adunci sunt ungues,carnibus uescuntur,ut genera aquilarū, miluorum, accipitrum & falconum omnium,Albertus. Accipiter auidissimè & raptim cibum suum deuorat.
Auium quas ceperit cor nunquam edit:ideq̃ nōnulli in coturnice & turdo, alij in alijs obseruarunt,

20 Aristot. Auium non edunt corda, Plinius. Accipitres nunquam auium corda,ueluti religione quadam constrictos,edere accepimus, Aelianus. Albertus contrarium scribit: Si quid(inquit)de præda appetunt, cor eruunt ac deuorant, quare auem captam ad latus perforant. aliquando cere= brum è capite extractum uorant, reliquo corpore reiecto. Idem coredulum auem facit quæ uena= tione uiuat,& corda eorum quę uenatur edat,de reliquo corpore parum accipiat:quasi idem planè coredulus qui accipiter sit. Vide infra in a. Sed Albertum reprehendit Niphus, cor auium ab accipitre,quas rapuerit,gustari negans. Nullum genus accipitrum aut falconum ad reliquias præ= dæ suæ reuertitur dum syluestre est:nec ullum ex eis insidet cadaueri , sicut faciunt aquilarū & mil= uorum genera, Albertus. Accipiter nullas fruges exedit & conficit,sed & carnes uorat,& sangui nem exsorbet , ijsdemq̃ suos alit pullos, Aelianus. Accipiter syluestris adhuc prædatur aues do=

30 mesticas,ut gallinas & anates,quas statim deuorat. Capit etiam cornices, & huiusmodi. Quum le= pores capit,sinistrum pedem terræ infigit,& dextro prædam tenet: tum quàm primum potest ocu= los eius eruit,& interficit.Cicuratus autem etiam magnas aues inuadit, audaciam acquirens ab ad= iutore homine:nempe gruem,anserem,ardeam, & alias huiusmodi aues. Absq̃ negotio quidem ra pit anatem maiorem,& mergum,& fulicam:easq̃ etiam in satis magna copia, Albertus. Plura de accipitrum cicuratorum cibo dicemus infra capite quinto. Vescuntur etiam muribus. Accipi= tres nobiles aquilonares maximè delectantur cancris , quos tamen non uenantur : & ideo cicurati isti melius quibusuis alijs aues magnas capiunt , & cancrorum cibum à dominis præmij loco acci= piunt, Albertus. ¶ In hieroglyphicis legitur accipitres aquam nō bibere,sed sanguinem, Cælius. Ὅσα πϵ πηϵρωτῶν τὴν ἀγρυγχίϵα γϵγαμ̣ϵ̀νωχν ἱϖὸ τὴν ῥῖ[ν]ων,διὰ ξῦ ἀϵτὸς, ἱϛᾱξ κϗ κϵγχᾱϊς,ἀλλὰ τϵ τὰ μὴ πι=

40 νονπε, Suidas in Ταμ̣ϟ̣βωνχ̣ϵ,unde locum in uoce ἐπϵγχίδα corruptum restituet. At Gillius biben tes eos facit,his uerbis:Accipiter si corpus(hominis defuncti)attigerit,ieiunus manet : neq̃ si unus tantum aquam in sulcum deriuet, aquam gustat : quòd sanè existimet illi unico homini incommo= dare, sua nimirum potione aquā ex illius usu auferens:Sin plures homines irrigant,uidens affluen= tis aquæ copiam, uelut ab eis inuitatus, libenter bibit. ¶ Accipitres ad libidinem sunt inflamma= tissimi,Aelianus. Accipitres etiam specie diuersi inter se coire putantur, Aristot. Coeunt etiam cum aquilis & spurias aquilas gignunt, Idem. Quo tempore aquis libidine accenduntur, quicquid rapacium auium est,ut falcones, sacri, & aliæ, cum asture congregantur, hinc fit ut pro diuersitate parentum audacia & fortitudine multum inter se differant, Tardiuus. Accipitrum minimo simi= lis est cuculus magnitudine atq̃ uolatu,qui magna ex parte per id tempus non cernitur, quo cucu=

50 lus apparet. Vnde putauerunt aliqui cuculum ex accipitre fieri immutata figura. Sed ita ferè eue= nit ut ne cæteri quidem accipitres item cernantur, cum primum uoce emisit cuculus,nisi perquam paucis diebus.Aliquando tamen unà uisi sunt & cuculus,& similis ei accipiter. Quinetiam ab acci= pitre interimi cuculus uisus est,quod nulla auis suo in genere solet facere. Imitatur autē accipitrem non alio quàm colore,nisi quod hic maculis distinguitur ceu lineis : cuculus uelut punctis, Aristo= teles. Coccyx(inquit Plinius)ex accipitre uidetur fieri , tempore anni figuram mutans, quoniam tunc non apparent reliqui,nisi perquam paucis diebus: ipseq̃ modico tempore æstatis uisus nō cer= nitur postea. Est autem neq̃ aduncis unguibus uisus accipitram , nec capite similis illis,neque alio quàm colore, ac rictu (aliàs uictu) columbi potius. Quin & absumitur ab accipitre,si quando unà apparuère,sola omnium auis à suo genere interempta. Accipitres(inquit Aelianus) ineunte uere

60 delecti ex omnibus duo in Aegyptum ablegātur, ad speculandas insulas quasdam desertas quæ Li byæ adiacent.Ii autem ubi reuerterint, præeuntes eò, alios deducunt : quibus duobus cæteri pere= grè illius profectionis festum agunt, Cum ad eas insulas peruenerint , quas illi duo speculati conſ

modiores sibi indicarunt:hic in multa quiete, & tranquillitate pariunt, & excludunt, passerésq; &
columbas uenantur.pullos cum magna redundantia alunt,deindéq; firmos ad uolandum in Aegy
ptum abducunt,tanquam ad paternas sedes. Accipiter cum ex sese tria oua peperit, unum solum
selectum alit,alia duo frangit, quod ipsum eo tempore facit, cum ungues amisit, quòd tres pullos
tum alere nequeat,Gillius. Tria aut quatuor oua parit, aut ut plurimum quinq;, Albert. Vicenis diebus incubat, Aristot.& Plinius. ¶ Accipiter locis saxosis & arduis nidulatur,Aristoteles.
Genus eorum quoddã hidos facere in petris excelsis praeruptisq; assolet , Idem. Nostrates etiam
obseruarunt eos nidulari in asperis & altis rupibus inter uepreta,quandoq; super arbore,acere praesertim,aut quercu,aut fago,& super abiete aliquando uel pinu. In insula Africae Cerne in Oceano accipitres totius Massyliae humi foetificant, nec alibi nascuntur illis assueti gentibus, Plinius. 10
¶ Θάσονας ἱρηκαν, Homerus Iliad.v. Accipiter uelocissimè uolat,nec nisi in primo sui motus impetu
rapit,postea lentius uolat:quòd si in principio frustretur,ab auis persecutione cessat, & in aliquam
arborem insidet tanta nonnunquam indignatione ut ad dominum reuerti recuset, Crescentiensis.
Et rursus,Quantum potest ad rapiendum prope terram uolitat,ne ab auibus, quibus insidiatur,ui-
deri possit. Solus & absq; socio uolat,quod praedae participem non admittat, Idem. Omnes acci
pitres uolant iuxta terram,Albertus. ¶ Accipitres caeteri hyeme abeunt praeter aesalona, Plinius.
¶ Sonus falconum ut plurimum crassior & prolixior est , & ab acuto in grauius procedens quàm
asturum uel nisorum,Albertus. Accipiter pipat, Author Philomelae. Ρύζαν uerbum per onomatopoeiam factum de accipitrum uoce in Polluce legimus. Accipitres, atq; ossifragae, mergíq; marini Longè alias alio iaciunt in tempore uoces, Lucretius. ¶ Gallus Indicus perinde ut accipi-20
tres acri atq; acuto uidendi sensu uiget, Gillius. Accipiter oculos habet celeriter mobiles, ὀυπνη-
τος,Aristot.in Physiog. ¶ Accipitres pennas mutant inter solennes D. Vualpurgae, & D.Iacobi
dies,Tappius. Cum primum pennas mutârit accipiter,formosior euadit : & similiter omnes quae
ad aucupium adhibentur aues,aetatis progressu subinde pulchriores fiunt,Stumpfius. Diuus Gre
gorius author est , accipitrem ubi consenuit & pennis se grauatum sentit , ad Solis iubar conuerti,
praesertim austro flante:tum corporis meatibus calore patefactis,alas tandiu uibrare, donec pennae
ueteres defluant:sic nouas renasci,& senectam eius renouari, Tappius.
    Quae ad accipitrum ualetudinem, & morbos eorúq; curationem spectant,ad caput quintum
referre placuit.

D.   30

    Homines quorum oculi fuerint mobiles,praecipites(ὀξὺς)& rapaces iudicantur, argumento ac-
cipitrum,Aristot. in Physiognomicis. Accipiter eiusdem ferè consuetudinis est & rapacitatis ut
aquila,Albertus. Auis est iracunda,quamobrem solitariè uolat praeterquã tempore coitus, Idem.
Isidorus accipitrem auem regiam esse scribit,'& animo plane regio praeditam. Est enim animosus,
& magis animo quàm unguibus armatus , ita ut animi fortitudine in eo compensetur quod corporis magnitudini deest,quod ferè etiam in paruis hominibus côtingit. Quamuis enim pectus ei angustum & modicae carnis sit,in illo uno tamen unguibus & rostro neglectis confidit,Est & hoc for
titudinis signum, quòd in sublimi & patente longe latéq; aëre praedam inuadere non dubitat, Tappius. Accipiter prae cunctis auibus fortis & intrepidus est,& omnes impugnat,etiam corpore ma
iores,Stumpfius. In hoc genere nobiliores, praedam non tam propter escam quàm auiditate glo. 40
riae petunt,& ipsa crudelitate delectantur,Albertus.
    ¶ Aucupes fide digni in superiori parte Germaniae, quae Sueuia superior nuncupatur, narra-
uerunt nobis se aliquando ingressos in penitissimum syluae locum ut caperent astures, inuenisse
asturem magnum, aetate ualde prouecta,& prae senio ferè canum, in cuiusdã arboris ramo. & cum
paulatim accedentibus ipsis non fugeret, tandem caecum esse propter senium deprehendisse. itaq;
latentes obseruare uoluisse unde nam uiueret:uidisséq; paulò pòst accipitres duos iuniores,qui car
nes ex praeda allatas minutatim discerptas ei administrarint, Albert. Olores & accipitres soli aues
sui generis deuorant, Eberus & Peucerus. Accipitres tum astures tum sparuerij (id est maiores
& minores)pullos suos uolantes cibant ferè mensis spatio , & postea recedunt ab eis. Et docent eas
capere aues,quas uiuas adferunt,& coram eis dimittunt, incitantq; pullos ad capiendum. Vbi au-50
tem perfectè iam uolaces & ad capiêdum idonei fuerint,relinquunt eos. Haec quidem ita se habere
non ex aucupibus tantum accepi, sed etiam ipse expertus sum, Albert. Nisus ac tertiolus locum
deligunt,in quo aues captas quotidie deplumant,multáq; cura mundant, quandiu compares aues
incubant,quibus & eas ministrant , Alexander quidã author obscurus. ¶ In insula Africae Cerne
in Oceano accipitres totius Massyliae humi foetificant,nec alibi nascuntur, illis assueti gentibus, Pli
nius. Et mox,In Thraciae parte super Amphipolim homines atq; accipitres societate quadam au
cupantur,&c.ut in E.referam. Accipitrum genus est quod escae illecebris capitur, iisdémq; man-
suefactum,postea nunquam abscedit ab eo quem experitur in se benignum, Aelianus. Accipiter
Aegyptius mitis est praeter alios qui alibi sunt,Strabo lib.17. Accipiter auem quam ei sors sub no
ctem offert,tota nocte sub pedibus tenet,tandê oriente Sole licet famelicus eam dimittit : & quam-60
uis eandem aliàs obuiam habuerit, non persequitur, Physiologus. ¶ Hieracium herbam accipitres scalpendo, succóq; oculos tingendo, obscuritatem cum sensêre discutiunt, Plinius. ¶ Accipitres

pitres aiunt à cordibus tanquam sacro quodam initiatis se sustinere. nunquam enim auium corda,
ueluti religione quadam constrictos edere, Gillius: Vide supra in c. Hominem mortuum si inhu
matum perspexerint, iniecta gleba humare dicuntur: etsi illos hoc ipsum Solon, sicut Athenienses,
non facere instituerit, Gillius ex Plutarcho de Iside. Homini insepulto desuper puluere inijciunt,
Tzetzes 61. Accipitrem Aegyptij Soli acceptum putant, cuius totam naturam aiunt ex sanguine
& spiritu costare: & hominis misericordia eum affici, & mortuum lugere, ac in oculos eius terram
aggerere, in quibus scilicet Solis lumen habitasse existimet. Eundem (accipitrem) compluribus an
nis uiuere arbitrantur, & post uitam ui quadam uaticinandi pollere, & à corpore solutum summa
ratiocinandi & praesagiendi scientia praeditum esse, πλάω π ἀγάλματα κṇ ναὸς κινέμ, Porphyrius lib.
10 4. de abstinendo ab animatis. Accipiter si corpus (hominis defuncti) attigerit, ieiunus manet, neq
si unus tantum aquä in sulcum deriuet, aquä gustat: sed tantum si plures, ut in c. recitaui ex Gillio.
¶ Accipiter bellum gerit cum aquila, Textor. Aquila capit accipitrē & quamuis aliam auem
rapacem, quum eas uiderit gestare lora pedum, cibi (praedae) aliquid esse putans: quare eas capere
conatur, ut conijcimus. nam in deserto (ubi hae aues ferae sunt & sine loris) non inuadit eas, Albert.
Noctuae à caeteris auibus infestatae auxiliatur accipiter collegio quodam naturae, bellumq partitur,
Plinius. ¶ Accipiter congrediens cum aue quae dicitur kokye, uincitur. ipsa tamen pugnä non in
cipit, Obscurus quidam ex Aristotele. Accipiter ab omnibus quibus insidiatur instinctu naturae
cognoscitur, & cum eum uident aut sentiunt (aues,) garriunt, fugiunt, & se quantum possunt occul
tant, Crescentiensis. Anseres & canes & magnas struthiones nihili faciunt, contrà accipitrem uel
20 multò minimum formidant, Aelianus. Lepus uocem accipitris exhorret latitans, Volaterranus.
Columbis inest quidam & gloriae intellectus. nosse credas suos colores, uarietatemq dispositam.
quinetiam ex uolatu creduntur plaudere in coelo, uariesq sulcare. Qua in ostentatione ut uinctae
praebentur accipitri, implicatis strepitu pennis, qui non nisi ipsis alarum humeris eliditur, alioquin
soluto uolatu in multum uelociores. Speculatur occultus fronde latro, & gaudentem in ipsa gloria
rapit. Ob id cum ijs habenda est auis quae tinnunculus uocatur. defendit enim illas, terretq accipi
tres naturali potentia, in tantum ut uisum uocemq eius fugiant, Plinius. Columbae foetae emissae,
propter pullos quos habent, utiq redeunt, nisi à coruo occisae, aut ab accipitre interceptae: quos co
lumbarij interficere solent, duabus uirgis uiscatis (&c. ut in E, referemus,) Varro. De columbario
aut potius palumbario accipitre, infra in peculiari capite agetur. Accipitres alij non nisi ex terra
30 rapiunt auem: alij non nisi circa arbores uolitantem: alij sedentem sublimi: aliqui uolantē in aperto.
Itaq & columbae nouere ex ijs pericula, uisoq considunt, uel subuolant, contra naturam eius auxi
liantes sibi, Plinius & Aelianus. Plura uide infra in Capite de accipitribus diuersis. Distinctio ge
nerum ex auiditate: alij non nisi ex terra rapiunt auem: alij non nisi circa arbores uolitantem: alij se
dentem sublimi: aliqui uolantem in aperto, Plinius. Venandi differentia in accipitre notatur. neqз
enim simili modo aestate ut hyeme rapit, Aristot. Albus color in columbis à quibusdam non ni
mium laudatur, nec tamen uitari debet in ijs quae clausae continentur. nam in uagis maximè est im
probandus, quòd eum facillimè speculatur accipiter, Columella. Et alibi, Albae gallinae propter
insigne candoris ab accipitribus & aquilis saepius abripiuntur. Si accipitris uocem audierint incu
bantes gallinae, oua uitiantur, Plinius. Vestibulum in quo aues aluntur, retibus munitum sit, ne
40 aquila uel accipiter inuolet, Columella. Omne ornithoboscion apricum eligi debet, intento su
pra rete, quod prohibet gallinas extra septa uolare, & in eas inuolare extrinsecus accipitrem aut
quid aliud, Varro. Primam coturnicum (quum uere ad nos redeunt) terrae appropinquantem ac
cipiter rapit, Plinius. Alauda in segetibus artificio magno, quo pueros & accipitres fallat, nidum
constituit, Gybertus Longolius. Nessotrophium (id est locus ubi anates aluntur) contegitur cla
tris superpositis uel grandi macula retibus, ne aquilis aut accipitribus inuolandi potestas sit, Co
lumella. Accipitres crocodilorum hostes sunt, Aelianus, ut pluribus referam in h. Accipitres ser
pentibus & uenenatis bestijs inimicissimi sunt. nec enim ipsos serpēs, nec scorpius, ullaue alia mala
bestia latere potest, Aelianus. Buteo genus auis, qui ex eo se alit quod accipitri eripuerit, Festus.
¶ Chamaeleonti uis maxima contra accipitrum genus, detrahere enim suprà uolantem ad se tradi
50 tur, & uoluntarium praebere lacerandum caeteris animalibus, Plinius. Vite nigra si quis uillam
tinxerit, fugere accipitres aiunt, tutasq fieri uillaticas alites, Idem. Accipiter odit radicem sylue
stris asparagi, Textor. Accipitrem panis necat secundum Augustinum, Physiologus. Os tibiae
accipitrum si ad aurum admoueatur, sic ipsum illecebra quadam mirabili ad se allicit, quemadmo
dum Heracleotem lapidem sua ui praedicant quasi praestigijs & captionibus ferrum ad se attrahe
re, Aelianus.

E.

Aquilae, Symmachi & Theodotionis epistolae extant apud Ptolemaeum Philometorem regem
Aegypti, in quibus de moribus & remedijs auium rapacium in genere tractatur, Albertus. De
struzeria, sic uocant aucupium per accipitres, multi & magni libri extant, Tortellius in Orthogra
60 phia ubi de Horologio. Nos nuper Demetrij cuiusdam Constantinopolitani librum Graecum,
quem ille ad Imperatorem Constantinop. scripsit, de accipitrum educatione & cura, doctissimi Au
gustae Vindelicorum medici Achillis Gassari beneficio nacti sumus. Albertus Magnus libro 23.

uoluminis sui de animalibus, multa de accipitribus & cæteris rapacibus auibus conscripsit, & ex alijs scriptoribus collegit, uidelicet ex epistolis Aquilæ, Symmachi & Theodotionis: item ex Guilielmi cuiusdam libro, & altero falconarij Friderici Imperatoris. Petrus Crescentiensis etiã in opere de agricultura quædam de hoc genere auium scripta reliquit: deinde Belisarius Aquiuiuus Aragoneus Neritinorum dux: & nostra memoria Eberhardus Tappius Lunensis de ijsdem librû Germanicum condidit: & Guilielmus Tardiuus Gallicum ad Carolum octauum Galliæ regem. Nec dubito quin aliæ etiam linguæ, præsertim Italica, eiusdem argumenti libros habeant. Nos quæ apud iam dictos aliosq́ authores reperimus, pleraq́ omnia ab eis mutuabimur, remedijs tantum ad singulos morbos pertinentibus exceptis : quòd ea persequi uelle cum ex alijs quibusdam, tum ex Demetrio maximè, nimis longum foret. Quæ tamen apud Albertum, Petrum Crescentiensem & 10 Belisarium remedia inueniuntur, ponemus omnia.

¶ Empturus accipitrem certis notis sanum ab ægro discernet. Accipiter igitur ægrotans (inquit Albertus)pennis & alis quodammodo inhorrescit, alæ ei dependent, clamosus est propter sensum doloris. cibum sæpius reijcit incoctum: Struma afficitur, & interdum repletione ut homo, quo tempore obtusius cernit, grauis ac piger ad uolandum est, cibum fastidit, somni & quietis cupidus est, prædam obiectam negligit, & in terram residet: reuocatus cum esca ad manum domini nõ citò reuertitur, uocatus non respicit uocantem, Hęc Albertus. Columbæ bibendum infundito uinum uetus odoratum admixto asaro, (Græcè ἄσαρ scribitur;) deinde columbam accipitri obijcito, qui si æger fuerit non attinget eam, Demetrius. Vel accipitrem humi pone iuxta pedes tuos, & manum 20 qua carnem teneas quantum potes eleuato uocatoq́ accipitrem, qui si continuò ad manum aduolârit, sanum esse iudicabis: secus, ægrotum & non emendum, Idem. Vel, scobem ferri bene tritam accipitri obijce cum carne qua solitus est pasci, hanc si deuorârit, partes eius interiores infirmas esse conijcies. Quòd si aliquando à deglutita ferri scobe ossa eius uel articuli crepitum ediderint, interiora eius infirma fuisse conijcies, auxilium uerò ex hoc ipso remedio maximum ei futurum expectabis. Vel, Pulmone ouillo adhuc calente ciba accipitrem, & si nihil incommodi inde senseris, interiora eius sana esse credito. Si uerò deterius habuerit, & ægrè concoxerit, signum est eum ægrotare, & postridie inuenies eum tristiorem, Hunc ne emito: si uerò tuus sit, idoneam curam ei impendito, Hucusq́ Demetrius. Signa sanitatis in auibus rapacibus à Tardiuo hæc referuntur: Si aluí excrementum continuum fuerit, non interruptum, nec densum : Si turundos ingestos (de quibus infra dicemus, Galli curã uocant) non humidos sed siccos aluo reiecerit: Si super pertica tranquillê 30 se gesserit: Si rostro alas suas repurget ab inferiore parte usq́ ad summam: Si pennæ eius ueluti unctæ splendeant: Si coxas æqualiter teneat: Si uenæ duæ quæ in radicibus alarum sunt motu moderato pulsauerint, Tardiuus. Et rursus, Accipitrem (aut quamuis auem rapacem) calore externo affici intelligitur, si os aperiat, lingua tremat, & anhelus sit, &c. Frigoris uerò signa sunt, si oculos claudat, pedem alterum eleuet, plumis inhorrescat, Defatigatus aut æger notatur, si os clausum fuerit, alæ dependeant, & crebrò respiret per nares. Deniq́ morti uicinus, si aluí excrementum uiride redditur, & quum in pertica uel uolatu se eleuare non potest.

Accipiter qui de nido extractus fuerit, nidarium uocant, præ cæteris laudatur : & dominû rarò deserit: similiter ramarius, hoc est qui de nido egressus de ramo in ramum matrê sequitur, optimus esse solet. Secundi meriti est sorus dictus, captus scilicet postquam nidum reliquit, antequam pen- 40 nas in feritate mutaret. Qui uerò post id temporis captus fuerit, rarò consueuit cum hominibus uiuere uel morari. si tamen permaneat, bonus est. quia in feritate fuit solitus aucupari, & quantò animosior uidetur & audacior in opere ac meliorum morum, tantò ab expertis melior iudicatur, Crescentiensis. Nidularios mansuefactarij uocant, qui ex nidulo rapti sunt, & domi adoleuerunt. Ramales, qui iam fermè adulti & nido oberrantes, ramulatim uolitantes capiuntur. Hos (ut arbitror) præferunt. celeritate enim nidularijs præualent. Nidularij ut obsequiosissimi, sic deterrimi. Peregriní, ut in primis uolucres, sic contumaces & maiore negotio curabiles, ut qui ab infantia non obduruerint. Hi tamen duorum generum: hornotini præstantissimi putantur, id est qui antequam deplumescant mansuefiunt, anniculi, id est deplumes, bimi, trimi & deinceps ad obsequium redigi non possunt, Budæus in Pandect. Rob. Stephanus ramáge Gallicè dictum interpretatur accipi- 50 trem, qui aliquandiu liberè uolârit, sed is potius sorus fuerit. In nido captum nieds nominat, Tardiuus eundem nyais. Illum qui nuper nido egressus pauco tempore matrem suam uolando de ramo in ramum secutus est, branchier, id est ramarium. nam Galli ramum branche appellant. Tardiuus rectè accipitrem branchier & ramáge eundem facit: Sorum uerò dictum ait à colore quem Galli soret nominent. Est autem sorus qui aliquandiu liberè uolauit, sed antequam pennas mutaret hornotius adhuc, id est primo anno captus est. Tappius nidarium Germanicè uocat ein Niſteling, ramarium ein Eſteling, sorum ein Wildfang. nostri nidarium ein Neſtuogel, ramarium ein Aſtuogel.

¶ Accipitres, falcones & omnes aues rapaces, item auiculæ minores, quomodo capiantur retibus, tum magnis quæ parietes, tum minoribus quæ araneas uocant, Crescentiensis scribit libro de- 60 cimo operis de agricultura, capitibus 21. & 23. Accipitres nondum adulti facilè capiuntur : Rete sublime tenditur, & post id alligato graculo, auceps iuxta latens in tugurio sono fistulæ accipitrem uocat,

uocat,donec is propior factus graculum conspiciat, in quem conspectum mox inuolans intricatur
& capitur.Sic etiam nisi & musceti capiuntur,Stumpsius. Columbæ fœtæ emissæ, propter pullos
quos habent,utiq redeunt,nisi a coruo occisæ,aut ab accipitre interceptæ:Quos columbarij interficere solent,duabus uirgis uiscatis defixis in terram inter se curuatis, cum inter eas posuerint obligatum animal,quod intercipere soleat accipitres,qui ita decipiuntur cum se obleuerint uisco,Var-
ro. ¶ Visco(inquit Crescentiensis)capiuntur accipitres cæteræq aues rapaces.In terram duæ uel
tres insiguntur uirgulæ infiscatæ,parum distantes, & se inuicem inflexæ, in medio quarum ligatur auis aliqua,ut columbus,uel pullus,uel caro,aut mus pro miluis & quibusdam alijs auibus rapa
cibus quæ talia petant, ad quæ cum aues uenerint, capiuntur cordulis. ¶ Falcones & aquilæ ca-
10 piuntur apud nos in nidis, per hominem fune longissimo de rupe submissum, Albertus. Accipitrum pullos aliqui e nidis scalis oblongis ad arbores appositis non sine periculo eximunt. Sic autem captorum enutritio, periculosa simul & molesta est. Nam & tenera pullorum corpora facile
ægrescunt:& si præter spem conseruentur, toto die miserabiles uoces ædunt, est quando ne noctu
quidem intermittant,& improbam istam consuetudinem perpetuo clamosæ retineant,Demetrius.
Apud eundem alios quoq modos diuersos,accipitres capiendi,reperies,cum fistula,reti, uisco:ex
quibus ille imprimis mirabilis, quo capitur accipiter ab homine supino iacente, ita ut totus paleis
aut herbis integatur,manu sinistra auem(gallinã aut columbam)teneat, & fistula uocet accipitrem,
quem cum aduolârit dextera apprehendat,& fascijs rite obligatum in tugurio condat. Accipitres
nidarij & ramarij(inquit Crescentiensis)nutriuntur bonis auibus & carnibus pluries & in die pau-
20 latim in hora ut magis dominum diligant. Possunt etiam eis dari oua in paropsidibus fracta & agitata,& in aquam feruentem proiecta, & postea digitis simul constricta.Idem fit in foris a principio,
sed cum omnino iam cicures facti sunt,semel tantum quotidie pascendi sunt post tertiam, absoluta
concoctione scilicet,non prius:quod per gutturis uacuitatem cognoscitur ab expertis, quòd si cibus de gutture usq ad diem sequentem non descenderit, tandiu etiam sine cibo relinquantur. Si
uero de gutture descenderit,bis die cibum offerre poteris secure : nisi uelis eodem die aut sequente
ad aucupium accedere.tunc enim accipitrem famelicum esse oportet,ut auidius in prædam ruat,&
facilius ad dominum redeat,Hæc ille. Carnes(inquit Demetrius)accipiter edat recentes : & si ne
cesse fuerit,intra biduum mactatas : nunquam uero ante triduum. Talis enim caro & calculum &
omnem morbum pestilentem & corruptionem inducit. Sint autem carnes agnorum, ouium,hir-
30 corum,boum & porcorũ:cum pilis,si animalia adhuc tenera fuerint:sin adultiora,absq pilis.Quod
si accipitres labore attenuati fuerint,per unum aut alterum diem tantum præbeantur. nam si pluribus diebus eis uescantur,efferantur animis,& calculi in eis generantur,Dandæ igitur prædictæ car
nes diebus alternis. bubula enim pluribus diebus sumpta cruditatem facit. caprina uero concre-
tos in uentre calculos probe dissoluit,sed stomachum aquosum reddit,& appetentia deijcit. Ouilla
subinde data,calculos gignit. quare sanguinem hircinum recentem, ut primum a mactatione coi-
uerit,dare oportet,ut qui calculos maxime soluat:& ab hoc uno adamantem lapidem uinci aiunt.
Leporina cum sanguine data sine ossibus & medullis,prodest,Illa uero(ossa & medullas) deuorata
uermes in uentre auis generare aiunt,unde illa aucupe causam ignorâte intereat.Ceruina ad satiem
concedi non debet, est enim difficilis concoctu. Potest etiã ursina,si contingat,pauca & calida præ-
40 beri.Copiosius enim sumpta etiam hæc plurimum grauat.Catulorum uero seu canicularum sangui
nem totum calidum una cum carnibus edant,conducit enim ut soluantur qui in uentre coierint cal
culi ut hircinus quoq.Murina sola etiam quotidie data, aut saltem alternis diebus, iuuat, una cum
pilis,omnibus interaneis utilis.phlegma enim & bilem purgat,fluxiones pituitosas reprimit,calcu-
los soluit,coryzam seu grauedinem instantem pellit, stomachum dissolutũ corroborat : in summa,
omnino salubris est accipitri.In auium genere utilissima columba, alis & pedibus minutatim concisis,licet sitim ad breue tempus moueat.Corui cor,cerebrum,iecur, & perparum de pulpa pectoris conceduntur : sanguis omnino uitandus est, utpote salsus & perniciosus accipitri, sicut omnia
salsa.Idem de cornice dicimus. Ossa etiam & interiora relinquenda. urunt enim & nimiam ac noxiam sitim excitant. Cæterum anatis caro omnis & sanguis conducit maxime. item gruis, & anse-
50 ris,sed absq multo sanguine,nam si copiosum anseris sanguinem sumpserit accipiter, corde grauua-
tur:& sicut homines ebrij uim rationis obtundunt,& temere se gerunt, sic accipiter antequam con
coxerit uenatum ineptus est.Ardeolæ cerebrum cum corde & iecinore edat,si opus sit : ne scilicet tristetur accipiter si nihil de suo labore præmij ceperit,& alacrior ad prædam fiat.carnes cæteras
tanquam noxias relinquat.Lari etiam,si forte capiatur,cor cum sanguine & paucis de pectore carnibus edat,reliquæ enim eius partes uirosæ grauesq sunt. De mergo ad satietatem edere potest,est
enim auis hæc dulcissima & facilis concoctu.Otidis etiam & picæ caro tota utilissima est.præterea
palumbis,merulæ, & gallinæ, si tempestiue dentur, carnes maxime iuuant. caput tamen, pedes &
alas adimito gallinis, ne auem domesticam edere se intelligat,& neglectis deinceps auibus feris cir
ca casas uolitet,Hucusq Demetrius 1.27. Et cap.22.Caro (inquit)non semper prodest. Suilla tum
60 datur accipitri cum macilentus fuerit. obesat enim omnino, præcipue uero hyeme datur cum frigore læsa & consumpta fuerint accipitrum corpora. Bubula raro conuenit. est tamen apta ad purgationem, pondere suo auis aluum deprimens, si astricta fuerit, datur autem bis, aut ut plurimum

ter mense. Caprina & ouilla omni tempore conueniunt. Præ omnibus quidem utilis est cibus de pullis columbarum, si calidi edantur, tum æstate tum hyeme. Καὶ ἡ συνεχὴς δὲ ἀφροδὶ τῶν περδρῶν τῶν ὀρνίθων, (locus est mutilus.) Cæterum corui & cornicis carnes tanquam omnino noxia nunquam dari debent. Anseris uero caro perutilis est. His addemus reliqua etiam ex eiusdem Demetrij præcedentibus aliquot capitibus quæ ad cibum accipitris pertinent. ¶ De modo & quantitate alimentorum accipitris cap. 19. Edat accipiter lance appensam carnem, scilicet ouillæ uncias nouem, caprinæ unc. decem, hircinæ nouem, ceruinæ octo, leporinæ quinq, de sue magna sex, de porcello septem, de catulo octo, ursinæ sex. De auibus uero, ut grue, ansere, perdice, palumbe, turture, merula, sturno, satiari eum licet, diligenter & subinde cauendo ossa, aut pilos, aut pennas. Oportet autẽ accipitrem non prius moueri quàm excrementa illa uomitu reiecerit. Imperitus quidem auceps hoc tempore auem ægrotare suspicabitur, quòd segnior facta sit & cibum fastidiat. Cæterum pennas, ossa & pilos unà cum carne deuorari perutile fuerit, Nam cum asperæ & siccæ hæ partes sint, pituitam stomacho inhærentem abradunt, & secum educunt: unde accipitrem à difficilibus morbis seruari cõtingit. ¶ Quomodo nutriri debeat accipiter caput 20. Nutriendus est accipiter hora quarta postquam gestatus fuerit, deinde ad perticam (contum) suam religandus donec concoxerit. Pertica sit ex phillyrea (phillyra potius, id est tilia: aliqui perticam ex acere siue opulo laudant,)æqualis, necɔ crassior iusto, necɔ tenuior. Quòd si ægrè concoquat, in offam carnis (unamquanɔ) maluæ satiuæ (folium) tenerum indito, ut simul deglutiat, hoc etiam prodest accipitri qui pennas suas offendit. Tempore hyemis pridie antequam ad uenationem exeas, dabis ei σίελω τὸ λεγόμενον γηπίνομον (silei uel seseli intelligo, (& aloẽ puram pro magnitudine auis, nempe si magna sit, instar fabæ: si minor, instar ciceris. Purgari etiam debet sumpto mure, uel oleo bono, uel melle. ¶ De ijs quibus abstinere debet accipiter caput 21. Carnem olidam cuiuscunɔ animantis ne dederis accipitri, parit enim luem pestilentem, & lapides: & interancia eius putredine afficit, unde auis subitò perit. Carnẽ etiam cum sale non dabis. Sal enim in corpore accipitris dissolutus, uitalem eius spiritum extinguit, Idem sine carne per se datus, uiscera accipitris perdit. Pinguedo etiam carnis de quocunɔ animali, cibo accipitris non conuenit, quòd facultatem cõcoctricem impediat, & stomachum remittat seu laxet. Denicɔ oleum accipitri contrarium est, propter admixtum salem, Hæc omnia Demetrius.

¶ Auibus rapacibus (inquit Tardiuus) præter cibum cõsuetum interdum dari debet modicum de coxa aut collo gallinæ, hic cibus enim auem corpulentam reddit. Intestina gallinæ cum plumis deuorata dilatant intestinum auis infimum, quo excrementum redditur & humores redundantes exiccant. Carnes insalubres sunt frigidæ, & caro bubula, suilla, aliæcɔ difficiles concoctu, maximè uerò animalium quæ libidine agitantur, ex quorum carne sumpta nonnunquam moritur auis aucupe causam ignorante. Caro gallinæ nõ conuenit aui, nam cum frigida sit, uentrem eius turbat: & quoniam dulcis & lauta est, cum gallinæ ferè ubicɔ reperiantur, auis desiderio harum deliciarum, si inter uolandum gallinam conspexerit, præda relicta ad illam se conuertet. Quòd si hoc uitio laborare auem animaduerteris, pasces eam paruis auiculis, & columbis ubi primũ uolare incipiunt, aut hirundinibus paruis. Columbæ adultæ & picæ (atqui Demetrius picam laudat: sed differentia forte est respectu ætatis) caro amara & noxia est. Nocet etiam uaccina, quòd uentrem laxet, non quidem qualitate, sed pondere suo. Quòd si penuria melioris deteriore carne auem pascere oportuerit, lauetur illa aqua tepida, & parum in ea reponatur: deinde exprimatur, si hyems fuerit: sin æstas, refrigeretur. non tamen nimium exprimatur. aqua enim pondus addit carni, & ut citius per illam descendat efficit, & intestina dilatat, & crassos humores si qui insunt expurgat. Non omnis atɔ caro, sed ea tantum quæ crassioris succi est, lauari debet, & præberi illo tempore tantum quo sinæ inguedine, sine uenis & neruis. Cum pasces eam, non permittes eam auiditati suæ, sed interquam cipit per interualla modicè quiescat, sic enim suauius edet. Interdum ei subtrahes carnem antetur. Dẽ uretur, & esum eius retardabis. Sed cura ne uideat carnem, & auido ad eam motu fatigeoptimè fac ut paruas auiculas deplumet, ut ruri facere solet. ¶ Accipitres (inquit Tappius) niatæɔ in tas partes, calidæ adhuc non parum eis sapiunt. Vidi etiam aucupes quosdam in alia rum carniũ & auium inopia, catulos accipitribus in cibum mactasse. Cerebrum auium commendatur, utpotɔxum & facile concoctu. Medulla ex cruribus præfertur. Pinguedo etiam (Demetrius omne pinɔ ue uituperat) ex calidis auibus sumpta conducit, & uenas & ossa purgat, & pennas ualde confirma Intestina dari non debent pro alimento, sed tantum cum uentrem & corpus purgare libuerit. Lingua optimè quidem sapit accipitri, sed cæteris alimentis postponi debet. Cor sanè præfertur, & nihil o suauius gustant accipitres, quod Aristotelem, Plinium aliosɔ ignorasse miramur, qui accipitrem corde abstinere falsò scribunt. Pulmo etsi non admodum lautus sit, facile taxis præferuntur. Coxæ quidem frigidæ potius dari debent, sed in aqua calida recalsfactæ: & similiter uenter ac lumbi, quæ partes si absɔ aqua calfiant, insalubriter alent, Hæc ille. ¶ De cibo & potu men concoquitur, iecur difficulter, Renes & lien improbantur. Alæ de gallina calidæ abreptæ conutriendus sit, inserius dicetur. nonnihil etiam supra capite tertio. Mutationis pennarum tempore quomodo ¶ Accipiter si sæpe sanguinem auium biberit, uires acquirit &

audaciam

audaciam ac deſiderium capiendi, Albertus ex Aquila, &c. Accipitri dum nutritur non debet negari aqua frigida:nec multum coniungantur alæ eius niſi pendeant, Ex eodem,&c. Ponuntur ali
quando accipitres in riuulum fluentem ut lauēt,quod ſi tum biberint, Germani ſuo uocabulo eum
haurire dicunt,ſchöpffen.

¶ De mutatione pennarum in auium rapaciū genere,quam noſtri uocant muſſen,Galli muer.
Auiarium uel cauea cui includuntur mutationis tempore à Demetrio ἐγκλειϲρα uel ἐγκλειϲρον,οἴκημα,
ἐκιωϲιϲ,& μϲτϲ nominatur. Vnde uerbum etiam μϲτϲῦϲαι,uel μϲτϲῦϲαι apud recentiores:pro quo De
metrius ἀπϲυϲάλλειν τὰ πϲϲρα,μϲταβάλλειν, ἀλλάϲϲειν, ϲίπϲϲειν, πϲϲρορυϲϲαϲ, μαϲϲίϲϲαι. Accipitres anniuerſa-
ría cura plumas in auiarijs amittunt,Budæus. Accipitres (inquit Creſcentienſis) mutantur ſingu-
10 lis annis.Debent autem poni menſe Martio uel Aprili in gabia (cauea) magna de induſtria ad hoc
ſacta,expoſita ad Solē in loco calido,ut iuxta muros plagæ meridionali oppoſitos.Et perficitur mu
tatio pennarum eius principio Auguſti,& in pluribus in medio,& quibuſdā in fine. In quibuſdam
uerò non perficitur omnino. Ad hoc conducit,ſi bene paſcantur bonis carnibus,præcipuè auium,
& ouis,ut ſatis pingueſcant.Sic enim optimè mutant,Quidam conferre aiunt ſtelliones,teſtudines
& lacertas in cibo. Sunt qui eos deplument,ut nouæ pennæ citius ſubnaſcantur, ſed multi hoc modo iam læſi & perditi ſunt,Hæc ille. Cum mutare pennas inceperit, exime eum ab omni labore &
abundanter ciba,quoties enim eſurierit,tot ſigna fracturarum uel fracturas habebit in pennis.Con
ducunt etiam hoc tempore glebæ(ceſpites)uirides ſubſtratæ pedibus, & Solis calor moderatus, nimius enim æſtus nocet,Albertus. Accipiter tempore mutationis pennarum (ut prolixius diſſerit
20 Belisarius) cibis calidis, id eſt auibus uſui paſcatur: idcp in loco à uentis & frigore tuto, eodemcp
tranquillo, & à ſtrepitu remoto.Iam cum eis ſic incluſis exercitiū negetur, ne in otio cibis nimium
ſaturati de ualetudine periclitentur, alternis diebus modo ſolidioribus cibis modo fluidis alantur,
quim uerò alarū pennas principaliores mutauerint,ſolidiores dandi ſunt cibi,oſſacp ueſperi:dum-
modo accipitris deinde guttur diſcerptis auium collis impleatur. Cæterum qui ex ipſis pinguiores
euaſerint,nimiumcp ſaturi cibo(adeò ut cibum reſpuant)pipionibus nō omnino pennatis paſci de-
bent.hi enim & palato magis ſapiunt,& facilius concoquuntur.

¶ De eadem ex libro primo Demetrij. Quomodo poſt uenationem tractandus & nutriendus
ſit accipiter, (tempore mutationis,) & qualibus auiarijs includendus ; Caput 15. Quum iam tem-
30 pus fuerit(abierit)uenationis auium, quando ſcilicet peregrinationem ſuam perficiunt anſeres, ana
tes,grues & aliæ aues,auceps quotidie exeat ad aucupium coruorum & cornicum;earumcp auium
quæ regionem non mutant, nec peregrinantur. Hoc autem faciat circa calendas Maias, obiter &
tanquam per ludum hoc aucupio ſe exercens , uſcp ad tempus includendi accipitris. Deinde auiarium paret egregium & peramplum , aut ſaltem mediocre & quod includendæ aui ſatis capax ſit,
cuius oſtium Solem orientem ſpectet.Debet autem id uirgis ſeptum eſſe,non uitro clauſum, ita ut
& ſatis ſit luminis,& nullus aui exitus pateat.Vitrum enim ſtatim effringit, aduolãs ſcilicet, ludens
& allidens ſe. Vitro fracto uel auolat,uel uitri fragmentis uulneratus perit. Sit aūt in medio auiarij
pertica transuerſa cui inſiſtat.Aqua etiam perpetuò adſit in uaſe ligneo,quotidie mutanda. Vas neque profundū eſto,necp omnino nimis exigua cauitate : ſed latum amplumcp & moderata cauitate,
40 ne dum lauat accipiter pectus offendat,aut pennas recens pullulantes peruertat.tales enim illæ manent in poſterum,quales ab initio formantur. Sic incluſus ueſcatur carne calida, aut ſaltē ante diem
unum mactata. Dabis etiam alternis diebus ſuillam de porcello,in auiario, iuuat enim.& ſimiliter
alternis columbas , mures & catulos pro more obijce. Item ſenecta anguis minutatim conciſa,ut
fieri ſolet, & carnibus admixta iuuat, ac optimè promouet mutationem pennarum. Aliud. Teſtudinem in locis ſiccis captam adempto cortice ſupinam accipitri edendam appone.qualitas enim
carnis eius & ſuccus conducunt,& mutationem pennarum totius corporis accelerant.Præter hæc
nihil aliud tentabis in accipitre incluſo.nam imperiti quidã pennas cum dolore euellunt, cum longe ſatius ſit,ſecundum naturam per uictus ratione ac ſine dolore id moliri , ut pennæ paulatim de-
fluant.In cauda tantum,ſi quæ fractæ fuerint,leniter & paulatim nec ulla ui extrahes,& ne ſanguinem elicias cauebis. hic enim ſi fluat, ut pennæ diſtortæ ſubnaſcantur efficit. Quòd ſi accipitrem
50 penitus manſuetum deſideres, ut cum ad uenatum prodiueris non multo labore opus ſit, ūnum &
alterum diem de manu eum paſcito:deinde carnem in pertica ei alligato ut inde petat, ne humi poſita ſordes terræ adhæreant & auem lædant.Sic nutriri ſolitus cicur manebit, & cum tempus poſtu
lauerit promptus erit,nec multo labore ad correctionem egebit. Debet autem,cum ab auiario eximitur,eodem modo inſtitui ac cicurari, quo nouelli & qui primum uenari incipiunt. Mutatis iam
pennis formoſior fiet.Cæterum caudam primo anno magnã habent accipitres,ſecundo minorem,
reliquis deinde ſemper æqualē, ita ut necp creſcat necp decreſcat. ¶ Ex alio libro Græco rudiore,
quomodo includendus ſit accipiter, & qualibus caueis. Vtile fuerit à ſeptentrione ſimul & meridie,uel ab ortu & occaſu lumina ſeu feneſtras habere caueam, ut aliis mediocri & temperate calida aëris conſtitutione fruatur. Oportet etiam perfectam & amplam eſſe caueam , ut duas aut tres
60 perticas(cōtaria)capiat,per quas accipiter transilire & ubi libuerit inſidere queat. Plurimum enim
hoc exercitio jproficit. Porrò cum accipitrem paſcere uolueris ut pennæ ei decidant , purgatione
ad hoc præſcripta(inferius cap.25.ut conijcio , quam nos quocp infra inter purgationes ponemus,)
b

utere: Et in nares eius diligēter infla, ut ne minimum quidem sordium relinquatur in temporibus eius. Poſtquā uerò purgatus fuerit, fac ut ſaltem per quinq̃ dies ſatietur perdicibus, & noctu cœlò ſereno ſub dio ipſum colloca, ita ut nullam prorſus fumi acrimoniam percipiat. Saturato iam perdicibus dabis ſuillam, donec abunde corpulentus fiat & pennas alarum (quas καλυπτῆρας uocant) ſponte abijcere incipiat. Tum deinceps reliquas quoq̃ pennas detrahito, exceptis elatis (id eſt maioribus alarum pennis) & paucis quę iuxta elatas ſunt calypteribus. Quod ſi bene paſtus fuerit, ſine dolore pennas remittet: Quo facto uinum aſtringens ore hauſtum inſperge in loca pennis nudata, ne ſanguinis fluxus ſequatur. Tum in pertica eam per unum aut alterum diem ſiſte: deinde in caueam dimitte, & uas rotundum ſuppone in quo lauetur, cuius latitudo ſit trium pedum, profunditas dodrantalis. aquam autem perpaucam contineat ab initio cum auis primum immittitur, nempe 10 ad duos uel tres digitos, ut bibere tantum poſſit, non etiam lauare. Vbi uerò pennas iam pulchrè ſubnaſci uideris, tum uas implebis aqua ut etiam lauet. Eſt autem aqua quotidie mutanda, & uas diligenter lauandum. Nam ſi excrementum in uas inciderit, & auis ex illa aqua uel biberit uel lauerit, ſtatim coryza infeſtante interit. Auis ex manu aucupis edat in caueam carne omnino puram, & plerunq̃ calidam. nam ſi carnem ſordidam ingeſſerit, calculi innaſcuntur & perit. Quòd ſi non ex aucupis manu, ſed (ut quidam faciunt) perticæ alligatam carnem ederit, breui efferatur, & hominem accedentem uidens, in caueâ perturbata ſeipſam offendit, & planè fera redditur: & ſi iam pinguis fuerit, facilè in morbum incidit. ¶ De accelerando pennarum defluuio, & accipitre citius è cauea eximendo, Caput 17. Si auis incluſa caueæ tardius remiſerit pennas, uictus ratiōe adhibebis huiuſmodi: Primùm cibos ei præbebis ut prædictum eſt: deinde aquam bibendam nullam 20 dabis, & poſt ſeptem dies lixiuium factum de cinere è ſarmentis uitium puro, abſq̃ alia materia admixta, aqua diſlutum appones. Sunt autem qui marinam aquam apponant, aut eius loco ſalſam. Lixiuio quidem de ſarmentis, ut dictum eſt, appoſito, ſiue inde bibat accipiter, ſiue lauetur tantum, corpore eius relaxato pennas omnino facilius mutabit. Quòd ſi inde biberit, nunquam laborabit calculo. Pennis iam reiectis aquam puram, ut prius, iterum dato. Aliud ad idem. Semen agni ſeu uiticis contuſum macera in aqua dulci, eam colatam in potu dato columbæ, & adhuc pernoctare eam dimitte, deinde accipitri laniandam obijce. Aliud. Lacertam uiridem in olla noua cum aqua probè decoquito, deinde in mortario contere, & in uaſe aliquo cum decocto ſuo permiſce aquam aliam tepidam affundens. In hanc aquam demerſum accipitrē laua, & cito abijciet pennas. Aliud. Opobalſamum carni quam edit frequenter permiſce. Aliud. Lacertam minutatim diſcinde, ita ut ne 30 poſſit carnem apprehendere unguibus, ſed ore tantum ſumat. nam ſi unguibus comprehenderit eam, emanans inde lacteus liquor unguibus nocet conſtringendo eos. Aliud. Pullis hirundinum frequenter paſce accipitrem.

¶ De eadem ex lib. 2. rudiore, (quem cum Demetrij libro manuſcriptum habemus Græcè,) cap. 53. Vt accipiter mutet, Priuſquam ipſum in mutam, id eſt caueam immittas, caput eius extende, (ἐκτίναξον,) & cum aqua ſiue decocto lupinorum (hoc ſupra contra pediculos faciendum præceperat) ablue, & ſic demum in caueam immitte: in quam aruinam inijceis & pumicem (ἵνα πρόβει τὸ μύτωπην: fortè, ut affricet roſtrum,) & menſam rotundam impones: & per dies decem pullum columbæ dabis (ſingulum nimirum quotidie.) Si tardius mutet, pellem ſerpentis tritam & carni inditam in cibo dabis: aut lac edendum à potu. Auguſto menſe quotidie aquam appones. Cæterum antequam eum è cauea eximas diebus decem antè quotidie ingreditor prope eum, ne ſi ſubito eum è 40 cauea auferas, aufugiat & auolet. Varij modi ad promouendam accipitris mutationem. Lacertos uirides uiuos (uel μυσρὸς, uel σπιλάμ) uel mures, uel ciconiam, uel turturem ei in cibum dabis tertio quoq̃ die. Aut lacertos uirides in Sole ſicca, & tritas cū ſuilla miſce, quam accipiter deuoret. Cum uerò iam mutauerit accipiter aqua marina calida pennas eius foueto per triduum, uel cum aceto acerrimo calefacto. Et rurſus cap. 80. Accipitrem de cauea exempturus, ante lucem cum ipſo obambula: & antequam Sol oriatur ad perticam eum repone. Veſperi uerò lucernam huc illuc (ante ipſum) mouebis, & geſtabis ipſum donec illuceſcat. ¶ Vt auis mutet pennas ſuper manu (inquit Tardiuus) quò melius cicuretur, nec metuat ſibi ab hominibus, nutrito ipſum in manu, nunc hoc nunc alio cibi genere, ſubinde mutans, frequentius tamen illum cibum præbebis quem ipſa prætu- 50 lerit, Mane & ueſperi eam geſtato, Tempore calido pone ipſam in domicilio frigido, in quo pertica ſit ſuper qua uolare poſſit pro arbitrio. Si inquieta fuerit in manu, afflato in roſtrum eius, & ſub alas & per reliquum corpus. Ferè autem non eſt irrequieta, niſi cum incipit pennas abijcere. Cum igitur abijcere iam cœperit, include illam in domicilium iam dictum, & ceſpitem herbæ uiridis ei ſubſterne & ſabulum. Aquam ſemel ei per ſeptimanam appones. Sic rectè mutabit, & bona euader. Quòd ſi uelis ut auis ſine carnis eſu pennas mutet, uitellum oui duriuſculè coques, tum in aqua refrigerabis, & abſterges ouum. Et quando primùm auem eo paſcere uolueris, ut facilius aſſueſcat, miſcebis uitellum cum ſanguine gallinæ aut alterius auis. Mutatio pennarum auis perfici debet in loco incluſo, ſolitario, à puluere & fumo immuni: & quò nullus ſit gallinis acceſſus, ne pediculis eorum decidentibus auis inuadi poſſit. Locus hic meridiem uerſus ne pateat, uentos ac pluuiam 60 uitandi cauſa. Impones autem ſabulum, & tertio quoq̃ die herbas recentes, ſalicum frondes, (& huiuſmodi quæ refrigerent:) & ante auem uas aqua plenum ad bibendi lauandiq̃ uſum. Auem in domicilium

micilium mutationis immiſſurus, à pediculis prius libera:Eandem cum exemeris purgato medica=
mentis,ut in capite de purgatione docetur. Roſtrum ei acuendum ungendumᴄ̃p eſt. Pennas ſeu
plumas ſub collo & cauda ei demes.Tempore mutationis per dies ſeptem pullis columbarum unâ
cum ſanguine cibetur,deinde per tres alios carne macerata parum in urina. Vt bene ac'citò mutet,
paſcatur carne erinacei ſine pingui : Aut glandulas quæ in collo ouium ſub auriculis ſunt minuta=
tim inciſas cibo eius immiſce, ut quoquo modo deglutiat,ſiue ſponte,ſiue aliqua inuentione tua.Et
cum pennas iam abijcere inceperit, ne amplius dederis, ne fortè nouas etiam pennas cum ueteri=
bus amittat.Aut pro glandulis iam dictis carnem murium maiorũ (rattos uocant) uel talparum bu=
tyro unctam triduo ei dabis.Deinde fruſtulum de carne ſerpentis præbe unâ cum pelle,nempe tres
10 paruos globulos, inter caput & caudam. Vt quælibet auis bene mutet , paſcito eam catulina lardo
perfuſa,ex illa canis parte quam Galli mulettam uocant:& poſtea eandem partem in fruſta ſeu bo=
los diſſectam præbe,nam hic cibus maximè ei ſecundum naturam eſt. Quum pennæ iam defluere
inceperint,carnem qua ueſcitur unge oleo ſeſamino. ſic enim pennæ craſsiores molliorésᴄ̃p naſcen
tur.nam ſicciores facilè rumpuntur. Nõ eximes autem eam à domicilio mutationis,donec pennas
omnes probè mutauerit. Quòd ſi pennæ ſubnaſcantur macræ,ſiccæ, & breues , & auis non abun=
dârit pingui eis alendis ſufficiente , nutries eam pipionum & alijs calidis carnibus. Si quæ pennæ
non exciderint,aut malè natæ fuerint,ungantur oleo laurino,quod & ueteres defluere facit & bo=
nas ſuboriri.Si quid incommodi uel morbi ingruerit aui inter mutandum pennas, præſtabit medi=
camenta omnia(pro mutatione inſtituta)differri,donec conualeſcat.nam ea quæ mutationem pen=
20 narum promouent,naturæ eius contraria ſunt. ¶ Si auis(rapax fœmina, mutationis tempore)ouâ
in uentre gignat in domicilio mutationis uel alibi, ægrotat aut mori periclitatur. Signa autem ſunt
hæc:Anus ei inflatur & rubeſcit,nares etiam & oculi inflantur. Dabis igitur ei præſeruandi cauſa
poſt Martium menſem auripigmentum piſi quantitate cibo eius permixtum : ſic deſiderium iſtud
amittet.Et caro qua ueſcetur per octo aut decem dies abluatur liquore illo qui de uitibus recens pu
tatis deſtillat. ¶ Auis à mutationis tempore corpulentior facta, ſi aërem & uentum frigidum ſen=
tiat,irrequieto corporis motu ſe calfacit.eſt autem periculum ne ab aſcititio iſto calore refrigeretur
& fortè moriatur. Geſtabis igitur eam placidè & extra calorem , capitio inuolutam, (capitium; id
eſt capitis tegmen noſtri in accipitre uocant ɥaub ; Galli chapperon.) Et quoniam obeſus & fero=
cior factus eſt,ne fugiat,purgabis eum globulo è pinguedine lardi, in capite de purgatione deſcri=
30 pto.Paſces autem pulmonis ouilli ſegmentis,tandiu lotis donec ſanguinem & ſuccum omnem ami
ſerint.ſic enim maciem aui conciliant. Perticam eius ſimo pingui aut quauis pinguedine inunges
ut lubrica fiat.ſic alligata ſuper eam auis noctu, cum firmo gradu inſiſtere nequeat & ſubinde laba=
tur,non poterit ſomno frui , unde macreſcet & mitior fiet. Sed fac ut diligenter alliges,ne auolet.
nam ſi nimis obeſus ſit,nec ſatis purgatus & reuocationi obediens,auolabit. ¶ Auis ſi poſt muta=
tionem cibum faſtidiat,appetitum ei hoc remedio excitabis:Aloën citrinam tritâ miſce cum ſucco
braſsicæ rubræ,& inde infarci inteſtina gallinæ in imo ligata,quæ accipitri glutienda dabis. Dein=
de manu geſtabis uſᴄ̃p ad tranſactam meridiem : Tum bono recentiᴄ̃p cibo, poſtridie gallina eum
paſces.Deinde aquam ut lauet appones. Hoc remedio (ex aloë) uermes etiam de corpore accipi=
tris exiguntur, Hæc omnia Tardiuus. ¶ Aſtures (id eſt maiores accipitres,) mutantur ut accipi=
40 tres, Creſcentienſis.

DE RELIQVA TRACTATIONE ACCIPITRVM AVIVMQVE RA=
pacium,& manſuefactione, & ipſo aucupio.

¶ Aucupij genus per accipitres,hodie ubiᴄ̃p gentium notum & frequentatum , mirũ eſt priſcis
inauditum fuiſſe.neᴄ̃p enim Ariſtoteles neᴄ̃p Plinius , qui genera aquilarum accipitrumᴄ̃p tradidê=
re,uſquam eius rei meminerunt; nec alius prorſus ueterum ſcriptorum qui extant, ut arbitror. Iu=
lius tantum Firmicus lib.ʒ. cap. 8. mentionem eorum facit, qui tempore Conſtantini Imperatoris
fuit,Conſtantini magni filij.Quin & Plinius lib.10.ita inquit,In Thraciæ parte ſuper Amphipolim
homines atᴄ̃p accipitres ſocietate quadam aucupantur. hi ex ſyluis & harundinetis excitant aues,
50 illi ſuperuolantes deprimunt.Rurſus captas aucupes diuidunt cum eis,Budęus in Pandectas.Ad=
dit Plinius, Traditum eſt miſſas in ſublime ibi (aliàs ſibi) excipere eos, & cum tempus ſit capturæ,
clangore ac uolatus genere inuitare ad occaſionem.Mihi poſtrema illa uerba, & cum tempus ſit ea
pturæ,&c.non ſuo loco collocata uidentur. Ariſtoteles enim in Mirabilibus narrationibus pueros
in Thracia ſcribit cum auiculas aucupantur,accipitres aſciſcere(παραλαμβάνειν) ſocios, & cum in lo=
cum capturæ commodum peruenerint, καλεῖν οὖν ἰσβφανος ὀνομασὶ κικρρᾴντας, id eſt, accipitres homina=
tim clamando aduocare. Plinius uerò ab ipſis accipitribus clangore ſuo ac uolatus genere (uolant
enim deorſum perſequentes)homines ad occaſionem inuitari ſentit. quod etſi uerum eſſe uideretur,
non ſuo tamen loco & ordine à Plinio ſcribitur.Primum enim accipitres uocantur,deinde auiculæ
exturbantur,(uel contra,)tertio auiculæ ab accipitribus homines clangore & uolatus genere inui=
60 tantibus deorſum impelluntur,quarto ab hominibus capiuntur,poſtremò pars earum præmij loco
in ſublime accipitribus ibi excepturis reijcitur, quod Ariſtoteles in hiſtoria animalium lib. 10. cap.
ʒ6.dixit,ρίπτειν γὰρ τῶν ὀρνίθων;οἱ δ' ἀπολαμβάνεσι,quæ uerba Gaza præterijt.Thraciæ parte(uerba ſunt

Aristotelis ex loco iam citato, Gaza interprete)quę olim Cedropolis uocabatur, homines societate accipitrum per paludes aucupantur. Cum enim ipsi lignis, quæ tenent, arundines & fruteta mouerunt, quo aues euolarent, accipitres desuper insectantur:quorum metu aues perculsæ terram repetunt, mox homines percutiunt baculis, itaque capiunt. tum partem earum quas ceperint auium, accipitribus impartiuntur. Atqui in libro Mirabilium, non Ἐν τῇ Θράκῃ τῇ καλουμένῃ ποτὲ Κεφρόττολει, sed περὶ τὸ Θρακίων τὸ ὑπὲρ Ἀμφιπόλεως legimus. ego posteriorem lectionem malim. legimus enim Amphipolim Thraciæ uel Macedoniæ ciuitatem esse, uel inter utranꝗ sitam. Cedropolim uero in Caria ponunt authores. Circa Thraciam (inquit Aristot. in Mirabilibus) quæ supra Amphipolim est rem prorsus admirandam, & ijs qui nõ uiderint incredibilem fieri aiunt. Pueri enim è uicis & agris uicinis ad aucupium auicularum egressi, accipitres sibi socios assumunt. Nempe cum ad locum capturæ aptum peruenerint, accipitres clamando nominatim uocant : qui audita puerorum uoce aduolant, & auiculas deturbant in fruteta, ubi pueri eas baculis percussas capiunt. Hoc quidem maximè aliquis miretur, quod accipitres quascunꝗ ipsi aues ceperint, pueris aucupibus dericiant, cum pueri ex omnibus captis parte tantum aliqua accipitribus reddita discedant. Gillius in Aeliano suo aliter; Accipitres (inquit) in Thracia accepi ad hanc rationem cum hominibus per paludes societatem aucupandi coire; homines explicatis retibus quiescere: accipitres autem superuolantes exter re aueis, ac intra retia compellere. Thraces si quas ceperint aues, cum accipitribus partiri, eosꝗ tum ad aucupij societatem fidos habere: Sin cum his earum partem quas ceperint auium, nõ communicauerint, dissociari atꝗ distrahi. Nota & exercita priscis Romanis & Græcis uenatoria fuit: at uolatile aucupium, cuius est hodie studium flagrantissimum, atꝗ omni organo oblectandi animi instructissimum, antiquitas ipsa nunquam suspicata est. Quod certè mirum uideri potest, quum in tantum hodie creuerit id aucupandi artificium, ut nec ardeæ nec milui intra nubes conditi, euadere humanas manus possint:imò uerò quum huiusmodi alites sublimipetæ, cum genere illo prædo num in nubium superficie tanquam in theatro commissi, spectaculum suæ necis præbere adigantur aucupantium oculis: sic uociferantibus auiarijs dimicantes certamine atroci & capitali, quasi lanistis imperantibus : usꝗ adeo pollet hominum artificium in auctorandis accipitribus, & ad uenatum sublimem instituendis, & mansuefaciendis ad obsequium, Budæus in Philologia. Et rursus, Aucupandi disciplinam (ait) non leuiter colui & exercui: libensꝗ nunc ipse, sed animi tantù causa, spectare alites illos prædones in campestri & lacustri riualiꝗ aucupatu soleo. Qui uenatus tamen quidam sublimis uidetur magis esse, aut uolaticus, quàm aucupium : tametsi in utroꝗ ludicro, non tam capturæ & prædæ studere instituimus, quàm uoluptati aucupandæ aurium & oculorum. Nam ut in syluestri uenatione omnes aditus ceruis liberæ fugæ pandimus: sic in illa sublimi & aërea, miluos & ardeas non humi captare, non in uolatu depressiore opprimere, aut incautis anteuertere solemus: sed alite prius emissario generoso more utimur : imbelli quidem illo, sed tamen eas quas anfractu inaniter infesto consectante & territante, quoad sublimes euaserint: quum interim predones illos alites sinistro brachio gestemus, obnuptis capitulis, nec antè manu mittamus, quò sublimius sit aucupium & cœlestius, Hæc Budæus. Apud priscos nullum exemplum fuit domuisse aues ad uenandum. Venabantur illæ suapte natura sibi, nunc etià nobis, quæ diligentia aut exercitatio adeò increuit, ut in artem & quidem nõ paruam euaserit, studium nobilium hominum ac diuitum : sicut pauperum ac tenuiorum illud, quod nec ipsum affirmem olim in usu non fuisse, noctua, asione, ulula, alijsꝗ quibusdam uolucribus captare alias uolucres , quod propriè aucupari dicitur. nam alterum magis uenari est. hoc insidiosum, illud uiolentum. hoc ex occulto , illud ex aperto. hoc blanda specie decipiens, illud etiam antequam noceat minans, Tortellius in Orthographia in mentione Horologij.

¶ Aues rapaces cicurare primus inuenisse dicitur rex Daucus , qui diuino intellectu nouit naturam accipitrum & falconum , & quomodo cicurandi & prædam instruendi essent , & quibus remedijs curandi. Hunc alij multi secuti, plures ipsarum auium rapacium addiderunt, Crescentiensis. Accipiter facilè domatur , præsertim fœmina. mas enim plerunque aliquanto morosior est, Stumpfius. Caueat dominus accipitris ne quo modo lædat eum: sed cum uiderit eum paratum & uolentem stare super manu uel pertica, suauiter tangat ipsum: & eleuet , si pendet. & quãtum potest consideret mores & uoluntatem eius, & per omnia ipsius uoluntatem sequatur. Et semper in manu eum cibet, nec ulla in re ei resistat. est enim hæc auis ingenij perquam iracundi. Mœrentem ad aucupium ne emittat, nisi uiderit prædæ auidum, & maximè ad graculos & garrulos. Sed neꝗ nimis è longinquo eum emittat, cum assequi auem non potest, sæpe indignans recedit, & aliquando in arborem descendit, nec ad dominum uult redire. Cauendum etiam ne dominus accipitrem nimium satiget, neꝗ tam auarus sit circa coturnicem aut aliarum auiũ acquirendam multitudinem, ut accipitrem lædat, uel ad indignationem prouocet. sed captis ijs, quas accipitrem sponte appetere uidet, sit contentus, & ex ipsa præda eum cibet, ut sibi suam uenationem sentiat profuisse, & ad uenandi amorem incitetur, Crescentiensis. Et rursus, Cicurantur accipitres si plurimum tenentur in manu, & maximè in aurora tempestiuè , & inter multitudinem hominum : & inter sonitus molendinorum, fabrorum, & similium. Instruuntur nidarij & ramarij (nam cæteri per se sunt in feritate instructi) hoc modo : Cibetur accipiter hora nona bono cibo , & postridie teneatur in loco perob-
scurð

pium uolatu rectè utatur. Auem (inquit Tardiuus) nõ solues, donec decenter ad manum redire & cibum super ea capere assueuerit. Sic demum à manu solues, & ne fugiat modicum uini in oculos eius inflabis:& cum ad somnum te recipies, collocabis eam prope te in pertica (sur terteau) aut aliter commodè, cum candela ardête iuxta. Tum ante diem capitio obnubatur & manui imponatur. Sic eam tractabis donec reuocatorium ei familiare sit, & ab hominibus non amplius sibi timeat. Deinde docebis eam inuadere prædam,& ungues placidè à præda remittere ne rumpantur. Curabis autem ne ad manum reuertens in terram cadere consuescat, sed ad manum redeat. & cum eam conscenderit, proijce reuocatorium in medium hominum, ut dum id persequitur, homines sequi, non fugere, consuescat. Et cum à manu descenderit, diligenter reuoca, ut reuocatoriũ amet. id enim nisi amauerit, utcunqʒ bona aliás auis, non laudatur. Auis emissa iuxta flumina, aut inuia loca & ubi eam sequi non licet, plerunqʒ amittitur. Prima eius præda coturnix esto, uel perdix, deinde lepus, postremò aues magnæ. Saturetur parte prædæ, præsertim si præda magna fuerit. Ad felix aucupium requiritur uenator diligens & peritus, auium rapacium societas egregia, & locus prædæ ferax.

¶ Hyemis tempore (inquit Belisarius) cibi maior est appetentia auibus: tum etiam à coëundi ardore magis sunt alienæ. Fieri enim solet, ut si Maio mense miluos accipitres uolãdo persequantur, syluestrium accipitrum amore ad dominum nõ redeant. Nam per aëra deperdi sæpius eos conspeximus. Veris etiam principium satis accipitrum uenationi aptum esse dicimus. toto enim diei spatio uenari licet, propter aëris temperiem.

¶ Accipitres quando capiendi, & quomodo commodè nutriendi cicurandiqʒ, ex Demetrij lib. 10 1. cap. 7. Accipitres capiendi tempus primum ante octauum diem calendarum Iunij incipit, & usqʒ ad finem Iulij durat. de paruis loquor, quiqʒ è nido eximuntur. Illorum enim qui iam à parentibus ad uenationem instituti sunt, capiendi tempus usqʒ ad Augustum (Augusti finem nimirum) durat. Oportet autem accipitres captos in domicilio obscuro includi, ita ut placidè insistant perticæ, & modica diei parte manu moderatè gestentur, diluculo scilicet, & rursus uesperi, ut per frigidiores tantum diei partes in aëre æstiuo ferantur. Nam qui subinde & multum in aëre calido gestantur, uolitantes & à manu aucupis pendentes calorem supra naturam augent,& pulmones accedunt, unde breui omnino pereunt, exiguo ad uenatum tempore utiles, nec ullum in eis mortis futuræ signum aucupi apparet. Deinde pedibus eis lorum alligabis quindecim digitorum longitudine, colore nigro, non rubro, propter aquilas: Quæ rubro colore eminus conspecto, escam (nempe carnem recentem) ab eis ferri putantes, inuolant & abripiunt eos. Porrò gestari debent accipitres in summo carpo (brachiali) manus sinistræ, digitis introrsum spectantibus. (τρ̃ιέϑω ϑ̀ ἢ ϗοινὀμ ἀὐτοῖς ἀωϑεⲗλⲓμⲁ ßⲁⲉⲓϛ ⲱϑ̀ ιⲋϕⲁκι σκⲟⲛϛ.) In summa uerò manus parte aut in pollice insistere accipitri non permittendum, quòd inde ad uenationem non satis ualidè impelli & proijci possit, unde fit ut minus strenuè in prędam feratur. Facile autem & probè cicuratur poppysmis siue sonis per labia ad fistularum imitationem effictis, & manuum palpatione, & uerbis blandis. Est enim hoc animal exquisito ingenij sensu præditum, nec rationis pro sua natura, nec memoriæ expers, itaqʒ consuetudinem, naturæ suæ oblitus, facile assumit, & per totam uitam conseruat. Fumo læduntur: quamobrem non debent nimis prope ignem uel lucernam gestari. Solet autem lucerna in tenebris splendens liberam & duram ac ferocem ipsorum ingenij uim emollire ac mitigare. Pertica cui insistunt, nec admodum crassa, nec tenuissima sit, nec inæqualis, sed commoderata, ita ut ungues aperti dum perticam complectuntur, interiorem pedis partem impleant, ut nihil cauum seu uacuũ relinquatur: & unguis posterior cum anterioribus copulari possit & concludi. Vinculum quo pedibus religantur ad perticam paulo laxius sit, ut modicè auolantes reuolantesqʒ facile in ipsam redeant. nam breuiore uinculo interdum fit ut accipitres uolando impediti ad perticã se allidant & perdant. (Ἐϛω ϑ̀ ἡⲅοⲩⲗ ⲡⲁⲣⲁⲡⲓ̀ⲥⲙⲁ ϗ̀ Βⲓλⲟⲣ[uelum]ⲕⲟⲟⲛⲉ̀τⲱ ⲁⲩⲧⲱ̃ⲩ ⲉⲓⲥ ⲟⲩ ⲟⲧⲟⲙⲟ̀ⲥ ⲟ̀ⲡⲟⲩ ⲉ̀ϕⲉⲥⲏⲕⲟⲥⲓⲛ, ἴⲛⲁ ⲁⲩⲧⲟⲡⲁⲙⲗⲟⲓ ⲙⲏ̀ ⲉ̀ⲗⲁⲥⲣⲉⲫⲱⲛⲧⲁⲓ.) Porrò cum plures accipitres in una pertica ponuntur, interuallum inter uincula singulorum circiter digitos uigintiquinqʒ esto, ne si se contingere possint, inter se pugnantes unguibus se mutuò conficiant. Cum enim semel assueti sint uenationi, & prædam gustarint, si esurire cœperint, ne suo quidem generi parcunt. Cibum aucupes quotidie dabunt diluculo, eumqʒ recentem, nec semper eundem quod fastidium parit: sed alium atqʒ alium quotidie, si fieri potest. Sic enim auis appetitus seruatur, & ipsa suauius uescitur, ac ideo facilius concoquit. Cæterum lauacra eis esse oportet ex aquis dulcibus, ut fontibus aut fluuijs perennibus, tertio plerunqʒ aut quarto die, ut sordibus alarum abstersis liberius & uelocius uolent. Tum paucis diebus elapsis, modicum de cibo consueto subtrahes, & uocanti adesse assuefacies. Et primum quidem de manu alicuius prope astantis, in manum uocantis ipsum aucupis & carnem tenentis transilire discat. Hoc ubi iam satis didicerit, funiculum tenuissimum uigintiquinqʒ cubitos longum extende, & per catenulam ferream annulum cuius tenuissima sit circunferentia (ad pedem auis alligato.) Funiculi igitur extremitatem unam accipitri liberam dimittes ut uolet: alteram manu sinistra retinebis una cum carnis frusto. debet autem manus pellibus ualidis muniri propter mucrones unguium accipitris. Et cum accipiter iam uolat, eleuabis manum sinistram paulatim & carnem ei ostêdes cum magno clamore, sibilo & adhortationibus ad te uocans & inuitans ut mox aduolet. Quòd si omnino auolare uoluerit, facile per funiculum retrahetur. Sic diligenter

diligenter instítutus, deinceps etiam reuocatus rectâ ad te redibit. Cum in manu iam fuerit, per=
mitte ei bis aut ter degustare carnem:& tum,ut rursus recordetur cibi,cautè eam subtrahito ex un=
guibus,ne pedes eius aut ungues lædas,aut tuam ipsíus manum. Vulnerat enim unguibus suis tan
quam gladio.Obteges igitur carnem ueste circa pedes accipitris, & paulatim digitis dexteræ ma=
nus carnem trahens , pollice sinistræ eandem elides. Subtractam manu dextra in humerum tuum
læum impones. Sunt qui eminus stantes accipitrem alicubi fune alligatum ad se uocent:quod aui
periculosum & noxíum est,nam dum celeri uolatu ad aucupem contendit,lapide aliquo, uel arbo=
re uel herba(frutice)supra terram eminente intercepta & offensa, in solum quandoq́ alliditur & pe
rit:Aut si forte seructur,propter malam tamen hanc consuetudinem,semper sibi tutum huiusmodi
10 uolatum fore putans,in posterum omnino læditur. Porrò cum iam satis assueta fuerit ad uocem au
cupis promptè aduolare,feritatis suæ libertatem omnino oblita,tum demum funiculum ab aue so=
lutum à loco aliquo sublimi uel arbore suspendimus (ἐλεύθερον τὸ δεσμ̂ τὴ χοῖνον βάλωντις, &c.) &
auem ut protinus uoce audita aduolet consuefacimus. Postremò cum hoc etiam probè fecerit , ad
uenationem adgredimur,quam primò aduersus minores aues suscipimus,ut graculos, cornices &
símiles.In his enim exercitatus ac instítutus ab aucupe,& audacia sibi comparata,maiore deinceps
animo magnas etiam aues inuolabit.

 ¶ Ex eiusdem Demetrij lib.1,cap.8.quomodo oporteat instituère (κενουίζαι)accipitres,& uena
tionem docere,ac uenantibus eis auxiliari:Tertio antequam uenatum exeas die (sic enim legendum
uidetur)parum alimenti præbebis accipitri,& per totum diem manu gestabis.altero (etiã) die pro=
20 pter collectam in eo pituitam,cibi omnino parum dabis,nempe ad nucis auellanæ quantitatem,ac
similiter manu gestabis quietè per totum ferè diem. Nocte sequente somno fruatur quieto. Postri=
die ante Solis ortum , Deo inuocato ut uenationi faueat, cum accipitre ad pugnam aduersus aues
alacriter te pares. Vbi iam parum à porta progressus,accipitrem uínculo liberáris, & lora simul col
lecta sinistræ manus chirotheca obuelaueris, undiq́ circunspícies sicubi uolantes aues appareant.
Et cum locum insídijs aptum deprehenderis, manum dextram accipitri obtèdes , & aliorsum pro=
spicere simulans,cælansq́ astute prospectum tuũ, cautè ad locum uenationis procedes:Quò cum
iam prope accesseris,cum impetu adcurre & auium gregem excita,simulq́ magna ui & contentio=
ne accipitrem de manu emitte,& in aues tanquam hostes audacter impetum ut faciat alta uoce hor
tare.Tum statim etiam ipse magna celeritate accipitrem sequere: & priusquam graue aliquid patia
30 tur,præsentia tua eum iuua.Quippe si solum tuoq́ auxilio destitutum aues illi quæ capta est conge
neres uiderint,grues grui,anseres anseri, (hæc enim duo genera præcipuè gregatim degunt,) acci=
pitrem perdunt.Et siue tu omnino non adsis,siue longíus absis, opem aui congeneri laturæ adsunt
magna cum promptitudine. itaq́ accipitrem uulnerant , & undíq́ cum cingentes pennas ei abro=
dunt,& auem captã rostris apprehensam trahunt,donec uel relinquat eam accipiter, uel simul cum
ea pessundetur.Tu igitur placidè propius ad accipitrem accedes, & ferarum auium genus dissipa=
bis:tum auem captam accipies,& humi sedens pede altero pennas caudæ accipitris subleuabis , ne
quid de eis frangatur. Has enim natura ei contulit,ut hísce ceu gubernaculis utens aërem in quam=
cunq́ libéret partem remigio alarum sulcaret. Deinde euaginato cultro , qui ad latus sinistrum ge=
standus est auium cædi paratus,fauces primum captæ auis incides, & sanguinem scaturientem ca=
40 lidum accipitri bibendum permittes:& de carnibus circa collum, deinde etiam de cerebro,corde,
iecinore & uentre(eum pasces.) Postea pedibus apprehendès auem captam, latenter & astutè car=
nem subtrahes , ita ut auis dolum omnino non percipiat. Et sic ad nouam uenationem te parabis,
quam quidem accipiter cibo satur negligeret. Itaq́ pedes etiam eius sanguine captæ auis illines,ut
de alia etiam capienda promptíus cogitet.Est enim accipiter memoria probè præditus : & præsen=
tibus rebus scitè se accommodat:& contumelíam ab adulatione pulchrè discernit. Porrò ubi tertio
aut ad summum quarto ad uenationem euolârit accipiter , non amplius eum emittes , utcunq́ aui=
dus & promptus ad eam uídeatur & è manu subinde prouolet,ne uno die nimis defatigatus, inuti=
lis multo deinceps tempore fiat.quiete enim recreatur:continui uerò laboris molestía,graui plerun
que morbo implicatur. Cæterum multæ sunt causæ ut aliquando præda frustretur & aberret acci=
50 piter:ut cum in celeri uolatu repente aquilam uiderit , metu fortioris se auis seipsam potíus seruare
quàm prædam persequi cupit. Sæpe de manu imperitè emissus,& lumbis subito læsus,captura fru=
stratur.Interdum & loris intricatur , & alias multas ob causas impeditur & aberrat, quas paulatim
studiosus uenator experiendo cognoscet. Recreatum igitur accipitrem per diem unum , aut alte=
rum ad summum,ad pectus tuum admotum uerbis & uocibus blandis delínies, & ueluti strenuam
ac generosam auem alloquéris,cui per malum aliquem genium uictoria impediatur.nam & laudes
& contumelias hoc animal agnoscit,& hominis animum ac uoluntatem è gestibus conijcit. Quòd
si post dictam quietem accipiter uenari pergat,nihilo propter frustrationem tristior,bene habet:sin
ad uolandum necessariò magis quàm uoluntate segnior fuerit , propter lassitudinem quæ præces=
sit,mox cibo eum satiabis,& ut solus aliquandíu quiescat curabis , ac domum reuersus ita tractabis
60 ut suo loco inter remedia accipitris explicabimus. At si statim à prædæ frustratione in arbore aliqua
insídeat,tanquam dolens, arte prædicta reuocetur. Quòd si uocantem tardíus exaudíat, siue quòd
natura durus & difficilis sit ad parendum , siue propter frustrationem , siue propter contumelíam

aliquam à te illatam, (per hæc ad odium mouetur accipiter:) Si sic inquam afficiatur, & arbori insidens magna diei parte, inspiciat quidem te dum gestas carnem, non tamen descendat, tum carne in
funiculum tenuem (in laqueum scilicet funiculi) innexa ab una parte, & ab altera lapide uel ligno
quod eleuare secum non possit alligato, de cospectu eius discedas. Sic enim te nusquam apparere,
paulatim ad carnem aduolans retinebitur. Sed quoniam consuetudo ceu altera natura inhærere so
let, abdicatus uenatione accipiter iste ad sobolem tantum procreandam seruetur, quam expectare
ex eo præstat, quàm tam incommoda aue tanta molestia ad uenandum uti.

¶ De tractando & pascendo accipitre: & quomodo una cum cane perdices ab eo capiantur, ex
Demetrij cap. 194. & 195.   Cum accipiter iam satis institutus exercitatusq, & nutritoris sui uocem
ac sibilum agnoscere assuetus fuerit, ita ut cum semel eum alloquutus fuerit, mox uel euolet, uel ad 10
manum redeat, & inde emissus demonstratam sibi escam petat: In summa, Cum ad uenationem ido
neus fuerit, pasces eum die ante futurâ uenationem proximo carne caprina uel ouilla, uel de grillo
puro, non neruosa nec pingui, eaq recenti, nec ad satiem, sed ad dimidium duntaxat illius qua sa
turari posset. Quòd si recens (& calida à mactatione) caro defuerit, frigida utatur, sed eiusdem diei:
at si pridie mactatum sit animal, caro ne præbeatur frigida, sed recalfacta, præsertim si tempus frigi
dum fuerit. Hyeme igitur cibum accipitris in carnem tepidam inijce, & expurga si quid foris inse
derit sordium, tum extractam accipitri edendā dato. Quòd si aqua tepida desit, igne calsactam car
nem digitis contrecta & celeriter circumage, ut calfiat quidem non tamen siccetur. At si aqua tepi
da simul & igne destituaris, sanguine puro madefactam escam sub axilla repones, ita ne carnem hu
·dam attingat linteum quo esca inuoluitur, sed supra indusium sit, ne odore corporis humani inse- 20
cta, & suam qua pollet roborandi uim amittat, & insuper accipitri noceat. Sic calefacta carne acci
pitrem pasces. Iâm nutritum loco consueto collocabis, ubi ad octauâ usq uel ad nonam horam ma
neat. Tum manu sinistra exceptum sursum atq deorsum ages placidé cum poppysmo siue sibilo
oris, manu dextera interim anteriores & posteriores partes demulcens, & ita gestabis usq ad uespe
ram, Prodest hoc & excitat auem ad uenationem, & aluū promouet (ϗ εἰς τὸ χονϑῦσαι,) & cibi appe
titum conciliat. Vesperi loco solito eum statues ad diluculū usq, & rursus cum surrexeris manu ge
stabis, idq prope lumen siue ex cera, siue lychnum, sed fumum cauebis. Sibilo (poppysmo) etiam
uteris, & demulcebis, ut familiaris tibi & cicur reddatur, & ab eo amêris. Nam gestatio in manu,
assentatio & poppysmi mitem efficiunt. Debet autem canicula quoq uenatoria ei adesse, cum uesci
tur, & cum sursum deorsumq agitur, ut mutua familiaritate inter se assuescant: & cum opus fuerit, 30
accipiter canem ceu socium respiciat, nec tanquam ab hoste refugiat. Tum in aurora uenatum exi
bis, & circunspicies locum qui non omnino planus & supinus (ὕπτιⲟ) sit, sed & riuo aliquo irrige
tur, & fruteta habeat, non illa quidem continua, sed longiusculis interuallis dissita: & qui non inæ
qualiter partim accliuis partim decliuis sit. Hæc enim auibus, quas accipiter insectatur, cōducunt,
& refugia eis suppeditant: ipsi uerò accipitri, continuo nunc sursum nunc deorsum uolatu, & labo
rem augent & audaciam minuunt, & aduersus aues ignauiorē efficiunt, ipsius deniq aucupis glo
riam imminuunt. Porrò locum nactus idoneum, antequam perdices te conspiciant, in solum subsi
deto, & perdicum cantus auscultato. Solent enim diluculo uocem quandam placidam & claram
ædere. hanc tu secutus, locum quàm fieri potest proximè occupa, leniter interim enuncias, ἴα, ἴα, ἴα.
Hæc enim uox perdicibus persuadere solet, ut capita inclinent deorsum & non turbentur prius, 40
quàm illo qui ita placidè uocat, conspecto. Cum uerò iam propius accesseris, continuè uocem ἴα,
ἴα, ἴα blandè repetito: & simul obseruato ne paulatim dilapsæ è cubilibus perdices, tibi & uenatori
bus negotium inquirendi pariant, His ritè peractis ab eo qui perdices tranquillat & cohibet, tu qui
uenaris unà cum socio, canes uenaticos uinctos tenebis: cumq intellexeris perdices loco quiesce
re, locum fruticosum & densum circunspicies, qui ad refugium quoque latendi gratia aptus sit.
Illic uenationis socios statues, & ritè diligenterq (cum attentione) progredi eos iubebis, & uoces
ædere consuetas, & sibilis uti, & uirgis quas pro more uenatores ferunt, ramos obuios quosq feri
re, item terram & herbas, & si quid aliud obuiam fuerit. Virgis confractis lapides proijciant, aut
glebas terræ, ut continuo sonitu perdices exturbentur. Tu uerò qui accipitrem manu læua gestas,
perdices euolaturas è longinquo expecta: & cum uocem exturbantium (πτγανϑντϖ) audieris, uide 50
num accipiter quoq ut primùm uolantes conspexit perdices, inuolare in eas cupiat: non solues ta
men ipsum, sed auertes partim ne uideat donec transuolârint, tum demum emittes eum demonstra
tis perdicibus, ut rectà à tergo eas persequatur. Emittes autem solerter manu porrecta, cum blan
ditijs & adhortatiōe, ut animosum reddas: & uocem eò magis intendes, quo longius ille insequen
do distabit. Similiter deinceps etiam singulis uicibus accipitrem solues, nam uoce familiari & con
sueta auribus hausta, audacior sit & promptior ad persequendum, ita ut inter uolandum uocem do
mini audiens ne aquilæ quidem aduentum, à qua conficitur, extimescat. Cæterum si nondum uisis
perdicibus cum primo exturbatorum clamore dimittatur, aberrabit, & forte alicubi offendet, ac
segnior ad uenationem & inutilis erit. Hæc de emissione dixerim. Porrò ubi iam comprehenderit
auem accipiter, festinabis ad eum prope & placidè accedens, & blandè uoce consueta uteris, nem- 60
pe ὦ, ὦ, ὦ: & ore sibilans assidebis, manu altera contos apprehendens, (τⲱ νοντⲱν ἀλλαϲⲟμⲱ,) alte
ra caudam eius complanabis, (demulcebis:) & prædam pro arbitrio gustare, eaq satiari eum per
mittes.

mittes.Deinde in sedem solitã(in contum)leniter & sine molestia eum collocabis: nec illic insidentem negliges , sed per diem ac noctem semper quinquies manu palpabis , & loco etiam mouebis.
Hoc enim modo & cibum gula contentum concoquet, & sanus deget. Si uerò neglexeris, cibum
non concoquet, & is qui in gula relictus est acescet. Vnde accipiter non parum lędetur, partim cru
ditate, partim odore prauo cibi corrupti. Hoc igitur si acciderit, diluculo eum manu gestabis, & ad
secundam usǫ horam circunferens obserua num aluus ei soluatur. deinde ad cibum inuitatus, modicè tantum de eo gustet.Postridie uenatum exibis secundum modum praescriptum.Et cum ab ex-
turbatoribus perdices inquisitæ euolarint, eminus accipitrē solues ut à tergo persequatur. Sic enim
solutus non dissipat perdices,sed uno in loco collectas ut in fruteto assequitur. Tum tu clamore ur
10 gebis,sibilabis, & lapides (si opus sit) in perdices emittes. Sic enim cogente necessitate una saltem
(aut plures)de fruteto euolabit,& ab accipitre capietur.qua capta, noli accipitrem amplius urgere.
Interea uerò dum perdicem à se captam retinet , cultro perdicis guttur aperies , & caput cum me-
dulla(cerebro)in duas partes secabis:& accipitri permittes ut unguibus & rostro perdicem fortiter
apprehendat,& edat,te interim dextra manu eam ad os accipitris admouente. Dum autem perdix
sic ab accipitre tenetur,noli perdicem quam tenes ad te retrahere,sed molliter remitte. Retinet enim accipiter perdicem unguibus tam ualide , ut nullo modo dimissurus esset, sed quò tu magis traxeris eò fortius apprehensurus.Te uerò manum dextram,ut dixi,laxius ac mollius remitten
te,non poterit de capite perdicis epulari,nisi unguibus etiam,reliquo corpore omisso,ipsam appre
hendat.Illo igitur circa caput occupato,tu reliquum suffuratus in peram conde. Festinabis autem
20 ut cures carnosas duntaxat capitis partes & medulla refertas ab accipitre deuorari: osseas uerò solerter unguibus eius exemptas cani objicies , ut is quoǫ edat & alacris fiat. Ergo si prima uenatio
bene successit, aggredieris alteram. Quòd si inter uolandũ (ἀᵹ τῆφῶ)accipiter perdices ceperit,ma
ior is labor est:at si in frutetũ aliquod se abdiderint perdices,accipiter uerò sursum euolet , aut prope eas considat,canem uenaticum uocabis,& solito more alloquendo hortaberis : quòd si festinare
ipsum, & subinde olfacere,& caudam frequenter mouere uideris, illic latere scias perdices:& quan
do una ex eis euolatura sit obserua,ut simul uoces & horteris accipitrem clamando, ὅλ, ὅλ, λαλϵ, λά-
πϳϵυ,(uide an melius scribatur infra,ὅλϵ,λάλϵα,λά.)Hæ nanǫ uoces animant accipitrē & fortem red-
dunt.Si uerò locus humilior aut alioqui incommodus fuerit ubi accipiter desedit, reuocatum ad te
sinistra excipe,& cum cane te sequente perdices inquire:Et cum ex signis praedictis perdicum mo
30 tum animaduerteris,clama τὸ πρόχϵ. Cæterum accipiter subinde audiens illud ὁλωνόϊ, (forte ὅλϵι, οἴ,)
uolatum perdicis obseruat,& ad capturam se parat. Quòd si accipiter praedam conspexerit, & in
uolare in eam gestiuerit , ab aucupe uerò parum uigile & negligente,semel aut iterum impeditus,
nec uolare permissus fuerit,ignauior sit in posterum, & praedæ negligentior. Sin uerò cum attentione emissus, unam aut alteram perdicem aut plures facile nec multo negotio comprehenderit,
sexies aut octies emissio eius repeti poterit.At si propter impedimentum aliquod, duas aut tres tan
tum in diuersis emissionibus assecutus fuerit , idǫ labore multo, fac ne amplius eum solutas, ne nimium fatigetur & fame laboret.Est quando promptè de manu auolat,sed postea (ρόσυ δ' ἔν,locus est
corruptus)instar timidi militis,in arbore aliqua se occultat,& ad escam quoǫ uocatus redire detrectat,tui praedæǫ pariter oblitus. Hoc si acciderit,siue propter loci difficultatem, siue propter statio-
40 nem incommodam ,siue quòd nihil adiuuetur à cane ,siue quòd cibum non appetat : oportebit te
subire latibulum siue frutetum,(& cani pro more blandiri:)& si quam habes absconditã perdicem,
siue uiuam,siue mortuam,in accipitrem latenter injicito:aut si perdix non sit , pullum gallinaceum
uel columbam:& simul uoce consueta utitor,ὅλϵ, λάλϵ, λά. Quòd si ad te redierit accipiter , nutries
eum placidè,& non urgebis,ne deinceps etiam in uenatu frustreris. Nam accipiter, praesertim si ni
mium urgeatur,uenationem prorsus obliuiscitur & omnino inutilis sit, nisi aliqua arte emendetur.
Dicunt autem imperiti quidam emendari eum, & ad uenandi alacritatem reuocari, si cibus ei nege
tur:quod forte aliquid rationis habet:sed ita macrescet & extenuabitur,quamobrem non istum, sed
qui subijcietur emēdandi modum probarim.Sint igitur duo accipitres(sic enim transfero,locus est
obscurus)alter scilicet ad uenatum promptior, alter inertior, qui si uenati nõ pergat, & in frutetum
50 subire metuat,ut extrahat inde quam insequebatur perdicem,tu alteram perdicem accipitri prom-
ptiori objicies,ita ut uideatur illa esse quam ignauior accipiter persequebatur:& promptiorem ceu
praedam nactum ad te recipies : alterum longius abesse iubebis , & canem odorum iuxta frutetum
collocans,praedam in eo latentem ut prodat,& perdicem exturbet, curabis. Sic quidem accipitres
ignaui celeriores fiunt,& ad diligentiorem deinceps inquisitionē praeparantur,ceu qui frustra con
sertas frutetorum frondes extimuerint agnoscentes.

¶ Quomodo assuefaciendi sint accipitres ad capiendos phasianos, ex Demetrij cap. 196. Aduersus phasianos etiam exercendi sunt accipitres,non tamen circa finē uenationis. Postremæ enim
perdices capiendæ sunt,ut postquam de eis degustarint accipitres, uenandi labor desinat : non autem ex remissa & leuiore persecutione, impetus uehementia hebetetur & infirmetur. (Sed ex his
60 uerbis cõtrarium inferri uidetur,nempe perdices prius capiendas esse.)Cæterum ad inuentionem
phasianorum,uocibus & clamoribus nihil opus est. strepitus tantum in frondibus & ijs quæ obuiã
fuerint,& sibili subtiles ædantur.Nam si clamorem audierit phasianus, pedibus paulatim fugiens

dilabitur, ita ut nisi à cane cóprehendatur, aliter capi nequeat. At si strepitus in ramis & sibili ædantur, metu affectus euolat è fruteto ubi latet: & si auceps in propinquo fuerit, statim illo uolante accipitrem soluet, qui uel illico phasianum capiet, aut saltem non procul elapsum, ut non multo labore
opus sit, Plurimum autem iuuatur accipiter, si è loco sublimi in prædam emittatur. Sic enim etiam
solertes accipitres minus frustrantur: & ineptiores maiorem sibi solertiam acquirunt.

¶ De capiendis anatibus, ex eiusdem cap. 197. Cum accipitrem animaduerteris iam inutilem
factum(ætate nimirum)nec amplius persecutioni perdicum sufficere, exercebis eum postremò aduersus anates, adsuefacies autem hunc in modum. Gestato eum manu sinistra ut moris est: & à dex
tro femore tuo cymbalum æreum suspendes, quod cum opus erit pulsabis. Tum anatem admodum
cicurem(hæc enim syluestribus similis est) alteri cuipiam committe in loco decliui (humili) tenen- 10
dam, deinde cum accipitre accede propius, & cymbalo pulsato, ex composito, emittatur anas ab eo
qui retinet in sublime. tu uero accipitrē solues, qui facile capta anate satiabitur, & deinceps in reliquas quoq anates similiter se geret, eadem enim ratio in syluestribus seruanda est. Nam cum illę in
humilibus & nemorosis locis uersantur, (κάθλωνται, καθέζονται, considunt,) accipiter ne ab eis uideatur ad terram uscp demitti debet, & paulatim ex improuiso accedendum , tum subito cymbali sono
& clamore excitata aliqua anas in altum subuolabit: de qua capta accipiter gustet, ut ad reliquas
etiam capiendas paratior sit. Capiuntur & alio modo, quando scilicet nó in stagnis degunt, sed eminus in aquoso aliquo loco cósidentes accipiter uideat. mox enim ut uidit persequi gestit. at auceps
ulterius progreditur, ne ante tempus accipitre conspecto diffugiant anates. Cum igitur quàm fierí
potest accesserit proximè, accipitrem eis ostendet, & cymbalum pulsabit: postremò in euolātes im- 20
mittet accipitrem. Debet autem anatarius accipiter sine tintinabulo esse.

¶ Accipitrem prædæ non appetentem(ἄχνευον, pro ἀνόρεκτον) hoc modo auidum reddes : Gallinæ mactatæ sanguinem solio aliquo excipe, & coagulari sine. De hoc sanguine ad uenationem exi-
turus dato accipitri aliquid in cibo , sic escæ appetentior & ad prædam alacrior fiet, utpote sanguinis dulcedine inuitatus, Demetrius cap. 14. ¶ Si uenari recuset, include eum per dies quindecim
loco obscuro, ita ut lucem non uideat , nisi quantum opus est ad capiendum cibum, cuius tertiam
partem detrahes, demum ad uenationem educes, Innominatus in Orneosophico cap. 94. A uiro
quodam aucupii perito audiui, si quis accipitri duo aut tria ad summum grana cocci gnidii integra
dederit, illum omnino cogi ad prædam inquirendam, aut de morte periclitari : nimirum quòd gula
nimis inflammata tam acri pharmaco, cibum, quo acrimonia temperetur & extinguatur, requirat. 30

¶ Si auis quæ uenari debet famem non sentiat, dabis ei uesperi in cura sua (ut uocant) pilulam
aloés cum succo brassicæ rubræ: aut tres offulas carnis, saccharo magnitudine pisi singulis incluso.
Mox enim aluus bis aut ter subducetur & fames sequetur , Tardiuus. ¶ Si auis in arbores offen-
dere soleat, sine ut ter quatérue tempore nubilo, pluuio & cum ros cecidit, se offendat. Sic enim per
cepta molestia in posterum sibi cauebit, Idem. ¶ Aui uolare detrectanti, aquam ut lauet appones:
& cibum eius aqua tepida diligenter ablues. Aut dato ei catapotium de pinguedine lardi, quod in
capite de purgatione auis descripsimus, Idem.

¶ Aberrat quandoq auis longius, ita ut tintinabula eius non amplius audiantur. Hoc accidit
quoniam aues rapaces sæpe prædam suam ad cauernas deferunt iuxta aquas, quamobrem tintinabula earū audiri nequeunt. Circunspicies igitur ubinam cæteræ aues uolitent & clament. Illic enim 40
tuam esse putabis, quæ causa clamoris est aliarum. At si neq uideris neq audiueris quicquā, ascen-
de in locum aliquem altum, & aurem alteram ad terram submitte occlusa superiore, & audies aues
clamantes. Quòd si locus planus & apertus sit, frontem in terram inclinato, & aure altera obturata,
audies qua in parte auis tua tibi quærenda sit, Tardiuus.

¶ Auem aduersus prædam animabis, & ut aues magnas aggrediatur, efficies, hoc pacto: Escam
qua tempore uenationis utitur, uino madefacito : aut si astur sit, aceto , & magnitudine amygdali
dato. Quum uis ut uolet, da ei tres offulas carnis uino madentes. Aut pullo columbæ uinum rostro
insundes, deinde facies eum uolare donec uinum(aliàs acetū) in carnem eius distribuatur. ea autem
tuam pasces in aucupio. Si auis sit audax, ne gestaueris eam manu nisi in loco solitario, Tardiuus.
¶ Si auis aliam prædam quam debet persequatur, odium eius sic illi excitabis : Fel gallinæ tecum 50
in promptu habeas, eoq inungas pectus auis quam ceperit, & ut modicum inde gustet permitte.
nam propter amaritudinem illam odio habebit deinceps id genus auium, Idem.

¶ Adnectuntur eorum pedibus tintinabula cum orbiculis argenteis indice circunscriptis, ut
si amisi inuenti fuerint, ad dominos referantur. Sæpe enim euagari longissimè & ultra famam solent ij qui sublimiuagi dicuntur, Budæus in Pandectas. Accipitres uenatorum uocibus altis pro-
lixioribusq(ut ab acuto in grauius procedant) longius assuefaciendi sunt, ad eosq redire(quum ue
natores uoluerint) uel fame uel consuetudine cogantur, Belisarius. ¶ Si auis rapax detrectat uel
obliuiscitur reuerti, obijcito ei auem aliquam. amat autem præ cæteris columbum album. Quam
obcausam columbum aut aliam auem albam semper tecum in aucupio habebis, ut auem tuam non
sua sponte reuertentem ea obiecta reuoces. Caro gallinæ, ut supra dictum est in capite de cibo, hic 60
parum utilis est. Recusat autem auis reuerti diuersas ob causas, uel quia non satis assueta est portari
& manu teneri : uel quia odit dominum suum, quòd durius ab eo tractetur ; uel propter dolorem
aliquem

aliquem qui recens accidit. Nidarius quidem non tam facile fugit, quàm qui mutauit, (le mue, Gallicé.) Si auis morofior fit ad reditum, roftrum eius noctu inunge pinguedine de umbilico equi magnitudine fabæ. fic amabit dominum fuum, & facile ad eum redibit. Aut glycyrrhizam tritam per
noctem in aqua relinque, & in ea aqua colata carnem uaccinam per fegmenta incifam macera, ac
inde pafcito auem. Etfi enim caro uaccina in cibo accipitris improbetur, ad hoc remedium tamen
conuenit. Si præ fuperbia non redeat, falem rubentē inftar magni pifi cibo eius impone. inde enim
omnia excrementa reddet, & fuperbia eius corrigetur, Tardiuus. ¶ In accipitrem δ'υσκλιτῶντα, id
eft difficulter redeuntem: Mifodulum (id eft ocimum) herbam fiue aridam, fiue recentem, & cyminum, trita cribrataq̃, & cum óptimo melle fubacta, per biduum dato. Aliud: Staphifagriæ albæ
10 (ἀχμωσταζίδος λσνκῆς: uide ne bryoniam intelligat, alioqui σταζίδος ἀχείας dicturus ut alibi: & nullam
nos agnofcimus ftaphifagriam albam) grana quindecim: alóes filiquas très:geponi (γκπῶνα, fil uel
fefeli accipio,)grana decem, laferis filiquas tres: oui album: uini optimi quantum fatis eft : aphrónitri albi dimidium: mellis parum, trita liquidis mifce, & inunge, Demetrius. ¶ In accipitrem fugientem, (πρὸς ellασύρονπα, malim ellαφόνγονπα.) Accipitrem linteolis inuolutum in balneū parum immitte, & non amplius fugiet, Idem. ¶ In ferum & ægrè manfuefcentem: Inuolutum linteolis in
officina fabri(καμείου, lego κομείου) fufpende, & crebris illic fonis cicurari fine, Idem. ¶ In flentem
& clamofum: Allium de fulco (area) acceptum tere & inunge, dicens : Aduerfus fletum te inungo,
Demetrius. Aliud: Vefpertilionem captam pafce tribus granis ftaphifagriæ:deinde accipitri eden
dam obijcito, & in contum collocato: ubi fi non ftatim cōcoxerit, per biduum flebit, deinceps uerò
20 clamofus effe definet, Demetrius. Si auis rapax nimium clamofa fuerit, accipe uefpertilionē, cui
piper tritum impones, & aui in cibo dabis : aut fi uefpertilio non fit, alia quæuis auis eodem modo
cum pipere parata ad idem non oberit, Nimius quidem clamor uel propter morbum aliquem, uel
debilitatem ex macie, uel propter oua in aue generata prouenit, Albertus.

¶ Accipiter aues capit fupinus ferè & fursum fe conuertens, Albertus. Falco uenationis tem
pore amat focium uenandi falconem, & diuidit cum eo prædam fine pugna, quod nō facit aftur uel
nifus, Idem. ¶ Si autem rapacem obefam habere uolueris, pafce eam carne bouis mafculi, uel porci: fin macram, gallinis nondum adultis aqua madefactis: fin temperatam, gallinis prouectæ ætatis.
Quòd fi uoles ut expedita fit ad aucupandum, cura ut facias ei bonam ueficam gutturis, & include in tenebris, accenfa ibi lucerna modica, & aucupare alternis diebus, Albertus.

30 ¶ Sturni ad quemlibet impetum accipitris comprimuntur in aere, & flatu alarum coniunctarum remouent accipitrem: qui fuper ipfos afcendes (afcenfurus) comprimitur ftercoribus ipforum
& inquinatur, ita ut appropinquare non poffit, Albertus. ¶ Perdices, phafiani & anates quomodo per accipitrem capiantur , fupra ex Demetrio docuimus. ¶ Aftures, id eft maiores accipitres
(ut ipfe interpretatur) cicurantur, inftruuntur, & nutriuntur ficut accipitres. Capiunt autem perdices & coturnices, phafianos & anguitiones (forte agirones, id eft ardeas) & multas fimiles aues,
fcilicet anates, anferes, corniculas, & ferè omnes aues in quas emittuntur: nec non cuniculos, lepores paruos & magnos: licet eos fine auxilio canum retinere nequeant. feriunt etiam capreolos paruos, & eos impediunt adeò quòd canes eos capere poffint, Crefcentienfis. Accipiter mas rapere
poteft leporem qui ad dimidium corpulentiæ fuæ peruenerit: fœmina uerò etiam adulto lepore po
40 titur. Vidi ipfe felem fatis robuftam ab accipitre capi. Iucundum fanè aucupium eft omne genus
auium per accipitrem uenandi, fed fumptuofum atq̃ laboriofum, Stumpfius. Accipitres ut & fal
cones auium etiam maiorum genus omne capiunt, nempe grues, ardeas, anferes, tardas, & reliquas,
Tappius. ¶ Si uis ut auis tua lepores aut cuniculos capiat, doce eam in iuuentute, & gyros liga in
cruribus eius prope pedes interiecto fpatio palmæ, quæ fit diftantia cruris à crure. fic enim fine læfione capiet, Albertus. ¶ Iuftæ magnitudinis accipitres & integræ ætatis cum uulpibus pugnaciter certare aiunt, & fæpenumero contra aquilas & uultures pugnare, Gillius.

¶ Accipitrum genera diuerfa, fiue inftitutione tantum, aut cōfuetudine & uenandi modo, fiue
etiam fpecie differentia, infra feorfim defcribemus.

¶ Quiefcente etiam accipitre aues capiuntur, (ut Oppianus lib.3. Ixeuticorum docet,) res mi
50 ra uifuq̃ iucunda. Auceps accipitrem circa aliquem arboris truncum deponit, (alligat,) Huius con
fpecti metu auiculæ fub frondibus fe occultant, & timore aftricti, tanquam homines in itinere cum
fubito apparuit latro, nullam in partem prouolare audent. Tum auceps fic perturbatas & attonitas
paulatim ab arbore detrahit.

¶ Germani peculiaria quædam ad aucupium per aues rapaces pertinentia uocabula habent.
nam hidos eorum uocāt **geſtend**, id eft ftationes. Captæ induuntur capitijs, **Sy werdend gehenbt
mit reuſchbuben: vnd wann man ſy anfacht zů tragen werdend ſy erſt recht gehenbt.** Vincula
pedum calceos nominant, **Jre gfeß beißt man geſchuech.** Lora breuiora, **wurffriemen** : longiora,
Das lang gfäß. Manui aut conto infiftere non infidere dicuntur, **Sy ſtand vff der hand oder
ſtangen/vnd heißt nit geſeſſen.** Inftitui dicuntur, non manfuefieri aut cicurari. Inuitantur & paf
60 cuntur in reuocatorio, **Man locēt vnd äzt ſy vff dem lůder,** Galli loirre nominant. Turundis è
ftupa aut alia materia ingeftis uefperi interdum purgantur , **Man gibt jnen zů zcyt gegen abent
zů werffen/das iſt vff grob Tütſch ein gwell.** Volantes afcendere dicunt, ftygen. Cum accipiter

captam à se perdicem aufert deducere dicitur, **Wann der habch ein veldhůn hinweg fůrt/heißt es geleitet.** Ardeas uel anates superne alternis feriunt, & rursus uolant, (sed hoc falconibus propriũ puto:) **Sy schlahend die reiger oder antuôgel von oben herab/ ye einer vmb den anderen/vnd fygend dann wider.** Super præda quam ceperint pascuntur: **Wann sy ichts fahen/ werdend sy vff dem das sy gefangen abgericht vnd geätzt.** Si uerò nihil ceperint, inuitatæ & uocatæ ad reuo catorium pascuntur: **So sy aber nichts gefangen / lockt vnd ätzt man sy vff dem lůder.** Alas ea rum appellant **schwingen**:dorsi partem superiorem inter alas, **das tach.** Cum aberrarunt, in aliam regionem feruntur, & breui quidem tempore multa miliaria emetiuntur : **Wann sy irr werden/ fallend sy ein ander land yn/kurtzer zeyt vil meylen.** Accipiter uenatori familiaris & ad uenatio nem promptus redditur, **Ser habch wirdt lock oder bereit.** Cum aucupem uolando sequitur acci **10** piter, hoc nostris priuatim dicitur **gerihen.** Aucupium, aut uenationem potius , per aues rapaces exercere, **beitzen.** Reuocatorium uocat Albertus, quod Germani, **lůder,** Galli simili uoce ioirre & rapel. Coniicio autem uocem Germanicam factam à uerbo **laden,** quod est inuitare. inuitatur enim accipiter cicur cibo porrecto, & alta uoce aduocatur, ut ad manum redeat instrumento re uocatorium dicto tenentis uenatoris:cui aliquando etiam alæ adduntur , ut accipiter eminus ui dens autem esse putet. Sed utuntur hoc uocabulo aucupes etiam de alio instrumento , quo accipi trum genera fera ad escam propositam inuitantur, ut laqueis aut uirgis uisco illitis circa escam ca piantur. Ponitur autem esca aliquando inter quatuor parietes, & aliàs de mortua, aliàs de uiua aue, ut cum ulula uel noctua exponitur. ad noctuam sanè audiùs feruntur quàm ad ululam accipitres. Escam huiusmodi de uiua aue nostri peculiariter nominant **růr oder fůrlaß.** Mouetur enim à ue **20** natore, ut accipiter ex motu eam uiuere animaduertens, promptius ad eam descendat, mouere au tem nostri **růren** dicunt.

⁋ Auem rapacem cui penna una aut plures fractæ sunt , Galli nominant halbrenè, Robertus. Vt pennæ accipitris deficientes crescant, inuolue eum solerter, & caules pennarum (ὣ νεωλίσκος ṫῶ ἰτόϱⱳ) pinguedine ursi inunge, & statim enascentur pennæ, Demetrius. Vt pennæ accipitris tene ræ citò alantur, radices rubi in uino ad tertias decoque , & foramina inde madefacito, Idem. Sed remedia plurima ad pennarum uitia diuersa tradit Demetrius à cap. 147. usque ad cap. 162. Multa etiam eiusdem argumenti in Gallico Tardiui libello, & alijs recentioribus leges: nempe quomodo pennæ fractæ siue ab una parte, siue utraque , solidentur : uel distortæ tantum aut curuæ, dirigantur: uel omninò amissæ reparentur : uel inuiscatæ, uisco liberentur. ⁋ Si pennam fractam sine dolore **30** extrahere uolueris, accipe sanguinem grylli (seu gliris) uel sanguinem muris, & unge locum pen næ, & cadet. Tum melle per decoctionem ualdè densato , fac uirgulam ad modũ foraminis in quo penna inhæsit, & insere foramini , & enascetur noua penna. Item succo papaueris calido perunge pennas eius, & intinge cibos eius in eundem, Albertus.

⁋ Vngues fracti ut reparentur, ex Tardiuo. Si unguis in aue fractus fuerit aliqua ex parte, un gatur pinguedine serpentis & crescet, ita ut eo commodè uti possit non minus quàm cæteris. At si totus fractus est, & sola pars tenerior relicta, fac digitale (ut uocant) id est tegumentum digiti è co rio, quod pinguedine gallinæ implebis, & digito cuius unguis fractus est inserto , cortoque alligato, alternis diebus inspicies, donec pars tenerior indurata sit. Quòd si propter unguem uiolentius fra ctum caro sanguine manet, imposito sanguine draconis trito cohibebis. Si digitus tumeat, perun **40** gatur pinguedine gallinæ, oleo rosaceo & uiolaceo , cum terebinthina trita & mastiche. Cæterum quomodo reparetur unguis amissus, & quomodo emendetur is qui in rectum nascitur, non adun cus, docebimus infra in capite de uitijs pedis, Hæc Tardiuus.

⁋ De purganda & extenuanda aue. Ineunte autumno accipitrarij saginam auiarij medica mentis exinaniunt, (extenuare id appellant, quod nostri exagitare dicunt,) rursusque ad prædam in stituunt, inedia perdomitant, inditis in os stupeis turundis auiditatem eorum ludificantes, simul sic euocatis excrementis uolaciores reddi affirmantes, simul famem irritari, atque ita ad obsequium redigi. Hyeme etiam ad gelu sub dio nonnullos alsisse iuuat, nonnulli si alserint continuò inhor rescunt & morte periclitantur reiecta ingluuie. In omni genere ueterani difficilius extenuantur, & minus uolucres sunt, sed ad prædam solertiores & minus obnoxij. terram enim uolatu stringen, **50** tes, deuolantem auem excipere nouerunt , aut angustissimis finibus latebram eius circumscribere ne uenatores aberrent. Tyrones ut uolaces, sic errones & expatiatores , Budæus in Pandectas. Nostri turundos filos è stupa uel plumis factos uocant **ein gewell,** à rotunditate ut coniicio. forman tur enim instar pilulæ uel oliuæ. Solent autem eos accipitribus & falconibus sub nocte dare , quos illi postridie mane aluo reddunt. quòd si siccos reddiderint , signum est sanitatis : sin humidos & uiscosos, morbi. quare sæpius hoc purgandi genus in eis repetitur, nisi nimium macri fuerint, Tap pius. Pluma quæ datur falconi, fit è pedibus leporis aut cuniculi : uel è lana xylina, uel è plumis quæ reperiuntur super articulo alarũ gallinæ ueteris, Robertus. Turundi interdum dari debent accipitri, ut ingluuies eius & intestina purgentur ab excrementitijs humoribus qui illic ex auibus deuoratis colliguntur:nec alius postea cibus detur donec turundos reiecerit. Quòd si nimis parum **60** forte sumpserit, & nihil reiecerit, iterum aut tertiò dabis:& tandem plumas simul omnes reddet. Si post mutationem pennarum, uel post hyemem, uel postquam accipiter diu sine exercitio manserit,

præsertim

præfertim in abundantia cibi, plumæ uiscosæ & sordidæ reddantur, purgandus est hoc modo. Lar=
dum ad quantitatê articuli extremi in digito, id est tertiæ partis digiti, in quatuor partes dissectum,
misce & subige diu cum pipere trito, sale usto & modico lateris usti: & accipitrem leniter tene do=
nec hoc remedium in gulam ei inseratur. Deinde manu eum excipe, & ingluuiem ac guttur eius
frigida consperge, ne statim reijciat. Tum in locum purum depone, & uidebis excrementa multa
ab eo reddi. sic uacuatus per horas sex ieiunet, quibus exactis modicum carnis recentis ei dato, uel
oua butyro mixta, Tappius.

¶ Rursus ex eodem. Accipiter præter turundos, alias quoq; sex ob causas cibum reijcit. Pri=
ma est, cum ingluuies eius offensa uel allisa fuerit. Altera, cum uena aliqua uel neruus ex animali
10 quod uorat, linguæ eius implicatur. Tertia, cum pastus ante tempus datur, nimis cito scilicet à præ=
cedente pastu. Quarta, cum nimio cibo repletur, ita ut uincere illum & cõcoquere nequeat. Quin=
ta, cum cibum prauum aut putridum edit. Sexta, cum uentriculus crudus & ineptus concoctioni
est, Tappius: à quo etiam petes remedia aduersus hæc omnia singillatim, ex cap. 55. libri eius de au=
cupio per aues rapaces. ¶ Cura (sic Gallicè uocat purgationem per turundos) fieri debet è pluma,
aut paruis auiculis contusis, aut è pedibus cuniculorum leporúmue fractis, ita ut ungues & ossa
demantur, E lanâ xylina turundus improbatur. lædit enim & urit pulmonem, unde auis moritur:
& maximè cum lana xylina non fuerit lota. Nam si alia supradicta desint, lana xylina uti licebit per
diem unum in aqua macerata. Tempore igitur purgationis quotidie dabis aliquem turundum, siue
de lana xylina (ut dictum est,) siue de pluma, siue de carne lota, si nihil obstet. Turundus ex aliquo
20 prædictorum in aqua maceratus & lotus, intestinum auis egregiè dilatat, & siccat humorû in aue re
dundantium copiam. Cæterum mane reiectus ab aue, si sit purus, nõ siccus tamen, & sine malo odo
re, bonæ ualetudinis signum est. Fimus auis debet esse purus, albus & clarus, & nigredo in medio
eius bene nigra. Idem si glutinosus sit, & digito attactus adhæreat, bonam concoctionem & sanita=
tem auis indicat. Humidus, putidus, & crassus, phlegma & cruditatem. Auis diutius retinet turun=
dos nec facile reijcit, cum in corpore eius caro superflua fuerit, aut pustulæ, aut humores nimij.
Quòd si tremat super manu, signum id est turundos adhuc retineri. quare non pasces eam donec re
iecerit, & nisi eodem die reddat, cura saltem ut reddat postridie, hoc modo: Pinguedinê lardi aqua
bis aut ter ablutam, recenti semper affusa, cum pauco sale & pipere trito, formabis in catapotium,
quod auis deglutiat. Tum obserua quidnam reijciat, & nisi turundos illos reiecerit, accipe quicquid
30 ab eo reiectum est, idq; contusum & panno inuolutum aui olfaciendum præbe. tune enim turun=
dos reddet. Vel aliter, da ei magnitudinem fabæ de duabus aut tribus fibris radicis chelidoniæ bo=
na carne inuolutam, ad cælandam eius amaritudinem. Deinde auem Soli aut igni expone, & nisi
turundos reijciat, pascito eam uesperi coxa gallinæ calida & saccharo condita, Tardiuus.

¶ Si auem quolibet tempore purgare uolueris, & appetitum ei excitare, & bonam aluum red=
dere, sic facies: Octauo aut quintodecimo quoq; die, da ei pilulam unam ex illis quas communes
uocant. aut magnitudine fabæ aloën citrinam inuolutam bona carne ad cælandam eius amaritudi=
nem. Tum inducto capitio pones eam in locû calidum aut ad Solem uel prope igñ, ubi per duas
horas eam relinques, ut aluus interim ei deijciatur. Et cum aloën siue pilulam reiecerit, (neq; enim
tam cito liquescit,) acceptam serua in aliud tempus. Auem deinde manu exceptam bono & uiuo
40 cibo nutries, ut ab infirmitate ex purgatione acquisita reficiatur. Aloë quidem hoc modo exhibita
uesperi, uermes etiam de corpore auis egregiè educit. Et pilulæ iam dictæ (communes) ab aue de
glutitæ initio Septembris similiter contra uermes profunt, & cõtra alios auium rapacium morbos.
Sed debet hoc remedium pro auiû diuersitate augeri minuiue. Accipitri enim minus dabis quàm
cæteris rapacibus, excepto niso cui minimus modus conuenit. Vel aliter, Pinguedinem lardi suilli
per diem unum in aqua recente macerati, aliquoties mutata, saccharum, piper tritum, aloën, & me=
dullam, pari singulorû quantitate, unde tres quatuórue aut plures pilulas effingas pro iudicio tuo,
permisce, & inde unam aui dato mane. Deinde Soli aut igni exponito, neq; ante duas horas pasci=
to: quibus elapsis, in cibo ei conuenient gallinæ, auiculæ, & mures maiores minorésue, in paruas
buccellas dissecti. Tum uesperi cum ingluuies reducta seu imminuta fuerit, dabis ei quatuor aut
50 quinq; semina caryophyllorum trita & bona carne modica inuoluta. Cum uerò prædictis pilulis
usus fuerit, & humores ab eis commoti, palatum & nares bono aceto cum pipere trito semel asper=
ges: & postea si opus sit, aqua in nares inspirata eam refrigerabis: Et Soli igniue expones, sic enim
humores capitis & omnem aliam ægritudinem eijciet, Tardiuus. ¶ Vt uenter & intestinum auis
amplientur, præbe ei cibum leuem qui nocte una aceto maceratus sit, & eundê cibum sacchare con
di aut melle despumato: aut aqua saccharata eam potato, Idem.

¶ Diebus x x. antequam includas accipitrem, alternis diebus hoc medicamentû ei dabis pur=
gationis gratia: Oui uitellum cum pauco melle & æquali rosaceo oleo misce, & intinctas in eo car
nis recentis partes (buccellas) tres, edendas accipitri præbe. Deinde cum iam propè fuerit tempus
ut includatur, tribus aut quatuor diebus ante, ouillum cerebrum adhuc calês quotidie ei in cibo da
60 bis, Demetrius. Quod si accipitrem omnino laxare & (uentrem eius) soluere uolueris, sume illam
quæ radix uocatur, & quæ nulla adhuc uena pullulet, & uiridem scinde in tres partes ad quanti=
tatem auricularis digiti, & acue utrunq; (singulum è tribus) ad modum grani hordei, & inuolutû

c

butyro edendum da, & ipſum Soli expone, & laxabitur, Albertus.

¶ Ad conſeruandam auis ſanitatem quatuor hæc neceſſaria ſunt, in eſca trahenda exercere, hu‐
midam reſiccare, purgare, & lauare. Sed de purgationibus & balneo alibi diximus. Quod ad exer‐
citium eſcæ trahendæ, fac ut circa carnem neruoſam laboret mane, & ueſperi antequam paſcatur,
& antequam ad prædam euolet inter expectandum. Si plumæ carni inhæreant, uide ne illas deglu‐
tiat interdiu: ueſperi uerò nihil eſt periculi. Et quanquam aliqui trahendo eſcam lumbos eius lædi
exiſtiment, ipſum tamē exercitium ei prodeſt. Porrò humectam reſiccabis ad Solem uel ignem. ſe‐
cus enim periculum erit morbi alicuius, ut rheumatis, aſthmatis, uel alterius. Siccatam in locum
ſiccum & calidum pones: & perticæ, cui inſiſtit, molle aliquid impones, ut pānum uel aliud, pedes
recreandi gratia. Sæpenumero enim inter uenandum pedes ei læduntur, rumpuntur, aut nimium 10
caleſiunt. Quam ob cauſam defluentibus in pedes humoribus generari poſſent qui claui aut gallæ
uulgò uocantur, & podagra ac tumores: quæ quidem affectiones noxiæ & difficiles curatu ſunt,
Tardiuus. ¶ Vt accipiter integra ſemper ſanitate fruatur, nec uiſcera eius reſtringantur, (exic‐
centur,) caules & ramos maluarum coque in aqua donec tota conſumatur. Deinde ſiccatos conte‐
re diligenter, & in aliquo uaſe butyri pleno coque diu, deinde cola inſtar ceræ; & de pinguedine
illa paſce accipitrē per interualla, quam ſi refutârit, admiſcebis illam carni felinæ. Aliud: Rutam,
ebu um, maluam, ſerpillum, rorem marinum, (& illum quàm cætera copioſiorem, aut eius loco ſa‐
uinam,) & adipem porci qui nunquam guſtârit glandes, ſimul trita in uino coques, & exprimes tan
quam ceram, dabiſᵬ in cibo accipitri uel per noctem, Albertus.

¶ Cᴏ uenit aliquando etiam balneo uti autem rapace tum ſanitatis gratia, tum ut melior prom 20
ptiorᵬ ad uolatum fiat. Interdum enim potū uel aquæ uſum deſiderat, ut cum iecinore reliquôue
corpore incaluit, refrigeratur autem aqua. Quin & animoſior manſuetiorᵬ balneo redditur auis.
Sæpe igitur id ei adhibebis, uel quarto quoᵬ die, nam ſi ſæpius balneetur, ſuperbior & fugitiua fit,
Quum balneo eam adhibes, ligno ſicco impone. Aqua uerò ſit pura, & omnis ueneni expers. A
balneo paſces eam alimento uiuo, ut pipione aut auiculis, cui parum ſacchari aut theriacæ addes, &
ſimiliter in nares auis (theriacam indes.) Quòd ſi falco à balneo ſeipſum fricet & ungat, non ſine pe
riculo tangitur. halitus enim tunc ei ueneoſus eſt, & pedes quoᵬ. Quamobrem geſtaturus eam,
manum ualida chirotheca, ne lædatur, munies. Lotæ non dabis carnem madefactam. Si uis ut ſta‐
tim à balneo uolet, aſperges eam aqua pura. Quòd ſi auis infecta fuerit ueneno ex balneo aquæ ue‐
nenatæ per ſerpentem aut aliter, theriacam admixtis tribus granis iuniperi tritis deglutiendam da 30
bis, & per octo dies balneo eam abſtinebis, & paſces eam carne felina cui aloën tritam inſperſe‐
ris, Tardiuus.

REMEDIA AD DIVERSOS ACCIPITRVM MORBOS, VAGOS PRIMVM
uel toti corpori communes, deinde ſingulis partibus peculiares à capite ad pedes.

Albertus remedia aſturum, accipitrum, falconum & niſorum, ſeparatim tradit: deinde commu
nia quædam ſubiungit: & ubi de cura accipitrum docet, eadem ad falcones quoᵬ referri poſſe, ipſe
inſinuat. Græci quidem accipitrum curam & remedia in genere nobis propoſuerunt, ut ſint omnia
facerent communia. Ego, ut reprehēdi minus poſsim, medium quendam modum ingrediar, ita ut
neᵬ ſingulorum remedia ſeorſim conſcribam, quod prolixius foret, & multa forſan repetenda: ne‐ 40
que tamen ita confundam, quin ſi quæ alicui generi magis peculiaria uidebuntur, prout recentio‐
res ſcriptores docuerint, admoneam. Et in illis quidem quæ de accipitre dicentur, non opus erit ac‐
cipitrem nominare: falconem uerò, aſturem, & niſum, prima ſaltē ſyllaba indicabimus. Hoc etiam
non tacendum, remedia quæ apud Albertum, Creſcentienſem & Beliſarium inueni, omnia hic ad
uerbum fere commemoranda: quæ uerò Græci habent, & Tardiuus Gallicè, & alij alijs uulgaribus
linguis conſcripta, breuitatis cauſa omiſi: niſi quòd communiora quædam, hoc eſt ad morborum
in accipitribus curam in genere pertinentia, ex Græcis tranſtuli. ¶ Ad morbos accipitrum in ge‐
nere & incertos, ex Demetrio Conſtantinop. Quibus ſignis deprehendatur internus accipitris
morbus, & unde proueniat, & quomodo curetur. Si accipiter in manu inſiſtens aut pertica, cre‐
brius reſpiret, & eam deſerendo tardius euolet, parumᵬ edat & triſtior uideatur, & fimum nigrum 50
craſſumᵬ excernat, præſertim poſtquam carnem recentem & puram ſumpſerit: ſciendum eſt hæc
ſigna (atᵬ ſymptomata) morbi alicuius nuncia eſſe, fieriᵬ à craſsis humoribus in uentre nondum
colliquatis, & à carnibus putidis, uel herbis nonnunquam quas accipiter roſtro euulſas deuorârit.
Itaᵬ curabitur hunc in modum: Dabis ei portulacam parum contritam & butyro permixtam cum
carne ouilla calida. Aut rutæ contritæ cum uino uetere cochlearia tria quotidie, & liberabitur mor‐
bo, Demetrius cap.101. ¶ De incerto morbo accipitris. Si accipiter in uenatione nihil guſtare
uelit, interno aliquo morbo affici eum non dubitabis. Illi medeberis dando mel ac butyrum cum
carne calida. Sed optimè feceris exhibito ei pipione calido. Nam cibis calidis uti (τὸ θ‍ρμοφαγ‍εῖν) om
nibus fere antidotis præ‐ſerēdum eſt, Idem cap.102. ¶ Pro accipitre triſti & negligente (prædam.)
Butyrum recens, & arſenicum coccinum, & ſandaracham, ea quantitate quæ ſubtripla ad butyrum 60
ſit, commiſce, & cum carne recente accipitri dato. Aliud. Si accipiter macilentus fuerit, ac triſtis,
plumiſᵬ horrens, ita curabitur: Columbam pridie potabis aqua mulſa, deinde accipitri in cibum
offeres,

offeres,Demetrius cap.103. ¶ Ad morbos latentes, & ictus interiorum. Styracis primarij scru-
pulus dimidius:butyri recentis,medullæ ceruinę,utriusq; uncia,mellis boni & olei Hispanici quan
tum satis est.hæc simul ad ignem leniter calefiant permisceanturq;, tum refrigerata in cibo dentur
cum carne,aut in pellem muris iniecta,& sanabitur accipiter à morbis internis. Aliud. Ouillum
cerebrum cum rheo Pontico trito cribratoq; ei dabis. Aliud. Columbam desruto potatam per
diem relinque,deinde accipitri uiuam obijce. Aliud. Mellis & olei Hispanici ana cochlearium,
& album oui liquorem,in uase aliquo permiscens,trita inspergito, salis Cappadocici,nitri ana scru-
pula duo:& carnem minutatim incisam adde,datoq; accipitri,Idem cap.104. ¶ Astur, id est accipiter maior,ijsdem morbis obnoxius est quibus minor:eodemq; modo curatur.Est tamen ualidior
10 natura,quamobrem non facile ægrotat aut moritur:& non requiritur circa eum tanta diligentia,&
sic non facile accedit ad omnes,Crescentiensis. ¶ Si cauteria aui rapaci adhibenda uideantur, prima inustio(ut ueteres Græci docent)fiat sub lachrymali(interiore angulo) oculi.hæc enim prodest
uisui.Secunda in summitate oculi,utilis capiti. Tertia supra nodum alæ,aduersus guttam. Quarta
in planta pedis, contra guttam crurium. Vtiliora autem erunt omnia cauteria, si mense Martio
fiant,Albertus.

    ¶ Ad uulnera uel puncturas auium. Si uulneratus sit falco, album oui cum oleo impone, &
caue ne locus lęsus aqua madefiat:& cum hoc epithema mutare uolueris, ablue locum uino calido:
& sic facere pergas donec locus læsus acquirat crustam qua uulnus claudatur.Si autem uulnus ipse
falco tetigerit,impone aliquantulum aloés. Quòd si forte uulneratus fuerit sub ala , uel in pectore,
20 uel in costis,uel in coxa, immittatur stuppa crassa bene trita cum cultello donec mala caro corroda-
tur:postea misce thus,ceram,sepum & resinam,partibus singulorum æqualibus,ad ignem,Hoc un
guentum serua,& cum opus fuerit,ad ignem liquefactum inunge cum penna,donec uerruca (crusta)claudatur uulnus,Quòd si caro mala excreuerit,immittatur urtica Græca,uel uiride æris (æru-
go,)donec erodatur.Tum unge locum unguento albo,& sanabitur, Albertus & Belisarius. Cum
autem caro superflua iam corrosa est,ex cerussa cum oleo rosaceo & exiguo camphoræ, uulnus inunges,Belisarius. Si mala(superflua)caro alicubi in falconis corpore creuerit, accipe calchiam(for
te cadmiam)& aloén æquis partibus,& trita impone, Albertus.

    ¶ Si os in crure uel alibi fractum fuerit, aloén calidam superilliga , & per horas 24. relinque.
Vel stercus galli in aceto decoctum superliga, Idem.

30   ¶ Si nascentias astur habeat, sanguisugas mitte in eas, & postridie illine lac arboris quæ celsa
siue ficus fatua dicitur : & demum accipe radices herbæ quæ brancha lupi uocatur , quas contritas
impone nascentijs cum lacte celsæ,& relinque per tres dies & tres noctes. Deinde accipe radicem
caudæ porci,& decoque,auiq; in potu dato mane & uesperi,nouem diebus ad tres fabas,Albertus.

    ¶ Si scabiosus sit accipiter:Axungiam ueterem, sulfur & argentum uiuum tere simul cum ali-
quot caryophyllis & cinnamomo, Inde perunge scabiem ad ignem uel in balneo, Idem. ¶ Si falco sepedibus pectit, & scalpit, & pennas de cauda uellit, pruritu laborat, & hunc in modum curari debet. Fimum anseris & ouis cum aloé miscebis, in acetum acre infundes in uase æreo,insola-
bisq; per triduum:uel si calor Solis desit,ad ignem lentum coques,Inde totus falco lauetur(balneetur,)& carne columbina pascatur cum melle & pipere, & collococetur loco obscuro , idq; fiat per
40 nouem dies.Et cum apparuerint pennæ meliores de cauda enascentes, lauetur aqua rosacea & sanabitur,Albertus.

    ¶ Est quando alas non bene sustinet auis,quod contingit,quum nuper manu gestari aut perticę
imponi cœpit,nec prohibita est irrequieto motu calfieri , unde postea refrigerata alis languet. Tenebis eam igitur supra aquam & intrare compelles,ita ut dum luctatur super aqua, alas eo motu ad
statum naturalem reducat. Postea Soli aut igni eam expones , & curabis ut loco calido maneat ne
refrigeretur.Aut per triduum urinam in alas auis emitte, & efficies ut probè sustineat,Tardiuus.

    ¶ Si alæ extra febrem pendulæ fuerint : sanguine anseris eas ad Solem perfrica: adipem uerò anse-
ris edendum dato. Vel potius oleo laurino, alis eleuatis, axillas ei inunge, & fel suillum alis illine:
& cibum eius succo uerbenæ uel saluiæ intinge,Albertus. ¶ Si alas guttosas(arthriticas)habuerit,
50 hederæ terrestris in aqua coctæ folia bene contusa,alis eius circa latera circumliga:& cibum eius in
eandem aquam intinge,Idem.

    ¶ Contra tineas asturis;Millefolium tritum & fimum anseris subige cum aceto,& post tres dies
succo per linteū expresso,loca tineis infestata illine,præcipuè in alis & cauda.Demum ferrugině tri
tam alis & caudæ asperge tribus uicibus, altero quoq; die semel, Albertus. Contra tineas quæ falconum pennas consumunt, (quod cum macrescunt euenire plurimum solet, Belisarius.) Cera rubea muscata,myrobalani, salgemmæ, gummi Arabicum & grana tritici , in acri aceto per dies nouem macerentur in aliquo uase.Tum repones acetum in ampullam,& quotidie inde lauabis falconem aliámue auem rapacem,donec sanata uideatur.Tum ablues aqua rosacea auem,& Soli expo-
nes.Pones autem singulorum de prædictis partes æquales, ceræ uerò amplius, ut omnia continere
60 possit. Sunt qui iubeant tineas cum acu de corio extrahi, & deinde cum aloé locum affectum la-
uari:demum aqua rosacea ablui.Cauebis autem ne rostro se tangat,quandiu aloé inhæret,hoc eniń
ei noxium foret,Idem. Rursus contra easdem,Balsamum purum , in foramine de quo penna exi-

                                                  c   2

cidit immitte, fic tinea remouebitur, & penna noua fub nafcetur. Aliud, Croci orientalis triti un‑
ciam, luti, fimi anferini recentis per pannum colati cochlearia tria, & totidem aceti acerrimi per‑
mifce, & in uafe æreo tandiu relinque, donec cum flore ipfius ad fpifsitudinem redigantur. Deinde
per tres uices loca ex quibus pennæ exciderunt aceto puro diligēter lauabis, & cum illis (alijs præ‑
dictis) loca perungantur. Aliud, Pauonum pennas super fumum ignis pone, & de adhærentę eis fu
ligine fiat puluis, æqua portione mifcendus cum fanguifugis uftis super tegulas, hunc puluerem
acri aceto fubige, ita ne admodum liquidum fiat medicamentum. Deinde locum unde pennæ exci
derint acri aceto laua: poftea lardi fegmenta intinge in medicamentum præfcriptum quousq adhæ
reat, & locos affectos bis per hebdomadem inunge donec pennæ recreuerint, item equi pilos lon‑
gos contritos tenuifsimè, carni qua falconem ales infperge. Item pyretrum tritum cum raphani fuc 10
co & acri aceto mifce, & tineas inde perunge. Aliter, Vftum bufonem, aui edendum præbe; uel
ferri fcobem carni qua pafcitur infperge, Albertus.

¶ Subfticiofus accipiter in pennis uaria figna defectus (morbi) producit, quæ hunc grimal (fic
habet codex impreffus) Germanicè uocantur. Procedit fanè hic morbus ab interioribus corruptis:
& eft corruptio maximè in radice pennarum. Fiat igitur mifcela de fimo humano, quod uim theria
cæ habet, & fale: in qua intingantur plumę accipitris: & immittatur etiam aliquid eius in fundamen
tum pennarum ubi carni intiguntur, & fanabitur. Deinde aquam bibat, & caro qua cibandus eft in‑
tingatur in fucco femperuiui. Item maluā & fatureiam cum adipe porcino diu coctas in os accipi‑
tris immitte, donec inde tria cochlearia confumas. Poftea dabis ei integrum fel porci uel pulli cum
calido porci pulmone, & quotidie mane ieiunum potabis aqua donec fanetur: uefperi uerò cibabis 20
eum butyro, Albertus. ¶ Ad excæcationem pennarū : Acu folerter aperies pennam excæcatam,
& oleum cum butyro æqualiter mixto infundes, Demetrius. ¶ Si accipiter pennas fregerit, inci‑
de aliam pennam fimilem, & fractā inferas. Si autem fregerit pennam, in concauo harundinis (cau‑
lis) pone aliam accipitris pennam : uel fi defit alia, cornu in illam infere cum acu ferrea uel cuprina
in medio quatuor angulos habente, ita quòd ex ambabus partibus acuti fiant: Sed hæc facere uifu
& experientia melius quàm ex fcriptis difcitur, Albertus.

¶ Accipiter aliquando coruptis humoribus pediculos patitur, Albertus. Crefcentienfis ad‑
uerfus fexcupedes (pediculos intelligo) accipitris, iubet eum inuolui panno madēte fucco marellæ
(id eft parthenij) uel abfinthij: & fic relinquere in Sole ab hora matutina ufq ad tertiam. Ad pedi‑
culos in auibus rapacibus. Succo decoctóue abfinthij auis plumas corpusq totum ad Solem per 30
funde, Albertus. Cōtra pediculos: Mentam Romanam tritā mifce uino acri, & adde faxifragam:
& fi aër ferenus calidusq fuerit, in hoc liquore balneetur. Si uerò turbidus & frigidus, adipem
gallinæ in eum impone, & relinque super fimo per noctem: & poftridie unge afturem in alis, & in
dorfo super caudam, Idem. Pediculi in falcone hoc remedio perimuntur; Argentum uiuum fali‑
ua humana extinctum cum axungia uetere mifceto, hinc inunge caput falconis, & filis intinctis col
lum eius circunliga. Vel piper cum granis fefami tritum coque in olla noua fuperinfufa aqua, &
hoc decocto auem lauato. Vel coque faxifragam in aqua, & permitte eam balneari, deinde fubfter‑
ne ei linteamē album super gramine uel lapide, fic omnes pediculos in linteū excutiet. Et hoc reme
dium cōuenit omnibus auibus rapacibus, Alber. ¶ Contra aculeos fiue puncturas acutas afturis.
Setas porcorum minutatim incifas carni qua uefcetur infperge per nouem dies. Deinde fucco tri‑ 40
folij carnem edendam ei perfunde, Idem.

¶ Si accipitrem uolueris macrum fieri, da ei allium tritum cum pulegio, uel carnem macram
de perna falfa, quæ per noctem in aqua macerata fit, comedat, & poftea quater aquā bibat. fed caue
ne defecium & pufillanimem reddas, Albertus.

¶ Patitur aliquando maciem nimiam: & tunc humido naturali deftituitur, ac pennæ eius con‑
trahunt maculas quas famis figna appellant: & tunc etiam pennæ franguntur facile, & uolatum con
tinuare non poteft, & amittit audaciam. ideo non nifi parua infequitur, & uociferatur multum, &
femper ad dominum redire defiderat, Albert. Ad nimiam maciem auis. Macra & languida auis
fimum excernit nec album neq nigrum, fed medij coloris & fufcū. Hanc ut reftaures, ueruecum,
murium, rattorum, aut auicularum carne pafcito per buccellas paruas. Aut in fictili nouo circiter 50
duas aut tres libras aquæ decoques cum cochleario mellis, & tribus aut quatuor cochlearijs butyri
recentis: tum in hoc decocto tepido madefac & laua carnem porcinam, quam aui bis quotidie in cī
bo dabis buccellis minutatim diuifam. Aut quinq uel fex limaces (qui inueniuntur in uineis, aut
in herbis cum alijs tum fœniculo) per noctem macerato in lacte uafe operto ne euadant, & poftri‑
die mane perfractis teftis limaces lacte recenti ablue, abfterfosq aui in cibū præbe. tum auem Soli
igniue expone donec aluum quinquies aut fexies exonerārit: quòd fi calorem bene ferat, utilis ei
fuerit. A meridie uerò cibo bono & minutis buccellis pafcatur, & loco calido ficcoq collocetur.
Vefperi quum ingluuiem remiferit, dabis ei caryophyllos aromaticos, ut fcriptum eft fupra in Ca‑
pite quod infcribitur, Si autis non bene deglutiat, &c. Tardiuus. ¶ Si accipitrem obefiorem defi‑
deras, pafce eum frequenter carne anferis & palumbium, Albertus. Et rurfus, Relinque eum per 60
plures dies ociofum, & da ei lumbum porci, & carnem gallinæ pinguiū : Et femper ab uno homine
pafcatur, & qui geftat eum ferat in equo ambulante: & fæpius pafcatur cerebro ueruecis uel arietis.

¶ Si

❡ Si fascinatus putetur astur, accipe fungum de myrto, thus, asphaltum, & palmã benedictã, (aquifolium intelligere uidetur:) Hisꝗ omnibus testæ impositis auem suffito, Albert. Cum fascinatus fuerit falco, ranunculum in puluerem redige, quem edendum carni calidæ asperges, Idem.

❡ Falconem à balneo caue ne supra lignum putridum colloces, ne ueneno inficiatur. Si autem ueneno infectus fuerit, theriacam cum tribus granis piperis contritis lapide dabis ei, & per nouem dies eum custodies, tunc iterum dabis theriacam, & piperis grana combures in testa; & puluerem insperges carni qua pascetur, Albertus. ❡ Si quod animal (uenenatum) falconem momorderit, oportet quòd deplumetur locus, & si morsus nimis exiguus est, augeatur uulhus cum nouacula, & mox ungatur butyro calido: postea uerò unguento ex thure, resina, sepo & cera æqualiter mixtis, Idem.

❡ Si accipiter à Sole læsus sit, aquam rosaceam in nares eius immittas, & mel cum carne caprina comedat: & uinum ore contentum in faciem eius efflando expue, Albert. Quòd si dum præ-dam sequitur læsus fuerit à tempestate, aquam tepidam in scapulas eius effunde; apertis tamẽ prius pennis eius: tum aquæ tantum infundas, ut per lumbos usꝗ ad pedes eius destillet. At si interiora eius pro uenatione (forte, propter uenationem) infirma fuerint, noctuas calentes adhuc & uesperti-liones per triduum comedat: &, si non recuset, tres offas carnis porcinæ intinctas aceto edat. Hoc enim etiam fastidium eius tollit, & contra morbum capitis ac pectoris salubre est, Albertus.

❡ Accipiter febriens tactu erit calidus, & uidebitur tristis: quod quandoꝗ accidit ex solis spiri-tibus inflammatis nimio labore, & quandoꝗ ex humoribus putrefactis in aliqua parte corporis eius. Tunc igitur, si macer est, parum & sæpe cibetur carnibus pullorum & paruarum auium. passe ribus tamen, quòd calidiores sint, abstineat. Exhibeantur autem carnes iam dictæ cum rebus refri-gerantibus, ut seminibus cucurbitarum & cucumerum tritis, aut lento psyllij similiumue succo: uel paulisper coquantur in syrupo uiolato & similibus. Accipiter ipse in loco frigido & obscuro collo-cetur super pertica pannis lineis iniuoluta; qui plerunꝗ succis refrigerantibus madeant, Crescen-tiensis. Accipiter febriens dignoscitur ex horrore & tremore ac tristitia, Albertus. Ad febrim. Da ei ter uel quater succum artemisiæ cum carne gallinæ. Vel liga ei dextrum crus fortiter, & appa rentem in medio cruris uenam subtiliter incide. (Sunt enim quatuor uenæ in crure istarum auium, una anterius, altera inferius, tertia exterius magis, quarta posterius super unguem maiorẽ.) Signa autem febris sunt, alæ pendulæ; caput demissum, si uomit (horret potius) quasi frigeat: si cibum absꝗ causa fastidiat: aut auidè quidem sumat, sed male glutiendo inducat, Idem. Falconis febrien-tis signum est, si pedes eius ultra modum caleant. Dabis igitur ei per interitalla deglutiendam aloën cum axungia gallinæ in aceto forti subactam: aliàs uerò edendam limacem. Hunc cibum si retine-rit, conualescet, Albertus.

❡ De refrigeratione accipitris, uide mox in Cruditate. Accipiter interdum refrigeratur, & ci-bum concoquere nequit: itaꝗ tristis est, & tactu frigidus: oculi pallidi & discolores fiunt. Sic affe-ctum tenebis in loco calido, & leniter manu gestabis: & modice aliquando euolare permittes. In ci bo carnes auium dabis, præcipuè passerum, & pullorum (gallinaceorum) masculorũ & pipionum, coctas parum in rebus calidis, ut uino, uel aqua cum saluia, mentaue aut samsucho aut pulegio & si-milibus, inuolues easdem melle, uel tritis seminibus fœniculi aut anisi, aut cymini. Sed caue ne ci-bum des nouum, nisi omnis antè ingestus de ingiuuie descenderit. Quòd si macer est, sæpius pasca-tur: sin obesus, minus & rarius: ita tamen ut in utroꝗ habitu modum serues, donec sanetur. Por-rò si cibum prorsus non concoquit, & illum omnino retinet, cor ranæ filo ligatum cum pẽna in gulam eius immitte: & postea trahas filum, sic enim pastum eijciet, ut asserunt experti, Crescentiẽ.

❡ Fellera seu fel uocatur in asture, repletio quædam ex humore corrupto, hoc modo curanda. Fel ursæ ad magnitudinem ciceris impone cordi gallinæ, & hoc eum pasce usꝗ ad nouem dies an-tequam in mutam (mutationis caueam) eum imponas. Postea accipe sauinam, rosmarinum, satu-reiam, betonicam, mentam & saluiam, singula æquali portione, raphani uerò paulò plus. Tritis om nibus modicum mellis admisce. Hoc remedium ieiuno dabis, deinde in mutã impones. Ad idem in quauis aue rapace: Puluerem florum gemmarũue salicis cibo eius asperge, Albertus. Contrã felleram simul & tineam asturis, accipe conchas testudinum (limacum:) & ranunculos uirides de iũ bis (forte rubis,) & saxifragiam, saluiam, & folia oliuarum, & spumam poledri (pulli equini) iuuenis quam proijcit de naribus cum nascitur; & sel anguillæ. Hæc omnia mitte in ollam nouam, & ad ig-nem torre, donec in puluerem redigantur. Hinc mane ieiuno asturi edendam dato partem ad mo-dum dimidiæ auellanæ cum carne pauca: & accipe rhabarbarum & pone in aqua per diem unum; eamꝗ bibendam offer. Hoc ter facies, altero quoꝗ die semel, Idem.

❡ Si accip. gutta in articulis alæ uel coxæ laboret, detrahe parum sanguinis de uena quæ sub alã aut coxa est, in qua laborat, Crescentiensis. Si gutta laboret astur: accipe adipes anserinũ; ursi-num, & uulpinum: & eiectis de corpore felis uisceribus & ossibus, carnem minutatim incide. His mixtis adde parum ceræ, Iadani & xyloaloës, & fac puluerem: item succum pulicariæ maioris ac minoris. Et incide cepam albam, mixtaꝗ simul omnia in uentrem anseris immitte: & foramine di-ligenter consuto, relinque per diem. Deinde fac anserem bene assari, & pinguedinem inde destluen tem excipe aliquo fictili. Hoc unguento omnibus arthriticis animalibus utili, locus affectus unga=

t   3

tur,Auicenna. Ad guttam(arthritidem)asturis.Detur ei edenda Aurea Alexandrina instar dimi=
diæ fabæ uel auellanæ : & die tertio theriaca, Albertus. Quòd si guttæ acris & acutæ fluxio falco=
nem infestat,fimum anseris uel columbæ cum cortice radicis ulmi in aqua decoques donec rubes=
cat,tum permisceatur fimus cum aqua agitando,& inde lauetur falco per triduũ, Idem. ¶ Morbi
in renibus & arthritidis(guttæ)signum est,quum saltare aut alis extensis à manu longius se proijce=
re & ad manum facile redire non potest.Hanc aliqui guttam mortalem(renalem forte)uocant. Ac=
cipe igitur grana rubea spinæ albæ, quam Germani nominant hagedorn (id est spinam sæpium:)
eaꝗ contusa & cum pilis leporinis subacta, misce cum carne cocta. & hunc cibum per dies nouem
ei præbeto,quem si retinuerit,sanabitur,Albertus. ¶ Est & aliud guttæ(arthritidis)genus, quæ sy
lera aut nullis (sylera à nonnullis) uocatur. quæ quum defluere incipit per corpus falconis, ueneni 10
naturam refert.Albescit enim rostrum summum, & unguium mucrones. Accipies igitur serpen=
tem nigrum qui tyrus uocatur,& abscindes à capite eius palmum, & tantũdem à cauda, reliquum
friges in olla noua,& eliquatam inde pinguedinem colliges, dabisꝗ falconi calidam cum carne pa
uonis paulatim per dies octo.Deinde porcellum aqua calida deglabrato,& teneram de pectore car
nem cum mure paruo edendam dato,hoc si bene concoxerit, de recuperanda eius ualetudine non
dubitabis,Idem. Quòd si falco sæpe leuato pede rostro crus percutiat, gutta salsa eum laborare in=
telliges:curabis autem sanguine exhausto è uena quæ est inter crus & coxam, Albertus.

¶ Quòd si ex capite ægrotet,raphanum,sauinam, rorem marinum, sambucum, satu=
reiam,mentam, rutam, saluiam, betonicam, singula trita melle excipito, & instar auellanæ edenda
dato,Albertus. Si caput falconis purgandum est, picem mundissimam magnitudine fabæ, digi= 20
tis calesfac ad ignem, & postea tandiu cum ea palatum falconis frica, donec ei adhæreat. deinde ex
quatuor granis staphisagriæ,& totidem albi piperis subtilissimum puluerem impone super picem
palato falconis adhærentem: & id quod de puluere remanet,immitte in nares falconis: & cum Sol
bene calidus fuerit,tandiu in Sole auem dimittas,donec omnem sui capitis malum humorem & pi
tuitam deposuerit.tum biduo pasces eam suaui ac dulci carne, Idem.

¶ Ad capitis dolorem in falcone. Huius signum est quòd oculos claudit,& caput huc illuc mo
uet.Dabis igitur ei lardum cum pipere trito, & diebus alternis aliquantulum aloës cum carne pulli
gallinacei. Fit enim hic capitis dolor euaporante uentriculo , qui hoc remedio purgatur. Quòd si
oscitatio & pandiculatio siue crebra extensio alarum,in eo appareat,& rostro pedem percutiat, uel
contra : signum id est caput malis humoribus laborare : quamobrem torquebis cum stilo argenteo 30
uel aureo ad nares,(ut foramina narium dilatentur,)ut humor effluat: qui cum effluxerit, ungatur
tortura(cicatrix)oleo uel butyro, Albertus. Curandum est ne fumo accipitres , néue alia re caput
eorum grauetur:quod quidem uel palpebrarum & oculorum clausura,uel lachrymarum defluxu,
uel narium constrictione,præsertim accipitre hinc inde caput mouente, cognoscitur. Huic morbo
medeberis,(ut ex Alberto iam scriptum est.) Cæterum dilatatio narium cum stilo , etsi perutilis sit,
experimento tamen uidemus,accipitres quorum nares sic dilatatæ fuerint , altissimos nimium uo=
latus auium persequi non posse.Nam uento, qui per dilatata ingredi foramina solet,ne altius ascen
dant prohiberi eos putamus,Belisarius. Porro si sternutet falco & aquam è naribus fundat, cere=
brum immodicè humidum esse conijcimus. Itaꝗ tria grana saxifragæ cum totidem granis piperis
contrita,& acri aceto subacta,& lana xylina excepta, in nares & palatum eius inijciantur:& postea 40
cibetur de pullo gallinaceo, Albertus.

¶ Ad rheuma,id est fluxionem in capite auis.Rutam pone iuxta nares eius, & carnē qua uesce
tur in succum rutæ intinge.Item allium contritum cum uino per nares ei immitte, & toto die loco
obscuro resideat ieiunetꝗ,Albertus. Si pituitam (quam quidam pipiam uocant) habuerit, appre=
hensam eis linguam aperto orę frica cum puluere saxifragiæ melle condito. Quòd si nihil profi=
cias,butyrum ei edendum dabis. Puluis etiam densitate (uox apparet corrupta) caulis ad idem ua=
let,Albertus. Si pipiat accipiter tanquam ex morbo pituitæ, & clamare uoce sonora nequeat, acu
ærea nares eius perforabis,Idem. Si rheuma (nostri ribe uocant) à capite fuerit, staphisagriã cum
aqua ardente naribus utiliter inseri audio.sin eiusdem apud nostros nominis affectus in pectore na
tus sit,sanguinem sub lingua detrahi præsente remedio. ¶ Si ex capite, oculis præsertim,auis ra= 50
pax laboret,unge sæpius oleo communi,& præcipuè si dolor est in exterioribus oculi partibus,Al
bertus. Si per senectutem auis rapacis oculus caliget,argenteo uel aureo instrumento ure eam su=
per nares,ubi sinciput in medio oculo medio rostri coniungitur,Idem. Accipitres oculorum he=
betudini præ cæteris auibus ita obnoxij sunt , ut etiam curationem huius ægritudinis in promptu
habeant,lactucæ scilicet(de agresti intelligo)quam medicinæ gratia rescindunt, liquorem lacteum,
Oppianus. Ex lactucis sponte nascentibus rotunda folia & breuia habentem sunt qui hieraciam
uocent,quoniam accipitres oculum eam,succoꝗ oculos tingendo,obscuritate cum sensere disci
tiant,Plinius. Ad clarificandos oculos asturis, accipe dulcem herbam, aloën & cerussam, æquali
singula pondere, & cõtunde fortiter:& trita cum oleo & axungia ad ignem liquefac, & misce cum
his quæ dicta sunt,ualidè simul agitando. Huius unguenti mane & sero aliquid in oculos asturis im 60
pone,Albertus. ¶ Ad dolorem oculorum: Zinziber,thus & aloën, singula pari pondere trita in
peluim impone, & uino albo superinfuso per nocte relinque. deinde in oculos immitte. Item aloën
& ce=

& ceruſſam æquali portione miſce cum pauco lardo ueteri, quod è lardi medio eraſeris. & ueſperi
in oculos auis immitte, Idem. Accipitres aliqui oculorum grauedine laborant, ita ut palpebræ
quaſi coeant, Beliſarius. ¶ Si aſtur ſpumam oculis emittit, melancholici humoris illic redundan-
tis ſignum eſt. itaʠ ſeſeli montanum & ſemen cicutæ ſuper carbones imponito, & carnes quibus
ueſcetur inde ſuffito:& ipſum ſupra hunc ignem paſce, ut fumus in guttur & oculos eius ſubeat. po
ſtridie dabis ei in cibo aloën inſtar dimidiæ fabæ:& uiridem cicadam ſiue locuſtã, quam ſi uiridem
non inueneris, tere ſiccam à te repoſitam, Albertus. & carni qua ueſcetur aſperge, Albertus. ¶ Ad maculam oculorum falconis. Piper & aloën æquis portionibus trita impone:& ſi per tempus anni pruna
ſylueſtria habere poſsis, tres guttas ex illis ſuper maculam inſtilla, multum enim proderunt, Alber-
10 tus. ¶ Si albugo creſcit interiore parte oculi auis, iniſce puluerem ſeminis fœniculi cum lacte mu
lieris maſculum enixæ, Idem.
¶ Si clauſas(obſtructas)nares habuerit auis, per caulem paruæ pennæ in nares eius inſpirando
immitte puluerem piperis & ſaxifragiæ, Albertus. Vide ſupra in cura rheumatis. ¶ Si quando ſa
nies è falconis naribus fluit, & ipſe cibum faſtidit, & ſanies mali odoris eſt, fiſtulam eſſe intelliges,
quam ſic curabis. Accipiatur poſterior pilus capræ, & axungia, uel(ſi deſit)butyrum : & uena quæ
de naribus ad oculos tendit, incidatur, & cum acu ferrea calefacta inuratur uena inciſa ex diuerſa
parte quàm ſita eſt fiſtula:& locus quotidie cum butyro perungatur:& falco in loco calido collocetur per nouem dies, Albertus.
¶ Humorem,qui è capite fluens in palatum decumbit, reſtringes, ſi butyrum uetus & chelido-
20 niam æqualiter miſceas, & factum inde puluerem in calida carne des falconi, Albertus.
¶ Roſtrum eius fractum quacunʠ ex cauſa, repurgato, & ſi quid computruit reſecato:tum inungito coronam roſtri , primum ſerpentis pinguedine, deinde gallinæ, & iterum creſcet. Deinde
quintodecimo aut uigeſimo poſtquam creſcere cœperit die, frange ei roſtrum ſuperius, ut quod inferius eſt melius creſcere poſsit ad modum debitum. Interea buccellis minutatim conciſis eam paſ-
ces:aliter enim paſci non poſſet. Porrò diſiunctum roſtrum recludetur, ſi farinam ſubactam & fer
mento mixtam impoſueris, & reſinam, Tardiuus.
¶ Si collum falconis infletur, ſignum eſt catarrhi calidi. Collum igitur deplumetur, & ſanguis
de uena auriculari detrahatur:& rana ei in cibo detur, quam ſi concoxerit , de proſpera ualetudine
eius nihil dubitabis, Albert. Quum autem guttur uel arteria aſpera intumuerit, & falco tanquam
30 ſuffocandus reſpirârit, rheumatiſmum patitur , & hoc modo curabitur. Sanguinis pauonis , nucis
moſchatæ, myrobalanorum chebulorum, caryophyllorum, cinnamomi, zinziberis, ſingulorũ par
pondus accipito:& pilulas formato nouem, de quibus ſingulam quotidie dabis hora tertia, & nonã
deinde carne murina paſces, Albertus. Accipitres etiam ſtrumoſi fiunt, Idem.
¶ Si præ nimia edendi feſtinatione aliquid in arteriam auis inciderit , tubum oblongum è pen
na factum, aut è metallo, in arteriam inſeres , exugesʠ donec id quod incidit ſequatur. aliter enim
periclitabitur auis, Tardiuus. Accipitribus ingluuiem reiiciſſe letiferum , quod nonnullis generibus contingit ſi paulò incautius curentur, Budæus.
¶ Auis non bene deglutit, uel ingluuiem non remittit, ſi bucceis maioribus paſcatur : uel ſi nimium præda ſua ſe ingurgitârit, uel ſi refrigerata fuerit. Dabis igitur ei cibum pro una uice modi-
40 cum, & carnem leuem uino albo tepido maceratam. Veſperi dabis ei quatuor aut quinque caryophyllos tritos , & immiſſos lanæ xylinæ uino maceratæ. calfacient enim ei uentriculum & caput.
Quòd ſi bucceam, quam deuorare nõ poteſt, uomitu aut eo reddi uelis, ut liberetur ingluuies ea in-
farcta, parum piperis tríti in acri aceto macerari aliquandiu permittes : deinde palatum auis hoc
aceto collues:& tres aut quatuor guttas naribus immittes. Deinde cum reiecerit quod inhærebat,
pauco uino partes dictas aceto inflammatas adſperge. Cauebis tamen ab uſu aceti in aue nimis macra, ferre enim non poſſet. Sed in Sole aut prope ignem ſiſtes, ut bucceam reiiciat. Eſt quando auis
deglutit quidem eſcam, ſed paulò poſt reuomit. Hoc ſi acciderit, & quod reiicitur non puteat, dabis
ei parum aloës hepaticæ, ita ut poſt ſex demũ horas pauco & bono cibo nutriatur. At ſi puteat quod
redditur, halitu auis corrupto , id fit ſi carne craſſa , aut minus pura aut putente alatur. itaque cu-
50 rabis ut caro eius munda ſit, & cultro mundo ſecetur. auem quoʠ loco mundo in Sole pones, cum
aqua appoſita ad potum. nec paſces eam uſʠ ad ueſperam , tum bucces paruas dabis de carne recente conſperſa uino, aut contrita ſcobe aciei ferri ſiue ſtomomatis, aut ſcobe eboris:hæc enim auis
cibum retinent. Quòd ſi ne ſic quidẽ retinuerit, da ei auiculas, miures aut rattos donec curetur. aut
in aqua tepida coriandrum tritum diſlue:& in aqua illa colata per quatuor aut quinʠ dies eſcam au
dandam lauato. Aut folia lauri in uino ad dimidias coquito, eoʠ refrigerato columbam potato donec moriatur. eius deinde coxam, aut tantundem quantitate in cibo accipitri dabis, Tardiuus.
¶ Si pulmo uel arteria falconis laboret, ſume ſimi paſſeris & muris, lanæ ſuccidæ ana unc. j. pipe
ris albi grana quinʠ, ſalis gemmei unc. ij. His tritis admiſce mellis & olei puri utriuſʠ æqualiter ſex
guttas, & lactis fœminæ maſculum lactantis ex ſe genitum guttas nouem : & butyri quantum ſuffi-
60 cit. Ex his cum lacte effinge tres pilulas ad magnitudinem auellanæ, & inſere in fauces falconis, te-
netoʠ eum per duas horas in manu, ut potionem totã reuomat. Deinde poſt uomitum pone eum
iuxta aquam:unde ſi biberit, paulò poſt paſce eum pulmone & corde lactentis agni & nondũ hera

c 4

bam paſcentis. Debet autem caro tam calida eſſe quàm fieri poteſt. Poſtea alia carne ſuaui paſces
eum aſsiduè, & ueſperi dabis ei abunde de paſſere & pullo, Albertus. ¶ Quòd ſi uulſus falco ſiue
æger ex pulmone uideatur, accipe auripigmenti triti unciam, piperis grana nouem: & hæc permix
ta falconi cum carne calida præbe. Iterum autem accipe tria lardi fruſta (ſegmenta,) quanta falco de
glutire poteſt, quibus melle intinctis limaturam ferri inſperges, & in fauces auis immittes. Hoc fa
cies per triduum, nec alium cibum dabis. Tum quarto die porcellum tenerum uino forti & claro
inebria, & pectus inebriati ad igne calefac: & cum bene calefactus fuerit, tunde pectus eius ut ſan
guis uino infuſus in pectus aſcendat. Mox occide porcellum, & pectus ſic calidum in calido capræ
lacte intinge, & falconem per aliud triduum tali cibo paſce, & ſanabitur, Idem. ¶ Quòd ſi accipi
ter frigore tactus in pectore læſus ſit, granis ſaxifragæ còtritis addes piſani (forte ptiſanam) aut mel, 10
& fricabis inde palatum accipitris, & expones eum Soli. Item ſemen herbæ quæ radix (raphanus
nimirum) uocatur, cum ruta ſylueſtri & pipere æquali pondere teratur. hinc pilulas finges cum
melle, ad modum granorum piperis, quas ei dabis per triduum. Hoc facies quotieſcunq̃ frigoris
iniuriam ſenſerit, & uel aliàs inde læſus fuerit, uel foriolus euaſerit. Item ſuccum marrubij, piper tri
tum, mellis modicum, & ſemen apij cribro excretum commiſce, ſic ut ſucci partes duæ ſint, mellis
una, facilius autem ſumet hoc medicamentũ, ſi eſurienti & cibum feruentius appetenti detur. Item
ad pectus accipitris curandum mentam tritam cum melle ſubige, & accipitri edendam dato. Vel
radicem ſinapis & trifolium æquali pondere trita cum lacte & oleo hyſſopino in cibo dabis accipi
tri. Naſturtium quoq̃ cum melle mixtum in carne porcina prodeſt, Albertus.

¶ Si aſthmaticus fuerit accipiter, tegulam coctam contritam dabis illi cum carne calida & ſan 20
guine hirci per tres dies: Et ſuccum abſinthij cum lacte aſinæ infundes inter pellem & carnem coxę
gallinæ, quam ei in cibo dabis, Idem. Aſturem aſthmaticum ſic curabimus. Caryophylli, cinnamo
mum, zinziber, cuminum, piper, aloë, ſal, tragacantha, thus, ęquali ſingula pondere trita comiſcean
tur, & ponantur in tegula, & calefiant ad ignem. Et pars puluerîs per fiſtulam injiciatur inflando
in nares aſturis: Reliquum miſce cum lardo claro magnitudine auellanæ, optimè trito. Hoc impo
ſito in palatum aſturis, expone eum Soli tandiu, donec reuomat. poſtridie edat lardum pondere un
ciæ, & tertio die pullum columbinum rubeum, quarto die balneetur & curabitur, Albert. ni fallor.

¶ Si faſtidio laboret auis, ſorices uiuos edat, uel catellum recens natum antequam uideat, Al
bertus. Contra faſtidium & ſiccitatem falconis. Ouum cum lacte caprino ſine fumo in ſartagine
puriſsima donec dureſcat decoquito, & aui edendum dato, id ſi concoxerit, liberabitur. Proficit 30
enim contra omnem morbum, Idem. Si auis cibum faſtidiat, quod fit cum ueſperi nimium ma
gnis buccellis paſta eſt & immodice ſaturata, aut cum corpus prauis humoribus ſcatet: dabis ei co
lumbam, quam pro arbitrio occidat & ſanguine fruatur, de carne edat coxam aut tantundem quan
titate. Et ſi auis carnem columbæ nolit diſcerpere, dabis eam minutatim in buccellas conciſam, &
ſaccharo aſperſam uel oleo oliuarũ bono, recenti ac dulci, aut amygdalino: idq̃ ſubinde facies pau
latim donec ſanetur. Aut dabis ei paſſerculum uino maceratum, uel melle rigatum, uel puluere ma
ſtiches aſperſum: aut ſub diluculum dabis ei pilulam unam ex illis quas communes uocant: & ca
pitio intectum in Sole aut iuxta ignem tenebis, ſineſq̃ uomere pro arbitrio. Quum iam per tres
quatuórue dies his pilulis uſa fuerit, & iam cibum appetierit, cibum eius ſcobe ferri per alios toti 40
dem dies conſperge, Idem.

¶ Ad malam concoctionem auis. Auem malè concoquere his ſignis animaduertitur: Si ſub
inde hiat ore & reſpirat, ſi eſcam ſuam deplumat, nec edit, ſed relinquit aut reuomit: ſi ſimũ craſſo
humore nigro & pallido infectum egerit: ſi turundos curæ gratia (ut loquuntur) ingeſtos, tempeſti
uè non reddit: ſi roſtro eius utraq̃ manu fortiter diducto odorem de gutture eius fœtidum perci
pias. Solet autem malè concoquere, ſi diluculo ante cœnam concoctam paſcatur, aut ueſperi nimia
ſerò & maioribus bucceis. Remedio eſt, ne paſcatur ante concoctionem rite peractã, & antequam
probè appetat. Tunc accipe fuliginem quæ ſartaginis fundo adhæret, & per horam in aqua mace
rato, aquam deinde colatam tepefacito, & in ea macerato carnem qua paſces auem in buccellas in
ciſam, nec alium cibum ante ueſperam dato. tum carnis ſaccharatæ buccellas tres præbe: uel cibo
eius admiſce ſemen quod in caryophyllis aromate reperitur, contritum, Tardiuus. ¶ Contra ni 50
miam famem falconis: Muris ſanguinem, mel, & ſemen apij, æquis portionibus mixta in cibo da,
Albertus. ¶ Si aſtur cibum indigeſtum reiecerit, cinnamomum, caryophyllos, cyminum & folia
lauri, pari portione ſingula contrita, in olla noua cum uino albo decoque, ita ut parum uini rema
neat, ſed caue ne ebulliendo effundatur. Quod remanet pone in panno líneo forti, & ſucci expreſsi
infunde in fauces aſturis quantum ſufficit: cibum quidem eam ob cauſam ei non negabis: poſtridie
fœniculum contunde, & ſucco expreſſo carnem quam ei daturus es, intinge, Idem. Si cibum ſæ
pius incoctum euomit, dabis ei ſcammonij quartam partem oboli & tantundem cymini, aſperges
autem trita carni ſuillæ pingui: aut ſi illam edere nolit, albo oui liquore excipies, & in os eius inſe
res. Vel oua cruda in lac caprinum euacuata, ſimulq̃ decocta, ter ei in cibum dato, Albert. Si ac
cipiter projicit granum ſiue carnem inconcoctã, immitte in gulam eius lixiuiũ cum ſarmentis, men 60
ſura cochlearij: & ſi inde offendi uideatur, ſyrupi uiolati cum aqua frigida mixti cochlearia tria in
fauces eius infunde. Et poſtquam uomuerit & ad ſe redierit, balneetur in aqua, nimirum ſi cœlum
fuerit

fuerit serenum. Vtile sanè fuerit salgemmam quoq; tritam miscere lixiuio:purgat enim &uomitum promouet,Idem. ¶ Quando accipiter cibum per triduum in gula uel digestione (uentriculo)retinuerit,dabis ei lixiuium è sarmentis uitium bene colatū cum carne calida per biduū: & triduo se quente carnem caprinam cum butyro & mastiche trita.Quando autem cibum oblatum recusat su mere,& carnem oblatam rostro à se remouet, carnem aliam præbe, ut gruis ,sed granum staphisa griæ sub lingua eius pone, & statim euomet carnes sumptas , Albertus. Est quando infusione la borat falco sicut equus:cuius signum est quòd cibum respuit,& oculos habet inflatos. Facies igitur lixiuium de sarmentis uitis,eoq; ter colato implebis guttur falconis: quem sic relinques donec ege rendo se cibum quem sumpserat concoxisse demonstret. Postea dabis ei lacertam in cibo. Aut ui 10 num calidum cum pipere trito in fauces eius infundes , relinquesq; donec concoxerit cibum quò infusus fuerat, Idem.

¶ Ad nimiam sitim asturis. Radicem dulcem , rhabarbarum , betonicam, cum syrupo uiolato & aqua commisce , & per noctem relinque. Et quotidie mane fac ut inde bibat quantum uoluerit per dies octo,& ranas in cibo præbe, Albertus. Et rursus,Si ualde sitiat auis , accipe puluerē cau lis libystici,& carnem (caulem) de anetho & fœniculo,& coque cum uino,admixto etiam cochlea rio mellis.Hunc liquorem colatum aui bibendum da,uel in os eius iniice. Et si bibere detrectet, da ei carnem illitam melle,& altero die oleo rosaceo frigido illitam. Si auis siticulosa fuerit, quòd al terata & nimis calefacta sit, dabis ei in potu aquam, in qua saccharum cum croco & spodio madue rit:sed exiguam,quanta duntaxat faucibus refrigerandis sufficit.At si ob nimiam obesitatem,uel ca 20 lores internos siticulosa sit,adde prædictis terram sigillatam ut uocant. Si propter cruditatem, cu minum dulce in aqua decoques , & in os eius infundes. aut zinziber , aut pulegium in uino ueteri coque,aut caryophyllos in aqua, & inde madefacito escam auis. Quòd si subinde sitire pergat, ap pone ei bibendam aquam , cui inieceris drachmam boli Armeniæ cum decem granis caphu ræ, Tardiuus.

¶ Si falco carnem rostro laniatā acceperit,paulo post uerò inconcocta reiecerit: certum est du rum uiscosumq; humorem in eius ingluuie,uentriculo & intestinis concretum esse,quem aliqui pe tram uocant.Pasces igitur eum carne passeris,inspersis caryophyllis tritis: ita ut altero quoque die hunc cibum des,altero uerò pipionem uel purgatione, (ein guel:) sic enim curabitur. Quòd si alui 30 excrementa longè non egerit (non procul reiicit,) eiusdem hoc morbi signum est. itaq; dabis ei cor porcinum cum seta porcina minutatim incisa usq; in diem tertium,& liberabitur, Albertus. Ad la pidem in uentre:Pinguedinem axungiæ edat & butyrum. Vel aloën herbam cum puluere apij in uolue cordibus paruarum auium,quibus uescatur, Albertus. Contra lapidem asturis: Cinnamo mum,aloën,caryophyllos,saccharum,saxifragiam,gerulam(forte uiridem, ut etiam ad oculos spu mantes)cicadam,singula æquo pondere teres & cum syrupo rosaceo miscebis: & cùm pascis astu rem,carni quam edit de hoc remedio adde instar duarum fabarum, Albert. Contra lapidem astu ris & renum corruptionem. Adipis galli partem j. uerbenæ partes ij. tere, & de succo expresso ter tiam partem cochlearis asturi ieiuno da,& sine cibo eum relinque usq; ad meridiem. Quòd si læsus uideatur,da ei cochlearia tria syrupi uiolati distemperati(id est aqua diluti:)uel mel rosaceum (dilu tum.)Et quarto die succi centinodiæ & centineruiæ siue quinqueneruiæ , tertiam partem cochlea 40 rij,infunde in fauces asturis ieiuni,& curabitur, Idem.

¶ Contra omne uitium iecoris. Sumatur arboris quercus, (non exprimit quidnam de ea sumi debeat,& boli(Armeniæ scilicet)tantūdem. Hæc trita cum carne pulli (gallinacei) calida, qui uino inebriatus sit,falconi præbeantur,Albertus.

¶ Ad lumbricos accipitris:Da ei cum cibo succum foliorum persici, aut santonicum tritum, & liberabitur,Crescentiensis. Si falco lumbricis affligitur in uentre, & lumbrici in excrementis ap paruerint, scobem (squamas, Belisarius) ferri & maximè chalybis depurati carni sutillæ insperges, quam aui in cibo dabis usq; in diem tertium, & sanabitur, Albertus. Lumbrici sæpius nascuntur ex cruditate.quamobrem studendum est plurimum ut bene concoquant: quod ut fiat, leuioribus cibis,pullis scilicet gallinaceis , non bubula carne & his similibus cibandi accipitres sunt. Si uerò 50 lumbrici iam nati sint,curetur(ut iam ex Alberto recitauimus:) Vel sume passerum stercus,piscisq; pellis crudæ,cui tinca nomen est, cremataæ puluerem , eboris rasuram , & squamam ferri pari pon dere.hæc trita & suillo cordi inspersa accipitribus dato,Belisarius. Si anguillæ id est lumbrici lōgi infestent falconem,accipe teneri pulli intestinum aqua bene abluitū, & fac inde tres nodos ad men suram dimidij pollicis,& utrinq; uinciatur tenui filo.hoc oleo impletum limpido,pone in fauces fal conis sicut & alia potio poni consueuit.Quòd si postridie adhuc lædatur lumbricis,sume scobis ebo ris & fimi passeris Indici siue solitarij,aut(si is desit)communis,ana unc.j. Hęc trita falconi cum car ne calida præbe. Et si etiamnum tertio die jperseuerent, abstrahatur cruda pellis de pisce tinca : & in calida testa sine fumo & flamma super carbones comburatur , sumaturq; hic cinis cum scobe ebo ris, & fimo passeris,partibus æqualibus:ita ut farina ex eis permixtis cum carne calida detur. Et si 60 necesse fuerit,quarto die his iam dictis scobem ferri adijcies, Albertus.

¶ Accipiter aliquando patitur obstructionem, & tunc grauis manet, nec cibum nec prædā de siderans , Albertus. Intestinorum restrictione induratis recrementis interdum afficitur ita ut su

perueniente demum febri extinguatur,Belifarius. Si auis aluum exonerare nequeat,quod appa=
ret si caudam fricet & aquam bibat, dabis ei carnem fuillam calidam cum pauca aloé: aut intestina
terræ super latere calido siccata,& trita carni calidæ & concoctu facili, quam in cibo sumat, insper=
ges,Tardiuus. Si aluus supprimatur,fel galli edat,uel testudines albas decoctas. Si uerò nimium
soluta sit,modicum de succo hyoscyami bibat,& carnes eodem intinctas edat, Albertus.

¶ Contra omnia uitia renum falconis. Puluerem candriæ, (uidetur uox corrupta : forte carda=
mi)uel nasturtij aquatici,in corde pulli(gallinacei scilicet)in cibo da,& proderit, Albertus.

¶Ad ficum in ano asturis. Pinnulis alarum siccatis & tritis carnes quibus pascitur consperge:
& sic nouies eum pascito,Albertus.

¶ Quod si crus fregerit accipiter,thus,bolum (Armeniam) serpentinam, consolidam & masti= 10
chen,fortiter tere,& misce cum albo liquore oui,& super linteo extende , & dirige crus fractum &
linteo illo inuolue.Tum pennam de ala uulturis scinde , & incannatum ex ea os fractum per quin=
que dies relinque,Albertus.

¶ De morbo articulari ex ueteribus scriptum est supra in arthritidis differentijs.

¶ Ad podagram asturis,Tithymallum cum melle & aceto tritũ,& modica calce, illiga, & post=
quam se mouerit,unge aloé cum uino,& sanabitur, Albertus. Ad podagrã accipitris quæ sit cum
humor descendit in articulos pedum & digitorum : Pedes eius inunges lacte herbæ quæ lactaiola
(nimirum è genere tithymallorum)uocatur: & collocabis eum in pertica super panno lineo eodem
lacte imbuto,donec rupta sit podagra:tunc pannus auferatur, & inungatur locus seuo donec cure=
tur,Crescentiensis. Si pedes falconis citra ullam uiolentiam inflati fuerint,podagricus est,& sic cu 20
rabitur,Inungatur unguento ex butyro, oleo, & aloé, æquali portione permixtis, per tres dies, &
Soli exponatur:& carne selina cibetur. Vel licinium factum de carne(de lana)bombacina(xylina,)
incende,& ure plantam pedis falconis. Deinde impone eum in petram uiuã,quæ inuncta sit axun=
gia ueteri,& liberabitur.Pasces autem eum interea muribus , Albert. Contra inflationem pedum
falconis.Aloé & albus oui liquor simul subigantur: deinde quære cotem in qua sæpe acutum est fer
rum,& in qua ferri aliquid inhæret:super qua tandiu puluerem (medicamentum prædictum) frica,
ut omnis acutio(substantia ferri quæ in cote est,) in puluerem transeat. Tum pedibus inflatis illum
suppones tandiu,donec crustam faciat & pedi hæreat.Postridie optime sapone perunges, & tertio
die facies ut uideris expedire,Idem. Si pedes guttosi(arthritici)sint,uel tineæ eius pennas erodãt,
carnes hircinas edat aceto madidas:& alas eius aceto calido & oleo laurino sæpius perfrica, Alber= 30
tus. Ad pedes falconis sanandos, millefolium,saxifragam,uerbenã & plantaginem,singula æqua=
lia,contere:& carni calidæ ad cibum insperge,Idem. ¶ Si falco nascentias in pede habuerit, me=
dium iuniperi corticem tenuissimè tritum per nouem dies alternis diebus ei præbebis cum carne,
& curabitur,Albertus. Si accipiter digiti articulum læserit,scinde murem, in cuius uiscera calida
pedem eius immittes,& fasciola aptè constringes.Si ita non sanetur , dextram ungulam porci fran=
ge,& exempta inde medulla pedem accipitris unge per triduum,Idem. Quòd si falco unguem ra
dicitus perdidit,non recrescit : sed digitus pedis in calido mure aperto est colligandus, & cum me=
dulla pedis & digiti porcini postea inungendus,donec sanetur, Albertus. Si laboret morbo quem
rampam uocant,succo artemisiæ cibus eius intingatur.& sanguine agni calido pedes eius perfrica:
uel uino tepido in quo decoctæ sint urticæ,& eodem uino cibum eius madefacito,Idem. 40

PARALIPOMENA QVAEDAM QVAE IN PRAECEDENTIBVS
suo loco hoc in capite omissa sunt.

Si inquieta sit auis in pertica,uel super manum,myrrham in aqua decoque, & inde corpus eius
asperge,ac cibum eius nouenis uicibus in eandem intinge,Albertus. ¶ Si accipiter nimis clamo=
sus fuerit,cibetur uespertilione pleno pipere trito,Idem.

¶ Vt falco hominem non deserat:Apium,mentam nigram,& petroselinũ simul trita, cum car=
ne calida ei præbe,Albertus.

¶ Si accipiter pennas iam aliquoties mutauerit, Calendis Ianuarij in mutam mittatur,at si pul=
lus eiusdem anni fuerit,mittatur in mutam Calendis Iulij, & auibus uiuis uescatur si inueniri pote=50
runt.Caryophyllos etiam & semen fœniculi cum carne sumat.Domus mutç apta & ampla sit,à qua
post mutationem extrahatur. Quòd si pennas nõ cito proiecerit, serpentem uarium,qui inter alios
minus habet ueneni,& Germanicè huf(forte unc)uocatur cum tritico coque:deinde tritico illo gal
linam pasces,& aquam decoctionis in potu ei dabis. Huius postea gallinæ carnibus pastus accipi=
ter,pennas reijciet,& morbo,si quem patitur,liberabitur:solidis quoq; pennis nouis plurimum de=
coratus, longo tempore sanus & hilaris uiuet. Triti etiam pisciculi minuti fluuiatiles, carnibus ab
accipitre edendis aspergantur,& cum carnibus muris in cibo ei dentur. Sic enim proculdubio cito
mutabit.Idem fiet si lumbis porci sanguine agnino intinctis & incisis uescatur. Lacerta etiam uiti=
dis usta iuuat.Item grana sambuci mense Septembri terra obruas, & postea hordeum uel alium ci=
bum in eis (succo eorum) madefactum gallinis obijcias, quarum carnibus accipitrem pasces. Ali= 60
qui sanguisugas incisas per se,uel cum carnibus,offerunt accipitri, aut ustas tritasq; carnibus asper=
gunt.Prosunt & mures uiui dati,& minutatim fracti,ac in fauces immissi, Albertus.

¶ Per

¶ Per quasuis aues rapaces aucupium nostri **Weidwerck** appellāt, accipitres, nisos, falcones, aquilas. priuatim uero quod per accipitres & nisos fit, canum odorantium & excitantium ut plurimum auxilio, **faderspil** nuncupant: in quo genere aues rapaces rectà à manu prouolāt, predamę persequuntur, non in altum statim scandunt ut superne deijciant feriantę ut falcones. ¶ Galli sua lingua curam (la curee) uocant, plumas stupásue conuolutas ad oliuæ fructus formam ferè, quæ uesperi accipitribus deuorandæ exhibentur, quas postridie aluo reddant, ualetudinis gratia.

F.

Accipiter in sacris literis, ut & cæteræ rapaces & uncorum unguium aues, cibo interdicitur: ut inde conijciatur displicere Deo eos qui alijs insidias moliuntur, & cædes meditantur, sicut accipi=
10 ter, qui nullam auium infirmiorum non inuadit, Procopius. Pulli accipitrum suaues sunt ualde pin guesę efficiuntur, Aristot. Auicenna & R.Moses. Caro accipitris dulcis & leuis est, propter bo= num nutrimentum quo alitur, Albertus. Assus & in cibo sumptus accipiter, morbum sacrum cu= rat, Kiranides.

G.

Hierax potest quæcunę & uultur, debilius tamen, Kiranid. Assa & in cibo sumpta hæc auis, morbum sacrum curat, Idem. Carnes pullorum accipitris boni saporis sunt, animum corroborāt, melancholiæ & perturbationi mentis resistunt, R.Moses in Aphorismis. Magi in quartanis adal= ligari iubent puluerem in quo se accipiter uolutauerit, lino rutilo in linteolo. Accipiter decoctus in rosaceo, efficacissimus ad inunctiones omnium in oculis uitiorum putatur, Plinius. Cum un=
20 guento susino coctus oculorum hebetudini medetur, Galenus ad Pisonem & Constantinus Afer. Decoctus in oleo susino, donec caro eius resoluatur, oculis inde frequenter inunctis, hypochysin (suffusionem) & caliginem discutit, Sextus & Marcellus Emp. Viui deplumati accipitris & cocti in oleo susino donec dissoluatur, iure colato inunctæ oculorum nebulæ & hebetudines sanantur, Kiranides. Adeps accipitris teritur in oleo, quo inunctis oculis caligo depellitur, Aesculapius. Accipitris seuum iuncturis utile est, Io.Vrsinus.

¶ Anseris, accipitris, gruum, & similium stercora, de quibus multa nugaces quidam fabulātur, inutilia esse experimento compertum est, Aetius. Fimum accipitris in mulso potum uidetur fœ= cundas facere, Plinius. Si retineantur secundæ, fimi accip, scrupulum propina, aut drachmã eius= dem (in pessi forma) suppone, Symphorianus Champegius. Fimus eius cum uino dulci potus
30 partum accelerat, Kiranides. Nisi fimum tritum, quantum duobus digitis capere poteris, ex uino aut aqua mulieri propina quæ parere non potest & parturigines non habet. Curandum est autem ut fœtus in utero prius rectè ad exitum speciet. Similiter potum secundas promouet, Obscurus. Suffitus qui fœtum uiuum uel mortuum educit: Spolium serpentis, opopanax, myrrha, galbanum, castoreum, sulfur citrinum, rubia, stercus columbinum uel quædam ex his: Hæc omnia, uel quædam eo= rum, trita felle uaccino excipiantur, & fumus inde per embotum (fistulam) in uterum recipiatur. Arnoldus in Breuiario. Accipitris fimi cinis cum Attico melle laudatur ad inunctiones omnium in oculis uitiorum, Plinius. Parum fimi falconis cum uino pro antidoto datur contra morsum stel lionis, Ponzettus.

¶ Oculi accipitris à collo suspensi tertianam fugant, Kiranides.
40 ¶ Ad quasuis malas corporis affectiones: Accipitris uētriculum tribus diebus & noctibus me= ro maceratum conteres, & cum tribus cochlearijs succi fœniculi ac mellis permiscebis, & sub som= num propinabis, Obscurus.

¶ Accipitrum & aquilarum fella ualde acria sunt: quinetiam erodunt, quod uel colore suo æru= ginoso (uiridi) testantur, qui tamen interdum niger in eis est, Galenus lib.10.de simplic. Accipitris fel oculis prodest, Io.Vrsinus. Palam mollis asote petis, Idem. ¶ Accipitrum ungues tritos ad= uersus dysenteriam utiliter bibi quidam affirmant, tanquam experimentis cognitum. ¶ Fimum nisi uel accipitris tenuissimè tritum, aliqui utiliter equorū oculis caligantibus flatu immitti putant.

¶ Diligenter cauere oportet afflatum, morsus & ungues accipitris ac falconis, & omnium rapa cium auium, præcipue postquam hæ aues balneatæ fuerint, & pennas rostro composuerint. Adhæ=
50 ret enim rostro pinguedo quædam uenenosa, quam è cauda accipiunt. Habēt autem tum pennas, tum pedes & anhelitum non absque ueneno, ita ut mordendo uel laniando periculum creent: & nonnullos inde iam mortuos esse constat, Albertus.

H.

a. Accipiter dictus uideri potest ab accipiendis & rapiendis auibus, (ut scribit Textor,) ut & Germanis forte ein **Habich**, à uerbo **haben**, quod est habere & retinere. Sed ueteres grāmatici ab auguribus factam hanc uocem uolunt, ut accipiter dicatur quasi ter accepta auis. Vide infra in h. Accipiter generis est masculini, Vergilius lib. x 1. Quàm facile accipiter saxo sacer ales ab alto. Aut fœminini, Lucretius lib. 4. Accipitres somno in leni, si prælia, pugnasę Edere sunt perse= ctantes, uisæę uolantes. ¶ ἱέραξ ἀπὸ τοῦ ἵεσθαι ζῷον, nempe à celeritate motus sui, cuius gratia & Soli
60 sacer existimatur, Eustathius. ἱέραξ ηγ̔α τὸ ἵεσθαι ηγ̔ου φέρεσθαι ᾧ ᾖ ἁρπακτικῶς, & per crasin ἱέραξ, Ety= mologus. Ego potius hiérakem dictum existimarim tanquam hierón sacrum alitem: ad quod Ver= gilius etiā alludere uidetur, Accipiter saxo sacer ales ab alto. Vide mox inter Epitheta. ἵερηξ, ἱέραξ,

Hesychius & Varinus. Est autem Ionicum. Nam Iones & alpha in η uertunt, & syllabam sæpe detrahunt, & pro denso spiritu tenuem ponunt, ut ἱρηὺς, ἡμαρ, pro ἱερεὺς, ἡμέρα. quare & ἴρηξ sine aspiratione secundum eosdem scribendum. Scholiastes Homeri anonymus ἴρηκας genus aquilarum interpretatur, quod non probamus. inuenimus tamen aliquando ἱρὴξ aspiratum, & ab ἱέραξ per crasin
ἱέραξ fieri Etymologus scribit. ἱεραχίωνος, uox est diminutiua ab accipitre. Κἄν λαχόντες ἀρχίδιον, ἀδ'
ἁρπάσαι βόλνωδέ τι, ὀξέων ἱεραχίσκων δὲ τὰς χέρας ὑμῖν ὀ'ωσομεν, Aues ad Atheniēn. apud Aristophanem,
id est ἁρπαγύλω ὀξείων, ἢ τάχος ὡς ἱεραχίσιν ἵνα ταχέως φύχωσι. Κίρκος, accipiter, Hesychius. ὁ κωπλάτης, ἢ ὁ
ἱέραξ, Varinus. sed nos circum, peculiarem accipitris speciem, describemus infra. Accipiter communis quem cerchum dicunt, Kiranides lib. 1. in φ. lego circum uel cerchon. Κερχνͅϴ, ἱέραξ ὁ ἀλεκτρυόνα, Hesychius & Varinus. Κέρχναξ, accipiter, Iidem. Xiphias auis hieracos (id est accipitris, 10
malim species accipitris) quæ uocatur κάδος, (lego κερχνος uel κίρκος,) Kiranides lib. 1. in Ξ. mox
quidem in amuleti descriptione, pro xiphia accipitrem simpliciter nominat, ἱέραξ, auis quædam,
Hesychius & Varinus: uidetur autem accipitrem significare, ut & ἱέραξ uel ἱερηξ. Ciris uel cirrhis
uox, apud Græcos grāmaticos uarie scribitur, κεῖρις, κακεῖς, κιεῖς, κιρρῖς, κηρυξ: & ab alijs simpliciter auis
genus, ab alijs accipiter uel genus accipitris exponitur, ut copiosius infra peculiari capite prose-
quemur. ¶ Βείρακις, ἱέρακις: Βειράκην, ἢ ἱεραπλική, Hesychius & Varinus. Σταυνιξ, ἱέραξ, Iidem. Σπίχην
etiam noctuam, uel picam, uel accipitrem interpretantur. Βαρέαξ, ἱέραξ ἐν Λίβυσι, Hesychius & Varinus. Νερῖτϴ, accipiter: alij simpliciter speciem auis exponunt, Iidem. Opinantur Aegyptij animæ conseptum esse cor: qua ratione quum accipitris nomine indicari animam putent, illum uocabulo gentilitio Βαϊηϑ nuncupant, quod animam signat & cor: siquidem Βαϊ animam est, ηϑ uero cor. 20
Hieroglyphico argumento adijciunt, accipitrem aquam non bibere, sed sanguinem, quo & connu-
triatur anima, Cælius Rhod. ¶ Accipitres etiam acipenseres uocant, Albertus ridicule. Est enim
accipenser in piscium genere, non uolucrum. Coredulus auis sic est uocata, eò quòd uenatione uiuat, & corda eorum quæ uenatur edat: & parum de reliquo corpore prædæ accipiat, Albert. Videtur autem uel accipiter esse, uel aliqua eius species, cum & rapina uiuat, & cordibus auium edendis
delectetur, quod & accipiter facit, ut in c. scripsimus.

¶ Epitheta. Acer, hyperboreus, ferus, prædo, apud Textorem. Prædo fuit uolucrum, famulus nunc aucupis idem Decipit, & captas non sibi mœret aues, Martialis. Videtur & sacer epitheton esse accipitris: Quàm facile accipiter saxo sacer ales ab alto, Vergil. 11. Aeneid. ubi Seruius,
Sacer ideo quia est Marti consecratus: aut auibus execrabilis, ut Auri sacra fames. at quod ue-30
rius est, nomen Græcum expressit. nam ἱέραξ dicitur, hoc est sacer. cur autem Græce sic dictus sit, ra
tione non caret, quæ nota est sacrorum peritis. Demetrius etiam ἱέρακος, ἱερὸς ὄρνιϑας uocat. Vide
infra in h. Est enim Apollini & Marti sacer, alij sacrum cæteris auibus, id est execrabilem, quòd ab
eo capiantur: alij magnum exponunt. ¶ Homerus accipitrem (φιλοσοφόνον, ut infra recitabimus)
ὠκίσυν tantum uocat, ἀντὸν uerò κραπισσυ simul & ὠκίσυν. Aristophanes in auibus accipitres ἱπποκέ-
ρας cognominat: nomine composito ab equo, propter pernicem eius uolatum: & ab arcu, propter
ungues aduncos, ut Scholiastes monet. ὠκυπέτης & Ταννσίπτερϴ, apud Hesiodum.

¶ Hieraciten gemmam Plinius à colore accipitris dictam ait. Meminit & Georg. Agricola:
Hieraciten (inquit) Paulus Aegineta in lapidibus rectius numerat, quàm Plinius in gemmis. is (inquit Plinius) alternat totus miluinis nigricans ueluti plumis. Inuenitur in tractu Hildesheimio qua 40
itur uersus occasum in colle ultra flumen & citra, estque similis specie & colore accipitrum mollioribus pennis, quæ ipsis sunt in pectore. Hieraciten dextro femori alligatum sistere dicunt sanguinem
per ora uenarum profusum, Hæc Agricola. Interpretatur autem hunc lapidem Germanice quoque
non aliter quàm accipitris lapidem uocans, conficto nimirum per imitationē uocabulo, Habich-
stein. Hieraciten lapidem gestans muscis infestari negatur, Hermolaus.

¶ Hieracium (uel hieracia fœmino genere, ut apud Aetium & Horum legitur, referente Hermolao) herba ab accipitribus nomen sortitur. Ex lactucis sponte nascentibus rotunda folia & breuia habentem sunt qui hieraciam uocent: quoniā accipitres scalpendo eam, succoque oculos tingendo, obscuritatem cum sensere discutiant, Plinius. Vide supra in E. Nos nuper ex Italia missum ab
amico hieracium accepimus, quod is Creticum appellauit, ex Creta nuper in Italiam aduectum, cu 50
bitale, tenerum, lacte manans, mollibus aculeis, flore luteo diluto, qui in pappos abit, quibus semina oblonga & asperiuscula subduntur: folijs laciniatis, breuioribus quàm in plerisque lactucis syl ue-
stribus, anteriore sui parte latioribus & rotundis, amaris: sed foliorū species ætate mutatur. Dioscoridis uerba super utroque hieracio, ne sim prolixior, omitto. Minus quidem hieracium (quod doctorum plerique hodie illud esse putāt, quod uulgò dens leonis nominatur) Romani intybum syluestre
uocant, ut inter nomenclaturas Dioscoridi adiectas legitur. Rustici quidam apud nos caudam mil
ui appellant, Wyenschwantz: alij flores suillos, Süblümen, alij aliter. Eandem hedypnoidem putant
eruditi: aut si quid interest, uiribus tamen & genere proximæ sunt. Ex eodem genere picris est,
id est intybum uel cichorium syluestre ab amaritudine dictū, quod Aelianus refert circum accipitrem nido suo imponere, tanquam ad custodia pullorum aliquid conferat. ¶ Dracunculus etiam. 60
hieracium cognominatur apud Dioscoridem, fortassis propter caulem maculis insignem, ut & accipiter suo pectore maculosus est: & lychnis syluestris hieracopodiō, id est pes accipitris, nimirum
à figura

à figura folij. nam lychnis coronaria alio nomine ballaria appellatur: inuenio autē apud Varinum
& Hesychium, Balaris herba est triphyllos, id est triplici folio, ut ita sôrte ungues accipitris imite=
tur, Alius accipitrinus pes (inquit Hermolaus Barbarus) apud nostrum uulgus est, quæ corneola
quoq; dicitur (forte quòd siliquis quasi corniculis insigniatur) folio salicis sere pusillo, flore sublu=
teo, cum siliquis ciceri similibus: & in ijs semen inficere capillos dicitur colore rubro. Corneolam
infectorum flore aureo, lysimachion ueterum esse, Leonicenus in secunda æditione de erroribus
Plinij & aliorum medicorum, omnino defendit, sed quærendum an genistæ potius species sit.

¶ Medici collyria quædam siue medicamenta ad oculos hieracia uocitarunt, nimirum quòd
oculorum aciem adeò acuant, ut ne perspicacissimo quidem accipitrum uisu inferior sit futura. tale
10 est Apollonij Phœnix apud Galenum de compos. sec. locos lib. 4. cap. 7. Hieracium cognomina=
tum, (hoc est ab Hierace compositum, & ab Apollonio in usum assumptum, ut Cornario placet) ab
aliud ibidem Hieracis, utrunq; ad aspritudines, &c. Fuerunt sanè uariæ compositiones Hieraci in=
scriptæ, inquit Cornarius: Plinius 34. 11. recenset unam, his uerbis: Hieracium uocatur collyrium,
quod ita maximè constat. Temperatur autem idem ammoniaci uncijs quatuor, æruginis Cypriæ
duabus, atramenti sutorij (quod chalcanthum uocant) totidem, misyos uerò una, croci sex. Hæc om
nia trita aceto Thasio colliguntur in pilulas excellentis remedij contra glaucomatum initia & suffu
sionum, contra caligines & scabricias & albugines, ac genarum uitia. Aliud à Plinij & utroq; Ga=
leni hieracio Celsus describit lib. 6. cap. 6. ad aspritudinem.

¶ Est & hierax piscis, Latinè miluum & lucernam interpretantur. Hic cum sibi à maiore pisce
20 metuit, uolitat, sed summa tantum maria attingens, ut nescias uolitetne, an super aquam natet. Mil
ui (aues) ex eodem accipitrum genere, magnitudine differunt, Plinius. Aues Memnonis figura
corporis & forma accipitribus similes esse uidentur, sed frugibus uiuunt non carnibus, Aelianus.

¶ Accipitrarius dici potest, qui accipitrum curam gerit, (ut apiarius:) Albertus falconarium di
xit qui falcones curat. Accipitrem pecuniarum Plautus in Persa metaphoricè & per iocum uocat
hominem auarum & raptorem. Accipitrinus adiectiuum. herbam quādam pedem accipitrinum
dici, paulò antè ex Hermolao retuli. Accipitro, accipitras, uerbum apud Næuium authore Gellio
lib. 19. nunc abolitū, olim iacere significabat. ¶ Magi patres appellant aquilas & accipitres: ut leo=
nes qui sacris ijsdem initiantur, &c. Omnes enim metempsychosin credunt, & communem nobis
cum reliquis animalibus naturam, nominum etiam communitate testantur, Porphyrius. ἱερακοτρό
30 φος, accipitrarius, qui accipitres alit & curat, apud Demetrium Constantinop. ϱωακιοσϱακτς, mu=
lierum sectatores, mulierosi, οἱ πολὺ ἐβ΄ωτας ἐπ΄ονμλίου. Δεινοὶ γάρ δι γυναικοσϱακτς, ὑπηρησεῖς αὐτῖες ἐνεξοπκεμ
ὄν ἀγραγ τῆϛ θηλείαϛ, Suidas ex authore innominato. Aristophanes in Auibus per iocum multa ad
auium nomenclaturas accommodãs, scribit, τὶ σενιεβΐακς χαϊό ἀλᾶϛ πελαργικί. Videtur autem Neptu=
num dicere pro Suniarato, (quòd illi in Sunio Atticæ promotorio preces & αϛὸϛ funderent: & pro
Pelasgico pelargicum, &c.

¶ Icones. Regis Persarum uestem purpuream & accipitribus aureis distincta fuisse legimus
alicubi apud Cælium Rhodig. In Hori monumentis adnotatum, uxorē uiro præcipuè obnoxiam
obedientemq; ab Aegyptijs Venerem dici: obluctantem uerò pugnacemq; non ita, quo argumen
to accipitrem fœmellam expingentes Venere intelligunt, de animalis natura intellectuo rei prò
40 mentes, Cælius. Et alibi ex quarto Bibliothecæ Diodori, Accipiter rem denotat citò factam, quo=
niam hæc aliarum fermè omnium auis sit uelocissima. Transfertur hæc notatio ad domesticas res
quæ uelociter fiant. Accipiter pictus uentos notat, &c. Orus 2. 16. Hermupoli Typhonis simu=
lachrum ostendunt, equum fluuiatilem, cui insistit accipiter serpentem impugnans: per equum de=
monstrantes Typhonem, per accipitrem uerò uim & principatum, quo ille uiolenter sibi quæsito
sæpe per improbitatem tum ipse turbari, tum alios perturbare sua sponte uoluerit, Plutarchus in li=
bro de Iside & Osiride. In Diospoli (in Sai, Plutarchus in libro de Iside) Aegypti in uestibulo
quod sacrum appellatur, imagines expressæ spectantur, puellis generationis, senex corruptionis:
accipiter dei, piscis odij, crocodilus deniq; impudentiæ symbolum. Quæ omnia si coniungas, hunc
sensum constituent: O nascentes & morientes, Deus odio habet impudentiam, Clemens lib. 5. Stro
50 matum. Et rursus ibidem, In comessationibus (κωμαείαιϛ, inquit,) apud Aegyptios dictis, deorum
aurea simulacra circunferunt, canes duos, accipitrem unum, & ibin unam: eaq; literas quatuor ap=
pellant. Sunt autem canes symbola duorum hemisphæriorum, ut quæ circuitū & ueluti custodiam
peragant. Accipiter Solis. feruidæ enim naturæ est, & ad perdendum comparatus. nam ad Solem
etiam morbos pestilentes referunt. Ibis deniq; Lunæ. tenebrosam enim lunæ faciem, nigris in hac
aue pennis: lucidam albis comparant. Sunt qui per canes circulos tropicos notari uelint: qui scili=
cet Solis meridiem & Septentrionem uersus transitum determinant & instar ianitorum obseruant.
Iisdem æquinoctialem circulum sublimem & exustum, accipiter designat, ut ibis zodiacum. uide=
tur enim Aegyptijs hæc auis præ cæteris animalibus, numeri & mensuræ initium exhibuisse, ut in=
ter circulos zodiacus. ¶ De dijs qui pingebantur accipitris forma, aut capite accipitris, dicetur
d ? infra in h.

¶ Antiochus quidam cognominatus est hierax, ut in Apophthegmatis meminit Plutarchus.
Hierax unus fuit ex legatis Amphipolitarum Athenas missorum ut ciuitatem ac regionem suam

d

Atheniensibus traderēt, Suidas. ¶ Apud Chelonophagos insulæ tres sunt deinceps, quarum una testudinum, alia phocarum, alia accipitrum dicitur, Strabo. Meminit & Ludouicus Patritius in noui Orbis descriptione accipitrum insulæ. ¶ Accipitrum ciuitas, ubi accipiter colitur, nominatur Straboni lib. 17.

¶ b. Demetrius Constantinop. Græcè scribens accipitrum aliquot partes Latinè nominat, ut sunt, γύλα, κανρα, id est gula, cauda, quæ & ὑραῖον & κανρία ab eo uocatur.

¶ Titus Vespasianus Stroza lib. 6, Eroticôn Bagarini sic dicti accipitris laudes à Cosmo quodam pictore picti, hisce uersibus elegantissimè expressit.

Non fuit accipitres inter formosior alter,   Nec magnis meritis carior ullus hero.
Purpureis maculis plumam insignibat & auro,   Qualis apum decorat corpora picta color. 10
Penna suit dorso si non argentea, saltem   Argento similis uel speciosa magis.
At procera caput ceruix fulcibat honestum   Desuper, inᵩ oculis uiuidus ardor erat.
Cauda nec in longi speciem temonis abibat,   Nec breuis, at potius inter utrunᵩ suit.
Acer inhærebat pugno, & formidinis expers   Horrebat nullas nocte dieᵩ manus.
Blanditijs gaudebat heri, placideᵩ mouebat   Alternos agi'i dexteritate pedes.
Nulla recusabat capiti uelamina mitis   Accipere, & tanquam luce careret, erat.
Illo non alius pernicibus ocyor alis   In miseras tanta strage ruebat aucis.
Non fuga perdici, non magni corporis ingens   Phasiacis robur profuit alitibus.
Non illum uano cuccus deceperat astu,   Dum uagus incertas iteᵩ redituᵩ uias.
Non tibi se eripuit turtur Bagarine sequenti,   Non uelox pennis & pede segnis anas. 20
Congressusᵩ tuos corui tremuere feroces,   Et picas leto tradere lusus erat.
Haud facile euasit, quem tu semel unguibus hostis   Attigeras, quamuis sirenuus ille foret.
Quinetiam paruas uolucres placidissime rerum   Ad domini assueras ipse referre manus.
Nec minus ex altis ad sibila prima redibas   Arboribus, medium Sole tenente diem.
Teᵩ canum quamuis auidorum læderet error,   Præda sub hamato dum pede capta iacet,
Non tamen ingenuum tibi cor excanduit ira,   Parcebas, ueniæ certaᵩ signa dabas.

¶ c. Pasius accipit is à nostris uocatur, **das aba**, hoc est esca: **der kropff**, hoc est ingluuies, per synecdochen. inde uerbum **sich tröpffen**, nimio cibo replere. ¶ Corui & graculi cum gregatim apparent, & similem accipitribus uocem adunt (id est acuta uoce clamant, talis enim accipitrum uox est, Scholia) pluuiam prædicunt, Aratus. ¶ Velocitas picto accipitre repræsentatur, ut supra inter Icones scriptum est. ἡ δ' ἱρηξ ὡς ἇλη κατ' ελύμπε νιφόην Θ, Homerus de Thetide. ἀντε 30 σ' ὡδ' ἱρηξ ἀκντῇ Θ ᾧ τα πίπτον, ὅς ῥά τ' ἀπ' ἀγιλωπς πίτρης πέτομενΘ ἀιδείς ὁρμῆσαι πεδιοιο διώκειν ερνεον ἄλλο, Homerus Iliados υ. de Neptuno discedente. Hunc locum imitatus uidetur Vergilius lib. XI. Aeneid. Quàm facile accipiter saxo sacer ales ab alto Consequitur pennis sublimem in nube columbam. ἅλλα πῇσρ'ε με ταχεια κ᾽αι κώρακας πῇϱοις ἱκηκιτι, ἢ κερχνηός, Aristoph. in Auibus. ὥωκυτας ἱρηκων ἐμβαλοι κα᾽λητης χει ἱππες, Iliad. v. Vide infra in prouerbijs.

¶ d. Quorum oculi instabiles, ij præcipites & rapaces habentur, quòd eiusmodi sint accipitrum oculi, Aristot. in Physiogn. Accipiter nulli satis æquus in omnes Sæuit aues, Ouidius XI. Metam. Accipiter uelut molles columbas, Horatius. δακρυόεσσα δ' ἱπετα διαφιχυ, ὥστε πέλαια, ἡ ὑα δ' ὑπ' ἱρηκος (scilicet διωκομένη) κοιλων εἰσέπτατο πέτρλω χεραμόν, Homerus Iliad. φ. Rapto quæ uiuit 40 & omnes Terret aues, Ouidius II, Metamor. Visa fugit Nymphe, ueluti perterrita fuluum Cerua lupum: longeᵩ lacu deprensa relicto Accipitrem fluuialis anas, Ibid. At uariæ fugiunt uolucres, pennisᵩ repente Sollicitant diuûm nocturno tempore luces, Accipitres semno in leni si prælia pugnasᵩ Aedere sunt persectantes, uisæᵩ (accipitres in foeminino genere ponit) uolantes, Lucretius lib. 4. ¶ Aegyptij turture in cibo abstinebant. eò quòd accipiter, ut aiunt, hanc auem deprehensam dimittere soleat, μηδόμ ἐχελοῖς μίξιως συνπελάω. ne quâdo igitur imprudentes turturem ab accipitre dimissam gustent, toto eorû genere abstinent, Porphyrius lib. 4. de abstinendo ab animatis. Huc facit quod Physiologus scribit, author obscurus, Accipiter (inquit) auem, quam sub noctem forte ceperit, tota nocte sub pedibus tenet, tandem oriente Sole licet samelicus eam dimittit: & quamuis candem alias obuiam habuerit, non persequitur. 50

¶ e. Aucupem auibus rapacibus quibusuis utentem Germani appellant **ein Weidmann**: accipitribus uerò priuatim **ein bäbicher**, id est accipitrarium. ¶ Quia non rete accipitri tenditur, neᵩ miluio, Qui malè faciunt nobis, illis qui nihil faciunt tenditur. Quia enim in illis fructus est, in illis opera luditur, Terentius in Phormione. ¶ Accipiter potest quæcunᵩ uultur, debilius tamen, Kiranides. Cor accipitris gestatum, ad omnia roborat & conseruat gestantem, Idem. In xiphia lapide, id est sapphiro, sculpe accipitrem, & sub pedibus eius xiphiâ piscem, & reclude sub lapide radicem herbæ (xiphij,) & gesta. hic annulus est casius, quem si habueris circa te in oraculo, uidebis quicquid uolueris. Et si posueris eum in animali uel idolo aliquo, oraculum dabit de omnibus rebus quas uolueris scire, Idem.

¶ h. Accipiter auis sacra habetur, unde & Græcis forte ἱρήαξ dicta, uide supra in Epithetis. 60 Quisquis ibin aut accipitrem necauerit, siue uolens siue nolens, necessario morte afficitur. Ex alijs uerò sacris in Aegypto feris, si quis uolens aliquam occiderit, morte mulctatur: sin inuitus, plectitur
ea mulcta

ea mulcta quam sacerdotes statuerint, Herodotus lib.2. Et rursus, Mygalas & accipitres defunctos
Aegyptij in urbem Butum asportant. Colunt animalia quædam Aegyptij præter modum, tum ui
ua, tum mortua, ut accipitres, canes, &c. Qui accipitrum curam habent, hi uolantibus eis carnes
incisas proijciunt, magna uoce, donec carnes capiant, appellantes, Diodorus Sic.lib.2.Biblioth. Et
pauló post, Hoc mirabilius, sicubi uinum frumentúmue, aut aliud quid uictui accommodatum, ubi
aliquod animal sacrum expirasset, inuentum esset, non amplius illo utebatur: eodemq́ luctu etiam
ad alia loca profecti, æluros & accipitres mortuos ad Aegyptum, deficiente persæpe uiatico defere
bant. Et rursus, Accipitres ab Aegyptijs coluntur. prosunt enim admodum ad scorpiones, cera
stasq́ & parua animalia quæ morsu nocent, Quidam ob eam causam honorem haberi accipitri uo
10 lunt, quód his utantur augures, in futurorum prædictione. Alij accipitrem priscis temporibus di
cunt, librum, Puniceis inscriptum literis, in quo continebatur, qui cultus dijs, quiúe honor, debere
tur, Thebas, ad sacerdotes detulisse. Quapropter literarum sacrarum scriptores & puniceum filum
gestant, & accipitris alam in capite. Accipitrum ciuitas in Aegypto est, ubi accipiter colitur. Est
& Aethiopicus accipiter qui in Philis colitur, communi Aethiopum & Aegyptiorum habitatio
ne, (ut mox dicetur in Capite de accipitribus diuersis,) Strabo lib.17. Accipiter quoad uiuit, cúm
apud Aegyptios egregié charus deo esse existimatur, tum post excessum é uita, futura ostendere.
ab eodemq́ somniorum significationes proficisci persuasi sunt: atq́ apud eosdem populos tripoda
accipitris aliquando fuisse, unde oracula consulentibus diuino instinctu afflata funderentur, fama
est, Aelianus. Et rursus, Accipitres Tentyritæ sanctissimé colunt & adorant, propter comparatio
20 nem quam cum igne ijs esse affirmat: atq́ huius rei testimonium adferunt, quód similiter atq́ ignis
hi ueloces & uiolenti sint: aquam uero simul cum igne existere posse negant. Contra Coptitæ acci
pitres ut crocodilorum hostes sæpe in crucem agunt, hi quippe crocodilos ob similitudinem quam
eis cum aqua esse affirmant, diuino honore afficiunt. In uestibulo ædis Mineruæ in Sai (Aegypti
ciuitate)sculptura uisebatur huiusmodi: primó infans, deinde senex, accipiter, piscis, & postremó
equus fluuiatilis. Indicant autem symbolicé(per infantem ac senem)nascentes & morientes: per ac
cipitrem uero deum, &c. Plutarchus in libro de Iside & Osiride. Vide supra inter Icones in a.
¶ Accipiter Marti consecratus est, unde quidam putant sacrum á Vergilio dici, Seruius. ¶ Aues
hominibus deorum sententiam nunciant, aquila Iouis, Apollinis accipiter & coruus, Porphyrius
lib.3.de abstinendo ab animatis. Accipitrem Apollini consecrant Aegyptij, & uenerantur. Oron
30 (ὧρον, ut & Orus in Hieroglyphicis scribit)sua lingua deum hunc appellant. Auem autem eiusmo
di thaustum nominant. Cum Apolline idcirco conuenientiá habere aiunt, quód de auibus soli acci
pitres semper nullo negotio aduersós solis radios intuentur, neque intentis oculis sursum uersus
iter suscipere grauantur, nec diuina flamma offenduntur, ijsdem ipsi serpentibus & uenenatis bestijs
inimicissimi sunt, nec enim ipsos serpens, nec scorpius, uilláue alia mala bestia latere potest, Aelia
nus. Iupiter in sceptro suo (uel super capite) aquilam habet. Minerua archegetis noctuam manu
gestat, Apollo accipitrem, tanquam auem uaticinijs aptam, & tanquam ipse minister Iouis. accipi
ter enim aquila minor est, Scholia in Aues Aristoph. ἱέραξ ἱέρωται ἡλίῳ Ἀπόλλωνι, &c. hoc est, Acci
piter sacer est Soli Apollini, tum propter motus sui uelocitatem, (nam ut sol uelocissimus est, sic uo
latu suo pernicissimus accipiter:)tum propter cognationem ex origine sui nominis. uocatur enim
40 ἱέραξ ἀπὸ τὸ ῥάον ἰέσθαι, id est á facili motu, qui quidem Soli uel maximé conuenit. Quin & cœlestem
sphæram Iapetum aiunt dici, ἀπὸ τὸ ἰέσθαι καὶ πίπτειν, quód ita facile scilicet feratur ac si uolaret, Vari
nus & Eustathius in Homerum. Quin & propter oculorum splendorem Soli sacer uideri potest.
Apollinem quidem ipsum in accipitrem aliquando mutatum, & Dædalionem ab eo in eandem
auem conuersum, inferius referetur. Deos aliquot animalium nominibus ueteres appellarunt, ut
Solem sacertum, leonem, draconem, accipitrem, Porphyrius lib.4. de abstin. Sacrilegum medi
eum Delphis, cum in eum incurrisset accipiter, eius caput conuellens, indicauit, Aelianus. Eru
ditissimi quidam Apollini attribuunt accipitris gentis, quod perdicoteros (forte percnopteros) di
citur, Gyraldus. ¶ Aegyptij Osiridem sæpe accipitris forma exprimunt. excellit enim hæc auis
acie uidendi, & ui uolandi, (καὶ δίοικεῖν ὠξέτω [κύτῳ]ἐλάχιστα τῇ τροφῇ πέφυκε.)Fertur etiam in cadaue
50 rum insepultorum oculos terram superuolando inijcere. Et cum bibendi gratia ad fluuium appu
lerit, alas erigit, quas cum biberit rursus demittit, unde saluum eum esse & á crocodilo illæsum ap
paret:Nam si ab illo rapiatur, alæ ut erant erectæ rigidæq́ manent, Plutarchus in libro de Iside &
Osiride, Horum posteriorem partem Cælius Calcagninus ita transtulit: Descendentem ad flumen
rectis pennis deferri tradunt: quas rursus inclinat in latus metu crocodili ad fugam paratus: quód
ne quando improuisus opprimatur, incessanter meditari solet, Sic ille. Nos ut in Græcis publica
tis legitur ad uerbum transtulimus. Fuisse diuinum animal, ac diuinam serpentis naturam, non
Taurus modo(qui & Thoth ab Aegyptijs dicitur)in Phœnicum Theologia testatus est: sed etiam
Phœnices atq́ Aegyptij, quód in eo supra cætera quidem animantia spiritus acrior atq́ amplius ig
nis existat. Quæ res cum ex illo celeri gressu ostenditur, sine ullis pedibus manibúsq́ uel alijs in
60 strumentis, tum quód ætatem subinde cum exutijs renouant ac iuuenescunt. Itaq́ Phœnices po
puli dæmonem hunc fœlicem, Aegyptij Eneth appellarunt, cui caput accipitris adijcientes, cele
ritatem illius præcipuam indicabant, quod & Philon Biblius scribit, qui Sachoniatho historiam ex

d 2

Phœnicum lingua in Græcum sermonem conuertit. Epies ueró (qui apud Aegyptios deorum maximus interpres est habitus) cum naturam accipitris & anguis referret, Diuinissimum (inquit) animal serpens, & accipitris habens caput perquam mirificum est. nam sicubi sublatis palpebris effingebant, tum omnem Aegypti regionem suo lumine complebat: sin clausis oculis fuisset, tenebras circunfundi notabatur, ut nihil dubium sit, naturam eius maximè igneam existimasse. Iidem præterea Aegyptij, totius orbis molem demonstrantes, inter circulum aëreum & igneum serpentis essigiem cum capite accipitris circunducunt, ut insiar sit Græcæ literæ quæ thêta dicitur, θ. Per circulum enim magnitudinem & formam totius orbis intelligunt: per anguem ueró, qui medium intersecat, bonum dæmonem, cuius merito ac beneficio omnia alantur, uigeant, atq̃ contineantur. Quin & Zoroastres ille Oromasi silius (qui apud Persas maximè sapientia præstitit) in sacra historia de 10 rebus Persicis in hunc modum de hac meminit. Deus (inquit) accipitris caput habet. Is enim inter omnia quæ labem nullã aut corruptionem sentiant, primus ingenitus, nec interiturus unquam, partium expers, sibíq̃ ipsi simillimus, bonorum omnium auriga & author, rerũ pater omnium optimus ac prudentissimus, sacrum iustitiæ lumen, absolutissima naturæ perfectio, eiúsq̃ inuentor & sapientia: quæ omnia copiosè prosequitur Pamphilus Eusebius ad episcopum Theodorum, Petrus Crinitus de honesta disciplina 16. 2. ¶ Si animantium cruore afficiuntur superi, cur non mactamus illis & mulos & asinos, &c. cur non coruos, accipitres, &c: Arnobius lib. 7. contra gentes.

¶ Qui animalium uaticinijs pollentium animas in se recipere uolunt, deuoratis principalibus (corporis eorum) partibus, ut corde coruorum, aut talparum, aut accipitrum, animam quoq̃ singulorum præsentem & ingredientem in ipsos accipiunt, & dei instar futura præsentientem, Porphy. 20 rius lib. 2. de abstinendo ab animatis. ¶ Ciconiam non ut grues prodigium facere dicunt: sed in augurijs non dubiam ferre concordiæ significationem, Proxima est accipitrum natura: præcipuum ueró genus quod circum appellant, altero pede claudum, quod fortunatum nuptijs & pecuariæ rei opinati sunt, Alexander ab Alexandro. Et pauló post, Dario accipitrum uisio duo uulturum paria uellicantium, omen sitit, quód è coniuratis sumpto supplicio, haud multò post Persarum regno potiretur. M. Aemilio, D. Bruto Coss. Didius Lælius legatus Pompeij, cui prodigium Romæ erat factum, in lecto uxoris duo angues conspecti, in diuersúmq̃ lapsi: proxime Pompeio in castris sedenti accipiter super caput accesserat, in Hispania aduersus Sertorium inter pabulatores occisus, Iul. Obsequens. Consulo (id est optimum augurium præbeo) rebus In lævum uergit cum mea penna latus, Io. Vrsinus.   30

¶ Apologus de accipitre & luscinia ex lib. 1. Operum & dierum Hesiodi.

Νῦν δ᾽ αἶνον βασιλεῦσ᾽ ἐρέω φρονέεσι καὶ αὐτῆς,   ἰσῖ ἱρηξ πϱοσέειπεν ἀηδόνα ποικιλόδειϱον,
Ὧδ᾽ ἵρηξ πϱοσέειπεν ἀηδόνα ποικιλόδειϱον (Greek verse transcribed as best reading)   εἴ δ᾽ ἐλέῳ γναμφοῖσι ωνπαρμένην ἀμφ᾽ ὀνύχεσσι
Μύρετε. τὼ δ᾽ ἄγ᾽ ὤκρεατίεσι πϱὸς μῦθον ἔειπεν,   δαιμονίη, τί λέληκας; ἔχει νύ σε πολλὸν ἀϱείων.
Τῇδ᾽ εἰς, ἥ σ᾽ ἂν ἐγὼ πέϱ ἄγω καὶ ἀοιδὸν ἐοῦσαν,   δεῖπνον δ᾽ αἴκ᾽ ἐθέλω, ποιήσομαι, ἠὲ μεθήσω.
Ἄφϱων δ᾽ ὅς κ᾽ ἐθέλοι πϱὸς κϱείσσονας ἀντιφεϱίζειν,   νίκης τε στέϱεται, πϱός τ᾽ αἴσχεσιν ἄλγεα πάσχει.
εἰς φ᾽ ὠκυπέτης ἱϱὴξ ταυνσίπτεϱ@ ὄϱνις.

¶ Est illic (in tela Arachnæ puellæ cum Minerua certantis) agrestis imagine Phœbus, Vtq̃ modo accipitris pennas, modo terga leonis Gesserit, Ouidius Metamor. 6. Dædalion Ceycis regis Trachiniæ frater, præ impatientia doloris propter Chionen filiam à Diana (cui illa se prætulerat) 40 interfectam, in accipitrem mutatus est, ut canit Ouidius undecimo Metamorph. Vir fuit, (qui nunc accipiter est) & tanta est animi constantia, quantum Acer erat belloq̃ ferox, ad uimq̃ paratus. Illi sera bella placebant, Quæ nunc Thisbeas agitat mutata columbas. Et pauló post describens quàm ægrè tulerit mortem Dianæ filiæ, Effugit ergò omnes, ueloxq̃ cupidine leti

Vertice Parnasi potitur, miseratus Apollo,   Cum se Dædalion saxo misisset ab alto, (mos,
Fecit auem, & subitis pendentem sustulit alis,   Oraq̃ adunca dedit, curuos dedit unguibus hamos
Virtutem antiquam, maiores corpore uires,   Et nunc accipiter, nulli satis æquus, in omnes
Sæuit aues, alijsq̃ dolens sit causa dolendi.

¶ Ocyor accipitre: admirandam celeritatem hyperbola prouerbiali licebit indicare, quæ est apud Homerum Iliad. v. (de equis) Θάσσονεσ ἱρήκων. id est, Pernices magis accipitre. Venustius siet, 50 si ad famam, aut ingenium, aut nuncium, aut eiusmodi quippiam detorqueatur, Erasmus. ¶ Τι ἦ τε μὲν τέττιγι φίλος, μύρμακι δὲ μύρμαξ, ἱρηκεσ δ᾽ ἱρήκιν, ἐμὶν δ᾽ ἁ μῶσα καὶ ὠδά, Theocritus Idyllio 9.

DE ACCIPITRVM GENERIBVS
& differentijs.

C ALLIMACHVS sex genera accipitrum facit in libro de auibus: alij ueró ueterum genera decem statuunt, Varinus. Etymologus quidem Callimachum ait genera accipitrum octò statuere: sed Varinus (ut iam recitaui) & Scholiastes in librum primum Argonauti- 60 corum Apollonij, sex tantum genera à Callimacho memorari docent. Genera accipitrum (inquit Aristot.) non pauciora quàm decem esse aliqui prodiderũt, quæ modo quoq̃ uenandi inter

inter ſe diſsident. Alij enim columbam humi conſidentem rapiunt, uolantem non appetunt. alij ſuper arborem, aut tale quid conſcendentem uenantur: ſin humi eſt, aut uolat, non inuadunt. Alij neque humi, neq́ in ſublimi manentem aggrediuntur, ſed uolantem capere conantur. Fertur etiam à
columbis quodꝗ accipitrum genus cognoſci. itaq́ cum accipiter prouolat, ſi ſublimipeta eſt, manent quo conſtiterint loco: ſed ſi humipeta, qui prouolat, eſt, non manent, ſed continuò auolant,
Hæc ille. Quæ uerò decem hæc genera ſint, paulo mox ipſius Ariſtotelis uerbis explicabitur. Accipitres campeſtres appellat perdicarios, leporarios, picarios: Lacuſtres & riuularios lacunarioſꝗ,
dicunt anatarios, Budæus. Plinius genera accipitrum (inquit Guil. Budæus) ſedecim meminiſſe
ſe dicit, nec tamen proſequitur ne nominatim quidem, cum Ariſtoteles genera tantum decem ponat, ut fortaſſe erratum eſſe in notis numeri apud Plinium ſuſpicari debeamus. Quæcunqꝗ enim de
aquila & accipitre dicit, ex Ariſtotele ad uerbum uertiſſe uidetur. Hodie nomina ſeruati (ut arbitror) uix poſſunt, quo modo permulta in reliquis auibus piſcibuſꝗ. Primam differentiam faciunt
pugillarium & pinnariorum. quidam enim prętento pugno reuocantur emiſsi, alterum genus non
niſi pinnarum ſcapo reuocatur. Secunda differentia eſt inuolatium & deprimentium, quòd unum
genus inuolare prædam ſolet, alterum tantum deijcere ac deturbare. Eſt & alia differentia eórum
qui ſublimes prædam humi latentem circunuolitare ſolent, & cum à canibus aut uenatoribus excitata eſt (ſic enim uocauerim potius quàm aucupes) ſupernè ſeſe librare, deuolates, ſubuolantes, pro-
uolantes ſpectanda celeritate, ſic interdum prædam lancinantes ut humi afflictam enecent eliſis interaneis, quod teſtari oculata fide poſſumus, qui eius oblectamenti ſtudioſi magis in prima & plena pubertate quàm literarum fuimus. punctim ſubrigi caſitareꝗ appellant. Grauiores & qui ſublimi uolatu luſtrare prædam atqꝗ humi latentem prodere ac circunſcribere circinatu non ſolent, arbo
ripetæ dicuntur & ſtatarij: quod qui non faciunt temere tranſuolantes, errones appellantur & ſta-
tionis deſertores. Quidam ſublimipetæ (μεταιωροθηρας Ariſtoteles uocat) prædam non niſi uolantem
impetunt, quam ſi prouolatu aſſequi nequiuerunt, in fruteta cadentem ſubſequentibus magiſtris
emicatu produnt, ſagittæ modo ſurſum uerſus eliſi. Humipetæ (χαμαιτύποι Ariſtoteli) ad terrã cum
præda deferuntur. Sunt quos ſublimiuagos dicant, qui neglecta interdum pręda cum diſſerenauit,
ad meridiem plęrunqꝗ apricatione delectati in nubes licentius ſubuehi ſolent, & diu ex hominum
proſpectu auferri quaſi quidam emanſores, quod prouidentes magiſtri receptui Stentorea uoce cã
nunt, interim ſcapum oblongo loro rotantes. Si uerò nubilauerit, nullum eſt periculum, Hæc omnia Budæus. Sed de accipitribus ſublimipetis, humipetis, arboripetis, dictum eſt nonnihil ſupra
quoqꝗ in D. ubi de accipitre in genere egimus. Videntur autem differentiæ iſtæ non unius generis,
ſed diuerſorum eſſe, uel Ariſtotele teſte, qui (ut paulò ante recitauimus decem) accipitrum genera
etiam ipſo uenandi modo inter ſe diſsidere ſcribit. Cæterum accipitres dicti nidularij, ramarij, &
ſorij uel peregrini, non genere, ſed ætate differunt, ut ſupra in E. docuimus: Elæophoro nomen à for
ma, ut in B. ubi & neaniſcum & ophiocephalos accipitres à capitis forma dictos ex Demetrio Con-
ſtantinopolitano memorauimus. Porrò decem accipitrum genera ab Ariſtotele nominãtur hæc:
Accipitrum genus præcipuum buteo eſt, triorcha à numero teſtium nuncupatus, ſecundum æſalo,
tertium circus. Stellaris autem (ἀστερίας) palumbarius & pernix (ϖόρνης) differunt. Latiores uerò accipitres hypotriorchæ, id eſt ſubbuteones appellantur. Alij percæ (ϖόρκοι) & fringillarij uocantur. Alij
læues & rubetarij (λεῖοι καὶ φρυνολόχοι) qti abunde uiuunt (βυλιώτατοι) atqꝗ humiuolę ſunt. Accipitrum
genera ſedecim inuenimus, inquit Plinius: tum adnumerat, circon, triorchen ſiue buteonem, & æſa
lonem, qui ſolus omni tempore apparet, cæteri hyeme abeunt: poſtremò nocturnum accipitrem cy
mindim. ❡ Aſturis, id eſt accipitris (inquit Tardiuus in libro Gallico) ſpecies quinqꝗ ſunt: Prima
& nobilior, accipiter fœmina. Altera ſemiaſtur uocatur (demy auſtour qui eſt maiſtre, & peu pre-
nant.) Tertia tercellinus, hoc eſt accipiter mas, qui capit perdices, grues autem capere non poteſt,
nominatur autem tercellinus (uulgo tertiolo) quòd in uno nido tres pulli naſcuntur; duo fœminæ,
tertius mas. Quarta ſparuerius. Quinta, ſabech, quem Aegyptij nominant baydach. is ſimilis eſt
ſparuerio, ſed minor, oculis cœruleis. Ex eodem Tardiuo ſupra in B. ſcripſi de accipitribus Ar-
menio, Perſico, Græco, Africo, deꝗ albo & nigricante: & quibus ſignis accipitres parui com-
mendentur.
 Tempore quo aues in libidinem aguntur, binęꝗ degunt generandæ ſobolis cauſa, omne genus
falconum, aliarumꝗ auium rapacium ad aſturem (accipitrem) colliguntur, Tardiuus. Nothi accipitres eſſe creduntur, qui cenſentur in genere aquilarum, Aelianus. Θεοκρόνϱ auis notha nominatur in Ixeuticis Oppiani libro 2. accipitre patre, & aquila matre progenitus, amphibius. Genus
quoddam accipitris (inquit) adeò in libidinẽ profuſum eſt, ut uerno tempore omni robore amiſſo,
minimarum etiam auicularum morſibus obnoxia ſit. Deinde adulta æſtate & ſub canicula uiribus
recuperatis, de auiculis ſeſe ulciſcitur, & quaſcunqꝗ aſſecutus fuerit deuorat. Quòd ſi aquilæ fœminæ uocem audierit, aduolans cum ea miſcetur. Illa quæ ex ignobiliore aue conceperit oua ne incubare quidem dignatur, & ut aquilas mares lateat procul ab eis auolat. Nam illi quàm adulterio
corruptam ſenſerint omnino ulciſcuntur & abigunt. Pulli tandem ouis Sole concalfactis excluſi,
amphibij ſunt & piſcium captura uictitant.
 Accipiter A S T E R I A S, id eſt ſtellaris ab Ariſtotele dictus, Nipho is eſſe uidetur quẽ recẽ-

d 3

tiores asturem corruptê dicunt,nec aliud addit. Quod ſi ita eſt, nomen hoc ei inditum uidebitur à
punctorum uarietate, quibus eum insigniri diximus ſupra in B. Cognominantur & ardeæ & muſ=
iteli piſces ſtellares eandem ob cauſam, nam & ποικίλοι ijdem muſteli uocantur. Eſt & aquila ſtella=
ris Aeliano, eadem ut conijcio quæ germana & omnium maxima. Cæterum cur læues quidam ac=
cipitres(λεῖοι)ab Ariſtotele dicantur, nõ facile dixerim, nam muſteli piſces læues dici uidentur, quo=
niam aculeos dorſi ut acanthiæ in eodem genere non habent: Eſt & læuiraia à priuatione ſpinarum
dicta. Coniecerim tamen læuem dici accipitrem, qui nullis punctis aut maculis diſtinguatur & ue=
luti exaſperetur, ut aſterias & cenchris. Nam & elæophoro inter accipitres nomen a maculis naſi.
Eberus & Peucerus accipitrem ſtellarem Germanice interpretantur Blawfüſz, id eſt falconis ge=
nus cui nomen eſt à cœruleo pedum colore : læuem uerò, Baumfalck, id eſt falconem arborum, 10
quas tamen interpretationes ſuas nec authoritate nec argumentis aſtruunt. Niphus accipitres λεῖος
& φρυνολόγος ſpecie diuerſos facit, ϖόρκος uerò & αυΐλιος non diuerſos. Ego uocem ϖόρκος neq; apud
authores neq; apud grammaticos legiſſe memini: quamobrem ϖόρκος oxytonum & cum ni in ulti=
ma legerim: quod nigricantem uel nigris maculis diſtinctum ſignificat. Percnoptero etiam aquilæ
ab alarum notis uel nigritie nomen. ϖόρκνος ſiue aquilam, ſiue aliud quid(ut colorem)ſignificet, uer
bi ϖόρκνάζω quod eſt nigreſcere, ſenſum continet, Varinus. Cæterum uerba ϖόρκνάζω pro μελαίν=
δαι κ, ϖεϖαίνω, (nam uua cum matureſcit nigrior euadit)& ϖόρκαίνω pro δαϖοικίλλεθαι, ſine ni poſt
cappa ſcribuntur: ut nomen etiam ϖόρκώματα, τὰ ἴδη τό ϖϑσωϖό ϖοικίλματα. Sed & perca(ϖόρκη ἤ ϖόρ=
κὶς)piſcis à colore nomen traxiſſe uidetur, lintis enim nigricantibus uariatur: unde & γραμμοϖοικίλον
cognominant. Scio etiam ϖόρκνός apud Varinum legi, exponiq; κυνηγετικὸς ἀετὸς, ὁ ϖθλιοϛὸς καίνων κ, 20
κόϖλων. Sed plane deprauatam uocem exiſtimo, legedumq; ϖόρκνός, ſiue accipitrem ſiue aquilam ita
cognominare libeat. Αὐτίκα δ᾽ διετόν ἧκε τελειότατον ϖετλινῶν Μορφνόν, θηρητῆϛ, ὅϛ κὶ ϖόρκνόν καλέουσιν,
Homerus Iliad. ω. Vbi Scholia μορφνόν interpretantur, φόνιον, id eſt cædis auidam, uel nigram, uel ra=
pacem: uel peculiare genus aquilæ. & mox ϖόρκνον, τὸν αὐτὸν ϑσϛ ϖϑειρημῦλω, μίλανα, ἀφ᾽ ὅυ κὶ τον μελαν
νόμλνον κραϖόν ϖόρκνάζω λέγομλν. Leporis colorem epipercnõ dici legimus, quòd ſit percne oliuæ ſpe=
cies, non acerbæ quidem, ſed nec nigreſcentis omnino, Cælius. Eratoſthenes ϖόρκάδ᾽κ νίχαλυ inter
piſces nominat. Eberus & Peucerus percum putant eſſe illũ qui Schmirlein uulgò dicitur, quem
mox in Aeſalone deſcribam: uel niſum, id eſt ſparuerium, nullis ad hoc argumentis uſi. ¶ Cæte=
rum accipiter ϖόρκης, ut apud Ariſtotelem ſcribitur, à Gaza pernix transfertur. Niphus illum eſſe
conijcit qui uulgo ſperuerius appellatur, & à celeritate ſic dictum ſcribens ſuam in Græcis literis 30
imperitiam prodit. Gaza enim pernicem côuertit, alludendo ad uocē Græcam, & terminationem
Latinam ei aſciſcendo, nam ϖόρκης alioqui ſignificationem nullam apud Græcos habet. ego ϖόρκης
potius legerim, ut eadem ratio ſit nominis quæ percno iam dicto accipitri, & percæ piſci. Si quis ta=
men ϖόρκης legere malit, quòd & ϖόρκνός κυνηγετικὸς ἀετὸς apud Varinum habeatur, per me quidem
licebit: etſi quod ſequitur ὁ ϖθλιοϛὸς καίνων, uoci percnos magis conuenit. ϖόρκὶς, ſpecies accipitris,
Heſychius & Varinus. ϖόρκης accipiter, uel(ut Gaza reddit)pernix, Ebero & Peucero exponitur
uulgò dictus gyrofalco, Germanice Stoſzfalck, ſed abſq; authoritate & argumentis.
　　¶ Perdicotheros accipiter Apollini ſacer & miniſter eſſe dicitur, ut morphnos matri deorum,
Gillius, ſed forte percnopteros legẽdum, neq; enim memini apud authores perdicotheron legiſſe.
quod ſi à perdicum uenatu tale nomen componere uelis, per as in prima declinatione ϖόρδικοθήρας 40
dicendum fuerit, ut μετωϖοθήρας Ariſtoteli. Eſt autem percnopteros, ut morphnos quoq; aquilarum
generis. Accipiter mas (tercellinus) capit perdices, grues autem capere non poteſt, Tardiuus.
Vidimus pridem accipitrem ex genere perdicariorum palumbis magnitudine, gruem tractim de=
turbantem, uiſenda ſolertia oculis inuolatam, ita ut præda torpens & in terram decidens à cane le=
porario exciperetur, ſtupente principe Carolo, atq; ob rei miraculum quingentis aureis emerca=
to, Budæus.
　　¶ Tanyſipteros accipiter Iunoni ſacer eſt, Gillius. Apud Heſiodum quidem ταννσίϖϛϛ@ acci=
pitris ſimpliciter epitheton eſt, ab alarum extenſione factũ. Apud Varinum legitur epitheton hoc
commune eſſe auium, quæ inter uolandum alas extendunt.
　　¶ Accipitres chiluones à Plinio nominari, qui nunc falcones dicantur, Blondus author eſt in 50
Latinis. Ego hanc uocem apud Plinium nuſquam reperio.
　　¶ פרם pæræs, apud Hebræos, auis magna eſt & ſolitudinem amans, ut Dauid Kimhi interpre=
tatur, R. Iona docet Arabicê uocari אקאב,okab. Auguſtinus Steuchus genus accipitris uel aquilæ
eſſe ſuſpicatur, ſiquidem gryphes fabuloſi ſunt. Deuteronomij cap.14. Chaldæus interpretatur עד,
ar: Arabs עיקאב,ukab: Perſa ﬨﬧﬦﬡ, ſomi: ſequitur tamen עקב,okab, ut nomina uideantur transmu=
tata. Vide infra in Haliæeto. L X X. γύϖα, Hieronymus gryphem. Eruditus quidam apud nos ha
liæetum eſſe cõijcit. Vox quidem ipſa pæræs ad Græcam ϖόρκης accedit, quæ accipitris ſpecies eſt
apud Ariſtotelem, niſi ϖόρκης potius legendum, ut paulo ante ſcripſimus. Quod ad Perſicam uo=
cem ſomi, inuenio apud Tardiuum ſecundam ſpeciem aquilæ quæ capreolos, id eſt paruas capras
rapiat, ſemy appellatam. Vide ſupra in Accipitre A. plura de uoce pæræs.　　　　　　　60
　　¶ Paulò ſupra Catarrhacten Nili ſitæ ſunt Philæ, communis Aethiopum & Aegyptiorum ha=
bitatio. Hęc templa Aegyptia habet, ubi ales colitur quem accipitrem uocant, qui nec noſtris ſimile
quicquam

quicquam habet, nec Aegyptijs. Nam & magnitudine excedit,& uarietate longè diuerſus eſt.di=
cunt enim Aethiopicum eſſe, & inde afferri cum alter deficit, ac etiam multò ante: & tunc no=
bis oſtenſus eſt, cum iam morbo deficeret, Strabo libro 17. De Aegyptio quidem accipitre ſcri=
ptum eſt ſupra in D.

¶ Accipitres leues & rubetarij abunde uiuunt(ἐνβίωτατοι, id eſt commodè uiuunt:quòd uictum
ingenioſè & ſtrenuè ſibi parent,nec pigri aut inertes ſint)atq́ humiuolæ (χθαμαλοπῆſτοι)ſunt, Ariſt.
Speruerij etiam uulgò dicti uolatu humili feruntur. Rubetarij(inquit Turnerus) eſſe credo ac=
cipitrem illum quem Angli hen harroër nominant à dilaniandis gallinis. Palumbarium magnitu=
dine ſuperat,& coloris eſt cinerei.Humi ſedêtes aues in agris,& gallinas in oppidis & pagis repen=
10 tè adoritur.Præda fruſtratus, tacitus diſcedit, nec unquam ſecundum facit inſultum. Per humum
omnium uolat maximè, Hæc ille. Eundem accipitrem Eberus & Peucerus Turnerum ſequuti
ℌűnerahrn interpretantur. Noſtri miluum (ni fallor) ℌűnerdieb, id eſt gallinarum furem
appellant.

¶ Sabaudi genus quoddam accipitris auberet nuncupant.

¶ Accipitrum genera quatuor ſunt.Ex ijs primum grandi corpore eſt, & facilè cicuratur, ocu=
lis uarijs,perlucidis,uultu hilari,pede craſſo,longis unguibus, delicatum in uictu: quod aues om=
nes inuadit, nec ullam metuit, Liber de nat.rerum. Videtur autem primum hoc genus non aliud
eſſe quàm accipiter aſtur ſimpliciter dictus.

¶ AEGITHALVS, ut Ariſtophanis Scholiaſtes ſcribit,ſpecies eſt accipitris, ſic dicta quòd
20 ubera capræ ſugat. Sed parum auiculam propriè ægithalum dici, eam uerò auem quæ caprarum
ubera ſugere fertur ægothelam,id eſt caprimulgum, ſuo loco docebimus.

¶ OCYPTERVS etiam de genere accipitrum uidetur auis, à uolandi pernicitate dicta. nam
& ἀκυπέτης accipitris ſimpliciter epitheton eſt. Miluum & ἀκύπῆερου μασοφαγῆ, & aquilam in cibo
damnat legiſlator,nullum cum illis commercium habendum inſinuans, qui rapina uictitant, Cle=
mens Pædagogi lib.3. Et rurſus quinto Stromatewn, Moſes interdixit menſis aquilam, oxypte=
rum, (ὀξύπῆερου ſic enim hic ſcribitur non ἀκύπῆερου ut ſupra,)miluum, coruum, innuens ſcilicet non
oportere coniungi aut ſimiles fieri illis, qui uictum ſibi non labore parant, ſed rapto & iniquitate
uiuunt. aquila enim rapinam, oxypterus iniquitatem ſignificat.

¶ FALCONES accipitrū nobile genus antiquis fuiſſe putamus, Paulus Iouius. Falconum
30 genera plura ſunt,cum alias, tum quia ſpecie diuerſi falcones & inter ſe, & cum accipitribus, niſis
& aquilis permiſceantur,Albertus.

¶ Accipitres quidam Claronæ,qui inſignis Heluetiæ pagus eſt, ℌabſpurger uel ℑkrewelber=
ger dicuntur,quos audio ea magnitudine & audacia eſſe, ut etiam leporem retineant.

¶ Accipitrem marinum recentiores quidam parum eruditi (ut Kiranidæ interpres) conuer=
tunt,ubi Græcè haliæetum legi coniicio,id eſt aquilam marinam. Sed accipitris pelagij Aelianus
etiam meminit,ſcribens illum inimicum eſſe coruo.

DE AESALONE.

40
ACCIPITRVM genus præcipuum triorches eſt, ſecundum æſalo, Ariſtot. Græcè ἀισά=
λωυ ſcribitur,paroxyt. Apud Varinum oxytonum, quod non placet: apud Heſychium
ἀισάϛου corruptè.Albertus & recentiores quidam ineptè(ut ſolent) aſſalon & azalon ſcri=
bunt, & cum ſalo, id eſt ægitho auicula confundunt. Aeſalona Græci uocant qui ſolus
omni tempore apparet:cæteri accipitres hyeme abeunt,Plinius. Ariſtoteles ſimiliter ſcopes diſce=
dere ſcribit, aiſcôpes ſemper apparere: inter accipitres uerò buteonem tantum ſemper apparere.
Inter minores accipitres(inquit Guilhelmus Turnerus) ſola merlina, ut Angli uocant, ſiue ſmerla
ut Germani,ſemper adparet.quamobrem eandem æſaloni eſſe coniicit. Aeſalo uulpi eſt inimicus.
ferit enim piloſos eius euellit,occiditq́ catulos, uncis nanq́ unguibus eſt.Aeſalonem coruus impu
50 gnat,& uulpem aduerſus ipſum defendit, Ariſt. Coruus cum etiam robuſto æſalone decertat,
Aelianus. Aeſalo uocatur parua auis,oua corui frangens,cuius pulli infeſtantur à uulpibus.Inui
cem hæc catulos eius ipſamq́ uellit.quod ubi uiderint corui, contrà auxiliãtur,uelut aduerſus com
munem hoſtem, Plin. Aeſalo cum uulture pugnat, Ariſtot. Et rurſus, Aeſalo & uultur inuicem
inimici ſunt.ungues enim utriq́ unci habentur. ¶ Aeſalon, qui & æſalus, ut habent grammatici
quidam, ſed abſq́ authore.

¶ Smerla uel ſmerlus Germanorum, ein ℌmirle uel mirle,ut Albertus nominat,à Gallis eme
rillon,à Sabaudis eſmereillon uocatur,ab Italis ſmerlo uel ſmeriglio: quarum prior uox maiori ui=
detur conuenire,poſterior minori.faciunt enim duas ſpecies, ſiue aliter ſiue ſexu tantum differen=
tes,ut ſmerlus fœmina ſit, ſmerillus mas. Smeriglio, haliæetus, ethis, niſus, Alumnus abſq́ autho=
60 re & abſq́ ratione. Capiunt ſmerilli eaſdem aues quas muſceti,ut audio,nonnulli etiam perdices.
Fringillarium accipitrem Albertus ſparuerium putat, Epheſius illum qui fringillas ſequitur: hîc
puto eſt ſmerillus,Niphus. Falco arborū apud Germanos dictus,medius eſt quantitate & uigore

d   4

inter gibbofum falconē & mírle, eodemᷠ
modo ut mírle regitur, Albertus. Deci=
mum &ultimum falconum genus quanti=
tate mínimum eſt, (inquit idem Albertus)
quod mírle & ſmirlín uulgò uocatur. Et
quamuís magnitudine cæterís inferíor ſit,
nullí tamē anímo & audacia cedit pro cor=
porís &uíríum ſuarum portione, præcipue
ſi peritia & uſus accedant, ſpesᷠ auxilíj à
falconario propinquo. Itaque Guſlielmus
Falconarius refert ſe harum auíum opera
aliquãdo gruē cepiſſe, Alíoquí ením alau=
das & ſímiles aues tantum uincere poteſt,
& ad ſummū perdicem & columbam, niſi
(ut diximus)uíres arte iuuentur. Guttas in
facie habent hæ aues ut & cæterí falcones,
alas longíſſimas reſpectu ſuí corporis, cau=
dam menſuratam, (medíocrem intelligo:)
crura & pedes planos cítrínos. Mínores
ſunt niſís, æquales ferè muſcetis. Dum ferí
ſunt, cardueles ferè capiunt, ſunt ením ce=
lerrími & inſídíoſí, & in capiendo aſcen=
dunt ac deſcendunt ferïedo, ſícut & alía fal
conum genera. Sed de hoc genere hæc dí=
xiſſe ſufficiat, quòd omnibus ferè notū ſit,
Hæc Albertus de animalíb. 23.14. Et mox
ſequentí capite, Ex falconum ígnobílíum
genere lanaríus rubeus eſt, quí minor eſt
& mírle imitatur. Rurſus in eodē líbro in
elemento M. Meriſtíones(inquit, ego me=
ríllíones legendū puto, eosdemᷠ eſſe ſme=
ríllís,uel mírle)aues ſunt paruæ, rapaces,&
aliquid habēt de falconum natura. ſocíalí=
ter ením uolant ad prædam, (ſícut accípí=
tres & herodíj, Iſídorus:) & quaterní alí=
quando ita inſtituűtur,ut ſpe auxilíj homí=
nís cygnū proſternant:unus ſcilicet capítí,
bíní alís inſídentes , quartus collum & pe=
ctus oppugnans.ſic cygnum opprimendo
deïjciunt ut ab aucupe capíatur. Quando
autē ſylueſtres ſunt, aues paruas ínſequun

1o

2o

3o

4o

tur,Colore & figura merulam referunt(non multò maíores merula,Iſídorus: & fierí poteſt ut índe
etiã m merillí uel meríſlones nomínentur) niſi quod roſtrum & ungues aduncos habent. Eadem
ferè omnia Iſídorus, merillum appellans: Quaterní (inquit) merillí cygnum à díuerſís partibus(ut
iam díctum eſt)inuadunt:Vnde cygnus auís grauida(grauís corporis) anguſtíjs circumſepta, mo=
uere ſe non ualens,ab aucupe præuenta capitur & occíditur. ¶ Iſmerlí ſunt quaſí falconellí,íd eſt
falcones parui,quos & corporís ſpecie & colore pennarum referunt. Horum aucupíum plus uo=
luptatís quàm utílítatís adfert.Capiűt præcípuè alaudas, quas tanto deſídería & ímpetu perſequun
tur,ut uel ad clibanum uſqᷠ ardentem quandocᷠ,uel in puteum,uel hominum ueſtes offendant. Ca
piunt etiam paſſeres & alías auículas.Cætera quæ ad ípſorum inſtitutíonem & curam pertinent,ex
accípítrum hiſtoría.petentur,Creſcentienſís. Merillo formam habet falconís,minor ſperueríó,uo=
lacíor quàm ulla auís alía.Aues capit eaſdem quas ſperuerius : præcípuè ueró paruas,ut paſſerem,
alaudam, & ſímiles, quas mira anímoſítate perſequitur. Debet cicurarí & inſtituí intra octo díes;
nam poſt id tempus inutilis redditur. ¶ שׂנֶיָּה, aſnija, uocem Hebraïcam, Leuit.11. & Deuter.14.
alíquí Gallicè eſmerellon ínterpretantur. Vide infra in Halíæeto. In Alberti commentaríjs de ani
malibus pro æſalon legitur celon uoce corrupta,quam falconē lapidum ínterpretatur. Halíæetus,
lo ſmírigho,à quibuſdam muſchette, Scoppa grammaticus Italus, Eberus & Peucerus æſalonem
Germanícè reddunt ꝲ꜔rhn:percum ueró ſmerillum uel niſum, Smirlein oder Sperber.

D B

DE BVTEONE, DE QVO PLVRA RE-
quires infra in Lanarijs inter Falcones.

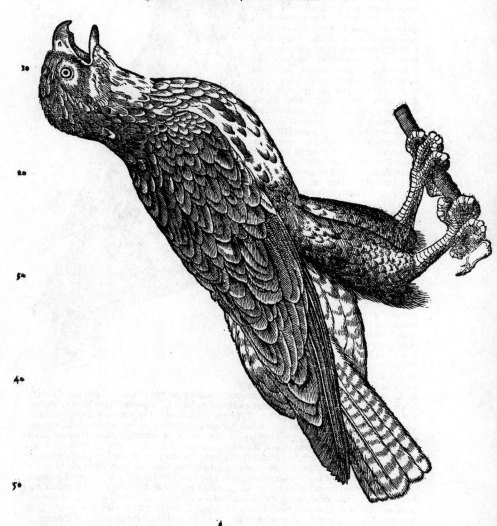

A.

CCIPITRVM genus præcipuum (κρκτισον) buteo eſt, triorcha à numero teſtium nuncupatus, Ariſtot. Triorchen accipitrem dictum inuenimus à numero teſtium : buteonem
hunc appellant Romani, Plinius. Buteo genus auis, qui ex eo ſe alit quod accipitri eripuerit, uaſtitatiſ{que} eſt cauſa (locus eſt corruptus) his locis quæ intrauerit, ut bubo, à quo
etiam appellatur buteo, Feſtus. Apud Albertum & eiuſdem claſsis authores buteus pro buteo inepte ſcribitur. ¶ Hæc auis, ut conijcio, Italicè poyana uocatur: quaſi pagana, ni fallor. nam & uillanos has aues uocant, ut dicam in Lanarijs inter Falcones. Circa lacum Verbanum aicta. Buteo
à nonnullis putatur bucciarius: ſed, ut Epheſio placet, falco eſt habẽs tres teſtes, Niphus. Hiſpanis

causa forte potius facit, quàm quòd aliter oderit. nam & anguillam capit, ut supra ex Simonide recitaui. Harpæ & miluo communes inimicitiæ contra triorchin sunt, Plinius. Et rursus, Harpæ
& triorches accipiter dissident. Sed forte hæc non rectè ex Aristotele transtulit, apud quem in historia animalium sic legitur: Quæ cibum à mari petunt, anas, gauia (βρύνθ☉ κỳ λαξ☉) inuicem dissident, buteo in alio genere hostis ranæ & rubetæ & anguis est. Et rursus, Amici etiam pisex, harpa, miluus.

E.

Buteo capitur uisco, nempe mure humi posito (ab aucupe faciem auertente) & circunquaqǽ illitis uisco uirgis erectis: quibus buteo murem rapturus implicatur, Stumpsius.

F.

10   Buteo quanquam auis rapax, à quibusdam tamen inter delicias ciborum appetitur, Stumpsius.
Pinguescunt apud nos, & uæneunt deplumati. In Balearibus insulis buteo etiam accipitrum generis in honore mensarum est, Plinius. Dulcissimus & boni saporis in cibo est, si assus edatur, Al
bertus & Author libri de nat. rerum.

G.

Qui in Venerem infirmior erit, testiculos millonis ex aqua fontana, quæ perennis est, cū melle
decoctos edat ieiunus per triduum, statim remediabitur, Marcellus. Cæterum quæ nam auis sit
millo, nusquam legere memini, conijcio autem triorchen esse, quæ miluo similis describitur, ut auis
maximè testiculati testes, à quibus ternis etiam nomen adeptus est, ad promouendam Venerwhen
20 facultatem adhibeantur.

H.

a. Millo apud Marcellum Empiricum buteo esse uidetur, ut iam in G. scripsimus. Falco niger accedit ad formam auis quæ butorius uocatur, Albertus: lego buteus. sic enim ab Alberto &
eiusdem farinæ scriptoribus buteo nominatur. Cæterum butorius ijsdem auis est ex ardearum genere, quæ ab authore Philomelæ butio per onomatopœian appellatur hoc uersu, Inǽ paludiferis
butio bubit aquis. Triorches, phrynus & ophis pugnant, Aristot. Hunc locum Albertus ex Auicennæ translatione Græcis uocabulis turpissimè corruptis sic uertit, Frichachyz & coronos, id est
coruus aquaticus. tyrus autem aquaticum est animal uocatum trihaue. τειόρχης quidem uox usi-
30 tatior est pro buteone, sed legitur etiam τειόρχ☉, ut supra in C. ex Simonide citaui: & in Auibus Aristophanis, ταυτῖωί τις ᾧ ξυλλή↓εται, Ἀναπτάμℓℓ☉ τειόρχ☉; Vbi Scholia, loco nominat trior-
chum indicata Iride meretrice nimirum pro homine libidinoso & prono ad Venerem. Τειόρχ☉
uel τριορχης, species est aquilæ, Varinus & Hesychius. Sed illi aquilæ nomen ad accipitres non rectè
extendunt. Κιχγίλης, τριορχης, ijdem. ego tinnunculum accipitrē potius, qui & κεγχις & κεγχηίς uocatur, cenchrīen esse dixerim. Μόβμυνης, τριόρχ☉, Hesychius & Varin. Βελάνης, τριόρχης, apud Lacones, ijdem. Germani quidem & Angli (ut in A. docui) buteonem Bußhard uocant: tetracem
uerò siue tetraonem Angli priuatim bustard, a'ij ex eis melius bistard, ut & alij quidam recentiores bistardam. ¶ Epitheta huius auis nulla inuenio, possunt tamen hæc esse, tardus, ignauus, timi
dus, uilis, ignobilis, & huiusmodi.

¶ Tertia est centauris cognomine triorchis, qui eam secat, rarum est ut non uulneret sese. Hæc
40 succum sanguineum mittit, Theophrastus defendi eam, impugnariǽ colligentes tradit à triorche
accipitrum genere, à quo & nomen accepit. Imperiti confundunt hæc omnia (centaurij genera) &
uni generi assignant, Plinius. Quibus uerbis dum aliorum imperitiam arguit, suam ipse prodit.
Apparet enim omnino eum esse deceptum Theophrasti uerbis non intellectis, qui de hist. plant.
9.9. sic scribit. Febrifugiam secantes accipitrem tritestigerum (sic Gaza uertit triorchen) nuncupatum cauere aiunt, ut sine uulnere possint discedere. Non igitur herba ipsa triorchis uocatur, sed ab
accipitre huius nominis fodienti periculum esse aiebant homines siue superstitiosi, siue impostores
uerius. Gaza eo loco non rectè febrifugiam uertit, quod nomen minori non maiori centaurio con
uenit, Maioris quidem radix succo sanguineo est: minoris inutilis. tertium uerò genus à bonis authoribus nullum traditur. Idem Theophrastus de hist. plant. 1.19. centaurij succum amarum esse scri
50 bit, de minore intelligens, (cui præter nomen nihil commune cum maiore,) ubi Gaza rectè fel terræ transtulit, Rursus lib. 9. cap. 14. Centauris (inquit Theophrastus) per 12. annos durat. est autem
pinguis & densa, quæ uerba de centaurio maiore accipi debet, hoc est eius radice, etsi centauris for
mula diminutiua dicatur. Gaza hoc loco non rectè fel terræ posuit. Item eiusdem operis 3.5. Cen
taurium in Eleo agro nascitur, montuosis quidem locis sœcundum: planis infœcundum & flore
tantum gaudens: concauis uerò ne floret quidem nisi improbè. Hæc etiam uerba ad maius centaurium refero. Postremò initio lib. 9. Succus quorundam (inquit) sanguineus est, ut ceuterię (κούτη-
είᾳ) & atractylidi. Vbi omnino non ceuteria, sed centaurium legendum, intelligendumǽ maius.
Hæc occasione triorchis herbæ, quam somniauit Plinius, obseruata mihi apud Theophrastū, necdum ab al is quod sciam prodita, hoc loco adferre uolui.

60 ¶ Familia etiam ex buteone cognominata est, cum prospero auspicio in ducis naui sedisset, Plinius. Ego inquit Cælius in gente Fabia id fuisse cognomentum accipio. Nam ab urbe condita li
bro uigesimotertio T. Liuius M. Fabium Buteonem nominat, Meminit & in Fabio Maximo Plu-

tarchus. Sed ibi mendum(opinor)inoleuit: nam scribitur modò Fabius Bulco. Græcus tamen codex φωίειου præfert Βυλιῶνα, &c. Deniꝗ Butenis oratoris mentio est Senecæ Controuersiarum lib.
2. Cælius. Et rursus, Triorchæ auis Aristophanes meminit in Vespis. Et quoniam hæc auis, ut scribit Sex. Pompeius, uastitatis est causa in his locis quæ intrauerit, ab hac eius natura uideri potest
Agathocles tyrannus cognomentū traxisse:nisi quis malit ab efferata libidine. Nam egressus Agathocles pubertatis annos libidinem à uiris transtulit ad fœminas. Traditur item quum esset periun
ctus fato, uxorem querulam flebilibus modis illud subinde ingessisse : Τί δ' ἐκ ἐγ ὼ σ̀ ; Τί δ' ἐκ ἐμὲ σύ;
Quid non ego tibi? quid tu non præstitisti mihi?

¶ h. Buteonem Dianæ sacrum esse dicunt, Gillius. ¶ Quòd si animantium cruore afficiuntur superi, cur non mactatis illis immussulos, buteones, &c? Arnobius lib.7.côtra gentes. ¶ Trior 10
chæ accipitri principatum in augurijs Phemonoë dedit, butenem hunc appellant Romani, familia etiam ex eo cognominata cum prospero auspicio in ducis naui sedisset, Plinius. Alites uolatu
auspicia facientes istæ putabãtur, buteo, sanqualis, &c. Festus: quod & alibi repetit, aues oscines
ab illis distinguens quæ alis ac uolatu auspicium faciunt. De augurio ex præpetibus auibus, ut bu
teone, sanquali, uide in Aquila h. ¶ Prouerbia. Timidi & essœminati Italicè poyane, id est buteones uocantur. Prouerbium Germanicum, Su ſitzeſt wie ein Buſhart, in desides ac pigros, supra in c. exposui.

DE SVBBVTEONE.

SVBBVTEONES appellantur in accipitrum genere,qui latiores sint, Aristot. Græcè scribitur ὑωπριόρχαι. Sed quærendum est an γυπριόρχαι potius legi debeat, nam & in generibus aquilarum codices nostri gypæeton habent, & rectè quidem, refert enim ea auis speciem uulturis, ut Ari
stoteles ibidē adscribit. An uero similiter γυπριόρχαι legendū sit, non æque asseruerim, coniectura
tamen hæc nostra est, præsertim cum aues istas latiores esse dicat Aristoteles, ut ad latitudinem scilicet uulturum accedant. Turnerus non maius neque latius hoc genus buteone, sed minus facit.
Subbuteonem(inquit)esse puto, quem Angli ringtalum appellant, ab albo circulo qui caudam cir-
cuit. Colore est medio inter fuluum & nigrū, buteone paulo minor, sed multò agilior. Prædam eodem modo quo superior captat, Hæc ille. Ego apud Græcos præpositionem ὑπὸ minuere inter-30
dum scio significationem uocabulorum, sed cum uerbis tantum compositā & nominibus ab ijsdem
deriuatis, & adiectiuis , cum substantiuis uerò nunquam, nisi (ut dixi) uerbalia sint. Sit igitur siue
hypotriorches, siue gypotriorches potius, auis ex buteonum genere , quod triplex apud nos inueniri supra dixi, nominibus non aliter quod sciam , præterquam illis quæ differentiam indicent magnitudinis, discretum.

DE CIRCO ACCIPITRE.

A.

CIRCVS ab Aristotele tertium genus accipitris numeratur post triorchen & æsalonem. 40
Apud Græcos poëtas aliquando ἱρηξ κίρκος, aliàs κίρκος simpliciter nominatur. Sirenes
apes dissident cum circa:itemꝗ CIRCA(κίρκη)& circus non solum genere , sed & natura
inter se diuersi sunt, Aelianus & Eustathius. CIRCANEA auis quæ uolans circuitum
facit, Festus. Albertus circum interpretatur genus falconis cui à cœruleis pedibus nomen: Eberus & Peucerus falconem simpliciter:sed nullis argumentis, quod dicunt, probant.

B.

Ex accipitrum generibus inuenimus circon claudum altero pede, Plinius. Aristoteles de hist.
9.15.non de circo,sed de ægitho aue scribit,ὅτι τὸυ πόδα χωλός ὃι, id est, pede claudo esse. Albertum
χλωρὸς legisse uideo:uertit enim pedes habere citrinos.

C.

¶ Cercis, id est radius textorius, à sono dictus est ἀπὸ τὸ κρίκειν, ut & crex auis:& forte circus etiā
ἐκ τὸ κρείζειν per metathesin, à crico organo differret, Varinus. Vide infra in a. ¶ Volatus est ce
lerrimi accipiter circus, secundum Homerum:quamuis idem epithetō ὠκίστος accipitri etiam simpli
citer tribuit. Volando, præsertim cum insidiatur, ut & aliæ aues rapaces & milui, circuitum facere
uidetur:ut inde circus dictus uideri possit, quanquam Græci auem circum appellant, circulum ue
rò κεύκου. Itaꝗ circaneam Festi eandem esse conijcio, tum à nominis similitudine, tum à genere uolatus. ¶ Gallina ardet studio & amore pullorum : primum enim ut circum auem rapacem supra
tectum gyros agere cognoscit, statim uehementer uociferatur , tum explicatis alis timidos pullos
protegit, auemꝗ procacem retrocedere cogit, Gillius. Vuottonus circum inquit ex ferociorum
accipitrum numero esse, & gallinarum domesticarum pullis insidiari. Τῶν δ' ὥστε ψαρῶν νέφ(Θ) ἔρχε 60
ται, ἠὲ κολοιῶν Οὖλον κεκλήγοντες, ὅτι προΐδωσιν ἰόντα Κίρκον, ὅς τε σμικροῖσι φόνον φέρει ὀρνίθεσσιν, Homerus
Iliad. ρ. Comparat autem Aeneam & Hectorem circo, Græcos auibus quæ à circo capiuntur.

Clangorem

Clangorem quidem aquilarum aut uulturum facile columbæ ſpernunt, non item círci & marinæ
aquilæ, Aelianus. Et alibi, Aquilas marinas & circos horrent columbæ. Mus in Homeri Batrachomyomachia conqueritur ſe timere circum & muſtelam. ¶ Circus, larus, uultures, &c. mali
Punici grano pereunt, Aelianus.

D.

Circi amaraginem (πικελδία, Philes, id eſt intybū ſyluestre uel lactucam ſyluestrē) ad custodiam
pullorum in nidos imponunt, Aelianus & Zoroastres in Geoponicis. Alibi tamen apud Philen re
perio circum florem croci nido imponere. Eiuſdem generis herba eſt hieracium, cui accipitres
nomen dedere, quòd eius uſu caligini oculorum medeantur, ut ſupra ſcripſimus. ¶ Cum circo ac-
10 cipitre uulpi inimicitiæ ſunt, Aristot. & Philes. circus enim, quia unguibus eſt aduncis, & carne uiuit, uulpem inuadit ac uulnerat, Aristot. Cum turture coruus & circus inſitas inimicitias gerunt:
& turtur uiciſsim hostili odio ab utroque diſsidet, Aelianus. Inimicitiæ intercedunt cornici cum
circo, Idem.

H.

a. Circus ſpecies eſt ἀντω (grāmatici quidam Grçci accipitrum & aquilarū genus confundunt,
triorchen quoq aquilis adnumerantes, &c. ſed hic proximè pôst nominatur ἀντος, & à præcedente
distinguitur,) quæ accipiter uocatur. aquila enim maiora animalia occidit, Scholia in Homerum
Iliad. ε. ubi poëta dixerat, cirtum aues paruas occidere. ἱρηξ κίρκος ab Heſiodo quoq memoratur.
Κίρκοι, κεῖκοι, ἑρπαχος: & incurua omnia κίρκοι dicuntur, Heſych. quare fieri poteſt circum à rostri &
20 unguium aduncitate ſic uocatum eſſe. etſi grammatici quidam (Eustathius & Varinus) per onomatopœiam ἀπὸ τὸ κείζαν (quo uerbo Homerus alicubi utitur) per metatheſin, ut à crico, id eſt circulo ſa
nuæ ferreo (qui ab eodem uerbo deriuatur) differret, deriuent. Κίρκος, κεῖκος, ἱερᾱξ, κωπηλάτης, καὶ ϑ
ἀγείρι ἡ βλάσυ, Heſych. Lupi etiam genus ſecundum circus uocatur apud Oppianum, nimirum à
rapacitate: ut quartum ictinus, id eſt miluus.

¶ Epitheta eſſe poſſunt quæcunque accipitris ſimpliciter. ἐλαφρότατ@ πτηλυῶν, Homerus. ἱκυ-
πίτης, Apollonius.

¶ b. Harpyiæ in Thracia habent uulturum corpora, facies circorum, (quamuis codex impreſſus κυρκαμ habet per ypſilon,) Varinus in Scylla.

¶ c. οὐδὲ κψ ἱρηξ Κίρκος ὁμαρτήσειν ἐλαφρότατ@ πτηλυῶν, Homerus. Equis Iberis uelociſsimis,
30 inquit Oppianus, ſola forte aquila uolando contenderit, (ἡ κίρκος ταναῶν, ταναομβλῶν τῇσρύχοσιν,
Apollonius Argonaut. ſecundo, Ἠΰτε τις πο δ᾽ ἱρῶ ὑψόθι κίρκος Ταρσὸν ἐφεὶς πνοιῇ φορέητ᾽ πχὺς, ἐδὲ ἱ-
νάσσα ὑιρῶ, δυκιλίσσιν ᾠσυδιόωσιν τῇσρύγεσσι. Circus ὀξὺ λιληκὼς, Iliad. χ. propria enim eſt circo uox
acuta, cum iam prædæ propinquus de ea apprehendenda anxius eſt, Eustathius.

¶ d. Circus perſequitur τρήρωσα πέλειαν, id eſt timida columbam alicubi apud eūdem poëtam.
Οἱ δ᾽ ἄλλοι ἔξαντες ὑπὸ τρόπτην, ἠΰτε κίρκος εἶκυπέτης ἀγελιωδὸν ὑποτρέσωσι πέλειαι, Apollonius in Argonaut. Ἠΰτε κίρκοι φῦλα πελειαδων κλονέσιν, Idem.

¶ h. Inter accipitrum genera inuenimus circon claudum altero pede, prosperrimi augurij nú
ptialibus negotijs & pecuariæ rei, Plinius. Circum de genere aquilarum columbam diſcerpen-
tem unguibus felix nuncium attuliſſe Homerus uoluit, Alexander ab Alex. Vide ſupra in Ac-
40 cipitre ſimpliciter. ¶ Κίρκος Ἀπόλλων@ πχὺς ἄγγελος, Homerus. Ostensum eſt autē ſuprà accipitrem
etiam ſimpliciter dictum, Apollini ſacrum eſſe.

DE CIRI VEL CIRRHIDE.

CIRRHIS, κιρρὶς, per duplex rhô, uox oxytona, piſcem ſignificat, ſic dictū à cirrho, id eſt ful
uo uel pallido colore; item accipitris ſpeciem. Cirrhis etiam (paroxytonum) adonín ſignificat Cyprijs, (nimirum piſcem adonín, cui color ſubfuluus ſubrufuſue tribuitur,) Laconibus uerò lychnum, Varinus. Κιρὶς, (per rhô ſimplex, oxyt.) lychnus, auis, uel adonís, apud Laconés, Idem & He
ſychius. Κίρις, auis quædam, accipiter, uel alcyon : ſecundum alios, Heſychius & Varinus. Κίρις
50 nomen auis, ita ſcribitur ut σίεις & ξίεις, Eustathius. Κιρλόδες, κιρία, ὄρνια, Iidem. Κῆρυξ, genus accipitris, Iidem & Suidas. Κάρυλος, auis eſt, quam aliqui κύρρυ (κύρρυ, Varinus per υ.) uocant. Antigonus
quidem alcyonum mares κυρύλος nominat, Heſychius. Κέρυλος, piſcis quidam, & ſpecies auis, Idem.

¶ Ouidius Metam. lib. 8. de Scylla ſcribit in cirin auem mutata : quam metamorphoſin nos hic
partim ex Ouidio, partim ex Grammaticis paucis perstringemus. Niſus rex fuit Megarenſium : au
reos habens capillos (cui ſplendidus oſtro, id eſt purpureus, Inter honoratos medio de uertice canos Crinis (πλόκαμ@, Oppianus) inhærebat magna fiducia regni, Ouid.) cui oraculo reſpōſum eſt,
ipſum tam diu regno potiturum, quàm diu capillos intonſos retineret. Cum igitur à Minoë ob interfectum dolo ab Athenienſibus & Megarenſibus Androgeum filium Megara (Ouidius Alca-
thoën uocat) obſideretur, Scylla Niſi filia hostis (Minois) amore flagrans, ut illi magis placeret, no-
60 ctu purpuream comam patri totondit, eamq Minoi obtulit : qui dono accepto uictoria potitus Niſum euerſa regia occidit. Tum Niſus deorum commiſeratione conuerſus eſt in ſui nominis auem,
quam & haliæetum uocant, perpetuum odium exercens in cirin auē, in quam Scylla fuit transfor-

è

mata,& sic dicta παρὰ τὸ κείρειν quod tondêre significat.Cum enim à Minoë impietatem eius ac pro-
ditionem detestante contempta relinqueretur,illa amoris impatiens insilit undis, Consequiturẹ
rates faciente cupidine uires,

Gnosiacaẹẹ hæret comes inuidiosa carinæ,   Quam pater ut uidit(nã iam pendebat in auras,
Et modo factus auis fuluis haliæetus alis,)   Ibat ut hærentem rostro laceraret adunco.
Illa metu puppim dimisit, & aura cadentem   Sustinuisse leuis,ne tangeret æquora,uisa est.
Pluma fuit.plumis in auem mutata uocatur   Ciris, & à tonso est hoc nomen adepta capillo,

Hæc Ouidius.Cuius interpretes quidam cirin auem alaudam siue galeritam interpretantur, nimirum quòd existimarint nisum non alium esse quàm accipitrem minorem, (uulgò sparuerium uocitant)qui alaudis maximè insidiatur:qui tamen ab haliæeto plurimùm differt, Ego cirin potius ẹ ge- 10
nere cepphorum esse putârim, quæ quidem aues leuissimæ minimum corporis, plurimum plumæ
habent,maritimæ sunt,& circa naues uolitant clamosæ:uideturẹ eis conuenire execratio ista Minois,qua Scyllam munus illud impium offerentem execratus est, Tellusẹ tibi pontusẹ negetur.
¶ In Ixeuticis Oppiani cirrhis oxytonum scribitur,ubi cẹtera ferè similiter ut apud Ouidium legi-
mus:hoc interest quòd cirrhin non scyllam hanc uirginem uocat, aitẹ illam à Minoë religatam ad
nauim per mare tractam fuisse:atẹ ita in auem mutatam ab omnibus auibus nunc odio haberi : &
si haliæetus ipsam oberrantem uiderit,mox per insidias eam adoríri & perdere. ¶ Cirin auem pa
rentem suum in capite tumulasse,(quod Galenus & alij de alauda scribunt,) apud Cælium Calcagninum legimus in libello quòd Stoici magis paradoxa scribant quàm poëtæ,quem ad imitationem
libri eiusdem tituli à Plutarcho scripti composuit : in quo tamen ego nihil tale inuenio. Vergilius 20
in Bucolicis cum scribit,Quid loquar aut Scylla Nisi, quam fama secuta est Candida succinctam
latrantibus inguina monstris Dulichias uexasse rates,&c.Scyllam Phorci (& Cretæidis nymphæ
filiam)dicere debuit.hæc enim ut Seruius narrat, media sui parte in feram mutata & in deam marinam conuersa dicitur. Sed hic memoriæ lapsus est,alioqui lib. 1. Georg. idem poëta inter signa
serenitatis Scyllam Nisi filiam in auem mutatam agnoscit his uersibus:Apparet liquidò sublimis in
aëre Nisus, Et pro purpurea poenas dat Scylla capillo. Quacunẹ illa leuem fugiens secat ethera
pennis, Ecce inimicus atrox magno stridore per auras Insequitur nisus.qua se fert nisus ad auras,
Illa leuem fugiens raptim secat æthera pinnis. ¶ Fuit &Nisus Troïani cuiusdã nomen Aeneid.9.

DE ACCIPITRE FRINGILLARIO.   30

ACCIPITRES quidam percæ & fringillarij uocantur, (σπίζοι καὶ σπιζίαι,) Aristot. De percis
seu percnis supra diximus.Niphus percos & spizias pro uno genere accipit. σπιζίας,species est ac
cipitris,Hesych.& Varin. Accipitres ambo,id est palumbarius & fringillarius,carniuori,Aristot.
tanquam hæc duo genera præ cæteris accipitrum nomine uocari mereantur. habent enim alij omnes etiam alia nomina, ut triorches,æsalo,circus,asterias,pernes,percnus,læuis, hi uero duo, ut &
rubetarius, simpliciter accipitres dicuntur, adiecto cognomine ab animali quod singuli præcipuè
capiunt. Fringillarium accipitrẽ Albertus sparuerium putat : Ephesius illũ qui fringillas sequitur,
is puto smerillus est,Niphus. Nos supra smerillum æsalonem fecimus. In genere quidem sparuerij
mas appellatur muscetus,Germanis Spins,quæ uox quodammodo ad spizian accedit. ¶ Frin 40
gillarium(inquit Turnerus)Anglorum hobbiã esse coniicio.Est autẽ hobbia accipiter minimus,co
loris cæteris nigrioris.In capite duos habet nigerrimos in pallido næuos,Galeritas & fringillas ple
runẹ captat,in excelsis arboribus nidulatur, & hyeme nusquam cernitur. His uerbis Turnerus
minimum accipitris genus,quod nostri ab arbore denominant, designare uidetur, de quo infra in
ter falcones agetur. Accipitres palumbarius & fringillarius, multum inter se magnitudine differunt,Aristot.maior scilicet aues maiores capit,ut palumbes:minores minor, ut fringillas. ¶ Acci
pitrum aliqui in cassitas ruunt & hirundines,tanquam Tereo cognati,Oppianus. Accipitrum ali
qui celeres sunt ad aucupium, columbis maximè & palumbis exitiales : alij aues minores captant,
Demetrius. Sed aues minores à diuersis accipitribus capiuntur, ut æsalone, circo, smerillo, niso,
musceto,salcone arboreo.   50

¶ Ego obseruaui ACCIPITREM Qualearium, id est coturnices uenantem, quatuor peperisse,nunquam tamen plures, Niphus. ¶ Eberus & Peucerus accipitrem fringillarium Germanicè interpretantur Rotelgeyer, nescio quàm rectè. ignotum enim nobis hoc uocabulum est, nisi
quòd de genere uulturum uidetur,cum geyr uulturem significet.

DE ACCIPITRE PALVMBARIO.

ACCIPITER palumbarius,stellaris,& pernes differũt, Aristoteles. De hoc quædam etiam
proximè in fringillario diximus. Græci φασσοφόνον cognominant,quòd φάσσας, id est palumbes im
primis persequatur.Ἔστι δὲ (addo φάσσα)εἶδος περιστερᾶς ὑπὸ τὴν ἀγρίαν,Hesych. & Varinus. nos contra 60
potius ἀγρίαν speciem esse dicimus ὑπὸ τὴν περιστεράν. Palumbarius in ferociorum accipitrum numero censetur, Vuottonus. φασσοτύπος,genus accipitris est,&(addo φὰψ)genus columbæ syluestris
frugiuoræ,

frugiuoræ,Hesych.& Varinus. Φαϐοντον&,ισφανοκτον&,Hesychius.ego legerim, ιοϕαξ ὁ τὰς ϕαϐας κϳει
ναυ. Φαλακτον& (apud Hesychium ϕαλακτονοιο)genus accipitris, Varinus.uidetur autem legendum
ϕαοσοκτον& aut Φαϐοντον&. ¶ Accipiter palumbarius est falco tertiolus dictus (id est mas in genere
falconis,)Niphus. Et alibi,Accipitrem palumbarium(inquit)Albertus asturem exponit(id est accipitrem maiorem.nam is quoqʒ columbas capit.uide supra in D.in Accipitre in genere,)Ephesius
falconem gentilem qui palumbos insequitur. Accipitrem palumbarium ideo Anglorum sparhau-
cam & Germanorum speruerum (Sperwer) esse puto, quòd palumbos, columbos, perdices &
grandiusculas aues insequatur,Turnerus. ¶ Homerus celeritatem uisus & actionis, aliàs confert
accipitri εκεῖ ϕαοσοϕόνω,ὅσϑ ὠκισος ωετελωῶν.aliàs aquilæ,&c. Varinus in ναραϐολη. Palumbarius ac-
10 cipiter omnium celerrimè uolat,Porphyrius lib. 3. de abstinētia ab animatis. Eberus & Peucerus
Germanicè interpretantur Taubenfalck,id est falconē columbarium. Columbarium accipitrem
alicubi legi Mercurio sacrum esse. Quæ nunc Thisbeas agitat mutata columbas,Ouidius xi. Mé
tam.de Dædalione mutato in auem rapacem,grammatici dicunt accipitrem.

DE SPARVERIO VEL NISO RECENTIO-
rum. nam Nisus Ouidij Haliæetus est.

A.

20 ACCIPITRES ambo carniuori sunt,id est palumbarius & fringillarius, qui multum inter se magnitudine differunt,Aristot. Veniunt enim hæc duo genera præ cæteris accipitrum nomine,cum apud ueteres, ut iam supra in Fringillario docui : tum apud recentiores,qui plæriqʒ omnes accipitrem in duo genera distrahunt : magnum alio nomine asturem appellantes,paruum uerò nisum, id est sparuerium. nam ueterū nisus haliæetus est, id est aquila
marina,de qua suo loco agemus. Ego quidem sparuerium eundem & fringillarium esse cum Alberto sentio:quanquam Turnerus palumbarium speruuerum esse suspicetur. Vide supra in Fringillario. Mich.Ephesius minimum accipitrem sparuerium interpretatur,Niphus. Cuculus magnitudine atqʒ uolatu similis est accipitri minimo,&c.Aristot. Hic Auicennæ interpres conuertit,
& est æqualis aui quæ dicitur sparaxonis. ego sparuerium intelligo, ut etiam Niphus. Accipiter
30 minor Latinè nisus uocatur,à conatu ad prædã.quia nititur capere aues se fortiores,ut columbam,
anatem,corniculam,Albertus. Et rursus,Nisum uulgò speruerium uocant. Fieri quidem potest
ut uox nisus ab Hebræis descenderit,qui neser aquilam uocant:& nez accipitrem, alij asturem, alij
nisum interpretantur.Vide supra in Accipitre A. Eliota Anglus sparuerium accipitrem humipe-
tam cognominat. Pernix accipiter, ωφρυνς, à celeritate dictus, sparuerius appellatur rustice, Niphus. Sed de uoce ωφρυνς,& contra Niphi etymologiam,scripsi supra in Capite de accipitribus diuersis. Columbæ cum simul uolant,nec serpens nec oxiteros(forte oxypteros uel ocypteros)id est
sparauerius,eas lædere potest uel audet,Kiranides lib.3.Sed idem lib. 1. elemēto ultimo ocypteron
chelidona,id est hirundinem interpretatur.σκυπτηρ apud Hesiodū accipitris epitheton est. ¶ Itali
hoc genus accipitris uocant sparuiero,uel ut alij scribunt sparauiero,sparauerio,sparauero:& aliqui
40 illum distinguũt in maiorem & minorem,nescio an propter sexum tantum magnitudine differen
tem,an quòd specie differant. Aliqui(ut audio) loyette nominant, quòd alaudas uenetur. Galli
esperuier,uel esparuier. Germani Sperber uel Sperwer. Frisij(ni fallor) Wickel,nisi is tinnun
culus est per onomatopœiam. Angli sparhauke. Poloni sokol. Græci uulgò ϛουτσϕι, forte corrupto nomine ab oxyptero. Eberus & Peucerus percum Aristotelis smerillum uulgò dictũ,aut
speruerium esse suspicantur.

¶ Qui muscetum & nisum genere distinguũt,(ut Aquila,Theodotion & Symmachus) errant.
sexu enim duntaxat differunt,(ut scripsimus in Accipitre A.) cum nisus fœmina sit, muscetus mas,
Albert. Accipitrum genus tertium nisus est: quartum frogellus quem muscetum dicimus,multo
quidem minor , sed colore consimilis, sicut nisus accipitri consimilis est in dispositione habitus &
50 colore.Hæc auis(muscetus)citò mansuescit,& delicate nutriri postulat. leuiter aucupatur, & uelox
est ad uolatum, Author libri de nat.rerum. Vocém frogellum detortam puto à fringillario. Vnde
& Hispani forte francello hanc auem uocant: nisi malis ita dici tanquam francos, id est nobiles uel
ingenuos. Germani muscetum uocant Sprintz, Sprintzel, Sprintzle, uel Sprintzling : quæ
itidem uoces ad Græcorum σπιζίαν, id est fringillarium accedunt, de quo superius seorsim egimus.
Quinta accipitris species sabech uocatur,quam Ægyptij nominant baydach,similis sparuerio,mi-
nor tamen,oculis ferè cœruleis,Tardiuus. Videtur autem idem hic & muscetus esse,nam proximè
quoqʒ asturem marem ceu species duas diuersas numeratur. Smerillus minor est quàm nisus, magnitudine ferè nisi illius quem muschet uocant,Albertus. Flãdri (qui multis uocabulis Gallicis
utuntur)Wuschet appellant. Scoppa grammaticus Italus haliæetum interpretatur smerillum,uel
60 muscetum. Muscetum capere aiunt coturnices,alaudas, passeres, cæterasqʒ aues paruas : ad ma-
iusculas inutilem esse.

¶ Sparuerius accipitris naturæ proximus est:quamobrem pleraque in historia Accipitris sim-

e 2

pliciter iam à nobis prodita, illi quoque communia erunt.

B.

Astures & speruerij quos Apulia mittit, nostris multò maiores & præstantiores sunt. Accipiter est ferè eiusdem figuræ cum niso, qui semper uarius (lego, qui speruerius) uocatur, sed maior eo est, Albert. Nisus auis est nobilis forma & robore, minor quàm herodius, (accipiter, Stumpsius,) sed unus est color plumarum ambobus, Author libri de nat. rerum. Minimus & uilisimus est in genere accipitrum, Stumpsius. ¶ In regionibus Europæ ad ultimum Septentrionem sitis, speruerij albi inueniuntur, Olaus Magnus in descriptione Germanica, nam in Latina, picas pro speruerijs posuit. Speruerij ruffi dicti, quòd maculis rubentibus eorum pectora insigniatur, nobiles existimantur ad uenationem coturnicum & perdicum. Nisus in facie guttas habet, sicut peregrinus [10] & cætera falconum genera, Albertus. Ingluuies (pappam uocat indocti) in quibusdam parua est, & fermè rotunda, ut in speruerio & columba, Albertus. Asturis & nisi cauda dependet (propter longitudinem scilicet) quod in falconibus non probatur, Idem. ¶ Superioribus annis quum nisum minorem (muscetum) mortuum manibus tenerem, obseruaui in eo crura subflaua, nigris unguibus aduncis armata, decem digitos longa. Rostrum exiguum, breue, nigrū: cuius inferior pars canaliculata, non acuta. superior deorsum ualde inflexa, acutissimaҩ, ut in aue quam infra lanium appellabimus, (thurnkreisel.) Lingua exigua, nigricans, non acuta. Longitudo à capite ad finem caudæ palmi quatuor, hoc est digiti sedecim. Tota pars prona, capite, alis, dorso, cauda, eodem & simplice colore est, nigro diluto. Caudæ interioris pennæ alternis spatijs candicant ac nigricant: & sub alis similiter. Ad principium caudæ, multæ sunt albæ plumæ. Cauda circiter duos palmos lon- [20] ga. Reliqua parte supina, nempe collo, pectore, uentre, plumæ sunt alternis albidæ & ruffæ, alicubi tamen nigricantes. Albicare etiam uidetur extremitas pennarum caudæ.

C.

Sonus falconum ut plurimum crassior & prolixior est, & ab acuto in grauius procedens, quàm asturum uel nisorum, Albertus. Volatu nisus admodum uelox est. ¶ Speruerius pennas mutat mense Martio aut Aprili, mutationem Augusto perficit, Tardiuus. Ex accipitre minimo, id est sparuerio, ueterum quidam putarunt cuculum fieri. Vide supra in Accipitre c. & infra in Cuculo. ¶ Nisi coëunt aliquando cum falconibus, Albert. Nidificant in abietibus, & oua (ut audio) quaterna aut quina pariunt. Quasnam aues uenetur, dicemus mox in E. nam de musceto dictum [30] est in A.

D.

Nisus licet minor accipitre, æquè ramē animosus est, & alacris pro sua facultate. Ad uenandum promptissimus, quamuis minimus inter aues aucupij studiosas, Obscurus. Sola hæc auis (inquit Albertus) prædæ socios dedignatur: & expertus sum, quòd si duo nisi pariter emittantur, præda dimissa alter inuadit alterum. Aiunt etiam quòd auem hyeme uiuam teneat sub pedibus caloris gratia, & nocte transacta beneficij memor uiuam auolare permittat: quod an uerum sit expertus non sum, Hæc ille. Obscurus quidam non nisum, sed accipitrem simpliciter, hoc facere scribit. Vide in Accipitre H.d. Nisum aiunt socios uolatus recusare, quasi inuidia aliqua & ambitione ad uictoriam moueatur, ac solus ea potiri uelit: sed uerisimilius est eum inhiare prædæ tantū, ne si in uolatu [40] socium habuerit, idem ad pastum quoҩ admittatur. Certum est enim nisum parem sui generis asper nari, eumҩ tanquam alienam auem persequi, idҩ contra totius auium generis naturam. Omnis enim auis in uolatu prædam capiens, Aristotele teste, parcit sui generis auibus. Solus itaҩ nisus huius generositatis expers est: ut homo etiam solus ferè animalium terrestrium in sui generis animal insidias molitur, Author libri de nat. rerum. ¶ Nisus ac triciolus (accipiter mas) locum eligunt in quo aues captas deplumant singulis diebus, multaҩ diligentia mundant quandiu compares aues (fœminæ) incubant, quibus eas ministrant, Obscurus. ¶ Albertus sua obseruatione & Auicennæ & quorundam aucupum asserit accipitres, quos uocant astures & sparuerios, pullos suos uolantes enutrire uno mense, postea se ab eis retrahere: docereҩ illos capere aues, ferendo eis uiuas aues, quas dimittentes concitant ad capiendum: & cum agnoscunt posse uenari, derelinquunt, Niphus. [50]

E.

Nisi capiuntur similiter ut accipitres, nempe reti, graculo aut auicula aliqua (nisi & musceti præcipuè illa quam zaranto Itali uocant è genere chloridum,) iuxta rete alligata & exposita. Vide supra in Accipitre E. ¶ Cito mansuescit, & delicatè nutriri postulat, & leuiter aucupatur, Author libri de nat. rerum. Falcones & nisi bene nutriti ac instituti ad domicilium reuertuntur sicut columbæ, Albertus. De institutione & mansuefactione nisi, Alberti uerba recitaui supra in Accipitre E. Falco amat socium uenandi falconem, & diuidit cum eo prædam sine pugna, quod non facit athur uel nisus, Albertus. Vide paulò ante in D. ¶ Speruerius capit omnes uolucres quas & astur, maioribus tantum exceptis, Tardiuus. Columbas, & alias quascunque assequi potest, Stumpsius. Nisus uocatur à nisu, id est conatu ad prædam. quia nititur capere aues se fortiores, [60] sicut columbam, anatem & cornículam, Albertus. Speruerij laudabiles capiunt anates, palumbes, perdices, coturnices, graculos, picas, alaudas, & omne genus auium minorum.

Si

G.

Si mulieris partus differatur, & parturigines abſint: item ad ſecundas pellendas, ſimum ſperue-
rij tritum prodeſt; Vide ſupra in Accipitre G.

H.

Noſtri ſorbum arborem ſperwerbaum uocant, per epentheſin literæ p, cum ſperuerio quidem
nihil ei commune. ❧ Niſus rex apud Ouidium in haliæetum, id eſt aquilam marinam mutatus ce
lebratur, ut in Cirrhide ſcripſimus. De haliæeto uerò inter aquilas ſcribetur.

DE TINNVNCVLO ACCIPITRE.

A.

ENCHRIDEM accipitrum
generis Græci faciũt, Plinius.
Videtur autem ignoraſſe eandem auem Latinis tinnunculum dici, cum Græcam uocem ſemper
relinquat. nam tinnunculi ſemel tantum
meminit, lib. 10. cap.37. quem locum nõ
è Græcis transtulit, ſed à Columella ſumpſit. Loco Plinij iam citato antiqua ferè
lectio triſunculus habet, quod & Theodorus quandoqʒ ſequitur: ex maiori uerò
parte tinnunculus, (ſcilicet uertit Theodorus ex Ariſtotele pro cenchride uoce
Græca,) Hermolaus. Ego tinnunculus
(per n. duplex. nam Grãmatici quidam
non rectè per n. ſimplex ſcribunt) legere
malim, ut in Columellæ etiam codicibus
habetur, unde mutuatus eſt Plinius. Videtur autem tinnunculus per onomatopoeiam dici à tinnitu: triſunculus cur di
ceretur rationẽ non uideo, niſi forte tanquam à tribus teſticulis ut apud Græcos
accipiter triorches. Niphus quidem tinnunculum uulgo in quibuſdam Italiæ lo
cis triſinculum nominari uidetur. Ego
triſunculum in Gazæ traductione nuſquam legi, ſed ubiqʒ tinunculum per n.
ſimplex, quũ per duplex potius (ut dixi)
ſcribẽdum uideatur. Cenchridem eandem puto quam Latini tinunculum uocant, Ruellius; & Hermolaus qui per n.
duplex ſcribit. ❧ Ab Italis hodie cani-
bellus uocatur, & triſinculus, & triſa-
rellus, Niphus. Ab alijs in Italia gauinel
lus, quem duplicem faciunt, maiorem &
minorem, nimirum pro differẽtia ſexus
non ſpeciei. Ab Hiſpanis cernicalo uel
zernicalo, quæ uox formata uidetur à
cenchride Greca. Iidem accipitris quoddam genus gauiam nominant, à qua uo-
ce gauinellus ceu diminutiuum factus uidetur. A Gallis quercerela (quaſi cenchridion) nominatur, Ruellius, aliqui uocem Gallicam ſcribunt, cercerelle. In Narboneſi Gallia uocant ſiricach,
Germani noſtri **Wannenwäher, Wandwäher, Wannweben, Wiegweben.** Videtur autẽ nomen **Wannenwäher** factum ab eo quòd alas extendat uentilentqʒ inſtar uentilabri, quod uan-
num nominant: uel **Wandwäher,** quòd in parietibus (turrium) nidificent. Anglià keſtrel, (quæ
uox à quercerella Gallorum detorta uidetur) kiſtrel, kaſtrel, in regionibus ad auſtrum : ad boream
uerò a ſteyngall. Eberus & Peucerus Saxonica dialecto interpretãt **Steingall, Steinſchmatz.**

B.

Tinnunculi in Heluetia multi reperiuntur, Stumpſius. Corpore paruo ſunt, magnitudinẽ
muſeti, colore multò magis fuluo quàm reliqui accipitres, plumis muſtelinis aut caſtaneis, unguiꝰ

c 3

bus aduncis, roſtro aquilino, pedibus flauis, Turnerus. Tinnunculo uentriculus ſimilis eſt ingluuiei, minimè carnoſus, Ariſtot.

c.

Cenchris aliter à tinnitu uocis appellatur tinnunculus, Textor. ¶ Papiliones ſectatur interdum: ſed & auiculas inſequitur ac dilaniat, Turnerus. Mures capit, Stumpſius. Auceps quidam aſſeruit mihi tinnunculum cum pullis in picarum nido ſibi inuentum, & ſimul partium ſerpentem, ac ſi ſerpentibus quoq̃ ueſcatur. Cerchnes auis locuſtas deuorat Ariſtophani in Auibus. Edit(ut audio)reptilia: ego ueſpā ab eo deuorari uidi. ¶ Tinnunculus licet adũcis unguibus ſit, bibit tamē aliquando, ſed raro, Ariſtot. Et rurſus, Solus ferè inter uncungues bibit. At Aelianus, Cenchris (inquit)accipiter nulla potione eget. Et Suidas, Cenchrines auis eſt quæ omnino non ſitire dici- 10 tur. quod & Varinus ex eo repetijt. Atqui Ariſtoteles præ cæteris uncunguibus hanc auem bibere aliquando, teſtatur. Vide in Accipitre c. ¶ Tinnunculus nidificat in altis urbium turribus, Ruellius. In ædificijs ferè, Columella. In ædificijs & tectis eorum, Stumpſius. In cauis arboribus nidulatur & in templorum muris, & æditioribus turribus, ut apud Germanos Argentorati & Coloniæ, & apud Anglos Morpeti obſeruaui, Turnerus. Et rurſus in epiſtola ad me, Interdum in cauis quercubus, non more cornicum ſuper fronde, ſed monedularum more in latibulis ſemper. Ardenti in fœminas amore inflammatur, moreq̃ hominum amatoria leuitate flagrantium, ſemper ſectando eas in oculis fert. Si quò clam fœmina abſceſſerit, ex eo maximum capit dolorem, & clangorem fundens uaſtum exclamat: utq̃ homines uehementer amantes ex amore uexantur, perinde amatorijs moleſtijs affligitur, Aelian. ¶ Tinnunculus inter uncungues fœcundiſsimus eſt. ſed 20 ne ipſe quidem multa admodum parit, uerum cum plurimum quatuor, Ariſtot. de generat. 3.1. Sed alibi, Plurima in adunco genere parit. Iam enim quatuor (inquit) eius reperti ſunt pulli. ſed plures etiam procreari apertum eſt. Pennatorum infœcunda ſunt quæ aduncos habent ungues. cenchris ſola ex his ſupra quaterna edit oua, Plinius. ¶ Tinnunculi(cenchridis) ouum minij modo rubet, Ariſtot. rubri coloris eſt, Plinius. Cum ex oculis laborat, ſyluaticam lactucam euellit. eiuſq̃ acerrimum ſuccum expreſſum ſuis oculis imponens, ad ſanitatem reſtituitur. Hoc uti medicamento ad ſanandos oculorum dolores medici dicuntur, unde oculorum medicina Hieracia, quaſi Accipitraria appellatur. Vnde uidere licet homines ſe auium diſcipulos profiteri, atq̃ etiam præ ſe ferre non uereri, Aelianus. Vide ſupra in Accipitre H. a.

D. & E.   30

Tinnunculus pullos diu uolātes tātiſper alit, dum ipſi ex ꝓprio uenatu uiuere poſsint, Turner. ¶ Quomodo in oculorum doloribus hieracij ſiue lactucæ ſylueſtris ſucco utatur, dictum eſt in fine præcedentis capitis. ¶ Gaudent incolere loca non remota ab hominibus, ut muros & tecta turrium, & altiorum ædificiorum. & amantur etiam ab hominibus, quibus prędando nihil nocent, ſed proſunt potius captura murium quibus ueſcuntur, Stumpſius. ¶ Auis quæ tinnunculus uocatur cum columbis habenda eſt. defendit enim illas, terretq̃ accipitres naturali potētia, in tantum ut uiſum uocemq̃ eius fugiant. Hac de cauſa præcipuus columbis amor eorum. feruntq̃ ſi in quatuor angulis defodiantur in ollis nouis oblitis, non mutare ſedem columbas, Plinius. Ne columbę ſedes ſuas peroſæ relinquant, uetus eſt Democriti præceptum. Genus accipitris tinnunculum uocant ruſtici, qui ferè in ædificijs nidos facit. Eius pulli ſinguli fictilibus ollis conduntur, ſtipatiſq̃ 40 opercula ſupponuntur (ſuperponuntur, forte) & gypſo lita uaſa in angulis columbarij ſuſpenduntur. quæ res auibus amorem loci ſic conciliat, ne unquā deſerant, Columella. ¶ Tinnunculi auiculas captant ſicut ſmerilli, Stumpſius. poſſunt enim ut audio ſimiliter cicurari.

G.

Fimum cenchridis(accipitrum generis hanc Græci faciũt)albugines oculorum extenuat, Plin.

H.

Accipitris & criſtatelæ (forte triſtunculi)ſtercus, legitur apud Auicennam 2. 614. ex ueteri interpretatione, ubi Bellunenſis habet, Stercus albazi & falconis ſachari. Cenchris Græcè uocatur quaſi miliaria, nam milium à Græcis cenchros, à Strabone cenchrys dicitur, Hermolaus & Ruellius. Quid autem huic aui cum milio commune ſit, nemo explicat: ego coniecturas meas afferam. 50 Miliariæ quidem aues Varroni dicuntur, quæ milio paſcuntur: & κεγχρῖται Oppiano ex anſerum uel auium aquaticarum genere, milio ineſcati capiuntur. Tinnunculus uerò milium nō edit, quare alia huius nominis cauſa inquirenda eſt. Cenchrines, (uel, ut alij ſcribunt, cenchrites,) ſerpentis genus eſt, quem ſic dictum aiunt, uel quòd tempore milij appareat, uel quòd colore uario ſit inſtar milij, Etymologus. Aëtius hunc ſerpentem colore uiridi deſcribit, maximè iuxta aluum, ut milium colore referat, unde & cenchrias(inquit)appellatur: aiunt etiam hũc ſeipſo fortiorem fieri cum milium floret. Eſt & cenchrias, id eſt miliaris, genus ulceris herpetis, à ſimilitudine quam habet cum granis milij dictum, quòd iſtorum inſtar exiguis puſtulis exaſperetur. Et forte eandem ob cauſam à milio nomen tum aui tum ſerpenti datũ eſt, quòd multis milij inſtar punctis inſignes ſpectentur: niſi quis aliam ex prædictis rationem malit. Nominatur autem hæc auis non tantum κεγχεὶς, ſed 60 etiam κεγχεὶνς apud Suidã & Varinum. (Κεγχεὶλης uerò apud Heſych. προὶοϛκης eſt.) Item κεγχηὶς apud Suidam in uoce ταμψὶωνχϴ. In Auium choro apud Ariſtophanem κϱϛχηὶς nominatur, ubi in
Scholijs

Scholijs κορχνὶς biſſyllabum legitur, his uerbis: Cerchnis auis in Callimachi libro de auibus non me‑
moratur, ſed κορχνή. Et quibuſdam interiectis, Didymus paruum accipitrem interpretatur. Vbi ego
omnino cenchridem accipio, ut κορχνὶς Didymo idem quod κεγχρὶς ſit. Si homines colant aues, ui‑
tes eorum immunes erunt à locuſtis, Ἀλλὰ γλαυκῶν λόχ᾽ εἰς αὐτὰς καὶ κορχνὶδ᾽ων ἀποτρί↓ει, Ariſtoph. in
Auibus, ubi Scholiaſtes, Sic (inquit) & alibi forte κορχνὶς cum iôta legendum, non κορχνὶς. Nam
alibi in eadem fabula ſic ſcribitur, Χωρεῖ δὲ πᾶς τις ὄνυχας ἠγκυλωμένος Κορχνῆς, τριόρχης, γὶ↓. ubi κορχνῆς
cum iôta ſubſcripto legendum uidetur, circunflexum ita ut eſt: quanquam Scholiaſtes ſuprà oxy‑
tonum ſcripſit. Οὖτοι μὰ τὰς κορχνύδας, Ariſtoph. ibidem. Et rurſus, Ἀλλὰ πέρῃ με πιχεῖ καὶ κόφοις
πέφροῖς ἱέρακος, ἢ κορχνύδος. Eubulus apud Athenæum κορχνὶδ᾽ας nominat inter paruas auiculas, nem‑
pe αἰγίνα, ἀκανθυλλίδας, βιττάκους. & hæ forſan miliariæ Latinorū fuerint, de quibus ſuo loco dicemus.

¶ Iſchades (genus ficuum) κεγχείν᾽ας apud Suidam accipio. alíoqui cenchramidas uocant
ſemina ſeu grana interiora ficuum milij ſeminibus ſimilia. κόρχνη, genus eſt auis, καὶ τὸ ἐκ δῆ μελαί‑
νης ἔνημα, pro μελαίνης lego μηλίνης, ut ferculum ſit è panico, nam & è milio ferculum κεγχελίνη dicitur:
& κόρχνγ᾽ ſemen ſimile melínæ, id eſt panico. Κορχνύματα, τραχύσματα, κυκλώματα, καὶ ὁ ποδὶ τὰς ἴτυς
τῶν ἀσπίδων κόσμος, Heſych. & Κεγχρώματα, ποδιφερθ᾽εαι, καὶ ταιρφώματα, Idem. Et κορχνοειδῆ, ποικίλα, τραχέα,
πολύπτικα, &c. Videntur autem omnes iſtæ uoces quæ per κόρχν. literas ſcribuntur, à cenchro, id eſt
milio factæ, & aſperitatem aliquam ſignificare, ſic & uerbum κορχνῶ, τραχύνω, ut κόρχνη quoque auis
non alia ſit quàm κεγχρὶς, &c.

DE CHALCIDE VEL CYMINDIDE,
quam & hybridem & ptyngem uocari putant.

CHALCIS (inquit Ariſtoteles) rarò apparet. montes etenim incolit, nigro colore eſt, magnitu‑
dine accipitris, quem palumbarium nominant, forma longa ac tenui. Iones cymindem eam appel‑
lant, cuius Homerus etiam meminit in Iliade, cum dicit: Chalcida dij perhibent, homines dixere
cymindem. Sunt qui eandem hanc auem non aliam eſſe ac ptyngem uelint. interdiu minus appa‑
ret, quia nõ clarè uidet, ſed noctu uenatur more aquilæ. pugnat uerò etiã cum aquila adeò acriter, ut
ſæpius ambæ implexæ deferantur in terrã, & uiuæ à paſtoribus (ὑπὸ τ νομέων, Varinus nõ rectè legit
ὑπὸ τῶ νίων) capiantur. Parit hæc oua duo, Hæc Ariſtoteles de hiſt.
anim. lib. 9. cap. 12. interprete Gaza. Vbi Niphus, in annotationibus ſuis, ſcribit exemplaria om‑
nia quæ hactenus uiderit, poſt carmen Homeri, hybridis auis mentionem facere: Gazam uerò eam
omittere, ideq́ ſibi probari, quoniam Plinius quoq́ hybridis nuſquam meminerit. Sed Græca Ari‑
ſtotelis uerba perpendamus, quæ ſtatim poſt uerſum Homericum ſic ſonant. Ἡ δὲ ὕβρις, φασὶ δέ τινὲς
τῶν τὸν αὐτὸν ὑπάρχ ὄρνιθα τῇ πτύγγι. Οὗτ᾽ (ſcilicet ὄρνις) ἡμέρας μὲν ὁ φαίνεται, &c. Hoc eſt, Cæterum hy‑
bris, aiunt autem aliqui hunc auem eandem eſſe ptyngi, interdiu quidem nõ apparet, &c. Varinus
in uoce Κύμυνδις, Ariſtotelis uerba recitans, hæc omnia (ἡ δὲ ὕβρις, φασὶ δὲ τινὲς εἶτ τὸν αὐτὸν ὑπάρχ ὄρνιθα
ὡσ᾽ τῇ πτύγγι) omittit, ut & Euſtathius Iliad. ς. [conſyderandum an hæc uerba margini forte adſcripta
ab aliquo, in textum à librarijs inſerta ſint] & reliqua inter ſe connectit. Idem tamè hybridem auem
nocturnam cõmemorat, in elemento ϒ. ut Heſych. quoq́: qui niſi hoc in loco auis iſtius mentionem
legerit, nullus ſanè alius ullius authoris occurrit. Relinquamus igitur ea quæ in omnibus exempla‑
ribus Græcis leguntur uerba, iam ὕβρις etiam (uel ut grammatici iam citati ſcribunt, ὕβεις oxytonum)
auis nomen ſit, diuerſæ nimirum à chalcide, & maioris forſitan ac fortioris, quæ aquilam aggredi
audeat. nam chalcidem λεπτὴ, id eſt gracili ac tenui corpore auem eſſe ſcribit Ariſtot. & quod rarò
appareat: hybridem uerò ſiue ptyngem, non rarò, ſed noctu tamen apparere. Porrò ſi quis cõten‑
dat eandem eſſe auem, ut hoc illi concedam, dicam tamen fieri poſſe, ut auis eadem ſit, ſed hoc ip‑
ſum Ariſtoteles ignorârit. Certe uerba iſta, ἡ δὲ ὕβρις, omnino de aue diuerſa, (aut quam diuerſam
ipſe putârit,) eum loqui teſtantur, ut uetus etiam interpres reddidit, nam & de alijs auibus diuerſis
ibidem ſcripturus, ſimili initio utitur: ἡ δὲ χαλκὶς, ἡ δὲ κίγαι, &c. Iam cum ſequatur, Nidulatur autem
hæc quoq́ in petris & ſpeluncis, intelligendum eſt prædictum eſſe de alia quoq́ aue quæ ſimiliter
niduletur: atqui non reperies niſi de chalcide, quam in montibus (nimirum montium petris & ſpe‑
luncis) nidificare dixit. Plinius quidem (non ſemper laudatus interpres) hybridis & ptyngis men‑
tionem præterijt, quem Gaza in hoc imitatus eſt, ut ſæpe ſolet. Nocturnus accipiter (inquit Pli‑
nius) cymindis uocatur, rarus ſiluis, interdiu minus cernens, bellum internecinum gerit
cum aquila, cohærenteſq́ ſæpe prehenduntur. Hermolaus apud Plinium pro cymindi cybindin
in ſuis codicibus legit, nec putat mutandam eam uocem, quoniam & in alijs dictionibus Græcis ß.
in m. tranſeat apud Latinos, ut proboſcis in promuſcide. Eadem repetit Cælius. Κύμινδις quidem
in Græcorum Lexicis, & apud authores ſcribitur: quam uocem grammatici (ut Euſtathius) aiunt
tum maſculino tum fœminino genere efferri. Genitiuus caſus κυμινδὸς in Cratylo Platonis legi‑
tur. Κύμινδ᾽ uel κύμινδος, aquila eſt, Suidas & Varinus: apud quem tamen κύμινδις pro κύμινδος ſcri‑
bitur. Sed apud authores cymindis tantum reperitur, Non eſt autem aquila, ut neq́ accipiter, (con‑
fundunt enim grammatici aquilæ & accipitris appellationem ut diximus,) ſed propter unguium

e 4

roftríſ aduncitatem, & quoniam ex auium præda uiuit, aquilarum aut accipitrum generis eſſe ui=
detur:magis autem aquilarum,quòd aquilam ipſam impugnet. Sed & ἔλι⟨Θ⟩, id eſt aluco accipitris
ſpecies dicitur. Somnus apud Homerum Iliad. ſ. ſopiturus Iouem,inter abietis ramos latet, Ὄρνιθι
λιγυρῇ(ἐξείᾳ) ϕναλίγκι⟨Θ⟩,ἥν τ᾽ ὄρεσσι Χαλκίδα κικλήσκωσι θεοί, ἄνδρϖ δὲ κύμινδιν. Solet autem Homerus
non rarò διώνυμα quædam facere,quorum nomen alterum uſitatum ſit hominibus, alterum dijs, ita
deorum ſermonem ſe intelligere & à Muſis edoctum eſſe inſinuans. Platoni quidem deorum uo=
cabula maximè ſecundum rationem impoſita uidentur : quæ uerò hominibus à poëta tribuuntur,
& magis quæ mulieribus,ferè barbara uidentur, & nulla eorũ ratio aut origo nobis conſtat. Gram=
matici(ut Varinus)chalcidem à colore dictam ſuſpicantur, ἀπὸ τᾶ χαλκίζειν ᾗ τὼ χροιὰν ᾗ πτήσεως (ἐπι
πτήϲϖν.)hoc eſt quod æris quendam colorem inter uolandum præferat. ἐ|ᾳ τᾶ χαλκῶδϛ ἔχειν τὸ πτέϥιν, 10
Schol.in Ariſtoph. μέλας γαρ ὅδι, χαλκίζϖν τὴν χρόαν,Euſtathius.nam alioqui nigra ab Ariſtotele deſcri
bitur. Somniculoſa eſt & caput ſemper condit ſub ramis,Scholiaſtes Homeri. Cymindis dicitur
quaſi κρύμινδις, οἱονεὶ κρύψις τῇ ἰσδεῖν,ab occultatione.Conueniebat autem ſomnũ utpote nocturnũ,
aui nocturnæ & ſomniculoſæ, caputꝗ inter ramos ſubinde abdenti, à poëta comparari, Varinus.
caput enim abſcondit εἰς τὴς σημαρχας ᾗ διϲϕϲϲων κατατιθωϲκϛ. aut forte propter uocis ſimilitudinem
ſic dicta eſt,Etymologus. χωρὶς δὲ πᾶς τις ὄνιχϛ ἠγκυλωμωⱪΘ, Κὀϕ χῦς, τειόϥχϛ, γὺξ, κύμινδϛ, ἀϲτϛ,
Ariſtoph.in Auibus:ubi Scholiaſtes dubitat an cimindis(κίμινδϛ,forte κικυμὶς, ut ſequetur ex Calli=
macho)potius ſcribendum ſit:quoniam cymindis à Callimacho non memoretur:quaſi non ſatis ſit
ab Ariſtotele, Homero, Platone, &c. eam nominari, & ita ſcribi. Idem cymindim & chalcidem
eandem cum noctua ſimpliciter dicta facit, impoſito chalcidis nomine à colore pennarum:quæ ſen 20
tentia mihi minimè probatur. Et rurſus, κικκαβεῶ (inquit) uocem aiunt eſſe noctuarum , quas inde
etiam κικκαβϛξ nominant. alij κικυμίδας(ſcilicet hanc uocem ædere dicunt;) Καϥτ᾽ ἀγαθὴ κικυμίς, Calli=
machus.Et mox,Homerus uerò cymindin uocat noctuam, & ab æris colore chalcidem, Hęc Scho
liaſtes ille. Vbi in mentem uenit quòd Gaza apud Ariſtotelē pro nycticorace, id eſt coruo noctur=
no cicumam tranſtulit. & ſanè nominum ſimilitudo, κικυμὶς & κύμινδϛ, unam & eandem eſſe auem
propemodum perſuadet,cum utraꝗ nocturna deſcribatur , & nycticorax à colore coruí dictus ui=
deatur,ut & cymindis niger ab Ariſtotele deſcribitur. Nycticorax (inquit Strabo) aquilæ æqualis
eſt,uocemꝗ grauem ædit:in Aegypto uerò graculi habet magnitudinē , & uocem omnino diuer=
ſam.Hic etiam magnitudo aquilæ cymindi conuenit, uel hybridi,nam cum cõtra aquilam pugna=
re audeat , magnitudo etiam uires ꝗ aquilæ ei conueniunt. Cicumæ quidem uocabulum Gaza à 30
Græcis accepiſſe uidetur : quanquam Grammatici κικυμίδα noctuam ſimpliciter interpretentur.
Κικυμῆς(Varinus κικυμῆ⟨Θ⟩ habet.neutrum placet, malim κικυμὶς)γλαὺξ,id eſt noctua, Heſych. Κικυ
μώϳϣαι,τυϕλώϳϣαι, δυσελέπϣαι,id eſt cæcutire, hallucinari,Iidem & Suid.Hinc nimirum cicuma à cæ=
cutiendo dicta. Κίκυμ⟨Θ⟩, λαμπϥὴϥ ἤ γλαυκὸς, ὁμοίως καὶ κικυξϛ, Heſych. & Varinus. Nycticoracem
(inquit Ariſtot.)nonnulli uocant otum,auem ſcilicet illam quæ ſe coturnicibus hinc abeũtibus du
cem præbet.Eſt autem otus noctuæ ſimilis,&c.Ariſtot.de hiſt.9.12.ubi Gaza pro nycticorace ulu=
lam & aſionem tranſtulit. Adeo uaria & confuſa nominibus eſt nocturnarum auium hiſtoria,ut
operæpretium ſit diuerſa nomina ad rem quæ ſignificatur unam , aut ſaltem genus unum redigi.
Sint igitur ſi non idem,ſaltem ſub uno genere,Chalcis, cymindis, hybris, ptynx, cicuma, nyctico=
rax,otus:& præterea bubo, ulula,& aluco,& ſcops. Sed ſcops minor eſt noctua, & otus quoꝗ for= 40
taſsis nõ magnus.Cæteræ omnes magnæ,& quæ magnitudinis merito cum aquila certare poſsint.
Nam bubo, βύαξ,non minor aquila fertur. Aluco, ἔλι⟨Θ⟩, maior gallinaceo,picas uenatur ut agolios
quoque,gallinaceo æqualis,quam uiulam Gaza interpretatur. eam ſimiliter ſaxa & ſpeluncas co=
lere ferunt , quaternos nunquam ædere pullos, &c. Sed de ſingulis iſtis plura ſuis locis dicentur.
Hybris ſanè Græcis, & byas, ut bubo & ulula Latinis , & hybou Gallis , & Germanis Ǒl, Ꞛuw,
Ꞛuru , &c. nomina per onomatopœiam diræ & abſonæ uocis facta uidentur. ¶ Chalcidem
piſcem Gaza æricam tranſtulit , & ipſum ſorſitan à colore ſuo dictum. ¶ Quæ ad philologiam
ſpectant,in chalcide lacerta protulimus. Harpalycen autem Clymeno patri per uim mixtã,Presbo
nem filium coctum ei appoſuiſſe, & deinde in auem chalcidem mutatam eſſe, alij ſabulantur quòd
cum in Chalcide degens hæc mulier cum Ioue concubuiſſet, à Iunone in auem conuerſa ſit. Hy= 50
bris etiam uel hybrida dicitur canis natus ex uenatico & gregario, &c. Vide in Apro c. ¶ Ebe=
rus & Peucerus cymindim interpretantur Germanicè ein Bergfalck, id eſt falconem monta=
num, non probo.

DE ACCIPITRE AEGYPTIO, ET ALIA QVAE=
dam Corollaria ſuperiorum,ex Gallico opere Petri Bellonij, de rebus memo
rabilibus per diuerſas regiones ſibi obſeruatis.

AVIS eſt in Aegypto frequens , magis quàm cæteræ aues quæ rapto & cadaueribus uiuunt, 60
corporis magnitudine coruum referens, capite miluum , roſtrum ei inter coruum & aquilam me=
dium,in extremo modicè aduncum,crura etiam & pedes, partim coruũ, partim aues rapaces imi=
tantur.

tantur. Colore ad(falconem)sacrum accedit. quanquam fortassis alijs etiam coloribus inueniri po=
test. Hæc plane uidetur quam Herodotus & alij quidã ueteres accipitrem Aegyptium nominant.
Et alibi, Accipitres Aegyptij perquam frequentes sunt in Aegypto: nec admodum ab ea regio=
ne discedunt.

TVRCAE quum aues rapaces, quarum opera ad uenandũ utuntur, reuocant, clamare solent,
hub, hub. Falconarij Turcæ aues manu dextra gerunt, & ouis gallinarum duris nutriunt cum carõ
recens desuerit.

DE FALCONE IN GENERE.

A.

FALCONIS nomen pro aue non admodum uetus est. Falcones & astures nominantur
à Firmico Matheseos quinto. Falcones Seruius grammaticus commemorat, quibus
Guillermus, qui Rogerij regis Siciliæ auibus præfuit, librum dicauit, Volaterranus.
Marchio Montherculeus librum de Falconibus condidit, Niphus. Campaniam Italiæ
ciuitatem constat à Thuscis conditam uiso falconis augurio, qui Thuscica lingua capys dicitur, Ser
uius in decimum Aeneid. Vergilij. Vbi poëta Capyn uirum appellat, à quo nominata sit Campa=
nia,(uel potius Capua.) Itaǫ Capys & uiri & auis nomẽ fuerit, ut falco etiam. Sic enim habet Sui=
das: φάληκω, φάλκων⊙, nomen(proprium,) & species accipitris. Capuam in Campania quidam ap
pellatam ferunt à Capy, quem à pede introrsus curuato nominarunt antiqui, falconem nostri uo=
cant: alij à planicie regionis, Festus. Falcones accipitrum nobile genus antiquis fuisse putamus,
Paulus Iouius. Aquila, Theodotion & Symmachus omnia accipitrum genera, uel omnes aues
rapaces quarum usus est in aucupio, falcones uocant: Vide in Accipitre A. Nos pleraque falconi=
bus & accipitribus communia, in Accipitris historia retulimus, sed hîc etiam in falcone nonnulla
referentur, quæ ad accipitres quoǫ accommodari poterũt, ut operæpretium sit ab eo qui huius uel
illius historiam curiosius requirat, utranǫ perlegi. ¶ Falconum quidam sunt magni, qui falco=
nes communi nomine dicuntur: quidam parui, qui uocantur ismerli. Rursus ex magnis alij nigri
sunt, alij per comparationem albi, alij rubei, qui ex horum(albi & nigri)inter se coitu generantur, ut
deijcet cum mas unius speciei amissa socia sua, cum altera permiscetur, Crescentiensis. ¶ Trice=
lum uel trizolum(tertiolum)uulgò uocant marem in accipitrum falconumǫ genere, ut in Accipi=
tre docuimus. Accipiter palumbarius est falco tertiolus dictus, Niphus. Petrus Bembus in epi=
stolis falconem dicit esse aquilam. Regio circa Tarnasari Indiæ urbem aquilis, quas falcones ap=
pellamus, abundat. Accipitres chiluones à Plinio uocari, quos nunc falcones nominamus, scribit
in Latinis Blondus. ego in Plinio chiluonum mentionem nusquam reperio. ¶ ראה, daah, auis
nomen Leuit.7. per daleth: sed Deuteronomij 14. raah scribitur per r. Hieronymus miluum inter=
pretatur, &c. Eruditus quidam apud nos falconem esse suspicatur. R. Salomon, ברב, kos, Deuter.
14. interpretatur פלקי, id est falconẽ, sed bubo potius aut alia auis nocturna hac uoce significatur,
ut in Bubone ostendemus. ¶ Falco apud plerosǫ Europæ populos idem nomen obtinet, Italis
falcon uel falcone dictus, Gallis faulcon, Germanis 𝕱𝖆𝖑𝖈𝖐, Belgis 𝔙𝖆𝖑𝖐𝖊. Illyrijs sokol.

B.

Falcones primo dicuntur uenisse de monte Gelboë, qui nõ procul Babylone distat, in Illyriam
primum ad Palum nudum: inde per alios quosdam excelsos montes dispersi sunt in quibus repe=
riuntur, Crescentiensis.(Hoc Albertus non de falconibus simpliciter, sed de nigris tantum scribit.)
Falcones quibus in locis abundent, diximus in Accipitre B. In mari congelato insulæ quædam
grisalchos & falcones plurimos producunt, Paulus Venetus. Falconum genus maius, ferocius &
præstantius ad Septentrionem habetur, ut è Suetia & Liuonia, quæ plus quàm quinquaginta gra=
dus ab æquinoctiali distant. & hi in cibo pisces carnibus præferunt, Albertus. Balascia regio hero=
dios & optimos falcones habet, Idem. Aderant(in aula principis Moscouiæ)complures falcones,
alij albi, alij phoenicei coloris, magnitudine excellentes, Sigismundus Liber Baro. In Septentrio=
nalibus locis multi falcones albi reperiũtur, Olaus Magnus. Sed de falconibus albis, nigris & ru=
beis, quoniam non colore tantum, uerum etiam specie differunt, copiosius infra scribetur, separa=
tim de singulis. Falconum(inquit Albertus)conueniens color est, habere maculas nigras in maxil
lis, & albas circa oculos utrinǫ ex utraǫ parte rostri, & cilia habere nigra, & cinereum subnigrum
colorem in craneo & dorso & superiore colli & exteriore alarum parte, & caudæ etiam exterio=
re, & in alijs partibus uarium esse passim & quasi uirgulis distinctum, interruptis quandoǫ. Et ista
uarietas semper quidem habet nigredinem pro colore uno: sed primo anno secundus color ruffus
est remissǽ rubedinis: albescit autem deinceps paulatim eò amplius scilicet quò sæpius pennas mu=
tãrit. Color oculorum admodum flauus(croceus)est, ita ut ad rubedinem accedat. pupilla nigricat.
Color pedum optimus croceus, multum declinans ad albedinem. nam quò minus albescunt, eò ig=
nobilior est falco. quòd si uergat ad colorem cœruleum, is quoǫ ignobilis, (ut dicemus infra in fal=
cone qui ab hoc pedum colore denominatur.)Quanquam autem diuersæ falconum species iam di=

10

20

30

40

50

&ctis pedum & pennarum coloribus differunt, in genere tamen colores isti falconi conueniunt. Capitis quidem color iam dictus conuenit etiam nonnullis nocturnis auibus rapacibus, quæ hactenus
ad falconum generositatem accedunt. Sed quoniam figura(forma & species corporis)magis quàm
color ingenium(complexionem)indicat, iccirco excludũtur illæ simpliciter à falconum nobilitate,
Hæc omnia Albertus. Nisus in facie guttas habet sicut peregrinus & cætera falconum genera,
Idem. Aquilæ & falconis corporis partes quid differant à partibus accipitris, diximus in Accipitre B. Quod ad corporis figuram, omnibus falconibus in genere conuenit crassius habere caput,
& collum breuius, & similiter breuius rostrũ, & pectus maius cum osse pectoris acuto : & alas longiores, & caudam habere contractiorem : & crura breuiora ac fortiora habere proportione sui corporis quàm cæteræ aues rapaces. Sic & reliquarum partium positam à nobis descriptionẽ per com 60
parationem ad alias aues rapaces accipi uolumus, quanquam uerò dixerimus caput debere esse
crassum,non tamen enorme caput laudamus , quòd hoc accedat ad speciem auium nocturnarum
                                                                               quæ

quæ omnes capita habent enormia, timidǽǫ funt, magnitudine capitis materiæ potius abundan‐
tiam quàm uirtutis excellentiam indicante. Sed necǫ omnino rotundum caput probamus, quòd in
concauo fphærico nimis diffluant fpiritus. Sed cum in afture capitis pars anterior longiufcula ftrin‐
gatur paulatim, & terminetur in roftrum, ficut & aquilæ caput ftringitur, caput naturale falconis
necǫ oblongius eft, necǫ ftringitur, ita ut roftrum fermè uideatur fphæræ appofitum, & frons eius
ex rotunditate dilaratur. Superior cranei pars plana à rotunditate deficit. Maxillares partes bene
rotundæ & breues funt: quæ quidē fpecies eft humidi cholerici bene mobilis & bene audacis. nam
& falconis inter aues proprium eft, cito moueri in prædam, & nō difcernere, & plus audere quàm
poffit. Idem dixerim de colli breuitate. In genere enim breue eft collū falconis, magis quàm aquilæ
10 & afturis & nifi. fed nimia breuitas uituperatur, phlegmaticam frigiditatem aut melancholicam fic‐
citatem fignificans, & ad proprietatem noctuarum (auium nocturnarum) accedens. ferè autem (ut
in Phyfiognomonicis docui) quodcunǫ animal fpecie alterius refert, ingenio quoǫ & moribus ad
id accedit. Et licet crura breuia effe debeant, coxæ tamen fint longæ & bene pennatæ. Pes bene pa‐
tulus, digiti fortes præcipuè in nodis articulorum, & ungues ualidi magifǫ aliquantulum curuati
ad interiorem pedis partem. Similiter deniǫ caudam non fimpliciter breuem probamus, fed com‐
paratione ad aftures & nifos. nimium enim breuis noctuæ & bubonis caudam referret. Sit igitur
longitudo eius tanta, ut compofitæ alæ fe fuper caudam attingant, aut ferè attingant in extremo lon
giorum anteriorum pennarum; & ab illa coniunctione cauda non multum defcendat, nec depen‐
deat ficut afturis uel nifi cauda. Nam cauda longa fpinæ dorfi medullam nimis humidam indicat,
20 & timiditatem arguit, Hucufǫ Albertus. ¶ Habet falco os acutum ac durum in pectore, quod
ei natura prouidens indidit ad impulfionem prædæ, Author libri de nat. rerum. Quoniam falco‐
nis eft ictu pectoris percutere, addidit ei natura anterius in pectore os latum, triangulum, ualidum,
cuius prominens & rectus angulus in fuperiori pectoris eft perquà durus & firmus: & fuper illum
funt ungues pedum, findit autem pofteriori ungue quod percutit. ¶ Tardiuus laudat falconem,
cui caput fit rotundum, fuperius planum: roftrum craffum & breue: pectus amplum, carnofum, ner
uofum, durum & ualidis offibus munitum, cui falco ipfe fretus eo ad feriēdum utitur. Et quoniam
inquit, coxæ (femora) ei paruæ debilefǫ funt, unguibus uenatur. Anchæ (id eft coxendices) plenæ
fint, alæ longæ extenfæǫ fupra caudam, cauda breuis & agilis. femora craffa, crura breuia, &c. Ta‐
lis enim falco grues & aues magnas capiet. ¶ Pulchritudo & nobilitas falconis (in quacunǫ fal‐
30 conum fpecie, Albertus) cognofcitur: fi caput rotundum habet, & fummitatē eius planam, roftrum
breue & craffum, humeros (fpallas uel fpatulas) amplos, & pennas alarum fubtiles, coxas longas,
tibias breues & craffas: pedes liuidos, fparfos. Qui talis eft, ut plurimum bonus erit, licet aliqui fatis
deformes fæpe optimi funt inuenti. ideoǫ falconum bonitas & audacia folo experimento perfectè
cognofcitur, Crefcentienfis. Albertus in quibufdam uariat, Caput enim requirit mediocriter craf‐
fum, pennas alarum & coxas longas, pedes latos, fparfos & macros: & falconem ipfum probat, qui
frequenter pedes fuos refpicere foleat. Ignobilis autem eft qui in aliquo uel pluribus iftorum defi‐
cit. Fit tamen aliquando ut ignobilis nihilo inferior ad aucupium fit quàm nobilis, aut etiam fupe‐
rior, quod à falconario confiderandum eft. ¶ Falconum genus alas habet longas & acutas, ut
aquiliarum magnas & latas, Albertus. ¶ Falconum generi tel eft in hepate, Idem.
40 ¶ Accipitrem palumbariū Ephefius falconē gentilē (id eft generofum) interpretatur, Niphus.

C.

Sonus (uox) falconum ut plurimum craffior & prolixior eft, & ab acuto in grauius procedens
quàm afturum uel niforum, Albertus. Vide plura de uoce eorum infra in E. ¶ Accipiter femper
ferè latet iuxta terram, contra morem falconum, Albertus. ¶ Tertiolus uel tricellus uocatur mas
in accipitrum & falconum genere, quia fimul tres in nido nafcuntur, duæ fœminæ, tertius mas qui
minor eft fœmina, minufǫ fortis, Crefcentienfis. Rubei falcones nafcuntur ex albi & nigri inter
fe coitu, Idem. ¶ In rupibus & montibus Heluetiæ noftræ reperiuntur falcones, cum alibi tum
non procul Berna & Solodoro.

D.

50 Falco perquam animofus eft, & nobiliffimi generis, Crefcentienfis. Auis eft nobiliffima, uio‐
latu impetuofiffima, & in cuftodia fui minus cauta, &c. ut in E. referetur amplius. Falco raptu ui‐
uit, & folus pergit ad prædam, ficut omnis auis rapax, propter caufam in Accipitre dictam, Crefcen
tienfis. Falconis proprium eft cito moueri in prædam, & non difcernere, & plus audere quàm
poffit, Albertus. ¶ Omnis auis rapax, maximè tamē herodius & falco, pullos iam adultos eijcit
è regione fuæ habitationis, Albertus. ¶ In Gallia Belgica non longè ab urbe Leodio (uerba funt
Æneæ Syluij in defcriptione Europæ capite 53.) prælium inter falcones & coruos conftanti fama
geftum ferunt huiufmodi. Nidum fiue in arbore fiue in rupe falco fibi parauerat, ouaǫ fouens pul‐
los auidus expectabat. Hunc corui fuperuenientes loco deturbauêre, ouis eius effractis ac uoratis.
Poftridie mirabile dictu falcones coruiǫ, quafi ex toto orbe ad pugnam uocati, ifti feptentrionem,
60 illi meridionalem partem tenentes, ordinatis aciebus & tanquam rationis capaces effent, alijs qui
cornua obferuarent, alijs qui media ducerent agmina difpofitis, atrox ac ferociffimum prælium in
aëre commiferunt. In quo cum modò corui, modò falcones cederent, & iterum refumptis uiribus

certamen inftaurarent, totus undiq̨ fubiectus ager & pennis & cadaueribus obtectus eſt. Ad extre
mum uictoria penes falcones fuit, qui non ſolum roſtris, ſed etiam unguibus acerrimè decertantes
coruos omnes ad internecionem deleuêre. Exin paruo tempore interiecto, cum duo de Leodienſi
eccleſia contenderent, alter à Gregorio tertiodecimo, alter à Benedicto duodecimo in epiſcopum
electus (erant enim inter illos de Romano pontifice diſceptantes) ambo cum copiís in eundem lo=
cum pugnaturi uenerunt. Ioannes dux Burgundiæ alterum armis iuuit, alterum Leodienſis popu=
lus ſequebatur. Pugnatum eſt collatis ſignis ſumma utrinq̨ contentione, horrendum cruentumq̨
prælium factum, in quo tandem uictor Ioannes dux triginta milia hoſtium cæcidit. Memorabile
eius rei fanum conditum eſt, quod nos illac poſtea tranſeuntes cæſorum oſſibus plenum uidimus.
Sed de illo falconum atq̨ coruorum prælio, ſuam cuiq̨ opinionem relinquimus, ueri periculo pe= [10]
nes famam dimiſſo, Hæc Syluius.

E.

Falcones capiuntur ut accipitres, uide in Accipitre E.

¶ De falconum inſtitutione, & quomodo tum ad manum aſſueſcant, tum audaciores ad præ=
dam ſiant. Falconum bonitas & audacia ſolo experimento perfectè cognoſci poteſt: ueruntamen
eorum bonitatem & auiditatem aues capiendi, multum auget dominorum induſtria: & eoſdem à
probo ingenio ſæpe reuocat eorundem imperitia, Creſcentienſis. Falcones non niſi bene nutriti
& edocti, ad domicilium reuertuntur ſicut columbæ, Albertus. Et rurſus, Falcones quidam adeò
domiti ſunt, ut ſponte ſemper redeant ad falconarium: alij nõ niſi in fame redeunt. Ego quidem (in
quit) iam uidi falcones, qui ſine ligaturis intrabant & exibant: & nobis accumbentibus ſuper men= [20]
ſam ueniebant, in radijs Solis ſe extendentes coram nobis tanquam adblandientes. Et uenationis
tempore à tectis & feneſtris ſponte ſupra homines & canes in aëre uolando ueniebant ad campum:
& quum placebat falconario, redibant ad acclamationem. Quòd ſi nõ ſatis cicurati ſunt, cauſa pro=
pter quam non redeunt eſt metus hominis. itaq̨ iſti non ſunt dimittendi niſi tempore famis, tum
enim cibi deſiderio redire conſueſcunt. Falco melior eſt qui paulò ante mutationem captus fue=
rit, Tardiuus.

¶ In falconis inſtitutione duo ſpectantur, primum ut aſſueſcat ad manum hominis: alterum ut
audax & præceps in captura auium efficiatur. Aſſueſcet autem ad manum, ſi ſuper manu ſemper cĩ
betur. Et cicurationis quidem initio ante lucem pileo indui (caput eius pellicula obnubi, Volater.
nos hanc pelliculam capitium uocamus, Albertus alibi mitram, alibi capellum & capitegium, ein [30]
haub) & manu teneri debet uſq̨ ad horam tertiam. Deinde paſtus coxa gallinæ ponatur ſupra gra=
men appoſita aqua, (ubi riuus ſit ſeu fons quo abluatur, ſi id expetat, Volaterr.) ut ſi uelit balneetur.
Relinques autem eum in Sole donec ſatis ſe purgauerit, (donec ſiccetur, Volaterr.) Pòſt colloce=
tur in loco obſcuro uſq̨ ad ueſperam. Tum rurſus manu teneatur uſq̨ ad primum ſomnum (uſq̨ ad
ſomni tempus, Volaterranus.) deinde locetur in loco obſcuro (in angulo ſuper pertica, Volaterr.)
& accendatur ignis clarus uel lucerna ante eum per totam noctem uſq̨ ad diluculum. Tum indu=
cto ei capitio aliquandiu iuxta ignem aſsiſte manu tenens auem. Scias autem quòd falcones in ni=
dis ſuis perfecti, meliores ſunt, & pennas habent ualidiores. Quòd ſi è nido ante perfectionem exi=
matur falco, ponatur in nido facto quàm ſieri poteſt maximè ad ſimilitudinem eius unde ſumptus
eſt: & ſæpius paſcatur carne pullorum (gallinaceorum:) quoniam temperata eſt, interdum etiam re= [40]
cente urſina, producit enim hæc & conſirmat pennas. Quòd niſi hoc modo curetur, debilitatur alis
& coxis, adeò interdum ut ala uel coxa frangatur. Curandum etiã ne manu ante perfectionem tan
gatur. Deinde ubi iam ſatis aſſuetus fuerit ad manum, cauendum ne unquam aliquid duri in manu
experiatur, ſed ſemper beneſicam & blandam eam ſentiat, Albert. Et alibi, Quoniã falco temere
appetit quicquid obuium fuerit, debet habere mitram oculos tegentem, &c. ut repetetur infra. Ci=
liarem (cillier) uocant Galli falconem, cum ei nouello cilia conſuuntur.

¶ De uoce falconum, eorumq̨ uocatione ſeu acclamatione per aucupes. Sonus uocis falco=
num (inquit Albertus) plerunq̨ eſt craſsior & prolixior, & ab acuto in grauius procedẽs quàm aſtu
rum uel niſorum. Vocantur autem (Albertus reclamari dicit) à falconario non ſibilo, ſed uoce ma=
gna, ſicut & canes: & ſimul circunducitur in chorda quiddam ex quatuor alis uel pluribus ad mo= [50]
dum auis colligatum, cui caro recens ſuperligatur, (reclamatorium pinnatum uocant, Beliſarius in=
ſtrumentum uolubile auis ſpeciem præ ſe ferens.) Falcones aliquando nimis clamoſi ſunt, quod ſig
num eſt eos uel iracundos eſſe, uel nimis macilentos. Quòd ſi iracundi ſint, capitio obnubãtur: ma=
cilenti, reficiantur. Nam falco clamoſus multum detrimenti affert aucupio, fugientibus quæcunq̨
clamorem audierint auibus, antequam falco ſatis prope ſit ut emittatur. A falconario etiam quan=
doq̨ reuocati non redeunt, præcipuè qui montani cognominantur, quod ferè duas ob cauſas con=
tingit, uel præ indignatione quòd præda eis euaſerit: uel ob repletionẽ qua cibum faſtidiunt. Quòd
ſi talis falco ab ineunte ætate à bono falconario educatus eſt, depoſita iam indignatione aut ſequẽte
eſurie, domum ſponte redibit, hæc enim ingenuitas falconum & niſorum eſt, ut bene nutriti inſti=
tutiq̨, domum ſicut columbæ reuertantur. Quòd ſi ſatis cicurati non ſint, nec ſatis familiares homĩ= [60]
ni, non dimittantur niſi eſurientes. ſic enim conſueſcunt redire deſiderio cibi. ¶ Cæterum auda=
cior reddetur falco (inquit idem Albertus) ſi ſæpius aues uiuas accipiat & cõprimat, & occidat cum
clamore

clamore quo incitari solet à falconario, & sicut supra diximus (in Accipitre ; & in Lanarijs falconibus)saepius euadentes per solertiam falconarij ab unguibus eius aues, iterum capiat, & dimittatur
per se(solus)uincere aues:& caueatur ne aues eum possint laedere unguibus uel rostro. Nam si iunior falco ab auibus laeditur, pusillanimis sit ; Si autem crebro illaesus uicerit & occiderit, audacior
euadit crudelior& in aues.Debet autem hoc exercitium semper fieri cum magna incitatione falconarij,& praesentibus canibus,aues etiam subinde mutentur, ita ut paulatim fortiores ei inuadendae
exhibeantur.Et cum iam satis instructus est ad aucupium,statim diluculo orto iam Sole, falco cibi
concoctione peracta ad aues dimittatur. Quòd si audax & promptus ad praedam fuerit, eadem ui-
cius ratione & cura, ut hactenus, curetur etiam deinceps: & pascatur auibus quas ceperit pro arbi-
10 trio(donec per se satietur:)& hoc fiat tribus uel quatuor diebus in quolibet aucupio. At si in primo
aucupio forte piger & non promptus uideatur,denuo manu eum gestabis,& intermittes aucupiũ,
& illo die nón alium cibum praeterquam dimidiam coxam gallinae ei dabis:repones& in locum obscurum:& postridie dimidiam coxam gallinae & tria purgatoria(guel uocant Germani uulgò,quae
siunt èplumis,melius autem è xylo)in aqua frigida pones,& usq& ad horam tertiam relinques, tum
dabis ea falconi, (coxam dimidiam dico cum tribus purgatorijs.)His deuoratis seponatur in locum
obscurum usq& ad uesperam. Tum rursus cibetur cum purgatorijs,ut dictum est. Postridie ad aucupium exi:& si audax auidusq& praedae fuerit,retine ipsum in eodem in quo tunc est corporis habitu;
(in eadem maceratione.)Sin minus,intermisso rursus aucupio,non aliud eo die in cibo ei praebebis
quàm tria purgatoria(ut diximus)ex aqua frigida.Quòd si postridie adhuc ignauior sit ad uenatio-
20 nem,pascito eum coxa pulli(gallinacei)imposita in acre acetum cum tribus purgatorijs è lana xyli-
na.Deinde ponatur loco obscuro usq& ad uesperam,tum manu sustineatur usq& ad primũ somnum,
tum balneum ei parabis in aqua calida:lotum sub dío expones, & si pluuia non impediat, usque ad
crepusculum matutinum relinques. Tum calefacies eum ad igně super manu tua:& ad aucupium
egredièris.Quòd si tum non promptissimè capiat,omnino infirmus & languidus est. Caeterum ratio ista purgandi curandiq& ut nunc praescripsimus , maceratio uocatur falconum : in qua nonnulli
uariant. Nam carnem in aceto repositam imprimunt in aridum medicamentum , quod constat pipere,mastiche & aloë contritis. Sed huiusmodi purgationes nulli aui rapaci dari debent, nisi quum
uiscera eius inferta sunt humore uiscoso phlegmatico.   Vide plura supra in Accipitre E. & hic
mox in uerbis Petri Crescentiensis,qui lib.10.cap.11.sic scribit : Cum uoles ut falco alias (plures uel
30 maiores)aues capiat,stringe(macera)eum hoc modo:Depluma gallinam,& tria purgatoria quae inde feceris da falconi madefacta in aqua.& positum in obscuro relinque usq& ad auroram diei(sequentis:)postea cum ad ignem calefeceris eum, exi aucupatum:nec amplius eum fatiges quàm ei collu-
beat,ita ut non dimittatur in praedam nisi quandiu auiditas eius in promptu fuerit. Sic enim fami-
liarior tibi fiet,& quocunq& autolárit ad te reuertetur. Quòd si falco tuus audax fuerit, acrié& desiderio aues ceperit,diligenter considera habitum eius quod ad maciè corporis & obesitatem:& in quo
illum habitu ita alacrem inueneris, in eodem retinebis. Nam falconum alij melius se gerunt cum
obesi sunt,pleriq& in habitu mediocri:pauci in macredine,ut rubei ferè prae caeteris. Debent autem
primò emitti ad aues minores,deinde ad mediocres,postremò ad maiores.Si enim initio statim di-
mitterentur aduersus aues magnas & superarentur ab eis, deficiente adhuc potentia & industria
40 quas usu acquirunt,magnas & mediocres aues postea timerèt,& perquam difficulter ad audaciam
pristinam,imperitia moderatoris sui amissam,redirent. Plurimum etiam audaciam in falcone promouet,si eum frequenter manu sustineas, & pulli (gallinacei) coxam hora tertia praebeas : deinde
aquam in qua lauet ei apponas,postea Soli exponas ut reficietur : deinde postquam loco obscuro
usq& ad uesperam reliqueris,in manu teneas ferè usq& ad primum somnum. Postea per totã noctem
lucerna uel candela coram eo ardeat,& cum diluxerit,aspergatur uino,& teneatur ad ignem. Tum
adhuc in aurora ad aucupium gestetur,& de praeda quam obtinuerit pro arbitrio edat. At si nihil
ceperit,detur ei ala gallinae cum coxa dimidia , & in loco obscuro ponatur. Capit autem falco anates,anseres,agirones(id est ardeas) grues, starnas (perdices) & alias aues. Sed fertur quòd si ederit
sanguinem agironis,omne desiderium capiendi grues amittit. si uerò carnes solum sine sanguine
50 ederit,hoc uitium incurrere nõ creditur,Hucusq& Crescentiensis. Falconem aiunt capere ardeas,
tardas siue bistardas,anates,& omnes maiores aues. In ardeae captura duo falcones pariter emittuntur,quorum unus summa petit,alter iuxta terram inuolat:ut uidelicet ille uolantem ardeam impulsu praecipitet,hic uerò praecipitatam excipiat,Author libri de nat.rerum.   Ardeas & anates supernè feriunt alternatim,iterumq& ascendunt uolando; Stumpsius.

   ¶ Falconi inter aues rapaces maximè proprium est impetu ferri in praedam, in custodia sui parum cautam.Cauebit itaq& falconarius ne praedam falconi statim(in proximo) ostendat, sed aue aliquantulum remota dimittat in praedam,ne se subito praecipitet, sed praedam impetu moderato subsequatur,Albertus & Author libri de nat.rerum. Cum ad praedam inuadendam pergit laudabilis
falco,celeri uolatu ascendit,& compositis unguibus ac pectus impetu in auem descendit, tam uali-
60 do conatu,ut strepitum quasi concitati uenti suo descensu excitet. & tali impetu ferit, non recta aut
perpendiculariter descendens,sed ex obliquo. quia tali descensu percutiens incidit unguibus longum uulnus, ita quòd aliquando auis à capite usq& ad caudam diuisa decidit, & aliquando toto cã

pite truncata inuenitur. Est autem boni falconis inter ascensionem & descensionem nihil aut mini=
mum quietis interponere (alioqui enim inter duos motus duæ quietes necessario contingunt) sed
postquam descenderit, aliquando auem inferius uolando præuenire & impedire, donec à socio qui
ascendit seriatur. Sic enim optimum sit aucupium quando duo socij falcones uel plures mutuum
auxilium conferunt. Fit etiam nonnunquam quod superior falco superius sequitur auem, donec ui
deat eam eo interuallo distare quod percussioni conueniat. Sed diligenter cauendum est ne quasi
alis suspensis stare assuescat; id enim signum est timiditatis, & quod non nisi reptilia terre audeat in=
uadere. Quia uerò falconis est ictu pectoris percutere, addidit ei natura anterius in pectore os la=
tum triangulare, ualidum, cuius prominens & rectus angulus in superiore pectoris parte est per=
quam durus ac firmus, & super illum sunt ungues pedum, & posteriore ungue sindit quod percu= 10
tit. Subito igitur in præceps descendens est optimus: stans autem in sublimi suspensis alis, degene=
rat in naturam auium quæ lanarij dicuntur, uulgò Germanicè ſuuemere. Etsi autem bonus falco
etiam solus uenetur, melius tamen id facit cum socijs uel socio. quia in ascensu uel descensu necesse
est moram fieri, & interim longius abscedit præda si socius non impediat. Et hanc ob causam falco,
licet iracunda auis (ut & cæteræ rapaces omnes) & solitaria esse quærens, uenationis tamen tempo=
re socium diligit, partiturcp cum eo prædam sine pugna, quod non facit astur uel nisus. Et hæc qui=
dem natura falconibus omnibus in genere conuenit. Quoniam uerò (ut diximus) temere appetit
falco quicquid obuium fuerit, oportet oculos eius mitra tegi dum manu gestatur, necdum euoládi
tempus est, ne nimium conetur euolare. nam cum polleat alis, frequenter uolare desiderat, ideocp 20
retardandus est à falconario. Præterea si oculos clausos habuerit, & statim mitra deposita prædam
uiderit, quasi per admirationē citius audaciuscp inuadit. Sic denicp facilius & placidius cicuratur,
magiscp obliuiscitur societatis alienæ, Albertus. Falco mirabili uolatu utitur in principio, medio,
& fine. nam sursum rotando conscendit, inferius (deorsum) intuitu fixo. Et si uiderit anatem, anse=
rem, aut gruem, instar sagittæ clausis alis ad auem ungue lacerandam descendit. Quòd si
eam non tetigerit, persequitur fugientem. Et sæpe cum auem in fugam conuersam capere non po=
test, præ indignatione longius persequendo, nimium à domino suo remotus nō redit, Crescentien.

¶ Falcones parui hircina uel pullorum (gallinaceorum) carne nutriuntur. Præcipuè uerò cum
aues capere inceperit falco, permitte ut de prima quam ceperit uescatur pro libito; & similiter de
secunda ac tertia, ut sic ad raptum auium & ad obediendum domino animetur, Crescentiensis.

¶ Duxi aliquando canes indagatores mecum ad aucupium: & falcones in aëre uolantes me se= 30
quebantur, à quibus aues quas canes fugauerant percussæ sunt. Aues uerò territæ ad terram deuo=
larunt, secp manibus capi permiserunt. Tum in fine uenationis singulis falconibus auem unam de=
dimus, quo præmio illi accepto recesserunt, Albertus. ¶ Falco gibbosus non statim descenden=
do percutit sicut alia falconum genera, sed potius cum à descensu rursus ascendere incipit, Albert.
¶ Vocabula quæ de auibus rapacibus earumcp aucupio Germani peculiariter usurpant, declara=
uimus in Accipitre E.

¶ De uictus ratione, & quomodo uariari debeant remedia pro temperamentis ex Alberto.
Falconarius non imperitus falconem pascet cibo & horis & copia, ita ut syluestris pasci consueuit:
& præcipuè carne leui auium, & adhuc calore uitæ spirante; & ne uel obesior uel macilentior eua=
dat curabit. macies enim nimia imminutis uiribus detrahit audaciam, & pusillanimem reddit & cla 40
mosum. talis è manu dimissus residet humi iuxta falconarium & clamat. Nimia uerò obesitas pigri=
tiam & fastidium aucupij inducit. Quamobrem laudatur mediocritas, ita ut neque imbecillior fiat
falco, necp incitetur ad prædam nimia inanitione, sed tantum naturalis famis desiderio. quod opti=
mè fit, si alter cibus non ingeratur priusquam concoxerit priorem & excrementa reiecerit. Sed hęc
periti aucupis iudicio relinquimus, nam falconum aliqui melius uenantur si à mediocri habitu ad
obesum modicè, quàm si ad macilentum declinent: alij uerò contrà. Nullus tamen uel macie exhau=
stus, uel nimium obesus uenatur. Considerandum præterea falcones temperamētis differre, præ=
sertim specie diuersos. Nam nigri plus atræ bilis habent, & cibis qui moderate calsaciant & hume=
ctent nutriri debent, ut sunt carnes pullorum gallinaceorum, columbarum, hœdorum, & huiusmo=
di. Et si remedijs egeant, adhibeantur calida, ut piper, aloë, Paulinum, & similia. Albi frigidi & hu= 50
midi sunt, & malis humoribus pituitosis abundant, calidis & siccis tum cibis tum remedijs curandi,
ut sunt carnes hircorum, canicularum, * mulorū, picarum, passerum, & huiusmodi: ex medicamē=
tis piper, cinnamomum, galanga, & similia. Qui autem pennas habent rubeas, seruido sanguine re=
dundant: quibus conueniunt frigida & humida (nam frigida & sicca calorem natiuum extinguunt)
ut pulli gallinacei, aues aquaticæ, & interdum cancri, cassia fistula, tamarindi, & similia, quæ omnia
ex aceto dari conuenit. Sunt etiam quidam falcones nobiliores in singulis generibus, quibus meri=
tò uictus ratio & cura quàm cæteris accuratior debetur, si modo ut forma excellunt, sic etiam in ue
natione præstent. fit enim interdum ut formosis deformes uenando præstantiores sint. Cæterum
quibus notis nobilitas dignoscatur, iam supra in B. docuimus.

¶ Falco pennas mutat circa medium Februariū, Tardiuus. Hoc tempore igitur (inquit Cres= 60
centensis) falconem in mutam (caueam, ut in Accipitre docuimus) pones, & omni genere carnium
pasces spatio mensis. postea appones ei * cunctam aquam. prius tamen eum cibabis. & si non mu=
                                                              tárit,

târit, carnem qua uescitur melle ungito, & si ne tum quidem mutet, ranam aridam tritam carni in￭
sperge, & mutabit. Non auferes autem eum de cauea mutationis antequam pennæ eius perfectæ
sint. Et postquam exemeris, non tenebis eum ad calorem, sed plerunᵭ manu gestabis: nec ante exa￭
ctos quindecim dies cum eo aucupaberis.

¶ Vnguium & pennarum cura. Falcones non sunt collocandi super ligno, sed solum super
lapide terete; id est rotundo & oblongiusculo, hoc enim natura & consuetudine magis gaudent,
Crescentiensis. Vt ungues & pedes falconis custodiantur, caueat auceps ne unquam insistat nisi
supra lapidem uiuum uel super murum, non tamen in calce aut intrita calci permixta. Non probo
enim quòd quidam in perticis, alij in cratibus tenent falcones, ars enim naturam imitari debet, inue
10 niuntur autem syluestres semper in petris uel in terra sedere. Caueat etiam ne quæ pennæ frangan￭
tur, & tertio quoᵭ die aqua calida eas irriget, ne nimis exiccentur. Eisdem diebus aliquantulum
aloës falconi det. hæc enim stomachum & intestina roborat & purgat: & pennas confirmat. Quòd
si ob nimiam humiditatem pennæ languidiores fuerint, caro qua uescetur falco per duas horas ma￭
ceretur in succo expresso de raphano & lumbricis terræ contusis. Sic enim exiccantur & induran￭
tur pennæ. Imprimis uerò cauendum ne uiolentia ulla alarum aut caudæ pennæ lædantur, Albert.

¶ Accidunt falconibus affectus & morbi omnes, quos supra diximus accipitri accidere, quo￭
rum signa & curæ eadem sunt. Omnium enim auium rapacium ferè eadē est natura. quamobrem
de iisdem hîc agere non opus est. Hoc non ignorandum falcones fortioris esse naturæ quàm acci￭
pitres, itaᵭ non ita facile ægrotant aut moriuntur, si antequam cibus prius sumptus de gula descen
20 derit alium ingerant, Falconarij quidem nonnulli multos modos curandi falcones præscribunt: &
morbos diuersos eorumᵭ curas diuersas docent: ex quibus aliqua forsan uera sunt per longam ex￭
perientiam comprobata: sed multa ab iisdem sine ratione dicuntur, nec temere fides eis est adhiben
da. Quamobrem quæ hîc defuerint quod ad curam falconum & auium rapacium, per uiros non se￭
mel sed pluries & longo tempore expertos suppleantur, Crescentiensis.

G.

Parum simi falconis cum uino pro antidoto datur contra morsum stellionis, Ponzettus.

H.

a. Falcones dicuntur quorum digiti pollices in pedibus intro sunt curuati, à similitudine fal￭
cis, Festus. Nostri bombardarum siue tormentorum genus quoddam falcones appel
30 lant, eorumᵭ alios magnos, alios paruos. Φάλκης, nomen uiri Iliad. v. Φαλκωνίλα mulieris apud Sui￭
dam. Probæ Falconiæ uxoris Adelphi proconsulis Romani Centones extant, hoc est poëma ex
diuersis Vergilij uersibus & hemistichijs consarcinatum, continens descriptionem utriusᵭ Testa￭
menti, Flauius Vopiscus in diui Aureliani uita meminit Falconij Probi proconsulis Asiæ. Capys
Samnitum dux fuit. uocabant autem illi falconem sua lingua capyn. Vide supra in A.

¶ c. Emblema Alciati quod inscribitur Imparilitas.
Vt sublime uolans tenuem secat aëra falco,　　　　Vt pascuntur humi graculus, anser, anas:
Sic summū scandit super æthera Pindarus ingens,　Sic scit humi tantum serpere Bacchylides.

¶ d. Iacobus Micyllus de duobus falconibus & pica elegiam condidit, & de iisdem epigram￭
ma huiusmodi.

40 Falcones inter, sublimis in aëre pica,　　　　　Dum uolat, & cantu prouocat una duos.
Illi ira accensi, quatiunt clangoribus alas,　　　Atᵭ hostem curuis unguibus ambo petūt,
Sed spe dum nimia, nimiaᵭ cupidine cædis　　　Ardent, & neuter præcauet ipse sibi.
Mutua collidunt alterno pectora nisu,　　　　Atᵭ alter moritur uulnere in alterius.
Pica superstes abit, sed mox dum colligit alas,　Et uelut ex certo funere rapta fugit,
Ecce eadē à canibus miseranda rapina uoratur,　Et fato, occumbens, deteriore perit.

¶ e. Falcones cicurantur, domantur, condocefiunt, mansuescunt. **Sy werdend gemüßt/
vnd beissend denn müsserfalcken.**

¶ h. Federici Georgij cuiusdam liber de falconibus extat. ¶ Falconis augurium Thuscis
tam auspicatissimum fuit, ut uiso eo Capuam in solo felicissimo condiderint, (uide supra in A.) Ale￭
50 xander ab Alexandro. Etrursus. Etiorchen, cui principatum dedere augures, & falconem felicis
euentus futuriᵭ maximi boni spem habere, augurio expertissimo compertum est. ¶ Vnicuiᵭ
ulula sua falco uidetur, **Ein yeden dunckt das sein eūl ein falck seye:** Prouerbium apud Germa￭
nos eiusdem sententiæ cum illo, Suus rex reginæ placet. Et aliud, Falconem non uulnerat ulula,
Ein eūle heckt kein falcken: hoc est, fortem & generosum uirum uilis & timidus non lædit;
E squilla non nascitur rosa.

DE FALCONIBVS DIVERSIS.

FALCONVM genera plura sunt, non solum propter regionum diuersitatem, unde color mo￭
60 resᵭ uariant: sed etiam quia specie differentes falcones inter se permisceātur: item cum accipitribus,
nisiis & aquilis, Albertus. Et rursus, Quæ ad nos peruenerunt sunt decem genera falconum nobi
lium: & tria alia ignobilium: & tria sunt mixta ex nobilibus & ignobilibus: quorum genus unūm

f 2

quia non omnino ex ignobili parente nascitur, perquam strenuum ad uenationem est. Galli falconem qui ardeas uenetur, uocant heronnier (nostri **Reigerfalck**:) qui grues, gruier. Haultain
Gallicè nominatur falco qui altè uolat, sublimipeta. Campestris est, qui pascitur auibus, ut cornicibus, sturnis, merulis. A pastu nomen habet apud Gallos (de repaire) qui solius pasci in aliquo loco,
capitur illic per escam, Robertus Steph.

¶ Passager, id est commeans, qui capitur dum transit mare, Rob. Stephanus. Hic à Tardiuo
nominatur faulcon de passage, quòd inter migrandum (dum mare transit) capiatur, ut peregrinus
etiam, à quo tamen eum distinguitur: item tartarot de Barbaria, eò quòd per regionem sic dictam uolare soleat, & in eadem frequentius quàm alibi capi. Laudatur è Creta. paulò maior est (peregrino,)
crassus, & rufius sub alis, probis pedibus, digitis longis, bene uolans, strenuus contra omne genus   10
auium ut & peregrinus. Vtrunque hoc genus uolare (aucupari) potest per totum mensem Maium
& Iunium, quòd tardius mutare soleat, & quũ mutare cœperit, breui pennis exuitur. Vide etiam
inferius in Falcone sacro ex Tardiuo.

¶ Idem Tardiuus primum falconis genus nominat abier.

¶ Faucon haultain, qui altè uolat, uel sublimipeta, à Gallis uocatur.

¶ Tunisius (Tunicien, inquit Tardiuus) sic nuncupatur à Tunis ciuitate primaria in Barbaria
Africę, ubi abundant falcones. Naturam refert lanarij, paulò minor, similibus pennis sed magis decussatis & longioribus: capite rotundo & crasso, satis in sublime uolans, ad aues tum aquaticas tum
cæteras utilis.

¶ Pecerra regio apud Moschouitas falcones mirificos præbet, qui non modo phasianos & ana-   20
tes, sed cygnos & grues consectantur, Paulus Iouius.

¶ Græci hodie falconum & accipitrum genera non ita diligenter distinguunt, ut Galli nostri:
sed ferè confundunt, Bellonius.

¶ De falconum duobus generibus, nobili & ignobili, uide supra in Ardea E. ex Authore libri
de nat. rerum.

¶ Quærendum an inter falconũ genera maiores, ut sacer, girsalco, aquilis adnumerari possint:
minores uerò, ut smerillus, lithosalcus, dendrosalcus, accipitribus potius.

¶ Aristoteles inter aues ingluuie carentes graculum, coruum & cornicem nominat: ubi apud
Albertum legimus coruum, & auem quæ guidez uel gaudes nominetur, quæ secundum quosdam
(inquit) est falconum genus, sed inepte ut apparet.   30

¶ Sunt qui haliæetum quoq; falconis generibus adnumerent, de quo nos inter Aquilas.

¶ Apud Gallos & Sabaudos usitata sunt nomina faulcon de marest, & faulcon de riuiere: id est
falco palustris, falco fluuiatilis: uel potius, qui supra paludes, & qui supra fluuios uenatur.

DE FALCONE SACRO.

IN Accipitrum genere præsiant ij quos Græci hiéracas, id est sacros uocant, Perottus. quasi uero accipiter generis nomen sit, hiérax speciei: cum utrunq; uocabulum ex æquo pateat, & idem om
nino sit Græcis hiérax, quod Latinis accipiter. Porrò inter accipitres speciem quandam peculiarem recentiores sacrum uocitãt, Galli sacre, Germani **Sacker** uel **Ruppel**, alij **Sockerfalck**, alij   40
ineptius **Stocker**, (nisi aquilæ speciem **Stockahrn**, hoc est truncalem, ut Albertus nominat, hac
uoce significent.) Primum genus nobilium falconum est (inquit Albertus) quod quidam sacrum
uocant: Symmachus Britannicum, aliqui aëlium (aelyon) quasi aëreum falconem (aut forte à Gallica uoce qui aquilam uocant aigle:) alij aëriphilum, quasi falconem amantem aëris, amat enim uolatum in aëre sublimem. Crura ei crassa & nodosa, (ungues & crura maxima,) ungues crudeliores
quàm aquilæ, (pennæ ruffæ, uel subruffæ) aspectus terribilis, oculi ualde flammei ex citrino colore
ad rubrum declinantes, caput magnum, rostrum quoq; magnum & fortissimum, iuga siue compli-
cationes alarum magnæ & quasi superexhibitæ, (uox barbara aut corrupta,) cauda longa, & huic
quidem soli in falconum genere. Magnitudo ferè aquilæ, (uel paulò maior.) Sub ipso (in eius conspectu) nec aquila uolat, nec ulla auis rapax propter timorem: sed statim ut uiderint sacrum cæteræ   50
aues cum clamore ad loca arboribus condensa uel ad terram refugiunt: & manibus capi se potius
permittunt, quàm in aërem patentem redeant. Volant autem bini, (hinc forte Ruppel quasi copu-
lati falcones à nostris dicuntur,) & adeò cicurantur, ut in una pertica bini consideant, & hominem
sequantur, ac si absq; eo degere eis molestum sit. Nulla est auis tanta, quam non statim desiciant: nec
unam tantum, sed quotquot habuerint obuias. Capiunt etiam capreolos & hinnulos, quorum ocu
los & cerebella unguibus dilaniant. (Capreolis in quos uisum defixerint, insident, & cerebrũ capite
perforato excutiunt.) Nutriri eos delicatissimè oportet, cibo semper recente, precipuè cordibus, ce
rebellis, & sanis carnibus, quæ ita recentes sint, ut ab animatis uitali calore adhuc caleant. Cibi tantundem ferè consumunt, quantum aquilæ. Hoc genus falconum regale est, & diutissimè uolat &
prædam sequitur, nec deserit ad duarum triúmue aut etiam quatuor horarũ spatium. Et quanquam   60
solitarium egregiè uenatur, cum socio tamen uenationis præstantius est. Hominem & canes uenaticos amat, ac in eorum præsentia uenatur libentius, tanquam uires suas illis ostentans. Porrò conueniunt

ueniunt ei eadem, quæ falconibus in uniuerſum conuenire diximus, quod ad guttas faciei, figuram,
uenandi ſtudium modumque & uocem. Vox eius eſt certiſica(ſic habet libri excuſi,) & raro clamat.
Cum autem reuocatur, oportet quod auceps uoce alta & ſonora utatur. altè enim & longè uolat: &
reclamatorium ualde magnum requiritur, quod è longinquo uideri poſsit. Et quamuis non ſtatim
redeat, periculum non eſt. Solet enim ſua ſponte ad domicilium reuerti, Hucuſque Albertus. Et
rurſus(in eiuſdem libri 23. litera A.) Aëriphilus(inquit)altiſsimè uolat, nubes enim tranſcendere di=
citur, & aues obuias interemptas deiicere : ita ut decidentes aues aliquando in terra inuenian=
tur, nec cognoſcatur unde ceciderint, uel quomodo perierint, quod in tam ſublimi loco aëris aëri=
philus uideri non poſsit, Nidum in montibus altiſsimis conſtruit, ubi aliquando iuuenis capitur, &
10 ita cicuratur, ut ſine uinculo in parietibus & domibus maneat. Venatur cum ſocio ſicut falco : nec
à domino recedit poſtquam cicuratus eſt, prædamque omnem illi reponit, quamobrem nobiliſsimus
dicitur. Aëriphilos alis uelociſsima auis eſt. aëris ſerena inhabitat in tantum, ut uix unquam uel
parum in terra reſideat aut quieſcat. Cibum in aere capit, prædantium auium more. Pullus adhuc
capitur, & inſtituitur ad uenationem, Author libri de naturis rerum. Aquila rex auium eſt, ſi non
(forte, modo)alarionem excipias, quæ fortè aquilarum ſpecies potentiſsima eſt, Io. Saresbarienſis
in Polycratico. Tertium aquilæ genus, colore nigricas, minimum, &c. ab Ariſtotele deſcribitur.
hoc illuſtris Marchio Montherculeus in eo libro quem ſcripſit de falconibus, credidit eſſe genus fal
conis, quem uenatores uocant hierofalcum: cum & montes ſyluaſque colat, & lepores captet, & co=
lore nigricet, Niphus. Pernix(περδιξ Ariſtoteli) gyrofalco exiſtimatur Ebero & Peucero, qui Ger
20 manicè etiam Stoßfalcke interpretantur. nos de perne accipiemus plura ſcripſimus in Capite de ac=
cipitribus diuerſis.

¶ Sacri accipitres (inquit Beliſarius) qui multorum opinione aliorum omnium uolaciſsimi ſunt,
aerini à quibuſdam nuncupantur. quidam aerophilos uocant, quaſi aere amantes. Nam & ex pen=
narum colore leuitas eorum arguitur, ad ignis ſimilitudinem pennati quū ſint. bilis enim colorem
in pennis præ ſe ferunt. Quare calidi cordis eſſe putandi ſunt, iraſcique nimium, ſi præda fraudari ſe
aliquo modo ſenſerint, magis quàm alij ſolent. Vnde acres potius dicendos putamus. Volare con=
ſueſcunt bini terniue, quum aliorum generum accipitres ignobiles perſequūtur, ut miſuos & alios
ſimiles. Nam quū manibus(unguibus)ſint paruis, hoſtiſque fortior ad uolatumque perſiſtens nimium,
mutuo auxilio ut alter alterū iuuet neceſſe eſt, & maximè ſi milui nigri eis capiendi ſint. Sunt enim
30 miluorum genera duo, alterum tempeſtate noſtra regale, alterum nigrum appellamus. Nigri robu=
ſtiores ſunt, ita ut quamuis etiam ad terram uſque capti & à ſacris falconibuſque circumacti per aera
deſcendant, à falconum tamen manibus quandoque euadant. Qui quoniam cauda utuntur in cœlo
flexili(gubernandi artem monſtrantes in profundo,) relictis in terra falconibus (qui propter aeris
denſitatem huius generis miluos amplius perſequi nequeunt,) ſoluti ſacrorum un=
guibus falconum, ad ſydera tolli uidentur. Qua ex re indignari falcones dimiſſa præda, inter ſeſe
rixantes ac ſeſe inuicem aduncis unguibus ferientes ſæpius uidimus: adeò quidē ut aucupandi ani=
mum abiecifse uiderentur. Quod ne contingat, iniuriaſque ſacri obliuiſci poſsint, omni cura ſtuden=
dum uenatoribus eſt ut ſimul unà ſacri nutriantur, ſimulque ſedeant ac quieſcant, ſimul (quum à ue=
natore ad ueſcendum inuitantur inſtrumento uolubili auis ſpecie præ ſe ferente)reſideant, ut com=
40 muni carnis paſcuo nutriri ſociatim poſsint. Frigoribus uentoue aut imbribus, magis quàm cætera
falconum genera, reſiſtunt. Quamobrem nec mirum eſt Ferdinandum olim Siciliæ regem, huic ue
nationis generi magis deditum fuiſſe. quoniam & plurium generum auibus officere magis ſacri ui
dentur, & uentis ac imbribus prohiberi huiuſmodi auium uenatio non poteſt. Maximilianum Cæ
ſarem nuper audiuimus, è ſuis quoſdam ad extremas Sarmatarū partes (Polonos nominamus) ex=
ploratum miſiſſe, ut hoc genus falcones è proprijs nidis ad ſe deferrent. Quos quidem in illis locis
in arboribus, non proceris, nidificare inuenerunt: unde facile conijcitur non paruis ſed magnis tan
tum auibus eos ueſci & inſidiari. quanquam uenatores quidam nonnullas aues hanc ob cauſam non
in ſublimi nidificare exiſtimant, quod omnis generis cadaueribus paſci ſolent. Inuenti enim aliquan
do ſunt huiuſmodi accipitres ſacri animalium cadaueribus quandoque ueſci. Porro ſacros è nidis ab=
50 ductos non adeò uolaces ut eiuſdem generis cæteros experiuntur. Credimus tamen ad grues ca=
piendas animoſiores aptioreſque eſſe, quum longiori canum conſuetudine fiat(qui eis auxilio eſſe ſo
lent)ut maiores aues capere atque unguibus detinere faciliùs poſsint. Hæc omnia Beliſarius.

¶ Falco ſacer (inquit Tardiuus) trium generum eſt: primum uocatur ſeph ſecundum Babylo=
nios & Aſſyrios, hoc inuenitur in Aegypto & in parte occidentali, & in Babylone, capit lepores &
hinnulos. Alterum genus dicitur ſemy, à quo gazellæ (capreæ) paruæ capiuntur. Tertium hynaire,
& peregrinus ab Aegyptijs ac Aſſyris: uel commeans, (uulgò Gallicè de paſſaige) quoniam neſci=
tur ubi naſcatur: & quotannis commeat Indos aut meridiem uerſus. Capitur in inſulis ad orientem
ſitis, Cypro, Creta, Rhodo. quamuis etiam ex Ruſsia, Tartaria & Oceano (Septentrionali) ad nos
uenire dicuntur. Falco ſacer poſt mutationem pennarum captus, uolacior & melior eſt. Sacer di=
60 ctus maior eſt quàm peregrinus, (atqui ſuperius tria ſacri falconis genera ſtatuit, ex quibus unum
facit peregrinum, nullum uerò peculiariter ſacrum nominat)deformibus pennis, alis breuibus, au=
dax. Præfertur is cui color rubicundus aut ruſſus aut incanus (griſeus) fuerit, & qui forma ac ſimili=

f 3

tudine falconem refert:cui lingua crassa & pes amplus est,id quod in paucis sacris reperitur : digiti
crassi,& colore fermè cœruleo diluto.Hæc auis inter rapaces & aucupio idoneas,præcipuè patiens
laboris est,mansueta & tractabilis:& cibos crassiores facilius concoquit.Prædatur aues magnas,an
feres fyluestres,grues,ardeas, & imprimis quadrupedes fyluestres, ut capreolos & alias, Hæc ille.
¶ Ad Inugros Vgolicosque per asperos montes peruenitur,in quorum iugis nobilissimi falcones ca
piuntur, cum alij tum sacri & peregrini dicti, quos antiquorum principum luxus in aucupijs non
agnouit, Paulus Iouius de legatione Moscouitarum scribens. ¶ Vt recentiores falconis hoc genus sacrum nominant,quod ab omni auium genere,etiam ab aquila timetur, sic ueteres sacrum ser
pentem nominarunt,cuius conspectum reliqui omnes fugerent: & sacrum piscem qui à nullo læde
retur:Nisi quis sacrum uel Græcorum imitatione dictum malit,quasi hiéraca, id est accipitrem per 10
excellentiam,ut poëtam pro Vergilio ponimus : uel à corporis magnitudine uiriumque præstantia.
Hoc genus forte ad aquilam germanam Aristotelis referri debet,nam color, magnitudo, uires, &
prædandi ingenium conueniunt. Falco sachari nominatur ab Auicenna lib.2.cap.246. de re medica,qui an idem cum sacro sit nescio.Vetus quidem interpres crisiatelam uertit.

DE HIEROFALCHO.

H V I V S auis nomen recentiorum alij aliter scribunt,ego hierofalchum ceu Græcæ originis uo
cem,cum Paulo Iouio scribere malui,quasi sacrum falconem dicas, quod nomen magnitudinis &
uirium ergò meretur,non minus quàm antecedens,quem sacrum Latinè nominauimus.Aut forte 20
hierofalco primum nominatus est, quod herodios, id est ardeas capiat (aut agirofalco. nam Itali ardeam agironem uocant)unde fortasis etiam herodium eum uocauerunt recentiores : cum herodius
tamen(uel potius erodius fine aspiratione)non falconem Græcis ardearum uenatorem,sed ardeam
ipsam significet. Volaterranus Albertum secutus gyrofalcum arbitratur dictum à gyro & circuitu quo inter uolandum utitur,ut prædam circumagat,Aliqui grifalchum uocitant. Girisalco,La-
tinè falco , Alunnus. sed scimus falconis nomen communius esse. Inuenio & zerifalco scriptum
Italicè cum maioris minorisque differentia,quæ(nisi fallor) ad sexū duntaxat pertinet. Gallicè ger-
sau. Germanicè **Gerfalck**,uel **Gierfalck**,ein grosser falck,id est falco magnus,Moscouiticè,Kret
zet. Polonicè byalozor. ¶ Triorches accipiter Latinè uocatur astur, & capit grues & ardeas:
apud nos gyrofalco dictus. Author Glossæ in Deuteronomion scribens, Herodius(inquit)uulgo 30
girfalco dicitur & rapit aquilam.Et in Psalmum 103.Herodius est auis rapacissima omnium auium
maiorum,quæ & aquilam uincit. Girfalco ad nos uenit è locis transmarinis inter greges anserum
fyluestrium,ex quibus unum noctu protrudit fub pedes fuos uitandi frigoris gratia, & alterum interdiu ut uescatur disaniat,Obscurus. Vide in Accipitre D. Paulus Venetus alium uidetur herodium facere quàm grisalchum ut ipse uocat.Balascia prouincia(inquit)habet herodios, & optimos
falcones. Et alibi,In mari congelato insulæ quædam grisalchos & falcones plurimos producunt.
Et rursus,(lib.1.cap.61.)Grisalchi qui è Christianorum terris ad Tartaros portantur,non perferun-
tur ad magnum Cham,qui hoc genere auium abundat:sed perueniunt ad eos Tartaros qui Arme-
nis & Cumanis confines sunt:Cum paulo ante in eodē capite sic scripsisset: A monte Alchai Aquilonem uersus uenitur ad campestria regionis Bargu, quæ dierum quadraginta itinere patent : post 4 ◄
ea peruenitur ad Oceanum, ubi in montibus nidificare solent herodij siue falcones peregrini, qui
inde ad magni Cham curiam perferuntur.Nec inueniuntur ullæ aliæ aues in his montibus, præter
herodios,& aliud auiculæ genus quo pascuntur herodij, Hæc ille. Vnde apparet herodium falconem peregrinum ab eo existimatū, ab hierofalcho diuersum. Paulus Iouius etiam hierofalchum
ab herodio distinguit,in libro de legatione Moschouitarū, his uerbis : Ad Inugros Vgolicosque per
asperos montes peruenitur,qui fortasse Hyperborei antiquitus fuerunt,In eorum iugis nobilissimi
falcones capiuntur.ex ijs genus unum est candidum guttatis pennis,quod herodium dicunt. Sunt
& hierofalchi ardearum hostes,& sacri, & peregrini, quos antiquorum principum luxus in aucupijs non agnouit. Albertus herodios ait nidificare in parietibus montium altissimorum in alpibus ad quos uix est accessus.Hoc idem ferunt de hierifalcis, qui falcis sunt maiores. & quod dixit 50
Albertus de herodijs,fortasse intellexit de hierifalconibus.herodius enim est de genere aquilæ,non
autem falci.nec Aristoteles herodios accipitres appellauit,sed aquilas,ut alibi dicetur,Niphus. Atqui Albertus non hierifalcum , sed primum & præcipuum aquilarum genus herodium uocat, tanquam heroëm auium,ut ipse somniat. Nisus minor est quàm herodius, sed unus est color plumarum ambobus,Author libri de nat. rerum.
¶ Aderant quoque complures falcones (inquit Sigismundus Baro in cōmentarijs rerum Mosco
uiticarum) alij albi, alij phœnicei coloris , magnitudine excellentes,quos nos girofalcones, hos illi
Kretzet appellant: quibus uenari cygnos, grues, & alias id genus aues capere solent. Sunt autem
Kretzet,aues audacissimæ quidem,at non tam atroces impetuque horrendo, ut aliæ aues quantumuis rapaces,illarum uolatu seu conspectu (quemadmodum quidam de duabus Sarmatijs fabulatus 60
est,)decidant extinguanturque. Illud quidem experientia ipsa constat, si quis uenatur accipitre,aut
niso,aut alijs falconibus,& interim kretzet(quam à longè uolantem cōtinuò sentiunt) aduolauerit,
quòd

quòd prædam ulterius nequaquam infequitur, fed pauidæ fubfiftunt. Retulerunt nobis fide digni ac infignes uiri, Kretzet, quando ex illis partibus ubi nidificant, afferuntur, tum aliquãdo quatuor, quinq; aut fex in quodam uehiculo ad hoc præparato, fimul includuntur: atq; efcam quæ illis porrigitur, obferuato certo quodam fenij ordine, capere folent. Id autem ratione, an natura illis indita, an quo alío modo fiat, incertum eft. Præterea quemadmodum in alias aues aduerfo impetu feruntur, rapacesq; exiftunt: ita inter fe ipfas manfuetiores, mutuis fefe morfibus minimè dilaniantes. Nunquam aqua fe, ut cæteræ aues, lauant: fed fola arena, qua pediculos excutiunt, utuntur. Frigiditate adeò gaudent, ut perpetuò aut fuper glacie aut lapide ftare foleant. Hæc Sigifmundus Baro. Notat autem Matthiam à Michou canonicum Cracouienfem, cuius in Sarmatiæ Afianæ defcriptione
10 capite XIIII. uerba hæc funt. Adfertur ad nos auis quædam rapax ex locis Septentrionalibus, (ex Iurrha Scythiæ, Cardanus) magnitudine aquilæ, fed alis & cauda prolixioribus quàm aquila, in fimilitudinem accipitris, & uocant eam Mofcouitæ kiczoth, noftri uerò (Poloni) byalozor, quafi albicans fplendor, quia fubalba eft fecundum uentrem. Hanc omnes rapaces aues, accipitres, falcones, & cæteræ rapto uiuentes, in tantum metuunt, quòd infpecta ea tremunt, & cadunt, & extinguuntur.

¶ Poft falconem facrum (inquit Albertus) proximum genus nobilium falconum eft gyrofalco. Hic figura, colore & actu (moribus) & uoce, omnino naturam falconis refert, maior afture, minor aquila, gyrofalco dictus quoniam diu gyrando acriter prædam infequitur. appetit autem aues ma-
20 iores tantum, ut grues & cygnos & huiufmodi: minores afpernatur. Huius eft perpulchra, cauda ei ad corporis fui proportionem non longa: alarum iuga decora & ualida: crura plana, non nodofa: ungues fatis fortes & præcipuè pofteriores. Solus uenatur, fed melius cum focio. Solet autem præ cæteris falconibus erectus & pennis bene compofitis ftare. In uenatione diu perfequitur prædã: quare uenator ut eum affequatur ueloci equo indiget, nec non canibus uelocibus, qui auxilientur ei quum prædam deijcit. Præcipuè autem docendus eft hic falco, ne in aqua prædæ infideat, quia frequenter (longius) diftat à falconario, & lædi poffet in aqua. Quamobrem non fecundum longitudinem aquæ emittendus eft ad prædam: fed tenendus donec aues extra ripam in aere appareant: & tunc gyrofalco à loco aquæ uerfus campum iaciendus eft ad eas. Sic enim illæ gyrofalconis metu ad aquam redire non audebunt. Quòd fi à campo uerfus aquam emittatur, aues ad aquam fugient, ac uel euadent, uel fi percuffæ fuerint, in aquam decident: falco autem prædam fequens lædetur uel
30 mergetur. Et fi euadit, reddetur tamen timidior propter acceptam noxam. Sub gyrofalcone alij falcones & aftures non bene uolant: fed ne aquila quidem facile cum eo congreditur. Pafcendus eft carne fana, delicata & recenti, & quæ adhuc uitali calore caleat. Delicatam uoco, ut quæ cordi propinquior eft, tanquam magis elaboratam. Nam & fylueftres (aues rapaces) de præda quam ceperint cor imprimis edunt, deinde partes ei propinquas uerfus alam dextram, raro uerfus finiftram. Præcipuè uerò pafci debet gyrofalco calidæ naturæ auibus, ut columbis, palumbis, & fimilibus, ijsq; recentibus. Nam omne genus accipitrum, falcones, aftures, nifi, recẽtibus tantum aluntur, nec unquam reuertuntur ad reliquias fuæ prædæ, dum funt fylueftres, neque cadaueribus ut aquilæ & milui infident. Sed poftquam femel de aliqua aue guftarint, illa deinceps relicta noua femper prædam perfequuntur. Maximè uerò gyrofalco recenti & etiamnum calenti carne delectatur. quam-
40 obrem de præda comedere prius incipit quàm occiderit. Itaq; non laudo quod nonnulli gallinæ ut uæ coxam uel alam extrahunt, & rurfus poftridie de eadem gallina partem alteram, quam gyrofalconi in cibum exhibeant. Proculdubio enim fic femel laniatum gallinæ corpus, mox & calorem febrilem pati, & faniem generare incipit. Debet fanè peritus falconarius naturam fequi, atq; ijs maximè & talibus cibis, quibus & qualibus fylueftres ipfi pafcuntur, falcones nutrire.

¶ Gyrfalcus auis eft fortis & mirè audax, adeò ut inuenti fint qui etiam aquilas aggredi nõ dubitarint. Capit omnes aues quantumuis magnas: eiufdem ferè cum falconibus naturæ. quamobrem quæ ad falconum nutritionem dicta funt, ipfis quoq; accommodabuntur, Crefcentienfis.

¶ Hierifalcones (inquit Belifarius) ut rarius inueniuntur, ita pulchriores accipitribus cæteris dicendi funt. Nam etiam præter corporis formam, eo ftandi modo erecti permanent, eaq; membro-
50 rum compofitione hominum oculos ita delectant, ut quandam aucupãdi maieftatem præ fe ferant. Vltima Germaniæ pars ad Septentrionem uergens, quæ Noruegia nuncupatur, eorum patria eft. Nidificant etiam in infula quam Hirlandiam uulgò nominant: quæ adeò præ cæteris frigidiffima eft regio, ut aliorum ibi generum accipitres non inueniantur. Eft eadem fterilifsima, alijs fsimisq; montibus & faxis plurimis geluq; nimio ac frigore inhabitabilis, &c. Mercatores qui infulam adeunt, frumenti farinæue parum ac uilifsimas ibi merces important, quæ ficcis pifcibus commutari dicuntur. Hi quidem hierifalcones accipitres ad Maximilianum Germanorum Imperatorem deferunt. Quorum pennæ magis albæ formaq; maiores cæteris funt. Nam ij qui è Noruegia tranfportantur non albi funt, nec adeò magni, quamuis illos meliores putemus. In ijs tamen duabus folum mundi partibus hierifalcones nidificare compertum eft. Qua è re natura ducuntur (locus obfcurus
60 eft, & forte corruptus) adeò frigidos eorum effe motus pigrosq;, ut uenatorum ingenio & arte, & uolandi in dies affuetudine exercitioq;, altifsimos auium uolatus perfequi foleant. Quoniam uerò fatis conftat ex pennarum coloribus accipitrum animos dignofci, fuluum ac lucidum auroq; fimi-

f 4

lem cæteris præferendum esse dicimus:utpote audacem,facilem, mitem, placidum. Deinde illum
qui ad albedinem tendit, tanquam fortem & robustum, &c. Vide supra in Accipitre in genere B.
Quòd ad reliquam formam attinet,sint hierisalcones rostro adunco, eo tamen non nimis magno.
Nece enim in uniuerso genere rostri nimia magnitudo unquam laudabilis fuerit. Nam ad reliqui
corporis portionem male respondet;& uerisimile est nimia nec utili humorum abundantia, rostra
& ungues crescere ac augeri. Quamobrem accipitres huiusmodi, tanquam nimijs referti humori-
ribus minus leues existimabuntur. Sint præterea unguibus ualidis, posterioribus maximè: planis
cruribus,nodosis,nec longis:cauda ad sui corporis formam decenti. Alarum uerò summitates ita
sint fortes,ut facile iudicari, ut animaduerti inde possit in uolatu eas quàm diutissimè perseuerare
posse. Vidimus tempestate nostra peregrinos sacrosce accipitres adnitentes ardeas uolando perse- 10
qui:illosce relictis tandem ardeis uenatorum uocibus altis ad eos redijsse: emissumce tandem è falconis manu hierisalconem ita citatissimo uolatu uagantem per aëra in gyrū crebriori alarum percussione perspeximus,(ut filo in sublimi tractum censeres,)derelictam ab alijs ad sydera ardeam ui
cisse cepissece. Assuefaciendi tamen sunt hierisalcones ac paulatim instruendi, ut si uolatu cæteris
præualent, auium sanguine quotidie saginentur.nam interficiendi aues consuetudine animosiores efficiuntur:assequentur ce id si paruas etiam iugulare aues cōsueuerint. sic enim postea magnas
etiam uolatu uincere,ac audacius capere ualebunt.Porrò nutriendi sunt auibus uiuis ac leuibus,&
etiamnum calentibus,eo præsertim tempore quo pennas mutant, Hucusce Belisarius.

    ¶ Girsalco siue herodius auis inter omnes nobilissima est,parui corporis respectu alarum eius:
colore cœruleo,maxima tamen parte corporis ad albedinem declinans, præterquam in pectore & 20
alis,ubi cœlestem colorem euidentius imitatur.Carnes crudas (forte, putridas) & seruatas non gustat,sed recentes tantum.Adeò fortis ac animosus est ut aquilam capiat. Quòd si in quinque grues,
uel alias quasuis aues in aperto aëre uolantes emittatur, non prius persequi desinit, quàm singulas
in terram deiecerit.Instruitur autē simul canis qui deiectas ab herodio aues capiat & occidat. Cum
prædam uidet herodius, excutiendo se animare & an ad capiendum idoneus sit experiri uidetur,
Author libri de nat.rerum.

    ¶ Girfalcus nascitur in regionibus frigidis,ut Dacia, Noruegia, & Prussiæ parte quæ ad Rus-
siam uergit.Capitur autem plerunce inter migrandum in Germaniam. Probis pedibus præditus
est,digitis longis,corpore ualido & pulchro præsertim postquam pennas mutauerit.Strenuus item
& ferox est,& magistrum benignum manumce portantis placidam requirit: utilis ad omne aucu= 30
pium ut etiam peregrinus, Tardiuus.

DE FALCONE MONTANO.

    F A L C O montanarius ab Alberto nominatur, qui ab Italis montanaro, à Gallis montagner, à
nostris Birgfalck.Sic autem per excellētiam uocatur, quanquam peregrinus quoce & gibbosus,
& alij falcones in montibus montiumce rupibus nidulentur. Montanarium (inquit Albertus,nos
montanum potius dicemus) genus falconum,tertiæ (post sacrum & gyrofalconem) nobilitatis est.
Corpus ei breue & ualde spissum,præcipuè uerò cauda huiusmodi. pectus planè rotundum & ma-
gnum:crura fortia & breuia proportione corporis:pedes nodosi,ungues fortes.Solet autem pedes 40
frequenter respicere.Dorso alisce exterius color cinereus:qui paulatim magis magisce, quo sæpius
scilicet pennas mutauerit, clarior efficitur & pallidior,modica & fusca uarietate interposita. Est autem hoc falconum genus ferum & malis præditum moribus,iracundum,inconstantis iræ. Itace rarus est falconarius qui mores eius satis perspectos habeat.quamobrem præceptum est Ptolemæi re
gis Aegypti,rarò tenendum manu,præterquam in auora & aucupij tempore. Alijs uerò temporibus includatur loco obscurissimo,ubi bis uel ter ignis clarus nō fumosus accendatur: nece teneatur manu extra tempora iam dicta,nisi cum pascendum est.Sic enim mitescit, ad manum falconarij tanquam beneficam,& iracundiam deponit.Irascenti falconarius ne multum resistat.sic enim ci
tius remittetur eius ira.Huic falconi crassitudo aferè eadem quæ accipitri siue asturi, sed multò breuior est,Pedes ei admodum pallent, crura squamosa sunt squamis sese prementibus. Figura eius, 50
quum stat,ab humeris ferè pyramidem refert, si fingatur pyramis aliquantulum in dorso cōpressa.
Si præda euaserit,præ cæteris indignatur, ita ut per iracundiam aliquando reuocantem se inuadat,
& caput aut faciem falconarij, uel cui is insidet equi dilaniet. Est quando falco unus alterum inuadit,qua in re falconarius patiens requiritur,qui non aduersetur,sed patienter dissimulet reuocatio-
nem,donec ira deposita mitescat animus falconis.Quòd si etiam reuocatus falco non rediret ad reuocatorium,non admodum curandum est,nisi ut caueat falconarius ne capiatur ab alio. Quia deposita ira sua sponte ad domum falconarij reuertetur. Cæterum propter huiusmodi mores non est
abijciendum hoc genus falconis,quòd in auibus magnis inuadēdis mirè sit audax.nam uel aquilam
aliquando inuadit & occidit.Præcipit autem industrio falconario Ptolemæus,ne hunc falconem in
fortes aues frequentius dimittat. nam si per iram immoderatè incaluerit, præcipitat se in mortem: 60
quod accidisse iam in alpibus quidam è socijs nostris obseruarunt. Nempe cum falco montanus è
rupe ueniens perdicem sequeretur, & aquila forte aduolans ex aduerso illam ei præripuisset, nec
                                            falco

falco illam aquilæ denuo extorquere posset, cum aliquandiu frustra id conatus esset, altissimè tandem conscendit, & impetu deorsum facto caput aquilæ feriens, se pariter & aquilâ interemit. Semper igitur ne in tantam iracundiam incidat, cauendum est. Frequentior est quàm falcones cæteri, & miræ gaudet feritate sua. Itaq̃ sæpe reperiuntur ex hoc genere falcones, quibus auem unam uulnerasse & deiecisse non sufficit, sed multis deijciendis gloriari uidentur: adeoq̃ interdum crudelitati suæ indulgent, ut occidendis auibus occupati cibi obliuiscantur, Hæc Albertus.

¶ Falco montanus coloris est betici uel fusci, (quem Galli brunum uocant,) & si sanus sit cæteris præfertur. Magnus & strenuus est, aues magnas tantum, nõ paruas captat: difficulter regitur & 10 custoditur. Amplius quàm cæteri falcones gestandus, (contrarium scribit Albertus,) & in uigilia diutius retinendus est. Corporis habitu inter obesum & macilentũ mediocri seruari debet. Aegrotanti aquam puram diu decoctam in olla fictili apponito, & ut bibat curato. Quòd si non sanetur, remedia alibi à nobis præscripta adhibeto. Quum purgare eum & macerare uolueris, tres offulas de pelle gallinæ ei dabis. Ad sanitatem eius tuendam facit, si chirothecam tuam moscho inunxeris. Cum ad uenationem eum emittis, proijce eum ante alios, & sic, quamuis nihil capiat, cum alijs redibit, Tardiuus.

DE FALCONE PEREGRINO.

ALBAZI est auis quæ dicitur falco peregrinus, Andreas Bellunensis. Nominatur autem al-
20 bazi ab Auicenna 2.614. ubi fimum ipsius & aliarum auium rapacium, quòd ualde excrementitia sint, raro à medicis usurpari scribit. Leuitici cap. 11. pro Hebraica uoce nez, (accipitrem interpretantur,) Arabica interpretatio habet באז basi uel bazi: Persica mar an baz. Itali pelegrino uocant, & marem terzolo pelegrino. Galli saulcon pelegrin. Paulus Venetus falconem peregrinum herodium uidetur interpretari: cum alij herodium hierofalcum faciant, alij præcipuum aquilæ genus, ut in Hierofalcho docui. Vide etiam supra nõnihil de peregrino in Capite de falconibus diuersis, ubi mentio fit falconis de passagio, id est commeantis. Inueniuntur peregrini in asperis quibusdam Moschouiæ aut uicinis montibus, ubi & sacri & hierofalchi, ut suprà commemorauimus.

¶ Nisus in facie guttas habet sicut peregrinus & cætera falconum genera, Albertus. Idem lib.
23. de animalibus cap. 8. Quartum (inquit) nobilitatis locum (post sacrum, gyrofalconem & monta-
30 num) falco peregrinus obtinet. Vocatur autem peregrinus, quia semper peregrinatur & migrat de u a regione in aliam: uel quia nescitur nidus eius, nec inuenitur à falconarijs: sed inter uolandum longè à loco suæ generationis capitur. Causam nobis retulit peritissimus quidam falconarius, qui in eremo alpium prope iuga altissima montiũ multis annis habitauerat. Dicebat ille hoc genus falconum in altissimis & præruptis parietibus montium nidos construere, ita ut nusquã adiri sit, nisi quis à cacumine montis submittatur per funem longissimum, plerunq̃ centum passuum longitudine, alias centum quinquaginta, alias ducentorum uel trecentorum: Interdum uerò, uel propter nimium interuallum, uel propter asperitatem scopulorum, ne sic quidẽ nidum adiri posse: & habent ob causam uulgò locum generationis eorum ignorari. Addebat sæpius se uidisse parentes prædam pullis attulisse in specus & rimas talium montium, & pullos adultiores à parentibus loco habitatio-
40 nis suæ expelli, propter cibi & auium in istis locis penuriam: & pullos mox ad planiciem se cõferre ubi aues abundent, & sic deinceps per regiones diuersas sine certa sede uagari. Capiuntur autem hi falcones tribus modis, quorum duos ipse uidi, tertium ab eremita iam dicto audiui. Primus & ubiq̃ communis modus est, ut rete disponatur patulum, ita ut facile conuertatur cum chorda super id quod intenderit auceps. Cæterum ante rete extenditur chorda, cui alligatur rubeus lanarius, quem uulgò siuueimer uocant, & ad chordam dependentem ad eam extensa chorda alligatur auis, uel ianeum aut pilosum quippiam simile aui, ita ut quando chorda extensa trahitur & concutitur ab aucupe, siuueimerius uideatur auem insequi ad prædandum. Videns autem falco qui forte peregrinatur, hunc modum auis aut illius quod auem esse putat, chorda sæpius concussa, cum impetu descendit, ut prædam lanario præripiat, & sic deceptus irretitur. Sed alter multò melior modus est:
50 Ligna duo instar crucis componuntur, & super extrema illorum curuantur duo alia ad semicirculorum speciem: & extrema circulorum insigitur extremis lignorum. & inter illas quartas arcuum circulorum alia (ligna) curuantur ad locum intersectionis semicirculorum, & inferius insiguntur in ligna ab angulis intersectionis crucis uenientia, donec non nisi ad tres uel quatuor digitos distent inter se ligna. Tum singula ligna implentur laqueis à summo usq̃ ad imum. Debet autem fieri hoc uas ad altitudinem septem uel octo pedum: & ad latitudinem quinq̃ uel sex pedum. Tum collocetur in eo cauea sex pedes alta, ita ut pede uno distent inter se latera uasorum quum unum est in alio. Et in interiori sint ligna trabium instar, sibi inuicem ab imo usq̃ ad summum imposita, & aues in eodem sex uel septem includantur, quæ per trabes continuè ascendant descendantq̃. Oportet autem hoc totum fixũ & immobile esse super muro uel porta, uel in campo libere. Sic enim falco qui
60 peregrinatur cõspectas aues dum conatur prædari, capitur laqueo: & hoc modo uidi capi falcones optimos. Cæterum eremita ille cuius mentionem iam feci, reti extenso & aui ante id alligata absq̃ lanario, hoc genus falconum quotannis se cepisse aiebat, falconem enim auidum prædæ seipsum in

rete præcipitare. Est autem hic falco qui communiter habetur in plerisق regionibus minor mon=
tano, cauda breui, alis longis, capite crasso, coxa longa, cruribus breuibus, iisdem & pedibus albi=
cantibus. Præfertur qui crura nodosa habet. Si bene nutriatur, bonis est moribus. Anates plerunق
capit: sed aucta per industrium falconarium eius audacia, ardeam quoق & interdum gruem, (quæ
summa eius audacia est,) inuadet.

❡ Peregrinorum accipitrum (inquit Belisarius) duo sunt genera, quorum forma eadem. sed al=
terum colore nigrius est, ut ferè gentilis (id est nobilis priuatim dictus, de quo paulò post dicetur,)
appareat. Alterum pennis colorem aëreum præ se fert: in singulisق pennarum capitibus ad coronæ
modum albedine singillatim distinctæ pennæ quasi picturam ostendunt. Hos omnes eodem uolare
modo, eodemق ferire uidemus. Nam supra paludes altius uolare ita dicuntur, ut anates anseresق 10
& quandoق cæteras aquatiles aues aduncis unguibus feriant: quum à sublimi in pronum uelocis=
simè descendant, ac eo animo uiribusق, ut unica posteriorum unguium percussione ictuق eodem
mortuam per aëra descendisse deuiciam auem quandoق perspexerimus. Horum natura adeò mi=
tissima est, ut quodammodo irasci nesciant: ad hominumق nutus magnitudine quadam animi, po=
tius quàm famis maceratione inediáue, aucupentur. Quippe uenatorum ingenio arteق instituun=
tur, eorumق uocibus atque nutibus adeò parent, ut (si macilenti non sint) enixissimos auium uola=
tus altissimosق aggredi peregrinos posse, uenatores asserant. Horum patria ignoratur, nec quomo
do aut ubi nascantur sciri hucusق potuit: quam ob rem peregrinos nominari putamus. Nutriendi
sunt delicatius, & ea corpulentia conseruandi, ut uolacissimarum etiam magnarumق auium pug=
nam audacius fortiusق aggredi non expauescant. Sic etiam morbi, qui ferè ob macilentiam eueni= 20
re falconibus solent, cauentur. Si tamen efficere uenatores uoluerint, ut falcones peregrini perse=
quantur & capiant ardeas, uel alias huiusmodi aues quas sua sponte alioqui persequi non solent, fa=
me nimia cibíق parcitate & abstinentia ad hoc inducendi sunt, ne insolitis ardearum uocibus ter=
reantur, nec ineptam (magnam & turpem) eorum formam lætalesق rostrorum ictus pertimescant.
Hoc ut facilius còsequatur uenator, ter aut quater per interualla ardeæ uiuæ falconum manibus at=
trectandæ sunt deplumandæق. Curandumق est ut pasto prius leuioribus cibis falcone, bombycina
ossula plumeáue saltem uesperi, si postridie uenandum sit, solertius offeratur.

❡ Peregrinus inter peregrinandum mense Septembri capitur in Cypro & Rhodo insulis. Lau
datur ex Creta. Fortis & strenuus est, capit grues, anates & anseres syluestres, mergos, & reliquas
aues aquaticas, item tardas, perdices, & alias minores, Tardiuus. Peregrino similis est falco niger 30
figura corporis per omnia, sed breuior est aliquanto & colore differt.

❡ Omnes aues rapaces, maximè tamen herodius & falco, pullos iam adultos eijciunt è regione
in qua habitant: quam ob causam falcones & herodíj eiecti à parètibus, retibus aucupum capti illis
in regionibus ubi nunquam nidi eorum inueniuntur, peregrini uocantur, Albertus. Vide supra
in Sacro cuius speciem peregrinum Tardiuus facit: quanquam ab eo scribitur sacrum maiorem
esse peregrino.

❡ Peregrinis medianos etiam dictos, & gentiles, tanquam congeneres subiungemus.

DE MEDIANIS.

E S T & alterum peregrinorum accipitrum genus, quod circa Noruegiã nidificat. Colore sunt
nigri, ad rubedinẽ tamen tendunt pennæ. In Britannia minores nigrioresق nasci solent. quare me=
dianos (forte à media magnitudine, si maioribus peregrinis còferas) hos potius dicendos putamus.
At ueró qui in Belgis nidificare consuescunt, peiores alijs eiusdem generis à uenatoribus iudican=
tur, nam perdices aucupari tantummodo solent, Belisarius.

DE FALCONIBVS QVOS GENTI-
les uocant.

S V N T quidem ferè in omni falconum genere, nobiliores & ignobiliores, qui quomodo discer=
nantur diximus supra in Falcone simpliciter B. Hi ueró, quibus de nunc agimus, absolutè nobiles
siue generosi (uulgus gentiles uocat) dicuntur. De his Belisarius, Gentiles (inquit) paulò minores
forma sunt peregrinis: & dubitant quandoق uenatores iudicẽtne peregrinos esse, quum eiusdem
ferè formæ sint, & eodem pennarum colore distincti. Sed uolatu discernuntur. nam motus alarum
inter uolandum spissior crebriorق, gentiles esse demonstrat: quum peregrinorum alæ quasi trire=
mium remorum motus esse uideatur. Animosiores tamẽ adeò sunt ut ad omnia auium magnarum
genera audacissimi iudicentur. Sed differunt à peregrinis plurimum, quòd nec adeò ueloces sint,
nec animi generositate aliqua, sed fame potius prædam insectari consuescunt. Eo tamen sunt ani=
mo, ijsق animi uiribus præstant, ut (maximè si antequam aues alias cognouerint, & adhuc ad homi 60
num manus è nidis [non, uidetur addendum] egressi peruenerint,) non anseres solum, uerum etiam
grues capere maiores audeant: quæ docti uelocissimíق canis auxilio, donec uenator aduenerit, de=
tinendæ

tinendæ funt. frequentia enim uifus, falconemᵹ apud canes cibandi affuetudine fit ut ab alijs aui= bus falconem canes difcernant.

¶ De falcone nobili, & quomodo falconis nobilitas in diuerfis falconum generibus intelliga= tur,fcriptum eft fupra in Falcone B. Sed quoniam Tardiuus inter decem falconum genera nobile tanquam pᵱculiare genus recenfet,uerba eius fubijciam. Falco nobilis (inquit) ad capiendas ar= deas idoneus eft,fiue illas fuperne fiue inferne ferire opus fuerit:item ad omne aliud auium genus, imprimis aquaticum, ut funt mergi, anates fylueftres, plataleæ, & garfotæ dictæ, (ardeolas inter= pretor.)Cæterum ut aduerfus grues idoneus fit,e nido exemptum effe oportet. fecus enim non fo= ret adeo ftrenuus & audax. Vt uero audacior fit, initio ftatim antequam alias aues norit, in gruem
16 ipfum emittes.

DE FALCONE GIBBOSO: ET ILLO QVI
femper tanquam uolaturus alas extendit.

FALCO gibbofus fic appellatus eft, quod breuitate colli & alis eminentibus infignis gibbo ui= deatur,noftris ein Ꝟagerfalck,uel potius Ꝟogerfalck. Gallis hagar, quæ uox Germanica eft & gibbum fignificat,nos tamen pro gibbo ḥoger dicimus. Sed Robertus Stephanus hagar interpre= tatur falconem ueterem,iam quinᵹ aut fex annorum, pennis abbreuiatis aut læfis, præda propofità
20 captum.Quintus nobilitatis locus(inquit Albertus)falconi gibbofo debetur: quem fic mihi nomi= nauit eremita ille,de quo in Falcone peregrino dixi. Hoc genus nobilifsimum quidem eft & au= dacia ac ftrenuitate uolandi cum prædam infequitur mirabile, fed corpore exiguo, quo parum ex= cedit nifum, id eft fperuerium. In facie guttas habet ficut peregrinus & cætera falconum genera. Gibbofum autem uocatur, eo quod propter breuitatem colli eius caput uix apparet ante iuga ala= rum fuarum quando fuper latera dorfi componit.Eft autem caput magnum proportione corpo= ris reliqui,roftrum perbreue & rotundum: alæ prælongæ & ualde exortæ(exertæ,id eft emĩnetæ:) cauda breuis, coxæ fortes, & crura longiufcula pro portione cæterorum membrorum, & quodam= modo fquamofa ut funt fquamæ ferpentum & lacertorum in lateribus uentrium ipforum. Pedes habent nodofos matriculis digitorum, præcipue ad interiorem partem plantæ pedis, oculos flam=
30 meos ardentes, colorem falconum peregrinorum. Cranium fuperius bene planum eft, & retro in capite non prominet,continuum fere collo. Facile cicuratur hic falco, & bonis moribus præditus eft.Nidificat in rupibus inacceffis, ut etiam peregrinus: & fimiliter ut idem de nido euolans capi= tur. Audax & ftrenuus eft,adeo ut anferes fylueftres,ardeas & grues deijciat. Velocifsimus eft in= fuper & altifsime uolat,ita ut uifum hominis effugiat. Non contentus eft unam auem deieciffe,fed multas uulnerat.Socios aucupij plures defiderat propter fui paruitatem & auium quas uenatur ma gnitudinem.Cæterum falconarius(eremita)cuius mentionem iam feci, narrauit mihi, fe aliquando huius generis falcones tres uiro cuidam nobili uendidiffe: qui ftatim,cum forte apparuiffent anfe= res albi fylueftres,dimifsi altifsimum anferum uolatum fuperarunt,ita ut a nemine præfentium am plius confpicerentur. Et cum uir ille nobilis falcones amiffos coquereretur, paulatim anferes uul=
40 neribus debilitati cadere circa eos cœperunt:inuentiᵹ funt amplius quàm uiginti anferes deiecti. Tandem etiam falcones reuocati ad inftrumentum reuocatorium redierunt. Erant autem anferes omnes letaliter faucij,ac fi cultello diuerfis fui corporis partibus fifsi fuiffent. In caufa eft,quoniam hic falco non ftatim defcendendo percutit ficut alia falconũ genera: fed potius cum a defcenfu rur= fus afcendere incipit.Tunc enim pofteriore ungula ante pectus difpofita ferit, & ideo longum uul= nus facit & letale. & fæpe adeo fortiter ferit, quod unguem amputat, ac feipfum ualde lædit in pe= ctore uel occidit. EST etiam genus falconum,quod femper quafi ad uolandum alas extendit, anĩ mofius quidem illud quoᵹ quàm robuftius. Id pafcendum eft cibis plane recentibus, & uitalem adhuc calorem fpirantibus.fic enim plurimum proficit. Si tamen alijs interdum carnibus cibetur, curandum ut illæ leues fint,ficut carnes altilium & recentes, aut faltem non putridæ,& in aqua fri=
50 gida ablutæ.Nam aues rapaces uentriculum admodum debilem &tenui pellicula contextum ha= bent:quamobrem infalubri cibo facile afficitur,itaᵹ leui etiam occafione cibum crudũ reuomunt, præfertim cum graui & melancholica carne uel ad putredinem difpofita, pafti fuerint. Hoc genus falconis diu mane & uefperi manu geftari defiderat, nam quando affuetum fuerit manui hominis, libentifsime ei infidet,& libenter ad eam redit. Hæc de gibbofo falconum genere, Hucufᵹ Alber tus,infinuans alterum etiam illud genus quod alas femper extendit de genere gibboforum effe.

DE FALCONE NIGRO.

FALCO niger a noftris Ꝟolfalck, id eft carbonarius falco appellatur. Sextum gradum no= bilitatis(inquit Albertus)pofsidet falco niger,breuior quidẽ aliquanto falcone peregrino,fed figu=
60 ra fimilis per omnia,colore enim differt. quia in dorfo & exteriore alarum parte, & cauda tota fuf= cam habet nigredinem,& in pectore,uentre, & lateribus fufcam uarietatem. In facie autem guttas falconarias habet prorfus atras,quæ circunfunduntur quodam obfcuro & fufco pallore, Crura,un=

gues & roſtrum habet ſicut peregrinus. Multum accedit hic falco ad formam auis quæ butorius
(buteo potius)uocatur. Hunc falconem Federicus Imperator ſecutus ſcripta Guilielmi falconarij
regis Rogerij,dixit alium (aliquando)uiſum eſſe in montanis quarti climatis, quæ Gelboë uocan-
tur:ac poſtea iuuenes expulſos à parentibus apparuiſſe in Salamine Aſiæ montana: & iterum expulſos nepotes priorum ad Siciliæ montes peruenaſſe,& ſic deriuatum eſſe hoc genus per Italiam:
(Hæc Creſcentienſis de falconibus ſimpliciter ſcribit.)Nunc quidem in alpibus & Pyrenæis montibus reperitur,& in Germaniam quoᵹ deriuatum eſt, quamuis rari adhuc inueniantur. Ingenio
& audacia peregrinos referunt,ac ſimiliter nutriri debent,Temperamenti uidentur bilioſi : & materia bilis terreſtris aduſtæ conuerti in pennas,quamobrem nigreſcunt. Aetatis progreſſu tandem
albeſcunt, & ueriſimile eſt in regionibus calidis nigriores eſſe quàm noſtrates. Eſt autem in omni- 10
bus figura magis conſyderanda quàm color. nam & monedulas & coruos albos uidimus. Figuræ
igitur ratione uidetur hoc falconum genus perſimile eſſe peregrinis : & inſuper quoniam, ſicut diximus,parentes in hoc genere filios cogunt peregrinari à loco ſuæ generationis, Hæc Albertus.
Creſcentienſis è falconibus magnis alios nigros,alios albos,alios rubeos eſſe ſcribit: ac alios ex horum inter ſe coitu generari. ¶ Falco niger (inquit Tardiuus) ut dicunt Alexandrini, melior eſt:
& primus natiuusᵹ ei color nigredo eſt, quanquam illum deinde in ſolitudinibus mutat. naſcitur
in inſulis maris. Nutriendus eſt ita ut mediocris inter obeſum & macilentum ſit.Carnem madidam
ei ne dederis,niſi ſuperbior fuerit,Manu geſtato crebrius quàm alios falcones. Benigne tracta,nec
ultra quàm ei gratum eſt fatiga. Aquilam ne uideat caue. alioqui enim non amplius aucuparetur.
Cura etiam ne pennæ eius contrectentur.Quum ad prædam eum proijcies,uide ne manu lędas. ſic 20
enim animum amittit.

DE FALCONE ALBO.

ε x falconibus magnis quidam ſunt nigri,alij per comparationem albi, alij rubei, Creſcentienſis. Apud Moſcouitas falcones eſſe albos & phœniceos Sigiſmundus Baro refert. Ad Inugros
Vgolicosᵹ per aſperos montes peruenitur,in quorum iugis nobiliſſimi falcones capiuntur. ex ijs
genus unum eſt candidum , guttatis pennis quod herodium dicunt, Paulus Iouius de legatione
Moſchouitarum. Sed de herodio falconum generis plura ſcripſi ſupra in Hierofalcho. ¶ Genus
ſeptimum falconum(inquit Albertus, nobiliores quoſᵹ priore loco deſcribens) ſibi uendicat falco 30
albus,quem mittit Septentrio & Oceanus è Noruegia, Suetia,Eſtouia & finitimis ſyluis ac monti-
bus.Eſt autẽ ita in uarietate ſubalbidus,ſicut is de quo proximè diximus,eſt niger. Albedinis cauſa
eſt regio frigida & humida in qua naſcitur.In dorſo & alis ſubalbus eſt.albi uerò maculas ſiue guttas habet ualde albas interpoſitas alijs guttis ſuppallidis. Maior eſt falcone peregrino, & multum
accedit ad ſimilitudinem lanarij albi qui uolat per campos inſidiando muribus. Quamobrem falconarij quidam tradiderunt hunc falconem natum eſſe primum ex falcone peregrino patre, & lanaria alba matre : quod falſum eſſe audacia eius oſtendit. Eſt enim perquam audax & bonus,nec
uſquam à natura falconis degenerat,nec mores lanarij refert. Nam cum inter uenandum aſcende-
rit,non more lanarij alis ſuſpenſus manet,ſed ferit ſtatim ut falco. Figura etiam pedum, unguium,
roſtri,ac totius corporis,naturam falconis præ ſe fert:quamuis crura habeat craſſiora & nodoſiora 40
quàm falco niger.quod ei accidit propter temperamentum humidius,unde crura eius magis craſſa
ſunt quàm illius cui temperamentum eſt ſiccum & bilioſum. Quanquam autem frigidior humi-
diorᵹ ſit falco albus quàm niger,non tamen iccirco minus audax eſt. nam cum robuſtior nigro ſit,
uirium ſuarum fiducia audacem quoᵹ ipſum reddit.Et licet non tam uelox in uolando ſit quàm niger,diutius tamen in auium perſequutione durat: & hac in parte compenſat quod deeſt uelocitati.
Quòd uero ad nutritionem & aucupium,nihil ab alijs diſtare uidentur. ¶ Falco albus qui pennas habet albas,bonus & audax eſt. quòd ſi ſorus(id eſt adultior)captus fuerit, non emittes eum ad
uolandum donec pennas mutauerit,his enim mutatis perfectus erit,Tardiuus. ¶ Eberus & Peu
cerus cataracten interpretantur falconem album , qui uiuat in maritimis locis paulò minor accipitre,Creſcentienſis de falcone ſcribit, in conſpeciam anatem aut aliam auem ,inſtar ſagittæ 50
clauſis oculis ungue poſteriore lacerandam deſcendere. unde forſitan aliquis cataracten appellare
poſſet falconem album ſi is priuatim id faceret. Sed nos de catarracte ueterum ſententiam noſtram
ſuo loco dicemus.

DE FALCONE RVBEO.

ƒ ᴀ ʟ c o rubeus(ein roter falck)ex numero maiorum falconum, ferè cum macilentus eſt melius aucupatur : cæteri uerò pleriᵹ in mediocri habitu : quidam uerò cum obeſi ſunt, alacriores ſe
præbent,Creſcentienſis. Apud Moſcouitas falcones eſſe albos & phœniceos Sigiſmundus Baro
refert. ¶ Octauus nobilitatis locus(inquit Albertus)tribuitur falconi qui rubeus à priſcis appel- 60
latur,nõ quòd totus rubeat,ſed quia guttæ in cæteris albæ,in hoc genere ſunt rubræ:& nigræ guttæ
ſicut in alijs ſunt (forte,non ſunt) interpoſitæ, nec in dorſo uel exteriori alarum parte, Non autem
apparet

apparet rubere nifi cum alas exerit, tunc enim fusca in eis apparet rubedo. Hoc genus falconū perperam & abfurdè quidam ex lanario rubeo & falcone procreari tradiderunt, cum nulla in re præterquam colore cum lanario conueniat. Eſt autem rubedinis in eo cauſa calor debilis potius infuſus in ſuperficiem corporis & inflammans fumoſum humidum quod excernitur ad generationem
pennarum. Et hoc facit media inter album & nigrum temperies. quamuis enim etiam alij colores
medij ſint & in quibuſdam auibus reperiātur, ut uiridis, hyacinthinus, croceus & ſimiles, falconum
tamen generi & rapaci audaciéſq; naturæ, & uolatus agilitati non congruunt. Nam uiridis ferè frigiditatem arguit, hyacinthinus aëream & euanidam temperiem, croceus bilem corrumpentem. Cæterum hic falco non magnus eſt, paulò minor peregrino: unguibus tamen, pedibus & roſtro fortis:
ıe perquam agili uolatu, ſed non ſatis diu perſeuerans. Cicur fit admodum. Melior efficitur poſt ſecun
dam aut tertiam pennarum mutationem. Vitæ non eſt tam longæ ut reliqui. quamobrem nutriri
debet carnibus planè recentibus & uitalem calorem adhuc ſpirantibus, non nimijs tamen, neq; ſæpius in die, ſed mane & ueſperi tantum. Et quoniam ad leues occaſiones alteratur, cautius cum eo
agendum ne temperamentum eius afficiatur. Ad aucupium cogi non debet ſupra modum. Temperies enim rubea facile uincitur & læditur labore, quamobrem temperandũ à principio. Aetas
uerò accedens & humores calidos remittens, non parum iuuat huiuſmodi temperamentũ, & præcipuè per mutationem pennarum. Penna etiam rubea mollior eſt, nec diu uolandi impetum ſuffi-
net quin frangi pereclitetur, Hæc Albertus.   ¶ Falco rubeus inuenitur ferè in locis planis & paluſtribus. audax eſt, ſed difficulter regitur, quamobrem antequam uolet, ter eum purgabis offulis è
2o pelle gallinacea quam ablueris aqua: & ubi dederis, ſingulis uicibus calefactum falconem in locum
obſcurum aliquantiſper repones, Tardiuus.

DE FALCONE CVI PEDES COE-
rulei, cyanopoda dixeris.

PERES, פרס, uocem Hebraicam Leuitici 11. & Deuter. 14. accipitrem interpretantur, alij haliæetum: Iudæi uulgò בלאזבו, Blaſūß, id eſt falconem pedis cœrulei, ut Germani appellant. Vide
ſupra in Accipitre A. & in Capite de accipitribus diuerſis. Illyrij hunc falconem nominant rarohʒ.
Itali zafiro, (à ſapphirino colore pedum, ut Albertus nominat) quem magnum & paruum faciunt,
3o nimirum pro ſexus diſcrimine. Albertus falconem qui uulgò pes blauus uel hyacinthinus dicatur, circum facit. nos de Circo ſupra ſeorſim egimus. ¶ Nonum genus falconum (hoc eſt nono
gradu nobilitatis æſtimatum, inquit Albertus) & iam declinans ab excellentia nobſium falconum,
eſt id cuius pedes hyacinthini ſiue azurini ſunt, falconi peregrino æquale magnitudine & ſimile figura: ſed hoc differt, quòd dorſum eius & exterior alarum pars minus nigredinis, & pectus plus albedinis habet, & alæ breuiores ſunt, cauda uerò longior aliquantulum, & uox acutior quàm peregrini. eſt enim humidior & pituitoſior, ideoq; in auibus etiam inuadendis minus audax. raro enim
inuadit aues pica uel cornice maiores, cum peregrini alijſq; falcones, maiores quaſuis aues aggrediantur. Hinc fit ut falco pedis cœrulei cum è ſublimi deorſum ſe præcipitare & in prædam impetu
ferri debet, propter metum uel fame maneat alijſq; ſuſpendatur. Per diſciplinam tamen & induſtriam
4o hominis eum iuuantis, frequenter audacſor fit, uerum nõ ita ut nobilis falco. Nam ut milites quandoq; etſi parum robuſti, ſcientia tamen & uſu militandi confligendéq; inſtructi, & ſociorum fiducia
animati, ſæpe claras auferunt uictorias: ſic falco cyanópus uſu deijciendi tenendéq; aues, & falconarij ſibi propinqui fiducia melius & audacius ſerit quàm per naturam faceret, ut niſus quoq; ſiue
ſperuerius. Itaq; etiam fortiores ſe inuadunt & maiores aues. nec mirum, cum etiam lanarij (qui natura adeo timidi tardiq; ſunt ut non niſi mures aut auium pullos nondum uolantes, ſed forte currentes humi uel in nido iacentes, captent) eodem modo ad audaciam erudiantur inſtituanturéq;.
(Quomodo autem audacia in accipitribus excitetur, explicatum eſt ſuo loco.)
   ¶ Reperiuntur cyanópodes in Heluetia multis in locis. Nidificāt autem in exceſſis quibuſdam
petris iuxta aquas aut ualles profundas, cum alibi tum præcipuè, ut audio, circa oppidũ quod Tri-
5o bunal Cæſaris uocant. Nidis exempti manſueſiunt. Bini aucupio aptiores ſunt, Stumpfius. Aiunt
capi ab eis non tantum perdices, columbas, cornices, arcuatas (id eſt brachuõgel,) anates, ſed etiam
phaſianos & tetraones.
   ¶ Prouerbium Germanicum, Æ in etile becket kein blaſūß (oder kein falcken;) hoc eſt, Vitula
non ſauciat cyanopodem aut falconem, eundem ſenſum habet quem illud, E ſquilla non naſcitur roſa.
   ¶ Eberus & Peucerus ſtellarem accipitrem Germanicè interpretantur Blawfūß, nullis quidem rationibus nec authoritate adhibitis.
   ¶ DE MERILLO cui decimum & ultimum inter falcones nobilitatis gradum Albertus tribuit, ſupra inter accipitres in Aeſalone ſcripſimus.

5o

g

DE LITHOFALCO ET DENDROFALCO.

Figura hæc Dendrofalci eſt.

P RAETER ſupradicta falconum genera (inquit Albertus)
duo adhuc apud nos reperiuntur, falco lapidarius, (Germanis
ein Steinfalck: pro quo nos lithofalci nomen fingimus) & arborarius, (Germanis
ein Baumfalck, uel Baumfelckle, poſterius diminutiuum eſt & mari potius conuenit, ut primitiuum fœminæ. quæ differentia in lithofalco etiam & cæteris omnibus accipitrum falconumq́ generibus in
lingua noſtra obſeruari poteſt. Nos den-
drofalcū dicere uoluimus.) Lapidarius
quidem mediæ quantitatis eſt & uigoris
inter peregrinum & gibboſum: & inuenitur in alpium rupibus: & eſt eiuſdem nutritionis cum peregrino, Albert. . Celon,
(eſalon forte) uocatur falco lapidum, quòd
in præruptis petris pulliſicet, Idem.

¶ Arborarius ueró medius eſt quantitate & uigore inter gibboſum & mirle
(meriſlum:) & regitur ac nutritur ſimiliter
ut mirle, Albert. Dendrofalcus auis egregia & nobilis eſt, ſpecie nó admodum diſſimilis ſperuerio, nigrior tamen, aliquanto
& minor. & quanquam propter paruitatem infirmitatemq́ uirium nó admodum
eius uſus eſt in aucupio, eſt tamen auis plané amabilis & ingenio mitis adeo ut emiſſa per ſyluas & agros ad dominum ſuum
redeat. Iucundiſſimum quidem illud ſpectaculum eſt quod conflictu ſuo cum monedulis exhibet, Stumpſius. Dendrofalcus, quem ipſe manibus tractaui, à roſtro
ad caudæ finem longus erat palmos quatuor, id eſt digitos ſedecim. pedes erāt pallidi, tanquam ex ſubflauo & uiridi colore
mixto. dorſum nigrum, ſed margines infi-
mos pennarum capitis & dorſi, præſertim
inferioris, ſemicirculi ſubruffi ambiebant.
Pennæ alarum nigriores erant: & latus ala
rum illud quod uerſus auem eſt, maiuſculis **maculis ex candido ruffis diſtinguebatur.** Pectus albidæ & nigricantes maculæ uariabant. Plumæ ex albo ſubflauæ retro aures & in ceruice maculas
quaſdam conſtituebant. Oculi nigricabant, roſtro color feré cœruleus. Pennæ in cauda maculis diſtinguebantur, ſicut de alis dixi, duabus tantum medijs exceptis. In uentriculo plumas reperiebam
& cantharides quaſdam. ¶ An accipiter fringillarius, de quo ſupra ſcripſimus, idem forté cum
dendrofalco noſtro ſit, diligentiores inquirent. ¶ Itali falconem paruū ſalcheto nominant, quaſi
falconellum. parui autem ſunt & duo iam dicti, & merillus (quem Itali ſmerlo uel ſmeriglio uocitant:) & quem noſtri uocant Stoßfelcklin, hoc eſt falconellum ſerientem, quamuis eundem ſmerillum eſſe conijcio. Eberus & Peucerus accipitrem læuem interpretantur dendrofalcum. ¶ Fal
co rochier apud Sabaudos dictus à rupibus, idem forte lithofalco fuerit.

¶ His etiam plura in diuerſis locis falconum genera forte inueniuntur, ſed quæ dicta ſunt de na
tura & nutritione ſingulorum, ad reliqua etiam ſi quæ ſuperſunt genera facile accōmodari poſſunt.

DE LANARIIS, DE QVIBVS ETIAM

supra in Buteone ſcripſimus inter Accipitres.

L A N A R I V S apud recentiores falco ignobilis appellatur neſcio qua ratione, niſi quòd conijcio

ijcto uel à laniandis auibus, uel quòd plumas multas densasꝗ & molles lanarum instar habeāt. Italicè lainero, & mas in hoc genere terzolo lainero. Gallicè lanier. Sabaudicè lanoy. Germanicè lanete uel ſiuemere ut Albertus & Murmellius interpretantur: alij ſchweymer scribere malunt. Albertus tamen alibi non quemuis sed rubeum lanarium ſweimer à Germanis uulgò dici scribit.

¶ Falconum ignobilium (inquit Albertus) genera sunt tria, quæ ut ueteres aucupes Ptolemæi
Aquila Symmachus & Theodotion tradunt, lanarij potius quàm falcones uocatur: quod uocabulum Germani quidam imitantes sua lingua lanete dicunt: alij ſiuemere uocitant: Sunt autem bu-
therij, (sic ipse buteones uocat) qui mures in agris uenantur & pullos auium nondum uolantes, sed
currentes in terra uel in nido iacentes, adeò natura timidi & tardi sunt. Differunt coloribus, sunt
10 enim albi, nigri & rubei: ex quibus duo priores ad falconis magnitudinem accedunt. Rubeus minor est, & refert mirle (id est merillum.) Hi omnes, in iuuentute præsertim propter humiditatem &
caloris hebetudinem, nulla ferè audacia prædeti sunt: ut & pueri natura sunt timidiores. Vbi uerò
bis uel ter pennas mutauerint, & arte industriaꝗ aucupis animosiores facti fuerint, colūbas & anates capiunt. Curandum est aūt ut primo anno cum cicurantur, triuis tantum auibus pascantur, quæ
cum parum deplumatæ ab eis fuerint, dimittantur è pedibus eorum euadere, non ad uolatum primò, sed ad cursum. Deinde cum sæpius has insequi didicerint, dimittantur euadere ad motum mix
tum ex uolatu & cursu. Et quum sic quòꝗ frequenter eas persequutæ fuerint, postea tardo uolatu
euadentes, (curtatis scilicet alarum pennis:) demum perfectè uolantes insequatur. In omnibus uerò
his exercitijs fortissimè & alta uoce prouocetur ac incitetur lanarius: & ad retinendam auem à fal-
20 conario adiuuetur, sic enim reddetur audacior. Porrò secundo anno paruæ aues in grandiusculas
commutentur, & tertio iterum in maiores. Omnis enim auis hoc modo peritia simul & audacia ad
aues quas uoluerit falconarius capiendas proficit. Quamuis enim primæ nobilitatis falcones, qui
sunt octo primorum generum, hoc exercitio & inductione à minoribus auibus ad maiores capiendas non indigeant, ad omnium tamen audaciam & peritiam augendam nō parum momenti habet.
Hucusꝗ Albertus. Idem alibi redarguit illos qui falconem rubeum ex lanario rubeo & falcone
procreari tradiderunt: & falconem album ex falcone peregrino patre & lanaria alba matre. Et ali
bi, Falco stans in alto suspensis alis neꝗ ruens in prædam, degenerat in naturam auium quæ lanarij dicuntur.

¶ Quærendum est an lanarius rubeus recentiorum, idem sit qui tinnunculus ueterum.
30 ¶ Lanarius (inquit Tardiuus) satis cōmunis est per omnes regiones, minor falcone nobili: pulchris pennis præditus, pedibus breuioribus quàm cæteri falcones. Præfertur cui caput grandius, &
pedes magis ad cœruleum colorem inclinantes, siue is nidò exemptus, siue iam adultior captus sit.
Non opus habet delicato uictu. Vtilis est ad aucupium tum in terra tum super aquas, nempe ad picas, perdices, phasianos, anates, & alias aues. Et alibi, Lanarium gruibus capiendis idoneum reddes hoc modo; Impone eum in cauernam siue cellam subterraneam; ubi lucem, nisi quum pascitur,
nunquam uideat. Manu non gestabis præterquam noctu. Quum uolueris eum uolare (aucupari,)
ignem in loco illo excita ut calefiat, tum igne remoto; lauato auem in urino mero, & in locum eundem reponito, cerebello gallinæ pascito, & ante diem ad aucupium egreditor. Quum primum illu-
xerit, eminus eum in grues emittito. Nihil autem capiet primo die, nisi fortuito id accidat: reliquis
40 uerò deinceps diebus utilis erit, præcipuè quidem à medio mense Iulio usꝗ ad Octobrē medium.
Postquā pennas mutârit, præstantior erit. Tempore frigido, ut hyeme, inutilis est, Hæc Tardiuus.
¶ Accipitres quos Belisarius ignobiles & uillanos uocat, eosdem lanarijs esse conijcio. Vulgo
enim Itali uillanos uocant homines rusticos & in uillis habitantes, aut rusticis moribus preditos, ut
Galli quoꝗ. Villanos (inquit Belisarius) audiuimus in Gallia optimos reperiri: quod an uenatorum arte industriaue aut ipsarum auium natura ueniat, non comperimus. Fieri enim posset ut
quum frigidior sit Galliæ regio (frigore enim fit ut cibi appetentiores sint aues) duci (impelli) indè
possint uillani, ut sociatim magis ferire aucupariꝗ aues soleant. Vnum hoc scimus, auium istarum
operam apud nos proprietati nominis respondere: quum in regione nostra nec animo uiribusꝗ,
nec uolatu ita ualeant, quin reliqua à nobis descripta accipitrum & falconum genera, longè præstari
50 tiora eis ad aucupij usum inueniantur.

DE FALCONIBVS MIXTIS·

Qᴠᴠ ᴍ autē quodlibet ex prædictis generibus (inquit Albertus) cuilibet permisceatur; multa
fiunt falconum genera, ex quibus ad nos peruenerunt quatuor. Falco enim peregrinus frequenter
miscetur cum illo cui pedes cœrulei. Quòd si falco nascatur ex peregrino patre & matre pedū cœ-
ruleorum, patrissat plerunꝗ & parum declinat à nobilitate: licet parum coloris cœrulei in pedibus
appareat. Si uerò matre nobili & patre ignobili natus fuerit, magis ad ignobilitatē patris quàm ma-
ternam nobilitatē accedit. Rursus peregrini qui ad omnia loca frequenter solitarij uolant, aliquan
60 do commiscentur cum lanarijs nigris, uel albis, uel rubeis. Generatur autem animal ex seminibus
etiam differentium specie animalium, si conueniant inter se temperamento & natura, & imprægin
nationis ouorum ac incubationis tempus congruat; ut alibi copiosius explicatum à nobis est. Cæ-

g   2

terum hæc permixtio fit quando falcones fpecie diuerfi, fed temperamento fimiles, tempore libidinis conuenerint, nec fuæ fpecies fexum cui permifceantur inuenerint. Et quanquam modo diximus quatuor huiufmodi genera ad nos peruenifle, ratio tamen poftulat multa efle, & plura quotidie pofle fieri talia falconum genera. Et hanc ob caufam tam diuerfa eorum genera in diuerfis regionibus inueniri conijcimus. Quamuis enim pro regionibus mores & colores animaliũ uarient:
tamen fpecierum tam fimilium diuerfitatis caufa præcipua eft permixtio quam diximus: ut etiam
in generibus anferum, canum & equorum fieri uidimus temporibus noftris. Et nõ hoc folum fieri
probabile eft ex falconum generibus inter fe permixtis; fed etiam ex falconum cum afturibus & ni
fis & aquilarum generibus coitu, multas auium rapaciũ fpecies diuerfas nafci uerifimile eft. Porrò
in memoratis quatuor generibus, præcipuè falconis peregrini commixtionem fieri diximus, eò 10
quòd peregrini à parentibus ftatim expelluntur, & frequenter feparãtur propter prædam & iram.
Et cum fuæ fpeciei coniuges non inueniunt, ad fpeciem alteram, quam fibi fimillimam inuenerint,
tempore libidinis fe conuertunt. Quod fi cum falcone pedis cœrulei peregrinus mifceatur, ferè fimilis peregrino generatur auis. Si cum lanario nigro, ignobilis falco niger uel nigro fimilis procreatur: Sin cum lanario albo, fimilis falconi albo: Si deniq; cum lanario rubeo, falconi rubeo colore &
figura fimilis gignitur. Et hi quidem mixti falcones facilius iuuantur arte, quàm hi qui omnino (ex
utroq; parente) iunt ignobiles, præfertim fi pater nobilis fuerit. Si contra uerò, mater nobilis, pater
ignobilis fuerit, ignobilior quidem generabitur auis, inftitutione tamen & difciplina proficiet, præcipuè poft unum uel alterum annum. Hæc de falconum generibus dixerim, ex quibus reliqua
etiam fi quæ funt poterunt cognofci, Hæc omnia Albertus. 20

DE ACREDVLA.

A P V D Aratum quidam ololygona, ὀλολυγόνα, interpretatur auis folitariæ genus, quam Cicero
acredulam uocárit, id eft lufciniam ut grammaticis placet, Verfus Ciceronis ex Arato hi funt:
Et matutinis acredula uocibus infiat, Inftat, & affiduas uocum iacit ore querelas, Cum primum gelidos rores aurora remittit. Acredula auis canora (inquit author innominatus libelli de
animalibus & plantis à Rob. Stephano excufi cum nomenclaturis Gallicis) à quibufdam uulgò di
ctus rauatinus efle creditur: alijs nofter tarinus, alijs lufcinia. Ex earum genere eft ex quibus futura
tempeftas (pluuia) prædici poteft, ut fcribit Aratus: Ἠ ποῖζα (aliás πρύζα) ὀρθενὲν ὀϑημαίλη ἐλολυγάμ. quem 30
uerfum fic interpretatur Cicero lib. 1. de diuinatione, Et matutinis acredula uocibus inftat. Eberus & Peucerus acredulam interpretantur Germanis (Saxonibus) dictam Gtynerlin, auē hoc nomine mihi incognitam. Scoppa & Arlunnus Itali calandram uulgò dictam, quæ ex genere alaudarum eft. Ἀδ᾽ι ὀλολυγὰμ Τηλόθεμ ἐμ πυκινῆσι Βάτωμ πρύζεσκεμ (τείζεμ per i. & πρύζεμ per v. reperitur, fed
de ololygine malim πρύζεμ per v. propter onomatopœiam, quæ & ololygini nomen fecit) ἀκανϑαίς,
Theocritus Idyl. 7. inter uoluptates ruris, & omnino pro auis nomine accepifle eum apparet ololygóna. nam alij aliter interpretantur, ut ranam marem, aut eius potius uocem qua per lufcidinem
fœminam uocat, aut infectum lumbrico fimile, ut docuimus in Rana c. Theocriti Scholiaftes ololygóna interpretatur hirundinē quæ ityn deploret, uel lufciniam. Idem, Animalia multa (inquit)
nomen à uoce acceperunt, ὀλολύζω, ὀλολυγάμ, (quod & Euftathius tradit:) τείζω, ταιγάμ: πλάοσω, πλαγάμ: 40
κοκκύζω, κόκκυξ. Intelligendum aũt eft uocabula σαγάμ (id eft ftilla) & πλαγάμ (id eft calathifcus cereus,
uel reticulum, aliás per γ. duplex πλαγάμ) nequaquam animalium efle nomina, fed propter formationis tantum fimilitudinem proferri. Ololygo (inquit interpres Arati) auis eft quæ folitudine gau
det ut turtur, in defertis igitur locis & frigidis degens, matutino præfertim tempore frigus fentit &
canit (πρύζα.) Secundum alios uerò ololygo animal eft paluftre, aquis & frigore gaudẽs (ἀμ φίλομ) oblongum, indifcretum, lumbrico fimile, fed multò tenuius, & pluuia imminente clamans. Sed Ariftoteles ololygonis nomine nihil quàm mafculæ ranæ tempore libidinis uocem intelligit, Hæc ille.

Vêre calente nouos componit acredula cantus, Matutinali tempore tunc mitilans, Author
Philomelæ.
50

DE ALAVDIS.

A.

A LAVDARVM genera funt diuerfa. Sed alauda fimpliciter à Græcis uocatur κόρυϑος
uel κορυϑαλός. Ab ijfdem hodie uulgò cuzula, Hermolao Barbaro tefte: à quibufdã etiam
(ut audio) πρυλίπς, in Creta, ut Bellonius fcribit, chamochilados: quæ uox corrupta uidetur à chamæzelos, ut infra dicetur. Cuzula uox etiam à chamæzelo per fyncopen facta
apparet. ab Italis allodola uel allodetta, lodola, lodora. Germanis Lerch. Flandris & Saxonibus
Leewercke. Hollandis Leurick. Anglis lerk, uel lark, uel lauerock. Illyricis fkrziwan. Sed ferè 60
quæ fubijciemus nomina primo generi alaudæ, hoc eft criftatæ maiori attributa, alaudæ etiam fimpliciter conueniunt.

Alauda

ALAVDA SINE CRISTA.

ALAVDA CRISTATA ALBICANS.

Alaudarum Aristoteles genera duo tantum commemorat: unum gregale sine crista, de quo paulò pòst: alterum terrenum cristatum. Nominat autem ipse κορυδαλὸς communi nomine utranque speciem: Gaza interpres cristatæ nomen peculiare facit galeritam, alaudam uerò commune. Ab apice (inquit Plinius) galerita appellata quondam, postea Gallico uocabulo etiam legioni nomen dedit alauda. Alauda cristam in capite habet ad similitudinem galeri, unde Varro galericum appellat. ¶ Alcanabiri (aliàs alcanabir, canaberi) est auis nota Damasci, cuius meminit Auicenna in curatione colici affectus, & creditur esse auis illa quæ Venetis lodola (id est alauda, aliàs capelluta, id est alauda cristata) appellatur, Bellunensis. Idem lib. 2. cap. 187. rerum medicarum Auicennæ pro cambura legit canaberi uel camberi, & lodolam iñterpretatur. Apud Serapionem in libro de simpl. pharmacis cap. 426. hanabroch legitur, interpres upupam exponit, sed ineptè: in quo errore etiam Syluaticus est: rectius Aggregator citato eodem loco Kambrah legit, & capellutam interpretatur. Syluaticus ex Almansoris interprete alaudam pileatam nominat. Alcubigi est auis quæ dicitur alauda capellata, Vetus glossographus Auicennæ. sed Bellunensis interpretatur auem perdici similem, (aut ipsam perdicem, secundum aliquos,) rostro & pedibus rubeis. Vide in Perdice.

g 3

Galeritæ criſtatæ geceid uocantur, Albertus, nimirum ex Auicenna. Idem alibi Auicennam &
eius interpretem ſecutus pro Græca uoce córydos inepte ſcribit kocoroz, & alibi coratoz,& foro=
doz. ¶ Græcis alauda eſt κορυδός, κορύδων, κορυσίαλος; uide infra in a. Omnes autem hæ uoces factæ
ſunt ἀπὸ τῆ κόρυθΘ,id eſt à galea:ut & Latinis galerita,uel potius à galero:nam & milites galeis uten=
tes dicebantur alaudæ. Sic & caſsita à caſside,id eſt galea nominatur. Et quanquam omnia hæc no=
mina alaudis criſtatis tantum conueniant,attribuuntur tamen abuſiue etiam minoribus quorũ uer=
tex planus & non criſtatus eſt. Itaq; Ariſtoteles differentiæ gratia criſtatam,λόφον ἔχουσαν periphra=
ſtice uocat. Quamobrem miramur authorē prouerbij, qui dixit corydalis omnibus criſtam ineſſe.
Author obſcurus libri de nat.rerum alaudas criſtatas(ut ego interpretor)goſturdos uocat, (uide in= 10
frà in fine capitis ſecundi) cuius uocabuli ratio quæ ſit non uideo, niſi quod à ſimilitudine coturni=
cum ſic dictos eſſe ab illiteratis conijcio. ¶ Elluchaſem medicus de Baldath(uel interpres)cuzardos
uocat,quod nomen à goſturdis factum uidetur. ¶ Italice(ut diximus)lodola capelluta uocatur,
ſecundum alios chapelina,item couarella aut cipperina,ut Niphus teſtatur. Gallice alouette,& co
cheuis. Germanice ſimpliciter **Lerch**: uel **Heubellerch**, Saxonibus præſertim, noſtris **Wåg=**
lerch,id eſt alauda uiarum, nam(ut Galenus ſcribit)ſæpe eam in uijs uidemus. Alauda criſtata Ari
ſtotelis(inquit Turnerus)uariam habet in uarijs regionibus criſtam, alicubi ſemper apparentem,in
alijs locis talem ut pro arbitratu ſuo poſsit erigere aut deponere. Eſt ſane una eademq; utriuſq; auis
magnitudo. Angli hoc genus(galeritam maiorem)proprie lercam nominant. In libro Rhazæ de
remedijs ex 60.animalib.cap.45.alaudæ criſtatæ nominantur:& mox cap. 46.ſinoræ,adſcribit au= 20
tem his quoq;remedia quæ alij authores alaudis tribuunt.

¶ Alaudarum alterum genus gregale eſt,nec ſingulare (σποράς) more alterius : uerum colore ſi=
mile,quanquam magnitudine minus,& galero carens,Ariſtoteles. Alaudæ ſimilis eſt terraneola,
niſi quod apicem non habet:ſic dicta quoniã in terra,non in arboribus diuerſatur nidificatq;,(quan
quam alioqui altius uolet quàm criſtata,quam Ariſtoteles terrenam eſſe ait,) Hermolaus, Siponti=
nus,& Grapaldus. Apud nos (Parmenſes) triuialiter regius appellatur, Grapaldus. Ego terra=
neolam non à quoquam ueterum dictam puto, ſed à recentioribus tantum Italis imitatione uulgi.
Sunt qui petronellam appellent. Vocatur & alauda campeſtris ab Italis nonnullis, lodola cham=
peſtra. Alaudam quæ apice caret,magnitudine uerò (Ariſtoteles minorem facit) & colore ſimilis
eſt criſtatæ,ruſtici Lombardi fartagniam appellant,nos autem, ut puto,calandrellam. Sed chalan=
dra ſeu chalandrella,generis quidem alaudæ,diuerſi tamen eſſe uidetur,de qua mox priuatim.Hoc 30
etiam non probo quod Niphus ſuſpicatur tetricem ab Ariſtotele hoc genus alaudæ nominari,non
alio argumento quàm quòd Ariſtoteles alaudam & tetricem condenſo frutice prolem munire ſcri=
bat:quum idem Ariſtoteles libro nono de alaudis ex profeſſo agens,nullum illius quæ criſta caret
peculiare nomen adferat. Alauda non criſtata (inquit Turnerus Anglus) à noſtris ſera alauda a
uuiſde lerc,uel à hethlerk;à Germanis **ein Heidlerch** nominatur.Sunt & alia Germanica eius no=
mina,**Sanglerch**, id eſt alauda canora, quod criſtatæ ſere præferatur cantu. & **Himmellerch**,id
eſt alauda cœlipeta.uolatu enim alta petit,cum criſtata, de qua diximus, & raro euolet,& euecta
alis ſtatim rurſus procumbat,neq; altis nec longis ſuæpius confectis,ut Eberus &Peucerus ſcribunt.
Item **Holtzlerch**,ut Gyb,Longolius interpretatur. ¶ Haud ſcio an idem genus ſit quæ circa Ba=
ſileam **Lurlen** dicuntur,aut potius calandræ,de quibus nunc dicemus. alaudarum quidem gene= 40
ris eas quoq; eſſe , & inter alaudas uolare nobis conſtat. Huic ſimilis eſt uox gurgulio,qua inepti
quidam literatores calandram interpretantur,um gurgulio Latinis nunquam pro aue,ſed pro in=
ſecto frumenti infeſto capiatur. Albertus gurgulum auem nominans, hanc ſorte intelligit.

¶ Calandris auis eſt parua,ſimilis ſere alaudæ,colore fuſca, plumis deſpecta : ſed uocis modula=
tione mirifice oblectat, ac omnes auium uoces expreſsiſsime imitatur. quinetiam capta
incluſaq;,captiuitatis ſuæ oblita uix unã diei horam ſine cantu præterit, adeoq; per diuerſos auium
cantus euagari gaudet,ut de cibo ſolicita non ſit, Author libri de nat. rerum. Antonius Eparchus
Corcyræus,uir eruditus, Venetijs aliquando calandram omnino Græce κορύσιαλον, id eſt alaudam
appellari mihi aſſeruit,colore ſere & forma coturnicis,minorem,&c. Syluaticus quoque galeritam
kalandram interpretatur. Nominis origo forſitan Græca fuerit, ἀπὸ τῷ καλῶς ἀᵈειν, id eſt à ſuauitate 50
cantus;ᵘὶ ἀπὸ τῷ κιλεῖν καὶ τέρπειν τῇ φωνῇ ἀδε ἀκάδαις.Non probo Alunnum Italum,qui calandram facit
acredulam & aedóna.aedòn enim ſine dubio luſcinia eſt.Sed minus Aggregatorem probârim,qui
uocis affinitate ſeductus , calandriam auem pro charadrio accipit. Sunt qui calandram Italice dici
conijciunt,à uerbo calare quod eis deſcendere ſonat, quoniam uox eius aſcendat quidem, ſed plu=
rimum deſcendat,Itali ſere chalandram pro hac aue ſcribunt:Hiſpani ſimiliter, uel calandra,calan=
dria. Galli & Angli quoq; eandem uocem ſeruant.Germani **Kalander** proferunt, alij **Galander**.
Niphus fartagniam uulgò calandrellam uulgò Italice dici putat alterum ab Ariſtotele memoratum
alaudæ genus,nõ criſtatum ſcilicet,ut paulò ante ſcripſi. Medici Elluchaſem,qui Arabice ſcripſit,
interpres,calandrellas inter laudatiſsimi nutrimenti aues numerat. Chamæzelos,id eſt calandrus
auis, Syluaticus. Eſt autem nomen Græcum, & humilem uel humi ſolicp amantem ſignificat χαμαὶ 60
ζῆλος,quod alaudis conuenit. nam & primam ſpeciem terrenam eſſe tradit Ariſtoteles, & alteram
uulgo aliqui terraneolam uocant, hinc ſorte corrupta eſt chamochilados uox, qua alauda uulgò
                                                       in Creta

in Creta nuncupari Bellonius scribit. ¶ Oppianus libro tertio Ixeuticorum χελαύδϱαν & χέλαυνα
δϱον auem nominat, nescio an alaudarum aut diuersi generis, sed uerba paraphrastæ adscribã. Chalandram (inquit) nemo facile ceperit, nisi reti iuxta aquam extenso ab aucupe iuxtà in tugurio latitante: qui auem ad potum hauriendum accedentem funiculo retis attracto inuoluat.

¶ Superest aliud galeritę genus (inquit Turnerus) Germanis **Copera**, à longissima, ut arbitror,
crista ita dictum, (Anglis a uuodlerck,) Aristoteli planè incognitum. nam prius Aristotelis genus
esse non potest, quia minor est quàm ut illud esse possit: minus autem illud genus esse non potest,
quia galerum habet, qui Aristotelis posteriori generi deest. Iam cum Colonienses aucupes coperam
(quæ mediæ est magnitudinis inter Aristotelis galeritam cristatam & non cristatam) concordibus
10 adfirment suffragijs, nullam habere peculiarem cantiunculam, sed inepte aliarum quibus cum uicti
tat auium uoces referre, adducor planè ut credam hanc esse recẽtiorum Græcorum córydon illum
cuius in adagio mentio est, Ἐν ἀμέσοις καὶ κόϱυδϛ φθέγγεται: Et in hoc uersu: Ἐι κύκνϛ δύώατοι κόϱυδϛ πα-
ϱαπλήσιον ᾄδ᾽ειν. Nam reliqua duo alaudæ genera pulchrè & suauiter cantant, Hæc ille. ¶ Cum frigus intensum est, & nix agros passim tegit, in sterquilinijs & prope horrea conspiciuntur sæpe alau
dæ. Et illæ ipsæ quæ hyeme nobiscum uiuunt, per æquinoctium auolant. Non cantillare autem eas
expertus sum. sæpe enim in auiario carcere à me conclusæ & educatæ præter uocem, quam subinde
iterant, & à qua Germanicum nomen habent, nihil planè loquuntur. Præterea nidos nõ construunt
in segete, uerum in fossis senticosis, non aliter ac passeres maiores, Gyb. Longolius. Nostri hanc
alaudam, hoc est cristatam minorem appellãt **Robellerch, Steinlerch, Baumlerch**: & uocem ea-
20 rum inconcinnam esse aiunt, tanquam lĩ lii sæpius repetitum. scribo autem ß. pro u. Gallico.

¶ Est postremò aliud syluestre genus alaudæ cristatum, albicantius proximè dicto, præsertim
parte prona, id est uentre, & circa collum & oculos, ut pictura à perito aucupe eodemͣ pictore no
bis communicata indicat. nam autem ipsam nondum uidi. nomen ei Germanicum **Waldlerch**, id
est alauda syluatica: quod Angli etiam proximè dictæ tribuunt.

B.

Alaudæ magnitudine est lutea dicta auis, Aristot. Alaudæ coturnicibus similes sunt, Suidas
& Varinus. Aues paruæ, Galenus & Dioscorid. apice eminente in uertice, ut in pauone, Dioscor.
Passer qui syluestris & maior cognominatur, colore & magnitudine alaudam refert, Actuarius.
Alauda, ut ait Galenus (& Aëtius) adsimilis est passerculis qui pyrgitæ & troglitæ nominantur in
30 oppidorum muris ac turribus frequentes, extraquàm galero quo illi carent, Hermolaus. Alauda
non cristata colore similis est cristatæ, sed magnitudine minor, (duplo ferè minor, & rostro tenui,
Turnerus,) Aristot. ut in A. recitaui, ubi & alia quædam de colore, magnitudine & crista in diuersis
alaudarum generibus dicta, hic repeti superuacaneum foret. Color κόϱαμνϛ, id est testaceus, communis est ferè pulueratricibus, ut alaudæ, coturnici, perdici, Longolius. Ἐπιτυμίδας alaudas aliqui à colore dictas conijciunt, à uerbo τύφω, quòd est uro, quòd à flammeum colorem accedant.
φλογοειδέϛ γάϱ ἐσι. Sed magis placet huius nominis causam referri ad fabulam, quam referemus in h.
Gosturdi (uide supra in A. inter nomina alaudæ cristatæ) aues sunt admodum paruæ, coloris terrei,
cristam paruam ex plumis habentes in capite, Author libri de nat. rerum, & partim Albertus, sed
lectio apud hunc corrupta est. Alauda est coloris cinerei (lego terrei) paulo maior passere, & in po
40 steriore digito pedis longissimum habet unguem, Albertus.

C.

Alauda (prima cristata) in agris habitat, non in syluis, Albertus. in segetibus nidulatur, Gellius.
In uijs sæpe obuia est, Galenus. inde nostri **Waglerch** uocitant. Circa uias, hyemis præsertim tempore, Aetius. Eæ uerò quæ cristam non habẽt, in planis & locis erica consitis, & ad ripas lacuum
magna ex parte degunt, Turnerus. inter iuniperos & uepres præsertim ubi frequens myrica (erica)
est, gregatim cursitant, Longolius. nam cristatæ, ut diximus, non sunt gregariæ. ¶ Alaudæ uescuntur granis (id est frumento & seminibus cerealibus) & uermibus, Albertus. Quæ crista carent
ad ripas lacuum, uermium causa quibus uictitant, sæpe obuersantur, Turnerus. Alaudæ attelaborum (locustarum generis) oua perquirunt & conficiunt (ὠήτσοι,) Plutarchus in lib. de Iside. ¶ Alau
50 da nunquam in arbore consistit, sed humi, Aristoteles. Cristata, ut supra diximus, raro euolat, & si
quando euolârit, mox rursus procumbit. Gosturdi non uolant aliarum auium more, sed uento co
gente nunc alta nunc ima petunt, Author libri de nat. rerum. Non altè nec depressè gregatim uolant, Albertus. ¶ Cantus. Alauda ingenio est ad cantum docili, Hermolaus. Ambæ (cristata ma
ior, & non cristata) suauissimè cantillant caueis inclusæ, Grapaldus. Galerita maior pulchrè & suauiter cantat, & minorem cantu non minus ualere tradunt aucupes, Turnerus. Alauda mira alacritate pennis exertis in aëre, uocis modulatione lætæ serenitati temporis quasi applaudit, (tum gestu
alarum, ijs expansis, tum uoce.) nam nubilo pluuióue cœlo uix aut nunquam canit: sed humi,
sed inter ascendendũ ascendit autem paulatim, subitò uerò & instar lapidis descedens cantillat, Author libri de nat. rerum. Mas in hoc genere ualde musicus est, & multæ modulationis, æstatem pri
60 mus inter aues prænuntiat, & cantu suo diem antelucano prænütiat. pluuias & tempestates abhorret, Albertus. Et rursus, Cantat ascendendo per circuitum uolans: & cum descēdit, primo quidem
paulatim id facit, & tandem alas ad se conuertens (contrahens) in modum lapidis subitò decidit, &

g 4

in illo casu cantum emittit. Cicurata uerò in cauea inter cantillandum alas mouet, hoc ueluti gestu ad liberum aërem redire deposcens, quòd si diu captiua teneatur, ut plurimum alterius oculi cæcitate afficitur: id quod nono ferè anno eis accidere aliquotiès sum expertus, Albertus. Alauda cristata in caueis oblectamenti gratia, quod cantu suo suauissimo præbet, alitur. De suaui calandræ cantu & cristatæ minoris (cui uox inepta) supra in A. scriptum est. ¶ Alauda sese in puluere uolutat utpote non altiuola, Aristot. ¶ Alauda in condenso frutice, non nido, prolem parit, nidumᵱ auræ patentem habet, minus enim uolat, Arist. In segetibus artificio magno, quo pueros & accipitres fallat, nidum constituit: Longolius, de cristata maiore loquens. Alaudæ in nido cuculus aliquando parit, Aristot. & Aelianus, uide in Cuculo. Alaudæ hyemales, id est cristatæ minores, nidos non constituunt in segete, uerum in fossis senticosis, non aliter ac passeres maiores, Longolius. De gosturdis fertur uulgò, quòd earum oua in terra posita à bufone foueantur: & pullos demum exclusos à parentibus curari, & cibo allato nutriri donec uolatus tentare possint, Author libri de nat. rerum. Oua dicuntur in terra ædere & rarò fouere, propter quod uulgus mentitur hæc à bufonibus foueri. Verum est quidem calorem modicum cum Sole fouendis eis sufficere. Exclusi autem pulli à matre colliguntur & solicitè procurantur in pastu, quæ de ouis ante. minus uidebatur esse solicita, Albertus. Aiunt eas gramen in nidum amuleti causa inserere, ut in prouerbijs referemus in h. Alauda & aliæ paruæ aues, semel anno quatuor aut quinᵱ oua pariunt, Albertus.

¶ Alaudæ etiam epilepsia affici traduntur, Aloisius Mundella. Alaudam sinapis semen conficit, Aelianus. ¶ Alauda hyeme latet, Aristot. & Agricola. Vuottonus exemplar Aristotelis mendosum hoc loco esse suspicatur, cum Aetius dicat hyemis maximè tempore galeritas inueniri. Sed forte aliqua parte hyemis latent, reliqua uerò conspiciuntur, & quidem propius domos & semitas cibi gratia inquirendi.

D.

Alaudas aiunt peculiari quadam industria & amore pullos suos curare & alere. ¶ Lauri folia edit alauda, Philes: nescio an ualetudinis aliámue ob causam. In nidum etiam illa fertur amuleti gratia gramen imponere. Contra fascinationis metum folia quercus comedit, Philes. ¶ Alauda & iunco amicæ sunt, Aristot. Alaudis dissident uariæ (ποικιλίδες, nimirum picarum generis) dictæ aues, Idem. oua enim inuicem exedunt, Vuottonus. Corydalis odit acanthylidem, Philes & Aelianus, quærendum an acanthylis eorum eadem sit quæ pœcilis Aristoteli. Vide in Acanthide uel Carduele. Apud nos coruus aliquando deuorauit alaudam iuuenem, cuius rei ipse spectator fui, Albertus. Alauda ardeolæ oua diripit, Aristot. Accipitres quidam in cassitas & hirundines ruunt, Oppianus. Alauda accipitrem adeò timet, ut in hominum sinus confugiat, & loco manens uel in terra sedens capi se permittat, Albertus.

E.

Alauda hyeme capitur, & præcipuè tempore niuis, Obscurus. Ismerlos accipitres Galli loyet eas uocitant, id est alaudarios, quòd alaudæ ab eis præcipuè capiantur. Oppianus in Ixeuticis uisco eas capi scribit. Et rursus in Ixeuticis, Auceps (inquit) noctua exposita in apside aliqua ærea subinde funiculum attrahit, & uirgulas undiᵱ circumpositas uisco illinit. Tum alaudæ ad noctuam capiendam properantes inuiscantur. Alaudæ, columbæ, corui, &c. quomodo capiantur reti, docet Crescentiensis lib. 10. cap. 10. Chalandra auis quomodo capiatur, ex Oppiano supra in A. præscripsi. ¶ De cantu alaudarum quæ captæ & caueis inclusæ sunt, scripsi supra in C. Retis genus quo ad corydalos capiendos, & eas auiculas quas peregrinas appellant, utuntur, Guil. Budæus describit in Annotationibus in Pandectas: Genus est (inquit) retis bimembre, quod duabus alis constat, humiᵱ expansum deuolantibus auibus adducto fune in se complicatur ad eas obruendas: nec semel ut illud simplarium genus, (pantheron,) sed identidem contrahitur expanditurᵱ. Alaudæ, perdices, rusticulæ, & aues aquaticæ capiuntur noctu ad ignē, tintinabulo, & retis genere quodam, (sic enim interpretor quod Gallicè legitur au reel ou couuertoir,) Ignis hoc modo sit: Ellychnium facito de linteis ueteribus siccis in seuo liquato madefactis: eaᵱ contorqueto ad crassitudinem brachij, & longitudinem pedis, accenditoᵱ, Rob. Stephanus.

¶ Obseruationes circa temporis constitutionem eiusᵱ mutationes ex cantu alaudæ, retuli supra in C.

F.

Alaudæ genus nō cristatum cibo idoneum est, Aristot. Carne est longe suauissima, Turnerus. Odorata, ut quibusdam uidetur. Cuzardi magis conueniunt medicinæ quàm cibo, Elluchasem. Alauda carne & iure non inutilis homini est, Platina. Cuzardi (alaudæ, Baptista Fiera) sistunt uentrem, & ius eorum colicis salubre est, Elluchasem. Caro alaudæ cristatæ uentrem constringit: ius autem eius eundem fluxum reddit, ut aliqui citant ex opere Rasis ad Almansorem. Idem in libro de 60. animalibus: Alaudæ cristatæ (inquit) in cibo calfaciunt & astringunt. quòd si quis utetur eis, condimentum addat ex aceto, coriandro & succo sinapis. Et mox, Finoræ (inquit: hic etiam alaudas intelligo) calidiores & sicciores sunt quàm passeres domestici. Alauda (inquit Mich. Sauonarola) est calidi & sicci temperamenti. caro quidē siccior est, & in fine secundi gradus calida siccaᵱ uidetur. hanc Galenus scribit uentrem astringere, ius uerò eius soluere. Eligi debent iuuenes & pingues.

pingues. Præferuntur carnibus cuzardorum, Elluchasem. Rufus inter aues syluestres præfert
calandrellas(id est alaudas non cristatas) & sachar (aliàs sathur) pingues. Secundum locum tribuit
sturnis, phasianis, perdicibus, &c. tertium coturnicibus & cuzardis, Elluchasem. Cambura (Auicenna 2.187. Bellunensis legit canaberi uel camberi)quum concoquitur, nutrit plurimum, sed tardè concoquitur.

G.

Alauda cristata assa & in cibo sumpta cœliacos adiuuat, Dioscorides ut uulgati codices habent
& Ruellius transtulit:sed melius Marcellus Vergilius, pro cœliacis colicos restituit. Sic uero omnino legendum esse , facile ex plurimis quæ subijciemus authorum testimonijs constabit. Finoræ
10 decoctæ cum aqua soluunt uentrem,(uide supra in F.)& colo medentur, Rasis. Mande galeritam
uolucrem, quam nomine dicunt, Serenus inter colli remedia. Elixa in iure(ἐν ζωμῷ) Aegineta &
Aetius habent σὺν λιτῷ ζωμῷ, id est cum simplici iure. hoc est non operoso, nec rebus alijs nimirum
præterquam modico sale condito. λιτὸν enim interpretantur, ψιλὸν, εὐτελὲς, ἀκόπιλον, ἁπλῶν) colicos iu-
uat.edenda est autem subinde & frequenter unà cum iure.Ego quidem hanc facultatem uere ei attribui experimento cognoui, Galenus. Quinetiam corydalis (κορυδαλὶς)appellata herba colicis utilis est, Idem. Cæterum Aegineta post corydi, id est alaudæ ad colicam declaratum usum,subijcit co
ronopodis quoqꝫ radicem aduersus colicum affectum ualere. sed ita ferebat ordo literarum ut mox
de coronopode agendum illi esset:cuius tamen radicem astringere, & ea gratia non colicis sed cœliacis prodesse Dioscorides & Galenus scribunt. Nos apud Dioscoridem (inter nomenclaturas ei
20 adscriptas)legimus capnon, id est fumariam herbam,à quibusdã corydalion uel corydalion agrion,
uel corion appellari. Et quanquam non memini fumariæ à quoquam uim colicis auxiliarem attribui,non dubito tamen quin utilis eis esse possit, illis præsertim qui propter excrementa alui indurata & flatus hac ipsa de causa collectos in hunc affectum inciderint. soluit enim aluum succus fumariæ,qua soluta flatibus etiam uia patet.Conueniunt autem colicis non uehementia, sed leuia tan
tum medicamenta quæ aluum modicè ducant. Quid uerò cum alaudis fumariæ commune sit non
uideo,nisi quod florum ueluti calcaria longiuscula alaudarum forte digitis pedum , aut posteriori
saltem longiori(similiter ut in alaudis)comparari possunt. Alauda assa in cibo sumpta, mirabiliter
sæpe colicos sanauit,Galenus ad Pisonem. Coli uitium efficacissimè sanatur ab aue galerita assa in
cibo sumpta. Quidam in uase nouo cum plumis exuri iubent in cinerem, cõteriꝗꝫ (diligentissimè,
30 Marcellus,)bibiꝗꝫ ex aqua(calida, Marcellus,) cochlearibus ternis per quatriduum (triduum, Marcellus,)Plinius & Alexand.Trallianus. Hoc iam præscriptum remedium (inquit Marcellus) colo
& omnibus intestinorum doloribus,& tam hominibus quàm iumentis ex hac re laborantibus efficacissimè subuenit.Et rursus, Alauda cum sua pluma in uase fictili gypsato in furno posito,ita com
buritur ut teri possit,contritæ autè tenuissimus puluis reponitur, & cum opus fuerit ex eo cochlea
ria duo uel tria cum aqua calida per triduum aut quatriduum dantur, incredibile hoc colicis remedium,quod adeò prodest,ut omnia medicamenta meritò superare uideatur,Hæc ille. Porrò cinerem aluum uel aliorum animalium desideratum sic fieri oportet.in ollam nouam mittitur auis, aut
quodlibet aliud animal quod putaueris exurendum,quod addito operculo, circunlitoꝗꝫ argilla, in
furno feruenti torrebitur,spiramento permodico facto,Plinius Secundus in epistola de medicina,
40 quæ Marcelli Empirici uolumini præposita est. Quidam cor alaudæ (aduersus colicum affectum)
adalligari femini iubent.alij recens tepensꝗꝫ adhuc deuorari.Consularis Asprenatum domus est,in
in qua alter è fratribus colo liberatus est aue hac in cibo sumpta,& corde eius armilla aurea incluso,
alter sacrificio quodam facto crudis laterculis(forte incluso corde) ad formã camini, atꝗꝫ ut sacrum
peractum erat obstructo sacello, Plinius. Ad colum: Thraces uiuente adhuc alauda cor eximentes,alligatorium faciunt,femori sinistro ipsum circundantes,Alex.Trallianus.

H.

a. Κόρυδος apud Galenum, Aeginetam, Theocritum, & alios proparoxytonũ scribitur.In Auibus uerò Aristophanis in textu & in scholijs oxytonum duobus in locis, ut apud Varinum quoꝗꝫ.
Apud Athenæum Ἐυκράτης ὁ κόρυδος, paroxytonum habetur, perperam ut coniicio. Aristophanes
50 in Auibus κορυδὸν genere fœminino dixit, Plato comicus autem masculino, Varinus & Scholiastes Aristophanis. Aristoteli κορύδων nominatur, nisi alia ea auis est, Aristophanis Scholiastes &
Varinus. mihi quidem non alia uidetur, quanquam terminatio uariet. Pugnant inter se ποικιλίδης
& κορύδαλος, Aristot.uoce penãflexa. ego κορύδαλὸν proparoxytonũ potius legerim. κόρυδος auis
est,κορύδαλος uerò(proparoxyt.)uicus Atticæ in quo templum erat σωτήρ@ κόρης, Ammonius in differentijs uocum. Sed Aristoteles,Oppianus, Dioscorides, Aristophanis interpres, Varinus,& alij
κορύδαλόν oxytonum protulerunt. Corydalus auis,id est quæ alauda uocatur, quæ animos hominum dulcedine uocis oblectat,Marcellus. Κορύδαλος auis & uicus Atticæ, Hesychius & Varinus.
sed per lambda duplex poetice scribitur , quanquam & apud Aeginetam sic scriptum reperio.
Ἄρχεται δ' ἀμῶντες ἐγειρομένω κορυδαλλῶ, Καὶ λήγειν εὔδοντ@, ἐλινύσαι δὲ τὸ καῦμα, Theocritus Idyl. 10.
60 Hoc est,Incipienda messis est cum expergiscitur alauda,& rursus ea dormiente cessandum, euitare
autem æstum oportet. Κορυδαλιόν α, Oppianus in Ixeuticis. Κορυδαλλὶς Theocritus per λ, duplex. Galeritam Græci corydon & scordalon(lego corydalon) & corydalida appellant, omnes à

galero siue galea, Hermolaus. Κορύφαλος genus auis, Suidas & Varinus. sed quoniam apud alios authores nusquam (quod equidem sciam) hæc uox reperitur, κορύδαλος forte legendum fuerit: nisi quis pro eodem κορυφὴν & κόρυθα accipiat, & ab hoc corydalon, ab illo coryphalon deriuet. Πίφιγξ, alauda, Hesych. sed Varino πίφιγξ auis est sic dicta παρὰ τὸ πίω, id est à potu, quòd aquis gaudeat. Πιφαλλὶς, πίφιγξ, Iidem. nos auem, quam Barbari uanellum appellamus, gifitz, per onomatopœiam. gaudet autem hæc quoque aquis. Piphex harpa & miluus, amici sunt, Aristoteles lib. 9. de hist. anim. ubi Græcè πίφηξ scribitur. ¶ Alauda olim etiam legionis cuiusdam Romanæ nomen fuit. Huc accedunt alaudæ cæterique ueterani, Cicero 13. in Anton. Alaudam auem Plinius & Tranquillus aiunt, ut referunt grammatici, legioni dedisse nomen, quæ alauda uocabatur: de qua Cicero ad Atticum, Antonius (inquit) cum legione alaudarum ad urbem pergere, pecunias municipijs comparare. Videntur autem & milites ipsi alaudæ dicti, & legio alauda. & quoniã alauda uocabulũ Gallicum fuisse perhibetur, nostram super eo coniecturam qualemcunque explicabo. Veteres Gallos magna ex parte lingua Germanica usos esse constat: & cum Cicero (ut modo recitaui) alaudas cæterosque ueteranos dicat, alaudas quoque de ueteranorum conditione fuisse conijcio, præsertim ex natione Germanica siue Gallica oriundos. nam ueteranos & homines quosuis ætate progressos, lingua nostra uocamus die alten uel alden. nam inferiores Germani olden pronunciant. Recentiorum quidam scribunt milites qui galeis uterentur dictos fuisse alaudas, ita scilicet ut aues ipsæ alaudæ galeatæ sunt. Hodie quidem alaudæ dici possent milites illi, qui ut excellentiores uideantur, struthionum alijsue pennis pileos aut galeas suas fastigiare solent. Alaudium (inquit Budæus) appellatum esse uidetur à laudando, id est nominando authore, & a. priuatiuo: quòd qui prædia eo iure habeant, laudare authorem suum nemini teneantur, ut qui nullum soli dominum cognoscant nec patronum. Robertus Stephanus alaudium etiam Gallicè interpretatur, ung franc aleu. Sed forsan ab alaudis, id est ueteranis militibus hæc quoque dicta fuerint: quòd illis huiusmodi prædia ab initio tanquam bene meritis diuisa & donata sint. Sanè a. priuatiuum in huiusmodi compositionibus inusitatum est Latinis. Sed hanc quæstionem grammaticis & Iureconsultis relinquo. Recentiores uerò illos (Albertum & similes scriptores) qui alaudam auem à laude nominatam aiunt, eò quòd mira alacritate pennis in aëre sereno exertis musicam & canoram se declaret (à laudato cantu sic dictam insinuantes) non possum nõ ridere. quomodo enim Gallicæ aut Germanicę uoci origo Latina quadraret? Rideo & Syluaticum qui alaudam interpretatur upupam, quasi uerò omnem auem cristatam upupam esse oporteret. Differt ab alauda parcus, etiamsi quidam negant. est autem parcus auicula palumbo minor aliquanto, subtus candida, cætera pauoni similis, & crista quoque, Hermolaus. Hanc auem recentiores uanellum uocitant, ut in litera V. docebimus. ¶ Alaudarium accipitrem, hoc est alaudas captantem, Galli uocant, sua lingua loyette, quam etiam S. Martini auem uocari audio, colore fusco, à speruerio diuersam. ¶ Cassitam, pro alauda, media producta dicunt. Nec sua luctificis cassitæ funera plangunt Vocibus, Eobanus Hessus in translatione Theocriti. Cassida uerò, pro galea, media breui ponitur. Aurea cui postquam nudauit cassida frontem, Propertius. Aurea uati Cassida, Vergilius 11. Aeneid. ubi Seruius, Ex accusatiuo (inquit) Græco facit nominatiuum Latinum.

¶ Corydelis salsamentarius piscis est, quem nos cordyllam uocamus, &c.

¶ De herba quæ corydalis uel corydalion uocetur, in G. dictum est. Nostri alaudarum flosculos appellant qui nascuntur cœrulei pratis humidioribus quibusdam, ex genere paruo herbæ arthriticæ quam & primulam ueris nominant, rari inuentu, cum lutei passim uulgares sint.

¶ Epitheta. Κορυδαλλίδες ἐπιτυμβίδιοι, Theocritus Idyl. 7. aliqui sic dictas uolũt, quasi circa sepulchra uersari soleant. alij à colore φλογώδεις interpretantur, παρὰ τὸ τύφω. Sed magis placet causam huius epitheti ad fabulam referri recitandam in h. Καὶ παῖδας εἶχε λαιὸς κόμη θρέψας λοφῶντας, καὶ πρόσθεν ἀκμαίους, de alauda author innominatus apud Suidam. ¶ Alauda galeata, Bapt. Fiera.

¶ Homines olim (inquit Aristophanes in Auibus) auium cognomina usurparunt: & Philocles corydus nominabatur. ubi Scholiastes, nimirum quod capite superius acutiore esset, ἢ ὀρνιθώδης τὴν κεφαλήν. nam deformem illum fuisse hominem in Thesmophoriazusis etiam indicat poeta. Κορυδεὺς (Κορυδὸς legendum puto) & filij eius tanquam deformes in comœdijs traducuntur, Hesych. & Varinus. Corydeo deformior, prouerbium apud Apostolium, quòd Corydeùs iste admodũ deformis fuisse perhibeatur. Corydos apud Athenæum insignis cuiusdam parasiti nomen est. Εὐκράτης ὁ κορυδὸς apud eundem legitur. Corydon nomen proprium est pastoris apud Theocritum Idyllio 4. & in Aeglogis Vergilij. ¶ Perdices Athenis ab altera parte Corydali quæ urbem respicit, aliam quàm in ulteriore uocem ædunt, Theophrastus ut citat Athenęus. Corydalum autem uicum esse Atticæ supra diximus. Stephanus Corydallum hunc uicum per λ. duplex nominans in tribu Hippothoontide collocat: à quo tribulis dicatur Κορυδαλλεύς. Apud eundem Corydalla urbs Rhodiorum est, gentile Κορυδαλλεύς. Chelidoniæ insulæ contra Tauri promontorium pestiferæ nauigantibus duæ sunt, quarum una Corydela (Κορύδηλα) altera Menalipea dicitur, Idem. ¶ Κορυθαλλία Ἄρτεμις apud Athenæum memoratur.

¶ b. Hortulanum auem quandã audio Bononiæ uulgò appellari, alaudæ magnitudine & colore, lautam & pinguissimam.

Ἀέδων

¶ c. Ἀειδὼν κόρυϑι, καὶ ἀπανϑίσϵς, ἔϛγϵ προγύμ, Theocrit. Idyl.7. Vulgò quidā apud nos de februa
rio dicunt, ante meridiem dies adeo frigidos esse, ut plaustrum per gelu in orbita transeat, à meri=
die uero in eadem alauda lauet.

¶ e. Dum turdos uisco, pedica dum fallit aiaudas, &c. Alciatus in Emblem. ¶ Alexander
Trallianus inter remedia ad colum, annuli ferrei circulum octangulum fieri iubet, & in octangu=
lum inscribi, φϵϋγϵ φϵϋγϵ ἰϊ χολὴ ἢ κορύδαλος ἔϕιτϵ.

¶ h. Plinius quum fabulosa quædā à ueteribus tradita scripsisset, subdit: Qui credit ista, etiam
Democrito credet quum alia (fabulosa,) tum quæ de aue galeria priuatim cōmemorat, etiam sine
his immensa uitæ ambage circa auguria. ¶ Lemnij corydos colunt propter utilitatem quam ex
10 eis percipiunt, eò quod attelaborum (bruchorū de genere locustarum) oua perquirant & deuorent,
τὰ τῆϛ ἀϑελϵϑεωϛ ἐνϵϛϵκϵντϵϛ ἀλὰ καὶ κόπτονταϛ, Plutarchus in libro de Iside & Osiride. ¶ Οὐδ' ἀϊττυμϵί=
διοι κορυδαλλίϛϵς ἠλαίνονται, (ϵρέμϵονται, ἰϑι ϕ' αὐλῆϛ πλανϵϛνται,) Theocritus Idyl.7. de tempore meridia=
no loquens. Habet alauda (inquit Galenus libro undecimo Simplicium pharmacorum in capite
cristam è plumis innatam, (λόφον ἐκ τῶν τριχῶν αὐτοϕυῆ,) unde occasio data est fabulæ quam Aristopha
nes Comicus describit, his uerbis:
Ἀμαϑὴϛ γὰρ ἔϕυϛ, κϵ πολυπράγμων. οὐδ' Αἴσωπον ϖεπάτηκαϛ·
Ὅϛ ἐϕασκϵ λέγων κορυδὸν πάντων πρώτην ὄρνιϑα γϵνέϑαι,
προτέραν ϑ' γῆϛ, κάϖειτα νόσῳ τὸν πατέρ' αὐτῆϛ ἀϖοϑνϵϛκειν,
γῆν δ' ἐκ ἔϊν. τὸν δ' ϖεκϵίϑαι ϖεμπϵϛϑαι, τῆν δ' ἀϖορϵϛϵν
20 ὑπ' ἀμηχανίαϛ, τὸν πατέρ' αὐτῆϛ ἐν τῆ κεφαλῆ καϖορύϑαι. Adscripsi autem hos uersus eò libentius, quòd
apud Galenum nonnihil corrupti essent. Sensus est, Alaudam auem priorem terra enatam: unde
mortuo patre, quum ubi sepeliretur non extaret, nondum producta terra, illum in capite contumu=
lârit, tumuli signum seu uestigium adhuc in ea spectari surrectū capitis apicem. Et hoc etiam Theo
critum insinuasse aiunt (inquit Galenus) ἀϊττυμϵίδιοϛ κορυδαλλίϛϵαϛ scribendo, quasi parētis tumulum
in capite gestantes, (etsi aliqui, ut in a. retuli, hanc uocem aliter interpretentur.) Hęc eadem memini
alicubi in Lexico Varini legere. Corydo igitur tanquam antiquissimæ auium in Auibus Aristo=
phanis regnum decernitur. Cirin etiam auem, de qua inter accipitres scripsimus, parentem suum
in capite tumulasse quidam scribunt. ¶ Colęnus quidam condidit Colonidas urbem colonia de=
ducta Athenis, coryo auicula duce usus ex oraculo, Pausanias in Messenicis.
30 ¶ Prouerbia. Corydalis uel Galeriis) omnibus cristam inesse oportet, τῶϛϖϵν κορυδάλοισι χαὶ λό=
φον ἐγγενέϑαι, citatur ex Simonide & usurpatur aliquoties à Plutarcho, nominatim in uita Timoleon
tis, in hunc sensum: nullum esse mortalis ingenium, cui non sit aliquod uitium admixtum, ceu per=
inde secundum hominis naturam sit non carere uitio, ut galeritæ naturale est habere cristam. Plu=
tarchi uerba subscribam: ἐπεὶ δὲ χρὴ, ὡϛ ἔοικϵ, ᾗ μόνον πᾶσι κορυδάλοιϛ λόφον ἐγγίνϵϑαι ὡϑ Σιμωνίδϵω, ἀλλὰ κᾳ
πάϛϵ δημοκρατείᾳ συκοφάντϵω hoc est, Quoniam autem oportet, ut uidetur, non solum omnibus gale=
ritis cristam inesse, quemadmodum dixit Simonides: uerum etiā omni democratiæ sycophantam.
Congruit huic dictum Cratetis, quod refertur apud Laertium, uix esse quenquā qui prorsus omni
uitio careat, sed omnibus malis punicis aliquod inesse granum putre, Hæc Erasmus. Nos quidem
supra ostendimus genus gregale alaudarum non esse cristatum. itacp de illis non uersū erit hoc pro=
40 uerbium. ¶ Credebatur laurus efficax aduersus uenena, inde iactatum ut qui se tutum approba=
re uellet, δαϕνίνω diceret ϕορῶ βακίνϵίαν, id est, Laureum gesto baculum. cui ferè consimile prouer=
bium est de corydo aue nido gramen inserente aduersus animalium noxia, ἐν κορύδ' ϑ κοίτη σκολὴ κϵ=
κρυϛϵω ἀγρωϛιϛ, Celsus ex Geoponicis Grecis 1.15. authore Zoroastre. In corydi nido intorta occul=
tatur agrostis: adagij usus est (ut inquit Alexander Brassicanus,) si quando significamus nobis non
deesse tacita quædam & paucis cognita præsidia: quemadmodum corydus auicula agrosti occulto
quodam aduersus ea quæ nocere possint amuleto utitur. Simillimū illi quod Germani uulgo iacti=
tant: ﬤr iﬅ jm wie ein ſpieẞ hinder der thüre, Eberhardus Tappius. ¶ Inter indoctos (amusos)
etiam corydus sonat, ἐν ἀμϵσσι καὶ κορυδὸϛ φϑέγγϵται: quadrabit in quosdam qui apud idiotas audēt sese
uelut eruditos uenditare, inter doctos alioqui prorsus elingues : id quod citra metaphoram elegan=
50 ter extulit Euripides in Hippolyto coronato: Oἱ γὰρ ἐν σοφοῖϛ φαῦλοι, τῷ' ὄχλῳ μϵσπϵκϵϛϵρι λέγϵιν. Cory=
dus uilissimum auiculæ genus, minimecp canorum , strepit tamen utcuncp inter aues mutas, apud
lusciniam canens ferri nequaquam posset. Corydum auem minimè canoram esse testatur & Græ=
cum epigramma, licet ἀϛϵϛλον,

Ἐι κύκνω δϋϛατϵ κορυδοϛ ϖαρωϖλήσῳ ἀϛϵϛω,   Τολμῶν δ' ἐρϵϛϵι σκῶπιϛ ἀηδονίϛι·
Ἐι κϵκκυξ τέτιγοϛ ἐϑϵι λιγυρϵϛϵρϵ ἔϵι,   ἐϖϵι ποιϵϛμ καὶ ἐγὼ παλλαδίϛϵ δϋϛϵκμαι, Erasmus.

Nos primum & secundum alaudæ genus supra à suaui uocis modulatione commendari, tertium
uero ἀμϵϛοϛν & ineptæ uocis esse docuimus. ¶ Aquilæ senecta, corydi iuuenta : Ἀετϵϛ γῆραϛ, κορύδϵϛ
νιότηϛ: de uiuida uiridicp senecta, quæ præstantior sit aliquorū iuuenta. nam anus aquila præstat co=
rydo auiculæ etiam ætate integra. Citra allegoriam extulit Euripides in Andromache : τολαδϵϛ νϵωϛ
60 γὰρ καὶ γϵϛϵὶ ϵϋϛϵϛ ϵϋϛϵ βι Κρϵϵϛϵϵ, Erasmus, nam aquila utcuncp annosa, quauis tamen aue præstan=
tior est, Suidas.

¶ Apologus. Cassita auicula est (inquit Grapaldus) quæ in segetibus diuersatur & nidulum

struit,id ferme temporis cum meſsis inſtat,pullos habens iamiã plumãtes. De qua Aeſopus Phryx
ille egregius fabulator luſit apologum, quem hic noſtris inſerere operæpretiũ duximus.Caſsita itu-
ra cibum pullis quæſitum,monet eos,ut ſi quid audiant,id cũm redierit,ſibi reſerãt.Interim aduentat dominus ſegetis illius;& filio,matura inquit,hæc operas poſtulant. idcirco in craſtinum amicos
adibis,& roga,ueniant operam mutuam daturi,ut meſsis peragatur. Vbi redijt mater ,renunciant
omnia,& trepidi orant,ut ſeſe auferat. Iubet illos caſsita bono animo eſse. nam ſi dominus (ait) ad
amicos meſsem reijcit,craſtino ſeges non metetur. Die igitur poſtero caſsita ad pabula euolat, dominus fruſtra amicos præſtolatur.Tum ille rurſum ad filium:Amici nulli ueniũt,quin potius imus
& cognatos affineſщ noſtros oramus,ut adſint diluculo ad metendum. Nunciant hoc itidem pulli
pauidi caſsitæ.Ea hortatur ſint à metu otioſi, futurum ut neceſsarij ferme nulli obſequiales ſint, ad-   **19**
uertant modo ſi quid denuò dicetur.Orta luce proxima,& auicula in paſtum profecta,affines opel
lam non præſtant.Hinc dominus filio, Valeant(inquit)beneuoli cum propinquis, noſmetipſi cras
metemus.Id quod ubi à pullis mater accepit;hcra(inquit)iam eſt abeundi, nunc dubio procul meſ-
ſis peragetur. in ipſo enim iam uertitur cuiſm eſt negotium, non in alio à quo petitur. Atque ita
caſsita cum pullis ſeceſsit, & ſeges demetitur. Et hic eſt Aeſopi apologus de amicorum & propin
quorum,ut Gellius(lib.2.cap.29.)notat,leui plerunǫ & inani fiducia. Vnde audenter dicere poſsi-
mus,O amici,amicus nemo:ô affines, nulli affines : & illud ex oraculo quaſi Delphico exiſſe , Ne
quid expectes amicos,ne quid cognatos,quod tu per te agere poſsis.

DE ALCYONE.   **24**

A.

ALCYON auis eſt marina,quanquam & amnes ſubit, Ariſtotele teſte,nomen ei παρὰ τὸ ϙ̄
ἀλὶ κύϵιν,quòd in mari pariat, ut Scholiaſtes Theocriti & Varinus ſcribunt , qua ratione
aſpirari debebat;& ſanè cum ueteres quidam Latini, ut Varro in opere de lingua Latina,
& Seruius in primum Georgicorum Vergilij,huic auis nomini ab initio aſpirant,tum ex
recentioribus eruditi quidam. Non recipere ſtatilem in prima uerbum alcyonas, auctor Euſtathius eſt , etiam canone ſubiecto: quoniam A. ante L. ſi ſequatur ϰ.ſtatilem non admittat, Cœlius.
Halcyonem cum aſpiratione ſcribendũ,ex Theocrito apparet,χ ἀλκυόνϭϐ ϵυροϲϭύνϯϵ τὰ κύματϵ. nam **30**
ſi non aſpiraretur, non opus fuiſſet cappa, id eſt primam literam coniunctionis ϰϟ̂ in χ.denſam mu
tari,Io.Tortellius. Alcyon(inquit Io. Iouianus Pontanus lib.1.de aſpiratione)pro aue Græci non
aſpirant,licet ſiat ab eo quod eſt ἅλϛ.illi enim ut grammaticis placet, nunquam aſpirant a. ante l. ſequente cappa. Chœroboſci grammatici, qui Græcè de aſpirandis uocalibus ſcripſit,uerba hæc ſunt:
Alcyon uerò etſi ab eo quod eſt ἅλϛ deriuatur, tamen quia ſequitur cappa,tenuatur: & ſimiliter præ
teritum ἤλϯο,licet ſiat à uerbo ἅλλομαι(& ἀλτήρϭϐ ab eodem uerbo:Vide Etymologum.)Nam a.ante
l.ſequente conſonante ſemper tenuatur , niſi fortaſſe ſtatim ſequatur liquida. Nihilominus (inquit
Pontanus)apud Theocritum eſt uidere Græcos ueteres huic nomini aſpiraſſe:ac licet ipſe uiderim
in uetuſtiſsimis codicibus noſtris huic nomini aſpirationem eſſe prænotatam , hodie tamen aſpirat
nemo,& ſimiliter dictionibus alcedo,alcedonia, (de quibus plura ſuo loco,) Hæc ille. Varro qui- **40**
dem etiam halcedinem cum aſpiratione dixit: Vide infra in a. Eſt autem alcedo Latinis, eadem
quæ Græcis alcyon auis. ¶ Alcyon Arabicè ſecundum Auicennam uocatur cheren, Albertus.
Alicubi tamen ubi apud Ariſtotelem alcyon legitur, Auicennæ translatio (quod Albertus ſatetur)
habet alchorab , quæ uox eorum ſignificat. res ipſa quidem, hoc eſt per hyemem quatuordecim
diebus operam dare(nido &)excludendis ouis,ad alcyonem pertinet, non ad corum. Et mox,Al
cyon(inquit Albertus)eſt auis nigra , non admodum magna : & forte hanc uocauit Auicenna coruum marinum propter coloris ſimilitudinem. ſed nigram eſſe alcyonem, falſò & ſine authore ſcri-
bit.Et rurſus eodem capite, Alcyon eſt eadem cum alchorab marino,& ſecundum Ouidium & Ho
merum auis eſt Diomedis,rarò apparens,&c. Sed de auibus Diomedeis toto genere diuerſis, nos
ſuo loco priuatim agemus. Alcyonem ignorauit Albertus dicens eam corum marinum eſſe, Ni **50**
phus. Apud Auicennæ interpretem alcyonis ceu Græcum nomen in publicatis codicibus abſur
diſsimè legitur. Albertus cum alcyonis ſcripſiſſet hiſtoriam ex Ariſtotele uel Auicenna, mox ſub
iungit:Alia autem auis eſt,quæ uocatur Græcè ſauorath, quæ eſt picus marinus & agreſtis, maior
aliquantulum paſſere,&c,cum & hæc & quæ ſequuntur omnia non minus quàm quæ prius de al
cyone expreſſè ſcripſerat, alcyoni ſoli conueniant, & eadem fermè repetantur. Idem Ariſtotelis
de alcyone uerba recitans,cum cinnamomo aue eam confundit. Fui ego aliquando in ea opinione , ut auem quæ à barbaris iſpida nominatur, alcyonem eſſe conijcerem. quam ſententiam meam
etiam doctiſsimus uir Guil. Turnerus Anglus tunc approbatam in ſuo de auibus libro publicauit,
& illum nuper ſecuti Georg.Agricola,Eberus & Peucerus,idem tradiderunt, ſed cum diſtinctione,ac ſi hæc auis alcyon fluuiatilis eſſet,non autem marina:cum ueteres huius differentiã non me- **60**
minerint,nam Ariſtoteles ſcribit alcyonem auem marinam fluuios etiam ſubire : non aurem diuer
ſam fluuiatilem à marina eſſe. Verum hæc ſcribo non ut coniecturã, cuius author ipſe fui,reſutem?
nedщ

neq; ut uiris longè doctissimis aduerser : sed ut diligentius inquirendi occasionē harum rerum studiosis excitem. Hæc iam scripseram cum Petrum Bellonium etiam diligentissimū uirum in Græcia nuper alijsq; remotissimis regionibus peregrinatum, similiter ispidam, quam ipse uocat martinet pescheur, id est apodem piscatricem, pro alcyone accipere cognoui. Idem iyngem auem in Atho monte Græciæ uulgò alcion nominari scribit. Alcyonem habemus in inferiori Germania in littoribus maris, & ad Hauelam flumen, ubi ab incolis uulgò impropriè **Wasserhūnle** dicitur, & aliquo modo propriè Eisuogel, quia glaciosa hyeme nidificat & excludit pullos. illo tamē nomine dicitur & alia auis, nempe quæ ispida est, Christophorus Encelius. ¶ Aristoteles de hist.
animalium 8.5.aues quasdam degere scribit circa fluuios & lacus, alios circa mare. Ex parydris &
10 iuxta aquas dulces degentibus præter cæteras numerat etiam τὸ τῶι ἀποδύνωι χνῶϑ, ut in exemplaribus nostris habetur, Gaza & Niphus uertunt alcedonum, cum Græci luscinias ἀηδόνας uocent : sed illæ non degunt iuxta aquas. quare cum uox corrupta sit, apparet illos diuinasse legēdum ἀλκυόνωι, Albertus ex Auicenna hoc in loco habet seorahon, corruptissimam uocem. Sed quid si legamus χελιδόνωι id est hirundinum, ham & hæc uox magis ad ἀηδόνωι accedit : & aquis eas gaudere certum : & quæ ibidem subijcit Aristoteles, hirundinibus(ni fallor) magis quàm alcyonibus cōueniunt.nempe duarum eas generum esse.unam arundinibus insidentem uocalē, (alibi etiam uel iam auem paruam, ἶλαρ, ex arundinibus paludes spectare, & uoce proba esse ait) alteram mutā & maiorem, dorsum utriq; cœruleum. Alcyonum sanè hoc loco non rectè legi etiam quæ proximè sequuntur philosophi uerba indicant:Circa mare uerò uersantur(inquit)alcyon(Gaza de suo inserit, quoq;,)inferi-
20 rum ad excusandum quòd proximè etiam alcedones inter χνῷϑΘ nominarit) & carulus,(sic Gaza κήρυλον reddit.)Absurdum autem foret cum prius alcyones nominasset inter eas quæ degunt circa dulces aquas : mox easdem primas nominat inter maritimas. quanquam enim(ut diximus)fluuios quoq; subeat alcyon , primum tamen & præcipuè maritima est, & à ueteribus omnibus maritima nominatur.Kiranides eam in littoribus maris degere scribit. Suidas in uoce Ημερινὰ inter aues maritimas numerat,his uerbis:Θαλάσσια ʃὲ ἀλκυών, ἀηδ'ὼρ, κηύκης, ἄλθυιαι, &c.ubi rursus mireris , quomodo aëdon maritima sit,cum in Aristotelis codice circa aquas dulces degentibus (ut iam dictum est) adnumeretur. Nos sanè Aristotelis locum deprauatum esse conijcimus : Suidæ falsum imitatio librariorum. Obijciat aliquis Plinium quoq; lib.10.cap.32. ubi & reliquam alcyonis historiam ex Aristotele transfert,hæc uerba interserere. sed forsan Plinij quoq; codex corruptus fuerit. Quod
30 si quis ispidam recentiorum pleraq; cum alcyone paria facere, uel omnino speciem quandam alcyonis esse contenderit, hoc equidem illi concessero. ¶ Sig. Gelenius alcyonem autem in mari, eiusdem generis esse putat cuius est auis circa aquas dulces uulgo gysiy dicta, de qua in Vanello dicemus. ¶ Cælius Calcagninus auem quæ à nautico uulgo(circa Italiam) hodie hirundo marina dicatur, alcyonem esse conijcit:passere(inquit)haud multo ampliorem , colore tum cœruleo, tum uiridi,tum etiam leniter purpureo insignem, eoq; non partiliter ita distincto , sed ex indiscreto uarie toto corpore & alis & collo refulgentem, rostro subuiridi & longo & gracili, querula admodum uoce peruolantem maria, & in præruptis scopulorum nidificantem , cui præterea pisces in cibo sunt, Hæc ille. Nostri ab hac diuersam hirundinem marinam uocant **Seeschwalm**,quam ego meropem aut meropi congenerem esse puto , ut in illius historia dicam. Sed ueram alcyonem paucissimis,
40 præsertim mediterraneis,notam esse,mirum non est:quoniam (ut Aristoteles scribit) omnium rarissimum uidisse alcyonem est:ferè enim circa Vergiliarum occasum brumamq; ipsam apparet : & ubi primum per portum non plus quàm nauem circunuolârit, statim abit,ut nusquam præterea uideatur.quomodo Stesichorum quoq; eius meminisse notum est. Chærephon etiã apud Lucianum alcyonis cantum tanquam inauditū sibi hactenus & peregrinæ auis miratur.Audio tamen in Græcia hodieq; agnosci alcyonem,uulgari nomine φασδδινὶς.
¶ Cerylus,κήρυλος,non alia est auis quàm alcyon mas,ut Antigonus, citante Varino, scribit,& alij authores : qui & ceyx appellabatur. Vide infra in a. Theocriti interpres tradit ab Antigono proditum senescentes alcyonas uocari cerylos,Cælius:sed perperam,dicendū enim, alcyones mares uocari cerylos,eosdemq; in senecta à fœminis gestari. Κήρυλος, auis est fœmina,libidini dedita:
50 aliqui alcyonem interpretantur,Hesychius. Alcedo apud mare uersatur, & carulus, Aristoteles de hist.anim.8.5.non quòd aliter quàm sexu has aues differre existimaret,sed ut nomina uulgo usitata nō omitteret:sic in eodem capite ficedulam & atricapillam pariter nominat, & alibi erithacum & phœnicurum, cum istas aues non specie sed affectione tantum aliqua (colore) differre fateatur. Albertus ex Auicenna in hoc loco ex Auicenna corruptissimis nominibus pro alcyone habet tharaglyon,pro cerylo kydeloz. Niphus carulum putat esse auem, quæ rusticè apud Italos ciurlus appelletur, quæ autem qualisq; illa sit,non explicat. Petrus Bellonius carulum Gallicè caniard interpretatur, nec aliud addit,nisi quòd delphini uenationem sequantur,& pisces deuorent,qui fugientes delphinum supra mare exiliunt. Sed Galli uulgò anatem marem caniard nominant. Carulum marem alcyonem esse Aelianus quoq; agnoscit : quanquam alibi alcedonem & carulum mutuo inter se amore
60 teneri scribit:ubi diuersarum specie auium amicitias & discordias mutuas recenset.

B.

Alcedo non multo amplior passere est,colore tum cœruleo , tum uiridi, tum etiam leuiter purpureo
h

pureo infignis,uidelicet non particulatim colore ita diftincta,fed ex indifcreto uarie refulgens corpore toto,& alis,& collo,roftrum fubuiride,longum & tenue.Talis fpecies eius eft, Ariftot. Quod
ad colorem,illum pro diuerfo ad lucem aut Solem conuerfione uariare coniicio , & iridis colores
quodammodo imitari,ficut ferici genus ab ifta colorum uariatione apud nos denominatum. Similem colorem in uanello aue & coruo fyluatico obferuaui,& alijs quibufdam. Agnofcit autem hunc
in alcyone colorem,quæ uulgo Italis quibufdam nautis hirundo marina dicatur , Cælius Calcagninus quoq́ ut in A.recitaui.quamobrem miror ab eo defendi Plinium,quem Ariftotelis fenfum hac
parte non affequutum, ex ipfius (quæ hic fubijcimus) uerbis apparet. Alcyon (inquit) auis paulò
amplior paffere , colore cyaneo ex parte maiore,tantum purpureis & candidis admixtis pennis,
collo(roftro,Ariftot.quod magis placet)gracili ac procero.Et mox, Alterum genus earum magni- 10
tudine diftinguitur,minores in harúdinetis canunt:(de quibus uerbis fententiam meam explicaui
in A.) Calcagninus fentit codices noftros minus quàm Plinij emendatos effe , potius credendum
quàm Plinium male tranftuliffe. Ego uerò contra fentio. iudicabunt eruditi. Albertus quidem ea
quæ ad colorem & roftrum alcyonis pertinent,non ut Plinius, fed ut codices noftri habent , ex interprete Auicennæ repetit. Plenumq́ querelæ Ora dedére fonum tenui crepitantia roftro, Ouidius 11.Metam. Ξουθὰ ἀλκυόνων, id eft fuluç alcyones à colore in Epigrammatis cognominantur.fed
poetæ non raro colorum nominibus improprie utuntur. Kiranides alcyonem auem ualde fpecio
fam effe fcribit,fubcœruleam uel uiridem,uariam colore. Cætera leguntur fupra in A.

c.

Alcyon auis eft marina,Suidas & alij, (ut fupra in A. dictum eft,) maris adeò amans , ut prope 20
fluctus nidificet,pectus aquis afpergat,caudam in terra ficca imponat, Oppianus in Ixeut. Athenæus lib.8.Clearchum authorem adfert , pifcem adonidem fiue exocœtum in littus aliquando unà
cum fluctu extra aquam fe recipere,atq́ inibi fuper faxis quiefcere, & fi uigilet aues ἀγρύδνϊας cauere,ne ab eis deuoretur.fic autem uocat αὖ τᾶϊς δυσϊαϊς ᾖϊ τ̀ ἱερὸν νεμομϊνῶϊ,hoc eft aues illas quæ fereno & tranquillo cœlo iuxta littus pafcuntur, ut cerylum, trochilum, & creci fimilem elorium.
Viuit ex uenatione pifcium maris,Albertus.fubit & in amnes, Plinius:in amnes longius afcendit,
Ariftot. Iupiter alcyones noctu pafci uoluit,& circa ftagnorú fluuiorumq́ maxime folitarias partes,ne hominibus moleftæ effent,Oppianus. Τὸν δ᾽ οἴα ϊλυψῖῖλυ (ϊυκόλυμβϊϊ) κηευϊλον ὄϊα ϊγῒ Αὐλῶϊ
(θαλασιϊ)οϊσει κῦμα γυμνιτῖλυ φάϊῒρ,Lycophron. Κρϊάϊιϊϊ τ̀ ἀγϊέϊοισι κϊτϊκόσμιϊ,ἄϊ ἄϊ νᾶμα Ξϊϊλϊ ἀφϊϊϊ
ϊϊ γείλϊϊ ἀλϊϊϊϊϊ,In Epigrammatis. ¶ Iupiter Ceyci & Alcyonę eius uxori iratus,mutauit eos 30
in aues fingularem & diiunctam uitam degentes , εἰς ὄϊϊα χϊϊϊ ἀϊϊϊϊ Βιϊϊϊ , Varinus. ¶ Halcyonem uidere rarifsimum eft(ut in A.etiam retuli ex Ariftotele)nec nifi Vergiliarú occafu, (cum
occafu heliaco occidunt Pleiades , hoc eft à quarto nonas Aprilis uére, Albertus) & circa folftitia
brumámue,naue aliquando circunuolata ftatim in latebras abeuntem,Plinius. ¶ Pifcibus(pifci-
culis paruis)uiuit, Ariftoteles & Kiranides. Ex alto in mare fe immittit, Oppianus. rectà nimirú
ut catarrhactes & aliæ quædam pifciuoræ aues. Carulum quidè deuorare pifces & ἀγϊϊϊϊϊ effe,
paulò ante ex Athenæo repetij. ¶ Scimus muficas effe alcedines, Aelianus. Aues quæ fuauius
quàm alcyones cantillent,nemo ullas dixerit,Oppianus. Chærephôn apud Lucianum fuauem al
cyonis uocem admiratur. Littoraq́ halcyonem refonant,& acanthida dumi, Vergilius in Geor.
Lugubrem reuera fonum ab ea ædi teftatur Chærephôn apud Luc. Alcedines à maritorum obitu 40
multo tempore lugent & fe difperdunt,defiture canere,ceyx ceyx aliquoties repetunt, atq́ ita cef-
fant. Porro ceycis (maris alcyonis) uocem nunquam uel mihi uel alijs audiendam optârim. curas
enim & mortes,& infortunia fignificat. quamobrem Iupiter eas nocte pafci uoluit, & locis circa
aquas maximè defertis ne quid hominibus moleftæ forent, Oppianus. Alcyonum genus unum
uocale eft,alterú mutum,ut ex Ariftotele Gaza tráftulit. uide fupra in A. ¶ Cerylum aliqui auem
mafculum & libidinofum,alij alcyonem interpretantur,Hefychius. Ceryli, id eft alcyones mares
in coitu immoriuntur, Ariftophanis Scholiaftes:iam fenes in coitu extinguútur, Ifacius Tzetzes.
Fœtificat alcedo toto fuæ ætatis tempore, parere nata menfes quatuor incipit, Ariftot. Coniugis
amans adeò eft,ut non uno quopiam fed quolibet anni tempore cohæreat, congreffusq́ huius admittat,non per libidinem,quippe quæ alteri nulli prorfus mifcetur, fed beneuolentiæ quæ nuptam 50
decet & amicitiæ ftudio,Plutarchus.

¶ Nidificatio. Nidus(inquit Ariftot.) marinæ fimilis pilæ, & ijs quæ à flore maris halofachne
dicantur, (de halofachne dicemus infra in G.) fed colore leuiter ruffo, figura proxima cucurbitis
medicinalibus ijs,quibus collum porrectius eft,magnitudo maximis amplior quàm fpongiæ, (hoc
eft,ut ego interpretor,maximus alcyonis nidus maximam fpongiam excedit.) funt enim alij maiores,alij minores,confeptus,ftipatusq́ undiq́ eft , & crebro tum inani, tum folido conftat. renititur
ferramento acuto,ut uix pofsit difcindi.Sed fi unà & ferro tundis , & manu collidis, facile perinde
ut flos aridus maris(halofachnam dico)confrangitur. Os eius anguftum, quoad fit exiguus aditus,
ut etiam fi uertatur mare,influere nequeat, habet fua inania proxima cauis fpongiarum. Ambigitur ex quanam materia componatur. Videtur tamen é fpinis potius acus pifcis conftitui. pifcibus 60
enim alcedo uiuit, Hæc ille. Nidi eius figura afsimilatur figuræ pineali,aut uentofæ quæ habet col
lū longum,Albertus. Et rurfus, Propter artificiofam compofitionem materiæ, non facile ferro
fecatur,

ſecatur, ut nux pinea, quæ ex lignis inuicem conſertis componitur, quæ facilius manu diſiunguntur, quàm ferro ſcindantur. Sed Ariſtoteles aliter ſentit, nempe nidũ hunc ſi ſimul ferro cædatur, & manu atteratur & confrietur, (θραύειν enim & διαθρύπτεσθαι dicit,) facilè diſsipari. Cæterum mare nõ intrat in nidum alcyonis (inquit Albertus) quoniam introitus fit è materia per aquam intumeſcente inſtar ſpongiæ, & tumore ſuo claudente uiam ne aqua ingredi poſsit: quæ tamen materia ab aue ingreſſura comprimitur, & aquam exudans aditum illi præbet. Et rurſus, Nidum facit cauum inſtar cannæ, ex materie ſimili oſsi ſepiæ (haloſachnæ, Ariſtot.) prædura, quæ facile friabilis eſt, difficulter uerò ſecabilis aut fiſsilis. Nidi alcyonum (inquit Plinius) admirationem habent, pilæ figura (nos pilam uel ballam ut uulgò uocant marinam uidimus, orbiculatam, & ueluti ex feſtucis coalitam) paulum eminenti ore perquam anguſto ; grandium ſpongiarum ſimilitudine. ferro intercidi non queũt, franguntur'q; ictu ualido, ut ſpuma arida maris. nec unde confingantur inuenitur. putant ex ſpinis aculeatis, (lego aculeati, id eſt acus uel belonæ piſcis.) piſcibus enim uiuunt, Hæc ille. Roſtro ſuo, nec alio inſtrumẽto, nidum fingit alcedo, imò nauis inſtar fabricat, opus euerti mergiq; fluctibus neſcium. componit quippe deuincitq; conſerens inuicem acus piſciculi ſpinas, ac rectis alijs ceu ſtamini, tranſuerſas alias ueluti ſubtegmen implicat, mox conſertum recuruat, & in orbem reducit: ac ſic coaptat denique, ut opus nauigij ſpecie turbinatum, ac qualo (κύρτῳ) propemodũ piſcatorio oblongiuſculo ſimile euadat. perfectum littori quò fluctus extremi pertingunt applicat. hic unda molliter feriens, nõdum firma ſatis hiantiaq; procellarum uerbere deprehenſa, ſarcire docet: ſolida uero & iam cohærentia conſtringit figitq; adeò, ut nec ſaxo nec ferro diſſolui diffringiue facile queant. Qua quidem in re magna comprimis admiratione dignum oſtiolum eſt, ſic modificatum figuratumq;, ut hanc unam ſubeuntem recipiat, cæcum cæteris & abditum, ac aliud prorſus nihil admittens, ne undarum quidem. Equidem arbitror nidum huius neminem non uidiſſe. mihi certe quoties uidi tetigiue, (uidi autem perſæpe) iſtuc in animũ ſubit dicere canereq;: Talem quondam oculis Phœbea uidimus arce Deli, corneam illam aram, inter ſeptem, quæ uocant, mundi miracula celebratam: quæ quidem citra glutinum omne uinculumq; dextris tantum cornibus coaptata ac commiſſa fuit, Plutarchus in libro Vtra animalium prudentiora, & Aelianus: Et eadem ferme rurſus Plutarchus in libro de amore in prolem: & poſt cætera, Nidi orificium (inquit) ea cõmoderatione ad alcyonis magnitudinem factum eſt, ut aliud nullum animal neq; maius neq; minus id ſubire poſsit, ſed aqua etiam (ut ferunt) ne minima quidem admittatur. Iam nido ſuo perfecto, circunlata in eo undis, pullos nutrit, Gillius ex Aeliano. dum nido uehitur, fœtificat, Volaterranus ex eodem. At non eſt ueriſimile nidum alcyonis in mari huc illuc iactari: quin potius ſaxo alicui proximè aquam (ita ut aquæ ἐποχεῖσθαι uideatur) agglutinari. Incubat alcyone pendẽtibus æquore nidis, Ouidius. Alcyones ſupra aquam marinam oua ſua in ipſo mari (ἐν τῷ βυθῷ) poſita incubant & fouent. alij uerò dicunt in extremo margine maris, in arena oua ab eis foueri, Scholiaſtes Ariſtophanis in Ranas. De alcyonio medicamento quod ex nidis alcyonum & ceycum peti quidam exiſtimarunt, dicemus infra in G. Nidos ut ſibi ſtruant alcyones, non ut cæteræ aues feſtucas è terra colligunt, ſed marinas aliquot herbas, quales ſunt fuci, algæ, ampelides, boſtryches, otacides & aliæ, Oppianus. Halcyon in littoribus fœtus ſuos ædere ſolet, nam in arenis oua ſua deponit, medio ferè hyemis, Ambroſius.

¶ Parit alcyon circiter quinq; oua, Ariſtot. Et alibi, Partus huic ouis maximè quinq; conſumitur. Pariunt oua quina, Plinius.

¶ Alcyonei dies. Alcyon (inquit Ariſtot.) circa brumam parere ſolita eſt. quamobrem quoties bruma ſerena exiſtit, dies alcyonei appellantur, ſeptem ante brumam, & ſeptem à bruma, ut Simonides quoq; ſuo carmine tradidit, ut: Cum per menſem hybernum Iupiter bis ſeptem molitur dies teporis. clementiam hanc temporis, nutricem ſacram uariæ, & pictæ alcyonis mortales dixêre. tranquillum uero tantiſper tempus efficitur, ſi ita euenerit, ut bruma auſtrina uergilijs aquilonijs (τῆς πλειάδος βορέια γινομένης) fiat. Septem primis diebus nidum cõficere auem hanc fertur, reliquis ſeptem parere, educareq; pullos. Dies alcyoneos fieri circa brumam, non ſemper noſtris locis contingit: at in Siculo mari penè ſemper id euenit, Hæc ille. Sed libet etiam Græca Simonidis uerba adſcribere: ὡς ὁπόταν χειμέριον κατὰ μῆνα πινύσκῃ (temperat, caſtigat, πινυτὰ ποιῇ, σωφρονίζῃ) Ζεὺς ἤματα τεσσαρακαίδεκα, λαθάνεμόν τέ μιν ὥραν καλέουσιν ἐπιχθόνιοι, ἱρὰν παιδοτρόφον ποικίλας ἀλκυόνος. Solſtitio (brumali) maximè ſunt inſignes halcyones. dies earum partus maria quiq; nauigant nouêre, Plinius. Et rurſus, Fœtificant bruma, qui dies halcyonides uocantur, placido mari per eos & nauigabili, Siculo maximè. In reliquis partibus eſt quidem mitius pelagus, Siculum utiq; tractabile. Faciunt autẽ ſeptem ante brumam diebus nidos, & totidem ſequentibus pariunt. Fouent oua ſeptem diebus, tunc pullos educunt quos alijs ſeptẽ diebus enutriunt, Ambroſius. Ante brumam ſeptẽ diebus totidemq; poſtea, ſternitur mare halcyonum fœturæ, unde nomen hi dies traxêre, Plinius. Et rurſus, Circa brumam pleriſq; bis ſeptem diebus halcyonum fœtura uentorum quiete mollius cœlum: ſed & in his & in alijs omnibus ex euentu ſignificationum intelligi ſydera debebunt, non ad dies utiq; præfinitos expectari tempeſtatum uadimonia, Plinius. Sunt & ſui in naturæ hiſtorijs felices in mari dies, à uentis qui conſileſcunt omnino alcyonides nuncupati, de quorum numero mira inter Græcos diſceptatio cooritur, quinq; modo eos ſtatuente Simonide, cui calculũ adijcit Ariſtoteles, (ſic apud

h 2

Varinum quidem legitur, & Eustathium quoç, sed falsò. idem locus apud Suidam corruptus est,
qui Simonidem in Pentathlis,& Aristotelem in libro de animalibus, hos dies undecim facere scri
bit.Sed Aristoteles ipse quatuordecim facit,& Simonides totidem ut supra recitauimus; & rectè à
Plinio conuersum est:)Samio uerò Demagora septem, nouem autem Philochoro: alijs deniç qua-
tuordecim.Nec me fallit esse inter classicos(de Columella puto intelligit,cuius uerba inferius recitabo)qui tradant, octauo calendas Martias esse alcyonios dies, quibus in Atlantico quidem mari
summa notetur tranquillitas,Cælius. Ἀλκυονίδες καὶ ἀλκυόνειαι ἡμέραι, αἳ εὐδιαναὶ, νίνεμοι καὶ γαλλωίω
ἔχουσι,Suidas. Iouem dicunt quindecim dies,uel(ut alijs placet)quatuordecim,tranquillos fecisse,
ut alcyoni iuxta littora pariendi opportunitas esset:Vel alcyonides dies uocantur,septem ante huius auis partum & septem illum sequentes , Varinus. Ἀλκυονίδας τ’ κ’ ἵγχθ’ ἡμέρας ἀεὶ, Aristoph. in
Auibus:hoc est,& perpetuò alcyonios dies ageretis, ac totam hyemem placidam, non septem solum,ut nunc quidam esse dicunt,dies brumales tranquillos, Scholiastes. Alcyones pariüt septem
ordine diebus,& educant fœtum.Fertur aüt beneficium hoc(ut mare eis parientibus tranquilletur)
Nereides in eas contulisse,propter insignem in maritum pietatem, (de qua dicemus in a.) Oppianus in Ixeut. Alcyone pariente circa solstitia mare totum tranquillum placidumç sternitur,ita ut
septem perpetuos dies ac noctes totidem media hyeme liberè nauigetur, omni tum per maria profectione longè quàm per continentem tutiore,Plutarchus. De hac maris admirabili per hoc tempus tranquillitate , si cui otium suppetit, Alcyonem etiam Luciani dialogum perlegat,quanquam
nihil ferè quod non ex alijs authoribus hic à nobis perscriptü sit ab illo tradatur.Ὀυχ ὁρᾷς (inquit illic
Socrates ad Chærephontem(ὡς ἀυδεια μὲν τὰ ἄνωθεν, ἀκύμαντον δὲ καὶ γαλλωίον ἅπαν τὸ πέλαγ⊙, ὁμοιον
(ὡς ἐιπεῖν)κατοπτρῳ; Similia de huius temporis tranquillitate Aelianus prodit. Halcyonei dies sunt
à Virgiliarum occasu circa solstitia brumámue.Octauo calendas Martij Sagitta crepusculo incipit
oriri , uariæ tempestates, halcyonei dies uocantur , Columella lib. x i. Varro hebdomaden i.
Dies deinde illos,quibus halcyones hyeme in aqua nidulantur, eos quoç septem esse dixit, Non.
Marcellus. Vide infra in H. h. prouerbium Alcyonij dies. Albertus cur alcyones bruma nidificent,causam adfert raritatem corporis earum quod uehementer terreum sit , & æstate uehementer
exiccetur,adeò ut semen habere non possit,in maximo uerò frigore clausis undiç poris humidum
induci ait : & non esse credibile alcyonem uiuere posse in regione quæ excedat latitudinem quinti
climatis propter nimium frigus.

D.   30

Plutarchus alcyonem sapientissimum diuinissimumç marinorum omnium animal appellat.
Quas enim luscinias (inquit)circa musicæ studium , quas hirundines circa indulgentiam (τῇ φιλο-
τίχνῳ,nisi quis malit φιλοτίκνῳ,ut proximè de columbis φιλανδρῳ potius quàm φιλανθρωπῳ) quas columbas circa mariti amorem,quas apes summæ alcyonum industriæ conferemus? Miram earum
circa nidificandum solertiam in c.exposuimus. ¶ Mariti amans est adeò , ut non uno quodam,
sed quolibet anni tempore cohæreat congressusç huius admittat,non per libidinem , ut quæ alteri
nulli prorsus misceatur,sed beneuolentiæ coniugalis & amicitiæ studio:Eundem grauem iam annis
& ægrè sequentem,suscepta cura fert fouetç senem, (γηροφορεῖ καὶ γηροτροφεῖ,) nusquam destituens,
nusquam post se relinquens. Nam & humeris impositum (τοῖς ὤμοις,in dorso gestantes , Gillius ex
Aeliano.τοῖς μετόροις βασίζωσι, Isacius Tzetzes, id est alis ferentes. sed melius dorso aut humeris ne 40
alarum motus impediatur)circunfert ubilibet curatç,& adest in mortem usç,Plutarchus. Theocriti interpres tradit ab Antigono prodití senescentes alcyones uocari cerylos, Cælius : sed ineptè,
dicendum enim,alcyones mares uocari cerylos, eosdemç in senecta à fœminis gestari, ut ex Antigono citatur in Scholijs in Aues Aristophanis,& Varinus etiam scribit ex authoritate Pausaniæ.
¶ Si maritus obierit,fœminæ cibo ac potu omni abstinentes , multo tempore lugent & se disperdunt,&c.ut in c,relatum est.

E.

Alcedines à morte mariti lugubriter canunt,& desituræ canere,ceyx ceyx,aliquoties repetunt,
atç ita cessant.Porrò ceycis uocem nunquam uel mihi uel alijs audiendam optârim. curas enim &
mortes & infortunia significat, Oppianus in Ixeut.an uerò ceycis , id est alcyonis maris uocem in-50
faustam esse dicat , aut fœminæ luctuosum illum cantum quo ceyx ceyx aliquoties repetit , dubitari potest.

G.

Alcyonij(inquit Dioscorides) quinç cognoscütur genera, primum quod densum,sapore acer-
bo,spongiosumç aspectu est:uirosum itidem , ponderosum , piscoso (piscium putrium, Galenus)
odore,quod copiosum in littoribus inuenitur. Secundum (oblongius,Galenus) concreti in hominis oculo unguis(sic uertit Marcellus Verg. πτερυγία ὀφθαλμικὴ, Galenus omittit,) aut spongiæ figuram habet,sine pondere,fistulosum,odore penè algoso. Tertium uermiculorum speciem ostendit,
colore magis purpureo,(consistentia molle, Galen.)quod quidam Milesium dicunt. Quartum suc-
cidis lanis simile,fistulosum,nec ponderosum est. Quintum fungorum figuram habet, sine odore 60
& asperum:intus pumicis similitudinem aliquam,foris læuorem habet & acre est: quod plurimum
in Bembico(Besbico,habet Græcus codex,& Stephanus)Propontidis insula nascitur,& gëtis eius
uocabulo

uocabulo maris spuma (ἁλὸς ἄχνη) appellatur. Primi & secundi ad smegmata muliebria (ad exteren-
dum & inducendum læuorem, Marcellus,) usus est, cōtra lentigines, impetigines, (scabies, Galen.)
lepras, uitiligines, nigredines, uultusq̃ & reliqui corporis maculas omnes. Vtile tertium urinæ angustijs est, & concrescentibus in uesica arenis: præterea nephriticis, cutè subeuntibus aquis & lieni.
Idem ustum ex uino (fuluo & tenui, Galenus) utiliter cataplasmatis modo contra capilli defluuia,
quas alopecias dicunt imponitur, eas explens. Vltimum dentifricijs accōmodatum candorem dentibus affert. Miscetur & ad alia smegmata & psilothra addito sale. Si cremare aliquod eorum uolueris, cum sale in crudum fictile conijcito: lutoq̃ circunlito ore eius, in fornacem ponito : cumq̃ coctum fictile penitus fuerit, ablatum ex fictili alcyonium reponito & utere. Lauatur autem cadmiæ
10 modo, Hucusq̃ Dioscorides. Auicenna lib. 2. cap. 613. spumam maris nominat, Arabicè zebd alb-
har. Calsacit (inquit) & siccat abscessu tertio: abstergit & adurit. Duo spongiosa adhibētur ad abluen-
dum (abstergendum) & inter remedia bothor lactei & panni, & uestigiorum (macularum) in facie:
cætera in psilothris. Planum (quod fungi specie refert) medetur abscessibus qui claui similes sunt:
purpureæ scrophulis, & podagræ cum cera & oleo rosaceo, &c. ut Dioscorides. ¶ Galenus
lib. XI. de simplicibus medic. alcyonia (ἀλκυόνια) omnia abstergere & discutere scribit, acri & calida
facultate prædita. Tertium præ cæteris tenuissimarum esse partium : quartũ simile illi facultate sed
non paulo imbecillius, quintum calidissimum omnium, ita ut pilos deurere, & cutim ulcerare possit. Hoc Dioscorides (ut retuli) in Propontide halòs achnen uocari ait: cuius tamē Galenus in alcyonio non meminit, sed postea priuatim, Halòs achne (inquit) ceu spuma quædam est salis efflorescēs,
20 multo quàm sal tenuiorum partiũ, itaq̃ & attenuare & discutere eo multo ualidius potest. reliqua
uerò eius substantia ita ut sal astringere non potest. (Hæ propemodum uires sunt salis petræ hodie
dicti, ut in locum eius rectè substitui posse uideatur.) Interpretes Latini salis spumam transferunt:
non florem maris, ut Gaza, ubi Aristoteles ei alcyonis nidum comparat: nec maris spumam, ut hodie quidam. etsi ἄχνην etiam Græci quidam grammatici maris spumam interpretentur. Alioqui hęc
uox significat minimas festucas (quas nostri similiter uocant aglen) quisquilias, sordes, aceres, ἄχυ-
ρα. & metaphoricè minimas guttulas roris aut uini, inde apud poetas ὑρωίαν ἄχνην, & ὄινοπορ ἄχνην legimus, guttas scilicet dispersas minutatim: & νύματ ἄχνην apud Homerũ, tenuissimam fluctuum
partem, siue spumam, siue conspersionem guttarum. Et quoniã mare salsum est, quod ex aqua marina ad scopulos conspersa spumeo aspectu in eis concrescit, ἁλὸς ἄχνη uocatur, maris asperginem di-
30 xeris. Spumosa maris (salis) lanugo halosachne est (inquit Dioscorid. lib. 5. ἐπίψηγμα ἁλὸς ἀφρώ δυς.)
inuenitur in saxis, easdem sali uires habet. Videtur autē hæc tum uiribus tum descriptione diuersa
à quinto alcyono, quod Dioscorides nõ ubiq̃, sed in Propontide tantum ab indigenis halosachnen
uocari scribit, id enim corpus solidum est fungorum figura. propriè uerò dicta halosachne spumam
& asperginem referre debet, cōsistentia nimirum nitrosæ illi parietum lanugini quam uulgò salem
petræ uocamus, similis. Εἴλυτο δ᾽ πᾶνθ᾽ ἁλὸς ἄχνη, Odyss. 3. ¶ Fit in mari & halcyoneum appellatum
(inquit Plinius) ex nidis, ut aliqui existimant, halcyonum & ceycum: ut alij è sordibus spumarum
crassescentibus: alij è limo uel quadam maris lanugine. Quatuor eius genera : Cinereum spissum,
odoris asperi: alterum molle, lenius, odore ferè algæ. Tertium candidioris uermiculi, Quartum pu-
micosius, spongiæq̃ putri simile, penè purpureum. Quod optimum, id est Milesium uocatur. Quò
40 candidius autem, hot minus probabile est. Vis eorum, ut exulcerent, purgent. Vsus tostis & sine
oleo, mirè lepras, lichenas, lentigines tollunt cum lupino, & sulphuris duobus obolis. Halcyoneo
utuntur & ad oculorum cicatrices, Hæc ille. ¶ Apud Galenum in opere de medicamentorum
compositione sec. loc. diuersos alcyonij usus à me obseruatos , hic subijciam. Alcyonium inter ab-
stergentia pharmaca quibus attenuantur pili censetur, lib. 1. cap. 5. Idem miscetur remedijs quæ
ad alopecias faciunt. præstat autē (inquit) in hunc usum quod durius & asperius est: & rursus, ustum
non usto præstantius fuerit. Ibidem Soranus alcyonium medicamento ad alopeciam composito
adijciens, id aqua coctum unà cum siccis læuigari iubet. Crito etiam duobus ad achoras medicamentis hoc addit: & alijs ad lichenes inscriptis tum simpliciter tum ustum. Alcyonium tum simpliciter tum torrefactum (in eodem opere 4. 7.) medicamentis liquidis ocularibus Asclepiadæ ad si-
50 cosas eminentias ac omnem extuberantiam carnis seu callum admiscetur. ¶ Ad dentium dolores ex causa frigida : Suffito canis mortui dentem ita ut fumus inde progressus ore excipiatur. post
uerò ipsum dentem ustum & modico aceto tritum, calidum ore retinendum præbe, & dolore liber
erit. poteris & alcyoniũ suffire, Aetius 8, 28. Celsus alcyonio rodendi & excedendi uires adscribit.
¶ Nonnulli pharmacopolæ (inquit Antonius Musa Brasauolus) pro spongia re quadam utuntur intus lanosa, quam aliqui maris spumam arbitrantur, quoniam apud Dioscoridem halòs achne,
id est maris spuma, spumosa maris lanugo dicatur. At reuera non est maris spuma quam pro illa su-
munt. Suspicatus sum aliquando urticam marinam esse , quoniam si aperiatur internæ partes manum urunt ueluti in urtica herba, quod in uetustiore obscurius, in recenti uehementius fit, sicut &
in herba urtica. Facile est autem spumam maris habere circa scopulos collisam. Sed re accuratius
60 perpensa, inueni hoc quod spumam maris uocatis, spongiæ figuram habens præduræ, aut pumico-
sum, ueterum alcyonium esse. Habent uerò aliqui primam speciem spongiæ similem: alij quintam,
quæ pumicosa est. debebant autem seorsim haberi propter uires diuersas, Serapio cap. 388. alcyo-

h   3

nium zebethalbahar nominat, interpres spumam maris reddidit: unde forsitan factum ut uulgô
etiam à pharmacopolis sic nominaretur: reuera quidem ex spumæ collisu fit. Cæterum salis spuma
aut maris spuma, & alcyonium, quanquam res sunt diuersæ, tamen ab eodem principio nasci, & uiribus quodammodo conuenire certum est, Hæc ille. Alcyonium omne hodie spumam maris appellant, excepto subrotundo (primo genere) quod ex figura pilam marinam solemus nominare, (de
qua nos plura inferius.) Theophrastus alcyonium pumicem nominat, Georg. Agricola. Dioscorides quidem quinto generi intus pumicis similitudinem aliquam esse refert. Lanuginosam illam
pilam (inquit Cælius Calcagninus epistolarum lib. 12. in episola ad Vincentium Caprilem) quam
ad me misisti, plane uideo non esse opus halcyonum, esse tamen halcyonæum (sic ille scribit per æ.
diphth. in penultima) tecum sentio: uel quod ex eo halcyones nidum struant: uel, quod magis reor, 10
quoniam eadem sit utriusch materia, & propè par opificium, sed hoc naturæ sponte côcretum. Nam
quomodo in hoc nidulari possint halcyones? cui nech aditus sit, nech conceptaculum in quo pulli
ædantur, uel æditi alantur: præsertim quum Plinius, & ante Plinium Aristoteles, nidis halcyonum
os paulum eminentius, sed perquàm angustum tribuat. abest præterea huic durities ferro impene-
trabilis, abest rigor ille à spinis belones siue acus, ex quibus constant, côtractus. Ad hæc nihil habet
simile medicorum cucurbitulis quibus est collum porrectius. Ergo hoc halcyonæû existimabimus,
non illud auicularum opera confectum, sed quod intra fornacem excoctû deliciis fœminarum paratur, de quo lepidus poëta meminit, Ore fugant maculas, halcyonea uocât, (ἀλκυόνεα per ε. diphth.
in penult.) Hæc Calcagninus. Vidi ego frustum illius quam seplasiarii spumam maris appellant,
& eruditi alcyonium esse coniiciunt. id erat mali magnitudine (puto autem multò maiora reperiri) 20
rarum, spongiosum, leue, friabile, tenui quadam crusta albicante, qua integrum erat, obductum: colore intus ad ruffum & fuscum declinante, gustu subsalsum, mandenti arenosum. Inerant intus cor-
puscula quædam oblonga, paulò solidiora, albicantia, accensum non ardet, sed pessimè olet. Videtur autem hoc primum esse alcyonii genus cum aliâs tum fœtoris ratione. quanquam Georg. Agri
cola pilam marinam uulgò dictam, ut supra recitaui, primum alcyonii genus faciat, subrotundum
id esse scribens, quod ueteres non exprimunt, nisi quis Dioscoridis uerba καὶ ωδ ἰσίαν σπογγώδες, id
est aspectu spongiosum, ita accipiat: præsertim quum Galenus genus alterum oblongius esse scribat. Sed demus esse rotundum, non tamen satis erit figura ad conuincendum quòd res eadem sit.
Ballæ (sic uulgò pilas nominant Itali & Germani) siue pilæ potius marinæ, exiccant, & eundem ferè
usum, quem spongiæ, præstant. Mentionem earum apud antiquos non reperi. (atqui Aristoteles, ut 30
supra citauimus in c. alcyonum nidos sphæris, id est pilis marinis comparat.) Ego in spongiarum
genere eas repono, quamuis zoophyta non sint, id est plantanimalia ut spongiæ. Nam ex maris spuma ad littora collisa & cuiusdam herbæ minutissimè festucis fiunt. Nonnulli ex fractis spongiis &
spuma, alii arte faciunt ex glutino & taurinis pilis, ignaros pharmacopolas decipientes. Cum æstus
& impetus maris herbam in minimas festucas diuisam ad littora detrudit: conglobantur illæ immix
ta spuma, & ob motum supra littus ex fluctu collidente in gyrum tendunt & pilæ formam, Brasauo
lus. Idem uerò alcyonii primam & ultimam speciem apud pharmacopolas reperiri ait, ut recitauimus, spumæ maris nomine. Pila marina, quam inter screbendum manibus tractabam, ex mediter
raneo mari Gallico mihi allatam, magnitudine malû æquabat, mole laxa & rara, exilibus pilorum
instar & breuibus festucis (nescio cuius marinæ herbæ) mutuò intricatis conserta, omnibus ferè 40
unius generis, fuscis, inodora, aut suo potius quodam odore non ingrato, insipidis ferè. festucæ illæ
dentibus facile franguntur aut scinduntur, ut hac & aliis notis facile discernere sit à pilis animatium, nullum intus cauum, omnia undich sibi similia, nec spumam nec aliâ præter festucas illas substantiam reperi. Quòd si aliæ quædam præter has pilæ marinæ reperiantur, quas ipse nondum uiderim (quamuis alias reperiri non puto) de illis mihi sermo non est. Nicolaus Myrepsus ungento
78. contra lumbricos inscripto, admiscet pilam marinam ustam, ubi Græcè scribitur πίλε μαρίνα, reperitur autem (inquit) in mari rotunda, ut lana congesta. Et rursus in ungêto sequente, maris lanam
rotundam eam uocari ait, ubi Leonhartus Fuchsius scholiastes: In hodiernam usch diem (inquit) deprauata uoce ballam marinam uocant pro pila marina. sic enim uocat Galenus lib. 1. de compos.
medic. localium cap. 2. inquiens, σφαίραν θαλασσίαν κεκαυμκέλω, ubi Cornarius quid sphæra marina 50
esset ignorare se fassus, spongiam transtulit. miscetur autem cum aliis quibusdam in unguento Cri-
tonis ad capillorum defluuia. ¶ Sed locum obscurum apud Dioscoridem ferè præterieram. Alcyonium secundum (inquit) ηλ μὲν ᷒ ὄχιμα πῖσφυγίω ὀφθαὶ μικῶ ἀσόγχω ἔοικεν, &c. ubi Marcellus uertit, concreti in oculo unguis (ut & uetus interpres apud Serapionem, Galenus hæc uerba prorsus
omisit) aut spongiæ figuram habere, id quod mihi ridiculum uidetur. quid enim spongiæ uel alcyonio cum ungue oculorum uitio, quem Græci pterygion uocant? Ego quanquam authorem nô habeo, tamen re ipsa admonitus pterygion ophthalmicum hic penicillum ocularem interpretor. nam
& spongia genus mollissimum, è quo fiunt penicilli, ut docent grammatici, penicillus dicitur. Penicillus igitur ocularis siue ex spongia, siue ex alia materia mollissima fuerit, aptus erit ad gramias
& lippitudines abstergendas: in quem usum etiam leporis pilo uel cauda utebantur, ut docui in Le 60
pore E. Quin & penicilla fiebant ex linteolis conceptis, uel medulla sambuci, uel spongia, uulneribus inserenda ne clauderentur, &c. ¶ Alcyonio nomen alcyones marinæ aues fecerunt, haud
sanè

sanè quia ex earum nidis alcyonium mari innatet, sed quia ex eo mari innatanti & fluitanti halcyo=
nes nidos sibi ad foeturam faciant, Marcellus Vergilius. Alcyonium igitur aut mari innatat, aut
in littoribus eiectum reperitur, ut de primo genere Dioscorides exprimit: quemadmodum & pila
marina. alcyonum uerò nidi, ut diximus, saxis adhærent. Grammatici Græci quidam, ut Hesy=
chius & Varinus, alcyonium ineptè herbam quandam esse scribunt, ut etiam adarcen. Est autem
adarce, ut Dioscorides prodit, ueluti palustre quoddam alcyonium: nempe materia quædam con=
creta & subsalsa, in palustribus locis arundinibus & plantis quibusdam (χερπαϊσι) circunadnascens,
dum paludes resiecantur, Asij lapidis flori colore similis, tota uerò specie alcyonio molli & inani.
Acre est admodum, & calidum abscessu quarto, uiribus etiam alcyonio præcipuè quinto respon=
10 dens. Quinta alcyonei species, cuius Dioscorides meminit, in littoribus maris eiecta reperitur,
quam incolæ Samothraciæ, Imbri & Lemni uulgò arkeilli nominant, abundat in Besbico Propon=
tidis insula non procul sub Marmara, adeò ut naues inde onerari possent. uenditur tamen satis ma=
gno pretio, propter mercatores & seplasiarios coëmentes: à quibus iam ueteri nomine relicto pro=
pter leuitatem & similitudinem spumæ, uulgò spuma maris appellatur, Petrus Bellonius.

H.

a. Cum de muliere dicimus, hæc Halcyone (uide inferius in proprijs) facit: cum de auibus, hic
& hæc halcyon, hi & hæ halcyones, Seruius. Alcyon auis, Alcyone uerò cognomen Cleopatræ
Eustathius. sed Ouidius alcyone in recto singulari etiam de aue dixit. Incubat alcyone pendenti=
bus æquore nidis. Alcyonum meminit Seneca in Agamemnone. σὺν ἀρθρωας ἀλκυόναις, Isacius
20 Tzetzes dixit. Ἀλκυονὶς diminutiuum est pro parua alcedine, Varinus. Halcyonis ritu littus per=
uolgans furor, (forte, feror,) Pacuuius. hæc enim auis nunc Græcè dicitur ἀλκυών, à nostris halcedo,
Varro. Et alibi, Halcedo quòd ea (Græcè) halcyone. Alcedo dicebatur ab antiquis pro halcyo=
ne, Festus. Alcedonas nostri uocant quasi algedonas ab algore, Hermolaus. Grammaticis qui=
busdam alcedo dicta uidetur quasi algedo quòd frigidissimis temporibus nidificet: sed longè pro=
babilius est à Græcorum alcyone descendisse hanc uocem. Sed absurdissimè author libri de nat. re=
rum, alcyon (inquit) quasi ales oceani: eò quòd hyeme in stagnis Oceani nidos facit & pullos edu=
cat. Nos Græcam originem ἀπὸ τῶ ἐν ἁλὶ κύαν retulimus in A. Alcyonius, id est uespertilio, Sylua=
ticus & obscurus quidam barbarus in Synonymis nescio qua ratione. Ἀλκμαιὼ, ὄρνεον θρηνητικόν, id
est auis lugubris, Varinus: uidetur autem uox esse corrupta pro ἀλκυών. ¶ Cerylus, id est alcyon
30 mas, penultima correpta, per ypsilon scribitur, accentus autem uariat. Apud Comicum
Aristophanem κηρύλος paroxytonum scribitur, & per lambda simplex in plerisq́ exemplaribus, Pau
sanias proparoxytonum facit & lambda duplicat, Eustathius & Varinus. Κηρύλος paroxytonũ per
η, in prima syllaba Doricum est: per ει, uerò diphthongum in prima & proparoxytonum, Atticum,
ut ait Euphronius (in scholijs in Aues Aristophanis) sed uerius est Aeolicum esse hoc secũdo modo
scriptum: priore uerò Doricam, Atticam & cõmunem linguam pariter uti, Isacius Tzetzes in Ly=
cophronem. Didymus quidem putat (ut ibidem refert Scholiastes Aristophanis) nomen hoc secũ
dum naturam (id est ex proprietate etymologiæ) debere scribi κέρυλος. Iocatur autẽ poëta, & Sporgi=
lum quendam tonsorem (κερέλα Græci πρἀ ὸ κείρειν dicunt) cognominat. Euphronius ait di=
ctum hoc apud Dores uulgatum esse, Βαῖλα πὲ Βέλα, κηρύλος εἶω: quod & Suidas repetit: quo quid sibi
40 uoluerint non facile est conijcere: nisi forte idem quod perditissimus ille poëta in ipsa libidine mor=
tem sibi contingere optarint, ut quoniam semel moriendum esset, Epicuri de grege porci morte
etiam Epicurea fruerentur. Cerylum enim, id est alcyonem marem in ipso coitu extingui in c. re=
citauimus Κήρυλος proparoxyt. scribitur apud Athenæum, & κηρύλος apud Varinum. Κηρύλος, oxy=
tonum, apud Theocritum & Lycophronem. Κέρυλος (in prima per ίota,) piscis quidam, & genus
auis, Hesychius. apud Varinum per rhô duplex habetur κίρρυλος, quod minus placet. quamuis apud
Hesychium quoq́ sic scribi ordo literarum postularet. Κερέυλος auis quam aliqui κύρου (Varinus ha=
bet κύρω, ego κέρω legerim,) Hesychius. Vide etiã supra in A. Κέεις auis est, accipiter uel alcyon,
Hesychius. & Varin. Vide supra inter Accipitres diuersos. ¶ Ceyx etiam, κηύξ, alcyon mas nomi=
natur. lege infra ubi Alcyones in auem transformatione scribetur inter propria. Halcyoneum ap=
50 pellatum (inquit Plinius) in mari ex nidis, ut aliqui existimant, alcyonum & ceycũ. Aliqui ceyx
per æ. diphthongum scribunt. Porrò κὴξ uel κάικξ alia auis est, nempe larus uel cepphus. ¶ In
halcyonum genere foemina nuncupatur δ́ωμαρ, id est uxor, ut est apud Lycophronem & exposuit
interpres, Cælius.

¶ Epitheta. Alcyones, moestæ, dilectæ Thetidi, Ceycis (scilicet coniuges.) Nunc ego deser=
tas alloquor alcyonas, Propertius. ¶ Ceyx, Trachinius, Oetæus. ¶ Κηρύλος δ́υπνος, (id est δυσύ=
λυμέω,) Lycophroni. ¶ Ἀλκυὼν, θρ́ωων μελωσιὸς, πολύθρ́ωω, πολύλακρυς, Luciano. Ἔαϑια, in Epi=
grammatis. ποικίλα, Simonidi apud Aristotelem: Gaza uariam & pictam reddit. πολυπηνὲς, Ho=
mero Iliad. 9. Σερλω πελάχν, Plutarchus de alcyone. Στνόηντά η φῦλα Ἀλκυόναν, Oppianus. Ταιυ=
σίπτερον, Ibyco apud Athenæum.

60 ¶ Deriuata. Ab alcedine, alcedonia, id est dies alcedonios dicimus. Ἀλκυονὶς, parua alcedo est:
item adiectiuum foeminum. Græcis alcyonei dies ἀλκυονίδες ἡμέραι dicuntur, ut Luciano: & ἀλκυονί=
ηδες, ut Scholiastæ Aristophanis in Ranas: & ἀλκυόνειοι apud Suidam.

h 4

¶ Propria. Ἀλκυονὶς & Ἀλκυονίνη, mater Alcyonis, Suidas. ¶ Ceyx Trachiniorum rex Luciferi stellæ filius,cum Alcyonem Aeoli filiam(uel Neptuni & Alcyones Pleiadis)uxorem duxisset,
præ nimia superbia inter deos censeri,seq̨ Iouem,illam uerò Iunonem uocari uoluit.Deinde cum
ad Clarium oraculum de statu regni consulendum uxore prohibente nauigaret, indignatus ei Iupiter,nauim & ipsum in Aegeo mari perdidit. Tum Alcyone uxor uiso mariti cadauere in littus
eiecto, miserabiliter illum defleuit (παρὰ ϐϛʹ τύϭϣ, aliàs σιλϰϣʹ) Iupiter uerò eam (sic lugentem,alij
præ impatientia doloris in mare se submersisse addunt) miseratus in auem eiusdem nominis mutauit:& Ceycem quoq̨ in eiusdem generis auem masculam quam cerylum nominant,alij adhuc Cey-
cem.Sunt qui scribant eos à Ioue irato needum miserto in aues mutatos: auctáq̨ pœna, ut hyeme
tantum & circa littus maris parerent constituisse Iouem : demum uerò cum fluctibus marinis oua
sua confringi,nec ullam sobolis spē esse alcyon lugeret,tranquillos dies quatuordecim Iouis (The-
tidis & Luciferi,Seruius) commiseratione, quibus illa & nidi structuræ & excludendis incubitu
ouis operam daret institutos:qui hanc ob causam alcyonei dicantur, Hæc Scholiastes Aristophanis in Ranas, Varinus in uoce Ἀλκυὼν & rursus in ἰϛλωιϛ:& in Ixeuticis Oppianus, & Scholiastes
Homeri in nonum Iliados. Copiosius autem hæc omnia describit Ouidius lib. x 1. Metamorph.
Vide Cæyx in Onomastico nostro. ¶ Sed alij aliter , ut subijciemus. Probus grammaticus primum Georgicorum Vergilij interpretans,Varia est(inquit)opinio harum uolucrum originis, itaque in altera sequitur Ouidius Nicandrum,in altera Theodorum. Putatur enim Ceyx Luciferi filius cum halcyone Aeoli filio mutatus in has uolucres. Idem refert halcyonem Scironis filiam la-
tronis Attici Polyphemonis filij,quum pater ei præciperet ut quæreret maritum , arbitratam per-
missum sibi ut concumberet cum quibus uellet, ab irato patre deiectam in mare mutatam in hanc
uolucrem.Iccirco autem dilectas Thetidi poëta dicit has aues,quòd per septem dies quibus excludunt fœtus,in mari tranquillitas est ut tuta sit nauigatio , Hæc ille. Fuisse Alcyonei gigantis filias
Alcyones Pausanias prodit,ac est ab Apostolio in Ionia repetitum, Phthonia,(aliàs Phosthoniam,
φωθονίϰϛ,Suidas in φ.) Anthen,Methonen,Alcippam,Pallenen,Drimò, (aliàs Drymò,) Asterien:
quæ à patris obitu ex Pallenæ (non Pellenæ ut Suidas habet) promontorio Canastræo (uel Cana-
stro,apud Varinum non rectè scribitur Caistro)quod etiamnum sic appellatur, in mare se præcipites dederint : uerum ab Amphitrite in auitiam gentem sint cooptatæ , ita ut mares ceryli dicantur,
fœminæ uerò à patris nomine alcyones,Cælius:& Eustathius,& Suidas qui testem huius fabulæ ci
tat Hegesandrum. Alcyoneum(Ἀλκυονία,uel ut poeta habet Ἀλκυονῄ)gigantem terribilem Hercules
circa Isthmum Corinthi interemit,cum iliac cum bubus ex Erythea abductis transiret, ut canit Pin
darus in Nemeis Carmine 4. Hunc ipsum Alcyoneum septem Alcyonum patrem, & Porphyrionis gigantis fratrem ab Hercule telis confossum grammatici quidam tradunt. Ἀλκυὼνϛʹ ώʹ ὑ τίοσϙϥ
ἰπʹ ἀλγϛου ἴχϛτϙ κϋϛξ, Theocritus Idyl. 19. Hercules occiso Cygno, Trachinem ad Ceycem uenit,
Cygni socerum,qui filiam suam Themistonomen ei locauerat, ut legimus in Periocha in Scutum
Herculis Hesiodi.

¶ Dialogus Luciani extat de metamorphosi alcyonis, Alcyon inscriptus. Apud Varinum in
uoce Κϧρύλϛι,legitur Pausaniam condidisse Alcyones,huius inscriptionis librum. Proclus Dio-
chus Alcyonem numerat inter septem Atlantis filias Pleiadas : & quum alias alijs sphæris cœlestibus attribuat,ut Celæno Saturni,&c. Alcyonem ad Veneris sphæram refert, Cælius. Alcyone una
Pleiadum ex qua Neptunus Irea sustulit, Gyraldus. Glaucum dæmonem marinum aliqui filium
faciunt Anthedonis κϛ Ἀλκυονᾶς, Athenæus.

¶ Fuit & Cleopatra Marpissæ filia Alcyone cognominata à parentibus, ad memoriam luctus
quo mater affecta fuit Idæ mariti desiderio, cum ab Apolline rapta esset, ut meminit Homerus lib.
9.Iliados,ubi Marpissam Eueninen,id est Eueni filiam cognominat.Κϛρη Μϛρπίσϛϛς ϰϛλλιϛφύρϛ Εὐλωιϛ
νϛς, ἰʹ δϛι τʹ,&c.de Cleopatra,quæ δϛινϛϛ,id est binominis fuit,ut & Hectoris filius & alij duobus
nominibus uocati,alterum quidem amicis tantum & intimis domi usurpantibus,alterum uerò cæteris communiter, Varinus & Eustathius. ἰϛϛ̇ω genitiuus Ionicus est pro ἰϛ̇ϛ,à recto Idas: quod nō
animaduerterunt indoctiores quidam,Ideum nō Idam eum appellantes: quos Pontanus etiam uir
alioqui doctus in libro de aspiratione secutus Ideum Marpissæ maritum non rectè uocat , & Marpissam ipsam Alcyonen cognominatam fuisse non uerè scribit : & an eadem fuerit Marpissa Eueni
filia, Idæq̨ uxor dubitat,quum eandem fuisse omnino constet.Sed illis in quibus errauit Pontanus
omi sis,ea duntaxat quæ rectè ab eo prodita sunt recitemus:ita ut quæ illi desunt ex alijs authoribus
suppleamus.Euenus igitur Martis filius, Aetoliæ rex,cum Marpissa eius filia propter formæ raritatem à multis peteretur,hanc procis conditionem proposuit,ut curuli certamine inito præmium illa
uictori cederet,uictus uerò capite plecteretur , quod domus suæ fastigio affixum penderet. Itaque
pluribus interfectis Idas Neptuni filius,frater Lyncei,licet à multis Apharei filius haberetur,equis
uelocissimis à Neptuno patre acceptis puellam rapuit, conspicatus eam Dianæ festo die cum alijs
uirginibus choreis indulgere , (& in Pleurônem abduxit, Plutarch.) Quo cognito Euenus dolore
atq̨ ira percitus,equos ascendit,Idam insequitur,quem ubi assequi posse desperat,equis confossis,
in Lycorman se fluuium,qui post Euenus ab ipso appellatus est,deturbauit,cuius rei etiam Plutarchus meminit in libro de fluuijs.Idam autem uoti compotem non passus est Apollo, (ut refert Lycophron)

cophron)& ipse Marpiſſæ forma captus,quam etiam rapere cogitaſſet,ſecurum abire: ſed obuiam
factus in itinere illum aggreſſus eſt.Sed nec Idas certamen detrectauit,ſagittis eum impetere cona-
tus.erat enim ſagittandi peritiſsimus.Et cum diu pugnatum eſſet,(inquit Pontanus: ex Scholiaſte
Homeri,cum prius tamen alios ſecutus authores, Marpiſſam ab Apolline raptam abductamq́;&
compreſſam fuiſſe ſcripſiſſet,)Iupiter ægrè id ferens Mercurium miſit qui prælium dirimeret, po-
teſtate facta Marpiſſæ, ut eius optio eſſet utrum ſequi ipſa uellet, quæ rem hanc animo uoluens re-
putansq́; ſeſe mortalem eſſe, Apollinem uerò deum, ac timens ne ubi uetula facta eſſet repudiare-
tur ab eo,decreuit potius Idam ſequi mortalis mortalem. Et quoniă in magno luctu fuerat Ida marito ſuo chariſsimo formoſiſsimoq́; priuata,cum à Phœbo rapta eſſet,filiæ poſtea ſupra legitimum
nomen Cleopatræ,cognomen Alcyonæ adiecit,luctus ſui memoriă in filiæ cognomine reponens,
ab alcyone aue quæ & ipſa maximo luctu propter Ceycis mariti calamitatem affecta fertur. Nupſit
autem Alcyone poſtea Meleagro, &c. Hæc ferè Pontanus ex Scholijs in nonum Iliados, & alij.
Quod autè Apollo olim Marpiſſæ amore captus perhibetur,admirandæ eius pulchritudinis ſignificatio eſt, quaſi forma heroidi iſti ſolaris hoc eſt Sole digna & maximè ſpectabilis fuerit, Varinus
in uoce ἐνλωινε:ubi Μαρπησσα in medio per η,ſcribitur,ut apud Plutarchum quoq́;,ſed perperã.debet
enim per iôta ſcribi cum heroinam ſignificat: Μαρπησσα uero per η, mõs eſt Pari inſulæ à quo lapides
excinduntur,Stephano:unde Marpeſiam cautem poeta dixit. Alcyon de aue dicitur, Alcyone de
Cleopatra, Cælius & Varinus. ¶ Apud Athenæum lib.13.legimus Demô mulierem ab Antigono amatam eſſe,ex qua filium ſuſceperit Alcyoneum,Ἀλκυονία. Ἀλκυών, uiſcus quidam,δ᾽ήμος της,
Heſychius. Pauſanias in Corinthiacis ſcribit ſe (prope Lernam in Argiuo uel Mycenæo agro) uidiſſe Alcyoniam paludem:per quam(inquit)ut Argiui memorant,Bacchus Semelen ab inferis du
cturus, deſcendit.Polymnus ei deſcenſum hunc oſtendit. Alcyonia infinitæ eſt profunditatis : nec
homo ullus reperitur qui ad fundum potuerit ulla machina penetrare. Vnde & Nero multorum
ſtadiorum funes cônexuit, & plumbo appenſo alijsq́; inſtrumentis paratis, demiſit, fundum tamen
inuenire nullum potuit,&c.Transfulit hunc locum etiam Leonicenus in Varia hiſtoria. Mare ab
Antirrhio(quod in Aetolorum Locrorumq́; finibus locatum eſt)aduſq́; Iſthmum, Alcyonium uocatur, Criſſæi ſinus portio,ab Iſthmo ad Araxum ſtadia x x x. ſupra diſtans, Strabo lib. 8.

¶ Veſpaſianus Auguſtus utebatur etiam uerſibus Græcis tempeſtiuè ſatis, ut de Cerulo liber-
to,qui diues admodum ob ſubterfugiendum quandoq́; ius fiſci, ingenuum ſe & Lachetem mutato
nomine cœperat efferre,ὁ Λάχης Λάχης,ἐπὰν ἀποθάνης αὖθις ὡς ἴζαρχης ἔσῃ σὺ Κήρυλος, Suetonius.

¶ c. Ἀλκυόνϑ,ἅτ παρ᾽ ἀεναοις θαλασσης Κύμασι στωμύλλετε Τεγγεται νοτερῆς πέρ φϑ {Ρανίσι χρόα θροσσζό-
μβναι,Ariſtoph.in Ranis. Ὄρνις ἁ πρὰ τὰς πετροινας Ρόντις στεφάδ᾽ας ἀλκυών Ελέγου δῖ τᾳ ἀεἰδεις,Cho-
rus in Iphigenia Euripidis. Ἀλκυόνϑ δ᾽ ὑπ᾽ ὀι σοι δικρὸμ γόου αἴζτοι,Sibylla in Sardiniam inſulam. Ουδὲ
τόσον γλαυκῆς ᾁ κύμασιν κηρύλος ἀ᾽δε, Theocritus Idyllio 19. Η ἀϑ᾽ ἀλκυόνος πελείας ἐπ᾽ ἀσϑρύγεσι, Hedyle
poëtria de muneribus quæ Glaucus deus marinus Scyllæ quam amabat attulerit.

¶ e. Alcyonis caput uel pennam uel uentrem ſi piſcator geſtârit, non fruſtrabitur piſcatione,
Kiranides. Auis ipſa in domo poſita,ſeditiones & litem auertit, Idem. Si quis geſtârit eius oculos nauigans in mari,non timebit tempeſtatem aut hyemem aut qualemcunq́; neceſsitatem. Gu-
bernator quoq́; ſi geſtârit eos,ſecurè & abſq́; hyemis afflictione gubernabit nauim,Kiranides. Cor
alcyonis geſtantem gratioſum,amabilem,pacificum omnibus & formoſum reddit; ita ut uel in medio hoſtium tutus ſit,& neq́; tempeſtate neq́; fulmine lædatur.debet autem conſui in pelle eiuſdem
auis & in thalamum aureum imponi,Idem.

¶ g. Alcyon tota aſſa & comeſta, dæmoniacos ſanat, Kiranides. Alcyonis oculos linteo in-
cluſos ſi quis capiti nimium dormientis apponat,depellet ab eo ſomnum, Idem.

¶ h. Hymnus in alcyonem ſub Socratis perſona à Luciano ſcriptus eſt in Alcyone dialogo.

¶ Prouerbium. Quod dixit in Caſſina Plautus, Tranquillũ ſtũ circa forum,
prouerbij ſpeciem gerit,inquit Eraſmus, ſignificatur hac uoce tranquillitas & ſilentium. Idem in
Pœnulo,Niſi mihi illam tam tranquillam facis, Quàm mare eſt olim, quum alcedo pullos educit
ſuos. Extat etiam in Græcorum commentarijs huiuſmodi prouerbium,Ἀλκυονίναιας ἡμέρας ἄγεις.id
id eſt,Halcyonios agis dies,de tranquillam & otioſam agentibus uitam. Ariſtophanes in Auibus,
Ἀλκυονίδ᾽ας τ᾽ ἡγε δ᾽ ἡμέρας ἀεἰ.Vergilius inter prognoſtica futuræ tempeſtatis hoc quoq́; refert : Non
tepidum ad Solem pennas in littore pandunt Dilectæ Thetidi alcyones. Meminit harũ & Theocritus Idyllio 7.

Χ᾽ ἀλκυόνϑ στρεσϑῦντι τὰ κύματα, τ́ῃ ω᾽ τε θάλασσαν,   Τόμ τε νότον, τόντ᾽ ἔυρον, ὃς ἔχατε φυκία κινεῖ,
Ἀλκυόνϑ γλαυκαῖς Νηρῆῖσι, τοῖ τε μάλιστα   Ὀρνίθωμ ἐφίλαθϑν,ὅσαις τέ πόρ ἐξ ἀλός ἄγρα.

¶ Alcyonios dies diſcedentibus à ſe mari,aut eodem elemento reuerſuris coniugibus & amoribus
ſuis,amicæ & uxores precabantur , apud antiquos Græcorum & Latinorum poëtas, Marcellus
Vergilius. Alcyonitides dies dicuntur,cum oua ſua fouent alcyones, quod tempus uentorũ un-
darumq́; tranquillitate celebratur, Scholia in Ranas Ariſtophanis. Perq́; dies placidos hyberno
tempore ſeptem Incubat alcyone pendentibus æquore nidis: Tum uia tuta maris, uentes cuſtodit,& arcet Aeolus egreſſu,præſtatq́; nepotibus æquor,Ouidius Metam. x I. Alcedonia dicuntur ab alcedine,ſicut ab halcyone halcyonides, hoc eſt tranquilli dies quibus nidificant halcyones,

Varro. Propertius tempeſtate uexatus lib. 1. alcyones alloquitur & inuocat. Halcedo hyeme
quòd pullos dicitur tranquillo mari facere, eos dies halcyonios appellant, Varro. Sed copioſe de
his diebus ſcriptum eſt ſupra in c.

¶ Emblema Alciati, cuius lemma, Ex pace ubertas.

Grandibus ex ſpicis tenues contexe corollas,   Quas circum alterno palmite uitis eat.
His comptæ halcyones tranquilli in marmoris unda   Nidificant, pullos inuolucresq̃ fouent.
Lætus erit Cereri, Baccho quoq̃ fertilis annus,   Aequorei ſi rex alitis inſtar erit.

DE ALVCONE.

ALVCO auis eſt nocturna, ut Gaza ex Ariſtotele reddidit pro Græca uoce ἐλεὸς. Vnguibus
aduncis, maior gallinaceo, picas uenatur ut etiam ulul: cui & aſioni ſpecie quoq̃ ſimilis eſt. ἐλεὸς,
auis quædam, & menſa coqui ſeu lanij, τραπεζα μαγειρικὴ, Suidas. Videtur autem acui ultima ad diſ-
ferentiam uocis ἐλεῷ, quæ miſericordiam ſignificat. Ελεὸς (per ε, diphthongum in penult.) accipitris genus, Heſychius & Varinus. Sed alias etiam nocturnas aues grammatici quidam cum accipitrum & aquilarum genere inepte confundunt, ut docuimus in Chalcide ſuprà. Vbi apud Ariſtotelem lib. 8. cap. 3. de anim. hiſt. ἐλεὸς legitur, Albertus (nimirum ex Auicenna) habet aquila aleni.
Sed glis etiam animal quadrupes ἐλεὸς uocatur. Eſt & ἐλαιὸς per αι. auis nomen, de qua dicam inter
paros. Item ἐλία, aut forte ἐλία, parua eſt auis, quæ ἐλῷ, id eſt paludes inſpectat ab arundinibus, uoce
proba, Ariſtoteli. Et forte aluco etiam Græce ἐλεὸς cum aſpiratione quaſi ἑλεῷ, id eſt paluſtris di-
ctius fuerit. nam ululæ quoddam genus à paludibus, Germani etiam Maßhuw appellant: quod
nomen aliqui etiam buteoni tribuunt, quòd is corporis ſpecie aliquatenus ululã aut bubonem referat. Italice hæc auis nocturna uulgo nominatur alocho, unde Gaza uidetur formaſſe uocem aluco, quæ apud ueteres Latinos nõ reperitur: hanc autem aiunt magnam & ruffam eſſe: & aliam eiuſdem nominis minorem cornutam, id eſt plumis utrinq̃ ad aures cornium inſtar eminentibus. Talis quidem eſt bubo, cuius iconem ſuo loco ponemus. Ololigus, id eſt luocalis atis, Syluaticus.
apparet autem illum luocalem pro alocho uel aluccne dixiſſe. ſed ololygon apud Græcos uarijs
modis accipitur, à nullo tamen pro aue nocturna, ut in Rana ſcripſimus, (nam Ariſtoteles ranarum
marium uocem qua ſœminas ad coitum alliciunt, ololygóna nuncupat,) etſi onomatopœia ipſa ad
ululam accedat. Aluco, uulgò lucarus, Niphus Italus. λικαλὸς legitur apud Ariſtotelem circa finem lib. 2. hiſt. anim. ubi Gaza uertit ciconia, quaſi legerit πελαργός. ſed apparet hoc nomen Ita
licum eſſe auis nocturnæ, ab aliquo forte adſcriptum ut uocem aſcalaphon interpretaretur, & à librarijs poſtea perperam inſerium. Illyrice, lelek, Genelius. Aliqui Germanice interpretantur
ein Æul, quòd uocabulum ululæ conuenit, quæ auis aluconi ſimilis eſt ſpecie naturaq̃, & magnitudine æqualis.

DE AMPELIDE.

AMPELIDES, ἀμπελίδες, aues ſunt quas nunc ampelionas, ἀμπελιῶνας uocant, inquit Pollux:
numerat autem eas inter aues cibo appetitas. Ἀμπελὶς nominatur etiam Ariſtophani in Auibus in 4
Choro auium: meminit & Callimachus. Germani aues quaſdam uocant Wynꞟögele, hoc eſt uinearum auiculas, de quibus in Rubeculis ſcribã. Iidem turdorum genus minimũ uinearum aues,
Wyngartuögel, nominant, noſtri Wynßlen. Hos forte Arnoldus Villanouanus frigellos nomi
nat, cum ſcribit: Frigelli ſturnis ſimiles in uineis reperiuntur, & racemis inebriãtur. Ficedula quoque auis non ficis tantum, ſed & uuis ueſcitur, teſte Martiali. Vuottonus an eadem ſit ampelis, dubitat. Κρηπὶς (inquit Pollux) placenta fiebat ex farina & melle, in qua impoſitæ erant aues ampelides
aut ficedulæ aſſæ, quibus in cibo conſumptis, placentam etiam ipſam in ſus auium intritam (ζωμῷ
ὀρνιθείῳ ἐν δρύψαντες) edebant. Oppianus in Ixeuticis ampeliones leuiſſimas aues uiſco capi ait, ἀμπε
λιῶνας ſcribens cum acuto in antepenult. id quod magis placet quàm ſi ω, circunflectatur ut apud
Pollucem. In eodem opere Oppianus ampelides nominat herbas quaſdam marinas cum fucis &
algis, ex quibus alcyones nidificent.

DE ANATE CICVRE, ET IN GENERE.

A.

ANAS apud Auicennam bath per t. aſpiratum, & ſine aſpiratione bat apud Serapionem
nominatur: à qua uoce corruptæ mihi uidentur iſtæ, bar, barar, baltat, har, apud Syluaticum: apud quem etiam anax pro anas aliquoties legitur. Idem burachet, & ſengarion &
aſcebete anatem interpretatur. Beſeher, id eſt anas, Vetus gloſſographus Auicennæ.
Adduura pro anate apud Albertum legitur ubi boſcas cõparatur anati ex Ariſtotele. Anas Græce νῆσσα dicitur, νῆσσα καὶ νηκιάδος de cicure apud Scholiaſten Arati. ϰλύια recentioribus Græcis, ut
audio,

audio, aliis παπύζα uel pappos. Italis anatre,
anadre, anitra. Hispanis anáde. Lusitanis a=
den. Galli maré appellant canard, foemellam
cane, canon & canichô diminutiua sunt iisdem.
Germani Endt, Ent, Ant, Antuogel: marem
priuatim Entrich uel Enttach, (aliqui Ret=
schen, à uoce quæ rauca est, foeminarum argu=
tior. Vocantur tamen & anates feræ maiores
Retschenten à nostris,)& Saxones eundê Er=
10 pell. Flandri anatem uocitant Aente uel Aen=
de. Angli duck: cuius uocabuli origo Germa=
nica est, & mergis potius conuenit. Illyrij ka=
czier. Poloni kaczka.

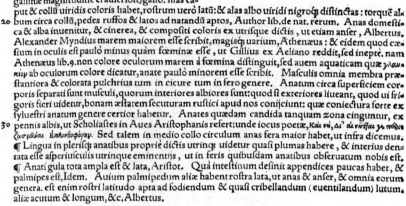

B.

Anas est auis(lato dorso, minor anfere, & ma
ior pullo aquatico, (fulicam forte intelligit,) Al=
bert,) aliquantulū maior (minor potius. Kirañ.
gallinæ magnitudinê ei adscribit) gallo. mas ca=
20 put & collū uiridis coloris habet, rostrum uerò latū: & alas albo uiridi nigroǵ distinctas : torquê al=
bum circa collū, pedes ruffos & latos ad natandū aptos, Author lib. de nat. rerum. Anas domesti=
ca & alba inuenitur, & cinerea, & compositi coloris ex utrisǵ dicitur, ut etiam anfer, Albertus.
Alexander Myndius marem maiorem esse scribit, magisǵ uarium, Athenæus : & eidem quod cæ=
fium in oculis est paulò minus quàm foeminæ esse, ut Gillius ex Aeliano reddit, sed ineptè. nam
Athenæus lib.9. non colore oculorum marem à foemina distinguit, sed auem aquaticam quæ γλαυ=
κιον ab oculorum colore dicatur, anate paulò minorem esse scribit. Masculis omnia membra præ=
stantiora & colorata pulchrius tum in cicure tum in fero genere. Anatum circa superficiem cor=
poris separati sunt musculi, quorum interiores albiores sunt: quod si exteriores liueant, quod ui fri=
goris fieri uidetur, bonam æstatem secuturam rustici apud nos coniiciunt: quæ coniectura forte ex
30 syluestri anatum genere certior habetur. Anates quædam candida tanquam zona cinguntur, ex
pennis albis, ut Scholiastes in Aues Aristophanis refert: unde iocus poetæ, Καὶ νὴ, Δί' αὐ τὴτας γε πολυα
ζωσμένας ἐπλινδοφόρων. Sed talem in medio collo circulum anas fera maior habet, ut infra dicemus.
¶ Lingua in plerisǵ anatibus propriè dictis utrinǵ uidetur quasi plumas habere, & interius den=
tata esse asperiusculis utrinque eminentis, ut in feris quibusdam anatibus obseruatum nobis est.
¶ Anati gula tota ampla est & lata, Arist. Quà intestinum desinit appendices paucas habet, &
palmipes est, Idem. Auium palmipedum aliæ habent rostra lata, ut anas & anser, & omnia eorum
genera. est enim rostri latitudo apta ad fodiendum & quasi cribellandum (euentilandum) lutum,
aliæ acutum & longum, &c, Albertus.

C.

Anas circa lacus & amnes uersatur, Aristot. qui & marinam eam alibi facit. Amphibiam ui=
40 tam degit, sed in aquis quàm terra libentius. Aquis fluminū gaudet, difficileǵ sine his uiuere po=
test, maximè cum cibos siccos ingurgitat, Author libri de nat. rerum. Alites quædam quæ inclusæ
aluntur non sunt contentæ terra, sed etiam aquam requirunt, ut anates, &c. Varro. ¶ In fluuijsǵ
natans forte tetrinit anas, Author Philomelæ. Nostri per onomatopoeiam de anatum gregatim
uociferantium clamore uerbum rátschen in usu habent. alioqui anates mares peculiariter eodê uo=
cabulo appellant, quorum uox rauca & grauis est, foeminarum argutior, ut quidam putant, sed Al=
bertus contrarium scribit: In omni inquit, anatum genere, uox foeminæ crassior est, maris acutior.
¶ Anates rostro fodiunt coenum in aquis, ubi reperiunt radices herbarum, & semina plantarum
aquaticarum, & uermes, & oua animaliū aquaticorum, & a'ia huiusmodi quæ sunt cibus anatum,
Albertus. Anates domesticæ auena aut herbarum radicibus aluntur. Anates Ponticas edendis
50 uulgò uenenis uicitare tradit Aul. Gellius: nostræ uermibus, pisciculis, lumbricis, gramine, her=
bis, limo, sordibusǵ aquarum uicitant: & uenenata etiam quædam attingunt, ut araneā, lacertam,
ranam rubetam, Ge. Fabricius. Delectatur in cibo herba anatina, quæ in superficie aquæ stagnan=
tis ex Solis adustione nascitur: quæuis etiam reptilia & uermes & foeda quæcūǵ deuorare gaudet,
Crescentiensis. ¶ Anates solæ, quæǵ sunt eiusdem generis, in sublime sese protinus tollunt, atǵ
è uestigio coelum petunt, & hoc etiam ex aqua. itaǵ in foueas, quibus feras uenamur, delapsæ solæ
euadunt, Plinius. ¶ Mares aliquando cum plures fuerint simul, tanta libidinis insania feruntur,
ut foeminam solam coeundo uicissim ac certatim occidāt, Author libri de nat. rerum. ¶ Anatum
oua gallinis sæpe supponimus: e quibus pulli orti, primū aluntur ab ijs à quibus exclusi fotiǵ sunt.
deinde eas (pulli matres) relinquunt, & effugiunt sequentes, cum primum aquam quasi naturalem
60 domum uidere potuerunt, Cicero de nat. deorum 2. Super omnia est, anatum ouis subditis gallinæ
atǵ exclusis admiratio, primò non planè agnoscentis foetum, mox incertos incubitus solicitè con=
uocantis: postremò lamenta circa piscinæ stagna, mergentibus se pullis natura duce, Plinius. Qui

cupiunt anates manſuetiores habere, magiſḉ domeſticas, ij quidem ſi circa ſtagna inueſtigauerint
oua, gallíniſḉ ſubiecerint, enutriuerintḉ, cicures habebunt eas, Didymus in Geoponicis. Vide
etiam infra in E. ex Columella. Anas quaſi conſcia infirmitatis, quòd neque terræ necḉ aquæ ſuos
fœtus credat, iuxta paludes & rigua parit, & ſtatim à partu aquas petit, Volaterranus. ¶ Primum
ut anas peperit (parit autem in terra extra aquam) prope aut ſtagnum aut paludem, aliſmue aquo-
ſum locum, ſtatim eius fœtus recondita quadam natura & propría aquam proſequitur, Aelianus.
Et alibi, Anaticularum pulli primum ut lucem aſpiciunt, continuò à partu natant. Hoc apud eundem lib. 10. uaríæ hiſtoríæ Græcè ſic legimus, Τὰ δὲ τῆν νηττῶν νόσσια, ὅταν ἴδη φῶς πετραχϑμᾶ ἐξ ὠδίνων,
νήχεται. Anatum pulli mox ut ouum exeunt, tanta agilitate uigent, ut etiamſi matrem mori uel alſe-
nari contigerit, ſine nutrice uiuant, Author libri de nat. rerum.   ¶ Palumbes, &c. annuum faſti- 10
dium purgant lauri folio: anates, anſeres cæteræḉ aquaticę herba ſiderite, Plinius. ſed ſideritis incer
tum & uagum nomen eſt, & diuerſis herbis quarum uis eſſet ad uulnera ferro ſacta glutinandum
attríbutum. Dioſcorides triplicem facit, unam marrubij, alteram filicis, tertiam coriandri folio. Plinius præterea latiſſimo folio ſideritidis genus, quod & ſcopa regia nominetur, commemorat. Cha-
mæpitys quoḉ in Eubœa, ut refert Dioſcorides, ſideritis appellatur. Apud eundem inter nomenclaturas Achillei, helxinæ, & uerbenacæ alterius ſideritidem legimus. Ex his omnibus quæ nam
aquaticis auibus conueniat ſideritis, loco etiam aquoſo naſcens quærenda eſt. Infeſtantur anates,
ut & anſeres, pediculo ſui generis.

                           D.

    Aues quædam imitantur ciuilitatem gregaria conuerſatione & defenſione communi. itaḉ fa- 20
cilius decipiuntur ab aucupibus. poſitis enim quibuſdam ſuæ ſpeciei auibus, aut auium imaginibus
iuxta retia, mox cum ad illas conuerſandi gratia acceſſerint, retibus includuntur, ut grus, anas, &
ſturnus, & huiuſmodi. Eædem defendunt ſe mutuo aduerſus accipitres & aquilas. Nam anates &
cæteras palmipedes aquaticas, uidemus uiſa aquila congregari ſimul in aqua, & cum illa impetum
fecerit ad rapiendum, demerſo capite aquam ſpargentes in faciem aquilæ, acceſſum eius prohibere,
Albertus. Cum aquila in anates (aut earum pullos) rapiendos inuolat, ſe intra aquam ſubmerſione
abdunt, atḉ infra aquam natando, ex alio loco extra aquam eminent. Quòd ſi aquila illuc quoque
incumbat, & inſtet, ij iterum demerguntur, atque tandiu ſurſum deorſum commeant, dum aquila
fuerit ſubmerſione ſuffocata, aut diſceſſerit in aliam prædã. tum enim hæ depoſito hoſtis ſuæ metu,
ad ſummam aquam elatæ rurſus natant, Aelianus. Viſa fugit nymphe ueluti perterrita fuluum 30
Cerua lupum, longeḉ lacu depreſſa relicto Accipitrem fluuialis anas, Ouidius Metam. x 1.
Anas, gauía (larus) & harpa inuicem diſsident. quoniam omnes cibum à mari petunt, Ariſtot. ſed
Plinius hunc locum transferens, aliter: Aquaticæ (inquit) anates & gauiæ diſsident: Harpe & triorches accipiter (etiam diſsident.) Vulpes cum alias aues tum anates rapiunt.

                           E.

    Quæ de anatibus capiendis apud authores legimus, ad ſylueſtres referre placuit. cicures enim
capi non opus eſt. Ex ſylueſtrium autem ouis cicures naſci, ſi gallinis fouenda ſubijciantur, ſcriptum eſt in C.
  ¶ Anates ſunt naturæ anſerum, & eodem modo nutriuntur ut anſeres, Creſcentienſis. ¶ Neſſotrophei cura ſimilis (ut anſerũ, inquit Columella 8.15.) ſed maior impenſa eſt. nam clauſæ paſcun- 40
tur anates, querquedulæ, boſchides, phalerides, ſimileſḉ uolucres, quæ ſtagna & paludes rimãtur:
locus planus eligitur, iſḉ munitur ſublimiter pedum quindecim maceria: deinde clatris ſuperpoſitis, uel grandi macula retibus contegitur, ne aut euolandi ſit poteſtas domeſticis auibus, aut aquilis, uel accipitribus inuolandi. Sed ea tota maceries opere tectorio leuigatur extra, intraḉ, ne feles,
aut uipera perrepat: media deinde parte neſſotrophei lacus defoditur in duos pedes altitudinis,
ſpatiumḉ longitudini datur, & latitudini quantum loci conditio permittit. Ora lacus ne corrumpantur uiolentia reſtagnantis undæ, quæ ſemper interfluere debet, opere Signino conſternuntur:
eaḉ non in gradus oportet erigi, ſed paulatim cliuo ſubſidere, ut tanquam è littore deſcendatur in
aquam. Solum autem ſtagni per circuitum, quod ſit inſtar modi totius duarum partium lapidibus
inculcatis, ac tectorio muniendum eſt, ne poſsit herbas euomere, præbeatḉ nantibus aquæ puram 50
ſuperficiem. Media rurſus terrena pars eſſe debet, ut colocaſijs conſeratur, alijſḉ familiaribus aquæ
uiridibus, quæ inopacant auium receptacula. ſunt enim quibus cordi eſt uel in ſyluulis tamaricum,
aut ſirporum frutetis immorari, nec ob hanc tamen cauſam totus locus ſyluulis occupetur: ſed ut
dixi, per circuitum uacet, ut ſine impedimento, cum apricitate diei geſtiunt aues, nandi uelocitate
concertent. Nam quemadmodum deſyderant eſſe ubi irrepant, & ubi deliteſcẽtibus fluuiaticis ani
malibus inſidientur, ita offenduntur, ſi non ſunt libera ſpatia, qua permeent extra lacum. deinde
per uicenos undiḉ pedes gramine ripæ ueſtiantur. ſintḉ poſt hunc agri modum circa maceriam,
lapide fabricata, & expolita rectorijs pedalia in quadratum cubilia, quibus nidificant aues: eaḉ con
tegantur interſitis buxeis, aut myrteis fruticibus, qui non excedant altitudinem parietum. ſtatim
deinde perpetuus canaliculus humi depreſſus conſtruatur, per quem quotidie miſſi cum aqua cibi 60
decurrant. ſic enim pabulatur id genus auium. gratiſsima eſt & (eis) eſca terreſtris leguminis panicum & milium, necnon & ordeum: ſed ubi copia eſt (non eſt) etiam glans ac uinacea præbeantur.
                                                        Aquatili-

Aquatilibus autem cibis, si sit facultas, datur cammarus; & riualis alecula, uel si qua sunt incremen
ti parui fluuiorum animalia. Tempora concubitus, eadem q̃ cæteri syluestres aliter (forte, eadem
quæ cæteris uel cæteræ) syluestres alites) obseruant Martij, sequentisq̃ mensis, per quos festucæ, sur-
culiq̃ in auiarijs passim spargendi sunt, ut colligere possint aues, quibus nidos construant. Sed antiquissimum est, cum quis νησσοτροφεῖον constituere uolet, ut prædictarum auium circa paludes, in
quibus plerunq̃ fœtant, oua colligat, & cohortalibus gallinis subijciat. sic enim exclusi educatiq̃
pulli deponunt ingenia syluestria, clausiq̃ uiuarijs haud dubitanter progenerant. Nam si modo captas aues, quæ consueuere libero uictu, custodiæ tradere uelis, parere cunctabūtur in seruitute, (quod
& Didymus scribit, ut recitauimus in c.) Sed de tutela nantium uolucrum satis dictum est. Hucus-
10 que Columella. Qui greges anatum habere uolunt (inquit Varro 3. 11. de re rust.) & constituere
νησσοτροφεῖον, primum locum, queis est facultas, eligere oportet palustrē, quòd eo maxime delectantur. si id non, potissimum ibi, ubi sit naturalis aut lacus, aut stagnū, aut manufacta piscina, quò gradatim descendere possint. Septum altum esse oportet, ubi uersentur, ad pedes quindecim, ut uidistis ad uillam Sei, quod uno ostio claudatur, circum totū parietem intrinsecus crepido lata, in quà
secundum parietem sint tecta cubilia: ante ea uestibulum exæquatum tectorio opere testaceo. In eo
perpetua canalis in quam & cibus ponitur, & immittitur aqua, sic enim cibum capiunt. Omnes parietes tectorio leuigantur, ne feles aliáue quæ bestia introire ad nocendum possit, id septum totum
rete grandibus maculis integitur, ne eò inuolare aquila possit, néue ex ea euolare anas. Pabulum
his datur triticum, ordeum, uinacei, uuæ, nonnunquam etiam ex aqua cammari, & quædam huius-
20 modi aquatilia. Quæ in eo septo erūt piscinæ, in eas aquam large influere oportet, ut semper recens
sit. Sunt item non dissimilia alia genera, ut querquedulę, phalarides, sic perdices, quæ, ut Archelaus
scribit, uoce maris audita, concipiunt. Quæ ut superiores, neq̃ propter fœcunditatem, neque propter suauitatem saginantur, sed sic pascendo fiunt pingues, Hæc Varro. Similiter ferè Didymus
in Geoponicis, Anates (inquit) alendæ sunt in locis muro cinctis, ne quò euolent. In media autem
piscina gramen est seminandum, nutrimentúmq̃ in canalem plenum aqua inijciendum: triticum
nempe, aut milium, aut hordeum, aut deniq̃ acini uinacei contusi: (γίγαρτα πεφυραμένα) interdum
etiam locustas caridásue (ἀκελίδας ἤ καρίδας) & similia his lacustria aut fluuialia, quę anates comedere
consueuerunt. Saginat autem ipsas uberiòr cibus, ut auium maximam partem. Varro de re rust. 3.
5. describens operosissimum ornithotrophæōn, id est auiarium, Intra falere (inquit) est stagnū cum
30 margine pedali, & insula in medio parua. circum falere & natatilia sunt excauata anatum stabula.
Et mox, Ex suggesto faleris ubi solēt esse peripetasmata, prodeunt anates in stagnum, ac nant, é quo
riuus peruenit in duas, quas dixi, piscinas: ac pisciculi ultro ac citro commeant.

❡ Vtilitas anatum præcipua est é plumis.

❡ Mergi anatesq̃ pennas rostro purgantes, uentum præsagiunt, Plin. Anates alarum gestu
exultantes uehementem uentum prædicunt, Aelianus. Aratus hoc prognosticon ad anates syluestres refert. At si domesticæ anates, inquit alibi, sub tectum (ὑπ γεῖσα) aduolent, & alas concutiant,
πτεροσόρμεα πτέρυγας, pluuiæ imminentis signum est. concutiunt enim illas (inquit Scholiastes) quòd
aëris humiditatem sentiant, ut & cæteræ aues humectatæ. Cum frequentes cōgregantur, aut se sæpius lauant merguntq̃, futuros denunciant imbres aut tempestates.

40

F.

Caro anatis calidior est omnibus carnibus auium domesticarum, Auicenna & Serapio. (hoc &
alia quædam similiter de carne anseris apud authores scribuntur: nempe de utraq̃ quòd sit calida,
humida, crassa, dura, concoctu difficilis, excrementitia. Et quanquam indocti quidam interpretes
Arabum anatem cum ansere aliquando confundant: uidentur hæc tamen ex æquo ferè utrique aui
conuenire.) Anatis caro non multum differt ab anserina, sed calidior est, Platina & Bapt. Fiera.
Anates excrementitiæ sunt, Psellus. Anatum caro durior est quàm gallinæ, columbæ, &c. Galenus
lib. 3. de alimentis. Refrigeranti calfacit, ut quidam dicunt, & aliquādo febrim inducit, Auicenna.
Calida est ualde. nam comedi de ipsa & calefecit me: & dedi de ea calefacto; & incaluit amplius: &
rursus refrigerato, & calefecit cum, Galenus de compos. catà γένη, ut citat Serapio, ego locum hunc
50 apud Galenum nusquam puto extare. Anates & anseres aues sunt calidæ & humidæ abscessu secundo, (quod & Auicenna scribit in fine secundi, Mich. Sauonarola) humidiores cæteris domesticis auibus (aliàs aquatilibus, Elluchasem.) Caro anatis calidior est, (& multum nutrit) non tamen
plus quàm caro gallinæ, Rasis. Frigida est & melancholica, Albert. Caro anatis & aquaticarum
auium nimium humida est, Hippocrates ut quidam citant: & in eo similis ouillæ, Auicenna. fastidium inducit, Mich. Sauonarola. Crassior quauis auium domesticarum carne, Serapio. Durior
quàm turdorum merularúmue aut paruarum auium caro, Vuottonus. Minus dura quàm caro
anseris, Albert. Humores auget excrementitios, Rasis & Elluchasem. Fastidium inducit, Rasis.
febres breui tempore generat, Elluchasem. Alexander Benedictus in libro de peste anatem damnat in cibo & earum pullos, quos Galenus (inquit) in primis coarguit. Carne etiam anatum & pul-
60 lorum utimur, quanquam difficili concoctu & tenaci, Crescentiensis. Anates & fulicæ magis per
autumnum conueniunt, sed corporibus temperatis nunquam expedit his uel illis uti, Arnoldus de
Villanoua in libro de sanitate tuēda. Archigenes apud Galenum in opere de compos. medic. sec:

i

locos 8.4. inter cetera quæ ſtomachicis in cibo conueniant, anates quoq; numerat. Et M. Cato Cē
ſorius (ut Plutarchus in eius uita ſcribit) ægrotos ieiunio macerari prohibens, ali iubebat oleribus
& modica carne (σαρκιδίοις) anatis aut palumbi aut leporis. Atqui Elluchaſem & alij medici pleriq;
carnes earum, eò quòd duræ & concoctu difficiles ſunt, ſtomacho conuenire negant. Caro anatis
admodum humida eſt ac difficilis concoctu: colorem tamen & uocem clarificat, & flatus tollit, mol
lis (dura ſecundū alios) & pinguis eſt, ſtomacho graui, corpus roborat, Serapio ex Aben Meſuai.
Auicenna anatis carnem obeſare, flatus frangere, & uocem clarificare ſcribit: adipem uerò coloris
claritatem facere. Tarde à uentriculo deſcendit, & grauat illum, in primis uerò anſerina. Si tamen
concoquatur harum auium caro plus nutrit quàm cæterarum, & impinguat, Auicenna. Coitum
promouet ac genituram auget, Idem & Serapio. Plurimum nutrimentū confert, ſed non tam lau=   10
dabile quàm gallinarum & ſimilium auium, Auicenna. Torminoſis in cibo prodeſt, Marcellus.
Præferuntur anares & anſeres in nido remanentes, (id eſt pulli harum auium, ut ego interpretor.)
Corpus macrum obeſant: ſed excrementitio humore id replent. Noxa quæ ab eis in cibo ſumptis
fieri poſſet, emendatur inflatione boracis in (nitri forte) in gulam earum priuſquā occidantur. Suc
cum gignunt phlegmaticum: proſunt calidis & iuuenibus: & hyeme magis & ad Septentrionem
regionibus quàm contrarijs conueniunt, Elluchaſem. Eligi debent iuuenes. Erunt autem melio=
res, ſi ante interſectionem inſufflentur: item ſi aſſentur unganturq; oleo, & aromatibus condiantur,
ut zinzibere ruſticorum, Mich. Sauonarola. Præſtantior alis Eſt cibus. hæ proſunt moribus &
Veneri, Bapt. Fiera de anate. Tota quidem ponatur anas: ſed pectore tantùm Et ceruice ſapit, cæ
tera redde coco, Martialis. Anatem ceruice ſapere Germani non iudicant, qui demiſſo in colla   20
auium ſuffocatarum ſanguine, ut Itali & Hiſpani, non delectantur, Georg. Fabricius. Auicenna
alas tanquam leuiorem & meliorem in anate partem commendat. Idem, uentres earum (inquit)
ſuaues ſunt: & hepata bona ſuauiaq; in cibo & boni ſucci. ſed hoc anſeribus potius conuenire uide=
tur. Adeps anatis impinguat, Auicenna. Anatis adipem Brudus Luſitanus addit decoctioni pul
laſtræ in febri, nimirum humectandi gratia. Ventriculus eius plurimum nutrit, Idem. ¶ Ex ana=
tum genere quædam Germaniæ dicuntur, quòd plus cæteris nutriant, Calepinus. ¶ De ouis ana
tum, dicam in Anſerinis ouis ex Tacuinis medici Elluchaſem. ¶ Macrobius 3. 13. cœnam quam
Lentulus flamen Martialis exhibuit deſcribens, inter cætera anates nominat, & querquedulas eli=
xas. Anates & anſeres eliguntur cum aſſantur (id eſt aſſæ præſerſitur hæ aues) & inunguntur oleo
ad abolendum ingratum odorem ipſarum, debent autē addi aromata, tum propter odoris gratiam,   30
tum ut craſſities harum auium emendetur, Elluchaſem. Anas elixari debet, Platina. Anas con=
dimentis quibuſdam farcta inſtar porcelli aſſari poteſt, ut docet Platina de honeſta uoluptate 6. 15.
cuius uerba recitaui in Sue G.

    ¶ Ex Apicij de arte coquinaria lib. 6. cap. 2. In grue uel anate. Gruem uel anatem lauas, ornas
& includis in olla: adijcies aquam, ſalem anethū: dimidia coctura decoques dum obduretur: leuas,
lauas, & iterum in caccabum mittis cum oleo & liquamine, cum faſciculo origani & coriandri:
prope cocturam defrutum modice mittis, ut coloret. Teres piper, liguſticum, cuminum, corian=
drum, laſeris radicem, rutam, carænum, mel, ſuffundis ius de ſuo ſibi, aceto temperas, in caccabum
reexinanies ut caleſiat: amylo obligabis: imponis in lancem & ius perfundis. In grue, in anate, uel
in pullo. Piper, cepam ſiccam, liguſticum, cuminum, apij ſemen, pruna uel damaſcena enucleata,   40
muſtum, acetum, liquamen, defrutum, oleum, & coques. Aliter gruem uel anatē ex rapis. Lauas,
ornas, & in olla elixabis cum aqua, ſale & anetho, dimidia coctura. Rapa quoq; ut expromari poſ
ſint leuabis de olla, & iterum lauabis, & in caccabum mittis anatem cum oleo & liquamine & faſci
culo porri & coriandri: rapam lotam & minutatim conciſam deſuper mittis, facies ut coquatur mo
dica coctura, mittis defrutum ut coloret. Ius tale parabis: Piper, cuminum, coriandrum, laſeris ra=
dicem: ſuffundis acetum, & ius de ſuo ſibi, reexinanies ſuper anatē, & ſerueat: cum ferbuerit, amy=
lo obligabis, & ſuper rapas adijcies: piper aſpergis & apponis. Aliter in gruem uel anatē elixam.
Piper, liguſticum, cuminum, coriandrum ſiccum, mentham, origanum, nucleos, caryotam, liqua=
men, oleum, mel, ſinape & uinum. Aliter in gruem uel anatem aſſam. Eas de hoc iure perfundis.
Teres piper, liguſticum, origanum: liquamen, mel, aceti modicum & olei: ſerueat bene, mittis amy=   50
lum, & ſupra ius rotulas cucurbitæ elixæ uel colocaſiæ ut bulliant: ſi ſunt & ungellæ, coques, & io=
cinora pullorum, in boletari piper minutum aſpergis, & inferes. Aliter in grue uel anate elixa.
Piper, liguſticum, apij ſemen, erucam & coriandrum, mentham, caryotam: mel, acetum, liquamen,
defrutum & ſinape. Idem faciet & ſi in caccabo aſſas, Hæc omnia Apicius.

    ¶ Ex anatibus ſimiliter paſtilli parantur ut è gallinis ſeu pullaſtris, quibus tum calidis tum fri=
gidis ueſcuntur, ut in Gallina F. ex Balthaſaris Cellarij Magirico præſcribemus: ſed pro anatibus
quidam inſuper cepas addunt. ¶ Anatis omnis caro & ſanguis in cibo conueniunt accipitri, De=
metrius Conſtantinop.

                                  G.

    Caro & adeps anatis in cibo quas facultates habeant, prædictum eſt in F. ¶ Ventris & inte=   60
ſtinorum dolor in bubus ſedatur uiſu nantium, & maximè anatis, quam ſi conſpexerit cui inteſti=
num dolet, celeriter tormento liberatur, Eadem anas maiore profectu mulos & equinum genus
                                            conſpectu

conspectu suo sanat, Columella 6.7. & Vegetius Mulomedicinæ 3.3. Quod traditur in torminibus mirum est, anate (uiuente, Marcellus) apposita uentri transire morbum, anatemᶜᵖ emori, Plin.
Carnem etiam anatis in cibo torminosis prodesse Marcellus scribit.

¶ Sanguis anseris, anatis & hœdi utilissimè in antidota miscentur, Dioscorid. Anatis sanguis
recipitur in Zopyrion medicamentum apud Marcellum cap. 22. Aduersus omnia mala medicamenta pollet sanguis anatum Ponticarum. Itaᵍᵖ & spissatus seruatur, uinoᵍᵖ diluitur. quidam fœminæ anatis efficaciorem putant, Plinius. Apud Galenum lib.2. de antidotis, leguntur aliquot diahæmaton inscriptæ antidoti, hoc est è sanguinibus, quæ anatis sanguinè (aliâs simpliciter, aliâs siccum
& de anate recens occisa collectum) recipiunt: aliæ solum, aliæ insuper anseris, hœdi, quædá & ma-
10 rinæ testudinis. Videtur autem melior anatis fœminæ, Damocrates ibidem in cuiusdam antidoti
descriptione. Panacia antidotus diahæmaton inscripta inter Andromachi descriptiones pseudepi-
graphus est, cum sanguinis nullius in ea mentio fiat, nisi mutilati sunt codices nostri: Similis illi quidem est Damocratis quam diximus, paucis exceptis, in quam sanguines diuersi miscentur. In antidotum diahæmaton ex Asclepiadis descriptione anatis utriusᵍᵖ sexus sanguis adijcitur, & præterea
hœdinus ac anserinus. Eodé in libro ab Andromacho scriptæ antidoti, altera Vrbani Indi, eosdem
tres sanguines accipit: altera incomparabilis dicta, eosdem, sed anatis fœmellæ, & insuper testudinis marinæ. Scribonius Largus cap. 177. antidotum Marciani describit, cui anatis utriusᵍᵖ sexus
sanguis, & anseris masculi, hœdiᵍᵖ & testudinis marinæ admiscetur. Mithridatis inuentum autu
mant sanguinem anatum Ponticarum miscere antidotis, quoniam ueneno uiuerent, Plin. Ana-
20 tes Ponticas dicitur edendis uulgò uenenis uictitare. Scriptum etiam à Leneo Cn. Pompeij libertò
Mithridatem illum Ponti regem medicæ rei & remediorum id genus solertem fuisse: solitumᵍᵖ earum sanguinem miscere medicamentis quæ digerendis uenenis ualent: eumᵍᵖ sanguinem uel po-
tentissimum esse in ea confectione, Gellius 17.16. Ad perniciosa medicamenta: Anatis (νήσσης, interpres non rectè transtulit fulicæ) sanguis liquidus ex oleo potus seruat à potu uenenosi medicamenti, & à uiperæ morsu liberat, Galenus Euporist.3.282. Anatis sanguis calidus (recens) uel siccus cum uino potus sanat bibentem ab omni ueneno; & à uipera morsos curat, & sanitatem ac robur præstat, & bonam ualetudinem, Kiranides. Sanguis anatis aduersatur omnibus uenenosis &
mortiferis animalium morsibus, Galenus Euporist.2.143. Ad deleteria letaliáue mirabile: Anatis
sanguinem cum uino bibendum dato, Nicolaus Myrepsus. Gualth. Ryssius in libro Germanicò
30 de liquoribus stillatitijs, Anatum ferarum sanguis (inquit) uarijs uenenis aduersatur, itaᵍᵖ antidotus
è sanguinibus dicta, cui hic admiscetur, loco optimæ theriacæ usurpari potest, quod & Manardo
Ferrariensi uisum est. Hac nimirum occasione aliqui excitati, in eundé usum chymicis instrumen-
tis puriorem huius sanguinis partem ui ignis abstraxerunt. Liquoris ita secreti sescúcia aut unciæ
duæ potæ, uenenis resistunt: calculum etiam renum & uesicæ mirum in modum cóminuunt, Hæc
ille ex Hieronymo Brunsuicensi, ut conijcio. Vide infra in Anatibus seris G. Sanguinem à cerebro profluentem anseris sanguis aut anatis infusus sistit, Plinius. Sanguis anatum, fel anserinum
contusis oculis laudantur, ita ut postea hyssopo (lego œsypo) & melle inungantur, Plin. Sistit &
anatum muscularum sanguis, Idem mox à remedio pro ijs præscripto qui cibos non conficiunt.
Mulcet adeps neruos & sanguis uiscera sistit, Vrsinus de anate.

40 ¶ Anatis adeps præstantior est quouis adipe: non enim ullum inueni qui uel subtilior sit, uel
emolliat resoluátue magis, Serapio ex Galeni opere de compos. medic. sec. genera: ubi ego nihil
tale reperio, conijcio autem interpretem anatis adipem pro anserino ineptè reddidisse. Pinguedo
anatis calida & subtilis est, Scrapio. Mordicationes interiores (in profundo) corporis & dolorè
maximè sedat, Idem & Auicéna & Galenus iuxta Serapionem, inter auium pinguia principatum
tenet, Auicenna. sed Galenus hunc anserino attribuit. Coloris claritatem conciliat, Auicenna:
Quidam ad splendorem faciei inducendum, putamina ouorum trita & semina meloponum purgata pinguedine anatis excipiunt, sisinuntᵍᵖ. Idé pingue apud Nic. Myrepsum emplastro ad pleu-
ritidem immiscetur. Anatis adeps cum alijs in ansere exenterato assatur, &c. ut adeps defluens ad
paralysin utilis colligatur. uide in Ansere G. Cum rosaceo coctus sanguinem à cerebro profluen-
50 tem sistit, Plin. Adipes anatis, anseris, gallinarum & alij quomodo debeant curari & reponi, docetur in uulgatis Nicolai Præpositi codicibus, his ferè uerbis: Animalium recens mactatorum adipes diligenter purga à pelliculis, & pone in olla neua figlina, quæ non supra dimidium impleatur.
hanc opertam in aliud uas calidissimum (uel aqua feruida plenum secundum alios) impone, & subinde id quod liquatum fuerit in aliud uas defunde, donec nihil amplius liquerit, & colatú in loco
frigido repone. Sunt qui reposituri modicum salis adijciant. ¶ Antidotus Ecloge dicta, utilis cœliacis & sanguinem spuentibus, numero 330. apud Nicolaum Myrepsum, inter cætera anatis uuluam recipit. ¶ Morsibus uenenatis utiliter imponitur stercus columbinum uel anatinum, Arnoldus de Villanoua.

H.

60 a. Anas Græcè νήσσα dicitur, Atticè νῆττα, Hesychius. à uerbo νήχεϑαι, quod est natare, Scholiastes Aristophanis & Varinus. Vel ἀπὸ τὸ νᾶ, νήσω, τὸ κολυμβῶ: ἐξ ἧ καὶ τὸ νήχω καὶ ἡ ναῦς, Eustathius &
Varinus. Νήσσας & κολυμβάδας aues, à quibus uerba νήχεϑαι & κολυμβᾷν descendunt, Aristophanes

i 2

in Acharnenfibus, Athenæo teſte. Τί φέρεις; ὅσ᾽ ἐς αὖ ἀγαθὰ Βοιωτοῖς ἁπλῶς, Νᾶοσας, κολοιὸς, &c. Ariſto‎
phanes ut iam citauimus. Anates Græci neſſas & necta uocat: quanquam necta magis eſt ut ſepta‎
anataria ſignificent, quàm anates ipſas, Hermolaus. Τὰ νηκτά τινὸς καλοῦσι νήσσας, Didymus in Geo‎
ponicis. Apud Nicoſtratum quidam ad cibum emi iubet νηττία, id eſt anaticulas. Νησσοτροφεῖον‎
Varro & Columel a dixerunt pro ſepto anatario. Glaucium auis eſt νησσοειδὴς, id eſt anatiformis,‎
Euſtathius. Eſt & adiectiuum νησσαῖΘ‎, hoc eſt anatarius. Aratus νησσαίως ὄρνιθας dixit. ¶ Anas‎
à natando, Varro. Recentiores quidam Albertus & alij, anatem maſculino genere protulerunt,‎
quod non probo. Apud Creſcentienſem inepte aliquando annates per n. duplicatum ſcribuntur:‎
ineptius etiam annetæ & aninatæ. Anaticula dimunitiuum apud Ciceronem de finibus bonorum,‎
recentiores grammatici interpretantur paruam anatem, aut potius aquatilem auiculam uulgò no‎ 10
tam, anati forma perſimilem, ſed multo minorem. ego ſimpliciter pro anate parua aut pullo anatis‎
accipio. nam & anguiculos, id eſt angues paruos ibidem nominat Cicero. Anaticulus etiam maſ‎
culinum legitur in Calepini dictionario, ſed ſine authore. Quod ad proſodiam prima corripitur,‎
Tota tibi ponatur anas, Martialis in hexametro. De ſecunda ex uerſibus poëtarum certi nihil ha‎
beo. Et anatis habeas uropygiũ macræ, Martialis lib. 3. in ſenario iambico. Aut anates aut coturni‎
ces dantur quis cum luſitent, Plautus in Captiuis in Trochaico tetrametro. Vtinam fortuna nunc‎
ego anatina uterer, Idem in Rud. ſenario iambico. Sed in omnibus iſtis quod ad carminis ratio‎
nem ſecunda ſyllaba producatur an corripiatur nihil refert. mihi quidem longa uidetur. ¶ Ana‎
tem morbum anuum, id eſt uetularum ueteres dicebant, ſicut ſenium morbum ſenũ, Feſtus. Ana‎
tarius quod ex anate eſt, uel quod ad anates pertinet, ut anatariæ plumæ: & anataria aquila Plinio, 20
quæ anates uenatur, Græci νησσοφόνον dicunt. Lacuſtres & riuularios quoſdam accipitres dicunt‎
anatarios, Budæus. Similiter anatarium aucupem dixeris, qui anates aucupat. Poteſt & anatum‎
cuſtos anatarius appellari. Anatinus. Vtinam fortuna nunc ego anatina uterer, Vti poſtquam‎
exiſſem ex aqua, arerem tamen, Plautus in Rud. ſunt autem uerba lenonis naufragi. Chirurgi‎
apud nos uulgò roſtrum anatis uocitant, à ſimilitudine figuræ, inſtrumentum quo ſpinæ, aut ſi quę‎
faucibus inhæſerunt, extrahuntur.

¶ Epitheta. Νήσσαι δικαφοὶ, Aratus, ad differentiã τῶν ἀγριάδων. Fluuialis anas, Ouidius Metam.‎
XI. Non uelox pennis, & pede ſegnis anas, T. Veſpaſianus Stroza. Claudus, Vrſinus. Item in‎
gluuioſus, pinguis, tumidus, mollis, latipes, apud Textorem.

¶ Anatina herba, uide ſupra in c.   30

¶ Νήττα etiam nomen proprium eſt, Suidas.

¶ b. Anatibus ſimiles ſunt aues ſed minores, quas glaucia Græci uocant ab oculorum colore,‎
Athenæus. Inuenitur & boſcadis unum genus maius anate, ſed minus chenalopece. huc & pha‎
ſcades pertinent paulò grandiores quàm colymbi, cætero ſimiles anatibus, Hermolaus. ſed de ana‎
tibus feris diuerſis mox ſingillatim agemus. Fulicæ ſunt aues anatibus paulò minores, ſed corpo‎
ris forma conſimiles, Seruius.

¶ c. Buſſones gigno (anas loquitur apud Io. Vrſinum) putrida tellure ſepultus, (melius, ſepul‎
ta,) Humores pluuĳ forte quòd ambo ſumus. Humet is & friget, mea ſic uis humet & alget,‎
Cum perit in terra qui prius ignis erat. Glaucam cithariſtriam alĳ ferunt canem, alĳ anatem; alĳ‎
anſerem amaſſe, Aelianus in Varijs.   40

¶ e. Aut anates, aut coturnices dantur (patricĳs pueris) quibus cum luſitent, Plautus Cap.

¶ f. In cõuiuio Attico apud Athenæũ erãt tredecim νῆσσαι è Salamine, λίμνης ὃ ἱερῆς μέλλα πίονθ‎.

¶ h. Anas Neptuno ſacra eſt, Athenæus: deo humoris ſcilicet auis quæ humore & natatione‎
gaudet, Euſtathius & Varinus. Si quis hactenus Neptuno ſuẽ ſacrificauit, poſthac anati triticum‎
immolet, Ariſtoph. in Auibus. ¶ Anates domeſticæ circa annum à nato Chriſto M.LXXXVII.‎
cum gallinis, anſeribus, pauonibus, & alĳs auibus hominum uſibus ſubiectis, domeſticæ manſue‎
dinis oblitas, ut & ſubito efferatas, ſyluas petĳſſe, in Vindelicis Annalibus legitur. Secuta infelix‎
promiſcuæ multitudinis in Syriam nauigatio, domi fames & peſtis. Quod etiam in canibus, equis,‎
aſinis, bobus ante bellum ſociale in Latio accidiſſe, D. Auguſtinus teſtatur.

¶ Emblema Alciati ſub lemmate Dolus in ſuos.   50

Altilis allectator anas, & cærula pennis   Adſueta ad dominos ire redire ſuos,‎
Congeneres cernens uolitare per aëra turmas   Garrit, in illarum ſe recipitq́ gregem:‎
Prætenſa incautas donec ſub retia ducat.   Obſtrepitant captæ, conſcia at ipſa ſilet.‎
Perfida cognato ſe ſanguine polluit ales,   Officioſa alĳs, exitioſa ſuis.

DE ANATIBVS FERIS, ET PRI‎
mum in genere.

A.

N A T E S feras, ſylueſtres ſiue manſuetas, quæ uagantur liberè, Aratus νήσσας ἀγρικοίας uo‎ 60
cat, Scholiaſtes ἀγρίας & εὐνομφρος νήσσας: interpretatur autem aues marinas quæ in inſulis‎
degant; quaſi νήσσαι ἀπὸ τῶ νήσων, id eſt ab inſulis dictæ uideri poſsint. Cæterum in ſequen‎
tibus

tibus etiam *νησσαίας ὄρνιθας* uocat Aratus, non quidem insulares aues, (sic enim per σ. simplex scribi oporteret) sed anatini generis, hoc est *νησσοειδεῖς*, ut sit adiectiuum à *νῆσσα*. Germani uocant wilde Enten: & caeterae nimirum linguae omnes similiter: id est anates sua quaeque dialecto, syluestrium differentia adiecta. In harum descriptione, praesertim syluestrium, uir longè doctissimus diligentissimusque Georgius Fabricius, plurimum me adiuuit, & in reliqua etiam uniuersa animalium historia multa communicauit. Ego pro consuetudine mea, ut hominem gratum decet, ubicunque aliquid eorum quae ad me scripsit commemorabo, nomen eius semper adijciam.

B.

Heluetia nostra plurimis aquaticarum auium & anatum generibus abundat, propter lacuum
10 & fluuiorum copiam. Anatum syluestrium (inquit Albertus) apud nos multae differentiae sunt, sed omnes conueniunt rostri ac pedum figura.rostrum omnibus latum, serratile, non nimis longum, & ualde apertum (patulum) ad cribrandum luttum.pedes ruffi, digiti membranis iuncti ad natandum aptis. ¶ Ego cum nuper querquedulam dissecarem, appendices intestinorum binas reperi, eo situ ut interuallum inter anum & initium appendicum (quae retrorsum uertebantur quinque digitos longae) quatuor digitorum esset.

¶ Quae sequuntur omnia ex obseruationibus Georg.Fabricij sunt. Anates omnes palmipedes sunt & latirostrae, exceptis generibus tribus, quae palmipedes quidem sunt, sed rostra acuta habent, quae inter mergos referemus. Latirostris omnibus in extremitate corneus quasi unguis est, quo cibos apprehendunt. Dentium loco circa rostrum striae asperiusculae. Membranae pedum in extre-
20 mo omnibus serratae. ¶ Differunt inter se coloribus, qui speciatim deinceps explicabuntur in singulis. Aut corporis quantitate, unde magnae, mediocres, & paruae, tam proprijs nominibus, quàm communi quaeque appellari potest, excepto mergulo, qui est minimus. Aut grauitate & leuitate corporis, quod discrimen ex superiore oritur, & ab Aristotele non est praetermissum. Aut etiam partium singularum diuersitate, ut rostris, capite, alis, pedibus, cauda. Rostris, unde latirostra & longirostra, item mustelaris, clangula, fuligula, fistularis. Capite, propter cristas, ut longirostra, mustelaris, raucedula: propter colorem, ut mustelaris, & mergus ruber: propter magnitudinem, ut anas magna, clangula, mergus ruber. Alarum firmitate, ut clangula: longitudine, ut alticrura: breuitate, ut mergulus. Colorum in alis ut pulchritudo maxima, ita & diuersitas maxima. Pedibus uniformes sunt, praeter mergulum. Croceos pedes habent, anas magna & latirostra & longirostra: lu-
30 teos, mediocris & strepera: flauios, clangula, iuncea, & uterque mergus: albos, alticrura. Caudis aequales sunt, praeter eam quae ab acuta cauda nomen traxit, & mergulum.

C.

Anates differunt inter se uocibus: ut fistularis, strepera, raucedula, cercia, muscaria. à caeteris item uolatu, nam aliae in sublime feruntur tardius, aliae celerius. mergulus ob alarum breuitatem potius salit quàm uolat, Georg. Fabricius. ¶ Anatum ferarum & mergorum genera apud nos hyeme tantum reperiuntur: quae in Italia, ut Ferrariae & Venetijs, aestate etiam & autumno uidi. Anates (ferae scilicet) quotannis discedunt, Demetrius Constantinop. Aquatiles uolucres temporibus hybernis se conferunt ad lacus & fluuios in austri partibus sitos, qui frigore non congelant: aut ad aliquam fluminum partem cui aqua non conglaciat: ut ardeolae, mergi, anates immansuetae, querque-
40 dulae, &c.Georg.Agricola. Hyemis tempore, aut in ripis fluuiorum, aut piscinarum aggeribus, aut paludum frutetis latere: aut syluarum propinquitates, hortorumue uicina praesidia petere deprehensum est: aliqui migrare eas persuasi sunt, Georg. Fabricius. Anates anseresque feri quomodo cum ciconijs migrent in Lyciam, atque illic circa Xanthum fluuium aduersus coritos, cornices, uultures aliasque carniuoras aues pugnent, in Ciconia c.ex Kiranide recitaui. ¶ Graminis genus angustis perpetuò folijs uirens stagnantibus aquis innatat. pascuntur eo anates syluestres, Tragus. hanc herbam anatinam Crescentiensis uocat: uide supra in Anate c. Anates Ponticas ueneno tituere autumant. Anatum syluestrium oua si incubantibus gallinis exclusa fuerint, anates inde cicures nascuntur, hoc est quae facile mansuescant.

D.

50 Anates ferae nostri lacus noctu saepe transuolant ad uicinum fluuium Silum, tanquam tutiores illic à uulpibus & lutris futurae, ut audio.

E.

Canes aquatici non quadrupedes tantùm, ut castores, lutras, sed aues quoque aquaticas & anates uenantur, ut scripsi in Castore E. Quomodo accipitris opera capiendae sint anates, ex Demetrio Constantinopolitano docui in Accipitre E. Lanarij omnes primo timidi sunt, sed postea ad columbas & anates capiendas instituuntur, Albertus. Anates falconum & asturum praeda sunt, Crescentiensis. Idem lib.10.cap.17.docet quomodo anatum syluestrium saepe ingens copia per cicutes allecta irretiatur, ita ut una hora mille quandoque capiantur, pantherae dicti retis opera: & rursus per aliud retis genus, ibidem cap.20. Vide etiam Alciati Emblema superius in fine historiae Anatis man-
60 suetae. Anates aliaeque aues gregariae quomodo decipiantur ab aucupibus, suae speciei auibus uel auium imaginibus iuxta retia positis, dictum est in Anate cicure D. Non omnes eodem tempore capiuntur: quaedam statim se dant fluminibus: quaedam, cum iam fluuij gelu incipiunt consistere, è

i 3

latebris suis aduentant, ut clangula, raucedula, fuligula : quæ cum capiuntur, aucupium scitur non
esse diuturnius, Georg. Fabricius. Aues quæ gregatim incedūt(inquit Cardanus)gregatim etiam
capiuntur, ut perdices: magis his anseres, omnium maximè anates. Cicuratas enim ex suo genere
præcisis alis iuxta aquas uallo circunducto alere oportet copioso iucundissimoქ illic cibo. id anatibus inter reliqua est sorgum incoctum aquæ. nocte dum cicures clamant, agrestes descendunt ad
cibum. Nam animalia omnia consensum habent in quatuor uocibus, cibi, Venereorum, pugnæ ac
timoris, seქ mutuò intelligunt. Retibus igitur quæ coopertoria uocant contractis (hærent enim pa
lis inuoluta)clauduntur : ut quandoქ mille uno impetu anates captas referant. Et quanquam mirum uideatur, certum tamen est nullum esse felicius aucupium. eliguntur uerò è cicuribus quæ colore agrestibus sint simillimæ, Hæc ille. Anates illaqueantur, πλγιη ϗ Βρόχοις θηςῶνται, Oppianus 10
in Ixeut. Anates cæteræქ aues aquaticæ etiam uisco capiuntur, cum uisco inuoluitur funis longus ex pauteris quibus scoria fiunt (locus uidetur corruptus) compositus, & præcipuè serò in lacu
uel alibi, ubi aues istæ sæpius morari consueuerunt. Nam aues per aquam natantes noctu incidunt
in funem super aquam extensum, & capiuntur, & postridie captæ inueniuntur. Sed oportet hunc
uiscum ita esse temperatum ut aqua non corrumpatur, Crescentiensis. Viscum quoddam est aquę
aptum, arte paratum, ex melle uidelicet, aut oleo nucum, aut oleo oliuarum. quo utuntur aucupes
ad irretiendas aues tempore pluuio, uel etiam ad pisces ipsos capiendos, Brasauolus. Capiuntur
& escis quibusdam obiectis anates aliæქ auer, tanquam inebriatæ, quales sunt lappæ (hoc nomen,
Kletten, ad personatiam & alia lapparum genera apud Germanos refertur) semina sparge in locum
quem anates frequentant, quo illæ ingesto ita afficiuntur uertigine, ut manibus capi possint. Alia 20
esca. Tormentilla in uino bono coquatur, tum in eodem cocta frumenti aut hordei semina proiji-
cito in spatium auibus capiendis destinatum: sic enim tormentillę frustula simul cum seminibus deuorabunt, & inebriatæ tum uolare nequeant, capiuntur manibus. Hoc autem commodius fiet cum
cœlum præfrigidum & nix profunda fuerit. Alia. Per locum auibus frequentari solitum hordei
grana disperge, deinde ex farina hordeacea, felle bubulo & seminibus hyoscyami, medicamentum
instar pultis parato, quod in tabella eis expones. eo gustato aues adeò grauātur ut uolare nequeant
& manibus capiantur. Alia. Hordeum, fungos quos à muscis denominant, cum seminibus hyoscyami misce, & pulticulam inde factam in tabella expone ut supra, Hæc de escis ex authore innominato Germano, & quibusdam manuscriptis. Si quis locum ex quo anates bibunt cognitum habens, exhausta ab eo aqua uinum nigrum infuderit, ubi biberint statim concident atque capientur. 30
Idem etiam & sex uini molietur, Didymus in Geoponicis.

¶ Nessas aues (Scholiastes interpretatur nessas, id est anates)si frequentes & conglobatas ferri
animaduerteris, quanquam cœlo æstiuo & sereno, imminentem pluuiam expectabis, Aratus. Vide supra in Anate mansueta E. Sæpe anates feræ aut æthyiæ marinæ alis in continente concussis,
uentum instare monent, Aratus. Aquaticæ aues, ut anates aliæქ, si principio gelu quærant aquas
magnas incongelabiles iuxta mare, signum longæ durationis gelu præbent, Gratarolus.

F.

Anates feræ ad cibum parari poterunt non aliter quàm de cicuribus scriptum est. Anatibus fe
ris in pastillo coquendis addito lardum, & caryophyllos tritos cum zinzibere, Coquus Gallicus.

G.

Gualtherus Ryffius anatum ferarum sanguinem aduersus uenena commendat, ut scripsimus   40
in Anate cicure G. Veteres quidem simpliciter anatum sanguinem laudant: nisi quis Ponticas(quarum sanguis contra uenena præfertur)syluestres esse dicat: quod facilè concessero. syluestres enim
quàm domesticas ueneno pasci (quod de Ponticis scribunt) uerisimilius est. quanquam & anserum
sanguis eundem in usum pollere scribitur, non syluestrium, sed simpliciter.

DE BOSCADE duplici; & de PHASCADE.

BOSCA palmipes est, similis anati, sed minor. circa lacus & amnes uersatur, Aristot. de hist. 8.3.
interprete Gaza, In Græco legitur Βόσκας paroxytonū & masculinum, Βόσκας ὁμοῖ & μὲ νήτῃ, &c. Al 50
bertus eo in loco(nimirum ex Auicennæ interprete, corrupta uoce Græca batichen habet. Apud
Grammaticos oxytonum scribitur Βοσκάς : sunt autem huiusmodi uocabula fœminina. Vt à uerbo
Βόσκω deriuatur Βοσκάς, quæ auis est anate minor: sic à φέρβω, φορβάς, Eustathius. Et alibi, ἐκ δὲ τῶ βόσ-
κειν ὥσπερ ὄρνιον ἡ Βοσκάς, ὅτω ϗ πεϐόσκ⟨ις⟩ ἐλιφάντων, &c. Βοσκάς, φασκιάς, Libyes, Hesychius. Apud
eundem legitur Βάσκας, auis nomen. Κὰι ἐλπᾶ, ϗ Βάσκα ϗ ἐλασᾶ, Aristoph. in Auibus, ubi Scholiastes, Basca auis(inquit)etiam à Callimacho nominatur. Auium quæ boscades (βοσκάδες) nominantur, mas magis uarius cernitur, Athenæus. ut transtulit Vuottonus. Græce legitur, ὁ μὲ ἄῥεν
κατάγεαφ & νήτης, ubi Vuottonus μᾶλλον adijcit, νήτης omittit. ego ὁ μ, ἄῥεν κατάγραφος, ἐλαήων νήτης,
hoc est, mas uarius est, anate minor. melius autem simpliciter κατάγραφ dicetur mas, quàm fœminæ comparatione: cum omni anatum generi, & alijs etiam pluribus cōmune sit, ut mas fœminam 60
colorum tum uarietate cum pulchritudine uincat. Habent etiam mares in hoc genere rostra sima
& minora proportione, Athenæus. Apud Columellā boschides pro boschades legitur, quæ quomodo

modo inclufæ nutriantur fcripfimus fupra in Anate manfueta E. Cæterū cum Columella querque=
dulas, bofchides & phalerides fimul nominet, Varro querquedulas, phalarides & perdices coniun
git, mox fubijciens: quæ, ut Archelaus fcribit, uoce maris audita cōcipiunt. Quæ ut fuperiores (ana
tes) neqʒ propter fœcunditatem, neqʒ propter fuauitatem faginātur, fed fic pafcendo fiunt pingues.
atqui perdices cum aquaticis auibus numerari, eodemʒ modo nutriri, & fœcūdas fuauesʒ in cibo
effe negare, nõ conuenit. quamobrem mendum fubeffe reor, ac pro perdices legendum bofchides
ut apud Columellam. Bofca ruftice puto fartella dicitur, Niphus Italus. accedit autem hoc nomen
apud Gallicum cercelle uel cercerelle, quam auem Latinis querquedulam dici putant eruditi qui=
dam. Eberus & Peucerus bofcades interpretantur anates fylueftres, quibus roftra latiufcula &
ɪo fimia, color cinereus nigredine uariatus, Germanice dictas ꟙittelenten, id eft mediæ magnitudi=
nis anates. Querquedulam quidem Latine & bofcadem Græce dictam auem eandem exiftimare
nihil prohibet, cum utraqʒ anatum generis, & cætera fimilis fit, magnitudine tantum inferior. fed de
querquedula priuatim fcribam inferius. Bofca (inquit Turnerus Anglus) auis eft aquatica anati
fimilis, fed minor. Quum uero multæ fint aues aquaticæ anati fimiles, fed minores, ut funt telæ uo=
catæ ab Anglis, uuigenæ & pochardæ: eam puto bofcam effe, quæ proxime ad magnitudinem &
fimilitudinem anatis accedit, hoc quum pocharda faciat, illam Ariftotelis effe bofcam iudico, Hæc
ille. Videtur autem dicta pocharda, quod roftrum eius ad cochlearis figuram aliquo modo acce=
dat, nam Galli, quorum linguam Angli in plurimis imitantur, cochleare pocham uocitant. Βοσκά=
δα υνδυι Nicander dixit uentrem magnum & prominulum. Βοσκάδης χωός νεόν ὀρταλιχήα, id eft an=
ɪo feris altilis pullum, Idem in remedijs contra toxicum.

¶ Eft & alterum bofcadum genus maius anate, fed minus chenalopece, Athenæus. Noftri has
aut fimiles anates cognominant magnas, & cœruleas fylueftres, ꟙrößenten, ꟙild blauw enten:
Vide infra in Anate fera maiore.

¶ Cæterum quæ PHASCADES, φασκάδες dicuntur, paulo maiores funt quàm parui colymbi,
(paruæ colymbides,) cætero fimiles anatibus, Athenæus & Hermolaus Barb. Hæ fi non querque=
dulæ funt, (quas paulo ante bofcades minores effe conijciebam,) congeneres faltem ac fimillimæ,
paulo tantum minores fuerint. Phafcades anatibus fylueftribus fœmellis (quas uarias effe dixe=
runt, nempe cinereas, & nigris albisʒ maculis diftinctas) fimillimæ, fed minores funt, Varroni quer
quedulæ, Germanis Ꞃrigenten, Eberus & Peucerus. φασκάδες, aues quædam, Hefychius & Va=
ʒo rinus. Βοσκὰς, φασνίας, Libyes, Hefychius. Fieri quidem poteft ut uulgus φασκάδλας corrupte pro
βοσκάδλας dixerit, cum utræqʒ anati fimiles & minores defcribantur: & phafcadum nome neqʒ apud
uetuftiores reperiatur, neqʒ certam eius etymologiam agnofcamus.

DE QVERQVEDVLA, ET SIMILIBVS AVI=
bus, hoc eft anati fimilibus, fed minoribus.

ALITES quædam quæ inclufæ aluntur, non funt contentæ terra folum, fed etiam aquam
requirunt, ut funt anferes, querquedulæ, anates, Varro de re ruft. Idem in opere de lin=
gua Latina, cum de anate & mergo dixiffet, fubdit: Item aliæ in hoc genere à Græcis: ut
4o querquedula, cercuris: halcedo, quòd ea halcyone. quafi cercuris æque Græcum fit ac al=
cyon, pro auis nomine. Ego nihil huiufmodi apud authores Græcos inueni, κερκ͛͛κυρον tantum pro ge
nere nauis breuioris legiffe memini. Pfellus lib. ɪ. de uictus ratione Georg. Valla interprete, quer=
quedulas inter alimenta excrementitia numerat. Quid uero Græcus codex eo in loco pro querque
dulis habeat, quoniam ad manum non eft, ignoro. Querquedula Latinis per onomatopœiam nun
cupata uidetur: Græcis bofcadem minorem aut phafcadem dictam conijcio, ut fuperius rettuli.
¶ Querquedulæ quomodo inclufæ nutriantur, fcriptū eft fupra in Anate E. ex Columella & Var=
rone. ¶ In cœna quo die Lentulus flamen inauguratus eft, præter cætera anates & querquedulæ
elixæ appofitæ funt, Macrobius. ¶ Querquedulam Galli, ut in Bofcade dixi, cercellam uel cer=
cerellam interpretantur. Bellonius anatum genera apud Gallos effe fcribit farcellas & morillonos.
5o Sunt qui genus quoddam anatis fylueftris minus, Gallice alebrandam uocitent, eandem Italis far=
tellam dici puto: quanquam Ambrofius Calepinus Italus, querquedula (inquit) femper in aquis na=
tat ficut anas, quam qualiam dicimus à uoce, atqui coturnicem Galli & Itali uulgo qualeam nomi=
nant. Vulgus noftrum querquedulam corrupte cercedulam uocat, Theodofius Trebellius Foro=
iulienfis. Hifpani puto cerceta. Querquedulam Georg. Agricola Germanice uocat Ꞃrichent=
lein, Eberus & Peucerus Ꞃrigente. Georg. Fabricius Ꞃruckentle. Conijcio autem eandem effe
quam apud nos appellant Ꞃleinenten, id eft anatem paruam: & à colore ꟙrauwentle, id eft ana=
ticulam fufcam: & à locis aquarum cœnofis in quibus uictum quæritat, ꟙürentle, Sozentle, uo=
cibus diminutiuis. (nam alia quædam maior ꟙürent uocatur.) Alibi in Germania Trößlen: in
Heluetia alicubi etiam Socken. Eafdem omnino Ferrariæ in Italia ruftici qui in foro uendebāt,
6o nomen interroganti mihi fcauolos & cerceuolos (quafi querquedulas) appellarunt. Mediolani au=
dio garganello dici, quod nome aliqui etiam alijs anatibus aut mergis improprie tribuunt. Eliota
Anglus querquedulas interpretatur teale, Turnerus quidem Anglis telas uulgo uocari fcribit quæ

i 4

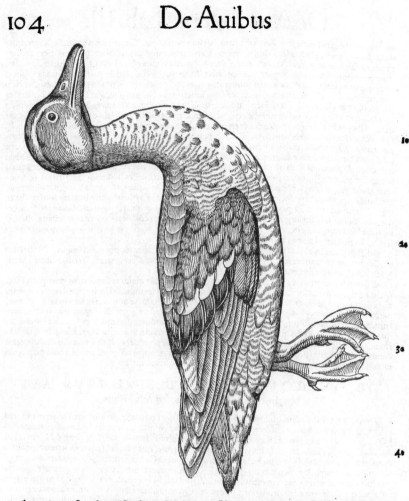

10

20

30

40

anatibus minores sint, alioqui similes, ut & uuigenæ. Vuigenæ & teelæ (ut Anglus quidam mihi dictauit)non dissimili magnitudine,sed colore,anates sunt. hæ cæsij (fusci) coloris dorso & pennis, sed pectore albo.illæ uarijs coloribus distinctæ,columbis maiores utræq, & dulcium aquarum incolæ,in quibus pisciculis & gramine aquatico uescitur,in pretio sunt Anglis, quod & præpingues sint ut plurimum,& carnem grati saporis habeant.   Telam Anglorum inferiores Germani (Frisij) Teling uocitant,ni fallor: eamq anate sera minorem faciunt,meanca maiorem.   50

    ¶ Querquedulæ nostræ syluestres sunt,elegātes,minores multo communibus anatibus,rostro tamen pedibusq & cætera similes:fuscæ(uel subnigræ)sed partem in alis uiridem habent, rostro nigricante:superior & anterior colli pars ad rostrum usq plumis obscurè ruffis uel castanearum coloris uestitur. Victu eodē quo anates utuntur, (illæ præsertim quas nostri scrutatrices uocant, Stozenten,)rostro enim fundum aquarum & herbas enascentes perscrutantur, uescuntur enim herbis aquaticis,earumq seminibus & uermiculis : quæ in dissectarum quarundam uentriculis unà cum lapillis inueni:& circa infimum intestinum quatuor digitorum interuallo ab ano,appendices binas retrò conuersas quinq digitos longas obseruaui. ¶ Anas parua,ein Kruckentle, (inquit Georg. Fabricius,)quæ proprio nomine querquedula , discernitur à cæteris anatibus corporis exiguitate, & alijs partibus.Rostrum nigrum,caput rubrum, cum uiridante utrinq macula , collum nigris al= 60 bisq pennis quasi squamosum. Gula alba,atris notata punctis,uenter item albus. Alæ in cæsio uiridantes , nigris candidisq transuersim admixtis pennis. In fœmella minus insigne caput, minus
                                                                  gula,

gula,uenter magnæ anati fœmellæ similis. In utrisque pedes cum membranis nigris cinerei, Hæc
Fabricius.

¶ Querquedulæ licet per onomatopœiam potius sic dictæ mihi uideantur, coniecerit tamen
aliquis quoniam querquero,id est frigido & hyemali tempore maximé apparent,ut & reliquæ aues
aquaticæ feræ,(apud nos quidem, & ubicunq lacus aut fluuij sunt qui per hyemē glacie non astrin-
guntur,)inde sic dici potuisse. Iactas me ut febris querquera,Lucilius. Et alibi, Querquera consequitur febris,capitisq dolores.Festus querqueram exponens frigidam cum tremore,à Græco(inquit)κόρκορα certum est dici. Ego non κόρκορα Græcè (quæ uox apud nullum authorem quod
sciam)sed κρυερά legerim. An tu forte morbum appellari hic putas, ægrotationem cum febri rabi-
10 da & quercera ? Querceram enim grauem & magnam quidam putant dici, Gellius libro ultimo.
Is mihi erat bilis querqueratus, Plautus citante Festo. Querquetularia porta Romæ dicta quòd
querquetum intra muros urbis iuxta se habuerit,Festus.Sed apud Plinium 16.10. Querculana hæc
porta nominatur:uel,ut alij legunt,Querquetulana.

A N A S Circia,em Birckilgen,à sono uocis ita appellata, cum parua anate habet similitudinē,
colore alarum & uentris differens. Alæ enim gemmantibus pennis carent,& in hoc genere uenter
magis maculosus est, Georg. Fabricius. Hoc genus in nostris etiam Iacubus Helueticis reperiri
puto. Vidi enim non ita pridem,initio Ianuarij captum anatis genus exiguum, paulò maius mergulo,corpore toto fuscum:rostro anatis,hoc est latiusculo, fusco, pedibus etiā fuscis, collo palmum
longo,reliquo corpore sex digitorum. Erat autem fœmella, & oua continebat.mas nimirū (ut con-
20 ijcio)colore elegantior est. in uentriculo nihil quàm calculos minimos , & semina quædam herbarum aquaticarum lentiformia ferè(minora altioraq lente)subruffa,reperiebam.

A M A R E L L V S nominatur in Regimine Salernitano inter aues cibo idoneas. Arnoldus de
Villanoua aquaticam esse dicit,anati similem,sed minorem.

Ad querquedulas siue anates minores,illam quoque pertinere puto, quæ circa Argentoratum
Kernell uocatur,nomine ad Gallicum cercella alludente. Color ei uarius,rostrū indici ferè coloris
est.circa caput ruffa est,sed punctis albis aspergitur,uertex niger, gula alba,ut pars etiam uentris superiore,duæ lineæ albæ longiusculæ ab oculis retro ex latis in angustas tendunt. dorsum nigrū,ut &
cauda.alæ cinereæ,transuersis duabus lineis albis distinctæ,superiore latiuscula , angusta inferiore,
quarum interuallum nigricat,ut & inferior pars alarum.Pectus ruffum nigris maculis magnitudi-
30 ne figuraq diuersis distinguitur.Crura fusca uel cinerea ferè.Sed hæc omnia ad auis depictæ inspe-
ctionem scripta mihi sunt. In Germania inferiore alicubi Cracksona uocatur, ni fallor.

DE GLAVCIO.

G L A V C I V M γλαυκίον , dicta auis ab oculorum colore, paulò minor est anate, Athenæus : &
Hermolaus,apud quē maiores pro minores mendosè legitur.Idem ab Eustathio repetitur in commentarijs in secundum Odysseæ , ubi glaucium auem esse νησσοειδῆ, id est anati similem scribit, minorem. Videtur itaq à querquedula uel phascade aut boscade minore,nō aliter differre quàm oculorum colore,quod authores expresserint, γλαύκιον,glaucium,herbæ nomē est,proparoxytonum:
40 non paroxytonum ut γλαυκίον auis.

DE PENELOPE.

P E N E L O P S circa lacus & amnes uersatur,Aristot.de hist. anim. 8. 3. numerat autē eum cum
ansere & chenalopece,congenerem illis & palmipedem esse insinuans. Græcè in codicibus nostris
πηνέλοψ oxytonum scribitur:sed scribendum πηνέλοψ paroxytonum, ut Eustathius, Hesychius,&
cæteri omnes habent. Auibus olim adeò delectati sunt homines,ut plerunq decantarent carmina
in quibus mentio fieret hirundinis,anseris,columbæ aut penelopis, Aristoph.in Auibus:ubi Scholiastes,Penelops auis est,similis anati,magnitudine columbæ,cuius mentionem fecere Stesichorus
50 & Ibycus,(quæ uerba ex eo Varinus repetit,)uel,ut alijs placet, ὁ πηνέλοψ μείζων μὲν (nisi forte legen
dum μείων,id est minor, Vuottonus)ἤγη νῆ ἤαν,ὅμοιΘ δ᾽έ, hoc est,maior est anate ,sed similis. Anserum genus sunt penelopes,& quibus lautiores epulas nō nouit Britannia chenalopeces sero (alias
ferè)ansere minores,Plin.10.22.Sed uetus lectio,inquit Hermolaus,pro penelopes habet chenalopeces:& posteriore loco pro chenalopeces,ceramides. significat autem ceramides colorem siglini,
qualem in plumis quorundam anserum aspicimus.unde nomen quoq gemmarum uni ceramites,
Hæc ille.uerum codices quidam posteriore loco neq chenalopeces neq ceramides legunt,sed che-
nerotes.Sed cum Plinius omnia ferè sua è Græcis transtulerit, & uocabula hæc omnia Græca esse
appareat,ea potissimum ad hanc lectionem usurpârim quæ apud Græcos reperiuntur & anserum
generis esse uocabula ipsa testantur , ut chenelopes & chenalopeces:quanquā Hesychius duo hæc
60 nomina χηνέλοψ & πηνέλοψ ab aliquibus pro aue una eademq accipi scribit: ex quo & Varinus repetijt. Ceramides pro auibus nusquā legi,sed forte anseres aliquos hoc colore descriptos Plinius
legerat, (si modo sic scripsit,) & non intellecto uocabulo huius nominis aues fecit. Color quidem

κεφαμνὸς,id est testaceus, communis est ferè pulueratricibus, ut alaudæ, coturnici, perdici, Longo‑
lius. Vria,de qua inter mergos loquemur,colore est ῥυπαροκόραμ‑, Athenæus. Mnesias Africæ
locum(forte lacum)Sicyonem, & Cratin amnem appellat, in Oceanum effluentem è lacu, in quo
aues quas meleagrides & penelopas uocat,uiuere tradit, Plin.37.2. Ion poëta penelopem auem
φοινικόλεγνον cognominat,habet enim penelops collum planè phœnicei, id est punicei coloris, uox
autem λίγνη in compositione abundat,Hesychius & Varinus, sed fortè λίγνη uox non abundat. λεγ‑
νώδεας enim interpretantur ποικίλας,id est uarias. Varius est autem in penelope color, si non aliàs,
propter collum puniceum saltem, aut quia λίγνας fimbrias uocat, & λίγνη extrema, nomen fortè
fuerit inde factum quod partes extremas hæc auis puniceas habet. Sed hac de re iudicabunt qui ui 10
derint auem.nobis enim ignota est,nisi ea sit anas fera quam Germani appellant Rothhals, à collo
rubicundo aut potius punicco castaneæúe colore,quanquam non solum collum eius, sed etiam ca‑
put eo colore sit:rostrum fuscum,latum.pectus nigricat, item cauda & extremæ alarū pennæ, uen‑
ter albicat,(nisi pictura nos fallit,ex qua hæc describimus) & partim ad fuscum uergit: pedes fusci.
pupillam oculorum nigram circulus ambit ex flauo rutilus,nota est circa Argētoratum,Nos aliam
congenerem & similem illi describemus infra,nempe anatem fuscam maiorem, simili colli & capi‑
tis colore. Sunt & mergi quidam collo capitéq; punicco siue castaneæ colore, de quibus infra scri‑
bemus,ut quæ uocantur lingua nostra Merch, & Bsentle, non adeò tamē quàm anates Rothhalsa
& fusca fera:æquè tamen aut magis rubet circa collum plumis ruffis iubatus mergus rostro angu‑
sto, ein Tüchel. ¶ Τὰ μὲν ποικίλοισιν ἐπ' ἀκροτάτοισι καθοῖσιν ποικίλαις παυλόπτες ἀυολόσιαροι,Ibycus apud 20
Athenæum. εἰκανῶ γάρ ἀ πρόπατον ἡλθον παυλόπτες ποικιλόσιαροι ταυνοΐήσφοι, Alcæus in Scholijs
Aristophanis.

¶ Penelope filia Icarij & Peribœæ, à parentibus in mare proiecta,per aues penelopes in littus
exportata seruatáq; est,& à parentibus suis iterum educata,Isacius Tzetzes in Lycophronem. Pe‑
nelopen Didymus ait Ἀμειράκλω & Ἀρναίαν (Arnæam, quòd à parentibus abiecta repudiatáq; esset,
Hermolaus)propriè uocatam esse : cum uerò Nauplius eam in mare proiecisset, ut propter filium
Palamedem se ulcisceretur,nomen mutasse. Sed potuit etiam Penelope illi ex eo quòd τὸ παρὰ τὸ πηνίον πολὺ λέ‑
πτος,ήγωρ ὑφασμα λεπτῆον: ὖ πᾶ τὸ πηνίον ἧττυ μάπη ἰλεῖν, quòd huiusmodi nomen texturæ studiosæ mu‑
lieri conueniat,Eustathius. Hermolaus & Volaterranus Penelopen ab auibus istis cum in mare
proiecta esset,non exportatam ad littus, sed simpliciter educatam scribunt , sine authore. Vide in
Agno in Philologia inter propria. Penelope dictus ludus describitur ab Athenæo lib.1,in quo cal 30
culos(ψήφος,ludum ipsum πεσσείαν uocat, ludebant autem stantes)utrinq; per uices aut sortes ad cal‑
culum in medio positum,quem Penelopen uocabant, emittere solebant, donec aliquis Penelopen
de suo loco depulisset. quo facto oportebat illum ex eo loco , in quo calculus à primo iactu reman‑
serat denuo Penelopen petere:quam si cæteris globis omnibus intactis assecutus esset, uictor habe‑
batur.Hunc ludum procos Penelopes exercuisse ait Appion, calculis quinquaginta quatuor utrin‑
que dispositis.erant enim proci omnes numero centum & octo,ueluti ominis captandi gratia.nam
qui uicisset,de nuptijs iungendæ sibi Penelopes bene sperabat. Non dissimilis puerorum nostro‑
rum ludus uidetur,quo nuces proijciunt per uices,ad quaternarios nucū cumulos,ut euertant,&c.

DE CAPELLA AVE.   40

CAPELLA auis,(ut Gaza uertit.ἀἰξ Græcè legitur,id est capra) penelops & uulpanser, circa
lacus & amnes uersantur,Aristot.de hist.anim.8.3,nec alibi usquam eius mentionem inuenio. Vi‑
detur autem illis congener quibus cum numeratur, hoc est anatibus, & similiter palmipes. Vnde
uerò capræ nomen ei contigerit,cum auis nobis incognita sit,non facile est diuinare.nam uel uoce,
uel aliqua corporis parte ut capite,quemadmodum & capriceps auis: uel oculorum colore, quem
caprinum(αἰγωπὸν uocant) ad capram quadrupedem forte accesserit. Sic & glaucium anaticula ab
oculorum colore nominatur. Bellonius uanellum auem (ein gysyt) uulgò hodie in Græcia ἀἰξ,id
est capram uocari ait,nimirum à uoce.Vide plura in Vanello.

DE BRENTHO ANATIS AVT MERGI   50
specie : & alia eiusdem nominis aue montana.

BRENTHVS(βρένθ‑) larus & harpa dissident: quoniam omnes è mari uictum petunt, Ari‑
stot.de hist.anim.9.1.ubi Plinius pro laro gauiam uertit, pro brentho anatem:quem & Theodorus
secutus est. Albertus (nimirum ex interprete Auicennæ, bathyos habet pro brentho , & merguli
pisces uenatis speciem interpretatur,Et sanè uidetur mergi potius quàm anatis genus esse : & quo‑
niam similiter ut larus & harpe piscibus uiuat (id quod mergi, non anates faciunt) iccirco eis ini‑
micus esse. Cæterum eiusdem lib.cap.11.Aristoteles brinthum(βεύβον,ut in Græcis nostris codici‑
bus legitur.Theodori uerò translatio hic etiam brenthum habet, legi autem βρένβον etiam per τ. in 60
codicibus quibusdam Græcis testatur Niphus) diuersam auem, quæ montes & syluas colat, uictu
probo & uoce sonora:uel si Græcè mauis,ἐυβίοτ‑ ῳ ὠδικὸς. Vbi Niphus, Auis est monticola.ge‑
neris

neris unci apud nonnullos(authorem non adfert)sed non cognoscitur in regione nostra. alibi uerò (inquit)interpretatur anas,quod hic non licet, cum monticola dicatur. Βρχνὸς, fundus, tumulus,& auis quæ etiam Βρχνθ- dicitur, Suidas. iisdem duobus modis apud Varinū scribitur, & cossyphos, id est merula exponitur. Βρχνθ- auis quam aliqui cossyphum dicunt,Hesychius. Sed brenthum de quo priore loco diximus anatis aut mergi genus esse conijcio, cum aliàs tum quia adhuc Angli anates quasdam brantas appellant,de quibus paulò mox scribetur:& Galli anatis paruę genus,ale= brandam,querquedulam nimirum aut congenerem.

¶ Βρχνθ- pro superbia apud Comicum legitur, unde Βρχνθειον unguentum celebre:& uerbum Βρχνθεσθαι quod est καταπρυφᾷν ἀλαζονικῶς,superbe & procaciter se gerere, Eustathius. proxima huic uox Germanica est eiusdem ferè significationis pʒangen, superbire & aliquam nobilitatis ostenta= tionem uultu ac gestibus ad id compositis præ se ferre. Διὰ τὸν Βρχνθον ἡμῶν τὸν πολὺν, Athenæus circa finem lib.13. Plura de his uocibus lege apud Grammaticos: ubi hoc annotandum occurrit, quod apud Hesychium etiam τύμβον, id est tumulum dici,errore forsan librariorū pro τύφον, id est fastum & superbiam,legitur.

DE BRANTA VEL BERNICLA.

PLINIVS,inquit Turnerus Anglus,duo præcipua anserū genera facit, penelopes (aliàs chenalopeces. uide supra in Penelope) & quibus lautiores epulas Britannia non nouit chenalopeces(aliàs chenerotes)ansere ferè(aliàs fero)minores.Posterior lectio,ut chena= lopeces prius, deinde chenerotes legantur, mihi (inquit Turnerus) magis approbatur. nam & nos una aue locupletat, & penelopes anatini potius quàm anserini generis eruditis esse ui= dentur. Deinde cum chenalopecē descripsisset: Chenerotes uerò (inquit) quænam aues sint, puto paucissimos hodie esse qui nouerunt.Neq; ego,licet Britannus,chenerotes nostros satis noui.nam præter duo Aristotelis genera, (anserem scilicet domitum & ferum,)anserum adhuc duo genera noui in Britannia,ad quorum neutrum si chenerotes pertineant, illos mihi penitus ignotos esse in= genuè fatebor. Prior anser à nostris hodie branta & bernicla uocatur,& fero ansere minor est, pe= ctore aliquousq; nigro,cætero cinereo. anserum ferorum more uolat,strepit, paludes frequentat,& segetem depopulatur.Caro huius paulò insuauior est, & diuitibus minus appetita. Nidum berni= clæ,aut ouum nemo uidit:nec mirum,quum sine parentis opera berniclæ ad hunc modum sponta= neam habeant generationem. Quum ad certum tempus,malus nauis in mari computruit,aut tabu= læ,aut antennæ abiegnæ, inde in principio ueluti fungi erumpunt: in quibus temporis progressu, manifestas auium figuras cernere licebit,deinde pluma uestitas, postremò uiuas & uolantes. Hoc, ne cui fabulosum esse uideatur,præter commune omnium gentium littoralium Angliæ , Hiberniæ & Scotiæ testimonium, Gyraldus ille præclarus historiographus,qui multò fœlicius quàm pro suo tempore Hiberniæ historiam conscripsit,non aliam esse berniclarum generationem testatur. Sed, quum uulgo non satis tutum uideretur fidere,& Gyraldo ob rei raritatem non satis crederem:dum hæc,quæ nunc scribo,meditarer,uirum quendam, cuius mihi perspectissima integritas fidem me= rebatur,professione Theologum,natione Hibernum,nomine Octauianum, consului num Gyral. dum hac in re fide dignum censeret:qui per ipsum iurans, quod profitebatur euangelium, respon= dit,uerissimum esse,quod de generatione huius auis Gyraldus tradidit,seq; rudes adhuc aues ocu= lis uidisse,& manibus contrectasse:breuiq; si Londini mēsem unum aut alterum manerem, aliquot rudes auiculas mihi aduectas curaturum. Porrò hæc berniclæ generatio nō usqueadeò prodigiosa illis uidebitur(inquit) qui quod Aristoteles de uolucre ephemero scripsit,legerint,quòd in Hypani fluuio ex folliculis quibusdam erumpat,&c. Alter anser (ex duobus quos solos mihi in Britannia notos dixi ultra duo anseris Aristoteli memorata genera) marina auis est,uulgò dicta à Solend= guse,in mari Scotico circa insulam Bassi,ex uenatu piscium uictitans, (&c. uide inferius in Ansere Scotico post caput de Anseribus diuersis.) Iam quum anserum genera , licet diligentissimè inqui= rens,apud Britannos plura inuenire non possim,chenerotes(qui ab amore mihi nomen habere ui= dentur)aut berniclæ aut Bassani anseres sint, aut mihi prorsus ignoti, Hucusq; Turnerus. Idē post librum suum de auibus publicatum,in epistola ad me data, Berniclas siue brantas(inquit)ex putri= dis nauis malis fungorum more nasci , minimè fabulosum esse doctorum & honestorum uirorum oculata fides mihi persuasit. Branta anserem palustrem ualde refert: his tamen notis ab eo differt, Branta breuior est,à collo quod rubescit nonnihil,ad medium usq; uentrem,qui candicat,nigra est. anserum more segetes populatur.In Vuallia (quæ pars est Angliæ) in Hibernia & Scotia aues istæ adhuc rudes & implumes in littore, sed non sine forma certa & propria auis, passim inueniuntur. Et rursus,Præter brantam aut berniclam est alia auis, quæ originem suam arbori refert acceptam. Arbores sunt in Scotia ad littus maris crescentes,è quibus prodeunt ueluti fungi parui,primum in= formes,postea paulatim integram auis formam acquirunt, perfectæ tandem magnitudinis illæ,ro= stro aliquantisper pendent,paulò post in aquam decidunt, & tum demum uiuunt. Hoc tot tantæq; integritatis uiri affirmauerunt ut credere audeam,& alijs credere suadeā, Hæc ille. Eliota Anglus aues quas Angli barnaclas uocitent, Chenalopeces esse conijcit. Meminit harum auium (brantæ

siue berniclæ dico)Olaus Magnus quoqз in descriptione Septentrionaliũ Europæ regionũ,ex fructu arboris cuiusdam nasci scribēs in paruis insulis circa Scotiam. In Scotia (inquit Seb.Munst.)
inueniuntur arbores quæ producunt fructum folijs conglomeratum: qui cum opportuno tempore
decidit in subiectam aquam,reuiuiscit,conuertiturзq in auem uiuam, quam uocant anserem arbo-
reum.Crescit eadem arbor in insula Pomonia, quæ haud procul abest à Scotia uersus aquilonē. Ve
teres quoqз cosmographi,presertim Saxo Grammaticus,mentionem faciunt huius arboris,ne quis
putet esse figmentum à nouis scriptoribus excogitatum. Aeneas Syluius quidem de hac arbore in
hunc modum scribit: Audiueramus nos olim arborem esse in Scotia,quæ supra ripam fluminis ena
ta fructus produceret anatum forma:hos maturitati proximos sponte sua decidere, alios in terram,
alios in aquam:& in terram deiectos putrescere , in aquam uerò demersos , mox animatos enatare 10
sub aquis,& in aëre plumis pennisзq euolare.De qua re cum auidius inuestigaremus dum essemus
in Scotia apud Iacobum regem hominem quadratũ, didicimus miracula semper remotius fugere,
famosámзq arborem non in Scotia, sed apud Orchades insulas inueniri.   ¶ Iunius Dentatus Par
thenopæus,uir apprime nobilis & eruditus,referre solebat pleraqз prodigiosa & admirabilia , inter
quæ miraculũ ingens in penitissimis oris Britanniæ & sinu intimo,ubi æstus effusi Oceani, secundi
& reciproci ad Lunæ augmenta & damna,ac frequētes fluxus maris & refluxus, haud secus quàm
tempestas statis uicibus littora infestant, ab authoribus memorati existunt , sæpe malos & nauium
carinas uetustate tabescentes,ad littora expositos,& diutina aqua madefactos,quosdam ueluti fungos breui pediculo,iuxta aquas gignere, paulatimзq adolescere inter fluctus, lapsísзq diebus etiam
moueri,sed tamen à trunco minime diuelli.Interiecto deinde tempore ueluti ad iustam magnitudi- 20
nem peruenerint,mirum dictu tradit, quod omnem superat fidem, fungos eiusmodi ita genitos, à
trunco sponte euelli,mox alis emissis & penniculis enatis euolare,& marinas aues existere, uescíqз
pisciculis littoralibus,peráqз maria passim enatare, pariteráqз apud incolas mirum nõ haberi:sed quia
passim id euenire soleat,quotidiano usu miraculum esse desinere, Alexander ab Alexādro dierum
genialium 4.9. ¶ Genus testatum quoddam nauigijs putrescente fæce spumosa adnasci apud Ari
stotelem legimus. ¶ Barliaræ(uox corrupta uidetur,malim brātæ uel berniclæ) dictæ aues è ligno
crescunt.Fertur enim abiegnum lignum in aqua marina relictum, cum paulatim putruerit,humo-
rem crassum emittere,quo densato paruæ species auium formentur ad magnitudinem alaudarum,
quæ nudæ primum paulatim deinde plumis uestiantur,& rostro interim à ligno suspensæ per mare
fluitent usqз ad maturitatem,donec se commouentes abrumpantur, & ita demum ad iustum incre-30

mentum perueniant, (& ut
Iacobus Athonensis episcopus in Orientali historia scri
bit , sicut aues cæteræ uolare
incipiant,)Isidorus. De his
certum est quòd in orbe nostro circa Germaniã nec per
coitum generant, nec generantur,Bartolemæus Angli-
cus. Berneca(Bernicla)quæ
ex arbore nascit, in quibusdam quoqз Flandriæ parti-
bus inuenitur. Hæc auis su-
perfluitatem nõ habet, sicut
nec arbores, Obscurus. Bar
bates (inquit Albert. lib.23.
de hist. anim. malim brantæ
uel barniclæ) aues falsò quidam dicũt iccirco nominari
uulgo Baumgenß, (id est
anseres arborũ) eò quòd ex
arboribus nascatur, à caudi-
ce & ramis dependentes , &
succo qui inter corticem est
nutriantur. dicunt etiam aliquãdo ex putridis lignis hæc
animalia in mari generari,
præcipuè ex abietum putredine,asserentes à nemine un
quã has aues uisas coire uel
oua parere.Sed hoc omnino
absurdum est.ego enim & alij complures mecum uidimus eas coire, & oua fouere & pullos alere.
Auis

Auis hæc aliquanto minor anſere eſt, & roſtrum anſeris habet: caput quaſi pauonis (aliàs, colorem
capitis ut pauo, ſed nullam è pennis criſtam:) pedes nigros ut cygnus, digitos membrana coniunctos ad natandum, color in dorſo cinereus ad nigredinem declinat. ſtruma (collum parte ſupina) nigra eſt, uenter cinereus uel ſubalbidus, Hucuſcḷ Albertus. ¶ Diuerſus ab hoc uidetur anſer ar-
boreus, Germanicè uulgò dictus, Baumganß, coloribus præcipuè differens, cuius icone egregius
pictor & auceps Argentoratenſis ad uiuum (ut ait, auem enim ipſe non uidi) expreſſit, quam hic
adiecimus. Anſere paulò minor eſt, & in ſalicibus moratur infra ſupraḷ aquã, ea quæ huius rei
(ut pictura indicat) qui color etiam capitis eſt, colliḷ proni, dorſi, caudæ & alarum, circa oculos &
gula tota ſiue collo ſupino albicat, ubi & maculis quibuſdam cinereis aut fuſcis notatur, quæ in pe-
10 ctore fuſco magis nigricant, in uentre tum albæ tum nigricantes apparent, crura fuſca.

ITERVM DE EISDEM, EX DESCRI-
ptione regni Scotiæ Hectoris Boëthij.

Has figuras auium, quas Scoti Clakis appellant, ut & alias quaſdam Scotici maris, quas infra memorabimus, doctiſsi-
mus Io. Ferrerius Pedemontanus ad nos miſit, præſtantiſsimi apud Scotos uiri Henrici à S. Claro liberalitate. Mari
huius generis roſtrum acutius, fœminæ obtuſius eſt, ut geminæ icones oſtendunt.

20

30

40 R EST A T iam de anſeribus (inquit Hector Boëthius) quos Clakis appellant, quosḷ uulgò perperam in arboribus naſci in his inſulis (Hebridum) credunt, ea quæ huius rei cog-
noſcendæ multo iam tempore ſtudioſi re diligenter explorata perſpectaḷ cognouimus,
differere. Mari enim illis interiecto mihi magis eorum procreandi uis quædam ineſſe uidetur quàm alicui alij rei. Varijs enim modis, uerum in mari ſemper, prouenire conſpeximus. Etenim ſi lignum in id mare proijcias, temporis tractu primũ in eo uermes excauato ligno naſcuntur,
qui ſenſim enatis capite pedibusḷ atḷ alis plumas poſtremò edunt. demum anſeribus magnitudine æquales, cum ad iuſtam peruenerint quantitate, cœlum petunt auium reliquarum more remigio alarum per aëra delati. Id quòd luce clarius anno à partu uirgineo milleſimo quadringenteſimo
nonageſimo plurimis ſpectantibus in Buthquhania uiſum eſt. Nam quum in eam ad Pethſlege ca-
50 ſtellum fluctibus huiuſcemodi lignum quoddam ingens delatũ eſſet, rei nouitatem, qui primi con-
ſpexerant admirantibus, ad loci illius dominum accurrentes rem nouã nunciant. Is adueniens trabem ſerra diuidi iubet, quo facto ingens confeſtim apparet multitudo partim uermium, alijs adhuc
rudibus, alijs membra quædam formata habentibus, partim etiam formatarũ perfectè auium: inter
quas quædam plumas habebant, aliæ implumes erant. Itaḷ rei miraculo ſtupentes iubente domino
in templum D. Andreæ Terḷ (aliàs, Tyrḷ, & melius, id pago cuidam nomen eſt) lignũ comportant,
ubi & hodie manet undiḷ, ſicuti erat, à uermibus perforatum. Huius ſimile duobus ſubinde annis
in Taum æſtu appulſum ad Bruthe caſtellum multis accurrentibus oſtenſum eſt. Nec diuerſum eſt
quod exinde duobus rurſum annis Lethe portu Edinburgenſi uniuerſum populum ſpectare contigit. Ingens enim nauis, cui inſigne ac nomē Chriſtophori erat, ubi tres perpetuos annos ad unam
60 Hebridum in anchoris côſtitiſſet, huc reducta atḷ in terram ſubducta, plena omnia exeſis trabibus
qua mari ſemper merſa fuerat, uermium huiuſcemodi rudium partim aut perfectam nondum auis
formam habentium, partim iam abſolutorum, oſtendit. Cæterum cauillari id quiſpiam poſsit arbo-

k

rum truncis ac ramis,illis in insulis natarum,uirtutem hanc inesse: Christophorum quoq; illam ex
trabibus Hebridianis contextam asserens.Itaq; quod ipse quoq; abhinc septem annis uidi haud gra
uabor in medium adducere.Alexander Gallouidianus Kilkendensis ecclesiæ pastor(uir præter insignem probitatem rerum admirandarum studio incôparabili) cum extracta alga marina inter caulem & ramos à radice statim pariter & usq; ad cacumen enatos qua coniunguntur conchas adnatas
uideret,rei nouitate attonitus,mox cognoscendi studio eas aperit,ubi magis multò quàm antea ob-
stupefactus constitit.Non enim piscem in testis conclusum comperit,sed (dictu mirabile) auem,ac
pro illius magnitudine testas quoq; inauctas.quibus enim paruæ inerant, & ipsæ quoq; apertæ eas
pro quantitate complectebantur.Itaq; ad me exemplo,quem eiusmodi rerû cognoscendarum iam 10
olim magna cupiditate detentum nouerat,celeriter accurrit,remq; omnem monstrat, nô magis rei
miraculo obstupefacto, quàm re tanta ac tam inaudita conspecta,læto.hac enim re satis constare arbitror,non hæc procreandarum auium semina aut truncis, aut arborum inesse fructibus, sed ipsi
Oceano: quem Maro, ut Homerus,patrem rerum haud temere appellauit.Verum quoniã id fieri
uidebant cadentibus in aquam arborum ad littus positarû pomis, ut temporis tractu ex illis eæ apparerent uolucres alites,in eam sententiam abducti sunt,ut poma illa in ipsas commutari opinaren
tur,sed falsô. Nam tempore adnatiis ex ui maris primum uermibus, atq; ijs sensim excrescentibus,
uicissimq; pomis illis ex humiditate corruptis disparentibusq; , non satis accuratè perspicientibus
ex illis in has transmutari formas uisæ sunt, Hector Boëthius.

DE PVFFINO ANGLICO.   20

A v i s quædam aquatica,anati similis colore(licet uiridem colorem circa caput & collum non
habeat)& rostro,magnitudine minor,plumosa,apud Anglos (ut audio) puffin uocatur. sale conditur,& in delicijs habetur.editur etiam quadragesimæ tempore,quòd uideatur quodammodo piscibus affinis,cum sanguinem frigidiorè habeat.In mari degit, & uolat, ubi etiam capitur, ut Anglus
quidam nobis narrauit. Et rursus alius quidam Anglus eandem auem his uerbis nobis descripsit:
Marina est,consimili penè forma cum aue quam Angli cotam appellãt (aut fulicæ nostræ fluuiatili)
nisi quòd exilior est,& colore magis subfusca, (quàm nigra:)pennis caret,plumis tantum ceu lanugine quadam uestitur.itaq; subuolare nô potest.suburinans alga & cochleis uictitat. Si quando uel
metu uel aliam ob causam locum ocyus mutare instituit,alarum pedumq; extremitate nitês, aquas 30
celeriter quasi prorepens præterlegit. Retibus gregatim capiuntur,uasisq; sale conditæ in quadragesimam reponuntur,Hæc ille. Turnerus tertiû urinatricis genus, quod anserculo nuper ab ouo
excluso simile facit, rostro tantum exiliore, pro pennis lanuginem quandam habere scribit, nec in
mari sed stagnis aut fluuijs non rapidis degere. Veteres Græci in gripho auem non auem pro
uespertilione dicebant,Angli puffinum suum, quem auem natura fecit, non solum nomine,sed re
ipsa etiam & licentia cibi,auem non auem uel auem piscem faciunt.

DE ANATIBVS FERIS IN HELVETIA
communibus,quarum nomina Làtina nobis incerta sunt: & pri=
mum de duabus Anatibus feris torquatis.   40

ANAS FERA TORQVATA MINOR.

A N A S fera torquata, quæ magnitudine, forma & uoce inter cæteras proximè ad cicures
accedit, (aut magnitudine etiã superat,) à nostris appellaÍ Groſſent, id est anas magna,&
à uoce Retſchent.ad Constantiensem lacũ à capitis alarumq; coloribus Blaſſent,Spie=
gelent. Circa Verbanum lacum Italicè,ni fallor, ceson: quanquam aliqui cygnum sic ap
pellant. Caput ei uiride,rostrum subflauum. collum superius uiride est, infra castaneæ coloris, in
medio circulus albus,unde torquatam appellauimus: ut uideri possint anates illæ quas Aristophanes πϙοὖϛ χωσμϑώτας uocat, & Scholiastes pennis candidis tanquam zona ambiri scribit. In medijs alis 50
transuerso situ;cœruleus color est,(inde nomen apud aliquos, Wild blauw enten,) qui tamen pro
diuerso ad Solem obiectu uariat:paucis infra supraq; pennis candidis.Pars dorsi caudam uersus ex
cœruleo ferè ad uiridem & nigrum inclinat,inferius puto, nigra est. Venter ex albo cinereus & ua
rie maculosus,uel(ut Græcè dicam,)ϛικϙὸς. quæ quidem uarietas ex macularum punctis per pennas
quasi guttatim dispersis in aquaticis auibus non paucis spectatur. Cruribus rubet. ¶ Idem genus
Eberus & Peucerus describunt,his uerbis:Anates syluestres maiores,quas Germani Groſſenten,
Mertzenten uocant, (id est anates maiores uel Martias à Martio mense,)ima supremaq; corporis
parte cæsiæ sunt,pennas alarum & alijs aspersas coloribus, præcipuè tamen purpureo nitentes ha-
bent.collo capitiq; uiredo ad nigredinem tendens inest, medium collum candidus ambit circulus.
Fœmellæ uariæ,sed cinereæ & nigris albisq; maculis distinctæ, Hæc illi. Non alias equidè bosca= 60
des maiores Athenæi esse dixerim, quarum supra memini. ¶ Easdem anates à nonnullis in nostra regione puto appellari Hagenten, id est anates sæpium,nimirû quòd circa sepes in fluuiorum

ripis

ripis(quanquam illæ de quibus superius scripsi in lacubus frequentes sunt) obuersentur. aiunt illas
magnitudine cicures æquare, coloribus insigniri pulchris, uiridi, spadice uel castaneæ, uario: in me=
dijs alis uirere, pedibus rubere. Anas syluestris uera (id est domesticæ maxime similis, inquit Al=
bertus) dorso & uentre grisea(cinerea) est. mas in collo quasi pauonis radiätes habet pennas, colorē
composito ex uiridi & cœruleo, torquem album circa collum, & in alis uersus uentrē maculam ui=
rōre splendentem. sed fœmina magis declinat ad nigrum colorem cum cinereo mixtum. Est autem
uox fœminæ crassior, maris acutior, ut in omni anatum genere. Cæterum hoc genus anatis duplex
est, nempe maius & minus, utruncͷ notum apud nos, Hæc ille.

DE ANATE FERA TORQVATA MAIORE.

V N I V S generis, ut ex Alberto recitaui, anatum torquatarum duæ sunt species: de minorē
iam dictum est. maior apud nos uulgò nominatur Stoꝛtzent uel Stoꝛent; hoc est anas
scrutatrix, quòd rostro fodiens fundum, arenam & herbas, uictum sibi perscrutetur, quod
& reliquæ propriè dictæ anates faciunt: sed hæc forte magis aut frequentius, cum corpore
etiam maior sit. Glandes etiam amat & auenam, & in agros auena consitos aliquando inuolat.
Coloribus cum præcedente magna ex parte conuenit, præsertim rostri, capitis & colli, &c. Qui ue
nantur eas apud nos in lacubus, tandiu persequuntur donec fatigatas capiant.
ANAS magna, ein groſſe Ænte. Rostrum eius in medio nigrum, à lateribus flauescēs: tergum
in nigro flauicante maculosum. Venter reliquo corpore dilutior. Alæ cinereæ, in quibus pennæ
quædam lineis duabus transuersis albæ, quædam insigni fulgore sic radiantes, ut aliter in opaco, ali=
ter in sole gemmare uideantur. In mare omnes propemodum partes insigniores. Rostrum flauum,
caput collumcͷ gemmantis uiriditatis, medium collum circulus ambit albus: pars altera spadicis co
lore est. Venter magis uarius atcͷ densus, plumas perdicū habens similes. Cauda in nigro uiridans,
quæ in fœmella, tergo æqualis est: pedes crocei, qui in eadem fœmella, lutei, Georg. Fabricius.
ANAS graminea uel iuncea, ein Schmilente, nomen habet apud Misenos, quòd certo grami=
nis iunciue genere (cui à foliorū angustia nomen uulgare schmalen, uide supra in Anate c.) pasca=
tur, incͷ eo frequens uersetur. rostro & pedibus nigris. reliqua cum anate magna illi sunt æqualia,
color tantum corporis est dilutior, Idem.

10

20

30

40

50

DE ANATE FERA FVSCA VEL MEDIA,
id est mediæ magnitudinis.

ANAS syluestris fusca à colore dicta apud nos, ein wilde grauwe Ent, magnitudine & fi
gura ad urbanam accedit. Rostrum ei latum, inferius omnino nigrum: superior uerò rostri pars ante & retro tantum nigricat, per medium ex fusco albicat. Caput totum & maxima colli pars colore ruffo uel castaneæ splendent nitentéque. Inferior uerò colli pars iuxta
dorsum & pectus undíque nigricat, ut dorsi etiam finis & cauda. Reliqua dorsi pars cum alis, muste-
linum colorem refert ut mures pontici seu uarij dicti, insunt autem pennæ uario colore distinctæ ex
albis

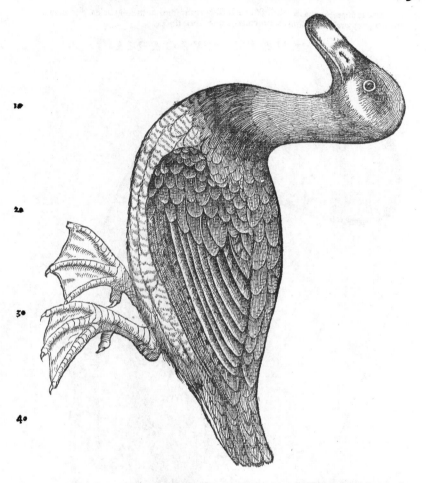

albis nigrisǽ lineis cymatili ductu perquam elegantes. Idem in uentre color, fed obſcurior: à quo
præcipuè uentris colore nomen anatis fuſcæ à noſtris impoſitum uidetur. Interior alarum pars pen
nis albis conſtat. Crurum color glaucus. digiti quoǽ pedum glauci uel ſubalbi, fed nigris membra-
50 nis coniuncti. Idem aut omnino proximũ genus eſt, quod ſupra à colore nóminauimus Rothalſ̄,
(quo nomíne circa Argentoratum utuntur,) & an penelops dici poſſet dubitauimus, cum ſimiliter
φοινικόλεγνℴ & ποικιλόδειρℴ ſit, hoc eſt collo puniceo & uario, & anatum generi adſcribatur. nam de
magnitudine nihil habemus: cum Scholiaſtes Ariſtophanis & magnitudine columbæ, & rurſus
anate maiorem penelopem deſcribat. Eſto igitur nobis tum rothalſa tum anàs fuſca (ſiue una planè
ſpecies eſt, ſiue generis unius proximi duæ ſpecies mínimum differentes) nõ aliud quàm penelops
ueterum, donec alius aliquid certius adferat. Eberus & Peucerus anates quaſdam Germanicè uo
cant Mittelenten (hoc eſt mediæ magnitudinis, ut ego interpretor,) latiuſculis & ſimis roſtris, cinereum colorem nigredine in eis uariante, & ueterum boſcades eſſe ſuſpicantur. Sunt autẽ hæ uel
eædem cum illis quas hic deſcripſimus: aut ſaltem magnitudinis ratione idem uocabulum Germa-
60 nicum eis conuenit.
    A N A S mediocris (inquit Georg. Fabricius) ein Mittelente, à magna differt quantitate & for-
ma; minor enim eſt, minuſǽ colorata, in alis præſertim atǽ pedibus: nam & horum membranæ ni-

græ sunt, quæ in anate magna flauescūt:& uenter quoq́ candidior, ac minus uarius. Alæ in masculis partim nigræ, partim albæ sunt,& pauculis pennis rubris tinctæ.

DE ANATE MVSCARIA.

A N A s muscaria, **Muggent**, sic uocatur à nostris , quòd muscas supra aquam uolantes captet. Huic quoq́ ut superiori magnitudo & figura ferè ut domesticæ anati. Rostrum latum & simum, cuius lamina superior per medium nigricat, utrinq́ flauet: inferior planè crocea est. longum, quatenus extra plumas eminet , digitos duos. Dentes utrinq́ serrati, latiusculi,& quodammodo membranacei,flexiles,eminentes. inferioris tamen laminæ dentes minimum eminent,& strias oblongas ducunt.Color plumarum per totum ferè corpus uarius est, ex nigricante,charopo,albo & mustelino alicubi mixtus:uel, ut breuiter dicam, qualis perdicum ferè,
hoc

hoc eſt χόςαμνός, ut pulueratricum plerarunq̃, ſed diſtinctus. Ventris plumæ albent, interius fuſcæ.
Pedes flauent, digiti nigricantibus membranis cohærent, collũ tam ſupina quàm prona parte ϸικϸψ
eſt, hoc eſt uarium quibus ſupra dixi coloribus. Vertex magis nigricat quàm cæteræ partes: qui co
lor etiam in alis habetur, eædem & cauda breues ſunt. Huic congener uidetur anas ſtrepera, quam
infra deſcribemus Georg. Fabricij uerbis. Sed in Podamico lacu circa Conſtantiam aliud etiam
anatis feræ genus muſcarium appellari audio, quod alibi à cœno paluſtri etiam Mürent (ut quer=
quedulæ diminutiua uoce Mürentle) & Moßent dicatur, corpore magno & coloribus elegantiſ
ſimis inſigni, unde eandem quam ſupra torquatam maiorem nominaui eſſe conijcio. Sed cæteras
etiam anates pleraſq̃ muſcas ſectari aiunt. Georg. Fabricius aliã nobis muſcariam deſcripſit, quæ
10 apud Miſenos nominetur Pilente uel Pilwegichen. Hæc (inquit) muſcas captat, & ideo à pueris
delectationis cauſa alitur, ad quod reſpexit in Captiuis Plautus, Patricijs pueris aut monedulæ,
Aut anates, aut coturnices dantur, quis cum luſitent. Muſcis autem ſuſpenſo gradu placidè ingre=
diens inſidiatur, Roſtrum longum & molle, & colore cinereum: qui & reliqui corporis eſt, excepto
uentre, qui nonnihil candidior. Vocem noctu lachrymanti aut lamentanti ſimilem edit. paulò ma=
ior eſt motacilla, Hæc Fabricius. ſed apparet eum motacillam nobis hoc nomine ignotam facere.

DE ANATIBVS PLATYRYNCHIS,
id eſt latiroſtris.

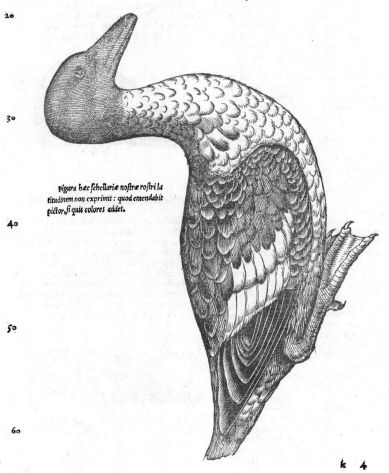

Figura hæc ſchedæ noſtræ roſtri la
titudinem non exprimit: quod emendabit
pictor, ſi quis colores addet.

ANATEM platyrynchum appello à roſtri latitudine, rhynchos enim non de ſuibus tantum dicitur, ut quidam putant, ſed etiam de auibus, non rhámphos modo, ut annotauit Euſtathius. Noſtri ſchellariam uocant, Schellent, à roſtri figura, ut coniicio. imitatur enim quodammodo genus quoddam crepitaculorum ex ære, quæ Germani ſchellas nun cupant: uel potius, quoniam inter uolandum (ut audio) alis ſuis ita perſtrepat, ut crepitaculorum huiuſmodi ſonum repræſentet. Roſtrum ei nigrū, breue, medio palmo (id eſt duobus digitis) longum, & eiuſdem fere latitudinis: non planum aut ſimum ut muſcariæ, ſed conuexum inſtar clypeorum, quare aliqui Schiltent, id eſt clypeatam appellant. Hæc etiā anatis urbanæ magnitudinem non excedit, ut & muſcaria: & pedes ſimiliter flauos habet, ſed maiores, lōgiores: & digitos ſtidem nigris iunctos membranis. Pennæ ubiꝗ nigræ ſunt, ſed in collo nigricant ex albo: in alis inferiori 10 bus albæ. Capitis color qui caſtaneæ obſcurus, uel ruſſus admixto nigro. Prona (anteriorem, puto) pars colli & uenter albent. Dentes in ſuperiore roſtri parte undiquaꝗ conduntur interius, nec eminent: inferiores uerò oblongas ſtrias ducūt ut in muſcaria anate. Lingua nigricat. Audio eam piſcibus quoꝗ ueſci. Eadem uel omnino congener eſt, quam clangulam Geor. Fabricius nominauit. nam & Miſeni (ut ſcribit) appellant ein Klinger, ab alarum clangore, quæ firmiſſimæ ſunt, nec ſine ſono in uolatu mouentur. Roſtrum ei latum, ſed breue ac obtuſum, & nigrum, caput magnum & in nigro uiridans. ſecundum oculos, qui in hoc genere pulchri ſunt, utrinꝗ macula alba eſt. in ſœmella nec uiror ille, neque hæc macula apparet, (figuram ſchellariæ noſtræ ex ſœmina factam arbitror, quoniam macula caret,) Tergum & caudanigra, alæ partim nigræ, partim candidæ. gula cum uentre tota candida, in ſœmella gula nonnihil in cinereo maculoſa. Pedes in ambabus flaui. Hæc ille. 20 Sed capitis etiam quam miſit iconem apponemus, ut & roſtri latitudo (non expreſſa à pictore noſtro) & macula ſecundum oculos, appareant.

RVRSVS idem uel maxime congener platyrynchi anatis genus eſt, quod audio uocari à Germanis (circa Argentoratū) weiſſer Stittuogel, (neſcio qua nominis ratione, cuius generis etiam fuſcam ſpeciem inueniri aiunt, illam nimirum quam ſupra deſcripſimus:) ab Anglis ſcheldrake, quæ uox ad Germanicam Schellent accedit. Roſtrum ei ſimiliter breue & bene latum (ut in pictura ad me miſſa cōſpicor) & nigrum, ut caput etiam ac dorſum & alæ: quarum tamen in medio magna pars alba eſt, & rurſus in ſuperiore parte, colli etiam pars inferior, pectus & uenter albent, inter roſtrum quoque & oculos albæ ſunt maculæ. reliqua circa oculos pars maculis è cœruleo uiridibus ambitur. Crura & pedes è ruffo flaueſcunt. Sed alij aliter deſcribunt ſcheledracum Anglorum: uide infra inter Mergos magnos.

ALTERVM apud nos genus platyrynchi anatis, ſimiliter ut primum Schiltent, id eſt cly 40 peatam nuncupant: aliqui priuatim Taſchenmul, ob inſignem roſtri latitudinem, quæ ad duos pollices accedit. taſcham enim appellant noſtri marſupij genus latiuſculum quod à zona ſuſpenditur. Roſtrum ei nigrum, latum & in fine quadam cochlearis ſpecie, mediæ extremitati breuis quidam & paruus uncus adiungitur. inferior roſtri pars ſiue lamina ſuperiorem ita ſubit ut intra eam tota includatur. Dentes ab utraꝗ roſtri parte molles, flexiles, recti, in hoc anatum genere (quod ſciam) omnium longiſſimi, ad dimidij digiti longitudinem. aut forte etiam cæteris anatibus dentes æquè longi, ſed roſtro magis adhærent, non ita prominent. Caput nigricat, ſed occipitium & pars poſterior uſꝗ ad medium colli uiriditatem præ ſe fert. Collum duos palmos longum. Reliquum corpus ut anatis cōmunis, uel aliquanto minus. Pedes & crura croceicoloris. plumæ uctris ruffæ (quæ in ſuperiore genere albæ ſunt.) Superior alarū pars ex cinereo cœrulea. reliquæ pennæ partim fuſcæ, partim ſubuirides. Hanc quoque piſces captare aiunt.

ANAS ſuligula (ſic uocat Geor. Fabricius imitatione Germanicæ uocis apud Miſenos ein Rüſigen) à fuligineo totius corporis colore. roſtrū ut in clangula breue eſt, ut in latiroſtra (maiore, mox deſcribēda) latū. unde & latiroſtra minor uocari poteſt. In alis una linea tranſuerſim alba. uenter albus. pedes ut anatis paruæ (querquedulæ,) à qua etiam nō differt magnitudine.

ANAS latiroſtra maior, ein Breitſchnabel.

Huic

Huic roftrum duplo ferè, quàm in cæteris latius, idǽ in mare nigrū, in fœmella modò flauefcens, modò maculis uarium. Striæ quoǽ longæ, & frequentes magis, quàm in ullo alio genere. Collum in albo cinereoǽ maculofum, gulæ pars inferior alba. Alæ in parte fuperiore ifatidis colore funt, media albæ, poftrema in nigro uiridantes, reliqua cinereæ. Venter fpadicis colore, in fœmella mediocri anati ferè fimilis, in albo flauefcens, pedes cum primo genere conueniunt, in utroque fexu, Georg. Fabricius.

CAPVT LATIROSTRAE MAIORIS.

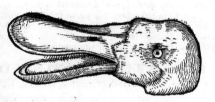

¶THIS aliam fpeciem addo quam peregrinam effe aiunt, &Seeuogel, id eft autem marinam cognominãt: roftro itidem breui, latoǽ & conuexo, ad cœruleum colorē dilutum inclinãte: pars media tamē nigricat, ut & caput & cauda extrema, & longiores alarum pennæ: quæ tamen duabus zonis diftinguuntur, inferiore alba:& fuperiore fimiliter, fed quam per medium linea ruffa diuidat. Collum breue, album inferius, dorfum fufcum. pectus ruffum: ut etiam pedes, fed hi dilutius. Latera cinerea, fufcis & breuibus punctis lineifue diftincta. Oculos puncta obfcurè uiridia ambiunt. Sed hanc quoǽ defcriptionem picturæ tantum intuitu confecimus. Quærendū an hęc fit fub dicta apud Frifios, auis aquatica anate minor, fed roftro latiore.

ANATEM quandam cirrhatam noftri à corpulentia Vollenten appellãt: cui itidem roftrum latiufculum, corpus gallinæ magnitudine, plenum & obefum: quamobrem in cibo cæteris plerifǽ præfertur. Totum roftrum fuperius in hac glauco colore eft: inferius nigrum, Caput etiam & collum undequaǽ nigra. mas apicem in uertice gerit nigris pennarum cirrhis conditum: prope quem pennæ utrinǣ ex nigro uirent. Dorfum eft fufcum punctis albicantibus tanquam puluere inæqualiter afperium, quæ tam parua funt ut lateant nifi penitus afpexeris. Fufcis alarum pennis candidæ fubfunt, quarum extremitas iterum nigrefcit. Cauda breuis, ut anatū generibus, undiǽ fufca. Venter & fupinæ partes alarum albent. Pedum digitos glaucos nigræ coniungunt membranæ.

DE ALIIS QVIBVSDAM ANATIBVS, QVAS
Georg. Fabricius apud Mifenos nobis defcripfit.

ANAS fiftularis, ein Pfeifente, à fono acutiore, quem fiftulæ modo emittit, denominata, aëris meatus in roftro habet latiores: roftrum colore ifatidis, circa unguem ductus nigros quafi fila. Collum rubro nigroǽ uarium. tergum partim plumeū, ut uenter anatis magnæ, partim rubris nigrifǽ pennis temperatim. Alæ parte fuperiore cum tergo conueniunt, media maximaǽ albæ funt, ima cinereæ. In fœmella uero nec roftrum, nec tergum, nec alæ eodem funt ornatu: folus uenter in utrifque candidus.

ANAS ftrepera, ein Leiner, à uocis ftrepitu grauiore. Roftrum nigrum, collū in nigro alboǽ quafi fquamofum, dorfum in cinereo flauicans, fubalæ quafi perdicum pennæ. Alæ rubras, nigras, albas pennas permixtas habent. Venter fuperne candidus, & in extremo cinerea, Pedes lutei, membranæ nigræ. Hæc mufcariæ noftris appellatæ, quam fupra defcripfimus, congener uidetur.

ANAS caudacuta, ein Spitzſchwantz, nomen à cauda longiufcula accepit. Roftrum fuperne nigrum, à lateribus ifatidis dilutæ imitatur colorem: in fœmella cum maculis nigris cinereū. In alis pennæ infimæ tranfuerfim albæ: mediæ in nigro gemmantes uiridi & damafceno: extremæ nonnulæ flauicantes. Hæc in fœmella uarietas non eft: fed lineæ tantū duæ tranfuerfim albæ. Capite cum anate mediocri, dorfo cum ftrepera conuenit, pedes membranæǽ cinereæ.

ANAS quadrupes, magnitudine anatis paruæ. Roftrum latum, & in latitudine tenue, figura à noftratibus omnibus aliquantum differens, priore parte nigrum, extrema flauum. Capitis fumma pars ad collum ufǽ nigra, circà oculos cinerea. Niget circulus collum ambit, nigrum tergum, nigræ alæ, nigra cauda. Venter albus. Pedes flaui, & inter fe non procul diftantes, ut pictura indicat. Hanc anatem mortuam uidi. nam duæ afferuantur Torgæ in armamentario illuftrifimi Electoris Saxoniæ. Audiui à quibufdam circa Merfeburgum ad Salam eius generis captas effe, Hæc Fabricius, qui imaginem quoǽ anatis quadrupedis fibi uifæ ad nos mifit, quam hoc loco appofuiffem, fi à fculptore dum hæc æderemus cælata fuiffet. Vidi ego columbæ etiam quadrupedis effigiem typis excufam & publicatam, de qua fuo loco fcribetur. Alæ & crura auium ex oui luteo fiunt, indicio eft quòd pulli, qui ex ouo cuius lutea duo funt abfǽ fepiente membrana quatuor alis & totidem pedibus nafcuntur, arbiranturǽ prodigium, quale olim Mediolani contigit, Cardanus lib. 12. de Subtilitate. Atqui anas hæc, ut & columba cuius memini, tetrapodes tantum fuerunt, non etiam tetrapteri. Sed de ouis geminum uitellum habentibus, plura adferam in Gallina c.

A N A T E S longirostra, mustelaris, raucedula & alticrura, sic dictæ à Georg. Fabricio imitatione uernaculæ linguæ, quoniam piscibus uictitare mihi uidentur, quod uel ex rostri figura conijcio, inter mergos infrà à nobis referentur.

A C R O N I V S lacus, quem Constantiensem uocamus, multa anatum genera alit: & inter alias, quæ ab accolis uocantur ꝛꝛautenten, id est herbiuoræ: ꝟꝟooꝛen uel ꝟꝟürenten, quas puto ab ab anate torquata maiore non differre: Crybuógel, ꝛꝛáꜩle, de quibus nihil hactenus certum resciui. Bellonius morillons Gallicè dictas aues in anatum genere numerat.

H I S P A N I in Hispaniola insula & uicinis inuenerūt anseres syluestres, turtures, anates nostris grandiores & cygneo candore, capite purpureo, Petrus Martyr. Sed aliter Christophorus Columbus, In Hispana insula (inquit) turtures syluestres & anates nostris proceriores inuenimus, anseresꝗ oloribus candidiores, capite tantum rubeo.

DE ANATIBVS QVIBVSDAM GERMANIAE
inferioris & maritimæ, Meanca, Tela & Slupo, &c. ana-
te fera minoribus.

I N Germania inferiori & maritima apud Frisios audio inueniri auium aquaticarum & anatibus ferè similium diuersa genera, & nominatim ista, ꝟꝟmeant, Celing, ꝟlup, Gꝛiffuogel, ꝟild enten: Primum ex his minimum esse, secundum maius primo, tertium secundo, quartum tertio, quintum omnium maximum. Meancæ aues (Murmellius Germanicè uocat ꝟꝟeanꝛ) ab imitatione uocis sic dictæ, anatibus maiores (lego minores) sunt, breui collo, breuibus pedibus, coloris cinerei, oculis glaucis, rostro partim croceo. partim rubeo. semper clamant meanca, cadauerium cupidissimè, & præcipuè hominum: itaꝗ gaudēt tempestatibus, insidiātur tamen etiam paruis animalibus. Ab his auibus etiam multas alias aues maritimi meācas (nimirum quas uulgò ꝟꝟew dicunt) uocant, Albertus. Scribit autem eadem quoꝗ de fulica: nempe auem aquaticam esse, de genere mergorum, anate minorem, cadaueribus uesci & tempestatibus gaudere: colore tamen distinguit nigram esse docens. Vnde apparet has aues congeneres esse: & generis quidem larorum, uel (ut Plinius uocat) gauiarum, quæ aues subinde circa aquas uolitant columbarum ferè magnitudine, clamosæ, famelicæ, pisciuoræ, plumosæ & leues: rostro collo & pedibus omnino tales, quales meancas Albertus describit, palmipedes, &c. ut pluribus dicetur in Lari historia. Fulicam etiam Albertus nidificare scribit in petris circa aquas, & laros Aristoteles in petris maritimis. sed Aristoteles cinerei tantum lari meminit, qui circa lacus & fluuios uictitet: quem meancam Albertus uocat, nostri ꝟꝟewb & ꝟolbꝛot, &c. & albi, qui è mari uictū quærat, ein wyſſer ꝟꝟewb. nos uerò alias etiam differentias coloris eorum suo loco adferemus. Alberti quidem fulica de qua nunc diximus, alia est quàm fulica hodie Italis appellata, uide in Fulica. Ex Frisio quodam accepi meancam anati syluestri ferè similem esse, minorem, quæ in sublime uolatu efferatur imminente serenitate, alba circum latera, uocabat autem ipse Germanicè ꝟcbmeant. Sed hæ aues cum uolaces sint, & rarò natent, anatum generi non debent adscribi.

¶ De tela & uuigena, uide supra in Querquedula.

¶ S L V B uel ꝟcblub Frisiorum lingua genus anatis est, minus quàm anas fera propriè dicta, sed rostro latiore. Hæc forte fuerit species una ex anatibus platyrynchis, quas supra descripsimus.

N O N dubito quin & alia complura anatum genera coperiantur, alia in alijs regionibus: quanquam ueteres pauca nominarunt, ut ardearum quoꝗ tria tantum genera, quæ tamen innumera reperiri Oppianus in Ixeuticis author est. ego uero non plura ardearum quàm anatum genera extare puto, multoꝗ magis si quis mergorum etiā genera anatibus adnumeret. sunt enim mergi nonnulli anatibus non cætero tantum corpore sed etiam rostro fermè similes, ut anates primo intuitu existimari possint.

DE MERGIS IN GENERE, QVIDQVE AB ANA-
tibus differant, & seorsim de Mergo apud Latinos ueteres, &
Aethyia apud Græcos.

M ERG V S non tam species auis est, quàm genus multas sub se species continens. aues tamen, quæ ut plurimum mergi (ꝟꝟerch apud Germanos) uocantur, uariæ sunt ut picæ, (&c. ut infra dicemus inter diuersos mergos, quorum uulgaria tantū nomina tenemus,) Albertus. Veteres non fecerunt plura mergorum genera, forte quòd cum anatibus ea confuderint. Nos cum aliàs distinguimus, tum dentibus, qui anatibus omnibus molliores, flexiles transuersiꝗ per rostrum pertingunt: mergorum, illis quibus rostrum latiusculum (minus tamen latum quàm anatibus) duri ac rigidi, utrinꝗ tantum in marginibus rostri: cæteris, quibus rostrum latum

tum non eſt,ſed in acutum deſinit,nulli.Veteres quidem nullius auis, quod ſciam, dentatæ meminerunt,præterquam Diomedeæ,quam Iuba cataractam uocat:ut hæc quoq̃ mergorū generis exiſtimari poſsit,ut ſuo loco dicemus. Mergi præterea magis aquatici ſunt quàm anates: ideoq̃ ſemper ferè in aquis manent,non æquè in terram & ripas egrediuntur ut anates.Et crura uel non æque
abſoluta habent,uel breuiora,uel non eodem ſitu ſed poſterius : quamobrem incōmode ingrediun-
tur.Piſcibus magna ex parte uiuunt: & diutius quàm anates urinari poſſunt; & natando celerius
inſequi. Pleriſque eorum ceruix procerior.in fame etiam herbis & alijs quibus anates ueſcuntur.
Mergum Varro ait dictum eſſe quòd mergendo ſe in aquā captet eſcam , ſed hoc cum diuerſarum
ſpecierum aues aquaticæ faciant,(omnes quidem palmipedes & quodammodo anatiformes, magꝰ
10 nitudine tamen,coloribus,roſtriq̃ figura differentes,) de una tantum ſpecie mergi uocabulū uſur-
paſſe ueteres Latini uidentur,eadem ſcilicet quam Græci æthyiam uocant. Obijci quidem poteſt,
æthyiam apud Græcos marinam tantū nos legere,& quæ in ſaxis maritimis otia pariat Ariſtoteli:
mergum uerò à Plinio non marinum tantum, ſed etiam ſtagnorum incolam poni : non in ſaxis ſed
in arboribus nidificantem : unde doctiſsimus Vuottonus mergum ab æthyia auem diuerſam eſſe
ſuſpicatur.Sed cum eruditi hactenus omnes eandem etiam herbis & alijs quibus anates ueſcuntur.
Græcis tradita,Plinius de mergo interpretatus ſit,nihil eas inter ſe differre præterquā nomine credimus,Idem enim animal & marinum aut maritimum eſſe, & circa fluuios ſtagnáue aut in ipſis mo
rari,cum in auium tum in piſcium genere, nihil prohibet:ſiue quòd à mari quædā aſcendant,ut alcyones aues, lupi piſces:ſiue quòd utrobiꝗ naſcātur, idꝗ uel nullo diſcrimine corporis & naturæ,
20 uel aliquo illo diſcretæ,ut percę marinæ à fluuiatilibus.Quin & eaſdē aues in arboribus nidificare,
aut ſi arbores deſint,in nudis ſcopulis,nihil erit abſurdi:ut apes aliàs in arborum aliàs in terræ cauis
nidificant.Tranſtulit ſanè locum ſuum Plinius ex Ariſtotelis de animalibus hiſtoria 5. 9. ubi nulla
arborum mentio:ſed tum lari tum æthyiæ ſaxis maritimis oua parere ſcribuntur. Quòd ſi æthyiam
mergum eſſe negemus,nullum aliud quo appellari Græcè poſsit uocabulū nobis relinquitur. nam
dypten,poyngem & būngem poëtica eſſe legimus,& idē cum æthyia ſignificare. Hæc noſtra quidem eſt ſententia:utpluribus tamen per nos ſatisfieret, ſeorſim quæcunꝗ apud ueteres Latinos de
mergo prodita inuenimus, ſeorſim etiā quæ apud Græcos de æthyia,cōſcripſi,ut cōferenti utriuſꝗ
hiſtoriam unam eandemꝗ auem aut diuerſas iudicandi libertas relinqueretur. His iam perſcri-
ptis incidi in Turneri Angli de mergo ſcripta. Mergus (inquit) Anglicè a cormorant, Germanicè
30 ein Sucher,(ſed alibi urinatricis quoq̃ primum genus Germanicè Sucher interpretatur,Angli-
cè douckera uel louna.)Et rurſus,Mergus auis eſt magnitudine ferè anſeris, pulla, roſtro longo, &
in fine adunco,palmipes,corpore graui:forma corporis aui ſedenti, erecta eſt. Plinius in arboribus
nidulari ſcribit,at Ariſtoteles in ſaxis maritimis. Quod uterꝗ aut uidit , aut à referentibus aucupibus didicit,ſcripto mandauit.Et ego utrunꝗ obſeruaui. nam in rupibus marinis iuxta hoſtium Ti-
næ fluuij mergos nidulantes uidi,& in Northfolcia cum ardeis in exceſsis arboribus. Qui in rupibus maritimis nidificant,ex præda marina ferè uiuunt: qui uerò in arboribus, amnes, lacus & fluuios uictus gratia petunt, Hæc Turnerus. Apparet autem ex deſcriptione, quòd mergum autem
intelligat,quam noſtri Scharb nominant, Angli(ut audio) cormorant,quanquam Galli etiā aliam
auem cormorant uocāt,nempe phalacrocoracem, quem inferiores Germani Schwemmerganſʒ
40 appellant. De mergo magno nigro(ſic enim Albertus uocat,& carbonem aquaticum)qui & ſimpliciter mergus ueteribus dictus uidetur, per excellentiam ſcilicet , plura leges infra inter mergos
magnos. Mergum aquarum dulcium audio uulgò Græcè hodie βουτηλίδι nominari.

¶ רָאָה,kaath,& שָׁלָך, ſchalac , Hebraicas uoces ferè confundi , & pro eadem aue accipi uideo,
cum Deut.14.utraꝗ ſeorſim nominetur inter immundas aues : ubi Munſterus pro kaath, upupam
uertit,LXX.catarrhacten, Hieronymus mergulum:aliqui ardeam:ut ſchalac etiam Leuitici 11. Hie
ron.& LXX.nycticoracem,aliqui mergulum,alij ardeam.Dauid Kimhi ſchalac ex magiſtrorū ſen
tentia שליתא,heſchula,auem quandam marinam exponit piſcium captatricem:Onkelos שלירגא,
ſchalenuna,mergulum.Abraham Eſre Leuit.11.auem(inquit)dicunt eſſe, quæ natura ea eſt prædita ut abijciat fœtus ſuos. Is nimirum (ut iudicat eruditus quidam apud nos) eſt cuculus. Arabica
50 translatio Deut.14.habet אבגא,ſemag : Perſica uocē retinet Hebraicam. רָאָה, kaath, Dauid Kimhi
à uomendo dictam putat. Rabi Ionas auem uocatam dicit קאה, kaah, & thau radicalem putat literam,ut Pſalmo 102.לפאת מורבר.Porrò in Thalmud magiſtri uocant קיק, kik,uel hakik, quam auem
cuculum Iudæi putant.adſtipulatur R.Abrahā Pſalmo 102, & Leuit.11.auis eſt,inquit, ſolitudinem
amans à uomendo dicta,cuius uox ceu בהי,cohi,id eſt ploratus,in Thalmud kik dicta. Deuter.14.
Chaldæus קתא,katha,Arabs קיק,kuk,reddit, Perſa uocem Hebraicam ſeruat. LXX. Leuitici 11. &
Pſalmo 102.pelecâna uertunt.Deuter.14. (ut dixi) catarrhacten : Eſaiæ 34. ὄρνεα. Sophoniæ 2. chamæleontes,(ſed koah uel koach chamæleon eſt,non kaath.)Hieronymus Pſalmo 102. LXX. imitatus pelicanum,alibi onocrotalum. Sunt quidem aues iſtæ,mergus, catarrhactes, pelicanus & onocrotalus,omnes piſciuoræ,& onocrotalum uideo à quibuſdam cum pelicano confundi:alioqui pe-
60 licano magis conuenit uomitus.aiunt enim illum conchas deuoratas poſtquam concoctionis calore apertæ fuerint reuomere, ut carnem à teſtis ſeligat.uox uerò lamentabilis (aut potius terribilis,
inſtar rudentis aſini)onocrotali eſt.Pagninus & Occolampadius kaath Eſaię 34.pro onocrotalo ac-

cipiunt רִכָּף,kaath,Iudæi nostri dicunt esse Widhopff,id est upupam,Munsterus.

¶ Græci hodie mergum marinum,ut audio,uocant καλικατζ. Mergum alij mergonē uocant, Ambrosius Calepinus,sed mergón,uox apud Italos uulgaris est,nō Latina,faciunt autem mergones diuersos & magnitudine differentes. Mergi ab imperito uulgo smergi dicuntur, Erythræus Italus. Mergi sunt nonnulli quos ceruos aquaticos uocant, Seruius : ego pro ceruis coruos reposuerim,nam & Hispani(ut eruditus quidam ex illa gente nos docuit) mergum coruū marinum uocant,cuoruo marino:corui nimirū nomine indito à colore nigro. Albertus catarrhactēn (ipse perperam carthates scribit) mergum nigrum interpretatur, qui forte scharbus noster suerit, & coruus aquaticus Aristotelis potius quàm catarrhactes. Scio quidem mergos quosdam cornutos uocari, quod plumas instar cornuum habeāt,ut Seuerus Sulpitius scripsit, si recte citat author libri de nat. 10 rerum. sed hoc nihil ad ceruos. cristæ potius quàm cornua dici debent: & si cornibus conferri possent,non tamen ceruinis & ramosis.sed de his infra pluribus,adiecta etiam figura. Mergum Galli uulgò interpretantur ung plongeon uel plonget:quæ uox ad Græcorum πλύγγας & Βύγγας accedit. ¶ Germani mergum Sucher interpretantur, aliqui Teucher scribunt, Tucher, Suchent. sed alij alias aues his nominibus designant.illam quæ propriè Sucher appelletur, aiunt columba minorem esse,&c. Vide in Vrinatrice. Flandri uoce diminutiua Suekeckin.

B.

Substricta crura gerentem,& spatiosum in guttura,Ouidius mergum cognominat. Longa internodia crurum, Longa manet ceruix,caput est à corpore longè,Idem. Mergi contra omne genus auium pedes habent in cauda, ita ut in terra stantes instar hominis pectus erectum præferant, 20 Author libri de nat.rerum. Insatiabilia animalium, quibus à uentre protinus recto intestino transeunt cibi,ut lupis ceruarijs,& inter aues mergis,Plinius. Aristoteles animalia illa quibus intestina recta sunt,ciborum auida esse scribit.

C.

Mergus tum in aquis dulcibus degit,tum in mari,ut supra docuimus. Mergi maria aut stagna fugientes uentum præsagiunt,Plin. Idem alibi mergos marinos nominat. Mergū mare carpentem,Ouidius dixit. Aequor amat:nomenq manet,quia mergitur illi,Idem. Mergus flumina stagnaq innatat,sic dictus quòd in aquis se mergat. diutius tamen sub aquis morari non ualet, quòd aëris respiratione indigeat,quum percuti metuit,in aqua mergitur, & pisces persequitur, Author libri de nat.rerū. Inter aquaticas mergi soliti sunt deuorare quæ cæteræ reddunt,Plin. In aquam 30 se cibum captans assiduè mergit, Varro. Merges apricos, Verg.5. Aeneid. Celeres, Georg.1. ¶ Mergi etiam uocem mutant,ut canit Lucretius:Accipitres atq oisifragæ,mergiq marinis Fluctibus in salso uictum uitamq petentes, Longè alias alio iaciunt in tempore uoces. ¶ Mergi in arboribus nidisicant,Plinius.sed quoniam æthyia eadem mergo esse uidetur,æthyiam uerò Aristoteles in saxis maritimis oua parere scribit:Io.Claymondus,ne Plinius ab Aristotele dissentire uideatur,hunc locum sic legit : Gauiæ in petris nidisicant,mergi etiā in arboribus. Verum codices omnes,quos quidem uiderim,inquit Vuottonus,in altera litera consentiunt. ¶ Oua pariunt mergi incipiente uere,plurimum terna , Plin. ¶ Mergorum pulli ut primum ab ouis exclusi suerint, si matrem eos perdere contigerit,adeò uaiidi sunt, ut ipsi sese nutrire possint, Albertus & Author libri de nat.rerum. 40

E.

Mergos plerosque capi puto similiter ut anates, uisco, defatigatione, bombarda, pisciculis in acum aut hamum affixis funiculo insertum. In ciuitate quadam ad magnū fluuium sita in Oriente,hospitem piscaturum comitatus uidi in nauiculis eius mergos super perticas alligatos, quibus ille guttur filo ligauit,ne pisces captos deuorare possent. Ponunt autem ad singulas naues tres magnas cistas,unam in medio , & ab utroq extremo singulas. Tum mergos solutos dimisit: qui mox pisces quàm plurimos cepere,& ipsimet in cistas illas imposuēre,ita ut breui tempore omnes repleuerint.Tum hospes filis à gutture eorum solutis, eos iam sibi ipsis piscari & piscibus pasci permisit. Hi pasti ad loca propria reuertuntur,iterumq perticis alligantur, Odoricus de Foro Iulij.

Mergi anatesq pennas rostro purgantes,uentum præsagiunt : cæteræq aquaticæ aues concur=50 santes:item mergi maria aut stagna fugientes,Plin. Iam sibi tum curuis male temperat unda carinis, Cum medio celeres reuolant ex æquore mergi, Clamoremq ferunt ad littora, Verg.1.Geor. Huius auis natura est ut sæpe mergens aurarum signa colligat , & præuidēs tempestatem futuram, propere medio reuolet ex æquore,& ad littorū tuta cum clamore contendat, Ambrosius Calepin.

F.

Si quis tunc mergos suaueis edixerit assos, Parebit praui docilis Romana iuuentus,Horat.2. Serm. Hyeme obesiores sunt propter pauciorem tum temporis motum. omne enim animal sereno aëre gaudet,& in eo amplius uagatur, Obscurus.

G.

Remedia quæ Latini ex mergo tradiderunt, & ex æthyia Græci, coniungere uolui, (non sine 60 distinctione tamen nominum,) quòd authores ipsi unam & eandem auem his nominibus intellexisse uideantur. ¶ Aethyia tota assata & in cibo sumpta elephantiasin sanat, & spleni medetur,Kiranides.

ranides. ¶ Aethyiæ sanguis antipharmacum est , & feris uenenatis resistit, Idem. ¶ Magi contra quartanas deuorari iubent cor mergi marini sine ferro exemptum, inueteratumꝗ conteri,& in
calida aqua bibi, Plinius. ¶ Aethyiæ uenter aridus potus (codex manuscriptus habet, & portatus
& potatus) concoctionem perfectam ac bonum stomachum præstat; Kiranid. Serenus etiam scribit uentriculum mergi raptum (id est in cibo sumptum) stomacho mederi. Ventrem mergi aliqui
commendant tanquam medicamen pepticum, id est concoquens , siue protinus elixum, siue areta-
ctum (σκελετόψως) comedas. At nos id experti uanam esse promissionem cōperimus, sicut sane etiam
quod de interna tunica gallinarum memoriæ est proditum; Galenus de simplic, lib. X I. Atqui nec
ipse mergi uentriculus facile concoquitur, neꝗ quicquam ad aliorum concoctionem iuuat , Vuoi-
10 tonus è Galeno. Crediderunt forte aliqui, mergi uetriculum in cibo, quod ea auis uoracissima est
& plurimum concoquit, nostram quoꝗ cōcoctionem roborare posse: quemadmodum nostro tempore multi putant pellem mergi maioris nigri (scharbum uocant nostri) una cum plumis interioribus paratam à pellifice, & uentriculo nostro applicatam, uim concoctricem eius promouere ; non
calore tantum suo, sed peculiari proprietate. ¶ Inueteratum sale (σκελετόψῃ, id est simpliciter exiccatum) æthyiæ iecur, ex hydromelite duobus cochlearijs potum, secundas pellit, Dioscor. Aethyiæ
iecur assatum cum oleo & modico sale datum, mirifice conferre affirmant à rabido cane morsis, ita
enim præsentaneum esse remedium, ut æger protinus aquam flagitet, Aëtius. ¶ Aethyiæ fel cum
cedria inunctum, euulsos palpebris pilos non sinit renasci ; Kiranides. Aethyiæ oua dysenteriam
& renes & stomachum sanant, Idem.

20   H.

a. Mergus etiam genus propagationis in uite dicitur. Nonnullos tamen in uineis characatis
animaduerti (& maximè eluenaci generis) prolixos palmites quasi propagines summo solo adob-
ruere: deinde rursus ad arundines erigere, & in fructum submittere, quos nostri agricolæ mergos,
Galli condosoccos uocant, eosꝗ adobruunt simplici ex causa , quòd existimant plus alimenti terram præbere fructuarijs flagellis, Columella lib. 5, cap. 5. Et rursus 4. 15. mergum esse ait; ubi supra
terram iuxta suum adminiculum uitis curuatur, atꝗ ex alto scrobe submersa, perducitur (alias producitur) ad uacantem palum, tum ex arcu uehementer citat materiem, quæ protinus applicata suo
pedamento ad iugum euocatur. Item Palladius, 2.21. Mergum (inquit) dicimus, quoties uelut arcus
supra terram relinquitur, alia parte uitis infossa. Mergi post bienniū reciduntur in ea parte quæ su-
30 pra est, & in loco iustas uites relinquūt. Veteres uineas mergis propagare potius quàm totas ster-
nere Atticus præcipit, quòd mergi mox facile radicantur, ita ut quæꝗ uitis suis radicibus tanquam
proprijs fundamentis innitatur, Columella 4. 2. Galli hodie uulgò mergum in uinea appellant
marquotte, quasi mergottam per diminutionem, alij courson, brin, Carolus Stephanus. ¶ Me-
tendi genera complura sunt, multi mergis, alij pectinibus spicam ipsam legunt, Columella 2.21. Videntur mergi (inquit Beroaldus) esse ferramenta idonea metendis frugibus, quæ à Plinio mergites
appellantur, sic scribente: Stipulæ alibi mediæ falce præciduntur , atꝗ inter duos mergites spica di-
stringitur. Notum est illud Maronianum, Aut fœtu pecorum, aut cerealis mergite culmi. Exponunt Grammatici mergites dici manipulos spicarū, (ut Seruius,) quo intellectu an hic & apud Plinium mergi mergitesꝗ accipi possint, æstiment eruditi, Beroaldus. Mergæ, furculæ quibus acer-
40 ui frugum fiunt: dictæ à mergis uolucribus. ut enim illi se in aqua mergunt, dum pisces persequuntur: sic messores eas in fruges demergunt, ut eleuare possint manipulos, Festus. Palas uendundas
sibi mergas datas, Vt hortum fodiat atꝗ ut frumentū metat, Plautus in Pœn. Si attigeris ostium,
Iam hercle tibi messis in ore siet mergis pugnis probis, Idem Rudente. Hinc est coniicere mergitem apud Vergilium accipi posse pro manipulo uel aceruo, quantus scilicet uel semel instrumento
messorio (quod mergum Beroaldus uocat, masc. g. à plurali ablatiuo mergis apud Columellam, qui
à singulari etiam fœminino merga formari posset: Plinius mergitem) meti potest, uel quantum mergite furca simul tolli. ¶ Mergus, alias mergur, mergoris, genus uasis quod nonnulli situlam appellant, quòd haurienda aquæ mergatur, Calepinus sine authore. Mergulus, instrumentum quo lam-
padis lychnus continetur, Idem sine authore. ¶ Mergi aues in aqua mersant uel mersitant, uel (ut
50 ueteres dixêre) mertant.

¶ Epitheta. Celeres, Vergilius. Tranquillo silet, immotaꝗ attollitur unda Campus, & apricis statio gratissima mergis, Idem Aeneidos 5. Marini, piscantes ; edaces, turpes, incolæ aquæ,
apud Textorem.

¶ Smilax aspera à Romanis mergina uocatur, ut inter nomenclaturas apud Dioscoridem
comperimus.

¶ h. Aesacos filius Priami & Alyxothoës ; dum nympham Hesperien quam amabat insequitur, Ecce latens herba coluber fugientis adunco Dente pedem strinxit, uirusꝗ in corpore liquit;
Ouidius X I. Metam. Et mox, Vulnus ab angue, A me causa data est, Aesacus loquitur. Tum
propter dolorem è scopulo in mare se præcipitans, à Tethy in mergum conuersus est, & optarē non
60 est data copia mortis. Indignatur amans se inuitum uiuere cogi, Obstariꝗ animæ misera de sede
uolenti Exire, utꝗ nouas humeris assumpserat alas Subuolat, atꝗ iterum corpus super æquora
mittit. Pluma leuat casus, furit Aesacus, inꝗ profundum Pronus abit, letiꝗ uiam sine fine retenta-

I

tat. Fecit amor maciem , longa internodia crurum, Longa manet ceruix, &c. id eſt in mergum
mutatur. ❡ Eſt & Aeſacus fluuius Troianus ad Idam montem.

❡ Mergos diuus Martinus diuina uirtute coëgit aquam contra naturam ſuam deſerere , & ari
da loca deſertaꝗ petere , Author libri de nat.rerum, ex uita puto diui Martini per Seuerum Sulpi
tium condita.

❡ Mergus prius uitabit aquas,de re incredibili dixit Ouidius 1.de Ponto. Nam prius incipient
turres uitare columbæ, Antra feræ,pecudes gramina, mergus aquas, Quàm malè ſe præſiet ueteri Græcinus amico.

DE AETHYIA.

A.

ETHYIAM Grɇcorum non aliam auem quàm mergum Latinorum eſſe, ſupra dixi:ſed
quoniam aliqui ſuper hoc dubitant,de utraꝗ ſeorſim agere placuit : remedia tamen quæ
ex æthyia ſunt ſupra in Mergo commemoraui. ❡ Ἄιθυια (quɇ & ἄιθυια apud Demetrium
Conſtantinopolitanum recentem admodum ſcriptorem nominatur,) Euſtathio , Heſychio,Suidæ,Etymologo & Varino, eadem eſt quæ κορώνη θαλάσσιθ·(uel θαλασσία, uel ἀλία,uel ϕαλία)
id eſt cornix marina. Atqui Arrianus in Pontici maris nauigatione cornicem marinam unà cum
æthyia,tanquam aues diuerſas,enumerat. Eadem fortaſsis apud illum eſt quæ coruus marinus uocatur, Vuottonus. In Pontica inſula(inquit Arrianus)quæ Achillis inſula uel curſus dicitur,mul-
tæ ſunt aues,lari,æthyiæ, & cornices marinæ innumeræ.hæ colunt Achillis fanū. mane enim quotidie aduolant ad mare:inde madefactis pennis ad templum ſtudioſè redeunt & aſpergunt : & cum
bene habet,rurſus pauimentum alis exiccant, Hæc ille. Appion corónen ait eandem eſſe auem
quæ & larus & æthyia dicatur,Etymol. Nos de alia cornice aquatica quæ hodie in quibuſdā Angliæ locis ſic appellatur,aue eiuſdem ferè naturæ cuius iſpida,infra dicemus poſt Cornicem , & plu
ra ibidem de Cornice marina. Vergilius fulicas appellat aues , quas Aratus æthyias uocat: mergi
uerò Græci ab Arato ϕαλloi appellantur , Ioach. Perionius : ſed erodios ardeas eſſe , æthyias uerò
mergos ueterum ſcripta oſtendunt. Apud Ariſtotelem de hiſt.anim.1.1.ubi Græcè ἄιθυια κα κολυμ
βὶς legitur,Albertus habet anſer ſalicis. ❡ Mergum æthyiam Græci uocant,& poetæ dypten.alio-
qui nihil eſt aliud dyptes uerbum ex uerbo, quàm mergus. poetæ Græci etiam poyngas & bungas
dicunt aues eas,Phocion author,Hermolaus. ῥώϊγϛ,αἱ ἄιθυιαι,κλυθεῖσαι βόγγϛ, ᾗζα τẁ βοὼ καὶ τẁ
ηγλῶ,(melius ἰυγλῶ,ut Varinus habet,)Etymologus. Ad poyngem quidem Græcam uocem Gallica plongeon accedit. ſic enim Galli mergum uocant. Τὸν ᵈ᾽ οἶα ἀυθῆlω κηϕύλοη οἷα ϛϧϋ ᾇυλῶνϛ
ὄισσι κῦμα γυμνίτλω ϕάξρου,Lycophron,ubi ᵈ᾽υηῆϛ caruli,id eſt alcyonis maris epitheton eſt: Scholiaſtes ὄυκϐλυμϐοη interpretatur. Δύτηϛ,ἄιθυια,κολυμϐτὴϛ, ᵈυτηϛ, Heſychius & Varinus. hoc eſt, homo
urinator uel natator,uel mergus auis. Δυῆαι ᵈ᾽ ϧ ἀλὸϛ ϧχόμεωι , Apollonius Argonaut. lib. 1. Νι-
δίαϛ, τάϛ ἀυθυίαϛ,Heſychius & Varinus. Κνὴξ, auis eſt marina, hirundini ſimilis, quam alij larum, alij
mergum interpretantur , Euſtathius : & Varinus idem in Κνὴξ ειναλίη. Peculiaris quædam ſpecies
mergi marini eſt in Creta, urinari ſolita , diuerſa à phalacrocorace (cormorant) & reliquis mergis,
quam Ariſtoteles æthyiam uocauit.qui littora Cretæ habitant, uutamaria nominant & calicatczu.
magnitudine eſt querquedulæ(ᵈ᾽une ſarcelle.) albo uentre,capite & dorſo nigra, itemꝗ alis & cau
da, digito pedum poſteriore caret ſola palmipedum.Pluma ei inſtar lanuginis,ualidè inhæres cuti.
Roſtrum marginibus acutis,cauum & planum ferè , lanuginoſis plumis bona ſui parte obducitur,
nigrum ſuperiore , album inferiore parte : uertice lato, Petrus Bellonius in libro Gallico Obſeruationum,&c.

C.

❡ Suidas in uoce Ημεινἀ æthyias marinas facit. ❡ Mergi (æthyiæ inquit Oppianus in Ixeuti-
ticis 2.6.)inſatiabiles ſunt & maximè uoraces. piſces ingeſtos mox aluo reddunt, atꝗ etiam uiuos
nonnunquam. Soli inter amphibias aues uolitando piſcantur, ita ut ſimul utrunꝗ faciant (ᶌϯ τωνϐϥ
θηρθῶν καὶ ἱηῆαντα.)Congros, anguillas,& alios lubricos læueſꝗ piſces deglutiunt. Vrinantur & ſub
aqua manent diutiſsimè.(merguntur autem toto corpore,non collo tantū ut pelecani.) Alios quoque piſces delphinorum & canicularum inſtar perſequuntur.Non in pelago ſolum , ſed paludibus
etiam uerſantur , tum maximè cum uis aliqua uentorum mare infeſtat. tunc enim immorari in eo
non ſolent.Has in auium genere ſolas uocem emittere aut percipere negant,Hæc ille. Apparet au
tem ex his Oppiani uerbis,æthyiam oportere magnam aliquam auem eſſe,quæ congros & anguillas deuorare poſsit,& delphinorum canicularumꝗ inſtar uenari , quod morſicem (uide infra inter
mergos magnos)facere Albertus ſcribit.Itaꝗ noſtri merguli parui nigri,& alij anatibus non maiores,æthyiæ dici non poterunt. Aethyia apud mare uictitat, Ariſtot. Auis eſt marina,inſatiabilis,
omnibus nota,Kiranides. Aethyiæ & aliæ quædam uolucres degunt quidem in fluido, uictiumꝗ
inde emoliuntur,ſed aërem non humorem recipiunt, & foris parere ſolent, Ariſtot. Mergi & gauiæ ſaxis maritimis oua bina ternáue pariunt:ſed gauiæ æſtate, mergi à bruma ineunte uere. & incubant

cubant cæterarum auium more, sed neutra earum auium cõditur, (latet,) Aristot. de hist. 5. 9. quem
locum transferens Plinius, mergos in arboribus nidificare reddidit, quòd Aristoteles nusquam
scribit.

D.

Aethyis perquam inimicæ sunt ciconiæ & creces, Philes.

E.

Sæpe anates feræ aut æthyiæ marinæ alis in continente concussis, uentum imminere præmo̅
nent, Aratus. Aethyia si obuia fuerit naui uelificanti, & uolans submerserit se in mari, tempesta‐
tem minatur. si uerò peruolans (præteruolans) supra petram resederit, (aliâs, si uerò peruolauerit,
10 aut super petram consederit,) felicem nauigationem promittit, Kiranides. Aethyas cum frequen‐
tius in mare sese immergunt, tempestates nauigantibus futuras præsagire ferunt. huius causam red
dunt, quòd tranquillo mari progredi non audet æthya marinarum belluarum metu: at cum tempe
statem præsenserit, audacter progreditur, quòd tunc temporis marinæ illæ beluæ in altum abierunt.
Verum Aratus, Aethyę (inquit) maria aut stagna fugientes, pennasq̃ in terra rostro purgantes, uen
tum præsagiunt, Vuottonus. ego nihil huiusmodi apud Aratum legisse memini : nisi Vuottonus
forte putat Plinium pro πυαλοϲεϗ̅θὲ πϯὅϼυγαϲ, pennas rostro purgare, ex Arato uertisse.

F.

Aethyia ad saturitatem usque ab accipitre in cibo sumi potest, suauissima enim eius caro est, &
facilis concoctu, Demetrius Constantinopolitanus.

20

G.

Vide supra in Mergo **G.**

H.

¶ a. Aethyam aliqui Latinè per y. tantùm scribunt: Græci uerò semper υι. diphthongum in pe
nultima. Dicta quidem æthyia uideri potest, quasi ædyna, ἐϗ τϐ ἀεὶ δύειρ ϗϥ δ᾽ύπϯειρ: uel ἀϗ τϐ ἄεθϥ
propter nigrum colorem, ut etiam Aethiopes. Αἰθύοϲειρ ϗϥ αἰναιθύοϲειρ, ῥίπϯειρ, πλέιρ, φϐϼ᾽εθϥ, ἀϗ δ᾽ αε
θυίαϲ δ᾽ φϥαλιαϲ κϐϥϥϟϛ, Etymologus. Aethyiam Græci etiam pro thyia, id est pila uel mortario di‐
cunt: forte quòd pistillus in eo mersetur emergatq̃ subinde.

Epitheta. Aethyas Aratus uocat δίναϲ, quoniam (ut inquit Theon) dum mersantur mari fiat
δῖνϐ, id est uortex, siue κυϗλοϲϐϥϛ τϐ ύδ᾽ατϐ φϐϥ, Cælius. Ὃϛ τόδε νάιειϛ Ευϲϛέϛ αἰθυίαϲ ἰχθυβολϐιϲι λε
30 πϯϛ, in Epigrammatis ut citat Suidas, id est, Qui habitas in hoc promontorio mergis piscatoribus
frequentatum.

¶ Αἰθυίαϲ ἀνϐ, genus est herbæ, Hesychius & Varinus.

¶ Erysichthonem quendam inuenio ἀεθωνα (ἀεθυιαρ potiùs) cognominatum, quòd cibo inexple‐
bilis esset.

¶ c. Ἀλλ᾽ ἐμϐϛ ἀναρ Κύμαϲιρ αἰθυίηϛ μᾶλλον ὀϛωμίϲϛτο, piscator quidam apud Callimachum. ἔυθ᾽ αε
μὲν υῶτ Βϐϥϐ ἀλίγϗιαι αἰθυιϲι Δωϥηϛ, Apollonius lib. 4. Τῆϛ ϐδ᾽ ἀεθυιαι, ϖδὲ κϥυθϛόϛ κάθϗ᾽, Euphorion
apud Suidam in κϐθϛ: quæ uox larum significat. est autem utraq̃ auis perquam uorax.

¶ h. Aethyiæ epitaphiũ legimus Anthologij Græci lib. 3. sectione 24. in fine. ¶ Leucothea
apud Homerum Odysseæ ε. æthyiæ comparatur. Αἰθυίῃ δ᾽ εἰκυῖα ποτϋ (uolatu) αἰνδ᾽ύοϛτο λίμνηϛ. Et
40 rursus, Αυτϋ δ᾽ ἄϟ δυ πόντϐ ἐσλύσϛτο κυμαίνοντα Αἰθυῖῃ εἰκυῖα, μέλαιρ δ᾽ϛ ἐ κῦμα κάϗλυ̅λϟορ. ¶ Αἰθυια, αἰθυά ὑπϐ
βεϼπϗϛ ἡ φωϛφόϛϐ ῆϟϛ ἀϗ ἄεθϥ, ut uidetur apud Lycophronem, Eustathius. Pallas æthyia cognomi‐
natur, quoniam humana prudentia (quæ per Palladem innuitur) inuenta est nauigatio mergi qua‐
dam imagine, Cælius.

¶ Diuus Martinus aliquando mergos in flumine conspicatus pisciũ prædam sequi, & rapacem
ingluuiem assiduis urgere capturis: Forma (inquit) hæc dæmonum est, insidiantur incautis, capiunt
nescientes: captos deuorant, exaturariq̃ non queunt deuoratis. Imperat deinde potenti uirtute uer
borum, ut eum cui in atabant gurgitem relinquentes, aridas peterent desertasq̃ regiones : eo nimi
rum circa aues illas usus imperio, quo dæmones fugare cõsueuerat. Ita grege facto, omnes in unum
illæ uolucres congregatæ, relicto flumine, montes syluasq̃ petierunt, Seuerus Sulpitius in uita
50 D. Martini.

DE MERGIS DIVERSIS.

¶ FVLICA auis est aquatica, quæ mergus niger uocatur, anate minor, Albertus. sed de fuli‐
ca suo loco dicemus in F. litera.

¶ BRENTHVS merguli species est pisces uenantis, Albertus. quanquã bathyos apud illum
corruptè scribitur. Vide supra in Brentho inter anates feras.

¶ Seuerus Sulpitius tradit mergorum quãdam speciem à re cornutam uocari, eò quòd rubeas
plumas in capite instar cornuum habeat, Author lib. de nat. rerum.

l 2

DE COLYMBO ET COLYMBIDE, VEL VRI-
natrice, item de Thracibus & Dytinis.

COLYMBIDEM, colymbadem & columbum apud authores inuenio inter aues aquaticas: apud Aristotelem etiam colymbris legitur, sed corrupte. Gaza apud Aristotelem transtulit urina-tricem. Vrinatrix auis ex aqua sibi uictū emolitur, circa lacus & amnes uersatur, ex palmipedum numero, sed foris parit, Aristot. Colymbi & colymbades ab urinandi uoluptate appellantur, inter omnes (aquaticas aues) minimæ, atri ac sordidi coloris, (γυπαρομέλαιναι,) acuto rostro, soli earum spe-ctantur oculi, cætero merguntur, Hermolaus ex Athenæo. σκεπῆονται τὰ ὄμματα, τὰ δὲ πολλὰ (λοιπὶκ) 10 κατισδύνται, Athenæus. Idem non colymbos neꝗ colymbadas, ut Hermolaus uertit, sed colymbi-da bis nominat, utrobiꝗ adijciens paruum: quasi colymbum alium maiorē esse insinuat. Nos qui-dem infra mergi genus describemus, quod colymbus maior recte appellari posse uidetur. Κόλυμβις, auis quædam est, Hesychius & Varin. Κόλυμβοι, αἱ κολυμβάδες, τὰ ὄρνεα ἢ ζῴα ζῶν ἐν κολυμβήθραις, Iidem: hoc est, aues uel animalcula in piscinis. Phascades dictæ paulò maiores sunt quàm paruæ colym-bides, cætero similes anatibus, Athenæus. Κόλυμβὶς nominatur in Auium choro apud Aristopha-nem. Νήⁿῆης καὶ κολυμβάδͰΘ, (id est, anatis & urinatricis,) Callimachus meminit in libro de auibus: item Aristophanes in Acharnensibus pariter nominans, ἀττ̄αγᾶς, φαλαείδας, Τροχίλος, κολυμβὸς, (cum acuto in ultima,) &c. Athenæus. Numerat autem has aues inter lautitias Bœotorum. Nostri codi-ces Aristophanis, κολυμβὲς paroxytonum habent, quod placet. Κόλυμβοι (inquit Oppianus lib.2. 20 Ixeuticorum) semper natant, & ne somni quidem aut cibi gratia in continentem exeunt, ne noctu quidem, neꝗ tempestatis metu aut frigoris: sed solo partus tempore. Ventis aduersi natant, ne illo-rum ui aliquando inuiti in terram extrudantur. quod THRACES etiam ac DYTINI faciunt. Quanquam autem tria hæc auium aquaticarum genera (inquit idem lib.3. Ixeut.) omni tempore (πτωνιμόμιον) natare soleant, non tamen effugiunt uenatores, qui cum tranquillum est mare, nauicu-lam ingressi aliquousque nauigant, quatenus aues remigij strepitu non terrentur. Tum is qui rete fert, puppi insistit: alter uerò proræ, paulatim nauiculam temone promouens, qui & lucernam in testa gerit, (alius forte tertius hoc facit, aut idem qui rete gerit,) quam auibus ostendit cum iam pro-pe fuerint. Aues stellam uidere se putantes, nauiculam propius accedere patiuntur. Tum auceps lu cerna in naui occultata ne aues dolum intelligant, rete extensum eis inijcit.   30

¶ Vrinatrices aues quæ natando in aquam demerguntur & rursus emergunt, sunt innumeræ, magnæ & paruæ, inter quas gainæ & id genus sunt, Niphus. ¶ Vrinatrix minima mergorum & reliquarum auium quæ uictum ex aquis petunt, γυπαρομέλαινα tota, præterquam in uentre ubi albet, mergit sese & conspectos pisces diu sub aquis prosequens huc illuc fertur, priusquam reuertitur, un de & nomen inuenit Germanicè Schwartztücherlin, hoc est mergulus niger: & Wasseramsel, hoc est merula aquatica, Eberus & Peucerus. Sed nos aliam uocamus merulam aquaticam, quæ piscibus quidem uiuit, palmipes tamen non est. Aristoteles urinatricis unum tantum genus (in-quit Turnerus) commemorat: ego tamen tria urinatricum genera uidi. Horum primum totum ni-grum est: & si cirrum, quem in capite gerit, exceperis, mergo, quo tamen triplo minor est, cætera quod ad corporis attinet effigiem, non dissimile est. & hoc genus nautæ nostrates Iouná nominant, 40 alij doukeram (Angli a douker, Germani ein Sucher. sed alibi mergū quoꝗ Germaniæ Sucher interpretatur, Anglicè uerò cormorant.) Secundum genus turdo nō maius est, anati colore & cor-poris effigie simile: & hoc Angli mediam urinatricem nuncupant. Tertium genus adeò nuper ab ouo exclusum refert anserculum, ut nisi rostrum huius paulò tenuius esset, ægrè alterum ab altero discerneres. Non enim pennas, sed lanuginem quandam (quod nos supra de puffino Anglorū scri-psimus) earum loco obtinet. Degunt hæc plerunꝗ tria genera in aquis stagnantibus, aut fluuijs non admodum rapidis, in quorum ripis arundines & carices nascuntur, Hæc Turnerus. Audio & COOTTE dictam apud Anglos auem esse in fluuijs ac stagnis, quæ subinde ad fundum usꝗ uri-netur, non piscibus tamen, sed alga, limo, gramine, paruisꝗ cochleis uictitat: forma & colore fulicæ nostræ similis, paulò minor: in cuius rostro paruum tuberculum rubeum emineat. Ad uolandum 50 ineptam esse aiunt: quare uulgo fertur non posse illam diutius uolare quàm pedis cauo arreptam (priusquam uolat) aquā retineat. Auem, quæ Sucher appellatur, in nostris lacubus & Acronio, minorem columba esse audio, fuscam, & latiusculo rostro. Eandem puto Albertus mergulum ni-grum uocat.

H.

a.   Græci uerba νήχεσθαι & κολυμβᾶν deriuarunt ἀπὸ τῆ νήχης καὶ κολυμβάδ̄Θ, (κολυμβίσὶΘ, Eustath.) Athenæus. Κολυμβᾶν uerbum natare significat, pro quo Dôres significantius dicunt κολυμφᾶν, ἀπὸ τὸ κῶλος φαίνεσθαι οὕ ἐν ὕδασι, quòd natantium in aquis corpora mutila & non integra appareant, Ety-mologus. Matres planus Alexandrinus iocosa quędam problemata quasi ad Aristotelis imitatio-nem cōfinxit, quale est: Διὰ τί ὁ ἥλιοͰΘ δύεῖ μὲν, κολυμβᾷ δ'ὒ; hoc est, Cur Sol mergatur quidem (nam 60 δύειν Græcis mergi significat, idemꝗ uerbum de Solis occasu usitatum est) non natet tamen. Cæ-terum urinari uerbum apud Latinos, uel urinare etiam (ut Grammatici scribunt) & inurinare apud Columellam

Columellam in aquam mergi, & natando (rursus) emergere significat. Eadem est causa quare sub aqua diu ranæ & phocæ urinentur. Hinc urinator dictus qui sub aqua natat. Callistratus Iureconsf. Ad legem Rhodiam, urinatores appellat eos, qui merces è mari extrahunt, nauigij gratia iactatas. Sed in rem emendabilem uisus lapsus esse, quod per urinatores omne fermè extractum est, &c. Liuius 4. Dec. lib. 5. Quæ uerò huius uocis origo sit, non memini hactenus legere: quare coniecturam meam adscribere non grauabor. Vrinatorem Græci ἀρνύτηρα uocant. ὁ δ᾽ ἀρνύτηρι ἐοικὼς Κάππνσ᾽ ἀφ᾽ ὑψηλοῦ πύργυ, Homerus Iliad. μ. ubi Scholia ἀρνύτηρι interpretantur κυβιϛᾶ ἤ δύτη, id est urinatori. nam hi quoq; in caput seipsos proijciunt. quemadmodũ árnes, id est agni petulci & lasci
10 ui in caput saltare & quasi aërem cornibus impetere solent. Aut igitur urinare Latini ab hac uoce Græca dixerunt: aut ab uria aue urinatrice, de qua nunc scribemus. Sunt & oliuæ colymbades apud Athenæum. Est columbarium uas quasi colymbarium, à uerbo κολυμβᾶν: uide in Columba.

DE VRIA.

VRIA, υἐία, dicta (auis aquatica) non multo minor est anate. rostro longiore ac tenui, colore sordido figlinæ, (tiglino, Vuottonus,) Hermolaus ex Athenæo. Τῶ χρώματι ῥυπαροκόραμος (ῥυποκόραμος, Eustath.) ὅτι, τὸ δὲ ῥύγχ῾ μακρὸν τι (forte μακρὸν, Vuottonus, sed Eustathius etiam μακρὸν habet) κ᾽ ϛυνὸν ἔχει, Athenæus. Videri quidem potest hoc nomen non origine Græcum esse, sed ab urinari uerbo
Latino deriuatum: & urinatrix siue colymbis, de qua proxime dictum, ferè nihil aliud ab hac uria
20 differre, quàm quod minor est. Vriæ plus cæteris (anatibus feris) nigricant, Eberus & Peucerus, sine authore, interpretantur autem Meerenten, hoc est anates marinas. Ego urias esse dixerim quas nos appellamus Siicchele: de quibus infra seorsim, & colore magnitudineq; tantum à colymbide prædicta differre. quamuis dycchelina nostra, anate multo minor est, sed inueniuntur eiusdem generis anati pares, & quædam maiores, de quibus in Colymbo maiore scribam.

DE PHALARIDE.

ANGVSTVM & phalaris rostrũ obtinet, caput rotundius, uentrem subcinericeo colore, ter=
30 gus nigricat, Hermolaus ex Athenæo: apud quem tamen nos legimus, ᾧ πέφ῾ τὴν γαϛέρα κ᾽ τὸ νῶ=
τον. Apud eundem phalaris proparoxytonum scribitur, apud alios φαλαρὶς aut φαληρίς, oxytonum. Aristophanes in Acharnensibus ἄτταγᾶς, φαλαρίδας inter Bœotorum delicias nominat. ubi Scholiastes phalarides genus auium interpretatur, quæ secundum quosdam in Phaleride nascuntur: quod & Varinus repetit. Est autem Phaleris uel Phaleros, portus Athenis celeber, à quo Demetrio Phalereo cognomen. Aristophanes in auibus ludens, & auium quasi apotheosin conscribens: Veneri (inquit) immolaturus, aui phaleridi (prius) triticum immolet: siue hanc auem tritico uesci innuens, (quanquam laro, quam auem pisciuorã esse constat, paulo post placentas mellitas sacrificari iubet) seu aliam ob causam. Monet autẽ eo in loco Scholiastes phalaridem auem esse palustrem siue lacustrem, & pulchram: hic uerò iocosè eam attribui Veneri, πρὸς τὸν φαλλόν, hoc est propter nominis al=
40 lusionem ad membrũ uirile, unde corruptus Suidæ locus emendari potest. Vide plura apud Varinum in φαληρὶς. Phaleris auis sacra habetur Veneri, nõ modo propter phallos & ithyphalos quos Comici introducunt, sed etiam propter albũ genituræ colorem. φάλιον enim album est, Eustathius. Aristoteli phalaris nominatur inter palmipedes quæ circa lacus & amnes uersantur. Aristoteles ait (citante Athenæo) passeres mares hyeme perire, fœminas superare, coniecturam faciens è colore, mutari enim pro diuersis anni partibus colorem passerum, ut merularum etiam & phalaridum quæ aliquando albescunt, quem locum ego corruptum arbitror, ex Aristotelis de anim. hist. lib. 8. capite ultimo, ubi legitur merulas pisces & turdos & caridem (non phalaridem) colorem mutare, ut & aues quasdam. Vere enim eas nigrescere, post uer denuò albescere. Non ignoro tamen merulas etiam aues colorem mutare. Legimus præterea apud Athenæum ἀθληεἰδας πτερυγικᾶς μυελὰς, τυ=
50 λάσιας κ᾽ χήνια ἤτοι ὀρτύγια πτερυγικά, ubi pro ἀθληεἰδας suspicor φαληεἰδας legendum. Possunt autem etiam aquaticæ aues sale condiri, ut puffini in Anglia. Ai φαλαρίδες, ut & aliæ amphibiæ uolucres, laqueis capiuntur, ad quos alliciuntur sparsis ad stagnorum fluminúmue margines frugibus, hordeo, filigine aut milio, Oppianus Ixeut. 3. Phalerides in Seleucia Parthorum, & in Asia aquaticarum laudatissimæ habentur, & iam in Italia quoq;, Plinius. Phalerides, & querquedulæ quomo=
do inclusæ nutriantur, scripsimus supra in Anate E. ex Columella & Varrone. Apud Varronem non phalerides sed phalarides legimus. qui cum de anatibus scripsisset, subdit: Sunt item non dissi=
milia alia genera, ut querquedulæ, phalarides, &c. ¶ Phalaris anatum syluestrium fœmellarum co lore, qui entephros (subcinericeus) est, cõspicitur, rostro angusto & oblongo, rotundo capite, Germanicè Muttuogel, Reck, Eberus & Peucerus. Aggregator phalaridem auem apud Kiranidem folegam (id est fulicam) interpretatur. Phalaris auis est (ut Kiranidæ interpres transtulit) quæ dici=
60 tur alba frons. Nam tota nigra est, & frontem solum albam habet. Inuenitur autem in fluminibus & stagnis. Huius cerebrum cum ueteri oleo permixtum omnes passiones ani curat. Auis ipsa in cibo sumpta uenenis aduersatur, Hæc ille. Et sanè huiusmodi auis est quæ hodie à nobis Bólch uel Böl=

I   3

bene, ab Italis folega dicitur, tota nigra, macula tantum frontis alba, &c. ut in fulica copiosius dice=
tur: ac fieri potest ut phalaris Græce, à macula illa alba nominata primum sit. φάλον enim album &
splendidum significat, unde & phalerę dictæ.

DE MERGIS ALIQVOT, QVORVM NOMINA

uulgaria tantum nobis cognita sunt: primum in genere, deinde de mergis uariis, hoc est
albo nigroꝗ distinctis: ex quibus unum anatem Rheni uocant, cuius figurã hîc apposui=
mus: cui aliæ quædam congeneres sunt, magnitudine quidem & coloribus
diuersæ, collum omnibus quàm in anate procerius.

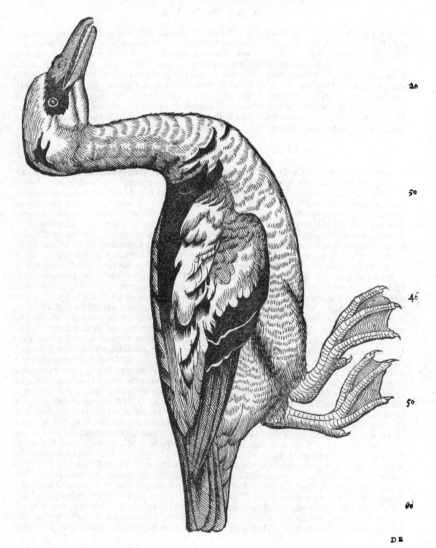

DE

E mergis in genere iam supra scripsimus, hîc pauca addam, quæ ad illos tantum mergos pertinent quorum sola uulgaria nomina mihi cognita sunt. Nostri igitur cum anates à mergis non recte distinguant, auem illam aquaticam, quam mergum Rheni dicere debebant, & alteram quę mergus glaciei uel brumalis uocanda erat, anatem Rheni, & anatem glaciei uocitant: Rhynenten, Yßenten, Suchenten. quod nomen postremum ex mergo & anate compositum uideri potest. Sunt autem hæc duo genera collo longiore inter illos mergos de quibus deinceps hic agemus: qui omnes anatibus similes sunt, cum aliás, tum magnitudine ferè & rostri latiusculi figura. rostrum tamen eis aliquanto angustius quàm anatibus est, & aliter dentatum, ut supra dixi: & omnibus in fine magis aduncum, ut commodius pisces retineant. Mergus Rheni
10 maior est cæteris: nam cæteri ferè anate paulo minores sunt, ille par. Quidam ex eis apud alios Germanos appellantur merchi, (Merch,) hoc est mergi corrupto nomine. alij nonnæ, (Nunnen,) id est moniales, à colorum uarietate, albi & nigri præsertim. Kernellæ nomē unde Germani quidam imposuerint nescio, quæ sola etiam in hoc mergorum genere, albo & nigro non similiter ut cæteri distinguitur. hanc supra descripsi post querquedulas, id est anates minores, an ex earum genere esset addubitans.

¶ Sed dicam primo de mergo Rhenano, qui in hôc genere mergorū anatiformi maximus est: Corpus huic undicq albo & atro colore distinctum, Rostrum & pars circa oculos nigrum est. in occipitio maculæ utrincq atræ. Reliquum caput partim album, partim fuscum aut cinereum. Prona colli & pectoris pars cum uentre candidi coloris sunt, sed qui passim cinereis punctis aut maculis
20 distinguatur: quæ quidem inferiore uentris & laterum parte cymatili ductu delectant intuentem. Crura circa imum uentrem prominent. Pedes digiticq fusci, membranæ intersunt nigræ, cauda nigra, alæ dorsumcq totum nigris & candidis aliquot spatijs uicissim distinguuntur. Sunt qui nōnam (id est monialem) albam appellant: ut fuscam monialem alteram quæ infra describetur, aliqui Yßenten, id est anatem glacialem. Et hic est mergus cuius apposita hic figura est.

¶ Eiusdem planè generis est, nec aliud ferè differt mergus alter, nisi quòd magnitudine inferior est, & caput collumcq exterius candidius habet, ac dorsum totum nigrum, non albis spatijs distinctum. Puto etiam ore differre, quod huic cum lingua & dentibus interius rubeat: illi non item sed potius nigricet. Hunc aliqui mihi mergum album uocauerunt, ein wysse Tuchent. Italicè morgon quasi mergum: Lucarni & Bellinzonæ, gyuen: in alijs quibusdam Italiæ lacubus polono: quidam
30 garganellum, nescio quàm rectè. nam & alijs anatibus hoc nomen ab Italis tribui uideo. sed alium quocq mergum maiorem cirrhatum circa Bellinzonam Itali garganey uocant: ut garganello diminutiuum sit. Hic mihi circa brumam ex Vrsa Heluetiæ fluuio allatus est, paulo minor anate fera communi. pisces adhuc faucibus continebat. Longitudo ab extremo rostro ad caudam extremam dodrantes duo cum palmo. caput album erat: sed maculæ nigræ cingebant oculos. quales & occipitium utrincq insigniebant, medio interuallo albo relicto. Pectus, collū & uenter tota alba. In dorso supremo egregiæ quædam plumæ alternatim albæ nigræcq. inde etiam ad latera uersus pectus tæniæ similiter discolores utrincq procedebant. Rostrum ut anatis, denticulatum, angustius, è fusco ad cœruleum dilutum uergens: extremitate deorsum incuruata. crura digiticq ut præcedentis. Alæ nigræ candido spatio maiusculo distinctæ: & inferius alijs duabus lineis candidis, ut in præcedente
40 etiam. Dorsum planè nigrum. cauda fusca palmum longa. Ventris plumæ minimæ interiores, fuscæ erant: exteriores & quæ apparent, ut dixi, albæ. ¶ Piscibus tantum uescuntur, cum alijs, tum gobijs fluuiatilibus, & interdum trocijs. lapides etiam subuertunt, ut gobios captēt. Hæc etsi de priore tantum genere audiui: de utrocq tamen uerè dici puto.

¶ Hoc genus Albertus mergum uariū appellat. Et lib. 23. in Mergo, Aues (inquit) qui ut plurimum mergi uocantur, uariæ sunt ut picæ, anatibus alioqui magnitudine rostro & pedibus non dissimiles. (Ex diuersis sanè quos hic describimus mergis uarijs, primum & secundum genus colorum à bi nigricq distinctione ad picam magis accedit quàm sequentia.) Et rursus in Anate, Anatis tertium genus uarium est ex albis maculis & dicto colore (sed de nullo certo colore prius dixerat, quamobrem lego, & nigro colore) compositum: & est genus mergi, cuius duæ sunt species mag-
50 nitudine tantum diuersæ. Ego pro duabus istis mergi uarij speciebus, duas quas iam descripsimus acceperim, quanquam enim ea quæ sequitur quocq mergus uarius minor appellari possit, non tamen nigro tantum & albo coloribus ut præcedentes distinguitur, sed alijs insuper (capite & collo præsertim) ut dicemus. Idem Albertus alibi trochilum Aristotelis, authoritate Auicennæ, asserit esse auem similem picæ, sed aquaticam & uariam, rostro anatino. Eberus & Peucerus hanc auem Germanicè Saucher uocant. uaria est (inquiunt) candida quibusdam partibus, quibusdam nigra, palmipes.

¶ Tertium mergi uarij siue glacialis (nam nostri uocant Yßentle) genus est, simile superioribus, sed capite & superiore colli externi parte ruffo spadicéue aut puniceo, (id est ruffo obscurè) collo inferiore uersus pectus fusco uel cinereo ferè. eminētibus modicè plumis capitis, magis quidem in
60 mare, in quo etiam rostrum anterius ĝua incuruatur, rubere puto: in fœmina albere. Dorsum undique nigrum est. Alæ etiam nigræ, sed albo distinctæ ut præcedentium: hoc est primū spatio ampliore albo, deinde alijs duabus lineis inferius, constant autem lineæ istæ albæ, extremis pennarū albēn

l   4

tibus. Venter etiam albus eſt & ſupina(interna)pars colli ſuperius. Crura ut præcedentium, breuia, fuſca, membranis inter digitos nigris. Roſtrū ex cœruleo nigricat: anguſtius & breuius quàm anatis, dentatum. Magnitudo totius auis querquedulæ par, hoc eſt anate minor. Collum digitos circiter octonos longum : corpus reliquum ferè ſeptenos, cauda quaternos. In uentriculo eius piſces inueni. Per ſumma frigora tantum, unde & nomen ei à gelu, apud nos capitur in lacubus, & fluminibus etiam puto. Aiunt hoc genus aliquãdo ferè totum album reperiri, ſed rarò, primum forte genus, id eſt maius(ſupra nobis deſcriptum)intelligetes, quod paſsim toto corpore multò plus albi habet. In cibū apud nos per hyemē ueniunt hi mergi, non minus quàm anates feræ uulgo laudati.

¶ Non alia eſt, ni fallor, quam Georg. Fabricius muſtelarem uocauit (uulgò ein Wiſelgen)à ſimilitudine muſtelę, quam(inquit)refert capitis rubore. Roſtrum cęſium, non latum eſt, ſed ungue(unco)corneo acuminatum, ut in longiroſtra. Collum in cinereo album, gula & uenter candida, tergum nigrum, alæ nigræ, in initio, medio, atq extremo albis pennis tranſuerſim diſtinctæ. Pedes cinerei, membranæ nigræ. Eiuſdem cum longiroſtra magnitudinis. Capitis eius figura hæc eſt.

ALII EIVSDEM GENERIS MERGI, OMnes ex Georg. Fabricij deſcriptione.

¶ A N A S longiroſtra, ein Langſchnabel oder Schluchtente, primum nomen à roſtro, alterum à gemitu uocis traxit. Roſtrū nonnihil rotundum, digiti longitudine, colore in nigro flauicante. Caput criſtatum, collum ſubrubrum, corpus totum nigrum, præter alas, in quibus paucæ tantum pennæ candidæ. Vēter magnæ & paruæ anati fœmellę ſimilis. Pedes crocei, membranæ lutre. Mediocri anate paulò eſt minor. Caput ei huiuſmodi.

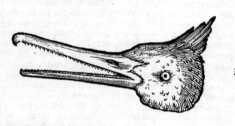

Longiroſtram maiorem paulò inferius deſcribemus.

¶ Anas raucedula, ein Rogis, à raucedine uocis originē nominis apud nos ſortita. Caput criſtatum : roſtrum cum longiroſtra conuenit, niſi quòd colore eſt nigrius. Corpus & alæ cinereæ; gula & uenter alba. Pedes nigri, & ut in mergulo, rectà extantes.

¶ Mergus ruber, ein roter Teucher, à parte ſuperiore capitis & colli rubra denominatur. Huic gula in nigro flaueſcens, corpus alæq plumis uariegatis, anatis ſtreperæ ſubalis, & uentri anatis magnæ reſpondent. Alarum extremitas nigra: cauda itidem nigra. Capitis magnitudine anatē magnam æquat, latitudine pedum reliqua genera omnia ſuperat.

¶ Mergus niger, ein ſchwartzer Teucher, omnia anati mēbra paria & æqualia habet. Roſtrum ei nigrum, collum ſpadicis colore, corpus ut in fuligula: alæ nigræ, cum linea tranſuerſa alba. Venter in nigro alboq flaueſcens. Pedes & membranæ nigræ. ¶ Albertus mergi nigri anate minoris meminit, quæ alio nomine fulica dicatur. Nos etiã infra mergulū nigrū roſtro acuto deſcribemus.

¶ Anas alticrura, huius nomen lingua nobis uernacula ſcire ex aucupibus non potui. hoc impoſui differentiæ gratia, dubitans tamen, an inter anates numerari debeat. Roſtro acuto eſt, partim nigro, partim rubeo. Collum albus ambit circulus, tergum in cinereo album, uenter candidus. Alæ latiſsimæ, in quibus pennæ quatuor, extremæ utrinq nigræ, in medio candida, reliquæ nigræ cum candidis apicibus. Cauda tota candida, in extremitate ſuprema parumper nigra. Crura quàm in dictis generibus exiliora & altiora, pedes candidi, & candidæ membranæ. Hucuſq Georg. Fabricius. Volui autem alticruram quoq anatem ab eo dictã, mergis adnumerare, quòd roſtrum acutum ei tribuat. quamuis hoc in loco illos tantum mergos quibus roſtrum latiuſculum & anatiforme eſt, deſcribere inſtitueram.

DE CAETERIS MERGIS EIVSDEM GENERIS,
hoc eſt anatiformibus, roſtro latiuſculo anterius adunco, & albo nigroq diſtinctis : ſed collo breuiore multò.

E S T & uarius ille mergus, (ſed collo breui, ut ſequentia etiam tria genera, quantum ex picturis coniicio.

coni;cio.ipfas enim aues nondum uidi,) quem circa Argentoratum Germani monialem fuscam (Graume nuň: ut primum genus supra descriptum monialē albam) appellant. Huic si collum breuius non esset, per omnia fere cum mergo illo quem tertio loco supra descripsimus, conueniret.

Ab hoc fere coloribus tantum differt, qui ijsdem in locis (circa Argentoratum) Merch, hoc est mergus simpliciter uocatur. rostrum ei ruffum, unco extremo albo, caput collumꝗ ruffo colore claro spectantur, cirris retro exiguis eminentibus. Crura subflaua: pectus & uenter albent. Dorsum nigrum, ut etiam cauda & longiores alarum pennæ, superior alarum pars ad fuscū uel cinereum uergit, media candicat.

¶ Huic rursus congener est, sed maiori alarum parte albus, quem circa Argētoratum mergum 10 album uocitat uulgus, (wysse Merch:) Hollandi ni fallor, Pylstert. Rostrum huic quoꝗ ruffum: sed caput cum collo nigrum, uiridibus aliquot (uel è coeruleo uirentibus) punctis respersum. Crura rubicunda, dorsum nigrum, macula inferius alba adiuncta.

DE MERGO CIRRHATO SIVE LONGIRO-
stra maiore, & illo qui à thymallis piscibus uorandis nomen
apud Germanos habet.

MERGI cirrhati quanquam & alij quidam sunt, sed cirrhis cristis uè plumarum breuioribus, 20 illum cuius capitis figura hic adiecta est, priuatim sic nuncupare libuit. Circa lacum Acronium (Constantiensem nos dicimus) uocatur ein Gann uel Ganner, nescio quam ob causam: nisi forte quòd maior anate cum sit, ad gansæ, id est anseris fere magnitudinem accedat. Aliqui uocant Werg uel Merrach, nominibus à mergo corruptis. Sed alius etiam hoc maior mergus & anseri magnitudine propior, de quo proximè dicetur, Merrach à nostris appellatur: Bellinzonæ & circa lacum Verbanum Italicè garganey: à quo diminutiuum est garganello supra memoratum. Capitur aliquando in lacu nostro circa brumam, maximi frigoris indicium. Rostrū ei angustius quàm anati, minimi digiti longitudine, extremitate superiore uncata, unde & longirostra maior appellari poterit. nam minorem longirostram, similiter cirrhatam, &c. superius Georg. Fabricij uerbis de 30 scripsimus. cutis ad latera rostri superioris rubicunda uel punicea est, in medio nigricat. dētes duri, firmi, serrati, retrorsum flexi, ut in merrachio maiore. Caput ruffum uel testacei coloris est, cirrho retrorsum eminente. Eiusdem coloris & collum est aliquantisper: cætero extrinsecus cinereum, ut & dorsum cum cauda alisꝗ. Sed maiores alarum pennæ fuscæ sunt: macula in eis media parte inferiore alba. Crura & digiti pedum rubent, interiectis membranis ex ruffo fuscis. Collum paulò breuius dodrante. dorsum quoꝗ dodrantale est, cauda digitorum quinꝗ. Corpus in latitudinem quodammodo compressum. Plumæ uentris ex albo luteæ uel ruffæ. Huius generis mergus ad me allatus, uisco captus fuerat. Ad incedendum ineptum esse aiunt: semper in aquis manere, nidulari inter harundines. sub aqua diutissimè omnium se continere, & urinando ad quadraginta aut quin-quaginta pedes procedere: caput inter natandum sublime attollere. ¶ Hippárion auem chenalo 40 peci similem esse Grammatici Græci tradunt, nec aliud. Nos ita dictam conijcimus, quòd equi instar iubata sit, iuba scilicet ruffa uel pili uulpini fere colore: quod mergo cirrhato pulchrè conuenit. ut magnitudo quoꝗ chenalopecis, quæ infra anserem est, anatem superat. Si quis tamen colymbum maiorem, de quo paulò pòst scribetur, hipparion à iuba eiusdem coloris appellare malit, per me licebit, quanquam ille magnitudine ad chenalopecem non accedit, & iubam nō extrinsecus tantum ut equi, sed in circuitu totius colli supremi habet.

¶ In lacu Acronio mergi quoddam genus, collo procero, pedibus nigris, anate communi maius, audio nominari Aeschenten, hoc est anates thymallorum, quòd thymallis piscibus uictitent.

DE MERGIS MAGNIS, MERGANSERE,
Gulone, Scheledraco, & Morsice.

50 MERGVS anseri similis magnitudine figuraꝗ, Meerrach dictus à nostris, (quanquam superius quoꝗ descriptum mergum cirrhatum aliqui similiter nominant,) per hyemem aliquando in lacu nostro capitur, sed raro. Hunc nos merganserem appellabimus. Caput ei cum tertia colli parte ex uiridi nigricat. Collum reliquum album est cum aliquo pallore. infima colli pars nigrescit, itidemꝗ dorsum. cauda cinereo colore est. alæ dorsum uersius nigræ, mox albæ cum pallore quodam, dein iterum nigricant sed remissius, mox iterum alæ sunt idēꝗ intensius, extremæ pennæ nigricant. Sub alis prima pars albet, posterior ex albo nigroꝗ mixta resplendet. Plumæ uentris & supinæ caudæ, giluæ sunt, id est ex albo & flauo. Palmipes est ut anser, 60 crura & pedes cùm membranis inter digitos minij colorem habent. femorum plumę in prona parte uariæ sunt, subalbidæ & nigricantes per interualla cymatili specie. rostrum eius, mergi cirrhati rostro simile est, ab extremitate ad oculum usꝗ si metiaris digiti medij, id est longissimi, longitudine.

10

20

30

40

50

Color eiufdem per mediam partem pronam niger, utrinqʒ ruffus uel puniceus. dentes habet ferra-
tos, afperos, retrorfum inflexos: & alium ordinem dentium minorum paulò interius, fed id tantum
in fuperiori roftro, cuius etiam extrema portio adunca eft. Cutis & caro, cuulfis plumis, pallido feu
luteo colore funt.   Aliqui apud nos hoc genus mergi anatem Italicam uocant, in cibo laudant: &
pondere aiunt interdum ad libras duodecim accedere: uentriculum ei corneum effe, firmiſſimum
puto intelligentes & omnia concoquentem.

   ¶ In Acronio lacu eadem uel cognata auis, anfere maior, inepta ingredi, Seefluder no= 60
minatur.

   ¶ Gᴠ ʟ o nobis appelletur propter uoracitatem, auis marina, quam Angli (ut audio) gul indigetant.

getant. Vorax est piscium, magnitudine anseris, colore giluo (aut ex fusco flauente,) gregaria, men=
sis lautioribus contempta.

¶ SCHELEDRACVS (Scheldrack) ab iisdem uocatur auis fluuiatilis, genere mergi quod
cormorantu appellant, minor, (uel si mutis, ansere minor,) anate maior. rostro lato, extremitate acu
minata (unco fortassis,) & dentibus acutissimis pleno: ex giluo subruffo, ut pedibus quoq, pectore
albo, cæteræ partes uariæ sunt. Piscium uoracissimum hoc genus auium est: quos mira industria
quasi constipatæ, & ordine dispositæ insectantur, donec ex alto in angustias minus profundas com
pulerint: quò coactos deuorant. Caro eorum minus lauta. ¶ Sed alij diuersam auem, quam supra
inter anates platyrynchos tertio loco descripsimus, Anglorum scheledracum esse aiunt: de quo An
16 gli ipsi iudicent. nos hæc ex auditu tantum prodimus.

¶ Eadem uel proxima est quæ MORFEX nominatur Alberto, auis aquatica, magna, uulgò
apud inferiores Germanos Scolucheretz (uel ut Murmellius scribit Scholucheren) dicta. nigra
est. rostrum ei serratum & ualidum. ungues fortes. Sub aqua mergitur, & pisces magnos capit, præ=
cipuè anguillas. Gregatim nidificat in arboribus iuxta aquam, & pullos piscibus pascit. Voraces
sunt hæ aues, & à nido auolaturæ, si cibis recens ingestis nimium grauari se senserint, euomunt eos,
ut leuiores ad fugam sint. quæ uerò non euomunt, aliquando pereunt. Fimus earū siccat arborum
ramos in quos inciderit. Saturatæ alas ad Solem expandunt ut siccentur, palis & arboribus insiden
tes. Volatura uix eleuatur, & caudam diu in aqua trahit, unde & à quibusdam humidus culus
(Vuchtars, ut Murmellius scribit: nos potius scriberemus Füchtars) uocatur, Hæc Albertus lib.
20 23. historiæ anim. Cæterum lib. 5, cap. 3. de eadem sic scribit: In nostris regionibus auis est aquatica
nigra, quæ pisces in fluminibus & maribus uenatur, ac plurimum detrimenti infert: pectore & uen
tre cinereo, tardi uolatus. Cùm mergitur, diu manet sub aqua. Rostrum ei dentatum instar falcis
messorum, quo retinet pisces lubricos ut anguillas. Rami uentris eius eluuie insecti arescunt, ut ar=
deæ etiam & ferè omnium aquaticarum simo. hanc quidam uocant coruum aquaticum, Germani
Schaluchorn (fortassis à uoracitate, quasi ein Schlucker. uide plura mox in Carbone aquatico.)
Pullos uere educat, ut cæteræ aues. nidificat in arbore alta & magna iuxta aquam piscosam. Vide
mox etiam in Carbone aquatico. Sed de coruo aquatico, quoniam diuersæ sunt sententiæ, dicam
infra post Corui historiam. Quærendum an hæc sit auis, quam audio quibusdam inferioris Ger=
maniæ locis uocari Aelgüß, quasi anserem anguillarum, quòd illas deuoret. magnam & totam ni=
30 gram esse aiunt. Sed alij algusam mihi narrant accipitrum generis esse, magnam, & aquo nos quoq
capi: piscibus & anguillis uictitare, in quos ab alto conspectos rectà deferatur. Quærendum etiam
an eadem sit quam à Gallis audio cormarin, id est coruum marinum appellari, anate maiorem, ro=
stro anatis rubente.

DE CARBONE AQVATICO, ET MAGNALIBVS.

A RISTOTELES de animalibus 7.3. Corui aquatici, (inquit, ut Gaza uertit, Grecè κόραξ
tantum legitur,) magnitudo est quata ciconiæ, sed crura breuiora, palmipes, natansq est,
colore niger, insidet arboribus & nidulatur in ijs hic unus ex hoc (palmipedum) genere.
40 ubi Albertus, Hunc (inquit) uocamus carbonem aquaticum, uulgo Scalueren (Stettini
Schulueren.) Scalucheren uel Scholucheren, idem coruum aquaticum in duobus alijs locis in=
terpretatus. quem tamen ab hoc diuersum existimo, quòd rostrum ei serratū tribuat, pectus & uen=
trem cinereum. quæ nostro scharbo (aui quam uulgo Scharb & Netzescharb uocamus) non con=
ueniunt. Vtriq tamen ut uictus idem, sic magnitudo ni fallor eadem tribuitur. ut ræq merguntur,
& diu sub aquis manent. Vtræq in arboribus nidificant. Vtranq coruum aquaticum dixeris: ut con=
fundi eas aliquando mirum non sit. Audio & apud nos scharbos dictos, alios uentre albo esse, alios
alterius coloris, cætera similes. Scharbi quidem nomen uel à coruo factū coniicias, qui Italis cor=
bo & coruo dicitur: uel ab atro carbonis colore, nam uicini nobis Galli carbonem uocat scharbon,
ipsi charbon scribunt. in qua sententia etiam Albertus fuisse uidetur carbonem aquaticum hanc
50 auem nominans, uel ab acumine marginum rostri eius. nostri enim acutum dicunt scharpff. Tur=
nerus hanc auem simpliciter mergum appellat, Anglicè cormorant, Germanicè ein Sücher: &
tum circa mare in rupibus maritimis, tum circa amnes, lacus & fluuios in arboribus nidificare testa
tur, ut supra recitaui in Mergo. Aues palmipedes sunt mergus uarius: & mergus magnus niger,
qui à quibusdam carbo aquaticus uocatur, Albertus 7.3. Scharbus, quem hæc dum conderem ma
nibus tractabam, longus erat dodrātes quatuor cum palmo, à summo rostro ad extremam caudam
extensus. rostrum ei acutum & peculiare, superiori parte instar Latinæ literæ sigma ſ. inflexū unco
descendente, piscibus attrahendis apto, sex digitos longum. idem superius nigricans, utrinque albe=
bat. Cutis inferiori rostro & utrinq sub oculis obtendebatur crocea. Plumæ uentris albæ. Crura octo
digitorum longitudine. digiti pedum quaterni, nigri, amplis nigrísq mēbranis iuncti. Pennæ dorsi
60 in ambitu colorem ex uiridi nigroq mixtum præ se ferebant, per mediū ex cinereo lucido ac rufo.
Collum supinum plumæ partim albæ partim nigricantes tegebant. Capitis colliq prona parte color
ex uiridi & nigro permixtus mihi uidebatur. Alæ ad sedecim digitorum longitudinem extende=

1o

2o

3o

4o

5o

bantur:eodem colore quo dorsum, nisi quòd amplius subruffi coloris ex subruffo lucido ac cine=
reo mixti.
¶ Carthates(inquit Albertus lib.23.scribendum Catarrhactes)de genere est mergorum,auis ni
gra,quæ submersa aquis continet spiritum ad spatium quo homo uelox potest ambulando geome=
tricum miliare conficere, Piscibus multum nocet & uorax est. Videtur autem eundem carbonem
aquaticum esse insinuare, nigri coloris esse scribendo, cum Oppianus catarrhacten album faciat.
Aristoteles nihil aliud de catarrhacte scribit,quàm uictitare eum mari, & cum se in altum immerse=
rit,manere non minus temporis quàm quo spatium transieris iugeri. minorem esse accipitre, gula
tora ampla & lata.   Cæterum in prædicti ex Aristotele loci interpretatione, catarrhacten Albertus 6o
Latinè mergum magnum uocari scribit,nulla de colore eius mëtione facta. Nos gauiarum potius
siue larorum generis quàm mergorum catarrhacten arbitramur. Vide infra in Catarrhacte. Sa=
baudi

baudi auem quandam cui roſtrum ſit inſtar anatis, corbeatcrochereyx uocāt: nimirum ab anterioris partis aduncitate. Galli enim crochu uocant aduncum uel hamatum. quod ſcharbo noſtro conuenit: ſimilitudo ueró ad anatis roſtrum non conuenit. quare inquirendum an auis ea Alberti potius morſex ſit. Itali auem aquaticam totam nigram magun appellant: ut & homines urinatores: uel mergum minorem nigrum, uel potius magnum(de quo hic ſcribimus) intelligentes. nam eundem quoq; alij morgon appellant, uel mergon. ¶ Cum in Rheno apud nos ſcharbi apparent, ſignum aiunt eſſe magni frigoris, & periculum ne uites frigore pereant. memini tamen in lacu noſtro etiam Septembri Menſe in fine alterius decadis aliquando captos, coelo quidem frigido. Porró quanquam hæ aues totæ nigræ appareant, ſi quis tamen penitius inſpiciat colores deprehendet di-
10 uerſos. nempe in alis nonnihil ruffi ſplendentis admixtum, & in cæteris pleriſque pennis aliquid ſubuiride, ut in coruo quem ſyluaticum uocamus. Fieri tamen poteſt, ut pro ſexus ætatiſq; differentia colores quoq; uarient. Memini ego me ſcharbum uidiſſe cui in collo ſupremo & in uertice, multæ plumæ albæ inerant, neſcio ſenectutis ne, an alia ratione. Certum eſt hanc auem longo ſpatio urinari poſſe, non admodum in aqua natat, ſed frequentius alicubi inſidens, palis præſertim aut perticis aquæ fundo infixis, piſces ſpeculatur. Per autumnum fere ad lacus noſtros aduentat. In magno frigore ſubinde alas extendit. Piſces nantem ſequi & paſsim adnatare ferunt, quaſi odore eius illectos. Pelliſices nonnulli pellem eius præparant; ut pro tegumento imponatur uentriculo, tanquam uim concoquendi promoueat. nam & auis ipſa ualidiſsimo uentriculo & alimentum omne celeriter conſumere eſſe creditur, unde uulgò dicunt, de homine uorace uel multi cibi, ſcharbi uen-
20 triculum ei eſſe. Vide ſupra in Mergo G. Sic apud Ariſtophanem legimus galli uëtrem habere, qui omnia concoquat.

¶ MAGNALES aues ſunt Oriëtis, ualde magnæ, pedibus nigris & roſtro, hominib. innoxiæ, piſcibus in fluminib. & ſtagnis & alijs aquis inſidiantes ut deuorët, Alber. ex epiſt. Alex. ad Ariſtot.

DE COLYMBIS MAIORIBVS.

ERGORVM genus cui roſtrum anguſtum eſt & in acutum deſinit anate uel maius, uel par, (nam de minimo dicemus mox priuatim,) noſtri Stüchel uocant, unius ſcilicet literæ mutatione à mergo quem uocat Sucher. Inuenitur in noſtro lacu & uicinis quibuſdam,
30 & Lemanno ſeu Geneuenſi. Is quem in Lemanno captum uidi paulò minor anſere erat, collo oblongo: roſtro duos digitos longo cum dimidio, anguſto & in mucronem deſinente: dorſo nigro, collo inferiore & uentre albo plumis ferè niueis, Digiti pedum terni, lati, adhærentibus membranis, ſed aliquouſq; diuiſi, non ut in cæteris aquaticis coniuncti. Venetijs hanc aut ſimillimam auem ſpergam uocant(quaſi ſmergam nimirum. nam & mergi uulgò illic ſmergi dicuntur) roſtro & pedibus ut dixi, colore è fuſco nigricantem, collo ferè caſtaneæ colore, &c. Inuenitur apud nos aliud genus, cætera quidem ſimile, ſed criſtatum plumis circa uerticem & collum ſupremum eminentibus, ſuperius nigris, ad latera ruffis, inſtar pilorum uulpis. Vngues omnibus in hoc genere latiuſculi, præſertim medius, non ut in cæteris auibus omnibus teretes & in mucronem attenuati:
ut non ſolus homo, ſicut Plato eius definitioni contra cauillantem Diogenem addebat, πλατυώνυχⓈ
40 dici debeat. Crura etiam omnibus iuxta aluum ferè retrorſum porrigitur, natationi potius quàm ingreſſui apta, femoribus in uentre conditis, quamobrè in terram ſi quando egrediantur, facile capiuntur, propter incommodum ingreſſum. Vidi in uno aliquando inæqualem tibiarum ſitim, altera antrorſum, altera retrorſum porrecta. Quidam eos nunquam in terram egredi putāt, & in ipſa aqua(in arundinibus nimirum)nidificare. Alta uoce clamant, piſciculis uiuunt. Appellatur hic mergus circa lacum Verbanum iurār: à Sabaudis(ni fallor)loere: quo nomine etiam pigram & ſegnem mulierem uocant, à nota huius auis ad inceſſum tarditate. Seuerus Sulpitius tradit quandam mergorum ſpeciē eſſe, quæ à re cornuta uocetur, eò quòd rubeas plumas in capite inſtar cornuum habeat, Author libri de nat. rerum, ſed mergus cirrhatus quoq;, de quo iam ſcripſimus, criſtatus eſt cirrhis retrorſum uerſis, inſtar iubæ potius, quàm ſurſum & cornuum inſtar ut mergus hic de quo
50 in præſentia agimus. & quoniam hipparion Græci auem chenalopeci ſimilem faciunt, eundē mergum cirrhatum, quòd ferè equi inſtar iubatus ſit & ad chenalópecis magnitudinem propius accedat, potius quàm hunc præſentem, chenalópeca facere placuit. Vocetur ergò mergi, de quo agimus, genus criſtatum, cornutum: in uniuerſum ueró columbus maior, ſiue criſtatū ſiue abſq; criſta fuerit. quòd ut columbis parua (ſuperius deſcripta) minima ferè in uolucrum aquaticarum genere, perpetuó in aquis natet, roſtro ſimiliter anguſto & acuto. Athenæus ſanè colymbidem paruam nominat, & rurſus deſcribens phaſcades, maiores eſſe dicit quàm paruas colymbides, innuens ſcilicet eiuſdem generis etiam maiores inueniri. quod ipſa quoq; nominum forma oſtendit; quæ colymbo primitiua eſt, colymbidi diminuta. Nos tamen quæcunq; uel de columbo, uel de colymbide colymbadeue apud ueteres ſcripta extant; ſuprà in unum caput coniunximus. Quòd ſi cui etiam uriam maiorem appellare libuerit, non repugnabo, quoniam & roſtri figura conuenit, & urinandi con-
60 ſuetudo: & minimum in genere mergorum de quibus hic ſcribimus, ſupra uria ſimpliciter dictam eſſe coniecimus. ¶ Mergi contra omne genus auiū pedes habet in cauda, ita ut cum in terra ſtant, geſtu pectoris ſicut homo erigantur, Author libri de natur. rerum. Conuenit autem hic pedum ſi-

m

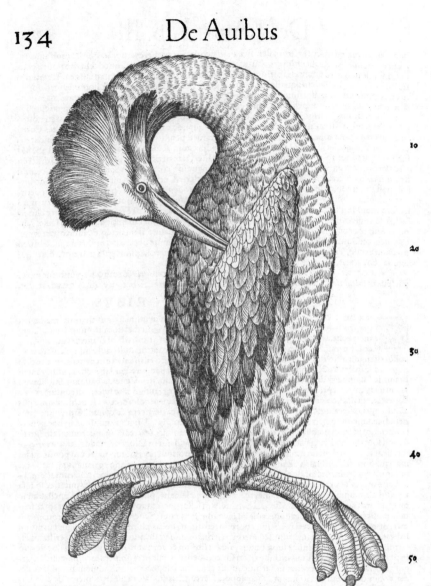

10

2o

3o

4o

5o

tus, & corporis erectio, præsenti mergorum generi magis quàm ulli cæterorum : nisi forte carboni
etiam aquatico, id est scharbo nostro conueniat.

¶ Colymbi maioris cornuti uidi etiam alterum genus plumis, quæ circa caput eminent, minus
ruffis alboҩ permixtis, breuioribus, collo circiter duos palmos longo, &c.

¶ In Acronio lacu auem quandam nunc dictis congenerem, sed ansere maiorem, raro capi audio, ſluber appellatam, nimirum ab inepto eius per aquæ superficiem motu, cum neҩ uolare possit recte, neҩ ingredi commode, nisi simul pedibus alisҩ nitatur , ut cæteri etiam colymbi, propter
crura retrorsum uersa: rostrum ei oblongum esse, angustum, acutum. Vocem altã sui cuiusdam ge- 6o.
neris ædere, urinari quàm profundissimè, ita ut orgyarum uiginti spatio quandoҩ sub aqua capiatur, reti uidelicet aut mucrone ferreo cui infixus piscis fuerit, Singulas duabus drachmis & dimidia
argenteis

argentei ferè uænire. Hanc ego colymbum maximum appellauerim.

¶ Colymborum genera in agro Tigurino circa medium Augusti mensis plerunq, lacu Gryphio dicto, retibus magna copia publicè capiuntur:& diem illum inde colymborum nominant accolæ, den Tüchel tag. eo enim tempore uolare omnino non possunt propter pennarum mutationem. Merguntur quidem semper celerrimè, ut auditum etiam bombardæ ictum effugiant.

DE TRAPAZOROLIS VEL MERGVLIS.

TRAPAZOROLAM Ferrariæ in Italia uocant(alibi arzà uolam:circa Verbanū lacum piombín, id est plumbinam; quòd nomen alij ispidæ aui melius, ut puto, attribuunt) mergi genus exiguū, quod etsi uriam Athenæi esse conijcio, aut congenerem maximè, de qua supra egi: quemadmodum & colymbidi, id est colymbo minori: (Videntur enim colymbis & uria magnitudine tantum differre,) ut suum tamē cuiq iudicium liberum relinquam, peculiariter quę de trapazorola Italis dicta cognoui, hic co scribam. Trapazorola igitur omnino à colymbo maiore, quem descripsi pró xime, nihil aliud quàm magnitudine differt, quum longè minor sit : & insuper quòd trapazorolæ nullæ cristam iu bámue habent, colymbi uerò maiores aliqui habent. Nostri hunc mergulum uocant Süchelin, quæ uox diminutiua est à uoce Süchel, id est colymbo maiore. aliqui Hürchele. aliqui Suchentle, sed minus proprie. nam cum rostrum ei angustum sit non debet ab anate dénominari. Sunt & alia Germanica no mina de eadem hac aue (ni fallor) usurpata: Rüchen uel Rüggelen, Tüchterli, Pfurtzi, apud Heluetios:& Käferentle apud Sueuos aut Rhetos quosdam, quasi anaticulas scarabeorū dicas, quos forte persequuntur, minimas aut & pinguissimas esse aiunt. Angli, ut audio, dob chekin, hoc est mergum pullum à paruitate. Hollandi Arsevoet, (nos scriberemus Arßfüß) eò quòd podici pedes sint adiuncti, (unde pygoscelis Græcè uocari posset, πυγοσκελὶς, ζῶόν τι, καὶ ὁ βραχὺς, Hesychius & Varinus. etsi idem situs crurum in maiore etiam colymbo est.) Lusitani adem uel gatirhas. Magnitudo ei ferè columbæ, rostrum tanquam turdi aut merulæ, digiti pedū lati, adhærentibus membranis fuscis, non continuis tamen sed trifariam dissectis, ut in colymbo maiore quoq: unguibus similiter latiusculis. Pectoris & uentris plumæ argénteæ sunt, sed in imo uentre coloris fusci. Rostrum superius nigricat, utrinq rubet, inferior rostri pars ferè tota rubet sanguineo colore. Capitis colli uentrisq plumæ fuscæ sunt, admixto perpauco rufo. alæ nigricant. habent tamen etiam albentes pennas, sed non sine fuscis maculis. Supina alarum pars, ut uenter, albet. Collum utrinq rufum est: & in supina quoq parte, sed remissius. Capitis supina pars alba est. Ad dorsi extremi latera partim rufæ, partim nigrantes pennulæ habentur. cauda nulla. Pupillam nigram circulus ambit spadicis coloris obscuri, si bene memini. Odor quidem grauis, sed in cibo commendantur, carne ferè teneriore pinguioreq quàm cæteræ palmipedes auium. Multa tenuia ossicula in femoribus habent ab una tantum parte circa articulum agglutinata, dimidia ossis femoris longitudine. In dissectis imam gulæ partem amplam & capacem reperi : in uentriculo pisces concoctos & lapillos. Pedibus incedere nequeunt, nisi pariter etiam alis nitantur. Primæ inter palmipedes feras ad urbem nostram in lacu, ut audio, adueniunt.

¶ His ita perscriptis, eiusdem auis descriptionem à Georg. Fabricio accepi huiusmodi. Mergulus, ein Wirgigeln, rostro acuto est quale turdorum, corpus nigrum:gula excepta, quæ in mare rubra, in fœmella est candida. Venter in nigro alboq maculosus. Pennæ alarum nigræ & cæsiæ siue glaucæ,& albo conspersæ. Pedes fissi, nec acutis unguibus incuruti, sed planis recti:& adeò recta ex tantes,ut in tergum queat reijcere. Crura plumis densissimis uestita. Quatuor igitur ab alijs insignes differentias habet. Rostri, ut dixi, quod acuminatur, nec hebescit: alarū, quæ sunt breuissimæ: pedū, qui à cęteris fissione aliquantum, digitorum aut latitudine, & rectitudine unguium planè sunt diffe rentes. Caudæ deniq, quæ teres est, & uix articuli longitudine. Hæc auis ob alarū breuitatem salit potius quàm uolat: neq innatare aquis, sed globi instar inuoluti uidetur.

¶ Vidi etiam alterum genus, aliquanto maius & nigrius, per caput scilicet, collum & dorsum;

iii 4

rostro etiam nigro. Ventre albo: circa clunes & femora pennis quibusdã albis, alijs ruffis: ad latera
etiam capitis post oculos utrinq; ruffis paucis. Circulo in oculis pulchro & croceo: genas etiã linea
eiusdẽ coloris ambiente. lõgitudine à rostro ad extremos pedes extensos retro, dodrantũ duorum,
si bene memini, hoc mihi Turca quidam karabatak uocabat.
Huius capitis icon hæc est. Merguli nigri Albertus meminit, haud scio hanc an diuersam auem intelligens. Sunt ex
hoc genere mergulorum alij dorso fusco, alij ad ruffum inclinante: & alijs nigris, alijs non item, &c. Præterea alij in fluuijs tantũ degunt, alij in medijs aquis gregatim seré. ¶ Puffi
num apud Anglos dictum audio huic generi non dissimilem
esse, cum aliãs tũ quod plumas instar lanuginis potius quàm
pennas habeat, id quod Turnerus de tertio urinatricis genere scribit, quod anserculũ nuper ouo exclusum (inquit) adeò
refert, ut nisi rostrum huius paulò tenuius esset, ægrè alterum
ab altero discerneres.

¶ In Gallia mergus paruus fluuiatilis est, uulgò un castag
neux, (forte quòd colorem castaneæ referat, ut ex suprascrip-
ptis quidam, capite præsertim,) ignotus in Græcia, Petrus
Bellonius.

DE ANSERE DOMESTICO: ET DE
Anseribus quædam in genere.

A.

ANSER lingua Arabica aut finitimis dicitur אווז, auaz, si rectè scribitur, forte legendum
anaz, (nam alioqui anatem & anserem qui libros Arabicos superiore seculo Latinè reddi
dère, confundunt:) aut קק, kaki, ut legimus apud Munsterũ in Lexico trilingui, in Hebraicis quidem Lexicis nihil tale inuenio. Græcè χἠν dicitur, hodie uulgò χίνα: quanquam & anas (ut quidã scribit) uulgò hodie χἠνα nominetur. Italicè la papara, ocho, ut Scoppa scribit. uulgò paparum uel paparus, Monachi Itali in Mesuen. Aliqui papero Italicam uocem, pullum
anseris interpretantur. Recentiores Græci quidam anatẽ uocant pappon uel pappitzan. Euphro
nius Grammaticus in Auibus Aristoph. πιππον genus auis interpretatur. alij negant, & Callimachum inter aues pappi non meminisse aiunt. Verbum quidem πιππιζειν etiam ueteres Græci de
anserum uoce dicunt, teste Polluce. Anseres & ocæ siue aucæ à Græcis χἠνες appellantur, Hermolaus Barbarus Venetus. Rasis interpres & alij recentiores barbari Italicæ linguæ uulgaris imitatione aucam pro ansere scripserunt. Ocha nomẽ est à Græco deductum, ac à nostris compositum
ex illorum masculino articulo, & χἠν, id est anser, ultima litera abiecta. aliqui o. in au. diphthongum
commutantes dixerunt aucha, Io. Tortellius. Aut forte à Saracenis. scribit enim quidam anserem
marem Saracenis ocke nominari, fœminam Vuoszhe. Hispanicè ansaron. Gallicè oye uel iars,
oyard priuatim de mare. Oyon & oyson diminutiua sunt. Germanicè Ganß, Frisij Gus proferunt, ut uulgus nostrum Gauß. Mas priuatim Ganser uel Ganserich. Plinius tradit à Morinis
Belgicæ

Belgicæ populis ganzas appellari:(aliâs gantas, ut Rhenano placet,) anſeres quoſdam, (candidos,
uerum minores:) & hoc nobis compertum in Morinis eſt, ita tamen ut omne genus anſerum ganzas ferè nominent, Hermolaus. Anglice a goſe uel gooſe. Illyricè hus uel genſy.

B.

Ariſtoteles de hiſt. anim. 8. 3. duo anſeris genera facit, maius, & minus quòd gregatile ſit: Plinius domitum & ſerum, quare aliqui minorem Ariſtotelis anſerem, eundem & ſerum exiſtimant.
Anſeres hodie optimos habet, ut audio, Turingia. abundant iiſdem circa Norlingam in Germania
regio, & Gallis finitima Mediomatricum. Arabiæ pars auſtrum uerſus contra Aethiopiam aſſur-
gens, aues omnis generis habet præter anſeres ac gallinas, Strabo. ¶ In regno Senegæ Nigritarũ
10 anſeres ſunt non ut noſtræ, ſed colore & pennis multijugis uariatæ, Aloyſius Cadamuſtus. Hiſpa-
na inſula anſeres habet oloribus candidiores, capite tantum rubeo, Chriſtophorus Columbus. In
prouincia Manzi uel India ſuperiore præcipua ciuitas eſt Cenſcalan: in hac anſeres habentur pulchri, duplò maiores noſtris, toti albi: cum oſſe ſupra caput unius breui (forte oui) quantitate, colore
ſanguineo. ſub gula pellis per ſemiſſem pendet. pinguiſſimi ſunt, Odoricus de foro Iulij. Sed hi anſeres forte ſylueſtres ſunt.

¶ Anſer eſt auis aquilæ magnitudinis, Author lib. de nat. rerum. Anſer domeſticus ferè cuiuslibet coloris inuenitur qui in anſere ſylueſtri eſt, nempe albus, & cinereus, & utroq; uarians, (ut
etiam anas cicur:) ſed non niger, nec uiridis, nec alterius quàm dictum eſt coloris, Albertus. Anſeres maximos & candidiſſimos eligere oportet, Anatolius. Albi fœcundiores ſunt: uarij uel fuſci
20 minus, quia de agreſti genere ad domeſticum tranſierunt, Palladius.

¶ Anſer roſtrum latum habet ut anas, Albert. Gula ei tota ampla & lata, Ariſtot. Aues quæ
anterius in collo pappam ſiue ſtrumam (ingluuiem) habent: hæc in quibuſdam maxima eſt, aſcendens in collo uſq; ad linguæ radicem, ſicut in anſere, Albertus. Appendices quaſdam paucas habet infra qua deſinit inteſtinum, Albertus. Teſtes lumbis innexi ſunt infra ſeptum tranſuerſum
omnibus ouiparis: de ſingulis ſinguli meatus pertinent, eodemq; coëunt ſupra oſtium excrementi,
ut in piſcibus. isq; meatus qui in coitu amborum conſiſtit genitale eſt: quod in minoribus latet, in
anſere uerò & ſimilibus euidentius eſt cum recens inierint, Ariſtot. Anſer palmipes eſt, Ariſtoteles & Plinius.

C.

30 Anſer tum maior tum minor circa lacus & amnes uerſatur, Ariſtot. Non terra ſolum contentus eſt, ſed etiam aquam requirit, Varro. ¶ Omnis anſer clamoſus eſt, & uix unquam tacet, Albertus. Gratitat improbus anſer, Author Philomelæ. Græci πιππαιζειν dicunt de uoce anſeris, authore Polluce: & anſerem ipſum Itali paparam. Aratus κλαγμΐδην aduerbio de anſerum uoce utitur.
Argutus anſer, Martialis. Anſerum clagorem Plinius dixit. Anſer nocturnas excubias celebrat,
& uigilias ſuas cantus aſſiduitate teſtatur. Gallos in limine adeſſe canebat, Vergilius 8. Aeneid.
de anſere, ubi Seruius, quaſi prædiuinabat. nam canere & dicere & diuinare ſignificat. Omnis anſer parum dormit, Albertus. Leuiter audit, Idem. Natura eſt ad ſenſus & ſtrepitus ales acuta &
ſolicita, Grapaldus. Nullum animal ita odorem hominis ſentit, Plinius. Humanum longè præſentit odorem Romulidarum arcis ſeruator cãdidus anſer, Lucretius. Canibusue ſagacior anſer,
40 Ouidius 11. Metam. Adnotatum eſt in apris præcipuum eſſe auditum: uel (ut Græcus præfert codex) in anſeribus, Cælius. ¶ Anſer natura uorax eſt, uentriculo calidiſſimo. gaudet herbis, riguis
& frigidis. laurum non attingit. Cibarijs ſummè humidis, quibus interius refrigeretur, delectatur,
Aelianus. Improbum anſerem apud Vergilium aliqui inſatiabilem interpretantur. Herbilis anſer, herba paſtus, qui gracilior eſt quàm frumẽto paſtus, Feſtus. χήνεσσι μοι ῥῷ οἴνῳ ιεάνθοσι σῖτον (πυρον,
apud Athenæum) ἐδϖν Ἐξ ὕδϖτ@, Homerus. De cibo & ſaginatione anſerum, uide plura in E.
Herbam in Varrone pabulo anſerum ſeri ſolitam, non herin, ut habent exemplaria, ſed ſerin ſcribendum monemus, authore Columella. ferunt eam cum eſt aqua tacta, & cum eſt arida, quaſi reno-
uellari uiridemq; fieri, Hermolaus. ¶ Mirum in hac alite à Morinis uſq; Romam pedibus uenere.
feſſi proferuntur ad primos, ita cæteri ſtipatione naturali propellunt eos, Plinius. Sunt autem
50 Morini Belgicæ, quos Plinius ultimos hominum dicit, & ita uocantur hodie, Hermolaus. Volant
extento collo omnes anſeres, ardea contracto, Albertus. Anſeres ſeri maximè uolaces ſunt, & uix
à uolatu ceſſant, niſi neceſſitate cibi: domeſticis contra, uolatus eſt grauis, paſcere officioſiſſimum,
quieſcere ac dormire præcipuum, Author libri de nat. rerum. Quòd natura calidiſſimi ſunt, idcir
co lauationum cupidiſſimi exiſtunt. etenim natare gaudent, Aelianus. ¶ Anſeres in aqua coëunt,
(uide etiam in E.) pariunt uere: aut ſi bruma coiuêre, poſt ſolſtitium, quadraginta propè diebus. bis
anno, ſi priorem fœtũ gallinæ excludant: aliàs (uidetur abundare uox aliàs. forte al' in margine ſcriptum fuit. non enim bis, ſed ter anno pariunt, ad ſummum quater, uide in E.) plurima oua ſedecim,
pauciſſima ſeptem. Si quis ſurripiat, pariunt donec rumpantur, (&c. Vide in E.) Plinius. A partu
ſeſe aquis ingurgitant, Ariſtot. Aliquando hypenemia oua pariunt, Idem & Plinius, quæ quidem
60 reliquias eſſe prægreſſi coitus (ut quidam dicunt) falſum eſt, ſatis enim conſpectum eſt in nouella
tum gallina tum anſere, gigni ſine coitu, Ariſtot. Coëunt, non ſubinde, nec quouis anni tempore
ut gallinæ & anates ferè, (ut audio,) ſed uêre tantum, itaq; magis propter plumas apud nos, quàm

m 3

propter oua nutriuntur. Varios, albo & cinereo coloribus, apud nos & in Sueuia albis praeferri
aiunt: quòd & firmioris sint ualetudinis, & foecundiores, nec deteriore pluma. Chychelinches
apud Auicennam sunt aues compositæ ex ansere & struthione, quæ pullos æstate educunt, Albertus. mihi hic locus ex Aristotele de hist. anim. 6.2. translatus corruptuséq uidetur, & pro chychelinches legendum chenalopeces, id est uulpanseres. Anserem foeminæ tantum incubant, quæ ut cœperunt, nunquam intermittunt, sed perpetuo fouent incubitu, Idem. Anser tricenis diebus incubat, Aristot. uigintiocto, Columella. ad uicesimam nonam uséq diem, Florentinus. tricenis diebus:
si uerò tepidiores sint, uigintiquinéq, Plinius. ¶ Anates, anseres, cæteræéq aquaticæ annuum fastidium purgant herba siderite, Plinius. Anser unus ex pedestribus morsus à cane rabido, nec rabit,
nec moritur ex morsu. quare apud Aristotelem libro 8. cap. 22. de historia anim. ubi legitur, ani- [10]
malia à cane rabido morsa omnia rabiunt excepto homine, (πλὴν ἀνθρώπε. ubi aliqui legunt πλὴν ἀνθρώπε, id est prius uel citius quàm homo:) quidam medicus legit πλὴν χηνὸς, id est excepto ansere.
quod licet uerum sit, non temere tamen mutandus est Aristotelis locus, Niphus. Anser coruuséq
ab æstate in autumnum morbo conflictari dicuntur, Plinius. Lauri folia etiam in fame non attingunt, ut necq rhododaphnen ullo modo. præclarè enim intelligunt, si quid tale comederint, se uita
priuatum iri, Aelianus. Infestantur sui generis pediculo. Pimpinella maiore quæ in pratis nascitur mulieres quædam ad pituitam anserum utuntur, Tragus. ¶ Anseris uita perlonga est, uidimus
enim anserem domesticum, qui annos sexaginta excessit, Albertus.

D.

Anseres uerecundi & cauti sunt, Aristot. Ab authoribus non gloriosum tantum animal pauò [20]
traditur, sed & maleuolum, sicut anser uerecundum, quoniam has quocq quidam addiderunt notas
in his, haud probatas mihi, Plinius. Anser & catus imitantur uerecundiam, Albertus. Tribuitur
autem anseri uerecundia fortè, quòd non frequenter ut gallinæ & anates, nec quouis anni tempore
coëat, & in aqua tantum. χλὴ Græcis nomen tulit ἀπὸ τὸ χαίνειν, id est ab hiando. quoniam & uorax animal est, & solet plerunq cum uel superbia aliqua uel metu ducitur, (ὅτι ὴ θρασυνέται ἤ δ᾽ δλίϗ)
hiare, Varinus. Anseres feri etiam mitigantur, ut in B, diximus. ¶ Anserum historias qui homines amauerunt, differam ad Philologiam d. ¶ Anseres nihil faciūt canes & magnas struthiones,
accipitrem uerò uel minimum formidant, Aelianus. Aquila anseres ex cohorte rapit, Idem. ἐὺς ἀδὲ
χλὴ ἠρπαξ ἀπταλομένω φῆ οἴκω, Homerus de aquila. Et rursus, Ἀλλ᾽ ὡς᾽ ὀρνίθων πετεινῶν ἀετὸς αἴθων
ἔθνεσ ἐφορμᾶται ποταμὸν πάρα βοσκομενάων χηνῶν ἤ γεράνων. Inimicitia est inter pennas aquilæ & an- [30]
seris: & una aquilæ penna coniuncta multis pennis anseris, consumit eas : id quod expertus sum in
pennis alarum: & forte idem accidit etiam in alijs earundem auium pennis, Albert. uide in Oue D.
Anseres à lupis & uulpibus rapiuntur, & ideo ab eis custodiendæ sunt, Crescentiensis.

E.

Anseres quomodo capiantur, quæ ab authoribus tradita sunt, omnia ad feros tantum capiēdos
pertinere uidentur. quamobrem eouscq differemus.

Amphibij generis sunt quæ non terrestria tantum, sed aquatilia quocq desyderant pabula, nec
magis humo quàm stagno consueuerunt: cuius generis anser præcipuè rusticis gratus est, quòd nec
maximam curam poscit, & solertiorem custodiam præbet quàm canis, Columella. Idem anserem
nutriendum censet, non quia magni fructus, sed quia minimi oneris. Anates sunt naturæ anserum, [40]
& eodem modo nutriuntur, Crescentiensis. Genus autum quod philogræci uocant amphibion,
non est ulla uilla ac terra contentum, sed requirit piscinas: quas, quia ibi anseres aluntur, nomine
χηνοβοσκείον appellatis. Horum greges Scipio, Metellus, & M. Seius habēt magnos aliquot. Merula,
Seius (inquit) ita greges cōparauit anserum, ut hos quincq gradus obseruaret, quos in gallinis dixi.
Hi sunt de genere, de foetura, de ouis, de pullis, de sagina. Primum iubebat serum in legendo obseruare, ut essent ampli, & albi, quod plerunq pullos similes sui faciunt. Est enim alterum genus ua
rium, quod serum uocatur, nec cum his libenter congregatur, nec æque sit mansuetum, Varro. Cu
randum est ut mares, foeminæéq quàm amplissimi corporis, & albi coloris eligantur. nam est aliud
genus uarium, à fero mitigatum domesticum factum est: id necq eque fœcundum est, nec tam
preciosum, propter quod minimè nutriēdum est, Columella. Et rursus, Qui greges nantium pos- [50]
sidere student, chenoboscia constituant, quæ tum demum uigebunt, si fuerint ordinata ratione tali.
Cohors ab omni cætero pecore secreta, clauditur, alta nouem pedum maceria, porticibuséq circundata, ita, ut in aliqua parte sit cælla custodis: sub porticibus deinde quadratæ haræ cęmentis, uel etiā
laterculis extruuntur: quas singulas satis est habere quoquouersus pedes ternos, & aditus singulos
firmis ostiolis munitos, quia per fœturam diligenter claudi debent, & extra uillam: deinde non lon
ge ab ædificio si est stagnum, uel flumen, alia non quæratur aqua : sin aliter, lacus, piscinaéq manu
fiant, ut sint quibus inurinare possint aues, nam sine isto præsidio, non magis quàm sine terreno recte uiuere queunt. Anser non ubicq haberi potest, ut existimat uerissime Celsus, qui sic ait: Anser
necq sine aqua, nec sine multa herba (sine herba, Palladius:) facile sustinetur, necq utilis est locis consitis: quia quicquid tenerum contingere potest, carpit. sata & morsu lædit & stercore. Sicubi uerò [60]
flumen aut lacus est, herbæéq copia, nec nimis iuxta satæ fruges, id quoq genus nutriendum est, Co
lumella & Palladius. Si desit fluuius, lacuna formetur, Palladius.

¶ Anseri-

¶ Anſeribus paſcendis deſtinetur ager paluſtris, ſed herbidus, Colum. & Quintilij. atꝗ alia pa‑
bula conferantur, (ſi herba non ſuppetit, Palladius) ut uicia, trifolium, fœnumgræcum, agreſtia in‑
tyba, (ſed præcipuè genus intubi quod ſerin Græci appellant, Colum.) lactucæ quoꝗ in hunc uſum
ſemina uel maximè ſerenda ſunt, quoniam & molliſsimum eſt olus; & libentiſsimè ab his auibus ap‑
petitur. Tum etiam pullis utiliſsima eſt eſca, Colum. Palladius, Quintilij. Cæterum cauendum eſt
ne edant gramen, (agroſtin,) quod eis cauſa cruditatis exiſtit, Quintilij. Anſeres paſcunt in humi‑
dis locis, ubi pabulum ferunt, quòd aliquam fructum ferat: ſeruntꝗ his herbam , quæ uocatur ſeris,
quòd ea aqua tacta etiam cum eſt arida, ſit uiridis. Folia eius decerpêtes dant, ne ſi comederint ubi
naſcitur, aut obterendo perdant, aut ipſi cruditate pereant. Voraces enim ſunt natura. Quo tempe‑
10 randum ijs, qui propter cupiditatem ſæpe in paſcendo ſi radicem prenderint, quam educere uelint
è terra, abrumpunt collum. (Columella & Plinius hoc non anſeri, ſed tenero tantum pullo accidere
ſcribunt.) Perimbecillum enim id, ut caput molle. Si hæc herba non eſt, dandum ordeum, aut fru‑
mentum aliud. Cum eſt tempus farraginis, dandum ut in ſatu ſeris dixi. Cum incubant, ordeum his
intritum in aqua apponendum, Varro. Inter anſerum cibaria legumen omne porrigi poteſt exce‑
pto eruo, Palladius & Quintilij. De ſaginatione anſerum inferius dicetur.

¶ Saliunt (coëunt, Plinius) ferè in aqua, dum ſe mergunt in flumen aut piſcinam, Varro. In‑
eunt non ut priores aues (cohortales terreſtres) de quibus diximus, inſiſtentes humi. nam ferè in flu‑
mine aut piſcinis id faciunt, Columella. Anſeribus ad admittendum tempus aptiſsimum eſt à bru‑
ma: mox ad pariendum & ad incubandum à Calendis Martij uſꝗ ad ſolſtitium æſtiuum, quod ſit ul
20 tima parte Menſis Iunij, Colum. Varro, Palladius. Si permittit locorum conditio, anſeres uel pati
cos utiꝗ oportet educare: ſingulisꝗ maribus ternas fœminas deſtinare. nam propter grauitatê plu‑
reis inire non poſsint, Colum. & Palladius. Albi fœcundiores ſunt: uarij uel fuſci minus, quia de
agreſti genere ad domeſticum tranſierunt, Palladius. Germani uarios, ni fallor, albis præferunt, ceu
firmioris ualetudinis, nec minus fœcundos, nec pluma deteriore. Singulæ ter (non plus quater,
Varro) anno pariunt, Columella & Quintilij: ſi prohibeantur fœtus ſuos excludere, quod magis
expedit quàm quod ipſæ ſuos fouêt, nam & à gallinis melius enutriuntur, & longè maior grex effi‑
citur, Columella. Plus parient, ſi gallinis oua illarum ſupponantur, Palladius. Bis anno pariunt,
ſi priorem fœtum gallinæ excludant plurima oua ſedecim, pauciſsima ſeptem. Si quis ſurripiat, pa‑
riunt donec rumpantur, Plinius. Pariunt uſꝗ ad duodecim, interdum tamen & plura : ex quibus
30 ſanè aliqua ipſi aui (ταῖς ὄρνισι, Cornarius uertit gallinis, quod non probat Andreas à Lacuna) ſub
supponenda, Quintilij. Minimè autem concedendum eſt fœminis extra ſeptum parere : ſed cum
uidebuntur ſedem quærere, comprimendæ ſunt, atꝗ tentandæ: nam ſi appropinquant partus, digi‑
to tanguntur oua, quæ ſunt in prima parte locorum genitalium. quam ob rem perduci ad haram de‑
bent, includi ut fœtum edant: idꝗ ſingulis ſemel feciſſe ſatis eſt, quoniam unaquæque recurrit eo‑
dem, ubi primo peperit, Columella. Sed nouiſsimo fœtu cum uolumus ipſas incubare notandi
erunt (aliquo ſigno) uniuſcuiuſꝗ partus, ut ſuis matribus ſubijciantur. quoniam negatur anſer alie‑
na excudere oua, niſi ſubiecta ſua quoꝗ habuerit, Idem: ſed Plinius, Varro & Quintilij ſimpliciter
ſcribunt, oua aliena ab eis non excludi. Pariunt ſingulis fœtibus oua , primo quina , nouiſsimo qua‑
terna, nouiſsimo terna. quem partum nônulli permittunt ipſis matribus educare, quia reliquo tem‑
40 pore anni uacaturæ ſunt à fœtu, Columella. Extremum partum matribus iam uacaturis educare
permittimus. parituræ ad haram perducantur. Cum ſemel hoc feceris, conſuetudinem ſponte reti‑
nebunt, Gallinis ſicut pauonina, etiam anſeris oua ſupponas. Sed anſerina oua ne noceant ſuppoſi‑
tis, ſubijciatur urtica, Palladius. Cuſtodiri debet ut ouis ſubijciantur radices urticarum, quo quaſi
remedio medicantur ne noceri poſsit excuſsis anſerculis , quos enecant urticæ, ſi teneros pupuge‑
rint, Columella. Vide inferius etiam de urtica, in cura puliorum. Intra cohortem ut protecti ſunt,
ſecretis angulis haras facere oportet , in quibus cubitent & fœtus ædant , Columella. Singulis ubi
pariunt faciundum haras quadratas circum binos pedes & ſemipedem. Eis ſubſternendum paleas,
Varro. Cæilas, in quibus incubitant, ſicciſsimas eſſe oportet , ſubſtrataſꝗ habere paleas : uel ſi eæ
non ſunt, gratiſsimum quodꝗ fœnum : cætera eadem quæ in alijs generibus pullorum ſeruanda
50 ſunt, ne coluber, ne uipera, feleſꝗ, aut etiam muſtela poſsit aſpirare : quæ ferè pernicies ad interne‑
cionem proſternunt teneros, Columella. Oportet oua ſubijcere uſꝗ ad nouem, Quintilij. Ad in‑
cubandum plerunꝗ ſupponunt nouem aut undecim, Varro & Plinius. qui hoc minus, ſeptem: qui
hoc plus, quindecim, Varro & Columella. Supponuntur etiam gallinis anſerum oua (ſicut pauo‑
nina) plurima quinꝗ, pauciſsima tria, Columella. Incubant fœminæ tantum tricenis diebus: ſi ue
rò tepidiores ſint, uigintiquinꝗ, Plinius. tempeſtatibus (cum ſunt frigora) dies triginta, tepidiori‑
bus uigintiquinꝗ. & Columella ſimiliter: ſæpius tamen (inquit) anſer trigeſimo die naſcitur. Vt
plurimum incubant dies undetriginta , ſed frigore inualeſcente triginta integros, Quintilij. Sunt
qui hordeum maceratũ (aqua) incubantibus apponant, nec patiantur matrices ſæpius nidum relin‑
quere, Columella & Quintilij.

60 ¶ Anſerem recens excuſſum quinꝗ diebus primis patiuntur in hara clauſum eſſe cum matre,
deinde quotidie cum ſerenitas permittit producunt in prata iuxta piſcinas aut paludes, ut paſtu ſa‑
turatus etiam potu fruatur, Varro, Colum. Quintilij. Faciunt autem eis haras ſupra terram aut

m 4

subtus:easᵩ cellas prouident ne habeant in solo humorem : sed habeant molle substramen è palea,
aliáue qua re:néue eò accedere possint mustelæ,aliǽue bestiæ quæ noceãt, Varro. Pullos quidem
non expedit plures in singulas haras quàm uicenos adijci : nec rursus omnino cum maioribus in=
cludi,quoniam ualidior enecat infirmum,Idem & Columella. Porrò cauendum est ne teneri an=
serculi aculeis urticæ compungantur,unde(interdum)enecantur, Idem & Palladius. Pullis anse=
rum urtica contactu mortifera,remedium contra eam est , stramento ab incubatu subdita radix ea=
rum,Plinius. Vide supra ubi de incubatione anserum scripsimus. Prospiciendum igitur ne uel ab
urtica,uel spina aliqua exasperentur:& ne hœdinos porcinósue pilos deuorent,(ne setas deuorent,
Palladius,) quibus deuoratis intereunt, Quintilij. Præterea ne esuriens anserculus mittatur in
pascuum:sed ante concisis intubis,uel lactucæ folijs saturetur. nam si adhuc parum firmus & indi= **10**
gens ciborum peruenit in pascuum,fruticibus aut solidioribus herbis obluctatur ita pertinaciter,
ut collum abrumpat,Columella. Mortifera pullis anserum etiam auiditas, nunc satietate nimia,
nunc suamet ui:quando apprehensa radice morsu sæpe conãtes auellere,ante colla sua abrumpunt,
Plinius. Varro quidem non pullo sed anseri simpliciter hac ui aliquando abrumpi refert.
Milium,aut etiam triticum,misium cum aqua pullo recte præbetur : atᵩ ubi se paulum confirma=
uit in gregem coæqualium compellitur,& ordeo alitur, quod & matricibus præbere nõ inutile est,
Columella. Pullis exclusis(primis quinᵩ diebus,Colum.)polẽtam uel maceratum sar, (ἀλφιτα καὶ
σίτȣ ϑλαϛραχϖτα, id est polentam uel frumentum maceratum,Quintilij,) sicut pauonibus obijciunt.
nonnulli etiam uiride nasturtium consectum minutatim cum aqua præbent,eaᵩ eis est esca iucun=
dissima. Pullis primum biduo polenta,aut ordeum apponitur:tribus proximis nasturtium uiride **20**
confectum minutatim ex aqua in uas aliquod. Cum autem sunt inclusi in haras, aut speluncas,ut
dixi,uictui obijciunt his polentam ordeaceam,aut farraginem, herbámue teneram aliquam conci=
sam, Varro. Semine papaueris primis decem diebus pascendi sunt, Crescentiẽsis. Lactuca circa
chenoboscium seri debet,olus anseribus gratissimum,& pullis etiam eorũ utilissima esca, Colum.

¶ Mox ubi quatuor mensũ sunt,farturæ maximus quisᵩ destinatur. (Quatuor mensibus bene
saginantur,Pallad.sed Varro ad saginandum eligi inquit pullos circiter sesquimense qui nati sint,
eos includi in saginario.)quoniam tenera ætas præcipue habetur ad hanc rem aptissima: & est faci=
lis harum auium sagina, nam præter polentam & pollinem ter die nihil sanè aliud dari necesse est,
(polentam & pollinem aqua madefacta dant cibum,ita ut perinde se saturent, Varro. Polenta dabi=
tur in die ter,Palladius:)dummodo secundum cibum large bibendi potestas fiat. Ne uagandi facul **30**
tas detur:sintᵩ calido & tenebroso loco inclusi,quæ res ad creandas adipes multum côferunt. Hoc
modo duobus mẽsibus pinguescunt:& ea propter etiam tenerrima pullities sæpe quadraginta die=
bus redditur opima,Columella. (nam paruuli sæpe die trigesimo moriuntur,Palladius,apparet au=
tem uocem,moriuntur, corruptam esse pro saginantur.) Locus (saginarium)solet purgari : quod
ipsi amant locum purum,neᵩ ipsi ullum,ubi fuerint, relinquunt purum. M. Cato de re rust. cap.
89.gallinas quæ primum parierint, conclusas farcire docet cum turundis factis è polline uel farina
ordeacea conspersa,quæ in os indan.ur.paulatim(inquit)quotidie addas & ex gula côsyderes quod
satis sict.bis in die farcias,& meridie bibere dato,nec plus aquã ante(anseri in uase appositam)sinas
quàm horam unã. Eodem modo anserem alito nisi prius dato bibere bis in die , & bis escã. Græci
saᵹinandis anseribus polentæ duas partes , & furfuris quatuor aqua calida temperant,& ingerunt **40**
pro appetentis uoluptate sumenda : tribus per diem uicibus potu adiuuant : media quoque nocte
aquam ministrant.peractis uerò X X X. diebus, si iecur his tenerescat, optabis,tunsas caricas,&
aqua maceratas in offas uolutabis exiguas,& per dies uiginti continuos ministrabis anseribus, Pal=
ladius. Impinguantur anseres domi delitescentes (in domibus calidis , ut addit Cornarius) si pri=
mis duobus diebus duabus partibus polentæ & surfurum quatuor aqua calida subactis pascantur
uel ad saturitatem usᵩ,(ut uertit Cornarius, cuius translationem paulo ante recitata Palladij uerba
confirmant,Andreæ à Lacuna translationem hîc non probo.) Edunt autem ter in die ac circa no=
ctem mediam: sed largius bibunt. Vbi iam adoleuerint ischades aridas in tenues partes commi=
nuens,& cum aqua lætigans curriculo uiginti dierum in potu exhibe,Quintilij. Et mox,Exactis
triginta diebus,si quis uelit hepata eorum distendere, ischadas aridas comminuens & aqua subi= **50**
gens,eas curriculo uiginti dierum,aut ad minus decem & septem illis per os inijcito. Nonnulli ad
saginandum anserem,augendumᵩ hepar illius, ubi ipsum anserem incluserunt , triticum madefa=
ctum proijciunt & hordeum. Triticum siquidem pinguefacit celeriter.At hordeum carnem candi=
dam reddit. Vescatur itaᵩ dies uigintiquinᵩ,speciebus nutrimentorum iam dictis,aut per se altera
aut utraᵩ simul. Secundo autem collyria apponenda sunt,nimirum ex eis côfecta , septem quidem
quotidie singulis,idᵩ quinᵩ dierum spacio. Dein uerò paulatim augendus est numerus , perseue=
randumᵩ dies X X V.ut sint ex toto triginta. Quibus expletis, elixans ischadas,fermẽtumᵩ earum
decocto subigens,humectansᵩ,porrigito,sic dies quatuor perseuerãdo. Quibus etiam diebus me=
licratum offerendum est. Cæterum ter in die idipsum mutabis, & non eadem utéris. Atᵩ in hunc
modum reliquis sex(sexaginta,Cornarius)diebus sequentibus cum fermẽto dicto caricas tundens, **60**
proijcito.Qua solicitudine post dies septem sexaginta,Cornarius)fruéris tum ansere ipso,tum ieci=
nore ipsius & tenero & candido.Quod quidem ubi primum extractum est, inijcere oportet in uas
aliquod

aliquod latum, cui fit aqua tepida infufa, Ipfam autem aquam fecundo & tertio mutare conuenit. Præftant autem fœminarum tum corpora tum iocinera. Sint uero anferes nõ anniculi, fed duorum annorum ufcz ad quatuor, Hæc illi. Saginantur uero melius fi ad fatietatem milium præbeamus infufum, Pallad. Anferem unum aiunt faginari poffe modio(quem noftri quartarium uocãt)auenæ, ea tantum & aqua fubinde appofitis. Sunt apud nos qui hoc modo faginent. Anferem loco an gufto includunt, in quo conuerti non pofsit, fed federe tantum aut ftare, aliqui etiam oculos ei effodiunt, ut audio, tum pafcunt eum infertis offis e milio, in fartagine frixis, deinde lacte madefactis, potum nullum apponunt. Sic pinguefcere aiunt, & iecur ad mirificam magnitudinem excrefcere. Sed plura de iecore anferis, & quomodo in anfere augeatur, leges infra in F.

10 ¶ Anferum pennæ duræ(hoc eft maiores in alis)fcriptoribus conueniunt & fagittis, Crefcentienfis. Molliores, quæ plumæ potius dicuntur, culcitras farciunt. hæ quibufdam in locis bis anno uelluntur, ut delicatorum ceruices mollius recumbant, Platina. Anfer plumas præftat, quas & autumno uellamus & uere, Pallad. & Colum. Noftri uellunt uere, æftate media, & autumno quocz fi hyems non fit præpropera. Sunt qui albam præferunt plumam, alij coloris differentiam non cu rant. Mollifsimarum pretium in libras quæ fedecim unciarũ funt, duo denarij, id eft didrachmum: cæterarum fere fefquidrachma. Pluma non modo culcitras & ceruicalia, fed & totos lectos facimus, ut mollius cubemus, Humelbergius. Candidorum alterum uectigal in pluma. Velluntur quibufdam locis bis anno. Rurfus plumigeri ueftiuntur, molliorcz quæ corpori quamproxima, & e Germania laudatifsima. Candidi ibi, uerum minores, ganzæ uocantur. Precium plumæ eorum,
20 in libras denarij quini. Et inde crimina plerumcz auxiliorum præfectis, à uigili ftatione ad hæc aucu pia dimifsis cohortibus totis. Eocz delitiæ proceffere, ut fine hoc inftrumento durare iam ne uirorum quidem ceruices pofsint, Plinius.

¶ Tempeftatis fignum imminentis præbent anferes κλαγγηδὸν ἐπειγομέναι βρωμοῖο, Aratus: hoc eft maiore folito clangore ad pafcua exeuntes. Ex quo loco Plinius uertit, Anferes continuo clangore intempeftiui. Auienus uero, Gramina fi carpis femefa petacius anfer, clangoris mentione omiffa, quod non placet.

¶ Anfer etiam cuftodia nobis eft ufui. Horas, noctes, & fures clangore prodit, Author libri de nat. rerum. Clangore prodit infidiantem, ficut etiam memoria prodidit in obfidione Capitolij cum aduentu Gallorum uociferatus eft canibus filentibus, Columella. nos eam hiftoriam referemus
30 infra in h. Sunt qui acerrimos ac fagacifsimos canes in turribus nutriant, qui aduentum hoftium odore præfentiant, latratucz teftentur, anferes quocz non minore folertia nocturnos fuperuentus cla moribus indicant, Vegetius.

¶ Anferum lætamen fatis omnibus inimicum eft, Palladius.

F.

Anferis & ftruthocameli caro excrementitia eft & difficulter concoquitur, Galenus 3. de alim. & Symeon Sethi. A Celfo numeratur anfer inter cibos ualetifsimæ materiæ & plurimi alimenti. Anferinæ partes, alis exceptis, duræ & excrementofæ funt, nec facile concoctionem admittunt, Galenus in lib. de cibis boni & mali fucci. Domefticis cunctis auibus crafsiorem, calidiorem humi
40 dioremcz carnem habent, Symeon Sethi & Elluchafem. Anferes natura humidiores funt omnibus auibus & duriores concoctu, Rafis. Anferum caro craffa eft, Auicenna, calida & humida abfceffu fecundo, Elluchafem. Anferum caro abunde calida eft, fed minus quàm anatum, & humidifsima inter cicurum auium carnes, craffæ fubftantiæ: & propter nimiam humiditatem febres generat, corrigitur autem ut in anatibus dictum eft, Mich. Sauonarola. Propter frigiditatem & crafsitiem infalubris eft anferina caro, Albertus. Anfer tempore peftilentiæ ab Alexand. Benedicto menfis damnatur. Vide plura in Anate G. in plerifcz enim anatina & anferina conueniunt. Anatis caro non multum differt ab anferina, fed calidior eft, Platina. Carnes pullorum anferum, fi pingues fuerint, & quatuor menfium ætatem non excefferint, à pluribus appetuntur, Crefcentienfis. Caro anferis frigida, ficca, dura, atribiliaria, & concoctu difficilis eft, Albertus: quod & de anate fcri
50 pfit, quum medici iam citati utrancz auem calidam & humidam faciant. Anferina minus dura eft quàm anatina, Idem. Inter grues & anferes caro otidum, (id eft tardarum) media eft, Galenus. Anferes ueteres noxios effe ijs quos hæmorrhoides frequenter uexat, Arnoldus de Villanoua mo nuit. Anferis caro in cibo conuenit accipitri, fed abfcz multo fanguine. nam fi eo copiofiore utatur accipiter, corde grauatur: & ad uenationem donec concoxerit ineptus fit, inftar hominis ebrij, Demetrius Conftantinop. ¶ Anferis carnem & recentem & falitam comedimus, Platina. Anferinas carnes Iudæi hodie, ut audio, faliunt, & fumo exiccant: unde pulchre rubefcunt. Anfer iuuenis affus præfertur, Tragus.

¶ Anferem & cæteras terra & aqua uiuentes aues, mali nutrimenti crediderim: tutius quidem & alis & pectore uefcemur, Platina. Anferina & gallinacea colla quàm cæterarum uolatiliũ meliora putantur, fi fanguine intercutaneo caruerint, Idem. Anferum caro quidem eft qualem diximus: alæ uero non funt cæterarum auium alis deteriores, Galenus. Anferes ad cibum hyeme pro
60 biores funt, Arnoldus de Villanoua in libro de conferuanda fanitate. Et rurfus, Pulli gallinarum & anferum quandiu pipticantur, (pipiunt,)magis conueniunt æftate & autumno. Atqui Plinius,

Anserem coruuḿꝗ (inquit) ab æstate in autumnum morbo conflictari dicunt. Anglos in cœna
nunquam anseribus uesci audio. ¶ Ventriculus uolatilium si concoquatur uberrimè nutrit: gal=
linæ quidem & anseris præstantissimus est, Galenus. præfertur uentriculus anseris pinguis, deinde
gallinæ pinguis, Elluchasem. ¶ Testes & lingua anseris quidnam iuuent in cibo, quære in G.
    ¶ Anser diebus festis ad conuiuium ueniebat Alexandro Seuero, Lampridius. Aegyptij an=
seres tum elixos tum assos apponũt quotidie, Diodorus Siculus. Anser elixari debet, Platina. De
porcello lactente condimentis quibusdam farciendo assandóꝗ, Platinæ uerba recitaui in Sue G.
Idem autem (inquit) ex ansere, anate, &c. Ius candidum in ansere elixo: Piper, careum, cuminum,
apij semen, thymum, cepam, laseris radicem, nucleos tostos: mel, acetum, liquamen & oleum, Api=
cius 6.5. In ansere: Anserem elixum calidum è iure frigido Apiciano, Teres piper, ligusticum, co=   10
riandrum, mentham, rutam, refundis liquamen & oleum modicè temperas, Anserem elixum fer=
uentem sabano mundo exiccabis, ius perfundis & inferes, Idem 6. 8. Anseres iuuenes minuta=
tim concisi in pastillo per duas horas coquuntur. Possunt etiam integri coqui in massa farinæ seca=
lis cum aqua calida subactæ, quemadmodum pastilli de carne ceruina coquũtur, & tantundem tem
poris. Anseres στρούϑοι, id est altiles & saginati dipnosophistis apponuntur in conuiuio quod Athe
næus descripsit: qui & coqui cuiusdam apud Diphilum hæc uerba citat : Ἐγὼ δ᾽ ὑμῖν χοιρίδια πεδίφόν
ϱϵνα κϱομβώσας ὅλα Δϵϱϵιον ἑστάγω χλοῖα ὑϖ᷑ φυσήμαϮ. uidetur autem dicere anserem in porcello assum se
apponere. Vocabant autem Troianum siue Durium porcellũ, in cuius uentre aues & condimenta
diuersa coquebant, ut expositum est in Sue G.
    ¶ Nostri sapientiores (exteris, inquit Plinius) qui anseres iecoris bonitate nouêre. Fartilibus in   20
magnam amplitudinem crescit, exemptum quoꝗ lacte mulso augetur. Nec sine causa in quæstione
est, quis primus tantum bonum inuenerit, Scipio Metellus uir consularis, an M. Sestius eadem æta=
te eques Rom. Pinguibus & ficis pastum iecur anseris albi, Horatius Serm. 2. 8. ubi Acron, ex
parte (inquit) rotum (scilicet anserem denotauit.) Anseris ante ipsum magni iecur, anseribus par,
Altilis, Iuuenalis Sat.5. In omni iecinorum genere præstat anserinum, tanquam humidius, tene=
rius, & suauius: deinde iecora gallinarum, Rasis citans Galenum. Adhibetur & ars iecori suum,
sicut anserum, inuentum M. Apicij, fico carica saginatis, à satietate (aliàs, ac satie) necatis repente
mulsi potu dato, Plinius. Aspice quàm tumeat magno iecur ansere maius. Miratus dices, hoc
rogo, creuit ubi? Martialis. Hepar σῦκωϖρ, (id est ficatum, ficubus saginatum. unde Itali hodieꝗ
uulgò iecur simpliciter ficatum nominant) præsertim suum ficis siccis multis nutritorum, est præ=   30
stantissimum: sic (sicis) pastum iecur anseris albi, seu iecur anseris nutriti alimẽtis lacte imbutis sua=
uius, coctu facilius, melioris succi, Syluius. χλωϵϰ ἥϖϵϮϵ, id est anserina iecinora memorat Pollux:
item Athenæus, qui hæc Romæ in magno pretio fuisse scribit. Idem hunc Eupolidis uersiculũ ci
tat, ἦϵ μὴ σὺ χλωὸς ἥϖϵϱ ἤ ψυχλῶ ἔχϵις. hoc est, Nisi anseris forte hepar, aut sensus habes : quod ego inter=
pretor, nisi parum sapis, aut non amplius ansere. nam & mulierculæ nostræ hominẽ parum sapien=
tem uocant ein witzige ganß, id est anserem prudentem. Nec defensa iuuant Capitolia, quo mi=
nus anser Det iecur in lances Inache laute tuas, Ouidius 1. Fastorum. Ansere occiso iecur scitè
exime, in frigidam impone, ut solidius sit. deinde in adipe anserino in sartagine frige, & aromatibus
condi. Cibus est principum, ut quidam celebrant. Plura de iecore anserino augendo scripsimus
præcedenti capite in saginatione anseris.   40
    ¶ Anseres commendantur apud nos & adipe: liquamine etiam inde excogitato, quo præcipuè
Hebræi condimentis utuntur, Grapaldus. Hoc adipe plura cibaria cõdiri Platina scribit. Liqua=
men quomodo fiat ex adipe porcino uel anserino, docet Platina de honesta uoluptate 2. 21. cuius
uerba recitaui in Sue F. ¶ Alæ gallinarum & anserum in cibo laudantur : & colla quoꝗ si sangui=
ne intercutaneo caruerịnt, Platina. Anseris lac uocamus lingua uernacula, anserinum pingue
lacti incoctum, sachare uuisꝗ passis adiectis : hoc inter lautelas recensetur. ¶ Messalinus Cotta
Messalæ oratoris filius, palmas pedum ex anseribus torrere, atꝗ patinis cum gallinaceorum cristis
condire reperit, Plinius.
    ¶ Gallinarum ac phasianorum oua præstantiora sunt, deteriora uerò anserum ac struthocame=
lorum, Galenus. Oua anserum deterrima, Psellus. Apud nos pauperiores soli anserum & ana=   50
tum ouis uescuntur, frixis aut iuri permixtis. Oua anserum, anatum, & struthionum crassa sunt, &
difficilia concoctu. quòd si quis ijs uti in cibo uelit, uitellis tantum utatur. Anserum oua malum
succum pariunt, Symeon Sethi: & mox subijcit: Dicũtur proprietate quadam peculiari euphyán,
hoc est ingenij bonitatem præstare ijs qui cum melle & butyro assiduè ea esitauerint. quæ uerba de
anserinisne priuatim an de ouis in genere prolata sint, incertum.
               G.
    Gallinæ & similiter anseris ius post uomitum dari contra sumpta uenena, memini legisse. Si
neꝗ qui exigat (uenenum morsu serpentis inflictum,) neꝗ cucurbita est, sorbere oportet ius an=
serinum, uel ouillum, uel uitulinum, & uomere, Celsus 5. 29. & Nicander contra cantharides. Iis
qui coriandrum hauserunt post uomitionem irino oleo cõcitatam, auxiliatur ius salsum ex gallina   60
& ansere, Dioscorides. Ius de pullo anseris in aqua elixi contra toxicum dat Nicander. Heracli=
des medicus eryngen herbam in iure anseris decoctam, remedijs omnibus contra toxica & aconita
                                                 efficacio=

efficaciorem arbitratur, Plinius. Ius anferis potum cum uino, prodeft eis qui biberint uinum mul
tum, aut aconitum, uel dorycnium, id eft herbam Apollinarem. profunt & uifcera anferis affa & in
cibo fumpta, Kiranides. ¶ Cygni auis loco ponitur anfer, Syluaticus. ¶ Antonius Guaine=
rius inter remedia arthritidis unguentum ex anfere defcribit quo innumeri homines reftituti fint.
fed ipfos quos recitat innominato authore uerfus utcunq barbaros, adfcribam. Anfer fumatur
ueteranus qui uideatur, Mox deplumetur, uitalibus euacuetur. Intus ponantur quæ fupe=
rius numerantur. Trita caro tota triti, (locum apparet mutilum & deprauatum effe, legi poteft,
Trita caro catti parui) mox pelle remota, Vnctum porcinum, thus, cera, fagimen ouinum.
Pondere fint æquo fal, mel, faba, fitq filigo. Poft hoc affetur: tamen affus non comedetur. Vas
10 fupponatur, fic ut liquor accipiatur. Quo membris unctis, gutta diffoluitur omnis. Certe hoc
unguentum præftat fuper omne talentum. Io. Gœurotus in libro Gallico de curandis morbis
unguentum ad arthritin defcribit huiufmodi: Anferem pinguem deplumatum exenteratumq feli=
bus paruis bene habitis minutatim incifis farcito, adiecto etiam fale, & ad ignem lentum affato: &
quod deftillauerit, referuato. Aduerfus fpafmum (inquit M. Gatinaria) extat experimentum egre
gium, quod Nic. Florentinus ex Thadæo refert: conuenit autem poft diuerfiones & euacuationes,
refoluens ac remittens dolorem, huiufmodi. In anferis pinguis exenterati uentre cattus minutim
incifus cum lardo, myrrha & thure (uentre fcilicet à farctura confuto) affetur in ueru: & fupponatur
uas aceto albo medium, (ex dimidio plenum.) Defluentem hinc pinguedinem, poft primum fuc=
cum qui minus utilis eft, colligito fupernatantem aceto, & in aliquo uafe recondito. Deinde bul
20 liat anfer in dicto aceto, & pinguedo quæ copiofe ab eo feparabitur, aceto fupernatans, fimiliter col
ligatur & mifceatur cum prima. Hac inungetur membrum fpafmo affectum. Ipfe noui quendam fi=
mili unguento feliciter ufum ad tendines in ceruice induratos atq obtortos. Anferem exentera=
tum farcimus carnibus felis annofæ, & herbis quæ neruos iuuent, ut inde eliquatus adeps fit medi=
camentofior, Syluius. Leonellus Fauentinus refolutionis curam præfcribens, anferem ueterem
deplumari exenterariq iubet, & in uentrem eius imponi, pinguedinis anatis, lupi, uulpis, taxi, fe=
lis fylueftris, ana 3.2. faluiæ uiridis, iuæ, primulæ ueris, herbæ paralyfis uel arthriticæ ana manip. fe=
mis. Herbæ uirides (inquit) cum adipibus ualide tundantur. his farctus anfer in ueru affetur: & pin=
gui quod deftillauerit collecto, fpina dorfi membrumq paralyticum inungatur.
   ¶ Sanguis anferis utilifsime in antidota mifcetur, Diofcor. Vide fupra in Anate G. Ad dele=
30 teria letaliaue mirabile: Sanguinem anferinum cum aceto bibendu dato: aut anatis fanguinem cum
uino, Nicolaus Myrepfus. Anferis fanguis calidus bibitur contra leporis marini uenenum, Dio=
fcorid. Auicenna calidum bibendum effe non exprimit. Aetius adhuc calentem cum paffo bibi
iubet. Sanguis anferinus contra lepores marinos ualet cum olei æqua portione. item contra me=
dicamenta mala omnia afferuatur cum Lemnia rubrica, & fpinæ albæ fucco, paftillorum drachmis
quinq qui in cyathis ternis aquæ bibantur, Plin. Idem fanguis ficcus mifcetur medicamento ad fe
bres chronicas in libro qui Galeno adfcribitur de remedijs experimento probatis inter Azarico=
nis medicinas. Sanguinem à cerebro profluentem anferis fanguis aut anatis infufus fiftit, Plinius.
Ad coryzam equi: Anferem album per dies xxviii. hordeo folo pafces, & uino potabis. deinde
decollati fanguinem colliges, & folle exceptum in nares equi immittes, Innominatus.
40 ¶ Plumas de uentre anferum tritas & infperfas, fanguine fiftere aiunt, Innominatus. Ad fan=
guinem è naribus profluentem fiftendum: Pinnam anferis quàm maximam, uel calami fcriptorij fi=
ftulam modice pleniorem, aptare oportebit ad longitudinem nafi, atq ita præcidere ut ex utraque
parte perforata fit, atq inuoluere eam fafciola tenui lintea quafi infita, & explere circuitum eius,
donec uideatur in narem cum cunctatione quadam recipi poffe: atq ita ut eft circunuoluta immer=
gere eam nafo aceto acri infectam: & per eam inijcere interdum acetum acre, uel fuccum fupradi=
ctorum medicamentorum. Hoc autem remedio magis uti oportebit cum per utrafq nares fluxerit
fanguinis abundantia. nam qui fine inftrumento temere acetum aliaq acria medicamenta infun=
dunt, fæpe nares ipfas lædunt, unde refpiratorius ad fauces meatus quandoq obturatur, Marcellus.
Vt fanguinem è naribus elicias, pænæ anferinæ caulem craffiorem fumito, eiusq neruofam partem
50 denticulatim inftar ferræ incifam in narem ufq ad offa ethmoide immittito.
   ¶ Subdititium purgatorium: Medullam anferis aut cerui magnitudine fabæ affufo unguento
rofaceo & lacte muliebri terito, uelut pharmacum teri folet, & cum hoc os uteri illinito, Hippocra=
tes lib. 1. de morbis mulieb. Et mox, Aliud fubdititium molle: Medullam anferis magnitudine nu
cis, ceram magnitudine fabæ, refinæ lentifcinæ aut terebinthinæ magnitudine fabæ: Hæc cum ro=
facco unguento ad lentum ignem liquefacito, & uelut ceratu efficito. deinde ex hoc tepido os uteri
illinito, & pectinem irrigato.

DE ADIPIS ANSERINI REMEDIIS EXTRA CORPVS. SVMITVR ET
intra corpus aliquando, fed raro: quod ubi fit, afterifcum apponemus.

60
   Anferum quoq & omnium auium adeps præparatur, exemptisq uenis omnibus patina noua
fictili operta in fole, fubdita aqua feruenti liquatur: Saccaturq lineis faccis & in fictili nouo repo=

situs loco frigido minus putrescit addito melle, Plinius. Recens exemptis membranis in fictilem
ollam demissus, quæ altero tantopere capacior sit, quantus sit modus adipis, quem curare institue-
ris, obstructo diligenter uase, flagrantissimo soli exponitur, eliquescens inde humor in fictile alterum excolatur, donec adeps omnis absumatur, mox loco uehemēter frigido reconditur. & ad usus
digeritur. Alij fictile fulciunt super aquam calidam, aut tenuem & elanguidam prunam, quæ solis
uicem penset. Est & alia curandi ratio: Exemptis membranis teritur, coniectusq̃ in ollam eliqua-
tur, adiecto minuti salis momento. Mox lineo colo transfusus reponitur. Vtiliter in medicamenta
additur, quæ lassitudines & fatigationes leuant, Dioscorides. Vide etiam supra in Anate G. Gallinaceus anserinusq̃ sic odoribus imbui solent: Cuiusuis eorum percurati sextarij duo fictili olla excipiuntur. erysisceptri, xylobalsami, palmæ elatæ, & calami plane contusi, singulorum sescuncia ad- 10
miscetur, uini Lesbij ueteris cyathus unus adijcitur, ea ter efferuescunt prunis, mox uase sublato ab
igne, die noctuq̃ refrigerantur postridie liquata per linteum crassum, mundum in uas excolantur.
ubi uero adeps coierit, concha excipitur, fictiliq̃ nouo densius operto perfrigidis locis reponitur.
Hyberno tempore id instituere oportet. æstate siquidem pinguia non coguntur. Nec desunt qui
Tyrrhenicæ ceræ momentum adijciant, quò facilius in unum corpus omnia coalescant. (Vide
infra in Comageni unguenti descriptione ex Plinio.) Eadem ratione suillus adeps & ursinus cæte-
riq̃ id genus, odoramentis imbuuntur. Verum sampsuchi odorem adeps ipse repræsentabit hoc
modo: Curati quàm optimè adipis, præsertim taurini, mina una, tempestiuiq̃ sampsuchi exquisitè
confracti sesquimina miscentur, & insperso largiore uino digeruntur in offas, quæ in uase cooperto
nocte quiescunt, matutinis in fictili olla leuiusculo igni, affusa aqua, leuiter coquuntur, dumq̃ suum 20
adeps odorem exuerit, defæcatus ac bene opertus, nocte tota permanet. postero die detersa sorde
quæ pessum ferat, sampsuchi, ut dictum est, contusi iterum sesquimina priori pastillo adijciitur, eo-
demq̃ modo in offas cogitur, alijs quæ diximus peractis, decoquitur & colatur, & si qua fundo hæsit spurcitia, deraditur, & frigido loco reconditur. Si quis tamen incuratum adipem anserinum,
gallinaceum, aut uitulinum, à putredine tueri uelit, ita faciundum est: Quemuis adipem diligenter
elotum & siccatum in umbra super cribrum, per lintea munda manibus uehementer exprimat, li-
noq̃ consutum umbroso in loco suspendat. & post multos dies noua charta inuolutum, frigido loco
recondat. Pinguia autem indito melle uindicantur à putredinis uitio. uis omnium est excalfacere,
mollire, rarefacere, Hæc omnia Dioscorides.

¶ Anserinus adeps calidior est suillo, & morsus in alto corporum magis obtundit, Galenus. 30
Idem in opere de compos. med. sec. genera medicamentum ex liquabilibus describens, adipē inijci
iubet tenuium partium: qualis est (inquit) leoninus, pardalinus, hyænæ, ursi. nam de anserino quid
attinet dicere ? præsertim si anseres rustici (ἢ ἄγριοι, hoc est ruri degentes non inclusi,) fuerint.
Anserinus maximè tenuium partium est, gallinaceus illi proximus, Syluius. Citra molestiam re-
siccat, Galenus sec. loc. in medicamentis Apollonij ad capitis dolorē. ¶ Pro medulla cerui adeps
anserinus substitui potest, Hippocrates in libro de sterilibus. Heras (inquit Galenus sec. loc. 9, 6.)
pro œsypo adipem ans. pari pondere coniecit: est autem locus inter medicamenta ad ani uitia. Seuum struthocamelinum efficacioris est ad omnia usus, quàm adeps anserinus, Plinius. Cucurbita
tosta in argilla ac trita cum adipe anseris uulneribus medetur, Idem. Bubonis cerebrū cum adipe
anserino mirè uulnera dicitur glutinare, Plin. Anserinus (uidetur cinis repetendum ex præceden- 40
tibus: sed de adipe anserino intelligendum ex Marcello hunc locum recitante patet) cum cerebro &
alumine & œsypo, attritis medetur, Plinius. Adeps anserinus cum butyro pari pondere pastillis
ingestus sanguinem sistit, Idem. Marcellus adipem anserinum cum pari butyro infusum naribus
sanguinem inde manantem sistere scribit. & Plinius alibi adipem anseris aut anatis infusum sanguinem à cerebro profluentem cohibere. ¶ Anseris adeps cum oleo rosaceo phlegmonis medetur,
Galenus ad Pisonem. Anseris pingui in phymate curando usus, bene habui, Amatus Lusitanus.
Anserinus adeps maximè tenuium partium est, ob id in uolucrum genere præstat ad scirrhi curationem, Syluius. Tubera & quæcunq̃ molliri opus sit, efficacissimè anserino adipe curantur, Plinius. Adeps ans. omnes durities soluit, Aesculap. & Constantinus. Emollit etiam uteri durities
& collectiones, ut infra dicetur. Igni sacro medetur, Plinius. Sinapi illinitur liuoribus sugilla- 50
tisq̃ cum melle & adipe anserino, ut cera Cypria, Idem. Post uenena sumpta uomitus est prouo-
candus cum aqua calida mixto butyro, cui rectè additur etiam parum adipis anseris : uel adeps ipsa
cum uino dulci decocta*bibitur, Gainerius. Adeps ans. utilis est in acopis ac malagmatis, Kiranides. ¶ Honorem debemus Comagenorū clarissimæ rei, (inquit Plinius 29. 3.) Fit ex adipe anserum, alioquin celeberrimi usus est, ad hoc in Comagene Syriæ parte cū cinnamo, casia, pipere albo,
herba quæ comagene uocatur, obrutis niue uasis, odore iucundo, utilissimum ad perfrictiones,
conuulsiones, cæcos ac subitos dolores; omniaq̃ quæ acopis curantur, unguentumq̃ pariter & medicamentum est. Fit & in Syria alio modo, adipe auium (anserum) curato ut diximus, additis ery-
sisceptro, xylobalsamo, phœnice elate, item calamo, singulorum pondere qui sit adipis, cum uino
bis aut ter subferuefactis. Fit autem hyeme, quoniam æstate non glaciat nisi accepta cera. Et lib. 10. 60
cap. 22. Aliud (inquit) reperit Syriæ pars quæ Comagene uocatur: adipem eorum in uase æreo cum
cinnamo niue multa obrutum, ac rigore gelido maceratū, ad usum præclari medicaminis, quod ab
gente

gente dicitur Comagenum. Vide etiam fupra ex Diofcoride, ubi eius uerba retuli de odoribus imbuendo gallinaceo anferinoʠ adipe.fed Comageni nomen Diofcorides non habet:quod tamen apud Nicolaum Myrepfum alicubi legiffe memini. ¶ Adeps anferis & phafianorum recipitur in emplaftrum diapyranu apud Aeginetam 7.17.tribuit autem huic emplaftro uim difcutiendi.

¶ Apollonius apud Galenum fec.loc.medicamenta quædam ad capitis & temporum dolorem ex adipe anf.illinere iubet. ¶ Sanguinem à cerebro profluentem anferis aut anatis adeps cum ro-faceo coctus (& infufus) fiftit, Plinius. uidetur autem fanguinem è naribus fluentem intelligere. ¶ Somnos allicit œfypum cum adipe anferino & uino myrtite,Plinius. ¶ Cutem in facie adeps anferis uel gallinæ cuftodit,Plinius. utilis eft εἰς ἀπμίλαξιν πϸούπωψ,Diofc.hóc eft,ad conferuationem
10 faciei,ne fcilicet tempeftatibus aut Sole lædatur.Ruellius uertit,ad mangonizandam faciem:Mar-cellus Vergilius,ad nitorem uultus. ¶ Si uulnus (ϑλαστὴ) acciderit in oculo equi, & gramia(le-mæ)craffæ emanant,cum periculo ne oculi fubftantia effluat; medullam ouillam tritam illines, & manu aliquandiu cohibebis bis die.præftat autem medulla recens. quod fi ad manum illa non fue-rit,adipe anf.gallinaceóue uteris.iuuat etiam medulla cum adipe anf.permixta, Abfyrtus & Hiero-cles hippiatri. Commédatur etiam ab Hierocle fepiæ oftracum ad equorum leucomata,cum alijs quibufdam & adipe anferis permixtum. Seuum uituli cum anferis adipe & ocimi fucco,genarum uitijs aptiffimum eft,Plinius. ¶ Adeps anf.alopeciæ medetur, Auicenna. Infantum alopecia-rum uitia anferinæ adipis perfrictione fupplentur,Marcellus. Galenus de compof.medic.fec.loc. inter remedia alopeciæ,Vrfæ adeps(inquit)præftat fi uetuftior extet:quanquam etiam hyænæ,leo-
20 nifʠ ac pardalis ac anferis adipes conueniunt; & quicunʠ tenuium partium fubftantiam habent; quo prompte in cutis profundum penetrare queant,atʠ ad radices ufʠ capillorum pertingant. Et rurfus ad eundé affectum, Quæ ex adipibus (inquit) componuntur modica item thapfia ammixta, fimiliter profunt:præfertim fi euphorbij & adarcij addatur pars duodecima, fit autem adeps trium generum,leonini,pardalij & hyænæ,cuiufʠ pars una. Si uerò hyænæ adeps non adfit, fufficit præ-fentibus reliquis duobus uti,anferino ammixto.fi uerò omnes quatuor habeas,fimul omnes mifce-bis,addito infuper (fi adfit) urfino, &c. ¶ Porriginem & ulcera capitis nafturtij femen emendat cum adipe anf.authore Seftio,Plinius. Nafturtij femen mixtum adipi anferinæ tritumʠ,furfures capitis affidua lauatione depellit, Marcellus.

¶ Ad aurium uitia diuerfa. Adipem anferinum,gallinaceum, fuillum, uulpinum, auriculari-
30 bus medicamentis multis admifceri apud Nicolaum Myrepfum obferuauimus. Si auricula ali-quo pacto uitiata fuerit,anferina adipe infufa diligenter expurgabitur,fanitatiʠ reddetur, Marcel-lus. Vide inferius ad aures percuffas aut fractas. Si terreni uermes cum adipe anferis decocti in-fundantur auribus,conftat deplorata uitia eo remedio fanari, Plinius & Marcel. ¶ Adeps anf. inftillatus dolorem aurium lenit, Diofcor. Auicenna & Symeon Sethi. Anferinum aut gallina-ceum adipem liquefactum fenfim inftilla,Apollonius ad aurium dolores apud Galenum de comp. fec.locos,ubi Galenus:Gallinaceus(inquit)& anferinus adeps, fiquidem euacuatum corpus inue-nerint,& humorem qui inflammatam affectionem excitat non amplius influentem, duabus ratio-nibus tum mitigandi tum curandi profuerint. Si uerò influente adhuc caufa adhibeatur, affectioni quidem nihil auxiliantur,leniunt tamen doloris acceffionem fiue fymptoma, quémadmodū etiam
40 fi ob humorum acredinem mordacitas contingat. Ocimum auribus utiliffimum infantium, præ-cipué cum adipe anferino,Plinius. Adeps anf.cum ocimi fucco tepefacta inftillataʠ, dolores au-ricularum infantilium leuat,Marcellus. Aures mirifice iuuat adeps anf. cum ocimi fucco impoſi-tus,Plinius. Seuum uitulinum adipe anf. mixtum adiecto ocimi fucco, tepidum auribus dolenti-bus infufum optimé fanat,Marcellus. ¶ Ad contufas & fractas aures: Adipem anferinum & lac muliebre mixta inftilla, aut adipem bubulum ac anferinum æquis partibus liquefactos inftilla. aut myrrham & adipem anf.uel butyrum, uel refinam, & conchylij partem internam æquis partibus trita fuper aurem & propinqua tempora impone,Afclepiades apud Galenum. Lac muliebre au-rium uitijs medetur modicé admixto oleo : aut fi ab ictu dolent, anferino adipe tepefactum, Plin. Cum auris percuffa & rupta fuerit, feuum anatis (lego anferis : anfere enim & anatem interpretes
50 Arabum nonnunquam confundunt:)coletur guttatim,& apponatur cum eo lac muliebris.hæc te-pida cum fucco bafilici cuius femen eft rubeum,apponantur, (inftillentur,) Rafis ex Galeno in An-fere in libro de 60. animalibus. Si ex ictu alióue cafu auricula uitiata fuerit, tum per fe anferina adeps fola diligenter expurgata,leuiʠ igne liquefacta,infufa auriculæ, & dolorem tollit,& tritium perfanat,Marcellus. Ad aurium inflammationes in fuperficie cutis ex humorum impreffione aut plaga obortas: item tumores ac rubores, adipem anferinum & lac muliebre mixta inftilla : aut adi-pem bubulum ac anferinum æquis partibus liquefactos inftilla,Apollonius apud Galenū. Apud eundem Andromachus medicamento ad auriū ulcerationes ficcas non humentes infcripto; mifcet adipem anferinum,&c. ¶ Terreni uermes cum anferis adipe uel cum oleo decocti, fine dubio medentur auribus purulentis,Marcellus. ¶ Si uerò obtufa fenfus remouetur in aure, Lumbri-
60 cos terræ,feuumʠ ex anfere rauco Excoque,fic uetere poteris depellere morbum, Serenus. Gra-uitatem aurium emendat adeps anferinus:quidam adijciunt fuccum cepæ & allij pari modo,Plin. Auricularum fonitum ac grauitatem emendant fucco ceparum cum adipe anf. aut cum melle in-

n

ſtillato, Idem. Et alibi, Alliȷ ſuccus auribus inſtillatur cum adipe anſ. Adeps anſ.cum cepæ ſucco mixtus bene, auriculæ infuſus, ſurdis auditum reuocat, Sextus. Adipem anſ.& fel bouis, ac lauri‐ num pari menſura mixta inſtillato ad auditus grauitatem, Apollonius apud Ga'enum. Si maior ſit dolor aut grauitas aurium, ſeuum bubulum cum adipe anſ. tepefaćtum infundunt, Plin. Et rur‐ ſus, Prodeſt & ſeuum uituli cum anſeris adipe & ocimi ſucco. Adeps anſerinus miſcetur croci ſucco, & alliȷ contuſi ſucco, quæ infuſa auribus incommodos ſonitus tinnitusȷ earum propriè & unicè tollunt, Marcellus. Ad ſonitus & inflationes aurium, Nitrum & reſinam & adipem anſ. æquis partibus cum oleo ammixto diſſoluta inſtilla, Apollonius apud Galenum. Et rurſus, Cepas & allium & adipem anſ.pari menſura trita & excolata infunde. Sonitum ac grauitatem in auricu lis emendant cum adipe anſerino aut cum melle inſtillantes ceparum ſuccum, Plinius. ¶ Si aqua 10 auditorium meatum intrauerit, plurimum prodeſt adeps anſerinus, (atȷ item uulpinus, & gallina‐ ceus,)mediocriter calidus infuſus, Galenus ſec.loc. & Euporiſt. 1. 16. Adeps anſ.cum croci ſucco mixta & tepefacta ac ſic infuſa, aquam & omnem humorem de auriculis euocat & perſanat, Mar‐ cellus. Si aqua aurem ſubierit, anſeris aptus Immittetur adeps ceparum nõ ſine ſucco, Qui gra‐ uis eſt oculis, ſenſum tamen auribus auget, Serenus. Idem planè remedium legi apud Plinium, Sextum, Aeſculapium, & Galenum, qui tepefacium inſtillar i iubet: Sextus bene miſceri.

¶ Adeps de anſeribus cum butyro pari pondere infuſus profluuium narium ſiſtit, Marcellus. Vbi cruſtæ ulceri narium obducæ exciderint (ui ſternutatorioȓu,) adipe anſerino aut butyro cum roſaceo cerato curantur, Lampen ad ozænas apud Galenū ſec.loc. Eodem in opere medicamen‐ to cuidam Aſclepiadis ad ozænas adeps anſ.adijcitur. ¶ Adeps anſ.labiorum rimas illitus ſanat, 20 Dioſcor. Symeon Sethi, Plinius, & Marcellus. fiſſuras faciei & labiorum, Auicenna. Profundio‐ res in labȷs fiſſuras, adipe caprino aut anſerino curabis, Nicolaus ſeuum efficax eſt labrorum fiſturis cum adipe anſerino ac medulla ceruina, reſinaȷ & calce, Plinius. Sed paulò ali ter Sextus, Sepum capræ (inquit) & adipem anſerinum, & medullam cerui, & cepe cum reſina ſi mul & calce uiua, fac ut malagma, mirè ſanant labiorum fiſſuras. Vlcera oris ac rimas (ſciſſuras) ſeuum uituli uel bouis cum adipe anſerino optimè iungit, Marcellus: Plinius etiam ocimi ſuccum addit. Ad aphthas, id eſt ulcera oris, adipem ſuillum aut anſerinum manna inſperſa illinito, Archi genes apud Galenum de compoſ. ſec. loc. ubi Crito etiam ad aphthas medicamentum componit ex alumine & malicorio punici dulcis: quod (inquit Galenus) niſi adipem anſerinum miſcuiſſet ad putrefactiones ſortes congrueret.   30

¶ Rigor ceruicis adipe anſerina, uel potius gruina perunctus, uelociſſimè mollietur, Marcel. Ad ceruicum tumores ſedandos, ouorum uitelli cocti cum adipe anſerino illiniuntur, ſelle caprino æquis ponderibus permixto, atȷ inde ceruices fricantur, Idem. Anethi ſicci ueteris puluerem, & reſinæ pityinæ puluerem cum adipe uctere anſerino aut gallinaceo, * edendū mane ieiuno empyi‐ co cochlearia tria, & ueſpere tantundem dabis, mirè ſubuenies, Marcellus. Idem medicamento è cancris marinis, &c. pro phthiſico, * adipem anſ. addit. ¶ Hydropicis œſypum ex uino addita myrrha modicè *potui datur, nucis auellanæ magnitudine, aliqui addunt & anſerinum adipem, & oleum myrteum, Plin. Adeps anſerinus cum eiuſdem cerebro & butyro & alumine & œſypo im poſitus ad ceroti modum efficaciter renibus prodeſt, Marcellus. Adeps anſerinus cum eiuſdem cerebro & œſypo & alumine ſubigitur, & imponitur ani omnibus cauſis, Idem. Adeps anſerinus 40 aliȷȷ diuerſi apud Galenum de comp. ſec. locos medicamentis ad ſedem. Sedis uitiȷs pro‐ deſt butyrum cum adipe anſ.ac roſaceo. modum ipſæ res ſtatuunt, ut ſint illitu faciles, Plin. Argi‐ monia trita cum adipe anſ.impoſita condylomatis medetur, Marcellus. Condylomatis priuatim araneus dempto capite pedibusȷ infricatur.ne acria perurāt adeps anſ. cum cera Punica, ceruſſa, roſaceo infricatur.item adeps cygni. hæc & hæmorrhoidas ſanare dicuntur, Plinius. cuius uerba, ne acria perurant, contra acres & calidos ſedis dolores interpretor. Nam & apud Galenum Eupo‐ riſton 1. 116, ſic legimus : Ad ſedis ex ardore dolores recentem anſ.adipem inungito & emplaſtri in modum imponito. Heras in medicamentum quoddam ſedis, pro œſypo(inquit Galenus) adipem anſerinum pari pondere conſecit. ¶ Medicorum aliqui axungia ad podagras ſti iubent, admixto anſeris adipe, taurorumȷ ſeuo & œſypo, Plinius. Lac muliebre podagris illini iubent aliqui cum 50 œſypo & adipe anſerino, Idem.

¶ Oeſypum ſanat ulcera genitalium cum anſerino adipe, Dioſcor. ¶ Inhiberi Venerem pu‐ gnatoris galli teſticulis anſerino adipe illitis adalligatisȷ pelle arietina tradunt, Plinius. Vrinæ in‐ continentiam cohibent leporis teſticuli toſti, uel coagulum cum anſerino adipe in polenta, Plinius.

¶ Adeps anſerinus matrici utilis eſt, Auicenna. Adeps anſ. aut gallinaceus recens & ſine ſale conditus, ad uuluæ uitia proficit: ſale inueteratus, & qui temporis ſpatio acrimoniam concepit, uul uæ inimicus eſt, Dioſcor. Et alibi, Adeps anſerinus & gallinaceus conueniunt muliebribus malis. Lac muliebre cum œſypo & adipe anſerino, uuluarum doloribus imponitur, Plin. Hippocrates hunc adipem mollitorijs uteri medicamentis crebro admiſcet. Vuluarum duritias & collectio‐ nes(locorum duritias & concretiones, Sextus) adeps anſerinus aut cygni illitus emollit, Plinius: 60 quin & cæteras durities ubiuis, ut ſupra dicium eſt. Adeps anſerinus utilis eſt in peſſarijs, Kirani‐ des. Si menſes non prodeant, adipem anſeris & netopum, ac reſinā permixta ac lana excepta ap‐ poſito, ponito, Hippocrates de morb. mulieb. 1. Si aqua ex uteris fluat, sulfur & anseris adipem *delingat, Hippoc. de morbis mulieb. Olympias Thebana maluas cum adipe anserino abortiuas esse dicit, Plinius. Subdititium ad eijciendum fœtum immortuum, Testam recentem & adipem ans. terat ac apponat, Hippoc. de morbis mulieb. lib. 1. Medicamenta quædam cum adipe ans. aut ouilla * bibenda consulit mulieribus abortui obnoxijs Hippocrates in libro de sterilibus. Ibium cineres cum adipe anseris & irino perunctis, si conceptus sit, partus continere tradunt, Plin. Adipem ans. calentem adhuc à recenti ex uentre anseris exemptione illini iubent uentri & coxis puerperæ statim à partu, & eadem loca mox fascijs lineis astringi, quæ per dies nouem relinquantur, ita uentrem sine rugis & læuem permansurum, And. Furnerius. ¶ Vt castigentur (constringantur) papillæ, Anseris seuum illine cum lacte tepente, Serenus. Mammas à partu custodit adeps anseris cum rosaceo & araneo, Plinius. Cum anserino adipe perunctis mammis dolores minuere putant, molas uteri rumpere, scabiem uuluarum sedare si cum cimice trito illinantur, Idem.

DE REMEDIIS EX CAETERIS PARTIBVS, ET EXCREMENtis ans. & primum ex cerebro.

¶ Anserinus (addendum, adeps, ex Marcello) cum cerebro & alumine, & œsypo, attritis medetur, Plinius. Adeps ans. cum eiusdem cerebro & œsypo & alumine subigitur, & imponitur ani omnibus causis, Marcellus. Adeps ans. cum eiusdem cerebro & butyro & alumine & œsypo impositus ad ceroti modum efficaciter renibus prodest, Idem. Cerebrum ans. (inquit Kiranides) cum proprio adipe & melle lotum, & decoctione uel iure superpositum, rhagades & hemorrhoides, omnemq; tumorem ani curat. cum roseo (rosaceo oleo) uero & adipe, & asisgusis (sic habet codex noster manuscriptus) uel testis ouorum solutum, ad tumores matricis facit. cum medulla ceruina ad scissuras labiorum & chimetla conuenit. ad athas (lego aphthas) utile cum succo stringit. cum melle quoq; ea quæ circa linguam sunt sanat. cum nardo ad rheumatizātes aures facit & antiquas, (Vide inferius in remedijs ex iecore) cum passulis uerò purgatis carbunculos curat. cum liliaceo oleo immissum mortuos fœtus educit, Hæc omnia Kiranides.

¶ Lingua. Ad eos qui inuoluntariè urinam reddunt: Anserinas linguas per triduum, quoque die unam, edendas apponito, Galenus Euporist. 2.76. Idem apud Plinium & Marcellum legimus: sed linguas inassatas illi in cibo sumi iubent. authorem Plinius citat Anaxilaum. Lingua ans. peculiari proprietate ad stranguriam, hoc est urinæ difficultatem facit, Symeon Sethi. Apud Marcellum inuenio, anserum syluestriū linguas assatas à calculosis in cibo efficaciter sumi. Anseris linguam in cibo uel potione sumptam, mulierum libidinem mouere aiunt.

¶ Stomachus ans. prodest stomachicis, intestina cœliacis, cor & pulmo phthisicis, Kiranides.

¶ Iecur ans. iuuat hepaticos, Kiranides. Salsum cum nardo eliquato, & repurgans in aurem indito, magnum aurium dolorem remittit, Galen. Euporist. 2.4. Nos supra adipem ans. ad aurium dolores commendari scripsimus: & adeps sanè cum nardo, (id est oleo nardino) permisceri eliquariq; potest, iecur non item. Verum Kiranides neq; iecur neq; adipem, sed cerebrum ans. cum nardo ad rheumatizantes aures commendat.

¶ Fel ans. contusis oculis laudatur, ita ut postea hyssopo (lego, œsypo) & melle inungantur, Plinius. Fel anseris cum felle bubulo & succo daphnæ, surdos sanat, Kiranides. Anginis felle ans. cum elaterio & melle citissimè succurritur, Plinius, & Constantinus Monachus apud quem corrupta est lectio. Fel anseris, maximè quidem syluestris, cum succo prasi aut polygoni, in pessario positum, conceptionem præbet, uirisq; intensionem, Kiranides.

¶ Testes anserum si comedantur, dicuntur multum ad sobolem creandā facere, Symeon Sethi.

¶ Recentiores quidam cinerem plumarum anseris aduersus calculum commendant, Alexander Benedictus.

¶ Anseris, accipitris, gruum, & similiū stercora, de quibus multa nugaces quidam fabulantur, inutilia esse experimento compertum est, Aetius. Excrementum ans. ob nimiam acrimoniam inutile est, Galenus de simplic. lib. 10. Nostri anserē ruri persequi iubent, & stercus quod in fuga concalfactus emiserit collectum, inflammationibus quibusdam (gebrüt uel griggelen uulgò uocant) in manibus puerorum imponunt, ut eas maturet rumpatq;. Laurentius Rusius medicamento acri contra morpheam serpiginem uel impetiginem in equis inscripto, fimum ans. admiscet. Recentiores quidam medici medicamentis ad anginam hoc fel adijciunt. Stercus ans. potum tusses mitigat, Kiranides. Facilius enituntur, quæ fimum ans. cum aquæ cyathis duobus sorbuēre, Plinius.

¶ Oua anserina & pauonina, idem faciunt quod gallinarum, Kiranides. Cocti anserini oui putamen minutissimè tritū dimidia drachmæ quantitate ex uino propinato, Galenus Euporist. 1.114.

H.

a. Volucrum pleræq; à suis uocibus nominantur, ut hæc, upupa, cuculus: item hæc, anser, gallina, &c. Varro. Recentiores quidam anserem fœminino genere proferunt, quod non laudo. ueteres enim semper masc. genere dixerunt, extra quod rei rust. scriptores, cum de fœminis anseribus earumq; partu loquuntur, genere utuntur fœm. ut Varro & Columella, Singulæ (inquiunt) non

n 2

plus quater in anno pariunt. Columella anserculum uoce diminutiua dixit. χλώ, id est anser à
Græcis sic dicitur à uerbo χαίνειν & χανδ'όν εδίειν, hoc est ab oris hiatu & uoracitate. nam & uorax est
animal, & insuper hiare solet subinde cum uel audaciam uel timorem præ se fert, Eustathius & Va
rinus. χλών comuniter masculino genere dicuntur, Ionicè fœminino. apud Homerum in utroq́
genere reperimus, Eustathius & Varinus in ο;λώ. χλών ετραγμλμένα, Aratus genere sœm. Αυτος ἀρα
πην (legendum, αχλώ) χλώα φάγων, Homerus. Et alibi sœminino, εἰς όσε (αἰτώς) χλώ ἠρπαξ' ἀπτπλλο
μέίλω φτί οἶκω, Homerus ο. Odysseæ, citat Athenæus. χλώ generis communis est, εςι σε καὶ εἰσήνον, &
deriuatur à uoce ἀχή, quæ clamorem significat. est enim animal clamosum & uocale, Etymologus
& Varinus. Ganß, id est anser, uox Germanica, facta uideri potest ex Dorica χάν. ¶ χλωία ἰσήα,
anserculi assi, Menippus Cynicus apud Athenæum. χλώ, τὸ χλωαρίον, Suidas. εσρμαχλωίσκων μέλη, 10
Eubulus apud Athenæum. χλωίσκος, pullus anseris, Varinus in λαχωός; unde χλωίσκεῖς in plurali apud
Eustathium. Porrò χήνια non anserculos, sed coturnices paruas interpretantur.

¶ Epitheta. Argenteus anser, Verg. 8. Aeneid. à colore: de ansere illo albo, qui clangore suo
Gallos Capitolium inuasuros prodidit, quem Lucretius quoq́ candidum cognominat. Homerus
etiam αχλώ χλώα, id est album anserem dixit, Odyss. ο. sed hæc epitheta propriè non sunt dicenda,
quæ non omnibus in eadem specie indiuiduis conueniunt. Argutus anser, Martialis. Herbilis
anser, herba pastus, qui gracilior est quàm frumento pastus, Festus. Improbus anser, Verg. id est,
insatiabilis, nulli probandus, Seruius. Plumigeri, Plinius & Cicero pro S. Roscio. Canibusue sa
gacior anser, Ouidius x 1. Metam. Raucus, Q. Serenus. Et apud Textorem, palmipes, planipes,
latipes, clangens, garrulus, gratitans, saginatus, stridulus, aquaticus, canorus, palustris. ¶ Αχχλώ 20
χλώα ἡμέρων, Homerus Odyss. ο. Βοσκάσης χλωός ἴσον όρπαλχήα, Nicander in Alex. Καὶ πολιον χλώων
ζδιν̄ ϛ χυνδροσίων, in Epigrammate ut Suidas citat. Γλατύποσες, Scholiastes Aristoph. in Auibus.

¶ Deriuata. Anserinus, quod ad ansere pertinet, uel ex ansere sumptus, Plinio & Columella.
Oua ædit sœtus anserini similia, Marcellinus de crocodilo. Anserarium, hara anserum, ut legitur
apud Columellam lib. 8. in capitis 14. inscriptione: in textu uerò ipso chenoboscium tantum & hara.
¶ χλωός uel χλωία oua, id est anseris uel anserina, nominantur ab Athenæo. χλωίσκος, pars na
uis, Suidas. εἰς σε ἡ πρύμνη ἦ επανίσκησεν ἠρέμα καμπύλη χρυσῶ χλωίσκω ὠσκέμβνω, Lucianus in dialogo
qui Πλοῖον ἤ εὐχαὶ inscribitur, id est, Vt uerò ipsa puppis sensim assurgit inflexa aureo anserculo or
nata, Lazaro Bayfio interprete. Quod nos anserculum (inquit) uertimus, intellige formâ anserculi
efficiam ad puppis ornamentum, ut uidimus in antiquis nauibus depictis, (quarum mox iconem 30
apponit.) Ὁ, τι γὰρ ἐν τῇ πρύμνη χλωίσκος ἄφνω επιφρύξατο καὶ σύνβοησε, Lucianus in ueris narrationibus. id
est, Anserculus enim qui ad puppim erat, repente alas promere cœpit, & clangorē fundere. Gram
matici Græci cheniscum scribunt lignum esse in puppi seu prora, ex quo anchoræ suspendantur.
Cheniscus (inquit Phauorinus) pars est proræ cui appenduntur anchoræ, quæ & carinæ nauis est
principium. Sunt & qui puppis potius principium dicant, ad quam epotides nauis connectuntur.
Sed utcunq́ sit, cheniscus dictus est, quoniam nauium artifices eam partem in anserini capitis for
mam effingunt, ponuntq́ in summo nauis, fortè quòd uel nauigium in eius speciem & similitudi
nem formant: uel potius boni augurij causa, tanquam immersibilis nauis sit, ut auis illa quæ fluctus
enatet, Hæc fermè ille (ex Varino, qui ex Etymologo trāscripsit, & Eustathio in Iliados septimum.
Chenisci meminit Artemidorus etiam lib. 2. Onirocriticorum, ubi cheniscon ait in somnis signifi- 40
care nauis gubernatorem. Meminit & Lucianus (locis superius recitatis.) Vt mirū sit Cælium Rho
diginum (inquit Lil. Greg. Gyraldus) uirum multæ lectionis, planè hoc ipsum ignorasse, ut qui na
uem esse cheniscum putârit, non nauis partem. Sunt & qui in Apuleio x 1. libro parum scitè ita le
gant: Puppis intorta cerucho: cum antea rectè legeretur, puppis intorta chenisco, Hæc L. Greg. Gy
raldus. Τὰ κοῖλα τοι ζυγὸ υφ' ὧ ωα'χοντοι οἱ ἵπποι, ζύγλαι; ωα τὰ ἄκρα, ἀκροχλωίσκοι, Iulius Pollux libro 1.
unde acrocheniscos intelligimus extremas iugorum (quibus equi iunguntur) partes nominari, ni
mirum à similitudine quadam figuræ ad anserina rostra. Chenisci, cuiusmodi sunt in lyra, excogi
tati sunt ad axes continendos, ubi enim fibulæ non sint, quid poterit aliud utilius inueniri: quod ad
uim igitur usum habent fibularum; decoris autem causa insculpta habent anserina capita lignea,
Oribasius in libro de machinis cap. 4. ¶ χλωίζειν uerbum ad Musicos pertinet, quasi tibiarū sonum 50
præsentans, Hermolaus. Et alibi, Gingrinas tibias ab anserina uoce dictas putant, nam & Græci
χλωίζειν, pro eo quod est tibia sonare, dicunt. De gingrijs tibijs uide infra in c. χλωίζειν σε ἔρηται ωα
τῶ αὐλώντων. Diphilus Synoride, εχλωίασσω, ποιδον τότω παντας οἱ ωχα τιμοθεω, Athenæus. ¶ χλωίνμα,
καταρώκημα, id est irrisio, illusio. χλωίσαι, deridere, Hesychius. χλωύετρα, oscitatio, καὶ τὸ σρατούετοσι,
(lego σραχδύετοσι, id est pigritari & segniter agere,) Hesych. χλωυσράσσαι, χασμάεσσαι, χλωυσᾶς, Βοᾶς, κίε
κεαχται, φωστι σραχάλι, Hesychius & Varinus. χλωοτρόφοι, qui nutriunt, pascunt uel saginant anseres,
χλωοβοσκοι dicti à Cratino apud Athenæum. χλωοβοσίαι, χλωοβοσκίων, Hesych. Plato in Ciuili circa cam
pos Thessalicos χλωοβοσίας esse scribit, sed forte χλωοβοσίας legendum per σ. Extra urbem sunt συδύσσαι:
forte & γχρανοβοσίαι & χλωοβοσίαι secundum Platonem, Pollux lib. 9. χλωοβοσκείον, locus ubi aluntur
anseres, Hermolaus, utitur hac uoce Varro. Quintilij in Geoponicis χλωοβόσκιον proparoxytonum 90
scribunt, nisi mendum est. Legimus & χλωοτροφείον apud Columellam. ¶ Gensßlachtig, ac si di
cas χλωοειδ'ῆ, nostri uocant cutim perfrigeratam & in poros surgentem, (φρικώσην,) cum scilicet po
rorum

rorum ueluti margines perfrictione eriguntur & inhorrescunt: qualis anserum plumis euulsis spe‑
ciatur pellis. Conuenticulum mulierum de rebus inutilibus blaterantium uulgus noſtrun deri‑
dens, torum anserinum, **ein genſinetkt**, appellat.

¶ Icones. Boëthi ſtatuari infans ex ære eximie anſerem ſtrangulat, Plin. In uaccam æream
circa Pyrenen bos conſcendit, & anſeris picturæ anſer acceſſit & inſilit, Athenæus lib. 13. οἶά ᾗ
μάλιϲτ ἔοικεϲ ἐπίϛρωμῖθ, ᾗϲ ὀυτέλειαν χλωΐ ϲυγγϱϱαμμῖθ, id eſt, anſeri utiliſsime picto, Ariſtoph. in
Auibus. De cheniſco nauigi paulo ante ſcriptum eſt.

¶ Plantæ. Noſtri **genſfüſſel**, hoc eſt chenopodem appellant herbam à foliorum figura. Eſt au
tem forte eadem chenopus illa, cuius flores, ut etiam rumicis, apibus attingi Plinius negat, lib. 11.
10 cap. 8. noſtri eam ſuibus ueneno eſse obſeruarunt: ut copioſius ſcripſi in Sue c. Rurſus apud Pli‑
nium 21. 15. ubi cynops legitur, codices quidam manuſcripti (ut Hermolaus annotauit) chenopus
habet: quod non probo, cum locus ille totus ex Theophraſto translatus ſit, apud quem nulla cheno
pus legitur. Hermolaus ibidem promittit ſe de chenopode dicturum in Corollario, in quo tamen
ego nullam eius mentionem reperio. Aſpalathus nomen ſeruat in Creta, & alia planta perſimilis
ei ibidem achinopodia uocatur, Pet. Bellonius. Vocant & uitis genus **genſfüſſel** in Palatinatu re
gione Germaniæ. ¶ Nyctegreton herbam Democritus chenomychon etiam uocari autor eſt:
quoniam anſeres à primo conſpectu eius expaueſcant, Plin. 21. 11. ¶ Hederam (inquit Calcagni‑
nus, ex Plutarcho nimirum) Dionyſio cōſecrarunt, quam Aegyptij chenoſirim, id eſt Oſiridis plan
tam uocitant. Chenoſeris quidem uocari poſse uidetur herbæ quam ſerin uocant genus, anſeribus
20 præcipue gratū, unde & **genſsdiſtel**, id eſt carduus anſerinus à noſtris uocatur. ſonchi aſperi & ſyl
ueſtris ſpecies. ſeri autem herba anſeres delectari, ſupra in c. docuimus. Hieronymus Tragus in
tybum hortenſe etiam Germanice inquit dici poſse **genſzungen**. Anſerina herba nominatur in
Breuiario Arnoldi, capite de ramice: & forte non alia intelligit quàm Germanice uocatam an
ſere dictam **genſerich** uel **genſkraut**, quòd anſeres eius pabulo gaudeāt: & Gallice bec d'oye, id eſt
roſtrum anſeris. poteſt autem illa uideri argemone altera Dioſcoridis, quanquam ſcio illud caput,
ut Marcellus Vergilius monet, in uetuſtiſsimis codicibus nō extare. Recentiores quidam eandem
herbam à colore argentariam uocant, ut & aliam quandam ab hac diuerſam. Vis ei aſtringendi, glu
tinandi, ſiccandi ſine morſu. Bellis maior, flos anſerinus uulgo (**genſblŭm**) multis Germaniæ lo
cis appellatur. Maluam ſylueſtrem minorem aliqui uocant **genſbappeln**, id eſt, anſerinam mal‑
30 uam: & ſedi genus tertium, **genſelkrut**: & ulmariam à recentioribus quibuſdam herbariſs ſic dictam
genſkleiterle: & auriculam muris (quam uulgo morſum gallinæ uocant) **genſkraut**, id eſt anſerum
herbam, ab eo ſcilicet quòd eius cibo delectentur. Noſtri anſerinum uinū, **genſlewyn**, per iocum
de aqua dicunt.

¶ Propria. Anſer poëta quidam fuit Vergilij obtrectator, cuius meminit Seruius Bucolica
enarrans ægloga 7. Et rurſus ægloga 9. ubi poëta ſcripſerat, Argutos inter ſtrepere anſer olores, al
ludit (inquit Seruius) ad Anſerem quendam Antonij poëtam, qui eius laudes ſcribebat, quem ob
hoc per tranſitum carpſit. De hoc etiam Cicero in Philippicis dicit: Ex agro Falerno anſeres depel‑
lantur. ipſum enim agrum ei donârat Antonius. Idem Cicero in oratione pro Roſcio Amerino
Brutium aduerſarium irridens, ac cæteros qui accuſationes factitabant oratores, anſeres eos appel‑
40 lat. χλωίαϲ, nomen proprium eſt, Suidas. Eſt & χλωίδαϲ utri nomen ab anſere factum in meretri‑
cijs dialogis Luciani: ſicut Genſericus Germanicæ originis. Chena, χλῶα, urbs Laconicæ, ciuis
χλωϋϲ, Cheneus uel Chenenſis fuit Myſon, meminit Laërtius. Chenæ uicus memoratur à Pauſa‑
nia alicubi, in Meſsenicis ni fallor. Chenoboſcia, χλωεϗϲϗία, urbs Aegypti è regione Dióſpolis,
quaſi ab anſerum paſturis dicta, quæ tamen nullæ illic apparent: circa crocodilos autem occupantur
Chenoboſciatæ, Stephanus.

¶ b. Oneſicritus perdices conſcripſit in India anſerum magnitudine eſse, Aelianus. In maris
Caſpij inſulis auem naſci ferunt quæ magnitudine uel egregium anſerem ſuperet, & uocem ranis
(aliâs catelli, aliâs capræ) ſimilem ædat, &c. Idem, alibi uerò hanc auem Caſpiam Indicamue nomi‑
nans, anſeri magnitudine æquat. Alhalbari eſt auis magna ſicut anſer, non multum uolans, & eſt
50 nota apud uenatores Damaſci, Andr. Belluneñ. Μνοϊϲ eſt lana uel lanugo tenerrima, quæ in agnis
& pullis equorum prima naſcitur: uel pennæ tenuiſsimæ, anſerum præſertim, Varinus. Viſæ ſunt
etiam ſerpentes anſerinis pedibus, Plin. οἱ χλῶϲ ϋποϛνήϲοντεϲ (forte ϋποϲύϗϲοντεϲ) ῶϛπϱ ταῖϲ ἅμαιϲ
ἐϲ τὰϲ λευκὰϲ φϫέϗλϣ αὐτοῖϲ τοῖμ ποϗδίμ, Ariſtophanes in Auibus: ubi Scholiaſtes addit, ϲῖἃ τ̀ ϗλατύπϲ
δ'αϲ τῶ ἄλλω μᾶλλϣ ἔϗ τῶ χλῶϲ.

¶ c. De uoce anſerum Germani quidam, ni fallor, utuntur uerbo **ſchnatteren**, quod etiam ad
muliebres blaterationes transferūt. Gingrire, anſerum uocis proprium eſt, unde genus quoddam
tibiarum exiguarum gingriæ, Feſtus, hinc & gingritor tibicen appellatur, Perottus. ϱίγϗϱϲ parua
quædam tibia lugubrem & flebilem uocem emittit, Phœnicum inuentum, & Muſæ Caricæ con‑
gruens. Porrò Phœnicum lingua Adonia Gingran uocat, unde & tibiæ nomen, Pollux, 4. 10. Et
60 rurſus cap. 14. Gingras (inquit) erat etiam ſaltatio ad tibiā, ab ipſa tibia ſic dicta: ὄϱχημα πϱὸϲ αὐλόϲ, ἐπ' ὠ
νυμϣ τὸ ὠλλμετϣ. Cingriæ tibiæ dicebantur, quæ licet breuiores eſsent, ſubtilioribus tamen mo
dis inſonabāt, Perottus. Gingrinas tibias ab anſerina uoce dictas putāt: nam & Græci χλωίϗαϲ, pro

ſi 3

eo quod est tibia sonare dicunt.ego à Ginge , qui sit Adonis , Hermolaus. Ἡ χλωᾶ πλατάγιζοντα καὶ κεκηνότα, Eubulus apud Athenæum. Τῶν δ᾽ (Græcorum in aciem euntium) ὡς ὀρνίθων πετηλώων ἔθνεα πολλὰ χλωᾶν, ἢ γεράνων, ἢ κύκνων δολιχοδείραν, Ἀσίω ἐν λειμῶνι Καϋϛρίᾳ ἀμφὶ ῥέεθρα, Ἔνθα καὶ ἔνθα ποτῶνται, ἀγαλλόμενα πτερύγεσσι, Κλαγγηδὸν πϙοκαθιζόντων, σμαραγεῖ δέ τε λειμών, Homerus Iliad. Β. ¶ Κυκϙίων ὕησις χορὸς, Λακαίνοισιν ὥσπερ χλωϲὶν ἐχϙνισμέναι, Theopompus apud Athenæum. χλωᾶς Πυϙϙὸν ὀϙτϙϙϙλιϙϲ ἦϙα πνίλϙν, Homerus Odysΐ. τ. ¶ In crassa satur urinare lacuna Anser auet, Politianus.

¶ d. Ἐι μὴ σὺ χλωϲὶς ἦπαϙ, ἢ ψυχὴν ἔχεις, Eupolis apud Athenæum:dictum uidetur in stolidum, uide supra in F. ἐις δ᾽ ὁπϙὶ τϙκϙϙ ϙ᾽νϙϙς ἐϙϙᾳ μένοι ἀδϙϙσων Ἡμένοι ἀυδϙά χλωϲὶ, ὅς τις σφέϙν ἔδϙϙτε βάλϙϙι, Σϙά νϙϙη, τϙϙ τ ἦπϙ ἰάνετϙι εἰσοϙϙϙντϙς: ϙ᾽ις ἆϙϙ τϙϙϙϙϙς ϙ᾽ιϙϙ ϙ᾽γϙϙϙϙ, Q. Calaber líb.6. ¶ Cum Lacyden(aliàs Lycaden)peripateticum altorem suum anser tantopere amaret, ut & cum ipso simul ambularet, & cum ille sederet,hic quoq́ ab ambulando quiesceret,& ipsum nunquã relinqueret, eum ipsum Lacydes mortuum non minus ambitiose,quàm aut fratrem aut filium sepulturæ honore affecit, Aelianus. Potest & sapientiæ uideri intellectus anseribus esse:ita comes perpetuò adhæsisse Lacydi philosopho dicitur,nusquam ab eo,non in publico,non in balneis, non noctu, non interdiu digressus, Plinius. Hermeas Samius anserem scribit σϙϙϙϙϙϙϙ ϙϙϙϙϙϙϙϙϙ τϙ ϙϙϙϙϙϙϙ,Athenæus. Quin & fama amoris,in Glaucen Ptolemæo regi cithara canentem,quam eodem tempore & aries amasse proditur,Plin. Glaucam citharœdam à cane amatam fuisse audio : alij dicunt non à cane , sed ab ariete: alij ab ansere,Aelianus interprete Gillio. Et alibi, Nihil mirum in Chio Glaucen citharœdam homines,cum ea esset pulchritudine eximia, adamasse:siquidem ab ariete & ansere etiam eandem audio amatam fuisse. ¶ Anseri Argis dilecta fertur forma pueri nomine Oleni, Plinius : qui locus corruptus aut ab autore non rectè scriptus,ex sequentibus Aeliani & Athenæi uerbis emendari potest. In Aegio(legendum ením Ἀιγέω, non Ἀγέω)puerum amauit anser, ut Clearchus prodit Eroticorum primo:quem Theophrastus in Erotico Amphilochum appellatum,& genere Oleniũ fuisse scribit,Athenæus & Eustathius. In Aegio Achaiæ urbe(cuius etiam Stephanus meminit)præstan tem forma puerum nomine Amphilochum,sicut Theophrastus refert,anser amauit. Nam cum in Aegiensi custodia is puer cum perfugis ab Olenio(si rectè transtulit Gillius:malim, ab Oleno,urbe scilicet Achaiæ,uel Aetoliæ,uel Bœotiæ)teneretur, ei anser dona afferebat, Aelianus. Emendandus igitur & Plutarchi locus,apud quem in libro Vtra animalium,&c. non in Aegio, sed in Aegypto, hic anser fuisse legitur.

¶ e. Anseres σιτϙϙϙϙν apud Athenæum lego.nos sartiles & altiles dicere possumus. ¶ Anseris uiuentis si quis absciderit linguam, posueritq́ super pectus uiri aut mulieris dormientis, confitebitur omnia quæcunque fecit, Kiranides. ¶ Parte alia bisero plumosam corpore messem Nu trit,Politianus de anser. ¶ Agris & segetibus nocent,improbus anser, Strymoniæq́ grues, Ver gilius 1. Georg.

¶ f. Sacerdotibus Aegyptijs quotidie carnis bubulæ & anserinæ satis abundeq́ est , Herodotus. χλωϲϙ ϙϙτϙ,id est anserculi assi,nominantur à Menippo apud Athenæum inter delicias. ϙ᾽ις καὶ ϙντϙϙτϙ χλωϲὶς ϙ᾽μϙ σκϙϙϙζϙι νϙϙϙϙϙϙ ϙϙπϙϙϙ ϙϙϙϙϙϙς καὶ πϙνϙϙ, Archestratus apud Athenæum. Heliogabalus canes iecinoribus anserum pauit,Lampridius. Χϙνϙϙϙϙ ϙϙϙτϙ᾽ς ϙ᾽ιϙϙϙϙ ϙ᾽λϙνϙϙ χλωϲὶς, Eubulus in Procride,de lacte autẽ anseris dicto scripsi supra in F. Vt tuus iste nepos olim satur anseris extis, &c. Persius Sat. 6.

¶ h. Extat Germanicum carmen de anseris laudibus non illepidè scriptum. Est & anseri uigil cura,Capitolio testata defenso,per id tempus canum silentio proditis rebus, quamobrem cibaria anserum censores in primis locant.Eadem de causa supplicia annua canes pendunt,inter ædem Iuuentutis & Summani, uiri in furcas sambucea arbore fixi, Plinius. Hanc historiam describunt T.Liuius ab urbe condita lib.5. & Plutarchus in Camillo,& Io.Tzetzes Chiliade 3.cap. 102. Atq́ hic auratis uolitans argenteus anser Porticibus,Gallos in limine adesse canebat,&c.Vergilius 8. Aeneid.ubi Seruius,Historia(inquit)talis est : Brenno duce Senones Galli uenerunt ad urbem, & circa Alliam fluuium occurrentem sibi deleuerunt exercitum omnem populi Romani.Alia quoq́ die quum uellent ingredi ciuitatem,primò cunctati sunt timentes insidias, quía & patentes portas, & nullum in muris uidebant. Postea paulatim ingressi, cuncta uastarunt octo integris mensibus, adeò ut ea quæ incendere nõ poterant,militari manu diruerent,solo remanente Capitolio,ad quod cum utensilibus reliqui confugerant ciues:qui tamen à Gallis obsidebantur,etiam id penetrare cupientibus : quos alij per dumeta & saxa aspera, alij per cuniculos dicunt conatos esse ascendere. Tunc Manlius custos Capitolij Gallos detrusit ex arce , clangore anseris excitatus, quem priuatus quidam Iunoni dederat dono.Nanq́ secundum Plinium, nullum animal ita odorem hominis sentit:quod Ouidius in Metamorph. intelligens dixit , Nec seruaturis uigili Capitolia uoce Cederet anseribus.Et pauiò post,Et satis prudenter argenteum anserem dixit.nam quasi epitheton est coloris,& significauit rem ueram.nam in Capitolio in honorem illius anseris, qui Gallorum nunciàrat aduentum,positus fuerat anser argenteus. Galli(inquit Aelianus) uictis Romanis ,in urbem irruperunt,Romamq́ præter arcem Capitolinã,ad quam difficilis ascensus erat,ceperunt: quam etiam fidei suæ permissam custodiebat M.Manlius consul (qui filium suum, etsi rebus præclare gestis, & pugna strenuè pugnata,tamen quòd iniussu imperatoris pugnasset , morte mulctauit:) Eam Galli

undiq́

undiq́ ſibi inacceſſam uidentes, & noctem intempeſtam ad inuadendos ex inſidijs arctiſſimè dormientes,accommodatam rati,qua non cuſtodiebatur, ac ſilentium à cuſtodibus erat, non arbitran-
tibus inde Gallos inuaſuros eſſe, aggrediuntur: ac tum capta arx fuiſſet, niſi anſeres interfuiſſent.
Nam canes obiectum cibum ſilentio edebant,At enim anſeres,cum ex eorum natura ſit ad obiecta
cibaria clamores tollere,& minime ab ſtrepitu conquieſcere, editis clangoribus,M,Manlium & cir
cunfuſas cuſtodias è ſomno excitarunt.Ex quo factum eſt,ut nunc iam quotannis canes ſuǽ fraudis
pœnas Romanis dent,ad memoriam ueteris eorum proditionis. Anſer uerò certis diebus in hono
re eſt apud Romanos,& magna pompa in foro incedit, Hæc ille. Cenſores magiſtratu aſſumpto,
cur primum anſerum cibaria locare ſoliti fuerint, inquirit Plutarchus in problematis rerū Romanarum 94.Faciunt hoc,inquit, in memoriam Capitolij anſerum clāgore ſeruati. ante omnia autem
id faciunt,ſiue ut rem minimi ſumptus primum perficiant: ſiue quòd cum cuſtodes ipſi rerum maximarum futuri ſint, & rerum publicarum tum ſacrarum tum ciuilium inſpectores, ab animali in
primis cauto & prouido boni ſcilicet ominis & ſignificationis gratia,initium ſui muneris & curam
auſpicantes. Romulidārum arcis ſeruator candidus anſer,Lucretius. Hæc ſeruauit auis Tarpei
templa Tonantis. Miraris:nondum fecerat illa Deus,Martialis.

¶ Vidimus aliquando anſerem bicorporem: & nuſquam erant connexa corpora niſi in dorſo:
bicipitem,alis quaternis ac totidem pedibus, & ibat ad quamcunq́ partem conuertebatur,fuit autem breuis uitæ,Albertus de animalibus 18.6. ¶ Eriphus poëta (Athenæo teſte) ex ouo anſerino
Ledam(imò Helenam)natam ait,alij ſimpliciter ex ouo, Vide in Aquila h, in metamorphoſi Iouis
in aquilam.

¶ Per anſerem & huiuſmodi iurare mos erat ueteribus,Heſych.& Varinus. Οἱ δὲ ᴘᴛ κυνῶν καὶ
χλυῶν Ὁπλατάνων ἐπώμνυντο,Lucianus. Λάμπων δ᾽ ὄμνυσιν ἔπι καὶ νῦν τὸν χλῶα, ὅταν ἐξαπατᾶν τις τι,Ari-
ſtoph.in Auibus. id eſt,Lampon etiam nunc iurat per anſerem, ubi quis fallit in aliquo, ut Scho-
liaſtes:Primi(inquit)Socratici hoc iuramentum uſurparunt. Nam Socrates libro 12.Creticorum ſic
ſcribit: Rhadamanthus cum regnum adminiſtraret, uidetur omnium hominum iuſtiſſimus fuiſſe:
& ferunt de illo quòd iuramenti per deos interdictis, iurare iuſſerit anſerem, canem & arietem &
ſimilia.Fuit autem Lampon ſacrificus,diuinator(oraculorum autor) & uates, cui etiam Athenienſium coloniam in Sybarim deductam aliqui attribuunt, ipſum cum Athenienſis eſſet cum alijs nouem ducem eius fuiſſe dicentes.Iurabat autem per anſerem tanquam auem uaticinam, (μαντικὼ, au
guralem,Eraſmus.)conſecutus eſt etiam cibum honorarium in Prytaneo,Hæc ille: & eadem Suidas,qui inſuper addit hunc Ariſtophanis uerſum conuenire in illos qui iuramento adhibito quempiam decipiunt. Hinc & Eraſmus in Chiliadibus, Λάμπων ὄμνυσι τὸν χλῶα, id eſt, Lampon iurat per
anſerem,inter prouerbia recenſet.ita autem loquebantur(inquit) ubi quis decipere tentaret iureiu-
rando.Per anſerem quidem iurare Socrati apud Platonem familiare eſt. Socrates quidam Athe-
nienſis(ſic loquentem inducit Theſpeſionem gymnoſophiſtam Philoſtratus in uita Apollonij)ſe-
nex fatuus,ut uos putabatis,canem,anſerem, platanum deos putans,per eos iurare conſueuit.Mi-
nimè uerò fatuus habitus eſt,inquit Apollonius,ſed diuinus quidam uir & uerè ſapiens. iurabat au
tem per ea quæ dixiſti,non tanquam deos,ſed ne per deos iuraret. Ne deorum nomina cuiuis ſer-
moni adhiberentur, Rhadamanthus per anſerem & arietem iurare iuſſit, non Socrates ut quidam
uolunt,Suidas in χλῶα. Socrates per animalia quædam, ut canem & anſerē iurabat,& ante ipſum
Rhadamanthus,Porphyrius lib.4. de abſtinendo ab animatis. Et mox ,Lex apud Cretenſes erat
authore Rhadamantho, omne genus animalium iuramentis adhibere. Coníjciat autem aliquis
per χλῶα & κυῶα frequentius quàm alia animalia quoſdam iuraſſe, quòd hæc uocabula quodammodo alludant ad χλῶα,id eſt Iouem.ſic enim & noſtrum uulgus in iuramentis Dei nomen declinans,
ferè una litera immutata id effert.

¶ Telemacho patris reditum optanti & de procis uindictam, Odyſſeǽ o. ἐπέπτατο δεξιὸς ὄρνις
Ἀργὶ χλῶα φορέων ὀνύχεσσι πέλωρον Ἥμερον ἐξ αὐλῆς,hoc eſt,aquila ad dextram uolàs apparuit,magnum
& candidum anſerem domeſticum ex corte raptum unguibus ferès. uide in Aquila h. Somnium
Penelopæ de anſeribus uiginti ab aquila interemptis,referam in Aquila h.

¶ Iuxta Lebadiam ciuitatem Phocenſibus finitimam nemus eſt Trophonij. Ferunt ibi Hercyn
nam unà cum Proſerpina ludētem,anſerem,quem tenebat,inuitam dimiſiſſe. Atqui in cauam ſpeluncam auis cum deuolaret,& ſubter lapidem ſeſe occultaret,ingreſſa Proſerpina, cepit ſub lapide
ſedentem.Aquam itaq́ profluxiſſe aiunt, quo loco lapidem amouerat Proſerpina, & hac de cauſa
fluuium dictum fuiſſe Hercynnam,Pauſanias in Bœoticis. ¶ Martialis lib.9. Velium Domitia-
ni comitem inducit Marti anſerem uouere:qua de re eius pulchrum legimus epigramma, Dum co
mes Arctoi,&c. Petronius Arbiter anſeres Priapo ſacros facit,cuius uerba adnumerabo. Itaq́ ad
caſæ(inquit)oſtiolum proceſſi,& ecce anſeres ſacri impetum in me faciūt, fœdoq́ ac ueluti rabioſo
ſtridore circumſiſtunt trepidantem.atq́ alius tunicam meam lacerat, alius uincula calciamētorum
reſoluit ac trahit:unus etiam dux ac magiſter ſæuitiæ non dubitauit crus meū ſerrato uexare morſu.
Oblitus itaq́ nugarum pedem menſulæ extorſi,cœpiq́ pugnaciſſimum animal armata elidere ma
nu.nec ſatiatus defunctorio ictu morte me anſeris uindicaui. Cum protuli anſerem , anus ut uidit
tam magnum æquè ſuſtulit clamorem, ut putares iterum anſeres limen intraſſe : & comploſis ma-

n 4

nibus, Scelerate, inquit, occidisti Priapi delitias, anserem omnibus matronis acceptissimum, &c.
Hæc ille. mulierculæ quidem nostræ in pueris membrum uirile tuulgò & iocantes anserem nomi=
nant. Iunoni etiã anser dicatus est, ut T. Liuius in Capitolina obsidione indicat. Isidi deæ Aegy=
ptiorum, (quæ & Luna putabatur, ab aliquibus Ceres,) anser mactabatur, securéq illi apponebatur,
ut Herodotus & Ouidius testantur, Gyraldus. Aegyptijs quibusdam nullam pecudem fas est im
molare præter sues, & boues mares & uitulos, dummodo mundos, & anseres, Herodotus libro 2.
De sacrificijs ex animalium sex generibus, inter quæ etiam anser numeratur, apud ueteres usitatis,
diximus in Oue h.

¶ Tota urbe in hostium potestatem redacta, solus collis Capitolinus remanserat, qui etiam ipse
caperetur, nisi saltem anseres dijs dormientibus uigilarent. Vnde penè in superstitionem Aegyptiorum, bestias auesq colentium, Roma deciderat, cum anseri solennia celebraret, Augustinus de Ci= to
uitate Dei 2.22. Minus mirum autem anseri hunc honorem habuisse gentiles, cum Christiani con=
tra gentiles profecturi, diuinum penè honorem anseri tribuerint. Hæc enim uerba in uita Henrici
quarti imperatoris in Saxonum Chronicis leguntur: Vrbanus Pontifex habito in Hispania conci=
lio, crucem contra gentiles prædicari tum primum decreuit. Collecta magna hominum multitudo,
duce Godeschalco presbytero Hierosolymã nauigare instituit, quæ uniuersa perijt naufragio, nam
Godeschalcum impostorè fuisse sermonibus ferebatur. Secuta alia multitudo, quæ Petro Monacho
duce, inter uias Iudæos omnes ubicunq locorum inuentos occidit: & quò uoluit, peruenit incolu=
mis. Fuerunt in eadem expeditione Godefridus & Balduinus comites Lotharingiæ, Robertus
Flandriæ, Raimundus S. Eligij, Boimundus Siciliæ, & nepos eius Tancredus, & quidam Italus 20
episcopus. Tantus autem erat hominum concursus, ut ab aratro agricolæ, pastores à gregibus, ma=
tres à cunis, monachi & uestales è claustris aduolarent. Secum uehebant anserem, quē publice ale=
bant, & spiritum ei sanctum inesse erant persuasi. Carolum quoq Magnum reuixisse, & tanti itine=
ris comitem credebant, & prouincias inter se distribuebant, antequam eas caperent, Hæc ex Chro=
nicis Saxonicis ad uerbum excerpsimus.

¶ Anseres uicinis uel familiaribus furtim auferre, pro furto ferè apud nos non habetur: sed etiã
familiaritatis indicium, si illi quorum anser fuerat, ad cõuiuium in quo anser subreptus apponatur,
inuitentur. itaq sæpe è culina dum assatur, aufertur. Celebratur à nostris prouerbij instar conui=
uale hoc dictum, Essend was ir hand/vnd lassend den lüten die genß gon. id est, Vescimini præ=
sentibus, & anseres alienos relinquite. cuius originem ferunt huiusmodi. Vir quidam parum astu= 30
tus, cui anser subreptus erat, passim de illo inquirens circumibat: & cum forte cœnantes quosdam
obseruasset, suspicatus anserem suum, (id quod res erat,) ab illis cõsumi, stans foris pone fenestram,
sermonibus illorum auscultabat. Tum quendam intus (qui nimirum foris stantem illum animad=
uerterat) cæteros hortantē audiens, ut cibis præsentibus uescerentur, relictis anseribus alienis, suspi=
cione deposita, discessit.

¶ De prouerbio, Lampon iurat per anserem, paulò ante scriptum est. ¶ Cœlum nõ animum
mutant qui trans mare currunt, Horatius, eiusdem sententiæ prouerbium celebrãt Germani, Ein
ganß über meer/ein ganß wider bâr. hoc est, Anser etiam mari traiecto redit anser. Quidam sic
esserunt, Es flog ein ganß über Rhein/ Vnd kam ein gagag wider hein. nam gâga de uoce an=
seris per onomatopœiam dicimus. Anserem autem pro stolido dici uulgò, scriptum est supra in F. 40
in mentione iecinoris anserini. ¶ Omissa hypera pedem insequeris, prouerbium affine illi Hol=
landorum, Su süist nae thennen ay/vnde lest tgansen ay varen. id est, Gallinarum oua conqui=
ris, & anserina negligis.

DE ANSERIBVS FERIS IN GENERE.

Figura subsequens anseris syluestris est, ex illis qui sub initium hyemis sublimi uolatu migrant.

A.

ANSER ferus, syluestris uel immansuetus, quomodo appelletur in diuersis linguis, nihil 50
est opus recensere, cum nullum ei peculiare nomen sit, sed cum adiectione syluestris in
omnibus (quod sciam) linguis nominetur: ut ab Italis ocha saluaticha: ab Hispanis ansar
bráuo, à nostris wilde Ganß: & à quibusdam Schneeganß, hoc est niuis anser. quòd sub
initium hyemis imminentibus iam niuibus apud nos migrare soleat. Anseres indomiti & propriè
libertatis, uolacissimi sunt: domestici contrà, Author libri de nat. rerum. Aristoteles anserum duo
genera facit, maius & minus, recentiores aliqui minus idem quod ferum esse putant, quoniam Pli=
nius non aliter quàm in domitum & ferum partitur.

¶ Anser syluestris (inquit Albertus) apud nos quatuor generum inuenitur. Est enim anser cine
reus maior, qui à colore uulgò Graganß dicitur: (Huius generis esse puto illum cuius figuram ap=
posui.) & eiusdem coloris ac figuræ minor, qui propter corporis leuitatem altius ac longius uolat. 60
Tertium genus totum album est, præter alarum extremas quatuor uel quinq pennas, quæ niger=
rimæ sunt. uulgò anseres grandinis siue niuis uocantur, (Hagelganß, Schneeganß. sed nostri
alios

alios etiam feros primi & secundi generis niuis anseres uocitāt, ut dixi,) sunt autem hi quoqʒ parui,
& altè ac longè latéqʒ uolant.   Sed minores sunt quarti generis anseres, quibus rostrum anserinum
est, color capitis ut pauoni, absqʒ crista tamen, in dorso cinerei sunt, ad nigrum declinantes, in stru=
ma(collo) nigri, & in uentre cinerei, anseres arborum dicti, quòd uulgus eos ex arboribus nasci cre
dat. (Hos alibi scribit maculas nigras in uultu habere, & cinereos esse. Sed de ansere arborum plu=
ra leges supra in Branta uel Bernicla inter anates feras.) Cygnus etiam uidetur generis anserini esse
tum rostri figura, tum pedum, uictuqʒ: & sibilo tempore pugnæ simili, sed magnitudine excedit.
Quidam deniqʒ anserum generi addunt auem quæ post struthionem maxima sit, & in alpibus ac lo
cis ad aquilonem desertis degat: quam nos nunquam uidimus, nisi forte sit auis illa quam uolinare
uocamus, cygno maior, Hæc omnia Albertus.   Est autem auis, quam uolinare nominat, onocrota=
lus, diuersa ab illa quam Plinius tetraonis genus alterum facit, maximam auium post struthocame=
lum.   ¶ Anserum ferorum genera dicta miscentur inter se. apud nos enim anser ferus, qui colore
capitis pauonem refert dempta crista, cum domestico coiuit: unde prognati pulli omnes patris colo
rem repræsentarunt, magnitudine uerò excesserunt, Albertus.   Inter anseres (domesticos) genus
uarium ferum uocatur, & cum albis nec libenter congregatur, nec æquè sit mansuetum, Varro: nec
tam fœcundum nec tam pretiosum est, eoqʒ non nutriendum, Columella.

B.

Anseres feri niuales dicti, multi reperiuntur in alpibus Helueticis, Stumpfius. Anserum generis sunt chenalopeces (alías chenerotes, alías ceramides) ansere fero minores, Plinius. Anseres indomiti glauci coloris sunt, Author libri de nat. rerum. sed quomodo diuersa eorum genera tum magnitudine tum coloribus differant, dictum est præcedenti capite. Anser ferus, quem ego uidi, tota forma parum à domestico differebat, longus dodrantes circiter quatuor, aut paulò minus: extensus scilicet à summo rostro ad imos pedes, magnitudine domestici. rostro nigro utrinq̃, per medium croceo:palmipes, crura pedesq̃ toti, id est digiti cum membranis ex croceo rubebant. capitis colliq̃ color fuscus erat, supra magis nigricans & forte nonnihil ruffi habens: inferius uerò plus cinerei. Venter totus cinereus, inferior pars caudę, & in tergo etiam utrinq̃ pars à cauda alas uersus, plumis uestiebatur albissimis. Caput ferè anatinum magis quàm anserinum, aliquáto minus quàm anseris. Dorsum & alæ nigricabant, admixto modicè castaneæ colore, præsertim in minoribus & superioribus pennis. margines tamen extremi in nonnullis albicabant, in alijs cinerei erant, in extrema uerò dorsi parte caudam uersus purè nigricabant. in media cauda albæ quædam erant, subcinericeæ tamen pennæ eminebant: inde rursus nigræ. ultima pennarum caudæ postremitas albicabat. Alis bene extensis una aut altera series pennarum in extremo albentium apparebat. ultimæ maximæq̃ alarum pennæ omnium præcipuè nigræ erant, altera earum extremitate, quæ in conspicuo erat, in angustam lineam albentem degenerante. in eisdem alis pennæ ab externo angulo cinereæ descendebant, & paruulæ quædam eiusdem coloris ab interno.

C.

Reperiuntur, ut dixi, in alpibus. Omnes (inquit Albertus) nutriuntur ad Aquilonem in paludibus. ¶ Anseres, similiter ut grues, tum uolandi duces, tum somni custodes habent, nunquà sine clamore. Vox eis absurda, silentium rarum: quod ubi necessarium uidetur lapillo ori immisso uocem continent, tanquam non aliter sibi temperaturi. Hoc autem faciunt ob metum aquilarum. nam Taurum montem superaturi, ubi aquilas timēt, lapillos (uide eadem de re paulò pòst) rostris ferunt, ad coercendam linguam. Cæterum pascua locorũ, etiamsi lætissima nacti fuerint, facile obliuiscuntur, ideoq̃ semper oberrant & uagantur. sed lucri nonnihil ex hoc malo eis accedit, quòd non facile capiantur ab aucupibus, qui familiares auibus locos obseruant, & quò ire illę redireq̃ solent semina ad illiciendum proijciunt. anseres uerò propter obliuionis uitium locos eosdem non repetunt, Oppianus Ixeuticorum 2. Anseres, grues & anates quotannis discedunt, Demetrius Constantinop. Plutarchus anseres Cilices in Tauri montis traiectu (ut modo ex Oppiano Cilice poeta retuli) calculis satis magnis ora obstruere scribit, ut obstreperà naturæ suę garrulitatem tantisper compescant, dum hostem clam præteruecti sallant. Aelianus & Marcellinus anseres simpliciter Taurũ montem transmittentes hoc facere scribunt. sed forsan hoc præcipue faciunt qui circa Ciliciam sunt anseres feri, quòd ijs uicinus mons Taurus necessario transuolandus sit, Sed grues quoq̃ in sua migratione arenam ore, alij pedibus lapillos gestare tradunt: ut minores quoq̃ aues inter migrandum, contra uim uentorum, ut Plinius refert: & coturnices etià. Silenti bonum uel cassa ratione animantia pręmonstrant. nam æstu oriente digressi anseres, & syderis uapore coacti nimio, ac occidua petentes, ubi Taurum superaturi montem sunt aquilis abundantem, rostra lapillis occludunt, ne clangorem eliciat uel ultima necessitas, quos uolatu pernici collibus eiectê transmissis, Cælius. Anseres quoque & olores simili ratione (ut grues & ciconiæ) commeant, sed horum uolatus cernitur, (hoc est, ut ego interpretor, magis in cõspicuo est quàm gruum, quòd minus in sublimi uolent.) Liburnicarum more rostrato impetu feruntur, facilius ita findentes aera, quàm si recta fronte impellerent, à tergo sensim dilatante se cuneo porrigitur agmẽ, largeq̃ impellenti præbetur auræ. Colla imponunt præcedentibus, fessos duces ad terga recipiunt, Plinius. Et mox de minoribus quoq̃ auibus, quæ migrare solent, dicturus, Verum hæc (inquit) commeantium per maria terrasq̃ peregrinatio, non patitur differri minores quoq̃, quibus est natura similis. Vtcunq̃ enim supradictas magnitudo & uires corporum inuitare uideri possunt. Io. Tzetzes Chiliade tertia migrationẽ & uolatum in sublimi gruum describens, gruibus planè eundem modum seruare etiam anseres ait. Syluestres anseres omnes gregatim uolando, ordinem seruant literatum, sicut & grues: & quò facilius uolent, flatui se committunt uentorum. quamobrem multi prædicunt uentos, frigora & imbres ad uolatum ipsorum. Altè autem uolant (ut grues, Stumpfius) superiorem uentũ præualere inferiori cognoscentes. Vix unquam uerò expectant hominem: & de loco ad locum sicut grues se mutant, sed non latent. Volando defessi dolent, & uociferantur, Albertus. Et alibi, Anseres feri omnes (quorum genera quatuor esse diximus) recedunt à terra nostra quæ est latitudinis 47. graduum, & in Sclauiam (Illyriam) ad loca aquosa, palustria & arundinibus referta, ubi fœturæ operam dant, se recipiunt. In principio autem hyemis reuertuntur ad nos propter pascua & aêrem magis temperatum: & tunc uolant in gregibus maximis, ita quòd milleni uel amplius uidentur. Volant autem, cum uentus spirat à septentrione, ad meridiem: quum à meridie, ad aquilonem. itaq̃ uolantes semper flatu uenti sustinentur, unde uulgò dicunt uolatum anseris indicare uentum. Similiter scribit Auicenna, obseruatum sibi in regione sua, quòd aues quædam aquaticæ tempore ueris ad mare mortuum (falsum) ueniant, quod propriè dicto mari salsius & calidius est: & inde recedant ad intus qui demore uocantur,

cantur, (forte, ad Indos qui Mauri uocantur, sed Auicennæ de animalibus codex impressus, habet: & inde recedūt ad locum de caurisiue) ac inde traiecto Nilo ad lacum de cantesme (de traulustem) dictum, quædam uerò usq ad lacum deterrabesten dictum, & alios in ijs regionibus lacus, perueniunt. Et paulò post, Aues quædam ante hyemem recessuræ, uociferantur altè uolando, ne qua earum remaneat, & ut augeatur societas recedentium, ut scribit Auicenna. Ambrosius addit, quòd etiam debiliores quasq & tardiores sulciunt aduentatione (sustentatione) alarum: & expectant se inuicem quò minus obnoxiæ sint insidijs auium, à quibus perirent, nisi se mutuò & expectarent & iuuarent, Hæc omnia Albertus. Aues aquaticas, ut ciconias, hyeme in Aegypto degere, in quamė Septentrione auolarint, Pet. Bellonius obseruauit. Anates anseresq feri quomodo cum ciconijs

10 migrent in Lyciam, atq illic circa Xanthum fluuium aduersus coruos, cornices, uultures, aliasq carniuoras aues pugnent, in Ciconia c. ex Kiranide recitabitur. Anseres indomiti aëris alta petunt; uolantq, ut grues, ordine literato, uolatu secundum flatus uentorū directo, Aquilone flante petunt austrum, frigidam aëris constitutionem imminere præsentientes, Vix autē à uolatu cessant, nisi esurie coacti, in tantum enim uolatu delectantur ut rarò dormiant: cum domestici contrà ad uolandum propter grauitatem ignaui sint, Author libri de nat. rerum. Girsalco uenit à regionibus transmarinis in cohorte multarum aucarum syluestrium, Obscurus. Audio grues citius migrare, nempe Septembri mense. obseruaui ego circa decimum eius mensis diem auolantes, tum die, tum nocte, quod ex clangore ipsorum intelligitur. anseres autem feros tardius, nempe in fine Septembris, & Octobris initio, Vidi enim aliquando sexto Octobris die permultas auolātium turmas, quæ

20 ab Oriente Galliam & Occidentem uersus per turmas triangulas (trianguli specie sine basi, duabus tantum productis costis) uolabant. hoc enim ordine forsan commodius omnes uentum recipiunt, quo sustinetur uolatus, nec ullus impedit alterum. sic etiam omnes facile ducem suū quem sequantur prospiciunt. Volant ferè silentes, nisi turbatus sit ordo. tum enim clamant, desessos ac procul sequentes expectant & clangore uocant. Expectando uidentur se humilius terram uersus demittere, quod quidem facilius faciunt quàm ascendere, cum nec prorsus loco manere possint, nec pergere uelint.

¶ Anseres feri incipiunt coire post hyemale solstitium, deinde initio ueris pariunt oua, ad summum sedecim. Aiunt autem si oua subinde subtrahantur, parituram anserem usq ad defectum, Albertus, sed Plinius hæc de numero ouorum, & partu si surripiantur, donec rumpatur, de ansere domestico tantum scribit. fieri tamen potest, ut idem de utrisq uerum sit. Quæ ex feris mitigentur,

30 non concipere tradunt, ut anseres, Plinius. ¶ Anser syluestris captus suit apud nos, qui per elixationem trium dierum naturalium emolliri non potuit: & tandem induratus suit, ita quòd cultello scindi non potuit, nec ullum animal de ipso uoluit gustare, Albertus. Nostri sanè anserem syluestrem siue niualem, longè uiuacissimum esse putant, ita ut ætatem maximè longæuam significaturi, uulgò dicant **als alt als ein Schneeganß.** hoc est, tam prouectæ ætatis quàm anser niualis.

D.

Anseres feri tam cauti sunt, ut in Tauri mōtis transitu propter metum ab aquilis lapillis ora impleant, ne clangant, teste Ammiano Marcellino, ut supra dictum est copiose in c. Eorundem uolatus quo literam Pythagoræ referunt, ingenio non caret.

40 ### E.

Anseres capiuntur à falconibus & asturibus, Crescētiensis. Girsalco uenit à regionibus transmarinis in cohorte multarum aucarum syluestrium, quarum unam nocte propter frigus pellēs sub pedibus suis, aliam interdiu capit in cibū, Obscurus. Anseres, cygni, & aliæ aues quædam quomodo capiantur reti in ripis fluuiorum, Crescentiensis describit lib. 10. cap. 18. & mox aliam anseres irretiendi modū cap. 19. Quomodo anseres & aliæ magnæ aues balistis & sagittis capiantur, ibidem cap. 28. Anseres quomodo gregatim reti capiantur, lege supra in Anatibus feris E.

F.

Anser ferus quem uidi, deplumatus exenteratusq, crudus adhuc suauiter olebat, instar leporis assi quodammodo.

50 ### G.

Anserum syluestriū linguæ assatæ efficaciter sumuntur in cibo à calculosis, Marcellus. Fel anseris, maximè quidem syluestris, cum succo prasi (porri) aut polygoni in pessario positum, conceptionem promouet, & in uiris intensionem, Kiranides. Anseris feri simus suffitus dæmonia eijcit, & lethargum sanat, & suffocationem matricis, Idem.

DE VVLPANSERE.

A.

 HENALOPEX, Latinè uulpanser dici potest, ut Gaza ex Aristotele transtulit, Plinius
60 nomen Græcum reliquit. χlωἰλωπες aues quæ & χlωαλώπεκες dicuntur, Hesychius & Varinus. Chenelopem aliqui eandem penelopi auem existimant: uide supra in Penelopis historia inter Anates feras. Anserū generis sunt chenalopeces (aliàs penelopes,) & qui

bus lautiores epulas non nouit Britannia chenerotes(aliâs chenalopeces, aliâs ceramides,) fero an‑
sere minores, Plinius. Chenalopex (inquit Turnerus Anglus) ab ansere & uulpe nomen habet.
Nostrates hodie uocant bergandrum(forte quasi môtanam anatem, Bergenten.) anate longior &
grandior uulpanser est, pectore ruffescente, in aquis degit & in cuniculorum foueis, interdum & in
excelsarum rupium cauernis(unde forte nomen ab Anglosaxonibus, nostris patribus, sortitus est)
nidificat. Nusquam aliâs uulpanserem uidi, nisi in Tamisi fluuio. Aiunt tamen frequentem esse in
insula Tenia uocata , & illic in scrobibus cuniculorum nidulari. Moribus admodum uulpinis est.
nam dū teneri adhuc pulli sunt, si quis eos capere tentet, prouoluit sese uulpanser ante pedes captan‑
tis, quasi iam capi possit: atqz ita allicit ad se capiendam hominem , eousqz dum pulli effugiant : tum
ipse auolat & reuocat prolem, (idē refertur de perdicibus & uanellis dictis,) Hæc ille. an uero amo‑ 10
rem illum in sobolem, & in ea tuenda astutiam tanquam de aue quam bergandrum ipsi uotant, ob‑
seruatum tradiderit: an potius quod Aelianus de chenalopece prodit, repetierit, incertū est. Et rur‑
sus in epistola ad me, Vulpanserem Angli uocat a bergander. nidulatur in cuniculorū foueis more
uulpium, anate maior, minor ansere, alis ruffis. Eliota Anglus chenalopecem suspicatur esse auem
quam Angli nominent barnaclam, de qua scriptum est nobis inter Anates feras. Infra describetur
anser stellatus uulgo dictus, de quo inquirent eruditi an forte chenalopex sit ueterum. Petrus Bel‑
lonius scribit se mense Septembri in Aegypto uidisse uulpanserem pullos recenter exclusos in Ni‑
lum deducentem: atqz eam esse auem fluuiatilem, quæ à Gallis bieure, id est fiber dicatur , eò quòd
similiter ut fiber iuuarijs noxius sit, deuorandis scilicet piscibus.

B.   20

Boscadum genus alterum anate maius est, chenalopece minus, Athenęus. Anseris speciem ha‑
bet uulpanser, Aelianus. De specie bergandri, quam Turnerus chenalopecem facit, uide in A.

C.

Vulpanserem Aristoteles numerat inter aues palmipedes quæ circa lacus & amnes uersantur,
de hist. anim. 8.3. Et alibi oua hypenemia quādoqz ab ea pari scribit, quod & Plinius ex eo repetijt.

D.

Rectè uulpanseri nomen inductū est, inquit Aelianus, quod ex ingenitis naturæ suæ rebus tra‑
hit. Cum enim anseris speciem habet , tum probe cum uulpe callida improbitate comparari potest.
atqz etiam si corpore quàm anser inferior sit, animi tamen robore superior , & ad inuadendum præ‑
stantior habetur. ab aquilæ & felis & cæterorum hostium suorum iniurijs se defendit , & propulsat. 30
Pullos suos uehementer amat, eandemqz operam quam perdix in eis tuendis ponit. nam ante suos
fœtus sese prouoluens, aucupi spem sui capiendi ostendit. hi uero interea cum uenator illuditur, ela
buntur: quibus fuga elapsis, is sese alis alleuans discedit , ac sæpe ut pulli facilius elabantur , capien‑
dum se uenatoribus præbet. Hinc est quòd Aegyptij in hieroglyphicis (ut refert Orus) pro filio
designando anserem pingunt.

F.

Inter oua principatū tenent pauonina, deinde uulpanseris, tertio gallinarum, Epænetus & He‑
raclides Syracusanus apud Athenæum.

G.

Faciei tumoribus sarmentorum cinerem alicui ferarum adipi admiscens illinito , leonis uideli‑ 40
cet, aut pantheræ , aut ursi : sin his careas, animalis quod Græci chenalópeca uocant, Aretæus ad
Elephantiasin.

H.

a. χlυαλώπηξ auis est quam diximus. χlυαλώπηξ uerò canis Laconicus ex uulpe & cane natus.
Ciceluchez pro chenalopece uox est corrupta apud Auicennam de animalibus : in Alberti opere
chychelinches scribitur. ¶ χlυαλωπίνεια ώά, id est uulpanserina oua apud Athenæum legimus.
¶ Theagenes quidam in Auibus Aristophanis χlυαλώπηξ nominatur, ubi Scholiastes hominem il‑
lum improbum & uersutum fuisse interpretatur. Didymus uerò (eodem citante) hunc simul & Phi‑
loclem όρνιθώσεις fuisse scribit, hoc est capite superius acuminato. Plura de hac uoce dicemus mox in
h. Lysistratus etiam, qui tanquam mollis, & alibi tanquam pauper & aleator traducebatur, χlυαλώ 50
πηξ appellabatur, Scholiastes Aristophanis in Acharnensibus & Suidas.
    ¶ b. ίππαριον auis quædam est chenalopeci similis, Hesychius & Varinus.
    ¶ h. Aegyptij ex uolucribus uulpāseres sacros esse aiunt, Herodotus lib. 2. Aegyptij uulpan
seribus honorem habent, quia sunt pullorum suorum amantes, Aelianus. ¶ χlυαλώπηξ tanquam
uocabulum prouerbiale ab Erasmo in Chiliadibus ponitur. Theagenes (inquit) quòd esset garrulus
ac stupidus more anserum, & uersipellis more uulpiū, uulgari ioco dictus est χlυαλώπηξ, uoce com‑
posita ex ansere & uulpe. quanquam Didymo magis probatur anseris nomen additum , quòd aui‑
tio ac præsertim anserinis supra modum delectaretur, uidelicet uulpium more, Hæc Erasmus: sed
ineptè. neqz enim tale quicquam apud Didymum legitur , uerum ea tantum uerba quæ nos paulò
ante ex Scholijs in Aues Aristophanis citauimus, ubi όρνιθώσ῀η conuertimus, non illum qui auitjs & 60
anserinis carnibus delectaretur, ut Erasmus uertit : sed hominem capite superius acuminato. Nam
eodem in loco Scholiastes rationem inquirens cur Philocles Corydus nominatus sit , sic scribit:
                                                  Μήποτε

Μήποτε ὀξυκέφαλ۞ ἰὼ ὃν ἴσ۞ ἄνω καὶ ὀρνιθώσις τὰ κεφαλὰὼ. & mox subiungit quòd Didymus scribat,
Theagenem quoq́ & Philoclem ὀρνιθώσεις fuisse. Οἱ τἰὼ ῥίνα ἄκραν λεπθὼ ἔχοντες, ὀρνιθώδ'εις, Aristoteles
in Physiognom. hoc est, qui summum nasum tenuē habent, aues hac parte referunt. Sed aliter Ada=
mantius, Ρὶς μακρὰ καὶ λεπθὴ πρώιν ὀρνιθώδες. τοιαῦται ἀν καὶ τὰ ἄλψ πόσοδικέ. Et in præfatione, τίνιντα δ'ὲ ῥν ἀνὰ
θρώποις εἰσὶν ὀρνιθώδῆν, καὶ θηεωδῆ, ἢ ταντίλως, ἀλλὰ τρόποις ἰζ ακωσμιίκε.

DE ANSERVM GENERIBVS DIVERSIS.

LAQVEIS & retibus(παγίσι καὶ βρόχοις)anates capiuntur, & linurgi (λινεργοί) & cenchritæ(κεγ=
10 χρῖται)& alia genera anferum,& celeres phelini,(φέλινοι,) & phalarides,& plurimæ aliæ aues amphi=
biæ cibo deceptæ. nam ad ripas lacuum aut fluuiorum hordeum, filiginem, aut milium fpargunt,
Oppianus lib.3.de aucupio. Videntur autem ex his linurgi & cenchritæ anferum generi annume=
rari:dictiq́ cenchritæ,quòd cenchro,id est milio inefcentur.

¶ Gulæ partem inferiorem amplam habent bubo, anferes agreftes, & aquofus anfer fimiliter,
Albertus:ubi Ariftoteles ægocephalū, noctuam,anatē, anferem, larum & catarractē nominat, &c.
Chenerotes(fic enim aliqui apud Plinium legunt,ubi alij chenalopeces, alij ceramides)fero an=
fere minores, Ebertus & Peucerus Germanicè interpretantur Seegenſe, id est anferes marinos.
Vide fupra in Branta.

¶ Anferum genera fera tria ex Alberto memorauimus fupra. Eft præterea quartum genus(in=
20 quit idem)minimum inter cætera, cui roftrum anferis,color in capite qui pauoni,fed crifta nulla.co
lor dorfi cinereus ad nigredinem uergens,in ftruma(colli parte anteriore) niger, in uetre cinereus.
hoc uulgus de arbore nafci ait. Cæterum alibi faciem eius maculis diftingui fcribit. Sed de anfere
cui uulgare nomen ab arboribus factum eft, plura leges fupra in Branta: ubi cum multa recitafsem
de generatione auium quæ in mari ex putredine nafcantur,hæc etiam addenda fuerant:Audiffe me
nuper ex hominibus nō indignis fide, in Normannia putrefcentibus lignis ad mare auiculas quaf=
dam gigni, & rurfum ex alio quodam homine literato, Circa Normanniam in Oceano (præcipuè
in infula cui nomen Re)nafci teftas quafdam biualues, rubicundas, quæ fingulæ adhæreant ad ne=
xum quendam communem enafcentem è foraminibus earum ceu umbilicis,eiufdem fubftantie,&
reperiri aliquando circiter octoginta cohærentes. ex his teftis auiculas nafci, lautas, magnitudine
30 coturnicis, quæ in mari uiuitant. Kiranides fanè author eft (non fatis grauis) è thynnis pifcibus in lit=
tore putrefcentibus uermiculos quofdam nafci, qui paulatim crefcente magnitudine ; quæ mufcas
initio non excedat,in aues coturnices conuertantur.

Afcalaphus aliquibus putatur effe genus anferis,Niphus. fed nos afcalaphū bubonem effe cre=
dimus, aut congenerem auem nocturnam. Vide infra in Bubone.

Eft in alpium montibus anferum genus inter aues maximum præter ftruthionem,fed tanti pon
deris ut manu capiatur immobile fuper terra, Author libri de nat. rerum ex Plinio,ut apparet: qui
tamen non anferum, fed alterum tetraonum genus hoc appellat. Videtur autem congener effe auis
quam Germani anferem trappam (Trappganß) appellant, uide Tetraonem poft Gallinæ hifto=
riam. Otides ftardas(uulgò)uocant, quafi tardos anferes, Budæus in Pandectas annotans.

40 Anferis genus quoddā ferum Itali ciccun, uel ocham fternā uocant, ut audio:Germani Stern
ganß,hoc eft anferem ftellatum. Hunc Ferrariæ in Italia uidi in infula Padi. leuis eft pödere,dorfo
& alis cinereis,reliquo corpore albo,palmipes,ut anfer, pedibus tamen non rubris, pectore macu=
lis afperfo,ut inde ftellatus forte fit appellatus. ciccun quidem à uoce dictum putârim. roftrum mi=
nus latum eft quàm anferis,magnitudo inter anatem & anferem.Quærendum an hic ueterum uul
panfer fit.

Sunt & alia ferarum anferini generis auium Italica nomina:ocha marina, id eft anfer marinus.
ocha groffa,id eft anfer magnus, ocha baletta,quæ pifcibus uiuit. & ocharella, quæ forma diminu=
tiua ab ocha, id eft anfere eft. hanc deplumatam & calidam uentri impofitam colicam fanare pro=
mittunt aliqui,ut Venetijs audiui.

50 Phalacrocoraces in Germania inferiori uulgò uocāt Schwemmergenß:hoc eft anferes natan=
tes,fi rectè interpretor.maculam habent in medio capite.

Anferum etiam generis funt aues quædam fupra nobis inter mergos magnos defcriptæ,ut quæ
apud nos merrachi uocantur:& qui apud Anglos gulones marini & fcheldraki, pifciuoræ omnes:
duæ priores anferi pares,poftremæ minores. Sunt & anguillarū deuoratores anferes, iuulgò Ger=
manis Aelgüß, (id eft anguillarum anferes, in Frifia) dicti,toti nigri. de his quoq́ leges fupra inter
Mergos magnos in Morfice.

¶ IN infula Hifpana turtures fyluestres & anates noftris procetiores inuenimus,anferesq́ olo=
ribus candidiores, capite tantū rubeo, Chriftoph. Columbus. Hifpani in Hifpaniola infula & tur=
cinis inuenerunt anferes fyluestres ; turtures, anates noftris grandiores & cygneo candore, capitē
60 purpureo,Petrus Martyr.

g

DE ANSERE BASSANO SIVE SCOTICO,

cuius figuram, ut & fequentium duarum auium, è Scotia accepimus
Cl. V. Henrici à S. Claro liber~~alitate~~

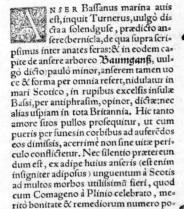

A N S E R Baffanus marina auis eft, inquit Turnerus, uulgo dicta a folendgufe, prædicto anfere (bernicla, de qua fupra fcripfimus inter anates feras:& in eodem capite de anfere arboreo Baumganß, uulgo dicto) paulo minor, anferem tamen uoce & forma per omnia refert, nidulatur in mari Scotico, in rupibus excelfis infulæ Baffi, per antiphrafim, opinor, dictæ:nec alias ufpiam in tota Britannia. Hic tanto amore fuos pullos profequitur, ut cum pueris per funes in corbibus ad auferedos eos dimiffis, acerrimè non fine uitæ periculo conflictetur. Nec filentio prætereundum eft, ex adipe huius anferis (eft enim infigniter adipofus) unguentum à Scotis ad multos morbos utilifsimū fieri, quod cum Comageno à Plinio celebrato, meritò bonitate & remediorum numero poteft certare, Hæc Turnerus. Ego nuper ex erudito homine Scoto accepi, hos anferes Solendgenß dictos, longiores domefticis effe, fed minus latos: in rupibus oua parere:& fuperpofito pede altero (unde nomen fortafsis à folea, id eft planta pedis, quam & Germani fic nominant) tandem excludere. magnam eorum copiam capi ad infulam Baff iuxta Feurt fluuium, qui præterlabitur Edeburgum in Scotia:nec alibi ufquam reperiri. digredi procul, uel ad fex circiter miliaria à littore, eius naturæ effe, ut cum nouum pifcem uiderint, priorem euomant, idḡ fæpifsimè faciant, & ultimum demum pullis fuis afferant. tot autem pifces euomere, ut qui in præfidio arcis funt, pifces eiectos ad cibum colligant. facile capi, nec refugere capturos.

¶ In æftu Scotici maris circa Hebrides infulas (inquit Hector Boëthius in defcriptione regni Scotiæ) præter alias infulas nobilis eft Maia diui Hadriani ac eius fodalium martyrio pro Chrifti nomine coronatorum reliquijs. Altifsimo hic fcopulo fons aquæ dulcis largifsimus, admirando naturæ miraculo, medio mari fcaturit. Omnia exuperans rerum in nouitate Bas caftellum uiribus humanis prope inexpugnabile. In hoc quoḡ æftuario fitus eft fcopulus angufto aditu uix pifcariam nauem recipiens, qui non in fefe ædificia extructa habet, fed excauatus non incommodiora domicilia intus præbet quàm fi magnis operibus extructus effet:cæterum longè hac re munitiora. Quicquid autem in eo eft, portentofæ plenum eft nouitatis. Auium enim quas uernacula lingua Solandis (ane folend gwys) appellamus, haud abfimilium ijs quas Aquilas Plinius aquatiles uocat, in eo ingens copia inhabitat, nec in ullo ferè alio loco. Eæ quum primum adueniunt incipiente uere conftruendis nidis tantam lignorum uim comportant, ut illic inhabitant (nec enim id ægrè ferunt) fatis in annum ex ea parte profpectum fit. Pullos fuos pifcibus alunt ijsḡ delicatifsimis. Nam fi quempiam ante ceperint auolantesḡ meliorem fundo maris nantē confpiciant, abiecto illo, magno fefe impetu præcipitantes immergentesḡ prædam perfequuntur illam, ubi uero ad nidum efcam pullis adportarunt auferentibus rurfus hominibus haud grauate cōcedunt, continuò pro alijs auolantes. Pullos quoque nec repugnantibus deprædantur, unde ingens commodum ad Caftelli dominum redit. Nam cutem detrahentes cum pingui, oleum inde magni precij conficiunt:habent quoḡ inteftinum quoddam paruum oleo fingularis uirtutis refertum. Coxendicem enim arthritimḡ & id genus morbos fanare confueuit, ut appareat hanc auem, cum alioqui omnibus modis hominum ufibus inferuiat, quòd rarior fit hoc folo fe effe inferiorem, Hæc ille. Et rurfus, Eft & Aliza una Hebridum, ijs auibus quas folandis nominatas diximus abundans.

DE GV-

DE GVSTARDA AVE SCOTICA.

HANC etiam auis aquaticæ, ut appa=
ret, & anserum ferorum generis ico=
nem è Scotia accepi, absç alia descri=
ptione. nam quæ gustardæ auis in Hi
storia Scotica Hectoris Boëthij nobis demon=
strata est, non ad auem quæ hîc pingitur, sed ad
otidē pertinet, (ut in historia eius recitabimus,)
quæ tarda & starda hodie in multis Europæ re=
gionibus uulgò uocatur, nostris trappa. itaque
cum in nomine huius ad nos missæ iconis erra=
tum suspicer, nihil aliud addam donec rem cer=
tius cognouero.

DE CAPRICALCA,
quam Scoti uulgò appellant
ane capricalze.

APERCALZE, id est syluestres e=
qui appellati, solius pinus arboris ex=
tremis flagellis uictitant, Hector Boë=
thius in Historia Scotica. Audio hāc
auem coruo paulò maiorem esse, ac in delicijs
haberi. Tænijs transuersis fuscis per collum,
pectus, & uentrem distinguitur: cauda serè nul=
la, &c. ut pictura ostendit.

DE ANTHO.

ANTHVS auis est magnitudine fringillæ,
Aristot. Pulcher ei color, Idem. hinc nimirum
& nomen factum, ut ἄνθⓄ, quasi floridus dice=
retur. Gaza ex Aristotele florum transtulit. Pe
des habet fissos, uermiculis uescitur, Ari=
stot. de hist. anim. 8. 3. nec ijs solum, sed
herbis quoqç pascitur, Vuottonus: quod
tamen ego apud Aristotelem nusquā re=
perio. Circa aquas (amnes) & paludes
degit, uictus facilis, (δύβιοτⓄ,) Aristot.
Florus, spinus & ægithus odium inter se
exercent; & nimirum sanguinem ægithi
& flori misceri non posse dicitur, Idem.
Aegithum anthus odit in tantum, ut san=
guinem eorum non credant coire, mul=
tisqç ob id ueneficijs infament, Plinius.
Florus odio equum habet. pellitur enim
ab equo pabulo herbæ qua uescitur, nu=
beculans (ἐπερύμⓄ) hic, nec ualens acie
oculorum est: quippe qui uocè quidem
equi imitetur, atqç aduolans equum fu=
get: sed interdum excipiatur, occidaturqç
ab equo, Aristot. Est quæ equorum hin
nitus, anthus nomine, herbæ pabulo ad=
uentu eorum pulsa, imitatur, ad hunc mo
dum se ulciscens, Plin. Equus & piscis
anthias inimici sunt, Philes: sed ineptè,
cum anthum auem dicere debuisset.
¶ Florus, φλόρⓄ, auis est per o. breue: φλῶ
ρⓄ uerò per o. longum, nomē proprium
uiri, Suidas, per linguæ Latinę scilicet im
peritiam. debet enim prima, etiam cum auem significat, produci, cum uerbum floreo prīmā sem=
per producat, apparet autem recentiores Græcos Latinorum imitatione florum dixisse, nam &

FIGVRA HAEC CAPRICALCAE EST.

anthos Græcè flos est. Flori quidem nomen de hac aue Græci hodieᵱ retinent, Gallis bruant dici-
tur, ut Bellonius annotat. ¶Auē illam quæ hinnitum equi imitetur, ipsumᵱ suget, nostris regionibus ignotam esse Albertus scribit.
Apud eundem & Auicennam hæc auis corruptè ybos, ibis, ydos, hyz, acontis & accurtis, nomina-
tur. duo posteriora nomina corrupta apparet ab anthos, cætera ab hippo, id est equo, quoniam equi
uocem imitatur. Albertus alicubi stultè eandem facit ciconiam, ubi ybos uel ibis legerat, nimirum
quia ibis Aegyptia ciconiæ similis est. Sed alia est auis Aristoteli de hist. anim. 9. 21. dicta ιππⵧ,
ubi Gaza piponem uertit: ut alibi πιπϼαι, picum auem intelligens.

DE APODE.

A.

A PODES apud Aristotelem legitur, Gaza apedes seu depedes reddit, à paruitate pedum
sic dictæ aues. Eædem ab alijs cypseli uocantur, Aristot. & Plinius. Κυψελⵧ auis similis hirundini, Hesychius & Varinus. Aliqui hanc uocem per l. duplex scribunt, cypsel-
lus, quod non placet: facta est autem à specie nidi, ut in c. ostendam. Cypselos Psellus in
libro de uictus ratione trogletas nuncupat, quia in foraminibus & cauis ferè latitent, Cælius. Sed
Cælium ex translatione Ge. Vallæ deceptum suspicor. nam hoc interprete, Psellus laudat in cibo
passeres & troglatas, (legerim passeres trogletas. hęc quidem uerba, quæ hirundinibus similes sunt,
pedibus curtis, G. Vallam de suo adiecisse cōijcio,) qui foraminibus turrium solum se committunt,
(unde nimirum etiam pyrgitæ hi passeres appellantur, inter attenuantes cibos cum merulis, perdicibus, &c. circa finem lib. 1. de uictus ratione à Psello memorati.) Eberus & Peucerus Germani
χλυδϊνας θαλασσίας, id est hirundines marinas etiam nominant, sine authore: nisi forte ex Plinio ita no-
minandas putauerunt, qui scribit: Apodes hirundinum specie toto mari cernuntur. Sunt qui alcyonem alicubi hodie uulgò hirundinem marinam uocent: Germani uerò meropem aut meropi
congenerem auem. Albertus lib. 1. de animalibus, cum scripsisset de apodibus, quorū pedes mali
sint, sed alæ bonæ, subdit: Dicit autem Auicenna auem minorem quàm sit uespertilio, (hirundo potius, ut uitium sit interpretis, sed apus hirundine maior est. Itaᵱ legerim, Dicit Auicenna apodem
auem maiorem esse quàm sit hirundo) & est (inquit) de genere uespertilionis, (hirundinis,) quæ in
terram cadens super alas cadit, & Arabicè uocatur abasic, (uoce forsan corrupta ab apode,) & uacil-
lat in motu ac si careat pedibus, &c. Aristoteles quidem illo in loco nullam uespertilionis, sed apodis tantum & hirundinum mentionem facit. Apedes dicuntur hirundines saxatiles & spelunca-
riæ, Niphus. Apodhia (apodes, melius) uocantur aues similes hirundinibus, maiores tamen, plurimum uolantes, sic dictæ quia usu pedum carent, apud plures dardani uocantur uulgò, Syluaticus
Italus. Sed Itali quidam meropem quoᵱ dardanum aut simili nomine uocant. Scoppa Italus cypselum auem Italicè interpretatur la rendena: sed ea uox hirundinem simpliciter significat, & ipse
alibi chelidóna, id est hirundinem sic reddit. Apodes aues sunt hirundinum specie, quas & cypsel-
los uocamus hodie in Venetia prouincia, Hermolaus. Hispanis apus uenceio dicitur, alijs arrexa-
quo. Gallis martinet, uel martelet, & la grande hirondelle, id est hirundo maior. Geor. Agricola
apodem eandem cum hirundine riparia facit, & Germanicè interpretatur Spirſchwalben, nostri
Spyren nominant, & Muurſpyren. alij Gerſchwalm, uel Geyrſchwalb. sunt autem istæ hirundinibus maiores. has Turnerus Anglus uel hirundines rusticas appellandas putat, uel apodes maiores, Anglicè dictas the great suualloues, hoc est hirundines magnas, (uel martlettes, ut Eliota Anglus habet.) Minores uerò apodes, quæ hirundine minores sint, in templis & turribus nidulari soli-
tas, unde & nomen habent apud Anglos à turribus, apud Germanos à templis, (Kilchenſpyren,
Reyn-

Reynſchwalben,)quas ego potius hirundines ruſticas fecerim. In præſentia quidem de maioribus tantum agam. Idem Turnerus diuerſam ab utraque iam dicta auem facit falculam ſiue ripariam, quam Germanice interpretatur ein vberſchwalbe uel Speiren. ſed noſtri apodes maiores, ut dixi, Spyren nominant, quæ uox per onomatopœiam forte facta fuerit. Illyrij (ni fallor) apodem uocant rorayg, uel roreycz. De riparia hirundine ſcribemus ſuo loco in H. & de argathyli quoq inter hirundines : quam Plinius etiam ripariarum generi adnumerat, alij parrarum legunt. Eberus quidem & Peucerus argathylin hirundinum generis faciunt, & Germanice Spirſchwalben interpretantur.

B.

10   Apodes ſimiles ſunt hirundinum, Ariſtot. & Plinius, haud enim diſcerni ab hirundine poſſunt, niſi quòd tibijs ſunt hirſutis, Ariſtot. Apus maior(cuius figuram dedimus) hirundinum maxima & nigerrima eſt, Turnerus. Apodes à paruitate pedum dictæ ſpecie hirundini & falculæ proximè ſunt, Gaza ex Ariſtotele. Apodes dicuntur, non quod ſine pedibus ſint, ſed eorum careant uſu, (ut Plinius quoq ſcribit:) hoc autem differunt ab hirundinibus tam agreſtibus quàm domeſticis, quòd tibias habent hirſutas, Georg. Agricola. Qui negant uolucrem ullam ſine pedibus eſſe, confirmant & apodas habere, & ocen (Hermolaus legit nycterin ex Ariſtotelis primo de animal.) & drepanin in eis quæ rariſſimè apparent, Plin. Alas habent longas & latas, pedes piloſos & adeò minutos, ut his carere putentur, Eberus & Peucerus. Digiti pedum duo antrorſum, & totidem re trorſum tendunt, quod in icone quam damus, expreſſum non eſt.

C.

20   Apes auis apparet omnibus anni temporibus, Ariſtot. Apud nos, ut audio, primæ auiū diſcedunt, ultimæ redeunt. Plurimum uolant apodes. hæ ſunt quæ toto mari cernuntur, nec unquam tam longo naues tamq continuo curſu recedunt à terra, ut non circunuolitent eas apodes. Cætera genera reſidunt & inſiſtunt; his quies, niſi in nido, nulla. aut pendent aut iacent, Plinius. Gregatim plerunq uolant & altius cæteris; & in arbore more hirundinum aliarum nunquam conſiſtunt, Turnerus. Pennis plurimum ualent, moribus, uolatu & ſpecie hirundini ac falculæ proximæ ſunt, Ariſtot. Apodes plures numero hybernis menſibus inter ſe nexæ latent in ripis fluminū, lacutim, paludum, & in littoribus ac ſcopulis maris, unde accidit ut piſcatores interdum ita inter ſe iunctas ex aquis extrahant. dictæ autem ſunt ripariæ; quòd ſoleant ripas excauare, & in eis nidos conſtrue-
30   re aclatère, Georg. Agricola. Nidificant in ſcopulis, Plinius. Apodes nidum ſpecie ciſtellæ productæ longius, fictæ ex luto, (νωη̃ο̃νεσι̃ν ἢ κυψελίσι̃ν ἐκ πηλῦ) uno aditu dato arctiſſimo faciunt; idq lo cis anguſtis intra ſaxa & ſpecus, ut & belluas deuitare poſſint & homines, Ariſtot. & hyeme à frigoribus tutæ eſſe, Georg. Agricola. Hirundo quam Galli martinetam uocant, nidificat in terra; & in ripis fluuiorum, Bellonius. Circa turres degit, in terram delapſa ſe erigere nequit. Nidulatur in crepidinibus fluuiorum altiſſimè, uel in terra, uel in glarea. Pedibus dependens ſomnum capit.

E.

Pueri in Creta apodes & meropes capiens cicadis, ut in Merope dicetur.

G.

40   Apodes ex uino tormina ſanant, Plinius.

H.

a. Apodes, genere maſc. apud Ariſtot. de hiſt. anim. 9.30. Plinius fœm. gen. protulit. Scoppa uocem cypſelos fœmininam facit, ego maſculinam malim.

¶ Κυψ́ελαι & κυψ́ελις ſordes aurium ſignificant. Κυψ́ελαι κỳ κυψ́ελόδες, ὃ ῳ̃ τοῖς ὡσὶν ὑσρστωισεί̃μℓΘ͂, (lego ῥύπος σωισεί̃μℓℓΘ͂,) Heſych. & Varinus. item uaſa frumentaria, κỳ τὰ κηνὰ σκλώσ (lego σκ̃δύν:) & auris pars caua, & pars quædam camini, Idem. Κυψελόδυσον, ſordibus obturatum, Suid. & Varin. Κυψ́ελη, alueare, πλεκτὸν ἀγ̃γειον μελισσῶν, Heſych. Κυψ́ελον, κύδϕ μελισσῶν, Idem. Κυψ́ελη, κυδϕ̃πον μελισσῶν, λέγνται δὲ κỳ ἡ ὀπλὴ τῦ ὠτὸς, εἰ δὲ μὴ ἡξ̃α ἰσπιρρλθύκεισαν ὥσπρ ῳ̃ κυψ́ελη λ̃ϛ φωλέοις, τὸ μέλι δὲ ἐλά ὲτο ϛ̃ τω̃ κιφαλω̃ν, Suidas & Varinus. Κυψ́ελισ̃ον, μελισσοφάτναι, Heſych. & Varinus: malim κυψελι-
50   δες. Κυψ́ελη, genus menſuræ ſex medimnos capiens, quo triticum uel hordeum metiebantur: ſic dictum διὰ τὸ κεκρύφθαι αὐτὴ τω̃ ἕλω, ἐσὶ γὸ στεσταιόν. erant autem cypſelæ non ſolum ex uiminibus con textæ, (πλεκτὰ,) ſed etiam figlinæ, Varinus ex Scholijs in Pacem Ariſtoph. Cypſelidas in auribus apud Hippocratem memini legiſſe, has Latini(inquit Aretæi interpres Iunius Paulus Craſſius) au rium marmorata ſeu cerumina uocant. Cypſeli aues nomen habent quoniam nidulantur ῳ̃ κυψελίοισ̃ν ἐκ πηλῦ πεπλασμέναις, ut Ariſtoteles loquitur, hoc eſt ciſtellis ex luto fictis, ut Gaza reddit. Suidas cypſelen etiam uas uinarium fuiſſe ſcribit, citans hæc innominati authoris uerba: Ἅμα λ̃ϛ σπδύηρο κỳ ταῖς ὀινηραῖς κυψ́ελαις συγισομιζόμℓνΘ͂. Pariſijs qui collegia inhabitant literarum ſtudioſi, cæteros martinetos nominare ſolent. Sunt qui Indicam auem pedibus omnino deſtituam, (quam auis Paradiſi nomine deſcribemus in P. elemento,) apodem appellent : quibus ad uitandam nominum confuſionem non aſſentior, niſi Indica aliúdue cognomē adijciatur. Galli & Itali quidam
60   iſpidam auem uulgò uocant martinet peſcheur, id eſt apodem piſcatricem. ¶ Vnni populi apodes cognominati ſunt; quòd nunquam ferè pedites ſed ſemper equites iter facerent, ut meminit

o 3

Suidas in uoce Ἀκροφαλῆς. ❡ Cypſelus Corinthiorum tyrannus fuit, unde patronymicum Cyp-
ſelidæ. Cypſelidarum anathematis in Phædro meminit Plato. Vide Suidam. Athenæus libro 14,
Niciam teſtem adfert, qui in Arcadicis ſcribat Cypſelum urbem condidiſſe iuxta Alpheum in
campo, & Cereri ædem cõſtruxiſſe cum ara: & in eius feſto certamen de pulchritudine mulierũ in-
ſtituiſſe, in quo uxor eius Herodice prima uicerit. Cypſela locus munitus eſt in Arcadia, cuius
apud Thucydidem mentio fit hiſtoria quinta. Eſt & in Thracia nominis eiuſdem adiacens Hebro
ciuitas, Cælius. ❡ Cypſelus non parit aquilam, prouerbium citatum à G. Heldelino. Eraſmus
non memorat.

DE AQVILA GERMANA, (QVAM HERODIVM[10]
Albertus & alij quidam uocant: Aelianus chryſaëton & ſtellarem:)
& de Aquilis in genere.

Figura ſubſequens aquilæ eſt, quæ in montibus Rhetiæ & Heluetiæ capitur.

A.

Ex his quas nouimus aquilæ maximus honos, maxima & uis, Plinius. **Aquila mas rex**
eſt omnium auium, Kiranides. Aquilam auium reginam eſſe uolunt, Acron. Herodius rex dicitur auium, non quòd regem ucrè imitetur, ſed potius à uiolentia tyrannidis, [10]
quòd omnibus uim inferat, Albertus. uocat autem herodium, primum & præcipuum
aquilæ genus, Omnis aquila (inquit) uiget acie uiſus, maximè uerò illa quæ nobilis aquila uocatur,
quæ herodius Latinè (ſuo ſcilicet ſæculo, non apud eruditos) dicitur, Hæc ille. Sed alij herodium
interpretantur hieroſalchum, alij diueriam auem. Vide ſupra in Hieroſalcho inter falcones. Nos
ubicunq̃ hoc in capite herodium nominabimus ex Alberto, primam & præcipuam aquilam intel-
ligemus. Aquila rex auium eſi, ſi non alarionem excipias, quæ forte aquilarum ſpecies potentiſ-
ſima eſt, Ioannes Saresbarienſis in Polycratico. ego pro his uerbis, ſi non alarionem, malim legere,
ſi modo aërophilon excipias, legimus enim falconem ſacrum ſiue Britannicum à quibuſdam aëro-
philum (corrupta forſan uoce pro hieroſalco, quanquam hieroſalcum & falconem ſacrum diuerſos
faciunt) uocari, ſub quo nec aquila nec ulla auis rapax auſit uolare. Videtur ſanè falco ſacer uel [3]
aëriphilus, colore, magnitudine, fortitudine, & prædandi ingenio, ad aquilam germanam Ariſtotelis accedere. ❡ Petrus Bembus in epiſtolis falconem dicit eſſe aquilam. nos aquilam à falcone
genus eſſe diuerſum docuimus in Accipitre B. Regio circa Tarnaſari Indiæ urbem eius generis
aquilis, quas falcones appellamus, abundat, Ludouicus patritius. Ariſtoteles ſextum aquilarum
genus gneſium, id eſt uerum germanumq̃ appellari ſcribit. Vnum hoc (inquit) ex omni auium genere eſſe ueri incorruptiq̃ ortus creditur. cætera enim genera & aquilarum, & accipitrum, & minutarum etiam auium, promiſcua adulterinaq̃ inuicem procreant. Sed aliter Plinius, Percnopteros (inquit) imbellis & degener, ſola aquilarum exanima fert corpora, cæteræ cum occidêre conſidunt, (ſic habent codices impreſſi: ſenſus eſt, aquilas cæteras non ueſci cadaueribus, ſed ijs tantum
animalibus quæ ipſæ occiderint. Hermolaus, Gelenius, Vuottenus, nihil hîc mutant.) hæc facit ut [4]
quintum genus gneſion uocetur, uelut uerum, ſolumq̃ incorruptæ originis, &c. quaſi ad percnop-
teron tantũ (quæ degener eſt & cadaueribus ueſcitur, & gypæetos dicitur, quaſi ex uulture & aquila compoſita) comparata gneſios dicatur, non ut Ariſtoteles uult (ex quo tamen tranſtulit) ad totum
aquilarum accipitrumq̃, imò omnium auium genus. Recentiores quidam barbari, ea quæ Ariſtoteles aquilæ, omnia ſerè uulturi adſcribunt. Ariſtoteles & alij quidam, inquit Albertus, aquilam & uulturem ad idem genus auis referunt, (nos hoc neq̃ apud Ariſtotelem, neq̃ alium ueterem
legimus, decepit eum forte gypæeti deſcriptio, quæ aquila uulturina ſpecie eſt: aut potius Auicennæ & Arabum interpretes, qui pro aquila aliquãdo uulturem reddunt.) hinc eſt quod aliqui uulturem nobiliſſimum genus auis eſſe ſcribunt, quod non eſt in uſu noſtro. nam uultur apud nos permagna quidem auis, ſed pigra & ignobilis eſt. aquilarum uerò apud nos magna ualde eſt diuerſitas [5]
in colore, quantitate & moribus, Hæc Albertus. unde apparet uerba eius non rectè intellecta à Nipho, qui ſcribit: Albertus maximam & legitimam aquilam propriè putat eſſe uulturem, quod exploratum mihi non eſt. niſi forte alium Alberti locum legerit. Aelianus maximum genus aquilarum chryſaëton, (id eſt auream aquilam, à colore ruſſo fortaſsis) ab alijs ſtellarem (nimirum propter
notas macularum, ut etiam ardeæ genus) appellari ſcribit, & non ſæpe apparere. hoc (inquit) Ariſtoteles ait uenari hinnulos, lepores, grues, anſeres ex cohorte. Deſcribit autem eius pugnam aduerſus taurum, ut recitabimus infra in D. eandem enim cum Ariſtotelis aquila germana eſſe apparet.
Eſt & accipiter aſterias, de quo ſupra dictum.

❡ Aquila Hebraicè נשׁר neſer dicitur, ut & inter Iudæos conuenit, & interpretes Veteris teſta
menti Chriſtianos, pro hac uoce Deuteron. 14. Chaldæus habet נשׁיא, niſra, Arabs נסׁר, neſer, ſa- [9]
mech litera pro ſchin poſtra. Perſa, מורﬦ שׁי, an ſi mureg. L X X, ἀετὸς, Hieronymus aquila, Pſalmo 103. ubi alneſer legitur in Arabica tranſlatione, Abraham teſtis eſt lingua Iſmaëlitica ita uocari
aquilam.

10

20

30

40

50

aquilam. **Ab hac uoce Latini fortasse nisum accipitris speciem dixerint.** ¶ זרזיר, sarsir, ut Dauid Kimhi docet, quidam canem leporarium interpretantur cursu uelocem, alij nemer, id est par-
dum, alij speciem auis immundæ, alij gallum, ut Hieronymus Prouerb. 30. secutus Septuaginta interpretes, qui ἀλέκτορα reddiderunt, nam R. Ioseph dicit esse nomen animantis ambulantis inter gal
linas, Munsterus, Dauid Kimhi præterea sarsir secundum aliquos interpretatur, אשטורגל, astur-
gol: qua uoce aliqui sturnum denotari putant, ego potius asturem siue astorgium, id est accipitrem
maiorem, Leui ben Gerson exponit טבפי, tacphu, (forte טרפותא, tarphuta, id est uulturem intelligens:) uel רבורים, id est apiculam: uel neser, id est aquilam. Author commentarij cui titulus Cabue-
naki, canem leporarium. ¶ Deuteron. 14. Chaldæus pro Hebraica uoce פרס, pheres uel peres red
dit עד, ar: ubi Augustinus Steuchus accipitris uel aquilæ genus esse suspicatur. Germani quidem
aquilam Ar, uel Arn uocant, sed de uoce peres dixi in Accipitre A. & in capite de Accipitribus di-

O 4

uersis. Aridam uel aradam Alberto ex Auicenna uultur est:quo in loco Aristoteles uulturis tan¬
tum mentionem facit, Albertus etiam aquilarum genera addit. alibi uerò uulturem, uel uulturem
& bubonem, ubi Aristoteles aquilam habet, inepte ponit, Auicennę nimirum interpretem secutus.
Aquilæ duo genera sunt, aquila absolutè, & altera dicta zimiech, uel zummach, Tardiuus. Et rur¬
sus, Albedo in capite aut dorso aquilæ, signum est aquilæ melioris, quæ Arabicè uocatur zum¬
mach, Syriacè napam, Græcè philiadelphe, Latinè milion. Sed ex his Græcum & Latinum aquilæ
nomen apud nullum idoneum authorem reperias. Barbara nomina, achal, gagila & haukeb, Syl¬
uaticus aquilam interpretatur: ut hager achthamach, aliàs athamach, lapidem aquilæ Serapionis in¬
terpres. ¶ Aquila Græcis est ἀετός, & hodie uulgo similiter, uel ἀϊτός. Cyprijs ἀγός, ut Hesych. &
Varinus scribunt. Italis aquila uel aguglia: mas priuatim terzolo d'aquila. Hispanis águila. Gal¬
lis aigle. quo nomine Sabaudos puto etiam de miluis uti: ut Germani quoque uoce Aar de aquila
propriè, sed etiam de miluo. alij scribunt Ar uel Arn, uel Art: unde composita nomina, Stockar,
Stoßart, Fischarn, Busart: hoc est, aquila truncorum, aquila feriens (quam maximam & germa¬
nam esse puto, cuius etiam supra figuram posui,) haliæetus, buteo. Flandri Arnt uel Arent profe¬
runt. Heluetijs & alijs plerisq; Germanis uox Adler usitatior est: quæ uox mihi composita uide¬
tur, quasi Adelar, id est aquila nobilis, ein edel Arn, ut priuatim & per excellentiam de uero & no¬
biliore genere dicatur. Sunt qui Aern scribant, uel Ærn pro aquila, sed audio apud Frisios & An¬
glos ernam peculiare genus aquilæ dici, de quo nos infra in Pygargo. Vox quidem Ar, deriuata
uideri potest à Chaldæis, nam Deuter.14. pro Hebraica uoce peres, quæ accipitrem significat, Chal¬
dæus reddit עָר, ar: ubi August. Steuchus accipitris uel aquilæ genus esse suspicatur. Postremò An¬
glis aquila est an egle, aquila germana, a right egle. Illyrijs orel uel orzil.

B.

Aquilæ quibus in locis abundent, dictum est in Accipitre B. Multæ sunt in Tauro monte, Cæ¬
lius: & in Caucaso, Philostratus. Rhodus aquilam nõ habet, Plinius. quare pro ostento habitum,
quòd aquila in culmine domus Tiberij in hac insula consedisset, ut Suetonius annotauit. Scythia
& Sarmatia aquilam non gignunt, Strabo lib.7. ¶ Aquila germana aquilarum omnium maxi¬
ma est, maior etiam quàm ossifraga, sed cæteras aquilas uel sesquialtera portione excedit, Aristot.
media magnitudine est, Plinius: sed locus uidetur mihi corruptus: malim, cæteras media magnitu¬
dine excedens. Aquila magnitudine est anseris, Liber de nat. rerum. Volantium apud nos maxi¬
ma, ansere multò est maior, maximè alis & cauda potius quàm corpore ipso ac podere, Cardanus.
Accipitres magnitudine non inferiores aquilis habentur, Aelianus. Falco sacer magnitudine est
aquilæ uel paulo maior, Alber. Bubo apud nos aquilę magnitudinę æquat, Albert. ¶ Aquila ger¬
mano colore est ruffa, (ξωθὴ, Vergilius aquilam fuluam dixit,) Aristot. colore subrutilo, Plin. Ru¬
beus uel ruffus color laudatur in aquila, Tardiuus. Aquilus color est fuscus & subniger, à quo a¬
quila dicta esse uidetur, Festus. de aquilo colore uide plura in a.
     ¶ Aquila aduncis est unguibus, Aristot. Vncis unguibus sunt quibus incuruum est rostrum,
ut accipitres, aquilæ, Aelianus. ὅσα τῶν ζῴων τὴν ἀγκυλοχεῖλα γαμψώνυχων ὑπὸ τὴν γλῶαν, διὰ δὴ μ ἀετὸς,
ἱέραξ, καὶ κεγχρηΐς, ἄλλα τε μὴ πίνοντα, Suidas in ἐπιγωγχίς. Oculi profundi laudantur in aquila, præser¬
tim si nata sit in montibus occidentalibus, Tardiuus. Albedo in capite aut dorso aquilæ, signum est
aquilæ melioris, quæ Arabicè uocatur zummach, Idem. Quorũ oculi non glauci sed charopi sunt,
animosi habentur, per coniecturam à similitudine ad leonem & aquilam, Aristot. quales autem sint
oculi charopi, docui in Leone B. Quorum nasus est aduncus (ῥὶς γρυπὴ) & à fronte bene discretus
(διηρθρωμένη) magnanimi cõijciuntur, exemplo aquilarũ, Idem. Huiusmodi nasum quidem etiam
in homine aquilinum uocant, & regium quiddam præ se ferre existimant. quoniam aquila quoque
rex auium habetur. Genus aquilæ uniuersum cauda breui præditum est, alis magnis & latis po¬
tius quàm longis & acutis, sicut sunt alæ generis falconum. Rostrum etiam aquilæ magnum, oblon
gum & paruum (uncum, potius) habent, pedes magnos & flauos, Albertus. In asture anterior ca¬
pitis pars porrecta paulatim arctatur & terminatur in rostrum, sicut & aquilæ caput, falconis non
item, Idem. Quomodo accipitres sui corporis partibus ab aquilis & falconibus differant, exposi¬
tum est in Accipitre B. ¶ Herodius oculos habet supra modum ardentes, croceos: ita quòd alba
oculi pars topazium ferè exprimit, & pupilla ad sapphirum nigrum perlucidum conculcatæ nigre
dinis accedit: & loca ciliorum (superciliorum forte) eius sunt os eminens aliquantulũ super (supra)
oculos, ita quòd membra (palpebras puto intelligit) eius uisum colligere uidentur, Albertus. uide¬
tur autem nihil aliud dicere quàm oculos eius cauos & profundos esse, & uidendi aciem in eis ita
melius colligi. Et rursus, Herodius est aquila prægrandis, tota nigra, licet in senecta color in dorso
& super alas ad cinereum uertatur. pedes ei admodum crocei, ungues longi ac ualidi: rostrum mag¬
num cinereum ad nigredinem declinans: alæ magnæ & planæ, pennæ rectæ, quæ in fine alarũ non¬
nihil diuaricatæ & sursum recuruæ sunt. Aquilæ maxima uis, quocirca ossa ijs natura tribuit du¬
rissima crassissimaq;, quibus & medullæ minimum inest, Vuottonus. Fel earum peracre est, co¬
lore ærugineo, interdum nigro, Galenus.
     ¶ Aquilæ pullum ante paucos annos in agro Tigurino captum & in urbem allatum uidi hu¬
iusmodi: Alarum pennæ maximæ in contrarium extensæ interuallum relinquebant dodrãtum no¬
                                                            uem &

uem & dimidij. Longitudo à principio rostri ad finem caudæ, dodrantes quinqʒ. Proceritas stantis
pro more, non extenso collo, dodrantes tres, palmo minus. Pedes erãt crocei, & crura à pedibus ad
palmi mensuram sine plumis. digiti pedum medij, lõgitudine & crassitudine humani medrị in uiro
mediocre, aut paulo maior. pars dorsi superior inter alas cucullum quodammodo sua figura referebat, nempe triangula, mucrone deorsum uerso. Ventris plumarum color russus ferè aut casianeæ,
maculis albis aspersus. rostrum posterius subflauum, anterius nigricabat Indico propè colore. longitudo rostri superioris ad tres digitos ferè, unco præterea ad digiti mensuram descendente. A media lingua unci duo hamorum instar retrorsum spectabant. In agro etiam Heluetiæ Solodorensi
quinto priusquam hæc scriberem anno, iuxta pagum Hosestettam, Iulio mense, capti sunt duo pulli
10 aquilæ, descriptioni præmissæ conuenientes. pennæ ceruicis rigebant & longiusculè distabant. qui
aquilam adultam uiderant, colorem cum ætate mutari aiebant, & pennas albas in capite, pectore &
alis, omnes ad fuluum colorem conuerti. Hoc genus aquilæ audio etiam circa Geneuam sæpe capi, prægrande, ita ut cum uolare nititur aquila, licet nondum adulta, sune alligata ad crus hominis
robusti, ægrè ab eo retineri possit: Cicuratas per urbem uolare asunt, & feles aliquando super tecta
arripere ac dilaniare.

c.

Aquilæ locis æditioribus considunt, Aristot. Montium uertices æditos & conspicuos incolunt, siue cum à uenatu ad quietem se recipiunt, siue soboli nidos parant: & rarò sanè ad campos rupibus relictis descendunt: sed ut plurimum è speculis suis cœlum prospectant, Oppianus in Ixeuti-
20 cis. Montes magnos sæpius quàm paruos frequentant, Xenophon. De nidis eorum, ac quibus
eos in locis collocent, dicetur inferius. Dicunt quidam Herodium, ut alias quoqʒ rapaces aues, rostrum nimis aduncum & ungues, ad lapidem acuendo atterere, quum hæc instrumenta ad prædam
hebetata fuerint: & hoc quidem compertum est esse uerum, aliis autem tempore non facilè nec diu
sedent aues rapaces in saxis, ne acies unguium retundatur. apud nos tamẽ herodius semper in præruptis silicibus sedens & nidificãs inuenitur: sed semper substratum habet cespitem, uel puluerem,
uel linum, uel animalium prædando comparatorum pelles, Albertus. ¶ Aquila germana con-
specturara est, Aristot. & Plinius: more eius quam cymindẽ uocari diximus, Aristot. ¶ De aquilarum uoce κλάγγ dicimus, ut κλαγγάζειν de gruibus, κλαγγῶ de utrisqʒ, Pollux & Varinus. Ἀνέ-
ξῦ κυκλήμ ῶς, Q. Calaber. Clangunt aquilæ, Author Philomelæ. Melanæctus aquila sola est sine
30 clangore, sine murmuratione, Plinius. Clangorem aquilarum aut uulturum facile columbæ spernunt, Gillius ex Aeliano. Ἐυφημός ὅσιν ὁ γὰρ μυνοεῖξα ὀδὲ λέλικεν, Aristoteles de melanæcto, ubi Theodorus transiert, modesta neqʒ petulans est. quippe quæ non clangat, neqʒ lippiat aut murmuret. sed
uerbum lippire apud Latinos non aliter quam pro ὀφθαλμιᾶν, id est lippitudine oculorum laborare
inuenio: & forsan à Gaza primum per onomatopœiam confictum est.

¶ Cælius Rhodiginus adnotauit in aquila uisum esse præcipuum, in cane uim odorandi, &c.
Aphrodisiensis etiam in problematis scribit, aquilas inter aues oculorum acie acutissima principatum sibi uendicare. Ex sensibus ante cætera homini tactus, deinde gustus: reliquis superatur à multis, aquilæ clarius cernunt, &c. Plinius. Cur in amicorum uitijs tam cernis acutum, Quàm aut
aquila, aut serpens Epidaurius? Horatius Serm. 1.3. Ἀκρὸς ὄψις ὀξρακνὸς (lego ὀξρακνὸς uel ὀξρορακνὸς.)
40 καὶ ὀξὺς γε τῶθ ὀράψ καὶ ἐπ̃έσθω, &c. id est, Aquila auis est in primis perspicax, & plurimum tum uisu
tum uolatu ualet. ait enim Aristoteles, pullos eius ad Solis radios opponi à parente, & non conniuentem pro genuino agnoscere, alterum eiicere ex quo haliæetus fiat, Scholia in Iliados ρ. Aquila ex auibus maximè acres & acutos oculos habet, in quam Homerus hoc consentit & testimonio
est, in morte Patrocli similem huic aut inducens Menelaum, cum requireret, quẽ ad Achillem mitteret nuntium de morte amici, Aelianus. Omnis aquila uiget acie uisus, maximè uerò illa quæ herodius & nobilis aquila uocatur, Albertus. Et rursus, Aquila cicurata prædam uidet leporum inter frutecta latentem, antequam ab homine uel canibus obscurari possit. Aquila ab acumine oculorum nominatur, est enim tanti obtutus, ut cum super maria immobili penna feratur, nec humanis
pateat obtutibus, de tanta sublimitate pisciculos natare uideat, & instar tormenti descẽdens raptam
50 prædam pennis (pedibus) ad littus pertrahat. Nam & contra radios Solis fertur obtutum non flectere. Vnde & pullos suos ungue suspensos radijs Solis obijcit, & quos uiderit, ceu dignos genere
conseruat. qui uerò flexerint obtutum, quasi degeneres abijcit, Isidorus: sed horum uel utrunqʒ, uel
saltem quod priore loco refertur, ad haliæetum, id est aquilam marinam potius pertinet. Aquila
hoc indice suorum pullorum ingenuitatem legitimam experitur, eos adhuc implumes ac ex ætate
infirmos solem intueri aduersum cogit: ac si quis illorum solis radios ægrè intuens, nictatione oculos obnubat, nido expellit, & uelut adulterinum abdicat. Sin autem solem sine nictatione respiciat,
extra suspicionem est, atqʒ idcirco inter legitimos adscribitur, quòd cœlestis ignis est generis incor-
ruptus index, Aelianus & Io. Tzetzes 12. 438. Maximè curant aquilæ ut generosos fœtus adint:
quare pullos uolatu aduersus solem probant: & nimio splendori cedentem, aut oculis conniuentem
60 pro spurio reijciunt, nidoqʒ pellũt, Oppianus in Ixeuticis. Herodius acutissimè uidet, ita ut solem
in rota possit intueri. itaqʒ pullos dicitur suspendere, & illos eijcere qui solem in rota sine lacrymis
aspicere nequeant, Albertus. Idem scribit Ambrosius lib. 5. Hexam. at Plinius non aquilam, sed

haliæetum, id est aquilam marinam pullos suos cogere aduersos intueri solis radios refert, loco ut
apparet translato ex Aristotele de historia anim.9.34. ubi tamen Græcus Aristotelis codex noster
ἀετὸν, id est aquilam simpliciter pro haliæeto habet. Vuottonus totum Aristotelis caput iam citatum mendosum suspicatur.mihi quidem si pro æeto haliæetum restituas, mendi nihil superesse ui-
detur.Haliæetum autem legendum esse cum sequentia probant, ubi hanc aquilam per mare & littora uagari, & auium marinarum uenatu uiuere tradit: & haliæetum Gaza ex hoc loco transtulit,
Plinium scilicet secutus:sed Albertus quoq; haliæetum legit,nimirum ex Auicenna.

¶ Aquilarum genera omnia carniuora sunt, Aristot. Delectâtur aquilæ agnina, hinnulorum
& leporum pulpis, Oppianus in Ixeut. Aquila uiolentum animal non modo in assequendis ad
uiuendum necessarijs rapinas facit, sed etiam usu carnium delectatur. nam ad se explendam lepo- 10
res,hinnulos,anseres ex cohorte,& alia pleraq; rapit, Vna tantum ex aquilarum genere,quæ Iouis
appellatur,carnes non attingit, sed ad uictum ei herba satis est, Aelianus. Vide etiam infra in D.
quænam animalia uenetur aquila: & rursus in E. cicurata quibus cibis alatur. Vnum par aquilæ
rum magno ad populandū tractu ut satietur indiget.determinant ergo spatia, nec in proximo præ
dantur,Plinius. Cymindis noctu uenatur more aquilæ, Aristot, Videtur autem sentire,non qui
dem aquilam noctu uenari, sed cymindem ita uenari noctu ut aquila interdiu. Et alibi, Tempus
aquilæ operandi uolandiq; à prandio ad meridianum.mane enim quiescit usq; dum forū frequens,
& prandendum iam sit. Idem ex Aristotele repetijt Plinius. Cadauer aquilæ nullum attingunt,
nisi forte ab ipsis relicti animalis, Oppianus in Ixeuticis. Io. Tzetzes in Varijs 5. 9. Leones (inquit) & aquilæ cadauera non degustant,siue propter fœtorem, siue per superbiam quandam, cum 20
in suo uterq; genere regiam dignitatē obtineat. de feris loquor. nam de captis inclusisq; tum leonibus tum aquilis,non habeo quod dicam,putarim enim illos non mortua solum corpora uorare, sed
etiam ex melle placentas, & huiusmodi. Aquilæ & uultures ultra maria cadauera sentiunt,&c.
Niphus in libro de augurijs ni fallor. Nullum genus falconum aut accipitrum ad reliquias prædæ
suæ reuertitur quando syluestre est:nec ullum ex eis insidet cadaueri sicut faciunt aquilarum & mil
uorum genera,Alber. Aquilæ(ut quidā his in rebus exercitatissimus mihi narrauit)in regionibus
ad Septentrionem,ut in Suetia & Liuonia,ut plurimum pisces edunt, & in nidis ac circa nidos earum,inueniuntur anguillæ & pisces,Idem. In uetere Testamento quoq; in historia Iobi legimus
de neser,id est aquila: Vbi fuerint cadauera,illic adest:& in nouo, Vbi fuerit corpus(σῶμα,cadauer)
illuc congregabuntur & aquilæ, Matthæi cap. 24. & Lucæ 17. Aristoteles gypæetum tantum ex 30
aquilis cadaueribus uesci scribit. Aquila multis diebus ieiunat, Author libri de nat.rerum.

¶ Aquila, ut aduncæ (& carniuoræ) aues propè omnes, sine ullo potu uiuit: quod Hesiodus
nesciuit,facit enim in narratione obsessionis Nini, aquilam augurij præsidem bibentem, Aristot.
Aquila nunquam fontium ad potionem eget,nec puluerulentas uolutationes quærit, sed & contra
sitim superior est, & laboris alleuationem extrinsecus obiectam non expectat:uerum & aquas &
requietem præclarè contemnens,sublime fertur,sursumq; in cœlestem locum uolans,maximè procul ex alto æthere acutissimè inferiora uidet,Aelianus, & Pisides apud Suidam: cuius & hoc carmen citat:Ἀλλ’ εἰσὶ δί,ἦνις καὶ κρύψις εὐώτερον. Suidas etiam in uoce ἐπιγυγχὶς aquilam inter aues aduncas
non bibentes numerat. Quod ad potum,sanguis animalium quæ ceperint, eis sufficit: aquam uerò
non gustant,Oppianus in Ixeut. Aegyptij aquilam non aquaṁ sed sanguinem testantur bibere, 40
Gillius. Aquilæ pulli sanguinem lambunt,Iob 39.

¶ Herodius hoc commune habet cum cæteris rapacibus , quòd nisi escam prædámue,aut illum
à quo tenetur,aspiciat,semper ferè pedes respicit,quum scilicet sibi relinquitur, Albertus.

¶ Herodius cur altissimè uolet,dicam in D.ex Alberto. Aquilæ aërem uolatu superāt,& subli
mius euadunt,Oppianus Ixeut. Aquila sola auium directo uolatu sursum aut deorsum fertur, cæteræ flexionibus utuntur,Aelianus. Aquilo uentus à uehementissimo uolatu adinstar aquilæ appellatur,Festus.

¶ Renouabitur ut aquilæ iuuentus tua, Psalm. 103. sentit autē Psaltes uires suas quæ debilitatæ
& propè fractæ sint,sic redintegrandas ut aquilæ iuuentutis robori & uigori pares esse queat.Quo-
modo autem renouetur uel ad iuuentam redeat aquila,alij aliter interpretantur,ut ostendam : mihi 50
quidem uix alia ratio huius mutationis tam probabilis uidetur, quàm quæ à mutatione pennarum
intelligitur,uidentur enim aues quæ pennas mutarint, quod in rapacibus præcipuè animaduertitur,ut aquilis & accipitribus, quodammodo renouari. Meminit autem pennarum abiectionis in
aquila Micheas propheta,Caluitium tuum(inquit)sicut aquila,capite primo. Sic & serpentes iuue-
nescere dicuntur quotannis cum leberidem, id est pellem ueterem exuerint. Super aquilæ senio
duo scientissimi ac sanctissimi uiri sic scribunt: Aquilæ (inquit Hieronymus) ubi consenuerit,gra
uantur pennæ(& oculi)quærit illa fontem, erigítq; pennas, calorem in se colligit,eo modo sanantur
oculi,in fontem se ter mergit,atq; ad iuuentutem redit. Vnde in Psalmo, Renouabitur ut aquilæ iu
uentus tua.Quo in loco Augustinus quoq;:Dicitur(inquit)aquila dum senio grauatur,rostri immo
dicè crescentis unco non possit os aperire, (uide infra ad finem huius capitis C.) nec cibum capere, 60
unde languescens naturæ ui collidit rostrum ad petram, cuius attritu excusso quod redundabat,ad
cibum redit,atq; ita reparatur ut iuuenescat omnino , Cælius. Quòd autem nimiam rostri & unguium

guium aduncitatem acuendo ad lapidem emendet aquila, uerum & compertum esse scribit Alber=
tus. Rabi Sahadias, ut testatur R. Dauid(in commentario in caput Esaiæ 40.ni fallor) ait aquilam
ante omnes aues esse maximi uolatus, & quolibet decennio, donec ad centum annos perueniat,
petere ignem elementarem, atque eius calore supra modum accensam in mare se præcipitem dare,
& sic renouari, plumasq́ ei nouas repullulare: at cum centesimo anno id facere tentet, destitui uiri=
bus, ita ut è mari cum se in illud præcipitauerit, resurgere nequeat, atq́ ita emori. Aquila cum se=
necta grauatur, nubes omnes uolatu sublimi superat: unde calore solis oculorum eius caligo consu=
mitur: & mox impetu cum ipso caloris æstu descendens aquis frigidissimis tertio immergitur, in
deq́ resurgens statim nidum petit: & inter pullos iam ualidos ad prædandum, in qualitate (sic legi=
10 tur)frigoris & caloris, quasi quadam febri correpta, cum sudore quodam plumas exuit, & à pullis
suis fouetur ac pascitur, donec pennas plumasq́ recuperans innouetur. Obscurus. Quòd autem
dicit Iorach & Adelinus(inquit Albertus)de herodio, non sum expertus. Dicunt enim hanc aqui=
lam, quum senuerit tempore quo pulli iam adulti uenari possunt, sicubi deprehēdat fontem clarum
& late scaturientem, recta supra illum in sublime efferri, usq́ ad tertium aëris locum, quem in Me=
teoris æstum uocauimus, ubi cum incaluerit ita ut fere exuri uideatur, subitò demissis retractisq́
alis in fontem frigidum illabi, ut à frigiditate forinsecus astringente calor internus augeatur: tum
fonte relicto ad nidum suum non procul distantem aduolare, & inter alas pullorum tectam resolui
in sudorem: & sic cum ueteribus pennis senectam exuere, induiq́ nouis: interea ueiò donec renatæ
fuerint, nutriri præda pullorum. Ad hoc non habeo quod dicam, nisi mirabilia naturæ esse multa. in
20 duobus quidem herodijs qui apud nos alebātur, nihil huiusmodi obseruaui.erant enim illi cicures,
& ad modum aliarum auium rapacium mutabantur, Hæc Albertus.

¶ Aliorum animalium non semper maribus fœminæ ad coitum obediunt: aquilæ coitum nun=
quam recusant. nam & ter & decies quamuis initæ sint, si tamen mares præterea eas appetant, pa=
rent, Gillius. Falconum genera plura sunt, cum propter regionum diuersitatem, tum quia cum ac=
cipitribus, nisis & aquilis permiscentur, Albertus. Sextum aquilæ genus (de quo nos hic præcipuè
agimus)gnesium, id est uerum germanumq́ appellant. unum hoc ex omni auium genere esse ueri
incorruptiq́; ortus creditur.cætera inuicem genera & aquilarum & accipitrum, & minutarum etiam
auium, promiscua adulterinaq́ inuicem procreant, Aristot. Haliæeti suum genus non habent, sed
ex diuerso aquilarum coitu nascuntur.id quidem quod ex ijs natum est, in ossifragis genus habet, è
30 quibus uultures progenerantur minores: & ex ijs magni, qui omnino non generant, Plinius.uideo
autem eum hæc transtulisse ex Mirabilibus Aristotelis, cuius loci uerba quoniam aliqua ex parte
obscura sunt, Græcè adscribam:Ἐκ (τῶ ζόλυρς) τῶ ἀετῶν (θάτερον τῶ ἰςγόνων)ἀλιάιντ☉ γίνεται(παραλλάξ,εως
ἀ σύζυγα γδνται·ἐκ δ ἁλιαίετωμ φῶμ γίνεται ἐκ δ τότωμ (οἱ πέρκνοι) κỳ γύπες, ὅυτοι δ (ἐκ δι δλέξίωι ποδὲ
εδὶ γύπας, ἀλλα) γδνῶσι εδὶ μεγάλως γύπας, ὅτοι δ εἰσιμ ἄγονοι. Ex his quæcunq́ parenthesi inclusimus Pli=
nius nō attigit: nisi forte ab initio pro his uerbis, ἐκ τῶ ἀετῶν τῶ ἰςγόναμ, legit ἐκ τῶ ἀετῶμ ἐστ
ιω, uertitq́: ex diuerso(hoc est, diuersi generis)aquilarum coitu, quod non displicet:quanquam ma=
gis inclinat animus ut legatur, θάτερον τῶ ἐκγόνωμ, quasi hoc sensu, Ex coitu aquilarum pullus alter sit
haliæetus, (ideq́ uicissim, nunc mas scilicet, nunc fœmina,)donec utriusque sexus haliæeti prognati
40 fuerint. ex his deinde ossifraga nascitur, quæ ossifragis perēni aquilarum generis & uultures. hi tan=
dem etsi uultures gignant maiores, quoniam tamen ij steriles sunt, ὲ δνολέξωι ποδὲ εδὶ γύπας,non dicun
tur peculiarem speciem gignere.speciem enim illam appello quæ possit sibi simile procreare. Hæc
interpretatio nostra si cui non placet, doceat meliorem. ¶ Theocronos accipitris quodam genere
ignauo patre, & aquila matre nascitur.uide supra in Capite de accipitribus diuersis. ex tali quidem
parente conceptum ouum enixa fouere negatur.

¶ Nidificant in petris & arboribus, Plinius. Vide supra ab initio huius capitis c. Nidulantur
locis non planis, sed celsis, præcipuè quidem arduis saxis & præcipitibus, sed arboribus etiam, Ari=
stoteles. An propter imperium tuum eleuat se aquila, atq́ exaltat nidum suum? in petra habitat, &
moratur in prærupto saxo ueluti in munito loco: inde explorat escam: in longinquum prospiciunt
oculi eius, Iob 39. Aliæ ab alijs longissimè nidificant, ne mutua ex loci propinquitate inopes præ=
50 dæ pereant, Aelianus. Vnam sedem & unum nidum semper habent, Iorath. Nidum aquilæ ma=
gnæ difficile est adire propter altitudines montium in quibus nidificat.qui pullos inde eximere uo
lunt, à rupe demittuntur longissimo fune, ut etiam ad falconum nidos, Albertus.

¶ Aquilæ oua pariunt terna, sed pullos binos excludūt, ut ex uersu, quem ad Musæum referunt
autorem constat, Excludit binos, ædit terna, educat unum. Sed quamuis magna ex parte sic fiat, ta=
men & tres uisi aliquando sunt pulli, Aristot. & Plinius. Plutarchus in Mario scribit aquilam ge=
minos tantum pullos parere, Textor Rauisius. Herodius apud nos rarò supra unum pullum inue
nitur habere, quamuis duo oua pariat. Et hoc iam comperimus per sex annos continuos inspecto
nido aquilæ cuiusdam, ideq́ magna difficultate. non enim potuimus experiri, nisi ab alta rupe sub=
misso homine per longissimum funem, Albertus. Et alibi, Herodius unum tantum ouum parit, &
60 si duo pepererit, plerunq́; alterum cortuptum inuenitur: & hoc experti sunt aucupes terræ nostræ,
quæ est superior Germania, per octo continuos annos, nec unquā in nido herodij supra unum pul=
lum inuenerunt. Sunt enim hæ aues (rapaces & aduncæ)calidissimæ naturæ : quare oua incubanti=

bus illis calescunt ac si ebulliant. Et rursus lib.23.Dicunt aliqui(inquit)herodium duos aut tres pul
los excludere,oua tantum bina parere : ex quorum altero unicus pullus, ex altero bini enascantur.
quod ego falsum esse arbitror,quin potius hæc aquila cum magno sit corpore,parum ad semen con
fert:eoci non supra unum aut duo oua parit, aut ad summum tria si iuuenis fuerit,ita ut ex singulis
ouis pulli singuli procreentur, nisi quid forte contra naturam noueatur. Cum uerò plures duobus
enati fuerint,alterum ferè abijcit propter nutriendi difficultatem:id quod sepe in multis auibus ob=
seruatum est.Ego tamen,ut supra dixi,non inueni unquam plus uno pullo in nido aquilæ.indiget
enim pullus copioso nutrimento, quod à parentibus procul requirendum est. quòd si quando duo
inueniantur,id erit in Septentrionalibus regionibus iuxta syluas & mare, ubi cum è mari piscium,
tum auium & quadrupedum minorum è syluis præda copiosa habeatur. ¶ Pullum alterū in edu= 10
cando expellunt tædio nutriendi.nam & degenerare ac hebetescere aquila dicitur, eo tempore, ut
fœtus ferarum rapere non queat:nomeni hinc exacti,hoc est degenerantis aquilæ accipit.ungues
etiam eius inuertuntur diebus paucis,& pennæ albescunt,ut meriò suos oderit partus. sed pullum
eiectum ossifraga excipit,atci educat,Aristot. Alterum(inquit Plinius)expellit tædio nutriendi.
Quippe eo tempore ipsis cibum negauit natura,prospiciès,ne omnium ferarum fœtus raperentur.
Vngues quoci earum inuertuntur diebus ijs,albescēt inedia pennæ,ut merito partus suos oderint.
Sed eiectos ab his cognatum genus ossifragæ excipiunt,& educant cum suis. Verum adultos quo=
que persequitur parens,& longe fugat,æmulos scilicet rapinæ. Aquilæ in regionibus nostris nó
alunt pullos suos nisi in nido:& postea educunt ad prædam, & cum per se iam prædari possunt,lon
gissimè à nido suo eos abducunt,ita ut circa nidum ipsorum rarissimè appareant. ipsi uerò retinent 20
habitationem,ut retulit mihi falconarius peritus: qui aiebat quòd ne in eadem quidem regione pa=
rens pullum iam adultum & ad acquirendam prædam idoneum secum esse pateretur, Albertus.
¶ Incubat aquila tricenis diebus,& ferè maiores alites, Aristot. & Plinius. Mittit (expellit) pullos
suos aquila antequam tempus sit, adhuc parentis operam desiderantes, nec uolandi adeptos facul=
tatem:quod per inuidiam ita facere creditur,natura enim inuida & famelica est, nec copiosa uena=
tionis,magnum tamen quid nanciscitur,cum uenatur.inuidet igitur suis liberis iam maiusculis,at=
que edaciusculis,& ob eam rem unguibus secat. Pulli etiam ipsi inter se pugnare incipiunt de sede,
ac pastu.Itaci à parente eijciuntur,& pulsantur.deiecti uociferantur,periclitanturci. Sed ossifraga
recipit eos benigne,& tuetur,& alit,dum quantum satis sit adolescant,Aristot. Genera aquilarum
non æque omnia prolem fastidiunt:sed difficilior in alendo una, cui nomē pygargo:benignior quæ 30
tota nigricat colore,Idem. Causam eiectionis(inquit Albertus lib.23.) alij aliam assignant. dicunt
enim quidam ideo abijci pullum, quòd spurium & ignobilem esse parens suspicetur. hi enim aiunt
aquilam fœminam cum alio genere quàm herodij aliquando coire, quod nos improbamus. Alij
uerò aquilam diuersi generis oua sua fractis herodij ouis supponere aiunt: & ideo alienum aliquan
do esse pullum aquilæ,& propter hoc probatione indigere.Sed quia herodius ferocissima auis est,
cui etiam inesse dicitur præscientiæ quiddam, quo absens quoci si quid aduersum nido appropin=
quet,præsentit:uidetur nullum genus auis tantæ audaciæ, quod ad nidum eius ausit appropinqua=
re:præcipuè cum ponere oua in alieno nido non sit nisi uilissimarum auiū & ignobilium: quæ ouis
suis fouendis non sufficiunt;& huiusmodi aues ad nidum herodij nunquam accesserint.Alij deniqi
dicunt herodium ipsum sua oua alterius generis aquilæ supponere, permiscendo inter oua illius: 40
ouis uerò iam exclusis herodium naturæ instinctu reuerti, & pullos suos, quos ab alienis ad inspe=
ctionem radiorum Solis dignouerit,alere:alienos abijcere. hos uerò colligi & nutriri ab aquila, cui
ab initio herodius oua sua supposuerat. Et hoc ego, si experientia non deesset,probabilius iudica=
rem.Nam incubatio ouorum,occupatio est & maceratio per abstinētiam, quam herodius propter
naturæ suæ mobilitatem & cibi copiam, qua uti consueuit,non facile sustinet,Dici etiam potest pul
lum aliquem ab herodio,non tanquam spurium & adulterinum,sed simpliciter tanquam uiliorem
& minus generosum abijci, Hucusci Albertus. Iniquissima circa pullorum educationem aquila
est:alterum enim è duobus quos excluserit in terram eiectum pulsu alarum allidit ; & alterum tan=
tum educat:fœtu proprio dum laborem nutricationis fugit abalienato. Huiusmodi scilicet paren=
tes illi sunt,qui paupertatis prætextu infantes exponunt,quici in distribuenda hereditate erga libe=50
ros nimium inæquales se exhibent, Author Græcus incertus apud Antonium Monachum
Melissæ 2. 10.
    ¶ Tribus primis aquilarum generibus (hoc est melanæeto, pygargo, morphno) & quinto(hoc
est,gnesio)inædificatur nido lapis aëtites , quem aliqui dixêre gagaten , Plinius. Nos de nomini=
bus,descriptione,natura & remedijs huius lapidis,plura scribemus infra in G. ubi & gagaten diuer
sum esse lapidem ostendemus.In præsentia sat fuerit causas annotasse, cur hunc lapidem aquilæ ni=
dis inferant, in quibus tradendis authores dissentiunt. Aquilæ aëtiten gentilem suum lapidem in
nidum imponunt tanquam aduersus fascinationis iniuriam amuletum, Aelianus ut ex Gillij inter=
pretatione apparet. E mari uel terra sublatum lapidem inserit in nidum quo tutior sit ac firmior,
Orus:depressus scilicet pondere, Gillius. Cum parturiunt,lapidem quendam nidis imponunt ut 60
tempestiuè pariant, neci per uim pulso fœtu immaturo abortiant. Non constat autem de hoc lapi=
de : sunt qui de montibus Caucaseis, alij ab Oceani littore peti tradunt, Oppianus in Ixeuticis.
Aquilæ

Aquila per naturam nimi est caloris, adeo ut & oua quibus superfedet pofsit coquere, (percoquc-
re, Cælius,) nisi admoueat gagatem lapidem frigidissimum, ut testatur Lucanus, Fœta tepefacta
sub alite saxa, Seruius. Sunt qui aëtiten in nido aquilæ prodesse dicunt ad mitigandum calorem
ouorum uel corporis aquilæ, id quod est probabile, alij ut formentur aut uiuificentur oua, alij ne
frangantur, quod falsum est. nam citius ad lapidem, quàm ad seipsa collisa franguntur, Albertus.
Aquilæ & ciconiæ nunquam nidos extruunt, quin lapides illis imponant: aquila aëtiten, ciconia
lychniten dictum: propterea quòd facem adhibent, ut oua fœtum producat, & serpentes nidis non
appropinquent, Philostratus in uita Apollonij. Sunt qui tradant duos lapides aquilæ in nido ponere, (nomine Indes, sine quibus parere non pofsit, Author libri de nat.rerum,) sine quorum prę-
10 sentia oua uiuificari nequeant. sed an uerum sit ignoratur. hoc certum est, aues quasdam interponere ouis lapides, ut grues, Albertus. Plinius, ut Salueldensis citat, aetitas scribit in aquilarum nidis reperiri binos, unà marem & fœminam, & sine his parere aquilas nõ posse. exclusis uerò pullis
(inquit Salueldensis) achaten supponũt, qui eos à uenenatorũ morsu custodiat. Sed achate in aquilę
nido nullus author probus mentionem facit. uerisimile est aetiten indoctos in echiten & achaten
mutasse. Est autem gagatæ potius quàm achatæ uis serpentibus contraria. Quærendum an ut gallinæ libentius & commodius pariunt cum ouum (aut lapidem colore figuraq ouo similem) in nido
habent, sic aquilæ lapidem ouiformem in nidum suum deferant, cui forte inter pariendum innixæ
enitantur commodius. Oua à corruptione præseruat aquila lapide in nidum imposito, Author ue
tus cuius nominis non recordor. In Geoponicis Græcis 1.15. aquilam callitrichum (non expressa
20 causa) nido imponere legi, authore Zoroastre.

¶ Vt aquilarum pulli teneras adhuc pennas fortiti, & à parentibus uolatus edocti, non longè
ab ipsis primo discedunt: deinde robustiores facti ipsos etiam parentes superuolant, præsertim cum
gulosos sentiant, ac nidoris gratia terram uolando radentes: sic Apollonius paruus adhuc Euxeno
præceptori uoluptuario obtēperabat, &c. Philostratus ex quo descripsit Suidas in εὐξψ. Aquilæ pulli sine clangore sunt, & sine murmuratione, Author libri de nat. rerum. Aquilæ parentes
quomodo pullos suos intuitu aduersus solem probent, dictum est supra in mētione aciei oculorum
huius alitis. Pullis, quorum excrementi locum ligârit aliquis ut cibum fastidientes prædam relinquant, multiplicem prædam afferunt, quam colligit qui ligauit, ut referetur infra in E.

¶ Scythiæ terræ incola auis est, magnitudine otidis, hoc est auis tardæ, quæ duos procreat pul-
30 los, & quæ peperit oua non incubitu fouet, sed condita in leporina, aut uulpina pelle relinquit, atq
ita obuoluta in summa arbore collocat, cumq à uenatione uacat, custodit. & si quis scandit, impugnat, & uerberat alis, perinde ut aquilæ faciunt, Aristot. 9.33. In Scythis auis magnitudine otidis,
binos parit, in leporina pelle semper in cacuminibus ramorum suspensa, Plinius. Niphus dubitat an auis hæc Scythica otidis genus sit, sed ab otide, id est tarda nobis cognita diuersum, quoniam
Græcè legitur, ἐν ᾗ Σκυθία ὀρνίθων γῳ ἐςὶν ἀωτίστις. sed Gaza legit ὡς ὠτίστις, ut ex translatione conij
cio, Plinium scilicet secutus: & rectè mea quidem sententia. neq enim otidem siue nostram siue alterius generis hanc esse putârim, sed de genere aquilarum. Est aquila grãdis in Septentrione, quæ
duo oua semper parit, ut scribit Plinius (imò Aristoteles,) eaq in leporis aut uulpis pelle in cacuminibus ramorum suspendit ut calore Solis foueantur, Author libri de nat. rerum. Eadem Albertus
40 tanquam ex Plinio recitat: sed neq Plinius nec Aristoteles hanc auem aquilam esse scribunt, ut facile constat ex uerbis eorum paulo ante citatis. Omne genus aquilarum (inquit Albertus) partes
uulpinæ pellis siue à uulpe quam raptam dilaniârit, siue casu inuentas, colligere solet, ut oua in eis
reponat, uel in alio quopiam molli & calido pilo. Quòd autem Plinius prodit aquilam aquilona-
rem oua in pelle uulpis inuoluta à ramis arborum suspendere, donec Solis calore perficiantur, (&
excludantur pulli) tum ad eos redire, expertus sum esse falsissimũ. quoniam in Liuonia ubi aquilæ
aquilonares & perquã feroces magnæq sunt, nihil planè huiusmodi experimur: sed potius fouent
oua aquilæ; & piscibus, auibus, quadrupedibusq nutriunt pullos suos, Hæc ille. Circa Scricfinniã
regionem Septentrionalem remotissimam aquila grandis de-
tracta leporis pelle oua sua intuoluit, cuius fœtifico calore pulli
50 educuntur, Olaus Magnus: ex cuius Regionum Septentrionalium Tabula hanc figuram adiecimus.

¶ Viuit tempore longo, quod diuturnitate nidi eiusdem
declaratur, Aristot. ¶ Aquilæ senecta, corydi iuuenta. uide
supra inter prouerbia ex Alauda. ¶ Aquilæ senectam quomodo depo
nat, & iuuentutem recuperet, lege supra in mutatione pennarum eius. ¶ Testudines pro medicamento uorant aquilæ,
Oppianus in Ixeut. ¶ Oppetunt non senio, nec ægritudine,
sed fame, in tantum superiore accrescente rostro, ut aduncitas
aperiri non queat, Plinius. Senescentibus aquilis rostrum
60 superius accrescit, incuruaturq subinde magis magisq, ut
demum fame intereant, Aristot. Senem qui fame perierit uo
lentes monstrare Aegyptij, aquilam pingunt adunco rostro, huic enim senescenti aduncum sit ro-

P

ſtrum,itaʠ inedia perit , Orus. Symphyto interimitur aquila , Aelianus & Philes. Negant uſ=
quam ſolam hanc alitem fulmine exanimatam, ideo armigeram Ioui côſuetudo iudicauit, Plinius.

             D.

    Qui aquilarum modo oculos charopos uel naſum aduncum habent, animoſi eſſe coniiciuntur,
δύ=ψυχοι καὶ μεγαλόψυχοι, Ariſtot. Herodius perquam iracundus eſt & ſuperbus ſicut & aliæ rapa=
res;& ideo ſolus uolat præterquam tempore generationis & educationis pullorum. tum enim ſu=
per pullos uolitat docens eos uolare & prædari, Albertus. Vnum genus aquilarum eſt,quod in nu=
tricios ſuos admirabilem charitatem retinet, cuius rei exemplum eſt aquila Pyrrhi, quam ab omni
cibo ſe prorſus abſtinentem , mortuo domino ſuo immortuam fuiſſe ferunt, Aelianus. Aquilam
Pyrrhus honorabat,Io.Tzetzes. Pyrrhus rex aquila appellari gaudebat, Plutarchus: Vide infra 1o
inter Propria in a. Pyrrhus Epiri rex habuit aquilam, ἀντψ, ὅς ἑχαμρψ ἀκραψ, ἔι τις πετὶ πϕοφϐίγϝαντο,
πύρϸϴ ὁ ϗπιϛψτης,Io.Tzetzes 3.134.reliqua ut Aelianus.Quod idem alumna uiri priuati feciſſe di=
citur,ſeſe nimirum in medios rogos,cum dominus cremaretur,immiſiſſe:ſunt qui dicant non uiri,
ſed mulieris alumnam fuiſſe, Aelianus. De eadem Plinius, Eſt (inquit)percelebris apud Seſton ur
bem aquilæ gloria:educataǽ a uirgine retuliſſe gratiam aues primo, mox deinde uenatus (feras ſci
licet à ſe captas)aggerentem. Defuncta poſtremò , in rogum accenſum eius inieciſſe ſeſe, & ſimul
conflagraſſe.Quam ob cauſam incolæ,quod uocant Heroum in eo loco fecêre, appellatum Iouis &
uirginis,quoniam illi deo ales aſcribitur.Vide plura inferius in H.d. De gratitudine aquilæ cuiuſ=
dam à ſerpente ſeruatæ in ſeruatorem ſuum, hiſtoria referetur infra in mentione pugnæ aquilæ con 2o
tra ſerpentes. Herodius prædam cum alijs auibus liberaliter communicat:ſi tamen præda non ſuf=
fecerit,proximam ſibi quanǽ deplumat & deuorat. Nô facile etiam prouocatur ab æmulis auibus,
ſed patientiam ſimulat donec prouocatrix tanquâ confidens appropinquet, quam illa mox captam
dilaniat, Albertus.

    ¶ Aquila ſi quem deprehenderit uiolantem nidum, uerberat ſuis alis & unguibus laceraʇ, Ari=
ſtot. Ex omnibus animalibus maximo ſtudio in fœtus ſuos exiſtit: quare acerrimo odio eum per=
ſequitur,quem in nidum inuaſiſſe conſpexerit,non inultum impunitumǽ dimittit, nec ad repeten
dam pœnarum moderationem quandam roſtro utitur,ſed illum alis uerberat, & unguibus lacerat,
Aelianus. Aquila altiſsimis arboribus nidificat,quò mala beſtia non accedat: pulloſǽ cautè cuſto
diens non deſerit,donec ipſi ſeſe defendere ſciant ac poſsint. Itaǽ contra draconem uel hominem
aliúdue animal quod eos turbare uel rapere uoluerit,mira animoſitate pugnat,ſeǽ mortis periculo 3o
pro eis exponit.eoſdem humeris ſuis tollit, ut ad uolatum prouocet, & ſanguinem lambere docet,
Author libri de nat.rerum. Aquila prouocans ad uolandum pullos ſuos & ſuper eos uolitans,ex=
pandit alas ſuas, & portat in humeris ſuis:ſic Deus Iſraelem,Deuteron.32. ¶ Pullum alterum tæ
dio nutriendi expellit.hunc excipit & educat cum ſuis oſsifraga,ut dictum eſt ſupra in c. Adultos
pullos (pullum potius:nam unum tantum educare fertur,uide in c.)perſequitur longè fugans,æmu
los ſcilicet rapinæ, Author libri de nat.rerum. (Hoc idem faciunt omnes aues rapaces,maximè uerô
herodius & falco:propter quod etiam falcones & herodij eiecti à parêtibus , reubus accupum capti
in regionibus ubi nunquam nidi eorum inueniuntur, peregrini uocantur,Albertus.) Alunt ſuos
pullos donec poteſtas uolandi fiat:tum nido eos expellunt: pôſt regione quam ipſi genitores inco=
lunt,tota exterminant. Tenent enim ſingula aquilarum paria longû tractum. unde fit ne ullo pacto 4o
uicinos habere patiantur,Ariſtot. Genera aquilarum non æquè omnia prolem faſtidiunt,ſed py=
gargus præcipuè in alêdo difficilis eſt,benignior quæ tota nigricat colore, Ariſtot.hanc & Plinius
ſcribit ſolam aquilarum fœtus ſuos alere. Aquila quomodo pullos legitimos probet ac dignoſcat
aduerſo in Solem intuitu, ſcripſimus ſupra in c. ¶ Pulli aquilarum & ciconiarum adulti , paren=
tes ſuos alunt, & uolatum ipſorum promouent, Io. Tzetzes in Chiliad. ¶ Aquila aliquando, ut
refert Auicenna,uiſa eſt deuorare aquilam.ſed hoc non facit niſi præ nimia ira, in colluctatione ni=
mirum propter prædam.in hac enim tandem quæ uicerit deuorat uictam , ſi præda ab ea extorta
non ſuffecerit,Albertus & Niphus.

    ¶ Apes non ſunt ſolitaria natura ut aquilæ,ſed ut homines, Varro.

    ¶ Fiunt multa ſolerter & prouidè ab aquilis, quorum hic aliquot exempla ſubijciam. In Sep= 5o
tentrione quòd frigidius illic cœlum eſt,in uulpis aut leporis pellem detractam & ab arbore ſuſpen
ſam oua ponit, ut in c. ſcriptum eſt. A meridiano tempore operantur & uolant: prioribus horis
diei,donec impleantur hominum conuentu fora, ignauæ ſedent, Ariſtot. & Plinius. Vnum par
aquilarum magno ad populandum tractu ut ſatietur indiget, determinant ergo ſpatia,nec in proxi=
mo prædantur, Plinius : ſentiens, ut apparet, aquilas diuerſorum parium non in propinquis inui=
cem, ſed multum diſtantibus locis prædari,quod quidem uerum eſſe uidetur:ſed Ariſtoteles (unde
hunc locum tranſtulit Plinius) alio ſenſu dixit, aquilas (eiuſdem paris) non uenari locis ſuo nido
propinquis,ſed longè diſtantibus,quod quidem non temere facere uidêtur,ſed ut ita minus nidum
prodant,qui ex longinquo obſeruari non facilè poteſt: uel ut prædam quæ in proximo capi poſſet,
ad uſum magis neceſſarium reſeruent, cum illa ſemper ferè potiri poſsint : remotior uerô citius aut 6o
euaderet aut ab alijs rapacibus auibus comprehenderetur. Aelianus eas hoc facere ſcribit , ne mu=
tuà ex loci propinquitate inopes prædæ pereant. Rapta nô protinus ferunt,ſed primò deponunt,

                                                 expertæǽ

rexpertæ‹p pondus tunc demum abeunt,Plinius. Gaza ex Ariſtotele paulò aliter : Rapta(inquit)
non protinus ferūt:ſed cum corripuerint & ſuſtulerint, deponunt, expertæ‹p iam pondus re=
quieſcūt.(Græcè legitur,Ὅταρ δὲ κωνήσωσι καὶ ἀξ̔ρυ,τίθωσι:καὶ ἐκ βυθὖς φορῇ, ἀλλὰ ἀπειραθεῖς τ̔ βαϕυς αἴωσι,)
leporem etiam non ſtatim rapiunt,ſed expectant dum prodeat in plana.nec protinus de alto in ter
ram ruunt,ſed paulatim deſcendunt. quæ ideo faciunt, ut tutiores ab inſidiis ſint. conſidunt etiam
locis æditioribus,quia difficulter à terra tolluntur.uolāt ſublimes;ut perquàmmaximè procul aſpi=
ciant.quapropter homines ſolam auium omnium aquilam eſſe diuinam perhibent. Omnes (aues)
profectò quibus ungues aduncí, minime in ſaxis conſiſtunt, quoniam ſaxi durities impedimentó
curuaturæ unguium eſt, Hæc Ariſtot. Frequenter herodius ungues pedum roſtro acuit, ut fir=
10 mius retineat prædam,Albert. Et rurſus, Herodium aiunt ,ſicut & alias aues rapaces roſtrum &
ungues nimis aduncos ad lapidem atterendo acuere , quando hæc ad prædam hebetata fuerint in=
ſtrumenta,& hoc quidem uerum eſſe conſtat. Condunt reſeruantq‹ ſuo in nido quantum cibi pul
lis ſuperſit.quòd enim die quaq‹ facultas uenandi non datur, ſit interdum ne quod portent extrin=
ſecus habeant,Ariſtot. Aetiten lapidem nidis imponunt, uel ad confirmandos illos pondere , uel
aliam ob cauſam,ut copioſe ſcriptum eſt capite præcedenti. Zoroaſtres ſolus,quod ſciam,callitri=
chon herbam eas in nidum inferre meminit. Aquilæ teſtudines pro medicamento uorant, Op=
pianus in Ixeut.

¶ Aquila uiolentum animal & tyrannicum non modo in aſſequendis ad uiuendum neceſſariis
rapinas facit,ſed etiam uſu carnium delectatur,nam ad ſe explendam lepores,hinnulos, anſeres ex
20 cohorte , & alia pleraq‹ rapit, Aelianus. Falcones & accipitres prædam digitis apprehendunt ca=
piunt:aquilæ uerò(ut audio)poſteriore digito pedis prius feriunt; unde & à ſeriēdo aquilæ nomen
Stoßart apud nos impoſitum. Venatur aquila lepores,hinnulos, uulpes & reliqua quæ uincere
ualeat,Ariſtot. Aquila abſolutè dicta capit leporem, uulpem, capreolum. aquila autem dicta zi=
miech,capit gruem & aues minꝛes,Tardiuus. Lepores, præſertim anniculi, rapiuntur ab aqui=
lis,uide in Lepore D. Cyro aduerſus Armenium proficiſcenti, continuò in primo agro exurgit
lepus:aquila autem uolans dextera, leporem deſpiciens fugientem, & irruit & percuſsit illum,ex=
tulitq‹ correptum,eoq‹ ablato in collem proximum, pro libidine utebatur præda, Xenophon 2. de
pædia. Et alibi, Lepores(inquit)plures ſunt in inſulis, quòd illic nec à uulpibus occidantur, nec ab
aquilis. nam aquilæ montes magnos potius frequentant quàm paruos cuiuſmodi in inſulis ſunt.
30 In leporario oportet eſſe latebras, ubi interdiu lepores deliteſcant in uirgultis atq‹ herbis , & arbo=
res patulis ramis quæ aquilæ impediant conatus, Varro. Melanæetus aquila priuatim à præda le=
porum λαγωϕόνο‹ cognominatur:de qua infra priuatim. ¶ Vulpes ſupina aquilæ impetum exci=
pit,ut ex Pindari Pythiis ſcripſi in Vulpe D. Sed aquila quoq‹, referēte Aeliano, quum in pugna
(neſcio contra quæ animalia)uicinam ſe ad ſuccumbendum ſentit,ſeſe ſupinam ad terram abiicit,&
in hoſtem ungues dirigit, quod ipſum cum hoſtis præſtare non poſsit, in fugam facile impellitur.
Aquilæ quædam cicuratæ in Tartaria etiam in lupos inſilire, eoſq‹ in tantum diuexare non dubi=
tant,ut ab hominibus ſine labore capi poſsint,Paulus Venetus.

¶ Herodius rex dicitur auium,non quòd uerum modum regendi imitetur,ſed potius à uioleri
tia tyrannidis,quia omnibus dominatur dum omnes uincit ac deuorat:quamobrem & aues omnes
40 hoſtes habet,Albertus. ¶ Aquilæ um pennæ mixtas reliquarum alitum pennas deuorant, Plin.
Non modo præſentem & uiuentem reginam auium aquilam cæteræ omnes uolucres extimeſcunt;
atq‹ eius conſpectum exhorrent : ſed & pennæ eiuſdem ſi quis cum aliarum pennis commiſcuerit;
incorruptæ atq‹ integræ manent:aliæ cum illis communitatem non ferentes, putreſcunt, Aelianus.
Pennæ aquilarum alias conſumunt.eſt enim aquila auis fœtidiſsima & σωπεδόνὐδ᾽ὴς, hoc eſt putrefa=
ctioni inferendæ idonea. Vnde ab eo exeſas animalium reliquias nullum aliud attingit,Theophy=
lactus Simocatus. Vna penna coniuncta multis pennis anſeris conſumit eas : id quod ex=
pertus ſum in pennis alarum : & forte ſimiliter res ſe habet in cæteris quoq‹ harum auium pennis;
Albertus. Vide plura in Oue D.

¶ Accipiter eiuſdem ferè conſuetudinis & rapacitatis eſt ut aquila,Albertus. Aquila capit ac=
50 cipitrem & quamuis aliam auem rapacem,quum eas uiderit geſtare lora pedum,cibi id aliquid eſſe
putans:ac ideo eas capere cona ur, ut conjicimus. nam in deſerto , ubi hæ aues feræ ſunt & ſine lo=
ris,non inuadit eas.hoc periculum ut euitetur, aquilam aliámue auem rapacem cicuratam non niſi
ademptis loris in prædam emittes,Tardiuus. Accipitres iuſtæ magnitudinis & integræ ætatis,ſæ=
penumero contra aquilas & uultures pugnare aiunt, Gillius. Herodius, qui uulgo girſalco dici=
tur,aquilam quoq‹ uincit,Gloſſa Biblica. Falco montanus miræ eſt audaciæ,ita ut aliquādo aqui=
lam inuadat, ut in eius hiſtoria diximus. ¶ Cymindis ſiue chalcis , qui accipiter nocturnus eſt;
bellum internecinum gerit cum aquila, cohærentesq‹ ſæpe prehenduntur, Plinius & Ariſtoteles.
¶ Diſsident olores & aquilæ, Plin. Aquilæ pugnat olor , uinciteq‹ eam ſæpius, Ariſtot. Et alibi,
Aquilam ſi pugnam inceperit repugnantes uincunt : ipſi autem nunquam niſi prouocati inferunt
60 pugnam.quod & Athenæus ex eo repetiit, ſed in ſingulari numero, cum Ariſtoteles (hoc quidē in
loco,lib.9.cap.12. nam ſuperius cap. 1. aquilam à cygno uinci ſcribit) in multitudinis numero cyg=
nos aquilam uincere ſcribat.quod ueriſimile eſt,ſi cygni plures, cum ſit auis gregaria, aquilā unam

p 2

aggrediantur, ſin aliquando ſingularem cygnum inuenerit aquila, aut ab alijs eum auerterit, non
mirum eſt ſi uincit. Cygnus ab aquila ſæpe hoſtiliter appetitur, nunquam tamen uincitur. ſed eam
prouocantem animi non ſolum robore, ſed iure etiam optimo uincit, Aelianus. Si qua auium ra-
pacium(inquit Albertus)ut uultur uel aquila inceperit pugnam cum cygnis, defendunt ſe fortiter,
ipſi tamen pugnam non incipiunt: & aliás uincunt, aliás uincuntur. Tempore enim noſtro multis
uidentibus ex ſocijs noſtris pugnauit aquila cum cygno:& euolabant ſimul in aëre adeò ſublimem
ut uiſum noſtrum effugerent; demum poſt duas ferè horas deciderunt. erat autem aquila uicirix &
ſuperior cygno. tum accurrente miniſtro noſtro ut cygnum caperet, aquila fugit. Qualis ubi aut
leporem, aut candenti corpore cygnum Suſtulit alta petens pedibus Iouis armiger uncis, Vergilius 9.Aeneid. Aquila etiam cum ardeola pugnat. unguibus etenim ualens aggreditur, hęc autem **10**
repugnando emoritur, Ariſtot. Grues cum ſe ab aquila impeti perſpiciunt, in orbem conſiſtunt,
& contractæ in ſinum falcatæ‿, ac tanquam in aciem ſtructæ, ſpeciem pugnæ oſtendunt: quare
aquila regreditur, Aelianus. ¶ Ammianus Marcellinus anſeres dicit in Tauri montis tranſitu
propter aquilarum pauorem lapillis ora implere ne clangant. uide ſupra in Anſeribus feris c.
ἃς ὅτι χίω᾽ ἠρπαξ᾽ ἀππαλομθμίω φῇ οἴχω, Homerus. ¶ Neſtotrophium contegitur clatris ſuperpoſitis uel grandi macula retibus, ne aquilis aut accipitribus inuolandi poteſtas ſit, Columella. Anates ab aquila quomodo ſe defendant, lege ſupra in Anate D. quanquam anates feras in aquis marinis haliæetus potius, id eſt aquila marina inuadit: morphnus uerò, quæ & neſſophónos, id eſt anataria ab anatum cæde nuncupatur, in dulcibus ut conijcio. ¶ Veſtibulum in quo cohortales aues
aluntur, retibus munitum ſit, ne aquila uel accipiter inuolet, Columella. Albæ gallinæ propter in-**20**
ſigne candoris ab accipitribus & aquilis ſæpius abripiuntur, Columella.

¶ Clangorem aut aquilarum aut uulturum facile columbæ ſpernunt, non item circi & marinæ
aquilæ, Aelianus. Et ſi aquilas conflictationibus cornices eludere ſtudent, has tamen illæ præclarè
contemnunt, & deorſum ferri ſinunt: ipſæ uerò ſurſum ſubuolantes, æthereum locum ſecant, quod
quidem ipſum non cornicum timore agunt.(Quiſnam hoc dicat, qui planè ſciat aquilarũ uim:) ſed
potius propria quadam animi magnitudine earum infra ſe uolantiũ lapſus facile patiuntur, Aelianus. Apud nos pugnãt cum aquila cornix & pica & monedula & huiuſmodi aues, eò quòd aquila deuorat eas. Vidimus enim aliquando cornices & picas deplumantes aquilam, quæ reſidens in
arbore patienter iniuriam diſsimulabat: propter quam diſsimulationem cornicula quædã propius
accedens rapta eſt ab aquila & deuorata, Albertus. ¶ Chenalopex audax eſt in ſelem & aquilam **30**
à quibus infeſtatur, Aelianus. ¶ De aquilæ pugna cum cygnis ſæpe uincentibus, ſuperius dixi.
¶ Aquila & ciconia cauſam pugnæ habent quòd una comedit ciuą alterius, Albertus. Et alibi, Ciconia aquilas etiam inſequitur tempore pullorum, & cætera rapacia. & ſi ſola non ſufficit, aduocat
alias. ¶ Herodius altiſsimè uolat ut de præda circunſpiciat, & propter auium æmulatiõe.nam
aliquando aues quædam leues ſuper eam euectæ deplumant eam. Aues etiam magnæ ſi ſublimitate
eam excederent, ut grues & ciconiæ roſtrorum mucrone interimerent eam, Albertus. ¶ Falco
ſacer aquilam ferè magnitudine æquat:& ſub ipſo nec aquila uolat, nec ulla auis rapax propter metum: ſed ſtatim hoc uiſo cæteræ aues cum clamore fugiunt, Idem. ¶ Aquilæ hoſtes ſunt ſitta &
trochilus. ſitta enim oua aquilæ frangit.aquila tum ob eam rem, tum etiam quòd carniuora eſt, aduerſatur, Ariſtoteles. ¶ Apud Nigidium ſubis appellatur auis quæ aquilarum oua frangat, Plinius. **40**
Aquila cum auicula trochilo, cui & ſenatoris & regis nomen, pugnare fertur, Ariſtot. Aquila &
trochilus diſsident, ſi credimus, quoniam rex appellatur auium, Plin. ¶ Vultures & aquilæ hoſtes inter ſe ſunt, Aelianus. Aquilam uultur timet, Philes.

¶ Diſsidet aquila cum dracone. ueſcitur enim aquila anguibus, Ariſtot. Aquilæ alarum crepitum ubi primum draco auribus perceperit, in latebras ſtatim abditur, Aelianus. Aquilę non unus
hoſtis ſatis eſt, inquit Plinius, (dixerat autem proximè de primi & ſecundi generis, hoc eſt melanæeti & pygargi aduerſus ceruum pugna. ſed quæ hic aduerſus draconem deſcribitur pugna aquilæ ſimpliciter tribuenda eſt, quod & alij authores faciunt: acrior eſt cum dracone pugna, multóą
magis anceps, etiamſi in aere. Oua hic conſectatur aquilę auiditate malefica: at illa ob hoc rapit ubicunque uiſum.Ille multiplici nexu alas ligat, ita ſe implicans, ut ſimul decidat. Aquila infeſto ani-**50**
mo contra draconem pugnat: draco quidem ex fruticibus prodiens, facile aut ouem aut leporem
eximit ex unguibus aquilæ.Et interea dum hic cum aquila pugnat, lepus ſeſe in fuga dat: & draco
fruſtra oculos in aquilam retorquens, eam perſequitur, quod in ſublime elatam attingere non poſſit, Gillius ex Nicãdro. Aquilam ferunt ubicunq̃ uiderit ex alto ſerpentem, magno mox ſtridore
oppreſſum laniare:& poſtquam extracta de uiſceribus uena decerpſerit, adhuc(forte, ſuctu)fau-
cium deuorare, & uirus quod inerat extinguere, ueneno calore decocto, Iorath. Ariſtoteles uidetur dicere uulturem cum dracone pugnare, quod non eſt uerum:(nuſquam hoc ſcribit Ariſtoteles,
ſed Auicenna aut eius interpres uulturem cum aquila ſæpe confundit:) ſed neą aquila omnis cum
dracone pugnat. Sed quoddam aquilæ genus eſt paruum, quod uenatur ſerpentem quendam qui
draco generali uocabulo nominatur. Aquila etiam cum tyro (uipera) & dracone pugnat pro ani-**60**
malibus quæ aliquando uenantur, dum alter alteri prædam auferre conatur, Hæc Albertus. Vtą
uolans altè raptum cum fulua draconem Fert aquila, implicuitą pedes, atque unguibus hæſit
                                                   Saucius

Saucius at serpens sinuosa uolumina uersat, Arrectisq; horret squammis, & sibilat ore, Arduus insurgens: illa haud minus urget adunco Luctantem rostro: simul æthera uerberat alis, Vergilius Aeneid. XI. His addam ex Aeliano historiam prolixiorem quidem, sed memorabilem: Decem (inquit) & sex uiri frumentum in area baculis excutientes, uastissimis solis ardoribus cum ardentissime sitirent, unum ex suis ut aquam de proximo hauriret fonte, miserunt: Is messoriam falcem in manibus habebat, & in humeris situlam gestabat: ubi uero ad fontem uenit, aquilam extricatissime offendit serpente circumplicatam, iam iam proximam ut strangularetur. in eam, ut sæpe solet, inuolauerat: ueruntamen non suarum fraudum compos in ea ipsa expugnanda euaserat. at enim spiris illius circumuenta, uicina erat ad pereundum. Agricola uel quòd non ignoraret, uel quòd auditione accepisset aquilam Iouis nuntiam & ministram esse, & item quòd egregie teneret feram bestiam esse, falce serpentem ab aquila abscidit, & uinculis eam, unde effugere non poterat, exsoluit. Cumq; his obiter gestis reuertisset, atque hausta aqua uinum temperatum omnibus ministrasset, ij quidem auidissime bibere ingrediuntur: is autem qui aquam hausisset, iam post illos bibiturus erat (nam tum famulus non compotor erat) ad labra poculum cum admouisset, seruata aquila circum locum illum etiam nunc uersans, sic in poculum inuolauit, ut potio effunderetur (ut scyphus frangeretur, Io. Tzetzes 3.134.) Ille quòd grauiter sitiret indignatus ait: Hanc ne gratiam, cum sis illa (nam auem recognoscebat) tuo conseruatori refers? itáne Iouem gratiarum inspectorem & præfectum uereris? Cum hæc elocutus se ad alios conuerteret, uidet ex uenenata potione palpitantes, extremum spiritum efflare. Serpens, ut conijcere licebat, suo ueneno fontem imbuerat. (Aquila serpentem scilicet uiderat uenenũ euomentẽ in uas (quo aqua hausta fuerat, uel è quo bibebant) Tzetzes.) Itaq; redemptionis præmium ei qui se conseruasset, aquila cum pari salute compensauit. Hæc dicit Crates Pergamenus, & Stesichorus in quodam poemate graui & antiquo, & in uulgus haudquaquam peruulgato. Hæc omnia Aelianus.

¶ Idem Aelianus polypi cum aquila pugnam his uerbis describit: Quum in saxum (inquit) non admodum è mari eminens polypus aliquando correpens ascendisset, ibiq; explicatis alis summa cum uoluptate, quòd frigida tempestas esset, à tepore solis calesceret, neque sanè se in saxi colorem uertisset, quod quidem ipsum cum ad declinandas, tum magis ad moliẽdas piscibus insidias facere solet, aquila acris & acuta in uidendo, prędam, si non sibi futuram bonam, attamen paratã & promptam sibi & suis pullis perspicue cernens, quanto potuit maximo alarum impetu in polypum insiluit: Sed & piscis hic circumplicantibus aquilam & pertinaciter adhærescentibus cirris, in profundum detraxit, hostem capitalissimam, simul & interfecit: quæ quidem Lupus hians (ut est in prouerbio) inani spe illusa, deinde in mari mortua fluitabat. Legitur in eandem rem Antipatri Thessali epigramma libro 1. Epigrammatum Græcorum, titulo In pisces inscripto. In Creta ui tauros inuadi ab aquila chrysaëto siue stellari dicta solere in hunc modum narrant. Interea taurus secum abijcit ad pastum, ex insidijs aquila in ceruicem inuolans, crebras illi ac acerrimas plagas rostro infligit. Ille tanquam asilo excitatus, primum incenditur ad cursum, deinde quà potest se in fugã confert. Quandiu in plano & stabili loco fertur, ab aquilæ molestia requiescit, ea nimirum quoad in planiciem excurrit, nihil ei negotij exhibet, at quieta uolans illum acerrime obseruat, quacunq; ingreditur. Cum illum proxime ad præcipitem locum ac decliuem accessisse uidet, explicatis in orbem alis, illius oculos quatit, & ea quæ ante pedes sunt, nihil illum prouidentem, magna ui præcipitem agit, laniatuq; uentrem appetens, quantum eius cupiditas fert, nullo deinde negotio præda potitur. Ab aliena præda se continet. nihil enim tale etsi humi iacet attingit, sed ex suis laboribus gaudet, atque à communicando cum alijs se sustinet. Posteaquàm expleta atq; exsaturata est, sua aspiratione graui & tetra reliquias imbutas relinquit, alijs iam ad usum ineptas, Aelianus.

E.

Accipitrum uel aquilarum pullos fune longissimo ab excelsis montium rupibus in sportis demissi auferunt è nidis, Albertus. Aquilas quicunq; Caucasum habitãt inimicas habent: quamobrem illarum nidos ubicunq; apparent, igniferis sagittis incẽdunt, laqueos insuper ad eas capiendas tendunt, Prometheũ ulcisci dictitantes, Philostratus in uita Apollonij. Falcones & herodij eiecti à parentibus, & retibus aucupum capti in regionibus ubi nunquam nidi eorum inueniuntur, peregrini uocantur, Albertus. ¶ Plura aquilarum esse genera satis notum est, quorũ ad uenationem nonnullis utimur, Grapaldus. Aquila capi debet adhuc parua. solet enim audacia & ingenio per ætatem proficere. quare difficilius adulta capitur, Tardiuus. Aquilæ cicurantur, quæ partæ scilicet nidis exemptæ fuerint. nam illas quæ in feritate adoleuerunt non tutò cicuraueris. quoniam facile propter audaciam suam & robur instruentis faciem aliásue partes grauiter læderent. Mansuefiunt autem ut hominibus uenatu acquirant quaslibet aues magnas: præcipuè uerò ut canum auxilio capiant lepores, cuniculos & capreolos. Qui aquilam ad uenationem effert, debet esse robustus, ut pondus eius sustinere posit. Et statim cum uiderit prædam à cane deprehensam, aquilam consuetam & instructam dimittet, quę semper super canes uolabit, & cum leporẽ uiderit subitò descendet & capiet eam, Crescentiensis. Herodius cicur super manu sedens gestari non potest, sed potius brachio toto sustineri debet ab humero ultra manum pelle ceruina munito, & cum uolare conatur, dimittenda est ne brachium gestantis lædat. itaq; aut coopertis fertur oculis, aut cum uolare

P 3

cupit dimittitur. Reuocata, redit ad brachium aucupis, ut uel prædã adepta uel frustrata, quiescat,
Albertus. ¶ Rubeus color laudatur in aquila & oculi profundi, præsertim si nata sit in montibus occidentalibus, Tardiuus. Plura leges quod ad electionem aquilæ, supra in B. ¶ Quũ aquila
uolans caudam extendit, & se circa illam conuertit, & uersus plagam aliquam ascendit, signum est
meditantis fugam: Item si non descenderit ad sonum pastus offerendi: nisi forte nimis satura est, aut
nimium obesa. Ne igitur fugiat, cõsue pennas caudæ ipsius ne extendere possit, nec ad uolatum eis
uti. aut depluma ambitum podicis, ita ut podex nudus appareat. sic enim propter frigiditatem aeris
sublimis, non conabitur tam altè uolare. Verum tunc timendum est illi à cæteris aquilis, quas propter caudam consutam euitare non poterit, Tardiuus.   Quum aquila pugno relicto circa illũ uolat, aut in terra, signum est fugitiuæ. quòd si periculum sit, ne tempore illo quo aues libidine incen- 10
sæ generationi operam dant, aquila aufugiat, dabis ei in cibo arsenicum siue auripigmentum rubeum, quod libidinem eius extinguet, Idem.   Quum aquila dominum suum circunuolat, sic ut nõ
longe ab eo recedat, signum est fugitiuam non futuram, Idem.   Aquila (fera) capit accipitrem &
quamuis aliam auem rapacem, aquilam quoqǽ cicurem, quum uiderit eas gestare lora pedum, cibi
id aliquid esse putans. hoc periculum igitur euitandi causa lora pedum aquilæ cicuri, aut cuius aui
rapaci uolaturæ, adimito, Tardiuus. Aquilæ quædam cicuratæ in Tartaria etiam in lupos insilire,
eosǽ in tantum diuexare non dubitant, ut ab hominibus sine labore & periculo capi possint, Paulus Venetus. Lepores & uulpes (inquit Aelianus) ad hunc modum Indi uenantur, neqǽ enim ad
capturam eorum canibus egent: aquilarum & coruorum & miluorum pullos educunt, ad uenatio-
nemǽ instituunt. Instituendi ratio hæc est: Primum ut ad leporem & uulpem mãsuefactos carnem 20
appenderunt, eos de manibus dimittunt, ad quos à tergo insequendos auibus emissis fruendæ carnis ad eos ipsos alligatæ potestatem concedunt. Aues autem acriter insequuntur, & simul
ut uel hanc, uel illam ceperint, præmium pro captura carnem consequuntur. Hæc nimirum apud
eos prosequendi has bestias maxime illecebra est. Postea uero quàm eas exactè ad uenandi scientiam erudierunt, in montanos lepores, ac feras uulpes emittunt. aues consueti prandij spe quæ ex
obiecta præda eis ostenditur, & insequuntur, & celeriter comprehendunt: atqǽ, ut Ctesias ait, quod
ceperunt, dominis reportant, non plane insciæ pro carne illa prædæ domesticæ antea appensa, se ex
fera præda nunc uiscera habituras esse. Nutritur aquila omni genere carnium, nec facile morbo
corripitur, cum leporẽ ceperit, pascatur eo sæpius, ut postea libentius persequatur, Crescentiensis.
Plura de cibo aquilæ uide supra in C.   30

¶ Qui prope nidum aquilæ habitant, unum ex pullis eius (accedentes ad nidum armati, præcipuè capitibus, timore aquilæ) auferunt, & ad palum alicubi alligant. Tum illi uociferanti parentes
adferunt lepores & cuniculos, si in locis illis reperiantur, & gallinas & anseres, quæ accolæ sibi colligunt. interdum feles ac uulpes, nuper quidam pullo sic alligato gallinam attulerunt cum pullis ali
quot intra pennas matris, qui sine ulla læsione ab accolis collecti & nutriti sunt, Crescentiensis.
Aquilæ magnæ & feroces in Liuonia regione Septentrionali (inquit Albertus) piscibus, auibus, &
quadrupedibus pullos suos nutriunt. Incolæ autem nidis exemptos sub arboribus ponunt aluo ligata uel consuta, ut cibi appetitum amittant. Parentes uero nihilominus auiũ pisciumǽ prædam
apportant, quam incolæ colligunt ut se & familias pascant. interdum tamẽ soluunt pullis anum ne
moriantur diutius. Et aliquando quidam, ut ab illo ipso homine fide digno 40
accepi, in uno nido aquilarum antequam pulli complerentur, plus quàm trecentas anates, & supra
centum anseres, lepores circiter quadraginta, & plurimos magnos pisces collegit.

¶ Aquilæ, uel cuiuslibet trastæ alitis pinnis quæ rigorem habent, alucaria emundentur qua par
te emundari non poterunt, Columella. Scythæ, & imprimis Androphagi ex eis & Melanchlæni
& Arimaspi aquilarum ac uulturum ossibus ad tibias utuntur, ἀετῶν καὶ γυπῶν ὀστία αὐλητικῶς ἐμ-
πνέον, Pollux.

F.

Aquila Deuteron. 14. & Leuit. 11. inter aues immundas recensetur. Aquilæ cibum nobis interdixit legislator, ut & aliarum rapacium, insinuans nullo commercio illis hominibus qui per rapinam uiuunt coniungi nos oportere, Clemens lib. 3. Pædagogi & Stromateon 5. Aquilam, haliæę 50
tum, uulturem & huiusmodi sublimipetas ac rapaces aues, Moses in cibo prohibuit, fastum scilicet
supra alios se extollentem & rapacitatem damnans, Procopius.

G.

Vultur eadem omnia potest quæ aquila, sed infirmius. pro uulture etiam absente accipiter sub-
stituetur, sed minore efficacia, Kiranides. Aquila quomodo mactari, & ut singulæ eius partes ad
remedia ualeant, adiurari debeat, idem author lib. 3. superstitiosissime describit. ¶ Pellis aquilæ
curata diligenter cum plumis suis, & uentri stomachoǽ pro fascia apposita, colicos magnifice adiu
uat & stomachicos; & eos qui colicam (uitio) stomachi patiuntur, liberat, & concoctionem iuuat,
Kiranides. ¶ Aquilæ pennam uel alam si quis ponat sub pedibus mulieri in partu laborãti, mox
pariet. ubi uero primum pepererit, tolles pennam, Kiranides. ¶ Ad cephalalgiam magnum mi- 60
raculum: Os capitis aquilæ alligatum patienti in corio ceruino sanat. tempora uero aquilæ
hemicraniam curant, dextrum dextro alligatum, sinistrum sinistro, Kiranid. Ad dolorem hemis
cranij:

cranij:Aquilæ capitis os, aut uulturis, dextrum dextro lateri dolenti, siniſtrũ siniſtro appende, Galenus Euporiſt.3.34. ¶ Cerebrum aquilæ cum oleo & modica cedria inunctium, ſcotomaticos &
omnem capitis affectum ſanat, Kiranid. Cerebrum perdicis aut aquilæ in uini cyathis tribus mor
bo regio reſiſtit, Plinius. Oculis aquilæ cerebro aut felle inunctis claritatem uiſus reſtitui dicunt,
Idem. his quidam uerba eodem in loco ſequentia, cum melle Attico, adiungunt:alij ad ſequens medicamentum referunt. Et alibi, Aquilæ cerebro uel felle uiſus claritatem reſtitui & ſuffuſiones curari dicunt. Hepar aquilæ ſiccum & tritum, cum proprio ſanguine ac oxymelite per dies decem
(potum)epilepticos ſanat, Kiranides. ¶ Fel omne acre eſt & calfacit, ſed aliud alio magis aut minus: aquilinum inter efficaciſſima numeratur, Dioſcor. Accipitrum & aquilarũ fella nimis acria
10 ſunt, quin etiam exedunt, quod uel colore ſuo ærugineo teſtantur, qui tamen interdum niger reperitur, Galenus de ſimplicibus 10.13. Apud eundem de compoſit.ſec. locos 4.7. fel aquilæ miſcetur
ocularibus compoſitionibus ad ficoſas aliaſҩ eminentias, & oculorum ſuffuſiones, &c. De uſu
huius fellis ad oculorum claritatem reſtituendam, & emendandas ſuffuſiones, Plinij uerba recitaui
paulò ante inter remedia ex cerebro aquilæ. Aquilæ quam diximus pullos ad contuendum ſolem
experiri, mixto felle cum melle Attico inunguntur oculorum nubeculæ & caligationes & ſuffuſio
nes, Plinius. ſcripſerat autem hoc facere haliæetum, ſed alij hãc facultatem ſimpliciter aquilino felli
adſcribunt. Oculis hebeſcentibus felle aquilæ cum melle Attico inunctis, uiſus præſtatur acutiſ-
ſimus: ut non ſibi tantum ſed hominibus quoҩ acutũ cernant aquilæ, Aelianus. Idem remedium
Sextus ad ſuffuſionem oculorum commendat. ſed quidam (inquit)illud magis prodeſſe credunt,
20 qui his medicamentum hellebori l.ʃ.aut dimidiam myrrhæ, tantundé mellis Attici, obtemperatam
faciuntinunctionem, (ſed uidentur hæc uerba corrupta.)compoſitio forte talis eſt, ut fellis & hellebori ana 3.ʃ. myrrhæ & mellis Attici ana 3.ſ.ad inunctionẽ miſceantur. Fel aquilæ cum ſucco pra-
ſij herbæ myrrhaҩ & melle fumum non experto, inunctum oculis , omnem obſcuritatem & hebetudinem tollit, nec ullum in eis uitium fieri ſinit, Kiranides.
¶ Tuſſi medetur lingua aquilæ collo ſuſpenſa, Galenus Euporiſt.3.37.
¶ Ad lumborum dolorem, aquilæ pedes euellunt in aduerſum à ſuffragine, ita ut dexter dexteræ partis doloribus adalligetur, ſiniſter læuæ, Plinius.
¶ Stercus anſerinum præ nimia acrimonia inutile eſt. conijcio autem ita eſſe & accipitrum &
aquilarum. Verum ſugiẽda eſt materia omnis eiuſmodi quæ difficulter comparari poteſt, Galenus.
30 Verrucas & myrmecias fimus aquilæ illitus curat, Kiranides. Florẽtinus in Geoponicis confirmat illuc nunquam acceſſurum ſerpentem, ubi aquilæ aut milui fimus cum ſtyrace in ſuffimentum
fuerit adhibitus. Aquilæ fœminæ ſtercus cum melle ſynanchicos ſanat, & quaſuis paſſiones circa
collum,& ad tuſſes prodeſt, Kiranides. Fimus aquilæ ſuffitus, in partu laborantes adiuuat mulieres, & corruptos fœtus educit, & ſecundas extrahit, Idem.
¶ De aëtite lapide quem Latinè aquilinum dixeris, aut aquilæ lapidem, ut Sextus. Quòd aqui
læ hunc lapidem, & quam ob cauſam, in nidos imponant, ſuprà in c. docuimus. Tribus primis
aquilarum generibus, (hoc eſt melanæeto, pygargo, morphno) & quinto (hoc eſt, gneſio) inædifi-
catur(forte non ſimpliciter imponi, ſed cum reliqua materia intertexi & implicari ſentit) nido lapis
aëtites, nihil igne deperdens, Plinius. Eſt autem lapis iſte prægnans, intus cum quatias alio uelut
40 in utero ſonante, Idem & Dioſcorid. Aquilæ lapis in uentre eius aut in nido inuenitur, Sextus.
Aëtites lapis gignitur in Euphrate fluuio Parthiæ, Chryſermus apud Stobæum. De aëtite nõ con
ſtat:ſunt qui è montibus Caucaſeis, alij ab Oceani littore peti tradunt, colore candidiſſimo, ſpiritu
grauidum, qui etiam ex agitatione ſonum ædat:ita potentem ut aquæ bullientis in lebete ſeruorem
extinguat, Oppianus in Ixeuticis. Aëtites duas naturas habet. alter rarus & inanis eſt, alter den-
ſus ac ſolidus, Zoroaſtres in Geopon.15.1. Aëtites lapis (inquit Plinius 36. 21.) ex argumento nominis magnam famam habet. Reperitur in niſis aquilarum, ſicuti in decimo uolumine diximus.
Aiunt binos inueniri, marem & fœminam : nec ſine ijs parere quas diximus aquilas, & ideo binos
tantum. Genera eorum quatuor, In Africa naſcentem puſillum & mollem, intra ſe ac ueluti in aluo
habentem argillam ſuauem, candidam, ipſum friabilẽ, quem fœminei ſexus putant. Marem autem,
50 qui in Arabia naſcitur, durum , gallæ ſimilem , aut ſubrutilum, in aluo habentem durum lapidem.
Tertius in Cypro inuenitur, colore illis in Africa naſcentibus ſimilis, amplior tamen atҩ dilatatus:
cæteris enim globoſa facies, habet in aluo harenam iucundam & lapillos, ipſe tam mollis ut etiam di
gitis frietur.Quarti generis Taphiuſius appellatur, naſcens iuxta Leucadem in Taphiuſa (oppido
Cephaleniæ,)qui locus eſt dextra nauigantibus ex hac ad Leucadem, inuenitur in fluminibus, can
didus & rotundus. huic eſt in aluo lapis qui uocatur callimus, nec quicquam tenerius, Hæc Plin.
Apud nos(inquit Ant.Braſauolus Ferrarienſis medicus)duo genera ſunt, alterum album marmoris colore & effigie: alterum nigrum, ſubnigrum, uel cinereum. Vocant & lapidem prægnantem
quòd intus alterum lapidem album contineat, qui ſonat ſi quatiatur. In aquilarii nidis nunquam ſcri
bunt ueteres, quod nos nunquam fieri putamus. Frequens eſt in Apulia monte Gargano, & uarijs
60 Apennini locis. Albus in fluminibus inuenitur, (præcipuè circa initia riuorum & fluminum.) Ex
Armenia alioqui Alexandriam uehitur, inde Venetias. Abutuntur eo quidam ad multas ſuperſtitiones & uanitates, hoc uolunt furta detegi , hoc non poſſunt etiam optima cibaria edi , hoc futura

P 4

prædicere tentant,hoc deprehenduntur uxorum furta. Hæc Brasauolus. Lapis aquilæ inuenitur
in India inter Chimonas & Sarandin, (aliàs Chimoas & Saradi.)Græci antarron(uox apparet corrupta,forte à Græca apud Dioscoridem καπόκιον,nisi potius καπόκιον legendum est,est enim(inquit)
aëtites καπόκιον ἐμβρύοιο,hoc est amuletum retinens fœtus)id est alleuiantem partus. Reperta est autem huius lapidis facultas ab ipsa aquila. nam cum aquila fœmina paritura est oua,mas ei hunc lapidem ex India allatum supponit,ut facile & minori dolore pariat,Serapio. Hic lapis ex India adfertur,similis castaneæ,nisi quòd habet colorem nebulæ uel pulueris, (aliàs, colorē uellereum,forté
cinereum)& cum agitatur, lapillus alius interior auditur, qui fracto exteriore apparet sicut auella-
na,ad albedinem declinans,Rasis apud Serapionem.idem alibi(inquit Serapio)hunc lapidem ouo
simulem facit.Multa crudite de aëtitis eorumᵺ differentijs scribit Georg. Agricola lib. v. de natura 10
fossilium. Vt belemnites(inquit)aut terram aut arenam aut lapidē in se continet, ita geodes amplectitur terram:aëtites lapidem uel arenam , enhydros liquorem. sed hi differunt à belemnite figura.
nam pleriᵺ omnes in speciem orbis globati sunt, sed modo absoluti, modo cōpressi. eum certe qui
complectitur terram Plinius aliàs in aëtitis numerat , aliàs geoden uocans separatim persequitur.
Dioscorides geoden ab aëtite distinguit:quòd ille terram,unde ipsi nomē impositum, hic lapidem
contineat.adeò certe magnam cognationem inter se habent,ut ex eadem constent materia,non aliter ac belemnitæ diuersas res etiam ipsi continentes,ut ferè in eodem loco gignantur.gignuntur au
tem in Saxonibus ad Hildesheimum;in Misenorum montibus ad Salam, & nō longe ab Aldebergo,ac uerò etiam sub arce Motestha,inueniuntur uerò cum torrentes ex magnis & assiduis imbribus terrā eluunt.Dictus est aëtites uel à colore aquilæ candicante cauda,ut sentit Plinius;uel quòd 20
in aquilæ nidis reperitur.Misenus nō longe ab Aldebergo repertus in rutilo niger est,(&c.omitto
enim differentias eorum quas adfert mox à colore,odore,figura,magnitudine,duritie,asperitate et
contrarijs,postremò à contentis.)Quidam cum quatiuntur, sonum non ædunt, quòd calculi intus
adhæreant:sonant uerò in quibus illi liberi ac soluti intus iacent. Nec uerò pæantides, gemonides
etiam uocatæ,quæ in Macedonia inueniuntur iuxta monumentum Tiresiæ: nec cissites qui nascitur in Aegypto circa Copton:nec gasidane,quam Medi & Arbelitæ mittunt,alij sunt lapides quàm
aëtitæ candidi.quia enim ipsi medentur parturientibus,pæantides uocatur : quia prægnantes quasi
fiunt & pariunt alterum lapidem,appellantur gemonides ; quia concipiunt, cissitæ (sed ita cysitæ
potius per y.dici deberent)nomen inuenerunt. Gasidanæ uocabulum peregrinum est , tamen quia
concipere dicitur, & intra se partum fateri concussa,satis intelligimus etiam aëtiten esse. Vertùm de 30
his lapidibus quisᵺ quod sibi uidebitur uerius sentiat. Omnino autem iam dicti lapides sunt hi,
quos Theophrastus & Mutianus parere crediderunt. Enhydros quoque ad aëtitas pertinet, Hæc
Georg.Agricola. Aëtitæ genus unum(inquit Christoph.Encelius) prægnans est arena & lapillis.
aliud chelonitide(sic uocat impropriè lapidem cui species sit conchæ,pectinis aut strombi,)aliud si-
licem candidum continet.talem ego ad Albim inueni,candidum,subrotundum,durissimum,in cu
ius superficie cellulæ erant tanquam in fauis apum:cuius speciem alteram aliquãdo extra matricem
(lapidem continentem)inueni solam,pisei quadã forma. ¶ Vidi ego aëtiten magnitudine & forma paruæ pilæ lusoriæ,planè rotundum,ex ruffo albicantem. & alterum oblongiusculum, angulo-
sum(tribus aut quatuor angulis)spadiceum ferè uel magis fuscum : longitudine pollicis transuersi,
crassitudine minimi digiti ferè. uterᵺ lapillum continebat, item alium ex Palæstina allatum , aspe- 40
rum sabulo,nigricantem,latum,qui arenam continebat. alium deniᵺ oui figura. Aëtites siue geo
des quem aperui dùm hæc scriberem,ruffus erat,magnitudine pruni, terra siue argilla prægnans al
bicante,glutinosa,terræ sigillatæ uulgaris colore saporeᵺ. crustam quoᵺ ambiētem ex eadem substantia induruisse gustus prodebat.crusta quidem potītius quàm argilla siccare & astringere uidebatur. Eadem,ut conijcio,generatur cum argillæ exiguæ massæ (possunt autem in aquis & fluuijs
uolutatione offensioneᵺ tum diuidi in exiguas partes, tum in figurā rotundam redigi)per superficiem frigere indurantur : aut forsitan etiam calore , siue Solis, siue ex terra subeunte , uel temporis
diuturnitate. Exiccatis autem exterioribus & in crustam conuersis, tanquam in noui generatione,
interiora molliora manent & humiditatem suam conseruant,ut quæ per crustam nimis densam eua
porare non possit. Quòd si fortuitò massula non mera argilla constet, sed lapillum arenásue conti- 50
neat, ea quoᵺ in medio relinquuntur , crusta ambiente propter exiccationem se contrahente , mi-
nusᵺ loci occupante.quare spacium aliquod inane relinquitur.unde sonitus.Hæc quidem de gene
ratione & differentijs aëtitæ obseruaui. & ut naturam quoᵺ eius experirer, bis unum huius generis igne candefeci,qui nihil inde lædi aut mutari uisus est, ne colore quidem: ut conijciam eandem
ferè eius substantiam esse,quæ argillæ illius ex qua uascula fusoria aurifabrorum fiunt. ¶ Vultures quum cœperunt oua incere, aliquid afferunt ex Indico tractu, quod est tanquam nux, intus habens quod moueatur,sonumᵺ subinde reddat. Quod ubi sæpe apposuerunt,multos fœtus produ-
cunt:sed unus tantum remanet qui immusulus uocatur, Textor. ¶ Chymistæ aëtiten pro chryso
litho,& porphyrite , & chrysochromo cognomine Macedonico , & polychromo accipiunt, Hermolaus in Corollario. Ocytocius lapis est minor aëtite, planus tactu & resonans, Kiranides 1.24. 60
Et alibi,Aëtites lapis rubeus est colore ut cera. gestatus seruat in utero fœtus, & abortus prohibet.
est enim ocytocius,(forte καπόκιον,ut Dioscorides habet.) ¶ Lapis echites(corrupta uox pro aëtite)id.

tê)id est aquileus,gemmarum optima est,coloris punicei,& uocatur ab aliquibus herodialis (ab in=
doctis scilicet,qui herodium ut dixi in A.pro aquila maxima & nobilissima accipiūt)eo quòd aqui=
læ eum in nido ouis suis apponant , Albertus. Aetiten aliqui dixere gagaten, (aliás gagiten,) Pli=
nius.Seruius quoq; aetiten nominat gagaten,sed gagaten scimus esse longe diuersum lapidem,qui
cum uritur odorem sulphureum reddat , ut Plinius alibi scribit:aut bituminosum resinæ ue ut Dio=
scorides & Orpheus.Itaq; non potest nihil igne amittere,neq; frigidissimus esse, quæ duo aetitæ at=
tribuuntur.quanquam de gagate Plinius refert, uti eo magos in ea quam axinomantiam uocant,
& peruri(inquit)negant, si euenturum sit quod aliquis optet, sed magicum hoc , non naturale est.
Strabo gangiten in Armenia repertum scribit quo serpentes fugentur,hunc(gagiten seu aetiten Pli
10 nij)an alium accipiat,nondum liquet,Hermolaus. Mihi uero dubium non est, quin gagaten intel=
lexerit Strabo. hoc enim tantum serpentes fugari authores scribunt, non etiam aetite. Alius ab
aetite est gagates uel gangites lapis, quem Nicander ἐγγαγγίδα πέτραν dixit, medicis notus, Cælius.
Cæterum cum aetites igni resistere possit,teste Plinio : & aquæ bullientis in lebete seruorem extin=
guere,ut Oppianus scribit, (alij idem de iaspide tradunt) eo quidem nomine pyrimachus dici pos=
set.Sed alius est lapis pyrimachus cuius meminit Aristoteles lib.4. de Meteoris, scribens illū quo=
que ut ferrum igne uehemente liquari:& quod ab eo igne soluto fluat,rursus concrescere & durari.
Eiusdem & Theophrastus meminit in libro de lapidibus, Interpretes Aristotelis qui nam hic lapis
sit,non docent,aliqui recentiorum pyritem esse suspicantur. Pyrimachum aliqui alabastrum esse
dicunt,quod non credo: alij lapidem e quo ignis ferro excutitur, Niphus. Bellonius in Memora=
20 bilibus suis capite 53. lapidem quendam describit, quem Græci uulgo asbeston , alij uarouitnicon
nominent,&c. qui an sit pyrimachus , inquirendum est. Est & amiantus lapis alumini similis qui
nihil igne deperdit ut scribit Plinius, sed hunc non puto liquari, ut neq; aetiten. liquari enim & ni=
hil deperdere, forte solius auri est.

¶ Aetites ad multa remedia utilis est. sed uis illa medica non nisi in nido direptis, Plinius. Et
alibi,Lapis aetites in aquilæ repertus nido,custodit partus contra omnes abortuum insidias. Aeti
tæ omnes grauidis adalligati mulieribus uel quadrupedibus, in pelliculis scarificati, uteri animaliū
continent partus,non nisi parturiant,remouendi, alioqui uuluæ excidunt. Sed nisi parturientibus
auferantur,omnino non pariunt,Idem 36.20.est autem obscurum quid sibi uelit per hæc uerba sca=
rificati uteri:& forte corruptus est locus:malim ego, lubrici uteri animalium,ex Dioscoride. Aeti=
30 tes mulieribus commodus abortibus aduersatur, Aelianus. Phylacterium est prægnanti, & præ=
stat ut mulier partum perferat , Sextus. Aetites alter densus est & solidus, qui mulieribus alliga=
tus perficit fœtus:alter rarus & inanis intus, (uidetur hic aliquid deesse,tum quia de facultate poste=
rioris nihil dixit,tū quia Græce legitur:ἀλλ'ὁ μὲν ναρὸς πυειαπτόμεν⊕, &c. & sequi debebat,ὁ δὲ ἀραιὸς,
&c.)Zoroastres in Geoponicis 15.1. Collo appensus aetites amolitur abortum , Author incertus.
Vt fœtus retineatur,lapis aetites appēdatur,Galenus Euporist.2. 57. Aetites sinistro brachio ad=
alligatus contra mulierium locorum lubricitatem fœtus in utero retinet. parturientibus uero à
brachio sublatus femori alligandus est,ut sine dolore fœtus excludatur, Dioscorid. Collo mulieris
suspensus cōceptum impedit,Cōstantinus:per errorem fortassis, quòd apud Dioscoridem ut ipse
uel alius quem sequutus est,ἀτόκιον pro κατόκιον legerit. Non igitur pugnāt authores si alij appenso
40 hoc lapide fœtum retineri, alij promoueri partum & facilem reddi tradunt : quoniam diuersis cor=
poris iocis alligatus diuersum præstet : nempe supra uterum retineat, infra uterum uero detrahat
partum,quanquam Chrysermus apud Stobæum aetiten ait obstetrices difficulter parietibus super
uteros(ὑπὶ τὰς γαστέρας)imponere:& sic illas confestim ac sine dolore eniti. Aetius uero 16. 21. aeti=
tes (inquit) super uentre gestatus, prægnantes fœtusq; conseruat, nec sinit uuluam emollescere.
Mulieribus & cæteris animalibus si supponatur hora partus, facile minoriq; dolore parient, Sera=
pio.habetur autem(inquit)apud nos à quàm pluribus, & persæpe hanc uim ei uterê attributam esse
experimento cognoui.Hoc idem Rasis(Serapione citante)expertum se ait. Nos superioribus die=
bus periculum aetitæ in parturiente facientes , nihil iuuamenti obtinuimus , Amatus Lusitanus.
Iac.Syluius in Gallia usu quotidiano huius lapidis uim probatam ait,ut supra quidem alligatus par
50 tum contineat,ad femina uero attrahat. Apud nos aliqui in hunc usum hoc genus lapidum uel ru
de uel crusta superiore dempta complanatum, argento includunt, ut ad quanque corporis partem
alligari commode possit: quasi uero uis certa huic lapidi insit fœtum ad sese attrahendi ut magneti
ferrum.Atqui experimentis etiam hac in re non uidetur fides habenda.quicquid enim appenderis
parturienti,instantibus iam doloribus partus & utero nitente , naturaq; mouente fœtum,ut pluri=
mum paulo post pariet mulier:non minus forte,quàm aliud quodcunq; à natura excernitur, si iam
maturum sit ac nisu partis excernentis accedat,ut plurimum procedat, nisi nimium infirma & de=
bilitata sit natura.Scio animum & fiduciam nonnihil præstare : sed hic uerbis potius spe & conso=
latione plenis & religione confirmari,atq; in Deum dirigi debet, nō in phylacterijs & amuletis hæ
rere,ne per simplicem in illa fiduciam idolatria committatur. Conatur enim dæmon ut per alios
60 innumeros dolos , sic præcipue per magiam quæ uerbis & amuletis uires mirificas tribuit, mentes
hominum à Deo abstrahere, hanc interim non magiam sed creatæ à Deo naturæ uim esse asserens.
Scio etiam occultas rerum esse facultates , qualis est magnetis in attrahendo ferro,sed in illis, cum

ex primis aut secundis qualitatibus (ut physici & medici uocant) causas cur quidque fiat reddere nequeamus,unam habemus communissimam, nempe totius substantiæ similitudinem aut dissimilitudinem, ὡς ἀεὶ τὸ ὅμοιον ἄγει φύσις εἰς τὸ ὅμοιον. Quænam uerò substantiæ similitudo,quæ uera sympathia lapidis ad fœtum in utero fuerit?An quòd similiter aliquid inclusum intra se gestat, quod concepisse,quoque ueluti grauidus lapis uidetur, sicut uterus fœtus? Sed ficta huiusmodi inter se rerum similitudo innumeras nobis superstitiones peperit. atqui magis fermè ridiculū est hanc facere similitudinem secundum substantiam,atque animal pictum eiusdem substantiæ cum uiuo asserere. Sed his omissis ueniam ad reliqua quæ de facultatibus aetitæ authores tradūt. Omnes aetitæ exiccant; quidam insuper astringunt:ex quibus geodes ea quæ obscurant oculos,purgat:& cum aqua illitus, sedat inflammationes mammarum & testium, Georg. Agricola. Verrucas & myrmecias aetites applicatus sanat,Kiranides. Prohibet casum epilepticorum,Euax & Albertus,hinc est forte quòd Serapio scribit poni eum loco pæoniæ. Tritus & exceptus ceroto parato cum cyprino (unguento)aut gleucino alioue calfaciente,comitialibus magnopere prodest , Dioscorid. Adalligatus unà cum pisce aquila ossa confracta restaurat,Kiranides. Prodest cum ad alia plurima, tum ad rigores qui per circuitus reuertuntur, & præsertim ad quotidianas facit si corpori alligetur , Trallianus. Aetiten lapidem cum ouo ac modico rosaceo podagris illini iubet Aetius 12.44. ¶ Κλεπτηλίχθης est , hoc est furta detegit, si quis eum imposuerit in panem qui edendus sit. nam fur panem illum quamuis commansum dentibus suis deglutire non poterit. eodem modo cum cibarijs coctum, furem prodere aiunt,cum cibaria illa deuorare nequeat, Dioscorid. Hunc morem sic deprehendendi furem in Græcia etiamnum durantem pluribus describit Bellonius in Memorabilibus capite 23. Si quis de cibo aliquo tanquam uenenato suspicionem conceperit,aetites in cibum impositus prohibet ne deglutiri possit si uenenum sit mixtum: lapide uerò subtracto nihil prohibebit quin cibus deglutiatur , Euax & Albertus qui hoc à Chaldæis prodi scribit. Kiranides uidetur aetitæ lapidis facultates quasdam superstitiosas non satis distinguere à facultatibus attributis lapidi, quem aitreperiri in capite piscis aquilæ.

H.

a. Aquilus color est fuscus & subniger,à quo aquila dicta esse uidetur: quamuis etiam ab acutè uolando dictam uolunt,Festus. Aquila ab acumine oculorum uocata est,Isidorus. ab acumine:habet enim tria acuta , uisum , iram, & instrumenta uenandi, quæ suntungues & rostrum,Albertus. Iouis ales,& Iouis armiger per antonomasiam absolutè pro aquila apud Vergilium ponuntur.uide infra in h. Flammiger ales,pro aquila quæ Iouis fulminibus seruit, ut exponit Lactantius, Statius 8,Thebaid. οἰωνὸς ταχὺς ἀγγελ
 , pro aquila Iliad.ω.

¶ Ἀετὸς,Atticum est:αἰετὸς commune. utroque modo apud Aristotelem scriptum inuenio. Attici ut pro κλαίω,κλαϊω:sic ἀετὸς sine ιότα proferunt,idque aptius, ut uidetur , quoniam ἀετὸ ἃ ἀείσεται (hoc est ab impetu uolādi)hæc auis denominatur , Orion apud Etymologum. Aetos dicitur à uerbo ἀίσσω quod est impetum facio, quasi ἀίτός.uel ἀπὸ τῷ ἀεὶ ἵπτασθαι. fertur enim illam à Ioue semper ueri cuentus nunciam emitti,Etymologus.uel ab ἀ.particula intendente & nomine ἰπτός, ὡς λίαν ἀληθὴς καὶ ἀσθενὴς γὴ οἰωνίσματα. uel quoniam Ioui, qui allegoricè aërem denotat, sacra est, ab eadem origine qua aer,à uerbo ἄω(id est spiro)deriuatur,Eustathius. ¶ Λιετὸς,aquila, Pergæis, Etymologus & Varinus,locus apud Hesychium deprauatus est. ϊ̔ετ̔, aquila, Varinus. ϝαρκὸς, aquila Macedonibus,Idem & Hesychius. Alibi tamen apud eosdem inuenio,quòd aquila Macedonum lingua ἀργίπους dicatur:& rursus eadem lingua ἀργίπους, apud Etymologum & Varinùm. ἀετὸς μας, aquila est fulua & uehemens:aut si Græcè mauis, ἀετὸς φαυθὸς, ὀξὺς, Hesychius & Varinus.sed pro φλιγμας repono φλιγύας,quam uocem Suidas quoque pro aquila interpretatur. φλιγύας est aquila dicta ἀπὸ τῷ φλίγειν καὶ λαμπρὸς εἶν. aliqui autem uulturi similem interpretantur. Μορφνοῖο φλιγύαο, Hesiodus in Aspide. Varinus aquilæ nigræ interpretatur:& potest sanè à uerbo φλίγω,φλιγύας,pro nigro accipi, ut ἀίθω ab ἄεθω,sed de morphno aquila dicam infra priuatim. φλιγυὼ quidem & φλιγυρὴν Grammatici βίαιον & ἁρπακτικὸν, id est uiolentum & prædonem uel rapacem exponunt , quod aquilæ conuenit. Ἀρξιφθ
,aquila apud Persas,Hesychius & Varin. ἐκνλις, aquila, Hesychius. apparet autem uocem esse corruptam à Latina. Escos,id est aquila auis, Syluaticus, corrupta forsitan uoce à Græca aetos. Hyperionis auis est aquila fœmina, similis aquilæ mari, Kiranides. Καταρράκτης, aquila, Sophocli in Laocoonte:harpyias etiam in Phineo catarrhactas uocat. sed catarractes uel cataractes propriè & priuatim uocatur non aquila ipsa,sed aquilæ similis quædam auis rapax,ὄρνεον πι ἀετῶδες, ut Eustathius in Dionysium in parecbolis Homericis simpliciter genus auis rapacis interpretatur.

¶ Epitheta. Iouis ales,Iouis armiger (Aeneid.9.)quibus & per antonomasiā absolutè pro aquila utuntur,Ferox,Horatius. Fulua,Aeneid. 11. Et apud Textorē,Alituū regina,altiuolans, astriuolans,bellatrix,corusca,flammigera,grata Ioui,nubiuaga,nuncius Iouis,prædatrix,præpes Vergilio.(Vide Festum in dictione præpetem.Vergilius etiam præpetes pennas dixit. Nec respirandi sit copia præpete ferro.Ennius de pugna Cæcilij,ingruentibus in eum ueluti imbre,telis.)rapax,regalis,regia,sublimis,uenatrix. ¶ Ἀετὸς ἄεθων,Iliad. ο. licet autem ἄεθωνα interpretari uel à colore nigrum,fuluum,ruffum:uel ab animi seruore, aut ab impetu & uehementia uolandi. Διὸς ἄος
 ἀετὸς ὄρνις, Theocritus Idyl. 17. Μέγας ἀετὸς ἀγχιλαγείλης , Odysseæ τ. Ἀγχιλαγείλω interpretantur uel qui χαλὸς,

χεῖλος,id est rostrum aduncum habeat,uel chelas,id est ungues uncos. Cleonem Aristophanes traducens,coriarium & furem illum esse innuens βυρσαίετον ἀγκυλοχείλlω cognominauit,quasi aduncas
& rapaces manus habentem. Sed de huius uocis etymologia & interpretatione plura leges apud
Varinum in elemento A. Βασιλήϊ◌ ὄρνις ἀιετὸς, Nicander. Accipitrem Homerus ὠκισον tantum uo
cat,ἀιετὸν uerò κρατίςον simul & ὠκισον. Ὀξύς,in Epigram. Οἰωνὸς ταχὺς ἀγγελ◌, absolute pro aquila,
Iliad.ω. Αιετὸς τανυσίπτερ◌,Hesiodus in Theogonijs. Τανυσίπτερ◌ ὄρνις,ibidem de aquila. Τελειότα-
τ◌ πετεινῶν,Homerus Iliad.θ. ubi Scholia exponunt aquilam auium maximam, uel auspicia perfecta praebentem, ὑψιπετήεντα, Aristoph. in Auibus. Αετὸς ὑψιπέτας, Aristoph. in Auibus. Υψιπέτης, Iliad. μ. & ν.
Υψιπέτηεις,Iliad.χ. Οἰωνῶν Βασιλεύς per antonomasiam,Pindarus. Ἰμιξῆς,Apollon.Argon.

10 ¶ Aquilus color est fuscus & subniger,à quo aquila dicta esse uidetur, quāuis eam ab acutè uolando dictam esse uolunt. Aquilus autem color ab aqua est nominatus. qui color incertus est inter
album & nigrum, Festus. Aquila quidem germana colore ruffo uel subrutilo describitur, melanæetus autem & anataria seu morphnus nigricant. Aquilius prænomen(cognomē)ab aquilo colore,id est nigro est dictum,Idem. Corpore aquilo, Plautus Pœn. Colorem inter aquilum candi
dumꝗ,Suetonius in Augusto. Aquilinus,quod ad aquilam pertinet, aut quod aquilæ est simile.
An tu inuenire postulas quenquam cocum, Nisi sit miluinis,aut aquilinis ungulis? Plautus,id est
rapacibus. Aquilo uentus à uehementissimo uolatu adinstar aquilæ appellatur,Festus. Vt aqui-
lifero morantî cuspide sit comminatus, Tranquillus in Cæsare. sed legendum aquilifer casu recto,
ex Plutarcho,Cælius. Vide inferius inter icones.

20 ¶ Legimus in templis etiam uocari ἀιετοὺ. id non aliud indicat, quàm tecta, quæ item pterᶜ uocant,sed & aetómata,sicuti in Agamemnone auctor est Ion, (ex Scholiaste Aristophanis.) Corinthiorum autem fuisse inuentum id cecinit Pindarus, quum in Olympijs ita scribit de Corinthijs,
Τίς θεᾶν ναοῖσιν οἰωνῶν Βασιλῆα δίδυμον ἔθηκε;Ante uerò retroꝗ aetómata concinnari solita, prodidit auctor Didymus,Cælius. Corinthij inuenerūt τὰ ἐπάνω τῆς νεὼ διπλᾶ ἀετώματα, Scholiastes in Olym
pia Pindari Carmine 13. Sed alij uidentur aquilæ effigiem interpretari apud Pindarum,quæ templis imponi solita sit,ut ex hisce Scholiastæ uerbis colligo : ἀιετὸς οἰωνῶν Βασιλεὺς ἔσιν ὁ ὣ τῆς ἱερῶν τῶ πθ-
μέλ◌. Πτέρα καὶ πτέρυγας, καὶ ἀετώματα, καὶ ἀιετοὺ, id est pinnas & aquilas uocant tecta templorum,
Varinus & Suidas. Ἀίτωμα, τὸ εἰς ὑψ◌ ἀνατετραμένον τῆ ὀροφῆς ὥσπερ τρίγωνον, Galenus in Glossis &
Suidas,hoc est tectum quod utrinꝗ in altum tendit figura triangulari,neque enim omnia tecta hac
30 specie constituuntur. apparet autem non modo templorum, sed quarumuis ædium tecta in hanc
formam constructa sic dicta fuisse.Solent autē ditiores huiusmodi tectis ante ac retro muros triangulari figura per interualla scansilia se colligentes in mucronem, pinnarum extensarum similitudine,adiungereꝗ ipsi muri uel pinnæ murorū an similiter aetî uel aetómata dici possint,iudicet alij.
Ἀιετὸς uel αιετὸς, τὸ ὀροφωμα τὸ ἰδὴ τον ὀροφον ὁ πινῦν ἀιετωμα καλῶσι, σέγασμά τι τῆς οἰκίαν ἐμφερὲς τῆ πτύσει τ ζώω,
Suidas & Etymologus. Eustathius simpliciter aetôn & aetoma parte templi esse scribit, sic dictam
à similitudine alarum aquilæ. Galenus lib.3.commentariorum in Hippocratem de articulis, Ἀίτωμα οἶκ◌(inquit)uocat culmen seu supremam domus partem triangulari forma,nam si solarium (ἡλιακ-
νιέρου)quispiam facere uelit,loco tegularum aream planam constituat, at si tegulas imponat,ea forma
tectum erigit,qua facile pluuialis aqua defluere queat. unde in altum medio culmine à posteriore
40 in anteriorem partem per longitudinem porrecto hinc & inde supra laterales parietes tectū humi-
liter deducitur,ut geminarum demissarum alarum speciē præferat. ex qua similitudine ueteres huiusmodi tecto aetomatis nomen indidisse uidentur:quod & ἀετὸν appellarunt cum alijs,tum Diocles
Carystius hunc locum paraphrasticè reddês,Hæc ferè Galenus.Græcus quidem codex admodum
deprauatus est. Interpres Latinus uertit lacunar, & testudinatum, quàm rectè uiderit ipse. Ἀιετὸν
quidem dictum apparet,quòd in tali contignatione tecti,trabes inter se oppositæ, colligatæ uidean
tur & connexæ. Aquilas templi Tegeatarum Pausanias in Arcadicis dixit. Τὰς γὰρ ὑμῖν οἰκίας
ἐρέψεμεν πθς ἀιετὸν,Aristophanes in Auibus. Ἀιετὸς, τὸ ἐφ᾽ ἑκάσῃ κνήμῃ τῷ τροχῷ σιδήριον,id est ferramen-
tum iuxta singulos rotæ radios, Pollux, Etymologus , Hesiodus & Varinus. καὶ κυμαίπερ τὸ ᾖ τοῖς
γείοσυς,Hesiodus & Varinus. ¶ Ἀιετιδεῖς,pulli aquilarū Aeliano, Suidas. ¶ Aristophanes Cleo
50 nem traducens tanquam coriarium & pecunias publicas suffurantem βυρσαίετου ἀγκυλοχείλlω nomi
nauit. ¶ Ἀίετεου πτερὸν καὶ κρέας,id est aquilinam pennam & carnem Græci dicunt,Suidas. ¶ Ὄρνεον ἀετώδες,auis aquilæ similis, ut de catarrhacte & harpe auibus apud Grammaticos legimus.
¶ Ἀιετὸς ἵππων,equus celerrimus, in epigrammate Archiæ, Anthologij 1.33. pro equo omnium
pernicissimo,quādo aquila inter aues uelocissima est.Oppianus Iberos equos tantæ celeritatis esse
scribit,ut solæ cum eis aquilæ certare possent. Ἀιετηχεὺς dicti equi à genitiua quadam nota , quam
habent circa armos,à Sarmatis probantur tanquam ad cursus aptissimi : improbantur qui eadē circa caudam & clunes habuerint,Absyrtus 115.Conuenit sanè à pernicissima auiū aquila equos etiam
uelocissimos sic appellari,etsi nulla huiusmodi corporis nota foret. ¶ Exaetus dicitur aquila,quæ
nutrit pullitiem à fortitudine sua degenerans,adeo ut fœtus ferarum rapere non queat, ut in c. do-
60 cuimus. ¶ Est & aquila piscis,ἀιετὸς apud Athenæum. Καρχαρόδοντα dicuntur, quorum rotundi
& alternatim(uel pectinatim)inuicem inserti dentes sunt,ut leo,canis,pardalis, ἀιετὸς & pisces carniuori,Scholia in Aristophanis Equites. ¶ Aetites lapis descriptus est in G.

¶ Ἀετός, herba quædam in Libya nascens, Varinus & Etymologus. sed ἀετὸς etiam tanquam herbæ nomen apud Varinum legitur, uoce nimirum corrupta. Galenus lib. 6. de simplicibus medicamentis refert Pamphilum quendam in opere suo de herbis grammatico & magico potius quàm medico, ἀετὸν, id est aquilæ herbæ meminisse, cuius apud neminem Græcorum mentionem se inuenisse scribat, sed tantum in libro quodam qui Hermæ Aegyptio tribuatur de 36. sacris herbis horoscoporum, quas omnes (inquit Galenus) nihil quàm nugas & figmenta esse constat. Hæc fortè fuerit Prometheum dicta herba Apollonio in Argonauticis, quâ fingit natam è sanguine Promethei aquila secur eius depascente, unde & radix sanguinolenta appareat:flore croceo cubitali, (uel cubitum distante à terra,) caule gemino. Scholiastes ait poetam hæc fingere, à nullo enim rhizotomo talem stirpem describi. Nos centaurij maioris tantum radicem succo manare sanguineo apud ueteres 10 legimus, cui tamen reliqua descriptio non conuenit. Ἀετώνυχον, herba, Hesychius & Varin. Dioscorides (aut quisquis nomenclaturas ei adiecit) leontopodium dictam herbam, aetonychon etiam nominari prodit. Aegineta verò lithospermum aetonychi semen esse ait. Sed lithospermon ea est herba quam uulgò milium solis uocitant, longè à Dioscoridis leontopodio diuersa. Lignũ aquilæ quoddam dictum peregrinum & aromaticum hodie in nostrũ orbem afferri audio. Herba quam Galli ancholiam uocant, nostri aquilegiam, aliqui angelicam, Matthæolus Senensis aquilinam nominat:aliqui amorem perfectum.

¶ Icones. In sceptris regum aquila erat, Scholiastes Aristophanis. ¶ Aquila fuit signum singularum legionum Romanarum : unde aquilifer dicebatur signifer in Romana militia. Aquilam 20 Romanis legionibus C. Marius in secundo consulatu suo propriè dicauit. Erat & antea prima cum quatuor alijs:lupi, minotauri, equi apriẹ singulos ordines anteibãt. Paucis ante annis sola in aciem portari cœpta erat, reliqua in castris relinquebantur. Marius in totum ea abdicauit. Ex eo notatum, non ferè legionis unquam hybernasse castra, ubi aquilarum non sit iugum, Plinius. Ex quibus L. Petrosidius aquilifer, quum magna multitudine hostium premeretur, aquilam intra uallum proiecit, Cæsar 5. belli Gall. Quum signa militaria, quum aquilam illam argenteam (cui etiam sacrarium scelerum domi suæ fecerat) scirem esse præmissam, Cic. 2. in Catil. Signa decus belli Parthus Romana tenebat, Romanæẹ aquilæ signifer hostis erat, Ouid. 5. Fast. Infestisẹ obuia signis Signa, pares aquilæ, Lucan. lib. 1. Vt notæ fuisere aquilæ, Romanaẹ signa, Ibid. Aquilæ duæ, signa sexaginta sunt relata Antonij, Galba ad Cicer. lib. 10. Iupiter egrediens ad bellum contra patrem Saturnum, aquilæ uidit augurium:cuius cum uicisset auspicio, fictum est quòd ei pugnanti tela mi- 30 nistrasset:unde etiam à felice augurio natum est, ut aquilæ militum signa comitẽtur, Seruius. Primum signum totius legionis est aquila, quam aquilifer portat, Vegetius de re milit. 2. 13. C. Cæsarẽ, M. Lepido Coss. decimæ legionis Aquilæ Cn. Pompeij filio, quæ fulmina tenebant, uisæ dimittere, & in sublime auolare:ipse adulescens Pompeius uictus, & fugiens occisus, Iul. Obsequens. Traditur primam aquilam, quæ in exercitu Crassi ferebatur, sua sponte cogente nemine, esse conuersam, aduersus Parthos proficiscentis, Plutarchus in uita Crassi. Ἀετοφόρων λεγεώνων, libro 8. Sibyllinorum. Aquila etiamnũ signum est imperij Romani, cui bina capita affinxerunt postquã imperium in Orientale & Occidentale diuidi cœpit. sed pictores dum elegantius quàm uerius repræsentare aquilam student, iconẽ eius paulatim omnino corruperunt. Ω τῇἑν᷍θ, ὦ χρυσὸς, ὦ ἐκ λύκια ἐλάφαντθ᷍ Ἀετὸ ὀινοχόῳ Κρονίδα δὶ πτῆδ᷍α φέροντες, Theocritus Idyl. 15. De aquilis aureis in tẽplo Del- 40 phico, leges infra in h. Aquila aurea in porta templi Hierosolymitani ab Herode consecrata, à Iudæis aliquibus postea deiecta est:quorum aliqui comprehensi iussu Herodis uiui combusti sunt, ut tradit Iosephus Antiquitatum Iud. lib. 17. cap. 8. De aquila super tumulo Aristomenis, uide in h. mox post prouerbia. In carcerum Olympici certaminis embolo, id est rostro, delphis æreus in canone erectus uisitur, & in medio ara quæ aquilam ex ære alis longius extensis sustinet. Est autem machina huiusmodi, ut ea commota delphinus in terrã cadat, aquila uerò sursum prosiliat, Idem Eliacorum 2. Leocras (lego Leochares, ex Tatiano) statuarius aquilam fecit, sentientẽ quid rapiat in Ganymede, & cui ferat, parcentem unguibus etiã per uestem, Plinius 34. 8. Diuus Augustus in Curia quam in comitio consecrabat, duas tabulas (picias) impressit parieti: quarum alterius admiratio est, puberem filium seni patri similem esse , salua ætatis differentia , superuolante aquila draconem 50 complexa, Idem. Memini cum Romæ ætatem tererẽ, ad Palatij radices ponè Anastasiæ templum, sacellum effossum fuisse, quod tum pleriẹ Consi putarunt, propter frequentes conchas marinas ibi repertas. ubi & effigies albæ aquilæ cum crista rubra in saxili fornice seu testudine, quod tum pleriẹ consilij symbolum interpretabantur, Lil. Greg. Gyraldus. Apis Aegyptiorum in tergore effigiem aquilæ habet, Herodotus. Vt hominem significent Aegyptij qui tutò urbem habitat, aquilam pingunt quæ lapidem gestet. hæc enim è mari uel terra sublatũ lapidem in suum infert nidum quò tutior sit ac firmior, Orus 2. 50. Regem qui solitudine gaudeat, quiẹ errata non condonet si uelint significare, aquilam pingunt. hæc enim desertis in locis nidum sibi construit, sublimiusẹ cæteris uolucribus uolat, Idem 2. 57. Cum suis sacris literis Aegyptij uictoriam pingerent, aquilam formabant, quoniam ea auis cæteras aues superare solet, Lil. Greg. Gyraldus. Aquilæ pullus ma- 60 sculum & orbicularum (ἀῤῥενογόνον καὶ κυκλούσιον) quippiam, uel semen hominis connotat, Orus 2. 3. Emblemata quædã Alciati de aquila, infra in h. referam. ¶ Est & aquila sydus, de qua Higinus:

Hæc

Hæc est (inquit) quæ dicitur Ganymedem rapuisse, & amanti Ioui tradidisse, hanc etiā Iupiter pri
mus ex auium genere delegisse sibi existimatur: quæ sola tradita est memoriæ, cōtra Solis exorien=
tis radios contendere ualere. itacꝗ super aquarium uolare uidetur. Huic enim complures Ganyme
dem esse finxerunt. Nonnulli etiam dixerunt Meropem quendam fuisse, qui Coon insulam tenue=
rit regno, & à filiæ nomine Coon, & homines ipsos à se Meropas appellârit. hunc autem habuisse
uxorem nomine Ethemeam, genere Nympharum procreatam: quæ cum desierit colère Dianam,
ab ea sagittis figi cœpit, tandemꝗ à Proserpinâ uiua ad inferos arrepta est: Meropem autem deside=
rio uxoris permotum, mortem sibi consciscere uoluisse: Iunonem autem misertam eius, in aquilam
corpus eius conuertisse, & inter sidera cōstituisse: ne si hominis effigie eum collocaret, nihilominus
10 memoriam tenens coniugis desiderio moueretur. Aglaosthenes autem qui Naxica scripsit, ait Io=
uem Cretæ surreptum, Naxum delatum, & ibi esse nutritum: qui postquam peruenerit ad uirilem
ætatem, & uoluerit bello lacessere Titanas, sacrificanti ei aquilam auspicatam: quo auspicio usum
esse, & eam inter astra collocasse. Nonnulli etiam dixerunt Mercurium, alij autem Anapladem pul
chritudine Veneris inductum in amorem incidisse: & cum ei copia nō fieret, animum ut contume=
lia accepta defecisse: Iouem autem misertum eius, cum Venus in Acheloo flumine corpus ablue=
ret, misisse aquilam, qui soccum eius in Amythaoniam Aegyptiorum delatum Mercurio traderet:
quem persequens Venus ad cupientem sui peruenit: qui copia facta, pro beneficio aquilâ in mun=
do collocauit. Hæc omnia Higinus. Aquila occidit 13. kalend. Augusti, Plinius. Exorto Leone
occidit, exoritur autem cum Capricorno, &c. Vide astronomos: ut Higinum de sagitta qua Hercu
20 les aquilam interfecit. Griphus est apud Athenæum; quæ nam eadem in cœlo, terra, & mari ha=
beantur: ad quem respondetur, Vrsus, serpens, aquila, & canis. addo & leporem. ¶ De spectro
tricipiti, capitibus aquilæ, leonis & bufonis, quod Marcomiro Troianorum circa Mœbtin regi ap=
paruit, ex Muhstero historiam scripsi in Bufone à,

¶ Propria. Aegyptus dicta est olim Aëria, & Aëtia (Ἀετία) ab Aëto quodam Indo, Eustathius
in Dionysium. Aquila urbs Brutiorum ex ruinis Furconij antiquissimi oppidi à Longobardis
ædificata, ut scribit Volaterranus. Aquileia urbs Carnorum metropolis, à legendis aquis dicta exi
stimatur. Aëtos fluuij nomen est in Scythia, aliqui Nilum etiam olim Aquilam dictum uolunt;
Vide in h. in fabula Promethei. ¶ Aquilam Iudæum Ponticum & Priscillam uxorem eius inue
nit Corinthi, Actor. 18. Pontij Aquilæ tribuni meminit Suetonius in C. Iulij Cæsaris uita. Aqui
30 lius prænomen (cognomen) ab aquilo colore, id est nigro, est dictum, Festus. Huic simile est apud
Græcos Aetius. Ἐνευμέϼων, ὁ Γοῤϑεις, ἤ Γοσειδῶν, ἤ ἀετὸς, καὶ ἐγωὶς, Hesychius & Varinus. Euryme=
don quidem fluuius est Pamphyliæ, fuit & hoc nomine auriga Eurycreontis regis, & Nestoris mi=
nister, ut Varinus scribere uidetur: item Fauni filius apud Statium in Thebaide. Aiax Telamoni
natus primum Aëtos dictus est, propter auspicium aquilæ præteruolantis cum Hercules in Tela=
monis gratiam sacrificaret eo nomine ut filius ei nasceretur, ut copiosius scripsi in Leone h. in leo=
nis Nemeæi mentione. Pyrrhus rex aquila appellari gaudebat, Plutarchus. Ab rerum gestarum
excellentia præsigni Pyrrhum esse aquilam cognominatum, id est aëtōn, prodit historia, Cælius.
ϼύℲℓ τ τῶ σϼατιωτῶν ἀετὸν αὐτὸν πϼοσαγοϼεύοντων, Τί γαϼ (ἔφη) ἐμ μέλλω τοῖς ἡμετέϼοις (nisi ὑμετέϼοις per u. le
gendum est) ὅπλοις ὥσπεϼ ὠκυπτέϼοις αἰϼόμℲℓ, Plutarchus in Apoph. Aetius uiri nomen, hæretici
40 ex Antiochia Syriæ, de quo multa Suidas: item scriptoris rei medicæ. Huic Latinè respondet Aqui
lius. Magi hominum ad animalia bruta affinitatem insinuantes, brutorum etiam nominibus eos
appellant: ut leones, ijsdem sacris initiatos, mulieres hyænas, ministros coruos, patres aquilas & ac=
cipitres, Porphyrius in libro de abstinendo ab animatis.

¶ b. Quòd si omni tēpore similes miluijs sint stymphalides atcꝗ aquilis, aues mihi uidetur Arā
bicæ, Pausanias in Arcadicis. Diuus Ioannes in Apocalypsi scribit se uidisse quatuor animalia ple
na oculis ante & retro, quorum quartum simile fuerit aquilæ uolanti, &c. Vide in Leone H. a. Si
milem uisionem legimus in prophetia Ezechielis cap. 1. Inter bestias quatuor à Daniele uisas; (ut
legimus cap. 4. historiæ eius) prima erat sicut leo, erātꝗ ei alæ sicut aquilæ. Aquilæ inter aues aspe
ctu sunt masculo, ἀϼϼψωποι, perdix fœmineo, Adamantius. Ctesias scribit gryphes aquilino orè
50 esse, Aelianus.

¶ c. Ὅν (Ἐτεοκλῆ) ἐφ᾽ ἡμετέϼᾳ γᾷ Πολυνείκης Ἀϼθεις νεικέων ὂϑ ἀμφιλόγων Ὀξέα κλάζων ἀετὸς εἰς γᾶν ὑς
ὑπεϼέπτα, Λευκῆς χιόν Ⓞ πτέϼυγι στεγανὸς. Sophocles in Antigone. εἰς ἆϼα νᾶος ἴεπϼος, ὁ δ᾽ ὑψόθι ἐκλάγξεν
φωνᾳ Ἐς τοῖς ὑπαὶ νεφίων Διὸς ἄετ Ⓞ ἀετὸς ὄϼνις, Theocritus Idyllio 17. Reperitur etiam de homine
κλάζων. Ὀξέα κεκληγὼς, Homerus de Thersite. ¶ Vt in cane uulturina sagacitas, sic acies aquilina in
uenatore requiritur, Budæus. Aquila de rupibus dispicit escam, & è longinquo prospiciunt oculi
eius, Iob 39. Sic fatus Menelaus abiuit, πάντοσε πατφαίνων, ὡς τ᾽ ἀετός, ὅν ϼά τέ φασιν Ὀξύτατον ὁ ξρ
κεδσαι ὑποπετηίων πετεινῶν: Ὅν τε ϗ ὑψόθ᾽ ἐόντα πόδας ταχὺς ὐκ ἔλαβε ϖτὴξ Θα΄μνωι ὐπ᾽ ἀμφικόμωι κατεκεί
μλν θ᾽ ἀλλ᾽ ἐπ᾽ αὐτῶ Ἔσσυτο. καί τέ μιν ὦκα λαβὼν ἐξείλετο θυμὸν, Iliad. ρ. Homerus cernēdi agendicꝗ
celeritatem aliàs accipitri palumbario comparat: aliàs aquilæ, ὅν τε ϗαὶ ὑψόθ᾽ ἐόντα πόδας ταχὺς ἐκ λαβε
60 πτῆξ. indicat enim aciem uisus, quòd è sublimi cernat: pernicitatem uerò quoniam uelocissimum
animal capiat, Varinus in Παϼαβελῆ. Κύνοισιν (equis Iberis uelocissimis) τάχα μὲν Ⓞ φωνάνϑι ϊσταφαεί κοὶ
Αετὸς αἰϼόϼισιν ὠτ ϑιμων γνάμοισιν, Oppianus. Excitabit Dominus contra te gentem è longinquo,

quæ ut aquila aduolabit, Deuteron. 28. Aquilis uelociores, leonibus fortiores Saul & Ionathas, 2. Regum 1. Velociores aquilis equi illius, Hieremias 4. Sicut aquila uolabit (hostis,) & expandet alas suas super Moab, Idem 48. Aquilis cœli uelociores sunt persecutores nostri, super montes persecuti sunt, in deserto insidiati sunt nobis, Idem in Threnis 4. Venient equites eius é longinquo, & aduolabunt ut aquila festinans ad uorandum, Abacuc 1. Diuitiæ faciunt sibi alas, & ue luti aquila subuolant in cœlum, Prouerb.23. Tria sunt mirabilia apud me, imò quatuor quæ non cognoui: Via aquilæ (pro quauis aue hoc loco, Munsterus) in cœlo, &c. Prouer.30. Dies mei tran sierunt instar aquilæ quæ uolat ad escam, Iob 9. Aquila in petris manet, in saxis præruptis atque inaccessis rupibus commoratur, Iob 39. Aquila nunquid ad tuum præceptum eleuabitur, & in arduis ponet nidum suum? Ibidem. Si eleuaueris quasi aquila nidum tuum, inde detraham te di= 10 cit Dominus, Hieremias 49. & Abdias similiter. Sustinentes Dominū mutabunt uires: renascentur (eis) pennæ in modum aquilarum, Esaias 40. Lais meretrix uidetur mihi τωντα τεντνιν͂θαι Τοῖς ἀετοῖς, ὅτοι γυ ὅτων ὦσι νεοι Εκ τῆν ὀρεῶν πρόϐατ᾽ ἐϑίοισι και λαγὼς, Μντίωρ᾽ αναρπάζοντες ἀπὸ ῥιζόϛ, ὅταν δὲ γηράσκωσιν, ἠολη τότε Επὶ ὰτὸ νεὼς ἴζοσι πεινῶντες κακῶς, Κάπειτα τότ᾽ ἤπ νομίζεται τέρας. Sic & Lais nunc (inquit) otiosa est & bibula, nihil aliud quærens quàm ut in diem cibo ac potu saturetur, Epicrates apud Athenæum. Aquilam adhuc iuuenem in ouilia Demisit hostem uiuidus impetus. Nunc in reluctanteis dracones Egit amor dapis atque pugnæ, Horatius in Odis 4. 4. Oculum qui sub sannat patrem, & cōtemnit doctrinam matris, coruei eruent, & pulli aquilæ deuorabunt, Prouer.30. Qualis ubi aut leporem, aut candēti corpore cygnum Sustulit alta petens pedibus Iouis armiger uncis, Vergilius nono Aeneid. imitatus illud Homeri, εἵμενον δ᾽ ἐλεῖς ὡς ἀετὸς ὑψιπετήεις, ὅς τ᾽ ἐσιν 20 πεδίονδε ὄχα νεφέων ὀρέχνναῖν, Αρπάζων ἢ ἀρὖν ἀμαλὼ, ἤ πηδῶκε λαγωόν, ut Seruius obseruauit. εἰς ὁτε μυ ἤγ πτὲξ᾽ ἀπταλάμνᾶειν ὠνὶ δίκω, Homerus alicubi de aquila. Testudines terrestres fœminæ in coitu su pinæ iacent: quo peracto cum se conuertere nequeant, præda tum alijs animalibus tum aquilæ re linquuntur, Aelianus. ¶ Est in iuuencis, est in equis patrum Virtus: nec imbellem feroces Progenerant aquilæ columbam, Horatius in Odis 4.4. ¶ Massurius apud Pliniū immussulum auem dicit esse pullum aquilæ priusquam albicet cauda: Vide infra in Capite de aquilis diuersis.

¶ d. Portaui uos super alas aquilarum, Exodi 19. ubi Munsterus in Scholijs, Portaui uos quasi in humeris, sicut aquila pullos suos portat in alis præter morem aliarum auiū, quæ pullos pedibus, quo uolunt, portant, Est etiam aquilæ natura (inquit Paulus Fagius) ut sensim pullos suos ad uolan dum excitare & prouocare soleat, Sic Deus populum suum excitauit, quando ex Aegypto eduxit. 30 R. Salomon hunc locum explicans, Omnes cæteræ aues (inquit) pullos suos ponunt inter pedes suos, eò quòd timeant sibi ab auibus quæ altius uolitant, aquila uerò non timet sibi, cū una omnium altissimè uolet, quia uerò ab homine timet, ne forte iaculo impetatur, pullos super alis gestat: quasi malit seipsam iaculo perire quàm pullos suos. ¶ Puerum auium studiosissimum, Philarchus me= moriæ prodidit, aquilæ pullum quem dono accepisset, uario & multiplici cibo aluisse, & studiose di ligentérq curasse, (& ægrotantem aliquando curasse, Io. Tzetzes 3.134.) Nam cum ipsum non tan quam rem ludicram alebat, sed tanquam uel amores suos & delicias, uel natu minorem germanum fratrem, sic sanè is aquilam magna cum cura & diligentia tuebatur. Cum autem progressu ætatis in mutuam inter se amicitiam uehementer exarsissent, atque accidisset ex morbo ut puer laboraret, tum ei aquila assiduitate officij assidebat, Cum enim is quietem caperet, ipsa quoque quieti se dabat: cum 40 uigilaret, eadem assistebat: cum non ederet, ipsa pariter cibum non admittebat. Postea uero quàm è uita excessisset, atque efferretur ad monumentū sepulchri, cum prosecuta est: posteaque ubi crematur in medios rogos se immisit, Aelianus. Sed carmina tantum Nostra ualent Lycida tela inter Mar tia, quantum Chaonias dicunt aquila ueniente columbas, Vergilius Aegl. 9. Tam dispar aquilæ columba non est, Nec dorcas rigido fugax leoni, Martialis. Αλλ᾽ ὡς᾽ ὀρνίθων πετηνῶν ἀετὸς αἴθων Εθνℂ᾽ ἐφορμᾶται ποταμὸν παρα Βοσκομενάων Χηνῶν, ἢ γεράνων, ἢ κύκνων δελιχοδείρων, Homerus Iliad.ω. εἰς δ᾽ ἀετὸς ὑψιπετήεις, ὅς τ᾽ ἐσιν πεδίονδε ὄχα νεφέων ὀρέχνναῖν, Αρπάζων ἢ ἀρὖν ἀμαλὼ, ἢ πῶκε λαγωόν: εἰς ἕκτορ ὄιμκε, Iliad.χ. Τῷ μὲν (draconi) ἐπκέλον κτίων βασιλήιῷ ὀρνις Αιετὸς ἐκ παλαχῆς (aliàs ὑη ἄεξης) ἐπάξετω, &c. draco enim auium omnium nidos inuadit, & si aquila recens agnum aut leporem ra puerit, is illi é fruteto aliquo prosiliens abripit, Nicander.   50

¶ e. Proditur memoriæ, Pythagoram, quum superuolantem susurraminibus magicis excan tasset aquilam, ita deduxisse, ut mitem redderet ac prorsus cicurem. Propterea Ammianus: Pytha goras (inquit) femur suum apud Olympiam aureum ostentabat, & cum aquila colloquens subinde uisebatur, Cælius. Apollonidæ epigramma extat lib. 1. epigrammatum Græcorum titulo εἰς ὄρνις, in aquilam quæ in Rhodum uenerit, ubi alioqui aquilæ insunt, quum Nero Imperator illic ageret, eísque ultro māsuetam se præbuerit. ¶ Γλαγύτ᾽ ἀτραλέω πεμκῶ ἀρὖν, Aeschylus: hoc est, aquilam sagitta ictam. ¶ Aëtites lapis suspensus in sinistro brachio conciliat amorem, & diuitias auget ubi fertur, Euax & Albertus. Quæcunque facit aquila (in remedijs & amuletis) hæc & uultur, Kiranid. Idem superstitiosas quasdam & uanas facultates aëtitæ lapidi si cum alijs quibusdam gestetur, attri buit, indignas adscribi, iubet quidem in eo sculpi aquilam, &c. Et rursus, In hyænio lapide sculpe 60 aquilam dilaniantem piscem, &c. locus est corruptus.

¶ Ad gratiam & fortunam, Dexter oculus aquilæ in panno mundo ligatus, & in sinistra manu retentus,

retentus,in collocutionibus magnam gratiam & amicitiam præstabit. Sinister autem oculus in co=
rio ceruino appensus nunquam sinit ophthalmiam pati gestantem, Kiranides. Supra oculos aqui
læ in superciliis inueniuntur duo lapides, unus in unoquoq; supercilio: qui ligati in pelle lupi aut
phocæ aut hyænæ, aut aquilæ, ad collum gestantem conseruant ab omni iniuria,& contra noxas fe=
rarum, & dæmonum hominumq; insidias arcent,& omne bonum conciliant, Idem. Si quis cubi=
tum se conferens os uel rostrum aquilæ ad caput ponat, uidebit in somnis quod uoluerit, Idem.
Cor aquilæ impositum uino cum melle & aromatibus,& ita smyrnizatum per dies septem, deinde
in corio lupino gestatum, omne malum, morbos & feras amolitur: ita ut gestans semper prosper,
beatus ac diues futurus sit, Kiranides. Ad amorem : Aquilæ renunculi & testiculi sicci infusi & su
10 persparsi condito, in potu uel cibo dati, siue uiro siue mulieri, concupiscentiam & amorē magnum
excitant, Idem. De aquila dextræ alæ penna retenta, diuitem & amabilem facit gerentem, Idem.
Vngues aquilæ à pueris & à perfectis gestatæ, ab omni malo ac phantasmate iniquo,& ab omni no
cumento liberant gestantem, Kiranides. ¶ Elleborum nigrum effossuros circumscribere iubent,
spectando exortum precandoq; (ut id liceat sibi concedentibus diis sacere, Plinius) cauereq; aqui=
lam tam à dextra quàm à sinistra, periculum enim secantibus imminere aiunt; & si aquila prope ad=
uolauerit, moriturum illo anno qui succidit, augurium esse, Theophrast.de hist.9.9.

¶ g. Nerui de collo & dorso aquilæ ad collum & spondylos ligati, dextri ad dextrum, & sini=
stri ad sinistrum latus,chiragricis prosunt. Similiter & nerui pedum, podagram pedum,& genuum
dolores sanant, Kiranides. Aquilæ lingua appensa in panno lineo, arthriticos, cionidas, & tussien
20 tes magnifice sanat, Idem. Sinistræ alæ pennam si quis tenuerit, & in oleo tinxerit, & à loco tenen=
te usq; ad sacram spinam(os sacrum)mulierem in partu laborantem unxerit, ilico pariet, Idem.

¶ h. Historiæ & fabulæ. Aristomenem quomodo aquila sustinuerit, & uulpecula è Ceada li=
berârit, ex Pausania narraui in Vulpe h. ab initio ferè. ¶ Ptolemæum Soterem Arsinoæ filium,
ferunt Macedones expositum & ab aquila nutritum esse, quæ sublimi supra infantem alis extensis
& æstum Solis nimium & pluuiam auerterit, & aues gregales depulerit, & laniatarum coturnicum
sanguine tanquam lacte ipsum aluerit, Suidas in Lago. Ganymedes Trois filius fuit, iuuenis spe=
ciosissimus, quem aquila(ut fabulantur)dum uenaretur in Ida monte Troadis, rapuit, mensæq; Io=
uis ad præministranda eidem pocula adhibuit, contempta Hebe Iunonis filia(quæ prima causa fuit
inuidiæ Iunonis erga Troianos)postea in Zodiaco positus. Xenophon in Symposio non ob formā
30 corporis, sed ob præstans ingenium à Ioue raptum esse ait. Et genus inuisum , & rapti Ganyme=
dis honores, Vergilius primo Aeneid. Raptus alite sacra Miscet amatori pocula grata suo, Au=
thor Priapei carminis. Nam Ioui ad pocula stare finxerunt. Non enim ambrosia deos aut nectare,
aut iuuentute pocula ministrante lætari arbitror:nec Homerum audio, qui Ganymedem à diis rap
tum ait, propter formam,ut Ioui pocula administraret,nō iusta causa, quur Laomedonti tanta fieret
iniuria. Fingebat hæc Homerus, & humana ad deos transferebat:diuina mallem ad nos. Aquilam
quæ rapuit Ganymedem, quem aquarium in Zodiaco aliqui esse finxerũt, inter sydera collocatam
nugantur, ut supra inter icones retuli ex Higino. Leocras(Leochares, ex Tatiano)statuarius aqui=
lam fecit,sentientem quid rapiat in Ganymede, & cui serat, parcētem unguibus, etiam per uestem,
Plinius. Aetherias aquila puerum portante per auras Illæsum timidis unguibus hæsit onus, &c.
40 Martialis. Alciati emblema sub lemmate Deus, siue Religio, In Deo lætandum:

Aspice ut egregius puerum Iouis alite pictor   Fecerit Iliacum summa per astra uehi.
Quis ne Iouem tactum puerili credat amore?   Dic,hæc Mæonius finxerit unde senex?
Consilium, mens atq; Dei cui gaudia præstant,   Creditur is summo raptus adesse Ioui.

¶ Cum Prometheus post factos à se homines Solis ignem furatus esset, irati dij febres & morbos
immiserunt terris: & ipsum Prometheum in mōte Caucaso per Mercurium religauerũt ad saxum,
adhibita aquila quæ eius cor exederet. Hæc autem omnia non sine ratione finguntur. Nam Prome
theus uir prudentissimus & à prouidentia sic dictus, primus astrologiam Assyriis indicauit : quam
residens in monte altissimo Caucaso, nimia cura & solicitudine deprehenderat. Dicitur autē aqui=
la cor eius exedere, quòd ἄχος est solicitudo, qua ille affectus syderum omnes deprehenderat mo=
50 tus, &c. Seruius enarrans illud Vergilij sextæ Aeglogæ, Caucaseasq; refert uolucres furtumq; Pro
methei. Iupiter(ut canit in Theogonia Hesiodus) Prometheum ligauit, & aquilam ei immisit quę
hepar eius immortale exederet, cuius tantundem noctu reparabatur, quantum interdiu aquila con
sumpsisset, hanc deinde Hercules interemit. Higinus in sagitta sydere sic scribit : Hanc unam de
Herculis telis esse demonstrant, qua aquilam dicitur interfecisse, quæ Promethei iocinora dicitur
exedisse. Et paulò post, Iupiter Prometheo uincto aquilam admisit, quæ assiduè noctu renascentia
iocinora exesset. Hanc autem aquilam nonnulli ex Typhone & Echidna natā, alij ex Terra & Tar
taro, complures Vulcani factam manibus demonstrant, animamq; ei ab Ioue traditam dicunt, &c.
Agrœtas tertio & decimo rerum Scythicarum scribit , aquilam Promethei iecur depasci solitam,
inde uideri receptum uulgò, quòd is perfecunda potiretur regione, sed quam tamē fluuius Aëtos
60 id est aquila, maximè infestaret. Scimus autem hepatis aut uberis appellatione fertilitatem plerunq;
significari. Quum illuc accessisset Hercules re perspecta, fluminis impetum & copiam alueorum
crebritate exinanisse , atq; inde iudicatum, aquilam peremisse, & à uinculis soluisse mox Prome=

q 2

theum, Cælius. Et paulò post, Herodotus adijcit Prometheum Scytharum regem fuisse: quùḿęp
eius imperio obnoxia regio summa necessariorum laboraret inopia, nec succurri ab rege posset,
quòd Aquila fluuius excrescens nimio plus agros dilueret, ibi coortos homines in uincula Prometheum coniecisse. Herculem uerò illum liberasse, & fluuium corriuasse in mare. Ad Nilum qui diceretur Aquila, rem deducit Siculus Diodorus. Aquilas quicunque Caucasum habitat, inimicas
habet, propterea illarum nidos, ubicunq́p enatæ fuerint, igniferis sagittis incendunt, laqueos insuper
ad eas capiendas tendunt, Prometheum ulcisci dictitantes, eò usq́p fabulis fidem adhibuere, Philostratus lib. 2, in uita Apollonij, ubi plura etiam de Prometheo eiusq́p uinculis scribit. Vide Apollonium in Argonauticis lib. 2. & eius Scholiasten Græcum ad numerum 56. Alciati Emblema inscriptum, Quæ supra nos, nihil ad nos:

Caucasia æternum pendens in rupe Prometheus   Diripitur sacri præpetis ungue iecur:
Et nollet fecisse hominem: figulosq́p perosus   Accensam rapto damnat ab igne facem.
Roduntur uarijs prudentum pectora curis,   Cui cœli affectant scire, deûmq́p uices.

Fulgentius in Mythologico (ut Gyraldus recitat) non ab aquila Promethei secur corrodi, sed à uulture tradit, idq́p perbelle interpretatus est. cui & Petronius Arbiter in his hendecasyllabis congruit:
Cui uultur secur ultimum pererrat, Et pectus trahit, intimasq́p fibras, Non est, quem tepidi uocant poetæ, Sed cordis mala, liuor atq́p luxus. Vide Macrobij 1. 10. De Prometheo herba nata
è sanguine Promethei aquila eius secur depascente, unde & radix sanguinea sit, supra in a. scriptum
est. ¶ Senescentibus aquilis rostrum superius accrescit, incuruaturq́p subinde magis magisq́p, cui
rei data est fabula, ut hoc ita accidat aquilæ, quoniam cum olim homo esset, hospiti iniuriam intule-
rit, Aristot. ¶ Fertur aquilam aliquando sagitta ictam, cum pennam sagittæ adaptatam uidisset,
dixisse, Τάδ᾽ ὐχ ὑπ᾽ ἄλλων, ἀλλὰ τοῖς αὐτῶν πθεροῖς ἁλισκόμεθα. ita hic etiam Euelpis inquit, Ἐυχ ὑπ᾽ ἄλλων
πτεροῖσιν τοῦτ᾽, ἀλλὰ τῇ ἑαυτῶν γνώμῃ. Aeschylus hanc parœmiam Libysticam uocat. ¶ Apud Aristophanem Comicum in Auibus homines quidam interrogant ab auibus, quomodo uiuere cum
eis queant implumes ipsi & uolandi nescij. Epops auis respondet commodè id fieri posse, Pisithe-
tærus uerò dubitat: quoniam & apud Aesopum fabula feratur de uulpe, quòd infeliciter aliquando
commercium cum aquila habuerit. Scholiastes monet hanc fabulam apud Archilochum esse Aesopo antiquiorem. ¶ Scarabeus contra aquilam, Vide infra inter prouerbia. ¶ Καὶ δέμας ἀμφίον Θ-
Καταπαλάσω πυρφόροισιν αὐτοῖς, Aristoph. in Auibus. ¶ Vaticinium Esdræ de aquila gerente typum
ecclesiæ Romanæ, doctissimus uir Theodorus Bibliander præceptor noster exposuit, libro typis publicato.

¶ Aquila Ioui sacra. Armigerum Iouis pro aquila dixit Vergilius 9. Aeneid. & Ouidius Metam. 13. Negant unquam solam hanc alitem fulmine exanimatam, ideo armigeram Iouis consuetudo iudicauit, Plinius. Aliqui eò quòd altissimè uolet, à poetis armigeram Iouis fingi aiunt, & ali-
tium reginam dici. Regia ales pro aquila Ioui sacra, Ouidius 4. Metam. Tutelæ Iouis deputata
dicitur, quia prosperum auspiciũ eius aduersum Titanas pugnaturus accepit, Acron in Horatium.
Aquilam fingunt in bello Giganteo Ioui arma ministrasse. Quoniã Iupiter & Saturnus reges fuerunt. sed dum Iupiter cum patre Saturno haberet de agris cõtentiõnem, ortum bellum est: ad quod
egrediens Iupiter aquilæ uidit augurium: cuius quum uicisset auspicio, sictum est quòd ei pugnanti
tela ministrasset: unde etiam à felice augurio natum est, ut aquilæ militum signa comitêtur, Seruius 4ª
in nonum Aeneid. Et alibi, Aquila (inquit) in tutela Iouis est, quia dicitur dimicanti et contra gigantes fulmina ministrasse: quod ideo fingitur quia per naturam nimij est caloris adeò ut & oua,
quibus supersedet, posset coquere, nisi admoueat gagatem lapidem frigidissimum. Auium præ-
stantissimæ sunt aquilæ, quæ Iouis etiam sceptris proximè fulmina insidere creduntur, Oppianus
in Ixeuticis. Ὁ Ζεὺς γὰρ αὐτῷ ἱερὸν ὄρνιν ἔχων ὑπὶ σκήπτρῳ, Aristophanes in Auibus: ubi Scholiastes,
Debuit dicere in sceptro, ut etiam Pindarus; Ἐύσει γ᾽ ᾱ́ ᾱ́ σκήπτρῳ Διὸς, aut dixit in capite, quoniam solebant aues unicuiq́p deo sacras in capite imaginis cuiusq́ue collocare. Iouis imago continebat læua
sceptrum: dextra uerò nunc aquilam protendere uidebatur, nunc Victoriam. Et quidem aquilam,
quòd Iupiter ita superioribus & cœlestibus imperet, ut aquila cæteris auibus: Victoriam uerò, quoniam omnia ei subiecta atq́p deuicta sint, Lilius Greg. Gyraldus. Iupiter aquila delegit, Ζεὺς ἀετὸν 50
ἕιλετο: prouerbium usitatum ubi quis asciscit sibi præclaros, suisq́p rebus accommodos, Erasmus.
Aquila Ioui sacra est, & Græcis à uerbo ᾱ́εω quod est spiro uidetur ἀετὸς dici, à quo uerbo etiam ᾱ́ηρ,
id est aër (quem Iouis nomine allegoricè innuunt) deriuetur. Huic igitur cõsecratur tanquam & no
mine affinis, & tanquam deo perfecto auis perfecta, & cœlesti altiuolans, Eustathius in primũ Iliados. Fabula est, quòd cum Rhea parturiret Iouem, aquila apparuerit, (uel etiam eodem die nata
sit, ut habet Scholiastes Homeri Iliad. 9. & in pugna aduersus gigantes præteruolârit, Idem.) ideoq́p
Iouem hanc alitem sibi delegisse cum res inter se diuiderent Titanes, Κατὰ
τὴν ἐκκλήρωσιν τῶν πταινῶν, Idem in octauum Iliados. Aquila Ioui gratissima auis esse fertur, siue tan
quam rex regi, siue quia secũdum fabulam eodem die nata est quo Iupiter. uel quoniam ei regnum
occupaturo, felicis faustiq́p euentus augurium præbuit. uel quia natum Iouem in cœlum deporta- 60
uit. Fabulantur aliqui Meropem Coum, cum uxorem mortuam deflere non desineret, & in luctu
hospitio Rheam suscepisset, in aquilam mutatum semper adesse Ioui. Aelianus uerò latronem quen
dam su-

dam fuisse scribit, qui deinde in aquilam mutatus, uncis unguibus uideatur, & in senecta rostro eius
nimia aduncitate reddito inutili, hanc pœnam (famem scilicet in senectute) uitæ dum homo esset ni
mium belluinæ luat, & insuper odium scarabeorum. Cæterum Byzantia Mœro poëtria scribit, ut
refert Athenæus in libro X 1.de poculis, quòd Iupiter in Creta nutritus sit, Νίκ]αρ δ᾽ ἐκ πίπτοντ μέγας
ἀετὸς ἀγρὶ ἀ φύοσωμ ΓαμφηλῆϚ, φορέωπε ωετῶμ (forte πετόμ) Διὶ μητιόωντι. Τῷ κỳ νικήσΰϚ πατέρϚα Κρόνομ Ούρίο‍
πα ΖεὺϚ Ἀθάνατομ ποίησε κỳ οφεκῷ ἐγκατώκασε. Vocat autè Hecuba aquilam Ioui charissimum διωνῶμ,
id est auium uel simpliciter, uel illarum potius ex quibus auspicia sumũtur, Hæc omnia Eustathius
in Iliad.ω. Iupiter aquilæ imperat, & tanquam ministro utitur erga homines quibus aliquid signi‍
ficare uoluerit, Scholiastes Homeri. Aues hominibus deorum sententiam nunciant, aquila Iouis,
10 ciconia Iunonis, &c. Porphyrius lib.3.de abstinēdo ab animatis. Ἐκ Διὸς ἀγιόχυ τιμὰμ ἔχει αετὸς ὅτωϚ,
Theocritus Idyl.33. εἰϚ αρα νᾶσ᾽-᾽ ἔειπεμ, ὁ δ᾽ ὑ-ῥόθ᾽ ἔκλαγξεμ φωνᾶ: εἰ τοῖϚ ἴσαλε νεφωμ Διὸς ἄισ-᾽ ἀιετὸϚ ὅρ‍
νιϚ, Theocritus Idyl.17. Vna tantum ex aquilarum genere, quæ Iouis appellatur, carnes non attin‍
git, sed ad uictum ei herba satis est, Aelianus.

¶ Aquilæ sublimes uolant, ut perquam maximè procul aspiciant, quapropter homines solam
auium omnium aquilam esse diuinam perhibent, Aristoteles. Aquilam Thebani colunt, Strabo
lib.17. Thebæ aquilam honorant, tum quia regia uidetur auis, tum Ioue digna, Diodorus Siculus
lib.2.de fabulosis antiquorum gestis.

¶ Quòd si animantium cruore afficiuntur superi, cur non mactatis illis uulturios, aquilas, &c.
Arnobius lib.7.contra gentes. Si hecatombe imperatorio sacrificio fiat, non centum pecora, sed
20 centum leones, centum aquilæ, & cætera huiusmodi animalia centena feriuntur, Iul. Capitolinus.

¶ Cum Lacedæmonij peste uexarentur, acceperunt oraculum desituram illam si quotannis uir
ginem nobilem immolarent. Et cum sors aliquando in Helenam incidisset, & ea pro more ornata
ad sacrificium produceretur, aquila repente deuolans abreptum ensem ad armenta detulit & in iu‍
uencam demisit, quare Lacedęmonij deinceps à uirginibus mactandis abstinuerunt. Historiam rē
fert Plutarchus in Parallelis minoribus: & mox alteram subiungit de Valeria Luperca apud Vale‍
rios similiter seruata, hoc est ense per aquilam rapto & in iuuencâ demisso. Est autem locus is mu‍
tilus, & idem apud Varinum quoqᵉ Lexici scriptorem in Neoptolemo corruptus: uterqᵉ collatione
alterius emendari potest. Transcripsit ex Plutarcho etiam Cælius 13.20.sed loca obscuriora non at‍
tigit. Iis uerò comparant fidem (inquit Cælius) quæ de Prisco Tarquinio T. Liuius perscribit.
30 ¶ Delphi in medio uniuersæ quodammodo Græciæ & intra & extra Isthmum, imò & totius
orbis consistere uidebantur, unde & telluris umbilicum appellabāt, fabulam addentes quam refert
Pindarus, confingens ab Ioue duas dimissas aquilas in hoc coisse loco, unam ab ortu, alteram ab oc
casu. quidam autē dixêre coruos, Strabo lib.9. Pindarus in Pythijs carmine quarto Pythiam siue
Sibyllam Χρυσέαμ Διὸς ἀει τỹ παρέδρομ cognominat: Vbi Scholiastes, Ferũt Iouem cum uellet maxi‍
mè mediam orbis habitabilis partem certa mensura deprehendere, duas pari uelocitate aquilas,
unam ab oriente, alteram ab occidentè emisisse: illas uerò conuenisse Delphis seu Pythone. itaqᵉ Io
uem in memoriam rei ad designandum terræ habitabilis medium in templo Apollinis aquilas au‍
reas consecrasse aiunt, quæ postea in bello Phocico, cuius author Eumelus fuit, sublatæ sit.

¶ Metamorphoses. Iouem transformatum in aquilam ut raperet Ganymedem describit Oui‍
40 dius lib.10.Metam. Idem lib.sexto de Arachne puella telam cõtexente, Fecit & Asterien aquila
(id est Ioue in aquilam mutato) luctâte teneri, uide in Coturnice h. Idem lib.12. Metamorphoseō̄
fabulatur Periclymenum in aquilam uersum, ab Hercule, quem plurimum unguibus uncis infesta‍
bat, sagitta in sublimi confossum, quũm inquit: Mira Periclymeni mors est, cui posse figuras Su‍
mere quas uellet, rursusqᵉ reponere sumptas, &c. De Merope qui Côon insulam tenuerit in aqui‍
lam converso, fabulam ex Higino retuli supra mox post icones: & ex Eustathio paulò superius in
Aquila Ioui sacra. Aelianus uerò latronèm quendam in aquilam mutatum scribit, quæ sceleris sui
pœnam luat rostro per senectam adeò incuruato, ut cibum capere non possit, & scarabeos infestos
patiatur. Venus in aquilam mutata Iouem in olôrem mutatum seq̄tiatur: & uterqᵉ demum inter sy
dera locatur.uide in Cygno h.ex Higino: & Cælium Rhodiginũ 11.19. Vt apud Mœro poëtriam
50 aquila: sic apud Homerum peleiádes (uel pleiádes Ioui ambrosiam adferunt, Eustathius: Corruptâ
forsan lectione: nam Ioui infanti aquilam nectar attulisse, peleiades uerò ambrosiam Mœro canit:
ut recitat Athenæus, ex quo sua Eustathius mutuatur. Vtrisqᵉ (aquilæ & peleiàdibus) ut gratiam re‍
ferret Iupiter, inter sydera eas retulit.

¶ Auspicia. Aquila alis & uolatu auspicium facit, Festus. Octauius Augustus cum lustrum
in campo Martio magna populi frequentia conderet, aquila eum sæpius circumuolauit, transgres‍
saqᵉ in uicinam ædem, super nomen Agrippæ ad primam literam sedit, &c. Suetonius in uita Au‍
gusti. Contractis ad Bononiam triumuirorū copijs, aquila tentorio Octauij Augusti superfedens,
duos coruos hinc & inde infestantes afflixit, & ad terram dedit, notante omni exercitu, futuram
quandoqᵉ inter collegas discordiam talem, qualis secuta est, ac exitum præsagiente, Ibidem. Auspi‍
60 cia quædam ex aquila, retulimus etiam paulò ante in Aquila Ioui sacra. Arabes audiunt (ἀκύσωμ,
intelligunt) coruos, Tyrrheni aquilas, Porphyrius lib.3.de abstinendo ab animatis. Αετὸμ Gram‍
matici Græci dictum aiunt, ab α.particula intendente & ἴπυὸς, quod ualde & semper uera sit ales ad

q 3

fatalis in auspicijs. Troianis feliciter pugnantibus apud Homerum, & iam fossam ac uallum Græ
corum transituris aquila sinistra apparet, non tanquam infausta auis (ut Scholiastes interpretatur)
cum alioqui aues sinistræ infortunatæ sint, sed ad decipiendos Græcos quo minus illi sibi cauerent,
tanquam Troianorum desiderio non successuro. Sed poetæ uersus adscribam. ὄρνις γ οφιμ ἐπήλθε
πόρνον ἐμβλευ μεμαῶσιν Ἀιετὸς ὑψιπέτης ἐπ᾽ ἀριστερὰ λαὸν ἐέργων, φοινήεντα δράκοντα φέρων ὀνύχεσσι πέλωρον, ζωόν ἔτ᾽ ἀσπαίροντα, καὶ ὄπω λήθετο χάρμης. Κόψε γαρ αὐτὸν ἔχοντα (κρατῦντα) ἰζῆ σῆθ῾ πὸδὶ στέρνου,
Ἰσχναῶθε (ἰαμφθεὶς) ὀπίσω. ὁ δ᾽ ἀπὸ ἕθεν ἧκε χαμᾶζε Ἀλγήσας ὀδύνησι, μέσω δ᾽ ἐγκάββαλ᾽ ὁμίλω. Αὐτὸς δ᾽ κλάγ-
ξας πέτετο πνοιῆς᾽ ἀνέμοιο. Τρῶδν δ᾽ ἐρρίγησαν ὅπως ἴδον αἰόλον ὄφιμ Κείμενον ἐν μέσοισ, Διὸς τέρας αἰγιόχοιο.
Homerus Iliad. μ. εἰς ἄρα δ' εἰπόντι ἐπέπτατο δεξιὸς ὄρνις Ἀιετὸς ὑψιπέτης. ἀλλ᾽ ἰ ἴαχε λαὸς Ἀχαιῶν θαρ-
σύνω οἰωνῶ, Iliad. ν. Αὐτίκα δ' αἰετὸν ἧκε (Agamemnoni oranti Iupiter) τελειότατον πετηνῶν   Νε 10
Βρόω ἔχοντ᾽ ὀνύχεσσι, τέκος ἐλάφοιο ταχείης. Γαρ᾽ Διὸς ἔσωμῷ πολικαΜέλ κάββαλε νεβρόμ, Iliad. θ. Et mox ὁ᾽ δ᾽
ἂς ἴς εἴδω ὅτ᾽ ἂρ ἐκ Διὸς ἠλύθεν ὄρνις. Hic Scholiastes τελειότατον πετηνῶν, id est, perfectissimā auium interpretatur maximam, uel signa perfecta ædentem, & maxime persicientem ea quæ significat: uel
præcipuā & nobilissimam auium, ut Eustathius docet. εἰς ἄρα δ᾽ εἰπόντι ἐπέπτατο δεξιὸς ὄρνις Αιετὸς ἀπὸ
γλυ χνὰ φέρων ὀνύχεσσι πέλωρον Ἡμερον ὑμ αὐλῆς, &c. Odyss. ο. Χηνές μοι ἀπὸ οἴκου πέπτεν πυρῳμ ἔδωσιν Ἐξ
ὕδατος, κ̓αὶ τέ σφιν ἰαινομαι εἰσορόωσα. Ἐλθὼν δ᾽ ἐξ ὄρεος μέγας αἰετὸς ἀγκυλοχείλης Πᾶσι κατ᾽ αὐχένας ἧξε καὶ
ἔκτανεν. οἱ δ᾽ ἐκέχυντο Ἀθρόοι ἐν μεγάροις. ὁ δ᾽ ἂν αἰθέρα δ᾽ ἴομ ἀρθύ. Αὐτὰρ ἐγὼ κλαίω̅ ὅ μοι αἰετὸς ἔκτανε χῆνας
Ἀ̓ψ δ᾽ ἐλθὼν κατ᾽ ἀρ᾽ ἕζετ᾽ ἐπὶ προὔχοντι μελάθρω, φωνῆ δὲ βροτέη κατερήτυε φώνησέν τε· Θάρσει Ἰκαρίου κούρη τηλε-
κλειτοῖο, Οὐκ ὄναρ, ἀλλ᾽ ὕπαρ ἐσθλόν, ὅ τοι τετελεσμένον ἔσται. Χῆνες μ̀ν μνηστῆρες, ἐγὼ δέ τοι αἰετὸς ὄρνις Ἦα
 πάρος, νῦν αὖτε τεὸς πόσις εἰλήλυθα· Ὃς πᾶσι μνηστῆρσιν ἀεικέα πότμον ἐφήσω, Somnium Penelopes quod 20
illa Vlyssi nondum agnito recenset Odysseæτ. Priamo Iouem oranti αἰετὸς ὀξὺ κεκληγὼς Ηδη
ἀπεπνείξω ἔχω ὀνύχεσσι πέλξαν Εσσυμένως σίμνω ἀετρφὸς, Quintus Calaber libro primo. ¶ Mirum
& rarum prodigium aquilæ & cygnorum ex Aeneidos Vergilij duodecimo recitabitur in Cygno h. Auspicium aquilæ præteruolantis fecit ut Aiax Telamonis filius primum Actos diceretur, ut scripsimus in Leone h. & supra in a. inter nomina propria ab aquila ducta. Scribit Plutarchus (in Parallelis minoribus cap. 6.) aquilā quandoq́ cum duces manipulorum epularentur
cum Polynice Amphiarai hastam abreptam sustulisse in altum, moxq́ demisisse: eā uerò terræ im-
pactam lauri speciem præbuisse ueram: insequenti die hostibus acri prælio ibidem cōgredientibus,
terræ hiatu repentino haustum cum curru, quod hárma dicunt Græci, Amphiaraum perijsse: conditam ibi postea urbem, hármatis cognomine fuisse insignem. Cuius rei auctor sit in tertio Κτίσεων 30
Trisimachus. Fuit uerò præcellens uates Amphiaraus, &c. Cælius. Aquila correptum à satellite
saculum, in sublime detulit, dehinc in profundum abiecit, Plutarchus in uita Dionis inter portenta
Dionysio tyranno exhibita, quibus illi exilium & regni amissio funestaeq́ calamitates prædiceban-
tur. Xanthias seruus in Vespis Aristophanis narrat somnium suum, Ἐδ᾽ ὄκω αἰετὸν καταπτάμενόμ ἐς
ὸτ τ̓ω ἀγοράμ μέγαμ πάνυ Ἀναρπάσαντα τοῖς ὄνυξις ἀσπίδα Φέρειμ ἐπίχαλκον ἀνεκὰς εἰς τ̓ οὐρανόν, Κ̓απειτα τρύ-
τρμ ἀσβαλείμ Κλεώνυμον. Traducit autem Cleonymum ceu ῥἰαασπίδα. Strabo lib. 17. de pyramide
tertia in Aegypto, quæ primis duabus minor sit, sed maiore impensa structa, sic scribit: Hæc dicitur
meretricis sepultura ab amantibus effecta: quam Sappho poetria Doricham uocat, alij eam Rhodo-
pem nominant, atq́ fabulam quandam narrant, quod ea dum lauaretur, aquila alterum ex calceis
è manu ancillæ correptum Memphim deportârit, & in sublime supra regis uerticem iura dantis ela 40
ta, calceum in illius gremium demiserit: & quod ille calcei concinnitate & rei miraculo permotus,
per totam regionem misit ad eam inquirendam quæ huiusmodi calceum ferret, & quod ea in urbe
Naucratitarum inuenta atq́ adducta, & regis uxor fuerit, post mortem uerò hanc sepulturam habuerit, Hæc Strabo. Eandem historiam recitat Aelianus lib. 13. Variæ historiæ, regem Aegypti in
cuius gremium iniectus sit calceus Psammetichum nominans. De aquila quæ Augustæ ex alto abiecit in gremium conspicui candoris gallinam, scribemus in Gallina h. inter auguria. Pro uirgini
bus immolatas legimus iuuencas in quas aquilæ ereptos sacrificis enses, quos iam uirginibus inten-
tabant, demiserant, referente Plutarcho in Parallelis Græcarum & Romanarum historiarū. fuit autem uirgo altera apud Lacedæmonios nomine Helena, altera apud Valerios nomine Valeria Luperca. in quas sors ceciderat ut immolarentur, cum deus propter pestem uirginem aliquam quotan 50
nis sacrificandam respondisset. Vide etiam Varinum in Neoptolemo. ¶ Aquila partem exto-
rum immolante Hecuba in Ilio, ad Græcos portat, apud Dictyn Cretensem libro 4. Et rursus libro
5. sacrificantibus Troianis aquila stridore magno immittens sese, exterum partem ereptam ad naues Græcorū deponit. Galbæ Cæsaris auo procuranti fulgur, cū aquila de manibus exta rapuisset,
& in frugiferam quercu contulisset, summum, sed serum imperium portendi familiæ. respōsum est.
Atq́ ille irridens: Sane, inquit, cum mula pepererit, ut pluribus retuli in Mulo h. Exta de sacrificantis manu ab aquila rapta, tam efficaci auspicio fuere, ut nullū præsentius aut felicius fuerit, Alexander ab Alex. Cyro aduersus Armenium proficiscenti continuò in primo agro exurgit lepus:
Aquila autem uolans dextera, leporem despiciens fugientem, & irruit, & percussit illum, exuliteq́
correptum, eoq́ ablato in collem proximum, pro libidine utebatur præda. Augurium igitur Cy- 60
rus intuitus, cum lætatus est, tum Iouem regem adorauit, dixiteq́ ad presentes: Venatio quidem pul
chra est futura, si Deo libuerit, Xenophō 2. de Pædia Cyri. Aquila, ut aduncæ aues propè omnes,
sine

fine ullo potu uiuit, quod Hefiodus nefciuit. facit enim in narratione obfefsionis Nini, aquilam au=
gurij præfidem bibentem, Ariftoteles. Ex aquilæ fignificatione filium fuu nomine Midam, Gor=
dias regem fore coniecit: cum fupra huius caput arantis primo uolaffet, deinde totum diem in iugo
fefsitare non prius deftitiffet, quàm is ad uefperam arationem dimififfet, Aelian. Galeotes & Tel=
miffus fratres, filij Apollinis, & Themiftûs filiæ Zabij regis Hyperboreorum, oraculo in Dodona
accepto, ut hic orientem, ille occidentem uerfus nauigaret, & ubicunq; de facrificijs ipforum femo=
ra rapuiffet aquila, aram ibi conderent: Galeotes in Siciliam, Telmiffus in Cariam, ubi Apollinis
Telmifsij ædem condidit, Stephanus. Ante ultimam Bruti (aduerfus Cæfarem & Antonium pu=
gnam) ut P. Volumnius prodidit, aquila prima (uexillum) apum plena confpecta eft: & duæ aquilæ
10 in medio utriufq; exercitus fpacio ante prælium cōgreffæ fimul pugnarunt: quarum pugnam dum
ambo caftra utrinq; intuentur, filentium incredibile tenuerunt: ceffit uerò atq; fugit aquila è parti=
bus Bruti profecta, Plutarchus in uita M. Bruti. & Val. Maximus 1. 4. Deiotaro uerò regi omnia
ferè aufpicata regenti, falutaris aquilæ confpectus fuit: qua uifa abftinuit fe ab eius tecti ufu: quod
nocte infequenti, ruina folo æquatum eft, Val. Max. Ibidem. C. Panfa, Hircio Coff. in caftris Cæ=
faris luce prima, in culmine prætorij fuper linteum confedit aquila: inde circunuolantibus minori=
bus auibus excita: de confpectu abijt, Iul. Obfequens. Tranquillus in Tiberio cap. 24. Ante pau=
cos (inquit) quàm reuocaretur dies, aquila nunquam antea Rhodi cōfpecta, in culmine domus eius
affedit. Extat & epigramma fuper hac re Apollonidæ Græcum, Anthologij lib. 1. fectione in Aues
infcripta. Præpetes aues dicuntur (inquit Alexander ab Alexandro) quæ uolatu auguria faciunt
20 & futura prædicunt. Ex his autem, aquila, uulture, & buteone, fanquali & immuffulo lætatur, easq;
felicis euentus effe (aiunt,) cum ingentibus alis patulæ & porrectæ uolant. Et mox, Aquila fi dex=
tra ex parte uenit, felix omen facit, & magnarum rerum aufpicia: quas quidem uolatu augurium fa
cere, præcipuè fi ftridentibus alis euolare uideant, omen futuri maximi boni, ac læta & magna por
rendere dixerunt. Vultures aquilarum fœtus implumes occidiffe, nidosq; euertiffe, ipfosq; à pa=
ftu pedibus & roftro abegiffe, Tarquinio Superbo exilium & regni amifsionem, quæ mox fecuta
funt, portenderunt. Aquilam Tarquinio Prifco pileum detraxiffe in fublimi, deinde capiti repo=
fuiffe, regnum ominatam ferunt: Sicut Ariftander aquilæ augurio uictorem Alexandrum prædi=
uinauit, Idem. Et rurfus, Si uultures, corui, & aquilæ in unum coirent, cædem haud dubiam inter=
pretabantur. Obferuatum eft ut minora aufpicia femper maioribus cedant, licet priora fint, fiqui=
30 dem cornicis aut columbarum aufpicia, aquila fuperueniente, irrita fiunt: aquilarū uerò augurium,
fulmine adueniente, nullum eft, Alexander ab Alex. Si cor uictimæ raptum ab aquila aut auibus
fuiffet, nimium propicios deos oftenderunt, Idem. Et mox, Galbæ fulgur procuranti, cum aquila
exta rapuiffet, & in fublimem quercum detuliffet, imperium portendit. C. Marius Syllam fugiens
iam fermè omni fpe deftitutus, hortabatur tamen focios, ne in ultima fpe, ad quã feruari fe antiquo=
rum augurum refponfo credebat, defererent. Nam cum ualde adolefcēs effet & in agris uerfaretur,
nidum aquilæ feptem pullos habentem domum retulit. Parentes hoc magna cum admiratione in=
tuentes, augures confuluerunt. Illi refponderunt, Marium clarifsimum uirum futurum, maximum
principatum atq; imperium feptiæ habiturum. Sed hæc aliqui fabulofum putant, quòd aquila ge=
minos tantummodo pullos pariat, Plutarchus in Marij uita.
40 ¶ De Cypfelo Corinthi tyranno adhuc priuato oraculum Pythia huiufmodi reddidit, Concipit
in petris aquila enixura leonem, &c. ut ex Herodoto recitaui in Leone h. proximè ante prouerbia
à leone facta.
¶ Aquila grandis magnarum alarum, plena plumis & uarietate, uenit ad Libanum, tulit Cedri
medullam, tranfportauit in negotiatorum urbem, Ezech. 17. Aquila grandis tulit de femine terrę,
pofuit illud in terrę fuperficiem pro femine, ut radicem firmaret fuper aquas multas, quod creuit in
uineam latam, fructificauit in palmites, & emifit propagines, Ibidem. Aquila altera grandis mag=
nis alis, multis plumis, & uinea ifta mittit radices fuas ad eam, & palmites fuos ut irrigaret eam de
areolis germinis fui, Ezech. 17. Aquila nōnne radices uineæ grandis euellet, fructus eius diftrin=
get, ficcabit omnes palmites germinis eius, & arefcet, & non in brachio grandi, ut euellat eam radi=
50 citus, Ibidem. Quafi aquila fuper domū Domini, clama uelut tuba in gutture, eò quòd transgrefsi
funt fœdus meum, Ofeæ 8. Aquilæ cum duodecim fuis alis, & octo fubalaribus, & tribus capiti=
bus myfterium exponitur 4. Efdræ 12. Aquilæ fomnium, duodecim alarum & trium capitum, re=
gnantium fuper totam terram, habens octo contrarias pennas, cui uenit finis primo, fecundo & ter=
tio 4. Efd. 11. Aquilæ unius uolantis audita uox magna, Væ uæ uæ inhabitantibus terram, Apo=
calypfis octauo.

PROVERBIA.

E fquilla nō nafcitur rofa, prouerbiali figura dixit Theognis, innuens è probis parentibus nafci
liberos probos, ex improbis improbos. Simili forma dixit Horatius in Odis, Neq; imbellem fero=
ces progenerant aquilæ columbam, Erafmus. Tam difpar aquilæ columba non eft, Nec dorcas
60 rigido fugax leoni, Martialis. ¶ Aquilam cornix prouocat, Ἀετὸν κορώνη ἐρεθίζει. Tradunt pecu=
liare cornicibus effe irritare aquilam, uerum illa negligit prouocantem, intelligens nimirum fibi ab
illa nocerinō poffe. Locus igitur fuerit adagio, fi quando leuiufculus quifpiam homuncio, qui neq;

prodesse queat, neque lædere, maximis uiris oblatrat, Erasmus. ¶ Cypselus nõ parit aquilam, prouerbium citatum à G. Heldelino. ¶ Iupiter aquilam delegit, ubi quis asciscit sibi præclaros suisque
rebus accommodos, uide supra in Aquila Ioui sacra. ¶ Ioan. Tzetzes Chiliade 8. cap. 243. cum
recitasset prouerbium, τ̃ω γὰρ δὲι τοῖς κολοιοῖς φροντίς ὦ βασιλεῖας; mox subijcit, Huic simile est illud nostrum, τῶ γὰρ φροντὶς τοῖς ἀετοῖς τῶν πλωτῶν ⊙ δογμάτων, καὶ νόμω τουτο πορνικῶν; &c. ¶ Lupus aquilam
fugit, Vide in Lupo h. ubi periculum imminens euitari non potest. ¶ Aquila non captat muscas,
Ἀετὸς ὁ θηρϑ́ει τὰς μυίας. Summi uiri negligunt minutula quæpiam. Animus excelsus res humiles despicit: aut egregiè docti nonnunquam in minimis quibusdam labuntur. Et maximis occupati negotijs ad pusilla quædam conniuent. Effertur & citra negationem adagium, Ἀετὸς μυίας θηρϑ́ει, id est,
Aquila uenatur muscas, quoties magnis minima sunt curæ. Huic non absimile est quod habet Gre 10
gorius Theologus in epistola ad Eudoxium rhetòrem, Μὴ ἀνάγκη ἀριϑϑ́ειν ὦ κολοιοῖς ἀετος. id est, Non
sustineas tenere primas inter graculos aquila, Erasmus. Pindarus etiam graculos cum aquilis con
fert, ut paulo post in prouerbio Aquila in nubibus, recitabimus. ¶ Aquilam noctuæ comparas,
Ἀετὸν γλαυκὶ συγκρίνεις. Martialis in Scazonte, Aquilasque similes facere noctuis quæris. Aquila uisus
acerrimi, adeo ut ἀσκαρδαμύκτως, id est, non conniuens aduersus solem intueatur, contrà noctua solis
lumen modis omnibus refugit, Erasmus. ¶ Aquila in nubibus, plerique interpretantur de re magna quidem illa, sed quam non facile assequaris: alij de ijs, qui longè reliquis præcellunt, Aristophanes in Equitibus; εἴπερ ἥδμαι, εἰς ὦ νεφέλησιν ἀετὸς γγνόμαι, Gaudeo isthoc nomine Quòd aquila
fiam in nubibus uidelicet. Verba sunt populi Atheniensis, promittentis sibi futurũ ut orbi uniuerso
imperet. Et paulò inferius in eadem comœdia tanquam oraculum pronunciatur, Ἀετὸς ὡς γίγνει, καὶ 20
πάσης γῆς βασιλϑ́εις. Quippe aquila es, terræque omnem dominaris in orbem. Dicuntur & hæc de populo Atheniensi: nisi forte placet allusio ad spes huius principatus inanes, Rursum in Auibus, Ἀετὸς
ὦ νεφέλησι γγνόμαι, id est, Aquila in nubibus fies. Interpres admonet alludere poëtam ad oraculum,
quondam Atheniensibus redditum, quo prædicabatur futurum, ut Athenienses tanto interuallo
reliquas urbes superarent, quanto aquila in nubibus reliquis auibus esset sublimior. Pindarus item
in Nemeis, se uocat aquilam, Bacchylidem æmulum graculum, uidelicet quòd illum immenso uin
ceret interuallo. Ἀετὸς ὠκὺς ὦ πτανοῖς, Ὃς ἔλαβεν αἶψα τηλόθεν μεταμαυόμϑυ⊙ Δαφοινὸν ἄγραν ποσι,
Κραγέται δὲ κολοιοὶ ταπεινὰ νέμονται. Quorum carminum hæc est sententia: Aquila pernix inter uolucres, quæ repente aduolans eminus, corripuit cruentã prædam: Loquaces aũt graculi humi pascun
tur, Erasmus. Ἀετὸς ὦ νεφέλαις, ὦ τ̃ δ' υζαλϑ́ων, παρόϑυ ἀετὸς ὦ νεφέλαις ὀρ ᾗ ἁλίσκητ̃, Suidas & Varin. 30
¶ Κανϑαρ⊙ ἀετὸν μαίνεται, id est, Scarabeus aquilam quærit: cum imbecillior atque impotentior, mali
quippiam molitur, struitque insidias inimico longè potétiori. Est & altera lectio, atque ea meo quidem
iudicio uerior, Ὁ κανϑαρ⊙ ἀετὸν μαίνεται, id est, Scarabeus aquilæ obstetricatur. Sensus, utrumuis legas, fermè idem est, competit enim in humilem & imbecillum, qui uiribus longè præpollenti, mali
ciosis insidijs & clancularijs dolis perniciem machinatur. Aristophanes in Lysistrata, ὑπὲρχολῶ γάρ,
ὦατὸν τίκτουσι κάνϑαρός σε μαιϑ́υσομαι, id est, Supra modum irascor tibi. scarabeus aquilam ego te,
Quando oua paries obstetrix iuuabo. Super hac refertur apologus quidã apud Græcos non inelegans, quem Lucianus indicat Aesopicum esse, cum ait in Icaromenippo, fabulatum fuisse Aesopũ,
quemadmodum aliquando scarabei & cameli cœlum conscenderint. Meminit eiusdem fabulæ etiam comicus Aristophanes in Pace, &c. Erasmus. Aquila utpote regia auis, quamuis cætera par 40
ua animalcula contemnit, scarabeum tamen odio prosequitur, quoniam oua eius à scarabeis perduntur. Hinc & fabula conficta est, scarabeum reptando aut euolando (ut hippocantharus apud
Comicum) in aquilæ nidum, oua eius perdidisse. itaque aquilam inopem consilij, supplicem in Iouis
gremio oua deposuisse: scarabeum uerò illuc quoque peruenisse, & Iouem ut eum excuteret surgentem, simul etiam oua effusa fregisse, id quod optabat scarabeus. Inde ortum prouerbiũ, Ἀετὸν κάνϑα
ρ⊙ μαιϑ́υσομαι, Eustathius in Iliados ultimum. Suidas hoc prouerbium usum habere scribit, si qui
potentiores qui priores iniuriam fecerint ulciscantur. fertur enim scarabeus aquilæ oua perdere,
ἀφανίζειν. Emblema Alciati, inscriptum A minimis quoque timendum:
    Bella gerit scarabæus, & hostem prouocat ultrò   Robore & inferior, consilio superat.
    Nam plumis aquilæ clàm se neque cognitus abdit,   Hostilem ut nidu summa per astra petat. 50
    Ouaque cõfodiens, prohibet spem crescere prolis.   Hocque modo illatum dedecus ultus abit.
¶ Aquilæ senecta, corydi iuuenta, Vide in Alauda h. ¶ Ἅπας μϑὶ ἀὴρ ἀετῷ πράσιμος, Ἅπασα δὲ
χϑὼν ἀνδρὶ γυνναίω πατρὶς, Euripides. hoc est, Nullus non aër patet aquilæ, & nulla non terra uiro for
ti patria est. ¶ Aquilam testudo uincit; Vide supra in Testudine terrestri h. ¶ Aquila thripas aspiciens, Ἀετὸς θρῖπας ὁρῶν: de magnis qui pusilla negligunt. Est thrips auicula quædam (imò uermiculus) minutissima, quam aquila cum uideat, ut est oculatissima, haud tamen dignatur persequi, utpote prædam unguibus suis parum dignam. Ad hunc quidem modum (inquit Erasmus) inuenio in
commentarijs Græcorum, uerũ haud scio an mendose. nam thripas reperio uermiculi genus esse.
¶ Aquilam uolare doces, Ἀετὸν ἴπταϑαι διδάσκεις: eiusdem sententiæ est prouerbium cuius illud, Del
phinum natare doces. Quod enim delphini inter pisces, id aquila inter uolucres. Allusisse uidetur 60
huc Gregorius in epistola quadã ad Eudoxum rhetòrem: Τὰς πολὺς ἔα χύρειν, καὶ τῶν κολοιοῖς ἤσυχη ἀε
τὸς δικιμάζοντας; Sine ualere uulgus, sine esse graculos, qui uolatum aquilarum probent, Erasmus.
                                                Meminit

Meminit Suidas, & ait conuenire in illos qui alios docere conantur ea quæ ipfi melius calient.
¶ Fertur(inquit Aeſchylus, qui parœmiam hãc Libyſticam uocat,) Ϝλʜϑϵῖτ᾽ ἀϖϼάϰϊʒϖ τοξἰϰȣ̃ ϖὸϟ ἀϵτὸϟ ἒιπϵῖϟ ἰδόντα μηχανϊϛὼ ϖϡϵϼώματϴ. Τῳδ᾿ ȣ̓χ ȣ̓ϖ᾿ ἄλλωϟ, ἀλλὰ ϖοῖϟ αὐτῳ̃ ϖϡϵϼοῖϟ Άλισϰόμεϑα. Ita hic etiã Euel-
pis inquit, ȣ̓ϰ ȣ̓ϖ᾿ ἄλλωϟ ϖάϛομϵϟ ταῦτ᾿, ἀλλὰ τῇ ἑαυτῶϟ γνώμῃ.
¶ Emblema Alciati cum lemmate Fortitudo uel Signa fortium, per dialogiſmum:
Quæ te cauſa mouet uolucris Saturnia, magni   Vt tumulo inſideas ardua Ariſtomeniſ?
Hoc moneo: quantũ inter aues ego robore præſto,   Tantum ſemideos inter Ariſtomenes.
Inſideant timidæ timidorum buſta columbæ,   Nos aquilæ intrepidis ſigna benigna damus.

10
DE AQVILIS DIVERSIS, QVARVM
ueteres meminerunt.

ARISTOTELES & Plinius ſex aquilarum genera fecerunt, in quibus enumerandis neque
magnitudinis neʠ nobilitatis, neʠ alius ordo ab eis obſeruatur. nos quidem literarum ordine ſingula deinceps recenſebimus. Sed prius dicendum de illis, de quibus uel dubitatur, uel quæ ineptè
à quibuſdam aquilarum generi adſcribuntur. Poſtremò aquilini generis aues à recentioribus me-
moratas adijciemus. ¶ Diuerſæ ſunt ſpecies aquilarum, permagnæ, mediocres, paruæ. Rurſus
quædam nobiliores ſunt, nec appetunt niſi aues & animalia terreſtria uiua. aliæ ferè ignobiles &
degeneres, quæ non ſolum carnes uiuas, ſed etiam cadauera(ut aſinorum & alia) & piſces exanima
20 tos petunt: & hæ accedunt ad naturam & ignobilitatem miluorum, Creſcentienſis.
¶ ACCIPITRES, ἱέϼαϰϵϛ, genus aquilarum, Scholiaſtes Homeri. Sed accipitrinum genus
cum aquilino imperitè confundi, ſcripſi in Accipitre a.   Nothi accipitres eſſe creduntur qui cenſentur in genere aquilarum, Aelianus.
¶ ACMON, ἄϰμωϟ, genus aquilæ eſt, Heſychius & Varinus. Forte autem duo luporum genera apud Oppianum ab hoc aquilæ genere ſic dicta ſunt, ut circus etiam & ictinus lupi ab eiuſdem
nominis auibus rapacibus. Alrachwe aquilam Syriacè dictam in gypæeto deſcribemus: cui uoci
ſi literam initialem demas (nam al articulus eſt)omnino cum acmone conuenit.
¶ Ἀιγυπιὸϟ alij genus aquilæ, alij uulturem interpretantur, ἀϖὸ τȣ̃ αἰόσϵιϟ, Heſychius, Varinus, &
alij. nimirum quaſi αἰόσοντα γῦπα. Suidas priſcos non γῦπαϛ, ſed ἀιγυπιὸϛ tantum protuliſſe ſcribit: &
30 ἀιγυπιῶϟ pro γυπῶϟ apud Herodotum quoʠ legi. Sed nos Iliados σ. legimus, ϖολλοὶ δὲ ϰυϟϵϛκαὶ γῦποϟ
ἒδȣ̃νται τϼώων, in quo loco penultimam uocis γῦπαϛ produci monet Euſtathius. Cæterum Iliad. σ.
ubi hi uerſus Homeri leguntur, οἱ δ᾿ ὥϛ ἀιγυπιοὶ γαμψῶνυχϵϟ ἀγϰυλοχϵῖλαι Ϝϵτϼʜ ἐϕ᾿ ὑψʜλῇ μεγάλα ϰλά-
ʒοντϵϛ μάχοντϵϟ, (Hi duo uerſus leguntur etiam in Aſpide Heſiodi,) ἇϛ ἔϛ (Patroclus & Sarpedon)
ϰεϰλʜγόντϵϛ ἐϖ᾿ ἀλλʜλοισιϟ ὄϼȣσαϟ: Euſtathius ἀιγυπιὸϟ aquilarum generis eſſe ſcribit: & aquilis maximè
proprium eſſe ut petris inſiſtant: quòd arborum rami eas non ita capiant, & in terra propter unguium aduncitatem incedere non poſſint.   Mihi quidem ἀιγυπιὸϟ, ſi aquila eſt, ut Grammaticis pla
cet, gypæetus eſſe uidetur, cui ſententiæ nominis etiam ratio aſtipulatur. Ἐξέϲλȣ̃ ὀϼϟισιϟ ἐοιϰότϵϛ ἀιγυ-
πιοῖσι Ϝυγϵσ᾿ ἐϕ᾿ ὑψʜλῇ, Iliad.ϰ. de Minerua & Apolline. Μϰϵιόνϟϵϟ δ᾿ ἐξʚίϟτϵϟ ἐϖάμμϵϟ᾿ ἀιγυπιὼϛ ὥϟ, Iliad. ϝ.
. Κλαῖϟον δὲ λιγϵωϟ, ἀδϟότϵϼοϟ ʜ᾿τ᾿ ο᾽ιωϟοὶ Ϝὒιαι, ἤ ἀιγυπιοὶ γαμψῶνυχϟϵ, οἷσὶ τϵ τέϰϟα Ἀϼότϟαϟ ἐξϵίλϟϵτο ϖαϼὸϟ ϖϵ-
40 τʜϟά γϵϟέϟϑαι, Odyſſ. π. de Vlyſſe & Telemacho filio eum agnoſcente. οἱ δ᾿ (Vlyſſes cum ſuis) ὥϛ᾿
ἀιγυπιοὶ γαμψῶνυχϵϟ ἀγϰυλοχϵῖλαι. Ἐξ ὀϼέωϟ ἐλϑόντϵϟ ἐϖ᾿ ὀϼϟιϑεσσι θοϼωσϟ. Τὰ μϵϟ τ᾿ ϟ̓ ϖϵδίῳ ϟέϝϡα ϖτώσσȣσι ἰχϟ
τϟαι: οἱ δέ τϵ τὰϛ ὀλέϰȣσϟ ἐϖάλμϵϟοϟ, ȣ̓δέ τιϟ ἄλϰʜ γίϟϵται, ȣ̓δὲ ϕυγʜ, χαίϼϵϟ δέ τ᾿ ἀϟέϼϛ ἄγϼʜ, Odyſſ. χ. Ϝα-
ταγϵϟȣσϟ, ἐϖ᾿ ἰϡιλῳϟ ἀγέλαϛ, μέγαϟ ἀιγυπιὸϟ ὑϖολϵίσσανϟϛ, Sophocles in Aiace. Nulla auis tangit cadauer
animalis à baſiliſco mortui, non Ἀιγυπιοὶ γῦϖϵϛ τϵ, ϰόϼαϰϵϛ τ᾿ ὀμϕῦϼοϰα ϰϼώϟωϟ, Nicander. ¶ Auium nomina in ιϴ, quæ tres ſyllabas excedunt acuunt ultimam, ut ἀιγυπιὸϛ, χαϼαδϼιὸϛ, & c. Etymologus.
¶ Ἀιγίπυϟ etiam aquilam ſignificat Macedonibus, Heſychius, Varinus & Etymologus. εἰϛ ἀιγυπιὸϛ
τοῖϛ ϖϡϵϼοῖϛ τὰϛ ἐμπὶλαϛ (ϟιϰᾷ,) Philes. id eſt, Quantum aquila uolatu culices uincit. Melampus uates ex ægypio uolucre quædam cognouiſſe traditur, ut in Nelei hiſtoria refert Scholiaſtes Homeri
in Odyſſ. λ.
50   ¶ Aquila AEGOLIOS non eſt nota apud nos, Albertus ex Ariſtot. de animal 8.3. ubi Græcè
ἀιγωλιοϛ legitur: quæ uox ululam ſignificat.
¶ CIRCVS, ϰίϼϰοϛ, genus aquilæ quod accipiter dicitur, Scholiaſtes Homeri. Vide ſupra in
Accipitre a.
¶ CYMINDIS, aquila, Suidas. Vide ſupra inter Accipitres.
¶ HARPE, ἅϼπʜ, miluus aut genus aquilæ, Varinus. alij auem aquilæ ſimilem interpretantur.
Plura leges infra in Elemento H.in Harpe.
¶ Accipiter laudabilis caput habet paruum & planum ſupra ſicut aquila HONGYLAS dicta,
ὡϛ ὀγγύλαϛ ϰαλέμϟϴ ἀετὸϛ, Demetrius.
¶ Nicandri interpres ICHNEVMONEM aquilæ ſpeciem facit, Herculi ſacrã, ex Aegyptio-
60 rum ſententia, Cælius. Hermolaus Barbarus interpretem iſtum ichneumonè pro genere aquilæ
interpretantem miratur. nos ichneumonem in Hiſtoria quadrupedum uiuip. non αὐτὸ ſed ϕ́νέὺϟ,
id eſt lutræ genus eſſe docuimus.

¶ Sanqualem auem atǫ IMMVSSVLVM augures Romani in magna quæstione habent. Immussulum aliqui uulturis pullum arbitrantur esse: Massurius pullum aquilæ dicit esse, priusquam albicet cauda. Quidam post Mutium augurem uisos non esse Romæ confirmauére. ego (quod uerisimilius est) in desidia rerum omnium non arbitror agnitos, Plinius. Apud Festum immusculus & immustulus scribi reperio, uocibus (ut apparet) corruptis. Immusculus auis genus, quam alij regulum, alij ossifragam dicunt, Festus. Et alibi, Immustulus ales ex genere aquilarum est, sed minorum uirium quàm aquila, quæ uolucris raró, & non ferè præterquam uére apparet: quia æstum algoreméǫ metuit.'appellatur autem ita quòd subito & inexpectata se immittat, Hęc ille. uidetur au
tem secundum hanc deriuationem ab immittendo immissulus potius scribi debere, & sic alibi apud Festum scribitur, inter hæc uerba: Oscines aues Appius Claudius esse ait quæ ore canentes faciant 10
auspicium, ut coruus, cornix, noctua. aut quæ alis (lego, alites autem quæ alis) ac uolatu, ut buteo, sanqualis, immissulus, &c. Alibi uero, Alites uolatu auspicia facientes istæ putabantur, buteo, sanqualis, immusculus, aquila, uulturius. Quòd si animantium cruore afficiuntur superi, cur non mactatis illis uulturios, aquilas immussulos? &c. Arnobius lib. 7. contra gentes. Sanqualis & immussuli alitum uolatus, licet æuo priore incognitus, secundissimos habere euentus censebatur, Alexander ab Alex. De augurio ex præpetibus auibus, ut buteone, sanquali, immussulo, uide supra in Aquila h.

¶ Vna tantum ex aquilarum genere, quæ IOVIS aquila appellatur, carnes non attingit, sed ad uictum ei herba satis est, Aelianus. Ego ullam talem aquilam neǫ noui neǫ legi: conijcio autem bi-stardam uulgo dictam auem, de qua inter gallos syluestres dicemus, ab aliquibus propter magnitu- 20
dinem corporis & rostrum non admodum aquilino dissimile, aquilam herbiuoram creditam esse, sed inepte.

¶ TRIORCHIS, id est buteo, à nonnullis inter aquilas censetur, ut Varinus scribit. Sed is accipitrum, non aquilarum generis est.

DE AQVILA ANATARIA QVAM ET
clangam seu plangam, & morphnum appellant.

ALTERVM (à pygargo) genus aquilæ, magnitudine & uiribus secundū, planga aut clan- 30
ga nomine, saltus & coualles, & lacus incolere solitum, cognomine anataria, & morphna (à macula pennæ, quasi næuiam dixeris) cuius Homerus etiam meminerat in exitu Priami, Aristoteles: parenthesi inclusa Theodorus interpres de suo adiecit. Theodorus aquilæ genus à clangore clangam interpretatur. Plangum habet Plinius, uetusti codices clangum, Hermolaus. facile quidem fuit pro κλάγγΘ legere πλάγγΘ. uocant aūt Græci etiam clangorem κλαγylω, qui de aquilarū uoce proprie dicitur, ut supra in Aquila c. docuimus: & pauló ante in uersibus Homeri de ægypijs apparet. sunt autem aquilæ quædam præ cæteris clamosæ & querulæ: melanæetus hoc uitio caret. est enim,δύφημΘ,,ὄτι μυνεἴζει,ὄτι λίλκκε. Percnon & morphnum Hermolaus in Plinium annotans 10.3. pro eodem colore interpretatur. Vide in Lepore B, ϝερνός (lego ωερκνός) κωινγκα-πικὸς ἀετός, ὁ πελεισῶς κάινων καὶ κόπ]ων, Varinus. Vide supra in Capite de accipitribus diuersis. Cæ- 40
terum quod ad magnitudinem anatariæ aquilæ, cum Aristoteles eam magnitudine & uiribus proxime pygargum sequi doceat, intelligendum est, eodem authore, in aquilarum genere minimum esse melanæetum, gnesion, id est germanam aquilam maximam, anatariam, pygargum, percnopterum & ossifragam, mediæ magnitudinis, ita ut unaquæǫ maior sit præcedente & minor sequente. itaǫ anataria omnium præter melanǫetum minima fuerit. Haliæeti uerò magnitudo non exprimitur. Sunt qui apud Plinium pro planco planūnta legant, quasi errantem, homines imperiti, & ab Hermolao etiam reprehensi, quod & authorem illi non habeant, & Aristoteles πλάγγον uocárit. Morphnos est aquila (inquit Plinius) quam Homerus & percnon uocat, aliqui & plancum & anatariam, secunda (à melanæeto, quam Plinius primo loco numerat) magnitudine & ui:huicǫ uita est ca lacus. Phemonoë Apollinis dicta filia, dentes ei esse prodidit, mutæ aliás carentiǫ lingua, Plin. 50
Nos in auium genere nullas dentatas nouimus præter anates quasdam aut mergos quosdam maiores: cuius generis etiam catarractæ esse uidentur, quas aues accipitre minores esse dicūt, aliqui aquilæ similes, & longissimo tempore sub aqua manere, de quibus Plinius, Diomedeas aues (inquit) Iuba catarractas uocat, & eis esse dentes oculosǫ igneo colore tradit, cætero candidis. (Vide plura infra in Catarractæ historia de auibus dentatis,) Sed morphnos nigro colore non candido est, ut nomen ipsum ostendit. μόρφνου enim grammatici nigrum & obscurum interpretantur, πǰλ τ̔ω̃ ὄρφνlω,id est, à tenebris & caligine. NύΚπε ἀ̓ ὀρφνlω, Homerus. πόρκνǫ quoǫ nigrum interpretantur, & unam nigram ωορκάζǫ dicunt. sed ea nigredo nō sine quodam cœruleo colore est, qualem fere indicum dicunt. μόρφνου uerò simpliciter pro nigro aut fusco dixerim. Sunt qui μόρφνου exponant non à colore, sed à cæde quasi μοζόφονον per syncopen, tāquam auicidam: hoc est cædis aliarum 60
auium authorem, ἢ μιμωσημμένǫ πὸλ φόνου, ἢ μόρφς φέροντα. alij δύμορφον, id est formosum. alij rapacem, πǰλ τὸ μάῤπ]ω, τὸ συλλαμβάν]ω, unde preteritum μίμφφα, alpha in o. breue conuerso, & ni abundante,

Eustathius

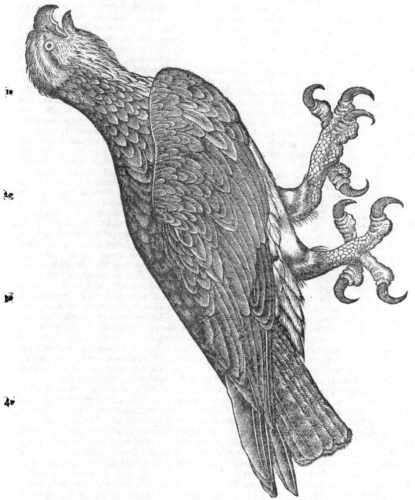

ɪ₀

ʒ₀

ʒ₀

4₀

5₀ Euſtathius & Varinus. Phemonoë morphnon aquilarum nigerrimam eſſe prodidit, (hic color
melanæeto potius aut equè conueniret,)prominentiore cauda,conſenſit & Boëthus. Ingenium eſt
ei,teſtudines raptas frangere è ſublimi iaciedo:quæ ſors interemit poetam Aeſchylum, prædictam
fatis(ut ferunt)eius diei ruinam,ſecura cœli ſide cauentem,Plinius. Vide ſupra in Teſtudine tetre-
ſtri D. Μόςφν☉,ἐιδὸς ἀεπὸ,κỳι ξαυϑὸς,Heſychius. Aquila illa (inquit Plinius) quam tertiam fecimus,
circa ſtagna aquaticas aues appetit, mergentes ſeſe ſubinde, donec ſopitas laſſatasῳ rapiat, (donec
uel ſtrangulet in humore uel per ſumma corripiat, Ariſtot, qui hæc de haliæeto refert , Plinius ad
morphnum transtulit,& nimirum utræꞯ circa ꞇenatum auium aquaticarum , quibus uictitant,eo-
dem ingenio utuntur.)Spectanda dimicatio,aue ad perfugia littorum tendente,maximè ſi cõdenſa
6₀ harundo ſit: aquila inde ictu abigente alæ , & cum appetit in lacus cadente, umbramῳ ſuam nantī
ſub aqua à littore oſtendente:rurſus aue in diuerſa , & ubi minimè ſe credat expectari, emergente.
Hæc cauſa gregatim auibus natandi,quia plures ſimul non infeſtantur, reſperſu pinnarum hoſtem

obcæcantes. Sæpe & aquilæ ipsæ non tolerantes pondus appensum, una merguntur. Hæc Plinius. Vide supra in Aquila D. Anates contra aquilam simpliciter, quomodo se defendant, uide in Anate D. ¶ Iliados ω. cum Priamus Ioui supplicaret, Iupiter ei aquilam misit, πλειόπατον πετλιῶν, μόρχνου, θηρητήρ'. ὁν καὶ πέρκνον καλέοσι: cuius alæ tantum patebant, quantum ianua (ualuæ ianuæ) thalami diuitis alicuius uiri. Hac ad dexteram uolante per urbem plurimum lætati sunt Troiani. Vbi Eustathius interpres, Morphnos, inquit, scribitur cum acuto in penultima, πέρκνος uerò ultimam acuit, quanquam Aristarchus hanc quoq; uocem barytonam scripserit. Porrò auspicium (inquit) ueteres sic interpretantur, tanquam auis nigro colore clam adeundum esse Achillem Priamo indicârit, & spē petitionis ratæ futuræ ei fecerit quòd esset θηρητής, id est uenationis & capturæ studiosa. Præterea quia prædam nullam tenebat, Achillem quoq; (qui tanquam uir regius per alitem regiam designetur) placidum & mitem ipsi futurum, & quæ desyderet perfecturū, Hæc Eustathius ex quo Etymologus etiam & Varinus transcripserunt. Κορφνός, genus aquilæ, Varinus in πριόρχω, uoce (ut apparet) corrupta pro μόρφω: ut & πέρκνος pro πέρκνος ibidem. Diuersum à percno aquilæ genus est percnopterum, de quo infra. φλεγύας aquila eadē mihi uidetur quæ morphnus, uel potius morphni epicheton. legimus enim in Aspide Hesiodi, Μορφνοῖο φλη υπο, ubi Grammatici exponunt, μέλαν⊕ ἀπο, ut habet Varinus: quasi phlegyam substantiuum faciant, morphnum adiectiuum, cum mihi contrà faciendum uideatur. Plura de uoce phlegyas uide supra in Aquila a. Scribit autem Hesiodus Herculem sagittas habuisse, quæ pēnis aquilæ morphni alatæ fuerint. Ex haliæetis ossifragæ nascuntur, ex his uerò percni & uultures, Aristoteles in Mirabilibus. Morphni & aliæ quædam aquilæ nidis inædificant aëtiten lapidē, ut refert Plinius, de quo plura scripsimus in Aquila c. & G. Anataria aquila Auicēnæ interpreti dibachi nominat. ¶ Morphnos matri deorum sacer est, Gil.

¶ Omnia (inquit Turnerus) quæ Aristoteles & Plinius percno hactenus tribuerūt, Anglorum balbushardo (buteardum enim buteonem accipitrem uocant) conueniunt, si solam magnitudinem exceperis, quæ si alia adfuerint, hic fortassis nō oberit. est autem illa, quam anatariam esse coniicio, auis buteone maior & longior, næuo albo in capite, colore fusco proximo, ad ripas fluminum, stagnorum & paludium semper degens. uiuit ex uenatu anatum & gallinarum nigrarum, quas Angli coutas nominant. Venationem hanc, cuius meminit Plinius, inter aquilam istam (si aquila dicenda sit) & aues aquaticas, nō solum ego sæpissimè uidi, sed infiniti apud Anglos quotidie uident. Si qua terræ portiuncula super aquas inter arundineta emineat, in hac solet nidum facere, ut quoniam uolatu non admodum ualet, à præda nō procul absit. Aues subitò adoritur, & sic capit. Cuniculos ista interdum etiam dilaniat. Nunc an ista anataria sit, nec ne, doctis uiris iudicandum propono, Hæc Turnerus. Est autem eadem auis quæ à nostris nominatur Waßwy (quod tamen nomen puro aliquos etiam buteonibus tribuere) hoc est miluus palustris: quòd circa paludes & lacus anates aliasq; aues palustres uenentur, ab alijs Fischer, id est piscator, quòd pisces etiā captet quandoq; fertur enim à nostris recta in aquam se præcipitare ad piscium capturam (ut haliçetus quoq; apud ueteres) quare hoc nomine etiam alias aues appellant quæ similiter piscantur. In lacubus & uiuarijs uoracitate sua admodum noxius est: ita ut in quibusdam locis homini qui hanc auem ceperit aut occiderit tres drachmæ donentur è publico. Circa Acronium siue Constantiensem lacu Entenstössel ab anatum cæde nuncupatur. persequitur enim ut audio anates uolantes, & si quæ in aquam inciderit, rapit: uel gregatim siue uolantes siue natantes, tandiu persequitur, donec fatigatam aliquam rapiat. solent autem illæ fugientes in gregem se colligere. Gallicè, ni fallor, appellatur huard, in quibusdam locis. Turcis schaháu. Italis aquilastro, ut coniicio. aiunt enim hoc nomine aui piscibus uiuere, Aquila truncalis etiam uulgò dicta, cinerei coloris, anates rapit, uide infra circa finē historiæ Melanæeti. ¶ Hæc scripseram quum à uiro quodam Acronij lacus accola, audiui auem circa lacum illum Entenstössel, id est anaticidam dictam, unguibus esse aduncis, miluo colore & rostro similem, maiorem: quæ anates rapiat, in quas toties præceps feratur, donec defatigatas tandem capiat: quod aliquando ad duos aut tres horæ quadrantes in anate una capienda differtur. ¶ Græci harpen describunt auem aquilæ similem, quæ facile in quem uoluerit locum recto impetu deuolet, ὄρνεον ἀετώδες ἐυχρῶς ὑπο θέλει καταρόσσον, Varinus. hæc autē uel miluo, uel aquilæ anatariæ nostræ cognata fuerit.

DE ANOPAEA HOMERI.

ANOPAEA apud Homerum Odyss. α. de Minerua (ὄρνις δ' ὡς ἀνόπαια διέπατο) genus auis exponitur de genere aquilarum, ossifragæ similis. alij uocem ἀνόπαια interpretantur pro ἀφανῆς, quod est inuisibilis: uel pro ἀναφερῆς, quod est sursum euecta, ut Empedocles de igne scribit, Καρπαλίμως δ' ἀνόπαιον. id est, celeriter. uero sursum. & sic Herodianus apud Homerum accipit, ἀνοπαῖα penanflexum scribens, neutrum plurale loco aduerbij, ut πυκινὰ pro πυκινῶς. Alij ἀνόπαια interpretantur, ἀνὰ τὸ ὀπλὶν, id est per foramen in medio tecti, quod κάπνιον & καπνοδόκλιν (infumibulum) nominant. ἢ διὰ τ' ὀπαίας κεραμίδος, ἤτοι τετρυπημένης ἢ διὰ τ' ὀροφῆς. Sunt postremo qui πασόπαια scribant, & hirundinem intelligant: quòd Panope ciuitas in Phocide sit. finguntur autem in Aulide Phocidis contigisse quæ poetæ fabulantur de Tereo, Varinus ex Eustathio. Est & montis nomen Anopæa Herodoto, & uiæ iuxta Locridem.

D B

DE AQVILA ALBA SIVE CYGNEA.

AQVILAS cygneas(ut uocât)albedine cygno planè similes, in Sipylo circa paludem Tantali, ut nominant, uidere memini, Pausanias in Arcadicis. Album genus aquilæ rarum est; inuenitur tamen aliquádo in alpibus & rupibus circa Rhenum, ut sæpe experti sumus. Est autem hæc aquila tota alba niuei candoris, magnitudine fermè herodij, id est aquilæ germanæ, ignobilior tamen mi-nusq̃ uelox. Viuit uenatu leporum, cuniculorum, & huiusmodi paruorũ animalium, nam aliquan do catulos, uulpeculas, & porcellos rapit; & quandoq̃ pisces in summa aqua natantes, Albert.

10 DE AQVILA QVAM PERCNOPTERVM ET
oripelargum & gypæetum uocant.

AQVILAE genus quod percnopterium uocant(Gaza addit ab alarum notis, sed quoniam notas ferè maculas appellamus, malim simpliciter transferre , ab alarum colore. πορκνὸν enim tum simpliciter nigrum, tum nigro colore distinctum Grammatici interpretantur. uide in Lepore B. alia est autem aquila percnus, quæ & anataria, superius descripta, alia de qua hic agimus percnopterus, illa scilicet eodem per totũ corpus colore, quo hæc in alis tantum insignis,)capite est albicante, corpore maiore quàm cæteræ adhuc dictæ hæc est; sed breuioribus alis, cauda longiore, uulturis speciem hæc refert. subaquila, & montana ciconia cognominatur. in-50 colit lucos degener, nec uitijs cæterarum caret, & bonorum quæ illæ obtinent, expers est: quippe quæ à coruo cæterisq̃ id genus alitibus uerberetur, fugetur, capiatur, grauis est enim, uictu iners, exanimata fert corpora. famelica semper est, & querula, clamitat, & clangit, Aristoteles interprete Gaza. Percnopterus in aquilarum genere, eadem oripelargus, uulturina specie, alis minimis, re-liqua magnitudine antecellens, sed imbellis & degener, ut quam uerberet coruus. cadé ieiunæ sem-per auiditatis, & querulæ murmurationis, sola aquilarum exanima fert corpora, cæteræ cum occi-dere confidunt, Hæc facit ut quintum genus gnesion uocetur, uelut uerum solumq̃ incorruptæ ori-ginis, Plinius. Sunt qui aquilas simpliciter cadaueribus uesci scripserint: uide supra in Aquila c. Gillius accipitrum & aquilarum genera enumerans perdicotheron Apollinis ministrum esse scri-bit, ubi forte percnopteros legendum. Porrò cum apud Aristotelem γυπάετ Θ legatur, uoce com 60 posita à uulture & aquila(quod etsi aquilæ genus sit, uulturem tamen & corporis specie & ignobi-litate præ se fert, ut Aristoteles ipse interpretatur) Gaza ὑπάετ Θ legit, uertit enim subaquila. Est & buteonis genus quod ad uulturem accedere uidetur , unde gypotriorcha dicendum sit, sed codices

r

nostri hypotriorchen habent, & Gaza uertit subbuteonem. uide supra inter Accipitres de Subbu=
teone. Vultures qui medij sunt inter uulturum genus & aquilarum, esse tum mares tum nigros
colore audio, & nidos extruere, in quibus non oua sed pullos statim pariant, Aelianus. Subaqui=
lum pro subfusco Plautus in Rud. dixit. Eia corpus cuiusmodi, Subuolturium ? illud quidé suba=
quilum uolui dicere. Subuulturium interpretantur rapiens ad se homines, quemadmodum solent
uultures. Gypæeto uoci uicina est uox grypæetus. ϛευπαιϛος χαλκιλατϛος, καὶ ϛημαθ ιππαϰεημυα, Ari
stoph. in Ranis. Scholia ϛευπαιϛος interpretantur, insignia scutorum peregrina (ἀλλόϰωπα:) quod a=
quilas in scutis pingere solerent. Sunt quidem aquilæ omnes γρυπαὶ, id est rostris recuruis, unde &
gryphes dictæ uidentur. & nasum aquilinum pleriq; nominant, quem Græci γρυπὸν. Aegypiòs, de
quo copiosius scripsi suprà inter Aquilas diuersas ueterum, ex ipsa nominis compositione partim 10
ad uulturum partim ad aquilarum genus pertinere uidetur, ut eadem cum gypæeto existimari pos=
sit. Circa Gazaram urbem Aegypti murium tanta copia est, ut nisi abundarent illic aues percno=
pteri dictæ Aristoteli, à Gallis boudrées, à quibus deuorantur, periculum foret ne fruges omnes ab
ijs consumerentur, Bellonius in Singularibus.

    ¶ Alrachme est auis magna sicut miluus, plumis corporis albis, & pēnis alarum nigris. edit car
nes putridas & similia. in Syria abundat, And. Bellunensis. Vocatur autem rachame (uulgaris le=
ctio habet rachamat) apud Auicennam lib. 2. cap. 589. ubi remedia aliquot ex eius felle describit,
his uerbis: Auis rachame fel destillatur cum oleo usolaceo in aurem oppositam aduersus hemicra=
neam & aurium dolorem. Fit ex eodem caputpurgium medicamentum pro infantibus, (pueris,)
aut infunditur in nares eorum ut flatus (inclusi) dissoluantur. Fit etiam ex eo alcohol ad albedinem 20
(leucoma) oculi cum aqua frigida. Filius Alpatrich docet, fel huius auis exiccari in uase uitreo in
umbra, fieríq; inde alcohol in latere morsus uiperæ, quod non est uerisimile. Aliqui experimētum
eius prædicarunt ad uenenum scorpij & serpentis, & uiperæ maioris, per illitionem ut uidetur. Fi=
mum eius si suffiatur foetum expellere traditur, Hæc Auicenna. Fimus rocham suffitus foetum ex
pellit, Serapio ex Dioscoride, qui fimum gypos, id est uulturis, hoc facere dicit. Syluaticus & ue=
tus glossographus Auicennæ, alrachame (etsi apud illos corruptè legitur arathamati, aracamati, &
akakamati) exponunt auem quæ dicitur frangens ossa, id est, ossifragam. Sed alrachame gypæetus
potius mihi uidetur, auis inter uulturis & aquilæ naturam ambigens, quæ & oripelargus, id est ci=
conia montana dici possit, propter pennarum colorem in alis nigrum, reliquo corpore albicantem.
Vide infra in ossifraga. Acmon, ἄκμων, genus aquilæ apud Varinum exponitur, quæ uox ab He= 30
braica rachame uel rocham facta uideri potest. Plura de Hebraica uoce racham, lege infra in Cy=
gno A. Aquila percnopterus, quasi uermicularia, aut uermiculata ab alarum notis & coloris pen=
narum uarietate. & fortè non imperitè Albertus conijcit hoc genus aquilæ esse miluum, Niphus.
ego neq; Niphi sententia de huius alitis colore ,pbo, & minus Alberti qui miluo eandé suspicatur.

    ¶ Auis illa cuius figuram damus à præclaro typographo Io. Heruagio ad nos missam, si non
est gypæetus uel oripelargus, ex altero parente saltem huius generis aquila nata uideri potest. nam
rostro uulturem, colore ciconiam fermè refert, ignobilis & ignaua. Nostris aucupibus ignota est,
nunquam apud nos quod sciam capta. Sed anno salutis nostræ 1551. Septembris die 29. cum nix
insolita caderet, huius generis auis alis grauatis madidisq; in locum sub dio angustum ciuis cuius=
dam ædibus adiunctum incidit. Magnitudo eius (ut Heruagius ad nos scripsit) per omnia refere= 40
bat ciconiam forma & coloribus. Carniuora erat, pisces non attingebat, frigoris impatiens, corpore
intenso calore, ita ut tangentium manus frigidæ mox incalescerent. Quatuor aut quinq; horis uno
loco immota sedebat, & Solem aliquando splendentem intuebatur. Gallinæ & aues innocuam ode
rant. Illam plus mense domi alui, cibum manibus præbui, è quibus bolos deuorauit, frusta ungui=
bus decerpsit, & cum non biberet ex rostro stillas aqueas emittebat. Tandem inter falcones ad ma=
gistrum equitum Galliæ deportata est, Hæc Heruagius.

DE HALIAEETO, ID EST AQVILA MARINA.

HALIAEETVS, ἁλιαίϵτος, aquila est marina, quanquam etiam lacus adit, ut Aristoteles testa 50
tur. Varinus ἁλίαϵτος scribit quatuor syllabis, & spiritu tenui ab initio, quod equidem non probo, in
A. elemento, & in uoce ϙοίοϵχος. Ἁλιαίϵτος genus aquilæ est in mari uictum quærentis, Scholia Ari=
stophanis. Nisum fabulantur in auem mutatum, quæ apud Latinos nomen retinuerit, (etsi multi
uulgò accipitrem minorem, nisum appellent,) Græcè uerò haliæetos dicatur. Et modo factus auis
fuluis haliæetus alis, quanquam impressi codices habent, halyætus in alis. Vide supra in Accipitre
a. item in Cirrhide, ubi fabulam Nisi ex Ouidio, Vergilio, alijsq; descripsi. Apparet liquido subli
mis in aere nisus, Verg. 1. Georg. inter serenitatis signa. Fuit & alius Nisus Hyrtaci filius, indisso=
lubili amicitiæ uinculo coniunctus Euryalo, quorum historiam copiosè describit Vergilius 9. Aen.
Thyr uel thyrna auis est, similis accipitri marino, Kiranides. uidetur autem accipitris marini nomi=
ne haliæetū intelligere'. Linachos apud authorem libri de nat. rerum & Albertum Magnum pro 60
haliæeto scribitur. Aquilæ quintum genus est quod haliæetus, hoc est marina uocatur, ceruice ma
gna, & crassa, alis curuantibus, cauda lata, moratur hæc in littoribus & oris, accidit huic sæpius, ut
                                                   cum

cum ferre quod ceperit nequeat, in gurgitem demergatur, Ariſtot. Et rurſus, Aquila marina cla=
riſſima oculorum acie eſt, ac pullos adhuc implumes cogit aduerſos intueri ſolé, percutit eum qui
recuſet, & uertit ad ſolem. Tum cuius oculi prius lachrymarint, hunc occidit, reliquum educat. Va
gatur hæc per mare & littora, unde nomé accepit; uiuitẹ auium marinarum uenatu, ut dictum eſt.
Aggreditur ſingulas. cum emergentem obſeruarit, refugit auis ut euolans uidit aquilam, & metu
perculſa ſe rurſus ingurgitat, ut in diuerſa prolapſa emergat. Sed hæc acie oculorum ualens, ſedulò
aduolat donec uel ſtrangulet in humore, uel per ſumma corripiat. Vniuerſas nunquam inuadit. at=
cent enim frequentes, reſpergenteſẹ ſuis alis repellunt, Hẹc Ariſtot. ſed eadem ferè omnia Plinius
tranſtulit ad morphnon ſiue anatariam aquilam. poteſt autem fieri ut cum utraque auibus aquati=
10 cis uictitet, ſimili in uenatu earum ingenio utatur.

¶ Haliæetus clariſſima oculorum acie, librans ex alto ſeſe, uiſo in mari piſce, præceps in mare
ruit, & diſcuſſis pectore aquis rapit, Plinius. fertur autem de catarracta quoẹ, & aquila anataria no
ſtra, quam miluum paluſtrem uocamus, & iſpida, & cephi quodam genere, quæ ſimiliter piſcibus
uiuunt, præcipites eas in aquam delabi, unde & nomen catarrhactæ apud Græcos; & iſpidam Galli
plumbinam uocant, quòd plumbi inſtar recta in aquam cadat; & Itali eodem nomine haliæeton, l'
aquila pionbina, quam in maiorem minoremẹ diuidunt, neſcio à ſexúne tantum an ſpecie diuerſa,
magnitudine diſtinguentes. ¶ Haliæeti ſuum genus non habent, ſed ex diuerſo aquilarum coitu
naſcuntur. Id quidem quod ex ijs natum eſt, in oſſifragis genus habet, è quibus uultures progene=
rantur minores; & ex ijs magni, qui omnino non generant, Plinius ex Mirabilibus Ariſtotelis. ui=
20 de ſupra in Aquila c. ¶ Haliæetus tantum (id eſt ſolus inter aquilas, ſed alij hoc de aquila ſimpli=
citer ſcribunt, ut etiam quòd acutiſſimo omnium uiſu ſit, alij de haliæeto, ut docuimus in Aquila c.)
implumes etiamnum pullos ſuos percutiens, ſubinde cogit aduerſos intueri Solis radios; & ſi con=
niuentem humectantemẹ animaduertit, præcipitat è nido, uelut adulterinũ atẹ degenerem. illum,
cuius acies firma contrà ſteterit, educat, Plinius. Ariſtoteles ſcribit aquilam pullos cogere oculos
aduerſus Solem aperire, & illum qui intueri Solem ſuſtineat, pro genuino agnoſcere; alterum eijce
re, qui haliæetus fiat, Scholiaſtes in Iliad. ẹ. Vide in Aquila c. ¶ Aquila marina (inquit Oppianus
lib. 1. Ixeuticorum) inter amphibias aues præſtantiſſima eſt: ſpecie quidem terreſtribus aquilis non
diſſimilis; ſed è mari uictitat, & piſcium præda, illorum maxime qui ſublimius & in ſuperficie aquẹ
natant, ita ut corporis ipſorum pars aliqua ſub conſpectum ueniat. At non perpetuus eis ſucceſſus
30 eſt. Interdum enim cum in maiores piſces aduncos unguium mucrones infixerit, nec in altum leua=
re poſſint, pondere uicti unà cũ piſcibus peſſùm eunt, & perduntur magis quàm perdant ad imum
pelagi fundum, quo piſces urgente dolore ſe recipiunt. Hos aiunt ſpurium eſſe fœtum terreſtrium
aquilarum, ideoẹ à paternis nidis repelli, deinde per alios quoſdam alites educatos, neglecta terra
maritimum uictum amplecti. quamobrem conſpectus ipſorum exoptatus boniẹ indicij (nimirum
copiæ piſcium) apud piſcatores habetur, Hæc Oppianus. Eſt & theocronus eidé aquilæ genus ſpu=
rium, quod ſimiliter piſcibus inſidiatur. ¶ Columbæ ſibi timent ab aquilis marinis, Aelianus
duobus in locis. Haliẹetus rapina paſcitur, ſed quia uiribus deſtituitur, minoribus tantum auibus,
quibus præualet, infeſtus eſt, Rodolphus in Leuiticum.

¶ Secundum genus accipitris, quod haliæetum dicere poſſumus, priore minus eſt, alis craſſis,
40 pro ſui corporis magnitudine breuibus, unguibus craſſis, oculis magnis & obſcuris, (Ariſtoteles
oſſifragæ obſcuros oculos tribuit, haliæeto perſpicaciſſimos.) Non citò manſueſcit, quamobrem
à multis odio habetur. Anno primo cicurationis parum ualet, ſecundo magis placet, tertio demum
ſatis bene aucupatur, Author libri de nat. rerũ, cuius nulla apud me authoritas; & hic quoẹ haliæe=
tum imperitè inter accipitres adnumerat.

¶ Haliæetus cur in uetere Teſtamento menſis interdictus ſit, dictum eſt ſupra in Aquila f.

¶ Aquilæ quam diximus pullos ad contuendum Solem experiri (id autem dixerat haliæetum
facere) mixto felle cũ melle Attico, inunguntur nubeculæ & caligationes & ſuffuſiones oculorum,
Plinius. alij aquilæ felli ſimpliciter hanc uim adſcribunt.

¶ Βαϑὺ δ' εἰσέδρομε φῶσιν Αιετὸς ὡς μέγα λαῦτμα, ἀφ' ὅ τότε χοιραδὲς ἔσαν, Theocritus Idyllio 13. de na=
50 ue Argo. uidetur autem per αιετὸν intelligere ἁλιαίετον. ¶ Κρατεροί τ' ἁλιαίετοι ἁρπακτῆροι, Oppianus
lib. 1. de piſcatione, numerãs eos inter aues qui piſcibus uiuunt. ¶ Ἐπὶ ποιῷ ἱερεῖον καλᾶις Ἁλιαίετους
καὶ γῦπας; ὐχ ὁρᾶς, ὅτι Ἱκλανῷ εἰς αὖ τῶρ οἰχαῖ' ἑρπτώσι; Ariſtophanes in Auibus, haliæetos & uultures
multo maiores miſuis eſſe inſinuãs, maioriẹ epulo indigere. Si cirrhidem (quæ ex puella in auem
mutata fertur, &c. uide in Cirrhide ſupra) auem haliæetus oberrãtem uiderit, mox eam per inſidias
captam perdit, Oppianus lib. 2. Ixeut.

¶ Hebraicam uocem עזניה, aſnija, qua auis immunda ſignificatur Leuit. 11. & Deut. 14. Septua
ginta interpretes haliæetum uertunt; Iudæi quidam gryphem. aliqui Gallicè eſmerellon, id eſt acci=
pitrem uulgò dictum ſmerillum: nomen ei impoſitum eſt à multo robore & fortitudine, ut Kimhi
ſcribit. In iiſdem locis ueteris Teſtamenti aliqui etiam פרס, peres, haliæetum interpretantur, alij
60 aliter: Vide in Accipitre A. & in Capite de accipitribus diuerſis. In Auicennẹ interpretatione pro
haliæeto alchilim redditum obſeruaui.

¶ Haliæetum Turnerus Germanicè interpretatur ein Viſßarn, noſtri ſcriberent Fiſchærn, id

r 2

e ſt piſcium aquilam.Eſt in terra noſtra(inquit Albertus lib.2.de animalib.& alibi)genus aquilę par
uum,quod aquila piſcium uocatur.piſces enim tātum uenatur. huius pes alter digitos membranis
iunctos habet ut palmipedes,ad natandum idoneus : alter fiſſos , unguibus uncis & acutis , aquilæ
inſtar,ad capiendum aptus,Idem ab eo repetitur lib.23.ubi hoc quartum genus aquilæ facit.eſt au=
tem(inquit)uarium,in uentre album,& nigrum in dorſo : & in ſiruma etiam nigras habet maculas.
inſidet arboribus ſuper flumina & ſtagna piſcibus inſidiās. Haliæetus Anglicè uocatur an oſprey
(inquit Turnerus)Anglis hc die notior quàm multi uelint,qui in uiuariſs piſces alunt.nā piſces om
nes breui tempore auſert,Piſcatores noſtrates eſcis fallendis piſcibus deſtinatis , haliæeti adipem il=
linunt aut immiſcent, putantes hoc argumento eſcam efficaciorem futuram, quòd haliæeto ſeſe in
ae. e librante,piſces quotquot ſubſunt (natura aquilæ ad hoc cogente, ut creditur) ſe reſupinent, & 10
uentres albicantes,ceu optionem eligendi illi facientes, exhibeant, Hæc ille. Quidam haliæetum
Germanicè **Soter** interpretatur,Illyricè oſtrziſs: quæ uox cum Anglica oſtrey conuenit. Auri=
frigius eſt auis ſic dicta quaſi auram Phrygiam ſequens (ridicula etymologia:) habet autem pedem
alterum uncis unguibus ad prædam inſtructum , alterum latum ad natandum. Giro multiplici uti=
tur in aere,nunc more ludentis,nunc more inſidiantis,donec præda in aquis uiſa impetuoſè deſcen
dit,altero pede prædam rapiens,altero natante rapientem adiuuans, Obſcurus & Vincentius Bel=
luac. Audiui & ipſe ab Anglis oſpreium ipſorum pedem unum anſeris habere,alterū miſui:quem
& magnitudine referat,pectore albo eſſe,piſces maximos capere,oleum (adipem) in cauda pretio=
ſum continere:uolitare per aerem,& in eo ueluti pendere uideri interdum,tum demittere adipis ali
quid in aquam,unde ſtatim piſces attoniti uertantur ſupini:illum mox rectà præcipitem ſerri inſtar 20
lapidis,& unum ex illis altero pede adunco ſuo arripere. Burgundi etiam auis,quam crot peſche=
rot,id eſt coruum piſcatorem appellant, pedes ſimiles & eundem piſcandi morem eſſe ferunt : qui
cum piſcem pede altero aquilino in aqua corripuerit,& propter pondus ex aqua euolare nequeat,
altero quo palmipes eſt ad ripam uſq̃ remiget. Cæterum auriſfrigꝝ nomen corruptum coniecerim
à porphyrione : de quo ſimiliter à Vincentio & Alberto ſcriptum inuenio, pedem alterum ei tan=
quam anſeris eſſe,alterum digitis fiſsis:quod quidē ueteres necꝗ de porphyrione , necꝗ de haliæeto,
necꝗ de ulla omnino aue , quod ſciam, prodiderunt. Aut fortè auriſfrigꝝ nomen conficium eſt ad
imitationem Gallicè uocis orfraye,quæ rurſus corrupta uidetur ab oſsifrago Latinorū. quanquam
Galli non oſsifragum hoc nomine, ſed haliæetum intelligunt, Bellonio teſte. qui in Singularibus
ſuis,Ophraye(inquit)Gallicè dicta auis haliæetus eſt,qui ſuper fluuios & ſtagna plerunqꝫ cernitur. 30
Is in conſpectos piſces rectà lapidis inſtar ex aere deſcendit. & quanquam Gallicū eius nomen or=
fraye ad Latinum oſsifragus accedat,diuerſum tamen hoc aquilæ genus eſt. Sed rurſus in Libro de
piſcibus in Aquilæ marinæ piſcis hiſtoria haliæetum Græcorum cum Latinorum oſsifraga conſun
dit,auem unam & eandem faciens,Itali(inquit ibidem)lacum Lemanum incolentes(forte, Larium
accolentes)Agniſtam piumbinam uocant, Galli oſfraye.

¶ Haliæetum aliqui è recentioribus falconem, aliſ accipitrem,aliſ niſum interpretantur,omnes
ineptè. Apud Sabaudos audio nominariaygle de mer , id eſt aquilam marinam, (non aliam puto
quàm haliæetum auem:)& aliam bouſat de mer, id eſt buteonem marinum,de quibus certi nihil ſcri
bere poſsim. Scoppa Grammaticus Italus haliæetum facit ſmerillum uulgò dictum,aut illum qui
uulgò muſcetus dicatur:ex quorum hiſtoriſs(quas inter accipitres collocauimus)facile quiuis quan 40
rum ab haliæeto differant,iudicârit. Accipiter(abſolutè dictus)minor eſt aquila truncali uulgò no=
minata,& maior quàm aquila quæ piſces rapit,Albert. ¶ Accipitris marini Kiranides & Aelia=
nus meminerunt,qui inimicus ſit coruo.

DE MELANAEETO SEV VALERIA AQVILA.

TERTIVM genus aquilæ,inquit Ariſtoteles,colore nigricat, unde & melanæetus (uel mela=
naëtus.nam melænaëtum ſcribi per diphthongum in ſecunda ſyllaba,ut impreſsi codices Ariſtote=
lis habent,quos etiam Hermolaus ſequitur,non probo. Apud Euſtathium rectè μελανάιετ⊙ ſcribi=
tur.Gaza pullam & fuluiam reddidit, ſed fuluus color nihil cum pullo aut nigro commune habet) 50
uocatur.magnitudine minima, ſed uiribus omnium præſtantiſsima hæc eſt.Colit montes ac ſyluas,
& leporaria cognominatur.una hæc fœtus ſuos alit atqꝫ educit.pernix,concinna,polita,apta,intre=
pida,ſtrenua,liberalis,non inuida eſt:modeſta etiam,nec petulans,quippe quæ non clangat, neque
lippiat,aut murmuret. De uerbo lippire,uide ſupra in Aquila c. Eſt autē non hæc tantum aquila
nigra,ſed etiam morphnos,id eſt anataria, quam Phemonoë (ut Plinius ſcribit) aquilarum nigerri=
mam eſſe prodidit.Albertus etiam herodium,ſic aquilam germanam uocat,totum nigrum eſſe au=
thor eſt,cui tamen Plinius & Ariſtoteles ruffum aut ſubrutilum colorem tribuunt. Genera aquila=
rum non æquè omnia prolem faſtidiunt, ſed pygargus præcipuè in alendo difficilis eſt, benignior
quæ toto nigricat colore,Ariſtot.& Auicenna. Melanæetos à Græcis dicta, eademꝗ ualeria, mi=
nima magnitudine,uiribus præcipua,colore nigricans:ſola aquilarum fœtus ſuos alit: cæteræ,ut di 60
cemus,fugant,ſola ſine clangore, ſine murmuratione. conuerſatur autem in montibus, Plin. Va=
leria Hermolao dicta uidetur quòd uiribus præcipuè ualeat:niſi (inquit) inularia legendum eſt.ſed
                                                                                    Ariſtoteles

Aristoteles aliud aquilæ genus, nempe pygargum, νεβροφόνον, id est inulariã cógnominat. melanaëtus uerò aquila leporaria Latinè dici poterit, ut Gaza reddit pro Græca uoce λαγωφόν@. λαγϐνηφας,
aquilæ species, Hesychius & Varinus. Captant autem etiam germaniæ aquilæ lepores, Apud Va
rinú in uoce Τελοεχ@, ineptè scribitur μελανοϛἱτης pro μελανάϵτ@. Γηλείδ'ης δ'᾽ ἀπόρϙσιν, ὄσψ θ᾽ ὑϐὶ δ᾽π-
ρὸς ἐβαλῶ, Ἀιετὸ ὄιματ᾽ (aliàs ὄμματα, sed Eustathius mauult ὄιματα)ἔχων μέλαν@ τῶ θηρητῆρ@, ὅς τ᾽ ἅμα
κάρ῾τσὸς τε κặ ὤκιϛος πετελωῶν, Homerus Iliad. φ. comparat autem aquilæ nigræ Achillem, quem similiter ut illam fortissimum & celerrimum facit. Eustathius hunc locum enarrans melanæetum
aquilam scribit phassophonon etiam, id est palumbariam nominari, ubi lagophónon legendum est.
sic enim ab Aristotele nominatur. meritò autem si aquila hęc fortissima est à leporum potius quàm
10 palumbium præda denominabitur. descripsisse autem locum ex Aristotele Eustathium apparet,
quoniam hoc etiam addit, esse hanc aquilam paruo corpore, sed cæteris robustiorem. Phassophonon quidem nos ex Aristotele inter accipitres descripsimus. Porrò pro μέλαν@ τῶ θηρητ.aliqui legunt μέλανος τω,id est nigri alicuius uenatici alitis, alij μελανόϛϵ, nigros oculos habentis, alij denique
μελανόϛϵ, nigra ossa habentis, (quod contra naturam uidetur.) Sed omnes uidentur reprehendendi,
scribendumcϙ μέλαν@ τω(per articulum,nõ pronomen encliticum) θηρητ. ut Eustathius annotauit.
Melanæcti & aliarum quarundam aquilarum nido inædificatur lapis aëtites, teste Plinio, de quo
plura scripsimus in Aquila c. & G. Primo & secundo generi aquilarum,non minorũ tantum quadrupedum rapina, sed etiam cum ceruis prælia. multum puluere uolutatu collectum, insidens cornibus excutit in oculos, pennis ora uerberans, donec præcipitet in rupem, Plin. ¶ Illustris Mar-
20 chio Montherculeus in eo libro quem scripsit de falconibus, melanęetum, esse credit genus falconis
quòd uenatores uocant hierofalcum: quòd & nigro colore sit,& montes syluasᶜϙ colat ac lepores ca
ptet, Niphus. Albertus Magnus tertium aquilæ genus(quod melanaëtus Aristoteli est) interpretatur aquilam quæ uulgò truncalis dicatur, Stockarn, quòd arboribus (forte truncis arborum) insidere soleat. Hoc(inquit) rapit animalia parua si quæ occurrunt, & etiam anates & aliquando anseres & huiusmodi, minus primo & secundo genere, cinerei coloris.sed color melanæeti niger non ci
nereus proditur. Audio in Gallia uel Sabaudia cinerei ferè coloris aquilas sepe conspici, quæ non
solæ sed quaternæ aut quinæ simul uolitent. Accipiter minor est aquila truncali, sed maior quàm
aquila quæ pisces rapit, Albertus. Erna uulgò dictum genus aquilæ nigrum, per hyemem apud
Frisios circa Oceanum Germanicum cernitur, hanc genus quoddam cornicum sequitur, & prædę
30 ipsius reliquijs inhiat.

DE OSSIFRAGA.

OSSIFRAGVS siue phinis, & ut Aristoteles appellat phine, alienos fœtus cum suis alit, quos
aquilæ nutriēdi tædio eiecerint, Hermolaus Barb. Et rursus, Differt ossifragus ab ossifraga, etiamsi
confundunt aliqui, quòd ossifraga septimum est aquilæ genus, quæ barbata dicitur (harpe auis ab
Oppiano sola barbata memoratur, & uel eadem cum ossifraga est, uel saltem cum ea confunditur,
uide in Harpe) & sanqualis,ossifragus uerò qualem indicaui,&c. Ego nullam huiusmodi apud au
thores differentiam inuenio. Plinius masculino genere ossifragum profert: Lucretius ossifragam
40 fœminino, Marcellus Empiricus utrocϙ. Gaza ex Aristotele φlωλυ ossifragam redderè solet. Ego
utro genere efferatur nihil interesse & eandem auem significari dixerim. Phinis (ut Hermolaus &
Cælius scribunt)φlωύης, ut χρύνας, casu recto non inuenieri puto, sed φlωύ tantum ut μύλη. φlωύ, auis est
aquilæ similis,ἀντώδης, Eustathius,ἐνδὸς ὀρνὲ ἴσον ἀντ@, Suidas. Ossifraga uulgò appellatur auis quæ
ossa ab alto dimittit & frangit, unde & hoc nomen accepit, Isidorus. Aristoteles sex aquilarum ge
nera facit, quibus ossifragam non adnumerat, nimirum tanquam degenerē, & ex haliæetis nascentem ut mox dicemus. Aquila germana(inquit idem)maxima aquilarum omnium est, maior etiam
ossifraga,μείζων φlωύης. Sex aquilarum generibus quidam adijciũt genus aquilæ quàm barbatam
uocant, Thusci uerò ossifragam, Plinius. Cabarum(inquit Auicennæ interpres in historia animalium)id est ossifraga, lingua Arabica dicitur belez,& Persicè, ut puto, hamoni. Arathamati, id est
50 frangens ossa, Syluaticus. apparet autem uox corrupta pro alrachame : quàm uocē pro uulture positam reperio apud Auicennæ interpretem in historia animalium. Raham uel racham, רחם, auis
quædam sic dicta quòd sit benigna in pullos suos quàm Iudæi nostrates picam interpretantur. translatio nostra habet Porphyrio, Leuitici cap. 11. Munsterus. Scio Hebræis uocem rahã significare misericordem & benignum: & cum ossifragæ benignitas in alendis tum suis tum aquilæ (quos è nido
parentis eiectos suscipit)pullis celebretur, eandem esse auem credi potest. Aut forte latius patet uocabulum racham, ita ut uulturem, ossifragam & gypaëetum cõprehendat. Vide supra in Gypaeto.
Auis quæ Græcè kym(corrupta uox à φlωύ) Arabicè cekar uocatur, quam Auicenna uocat kabin,
eiectum aquilæ pullum recipit & nutrit. Et hoc apud nos (quanquam in montibus nostris plurima
sunt genera aquilarum)nunquam licuit experiri, nisi quòd fama uulgaris est quòd aquila quosdam
60 pullos eijciat:& alia quædam parua aquila & nigra eiectos quum inuenerit nutriat, qui cum adole-
uerintita ut iam uolare queant, deuorent nutrtores suos, Albertus. Et alibi, Pullos ab aquila eiectos dicunt aliam auem colligere quam Græci fehit, (uox corrupta pro φlωλυ) Latini fulica dicunt,

r 3

ut quidam interpretantur, sed falsó. nam quæ sehit uocatur auis consubæ (sic habet) species est, quæ
aquilam non nutrit. fulica autem est mergus niger uocatus, & anate minor, quæ similiter aqui=
lam nullo modo nutrit, Hæc ille. D. Ambrosius etiam & alij quidam recentiores φήνω fulicam
non recté interpretantur. Auis quam cuni Græci quidam uocant, reuera est illa quam alij cyfred
uocauerunt, & Latiné uocatur ossifragus. deijcit enim ossa ex alto super saxa, ut eis confractis me=
dullam edat, Albertus. Idem libro 23. ubi aues singulas ordine literarum describit, ossifragam uo=
cat kyrij, uel ut alij legunt, kynium, suprà kym scripsimus: quæ uox pro kyni forte corrupta est, aut
contrá. nam m. litera & ni syllaba, facile inter se permutantur, in dictionibus barbaris præsertim:
ego kyni duabus syllabis potius legerim, cum etiam cuni alibi scribatur: quæ forsitan uox à Græca
φήνη corrupta est, ut aliæ pleræcặ à scriptoribus Arabicis ita detortæ sunt à Græcis ut origo uix agno 10
scatur. ¶ Chym uel kym auis est aquila (aliás uulture) maior: & hoc genus aquilæ quidam gry=
phem esse putant, Albertus: qui alibi etiam nomen kym pro uulture ponit.

    ¶ Ossifragæ magnitudo maior quàm aquilæ, color ex cinere albicans, Aristot.

    ¶ Parum oculis ualet. nubecula enim oculos habet læsos, Aristot.   Carniuora est, Idem. Ac=
cipitres, ossifragæ, mergi, Longé alias alio iaciunt in tempore uoces, Lucretius. Ossifraga probé
& fœtificat & uiuit. cœnæ gerula & benigna est. nutricat bene & suos pullos & aquilæ. cum enim
illa suos nido eiecerit, hæc recipit eos ac educat, Aristot. Plura lege in Aquila c. de hac alite exci=
piente & alente eiectos aquilæ pullos. Haliæeti suum genus nõ habent, sed ex diuerso aquilarum
coitu nascuntur. id quidem quod ex ijs natum est, in ossifragis genus habet, é quibus uultures pro=
generantur minores: & ex ijs magni qui omnino non generant, Plinius. uide in aquila c. Phene 20
auis non solum carnes sed etiam ossa rodit & frangit, Kiranides.

    ¶ Κλαῖον δὲ λιγέως, ἀδινώτερον, ἥ τ᾽ οἰωνοὶ   φῆναι, ἤ αἰγυπιοὶ γαμψώνυχεϛ, οἷσί τε τέκνα   ἀγρόται ἐξείλοντο
πάροϛ πετεηνὰ γυνέϸϟ, Homerus Odyss. π. de Vlysse & Telemacho filio eum agnoscente, huius ge
neris alitum erga sobolem suam amorem celebrans. Quem locum imitatus est Oppianus lib. 1. de
piscatione : Καὶ μέν τις φήνηϛ ἀεδινὸν γόον ἔκλυεν ἀνήρ   ὄρθειον, ἀμφὶ τέκνοσιν, &c.

    ¶ G. Ossifragi uenter arefactus & potus (madefactus & appositus, in codice Marcelli empiri
ci, quod non placet,) ijs qui cibos non conficiunt, utilissimus, uel si manu tantum teneant capien=
tes cibum. quidam adalligant ex hac causa, sed continuare non debent. maciem enim facit, Plinius.
Vnum est ossifrago intestinum mirabili natura omnia deuorata conficienti. huius parte extremam
adalligatam prodesse contra colum constat, Idem. huius pars extrema colligitur & reponitur, & 30
cum opus fuerit, uentri laborantis alligatur. remedio miro omnes intestinorum dolores citissimé
sanat, Marcellus empiricus. Auis ossifragæ partem crematam potu morbum comitialem tollere
quidam referunt, Trallianus ex Archigene. Ossifragi uentrem arefactum contra calculos & alias
difficultates uesicæ commendant, Plinius. Ossifragi auis uenter particulatim potus calculos cum
lotio pellere proditur, Dioscorid. Idem remedium Kiranides scribit de uentre harpyiế auis. Auis
ossifragæ uentriculus salitus ut seruari possit, aut exustus & in puluerem redactus, cum uini potio=
ne datus, urinam efficaciter prouocat, Marcellus. Eadem feré remedia etiam harpæ aui attribuun
tur, ut suo loco referam. ¶ Phenes os ad coxam suspensum, crissos, id est uarices in pedibus curat,
Kiranides. Fel eius cum melle albedinem (leucen) & lepram sanat, Idem. Stercus aridum tritum
si quis biberit uel gestauerit, concoctionem perfectam reddet: & calculosæ affectioni & dysurię me 40
debitur, Idem.

    ¶ H. a. Ossifragus, qui ossium fractura debilitat quempiam, Cassius Seuerus apud Senecam
lib. 6. controuersiarum. ¶ Φήνειον, mons ita dictus, Suid. Φήνεα, oppidum in Arcadia Stephano.

    ¶ Ossifragam & harpam aues Mineruæ attribuunt, Gillius. Minerua é Pylo abijt φήνη εἰδομένη,
id est ossifragæ similis, apud Homerum Odysseæ γ. ubi interpretes phenen auem aquilæ similem
faciunt, Honestior autem (inquit Eustathius) hæc comparatio Mineruæ ad ossifragam est, quàm il=
la, ὄρνις δ᾽ ὣς ἀνόπαια διέπτατο, nam φήνη uidetur denominata ᾖϟα τὸ φαίνφ. est autem Minerua φωσφό=
ροϛ, id est lucifera. Cæterum anopæam auem aliqui genus aquilæ simile ossifragæ esse tradunt: Vi
de supra in capite de aquilis diuersis.

    ¶ Sanqualem auẽ atcặ immussulũ augures Romani in magna questione habent. Immussulum 50
aliqui uulturis pullum arbitrantur esse, (uide supra in Aquilis diuersis plura de immussulo:) & san
qualem ossifragæ. Massurius sanqualem ossifragam dicit esse. Quidam post Mutium augurem ui=
fos non esse Romæ confirmauere. ego, quod uerisimilius est, in desidia rerum omnium non arbi=
tror agnitos, Plinius. Sanqualis auis est quæ ossifraga dicitur, Festus. Alites uolatu auspicia fa=
cientes istæ putabantur, buteo, sanqualis, immusculus, &c. Idem. quod & alibi repetit, quem locum
mutilum supra sub immussuli mentione inter aquilas diuersas expleuimus. Fuit diu quæstioni an
sanqualis & immussulus inter aquilas censendi foret: quorum uolatus licet æuo priore incognitus,
secundissimos habere euentus censebatur, Alexãder ab Alex. De augurio ex prepetibus auibus,
ut buteone, sanquali, &c. uide in Aquila h. Sãqualis porta appellatur proxima ædis Anci, Festus.

    ¶ Immusculus (legerim, immussulus) auis genus, quam alij regulum, alij ossifragam dicunt, Festus. 60

    ¶ Quintum aquilarum genus (inquit Albertus) apud nos est perparuum & uarium, & à qui=
busdam uocatur frangens os, eò quod quando carnes ossium comedit, ossa in altum subuecta super
                                                        lapidem

lapidem deijcit,& ex fractis ossibus medullam sugit, Hæc ille, sed cum paruulam admodum hanc
aquilam esse scribat, non potest esse ossifraga aut φψψ, quam Aristoteles omnibus aquilis, excepta
tantum germana, maiorem facit.   Audio in montibus Heluetiæ nostræ auem aquilini generis no=
minari beinbрecher, hoc est ossifragam: ab alijs steinbгücchel, quasi dicas saxifragam: quoniam ossa
(ut ex Alberto retuli) saxis iniecta confringat; de hac olim amicus quidam ex Clarona insigni Hel
uetiæ pago sic ad nos scripsit. Ossifraga quam uidi annicula erat, capite nudo & flauo colore, rostro
incuruo , plumis albis : alæ hinc inde nigras habebant pennas ueluti ciconia, affirmabat auceps eas
crescere ferè in magnitudinem uulturis, & omnino flauescere: & ex interioribus eius plumis, quæ
teneriores sunt, pelliculas pretiosas fieri, ut ex uulturibus quoq, ad fouendum nimirum debilem ac
10 frigidum uentriculum, Hæc ille.   Rursus ab alijs accepi, hanc auem aliquanto minorë uulture esse,
eiusq, genus quoddam uideri: colore fusco, cum uultur pëctore, collo & capite magis flauescat: rarò
capi: & si quando à montibus propius ad domos & pagos aduolarit, hyemem propinquam & aspe
ram expectari.   Item ab alio, auem esse tantam, ut spatium ab ala extrema extensa ad alteram, or=
gyiam siue ulnam excedat: uaria animatium genera inuadere, mures alpinos, rupicapras paruulas:
nidificare in rupibus: singulas & solitarias agere, colore ex castaneo nigricante. Sed hæc forsitan a=
quilæ ueræ descriptio fuerit, ego nihil affirmo.   ¶ Sabaudi aquilæ quoddam genus nominant ai=
gle courte, id est aquilam breuem: & auem diuersam freynno: quam fortè Aristotelis φluluu esse, nö
alio quàm ex nominis collusione parum firmo argumento ductus , amicus quidam ad nos scripsit.
¶ Orfraye auis Gallicè dicta, propriè ossifragus est: etsi quidam hoc nomen caprimulgo impropriè
20 tribuant, qui ab alijs rectius uocatur fresaye uel effraye, Bellonius in Singularibus.   Et rursus, Græ
ci suam phenen scribunt præcipuè benignæ esse naturę, & tum suos tum eiectos aquilę pullos bene
nutricare, &c. hinc factum & nomen (ut conijcimus) de phœnice aue apud recentio
res, quæ auis super nido pingitur pectus suum dilanias, ut cruore proprio pullos pascat. quanquam
uerò Galli ophraye (aliàs orfraye) auem appellant, quæ ex uocabuli uicinitate ossifragus uideri pos=
set, non ossifragus tamen sed haliæetus est, & circa aquas præda piscium uiuit.

DE PYGARGO.

PYGARGVS, πύγαργ☉, genus aquilæ sic dictum ab eo quod caudam habeat albam, ᾖ ᾖ πυ
30 γlω ἔχαμ ᾖγlω ᾖ ᾖ λσὐκλω, Hesychius & Varinus.   Pygargus (ab albicante cauda dicitur, ac si albicil
lam nomines, ut Gaza de suo addit) aquila, gaudet planis, & lucis & oppidis, hinnularia (νεφερφόν☉)
à nonnullis uocata cognomine. montes etiam syluasq, suis freta uiribus petit. reliqua genera rarò
plana & lucos adeunt, Aristot. Et rursus, Genera aquilarum nö æquè omnia prolem fastidiunt : sed
difficilior in alendo pygargus.   Multæ aues quibus nutrimentum non sufficit pro omnibus pullis
eijciunt aliquos, & imprimis genus illud, (scilicet aquilæ) quod dicitur barbaium, Auicenna.   Py=
gargus in oppidis mansitat & in campis, albicante cauda, Plinius.   Pygargus & alia quædam aqui=
larum genera inædificant nido lapidem aëtiten, Plinius.   Aëtites nomen habet à colore aquilæ can
dicante cauda, Idem.   Pygargus Aristoteli maior est morphno, & melanæeto quæ minima est aqui
larum: minor autem percnoptero & germana aquila quæ magnitudine omnes excedit, etiam ossi=
40 fragam.   Pygargo & melanæeto aquilis non minorum tantum quadrupedü rapina, sed etiam cum
ceruis prælia, multum puluerem uolutatu collectum insidens cornibus (hæc uel illa) excutit in ocu=
los, pennis ora uerberans donec præcipitet in rupes, Plinius.
¶ Pygargum aliqui putant esse aquilam illam quam uenatores regalem uocant, Niphus. Beli=
sarius meminit milui regalis, qui minus ualeat uiribus quàm miluus niger.   Post herodium (sic uo=
cat aquilam germanä) apud nos nobilior aquila est quæ anseres rapit, & cygnos & huiusmodi aues
magnas, & etiam lepores & cuniculos, præcipuè quando pullos habent. hæc minor est herodio, ua=
ria ex albis & cinereis pennis intermixtis. sed in cauda penultimæ extremæ pennæ uidentur esse
albæ, & alba est in pennis ani, & est breuis admodum caudæ, Albertus. uidetur autem hæc mihi ue=
terum pygargus.   Pygargum (inquit Turnerus) literatores quidam ineptè trappum à Germanis
50 dictum (tardam, uel bistardam) interpretantur. Sed pygargus Anglorum lingua, nisi fallar, erna uo=
catur, an erne.   Ego ernam audio dici genus aquilæ quod apud Frisios ad Oceanum Germanicum
per hyemem degat, colore nigro, quod cornices quædam ut ex escarum eius reliquijs uictitent se=
quantur.   Pygargus est forte quam Anglicè dicimus ringetayle, Eliota. Sed Turnerus ringtalum
Anglis dictum ab albo circulo caudam circumeunte, buteone minorem, subbuteonem Aristotelis
esse suspicatur. Quòd si minor est buteone, non poterit esse pygargus.   ¶ Eustathius in commen=
tarijs suis in Homerum Iliad. decimo, pygargum (authore Zopyro) ardearü genus illud facit, cui
in coitu oculi sanguine manent. sed Aristoteles pellon ardeam difficulter coire scribit, pygargum
uerò inter aquilas tantù recenset. sed Zopyri pygargus ardea, fortè stellaris Aristotelis fuerit, quæ
& ocnos, id est ignaua dicitur. nam argos & ocnos synonyma sunt.   Pygargü (inquit Cælius Rho=
60 diginus) esse aquilæ speciem sciunt omnes: inde Græcis rapacè quoq indicat uox ea. Sed & in Ve=
nerea procliuior sic item dicitur (per antiphrasin, Varinus) ueluti cui minimè sit pyga ociosa. nam
ἀργόν uocant Græci cessantem, Quin & timidum rectè pygargum dixeris, quòd albicas ei sit pyga:

r 4

cui diuersum est prouerbium, Melampygo necdum occurristi. Hic enim uti Hercules robore in=
telligitur insignis:proinde leucopygi imbellia infames concipi ferè ualent, Hæc ille ex Varini Le=
xico ut uidetur:ubi pro ἰτὺ γὰρ ἢ μελάμπυγοι, καθάπερ ἡρακλῆς:lego, ἀνδρεῖοι γὺ ὃι μελάμπυγοι, &c.

DE AQVILIS DIVERSIS APVD RECENTIORES.

ASTVRES ex genere insimo aquilarum uel miluorum: falcones uerò accipitrum nobile ge=
nus antiquis fuisse putamus, Paulus Iouius. Nos asturem uulgò dictum, accipitrem maiorem esse
docuimus. Cæterum ex falconum generibus maiores, ut sacrum & hierofalcum aquilis, (sacer qui=
dem ad aquilam germanam proximè accedit;) minores uerò, ut smerillum & lapidarem, &c. acci= 10
pitribus adnumerandos iudico.

¶ Aquilæ duo genera sunt, aquila absolutè, & altera dicta zimiech uel zumach, Tardiuus.

¶ Aquilæ an accipitris genus sit ignoro, quod apud Germanos inferiores circa Oceanum CA=
TVL appellari audio, accipitre maius, corpore uario ceu maculis aut punctis asperso, à quo gallinę
& anseres rapiantur.

¶ De Aquila truncali Alberti, quæ uulgò **Stockarn** dicitur, lege supra circa finem historiæ
Melanæeti.

¶ Incolæ partis cuiusdam Scandinauiæ aquilæ (coruum ipsi uocant) quodam genere occiso,
quod agnos & alia animalia prædatur, rostra præfecto regionis adferunt, ut testentur noxiam auem 20
se occidisse, Olaus Magnus.

¶ IN alpibus quibusdam Heluetiæ, ut circa Curiam Rhetiæ oppidum, & circa Lucernam, auis
rapacis genus (aquilæ nimirum) ab agnorum raptu **Lammerzig** nominant.

¶ IN regione circa Tarnasari urbem Indiæ, complura auium genera sunt, raptu præsertim ui=
uentia, longè aquilis proceriora. nam ex superiore rostri parte ensium capuli fabricantur. id rostri
fulum est phœniceo colore distinctû, nihil sanè uisu pulchrius, nihil amœnius, aliti uerò colos est
niger, & item purpureus, intercursantibus pennis nonnullis, Ludouicus Patritius.

¶ IN India referunt auem esse rapacem, longè aquila maiorem, nigram purpureamǽ, intercur=
santibus pennis candidis: cuius rostrum fuluum, cœruleoǽ seu phœniceo colore distinctum, adeò
pulchrè ut nil iucundius uisu esse possit:unde & ob pulchritudinem & ob magnitudinem capuli ex 30
rostro huius auis fieri solent, Constat autem predurum hoc rostrum esse oportere, Hanc uolantium
auium maximâm esse constat, Cardanus lib. 10. de subtilitate.

¶ INTER Misenam & Bresam Germaniæ oppida, cum rustici multa pecora, uitulos & sues
amissa in syluis perquirerent, inuentus est nidus ingens, per tres quercus extensus, tanto spacio
ut currus sub illo conuerti potuisset, ex magnis arborum ramis & baculis uel palis côstructus. Qua
re in urbe nunciata, homines multi ad nidum missi cum ascendissent, pullos tres maximos inuene=
runt, & in urbem asportarunt. è quibus mox unus mortuus est, cuius alæ per transuersum extensæ,
septem ulnarum mensuram æquarunt. ungues uiri magni & corpulenti digitis nihilo erant inferio=
res, crura leoninis maiora, In nido multa uitulorum & ouiũ coria reperta, & hinnulus recens, & ca=
pita animantium uaria, ut uir doctissimus & fide dignus Georgius Fabricius ad me perscripsit, an= 40
no Salutis quingentesimo supra sesquimillesimum, quo ipso hic nidus ęstiuo tempore inuentus est.

DE AQVILA HETEROPODE.

AQVILAE istius picturam ab Argentinensi quodam ciue pictore accepi, homine dili=
gentissimo & auium præcipuè naturæ studioso, qui tamen nihil certi super hac aquila re=
ferre potuit. hoc tantum dicebat ab alijs quibusdam pictoribus hanc picturam ceu ueram
se accepisse. Nos heteropodem appellare uoluimus, quòd in una hac auium (si uera est pi=
ctura) crura coloribus diuersis insigniantur, sinistrum cœruleo, ut rostrum quoǽ: dextrum fusco al= 50
bicante, Venter fuscus est & punctis nigricantibus maculosus, ut pectus etiam & collum, reliquum
corpus magis nigricat, oculi subrubent. pars etiam alarum fusca est, & punctis notatur nigris ut uen
ter. capitis & ceruicis pennæ summæ rigere uidentur: & dorsi initium circa alarum summitates in
gibbum attolli.

Hæc subsequens figura Aquilæ heteropodis est.

HISTORIA

10

20

30

40 HISTORIA DE ARDEA IN GENERE VBI CVM

cæteris ardearum generibus, tum pellæ imprimis siue cinereæ uulgò
dictæ pleraque conueniunt.

A.

R D E A diuersorum generum est. apud nos quidem pellam siue cineream, simpliciter ardeam uocamus, & Aristoteles pugnam aduersus aquilam aliás ardeæ simpliciter tribuit,
aliâs pellæ cognomento. Idem de historia animalium 8.3. leucerodion erodio minorē esse
tradit, per erodium proculdubio pellòn non asterian intelligens, quæ tantum tria genera
ab eo numerantur. Saxones tamen ardeam simpliciter sua lingua nominantes, de alba intelligunt.
Ardeola quanquam diminutiuū est, pro ardea tamē simpliciter à Plinio & alijs accipitur. ¶ שלך,
Schalac, Deuter. 14. & Leuitici 11. nomen auis impuræ, quam Iudæi interpretantur Reiger, id est
ardeam, Munsterus: aliqui mergulum: Vide supra in Mergo post anates statim. Ibidem leges de uoce קאת kaath, uel kaas, quam alij ardeam, alij mergulum, alij aliter interpretantur. Huic finitima
uidetur uox סיס, kos, quam exponunt herodium, falconem, nycticoracem, &c. uide infra in Bubone. sed herodium an pro ardea accipiant, ut Græci faciunt, an pro genere aquilæ, ut recētiores quidam indocti, dubitari potest. Ardea schalach Hebræis à proijciendo, quòd se ad capiendum pisces
in mare proijciat. nam & Hebræi pisces eam è mari prædari scribunt. Chaldæus schalenuna uertit,
uoce composita à schalal, quod est prædari, & nuna quod piscem significat, à præda piscium. Aben
Ezra aliam adfert causam, nempe quòd abijciat pullos suos, P. Fagius. אנפה, Anapha, Dauid Kimhi auem dicit, quam magistri uocant רוח רגוזיה, daiah ragasinith, id est uulturem ferocissimum &

uehementiſſimum, Ita quidem R. Salomon interpretatur Leuit.11. & addit, ſibi uideri auem quam uulgus appellat רורית, (heron:) Sanctes exponit ardeam. nam heron Gallis ardea eſt. Abraham à celeriter ſpirando nomen tuliſſe notat, Septuaginta & Hieronymus Deuter.14. charadrium interpretantur; Chaldæus אבו, ibu: ſed uidetur Chaldęi anapha potius accipere pro upupa. Perſa an koh, בם או. Arabs בבגח, babgach, Anapha (inquit Munſterus) aliqui picum, alij miluum eſſe uolunt. pu tant autem illam ſic uocatam, quod facile irritetur & ad iram concitetur. quam quidam ארטן, trapp uulgò (Germanicè) uocant, Hæc ille. Idem graculum interpretatur, Leuit.11. & Deut.14. apparet ſanè auem eſſe quæ ſpecies aliquot ſimiles contineat, quoniam additur iuxta genus ſuum. חסידה, Chaſida, Zachariæ 5. Aquila, Symmachus & Theodotion, erodium transferunt, & LXX. Leuit.11. alij aliter. ſed magis placet ciconiam uerti, uide in Ciconia A. ¶ Græcè ῤωδιὸς oxytonum 10 & ſine aſpiratione ſcribitur, recentiores quidam Latini (barbari potius) non rectè aſpirant: & per aphæreſin etiam ῤωδιός apud Heſych. & Varinum. ἀρῳδιὸς (ardeola) quam & λακρῳλῳ aliqui uulgò (in Græca lingua uulgari, uide ne à laro corruptum ſit nomen. nam & Lycophronis interpres ero dium larum eſſe putat, ueteres autem Græci ῤωδιόν, Demetrius Conſtantinop. A Græca uoce erodios apud Albertum deprauatæ leguntur, anydion, artadaton, & mothyos. ¶ Ardea Italis garza dicitur, alijs airone ut Scoppa grammaticus docet: hinc eſt corrupta uox Latina apud Creſcentienſem agiron: ſunt qui anghiron efferant. Hiſpanis ſimiliter garza, præſertim Luſitanis; aliquibus grou quaſi grus, propter corporis ſimilitudinem. Gallis heron, quæ uox uideri poteſt de ducta à Græca erodius. Sabaudis airon uel heyron : (quàquam & lari genus ſic ab eis uocari puto.) Anglis ſimiliter an heron. Germanis quibuſdam ein heerganß, uoce detorta ab herodio, uel à Gal 20 lica heron. ſed uſitatius ein reiger, noſtris reigel, alijs reiher uel rayer, Fryſijs rarg, Flandris regher. Illyrijs eziepie : Poloni ardeæ genus zoraw appellant. Turcis balakzél. ¶ Albertus Magnus ardeam tantalum quoq̃ dici ſcribit, ab Iſidoro mutuatus.

¶ Erodium aliqui putarunt eſſe auem ex ijs quas Romani Diomedeas uocant. Vide infra in Elemento D. Suidas ciconiam eſſe ſuſpicatur ineptè: ſed mox tanquam emendans ſubdit, aut ciconiæ ſimilem. Longè alius eſt herodius recentiorum. nam Albertus Magnus aquilam maximam et Germanam ſic uocat: alij hieroſalcum ut in eius hiſtoria oſtendi . Αἴθυια, id eſt mergus, memoratur ab Ariſtot. de hiſt. anim. 5. 8. ubi Albertus habet abij, & quidam (inquit) putant eſſe ardeam : ſed ineptè. Vergilius fulicas appellat aues, quas Aratus æthyias uocat. mergi Græcè ab Arato ῤωδιοὶ appellantur, Ioach. Perionius. Fortè etiam Plinius fulicam pro ardea è Græco alicubi reddidit. 30 nam & cirrhum fulicis tribuit, qui ardearum eſt: & Diomedeas aues fulicarum ſimiles facit, quas alij (ut Stephanus & Seruius) ardearum generi attribuunt. Gaza in libro de communi animalium greſſu, pro Græco ῤωδιοὶ, uertit fulicæ, uel potius ardeolæ . Fulicam quidem pro erodio transſtulit Auguſtinus quoq̃, & Lycophronis interpres larum eſſe arbitratur : Ambroſius etiam ſturnum, quem tamen Græci non erodiòn ſed pſara dicunt, Cælius. Auem quam Aratus κέπφον dicit, ardeam Vergilius nominat, Perionius. Sed ardeam à mergo, fulica & ceppho prorſus diuerſam eſſe auem, qui hiſtorias ſingularum inter ſe contulerit, manifeſtiſſimè deprehendet.

B.

Ardeæ apud Heluetios abundant, propter multos & magnos fluuios & lacus piſcoſos, unde uictum petunt Ariſtotele teſte . Ardeolis omnibus communis uidetur longitudo roſtri, colli & 40 crurum, quibus ciconias referunt. ſed collum ardeis magis inuolutum. digiti pedum terni, longi, membranis modice iuncti, & quartus retro pro calce ſimiliter longus. corpus pro ſua magnitudine non amplum, ſed leue & exile. Ardea coloris eſt cinerei (nos de hoc genere infra priuatim ſcribemus) minor grue, longi colli, & ſicut reliquæ etiam aues aquaticæ roſtro non multum inuoluto, Al bertus. Erodius auis in capite gerit cumulum pennarum ueluti comam (aliàs coronam) oblongam, Kiranides. ſed hoc non de omnibus ardeis uerum eſt, aliæ enim apicem illum è pennis retro extenſis conditum habent, aliæ non habet. Porphyrioni & ardeæ inutile eſt uropygium, (cauda,) ut & alijs aquatilibus, Ariſtot. in lib. de ingreſſu animalium.

C.

Ardeæ circa aquas & lacus piſcoſos degunt. quare in Heluetia noſtra abundant. & grammati 50 cis (Suidæ & Euſtathio) erodios Græcè quaſi helodios dici uidetur, à lacubus & paludibus, quas Græci ἕλη nominant. Sed in mari (circa mare) etiam degunt, ut ex Arati prognoſticis apparet. Erodius auis in templis & ædificijs ciuitatum nidificat, Kiranides, neſcio quàm uere. ¶ Procopius Gazæus ſophiſta Pentateuchum Moſis enarrans , erodium cum noctua & ueſpertilione &c. aues noctis & tenebrarum amicas eſſe ſcribit, quod non probo. Ariſtoteles ſanè de pella, quæ & abſolutè ferè ardea dicitur, diſertè ſcribit, uenationi (piſcium) eam interdiu operam dare. Euſtathius uerò in decimum Iliados ardeam noctu in aquis rapinæ operam dare. ¶ Ardea licet in aquis cibum ſuum quærat, in ſyluis tamen & altis arboribus nidum collocat, (in abietibus, Stumpſius,) Author libri de nat. rerum. Piſcibus inſidiatur: & dum per aquam ingreditur piſces pedibus eius non ſine deſiderio adnatantes, ut audio, deuorat. Erodius oſtreorum uoraciſſimus eſt. & quemadmodū con 60 chas pelecânes exſorbent, ſic is oſtrea teſtis obducta uorat, & ingluuie ſua concalefaciens tandiu cu ſtodit, quoad calore ſtomachi diſcluduntur . Poſt ubi is ipſe diductas ſenſerit teſtas, eas euomit, & carnem

carnem ad suſtentandum ſe retinet: Aelianus, Philes, & Plutarchus. Cochleis etiam ſeu limacibus
ueſcitur, ut in D.referam ex Aeliano: nec minores tantum piſces, ſed anguillas quoq; deuorat. Ar
dea, ut & mergus, cibum ferè crudum excernit, (excrementum ſcilicet liquidũ:) itaq; ſemper eſt uo
rax hæc auis, Albert. ¶ κλάζɛιν, id eſt clangere, de uoce ardeæ legimus apud Homerum Iliad. κ.

¶ Ardea per antiphraſin dicitur, quòd breuitate pennarum altius nõ uolet, Seruius: qui & hoc
Lucani è lib. 5. citat, Quòd auſa uolare Ardea ſublimis pennæ confiſa natanti. Ardeola dicitur
quaſi ardua propter arduos uolatus. cum altius uolauerit, tempeſtatem ſignificat, Iſidorus & Alber
tus. Volatus ei ſublimis & uehemens, Stumpfius. Anſeres omnes extento collo uolant, ardea
contracto, Albertus. Vropygium ei inutile, ut & alijs aquatilibus: proinde uolat pedibus retro ex
10 tenſis, Ariſtoteles de anim. ingreſſu. Ardeæ in grege ſui generis nidificant: gregatim uerò non uo
lant, eo quòd pullis earum inſidiantur accipitres & aliæ aues rapaces, à quibus defendi non poſſent
niſi complures ſemper ardeæ circa nidos uerſarentur, Albert. ¶ Ardeas dicunt aliqui tanto do
lore coire, ut lachrymas ſanguineas oculis emittant : quod ego falſum puto. Vidi enim ipſe (inquit
Albertus) ſæpe coire ardeas & oua parere, nec quicquam tale experiri potui, ſed ſicut reliquæ aues
quarum longa ſunt crura, ſimiliter & ardea coit cruribus ſuper dorſum fœminæ flexis, ita ut pedes
maris ad caput fœminę ſint, & genua uerſus excrementi ſedem ſuper dorſum: & tunc motu alarum
ſe ſuſtinens locum conceptionis fœminæ cõtingit ac ſemen infundit, Hæc ille. Ariſtoteles priuatim
hoc de ardea pella ſcribit, pellæ (inquit) coitus difficilis eſt, uociferatur enim & ſanguinem ex ocu
lis, ut aiunt, emittit cum coit, parit etiam ægrè ſummoq; cum dolore. Idem ex eo Plinius repetit.
20 Grammatici uerò (Euſtathius & Etymologus) ɛρωδιὸν, id eſt ardeam ſimpliciter, dictam conijciunt,
ὅτι ἴαρ ἰδρῶι, id eſt ab eo quòd ſanguinem exudet in coitu. In animalibus quædam ui uel contra na
turam eueniunt, ut ardeæ coitus, & ephemeri uita, Theophraſtus in Metaphyſicis. debet autem de
ardea mare coëunte intelligi. nam Græcè legitur, ὥσπɛρ ὁ ɛρωδιὸς ὀχɛῖ. Ardea auis eſt Venerea, un
de aliqui ɛρωδιὸν dictum putant quaſi ɛρωτιδιὸν, hoc eſt auem amori & Veneri propriam. uide infra
in h. ¶ Nidificant ardeæ, ut iam diximus, in excelſis arboribus, & gregatim. Licet omnes ex
mari uiuant, in terra tamen nidificant, Oppianus in Ixeut.

D.

Ciconiæ cum aliunde pullis alendis cibum comparare nequeunt, eſculenta quæ prius ederant,
euomunt, atq; in educandos fœtus côuertunt: & ad uolandum pullis imperitis duces ſunt, herodios
30 & pelecanos ſimiliter facere audio, Aelianus. Quomodo pullos aduerſus accipitrem defendant
ardeæ, paulo inferius dicetur. Ardeolæ faſcinationis amuletũ ut pullos defendant, nidis cancrum
imponunt, Aelianus, Philes & Zoroaſtres in Geoponicis. Piſces captant induſtriè ſanè & doloſè,
nempe Solis radios ita excipiunt, ne piſces uiſa ipſarum umbra refugiant, Oppianus in Ixeut.
Oſtrea quomodo deuorent, & calore uentriculi dehiſcētia reuomant, ut pulpam interiorem à teſtis
ſeligant, ſupra in C. recitaui.

¶ Ardeola & cornix amicæ ſunt, Ariſtot. Aelianus & Plinius.

¶ Diſſident ſorices & ardeolę inuicem fœtibus inſidiantes, Plinius. Ardeolam aquila, utpotè
ualens unguibus, aggreditur. ipſa autem repugnando emoritur, Ariſtot. alibi uerò de pella priua
tim ſcribit, infeſtam ei aquilam eſſe. Harpa & erodius inimici ſunt, Aelianus. Ardea ſeipſam aut
40 pullos ſuos aduerſus accipitrem prædonem defendens, excrementi ſedē illi opponit, & ſtercus pu
tridum emittit: quod ſi accipitrem tetigerit, pennas eius putrefacit, Albertus & Author libri de nat.
rerum. De falconibus qui ardeas capiũt, leges in E. ardeolæ odit albos laros, Philes. Pipo(pipra,
ſed Græcè legitur hippos in codicibus impreſſis) inimica ardeolæ eſt. oua enim & pulli ardeolæ
uiolantur à pipone, Ariſtot. ῥιπτὼ, ὄρνɛον πολɛμικὸν ὥς τινɛσ, ɛρωδιὸσ, Heſych. lego ɛρωδιῷ, hoc ſenſu: Pi
po auis eſt inimica ardeæ, ut aiunt. Perdices & erodios idcirco defugiunt cochleæ, quòd eos per
noſcunt penitus hoſtes ſibi eſſe: nec cernere eſt limaces ibi ſerpere, ubi illi ipſi uerſentur: eos tamen
naturali quadam aſtutia cochleæ quædam præſtantiores decipiunt, & circumueniunt. Siquidem ex
natiuis teſtis egreſſæ, in magna ſecuritate paſcuntur. Aues autem, quas modo dixi, in teſtas inanes,
tanquam in eaſdem illas inuolant: ut uerò nihil inuenerint, eas ut ſibi inutiles abijciunt, atque diſce
50 dunt. Illæ uerò ſingulæ exſaturatæ paſtu, atq; ex aberratione qua hoſtes fefellerunt ſeruatæ, ita in te
ſtas tanquam ſuam propriam domum reuertuntur, Aelianus.

E.

Ardea cum accipitrem fugit in altum euolat, Albertus. Falcones capiunt ardeas, grues, & c.
Creſcentienſis. Hicrofalchi ardearum hoſtes ſunt, Paulus Iouius. Noſtri falcones ardearum ue
natores, uocant Reigerfalcken, Galli heronniers. In ardeæ captura duo falcones pariter relaxan
tur, quorum unus ſumma petit, alius iuxta terram inuolat, ut uidelicet ille uolantem ardeam impul
ſu præcipitet, hic præcipitatam arripiat, Author libri de nat. rerum. Et rurſus, Falconum genera
duo ſunt: alterum nobile, quod autem uſu paruo naturaliter capit: alterum ignobile ac uile, quod nõ
niſi multo labore & maceratione aſſuefactum hoc facit. hoc poſterius genus cum ardeam ad terram
60 impulerit, & iam prope fuerit ut eam capiat, ardea anguillam uel alium piſcem quem recens uora
uerit euomit: & tunc falco liberè eam uolare permittens, piſcem ceu minus fœtidũ cibum ſibi obla
tum præferens, ocyus apprehendit, at falco nobilis piſcem eiectum uilipendens, ardeam ipſam ag

greditur,Hæc iste. Fertur falcones si sanguinem ardeæ gustarint,omne desiderium capiendi grues amittere:si uerò carnes solum sine sanguine ederint,hoc uitium incurrere non creduntur,Creic entiensis. ¶ Ardeæ sæpe oculos petūt,Turnerus. ¶ Nauta nunquam occiderit ardeam.nam quod accipitres in terra uenatoribus , hoc in mari piscatoribus ardeæ significare creduntur, Oppianus in Ixeuticis.

¶ Ardeæ hominibus charissimæ sunt, & æstatis hyemisᵩ tempus præsagiunt. capita scilicet pectori imponunt,eoᵩ maximè inclinant, unde concitatissimus uentus expectari debet, Oppianus in Ixeut. Ardea cum altius uolauerit,tempestatem significat,Seruius & Isidorus. Quòd ausa uolare Ardea sublimis pennæ consisa natanti,Lucanus lib. 5. Ardea, quasi ardua, eo quòd altè uo- 10 lat.nam cum tempestatem præsentit,altè supra nubes uolare dicitur, Albertus. Ardea obstrepero clangore(& inconcinno uolatu,ut interpres Theon adijcit)è mari ad terrā auolans, uentum & tempestatem imminere præsagit,Aratus. Et rursus inter pluuiæ signa hanc auem ponit, cum terra relicta ad mare multo cum clangore festinat.Quem locum Auienus sic reddidit,Cum procera salum repetit languore(lego,clangore)frequenti Ardea. Triste(obstreperum,potius)sonans ardea tempestatem denunciat:eademᵩ ad mare rectà proficiscens,pluuiam portendit,Gillius ex Achano,ap paret autem Aelianum ex Arato mutuatum. Notasᵩ paludes Deserit atᵩ altam supra uolat ardea nubem, Verg.lib.1.Georg.inter signa tempestatis futuræ, qua non sit tucum nauigare. Ardea in medijs arenis tristis hyemem indicat,Plinius.

¶ Ardeas aliqui dictas suspicantur ab ardendo,nam quarumuis arborum rami in quibus nidificant,proluuie uentris earum infecti,aduruntur & exiccantur, ut omnium ferè auium aquaticarum 20 simo,qui piscibus uiuunt,Albertus.

¶ In libro quodam Germanico manuscripto hæc uerba reperi:Si pedes (bie fúß, nisi potius legendum fuerit bie feißte,id est pinguedo)ardearum destillentur per descensum,& oleo inde collecto inungantur manus,pisces sponte adnabunt ut comprehendi possint. Pharmacopolæ apud nos ardeæ adipem uendunt piscium inescatoribus. audio autem escas piscibus capiendis fieri ex adipe & ossibus ardeæ.

F.

Ardeam legimus carnis esse fœtidæ & nō salubris. Pullorum caro præfertur.nam adultiorum caro grauiter olet. Ardeæ pro ætate diutius assari debent:possunt autem pastillis includi,eo modo quem in Gallina F.præscribemus. Quicunᵩ hæmorrhoides crebrò experiuntur , præsertim pul- 30 santes,inter alia grues & agrones(id est ardeas)præcipuè caueant,Arnoldus de Villanoua.

G.

Somnos allicit ardeolæ rostrum in pelle asinina fronti adalligatū. putant & per se rostrum eiusdem effectus esse uino collutum,Plinius. Erodij ramphum(ramphos,id est rostrum, interpres inepte ungulam transfert)cum cancri felle in corio asinino si suspenderis ad collum uigilantis,dormitabit.Si quis in conuiuio pannum in quo est ramphos(id est rostrum ardeæ) cum uino deponat,bibentes obdormient,Kiranides. Hippiatri quidam Germani equorū oculos illini & lauari iubent coturnicum uel ardearum adipe ut sani & clari fiant.

H.

a. Ardea per antiphrasin dicitur,quòd breuitate pennarū altius non uolet,Seruius. uel quasi 40 ardua,quòd altè uolet.nam cum tempestatem præsentit altè supra nubes uolare dicitur : item cum accipitrem fugit,uel ab ardendo,quia simus eius exurit id quod contingit,ut & aliarū auium aquaticarum quæ piscibus uiuunt,Albertus. Ego ardeam uocem Latinam à Græca ἐρωδιός per syncopen factam coniecerim. ¶ Ἐρωδιός uel deriuatur à uoce ἔαρ quæ sanguinem significat, ut apud Cyrenæum:& uerbo ἰδίω,quod est sudare. quoniam hæc auis in coitu, ut ferunt, sanguinem exudat. uel sic dicitur quasi ἐλωδιός, ἀπὸ τὸ ἕλος καὶ τὸ ἰδίω, (forte ἠδίω.) Φιλεῖ δὲ γὰρ τοῖς ἐλώδεσι τόποις,quòd locis palustribus delectetur.uel quasi ἐρωτιδίΘ,ἀπὸ τὸ ἔρωτω καὶ τὸ ἰδίω,id est amori propria & sacra auis, est enim Venerea,ut aiunt.Sed Claudius philosophus Veneream esse negans , Mineruæ potius sacram esse ait,iuxta poetam:Τοῖσι δὲ δεξιὸν ἧκεν ἐρωδιὸν ἐγγὺς ὁδοῖο Παλλὰς ἀθηναίη. Cui respondere licet, ardearum secundum Aristotelem multa esse genera, ex quibus nihil prohibet alia Mineruæ sacra 50 esse, alia Veneri.Sed Herodianus scribit ἀπὸ τὸ ῥοῖζω(quæ uox sibilum significat) fieri ῥοιδιὸς, ut ab ἀρ μόζω ἀρμόδιΘ,& abundante epsilo,& omicro in o,magnum mutato ἐρωδιὸς,iota adscripto manente. Acuit autem ultimam,ut & cætera auium nomina in ιΘ, quæ syllabas plures tribus habet,αἰγυπιὸς, χαραδριὸς,βομβυλιὸς.Apud Hipponactem scribitur etiam ῥωδιὸς:ΚιηφαῖΘ ἐλθῶν ῥωδιῷ κατηυλίσθη:quod per aphæresin factum dixeris,si usum communem spectes:perfectum uerò si formationem,Etymologus. ἈρωμΘ,ἐρωδιὸς,id est ardea, Hesychio & Varino. Ἐρωγὰς quocᵩ & κὸρκιθάλλὶς pro ardea exponuntur iisdem. ¶ Herodij domus dux est eorum,Psalmo 104.è uulgata translatione.Hebraicè chasida legitur.Munsterus uertit, Ciconia pro mansione sua habet abietes.

¶ Epitheta. Ardea procera,Auienus. Ἐρωδιοί τε πολλοὶ μακρομακμπυλαύχψοϊ, Epicharmus in Nuptijs Hebæ apud Athenæum lib.2. 60

¶ Xiphiam,id est gladium piscem,Galli sua lingua ardeam maris uocitant,Pet.Bellonius. Ἐρω δίὰ,ἀμαξα, Hesych. & Varinus. Erodialis lapidis meminit Albertus Magnus , eiusdem puto cum aëtite.

aƈtite.nam aquilā germanam erodiū uocat. Ardelio,est homo inquietus, huc atƿ illuc semper uo
litans;& ab ardeola deducitur,sicut à stella stellio,Sipontinus.Nil bene quū facias,facis attamē om
nia belis. Vis dicam qui sis?Magnus es ardelio,Martialis lib. 2.

¶ Propria. Ardea, Ἀρδέα, Vlyssis & Circes filius fuit, ut Stephanus memorat in Antea. Ab
hoc etiam Ardeam ciuitatem in Latio diƈtam aliqui putant , decem & oƈto miliaria (170. stadijs in
monte)ab urbe positam;alij à feruore regionis diƈtam malunt,alij à Danaë Persei matre , uel à Dau
no Pilumni filio qui eam condidit , ut quidam existimant. Alij conditam scribunt à Pilumno Iouis
filio & Turni abauo, Hæc olim Turni & Rutulorum regia fuit. Locus Ardea quondam Diƈtus
auis,& nunc magnum tenet Ardea nomē, Verg.lib.7.Aeneid.ubi Seruius,Bene alludit.nam Ar=
dea quasi ardua diƈta est,id est magna & nobilis. quanquam Higinus in Italicis urbibus ab augurio
auis ardeæ Ardeam diƈtam uelit, illud nanƿ Ouidij in Metamorphosi fabulosum est,incensam ab
Aenea Ardeam, & in hanc auem esse conuersam. Hinc ciues Ardeates diƈti;ut ab Ardia Illyriæ ci=
uitate,Ardiæi,Stephano. Est & Ardea urbs Persidis Ammiano Marcellino lib.13.

¶b. Ardeæ,ut inquit Ouidius,Et sonus,& macies,& pallor,& omnia captam Quæ deceant
urbem,nomen quoƿ mansit in illa Vrbis. Clitarchus in India scribit uolucrem amatorio affeƈtu
flagrantem,nomine horionem,nasci,magnitudine herodio similem,&c.

¶c. Ἐρωδιὸς φωνῇ πόδι πολλὰ λεληκὼς,Aratus. Ῥωδὸν aliqui à sono uocis diƈtum uolunt,ἀπ τȣ ϟείϟω,
uide supra in a. Ἐρωδιὸς γὰρ ἔγχελυν Μωαινοϕριλω Τελορχȣν ἐυρὼν ἐδίωξ᾽ ἀϕείλετο, Simonides apud
Athenæum.

¶h. Ab ardeis uiƈtum ex aquis primum inuentum aiunt,reliquas ab eis didicisse, cum uiƈtus
unus initio omnibus esset auibus:deinde cum gloriarentur hoc inuento, & ne ipsum quidem Nep=
tunum natando cum eis contendere posse iaƈtarent,hanc artē irato deo amisisse, quod etiã Thamy
ridi superbo cantori ex Musis cõtigisse aiunt,Hinc adeò reliquæ omnes aues captãdis piscibus mer
guntur in aquam:ardeæ natandi facultatis expertes in littore stantes uenantur,Oppianus in Ixeut.
Fabulosum est illud Ouidij , incensam ab Aenea Ardeam (Latij ciuitatem, de qua supra in a. post
Turni mortem)in auem esse cõuersam, Seruius. Vide Ouidium Metamorph.lib.14. ¶ Higinus
Ardeam ciuitatem ab augurio auis ardeæ diƈtam uult, Seruius. At nos ardeis & trochilis & cor=
uis deum ad futura enuncianda uti putamus,Plutarchus in libello Cur Pythia non amplius carmi=
ne respondeat. Aliqui ardeam Veneream auem esse dicunt:alij negant, & Mineruæ potius quàm
Veneri eam consecrant:quoniam Homerus Iliados 10. à Minerua Vlyssi & Diomedi ardeam im=
mitti canat.Sed respondere licet ardearum secundum Aristotelem multa esse genera,ex quibus ni=
hil prohibet alia Mineruæ sacra esse , alia Veneri, Etymologus. Vlyssi & Diomedi noƈtu eunti=
bus aduersus Troianos Minerua ardeam(ἐρωδιὸν)dextram in uia misit, quam illi quidem propter te
nebras non uiderunt,sed clangentem audierunt. Gauisus est autē (inquit Eustathius) hac aue Vlys=
ses, uir scilicet prudentia celebris aue præsaga. nam quòd ardea insidiantibus lætum auspicium fa=
ciat Hermon testatur.Cęterum quòd sili auem audierunt tantum,non etiam uiderunt,significabat,
ipsos quoƿ non uenturos in hostium aspeƈtum, sed facinus tale designaturos quod hostes omnino
auditu cognituri essent.Quòd nisi sapiens fuisset Vlysses, deterreri hac aue potuisset, quasi pericli=
tarentur deprehendi & non latere,sicut nec ardeæ clangor ipsos latuit.Venatur autem ardea noƈtu
(Aristoteles interdiu hoc eam facere scribit)in aquis & paludibus,& rapax est. quamobrem Miner
ua,non noƈtuam sibi sacram,sed ardeam eis immittit , palustribus scilicet circa Scamandrum locis
conuenientem.Porrò Zopyrus pro uoce ῥαμὼς scribit πωλόν, ut rapina significantius designetur,
(quasi hoc genus ardeæ cæteris rapacius sit,)Eustathius.

¶ Ἐρωδιοὶ ἐπηλεϕόρων λευκάναισιν, apud Aristophanem, cum aues urbem conderent. ubi Schol. ἐρω=
διὸς nomen finitimum est τῇ ϟρᾳ,id est terræ,constat autem lutum quoƿ ex terra,itaƿ lutum gestare
eas poeta finxit.

DE ARDEA PVLLA SIVE CINEREA.

A RDEAM pellã(cuius figura in sequēti pagina posita est)nos simpliciter ardeã uocamus:
quoniã ea apud nos magis abundat.Vide supra in Ardea simpliciter A. Sed alia etiã mul=
ta superius in Ardea simpliciter diƈta, cæteris quoƿ ardearū generibus conueniunt:que=
dam uerò pellæ peculiariter,ni fallor, ut pugna aduersus aquilã, &c. Ardea pella igitur
ijsdem nominibus quibus ardea simpliciter nominatur in diuersis linguis, aut cinereæ cœruleæue
cognomen adijcitur:ut apud Germanos ein blatwer (uel grauwer) Reiger:apud Anglos the blue
heron.Itali airon negro, id est ardeam nigram, nisi aliam forte intelligant ardeæ speciem. hæc enim
nostra dorso cinereo magis ad cœruleum uergente quàm nigro est. Aristoteli & Plinio Græce pel
los dicitur, πελλόν oxytonum,similiter à colore.nam πελλόν Grammatici colorem fuscum interprea
tantur,φαιὸν χρῶμα ἐμφερὲς τῷ πελιδνῷ,liuido colori similem. & πελιοὶ,μέλανοι,ὠχροί. Ex ardeis genera
duo sunt cinerei coloris, magnum uidelicet & paruum, Albertus. Et rursus, Genus ardeæ unuri
est cinereum,acuti rostri & longi colli. Zopyrus apud Eustathium pellòn ardeam rapacem facit:
scripserat autem de ardea simpliciter paulò ante Eustathius;noƈtu eam in aquis prędari pisces;cum

s

io.

2o.

3q.

4o.

5o.

Aristoteles contrà, interdiu eã operari (id est prædæ operam dare) scribat. Vide supra in Ardea c.
Pella colore est prauo, & aluo humida: sed sagax & cœnæ gerula est, & operosa, (ἐπαχρΘ, id est in=
dustria circa cibum & prædam,) Aristoteles. Pellæ coitus difficilis est. uociferatur enim & sangui
nem ex oculis, ut aiunt, emittit cum coit. parit etiam ægrè summoq; cum dolore, Idem & Plinius.
At Zopyrus apud Eustathium in decimum Iliados, non pellon sed pygargon ardeam, difficulter
coire, & ex oculis in coitu sanguinem fundere scribit. Vide supra in Ardea simpliciter c. Pella
apud Anglos (inquit Turnerus) in excelsis arboribus non procul à ripis fluminum crescentibus
nidum facit. Superior pars corporis cyanea est, inferior autem nonnihil candicat. Ventris excre=
mentis liquidioribus, inuadentes se subito aquilas aut accipitres abigit, & se ita defendit. Vidi & hu
ius generis, licet raras, albas, quæ neq; corporis magnitudine, neq; figura, sed solo colore à superio=
re distulerunt. Visa est etiam alba cum cyanea apud Anglos nidulari, & prolem gignere. Quare
eiusdem esse speciei, satis cõstat, Hæc ille. Pella prælium cum ijs init, à quibus læditur, hoc est cum
aquila

aquila, à qua rapitur: cum uulpe, à qua noctu capitur: cùm alauda, à qua oua eius diripiuntur, Ari‐
ſtoteles.   ¶ Iliad. 10. legimus τοῖσιν δ᾽ Ἀξιον ἥκεν βωδιον ἐγ υς ὁδιο ραλλὰς Ἀθλωαίγ. ubi aliqui pro ρ 7‐
λὰς legunt πελλόγ: quaſi Minerua illis (Vlyſsi & Diomedi noctu euntibus aduerſus Troianos) non
ſimpliciter ardeam, ſed pullam ſiue cineream immiſerit, quæ ſcilicet alijs rapacior eſt, ipſos etiam ra
pina & præda ſperata potituros ſignificans, Euſtathius. Vide ſupra in Ardea ſimpliciter h.

DE ARDEA ALBA.

RDEARVM genus album Græcè ἐραωδιὸς λευκὸς, uel λευκφρωδὶ☉ dicitur, (apud Aristot. de
hiſt. animalium 8. 3. oxytonum eſt,) Aristoteli & alijs. Ardeolarum tria genera, leucòs,
aſterias, pellòs, Plinius ex Aristotele. Theodorus Gaza in hiſtoria animalium ex Ariſto
tele translata lib. 8. cap. 3. albiculam numerat inter eas aues quæ circa lacus & fluuios uictum quærunt, ubi in Græcis noſtris codicibus excuſis nihil quod huic uocabulo respondeat, inuenio. Niphus Scholiaſtes albam uel albiculam auem, in margine æditionis ſuæ & in Scholijs, Græcè
λεύκον dici ſcribit, quaſi ita legerit in codice ſuo Græco: & eſſe ex ardeolarū genere, quod equidem
non laudo. nam cum paulò ante leuceródiō nominârit Aristoteles, quid attineret inutiliter repeti?
Nihil autem præterea illic de leuco, (ut hoc uocabulum pro quacunq; aue noſtris exemplaribus addendum concedam) philoſophus tradit, quàm quòd caudam motitet ſimiliter ut cinclus & aliæ ibidem nominatæ aues. Albardeola minor eſt quàm ardeola (pellos ſcilicet,) roſtro lato porrecto q;,
itidem ut illa lacus & fluuios petit, Ariſtot. Et rurſus, Ardea candida colore eſt pulchro, & coitſa
cile (ἐονῶς. nã ardea pella difficulter coit:) & nidulatur ac parit probè. paſcitur paludibus, lacu, campis & pratis. Ardeæ quædam breues (paruæ) & albæ ſunt, aliæ maiores colore uario, & c. Oppianus in Ixeut. Inter aues ardeolarum genere quos leucos uocant, altero oculo carere tradunt, (&
ideò facilius capi à uenatore in latere cæco inſidiante, ut Albertus addit citans Plinium: ſed hoc, inquit, præter naturam eſſe uidetur & falſum:) optimi augurij, cum ad auſtrum uolant, ſeptentrio-
némue, ſolui enim pericula & metus narrant, Plinius. Cum aues albæ frequentes cõueniunt, multam tempeſtatem demonſtrant, Aelianus. an uerò ardeas albas intelligat, incertum nobis eſt. Albæ
aues cum congregabuntur, Plinius inter ſigna hyemis. Inſula heroum è regione Boryſthenis fluuij ſita, uocatur etiam Leuce. ἐνικὲ ὂι τὸι ποερμ̓σι κινώτϵτῆ λϵύκϵ τέτυκ̂ται, Dionyſius. ubi Euſtathius κι-
νώπϵτα interpretatur aues, ὄμ ἡ κίνησις ϵν ωϵͮ πέτϵϑϑαι, ἐρϵωπϵϑϑϵ ϵϑ ἡ λέξτι. intelligit autem forte (inquit) ſa-
ros (albos,) uel ſecundum alios ciconias. Ab ardea alba creditur Alba inſula in Ponto nuncupata,
quòd inibi uiſatur plurimùm: ac proinde Pindaro per metalepſin dici Phaenna. quippe φαϵνὸν ſignare ϕ λϵύκϵν, Cælius. Zopyrus apud Euſtathium in decimum Iliados tria ardearum genera facit,
pellòn rapacem, pygargũ cui in coitu oculi ſanguine manet, (quòd alij authores de pello ſcribunt,
hic ſolus de pygargo:) & aphrodiſion, id eſt Veneream, quæ forſitan albardeola fuerit. ea enim Veneri ſacra præ cæteris æſtimari poterit, ὂτι ὀ̓᾿ ϵͮὐϵ᾿ἐονῶς, hoc eſt quoniam facile coeat, Aristotele teſte,
non difficulter ut pellòs. Hæc ex ueteribus de ardeola alba.

¶ Nos ardeam albam duplicem obſeruauimus, unam fuſca ſeu cœrulea maiorem, Itali girono
uocitant: minorem alteram quæ ijſdem garzeto uel garietto uel gargea nominatur. Germani ſine
differentia magnitudinis ardeam albam periphraſticè dicunt, ein wyſſer Reiger: Saxones Reiger
ſimpliciter. uide ſupra in Ardea ſimpliciter. & Itali ſimiliter, garza bianca. Angli a white herow.
Ardeæ genus tertium album eſt niuis inſtar, maius cinereis, Albertus. Sed de maiori genere albardeolæ Turneri uerba recitaui ſuperius in Cinerea. Garzettum, id eſt minorem albardeolam in
Italia uidi Ferrariæ, cuius iconë hic damus. auis eſt albiſſima & iuxta maris paludes inuenitur, magnitudine ardeæ. ſed quam ego illic uidi calendis Auguſti adhuc parua erat: & per omnia, colore
excepto, cum uulgari (cinerea) ardea cõgruebat. criſtam ex plumis in capite gerebat, (criſtatas quidem eſſe ardeas quaſdam Oppianus etiam in Ixeuticis annotauit.) Roſtrum erat longum, acutum,
pedes nigricabant, inferius tamen ſubitò in medio cruris niger color deſinebat, & uiridis è glauco
ſuberat ad extremos ungues. minimus pedis digitus binis articulis conſtabat, proximus ad eo
ternis, medius quaternis, ultimus quinis. In criſta capitis dorſum uerſus pennæ oblongæ ad duos
cum dimidio dodrantes (ſi bene memini) naſcebantur circiter ſex. eas aiebant ruſticos Ferrarienſes
cogi ad ſuum principem deportare : aliquando tamen clam ab eis magno pretio uendi, circiter 36.
denario aureo. Guil. Turnerus albardeolam Anglicè interpretatur a cryel heron, or a duuarfhe-
ron, a myre dromble. Hanc (inquit) ſemel tantù in Italia uidi, pella multò minor eſt, & hominis con
ſpectum non perinde atq; cœrulea fugit. Hanc ſi non uidiſſem, Anglorũ ſhouelardam albardeolam
eſſe iudicaſſem, Hæc ille. Ardeæ genus alterum undiquaq; album eſt, per omnia ſimile cinereæ,
melius pennatum, collo longiore, & roſtro anterius rotundo, tanquam duobus circulis uno alteri
incumbente, unde cochleari nomen illi datum, Albertus. Nos hanc tertiã albardeolæ ſpeciem ſta-
tuimus: ita ut duæ ſint roſtris acutis, ſupra memoratæ: & hæc tertia roſtro anterius lato, quã alio nomine plateam & pelecanum dici puto: de quo plura in Elemento P.

DE ARDEA STELLARI MINORE, QVAM BO-
taurum uel butorium recentiores uocant.

RDEA ſtellaris Aristoteli & Plinio memoratur, ἀστερίας Græcè cognominata, quòd punctis tanquam ſtellis eleganter picta diſtinctaq; ſit. Ardea ſtellaris piger (ocnus) cognominata, in fabula eſt, ut olim è ſeruo in auem tranſierit, atq; (ut cognomen ſonat,) iners otio-
ſaq; eſt. talis ardeolarū uita eſt, Ariſtot. ¶ Italicè trumbono appellatur, à uoce tubæ opinor: ut & ſalpinx auis, ſiue hæc ſiue alia apud Græcos, ab alijs tarabuſſo, uel terrabuſa, præſertim Fer
rariæ, quaſi terram perforans. roſtro enim inſerto paluſtri terræ uocem ædit horribilem. Eadem
puto

puto est quam diminutiua uoce aigerón appellant, id est ardeolā. nam & ruffam esse aiunt. Hispa=
nicè apud Lusitanos gazola, fortè quasi garzola, uoce diminutiua à garza, id est ardeola. Gallicè
butorius, boutor. Vlulæ (ut habet uetus glossematarius in Esaiam) sunt aues magnitudinis corui=
næ, maculis respersæ, quæ rostro in palude fixo horrendè strident uoce luporum ululatui simili,
unde per onomatopœiam Gallicè uocantur buhort, (lego buttor,) Author obscurus. Recentiores
quidam butoriū imperitè cum onocrotalo confundunt, quoniā uterq́ absonam & horribilem uo=
60 cem emittit. Emittunt & olores interdum bombos ruditui asinino non dissimiles: sed breues, &
quæ longè audiri non possunt, Turnerus. sed onocrotalus potius quàm ardea stellaris uocem ædit
quam asininæ compares. Germanicè, Vrrino, Werrino, Waßū, quæ uoces omnes à botte

s 3

factæ sunt, eò quòd eius uocem mugientis imitetur, & ab arundinibus, **Rostrum/Rostrump/Ros**
reigel ex quibus duo priora nomina ab arundinibus & tuba composita sunt, quòd inter arundines
degere soleat & tubæ sonū reddere: ut **Moßkū** uel **Moßochß**/à paludibus, ac si bouem palustrem
dicas. **Rostreigel**/ardeam arundinum significat: ut **Moßreigel** (nam sic quoq apud Vuirtenber-
genses uocatur) ardeā palustrem. Aliqui non **Rosdump**/sed **Rosdumpf** scribunt, alij **Rosdumel**/
Frisij **Reidomel**/alij corruptius **Rosdam**. Sunt qui retineant Gallicum nomen pittouer. Aliqui
Lortrind potius apud nos quàm **Vrrind** appellant, id est mugientem bouem, à uerbo **Ltiyen**, (quasi ein **ltiyend rind**.) Saxones **ein wasserochß**/id est bos aquaticus. Et aliquà à colore (ut amicus
quidam nuper ad nos scripsit, qui hæc nomina pleraq onocrotalo tribuebat (**ein mor**/ id est Aethio-
pem: quòd colore nigro sit, inspersis pennis rubentibus, ut in gallo sero. In Germania inferiore
alicubi audio uocari **Sompkorn** uel **Sompßkorn** / à sonitu tubicinis uel cornicinis. in Austria
Erdbüll/quòd rostro terræ (in cauo aliquo terræ) inserto sonet. quanquã alij arūdini, alij aquæ rostrum cum mugit inserere putant. Sunt qui aquam rostro haurire dicant, & rursus emittere. Augustæ Vindelicorum **Rortybel**/forte à sono qui nimium grauis & absonus audiatur, quasi δ'ύσφημ⊕.
quidam deniq **Pickart**/ (à pungendo fortassis. nam & oculos appetit,) ut Eberus & Peucerus Saxones scribunt. Anglicè etiam buttour uel bittour uel pittour uocatur. Polonicè bunk. Illyricè
bukacz, aut fuser. Turcicè geluæ.

¶ Collum botauro ut & cæteris ardeis longum est, quod contrahere & extendere solet. hoc a-
quæ immittere dicitur, & in aquæ fundo maximè strepitum ciere, uoce contenta instar tauri, quæ
ad dimidium ferè miliare Germanicum (id est horæ unius itinere) exaudiatur, idq pluuiæ prognosticon esse. Lacus nostri Tigurini accolæ audita huius auis uoce lætantur, & annum fertiliorem
sibi promittunt. Auis est, inquit Turnerus, toto corporis habitu ardeis reliquis similis, ex piscium
uenatu ad ripas paludum & amnium uiuens, pigerrima & stolidissima, ut quæ in retia ab equo fa-
ctitio agi potest facillimè. Colore est ferè, quantum memini, phasiani, rostro limo indito, asininos
ronchos uoce refert: oculos hominum auidissimè omnium auium appetit. Quare si quid impediat
quo minus stellaris esse possit, (quod mihi nōdum cernere datum est,) phoica esse oportebit, quam
Aristoteles oculos maximè appetere testatur. quanquam & cæteræ ardeæ idem facere sæpe uisæ
sunt, Hæc ille. Et rursus, Buttora (inquit) quam multi etiam docti onocrotalum esse putant, auis
est tota corporis figura ardeæ similis, longis cruribus, sed ardeæ breuioribus. longo collo, & mirè
plumoso, & rostro nec breui nec obtuso. caput pennæ tegunt nigerrimæ, reliquum uerò corpus fuscæ & pallidæ maculis nigris densissimè respersæ. Pedes habet longissimos. nam inter extremos ungues medij digiti pedis unius & calcis eiusdem, spithames longitudo intercedit. Vngues habet longissimos. nam ille qui calcis uicem in auibus gerit, longitudine sesquiunciam superat. quare ad fri-
candos dentes nostrates utuntur, & argento inserunt. Medius digitus utriusq pedis, qui cæteris longior est, unguem habet portentosum, nempe dentatum & serratum, non secus atq pectunculorum
testæ serratæ sunt, ad lubricas anguillas, quas ceperit retinendas, proculdubiò à natura ordinatum.
Cauda illi breuissima est, & stomachus capacissimus, quo ingluuiei loco utitur. Ventriculum non
cæterarum auium uentriculis, sed canino similem habet, eumq grandem & capacem. (atqui Aristoteles caninum uentriculum angustum & intestino ferè parem esse scribit.) Ad ripas lacuum & paludium desidet, ubi rostrum in aquas inserens, tantos edit bombos, ut ad miliarium Italicum facilè
possit audiri. Pisces & præsertim anguillas uorat auidissimè, nec ulla auis est, excepto mergo, quæ
ista uoracior est. Porrò præter cætera quæ superius attigi, Aristoteles in fabula fuisse ostendens, ardeam stellarem ex seruo auem fuisse factam, opinioni meæ (buttoram esse ardeam stellarem) multum patrocinatur. Vt fugitiuorum enim seruorum post fugam deprehensorum, cutis loris, flagris,
uirgis & scorpionibus icta, uerberum uibicibus, tota maculosa redditur: ita huius auis plumæ nigris
ubiq maculis, sed potissimum in tergo, distinctæ & ueluti picturatæ, serui flagris cæsi cutem proximè referunt: quam rem fabulæ occasionem dedisse ex hoc colligo, quod fabularum uariarū author
Aristophanes, de attagene aue, quod ad plumarum colores attinet, huic simillima, ad hunc modum
scribat: Si quis ex uobis erit fugitiuus atq ustis notis, Attagen is sanè apud nos uarius appellabitur, Hæc omnia Turnerus. ¶ Botaurus quasi bootaurus dicitur, eò quòd tauri boatum, id est mu-
gitum imitari uidetur. rostrum enim in terra palustri defigit, & ad modum tauri clamores ædit. Ex
clusos pullos mater mox sub alis fouet, singulum sub singula: & sic pullis materno corpori adhærentibus incedit, prominentibus eorum rostris cibum benignè ministrans, Physiologus author obscurus. ¶ Butorius auis sic dicta à uoce, crura habet longa, collum extensum, rostrumq longum &
acutū sicut ardea: (cui & figura & magnitudine similis est, Albertus) sed colore differt. est enim terræ simillima. Versatur circa stagna, piscis auida. ranas etiam & animalia uenenata edit. Hæc sola ueris tempore prò cantu sonum horrificam reddit. In littore ardente Sole, eo loco ubi pisces frequentes nouit, adeo quieta stat, ut mortua appareat, & incautis piscibus minus suspecta sit. Sed cum collum longum habeat, breue id incuruando facit, ut cum pisces incautius ei quasi nihil præmeditanti
adnatârint, collo extenso illos arripiat, Author libri de nat. rerum. ¶ Butorius auis collum oblongum contrahit curuando, & (mox subitò) producit extendendo, sicut ardea. cruribus quoq longis
prædita est, ut circa ripas & littora uenari pisces possit. Stat autem cum uenatur adeò immobilis,
ut mor-

ut mortua uel res inanimata putetur. Similiter cum illaqueatam se sentit, stat immobilis,& uenato=
rem apprehensurum rostro(quo multum ualet,ut ardea) incautum uulnerat. Hæc auis miri odoris
est cum assatur:Sanguis eius prodest arthriticis. Tempore ueris cū libidine accenditur horribilem
sonum tanquam cornu ædit,rostrum cœno paludis immittens,ut uox in ipso rumpatur ad modum
tonitrui,Albertus.   Onocrotalus, id est butorius,nisi fallor (certum est eum falli, cum onocrotalus
longè alius sit)fixo in palude rostro horrendè clamat.putatur autem cibum trahere de profunditate
terræ uel aquæ,Obscurus.   Pigra est auis, & non facile refugit hominem : ut aliquando ad nidum
usq; accedentè expectet.Apollonius per epistolam Tarsenses reprehēdit, quòd iuxta Cydni aquas
ociantes tanquam fluuiatiles aues federent,existimo autem cum cæteras fidipedes aues pisciuoras,
10 tum stellarem præcipuè, dum pisces adnantes expectant quibus insidiātur, quietas & otiosas longo
interdum tempore manere.
   ¶ His perscriptis amici cuiusdam hóminis docti epistolam accepi, qua ille mihi onocrotalum
describit,sed à botauro non distinguit.uidentur autem mihi hæc etiam eius quæ subscribam uerba,
ad botaurum omnia,non ad onocrotalū pertinere. Faucibus(inquit)est hæc auis in tenuitate adeò
laxis,ut collo suo anguillas duplo crassiores deuoret. Vocem autem cum emittere uult , rostrum,
quod oblongum habet,uel aquis immergit, uel in ripā insigittidéq; facit post Solis occasum , & boa=
tum sæpe totam noctem continuat, ad ortum Solis uel paulò post conticescens. Reliquo diei tem=
pore,quasi lateat,non exauditur.latère autem uel inde colligo, quòd auditus multis sit,uisus perpau
cis,apud nos(Misenos)præsertim,ubi rarior inuenitur.Insidias tendentem usqueadeò non metuit,
20 ut se loco non moueat,nisi proximè uentum sit,tum se aut iuncis abdit,aut in aquas immergit. Ver=
satur circa paludes, & maximè piscinas:&ad loca maritima quoq;,ut in Saxonia ad Vuismariam &
Stralesundam, Hæc ille.
   ¶ Est auis quæ boum mugitus imitetur, in Arelatensi agro T A V R V S appellata, alioqui par=
ua,Plinius.   Eadem forte ardea stellaris est,quando & botauri nomen conuenit, & uox mugiens.
magnitudo tantum obsistit.Sed si ad tantam uocem conferatur tanta auis, parua dicetur : & eadem
in ardearum genere ferè minima est.   Hæc scripseram cum Pet. Bellonium quoq; idem sentire re=
peri:Butorius(inquit)Latinè à Plinio bos taurus dicitur à uoce tauri , ab Aristotele ardea stellaris.
   ¶ Ardea stellaris quam ipse uidi, minor & breuior erat altera, cuius descriptionē subijciemus cum
figura,coloribus per totum corpus iisdem, uarijs & elegātibus,perdicis rusticæ aut attagenis instar,
30 ruffis uel subflauis,nigris maculis aspersis,splendentibus,per dorsum præsertim. cruribus ex uiridi
luteis,uertice nigro,collo tres palmos cum tribus digitis longo: reliquo corpore tres palmos tantū.
Vnguis maximus ab altera parte serratus erat. digitus medius medium humanum longitudine su=
perabat sesquidigito transuerso.Corpus tenue tanquam pulli gallinacei ferè: alæ etiam ferè ut galli=
narum.Aegrè euolat nisi prius salierit. Oua parit ad undecim uel duodecim, & pauciora. Nidum
eius arundinibus intertextum uidi in lacu quodam,cum uiso duodecim, Ipsa quidem colore ita ad
arundineum accedit, ut inter arundines latens uix deprehendatur. In Hollandia etiam cristatam
reperiri audio.
   ¶ Est & accipiter asterias,unde asturem corruptè uulgo dici putant. item in mustelorū piscium
genere,utriq; scilicet(ut & ardeę)stellaris,à punctorum aut macularum uarietate imposito nomine.
40 Sed chrysaëton quoq;,quam nos aquilam germanam interpretamur, stellarem cognominat Aelia=
nus.   Apud eundem auis simpliciter A S T E R I A S dicta describitur. Hæc (inquit) mansuescit in
Aegypto,atq; adeò præclarè humanam uocem intelligit , ut si quis huic conuicium fecerit uel ap=
pellauerit seruam, ex ea contumelia irascatur:uel eandem ipsam uocauerit pigrā,ea sic dolenter tan
quam ignobilitatis & segniciæ arguta indignetur. Mihi sanè hæc auis non alia quàm ardea stella=
ris uidetur,cui seruæ & pigræ conuicia conueniunt.nam ex seruo mutatam eam fabulantur,& oc=
non quoq;,id est pigram cognominant. Sed & cicurari facile puto , ut cæteras quoq; ardeas, & ad
iracundiam moueri facile,cum præ cæteris ardeis ut dictum est,hominum oculos appetat. ¶ Bu
torio aui uulgò dictæ prorsus uidetur eadem quæ ab authore Philomelæ butio nominatur, hoc uer
su:Inq; paludiferis butio bubit aquis. Sed Albertus alicubi butorium ineptè nominat pro buteone
50 accipitrum generis, ut quum falconem nigrum et comparat. Pygargus etiam ardea quibusdam di
cta,eadem stellari siue ocno uidetur:uide mox in Ardeis diuersis.
   ¶ Ad ardeam stellarem siue botaurum tum nominis tum soni similitudine pertinent soni qui
Βύμινοι Græcè appellantur Aristoteli in problematis 25.2.bomugi Gazæ, bubices interpreti ueteri.
Et quoniam eadem ratio uidetur sonitus etiam harum auium,nec alia reddi posse,philosophi uerba
adscribam. Cur paludibus iuxta fluuios positis fieri soleant bomugi appellantur, quòs tauros
numinis religiosos fabulæ narrant?Est id sanè fremitus mugitui tauri adeò similis, ut boues cum au
diunt non secus afficiantur,quàm si taurum senserint mugientem, (ὥσε δι Βοὸς ὅτω σ/αγίζῃντοι ἀκύσην,
ὥσπερ μυκωμένε ταύρε.Gaza uidetur legisse,δι Βοὸς ἀκύσωσι,ego nihil mutandum censeo.nam & uetus
interpres sic reddit:uoces ita disponuntur auditæ: id est, tales uidentur audientibus quibuscunq;
60 animalibus.)An cum aut fluuij in paludes se fundunt, aut paludes restagnant, & uel à mari offensæ
retorquentur,uel flatu uniuersum emittunt, tum fremitus ille excitatur?Causa uerò, quòd terræ ca=
uernæ infodiuntur,in quas aqua interrumpens, quoniam fluctus in eiusmodi redundatione mouet

s 4

aerem per angustias, (ᴕᴋᴀ ᴇϙᴠ ᴇⳒⲥ δυϙυⲧⳝϝαⲅ ⲕⲟⲓⲗⲓαⲅ)ceu si quis in amphoram inanem strepitu per oscu-
lum mouerit, mugimeto similis sonus exultabit. mugitus etenim bobus per id ipsum figuræ genus
profertur. Multas autem mirasᴄᴈ uoces informare figura cauernaru uariæ(inæquales)possunt, nam
& amphoræ fundum si quis detracto operculo uicissim modo intus attrahes modo extra depellens
perterat, sonum per intercapedinem tam ingenuum reddet, ut belluæ pertimescat & fugiant, quod
pomariorum custodes (oporophylaces) emoliri consueuere, Hæc ille. ¶ Pausanias in Phocicis
describens imagines quæ Delphis spectantur: Post Vlyssis socios(inquit) uir quidam sedens conspicitur. inscriptio Ocnum esse testatur. funiculum autem nectit. Astat asina, quæ quicquid est ne-
xum, deuorat. Ocnum hunc hominem fuisse laboriosum memorant, sed uxore habuisse sumptuo- 10
sam: à qua, quicquid is laboribus collegerat, non ita multò pòst fuisse dilapidatum. Hæc per Ocni
uxorem obscurè tradidisse Polygnotum putant. Scio item ab Ionibus dici, si quem laboribus inten-
tum conspicerent, ex quibus nihil ipse commodi caperet: Hic uir Ocni funiculum contexit. Augu
res præterea & auem ocnum appellant, quæ inter ardeolas & maxima est & pulcherrima, & auium
si qua alia hæc certe rara est.   Plura uide in Asino h. in prouerbio Torquet piger funiculum, quanquam nihil illic quod ad hanc auem pertineat, affertur.   ¶ Alciati Emblema inscriptum Ignaui:

Ignaui ardeolam stellarem effingere serui	Et studia, & mores, fabula prisca fuit.
Quæ famulum Asteriam uolucris sumpsisse figuram	Est commenta: fides sit penes historicos.
Degener hic ueluti qui cæuet in aere falco est,	Dictus ab antiquis uatibus ardelio.

DE ARDEA STELLARI MAIORE.   20

O C genus ardeæ cuius figuram seorsim apponimus, compositum uidetur ex ardea pella
siue fusca & stellari, libuit autem nobis stellarem maiorem appellare. Itali quidam circa la
cum Verbanum russey appellant, forte à colore ruffo colli & uentris. Auis, quam manibus ipse tractaui, longa erat sex dodrantes, extenso corpore à summo capite mortuæ ad
usque pedes imos. pedes longi duos dodrantes, nempe à clunibus ad extremos pedum digitos. rostrum octo uel decem digitos longum. Iris oculorum flaua. collum perangustum, paulo breuius
duobus dodrantibus. Pennæ in collo ex ruffo, albo & nigro coloribus mixtæ. cauda non quatuor
aut quinᴄᴈ digitis longior. rostri pedumᴄᴈ color flauus, sed in tibijs & digitis fuscus, summa femora
rubræ tegebant plumæ. Dorsum & alæ colore fusco erant. Subtus alas in superiore ambitu rufæ 30
erant pennæ, sub rostro & oculis albæ: uertex niger. Venter plumis rutilabat, In collo imo iuxta sca
pulas longiusculæ pennæ, partim albæ, partim fuscæ uisebantur.

¶ Congenerem huic quaiottum Italicè dictum, mox inter ardeas diuersas describemus.

DE ARDEIS DIVERSIS.

GENERA ardearum infinita sunt, Oppianus in Ixeuticis. Ardeæ quædam breues & albæ
sunt: aliæ maiores, colore uario: aliæ mediocres. Sunt quibus à capite ceu crista quædam nutet: aliæ
cristatæ non sunt, Ibidem. Ardearum genera apud nos duo sunt cinerei coloris, magnum scilicet
& paruum, & alba utriscᴈ maior, Niphus.   ¶ Tria (inquit Zopyrus apud Eustathium in Iliados 40
decimum) ardearu genera sunt, pella quæ rapax est. pygargus, cui in coitu oculi sanguine manant.
(Aristoteles pellam ardeam difficulter coire scribit, pygargum uerò inter aquilas tantum recenset.)
& tertia, Venerea, ὁ ἀφροδίϲιοϲ. Fuerit autem hæc forte alba ardea Aristotelis, ut supra in eius historia docui: pygargus uerò stellaris, quæ & ocnus dicitur. quoniam argos & ocnos synonyma sunt uo
cabula. utruncᴈ enim pigrum significat.

¶ Pelecanus etiam ardearum generis uidetur. nam ardeæ albæ Aristoteles rostrum latum tribuit: & reliqua ferè natura pelecano & ardeæ communis traditur circa uictum. Vide infra in Elemento P.

¶ Ardeolas marinas Totanum & Limosam ab Italis ad mare Adriaticum dictas, describam inter Gallinas palustres.

¶ Ardeolæ genus cristatum similiter ferè ut uanellus auis, Itali garzetam, uoce diminutiua, no- 50
minant. Sed quærendum an hæc forte eadem sit cum stellari. est enim stellaris alia cristata, alia
sine crista.

¶ QVAIOTTI circa Adriaticum mare dicuntur ardeæ quædam similes stellari maiori, iride
oculorum similiter flaua: quæ cum ad ætatem peruenerunt cirros è capite retro oblongos tendunt,
albos, in extremitate nigros, alæ infra pectus albent, si bene memini. uel, partim albæ sunt, partim
(superius) ex fusco rubet, qui color in alijs corporis partibus reperitur. dorso color simplex, (fuscus
puto) collo uarius.

¶ AVEM quandam ciconiæ per omnia similem, rostro subflauo, Danico sermone audio uocari
Onschwal, & in delicijs haberi. Rursum alius mihi narrauit in aula ducis Bauariæ ali aue nomine 60
ütenschwalb, magnitudine & rostro ardeæ, longo, acuto, collo forte breuiore aliquanto, albo & nigro colore distinctam, cruribus altis & rubris, uertice modicè cristato ut columbæ, uescentem omnibus

Figura hæc eſt ardeæ ſtellaris maioris, cuius deſcriptionem præcedens pagina continet.

nibus ijs ferè quæ è culina reijciuntur, quadrupedum ſcilicet ac piſcium inteſtinis, &c.
¶ DIOMEDEAS aues aliqui ardearum generis eſſe uolunt. Vide in Elemento D.

DE ALIA QVADAM ARDEA.

¶ VIDI nuper captum apud nos ardeæ genus magnum, roſtro ſubflaui ferè coloris, longo diᵃ
gitos octo ab oculis ad extremum mucronē, marginibus acutis & parte anteriore leuiter dentium
loco exaſperatis ſerratiſue. Caput & collum candida, criſta capitis è plumis nigris retrorſum tende-
bat. Dorſum & alæ cinereæ, ſed maiores alarum pennæ nigricantes, &c. Pupillam oculorum circu-

culus ambiebat lucidus ex flauo ruffus, palpebræ ex uiridi flauæ. Longitudo colli ad duos dodrantes aut supra:in quo articuli uel sphondyli tredecim, omnes eodem inflexu, præter unum, quartum ni fallor à primo, qui in contrarium flectitur. Crura fusca ferè, quinq; palmos longa. Vnguis medij digiti ab altera parte denticulatus. Colli superior pars ad cinereum inclinabat colorē, prona candidior nigris maculis pulchrè distincta, plumis uersus pectus oblongis.

DE FALCINELLO.

10

20

30

40

50

60

AVIVM

A V I V M roftra alia recta funt:alia adunca ut accipitrum:alia falcata,idq́ uel furfum,ut auo
fettæ dictæ apud Italos, uel deorfum ut arquatæ & falcinelli fimiliter Italicè dictarum
auium, quod arcus aut falcis fpeciem roftro imitentur. Libuit autem falcinellum ardeis
ftatim fubijcere,quod & magnitudine ferè & tota corporis fpecie ardeá referat,roftro tan
tum excepto,Hanc uiuam æftate aliquando Ferrariæ in Italia uidi. Corpus ei maius columba, ele-
ganti colore uiridi ferè,alicubi etiá puniceo admixto,ut in uanello aue, uariante fcilicet colore pro
diuerfa ad lucem obuerfione,capite & collo fufco:fed fuperior pars colli anterius albicat maculis ni
gris interuenientibus, roftrú oblongum,tenuè & anterius falcatá ficut arquatæ (cuius figurá pauló
poft fubiungimus)& coruo fyluatico,Crura oblonga,pedes fiffi.Aliqui ardeam nigram Italicè, ay-
10 ron negro,uocitant. Sed hæc quam uidi non erat adulta, maiorem fieri aiunt: & forfitan in colore
etiam aliquid mutat per ætatem. ¶ Inter omnes quidem quas mihi uidere cótigit aues, nulla ma
gis ad ibidem mihi accedere uidetur.fed color obftat,quo minus ibis exiftimari pofsit.
A R G A T H Y L I S ex ripariarum genere inter hirundines dicetur.

DE ARQVATA SIVE NVMENIO.

R Q V A T A M hanc auem Latinè uocare uolui, quòd roftrum eius inflectatur inftar arcus,nam Itali quoq; eandem (ut conijcio)ob caufam arcafe nominant. aliqui ueró (Venetijs & in Apulia tarlinum fiue terlinum per onomatopœiam à fono uocis. alij torquatum,
20 quia roftrum intortum habet,alij charlot,(ut Angli kurlu,Galli corlis,) alij fpinzago circa
lacum Verbanum:ubi diuerfam quoq; auem fpinzago d'aqua uocant, quam nos infra Auofettam
nominabimus. Germani(circa Oppenhemium)Brachuogel,à menfe Iunio quo aduętare folent.
fed alia quoq; eiufdem nominis eft minor,quam inter gallinas aquaticas defcribam, alij Regenuogel, (circa Argentoratum)id eft auem pluuiæ:alij Winduogel, id eft uentorum auem,uel Wetteruogel,quòd tempeftatis futuræ & imminentium uentorum prognofticon ex ea fumatur. fed rurfus aliam quoq; minorem auem pluuiæ uulgò dictam inter gallinulas fylueftres ponemus. Circa
lacum Acronium ein Grü y: Frifij ein Schrye, (Schryck à Germanis dicitur, quam crecem effe
conijcit Turnerus,) utriq; nimirum per onomatopœiam facto uocabulo. Hollandi Hantkens.
Angli, ni fallor, a kurlen, quam auem aiunt lautifsimam effe. ¶ Marianus Sanctus Barolitanus
30 in libro de lapide renum & ueficæ roftrum arcuatum appellat inftrumentú quod inferitur in meatum urinarium colis,ut urina retenta eliciatur:à fimilitudine roftri animalis quod Veneti arcuatum
nominát,nos autem(inquit)terlinum ab ipfo uocis fonitu. ¶ Auis arquata quam manibus tracta
ui ab extremo roftro ad pedes ultimos extenfa circiter feptem palmos æquabat longitudine. Corporis longitudo à pectoris feu dorfi initio ufq; ad finem caudæ alarúmue, fefquidodrás.pondus accedebat ad uncias triginta,crura erant oblonga,colore fubfufco uel cinereo. digitorú extrema pars
magis nigrefcit.funt autem fifsi,fed aliquatenus membrana coniuncti:quæ etiam utrinq; iuxta fingulos digitos defcendit,& inferiorem digitorum partem dilatat. Vngues nigerrimi. Roftrum circiter octo digitos longum,aliquando etiam dodrantè æquat,idē poft tres digitos flecti incipit deorfum,colore nigrum. Pennarum color fufcus ferè, fed uarius & maculofus eft,ex eis maximè fulget
40 inftar ferici uillofi,quæ inter alas & dorfum funt:in medio nigrę,in circuitu per interftitia fubruffæ,
Collum fex digitos longum,color ei obfcurior, & plus cinerei habet quàm albi,pluma mollifsima,
Pennæ in cauda quinque digitos longa nigris & albicantibus interuallis diftinguuntur. In pectore
circa nigricantes maculas plumæ fubrubent,in alis extremitas pennarum nigrefcit.Venter & pars
fub alis albicant. Alæ ipfæ maiufculæ funt, ex egregijs pennis partim nigris, partim albis & fufcis
difcolores. Occifa erat ictu bombardæ in prato quodam.
¶ In uentriculo diffectæ uermiculos quofdá & lapillos inueni. Oua parit, ut audio,ferè quan
ta gallina,quaterna,pallida,menfe Aprili. ¶ Laudantur in cibis, & gallinis etiam præferuntur:
fingulæ denario argenteo ferè uæneunt. mihi femel guftanti caro folida,ficca, & leporinæ ferè fimilis uifa eft,forte quòd ætate prouectior fuerat auis.
50 ¶ Quærendum an hæc fit ueterum numenius, νουμήνιΘ-, (apud Varinum non rectè νουμίνιος feri-
bitur,)quam auem effe attageni fimilem Hefychius docet,quæ & trochilus dicatur,(nimirum à celeritate curfus,qua attagen quoq; ualet.)Legimus autem attagenem fuiffe pteropœcilon, id eft ua-
rictate pennarum infignem,quod arquatæ etiam pulchrè conuenit. Hinc factum eft prouerbium,
Attagás,numenius,fi quando duo improbi conueniffent ufitatum. Improbos enim feruos & multis ftigmatibus notatos,attagénas uocabant.Poterit autem, ut ego quidem conijcio, numenius auis
dicta uideri à neomenia,id eft nouilunio,quòd roftri figura arcú Lunæ recens à nouilunio crefcen-
tis in cornua repræfentet. Quòd fi quis non approbata hac coniectura noftra fcolópacem (gallinaginem Gaza uertit)potius numenium effe uelit, quòd Ariftoteles illi attagenæ colorem tribuat,
non multum illi contendero:etfi figura roftri gallinaginis nouæ Lunæ,id eft nouiter apparenti non
60 conueniat,Quantum ad fenfum quidem prouerbij,nihil refert quancunq; auem uariam &attagenę
fimilem ei cóiungas. Porrò trochilum auem (quem Hefychius eundem numenio facit)Clearchus
apud Athenæum lib. 8, cum carulo & elorio inter παρυδατίας nominat. fic autem uocat aues τῆς φ̓

10

20

30

40

50

ταῖς ὀυδίαις πρα το ξηρόν νεμομρίωας, hoc eſt quæ cœlo ſereno in littore paſci ſoleant, piſcibus ſcilicet in lit
tore aut uado inſidiantes.   Sed plura de trochilo in Elemento τ.requíres.   Iam cum carulum quo
que,κηρύλον,Clearchus inter aues parendiſtas connumeret,facile coniſcio illum differre à carulo al
cyonis mare,qui & ceyx appellatur,necʒ enim hæc alcyonum natura eſt,itacʒ trochilo ipſum con
generem eſſe arbitror : & forſitan ut carulus corporis ſpecie trochilo ſimilis eſt, ita trochilus ſimiſi
nomine curlu ab Anglis,corlis à Gallis appellatur.   ¶ Corlis Gallorum, auis eſt quam Græci uuſ
gò hodie à longitudine naſi(id eſt roſtri)macrimito nuncupant, Bellonius.   Idem alibi crecē auem 60
corporis magnitudine mediã eſſe ſcribit inter aues à Gallis dictas corlis & cheuallier , roſtro etiam
& cruribus inter utranque,& mox ibidem nigram(quam ipſe ſic appellandam coniſcit, uidetur au
                                              tem

tem coruus syluaticus noster esse) crassitie corporis ad auem corlis accedere, uel paulò inferiorem esse ait.

DE ASILO.

ASILVS, ut Theodorus Gaza uertit, ubi Græcè οἶστρος legitur, inter aues quæ uermiculis uictitant numeratur ab Aristot. de hist. anim. 8.3. Niphus insectum esse putat quod uulgò tabanus dicatur à sono, & inter aues numerari miratur. Sed idem insecto & aui nomen esse non mirum, cum & alia non pauca animalia in diuersis generibus sæpe nomen unum homónymon obtineant propter communem aliquam in utrisque similitudinem, coloris, ingenij, uocis, aut quamuis aliam.

DE ASIONE.

ASIO auis est quam Græci σκῶπα uocãt, ut Gaza ex Aristotele transfert. nos infra ostendemus asionem potius otum esse. Asiones (σκῶπες) aliqui omnibus anni temporibus patẽt, & ob eam rem perennes, & semperasiones (ἀείσκωπες) uocabulo composito appellantur: qui esui non sunt propter uitium carnis. Aliqui autumno interdum apparent, nec plus uno aut altero die immorantur: qui & esui sunt, & ualde probantur. differunt hi nullo ferè alio à perennibus illis, nisi corpulentia pingui: & quod uox his deest, illis non deest. de generatione eorũ, quænam sit, nihil adhuc exploratum habemus, nisi quod fauonijs flatibus apparent. certum enim hoc est, Aristot. Callimachus ait duo genera esse σκωπῶν, καὶ τοὺς μὲν φθέγγεσθαι, τοὺς δὲ οὔ. (Videtur hîc addendum, καὶ τοὺς μὲν ἀεὶ φαίνεσθαι, τοὺς δ᾽ οὔ. quanquam Eustathius etiam sic citat ut hîc habetur: sed causalem coniunctionem διὸ, quæ proximè sequitur, omittit. Aelianus etiam ex Callimacho habet, τῶν σκωπῶν τοὺς μὲν φθέγγεσθαι, τοὺς δὲ συγκεκλῆσθαι σιωπῇ.) διὸ καὶ καλεῖσθαι τοὺς μὲν σκῶπας αὐτῶν, τοὺς δ᾽ ἀείσκωπας. sunt autem colore glauco, Athenæus. Asio (Scops) minor quàm noctua est, Aristot. Sed Plinius lib. 10. cap. 23. inter aues migrantes otidem & cychramum nominat: ubi in Aristotelis historia anim. 8.12. otus non otis legitur. Rursus in eodem capite apud Plinium ubi legitur, otis bubone minor est, manuscripti quidam codices otus habent, & similiter Aristoteles. Otus bubone minor est, noctuis maior: auribus plumeis eminentibus, unde & nomen illi. quidam Latinè asionem uocãt: imitatrix aliâs auis ac parasita, & quodam genere saltatrix. capitur haud difficulter, ut noctuæ, intenta in aliquo circumeunte alio, Plinius ex Aristot. lib. 10. & rursus lib. 11. buboni & oto plumæ sunt uelut aures. Otus noctuæ similis est, pinnulis circiter aures eminentibus præditus, unde nomen accepit, quasi auritum dicas. nonnulli ululam eum appellant, alij asionem, (Græcè nihil aliud legitur, quàm, alij eum nycticoracem nominãt, (Tyrannio σκῶπας esse nycticoraces dixit, Vuottonus. Apud Auicennæ interpretem hîc bubo & golochiz legitur.) blatero hic est & hallucinator (ἔστι δὲ κόλοβος, lego κόβαλος, καὶ μιμητής:) & planipes (id est saltator.) saltantes enim imitatur. capitur intẽtus in altero aucupe, altero circumeunte, ut noctua, Aristoteles interprete Gaza. Aristoteles libro secundo animalium historiæ (legendum libro octauo) otum scribit κόβαλον καὶ μιμητὴν ὄντα ἀντορχούμενον ἁλίσκεσθαι, Suidas in uoce Κόβαλος, quam per βωμολόχος interpretatur. bomolóchon autem esse ait qui ludendo aliquem decipiat. item illiberalem, malignum. κόβαλα γὰρ τὰ κακά. κακότεχνον, λῃστὴν ἀπὸ τοῦ κοπίδος, quasi κοπίβαλον, Etymologus. sed κίβαλος etiam λῃστὴς exponitur apud Suidam. item κοβαλίαν uel κόβαλον, τὴν μετὰ ἀπάτης παιδιάν, ἢ παρὰ πονηροῦ ἀνθρώπου κολακείαν. cæterum ludẽdo aliquem decipere, etsi accipi potest etiam simpliciter, tanquam per ludum & iocum aliquem decipere. (nam Etymologus κοβαλίαν interpretatur τὴν προσποίητον καὶ μετὰ ἀπάτης καὶ μίμησιν παιδιάν:) uidetur tamen ad ludos qui pecunia deposita fiunt, ut in alea, propriè pertinere, ut κόβαλος sit aleator astutus uel improbus, ὁ κοινῶν ἤτοι νοῶν καὶ δεινὸς ὢν περὶ βάλλειν καὶ παίζειν τοῖς κύβοις ἢ ἀστραγάλοις; uel quasi κακόβαλος, ὁ κακοῦργος περὶ τὸ βάλλειν, ut ipse conijcio. nã ueteres Grammatici aliter deriuant, ut ἀπὸ τοῦ κόψαι, quod pro blaterare accipiatur, unde κόπις pro blaterone, & δημοκόπος. Aristoteles quidem mihi uidetur, ut κόβαλον uocẽ interpretaretur, per epexegesin addidisse καὶ μιμητὴν. nam blateronem dicere auem noctuarum generis, parum conuenit: ut forte nec parasitam. Cæterum βωμολόχοι propriè dicebantur homines aris assidentes & assentando aliquid de sacrificijs petentes. deinde tibicines & uates, qui sacrificijs adhibebantur. tertiò per metaphoram homines leues & abiecti, & nihil non sui lucri causa ludendo assentandoque facere sustinentes, Suidas. Graculi etiam genus unum ab ingenio scilicet βωμολόχος Aristoteli cognominatur. A nomine κόβαλος fit uerbũ κοβαλεύειν, τὸ μεταστρέφειν (aliâs μεταφορεῖν) τὰ ἀλλότρια μισθοῦ κατ᾽ ὀλίγον, Suidas. in Etymologico non rectè κολεύειν legitur. Porrò quum Gaza μιμητὴν uerterit hallucinatorem, quæ uox Græca imitatorem significat, suspicor illũ aliter in Græco codice suo legisse, nempe μύωπα aut tale aliquod uocabulum uitij oculorum.

¶ Vt oti saltatione capiuntur, sic & scopes. Gaudent sanè scôpes imitatione, (ὁμοιότητι:) & ab eis uerbum σκώπτειν deductum est, τὸ σωματίζειν καὶ κατασοφίζεσθαι τῶν σκωπτομένων, (aliâs τοὺς σκωπτομένους,) διὰ τὸ τὴν ἐκείνων ὑποκρίνεσθαι προαίρεσιν: Athenæus, ex quo etiam Eustathius & Varinus repetierunt. Apud nos quidem Græco uerbo σκώπτειν simile est & eiusdem significationis spotten. Scops, ut inquit Alexander Myndius, minor est noctua, & in colore plumbeo (μολυβδοφανεῖ) albicantia puncta habet, & ab utrisque temporibus duas pinnas subrigit, Iidem & Aelianus & Eustathius.

t

¶ Eberus & Peucerus aſionem ſiue ſcopem illam quæ ſemper conſpiciatur, **Keützlin** inter pretantur Germanicè, hoc eſt noctuam paruam. alteram uerò quæ autumno tantum appareat uno atq̃ altero die, **ein Steinül**/(id eſt noctuam uel ululam ſaxatilem:) illi (inquiunt) ἄφωνοι ſunt, hi cla-mant ſub crepuſculum. Atqui auis quam noſtri noctuam ſaxatilem nominant, **Steinkütz**/auri-culas nullas erigit, noctuis potius adnumeranda, cum quibus à nobis deſcribetur: quare ſcops, qui auritus eſt, eſſe non poteſt: niſi huius etiam generis, ut audio, auritæ quædam inueniantur. Quæ-rendum igitur an ſcópes ſint minimæ in noctuarum genere auritæ, ut ego conijcio, quas noſtri par uas noctuas Italicas, (**kleine ſi ömbde oder wältſche Küzle/köpple**/) Itali chus uel zus, in agro Pa-tauino, harum caudas maculis uarias eſſe aiunt. His ſimile genus eſt apud nos, quod uocant uulgo **Tſchauytle**, exiguum, Italicis albius, cauda longiore, auriculis altioribus. ¶ Scopes eſſe uidentur, 10 inquit Euſtathius, quas Romani cucubas uocant, ὡς κεκύβας οἱ Ῥωμαῖοι φασίν, uel potius, ut Varinus habet, ἃς κέφας ἤ γέφας οἱ Ῥωμαῖοι φασι, hodie guuo uocitant, & locala, quæ uox (λεκαλος) legitur apud Ariſtotelem in fine libri 2. de hiſtoria animalium. uidetur autem ab aliquo in margine adſcripta fuiſ ſe ut proximam uocem nycticorax aut aſcalaphus interpretaretur. Gaza nycticorax & localos uo-cibus omiſſis, ciconia uertit. Alij bubonem Italicè guuo uocant. ¶ Vlula, aſio & aluco ſimili ſpe-cie conſtant, & carne uiuunt, Ariſtot.

¶ Alexander Myndius ait apud Homerum aliquos κῶπας legere abſq̃ ſigma initiali (quod Eu ſtathius etiam annotat in quintum Odyſſeæ) & Ariſtotelem quoq̃ ſic eos nominaſſe; & hos ſemper uideri, nec admitti in cibum. illos uerò qui per autumnum uiſantur uno aut altero die, edendo eſſe. differunt uerò ab ijs quos aſcópas uocant (ὡς τάχα legendum πάχα) corpulentia, & ſimiles ſunt tur 20 turi ac palumbi. Speuſippus quoq̃ & Metrodorus κῶπας dixerunt; item Epicharmus qui ait σὺ κῶ-πας αἱ πορχεμύας ἁλιοκοθια, Athena us & Aelianus. Sunt ex Græcis qui ſcópas bubones (ἐσφως for-te pro κσφως legit) interpretantur. Alexander, ſicuti Theocriti interpres inquit, σὺ σκώπας ſcribit, ἐκ ὥπτερπας ἐπὶ τῆ φωνῆ: quod eſt, ſcópas eſſe uoce inamœna inſuauiſq̃, Cælius. Scópes dicuntur (in-quit Euſtathius) uel a uoce inepta, παρὰ τὸ σκαιον ὄπα ἐχέιν, κακόφωνοὶ ταρ̃, uel quod uocem noctu emit tant, ἠγὰ τὸ ἐν σκιᾶ, ὅ ἐςι νυκτι ἀφιναι ὄπα. uel quòd noctu maximè cernant, ἠγὰ τὸ ἐν σκιᾶ ὥπα ἐχέιν φι ϛ-γόρ, uel deniq̃ quod uarietate geſticulationum ſuarum quibus naturaliter utuntur, homines σκώπτω-τας, id eſt illos qui alios irridere & deludere ſolent, referant. Ab hac aue, ut ſcribit Athenæus, ſalta-tionis quoddam genus σκὼψ nominatur, uarietate motuum: inſignis ſimiliter ut hæc auis. Ab eadem uerò etiam σκωπτὰσ fortaſsis denominantur apud Timonem, in Laconia non infrequentes, homun 30 culi ſcilicet parui, σιλπανον ab alijs dicti: qualis etiam Vill²ω Pindarus fuiſſe uidetur, ὄγ καλὸν ἐκέιν-ἐπιυομαζ̃ κατ̃ τινα ὁμοιότητα σίλπτωνϴ. Ex Athenæo quidem apparet, quòd σκὼψ, & σκωπόδιμα quoq̃ forſitan , ſaltationis quædam figura (ſiue geſtus inter ſaltandum) fuerit. nam σκὼψ (inquit) geſtus quidam eſt proſpicientium, extrema manu ſupra faciem inclinata, τῆς ἰσχοω̃ ἐντὴς τι ϭῆμα ἄκε ἀν τὰς χέιρα ὑπὲρ τῷ μετώπω λακυρτωπόζαν. Καὶ μὴν παλαιἀ τῶν δὲ ὁι σκωπόδιματωρ, Aeſchylus. Solent quidem manum oculis hoc modo ad frontem imam opponere ſpectaturi aliquid ne offendatur luce, ut ocu lorum imbecillitati conſulatur. Et forte qui ſcópem ſaltant, hoc modo ſimulant imbecillibus ſe ſco-pum aut noctuarum inſtar oculis eſſe, qui lucem ferre apertam nequeant, quanquam ſcriptores pri ſci, ut Athenæus, ſaltationem quandam ſcopem dictam uelint, non ab hac oculorum prætectione, ſed à motuum & geſticulationum uarietate : quòd auis hæc imitatrix ſimiliter uarijs geſticulari mo 40 tibus ſoleat. Sed decentior aptiorq̃ forſan hæc ſaltatio fuerit, tum corporis geſtibus, tum uiſus infir mitate pariter ſcopem auis imitando . In ſcope ſaltatione, quæ & σκωπίας (forte σκωπόδιμα) diceba tur, collum quodammodo circumagebant ad imitationem auis eiuſdem nominis, quæ, dum ſaltan-tem admiratur hominem, capitur, Pollux. ¶ Σκῶπϴ, aues quædam, uel gracculi, Heſychius.

¶ Scops genus eſt auis nocturnæ, Suidas. Σκῶπϴ, ὄρνεα νυκτονόμα, κακόνομα, κακόφωνα, οἱονεὶ σκαιῶ πόϑ τινὲς, Scholiaſtes Homeri. Scops omnes aues oris expreſſione, & articulata uoce longè ſupe-rat: & quemadmodum pſittacus & pica , ſic hominum & aliarum auium uoces exprimit , Gillius tanquam ex Aeliano. nos non apud Aelianum , ſed apud Athenæum libro 9. hæc uerba legimus: Ταῦτα δὲ τὰ τῆ ζὼων ὑ ζλωῆϊα και διειβρωμύια ὅϑι τῆ φωνήν, καὶ μιμεῖται σὺν τῆς ἀνθρώπων και τῆς ἄλλων ὀρνίθων ἤχος. quo in loco etſi Athenæus tum prius tum poſt de ſcópe aue ſcribat, non uidentur tamẽ hæc uer 50 ba mihi ad ſcópem pertinere, ſed in genere ad aues quorum lingua liberior (latiuſcula) & uox arti-culatior eſt, ut illas & hominis ſermonem & aliarum auium uoces imitari dicamus. quod quidem non ſolum ſcopem non facere puto , ſed neq̃ ullam aliam nocturnam auem. ſcops enim geſtu cor-poris & colli circumactione tantum , non etiam uoce , ad imitationem idonea uidetur. ¶ Scopes aues, (quarum Homerus in Odyſſea mentionem facit, cum eas circum Calypſus antrum uerſari ſcribit,) uiri ſaltandi bene periti tradunt cum ſaltatione comprehendi, tum genus quoddam ſaltatio nis eſſe, quæ (ſi adhibenda ijs fides ſit) ſcops appellatur . nam quòd ijs auibus iucundiſſimum ſit quoſdam ridicule imitari, eos eo profectum eſt uerbum σκωπτέω, id eſt, effingere, & non aberrare ab eis imitandis, quos ludicra aſsimulatione imitantur, Aelianus. Turturem quoq̃ ſaltatione capi au thor eſt in Hieroglyphicis Orus. ¶ Scópes mali punici grano pereunt, Aelianus.   60

¶ G. Glaucomata dicunt magi cerebro catuli ſeptem dierum emendari, ſpecillo dimiſſo in de-xtram partem, ſi dexter oculus curetur: in ſiniſtram, ſi ſiniſter: aut felle recenti aſionis. Noctuarum eſt eft id genus maximum,quibus pluma aurium modo micat,Plinius.

¶ Ex his Plinij uerbis afionem aliam efse auē quàm fcópem, apparet. Scops enim,ut fupra ex Ariftotele & Athenæo Alexandrum Myndium citante, Euftathiócp retulimus , minor eft noctua. afio uero fecundum Plinium maximum genus noctuarum, quod mihi fanè non aliud quàm Græcorum otus uidetur,quod Plinius etiam afserit,& noctua maiorem efse fcribit.id quod à Gaza non animaduerfum miror. Afio quidem ab auribus dicta uidetur quafi aurio, uel à Græca uoce ὅς, uel Hebraica יֽ× afen uel ofen. Sic enim Græci & Hebræi aurem uocant. Nominantur ab Homero fcópes aurium genus:neçp harum fatyricos motus cum infident, plerifcp memoratos facile conceperim mente:neçp ipfæ iam aues nafcuntur, Plinius. Afio auis aurita feruat hodie quoçp nomē apud
10 Marfos, Hermolaus. Cæterum ut recentiores otum & afionem,cum fcope confundunt, quoniam utraçp auis imitatrix eft,& faltationibus capitur, utraçp fimilis noctuæ : fic ueterum quidam uicinitate uocabulorum decepti otum & otidem,ut fuo loco dicemus in Oti hiftoria. Apud Hefychium & Varinum memoratur etiam ἔος pro aue.

¶ Thopios(Thops legendum puto,ut auis eadem fit quæ fcops) auis eft nocturna, huius oculi & cor fi noctu geftentur,metum exterminant,audaciam conferunt,& noxam omnē ab oculis auertunt.Eadem in cibo fumpta profperitatem (fanitatem,) & bonum ftomachum facit, Kiranides lib: 3.in Elemento ⊙.

DE ATTAGENE.

Effigies hæc eft Gallinæ corylorum uulgò dictæ Germanis.

A.

TTAGAS, ἀτ]αγᾶς Atticè (apud Aristophanem in Acharnensibus) ultima circunflexa, auis quam nos ἀτ]αγίωα uocamus, Varin. Athenæus attagas non attagenas dicit, etiamsi Varro & Gellius ita nominent. Atagenus (melius, attagenus per t. duplex, ἀτ]αγενὸς Athenæo lib.7.) certe piscium è numero est, Hermolaus. Aristoteles quoque cum bis tantum huius auis mentionem faciat, nempe lib.9. cap. 26. & rursus cap. 49. utrobique ἀτ]αγίωα nominat, Attici nō rectè circunflectunt ἀτ]αγᾶς. nam quæ in ᾱς. desinunt plus quàm dissyllaba, barytona sunt, ut ἀσ]άμας, ἀκάμας. Dicendi igitur ἀτ]αγ]αι (à recto ἀτ]αγᾶς, non ut quidam nuper scripsit ἀτ]αγ]αι) & non ἀτ]αγίωῶν, Athenæus. Quæ in ᾱς. desinunt plus quàm dissyllaba, & ᾱ. in penultima habentia, barytona sunt, ut Ατ̄άμας, Γολυσͱάμας. quare non rectè Attici uocem ἀτ]αγᾶς circunflectunt. est autem nomen auis, quæ communius dicitur ἀτ]αγίω, unde gignendi casus ἀτ]αγίωͦ. hinc pluralis numerus, Atticè ἀτ]αγ]αι, communiter ἀτ]αγίωῶν, Eustathius. Ατ]αγὰ quidem etiam à Polluce nominantur. Inuenio & ἀτ]αγᾶς (& ἀτ]αγίω aliquoties apud Galenum) aliquando per t. simplex scriptum, quod nō placet. Attagàs autem dictus est per onomatopœiam, ut Aelianus docet. Ατ]αγᾶς, auis est, quam nos ἀτ]αγίωα dicimus, Scholiastes Aristophanis in Vespis & Varinus. Suidas uulgo etiam tagenarium, τατ]υͱάριον uocari refert. Apud eundem τατ]υͱ legitur auis nomē, quæ sanè non alia quàm ἀτ]αγίω uidetur. Ατ]αϛͱηͱᾶς, εἶδος ὀρνέͱͱ, χͱ τὸ ἀτ]αγᾶς, Hesychius & Varin. malim ego ὁ χͱ ἀτ]αγᾶς. Conijcio enim omnino eandem esse auem. ¶ Attagen Ionicus apud Horatium legitur, apud Martialem uerò attagena fœminino genere: ut Gaza etiā ex Aristotele transtulit. ¶ Alduragi sunt aues quæ dicuntur franculini Latinè, Andreas Bellunensis in glossis Auicennæ. meminit autem Auicenna 2.221. ubi uetus translatio habebat duraz. ¶ Docti plericx in Italia attagênem interpretantur auē quæ uulgo dicatur francolinus uel francolina: ut Laurentius Valla in libro in Raudensem, Augustinus Niphus, & Amatus Lusitanus medicus : item Rob. Stephanus Gallus. etsi non puto Gallis usitatam esse hanc uocem. Videtur autem francolinus dictus uoce diminutiua à franco, id est nobili, quòd in cibo auium nobilissima delicatissimaq; sit auis. Bononiæ, ut audio, uulgo franguelli nominantur. Est autem eadem Germanorum Haſelͱũn, id est corylorum gallina, (sic dicta puto quòd inter corylos uersari soleat,) quod & in Italia ipse audiui, & ex icone francolini Venetijs dicti, quam doctissimus medicus Aloisius Mundella ad me misit, citra ullā dubitationem cognoui. Sed quoniam alij alium quendam francolinum faciunt, cruribus rubris, piscibus uiuentem, Ferariæ ut audio notum: Neapoli uerò auem rostro, collo & pedibus longis, gallina crassiorem: & de gallina etiam corylorum nostra non planè constet an attagen sit, cum non palustribus locis, ut attagen ueterum, sed syluis & nemoribus tantum gaudeat; consultius uisum est, ut primum de attagen ueterum duntaxat dicta conscriberem : & mox de francolino, deinde etiam de gallina corylorum siue bonosa (nam hac tanquam Latina uoce Albertus & alij quidā recentiores utuntur) seorsim age rem: ut siue eadem auis est, siue diuersæ, suum cuicx iudicium relinquatur. Gybertus Longolius attagenem esse putabat gallinam syluestrem illam quæ uulgo Germanis Birͱͱͱũn à betulis appellatur, de qua inter Gallinas rusticas scribemus mox post Vrogalli historiam, necx enim attagenem esse puto, cum fœmina tantum in eo genere maculosa sit instar perdicis uulgaris. mas enim (ut quidam putant) totus niger est ex uiridi ferè. Vide infra in capite de Gallinis syluestribus in genere, & in Grygallo minore. Videtur sanè grygallus noster attagen alpinus nominari posse. Bellonius alicubi in Singularibus attagenem speciem facit lagopodis : & auē quocx Gallicè dictam canne petiere, ternis tantum digitis insistentem, lagopodis speciem attageni simillimam. ¶ Si attagenem auem palustrem & uarijs maculis distinctam esse ab Erasmo Rot. uerè scribitur (palustrem esse Aristophanis Scholiastes scribit, sed dubitari potest. uide infra in c.) Anglorū goduuittam siue becam, attagenam esse, indubitanter auderem affirmare. est autem ipsa gallinagini ita similis, ut nisi paulo maior esset, & pectoris color magis ad cinereum uergeret, altera ab altera difficulter posset distingui. Viuit in locis palustribus, & ad ripas fluminum, rostrum habet longum, sed capta triticum (ueteres attagenam captam detrectare scribunt) non secus atcx columbi, comedit. Triplo pluris quàm gallinago apud nos uenditur, tantopere eius caro magnatum palatis arridet, Guil. Turnerus. gallinaginem auē intelligit auem illam palustrem & maculis distinctā quæ uulgo nobis Sͱͱnepff, Gallis beccassa nominatur, Anglis uuodcoccus, de qua rursus idē Turnerus: Falluntur, inquit, Britannici ludimagistri, qui suum uuodcoccum attagenem faciunt, quoniolis uescitur uermibus, & grana nunquam attingit. Attagân Aristophanes in Auibus dulce canere dicit. Sunt qui has starnas hodie uocatas putent, manifesto errore, quum ipsarum cantus minimè commendetur. hæ potius aues externæ uocantur, Volaterranus. Vide infra in c. de uoce attagenis. ¶ Actago, attago, atage, atehemigi, & atacuigi uoces corruptæ ab attagéne apud Syluaticum leguntur. Attagena, id est coturnix, Idem. Sunt autem quædam (inquit alibi) coturnices magnæ, similes columbis, & hæ sunt attagenes. aliæ uerò paruæ, quæ uulgo dicuntur qualeæ. Attagen auis optimæ carnis inuenitur abundanter in Rhodo; de qua Hieronymus epistola 15. ad Asellam de fictis amicis ait: Tu attagenem cructas, & de comesto ansere gloriaris, aliqui fasianū, alij perdicem interpretantur, sed neutri bene, cum Galenus ab utriscx distinguat. reuera autem est auis quæ ab aliquibus uocatur francolino, magnitudine

gnitudine fasiani, sed cauda dissimilis: pennis uario modo coloratis, sicut gallina Indica, interdum tamen colore uiridi & cœlesti conspicitur.sapore quidem delicato aues omnes superat, Syluaticus: ex quibus uerbis francolinum auem in Rhodo frequentem diuersam esse à nostra corylorum galli-na deprehenditur:quòd ea neq peregrina sit, nec unquam uiridi cœruleóue colore spectetur.

B.

Attagen auis Asiatica, ex Ionia olim præcipue laudata est authore Gellio, Textor. Attagê ma xime Ionius celebratur, quondam existimatus inter raras aues, & in Gallia Hispaniaq capitur, & per alpes etiam, Plinius. Mirabile in Creta ceruos non esse (præterquam in Cydoniatarum regio-ne) item apros & attagenas, Idem. Attagénes in Cypro insula hodie domi aluntur, Alex. Bene-
10 dictus. Attagâs Aegyptias à gulosis celebrari Clemens in Pædagogo refert. ¶ Attagen (inquit Alexander Myndius apud Athenæum lib.9.)paulo maior est perdice, totus circa dorsum καταγρα-φθ, id est uersicoloribus pictus maculis, figulinæ testæ colore, sed magis ruffus; corpore graui, alis breuibus. Aristophanes attageni epitheton πηρσπνικιλθ tribuit à pennarum uarietate. uide infra in prouerbio Attagen, in seruum fugitiuum & stigmatiam. Aristoteles ascalopan (Gaza gallina-ginem interpretatur)attagenis colore describit. Differunt genera auium, quòd alia sunt Βραχέα (ma lim Βραχυπηρα, id est alis breuibus,)& non uolacia, ut attagen, perdix, phasianus, gallus: eademq ἐυ-θὺς Βαδίτικα καὶ δικρία: hoc est, statim nata & ingredi possunt & plumis uestiůtur, Theophrastus apud Athenæum.

C.

20 Aristophanes in Auibus attagân nominat post aues palustres, & post illas quæ locis riguis (ἐυá δρόσοις)& Marathonijs pratis gaudeant. ubi Scholiastes hanc auem in locis lacustribus & palustri-bus pasci scribit, τὰ λιμνώδη καὶ ἔλεα(apud Suidam λέα legitur, non recte. unde decepti quidam locis campestribus uerterunt)χωρία καταβόροκιδια. Rursus idem poeta in Vespis, Τὸν πηλόμ ὥσπερ ἀπαγᾶς (quanquam codex impressus, ἀπαγᾶς habet, oxytonum)τυρβάσεις βαδίζων. ubi Scholia, Attagâs auis in paludibus reperitur & locis cœnosis gaudet. Cæterum miretur aliquis quòd aliorum scripto-rum nullus palustrem hanc auem esse scripserit. Aristoteles quidè lib.9.cap.49.historiæ auis, auces quæ circa fluuios, paludes aut mare degant, lotrices esse scribit:cum proximè antè inter pulueratri-ces attagenam cum perdice, gallina, phasiano & alauda nominasset. ¶ Attagen puluerattrix est (quod & Alexander Myndius testatur)ut reliquæ aues non altiuolæ, sed terræ propinquæ, Aristot.
30 ¶ Fœcundus est, πολύτικνθ, Alexand. Myndius. ¶ Attagen, uocalis aliâs, captus obmutescit, Plinius. Attagân Aristophanes in Auibus dulce canere dicit, Volaterranus. ego neq apud Ari-stophanem neq ullum alium authôrem dulcem attagénis cantum memoratum legi, & planè som-niare uidetur Volaterranus. Ἀπαγᾶμ dictum per onomatopœiam à uoce sua ex Aeliano constat, qui ipsum nomen propriû loqui & canere scribit. Socrates in libro de igne & lapidibus, ut Athe-nᾱus citat, scribit attagenes Pylas(Thermopylas Nic. Leonicus ex eodem authore transferens: in Aegyptum, Gillius ex Aeliano)è Lydia aduectas (in syluamq dimissas, Aelianus) ad tempus ali-quod coturnicis uocem æddidisse:deinde cum ex Cœli fluuij inundatione (τὸ ποταμῦ κοίλω ῥυχνᾶθ) fa mes(λιμὸς, sed Gillius & Leonicus, legerũt λοιμὸς per οι. id est pestis)superuenisset, & multi in regio-ne perirent, deinde mutata uoce expressius dearticulatiúsq quàm quiuis expeditioris etiam linguæ
40 puer, loquutas subitò fuisse, neq postea cessasse isthuc identidem (ad nostra usq tempora) blateran-tes, Τοῖς τόις κακόχοις κακά:id est, Ter malis mala.(sed κακόχος uox Græca significantior est, & uideri tur Pylæi ab attagenibus cacurgi, id est nõ mali tantum sed malefici appellati, quòd ipsos nimirum in fame & rerum omnium charitate captos in cibis consumerent.) Aiunt autem eos captos neque mansuescere, neq idcirco amplius pristinas uoces ædere, quòd seruitute conticescunt & obmute-scunt:Quòd si ex potestate in libertatem uolandi dimittantur, & in suas sedes perueniant, rursum loqui, pariterq cum libertate uocem recipere, Hæc ille & Aelianus. Luscinia quoq capta obmu-tescit, nec fert seruitutem, Oppiano:& uenatrix auis(ἀγεύς)Aeliano. ¶ Auis est spermológos, (id est, frugibus & granis uescens,) Alexander Myndius:sicut gallinacei, quod Gillius & Leonicus de suo addiderunt. Vuottonus dubitat an σπερμολόγθ uertendum sit frugibus uictitans, (quod nobis
50 placet:)an potius, seminibus frugibusue erutis atq effossis, ut spermológus auis dicta:quâ ex Athe nᾱo scribit ab eruendis seminibus nomen habere. Sed hoc parum interest, siue effossis in agro ante-quam prouenerint, siue aliter repertis seminibus uescatur.

D.

Attagenes ceruos amant, & in dorso eorum saliunt, Gillius ex Oppiano. Attagâs & gallina-ceus mutua exercent odia, Aelianus. ¶ Capti non solum nõ mansuescunt, sed ne uocem quidem amplius ædunt, nisi denuo liberi dimittantur, Alexander Myndius. Atqui Alexander Benedictus scribit attagénes in Cypro insula hodie domi ali.

E.

Attagênas pedum celeritate magis quàm uolatu fretos uenator canibus immissis tanquam le-
60 pores capiet, Oppianus in Ixeuticis. Propter corporis grauitatem ac breuitatem alarũ à canibus uenaticis(ὑπὸ τῶι κυωκγῶι)capiuntur, Alexander Myndius. ¶ Quomodo nutriendæ & educan-dæ sint hæ aues, in Phasiano leges ex Varrone.

i 3

F.

Inter sapores fertur alitum primus Ionicarum guftus attagenarum, Martialis. Phœnicides a-
pud Athenæum libro 14. inquit fe uarías delicías guftaffe, myrta, mel, propylæa, (quam uocem pro
cibo nufquam inuenio,) ifchadas : fed horum nihil conferri poffe cum attagéne. κεἴεν ἠν τόζων ὅλως
ηρὸς τἀυ (malim τὸν , fed fic ἀτʒηνα uox quæ fequitur rectè per t. fimple legetur carminis gratia,
cum alioqui per t. duplex fcribi foleat) ἀτʒηνα συμβαλὼν τὴν ἐῳαμάτων . Vbi Athenæus addit, Ἐν τὸ-
τοις τηρκτίον τἀυ τὸ ἀτʒηνὃ μὴϰ,λυ, fimiliter per t. fimplex. Ἀτʒηγὰς ηἔτερον ἐν ῷν ἀʒψινικιοις ιεφίας , Ariftophanes in Ciconijs apud Athenæum. Attagen auis Afiatica inter cibos electiles quondam nu
merata eft, maximè quæ in Ionia nafcitur , authore Gellio, Io. Textor. ¶ In alimenti ratione coniunguntur ferè attagenæ cum perdicibus apud Galenum, & Oribafium & cæteros medicos, Vuot 10
tonus. Caro earum facillimè excoquitur & probum creat fuccum , Idem ex Galeno de alimentorum facultatibus & de cibis boni & mali fuc. dicit autem Galenus fuccum ex attagenum carne lau
dabilem, neϙ tenuem neϙ craffum gigni . Idem libro 6. de fanit. tuenda attagenum carnes quibus conueniant docet: & quòd ftomachicis conueniant libro 8. de compofitione fecundum locos.
Pro nephriticis etiam laudantur in libro de renum affectibus, qui Galeno adfcribitur . Alexander
Benedictus uictus rationem pro calculofis defcribens, Laudatiffimus (inquit) in cibo eft attagen, fi
domi non educatus fuerit. nam in Cypro infula hodie domi aluntur . ¶ Duraz auis (inquit Auicenna lib. 2. cap. 221. ex emendatione Bellunenfis) præfertur carni cubugi (coturnicem interpreta
tur Bellunen. uulgò Venetijs dictam, hoc eft perdicem cuius roftrum & pedes rubent) & alfuachut
(hoc genus turturum eft uel palumbium colore camelino aut cinereo, Bellunenfis:) eadem tempe- 20
ratior, tenuiorϙ ac ficcior eft carne altedarugi , (hoc eft phafiani, uel perdicis, uel auis coturnici fimilis, Bellunen.) & minus calida . Cerebrum & intellectum ac genituram auget, libidinemϙ promouet, Hæc Auicenna. Et alibi, Inter aues melior eft caro alduragi, & gallinarum eft fubtilior
ea, & non funt cum nutrimento carnium alchabagi, & altaiaigi & altedarigi, (qui locus obfcurus
eft, & haud fcio an deprauatus.) Secundo loco funt poft atagenas gallinarum pulli quo ad bonum
fuccum, fed magis præpingues. tales enim corpus humectant, & ociofos (eos qui non ualde exercentur) iuuant, coloremϙ bonum comparant, & genitali femini adijciunt , & cerebri fubftantiam
augent, & imprimis horum medulla. cerebrum quippe abunde nutrit: & idcirco aiunt quòd his qui
leuiori ingenio ac mente funt, prodeft, Symeon Sethi ex interpretatione Gyraldi per nos emenda
ta. ¶ Trallianus purulentis in cibo concedit phafianos non pingues, attagenas & c . ¶ Oua aldu- 30
ragi fequuntur naturam ouorum gallinaceorum, Auicenna. ¶ In perdice & attagena & in turture (fcilicet condimentum:) Piper, ligufticum, mentham, rutæ femen : liquamen, merum & oleum
calefacies, Apicius 6. 3.

H.

a. Epitheta. Ionius, Horatio. ¶ Ἀτʒαγανὸς pifcis nomen eft apud Athenæum, qui & fcepinos.
Eft & Attaginus nomen uiri proprium libro 9. Herodoti.

¶ f. Ὀυδ᾽ ἀττʒαγὰς τι ϰαὶ σιλαγὰς (forte λαγὼς) ὀϳατρώων, Hipponax apud Athenæum. Meminit
eorum & Ariftophanes in Acharnenfibus, ut qui in Megarica abundent, Athenæus.

¶ h. PROVERBIA. Attagen, Ἀτʒηγᾶς. Suidas indicat hoc cognominis prouerbiali ioco dici
folere in feruos ftigmaticos , quòd hæc auis plumas habeat uarijs colorum notis diftinctas. Arifto- 40
phanes in Auibus, Εἰ δὲ τυγχάνε τις ὑμῶν ὀϳαπέτης ὅτη μῶλ᳍ , Ἀτʒηγᾶς ὅτος τῇ ἡμίν πόλικὶϛ κεκλήσεται.
Si quis è uobis erit fugitiuus atϙ uftius notis, Attagé is fanè apud nos uarius appellabitur. Ad eun
dem modum τʒἀως, id eft pauones appellant Græci nitidius cultos & uerficoloribus amictos , Erafmus Rot. Idem in prouerbio Attagenæ nouilunium, fic fcribit. Refertur hoc adagium à Suida,
nec explicatur, (Ἀτʒηγᾶς νεμϰνίᾳ, ῶϖ τῆϛ, Suidas: nec plura. apparet autem locum effe mutilum . Apo-
ftolius qui reliqua Suidæ prouerbia tranfcripfit, hoc prouerbium omifit : nifi quòd è diuerfis locis haud
difficile coniectura colligi poteft dictum fuiffe in turbam abiectorum & feruilium hominum. Siqui
dem attagen auis eft paluftris, uerficoloribus plumarum maculis diftincta, unde feruum hominem
ftigmaticum, & cui tergum ob plagarum uibices , uarijs punctis effet picturatum attagenam uocabant. Porrò ad nouam lunam (fic enim Græci uocant initium menfis cum calendas non habeant, 50
& ferui diftrahebantur apud Athenienfes, & militum delectus agebatur , (ut Suidas fcribit in uoce
Νεμϰνίᾳ,) Hæc ille. fed nefciebat numenium auem effe attageni fimilem, de quo plura leges fupra in
fine hiftoriæ Arquatæ auis. Itaϙ quadrabit prouerbiũ fi duo inter fe fimiliter improbi, & uarijs dolis referti (ut aues iftæ maculis) conuenerint. Nefciebat etiam idem planè prouerbium effe quod
alibi retulit, Conuenerunt Attabas & Numenius, Συνῆλθον ἀτʒαβάς τι (legendum ἀτʒαγᾶς τι) ϰαὶ νεμϰ
νὶὃ. Quidam (inquit) legunt attagas: (& fanè omnino fic legendum eft.) Dici folitum quoties improbus aggregatur cum improbo. Diogenianus tradit hos infigne par furum fuiffe . Meminit huius Diogenes Laértius in uita Timonis Nicei. Nam hoc prouerbio notabat eos , qui putabant intellectu atteftante fenfibus effe credendum, quum ipfe nec rationi nec fenfibus affentiendum putaret. Simillimum illi, quod alibi dictum eft, Cum Bitho Bacchius, Hæc Erafmus: deceptus (ut appa 60
ret) à Diogeniano, qui auium nomina, hominum fuiffe nomina putauit. Attagenæ macularum ua
rietate fimilis eft etiam ardea ftellaris, quam ex feruo (nimirum ftigmatia) in auem mutatam fabulantur,

lantur, eadem scilicet ratione qua seruus improbus, uibicibus & liuoribus aut etiam cauterijs nota.
tus, attagen dicitur.

DE FRANCOLINO.

QVONIAM francolinum uulgò apud Italos dictam auem alij aliam facere uideatur, & rursus
alij attagenem francolinum esse aiunt, alij aliam quandã auem, ut supra in Attagene diximus in A.
uisum est ea quæ recentiores de francolino tradiderunt, seorsim conscribere, ijs tamen quæ iam in
Attagene A. dicta sunt cum alijs tum ex Syluatici descriptione non repetitis. Caro perdicis & fran
10 colini apud nobiles pretiosa est: & est temperata, declinans ad aliquam siccitatẽ. Videtur sanè fran
colinus non multum à perdice distare. uisi sunt mihi eiusdem saporis, & odoris etiam serè. sed fran
colini leuiores calidioresq̃ & sicciores perdicibus sunt, utpote magis syluestres. nam in locis altis
ac montibus degunt: & maioris sunt apud nos pretij & rariores, Mich. Sauonarola. ¶ Attagenes,
id est frangolinos aues Romæ cardinalium cibum appellant, Amatus Lusitanus. Lagopis, quos
francolinos uocant, ager Vicentinus abundat, qui optimi saporis bonitate fasianos & perdices su
perant, Zacharias Lilius. Frangolini columbarum syluestrium species, post perdices & coturni
ces in usu sunt. si iuuenes & pingues fuerint, optimum sanguinem generant, Nic. Massa. sed galli
narum potius quàm columbarum eos genus esse dicere debuerat.

20 ## DE GALLINA CORYLORVM SEV BONOSA
Alberto dicta, cuius figuram habes superius cum historia attagenis.

A.

AVIS cuius effigiem suprà posuimus, Italis uocatur pernis alpedica, uel perdice alpestre, id
est perdix alpina, in locis scilicet qui non procul alpibus distant, ut circa lacũ Verbanum,
ab alijs fasanella, ut Bellinzonæ: alijs francolino. Gallis, gelinette, uel gelinette sauuage,
id est gallina syluestris, in Burgũdia & Lothoringia: uel perdris de montaigne, id est per
dix montana: item gẽline uel gelinote de boys. Illyrijs gerzabek uel rzierziabek. Vngaris tscha
30 sarmadàr, id est Cæsaris auis. Anglis a morehen, ut quidam mihi interpretatus est. sed hoc nomi
ne potius gallina quædam palustris significari uidetur. Turcis sabantaù. Germanis ein Haselbūn. Græcè & Latinè attagen, ut doctorum pleriq̃ sentiunt, & mihi quoq̃ uidetur. Solus Gyber
tus Longolius otidẽ esse putauit, cui minimè assentior. Vide supra in Attagêne A. Visum est enim
de attagene, fracolino, & gallo seu gallina corylorum, distinctè agere, hoc est de singulis separatim,
quòd alij eandem tribus his nominibus, alij diuersas aues indicari existiment, ut suũ cuiq̃ iudicium
relinquatur. facilius enim fuerit, si una est auis, coniungere hæc omnia: quàm, si diuersæ, confusa se
ligere. ¶ Orix genus est pulli (galli) syluaticum, perdice maius, eodem serè colore, & uocatur à
Germanis Haselbūn, id est gallina coryli: Albertus, ubi Aristotelis locum ex historia animalium
8.12. interpretatur. nulla est autem uox Græca eo in loco quæ huic respondeat. Eandem auem Al
40 bertus & author libri de naturis rerũ bonosam appellant, nescio qua ratione, nisi forte origo est Gal
lica, quasi bonæ auis, quòd in cibo lautissima sit. Francolinũ (inquit Aloisius Mundella in epistola
ex Italia ad nos missa una cum auis francolini icone) Venetijs ad me deferri curaui, ut ita & sapor
istius, & temperamentum gustanti mihi magis ac magis innotesceret: quæ profectò ambo mihi uisa
fuerunt optima. In nostris regionibus (circa Brixiam Venetorum) ea auis capi non consueuit, licet
auceps quidam mihi proculdubio affirmauerit, se plurimas per anteactam hyemẽ uenando cepisse:
easq̃ per montes tantum arboribus consitos & syluas uideri, non per campestria, ut quæ rapacium
uolucrum insidias magis timeant, quàm hominum astus: ac quandoq̃ in arborum ramis humiliori
bus insidère: & uelociter, ut coturnices quoq̃ assolent, currere. Palato sanè quàm gratissima est, ac
magis quàm perdix, aut etiam coturnix suauior: probeq̃ ac multum nutrit, Hæc Mundella. Erat
50 autem, quam misit auis, omnino eadem cum nostra corylorum gallina.

B.

Bonosa in Germania abundat, perdice maior est, (phassani magnitudine,) colore perdicis, carne
foris nigra, interius alba, Albertus. Otis (inquit Gyb. Longolius, intelligit autem gallum coryli)
plumas circa aures non erigit ut ôtus, sed demittit, ut palearum quandam speciem repræsentet (po
tius quàm auricularum.) Perdici autem adeò similis est, ut præter hoc indiciũ, & quòd rostro paulo
longiore est, ab illa parum distet. corpulentior tamen, & cruribus plumosioribus currit, ut fortassis
ob hoc ab Alexãdro Myndio lagodias dictus sit, ob id quòd ceu uillis leporinis hirta uideatur, Hæc
ille. Gallus coryli quem ipse consyderaui, talis erat: paulò minor gallina, rostro perbreui nigro. pal
pebra superior croceo aut serè cocci colore splẽdebat, (puto autem in maribus hunc colorem inten
60 siorem esse, in fœminis remissum.) Pennæ uãdiq̃ uariæ, sic ut color glaucus siue cinereus, niger, ca
staneus & albus in eis spectarentur, deniq̃ tota erat uaria & elegans auis, (Alarum pennæ longio
res cinerei serè coloris sunt, nigro ammixto, caput fuscum, Stumpsius.) Cauda quàm perdici lon

I 4

gior:in extremitate coloris glauci:paulò interius uerò linea latiuscula nigra erat.In supina etiam cã
pitis parte plumæ nigræ.Pedes omnino hirsuti plumis ad principium uscq digitorum pertingenti-
bus,quæ uillos leporinos ferè referebant. Digiti pedum corticosi,squamosi,glauci, multis lineis articulati,ut in gallo syluestri illo quem gallum frondium(Laubhan) nostri uocant.

C.

    In syluis condensis & opacis degere solent, & plurimæ reperiuntur in syluis montanis circa ra-
dices alpium,præsertim ubi coryli & rubi abundant:nimirum ut & alantur ijs in locis & ab auium
rapacium insidijs tutiores sint. Hyeme etiam in syluis manent, Georgius Agricola. Amant arbusculas,quas aliqui sambucos aquaticas(Germani Schwelken)uocant, Tragus. Insidere corylis
frequenter inueniuntur,quarum iulis seu nucamentis, quæ piper longum specie referunt, uescuntur, Albertus. hinc & nomen eis Germanicum factum apparet. Negant eas coire instar aliorum
animantium:sed tempore libidinis marem hiante ore discurrere donec spuat seu spumam eijciat,
quam fœmina mox deuoret & concipiat,Author libri de nat.rerum. Sed hoc falsum esse Albertus
ait.nam quod ore(inquit)accipitur,in uentrem fertur,ubi alteratum nutrit,& quod superfluum est
aluo redditur. Fermè omnes gallinæ syluestres(inquit Christophorus Encelius in opere de Re me
tallica)coeunt ore,diuerso tamen modo. Hæ species gallinarum syluestrium , quæ à corylis & uitibus nomen habent,(dicuntur enim Haselhúner & Rábhúner,) item quæ ab agris requiescenti-
bus nomen inuenêre in Marchia,Brachhúner,Brachuógel,coloris cyanei, optimi saporis, boni
chymi,coeunt ore circa æquinoctium uernú, osculatione facta ut solent columbæ, gallus enim istarum specierum rostrum inserit in os fœmellæ,& ita sperma infundit, more uiperarú, in sœmellam,
Hinc credibile est quod ferunt aucupes & uenatores, gallos de syluestribus gallinis, quæ à corylis
nomen inuenêre(quas aliàs,nescio an bene,bonosas uocant)senio confectos oua more sœmellæ po
nere,quæ excludant buffones,& ex illis nasci basiliscos syluestres,(die Haselwúrm:)sicuti ex ouo
galli gallinacei domestici post nouem annos excluditur basiliscus per rubetam domesticus:id quod
testatur experientia.Sunt enim isti serpentes (die Haselwúrm) uerè basilisci syluestres descriptione Nicandri,qui basiliscum syluestrem describit. Neque est genus per se, & rarissimè reperitur.In
Marchia & in ditione abbatis Zinnensis, prope urbem Luckenwaldam cótigit mihi uidere talem
serpentem interfectum à pastore. & profectò magna in syluis ibi est copia talium gallinarum; (der
Haselhúner.)Serpens erat capitis acuminati,flaui coloris & fermè crocei,longitudine ad tres palmas & ultrà,immensæ crassitudinis,cauda turbinata in latus, multis notulis candidis aluo insigni-
tus,tergore tendête ad colorem cyaneum , cris immensi pro portione corporis. Pastor qui eum in-
terfeccrat acuminata securi,narrabat mihi illum uesci ranis, serpentibus, & omnium generum animalculis,præter bonosis,ut de quarum prosapia sit genitus.habitationem eius esse ad paludes,præ-
cipuè ubi coryli sint,mirum in modum delectari lacte. propterea interficere eum uaccas uenenato
ictu,& propterea ipsum quocq eò magis peti à pastoribus & interfici.Retulit idem mihi pastor eius
uocem esse ueluti anseris defendentis pullos,& hanc uocem Nicander uocat iygen,Hæc ille.Fides
autem eorum penes authorem esto. mihi quidem nunquam persuadebit aliquis animalia ulla ore
coire aut concipere,aut ex auium ouis serpentes generari,refert autem mox similem historiam de
urogallorum conceptione,& serpentium quotundam ex spermate eorum in terram effuso generatione,Basiliscos etiam aliquos syluestres,alios domesticos esse, & illos à Nicandro describi, nullo
authore aut teste,ne ipso quidem quo nititur Nicandro defenderit. quamobrem ad accuratiorem
de hisce serpentibus inquisitionê,hoc scripto nostro,si forte inciderit,excitari ipsum uelim, ita quidem ne uulgo & pastoribus temere fidem adhibeat.

D.

    Pullos ubi educauerunt ut iam uolare possint,aliò eos abducunt extra locum educationis ipso-
rum,illi uerò bini,mas & fœmina,alij aliorsum se conferunt,Stumpfius. Gyb.Longolius,qui nostram coryli gallinam otidem ueterum facit,illam quocq equis(quod ueteres de otide scribunt) gaudere tradit,nescio ex propriáne obseruatione , an inde tantum quòd auem eandem esse persuasum
habebat.Verba eius in dialogo hæc sunt. LONGOLIVS,En tibi otin(otidem potius) ut equo delectatur,caudam illius ut uellicat,ut assilit sternutati, PAMPHILVS,Nidum parat,quamobrem
setas equinas colligit. LONGOL. Nihil minus.naturalis est amor is.quamobrem qui uel uisco uel
retibus uel arcu illam fallunt,equum adducunt, sed eum aucuparium, qui bombardæ uel scorpionis fragorem non exhorrescit. Nam sictis equis,quibus perdices illaqueant, rarò prehenditur.

E.

    Gallinæ corylorum bis anno capiuntur,mense Martio & autumno.Auceps uocem earum dili-
genter obseruatam fistula imitatur in sylua.illæ si præsentes fuerint,respondent,tum auceps in tugu
rio aliquo humili se abscondit, & rete erectum aliquot passuum longitudine ante tugurium extendit,tum auem fistula uocat,aduolat illa,& per terram iuxta tugurium huc illuc discurrens, reti implicatur & capitur,Stumpfius. Si gallus tantum huius generis capiatur,gallina relicta, gallum alterum adducet:ita ut plures galli unam semper fœminam sequêtes deinceps aliquando capiantur.
Gallina uerò capta,gallus alteram sequitur gallinam, nec amplius ad pristinæ habitationis locú reuertitur,Idem. Captas audio non diu ali posse , sed breui emori. Sed nuper auceps quidam mihi
narrauit;

narrauit, ſe captæ cuiuſdam ingluuiem & uentriculũ reſcidiſſe, & cibo quo alerentur in eis animaduerſo, aliam quandam deinde multo tempore pauiſſe.

F.

Bonoſæ caro foris nigra eſt, intus alba, tenera & gratiſsimi ſaporis, Albertus: delicata, & p erdi
cis ferè ſapore, Author libri de nat. rerum. Noſtri cibum prorſus nobilem & ferarum auium omnium laudatiſsimam hanc auem prædicant: ita ut principibus etiam interdum poſtridie quàm cocta
eſt apponatur ſola auium, aut omnino animalium fortaſsis. Sunt qui colores quatuor diuerſos in
eius carne inueniri dicant. Aloiſius Mundella in probitate ſucci perdici eam comparat, ſapore
etiam præfert, ut ſupra in Francolino retuli. Bonoſa capta per excrementi locum exenterari & ſalo liri condiríq; poteſt, ut cum plumis etiam diu ſeruari aut procul deferri poſsit, Stumpfius.

G.

Epilepticis ſalubrem eſſe aiunt bonoſam in cibo, Stumpfius. Harum auium pennis mulieres
audio uti aduerſus uteri ſuffocationem certo tempore (ſuperſtitioſè forſitan) decerptis: neſcio ſuffi-
túne, ut perdicum etiam pauonúmq; pennis, an aliter. ¶ Ventriculos bonoſarum tres quatuórue
unà cum cibo in eis contento equis aſthmaticis deuorandos dari præcipiunt hippiatri quidam
recentiores.

DE GALLO PALVSTRI.

A V I S quam Scoti (& Angli quoq; ut conij=
cio) uocant gallum paluſtrem, ane mwyr
cok, Germanicè ſcripſerim ein ﬃürban)
atragenis hiſtoriæ ſubijcienda uidetur. nam
& in ſummis delicijs habetur, & in locis paluſtribus
(unde nomẽ) paſcitur, & corpus ei ſubruſſum aut ſubflauum undique punctis nigricantibus diſtinguitur.
Supercilia & barbulæ è membrana rubente, ut in reliquis ferè gallis ſylueſtribus nulla. Effigiem eius ad
30 nos è Scotia mitti doctiſsimus uir Io. Ferrerius Pedemontanus curauit. Haud ſcio an eædem ſint aues de
quibus Hector Boëthius in Scotiæ deſcriptione ſic
prodidit: Sunt in Scotia galli gallinæq; ſylueſtres uocati, qui frumento abſtinent, & enaſcentibus tantum
minutisq; cytiſi folijs ueſcuntur, humanæ gulæ perquam ſuaues. Gybertus Lõgolius gallinæ ſylueſtris
quoddam genus uocat ﬃürbenn, quaſi ﬃürbenn:
quam meleagridem ſeu Africanam gallinam interpre
tatur: quæ itide in paluſtribus locis uerſatur: ſed Athe=
4º næi deſcriptio meleagridum, Scoticis paluſtribus iam
dictis non conuenit.

DE AVOSETTA.

A V I s hæc, cuius iconem in ſequẽti pagina damus, apud Italos Ferrariæ auoſetta (ni fallor)
nominatur, neſcio qua ratione: & à roſtri ſurſum inflexi figura beccoſtorta & beccoroël=
la, Lucarni circa lacum Verbanum ſpinzago d'aqua: nam & arquata auis iam ſupra no=
bis deſcripta ſpinzago ſimpliciter eis nominatur, hæc uerò aquatica eſt, & palmipes. Tur
5º cis zeluk, Germanicum nomen nondum diſcere potui: quanquam apud nos etiam interdum capia
tur, ſed rariſsimè. Ea quam Ferrariæ uidi crura habebat dodrantalia, roſtrum nigrum & ſurſum
tendens in extremo acutum, quínq; digitorum ferè longitudine. pedes colore cyaneo diluto, digi=
tos membranis iunctos, corpus ſupinum totum album erat, pronum ex albo nigróq; alternis diſtin
guebatur, caput & ceruix ſuperius ex fuſco nigricabant. magnitudo totius corporis ferè columbæ
aut paulò gracilior, longitudo ab extremo roſtro ad extremam caudam dodrantes duo.

Figura hæc est Anosettæ, cuius descriptionem præcedens pagina continet.

10

20

30

40

50

DE AVRIVITTI.

AVRIVITTIS (ut Gaza uertit ex Aristotele, ᵱ Greca uoce χρυσομίτρους, quidã codices perperam
habẽt ᵱυσομίτρους)in spinis uictitat,uermẽ & quoduis aliud animal aspernatur.dormit & pascitur eodem in loco,ut & cæterę quæ spinam appetunt, nempe spinus & carduelis,(thraupis,)Aristoteles.
Guil. Turnerus auem carduelem uulgò dictam interpretatur, Germanis **ein Diſtelfinck** / uel **ein**
Stigeliꜩ. Auriuittis (inquit) una est ex auiculis, quæ carduorum semine uictitãt, & uermes etiam
oblatos non attingunt . Alij goldfincam aut distelfincam,spinum:alij carduelem esse uolunt. Sed si ⁶⁰
quis ex spiniuoris præter hanc aliam aurea uitta redimitam ostenderit , cui magis auriuittis nomen
competat,quàm huic,opinionem meam facilè patiar explodi;alioqui non uideo,quin digna sit quę
probetur,

probetur,Hęc Turnerus. Eberus uerò & Peucerus auriuittem aliam auem faciunt, quæ Germa=
nicè dicatur Goldfinck, Lobfinck, Thumpfaff, & Gümpel, (Heluetijs Güget:) uertice tota ni=
gra, ima parte punicea, superiore cinerea nigricans. Sed de hac aue plura dicemus in elemento R,
inter eas quibus nomen à colore rubro factum est uulgò.

DE BARITIS.

BARITAE, Βαρῖται, aues memorantur Oppiano lib.3. de aucupio inter illas quæ uisco capiunt,

DE BETHYLO.

EST & auicula quæ uocatur betylus, olim dicta detylus, Hermolaus, sed th. aspiratù scribi de=
bet, Βώθυλος, ὧδὲς ὀρνὶς, δίθυλος lui. mutatur enim deleta in béta, ut Belphi pro Delphi, Etymologus &
Varinus.

BITTACOS, Βιττάκας, auiculas Eubulus apud Athenæum nominat,

DE BVBONE,

A,

BVBO auis est de genere noctuæ, Albertus,uidetur autem noctuam genus ad aues noctur
nas facere, cum ueteres id nomen tantù pro specie una posuerint. Kos, בוס, nomen auis
Hebraicum alij aliter interpretatur : Dauid Kimhi auem immundam ignotam nobis: uel
auem quæ locis desertis degat, & uoce ædat similem בתי ploratui. Rabi Salomon, פלסין,
id est falconem, Hieronymus Psalmo 102. nycticoracem, ut L X X. Munsterus bubonem. Idem
in Lexico linguæ Hebraicæ, Kos (inquit) est nomen uolucris ululantis & clamantis de nocte, nycti
corax, uulgò קוץ, Kuuz, (sic Germani noctuam uocant : & sané Hebraica uox pulchrè alludit : sed
bubonem quoq; & alias aues nocturnas nocturarum generis esse dici potest,) Hæc ille. Verba Psal=
mi sunt, Similis factus sum pelicano (kaat) deserti, factus sum ut bubo (kos) qui est in solitudinibus.
Aquila & Theodotion, & quinta æditio nycticoracem reddit: sexta æditio noctuam. Symmachus
upupam, R. Salomon Leuitici 11. auem ait esse remotam ab hominum conspectu, (quidam sané He
braicè ab abscondédo dictam rentur) nocte uociferantem, cui similis alia sit quam uocant ירבי, ibin:
forte hibou, sic enim Galli bubonem uocant. & solet R. Salomon Hebraica nomina Gallicè inter=
pretari, Nominatur sané Leuit. 11. kos auis inter impuras. ubi interpres Chaldæus uertit קירא, ka=
dia: Arabs בוס, kus: Persa הבוס, hakus (quæ uoces magis etiã quàm Hebraica kos ad Germanicam
Kuuz, accedunt.) L X X. nycticorax, Hieronymus bubo. Et Deuter.14. ubi L X X. & Hieronymus
herodium uertunt. Psalmo 102. Chaldæus habet קיראָּפאָ, kiphupha, (noctuam quidã interpretatur.
accedit quidem hæc uox ad nomen cicuma, quo Gaza nycticoracem reddit. Eustathius scôpas ait
esse aues quas Romani cucubas nominent:) Arabs עַפויר, azphur. Pagninus ex R. Salomone ex=
ponit noctuam, quæ uernacula (Gallica) lingua ciuetta nominetur, ac noctu clamet. Mihi quidem
inter tam diuersas interpretationes animus magis ad bubonė inclinat. Schachaph, שַחתא, Leuitici
undecimo & Deuter. 14. exponitur bubo, à Munstero. L X X. & Hieronymus larum aut fulicam
interpretantur. Chaldæus reddit schachesa : Persa etiam uocem eam retinet, Arabs שאף, schaph.
Dauid Kimhi interpretatur auem quæ laboret morbo schachefet Hebræis dicto, quo corpus atte=
nuetur & deficiat (phthisi nimirum:) Sed Rabi Salomon sic uocat morbum in quo nascantur in car
ne ampullæ instar pomorum, (bubones forte, sic dicta apostemata Græcis, translatio communis
Deuter.28. pro hoc morbo uertit febrim, egestatem.) Iudæi recentiores cuculum auem interpretan
tur, quod si bubonem significat, deriuatù inde (uel ab Arabico schaph) uideri poterit Germanicum
bubonis nomê schüffel, & noctuæ generis Tschafyrle, & apud Grecos ascalaphi. Sed si auis est cor=
pore macro & tenui, & tanquam phthisi côsumpto, larum potius esse dicemus, quæ auis admodum
tenuis leuisq;, & semper famelica est. Vicina huic apud Hebræos uox est schanaph, שנא, quam in=
terpretantur noctuam. א, ij, apud Hebræos aliqui bubonem intelligunt, Esaiæ cap.13. Septuagin=
ta onocentauros uerterunt, &c. Vide in Onocentauris inter Quadrupedes. Adhuc est nyctico=
rax, & secundum alios est auis quæ dicitur bubo , Vetus glossographus Auicennæ. Et alibi, Hu=
dubuk, est auis quæ clamat de nocte. Hudud est auis quæ clamat nocte, Syluaticus. Ex hisce no=
minibus quodnam rectius scribatur haud scio: primum quidem ad Sabaudicù accedit. uocant enim
illi bubonem ung duc. Alharbe est animal uenenosum, & est auis quæ dicitur bubo, Vetus glos=
sographus Auicennæ. Et rursus, Harbe , id est bubete auis. Sed nos harbe Arabica uoce chamæ=
leontem significari, in historia eius docuimus.

¶ Bubo Græcè βύας appellatur, per onomatopœiam scilicet, ut & apud Latinos. Gaza ex Ari=
stotele pro bya bubonem reddere solet. Videtur autem nomê esse primæ declinationis, quod alpha

10

2o

30

4o

5o

in genitiuo & datiuo retineat. inde nominatiuus pluralis βύαι, nam in Lexico Varini βύκε (oxytonum, malim paroxytonum)ὠφθκισαμ legitur. In eodem ſolo Βοίας reperio per ɑ. diphthongum, nec
probo. Butalis, Βέτκλις, in Aeſopi fabulis, non alia auis mihi quàm bubo uidetur, quod & noctu
tantùm canat, & ſimiliter nomē(ut byas & bubo) à ſono bu inditum habeat. Fingit autem eius cum
ueſpertilione colloquium Aeſopus, reddentis cauſam cur noctu tantū canat, quoniam interdiu aliquando canens capta fuerit. Sunt ex Græcis qui ſcôpas bubones interpretentur, Cælius. Vide ſu
pra in Aſione. Audio in Græcia hodie bubonem dici σκλόπα. Buffus apud Kiraniden lib. 3. noctur
na auis, ut Gerardi Cremonenſis translatio habet, bubo eſt. conijcio autem Græcè βύφ⊙ ſcriptum
fuiſſe, nam & apud Symeonem Sethi βύφοι noctuæ ſunt: & in quibuſdam Italiæ locis bubo uulgari
lingua lo buſo dicitur. Recentiores quidam nycticoracem, id eſt coruum nocturnū, eundem cum
bubone faciunt, ſed aues eſſe diuerſas, collatis utriuſcȝ hiſtorijs, facile deprehendetur. ❡ Bubo

¶ Bubo Italicè nominatur guo, uel guuo potius. hanc enim noctuarum maximam esse aiunt. Varinus scôpas esse scribit aues, quas Romani κῶφς ἢ γόφος (uel cucubas, ut Eustathius habet) appellent. In alijs Italiæ locis bubonem duco uel dugo uocitant, auem scilicet cornutam, duorum generum, quæ magnitudine distinguantur. Bubo auis, id est Io bufo, Syluaticus. Bubo magnitudine est aquilæ, & corruptè uulgò bufo dicitur, Niphus. Alibi uerò barbaiân, de maiori tantū bubone, in usu est nomen. quanquam Scoppa Grammaticus ciuettam, id est noctuam & barbaianum unam auem faciat, ut Arlunnus bubonem & ciuettam. Et quanquam uulgus nimirum in diuersis regionibus hæc nomina confundit, docti tamen distinguere debebant.

¶ Bubo Hispanis búho est, Lusitanis búfo uel mócho. ¶ Gallis chat huànt, chahuhan, hibou.
10 Sabaudis ung duc, id est dux, quasi princeps auium: quòd cæteris dominari uideatur, ceu uiribus superior, & cornibus in capite ceu corona insignis sit. & chasfetont, id est uenatricem, quòd aucupes hanc auem adiutricem aucupij habent: & alibi (ni fallor) lucherant. ¶ Germanis Vhu, uel groß Hübu, ut Georg. Agricola interpretatur. ein Schuffauß (uel Schuffans,) ein Schüffel (uel Schüffeul,) ein Kautz, ut Turnerus. sed ultimum nomen, noctuæ magis conuenit. Nominum Schuffans & Schüffeul etymologia, ad Hebræos referri potest, quod ad primam syllabam, qui bubonem schachaph, ut Arabes schaph, appellant. Alijs, ut in Saxonia, Vho: in Carinthia, Steinauff. Heluetijs Huw, Berghuw, Hüru uel Hüruw, quasi Oruw, (ein grosser üwel mit oren) uel per onomatopœiâ à uoce: aliquibus Hertzog. Anglis, a lyke foule, ut Turnerus exponit: uel a shriche oule, ut Eliota. Illyrijs wyr. Turcis ugú.
20 ¶ Glauces, id est noctuæ & nycticoraces nominantur Aristoteli historiæ animalium 9. 34. ubi Albertus sic habet, Auis quæ hein uocatur, & ea quæ glauces, sunt genera bubonum, & aliæ quædam genera sunt noctuarum. Rursus eiusdem lib. cap. 22. Alberti translatio bubonem habet pro glauce, & alibi etiam similiter, ut pluribus dicetur in D. Item libri octaui cap. 12. ubi ab Aristotele nominatur otus, quem aliqui nycticoracē appellant, Auicennæ interpres habet bubo & golochiz. Adeò auium nocturnarum præcipuè nomina confunduntur.

¶ Bubonis apud nos genus alterum reperiri puto, cætera quidem illi, cuius effigiem damus, simile, sed cruribus non æquè hirsutis. ¶ Buteonem aliqui apud nos uocant, Maßhuw, id est bubonem palustrem, quòd corporis specie aliquatenus bubonem referat.

B.

30 Bubo apud nos aquilæ magnitudinem habet, & graue canit: in Aegypto uerò alius est, magnitudine graculi, & uoce diuersa, Strabo lib. 17. Byas magnitudine nō minor quàm aquila est, specie similis noctuæ, Aristot. Bubonem semel Venetijs iusta aquilæ magnitudine uidi, sed crura erant paulo breuiora quàm aquilæ crura solēt esse. cætera aquilæ similis erat, Turnerus. Otis (aliàs otus, quod magis placet) bubone minor est, noctuis maior, &c. Plin. Pennatorum animalium buboni tantùm & oto, plumæ uelut aures, cæteris cauernæ ad auditum, Idem. Byas unguibus aduncis est, Aristot. Vncos ungues & nocturnæ aues habent, ut noctuæ, bubo, ululæ, Plinius. Bubo est auis curuorum unguium, & acuti curuiq́ rostri, sicut sunt ungues & rostra ferè omnium auium rapacium. plumis uaria est (sicut accipitres & aquilæ quædam) & magnitudine nocturnas omnes excedit, Albertus. Fuluas alas, caput magnum, grandia lumina, longos & aduncos ungues, buboni
40 Ouidius in Metamorphosi tribuit. Nulli auium oculi maiores, Albertus. Zuetis (id est noctuis) & bubonibus collum (pro sua magnitudine) perbreue, Idem. Bubo (ut & genera picorum) binos digitos ante, & totidem retro habet. Flectit enim bubo digitum unum retro, & super binis utrinq́ digitis reliquum corporis eius quiescit, sicut quiescit serpens comprimendo se super uentrem & pectus suum. Vngues habet magnos, similes unguibus aquilæ, Albertus. Atqui id genus bubonis quòd nos hic pictū dedimus, digitos (ut plereq́ aues cætere) anterius ternos habet, posterius unum. illud uerò genus nocturnæ auis, quod Germani uocāt Schleierūl, ululam esse puto, digitos utrinque binos gerit. Stomachi inferiorem partem amplā habent, bubo & anser agrestis secundum omne genus suum, Albertus: sed eo loco (lib. 2. cap. ultimo historiæ anim.) ab Aristotele nominantur, capriceps, noctua, anser, noctua, aues, non bubo, mox tamen in fine eiusdem capitis ab scalapho
50 etiam, quem aliqui bubonem putant, talis gula tribuitur, ut & alijs nocturnis, noctuæ, nycticoraci, localo. ¶ Bubo quem ipse uidi, cuius icon adiecta est, magnitudine uincebat anserem, aut saltem æquabat reliquo corpore: alis uerò magnis erat, & lōgis ad tres dodrantes, cum ab initio alarum ad finem usq́ maximæ pennæ ad eandem rectam lineam deflexæ extendebantur. à supremo osse alarum ad infimam extremitatem rectā, dodrans unus cum palmo erat. Caput tum forma tum magnitudine felinum referebat. pennæ supra utranq́ aurem nigricantes subrigebantur, trium digitorum altitudine. oculi magni, plumæ circa orrhopygium densæ & mollissimæ, digito extenso (palmo, si bene memini) longiores. Longitudo ab extremo rostro ad ultimos pedes, siue u:timam caudam quoq́, tres dodrantes cum palmo æquabat. iris oculorum croceo colore splēdebat. rostrum breue, nigrum & aduncum erat. pennis remotis aurium meatus magni & patentes apparebant. Vtrinque
60 ad nares pili barbularum instar ex pennulis rigebant. pennis per totum corpus color uarius, ex albicantibus maculis, nigricantibus & subruffis. Cruris longitudo, dodrans cum palmo. eius pars supra genu, perquam crassa & torosa erat. ungues nigri, adunci, acutissimi, pes ad extremos usque

u

digitos pilosus, plumis ex albicante colore subrussis.

C.

Byas auis est nocturna, Aristo. & Suidas, idem dicere uidetur Albertus, cum inquit bubonem esse de genere noctuæ. Bubo, ut & uespertilio, uictum sibi noctu parat, Aristot. ut recétiores quidam citant. Bûphum aiunt amare uigilias. nam interdiu non apparet, Kiranides. Hebetes buboni, ut & cæteris nocturnis, interdiu oculi, Plinius. Die minus quam nocquam uidere aiunt. ¶ In cauernis locisꝗ desertis commoratur, noctu uolitat solus, Io. Rauisius. Interdiu antra quærit tenebrosa, ut in cauis arborum, aut in cauernis (petrosis) montium, aut umbraculis ædificiorum quæ homines non frequentant. & si quandoꝗ de die apparet, ab auibus in luce uolantibus deplumatur, Albertus. Deserta incolit: nec tantum desolata, sed dira etiam & inaccessa, noctis monstrum, Plinius. Reperitur iuxta horrea aliquádo propter mures, Albertus. In ecclesijs habitat, & oleum de lampadibus bibit, quas stercoribus defœdat, Author libri de nat. rerū. Germani quidam & Flandri non bubonem, sed ululam, ni fallor, Ҡircȟul appellant ab ecclesijs. Plinius cum meminisset re medij cuiusdam ex ouo bubonis, subdit: Quis quæso ouum bubonis unquam uidere potuit, cum tam auem ipsam uidisse prodigium sit? ¶ Byas carnibus uiuit, Aristot. Bubo uiuit præda animalium nocte ambulantium, ut murium, & aliquando leporum & huiusmodi paruorum animalium, Albertus. Qui ad me allatus est bubo, anatem raptam deuorauerat. Oleum de lampadibus in ecclesijs bibit, & oua columbarum exorbet, Author libri de nat. rerum. Volucres pleræꝗ à suis uocibus nominantur, ut bubo, ulula, &c. Varro. Bubo nomen habet à uocis sono, Albertus & author libri de nat. rerum, Bubulat horrendum ferali carmine bubo, Author Philomelæ. Non cantu aliquo, sed gemitu uocalis est, Plinius. Nocte emittit uoces magnas, & boat, Kiranides. Bubo apud nos aquilæ magnitudinem habet & graue canit: in Aegypto uerò aliusmodi est, nempe graculi magnitudine & uoce diuersa, Strabo libro 17. ¶ Bubo debilis est ad uolatum, Rauisius. Vixꝗ mouet natas per inertia brachia pennas, Ouidius de Ascalapho in bubonem mutato. Volat nunquam quo libuit, sed transuersus aufertur, Plinius. ¶ Hylas tradit noctuam, bubonem &c. à cauda de ouo exire, quoniam pondere capitum peruersa oua posteriorem partem corporum fouédam matri applicent, Plinius. De bubone Plinius scribit, licet probabile non sit, quòd posterius ab ouo egrediatur. quod si uerum est, causa eius esse non potest alia quàm capitis grauitas, propter quam caput diu declinat & immobile manet: posterius (pars posterior) autem paruum est & breue, ac si auis ipsa sit decurtata, Albertus.

D.

Indoctiores quidam, ut qui ex Arabico sermone de animalibus scripta quædam transtulerunt, quiꝗ illorum interpretationes sequuntur Albertus & alij, cum sæpe bubonem pro noctua uerterint, ut apparet conferenti cum scriptis Aristotelis (ex quo tanquam fonte pleraꝗ hauserunt Arabes) multa buboni tribuunt quæ noctuæ sunt: ut inimicitias cum coruo. quanquam in hoc duplex error est. non enim cum coruo noctuam, sed cum cornice dissidere Aristoteles tradidit. Item cum Aristoteles scribat, cæteras auiculas omnes interdiu noctuam circunuolare, quod mirari uocetur, eamꝗ percutere: quamobrem (inquit) aucupes ea constituta auicularum genera multa & uaria capiunt: illi ijsdem ferè uerbis de bubone agunt. Bubo (inquiunt) si quando de die apparet ab auibus in luce uolantibus deplumatur: & ideo ab aucupibus ponitur iuxta retia, ut per eum aues cæteræ capiantur. Sed hic error bene cecidit: nam bubo similiter ut noctua ab auiculis odio habetur, similisꝗ eius ad aucupium usus est. Bubo cum ab illis auibus quæ in luce habitant impugnatur, resupina pedum unguibus se defendit, Author libri de nat. rerum. Incendula auis coruini generis pugnat cum bubone, Albertus. sed moneduíam forte scripsit, non incendulam. monedulam enim alij hostem buboni ex Aristotele citant, quanquam falsò. noctuam enim cum cornice pugnare Aristoteles author est. Sunt autem & cornix & monedulæ graculiue côruini generis. Incendulæ uerò nomen nusquam legimus. Plinius semel incendiariæ meminit, (quæ suo tempore ignoretur) qua uisa sæpenumero urbs lustrata sit, ut & bubone uiso.

E.

Bubonis ad aucupium idem qui noctuæ usus est, ut iam in D. diximus: & Sabaudi hanc ob causam bubonem sua lingua uenatorem appellant, chassetont. Aliquando ad me allatus est bubo, captus in fouea quales ad capiendos lupos parari solent. ¶ Buteo uastitatis est causa his locis quæ in trauerit, ut bubo, à quo etiam appellatur buteo, Festus.

F.

Bubonem maiorem siue montanum cum præpinguis est, à quibusdam edi audio. Sed in uetere testamento apparet hanc auem & nocturnas omnes impuras habitas.

G.

Ex bubone remedia quanquam omnia nobis aut uana & inutilia, aut superstitiosa, aut certè superflua uidentur, referemus tamen ut proposito nostro satisfiat. ¶ Sanguis bubonis, aut ius, aut caro eius, asthmaticis utilissima sunt, Auicenna libro 2. in capite de sanguine. Sanguine pulli bubonis crispari capillum promittunt, Plinius. ¶ Alienis dolore liberat cinis è capite bubonis cum unguento, Plinius. Eundem cinerem alibi commendat contra nescio quod malum, cum lilij radice potum,

tum, ſi Magis(inquit)credimus. ¶ Bubonis cerebrum cum adipe anſerino mirè uulnera dicitur glutinare, Plinius. Scabiem bubonis cerebrum cum aphronitro ſedat, Idem. ¶ Bubonis oculo-rum cinis collyrio mixtus claritatem oculis facere promittitur, Plinius. Idem inter phreniticorum remedia, Bubonis certè(inquit) oculorum cinerem, inter ea quibus prodigioſè uitam ludificantur, acceperim. ¶ Bubonis pedes uſti cum plumbagine(aliàs plantagine) contra ſerpentes auxilian-tur, Plinius. ¶ Quartanis magi excrementa felis cum digito bubonis adalligari iubent, & ne re-cidant, nõ remoueri ſepteno circuitu. Quis hoc quæſo inuenire potuit: quæ ue eſt iſta mixtura: cur digitus bubonis potiſsimum electus eſt ꝰ Plinius. Catæ ſtercus cum ungula bubonis in collo uel brachio ſuſpenſum, poſt ſeptimam acceſsionem diſcutit quartanam, Sextus. ¶ Bubonis ouo ad
10 capillos remedia demonſtrant magi. Quis quæſo ouum bubonis unquam uidere potuit, cum tam ipſam auem uidiſſe prodigium ſit: quis utiꝗ experiri, & præcipuè in capillo: Plinius.

H.

a. Bubo generis fœminini. Vergilius Aeneid. quarto, Seraꝗ culminibus ferali carmine bubo. Genere maſculino Agellius hiſtoriarum lib. 4. Et quòd bubo in columna ædis Iouis ſedens con-ſpectus eſt, Nonius Marcellus. Solaꝗ(aliàs Seraꝗ, ut Nonius citat) culminibus ferali carmine bu bo, Vergil. ubi Seruius, Sola bubo contra genus poſuit: referens ad auem. plerunque enim genus à generali ſumimus relicta ſpecialitate. Lucanus, Et lætæ iurantur aues bubone ſiniſtro. Grammati-ci quidam recentiores bubonem dictum coniiciunt à bouis quodam mugitu, quem non uocali can tu ſed gemitu potius reddat. Sed nobis potius placet per onomatopœiam quàm à boue ſic dictum.
20 ¶ Epitheta. Siniſter, Lucano: infandus Ouidio: ignauus, dirum mortalibus omen, eidem Me-tam.5. funereus Metam.10.Stygius, Metam.15. raucus, in Triſtibus. Lucifer, Senecæ in Hercule. Infeſtus, Claudiano in Eutrop. Commemorantur & hæc Ioanni Rauiſio, trepidus, fœdus, profa-nus, damna canens, dirus, mœſtus, nocticanus, ater, feralis.

¶ Βυβὼν, bubo, uocabulum Græcum eſt, quo & Latini utuntur, de abſceſſu, ſiue tumore ſimplici potius, circa inguen maximè. nam & inguina ipſa Græci bubones uocant. uulgò quoꝗ noſtri col-lectiones & inflammationes(uel inflationes potius) eius partis, inguinarias appellant, Hermolaus Barb. noſtri appellant ſchwinten, büſlen. Huic tumori nihil commune cum aue eiuſdem nominis quod Latinum eſt & à ſono fictum, illud Græcum, à uerbo Βαύνω & Βῦ particula intendente. ὁ μγά-λως Βαύνωρ. nam articulus inguinis maximè neceſſarius eſt ad inceſſum, ᴐ᾽ ὃ μγάλως βαύνωμὲν. Vel tu-
30 mor ipſe ſic nominatur eo in loco, quoniam ualde & in altum attollitur, aliqui Βομβῶνα nuncupant. Βυβὼμ ἐπήρθη τῶ᾽ γςρονπι, Menander. hinc & uerbum βυβωνιῶ apud eundem, Etymologus. Aſter(her-ba) ab aliquibus bubonium appellatur. quoniam inguinum præſentaneum remedium eſt, Plinius. Sedum maius, bubophthalmus à quibuſdam dicitur, ut legitur inter nomenclaturas apud Dioſco-ridem: Plinius quidem zoophthalmon aliter dici meminit, quod magis placet.

¶ Buccones appellatos credunt(Pompeio Feſto tradente) à buccarum magnitudine: ſed alij, bu bones ſcribere malunt, Cælius. ¶ Bubo, Βυβὼν, Lyciæ oppidum eſt, à Bubone latrone conditum, Stephanus. Naſcitur & in Lycia creta circa Bubonem, Plinius, Grammaticus quidam recentior, Lydiæ oppidum eſſe ſcribit: ſed omnino Lyciæ legendum côᵢcio ex Plinio & Strabone. apud Ety-mologum Lycaoniæ ciuitatem eſſe legimus, unde βυβωνιϩ gentile fiat, cum βυβωνιῶτ dici deberet.
40 ¶ e. Non omittam in bubone exemplum magicæ uanitatis. quippe præter reliqua portentoſa mendacia, cor eius impoſita mammæ mulieris dormientis ſiniſtræ, tradunt efficere ut omnia ſecreta pronuciet. præterea in pugnam ferentes idem, fortiores fieri, Plinius. ¶ Buphi ungula fortunata eſt, & non fallens, & phylacterium appenſa homini, Kiranides.

¶ h. Bubonem cum apparuit mali ominis eſſe, & bellum aut famem portendere uetus perſua-ſio eſt, & ad noſtrum uſꝗ ſeculũ deriuata. Bubo funebris (inquit Plinius) & maximè abominatus, publicis præcipuè auſpicijs. deſerta incolit: nec tantum deſolata, ſed dira etiam & inacceſſa, noctis monſtrum: nec cantu aliquo uocalis, ſed gemitu. Itaꝗ in urbibus, aut omnino in luce uiſus, dirum oſtentum eſt, Priuatorum domibus inſidentem plurimis ſcio non fuiſſe feralem. Capitolij cellam ip ſam intrauit Sex. Papellio Iſtro, L. Pedanio coſſ. propter quod nonis Martijs urbs luſtrata eſt eo
50 anno, Hæc ille. Et rurſus, L. Craſſo, C. Mario coſſ. bubone uiſo urbs luſtrata eſt. Et quòd bubo in columna ædis Iouis ſedens conſpectus eſt, Agellius lib.1.hiſt.apud Non. Marcellum. C. Claudio, M. Perpenna coſſ. bubo in æde Fortunæ equeſtris comprehenſus inter manus expirauit, Iul. Obſe-quens. Triſtia mille locis Stygius dedit omina bubo, Ouidius Metam.15. inter prodigia quæ Cæ-ſaris mortem portenderint. Cum imperante Tiberio iuxta palatium Agrippa in uinculis ad arbo-rem teneretur, inſigni amictus ueſte, ut eius fortuna ferebat: Germanus augur qui in uinculis etiam tenebatur, cum ſupra Agrippæ caput in arbore cui alligatus erat bubonem uidiſſet, ad colloquium eius admiſſus, affirmauit illum præſentem uinculorũ iniuriam euaſurum, ac Iudæorum regno fœ-liciter potiturum: item liberos quibus regnum relinqueret procreaturum. ſed ſi in poſterum capiti ſuo iterum eiuſmodi auem impendere uidiſſet, ſciret morti ſe propinquum(intra quinꝗ dies mori-
60 turum) fore. quæ paulò poſt omnia, ut augur prædixerat, euenerunt, ut refert Baptiſta Fulgoſus Memorabilium lib.8.cap.11. tranſcripſit autem ex Ioſephi Antiquitatum Iudaicarum lib.18.cap.15. & rurſus eiuſdem operis lib.19.cap.7. Bubulat horrendum ferali carmine bubo, Humano generi

u 2

triftia fata ferens, Author Philomelæ. Solaép (aliâs Seraép) culmínibus (fcilicet templi) ferali carmine bubo. Sæpe queri, & longas in fletum ducere uoces, Vergilius quarto Aeneid. inter portenta mortis Didûs. Byas apparens calamitatem imminentê fignificat:unde apud hiftoricos non raró legitur, Βύας ὤρθυ, & Βύας ὠρθυησαμ. Dion fanè in hiftorijs Romanorum has aues uifas inter portenta(τερματα) fæpe numerare folet, Suidas & Varinus. Ignauus bubo,dirü mortalibus omen,Ouidius quinto Metam. Hinc infelicia epitheta,quæ fupra recéfui,funereus, Stygius,infandus,dirus, ater,feralis,&c. Hic uultur,hic lucifer bubo gemit, Seneca de palude Cocyti. Aues nigræ,inau-
fpicatæ,ut cornix,coruus,bubo, Scoppa:qui hoc tanquam prouerbiale recenfet, Auibus nigris huc acceffifti & ego candidis. Bubo cantans uel gemês potius per 12.figna,Luna in fingulis exiftente, quid fignificet,Auguftinus Niphus explicat lib. 1. de augurijs tabula fexta. Maximè ueró abomi-   10
natus eft bubo,triftis & dira auis,uoce funefta & gemitu; qui formidolofa, diraség neceffitates, & magnas moles inftare portendit.ipfum tamen cantu & ftridore querulo, dirü facere aufpicium pu-
tant:tacens non femper malus fuit. quippe bubonis afpectus Agrippæ captiuo Iudæorum regnum portendiffe fertur, Alexander ab Alex. Die natali Ibidis,quod nomen inimici fui fingit Ouidius, Sedit in aduerfo nocturnus culmine bubo, Funereoség graues ædidit ore fonos.

¶ De Bubonis augurio hiftoriam memoratu dignam refert Nicolaus Clemangius, Baiocenfis ecclefiæ in Gallia aliquando Archidiaconus,qui Pifani Concilij improbitate offenfus,in quandam de Concilijs difputationem incidit. Agens autem de Concilio Romano, quod Ioannes XXIIII. Pontifex,in Efquilino monte æde D.Martini celebrauit,tale narrat prodigium. Conuocauerat   20
(inquit)ante quatuor annos Romæ Concilium, maxima quorundam impulfus contentione, Baltazar Coffa perfidiffimus,nuper è Petri fede,quam turpifsime fœdabat,eiectus:in quo paucifsimis extraneis præfentibus,ex aliquibus qui aderât Italicis(Italis)& aulicis fuis, fefsiones aliquot tenuit, de rebus fuperuacaneis,nihilég ad Ecclefiæ utilitatem pertinentibus. Cum autê ante primam Concilij côgrefsionem pro inuocatione fpiritus fancti,facra de more fuiffent facta,ut patres affederunt, & Baltazar fublimi in loco præfedit: ecce dirus ac feralis bubo, funeris aut alterius, ut ferunt,cala-
mitatis femper nuncius,è latebris erumpens, uoce illa fua horrifica continuo aduolat, fuperég tra-
bem templi mediam,oculis in Baltazarem intentis, aftitit. Vniuerfis mirantibus, quod nocturna auis & lucifuga,in turbam diurna luce aduenifset, malumég ex prodigio ominantibus, Baltazar in quem fixa acie oculos intendebat,angi,fudare,atég intra femetipfum æftuare cœpit, & dimifsis patribus ac foluto ccnuentu,difcefsit. Aliqui prodigium in rifum uerterunt, dicentes, Specie bubo-   30
nis in congregationem improborum fpiritum fanctum aduenifse. Secuta altera deinceps fefsio; in quam eodem modo rurfus bubo aduenit, uerfo femper in Baltazarem contuitu,qui maiore pudore quàm prius perturbatus, auem ominofam clamoribus abigi, & fupplofione manuum terreri præcepit:Sed illa non prius amota fuit,quàm fuftium ictibus pulfata,in confpectu omnium exani-
mis decideret. In hanc fententiam Clemangius. Hic autem bubonis aduentus,augurio fuo nô ca-
ruit.nam & Concilium cum dedecore Pontificis diffolutum,& Baltazar pauló poft Conftantiæ ex-
auctoratus eft, & Monhemij in oppido principis Palatini in uinculis detentus. Suam autem fortu-
nam in carcere his uerfibus,deplorauit:qui quamuis ad hanc hiftoriam nihil faciant, utilem tamen de fortunæ mutabilitate admonitionem comprehendunt.

Qui modò fummus eram lætatus nomine præful,	Triftis & abiectus nunc mea fata gemo. 40
Excelfus folio nuper uerfabar in alto,	Cunctaég gens pedibus ofcula prona dabat.
Nunc ego pœnarum fundo deuoluor in imo,	Vultum deformem,pallidaég ora gero.
Omnibus è terris aurum mihi fponte ferebant:	Sed nec gaza iuuat,nec quis amicus adeft.
Sic uarians fortuna uices,aduerfa fecundis	Subdit,& ambiguo numine ludit atrox.
Cedat in exemplum cunctis,quos gloria tollit,	Vertice de fummo mox ego Papa cado.

¶ Accidit aliquando ut Changius Can imperator Tartarorum uictus ab hoftibus inter arbu-
fta lateret:inter quæ cum fortè bubo infideret,uictores dum perquirunt uictos pafsim occultatos, neminem latere putarunt,quafi aue minime illic manfura fi hominum quifquam adeffet. itaque factum eft ut filentio noctis fecutæ imperator ad fuos euaferit & falutis fuæ caufam expofuerit. Ab hoc igitur tempore Tartari bubonem ceu auem felicem & facram reuerentur, & plumas eius ceu   50
amuletum & profperitatis caufam in capitibus geftât,ac quicunég illas habere poffunt fe felices exi-
ftimant, Haithonus in libro de Tartaris.

¶ Afcalaphi in bubonem metamorphofis defcribitur ab Ouidio lib.5.Metam. Afcalaphus(ut tradunt Grammatici)Acherontis & Orphnes(uel Stygis, fecundum Scruium in Georgica) infer-
nalis nymphæ filius fuit.Hunc aiunt rapta Proferpina à Plutone,cum quæreretur, num aliquid gu-
ftaffet apud inferos,eam accuffaffe,atque dixiffe, feptem grana mali Punici ex uiridario Ditis gu-
ftaffe:ex quo factum eft ut non in totü reftitueretur Proferpina. Ob hanc caufam Ceres irata eun-
dem mutauit in bubonem. Alius fuit Afcalaphus Martis ex Aftyocha filius,Ialmeni frater, cuius à Deiphobo occifi Homerus meminit Iliad. N. Euftathius in quartum Odyffeæ Afcalaphum uirum dictum putat,quafi Acalaphum, pleonafmo literæ figma,per antiphrafin, eò quòd minimè mol-   60
lis aut facilis tactu effet, ἀλλ' ἀπροσψαυσῷ καὶ ἀνέπαφῷ δ' αὐδφοειησ: qua ratione etiã urtica Græcis ἀκα-
λήφῳ dicatur, quòd tactus earum minimè ἀκαλός, id eft lenis, tener, aut mollis fit. Idem ab eo fcribitur
in Ilia-

in Iliados o.ubi, Ascalaphum(inquit)Martis filium, aiunt in Hebræam(Iudæã)translatum, in Sama=
ria sepultum esse, unde & Samaria dicta sit, quòd Mars illic filio sepulchrum fecerit, ὅ|α τὸ ἐκῦ σᾶμα
τὸυ Ἀείω, τατέσι σῆμα, ποιῆσαι ἴοὴ υἱῷ.(Ascalaphi Martis filij Iliad.iota etiam meminit Homerus.) Ve
rum Etymologus & Scholiastes Homeri innominatus Iliad.ν.Ἀσκάλαφον dictum interpretantur ἠρὰ
τὸ ἀσκελὲς |λ ἄφις, τὸυ λίαμ σκληρόμ. Sed ἀσκελὲς per e. potius quàm per a.scribi debet, cum durum sig=
nificatur,uide Varini Lexicon.nimirum à uerbo σκιλλω quod est resicco, induro:& α. litera inten=
dente:uel,ut α.priuatiuum sit, rigidum & inflexile, quod σκίλης,id est crura flexusφ non habet. Cæ=
terum ἀσκαλαβὸς siue ἀσκαλαβώτης, stellio est, quadrupes ouipara, ἠρὰ τὸ ἀκαλῶς βαίνων sic dicta, hoc
est à molli leniφ ingressu. ASCALAPHVS, ἀσκάλαφὸς, ad imum intestinum appendices pau=
10 cas habet, Aristoteles in fine lib.2.historiæ anim.cum alibi nusquam hoc nomen apud eum reperia=
tur,itaφ ascalaphum à bya(quem Gaza ex eo bubonem uertit)diuersum facit, Niphus ascalaphum
genus anseris esse putauit, deceptus fortassis quòd anseris simpliciter & agrestis hoc in loco red=
dendo Albertus(ex Auicennæ nimirum interprete)meminit.Ego omnino bubonem, aut similem
& congenerem buboni auem esse dixerim, Hebraicam uocem schachaph השחף,Deuter.14.aliqui
bubonem uerterunt.uideri autem potest ab ea Græcis deductum esse ascalaphi nomen,ut supra in
A.scripsimus. ¶ Qui animalium uaticinorum animas sibi asciscere uolunt, præcipua aliqua eo=
rum parte deuorata, animas quos illorum præsentes habent, ut corde coruorum,ἀσπάλακωμ & acci=
pitrum, easφ Dei instar futurorum præscias, Porphyrius lib.2.de abstinendo ab animatis.Et quan=
quam scio ἀσπάλακα Græcis talpam esse, & hoc ipsum de corde talpæ à Plinio scribi, dubito tamen
20 an ἀσκαλάφων melius legatur, hoc est bubonum.quoniam bubonibus,ut dictum est, præcipua fides
in augurijs habetur:& bubones tanquã aues cum alijs auibus,ut coruis & accipitribus,aptius quàm
talpæ numerantur.Iam cum talpæ Græcis ἀσφάλακὸς & ἀσφάλακὸς dicantur, facile factũ est ut ἀσκα=
λάφων pro ἀσφαλάκωμ poneretur. Eadem nimirum fuerit etiã ἀσφαλὸς auis, quæ alio nomine etiam
ψνθϋσκὸς,enthyscus appellatur, Hesychio & Varino testibus.

¶ Bubo canit lusciniæ, inter prouerbia recensetur ab Erasmo Rot.cum infans suadere conatur
eloquenti, aut ineruditus docere doctissimum. Authorem citat Theocritũ in Thyrside, ubi hic uer=
sus legitur, Κὴφ ὀρέωμ τοι σκῶπις ὑχὴὸτι γαρϋσαιτο, hoc est, ut ipse uertit, Buboφ montanus philomenis
occinat ipsis.Etsi uerò scops alia auis quàm bubo sit,licet recentiores quidã uideantur confundere,
quod ad sensum tamen prouerbij nihil interest,cum uox utriφ absurda sit.Et similiter Calphurnius
30 etiam Aegloga sexta ex Theocrito uertisse uidetur, hoc carmine, Vocalem superet si turpis aëdona
bubo, quod Erasmus citat in prouerbio Acanthida uincit cornix.
¶ Emblema Alciati, sub lemmate Senex puellam amans:
Dum Sophocles, quamuis affecta ætate, puellam   A quæstu Archippen ad sua uota trahit,
Allicit & precio, tulit ægrè insana iuuentus   Ob zelum, & tali carmine utrunφ notat.
Noctua ut in tumulis, super utφ cadauera bubo,   Talis apud Sophoclẽ nostra puella sedet.

DE BVDYTIS.

BVDYTAE,βϸδϋται,aues imbecilles uisco capiuntur, Oppianus Ixeuticorum tertio.uidentur
40 autem de passerum, id est paruarum auicularum genere esse, & ita dictæ quod circa boues uolitare,
easφ subire soleant. imbecillitas quidem paruitatis nota est. Coniecerim equidem has esse auicu=
las quæ inter boues & armenta uersari & caudas motitare solent, nostri uocant Rinderschysser,
& Ryserle.

DE AVIBVS QVARVM NOMINA INCIPIVNT A C. LITERA.

DE CACA.

CACA,κακὰ,Græcis nomen est auis,& idem quod κακία, id est malitia significat, Hesychius &
50 Varinus. Videtur sanè cuiuscunφ auis hoc nomen est per onomatopœiam ei impositũm.
¶ CALAMODYTES,quem cedri folio perire Aelianus author est, ad passeres pertinere ui=
detur,nàm uulgò etiam passeris genus quod inter calamos degit, nostri Rotspaz, id est arundina=
rium passerem nuncupant.

DE CALIDRI.

CALIDRIS,καλίδϸις oxytonon,lacus & fluuios petit. color ei cinereus, distinctus uariè, Ari=
stot. Græcè legitur, ἐsὶ |λ ὄτὸ τὸ ὄρνεωμ ποικιλίαμ ἔχομ,τὸ |λ ὅλον ασοδϸωἴⸯς,lib.8.cap.3.de hist.anim. Ebe
rus & Peucerus calidrin interpretantur auiculam minimã, quæ per arbores reptat picorum more,
quam Germani uocãt Baumkletterlin,de qua inferius in Certhia copiosius scribã.sed cum aui=
60 cula hæc aquatica nõ sit,non placet calidrin appellare.quin potius inter gallinagines aquaticas eam
collocârim, quarum quædam cinereo colore inueniuntur, pleræφ etiam σικλοὶ,id est uariè maculosæ
in eo genere sunt.

u 3

DE CANARIA.

CANARIAM auiculam è Canarijs insulis mercatores adferũt,& uulgò auiculam facchari uo=
citant,Zuckeruögele. Auis est uulgaris pari magnitudine,rostro albo,paruo,& in acutum tenden
te:alarum & caudæ pennis totis uiridi colore:exiguo sanè discrimine ab auiculis illis quas nostri ci=
trinas nuncupant:aut ijs quas zisetas nostri, Itali ligurinos, nisi quòd paulò maior est quàm utracz
illarum,huic aspectu similior,illa nonnihil uiridior. Cibis hæ omnes ijsdem uescuntur, lini scilicet
aut papaueris semine,uel etiam interdũ milio. Canaria priuatim saccharo eiusc arundine summo=
pere gaudet:ut & auricula muris herba,quam uulgò morsum gallinæ uocant. hac enim ad cantum
statim excitatur.Concentu ualde amœno est & acuto,quem spiritu diu non interrupto,nunc in lon
gum,nunc in altum,uaria uocis inflexione , & musica propè , sanè lepida & artificiosa melodia ex= 10
tendit.Sonus emissus omnino gracilis,tamcz uibrans est, ut cum paruos faucium aliquãdo neruos
intenderit,auscultantium aures,tereti quasi clangore percellat & obtundat. Ob hanc ipsam delica=
tam cantus suauitatem, & quod è remotissimis locis , per mare procul , deinde terra quocz longè,
summa cura & diligentia non nisi rara asportatur,magnatum ædibus alitur.Nam & ipsa per se pere
grina raritate, & tanta gutturis dulcedine homines delectari, stupendum non est, præsertim quum
ab Homero,Dyonisio Afro, Strabone, Ptolemęo, μακάρων νῆσοι (Latinis Fortunatę numero quincz,
Plinio, Melæ) istæ insulæ dicantur , ex quarum una , hæc auis nomen apud nos adepta est, ubi ca=
ptam negociatores adferunt.Solet autem magna in eius dignotione fraus exerceri,ita ut non pauci
in ea agnoscenda decipiantur.Hæc omnia super hac aue doctrina & genere præclarus iuueris Ra= 20
phaël Seilerus Augustanus Geryonis Seileri nobilissimi medici filius ad nos perscripsit , & suum
hoc in eandem epigramma adiecit.

Quid miror digitis quando rudis organa pulso	Suaue tot è cannis ire redire melos?
Plures una sonos auis hæc nil passere maior	Gramineis herbis æqua colore,dedit.
Illa tonos aptè medios quos maxima moles,	Nec calami poterant mille sonare,canit.
Ergo chelys,citharæcz fides uos,dicite nostram	Vel mutam si fas est,uel ἄμεσον auem.

DE CAPRA.

CAPELLA, ἀιξ,auis circa lacus & amnes uersatur, Aristot. hist.anim.8.3. Bellonius in Singu= 30
laribus 1. 10. auem quæ uulgo uanellus dicatur Aristotelis æga esse cõijcit, quod illa hodiecz apud
Græcos æx nominatur. de quo plura leges in Vanello. Audio circa Francfordiam ad Mœnum a=
uem quandam à uulgo Himmelgeiß appellari,id est cœlestem capram. Hieronymus Tragus ne
scio qũas aues (uidentur autem de gallinaginũ genere) Germanice Bruchschnepffin uel Haber=
getßlin uocitari scribit,quasi capellas auenæ dicas,quòd hæ gallinulæ syluestres forte in agris aue=
na consitis reperiantur,& uocem caprinæ similem ædant.

DE CAPRICIPITE.

CAPRICEPS auis,ἀιγοκέφαλος,liene omnino caret. gulæ eius pars inferior paulò latior est , & e= 40
ius iecori simul ac uentri sel iungitur , Aristot. Aegocephalo aui lienem non esse constat,Aristot.
Auis cuius caput simile est caprino,uocatur Latinè apud uulgus caper hirundinis,Albertus de ani
malibus 2. 2. 1.

DE CAPRIMVLGO.

CAPRIMVLGVS,ἀιγοθήλας, auis montana est, magnitudine paulò maior quàm merula, minor
quàm cuculus,moribus mollior, (audax est, Aelian.) parit oua duo,aut tria cum plurima. sugit ca=
prarum ubera aduolans,unde nomen accepit.Cum suxerit, uber extingui, (resiccari Aelianus) ca=
pramcz excęcari aiunt.Parum clare interdiu uidet,sed noctu perspicax est,Aristot.& Aelian. Par 50
uas aues aspernatur,& caprarum uberibus aduolat ut exugat,(ἀντίθεται ταῖς αιξιῶν τὸ καρπερòν,) Ae=
lianus. Caprimulgi appellantur grandioris merulæ aspectu,fures nocturni:interdiu enim uisu ca=
rent, intrant pastorum stabula,caprarumcz uberibus aduolant, suctum propter lactis : qua iniuria
uber emoritur,caprisc cæcitas quas ita mulsere oboritur, Plinius. Vetus interpres Aristotelis,ut
quidam citant,addit hanc auem interdiu inter lapides degere. & pro Græca uoce ἐλαχικòς (Gaza
uertit mollior, Vuottonus segnior & mollior) reddidit moris (ingenij) astuti, quod nõ probo, nam
ἐλαξ & ἐλαχικòς,ut grammatici docent,contrarium potius indicant , μωρòς,ὄυθης,ἀνόητος,βραδ'ὺς,μαλα=
κòς,ἐκλελυμμέϑ.nam qui ἀλαζονα interpretātur, errant.Sunt autem & aliæ quædam nocturnæ aues,
stolidæ,ut otus & scops. Diuersa ab hac auis ægithalus est, quam Latinè parum dicimus. aliquã ta
men nominis uicinitate decepti cum ægothela confundunt. nam Aristophanis scholiastes in Aui=
bus, Aegithalus (inquit) accipitris species est,sic dicta ἤξε τὸ ἀιξ ἀιγòς τελαχικήναι, quòd caprã suxerit. 60
¶ Caprimulgos aues Romæ cognosci,& sæpe à pastoribus deprehendi, Petrus Gillius Vene=
tijs aliquando mihi narrauit. Cum essem apud Heluetios (inquit Turnerus) senem quendam con
spicatus,

ſpicatus,capras paſcentem in montibus, quos herbas quærendi gratia aſcenderam , rogabam nũ auem nouiſſet merulæ magnitudine,interdiu cæcam,noctu perſpicacem,quæ caprarum ubera no-ctu ſugere ſoleat,unde capræ poſtea cæcæ euadunt:qui reſpondit, ſe in Heluetiorũ montibus antè quatuordecim annos,multos uidiſſe , & multas iniurias ab ipſis paſſum, ut qui ſemel ſex capellas à caprimulgo occæcatas habuerat.cæterum nunc omnes ad unũ ab Heluetijs uſq; ad inferiores Ger-manos,ubi hodie non ſolum capras lacte priuant & occæcãt,ſed & oues inſuper occidunt,auolaſſe. Nomen auis quærenti,paphum, id eſt,ſacerdotem díci reſpondit. Sed uetulus ille mecum forte io-catus eſt. Ego ueró , ſiue iocatus fuerit , ſiue ſerió locutus , aliud Germanicum caprimulgi nomen quàm quod me docuiſſe,non teneo.Si qui ſint, qui melius &aptius nomen in promptu habeant,

10 proferant,Hæc Turnerus in libro de auibus. Idem poſtea in literis ad me miſſis,caprimulgum ſe uidiſſe ſcribit prope Bonnam(Germaniæ ciuitatem ad ripam Rheni, ſupra Coloniam) ubi à uulgo appelletur **Naghtrauen**,id eſt coruus nocturnus. Nos auis illius quæ Argẽtine uocatur **Nacht-ram**,corrupto forſan nomine, alibi **Nachtrap**, effigiem infra ponemus cum hiſtoria nycticoracis, nam caprimulgum eſſe nondum auſim aſſerere,præſertim cum iuxta aquas & inter arundines eam uerſari audiam,ubi noctu clamet uoce abſona, & tanquam uomiturientis.

¶ Iſidorus & Albertus ægothelan(agothiles in eorum codicibus imperitè ſcribitur) auem pere grinam faciunt,quæ in Oriente reperiatur,magna,roſtro lato:cætera ueró addunt ex Ariſtotele aut Plinio. ¶ Aeſalon uulgó caprimulgus uocatur, Niphus:cuius ego ſententiam non probo.

¶ Caprimulgus in Creta uulgó cognoſcitur.is à Gallis, quoniam noctu per urbes uolat, & cla-

20 morem perquam horribilem ædit,(un cry moult effrayant,) freſaye uel effraye nominatur : ab alijs parum rectè orſraye , quod nomen oſſifrago conuenit. Hic interdiu non uidet, non magis quàm noctua autbubo.Colore & magnitudine fermè cuculum repræſentat. Nidificat in altis turribus & cauis templorum.in Creta ueró inter rupes montium circa mare , ubi capras nocturno ſuctu infe-ſtat,necp; enim ſtabulis noctu includuntur illic.Meminit harum auium etiam Ouidius ſtriges appel lans,his uerſibus. Carpere dicuntur lactentia uiſcera roſtris. Eſt illis ſtrigibus nomen: ſed nomi-nis huius Cauſa,quòd horrẽda ſtridere nocte ſolent,Bellonius. Normanni freſaiam auem dicunt uolare pedibus ad cœlum conuerſis:ſpeciem eſſe bubonis,non maiorem ulula, fuſci coloris.

DE CARDVELE.

A.

ARDVELIS dicitur eò quòd ſpinis & carduis paſcitur, unde apud Græcos acanthis dicitur à ſpinis quibus alitur,Iſidorus. Recentiorũ quidem Græcorum acanthis,eadem cardueli uideri poteſt,ſcribit enim Theocriti interpres acanthidem auem eſſe uariam & argutam,& à coloris uarietate etiam ποικιλίδα dici.Ariſtotelis ueró ac ueterum acanthis, diuerſa fuerit,ut Gazæ & Hermolao quoq; uiſum eſt , ut pote auis colore ignobili. Vide ſupra in Acanthide A. Auis Ariſtoteli thraupis,θραυπις,dicta,à Gaza carduelis conuertitur: quod & Her-molao probatur. Turnero quidem non aſſenſerim, qui chloridem noſtram (**Grünling** uulgò uo-cant)thraupin eſſe conijcit. Zena,id eſt auis Iouis,quàm Græci uocant aſtragalinũ,nos ueró car-duelem:in capite pennas rubeas habet , in alis aureas , & omnino tota eſt uaria colore, Kiranides. Aſtrolinum & aſtrogallum Matthæus Syluaticus cardellam uel carduellum auẽ interpretatur. ap-paret autem uoces eſſe corruptas pro aſtragalino uel aſtragalo. Carduelis olim ποικιλίς Græcis, in Creta uulgò guardelli,uel ſtragalino dicitur, Bellonius. Sed alij uidentur aſtragalini Oppiani lib.

60 3.de aucupio ubi celeres aſtragalinos (ὠν ταχεῖς ἀσραγαλίνες)uiſco capi legimus,& nimirum illi paſſe-ribus adnumerandi ſunt, ut & ampeliones,budytæ,baritæ, ſõdes & ſpini, quas ibidem nominat & ſimiliter inuiſcari ſcribit. Nomen eis à magnitudine aſtragali inditum uidetur, tanquam minimis

u 4

auiculis. Solent enim aliquando authores ueteres (medici) aftragali magnitudinem nominare, quaſi
notam uulgò, ut nos ferè nucis. Polybus in opere de affectibus corporis, medicamētum quoddam
inſtar tali ouis accipi iubet. (Cæterum aſteres (ἀϛέρεϛ) Oppiani, quas ibidem inuiſcari ſcribit, cardueles forſitan fuerint, quibus (inquit) rubicundus circulus ſtellæ inſtar in capite fulget. quanquam
& alia apud nos auicula canora inuenitur, & ipſa (ni fallor) è ſpinis ſeu carduis uicitias, Schöſſerle
uocant noſtri, rubente in uertice circulo. ¶ Thraupis, acanthis & auriuittis, auiculæ diuerſæ, carduorum ſemine omnes ueſcuntur, ut difficile mihi dictu uideatur, quamnam è tribus Plinius carduelem fecerit, Turnerus. Putat autem auriuittem eam eſſe quam nos hic prò carduele ſimpliciter
dicta pingimus. (Vide ſupra in Auriuitti.) Quanquam enim & aliæ aues carduorum ſeminibus
paſcantur, hæc tamen per excellentiam ſic dici uidetur, quòd & aliarum pulcherrima ſit, & cæteris 10
(Alberto teſte) cantu præferatur. ¶ Carduelis etiam apud Græcos hodie uulgò χαρδ'έλι uocitatur,
Italis gardello & gardellin, ut Nic. Erythræus ſcribit, etſi is acanthidem ſic interpretatur. alij aliter
ſcribūt, gardelino, cardellino, carzerino. Carduelis (inquit Niphus Sueſſanus Italus) uulgò etiam
raparinus dicitur. Sed alibi rauarinum ſonant, ut circa lacum Verbanū. Acanthida aliam à carduele crediderim, ut ſit quæ ſpinus dicitur: carduelis autē paſſer ſolitarius, ſuauiter cantillans, Grapaldus. Sed paſſerem ſolitarium à carduele & thraupide longè diuerſam eſſe auem, facile ex eius
hiſtoria conſtabit. Hiſpani carduelem appellant ſirguerito, ſielecolore: & ni fallor aliqui etiam pin
tacilgo. Galli chardonneret. quanquam & alias aues quæ ſpinas & carduos appetunt, eodem nomine uocent. Sabaudis, charderaulat. Carduelis auicula apud Germanos Siſtelfinck (uel Si-
ſteluogel) dicitur, quòd carduis inſideat: apud quoſdam ueró Stigelitz ab imitatione uocis, Alber 20
tus. Carduelis multorum generum eſt, ſed tria apud nos notiora ſunt. Primum genus dorſo cinereo eſt, à lateribus croceum, & ante roſtrum in capite rubet minij inſtar, & hoc nobilius habetur.
Alterum eſt croceum paruum, quod uulgò Ziſich (Zinßle) uocatur, (de quo in Acanthide ſcripſi.)
Tertium uulgò nominatur Finck, (uide in fringilla,) cui pectus omnino flammeū rubet. Sunt qui
quartum genus adijciant, lino inſidens: quare auis lini (Schößle) uocatur, id in dorſo ferè cinereum
eſt ut primum, & in pectore ad croceum colorem cinereo dilutum uergit, Idem. Carduelem Ro-
ſiochij uocant Rotkögelken, Friſij ein Petter Rhæti qui Germanicè loquuntur, Truno, ni fallor,
Illyrij uel Bohemi ſteglick. Poloni ſczigil. Eberus & Peucerus Germani ligurini duo genera faciunt, minus quod non ualde diſsimile cardueli colorem ex albo nigroφ mixtum habeat. nos etiam
(inquiunt) Siſtelfincken uocamus. maius, quod fringillā duplo excedat, cætera ferè ſimile, Kitch 30
finck (forte Kirßfinck) & Kernbeyſſer: colore utrunφ genus ignobile, ſed laudatum amœnitate
uocis, Hæc illi. nos de poſteriore hoc genere, quod neφ paruum eſt, neφ uoce admodum placet, in
Coccothrauſte dicemus. Apud nos quidem carduelis genera duo haberi audio, alterum uertice
fuſco, alterum rubente. Turnerus auiculam cui nomen apud nos à uiriditate (Grünfinck, alijs itidem Kirßfinck) acanthidem eſſe conijcit. nam hæc quoφ carduorum maiorum & lapparum ſemine ueſcitur. ego illam inter chlorides poſui. ¶ Acardelentes, acalantia & acalantia, nomina corrupta ab acanthis & acalathis, Syluaticus cardellam, id eſt carduelem interpretatur. Liſinia, id eſt
auis cardella, Idem. Thraupis nominatur Ariſtoteli hiſtoriæ anim. 8.3, ubi Albertus (ex Auicenna nimirum) azamicoz habet.

B.   40

  Cardueles aues minimas eſſe Plinius ſcribit. Totas albas in Rhætia aliquando reperiri audio.
Carduelis eſt auis parua, croceo in corpore, (alis,) rubeo in capite colore decorata, Author libri de
nat. rerum. Carduelibus dorſum cinereum & fuſcum, alæ croceo colore nigroφ mixtim & alternatim uariatæ, albisφ notatæ maculis, uertex nigricans: roſtrum niger ambitus, hunc miniatus, mi-
niatum cæſius circundat, Eberus & Peucerus.

C.

  Carduelis (thraupis) ſpinam appetit. dormit & paſcitur eodē in loco. Vermem & quoduis aliud
animal edere aſpernatur, ut & reliquæ ſpinam appetentes, ſcilicet ſpinus & auriuittis, Ariſtot. Mirum uidetur quòd hæc auicula carduorum acutis aculeis paſcitur, Author libri de nat. rerum. Quod
carduelis dicitur paſci acutis ſpinarum & aculeis, experimento nouimus falſum eſſe. Paſcitur enim 50
ſeminibus carduorum, lapparum, & uirgæ paſtoris, (dipſaci,) & ſimilium. Edit etiam ſemen papaueris, & rutæ & cannabis. & quæcunφ ſemina edit, roſtro decorticat, ut pura medulla ueſcatur, Albertus. Et alibi, Genera uinconum, inquit, ex ſpinis uicitant, ut auis Zeyßle Germanis dicta, &
uinco cardui (id eſt carduelis) & uinco rubens pectore, & auis Gurſe dicta. Virgæ paſtoris, id eſt
dipſaci, ſemina & uermiculos quæ ſunt in carduis ſuper radices ſiccatis, quærūt auiculæ, & cantant
cum dantur eis, Creſcentieñ. ¶ Cardueles ualent amœnitate uocis, Eberus & Peucerus. Carduelis auicula Germanis Siſtelfinck dicitur, quòd carduis inſideat: apud quoſdã ueró Stigelitz
ab imitatione uocis, Albertus. Et alibi, Carduelis omnia genera (quaterna enumerauimus in A.)
muſica, ſed præcipuè primum: deinde ſecundum, eoφ minus tertiū, & minimè quartum. ¶ Cardueliū genera omnia gregatim uolant, Albertus. ¶ In caueis incluſas aliquando epilepſia labo 60
rare obſeruauimus. ¶ Carduelis auicula etiam ultra uigeſimum annum uiuit. Moguntiæ enim
puer carduelem uidi, egreſſam uigintitres annos, cui ſingulis ſeptimanis roſtrum ac ungues præci-
debantur,

debantur, ut papauer cibum, potumép capere, & suo loco consistere posset. Cauea uerò & carceribus suis exuta, quo locabatur, uel prona uel supina iacebat immota prorsus præ ætate, & ad uolandum inepta, & iamiam propemodum pennis genuinis immutatis cana effecta, Iustinus Goblerus
in epistola ad me.

D.

Cardueles imperata faciunt, nec uoce tantum, sed pedibus & ore pro manibus, Plinius. 10. 42.
Nollem cardueles deuorari. plus enim uoce quàm patina hominem delectant. imperata faciunt, & pedibus atçp ore pro manibus utuntur: ut is quem in cubiculo Francisci Gonziaci cardinalis, cibum ac potum duobus uasculis æquilibribus funiculo ad se trahentem, cum uoluptate pari-
10 ter & admiratione cernimus, Platina. Carduelis ergastulo clausa suppositam aquam ab imo per silum uasculo suspenso, ad se rostro trahit, pediçp filo interdù supposito cum attigerit uasculum sitim
potu sedat, Author libri de nat. rerum. Carduelium genera cornu (uasculum) à caueis, ubi includuntur, dependens, rostro trahunt ut bibant, sed cum biberint temere decidere sinunt, Albertus.
Non una solum ex auium genere quæ carduorum seminibus uescuntur, imperata facit, & rostro ac
pedibus pro manibus utitur, sed diuersæ spiniuoræ, nempe auriuittis (hanc ipse interpretatur uulgò
dictam carduelem, & nobis ein Siſtelfinck) & alia colore uiridi (a quo & nomen ei Germanicum,
ein Grünling:) & miliaria, quam linotam nostrates appellant, hæ omnes è duabus situlis uicissim
ascendentibus & descendétibus, cibum ex una, & potum ex altera desumunt, (sumere assuescunt,)
Turnerus. ¶ Cardueles domi in caueis aluntur multis annis propter cantum, nouem interdum
20 aut amplius annis, donec iam senecta deficiant: & in mensas aliquando emissæ cicures admodum
se præbent. Quòd si uterçp sexus coniunctus fuerit, præsertim si spatium uolandi eis negatum non
sit, prolem procreant, nidificantép in ipsis zetis siue hypocaustis apud nos, & pullitiem educunt,
quanquam rariuscule. pariunt autem oua septem uel plura.

E.

Carduelium genera omnia, cum carduis insident adeò sunt stulta, ut frequétes una post alteram
laqueo in uirgæ extremitate ligato per collum attrahantur, per foramen parietis post quem auceps
lateat, non fugientibus cæteris. Similiter quando fisso ligno (amite) capiuntur, una hærente multæ
conueniunt iuuandi animo, & capiuntur, Albertus.

F.

30 Ficedularum, carduelium, & reliquarum auium minutarum caro, si pingues sint, modo non nidificent, boni alimenti est, Platina.

G.

Zena, id est carduelis, assa & in cibo sumpta, iliacos & colicos perfectè curat, Kiranides.

H.

a. ῥεσκίην, genus auis, Hesychius & Varinus: corrupto forte nomine pro θρασκίην.
CARYSTIAE aues sunt, quæ impune flammas inuolant, ita ut nec plumæ nec carnes earum
flammis ignium aliquatenus cedant, Albertus Solinum citans, perperam ut uideo. neçp enim auis,
sed lanæ potius, aut lapidis, qui lanæ instar pecti texiçp aptus erat, genus est quod Carystium ab oppido Euboeæ Carysto appellabatur, ex quo etiã mantilia fiebant, quæ igni iniecta à sordibus expur-
40 gabantur ac si abluta fuissent, ut Varinus refert. Plinius etiam (lib. 19. cap. 1.) meminit lini uiui siue
asbestii, quod ignibus non absumatur, in India nascentis. Plura huiusmodi leges in Salamandra.

DE CARYOCATACTE.

ARYOCATACTEN appellare libuit genus graculi alpinum siue montanum, quod in
sequenti pagina depictum ponitur, ut uocis Germanicæ Nußbzecher significatiõe ex-
primerem Grecè, Latinè nucifragam dixeris. quanquam non ignoro caryocatacten apud
Athenæum lib. 2. nominari uel instrumentum quo nuces frangantur, uel hominé qui nuces confringat. ut & mucerobaton, μακηρόβατον, ὸν ἀμυγδαλοκατάκτην. muceros enim (μακήρας) Laco-
50 nes amygdala uocitant, ut ex Pamphilo Atheneus retulit. Et paulò antè, Seleucus (inquit) in glossis
tradit, nuces magnas myceros (μυκήρος) appellari. Amerias uerò μύκηρον scribit amygdalam dici. Ma-
κηρόβας, καρυοκατάκτης, Hesychius & Varinus. Nucifrangibulum ioco appellat Plautus dentem, in
Bacch. Mihi cautio est Ne nucifrangibula excusit ex malis meis. Sed redeo ad auem. Hæc igitur Germanis uocatur, ut dixi, Nußbzecher, uel Nußbzerscher, Nußbicker, Nußbäber. Gallis
cassenoix, eadem significatione. etsi auem quam nos inferius coccothrausten appellabimus, Gallis
quibusdam sic dici audiam. Italis circa alpes & lacum Verbanum, merle alpadic, id est merula alpina. sed graculorum potius quàm merularum generis aue esse apparet. Turcis gargá.
¶ Præter tria graculorum genera ab Aristotele descripta (inquit Turnerus) noui & quartum genus, quod in alpibus Rhæticis uidi, Aristotelis lupo (monedula communi) minus, nigrum, & albis
60 maculis per totum corpus, more sturni, distinctum, garrulitate reliqua graculorũ genera multum
superans, semper in syluis & montibus degens: cui Rhæti nucifragæ nomen, à nucibus, quas rostro
frangit & comedit, indiderunt, Hæc ille. Amicus quidam noster cum ex Curia Rhætorum op-

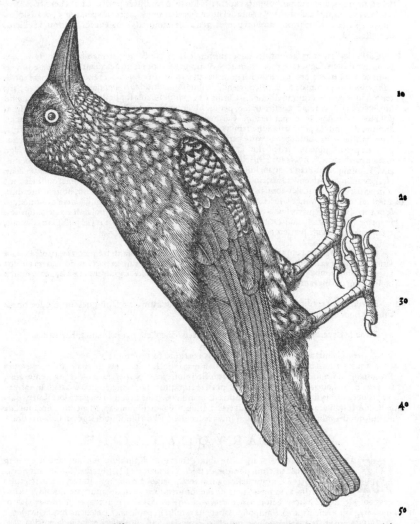

pido hanc auem ad nos mififfet, hæc fimul fcripfit: Nucifraga auis fimilis eft per omnia monedulæ
in turribus nidulanti, fed minor, maculis undicʒ candidis. alæ etiam extremæ candicant, & fub cauda plumæ quędam prorfus albæ uifuntur. Abundat maximè circa Curiam, & omnino graculorum
generis uidetur, fimiliterⅰ obftrepera eft. ¶ Eft & alia auis quæ nuces roftro non frangit, fed perforat, ut nucleos comedat, unde Germanis Nuffʒbacker/ id eft nucifora, nominatur, aljs Chlän:
aljs Nuffʒbicker/ de qua nobis inter picos dicetur. Quænam ueró auis fit ea quam Mifeni uocãt
Nuffʒbaher/ Lufatij Gabich, nondum cognoui.

DE AVE CASPIA SIVE INDICA.

FAMA quædam uenit in fermonem hominum apud Cafpios auem procreari magnitudine
maximi gallinacei , uerficolore uarietate florentem : atcʒ auditione accepi eam fupinam uolare, &
fub

ſub collum extenſis cruribus ſubleuare, (ὑποτείνων τοῦ τραχήλου τὰ σκέλη, καὶ οἷον εὐήχων αὐτὸς εἰ τὸν) tum
catelli uocem mittere, neq; in ſublime, ſed circum terram idcirco uolare, quòd in altum non queat
ſeſe attollere, Aelianus. Et alibi, In maris Caſpij inſulis cum alias aues naſci ferunt, tum maximè
unam ea ui & natura affectam, ut magnitudine quidem uel egregium anſerè ſuperet: pedes autem
habeat grui perſimiles, dorſo ſit uehementer rubro, uentre uiridi, collo albo, & diſſeminatis maculis
croceis diſtincto, non minus quàm duo cubita longo, capite itē tenui & longo, roſtro nigro, uocem
ranis ſimilem mittat. Item alibi, Auis Caſpia, uel potius Indica (nam in India etiam naſcitur) anſeris magnitudine, & lato quidem, ſed tenui capite, cruribus paruis eſt. uario colore diſtinguitur: nam
eius dorſum purpureum eſt, uenter maximè coccineus, caput & cutis (δέρμα, melius δόρυ, id eſt col-
10 lum, ut ſupra) exalbeſcunt, uocem caprinam mittit.

DE CATARRHACTE.

A.

CATARRHACTAS aues Callimachus memorauit, Ariſtophanis interpres. Video cataracten per ρ. ſimplex rectè ſcribi: cum ſcilicet deriuatur à præpoſitione κατὰ & uerbo
ἀράσσω. & rurſus per duplex ρ. à uerbo eiuſdem ſignificationis ῥάσσω, ut στάχυς quoq; & Atticè ἄστηχυς, στάξις & ἄσταξις idem ſignificant, geminatur autem ρ. in compoſitione, ſi præce-
20 dentis qua cum componitur præpoſitionis uocalem ſequatur. ſic à ῥέω, ῥήγνυμι, compoſita extant
καταῤῥέω, & καταῤῥήγνυμι, &c. Videtur autem mihi catarrhactes auis eſſe larorum ſeu gauiarum generis, quæ apud Friſios uocatur Seemeew, id eſt larus marinus, miluo ferè æqualis, cadaueribus
ueſcens, & in fame etiam anates rapiens. Coueniunt enim uictus, &; prædandi modus, &(ni fallor)
etiam corporis figura. Ariſtoteles quidem utriq; gulam totam amplam & latam tribuit. Et Oppianus, Cataractes (inquit) auis eſt inſtar lari minoris. Plinius diuerſi generis aues quæ Diomedeæ &
à Iuba cataractæ dicuntur, fulicarum eſſe ſimiles tradit: deceptus forſitã, ita ut pro laris, id eſt gauijs
ſulicas reddiderit: nam Græci quoq; nonnulli cepphum (fulicam interpretantur) & larum confundunt: & Diomedeæ non fulicis ſed cygnis apud alios authores comparantur: niſi fulicam ueterum
pro lari genere nigro accipias, de quo ſuo loco ſcribemus. Recētiores quidam obſcuri fulicam cum
30 Diomedea & herodio prorſus confundunt. Scio Albertum cataracten Latinè mergum magnum
exponere. ſed mergorum natura non ea eſt, ut ſimiliter ab alto in præceps ruant: quanquam cataractes ſimiliter ut mergi & piſcibus uiuat, & diu ſub aquis ſe contineat. Aliud catarrhaciæ genus eſt,
de quo Euſtathius in Dionyſium, Catarrhactes (inquit) uocatur auis aquilæ ſimilis, è ſublimi cum
impetu rectà aues inuadens, ὁ, νεον ἀετώδες, ὡς ἄνωθεν καταῤῥάσσων ὂυ τοῖς θηρσὶν τὰ ὄρνεα. Harpe, miluus
eſt uel auis alia aquilæ ſimilis, quæ in ſublime euectà, facile quo libet cum impetu rectà ſe demittit,
θύχρῶς ὅπου θέλει καταῤῥάσσει, Varinus. uide in Harpe. Sophocles in Laocoonte aquilam ipſam catarrhacten uocauit, & in Phineo harpyias, Heſychius & Varinus. Iuba Diomedeas etiam aues, ut
Plinius refert, cataractas nominauit, quæ quidem ardearum generis uidentur: eò quòd in barbarorum capita, qui in Diomedeam inſulam aduenerint, roſtro ferientes & uulnerantes καταῤῥάσσειν, id
40 eſt cum impetu ſe demittere ſoleant: de quibus priuatim ſuo loco dicemus. ¶ Diuus Hieronymus in Biblijs Leuitici cap. 11. ubi LXX. pro Hebraica uoce ſchalac catarrhacten uertunt, mergulum reddit, uide ſupra in Mergo in genere. Iidem LXX. Deut. 14. Hebraicam uocem kaath, נַץ,
catarrhacten uertunt, Hieronymus mergulum, alij aliter. Vide rurſus ſupra in Mergo in genere.
¶ Eberus & Peucerus catarrhacten falconē album interpretantur. uide in Falcone albo circa finē.

B.

Cataractes auis inſtar lari minoris eſt, robuſtior & colore candido (Albertus mergorum generis hanc auem facit, ut dixi, colore nigro, ſed abſq; authore,) accipitri palumbario ſimilis (πλοσύμοιθ,)
Oppianus. Cataracta auis minor quàm accipiter eſt, gula tota ampla & lata, Ariſtot.

C.

50 Cataracta mari uictitat, Ariſtot. Scopulis & littoribus & petris, quas chœrades uocant, ſupra
aquam eminentibus inſidet, Oppianus. Suidas etiam in uoce ἡμέρωα catarrhactē marinis animalibus adnumerat. ¶ In potu marina aqua, non ut cæteræ aues fluuiatili aut fontana utitur, Idem.
ſcribit autem laros quoq; marinam aquam bibere. Cataractæ adhuc teneri piſciculos tantum captant, adultiores deinde maiores inuadunt. Mors illis grauior quàm ulli ambiguæ uitæ auium contingit, acies enim oculorum ſenio confectis obtuſa, in cauſa eſt ut in mare ſe præcipites ferri ad piſcium prædam arbitrantes, ſcopulis ac præcipitijs illidantur & pereant, Oppianus. Cataractes ubi
piſces aliquot natantes uiderit (perſpicaciſſimus enim eſt uel ad fundum uſq; maris) altius uolat, &
pennis omnibus contractis, in mare tanquam delapſus per medium aëris interuallum quouis telo
celerius fertur. & ad ulnę ſeu paſſus (ὀργυίας) ſpatium immergitur, donec comprehenſum piſcem ex-
60 traxerit, quem mox euolans palpitantem adhuc deuorat, Idem. Cum ſe alto ingurgitârit, manet
non minus temporis, quàm quo ſpatium tranſieris iugeri, Ariſtot. Piſcium uorax eſt, Procopius.
Cataractæ fucum aut algam ouis ſuper petram inſternunt, nec aliter fouent, ſed uentis ſemper ex-

posita relinquunt. praeterea sic etiam tractant oua sua: mas illa unde marem procreandum coniicit,
foemina unde foeminam, in sublime ferunt unguibus comprehensa, inde mittunt in pelagus, atque
hoc subinde repetunt per dies aliquot. Hoc motu concalefactis ouis pulli excluduntur, Oppianus.

D.

Pulli cataractae mox ut lucem aspexerint, nulla in nidis mora, parentes uolatu sequi cōtendunt,
à parentibus autem suscepti, in mare demittuntur, & rursus illico extrahuntur, ut sic facilius auxilio
parentum hoc genus exercitij ipsis reddatur. Itaq; non inepte comparaueris eos filijs agricolae alicuius grauem annis patrem sequentibus: quorum alter imposito bubus aratro terram proscindit,
praeit alter & sulcis semina cōmittit, operantibus pater docens simul & gaudens assistit, Oppianus.

E.   10

Catarrhactas imaginibus piscium super tabulas pictis capiunt. nam dum impetu in illas ceu uiuos pisces feruntur, illisi pereunt, Oppianus. Gauiarum genus in Rheno etiam sic decipi audio, ut
ad tabulam in qua imago gauiae est, aduolantes capiantur.

F.

Cataractes interdictus est cibis, in translatione L X X. interpretum Leuitici X I. & Deuter. 14.
Cataractes, ibis, &c. mensis prohibentur, eò quòd aues sint piscium uoraces, quorum rapinae inhiant, Procopius.

H.

a. Cataractes uel catarrhactes dici potest, uide supra in A. item cataracta, ut Gaza ex Aristotele
transtulit. ¶ A uerbo ῥῶ fit ῥοιζω & ῥαίνω eiusdem significationis, item ῥάοσω, quod est cum impetu   20
decido, ἐῤῥωμένως καταπίπτω. unde & catarrhactes dicitur ἐπί τε ὀρνέων καὶ ἰδίᾳ πετρῶν ποταμίων, μεταφο-
ρικῶς δὲ καὶ ἐπί τινων ἄλλων καταρρασσόντων, Eustathius in Odysseae Υ. Καταράσσειν ἢ καταῤῥάσσειν, κατα-
κλᾶσθαι, (uidetur uox corrupta,) ποδικῦσιν ἐν, καταβαλεῖν, κατασείσαι, καταράξαι, κατάγνοσαι, alias καταράσ-
σαι, Hesychius & Suidas. Haliaeetus librat ex alto sese, uisoq; in mari pisce praeceps in mare ruit,
Plinius. quod Graece dixerim εἰς τὴν θάλασσαν καταράξαι, Καταράκτης, ὁρμητικὸς, Varinus: lego καταράκτης. ¶ Catarrhactae propriè dicuntur loca petrosa, ubi fluuij cursu impedito, & aqua copiosa
collecta, ex alto cum impetu decidunt, τῇ πλημμύρᾳ καταῤῥάσσοντος, ἤτοι αὔξεον βιαίως κατιόντος, unde &
coeli catarrhactas dicimus, Eustathius in Dionysium Afrum. Catarrhactes amnis est Pamphyliae,
multus & torrentis more impetuosus, ab alta petra descendens, adeò ut longissimè strepitus exaudiatur, Strabo. meminit eius & Melas. Catarrhactas Danubij, id est partes quasdam in quibus prae- 30
ceps decurrit, apud Strabonem legimus lib. 7. Sunt autem petrae quaedam, & ueluti mons, per quas
ingente cum strepitu & uorticibus uertiginibusq; multis deuoluitur, ut describit Suidas in uoce Καταῤῥάκται. Nili catarrhactas legimus apud Plinium lib. 5. cap. 9. & Strabo lib. ultimo. Dionysius
Afer poëta Blemyum κολώνας dicit, οὓς διὰ οἱ καταῤῥάκτης ἤτοι κατακδ'ετος καὶ κρημνὸς, id est duo illa prae-
cipitia per quae Nilus labitur, Eustathius. sunt autem duo (utrinq; singuli) montes, per quos defluit.
Sunt & Rheni in Heluetia paulò infra Scaphusiam, Lauffen appellant locum à decursu aquarum:
deinde aliae ad oppidum Lauffenberg. Cataractae appellantur etiam è terra exeuntes aquae, & ita
ex alto defluentes, ut ruere potius quàm defluere uideantur: qualem Tyburi cernimus Anienem.
Item loca ipsa è quibus exeunt aquae, cataractae dicuntur, unde in maximis imbribus apertas esse
coeli cataractas dicere solemus. Reperitur autem haec cataracta foeminino genere, & hic cataractes 40
masculino. à Graecis καταῤῥάκτης masculino genere dicitur, Sipontinus. Cataractas quidam coeli fenestras, aliqui nubes, & alij subterraneos specus uocant, Io. Tortellius. In sacris legimus, Rupti
sunt omnes fontes abyssi magnae, & cataractae coeli apertae sunt. hoc est, fenestrae aërei coeli, in quo
generantur nubes & pluuia. Sicuti cataractis ex asseribus temperantur aquarum cursus, nunc ape-
riendo, nunc occludendo, in fossis plerunq; manu factis, quarum praeripia lateritio muniuntur pariete. hinc & à Diodoro Nili celebrantur cataractae. Quoniam, ut in remotioribus Graecorum Lexicis comperi, cataractas ea gens riuos intelligit, ac (ut apertius agam) cōductus, (Καταῤῥάκτης, ὀχετὸς,
ῥύαξ, Hesych.) Coelius. Cataractae dicuntur fores pendulae intra portas murorū, aduersus irruptio-
nem hostium, ex ligno ferróue, quae demitti ac tolli pro uoluntate custodum possunt, Germani uocant Schützgatter. οἱ δὲ καταῤῥάκται δὲ ἔχον ὀλίγον ἐξωτέρω δύα μηχανημάτων δύνμμένως, διαφνίστον καθένων, 50
καὶ ἐπιβάλοντο. καὶ τότος καταγόντος πρὸ τῷ τέχης, ἀπιοκολόπιστ, Varinus ex authore innominato post
uocem Ἡμέρω. Porta cataracta deiecta clausa erat: eam partim uectibus leuāt: partim funibus subducunt in tantum altitudinis, ut subire recti possint, Liuius 7. belli Pun. Dictae cataractae, quòd ex
alto defluere uideantur. Greci enim καταῤῥέω defluere dicunt: (ut Sipontinus inepte interpretatur.
cataracta enim à uerbo καταρέω, ῃquod supra expositum est, dicitur.) Dicuntur hac ratione etiam
obices, quibus aquae cursus temperatur & sustinetur, ait Budaeus. Patauij sostegni uulgò dicuntur, Germanis lofilladen, uel potius lafiladen, id est tabulae dimissoriae: quod uel eleuatis illis aqua
in praeceps dimittatur, uel depressis cohibeatur.

DE CATREO.   60

C A T R E V S, κατρεὺς, auis quaedam est, Hesychius & Varinus. Catreum auem (inquit Aelianus)

hus)ita nuncupatam,cum ex nimia formæ pulchritudine Clitarchus ait, tum pauonis magnitudi=
ne esse,tum pennarum eius extremitates smaragdi similitudinem gerere: ac si alios intuetur, eius
oculi nescias quo colore sint:sin te aspiciat, purpureos dices. Quod in aliorum oculis album, in il=
lius pallidum est.acri atcp acuto uidendi sensu prædita est.Capitis plumæ partim candidulis ocellis,
partim guttis quibusdam alijs in alias implicatis distinctæ sunt.Eius pedes sandarsini,& uox cano=
ra,& sicut lusciniæ sic eadem acuta & concisa est. Eam in delicijs maxime omnium auium Indi ha=
bent,ut aspectu illius expleri non possint. Ex oculis facula splendet, lucidissimæ ut flammæ similis
sit:tantoớ opere gregatim uolant,ut nubes esse uideantur. Cantādi suauitas & oris expressio tanta
est,ut comparationem nullam habeat,ut crassum sit, Sirenes quasdam alatas eas dicere, Hæc ille.

DE AVE ALCATRAZ.

CATREO aui peregrinæ alteram similiter peregrinam & nomine etiam finitimā subiecimus,
de qua Hier.Cardanus:Genus auium,inquit,piscosum(lego picosum,quòd rostro magno longoớ
sit,ut pici)est,rostri magnitudine & corporis celebre,in occidentali India alcatraz dictum, cinerea
croceaớ pluma distinctum,rostro duorum palmorum in acutum tendente, à qua tamen magnitu=
dine parum abest rostrum tum ciconiæ tum gruis.

CAVCALIAS,Κωκαλίας,auis quædam, Hesychius & Varin. Κωκιαλης, herba similis corian
dro,& auis,Iidem. sed cum herbæ nomen est, caucalis potius scribitur.

CEBLEPYRIS,Κεβλήπυρις,auis apud Aristophanem nominatur in Choro auium. ubi Scho=
lia,Forte non una uox est,sed duæ,nam & à Callimacho CEBLE,κεβλη,auis nominat.ἅτε μύρμηξ λ̕ε̕=
μπτᾶ τετραμήτροις,κ̀ϡ Θιμεωκλείος τὸυ τρωνός τις ὤυ κεβλη πυρίς τις ὑνομάζεται,(locus uidetur plane corru=
ptus,)ut uel hic (apud Aristophanem) uel illic (apud Hermippum) aliquid in scribendo peccatum
sit. Aliter, Ceblepyrin uocem in duas diuidi non conuenit ; propter numerum uigintiquatuor
auium, quo constituitur chorus, abundaret enim una. Κεβλη Grammaticis Græcis alioqui ca=
put significat.

CEBRIONES auis nomen apud Aristophanem in Auibus, ubi Epops ciuitatem ab auibus
conditam uidens,exclamat: ὦ κεβειόνα κ̀ϡ πορφυρίων,ὡς σμορδλακίου τὸ πόλισμα. Pulchrè autem(inquit
Scholiastes)cebrionæ porphyrionem coniunxit, quoniam gigantes etiam duo qui contra deos pu=
gnarunt,iisdem nominibus fuêre : præsertim cum aues quoớ pugnam aduersus deos instituerent.
Memoratur autem Cebriones gigas à Venere captus. Cebriones etiam filius Priami nothus fuit,
qui à Patroclo saxo ictus interijt, apud Homerum Iliad. ϖ.

DE CELA.

AVEM in India nasci accepi, magnitudine triplo maiorem otide, ore permagno & longis cru=
ribus,absonum quiddam sonare, eiusớ summas alas pallidas, cæteras uero pennas cinericias esse,
Aelianus interprete Gillio, nam Volaterranus ex Aeliano camelam hanc auem uocat. sed Græcus
codex noster manuscriptus κίλαυ habet,id est celam:&(quod Gillius omisit) ingluuiē ei tribuit ma=
ximam,coryco,id est peræ similem,unde & nomen illi forsitan factū est. cela enim Græcis herniam
& in gutture tumorem significat.Itaớ auem onocrotalo hac præcipue parte & absona uoce similem
esse coniecerim,maiorem tāntum nostro &scolore differentem : nec onocrotalum Indicum appel=
lare dubitārim. Reperitur & CILLA,κίλλα,ζωον πτωνόν, id est animal uolucre, (ex auiúmne an in=
sectorum genere nescio,)apud Varinum. Κίλλαι,ἀσράγαλοι ὄυοι, Hesychius.

DE CELEO.

CELEVS auis,κελεός,semel & iterum Aristoteli memoratur.hanc enim & libyium pugnare scri
bit,lib.9.cap.1.de historia anim. ubi Gaza uertit galgulum cum libyo pugnare. Sed de galgulo nos
priuatim agemus suo loco. Et rursus eodem capite Aristoteles:κελεόυ & λιευόυ(galgulum & ledum
habet trāslatio Gazæ)aues inter se amicas esse tradit.colere enim celeon fruteta &nemora(ut Gaza
uertit:nos Græcè legimus, πήϡ ποτάμόυ κ̀ϡ λόχμας,id est iuxta amnes & fruteta,quod placet,& uetus
quoớ interpres sic legit:)libyum uerò saxa & montes, suisớ locis utruncp contentum degere paci=
ficè.Sed ne Aristoteles ipse sibi aduersetur,celetim & libyum,nunc amicas nunc inimicas inuicem
aues esse scribens, priore loco nō celeum(κελεόυ)sed κωλιόυ per ο, breue in prima syllaba legerim, quæ
auis uel galgulus est, ut Gaza uertit, uel potius picus uiridis uulgò dictus. Quære in pico,posterio=
re uerò celeos,quæ ut mihi uidetur auis aquatica est, cum Aristoteles scribat,degere eam iuxta flu=
uios. Κελεὸς auis est celerrima,& κέλεου uerbum , celeriter pergere, Suidas & Varinus. apud
Hesychium κελεὸς scribitur.Sunt autem aquaticæ aliquot aues, cruribus longiusculis , admodū ce=
leres cursu, ut quæ trochili etiam inde nominantur. Fuit Κελεὸς etiam nomen herois Athenis, He=
sych. Aristophanes in Acharnensibus memorat aut fingit Celeum quendam (Κελεόυ) filium Am=
phithoi. Αδελφεὸς fit abundante uocali epsilo, ut & κογλεὸς nimirum , & forte κελεὸς ὡς ἀπὸ τῷ κελῶ, Eu=
stathius in Iliados β. Κοὶ τὸυ ἰσύποδ᾽α κιλεόυ λέγυσιυ ἀεύζομδυοι, Etymologus.

x

DE CEPPHO.

A.

EPPHVM Theodorus Gaza ex Aristotele fulicam interpretatur, sed quoniam an recte id ab eo factum sit, non satis mihi constat, & quæ hodie fulica à plerisq; populis qui Latinæ linguæ uestigia retinuerunt appellatur, nihil cum laris aut cepphis commune habere uidetur, uisum est priuatim de singulis, quæ apud authores obseruata nobis sunt, conscribere. Cepphus ea est auis quæ communiter larus dicitur, Scholiastes in Plutum Aristophanis, ex quo Suidas etiam & Varinus repetierunt. Cex, κήξ, uel caue x, κανήξ, ab alijs larus, ab alijs cepphus exponitur, Hesych. sed plura de hac uoce in Laro. Ego illorum potius sententiam sequor, qui cep 10 phum non larum, sed λαρoειδῆ, id est laro similem esse scribunt, ut Nicandri interpres & sequutus eū Varinus. Nam & Aristoteles uir hac in re omnium diligentissimus diuersas has aues facit, congeneres tamen esse conijcio, cum locus ubi degunt, uictus ratio, ingenium, & corporis species conueniant. Sed lari nomen latius patere dixerim, quando & marini & fluuiatiles lari sunt: cepphi uerò et cataractæ (quos supra quoq; larorum generis esse ex mea coniectura docui) marina duntaxat esse larorum genera, colore & magnitudine discreta.

¶ Recentiores Græci (inquit Turnerus) qui post Aristotelem scripserunt, larum & cepphum eandem auem fecerūt, ut Erasmus in adagio λαρῷ κέπqῷ, ex Aristophane & eius interprete ostendit, (ex eo quidem quod hæc nomina in prouerbio coniunguntur, non est necesse unam esse auē, quin magis quadrat, duas sed eiusdem naturæ leuitatis scilicet & stoliditatis aues simul nominari, 20 ad hominem stolidū ac leuem & clamosum designandum: ut de improbis & mastigijs seruis similiter duæ aues diuersæ quidem, sed utraq; uarie punctis distincta, attagen & numenius in prouerbio iunguntur. Verū ab Erasmo tantum coiunctas has uoces in unū prouerbium puto, non à ueterum quoquam.) Sed Aristoteles distinguit libro octauo de hist. anim. his uerbis, ἔτι δὲ λαρῷ θ ὁ λόυηξ καὶ λῖπqῷ. Iam qua nam ratione autores istos conciliem, nescio, nisi dicam poetas rerum peculiares & proprias notas ac discrimina, philosophis multò negligentius obseruantes, aues corporis figura, na talibus & uictus ratione similes, licet manifestis notis differentes, easdem aues fecisse, quas scueriores philosophi ad amussim omnia expendentes, in diuersas species distinxerunt. (Atqui ego non poetas, sed grammaticos quosdam recentiores cepphum & larum cōfundere uideo, quod & ipsum facile excusatur, si larus, ut ipse sentio, genus ad cepphum sit.) Post hæc quoniam Gaza cepphum 30 interpretatur fulicam: recentiores autem alij fulicam uanellum auem interpretantur, quam Germani kyuittam uocant, alij gallinæ aquaticæ nigræ genus, cui alba in fronte macula, de qua nos in Fulica recentiorum scribemus, reprehēsis utrisq;, subdit. sed iam restat, ut quam auem fulicam (seu cepphum, ipse enim non distinguit) esse iudicem, ostendam. Est auis marina (inquit) magnitudine mo nedulæ, sed alis acutioribus & longioribus, colore tota albo, excepto nigro quem in capite gerit cir ro: rostro etiā & pedibus puniceis. Hanc ego sæpe in mari nauigans consideraui, tū præsertim quan do uel deficiente uento, uel flante contrario, emissa anchora, uentū sequundiorem quiescētes expe ctauimus. Hæc statim soluta anchora, gauijs comitata aduolat, ex purgametis nauis eiectis, esq; non nihil sibi promittēs, diutino clangore defatigata tandem keph profert, ut lari cob. unde à nostris ma rini cobbi dicuntur, Hæc Turnerus: qui hanc auem Germanicè ait uocari ein wyß mewe, Anglicè 40 a uuhite semauu uuith, uel a blak cop. uocant autem Angli laros quoq; seecob, id est cobbos marinos ut iam recitauimus. Gauiam albam (inquit idem) à fulica (ceppho) parum differre arbitror, solo nimirum cirro & rostro. Turneri de ceppho sententiam Eberus etiam & Peucerus confirmant. & sanè mihi quoq; placet hanc auem cepphum esse, & eandem fortassis Plinij fulicam propter capitis cirros. fulica uerò recentiorum alia demonstrabitur suo loco. in laro etiam genera eius aliquot Germanicè nominabo, ex quibus num aliqua cum ceppho aut cataracta conueniant, diligentiores qui loca maritima habitant adeūtur, obseruabunt. ¶ Auicennæ interpres in historia animalium casu alicubi habet pro ceppho, ut Albertus alicubi fokocol. Hispanus quidā cepphum seu fulicam sua lingua cercetam mihi interpretatus est, quod nomen ego querquedulæ magis conuenire suspicor. Auis quam Aratus cepphon dicit, ardeam Vergilius nominat, Perionius. 50

B.

Cepphus laro similis est, Scholiastes Nicandri. Plumis abundat, carne exigua præditus, Scholiastes Aristophanis. Gracilis est auis, (ἰχνὸς,) carne nulla ferè, cum tota propè ossibus & plumis constet. Leuissima est, unde facilè uento impellitur, Hesychius: & fluctibus innatat, Scholiastes in Plutum Aristophanis & Suid. & ab ipsa leuitate nomen tulit, ut cepphos πῆq τ κφότητι dicatur, Oppianus. Currit per summam aquam, Idem. Reliqua uide in A.

C.

Cepphus apud mare uictitat, Aristot. Auis marina est, Scholiastes Nicandri. Circa mare de git, Hesychius. Circa aquas semper moratur, Scholiastes Arati. Vescitur spuma maris, qua etiā obiecta capitur, Nicander. Vide in E. Maris spumam edit, unde Aratus, θκρσνωρ ἀφροῖο νέω κλύδα 60 λόυκαινϹω, Scholiastes. ¶ Auis est utilissima & obstrepera, λελῷθ, Scholia in Plutū Aristophanis. ¶ Currunt cepphi per summam aquam, & prosperum piscatoribus successum promittunt. uersari enim

enim his in locis gaudet, in quibus meliores piscium greges fuerint, thunnos maximè comitantur:
quòd ab ijs pisciculorum, quos dentibus suis discerpunt, caruncula aliquot in aquis relinquuntur,
quas cepphi statim ingurgitant. sequuntur etiam delphinos, & piscium ab illis occisorum sanguine
pascuntur. sed maris quoq; spumam ingerunt. Nunquam sanè otiosos aut dormietes cepphos terra
mariue aliquis facile deprehenderit: semper aut uenantur, aut uolitant. Ad tonitrua adeò timidi
sunt, ut eorum sonitu exaudito ex aëre in mare decidant. Generatio quidem eorum ex mari ne an
ex aëre sit, (locus hic in Græco codice nostro mutilus uidetur,) non constat. nam terra etiam cum
tonuerit fructus quosdam (ut de tuberibus legimus) sponte emittit, Oppianus. ¶ Διοσᾶς τι πέτρας
κικφ῀ ἀις πΦιλαπι Δαιρὸς χατιζων, Lycophron. Nicander cepphũ celerem cognominat. ¶ Cep
phum parturientem imprimis clamare aiunt, uide infra prouerbium, Cepphus parturit.

D.

Cepphus auis est stolida, ꝢιꞮθ, Scholiastes Aristophanis, nam facile decipitur, ut dicemus in E.
unde homines stolidi & deceptu faciles prouerbio etiam cepphi dicuntur.

E.

Cepphi spuma capiuntur. appetunt enim eam auidius. quocirca spuma inspersa eos uenari in
usu est, Aristot. Vescitur cepphus spuma maris, & eadem per piscatores (mare turbantes ut spumam colligant) obiecta capiuntur, Scholiastes Nicandri. Τῷ γαρ (ἀφρῳ) δὴ ζωῇ τι σποὶ, καὶ πότιμον
ᾧπαᾧ, Nicander. Piscatores marinam spumam cepphis eminus primũ obijciunt, deinde propius
subinde, donec paulatim ad manum usq; illiciant, (aut manu ipsa spumam porrigant,) & ita facile
capiunt, Scholia in Plutum Aristophanis & Suidas. ¶ Cepphi cum uentum imminentem sentiunt, aduersi uolant, ut pisces quoq; contra uentum niti solent. sic enim unda à capite eis defluens
caudam uersus, squamas eorum quo minus inhorrescant componit, (complanat.) Sic & cepphi gre
gatim contra uentum uolantes, ne illũ sequentibus pennæ ac plumæ peruertantur & rigeant, uenti
imminentis indicium præbet, Scholiastes Arati. Cepphi cum relicto mari gregatim in terram aduerso uento reuolant, uentũ prænunciant, Vuottonus ex Arato. Nostri etiam fluuiatiles & lacustres lari (Ɛolbtoten) instante uento, in aëre sublimes uolitant, & uento se obuertunt. ¶ Cepphi
his in locis, in quibus meliores piscium greges fuerint, uersari solent. itaq; prosperum ubi apparent
piscatores sibi successum promittunt, Oppianus.

F.

Caro cepphorum probi odoris est, excepta parte posteriore ultima, quæ sola lituũ (lego limum)
Græcè scribitur θιꞮνꞮ, malim θινὸς, id est littus, & sic quoq; legi potest, nõ limum, quanquam eodem
sensu, in Gazæ translatione. Vetus interpres, quæ sola fœtet) olet. pinguescunt satis, & esui sunt,
Aristot. Niphus lituum herbam exponit, sine authoritate.

G.

Fama est crudæ fulicæ cor comesum comitialem morbum discutere: ipse quidè periculum non
feci, Aretæus Iunio Paulo Crasso interprete. in Græco exemplari legitur æthyiæ, id est mergi.

H.

a, Cepphi auis præter alios Callimachus in Hymnis meminit, Scholiastes Aristophanis. Cepphus quidem dictus uidetur quasi κẽφ῀, à leuitate, cum leuissima auiũ sit pro magnitudinis ratione: aut per onomatopœiam. Inuenio & κẽμφ῀, apud Varinum, pro eadem aue. Ciris etiam uel
cirrhis auis, de qua priuatim inter Accipitres scripsimus, è genere cepphorum forsitan fuerit, propter causas illic assignatas. Ἁλιαἴποδα, τὸν κẽμφον, ἢ θαλάσσιον ὄρνιν, Hesychius & Varin.
Epitheton cepphi, θοὸς, id est celer, apud Nicandrum.
Κẽφωθείς, ἰπαρθείς, ὅβλιθείς, ὀξέως ἐλαυνόμεν῀, ἀπατηθείς, Hesych. & Varinus. de homine nimirum
leui, inconstante, aut stolido & facili deceptu, nam & cepphus auis leuissima est, & huc illuc uento
impellitur, & decipitur facile. legitur etiam κẽμφωθείς apud Varinum eadem significatione. item Κẽ-
κẽφωμϵναι, ἐκϵμϵναι, apud utrosq;. Κẽφωθείς, καταγϵλαθείς, ἔρπται δὲ ἰδὶ τῆν ἀλόγω δίκλũ ἀνοήτως συνι-
πιαγμϵνων, Hesychius non suo loco, nempe post Κẽφαλον.

¶ h. Prouerbia. Cepphus larus, Κẽφος λαρ῀, in garrulitate ac uecordè dicebatur, præcipuè qui
cuiusuis rei cupiditate deceptus capitur: ab auis ingenio ductum, quam spuma marina gaudere &
capi aiunt, (uide supra in E.) Aristophanes utitur in Pluto, interpres admonet cognomen esse prouerbiale. Rursum in Nebulis Cleonem larum uocat, quòd furtis ac rapinis inhiaret. Lucianus in libello de mercede seruiētibus, Σκυ᷈ρ ϕὲ παρακαλεσϵ διεῤϵᾶ, ἀὼχείρα τῇ ἀγρᾳ ἐ θέλεις, καθάπϵρ ὁ λαρ῀ ὅλον
πϕεχωὼν τὸ διλιαρ. id est, Sumpta uerò fiducia uenatum aggredere, si uidetur, lari in morem, totam
escam ore deuorans. Athenæus indicat autem hanc (larum) Herculi attributam à priscis, quòd & ille
fuerit ἀδλιφάγ῀, atq; itidem βϕφάγον esse uocatam. Olim præcipuus gurgitum luxus erat in piscibus: quo magis mirum est hodie religionis causa uulgus piscibus uesci, proinde congruet & in ob-
sonatores, quòd larus auis pisciũ sit appetens, Erasmus. Sed ueterum nullus hoc prouerbio utriusque auis nomine in ipsum coniuncto, quod sciam, usus est. uide supra in A. Laros uocamus homines stolidos, ꝢιꞮθας: eosdemq; cepphos, à leui huius nominis auicula ut ueteres docent, ἀπὸ κέφѫ τινὸς
καὶ δυϵπαχϵϛ ὀρνιθϵιας, Eustathius. uidetur autè δυϵπαχϵϛυν ei idem quod κẽφοϕ significare, quòd
ut unumquodq; leuius est, ita manibus geritur & tractatur facilius. Κẽφος, τẽῆϵτϕ ἢ παροιμια ὶδὶ ἀλϵ

X 2

γίϛων ϗ ἀνοήτων ἀνϑρῶν, Scholiaſtes Ariſtophanis. Καὶ κίπφοι πρήϼανόϑ ἀλωπικιυλάϑα πέπτηϑε, Ariſto=
phanes in Pace, ubi Scholiaſtes: Τϼϼανόϑ ἐκ ὡῆ τὸ κίπφω, ἀλλὰ καθ' αὑτό, νέμφοι (κίπφοι hîc legit Vari=
nus,quod placet)ϼ ὅι κῶφοι ἀπὸ ῆῶ ὀρνέων, ὀδϼν ϗ ϲῦ ἐλαφρὸς ταῖς φρεσὶ κόφοις(ſorte κίπφεσ)καλῖμῦ. A cep
pho aue quæ leuiſsima eſt, ac facile uento impellitur, homo etiam leuis ingenij, (ὀξὺς ϗ κὲφ⊙, ut in=
conſtantes & ardeliones)cepphus cognominatur, Heſychius. Cepphus prouerbialiter dicitur pro
homine uili & loquace, Suidas. Κεμπὸς, κὲφ⊙,ἐλαφρὸς ἀνδρωπος, Idem & Varinus. Coniicio autem
hanc quoϙ uocem deprauatam eſſe à ceppho, etſi literarum ordo in Lexicis obſtet. ¶ Cepphus
(etſi Eraſmus larum uertit,quod non probo)parturit, Κίπφ⊙ ὠδίνει, antiquitus dicebatur in eos qui
pollicerentur ingentia,nihil dignum promiſsis exhiberent. aiunt enim cepphũ auiculam cum par=10
turit uociferari,hinc natum prouerbium, ubi quis magna præ ſe fert, puſilla præſtiturus, Hæc fer=
mè ſcribit interpres Ariſtophanis in Comœdiam Pacem, Eraſmus Chiliad. primæ Cent. 9. repetit
autem idem Chiliadis ſecundæ Cent. 2. ubi addit, Confine eſt illi , Parturiunt montes , naſcetur ri=
diculus mus.

    C E R C I S, κέρκις, à Varino & Heſychio exponitur genus auis,radius textorius:ſtirps quædam,
& piceæ aut populi(αἰγέρω)arboris cacumen. Eſt & crex auis, de qua infra, eadem ſorte quæ κέρκις.
nam & κέρκας apud Heſychium non alia quàm crex eſt, per onomatopœiam dicta, & C E R C I O N
apud Aelianum,de qua dicemus inter Motacillas.

DE CERTHIA.   20

Certhius Turneri.

    30

     O V I M V S auiculam quandam exiguam, nomine certhiam, cui mores audaces, domici=
lium apud arbores, (ϗ ὀικεῖ πϟὶ τὰ λέγυἐϟα,) uictus ex coſsis, (⊙ ἔϛι δεινϼοφάγ⊙,) ingenium
ſagax in uitæ officijs,uox clara,Ariſtot.hiſtoriæ anim.9.17. Græcè legitur huius auiculæ
nomen κέρϟι⊙,certhius. Albertus in ſua translatione legit rarycheus, ubi & alia quædam
ineptè ſcribit,& pro thripophago, deuorare eam aliam quãdam auiculam canoram, nempe uinco=
nem Germanis dictum, (id eſt tringillam.) uocari autẽ Germanicè **Barchengel**, de qua ſcribemus
in Lanio, ficto à nobis nomine.

    ¶ Auis eſt quædam, inquit Turnerus, quam Angli creperam , id eſt reptitatricem nominant,
quòd ſuper arbores ſemper repat,quam certhiam eſſe credo.Ea regulo paulò maior, pectore palli=40
do(nos tota parte ſupina alba uidimus)cætera fuſca & maculis nigris diſtincta eſt: uoce acuta,& ro=
ſtro tenui(oblongo,inſtar upupæ ferè) & leuiter in fine adunco : nunquam quieſcit, ſed ſemper per
arbores picorum modo ſcandit , & coſſos è corticibus eruens comedit, Hæc ille. Eberus & Peu=
cerus certhiam auiculam carduelem minorem eſſe ſcribunt, uariam,pulchrã,audacem,uoce clara,
thripophágon,& Germanicè uocari **Hirengryl**, (ab alijs puto **Birngryll**, inter auiculas muſicas
maximè commendatam: quam nos infra inter chlorides ſpecies gryllum appellabimus.) Iidem
reptitatricem Turneri auiculam (quam ipſi Germanicè uocãt **Baumheckel**, & **Baumkletterlin**)
calidrin Ariſtotelis faciunt,de qua ſupra ſcripſimus. Auicula(inquiunt)parua eſt, cinerea & uaria,
agilis & ad motũ expedita:rectà ſurſum prorepit , & accliuia quæϙ conſcendit rectiſſimo tramite.
(niſi forte non hanc,ſed auem quam nos **Chlan** uocamus, inter picos deſcribendã intelligunt.nam 50
eam quoϙ apud Saxones audio **Baumhecker** uocari.) Atqui ego cum Turnero potius ſenſerim:
quoniam calidris lacus & fluuios petit. quanquam dubius ſum an culicilegam potius reptatricem
illam Turneri (quam ſcandulacam Latinè dixeris) appellem. (Vide infra in Cnipologo.) Aliqui
Germanicè **Rinnenkläber** nominant.

DE CHARADRIO.   60
A.

    H A R A D R I V S auis nomen eſt,quam Gaza Latinè hiaticolã dici poſſe ſcribit,quod cir
ca fluminum alueos & riuorum charadras,ſiue hiatus riparum uerſari ſoleat:alibi uerò ru 60
picem tranſtulit,à recto rupex. Hebraicam uoce anapha, אנפה,Leuitici 11. & Deut. 14.
Septuaginta & Hieronymus charadrium tranſtulerunt. ſed non uidetur charadrius hac
                                                    uoce

10

20

30

40 uoce significari, quoniam adijcitur iuxta genus suum, charadrij uero species haberi plures non legimus,quanquam Niphus charadrium speciem noctuæ esse coijcit, eo scilicet quòd noctu se abdat.
sed is noctuæ uocabulo nimis generaliter utitur. Recentiores quidam obscuri, pro charadrio ineptè caladrius, caladrion, & calandria scribunt. Sunt qui charadrium eandem ictero siue galgulo
aut galbulæ auem esse suspicetur,quoniam Aristoteles icteri non meminit, & ex charadrij aspectu
hic morbus curari tradatur. Vocatur autê morbus idem etiam regius,ut galbula auis alio nomine
(uulgò Italis)regalbulus[& secûdum aliquos regaliolus Suetonio) dicitur. hinc est quòd Gerardus
Cremonensis charadrium in Kiranide regulum conuertit. auem enim regiam charadrium esse Ki-
nides scribit,nimirum quòd à regibus ad huius morbi curationê requireretur. Ego, ne quid confu-
50 disse uidear, priuatim de singulis ueterum recentiorumq́ scripta recitabo. Hoc quidem certò nobis constat,galgulum siue galbulam Latinè dictum,qui hodieq̀ nomen in Italia retinet,nõ esse charadrium Aristotelis,quod historiam utriusq̀ conferentes facillimè deprehendent. De ictero aue
plura uide infra in galgulo. ¶Charadrium ipse conijcio eam esse auê, cuius imaginem apposui.
Ea Germanicè alicubi,ni fallor,Triel uel Gztel nominatur.Italis coruz. Hanc aliquando apud ciuem meum,qui uno aut altero anno domi aluerat,consideraui. Videtur nonnihil ad accipitris speciem accedere,nisi quòd nec rostrum nec pedes uncos habet, sed pennis ut accipiter aut tinnunculus subruffis est,collo,capite,pectore & uentre maculosis: ijsdemq̀ partibus ex luteo subruffis , nisi
quod colli pars posterior magis ad fuscum tendit.in dorso & alis maculas quasdam rufsas habet,cæ-
tero color fuscus his partibus.cauda breuis & angusta.magnitudo ei quæ gallinæ paruæ aut colum-
60 bæ.crura oblonga duos palmos excedunt,colore tota subluteo. in quibus digiti terni, breuibus interiore parte membranis iuncti,digito posteriore caret,ut tarda & struthio.ungues breuissimi,mu-
tili.Oculi magni.pupillam circulus flauus,uel aureus ambit. Rostrum longiusculum, anterius ni-

X 3

gricat, posterius flauet, extremis partibus inferiore scilicet superioreq́ leuiter decussatis, quod in pi
ctura non satis apparet. Auis est stolida & stupida, unde homines etiã stolidos nostri uocant Triel‐
lappen. Domi inclusa subinde obambulat, aliquando in orbem ad multum tempus, circa columel‐
lam aut aliud quippiã: aliquando recto tramite, & si quid impedimento fuerit, transilit potius quàm
à uia recta declinet, oculos, etiamsi digitos admoueas, nõ claudit. facile mansuescit: nam etiamnum
libera ruri, parum sibi timet ab homine. Aquatica est, & in pratis palustribus uel circa paludes de‐
git. audiui aliquando in lacu nostro glacie astricto, manibus se capi permisisse. Noctu, etiam in do‐
mibus, mures captat. In Germania inferiore abundare audio, noctu uagari, & uocem tanquam fi‐
stulæ ædere. Videtur sanè & morbus arquatus siue icterus ei conuenire, cum crura tota, rostrum & 10
iris oculorum flauo luteóue colore in ea spectentur, & tota pars corporis supina ex ruffo colore pal
lescat. Hic igitur, nisi fallor, charadrius Aristotelis fuerit.

    Audio etiam auem quæ uulgò à Germanis quibusdam (circa Confluentiam) Weicker appel
letur, mures captare. quamobrem etiam mustela nominatur à Carolo Figulo, quòd mustelæ quadru
pedis instar muribus insidietur: quæ an eadem sit charadrio nostro non possum asserere . ¶ Chara
drius noster cum domi aleretur, imminente tempestate perquam inquietus erat.

    B.
    Charadrius colore & uoce prauus est, Aristot.

    C.
    Vox charadrio praua. noctu apparet, die aufugit, Aristot. A Procopio Gazæo etiam inter a‐
ues noctis & tenebrarum amicas cum noctua, upupa & uespertilione numeratur . ¶ Apud mare 20
uictitat, Aristot. & Suidas in uoce ημφιηά. Atqui Aristophanes charadrium aliasq́ aues fluuiati‐
les ad ciuitatem auium condendam, aquam adferre fingit: & charadrę, à quibus illi nomen, ut gram
matici quoq́ testiantur, fluuiorum potius quàm maris dicuntur, præruptaq́ scilicet & confragosa ca‐
uernosaq́ circa ripas loca, præruptos torrentium alueos Gaza transtulit. in his enim uersari gau‐
det. Nihil igitur prohibet & circa mare & circa dulces aquas charadrium degere . ¶ Charadrius
sulfure interimitur, Aelianus interprete Gillio. sed Philes qui sua ex Aeliano transcripsit, charadriũ
titano poto perire docet. τίτανΘ autem calcem, interdum etiam gypsum significat.

    F.
    Charadrium aliqui non aspectu, sed in cibo sumptum ab ictero liberare putant. uide mox in G.
in uetere quidem testamento hæc auis mensis impura pronunciatur. causam adfert Procopius in‐ 30
terpres Græcus, quod noctis ac tenebrarum amica sit, quemadmodum & noctua & uespertilio.

    G.
    Charadrius morbo regio medetur, ut affirmant quidam, si ab ægro uel conspiciatur duntaxat.
quocirca qui auem uendunt, abscondunt eam, ne ab ægro prius uideatur quàm eam uendiderint, &
ille gratis curetur, ut author est Euphronius: Andreas non hoc uisam, sed in cibo efficere author est,
Scholiastes Aristophanis. Vide etiam infra in prouerbio, Charadrium imitans. Charadrius icte‐
ricis medetur. & si ictericus eum intueatur, refugit ille & auersatur oculis conniués, non propter in
uidiam remedij (ut quidam putant) sed quia contagione se affici sentit, transeunte in ipsum per ob‐
tutum alterius affectionis ceu fluxu quodam, Heliodorus libro 3. Aethiopicæ historiæ & Simoca‐
tus. Charadrius auis eximio naturę beneficio affecta est, nam si quis ictericus in eam acerrime in‐ 40
tueatur, illa contrà sine nictatione ex animo respiciat, sic affectum hominem suo obtutu ad sanita‐
tem reducit, Aelianus. Rubetam aliquis aspiciens utcunq́ optimè coloratus, pallore tanquam icte‐
ricus afficitur: & rursus charadrium intuens (χαραδριοι τοξ γαλκνῳ) liberatur, Philes.

    H.
    a. χαραδριός quando auem significat, acuit ultimam. εἰδος όρνέα μεταβαλλομένα εἰς τὰ πενέμβνα , hoc
est auis colorem rerum obiectarum in se recipiens, (quanquam alij authores ictericorum duntaxat
colorē ab eo recipi tradiderunt. pro charadra uerò barytonũ est, χαράδριΘ (Erasmus legit χαράδριου
gen. neutro, forma diminutiua) Scholiastes in Aristophanem. Auium nomina in ιος, quæ syllabas
plures tribus habent, ultimam acuunt, ut χαραδριός, ἀγυπτός, Etymol. χαράδρα, locus est inæqualiter
concauus, φαραγγώδης, à uerbo χαράσσειν: ἐξ ὁ καὶ ἡ χαράδρα ὀνοματοπεποίηται, ἴσως δὲ καὶ ὁ χαραδριός , Eu‐ 50
stath. Concitant & charadræ melodiam quandam fluctibus suis, Scholiast. Aristoph. χαραδριός
όρνεον ὀνοματοπεποίηται πρὸς τὸ ἐν ταῖς χαράδραις ἐσαρίβδ́ν, Idem . ¶ Varonum ac rupicum squarosa in‐
condita rostra, Lucilius apud Festum: ubi an rupices charadrios intelligat, non constat.

    ¶ PROVERBIVM. Charadrium imitans, χαραδριου μιμέμνΘ, dici solitũ de dissimulante ac rem
utilem occultante. Suidas refert hunc senarium scazontem ex Hipponacte, Καὶ μὲυ καλινῆς μῶν χαρα
δριόν πώρνᾰς: id est, Et num charadrion quæso uenditor cælat. (nos aliter distinximus, ut duæ perso‐
næ in hoc uersu loquantur.) Item Aristophanes in Auibus: Αλλως ἀρ ὑμνς, ὡς έοικ, εἰς τὴν λόχμην Ἐμ
βὰς ὑποίε, χαραδριόν μιμέμνΘ: id est, Alioqui upupa, ut uidetur, saltum ingressa abdidit sese, charadriõ
imitans. Quo loco interpres narrat huius auis uim medicam (&c. uide supra in G.) Erasmus. Sed
commodius uidetur, ut charadrium imitans accipiatur pro latente uel occultato instar charadrij, 60
non pro occultante. nam & charadrius ipse interdiu (ut diximus) latere in cauernis, noctu prodire
solet. & cum uenduntur, latent occultanturq́ à uendentibus. ΕυφρόνιΘ ἐκ τῶ χαραδριόν μιμέμνΘ ἀξιοῖ
ὀίεχεδχ ιᾰπκεκρυμμέρως, Scholiastes Aristophanis.

    Socrates

Socrates apud Platonem in Gorgia, quum Callinicen eò pellexiſſet, ut fateretur beatam uitam non eſſe ſitam in copia rerum, ſed in perpetuo influxu, nam qui ſatur eſt, aut non ſitit, quoniam nec moleſtiam ſentit, nec uoluptatē, lapidis more uiuit, potius quàm hominis: ita ſubijcit, χαραδ'εὼ τινὰ ἑὼ σὺ βίον λέγεις, ἀλλ' ὔνεκρῶ, ποῦ λίβω. id eſt, Rurſus tu charadrij quandam narras uitam, non mortui lapidiſue. Marſilius uertit auem, quum Socrates uideatur ſentire de uoragine, in quam quum perpé tuò decurrat aqua, nunquam tamen expletur. niſi forte charadrius auis eſt de numero uoracium, quemadmodum & larus, ut hinc nomen inuenerit à charadra ductum, Eraſmus in prouerbio iam recitato Charadrion imitans.

¶ Ab his quæ apud ueteres de hac aue leguntur, recentiorum quorundam & obſcurorum ſcri
10 pta de eadem ſeparatim proponere uolui, quòd quædam ſine authore & nugacia ab ijs tradantur.
¶ Charadrius eſt auis garrula, Rodolphus in Leuiticum. Auis eſt tota alba, ut quidam ſerūt, quæ in Perſide reperitur, (inuenta in Perſide ab Alexandro,) ſed illic quoqȝ rara, & atrijs regum requiſita, eò quod multi ei capiendæ inſidientur propter augurium (auxilium) quod ictericis ex ea præ ſtatur, Albertus. Charadrios auis regia eſt, futuri præſcia. nam ſi infirmum intueri recuſet, mortis ſignum eſt, ſi uerò aciem oculorum in faciem eius direxerit, omnem ab eo morbum aufert, & uo lans aduerſus Solem, proijcit morbum: ita ut & ipſa & æger ſeruentur, Kiranides & Phyſiologus, & Albertus ferè ſimiliter. Charadrius omne hominis ægroti malum intra ſe colligit, & in aëre uo lans illic comburit atqȝ diſpergit, Author libri de nat. rerum. Infirmum moriturum non reſpicit: ſed ſi ualetudinis reſtituendæ ſpes ſit, aſpectu ſuo omnem ab eo morbum ad ſe trahit, ita ut æger li
20 beretur, auis ægrotet, & ſæpe pro illo moriatur, Obſcurus quidam Ariſtotelem falſò citans: qui hoc etiam addit, Hæc auis habet os craſſum in crure, cuius medulla oculos caligantes ſi quis illeuerit, ui ſus claritatem in eis promouet. Pars interior femoris caliginem aufert ab oculis, Author libri de nat. rerum, & Albertus.

¶ Charadrij cor & caput geſtatum, illæſum & innocuum ab omni infirmitate facit geſtantem per omne tempus uitæ ſuæ, Kiranides.

DE CHLORIDE.

A.

CHLORIS legitur apud Ariſtotelem hiſtoriæ anim. lib. 9. cap. 13. ubi Gaza luteam uertit, cum alibi (ſemel ſcilicet lib. 8. cap. 3. ubi chloris in numero earū eſt quæ uermibus paſcun tur. neqȝ enim alibi ab Ariſtotele memoratur) chlorida luteolam uertat, diminutiua uoce Latina Græcam eiuſdem formæ: chloreum uerò luteam uel luteū, utrunqȝ hiſtoriæ anim. lib. 9. cap. 1. Hinc decepti quidam recentiores chloridem & chloreum uel cõfuderunt uel non rectè diſtinxerunt. Chloridem mirum eſt Gazam uertiſſe luteam, cum uulgò nota auis ſit, & à uiridi=
50 tate uocetur Grecè, Volaterranus & Niphus Itali, quibus & ipſe aſſentior: primum enim non pro bo quòd Gaza luteam aut luteolam uerterit, cum chlorionem tamen reddat uireonem. quanquam ſcio χλωρὸν apud Græcos non de uiridi tantum, ſed luteo etiam colore dici : & uitellum ſiue luteum oui eodem nomine uocari. deinde non aliquam lutei coloris auiculam, ſed illa quæ à uiriditate apud Germanos etiam denominatur, chloridem eſſe iudico: non ligurinum quam Germani ciſelam uo cant, ut Gyb. Longolius & Guil. Turnerus putauerunt, quòd illi acanthidis apud Ariſtotelem hi ſtoria magis conuenire uideatur. Vtriſcȝ obijci poteſt, quòd & acanthis & noſtra à uiriditate dicta ſeminibus ueſcantur, chloris uerò Ariſtotelis uermibus. Sed nos aliam chlorin non inuenimus in præſentia: itaqȝ diſtinguendi gratia moneo lectorem, ea quæ ſequuntur omnia de noſtra chloride intelligenda eſſe, quam & uiridiam uocare libuit, ubi Ariſtotelis nomen non ſubijcitur. ¶ Noſtra
60 igitur chloris Italis appellatur uerdon aut uerderro, aut uerdmõtan, alijs (ni fallor) zaranto, caranto, aut taranto: alibi frinſon, ut circa Tridentum. Luſitanis uerdelham. Sabaudis uerdeyre. Ger manis Grünling, Grünfinck, alibi Kuttuogel, & circa Francfordiam ad Mœnum Tutter : alibi

X 4

Rappfinck, quia semen raporum edit. Illyrijs (ni fallor) zeglofka. Turnerus acanthidem hanc auem facit, & Germanicè interpretatur, Kirßfincke, melius puto scripturus Hirßfinck, id est miliariam.non enim cerasis, sed milio uescitur, unde apud aliquos Hirßuogel appellatur. Idem Turnerus in epistola ad me scripta kirsfincam istam (id est chloridem nostram) putat esse thraupin. An glicè a grenefinche. Auis quae Gallicè uerdier dicitur, & Graecè chloris, uulgò hodie à Graecis assarandus uocatur, ut in quibusdam Galliae locis serrant, Bellonius.

B.

Chloris à colore partis suae inferioris pallido (ochro) dicta, Aristot. atqui nostra chloris ut & ligurinus, quam alij chlorin putant, non infra tantù sed supra quoqʒ uirent, nisi quòd pennas aliquot nigras in alis & cauda habent, ligurinus etiam in capite. Magnitudine alaudæ est, Idem.hæc magni= 10 tudo ligurino non conuenit, sed uiridiæ. Videntur sanè hæ duæ aues tum natura tum corporis specie similes, magnitudine tantùm differre. Grenesinca (uiridia) nostra magnitudine passerem æquat, tota uiridis est, præsertim mas in hoc genere, fœmina pallida est, Turner. Auicula quã Itali zaráto uocãt, (eadé, ni fallor, uiridiæ nostræ) ligurino similis est, sed paulò maior, rostro latiusculo, minus uiridis per dorsum, in pectore & sub alis egregiè crocea, nuces edit, usus eius in aucupio nisorū.

C.

Chloris uermiculis uescitur, Aristot. Viridia nostra inter spinas plurimum degit, & ex herbarum seminibus uictitat, præcipuè carduorum maiorum & lapparum, ut auriuittis minorum, Turnerus, Raporum etiam semen edit, unde à Germanis quibusdam Rappfinck appellatur. Chloris nidù sibi ex symphyto (quod magna difficultate & reperitur & effoditur, Aelianus) stirpitus euulso 20 facit: sed stragulum subijcit ex lana & uillo. parit aūt quatuor aut quinqʒ, Aristot. Chloris nidulatur in arboribus, Vuottonus. Chloridis in nido cuculus aliquãdo parit, Idē. Vide in Cuculo. Viridia nidulatur in ramis salicū aut prunorū syluestrium. cantat amœnè, Turnerus. Cantu & uolatu libero est, Volater.

D.

Viridia præ cæteris mansuescit, Volaterranus. Cibum & potum è situlis haurire non recusat, Turnerus: attrahendo scilicet è cauea suspensas, ut in Carduele diximus.

H.

Luscinia apud Homerū χλωρηὶς cognominatur, quòd in locis uiridibus uersari soleat, uel quòd simul cum uirescentibus plantis, id est uère appareat, uel propter colorem, Eustathius. ¶ Chlorites gemma herbacei coloris, quam dicunt magi inueniri in scyllæ auis uentre, Plinius. 30

¶ Est & χλωϱεὶς apud Homerum Odyss.λ. filia Amphionis (qui filius fuit Iasi regis Orchomeni & Pyli) & Phersephones filiæ Mij, mater Nestoris, Eustath.& Innominatus Scholiastes, hãc à Diana occisam ferunt ob matris superbiam. Chloris Amphionis filia cursus certamine uicit in Elide ad Iunonis templum, Pausanias. Fuit & Chloris Arcturi filia, cuius meminit Plutarchus in libro de fluuijs. Item Chloris una ex filiabus Niobes apud Io. Tzetzen. Apud Argiuos Latonæ simulacrum est: cui appositam uirginis imaginem à pallore Chlorin appellant, Niobes filiam fuisse, & Meliboeam initio nominatam asserentes, Pausanias in Corinthiacis. Chloris nympha apud Textorē, cuius epitheta, Zephyritis, cãdida, uerna, florigera, fingitur hæc à Zephyro dilecta & in uxorem ducta, cui ille in munus amoris ac uiolatæ pudicitiæ, omne ius in flores cōcesserit, & pro Chloride Floram uocauerit.itaqʒ dea florum habetur. Lampsacidæ flores candida Chlori tibi, Claudia= 40 nus. Est etiam Chlóris mœcha uetula apud Horatium Carm.3.15.

¶ Viridiæ quam Germani Grünling uocant, similis est alia auis ijsdem dicta Grünlinger, eadem (ni fallor) magnitudine, sed rostro unco & uiridior.

¶ Alia præterea Grëßling, quasi graminea uocatur, dorso uiridi, rostro albicante, magnitudine fringillæ, uentre albicante & fusco, cantu satis suaui.

DE CITRINELLA.

CITRINELLA in quibusdam Italiæ locis, ut Tridenti, nominatur auicula chloridi nostræ uel ligurino congener, pectore luteo seu citrino, capite cinereo.in caueis alitur propter cantum quo mirè excellit, præ omnibus huius generis serino tãtum excepto. papaueris nigri seminibus uescitur. Galli uocant tarin, & alibi (ut circa Auinionē) tirin, Neapolitani lequila, Turci saré. Hanc si quis chloridem esse malit à flauo citrinóue colore partis inferioris, cōcedam. ¶ Capitur in altis Heluetiæ montibus & alpibus, ut retrò thermas Fabarias.

¶ Simi=

¶ Similis huic eſt, ut audio, Canaria dicta auicula, quæ è Canarijs inſulis ſacchari feracibus aduehitur, ſuauiſsimi cantus.

¶ Auicula aurea, uccello d'oro, ab Italis dicitur, auicula parua inſtar citrinellæ, & admodum canora, aureo pectoris colore, unde & aureola dici poſſet Latinè, ex Italia ad Germanos adfertur.

¶ Citrinellis etiam comparatur, aut ligurinis magnitudine & partim colore, auicula in quibuſdam Germaniæ regionibus, ut Alſatia, gyrola (Gyrle)nomine, per onomatopœiam ut cõijcio, cantu laudatiſsima.   Serinus etiam auis de qua nunc ſcribam, alicubi Girlitz uocatur.

DE SERINO.

A VICVLA cuius hæc icon eſt, can
tu egregiè muſico omnibus huius
generis(etiã citrinellæ)prælata, Italicè (ut audio) ſerin uocatur, unde
nos etiam ſerinum diximus : Gallicè cedrin,
haud ſcio an à colore citrino. nam ligurinum
auiculã refert, & magnitudine & colore partim, pectore ac uentre ſcilicet ex uiridi fulueſ-
cens : parte ſuperiore partim eiuſdem coloris
partim fuſca. Imprimis manſueſcit, & ad multos annos (tredecim aut quatuordecim)caueis
incluſa alitur.   Væneunt apud nos quæ cantu
præſtant, ſingulæ ſtatère duplici, aliæ ſeſquiſta
tère aut tetradrachmo.   Germanicum eius
nomen eſt Fädemle : & in Heluetia alicubi
Schwäderle (quamuis aliqui diuerſam hanc
eſſe auiculam uolunt:)circa Francfordiam ad Mœnum Girlitz : ut alia quædam parua auicula huius generis in Alſatia gyrola.   ¶ Non aliæ ſunt, ut audio, ſcartzerini dictæ auiculæ, circa Tridentum capi, & ad Germanos deferri ſolitæ, à quibus Birngryllen appellantur. ſuauiter cantillant: &
forſitan nomen eis à continuo cantu factum. nam ut grylli in agris apricis & circa balnea ac forna-
ces cantu ſuo continenter utuntur. aut forte quòd uocem mirè flectant & uarient ad ſuauitatem mo
dulationis, quaſi ui quadam intellectus & phantaſiæ id faciant. nam & homines ὑφρευτακώντας, hoc
eſt qui phantaſia ualent, gryllos cerebro continere uulgus dicit, eſt autè hirn, Germanis cerebrum.
Aut potius quòd ſumma & argutiſsima uocis acutie cerebrum penetrare uideantur. circa Francfordiam ſimpliciter Gryllen appellant. Itaq́ Latinè etiam gryllum aut gryllodum, & Græcè ſimiliter γρύλλον ἢ γρυλλωδόν, hãc autem appeliemus licet. Capiuntur & in Germania apud Carinthios, Auguſtæ Vindelicorum ſimul uterq́ ſexus (canit enim uterq́) trium ſtaterum ſiue drachmarum duodecim pretio uænit, ut audio.   Magnitudine ſunt qua ligurini, uel paulò minores, ſed minus lutei.
Capiuntur etiam in Heluetiæ noſtræ montibus ac ſyluis quibuſdam, & circa Vocetium montem,
& circa Bellinzonam.   Auceps quidam apud nos cum utrunq́ ſexum domi incluſum aleret, ita ut
aliqua uolandi libertas eſſet, pullos etiam ex eis habuit. ſed aliquando cum pro mare gryllo marem
ligurinum adhibuiſſet, oua quidem nata ſunt, ſed ex quibus fotis nihil prouenit.

DE CHLORIONE SEV CHLOREO.

CHLOREVS, quem Theodorus quandoq́ luteum, quandoq́ luteam uocat, mea quidem ſententia longè alia auis eſt, & maior quàm chloris. nam turtur & chloreus pugnant Ariſtoteli, & occiditur à chloreo turtur. Ad hæc chloreus & pipra diſsident. oua enim inuicem exedunt, apud eundem. Et coruus & chloreus pugnant, ut refert Plinius : niſi forte exemplaria hoc in loco ſint men-
doſa. In hoc genere lutearum nonnulli uireonem marem eſſe opinãtur, Aelianus. Mihi ſanè chloreus & chlorion Ariſtotelis una eademq́ auis uidetur: quod inde etiam conijcimus, quoniã à chloreo turtur uincitur, chlorioni turturis magnitudo tribuitur. frequentius autem quarum magnitudo
conuenit pugnant & cõmittuntur. Plinium etiam uideo non diſtinxiſſe: Pugnant(inquit) coruus
& chlorio, noctu inuicem oua exquirentes: qui locus translatus eſt ex Ariſtotelis hiſtoriæ anim. lib.
9. cap. 1. ubi Græcè legitur πιπρα καὶ χλωρεὺς. Iam ut chloreum à chlorione recentiores quidam non
rectè, ut ipſe conijcio, ſeparant: ſic chloridem & chloreum confundunt, ut ſupra oſtendi in Chloride A.   Guil. Budæus, Gyb. Longolius & Guil. Turnerus & alij quidam recentiores chlorionem
autem interpretantur illam quæ uulgò oriolus dicitur, Gallis lorion, nobis Widewal: de quo nos
inter picos agemus. Iidem Longolius & Turnerus diuerſim à chlorione chloreum rati, Germanicè interpretantur Gälgotß, quem ego paſſerem ſpermologum eſſe ſuſpicor, & à Saxonibus
uulgò Wonitz nominari. ſic enim chloreum Eberus & Peucerus interpretantur, Turnerum ſcilicet ſequuti ut in alijs pleriſq́.   ¶ Habent Itali auem quæ circa Bononiam regalbulo & rigey uo-

catur, quam in Galbula deferibam : & Germani habent quam à roftri figura cruciatam indigetant,
nos Loxiam diximus : quarum alterutram potius chlorionem effe coniecerim quàm uel oriolum
uel pafferem fpermologum noftrum:fed animus magis ad galbulam inclinat. ¶ ALSECRAH eft
auis uiridis nota Damafci, Andr. Bellunen. hæc chloris ne an chlorion fit, inquirant quibus occa=
fio fuerit.

¶ Vireo (chlorionem fic Gaza reddit,nefcio quàm rectè,cum Plinius non uiridem , fed totam
effe luteam fcribat hanc auem,& Gaza alibi chlôrin auiculam luteam ut luteolam uerterit,& fimi
liter chloreum quem nos eundem chlorioni effe fentimus luteum luteámue) docilis & ad uitæ mu=
nera ingeniofus notatur,fed malè uolat,nec grati coloris eft,Ariftot. nõ mirum autem fi χλωϱόϛ fiue 10
uiridem fiue luteum colorem in hac aue ingratum dixerit , cum eundem in chloride etiam impro=
bârit. Et rurfus, Vireo totus uiridans (χλωϱίωϥ δὲ χλωϱὸϛ ὅλ Θ᷈) ex obfcuro eft, (hoc Gaza de fuo ad=
didit.) Hyeme hic non uidetur , fed æftiuo folftitio potiffimum uenit in confpectum,difcedit exor
tu arcturi fyderis,Idem, Plinius & Aelianus. Magnitudine turturis eft,Ariftot. Vireo in luteæ
genere mas,uitæ munerum fciens eft, fimul & aptus ad quiduis difcendum, ideoȼ & laboris in di
fcendo patiens, Aelianus. Chloreus, uulgò etiam gloreus fiue grallus, de genere milui parui eft,ut
dicunt, Niphus ineptam Alberti fententiam fecutus. nam pro chlorione Albertus habet glaro , &
imperitiffimè exponit genus milui parui, qui turturis pullos è nido rapere conetur, & impugnan=
do parentem etiam aliquando interimat. Idem Albertus ex loco Ariftotelis de hiftoria anim.9.15.
pro chlorione habet florietus.hanc auem Auicenna (inquit) uocat haudon (aliâs halydon) imitatri 20
cem effe fcribens geftuum humanorum ficut fimia, & cantum exercere perfuauem:linguam extre=
mam non habere acutam, praui coloris effe qui aliquantulum ad nigredinem pallidam declinet.
Chlorioni hoftis eft crex. nocet enim & ipfi & pullis. ex flagratione (incendio) procreatam hanc
auem fabulantur quidam,Ariftot. ¶ Χλωρϛύϛ,ὀρνίθειον χλωϱόϥ, Hefychius & Varinus . Χωϱίωϥ,οϗ᷈
χίωϥ κόπϱχ, id eft matula uel receptaculum ftercoris,& auis quædam,Hefychius. apud Varinum χω=
ϱίωϥ per ω. magnum in ultima fcribitur. ego pro aue χλωϱίωϥ fcribendum puto, pro matula (uel latri=
na fortafsis) χωϱίωϥ. Χλωϱίϛωϥ, genus animalis, Suidas. ego potius χλωϱίωϥ legerim, genus auis. Φω=
χίωϥ,auis quædam,Hefych.fufpicor autem hic quoȼ χλωϱίωϥ legendum.

CHYRRHABVS, χύϗϗαϮΘ᷈, auis quædam eft, Hefychius & Varinus. Sigifmundus Gelenius
propter nominis fimilitudinem,eandem auem effe conijcit quam Germani fcharbum uocãt,quem 30
inter mergos magnos defcripfimus.Sed ubi defcriptiones ipfæ defunt , nihil momenti adfert nomi=
num fimilitudo.

DE CICONIA.

A.

ICONIAM Hebræi uocant chafida, חסידה, ut recentiores Iudæi ferè interpretantur,
& Munfterus in Leuitico & Deuteron. & Iob 8. & Hierem.8. tranfulit. accedit etymo=
logia pietate & benignitate infigne auem indicans,qualis ciconia apprimè eft,quin etiam
certo tempore abit reditȼ,quod Hieremias propheta illi tribuit.Quamobrem diuerfas in 40
terpretum opiniones miramur. nam Dauid Kimhi ex magiftrorum fententia uulturem album in=
terpretatur:daiah lebana, id eft miluum album,ut P. Fagius interpretatur. hunc uerò aiunt(inquit)
hafida dictum, quòd faciat gratiam uel pietatem cum fodalibus fuis,diftribuendo eis cibos fuos.R.
Salomõ Leuitici 11. ea repetit quæ D. Kimhi tranfcripfit:additȼ uulgò dici דיצרא, ciconia:idem
fentit Abraham Efra. Aquila, Symmachus & Theodotion Zachariæ quinto (ubi alas mulierum
quas propheta per uifionem uidit,alis comparat auis chafida,Munfterus miluum uertit) herodium
uerterunt. Hieremiæ octauo Symmachus & Theodotion uocem Hebraicam pofuerunt , Aquila
herodiũ uertit,Rurfus Septuaginta Leuitici undecimo & Pfalmo 104. herodium , Deuteronomij
uerò 14. pelecâna, Zachariæ quinto epopa, id eft upupa : Hieremiæ 8. Hebraicũ relinquũt(Hiero=
nymo tefte) ἀσίδα enim tranfulerũt,ut & Iob 39. Hieronymus in Leuitico & Pfalmo 104.herodiũ 50
conuertit, in Deuteron. onocrotalum,& Hieremiæ 8. miluum pro chafida,pro agur uero(עגור,de
qua uoce plura dicam in Grue A.) ibidem ciconiam.Symmachus & Sexta æditio Pfalmo 104. ixῖ᷈
νοϥ,id eft miluum,Rabi Salomon Zachariæ 5. uulturem putat . Deuteronomij 14. Chaldæus in=
terpres pro chafida habet charadita חרידתא, quæ uox ad Græcam herodius alludit, (aliâs chorota,
חרותא forte à candore, Fagius.) Arabs zakid,עקר,Perfa Hebraicam uocem relinquit. Arnobius
& Auguftinus Pfalmo 104. fulicam reddiderunt. Chafida (inquit Munfterus)auis eft, quam trãf=
lator nofter uocat miluum & porphyrionem.Rabi uerò Dauid & Abraham,dicunt effe auem ma=
gnam quæ nidificet in fublimioribus domibus & abietibus, ac per fingulas hyemes & æftates locũ
muter. ¶ Vires quas fimo ciconiæ Diofcorides tribuit, Serapio illum locum transferens auis la=
calit fimo adfcribit. Albertus pro ciconia lalath habet,nimirum ex Auicenna,ubi tranftulit locum 60
ex Ariftotelis hiftoria animalium 9. 13.quanquam ipfe ciconiam hac uoce fignificari nefciuit. Alibi
etiam apud eundem (ex Ariftotelis hift. animal. 9. 6.) ladach pro ciconia fcriptum inuenio . Se=
baftianus Munfterus in Lexico trilingui poft Hebraicum ciconiæ nomen chafida , hæc etiam fub=
iungit:

10

20

30

40

50

iungit:deiutha אוריה:chauaritha, אוריה:machırautha, & forte machuarta, מוריה:quę ego omnia Chaldaica esse puto. Alocolobri, id est ciconia, Syluaticus.

¶ Græcis πελαργος dicitur, quod nomen etiam hodie seruant. Italis cigogna uel zigognia. Hispanis ciguëna. Gallis & Sabaudis cicogne uel cigogne. Germanis ein Storch uel Storck. Saxonice ein Ebeher,ut Turnerus refert. Rostochij & alibi in Germania Adebar uel Adeboer. Flandris Houare. Anglis astorke. Illyrijs cziap. Polonis boczan. Turcis leglék.

B.

Ciconiæ in Heluetia abundant, præsertim ijs in locis à quibus paludes aut lacus non procul di-
60 stant. Transpadana Italia iuxta alpes Larium locum appellat, amœnum arbusto agrum, ad quem ciconiæ non permeant:sicuti nec octauum citra lapidem ab eo,Plinius. In Fidenâte agro nec pul-los nec nidum faciunt,Idem. In Germania auis est notissima,Britānis uerò plerisq omnibus tam

ignota est, quàm quæ omnium ignotissima. nec mirum, cum nusquam in insula nostra nisi captiua ciconia uideatur. Auis est mediæ magnitudinis inter gruem & ardeam, pennis albis & nigris distincta: crura longa habet, rostrum gruinum, sed rubrum & crassum, Turnerus. Ciconia alas habet nigras, & caudam aliasque partes albas, Albertus. Sunt qui ciconijs non inesse linguas confirment, Plinius. Hoc & Germani in grypho quodã insinuant, **Ein vogel on zungen, Der ander saugt sine jungen**, &c. ¶ Ciconiæ cur habeant rostrum magnum & collum oblongum, meminit Galenus lib. XI. de usu partium. Ciconia δολιχόδειρος est, (id est collo prælongo.) Rostrum ei rubicolor, rectum, & orthogono acuto persimile. Linguam habet quidẽ, sed breuissimam. Pedes etiam ut rostrum rutilescunt. In pullis uerò rostra simul ac pedes fusco colore cernuntur, Gaspar Heldelinus. Crura ei procera & excelsa, Idem.

C.

Glotorat immenso de turre ciconia rostro, Author Philomelæ. Ciconias ferunt linguas nõ habere, uerum sonum quo crepitant, oris potius quàm uocis esse, Solinus. Ciconiæ quasi cicaniæ à sono quo crepitant dictæ sunt, quẽ rostro quatiente faciunt, Isidorus. Idem de uoce ciconiæ clangere dixit. In Pythonos comę congregatæ, inter se commurmurant, Plin. Extat Philostrati epistolium ad Epictetum huiusmodi: εἰ κρότῳ ἀνοήτῳ χαίρεις, καὶ σὺ πελαργοὺς ἐπειδ᾽ ἂν παελόντες (forte παριόντας) ἡμᾶς κροτῶσιν, ἡγοῦ δῆμον (δήμου) τοσούτῳ σωφρονέστερον (scilicet κροτεῖν, aut lege σωφρονεστέρους) τοῦ ἀθηναίων, ὅσῳ μηδὲ αὐτοῖσι μισθὸν ὑπὲρ τοῦ κροτεῖν. Hoc est, Si plausu temerario delectaris, ciconias etiam cùm prætereuntibus nobis applaudunt modestius Atheniensium populo id facere putabis, quòd gratis & absque mercede plaudant. Ciconiæ pulli uocem gauijs (uanellos puto intelligit) pressiorem parentum desyderio emittunt. Porrò sono illo, qui siue arterię interioris uehemẽtiore impulsu, siue (quod magis uidetur) modulata linguæ rostrique cõplosione æditur, certe uix est alius uel gratior, uel plausibilior. Hoc crepero sono uer prænunciat, coniugem salutat, gratias Deo factori eglottorat. Videtur autem hoc uerbum (glottorare) ἀπὸ τῆς γλώττης factum, Gaspar Heldelinus.

¶ Circa Thessaliam aiunt tantam serpentium uim prouenire, ut nisi à ciconijs cõficerentur, incolas pellerent, Aristot. in Mirabil. Circa Alexandriam in sinistra Nili parte, fertili & herbosa, aues aquaticæ per hyemem collectæ uidentur, quarum copijs campi & prata albent, præsertim ciconijs, quas Aegyptij merito amant, cum propter ranas quas illic nimis abunde nascentes ciconiæ consumunt, tum quia serpentes etiam integros deuorant, Bellonius. Ciconia duo maximè loca uictus quærendi gratia infrequentat, stagna scilicet & prata. E stagnis lacubusque, adde etiam paludibus, uaria quidem & multa animalcula, sed præcipuè omnis generis ranas mira celeritate comprendit, comprensa statim iactu quopiam non fallente in fauces deijcit, deiectas stomacho recondit. Verum eas modo ranas infensius insectatur, quæ regni sui (aquarum) terminos egrediuntur. Cęterum prata ea potissimum frequentare insueuit, quæ in conuallibus aut locis irriguis iacent, quod genus Græci βαθυλειμῶς uocãt: inde lacertas, chersydros aliosque serpentes, ranas calamitas, aliasque pratorum pestes capit, maximè autem cicinias (cæcilias, id est cęcos serpentes) quibus unicè delectatur, sectari solet, Gasp. Heldelinus. Serpente ciconia pullos Nutrit, & inuenta per deuia rura lacerta, Iuuenalis: qui arguens Romanos quorum liberi tales euadebant, quales à parentibus instituebãtur memorat naturam ciconiæ eiusque pullorum. hi enim à teneris assuefacti colubris uescuntur. Ciconia circa lacus & paludes degit, ranas, bufones, angues & pisces comedens, Turnerus. Multifariam serpentibus insidiatur, eosque deuorat & alia uenenata animalia, nec inde perit: bufonem uerò non nisi in magna fame gustat, tanquam præ cæteris uenenosum, Author libri de nat. rerum. ¶ Quædam in ingressu ante se pedes iaciunt, ut ciconiæ & grues, Plinius. ¶ Ciconia uolans pedibus, tanquam gubernaculo nauta, cursum moderatur: porrectisque in caudam quæ breuior illi contigit, pedibus, per magnum aëra contendit, Gasp. Heldelinus. ¶ Cur grus, ciconia, & aliæ quædam aues dormientes uni tantum pedi innitantur, & caput humero alteri imponant, Hieron. Garimbertus quærit quæstione 51. ¶ Neque enim hirundines & ciconię, quæ in Italia pariunt, in omnibus terris pariunt, Varro. Apud Germanos in summis tectis, aliquando in ipsis summis fumarijs nidulantur, Turnerus. Nunquam nidos extruunt, quin lychniten dictum lapidem imponãt, quasi facem adhibentes ut oua fœtum producant, & serpentes nidis non appropinquent, ut aquilæ aëtiten, Philostratus in uita Apollonij. Turdi non ut aduenæ uolucres faciunt pullos, ut in agro ciconiæ, in tecto hirundines, &c. Varro. Ciconia primo protinus aduentu ueterem nidum repetit, quem si quidem saluum & incolumem inuenit, collectis hyberno situ sordibus statim repurgat, instauratque: sin sæuiore aliqua uentorum tempestate deiectum cernit, ramentis illico undique ex agris palustrique ulua comportatis, possessionem sedis nouo nido occupat. Pomeria primum rotunda sciotherico (quod uulgus Mathematicorum concauum uocat) ualde similia figit, mox ædificat, deinde constabilit. Postremò si quid distortius horret, admirabili quadam rostri industria in ordinem componit. Nidificat autem in æditioribus ædium fastigijs, aut aridis proximè, idque rarius, arboribus, Gasparus Heldelinus. ¶ Veneri non alibi indulgent quàm in nido. Oua triginta non amplius diebus fœmina, quatuor, anserinorum tum magnitudine tum colore ponit: quæ quamprimum, uariatis quidem utrinque uicibus, plumis fouent. Obit autem pater incubandi munus tantisper, dum illa sibi per otium cibum quærat. Incubitum, nisi asperior tempestas impediat, spatio mensis, ut plurimum absoluunt, Gasp. Heldelinus.

¶ Ciconiæ

¶ Ciconiæ quo nam é loco ueniant, aut quo se referant, incompertum adhuc est. E longinquo
uenire non dubium, eodem quo grues modo:illas hyemis, has æstatis aduenas. Abituræ congregan
tur in loco certo:comitatǽq̃ sic,ut nulla sui generis relinquatur,nisi captiua & serua, ceu lege præ
dicta die recedunt. Nemo uidit agmen discedentium, cum discessurum appareat: nec uenire,sed ue
nisse cernimus:utrun q̃ nocturnis sit temporibus. Et quamuis ultra citráue peruolent,nunquam ta
men aduenisse usquam, nisi noctu existimantur. Pythones comen uocant in Asia patentibus cam
pis,ubi congregatæ inter se commurmurant, (ubi primo aduentus sui tempore ciconiæ aduolant,
Solinus:)eam quæ nouissimo aduenit laceręt, atq̃ ita abeunt. Notatum, post idus Augustas non te
mere uisas ibi, Plinius. Simulat q̃ ciconiolæ in pennas integras excreuére, iam q̃ alarum firmiore
10 ope leniter spirante aura,nido se tollere,mox proxima nido tecta circumuolare audent : deinde li
bero etiam cœlo sublimes ludere sustinęt. Postremò cum finitimas ciconiarum ædes obuolitantes,
ad alarum facienda pericula euocant:id quod idibus Iunij faciunt(eo enim tempore nidos primum
egredientes deserunt, euolant q̃ ac reuolant. accedit quod é pratis ipsæ quod sumant ductu instin
ctu q̃ parentum uenantur)tum, inquam, solertissima quadá ingenij perspicacitate profectionis tem
pus obseruant, est autem sub æstatis exitum circiter idus Augusti, (circiter diem ascesionis Mariæ,)
Gasp. Heldelinus. Et rursus, Idibus Augusti ciconiæ iuuenes q̃ senes q̃, collecto agmine pulcher
rimo , iter laboriosum illud pernocte luna ingrediuntur. Priusquam uerò mare traijciunt, omnes
quas quidem agri nostri emisére,Athesim Galliæ flumen, non ita procul ab Sextinianis aquis,seu
(ut alijs placet)Sestianis aris,nimirum ubi Marius Cimbros ferro fudit, congregantur. Illic habitis
20 inter se publicis concionibus commurmurant, exercitum lustrant, cognitionibus diem unum aut
alterum traducunt,iudicia grauiter exercent:& si quam tardatior segnities morata est, aut adulterij
crimen conuicit,eam communibus sententijs dispungunt occidunt q̃. Cæterum abituræ aquilonis
secundum flatum prudęter expectant,qui simulat q̃ pronior incidit,tum ceu lege prædicta die abi
tum maturant. Auium multa genera locum ita mutant, ut certum sit unde & quo se recipiant: cico
niæ uerò unde ueniant, quò reuertantur , non satis constat. Quidam ex Lycia uolare aiunt, alij ex
Aethiopia,quo loco inchoata exundatio Nili fœcundatur Aegyptus, Oppianus in Ixeut. Ci
coniæ hyeme latent, Aristot. nidos eosdem repetunt , Plinius. Audio ciconias cum gruibus (non
simul sed diuersis temporibus)iniurias frigoris fugientes, mutatione cœli solum uertere , ac rursus
hyberno tempore exacto,ad patriam sedę remigrantes,cum illas,tum has, sicut homines domum,
30 probe nidos suos recognoscere, Gillius ex Aeliano. Vulgus agreste & rapa post ciconiæ disces
sum malé seri putat:nos omnino post Vulcanalia,& præcocia cum panico,Plinius. Ciconiæ á no
bis prius recedunt quàm hirundines, Albertus. In Heluetia ad nos aduętare solent circa octauum
calędas Martij. Ciconiæ quæ æstate in Europa sunt,magna hyemis parte ut in Aegypto, sic etiam
circa Antiochiam(iuxta Amanum montem) degunt, Bellonius. Et rursus, Cum circa Abydum
essem uicesimo quarto die Augusti, ingentem ciconiarum uim conspexi, quæ ad tria uel quatuor
millia accedere uidebatur. Volabant illæ à Russia & Tartaria, & Hellespontum agmine decussato
transuersum traijciebant.Et cum supra Tenedum insulam essent,longo per anfractus tractu se con
uertebant,donec in circulum omnes colligerentur, inde priusquam longius à faucibus Proponti
dis pergerent,in minores aliquot turmas supra uiginti sé distribuebant,& se inuicem uersus meri
40 diem sequebantur. Haud equidem adfirmare ausim, quòd quidam autores sunt hybernis in Afri
ca ciconias diebus delitescere,perinde ut apud nos gauias(uanellos, ut conijcio, sic uocat)hirundi
nes q̃ factitare ferunt:& cum has tum illas(id est gauias & hirundines)aspera hyemis tempestate,in
cauas sé ad mare stipites códere, folijs aridis musco q̃ obtecias uelut demortuas latere uulgò aiunt.
Sed hoc ne modo,an in longinquioribus Aphricæ terræ montium recessibus ciconiæ lateant,tan
quam incompertum in medio relinquimus, Gasp. Heldelinus. Ciconias ex Africa usque ad nos
proficisci,multorum nó incerta opinio persuadet, Idem. Circiter x. calendas Martias ciconia mas
aduentare consueuit,Idem. Et rursus, Ciconia mas uerno aduentu coniugem suam ad summum
decem dies anteuertit, Tum nido,si forte uiolatum inuenerit,reparato,cóiugem solicitus expectat,
ea aliâs prius,aliâs decima dęmum nocte,perluni scilicet,aduentat,Huius ille aduentui mire gratu
50 latur & alis applaudit. Vbi autem nido etiam accepit, dij boni, quæ dulcissima salutatio:quanta ob
felicem aduentum gratulatio:quos applausus:quos complexus:quàm mellita cernas oscula: Atq̃
interim lenes quo q̃ susurri quidam audiuntur. Ciconiæ aduentus cum alijs omnibus gratissimus
est, quòd dura hyemis tempestate sint leuati, tum maximè illis qui angusta contracta q̃ paupertate
premuntur,is certe qui primus ciconiam uenisse aduertit,in quemcun q̃ incidit pleno ore Homeri
illud decantat, Δός μοι ἐυαγγέλιον ὅτι ἔαρθ᾽ ἥλθε πελαργός, Idem. ¶ Mox primo uere pelargi (id est ci
coniæ)simul gregatim pergunt:ut & aliæ aues,anseres feri,anates,aliæ q̃ : quæ ab Aegypto, Libya
& Syria aduolant , & in Lyciam ad flumen Xanthum perueniunt. ubi prælium committunt cum
coruis,cornicibus,colis (κολοιοὺς,id est graculos intelligo) uulturibus & quibuscun q̃ carniuoris. Nam
hæ quo q̃ præsciunt tempus,&eodem adueniunt omnes. Tum pelecanorum (lego pelargorum, uel
60 pelargorum & pelecanorum , ut inferius quo q̃ legitur) exercitus in altera ripa fluminis aciem in
struit:corui autem & uultures aliæ q̃ carniuoræ in altera consident. Totum uerò sextum(uidetur lo
cus corruptus) mensem in pugna expectant. sciunt enim dies in quibus aggressio futura est : qua

Y

facta clamor ad cœlum usc$ auditur, & in flumine sanguis uulneratarum auium apparet, ac pennæ
plurimæ euulsæ decidunt, quibus Lycij lectos suos sarciunt. Finito iam conflictu dilaniatas reperiunt innumeras aues, cornices aliasc$ carniuoras, & ab altera parte non paucos pelargos & peleca
nos. Quòd si (pelargi &) pelecani uicerint, coniicitur inde tanquam ex certo signo, abundantiam
omne genus frugum futuram:sin carniuoræ, ouium & boum & aliarum quadrupedum sœcundus
prouentus expectatur, Kiranides. Sed cornices ciconijs inimicas esse parum est uerisimile, si uerè
ab alijs scribitur non aliter quàm ijsdem ducibus eas migrare, ut in D, referam.

   ¶ Videtur ciconia caput perquam rheumaticum habere. nam de rostro eius aqua subinde ex-
tillat, & magis hyeme, Author libri de nat, rerum.

D.   10

   In ciconia admiramur ingenium & prudentiam, iustitiam, gratitudinem, temperantiam, & naturale in alias quasdam aues odium. Primò igitur de ingenio ac prudentia ipsarum, de reliquis dein
ceps dicendum.

   ¶ Quòd certis temporibus uno in loco congregatæ discedant ac reuertantur ciconiæ, utrunc$
clam & noctu, & alia quædam ad ingenij earum admirationem pertinentia, in c. retulimus. Ambrosius & Magnus Basilius tradunt ciconias iamiam commigraturas non aliter quàm collecto proficisci agmine:ac uelut per tesserarios, militiæ quadam imagine, tempore pronunciato, pariter moueri omnes, mirè seruatis ordinibus, ceu nec agminis coactor desit. Cæterum ducendi functionem
cornices subire, quæ illas & dirigant, & turmis quodammodo stipatricibus consectentur eatenus,
uti uel aduersus inimicas aues munimentum haudquaquam contemnendo esse credantur, ac pericu- 20
lis subire proprijs non suam bellandi alcam, Cælius. Cornices eas (ciconias) duces præcedunt, &
ipsæ quasi exercitus consequuntur, Isidorus. Ciconiæ cæteræc$ aues cum uulnus per pugnam ac-
ceperint, origanum (Gaza cunilam uertit) plagæ imponunt, Aristot. Græcè legitur , οἱ δὲ πελαργοὶ
καὶ οἱ ἄλλοι τῶν ὀρνίθων:atqui Aelianus non quasuis aues hoc facere scribit, sed præter ciconias perdices
tantum & palumbos: Plinius ciconiam tantum. Ciconiæ in urbes uastatas non ueniunt, ut in Philostrati epistolis legimus, his uerbis:οἱ πελαργοὶ τὰς ωτεπορθημένας πόλᾳς ἐκ ἐσπέπτονται κακοῦ τι πετεμμίωσι
ἐγὼ φάσιγοντω. ¶ Ciconias audio cum primum adueniunt nidum aliquoties lustrare & circuncola
re antequam ingrediantur. Ciconiæ nidos suos quotannis repetunt, & unum è sœtibus suis domi
no loci, sub quo sœtificant, deplumatum quasi tributum, ut fertur, deijciunt: sed sorte causa magis
est tædium nutriendi. Quinimo, ut uulgo dicitur, pro decimis deijciunt deo ius suum seruantes. In 30
cuius signum Thuringiam, ubi decimæ non dantur, nec$ intrant nec$ inhabitant, ut experientia do
cet, Author libri de nat. rerum.

   ¶ Magna cura ciconiæ exacta ætate parentes alunt, etsi humanis hoc facere legibus nullis iubentur, sed sola bonitate naturæ ad id impellantur. Iidem parentes amanter suos sœtus curare dicun
tur:Cuius rei hoc testimonium est, quòd pullos qui per ætatem è nido nondum euolare queunt,
cum aliunde ad eos alendos cibum comparare nequeunt, esculenta quæ prius ederant, euomunt,
atq$ in educandos sœtus conuertunt, & ad uolandum pullis imperitis duces sunt, Herodios & pele
canos similiter facere audio, Aelianus. Ἀντιπελαργᾷν (inquit Erasmus Rot. in prouerbijs) apud
Græcos est mutuam officij uicem rependere, maximè nutricandi souendic$ eos, à quibus aliquan
do fueris enutritus aut institutus:ut si liberi parentes ætate fessos uicissim alant soueantc$:aut si disci 40
pulus præceptorem inuicem erudiat. A ciconiæ natura sumptum quæ Græcè pelargus dicitur. Ea
inter aues una pietatis symbolum obtinet. Extat autem lex pietatis magistra, quæ edicit, ut liberi pa
rentes alant, aut uinciantur, ad id respexisse uidetur Homerus Iliad. Α. cum ait, ὐδὲ τοκεῦσιν Θρέπτρα φί
λοις ἀπέδωκε, μινυνθάδιΘ- δ᾽ οἱ αἰών. id est, Nec nutricandi officium genitoribus unquam Persoluit
charis, breue at illi contigit æuum. Animantium reliqua tantisper amant agnoscuntc$ parêtes, dum
egent illorum ad nutricationem opera. una ciconia parentes senecta defectos uicissim alit, & uolandi impotentes humeris gestat. quorum posterius laudatur in Aenea, cui inde pij cognomen:al-
terum miris laudibus sertur in puella, quæ matrem captiuam complureis dies suis uberibus aluit.
Hanc ob causam, ut author est Suidas, antiquitus in regum summo sceptro ciconiæ figura ponebatur, in imo hippopotamus:ut ipso gestamine admonerentur, pietatem plurimi facere oportere, uio- 50
lentiam cohibere. nam hippopotamus animal efferum est ac uiolentum, atq$ adeò impium, quippe
quod interfecto patre matrem init, teste Plutarcho. Diuus Basilius etiam ciconiarum nobis pietatis erga parentes exemplum proponit. Eôdem allusit Crates Cynicus scribens Hipparchiæ uxori
de filio nato, cum pollicetur sibi curæ futurũ, ut illum matri ciconiam pro cane remittat in senecta.
canes enim uocantur Cynicæ sectæ philosophi. Significat igitur puerum fore pium, qui parentem
iam decrepitam mutuò soueat. De ciconiarum pietate meminit & Aristophanes in Auibus. Ἀλλ᾽
ἔστιν ἡμῖν τοῖσιν ὄρνισι νόμΘ- Παλαιὸς , ᾧ τοῖς τῶν πελαργῶν κύρβεσιν . Ἐπειδ᾽ ὁ πατὴρ ὁ πελαργὸς ἐκπετήσιμος
πάντας ποιήση τοὺς πελαργιδᾶς τρέφων , Δεῖ τοὺς νεοττὸς τὸν πατέρα πάλιν τρέφειν. id est, Nobis quidem auti
bus peruetusta lex uiget, Ciconiarum inscripta tabulis, ut simul Ciconia parens educauerit suos
Ciconiadas, (pullos, imitatione Græci uocabuli,) & iam uolucres cuserint, Pulli uicissim nu- 60
triant patrem suum. Vtitur eodem Plato in Alcibiade primo. Sed nemo profectò uenustius, nemo
felicius, quàm Angelus Politianus in quodam epigrammate, Κὔτι γι θαῦμα Εἴγε νέοι τὰυ γεούψ αὖτι
πελαργὶσμῷς.

πελαργέομεν, id est, Si nos Latini olim Græcorum literis educati, nunc Græciam uelut anum atque effœtam uicissim suas doceamus literas. Porrò huiusmodi officium quod liberi uicissim in parentes collocant, Græci unico uerbo dicunt, γηροβοσκεῖν seu γηροτροφεῖν & γηροκομεῖν. Extat in hâc sententiam huiusmodi senarius, ἱκανῶς βιῶσεις γηροβοσκεῖν σοὺς γονεῖς. id est, Viuax eris, senes parentes consouens, Hæc omnia Erasmus. Ciconias genitorum senectutem inuicem educare inuulgatum est, (θρυλεῖται πᾶσι πολλοῖς,) Aristot, unde apparet Aristophanis Scholiasten & Suidam non recte scribere, Aristotelem simpliciter hoc uerum esse asserere. Genitricum senectam inuicem educant, Plin. Eximia illis inest pietas, etenim quantum temporis impenderint fœtibus educandis, tantum & ipsæ à pullis suis inuicem aluntur, Ita enim impensè nidos fouet, ut incubitus assiduitate plumas exuunt,
10 Solinus. Pelargici nomi ab Aristophane dicti sunt quasi ciconiariæ leges, quibus liberi parentes alere iubentur, id quod in iure quoque cautum est. Ideo in sceptris regijs antiqui ciconiam sculpere solebant in summo, in infimo autem hippopotamum animal improbissimum, significare uolentes iustitiæ obnoxiam esse (ἀδικοπαθῆσαι) uiolentiam: cuius iustitiæ symbolum est ciconia, quæ parentes senio confectos alere, humerisq́; gestare in uolatu creditur, Budæus ex Aristophanis Scholiaste ut' apparet. ἀντιπελαργεῖν, παροιμία ἐπὶ τῶν χάριτας ἀντιδιδόντων: καὶ ἀντιπελάργωσις, Suidas & Varinus. A ciconiæ pietate ductum est uerbum antipelargen, hoc est promerentibus gratiam in tempore referre, & antipelargia, huiusmodi gratiarum relatio, Budæus in Pandectas. Apud Aesopum pelargus ab agricola captus dimitti orans, Sum(inquit)pelargus auis pientissima, quæ meis parentibus obsequi soleo, eosq́; non desero unquam. Quæ causa est ut Aegyptij hieroglyphica litera pietatem
20 scribentes, ciconiam pingerent. Petronio Arbitro pietaticultrix epitheto decoratur. Diuus quoq́; Ambrosius auem piam appellat. Et uerba eius Io. Baptista Pius è libro 5. Hexameron hæc recitat: Aues non erubescunt reuerendis senis membra portare. est enim uectura pietatis. quod eousq́; frequenti testificatione percrebuit, ut congruæ mercedem remunerationis inuenerit. nam Romanorum usu auis pia uocatur. Quódq́; uix uni imperatori consulto senatus delatū dicitur, istæ hoc eas in commune meruerunt. pios enim filios patrum prius oportuit in iudicio prædicari. Habet etiam uniuersorum suffragia, nam retributio beneficiorum ἀντιπελάργωσις nominatur. Pelargòs enim ciconia dicitur. Virtus itaq́; ab his nomé accepit, cum relatio gratiarum ciconiæ uocabulo nuncupatur, Hæc ex Ambrosio Bapt. Pius, qui idé ἀντιπελαργεῖν Latine interpretatur redhostire. Aeneam pium à Virgilio appellari ideo scribit idem Baptista, quoniam patrem succollauit, ut ciconiæ patrem seris
30 annis inuolucrem succollare solent, Franc. Syluius in epistolas Politiani. Parentes senes & ad uolatum inualidos, filij suis alis huc illuc gestant ut nutriantur: & si cæci fuerint, cibum eis ingerunt, Kiranides. Ciconiæ aues piæ parentes senio affectos suis alis gestantes incedunt, (βαδίζον,) Scholiastes Aristophanis, Suidas & Varinus. Ciconiæ à sua prole aluntur, & incessu uolatuq́; ab eis iu uantur, Io. Tzetzes: uel si Græcè mauis, Πελαργὸς τρέφουσι τὰ τέκνα τὰ οἰκεῖα, καὶ τῇ βαδίσει ἡἴωσι τε τῇ τε τῶν συωφύσαν. Ciconia dicitur auis pia, cum enim seniores pennis amissis uictum sibi quærere nequeant, iuniores frigida genitorum membra refouentes cibum eis procurat, donec pennæ ualidiores subnascantur, Author libri de nat. rerum. Parentes senes alunt & pastum educunt, Eberus & Peucerus. Ferunt autem lalath (id est ciconiam) parentes autumno nutrire, ut uére nutrita est ab eis, alij eos non prius quàm senecta exhausti sint à prole nutriri sentiunt, Albertus. Merops eò iu-
40 stior ciconijs existimanda est, quòd non in senectutem parentes alere differt, sed statim ut per ætatem uolare potest, hoc ipsum exéquitur. iustitia enim & pietate omnibus auibus præstat, Aelianus. Aegyptiorum sapientes ut parentis amatorem significent, ciconiam pingunt. hæc enim à parentibus enutrita non separatur ab illis, uerum ad ultimam usq́; senectutem permanens parentibus ictum sufficit, Orus. Quantum temporis ciconiæ impenderint fœtibus educandis, tantum & ipsæ à pullis suis inuicem aluntur, Paulus Fagius è commentarijs Iudæorum. Genitores pullos, si forte spurca tempestas, aut ingentibus procellis imber effundunt, explicatis alis, ceu fomentis quibusdam amicis, ne algeant, obtegunt. Simulac parens progeniem paruam reuisens ad dulcem nidum appulit, ciconiolæ suaui quodam sibilo aduentum congratulantur, escamq́; rostulis, tanquam osculis eliciunt, atq́; interim etiam λαρυγγίζοντες glotteraturiunt, colla porrigunt, hiant. tum parens quic-
50 quid immenso labore illo suo animalculorum uenata est, torto retortóq́; gutture, è stomacho, quó uiua omnia condiderat, egerit: egesta pulchro certóq́; ordine singulis suum dimensum dispensans, cuiusq́; in os uelut præmansum inserit: eumq́; laborem pium tantisper sibi sumit, dum pulli per se ci bum ore collatum capere possunt, Gasp. Heldelinus.

¶ Gratam accepti beneficij memoriam (inquit Aelianus) ipsæ etiam bestiæ retinent. Tarentina mulier, nomine Heracleis, & cæteris in rebus ex maxime raro fœminarum genere fuit, & uerò ab omni stupro integram castamq́; se marito conseruauit: quippe quæ ut uiuentem eum studiose & diligenter coluisset, sic posteaquam è uita excessisset, se fidissimam & ab omni libidine continentem humato coniugi præstans, urbanas commorationes, & domum, in qua mortuum uidisset maritum, adeò male odit, ut præ mœrore ad sepulchri monumentum, ubi sepultura affectus ille esset, miser-
60 rime commoraretur. Hæc igitur fœmina cum æstiuo anni tempore ciconijs pullorum suorum uolatum experientibus, unus & infirmissima ætate, & alarum debilitate delapsus, alterum crus fregisset, eiusmodi casum intuita, se cognito morbo, misericordem pullo præbuit, nam & uultus obli-

Y 1

gauit,& medicamentis & cibo potioneɋ adhibitis cicatricem obduxit, & ad incolumitatem per=
duxit,atɋ iam ad uolatum confirmatum,è manibus dimiſit. Hic admirabili quadam naturæ intel=
ligentia non ignorans ſe conſeruatæ uitæ præmiũ mulieri debere, anno poſt cum ad uernum ſolem
forte apricantem eam,quæ ſibi benignè fecerat,perſpexiſſet,demiſſo atɋ humili uolatu proximè ad
ipſam profecta,in eius ſinum lapidem euomuit , deinde in tecto ſubſedit. Cuius facti admiratione
commota Heracleis,dubitabat quid iſtuc eſſet.Cum igitur lapidem intus alicubi depoſuiſſet,nocte
inſequenti ſomno ſoluta,eum fulgere, & radiatam domum tanquam immiſſis facibus ex eo ſplen=
dere perſpexit:ubi uero ciconiam comprehendiſſet, & uulneris cicatricem percepiſſet,hanc agno=
uit eam eſſe quam miſeratione commota curauiſſet, Hactenus Aelianus. Eandem hiſtoriam bre=
uius & paulò aliter Oppiani in Ixeuticis paraphraſtes hoc modo expreſſit: Mirabilis omnino & ſo 10
lertis ingenij ſunt,ſiue iniuria cauenda, ſiue gratitudinis ædendum aliquod ſignum fuerit. Nam &
hoc accidiſſe fertur:Cum quidam ciconiæ crus lapide confregiſſet,eaɋ in nidum transuerſa,ut po=
terat,ſe reciperet,à mulieribus quæ claudicatem uiderant,reſtituta eſt,& cum cæteris auolauit. Se=
quentis deinde anni uêre cum rediſſet ad eundem locum (agnoſcebatur autem ex claudicationis
ſigno)& mulieres conſpectu ſui,ceu quæ libenter apud ipſas diuerteret , exhilaraſſet: mox è roſtro
oblongo egregiam & pretioſam gemmam ad pedes mulierum euomuit, quod quidem illæ gratitu=
dinis ergò fieri intellexerunt. Huic planè ſimilis eſt hiſtoria, quam doctiſſimus uir Iuſtinus Gob=
lerus I.C. ad nos perſcripſit,his uerbis: Præter pietatis erga parentes laudem Geſnere, quàm cico=
nijs & natura & hiſtoria ab antiquo tribuit, etiam re ipſa compertum eſt, hoſpitalitatis officium ui=
cemɋ ciconias agnoſcere beneficio ſuo, & compenſare. Contigit enim non procul à patria mea 20
(Sanctogoarinum uulgus appellat)in ciuitate quondã imperij libera Vueſalia ſuperiore,quod ſepe
audiui auos & maiores meos mihi commemorare, ut ciconia nidum in cuiuſdam ciuis tecto habe=
ret,in quo per multos annos ex more oua excluderet, & pullos nutricaret. Tanto autem tempore
eadem auis benigni hoſpitis clementiam experta, ut quæ à nemine domeſticorum (pio patrefami=
liás ita cauête)infeſtaretur,quotannis ſuo tempore & auolare & redire , eundemɋ nidum repetere
ſolebat. Habuit autem in more præter cæteras ſui generis aues hæc beſtia,ſiue hoſpitis frugi & mo
deſti humanitate ducta,ſiue commoditate loci ædiumɋ, ſiue (quod ueriſimilius eſt) natura ad hoc
ipſum inuitante,ut bis quotannis,nimirum ſub ueris & autumni tempus pridie ferè antequam auo
laret,& poſtridie cum rediret circum limen ac porticum domus hoſpitis ſui uolitaret, & ſtridenti
roſtro ſe præſentem uelut indicaret, ſemper lætabundo ac ceu applaudente geſtu uocesɋ à patrefa= 30
miliàs accepta ac rurſus dimiſſa. Hæc cum iam multis annis inter auem & hoſpitem conſuetudo
fuiſſet,tandem aliquando ex more ſub autumnum auolatura ante ad porticum domus obſtrepero
impetu fertur,ac crepitanti roſtro ceu hoſpiti ualedictura inſolentius aliquanto geſtire uiſa eſt, cui
bene precatus herus amico ore auem quaſi alloquens iubet ut ſalua & incolumis redeat. Sub uer igi
tur poſtmodum reuerſa beſtia ex more hoſpitem in foribus ædiũ roſtri crepitu ſalutat, ac mox ante
pedes uiri radicem magnam recentis zinziberis è gutture exerens tanquam gratulabunda collo=
cat,roſtro ut plurimum obſtrepero,in ſymbolum hoſpitalitatis. Admiratus hoſpes peregrinum &
informe quodammodo munus accipit, & uicinis uidendum præbet,certo cognoſcentib.us guſtan=
do ucram ac uiridem zinziberis eſſe radicem. Et quãdoquidem hactenus apud multos dubium
fuit,& quodammodo incompertum(inter quos etiam Plinius eſt) quonam è loco ueniant, aut quo 40
ſe referant ciconiæ:uel ex hoc facto conſtabit, calidas eas terras & ultramarinas, ubi zinziber ho=
die naſci dicitur, cum à nobis auolant, petere. Verum & hoc exemplo qualicunque, ſi non aliud
certe nos admoneri arbitrarer, inter homines etiam cum pietatem tum hoſpitalitatem plurimi fie=
ri oportere.

¶ Extat & aliud luculentum ſuper ciconiarum mirifica gratitudine exemplum in Ixeuticis Op
piani:In Italia(inquit)ut fertur,cum ſerpens quidam ad nidum prorepens ciconiarum pullos deuo
raſſet,& alteram deinde ſequentis anni fœturam ſimiliter perdidiſſet, ciconiæ tertio demum anno
reuerſæ,nouam quandam auem & prius nõ uiſam, (quæ breuior quidem ciconijs erat, ſed roſtrum
magnum & acutum enſis inſtar à capite exerebat,)ſecum adduxére,indicata nimirum ei fœtus cala
mitate ſui,ſiue pollicitationibus ullis ſiue uerbis ut opem ferret inuitatam. Nam utrum aues & ani= 50
mantes aliæ,ſuum inter ſe colloquium nobis ignotum miſceãt,in dubium uocari poteſt. Auis hæc,
nondum abſoluto ciconiarum fœtu,coniuncta eis non erat : pullis uerò iam excluſis cum parentes
ad comparandum pullis auiɋ cuſtodi uictum longius auolarent, ipſa nidum non deſeruit , ut ſer=
penti obſiſteret.Serpens igitur paulò poſt progreſſus è latibulo, pullos aggreditur : & licet ab aue
cuſtode roſtro impeteretur,non ſtatim receſſit, ſed erectus corpore, caudæɋ innitens, ſe oppone=
bat:& ſecundò iam ictus ſpiris inuoluere cuſtodẽ fruſtra moliebatur , utcunɋ plurimis ſe flexibus
inſinuaret,nam facile euaderat auis in ſublime ſe recipiẽs. Sic dum ille perdere,hæc ſeruare pullos
annituntur,plurimis tandem ille uulneribus confoſſus iacuit:at non impune, auem enim in confli=
ctu dentibus uenenatis adeò læſit,ut omnes ei pennæ defluerent. Cum uerò reuertendi tempus ap=
petijſſet,ac reliquæ ciconiæ iam auolaſſent,parêtes cum pullis ſeruatis, ut beneficij memores ſe de= 60
clararent,tantiſper manſere,donec nouis ei pennis renatis ſimul auolarent,Hæc Oppianus.

¶ Ciconia riuali inuidia laborare fertur:Nam cum in Cranône Theſſaliæ eximia forma mulier,
cui no=

cui nomen eſſet Alcinoë, à coniuge peregre profecto domi relicta, ſi upri cóſuetudinem cum ſeruo
quodam feciſſet, hòc quidem ipſum ciconia intelligens, ſeruiles iniurias in dominum nó ſuſtinuit,
quo minus quàm mox facto impetu eum ſenſu oculorum orbans, iniuriam in dominum illatam ul-
ciſceretur, Aelianus. Ego hanc uirtutem potius caſtitatis quàm riualem inuidiam in hac aue ap-
pellârim. Nam, ut Author libri de nat. rerum ſcribit, non dubium eſt ciconias caſtitatis ſectatrices
eſſe, fœduſ coniugij inuicem ſeruare. Fertur enim quòd in eminentiori loco domus cuiuſdā par
ciconiarum habitârit: unde mare ad paſtum recedente, frequenter alius mas aduehiens fœminam
adulterino coitu polluebat. At illa ſtatim eminus in fonte ſe mergebat; ſic ſcelus adulterij per aquæ
lauacrum delens, marem proprium deludebat, huiuſmodi factum dominus habitationis frequēter
10 aduertit, & quadam die poſt adulterium eam à fonte ne lauaretur prohibuit; nec mora, maſculus à
paſtu rediens in fœmina ſua ſcelus adulterij deprehendit, & in præſentia diſſimulans abijt. Reuer-
ſuſ ſecunda die maximam multitudinem ſecum adduxit, quæ ſingulæ adulteram aggreſſæ miſe-
ram crudeli laniauerunt morte. ¶ Ciconia tempeſtatē præſentit, quæ ſicunde imminet, tum antè
ſe medium in nidum ambobus pedibus(nam alternis alias inſiſtens quieſcit)confeſtim ſiſtit, pennas
triſtior diffundit, roſtrum in pectus condit, unde & plumas, ceu barbam promittit, uultum demiſ-
ſum eò obuertit, qua parte tempeſtas uentus aut imber ingruit. quod ſi in angulis aut marginibus
nidi temere inſiſteret, facilius ui tempeſtatis præcipitaretur, Gaſp. Heldelinus.

¶ Ciconia & crex, aues ſunt inimicæ, Gillius ex Aeliano, neſcio quàm recte, nam Philes, qui ſua
omnia ex Aeliano mutuatur, ſic ſcribit: ἔχθⲟⲓ γε μίω ἔχοσιν ἀδυίαις μέγα Μακροὶ πελαργοὶ, κỳ Βραχύπτε-
20 ροι κρίκολ, (lego κρίκελ,) id eſt, Ciconiæ & creces mergis admodum infenſæ ſunt aues. Sed fieri poteſt
ut eandem ob cauſam propter quam mergós oderunt, tanquam eodem uictu piſcibus ſcilicet, uten
tes(ut conijcio)ipſæ etiam inter ſe inimicæ ſint. Ciconia aquilas etiã inſequitur tempore quo pullos nutrit, & alias rapaces aues: quibus obſiſtere ſi ſola non ualeat, aduocat alias, Albertus. Aquila
& ciconia cauſam pugnæ habent quòd una comédit oua alterius, Idem. ſed Ariſtoteles ſittam ſcribit aquilæ hoſtem eſſe, & eius oua frangere. Herodius(ſic uocat aquilam germanam)altiſsimè uolat, ita ut aues omnes ſuperet. nam ſi magnæ aues, ut grues & ciconiæ, ſublimius ea uolarent, roſtrorum acie eam conficerent, Albertus. Ciconia non modo magno ueſpertilionis odio tenetur; ſed
hæc etiam illius, Aelianus. Et rurſus, Ciconiæ ouis ſuis pernicié molientes, ueſpertiliones ſapien-
tiſsime uindicant. Cum hæ itaq ſolo ſuo contactu oua ipſa ſterilia efficiant, hoc remedio utuntur ci-
30 coniæ: Platani folia in nidos ſuos inferunt, (quod & Zoroaſtres in Geoponicis confirmat) ad quæ
accedentes ueſpertiliones, torpore comprehenſæ, perniciem afferre non queunt. Ciconiæ ſerpentum hoſtes ſunt, Iſidorus.

E.

Aduenæ aues ſunt, quæ certo anni tempore à nobis auolant, certo redeunt: quas cum in auiario
amputatis pennis longioribus cludimus, inter manſuetas & domeſticas uiuere diſcunt, feritatemꝗ
exuunt, ut grues & ciconiæ, Gyb. Longolius. ¶ Qui ſibi metuit, noctu præſertim dormiens, à uenenoſis animalibus, nutriat circa ſe grues, pauones, cygnos, Auicenna: ſed Belluneſis pro cygnis
ciconias reponit, quod probo. ¶ Ciconia aduentu ſui teſtimonio ueris initium denotat, D. Ambroſius. ¶ Ex ciconiarum cum carniuoris auibus conflictu in Lycia, ſi ciconiæ cum ſuis uice-
40 rint, frugum fertilitas futura præſagitur: ſin carniuoræ, pecorum prouentus abundans ſperatur, ut
ſupra in c. ex Kiranide recitauimus.

F.

Ciconia in uetere Teſtamento inter aues menſis impuras cenſetur : quanquam illic Hebraicam
uocem chaſida alij aliter interpretantur, nos omnino ciconiam eſſe credimus, ut in A. docuimus.
Cornelius Nepos ſcripſit ciconias magis placere quàm grues, cum hæc nunc ales inter primas expetatur, illam nemo uelit attigiſſe, Plinius. Ciconiæ pullos apponere menſis inſtituit Rufus Præ-
torius, ut apud Porphyrionem legimus, Grapaldus. Ciconia etiam pietaticultrix Nequitiæ nidum in caccabo fecit meo, Petronius Arbiter. Ciconiam pauci nunc uelint tangere, nedum eſſe,
ob paſtum credo quem é ſerpentibus & luridis beſtiolis colligunt. caro eius eadem ferè quæ gruis
50 eſt, Platina. Idem hanc auem elixari iubet. Mihi aliquando ciconiæ pullum guſtanti caro mollis
& humida uiſa eſt. Ibidem, ciconiam & gruem Baptiſta Fiera in cœna ſua, tanquam graues cibos
improbat, Ibis(inquit)in antiquos redeatꝗ ciconia luxus, &c. Remedij quidem cauſa ciconias ali
qui eſitabant, ut dicetur in G. Ciconiæ in cibo non laudantur, Tragus.

G.

Ciconia aſſa elixáue ſi ſemel anno edatur, uére incipiente antequam aduolet(auolet) ad bellum;
innocuum & illæſum ſeruabit quod ad neruos & articulos eum qui comederit. Fugient enim ab eo
podagra, chiragra, gonagra, iſchias, arthritis, opiſthotonus, & quæcunꝗ neruorum paſsiones ſunt
& articulorum, Kiranides. ¶ Ciconiæ pullum(elixatum, Marcell.)qui ederit, negatur annis(multis, Marcell.)continuis lippiturus, Plinius & Marcellus. Si pullum ciconiæ in olla rudi clauſa uſſe-
60 ris, habebis cinerem illum pro collyrio ad nebulam oculorum, & lachrymarum epiphoram & tri-
chiaſin. Quod ſi collyrium liquidum malueris, mellis acapni quantum ſufficit, ut inungi poſsit, addito, Kiranides. Pelagonius aduerſus omnes morbos(aduerſus peſtem) efficaciſsimum puluerem

Y 3

credit esse, si pullum ciconiæ nondum adhuc stantem, (uolantem,) sed iam plumas habêtem uiuum in cacabum (ollam testaceam) mittas, & gypses (gypso illinas,) perusumǫ; uapore sur ni, in puluerem redigas, & tritū uitreo uase custodias: (& cum opus fuerit) grande cumulatumǫ; cochlearium cum uini sextario (cum uino) animalis faucibus infundas, donec recipiat sanitatem, Vegetius de art. 1.17. & Hippiatrica Græca cap. 4. In uentrem pulli ciconiæ exenterati necdum uolantis imponito unciam camphoræ cum diachma ambræ optimæ: & extillantem chymico artificio liquorem colliges, ita ut pro coloris mutatione uasa quibus liquor excipitur ter mutes. Hi faciem pur gant & nitidam reddunt, sed postremus præcipuè, Andreas Furnerius in Gallico libello de decora tione naturæ humanæ. Oleum ex ciconijs utilissimum ad inungenda membra paralytica, à Leonello Fauentino his uerbis describitur: Ciconia exenterata & deplumata in sufficiente modo olei 10 communis di coquatur donec carnes ab ossibus separentur. Tum carnes per se contritæ ac denuò in eodem oleo coctæ exprimantur. hoc oleum adseruato. habet enim eundem usum cum uiperino oleo ad paralysin, Leonellus Fauentinus. Aliud ad idem: Pullum ciconiæ rostro sub alam inclinato suffocabis puluino imposito: deinde (incisum nimirum minutatim) in alembico rosario stillatium ex eo liquorem colliges. & primum membra paralytica decocto cancrorum absǫ; sale ablue, deinde liquore è ciconia collecto inunges: atǫ; hoc alternis facere aliquandiu perges. Aiunt quosdam omnino resolutos, contractos & claudos huius remedij ui egregiè restitutos esse. neruos enim extendit & dirigit, Innominatus in libro manuscripto.

¶ Ciconiæ uiuæ neruos de pedibus, cruribus & alis aufer: qui podagricos & chiragricos, similes similibus alligati, sanant, Kiranides. Medicamentum naturale ad fistulam pedum, admodum ce 20 lebre, & à multis comprobatum: Neruos onagri, & apri, & ciconiæ sumito, ac plicatis inde chordis, dextros quidem neruos dextris ægrorum pedibus, sinistros autem sinistris alligato, ac statim dolorem leuabis. Vbi autem dolor conquieuerit, non amplius alligabis, sed ubi rursus dolorem sen serit: ac miraberis, quòd neqǫ; dolor, neqǫ; aliud quid periculosum subsequatur, quemadmodum mul tos attonitos fieri conspicimus, ubi pedes fluxionibus tentari desierint. Nonnulli uerò ciconiæ ner uos alijs non complicant, uerum retinent, mittuntǫ; in phocæ pellem, ac illigant chordis seorsim absǫ; neruis ciconiæ plicatis. pedibus ægri similiter illigant dextros dextris, sinistros sinistris, cum Luna est in occasu, uel in signo sterili, & Saturnum ingreditur, Trallianus lib. 11.

¶ Contra uenena omnia ciconiarum uentriculus ualet, Plinius. Echinus (id est interior membrana) de uentriculo ciconiæ, lotus in uino & in umbra siccatus tritusǫ;, bibitur cum uino diluto 30 aqua marina aduersus uenena mortifera, Kiranid. Tradunt aliqui uentriculum ciconiæ uel eius cerebrum cum uino diluto sumptum, additis duobus granis spicæ nardi curare uenenū cuiuscunǫ; naturæ, Ferdinandus Ponzettus. Nec capræ nec oues peste inficientur, si ex ciconiæ uentriculo aqua intrito singulis cochleare unum infuderis, Quintilij Geop. Canem à pestilentia seruat pul uis uentriculi ciconiæ, solutus in aqua, inǫ; canis os iniectus. idem facit sus elixi eiusdem uentriculi canis ori infusus, Blondus. Furunculis mederi dicitur uentriculus ciconiæ ex uino decoctus (& impositus,) Plinius. Intestina eius in cibo sumpta colicos sanant & nephriticos, Kiranides.

¶ Fel inunctum uisum acuit, Idem. ¶ Ciconiæ fimum si ex aqua hauriatur, comitialibus prodesse credunt, Dioscor. Nonnulli ciconiarum fimum potum orthopnoicis auxiliari asserunt, Aegineta. Fugienda est materia omnis eiusmodi quæ difficulter comparari potest. qua occasione complures 40 ualidissimas uires talibus materijs testimonio adscribunt suo, ceu non facile redarguendi, uelut qui ciconiarum stercus comitiali morbo mederi scriptitant. Verum quanquam hoc multis alijs quæ scri bunt, longè sit parabilius, curiosum tamen est, ut taceam falsum esse, quod de illo est proditū. Nam quidam ijs qui talia memorant, credulus, epoto hoc stercore nihil adiutus est. Nam & antequam ex periare promissorum prauitatem ac falsitatem ipsi qui talia scribunt, detegunt. Nam cum multis mo dis difficulter homines spirent, nec quòd omnibus conferant adscribitur, nec quòd his aut huic. Tam etsi sunt inter eos qui talia scriptitant, qui non simpliciter dyspnœæ, hoc est difficilis spirationis, sed orthopnœæ talia esse remedia dicūt, nempe ciconiæ stercus, noctuæ sanguir em, urinam humanam & alia his absurdiora, &c. Galenus lib. 10. cap. 27. de medic. facult. Vnguentum multa experien tia cognitum, inueteratæ etiam podagræ accommodatum: Stercoris ciconiæ quadrantem cum pa- 50 ri axungia tritam illinito. Vtere, neqǫ; cuiquā patefacito. multos enim seruauit, Aetius 12. 44. Idem à Nicolao Myrepso præscribitur, hisce uerbis: Emplastrum ciconiæ omnino podagricos sanans, ha bet stercoris ciconiæ, adipis suilli ueteris, singulorum selibram. Fimum ciconiarum, sed de nido ipso dum ciconiæ pullos habent, sumes, & cum axungia uetustissima permiscebis & conteres, atǫ; emplastri modo pedibus appones, efficaciter podagram sanabis, Marcellus empiricus. Ciconiæ fi mum cum hyoscyami folijs & lactucæ syluestris, podagricis prodest, Kiranides. ¶ Oua ciconiæ cum uino soluta, denigrant capillos. oportet autem cum pasta (farina subacta) frontem & oculos o perire, ne liquer defluens has partes tingat. Capilli iam tincti, ablui debent, & oleo irino inungi, aut omphacio in quo solutus sit adeps ursinus uel aprinus, Kiranides. Auicêna oua auis alhabari (tar dam Bellunensis exponit) item oua alocloæ (alias alochloch: ciconiam intelligo, quæ alias lalath & 60 lacalit dicitur Arabicè) capillos denigrare scribit.

a. Ciconiæ

H.

a. Ciconiæ quasi cicaniæ à sono quo crepitant dictæ sunt, Isidorus. Κικόνιον, auis sic dicta memoratur in Lexico Varini, non alia nimirum quàm ciconia Latinorum. Ciconias Germanis Storcken dictas, πρὰ τὼ sopyλώ, hoc est à mirabili illo affectu & amore quo parentes prolem prosequûtur, et proles illos uicißim, Gasp. Heldelinus pulchrè diuinat. ¶ Sed huic operi exigēdo quasi quandam machinam commenti maiores nostri regulam fabricauerunt, in cuius latere uirgula prominens ad eam altitudinem, qua deprimi sulcum oportet, cōtingit summam ripæ partem, id genus mensuræ ciconiam uocant rustici, Columella lib. 3. Telonem hortulani uocant lignum longum, quo hauriunt aquas (è puteis.) hoc instrumentum Hispani ciconiam uocant, eò quod imitetur eiusdem nominis auem, leuantem ac deponentem rostrum dum clangit, Isidorus. Organon quo ex puteo hauritur aqua celonium inuenio appellatum : ciconiam quidam Latinè dicunt, Cælius. Κηλώνειον, ὰ γοφάνιον, Suidas, cum ω. diphthongo in penultima. idem rursus eandem uocem cum ιῶτα simplici in penultima, equum admißarium, ἵππον ὰῶλοκτήσιον, interpretatur. Sed Hesychio κήλων admißarius est, ὀχδύτης simpliciter: Celonium uerò tum per diphthongum, tum per iôta simpliciter, lignum quo aqua hauritur, ἀντλητήσιον ξύλινον, & κήλον quoφ ἀντλημα. Et sanè uidetur κήλων uox primitiua esse, κηλώνιον diminutiua, ut melius per iôta tantum scribatur. etsi Varinus cum diphthongo scribat, & antepenultimam per ο, breue, deriuans à κόλον, quod est lignum, & uerbo νόνειν, ὰ ἀνανεύον κατανεύον ξυλον. interim tamen geranium, id est instrumentum haustorium paruum interpretatur, quasi uocem diminutiuam agnoscens. Κηλώνιον equum admißarium idem dictum ait πρὰ τὸ κήλον, quod est calidum, ego πρὰ τὸ κήλον legerim, quod poëtis feruidum significat, & ignis epitheton est. Eustathio κήλων asinus admißarius est, & per metaphorā etiā homo libidinosus, à uerbo κηλάν quod demulcere & delectare significat: uerbum κηλάω κηλώ, cuius turpis significatio sit. Et forte tum κήλων pro libidinoso, proφ admißario iumento, tum uerbum κηλύν pro σωσιάζειν, (ut uidetur,) metaphoricè à sordida plebe sic dicta sunt, ὀφὰ τὼ ὁμοίαν κήλωνι ἀντλητήσιον κίνησιν πδὶ τὸ σωσιάζειν, ut κηλύν sit Græcis quod ceuere Latinis. Nos lignum illud oblongum, quod alteri in terram infixo transuersum imponitur, ut anteriore sui parte (cui funis cum urna appēditur) ceu rostro gruis ciconiáue instar nutans, in puteum demittat, urnam, renuensφ extrahat, uocamus ein brunnenschwenkel. Aliqui simpliciter perticæ oblongæ absolutæ, funem cum uase appendunt, & perticam manibus demittunt in puteum: quam ipsam quoφ aliquis celonem uel celonium dixerit, ut & perticam istam qua per canalem in puteo inserta (instrumento quasi sentina nauiū exhauritur) aqua per eundem canalem regurgitat: Et forte hoc est quod Hesychius scribit, κήλων ὁ ὲν τῇ νηὶ λεγόμεν. Isidori uerba qui hoc instrumentum telonem uocat, Sipontinus etiam repetit: Sed eruditi quidam tollonem potius uel tollenonem uocandum coniiciunt. Nam tolleno, genus est machinæ, ut ait Festus, à tollendo dictum, quo trahitur aqua in alteram partem prægrauante pondere, à tollendo dictum. Collectis rursus animis in arietes tollonibus libramenta plumbi aut saxorum, stipitesue robustos incutiebat, Liuius 8. belli Maced. Vel tollenonum haustu rigandos, Plinius lib. 19. Heus sic tolloni gratia: cape hanc urnam tibi, Plautus Rud. Tolleno describitur à Vegetio 4.21. ¶ Πέλαρ γὸς ciconia Græcis dicitur, uocabulo composito ex contrarijs. nam πελλὸν (oxytonum) nigrum seu liuidum significat (ut & πελιόνον, uel πελόν; unde πελιώματα, liuores, uibices, suggillata,) & ἀργὸν album, Eustathius, Suidas, Etymologus. ὀφὰ τὸ ὲχειν πτέρα μελαίντερα ὰ λόυκά, Suid. lego, μέλανα καὶ λόυκά, ut & Eustathius habet in Iliad. λ. & Etymologus. Πέλαργὸς pro πελαργὸς poëticum est, rhô litera omißa, Etymologus. Κίκν⌣, ciconia, ut Gelenius in Lexico symphono scribit. ego hāc uocem nusquam reperio. Proxima quidem huic uox est cucupha, κυκυφά. scribit autē in Hieroglyphicis Orus Aegyptios gratitudinem significantes, cucupham pingere. ubi Mercerus interpres in Obseruationibus suis cucupham, ciconiam esse coniicit. sed quærendum an forte upupa sit, quæ ipsa quoque à pietate in parentes celebratur, eoφ nomine apud Aegyptios in honore est, ut Aelianus refert. Erodium auem, ὲρωδιὸν Suidas ciconiam esse putat, aut ciconiæ similem : nos omnino ardeam esse suo loco ostendimus. Ybos uel ibis pro antho aue apud Albertum legitur : qui eam stultè eandem ciconiæ facit, sed & recentiores quidam ibidem cum ciconia confundunt. Insula Heroum è regione Borysthenis fluuij sita uocatur etiam Leuce, ab auibus albis. nam κινώπετα λόυκά aues albas Eustathius illic interpretatur. intelligit autem fortè (inquit) laros albos, uel secundum alios ciconias.

¶ Epitheta. Candida pennis ciconia, Ouidius 6. Metam. Glotorans, apud Textorem. Ciconia etiam grata peregrina hospita, Pietaticultrix, gracilipes, è tota Istria (Crinitus & alij legunt choralistria, quod placet,) Auis exul hyemis, titulus tepidi temporis, Nequitiæ nidum in cacabo fecit meo, Petronius Arbiter. ¶ Μακροὶ πελαργοὶ, Philes. Ζαειχὸ, epitheton ciconiarum, Hesychius. sed uidetur potius peculiare in aliqua lingua ciconiæ hoc nomen substantiuum esse. ad Germanicum sanè Storck alludit.

¶ Derisuri aliquem digitis dextræ manus in unitatem collectis ueluti ciconiæ rostrū effingunt, & manum post tergum eius motitantes deridet. Persius, O Iane à tergo quem nulla ciconia pinsit. Vnde paulò post posticam sannam appellat: Posticæ occurrite sannæ, hoc est derisioni quæ post tergum sit, Perottus. A ciconia sit ciconinus, ut ciconinum rostrum, Idem.

¶ Πελαργιδείς Aristophani & Aeliano dicuntur, ciconiarum pulli: ut ἀετιδείς aquilarum, Suid.

Y 4

Videtur autem forma patronymica. Πελαργίδἡς,ὁ τῶ πελαργῦ(malim πελαργᾶ,cum rectum πελαργὸς oxytonum ferè semper ab eruditis scribi inueniam) γόν⊖, Varinus in λαγᾶος. ¶ Πελαργὸς, genus uasis fictile,Hesychius:nimirum à figura rostri prominentis. unde & alembica uulgò dicta, hoc est uasa rostrata,in quibus uapores per halitum ui ignis euecti è uasis subiectis (cucurbitas uocant) in liquorem densantur,& cauo limbo excepti per rostrum destillant,non inepte pelargos aut ciconias nominâris. Λάϊνον,λίθινον, πελαργόν,Hesychius:denotans forte eiusdē figurae uasis genus lapideum. Varinus nihil tale habet. ¶ Ὀρεπίλαργ⊖, id est ciconia montana inter aquilas dicta est. ¶ Pe= largitis herba,πελαργίτης,ac si ciconiariam dicas, nominatur apud Galenum de compos.med.sec.lo cos lib.9.cap.2.sect.3.inter remedia splenicorum ex Asclepiade. propinantur eius tritae cochlearia duo cum aceto mulso.Cornarius fatetur se ignorare quae herba sit : quod & ipse fateor , conijcio ta= men geranium primum esse,quod inter nomenclaturas Dioscoridi adscriptas pelonitis etiam no= minatur,quanquam nulla ei ad lienem uis attribuitur. Vasorum quidem quae semina includunt fi= gura,ut gruis rostro confertur, unde gruinaria dicitur , ciconiae etiam rostro recte conferri potest. quare & à Germanis ab utrius auis rostri similitudine appellatur,ſtoꝛckenſchnabel/Ʈꝛanichſchna bel. ¶ Πελαργᾶν Pythagorae significabat consulere & admonere,Suidas & Varinus. Πελαργωδᾶ της υῆσῶ apud Lycophronem dicuntur naues ciconiarum coloribus tinctae , hoc est atro & candido discretis, Eustathius & Varinus in Μίλτ⊖. A Lycophrone naues ciconias appellari crediderim, quòd ut hae superiore corporis parte albis , inferiore nigris sint pennis: ita naues albo uelo utantur, caetera parte propter picem,qua oblinuntur,nigra,Gasp. Heldelinus. Pelargicae,id est ciconiariae leges,πελαργικοὶ νόμοι,ab Aristophane dicuntur,quae parétes à liberis nutriri,ἀντιπελαργῶται,sanciunt, Suidas:ut supra in D. recitauimus.

¶ Icones. Ciconia super sceptris regum antiquitus sculpebatur,hippopotamus in imo, ut uio= lentiam & impietatem iustitiae pietati apud reges praesertim cedere & subijci debere innueretur: ut supra in D.docuimus. ¶ Apollonius Tyaneus olim cum ciconias marmoreas pinxisset, è By= zantio ueras expulit,Io.Tzetzes 2.60. Non ciconiam,ut Grammatici quidam putarunt,sed cor= nicem concordiae symbolum esse Politianus in Miscellaneis ostendit,uide in Cornice. Aegyptij ut parentis amatorem significent,ciconiam pingunt.haec enim à parentibus enutrita non separatur ab illis,uerum ad ultimam us senectutem permanens parentibus uictum sufficit, Orus.

¶ Propria. Ciconius nomen eius qui Brixiam condidit, ut quidā tradunt. Cicones Homero populi Thraciae sunt iuxta Hebrum. sed his nihil commune cum ciconia aue, cum eius appellatio haec Latina sit. ¶ Varus Pergaeus sophistes à forma nasi Pelargus cognominabatur,id est ciconia, Caelius. Pelarga Potnei filia Pausaniae memoratur. Πελαργικὸς apud Aristophanē in Auibus Ne= ptuni cognomen est, pro Pelasgico, ut ad pelargum, id est ciconiam alluderetur, quemadmodum & Sunieracus ibidem pro Suniarato cognominatur, ut allusio fieret ad accipitrem, quoniam in auium rep. sermo est:uel pro pelagio, quoniam pelagi praeses est Neptunus, ut Scholiastes monet. In eadem fabula memoratur pelargicus murus, πελαργικὸυ τὲχ⊖, qui Athenis in arce fuit : cuius & Callimachus meminit, Τυργιωᾶν τέχισμα Πελαργικόν. uocant autem murum Tyrrhenum,quòd à Tyr= rhenis suffossus & dirutus sit:quos qui uiderant pelargos nominabant,propter sindones quas gesta bant,Etymologus.Erant nimirum sindones illae albo & atro coloribus distinctae, à quibus etiā mo= nachorum & monialium nescio quae genera hodie pelargos & pelargas dicere posis. Didymus Pelargicum murum in petris situm fuisse scribit.Coniecerim ego ita dictum quòd super eo forte ci coniae nidificarent:ut & Pelargicum collem album in Iouis Dodonaei luco, cuius mentionem facit Eustathius Iliad.π. ubi Iupiter Pelasgicus cognominatur : alia lectio Pelargicus habet, inquit Eu= stathius,à colle praedicto. Πελαργοὶ fabula sic inscripta ab Aristophane citatur ab Athenaeo.

¶ b. Ciconia candida pènis,Ouidius 6.Metam. Gracilipes,Petronius Arbiter. Auis quam Galli uulgò flambant uocant,Bellonius phoenicopterum interpretatur, ciconiae similis esse fertur, sed rostro recuruo,breuiore,tota est alba:partes uerò alarum rubent,quae in ciconijs nigrae sunt.

¶ c. Ciconia(chasida)pro mansione sua habet abietes, Psalm. 103. interprete Munstero. Cico= nia(chasida)in coelo cognouit tempus suum,Hieremiae 8. Choralistria, epithetō ciconiae apud Pe= tronium Arbitrū à uocis aut soni potius crepitatione. quaerendū an legi possit crotalistria, est enim crotalum instrumentum quod manu pulsatur,laminis quibusdam ex aere rotundis,sonum ex colli= sione reddentibus. Auis exul hyemis,apud eundem. Quum Pompeius Magnus animi releuan di gratia ad aedes Luculli in Tusculano forte se contulisset, Lucullum culpauit, quòd aedes magnis quidem aestatis caloribus adpositas,caeterum saeuiente hyemis rigore incommodissimas eduxisset, Cui subridens Lucullus,prudenter,ut solitus,respondit : An uero,ô Pompei, minus tibi nos quàm ciconiae mentis habere uidemur, ut non cum ipso pariter tempore sedem quo permutemus?

¶ e. Pelargi uictoris cor in accipitris aut uulturis uicti pelle ligetur,scribaturq in corde, Quo= niam uici aduersarios,hoc amuletum dextro brachio alligatum quicunq gestárit, inuictus erit & admirabilis in bello & certaminibus omnibus,potieturq indubia uictoria & magna, Kiranides.

¶ h. Gaspar Heldelinus Lindauiensis ciconiae encomium doctissima declamatione nostra me= moria condidit. Quis dedit ciconiae(chasida)pennas & plumas? Iob 39.

¶ Circa Thessaliam aiunt tantam serpentium uim prouenire , ut nisi à ciconijs conficerentur, incolas

incolas pellerent.Quamobrem ciconias honore afficiunt, & ne quis occidat lege fanxerũt, eadem
in eum qui occiderit pœna decreta qua homicidas puniunt,Ariſtot,in Mirab.& Plinius. Noceri
eis omnibus quidem locis nefas ducunt,ſed in Theſſalia uel maximè, ubi ſerpentium immanis co=
pia eſt:quos dum eſcandi gratia inſectantur,regionibus Theſſalicis plurimum mali detrahunt, So=
linus. Theſſali ciconias colunt, eò quòd ſerpentium magnam multitudinem in regione (aliquan=
do)perdiderint.quare lege fanxerunt, ut exſilio mulctetur quiſquis ciconiam occiderit,Plutarchus
in libro de Iſide & Oſiride. Ciconiæ apud Aegyptios eò ueneratione habent, quòd ſeneçtute affe
ctos parentes alunt,Aelianus. ¶ Ciconiam non ut grues prodigium facere dicunt: ſed in augu=
rijs haud dubiam ferre concordiæ ſignificationem,Alexander ab Alex. Anno à Chriſti natiuitate
454.cum Attila Aquileiam obſideret, ciconias animaduertit quæ in turribus ciuitatis nidificaue=
rant,uno impetu ex urbe migrare atq̃ fœtus ſuos exportare: unde magnam in urbe famè eſſe con=
iecit, & milites hoc auſpicio exhortatus tanquam urbem interitui proximam ciconiæ deſererent,
urbem cepit. Aues hominibus deorum uoluntatem nunciant,Iunonis ciconia, Mineruæ crex &
noctua,Porphyrius lib.3.de abſtinendo ab animatis. Si animantium cruore afficiuntur ſuperi,cur
non mactatis illis uulturios, ciconias,&c? Arnobius lib.7. contra gentes.

¶ In Germania quidam,ut fertur,ſtultitiam ſimulans propter paupertatem, liberos ſuos in cico
niarum nidum impoſuit tanquam ab illis alendos : quo animaduerſo annona à magiſtratu donatus
eſt. ¶ Pallas apud Ouidium Metam.6, cum Arachne contendens, in tela ſua Antigonen pinxit
auſam contendere quondam Cum magni conſorte Iouis: quam regia Iuno In uolucrem uertit=
nec profuit Ilion illi, Laomedõnue pater,ſumptis quin candida pennis Ipſa ſibi plaudat crepitan
te ciconia roſtro. Alexander Myndius ciconias ſcribit exacta ætate decurſaq̃ circum Oceaniti=
das inſulas uolantes,hoc præmium pro pietate,quam geſſerint aduerſus parentes,aſſequi,ut ex aui
bus conuertantur in homines: quod exiſtimo confictum, ob pietatem & ſanctitatem hominum il=
larum inſularum,Aelianus. De ciconia rege dato ranis à Ioue fabulam inter Aeſopicas legimus,
quam G.Heldelinus in Ciconiæ encomio elegantiſsimè deſcribit.

¶ Prouerbium ἀντιπελαργεῖν,ac ſi reciconiare dicas,ut retaliare, explicatũ eſt ſupra in D. O Ia=
ne à tergo cui(aliqui legunt, quem) nulla ciconia pinſit, Nec manus auriculas imitata eſt mobilis
albas,Perſius Sat.1.id eſt,quem nemo digitis dextræ manus in unum collectis ad inſtar roſtri cico=
niarum ridet. Verbi pinſere(quod à Græco πτίσσειν factum uidetur)nota eſt ſignificatio,unde & pi
ſtillum & piſtrinum dicimus ac piſtorem.Pinſebantur enim in pilis olim fruges, piſtillo ſubinde al
ternis immiſſo eleuatoq̃. unde hordeum ſic ſuis corticibus exutum ptiſſanam uocant, cum prius
ἄπτισον,hoc eſt integrum nec decorticatum eſſet.

¶ Alciati emblema,inſcriptum, Gratiam referendam,
Aërio inſignis pietate ciconia nido,   Inueſtes pullos pignora grata fouet.
Taliaq̃ expectat ſibi munera mutua reddi,   Auxilio hoc quoties mater egebit anus.
Nec pia ſpem ſoboles fallit,ſed feſſa parentum   Corpora fert humeris, præſtat & ore cibos.

DE AVIBVS CICONIAE SIMILIBVS.

TRINCOS auis nominatur Monſpeſſuli in Gallia , ut audio, auis ciconiæ perſimilis , minor
tantum:quæ ſerpentibus ſimiliter ueſcitur, ſed regionè non mutat. ¶ Eſt & circa Oceanum Ger
manicum,ut in Dania,auis magna ciconiæ ſimilis,paucæ carnis,quam ONSCHVAL Germanicè
uocitant. ¶ Oppianus in Ixeuticis meminit auis innominatæ,quæ ciconijs ſimilis ſit,ſed minor,
roſtro magno & acuto enſis inſtar,ſerpentium hoſte,&c. ut recitauimus ſupra in Ciconia D.

¶ De ibide, quam aliqui ferè colore tantum & roſtri aduncitate à ciconijs differre putant,ſuo
loco dicetur. Strabo eam magnitudine & figura ciconiæ perſimilem eſſe ſcribit : item de Phœni=
coptero alibi.

DE CICONIA NIGRA.

INVENITVR etiam genus ciconiæ dorſo omnino nigrã , uentre ſubalbum , quod non
in locis habitatis ab hominibus,ſed in paludibus deſerti nidificat, Albert. Idem ex Ari=
ſtotele de hiſtoria anim.9.6.pro ichneumone (quanquam eam uocem ex Auicenna cor=
ruptè legit anſchycomon & thyamon)ibidem interpretatur, quæ ſit auis Aegyptia,nem=
pe ciconia tota nigra in dorſo, & inuenitur etiã fuſca,(griſea,) inquit. Nos hanc ciconiam nigram
appellamus,ein ſchwartzer Stoꝛck:quæ ſæpe reperitur in montanis & ſyluoſis Heluetiæ locis, ut
circa Eremum D. Virginis,circa Lucernam oppidum,circa Toſam fluuium,& alibi.Forma & ma
gnitudine à ciconijs propriè dictis non differt. Nidulatur in arboribus, præcipuè abietibus. quòd
ſi roſtrum aduncum haberet, ibidum generi adnumeraſſem. nunc cum id ei rectum ſit, ciconijs
ſubiungere placuit. Ciconia nigra quam ipſe uidi Septembris initio captam cis Alpium montem
non procul ab urbe noſtra diſsitum, huiuſmodi erat : Dorſum colore eminus totum nigrum appa=
rebat;ſed ſi propius inſpiceres uanelli uel corui ſyluatici colorem referebat, in quibus color niger,ſi

10

2o

3o

propius consideres, cum uiridi uel subcœruleo & pauco purpureo mixtus uidetur. Ventri & late=
ribus sub alis color albus. Auis tota à principio rostri ad extremos pedes extensa, dodrantes quincʒ
cum dimidio excedebat, Rostrum magnum & ualidum erat, colore puniceo, ut crura etiam ac pe= 40
des, Longitudo rostri supernè à mucrone extremo modicè deorsum inflexo, usǫ ad initium pluma
rum capitis, digiti octo. Oculos pellicula rubra ambiebat, orbicularis, nisi ante & retro in angulos
desineret . Collum pedem ferè uel digitos quatuordecim longum: Ala dodrantes quatuor, si ad fi=
nem longissimæ pennæ in rectum quoad fieri potest extensæ mensura procedat: cauda dodrantem:
& similiter cruris pars supra genu ad coxã: inferior uerò pars à genu ad pedem paulò breuior erat.
Corpus item inter collum & caudam dodrãtale, Dorsum & pectus latiuscula, ut in ansere ferè. Di
giti pedum diuisi, apparebat tamen initium quoddam membranæ palmipedum , præsertim inter
duos longiores digitos. digitus medius quinǫ digitos longitudine æquabat . Lingua breuissima.
Pondus, libræ medicinales septem cum dimidia . Longiores in alis pennæ magis quàm cæteræ ni= 50
gricabant, Qua parte alæ iunguntur corpori, oblonga cauitas retrorsum extensa cernebatur. Ante=
rior pars pennarum intra posteriores condebatur. Intestina erant inuoluta. In femore dissecto ner=
uos quatuordecim inueni magnitudine differentes , quorum duo latissimi in genu partem cartila=
gineam se inserebant utrinǫ , sex alij minores erant, tres minimi . Postremò tres planiori parti in=
cumbentes minimis aliquanto maiores. Fel uiride erat. In uentre apparebant quisquiliæ quædam
stercorosæ ceu simi bubuli, & inter eas reliquiæ quædam scarabeorum uel locustarum, nempe capi
ta & uaginæ, quarum quædam erant discretæ ceu cortex in hippuri: Vnde coniʒcio eãm tum herbis
tum crusta tectis insectis uesci. Sono eam crepitare aiunt similiter alijs ciconijs . ¶ In cibo serini
admodum odoris est, & ferè piscosi. Videtur prius elixari debere, tum assari & aromatibus condiri.
caro eius paulò minus rubet quàm troctæ uel salmonis, adeps etiam nonnihil rubet. Caro mihi gu= 60
stanti sat bona & dulcis uisa est, sed pellis tenacior est, & grauiter olet, ut eam detrahi præstet, & for
san ea detracta, præcedente elixatione nihil opus fuerit. Pediculis infestatur.

DE CINAᵃ

DE CINAMOMO AVE.

CINNAMOLGVS (apud Plinium, aliás cynamulgus) auis Aristoteli cinnamomus uocatur.
nisi quis κινάμολγον, non κιννώμωμον, in eo quoq́ scribendum censeat, Hermolaus in Plinium. Ego
omnino cinamomum dúntaxat scripserim, à cinamomo aromate, ut ex sequentibus apparebit, idq́
per n. simplex. nam apud Græcos semper κιννάμωμον scribi reperio pro aromate simul & aue apud
medicos, Theophrastum, Aelianum, Philem, Dionysium & eius interpretem Eustathium. ορνιθ́θ
ἰ ετερ́ωθεν ἀοικ́ητον ἰξὲ νήσων ῆλθον φύλλα φ́εροντες ἀκηρασ́ιων κιναμ́ωμων, Dionysius in periegesi. Nestor
etiam Grammaticus contendit cinamomum prima syllaba correpta scribendum, quanquam poetæ
10 aliquando carminis gratia produxerint. Atqui cinnamum eadem significatione, apud Martialem,
Ouidium, Claudianum poëtas n. duplici scribitur, & Plinium quoq́ lib.10. & Solinum, unde & cin
namologus dici posset hæc auis, quam uocem in Pliniano indice reperimus, ut spermologū & cni
pologum aues dicimus, nam cur cinnamolgus aut cynamulgus scribatur, nulla plané ratio est. Pli
nius in fine lib.12. Historiæ naturalis, diuersi etiam cinnami meminit: quod (inquit) caryopon appel
lant. Hic est succus nuci expressus, multum à surculo ueri cinnami differens, uicina tamen gratia,
(unde nomen quoq́ idem conijciunt impositum,) in Syria nascens. Id forte carpesium fuerit, cum
& nomen alludat, & pro cinnamomo substituatur, & in Cilicia Syriæ uicina nasci dicatur: quan
quam fructus cubebæ, quæ carpesium creditur, acinus uel bacca potius quàm nux est. zibibas qui
dem uuas puto Arabica aut uicina lingua uocari. Videtur sané mihi Hebraica uel Arabica huius
20 uocis origo esse, siue à ken, ןק, id est nido, quòd in Arabia ex nido auis eodem nomine dictæ sagit
tis decuteretur: siue à kaneh, הנק, quæ uox cannam & arundinem significat. est enim cinnamomi
cortex fruticis figura cannæ seu canalis instar, unde & Galli hodie uulgo canellam uocitant.

¶ In Arabia cinnamomus (τὸ κιννάμωμον, genere neutro) auis appellatur, quam surculos cinna
momi portare, ac nidum ex his conficere aiunt. nidificat excelsis arboribus & ramis: sed incolæ sa
gittis plumbatis nidum petunt, atq́ ita discusso in terram cinnamomum legunt, Aristoteles, Aelia
nus & Philes. In Arabia cynamulgus (aliás cinnamomus) auis appellatur, cinami surculis nidificat.
Plumbatis eos sagittis decutiunt indigenæ, mercis gratia, Plinius. Phœnix regos suos struit cin
namis, Solinus. Et mox, Cinnamolgus perinde Arabiæ auis, in excellentissimis lucis texit nidos
è fruticibus cinnamorum: ad quos quoniam non est peruenire propter ramorū altitudinem & fra
30 gilitatem, accolæ illas congeries plumbatis petunt iaculis, deiectasq́ pretijs uendunt amplioribus,
quòd hoc cinnamum magis quàm aliud mercatores probent. Dionysius Afer cinnamomū canens
ex insulis inhabitatis ab auibus eiusdem nominis afferri, terram quæ cinamomū ferat ignotam esse
insinuat, quod & Herodotus scribit, conijcimus tamen insulas aliquas circa mare rubrum intelligi.
Apud Aristot. tum surculos ipsos, tum aues ex illis nidū struentes (κιννώμωμα τὰ) cinamoma (genere
neutro plurali, quod apud Græcos commodius fit, apud quos φρυνον etiam generale auium nomen,
neutrum est. ego nullum præterea neq́ apud Græcos neq́ Latinos auis nomē neutri generis noui)
dici apparet, Eustathius. Cinamomum Arabes mirabilius quàm thus aut casiam legunt. nam aut
quo modo, aut qua in terra gignatur, illud nequeunt dicere: nisi quòd probabili ratione utuntur
quòd quidam uolunt id gigni in his regionibus, ubi Dionysius educatus est: & ipsas cinnamomi se
40 stucas afferri à grandibus quibusdam alitibus ad nidos è luto constructos in præruptis montium &
homini inaccessis, Contra quas hoc Arabes excogitauerunt: Boum asinorumq́ defectorū, & alio
rum iumentorum membra minutatim concisa, in ea loca portant: & ubi iuxta nidos posuére, pro
cul abscedunt. Ad hæc frusta delapsæ uolucres, ad nidos suos carnem comportant: cui sustinendæ
impares nidi, ad terram discissi labuntur. Tunc Arabes ad eos colligendos accedunt, Herodotus
lib.3. Cinnamomum fabulosa narrauit antiquitas, princépsue Herodotus, auium nidis, & priua
tim phœnicis, in quo situ Liber pater educatus esset, ex inuijs rupibus arboribusq́ decuti, carnis
quam ipsæ inferrent pondere, aut plumbatis sagittis, Plinius. Et mox, Omnia falsa: siquidem cin
namomum, idemq́ cinnamum, nascitur in Aethiopia, &c. ¶ Cynamulgos auicula in Aethiopia
de cinamomo nobiliore nidum texit, &c. hæc auicula cum suis interaneis non euiscerata comedi
50 tur, propter aromaticum odorem eorum quibus nutritur, Albertus sine authore. Nos apud Plutar
chum rhyntacen auiculam legimus apud Persas nasci, in qua nihil inueniatur excrementi, sed inter
na omnia adipe plena sint: unde eam aëre atque rore solum nutriri arbitrantur. ¶ Idem Albertus
Aristotelis ex hist. anim.9.14. de alcyone locum transferens, alcyonem cum cinamomo aue impru
denter confundit: ut & alij eum secuti ineptissimi scriptores.

CINDAPSVS, Κινδαψ́ος, auis quædam, Suidas, Hesychius & Varinus. Est & musicum instru
mentum eiusdem nominis, ὄργανον κιθαρειδήσιον: (pro quo etiam σκινάψος legitur in Lexico uulgari,
nescio quàm recté,) eadem uoce Indus significatur, Hesychius.

CINOPEON, Κιν́ωπεον, όρνεον, Varinus: tanquam certa quædam auis species hoc nomine indi
cetur: uel potius auis in genere. Ego κιν́ωπετον legendum suspicor: quæ uox aliquando autem in ge
60 nere significat. Nam apud Dionysium Afrum κιν́ωπετα λ́ευκα Eustathius aues albas interpretatur,
ut scripsimus in Ciconia H.a.

CINNYRIDES, Κιννυρ́ιδες, auiculæ paruæ, τὰ μικρὰ όρνίθαρια, Hesychius & Varinus: per ono

matopœiam forte sic dictæ, siue quis in genere (propter τὲ articulum adiectium) quasuis paruas auiculas hac uoce designari putet: siue certam aliquam speciem. Nam & κίσσεις, & κίσιρυις, species auis,
apud eosdem legitur,

DE CNIPOLOGO, QVEM CVLICILE-
gam Gaza interpretatur,

ARISTOTELES historiæ anim. 9.3. picorum genera enumerans, post dryocolapten siue pipram, id est picum Martium maiorem minoreḿq, & colión (galgulum interpretantur) siue picum
uiridem, qui omnes non alio magis uiuunt quàm uenatu uermiculorum circa arbores lignaue nas-
centium, quos Græci κνῖπας uel σκνῖπας uocant: In ijs (inquit) est & auis quæ proprio nomine κνιπο-
λόγ᾽ dicitur: magnitudine parua, quanta est acanthylis, colore cinereus, distinctus maculis, uoce
parua, hic etiam lignipeta est. Gaza pro cnipologo culicilegam uertit, quod non placet. Etsi enim
cnips uel scnips apud Græcos aliquando pro culice aut insecto uolucri accipiatur, tamen cum certum sit cossos, id est uermes qui ligna erodūt σκνῖπας dici, & pici (inter quos hic minimus est) cossis
uermiculisq́ magis quàm culicibus uictitent, unde & dryocopi & xylocopi, id est lignipetæ dicuntur, cum culices uenandi gratia, ligna rostro impetere nihil opus sit, cnipologon Græcum uocabulum potius relinquere, quàm culicilegam cum Gaza Latinè dicere uisum est. CVLICILEGA
uero alia auis fuerit, κωνωπσθήρας à uenatu culicum Hesychio & Varino dicta. Albertus cnipologi
descriptione ex Aristotele posita, ut iam recitauimus, in picorum genere: hæc etiā auis (inquit) uocatur apud nos picus generali nomine.

¶ Guil. Turnerus in libro de auibus cnipologon facit motacillæ genus albo nigróq uarie distinctum, deceptus nimirum translatione: ut Eberus & Peucerus quoq, qui cnipológon Germanicè interpretantur Fliegenstecher, id est muscipetam. hæc (inquiunt) à motacilla differt, quanquam
& ipsa caudâ moueat, muscas uenatur & culices, colore cinereo maculis distincto, uoce parua, magnitudine spini. Sed Turnerus postea re melius perpensa, in familiari ad nos epistola: Culicilegam
Aristotelis (inquit) in terra Bergensi (in Britannia) uidi. tota cinerei ferè coloris est, & speciem habet
pici Martij.

¶ Est apud nos auicula minima in syluis lignipeta, uariè distincta, per arbores reptans & cossos
disquirens, quam Turnerus certhium uel certhiam Aristotelis esse conijcit, cuius figuram & descriptionem supra dedimus in Certhia, ubi plura de hac auicula leges, cui si color cinereus conueniret,
omnino cnipologon faceremus, nunc cum colore differant, natura tamen et genere aues proximas
esse dicemus. Vtriq́ natura pici, hoc est circa arbores uersari, & cossis uiuere. nam certhiam δενδρο-
φάγου Aristoteles facit, ut cnipologon κνιπσφάγου, utríq́ magnitudo exigua. Sed cnipologo uox parua, φωνῆ δὲ μικρόν, Aristoteles. certhiæ clara, φωνῆ λαμπρά. ¶ Culicilega, hoc est cnipologos ueterum Græcorum, hodie à Græcis susurada uocatur, à Gallis bergeronnette, similis aui cui apud Gallos nomen lauandiere, (alaudam cristatam esse puto,) Bellonius.

CLIVINAM quoq́ auem ab antiquis nominatam animaduerto ignorari. quidā clamatoriam
dicunt, Labeo prohibitoriam, Plinius. Ego non certam aliquam auem, sed quæcūq in auspicijs
aliquid suo clamore fieri prohiberet, sic dictā ex uerbis Festi conijcio. Is enim, Cliuia (inquit) auspicia dicebant antiqui, quæ aliquid fieri prohibebant. omnia enim difficilia, cliuia uocabant. unde &
cliua, loca ardua,

DE COCCOTHRAVSTE.
A.

OCCOTHRAVSTES, κοκκοθραύσης auis quædam est, Hesychius & Varin. Nos hoc
nomine appellare uoluimus auem cuius effigiem in sequenti pagina damus, quod rostro
suo coccos & interiora grana siue osficula cerasorum confringere soleat, ut nucleis uescatur. Italice frison uel frusone nominatur, uel grison: & circa Verbanum lacum franguel
montagno, id est fringilla montana. Gallicè choche pierre: & alibi (ut audio) cassenoix, id est nucifraga, quod nomē Caryocatactæ aui supra descriptæ magis cōuenire uidetur. Germanicè Steinbysser, Klepper, apud Heluetios: Kernbeiß, in Austria: Kirßfinck, circa Francfordiam ad Mœnum: & alibi Kirseschneller. Eberus & Peucerus acanthidis duo genera faciūt: minus (inquiunt)
quod nō ualde dissimile carduel colorem ex albo nigróq mixtum habet: nos etiam Distelfincken
uocamus. Maius fringillam duplo excedit, cætera ferè simile, Germanicè dictū Kirchfincken,
(lego Kirßfincken,) & Kernbeyffer, colore utrunq́ genus ignobile, sed ualet & commendatur
amœnitate uocis, Hæc illi. Audio etiam Bollebick alicubi uocari, hoc est gemmiuorā, quòd gemmas arborum comedat, sicut illa quæ per onomatopœiā à nostris Gijgger dicitur. Auem etiam
cui à uiriditate nomen apud nos, ut Turnerus scribit, aliqui Kirßfinck appellant. sed legendum arbitror Hirßfinck, à milio quo in cibo utitur. Est & alia auis Steinbysser dicta, quòd calculos puto in ripis fluminum rostro feriat dum muscas petit, de qua in Motacilla dicemus. hanc enim Turnerus

nerus cinclum esse conijcit. Coccothraustes noster lingua Turcica, ut audio, giegen uocatur.

B.

Magnitudo ei alaudæ aut loxiæ nostri. Rostrum durum, ualidum, breue, latum, simile ferè rò-
stro auis quam Gügger uocamus, maius, fuscum. Color capitis (in fœmina) charopus uel ex flauo
ruffus, in pectore & uentre ex cinereo rubicundus. Pennæ alarum superius nigricant, in medio albent, in imo coloris ferè cœrulei uel indici sunt. item minores aliæ superinnatæ partim albicant, par
tim charopæ sunt. Pennis nigris rostrum inferius ambitur, & similiter oculi. Collum pronum &
utrinq; ad latera plumis uestitur cinereis. dorsum ex ruffo nigricat, propius caudam charopæ sunt
pennæ, extremæ in cauda albicant.

C.

Capitur in syluis, & in cibum uenit. Cerasorum ossa frangit & nucleis uescitur. Cantu peculiari nec insuaui utitur, cymbalorum (ut audio) ferè æmulo. caueis tamen includi non solet, nisi rarò
forte. Nam nuper auceps quidam, ut rem ridiculam ostentaret, turdi genus Bohemicum (ut Germani appellant) in caueam inclusit, idq; cerasis aridis pasci assuefecit. quæ cum turdus integra deuoraret, ossicula cerasorum quæ subinde excernebat, in subiectam caueam cui inclusus erat coccothraustes delapsa, illum alebant. ¶ Nidificat, ut audio, in arborum cauis, æstate rarius, hyeme frequentius apud nos uisitur. ¶ Itali hominem crassi ingenij, & deceptu persuasuq; facilem significantes, coccothrausten crassi rostri appellant, Tu sei un frisone dal becco grosso.

DE COERVLEO.

NOVIMVS & saxatilem auiculam quandam, cui nomen cœruleus (cyanos, κύανος proparoxyt. quamuis apud Hesychium oxytonum legitur.) quæ maxime in Scyro colit, saxa amans, magnitudine minor quàm merula, maior paulò quàm fringilla, pede magno est, scanditq; saxa. colore
tota cœruleo, rostro tenui (ῥύγχος χαλεπόν, Gaza legit λεπτόν, cui astipulatur etiam Alberti translatio
quæ habet gracile: uetus interpres, angustum) & longo crure breui similiter ut pipo (ἱπτος, Gaza
uidetur πίππα legisse, pro qua uoce etiam alibi pipo trastulit) est, Aristoteles. Turnerus cœruleum
conijcit esse auem quæ Anglicè uocetur a clotburd, a sinatche, an arlyng, a steinchek: & Germanicè ein Brechuogel. Hanc inquit in cuniculorum foueis & sub lapidibus in Anglia nidulari, & hyeme non apparere. Sed Brachuogel apud Germanos aliarum etiam auium nomē est, ut Arquatæ
supra descriptæ, & auis cuiusdam circa aquas degentis proceris cruribus, quarum neutra cœruleus
esse potest. Ego Turneri cœruleum non agnosco: ut neque Eberi & Peuceri qui cœruleum interpretantur Klein Zimmer, id est turdum minorem. nullum enim turdum cœruleum nouimus. Est
apud nos pici genus paulò maius fringilla, dorso cœruleo, & rostro tenui longoq;, uulgò Cblän ap
pellant: quod an cœruleus sit, inquirēdum. Huic similem colore aiunt esse auem quæ Steinrötele
appellatur, in Austria & alibi, à saxis imposito nomine, dorso cœruleo, uentre rubicundo, suauiter
canora: muris adhærens, & in eis nidificans. Omnino sanè cœruleum de genere picorū esse coniecerim: cum & crure similiter breui ut pipra sit: (pipra autem (uel, ut Gaza uertit, pipo) Aristoteli nō
alia auis quàm picus est,) & eo ad scandendum apto: & rostro etiam ut picorum genus oblongo:

z

Auis,cui cyanus nomen est,natura sua ab hominum consuetudine abhorret,urbanas commoratio=
nes odio persequitur , locorum agrestium ubi homines uersari soleant insolens est. eis locis in qui=
bus est ab hominibus solitudo,& montium iugis,& præcipitijs delectatur . Epirum & insulas ho=
minum frequentia habitabiles , haud sanè in amore habet: Scyro, & si qua est eiusmodi alia sterilis,
& ab hominibus inops,delectatur,Aelianus.

¶ Auis quam Aristoteles, Plinius cœruleum uocat,quoniam in rupibus altorum mon
tium uersatur & merulæ similis est, nomine mutato nunc uulgò Græcis petrocossypho uocitatur,
hoc est merula saxatilis,est autem merula minor , undiquaq̃ cœrulea , & in magno pretio propter
cantum ut caueis includatur. uox ei eadem quæ merulæ,Gallicum nomen nullum:quoniã in Gal=
lia non reperitur,ut neq̃ in Italia,nisi in caueis apportetur. quandoq̃ enim nido eximitur ut sermo 10
nem humanum edoceatur,Bellonius . Eadem prorsus mihi uidetur auis illa de qua nuper genere
& doctrina supra ætatem suam ornatissimus iuuenis Augustanus Raphael Seilerus nobilissimi me
dici Geryonis Seileri filius his ferè uerbis ad me perscripsit . Auis quam à cœruleo colore Germa
ni Blawuogel nominant,sturni magnitudine est:pectore, lumbis & ceruice pulchrè cyanea,obscu
rius tamen quàm ispida:dorso & alis nonnihil nigricans obscurè interim glaucis uel subcœruleis,Ro
strum ei sesquidigiti longitudine, subter nares fuscum,in imo aculeatum,superiori parte adunca in
feriorem ut plurimum contegente. pedes fissi ut in cæteris auibus. Degit in altissimis alpibus,neq̃
cacumine montium contenta,in scopulis maximè , & præruptis & niuosis locis uiuit,nec alibi eam
reperiri constat quàm in montibus circa Athesim fl. præcipuè circa Aenipontem urbem. Hanc ob
causam apud ipsos inquilinos in magno pretio habetur, aliturq̃ quibuscunq̃ cibis mesæ hominum 20
familiaribus,istisq̃ qui merulis turdisq̃ aucupio destinatis præbentur. Voce articulata,amœna ad=
modum & uaria est: ipsa tam docilis, tamq̃ diligenter res obseruat,ut pleraq̃ uocis articulo aliquo
significet & indicet.Media & intempesta nocte expergefacta, ad astantis prouocationem,quasi ius
sa,claro spiritu canit,imperata quæ sibi putat iniungi, probè suo officio executura, quod uersiculis
aliquando utcunq̃ delineati . Cæsia auis glaucæ (glaucum colorem intelligit cœruleum) uerè sa
crata Mineruæ, Præ te cui seruit noctua nulla magis. Quid sibi uult? quis te docuit parere mo
nenti? Instinctu proprio num facis ista tuo? Non puto sed deus est qui te ciet, usq̃ monenti Sci
licet ut morem sic homo quisq̃ gerat. Oculos hominum aliorum alitum more appetit, quòd ima
ginem in ijs suam uelut in speculo intueś, cognati desyderio trahitur,ipsiusq̃ consuetudinê desyde
rat. Ante tempus autumni quo cæteræ aues incubant,proliq̃ dant operam,cum colore etiam uo= 30
cem mutat,ac alis expansis nouos cantus excogitat , secum ipsa continuò murmurans, nec ueteris
tamen quem olim didicit,obliuiscitur.Color sub hyemem è cœruleo nigrior euadit, quê mox circa
ueris initium, in proprium rursus commutat. Adulta uel e nido materno semel egressa, uolatuiq̃
paulum adsuefacta,non amplius ullis(quod omnes aucupes affirmant)blandimentis uel astutijs ob
innatam solertiam capitur. Nidum in præaltas deuiasq̃ solitudines desuper in specus congerit,
quando locũ securitati idoneum nacta est,cui tutò se fœtumq̃ suum credere ausit, eumq̃ sua quoq̃
fraude altissimis iugis ab hominum accessu non solum abdit, sed à rupicapris etiam alijsq̃ feris , in
cauernas deorsum condit, ibiq̃ pullos binos aut quaternos uermibus nutrit,dum eos extra nidum
productos exponat. Tum prius uenatores siue aucupes, uel fortuito uel ex insidijs loco animad=
uerso,gralla seu sparo tereti,læui,cuius singulare & rarum inuentu lignum est (qualis rupium 40
scansoribus rupicaprasq̃ præcipitantibus sæpe uitæ periculo, semper inscendendis scopulis adiu=
mento esse solet) arrepto , ibi etiam ascendunt ubi uni plantæ uestigium non crederes . Et ne quid
præteream,faciem hi,non totam,sed qua in transuersum prospiciunt,ac inde caput illis uertigine af
ficitur,fasciolis obtegunt,partim aduersus ipsos pulloru parentes,partim & ueriore causa, ne quo=
quam latius oculorum radijs acíeue pertingant,quàm quò solo pede innitendum, uel manus impli
canda est. Sic illi tandem ad nidum,non absq̃ extremo periculo & defatigatione permeant, quem
prælonga illa quam diximus sude sursum è profundo ad sese attrahentes auferunt, domiq̃ fouent
& alunt,deinde uel carè uendunt, uel proceribus notis mares distribuunt, Hæc omnia ad nos Ra=
phael Seilerus. suspicor autem eandem hanc auem quæ Blawuogel ab ipso nominatur, aut certè
congenerem,à Rhætis circa Curiam albiq̃,Steinrötele nuncupari. 50

DE COLARI.

COLAREM (τὸν κύλαριν) ulula cæteriq̃ adunci rapiunt, unde his oritur bellum, Aristoteles
de hist. anim. 9.1. ubi Alberti translatio sic habet,Colyeuz (pro ægolio,id est ulula) genus paruiæ
cipitris,comedit autem quæ uocatur bolarcheon,id est speciem quandam passeris.Niphus etiam de
colari scribit,quod passeris species uideatur. Sed certi nihil habemus. Ipse quidem suspicor eũdem
fortassis collyrionem esse,de quo nunc agemus,facili librariorum lapsu.

DE COLLVRIONE. 60

COLLVRIO eisdem quibus merula uescitur. magnitudo eius eadem quæ superioribus est,
(pardalo scilicet , & mollicipiti cui magnitudo paulò infra turdum.) Capitur hyberno potius tem=
pore,

pore, Aristoteles. Apud Hesychium & Varinum κολλυρίων & κορυλλίων legitur, utrunq3 pro genere auis. Sed magis placet ut collyrio legatur, nam & collyram legimus panis genus quod pueris dare= tur, uel panem subcinericium dictum. ¶ Guil. Turnerus in libro quem de auibus ædidit, collu= rionem esse putabat auē quæ Germanis **Krametsuogel** dicitur, id est iuniperi auis, Anglis a feld= fare. Sed postea datis ad me literis, iuniperi auem uulgo dictam, secundā potius turdi speciem nunc sibi uideri scripsit, (quæ & nostra iam prius sententia erat:) collyrionem uerò auem quæ uulgò Ger manis **Surstel** (**Szostel** nostris, id est turdela) dicatur. Eberus etiam & Peucerus collurionem turdorum generis faciunt, quæ Germanis **Brachuogel** (sed hoc nomen uagū est, & alijs etiam com mune) dicatur. Capitur (inquiunt) sub hyemem maximè, nec figura nec magnitudine multum dissi=

10 milis merulæ, colore fusco terreo obscuro, ut humi sedens uix agnosci & à terræ colore discerni pos= sit, Ego hanc esse conijcio quæ à nostris **Winsel** appellatur. ¶ Quærendū an etiam colaris auis semel tantum ab Aristotele nominata, ubi abulula & cæteris aduncis eam rapi scribit, nō alia quàm collurio sit, librariorum forte lapsu.

DE COLVMBA DOMESTICA, ET IN GENE=
re quæ ad columbaceum genus pertinent.

COLVMBA VVLGARIS.

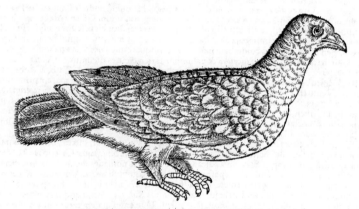

COLVMBA ANGLICA VEL RVSSICA.

z 2

A.

OLVMBACEVM genus appello,quod Aristoteles περιςεροειδὲς, quo & domesticæ siue
cellares,ut Columella nominat,& feræ columbę comprehenduntur,ut palumbes,cœna=
des,liuiæ,turtures. Nos de domesticis primum agemus, quarum historiæ illa etiam quæ
columbaceo generi in uniuersum communia occurrēt, adiungemus. ¶ Hebraeis ion,
ירן,columbus est,in plurali ionim,Ezechielis 7.In fœmínino ionah, יונה, columba,Genes. 8. Cæ=
terum Ieremiæ cap.26.& 46.ubi translatio nostra habet,columba:Hebraei legunt mœror uel tristi=
tia,ut sit deriuatum à uerbo ianah, ינה, quod est mœrore affecit, afflixit, Munsterus. Ion quidem
masculinum pro columbo , in scriptis Rabinorum frequentius est. Geneseos 8. Chaldæus inter=
pres Hebraicam uocem ionah relinquit, pro qua Arabs habet atlekeha, אטליכהא, & hamamah uel
chamamah, חממה:Persa kaphtar, כפתר. Rursus Psal.55. Chaldæus habet ionetah, יונתא, Arabs
dazamah, וזמאה. Charmiuno & Taëra praefectæ erant curæ capillorum & unguium Cleopatræ.
significat autem Hebraeorum & Syrorum língua charmi (χαρμι) uitem, ἐνώ uero columbam illam
quam Graeci οἰνάδα uocant,Taëra uero, τάειρα,Ismaëlitarum lingua columba est,Io. Tzetzes Chi=
liad. 6. cap. 44. Hamam Auicennæ columba est. Quidam hemame Saracenis columbam esse
scripsit. Demen chame,sanguis columbæ,Syluaticus: & pro eodem dem alcamer, apud ueterem
Glossographum Auicennæ. Hara hamen, stercus columbinum, Syluaticus: pro quo etiam alibi
apud eundem laaman & casicium legitur.

¶ Columba Graecè περιςερὰ dicitur,Atticè etiã περιςερός: & uulgò hodieq̃ similiter, uel περιςέρι.
columba domestica, περιςερὰ οἰκιδία Galeno. Columbarum genus unum Galeno (de compos.simpl.
phar.lib.10.) κατοικίδιον est,hoc est domesticum, alterum νομαδικὸν,hoc est pascuum & syluestre,Her=
molaus. Italicè colombo,columba, colomba, punione, & palumbo etiam apud Scoppam Gram=
maticum. Sed Hispani quoq̃ columbam palóma uocant:quæ tamen nomina à palumbo,id est co=
lumbo syluestri facta apparet.quanquam & palumborum alij cicures dicuntur, aut dici possunt,(ut
audio,) alij feri. Gallicè coulon, colombe, colombe priuee. Germanicè, Tub, Taube, zame
Taube, Hußtube, Saxonicè & Flandricè Suue. Nostri columbum, id est marem priuatim ap=
pellant ein Kunter, per onomatopœiam. Sunt & palumbi cicures, nostris zam Schlagtuben,
quos & Italicos puto aliqui uocant,Welschtuben,pedibus plumis induti:quos alij Rusticos appel=
lant,ghößlet Tuben, hoc est dasypodes columbas,ut Galli pigeon patè,sed has Anglicas potius di=
cendas audio, & cristas etiam è plumis in capitibus habere. ¶ Anglicè a culuer, uel doue, a house
doue,a tayme doue. Illyricè,golub. Turcicè,iugargen.

¶ Columba saxatilis Varroni inter altiles nominatur, (alia, ni fallor, quàm quæ Rhætis uulgò
Steintube, id est saxatilis dicitur, quæ prorsus fera est.) hæc scilicet est quæ Galeno νομὰς & Βοσκὰς
dicitur,quòd liberius in agris & campis pascatur.(Sic & equas nomades dicunt, quæ in armento li=
beræ pascuntur , tanquam pascuas aut pascales:) & πυργῖτις quibusdam, ut Vuottonus docet. nam
Varro saxatiles columbos agrestes dicit. Sed adscribam ipsa Varronis uerba de triplici columba=
rum genere: In uillam intro inuolant columbæ,de quibus Merula : Axi,si unquam περιςεροτροφείων
constituisses,has tuas esse putares,quamuis feræ essent. Duo enim genera earum in περιςεροτροφείων
esse solent:Vnum agreste,ut alij dicunt saxatile, quod habetur in turribus, ac columinibus uillæ,à
quo appellatæ columbæ, quæ propter timorem naturalem summa loca in tectis captant. Quo fit,ut
maximè agrestes sequantur turres,in quas ex agro euolant suapte sponte, ac remeant. Alterum ge=
nus columbarum est clementius, quòd cibo domestico contentum intra limina ianuæ solet pasci.
Hoc genus maximè est coloris albo. Illud alterum agreste sine albo, uario. Ex his duabus stirpibus
fit miscellum tertium genus fructus causa,atq̃ incedunt in locum unum,quòd alij uocant περιςερώ=
να,alij περιςεροτροφείον,Hæc Varro. Ex columbo agresti & columba domestica, siue ex domestico
masculo & agresti fœmina, dum simul coëunt,nascitur genus tertium columbarum, quæ magnitu=
dine inter utranq̃ columbam sunt, natura ad blandimentum natæ, pronæq̃ ad lasciuiam. Corrum=
punt quippe alias,furtoq̃ comitatiores domum reuertuntur, (sed hoc Plinius simpliciter de colum
bis scribit.) Vnde publico edicto uetantur ali. Miscellæ à nostris ob duorum generum commissio=
nem appellantur,Perottus. Columbi quidam uulgò saxaroli dicuntur:(& alij à pennarum colore
turgni.) hi in columbarijs melius durant quàm cæteri.albi omnino uitētur,Crescentiensis. Hoc ge
nus Gallis & Sabaudis est colombe passagiere aut rocheray. Germanis Veldböck, Veldtuben
by den bsuseren.

¶ Pipiones pulli columbarum dicuntur,uide in H.a.Cicero pullos columbinos dixit:recentio=
res quidam minus Latinè columbinos absolutè. Hebraei gosal, גוזל, uocitant pullum auis, præci=
puè columbæ.Dauid Kimhi gosal auiculam paruam interpretatur:Chaldęus in uetere Testamento
bar ionah, id est pullum columbæ. Arabs pherak hamas, פרך המם, melius hamam. Persa kebuhar
(forte kaphtar legendum ut supra,uel contra)bezar, בהרי ביצ.Septuaginta περιςερὰ, Hieronymus
columbam. Rabi Abraham quoq̃ & Salomon & Iosephus, pullum columbæ exponunt. Rursus
Septuaginta Deuter.32.νεοσσοὶ,Hieronymus pulli. Alsrach est nomē commune ad omnes pullos:
& aliquando usurpatur pro gallina iuuene quæ nondum oua peperit: absolutè uerò pro pullo co=
lumbino,

lumbino, imperfectis adhuc pennis necdum uolante, And. Belluneñ. Alnuaheb, ut scribunt Ara
bes, sunt columbi qui iam pennis perfectis uolare incipiunt, Idem. περιστέριον & περιστέριον Græcè
diminutiua sunt, ut columbulus apud Latinos: περιστερίδευς etiã, uel περιστερίδ̔ες patronymica forma,
de pipione dici potest. uide infra in H. a. περιστερώπιον apud recentiores Græcos, ut Demetrium
Constantinopolitanum, legitur. Gallis pipio appellatur pigeon. Italis piccione. Nos circumscri-
bimus, ein junge Tub: uel diminutiuo utimur ein Tüble.

¶ Columbæ agrestes, quæ & saxatiles Varroni dicuntur, maximè sequuntur turres, in quas ex
agro euolant suapte sponte ac remeant. Hoc genus Græci πελειάδας nominant à liuore. uarij enim
sunt coloris, ac liuidi: propter quod è nostris quidam (Gazam uidetur intelligere) eas liuias appella-
10 uere. Paucæ inter eas albæ sunt, colore improbato. Pedes plumis nudos habent, rubidos & scabro-
sos, Perottus. Sed nos liuias omnes, syluestres esse ostendemus, in quo uniys omnes coloris sunt,
nec ali solent, nisi allectatrix forte ex eo genere. Perottus quidem eius quam liuia puto omnino non
meminit. Color albus (inquit idem Perottus) in domesticarum genere non improbatur, (sed agrestium duntaxat,) quòd hæ scilicet accipitrum iniurijs minus obnoxiæ sint. nam intra limina ianuæ
solent depasci. Domesticæ magnitudine superant agrestes, pedibusq́ sunt ita plumatis, ut uix aliquando ingredi possint, Perottus.

B.

Columbæ etiam patriam nobilitauere, in Campania grãdissimæ prouenire existimatæ, Plinius.
Alexandrinæ & Campanæ columbæ, tanquam peculiare quiddam habeant, à Columella nominan
20 tur. In Campania grandissimæ nascuntur, & in Therapne, cum alioqui Spoleti sint perexiguæ:
mirum inter duodecim millia passuum tantam esse differentiam, Perottus. Siculas columbas olim
laudatas fuisse Athenæus refert, qui hæc Alexidis uerba citat: περιστερὰς φ́ωδιν τρόφιμον τῆς Σικελικῆς τό-
του πᾶνυ νομ́ψας. Et ex Georgicis Nicandri, qui Siculas columbas ali iubet. Insulæ Veneri antiquitus consecratæ, ut Paphus, Cythera, & Sicilia circa Erycem, præcipuè columbis abundabant:
nam hæ quoq́ Veneri sacræ erãt. Theophrastus tradit inuectitias esse in Asia etiam colũbas, Plin.

¶ Columba palumbe & œnade minor est, maior turture, Aristot. Columbæ uariæ sunt, hoc est
coloribus inter se differentes, Aristoteles. Columbæ genus alterum clementius est, & colore maximè albo: agreste uerò siue saxatile, sine albo, uario, Varro. In Noruegia columbæ totæ albæ habentur, Gyb, Longolius. Indiam dicunt habere columbas colore melinas, (giluas, Gillius,) Ælia-
30 nus in Varijs. Athenæus Dæmachum (Daimachum) huius rei authorem adducit. Eo tempore pri
mum quo exercitus Persicus circa Athon montem interijt, columbæ albæ in Græcia uisæ sunt, ignotæ prius, Athenæus. Reperiuntur apud nos columbæ aliæ candidissimæ, aliæ atræ totæ, aliæ reliquo corpore præter caput & pedes: aliæ cœruleæ ferè, aliæ præterea capitibus cristatis modicè, Cy
prias nuncupant, quæ ceu nobiliores præferuntur. aliæ cruribus totis hirsutis ad extremos usq́ pedum digitos, quas dasypodes uel hirtipedes dixeris, à regione uulgo Russicas uel melius Anglicas
nominãt, magnitudine circiter alaudæ, rostellis exiguis. tales Venetijs pretiosissimas haberi audio.
gehößlet oder Reüssisch Tauben. Nuper etiam genus nouum allatũ est Augustam Rhæticorum,
rostris paruis ceu fringillarum. Nostri columbas uulgares & uisas colore Veldbek uocitant, om
nes ferè præter Cyprias: & uel unam pennam aliquando uitium coloris facere aiunt. Plumæ uer-
40 sicolores columbis à natura ad ornatum datæ, Cic. lib. 3. de finibus.

¶ De coloris uarietate in pennis ceruicis columbarum ita cecinit Lucretius lib. 2. Qualis
enim cæcis poterit color esse tenebris, Lumine qui mutatur in ipso: propterea quòd Recta aut
obliqua percussus luce refulget. Pluma columbarum quo pacto in Sole uidetur, Quæ sita ceruices circùm, collumq́ coronat. Nanq́ alias fit, uti claro sit rubra pyropo: Interdum quædam
sensu sit, uti uideatur Inter cœruleum uirideis miscere smaragdos. In Solis deliquio (inquit
Cælius Rhodig.) colorata omnia, insita priuantur uenustate. Liquet id amplius in columbarũ mire
splendicantibus pennulis, quas in earum collo conuisimus. nanq́ etiamsi unius sint coloris, uarijs
tamen aspectibus uariè illustratæ sub differenti specie oculis exhibent sese. cuius ratio est, quia mo-
uendi uim à luce color suscipit: quò uerò amplius ab illa mouetur, amplius & ipse mouet. imbecil-
50 liores autem colores esse in intensioribus, sicuti imperfectum in eo quod perfectum est. Sunt qui
existiment diuersos re ipsa esse inibi colores, diuersasq́ superficies ex diuersarum portionibus pen
nularum radiantes. Columbini quidem colli submutantis colores meminit Hieronymus aduersus
Ioannem Origenis consectatorem: Columbarum (inquit) colla ad singulas conuersiones colorẽ mu
tant. Sed & Martianus de nuptijs Philologiæ: Arcesilas (inquit) collum intuens columbinum dubi-
tabat, siquidẽ hac permotus uarietatis incertitudine, amplius astruere ἀκατάληλψίαν cœpit, id est in-
comprehensibilitatem. Sed & Nero Cæsar disertissimè, ut primo Naturalium quæstionum Seneca
tradit: Colla Tiberiacæ splendent agitata columbæ, (sed Cytheriacæ potius legendum, cuius uocis
primam alias produci, alias corripi inuenimus. Armigerumq́ Iouis Cythereidasq́ columbas. Tiberiacæ quidem legi syllabæ mensus nõ patitur.) Meminit & Academicorum secundo M. Tullius,
60 Hæc Cælius iudicans ipse in collo columbæ plures uideri colores, nec esse plus uno. Ceruices cõ-
lumbarum ad lucem refractam auricolores fermè se offerunt, χρυσοειδεῖς, Aristoteles in libro dẽ
Coloribus.

z 3

¶ Columbæ & similia utraq palpebra conniuent, Aristot. & Plinius. Ingluuies eis præposita uentriculo est,Idem. Aues quoq geminos sinus habent:quædam unum in quo merguntur recentia,ut guttur:alterum in quem ex eo dimittunt concoctione maturata, ut gallinæ,palumbes, colum bæ, Plinius. Ingluuies in quibusdam parua est,& fermè rotunda, ut in speruerio & columba, Albertus. Columbo uentriculus est feruentior, & lien eius magnitudine deficit, Aristot. Columbis,ut magnæ parti auium,lien adeò exiguus est,ut propemodum sensum effugiat, Idem. Sexum dignosci haud facile est,nisi interiorum aspectu,Idem. Columbis alijs uentri,alijs intestino fel iungitur,Aristot. Intestino tantum fel iungitur in columbis , Plinius. Columbam felle carere traditur, Orus in Hieroglyphicis & Beda. Sed Galenus in libro de atra bile , ridiculos illos esse ait qui columbam felle carere putant,quoniam uesicam eius non habeant.Idem Orus alibi columbæ bilem 10 in dorso esse scribit.

c.

Columbi semper uisuntur , & hyemem etiam nobiscum agunt , Aristot. & Plinius qui columbas propter hoc inter aues perennes ponit.

¶ Volucres pleræq à suis uocibus nominantur,ut gallina,columba,&c. M. T. Varro. Et ca stus turtur atq columba gemunt, Author Philomelæ . Non murmura uestra columbæ, Brachia non hederæ,non uincant oscula conchæ, Gallienus imperator in Epithalamio . τϱυγίζν (per iota in penultima,uel γϱυγύζν , de uoce columbæ dicitur,(authore Polluce,) τϱυϲϳείζν, Varinus. τϱϱύζν uero & γϱγϱύϲαι,de uoce suum apud Hesychium legitur. Et apud eundem ἐϱβήϲαι de columbina uoce. ¶ Columbi frugibus uiuunt,Aristot. Granis (Cerealibus) uescuntur , uel 20 his quæ ex granis conficiuntur,nec alio cibo, Albertus . Cadauere nullo pascuntur,sed puro gra no, Author libri de nat. rerum. Cætera quæ ad cibum eorum pertinent leges infra in E.

¶ Proprium columbarum & palumbium & turturum esse uidetur,ne collum cum bibunt,resu pinent (eleuent,uetus interpres) nisi satis hauserint, (biberint,) Aristot. Videtur autem hic locus Vuottono suspectus: fortassis quod apud Athenæum aliter legatur,hoc modo: ὁ δὲ Μύνδ۹ Ἀλέξανδϱ۹ ὃ πίνεν φησὶ τἱω φάσσαν ἀνωνύπϱεϲαν (lego ἀνανύπϱεϲαν ex Aristotele) πϱòς τἱω πρυγόνα. Ego Athenæi locum corruptum,Aristotelis integrum esse iudico.ut melius legatur, ὡς πϱ׳ς τἱω πρυγόνα.nam Plinius quoq sic transtulit, Proprium generis eius, & turturum,cum bibant colla non resupinare, largè bibere iumentorum modo. Vide infra in H. C. Columba iuxta aquas quiescere gaudet, ut si tim sedet,Author libri de nat. rerum. ¶ Columba auis est multiuaga,Plinius.   30

¶ Aspicis ut ueniant ad candida tecta columbæ, Accipiat nullas sordida turris aues,Ouidius. Columbi (præsertim agrestes) à columinibus ædificiorum dicti sunt,nidificant enim propter timo rem in summis locis,Varro. In alto nidificat,quò nocens bestia nulla perueniat, Author libri de nat. rer. D. Iulius apud Mundam cum syluam cæderet,arborem palmæ repertam , conseruari ut omen uictoriæ iussit. ex ea continuò enata soboles,adeò in paucis diebus adoleuit, ut non æquipa raret modo matricem (arborem primum consitam) uerumetiam obtegeret, frequētareturق colum barum nidis:quamuis id auium genus duram & asperam frondem maximè uitet, Suetonius in Au gusto. Columbæ debilem nidum faciunt,eò quòd calida habent corpora, & non multum indiget calore nidi,Albertus.

¶ Coeunt intra annū columbæ,quippe quæ semestres nosse incipiant Venerem, Aristot. Pul 40 los quinquemestres foetificare,author est Plinius. Peculiare columbis illud etiam est, in coitu, nisi ante mutuò osculentur,mas non ascendat.sed iunior sit,an senior,interest:senior enim primum coitum osculo exorditur:sequentem & sine osculo agit.At iunior quoties libet coire , toties oscula tur, Aristot. & partim Plinius. Foemina marem non admittit, nisi præosculatus ante coitum fue rit,Aelianus in Varijs Aristotelem citans & Athenæus. Atqui Oppianus Ixeuticorum primo de turturibus scribens:Oscula (inquit) antequam procreandæ soboli indulgeant, permiscent : idق in ter eas quæ prouectiores ætate sunt perpetuum est. iuniores non rarò absق osculis id faciunt. Co lumba senex coire non potest, sed tantum osculatur, Obscurus quidam ex Aristotele , apud quem nos nihil tale legimus. Coruorum exosculationem illam quæ sæpe cernitur,qualis in columbis esse ab Aristotele traditur,Plinius. Rostrorum coniunctio coruis & id genus auibus solita est.quod in 50 monedulis quas mansues alimus , planum est. genus etiam columbinum hoc idem facit, Aristot. Amorem mutuum,querulo gutture ictuق rostri ostendunt columbæ. in Venerem crebro ruunt, frequenti pedum orbe facta adulatione, Platina . Columbæ quæ calidiores sunt tempore libidinis caudam flectunt ad terram,& trahunt eam super terra,& sic ad Venerem mouentur mas & foemi na,Albertus. ¶ Hoc etiam columbis proprium est, ut foeminæ saliant , ac supergressu mutuo a gant,si mas non sit,& cum osculo,ut mares. & quamuis nihil alterae emittat in alteram , tamen plu ra sic oua,quàm ex maris coitu pariunt. Verum nullus his enascitur pullus , sed sunt omnia irrita, (hypenemia Græci uocant,Plinius,) Aristot. Columba cum peperit,postridie marem repetit & concipit,inquit Athenæus & Eustathius. Excludunt die XVIII. statimق concipiunt,Plinius. Co lumbi cum pluribus adolescere,aut coire non patiuntur,neق coniugium iam inde à primo ortu ini 60 tum deserunt,nisi coelebs,aut uidua.Quin etiam foeminæ parturienti mas adest,& cultu, omniق of ficio fungitur,sæpe etiam foeminam pigrius euntem ad nidum propter partus laborem mas percu tit,co●

tit, cogitç̄ intrare. Exclusis iam pullis terram salsuginosam potissimum præmanducatam in eorum os inserens, suum ingerit, atç̄ ita præparat ad cibum recipiendum. adultos iam, cum tempus procdeundi ex nido est, mas subigit. Ita magna ex parte columbæ mutuo degunt amore: sed interdum nonnullæ etiam ex maritatis cum aliis coëunt, Aristot. cuius uerba ferè etiam Plinius transtulit, dè amore mutuo scilicet & coniugio columbarum, deç̄ mariti circa coniugem cura & pullos, quæ infra in D. recitabimus. plura etiam de coniugio columbarum ibidem allaturi. Cæterum inter uerba Aristotelis iam recitata, ubi Græcè legitur, φροντίζει δι ἀςμοτῆσας προφῆς, id est de cibo eis conuenien-te curam gerit. Gaza legit δι ἁλμυρϊζξσῃς γῆς, quæ lectio mihi quoç̄ probatur, & Athenæus Aristo-telem citans similiter legit: etsi codex noster deprauatus λαμυνϊζξσῃς habet. Salsis quidem columbas 10 delectari, docebimus infra capite 5. Paulò supra uerò Athenæus Aristotelis uerba hoc modo refert, καὶ γινομβρ́ω τῶν νοτΐϊω ὁ ἄρρ́ω ἐμπῦᾷ ὡς μὴ βσκαυθῶσι, cum Aristotele nõ tanquam remedium aduer-sus fascinationem marem in os pullorum inspuere dicat, sed ut appetitionem cibi in eis excitet, ad quam rem aptus est sapor salsus. sed Athenæus in uerbis hisce ultimis simpliciter marem inspuere dicit. Albertus etiam in sua translatione substantiam terrestrem salsam in os pullorum à patre infundi scribit. Plinius, Pullis (inquit) primo salsiorem terram collectam gutture in ora inspuunt, præparantes tempestiuitatem cibo: ubi inspuit fortassis, & præparans legendum, ut de mare duntaxat intelligatur.

¶ Columbæ soboli procreandæ plærunç̄ indulgent, unde sacræ Veneri creduntur. Vel decies anni pariunt, Aristot. omnibus anni partibus, Aelianus. Tota æstate fœtant, Aristot. Et rur-
20 sus: Pariunt columbæ omnibus anni temporibus, pullosç̄ educant, si locum apricum habeant, & cibum. sin minus, æstate tantummodo fœtant. Sed proles præstantior uere, quàm autumno est: deterrima æstate, & omnibus tempore calidiore. Et alibi, Decies anno pariunt: nonnullæ etiam un-decies: Aegyptiæ uerò & duodecies. In Aegypto etiam brumali mense, Plin. Columbæ ouum citius perficitur quàm gallinæ. huius enim ouum decem à coitu diebus magna ex parte consistit, columbæ paucioribus, Aristot. Albertus ouum columbinum in utero septem diebus perfici scribit. A coitu decem diebus oua maturescunt in utero: uexatæ autem gallinæ & columbæ penna euulsa, aliáue simili iniuria, diutius, (id est tardius,) Plinius. Et rursus, Pariunt à coitu quinto die. Faculatas columbis retinendi oui, etiam tempore parturiendi est. Nam si ab aliquo uexetur, aut penna in nido euulsa, uel quauis alia simili infestetur, aut etiam sponte morosius habeat, ouum per tristi-
30 tiam retinet, partumç̄ differt, Aristot. Columbarum oua candida sunt, Idem & Plinius. Columbarium genus, ut palumbes & turtur, pariunt magna ex parte bina oua. sed complurimum terna palumbes & turtur, Aristot. Columbacei generis aues rarò tria oua pariunt: quod etiam cum contin-git, tertium ferè corrumpitur, Albertus. Columbæ pariunt ferè bina oua, ita natura moderante, ut aliis uel crebrior sit fœtus, aliis numerosior, Plinius. Columbarium genus pauca parit, utpote uolax, sicut & aues uncæ. materia enim uolatu consumitur, & in alas pennasç̄ conuertitur. sæpe autem pa-rit, utpote corporis magno & uentris calore, & facultate concoquendi maxima prædituм, & quod cibum facile sibi acquirat, Aristot. De columbarum fœcunditate plura leges infra in E. Columbæ magna ex parte marem & fœminam generant: priorem marem, posteriorem fœminam, & cum pepererint primum ouum, uno interposito die, secundum pariunt, Aristot. Marem semper & fœ-
40 minam pariunt, priorem marem, postridie (uel citius, Albertus) fœminam, Plin. Natura fœcun-dissimum est animal. quippe singulis quadragenis diebus concipit, parit, fouet, ac denique enutrit pullos: idç̄ ferè totius anni curriculo facit. nam si ab hyemali solstitio usç̄ ad æquinoctium uernum excludas tempus, reliqua parte anni fœturam ædit. licet etiam uidere columbas ipsas nondum inte-grè educatis pullis oua ædere atç̄ incubare, Florentinus. A partu caudam distendunt, Aristoteles. Columba citra dies triginta (quadraginta Florentinus, ut iam recitaui) prole expedita superiore, pa-rit, Aristot. Aestate quidem interdum binis mensibus terna ædunt paria, nanque octauodecimo (paulò ante scripserat, uicesimo) die excludunt, statimç̄ concipiunt. quare inter pullos sæpe oua in-ueniuntur, & alii prouolant, alii erumpunt, Plinius. ¶ Pariunt aliquando oua hypenemia, Aristot. Et rursus, In columbis maximè notatum est, quod oua quandoç̄ infœcunda pariant, uel ex
50 iis ipsis quæ conceperint coitu. nullus enim prouenit fœtus, quamuis incubitu foueantur. Irrita oua, quæ hypenemia diximus, aut mutua fœminæ inter se libidinis imaginatione concipiunt, (ut su-pra quoç̄ de columbis scriptum est,) aut puluere: nec columbæ tantum, sed & gallinæ, &c. Plinius.

¶ Incubant ambo & mas & fœmina, Aristot. & Porphyrius lib. 3. de abstinentia ab animatis. Incubat uicissim omne columbaceum genus, Athenæus ex Aristotele, & Aelianus in Varijs. Fœminæ parturienti mas adest, & cultu omniç̄ officio fungitur. sæpe etiam fœminam errantem & ua-gantem ad nidum cõpellit: & cum pepererit oua, cogit ut incubet, Aelianus ex Aristot. Sic & Por-phyrius ὁψε τὴν ἡμέραν, ἐπὶ πλέιονα χρόνον ἐσπκαουθᾶ, νύκτωρ ὁ ἄρρ́ω εἰσελαίνει πρὸς τὰ οἰὰ κὰ οῦ νοσῆς. ubi Aristoteles habet, ἐὰν ἐξαπαλαεκΐκπυτοι πρὸς τὴν εἴσοδυ τῶ νοσῆίας, δἰά τι τὴν λοχέιαν, τύπῆα θαυαγκζᾶ εἰσιέναι, sed sensu eodẽ. Incubãt ambo uicissim, interdiu mas, (in Græco codice nostro additur, ὠ τοῦ θεφια,
60 quod Gaza rectè omisisse uidetur, cum aliorũ nemo addiderit,) noctu fœmina, Aristot. & Plinius, qui addit, in eo genere, quasi palumbes etiam & turtures idem faciant. Excludunt uicesimo die, Plinius: mox uerò subiungit, Aestate interdum binis mensibus terna ædunt paria, nanq; octauode-

z 4

cimo die excludunt. Et nimirū æ ftate celerior fit exclufio. Oua columbarum propter caliditatem
quindecim(tantum)diebus fouentur & excluduntur.alijs autem quindecim diebus complentur ad
uolandum, Albertus. fed Ariftoteles de hift.anim.6.4. de palumbis & turturibus hoc fcribit, nempe oua harum auium diebus quatuordecim(non quindecim)in utero geftari, totidem incubari, totidem deniq; exclufa perfici ad uolatum. Columbarum uero oua ante dies decem, in utero perfici,
ut fupra fcripfimus. Concoquunt atq; aperiunt columbæ citra diem uicefimum ouum quod prius
ædiderint, (mafculum fcilicet, quod ferè die uno prius quàm fœmineū ædunt.)perforant(πτρωσκα,
in fingulari, nimirum ut de fœmina intelligatur) ouum pridie eius diei quo pullum excludunt, Ari
ftoteles. Græcè legitur, πτρωσκει δ' το ωὸν τῇ πρστρα(fcilicet ἡμέρα)ἢ εκλεπτ. Alberti trāflatio fic habet:
In fiffura oui primo columba paruula in ouo exiftens penetrat teftam anteriore(parte)roftri fui, ita
ut tefta eleuetur ad magnitudinem grani tritici : & poftea diuidit eam in duas partes & exit pullus.
Idem alibi, Ouum columbæ in utero completur feptem diebus:deinde fouetur per quatuordecim,
poftea fiffo ouo exit pullus.

    ¶ Fouent prolem ambo(inquit Ariftoteles)ad certum tempus,eodem modo quo oua. fœmina
in opere fobolis acerbior mare eft,ut cæteris quoq; à partu euenit animalibus. Mares pullis exclu
fis primi cibum in os ingerunt, ↓ωμίζωσι πρότεροι τὰ νόθλα, Porphyrius. Terram falfuginofam præ
manfam ori eorum inferit,præparans eos ad cibum capiendum,ut fupra hoc in capite ex Ariftotele
fcriptum eft. Pulli ab utroq; parente alternis cibantur, Albertus. Aues nonnullæ imperfectos &
cæcos pariunt pullos,ut quæ paruæ corpore multos progenerant : & quæ in pauciparo genere copiam alimenti parere una cum prole non folent,ut palumbes,turtur, columba, Ariftot. In pullos
exclufos mafculum infpuere aiunt, repellentem ab ipfis omnem inuidiam, ne quo pacto fafcinari
poffint,Aelianus in Varijs lib. 1. Adultos iam, cum tempus prodeundi ex nido eft, mas fubigit,
Ariftot. Non exeuntes(tempeftiuè)de nido pullos alis percutiunt,& aliquando mas coit cum eis,
& eijcit,Albertus. Pulli ut primum abfoluti funt, mox cum fuis matribus parere incipiunt,Floren
tinus. Si uerè nati tempeftiuè fuerint,ante hyemem autumno eiufdem anni pullos habebunt, Albertus. Hominum dentibus quoddam ineft uirus : quod & columborum fœtus implumes necat,
Plinius. & forfitan id fenfit Martialis in difticho, Ne uioles teneras præduro dente columbas: Tra
dita fic Gnidiæ fint tibi facra deæ. ¶ Pulli columbarum in nido manent, donec mater alia oua
pariat,nifi alium nidum illa habeat. expellit autem pater pullos è nido afcendēs fuper eos tanquam
coiturus cum ipfis, Albertus.

    ¶ Columbus tum lauare tum puluerare folet, Ariftot. Gyb. Longolius tamen columbas.inter
aues pulueratrices rectè numerari non putat. ¶ Gregatim degunt, Ariftoteles.

    ¶ Vifum nouies recuperant,Author libri de nat. rerum.

    ¶ Columbæ calidiffimæ funt, & lapillos propter(calidam)ftomachi temperiem deuorant, Au-
thor libri de nat. rerum. Fimum etiam feruidum habent,Idem. Columbo uentriculus eft feruentior,Ariftot. ¶ Columbæ & turtures annis octonis uiuunt, Plinius. In columbarijs non inueniuntur ultra octo annos durare,Crefcentienfis. Turtures & columbæ uel ad annum octauum uiuunt, fcilicet quæ excæcatæ allectatrices (πελεύτριοι) aluntur, Ariftot. Compertum eft apud nos
columbam uiuere per uiginti annos, & rarò fupra,Albertus. Columbæ, turtures & gallinacei her
ba quæ uocatur helxine annuum faftidium purgant, Plinius.

    ¶ Columbas perimunt fabæ aut frumentum, macerata in aqua, in qua elleborus albus infufus
fuerit,Serapio. Hominum dentibus ineffe uirus columbis implumibus letale Plinius author eft.

                       D.

    Columbi gregales funt,Ariftot. Columbam errantem cum uiderint fibi aggregant, Author li
bri de nat. re. Ars illis eft inter fe blandiri,& corrumpere alias, furtoq; comitatiores reuerti, Plin.
Perottus quidem priuatim de columbis mifcellis hoc fcribit. Vide infra ab initio capitis quinti de
uerbo πελεύψ. Cum hominibus degere folent, Ariftot. In urbibus columbæ cum hominibus fre
quentes habitant,feq; ad pedes horum huc & illuc magna manfuetudine & facilitate uerfant. In lo
cis autem,ubi ab hominum frequentia folitudo eft, propinquitatem hominum minime expectantes, aufugiunt. In multitudine hominum confidentiores funt, feq; nihil ibi graue paffuras planè
fciunt:ubi aucupes uenatoriaq; inftrumenta uerfari uident,non amplius fine fumma ibi formidine
habitant, Aelianus. Aloifius Cadamuftus in hiftoria nauigationum fuarum cap. 40. fcribit fe in
Oceani quædam infula innominata & incognita prius, dierum aliquot ultra Canarias nauigatione,
incolas nullos inueniffe : fed columbos duntaxat & uaria genera auium. Columbi (inquit) capie-
bantur pro libito manu hominis.non enim pauebant ad uiri confpectum, utpote ad rem fibi hactenus inuifam.Cepere igitur ex his quàm plurimos, quos fcipionibus occiderant, nobifq; attulerē.
Columba auis innocens eft,nec roftro nec unguibus lædens , Albertus. ¶ Ecce ego emitto uos
uelut oues in medio luporum.eftote igitur prudentes ueluti ferpentes, & fimplices ficut columbæ,
Chriftus ad difcipulos Matthæi x. Vbi Erafmus paraphraftes, Columbina (inquit) fimplicitas præ
ftabit,ut de omnibus bene mereri cupientes, neminem lædatis,ne prouocati quidē.ferpentina prudentia,ne quam anfam illis præbeatis calumniandi doctrinam.Ioannes Tzetzes Chiliade 9.capite
263.hoc fenfu hæc uerba à Domino prolata ait, Seruate capita ueftra quemadmodum ferpens, qui
                                                                   insidijs

Infidijs petitus uapulansᷓ ad mortem, omni modo caput suum abscondit: sic uos à tyrannis & impijs cruciati, caput seruate mihi, fidem uestram, & ne Deum negetis usᷓ ad ipsam mortem. Simplices autem sitis sicut columbæ, ac prudentes (pariter) sicut columba Noe, quæ diluuij tempore dimissa ad arcam reuersa est. Omnis sanè columba si nata fuerit domi, non recedit inde, nisi fuerit spuria, & nõ genita ibi sed aliunde adducta. Poterit præterea aliquis rhetoricè hoc dictum illustrando, seruanda iubere capita hoc est authores (αὐθέντας) & dominos nostros, nec illos decipere aut fallere dolis sacrilegis, Hæc Tzetzes. ¶ Nihil timidius columba, Varro. Fimum columbæ & ipsæ nido cijciunt, & pullos eijcere docent, Author libri de nat. rerum. Columbis inest quidam & gloriæ intellectus, nosse credas suos colores uarietatemᷓ dispositam. quin etiam ex uolatu creduntur

10 (aliàs quæritur) plaudere in cœlo, uariecᷓ sulcare, Plinius. Aliquando sola sedens auri splendores in pennis colli sui intuens delectatur, & uolando sibi congratulatur, Albertus: colores uarios circa collum admirans, alarum plausu rostroᷓ plumas fulcit, & ad uolatum cultius pennas disponit, Author libri de nat. rerum. Animantes quædam magis ualent memoria, ut quibus purgatior & absolutior imaginatio est, ut apes, columbæ, Themistius. Columbi pudicitia aues omnes antestant. plures enim in eodem columbario mixtim degunt, neᷓ tamen quis alterius connubia uiolat, Platina. A perdicibus (inquit Plinius) columbarum gesta spectantur maximè simili ratione: mores ijdem, sed pudicitia illis prima, & neutri nota adulteria. Coniugij fidem nõ uiolant, communemᷓ seruant domum. Nisi cœlebs aut uidua, nidum non relinquit. Et imperiosos mares, subinde etiam iniquos ferunt: quippe suspicio est adulterij, quamuis natura non sit. Tunc plenum querela guttur, sæuiᷓ

20 rostro ictus, mox in satisfactione exosculatio, & circa Veneris preces crebris pedum orbibus adulatio. Amor utriᷓ sobolis æqualis: sæpe & ex hac causa castigatio, pigrius intrante fœmina ad pullos. Parturienti solatia & ministeria ex mare, Hæc Plinius ex Aristotele translata: cuius eadem de re uerba, nempe de amore mutuo & coniugio columbarum, itemᷓ de cura & cultu mariti circa coniugem parturientem & incubantem, tum fœtum exclusum, iam supra in c. recitaui. Columbas ab adulterio castissimas esse percepi, nunquam enim ex societate inter se instituta, neᷓ mas nisi morte ipsa uxoris distrahitur, neᷓ fœmina dissociatur, nisi uidua fuerit, Aelianus. Idem rursus de palumbis scribens: Ex auibus (inquit) castissimi sunt ab omni stupro. Mas enim & fœmina in hoc genere tanquam nuptijs alligati mutua consensione adeo ad stabile & certum connubium per summam castimoniam adhærescunt, ut neuter alienum cubile attingat. si autem impudico amore capti

30 ad alienam Venerem libidinis oculos adiecerint, eos reliqui circumsedentes marem quidem mares discerpunt, fœminas uero fœminæ disperdunt. Huiusce etiã modi lex castitatis ad turtures pertinet, sancta, & syncera permanet: tum etiam ad columbas albas manat, præterquam quòd non utranᷓ occidunt. nam marem duntaxat perimunt, fœminam uero illius misericordia permoti impunitam atque inultam in uiduitate reliquam ætatem ducere permittunt. Aegyptij mulierem uiduam, quæ ad mortem usᷓ permanserit in eo uitæ statu uolentes significare, nigram columbam (πολισιδᷓαν μέλαιναν) pingunt. Hæc enim quandiu uidua est, alteri uiro non miscetur, Orus in Hieroglyphicis. Mas & fœmina (inquit Albertus) postquam semel coiuerunt, non facile deserunt coniugium. Antequam uerò coiuerint, mares qui carent coniugibus, suas alijs abstrahere conantur, unde acerrima pugna oritur. Auicenna refert se uidisse duos columbos pro fœmina pugnãtes: accessisse

40 autem fœminam ad uictorẽ. deinde pugna repetita cum uinceret qui antea uictus erat, ad eundem relicto altero fœminam redijsse. Hic sanè mos est columborum, ut si mas sine uxore, fœminam marito carentem uiderit, mox cum ea coeat: hæc statim à coitu illum sequatur & obediat, Hucusᷓ Albertus. Aegyptij hominem ingratum ac infestum ijs à quibus beneficio affectus est significantes, columbam pingunt. Mas enim ubi robustior euaserit, ex consortio matris patrem expellit, itaᷓ ei connubio iungitur, Orus in Hieroglyphicis, quod & Aelianus ex eo repetijt. ¶ Columbæ fascinationis amuletum laurinos ramulos tenues primum colligunt, deinde ad custodiam pullorum in nidos imponunt, Aelianus. Zoroastres in Geoponicis palumbes nidis laurum imponere scribit, nec causam addit, nisi quis propter blattas id eas facere conijciat: quoniam proximè de hirundinibus dixerat, ea causa apium ab eis nido imponi.

50 ¶ Columbæ propter genuinum timorem nidificant in summis locis, Varro. Pugnax hoc animal est. alter alterum infestat, nidumᷓ alter alterius subit, sed rarò. nam etsi ex longinquo minus, tamen apud ipsum nidum summo certamine dimicatur, Aristot. Quum plures columbæ nidos inuicem propinquos habent, pugnant inter se pro nidis & uxoribus tota die, Albertus. Pennis eleuatis pugnant, Author libri de nat. rerum.

¶ Cum turture amicitia columbæ intercedit, Aelianus. Amici pauones & columbæ, Plinius. ¶ Vulpes communis est hostis pauonum, columbarum & omnium ferè auium, Stumpfius. Accipitres quidam celeres ad aucupiũ sunt, columbis maximè & palumbis exitiales, Demetrius Constantinop. Distinctio accipitrum ex auiditate. alij non nisi ex terra rapiunt auem: alij non nisi circa arbores uolitantem: alij sedentem sublimi: aliqui uolantem in aperto. Itaᷓ & columbæ nouere ex

60 ijs pericula, uisoᷓ considunt, uel subuolant, cõtra naturam eius auxiliantes sibi, Plinius, Aelianus, & Albertus. Columbas nosse credas suos colores uarietatemᷓ dispositam. quinetiam ex uolatu creduntur plaudere in cœlo, uariecᷓ sulcare, Qua in ostentatione ut uinctæ præbetur accipitri (niso

Author libri de nat.rerum)implicatis strepitu pennis,qui non nisi ipsis alarū humeris eliditur, alioquin soluto uolatu in multum uelociores. Speculatur occultus fronde latro, & gaudentem in ipsa
gloria rapit.Ob id cum ijs habenda est auis quæ tinnunculus uocatur. Defendit enim illas, terretcɟ
accipitres naturali potentia,in tantum,ut uisum uocemɟ eius fugiant. Hac de causa præcipuus co
lumbis amor eorum. Feruntcɟ,si in quatuor angulis defodiantur in ollis nouis oblitis, non mutare
sedem columbas, Plinius. Columba accipitris uenientis umbram in aquis prospicit, Author libri
de nat.rerum. Clangorem quidem aut aquilarum aut uulturum facile columbæ spernunt,nic item
circi & marinæ aquilæ, Aelianus. Bubo oua columbarum exorbet, Author libri de nat.rerum.
Cornix ouis columbę insidiatur, ut ea dissipet & exugat,Author libri de nat. rerū. Gallinas etiam
columbis infestas esse audio.   10

E.

Columba sedens,ἥμρίη πιλεας,à Suida prouerbij titulo commemoratur,qui hoc dici solitum in
dicat de supra modum mansuetis ac simplicibus ; (ὑπὶ πῶ ἀπιλεάτων , ῷα το δῑκϐαν το ζων,Eustathius)
comparatione ad paleutriam columbam , sensu scilicet contrario. nam columbæ, inquit, quæ euolant,fallunt cæteras, πελεύσαι dictę,à uerbo πελεύσαι,quod est fallere, Hæc Suidas.Erasmus uero,
Columbæ (inquit) cum auolant,fallunt cæteras pernicitate motus:cum sedent,nihil mitius autsim-
plicius. necɟ quicquam habent quo se tueantur aduersus miluios & accipitres , præter alarum uelo-
citatem.Mihi uidetur dici posse & in eos qui simplicitatem simulant,quò magis imponant: propte
rea quod mos sit aucupibus,exoculatam columbam in reti ponere, quæ subsultans cæteras columbas alliciat.Ea Græcis dicitur, πελεύτρια, à uerbo πελεύιν quod est seducere, siue in laqueum illice- 20
re.Aristophanes in Auibus de columbis loquens, Καὶ ἱπαγαγῄ πελεύιν διδέρμωας εν δικτύω,id est,
Et cogit paleutriam agere,alligatas in reti.(Et rursus,δεδέρμωας πελεύιν:ubi Scholiastes, Aues excæcatæ,præsertim columbæ & palumbi,in retibus locantur ut uoce alliciant alias sui generis, quod
glossematici πελεύιν dicunt.)Vide lector num legendum sit ἡμμλίη,id est illaqueata. id enim patitur
quo fallat alias,Hæc Erasmus.Sed apud Suidam ut ἡμμλίη per μ. duplex legatur,ratio ordinis litera
rum non admittit.deinde Suidas non eandem facit τλὶ ἡμμλίω, & τλὶ πελεύτριαν,ut Erasmus. sed illam sedentem & simplicem : hanc euolantem & astutam , cuius comparatione etiam contrarió sensu
(hoc enim est quod dicit ἰδὶ ἀντιπερεξέτωσι) columba sedens, pro homine simplici accipiatur. Euolantes quidem columbas arte blandiri alijs,easɟ corrumpere,furtocɟ comitatiores reuerti, Plinius
author est:ut hoc nimirum Suidas πελεύιν dixerit.Ceteri uero scriptores non item,ut mox patebit. 30
quamobrem non aliter reprehendo Erasmum,quàm quòd Suidæ uerba quæ interpretabatur , non
assecutus mihi uideatur. Idem Erasmus in prouerbio,Pulchrè fallit uulpem , Πελεύιν κερδὸς τλὶ ἀλώ
πεκα,dictum,inquit,apparet in eum qui dolis captaret astutum. nam πελεύιν est arte illeciare. Vn
de & columbæ exoculatæ,quas aucupes in reti pōnunt,quò subsultantes reliquas deceptas allíciāt,
paleutriæ dicuntur:& qui feris tendunt casses πελεύτριαι uocantur. Turtures & columbæ uel ad an
num octauum uiuunt,scilicet quæ excæcatæ allectatrices (πελεύτριαι) aluntur, Aristot. Et mox
de palumbis ac turturibus scribens , Et cum mares (inquit) in totum diuturniores quàm fœminæ
sint,in his marem prius quàm fœminam mori nonnulli aiunt, uidelicet documento earum, quæ do
mi allectatrices aluntur.Vbi Niphus Italus,Apud nos etiam (inquit) allectatrix siue hallucinatrix
(hoc forte dicit,quoniam excæcari solent.sed aliud est cæcum esse,aliud hallucinari) fit palumbes è 40
syluestribus. Nostri etiam liuias,id est minimas columbas syluestres,allectatrices faciunt, Locktu
ben/ut sui generis aues in rete pelliciant. Πελεύτρια πόλεισɟ, πλεὶνɟ: & uerbum πελεύσαι, πελεύσαι
σαι,ὑπαγαγέσαι,θηρεύσαι,πῶκαλεῖσθαι. solent enim aues aliquas excæcatas in reti collocare, Suidas &
Varinus. Πελεύτριαι,θηρεύτριαι,ἀγρεύτριαι,παράνομορ ῥάμορ πελεύϐες,ἀντὶ τῶ ὑπαγαγι μῖνος, per metapho
ram . sunt enim paleutriæ columbæ , quæ alias decipiunt & alliciunt, αἱ ὗɟαπιπτῶσαι καὶ ὑαχλύουσι
πῶς ἑαυτὰς,ἥχορ ἐνεδεύουσαι, καὶ τὰ λίνα ἰσῶντες εἰς τὰ θηεῖα πελεύουσαι,Hesych. Πελεύϐρ prodeci
pere apud Lycophronem legitur hoc uersu,ἤ μιν πελεύσει δυσλύτοις οἰσρο ϐεόχοις . Πελεύτριαι, αἱ πελὶνι
καὶ οἷον εἰπεῖν ἀνδραπόδενεῖαι πόδεισερέ,, Scholiastes Lycophronis. Eubulus apud Athenæum lib.13.
meretrices paleutrias appellauit,τὰς φιλάλας ἱδϝμάτων πελεύτείας,πόλεὶς Κυπρίδιdϝ ϐγκεκημκναδ. Fue
rint autem paleutriæ forsitan dictæ,quasi ueteranæ quædam.sunt enim ueteres,id est olim 50
captæ, πελεύι ἱδϝμκναι,ut paraphrastes Oppiani de aucupio scribit. Vide etiam infra in Coturnice
E. Lanarij omnes primo timidi sunt,sed postea ad columbas & anates capiendas instituuntur, Albertus. Columbi & aliæ aues quomodo capiantur reti,docet Crescentiensis libro 10. capitibus 20.
& 21.& rursus capite 16. quomodo laqueis è pilis caudæ equinæ capiantur, & alijs quibusdam.&
capite 28. quomodo feriantur sagittarum illo genere quod caput crassum habet, pulzones uocat.
Columbæ retibus capiuntur ut palumbi,(uide in Palumbo E,)sed facilius laqueis, Oppianus tertio
Ixeuticorum. Diuus Basilius in epistola ad Iulittam , columbas agrestes & αὐτονόμαɟ à quibusdam
capi scribit allectas per mansuetam, quam aliquandiu domi familiariter aluerint. hanc alis unguen
to suauiter fragrante ṙhunctis emitti ad externas , quæ postea ipsam domum reuolantem suauitate
odoris inuitatæ comitentur. Serapio scribit columbas perimi deuoratis frugibus aut fabis made- 60
factis aqua,in qua elleborus albus maceratus fuerit.

¶ Nihil columbis fœcundius.Itacɟ diebus quadragenis concipit, & parit, & incubat, & educat,
                              &hoc

& hoc ferè totum annum faciunt, Tantummodo interuallum faciunt à bruma ad æquinoctium uer
num. Pulli nascuntur bini, qui simulac creuerunt, & habent robur, cum matribus pariunt, Varro.
Nos plura de columbarum fœcunditate scripsimus supra in c. Fœcunditas columbarum (inquit
Columella)quamuis longè minor sit, quàm est gallinarum, maiorem tamen refert quæstum. Nam
& octies anno pullos educat, si est bona matrix, & precijs eorum domini con.plent arcam, sicut exi
mius autor M. Varro nobis affirmat, qui prodidit etiam illis seuerioribus suis temporibus paria sin
gula, millibus singulis sextertiorum solita uenire. Nam nostri pudet seculi, si credere uolumus, inueniri qui quaternis millibus numûm binas aues mercentur. Quanquam uel hos magis tolerabiles
putem, qui oblectamenta delitiarum possidendi, habendícṗ causa graui ære & argento pensent,
10 quàm illos, qui Ponticum phasim, & Scythica stagna Mæotidis eluant. Iam nunc Gangeticas. &
Aegyptias aues temulenter cructant, Hæc ille. Paria singula uulgo ueneunt ducenis numis, necnon eximia singulis millibus numûm(hoc est denarijs 250. Gallico uerò nomismate libris quinqua
· ginta Turonensibus, Rob. Cenalis)quas nuper cum mercator tanti emere uellet à L. Axío equíte
Romano, minoris quadringentis denarijs(hoc est libris Turonicis octoginta, Rob. Cenalis)daturũ
negauit, Axíus, Si possem, inquit, emere πολισόφωνα facium, quemadmodũ in ædibus cum habere
uellem, fictilia columbaria, iam ijsdem emptum, & misissem ad uillam. Quasi uerò(inquit Pica) non
in urbe quoṗ sint multi, columbaria qui in tegulis habent. An tibi nõ uidentur habere πολισόφωνας,
cum aliquot supra centum millium sextertium habeant instrumẽtum ꞓ è queis alicuius totum emas
censeo, & antequam ædifices rure, magnum condiscas hic in urbe quotidie lucrũ ex asse semissem
20 condere in loculos. Qui nostro tempore in nostris regionibus (in Italia circa Bononiam) rem experti sunt, columbas dicunt post sex menses parere, & nõ prius: & quandiu uiuunt quater aut quin
quies, aut sexies, aut etiam amplius per annum parere, si alimentum abunde contingat: sin minus,
ter saltem parere, uidelicet per æstatem, Crescentiensis. Agriculturæ studiosis utilissima est colum
barum possessio, cum ob alias causas, tum uel maxime ob commoditatem stercoris atṗ pullorum,
qui ægris conualescentibus admodum necessarij sunt. Reddunt enim columbæ uectigal magnum
suis possessoribus:& quum duos tantum mēses hyemis nutriantur sub tecto, reliquo anni tempore
sua industria ex agris sibi quæritant pabulum, Florentinus. Columbarum amore insaniunt multi,
ac super tecta exædificant turres ijs, nobilitatemcṗ singularũ & origines narrant, uetere iam exem-
plo.L.Axíus eques Romanus ante bellum ciuile Pompeianum denarijs quadringentis singula pa
30 ria uendítauit,ut M. Varro tradit. Columbas redire solere ad locum licet animaduertere, quòd
multi in theatro è sinu missas faciunt, atṗ ad locum redeunt, quæ nisi reuerterentur, non emitteren
tur, Varro.

¶ De columbario seu peristereône. Vulgo columbarium uocant stabulum columbarum, ipsum ædificium & locum columbis alēdis accommodatum:& ita Palladius quoṗ appellat: Verum
Columella & M. Varro columbaria capiunt pro nidis & loculamentis & cellis, in quibus singula
paria fœtificant, Phil.Beroaldus. Columborum etiam possessio non abhorret à cura boni rustici.
Sed id genus minore tutela pascitur longinquis regionibus, ubi liber egressus auibus permittitur,
quoniam uel summis turribus, uel æditissimis ædificijs assignatas sedes frequentant patentibus fenestris, per quas ad requirendos cibos euolitant. In peristereône(inquit Varro)uno sæpe uel quin
40 que millia sunt inclusæ. πολισόφεών fit, ut testudo, magna camera tectus, uno ostio angusto, fenestris
punicanis aut latioribus, reticulatis utrincṗ, ut locus omnis sit illustris. Néue serpens, aliúdue quod
animal maleficum introire queat, intrinsecus quàm leuissimo marmorato toti parietes ac cameræ
oblinuntur, & extrinsecus circum fenestras, ne mus, aut lacerta qua adrepere ad columbaria possit.
Nihil enim timidius columba. Singulis paribus columbaria fiunt rotunda in ordine crebra. Ordines quàm plurimi possunt à terra uscṗ ad cameram. Columbaria singula esse oportet, ut os habeant,
quo introíre & exire possint, intus ternorũ palmorum ex omnibus partibus sub ordines singulos
tabula ficta(facta,)ut sint bipalmes, quo utantur uestibulo, ac prodeant. Aquam puram esse oportet, quæ influat, unde & bibere, & ubi se lauare possint. Permundæ sunt enim hæ uolucres. Itacṗ pa
storem columbaria quotquot mensibus crebro oportet euerrere. Est enim quod eum inquinat lo-
50 cum, appositum ad agriculturam, ita ut hoc optimum esse scripserint aliquot, siue si columbam quid
offenderit, ut medeatur:si qua perierit, ut efferatur. Si qui pulli idonei sunt ad uendendum, promat.
Item quæ fœtæ sunt, ut certum locum disclusum ab alijs rete habeant, quo transferantur, è quo foras
euocare possint matres. Quod quidem faciunt duabus de causis. Vna, si fastidiunt aut inclusæ consenescunt, quo libero aëre cum exierint in agros redintegrentur. Altera de causa propter illicium.
Ipsæ enim propter pullos, quos habent, uticṗ redeunt, nisi à coruo occisæ, aut ab accipitre intercep-
tæ, Hæc Varro. Nec in plano uillæ loco, (inquit Columella) nec in frigido, sed in ædito fieri tabulatum oportet, quod aspiciat hybernũ meridiem. Eiuscṗ parietes, ut in ornithone præcepimus, con
tinuis cubilibus excauentur:uel si ita non competit, paxillis adactis tabulæ superponantur, quæ uel
loculamenta, quibus nidificent aues, uel fictilia columbaria(nidi seu loculamenta, quæ è uiminibus
60 etiam non improbãtur, Grapaldus)recipiant, præpositis uestibulis, per quæ ad cubilia perueniant.
Totus autem locus, & ipsæ columbarum cellæ poliri debent albo tectorio, quoniam eo colore præcipuè delectatur hoc genus auium. Nec minus extrinsecus læuigari parietes maxime circa fene-

stram, & ea sit ita posita, ut maiore parte hyberni diei solem admittat , habeatq; appositam satis amplam caueam retibus emunitam, quæ excludat accipitres, & recipiat egredientes ad apricationem
columbas, nec minus in agros emittant matrices, quæ ouis, uel pullis incubant, ne quasi graui perpetuæ custodiæ seruitio contristatæ senescant. Nam cum paulum circa ædificia uolitauerint, exhi-
laratæ recreantur, & ad sœtus suos uegetiores redeunt, propter quos ne longius quidem euagari,
aut fugere conantur, Hæc ille. Columbarium potest accipere sublimis una turricula in prætorio
constituta, læuigatis ac dealbatis parietibus, in quibus à quatuor partibus (sicut mos est) fenestellæ
breuissimæ fient, ut columbas solas ad introitum, exitumq; permittant. Nidi figurentur interius,
Palladius. Extruere domum conuenit (ut docent Quintilij in Geoponicis Grecis) temporibus (lo
cis) claris & lucidis, tutam ab accessu serpentium, eamq; illinire accuraté. In ipsius autem columba= 10
rij muris, à pauimento usq; ad summum fastigium, nidi faciendi sunt, quos nõnulli quidem σκως appellant, ac si dicas loculamenta, nos uerò κρυϊνας (nulla huiusmodi uocem in Lexicis reperio) dicimus : in quibus sanè & pullos ædere , & degere coniugatæ debent columbæ. Singulis porrò nidis
asseres inserendæ sunt, ut per eas ipsis transitus fiant. In ipsa autem domo latiorem peluim expedit
collocare, in qua & bibere & ablui possint columbæ, nec ipsius aquæ occasione homo assiduè per-
turbet eas, id quod certe maximè incommodat, Non tamen prorsus damnandus hominum est ingressus. Necessarium quippe est interdum uerrere columbarium, simumq; legere : & si quid intus
sinistrè habeat, id corrigere, & instaurare, ne serpens aut alia reptilia columbas uastent atque detur-
bent. Ego quidem accessui reptilium uolens obsistere , ubi elegi locum selectum remotumq; à contubernio domorum, columnas transtuli illuc pro ratione magnitudinis operis fabricandi, Quibus 20
quidem minimè ad rectam lineam, sed ordine circulari dispositis, imponẽs capita, ac in ipsis postea
capitibus insidentibus dictis columnis admodum generosas trabes (ὑπέσυλα) confirmans tandem su
pra columnas in forma orbis domunculas duas extruxi altitudine cubitorum septem. In earum autem parietibus ab occasu quidem gratia splendoris, fenestram unam aperiens, ab ortu uerò aliam in
hac per quam sunt egressuræ ad pasturam, posui dictum cathectem (nempe quod retinendi column-
bas uim possidet) unde columbas ad pascua exire oportet. Cæterum à latere meridionali sanuá con
stitui ut per eam pateat ingressus ei, qui curandarum auium prouinciam subijt. Hoc enim modo ip
sas uolucres hactenus illæsas seruaui. Siquidem nec reptilia possunt ascendere per columnas utpoté
bitumine accurate inductas & læuigatas , neq; item catus, nec aliud animal in eas grassari poterit
quum domus haud quidẽ consistant prope è quibus insidiari queant. Columbaria (ut scribit Cres- 30
centiensis) duobus precipuè possunt fieri modis, aut super columnis & parietibus ligneis muro cir-
cundatis lapideo, aut super turri è crassis muris constructa, & utrunq; nidos seu nidorum foramina
potest habere. Sed præstat in turri lapidea quàm lignea fieri : & nidos interius construi : qui si exterius sint, simus perditur, qui maximè utilis est, & pulli facilius à rapacibus auibus capiuntur. Excitetur ergò turris lapidea ampla angustiáue pro domini arbitrio, non admodum alta, parietibus læuigatis & dealbatis cemento (tectorio) albo, habens à singulis quatuor partibus breuissimas fenestel-
las seu foramina, quæ columbis solum ad introitum insidiari sufficiant : sub quibus quàm proximè
circuitus lapideus emineat circunquaq;, quo mustelæ aliæq; nocentes feræ ascedere prohibeantur.
Super tectum etiam fenestra sit, per quam ingrediantur & exeant columbi, qui ad Solé super tecto
morari gaudent. Sit autem cancellata lapidibus aut lignis , ne per ipsam rapaces uolucres alis aper= 40
tis intrare queant. Nidi formantur interius, quos quidam faciunt rectos & mediocriter angulos,
alij obliquos, quibus incubantes columbæ se contineant. Quidam præterea prouidè faciunt fene-
stellas latas & modicè concauas seu longas. Sunt qui cultellos paruos circa parietes & tectum affigunt, asserentes in his columbas libentius incubare. Ego experimẽto didici, columbas quasdam in
muro libentius quàm cistellis nidificare, quasdam è diuerso : & rursus alias libentius esse in aperto,
& super quacunq; re cum nido uel sine nido incubare , alias gaudere occultari. Quamobrem non
inutile puto in columbario cuiuscunq; generis nidos habere, ut diuersis columbarum affectibus satisfiat. quamuis qui in muro sunt à simo & pediculis purgentur facilius, quod crebrò fieri expedit,
eò quòd ab eis cum augentur , plurimum incubantes columbæ lædantur. Est etiam opportunum
quòd intra columbarium ponantur trabes in pluribus partibus , & præcipuè in circuitu , & assides 50
(asseres) super quibus tempore pluuiarum & niuium & superflui æstus , columbæ in magna multitudine morari ac quiescere possint. Sic enim à loco proprio non facile recedent. Purgetur etiam
crebrò ipsarum locus, & undiq; sit decorus. nam in pulchra domo, sicut & homines, morantur au-
dius. Hoc animaduertendum, quòd unumquodq; par tres uel saltem duos nidos requirit, licet aliquando augeatur in tantum ut nidos omnes & solarium atq; trabes, & cætera loca omnia repleant,
Hactenus Crescentiensis. Colore albicante præsertim delectantur columbi, unde Ouidius : Aspicis ut ueniant ad candida tecta columbæ, Accipiat nullas sordida turris aues.

    ¶ Aluntur in perisfiereône columbæ tum clementiores, tum agrestes & saxatiles : ex quibus fit
miscellum tertium genus fructus causa, Varro. Qui erigere columbarium uult, is à tenellis colum
bis auspicari non debet, sed ab eis quæ iam ẽdere pullos cœperunt. Quod si in ipsis primis auspicijs, 60
columbarum decem paria fungantur citò quidem multiplicabuntur , Quintilij. Seligendæ uerò
sunt ad educationem neque uetulæ, nec nimium nouellæ, sed corporis maximi. Curandum si fieri
                                                           possit,

possit,ut pulli,quemamodum exclusi sunt,nunquam separentur.Nam serè,si sic màritatæ sunt, plu
res educant fœtus.Sin aliter, certe nec alieni generisconiunguntur,utAlexandrinæ,& Campanę.
minus enim impares suas diligunt, & ideo nec multum ineunt, nec sæpius fœtant. Plumæ color
non semper,nec omnibus idem probatus est: atcp ideò qui sit optimus, non facile dictu est. Albus,
qui ubicp uulgo conspicitur,à quibusdam non nimium laudatur; nec tamen uitari debet in ijs quæ
clauso continentur.Nam in uagis maxime est improbandus, quod eum facilime speculatur accipiter,Columella. Item seras has in turribus, ac summis uißis, qui habent agrestes columbas; quoad
possintimmittunt in πελεσφῶνας ætate bona, parantcp ut nec pullos, necp uetulas, totidemcp mares
quotfœminas habeant, Varro. In columbarijs nouis columbi prouectiores ætate(inquit Crescen
10 tiensis)ponendi nō sunt,quòd ij recedere & ad sedes pristinas reuerti soleant,sed iuuenes cum pennas perfectas aut serè perfectas habent.Præferuntur autem saxatiles,secundo loco qui à pennarum
colore uulgò turgni dicuntur.hi enim in columbarijs melius durât quàm cæteri.albi uitandi, quòd
necp durare possint,& ab auibus rapacibus etiam e longinquo conspiciantur. Quanto plures quidem initio ponentur,tanto ocyus implebitur locus.Id faciendum est precipuè Augusto & Septem
bri mense,uel etiam Iulio:quo tempore facilius cibum in agris uicinis inueniśūt: unde sit ne longius
à columbario recedant nec perdantur. Mense quidem Martio; Aprili uel Maio ponendi non sunt
propter contrariam rationem.Dies circiter quindecim ut minimum includendi sunt, sic enim pin-
guescent(postea,)& ad reuertendum peritiores erunt. nam primis quindecim diebus emaciantur.
Postea uerò per dies aliquot præbeatur eis in columbario (etiamnum inclusis) bonus & copiosus
20 cibus & aqua. Demum emittantur cœlo nubilo uel sereno. sed præstat pluuiò emitti. tunc enim
egressi reuertuntur,nec subitò euolant ad remota, Hæc ille. Cæterum cibos iuxta parietem conueniet spargi,quoniam serè partes eæ côlumbarij carent stercore.Commodissima cibaria putantur
uicia,uel eruum, tum etiam lenticula, milium cp, & lolium, nec minus excreta tritici,& si qua sunt
alia legumina,quibus etiam gallinæ aluntur, Columella. Cibus apponitur circum parietes in canalibus,quas extrinsecus per fistulas supplent.Delectantur milio,tritico,ordeo,pisō,faseolis, eruo,
Varro. Gratus eis cibus est cicercula,fœnogræcûm,eruum,pisūm,lens,frumentum; & quæ ex eo
zizania(lolium nimirum)dicitur,Florentinus. Fœtus frequentant,si ordeum torresacium,uel sa-
bam, uel herbum sæpe consumant. Triginta autem columbis uolantibus diurni tres sextarij tritici
sufficient,aut creturæ,ita ut herbum fœtus gratia mensibus præbeamtis hybernis; Palladius. Pa-
30 stor columbarum sæpe locum purgato, & simum agriculturæ utilem reponat : & si quem saucium
inuenerit,curet:si quem extinctum, eijciat:si qui nimis seri ac pugnaces alijs molesti sunt,remoueat
& aliò seponat:pullos uendi idoneos depromat, cibum denicp & potum cum opus erit affatim prę-
beat,Crescentiensis. Glans fagi turdis & columbis conuenit,& eorum carnes concoctu saciles sa-
cit,Crescentień. Duobus aut tribus mensibus acceptant condititia cibaria, cæteris se ipsas pascunt
seminibus agrestibus.Sed hoc suburbanis locis facere non possunt; quoniam intercipiuntur uarijs
aucupum insidijs : itacp clausæ intra tectum pasci debent, Columella. Plura de columbarům cibo
scripsi supra in c. Cauendum ne euolent columbæ, ne scilicet nidisicent alibi; néue distrahantur
egresse:quare in same sunt exercendæ; (sic transfert Andreas à Lacuna quod Græce legitur, ἀπὸ
πόὃ τὸ πεινῶν ἀρχολῶνται : ubi Cornarius uertit, circa columbarium exerceantur. Vide an pro uerbo
40 πεινᾶν commodius legatur γρνᾶν.Sensus quidem hic mihi uidetur ; cibum columbis affatim suppe-
ditandum,ut ipsæ soboli tantum incubandæ,& pullis postquam exclusi suerint alendis, operâ darè
possint,necp alimentum soris quærendo diutius ab ouis aut pullis absint.) Si uerò tanta alimenti cō
pia non suppetit,matribus tantum educandung pullos exitus permittēdus est:quod ubi samem illæ
expleuerint,citius redeant,pullisḉ nutrimentum apportent, Florentinus.

¶ Qui saginare solent pullos columbinos, quo pluris uendant, secludunt eos, cum iàm pluma
sunt tecti.Deinde manducato(mollisicato & masticato,uel molli,Crescentień.)candido sarciunt pa
ne;hyeme hoc bis,æstate ter,mane,meridie,uesperi,hyeme demunt cibum medium.Qui iam pin-
nas(pennas magnas,Crescentień.)habere incipiunt,in nido relinquunt illisis(fractis,Crescentień.)
cruribus,& matribus, uberius ut cibo uti possint,obijciunt. Eo enim totum diem se,& pullos pas-
50 cunt.Qui ita educantur, celerius pinguiores quàm alij fiunt; & candidiores : parentes eorum Romæ,si sunt formosi,bono colore,integri,boni seminis, Varro. Eadem ratione quà gallinas, palum
bos etiam columbosḉ cellares, pinguissimos facere contingit, neque est tamen in columbis sar-
ciendis tantus reditus, quantus in educandis. Sed potest in hoc etiam auiario (columbario) sagina
exerceri.Nam si quæ steriles,aut sordidi coloris interueniunt, similiter ut gallinæ sarciuntur. Pulli
uero facilius sub matribus pinguescunt,si iam firmis, prius quàm subuolent, paucas subtrahas pinnas,(alterius alæ, Crescentiensis,) & obteras crura, ut uno loco quiescant, præbeascp copiosum cibum parientibus,quo & se,& eos abundantius alant. Quidam leuiter obligant crura, quoniam si
frangatur,dolorem & ex eo maciem fieri putent.Sed nihil ista res pinguitudinis efficit. Nam dum
uincula exercere(exerere,excutere)conantur,non conquiescunt, & hac quasi exercitatione corpo
60 ri nihil adijciunt.Fracta crura non plus quàm bidui,aut summum tridui dolorem afferunt,& spem
tollunt euagandi, Columella.

¶ Columbis utile esse aiunt lutum rubrum, quod appetitum in eis excitet, & pullis statim dari
                                                                                                    A

debeat. Hoc Aristoteles de terra salsa scribit, eamæ a parente mare pullis recens natis in os inseri.

¶ Columbi qui nascuntur in colūbario, uel parui in eo ponuntur, non facile recedunt, etsi quandocæ ad alia columbaria se conferunt in quibus cibum inueniunt, quum non præbetur eis in suo nec in agris inueniunt. sed omnes fere postea tempore quo non egent cibo, reuertuntur ad locum proprium: ad quod maximè refert ut columbarium pulchrum & bonum sit. Si temporibus quibus non inueniunt escam copiosè eis præbeatur domi, ut cum nix uel gelu magnum obtinet, & mense Aprili & Maio aratis stipulis, non recedunt, & plurimos fœtus ædunt. Cibus quidem eis conueniens est frumentum, faba, uicia, melica, & alia genera quibus uescigaudent. Pro centum autem paribus columbarum detur granorum pars corbis octaua diebus singulis, & duplum cum nihil omnino per se inueniunt. Potus etiam in columbario adsit sufficiens, quoties aquam nisi ualde remotam propter æstum uel gelu inuenire non possunt. uel in aliquo uase prope columbaria ponatur, quò descendere possint. Præcipuum sanè & ferè necessarium eis est, quòd sedes ipsorum sit prope locum in quem aqua influat, unde & bibere & ubi lauari possint. Laudatur etiam ut omne genus granorum eis exhibeatur, ut sunt frumenta, faba minuta, cicercula, uicia, orobus, melica, hordeum, spelta, lolium, & alia, ut quodnam præcipuè appetant obseruetur, & id præcipuè detur eis ut auidius ibi morentur & pluries pariant. Palladius probat ut æstiæ quæ maximè pinguescunt triticum uel milium mulsa maceratum semper accipiant. Quibuscunæ enim granis mulsa remollitis pastæ non recedent, & alias secum adducent, quod non pauci asserunt. Alij uerò dicunt non referre an sit mellita esca nec ne, cum eis datur esca uesperi potius quàm mane, ut interdiu escam sibi quærere curent, & qui non inueniūt, intus inueniant. nam si daretur mane, non curarent alibi inuenire. Sed tempore niuis manè dari oportet, ne exeant ad loca in quibus capiuntur, cum certum sit alibi non posse inuenire, Crescentiensis. Columbas abigit graueolentia, Basilius. Debet custos sepe ad columbas accedere: & quoties in columbarium intrat aliquam escam modicam secum portare tempestiuè, easæ semper aliquo certo & consueto modo uocare, ut magis mansuescant. Idem regulam siginam pro aqua in columbario collocare, quæ assidem (asserem) habeat supra se aliquantulum eleuatam, habentem multos & spissos pedes incisos atæ adhærentes, inter quos possunt caput ponere & aquam haurire nec in uas intrare, ut aqua munda permaneat, Crescentiensis. Vasa, quibus aqua præbeatur, similia esse debent gallinarijs, quæ colla bibentium admittant, & cupientes lauari, propter angustias non recipiant. Nam id facere eas nec ouis nec pullis, quibus plerunæ incubant, expedit, Columella.

¶ Oppianus libro 1, de uenatione author est colores in columbis artificiales fieri posse. nam cum coluibæ, inquit, Veneris desiderio mouentur, & oscula iam maritis miscent, columbarius pulcherrimas uarias præsertim purpureas uestes in conspectum earum exponit, quibus iliæ delectatæ pullos etiam eiusdem coloris ædunt.

¶ Locus autem subinde conuerri, & emundari debet. Nam quanto est cultior, tanto lætior auis cōspicitur, eaæ tam fastidiosa est, ut sepe sedes suas perosa, si detur euolādi potestas, relinquat, quod frequenter in his regionibus, ubi liberos habent egressus, accidere solet. Id ne fiat uetus est Democriti præceptum. Genus accipitris tinnuculum uocant rustici, qui ferè in ædificijs nidos facit. Eius pulli singuli fictilibus ollis conduntur, stipatisæ opercula supponuntur, & gypso lita uasa in angulis columbarij suspenduntur, quæ res auibus amorem loci sic conciliat, ne unquam deserant, Columella. Columbæ tinnunculos præcipuè amant, à quibus contra accipitres defenduntur. feruntæ si in quatuor angulis defodiātur in ollis nouis oblitis, non mutare sedem columbas: Quod auro insectis alarum articulis quæsiere aliqui, non aliter innoxijs uulneribus, immutuaga alioquin aue, Plinius. Tradunt ueteres quòd si columbarum alæ annulo aureo argentéoue inurantur, cito & libenter eas ad columbarium semper suum redituras, nec deserturas unquam, Serapio. Non pereūt, & neqæ locum deserunt, si per omnes fenestras aliquid de strangulati hominis loro, aut uinculo, aut fune suspendas. Inducunt alias, si cumino pascantur assidue, uel setosi hirci alarum balsami liquore (ladanum uidetur intelligere) tangantur, Palladius. Columbæ persistent, & alias peregrinas perducent secum, si fragranti unguento eas unxeris: uel si cyminum uorandum dederis abeuntibus ad pastum, Quòd si lygi (id est uiticis) semen triduo in uetere uino maceráris, ac postea orobos eodem uino madefactos columbis obtuleris, & mox eas abegeris, ut primum columbæ exterg halitum senserint, continuo omnes festinabunt ad columbarium. Citius reuocabis columbas elelisiphaco (id est saliua) unà cum thure intra columbarium combusto. Perseuerabunt etiam columbæ si caput uesper tilionis posueris in columbarij fastigio: aut etiam uitis agrestis ramum quo florescit tempore decerptum in colūbario reposueris, Didymus. Et rursus, Ianuas atæ fenestras nec nō angulos colūbarij oleo opobalsami inungito, & sic manebūt. Nec etiā fugiēt si cyminū lentemæ melicrato infusa spargseris. Si melicratū dederis illis in potum, ac lentibus per se passo incoctis eas cibaris, prolé non deserent. Non recedēt & alias secū adducent, si granis quibuscunæ mulsa maceratis pascantur, ut supra recitaui ex Crescentiensi. Præparant aliqui retinēdis columbis hocce pharmacū amatorium. Testulam (ostracum) cribratā & costum, cū uetcri odoratoæ uino miscētes simul, eis porrigunt exeuntibus ad pasturam. Sunt qui hordeaceam farinam unà cum caricis (sicubus siccis) coquentes & læuigantes, mellis aliqua portione adiecta, columbis offerant. Alij ad pastum prodeuntibus dant cyminum, Didymus. Cracca ex leguminibus degenerat, in tantum columbis grata, ut pasias ea negent

gent fugitiuas illius loci fieri, Plinius. Rex Cypri in Papho inter cœnandũ columbarum circum‐
uolantium alis nec alio flabro uentilabatur. Vngebatur enim unguẽto quodam Syriaco, cui admi‐
xtus erat copiose fructus quidam cuius cibo columbas delectari aiunt. Itaq́ aduolantes odore alle‐
ctæ tanquam in caput regis infessuræ, cum proximè erant a pueris repellebantur: unde parum auo‐
lantes mox reuolabant, ita ut subinde regem mediocri & commodo flatu refrigerarent, Athenæus
lib.6. Peristereon uocatur herba, caule alto, foliato, cacumine in alios caules se spargens, columbis
admodum familiaris, unde & nomen, Plinius. Sunt qui hanc in columbario spargi, & circa nidos
suspendi suadeant. Salsa adeò appetere dicuntur, ut nec hospitia commutent si argillam parietum
sale condiueris: & iure caseorum delectari, quod à salsis demanat caseis. Sunt qui pro retinendis
10 columbis in fenestra columbarij ponant argilla de furno admixta uicia. Columbæ alliciuntur hoc
pastillo: Maizi seu sorgi lib. LX, cymini libræ VI, mellis X, costi lib. I. seminis uiticis libræ V. co‐
quuntur omnia in aqua ad illius consumptionem, inde additur uini odorati optimi quantum suffi‐
cit cum libris quindecim cæmenti uetusti: & fit tumulus in columbarij medio. Columbæ aliæ cum
odorem senserint ad locum ueniunt, sentiunt autem cum ipsis commiscentur indigenis columbis,
cum semel adierint locum relinquere nequeunt, suauitate cibi allectæ, Hier. Cardanus. Herba car‐
lina uulgò dicta, quæ chamæleontis species est, columbis obijcitur alijs quibusdã mixta, ut euolan‐
tes alias secum adducant. Escam columbarum quo multas alias uenentur, è radice carlinæ consi‐
ciunt hac ratione: Radici adiungunt lutum adustum de clibano, mel, urinam, muriamq́ qua hale‐
ces (harenga) conditæ fuerint, (håringlack,) & massam inde formatã columbarijs imponunt, Hie‐
20 ron. Tragus interprete Dauide Kybero. Sunt qui radicem carlinæ in aqua coquant, cui adijciunt
lutum rustum de furno in urina remollitum simul cum salis manipulo in eadem dissoluti, & modi‐
cum mellis. Alij carlinam cum pisis albis melle excipiunt: ad cuius massæ odorem columbæ alli‐
ciuntur. Sunt qui in unum subigant carlinam, cannabis semina, coriandrum, & lutum fornacis ue
teris cum urina. Nonnulli sanguinem humanum (ut audio) cum pisis integris in uase figlino per
quadrantem horæ circumagunt, deinde sanguinem manu columbis illinunt, & pisa edenda obij‐
ciunt, ut hoc remedio adhibito tum ipsæ maneant, tum alias alliciant. Cumino quidem (quod me‐
dici & pharmacopolæ Romanum uulgò cognominant) mirifice columbas delectari asseritur: itaq́
hæc semina cum terra figlina miscent, adduntq́ legumina quædam, & salem fortè, aliqui linteola,
quibus inclusa hæc semina fuerint, subalis columbarum alligant, hunc enim odorem columbæ alie‐
30 næ sequuntur, rem aiunt certam esse, ac lege prohibitã in aliquibus Italiæ locis, ubi sacerdotes etiam
qui confitentes audiunt inter genera furti super hoc inquirant. Columbæ amabunt locum, & alias
etiam adducent, ut quidam mihi asseruit, si caput capræ excoriatum in aqua coquatur, cum copioso
(libræ pondere fortassis) cumino Romano, & multo sale, (quatuor unciarum fortè,) quod deinde
in columbario ponatur. Vasculum uitreum impleto lacte mulieris puellam lactantis, & in colum
bario suspendito, sic enim augebuntur & alliciẽtur aliæ, eruntq́ mansuetiores, Ex libro Germani‐
co manuscripto.

¶ Contra animalia columbis noxia. Aduersus serpentes & alias animantes noxias quomodo
strui possit columbarium super columnis, recitatum est supra ex Quintilijs. Ne mus aut lacerta
adrepat, partes columbarij circa fenestras læuissimo marmorato oblinũtur: ac similiter toti parietes
40 & camera intrinsecus, ne serpens aliudue quod animal maleficum introire queat, Varro. Rutæ ra
mulos in columbarijs pluribus locis oportet contra animalia inimica suspendere, Palladius. Aui‐
cenna quidem mustelas etiam ruta fugari scribit, id quod mireris cum eandẽ impugnaturæ serpen‐
tes gustare dicantur, uide in Cato E. Didymus etiã ad feles (æluros) abigendas rutam poni suspen‐
diq́ iubet passim in columbario, præcipuè circa fenestras atque aditus omnes. Ruta enim (inquit)
uim possidet feris aduersantem. A mustelis tutæ fient, si inter eas frutex uirgosus sine folijs asper,
uel uetus spartea proijciatur, qua animalia calciantur, ut eam secretò non uidentibus alijs unus attu
lerit, Palladius. Mustelæ cinis pullis columbinis datus in offa, tuetur eas à mustelis; Plin. Caput
lupi in columbario suspensum, ne catus uel furo, uel aliud animal columbis nocens accedat, efficit;
Rasis & Albert. Læduntur columbæ à saginis (mustelis rusticis quas uulgò foynas uocat, à fago;
50 nostri Martes fagorum) mustelis & catis, & cæteris pluribus animalibus quæ de raptu auium ui‐
uunt, contra quæ debet custos hostium & omnia loca unde intrare possunt diligenter claudere, &
stafas circunquaq́ eminentes procurare, ne quid sursum per parietẽ repere possit. Columbarium
habeat appositam satis amplam caueam, retibus emunitã, quæ excludat accipitres, &c. Columella,
ut supra recitatum est. Coruos aut accipitres qui columbas intercipiunt columbarij interficere so
lent, duabus uirgis uiscatis defixis in terram inter se curuatis, cum inter eas posuerint obligatũ ani
mal, quod intercipere soleant accipitres, qui ita decipiuntur, cum se obleuerint uisco; Varro. Læ‐
duntur columbæ ab auibus rapacibus tam diurnis quàm nocturnis: cõtra quas (nocturnas) claudat
custos de nocte fenestram: uel si ea aperta intrauerit auis rapax, & ipse perturbatione ac strepitum
columbarum audierit, intret audacter cum lumine, auemq́ capiat & occidat, nec curet de exitu co‐
60 lumbarum. Aues autem diurnas uisco uel paruo reticulo capiat & occidat. Fenestram de subsellis
cancellet & claudat, ut columbi intrare ualeant & exire, non autem auis rapax quæ non nisi alis
apertis intrat, Crescentiensis. Serpens non ingredietur columbarium, si in quatuor angulis eius

A 2

hanc uocem λλάμ inscripseris, senestrǽq̃(hostio, Florentinus) etiam si illam habeat. Abiges autem
ipsos ex peucedano suffimentum molitus, Democritus & Florentinus. Sed de remedijs quibus ser
pentes pellantur, copiosè scribemus in Serpente in genere.

¶ Molestantur pulli plerunq; etiam pediculis, quos custos inquiret,& nido abiecto alium mun
dum reponet. Item nascuntur eis uarioli circa oculos qui excæcant eos, maximè mense Augusto.
Vendendi sunt aut comedendi cum solo capite sunt infecti, Crescentiensis.

¶ Impostores quidam aromatibus sanguine columbino exceptis siccatísq̃ ad Solem, rursúsq̃
tritis & aqua rosacea moschata aliquoties rigatis siccatísq̃, quarta uel tertia parte moschi ueri admixta, moschum adulterant.　¶ Margaritas aliqui sic mentiuntur: Conchas palustres in sorti lixiuio
coquunt, donec cortices nigri separari possint. reliquum album contundunt, & rore inter Penteco 10
sten & Augustum collecto desti̇llatóq̃ excipiunt, subigunt, & globulos minutos formant, quos acicula pertusos filóq̃ insertos ad Solè indurant. tum columbis deuorandos obijciunt, ita ut cibi aliud
nihil præbeant, in loco puro, & per aluum redditos seligunt in cribro, abluunt, & aliquandiu coquunt in aqua calcis clara & forti: demum Soli per dies octo exponunt, ut persectè dealbentur. Alij
conchas in sorti aceto ad Solem uel iuxta fornacem macerant, ut à crusta nigra purgari possint.

¶ Sunt qui antidotorum uim in columbis experiantur: nam postquam duabus columbis uenenum
(arsenicum ferè) dederint, alteri mox antidotum præbēt, alteram relinquunt: quòd si hæc moriatur,
illa superuiuat, antidotum ceu rectè paratam & hominibus etiam aduersus uenena auxiliarem prædicant. Aliqui ut uerum monocerotis cornu, quod in superandis uenenis nulli antidoto cedat, se
uendere declarent, aquam in qua illud iniectum fuerit, columbæ alteri à ueneno superbibendum 20
dant: alteram sinunt, ut dictum est. Sed homines impostores, nisi diligentissimè caueatur, hic quoq;
fraudem facere possunt. nihil enim non comminiscitur auaritia.　¶ De columbis quæ epistolas
pertulerunt, dicetur in Philologia e.　¶ Homerus Iliados penultimo celebrationem suneris Patrocli describens inter reliqua aliorum certamina, sagittarios columbam(πτιλάκά'α) funiculo suspensam à malo nauis, eminus eam impetentes facit.

¶ Fimum columbarum ad agriculturam appositum est, ita ut hoc optimum esse scripserint aliquot, Varro. Et rursus, Stercus optimum scribit Cassius esse uolucrum, præter palustrium ac nan
tium. de hisce præstare columbinum, quòd sit calidissimum ac fermentare possit terram. id ut semen
aspergi in agro oporteret, non ut de pecore aceruatim poni, Ego arbitror præstare ex auiar ijs turdorum ac merularum. Cassius secundum post columbinum scribit esse hominis: tertiò caprinum,&c. 30
Proximum turdorum simo Columella columbarijs, mox gallinarijs facit. Aliqui columbaria præferunt, proximum deinde caprarum est,&c. Plinius.　Columbinum seruidissimum, cæterarúmq̃
auium satis utile est, excepto palustrium, Palladius. Stercus columbinum spargere oportet in pra
tum, uel in hortum, uel in segetem, Cato. Fimus columbarum optimus est omnibus plantis & semi
nibus, & potest spargi quocunq; tempore anni quoties aliquid seritur cum ipso semine, ac etiam po
stea quandocunq̃. & unaquæq̃ corbis huius fimi æquiualet fimi ouium quadrupedum plaustro.
nam ex uiginti corbibus satis commode, ex uigintiquinq̃ bene, ex triginta optimè impinguatur iu
gerum frumenti, si manibus per agrum spargatur æqualiter, & cum ipso grano tunc sato uariatur.
Tria quidem paria columbarum in anno faciunt corbem fimi, si columbaria nidos intrinsecos habeant. & quò magis cibantur in columbario, tanto plus fimi recipietur ab eis, sic enim diutius in eo 40
morantur, nec semper coguntur extra quærere uictum, Crescentiensis.

¶ Facta est fames magna in Samaria, & tandiu obsessa, donec uenundaretur caput asini octo
argentis, & quarta cabi stercoris columbarum quinq̃ argenteis, ut legitur 4. Reg. 6. æquat autem
quarta pars sextarium Atticum, argenteus numus(qui idem stater & siclus dicatur) quatuordecim
solidos Gallicos ualebat, ut Robertus Cenalis computat. Mirari uerò aliquis meritò poterit (inquit
idem Robertus) in quem usum tanti emeretur sex illa columbina. Sunt qui dicant ad ignem con-
struendum: quod minimè credibile est, cum nec huiuscemodi materia ignem soueat, nec tam abundans esse potuerit ut ciuitati satis esse posset. Existimant alij in strumis columbinis recondita granula
nondum digesta empta fuisse ab his qui inediam patiebantur. At nec id quidē fidem meretur. nam
unde illis tanta copia, ut columbos alerent, cum deesset pabulum tribus aut quatuor equis alendis? 50
Rectius ergo sentit Iosephus, quòd sece illa columbarum utebantur obsessi uice salis, quæ sanè misera conditio summæ calamitatis specimen dabat.

¶ Columbino ac suillo fimo plagis quoq; arborum medentur, Plinius.

¶ In ea Mysia quæ est Asiæ pars, domus hac aliquando ratione cōflagrauit. Erat proiectum columbinum stercus, cui iam putri & excalsacto ac uaporem edenti & tangentibus admodum calido, in propinquo fenestra fuerat ita, ut iam contingeret eius ligna, quæ largè nuper illita resina fuerant. media igitur æstate cum Sol plurimus incidisset, accendit tum resinam tum ligna. hinc autem
& fores quædam aliæ, quæ propè fuerant,& fenestræ nuper etiam resina illitæ facile ignem conce-
perant, atq; ad tectum usq̃ summiserant, Galenus lib. 3. de temperamentis. meminit etiam primo de
differentijs febrium, & in libro de causis morb. & libro sexto de medicamentis simplicibus colum 60
barum agrestium stercus maiori tempore persectè accendi scribit, & ignem ex illo diutius durare.

¶ Columbæ uesperi tardius solito ad columbarium reuolātes, signum faciunt pluuiæ, Incertus.

　　　　　　　　　　　　　　　　　　　　　　　　　　　　　　　　　　　Auium

F.

Auium caro minus nutrit quàm quadrupedum, sed facilius concoquitur, præcipuè perdicis, attagenis, columbæ, gallinæ, Galenus lib. 3. de aliment. Idem in libro de cibis boni & mali succi, inter alimenta laudata & neq́ tenue neq́ crassum succum gignentia, columbas adnumerat. In libro de uictu atten. turricolas domesticas ad tenuantem uictum præfert. easdem Psellus inter attenuantia recenset. Gregales in turri nidificantes conueniunt siccis, Galenus lib. 6. de sanit. tuenda. Idem in libro de attenuante uictu, columbas modicè edendas cōsulit ijs qui otiose uiuunt. Psellus columborum & palumbium meminit inter ea quæ humores excrementitios pariant. Rursus Galenus in libro de uictus ratione in morbis acutis columbas olim languentibus dari consuetas refert:

10 & in libro de renum affectibus, columbas ceu cibum laudabilem commendat. Columbæ nimium calidæ sunt, & sanguinem accēdunt, & corpus obnoxium febribus reddunt. quamobrem salubrius in pastillis sumentur cum uuis acerbis quàm assæ. sic enim minus calfacient sanguinem. Veteres quidem columbæ (ut & nouellæ priusquam euolarint) propter caliditatem nimiam & siccitatem & concoctionis difficultatem, (& quia crassum malumq́ succum generant, Mich. Sauonarola) uitari debent, Arnoldus Villanou. Veteres durioris alimenti sunt & improbandi, Platina. Purum autem hoc animal esse uidetur. siquidem cum aëris constitutio pestilens est, omniaq́ tam animata quàm inanima, ea afficiuntur, quotquot hoc uescuntur animali, soli ab hac lue immunes seruantur. ideoq́ hoc tempore regi in cibo sumendo nihil aliud præter columbas apponitur: idemq́ ijs, qui quòd dijs ministrent puri castiq́ permanent, Orus in Hieroglyphicis. Ex uolucrium genere gal-

20 linæ altiles omnibus præstant: deinde perdices & palumbi debiles nutrimenti gratia exhibendi, turturesq́ altiles & columbæ, Aetius 9.30. in cura colici affectus frigidi & phlegmatici. Inter aues laudantur palumbus, columbus, & aliæ quæcunq́ haud ita multum pingues sunt, Aretæus in cura cephalæę. Hippocrates in libro de internis affectionibus diætā præscribens in morbo hepatico quodam, columbas edi iubet.

❡ Pulli columbarum admodum necessarij ægris conualescentibus existunt, Florentinus. Columbarum pulli sunt boni chymi & subtilis, Galenus in libro de dissol. contin. Sanguinem generant calidiorem & crassiorem temperato, Ibid. Ab eodem libro 8. methodi medendi columbæ iuuenes laudantur pro calidis & siccis. Pulli columb. calidi & humidi, crassiq́ succi sunt, quod animaduertitur ex grauitate motus eorum, & quoniam calidi actu sunt, & cibos celeriter percoquunt,

30 Auerrois. quare ueteres cum frigidis sumi præcipiunt, ut cum aceto (liquore) uuæ acerbæ, pomi citrini (citrij) portulaca, lactuca, scariola, coriandro & similibus. qui uerò iam uolare incipiunt, minus iam graues & concoctu leuiores sunt. Conueniunt phlegmaticis non cholericis, Auicenna & Rasis. Columbulorum caro uel pullorum columbarum calida est & humida & superuacanea, hoc est superfluitatis multæ, & præcipue domesticorum, & sanguinem crassiorē calidioremq́ mediocri gignit, atq́ ideo nonnunquam febres facit, & frigiditate dolentes renes iuuat, seminiq́ genitali & sanguini adijcit, caput uerò & oculos lædit. Ferunt etiam, si nimiū usurpetur, lepram gigni, Symeon Sethi. Pulli columbarum qui iam uolare incipiunt, in cibo uires augent, Nic. Massa. His rite paratis medici uesci consulunt ijs qui parū sanguinis habent, & quos uires ac calor innatus destituunt, præsertim ex longo morbo. Conferunt autem proprietate quadam dolori renum, sperma & sangui

40 nem augent, Rasis. Sunt ex Arabum schola qui tradat corpora pullorum columborum esse tardæ digestionis (cōcoctionis) & longæ moræ in stomacho. Rasius tamen, Columbus (inquit) leuis est cibus & subtilis. Et rursus, Est cibus mirabilis (si rite paretur) ad caliditatem declinans. Pulli columbini numerantur à Rufo in secundo ordine auium laudabilium cum perdicibus, &c. nam in primo ordine calandrellas & sachar (aliàs sathur pingues) ponit. Pulli columbini turtures & filacotonæ, natura inter se proximæ sunt. Sed pulli columbini nocet cerebro & oculis, presertim assi: & multos superfluos humores generat. Sanguis eorum facile corrumpitur, (putrescit, Haliabbas,) & morbos sanguineos producit: & cibi cum succo ab his pullis destillante parati. quibus si adderetur pingue ex ijsdem columbis, augerent coitum & renibus prodessent, Elluchasem ex Galeno, Theodosio & Hippocrate si recte citat. Pipiones nondum uolantes calidæ & humidæ plus quàm satis est natu-

50 ræ sunt, & ob hanc rem tardæ concoctionis habentur, Auicenna. Multum alimenti ac plus sanguinis generant, unde inflammationes & febres oriuntur, Platina. Synanchē eam ob causam aliquando inducunt : & propter cibum eorum perijt quidam Cafsifa nomine, qui die uno comederat ter de assa columba, Rasis. Crassos humores generant propter nimiam humiditatē, Auicenna & Arnoldus. ❡ Qui tentare iam uolatum incipiunt, leuius concoquuntur, & succum meliorem præstant. debent autem ab hominibus calidi temperamēti edi cum omphacio & coriandro & medulla citroli, (mali citrij nimirum: nam & Bapt. Fiera in magno calore labrusca condiri iubet, & acribus pomis, quanquam Albertus ex Auicenna legit citrulli, quod est genus cucumeris,) Auicenna. Sa lubriores sunt, maximè si cocti ex agresta fuerint, ne biliosis ob caliditatem obsint. Hic cibus (columbarum iuuenum iam uolucrium) pituita laborantibus non incongruit, Platina. Volantes propter

60 motum minus humidæ sunt, & meliores, Albertus. Caro columbarum iuuenum calida est usque ad secundum gradum, & humida amplius, Mich. Sauonarola. Coitum promouent, R. Moses in Aphoris. ❡ Columbarum proles præstantior uére quàm autumno est ; deterrima æstate, & em-

A 3

nino tempore calidiore, Arıſtot. Per uer & autumnum meliores ſunt columbuli, (quoniam hís temporibus granis maximè ueſcuntur, Albertus) quàm qui per æſtatem & hyemem naſcuntur, Sy meon Sethi. ¶ Columbarum pulli dantur his quibus dolet caput, apud Galenum in opere de com poſit, ſec. locos. Aretæus elephantiacos perdicibus & columbis ueſci iubet. Morſus à cane rabi do, poſtquam mala ſymptomata ſedata fuerint, poſt triduum cibetur pullis auium præter columbo rum, Arnoldus. Pipionis coxam præ cæteris partibus ganeones laudant.

¶ Columbino ſanguine aliquos ueſci, nec eſſe illum ſuillo inferiorem, leporino uerò multò pe iorem, Galenus author eſt lib.3. de alim. facult. Sanguis pullorum columbinorum facile corrum pitur & morbos ſanguineos producit, Elluchaſem.

¶ Oua columbarum percalida habentur, & mali ſaporis, Auicenna. nec facile indurantur per 10 aſſationem, Albertus. In cibo ſumpta intenſionem (colis) præſtant, Kiranides.

¶ Apparatus ad cibum. Columbi elixantur aliquando, ſed ut plurimum aſſi uel in ſartagine co cti comeduntur, Nic. Maſſa. Sunt qui ſub alis compreſſos digitis circa cor ſuffocent; alij in collo ſuperius uenam incidunt ut ſanguis omnis effluat, qui etiam ſalubrius facere uidentur. Aut relin quendi ſunt, aut aſſandi deſiccandiq́; cum frigidis & ſiccis condimentis. ſylueſtrium auium uel eo rum qui in turribus degunt non admodum pinguium caro, melius elixabitur, Ant. Gazius. Ob ſeruandum ut capita eorum abſcindantur cum præparantur: quoniam habent uim quandam mor bum capitis chronicum generandi, teſte Raſi Aphoriſm. 4. Auenzoar etiam in Teiſir 9. 10. capita eorum & colla abſcindi iubet, cuius rei cauſam alibi eandem aſſignat. Meſſos (Almoſos, Syluati cus) genus eſt cibarij, ut cum columba in aceto, uel rhu, uel omphacio, uel ſucco limonum aut grana 20 torum acidorum coquitur, cuius uentri imponitur menta uel gelatina, ut legitur apud Auicennam cap.7. de uictu hecticorum, Vetus gloſſographus Auicennæ & Syluaticus. In palumbis & co lumbis altilibus: Piper, liguſticum, coriandrum, careum, cepam ſiccam, mentham, oui uitellum, ca ryotam: mel, acetum, liquamen, oleum & uinum. Aliter in elixis: Piper, careum, apij ſemen, petro ſelinum, condimenta moretaria, caryotam: mel, acetum, uinum, oleum & ſinape. Aliter: Piper, li guſticum, petroſelinum, apij ſemen, rutam, nucleos, caryotam: mel, acetum, liquamen, ſinape & o leum modicè. Aliter: Piper, liguſticum, laſer, uinum, ſuffundis liquamen: uino & liquamine tem perabis: & fundis ſuper columbum uel palumbum, pipere aſperſum inferes, Apicius 6.4. ¶ Co lumba iuuenis quomodo in paſtillo ad cibum paretur: docebitur in Gallina F. Innominatus qui Gallicè Magirica ſcripſit, in paſtillum è pipionibus addi iubet lardum minutatim inciſum, & gingi 30 beris aliquid. Ex pipionibus ius conſumptum, uide in Capo F. ex Platina. Si cruſtam uoles ex pipionibus & quauis aue, primùm facito ebulliant. ubi ad cocturam ferè uentum erit, ex lebete exi mito: exemptaq́; in fruſta conciſa, in ſartagine cum abundanti larido frigito. Inde in patellam uel te ſtam bene unctam, cruſtaq́; inſtratam, deuoluito. Huic pulmento non inſuria pruna & ceraſa uel au ſtera addes. Agreſtam deinde & oua octo, ſi plures conuiuas habebis: uel pauciora, ſi paucos, cum modico iure tudicula agitato. Huic petroſelinum, amaracum, mentham, gladio minutatim, quoad fieri poteſt, conciſam admiſceto, ad ignemq́; ponito, longè tamen à flamma. Lente enim ebulliat ne ceſſe eſt. Cochleari interim tandiu miſceri debet, donec cochleare ob craſſitudinem integat. Fundi to poſtremò hoc iuſculum in cruſtam, ad ignemq́; ac ſi artocrea eſſet, ponito: coctam, conuiuis ap ponito. Multum alet, tardè concoquetur, pauca recrementa relinquet, bilem reprimet, corpus exa= 40 ſperabit, Platina 6. 10. Idem mox capite XIII. Mirauſe Catellonicum ex capis aut pipionibus pa rare docet: ut recitabimus in Capo F. & quomodo fiat ius conſumptum ex pipionibus, ibidem. In pipionem exoſſatum: Pipionem exinanitum & bene lotum, per diem ac noctem in aceto acri ſines: lotum deinde, ac repletum aromatibus & herbis, elixum pro libidine aut aſſum facies. Vtrouis mo do ſine oſſibus inuenies, Platina 6. 39. Et mox ſequenti capite, quomodo ex uno pipione duo fiant docens, Pipionem (inquit) ſine aqua ita appoſitè deplumato, ne pellem frangas. Exenterato deinde cutem integram auertes ac diriges: directam, optimo farcimine replebis. integer tum omni no uidebitur. Verum pipionem hoc modo aſſum, frictum, elixum facies. Aſſum, ſemicoctum, ſale ac trito pane aſperges, inungeśq́; leniter uitello oui, ut cruſtam pro cute faciat. Vbi incoctus omni no fuerit, uehementi igne ſtatim torreto, quò coloratior fiat. inde conuiuis appones. ¶ Iudebot eſt 50 cibus qui uocatur rui; ſunt autem micæ panis quibus ſuperfunditur pingue de pullis columbinis dum aſſantur, Syluaticus.

g.

Columbæ turrium proſunt paralyticis, & partibus torpidis trementibuśq́;. Odor etiam colum barum in aerem reſolutus, ab affectibus iam dictis præſeruat, Filius Zor apud R. Moſen. Pulli co lumb. in cibo ſumpti membra reſoluta roborant, & tremorem uniuerſi corporis ſanant, relaxata cru ra & minimè incedere potentia, ac ſenſu motuq́; ferè priuata reparant, Nic. Maſſa. Aliqui catulum uiuum aut columbum diſſectum per ſpinam melancholicorum aut deſipientium capiti affecto ad mouent, quod faciendum conſulit Amatus Luſitanus Curatione 34. Columbarum caro recens concerpta contra ſerpentes auxiliatur, Plinius. Columba inciſa (per uentrẽ, Arnoldus Villanou.) 60 & impoſita calida morſui ſerpentium, uenena omnia rapere & ſanare creditur, Sextus. Sin au tem ſubitò replicantur (id eſt contrahuntur) corpora morbo, Contractos reuocat neruos caro ſum pta columbæ, Serenus.
　　　　　　　　　　　　　　　　　　　　　　　　　　　　¶ Columbæ

¶ Columbæ sanguis in oculis cruore suffusis & recentibus eorum uulneribus illinitur, Dioscorides. Si ictus oculum lædit ut sanguis in eo suffundatur, nihil commodius est quàm sanguine uel columbæ uel palumbi uel hirundinis inunge, neq̃ id sine causa sit, cum horum acies extrinsecus læsa interposito tempore in antiquum statum redeat, celeberrimeq̃(forte, celerrimeq̃)hirundinis. Eorum ergo sanguis nostros quoq̃ oculos ab externo casu commodissimè tuetur, hoc ordine, ut sit hirundinis optimus, deinde palumbi, minimè efficax colūbæ, & illi ipsi & nobis, Cels. lib.6.ubi rursus inter ea quæ purgant ulcera harū auium sanguinem comemorat, nescio quàm rectè. Columbarum, turturum, palumbium, perdicum sanguis, oculis cruore suffusis, eximiè prodest. in columbis masculæ efficaciorē putant. Vena autem sub ala ad hunc usum inciditur, quoniã suo calore utilior est, superimponi oportet splenium è melle decoctum, lanamq̃ succidam ex oleo aut uino, Plinius. Ad sanguinem in oculis ex ictu: Columbæ sanguis recisus, deinde infusus, optimè facit. Debebit autem uena aperiri quæ in ascella eius est: imponitur & sanguis in lanula & melle decocto mixto supra oculos, optimè facit, Sextus. Sanguis columbarum de loco pinnarum, eo momento quo pinna auellitur, oculis dum adhuc tepet, debet infundi, qui ictu aliquo uulnerati aut sanguine suffusi fuerint. album quoq̃ oui incocti cum croco trito oculis superpositum, & lana alba succida inuolutum medetur, Marcellus. Sanguis columbæ oculis calidus infusus, sanat lippitudinem & uulnera & ulcera oculorum, Kiranides. Sanguine col.(inquit Galenus de simpl. medic. 10.3.) ad hyposphagmata, id est sugillata in oculis consistentia, quidam utuntur, protinus uidelicet sumentes qui ex animante mactata effluit, Hunc calidum in hyposphagmata assundebat quidã, uenis ad alarum exortus incisis, quò uidelicet ad multos usus idem animal sufficeret, (ut iterũ scilicet & sæpius ex eadem columba sanguinem oculo sugillato infundere posset, nam ex mactata semel tantum uti licet.)Alter pullorum tenerorum extractis pennis(sunt autem hæ molles, & fistulas humore plenas obtinent)eum ipsum humorem exprimebat, oculis instillans. At aliis medicis controuersia fuit, pul line sanguinem, an columbæ adultæ meningi assundere oporteret: & an maris an fœminæ. Sed col lyria sunt plurima quæ medeantur hyposphagmatis : & maximè quod plurimam recipit myrrham, quale est quod à Democrate compositum diasmyrnon uocant. Secundo sunt quæ habent multum thuris: post quæ sunt quæ ex croco constant. Quin & fœnigræci succus sanguine columbino in hoc utiq̃ præstat. Quid ergo moramur aut columbos, aut palumbos aut turtures, cum omnium medicamentorum paratu facillimum habeamus fœnumgræcũ: tum memorata collyria in promptu seruemus? Idem lib.4.cap.8.de compos.sec.locos, Archigenis hæc uerba recitat: Ad hæmalopas & hyposphagmata, id est, ad cruentatos oculos & sugillatos: Cum plagæ oculis illatæ sunt & oboriuntur ex eis cruentæ suffusiones, statim in principio tum ad inflammationem, tum ad dolorem compescendum, facit columbinus sanguis instillatus, & præsertim is qui ex teneris pennis exprimitur. Qui locus mihi suspectus est: neq̃ enim sanguis ex pennis exprimitur : sed humor quidam, ut iam ex opere Galeni de simpl. med. recitatum est. utebantur autem alii sanguine ex uenis, alii humore pennis teneris expresso. Idem remedium apud Galenum in libro de medicamentis parabilibus legitur, Item quòd petiam(sic habet interpres barbarus)oculi emēdet, & oculorum tumores, in libro de oculis notho. Quocunq̃ ictu læsus oculus, si sanguinolentus uidebitur, palumbinus ei, uel perdicis, uel turturis sanguis: aut si hæc animalia non erunt, columbinus de pinna sublatus statim, id est adhuc calens infundatur, Marcellus. Col.sang.lusciosis(nyctalopsi)illinitur, ut turturum etiam & palumbium , Dioscor. & Plinius. Instillatus nyctalopa, (id est nocturnam oculorum cæcitatem) iuuat, Galenus Euporist.1.46. Idem legitur ex Archigene in opere Galeni de compos.sec.locos. Sanguis col. miscetur medicamento ad leucoma equi composito, in Hippiatricis Græcis. Peculiariter col.sang.cruorem membranis cerebri erumpentem inhibet, Dioscor. Abscindit fluxum sanguinis narium qui est ex uelamine cerebri, Auicenna. E naribus fluentem sanguinem sistit columbinus sanguis, ob id seruatus concretusq̃, Plinius & Marcellus & Serenus. Columbæ sanguinem(inquit Galenus de facult.simpl.lib.x.) Pergameni nostri atq̃ adeò per totam ferè Asiam qui capitis ossa confracta perforant, in crassum cerebri inuolucrum effundere assolent. Postea quidam cum haberet palumbum, nec esset ad manum columba, usus est palumbi sanguine, & tamen seruatus est homo ille. Et alius turturem eundem ad usum applicans, nihil hominem læsit. Quippe similia efficere posse similia constat. Et paulò post, Ego uero sexcentos noui eorum quibus Romæ perforata fuere capitis ossa, nec quicquam ab usu rosacei citra columbi sanguinē offensos. Verum id calidum sit æquè atq̃ columbæ sanguis necesse est, ac fortasis ipsa tantum caliditatis in contactu moderatione est utilis, haudquaquam exima & incognita facultate. Adest illi quoq̃ bona facultatis temperatura. Sed quid hoc?nam & hæc rosaceo inest, præterquam quòd leuiter astringat. Itaq̃ melius inuenire nihil possis in capite perforato, quàm ut rosaceo probo utaris , Hæc Galenus ex quo & Auicenna repetijt. Hierocles medicamento cuidam ad stranguriã equi sanguinem columbæ admiscet. Sanguis columbæ prodest podagræ, Auicenna.

¶ Adipem columbinum ad dysuriam commendat Alexander Benedictus, inunctum scilicet.

¶ Columbinæ pinnæ maximè primum nascentes ustæ cum urtica atq̃ impositæ podagræ dolores leuant, Marcellus.

¶ Cerebella columbarum recentiores quidam medicamētis Venerem promouentibus miscēt,

A 4

oſtentatione magis , ut uidetur, quàm utiliter. nam cibi ratione & copioſius ſumpta magis ad hanc rem nimirum contulerint, quàm cum medicamentis parcè admixta . ¶ Columbarum uentriculi internam membranam adijciunt aliqui dyſentericis medicamentis , ut apud Nicolaum Myrepſum medicamento 79. & 80. obſeruauimus: quanquam illic Fuchſius echinos non internas membranas uentriculi ſimpliciter uertit, ſed adijcit erinaceorum terreſtrium, & pro πϱιϛεϱαν legit χϱοαλων: ut apud Aetiū quoqȝ lib.9. cap. 48. ubi Cornarius ſimiliter uertit ut in Nic. Myrepſo Fuchſius. Oro ſcius quidem nihil in eum locum animaduertit . ¶ Celſus 4. 8. ad hepaticum morbum inter alia columbæ ſecur recens & crudum commendat.

¶ Columbarum oua cum thure authordei decocto proſunt contra ceruſſæ uenenum, Dioſcor. Venerem concitant lutea ex ouis quinqȝ columbarum ſi admixto adipis ſuilli denarij pondere ex melle ſorbeantur, Plinius . Ad rhagadia, Columbina oua coquenda ſunt, & ubi induruerunt purganda: deinde alterum ſacère in aqua bene calida debet, altero calido foueri locus, ſic ut inuice utroque aliquis utatur, Celſus lib. 6. Et mox de condylomate tuberculo, Iiſdem etiam ouis rectè tuberculum id fouetur, ſed deſidere ante homo in aqua debet, in qua uerbenæ decoctæ ſunt ex reprimentibus. Paulò poſt etiam hæmorrhoidum uitium ouis foueri iubet , ſed ſimpliciter , ut gallinacea intelligamus.

¶ Columbinum ſimum uehementius & excalſacit & urit , Dioſcorid. Gallinaceum omnia eadem ſed inefficacius præſtat, Idē. Galenus etiam acre eſſe & ualde attrahere ſcribit. Idem lib. 3. de medic. ſimpl. Columbino ſtercori (inquit) ſi manum inſeras, manifeſtam ſenties caliditatem. In agro etiam columbinum ſtercus ſeruidiſſimum eſſe Palladius ſcribit : & nos ſupra in E. retulimus quomodo aliquando hoc ſimo arido per Solem accenſo domus conflagrârit. Columbæ ſtercus euocat & educit, Celſus. In columbis, quarum ſtercoris nobis creber eſt uſus , multò ſemper inferius ac imbecillius expertus ſum earum ſtercus quæ in domibus degebant: quàm earū quæ in montibus, quas nomadas nuncupant, Galenus. Gallinaceum ſimum omnia quæ columbinum, ſed inefficacius præſtat, Dioſcor. minus calidum eſt columbino, Galenus. Pro ſimo palumbi ſimum columbæ ad remedia adhiberi poſſe, & rurſus pro gruis ſimo columbinum, in Antiballomenis quæ Galeni & Aeginetæ operibus adijci ſolent, legitur. Fimo columbarum agreſtium (nomadum) inquit Galenus lib. 10. de ſimplic. perſæpe utor ad multa ceu calſaciente pharmaco. & cum naſturtij ſemine tuſum incretumqȝ aridum pro ſinapi in ijs quæ phœnigmo (rubificatione) indiget, adhibeo, ut ſunt inueterati affectus, hemicranea, coxēdix, ſcotomata, uertigines, & cephalæa: & in lateribus, ſcapulis, ceruice, lumbis dolores inueterati: item nephritides & affectus cœliaci , & podagricæ arthritides, quando uidelicet in articulis eorum nondum côſtiterint tophi ſiue pori. Atqȝ hoc ſtercus plane fœtidum non eſt, maximè arefactū. quocirca & in urbibus eo uarie utimur, aliàs alijs miſcentes medicamentis. Et rurſus lib. 3. de compoſ. medic. ſec. genera, Columbarum (inquit) in turribus ruſticorum agentium ſtercus acre eſt, quo interim ruri uſus ſum in adoleſcente nerui uulnere affectio. atqȝ hoc agricola loco illi præfectus cum uidiſſet (erat enim non imprudens) imitatus ſemper uſurpat, & neruis uulneratis medetur. Porrò compoſitio & uſus ſimiliter ſe habet ut in medicamine ex euphorbio, ſic ut cætera nihil diſcrepent, ſed euphorbij loco ſtercus indatur. Verum ſtercus hoc ſubtilitate euphorbio cedit, eoqȝ duris corporibus ruri ex uſu eſt. Temperaui idem aliquando cum metallicis, experiundi gratia, ſtatim à principio cum eis terens ex aceto ad Solem , ſicut ſupra docui, multoqȝ acrius medicamentum euaſit , quemadmodum & cum æruginem non uſtam acceperit , Hæc ille . ¶ Stercus columbæ omnes dolores ſoluit & humores deſiccat, Aeſculapius. ¶ Morſibus uenenatis utiliter imponitur ſtercus columbinum uel anatinum, Arnoldus Villanou. Ad paſtinacas marinas, Columbinum ſtercus perfundens aqua, id ex ſimilagine leuigato (& impoſito,) Tarentinus. Ad nigras cicatrices inalbandas, columbinum ſtercus ex aqua illinito, ipſumqȝ cito abluito ne exulceret: aut alijs medicamentis id miſceto, ut thuri, ſaponi, cimoliæ, ana, cum aceto, Oribaſius apud Aetium 13. 129. Cataplaſma è ſimo columbarum cum farina hordei & aceto, aliqui ad omnem tumorem commendant. Panos aperit ſimum columbarum per ſeſe uel cum farina hordeacea aut auenacea illitum, Plinius. Fimus col. cum farina illitus prodeſt aduerſum paniculas, Marcellus. Ad uomicam, id eſt tumorem ſuppuratum aut ſimilem: Simplice rheſina miſce bimus hordea tuſa, Et mulſos amnes & purgamenta columbe, His bene decoctis languētia membra fouentur, Serenus. Stercus col. utile eſt ad impetigines , Aeſculapius. miſcetur medicamentis ad impetigines apud Aetium. Cum cedria mixtum lefros (leucas) & alphos , & lichēnas & lepras perfectè curat, Kiranides. Fimus colum. cum lacte caprino mixtus & potus putredinem uul nerum in uiſceribus, & extra appoſitus mirè ſanat, & apoſtematibus & fiſtulis maximè prodeſt, Arnoldus lib. 4. Breuiarij. Carbunculos emarginat, tritum cum melle (oxymelite, Plinius & Serenus) lini ſemine & oleo, Dioſcorid. Carbunculus ſimo columb. aboletur per ſe illito, uel cum lini ſemine ex aceto mulſo, Plinius. Carboni medendo, Dulcacidunt laticemqȝ cumini (lego, Dulcacidum laticem cum lini, Ex Plinio & Dioſc.) ſemine iunge, Atqȝ ſimum pariter Paphia compone columbæ, Hinc line diruptas partes, & clauſa uenena, Serenus. Cum farina hordeacea & ærina (id eſt è lolio) & uiſco ac adipe ſuperpoſitum, gangrænas circuncauat & ſcrophulas diſrumpit: cum aceto autem illitum lenticulas & maculas faciei & puncturas tollit, Kiranides. Cum farina hordeacea

deacea mixtum ſtrumas ex aceto diſcutit, Dioſcor. Aduerſus ſtrumas prodeſt ſimum columb. il=
linire per ſe,uel cum farina hordeacea auenaceáue ex aceto,Plinius. Ambuſtis igni medetur,Dio
ſcorid. Hordeum cum ſimo columbarum ad duritias commendatur, Plin. Col. ſtercus omnes
duritias diſcutit,& humores exiccat cum oleo aut melle calefacto diſtemperatum,& ſuper duritias
ligatum,Sextus. Stercus columb. medicamentis contra myrmecias in equis miſcet Hierocles.
Clauos pedum ſanat ſimum col.decoctum ex aceto,Plinius. Fimum col.ex melle cicatrices ad co
lorem reducit,item uitiligines albas ex uino,Plinius. Cum aceto tritum cicatrices omnes ſanabit,
Marcellus. Liuentia & ſuggillata extenuat,Plin. Stigmata(faciei)delet ex aceto,Idem:ita ut ad=
ſiduè medicamen ſuperducatur,Marcellus. Attritis medetur cum melle, Plin. Repenio & uſum
10 eius ad thlaſma equi in Hippiatricis Græeis.

¶ Stercus col.uel ſolum uel cum ouo tritum, dolentibus articulis illitum prodeſt, Marcellus.
Conuenit doloribus articulorum,Auicenna. Coxendicem,& podagrā in qua toſi nondum con=
ſtiterint hoc ſimo iuuari, ſupra ex Galeno retulimus. ¶ Si caluеſcat mulier ex defluuio capillo=
rum,ſtercus columbinum impone,Hippocrates. Cum aceto tritum capiti impoſitum, alopecias
& cicatrices omnes ſanat,Marcellus. Ad alopeciam Archigenis medicamentum probatum,quod
Nic. Myrepſus refert: Fimum columb. bene tritum cum aceto irrigato , & nitro prius fricato loco
illine.poſtea ſubtile linteum imponito:quod ubi abſtuleris,locum prius irrigato. Commendat Ga
lenus huius ſimi uſum ad inueteratos capitis affectus,hemicraneam, ſcotomata, uertigines, cepha=
læam. In apoplexia quidam columbum diſſectum ſyncipiti admouent,& cantharides ſpatulis.
20 Author Additionum in Breuiario Arnoldi de Villan. antidoto cuidam contra epilepſiam ſtercus
col.miſcet. Cum epilepſia ſit ex bile atra,ſtercus columb.tritum cum ouis coruorum miſce,& ceu
cataplaſma ſpleni impone, appoſitis prius ſanguiſugis, hoc enim cataplaſma materiam trahit à ca=
pite ad ſplenem & generat febrim,& ſic epilepticum liberat,idḡ maxime ſi fiat per autumnum,Ar
noldus. ¶ Stercus col. miſcetur medicamento oculari ad cicatrices,ut uidetur,in iumentis apud
Vegetium Veterinariæ2.22. Ex aceto (coctum & illitum, Marcel.) laudatur ad ægilopas, ſimili=
ter ad albugines & cicatrices(oculorum,Marcel.) Plinius. Ad ægilopas probè facit thus cum ſter.
columb.recenti impoſitum,Archigenes apud Galenum de compoſ.ſec.loc. Ad ægilopas,hoc eſt
fiſtulas oculorum,Fimi col.aridi drachmas quatuor cum maſculo thure tere & inſperge, certū eſt,
Galenus Euporiſton3.14. Fimum col. adhibetur etiam ad pilorum ablationem in oculis, in libro
30 de oculis qui Galeno adſcribitur. ¶ Fimum col. fomentis ad aurium dolorē adhibendis,miſcen
dum aliquando ſcribit Apolloniſus(ſi bene memini)apud Galenum de compoſ.ſec.loc. Parotidas
comprimit col.ſtercus uel per ſe,uel cum farina hordeacea aut auenacea, Plinius. Tritum cum fa
rina hordeacea & melle ſubactum calideḡ adpoſitum naſcentes parotides comprimit, Marcellus.
¶ Inflammatas tonſillas Nic.Myrepſus illini conſulit ſtercore col. Fimum col.cum paſſo gargari=
zatum tonſillas & fauces adiuuat.etiam cum ſico arida ac nitro impoſitum extra,Plinius. Marcel
lus,qui ſua ex Plinio tranſcribit, poſterius hoc remedium aſperitatem faucium mollire deſtillatio=
nemḡ caſtigare tradit: quæ uerba apud Plinium mox ſubiecta ad ſequens ex cochleis remedium
pertinent. ¶ Ad anginam & colli dolorem , ſimum ex melle inſtar cataplaſmatis imponito, Ga=
lenus Euporiſt.lib.3.cap.265.& ibidem cap.69. Plinius uino & oleo permixtum , anginis illitum
40 remedio eſſe tradi docet. ¶ Galenus,ut ſupra recitaui,huius ſimi uſum prædicat ad ueteres dolo
res in ceruice,ſcapulis,lateribus & lumbis. ¶ Fimum col.toſtum potumḡ,cœliacorum (uide ne
potius colicorum)dolores mulcet, Plinius. Commendatur & Galeno ad cœliacos affectus uete=
res,ſed foris adhibitum. Tritum ex melle uentri illitum, alui incontinentiam ſtringit, Marcellus.
Equi ſtrophoſi collyrijs in anum indendis Hippiatri cum alia tum ſtercus col. miſcent. Ad infla=
tionem ilium & uentris equi:Fimum col. aut gallinaceum quantum manus capit in uino diſſolui=
mus cum nitro,& inde clyſterem iniecimus,&c. Abſyrtus & Hierocles. Ad hydropicos Archige
nis remedium apud Galenum de compoſ.ſec.locos,Aeris uſti,ſtercoris col.ana drachmam unam,
rutæ ramulos tres,ſalis communis parum, cum uino Epheſio & aqua, ita ut tota mixtura heminæ
dimidiæ ſit præbeto. Col.ſtercus adijcitur emplaſtro cuidam ad lienoſos hydropicos & cachecti=
50 cos,apud Nic.Myrepſum,numero71. Fimum col.cum melle illitum ileo reſiſtit, Plinius. Dolo
rem colicæ curat in clyſtere, Auicenna. ¶ Galenus hoc ſimum laudat ad ueteres lumborum do=
lores:item ad nephritides. ¶ Cum oleo & uino potum Venerem inhibet, Plinius. Col. ſtercus
tritum cum hordei farina,& adipe ſuilla & ouorum albo permixtum & coctum,emplaſtri more re=
ctiſſime renibus(dolentibus)imponitur , Marcellus. Ad urinæ difficultatem in equo , Aliqui co=
lumbinum ſtercus cum uini duabus heminis infundūt,Theomneſtus in Geoponicis. Si urina re=
tineatur propter calculum à renibus delapſum & in lotij meatu hærētem, noſtrum electuarium uel
puluerem eius dabis,cuius hæc eſt deſcriptio: Stercoris murium, columborum (ſcilicet ſtercoris)
porcellionum,(id eſt aſellorum integrorum,) ſingulorum unciam miſcebis cum ſeſquilibra mellis
deſpumati,& facies electuarium,de quo exhibebis ſemunciam cum iure uel uino. Vel loco mellis
60 accipe tantundem ſacchari optimi, & morſellos inde para: de quibus itidem ſemunciam præbeas
cum iure gallinaceo uel uino. Hoc remedium ſi exhibere pergas, intra triduum urinam promoue=
bit,quamuis etiam prima ſtatim die utilitas eius ſentietur,nam lapidem renum comminuet. Quod

i puluere uti mãlis, dentur inde scrupuli duo cum iure uel uino , Marianus Sanctus Barolitanus.
Constat aquam fieri posse quæ lapidem uesicæ per cathetérem immissa illico confringat. ad quod
duo sunt necessaria ut & lapidem atterat, & uesicæ sit necessaria. primum præstabit modus & ma=
teria. nam extremos uapores e scorpionum cinere, uel Macedonici petroselini, uel tecolitho aut la=
pidibus cancrorum excipiemus. Sic enim aqua fiet quæ etiam porphyriten comminuat. Porrò in=
nocentiam præstat, si materia ex qua aqua excipitur, omnis salsedinis expers fuerit, non igitur è salis
genere aliquo, aut alumine uel chalcantho aut uini fæce: sed ex aliquo eorum quæ nuper retulimus
aquam excipere oportebit. Equidem scio stercus columbinum ac parietaria, hoc uel illud hac arte
in aquam deductum, lapides uesicæ durissimos frangere posse. Quodnam autem illud sit quod id
facturum sit & absq́ noxa, experientia declarari oportet, &c. Hæc ille libro 2. de Subtilitate. Fi=
mum col. in aceto per diem ac noctem macerabis, & colando separabis acetum , propinabisq́ cal=
culoso. In hoc aceto iniectum lapidem frangi aiunt, Ex libro manuscripto. Aliqui septem diebus
in uase uitreato macerari in aceto uolunt, deinde acetum colatum bibi. Alij fimum col. purgari di=
ligenter iubent, & postquam in aceti modo qui sufficere uideatur (sextarijs tribus aut amplius) die=
bus septem maceratus fuerit, destillant in alembico instar aquæ rosaceæ, hoc liquore poto calculum
uesicæ & renum pelli aiunt, idq́ experimentis cõstare. Galenus Euporiston 3.273. calculosis tur=
turis stercus ustum ex mulsa propinat , ut lapides per urinam exturbentur, Ad calculum uesicæ,
Siue palumborum capitur fimum acre serorum Dulcacidis sparsum succis, tritúq́ solutum, Se=
renus.   ¶ Ad discutiendas genuum fluxiones, Salem columbinumq́ fimum terens ex oleo inun
gito, Galenus Euporiston .3. 131.   ¶ Clauos pedum sanat fimum col. decoctum ex aceto , Plin. 20
¶ Stercus col. suffitum. (Symphorianus Champegius ad secundas educendas radicem aristolochiæ
rotundæ addit) per infundibulum, secũdas educit, Arnoldus Villanou. Idem in Breuiario fœtum
uiuum aut mortuum & molam quoq́ expelli tradit, si fimum col. per se uel cum alijs (ut castoreo,
opopanace, myrrha) felle uaccino exceptũ suffiatur. Suffitum huius fimi aiunt fœtum extrahere,
Aspasias apud Actium.

     ¶ Remedia ex fimo col. usto. Incussi articuli fimi col. cinere cum polenta & uino albo curan=
tur, Plinius. Ambustis fimi col. cinis medetur ex oleo illitus, Idem. Fimi col. cinis cum arsenico
& melle ea quæ erodenda sunt (in ulceribus) aufert, Plin. Col. fimi cinis ex oleo ulcera omnia pe=
dum sanat, Idem & Marcellus. Emplastrum de fimo col. usto cum aceto forti, imponitur super si=
cus uel hæmorrhoides ani, &c. ut legimus in Additionibus Breuiarij Arnoldi Villanou. Fimum 30
turturis (cui columbinum pares obtinere facultates uidetur) ustum ex mulsa propinatur calculosis,
ut lapides per urinam exturbentur, Galenus in Euporistis.

     ¶ Andreas Furnerius in libro de decoratione, liquorem quendam stillatitium, qui faciem niti
dam & teneram reddat, præscribit, cui inter cætera (oua recentia, caseum musteum pinguissimum,
uinum Maluaticum, poma arantia , oleum tartari & cerussam , diuersis ponderibus mixta) pipio=
nem adijcit.

H.

     a. Columbus masc. gen. & columba fœminini apud authores legitur: qui tamen in plurali nu
mero fœminino magis utuntur , ut obseruant grammatici. Columbæ appellatæ sunt à columni=
bus (culminibus) uillæ, (in quibus degere solent,) Varro. Nonnulli à uoce primis syllabis corre= 40
spondente dictas putant, Grapaldus. Quòd si columbus per onomatopœiam dictus fuerit, ean=
dem palumbi quoq́ nominis rationem esse conijciemus. Columba dicta quod lumbos colat mul=
ta generatione, Albertus. Columbæ à Græco uerbo κολυμβᾷν (quod urinare significat, inde forsan
quod bibentes rostrum aquæ diutius immergant) appellantur, Hermolaus in Corollario. Seruius
in Bucolico ludicro titos scribit dici columbos non Latinè quidem , sed multorum auctoritate tan=
quam Latinè. Titos uerò palumbes dici arbitror ex passerum salacitate qui solent τιτίζῃν, id est, titissa
re, quanquam & σποδίζῃν de uoce eorum usurpatur. hinc forte titis deriuatur , ut scribit Dionysius,
auiculæ species, aut etiam auis quælibet minutior, Cælius. Palumbes, ut Seruius inquit, non di=
cuntur Latinè, sed multorum auctoritas Latinum fecit, ut Ciceronis in elegia, queˆ Thalemasiis in=
scribitur, & Virgilij in Bucolicis. Palumbes uulgus titas uocat: ita enim apud Seruium legendum 50
(ut doctissimus Ge. Fabricius nos admonuit) ut ex Cornuto Persij interprete apparet, qui titos, co
lumbos agrestes interpretatur , in prima Satyra. Ascensius in eundem locum, Titos (inquit) esse
pullos columbinos, congruit uulgari Flandrico, quo sic pulli gallinacei uocantur , & de iuuenibus
ignauis per irrisionem dicitur, quòd sint pulchri titi.

     ¶ πέρισφὰ apud Græcos dicta uidetur à duro & laborioso uolatu, πᾒὰ τὸ πὶτεπθα τεφῶς, uel à ni
mio amoris affectu, πᾒὰ τὸ περιοσῶς φρᾷν. est enim seruidissima ad Venerem, Etymologus et Varinus.
Attici masculino genere πελειφόν efferunt, ut Alexis & Pherecrates, citante Athenæo. meminit &
Eustathius. Ἀπὸπι εμ ψογ ἀγἡιλοντα τὸν πελειφόρ, Pherecrates. πελαᾰς, ᾱδ᾽ Θ·, auis, uox deriuata à pri
mitiuo φίλαω, non simpliciter columba est, sed genus columbe nigrioris, ut dictio ipsa insinuat. nam
πελιόφ uel πελιόφ (oxytona) nigrum significat, etsi nonnihil à nigro differant, (liuidum enim potius 60
designant, qui color nigricans cœruleo dilutus uidetur , unde & Gaza liuias hoc genus columba=
rum ex Aristotele transferens nominauit,) Eustathius in Iliados λ. Dôres πελεῶδ᾽α pro columba
ponunt,

ponunt, ut Sophrō, Athenæus. Δακρνόιοσα ἀ ἔπειτα διὰ φύλϑμ ἆςι πελεια, ἢ ῥαὶ δ᾽ ἴπα᾽ ἵρηκος (διωκομβῥη) κοιλλω αίσύηῇετο πέτρω Χηεαμόμ. Iliad. φ. ubi Scholiastes simpliciter columbam reddit. Καὶ πο᾽ύ χτ θρι᾽ψαιο ἀρακαντιάδ᾽ας δ᾽ποκδύσας, Ἡ ζικελᾶς μεχ ἀροιο πελειάσίας, Nicāder in Georgicis apud Athenęum. Videtur autem per δ᾽ποκδύσας palumbes aut turtures intelligere, quæ bis anno pariunt, Aristotele teste: columbæ uerò singulis mensibus, exceptis nimium frigidis. quare non placet quod apud Hesychium & Varinum legitur, Δίγονϑ᾽ ἡ πελειοφᾶ. Chaoniæ (Vergilio) dictæ sunt columbæ ab Epiri parte, pro Epiroticæ. nam olim in Dodona sylua Epiri oracula reddebat. Quod ideo fingitur, quia lingua Thessala Peliades & columbæ & uaticinatrices uocātur, Seruius. Sic & Hesychius, πέλειαι, columbæ: & uaticinatrices in Dodona. Plura uide infra in h. ex Herodoto, Πέλκρ, πέλειοφᾶς, (lego
10 πέλειοφᾶ,) Hesychius & Varinus. Peleiades poëtis etiam Pleiades sydus significare, ostendemus in Peleia, id est Liuia columba H.a. Τρήρωμ epitheton est omnis generis columbarum proprium, Eustachius. Homerus hoc epitheton columbis tribuit propter timiditatem, Varinus, δ᾽ϰϰ τὸ τρεῖμ καὶ δνλαβεῖθωι, Scholiastes Homeri. Et simpliciter aliquando pro columba ponitur. hinc dictio composita apud poëtam πολυτρήρωνα, Iliad. β. sic autem Thisben Bœoticam cognominat à copia columbarum, ut Grammatici interpretantur. Ἀι δὲ Βάτλω τρήρωσι πελειάσιμ ἴθμαϑ᾽ ὁμοῖαι, Homerus. id est, timidis columbis, Suidas. Δειλαῖ τοι δ᾽ειλοῖσιμ ἐφεδρόϑσιμ πελειαι: Ἄμμεϑ δ᾽ ἀτρείσνις δνδράσι τόρ πόμεῶα, aquila loquitur ut Suidas citat in πελειάδς. Γίμωῆς ὡς ὄμμα πελείας πιεφόξψιμαι, est enim perquam timidum animal, Ibidem. Τρήρωμ, δ᾽ειλὸ, δ᾽ϰϰ τὸ τρεῖμ, ὁ δ᾽ιι φοξεῖθωι. Δειλὸμ γάρ τὸ ζῶομ καὶ ταχύ, Hesychius. Τρήζόμ, ἐλαφρόμ, δ᾽ειλόμ, ταχύ, πλοῖομ μικρόμ, Idem. Porrò peleiàs etsi pro columba simpliciter à poëtis
20 poni uidetur, aliquot tamen eius nominatæ testimonia infra in Columbæ liuiæ historia ponemus. ¶ Columbulus, diminutiuum. Tu passerculis & columbulis nostris inter aquilas uestras dabis pennas, Plinius epistola 101. Vt albulus columbulus Dionæus, Catulus epigrammate 27. de Cæsare cuius mollitiem notat. πέλειδρίομ diminutiuum apud Athenæum legitur, qui hæc Pherecratis uerba citat: Ἀ κ᾽ ὦ πέλειδρίομ ὅμοιομ Καλλιοδόγνει πέτομ, κώμιομ δ᾽ ϸ᾽ Κύνφα καὶ Κύπθομ. Ab hoc etiam alterum sit diminutiuum πέλειδριδμομ, apud eundem Athenæum. ¶ Pipio, id est columbæ pullus, apud Lampridium. uidetur autem per onomatopœiam sic dictus. Πελειδριδεῖς, id est, pulli columbini, Aristophanis Scholiastes, Suidas & Eustathius. ¶ Apud Germanos quosdam Ꞇauber masculini, Ꞇeubin fœminini.

¶ Epitheta. Aëriæ columbæ, Ouidius, id est alte uolantes. Blanda, Idem 2. Amorum. Chao-
30 niæ, Vergilio, à Chaonia Epiri parte, ut paulò ante docuimus. Non me Chaoniæ uincent in amore columba, Propertius lib. 1. Molles, Horat. 1. Carm. Molles ubi reddunt oua columbæ, Iuuenalis Sat. 3. de loco sub tecto. Thisbeæ. Quæ nunc Thisbeas agitat mutata columbas, Ouidius XI. Metamorph. de Dædalione mutata in auem rapacē, hoc est accipitrem secundum Grammaticos. Est autem Thisbe in Bœotia urbs, & portus Thisbeorum & nauale columbis plenum, unde πολυτρήἑωνα Thisben Homerus cognominauit. Teneræ. Ne uioles teneras præduro dente columbas, Martialis. sed de pullis intelligere uidetur, quibus dens hominis uenenum est. Volucris, Vergilio
5. Aeneid. Veneri eas consecrauit antiquitas, unde Epitheta, Cythereiades Ouidio 13. Metamor. Coila Cytheriacæ splendent agitata columbæ, Nero ut citat Seneca lib. 1. Nat. quæst. Ales Cythereia pro columba, Silius Italicus lib. 5. per antonomasiam. Paphia, Q. Sereno. Dionææ, Statio
40 lib. 3. Præterea, Imbellis, Horatio 4. Carm. Pauidæ, Valerio lib. 8. Argonaut. Placida, Ouidio 7. Metam. Plaudens a᾽is, Vergilio 5. Aeneid. Præcipites, Festinæ, 2. Aeneid. Totas sine labe columbas dixit Ouidius 2. Metam. Πελειοφᾶ uox uersibus hexametris non commode admittitur: quamobrem poëtæ Græci πελεαιμ & πελειάδια, quod genus columbæ peculiare & ferum esse dicemus, simpliciter pro columba ponunt: ut & τρήρωνα aliquando per antonomasiam, quod nomen Eustathius omnis columbacei generis proprium epitheton esse scribit. Πελειαι δειαλάς, apud Suidam. Circus apud Homerum τρήρωνα πέλειαμ persequitur, id est pauidam columbam, Iliad. χ. Ρη᾽ιδίως ὅμικυ μετὰ τρήρωνα πέλειαμ, Ἢ οἶι᾽ δ᾽ ὑπαιδα φοξεῖται, id est ante ipsum fugit. Ἀι δὲ Βάτλω τρήρωσι πελειάσιμ ἴθμαϑ᾽ (ἔχην, Βήμα τα,) ὁμοῖαι, Iliad. ε. de Iunone & Minerua. Rursus Iliad. ψ. τρήρωμ πέλεια sagittis in certamine ferienda proponitur. Θοαὶ τρήχωνόμ, Oppianus. Epitheton quidem τρήχωνόμ pro paui-
50 dis, etiam aliis auibus forte attributum inuenias, sed rarissimè. Καὶ κίπφοι τρήχωνόμ ἀλωπικιδ᾽όϋσι πωτεῶδ᾽, Aristoph. in Pace. ubi tamen Scholiastes hanc uocem non cepphis attribuendam, sed per se accipiendam docet: ac si dicat poëta, Vos cepphi (id est stolidi ac leues) & timidi fidem habetis hominibus astutis.

¶ Columba in sacris literis pro sponsa uel cōiuge charissima accipitur: quod in columbaceo genere præcipuè coniugij lex firmissima, & mirus inter cōniuges amor spectetur. Columba mea, formosa mea, Canticorum 2. Columba mea una, perfecta mea, Ibid. 6. Et capite quinto, Aperi mihi soror mea, amica mea, columba mea, integra mea. Et cap. 1. Ecce tu pulchra es amica mea, oculi tui (similes sunt oculis) columbarum. Væ prouocatrix & redempta ciui as, columba, Sophoniæ 3. ab initio capitis: ut Hieronymi translatio habet. Sed Munsterus sic reddit, Væ sordidæ &
60 pollutæ urbi molestatrici עיר היונה. Audiui de uiro docto, cum diceret carinam propriè esse id quod uulgò Venetijs dicitur la columba: sed eam columbam puto esse quod δ᾽ονόχομ à Polybio dicitur. Latinum nomen (quod sciam) non habet. Verba Polybij sunt in primo, Ἀνδεῖ ἐγναωσιμ ἐκ δ᾽ονόχομ

ἄκϑοι καὶ ϑχκόσια νεωπηγῶδαι σκάφη. Id eſt, Rurſus decreuerunt à fundamẽtis ducentas & uiginti æ diſicare naues. Quod enim eſt fundamentum in domo, id eſt δρύοχον in naui. ſic dictum opinor, quòd omnem δρώ, id eſt materiam nauis contineat, Lazarus Bayſius. Columbarium accipitrem Mercurio aiunt ſacrum eſſe, Gillius, ego authores phaſſophoni tantum accipitris, id eſt palumbarij meminiſſe reperio. Columbarius Varroni lib. 3. de re ruſt. cuſtos & paſtor columbarum eſt. Colum barium neutri generis & columbaria fœminini (ut cellam ſubintelligas) locus dicitur, ubi habitant columbæ agreſtes. nam domeſticarum periſtereônas uocamus, Perottus. ego nihil intereſſe puto, & omnino idem columbarium Latinis ſignificare, quod periſtereon Græcis. Qualia columbariæ tectis ſuperpónuntur, Columella lib. 9. An tibi columbaria qui in tegulis habent non uidentur habere periſtereônas? Varro lib. 3. de re ruſt. Hic locus Italicè hodie uulgò la palumbara, uel la co- 10 lumbara uocatur. Porrò columbarium aliàs pro ipſo ædificio, nempe ſtabulo columbarum capitur: aliàs pro nidis ſeu loculamentis in quibus ſingula paria fœtificant, ut ſupra in E. apparet. ¶ Columbaris, quod eſt columbi, Columbinus, idẽ, uel quod ad columbas pertinet. Columella columbare ſtercus dixit. Pulli colũbini Varro & Cicero. Gaza Ariſtotelis interpres per columbarium genus, & aues quæ ſpecie columbacea continentur intelligit columbas, palumbes, œnáda & turturem. ¶ Cionion ſiue cion uaſculi genus eſt, quo nomine in hodiernum uſq́ diem utuntur cauponæ, (Germanis puto ein ſtÿtze.) hoc columnas à noſtris ex interpretatione Græca uocitatum putes. unde apud Iuriſperitos columnarium. quanquam nõ columnarium, ſed columbarium fortaſſe pronunciandum ſit. inſtrumenti genus ita nominatur Vitruuio, ad aquam hauriendam per tympana: etiamſi à colluuie colluuiarium ſunt qui legant. In quo illud mihi occurrit, columbarium non à 20 columbis, ſed à Græco uerbo quaſi colymbariũ ueniſſe: quando Græci κολυμβᾷν & colymbiſtas uocant, quod nos urinare & urinatores dicimus. Vrinatorium ergo uas, quo uidelicet aut trinũ promitur, aut aqua, columbarium à ueteribus dictum exiſtimare poſſumus, alióqui & columbæ ab hoc ipſo uerbi Græci ſignificatu appellantur. Quid ſi columnarium apud Iuriſperitos pro menſa lapidea, quæ cartibum & cartibulum quoq́ dicebatur, accipias? de qua M. Varro: Altera (inquit) uinaria menſa erat lapidea, quadrata, oblonga una columna, (&) uocabatur cartibulum, in qua uaſa ponerentur ænea, Hæc omnia Hermolaus in Corollario. Columnarium eſſe uidetur Pomponio Digeſtis De argẽto legato, ad bibendi uſum uas comparatum, etiam ſi minus fallor plauſibilius uſum tri pleriſq́, ſi colum legas niuarium, Cælius. Ego columbaria in tympanis ſiue rotis hauſtorijs uaſa eadem eſſe dixerim, quæ & hauſtra dicuntur ab uſu: & columbaria à figura dicta coniicio, quà reſe- 30 rant loculamenta ſeu nidos quæ pro columbis in cellis columbarijs ſiunt. niſi hoc intereſt, ut uidetur, quòd hauſtra illa quæ columbaria propriè dicuntur, caua ſunt & in ipſo tympano: alia uerò, ut modioli quadrati foras prominent: ut etiã figuræ Vitruuio adiectæ declarant. is enim lib. 10. cap. 9. tympanum ad aquam hauriẽdam deſcribens: Secundum axem (inquit) columbaria ſiunt excauata in ſingulis ſpacijs ex una parte, &c. ubi Io. Iocundus hoc ſcholion margini adiecit: Columbaria, id eſt caua & canales ſiunt in ſingulis octantibus axis, per quæ aqua concepta in tympano educitur. Opàs Græci uocãt tignorum & aſſerum cubilia, noſtri caua & columbaria, Cælius. Sunt & in organis (chirurgicis & mochlicis) quædam columbaria inſculpta ad ſimilitudinem columbarium, quæ ornandi cauſa facta ſunt: atq́ ad id etiam, ut aliud ſerant epipegma, Oribaſius in libro de machinamentis cap. 4. Columbar apud Plautum in Rud. genus uinculi eſt, teſte Priſciano. Illic in colum- 40 bam, (columbar,) credo, leno uortitur. Nam in columbari collum haud multò poſt erit. Et alibi, ut Sextus Pompeius citat: Non ego te noui naualis ſcriba columbari impudés? ſiue quòd columbaria (inquit) in naue appellabantur ea, quibus remigent, ſiue quod columbariorum quæſtus temerarius incertuſq́, Hæc Feſtus. Sed forte hic etiam columbar genus uinculi accipiendum: quod à collo denominatum aliquis coniecerit. ¶ Cn. Mattius in Mimiambis, Sinúq́ amicam recipere frigidam caldo, columbatim labra conſerens labris, ut Perottus citat.

¶ Γνεισφροει?ων, hoc eſt auium columbarij generis plures ſunt ſpecies, Ariſtot. Γνεισφρόγηπ πι- ϑλε Nicander in Ther. dixit folia uerbenæ. Extra urbem ſunt ſtabula, haræ, & πϑεισφρῶν Platoni in Theæteto dictus, Pollux lib. 9. Græca uoce πϑεισφρῶν, quæ columbarium ſignificat, (uide ſupra inter Deriuata Latina,) utitur etiam Varro in præfat. lib. 2. de re ruſt. & lib. 3. cap. 7. eundem locum 50 πϑεισφροτροφέων appellat, quòd in eo columbæ alantur. Villaticæ paſtionis genus in uilla eſt, quod appellant Græci ὀρνιϑῶνας καὶ πϑεισφρῶνας, Columella 8. 1.

¶ Icones. De Archyta Pythagorico pleriq́ nobilium Græcorum & Phauorinus philoſophus affirmatiſſimè ſcripſerunt, ſimulacrum columbæ è ligno ab Archyta Pythagorico ratione quadam diſciplinaq́ mechanica factum uolaſſe. ita erat ſcilicet libramentis ſuſpenſum, & aura ſpiritus incluſa atq́ occulta concitum. Libet hercle ſuper re tam abhorrẽti à ſide ipſius Phauorini uerba ponere. Ἀρχύτας Ταραντῖνος ΦιλόσοφΘ ἅμα καὶ μηχανικὸς ἂν ἐποίησε πϑεισφρὰν ξυλίνιω ποττ. ὁμελίω? τις ἔποτ᾽ις βλιστεν, ἀνίστεν, μίχρι γὰρ τότε. id eſt, Archytas Tarentinus philoſophus pariter & mechanicus uir columbam ligneam fecit uolantem: quæ ſicubi ſubſediſſet, præterea non exurgebat. hactenus enim (nimirum moueri poterat,) Hæc Gellius 10. 12. At Cælius Calcaginus in libro de perenni motu 60 terræ, Columbam (inquit) illam Archytæ ligneam certis machinis ac pondusculis inſtructam fuiſſe legimus: ut quum moueri ſemel cœpiſſet, ſemper moueretur, neq́ deſineret: ui illa ſcilicet priſtina

quæ

quæ motus principium dederat,nunquam deserente impulsam, structura præterea & artificio adiu
uante. De hoc Archyta Pythagorico Diogenes Laertius lib. 8. scribit, primum ipsum mechanica
mechanicis principijs usum exposuisse,primumq̃ motum organicum descriptioni geometricæ ad
mouisse,&c. Huic non dissimilem artificẽ Cassiodorus in Varijs Boëthiũ prædicat. nam ad eun
dem Boëthium scribens, ut recitat Crinitus: Tibi (inquit) ardua cognosse , & miracula monstrare
propositum est.Tuæ artis ingenio metalla mugiunt, Diomedes in ære grauius buccinatur, æneus
anguis insibilat:aues simulatæ sunt, & quæ uocem propriam nesciunt habere, dulcedinem cantile
næ probantur emittere.Parua de illo referimus, cui cœlum imitari fas est , Hæc Cassiodorus. Ad
imaginem columbæ circa Pyrenen pictæ(tanquam uiuæ)columba aduolauit, Athenæus lib.3. In
10 poculo Nestoris Iliad.λ. quatuor aures uel ansæ erãt, διαι δὲ πελειάδὄ ἀμφὶς ἕκαϲον Χρύϲειαι νεμεϑοντο.
Athenæus ex eo loco peleiádas simpliciter columbas exponit, uel Pleiadas sydus. Πελειόϑια, κοσμά
εια πνια,Hesych.hoc est, ornamẽta quædam exigua, quasi columbulos dicas, columbarum forsafsis
imagunculæ ex auro argentóue aut alia re pretiosa. nam peristerion diminutiuum est à peristera.
quare non probo penultimam apud Varinum per α. diphthongum scribi. Phigalenses in antro
quódam Cereris simulacrum consecrarunt , quod manu altera delphinum , altera columbam susti
nebat,&c.Cælius 15.31. De columbis adoratis,leges infra in h. Hominem qui suapte natura bile
careat,sed eam ab altero suscipiat notantes Aegyptij,columbam pingunt dorso erecto. illic enim bi
lem habet,Orus in Hieroglyphicis. Iidem columbam pingunt pro homine ingrato & infesto ijs à
quibus beneficia accepit.(Columbus enim talem se in parëtes præstat,quippe qui robustior factus,
20 patrem pugnando à matre fugat,cui ipse miscetur,Cælius.)item columbam nigram pro uidua,quæ
ad mortem usq̃ permanserit in eo uitæ statu,Idem. Spiritus sanctus super dominum Iesum colum
bæ specie descendens uisus,ut legimus Matthæi 3.Marci 1.Lucæ 3. Ioannis 1.

¶ Columbinam(argillam uel margam) Gallia suo nomine eglecopalam appellat. glebis excita
tur lapidum modo. Sole & gelatione ita soluitur, ut tenuissimas bracteas faciat, Plin. Eadem aut
similis fuerit argilla nigricans , qua agros alicubi stercorari audio:ex qua etiam optima uasa figlina
& ignis tolerantissima fieri puto,qualibus aurifabri utuntur.Et ex eadem nimirum materia,sed ma
gis indurata,etiam lapis ille niger in tenuissimas laminas scissilis, quo ad pugillares & ædium tecta
utuntur. Io. Augustinus Pantheus alchymista lapidem lebetum uocat fuscum illum , qui Pluri
prope Clauennam in Rhętia non procul à Lario lacu ex montibus deportatur, & ferro tornatur in
30 uasa ignis apprime patientia : uidetur autem eundem nominare petram columbinam. Argillam
crustaceam aliquando inueniri Ge.Agricola refert.

¶ Stirpes. Peristereon, Πελιϲερϣ̀μ, uocatur herba columbis admodum familiaris , unde & no
men,Plin. Aliqui recentiores Latine columbinam herbam,uel columbariã, uel columbarem ap
pellant. Nicander in Theriacis πελιϲέρϕωτα πίτνλα uocat uerbenæ folia. Scholiastes peristereóna
dici scribit,ex Crateia,quód folia diuisa habeat & pedibus columbinis similia. Est & inter sumariæ
nomenclaturas apud Dioscoridem peristereon , à florum scilicet specie , quæ columbarum inglu
uiem quodámodo repræsentat,unde à nostris quoq̃ nominatur tubenκröpfle: uel ad differentiam
generis cuiusdam loti syluestris inodori, (cui similes sed lutei flores , quæ similiter tubenκröpfle
apud nos uocitatur,) rote tubenκröpfle. Audio & chamæbatum ruribus nostris alicubi tuben
40 κröpfle appellari,uel ipsum uel fructum eius. Lithospermon à Romanis columbam appellari,in
ter nomenclaturas Dioscoridi adiectas legitur. Columbinæ uuæ acinosissimæ, Plinius. Colum
binum cicer alij Venereum uocant,candidum, rotundum, lęue, ārietino minus,Plinius. forte
est quod uulgò pisum album nominatur,interius flauescẽs,foris læuę,rotundum:quod & pisis alijs
in cibo ferè præfertur:de quo plura leges apud R uellium lib.2.cap.36.qui id orobiæum & orobiam
Græcis uocari docet , sub quo genere etiam syluestre contineatur , eruo simile, subamarum, secun
dum alios dulcissimum. Rhai alhamam,hoc est pastus columbarum, (aliàs additur & camelorum,
ut scribit Auicẽna 2.565.)est herba quæ fert granum simile gtano myrti, sed magis cinereum:cuius
medulla colore & gustu refert lentem excorticatam cum exigua dulcedine. Calida gradu primo,&
humida secundo.Carnẽ in uulneribus generat: & cũm aceto imposita ulcera perniciosa & serpen
50 tia sedat,resoluit abscessus pituitosos.tenuium partiũm est,nec nocet camelis in cibo. Vermibus ue
nenosis aduersatur. decoctio eius capillos dehigrat ; Hæc ille. apparet autem leguminis quoddam
genus esse,& uires easdem ferè habere quàs cicer. Kuzikenden (inquit Auicenna 2. 386.) est res
leuis sicut asine lutea:& in Rakia nominatur stẽ. cus columbarũm & in Baldach & Aegypto nomi
natur kenderi,(uel,ut Bellunensis legit,in Bagaded nominatur nũx handem,uel nũx gendem:)ex
qua concussa cum aqua & melle fit uinum,&c. calida & humida est abscessu primo. sanguinẽ inci
dit secundum aliquos & coitum promouet. . Geranij gẽnus cui folia maluæ,rotunda,sed multipli
citer dissecta , quidam uulgo pedem columbinum nominant, præsertim in Gallijs, teste Ruellio.
Seukar,id est pes colũbinus,quo tingitur oculus uel cera, Vetus Glossographus Auicennæ. Hip
puris in quibusdam Germaniæ locis,tubenrock appellatur,(à columbis,)Adamus Lonicerus.

60 ¶ Propria. C.Cæsar Caligula Columbo (mirmilloni uictori, leuiter tamen saucio , uenenum
in plagam addidit,quod ex eo Columbinum appellauit.sic certe inter alia uenena scriptum ab co re
pertum est,Suetonius. Columbarienses nominantur à Io.Baptista Egnatio in historia principum

B

Romanorum. Est autem Columbaria insula in mari Thusco. Peristere, πϵϱιϵϱὴ, urbs Phœnicum: gentile Peristerites, Stephanus. Peristerides, insulæ iuxta Smyrnam, Plinius 5. 31.

¶ b. Rhyndace & lagopus aues columbæ magnitudine describuntur. Oculi tui ueluti co=
lumbarum sunt, absq; eo quod intrinsecus latet, Câticorum primo & quarto. Quis dabit mihi pen
nas sicut columbæ, & uolabo, & requiescam, Psalmo 54. Si iacueritis inter ollas (fuligine insectas:
eritis sicut) alæ columbæ, quæ tegitur argenteis (pennis ,) & sunt plumæ eius similes auro fuluo,
Psalmo 68. interprete Munstero. ¶ Anno à Christo nato 1550. prope Lindauiam oppidum si=
tum in ripa Acronij lacus, in pago Rikkenhouio nata est columba quadrupes ano duplici. nos quam
ob causam aues quandocq; quadrupedes nascantur, inter anates diximus.

¶ c. Sonantécq; turres plausibus columbarū, Martialis lib. 3. Relinquite ciuitates & habitate 10
in petra habitatores Moab: & estote quasi columba nidificans in summo ore foraminis , Hieremiæ
48. Qui sunt isti qui ut nubes uolant, & quasi columbę ad fenestras suas? Esaiæ 60. Columba mea
in foraminibus petræ, in cauerna maceriæ, Canticorum 2. ¶ Meditabor ut columba, Esaię 38. Vo
ciferamur nos omnes quasi ursi, & meditando meditamur quasi columbæ, Esaię 59. ubi Munsterus,
Meditatio columbæ, inquit, gemitus est . Meditabar sicut columba, Ezechias moribundus Esaiæ
cap. 38. Et ancillæ eius minabantur gementes ut columbæ, murmurantes in cordibus suis, Naum
2. ¶ Helioscopion quartum genus tithymali circa oppida nascitur, semine albo, columbis gratissi
mo, Plin . Nostri hominem qui assatim uno haustu bibat, haustum columbinum trahere dicunt,
ein tuben ſchlúcꝭ thún/ ἅμυσι πίνϟν Græci . ¶ Tollunt se celeres: liquidumécq; per aera lapsæ , Sedi=
bus optatis gemina super arbore sidunt, Vergil. 6. Aen. de columbis. Et rursus, Geminæ tum for= 20
te columbæ Ipsa sub ora uiri cœlo uenère uolantes, Et uiridi sedère solo. Et libro 5. Qualis spe
lunca subito commota columba Cui domus & dulces latebroso in pumice nidi, Fertur in arua uo
lans: plausumécq; exterrita pennis Dat tecto ingentem: mox acre lapsa quieto Radit iter liquidum,
celeres necq; commouet alas. Sic Mnestheus, sic ipsa suga secat ultima pristis Aequora. Et alibi
eodem libro, Et alis Plaudentem nigra figit sub nube columbam. ¶ Nec imbellem feroces Pro
generant àquilæ columbam, Horatius in Odis 4. 4. Murmur apricantes niuea dant turre colum
bi: Expanduntécq; alas, & amicâ blanda rogantes Oscula circumeunt, insertantécq; oribus ora. Iam
uicibus nido incubitant, genitrixécq; paterécq; : Iamécq; ora excudunt: natisécq; implumibus escâ Com=
mansam alternant, rostellaécq; hiantia complent, Politianus in Rustico.

¶ d. Terra eorum facta est in desolationem à facie iræ columbæ, & à facie iræ furoris domi= 30
ni, Hieremiæ 25. Et rursus cap. 50. Disperdite satorem de Babylone, & tenentem falcem in tempo
re messis à facie gladij columbæ. Sed utrobicq; Hebraice legitur ionah, יונה, Munsterus sæuitiam in
terpretatur, uel gladium sæuientem secundum Kimhi: Ionathan uiuum inebrians. Columba sedu=
cta Ephraim, non habens cor, Osee 7. Non me Chaoniæ uincant in amore columbæ , Propertius
lib. 1. Ista est purior osculo columbæ, Martial. lib. 1. Hîc Hecuba, & natæ nequicquam altaria cir=
cum Præcipites atra ceu tempestate columbæ Condensæ, & diuûm amplexæ simulachra tene=
bant, Vergilius 2. Aen. ¶ Accipiter uelut molles columbas, Horatius. Quàm facilè accipiter sa
xo sacer ales ab alto Consequitur pennis , sublimem in nube columbam: Comprensamécq; tenet,
pedibusécq; euiscerat uncis: Tum cruor, & uulsæ labuntur ab æthere plumæ, Vergilius XI. Aene.
¶ Peridexion (forte peristereon, hyperdixin habet Albertus) arbor est in India, cuius fructus dul 40
cis est & gratus columbis, cuius gratia in hac arbore diuersari solent. Hanc serpentes timent , adeò
ut etiam umbram eius fugiant. Nam si umbra arboris ad Orientem uertatur , serpentes ad Occiden
tem recedunt, & è diuerso. itacq; ui huius arboris serpentes columbis nocere non possunt. Si quæ au
tem forte aberrauerit, serpentis flatu attracta deuoratur. Nam si gregatim degant aut uolitent, nec
serpens nec ocypteros, id est sparauerius eas lædere potest uel audet. Huius arboris folia aut cortex
suffitu omne malum (bestias uenenatas) auertunt, Kiranides & Albertus.

¶ e. In Medera insula olim ignota , quam Lusitani nunc obtinent , copia maxima columbo=
rum fuit, quibus capiendis non alia arte usi sunt aucupes , quàm alligato perticæ uncino ex arbori=
bus, quibus insidebant, aues admirabundas (ut quæ in insula deserta hominê prius non uidissent) &
nihil pauentes detrahendo, Aloisius Cadamustus. Idem etiam in alia quadam insula noui orbis co= 50
lumbos ab hominibus nihil pauentes, scipionibus cæsos refert. Heroes apud Homerum ne aerem
quidem uolucribus liberum permittebant, sed laqueos & retia (πτυγίϵας κϟὶ νϵφίλας) turdis & colum
bis (λίχλαις κϟὶ πϵλϵιάν) tendebant, Athenæus. ¶ Polyphemus apud Ouidium Metam. 13. Galateæ
canês, Munera tibi (inquit) erunt, Damæ, leporesécq; capræécq; , Parécq; columbarum, demptusue ca=
cumine nidus. Aeneas 6. Aen. certamina suis proponens, inter cætera malum nauis Erigit, &
uolucrem traiecto in sune columbam, Quò tendant ferrum , (sagittas ,) malo suspendit ab alto,
quam Eurytion deijcit, & alis Plaudentem nigra figit sub nube columbam. Videtur autem Ver
gilius in hoc imitatus Homerū, qui & ipse Iliados penultimo in certamine funebri τϱήϱωνα πϵλϵιάν
sagittis feriendam in malo nauis proponit.

¶ Columbæ etiam internunciæ in rebus magnis fuère, epistolas annexas earum pedibus obsi= 60
dione Mutinensi in castra consulum D. Bruto mittète . Quid uallum & uigil obsidio, atcq; etiâ retia
amne prætenta profuère Antonio, per cœlum eunte nûcio? Plinius. Frontinus scribit Hirtium li=

teras

teras collo columbæ seta religatas ad Decium Brutum Mutinæ obsessum ab Antonio misisse. Et forsan hanc per columbas missionè Iuuenalis innuit, cum scribit: Tanquam à diuersis partibus or bis Anxia præcipiti uenisset epistola penna, Grapaldus. Vno eodemꝗ die uictoria Taurosthenis ex Olympia Aeginam nunciata est ipsius parenti, ut alij affirmant, per spectrum. Alij uerò dicunt Taurosthenem columbam à suis pullis madidis adhuc & inuolucribus abstractam secum deportasse:cumꝗ uicisset, purpura amictam eam remisisse, eamꝗ summa cum festinatione ad pullos properantem eodem die ex Pisa in Aeginam aduolasse, Aelianus Variorum lib. 9. Iacobus tradit trans mare uersus Orientem columbas esse quæ nunciorum fungentes officio literas dominorum
10 suorum sub alis breui tempore perlongè deportent, imprimis necessarias cum per agros inimico-rum alijs nuncijs uia non patet, Author libri de nat. rerum.

¶ Columbini testiculi mulieri à uiro dati, amoris poculum sunt: sic & matrix columbæ uiro à muliere data, Kiranides. ¶ Nostri uulgaribus metris, illi qui domum castam & puram seruare uo luerit, sacerdotes & columbas non admittere consulunt. Wilt du din buß halten suber, So hüt dich vor pfaffen vnd vor tuben. ferè enim ubi columbæ aluntur, pediculi & cimices oriuntur, & mures quoꝗ propter cibum alliciuntur. ¶ Surrentina uafer qui miscet fæce Falerna Vina columbino limum(fæcem, Acron:nec aliud in hunc locum)bene colligit ouo, Quatenus ima pe-tit, uoluens aliena uitellus, Horatius Serm. 2.4. Ouorum quidem gallinaceorum ad potiones cras sas & turbidas purificandū pharmacopolis hodie usus est: ut in ipsorū historia copiosius exponet.

¶ h. Columba Carnos & Illyricos in bellum commisit, Aelianus. ¶ Nota est historia sacra
20 de columba à Noe ex arca diluuij tempore emissa, quæ primum uacua reuersa est:iterum uerò post septem dies emissa uesperi redijt cum oliuæ ramo: & rursus post septem dies, non redijt. Hanc Græci etiam poetæ ad suas fabulas mutuati sunt. nam columba(ut refert Plutarchus in libro de com paratione terrestrium & aquatilium animantium)Deucalioni scribunt arca emissam quantisper re mearet, & eôdem continuò se reciperet, tempestatis : postquam auolasset, serenitatis argumentum dedisse. Cum diluuij aqua paulum cessasset, Noe ex arca coruum primum emisit, qui quidè non est reuersus iterum, cadaueribus se pascens multorum quæ interierant. Deinde columbam emisit, quæ arrepto ramo oliuæ reuersa est:id quod indicium erat manifestū aquas subsedisse, Io. Tzetzes 6.81. Qualis & ipse fuit, quo præcipiente columba Est data Palladiæ præuia duxꝗ rati, Ouidius in Ibin. ¶ Dercetûs deæ Syriæ filia Semiramis à colūbis fuit educata, quæ aues ideo Syris sacræ
30 sunt, Diodorus libro 3. qui eodem loco subdit, Venerem aliquando obuiam factam Dercetô, amorem cuiuscdam adolescentis sibi sacrificantis iniecisse : ex quo cum filiam dea suscepisset, sui erroris pudore affectam, adolescentem ab se amouisse, & filiam in deserta & saxosa loca, ubi columbarum erant ingentes turmæ, exposuisse:quæ columbæ puellam enutriuerunt. Mammes uir sanctus co lumbam habuit, Io. Rauisius Textor.

¶ Auguria. Sed carmina tantum Nostra ualent Lycida tela inter Martia, Quantum Chao nias dicunt aquila ueniente columbas, Vergil. 9. Aegloga, ubi Seruius, Minora enim inquit au guria maioribus cedunt, nec ullarum sunt uirium licet priora sint. Quod & Alexander ab Alexan-dro ex eo repetit:Et insuper, Siquidem cornicis (inquit) aut columbarum auspicia, aquila superue-niente irrita fiunt. Columba si comitata est, (principibus uel regibus, uidetur addendum, ut mox
40 ex Seruij uerbis patebit)prosperos successus auguratur, cæteris autem nullius auspicij credita est, Alex. ab Alexandro. Geminæ columbæ Aeneidos sexto, Aeneæ datur auguratur, Veneris filio, & regi. nam ad reges pertinet columbarum augurium, quia nunquam solæ sunt, sicut nec reges quidem. Animæ alas, quas ei Plato attribuit, contemplatiuam intelligamus uirtutem, atꝗ item moralem, &c. Colum bas sanè geminas ad aureum ramum inueniendum Aeneæ duces, non aliud quàm hasce alas esse contenderim, quibus connitentibus erigitur mens ad sapientiam, auri nomine sæpius significatam,
50 Sed & à Venere mittuntur, quia amor diuinorū eximius alis præstat alimenta, quibus surrigimur, mox & in deum transimus. Quam rem illa significant, Tollunt se celeres, liquidumꝗ per aëra lapsæ Sedibus optatis gemina super arbore sidunt, Cælius. Telemacho locuto ἐπίπταν δεξιὸς ὄρνις Κίρκος Ἀπόλλωνⓢ ταχὺς ἄγγελⓢ, ὃν δὲ πόδεσσι Τίλλε πέλειαν ἔχων, κατὰ δὲ πτερὰ χεῦεν ἔραζε, Odysseæ Θ. Circum de genere aquilarum(accipitrum)columbam discerpentem unguibus, felix nuncium attulisse Ho merus uoluit, Alexander ab Alexan. ¶ De columba Aretullæ Martialis carmē lib. 8. numero 32.

Aëra per tacitum delapsa sedentis in ipsos	Fluxit Aretullæ blanda columba sinus.
Luserat hoc casus, nisi inobseruata maneret,	Permissaꝗ diu nollet abire fuga.
Si meliora piæ fas est sperare sorori,	Et dominum mundi flectere uota ualent:
Hæc à Sardois tibi forsitan exulis oris	Fratre reuersuro nuncia uenit auis.

60 ¶ Charon Lampsacenus in Persicis de Mardonio scribēs, & exercitus Persici interitu circa Athon montem(cum triremes Persarū Athon præterlegentes perirent, Aelianus in Varijs,) Tum(inquit) primum columbæ albæ in Græcia uisæ sunt, cum prius non fuissent, Athenæus.

B 2

¶ Somnia. τευλομράς βλέπων ἢ περξωνὰ βλαβιω, Senarius apud Suidam, hoc eſt, Columbas uidere malum aliquod præſagit. Aſpaſia Hermotimi filia Phocenſis uiri pauperis, cum metum ei maximo formæ detrimento intumuiſſet, nec haberet unde ſumptum in medicos faceret, in ſomno columbam uidit: quæ in muliere mutata bono animo ipſam eſſe iuſsit, & roſea ſerta Veneris iam arida cotrita tuberi imponere: quod cum feciſſet, tumor euanuit: ipſaq̈ rurſus inter formoſiſsimas puellas numerata eſt aut potius omnibus prælata. Tandem inuita relicto patre ad Cyrum Darij filium adducta, una omnium concubinarum chariſsima illi fuit. Vnde Aſpaſia inſomnij memor, Veneri ſacrificia gratificatoria peregit: & ingens idolum in honorem eius faciendum curauit, iuxta quod gemmis picturatam columbam ſtatuit. Deinde Cyro in prælio contra fratrem occiſo, ab Artaxerxe quoq̈ ſimiliter amata & in honore fuit, ut multis ſcribit Aelianus ab initio lib. 12. Variæ hiſt.　　10

¶ Columbæ Syris ſacræ fuerunt, quòd Dercetus deę Syriæ filiam Semiramidem aluiſſe crederentur, ut ſupra ex Diodoro Sic. recitauimus. Aſſyrij columbam coluerunt, Gyraldus. Et rurſus, Syri piſces & columbas deos ſibi conſecrarunt. (quamobrem iniuria affici non patiebantur, Xenophon Anabaſeos primo.) Chaoniæ Vergilio dictæ ſunt columbæ ab Epiri parte. nam olim in Dodona ſylua Epiri oracula reddebant. quod ideo fingitur, quia lingua Theſſala Peleiades & columbæ & uaticinatrices uocatur, Seruius. Πελειαι, columbæ & uaticinatrices in Dodona, Heſych. Mulieres Dodonæi oraculi antiſtites (ut ſcribit Herodotus lib. 2.) aiut geminas ex Aegypto columbas aduolauiſſe, utranq̈ nigram, unam quidem in Africam, altera in Dodonam: quæ ſago inſidens humana uoce elocuta ſit, eo loci Iouis oraculum condi debere, & ſe interpretes eſſe. Eam uerò quæ ad Afros abiiſſet columbam, iuſsiſſe Afris ut Ammonis oraculum conderent, quod oraculum & ipſum Iouis eſt. Sic illæ referebant, quarum antiquiſsimæ nomen erat Promeneæ, proximæ Timaretæ, minimæ natu Nicandre: De quibus ita mea fert opinio. Si reuera Phœnices ablegauerunt foeminas ſacerdotes, & earum alteram in Africa, alteram in Græcia uendiderut: hanc quæ in Græcia illa quæ Pelaſgia uocabatur, uænijt, eam eſſe quæ apud Theſprotos uænijt atq̈ deinde ancillantem ibidem condidiſſe ſub ſago enata ſanum Iouis, quemadmodum mos erat Thebis miniſtrare in Iouis templo. Et poſteaquam illa linguam Græcam accepit, dixiſſe aiunt, ſororem ſuam in Africa ab eiſdem Phœnicibus (ut ipſa fuiſſet) uænundatam. Quòd autem mulieres à Dodonæis columbæ uocatæ ſunt, ob id mihi uidetur factum, quia barbaræ eſſent: quòd uidelicet ſimile quiddam auibus ſonarent. Interiecto deinde tempore columbam humana uoce locutam aiunt, poſtquam more ipſorum mulier locuta eſt, tandiu uolucris modo ſonare uiſa, quandiu barbare loquebatur. Nam columba quedammodo humanam uocem ſonat. Nigram autem columbam eſſe dicetes, Aegyptiam foeminā ſignificant. Sunt itaq̈ ſimillima inter ſe oracula, & illud apud Thebas Aegyptias, & hoc apud Dodonam, &c. Hæc omnia Herodotus. Paleſtæ locus Epiri eſt apud Oricū, ut Lucanus in quinto Pharſaliæ innuit. Eum uerò locum Paleſtæ dictum aliqui putant, quoniam geminæ columbæ fatidicæ è Syria Dodonam euolauerunt, quæ Paleſtinæ ſunt appellatæ. In illis quoq̈ fuiſſe inferorum oſtium ferunt, item Acheruſiam, Gyraldus, aliqui uerò (ait) Palæſtinas deas in Faſtis Ouidij pro Furijs accipiunt. ¶ Perſæ columbas albas abigunt propter leucæ affectionis odium, Cæl. ex Herod.

¶ Græci recte dicunt & ſentiunt columbam Veneri ſacram eſſe, Plutarchus in libro de Iſide & Oſirid. Etymologiæ cauſam addit, quoniam maxime ſeruent ad coitum, & ſæpius anno pariant, quod aliæ aues non faciunt. Hinc epitheta apud poetas, Cythereiades, Cytheriacæ, Dionææ. Vt albulus columbulus Dionæus, Catullus in epigrammate Cæſaris mollitiem notans, λευκὸς Ἀφροδίτης εἰμὶ γὰ πελειρὸς. Alexis apud Athenæum. Venerem curru uectam aliquando legimus, columbis tracto, ut in ſexto facit Apuleius: quod & Phurnutus interpretatur, propter columbæ puritatem & caſtitatem, propter q̈ oſcula, ut in Periſteræ puellæ fabula, in hanc auem conuerſæ Lactantius Grammaticus retulit, Gyraldus. Et alibi, Veneri albas columbas dicabant ueteres, & ideo Aeneas apud poetam maternas appellat aues. Athenæus author eſt in Sicilia ad Erycis montem ſtatis quibuſdam diebus, quas loci illius accolæ profectorios (ἀναγωγὰς) appellant, quoniā Venerem inde in Libyam quotannis id temporis proficiſci (ἀναγχ̄θω, quod uerbū proprie dicitur de naui ſoluente) conſtantiſsime credant, nullas eo tractu columbas uideri, (reliquo uerò tempore ingentem earundem auium copiam, ſuper deæ templo ſuperuolare conſtat, Aelianus in Varijs:) ueluti quæ abeunte uenerantes deam cum illa peregre ſint profectæ. Quæ poſtea nonam poſt diem (ἐν τοῖς λεγομένοις κατ-αγωγιοις, hoc eſt in feſto reuerſorio. nam καταγχ̄θω de naui ad littus appellete dicitur) una præueniente, quæ ex mari in Veneris templo uolare percipitur, omnes uno turmatim agmine illico adeſſe uiiuntur. Quamobrem incolarum profuſiſsimo gaudio, quod magnificis epulis locupletes teſtantur, cæteri qua poſſunt hilaritate & applauſu, feſtum concelebratur hoc tempus: uniuerſuſq̈ regionis illius tractus butyrum olere dicitur, quod aduetantis deæ certiſsimum eſſe indicium perhibent, Nicolaus Leonicenus in Varijs ex Athenæo 3. 64. meminit etiam Aelianus in Varijs. & in Animalium hiſtoria poſt reliqua, Nouem (inquit) diebus lapſis, unam forma inſignem ex pelago Libyco ſpectari aiunt reuolantem, quæ non ſit quemadmodum reliquæ gregales liuiæ columbæ (ſic habet Gillij tranſlatio) ſed rubra, qualem nobis Anacreon canit eſſe Venerem: quum eam quodam loco purpuream & auro ſimilem canit. Hanc cæterarum greges ſequuntur, & rurſus Erycini reuerſionis dies celebrant.

¶ Sacrifi-

¶ Sacrificia. Geneſeos 15. columbam legimus adhibitam fœderi pangendo. Columbæ pulli quomodo ſacrificandi, uide Leuitici 1. & 14. Turtur aut columba quomodo offerendi, Leuitici 5. Turtures duos uel duos pullos columbarum non potens offerre, offerat decimam ephi ſimilæ, ſine oleo & thure, Leuitici 5. Cum expleti fuerint dies purgationis, &c. pullus columbæ ſiue turt. pro peccato offeratur, Ibid. 12. Par turturum aut duos pullos columbarum, Lucæ 2. Columbas uendentibus dixit: Auferte iſta hinc, &c. Ioan. 2. Matth. 21. Marci 11. ¶ Ergo ſæpe ſuo coniunx abducta marito Vritur in calidis alba columba focis, Ouidius lib. 1. Faſtor. de ſacrificio auium loquens.

¶ Metamorphoses. Semiramis in columbam mutata memoratur Ouidio, libro 4. Metamor. his uerſibus: Vt ſumptis illius (Dercetidis) filia pennis Extremos altis in turribus (aliás montibus,
10 quod magis placet) egerit annos. Grammatici Græci, ut Varinus, ſemiramin, columbam montanam interpretantur. Transit (Medea in aëre uecta) & antiquæ Carthæia mœnia Cææ, Qua pater Alcidamas placida de corpore natæ Miraturus erat naſci potuiſſe columbã, Ouid. lib. 7. Metam. Idem lib. 15. Metam. Anij filiarũ, quæ omnia ſuo tactu in frumentum, uinũ oleṹue conuertebant, in columbas mutationem memorat. Achiui commemorant (Autocrates ſcribit, Athenæus) Iouem ipſum in figuram columbæ uerſum eſſe cum amaret Phthiam uirginẽ habitantem in Aegio, Aelianus in Varijs: & Athenæus, cuius uerba mutila ex Aeliano reſtitui poſſunt. Periſteram puellam in columbam conuerſam Lactantius Grammaticus refert, Gyraldus.

¶ Prouerbia. Aquilæ columbam non generant: Vide in Aquila h. ¶ Mitior (uel Manſuetior) columba, πϱαότεϱ◌ πⲟⲛⲥⲫⳤ, Columbina ſimplicitas ac manſuetudo, laudatur etiam in diuinis
20 literis. Nam hoc eſt columba in auibus, quòd ouis in quadrupedibus. Ipſa nulli animantium medi-ratur noxam: nec aliunde præſidium habet aduerſus miluios, quàm à celeritate uolandi. Adagij meminit Diogenianus, Eraſmus. ¶ Palumbem pro columba, φꙗ̈τꙗⲡ πⲟⲛⲥⲫⳤ, ſubaudi uerbum ad ſententiam accommodatũ. In epiſtola Mormiæ neſcio cuius ad Chremetem, (in epiſtolis Aeliani:) Αὐλητϱίδα δὲ λυσάμⲗⲛ◌ ῆς ἔτυχον σ̓ῶν, νύμφης σ̓ολλὼ αὐτῇ πⲟϲⲓⲕⲁⲗⲟⲩ ἐπανήγαγέ μοι φꙗ̈τꙗⲡ αὐτὶ πⲟⲛⲥⲫⳤ φασὶν, ἑταῖϱαν αὐτὶ νύμφης. id eſt, Redemptam tibicinam quam forte amabat, ſponſǽɋ ſtola amictam mihi induxit columbæ loco palumbam, ut aiunt, meretricem pro ſponſa. Vſus eſt Plato in Theæteto, ⲗⲁⲕ̓ⲟⲩ ὅἰⲟⲩ φꙗ̈τꙗⲡ αὐτὶ πⲟⲛⲥⲫⳤ. id eſt, Si uelut accipiat palumbem pro columba. Error eſt in re non in ipſa ſcientia. Palumbes aũt columbis ſunt adſimiles. Coueniet, ubi quod deterius eſt & adulterinum, pro eo quod eſt præſtantius ac legitimum ſupponitur, Eraſ. ¶ Columba ſedens: Vide
30 ſupra in ε. ¶ Columbæ prius uacabunt turres, dè re incredibili dixit Ouidius 1. de Ponto. Nam prius incipient turres uitare columbæ, Antra feræ, pecudes gramina, mergus aquas: Quàm ma-le ſe præſtet ueteri Grecinus amico. ¶ Non tam ouum ouo ſimile, quàm illud prouerbij ſpeciem præ ſe fert, quod eſt apud Iuuenalem Sat. 1. Dat ueniam coruis, uexat cenſura columbas. Pœna legum exercetur in humiles quoſpiam, & à quibus ob ingenij mãſuetudinem aliquid emolumenti poteſt auferri. Rapacibus ignoſcitur. Sumptum eſt ab apophthegmate Anacharſidis, qui hoc dicto eluſit ſtudium Solonis in coſcribendis legibus, quemadmodum refert Plutarchus in uita Solonis. Leges (inquit) aranearum telis adſimiles dicebat, propterea quòd in illas ſi quid leuius aut imbecillum incurrerit, hæret: ſin maius aliquid, diſſecat ac fugit. Ad eandem pertinet ſententiam quod in Phormione ait Terentius: Quia non rete accipitri tenditur neɋ miluio, Qui malè faciunt nobis,
40 illis qui nihil faciunt tenditur. Quia enim in illis fructus eſt, in illis opera luditur, Eraſmus. Hoc ſenſu Germani proferunt, **Die groſſen dieben henckend die kleinen.** Et, **Die kleinen dieben henckt man an den galgen/die groſſen in den ſeckel:** Vel, **die groſſen laſt man lauffen.** ¶ Socrates ad Theodotam lib. 3. Apomnemoneumatum apud Xenophontem, Vtrum (inquit) fortunæ permittis, num quis amicus ad te ut muſca uolet, (pro quo noſtri dicunt, Expectare columbã aſſam ori hianti inuolaturã, **Warten ob einem ein gebꝛatne tuben in das mul fliege:**) an uerò tu etiam aliquid machinationis confers? ¶ Quos de re leui & uili cõtendere ſignificamus, de ſimo columbino certare dicimus, **Vmb ein tuben dꝛeck haderen.**

COMMVNIA QVAEDAM OMNI CO⸗
50 lumbaceo generi.

QVANQVAM in hiſtoria columbæ manſuetæ iam perſcripta, plurima omni columbaceo generi (quod complectitur mãſuetas, agreſtes, palumbes, liuias, œnadas & turtures) communia dicta ſint: uiſum eſt tamen hic ſeorſim breuiter ea conſcribere quæ authores communia eſſe expreſſe docuerunt, quæ cum pauca ſint, facilius ſic inuenientur.

C.

Proprium columbis & palumbis & turturibus eſſe uidetur, ne collum cum bibunt reſupinent, niſi ſatis hauſerint, Ariſtot. Omnes uno tractu bibunt demiſſo capite, & non erigunt in potu ſæpe capita ſicut aliæ aues, nam collum earum breue & amplum eſt, & multæ aquæ capax, in alijs auibus
60 non item, Albertus. ¶ Cantus omnibus ſimilis atɋ idem trino conficitur uerſu, præterɋ́ in clauſula gemitu, hyeme mutis, uere uocalibus, Plinius 10. 35. uidentur autem hæc uerba non ad palumbes tantum pertinere, ut quidam putauit, ſed ad omne genus columbarum. A ſono uocis turtur

B 3

uocatur,& gemit pro cantu,ficut & cætera genera columbarum,Albertus. ¶ Columbæ (& huius
generis aues) coniugium mutuum ad mortem ufcɋ non deferunt. & altero coniugum extincto al=
ter uiduus manet,Ariftot. apud Athenæum. ¶ Columbæ uel decies anno, aliæ (ut palumbes, tur
tur, uinago,) femel anno & parcius generant, Ariftot. ¶ Pariunt magna ex parte bina oua quæ
fpecie columbacea continentur omnia,ut palumbes,ut turtur:fed complurimū terna,palumbes,&
turtur, Ariftot. Columbariū genus cur multoties pariat,fed pauca,bina plerunɋ oua: Vide in Co
lumba c. Mare uno contenta,& turtur & palumbes uiuit, (ut & columbæ,) nec alterum recipit,
Ariftot. Incubat uiciffim omne columbaceum genus, Athenæus ex Ariftot. Vide fupra in Co=
lumba c. ubi etiam ex Ariftotele caufam fcripfi, cur palumbes,turtures & columbę,imperfectos &
cæcos pariant pullos. ¶ In omni columbaceo genere mares quàm fœminę minus uiuaces uiden
tur. uide in Palumbe.c.
    ¶ Sanguine columbæ, palumbi aut turturis ad remedia utare parum intereft,ut ex Galeno do=
cuimus in Columba G.

DE COLVMBIS FERIS IN GENERE.

SEMIRAMIS columba montana eft,Hefychius & Varinus. Vide fupra in Columba h. in=
ter Metamorphofes. ¶ Indi ad regem fuum afferunt columbas quas negant manfuefieri poffe,
Aelianus. ¶ Erunt in montibus quafi columbæ côuallium,Ezechielis 7. ¶ In Italiæ quibufdam
locis muftelis domefticis,ut audio,utuntur,ut extrahant columbas è cauernis uel nidis fuis. ¶ Co
lumbæ feræ,quæ autumno auolant,uerno ante cæteras aues ad nos reuertuntur,ut audio.Sed Ari=
ftoteles,Veniunt (inquit,columbæ feræ) ad noftra loca cum iam fecerint prolem. cætera ueró om=
nia quæ æftate accedunt,nidulantur apud nos,& carne magna ex parte fuos enutriunt pullos, exce
pto columbaceo genere.

F.

Ius confumptum quomodo fiat ex capo aut columbis fyluaticis &c. in Capo monftrabimus
ex Platina.

G.

Columbos mares fylueftres in cibo membris trementibus ac refolutis, & linguæ ad loquen=
dum impeditæ prodeffe conftat,Arnoldus Villanou. in Antid. Columbarum fylueftrium fimum
priuatim contra argenti uiui potum ualet, Plinius: Diofcorides ad eundem ufum aridum bibi fua=
det cum nardo & uino.

DE COLVMBIS FERIS QVIBVSDAM,
porcellana, faxatili,œnade.

PORCELLANAE Venetijs dicuntur columbæ quædam maritimæ,roftro pedibufɋ rubris,
cætero nigræ.
    ¶FRANGOLINI, columbarum (gallinarum potius. uide in Attagene) fylueftrium fpecies
eft, poft perdices & coturnices in ufu,Nic.Maffa.
    SAXATILES columbas, Steintuben / in quibufdam Rhætiæ locis uocari audio maiores
manfuetis,colore cinereo,quæ in faxis nidulentur. has frequentes apparere aiunt eo tempore quo
prata demeffa funt,quòd tum locuftas perfequantur. Eadem,ni fallor,colombo faffarollo dicitur.
Columba faxatilis Varroni inter altiles nominatur, &c. uide in Columba fimpliciter A. Lituia e=
tiam aliquando in templorum muris & montium rupibus nidificat, fed ea minor eft quàm colūba.
    OENAS (Vinago ut Gaza uertit) autumno potiffimum & confpicitur & capitur: (unde & no
men à uino,feu uindemiæ tempore ei inditum coniectura eft:) cui magnitudo maior columbo, mi
nor quàm palumbi eft,quod & Aelianus repetit. Modus maximè capiendi eam dum fe in aquam
bibendo propendit,Ariftot. Frugibus quoɋ uiuit ut columba,& bina parit oua, Arift.6. 1. hift.
anim. ubi Gaza de fuo addit femel tantum anno eam parere. id quod de œnade uertum mihi uide=
tur, turturem uerò de qua fimul ibidem agit, bis anno parere conftat. Veniunt ad noftra loca cum
iam fecerint prolem,Ariftot.hift. 8.5. uidetur autem de turture fimul & œnade ea uerba protuliffe,
Euftathius œnadem maiorem columba effe fcribit, colore quem Græci οἰνωπὸν appellant, (qualis
fcilicet uini nigri eft,uel qualis in uuis nigris maturis apparet:)ut ab eó ne colore,an uindemiæ tem
pore quo capitur,œnàs dicta fit dubitemus. οἰνὰς,genus corui,aut columba fera, (aliás,columbæ
feræ fpecies,) Hefych. & Varinus. οἰνιὰξ, fpecies corui,Iidem. οἰνὼ Hebraicè & Syriacè figni=
ficat columbam illam,quam Græci uocant οἰνσιὸα, Tzetzes. Vide in Columba A. Quidam Galli
cè interpretatur œnadem,grand columb,id eft columbam magnam,uel bifet:Robertus Stephanus
coulomb bifet. Oenáda etiam interpretantur aliqui locum uitibus confitum. οἰνὰς,ἀμπελώϵ πε
πτοι,Hefych. οἰνάϵλας ἀϰτὰς,ἀυτὰ τῷ οἰνουχϵίϲ,Idem. οἰνὰς auem fignificat, non (ut quidam pu
tant) uitem. in Sparta quidem etiam οἰνὰϲ́οθϵϲα quidam uocantur ab huius auis aucupio,Aelianus.
Vifcum nafci aiūt ab excremento œnadis,cum illa uifci deuorato femine fuper arbore aliqua excre
uerit,Athenæus. Plinius pro œnade palumbem reddidiffe uidetur : Vifcum (inquit) fatum nullo
modo nafcitur,nec nifi per aluum auiū redditū,maximè palūbis & turdi. ¶ Alia eft OENANTHE
auis,

auis, ὀινάνθη, Aristoteli & Plinio,(uitifloram Gaza reddit,)quæ statos latebræ dies habet, exoriente
Sirio occultata,ab occasu eiusdem prodit:quod miremur,ipsis(ijsdem) diebus utrunqʒ. Vitat enim
interdum frigora,aliâs æstum. Plinius sanê lib. 18. cap. 30. eadem de parra & uireone scribit, quæ
lib.10.cap.29.de œnanthe & chlorione, ut œnanthen parram eum transtulisse appareat. Niphus
œnanthen à colore simili germinantes uuis dictam conijcit. Est & uua œnanthe quam uites syl=
uestres ferunt,quæ cum flore colligitur,suauissimo odore cum floret,ut & satiuæ uitis: qualis puto
& tiliæ & fabarum florentium est,hinc œnantharia medicis dicta. ¶ Oenas(inquit Guil.Turne=
rus Anglus) mihi nunquam hactenus uisa est:nec quid habeat nominis apud nostros aut apud Ger
manos,compertum habeo. Vidi tamen Venetijs columbos his nostratibus sesquialtera proportio=
ne maiores,sed hos non uinagines fuisse credo, sed columbos è Campania ad Venetos aduectos,
ubi Plinius columbos scribit esse grandisimos. Niphus in Aristot. de hist. anim. 8.3. dubitat an
uinago sit genus illud columbæ,quod in Italia habeatur ex columbo cellari & palumbo nascens.&
quoniam Aristoteles hoc in loco columbarum genera numerans peleiadem omittit,ut libro quinto
œnadem, dubitat an œnàs & peleiàs eadem auis sit.Sed œnadem Aristoteles columbâ maiorem fa
cit,peleiadem minorem. Oenàs etiam canis nomen est apud Xenophontem, si bene memini.

DE LIVIA COLVMBA.

COLVMBACEI generis est liuia(πελειὰς, à liuore dicta,) minor quàm colūba, & minus
patiens mansuescere,liuet etiam plumis & penè nigricat(Græcè simpliciter,nigra est,)&
pedibus rubidis scabrosisqʒ est:quas ob res nullus id genus cellare alit, Aristot. Gaza in=
terprete:ex quo etiam Athenæus repetijt, & Aelianus in Varijs lib.1. Apparet sanê πε=
λειάδ'α(poetæ etiam πέλειαν dicunt,)à colore liuido dictam,quam Græci πελιὸν & πελιόν & πελιδνὸν
uocant. Vide in Columba H.a. ubi etiam ostendi πέλειαδ'α Doricè & poeticè simpliciter pro colum=
ba accipi. A πέλεια fit πελειὰς,ut à μαῖα μαιὰς, Etymologus. Γέλεια non simpliciter columba est, sed
species columbæ nigrioris,ut dictio ipsa subindicat, Eustathius in Homerū. Γέλεια, genus colum=
bæ simile palumbi, Varinus. Γέλεια,columbæ nigræ,φρᾶσσαι, Hesych. legendum autem φᾱσσαι, id
est palumbes. quanquam palumbium genus diuersum sit, & maius. Liuiæ discedunt & palum=
bes,nec hybernare apud nos patiuntur, Aristot.
¶ Columbæ cauernarum nigræ sunt aliquantulum, & in arboribus habitant,Albertus. Et rur
sus,Columbæ belez(uox corrupta à Græca πελειάδ̔ς)domesticis griseis (fuscis) similes sunt, mino=
res:& uocatur apud nos columbe cauernarum(Lochtuben uulgo,Kleine wilde Tuben:& alicubi,
ut Turnerus scribit,Holtztaube,)& insident arboribus.uolant gregatim,nec cicurantur.& si reti=
neantur,non pullificant. Nidificant nō in lapidibus aut muris, sed potius in cauernis arborum,aut
in arboribus,pedes eis asperi,ualde rubei,Hæc ille. Columbæ syluestres in turribus & moritiū ri=
pis nidificant,domesticis minores,à nonnullis liuiæ quasi liuidæ dictę,harum simus ad sinapismum
requiritur,Monachi in Mesuen.Niphus Italicè uulgo palumbellas dici scribit:& sanê Latinè etiam
palumbus minor rectè appellabitur,nam maior est qui simpliciter palumbus dicitur, uel ad mino=
ris differentia torquatus. A Gallis liuia croisseau appellatur,Brabandis croisi. Anglicè stocdoue,
ut Turnerus docet.
B.

Vidi ego apud nos liuias captas cum aliâs tum Februario etiam & Augusto mensibus. Auis

B 4

ea columbæ domesticæ specie persimilis est, paulò minor.pedibus rubet. rostrum albicat, circa na=
res tamen purpurei parum habet. Plumæ ubiç cinereæ, sed in cauda extrema pennæ nigrescunt,
mediæ subruffum aliquid habet.Collum pronum & ad latera partim purpureas, partim subuirides
plumas habet, pro diuerso ad lucem positu hoc uel illo colore splendentes. Collum supinum ex ci=
nereo purpureum est.Alarum pennæ quatuor longiores nigricant cum aliquo subruffo colore:mi
nimæ cinereæ sunt:mediæ partim cinereæ, partim ad extrema nigricant, & earundem utinæ dor=
sum uersus subruffæ sunt. Longitudo à rostro ad extremam caudam dodrans & digiti quinç ferè.
Differt à palumbe quòd & multò minor est, & maculas albas circa collum & in alis ut illa non ha=
bet. ¶ In India liuiæ columbæ uirides pennas habent, ut primo aspectu, si quis in auium cogni=
tione rudis sit, psittacum non columbam dicat, Rostrum illis & crura Grçciæ perdicibus sunt simi= 10
lia, Aelianus.

c.

Columbe cauernales glandibus & granis uescuntur, Albert. Semper cateruatim noctu propè
pagos in aliquam arborem aduolant, & eandem singulis noctibus repetunt, ut Brabandus quidam
nobis narrauit. Nidificant liuiæ in cauis aliquando arboribus & templorum muris, Turner. Per=
dicum uita amplius quàm ad sedecim annos extëditur, Aristot.histor.anim. 6.4.sed cum eo in loco
de columbaceo genere agat,suspecta est dictio περδικος: & tradunt aliqui (ut Niphus annotauit) in
uerioribus codicibus legi πελειαι.

D.

Liuiæ, ut audio, cicurari non solent.

F.

Quod ad cibum attinet, liuiis conuenire uidentur omnia ferè quæ in palumbe asseruntur.
Aridior si te delectat forte columba Liuia, turrita quæ tibi ab arce cadit: Non sapiat torquata
minus mihi cara palumbes, Si modo fert molles non diuturna (non annosa) dapes, Bapt. Fiera.
Liuiæ apud nos, ut audio, palumbis, tanquam teneriores, in cibo præferuntur.

¶ Πελειας columbæ genus est imprimis timidü, quare & τρηρων dicitur, Eustathius. Sed idem do=
cet peleiáda Doribus(ac poetis, qui & peleian efferunt)columbã simpliciter sonare. & τρηρων com=
mune esse epitheton columbarum omnium; quandoç etiam per antonomasian τρηρων simpliciter
pro columba usurpatur. Apud Homerum Odysseæ 12.legitur supra Planctas petras marinas nul=
las aues transire posse, sed ne peleias quidem, quæ Ioui patri ambrosiam afferat, quo nomine scilicet 30
maior reuerentia eis deberetur. Non modo(inquit Eustathius enarrator)poeta ne peleias quidem
supra Planctas transire posse canit, propter pernicitatem harum atium in uolatu:sed etiam ut impu
dentiam earum argueret, quæ ne ijs quidem auibus parcant, quæ Ioui ambrosiam adferant, Eusta=
thius. Alexander Paphius tradit Homerum Aegyptijs parentibus Dmasagora patre & Aethra
matre natum,nutricem habuisse prophetin quandam,filiam Ori sacerdotis Isidis:ex cuius mamillis
mel aliquando in os infantis manauerit,unde is noctu uoces nouem diuersas ædiderit, hirundinis,
pauonis,columbæ,cornicis,perdicis,porphyrionis, sturni, lusciniæ & merulæ: & puerum inuen=
tum esse cum nouem columbis colludentem in lecto, & aliquando Sibyllam in conuiuio apud pa=
rentes pueri insania captam carmen effudisse,cuius initiü, Δμασαγορα πολυαις, in quo Dmasagoram
etiam μεγαλαι & σεφανιτω appellârit,& templum nouem Pegridarum, hoc est Musarum, condere 40
iusserit, Hoc illum fecisse, & puero iam adulto rem omnem aperuisse. Itaç poetam in honorem
auium quibus cum infans collusisset,finxisse eas ipsas Ioui ambrosiam aduehentes, Idem. Et rur=
sus,Poetæ Pleiades sydus Peleiades nominant per epenthesin, nam Simonides eas πελειαδ'ας υξανιαι
(& Atlantis filias,Athenæus)uocat,& τρηρωνας cognominat; unde quidam decepti aues intellexe=
runt.Pindarus οριας πελειαδ'ας dicens, tanquam υσιας, situm earum ülö φ'ι ιξας, id est in cauda tauri in=
nuit:Aeschylus easdem ασρορος πελειαδ'ας, (id est inuolucres, ut uitaret homonymiam cum auibus,
Athenæus.)& Lamprocles,Αι ποτεναις(pro πλειαις)ὁμωνυμοι πελειασιν ζν αιθερι κεινται, Item Euripides,
Επταπορε δ'ρομημα πελειαδος.& Theocritus(Idyl.3.)Αντλλουν πελειαδες. Homerus certe Pleiades inter
stellas fixas tanquam celeberrimas agnouit:nam in Aspidopœia ante cæteras earum meminit. De
ijsdem Mœro Byzantia sic cecinit, Ζευς τρηρωσι πελειασιν ωπασε τιμlω, Αι δ'η τοι θερ'ω και χειματω 50
αγγελοι εισι.Conuenit autem his quoç(non tantum πελειασιν,id est liuijs columbis propriè dictis)epi=
theton τρηρωντς, quòd Orionem fugiant,ut in fabulis est, persequentem matrem ipsarum Pleionen,
πλαϊονlω,à qua secundü aliquos Pleiades denominantur,Hæc omnia Eustathius ex undecimo Dip=
nosophistarum Athenæi mutuatus. Mœro(aliàs Myro)etiam Byzantia(inquit Athenæus)nõ pe=
leiades,sed Pleiades, in poemate Mnemosyne, Ioui ambrosiam ferre canit. nec abs re id singitur à
poetis:quoniam Pleiadibus quoç ortu occasuç partium anni discrimina & arationis messisç tem
pus (id est generationis frugum & perfectionis)significant:unde Hesiodus, πλαϊοδ'ων Ατλαγενεων ü
συλλομλναων, Αρχεσθ'αμητοι, αροτοιο δ'ε δ'υσομλναων. Et Aratus, Iupiter (inquit) Pleiadibus θερ'ω και
χειματω αφρομλνοιο Σημαιναν επιγινουσ επιερχομλν'ο τ' αροτοιο. Et sanè multò augustius fuerit stellas Ioui
ambrosiam ferre, quàm columbas confingi. Cæterum figmentum Mœrus,cuius etiam carmina re= 60
citat Athenæus, huiusmodi est:Cum Iupiter in specu quodam Cretæ nutriretur,Peleiades τρηρωνες
ambrosiam ei ex Oceano afferebant, nectar uerò è saxo quodam rostro hauriens aquila. Has aues
postea

postea Iupiter uicto patre Saturno, ut gratiam referret, inter sydera collocauit, quæ aquslam uocant
& Pleiades.   Author etiam astronomiæ quæ in Hesiodum refertur Peleiades semper pro sydere
dicit. Itaq̃ Homerum quoq̃ uerisimile est in Nestoris poculo sydus sic appellasse: quod cum aures
siue ansas geminas haberet, utraq̃ scilicet in binas partes uersus poculum rursus coeuntes diuisa, ut
cum binæ sint aures, & circa utranq̃ (ποδεὶ ἑκάτερον) binæ Peleiades spectentur, & rursus aliæ duæ sub
fundo poculi, in uniuersum sex habeantur, quot scilicet in cœlo etiã conspiciuntur. Sed cum poeta
πόδε ἑκασον dixerit, geminæ columbæ circa unanquanq̃ binarum aurium diuisionem, quæ quatuor
sunt numero, non debent accipi: sic enim octo fierent. Potuit autem ἑκασον pro ἑκάτερον dicere, quo=
niam ad unum principium binæ diuisiones aurium rursus conueniunt. Sed præstat illum qui plura
10 super hoc Nestoris poculo & allegorica eius ad cœlum relatione, nosse uoluerit, ad ipsa Athenæi
uerba remittere.   Quòd ad imaginem uel sculpturam attinet, potuerunt (inquit Athenæus) Pleia=
des in illo uel auribus uel uirginibus similes fuisse, sed stellis exornatæ.   Extat super eodem poculo
elegans Alciati Emblema, Scyphus Nestoris inscriptum.   Δοιαὶ δὲ πελειάδες ἀμφὶς ἑκασον (scilicet ὦς
τὸ πoτηρίᾳ)   Χρύσειαι νεμέονται. Iliad. λ. ubi Scholiastes: Pascebantur, id est pascentibus & uiuis simi=
les erant columbæ seu liuiæ similes.

   ¶ Πελειάδος columbæ epitheta, habes supra in Columba simpliciter. sunt enim fere cõmunia, &c.
   ¶ Ἴθματα πελειάσιν ὁμοῖαι, Homerus Iliad. ε. de Iunone & Minerua. id est, progressu suo similes co=
lumbis, quarum uestigia occulta (ἀφανῆ) esse scribunt antiqui, & nõ pro ratione magnitudinis discre
ta, Varinus.   ¶ Πελειάς ἡμέρη, uide supra in Colũba Ε. ab initio.   ¶ Οἱ δ᾽ ἄλλοι εἴξαντες ὑπέτρεσαν, ηὔτε
20 κίρκος   εἰκυπέτας ἀγέληδ᾽ ὑποτρέσωσι πέλειαι, Apollonius in Argonaut.   Et alibi, Ηῦτε κίρκοι   φῦλα
πελειάων κλονέουσιν. Idem lib. 2. Phineum fingit Argonautis suadere, ne per Symplegades petras na=
uigent, nisi prius eminus emissa columba, οἵων δή προσθε πελειάδι πειρήσασθε, ut si illam uiderint inco
lumem euadere per ipsas, sequantur : sin minus, retrorsum nauigent tanquam prohibentibus diis,
ubi Scholiastes, Veteres (inquit) nauigaturos usos esse columba (præmissa scilicet supra mare tan=
quam duce nauigationis) Asclepiades etiam testatur in Tragodumenis.   Λυπεῖσθε πελειάδες ἀλλὰ καὶ
ὑμεῖς, Theocritus in Epitaphio Bionis Idyl. 19.   Αἰετὸς ὀξὺ κικλήγως   Ἠλή ἀρπινέησιν ἔχων ὀνύχεσσι πε=
λειαν   Εσσυμένως ὁμικσῃ αφιδρός, Q. Calaber lib. 1. auspicium hoc referens Priamo Iouem orante ui=
sum.   Ἡ Κύπρος ἔχει πελειας ἀξαφόρας, id est Cyprus præstantissimas habet colũbas, Antiphanes apud
Athenæum. Celebrantur sane hodieq̃ à nostris etiam columbæ Cypriæ.   Πελειάδα χερει μεμαρπώς, &
30 πελειοθρέμμονα νῆσον, Varinus citat ex poeta quospiam.   Idem in uoce Κίχλαις, Turdis (inquit) & co=
lumbis (πελέαις) Homerus Odysseæ χ. comparat ancillas Penelopes, turdis forte, à cichlismo, id est
inconcinno & lasciuo risu, quo utebantur ut se mutuò exhilararent, columbis uerò propter libidi=
nem, ad quam hæ aues prociliues sunt: ὡς τὸ παντροφον οῑᾷ τὸ ἀεὶ μιγνυέθαι.   ¶ Cum Phineus ab Iaso=
ne consilium petente, deberetne cum Argonautis inter Symplegadas petras nauim transmittere,
nauis eam quæ columbæ (πελεάσθ) celeritatem esse audiuisset, columbã præmitti iussit: quæ si salua
euaderet, ipsis etiam tutam fore eam nauigationem. Premissæ igitur columbe postrema tantum cau
dæ parte retenta, Argonautæ illam sequuti sunt, & nauis similiter Symplegadum cõcursu extremæ
tantum proræ confractæ damnum passa est, Eustathius in Odysseæ μ.   Meminit etiam Ouidius in
40 Ibin, ut retuli in Columba h.

DE PALVMBE.

COLVMBACEI GENERIS SVNT:

I.	PHATTA maxima, palumbus maior.	IIII.	COLVMBA.
II.	INDE phaps, palumbus minor.	V.	LIVIA, pelesás.
III.	OENAS, uinago.	VI.	TVRTVR, omnium minima.

50 PALVMBVS & palumba apud autho
res leguntur, ut columbus & columba,
sed palumbes frequentius est, idq̃ in
utroq̃ genere.   Plinius etiam palum=
bum ferum dixit. nam & domesticus siue cellaris
palumbus est, pedibus pennatis : nostri uocant
zam Schlagtube/ Welschtuben. Palumbes an=
tiqui cellares habebant, quas pascẽdo saginabant:
nostris temporibus aucupij duntaxat gratia alun=
tur, Perottus.   Niphus colũbæ genus quoddam
ex palumbo & colũba cellari nasci testatur.   Idem
60 & Perottus palumbos esse docent, qui uulgò Ita=
lis torquati dicãtur, à torque siue circulo albo col=
lum ambiẽte: unde Martialis etiam hoc epitheton

eis tribuit. Et mihi quoq; uidetur palumbus cũ absolutè dicitur, pro torquato accipiendus, tanquam maiore, nam alterius generis Aristoteles meminit φάβα nominans, ut inferius referam: cuius Latinum nomen peculiare non habemus, sed palumbum minorem appellare licebit. · Palumborum genus unum cuius simo uiscũ nascatur, Athenæus œnadem appellari tradit, Hermolaus & Perottus, atqui ueterum nemo phattis aut phapsi œnadem adnumerauit, sed columbaceo generi simpliciter. Si tamen palumbum genus ad hanc quoq; extédere placet, fuerit sanè genus sub quo columbæ syluestres omnes continebuntur, excepto turture: nempe phatta, id est palumbus maior, qui & torquatus ab authoribus cognominatur, phaps, id est palũbus minor, œnas & peleias, id est uinago & liuia. ¶ Alursan seu alurasen est species columborũ syluestriũ, q̃ sunt alijs maiores et noti in Syria, Bellunensis. Et rursus, Aluers sunt columbi magni syluestres. Sanguis columbæ, guarascen [10] (alursan, Bellunensis) & turturis memorantur ab Auicenna lib. 2. cap. 610. ex Galeno, qui sanguinem columbi, palumbi ac turturis nominat, & eiusdem libri capite 299. sanguis guarescen ad uulnus oculi commendatur, Bellunensis uresan legit. Sed alia etiam quæ Græci phattis, id est palumbis tribuunt, Arabes aui guarescen nominatæ adscribunt. Conijcio autem Arabes huius uocis initium per ain literam scribere, cuius uim aliqui gamma præposito efferunt, alij omittunt. Apud Hebræos hoc nomen non inuenio. Apud Syluaticum & alios Arabes indoctiores uariè scribitur. Guarascen, id est turtur uel palumbus syluestris, Syluaticus. Guariscen, genus columbæ, Idem. Algauariscen, genus columbæ, Vetus Auicenæ glossematarius. apud quem etiam guarisdẽ legitur. Alguesim, genus columbarum quæ semel anno pariunt, Syluaticus. ¶ Græcis palumbus φάσσα, Atticè φάττα dicitur, hodie uulgo φάσα. A phatta uoce Albertus, uel Auicennæ interpretes quos [20] sequitur, sehita & uehica detorserunt. ¶ Palumbes Italicè uulgo torquati dicuntur, Niphus. Seruant & palumbi nomen, lo palumbo: sed de columba cellari potius quàm syluestri id efferunt, ut & Hispani palóma. Palumbes domesticis maiores aliqui glandiphagas nominant, à glandibus quibus libenter pascuntur: alij torquatas, Monachi Itali qui annotationes in Mesuen dederunt. Circa lacum Verbanum tudon appellari audiui: quę uox à Germanica Ↄuben forsan detorta est. Circa Ferrariam colombo fauaro, ac si fabariam dicas, quod fabis uescatur, ut audio. Græci quidem phába palumbum minorem appellant. Arnoldus in libro de sanitate tuenda cadones nominans post turtures, uidetur mihi palumbes intelligere. ¶ Hispanicè, palóma torcáz, id est columba torquata. ¶ Gallicè ramier, fortè quod inter ramos arborum nidificet. Græcè quidem semiramis columba syluestris exponitur, cuius dictionis posterior pars cum Gallica congruit. Robertus Ste [30] phanus palumbem interpretatur coulon ou pigeon ramier, ung mansart. Vocem mansau Brabandis usitatam audio. ¶ Germanicè, Ringeltub / à circulo siue torque circa collum. Alijs, ut in Heluetia, Schlagtub/groß Holtztub. Alijs Plochtub/nomine forsan à palumbe facto. Flandris Kriesduue. Albertus alicubi non rectè pro phatta Aristotelis columbam cauernalem uertit: quã liuiam esse supra docuimus, & Germanicè dici Lochtub. ¶ Anglicè, a coushot, a ringged doue, ut G. Turnerus interpretatur: uel, ut Eliota, a wood culuer, id est columba syluestris. ut alij, a blokdoue, a stokdoue. ¶ Illyricè, diwoky.

¶ Aristoteles (libro 8. hist. anim.) columbarũ species quinq; facit, quæ sunt : ϖεριτεϱά, οἰνὰς, φά↓, φάσσα, τρυγών. Libro autem quinto de partibus animal. φάβα non nominat, Athenæus. Gaza pro duabus uocibus phaps & phassa, unam Latinam posuit, palumbes. Eberus & Peucerus sexu tan [40] tum differre putant, ut phassa fœmina sit, phaps mas: sed sine authore. Phaps (inquit Eustathius Homeri interpres) media est magnitudine inter columbam & œnadem, phatta uerò magnitudine gallinaceo, colore cinereo, ut Athenæus etiam ex Aristotele citat. Oenas maior est columbo, minor palumbe, Aristot. interprete Gaza. Græcè est, ἰλάϑϖυ φαβός, ut Athenæus quoq; legit: Alberti translatio habet, minor quàm kyloz uel kaloz. συτυρϑλω σιύσπιον ἀϑλίω φάβα μισαπέσα πλιϑυρϑ ϖϑσημύοις ϖιπλεγμύλω, Aeschylus in Proteo. idem in Philoctete φαβῶν dixit in genitiuo plurali, ut Athenæus citat. Quanquam autem phaps & phassa, ut scripsi, differunt, idem tamen accipiter à priore uoce phabotypos appellatur & phabocstonos, quasi palumbicida: à posteriore phassophónos: Latinè palumbarium reddũt. Φαβοτύϖος, είσὶ ϑ ἱεϱαϰϖ, καὶ ϖϑσιεϱὰς (lego, καὶ φά↓ είδϖ ϖϑσιεϱὰς) ἀχρίας ϖρμοφάγε, Hesychius & Varinus. Φασσοφόνω, ϖϑ τὰς φάσσας φονεύοντ, ἀλ᷅ δὲ (addo, ἢ φάσσα) είδϖ [50] ϖϑσιεϱὰς ἐϖϑ τϣ τρυγόνα, Iidem, id est, phassa autem species est columbæ sub turture: cum contra uerius turtur sub columba sit. quærendum an rectius legatur ϖϑ τϣ ϑυγόνα. Aquitani Galli phába (genus à phatta diuersum, quod cæteri Galli, nescio an ipsi quoq;, ramier nominant) sermonis Græci uestigium retinentes, phauier appellant, Author libelli de nomenclaturis animalium & stirpium Latinis, Græcis & Gallicis innominatus. sed quærendum diligentius, diuersam ne auem Aquitani phauier appellent, an potius eandem quam cęteri Galli ramier, ut ego puto. nam Itali quoq; palumbum communem, id est torquatã fabariam uocitant. Phassa æstate apparet, hyeme latet: phaps uerò & columba semper apparent, Athenæus Aristotelem citans, apud quem nihil tale inuenio.

¶ ALCHATA est genus columborum syluestrium, quorum alæ oblongæ sunt, pennæ & plu [60] mæ coloris coturnicum, & cutis extrema prędura, quamobrem medici in regionibus ad Orientem præcipiunt huiusmodi columbos excoriari, ut cutis remoueatur. Vulgo noti sunt in Syria, pedibus nigris & ualde breuibus, Andreas Bellunen. Caro palumbi & alcatha dura est, Auicenna 2. 146.

Etrure

Et rurſus ibidem, Caro alcatha ſalubris eſt illis quorum iecur obſtruċtum eſt & infirmum, & quo=
rum corruptum eſt temperamẽtum (cachectieis) & hydropicis. Eadem auis aliâs alſuachat uel al=
ſuachet uocatur. nam de hac quoꝗ Bellunenſis ſcribit, ſpeciem eſſe turturum coloris camelini uel
cinerei, alij (inquit) dicunt ſpeciem eſſe columborum ſylueſtrium paruorum, coloris ut dictum eſt,
notam in Syria. Caro auis duraz (id eſt francolini) præfertur carni auis cubugi (id eſt perdicis, cu=
ius roſtrum & pedes rubent,) & alſuachat, (uetus lectio, alſaguakit,) Auicenna 2. 221. F I L A C O=
T O N AE apud Elluchaſem qui Tacuinos Arabicè ſcripſit, cum columbis & turturibus numeran=
tur: unde palumbium generis eſſe conijcio, & eaſdẽ forte quas Auicenna alſuachat nominat. Paulò
ante quidem idem Elluchaſem palumbes ſylueſtres & filacotonas ſimul commemorat.

B.

In agrum Volaterranum palumbium uis è mari quotannis aduolat, Plinius.   ¶ Γέλεα, id eſt
liuia columbæ genus eſt ſimile palumbi, phattæ, Varinus.   ¶ In columbaceo genere maximo cor
pore ſunt palumbes, φάήαι: inde φάβος, ut in A. oſtendi. Oenas maior eſt columba, minor palumbe,
ἐλάήων φάβός. phaſſa uero (id eſt palumbus maior) magnitudine eſt gallinacei, colore cinereo, Athe=
næus Ariſtotelẽ citans: & Euſtathius, haud multò minor paruis gallinaceis, Nic. Leonicenus, non=
nullis locis gallinaceum æquat, Vuottonus. Ego tantas ferè columbas memini uidere Venetijs
aduectas, quæ forſan huius generis palumbes cicuratæ erant. Palumbi ſeri ad cœruleum colorem
inclinant: cellarium pedes plumis ueſtiuntur. Palumbes maior eſt columba cõmuni, & magis ad
albedinem declinans, cum tamen ſit coloris griſei, (cinerei,) Albertus. Torquati cognominantur
à torque ſiue circulo albo ex plumis collum coronante.   ¶ Palumbo ingluuies præpoſita uentri=
culo eſt, Ariſtot. Caput habet ſubcœruleum purpureúmue, & nigrum oculi rotundiſſimũ, Vuot=
tonus. Aues quædam ſinum unum habent quo merguntur recẽta, ut guttur: alterum in quem ex
eo dimittunt concoctione maturata, ut gallinæ, palumbes, columbæ, Plinius.   ¶ Palumbis dum
Venerem exercent teſtes inſigniter augentur, cum hybernis menſibus ne ullos quidem teſtes in ijs
haberi nonnulli arbitrentur, Ariſtot.   ¶ Palumbus torquatus, quem manibus tractaui dum hæc
ſcriberem, longus erat circiter duos dodrantes, à roſtro ad pedes retro extenſos. pondere unciarum
ſedecim cum dimidia. circulus albus in collo imperfectus, ſupina colli parte deſinens, duorum di=
gitorum interuallo, is in minoribus ætate non percipitur. Candidæ aliquot pennæ in medijs alis ap
parent, in liuijs non item, ut neꝗ circulus colli. Externa pars alarum, quæ longioribus pennis con=
ſtat, colore nigricat, interior magna ex parte fuſca eſt, ut etiã dorſi ſuperior pars. reliquum dorſũ
& cauda cinerei planè coloris ſunt. In collo, præcipuè prono & ad latera, pẽnæ (præter albas) uariæ,
& pro alio atꝗ alio ad lucem poſitu, purpureæ, uirides, cœruleæ, cinereæ, Collum pronum cum ali=
qua parte pectoris purpurei coloris plumas habet, cui cinerei etiam nonnihil confuſum eſt. Cauda
extrema nigra, pedes rubicundi: roſtrum ſubflauum, cute utrinꝗ purpurea inductum. Ventris plu=
mæ partim albæ, partim cinereæ. Aliâs etiam mihi inſpicienti torquati uenter magis ruſſus uiſus
eſt quàm liuiæ.

¶ Petrus Martyr Oceaneæ Decadis primæ lib. 10. refert Hiſpanos in quadam inſula noui Or=
bis inueniſſe palumbes noſtris grãdiores, ſapore & guſtu perdicibus noſtris meliores, aromaticum
quendam odorem ſpirantes ; quorum ingluuies cum diſſecuiſſent, odoratis floribus plenas depre=
henderint.

C.

Camporum incola palumbes eſt, Ariſtot. Degit & in ſyluis. Palumbes hyeme ñon gemit,
niſi quod aliquando ex aſperrima hyeme placidum tempus ſucceſſiſſet, gemuerit: quod apud peri=
tos in admiratione habitum eſt. cæterum ineunte uere gemere incipit, Ariſtot. Cantus omnibus
(omni columbaceo generi, ut ego accipio : etſi Vuottonus ad palumbes tantum referat) ſimilis atꝗ
idem, trino conficitur uerſu, præterꝗ in clauſula gemitu, (aliàs, præterquam in clauſulæ gemitu,)
hyeme mutis, uére uocalibus, Plinius 10.35. Audiuimus torquatos palũbes hyeme ſerena & tran=
quilla multis diebus, gemere, qui aduenientibus imbribus ſtatim ſilent. Ruſtici quidem dicunt ge=
mitum palumbium eſſe ſignum ueris præſentis, Niphus. Alexãder Myndius palumbes (phaſſas)
negat uocem ædere hyeme, niſi ſerenitas (ἐυδία) fuerit, Athenæus. Solſtitij tempus indubitatis no=
tis ſignauit natura. palumbium utiꝗ exauditur gemitus, Plin. Plauſitat arborea clamans de fron=
de palumbes, Author Philomelæ. Palumbes minurriunt, Ael. Spartianus in Antonino Geta.
Dum ſua torquati recinunt dictata palumbes, Politianus in Ruſtico.   ¶ Cibus. Palumbes fru=
gibus uiuit, Ariſtot. Glandes & grana comedunt palumbi & columbæ cauernales (id eſt liuiæ,)
Albertus. Palumbos ſunt qui à glandibus quibus libenter ueſcuntur, glandiphagas nominant : &
hyemali tempore cum non inueniunt ſemina & fructus, fame coactæ paſcuntur herbis, Monachi
in Meſuen. Fabarias Itali quidam uulgò uocant, eò quod fabis ueſcãtur, ut audio. Viſcum ſatum
nullo modo naſcitur, nec niſi per aluum auium redditum, maximè palumbis & turdi, Plin. Athe=
næus de œnáde colũba ſcribit, ſi deuorato uiſci ſemine ſuper arbore aliqua excreuerit, uiſcũ naſci.
¶ Alexander Myndius tradit palumbem (phaſſan) non bibere collum reſupinantem : Vide ſupra
in Columba c.   ¶ Palumbes & colũba toto anno uiſuntur, Ariſtot. & Athenæus. Græcè legitur
phàps, quæ eſt palumbes minor. Palumbes (φάήαι, quæ maximæ ſunt) diſcedunt, & liuiæ, nec hy=

bernare apud nos patiuntur, Aristot. Et rursus, Palumborum aliqui latent: aliqui non latent, sed
cum hirundinibus abeunt. Abeunt & palumbes, quónam & in ijs incertum, Plin. Volant grega=
tim tum palumbes tum turtures, cum accedunt, & cum suo tempore abeunt, Aristot. Palumbium
uis quotannis in agrum Volaterranum (Blondus legit Veliternum) ex mari uolitat, Plin. Turtu=
res (ut audio) in genere columbaceo primæ auolant, deinde liuiæ: postremò palumbi torquati, quo=
rum tamen aliqui remanent. ego nuper medio Septembri torquatos uidi Tiguri: & aliàs circa me=
dium Februarij torquatum & liuiam uidere memini. Quædam cum æstate æuum degảt in syluis,
hyeme demigrant in finitimos locos apricos, mótium recessus secutæ: sicut merulæ, palumbes, &c.
Georg. Agricola. Et rursus, Palumbes aliquando in angustis montium locis latere consuerunt.
Apud Epiphanium Theologum legimus palumbes quadraginta diebus latitare quasi mortuos, in- 10
de reuiuiscere.   ¶ Mare uno contenta & turtur & palumbes uiuit, nec alterum recipit, (ut & co=
lumbæ,) Aristot. Palumbus amisso cósorte, nec uiride quicquam in quo requiescat petit, nec alios
amores requirit, Liber de nat. rerum. Vide in Columba D.   ¶ Columbæ amorem mutuum que=
rulo gutture ictuáç rostri ostendunt. In Venerem crebrò ruunt, frequenti pedum orbe facta adula=
tione, Idem faciunt & palumbes: uerum quia semiseri sunt, rarius fœtant, Platina. palumbes & tur=
tures trimestres coire, fœtificareáç aliqui referunt, argumento quod larga eorum copia est. Gerunt
uterum decem & quatuor diebus, ac totidem alijs incubant, & totidem alijs fœtus ita uolucer sit at=
que perficitur, ut uix possit apprehendi, Aristot. Palumbes gemina ædit oua, idéç semel duntaxat
anno, Idem. In locis frigidis semel, in calidis bis, Albertus. Alguesion (palumbes) genus est co=
lumbarum quæ semel anno pariunt, Syluaticus. Cohubacei generis aues omnes bina oua pariunt: 20
sed columba uel decies anno: aliæ semel anno & parcius generant, Aristot. Et rursus, Turtur & pa
lumbes pariunt uére, nec plus quàm bis: atç ita, si prior fœtus corruptus est, frangunt enim oua ma
res auium complures. sed quamuis tria interdum pepererint oua, nunquam plus duobus pullis edu
cunt. nonnunquam etiam unum tantum. reliquum ouum semper irritum est, quod urinum uocant.
Palumbes & turtures plurimum terna oua, nec plus quàm bis ferè pariunt: atç ita, si prior fœtus
corruptus est. & quamuis tria pepererint, nunquam plus duobus educant. Tertium quod irritum
est, urinum uocant, Plinius. Turtures & palumbes bis uére pariunt: & si oua secunda auferri aut
corrumpi contingat, tertio aliquando pariunt , Albertus. Palumbi & turtures bis anno pariunt,
cæteræ aues ferè semel, Plinius. Columbacei generis aues magna ex parte bina oua pariunt, ut pa=
lumbes & turtur: sed complurimum terna, palumbes & turtur, Aristot. Palumbes & turtur imper 30
fectos & cæcos pariunt pullos, ut in Columba c. dictum est. Transisse solstitium cauceto putes, nisi
cum incubantem uideris palumbum, Plinius. Et alibi, Pariunt post solstitia. Palumbium fœmi=
na incubat à pomeridiano incipiens, totaç nocte, & usç ad tempus sentaculi (post meridiana in ma
tutinum, Plinius) perseuerans: reliquo tempore munus idem mas subit, Aristot. Nigidius putat
cum oua incubat sub tecto nominatam palumbem relinquere nidos, Plinius. Mas palumbium su=
git terram salsam & humidam, ac ponit in os pulli ut assuescat cibo, Liber de nat. rerum. sed hoc ue=
teres de columbis tantum scribunt.   ¶ Palumbis siccitas cœli prodest, tum ad cæteram sanitatem,
tum ad partum. Quamuis enim huiusmodi constitutio auibus omnibus cóueniat, præcipuè tamen
palumbis idonea est, Aristot.   ¶ Nidificat in arboribus, Monachi in Mesuen: & sæpibus, Textor
& Perot. Ante uer frigore adhuc præualente nidificant, Alciatus. Palumbes in condensa hedera 40
nidulatur, aut super ramū arboris ex pauculis ligniculis transuersim positis tenuissimū nidum con=
struit, Turnerus : sed latum, ut audio. Nidulantur & palumbes & turtures semper locis eisdem,
Aristot. In palumbium (φαβῶν) nido maximè (aliquádo) cuculus parit, quorum oua esu absumens,
sua relinquit, Idem. Cuculus semper in alienis nidis parit, maximè palumbium, Plinius.   ¶ Vita
palumbibus longa. nam ad uigesimum quintum (πγνταίδικε, in nostris codicibus, id est quintum
decimum) & ad trigesimum annum protrahitur. nonnu'las quadraginta etiam annos compleuisse
exploratum habetur. ætate autem prouectis ungues accrescunt, quos recidere solét, qui alunt. nihil,
quo lædantur apertè, aliud his senescentibus accidit, Aristot. Viuere palumbes ad tricesimum an=
num, aliquos ad quadragesimum, Aristoteles author est: uno tantū incommodo unguium, eodem
& argumento senectæ, qui citra perniciem reciduntur, Plinius. Et cum mares in totum diuturnio= 50
res quàm fœminæ sint, in his (de palumbis & turturibus proximè scripserat : sed uidetur de toto co=
lumbaceo genere hoc intelligendum, quod id omne ad libidinem sit profusum: cuius quidem causa
[ut ibidem Aristoteles scribit, lib. 9. cap. 7. hist. anim.] passerum etiā mares breuioris uitæ sunt quàm
fœminæ) marem prius quàm fœminam mori nónulli aiunt, uidelicet documento earum quæ domi
allectatrices aluntur, Aristot.   ¶ Palumbes cum morbo laborat, lauri folium in nidum suum in=
ferens conualescit, Orus. uide mox in D.

D.

Palumbes semiferi sunt, Platina.   ¶ De coniugali castitate palumbium & turturum Aeliani
uerba recitaui in Columba D. Palumbes consorte suo amisso, amplius non coit. extra nidum ster=
cus eijciunt, & pullos crescentes ad idem faciendum erudiunt, Liber de nat. rerum. Mira est pa= 60
lumbium in cóiugio castitas, (σωφροσύνή πτê ούς σωνοίκεs:) quæ etiam adulterio corruptæ, interimunt
corruptorem si assequi possint, Porphyrius lib. 3. de abstinentia ab animatis. Palumbes ante uer
magno

magno adhuc frigore nidificans, plumas sibi euellit, ut pulli calidiore nido fruantur: quibus ipsa nu
data frigore aliquando perit, Alciatus. ¶ Perdices aiunt, & ciconias, & palumbos uulneri acce=
pto origanum imponentes, ad sanitatem redire, Aelianus. ¶ Palumbes lauri folio annuum fasti=
dium purgant, Plinius. Laurum nido imponunt, Zoroastres. uide in Columba D. Laurū edunt
contra fascinationem, Philes. Palumbes ubi morbo laborat, folium lauri in nidum suum inferens
conualescit, Orus. Palumbes & perdices bene inter se sentiunt, Aelianus.

E.

Palumbi difficillimè capiuntur. statim enim uisis aucupibus procul auolant. Vincuntur tamen
& ipsæ dolo. Nam auceps arbori insidentes conspicatus, rete in solo extendit, ac tenues paleas in=
10 spergit, ut lateat: & palumbos alios olim captos excæcatosꝙ imponit, & pedibus funiculos illigat,
quo commoto sese concutere & strepitum ædere palumbos cogit: eo percepto cæteri pascuis & ar=
bustis relictis aduolant. Auceps in attegia conditus, quantum potest retium funem attrahit, & per=
ticis simul omnibus euersis, palumbos retium sinibus intricatos capit. Eiusmodi retibus (ἐπίαωαςꝑα
uocant) columbæ etiam comprehenduntur, sed multo facilius laqueis, Oppianus. Palumbes anti=
qui cellares habebant quas pascendo saginabant: nostris temporibus aucupij duntaxat gratia alun=
tur, Perottus. Apud nos etiam allectatrix siue hallucinatrix sit palumbes ex syluestribus, Niphus
Italus. In Antiate agro Italiæ palumbium aucupium est per autumnū. Palumbæ cùm mari trans.
uolato Italiam relicturæ sunt, aliquandiu in nemoribus Antiatum commorantur. quare peritissimi
Neptunienses retia quàm maxima in id aucupij magno parata impendio suspendunt. Exinde pa=
20 lumbes quascunꝙ longo tractu uiderint congregatas in arboribus cōsidere; iactu lapidis & clamo=
re territas in aera uolare compellunt: dumꝙ aues in magnum coactas numerum aduolando, tensis
retium insidijs uiderint supereminere, contorta funda paruum lapidem uel naturaliter album, uel
gypso delinitum maximo emittunt crepitu. quo territæ bombo palumbes, ut accipitres chiliones
à Plinio appellatos, quibus nunc falchonibus est nomen, quos in lapide bomboꝙ fundæ timent, de=
clinando feruntur, terræ quàm possunt uolatu rapidius appropinquant, sicꝙ amētes in retia se præ=
cipitant, Blondus in Latinis.

¶ Offæ panis uino madefactæ, hyeme turtures, sicut etiam palumbos, celerius opimant quàm
cæteri cibi, Columella. Eiusdem uerba quomodo pinguissimi reddantur palumbi, scripsi in Co=
lumba E. Palumbes eodem modo farciunt ac reddunt pingues, quo gallinas, Varro: cuius de gal=
30 linis saginandis uerba suo loco referemus. Palumbum recentem sic sarcito. Vti prehensus erit, ei
fabam coctam tostam primum dato: ex ore in eius os inflato item aquam. Hoc dies VII. facito. Po=
stea fabam fresam puram, & far purū facito, & fabæ tertia pars ut inseruescat: cum feruere incipiet,
puriter facito, & coquito bene: id ubi excoxeris, deponito. bene oleo manū ungito, depsitoꝙ pri=
mum pusillum, postea magis depses, oleo tangito, depsitoꝙ, dum poteris facere turundas, & eas
ex aqua dato, & escam temperato, M. Cato cap. 90.

F.

Ruffus auium tres ordines statuit: & præfert ex auibus syluestribus alaudas non cristatas & sa=
thur, (forte turdos:) deinde sturnos, phasianos, perdices, turtures, pipiones, palumbes syluestres &
silacotonas, &c. Elluchasem. Auium caro minus nutrit quàm quadrupedum, sed facilius conco=
40 quitur, præcipuè perdicis, attagenis, columbæ, gallinæ & galli, his uero durior est caro turturis, pa=
lumbi, & anatis, &c. Galenus lib. 3. de alimentis. Itaque concoctu difficilis est, (Auicenna teste) &
excrementosa, Vuottonus. Palumbus & alcatha (quod est genus palumbi) duræ sunt carnis, Aui=
cenna. Columbi & palumbes inter excrementosa numerātur à Psello lib. 1. Pulli columbini, (co=
lumbæ,) turtures & filacotonæ, proximæ inter se naturæ sunt, Elluchasem de alimentis. Palumbes
siccat in cibo & uentrem astringit, Hippocrates. Idem lib. 1. de morbis muliebribus, mulieri, cui
menses pituitosi fluunt, palumbæ & similibus uesci consulit. Palumbus aluum astringit, Celsus &
Auicenna: magisꝙ si in posca decoctus est, Celsus. Palumbi hyeme salubriores sunt, Arnoldus
de conseru. sanitate. Nostri liuias torquatis in cibo præferunt. Ex aucupio palumbarum Roma=
nus nostri temporis populus nuptias & conuiuia maiori ex parte parat. melioris quidem saporis &
50 nutrimenti paruæ (liuiæ nimirum) quàm aliæ sunt palumbes, Blōdus. Archigenes apud Galenum
de compos. med. sec. loc. palumbes stomachicis in cibo conuenire scribit, Tralianus tympanicis.
M. Cato Censorius iubebat ne ægrotis imponeretur ieiunium: sed potius alerentur oleribus & mo=
dica carne anatis, aut palumbi aut leporis, Plutarchus in uita eius. Turtures ac palumbes tempore
pestilentiæ in cibo laudantur ab Alexandro Benedicto. Aretæus elephantico uictum præscribens,
perdices, palumbes & columbos probat: & rursus palumbum torquatum in cibo eius qui cepha=
læam patitur. In colico affectu frigido & phlegmatico, gallinæ altiles ad cibum præferuntur: dein=
de perdices & palumbi debilis nutrimenti gratia exhibendi, turturesꝙ altiles & columbæ, Aetius.
Inguina torquati tardant hebetantꝙ palumbi, Non edat hanc uolucrem qui cupit esse salax, Mar
tialis. ¶ Vidimus & merulas poni, & sine clune palubes, Horatius Serm. 2, 8. ubi Acron Scho=
60 liastes, Quia in clunibus (inquit) aliquid habetur tetri odoris & saporis minus iucundi. Sunt qui
priusquam coquant palumbū, in aqua frigida aliquandiu relinquant. Apicij uerba de condimen=
to in coctura columbi altilis & palumbi, recitauimus in Columba F. Ad pastillos è palumbis pa=

C

randos, utéris falfa (iure intinctorio) calida, ut pro bubula carne, & fpeciebus aromaticis eifdem, ni
fi quòd cepa requiritur in liquamine fuillo frixa, Coquus Gallicus.

G.

Caro aleatha (quæ eft fpecies palumbi) utilis eft ijs qui ex obftructo aut infirmo hepate laborant, & corruptione temperamenti (cachexia) & hydrope, Auicenna. ¶ Palumbes ficcat in cibo & uentrem aftringit, Hippocrates & Auicenna. Aluum aftringit palumbus, magiscȹ fi in
pofca decoctus eft, Celfus. Palumbum ferum ex paffo concoque, atque inde potiones fingulas
cœliaco per triduum da bibendas, Marcellus. Caro palumbi in aceto decocta dyfentericis & cœliacis medetur, Plin. Palumbus ferus ex pofca decoctus tormina fanat, Idem. Palumbi tor-
minofis in cibo profunt, Marcellus. Palumbus ferus & è pofca decoctus ilio refiftit, Idem. In con-　10
tractione neruorum caro palumbina in cibis prodeft & inueterata, Plinius. Si mulier concepit &
periculum fit effluxionis, uefcatur palumbe, Hippocrates lib.1. de morbis mul. Torquati palumbi caro ob glandium efum traditur. Venerem hebetare, cum columbæ potius ftimulent, Perottus.
Non edat hanc uolucrem qui cupit effe falax, Martialis. ¶ lumentorũ uerminatio finitur ter cir-
cunlato uerendis palumbo : mirum dictu, palumbus emiffus moritur, iumentum liberatur confeftim, Plinius. ¶ Palumbi, turturis & columbæ, nec non fanguis perdicis, oculis cruore fuffufis,
& recentibus eorum uulneribus, lufciofiscȹ illinuntur, Diofcorides. . Plura de ufu palumbini co-
lumbiniue fanguinis ad oculos fanguinolentos, feu fanguine fuffufos, & fiftendum fanguinem qui
è membranis cerebri fluit (præfertim cũ offa capitis à chirurgis perforãtur) leges in Colũba G. Pa
lumbi fanguis utilis eft uulneribus oculi, Auicenna. Vulnera purgat, Celfus. uide in Columba G.　20
Vrtica trita cum fanguine miluino aut palumborum permixta, pedes illiti efficaciter fanãtur, Mar
cellus: ad podagrã ni fallor. ¶ Cinis plumarum aut interaneorum palumbis in mulfo ad cochlea
ria tria potus morbo regio refiftit, Plinius. Cinis plumarum palumbium ferarum ex aceto mulfo
contra calculos & alias uefcæ difficultates fumitur: item inteftinorum ex his cinis cochlearibus tribus è nido hirundinum, Idem. ¶ Pro fimo palumbi columbino ad remedia uti licebit, ut legimus
in Antiballomenis quæ Aeginetæ libris adijciuntur. Palumbi ftercus adurit, Celfus. Vires quas
Diofcorides columbarum fimo adfcripfit, recentiores quidam indocti palumbino attribuerunt, etfi enim palumbium fimus eadem poffit quæ columbinus, efficacior etiam , conferuanda tamẽ funt
bona fide authorum uerba. Ad calculum uefcæ : Siue palumborum capitur fimus (g. n. ut uidetur. nam fimum hìc legi non poteft, cum prima huius dictionis alibi femper ab eo corripiatur) acre　30
ferorũ Dulcacidis fparfum fuccis tritucȹ folutũ, Serenus. id eft, ex oxymelite bibitur. De columbini quidem fimi ufu aduerfus calculum, multa diximus in Columba. Fimum palumbium in faba
fumitur contra calculos & alias difficultates uefcæ, Plinius. Fimus palumb. in forbitione fumptus
ex faba facta (forte, fracta) admirabile ftranguriofis præfentat auxilium, Marcellus. ¶ Lapilli in
palumbium uentriculo inuenti, contriti potioni infperguntur contra calculos, Plinius.

H.

a. Palumbus m. g. pafsim apud authores legitur: palumba fœmininum apud Propertium. Pa
lumbi (lego, Palumbes) fœm. g. Nec tamen interea raucæ tua cura palumbes, Vergil. Bucol. Ma
croscȹ palumbes, Lucanus lib. 14. mafc. g. Qui enim intelligo duæ unum expetitis palumbem,
Plautus Bacchid. Quo palumbem unum ex ore tollit, Pomponius de Vite, ut Nonius citat. Pa-　40
lumbium ferorum Plinius dixit, fed alia lectio habet ferarum. Palumba & columba fyluana, uidelicet auis cafta ex moribus appellata. eft enim comes caftitatis: cum amiffo corporali confortio folitaria incedat, nec carnalem ultrà copulam requirat, Ifidorus. Hoc alij quidam recentiores nullius
doctrinæ homines clarius exprimendo, Palumbus (inquiunt) caftus putatur, quafi parcens lumbis:
ut contra columbus, quafi colens lumbos. Quòd fi columbus per onomatopœiam dictus fuerit,
ut Grapaldus fufpicatur, eandem in palumbo quocȹ nominis rationem effe conijciemus. Palum-
bula diminutiuum legitur in Cornu copiæ Perotti, authore non citato. Vulgo quidem apud Italos
hodie pa'umbella dicitur , palumbis genus alterum & minus, quod liuiam Niphus interpretatur.
¶ Titos palumbos dici arbitrantur quidam, &c. uide in Columba H. a. ¶ Φάϟιον, id eft palumbu
lus, (nam & columbulus dicitur,) diminutiuum à φάϟα, Antiphani nominatur apud Athenæum. 50
Φάϟ, auis genus apud Lycophronem. Τὰς οἰνοτρόπες λέγομϵ, ἆϊ ͷϡ (ὣ) τὸ Ἀγαμέμνον ϴ τ̔ν̓ Ἑλλήνων λιμꞷ
συνιχομϵ́νων, μετιπ́ϵμ̓ψατο τὰς οἰνοτρόπες ϵϡ Παλαμή'δ ⲟϛ, ϫΐ ἐλθϵσαι ϵἰς τὸ Ϸώϊϟον ἕτϸιϟον αὐτὸς, Varinus. quafi
phabes columbarum genus fit, quod aliás οἰνοτρόπην dicatur, à quo Græci fub Agamemnone fame
laborantes in Rhœtio nutriti fint. Idẽ Varinus alibi οἰνοτρόπας interpretatur Oeneæ filias. Rhœ
tium uel Rhœteium promontorium Troiæ fuit. οἰνϵά'δ αι populus dicebantur, & eodem nomine
Acarnaniæ urbs quam habitabat, iuxta Acheloum.

¶ Epitheta. Aeriæ, Vergil. Buc. Cana, Alciatus. Macri, Lucanus. Plaufitantes, Textor.
Raucæ, Vergilius Buc. Torquata uel torquatus epitheton proprium & diftinguendi caufa adiectum, magis quàm poëticum uidetur. Sed cape torquatæ Venus ô regina colũbæ, (alij codices pa
lumbæ habent, quod minus placet. facit enim poëta hanc auem Veneri facram. exiftimatur autem 60
columba Veneri, palumbes Proferpinæ facra,) Propertius. Inguina torquati tardant hebetantcȹ
palumbi, Martialis. ¶ Τϸηϸωνὸν apud Græcos commune epitheton eft omni columbaceo generi.

¶ Palumbina caro, Plinius. Palumbarius accipiter eft, ut Gaza transfert ex Ariftotele, quem
Græci

Græci φαβοτύπον, φαβοκτόνον, & φαβοσοφόνον cognominant, ut supra in A. ostendi. Apud Eustathium Homeri interpretem & Varinum, melanæetum, id est aquilam nigram, legimus etiam phassophónon dici: sed legendum est lagophónon, id est leporariam, ut Aristoteles habet. ¶ Phassachates gemma de genere achatis, apud Plinium: à palumbo sic dicta; quem aliquando uenarum & maculárum discursu exprimit, ut Georg. Agricola annotauit. ¶ Caniculam mustelorū generis in quibusdam Galliæ locis uulgo palumbum uocari audio.

¶ Icon. Hominem qui se ipse ex oraculo pristinæ sanitati restituerit uolentes innuere Aegyptij, palumbum (phassam) pingunt lauri folium tenentē, hic enim ubi morbo laborat, lauri folium in nidum suum inferens, conualescit, Orus. ¶ T.Manlius summo loco natus, dictus est Torquatus, quòd Gallum quendam immani corpore, qui se ad singulare certamen prouocauerat, occidit, eiꝗ caput præcidit, torquem detraxit, eamꝗ sanguinolentam sibi in collum imposuit, Perottus.

¶ b. Scôpes turturibus & palumbis similes sunt, Aelianus.

¶ e. Præterea tenerum leporem geminasꝗ palumbes Nūper, quæ potui syluarum præmia misi, Nemesianus. Apud Theocritum Idyllio quinto pastor puellæ suæ palumbem dono se daturum promittit, Κỳὼ μḕ δ'ὠσῶ τậ παρθένῳ αὐτίκα φάσσαν Εκ τậς ἀρκεύθω καθελών. Τluεί γὰρ θίσσ'α.

¶ h. De gallinis & palumbibus auguria non accipiuntur præterquam ex ouis. Liuia enim Augusta ex Nerone grauida cum parere uirilem sexum cuperet, hoc usa est puellari augurio, ouum in sinu fouendo, &c. ut referetur in Gallina H.h. ¶ Pherephattæ; id est Proserpinæ nomen multi ex Græcis Theologis factum putant ἀπὰ τὸ φᵉρβεῖν τὴν φάτῖαν, id est à pascēda palumbe, est enim hæc auis Proserpinæ sacra, quamobrem etiam mulieres Maiæ sacerdotes eam ipsi immolant, Maia uero eadem est quæ Proserpina, tanquam mea quædam, id est obsietrix & nutrix, est enim dea terrestris, & eadem Ceres, Porphyrius lib.4. de abstinētia de animatis. ¶ Dum iter facimus prope urbem Mecham (in Arabia) cœlum inumbrabant palumbes innumeri. Aiunt autē incolæ has aues traxisse genus ab illa palumbe quæ Mahumeti in aurem loquebatur sub uelamēto sacri pneumatis. Inerrant dicti palumbes uicis, ædibus, tabernisꝗ ipsis frumentarijs milij ac oryzæ: uixꝗ licet eos abigere. occidere quidem aut capere huiusmodi palumbes prope capitale censetur. Arbitrantur enim incolæ, si hæ aues uapularent, orbem ruiturum. ob id impensa (publica) aluntur in templo medio, Ludouicus Romanus. ¶ Palumbem pro columba prouerbium explicauimus in Columba h.

¶ Emblema Alciati, quod inscribitur, Amor filiorum.

Ante diem uernam boreali cana palumbes   Frigore nidificat, præcoqua & oua fouet,
Mollius & pulli ut iaceant sibi uellicat alas,   Queis nuda hyberno deficit ipsa gelu.
Ecquid Colchi pudet, uel te Procne improba: mortē   Cum uolucris propriæ prolis amore subit؟

DE TVRTVRE.

A.

TVRTVR plerunqꝫ masculini generis, raro fœminini reperitur. Hebraicè dicitur tor, חר uel תור, ut legitur Canticorum 2. in multitudinis numero torim, Leuitici 1. Geneseos 15. Chaldæus pro tor, habet שפנינא, saphnina, & similiter Arabs, Persa תתר, tetaru. Septuaginta τρυγόνα & Hieronymus turturem transtulit. Apud Auicennam articulo præposito aisafanin dicitur, interprete Andrea Bellunensi. Inuenio & אלדריר, zuziltha, nescio cuius linguæ uocabulum pro turture, in Lexico trilingui Seb. Munsteri. Duram, id est turtur auis, Syluaticus. Sed Andreas Bellunensis apud Auicennam 2.221. uoce duraz (ipse duragi legit) interpretatur francolinum: qui nobis attagen uidetur. certum est aliam à turture auē hoc nomine designari ex ijs quæ de ipsa scribuntur ab Auicenna. Guarascen, id est turtur uel palumbus syluestris, Syluaticus. sed omnino palumbem hoc nomine indicari in palumbe A. docuimus. In Alberti historia animalium semel & iterum targula legitur, ubi Grēcè apud Aristotelem habetur τρυγών. quidam (inquit) dicunt targulam esse sturnū. Sed omnino turtur est. & alibi thagoten pro turture apud eundem. ¶ Græcè τρυγὼν uocatur, & hodie uulgo τρυγόνι uel τρυγόνα. ¶ Italicè tortore, tortole; tortora; turturá. ¶ Hispanicè tórtola. ¶ Gallicè tourte, tourterelle; tortorelle. ¶ Germanicè **Turteltub, Turtel.** ¶ Angli & Saxones communi uocabulo **Turtelduue** nóminãt; Turnerus. Vsurpatur & turtell nomen in Anglia. ¶ Illyricè hrdlicze.

¶ Alfuachet est genus turturum uel palumbium in Syria, colore camelino uel cinereo. Vide in Palumbe A. circa finem. ¶ Henrico Galliarum regi nostro tempore coronando, Turcarum Imperatorem inter cætera munera audio misisse par turturum rari cuiusdam & peculiaris generis.

B.

Turtures in Germania sunt multò frequentiores quàm in Anglia, Turnerus. ¶ Turtur in columbaceo genere minima est, Aristot. colore cinereo, Eustathius, & Athenæus Aristotelem citans. Cinerei coloris est, sed in dorso color rufus superinspergitur in superficie pennarum, Albert. Turtures albas sæpe apparere audiuimus, Aelianus. Menstrua fœtura albæ inter illas commendantur; Grapaldus. In Germania etiam albæ in pretio & raræ sunt. Turtur (τρυγών) inter omnes uolucres

C 2

folaídentes ac mammas habet,Orus in Hieroglyphicis 2.53.ego omnino uefpertilionem(quæ νυκτι-
εἰς Græcè dicitur)hoc loco pro turture repofuerim.

c.

Degunt æftate turtures locis frigidis,hyeme tepidis , Ariftot. Loca fabulofa libenter frequentant,Platina. Turtur tum campeftris tum monticola eft, Aloifius Mundella. Semper in iugis
montium & arborum uerticibus commoratur,ut fcribit Origenes Homilia 2. interprete Hierony-
mo:unde Vergilius aëriâ cognominare uidetur , Cælius. Loca tutifsima & amœnifsima incolit,
Author libri de nat.rerum. In montium iugis,fyluis & locis defertis commoratur.tecta enim hominum & conuerfationem fugit,Ifidorus. ¶ Turtur frugibus uiuit,Ariftot. Glandes & grana
edit:ut palumbi etiam & columbæ cauernales dictæ , Albert. Plura de cibo earum & faginatione 10
fcribemus in E. ¶ Columbacei generis & turturum proprium eft, cum bibunt colla non refupi-
nare,large bibere,iumentorum modo,Plinius. Vide in Columba c. ¶ A fono uocis turtur uocatur,Albertus & Ifidorus.& gemit pro cantu,ficut & cætera .genera columbarum, Albert. Græci
etiam eas ςǵνειν,id eft gemere dicunt. Nec gemere aëriâ ceffabit turtur ab ulmo, Vergilius. Et ca-
ſtus turtur atqɂ colûba gemunt, Author Philomelæ. Τρυγὼν dicitur à uerbo τρύζειν,quod proprium
eft uocis turturum,ut τεῖζειν(per iôta)uefpertilionû , Euftathius & Varinus. Τρύζειν uocem exprimit afperiufculam,unde & inflectitur trygon,Cælius. Et rurfus,τρύζειν,hoc eft tryffare ab Græcis
dicitur de inani obftreperaqɂ uerborum multitudine , unde corriuatur etiam trygon, id eft turtur.
ὄςτρυγας χρυλίζειν,apud Pollucem legimus. Turturi & alijs nonnullis auium proprium eft crepitus
alui.pars etiam nouifsima alui earundem uehementer citatur cum uocem reddunt, Ariftot. Tur- 20
turem loquaciorem dicunt,quòd non modò oris inexhaufta afsiduitate uocalis fit,uerum etiam ex
pofterioribus fui partibus quàm plurimum,ut ferunt,loquatur.Menander huius prouerbij mentionem facit in comœdia quæ infcribitur Plotius:atqɂ eandem etiam Demetrius in Dramatico opere,
quod Siciliam infcripfit,meminit poftica corporis parte clamare , Aelianus. Turture loquacior,
τρυγόν‑ λαλίσ‑‑,prouerbium in garrulos & impendio loquaces homines dici folitum, Erafmus.
quoniam turtures non ore tantum,fed & pofterioribus partibus loquuntur, Suidas. Scomma eft
in loquaces, Varin. Turturem loquacifsimam agnofcit parœmia , quemadmodum & cercôpen,
(κόρχωπω,genus cicadę,aut fimile cicadæ animal,)Euftathius & Varinus. Ἔςι δὲ ἡ κόρχωπη ζῷον ὅμοιον
τέτζιγι κỉ τρυγόνι,Athenæus lib.3.fed nimirum non alia re cercope turturi fimilis eft quàm obftrepera garrulitate. Τρυγόνων ἀναφαίνονται λαλίςεροι , Clemens Stromat. 1. Theocritus in Syracufanis 30
mulieres quafdam loquaculas turtures appellat. ναἰσπεδ’ ὦ δύςανοι ἀνάνυτα κωτίλλοισαι , Τρυγόνες ἐκ
κναυσύνη πλατυωδόλβιοαι ἅπαντα. ¶ Turtures & curfu & peregrinatione lætantur, Cicero 2.de Finibus. Multum ualent uolatu, & pedibus etiam , Albertus. ¶ Nidulantur & palumbes & turtures femper locis eifdem,Ariftot. Turtur in nido fuo ponit folia fquillæ,ne lupus pullos eius in-
feftet,Ambrofius.fed uulpem hoc facere,non turturem, Zôroaftres tradit in Geopon. 15. Cuculos in Helice aiunt parituros non construere nidum , fed in palumbium aut turturum nidis parere,
Ariftot.in Mirabilibus. ¶ De coitu,uteri geftatione,partu, incubitu fœtuɂqɂ turturis, fcripfimus
non pauca in Palumbe c. quòd ea cum palumbe communia habeat. Turtures ofcula antequam
procreandæ foboli indulgeant,permifcent:idɂq inter eas quæ prouectiores ætate funt, perpetuum
eft: iuniores non rarò abſqɂ ofculis id faciunt.quòd fi fœmina defit,mares præter cõmunem auium 40
legem fe inuicem confcendunt:& oua, fed infœcunda, progenerant, Oppianus lib. 1. de aucupio.
fed legendum potius fœminas fe inuicem confcendere fi mas defit. Ariftoteles hoc columbis attribuit,& aliter.uide in Columba c. Turtur bis anno parit. apud Ariftotelem quidem hiftoriæ animalium 6.1.Gaza interpres de fuo adiecit,eam femel anno parere. Menftrua fœtura albæ inter turtures commendantur,Grapaldus.

¶ Turtures non patiuntur apud nos hyemare, fed difcedunt : nifi paucæ locis apricis remanfe-
rint,Ariftot. Turtures ac coturnices immani numero , fuo tempore trans mare in Italiam aduolant,& alio tempore reuolant,Varro 3.5.de re ruft. Turtures peregrinatione lætantur , Cicero 2.
de Finib. Hæ in genere columbaceo apud nos primæ auolant, deinde liuiæ à cauernis uulgò dictæ,poftremò palumbi torquati. Turtur æftate apparet, hyeme fe condit. latitat enim fuo 50
tempore,Ariftot. Et rurfus,Turturem hyeme latêre maximè omnium conftat, nemo enim propè
dixerim uidiffe per hyemem uspiam turturem dicitur.latêre autê incipit prepinguis:& quanquam
pennas in latebra dimittit,tamen pinguedinem feruat. Vêre turtur occultatur, pennaſqɂ amittit,
Plinius & Platina. Sunt qui dicant eam hyeme deplumem iacere in concauis rimarû,(tota hyeme
in concauis arboribus latêre,uêre demû prodire, Liber de nat.rerum.)& idem aiunt de cæteris auibus,quod nondum exploratum eft.nam quod huius fignû afferunt,aues latentes non inueniri,pen-
nas mutare,non fatisfacit.aues enim duobus modis pennas mutant:quædam fcilicet uno eodemɂq
tempore pennas omnes exuunt,ficut accipiter:quædam paulatim,ut pica & coruus,Albert. Turtures multas terras calidas hyeme petunt,multæ etiam remanent, fi locum habeant Soli expofitum
& quieti aptum,Author libri de nat.rerum. Sæpe manent, quum montem habuerint contrà Bo- 60
ream, & ab altera parte locum liberum & patentem,in quo fe Soli exponãt,& regio temperata fuerit,Albertus. Turtures aliquando in anguftis montium locis (aut in arboribus) latêre confueuerunt.

runt:qua de causa uerno tempore deplumes cõspiciuntur, Geor. Agricola. Aduentu suo uernum tempus prænunciant, Albert. Veniunt ad nostra loca cum iam fecerint prolem, Aristot. hist. ani‑mal. 8,3. uidentur enim mihi hæc uerba de turture & œnade tantum accipienda. Plinius turtures trimestres esse scribit(hoc est tribus mensibus nobiscum degere) columbas perennes. ¶ Volant gregatim tum palumbes tum turtures, cum accedũt, & cum suo tempore abeunt, Aristot. ¶ Co‑lumbæ & turt. octonis annis uiuunt, Plinius. uel ad annum octauum uiuunt, scilicet quæ excæcatæ allectatrices aluntur, Aristot. Mares quidem fœminis minus uiuaces uidentur. Vide in Palumbe c. Columbæ & turt. herba quæ uocatur helxine annuum fastidium purgant, Plin. Aliquando ita debiles sunt ut manu capi possint, Liber de nat. rerum. Turtur & aliæ quædam aues, mali pu‑
10 nici grano pereunt, Aelianus.

D.
Volant gregatim turtures & palumbes, cum accedũt, & cum suo tempore abeunt, Aristoteles. Turtur pauló plus lupo cicuratur, Albertus. Nulli auium est infesta, & ad omnium infestationes patientissima, Liber de nat. rerum, & Albertus. ¶ De cõiugali castitate palumbium & turturum Aeliani uerba recitaui in Columba D. Mare uno cõtenta & turtur & palumbes uiuit, nec alterum recipit, Aristot. idem de columbis fertur. Post primum coniugem secundum nescit, ut fertur, Al‑bertus. Mortuo uel capto marito solitaria siccis arborum ramis gemens ac tristis insidet, Liber de nat. rerum. Illud scitu & admiratione dignum est, quod traditur turturem amisso uiduam marito, arborem uiridem non petere:sed siccis ramalibus & truncis semper insidere, ac fluenta limpida ad
20 potum turbidare, Grapaldus. ¶ Turtures gladiolum(irim, fortè)nidis imponunt, tanquam fasci‑nationis amuletum, & ad pullorum custodiam, Aelian. irim comedit, Philes. ¶ Turturem amat merula, Aristot. Cum turture amicitia columbæ intercedit, Aelianus. Turtures & psittaci amici sunt, Plinius. ¶ Turtur cum pyralide (Gaza ignariam uertit) pugnat. locus enim pascendi ui‑ctusq́ idem earum est, Aristot. & Plinius. Turtur odit pyrallidem(πυραλίσια,) Philes: nam quod apud eundem proxime antè legitur, Turtur odit pyrrham(πύῤῥαν)deprauatè legi apparet. Turtur & luteus(chloreus, id est chlorion)pugnant. occiditur à luteo turtur, Aristot. Cum turture coruus & circus insitas inimicitias gerunt:& turtur uicissim hostili odio ab utroq́ dissidet, Aelianus. Ma‑gna est naturarum familiaritas inter psittacum & turturem. nam hunc de omnibus amat ille:& con‑tra. Quod mihi & item multis exploratum sæpe fuit. Sed Ouidij testimoniũ huc adferre pulchrum
30 erit, ex epistola Sapphûs: Et uarijs albæ iunguntur sæpe columbæ: Semper & à uiridi turtur amatur aue, Ant. Mizaldus.

E.
Turtures aliquando ita debiles sunt naturaliter, ut manu capi possint, Liber de nat. rerum. Tur‑tures etiam excæcatæ allectatrices aluntur, Aristot. Ad hanc rationem aucupantur turtures, qui absolutè perfecteq́ earum aucupium tenent, nec longissimè ab experimento aberrãt, ut saltent, ual‑deq́ suauiter præclareq́ canant:quorum auditu hæ delectantur, saltationisq́ conspectu permulcen‑tur, acceduntq́ propius. aucupes sensim & pedetentim eó secedunt, ubi retiõ explicatorum positæ sunt insidiæ, in quas incidentes, capiuntur, captæ primum saltatione & cantiunculis, Aelian. Tur‑tur tibia ac saltatione capitur, Orus 2,54. ¶ Turtures uisco capiuntur: & sub arbore cuius ramis
40 turturem alteram (allectatricem)insidère uiderint, Oppianus lib. 3. de aucupio. Et rursus, Turtu‑res capiuntur cum siticulosæ ad fontem accesserint, prope quem uenator arundinem erigit, pennis ad summum alligatis, quarum motus turtures admodum terret fugatq́. Sed alia turtur iampridem capta, in propinquo ponitur, qua conspecta cæteræ aduolitant, & retis tractu obteguntur. Turtu‑res columbæ & aliæ aues quomodo capiantur retibus, Crescentiensis docet lib. 10. cap. 21. & rursus cap. 26. quomodo intricentur laqueis è pilis caudæ equinæ & alijs quibusdam.

¶ In septis uillæ affixis nutriri possunt turtures, &c. Varro. Et rursus Merula apud eundem lib. 3. cap. 8. Turturibus, inquit, locum constituendum proinde magnum ac multitudinem alere ue lis. Eumq́ item, ut de columbis dictum est, ut habeat ostium, ac fenestras, & aquam puram ; ac pa‑rietes, ac cameras munitas tectorio. Sed pro columbarijs in pariete mutulos, aut palos in ordine, su‑
50 pra quos tegeticulæ canabinæ sint impositæ. Infimum ordinem oportet abesse à terra non minus tres pedes, inter reliquos dodrantes, à summo ad cameram ad semipedem, æque late mutuli à pariete extare possunt, in quibus dies noctesq́ pascuntur. Cibatui quod sit, obijciunt triticũ siccum in cen‑tenos uicenos turtures ferè semodium, quotidie euerrentes eorum stabula, à stercore ne offendan‑tur. Ad saginandum appositissimum tempus circiter messem. Etenim matres eorum tunc optimæ sunt, cum pulli plurimi gignuntur, qui ad sarturam meliores. Itaq́ eorum fructus id temporis ma‑ximè consistit, Hæc ille. Turturum educatio superuacua est, quoniam id genus in ornithone nec parit, nec excludit. A uolatura ita ut capitur, farturæ destinatur: eaq́ leuiore cura, quàm cæteræ aues saginatur. Verum non omnibus temporibus. Per hyemem, quamuis adhibeatur opera, difficulter gliscit. Et tamen, quia maior est turdi copia, pretium turturi minuitur. Rursus æstate uel sua spon‑
60 te, dummodo sit facultas cibi, pinguescit:nihil enim aliud, quàm obijcitur esca, sed præcipuè miliũ: nec quia tritico uel alijs frumentis minus crassescant, uerum quòd semine huius maximè delectan‑tur. Hyeme tamen offæ panis uino madefactæ:sicut etiam palumbos, celerius opimant quàm cæteri

C 3

cibi.Receptacula non tanquam columbis,loculamenta:uel cellulæ cauatæ efficiũtur,sed ad lineam
mutuli per parietem defixi,tegeticulas cannabinas accipiunt,prætentis retibus, quibus prohibean
tur uolare,quoniam si id faciant,corpori detrahunt. In his autem assidue pascuntur milio, aut triti
co, sed ea semina dari nisi sicca non oportet. Satiatq̃ semodius cibi in diebus singulis uicenos &
centenos turtures.Aqua semper recens & quàm mundissima uasculis, qualibus columbis atq̃ gal
linis præbetur.Tegeticulæq̃ mundentur,ne stercus urat pedes, quod tamen & id ipsum diligenter
reponi debet ad cultus agrorum,arborumq̃,sicut & omnium auium,præterquam nantium.Huius
auis ætas ad saginam non tam uetus est idonea, quàm nouella. Itaq̃ circa messem,cum iam confir
mata est pullities,eligitur,Columella. Columbarij cellæ duo subiecta cubicula fiant.Vnum breue,
& propè obscurum,quo turtures claudi possint, quos nutrire facillimum est. Nam nihil expetunt, 10
nisi ut æstate, qua sola maxime pinguescunt, triticum, uel milium mulsa maceratum semper acci
piant,Palladius. Turtures impinguantur tum milio tum panico, atq̃ potu largiore,ut anates,ob
lectantur,Didymus. Aucupes Lombardiæ,præcipuè Cremonæ,tota æstate turtures seras retibus
capiunt,& in domunculam quæ lumen habeat includunt:eisq̃ dant continuè aquam puram, & mi
lij quantum sumere uoluerint:& ferè usq̃ ad hyemem uel partem (maiorem) autumni exactam ser
uant. atq̃ ita quingentas & mille quandoq̃ congregant:quæ mirificè impinguantur. sic saginatas
optimè uendunt,Crescentiensis.

¶ Turturum quæ domi saginantur stercus seruatur ad agrum colendum,Varro.
¶ Turtur aduentu suo uernum tempus prænunciat,Albertus.

F.

Turtur pinguior in cibis probatur,Grapaldus. Dum pinguis mihi turtur erit,lactuca ualebit,
Et cocleas tibi habe: perdere nolo famem,Martialis. Turtures autumno magis conueniunt in ci
bo,quòd eo tempore solum reperiantur, Arnoldus Villanou. Edi debent posiridie quàm occisæ
fuerint,& antequam annum ætatis transegerint,Elluchasem. Comedi debent à nece ipsarum duo
decim horis hyeme,ut scribit Auenzoar:uel potius horis 24. pòst, ut Isaac,Ant. Gazius. Turtur
carnes habet siccas & calidas,Albertus. Caro eius calida est usq̃ ad tertium (alias secundum) gra
dum,& sicca:licet habeat humiditatem quandam superfluam, ueteres difficulter concoquuntur, &
crassum ac melancholicum sanguinem generant,Mich.Sauonarola. Turtures calidæ sunt,& sicc̃
admodum.quare non probantur nisi pulli,& qui iam prope sunt ut euolent,Elluchasem. Turtur
bene alit & bonum succum generat,Arnoldus. Ex turture alimentum laudabile est, & neq̃ te
natus quàm par sit neq̃ crassius, Galenus. Auicenna laudauit carnes turturum præ cæteris, siue
quòd respexit uim iliam qua ingenium̃confirmare creduntur: siue quia in regione ipsius meliores
quàm alibi reperiuntur,Recentior quidam cuius nomen nobis excidit. Sed Auicenna hæc scribit
de aue duraz uel duragi, quam Francolinum uulgò dictum Belluensis interpretatur, non turtu
rem ut alij quidam indoctiores:à quibus & Fiera Mantuanus in poemate de alimẽtis ea tribuit tur
turi,quæ aui duragi Auicenna adscripsit,ut intellectum confirmare, genituram augere. De turtu
re quædam quod ad nutrimenti rationem, ex Galeno & Elluchasem medicis recitauimus in Co
lumba & Palumbe. Alexander Benedictus tempore pestilentiæ turtures ac palumbes in cibo lau
dat. Psellus turturem laudat. Archigenes apud Galenum in libro de comp. sec. loc. inter ci
bos stomachicis utiles numerat. Arnoldus in lib. de conseru. sanit. ijs quos hæmorrhoides uexant
interdicit. Turtur, ut docet Isaac in u. d. c.XVI. domi per aliquos dies ali & (modicè) sagina
ri debet,priusquam in cibum ueniat,ut sic nimia eius siccitas temperetur:& sic tutius poterunt assa
ri. si uerò macræ fuerint,elixas edere præstabit, Ant.Gazius. Turtures & palumbes tympanicis
apud Trallianum permittuntur:item colicis apud Aetium palumbi, & turtures altiles. ¶ In per
dice & attagena & in turture (condimentum:) Piper,ligusticum,mentham,rutæ semen,liquamen,
merum & oleum calefacies,Apicius.

G.

Dysentericis in cibo turtures mirè prodesse dicuntur,utpote uentrem sistentes:sed efficacior ad
hoc ipsarum sanguis habetur, Grapaldus. Columbarum, turturum, palumbium, perdicum san
guis oculis cruore suffusis eximiè prodest, &c. Plinius. Vide plura in Columba G. cum de hoc re
medio,tum ad sistendum sanguinem qui ex cerebri membranis erumpit. Sanguis turturis calidus
destillatur super aurem contritam & dolentem, Auicenna. ¶ Turturis simum albugines exte
nuat,Plinius, cum melle albulam curat, Kiranides. Ad summam leuitatem tritum & cum melle
Attico aut etiam alterius generis,dummodo optimo & despumato inunctus,leucomata oculorum
potenter extenuat,Marcellus. Ex mulso coctum,& ceroti modo uentri ac renibus laborantis im
positum,efficaciter prodest,Idem. Difficulter mingentibus auxilium admodum probatum: Tur
turis stercoris drachmam trita da ieiuno bibẽdam cum melle,tribus diebus, Nic. Myrepsus. Cum
roseo solutum & inunctum matricem sanat,Kiranides. Turturis stercus ustum ex mulsa præbeto
calculosis. lapides enim per urinam exturbat, Galenus Euphoriston 3. 173. Idem usus ex columbæ
stercore à quibusdam mirè prædicatur. Turturis simum in mulso decoctum,uel ipsius decoctæ ius
prodest contra calculos & alias difficultates uesicæ, Plinius. Stercus zezir,id est sturni (Latinus
interpres malè uertit turturis) oryza pasti,impetigines abstergit,Serapio. Vide in Sturno.

a, Turtur

H.

a. Turtur à uoce nominatur, Isidorus. Albertus ubi ex Aristotele turdorum speciem tertiam memorat, turturis eam speciem esse scribit, cum turdi scribere debuisset. Sed Auicenæ etiam inter= pres pro turdo turturē habet, ut citat Aggregator. ¶ Τρυγὼν Græcis etiam per onomatopœiam ἀπὸ τῶ τρύζειν, à sono dicitur. Est autem τρύζειν secundum Grāmaticos γογγύζειν, ψιθυρίζειν, λεγχνοιειν, πολυ= λογειν, ἀσήμως λαλεῖν, & propriè de uoce turturum usurpatur, (metaphorice uerò in iam dictis signifi= cationibus, Scholiastes Homeri:) Vide supra in c. Τρύζειν, hoc est tryssare ab Græcis dicitur de in= ani obstreperáq uerborum multitudine: unde corriuatur etiam trygon, id est turtur, Cælius. Et rur= sus, τρύζειν uocem exprimit asperiusculam, unde inflectitur trygon, ex Eustathio. Cæterum τρυγὼν
10 piscis marinus radio in cauda uenenato, quem pastinacam Latinè dicimus, etsi recentiores quidam (ut Diuus Ambrosius) turturem uerterunt: non à uoce, sed forsan παρὰ τὸ τρύειν ἢ τρύζειν dictus fuerit, quæ uerba βλάπτειν καὶ κακοῦν, hoc est nocere & affligere interpretatur. Apud authores sem per fœmininum inuenio τρυγών, ut apud Etymologum etiam in uerbo τρύζειν, quamuis ibidem τὸ τρυγόν masculinum legitur, mendosè ut iudico. Τρυγώς, (malim τρυγὼς oxytonum,) τρυγόνας, He= sych. & Varinus. Τευγός, τρυγών, Hesychius. ἡδύτεραι αἱ τρυγόνϾ, Hesychius & Varinus. Τρυγη= της, ὁ τρυγῶν, Varinus: sed legendū τρυγηών ultima circunflexa, ut sit participiū à uerbo τρυγάω, quod uindemiare significat. Κερκώπη animal est simile cicadæ & trygonio, (τρυγόνιον,) Athenæus lib. 3.
¶ Epitheta. Turtur aëria Vergilio, sicut & palumbes eidem. Castus, Authori Philomelæ. Cæreus, Martial. lib. 5. Niger, Ouidio epist. 21. Item Raucus & Pudicus apud Textorem.
20 ¶ Τρυγὼν piscis marinus aculeo uenenato: καὶ ἡ τῶν γυναικῶν μῖξις, καὶ σωπροφϾ, Hesychius & Va= rinus. Turturem piscem Robertus Stephanus trutam (troctam) interpretatur, sed authorem non adfert. ¶ Turturis appellatione sanctus intelligitur spiritus, ubi de magnis & occultioribus my= steriis agitur, quæ capere haud possunt multi, Origenes Homilia 2. interprete D. Hieronymo. Τρυ γονῶσα τὼ θύραν, Aristoph. ἡσύχως κινῶσα, Suidas.
¶ Mulierem lactantem ac bene nutrientem pictura expressuri Aegyptij turturem pingebant. sola enim inter omnes uolucres hæc dentes ac mammas habet, Orus. sed hoc de uespertilione ue= rum est, non de turture. Iidem hominem saltatione tibiarum cantu gaudentem notantes, turtu= rem pingunt, hæc siquidem tibia & saltatione capitur, Idem.
¶ Ladon relicta æde Erinnyos, ad dexträm præterfluit Aesculapij pueri templū, ubi monumen
30 tum extat Trygonis: quam nutricem Aesculapij fuisse perhibent, Pausanias in Arcadicis.
¶ b. Scópes turturibus & palumbis similes sunt, Aelianus. Ortygometrā Alexander Myn= dius ait magnitudine turturis esse, Gillius ex Athenæo nimirum. Genæ tuæ sicut turturis, Cant. 1.
¶ c. Vox turturis audita est, Cant. 2. Λειδὸν κόρυδοι καὶ ἀκανθίδες, ἔςτιν τρυγών, Theocritus Idyl. 7. Et turtur nidum ubi ponat, Psalm. 83. Turtur & hirundo & ciconia custodierunt tempus ad= uentus sui, populus autem meus non cognouit iudicium Domini, Hierem. 8.
¶ f. Aegyptij (ut scribit Porphyrius lib. 4. de abstinendo ab animatis) multa curiosè obserua= bant, & inter cætera turture etiam abstinebant. ἱὸραξ γὰρ ἱφάσιν πολλαχῆ τὸ ζῶον συλλαβὼν, ἀφίησι, μιθόμ ἀφ ἑῶ τῆς μίξεως σωτηρίαν. Itaq ne in talem (ab accipitre dimissum) turturem imprudentes inciderent, genus eorum uniuersum in cibo uetuerunt.
40 ¶ h. Turtur aut columba in Vetere Testamento quomodo offerri iussæ sint, uide in Columba h. Turtures quomodo offerendæ Domino, Leuitici 1. Si pauper est, olei sext. duosq turtures, Le uit. 14. Qui patitur fluxum seminis, die octauo offerat duos turt. Ibid. 15. Octaua autem die offeret duos turtures, Num. 6. Turtur adhibita est fœderi pangendo, Geneseos 15. Moloch fuit imago concaua, habens septem coticlauia. unum aperiebant simile offerendæ, alterum turturibus, &c. Munsterus in Tophet. ¶ Auditum est albas turtures sæpe apparere, easdemq cum Veneri & Cereri, tum uerò Parcis & Furijs sacras esse, Aelianus. Sed placet Vrsidio lex Iulia: tollere dul cem Cogitat hærede, cariturus turture magno, Mulorumq iubis, & captatore Macello, Iuue= nalis Sat. 6. id est, non uult esse adulter & sine uxore, ut hæreditatem eius alij donis ambiant.
¶ Prouerbium Turture loquacior, (cuius meminit Eustathius) iam supra expositum est in c.
50 Turturem psallere, Τρυγόνα ᾄδειν, de ijs usitata parœmia qui malè & ineptè canerent: ἀλλὰ τῶν φαύλως προαδόντων, (sorte ψαλλόντων,) nimirum à uerbo τρύζειν, quod de turturum uoce in usu est, (& ad inde= coram aut nimiam in homine loquacitatem transfertur,) ut in illo, μὴ μοι τρύζητε, Suidas. Erasmus huius prouerbij non meminit.
CONTILVS, κόντιλϾ, genus auis, uel coturnix: item serpentis nomē, Hesychius & Varinus. Si pro serpente accipias iaculum significare uidetur, qui Græcis etiam ἀκοντίας dicitur, quod iaculi instar in hominem se uibret. Est & κουτὴς auis, quæ aliàs sycalis, id est ficedula dicitur. Apud Eu= stathium in Odysseæ ρ. scribitur contylus per y. Colaphum (inquit) Attici condylum uocant, con= tylus uerò genus est auis.
¶ CORAPHOS, κόραφϾ, auis quædam, Hesych. & Varinus.
60 CORCORA, auis (quædam) Pergæis sic dicta. Κόγκορα, ὄρνις, Περγαῖοι, Hesych. & Varinus.
CORINTA, (aliàs Cornica) auis maxima est in Oriēte, quæ ferè ad magnitudinem pulmonis uaccæ (pulmonem) habet mollem, & multo infusum sanguine, ideoq multo plus quàm aliæ aues

C 4

bibit,paucas & paruas habet plumas & pennas,Albertus Plinium citans, apud quem nihil tale inuenitur.

DE CORNICE.

16

26

A.

ORNIX auis est generis coruini, Albertus & Theon in Aratum. Aristoteles etiam coruini generis aues nominans, uidetur intelligere coruum, cornicem, graculos & huiusmodi. Oreb Hebraicè coruus est:quæ uox cum coruis etiam cornices & genus omne coruinum comprehendere uidetur. Monchar algorab, id est rostrum cornicis,Bellunen̄.uide in Coruo A. In trilingui Dictionario Seb.Munsteri kurka, בירבא,Chaldaica(ut cõijcio) uox,pro cornice scribitur. Kaath,קאת,Septuaginta pelecanum uertunt, uulgata æditio onocrotalum:in Thalmud hæc auis(teste R.Dauid Kimhi)alio nomine קיק,kik,uocat, quæ auis sit solitaria & loca maritima incolat.Iudæi uulgò kra(id est cornicẽ)interpretantur, P.Fagius. Auicēnæ interpres algadem & bubonem pugnare scribit, ubi in Aristotelis historia anim. legimus cornicem & noctuam pugnare.Albertus etiam alicubi pro cornice guidez uel gaudes, nimirum ex Auicennæ interprete,reddere uidetur. Aues quædam ingluuiem non habent,ut κολοιός,κόραξ καὶ κορώνη, Aristoteles,ubi Albertus,Coruus(inquit)& auis quæ guidez uel gaudes uocatur, quæ secundũ quosdam est falconum genus.Ego non falconum generis auem hac uoce significari,sed cornicem aut graculum hoc in loco ex collatione contextus Græci animaduerto,magis tamen ad cornicem animus inclinat,ut graculi nomen omissum sit. Cornix in Libro de nat.rerum etiam kokis dicitur. Rursus Albertus in Aristotelis historiæ anim.6.6.scribens, pro cornice ponit hachoac:& alibi karyme(quã uocem apparet à Græca κορώνη corruptam. nam eo loco Aristoteles scribit cornicem deuorare eiecta à mari)inquit animal est quod quidã uocant hacham. Idem alibi ubi Aristoteles cornicem habet,monedulam ponit:& alibi cum coruo eandem(cornicem)confundit. Borositis, id est auis corone,cornix,Kiranides. Xercula, id est cornix auis, Syluaticus. ¶ Græcum nomen κορώνη est, & uulgare hodie κουρούνα uel κορώνα. ¶ Italica,cornice,cornacchia, cornachio, gracchia. Hispanicum,corneia. ¶ Gallica,corneille,graille,graillat. ¶ Germanicum Kräe uel Kräye,Krabe,Ruβkräe,Schwartzkräe,Winterkräe. ¶ Anglicum a crouu. Illyricum wrana.

B.

Cornices in Britannia abundant,Cardanus. Totæ nigræ sunt, media magnitudine inter monedulam & coruum,Turnerus. Erat in urbe Roma hæc prodente me equitis Romani cornix è Bætica,colore mira admodum nigro,Plinius. ¶ Solent Rhodigini mei (inquit Lodouicus Cælius)perelegans usurpare prouerbium, ubi rarenter quid admodum & ferè nunquam obtingere uo lunt significare. dicunt enim perinde esse infrequens,ceu ferè non uisatur auitj id genus albicans.Nam & M.Tullius Familiarum epistolarũ septimo , ipsum hoc innuisse uideri popotest:Quòd,inquit,quasi auem albam uidentur bene sentientem ciuem uidere.Cæterum scitu con dignum est, uisam temporibus meis, dum ista proderem, duorum ferè stadiorum spatio à patriæ (Rhodigij)mœnibus,cornicem albam,capite nigricante sicuti cæteris , alarum apicibus in rubedinem uergentibus.nec erat expressus candor,sed liuens aliquo modo. Fuit ea mensibus aliquot omnibus conspicua,non parum multis ad insolentem speciem ad spectaculum confluentibus.Quin & nonnullis abijt res ea in prodigium: quòd post eam uisam, loco nunquam fuisset pax : tumentibus tunc perniciosissimis bellorũ procellis,ac latius grassante ferri licentia,&c. Hæc ille. In domo

Ludouici

Ludouici Patauini Cardinalis cornix alba uisa est, Niphus. Perottus quòque cornicem albam à se
uisam testatur. Peculiare Hispaniæ esse Posidonius asserit, ut nigræ ibi sint cornices, Strabo.
¶ Cornix pro ingluuie gulam habet patentiorem propius uentriculū, Aristot. & Plinius. Est hæc
auis, ut obseruaui, rostro, cruribus & toto corpore nigerrima, ita ut præ nigredine splen
deat, & ad lucem obuersa quasi Indicum colorem, id est nigrum subcœruleum referat. Superiore
rostri parte barbulas quasdam ueluti setas emittit circa palpebras, aliquando etiam inferius, nigra
quædam ueluti granula minima habet.

C.

Cornices circa urbes præcipuè uersantur, Vuottonius: item circa domos & sterquilinia. Om-
10 niuoræ sunt, littora petunt, & quæ unda eiecerit animalia tangunt, Aristot. Carnes, pisces & gra
na interdum uorant, circa littora maris & ripas fluminum multum uersantur, ut ea animalia quę un
da eiecit, tangant, Turnerus. In Britannia ingens copia est cornicum. quoniam in pabulo humido illic uermes multi abundant. ubi enim pabulum, ibidem animalia sunt quæ eo uescuntur. atque
immodicè tunc multiplicantur, cum ubiꝙ abundauerit, Cardanus. Cornix nucibus in cibo gaudet, Liber de nat. rerum. Baccis oliuarum uescitur, Io. Vrsinus. ¶ Aues quædam ambulāt (non
currunt, nec saliunt,)ut cornices, Plinius. ¶ Cornix uel coruus κράζειν uel κρώζειν dicentur, à uocis asperitate, Varinus in Ἐκλαγξα. Et alibi, κρώζειν de coruo, de cornice κράζειν dicitur, Sed contra
fortè legendum, ut κράζειν cornicum sit, & κρώζειν coruorum, nam Pollux τὰς κορώνας κρώζειν scribit: &
Euphorion apud Athenæum, Ὑετόμεναι τὶς ὅτι κρώξεεν κορώνη. & Aratus, πυκνὰ κρώξουσι, de cornice. & He-
20 siodus, Μύτοι ἐφεζομένην κρώζει λακέρυζα κορώνη. Ne forte insideat cornicans garrula cornix, ut Erasmus
Roterod. interpretatur. Φθονερὰ γὰρ ὠπικρώζουσι κορώνια, Aristoph. in Equitibus. Crocituꝙ graui plu
uiam increpat usꝙ morantem, Politianus in Rustico. Cornix & ipsa uoces humanas imitatur. Pa
pinius in Syluis, Qua refert fungens iterata uocabula cornix. Omnes tamen ferè codices perdix ha
bent: quod etiamnum legi posse ipse crediderim propter perdicis fabulam Ouidianam. Adde quòd
Serenus illam garrulam appellat, id est canoram. Cornicem ueró uocalem inueniri & nos liquidò
scimus, & Plinius locupletissimus testis accedit in decimo sic scribēs: Nunc quoꝙ erat in urbe Roma, hæc prodente me, equitis Romani cornix è Bætica, primum colore mira admodum nigro, de
inde plura contexta uerba exprimens, & alia atꝙ alia crebro addiscens, Grapaldus. Cornices præter carnem etiam alio pabulo utuntur: atꝙ duritiem nucis rostro repugnantem, uolantes in altum
30 in saxa tegulásue iaciunt, iterum ac sæpius, donec quassatam perfringere queant, Plinius. Super
frondibus arborum nidulantur, Turnerus. ¶ Cornices eodem secum inuicem modo naturaliter
coëunt, quo homines, Orus. Palàm non coëunt, Volaterranus ex Aeliano : ubi Politianus uertit,
Cornices non uideat quispiam licenter misceri ac temere. Gillius ueró, Societatem non temere instituunt, quam tamen ubi semel inierint, fidem inter se mutuā seruant amanter. Ego Politiani translationem præfero, nam Grecè legitur: Οὐκ ἄν ἴδοι τις μιγνύμενα ταῦτα τὰ ζῶα εἰκἧ ἢ τὸ εὐτυχὲ: nec aliud
ad hanc sententiam pertinens additur. ¶ Fœtus earum post solstitium accidit, Plinius. Cornix
gemina solet oua (oua picta, Albertus, ut picæ & passeres) parere, ex quibus mas & fœmina plerum
que gignuntur, rarius ex utroꝙ mas aut fœmina nascitur, Orus. Cornicum fœminæ tantum incubant, assiduéꝙ in opere perseuerant, mares his cibum suggerunt, pascuntꝙ incubātes, Aristoteles.
40 Idem corui faciunt, ut generis hoc potius proprium sit quàm speciei, Albertus. Cornicum pulli
ouis non ad caput ruptis, ut cæterarum auium, sed retrorsum, pedibus primum prolatis, excluduntur, Oppianus. Hylas tradit cornices à cauda de ouo exire, (& alias quasdam aues quarum grandiora sunt capita,)quoniam pondere capitum peruersa oua posteriorem partem corporum fouen
dam matri applicent, Plinius. Cornix cæcos pullos excludit, Aristot. ex quo causam retuli in Columba c. Cum pullos pascit, assiduè cursitat, Gillius. Pullos quidem, ut audio, non prius solent
pascere, quàm plumis uestiri incipiant, ut & aliæ pleræꝙ aues, quæ uolaces magis quàm pulueratrices sunt. hæ enim per se edunt. Cornices fœtum etiam iam uolantem, diu sequuntur & pascunt,
Albertus. Non cuculum modo in alienis nidis parere quidam putant, sed e iam auem rapacem
asturi (accipitri) similem, in nido corniculæ, Albertus : ubi exponit locum Aristotelis de hist. anim.
50 9.29. nihil autem tale Aristoteles habet, sed alibi docet cuculum à quibusdam accipitrem existima-
tum. ¶ Cornices & corui toto anno manent, Demetrius Constantinop. Ab Arcturi sydere ad
hirundinum aduentum notatur cornicem in Mineruæ lucis templisꝙ raró, alicubi omnino non
aspici, sicut Athenis, Plin. Cornix uulgó à Germanis quibusdam hyberna cognominatur, Win
tertrãe, quòd hyemis nuncia sit. nam æstate ingruente auolat, Tappius. Ego apud nos cornices
simpliciter dictas uel domesticas, audio non migrare: sed genus earum cinereum : cui à nebulis nomen apud nostros. Cornicum ductu quomodo migrent ciconiæ quum maria transuolant, & in
Asiam collecto agmine pergunt, recitauimus in Ciconia D. ¶ Cornix natura est calida, Theon
in Aratum.

¶ Cornicis uita longissima: utpote cui nouem nostras ætates dedit Hesiodus. Hinc Iuuenalis
60 de Nestore ætate polychronia longæuo, Exemplum uitæ fuit à cornice secundæ. Hinc φοινείνηρα κὸ
ρώνη apud Aratum, quòd nouem ætatum annos uiuat. uel nouem pro multis accipiendum poeticè,
ut sit πολύγηρα, uti Theon interpretatur. Et cornicibus omnibus superstes, Martialis, est autem hy-

perbole prouerbialis de uehementer annosis, ab auis huius prodigiosa uiuacitate sumpta. Serua-
tura diu parem Cornicis uetulae temporibus Lycen,Horatius 1.Carm. Cornix centum iuxta Ae
gyptiorum morem computatis annis uiuit, constat autem Aegyptiacus annus quatuor usitatis &
communibus annis,Orus. Viuit usǝ ad annos quingentos, Kiranides. Hesiodi uersus de aetati-
bus cornicis,cerui,corui & phœnicis, & ueteris cuiusdam innominati authoris interpretationem
(quæ inter poematia Maronis circunfertur) recitaui in Ceruo c. Hesiodus cornici nouem (Pistha
tærus in Auibus Aristophanis quinǝ tantum) nostras tribuit ætates, (γɣνὰs,) quadruplum eius cer
uis,id triplicatum coruis, Plinius. coruos uerò (ut canit Hesiodus) nouies excedit phœnix, phœnicem decies Nymphæ. Sed quid per γɣνὰν Hesiodus intellexerit,annum ne tantum,ut Cleombro-   10
to Lacedæmonio placet apud Plutarchum in libro de oraculorum defectu:an , ut Heraclitus uult,
annos triginta:an octo & centum,ut alij quidam,(qui non ἀβῶντων,sed γιɣρῶντων apud Hesiodum le
gunt,) an nonaginta sex,ut uetus Hesiodi carminum interpres sentit, ambigitur,ut Plutarchus plu
ribus disserit: sed magis inclinat animus γɣνὰν pro anno uno accipi, quòd intra id spacium generentur & perficiantur, non omnia tantum quæ terra profert, sed etiam homo in utero : & ut annus
unus dicatur γɣνὰ, id est ætas,quo tota deinceps hominis uita & ætas mêsuratur : ita ut unitas etiam
numerus appellatur,qui numerus propriè non est,sed aliorum numerorum mêsura prima. Quòd
si ætatem pro anno uno accipias,cornicis uitam nouem annorum faciemus; cerui,triginta sex:cor
ui,centum & octo:phœnicis,nongentorum & septuagintaduorum: nympharum deniǝ nouies mil
le septingentorum & uiginti. Cornicibus uiuacior, Ὑπὲρ τὰς κορῶνας ὲϐιωκὼς, prouerbium ab Eras   20
mo recensetur de uehementer annosis. Huc pertinet (inquit) quòd philosophus ille moriens, corni
cibus inuidisse legitur longæuitatem,quam natura negasset homini. Synesius in epistola quadam,
Εἰκὸς ὅτι κορῶνης γɣνιακῶς ἀξέαι τῶ ἡμῖν τὸν Δικαιότατον, id est,Consentaneum est iustissimum principem,
cornicis annis imperaturum esse. Corui ante solstitium generant: ijdem ægrescunt sexagenis diebus,siti maximè,antequam sici coquantur autumno. cornix ab eo têpore corripitur morbo. Cor
nix in solstitio morbo corripitur,Author libri de nat. r. Scabiem & lepram patitur, Porphyrius li
bro 3. de abstinentia ab animatis, Cornix si inciderit in comesæ à lupo carnis reliquias, moritur,
Aelianus & Philes.

                          D.

Cornices nucum duritiam si rostro perfringere nequeant, in altum uolantes , in saxa & tegulas
iaciunt iterum ac sæpius, donec quassatas perfringere ualeant , Textor & Vuottonus. Imitantur   30
etiam sermonem humanum,ut in c. scripsimus. ¶ Cornicum fœminæ tantũ incubant,assidueǝ
in opere perseuerant. mares his cibum suggerunt, pascuntǝ incubantes, Aristot. & Plinius: ut &
corui,Albertus. Cornix aliquandiu pullis suis prouidet:& iã uolantes pascês ipsa comitatur; cum
cæteræ postquam enutriuerunt pullos,nihil amplius curent,Aristoteles & Albertus. Sola cornix
uolantes pullos aliquandiu pascit, Plinius. Author libri de nat. r. idem scribit de aue kokis,quam
iccirco non aliam à cornice esse conijcimus. Cornix etiam uolans (malim , uolantes) pullos suos
pascit,Orus. ¶ Palumbes (ut turtures etiam & columbæ) coniugium seruant, nec mas à fœmina,necǝ hæc à mare relinquitur ad exitum usǝ uitæ: quod corui etiam,cornices & graculi faciunt,
Athenæus ex Aristotele. Corône siue fœminæ siue mas si moriatur, coniux alter uiduus permanet,Kiranides & Athenæus. Cornices inter se fidissimæ sunt, mira his castitatis & matrimonij cu   40
ra,haud palàm coeuntibus (Amanter mutuam inter se fidem seruant, cum semel societatem inter se
coierunt,quam non temere ac licenter inter se instituunt , Gillius ex Aeliano. uide in c.) extincta
consorte, alteri uiduitas impolluta. quare & inter hymenæos (post Hymenæum,Politianus) pro
concordiæ pudicitiæǝ felici auspicio inuocatur,In augurijs quoǝ una ex his uisa fortunatissimum
putant, Volaterranus ex Aeliano. Ego fortunatum hoc auspicium esse apud Aelianum non legi:
& si legeretur apud eum,non approbarem. nam Orus in Hieroglyphicis ita scribit: Cum uni corni
ci occurrerint homines , augurantur præsagium sibi hoc esse uiduæ uitæ , quòd scilicet animali uiduam agenti uitam obuij facti fuerint. Cælius hunc locum transferens simpliciter reddit,Cornix so
litaria uisa ostentum ueteribus faciebat. Sed melius Politianus,Qui sedes auium (inquit) & uolatus
obseruant,inauspicatum siue mas si moriatur auguria dicunt, unius tantum cornicis obsequium. Plu   50
ra leges infra in H. a. Cornix gemina solet oua parere , ex quibus mas & fœmina gignuntur, ubi
uerò,quod rarò tamẽ accidit,uel duo mascula,uel duo fœminea oua pepererit , mares fœminis con
nubio iuncti nunquam ad alteram diuertunt cornicem:ac ne ipsa quidem fœmina,quoad uiuit, ad
alterum marem. sed disiuncti,soli deinceps semper degunt, Orus in Hieroglyphicis. magis autem
conueniret,ut cum ex duobus ouis alter mas,altera fœmina gignitur,genitæ cornices connubio inter se iungerentur,quàm cum uterǝ mas aut utraǝ fœmina generatur , sed Græcus etiam codex
sic habet,ut Mercerus interpres Latinus transtulit. Græci quidem (inquit idem Orus) in hũc usǝ
diem,ob tantam harum auium concordiam,in nuptijs ignorantes uerbum illud usurpare solent ἐκ-
κοεῖ,nimirum κοεῖ cornicem appellâtes. Memini ego audire ex amico quodam qui ruri habitabat,
se per annos decem aut amplius cornicum coniugium, id est marem & fœminam,certo anni têm   60
pore aliquandiu quotidie ad domum suam aduolantes,ut cibum ipsis expositum caperêt, obseruas
se. ¶ Cornices uerbenacá supinã nidis imponunt ut blattas abigant, Zoroastres in Geoponicis.
                                                                              ¶ Cornix

¶ Cornix dux est auiũ, Io. Vrsinus. Ciconijs cum maria transuolant, & in Asiam collecto agmine pergunt, duces se præbent, ut scriptum est in Ciconia D. In eiusdem Ciconiæ historia capite tertio, pugnam ciconiarum & pelecanorum aduersus cornices, coruos, uultures, aliasq; carniuoras aues descripsimus ex Kiranide. Amicæ sunt aues cornix & ardeola, Aristot. Plinius & Aelianus. Mustela cornicis oua pullosq; uiolat, Aristoteles: nidos sæpe diripit, Perottus. Cornix ualde infesta est auibus rapacibus: & ideo interdum dilaceratur ab eis, Albertus. Horribiles (rapaces nimirum) aues tanquam suos hostes impugnant: sed illæ frequenter cum impugnantibus multum detulerint, tandem impatientia uictæ lacerant importunas, Author libri de nat. rerum. Cornix, pica, monedula & huiusmodi aues, apud nos cum aquila pugnant, quoniam aquila comedit eas, Albert. Cornices quomodo eludant aquilas & aliquando deplument, uide in Aquila D. ex Aeliano. Inimicitiæ intercedunt cornici cum circo, Aelianus. Cornix ouis columbæ insidiatur, ut ea dissipet & exugat, Author libri de nat. rerum. A cornice (auis) tympanus nomine occiditur, Aristot. In morte kokis auis, aues omnes cum dolore suauiter uociferantur, Author de nat. rerum. Cornix cum noctua dissidet. cornix enim meridie oua surripiens noctuæ absumit, cum non clarè interdiu noctua uideat. noctua cõtra oua cornicis noctu exedit. estq; altera interdiu, altera noctu potentior, Aristot. & Aelianus. Cornices & noctua dissident, Plinius: inexpiabili bello, Aelian. Interpretes barbari quidam bubonem (uel noctuam) & monedulam, uel bubonem & coruum, pro noctua & cornice ex Aristotele reddiderunt: uel incẽdulam & bubonem, corrupto incendulæ nomine pro monedula. Aliud noctua sonat, aliud cornix: Ἄλλο γλαὺξ, ἄλλο κορώνη φθέγγεται, prouerbium de ijs qui inter se nõ consentiunt, ἐπὶ τῶν ἀλλήλοις οὐ συμφωνούντων, Suidas: Apostolius addit, καὶ ἐριζόντων τοῖς κρείττοσι. Accommodari potest (inquit Erasmus) uel ad eos qui decertant cum longè præstantioribus: uel ad illos inter quos ob morum ingenijq; pugnantiam, minimè cõuenit. Siue cum est alius alio longè facundior. Quemadmodum enim auem etiamsi non uideas, tamen è cantu licet dignoscere: ita stilus diuersus prodit pseudepigraphiam. Nullum enim est autorum genus, ubi non reperies notha quædam & subdititia τοῖς γνησίοις admixta, Erasmus. Noctuam inter cornices esse uulgò Germani dicunt, **Ein eule vnder einem hauffen kräben**, quum stolidus aliquis incidit in homines nasutos & contumeliosos: quale Latinum illud prouerbium est, Asinus inter simias.

E.

Multæ magnæ aues capiuntur magnis uirgulis inuiscatis, præcipuè corui & cornices, cum auxilio gummi (gimmi, id est noctuæ) hoc modo. In ijs locis quos frequentare solent aues, truncatur ramis arbor aliqua, quæ ab alijs arboribus multũ distet. sed aliqui rami frondibus nudati relinquuntur in ea. uel perticæ aliquæ super eam ponuntur. his leuiter infiguntur uirgulæ magnæ uisco illitæ. gimmus in terra ponitur, in loco parum eminente, ut facilius ab auibus uolantibus uideatur: quem cum aues uiderint circumuolitant, & uolando defessæ in arborem uisco litam se recipiunt, unde in terram decidunt. Eas auceps pertica persequatur & occidat. nam si manibus caperet, læderetur ab eis, Crescentiensis 10.27. Et rursus cap. 28. Capitur (inquit) cornix delectabili quodam modo. Cornix capta duobus perbreuibus palazolis (lignis, bacillis) ad principium alarum annexis, suprema in terram firmatur. clamat illa & fugere conatur. aduolant aliæ iuuandi animo, ex quibus illa proximam rostro & unguibus correptam detinet, quæ sic detenta facile capitur. Eodem modo aiunt areagazas (picas) capi posse. Memini me aliquando cornices manu cepisse, cum inter carnes nucem uomicam tritam miscuissem, Cardanus. Sunt qui ut cornices & graculos alliciant, cum uiuis allectatricibus carent, pelles occisarum materia aliqua farctas, ut uiuentiũ speciem referant, exponant.

¶ Mutant cum tempestatibus unà Raucisonos cantus cornicum secla uetusta, Coruorumq; greges, ubi aquam dicuntur & imbres Poscere, & interdum uentos aurasq; uocare, Lucretius. ὑετόμαντις ὅτε κρώξει κορώνη, Euphorion apud Scholiasten Nicandri. id est, Cum pluuiæ uates cornix crocitauerit. Antequam stantes repetat paludeis Imbrium diuina (præscia) auis (cornix, Acron) imminentum, Horatius Carminum 3.27. Domum ædificans imperfectam ne relinquito, ne insidens illi garrula cornix crocitet, Hesiodus. hoc est ne tempestas & pluuia ingruens sic imperfectæ noceat. uox enim cornicis tempestatis signum est, Moschopulus. sed alij aliter interpretantur. uide infra in h. inter prouerbia. Magnum tempestatis signum est cornix noctu canens, Aratus: ubi Theõ Scholiastes, Vox eius noctu acuta signũ est tempestatis. Si nocturna tibi cornix canit, Auienus Arati interpres. Si coruus, cornix, graculus, crepusculo uespertino uocales sint, tempestatis aduentum prædicunt, Aelianus. Tum uespertinum cornix longæua resultat, Auienus. Quum terrestres uolucres contra aquam clangores dabunt, perfundentes sese, sed maximè cornix, signum est hyemis, Plinius. Garrula cornix terrestris sub initiũ tempestatis (χείματος) littus eminens subit, (iuxta mare apparet, ut quæ aquis gaudeat, Theon:) aliquando & in fluuij aquam à capite usque ad summos humeros se immergit, aut etiam tota innatat: aut frequenter uersatur iuxta aquam (ἢ πολλὰ στρέφεται παρ' ὕδωρ, in aquis fluuiorũ aut marinis, Theon) crassa uoce crocitans, Aratus. ubi Theon Scholiastes, Cornix (inquit) & coruus (sunt enim eiusdem generis) cum corpore admodũ sicco sint, plurimum gaudent humectantibus. cum igitur initium hyemis (χειμῶνος) senserint, & aër corpora earum humectârit, tunc etiam innatant aquis, ceu quibus ualde gaudeant. Cæterum aqua ipsa fluuiatilis aut marina parum eas iuuat, nisi aer quoq; humidus fuerit. Et rursus, Immergit autem se cornix refrigerandi gratia, siue quòd aëre ambiente refrigerato, animalia ipsa calore intus collecto magis caleant, siue propter externum calorem. Vt plurimū enim ante pluuias aër terram ambiens calidior sit. Vel illud πολλὰ σρέφεται, accipi potest, quasi multum gaudeat cornix & saliat, frigiditatis amans. est enim ipsius natura calida. Fuscaꝗ̃ nonnunquam cursans per littora cornix Demersit caput, & fluctum ceruice recepit, Cicero ex Arato. Tum cornix plena pluuiā uocat improba uoce, Et sola in sicca secum spatiatur arena, Vergilius. ubi Seruius, Plena uoce, id est rauca (forte potius crassa, cum & Aratus dicat, παχία κρώζουσα) cōtra naturam suam, pluuiam uocat, id est denunciat. Corui uerò contra, non solitarij, sed plures, nec rauca, sed tenui & purissima uoce contra naturam suam, pluuiæ signum faciunt. Aratus inter serenitatis (ὲυδίας) signa cornicem ponit, uesperi uoce placida & uaria utentè, his uerbis: καὶ ἥσυχα ποικίλλουσα ἔλεξεν ἑσπερίη κρώξη πολύφωνα κορώνη. Vbi Theon 10 in Scholijs, Corui (inquit) & cornices per initia tempestatis (χειμῶνΘ·) gaudent: in progressu uerò crescente frigore non amplius gaudent, incipiente deinde æstate rursus gaudet. excessus enim temporum non ferunt. itaꝗ cornix cum placida (nō aspera) uariaꝗ̃ uoce lætitiam suam testatur, signum est serenitatis. Et mox, Apud Archilochum legitur, ὑφ᾽ ἡδονῆς σαλευομένη κορώνη. id est, pennas concutiens præ gaudio, quod facere solet signum serenitatis exhibens.

¶ In Britannia abundant cornices, ut ob frugum damna nuper publico consilio cornices perdentibus proposita præmia sint, Cardanus.

F.

Cornicis carnes esse in longissimis morbis utilissimum putant, Plinius. Demetrius Constantinop. corui aut cornicis carnem accipitri dari prohibet, quòd ualde noceat. Et rursus, Accipiter 20 (inquit) de coruo edat cor, & cerebrum & iecur, & perparum de pulpa pectoris, sanguine uerò eius omnino abstineat. est enim salsus & perniciosus accipitri, ut omnia salsa. Idem in cornice cauendus est. Vtriusꝗ etiam ossa & interiora uitabit. urunt enim ac nimiam sitim & noxiam inducunt.

G.

Cornicis carnes esse, & nidum illinire, in longissimis morbis utilissimum putant, Plinius 30. 11. Cornicis cerebrum cocium in cibo sumptum, capitis doloribus (grauibus et inueteratis, Marcellus) remedio est, Plinius: effectu mirabili, Marcellus. In cibo sumptū palpebras gignere dicitur, Plin. Fimus in uino potus dysenteriā sanat, Kiranid. Vt pili fiant albi: Vermes (uĕtres, forte) coruorum seu cornicum iugulatarum & positarū sub fimo recenti tribus diebus, ponantur in cacula, & affuso oleo bulliant donec liquefiant, inde pilos quater inunges, Elluchasem.   30

H.

a. Cornicem à coruo quidam existimant appellatam, Perottus. Cornicula, diminutiuū apud Horatium. ¶ Κορώνη dicitur quasi κρώνη, à uerbo κράζω, ἢ παρὰ τὸ καύρον ἢ γαῦρον, ὅπερ σημαίνει τὸ κενόν, Etymologus. Κολοιοὶ, μικροὶ κορωνίαι, Varinus & Hesychius. quasi κορωνία diminutiuum sit à κορώνη, quod non probo. potius enim κορωνὶς dicendum fuerit. & sic legitur apud Io. Tzetzen 8. 105. κολοιὸς, ἡ μικροτέρα κορωνὶς. Κορωνιδ᾽ ὄυς, pullus cornicis, Hesychius & Varinus. hinc pluralis numerus κορωνιδεῖς, apud Eustathium. Græci in nuptijs ignorantes uerbum ἰκνεῖ usurpāt, nimirum κρεῖ cornicem appellantes, Orus. ¶ Κορώνη non solum pro terrestri cornice accipitur, sed etiam pro marina apud poëtas: ut hoc carmine, Οἱ δὲ κορώνησιν ἵκελοι κύμασιν ἐφορέοντο. dicit autem Apion eandē esse auem, quæ & larus & æthyia, (id est mergus) dicatur, Etymologus & Eustathius. Κορώνας, ἁλίας ἀἴνίας, (malim 40 post ἀλίας distinguere, non ante,) κολυμβίδες, Hesych. & Varinus. sunt autem colymbides etiam de mergorum genere, colore nigro nimirum, atꝗ inde cornices dictæ, ut etiam lari forte. Aethyiam eandem esse cum cornice marina, authores sunt Hesych. & Suidas. Coruus aquaticus Aristoteli dictus Vuottono uidet esse κορώνη θαλάσσιΘ· Arriani in Ponti Euxini nauigatione, & alia ab æthyia. Sunt & marinæ cornices, de quibus Homerus, τανύγλωσσοί τε κορῶναι, Theon in Aratum. Plura de cornice marina, uide infra inter Cornices diuersas. ¶ Κόμβα, κορώνη, * πολυνείμοι, Hesychius. lego Πολυγλωῖοι: ut Polyrhenij populi Cretæ, cornicem combam appellent. est enim Polyrrhenium Plinio, Πολύριω Stephano, urbs Cretæ. Combe etiam dicta fuit mater Curetum, Varinus. Κόραις, cornix, Hesychius & Varinus. huic proxima est uox Germanica, ᛫Kräe. Δαυλίαν κορώνην, ἀντὶ τὸ δ᾽ἀνὰ (legerim ἀκάναϛ) ὕτως δὲ ἀπολώ ἐλήχθη, Hesychius. Δαυλία κορώνη, luscinia, τετίετμ ἢ δ᾽ ασεῖα, Suidas. ΔαυλὸΘ· 50 penanflexum, δασω̈, id est densum significat. δαυλὸς uerò oxytonum substantiuè, τὸ δᾶσΘ· unde & Daulis uel Daulia ciuitas Phocidis dicta uidetur, quod in loco δάσω, id est nemoroso, uel fruticibus & arbustis pleno sita fuerit, ut Eustathius scribit. huiusmodi autem locos lusciniæ etiam freqũtant. Δαυλίαν κορώνην, id est Dauliam cornicem lusciniam uocant poëtæ, (Lycophron fortassis, qui multa huiusmodi inusitata & ferè absurda habet,) siue quòd Tercus in Daulide Phocidis cum ea uixerit: siue quòd illic Philomela mutata sit in auem. Non uideo quid sibi uelit adagium, nisi forte dictum est in garrulos aut canoros. Magis autem suspicor Zenodotum siue Zenobium, siue quisquis alius fuit, hoc prouerbium fuisse commentum, quò locum faceret narrandæ fabulæ: quod idem in nonnullis alijs ab eo factum conijcio, Erasmus Rot. Mihi etiam nullus prouerbij sensus subesse uidetur. Geographus scribit Daulidem oppidulum esse in mediterranea (Phocide) post Delphos, ubi 60 Tereum Thracem regnasse, & ea quæ de Philomela ac Procne feruntur, accidisse fama sit. Δαυλία, cornix

cornix & lufcinia, Varinus. fed apparet hîc error ab eo cõmiſſus, non enim Daulía uox aues diuer=
ſas ſignificat, cornicem & luſciniam: fed Daulía cornix periphraſticè, luſciniam tantum. Iuxta flu=
uios Tanaim & Volham, naſcitur Rhaponticum, quod Tartari nominant cinireuent nomine Per
ſico, & cucilabuca, uel ut alij efferũt kilcabuha, quod Latinè ſonat oculus cornicis, naturæ perquam
calidæ, Matth. à Michou.

¶ Epitheta. Cornix annoſa, Horatius 3. Carm. Fuſca, Cicero ex Arato. Garrula, Ouidius 2.
Metam. quem garrula motis Conſequitur pennis ſcitetur ut omnia cornix. Improba, Vergil. 1.
Georg. ab importuna & aſsidua gárrulitate. Longæua, Auienus. Rauca, Lucret. lib. 6. ſed forte
tempeſtatem tantum præſagiens rauca eſt. uide ſupra in E. Siniſtra, Vergil. 9. Aegl. Vaga, Ho=
10 rat. 3. Carm. Vetula, Idem 4. Carm. Leguntur præterea apud Textorem, Ingrata, Inuiſa Miner=
uæ, Lõgæua, Sedula, Viuax, ¶ ξυνάγϰρα, Arato. λακϱύϰα, Heſiodo, Arato & Apollonio. Gram
matici ínterpretantur ϰρωϰϱ, ϰϱάϰϱια, μεγάλα ϰϱάζοϱϱ, λϱιϑϱϱ, φλύαϱϱ, λάλϱ, Heſychius & Varinus.
Etymologus deriuat à λα particula intendente, & uerbo ϰρω ϰρύζω, ἢ μεγάλως ϰϱϰϱϱ:ϑ ῦ ϰϱ ϱῆμα λα
ϰϱύζω. ϱολιϱϱ ϰϱϱναϱ, Ariſtophanes, id eſt canæ cornices, ab ætate ſcilicet, quæ his auibus imprimis
longæua eſt. ϒϱϱμϱπϱ, Euphorion.

¶ Cornicari, tanquam prouerbialis uox ab Eraſmo recenſetur. Quin & Græci, inquit, prouer=
bio ϰϱϰϱϱ dicunt, pro eo quòd eſt inhiare prædæ, aut ineptè garrire. Ariſtophanes in Pluto, ξὺ μϱῤ
ϱῖϑ' ὁ ϰϱϰϱϱς, ὡς ἐμϱ τὶ ϰϱϰλϱϕϱϰ ζϰϱϱϱ μϱπϱλαβϱϰ, id eſt, Quid crocites ſcio, nempe ſi quicquam rei
Furto inuolàrim, ut hinc tibi partem feras. Interpres admonet eſſe prouerbiũ in eos, qui cornicum
20 more fruſtra cornicantur. Perſius Satyra quinta, Neſcio quid tecum graue cornicaris ineptè. Vſus
eſt & D. Hieronymus in epiſtola ad Ruſticum monachum. Galli hoc uerbũ gazouiller interpre=
tantur, à gaza aue, ut coniicio. ſic enim Itali pícam uocant. Diaphragma, id eſt ſeptum transuer=
ſum, in pecoribus coqui apud nos lingua noſtra cornicem appellant, die krâten oder lyſten.

¶ Coronen (ϰϱϱϱϱϱ) dicimus in arcu, hoc eſt ſummum cornu & inciſionem ubi neruus ſedet.
Vnde, inquit Euſtathius, bonum rerum fínem, auream coronen prouerbium dicit, Cælius. Locus
Euſtathij eſt in Commẽtarijs in Iliad. ϱ. his uerbis: Ὅϑϱ ϰϱ τὸ ἀγαϑὸϱ τέλϱ τῶϱ πϱάξεωϱ χϱυϱϱ ϰϱϱϱϱ ϰϱ
πϱϱϱιμια ϰϱλϱῖϱς ὅτι τις ἅπϱ χϱυϱϱϱ ϱπϱϱλϱϱϱϱ ϰϱϱϱϱϱά ϱϰῖς πϱάξϱϱϱ ἢ ϱῖς λϱϱϱς, ῥϰϱ ϱϱμπϱϱϱϱϱμϱ ϰϱ τέλϱς,
&c. coronen uel coróndem auream factis dictiſue imponi dicemus, fíne uel exitum felicem intel=
ligentes, ductâ translatione à corone quæ in arcu eſt , aut forte à coronide nauium , aut corone illa
30 quæ ianuam claudit, Hæc ille. Suidas ϰϱϱϱϱϱ interpretatur πλήϱωϱϱϱ, hoc eſt perfectionem. Koϱϱ=
vϱϱ, urbs Bœotíæ, ἀϰϱϱϱϱϱ, τέλϱ, Heſychius. ſed ſignificationes duæ poſteriores, magis pertinent ad
uocem Koϱϱϱϱς, ut Varinus habet. Koϱϱϱϱ ſignificat etiam ſpeciem coronæ (ϱεϕϱϱϱ εἶϱς ϰϱ χϱύϱ ἔμπϱϱ
ϰϱς, Euſtathius. ϰϱϱϱϱϱς, ϱεϕϱϱϱς, Heſych.) & figuram rotũdatam (χϱῆμϱ πϱϱϱϱϱϱϱς, Heſychius & Varin.)
Cælius. eſt autem coronis etiã à capitis ornamentis ut Latini appellant, figura rotunda: ut hęc etiam
Latinorum uox Græcæ originis uideri debeat. Priuatim uerò de uiolis contextæ corollæ, ϰϱϱϱϱϱϱϱς
dicuntur, ut Varinus annotat & Cælius obſeruauit. Scoppa quoq; Grammaticus noſtri ſæculi, co=
ronam Latinè dictam interpretatur la coróne de la porta, muro. Sic & ϰϱϱϱϱϱς infra, quod ſu
premum & ultimum ædificio imponitur. Coronæ (inquit Budæus) ſunt prominentiæ & ueluti ſu=
percilia quædam parietum, arcendis ſtillicidijs inuenta, ſiue ſtructura ſiue inteſtino opere conſtent:
40 quod minutiariam lingua uernacula dicimus. Vitruuius libro ſecundo , Summis parietibus ſtru=
ctura teſtacea ſub tegula ſubijciatur , altitudine circiter ſeſquipedali , habeatq; proiecturas corona=
rum, ita uetari poterunt quæ ſolent in ijs fieri uitia. A corone, id eſt cornice aue , cuius collum fle=
xibile eſt, (ϱϱλύϱιϱϱϱ,) res alias diuerſas, inflexas aut flecti faciles eodem nomine appellamus, ut co=
ronen in ianua & in arcu, & in naui coronidem. Eſt autem corone in arcu extremitas, (inciſio in ex
tremitate utraq; quam crenam uocamus, uoce fortaſsis deducta à corone per ſyncopen: Germani
ſimiliter krinnen,) cui neruus immittitur, Euſtathius. habet enim cornix auis collũ flexibile & ferè
incuruũ, πϱϱϰϱϱϱ ϱϱλύϱιϱϱ ϰϱ ἴϱϱ ϱπϰϱϱμπϱ, Etymologus. Idem coronen in arcu τϱϱ τϱ τϱξϱ ἐϰϱϱ=
πϱϱ interpretatur, id eſt inciſionem in ſummo cornu arcus, & ſummitatem arcus inflexam. & hunc
Homeri uerſum citat, πϱϱ ϱ' ϱ λϱϱϱϱς χϱϱϱϱ ἐπϰϱϱϰϱ ϰϱϱϱϱϱ, à quo fortaſsis etiã prouerbium tractũ
50 eſt, ϰϱϱϱϱϱ χϱϱϱϱ ϱπϰϱϱϰϱϱ, paulo ante memoratũ. Αϱτϱ ϱ' ἀϰϱ Βϰλϱ ϰϱλϱ πϱϱϰϱλϱϱ ϰϱϱϱϱϱ, Odyſſeæ
φ. Δϱ τϱτϱ τϱξϱϱ ἐλϱϱ ϱϱϱτϱ τϱς ἐπϱλϱϱϱ ϰϱϱϱϱϱ Νϱύϱϱϱ; Theocritus Idyllius 32. ¶ Hiſtoboẽ tiel hiſto=
bœus, lignum eſt in aratro ad iugum uſq; protenſum inter bouem utrunq; cuius apicem tiocant co
ronen, Cælius. Τὸ τέλϱ τϱ ἐϱϱϱϱϱ τὸ μϱτϱ τϱϱ ζυγϱϱ, ϰϱϱϱϱϱ, Pollux. Κόϱϱϱϱ, (lego ϰϱϱϱϱϱ,) τὸ ϱπϰϱϱϱϱϱ
μϱϱϱ τϱ ϱϱμϱ, Heſychius. Apollonio lib. 3. anniulum iugi ſignificare uidetur, ut quidam in Lexicon
retulit. ¶ Koϱϱϱϱ ſignificat etiam ſummam partem penis, quæ glans Latinis dicitur, Cælius. Et
rurſus, Eadem pars (inquit) quinto Therapeuticis à Galéno balanus, à nobis etiam glans per ſimili=
tudinem uocatur. Koϱϱϱϱ, τϱ ϱϰϱϱϱ τϱ ϱϱϱϱ, ἔϱϱϱ τϱς τὰ ϱϰϱϱϱ τϱ ϱϰϱϱ ϰϱϱϱϱ ϱϰ ϰϱϱϱϱς τϱϱϱϰϱϱϱ, Suidas.
¶ A corone, id eſt cornice aue, fortaſsis etiã naues ϰϱϱϱϱϱϱς dicũtur, non ſolum quòd cornicis inſtar
nigræ ſint, ſed etiam quòd ἄϱλϱϰϱ (ligna uel tabulas , de qua uoce plura Varinus) in prora & puppi
60 per curuaturam inflexa habeant. nam & cornicis collum flexibile eſt. Videntur autem naues nigræ
ϰϱϱϱϱϱϱς dici, ad differentiam τϱϱ μϱλτϱπϱϱϱϱϱ, id eſt minio rubentium, quarum in Bœotia Homerus
meminit, Euſtathius in Iliad. ϱ. Idem alibi coronen parte puppis in naui interpretatur. ¶ A cor=

D

nice auc, cui collum flexibile, in ianuis quoqʒ κορώνη per translationem dicta est, quæ & à corᵗuo có‑
rax siue corácion appellatur, qua ianua clauditur, Eustathius. Et rursus, Κορώνη, τὸ κοράκιον: ἢ μάλλον
ηϊ τȣς παλαιȣς ὁ λειπίος, ᾧ τὴν θύραν ἐπιρύσαι: id est, annulus quo ianua attrahi potest. Quod rursus ali‑
bi aliis uerbis effert, Κορώνη τὸ λειπίον ᾧ ἐπιπαττει τίς τὴν θύραν. Item, Τὸ κοράκιον ἢ ὁ λειπίος, ᾧ ὅτι τὴν θύραν ἐλ
κύσαι. Item, Τὸ ʒ θύρας ἐπίσπαστρον, quod & rhoptron uocatur. Córaca (id est corᵗuum) appellatum
Homerus corónen nominat, Pollux. Et alibi, Quem nunc κόρακα uocant in ianua, Homerus κορώ
νίω dixit. Κόρακι κλεῖεται θύρα, Posidippus apud eundem. Αὐτὰρ ἐπ᾽ ἢν᾽ ἱμάντα δοὺς ἐπέλυσε κορώνης, Ho
merus de Penelope aperiente ianuam: ubi Scholiastes κορώνης interpretatur λειπίο, κόρακος. Vide expo
sitionem Eustathij in eum locum: Χρυσῶ ʒ τήταν κορώνη, Idem de annulo ianuæ ut Etymologus citat.
Κορώνη, annulus hostij quo pulsatur, uel ob figuram, uel ob garrulitatem sic dictus, ut quidam in Le‑   10
xico uulgari annotauit. Simplicius Theocriti glossematarius citatur ab illo qui Epigrammata
Græca exposuit, & hæc eius uerba referuntur: ἔςι ʒ κόραξ σιδηρȣς ἐμπίπίων εἰς τὸ μέσον κὺ ὑποκροῦσιν τὴν
θύραν, uidetur autem non aliud sentire, quàm coracem esse annulum aut alterius figuræ ferrum, quo
feriente ianua media pulsetur. ¶ Κορώνη pars est cubiti, ut Philoxenum aiunt scripsisse in libro
de dialecto Romanorum, per metaphoram à flexibili cornicis collo, ἐκ τοῦ ξύειν ʒ κορώνην ἀγκύλην
εἰωθυίας τὸν τράχηλον, Eustathius. nimirum quod circa exortum illum siue processum in ulna ro‑
tundum, quē κορώνην & κορωνὸν uocari legimus, brachij inflexus fiat. Radij & cubiti in brachio ex‑
cessus ambos quidem coronas à rotunditate nominant: priuatim magnum posteriorem Attici ole‑
cranum, Hippocrates anconem, Theophilus. Κορώναι dicuntur duæ eminentiæ in imo occipitio,
uel sub parencephalide, quæ in duas cauitates laterum primi spondyli insident, Pollux.   20

¶ Coronis uocabulum deriuatum, κορωνὶς, uidetur quædam eadem quæ κορώνη primitiuum si‑
gnificare, ut in præcedentibus annotatum est. Κορωνίδου propriè dicuntur ἐλασήματα, id est germi‑
na, Cælius & Varinus. nimirum ut & corone pro summa & extrema parte in alijs etiam rebus ac‑
cipitur. sunt enim germina partes summæ, & quibus stirpes ceu coronantur. Κορωνὶς, quod supremū
& ultimum ædificio imponitur, τὸ ἄκρον ἢ τὸ τελυταῖον ʒ οἰκοδομῆς ἐπίθεμα, propriè uerò cacumen mon‑
tis, ἡ ἀκρώρεια, Suidas & Varinus. Coronída imposuisse (inquit Cælius) adagium est, significas ul
timam rei manum admotam: nec affectum opus, sed prorsus completum finitumqʒ. siquidem coro‑
nis est quandoqʒ montis uertex, aut structuræ summum: quandoqʒ uerò quod in fine librí ponitur:
unde est adagionis origo. Quod in libro de Alexandri fortuna manifestum Plutarchus facit: Diony
sius, inquit, Philoxenum poetam in Latomias coniecit: quod quum illi tragœdiam à se concinna‑   30
tam recoquendam emendandamqʒ tradidisset, totam is ἀπ᾽ τ ἀρχῆς μέχρι ʒ κορωνίδος πολύγραψ ψν, id est
ab initio ad coronidem uscʒ circumscripsit: quod est expūxit deleuitqʒ. nam περιγράψαι est etiam ἐπ‑
κτεῖναι, Hæc ille. Et paulò post, Hinc est illud Plutarchi elegantissimum, in sermone qui est An seni
administranda respublica: Qui uerò, inquit, ciuilibus actionibus & certaminibus innutritum non
permittit ad sacē & uitæ coronidem progredi, prorsum ingratus est. Vide plura mox in prouerbio
Ad coronidem, ex Erasmo Rot. Κορωνὶς summa pars nauis est: & in genere pro summo accipitur:
οἷον, ἡ κορωνὶς ʒ σοφίας, id est summa uel perfectio sapientiæ, Etymologus. ¶ Κορωνὶς diminutiuum
est à κορώνη, de puppe nauis, Etymologus. Κορωνίδος νῆας apud Homerum leguntur Iliad. Β. & λ.
Grammatici καμπυλοπρύμνας interpretantur, id est quarum extremitates & puppes incuruæ sunt. Vi
de etiam supra in Κορών. Κορώνη, omne quod incuruatum est, unde & naues coronides, Eustathius. 40
Sunt qui coronída nauis puppim interpretātur, quòd sit in eius apice curuatum rostrum. Quidam
rostratas exponunt, Ouidius lib. 15. naues coronatas dixit. Torta coronatæ soluunt retinacula na‑
ues. Etymologus nihil quidem rostro simile in puppi nauis poni scribit, ut quidam inepte tradūt:
sed ita, Τίθεται ἡ κορωνὶς ἀντὶ ʒ πρύμνης τ νεὼς, hoc est coronis dictio ponitur pro puppi nauis, eò quòd
puppis in summa naui sit. Ad coronidem uscʒ, Μέχρι ʒ κορωνίδος, prouerbium (apud Erasmū Rot.)
quum extremum finem rei significamus. A nauibus (inquit) translatum putant literatores, quibus
aliquid rostri speciem gerens solet addi. Corone Græcis uocatur quicquid uelut ornamenti gratia
rebus perfectis additur. Plutarchus aduersus Stoicos, Ἐκ προόδȣ κỳ ἀρχῆς ἄχρι κορωνίδος, id est, Ab in‑
gressu & initio uscʒ ad coronidem, (ducta metaphora ut apparet à chori parodo, id est ingressu in fa
bulis.) Iucūdius est iquoties transfertur ad animum, ueluti si quis studiorum coronidem dicat, aut 50
moneat ut egregiè cœptis auream addat coronidem: aut uitæ laudabiliter actæ auream subeat im‑
poni coronidem, hoc est mortem piam, Hæc Erasmus. ¶ Coronis in libri calce apponi solita (in‑
quit Cælius) ferè hanc præfert figuram J, (ego non erectam sed iacentem lineam pinxerim cum un
co deorsum uergente ⌐. Nam Aristophanis interpretes scribunt, esse lineam breuem uticʒ, sed ab
inferiori parte flexam. Ex ijs uerò amplius Martialis carmē illustratur ex libro decimo, Si nimius
uideor, seraqʒ coronide longus Esse liber, legito pauca, libellus ero. Cæterum quod Græci coro‑
nída impingere dicunt, Latinè ad umbilicum perducere non minus rectè dicitur. Nam poetæ ele
gantissimi quum exactum opus significant, ad umbilicos se uenisse scribunt. Promissum carmen
iambos Ad umbilicum adducerem, Horatius in Epodo. Quem locum dum exponit Porphyrio,
ita scribit: Ad umbilicum adducere, pro finire & consummare opus posuit Horatius. quia in libri 60
fine, ex ligno aut osse umbilici solent apponi. Plura de umbilico libris addi solito eundem in locum
lib. 15. cap. 20. Cælius congessit, quæ nos præterimus. Κορωνὶς, τὸ πεσαγορευόμ, τὸ ἀπηθελεμένον ἐν ὑπὸ τι
ʒ τῶ βιβλίων, Etymologus. Coronis nota est corniculatæ lunæ figurā exprimens, in fine librorum
pingi

pingi solita, ut Aristophanis Scholia exponunt. Sic quidam in Lexico uulgari nescio quàm rectè. Coronis hac nota -ƺ. (est autem quasi zéta paruum, cuius apex supremus in rectam lineam extendi-tur longiusculè sinistrorsum) in fine uniuscuiusꝗ epodi ponitur apud Pindarum, ut in fine totius carminis Asteriscus, Hephæstion. Est autem idem signū quod in uetere comœdia, ut passim apud Aristophanem habetur: de quo Aristophanis Scholiastes in Pluto, Cùm carmina generis diuersi non sunt, sed ijsdem uersibus quibus ab initio actores utuntur, coronis uocatur, quoniam ijs finitis coronidis signum adijci soleat, id uerò est linea breuis deorsum inflexa. Alia igitur est coronis quæ in fine librorum quorumuis addebatur, & alia nimirum figura: alia quæ pingebatur in fine carmi-num quorundam in fabulis poetarum. Quando autem hæ coronides appingi solerent, pluribus ex
10 Hephæstione docet Cælius 15.19.20. & Varinum in κο.

¶ Κόρων@proparoxytonum, montis nomen. oxytonum uerò κορωνός angulum significat, Cyril-lus. Οἱ γε μὲν ἡμῳ Αἰχμῆς ὀξείῃσι κορωνιόωντα πέτηλα Βεβόμβεα σταχύων, Hesiodus in Aspide. Id est, Me-tebant illi falcibus acutis culmos supremos uel coronatos, spicis grauidos. Sed alia lectio habet κο-ρωνιόωντα, id est capitatos. spica enim in culmo instar corynæ uel clauæ est. κορώνησις apud Varinū ger-minatio est, & κορωνῶδες ramosum. Paraphrasis Ioannis Pediasimi sic habet, οἱ μὲν ἐκείνῳ γῇ ἀρωταίναις ὀξείως ἐδρεῤῥζον τὰ πέτηλα, ἤγον τὰς κεφαλὰς τὰς πεπμυσταμένας (uerbum obscurum uel corruptum) σία τῇ ἄσταχυν. Et paulò pòst, Scribitur etiam κορωνιόωντα, id est nigros, nam spicarū aliæ sunt albæ, aliæ ruffæ, aliæ nigræ, quæ & maximè probatur. Κορωνιόωντα uerò interpretatur ρεβεῤῥωδ᾽η, καὶ δ᾽ σύκαρπίαμ εύχη κα.
20 Κορωνός oxytonum, superbus, elatus, ὁ γαῦρ@καὶ ὑψαύχλν. Κορωνιάζῳ, γαυριῶᾳ, καὶ ἰσκεάνκ, ἐγαυνεία, He-sychius & Varinus. Κόρων@, proparoxytonum, improbus, & taurus ὀρθόκερως, id est cornibus ex-celsis uel erectis, Iidem. Et rursus Κόρων@, bos cornua lunata habens. ¶ Ceruus τετρακέρων@He-siodo & Oppiano cognominatur, quòd cornicis uitam quater superet. ¶ Aristodemum tyran-num apud Cumas μαλακὸν cognominatum aliqui tradunt à barbaris hostibus, quo uerbo intelliga-tur ἀντίπαις, id est puber. quoniam id ætatis cum coætaneis etiamnum comantibus, quos inde coro-nistas uocant, in bello aduersum barbaros manu promptus apparuerit, &c. Cælius ex Dionysij Ro-manis antiquitatibus. ¶ Apud Rhodios festum siue ludus celebrabatur, in quo cornici aggrega-tio quædam hordei & id genus rerum aliarum fiebat; unde id, Καὶ τῇ κορώνη πάρφρ@φόρει τὸ τὰ. id est, Cornici uirgo fert ficos. Qui uerò eiusmodi præessent curæ, dici coronistas inuenio: sicuti in libro de nominibus Alexandrinus commeminit Pamphilus. Quæ ab eisdem præcinerentur, id est τὰ ἀδὸ
30 μενα, uel ut in alijs reperio τὰ ἀδόμενα, id est quæ dabantur, melius ἀδόμενα, ut Athenæus & Eusta-thius habent, quàm ἀδόμενα ut Varinus & Hesychius) coronismata uocabant, Cælius ex Athenæo. Τὸ μόρχιον Τὸ ϝ κορωνὴς αὔσιον δ᾽επνήσωμεν, Antiphanes apud Athenæum; ubi Plutarchus Rhodiacam quandam historiam esse ait, cuius iam olim sibi lectæ non amplius meminerit; scire uerò se Phœni-cem Colophonium mentionem facere ἀνδρῶν ἵνωμ ὡς ἀγειρόντωμ τὸ κρῶνη, καὶ λεγόντωμ τοιάτα: Ἐσλὸ κορώνη χεῖρα (manum plenam) πρόσσοτον κείθω, Τῷ παιδ᾽ι τῷ Ἀπόλλων@, ἢ λίχῳ@ πυζάρ, & reliqua. neque enim uersus omnes recitare libet, quòd plures sint, & ut uidetur corrupti. Eodē modo apud Rho-dios uerno tempore pro hirundine colligebant, χελιδονίζειμ id uocantes, ut suo loco narrabimus.

¶ Κορωνέως, ficus arbor fructus nigros proferens. Τὴν κορωνέωμ γὶ μὴ ὑψκόνψαμ, Aristoph. in Pace. ubi Scholiastes docet κορώκιον etiam dici, quòd fructus eius colore coruum referat. quod Suidas
40 etiam & Varinus repetunt. Apud Varinum scribitur, Κορώνεωμ σῦκομ, τὸ καὶ κοράκιωμ. Ischades (ficus) quædam uocabantur βασιλέως, aliæ Κορωνέως, Pollux. ¶ Monchar algorab, id est rostrum cornicis, Andreas Bellunensis. Coronion, sesamoides paruum, inter nomenclaturas Dioscoridi adiectas. Dioscorides quidem folia coronopodis ei tribuit. Est autem κορωνόπους herba à Dioscoride & me-dicis memorata, à foliorum similitudine ad cornicis pedem dicta, quam & κορωνόποδα uocant, id est coruinum pedem. Κορωνοπόδιομ herba à Tarentino ad inescationem pisciū additur. Fuchsius Ger-manicè krãenfúß interpretatur, Tragus rappenfúß. Coronopus herba inter aculeatas à Theo-phrasto ponitur, sponteꝗ nascentes, interim & seritur medicinæ ad usum, Silago aut stilago dicitur à nostris, à Græcis etiam coronopodion, ut Galeno. Sunt Arabes qui hanc coruinum (pedem) uo-cent. nec prohibeo, dum res côstet, quibus cuiꝗ libet uocibus utatur. Illud monendi sunt, herbam,
50 quæ modo pes coruinus ab officinis & herbicidis appellatur, non tam coronopoda uideri, quàm ra-nunculi genus, quod polyanthemon cognominatur. quandoquidem aculeata & oblonga esse coro-nopus herba traditur, & aluinis prodesse: coruinus autem pes, auis eius & ranunculi similitudine conspicitur, plurimis foliorum diuisuris, cuius uel tactu solo pustulæ ambusti modo corporibus at-tolluntur, flore aureo copiosoꝗ; quibus notis ranunculum polyanthemon uocatum cognouit, Her-molaus. Plura de coronopode scripsimus in Boue h. c. Fico folia sunt laciniosa & cruciformia, hoc est, ut Theophrasius inquit, σκολόπωδ᾽η̈. nisi quis κορωνοποιοῦ̈ magis legendum putet. nam Hip-pocrates uerè inquit, folia sunt fico pedibus cornicis similia, Hermolaus. In Germania inferiore alicubi genus allij syluestris, folijs latiusculis geminis circa syluas & sæpes proueniens, nescio quam ob causam cornicum porrum uocitant, kráellauch.
60 ¶ Icones. Corone ciuitas in Peloponneso (uide mox inter propria nomina) quibusdam dicta creditur, quòd mœnium fundamenta defodientibus ænea sit inuenta cornix. cuius forte argumen-to rei in Acropoli æneum stabat Pallados simulacrum sub dio, cornicem manu tenens, Cælius,

D 2

Heron in Pneumaticis inter automata opera cornicem confingit, quæ se ad auiculas itidem fictas conuertat αὐτομάτως, Politianus in Miscellaneis cap. 97. ¶ Aegyptij in Hieroglyphicis Martem & Venerem scribentes, duas pingunt cornices, ut marem ac fœminam: & similiter cum nuptias innuunt: item ad designandum uirum qui cum uxore cõsuetudinem Veneream habeat, Orus, Eum qui iustam hominis ac legitimam uixerit ætatem uolētes monstrare, cornicem mortuam pingunt, propter longæuam eius ætatem, Idem. Eum qui in cõtinuo motu & animi intentione uſque adeò uerſetur, ut ne ueſcens quidem quieſcat, ſignificantes Aegyptij, cornicis pullos pingunt. hæc enim etiam uolans pullos paſcit, Idem. Cornice, non ciconia, ut quidam putant, priſci concordiæ effigiem repræſentabant: quod uel Aeliano authore cõstat, qui cornices inter ſe fidiſsimas eſſe, & cum ſocietatem coierint maximo ſe opere diligere teſtatur, Politianus. Vide in Ciconia a. Sed & in no 10
miſmatis aureis duobus Fauſtinæ Auguſtæ, manifeſtam prorſus imagunculam nuper mihi Laurentius Medices oſtendit, cum titulo ipſo Concordiæ, Idem. De Concordia dea Iuuenalis ita meminit: Quęq̃ ſalutato crepitat Concordia nido. Quo in loco (inquit Lilius Greg. Gyraldus) diuerſa ſentiunt. Et Probus quidem uetus interpres: In tutela, inquit, Concordiæ ciconia eſt. Templũ Concordiæ uetus fuit, in quo ciconia multa, &c. Merula de ciconia & ipſe multa affert, ut hoc aſtrueret, & eum ſecutus Britannicus, item Valla Georg. Politianus uerò in Miſcellaneis cornicem, non ciconiam intelligit: idq̃ tum Aeliano auctore de animalibus, tum quibuſdam antiquis nomiſmatibus affirmat, quorum etiam ego nonnulla conſpexi, Hæc ille. Mineruæ ſimulachrum quoddam legimus quod cornicem præferebat, Lil. Gr. Gyraldus.

¶ Propria. Coróne dicta, Κορώνη, quædã mulier Delijs oſtendit locũ in quo natus eſſet Apollo, 20 ut refert Plutarchus in libro de oraculorum defectu. Meretrix quædam Calliſto nomine, cui mater Κορώνη fuerit, memoratur apud Athenæum lib. 13. Et rurſus in eodem, Ἢν δὲ Κορώνη τῆ Ναυνίς θυγάτηρ τὸ τῆ Ῥήθης ἀναφφ̀σται ἐκ προιπορνείας ὄνομα. hoc eſt, Corone ſcortum fuit Nannij ſcorti filia, neptis Coronæ ſimiliter ſcorti. Coronus, Κορώνος, filius Therſandri. uide mox in Coronea ciuitate. Orthopolidis filia fuit Chryſorthe. hanc, ut putant, Apollo compreſsit, & ex ea natus puer Coronus eſt appellatus. Coroni filius Corax fuit, Pauſanias in Corinthiacis. Fuit & Coronus quidam Lapithæ filius, cuius meminit Stephanus in Philaida. ¶ Coronen, id eſt cornicem, filiã Apollinis, legimus in Coroniſmatis dictis carminibus apud Athenæum. ſed qui hæc cantillabant auem ipſam cornicem, per iocum forte, Apollinis filiam feciſſe uidentur. ¶ Coronis, Κορωνίς, una Hyadũ apud Heſiodum. Obſeruatum in Pauſaniæ monumentis (in Corinthiacis) deam in Sicyonia Coronidem 30 coli, cuius tamen ſimulacrum peculiare templum habeat nullum: ſed cum ſacrificij appetit tempus, id in Palladis transferunt ſacraria, honoreq̃ proſequũtur, Cælius. Coronis, alio nomine Arſinoë, nympha fuit, Phlegyæ, uel (ut alij tradunt) Leucippi filia: quæ ex Apolline Aeſculapium peperit. Poſtea coruus auis ſacra Apollini quum eam deprehendiſſet cum iuuene quodam Aemonio (Elati filio, cui Iſchys nomen erat,) rem habentem, ad Apollinem detulit. Quare Apollo iratus eam (maturo iam partu, Seruius in ſeptimum Aeneid.) ſagittis interemit: faciéq̃ tandem pœnitens, quum illam ab inferis nequiret reuocare, ſecto eius utero conceptum ex ſe eduxit infantem, eumq̃ Aeſculapium appellauit, & Chironi centauro tradidit educandum, ut Grammatici annotarunt. Coronides (inquit Gyraldus) cognominatus eſt Aeſculapius à matre, qua de re lege fabulã apud Ouidium libro 2. Metamorph. quæ ita incipit: Pulchrior in tota, quàm Lariſſæa Coronis,   Non fuit Aemo-40 nia, placuit tibi Delphice certè, &c. quo loco Coronis Lariſſæa ab omnibus legitur, ab urbe Lariſſa. Ego uerò ex tertio hymno Pyth. Pindari, Lacerea legendum puto, ab urbe, cuius poſt Pindarum Hellanicus etiam & Stephanus meminêre: Hæc ille, pluribus etiam ſubiunctis de eadem hac Coronide ex Pindaro & eius Scholiaſte, quæ breuitatis ſtudio relinquimus. Homerus, inquit, & Heſiodus Κορωνίν uocant, ego nunquam à bonis authoribus per χ. ſcribi opinor.

¶ Corone, Κορώνη, urbs Meſſeniæ, quæ à Strabone etiam Coronea, κορώνεια dici uidetur. ſcribit enim Coroneam ciuitatem eſſe prope Heliconem in alto conditam, quam Cuarius fluuius alluat, ubi Pambœotia celebrata fuerit: cuius ciues Coronij (Κορώνειοι, Varinus per α. ſcribit penultimam) dicantur, ut alterius Meſſeniacæ Coronenſes, Κορωνεῖς, Euſtathius in Iliad. β. Addit Bœoticam Coroneam à Corono Therſandri filio (Siſyphi nepote, Pauſanias in Bœoticis) nominatam. Et alibi 50 Coronen Meſſeniæ olim Pedaſum dictam docet. Vide plura in Stephani Ethnicis & Onomaſtico noſtro, de his & alijs etiam eiuſdem nominis urbibus. In Peloponneſo ad Pamiſi fluuij dextram (ad mare, ſub monte Temathia, Pauſanias) Corone ciuitas fuit, à Bœotiæ Coronia (ex qua conditor eius oriundus fuit) ſic appellatione ducta: uel quòd mœnium fundamēta defodientibus ænea ſit inuenta cornix, cuius ſorte argumento rei in Acropoli (arce) ęneum ſtabat Pallados ſimulacrum ſub dio, cornicem manu tenens, Cælius ex Meſſenicis Pauſaniæ. ¶ Coronus, Κόρων❍ proparoxytonum, Cyrillo montis nomen eſt.

¶ b. Ἰα τρικλὼ δὲ, λοιμῶδες θορ❍ ἀβαχρίαν πλήβα πεδιλυλοῦ, καὶ θείοις ἐαρινοῖς, ὅταν κορώνεια πολλὴ ἔκκλα γένηται, Plutarchus in libro de oraculorum defectu. Θεῖα quidem folia ſici dicuntur, quæ figura ac diuiſione cornicis pedem referunt, ut diximus ſupra in coronopodis herbæ mētione. Heſiodus libro 60 ſecundo Operum nauigationem uernam cum folia ſummæ ſicus tantum apparent, turgentia ſcilicet primo uere, quantum cornicis ueſtigium terræ imprimitur, ὅσον τ' ἐπέλασεν κορώνη ἴχν❍ ἐποίησεν.
                                                Videtur

Videtur autem hæc comparatio folij ficulni turgentis ad cornicis ueftigium , quod ad magnitudi=
nem, eò elegantior, quoniam figura etiam comparantur, ut ibidem in Scholijs Proclus teftatur.

¶ c.　Corniculæ in medio cœli, Baruch. 6.　Ab arcturi fydere ad hirundinum aduentum no=
tatur eam in Mineruæ lucis templifcᶜᵖ raró, alicubi omnino non afpici, ficut Athenis, Plinius. Κρώ=
ζαν uerbum, & nᵒmen κρωγμὸς (à Mofchopulo) de cornicis uoce ufurpantur.　Κρώζαν Aratus etiam
de pullis gallinaceis dixit.　Tum uefpertinum cornix longæua refultat , Auienus.　Homerum in=
fantem Aegyptijs parentibus ortum, fabulantur cum mel aliquando ex Aegyptiæ nutricis uberi=
bus in os eius manaffet, ea nocte nouè uoces diuerfas ædidiffe, hirundinis, pauonis, columbæ, cor=
nicis, perdicis, porphyrionis, fturni, lufciniæ & merulæ , ut recitaui in Colûba Liuia ex Euftathio.
10 ¶ Φυλόμαχον τὸν πάντα φαγεῖν Βόρον, οἷα κορώνων　ϼαννυχικλϖ αὐτῆ ϼωγᾶς ἔχει κάπιντϴ, Pofidippus in Phy=
lomachum gulonem.　Κίκιμον, ᶋᵗ κορώνης τὸ κόπριον, id eft excrementum cornicis, Hefych. & Varin.

¶ e.　Ad nuncupatum lacum Mœrida (Myridis, Cælius qui & Græca Aeliani uerba recitat 15.
28.) in Aegypto, ubi Crocodilon oppidum eft, Cornicis fepulchrū oftenditur: cuius caufam Aegy=
ptij eam afferunt, quòd cum eorum rex, cui Marrhes nomè effet, cornicem ualde cicurem haberet,
quæ poftquam audiffet quò uolatus dirigendus, & quænam regio tranfeunda , & ubi terrarum re=
quiefcendum effet, eò regis literas ocyus quàm quiuis nuncius perferret , eam mortuâ & fepulchri
honore affecit, & cippo ornauit, Aelianus.

¶ Cornicem occifam tandiu relinques donec puteat. cadauer iam fœtidum expones in locum
ubi mures aranei funt. conuenient illi ad hanc efcam confumendam qui in domo fuerint omnes:&
20 ita congregati uel fcopis uel aliter occidi capíue poterunt, ut nuper ex homine quodam polyiftore
cognouimus.　¶ Ad amorem coniugalē, Si uir geftauerit cornicis mafculæ cor, mulier fœminæ,
mutuo inter fe amore pariter per omnem uitam concordes degent, Kiranides.　Cornicis interiora
affa fi mulieri ignoranti dederis, ualde tè diliget, Idem.

¶ g.　Si cui pedes dolent, cornicem capias illæfam, & pofteriorem digitum dextri pedis corni=
cis abfcinde à pede iuxta crus per puerum incorruptum:& ligans filum fufpende uel circumnecte.
cornicem uerò terebinthino unguēto uel oleo totam unge, & dimitte eam uiuam uolare. Digitum
uerò eius (illigatum pelli ceruinæ) circūliga patienti pedi, &c. Kiranides : qui etiam uerba quædam
concepta fimul effari iubet.

¶ h.　Coronidis in cornicem mutatæ fabulam profequitur Ouidius Metam. 2. Leucippe, Ari=
30 ftippe & Alcithoe forores, dictæ Minyades, mutatæ funt, una in cornicè, altera in uefpertilionem,
tertia in noctuam, Aelianus Variorum lib.3.　Socrates Platonis inuidiam & improbitatem notans
narrauit amicis in fomnis fibi uifum Platonem in cornicem mutatum, caput fuum inuadere & lan=
cinare caluitium, Athenæus lib. 11.

¶ Cornix auis eft augurijs & incantationibus apta, Albertus.　Cornicem aiunt augures homi=
num curas fignificationibus agere, infidiarum uias monftrare, futura prædicere. Magnū nefas hoc
credere, Deum confilia fua cornicibus mandare, Ifidorus.　Obferuatū eft, ut minora aufpicia fem=
per maioribus cedant, licet priora fint: fiquidem cornicis aut columbarum aufpicia, aquila fuperue=
niente irrita fiunt , Alexander ab Alex.　Auium uoces ufque adeò uariæ funt pro diuerfis earum
affectibus, ut earum uarietatis differentias omnes obferuare difficillimū foret. itaᶜᵖ cornicis & cor=
40 ui uarietatem augures aliquatenus obferuarunt, cæteris tanquam fupra hominis captum differen=
tijs relictis, Porphyrius lib.3.de abftinentia ab animatis.　Ofcinum tripudium (augurium) eft quod
oris cantu fignificat quid portēdi cum cecinit coruus, cornix, &c. Feftus.　Et rurfus, Ofcines aues
Appius Claudius effe ait, quæ ore canentes faciant aufpicium, ut coruus, cornix, &c.　Quid augur?
cur à dextra coruus, à finiftra cornix faciat ratum? Cicero 1.de diuinatione.　Φθονεραὶ γὰρ ἄπτκρώξουι κϴ
ϱῶναι, Ariftoph. in Equitibus.　Coruus uel cornix crocitans, uel quæuis auis augurifica, quid figni=
ficet per duodecim figna Luna in eis exiftente, docet Auguftinus Niphus libro primo de augurijs,
tabula fexta.　Vlpij Traiani imperium adueniens pleracᶜᵖ mirifica denunciauerunt, in queis præci=
puum, cornix è faftigio Capitolij Atticis fermonibus effata, Καλῶς ἔστι, S. Aurelius Victor.　Aues
nigræ inaufpicatæ habebantur, ut cornix, coruus, bubo, Scoppa.　Cornix ales eft inaufpicatæ gar=
50 rulitatis, à quibufdam tamen laudata, Plinius.　Inaufpicatifsima eft fœtus tempore, qui accidit poft
folftitium, Idem.　Sæpe finiftra caua prædixit ab ilice cornix, Vergilius Aegl.9. Vbi Seruius, Au=
gures, inquit, defignant fpatia lituo, & eis dant nomina, ut prima pars dicatur antica , pofterior po=
ftica: item dextra & finiftra. Modo ergo cornicem ab amica ad finiftram partem uolaffe dicit, & in
caua ilice confediffe, quæ res agrorum damnum fignificabat per milites clamore gaudentes & liti=
bus, ficut cornix etiam. Nam hæc auis & clamore lætatur & alias frequēter inuadit, Sic ille.　A dex=
tra coruus, & à finiftra cornix uel picus, fpem non ambiguam & ratum aufpicium fecère , Alexan=
der ab Alexand. ex hoc Plauti nimirum in Afinaria , Picus & cornix eft ab læua, coruus porrò ab
dextera. Teᶜᵖ nec lᶜuus uetet ire picus, Hor.Car.3.27.　Cornicis per Iunonem
immiffæ augurium, cum Iafon & Medea amantes cōuenturi effent, Apollonius defcribit lib.3. Ar=
60 gonaut.　De augurio ex cornice folitaria apparente, uide fupra in D.　¶ Cornix non placuit Mi=
neruæ:an quia garritu pluuiofæ nuncia lucis　Dicar, & infelix omen habere putor?　Siue quòd
excerpam baccas pallentis oliuæ, Io. Vrfinus.　Cornix inuifa Mineruæ dicitur, quòd prōdidiffet eí

D　3

tres filias Cecropis quæ Erichthonium in cista inclusum eis seruandum dederat, & ne inspicerent prohibuerat, ut prosequitur Ouidius lib. 2. Metam. In arce Coronæ urbis Messeniæ Palladis simu lacrum erat sub dio cornicem manu gestans, Pausanias. Corniscarum diuarum locus trans Tyberim erat cornicibus dicatus, quod in Iunonis tutela esse putabantur, Perottus. Rex Calechut cum cibum sumere desierit, mox sacerdotes quicquid dapum superfluit, in locum quendam transferüt, inq́ nuda humo collocant: quo facto rursus & iterum manibus complosis excitant corniculas a ues nigricantes, quæ ad hoc unũ aluntur, hę enim signo huiusmodi assueuêre. propterea ueluti tessera data ilico aduolant, regiasq́ reliquias depascuntur. Has uolucres nefas est lædere, ob eam rem tutò uolitant quocunq́ libuerit, Ludouicus Romanus 5. 3.

¶ Ne si forte suas repetitum uenerit olim   Grex auiũ plumas, moueat cornicula risum, Fur- 10 tiuis nudata coloribus, Horatius in epistolis 1. 3. ex apologo Aesopi. Vide in Graculo h. in prouer bio Aesopicus graculus.

¶ PROVERBIA. Cornicari, uide supra in a. ¶ Acanthida uincit cornix, prouerbium u surpatum Calphurnio in Bucolicis Aegl. 6. Nyctilon ut cantu rudis exuperauerit Alcon   Asy le, credibile est ut uincat acanthida cornix, Vocalem superet si dirus aëdona bubo. ¶ Prouer bium, Tam rarum ac alba cornix, dictum est supra in B. ¶ Aquilam cornix prouocat, Vide in Aquila h. ¶ Domum cum facis ne relinquas impolitam, Ne forte insideat cornicans garrula cor nix, Hesiodus in Operibus. Græci uersus hi sunt, Μηδὲ δόμον ποιῶν ἀνεπίξεσον καταλείπῃν, Μὴ τοι ἐφεζο μένη κρώζη λακέρυζα κορώνη. Proclus interpres (inquit Erasmus) admonet locum hunc bifariam accipi. quibusdam uideri monere poetam uti quisq́ domicilium ante hyemem absoluedum curet, ne tum 20 non habeat quo depellat frigoris molestiam. hyemem enim cornicis indicatam symbolo, uidelicet auis hybernæ. Alij putant significatum ædificium semel institutum non oportere imperfectum re linquere, ne uulgo risui sis: & qui preterierint obloquantur carpantq́ leuitatem tuam, qui quòd cœ peris non absoluas. Eam autem obtrectantium petulantiam per cornicem uoluit indicare poeta, nempe auem garrulam & obstreperam, ut hinc etiam uerbum prouerbiale ductũ sit κρώζῃν. At ipsi Proculo magis probatur, ut κρωλικῶς accipiamus, unicuiq́ negotio, quod semel instituerimus, fi nem idoneum imponendum, ut nihil omnino desideretur, & ubiq́ connitendum ad perfectionem. Id quò longius auocabitur à simplici sermone, hoc uenustius fiet, & magis prouerbiale. Veluti si quis adhortetur aliquem, ne literarum studiũ deserat, sed laudabiliter institutis summam imponat manum, ne uulgo ludibrio sit quòd à bene cœptis destiterit, Hęc omnia Erasmus. Nos hoc insuper 30 obseruauimus pro ἀνεπίξεσον alias legi ἀνεπίρρεκτον, quod Scholia exponũt ἀθυμίασον ἢ ἀτελείωτον. ¶ A liud noctua, aliud cornix sonat, Vide supra in Cornice D. ¶ Cornicum oculos configere, prouer bium de quo non satis liquet unde sit natum, ex apologo quopiam, an ex euentu, an ex metaphora sumptum, Videtur autem perinde ualere quasi dicas, nouo quodam inuento ueterum eruditionem obscurare, efficereq́ ut superiores nihil scisse, nihil uidisse uideantur. Effertur autem per froniam. Fieri quidem potest ut cornicum uiuacitas & concordia huic adagioni locum fecerit: ut is uideatur cornicum oculos uelle configere, quisquis ea quæ antiquitas magno consensu approbauit, damna re ac rescindere conetur. Nec admodum absurdum, si quis in hunc modum accipiat, ut dicatur ocu los cornicum configere, qui perspicacissimis oculatissimisq́ uisum adimat offundatq́ tenebras: aut qui rem ipsissimam acu, quod aiunt, tangat, tantus uidelicet artifex, ut nõ solum scopum aut auem, 40 uerum & ipsos oculos saeculo feriat, Sic Erasmus. apud quem pluribus leges quomodo Tullius & d. Hieronymus hoc prouerbio usi sint. Nec admodum diuerse, inquit, usurpauit Macrobius libro Saturnalium septimo, his uerbis: Et quia his loquendi labyrinthis nos impares fatemur, age Vecti, hortemur Eustathium, ut recepta contraria dispositione, quicquid pro uario cibo dici potest, uelit communicare nobiscum: ut suis telis lingua uiolenta succumbat, & Græcus Græco eripiat hunc plausum, tanquam cornix cornici oculos effodiat. Prouerbium in M. Tullij oratione positum, Cornicum oculos configere, non tam enarrat Valla, quàm implicat, Cælius Rhodig. 25. 28. ubi ne ipse quidem huius prouerbij uim explicat, quamuis id se fecisse insinuet. ¶ Cornix scorpium, subaudi rapuit: Quadrat in hos qui parant eos lædere, unde tantundem mali sint uicissim acceptu 50 ri. Quemadmodum cornix correpto scorpio, arcuata illius cauda uulnus accepit letale, perijtq́. de qua re extat Græcum epigramma Archiæ, quod Erasmus recitat, & carmine etiam Latino reddit. Atq́ id (inquit idem Erasmus) in rebus humanis frequenter usu uenire solet, ut qui cepisse uidea tur, ipse captus sit. Quemadmodum & Horatius, Græcia capta ferũ uictorem cepit. Cornix scor pium, parœmia in eos qui tum grauia, tum nocumenti inferentia plurimum toto petunt conatu, Cę lius ex Suida & Hesychio. Vide Emblema Alciati in fine historię Corui. Huic affine est illud, Cor uus serpentem. ¶ Cornicibus uiuacior, prouerbium explicatum supra in c.

¶ Habent & Germani sua à cornice prouerbia, qualia sunt: Sie Kräe gehet ires hupfens nit ab. id est, Cornix suam claudicationem non deserit: de ijs qui nunquam mutaturi sunt ingenium. quicquid enim natiuum, id haud facile mutatur. Eiusdem sententiæ est illud, Aethiops non albe scit. Ein Kräe beisset der anderen kein aug auß. id est, Cornix una alterius oculos morsu non ex- 60 cæcat. quo sensu illud effertur, Bestia nouit bestiam.

¶ Emblema Alciati, quod inscribitur in simulacrum Spei.

Quæ

Quæ tibi adeſt uolucris:cornix fidiſsimus oſcen,   Eſt bene cum nequeat dicere:dicit,Erit,&c.

¶ Aliud eiuſdem ſub titulo, Prudens magis quàm loquax.

Noctua Cecropijs inſignia præſtat Athenis,   Inter aues ſani noctua conſilij.
Armiferæ merito obſequijs ſacrata Mineruæ eſt,   Garrula quo cornix ceſſerat ante loco.

¶ Aliud Concordia inſcriptum,uel Concordiæ ſymbolum.

Cornicum mira inter ſe concordia uitæ eſt,   Inq́; uicem nunquã contaminata fides.
Hinc uolucres hæc ſceptra gerunt,quòd ſcilicet omnes   Coſenſu populi ſtantq́; cadútq́; duceſ,
Quem ſi de medio tollas,diſcordia præceps   Aduolat,& ſecum regia fata trahit.

¶ Eiuſdem Emblema quod inſcribitur, Iuſta ultio,de coruo ſcorpium rapiéte,referam in Coruo h.
10 quanquam prouerbium cornici eam hiſtoriam tribuat,ut ſupra dictum eſt.

DE CORNICIBVS DIVERSIS: ET PRI-
mum de Cornice frugiuora.

COCIX Latiné uocatur auis,cornice maior, roſtro magno & albo iuxta caput ubi ſunt nareſ,
ea carnes non guſtat,& à quibuſdam graculus uocatur, Germanicé touch, (lego ruͤch,) Albertus.
Sed quòd Latiné cocix uocetur, ſine authore ſcribit, omnino enim inuſitata eſt hæc uox Latinis
ſcriptoribus,coccyx quidem Græcis cuculum ſonat. Vide in Cornice A. Graculum etiam nō eſſe,
ex graculorum hiſtoria facile conuincetur. Cornix quædam graniuora eſt, roſtro albo, cætera ni-
20 gra.hanc ασπρμολόγον,id eſt frugilegam Ariſtotelis,Longolius eſſe coniecit,Turnerus. Spermologus,uulgò ein roeck,Longolius. Apud Anglos etiam, ut audio, rook uocatur hæc auis,roſtro nō
plane nigro,ſed poſterius albicante,eodemq́; ſcabriore , unde nomen fortaſsis à Germanis impoſitum ab aſperitate:in agris degens, non ut cornices proprié dictæ, quæ & carniuoræ ſunt, circa domos & ſterquilinia:in arboribus nidificans. Σπερμολόγ⊙,κολοιωδες ζῶον, Heſychius.

¶ CORNIX fera & ſylueſtris, uulgò Germanis Holckraͤe, maior reliquis. color ei partim cinereus ad albedinem uergens:partim fuſcus, ut in capite & collo. alæ uarijs mixtim coloribus tinctæ,degit in ſyluis,Eberus & Peucerus.

DE CORNICE VARIA.
30
CORNIX uaria,quæ partim cinerea eſt; partim (nigra,) à Germania inferiore recedit æſtate,
& reuertens autumno manet per hyemem,ſed à ſuperiore Germania uerſus meridié nunquam re-
cedit.Cauſa eſt, quia in inferiori parte Germaniæ ſunt loca aquoſa ex quorū uaporibus aër hyeme
temperatur,in ſuperiori uerò eſt aer puriſsimus,& loca perquam alta, ad quæ æſtate accedunt, Albertus. Cornix cinerea,ασποδιαιʹνις, Germanis Schiltkraͤe, Naͤbelkraͤe, Eberus & Peucerus. Eſt
& marina quædam cornix,quam aliqui hybernam cornicem uocant,capite, cauda & alis nigris, cætera cinerea,an hanc aliquando uiderint Ariſtoteles & Plinius, dubito,nam de ea nuſquam mentio
nem fecerunt,Turnerus. Cornices iſtæ in Heluetia nunquam nidificant, ut audio. migrant enim
alió. Ab Italis,ni fallor,mulacchiæ uel munacchiæ dicuntur. aues enim é cornicum genere ſic uo-
40 cari Alunnus author eſt. In huius nido reperiri fabulantur herbam uel radicem, quæ geſtantem
inuiſibilem reddat:quod alij de corui nido nugantur: Vide in Coruo H. d. Audio hanc cornicem
in Germania inferiori Bundtekraͤe uel Pundterkraͤe uocari, & in eibu admitti:aduenire hyeme,
ideoq́; pueros eis imprecari, Pundterkraͤe gott gaͤbe dir den range, Su bringſt den kalten
winter iñs lande. Gallicé cornicem ſylueſtrem dici, corneille ſauage. Kine Bundtekraͤe ma-
cket gheinen winter.id eſt,Cornix una hyemem nō facit,prouerbium apud Vueſiphalos celebra-
tum:cui illud Græcorum reſpondet, Vna hirundo non facit uer. Eſt autem cornix (uaria) hyemis
nuncia,& æſtate ingruente auolat,Tappius.

¶ Cornix uaria(captam Decembri menſe apud nos nuper obſeruaui)dorſo, uentre & collo cinereis eſt,(ſed dorſum in medio etiam nigricantibus maculis diſtinguitur:à quibus forté punctis &
50 reliqua etiam colorū uarietate, Pundterkraͤe Germanis inferioribus appellatur,) cæteris partibus
nigris,alis ſcilicet,cauda,capite,cruribus & colli parte inferiore. Sed hæ pleræq́; ita nigræ ſunt, ut
ad cœruleum ſiue Indicum colorem uergant. Mentum(hoc eſt,pars infra oculos & roſtrū)præ cæteris atrum eſt.Plumæ quædam ſui generis,ſetiformes feré, bonā roſtri ſuperioris partem ultra nares uſq́; tegunt.In uentre diſſectæ reperi quiſquilias quaſdam & cortices granorum quorundam,&
ſubſtantiam quandam albam pinguem ex iſdem forte granis concretā,& lapillos.In iecore ſel nullum,ſiue quòd non habeat,ſiue quòd globo bōbardæ(quo interempta erat)uiſcera eſſent confracta.

DE CORNICE AQVATICA ET MARINA.
60
MORPETENSES in Anglia cornicem aquaticam uocant auē, quæ ſturno paulò minor eſt,
corpore toto nigro,excepto uentre albo.Caudam habet breuiuſculam,roſtrum alcedone,(alcedo ei
eſt iſpida uulgò dicta)paulò breuius.Ante uolatum alcedonis (iſpidæ) more crebró nutat, & in uo-

D 4

latu gemit.uoce alcedonem ita refert,ut,nisi uideas,alcedonem esse iurares. Hanc apud Morpeteñ
ses in ripis fluminum,non procul à mari, uidi, aliás nusquam. Pisciculis uictitat ut alcedones, Turnerus. Audio hanc auem apud nos quoq̃ reperiri circa Limagum fluuium.

CORNIX Marina, κορώνη θαλασσίᾱ uel ἁλία & φαλία,Homero etiam simpliciter κορώνη dicta,&
alibi ταυύγλωσσ, id est linguā exerens cognominata, Eustathio, Suidæ & Hesychio non alia quàm
æthyia est,Arrianus distinguit. Vide supra in Aethyia statim post Mergum, & in Cornice H.a. Cir
ca speluncā Calypsûs erat nemus,in quo & aliæ aues nidificabāt,ταυύγλωσσί τι πλαξύγλωσσοι,Schol.)
κορῶναι ἐινάλιαι, τῇσίν τι θαλάσσια ἔργα μέμηλε,Homerus Odyss,ε, id est cornices marinæ,piscari & pis
ces deuorare(hoc enim per marina opera intelligit poeta Eustathio)solite. Oceani Germanici accolæ Schyrñryen(forte quasi clamosas cornices, uel nomine per onomatopœiam facto)cornices 10
quasdam appellant,quæ aquilam marinam(Ærn dictam ab eis) sequuntur, & reliquias eius deuorant. Fulicæ quædam marinæ apud Frisios Marcol dictæ(nescio à marine an à mergo)cadaueri-
bus uescuntur,& coruorum instar odio habentur:de quibus,num phalacrocoraces, aut potius cornices marinæ sint,inquirendum.

¶ Pyrrhocoracem,circa Athesin Germani uocant Steinñräe, id est cornicem rupium : quòd
in rupibus degat & nidificet,eandem Anglus Eliota cornicem Cornubiæ appellat. ¶ In Lotha-
ringia coruum syluaticum quem post Corui historiam describemus, cornicem marinam, corneille
de meer,nominari audio.Multa enim rara & peregrina,uulgus marina uocitat.

CORVINO GENERI COMMVNIA QVAEDAM.

CORVINI generis aues(ὄρνεα κοράκωειδ῀ἤ)appello coruorum, cornicum, graculorum, & huiusmodi species. Coruini generis auibus robustum & prædurum rostrum est, Aristot. Minus Ve
nere ualent, & rarò solent coire, Idem. Ex his corui & cornices coniugia seruant. Gregatim degunt ferè. Corui & cæteræ omnes coruini generis aues,præter cornices,pellūt nidis pullos ac uolare cogunt,Plin. Curant pullos diu etiam postquam euolauerìnt è nidis. comitantur enim uolan
tes & pascunt,præcipuè cornix:deinde cocix(sic ipse uocat inepte)quæ maior est cornice,rostro albicante,uulgò ein Ruch:& monedula,& plura alia auium genera his similia, Albertus in Aristot.
de hist.anim.6.6.

DE CORVO.

CORVVS

A.

ORVVS est auis maior & perfectior in suo genere, Albert. Complectimur autem cor‑
uini generis appellatione (ut Aristoteles nominat) coruum, cornicé, & monedulam siue
graculum. Cornix & coruus congeneres sunt, Theon Scholiastes Arati. Coruus &
graculus eiusdem generis sunt, Crescentien. ¶ Hebræis coruus oreb,עֹרֵב,dicitur: pro
qua uoce Deuteron.14.Chaldæus trãstulit עוּרְבָא,ureba:Arabs,עֹרֵב,gerabib:Persa,בלך,calak:
Septuaginta κόραξ:Hieronymus,coruus. Videtur autem (ut doctus quidam apud nos coniicit) om‑
ne genus coruinum hoc uocabulo indicari,ut præter coruum, cornix, graculus, pyrrhocorax, &c.
nam Deuteron.14.legitur , Omnis coruus iuxta genus suum. Orebim, id est corui, numero plu‑
rali,Leuit.11. Psalmo etiam 147.& Esaiæ 34.pro oreb coruus à Græcis & Latinis redditur. Re‑
giel algerab,pes coruinus,herbæ nomen apud Auicennã 2.568. Sed Bellunensis in Glossis Aui‑
cennæ Monchar algorab , rostrum cornicis transfert. Syluaticus gorab coruum uertit. conciliari
possunt,si gorab uel oreb,generis uocabulũ esse dicamus. Alchorab, id est coruus, initio hyemis
parit quatuordecim diebus,&c.Albertus ex Auicēna. Verũ Aristoteles id de alcyone scribit,quod
& Albertus agnoscit:sed forté,inquit, Aristoteles de coruo marino sentit,ut alcyon à coloris simili‑
tudine hoc nomen tulerit. Sed in hoc etiam errat. neque enim alcyon nigra est auis. Rursus alibi
idem Albertus,Coruus abka(inquit)est coruus communis magnus : hunc miluum interimere scri‑
bit.ubi Aristoteles habet,non coruum,sed cornicem occidere tapynum,de hist.anim.9.1. Pes ala‑
cona,id est pes corui,Syluaticus. ¶ Coruus apud ueteres Græcos κόραξ,hodie uulgo κόρακας dici‑
tur. Italicé coruo uel corbo. Hispanicé cueruo. Gallicé corbeau. Germanicé **Rapp** uel **Rab**,
quæ uox ab Hebraica orab uel gorab facta uideri potest per aphæresin. Flandris, **Raue**. Angli‑
cé a rauen,uel crowe,quanquam & cornicem sic interpretatur Eliota. Illyricé,hawran.

¶ Albertus cornicem alibi cum coruo, alibi cum monedula confundit, Auicennæ interpretem
barbarum sequutus. Idem coronen, id est cornicem , Græcæ linguæ ignarus coruũ interpretatur.

¶ Corui ueri & maiores Germanicé(Saxonicé)dicuntur **Kolckraben** à sono uocis, qui pullos
per quadragesimam excludunt. altera species corui à Saxonibus dicitur **Cozracken**, quæ æstate cir‑
ca solstitium excludit pullos,de quibus loquitur hoc carmen: Coruus maturis frugibus oua refert,
Christoph. Encelius.

B.

Theophrastus tradit in Asia inuectitios esse coruos , Plinius. In Cranone Thessaliæ duos tan‑
tum coruos in ciuitate esse dicunt: qui cum pullos ædiderint, discedant, & alios duos ex se genitos
relinquant,Aristot.in Mirabilibus & Plinius. Hęc apud Eustathium Crannon nĩ.duplici scribitur,
ciuitas quæ aliàs Ephyre. Cranon in Thessalia, ut Hecatæus inquit, oppidum iuxta Tempe,ubi
nunquam plures duobus corui sunt.Fuit & in Epiro Cranon,&c. Hermolaus in Pliniũ. ¶ Cor‑
uus maior est cornice,Turnerus. In Aegypto minores quàm in Græcia fiunt, Aristot. ¶ Cor‑
uus auis est nigerrima,Perottus.Totus est niger,rostro & corpore ualidis, Albertus. Corui pen‑
næ per magna frigora interdum albicant,Aristot. Et alibi, Iam perdix uisa est alba,& coruus,&c.
Arcesilao regnante apud Cyrenæos coruus albus apparuit, de quo triste oraculum ferebatur, &c.
Heraclides in republica Cyrenæorum. Coruus albus de raris inuentu dixit Iuuenalis hoc hemi‑
stichio,Coruo quoqȝ rarior albo.Ammianus in Epigrammate, θᾶσον ἴλω λάυκὸς κόρακας ἤ|ιωσὸς τε χ‑
λάωνας Ἐυράϊν,Id est, Aut albus coruus prius,aut tesiudo uolucris Inuenietur.Galenus libro de na‑
turalibus facultatibus primo,Itaqȝ Lycus(inquit)dum palàm est eum neqȝ uera loqui,neque eadem
cum Erasistrato,similis uidetur albo coruo,qui nec ipsis coruis admisceri possit ob colorem,nec co‑
lumbis ob magnitudinem. Conueniet in hominem sui ingenij & alienum à sensu communi. Sunt
enim quos pudet usquam cum quoquam consentire, quasi nihil uerum sit, nisi diuersum sit, Hæc
Erasmus in Prouerbijs. Phœnices in Rhodo ciuitatem Achęam obtinebant duce Phalantho.eam
cum Iphiclus Gręcorum dux obsideret,obsessi negligentiores erant,quòd nunquam futurum spe‑
rarent se expugnatum iri,propter oraculum quo eis promittebatur ciuitatem tandiu in eorum po‑
testate futuram , donec corui albi & in crateribus pisces apparerent. Hoc cognito Iphiclus,capto
cuidam Phalanthi familiari qui ex urbe aquatũ prodierat, persuadet ut pisciculos ex proximo illic
fonte captos in urna secum deferret,& eos in craterem è quo uinum Phalantho miscebatur, immit‑
teret.Id ita factũ est, eodemqȝ tempore Iphiclus coruos aliquot gypso illitos dimisit. His uisis Iphi‑
clus territus,& oraculo iam satisfactum existimans, conditionibus ab Iphiclo acceptis urbem tradi‑
dit,&c.Athenæus lib.8. In ueteribus memorijs obseruatum,Bœotia Thracum impetu, & bellico
furore deuastata,redditum ijs,qui stragibus superfuerant,ex intimo specu oraculum, Ibi sedem fir‑
maturos,ubi coruos albentes conspicati forent. Id uerò in Thessalia mox factum ad Pagæaticum
sinum. Illorum nanqȝ oblati aspectibus sunt, Soli qui dicebantur sacri sunt, quos uino madentes
pueri gypso litos emiserant,Cęlius.Eadem historia copiosius ex Erasmi Chiliadibus recitantur in‑
fra in Prouerbio, Ad coruos. Fabula corui ex candido in nigrum mutati, describitur ab Ouidio
Metam.lib.2.fingit autem ab irato Apolline colorem atrum ei inductum , quòd in causa fuisset ut
Coronidem(quæ Aesculapium ex eo conceperat)nunciato ipsius cum iuuene Aemonio cõcubitu,

subita ira commotus sagitta conficeret. Vide Higinum in Hydra. Ipsi apud Alphonsum Sicilię regem, dum Neapoli sub Callisto pontifice essemus, uidimus coruum ei à rege Britanniæ missum, miro candore cōspicuum, Perottus. Olaus Magnus scribit in regionibus Septentrionalibus quibusdam coruos albos˞ abunde conspici. Monedulas iam uidimus propter frigus regionis nasci albas, & similiter coruos: figura quidem indicante eas uerè esse de specie monedularum & coruorum, Albertus. Coruum album in Noruegia uidere raritas nulla est, Gybertus Longolius. Io. Carus qui cum Hispanis in nouum orbem nauigauit, albos coruos & merulas istic se uidisse adserit, Idem. Coruus dealbabitur, ut quidam (nugator, ut uidetur) nobis retulit, si ouum corui pinguedine uel cerebro felis illitum, gallinæ albæ loco frigido incubandum supponatur. ¶ Coruum uiridem ex India aduectum Monaci (quod oppidum est Bauariæ) nuper sibi uisum quidam nobis retulit. Coruus ætatis initio minus nigricans est, quum cœlesti rore pascitur, ut scribit Cassiodorus & propheticus perdocet psalmus, Cælius.

¶ Coruini generis auibus robustum & prædurum rostrum est, Aristot. aptum scilicet ad frangendum cibum & ad pugnandum, Albertus. Qui nasum habent aduncum à fronte statim, (ῷτε ἐπὶ ρυπτον ἐκ τῶ μετώπε εὐθὺς ἀγκυλὸίω,) impudentes sunt, instar coruorum, Aristot. in Physiog. Quibus oculi lucidi sunt, (σιλπνοὶ,) ij libidinosi (λάγνοι) habentur, ceu qui gallos & coruos hac parte reserant, Ibidem. ¶ Coruus pro ingluuie gulam habet patentiorem propius uentriculum, Aristot. Aues quædam carent sinu illo in quem ex gutture demittunt concoctione maturata, sed gula patentiore utuntur, ut graculi, corui, Plinius. ¶ Coruis, alijs uentri, alijs intestino fel iungitur, Aristot. Fel renibus, & parte tantum altera iungitur intestino, in coruis, coturnicibus, &c. Plinius.

c.

Cornix ac coruus insigniter aquis oblectantur, ut Theon Arati interpres scribit. nam cum earum alitum corpora admodum sicca sint, humentia expetunt, quin & solitudinis amicum animal coruus est prouerbio suffragante, ἐκλ᾽ ἐς κοράκας, Cælius. ¶ Corui carniuori sunt. Frequenter cibos uenantur, sed carne morticina, hoc est animalis per se mortui uescuntur, ut uultures & aquilarum genera, Grapaldus. Cadaueribus uescuntur, Scholiastes Aristophanis & Author de nat. r. Hinc prouerbium Βαλ᾽ ἐς κοράκας: & illud Horatij epistola 7. Non pasces in cruce coruos. id est, non suspenderis. Delphini cum pompylum˞ gustauerunt, inefficaces stupidi˞ redditi fluctu in littora eijciuntur, ubi à coruis gauijs˞ cæteris˞ maritimis auibus exeduntur, Aelianus. Terra tenera est (ut Cato uocat) colore pulla, temperatæ ubertatis, mollis facilis˞ culturæ, &c. quam recentem exquirunt improbæ alites uomerem comitantes, corui˞, aratoris uestigia ipsa rodentes, Plinius. Corui & cornices multiplici cibo utuntur, omnibus cadaueribus inhiant, uniuersis˞ seminibus insidiantur, fructus arborum persequuntur, Macrobius. Coruus ætatis initio minus nigricans est, quum cœlesti rore pascitur, ut scribit Cassiodorus & propheticus perdocet psalmus, Cælius. Nos corui pullum aliquando nutriuimus carne cruda, pisciculis, & pane ex aqua madido. ¶ Coruus quòd æstiuo tempore alui relaxatione se laborare planè sciat, idcirco ab humidis cibis se continet, Aelianus. at Simocatus non ab humidis cibis, sed à potu coruū æstate abstinere tradit propter uentris profluuium. Apud Ouidium secundo Fastorum Phœbus coruo minatur: At tibi dum lactēs hærebit in arbore ficus, De nullo gelidæ fonte bibantur aquæ. Siti ægrescit antequā fici coquantur autumno. Quandiu ficus concoquuntur negatur bibere posse, quòd guttur habeat pertusum illis diebus, Higinus. Ebrietatem quoq˞ sentit, ut dicam in E. ¶ Merdas albas coruorum Horatius dixit Serm. 1. 8.

¶ Coruus auis est ualde clamosa, Albertus. Alitum pleræq˞ à suis uocibus nominantur, ut cuculus, coruus, Varro. Coruus crocitat, Author Philomelæ. A corui uoce fit facilitium uerbum croco, à quo crocito. Inde uerò crocatio & crocitatio deducuntur. item crocio, à quo crocitus quartæ declinationis. Simul radebat pedibus terram, & uoce crocitabat sua, Plautus. Nonius eundem Plauti locum ex Aulularia citans, pro crocitabat legit crocibat. Crocitum (inquit idem) propriam coruorum uocem ueteres esse uoluerunt. Et rursus, Crocire cum sit coruorum, Plautus Aulularia cantare eos dixit. Crocatio, coruorum uocis appellatio, Pompeius lib. 3. Mutant cum tempestatibus una raucisonos cantus cornices, coruorum˞ greges, Lucretius. Coruus auis clamosa nihil aliud sonare nouit quàm cras, cras: diuersas tamen uoces format, scilicet sexaginta quatuor ut dicit Fulgentius, Author libri de nat. r. Maxime omnium auium multos clāgores & uarias uoces sundit. nam institutus cum humanam uocem mittit, tum eius locutio alia quædam est ludentis, alia longè serio agetis. Si enim quod pertineat ad deum agit, hic tibi sacrum quippiam & diuinationis plenum loquitur, Aelianus. Cicuratus aliquando loquitur, Albertus. Et rursus, Voces hominum imitatur, & cantus auium domesticarum. Vide infra in Psittaco ex Plutarcho. Corui loqui & salutare addiscunt, ut pluribus recitabitur mox in D. Ouantes gutture corui, Vergilius 1. Georg. Corui singultu quodam latrantes, seq˞ concutientes, si continual-unt, uentos portendunt. Κρὠζειν aut ὑρώζειν uerba apud Græcos dicuntur de uoce cornicis aut corui (per onomatopœiam) propter asperitatem uocis quam ædunt, Varinus in Ἔκλαγξα. Κρὠζει ὁ κόραξ, ἡ δὲ κορώνη κεκράζει, Idem. Vide supra in Cornice c. ¶ Cur animalia quædam mutantur, alia non? ut coruus qui semper incommutabilis persistit. An quorum natura uincere perdomare˞ humorem non potest, ut auium, quæ uesci

cam

eam quoqʒ nullam ob eam rem obtinent,hæc nusquam mutari poſſunt ꝯ Ariſtoteles problematum 10.8. Coruus & pica pennas ſuas paulatim mutant, accipitres uerò uno tempore pariter, Albert. ꝙ Noctuæ & corui(νύϙαϗⴷ,ſed uideo erratum eſſe ac legendum nyⸯicoraces)interdiu non uident, Atheneꝯ lib.8.tanquam ex Ariſtotele in epiſtola Epicuri. ꝙ Coruus ante tempus uernum(ſem per Martio menſe)oua parit & fouet,ante tonitrua, Albertus. Et rurſus, Coruus coit, parit & ni= dificat menſe Martio,timẽs,ut dicunt experti,tonitruum.hoc enim aiunt oua eius perdere. Corui mares non coëunt cum fœminis, priuſquam cantu quodam ceu nuptiali & hymenæo eas demulſe= rint,hæ uerò maribus ita conciliatæ,admittunt,Oppianus lib.1. de aucupio. Coruinæ ſpeciei aues minus Venere ualent,& rarò ſolent coire, Ariſtoteles.Albertus hoc de gracocenderon aue ſcribit,
10 nempe omnium minimè eam coire, & ſemel tantum anno.ſed apparet eam uocem corruptam à Græca κоϱακώϭἐϛ,quæ coruuum genus ſignificat, non unam aliquam auem. Coruum uulgus,ut Plinius ſcribit,ore parere & coire arbitratur:ideoɋ grauidas ſi ederint coruinum ouum per os par= tum reddere atɋ in totũ difficulter parere ſi tecto inferantur.Ariſtoteles negat, ſed exoſculationem illam in ijs eſſe,qualem in columbis ſæpe cernimus. Sunt qui coruos & ibin(inquit Ariſtot. de ge neratione anim.3.6.)ore coire opinẽtur:inter quadrupedes etiam muſtelam ore parere. Hæc enim & Anaxagoras,& alij quidam naturales authores ſcribunt ſimpliciter ualde & inconſideratè: qui in auium genere ratiocinatione illa falluntur,ꝙd rarò coruorum coitus cernatur,roſtrorum con= iunⸯio ſæpenumero,quæ omnibus id genus auibus ſolita eſt.quod in monedulis, quas maſues ali= mus,planum eſt.genus etiam columbinum hoc idem facit.Verum hæc,quoniam coire quoque ui=
20 ſuntur,ea fama caruerunt.coruinum genus libidinoſum non eſt, quippe quod parum fœcundum ſit.coire tamen id quoɋ uiſum eſt. Sedenim non cogitaſſe quemadmodum ſemen per uuluam de= ueniat ad uentriculum,qui ſemper quod ingeſtum eſt concoquat, ut patet in cibo perficiendo, ab= ſurdum omnino eſt.Vuluas autem id quoɋ auiũ genus,& oua habere cernitur iuxta ſeptum, Hæc Ariſtot. Albertus hunc locum enarrans,Auicenna(inquit)diligentius cõſiderans,ſcribit ſe uidiſſe coire duos coruos non aliter quàm aliæ aues coëunt. rarò autem in hominum conſpectu coëunt corui,itaɋ multi cum uident eos oſcula inter ſe conferre,coire putant. Mihi uerò uidetur has aues forte ante lucem uel in crepuſculo coire, quo tempore ab hominibus non uidentur, nec obſeruatur eorum coitus, Sic ille. Corui pariunt cum plurimum quinos. Ore eos parere aut coire uulgus ar= bitratur.Ideoɋ grauidas, ſi ederint coruinum ouum, per os partum reddere: atɋ in totum difficul=
30 ter parere,ſi tecto inferantur.Ariſtoteles negat, nõ hercule magis quàm in Aegypto ibim:ſed illam exoſculationem quæ ſæpe cernitur, qualem in columbis eſſe, Plinius. Multæ aues ore cõcipiunt & coëunt,ut corui,exoſculatione facta,ut ſit in columbis:licet hoc negat Ariſtoteles, nec ego mul= tum adfirmo,quia non uidi coëuntes.coëunt enim corui circa æquinoⸯium uernum,loquor de ue ris & magnis coruis, qui à ſono uocis Ꝃolⸯꝛaben dicuntur, & per quadrageſimam excludunt pullos & fouẽt.nam ipſe aliquoties in Saxonia circa feſtum paſchatis illorum pullos uidi & habui. Altera uerò ſpecies corui,quæ dicitur à Saxonibus Ꞓoꞇꞇacꝃⲉn,æſtate circa ſolſtitium excludit pul los,de quibus loquitur hoc carmen:Coruus maturis frugibus oua refert. Et poteſt fieri ut corui iſti ueri ore coëant in frigore.nam ſi uulgari modo auium coïrent,frigus ſemen unà incidens in matri= culam corrumperet.& profecto ea ſpecies quæ templa incolit,monedula diⸯa, ore coït tẽpore uer=
40 no,Chriſtophorus Encelius.qui & bonoſas & urogallos (ut in illarum auium hiſtoria recitaui)& omnes ferè gallinas ſylueſtres ore ſcribit:cui fidem habeat qui uoluerit, mihi ſanè non perſua= ſerit:& friuola eſt ratio, ꝙd coruos in frigore ore coire ſcribit, ne cum ſemine irrumpens in ma= triculam frigus id corrumpat,cur enim non eandem ob cauſam cæteræ etiam animantes quæcunɋ hyeme coëunt ore coëunt ꝯ uel quomodo frigus non etiam per os irrumpere æquè ac in matricem poſſet,cum multo amplior hic meatus ſit? Sed his in rebus ubi an ſint affirmare non poſſumus, cur ſint inquirere ſtultũ eſt. Coruũ ore coire & parere uulgus arbitratur,ad quod reſpiciens Epigram matarius poëta in Apophoretis ſcriptum reliquit; Corue ſalutator,quare fellator haberis? In ca put intrauit mentula nulla tuum,Grapaldus. Parit coruus quatuor & (aut)quinque, Ariſtot. Et alibi,Non modo bina,ut aliqui uolunt,parit,uerumetiam plura. Incubat autem uiginti diebus, &
50 pullos nido expellit. quod idem & aliæ complures uolucres faciunt. quibus enim partus numero= ſior eſt,unum ſæpe eijciunt,Ariſtot.tædio nutriendi, Albertus. Quinos aliquando parit coruus, Plinius. Fœminæ coruorum oua ſolæ incubant, & mares eis eſcas adminiſtrant , Author libri de nat.rerum. Coruus turres incolit, in quibus etiam nidificat, Idem. Pulli coruorũ ſeptem diebus abſɋ ulla cibi alimonia degere feruntur. ſeptima uerò die nigreſcunt, Idem. Pulli coruorum, ut fertur,antequam nigreſcãt à parentibus utcunɋ neglecti,inedia affecti, huc illucɋ uagantur in ni do,& ciborum expectant aperto ore ſubſidium. Vnde etiam ſcriptum eſt, Iob. 38. Quis præparat coruo eſcam?&c.Sed cum nigreſcere illi cœperint, tanto eis alimenta præbenda coruus ardentius requirit,quanto illos alere diutius diſtulit,Gregorius in Moralibus. Sunt qui non à matribus pul= los coruorum nuper natos,ſed à muſcis præteruolantibus ali putent. Plinius dicit coruos obliuio=
60 ſos eſſe,& plerunɋ minimè ad nidos ſuos reuerti:ſed quadam ratione naturæ congerunt ad ſuos ni dos quæ uermes poſsint creare, ex quibus relicⸯi eorum pulli alũtur interdum.Horum obliuionem probat etiam ex rebus,quas quum abſconderint, derelinquunt,Seruius in primũ Georg. ꝙ Aues

quæ in urbibus solent præcipuè uiuere, semper apparent, nec loca mutant aut latent ; ut coruus &
cornix ; Aristot. Corui toto anno manent, Demetrius Constantinop. ¶ De diuturnitate uitæ
corui, leges quæ scripsimus in Cornice c. Retulit mihi quidam fide dignus, coruos à temporibus
quorum non extat memoria, hoc est amplius annis centum, in turri quadam mansisse apud ciuitatem Galliæ quæ Coruatum uocatur : & quotannis pullos nutriuisse : & quanquam subtraherentur
illi locum eam ob causam non mutasse, Albertus. ¶ Coruus ab æstate in autumnum morbo con
flictari dicitur, Plin. Aestiuo tempore potu abstinet, quòd tum scilicet alui profluuio obnoxius
sit, ut superius hoc in Capite scripsimus. Siti ægrescunt, antequã fici coquantur, autumno. ¶ Cor
uus erucæ semine occiditur, Aelianus. Eruca coruum interimit, Philes.

D.   10

Moses Iudæis coruum in cibo prohibuit, improba ingenia & animos tenebrosos hoc interdicto
traducens, Procopius. Coruos obliuiosos esse, ex Plinio & Seruio scripsi supra in D. Coruus cicuratus furatur multum aliquãdo coartata per comminationem, (apparet locum esse corruptum,)
Albertus. Coruus natura procliuis est ad furtum, ut experientia Erfordiæ docuit, ubi coruus cicur paulatim de mensa in qua pecuniæ iacere cõsueuerat, quo inter se rerum euenta signi-
aliquot, qui pretio quinq; uel sex florenos æquabant, abdidit, Obscurus.

¶ Coruus longæuus citissimè sit domesticus, Author libri de nat. rerum. Aegyptij corui, Nilum accolentes, nauigantibus quasi supplices esse uidetur, sibi quippiam largiri efflagitantes. quòd
eis si quid dono detur, petere cessantes, nihil molesti amplius sunt : sin autem horũ quæ postularint
nihil impetrauerint, in nauis rostro insidentes, insequuntur nautas, funes arrodunt, ac uincula con- 20
scindunt, Aelianus. ¶ Tempore quo apud Pharsala hospites Mediæ periêre, corui locis Athenarum Peloponnesiq; desuerunt, quasi sensum haberent aliquem, quo inter se rerum euenta significarent & mouerentur, Aristot. Scientissimus est mutationũ aeris nuncius, &c. ut in E. dicetur.
Quantum cum sterili ferax ager differat, planè noscunt: in uberrimo enim gregatim feruntur, per
sterilem agrum & infructuosum bini uolare assolent, Aelianus. Locis arctioribus, & ubi non satis
cibi pluribus sit, duo tantum incolunt: & suos pullos, cum iam potestas uolandi est, primum nido
eijciunt, deinde regione tota expellunt, Aristot. Corui robustos fœtus suos fugant longius. itaque
paruis in uicis non plus bina coniugia sunt : circa Cranonem quidem Thessaliæ singula perpetuò:
genitores soboli loco cedunt, Plinius. Tradendum putauêre memoriæ quidã, uisum coruum per
sitim lapides congerentem in situlam monumenti, in qua pluuia aqua durabat, sed quæ attingi non 30
posset: ita descendere pauentem, expressisse tali congerie quantum poturo sufficeret, Plin. Corui
Libyci sese inclinantes rostrorum aduncitatem quoad possunt in uasa intrudunt, atque inserunt,
quæ homines sitis metu aquæ compleuerant, ac (ne rumperentur) supra tecta ad seruandum aëris be
nesicio aquam posuerant. itaq; potione fruuntur. Cum aquam deficere uident, calculos ore & unguibus apportantes, in uasa inserunt: atque calculi quidem in fundũ detruduntur, ac desident, aqua
uero de uasis fundo ex subsidêtium occupatione calculorum alleuata, superiorem uasis uacuitatem
replet: qua solerti machinatione corui aquam contingentes, potione reficiuntur : non ignorantes,
quæ sunt penitius in media philosophia recõdita atq; abdita, unum & eundem locum duo corpora
capere non posse, Aelian. Idem hoc coruos in Africa facientes uisos sibi Aristotimus refert apud
Plutarchum in libro Vita animalium, &c. Reddatur & coruis sua gratia, indignatione quoq; po- 40
puli Romani testata, non solum conscientia. Tiberio principe ex fœtu supra Castorum ædem geni-
tus pullus, in oppositam sutrinam deuolauit, etiam religione cõmendatus officinæ domino. Is ma-
ture sermoni assuefactus, omnibus matutinis euolans in rostra, in forum uersus, Tiberium, deinde
Germanicum & Drusum cæsares nominatim, mox transeuntem populum Rom. salutabat, postea
ad tabernam remeans, plurium annorum assiduo officio mirus. Hunc siue æmulatione incitatus
manceps proximæ sutrinæ, siue iracundia subita, ut uoluit uideri, excrementis eius imposita calceis
macula, exaninauit, tanta plebei cõsternatione, ut primo pulsus ex ea regione, mox & interemptus
sit, funusq; innumeris aliti celebratum exequjs, constratum lectum super Aethiopum duorum hu
meros præcedente tibicine, & coronis omnium generũ, ad rogum usq; qui constructus dextra uiæ
Appiæ ad secundum lapidem, in campo Rediculi appellato fuit. Adeo satis susta causa populo Romano uisa est exequiarum ingeniũ auis, aut supplicij de ciue Romano in ea urbe, in qua multorum
principum nemo deduxerat funus: Scipionis uero Aemiliani post Carthaginê Numantiamq; de-
letas ab eo, nemo uindicauerat mortem. Hoc gestum M. Seruilio. C. Cestio Coss. ad v. kalend.
Aprilis, Plinius. Exprimit coruus sermonem humanum miro modo. cum ex Actiaca uictoria re-
uerteretur Augustus, occurrit ei inter gratulantes quidam, coruum tenens, quem instituerat proferre hæc uerba: Aue Cæsar uictor imperator. Miratus Cæsar tam officiosam auem, uiginti millibus
eam emit, (hoc est quingentis aureis solatis, Robertus Cenalis) multasq; præterea simileis comparauit. Quo exemplo motus pauper sutor instituere ipse quoq; aggressus est ccruum ad parem salutationem, sed impendio exhaustus ad auem nõ respondentem dicere solebat, Opera & impensa perijt. Cœpit tamen aliquando coruus optatam salutationem exprimere, ac forte audita, dum transiret 60
Augustus, respondissetq; Satis talium salutatorum habeo domi, superfuit coruo memoria, ut et illa,
quibus dominum querentem solebat audire, uerba subiungeret, Opera & impensa perijt. Ad quod
subridens

subridens Cæsar, emi auem iusit quanti nullam aliam emerat, Perottus. Vide Macrobium libro 2.
Saturn. cap. 4. Corui loqui & salutare discunt: Vide supra in C.   ¶ Columbæ coniugium inter se
mutuum seruant fidum ad mortem usq; : & altero defuncto consux alter uiduus permanet. quod
idem corui etiam faciunt, Athenæus ex Aristotele. Fœtus suos nutritos, & ætate procedente firmos, acriter insectantur nidoq; expellunt. Quamobrem filij coruiculi deinde ea quæ sunt ad uiuendum necessaria inquirunt, genitoresq; suos minime alunt, Aelianus interprete Gillio. Corui pullos suos cum iam potestas uoladi est, primum nido eijciunt, deinde regione tota expellunt, Aristot.
Coruus iam ætate affecta cùm pullos alere non potest ; seipsum eis cibum præstat. hi autem comedunt patrem: unde prouerbium esse natum ferunt, Mali corui malum ouum, Aelianus. alij aliam hu
10 ius prouerbij originem adferunt, ut in h. referemus.   ¶ Corui nidis suis (agnum, id est) amerinam
(ἄγρον ἔγκαρπον, Philes) imponunt amuleti gratia, Aelianus.
   ¶ Coruus tauro & asino aduersarius est: quippe qui aduolans feriat, & eorum oculos laceret,
Aristot. & Aelianus.   Coruus uulpi amicus est. pugnat enim cum æsalone. unde fit, ut huic cum
ab illo percutitur, auxilietur, Aristot.   Aesalon parua auis, oua corui frangit, cuius pulli infestantur à uulpibus. inuicem hæc catulos eius ipsamq; uellit, quod ubi uiderint corui, contrà auxiliantur
uelut aduersus communem hostem, Plinius.   Si quod animal coruus contra uulpem pugnare animaduerterit, subsidio ei uenit, amicitia adductus quæ illi cum uulpe intercedit, atq; ulciscitur, Aelianus.   Sed non ueram amicitiam inter coruum & uulpem intercedere, ex Alberto & Auicenna
recitauimus in Vulpe D.   Lepus coruorum & aquilarum uoce metuit, & aduersus harum auium
20 insidias in dumeta se abdit, Aelianus. In regione quadam ad Septentrionem remota capita coruorum (liber Germanicus habet aquilarum, quod placet) præsidi regionis pro tributo adferuntur, in
signum occisæ auis noxiæ quæ illic agnos & oues interimit, Olaus Magnus. Coruus occiso (à se &
gustato, Solinus) chamæleonte, qui etiam uictori nocet, lauro infestum uirus extinguit, Plinius.
   ¶ Miluus & coruus hostes sunt, Aelianus.   Miluo est quoddam bellum quasi naturale cum coruis,
Cicero 1. de Nat.   Coruum miluus impugnat. eripit enim miluus à coruo quicquid tenet, ut qui &
unguibus sit præstantior & uolatu. ita fit, ut eos quoq; uictus ratio faciat inimicos, Aristot.   Coruus
& miluus dissident, illo præripiente huic cibos, Plinius : ac si coruus miluo præripiat, ut Perottus
etiam scripsit, his uerbis, Coruus miluo uolanti præripit escas. Ego cũ Aristotele & interprete eius
Gaza, potius dixerim miluum coruo præripere. Ictinos (inquit Albertus, quanquam codex eius
30 impressus perperam habet acrinoz & lartinoz) paruum genus est milui, quod uocatur apud nos
miluus risus, non rapit oua uel pullos coruorum, sed potius quod inuenit de cibo præparatum, coruo extorquet, eoq; pugnat cum ipso. nam robore unguiũ & uolatu pernice coruo præstantior est.
Præteritis temporibus (inquit Niphus) apud Apuliam ingens bellum annotatum est inter coruos
& miluos, quod tribus diebus noctu diueq; ut fuit narratum perdurauit : ubi tandem milui superati
fuerunt. Et non multo tempore post in eadem regione non defuit bellum acerrimum inter Hispanos & Gallos: ubi Gallis superatis, interficitur prorex Gallorum.   ¶ Mutuo uterq; in alteru odio
pelagius accipiter & coruus flagrant, Aelianus.   ¶ Falconum & coruorum prælium ex Aenea
Syluio descripsi in Falcone D.   ¶ Percnopterus aquila degener est, & à coruo etiam uerberatur,
Aristot. & Plinius.   ¶ Pugnam ciconiarum & pelecanorum, aduersus cornices, coruos, uultu-
40 res, aliasq; carniuoras, descripsimus in Ciconia C. ex Kiranide.   ¶ Pugnat coruus & chlorio (alias
chloreus) noctu inuicem oua exquirentes, Plinius ex Aristotele de hist. anim. 9, 1. ubi Græcè legitur, πίπρα καὶ χλωρεὺς, Gaza uertit pipo & lutea. pipram autem Aristoteles alibi dryocolapten, id est
picum nominat. Choretes (uox corrupta pro chloreus) contra coruos pugnat, Albertus. Turturem chloreus odit, chloreum coruus, Philes : qui in omnibus Aelianum sequitur. atqui Gillius ex
Aeliano aliter, Cum turture coruus & circus inimicitias gerunt, & turtur uicissim hostili odio ab
utroque dissidet.   ¶ Coruum aliquando alaudam iuuenem deuorasse obseruauimus, Albertus.
   ¶ Coruus interdiu præualet, bubo nocte, & uicissim alter alterius oua uorat, Author libri de nat.
rerum, sed Aristoteles hoc de cornice & noctua scribit. uide in Cornice D.
   ¶ Apud Celtas aiunt pharmacum (herbam uenenosam) esse xenicũ dictum, quo citissima mors
50 inferatur. eo sagittas inficiunt. aduersus hoc inuentum ferunt remedium cortice quercus, (Dioscorides hoc remedium contra toxicum commendat.) alij folium quoddam (herbam quandam) diuersum, quod coracium (κοράκιον) nominent. eò quòd corax, id est coruus ab eis obseruatus sit, qui cum
xenico gustato periclitaretur, quæsito hoc folio deuoratoq; conualuerit, Aristot. in Mirabilibus. Vi
detur autem mihi xenicum illud non aliud esse quàm uenenosissima herba, tota hodie dicta: & coracium quæ antitora nominatur, de quibus copiosè docui in Lupo a.   ¶ Cadente fulmine corui ex
sua natura lumen ferre (forte, fugere) uidentur, Hermolaus Barbarus.

E.

   Corui quomodo reti capiantur, Crescentiensis docet lib. 10. cap. 20.   Item corui & cornices quomodo inuiscentur, eiusdem libri cap. 27. ut iam supra in Cornice scripsimus.   Vidi ego canem spa-
60 tio horæ interijsse, qui carnes nucis uomicæ puluere aspersas deuorarat. corui etiam eiusmodi carnes comedentes, per breue spatium uolantes decidunt, Brasauolus.   Corui & canes herba œnutta
deuorata inebriantur, & sic inebriati corui etiam capiuntur, Athenæus ex Aristot. lib. de ebrietate.

E

¶ Traditur ingruentis mali certissimum haberi præsagium, ubi exercitum uultures insequantur. coruos equidem ipsum hoc quandocǫ factitasse compertum est, Cælius.

¶ Coruus scientissimus est mutationis aëris nuncius: & alia crocitationis uoce præsagit auram tranquillam, alia tempestatem, Author libri de nat. r. Mutant cum tempestatibus una Raucisonos cantus cornicum secla uetusta, Coruorumcǫ greges, ubi aquam dicuntur & imbres Poscere, & interdum uentos aurascǫ uocare, Lucretius. Κόραξ ομβρηρα κεκλήγων, Nicander, id est, Coruus pluuiam crocitando præsagiens. Cornix & coruus, eiusdem generis aues, cum corpore admodum sicco sint, plurimum gaudent humectantibus. cum igitur initium tempestatis (χειμῶνθ) senserint, & aer corpora earum humectârit, tunc etiam innatant aquis, ceu quibus ualde gaudeant, Theon Arati Scholiastes. Corui & graculi cum gregatim apparent, & similem accipitribus uocem ædūt 10 (id est acuta uoce clamitant, talis enim accipitrum uox est, Scholia) pluuiam prædicunt. Corui præterea imminente pluuia magnas pluuiæ stillas uoce imitantes, & proferētes (subinde) λιλάξ. uel cum confusam habent uocem instar stillarum, pluuiam significant. uel grauem (magnam) uocem ingeminant, (subinde repetunt,) & pennis omnibus concussis uehementer perstrepunt, Ex Arato & Theone Scholiaste. Imbrium guttas coruus effingere conatur, Aelianus. Auienus priorem partem loci ex Arato iam recitati, sic transfert: Agmine cum denso circunuolitare uidetur Graculus, & tenui cum stridunt gutture corui. Coruus excitato & uolubili sono crocitans, & alarum plausu se concutiens, tempestates præmonstrat. Rursus si coruus, cornix, graculus, crepusculo uespertino uocales sint, tempestatis aduentum prædicunt, Aelianus. Notandum cornicem rauca uoce, & solam, (iuxta carmen Vergilii, Tum cornix plena pluuiam uocat improba uoce,) pluuiam prædice-20 re: coruos uero & plures, & uoce tenui & purissima contra naturam suã, Tum liquidas corui presso ter gutture uoces, Seruius. atqui Vergilius primo Georgicorum hoc de coruis carmen inter serenitatis signa ponit, ut paulo post recitabimus. Coruus si in serenitate non consuetam uocem a diderit, & nimium clamosus fuerit, aquam significat: item si pediculos sibi eximat super oliuam, Obscurus. Corui singultu quodam latrantes, secǫ concutientes, si continuabunt, uentos: si carptim uocem resorbebunt, uentosum imbrem præsagiunt, Plinius. Et é pastu descendens agmine magno Coruorum increpuit densis exercitus alis, Vergilius primo Georg. inter pluuiæ signa: ex Arato, ut apparet, qui tamen non coruorum habet, sed κολοιῶν, id est graculorum. ¶ Corui stantes aduersus Solem, si rostra aperiant, calorem significant, Obscurus. Corui & cornices per initia tempestatis (χειμῶνθ) gaudent, in progressu uero crescente frigore non amplius gaudent. incipiente dein-30 de æstate rursus gaudent. excessus enim temporum non ferunt. Itacǫ cornix cum placida (non aspera) uariacǫ uoce lętitiam suam testatur, signum est serenitatis, Theon Arati Scholiastes. Aratus inter Prognostica, Καὶ κόρακες μῦνοι ῇ ἐφημαῖοι ἐσσωντοι Διοσάκις &c. id est, Sereni & tranquilli cœli signum faciunt etiam corui, (quando primum quidem seorsim clamant & geminant uocem: deinde uniuersi (μετεϊβρόα κεκλήγοντοι: ubi Scholiastes, λαμπεοτέρα τῇ φωνῇ χρώμινοι) & plures gregatim collecti, cum multo (pleniore) clamore, (φωνῆς ἐμπλειοι: ubi Scholia, μετὰ γοβρατέρας φωνῆς) gaudentibus similes (ut ex placida & remissa uoce conijci potest) somnum ineunt, (κσίτσιο μίδονται: ubi Scholia, ποθεῖ τὴν τοῦ ὕπνω ὥραν συνιισιαζομένω.) Multi etiam corui (Scholiastes addit, circa matutinum tempus) super cortice (trunco) arboris, uel ramis eius considentes, & uolatu eam repetentes, (qui motus gaudentium est, crocitantes interim cantatescǫ pennas concutiunt, (uel arbori insidentes laxant 40 & remittunt alas,) Hæc ex Arato & Scholijs. Hunc Arati locum Vergilius primo Georgicorum sic reddidit, inter signa serenitatis:

Tum liquidas corui presso ter gutture uoces 　Aut quater ingeminant, & sæpe cubilibus altis
Nescio qua præter solitum dulcedine læti, 　　 Inter se folijs strepitant: iuuat imbribus actis
Progeniem paruam, dulcescǫ reuisere nidos, 　 Haud equidem credo, quia sit diuinitus illis
Ingenium, aut rerum sato prudentia maior. 　　 Verum ubi tempestas, & cœli mobilis humor
Mutauêre uias, & Iuppiter humidus austris 　　 Denset, erãt quæ rara modo: & quæ dēsa, relaxat:
Vertuntur species animorum, & pectora (aliàs pectore) motus Nunc alios, alios dum nubila
uentus agebat, Concipiunt. hinc ille auium concentus in agris: Et lætæ pecudes, & ouantes gut
ture corui, Hæc Vergilius. Seruius addit, ex uenturæ propinquitate serenitatis coruos lætari. 50

¶ Coruus longæuus citissimé fit domesticus, coruoscǫ syluestres inuitos retinet ac seducit, Author libri de nat. r. Vidi aliquando coruum uenaticum, qui perdicem cepit & alios coruos syluestres: sed coruos non capiebat nisi fretus auxilio hominis propinqui, Albertus. Ipsi apud Alphonsum Siciliæ regem, dum Neapoli sub Callisto pontifice essemus, coruum uidimus missum à rege Scytharum, aucupio mirabilem: siquidem alios coruos & phasianas cum eo capere solebat, Perottus. Coruorum & miluorum pulli apud Indos quomodo cicurentur & instituantur ad prædam hominibus adferēdam, scripsi in Aquila E. ex Aeliano. Recens est fama Crateri Monocerotis co gnomine, in Erizena regione Asiæ, coruorum opera uenatis, eo quòd deuehebat in syluas eos con sidentes corniculis humeriscǫ. illi uestigabant agebantcǫ, eo perducta consuetudine ut exeuntem sic comitarêtur & feri, Plinius. Perottus aliter legit, In Troccena regione Asie Craterus coruorum 60 opera uenari solitus proditur, quos deuehebat in syluas insidentes humeris, illi uero coruiculos ue stigabant agebantcǫ, &c.

¶ Scripse-

¶ Scripserunt quidam,porcos sequi eos à quibus cerebrum corui acceperint in offa, Plin. Ce
rebellum corui de pane collectum scrofæ si dederis cómedere,sequetur te quocunq; ieris,Sextus.

F.

Coruus iuxta genus suum, id est quæuis corui generis auis, in cibis damnatur Leuitici 11. &
Deuteron.14. Reprobat legislator,inquit Procopius Gazæus,maligni ingenij & tenebrosi (atri)
homines,qui per huiusmodi aues qualis coruus est, indicantur. Coruo in lege prohibito auaritia
(πλεονεξία)prohibetur,Clemens Stromat.5. ¶ Corui aut cornicis carnem nunquam dabis accipitri,ualde enim nocet,&c. uide supra in Cornice F.

G.

Multa remedia sunt ex ansere,quod miror æquè quàm in capris (aliàs coruis.) nanq; anser cor-
musq; ab æstate in autumnum morbo conflictari dicuntur,Plinius lib.29.in fine capitis 5. Gelenius
in annotationibus suis docet uetustos codices non in coruis,sed in capris habere, quod & ipse probat,&c. Coruus uiuus sepultus in fimo equino, & per dies quadraginta putrefactus,deinde com-
bustus,& in ceroti formam redactus,podagricos sanat perfectè, Kiranides. Medicus quidam cele
bris nostra ætate,coruos duos mense Martio è nido combustos in læuissimum pollinem redactos,
epilepticis propinabat,bis uel ter in die drachmæ pondere exhibito cum aqua decoctionis castorei.
Aliqui coruum excoquunt,& nocte concubia in plumbeum uas condunt, ad denigrandos capillos,Plinius, ¶ Sanguis coruorum subtiles reddit capillos, Rasis. Sunt qui sanguine & cerebro
corui utuntur cum uino nigro ad denigrandos capillos,Plinius. ¶ Seuum corui nigri & recens
recentem cum oleo misce,quo inuncti capilli nigrescent, Rasis. ¶ Quidam sanguine & cerebro
corui utuntur cum uino nigro ad denigrandos capillos,Plinius. Cerebrum corui cum stillatitio li
quore uerbenæ haustum epilepticis prodesse nuper amicus quidam ad nos scripsit tanquam experimentis probatum remedium. ¶ Fel corui mixtum cum oleo de aliusule & corpori toti illitum,
soluit hominem ligatum ne coëat,Rasis. Oportet aliquando hominum cogitationes fallere medicum,& persuasioni eorum etiam falsæ se accommodare,& remedia quædam etiam côtra rationem
permittere in quibus illi confidant.Memini ego quêdam uirum nobilissimum iurasse,se esse ligatum ne cum mulieribus coiret,quem cum ab hac persuasione nulla arte reuocare possem: finxi me
quoq; omnino credere ipsum esse ligatum:& remedium ostendi ex libro Cleopatræ de informanda
fœminarum speciositate:in quo promittitur, si ita ligatus fel coruinum cum sesamelæo misceat, ac
corpus totum inungat,adiutum iri,Hoc ille audiens confisus est libri uerbis,& cum id fecisset,libe-
ratus coëundi libidinem recepit,Constantinus in libro de incantatione. Quidam sufficbat se (seile
coruino,ni fallor,de hoc enim proximè dixerat)ut redderet capillos albos,quod quidem consequu-
tus est, Rasis. ¶ Si pes corui ad collum tussientis pueri suspendatur, multum prodest, Rasis.
¶ Corui fimus suffitus alphos albos & albam lepram sanat, Kiranides. Dentium dolorem statim
abire tradunt fimo corui lana adalligato,Plinius. Fimus corui lanula obuólutus denti cauo insul-
citur minutatim, ac sine dolore eum discutiet, Marcellus. Cauo denti fimum corui si imposueris,
dentem rumpit & tollit dolorê, Sextus. Constantinus Afric. in libro de animalibus de cerebro corui hoc scribit. Fimum corui lana adalligatum infantium tussi medetur, Plinius.
¶ Ouum corui grauidis cauendum côstat,quoniam transgressus abortus asperos facit,Plinius.
Oua eius denigrant capillos, Kiranides, si pilis rasis à capite illinantur,Rasis. Corui ouum (coruini oui interiora,Marcellus)in æreo (Cyprio,Sextus)uase permixtum, (& diu coagitatum, Marcellus,donec mutet colorem,Sextus) illitumq; deraso capite (in umbra per peniculum pictoris,Mar-
cellus,donec ouum consumatur,Sextus)nigritiam capillis affert,sed donec inarescat (siccetur infectio,Marcellus)oleum in ore habendum est,ne & dentes simul nigrescant, (tanta enim solet esse uis
eius,ut etiam dentes dum siccatur inficiat.Et seuo ceruino faciem perungi oportet,ne distillantibus
guttis maculetur,Marcellus.) idq; in umbra faciendum,neq; ante triduum abluêdum, Plinius, uel,
ut Sextus,medicamento illito caput ligabis, & post diem quartum solues, & hoc efficit ut nec cani
unquam exeant. Quarto die (inquit Marcellus) caput lauari oportet post medicamen impositum.
Eadem ferè Aelianus & Constantinus in libro de animalibus scribunt. Oua etiam auis tardæ, (alhabari,)& aloclcæ (alochloch, ciconiam intelligo) apud Auicennam capillos denigrare legimus.
Oua coruorum ab Arnoldo Villanouano ad epilepsiam commendantur. Cum epilepsia fit ex me-
lancholia, stercus columbinum tritum, cum ouis coruorum misce, & ceu cataplasma spleni impone,appositis prius sanguisugis.hoc enim cataplasma materiam trahit à capite ad splenem,& generat
febrem,& sic epilepticum liberat, & maximè si fiat in autumno,Arnoldus Villan. Tres guttæ san
guinis despatulis patientis epileptici per scoriationem (sacrificationem) extractæ cum ouo corui,pa
tiente adhuc existente stupido,in potu datæ multum prosunt,Idem. ¶ Vt pili fiant albi. Vermes
coruorum uel cornicum iugulatarum & positarum sub fimo,&c. uide in Cornice G.

H.

a. Coruus dicitur à Græco κόραξ,Perottus. Κόρᾱϛ Romani uocant quos Græci κόρακες, fortassis à uerbo κρώζω,Suidas. Corax uox Græca pro coruo nouè ponitur à Cicerone lib. 3. de Oratore,citante Nonio: Quare Coracem istum uestrum patiamur nos quidem pullos suos excludere in
nido, qui euolent clamatores odiosi ac molesti. Phœbeius ales pro coruo, Ouidius 2. Metam.

E 2

Coruum ſatyram auem dixit in Valerij Coruini hiſtoria L. Florus: cuius nominis cauſam ſunt qui ad fellationem referant, de qua Martialis, Corue ſalutator quare fellator haberis? In caput intra-uit mentula nulla tuum. Et Plinius lib. 10. coruos inquit ore parere aut coire uulgus credit: Ariſto-teles negat. Quid ſi ad Saturam paludem ſeu Satyram relatum malis? ea uero Pontina eſt, uiginti-quatuor olim urbium locus capax, cuius meminit Vergilius Aeneid. 7. in agro autē Pontino rem geſtam auctor idem Florus eſt, nec non A. Gellius ac T. Liuius, etiamſi apud hunc Pomptino le-gitur, Cælius. Alij apud Florum non Satyram, ſed ſatyriā(quatuor ſyllabis)auem legunt. Coru-culus, diminutiuum à coruo, ſi recte Perottus ſic apud Plinium legit. uide ſupra in fine capitis 5.

¶ Coruus Græcè κόραξ à colore nigro dicitur. κορόν enim nigrum eſt, Cælius ex Oppiani Scho-liaſte. Κόραξ, παρὰ τὸυ(τὸ)κορόυ(paroxytonum, Cælius ultimā acuit, quod placet ut differat à ſubſtan-tiuo κόρϑ,quod eſt ſaties: præſertim cum & alia colorum nomina in ος oxytona ſint,) id eſt à nigro colore. uel à magnitudine capitis, παρὰ τὸ κόραυ μεγάλω ἔχειυ. Alectoridas Perſæ etiam coruos uo-cant, Hermolaus. uide in Gallo B. Σαλαείχειμ, τὸ σπάερϑ, σπάειϑ, κόραξ, Heſychius. Coruus Celticè λουγϑ dicitur, Plutarchus in libro de fluuijs. Phalangia, ligna rotunda, (noſtri wellen uocat, quod ad uoluendum apta ſint, cylindri forma: ςρογγύλα ξύλα καὶ ςύμμετρα: Ἀϑιιναι δὲ κόρακας, Heſych. Pha-lanx & phalāgium, araneus eſt. καὶ οἱ κόρακοῦ δὲ παρὰ Ἀϑιιναῖς φαλάγγια, Etymologus & Suidas. ὄιινϑ nomen eſt generale ad omnes alites carniuoras, ut uultures, coruos, ut poetarū interpretes docent. Migerus, id eſt coruus auis, Kiranides 1. 12. ϛωινὸς, corui, Heſychius & Varinus. ὄιναξ, genus cor-ui, aut columba fera, Idem. ὄιναξ, genus corui, Idem. ſed poſterior hæc uox corrupta uidetur. de œnade aue inter columbas ſcripſimus.

¶ Epitheta. Loquax coruus, Ouidius 2. Metamorph. Oſcen, Horatius 3. Carm. Salutator, Martialis. Phœbea ales, Silius. Phœbeius ales per antonomaſian Ouidio 2. Metam. Præterea apud Textorem, latrans, niger, nigrans, uocalis, crocitas, garrulus, querulus, uiuidus, increpitans, Delphicus, uilis, feralis.

¶ Aegilops malum eſt in angulis oculorum, quod Auicenna garab uocat, Haliabas coruum, Manardus. Mentiris iuuenem tinctis Lentine capillis, Tam ſubito coruus, qui modo cygnus erat, Martialis. Magi eos qui ſacris ijſdem initiati ſunt, leones appellant: miniſtrates uerò coruos, Porphyrius. Germani quidam Februarium coruorum menſem uocitant, Hadrianus Iunius. Fieri nequit ut ex albo in nigrum mutatio fiat, niſi per medios colores, imò & per medias ſubſtan-tias. norunt hoc Chymici, per multitudinem colorum ad deſideratum illud, quod caput corui uo-cant, peruenientes, quum tamen in rem ſimpliciter albam non operentur, ſed cui ſit croceū aliquod admixtum, Manardus. ¶ Coruinus, adiectiuum, quod ad coruum pertinet.

¶ Corone uocatur annulus quo ianua attrahitur, qui & rhoptrum, & corax, id eſt coruus: Vide plura in Cornice a. A cornice aue cui collum flexibile, corône in foribus per translationem dicta eſt, quemadmodum etiam à coruo córax, ὸ κόραξ δ̓υλαδὴ τὸ κοράκιου, Euſtathius. Ἐπισπάειτιϛ lignum eſt córacas, id eſt coruos habens, à quo inſtrumenta coquinaria ſuſpendunt, Scholiaſtes in Aues Ari-ſtophanis. alij aliter interpretantur. Artemidorus mulieres quaſdam Hiſpanicas monilia ferrea collo circundata geſtare refert, quæ ceruos(κόρακας)ſupra uerticem incuruatos habeāt, & ante fron-tem longius ſe extendant, hos ad coruos uelum cum uelint attrahere, ut extentum faciei præbeant umbraculum: hocq; magnum ducere ornamentum, Strabo lib. 3. ¶ Lupi inſtrumenta ſunt un-cinata quibus uaſa quæ in puteos forte inciderunt, extrahuntur: quæ Græco uocabulo etiam harpa ges & harpagæ uocantur: ut ſcripſimus in Lupo & Onagro. Sunt & in belli uſibus harpagæ (in-quit Cælius)ab Agrippa excogitatæ, capiendis oblaqueandiſq; nauibus. Ea uerò ſunt cubitorum quinq; ligna, ferro circumplexa, fibulaſq; ab capite utroq; præfixas continentia. uni ſalx ferro cur-uata inhæret, alteri funes deſtinantur plurimi, falces machinis attrahentes, ubi in tendiculam inci-dit hoſtica nauis: cui intercipiendæ machinam præſtò & altera eſt: córaca uocant, id eſt coruum. Diades ſuis ſcriptis oſtendit ſe inueniſſe coruum demolitorem quem nonnulli gruem appellant, Vitruuius 10. 29. Et rurſus circa finem eiuſdem capitis, De corace nihil putauit ſcribēdum, quòd animaduerteret eam machinam nullam habere uirtutem. Hunc locum enarrans Gulielmus Phi-lander Caſtilionius, Quòd dicat(inquit)coruum à nonnullis gruem uocari, uenire quis poſſit in ſu-ſpicionem, eo uſos eſſe capiendis aduerſariorum machinis transferēdiſq; in muros, cuiuſmodi ma-china uſum fuiſſe ſcribit Vitruuius capite ultimo Calliam architectum Rhodi, cum accedētem ad mœnia helepolim correptam transtulit in muros, hoc ut credam facit quòd apud Iulium Pollucem legatur libro 4. géranon, id eſt gruem, in theatro machinam fuiſſe, quæ ex ſublimi ferebatur adra-pienda corpora, ea uſam Auroram cum Memnonis rapuit corpus. Sed quod demolitorem adiecif-ſet Vitruuius, aliud eſſe ſuſpicatus ſum. interea cogitanti ſe offert mihi Polybij locus ex lib. primo quem ad hunc modum uertit Nic. Perottus, (cui nos ex codice Græco Vaticanæ Bibliothecæ cum Aldinum mutilum reperiſſemus, uerſus amplius tres addidimus:)Lignea(inquit coruū deſcribens) columna proris inerat, longitudinis quatuor ulnarum, latitudinis palmorum trium, in eius apice rotam conſtituerant. huic præterea tabulæ inhærentes ſcalas conficiebant, quarum latitudo erat pe-des quatuor, longitudo ſex ulnæ. foramen autem tabulati erat oblongum & circumambibat colum nam poſt primas ſtatim ſcalæ duas ulnas. habebat autem ueluti ſepem ad utrunq; oblongum latus genu

genu tenus altam,in ligni extremo ferrum erat inftar mallei peracutum,præterea annulus fune alligatus,ita ut hæc machina,machinis frumentarijs fimillima uideretur.Igitur fimul ac nauis hoftium
aduentabat,laxato fune fcalæ demittebantur, ferrum pondere ac ui ligni fuper hoftium nauim delapfum figebatur.fi aduerfa prora erat, bini milites per fcalas defcendebant, duo primi præferentes
fcuta,reliqui latera fcutis protecti.fi uero obliqua erat hoftium nauis,in eam ex tota pariter naui de-
filiebatur,Hactenus Polybius:Quæ uerba mirè faciunt ad rem noftrã. Coruorum mentio eft apud
Q.Curtium libro quarto,Hucufcp Philander. Harpagones(inquit Plinius) Anacharfis excogitauit primus,& manus(ferreas)Pericles Athenienfis.auctor nobis eft in Viris illuftribus Nepos Cornelius,hifce ufum ex Romanis primum Imperatorem Duillium,Cælius. Coruis & manibus fer-
10 reis hoftes arripiebant ex propugnaculis,Diodorus Siculus de geftis Alexandri. Circa Hieronis
nauim córaces erant ferrei,qui organis emiffi hoftium fcaphas tenebant, και παρέβαλλον εις πληγὺ,
Athenæus. Nominatur & apud Appianum córax cum ferreis manibus,inter inftrumenta pugnæ
naualis. ¶ Κόραξ,gallinaceorum fumma róftra παρὰ τὸ κορόν,id eft à nigro colore fic dicta,Hefych.
& Varinus. ¶ Κοράκινῳ,proparoxyt. in Lexico Græcolatino uulgari coruinus exponitur,fed
abfcp authore.Κορακῖνῳ quidem penanflexum pifcis nomé eft, cuius mentio apud Palladium in remedijs aduerfus arborum formicas,non enim coracina pix illic, ut uulgati codices habent , fed coracinus pifcis legendum,quod conftat ex Geoponicis Græcis. Coracinus color memoratur Vitruuio lib.8.cap.3.his uerbis, Ex potu fluminum quorundam pecora quamuis fint alba procreant
alijs locis Leucophæa , alijs pulla, alijs coracino colore. Hunc locum enarrans Guil. Philander,
20 Strabo(inquit)lib.12.de Laodicenfium pecoribus loquens,τὼ κοράζιν χόαν uocat,cuiufmodi fcilicet
in coruis confpicitur,id eft nigerrimum: (Hermolaus uertit, coracino colore.) Eum locum Georgius Tifernas non rectè interpretatus eft.Talis color eft, fi quid intelligo, ferici uillofi, quod uillu-
rum uulgò dicitur. Coraxorum lanitium omnium pulcherrimum ex Turditania Hifpaniæ uenit,
Strabo lib.3. A corui colore lanæ coraxicæ dicuntur, Hermolaus. Corybas lapis quidam colore
κοράξ(id eft nigredine faturata fplendens)in Inacho fluuio nafcitur , Plutarchus in libro de fluuijs.
Λίθυ κοράκι τὼ χόαν,Idem in Strymone fluuio:ubi fimiliter forte κοραξοὶ legendum. & apud Strabonem,loco iam citato à Philandro,cófiderandum, an rectius τὼ κοραξὺ χόαν legeretur, quàm κόραξιν
per iôta in ultima. Eft colorum unus coraxis nomine,cuius Strabo lib.12. meminit, in Laodicen-
fis lanæ præconio,nec præterijt lib.8.Plinius,Cælius.fed Plinius lib.8.cap.48. inter lanarum diffe-
30 rentias,Laodiceæ tantum,non coraxis,meminit,ne quis fallatur. Κοραξοὶ, genus Scytharum, & pudendum muliebre,Hefych.& Varinus. Κοράκιον emplaftrū defcribitur à medicis , Galeno , Paulo
& Nicolao Myrepfo,à colore atro,ut apparet,dictum.recipit enim gallas & chalcitidem. ¶ Coracina facra legimus apud Ambrofium in Pauli epiftola ad Romanos, quæ Coraci præftarentur,
fiue is intelligatur coruus,feu eius nomenclaturæ deorum mutorum(multotū forte) unus, Cælius.
¶ Os acromij,id eft fcapulæ procefsum ad fummum humerum,Galenus κορακοειδῶν nominauit:Ara
bes pi haoreb(uel pi algorab)id eft roftrum porcinum, (legendum, coruinum,) Vefalius. Eft & in
fcoptulo utrocp,in inferiore capitis eius parte exiguus acutusque procefsus : qui cū anchoræ aut coruini roftri fimilitudinem referat,ἀγκυροειδῆς(fcilicet ὀσοῦν) à nonullis, ab alijs κορακοειδῆς nuncupatur.
quandoquidem extrema eius pars uti córuinum roftrum extenditur , Vuottonus. Κορακίζαν,
40 id eft roftrum corui, & eft quoddam additamentum, Syluaticus. ¶ Σκορακίζαν uerbum , & inde
compofita,reperies infra in Prouerbio, Ad coruos. ¶ Κορακοφορ σοφλῆς,ἐσι γὰρ (κατὰ τινες ὁ)σοφοκλῆ
ὁης,Hefychius & Varinus. ¶ Κορακῆσαι,ἢ κοράξαι,τὸ ἄγαν πσπκαρτερεῖν και λιπαρεῖν, id eft improbè &
pertinaciter quippiam flagitare:ducta translatione à coruis fores circunobfitantibus, nec difcedentibus,Suidas,Hefychius & Varin. Κοράτοσα,όρχήτοια, (eft & κορολακίζα, αἰσχρῶς ὄρχᾶτα aptd Suidam,)
και ἄκλωπτ ἐλήλυθε,Hefychius. Κορακῆσαι,κορακύνεῶτα,Idem. Κόραξε,πόρθει, Varin. ¶ Galli coruum
(corbeau)appellant partem lapidis è muro prominentis fuftinendæ trabis gratia, Latini mutulum,
(Germani puto κragſtein,)Rob.Stephanus. Scapum in botro feu uua,ramofum illud à quo acini
dependent,quidam appellant,noftri trapp/ rapp/ oder kam: Galli grappe. hinc & uini genus indocti quidam fcriptores rafpatitium nominarunt, Nicolaus Myrepfus raſpe antidoto 500. & alibi,
50 noftri rappis.

¶ Coronopus,id eft Cornicis pes,herba eft quam & κορακόποδα uocant,Hefychius. Vide pluta
fupra in Cornice a.Auicenna lib.2.cap.568.uocat regiel algerab, id eft pedem coruinum, ut reddit
interpres.eft autem gerab Arabicè nomen commune ad cornicem & coruum. ¶ Coracion,Κορά-
κιον,nomen eft folij fiue herbæ Ariftoteli in Mirandis narrationibus, ut fupra in D.oftendi. Coronopodem Fuchfius Germanicè κraenfüß, id eft cornicis pedè interpretatur, Tragus rappenfüß,
id eft corui pedem. Hippogloſſon in monte Atho frequentem herbam uulgò nominant coraco-
botano,hoc eft corui herbam,P.Bellonius. Roftrum coruinum herba eft, quam multi confolidæ
fpeciem faciunt, fed falfò. eft enim herba modicè pilofa, odore borraginis, ui conglutinandi pollens,Syluaticus. Hæc forte pulmonaria Plinij fuerit,quæ confolidæ fpecies dici poteft, & borragi-
60 nem redolet,folijs hirfutis:roftrum coruinum autem dici potuit à foliorum præfertim minorum figura,ut conijcio. ¶ Corui oculum aliqui uulgò uocant nucem uomicam, noftri kroneigle, quæ
uox potius cornicis ocellũ fonare uidetur. ¶ Κορώνιος,ficus arboris fpecies Ariftophani in Pace

E   3

ubi Scholiastes docet κοϱάκιον etiam dici , quòd fructus eius colore coruum referat. Κοϱακίων σύκων meminit Hermippus, hoc uersu: ϕιϐάλιων μᾶλις' ἀὺ ἢ τῶν κοϱακίων, Athenæus . Rhæti alpini gentianam omnium minimam, sed flore maximo calathiformi, in altissimis montibus nascentem, sua lingua risch cotff /id est radicem corui appellant, nostri ab amaritudine bitterwurtz.

¶ Phalacrocorax, pyrrhocorax, & nycticorax aues suis locis describentur. Coracias, κοϱακίας, Aristoteli graculus est, ut Theodorus uertit , è monedularum genere , ab atro corui colore dictus. Κοϱακίας, ὁ μέλας , κȣ κολοιός, Hesychius. Κοϱακίας, μέλας, Suidas. ego utrumᵹ locum corruptū arbitror, & lego Κοϱακίας, ὁ μέλας κολοιός. Κοϱακῶνοι , genus auis, Hesychius & Varinus. Córax piscis est, & alius ab eo coracinus: utriᵹ à coruo uel nigro colore nomen. etsi coracinum quidam dictum existiment ab assiduo pupillarum motu, ϑϊ τὸ δϊνεκῶς τὰς ὁϱας κινῶ. Theodorus modò coruulum, modò graculum reddit. Κοϱακὺς, genus piscis, Hesychius & Varinus. Speusippus κοϱακων inter malacostraca numerat apud Athenæum.

¶ Coruina lapis apud recentiores quosdam qui parum Latinè scripserunt, in capite coracini piscis reperitur. ¶ Nugatores quidam coruinum lapidem quendam memorant, (rappenstein) de quo scribam mox in d.

¶ Coruus inter sydera nominatur Proclo in libro de Sphæra, & Vitruuio 9. 7. fertur autem ab Apolline inter sydera relatus. uide infra in Prouerbio Coruus aquatur . Pausanias scribit Nemesin coronam gestare, in qua corui & fortunæ parua insignia contineantur: cuius rei rationem se nescire fatetur. Relatu dignum ex Grecorum thesauris; Metellum nepotem curiosius Philagri sepulchrum exstruentem, lapideum apposuisse coruum, id quum foret intuitus Cicero, in eius leuitatem iocatus: Hoc, inquit, sapientius à te factum: ϝιϯοδϑ γὰϱ ᾶ μᾶλλοϱ ἢ λέγειϱ ἐδίδαξϊ ; Volare magis te docuit quàm dicere, Cælius.

¶ Propria. Coruinus nomen uiri apud Horatium Carminum 3. 21. L. Valerius in Pontino agro insidente galeæ satyriâ alite (id est coruo) adiutus est, Florus . Lucius cognominatus est Coruinus (κοϱϐιϑ' ἐκλήθꝰ ὁ Λόύκιϑ') ab euentu , eò quod in monomachia aduersus Gallum corui auxilio usus est: Vide Suidam in Κοϱϐῖϑ' & in Ἀμύνϑφϕ, & copiosius in Κελτοί . Describitur historia à T. Liuio & A. Gellio lib. 9. cap. 11. Valerius Coruinus tribunus militum , sub duce Camillo reliquias Senonum persequente , aduersus Gallum prouocatorem solus processit. Coruus ab ortu Solis galeæ eius insedit, & inter pugnandum ora oculosᵹ Galli reuerberauit: & hoste uicto Valerius Coruinus dictus fuit, ut Grammaticus quidam annotauit. Idem Messala cognominatus est, quia Messanam urbem in Sicilia uicit, n. litera in l. mutata. Tiberius Cæsar in oratione Latina secutus est Coruinum Messalam, quem senem adolescens obseruauerat, Suetonius. Valerij Coruini historiam persequuntur Plinius Secundus de uiris illustribus cap. 29. Liuius lib. 7. dec. 1. Florus lib. 1. cap. 13. Plinius 7. 48. Valerius Max. 8. 14. Gellius 9. 11. Orosius 3. 6. Eutropius 3. 1. Gellius Maximum Valerium uocat, Florus Lucium, alij quidam Marcum. Quis ignorat diremptos gradibus ætatis floruisse hoc tempore Ciceronem, Hortensium, &c. & proximū Ciceroni Cæsarem, eorumᵹ uelut alumnos Coruinum ac Pollionem Asinium? Velleius Paterculus. ¶ Retulit mihi quidam fide dignus, quòd corui à temporibus quorum non extat memoria, hoc est plus quàm per centum annos, in turri quadam manserunt apud ciuitatem Galliæ quę Coruatum uocatur, Albertus in Aristot. de hist. anim. 9. 20.

¶ Opuntius quidam luscus κόϱαξ cognominabatur. erat enim homo rapax & deformis: uel, quia rostrum (os) magnum habebat, Scholiastes in Aues Aristophanis. Vlysses ab Lycophrone córax dicitur, hoc est coruus, ϑϊ τὸ πϑλυχϱόνιοϱ. quoniá ætate iam fessus interijt, ab Telegono interemptus, quem ex Circe susceperat, cuius rei uel Oppianus commeminit, Cælius ex Isacio Tzetze Scholiaste Lycophronis. Orthopolidis filiam Chrysorthen, ut putant, Apollo compressit: & ex ea natus puer Coronus est appellatus. Coroni filius Corax fuit, sine liberis mortuus, Pausanias in Corinthiacis. Coracis aurigæ cuiusdam meminit Ammianus Marcellinus libro 14. Corax Ithacus quidam fuit, à quo denominata est Coracospetra, ut mox dicemus . ¶ Corax & Tisias Siculi dicendi præcepta considerunt, Cælius. Et alibi, Corax rhetoricæ initia propagauit, (quod & Suidas testatur,) hic præpotens fuerat apud tyrannum Hieronem. quo uita functo, quum eandem requireret potentiam Corax, uideretᵹ populum ἀσϊϑμῃτϑϱ κȣ ἄτακτοϱ, nec tyrannidem ulterius pati, in concione orationis artificiosæ rudiměta deprompsit. Discipulum habuit Tisiam, Perottus. Vide plura in Onomastico nostro. Ab hoc natum ferunt adagium, Mali corui malum ouum, quod infra explicabitur in h. Cicero etiam tertio de Oratore rhetorem quendam Coracem cognominat, sed metaphoricè, ut supra citauimus ab initio Philologiæ. Corui rhetoris stupidi meminit Seneca in secunda Suasoria. Hic est Coruus, inquit, qui cum tentaret scholam Romæ, summo illi, qui Iudæos subegerat, declamauit controuersiam, de eaᵹ apud matronas disserebat , liberos non esse tollendos. ¶ Calondas (Callondas à Plutarcho uocari uidetur, in libro de ijs qui à Deo serò puniti sunt, Gyraldus) quidam Corax cognominatus, Archilochum in bello occidit, Cælius. Archilochum poetam quidam nomine Corax, interfecit: quem, cum oraculum ei dixisset Ἐξιϑι υνἕ: id est, Exi de templo, ferunt respondisse, At innocens sum rex. ἰκ χϱϱῶϱ γϱ νόμῳ ἔκτανα. id est, cominus cum occidi, quemadmodum lex iubet, Heraclides in Repub. Pariorum Iusto Vulteio interprete. sed quum obscurum sit illud

illud Coracis responsum, locum corruptum esse suspicamur: & forte legendum, Ἐψ πολέμῳ γάρ (uel tale quid,)νόμῳ ἔκτανα.Quòd autem in bello à Calonda,Corace cognominato,interemptus sit Archilochus,Suidas etiam refert:& pluribus Gyraldus in historia poetarum. ¶ Corax dictus fuit frater Tyburti,à quo oppidum Volscorum cognominatum est, Perottus. Hic cum fratre Catillo oppidum Tybur in Italia constituit,authore Seruio apud Vergilium in illud Aeneid.7.Tum gemini fratres Tyburtia,&c,sed codices emendatiores habent Còras. ¶ Author incertus in Anthologio Græcorum Epigrammatum iocatur in hóminem deformem,quem magnam simiam & Córaca cognominat,ex quo Hermione Hermolyci filia,similes scilicet parenti filios côplures ἑρμοπιθηκιελόλας (& ἱμαχἱελω,sic uocat à multitudine,quasi gregem simiolarum,filiorum Hermionæ,& nepotum Hermolyci)pepererit,neq; id mirũ ait,deformes & nigros è Córace natos,cum Iupiter in Cygnum candidissimam alitem mutatus,Helenam & Dioscuros è Leda pulcherrimam sobolem susceperit. ¶ Corax nomen fuit unius ex equis Cleosthenis Epidamnij,ut scripsimus inter propria equorum nomina.nostri etiam equum colore nigrum **rapp**,id est coruum uulgò uocitàt. Corax unus è canibus Actæonis apud Aeschylum, Pollux.

¶ Loca Laodiceæ proxima oues optimas ferunt,ex quarum lana Coraces(Græcè est,lanæ sunt præstantes,non solum mollitie,uerum etiam εἰς τὼ κοραξῖω χρόαμ,id est colore atro)maximò prouentum capiunt,Strabo lib.12. ¶ Coraxi,κοραξοὶ,genus Scytharum,Hesych.& Varinus. Plinius 6. 5.& Pomponius lib.1.Colchidis regionis populos esse scribunt:Stephanus gêtem esse Colchorum πἱνοῑυ κώλων,(sic habet codex impressus,)authore Hecatæo in Asia:unde Coraxicus murus & Coraxica regio dicatur. Iuxta eosdem pars Tauri montis Corax(aliàs Coraxis)appellatur:Plinio Coraxicus lib.5.cap.27. Coraxis apud alios memoratur mons,qui à Septentrione Colchidè claudit: & Corax fluuius qui ex eodem (uel ex Caucaseis montibus)oritur. Corax montis nomen in Sarmatia Europæ apud Ptolemæum:Stephanò autem est inter Callipolim & Naupactum,cuius meminerit Polybius lib.20.gentile Coracius. Aetoli latus Parnasi incolunt iuxta Coruum. sic enim montem Aetolium appellant,Strabo lib.9. ¶ Coracij regio appellatur in mediterraneis Arabię, ubi maxima Indicarum arundinum copia nascitur,Strabo lib.16. ¶ Corax uocabatur locus supplicij in Thessalia,ut dicemus infra in Prouerbio,Ad coruos. ¶ Κόραξ⊙ πάγ⊙ mons Europæ in Nicandri Theriacis. ¶ De coruorum portu in Oceani Germanici uel Britannici littoribus,sito, infra inter auspicia scribemus. ¶ Coraconnesus,Κορακόννησος,insula quædam Stephano,cuius meminisse ait Alexãdrum tertio Libycorum. Vbi Ladon Arcadiæ fluuius prorumpit in Alpheum, Coruorum insula locus appellatur, Pausanias in Arcadicis. ¶ Γὰρ Κορακσσπέτραμ in fine Odysseæ N.ubi Scholiastes innominatus docet,hunc locũ in Ithaca sic dictũ esse,quòd ibi Corax inter uenandum à petra delapsus òbierit,propter quem casum mater eius Arethusa seipsam strangulàrit,& fonti in Ithaca nomen dederit,ut filius saxo.sed huius nominis fontes etiam àlibi sunt,in Syracusis, in Smyrna,in Chalcide,& Argis. Eadem ferè apud Hesychiũ legimus. Κορακοσπέτρα,uox enuncianda ὑφ᾽ φ̇,ὃ ὅλι κατὰ συμπλοκὴμ,unde gentile Κορακσπετρίτης uoce composita,(uel κορακσπετριαι⊙,ut Stephanus habet)sic dictus est locus in Ithaca(quod & Stephanus scribit)ab incola quodã Corace, qui inter uenandum leporem persequens,ab eo loco præceps delapsus est, Eustathius. ¶ Coracesium,Κορακέσιομ,locus in Cilicia,cuius incolarum improbitas notatur,Eustathius. sunt qui partem Tauri montis esse doceant. Primum Ciliciæ castellum est Coracesium,in petra prærupta positum, Strabo.

¶ b. Cincinni eius condensi & nigri ueluti coruus, Canticorũ 5. Apud Apuleium de deo Socratis,uulpes astutê coruum laudat,his uerbis:Quantum ad decorem pluma mollis,caput argutum,rostrum ualidum.iam ipse oculis perspicax,unguibus tenax,&c.

¶ c. Coruus in superliminari,Sophonię 2.interprete Hieronymo.sed melius Munsterus,Desolatio erit in poste eius.Hebraicè enim non oreb,id est coruus legitur,sed horeb,id est uastitas & desolatio. Noctua & coruus habitabunt in ea,Esaiæ 34.hoc est,desolata reddetur. Coruorũ pullis dat escam inuocantibus eum Deus,Psalm.147. Coruo Deus præparat escam suam dum pulli clamant ad Deum,uagantes,eò quòd non habeant cibos,Iob 38. Considerate coruos,qui non serunt neq; metãt:quibus non est penuarium neq; horreum,& Deus pascit illos. Quanto magis uos præstatis uolucribus?Lucæ 12. Oculum qui subsannat patrem,& uilipendit doctrinã matris,hunc eruent corui torrentis,(orebe nahal,)deuorabuntq; ipsum pulli aquilæ,Prouerb.30. Ἐκρίμαρ κόραξῖ ἐ͂ωπου,Aristoph.in Thesmophoriaz. Mètior at si quid,merdis caput inquiner albis Coruorum, Horatius Serm.1.8.

¶ d. Corui & picæ homines(uoce)imitantur,retinentq; memoriam eorũ quæ audierint,Porphyrius lib.3.de abstinentia ab animatis. Nugantur quidam coruinum quendam lapidem appellari(rappenstein uulgò)qui gestatus inuisibiles faciat,& ab ignium aquarumq; nocumentis præseruet.reperiri illum in nido corui:si quis subrepta inde oua elixaq; in eundem reponat.hoc enim animaduerit coruum parentem auolare,& lapidem(uel radicem)adferre,qui suo contactu ouis pristinum uigorem & cruditatem restituat. Sunt qui cornicem uariam nido suo herbã uel radicem imponere nugentur,cuius beneficio non uideantur,& gestantes quoq; homines reddãtur inuisibiles.

¶ g. Cor corui gestatũ ad inhibendũ somnum aliqui efficax esse putãt,ut Fernelius annotauit.

E 4

¶ h. A Noe diluuij tempore coruus primum emiſſus eſt,& reuerſus:deinde columba, ut Geneſeos octauo legimus:& recitatum eſt ſupra in Columba h.ex Io. Tzetze. Succurrit in hac uolu cre(coruo)fabulas poetarū cum ſacra hiſtoria conuenire,apud illos à Phœbo,apud noſtros à Noe ex archa aquæ gratia dimiſſa,ac eius contumacia utrobiꝗ accuſata,Volater. ¶ Dion in Pompeij rebus ſcribit populi clamore diſſono ſuperuolantem coruum grauius ictū decidiſſe ἀσπερ ἐμβεόντα τιϟ,Cælius. Titus Imperator cum in Iſthmijs aliquot Græcorum ciuitatibus libertatem donaſſet, ea per præconem promulgata,præ immenſa uocis gaudentium magnitudine accidit, ut corui qui forte ſuperuolabant in ipſum deciderent ſtadium,aere diuiſo. Nam cum uox permagna æditur, ipſius ui diſiunctus aer nullam uolantibus firmitatem exhibet:unde aues tanquam ad inane peruenerint delabuntur,aut certe è clamoris ictu,tanquam ſagitta quadam ſaucie,exanimes concidunt.Po teſt & quidam aeris,ſicut & pelagi uortex eſſe,qui uiolento circumagat impetu, Plutarchus in uita T.Quintij Flaminij. ¶ L. Valerius in ſingulari pugna aduerſus Gallum prouocatorem à coruo galeæ eius inſidēte adiutus,uictoria potitus eſt,& ab euentu Coruinus cognominatus. Vide ſupra inter Propria. ¶ Corui deferebant panem & carnes Eliæ prophetæ mane ac ueſperi,& dè torren te Carith bibebat,Regum 3. 17. Paulus primus anachoreta miniſtros ſibi & familiares coruos in eremo habuit,Textor. Meginradum quendā eremitam apud Heluetios eo in loco qui etiamnum Eremus appellatur,circa tempora Caroli Magni,duo latrones occiderunt.eos Tigurum uſꝗ à cor uis perſequentibus infeſtatos,eoꝗ argumēto deprehenſos pœnam dediſſe è uulgo aliqui credunt, & inde adhuc durare inſigne domus in quam diuerterant. Hiſtorias quaſdā de coruis,infra etiam inter auſpicia reperies.   10

¶ Coruos duos(uel aquilas,ſecundum alios)à Ioue dimiſſos, unum ab ortu,alterum ab occaſu, Delphis conueniſſe fabulantur.quare illic medium totius orbis conſtituunt, & telluris umbilicum appellant,Strabo lib.9.refert autem fabulam Pindarus. ¶ Coruum ex albo in nigrum ab irato ei Apolline mutatum fabulantur,ut ſupra in B.retuli. In pugna gigantum cōtra deos, Apollo in cor uum mutatur apud Ouidium 5.Metam. ¶ Ὄυπω κόραϟ' εἰδυ' ἐμπεφορβιωμένον, Ariſtophanes in Aui bus,irridet autem ubicinem quendam tanquam nigrum,qui coruum nimirum repræſentabat.Ha bebant autem tibicines phorbia,id eſt pelliculas quaſdam circa os, ne labia eorum læderentur.

¶ Auſpicia ex coruorum aliquo facto, aut uolatu, aut uoce. ¶ Qui animalium uaticinorum animas ſibi adſciſcere uolunt,præcipuas illorum partes uorant,ut corda coruorum aut accipitrum: & ſic animam eorundem in ſe recipiunt,quæ dei inſtar futura eis præſagit, Porphyrius lib.2.de ab 30 ſtinendo ab animatis. Aues nigræ inauſpicatæ ſunt,ut cornix,coruus,Scoppa. ¶ Artemidorus portum quendam in Oceani(Germanici uel Britannici) littoribus eſſe ſcribit, quem duorum cor uorum uulgò nominent,in eo quidem duos apparere coruos, dextris albicantibus alis.Qui igitur ulla de re controuerſantur,illuc accedere,in ſublimi loco poſita tabella, utrinꝗ ſeorſum in ipſa laga na collocare. ipſas dehinc aduolantes alites partim commanducare, partim diſſipare. cuius autem lagana diſſipentur,illum uictorem euadere.Hæc quidē fabuloſius memorat,Strabo lib.4. ¶ Cor uos aurum corroſiſſe uelut dirum maliꝗ portenti procuratum fuit, Alexander ab Alex. Clitode mus in Attica hiſtoria inquit, cum Athenienſes claſſem iam Siciliam uerſus inſtruxiſſent,infinitam coruorum multitudinem prouolaſſe Delphos, & mutilaſſe quaſdam ſimulachri (Mineruæ aurati) partes,aurumꝗ ab eo roſtris detraxiſſe.Addit idem,haſtā fregiſſe coruos, & noctuas, & quicquid 40 ad imitationem fructuum autumnalium erat ad palmam(eneam ab Athenienſibus dedicatam,ut & Mineruæ ſimulacrum)effictum, Pauſanias in Phocicis. Inter cætera portenta quæ expeditionem Athenienſium in Siciliam præceſſerūt,hoc etiam accidit. In Delphis Palladis aureum ſimulacrum æneæ palmæ ſuperpoſitum ſtabat,quod Athenienſes pro re bene ac feliciter aduerſus Medos geſta conſtituerant. Hoc diebus plurimis corui roſtro unguibuſꝗ petētes quodammodo lacerare cona bantur,ac palmæ fructus qui ex auro fabricati erant,partim uorantes abſumpſere, partim ui conuul ſos deiecerunt,Plutarchus in Nicia. Idem in libro, De eo quòd Pythia non amplius carmine re ſpondeat,Quo tempore(inquit) Athenienſes cladem à Siculis acceperunt,Palladij(id eſt Palladis) ſimulaeri ſcutum corui tundebant, (σπ̈ειϟϟϟη̈ὀϟ, mutilabant.) Alexander Magnus Babylonem in greſſurus,contemptis Chaldæorum monitis,propinquus iam urbi complures altercantes ſeꝗ mu 50 tuo ferientes coruos aſpexit,ex quibus nonnulli penes ipſum delapſi ſunt. Ipſe paulò poſt in urbe uita defunctus eſt,Plutarchus in eius uita. Cum Marius Romæ perniecioſiſſimā ſeditionem (qua plurimo ſanguine pugnatū eſt inter ipſum & Syllam)moliretur, inter cætera diuinitus ædita ſigna, tres corui pullos in uiam productos deuorarunt, eorumꝗ reliquias intra nidum retulerunt,Idem in uita Syllæ. Marco Ciceroni mors imminens auſpicio prædicta eſt. cum enim in uilla Caietana eſſet,coruus.in conſpectu eius horologij ferrum loco motum excuſſit : & protinus ad ipſum teten dit,ac laciniam togæ eò uſꝗ morſu tenuit, donec ſeruus ad occidendum eum milites ueniſſe nun ciaret, Valerius. Iuxta Ararim flumen ſitus eſt mons Lugdunus. in eo Momorus & Atepoma rus imperio pulſi à Seſironeo,ciuitatem condituri dum fundamenta fodiunt,derepente corui appa ruerunt,& circunuolitando arbores circunquaꝗ repleuerunt. Quamobrē Momorus auſpiciorum 60 peritus urbem Lugdolum nominauit.Lûgos enim Celtica lingua coruum ſonat. dûlon uerò (forte dunum,quæ uox aliarum etiam ciuitatum quarundam nominibus adijcitur)excellentem, ut tradit Clitophon

Clitophon lib. 15. Crifeon, Plutarchus in libro de fluuijs. L. Sylla, Q. Pompeio coff. Stratopedo, ubi fenatus haberi folet, corui uulturem tundendo roftris occiderunt, Iul. Obfequens. Contractis ad Bononiam triumuirorum copijs, aquila tentorio eius fuperfedens, duos coruos hinc & inde infeftantes afflixit, & ad terram dedit, notante omni exercitu, futuram quandocp inter collegas difcordiam talem, qualis fecuta eft, ac exitum præfagiente, Suetonius in Octauio Augufto.

¶ Cum Metellus pontifex Maximus, Thufculanum petens iret, corui duo in os eius aduerfum ueluti iter impedientes aduolauerunt: uixcp exuderunt ut domum rediret, infequente nocte ædes Veftæ arfit, quo incendio Metellus inter ipfos ignes raptum Palladiū incolume feruauit, Valerius. Alexandro Magno Hammonis oraculum per deferta & arenofa loca adeunte, quum ductores iam 10 errare cœpiffent, difperfis ex ignoratione comitibus, coruos(duos, Strabo lib. 17.)qui præuolantes eis iter monftrarent, & tardius fubfequentes præftolarentur, apparuiffe conftat. Quod uerò longè mirabilius eft, tradit Callifthenes, noctu palantes cantu ac uocibus ad fequenda comitum ueftigia reuocaffe, Plutarchus in uita Alexandri. Tempore quo apud Pharfala hofpites Mediæ periere, corui locis Athenarum Peloponnefícp defuerunt, quafi fenfum haberent aliquē, quo inter fe rerum euenta significarent, & mouerentur, Arift. Ex quo Plinius fic transtulit, Corui in aufpicijs foli uidentur intellectum habere significationum fuarum. nam cum Mediæ hofpites occifi funt, omnes è Peloponnefo & Attica regione uolauerunt.

¶ Arabes coruos audiunt, (uel intelligunt: κοράκων ἀκούων,) Porphyrius de abftinendo ab anim. lib.3. Auium uoces ufcp adeo uariæ funt pro diuerfis earum affectibus, ut earū uarietatis differen-20 tias omnes obferuare difficillimum foret. itacp cornicis & corui uocem differentias aliquot augures obferuarunt, reliquas tanquam fupra hominis captum reliquerunt, Ibidem. Ofcines aues Appius Claudius effe ait, quæ ore canentes faciant aufpicium, ut coruus, cornix, Feftus. Ofcinum tripudium eft quod oris cantu significat quid portendi, cum cecinit coruus, cornix, &c. Idem. Ofcinem corium prece fufcitabo Solis ab ortu, Horat. Carm.3.27. Ab ortu enim Solis, inquit Acron, profpera corui omnia funt, aduerfa ab occafu. Si ab ortu clara uoce occinuerint, præfentem felicitatem: contrà uerò ab occafu exitium apportant, Alexander ab Alex. Agmen coruorum in futurum excidium retulerunt augures, ut & aliarum quæ cadaueribus uefcuntur, uulturum, graculorum, miluorum, aquilarum, cornicum, Niphus. Apud Indos quædam regio eft, quæ dicitur nunc Pharcelos, ubi coruorum magna multitudo perijt: ad quam quum poftea rediffet longè maior mul-30 titudo, defolationem regionis, & incolarum interitum significauit, Idem. Vt uulturum & aquilarum, fic & coruini generis unum in locum congregatio, mortes significat & uaftitates futuras, Retulerunt quidem nobis multi fide digni aliquando multos coruos apparuiffe in caftro fuperioris Sueuiæ, quod Ruffum caftrum uocatur, ita ut numerus coruorum muros & tecta domorum operire uideretur: & fubito mortuum fuiffe comitem, qui princeps caftri erat, coruoscp receffiffe: unde uulgò dicebatur coruos animam eius abduxiffe, Albertus in Arift. de hift. anim. 9.36. Peffima coruorum significatio, cum gluttiunt uocem uelut ftrangulati, Plin. Coruus uel cornix glocitans (crocitans)per 12. figna Zodiaci, Luna in eis exiftente, quid significent, explicat Niphus libro 1.de augurijs tabula 6. Tiberius Gracchus cum ad res nouas pararetur, aufpicia domi prima luce petijt: quæ illi perquam triftia refponderunt, & ianua egreffus, ita pedem offendit, ut digitus ei decutere-40 tur, tres deinde corui in eum aduerfum occinentes, partē tegulæ decuffam ante ipfum protulerunt. quibus omnibus contemptis à Scipione Nafica pontifice Maximo decuffus Capitolio, fragmento fubfellij ictus procubuit, Valerius. Picus & cornix eft ablæua, coruos porrò ab dextera, Plautus Afin. Non temere eft, quòd coruos cantat mihi nunc ab læua manu, Simul radebat pedibus terram, & uoce crocitabat fua, Euclio apud eundem in Aulularia. Quid augur: cur à dextra coruus, à finiftra cornix faciat ratum: Cicero 1.de diuin.

¶ In ditione Carthaginenfium aiunt duos coruos circa Iouis templum perpetuò manere, nec ufquam alió uolare, & alterum ex eis anteriorem colli partem habere albam, Arift. in Mirabilib. ¶ Corui Romæ publicè fepulti hiftoriam recitaui fupra in D.

¶ Coruum facrum & Apollinis pediffequum effe dicunt: idcirco diuinationibus præditum fa-50 tentur, eiuscp clamori dant operam, qui auium fedes, & clangores, & uolatus ipfarum à dextra ac finiftra cognofcunt, Aelianus. Græci coruum Apollini facrum effe dicunt, Plutarchus in libro de Ifide & Ofir. eft enim auis nigra, qui color tenebrofæ nocti conuenit: nam & cygnus eidem deo facer eft ob diei candorem, ut fcribit Euftathius, & Varinus in λυκηγένῆς. Cum duo præftabiles colores piceus ac niueus forent, quibus inter fe nox cum die differunt, utruncp colorem fuis Apollo alitibus condonauit, coruo nigrum, cygno autem album, Apuleius de Socratis dæmonio. Coruus & accipiter hominibus Apollinis fententiam nunciant, Porphyrius lib.3. de abftinentia ab animatis. Corui apud ueteres futura significare putabantur cantu & uolatu, inde Phœbo aues dicatæ deo diuinationis: ex eocp à Silio Italico Phœbea ales coruus nuncupatur, Grapaldus. Coruus ab Aufonio Phœbeius ofcen dicitur. At Phurnutus coruum à Phœbo ait alienum effe, quòd uel ipfo co-60 lore profanus ac impurus fit habitus, id eft μιαρός: illicp potius cycnum auē attribuit, quòd is auium maximè fit muficus & candidifsimus, Gyraldus. Apollo cum gigantes dijs bellū inferrent, in coruum mutari uoluit, tanquam in auem fcilicet fibi facram. ¶ In Theffalia ad Pagæaticum finum

corui erant Soli facri, ut meminit Scholiaftes Ariftophanis in Plutum. ¶ Quòd fi animantium
cruore afficiuntur fuperi,cur non mactatis illis canes,coruos,&c?Arnobius contra gentes.
   ¶ Apologum corui & uulpis Apuleius deſcribit in libro de deo Socratis. Vide infrà in prouer
bio,Si coruus poſſet tacitus paſci:& alium apologum in prouerbio Coruus ſerpentem.
   ¶ PROVERBIA. Coruus albus: Vide ſupra in B.   ¶ Coruus aquat (Κόραξ ὑδρεύει , ἀρχαϊκα̃
δια τω̃ δυσχερω̃ς τινος τυγχανόντων,Suidas, Heſych. & Varinus:) dici ſolitum ubi quis non citra nego
tium,citraꝗ ingenium conſequeretur ea quæ cuperet.Aut ubi quis rem nouis artibus tentaret effi
cere.Ductum ab apologo de coruo quum ſitiret, cõgeſtis lapillis aquam ex imo fundo in ſummam
uaſis oram euocate. quod Plinius ut rem geſtam memorat lib.10.cap.43. Sed probabilius uidetur,
ut adagium referatur ad eam fabulam quam Faſtorum libro 2. narrat Ouidius ad hunc modum,   10

Forte Ioui Phœbus feſtum ſolenne parabat,	Non faciet longas fabula noſtra moras.
I mea, dixit,auis,ne quid pia ſacra moretur,	Et tenuem uiuis fontibus adfer aquam.
Coruus inauratum pedibus cratera recuruis	Tollit,& aereum peruolat altus iter.
Stabat adhuc ficus duris denſiſſima pomis:	Tentat eam roſtro,non erat apta legi.
Immemor imperij ſediſſe ſub arbore fertur,	Dum fierent tarda dulcia poma mora.
Iáꝗ ſatur,nigris longũ capit unguibus hydrũ	Ad dominumꝗ redit,fictaꝗ uerba refert.
Hic mihi cauſa moræ uiuarũ obſeſſor aquarũ,	Hic tenui fonteis officiumꝗ meum.
Addis ait culpæ mendacia Phœbus,& audes	Fatidicum uerbis fallere uelle deum?
At tibi dum lactens hærebit in arbore ficus,	De nullo gelidæ fonte bibantur aquæ.

   Proin
de prouerbium mihi magis uidetur conuenire in ceſſatorem, Eraſmus. Ego non aquat,ſed aqua- 20
tur potius uerbo deponente dixerim. Coruus Apollinis tutela uſus (inquit Higinus in Hydra)eo
ſacrificante miſſus ad fontem aquam puram petitum,uidit arbores complures ficorum immaturas:
eas expectans dum matureſcerent,in arbore quadam earum conſedit.Itaꝗ poſt aliquot dies coctis
ficis & à coruo compluribus earum comeſis,expectans Apollo coruum,uidit eum cum cratere ple
no uolare feſtinantem.Pro quo admiſſo eius dicitur (quòd diu moratus ſit Apollo, qui coactus mo
ra corui,alia aqua eſt uſus) hac ignominia eum affeciſſe,ut quandiu ficus concoquerentur , coruus
bibere non poſſit,ideo quòd guttur habeat pertuſum illis diebus. Itaꝗ cum uellet ſignificare ſitim
corui,inter ſidera conſtituit crateram,& ſuppoſuit hydram quæ coruum ſitientem moraretur,uide
tur enim roſtro caudam eius extremam uerberare,ut tanquã non ſinat ſe ad crateram tranſire. Per
æſtatem coruus exareſcit ſiti confectus,eum clamore ultionem teſtari fama eſt,cuius cauſam afferit, 30
quòd cum ad aquationem eum famulum ſuim Apollo miſiſſet,ille magna ſegete inuenta adhuc ui
ridi,inueſtigare uolens granum frumenti,expectans ut maturuiſſet, mandatum domini neglexit:
quam ob rem ſicciſſimo anni tempore ſiti affectus, ſuæ moræ dat pœnas. Hoc fabulæ ſimile uidetur,Aelianus. Corui auium ſoli pullis ſuis potum miniſtrant (forte,non miniſtrant),mento(guttu
re) eis ſtatim à coitu dehiſcete.quod ueteris cuiuſdam peccati culpa eis accidere fama eſt,nam cum
Coronis in Tricca Aeſculapiũ pareret,Córax aquari iuſſus re neglecta,libidini indulgebat, (ἐλαι
γνεύϬ, malim ἱςεγγεύϬ,id eſt nimiam moram trahebat.)Quamobrem iratus Apollo cõuertit eum
in auem atram,& abſꝗ potu roſtrum(δꞷ ποτῷ τὰς ῥίνας)ei excreſcere fecit:quæ res pullis eſt mole-
ſtiſſima, Paraphraſtes Oppiani lib. 1. de aucupio .   ¶ Dat ueniam coruis,uexat cenſura columbas,Iuuenalis Satyra 2. uide in Columba h.   Coruum deluſit hiantem, dictũ eſt ab Horatio (2. 40
Serm. Sat.5.) in eum qui captatorem ſuum arte fruſtratus fuerat.Plerunꝗ (inquit) recoctus Scri
ba ex quinqueuiro coruum deluſit hiantem.Loquitur de Corano, qui Naſicæ ſocero, ſpe teſtamen
ti per dolum oſtẽtata,moriens,nihil præter plorare reliquit. Videtur autem hoc adagium efficium,
& imitatum ad illud Græcorum,λύκος ἔχανεν,id eſt Lupus hiat. Vt itidem dicere liceat, Lupum de
luſit hiantem:& κόραξ ἔχανεν, id eſt,Coruus inhiabat,Eraſmus.   ¶ Corui luſciniis honoratiores,κό
ρακϵς ἀηδόνων ἀϵιδοτέροι:Cum indocti doctis præferuntur, improbi probis, blaterones eloquenti-
bus, rapaces ac furaces cordatis & integris uiris. Aut cum plus tribuitur improbitati & audaciæ,
quàm eruditioni ac ſapientiæ,Eraſmus.   ¶ Inter Ledæos ridetur coruus olores, Martialis lib.1.
¶ Mali corui malum ouum,Κακῶ κόρακος κακὸν ὠόν: aptè uſurpabitur quoties à malo præceptore diſci
pulus malus proficiſcitur:ex improbo patre filius improbus;ex patria illaudata uir illaudatus: de- 50
niꝗ facinus ſceleratum ab homine ſceleſto. Metaphoram alij referunt ad naturam animantis, quæ
nec ipſa eſt idonea cibis humanis,nec ouum parit ad quicquam utile.Sunt qui dicant fieri,ut coruo
rum pulli parentes ipſos deuorent, ſi forte non paſcant illos ad ſatietatem, (uide ex Aeliano, ſupra
in D.)& hinc ductum adagium,Alij (ut Suidas & Varinus) malunt ad huiuſmodi fabulam referre:
Corax quidam primus Syracuſis,(de quo ſupra inter propria nomina diximus) poſt mortem Hie
ronis,inſtituit artem rhetoricen mercede profiteri.Cum hoc adoleſcens quidam Tiſias hac lege pa
ctus eſt,ut tum demum mercedem perſolueret,ubi iam artem perdidiciſſet . Dein ubi iam arte co
gnita præmium reddere cunctaretur,Corax in ius diſcipulum uocat.Ibi iuuenis huiuſmodi dilem
ma proponit.Percõtati quis eſſet artis ſinis, ubi Corax reſpondiſſet,perſuadere dicendo: Age (inquit) ſi perſuadeo iudicibus me nihil debere, non reddam, quia uici cauſam: ſin minus perſuadeo, 60
nõ reddam, quia non perdidici artem.At Corax Tiſiæ dilemma tanquam uitioſum & antiſtrephõ,
in diſcipulum retorſit,ad hunc modum;Imò (inquit) ſi perſuades,dabis, quia tenes artem, & debes
                                                                          ex pa-

ex pacto:ſin minus, dabis, quia ſententijs iudicum damnatus. Quod cōmentum tam uaſrum, tamcῇ callidum ubi iudices audiſſent, admirati uerſutiam adoleſcentis, ſucclamarunt, Κακὲ κόρακθ· κακόμ θίρον. Sunt qui narrent hoc ſucclamatum à corona circunſtantium, cum alter alteri litem intenderet. Huiuſmodi ferme leguntur in Prolegomenis in Hermogenis Rhetoricen, Hæc Eraſmus. adijcit idem ex A. Gellio ſimillimam per omnia hiſtoriam de Protagora Rhetore & Enathlo eius diſci‐ pulo, quam à L. Apuleio etiam in Floridis deſcribi ait. Tappius idem prouerbium tanquam Ger‐ manis quoῇ ijſdem uerbis uſitatum refert: Bóſe raben/bóſe eyer: & eiuſdem ſententia hoc, Wie der vogel iſt ſo legt er eyer. ¶ Volantia ſectari, τὰ πετόμδια δ⁄ώκειρο, apud Ariſtotelem lib.3. ᵗῶ μετὰ τὰ φυσικὰ, de uehementer obſcuris, & quæ difficillimum ſit perueſtigare. Cui non diſſimile eſt illud,
10 Eſt aliquid quo tendis, & in quod dirigis arcum? An paſſim coruos ſequeris, teſtacῇ lutoῇ de ijs qui nullum certum uitæ ſcopum ſibi proponunt, ſed ex tempore uiuunt, ad quamuis occaſionem mutabiles, Eraſmus. Plato in Euthyphrone, τί δε, πετόμδιον τινα δ⁄ώκεις; id eſt, Quid autem uolatem quempiam inſectaris? Eundem ſenſum habet prouerbiū, Aues quæris. ¶ Si coruus poſſet tacitus paſci, Si breuis apologus autore Fabio parœmiæ genus eſt, cur non illud etiam prouerbijs annume‐ remus, quod ſcripſit Horatius: Sed tacitus paſci ſi poſſet coruus, haberet Plus dapis, & rixæ multo minus inuidiæcῇ. Quidam exiſtimant mutuo ſumptum ex Apologo, quem in libro de deo Socra‐ tis refert Apuleius, de coruo prædam nacto, quam uulpes ita intercepit, dum arte perſuadet illi, ut canere incipiat. Quadrat in eos, qui ſi quid bonæ rei nacti ſunt, continuo iactant oſtentantcῇ, atῇ ad eum modum efficiunt, ut alij tum obſiſtant, quò minus huiuſmodi plura commoda nanciſcantur,
20 tum quæ nacti ſunt interuertant, Eraſmus. ¶ Coruus ſerpentem, Κόραξ τὸν ὄφιρ, ubi quis ſuo ipſius inuento perit. ſumptum ex apologo quodam Aeſopi, Coruus eſuriens ſerpentē in aprico dormien‐ tem conſpicatus rapuit, à quo morſus perijt. Cognatum ei quod aliàs retulimus, Cornix ſcorpium. Torquere licebit & in hominem ob edacitatem periclitantē: ueluti Diogenes Cynicus comeſo po‐ lypo crudo perijt, Eraſmus. ¶ Ad coruos, Βαλλ' όϋ κόρακας: id eſt, Abi ad coruos, perinde ualet quaſi dicas, abi in malam rem atῇ in exitium, Βαλλ' ὲς κόρακας, τις ἐσθ' ὁ κόψας τὴ θύραν; id eſt, Apage ad coruos, quis eſt qui pepulit hoſtium? Ariſtophanes in Nubibus. Rurſum in Pluto, Οὐκ ὲς κόρακας; id eſt, An non ad coruos? Iterum in eadem fabula, Έρρ' όϋ κόρακας θάττον ἀφ' ἡμῶν, id eſt, Ocyus hinc in coruos abeas. Reperitur apud hunc poetam & alijs pleriſῇ locis. Plutarchus in commentario quem ſcripſit aduerſus Herodotum, taxat eum, quòd Iſagoram ad Cares, uelut ad coruos relegârit:
30 id eſt, quòd eum Carem fecerit. Zenodotus ſcribit in Theſſalia locum eſſe quendam, cui nomen inditum Coruis (Κόραξ, ut recentior quidam annotauit,) in quem nocentes præcipites dabantur, atῇ huius adagij Menandrum etiam meminiſſe. Quoſdam autem originem adagionis ad huiuſmodi quandam hiſtoriam referre. Bœotijs quondam Arnam incolentibus oraculo prædictum eſt, futu‐ rum ut è finibus expellerentur, ſimulatcῇ corui albi apparuiſſent. Euenit deinde ut adoleſcentes ali‐ quot per laſciuiam & temulentiam coruos, quos ceperant, gypſo oblitos rurſum emitterent. Quos ubi uidiſſent uolantes Bœotij, recordantes oraculum, arbitrati adeſſe tempus, quo forent ſuis è ſe‐ dibus ejiciendi, ſummopere perturbati ſunt. Cæterum adoleſcentes territi & ipſi tumultu, profuge‐
• runt, ac locum quendam ſibi mercati ſunt, cui nomen Corácon, id eſt Coruorum. Cōtigit aliquanto poſt ut Aeoles ejectis Bœotijs, Arnam occuparent, apud quos hic deinde mos receptus, ut malefi‐
40 cos relegarent in eum locum, cui nomē erat Corui. (Vide ſupra in B. & in Lexico Varini in Βαλλαι.) Ariſtophanis interpres paulò diuerſius hanc recenſet hiſtoriam: nempe Bœotijs aliquando à Thra‐ cibus ſubuerſis ac profligatis reſpondiſſe deum, ut ibi ſedē figerent, ubi coruos albos cōſpexiſſent. conſpexiſſe autem in Theſſalia iuxta ſinum Pagæaticum circumuolantes coruos quoſdam Soli ſa‐ eros, quos pueri per luſum gypſatos dimiſerât. Bœotij uerò rati iam perfectum oraculi ſymbolum, inibi ſedem conſtituerunt. Sunt qui parœmiam ad coruorum uolatū referant, quòd in deſertis ferè locis uolitare conſueuerint, (& obſeruare cadauera, Scholiaſtes in Plutum Ariſtophanis.) Vt pro‐ uerbium conueniat cum illo, in extremas ſolitudines publicitus deportandum. Euripides in He‐ cuba, Οὐχ ὅσον τάχθ· Νηστῳ ὲρήμῳ αὐτὼ ἐκβαλῶτέ ποι; Stratonicus citharœdus apud Athenæū lib.8. detorquet in cantorem (pſalten) quendam, is quum ei neſcio quid moleſtus eſſet, ψαλλε, inquit, όϋ κό‐
50 ρακας, deprauata per iocum uoce ψάλλε pro βάλλε, Hæc omnia Eraſmus. Εὶς κόρακας, εὶς ſκότθ·, εὶς ὄλε‐ θρον, Apoſtolius. Οὐκ ὲς κόρακας φθαρήσεται ὁ σκωπίδερθ· ὁ λεωβίθ·; Alciphron. Εὶς κόρακας ἡ μαστιγία, Hipparchus apud Athenæum. Γαῶ όϋ κόρακας. ὁι ςφηκὸν ὶν ἐπʹ τῶ θυράαῳ, Ariſtophanes in Acharnen‐ ſibus. Eiuſdem Scholiaſtes in Ranas, cum Bacchus dixiſſet όϋ κόρακας, locum ait Athenis fuiſſe hoc nomine, in quem aliqui ſupplicij cauſa abijcerentur. Οὐκ ὶμ λαβὼν θύραξ τὰ ψηφίσματα καὶ τὴν ὶνάγ‐ κλιν όϋ κόρακας; φησὶνθυ; Ariſtophanes apud Pollucem lib.8. Σκωρακίζειν uerbum compoſitum eſt, pro όϋ κόρακας ἀπόπεμπειρ, hoc eſt όϋ κόρακας ἀπέμπειρ, unde etiam nomen σκωρακισμὸς fit, Suidas, Etymologus ſic κόρθυν pro ψόφθν, &c. epſilo initiali abiecto, & Euſtathius. Μὴ ὲκρακόρακίσης με, μὴ ἀπέλώξης, ὰ ἀποδοκιμά‐ σῃς: hoc eſt, ne me rejicias aut deteſteris, Varinus. Εκρωρακίζειν, ἀπέλώνειν, Idem. Germani etiam ma‐ lum & exitium imprecantur pro coruos: Sas díẞ die raben fráſſen: hoc eſt, Corui te deuorent.
60 ¶ Eleganter dictum eſt à Diogene Cynico, κρεῖττόρ ὲ·τ όϋ κόρακας ἀπελλεῖν ἢ όϋ κόλακας: id eſt, ſatius eſſe ad coruos deuenire quàm ad adulatores, quòd hi & uiuos & bonos etiam uiros deuorarent, Athe‐ næus: ex quo Eraſmus trāſtulit in prouerbio, Ad coruos. Ὁι μὲρ κόρακθν τῶν τετελουτηκότων σῶς ὁφθαλ‐

μὸς λυμαίνονται, ὅταν αὐτῶν ἐθ'ᾧ ἔϑι χρεία· δι ϑὲ κόλακϵϑ τῶ ζωντων τὰς ψυχὰς ϑιαφθείρϵσι, ϗ τὰ τότων ὄμματα τυφλώϑϑοϑι,Epiϑetus. Eϑt autem ϑcita colluϑio uocem κόραξ & κόλαξ : & quoniam balbutientes pro litera rhó,lambda pronunciare ϑolent , Soϑias ϑeruus apud Ariϑtophanem in Veϑpis narrans ϑomnium ϑuũ,inter cætera ait ϑe uidiϑϑe ϑεωϑὸν κεφαλὼ κόραϑϑ ϐχοντα: (ubi Scholiaϑtes, Traducit,inquit, Cleonem tanquam rapacem, & improbum,& adulterum.)Εἶτ ἀλκιϐιάϑης ϵἶπϵ πρός μϵ τραυλίσας, Ολᾶς ϑϵωλὸς τὼ κϵφαλὼ κόλακϑ ϐχϵι. & mox ϑubdit, coniϑciendum eϑϑe, ὅτι αϑϑὸς ἀφ'ἡμῶν ἐς κόρακας ϑιχίϑϑϑται, Similis alluϑio etiam inter κόλαξ & ϑκώληξ eϑt,qua utitur Anaxilas apud Athenæum, his uerbis: ϵἶναι κόλακϵς ϵἰϑι τῶ ϐχόντων ὀϑίας Σκώληκϑ,&c.

¶ Cum uir optimus (opulentus)obit,inquit in Emblematis Alciatus, Maxima rixa oritur : tandem ϑed tranϑigit hæres, Et coruis aliquid uulturibusϑ ϑinit. ¶ Eiuϑdem Emblema quod inϑcribitur, Iuϑta ultio. Raptabat uolucris captum pede coruus in auras Scorpion, audaci præmia parta gulæ. Aϑt ille infuϑo ϑenϑim per membra ueneno, Raptorem in ϑtygias compulit ultor aquas. O riϑu res digna, aliϑs qui fata parabat, Ipϑe perit : propriϑs ϑuccubuitϑ dolis. Atϑ qui prouerbium, Cornix ϑcorpium,non coruo ϑed cornici, eam hiϑtoriam tribuit.

DE CORVIS AQVATICIS.

DE CORVO aquatico multa iam ϑcripϑimus ϑupra inter Mergos maiores. Mergi ϑunt nonnulli,quos ceruos(lego coruos)aquaticos uocant, Seruius. Hiϑpanis hodieϑ mergus cuoruo marino appellatur. Georg.Agricola coruũ aquaticũ Germanicè ad uerbum interpretatur Waϑϑerrabe.Idem, Corui aquatici (inquit) hybernis temporibus ϑe conferunt ad lacus aut fluuios qui frigore non congelant. Coruus aquæ,id eϑt macha,Auicenna de animalibus lib. 8. Ariϑtoteles coruum aquaticum magnitudine ciconiæ eϑϑe ϑcribit, cruribus breuioribus , palmipedem, natantem, colore nigrum:arboribus inϑidere & nidu'ari in ϑs unum ex hoc (palmipedum) genere. Hæc deϑcriptio conuenit aui, quam noϑtri ϑcharbum appellant, cuius hiϑtoriam & figuram inter Mergos requires. Vbi & Morfex auis aquatica nigra palmipes,&c.à nobis deϑcribitur,eiuϑdem cum ϑcharbo generis ut apparet.utraϑ in arboribus nidiϑcat. Córax,auis eϑt pa'mipes, Varinus. Niphus hunc Ariϑtotelis coruum aquaticum,uulgò coruum marinũ dici ϑcribit. ¶ Plinius coruos aquaticos naturaliter caluere,& inde nomen eis apud Græcos eϑϑe docet. unde apparet phalacrecoracem Græcorum poϑteriorum Ariϑtotele(nam apud Ariϑtotelem hoc nomen non inuenitur. coniϑcimus autem eum quem coruum uocat aquaticum , uel palmipedem eundem phalacrccoraci eϑϑe) à Plinio coruum aquaticum transferri. Robertus Stephanus phalacrocoracem Gallicè interpretatur, ung corbeau d'eau, ung cormorant, corbeau peϑcheret. In Burgundia uocari audio auem quandam crot peϑcherot,id eϑt coruum piϑcatorem , cui pedes diuerϑi ϑint. alter unguibus uncis ad rapinam comparatus,alter palmipes ad natãdum.nam cum piϑcem arripuit in aqua, neϑ facile propter pondus ex aqua euolare poteϑt,piϑcem altero pede retinẽs,altero remigat uiϑϑ ad ripam. Idem Angli de aquilæ marinæ quodam genere narrant, quam oϑprey appellant. Fulica genus duplex fecerim,alterum minus , apud nos cõmune per hyemem præϑertim in lacubus, alba frontis macula inϑigne,alterum maius, quod in Italia notum aiunt, & in arboribus nidificare, piϑces magnos uorare: quod an phalacrocorax & coruus aquaticus Ariϑtotelis ϑit,nondum comperi. Vide infra in ϑine hiϑtoriϑ Cornicis marinæ. Gelenius phalacrocoracem Illyricè lyska interpretatur,ϑed fulicam ϑic nominari Illyriϑs puto. Coruum aquaticum Ariϑtotelis Vuottonus ϑuϑpicatur eandem eϑϑe cum cornice marina,cuius in Ponti Euxini nauigatione Arrianus meminit,ab æthyia eam diϑtinguens: nam Heϑychius & Suidas non diϑtinguunt. Pugnant inter ϑe frichachyz & coronos,id eϑt coruus aquaticus,Albertus,abϑurdiϑϑimè.nam apud Ariϑtotelem eo in loco ϑic legitur,Triorches,phrynus & ophis pugnant. Plura de Phalacrocorace leges in Elemento P.

¶ Auicennæ tranϑlatio ex Ariϑtotele pro alcyone alicubi habet alchorab,quæ uox coruum ϑignificat,ubi Albertus, Alcyon (inquit) eϑt auis nigra , non admodum magna : & forte hanc uocauit Auicenna coruum marinum propter coloris ϑimilitudinem. Et rurϑus,Alcyon eϑt eadem cum alchorab marino,& ϑecũdum Cuidium & Homerum auis eϑt Diomedis. Sed alcyonem auem eϑϑe nigram falϑum eϑt.

¶ Coruus rubro roϑtro apud Anglos inuenitur,cuius meminit Plinius,Longolius.apparet autem eum ϑentire de pyrrhocorace, qui in Cornubia Angliæ, & in alpibus reperitur. unde uulgò à noϑtris Alprapp,id eϑt coruus alpinus nominatur:cui tamen roϑtrum luteum,nõ rubrum. Sed nuper ϑpeciem alteram pyrrhocoracis uidi,quam in Bauaria quibuϑdam locis Steintaben, id eϑt graculum ϑaxatilem uocant,roϑtro longiuϑculo, rubro,&c.

¶ Incendula auis coruini generis cum bubone pugnat,Albertus.legendum monedula.uide in Bubone in ϑine capitis quarti.

D i

60

DE CORVO SYLVATICO.

A V I S, cuius hîc effigies habêtur, à noſtris nominatur uulgo **ein Waldrapp**, id eſt coruus ſyluaticus, quòd locis ſyluoſis, montanis & deſertis degere ſoleat: ubi in rupibus, aut turribus deſertis nidificat, quare etiam **Steinrapp** uocatur, & alibi (in Batuaria & Stiria) **ein Clauſrapp**: à petris ſeu rupibus, & pylis (nam pylas, id eſt anguſtias inter duos montes Germani clauſen appellant, hoc eſt loca clauſa) in quibus nidos ſtruit. Lotharingi, ut audio, corneille de mer, id eſt cornix marina: quam et in iuglandibus aliquando nidificare ferunt. ſed forte ea alia auis eſt. Circa lacum Verbanum coruus marinus dicitur. alibi in Italia coruus ſyluaticus, ut in Iſtria circa promontorium Polæ, ubi homine per funem demiſſo per rupes nidis eximuntur, & inter menſarum delicias habentur, ut apud nos quoqʒ in montium quorundam rupibus, ſic enim Fabarias thermas repêrtas aiunt, cum auceps quidam per altiſſimas rupes propter has aues ſe demiſiſſet. Alibi in Italia coruo ſpilato, id eſt coruus depilis, quoniam ſeneſcens caluescit. Germanicè quidam nuper conficto à ſe à ſono uocis eius nomine **Scheller** uocabat. ¶ Sunt qui phalacrocoracem hanc auem interpretentur, quoniam & magnitudine & colore ferè corum reſert: & caluescit, ut uidi, cum adultior eſt. Turnerus Ariſtotelis corum aquaticum & Plinij phalacrocoracem, & corum ſyluaticum noſtrum auem unam eſſe arbitratur, tertium genus graculi. Coruus ſyluaticus Heluetiorum, inquit, auis eſt corpore longo et ciconia paulò minore, cruribus breuibus, ſed craſsis: roſtro rutilo, parum adunco (coruo) & ſex pollices longo: alba in capite macula, & ea nuda, ſi bene memini. Quòd ſi palmipes eſſet & interdum nataret, indubitanter tertium graculorum genus eſſe adfirmarem. uerū licet auem in manibus habuerim, an palmipes fuerit, nécne, & calua, non bene memini, Sic ille. Sed cum nos certò ſciamus, palmipedem non eſſe coruum ſyluaticum noſtrum, non poterit eſſe coruus aquaticus Ariſtotelis, ſed neqʒ Plinij, qui (ut diximus) phalacrocoracem, id eſt cortum caluum, eundem & aquaticum facit. Noſter uerò ſyluaticus non eſt aquaticus, neqʒ in aquis degit: ſed in pratis, & locis paluſtribus uictum ſibi quæritat. Iam cum Ariſtoteles tertium graculi genus palmipes faciat, id quoqʒ coruus ſyluaticus noſter eſſe non poteſt.

¶ A V I S quam prius hæmatopodem eſſe putabam (inquit Bellonius) nunc potius ibin nigram eſſe conijcio: cuius Herodotus & Ariſtoteles meminêrunt. Ea corporis mole referunt à Gallis uulgò corlis (arquatam maiorem noſtram eſſe arbitror) dictā refert, uel paulò minor eſt, tota nigra, capite phalacrocoracis, roſtro iuxta caput plus quàm pollicari craſsitudine, inflexo modicè in arcum & in acutum deſinête, rubicundo, qui crurum etiam color eſt. Proceritas crurum ea ferè quæ in ardea

F

ſtellari, colli longitudo quæ in aue quam Galli uocant aigrette, ita ut primò uiſa à me hæc auis ar=
deam ſtellarem quodammodo referre uideretur corporis ferè ſpecie, Hæc ille in Gallico libro Sin=
gularium obſeruationum ſuarum.

¶ Coruo ſyluatico noſtro magnitudo eſt gallinæ, color niger toto corpore, ſi eminus uideas:ſin
propius, ad ſolem præſertim, cum uiridi permixtus uidetur. pedes ferè ut gallinæ, longiores, digiti
fiſsi, cauda non longa, à capite retrò criſta tendit, haud ſcio an in omnibus aut ſemper: roſtrum rubi
cundum, oblongum & aptum inſeri anguſtiis terræ, arborum & murorum aut petrarum foramini=
bus, ut latitantia in eis inſecta & uermes, quibus paſcitur, extrahat. Crura oblonga, obſcurè rubētia.
Locuſtis, gryllis, piſciculis, & ranunculis eos ueſci audio. Vt plurimum nidificat in altis arcium
deſtructarum muris, qui in Helueticis montium regionibus frequentes ſunt. In uentriculo diſſe=
cti aliquando præter alia inſecta, reperi plurima illa quæ radices frugum populantur, milij præſer=
tim, Galli curtillas uocant, noſtri tranſuerſas (twårch) à pedum ſitu ut conijcio. Edunt & uermes
è quibus ſcarabei à Maio menſe dicti naſcuntur. Volant altiſsimè. Bina aut terna oua pariunt.
Primæ omnium, quod ſciam auolant, circa initium Iunij, ni fallor. Pulli eorum diebus aliquot an=
tequam uolare poſsint nidis exempti, nutriri & facile cicurari poſsunt, ita ut in agros euolent, &
ſubinde reuertantur. Laudantur ijdem pulli in cibis, & in delicijs etiam habentur, ſuaui carne oſsi
bus mollibus. Qui è nidis eos auferunt, in ſingulis ſingulos relinquere ſolent, ut anno ſequente li=
bentius redeant.

CORYTHVS, κόρυ㬖, auis eſt, una è genere trochilorum, Heſychius. Sunt autem trochili gal
linæ ſyluestres quædam, pedibus longis, corpore gracili, curſu celeres, ut conijcio.

DE COTVRNICE.

A.

COTVRNICEM eam eſſe auem, cuius hic figura cernitur, ut homines docti noſtra æta=
te omnes conſentiūt, & copioſe in epiſtolis ſuis Aloiſius Mundella medicus approbauit:
ita literatores quidam repugnant, eam quæ hodieɋ uulgò coturnix apud Italos dicatur
ueterum quoɋ coturnicem eſſe putantes, ſed horum error craſsior eſt, quàm ut nos in eo
refellendo tempus collocare conueniat, & iam à doctiſsimo uiro Mundella ſatis eſt reprehenſus.
Nos hoc in loco de coturnice ueterum agemus, de altera, quam Itali uulgò ſic uocat, poſt Perdicē.
¶ Schelau, שׁלו, apud Hebræos coturnix eſt, unde pluralis numerus ſchaluim. Dauid Kimhi inter=
pretatur auem præpinguem, quæ dicatur uulgò קוליא, qualea: & ſimiliter R. Salomon, adſtipulan=
tur Ioſephus & Hieronymus. Septuaginta ortygometram, id eſt coturnicum matricem uerterunt.
Exodi 16. Chaldæus interpres habet סליו, ſelau: Arabs סלוי, ſalui: Perſa את, moreg zah. &
Numeri 11. Arabs ſimiliter, Chaldæus שׁליו, ſchaliu: Perſa את, moreg zeha. Pſalmo 105. Chal
dæus ןיניזֹסֹפ, phaſiani: Arabs אלשׁלוי, elſchalui cum articulo el. Munſterus in Lexico triſingui
pro

pro coturnice habet שלי,schalau:שליא,schiluah:סליא,salua:& בבלי,kakli. Belluneñsis apud Aui
cennam lib.2.seman coturnicem uel qualeam interpretatur: altedarugi uerò (aliâs altaiugi) phasia=
num,uel perdicem,uel auem coturnici similem. Dorache,id est coturnices,Interpres Auicennæ
ex Aristotele de hist.anim.8.12. ¶ Coturnicem Græci ortyga uocant, Isidorus. à recto ὄρτυξ. ho=
die uulgò ὀρτύκυ, uel ὀρτίκι. ¶ Itali quaglia, ut Alunnus & Scoppa scribunt: uel quallia. unde &
barbari quidam authores qualeam ceu Latinam uocem scribunt. Coturnices uulgò quaquilæ di=
cuntur uel qualeæ,Ant.Gazius. Quiscula,id est coturnix, nomen à sono fictum, Arnoldus Vil=
lanou. Calepinus querquedulam quoq (ea anas fera est, parua) qualiam uulgò à uoce dici memi=
nit, Hispani cuaderuiz. ¶ Galli caille. ¶ Germani Wachtel: Flandri Quackel. hinc forte
10 Albertus, Coturnix (inquit) auis, quam uulgò quisculam uocamus. ¶ Angli quayll. ¶ Illyrij
krziepelka,uel krzepelka. ¶ Coturnicem uulgò currelium dicimus,à curredo, Comestor. hinc
& Ortygiam dictam putant,quòd harum auium greges è mari in eam prouolent,Athenæus.

B.

In Delo primùm uisæ coturnices, Solinus. In sinu Arabico præcipuè nutriuntur, Comestor.
In conuallibus alpium Helueticarum apud Rhætos, Sedunos & Leopontios,non pauciores quàm
alibi capiuntur,alioqui copiosæ per Heluetiam præsertim circa Auenticum,ubi canes ad earum au
cupium egregiè institutos alunt,Stumpfius. ¶ Perdicibus similes sunt,sed multis partibus mino
res,Turnerus. Theophrastus forte illas perdices nanas dicet.sic enim per omnia perdicem imitan
tur,ut præter exiguitatem & pressitudinem corporis planè nihil distent,Longolius. Coturnix
20 parua auis est,Plinius. ¶ Color κορφαινὸς,id est testaceus,cómunis est ferè pulueratricibus,ut alau=
dæ,coturnici,perdici,&c.Longolius. Coturnix aliquando alba uisa est, Aristoteles in libro de co
loribus.nam μέλας illic pro λόθος non rectè legitur. uide in Ceruo B. ¶ Coturnicibus & gallina=
ceis pennæ sunt duræ, Aristoteles in Physiognomon. Coturnicum ossa difficulter afficiuntur aut
patiuntur quicquam (δυσπαθῆ sunt,dura nimirum ac solidiora,)Orus. ¶ Coturnici proprium est
præ cæteris auibus, ut & ingluuiem, & gulam infrà prope uentriculum amplam & latam habeat,
Aristot. Et alibi,Gula eis amplior est infrà. ¶ Coturnicibus alijs uentri,alijs intestino sel iungi=
tur,Aristot. Plinius aliter, Fel(inquit)renibus,& parte tantum altera iungitur intestino in coruis,
coturnicibus,phasianis. Pedibus fissis sunt, Athenæus ex Aristotele. ¶ Alexander Myndius
apud Athenæum,coturnicem inquit fœminam graciliore collo quàm marem esse, neq nigras par
30 tes sub mentum subiectas possidere.ingluuiem (πρόλοθον,lego πρόλοβον cum Gillio) in aue dissecta nõ
magnam spectari:cor magnum & tricuspidatum,(τριβόλον.) Iecur etiam habere, & fel intestinis ad=
nexum:splenem paruum & qui uix conspiciatur:testes sub iecinore contineri ut in gallinaceis.

C.

Coturnix appellatur à sono uocis, Festus. Blondus etiam à recentioribus qualeam à uoce di=
ctam scribit. Si iteratim sones co tur nix,ita ut singulas syllabas toni tractu pronuncies, auis uo=
cem te liquidò imitatum cognoscas, Gyb. Longolius. Coturnicibus maribus tantùm cantus da=
tus est,Aristot.& Albertus. Coturnix mas uocem ædit exilem,ferè sicut grillus: fœmina crassam,
Albertus. Coturnicibus uox est in pugna,Aristot. Alijs in pugna uox,ut coturnicibus: alijs ante
pugnam,ut perdicibus,&c. Plinius. ¶ Coturnix humi nidulatur, nec unquam in arbore consi=
40 stit,sed humi,Aristot. Cum ad nos uenit, terrestris potius quàm sublimis est, Plinius. Puluera=
trices sunt, Gyb. Longolius. ¶ Coturnicem uulgò currelium dicimus à currendo, Comestor.
Currit satis uelociter,Albert.

¶ Coturnix est auis miliaris,hoc est milio ut plurimùm uescitur, Aloisius Mundella. Cotur=
nices milio & tritico, & præterea pura aqua pinguescunt, Didymus in Geoponicis. Coturni=
bus ueratri(aliàs,ueneni)semen gratissimus cibus,Plinius. Et rursus, Venenis capreæ & coturni=
ces(ut diximus)pinguescunt, placidissima animalia. Quòd alijs cibus est, alijs est acre uenenum,
Lucretius. Et mox,Præterea nobis ueratrum est acre uenenum. At capris, (capreis, ex Plinio)
adipes & coturnicibus auget. Cicuta sturnos nutrit, nos uerò interimit:& elleborus coturnici pro
cibo est,homini uenenum, Galenus ad Pisonem. Elleborus homini uenenum est, alimentum co=
50 turnicibus,Aristot.lib.1.de plantis, & Aphrodisiensis in Problematis. Orobus coturnicum apud
Arnoldum Villanou.in libro de ueneñis,Auicennæ napellus est: Vide in Lupo a.

¶ Coturnices cum ceciderint (ὅταν πίσωσι, malim ὅταν πίτωντωι : quod uerbum in sequentibus
etiam bis ponitur:id est cum uolauerint)si serenum sit aut aquilonium tempus,sociantur,& prospe=
rè degunt,(ἡρεμῶσι,id est quietè agũt. Gaza uidetur legisse δυναμῶσι:) sed si austrinum, molestè, pro=
pterea quod parum uolant. humidus enim grauisq auster est. Quam ob rem qui aucupantur, au=
strum,non aquilonem obseruant. omninò ægre propter sui corporis pondus uolant. sunt enim cor=
pore grandiore, quàm suis pennis deferri possint,uociferantesq ob eam rem uolant,laborant enim
quasi oppressæ onere.cum hæc adeunt loca,sine ducibus pergunt,at cum hinc abeunt, ducibus lin=
gulaca,oto, otide Plinius &matrice(ortygometra)proficiscitur,atq etiam cynchramo, à quo etiam
60 reuocantur noctu,cuius uocem cum senserint aucupes, intelligunt parari discessum, Aristot. Ad=
uolant coturnices non sine periculo nauigantium,cum appropinquauere terris.Quippe uelis sæpè
insidunt,& hoc semper noctu,merguntq nauigia,Plinius,Blondus ex Plinio legit,uelis incidunt,

F 2

non insidunt:quam lectionem Solinus quoq secutus est, & ex Oppiano eadem approbari potest.
Iter est his per hospitia certa, austro nõ uolant, humido scilicet & grauiore uento. Aura tamen uehi
uolunt, propter pondus corporum uiresq paruas. Hinc uolantium illa cõquestio labore expressa.
Aquilone ergo maximè uolant, ortygometra duce. Primam earum terræ appropinquantem accipiter rapit. Semper hinc remeantes comitatum sollicitat, abeuntq unã persuasæ glottis & otis (aliàs
otus, ut & Aristoteles habet) [&] cenchramus (aliàs cynchramus.) Quòd si uentus agmen aduerso
flatu cœperit inhibere, ponduſculis lapidum apprehensis, aut gutture harena repleto, stabilitæ uolant, (uide in D.) Plinius. Eadem ferè Solinus, cuius tamen uerba non omittam, ne quid ad maiorem claritatem desiderari possit : Adueniendi (inquit) habent tempora æstate depulsa. Cum maria
tranant, impetus differunt, & metu spatij longioris uires suas nutriunt tarditate. Vbi terram persen 10
tiscunt, coëunt cateruatim: deinde globatæ uehemētius properant: quæ festinatio plerunq exitium
portat nauigantibus. Accidit enim plerunq noctibus, ut uela incidant, & præponderatis sinibus alueos inuertant. Austro nunquam exeunt, nam metuunt uim flatus tumidioris, plurimum se aquilonibus credunt, ut corpora pinguiuscula atq eò tarda facilius prouehat siccior & uehemētior spiritus. Ortygometra dicitur quæ gregem ductitat. candem (primam, scilicet ex coturnicibus, non or
tygometram, Plinius) terræ proximantem accipiter speculatus rapit, ac propterea opera est uniuersis, ut solicitent ducem generis externi, per quem frustrentur prima discrimina, Hæc ille. Coturnices pascuis prioribus relictis gregatim uolitant, & maris spacium uolatu non intermisso, (sunt qui
in Delum insulam è mari eas deserri scribant, ut non uno continuo uolatu mare traijciant,) ceu auiũ
celerrimæ, superant: tam timidæ interim, ut maris aspectum exhorreant, & oculis cõniueant : unde 20
aliquando uelis illisæ nauium à nautis capiuntur, Oppianus in Ixeuticis. Redeunt sine ducibus,
Eberus & Peucerus. Coturnices quoq discedunt, nisi paucæ locis apricis remanserint : quod &
turtures faciunt, Aristot. Semper ante aduenuint quàm grues, Plinius. Prius abeūt quàm grues,
hi enim Septembri mense, illæ Augusto incipiunt, Arist. Ciconiæ prius recedunt quàm hirundines, & hæ quàm coturnices, Albertus. Coturnices ad nos, ut audio, medio ferè Aprili ueniunt,
& abeunt cum prima pruina ingruit: ita ut si pridie plurimæ apparuerint, & postridie pruina subse
quatur, ne una quidem amplius reliqua cõspiciatur. Coturnicum multitudo ex Italia uolantium,
in Capreis insulis prope Neapolim capiebatur principio autumni. Ad maritimã regionem circa
Pisaurum ingens coturnicum copia aduentare consueuit, & mille insidijs capi: sed potissimum sub
extremum uerni temporis illarum aduētu obseruato, Aloisius Mundella. Turdi quotannis trans 30
mare in Italiam aduolant, circiter æquinoctium autumnale, & eodē reuolant ad æquinoctium uernum, & alio tēpore turtures ac coturnices immani numero. Hoc ita fieri apparet in insulis propinquis Pontia, Palmaria, Pandataria. Ibi enim in prima uolatura cum ueniunt, morantur dies paucos
requiescendi causa. idemq faciunt cum ex Italia trans mare remeant, Varro. Coturnicem multi
credunt trans mare auolare, quod falsum esse conuincitur. quoniam trans mare per hyemem non
inuenitur. latet ergo, sicut aues cæteræ quibus superflui lentiq humores concoquendi sunt, Albertus. Cum è Rhodo Alexandriam Aegypti nauigaremus, plurimæ coturnices à Septentrione meridiem uersus uolantes, in naui nostra captæ sunt, unde certo persuasus sum coturnices cœlum mu
tare. nam prius etiam cum è Zacyntho insula in Moream seu Nigropõtum nauigarem uerno tempore, coturnices contraria profectione à meridie ad Septentrionem uolante obseruaram, ut illíc 40
per totam æstatem degerent: quo tempore etiam permultæ in naui nostra captæ sunt, cum diuersis
alijs migrantium auium generibus, Petrus Bellonius.

¶ Vsque adeò tum perdices, tum etiam coturnices copia libidinis gaudent, ut in aucupantes
corruant, & sæpenumerò capitibus eorum resident, Arist. & Athenæus ex Alexandro Myndio,
ubi pro καθίζοντες ὑπὶ ᾗῆ κεφαλων, legendū est ex Aristotele, καθιζάνειν ὑπὶ τὰς κεφαλὰς. Clearchus scribit perdices, passeres, coturnices & gallos gallinaceos, non modo cum uident fœminas semen emit
tere, sed etiam cum earum uocem audiunt: causam esse in animo impressionem. quod ipsum coitus
tempore cognosces, si contra eos speculum posueris, & ante hoc ipsum tendicularum insidias. nam
ad imaginem suã quæ inaniter in speculo repræsentatur accurrentes, capiuntur, & semen emittunt:
gallinaceis exceptis, quos imago conspecta ad pugnam tantum excitat, Athenæus & Eustathius. 50
Proprium hoc coturnicum generi, ut rara inter eas fœmina sit, & mares multi fœminã unam quærant, Albertus. Aristoteles cum perdicum pugnam pro fœminis descripsisset, & marium in hoc
genere salacitatem: & quòd cum fœminæ ad incubandum aliquò diffugientes clam pariunt, ne oua
à maribus propter salacitatem frangantur, mares interim cœlibes inter se pugnent, uictusq uictoris uenerem patiatur, nec ab alio nisi suo uictore subigatur: idq non semper, sed certo tempore anni
fieri, demum subdit; Hoc idem à coturnicibus quoq agi animaduertimus. Idem ferè Plinius scribit, ex Aristotele (ut apparet,) mutuatus. Coturnicibus uox est in pugna, Arist. & Plinius. Testudines montanæ uento implentur quemadmodum coturnices, Scholiastes Nicandri. Athenæus
refert ex Phanodemo Delum insulam ab Achæis Ortygiam dictam, quòd obseruati sint coturnicum greges è mari uolantes (φερομένας ἐκ τὸ πελαγος, quasi in mari etiam generētur. Phanodemum 60
enim hæc de generatione coturnicum referre scribit) in hanc insulam considere, eò quòd portus habeat commodos, Cum hyemes (tempestates) fiunt magnæ in partibus desertæ Libyę, mare magnes
producit

producit thynnos in littore (proijcit in littus:) ex quibus putrescentibus uermes enascuntur intra
dies quatuordecim, primum muscarum instar, deinde locustarū magnitudine, donec paulatim co=
turnicum magnitudinem acquirant. Demum noto, id est austro flante, uel libonoto, auctæ adultæcʒ
maria transeunt in Pamphyliam uel Ciliciam & Hyberniam:& consequenter borea flante pergunt
ad maritima loca & reliqua Melanitidis terræ. Cæterum indocti sophistæ ignorantes earum natu=
ram, pudicas (castas, cum ex putredine non ex coitu nascantur,) esse dicunt, Kiranides lib. 1.
¶ Aues grauiores nidos sibi non faciunt, ut coturnices, ut perdices, & reliquę generis eiusdem.
quibus enim uolandi facultas deest, ijs nidus non prodest, sed facta in aprico area (alibi enim nus=
quam pariunt) atcʒ materia, ut uepribus quibusdam congestis, quoad accipitrum & aquilarum iniu=
riam deuitare possint, oua ædunt, & incubāt. Mox cum excluserint, protinus pullos educunt, pro=
pterea quod nequeunt suo uolatu ijs cibum administrare, Aristoteles. Et rursus, Coturnix non ni
do, sed condenso frutice prolem munit. minus enim uolat. Nidulantur humi, ut dixi, coturnices,
quæ etiam nunquam in arbore consistunt, sed humi, Idem. Ὄρτυξ νοτίαιʃ ὅ ποιεῖ, ἀλλά κονίϛραιʃ, καὶ ταῦ=
τῃ ὀυσκεπάζει φρυγάνοιʃ, Athenæus ex Aristotele. ¶ Refouent suos pullos sub se ipsæ ducendo mo
re gallinarum & coturnices & perdices. nec eodem in loco & pariunt & incubant, ne quis locum
percipiat longioris temporis mora, Aristot. ¶ Coturnicum pulli mox ut exclusi sunt, per se cō=
medunt, Albertus: ut & perdicum & omnium pulueratricum ni fallor. ¶ Coturnicibus ueratri
(aliàs, ueneni) semē gratissimus cibus. quam ob causam eas damnauere mense, simulcʒ comitialem
propter morbum despui suetum, quem solæ animalium sentiunt præter hominem, Plinius & Soli=
nus. Coturnices comitiali morbo corripi non pauci nostro tempore obseruarunt. Sed quanquam
Plinius solas illas præter hominem hunc morbum sentire scribat, constat tamen alia quocʒ anima=
lia eodem malo affici, ut cattos, quod nos sępe uidimus:&, ut ab alijs accepimus, capos gallinaceos,
alaudas, equos, picas. Dici tamen potest ad defendendum Plinium, non solas quidem coturnices
post hominem, sed illas potissimum huic morbo obnoxias esse, Aloisius Mundella.

D.

Aues quibus duræ sunt pennæ, fortes (& pugnaces) habentur, ut coturnices & gallinacei, Ari=
stot. in Physiognom. Pugnant inter se pro fœminis, & inter cœlibes etiam mas uictus uictoris ue
nerem sustinet, ut in c. scriptum est: & mansueti inter se spectaculi gratia certaturæ committuntur,
ut referemus in E. ¶ Cum mare transuolant, ut intelligāt superatūmne iam ipsis mare sit, néc ne,
singulæ ternos ore lapillos ferunt, quorum singulos per interualla demittunt: & diligenter obser=
uant, utrum in mare lapillus quiscʒ deciderit, ulteriuscʒ uolandum sit: an in terram, & tempus iam
adsit quiescendi, Oppianus in Ixeut. Si uentus agmen (traijcientium mare) aduerso flatu cœperit
inhibere, pondusculis lapidum apprehensis, aut gutture harena repleto, stabilitæ uolant, Plin. Hoc
& grues similiter factitare aliqui prodiderunt. ¶ Ex coturnicum grege (postquam mare traiecit)
primam terræ proximātem accipere speculatus rapit, ac propterea opera est uniuersis ut solicitent
ducem generis externi, per quem frustrētur prima discrimina, Solinus. Author libri de nat. rerum
sic legit, Idcirco cura est uniuersis, ut externi generis ducem solicitent, scilicet cornicem, per quam
prima discrimina caueant. Sed dicendum potius ortygometram, aut cenchramum, aut aliam ex
illis quas Aristoteles & Plinius memorant, duces coturnicum esse. ¶ Pelecanus de coturnicis
exitio acerbè & crudeliter cogitat: rursus coturnix ab ea uehementer dissentit, Aelianus & Philes.
¶ Astures capiunt coturnices, &c. Crescentiensis.

E.

Qui coturnices aucupantur, austrum non aquilonem obseruant: causam retuli in c. ex Aristo=
tele. Capiuntur imitatione uocis fœminæ, Albertus. Instituuntur ad aucupiū earum canes apud
nos uulgò, qui priuatim etiam à coturnicibus denominantur. Reti quod expegatorium uulgo uo
catur, satis magno, capiuntur perdices, coturnices & phasiani, & aliæ quædam aues cum auxilio
catuli ad hoc instructi, qui aues inquirit, quas cum uiderit, subsistit, nec ad eas progreditur ne depel
lat. sed ad aucupem dominum suum respiciens retro caudam mouet, unde auceps cognoscit aues
esse prope canem:& tunc ipse ac socius rete trahūt, quo aues unà cum catulo operiunt. Est & aliud
paruum rete in capite perticæ præparatum, ut apertum existat, quo unus solus utitur auceps, & ad
coturnices solum cum quasilatorio (instrumento) cuius sonus est per omnia similis uoci coturnicis
fœminæ, ad quem mares ardenter accedunt, & sic irretiuntur, Crescentiensis lib. 10. cap. 25. Et rur
sus cap. 26. Item fiunt laquei multi de pilis caudæ equinæ, in funiculo eiusdē materiæ texti, qui ten=
duntur in sulcis frumenti, funiculo à terra eleuato ultra altitudinem auis, parum decliuis laqueis &
apertis, ut auis transiens capite immisso capiatur collo:& hoc modo capiuntur perdices in agris, &
coturnices ac phasiani in semitis nemorum per quas transeunt. Coturnices (inquit Oppianus in
Ixeuticis lib. 3.) noctu retibus, quæ nubes uocant, capiuntur, clamantibus alijs natu maioribus, (πα=
λαιοτέρων, iam olim captis, unde forsan uerbum πελωδύειν factum:) ad quarum uocem dum accurrunt,
in sagenas incidunt. Interdiu etiam in terra hoc modo capiuntur: Reti extenso aliquis tunicam su=
pra caput erectam calamis utrincʒ sustinens mouet, paulatim progrediēs: metuunt illæ sibi, & dum
uestis huc illuc nutantis umbram fugiunt, retium laqueis inuoluuntur. Capiuntur ab auibus rapa
cibus, asture & accipitre, (& nisis præcipuè rubris, ut quidam scribit,) Crescētiensis. Circa Neptu=

F 3

nium Italiæ oppidum (inquit Blondus in Latinis) aucupium eft coturnicum. Nam quum ad prima
ueris figna hirundines & fimul cum ipfis coturnices, tranfmiffo mari infero in Italiam redeunt, om
nia Antiatum quodam littorum fupercilia paffus quinq́; milia Neptunienfes contiguis retibus com
plent, fedenfq́; unufquifq́; in fundi proprij & magno pretio comparati loco, ad particulam retium
propriam uenientes nociu coturnices fiftula illiciat. & quum turmatim illæ retibus intricentur, fi
aliqua de longiffimo uolatu feffa extra rete in fabulum ceciderit, eam auceps manu percipit, fuif
feq́; audiuimus intra menfem unum, quo id continuatur aucupium dies aliquot, in quorum fingu-
lo centies huiufmodi auicularum mille fit captum, Hęc ille. Coturnices, perdices & paffieres, quomodo coitus tempore fpeculo propofito capiantur, recitaui in Coturnice c. ex Athenæo.

¶ Quidam in ornithone præter turdos ac merulas alias quoq; includunt, quæ pingues uęneunt ię
caré, ut miliariæ ac coturnices, Varro. Petrus Crefcentienfis lib. 9. cap. 93. quomodo coturnices
& aliæ aues inclufæ pinguefcant præfcribit. Vide infra in Turdis.

¶ Pergami & Athenis fuit pugna gallinaceorum & coturnicum, tanti decoris, ut ad illud tanquam gladiatorum munus effufiffimo ftudio omnes conuenirent, Alexander ab Alexandro. Ludus quidam eft in quo coturnices in gyrum (γύρον Pollux fimpliciter κύκλον περιγραπτόν dicit hunc
ludum defcribens. alioqui gyros Græcis fcrobem fignificat) collocant, quas feriunt in caput. & is
qui coturnicem in gyro comprehenderit, lucratur fibi deinceps quotquot poteft. fin fruftretur, alte
ri coturnices ferire permittit, idq́; alternis fit. Meminit Plato in Alcibiade. item in Phædone: Non
(inquit) cum hominibus abiectæ fortis nobis certamen eft, fed cum præftantiffimis. quare non ne
gligenda nobis res eft, neq́; tanquam feriendis coturnicibus ludamus agendum, Suidas. Qui ita lu ²⁰
dunt ὀρτυγοκόπται dicuntur. Plato etiam uerbum ὀρτυγοκοπεῖν ufurpat. Pergami certamen gallorum
omnibus annis publicè ædi folitum, Plinius fcribit. id & Athenis factitari cœptum, auctor Aelianus eft, à Themiftocle fuperatis Perfis. Adijcit & in fermone qui Anacharfis feu de gymnafijs infcribitur Lucianus, coturnicum magno ftudio, non gallorum modo certamina ibidem fpectari con
fueuiffe. Seueri quoq; filios Herodianus fcribit, diffidere folitos pueráli primum certamine, æden
dis coturnicum pugnis, gallinaceorumq́; conflictibus, Cælius Rhodiginus. Ariftophanes Carcini poetæ filios, quòd domi inter fe contentiofi effent, ὄρτυγας οἰκογενεῖς uocabat, quafi dicas domigeni
tas & altiles coturnices. fcimus enim quòd huiufmodi genus auium inter fe certantium, paffim lu
do hoc tempore habetur, & ab antiquis etiam habebatur; id quod ex Polluce, Luciano, Herodiano,
Plutarcho & Ouidio alijsq́; in Obferuatis meis oftendi, Gyraldus. In præfcripto circulo coturni-³⁰
cem ftatuebat, tum alter eam digito percutiebat: alter in aduerfum nitebatur illam intra circulum
continere. quod ni feciffet, coturnicis dominus fuccumbebat, Cælius Calcagninus ex Polluce ut
apparet. Sed Pollux fimplicius fic fcribit, ut nos uertimus: Coturnicem in circulo circunfcripto po-
fitam aliquis digito feriebat. quod fi illa ictui cedens extra circulum fe reciperet, (ἐκχωρήσῃ ἔξω τοῦ
κύκλου,) iam uictus erat coturnicis dominus, Hæc Pollux: qui etiam hæc Eupolidis uerba citat, ου-
κοῦν περιγράψεις ὅρον εἰς ἀρίστου κύκλον ἀφαιρούμενα. Τι ὅτιη εἰς ἐμμέλλειαν· ἀφαιρήσομαι. ἤ κόψομαι τὴν μελέαν, ἅτας ᾧ ὄρτυγα,
libro nono, capite de ludis, ubi etiam paulo poft uocabula aliquot ad hoc certamen pertinentia recenfet, ut funt, ὀρτυγοκόπτας, ὀρτυγοκοπία, ὀρτυγοκόπται qui & συμφωνῶσι dicebantur, (unde plura infra in H-
a.) quæ τὸ κόπτεῖν οὗν ὄρτυγας, καὶ ἀνακλᾶν ὧναν, καὶ ἀνερείδειν, καὶ εὑρεῖν, ᾗθρσύνην. Et hæc (inquit) uocabula
funt ὀρτυγοκοπικά. Et rurfus ibidem, Circulum (inquit) defcribebant in arca aliqua (τυλία,) qualis pi- ⁴⁰
ftorum eft uel eorum qui panes uendunt, in quo coturnices (duas pariter) fiftebant inter fe certatu
ras. quod fi altera è circulo excederet retro conuerfa, uincebatur & ipfa & dominus ipfius. præmiu
uictori erat pro quo certabant, aliàs ipfa coturnix, aliàs argentum. Interdum uerò alter (hominum
fic certantium) coturnicem fiftebat: alter digito indice feriebat, & plumas è capite uellebat (ἀπισσαλε. lego ἀπισσαλε. nam & paulo póft fequitur πιλ́λων) quòd fi coturnix fuftineret, uictoria penes illum
ftabat cuius érat alumna: fin cederet & refugeret, penes ferientem aut uellentem. Sic uictis coturni
cibus remedium adhibebant, inclamando in aurem, quod πρυλλίζειν uel ᾗπρυλλίζειν nominabant, (ut
de ne θρυλλίζειν legendum fit per θ. & φύθευλ. à uerbo θρυλίν. nam & Varinus θρυλλίζῃ fortafis ab eo
uerbo primitiuo deriuatum fufpicatur) ut coturnicis quæ uictrix extiterat uox quàm citiffimè è me
moria eius tolleretur, Hucufq́; Pollux. unde apparet non rectè fcripfiffe Calcagninum, alterum ⁵⁰
ex ijs qui concertabant fcripffe coturnicem, alterum uerò in aduerfum intra circulum eam contine
re conatum, neq́; enim alter alterius conatus impediebat: fed coturnix icta fibi permittebatur, ut uel
maneret intra circulum, uel excederet. ¶ Adiantum facit gallos coturnicefq́; (perdices, Plinius
non coturnices) pugnaciores, cibarijs eorum admixtum, Diofcorides & Auicenna. Καοίωνίζω uer
bum probare & experiri fignificat, ducta translatione uel à uafis figlinis, quæ fono experimur an
integra fint: uel à tintinabulis (Græci codonas uocant) quæ agitata fi argutius fonant probantur;
Vel ab equis aut auibus quibufdam, ut coturnicibus. folent enim equi & coturnices, fi parum for
tes fint, fonitu tintinabulorum terreri: animofiores uerò facile ferunt, Varinus. Vide plura fuper hoc
uerbo in Equo ʜ. b.

P.　　　　　　　　　　　　　　　　　　　　　　⁶⁰

Coturnix eft auis regia, Comeftor. In pretio fum nunc, olim damnata coturnix, Vox nomę,
pretium dat fapor ipfe mihi, Grapaldus. Autumno quàm uére pinguior eft, Ariftot. Noftris tem
poribus

poribus autumno in pretio est, uere cum redit insipida & mali alimenti habetur, in littore Antiaci captas edi, nihil insipidius, Platina. Pulli perdicum autumno conueniunt, quo quidem tempore etiam solum reperiuntur, sicut & pulli coturnicum (iuuenes coturnices) & turtures, Arnoldus Villanou, de conserua, sanit. Quandoquidem coturnices quæ pascuntur elleboro, eos à quibus cogine, cum illis milium certe elixandum est. Quòd si aliquis prius quàm sic prospexerit sibi, ex eis comedens, tali corripiatur affectu, is milium decoctum hauriat. Idem etiam faciunt myrti baccæ, Milium quidem naturali quadam facultate uenenis resistit. nam si ex milio panem confectum prius comederit quispiam, à nullo deleterio lædetur, Didymus in Geoponicis. Coturnicibus ueratri (aliâs
10 ueneni) semen gratissimus cibus. quam ob causam eas damnauere mensæ, simulég comitialem propter morbum despui suetum, quem solæ animalium sentiunt præter hominem, Plin. Vide plura supra in c. Ex coturnicú cibo timetur tetanus & spasmus. nò quia comedant elleborum tantum, sed quia in substantia earum hosce producendi affectus facultas inest, Auicenna. Coturnices improbantur assæ, quia siccæ sunt: & maxime quæ pastæ fuerint elleboro, Elluchasem. Et rursus, Rufius auium tres ordines statuit: præcipuè laudans calandrellas & sathur: inde sturnos (turdos) phasianos, perdices, &c. postremo coturnices & cuzardos.

¶ Sint autumnales croceo tibi pabula lumbo,
Sensibus hæc mala sunt, tenebriség replentia fuscis,
Si tamen ulla tuos circumuolitauerit orbes,
20 Bapt. Fiera. Quiscula, id est coturnix, ab authore carminum Salernitanorum inter cibos laudabiles numeratur: ubi Arnoldus Villanouanus in commentarijs, Huius auis (inquit) caro secundum aliquos est subtilis substantiæ, & bonum chylum generat, utilissima sanis conualescentibus. Secundum Isaac tamen coturnices cæteris auibus deteriores sunt, nec nutrimento nec concoctione laudabiles: quòd ijs in cibo sumptis timeatur spasmus & tetanus, ut Auicenna etiam scripsit. Hinc est quòd Galli comedunt coturnices cum molli & pingui caseo, & inde faciunt pastillos. Sed potest per coturnicem intelligi etiam alia auis quæ Italis uulgò sic dicta est: cuius carnem Rasis tertio ad Almansorem auium omnium carnibus præfert post carnes starhæ (perdicis minoris,ģ Hæc Arnoldus. Sed Michael Sauonarola ea quæ Arnoldus de quiscula scribit, tanquam laudabilis alimenti aue, de coturnice uulgò Italis dicta tradit. de ueterum uerò coturnice, quam ipse ģualeam uocat,
30 eadem ferè quæ Baptista Fiera, his uerbis: Caro qualearú calida est in fine primi gradus, aut potius usçғ ad secundum, ut uidetur, excrementitia admodum (uel, ut ipse loquitur, multæ humiditatis,) quare cito corrumpitur, & neçғ temperatis hominibus conuenit, neçғ dyscratis, cibus difficilis concoctu, præparans corpora ad febres, & iam factas augens. Auicenna rectè mea sententia à coturnicis usu abstinendum suadet, ueluti tetanum & spasmum inducentis, Amatus Lusitanus. Rasis in c. 420. libri 20. se uidisse scribit homines spasmum patientes propter has aues in cibo sumptas. Pro hecticis laudantur qualeæ Septembri captæ, mediæ pinguedinis, Gaynerius. Alexander Benedictus in pestilenti constitutione coturnicem damnat. Coturnicis carnes non probo, non solum quoniam à maioribus nostris improbatas inuenio, sed etiam quia ueris & æstatis tempore siccæ admodum sunt, & ad atram potius bilem quàm bonum sanguinem gignendum idoneæ. autumno &
40 hyeme pinguedine nimia obesæ, ut palato gratiores, ita uentriculo & concoctioni ineptissimæ, exigui nutrimenti, nauseamçғ & fastidium pariunt, & quibusdam etiam in aquilonari ora extremam perniciem, ut à fide dignis intellexi, attulerút, Manardus in epistolis 18.1. Aristoteles (inquit Aloisius Mundella) de coturnicibus & perdicibus in eodem capite tradit, quasi utræçғ natura inter se non multum differant. quamobrem cum eiusdem generis esse uideantur, manifestum relinquitur coturnicem non ita ut uulgò fertur praui succi esse, neçғ à mensis ablegandam, nisi pauperum fortasse, ut qui minoris impensæ cibis uesci consueuerint. Neçғ etiam quòd morbo comitiali corripiatur, quod ғ ueneno pascatur ab huius esu abstinendum esse censuerim. nonnulla enim nouimus animalia quæ licet uenenis quandoçғ nutriantur, boni tamen succi sunt, quemadmodum sturni qui cicuta uescuntur. Quòd si elleboro uescitur coturnix, quod nobis nondum constat, (milio quidem
50 eam uesci, & in aruis milio consitis ut plurimum eam inueniri scimus,) eo cibo iuuari eam probabilius est quàm lædi, (hoc quidem concedi potest Mundellæ. sed non ideo hominem quoçғ coturnicis elleboro pastæ cibo iuuari magis quàm lædi probabile est: constat enim uenenis pastas animantes homini etiam uenenosas esse.) Quare coturnicis nutrimentum, quòd non ingrati etiam saporis sit, laudandum potius quàm damnandum censeo. nam & Auerroes mirifice coturnicum carnem laudat, tanquam bonum generantem succum. Et licet ueneno interdum uescantur, & interdum comitiali morbo uexentur, non tamen semper, nec omnes existimo, sed illas fortasse quæ in auiarijs captæ reseruantur. nam & hac ratione capi gallinacei, quòd nonnulli eorum quandoçғ comitiali morbo corripiantur, improbandi essent. Id quoçғ non prætermiserim Dominum Deum nostrum Israelis populum, quem ardentissime diligebat, dum per deserta illa trãsiret loca, ad satietatem usçғ
60 coturnicibus non pasturum fuisse, nisi probati illæ fuissent alimenti & salutaris. Ex methodis quidem à Galeno traditis, quibus facile quæ sint alimenta bona & mala cognoscere possimus, satis manifestum fieri posse puto, coturnicem, præsertim assam, quòd boni & grati odoris sit & saporis,

F   4

omiſſo etiam ipſius condimento:quodɛ̃ manducanti non diſpliceat, ſed optimè reſpondeat, atquɛ̃
obleſtet,boni eſſe alimenti.Pſellum quidem inter illa quæ boni ſucci non ſunt coturnicem connu=
merare non me latet,nullis tamen rationibus adhibitis. Sed eſto quòd non multum laudabilis ſucci
ſit coturnicis caro:at certè concedetur,non omnino eam à noſtris menſis ablegandam,quoniam eo
medentes multum delect et ac iuuet, nam cibus qui cum uoluptate ſumitur , Galeno teſte,quamuis
paulò deterior,non modò non manet deterior,ſed quandocɛ̃ redditur melior, Hæc ille. ¶ Cotur=
nices aiunt uim concoquendi roborare, Raſis. Coturnices, id eſt qualeæ,eiuſdem temperamenti
ſunt cuius perdices,ſed paulò ſiccioris.probè nutriunt, Nic.Maſſa. ego hæc uerius dici putârim de
coturnice uulgo dicta Italis,& aliquando elixæ aſperſæ aromatibus temperatis, Nic.Maſſa. Paulò poſt quidem de qualeis, Qualeæ(inquit) uulgo dictæ,& ſturni &
paſſeres non laudantur in cibo,quòd uel nimis ſiccæ ſint & parum nutriant: uel nimis humidæ & 10
ſuccum ad putredinem paratum generent.

¶ De coturnicis coctura aliquid leges in Pauone. Phaſiani & coturnices & perdices eduntur
ut plurimum aſſæ,& aliquando elixæ aſperſæ aromatibus temperatis, Nic.Maſſa.

G.

Coturnicis ius uentrem emollit,ipſa in cibo ſumpta renes curat,Kiranides. Ant.Gainerius ad=
uerſus napellum puluerē coturnicis uel turdi utiliter dari poſſe ſuſpicatur, deceptus(ut apparet)ab
Arabibus quibuſdam aut interpretibus eorum,qui coturnices napello paſci ſcripſerūt.atqui Græci
coturnices elleboro,ſturnos uerò(non turdos)cicuta ueſci tradiderunt. Arabes & auium & uene=
norum nomina confuderunt. ¶ Ad morbum comitialem remedium ualde efficax:Coturnicum
cerebrum ex unguento myrteo tritum ſtanneo uaſe reponito: & cum quempiam morbo comitiali 10
prolapſum uideris,eo faciem illinito.admiraberis enim huiuſce naturalis auxilij efficaciam.nam ſta
tim ægrotus exurget,Galenus Paratu facilium 3. 155. ¶ Coturnicis oculi ſuſpenſi ophthalmiam
ſanant,& tertianam & quartanam,Kiranides. ¶ Io. Kueſnerus medicus adipem coturnicis cum
pauco elleboro ad uim ueneris excitandam membro pudēdo inungit. Peſius ad conceptum pro=
mouendum apud Aetium lib. 16. cap. 34. Radicis althææ expurgatæ & lotæ uncias iij. diligenter
contuſas in olei ſextario torrefacito:deinde abiectis radicibus adipis coturnicis uncias ſex,ceræ un
cias duas admiſceto. ego uerò uncias iiij. admiſceo. Vnguentum præclarum ad tunicas uel cica=
trices , ungues & diuerſa uitia oculorum , ex libro manuſcripto : Mellis unciam , adipis coturnicis
ſemunciam,myrrhæ,chalcanthi(albi)utriuſcɛ̃ drachmam,miſce,cola, fiat unguentum : quo do mi=
turus bis ſingulo menſe oculos illinat,& nunquam opus habebit alio remedio aduerſus uarios ocu 30
lorum affectus. Sunt qui equorum oculis aduerſus eadem uitia zinziber tritum cum adipe cotur
nicis ſubactum inungant, uel adipe per ſe inuncto oculos incolumes ſeruari promittant. ¶ Oua
coturnicis inuncta teſtibus uoluptatem inducunt, & pota libidinem augent, (amorem faciunt,)
Kiranides.

H.

a. Coturnix ſœm.generis meminit Plautus Capt. Primam producit , ut in hoc uerſu Lucre=
tij,At capris(capreis,Plinius)adipes & cotunicibus auget.ſed magis probo Iuuenalem qui corri=
puit Sat.12. Verum hæc nimia eſt impenſa,coturnix,&c. Aut anates aut cothurnices (ſic habet co
dex impreſſus per th.)dantur quiſcum luſitent , Plautus in Capt. uerſus eſt trochaicus tetrameter.
Videtur ſanè hæc dictio à Græca ortyx facta per metatheſin,uel utracɛ̃ potius per onomatopœiam: 40
ut & qualea apud recentiores,ſicut Blondo uidetur:cuius ſententiæ & ego potius acceſſerim,quàm
amici cuiuſdam noſtri qualeas appellari ſuſpicantis à qualis , in quibus tanquam in uiuarijs captæ
menſis reſeruentur. ¶ Coturnices apud Albertum uocibus deprauatis dicuntur antogos (pro
ortyges)& hakalokyrim,& harcoyz,alij(inquit idem)guagias (ſorte, qualeas) uocant. Ortyga At=
tici dicunt media producta,ut & κύρκα,Athenæus.ſed aliquando propter carmen corripitur, Scho
liaſtes Ariſtophanis & Euſtath. ὄρτυξ (media correpta) ὄικς χυεϊς, Ariſtophanes in Pace. ὄρτυξ,
κόκκυξ,declinantur per υγ. nam nomina in υξ. maſculina ſimplicia biſſyllaba , ſi conſonantem ali=
quam immutabilem initio ſecundæ ſyllabæ habent,declinantur per κος,ut κύρυξ,excipe ὄνυξ: reliqua
per γ. ut ὄρτυξ,Athenæus. ὀρτύγιον nomen eſt diminutiuū , Euſtathius. ac ſi coturniculam dicas.
Eupolis ὀρτύγια μικρά dixit. εἰς ὅπ ὀυ τὲ ποιεῖν δυνάμϵ (τίσινον[lego, τί ϟυ ἄν]ποιεῖν ἐωόκτα, legit Euſta
thius)ὄρτυγα ψυχὴν ἔχον, Antiphanes,in timidum ut uidetur, & puſillanimem. ὁ ἐλιλϵος ὄρτυ
γίων ὅπ τροφή, Galenus ad Piſonem. χήνιον,id eſt coturnix parua nominatur à Cleomene, qui ſcri
pſit χήνια τεκχηρὰ μύεια. Hipparchus quocɛ̃ χήνια dixit, ὅυ μοι Αἰγυπτίων βιός ἤςτιν, οἷον ἔχον χήνια
τίλαντϵς,Athenæus. χήνιον auicula quædā quæ apud Aegyptios ſale aſſeruari (ταρηχϵύϵ̄θαι)ſolebat,
& genus piſcis, Varinus & Heſych.Eſt & Chennis inſula in Aegypto,aliàs Chemmis,&c. κίκρις,
coturnix,Heſychius & Varinus. κόντιλ,auis genus, aut coturnix, eſt & ſerpens, (iaculus nimi=
rum,quaſi acontilus,)Iidem. τόρτυξ,coturnix, Varinus.

¶ Epitheta. Pia,peregrina,apud Textorem. ἀδύφωνϵ, apud Athenæum.

¶ Dic igitur me tuum paſſerculum, gallinam, coturnicem, Agnellum, hœdillum, Plautus in
Aſin. Carcinus poëta tragicus fuit,cuius filij tres memorantur à Scholiaſte Ariſtophanis in Pace, 60
ipſi etiam tragici poëtæ , à paruitate corporis ortyges cognominati , aut forte quòd contentioſi &
pugnaces eſſent , ſicut coturnices mares ſunt. Corpore minutuli perbreueſcɛ̃ ortyges dicuntur,
Cælius.

Cælius. ❡ οἱ τὰ κυνίσϊα (sic legendum, non κυνίγια) τρέφοντες ἐν τοῖς ὀρτυγοτροφέιοις, Aristoteles Problem.10.14. Gaza uertit, in caueolis. ❡ Ἀλεκϛυοφόρον Aeschines dixit in Antiocho:unde nos etiam forte ὀρτυγοφόρον dicere poterimus,(eum fortasis qui circ̄uferat coturnices ad ludos uel ce taminā, in quibus etiam gallinaceorum u us erat,uel ad uendendum.)nam ὀρτυγοκόπος usitatum non est. Potest & ὀρτυγοπώλης dici , qui coturnices uendit. Τυμφόκος (συμφοκόντες le o) etiam Comici nominant (scilicet οῦ ὀρτυγοκόπος.) Sunt & hæc ortygocopica uocabula ,ἐκκόπον οῦ ὀρτυγας, ἐτρύλιπον, (ἐτρύλιπσιν,) ἀνεκλαιάαλον, (forte ἀνεκλάάλλον, uide supra in E.) Pollux. Apud Aristophanem in Auibus Midias quidam Ortyx cognominatur,Καὶ γὰρ ἴκγν(ἴκει pro ἴκκει,ut Suidas interpretatur)ὀρτυγ Ὑπὸ
10 ϛυφοκόπτε τὴυ κεφαλὴν ωτπλήϛ μένω. Vbi Scholiastes,Ammonius,inquit, Midiam putauit ortyga cognominatum esse,ὅϛα τὸ κυϛοϛτῶι εἶϛ, καὶ ἐν πυρ̄ω(forte γύρ̄ω)οῦ ὀρτυγας κόπϊειν. Nam & alibi μαιδαν ὀρτυγοκόπον appellat;& alibi etiam gallinaceorū studiosum eum fuisse scribit. Traducitur alioqui tanquam uir improbus & fur pecuniæ publicę,& ϖαχαλαζ̄ων.Habent autem plericꝗ codices ϛυφοκόμπτε, dictione obscura:quam aliqui interpretantur coturnicem pugnacem, ϖαρὰ τὸ ϛέρϊδς κόπϊειν:ficto nomine autis ϖαρὰ τὸ κολαϛϊειν τῇ κεφαλῶι,ὁ συμβαίνει τοῖς ὀρτυξι. Dionysius Zopyrus ὀρτυγοκόμπτε legit, & μ.literā(propter carm̄e,aut forte de industria,ut simul κόμπον,id est fastū,hominis notaret) inſertam ait,Hæc ille. Mihi quidem in mentem uenit posse etiam τυφοκόμπε legi apta significatione & hominis qui notatur moribus c̄oueniente.sunt enim τύφ & κόμπος uocabula synonyma quibus fastum & superbiam Græci appellant.erat autem Midias homo fastuosus & inde ϖαχαλαζ̄ων etiam cognominatus. Vt sensus sit,Midias uocabatur ortyx , eò quòd præ nimio fastu coturnicem capite iciam
20 referret. Videntur enim coturnices in ludo ab hominibus,uel ipsæ inter se certantes percussæ,præsertim pugnaciores,ut & gallinacei,caput & ceruicem magis erigere. ❡ Niphus accipitrem qualearium nominat qui coturnices capiat.

❡ Plantaginem aliqui ortyga uocant,Plinius. ὀρτυξὶς,herba quædam,Hesych.& Varinus.
❡ Coturnicis osse picto stabile ac tutum quippiam indicabant Aegyptiꝯ, quòd difficile huius animalis os afficiatur ac patiatur quicquam, Orus in Hieroglyphicis 2.11.
❡ Propria. Ortyges,ὀρτύγης,uiri nomen apud Athenæum lib.6.
❡ Delus olim Ortygia dicebatur,Strabo. Phanodemus scribit insulam Delium ab Achæis id-
30 circo Ortygiam nuncupatam,quòd eiusmodi uolucres gregatim ex mari proficiscantur in hanc insulam portuosam, (ἀ̓Ϋόρμον,) Aelianus & Athenæus. In Delo primum uisæ coturnices aues quas ortygas Græci uocant, Solinus. hinc & Ortygiam hanc insulam dictam aiunt, Perottus. Lycophron Delum insulam ὀρτυγα ϖέορμμώλω dixit, propter Asteriam. hæc enim(ut scribit Isacius Tzetzes Scholiastes)Iouis concubitum fugiens, mutauit seipsam in coturnicem, & in mare prosiliens facta est insula,quæ ab ipsa Ortygia & Asteria dicta est. Lycophronis Scholiastæ Del̄u Ortygiam dictam putant ϖαρωνυμιρκ̄λω ὀρτυγι δ᾽αιμονία τινι,(coturnicem illam intelligo,in quam mutata fertur Asteric,)uel à coturnicibus in eam aduolātibus,Eustathius in Odysseam. Meminit Ortygiæ Homerus Odyss. . Latona ex Ioue in coturnic̄e mutato Dianam & Apollinem concepit,quos pepe rit in Delo quæ prius inde Ortygia uocabatur,Scholiastes Pindari in argum̄eto Pythiorum. Aliqui,ut Nicander,Delum sic dictam putant ab Ortygia oppido,Linquimus Ortygiæ portum, Vergilius. Fuit & Ortygia alia circa Siciliam quæ ponte iun-
40 gitur Syracusis,& fontem habet Arethusam,cuius meminit Vergilius Aen.3. ❡ Ephesus etiam Ioniæ urbs olim Ortygia dicta est,ut scribunt Eustathius & Stephanus.

❡ b. Capreæ insula ultra Surentum Campaniæ,Tiberiꝯ principis arce quondam nobilis,nunc coturnicum multitudine,Perottus. Plura de hac insula in Caprea diximus. In Medera insula coturnices abundāt,Aloisius Cadamustus. ❡ Lagopus altera à coturnicibus magnitudine tantum differt,Plinius. Chrysantheron auis magnitudine coturnicis,Kiranides. Otis est colore coturnicis,(secundum alios perdicis,) Athenæus. Corydi, id est alaudæ, aues sunt coturnicibus similes, Suidas & Varinus. Alchata est species columbarum,quæ coturnices colore pennarum referunt, And.Bellunen. ❡ Quibus digiti pedum connexi sunt(συμπεφραγμένοι,arctè coniuncti)timidi iu-
50 dicantur,ϲ̄ωαφόρ̄εται τῶι οῦ ὀρτυγας οῦ ϛφόπϲολϲ τ̄ω λιμναίων,Aristot.in Physiog. sed ortyx autis palu stris non est.legendum conijcio ὀρτιϲὰς non ὀρτυγας. sunt enim aues palustres multæ digitis pedum angustius iunctis & timidæ.

❡ c. Pratinas coturnicem peculiariter ἀδ᾽ύφωνον uocat ; πλὼ ἐι μή τι ϖαρὰ τοῖς Φλιασίοις ἤ τοῖς Λάκωσι φωνάς̄γϲι,ὡς κοὶ οἱ ϖορδ᾽ικϲς,Athenæus. Attagénes è Lydia allatæ Pylas,aliquandiu coturnicis uocem ædebant,&c. Socrates in libro de igne & lapidib. apud Athenæum. ❡ Ecce coturnices inter sua prælia uiuunt,Ouidius 2. Amorum.

❡ e. Quasi patriciꝯ pueris aut monedulæ, Aut anates,aut coturnices dantur quibus cum lusitent,Plautus Capt. Potius ego mihi amicum probum optarim, quàm optimam (strenuissimam) inter homines coturnicem aut gallinaceum,Plato in Lyside. ❡ Tarentinus in Geoponicis coturnicum carnem inueteratam, miscet ad escam porcorum piscium.
60 ❡ f. Κιϰλίϲαν,coturnices pingues edere,uel immodestius ridere,Suidas. Dominus Deus filiꝯ Iſrael non mannam solum dedit,sed aliquando etiam coturnices abunde. sic enim legitur Exod.16. Facto uespere ascend̄it coturnix, operuitꝗ castra. Et Numeri 11. Et profectus uentus à Domino

coturnices de mari proiecit in castra, ut undiq̃ circa ea itinere diei omnia plena coturnicibus essent, duobus cubitis supra terram. Et surgens populus tota illa die nocteq̃ & posiridie etiam collegerũt coturnices. Coturnix uobis in signo fuit, castra ad tutelam, 4. Esdræ 1.

¶ g. Oculi coturnicis cum radice œnotheræ (aliás alihææ) alligati rigorem (typum) quoti= dianum & quartanum mitigant in diminutione Lunæ, Kiranides.

¶ h. Coturnix nulla unquam pro patre cadet, Iuuenalis Sat. 12. traducens eos, qui cum pro amicorum uel parentum ægrotantium salute ne minimum quidem sumptum facerent, pro diuiti= bus orbis quorum hæreditatem expectabant, magnificè impendebant. ¶ Iupiter in coturnicem mutatus cum Latona concubuit, Scholiastes in Pindarum in argumento Pythiorum. sed aliter Pe rottus, Iupiter (inquit) cum Latonam compressisset, sororem quoq̃ eius nomine Asterien uitiare conatus est, quæ deorum miseratione in auem conuersa est, quam nos coturnicem uocamus. at Iu= piter sese in aquilam, ut eam raperet, uertit. Illa uerò rursus deorum miseratione in lapidem trans= mutata est, qui diu sub aquis latuit. Tandem uerò precibus Latonæ à Ioue in summas aquas dedu= ctus est. Vide supra in a. inter Propria. ¶ Coturnices in Latonæ tutela existimant constitutas, Solinus. Persina boum greges & coturnicum &c. præmiserat, partim ut ex unoquoq̃ genere sa= crificaret hecatomben, partim populo inde pararentur epulæ, Heliodorus.

¶ Prouerbia. Ὄρτυξ ἔσωσγι Ἡρακλῆν τὸν κα͑ πέρον. id est, Seruauit Herculem coturnix strenuum. Senarius est Græcis prouerbij uice celebratus: quem tamen Zenodotus negat apud ullũ ueterum scriptorum inueniri. cæterum dici solitum, de his qui in periculo seruati essent ab his à quibus mi= nimè sperarant. A dagionis originem ad huiusmodi fabulam referunt: Coturnicem quandam Her= culi in delicijs fuisse, cuius nidore cum uiua incenderetur, ille mortuus sit in uitam restitutus. Memi nit huius fabulæ Athenæus quoq̃ libro 9. scribens, Herculem Iouis & Asteriæ filium, in Libyam proficiscentem à Typhone iussie interemptum: reuccatum autem in uitam odore coturnicis, illi ab Iolao admotæ, & ob eã causam Phœnices Herculi coturnice sacrificare, Erasmus. Athenæus Eu= doxum Cnidium huius fabulæ authorem citat: Reuixit (inquit) cum olfecisset coturnicem, nam ea aue etiam uiuens delectabatur. Meminit & Eustathius. ¶ Κιχλίζῳ tanquam prouerbiale uerbum Erasmus in Adagijs coturnisare transfuiit. cum cichla Græcis turdum non coturnicem significet, Vide in Turdo h. ¶ Alia uoce psittacus, alia coturnix loquitur: prouerbiali schemate dixit Mar tialis in clancularium quendam poëtam, qui corniculam Aesopicam referens, suos ineptos uersicu los nomine Martialis in uulgus spargebat, ratus futurũ ut titulo decepti lectores, Martialis esse cre= derent. Credis hoc Prisce, Voce ut loquatur psittacus coturnicis. Conueniet in musicos aut poe= tas longè dispari stylo, longeq̃ dissimili facultate, Erasmus.

DE ORTYGOMETRA.

RTYGOMETRA, (ὀρτυγομήτρα, Ga za simpliciter matricem uertit,) forma perinde ac aues lacustres est, & coturni= cibus auolantibus ducem se præbet, Ari stot. Vide supra in Coturnice c. Alexãder Myn dius apud Athenæum, hanc auem ait esse magni tudine turturis, cruribus longis, timidam, (δ'υοδα λὴ καὶ δ'ειλὴ.) Vox δ'υοδαλὴ forte gracilem ac te= nuem corpore significat. Nuper anonymus qui= dam, qui de animalium nominibus Latinis et Gal licis libellum ædidit, hanc auem colore inter uiri= dem & croceum medio esse tradidit, tanquam eo dem Alexandro Myndio authore: quod quidem apud Athenæum non legitur. Ithacesiæ orty= gometræ Crates meminit, Athenæus. Ortygometra dicitur quòd gregem coturnicum ducit, Isidorus.

¶ Ortygometram uulgò Itali coturnicum regem appellant, (el re de qualie,) maiorem aliquan to, ac nigriorem, Perottus. Quidam Gallicè interpretatur, aut potius circũloquitur, le roy & me= re des cailles, proprij nominis ignorantia, ut etiã Germanicè quidam ꝺꝛꜩ ẘachteln ꝛꝼıg. ¶ Or tygometra ut in Italia, sic per totam Greciam reperitur, in Creta rarior. Refert hæc auis coturnicem quibusdam notis, & qũm uolatu non admodum ualeat, cursus celeritatem à natura accepit. Galli nominant un rasle, Itali roy des cailles. Refert autem gallinam aquaticam, quam Itali fulicam appel lant, quoniam & nigra colore est, & aquam quotidie frequentat. Sed longè minor est, & non omni no sic nigra, cum sub alis colore aliu uariet, & utrinq̃ ad latera. Cauda eius ruffa est inferius, & bre uis ut in omnibus auibus aquaticis, rostrum duos digitos longum, quod tamen si rusticulæ aut galli naginis rostro conferas, breue dixeris, Petrus Bellonius in Memorabilibus Græciæ. Quanquam uerò scribat eandem auem quam Itali regem coturnicum uocant, Gallorum rasle uel rallam esse, mihi

mihi tamen alius uidetur rex coturnicum Italis dictus, ut coniicio ex figura, quam clarissimus me
dicus Aloisius Mundella ad nos misit, cui color fuscus potius quàm niger, & rostru breuius quàm
à Bellonio scribitur. Memini ego à Gallis audire rallam uulgo Gallicè dictam auem corpore gracili
esse, magnitudine merulæ, quæ in pratis uelociter currat, rarò uel nunquam uolet, altis cruribus,
uoce kr. kr. kr. frequenti, colore subruffo: satis lautam in cibis, carne colore æruginosi æris, quæ con
tra morbum regium in cibo commendetur, ut etiam ius decoctæ. Sed de rala aquatica & terrestri
plura scribam inter Gallinulas. Angli perdicem rusticam siue gallinaginem ralam appellant, ut au=
dio. Aristoteles quidem aquaticis auibus eam forma, id est corporis specie, similem esse scribit, nó
colore aut aquæ frequentatione. Est autem hæc ferè species aquaticarum auium, ut crura oblonga
10 habeant, digitum qui pro calce est perbreuem, corpus gracile, & plumas plerunq; uarias, uentrem
albicantem, & caudam breuem, rostrum longiusculum, modicè flexum. Idem Bellonius in Me=
morabilibus Syriæ inter aues nominat rasle (aliàs ralle de genet,) nec explicat quæ aut qualis ea sit.
Non probo illos qui ortygometram interpretati sunt **ein Schnepff**, id est rusticulam. hanc enim
gallinaginem uel scolopacem Aristotelis esse docebimus. certum est eam cum coturnicibus non
discedere. In hac sententia uideo Arnoldum Villanouanum fuisse, qui pro ortygometra, ethigome=
tram scribit, & auem interpretatur lautam, perdici similem, longo rostro.

¶ Ortygometram (inquit Turnerus) aliqui eandem esse auem cum crece & cychramo (cenchra
mo) uolunt, sed Aristoteles omnino distinguit. Et rursus, Aliqui ortygometram esse uolunt Ger=
manorum scricam, & Anglorum dakerhennam, quæ nobis crex non ortygometra uidetur. Vide
20 mox plura in Crece. Ego planè scricam Germanorum, uel ortygometram, uel cynchramum, uel
alterutri prorsus congenerem auem esse sentio, nam crex ibidis est magnitudine, pedibus gruinis.
Ortygometra, id est scrica nostra, **ein Screcke**, (inquit Gybertus Longolius,) duplo maior est. Vo
cem mirificam instar coaxantium ranarum clamoris ædit, sed subtiliorem multò & acutiorem : ita
ut rubetam assereres, ni unico spiritu sæpius ingeminaret. Rostrum ei quàm coturnici longius est
& acutius. crura pedesq; satis etiam pro corporis spatio longos (longiora coturnice) obtinet, colore
inter croceum & uiridem medio. quinetiam frugilega est : & aduena, antequam coturnices haud
uspiam audias: & cum illa non auditur, neq; coturnices te speres amplius tum uisurum. Græci quo=
que cenchrum appellant, ut nos Germani screccum. Neq; etiam aliter ac coturnices retibus sal=
litur, nisi quòd his sistula imponitur: screccos uerò imitatione uocis, serrata costa, quam ferrea lami=
30 na, aut cultro serratim leuiter percutiunt, in perniciem agunt, Hæc ille. Et alibi, Scricæ nostræ pri
mæ discedunt, & primæ ueniunt.

¶ Heluetij auem quandam **Brachtvogel** appellant, à mense Iunio quo capitur uel in quasdam
regiones aduentat: alij **Brachamsel**, quod magnitudine corporis merulam referat (forte & colore
partis pronæ,) reperiri eam audio in pratis palustribus plerunq; rostro oblongo, cruribus longis,
auolare autumno, deinde uerno tempore cum coturnicibus redire, hæc quidem ortygometra an
cenchramus sit (alterutram enim esse suspicor) nondum mihi constat. Sed cenchramum potius esse
coniicio, quòd differat ab ea, quam ex Italia accepi, ortygometræ effigie. figura eius infra dabimus
inter gallinagines aquaticas. ¶ Ortygometram Perottus scribit sic dictam, quòd dux sit ac mo=
deratrix coturnicum, ab ortyx & metron quod est mensura. sed ineptè, producit penultimam hæc
40 uox, & Græcè per η, scribitur, non per ε, ut μέτρον. sic & tettigometra, & eiusdem originis reliqua,
composita scilicet ab ortyx & μήτηρ (malim μήτρα) id est mater, ut sit ortygometra coturnicum mater
seu matrix, sic metropolis dicta est urbs matrix, ex qua coloniæ deductæ, ut pluribus docet Budeus
in Annotationibus prioribus in Pandectas. Μήτρα sane uox Græca in compositione magnitudi=
nem & in suo genere principatum significare uidetur, ut in Leone dixi initio capitis secundi.
¶ Ὀρτυγομήτρα, coturnix prægrandis, Hesychius. Ὀρτυγομήτρα, παρὰ τὸ ὄρω τὸ διεγείρω, Etymologus
& Varin. sed locus uidetur corruptus. ortyx enim potius dictio simplex est, & à uerbo ὄρω, quod est
excito, deriuari poterat: forte quod facile ad pugnam animo concitetur. Sed magis placet per ono=
matopœiam sic dici.

¶ Hebraicam uocem schelau aliqui ortygometram interpretantur : sed coturnicem simpliciter
50 ea uoce significari magis probamus, Vide in Coturnice A. Albertus lib. 23. ortygometram & orty
gem confundit. Idem alibi ortygometram facit genus galli syluestris maximum, quod uulgo Ot=
han uocetur, quam eius interpretationem ineptissimam Niphus etiam referens non improbat.

DE CRECE.

CREX moribus pugnacibus est, ingenio ualens ad uictum, sed cætera infelix. crura habet lon=
ga, ac ideo posteriorem digitum, qui pro calce est, minutum. pugnat cum galgulo, & merula, & ui=
reone, nocet enim his & eorum pullis, Aristot. Auis est marina, ibidi similis, Varinus. Ibis nigra
in Aegypto, pedibus est gruinis, &c. eadem qua crex magnitudine, Herodotus. Creci similis tra=
60 ditur elorius, Athenæus. Crex & ciconia inimicè sunt, Aelian. Ad ciuitatem auium condendam
è Libya uenerant innumeræ grues, θεμλίοις κατέπεπτωκυίαι λίθος. Τότος δ' ἐτύκιζον ἁ κρέκες τοῖς ῥύγ=
χιον, Aristoph. in Auibus, ubi Scholia, Crex genus est auis rostro admodum acuto & serrato, (idem

Suidas & Varinus repetunt.) τύκος uero inſtrumentum eſt quoddam, quo lapides poliunt, (πвⱳτύ-
κνσι, κỳ ἔɩσιν.) is uerò labor non ineptè auibus longum roſtrum habentibus tribuitur. Βϱαδύπ̃ϱϵɩ
κϱϵκόν, Philes.ſunt enim aues aquaticæ tardioris uolatus. Vide in Ciconia ad finem quarti capitis.
¶ Κϱϵ̀ξ auis nomen fictum per onomatopœiam, ut & κϱϵκὶς, id eſt radius textorius, à uerbo κϱϵκϵιν,
quod eſt ἤχϵῖν, Euſtathius. Κϱϱκὰς,auis eadem quæ crex, Heſychius & Varin. Eadem forte etiam
cercis fuerit. Vide ſupra in Cercis. Crex auis eſt inauſpicata nuptijs, ὄϱνιον ∂υσοιωνισον τοῖς γαμῶσι,
Suidas. Ὄϱνίον τι ὃ τοῖς γαμῶσιν ὀιωνίζϵται,Heſychius.id eſt, auis à qua auſpicia petebant pro nuptijs.
Κϱϱ̀ξ,κοϱυφαία,(κϱϱκὶς quidem exponitur Varino ἡ τῆ πτύω κοϱυφϑ, ἤ ἀϵγϵɩϱο : κϱκιδα etiam ἄϵγϵɩϱον interpretantur Grammatici:) πϑσννται ∂ὲ κỳ ὑν̃ πϱοχϑ,(fortè de rota currus,propter ſonum quem reddit
dum uoluitur,)Heſychius & Varinus. ¶ Aues hominibus deorum ſententiam nunciant,aquila Iouis,Mineruæ crex & noctua,Porphyrius lib.3.de abſtinendo ab animatis.
    ¶ Eſt auis quædam apud Anglos,longis cruribus,cætera coturnici,niſi quòd maior eſt,ſimilis,
quæ in ſegete & lino,uere & in principio æſtatis non aliam habet uoce,quàm crex crex:hanc enim
uocem ſemper ingeminat,quam ego Ariſtotelis crecem eſſe puto.Angli auem illam uocàt a dakerhen,Germani **ein Schꝛyk**.(audio à Friſijs uocari **ein Schꝛye**, auem quam nos arquatam appellauimus)nuſquã in Anglia niſi in ſola Northumbria uidi & audjui,Turnerus. Vide infra inter Gallinulas terreſtres. Quærendum an hæc à Turnero deſcripta auis, ortygometra ſit, aut an eadem
forte quam circa Argentoratum **Mattkern** appellant,cuius figuram inter gallinas ſylueſtres dabimus. Ortygometram aliqui eandem eſſe auem cum crece & cynchramo uolunt, ſed Ariſtoteles
planè diſtinguit,Turnerus. ¶ Albertus pro crex habet cratoz,quam coruini generis auem eſſe
imperitè ſcribit. ¶ Poëta κϱϵκα etiam pro capillo dicunt,ut innominatus quidam apud Suidam
in hoc hemiſtichio,πoϱφυϱίω ημ̅ιoꜩ (ἐικϲφϵ) κϱϵκα. Κϱϵκϵιν & ὑποκϱϵκϵιν uerba uſurpantur de concentu
citharæ,Cælius.

DE CVCVLO.

A.

K AATH,ראת,Hebraicam uocem,aliqui קיק, kik uel hakík (ut uocant magiſtri in Thalmud)id eſt cuculum,interpretātur:alij onocrotalum,pelecanum,cataracten,mergulum,
&c. Vide ſupra in Mergo in genere. Dominus ponet Niniuen ſicut deſertum , & per-
noctabit in ſuperliminaribus eius cuculus,(kaath,)Sophoniæ ſecundo , interprete Munſtero. Idem in Lexico trilingui cuculum nominat kik, קיק:& kakata,ראתאקק. Schalac etiam Hebraicè quidam cuculum dici putāt:alij mergulum,alij nycticoracem. Vide itidem ſupra in Mergo
in genere. Larus auis Hebraicè ſchachaph nominatur à morbo quo laborat. Hebræi uulgò cuculum ſic uocant,quòd hæc præ cæteris ſcabioſa appareat, P.Fagius. In Auicennæ animalium hiſtoria typis excuſa , modò banchem, modò euchem pro cuculo legitur. ¶ Græcè, coccyx, κόκκυξ,
uocatur:unde karkólix uox corrupta apud Albertum lib.23. In Creta hodie decocto , Bellonius.
¶ Latinè, cuculus, cucullus, cuccus : Vide infra in a. ¶ Italicè, cucculo , cuculo , cucho.
¶ Hiſpanicè, cuclillo. ¶ Gallicè,cocou,coquu. Germanicè,**Gucker/Guggauch/Kuckuck/**
Gugckuſer. Flandricè,**Rockock**,uel **Rockuit**. ¶ Anglicè,a cukkouu,& a gouke. ¶ Illyricè ziezgule.

B.

    Cuculus quidam componitur ex columba & niſo ſiue ſperuerio:alius ex columba & aſture.
mores etiam habet ex utroꝗ compoſitos. ex columba enim habet quòd non prædatur aues alias.
ex niſo autem & aſture habet,quòd inſidiatur nidis auium aliarum debilium.& ideò aues pugnant
cum cuculis tempore quo oua pariunt,Albertus lib.23. Et ubi librum ſextum Ariſtotelis de hiſtoria animalium interpretatur,cap.7.Cuculus(inquit)duplex eſt,(etiam ex Auicennæ ſententia,)ma
ior & minor.Maior ex aſture & columba componitur,quoniam roſtrum & ungues & pedes habet
ſimiles palumbo:reliquum corpus ſimile eſt aſturi,niſi quòd uarietas pennarū in cuculo habet maculas nigras ferè rotundas,in aſture uerò ſunt lineæ nigræ;uolatu etiam aſturē refert.hæc auis Græcè kakakoz dicitur (pro coccyx uoce corrupta.) aliquando enim quando coniungit uoces triplicat
eas,& profert ſonum kakakoz.Minor autem cuculus cōponitur ex columba & ſperuerio,habens
roſtrum & pedes columbæ:& cætera corporis membra & uolatū ſimilia ſperuerio: unde falſa uulgi
opinio nata eſt cuculum maiorē aliquando eſſe aſturem,& econuerſo. Magnitudine quidem & uo
latu cuculus maior magnum accipitrem refert,minor paruum. Et forte plures ſunt differentiæ huiuſmodi cuculorum,Hæc ille. Maiorem cuculum(inquit Niphus) nonnulli putant petere ſaxa &
domicilia in quibus columba niſdificat,ut illius oua uoret,& ſua imponat. Secundū uerò cuculum,
petere nidos auium minorum,in quibus pariat.Sed,pace Alberti dixerim , non inuenitur cuculus
maior. Non cuculum modo in alienis nidis parere quidam putant,ſed etiam auem rapacē aſturi
ſimilem in nido corniculæ,Albertus.ubi exponit locū Ariſtotelis de hiſtor.anim.9.29. nihil autem
tale Ariſtoteles habet, ſed alibi docet cuculum à quibuſdam accipitrem exiſtimatum, ut in c.refe-
remus.

10

20

30

40

remus, Vnde apparet Albertum parum fibi conftare: nec tanquam fuam de duobus cuculi generi
50 bus opinionem, fed alienam referre.　¶ Vnguibus non eft aduncis cuculus, fed ijs & capite ac ro
ftro rictucᷤ columbam potius (uetus lectio habet uictu columbi potius, ut intelligamus eum & le
guminibus uefci præter reliquorum accipitrum morem, ad hoc rictum uix puto inueniri de ullis
auibus, nedum de columbis, Gelenius in Plinium: mihi placet rictu legi ex Ariftotele) quàm acci
pitrem refert. colore tantum accipitrẽ imitatur: nifi quòd accipiter maculis diftinguitur, ceu lineis:
cuculus uelut punctis. magnitudo atcᷤ uolatus fimilis accipitrum minimo, Ariftot. & Plinius. Tur
turis(forte accipitris)ferè colorem habet, Author libri de nat. rerum.　Immutatur colore eum fe ab
diturus eft, Ariftot.　Infpexi aliquando cuculum iuuenem, qui uentre & adiacentibus partibus fi
milis erat fperuerio. colore totus nigricãs, fed maculis fubruffis per alas afperfus. foramina narium
in roftro multum eminebant. oris pars interior flaui coloris erat, Digiti eius bini antrorfum tende
60 bant, bini alij retrorfum ut in pico.

c.

Cuculus à fua uoce nominatur, Varro & Ifidorus. non apud Latinos tantum, fed apud Græcos
G

quoқ, & aliỹs plerisқ linguis, ut uix alia auis sit quę similiter in tot linguis unam aut similem habeat
nomenclaturam. Cretenses cuculum hodie decoctọ uocant, uocis ipsius imitatione, Bellonius.
ὁ κὁκκυὃ ἐϛ ὁ ὑϛφωνϴ, Varinus. Cuculus est auis improba quae uocem suam in cantando non mu=
tat, sed semper eandem replicat, Liber de nat. r. Abditurus se uocem mutat, Aristot. & Plinius.
Et cuculi cuculant, fritinit rauca cicada, Author Philomelæ. Cucculat & frigulat uoce, Alunnus.
nos frigulare de cuculi uoce nusquam legimus. Græci κὁκκύὸὶ uerbum cum de cuculi tum de gal
li uoce usurpant. uide infra in a. Plinius cuculi cantum dixit. Audiuntur apud nos cuculi ple=
runқ usқ ad diem d. Ioannis.

¶ Auis pigerrima est, & loco non stabilis, Author de nat. r. Breues & paruos uolatus facit, Isi=
dorus. Non illum (accipitrem quem celebrat) uano cuccus deceperat astu Dum uagus incertas lo
itқ reditқ uias, Vespasianus Stroza. ¶ Vermibus & insectis quibusdam, ut muscis, erucis, cu=
culos uesci audio.

¶ Cuculus saxa & domicilia petit in quibus nidificet, Aristot, sed cum idem alibi cuculum alie=
nos tantum nidos petere scribat, conciliari potest, dicendo cuculum per se perrarò nidificare: in nî
dis uero alienis frequenter, Niphus. Vide ne pro κὁκκυϛ apud Aristotelem legendum sit κὁϛϛυϴ.
Locus est historiæ anim. 6. 1. ubi Albertus non cuculum sed cygnum habet. Cuculus non nidifi=
cat, sed in nidis parit alienis, & præcipue in palumbium, & curucæ, & alaudæ humi, atқ etiam in ni
do luteolæ appellatæ super arborem. parit hic unum ouum, nec ipse incubat. Sed auis in cuius nido
pepererit, ea incubat, excludit, atқ enutrit. quæ cum ipse alienigena pullus accreuerit, suos eijcere
dicitur, ita ut pereant. Alij eos à genitrice occidi, & dari in cibo cuculi pullo aiunt, uidelicet impro
batos propter speciem cuculi elegantiorem. sed quanquam plurima ex ijs uidisse nonnulli confir=
mant, tamen de pullorum interitu non conuenit inter omnes. Alij enim cuculum ipsum repetere
nidum, cui suum ouum mandarit, pullosқ deuorare nutricis uolunt. alij pullum cuculi, quod ma=
gnitudine præstet, posse percipere cibum omnem oblatum, atқ ita cæteros fame perire autumant.
alij ipsum ut fortiorem, cæteros pastus consortes occidere autores sunt. Sed prudenter sane prolis
suæ procreationem moliri uidetur cuculus. Cum enim se ignauum, minimeқ opitulandi potentem
nouerit, facit quasi supposititios suos pullos, quò seruari possint. timiditate enim hæc auis excedit,
quippe quæ ab auiculis uellatur, & præmetu earum fugiat, Aristot. Causa subijciendi pullos puta=
tur, quod sciat se inuisam cunctis auibus. Nam minuta quoқ infestat. ita non fore tutam generi suo
stirpem opinatur, ni fefellerit: Quare nullum facit nidum, alioquin trepidum animal. Educat ergo
subditum adulterato fœta nido. Ille auidus ex natura, præripit cibos reliquis pullis, itaқ pinguescit,
& nitidus in se nutricem conuertit. illa gaudet eius specie, miraturқ sese ipsam, quòd talem pepe=
rit. Suos comparatione eius damnat ut alienos, absumiқ etiam se inspectae paritur, donec corripit
ipsam quoқ iam uolandi potens, Plinius. Pullos cuculi nemo se ait uidisse, Aristot. ferè nemo,
Vuottonus. nemo se uidisse in nido proprio, Albertus. Parit cuculus, uerum nõ in nido quem
ipse fecerit, sed interdum in nidis minorum auium: & oua quæ aliena repererit, edit. maxime uero
nidos palumbium petit, quorum & ipsorum oua esu absumens, sua relinquit. parit maiore ex parte
singula oua, raro bina, Aristot. & Plinius. Propter naturæ suæ frigiditatem, ut quidam conijciunt.
Curucæ quoқ in nido parit, fouet illa, & excludit, & educat, Aristot. Cuculos in Helice aiunt pa=
rituros, non construere nidum, sed in palumbium aut turturum nidis parere, nec incubare, neқ ex=
cludere, neқ nutrire eos: sed pullum educatum ab aliena matre cæteros pullos de nido eijcere, quos
tanquam maior & ualidior facile superat. Quin & matrem aiunt eius forma delectatam, in pullis
proprijs expellendis eum iuuare, Aristot. in Mirabilibus. Cuculus (inquit Aelianus) sibi conscius
est, se neқ incubare, neқ ex ouis pullos excludere posse, ob frigidam corporis constitutionem.
itaқ in alieno nido parit, non tamen cuiuslibet auis, sed alaudæ & luteolæ: quòd non ignoret ab ijs
oua suis persimilia pari solere. si autem illarum nidos ouorum inanes & uacuos repererit, non eò
diuertit, sed in eos ubi intus oua sint, atқ ad ea ipsa admiscet sua: si autem illarum oua complura of=
fenderit, ex ijs quædam perdit, ac in eorum locum sua (totidem, ne dum illa numero superflua inue
nerit auis incubatura, quasi aliena repudiet, Author libri de nat. r.) supponit, quæ non ab illarum
ouis internosci possunt, ob similitudinem. Iam uero aues quas dixi aliena oua excludunt: pulli uero
cuculi cum ætate procedenti ad uolatum firmi paululum existunt, sibi conscij se esse illegitimos fœ=
tus, ad parentem suum euolant. iam enim succrescentibus pennis (ab aue quæ eos excludit) alieni
deprehenduntur, atқ acerrime uerberantur, Hæc ille. Nidum non facit ipse, aliarum uerò auium
deuoratis ouis, & suis suppositis, discedit. fouentur ea per alienam matrem, donec exclusis pullis
fraus detegatur: qua cognita eos relinquit, & alium nidum struit, & ita demum cuculus accedens
pullos nutricatur, Oppianus Ixeutic. primo. Cuculi genus non extaret, nisi sua oua alieno nido
supponeret, Theophrastus in hist. Plant. Cuculus ouis quæ in palumbi nido inuenerit clam con=
fractis, sua reponit, Albertus. Auis quæ exclusit pullum cuculi, nutrit eum, & specie eius delecta=
tur adeò, ut ipsa nutriendo illum famem ferat, Idem. De pullo cuculi (inquit Niphus) sententiæ
sunt diuersæ. dicunt enim nonnulli nutricem incubare ouum cuculi, & simul etiam sua, sed quo=
niam ouum cuculi citius excluditur, ideo uiso pullo cuculi, auis nutrix non amplius excludit oua
sua, Alij dicunt cuculum oua auis, in cuius nido parit, uorare & proprium relinquere incubandum:

quam

quàm opinionem Albertus & Auicenna magis probarunt, & Aristoteles nonunquam. Alij dicunt cuculum patrem repetere nidum, & uorare pullos auis nutricis, ac suum relinquere. Nonulli uerò asserunt pullum cuculi suis motionibus propter suum pondus opprimere pullos nutricis auis, præsertim in prima teneritate, cum uidelicet primum excluduntur, Hæc Niphus. Cuculi oua in passeris nido reperta comedunt, & sua obijciunt, quæ ille inuenta fouet ac nutrit, Isidorus. Vulgo fertur quòd non cuculus tantum, sed etiam alia quædam auis rapax similis ferè asturi (quam etiam alij qui falsò asturem uocant) in nido alieno pariat, hæc quidem in nido corniculæ parere creditur: cuculus uerò præcipuè parit in nido auiculæ grasemuschæ (id est currucæ) dictæ, aut alterius paruæ illi similis. Cuculum autem nunc simpliciter uoco quem alibi minorem cuculum appel-
10 laui, is & in currucæ nido parit, & alterius citrinæ cuiusdam auis, quam alij gursam, alij ameringam uocant, interdum etiam in nido auiculæ, quæ iuxta ripas aquarum cauda oblonga & ualde mobili insignis est, unde & nomen ei apud Germanos. Fertur autem ouum cuculi citius excludi, eoq̃ excluso auiculam non amplius incubare alia oua, sed nutrire pullum cuculi, qui deinde paulatim crescendo reliqua oua incubet & excludat. Ouum enim cuculi ferè semper est in medio ouorum aliorum. Alij dicunt oua omnia simul excludi, & cæteros pullos à matrice interimi dariq̃ in cibum pullis cuculi, quòd illos propter formam & magnitudinem mater pullorum præferat. & hoc rustici quidam & aucupes se uidisse testantur. Verum hoc apud nos non de cuculo, sed de cornicula sertur, in cuius nido auis asturi similis parit, Albertus. Et alibi, Maioris cuculi mos est, parere in nido palumbi: minoris uerò in nido currucæ aut motacillæ. & Auicenna scribit se cuculum minorem in
20 utriusq̃ auis nido intreuisse aliquando in ripa fluminis, & semel in arbore: & auiculas illas cuculum uermiculis nutrientes obseruasse. Sed cuculi genus simplex esse, nec maioris & minoris differentia distingui, ostendimus supra in B. Ego ab aucupibus nostris audiui cuculum in diuersarum auicularum nidis reperiri, à quibus alatur: nempe rubeculæ, (quam Ꝯustrotele uocant,) lusciniæ, motacillæ albæ, & brunellæ uulgò dictæ. Acron apud Horatiū Satyr. 1. 7. cucullum esse scribit autem abiectam, quæ hoc uitio naturali laboret, ut oua ubi posuerit oblita, sæpe aliena calefaciat. unde rustici sibi obijciunt, quasi alieni curam sustinentes. Sed currucam potius aut similem aliam auem non cuculum hoc facere scribendum fuerat. Cuculus parum generat, quanquam aduncus non est, quia naturæ frigidæ est, Aristot. Nulla auis unum parit, excepto cuculo, qui & ipse duo interdum parit, nec multa parit, sed sæpe bina, aut terna cum plurimum, bina quidem magna ex parte, Idem.
30 ¶ Cuculus (inquit Aristot.) ex accipitre fieri immutata figura à nonullis putatur: quoniam quo tempore is apparet, accipiter ille, cui similis est, non aspicitur. sed ita ferè euenit, ut ne cæteri quidem accipitres item cernantur, cum primum uocem emisit cuculus, nisi perquam paucis diebus. Ipse autem breui tempore æstatis uisus, hyeme non cernitur. est hic neq̃ aduncis unguibus, ut accipiter, neq̃ capite accipitri similis: sed ea utraq̃ parte columbum potius, quàm accipitrem repræsentat, nec alio, quàm colore imitatur accipitrem, nisi quod accipiter maculis distinguitur, ceu lineis: cuculus uelut punctis. magnitudo atq̃ uolatus similis accipitri minimo, qui magna ex parte per id tempus non cernitur, quo cuculus apparet, nam uel ambo unà uisi aliquando sunt. Quinetiam ab accipitre interimi cuculus uisus est, quod nulla auis suo in genere solet facere, Aristot. Vide etiã in Accipitre c. Cuculus apparere incipit Martio, quo tempore nullus accipiter (nec astur, nec spar-
40 uerius) apparet, nisi paucis diebus ultimis Martij, Niphus.
¶ Cuculus immutatur colore, & uocem minus explanat, cum se abditurus est, quod facere ex ortu caniculæ solet, apparere autem incipit ab ineunte uere ad eius syderis ortum, Aristot. Procedit uere, occultatur caniculæ ortu, Plinius: post rarissimè cernitur, Aelian. Aestate uolat & lasciuit: hyeme iacet languens & deplumatus, ac buboni similis apparet, Obscurus. Hyeme latet in cauis arborum, Georg. Agricola. Hyeme plumas amittere dicitur, intratq̃ terræ latibulū, uel concauitates arborum: illuc æstate congerit, unde hyeme uiuat, Author libri de nat. rerum. Certum est cuculum hyeme latere in concauis arborum & lapidum. Comportari autē æstate ab eo cibum quo hyeme nutriatur, falsum esse constat. sed hyeme pennas amittit & mutat, Albert. Fabulantur quidam apud nos rusticum quendam cum truncum fornaci calfaciendæ hyeme immisisset, cuculi in
50 eo uocem audiuisse. Cuculus auis est uerna, Etymologus. Amphisbæna sola serpentium frigori se committit prima omnium procedens & ante cuculi cantum, Plin. Cuculi certo tempore adueniunt, miiuorum scapulis suscepti propter breues & paruos uolatus, ne per longa aeris spacia fatigati deficiant, Isidorus. Cuculus in Phœnice ante messem apparet, Scholiastes Aristophanis. uide infra in H. a. ¶ Nostri hominem ualde scabiosum, uulgò dicere solent tam scabrum esse quàm cuculus. forte quòd per hyemē cum latet ac pennas mutat, hæc auis corpore scabro uideatur. ¶ Cuculi saliua cicadas gignunt, Isidorus. Creditur enim uulgò saliuam quandā expuere: unde & herbæ nomen, de qua mox in a. dicemus. Mihi auem ullam spuere uerisimile non sit: & qui cuculum domi uermiculis aluere, spuentem nunquam obseruarunt.

D.

60 Cuculus auis est timidissima, ut inquit Anacreon, Etymologus. Pertimida est auis, quippe quæ ab auiculis uellatur, & præ metu earum fugiat, Aristot. Et alibi, Frigidæ est naturæ, quod ipsius pauore iudicatur, nam ab omnibus auibus fugatur, & in alienis parit nidis. Διὰ δειλίαν ὁ κυκκαξ

G 2

λέζεται τοῖς λοιποῖς ὄρνιοις, Varinus. ¶ Coccyce aftutior: Vide infra inter Prouerbia. Non illum (accipitrem quem celebrat)uano cuccus deceperat aftu Dum uagus incertas itéᵱ reditéᵱ uias, T. Vespasianus Stroza. ¶ Solum cuculum inter aues à suo genere interimi Plinius scribit, non recte intellectis, ut apparet, Ariftotelis uerbis, Ariftoteles enim hoc non scribit, sed ut contra uulgi opinionem cuculum non esse de genere accipitris doceret, illum etiam ab accipitre deuorari ait, quòd non fieret si eiusdem generis esset, uel mutata tantù figura ab eis differret. ¶ Quòd nidum proprium non faciat,neque oua sua foueat, neque pullos excludat, &c. sat copiose præcedenti capite explicatum est. ¶ Aues(minores)pugnant cum cuculis eo tempore quo oua pariunt, Albertus. Et rursus,Aues ferè omnes impugnant cuculos, sed occultè accedunt ad eos.

E. 10

Miraculum fertur de cuculo, quo quis loco primum audiat alitem illam, si dexter pes circunscribatur, ac uestigium id defodiatur, non gigni pulices ubicunᵱ spargatur, Plinius. ¶ Cuculus primus auium uerni temporis nuncius est, Oppianus. Cum propius ciuitatê accesserit, magis uerò si intrârit,pluuiæ uel tempeftatis prognofticum esse audio. Quidam annonæ caritatem timêdam existimant cum propius domos hæc auis accesserit, quod cœlo frigido facere solet. Audiuntur apud nos cuculi plerunᵱ usᵱ ad diem diuo Ioanni sacrum;quod si etiam ab eo tempore audiantur, uinum acerbius futurum metuitur.

F.

Pullus cuculi dum in nido educatur(ab aliena matre,)eo tempore præcipuè & pinguis & grati saporis est, Arift. Cuculi pullo qui iam uolare potest, nulla auium suauitate carnis comparatur, 20 Plinius.postquam per se uiuit,mutat saporem, Perottus. Hodie nusquam puto in cibum admitti cuculum. nam quia spuit(ut uulgò credunt)auis impura & excrementitia iudicatur.Quod si kaath Hebræis cuculum significat, ut quidam interpretantur, (alij aliter,) lege etiam Mosis interdictus fuerit Deuter. 14.

G.

Auis cuculus leporina pelle adalligatus, somnos allicit, Plinius. Ad canis rabidi morsum aliqui fimum cuculi laudant decoctum(in uino, ut obscurus quidam addit)& potum, Idem.

H.

¶ a. Cuculus dicitur tribus syllabis breuibus: ut apud Authorem Philomelæ, Et cuculi cucu lant, fritinit rauca cicada. Horatius cucullum dixit l.consonante duplicata, Cui sæpe uiator 30 Cessisset, magna compellans uoce cucullum,in Satyris 1.7. Quòd quidam ex cuculo faciunt cucul lùm apud Horatium,ex aui uestem, nihil est necesse,quum hæc uox penultimâ habeat productam, apud Plautum in carmine Trochaico, At etiam cubat cuculus, surge amator, i domum. Ac mox, Cano capite te cuculum uxor ex lustris trahit,Trochaicus est, Erasmus. Alberto ineptè etiam gugulus scribitur. Coccyx apud Romanos cuccus(κόκκυς)uocatur, Suidas & Varinus.ὁ παρὰ Ῥωμαίοις κόκκλος, Isacius Tzetzes in Lycophronem,ut codex impressus habet: Cælius uerò cucus legit (non cuculus)per c.simplex. Non illum uano cuccus deceperat aftu, T. Vespasianus Stroza. ¶ Coccyx Græcum est nomen, quo etiam Plinius utitur. Ὄρτυξ & κόκκυξ declinantur per υ,ϒ, ut in Coturnice a. docuimus.

¶ Epitheta. Vagus, Vespasiano Strozæ. Γρόσε Βοῆς τέττιγϒ(aliâs κόκκυγϒ)ἐαρτρόφα,Nicander 4°. in Theriacis, id est,initio uéris. Κόκκυξ,ὄρνιον ἐαρινον δειλότατον, ὥς φησιν Ἀνακρέων, Etymologus.

¶ Cuculum maritum uocat mulier apud Plautum,qui cum alienis uxoribus dormiebat: quòd cucullus auis cum tempus suæ partitudinis appetit,nidum auiculæ,cui curruca nomen est,animad uertit,in eiusᵱ nido,exclusis illius ouis,oua sua enititur,In Asinaria, At etiam cubat cuculus, surge amator,i domum. Plura uide infra inter Prouerbia. Magna compellans uoce cucullum,Horatius in Sat.1.7. ubi Acron, Cucullus auis (inquit) hoc uitio naturali laborat, ut oua ubi posuerit oblita,sæpe aliena calesaciat. Vnde rustici sibi obijciunt,quasi alieni curam suftinentes. Sed hoc alij de curruca potius scribunt,etsi non similiter. ¶ Cucullus,capitis tegmê. Sumere nocturnos me retrix augufta cucullos, Iuuenalis Sat.6. Illinc cuculo prospexit caput tectus, Martialis lib. 5. Con tentusᵱ illic Veneto duroᵱ cucullo, Iuuenal.Sat.3. Mulieres noftrates(inquit Budæus)cappâ uo 50 cant. Têpora Santonico uelas adoperta cucullo, Idê Sat.8. Saga cucullata,id est cucullos habentia,Columellæ. Cuculio(ut Iulius Capitolinus docet)est genus pilei uiatorum, quo capite obtecto uagari nocte solent.Cuculionem pro cuculo uidetur accipere Cato cap.2. Funes ueteres sarciri no uosᵱ fieri:centones,cuculiones familiam opórtuisse sibi sarcire,Idem cap.135. Videtur esse à cucu lus, forma Græca diminut. sicut ab homine homuncio. Penulæ Gallicæ genus si cucullum non habet,Bardiacus dicitur:idem cum cucullo bardocucullus uocatur:utriusᵱ Martialis meminit. Ha bet autem nomen à Bardis Galliæ gente,quòd hæc eo genere uestis præcipuè uteretur, Perottus. Cucullus papyraceum tegmentum quo pigmentarij utuntur. Vel thuris piperisᵱ sis cucullus,Martialis lib.3.de libro suo loquens. ¶ Cuculare,apud authorem Philomelæ de uoce cuculi.

¶ Coccyges in Acharnensibus Aristophanis, ut Scholiaftes exponit, dicuntur homines inepti 60. ac imperiti,ἄτακτοι καὶ ἀπαίδευτοι, nam & coccyx auis (inquit) uoce inepta canit, ἄμουσόν τι φθέγγεται. Eos qui facile decipiuntur prisci Græci ab oti ftolidæ auis natura otos appellabant; noftri similiter homines

homines stolidos cuculos cognominare solent. Lycophron Aiacem cóccyga uocauit, siue (ut Scho
liastes explicat) οἶᾳ τὸ μονίον, id est ab ingenio minimé ciuili aut sociali, sed solitario: siue propter lo=
quacitatem διὰ τὸ φλύαρον, iactabundè quidem eius & impiæ loquacitatis Homerus meminit. Ple
risᾳ; arrisit Battum cóccyga fuisse nuncupatum, de loquutionis pontificio præpedito, Cælius. Nos
apud Pindari Scholiasten in Pythijs Carmine quarto legimus Battum regem cóccyga dictum, οἶᾳ
τὸ μὴ γεγονὰς (γιγωνὰς potius per ω. in ultima & penultima. id est, quòd non clara uoce uteretur. erat
enim ἰσχνόφων⊙) φθίγγεσθαι. Κόκκυγες, id est cuculi (prouerbialiter ut uidetur) dicebantur, si qui nume=
ro pauci, complures uiderentur, Hesychius & Varinus. Os sacrum à lato incipiens in angustum
delinit, ubi coccyx est, qui & sphondylion (σπονδύλιον, Pollux) & orrhopygium nominatur, Cælius
10 ex Polluce. Τισι δὲ καὶ τὸ ἱερὸν ὀστὖν, ὃ προπήσω κόκκυξ καλεῖται. καὶ ἔσι πάντων μέγισον, Pollux. Κόκκυξ ὁ πρὸ=
ἑσῶτ· τῷ ἱερῶ ὀστῶ τῷ πρὸς τοῖς ἰσχίοις, Hesychius & Varinus: quanquam corruptus apud illos locus est.
sicut & κόκκυς pro κόκκυξ, quod interpretantur λόφον καὶ πολεμοκεφαλαίαν. id est, cristam & galeam. uide=
tur autem etiam appendix illa ossis sacri sic dicta esse, quòd instar cristæ emineat, nõ quòd cum aue
quicquam commune ei sit. Vocatur & cóccyx in iumentis pars quædam humeri uel inter hume=
ros. uide in Equo B.

¶ Κοκκύζειν uerbum de gallinaceorum uoce Gaza ex Aristotele cucurrire transtulit. Coccys=
sare, id est κοκκύζειν uerbum habet Græci fictitiû ex gallinacei uoce ac coccygis, Cælius. Ἄδειν galli
proprium est, κοκκύζειν cuculi, Pollux & Scholiastes Aristophanis. Et alibi cũ poëta de gallinaceo
dixisset ἐπὶ τῆς μόνον ὄρθειον ᾄσει, Scholiastes addit: Κοκκύζειν enim tum propriè dicitur gallus cum par=
20 ta uictoria canit. Ὁ δ' ὄρθειος ἄλλον ἀλέκτωρ κοκκύσδ·ων νάρκησιν (ἤχω ἀπεαξίαις,) &c. Theocritus, hinc
nimirum etiam composita uoce (gallus ὀρθιοκόκκυξ dicitur, Varinus. Κοκκύσω, instar gallinacei cla=
mabo, signum dabo, συείσω, apud Aristophanem, Idem. Ἀπὸπυδαρίσω, μύθωνα πολιοκόκκυσα, Aristoph.
in Equitibus. ubi interpres πολιοκόκκυσα exponit contemnere, ludibrio habere, πολιοκόκκυσα, πολιόκρε=
δάνδκου, est autê cordax saltationis genus. Κοκκύζειν, ταράσσειν, φωνεῖν ὀξέως, ἀείν, unde cóccyx dictus
apud Hesiodum. & κοκνόβοσε ὄρνις, & ὀρθιοκόκκυξ, pro gallinaceo, Hesych. & Varinus. Σὲ δὲ κοκκύζων
ἀλέκτωρ πθκαλεῖται, Comicus apud Varinum. Ἦμ⊙ κόκκυξ κοκκύζει, Hesiodus. id est initio ueris.
Κόκκυξ λήγοντ⊙ ᾗ χειμῶν· καταρχεται κοκκύζειν Ἀνθρώποις παρὰ τὰς τρβι⌐ δ'. ἔσρ γὰρ μίωνει, Io. Tzetzes.
Καὶ μοισᾶν ὄρνιχοι, ὅσοι ποτὶ χῖον ἀοιδόν Ἀντία κοκκύζοντες ἐτώσια μοχθίζοντι, Theocritus Idyllio 7. ubi κοκκύ=
30 ζειν pro eo quod est stolidè & ineptè blaterare posuit, ut huiusmodi poëtæ meritò cóccyges dican=
tur. Aegypti quondam & totius Phœnices Cóccyx rex erat, Et cum primum cuculus dixisset
κόκκυ, tum Phœnices omnes Triticum & hordeum in agris metebant, Pisthetærus in Auibus Ari
stophanis. Respondet Epops, Τῦτ' ἄρ' ἐκεῖν' ἦν τῦπτ⊙ ἀληθῶς, Κόκκυ ψωλοὶ πεδίονδε, Eo in loco Scholia
stes, Multi (inquit) Aegyptiorû recutiti erant, & cuculo canente κόκκυ, recutiti omnes in agros con=
ueniebant. Aliter, Parœmia est, Κόκκυ ψωλοὶ πεδίονδε, ἀντὶ τῶ κόκκυγ⊙ κρατϊοντ⊙ τὰ πεδία θεσιζομεν. Et
rursus, Κόκκυ uox est quædam, uel accipitur pro minimo. apparet autem cóccyx in Phœnicia ante
messem. Κόκκυ, Atticè τὸ ταχύ, (ἢ αὐτὶ τῶ ὀλίγε, ἐλαχίσου,) Hesych. & Varinus. Κοκκύ (cum iota sub=
scripto, Suidas absᾳ; iota habet, ego κόκκυ legendum conijcio,) Atticè pro celeriter. Κόκκυ, acclama=
tio opilionis, Hesych. & Varinus. forte hic quoqᾳ; κόκκυ legendum. ¶ Νεφελοκοκκυγίαν ciuitatem à
se in aëre condendam, composito à nubibus & cuculis nomine, uocant aues apud Aristophanem.
40 ¶ Κοκκυγίαν, ἄνεμον οἱ Κροτωνιᾶται, Hesych. & Varinus.

¶ Stirpes. Nicander in Theriacis olynthos, id est grossos caprifici coccygas uocat, quòd cum
cuculis simul uerno tempore prodeãt. Κεκοκκυχωμένον, colore coccygino, id est purpureo tinctum,
à coccygea arbore, Hesychius & Varinus. Adrachne arbor similis est unedoni, (arbuto,) folio tan
tum minore. Similis & coggygria folio, magnitudine minor. proprietatem habet fructum amitten=
di lanugine (pappum uocant) quod nulli alij arbori euenit, Plinius 13.22. Gaza ex Theophrasto
coggygriam non rectè prunum alicubi uertit. Arbor quæ ab Italis hodie uulgò cotonum uel scoto
num dicitur, folio breuiore & rotundiore quàm unedonis, nec sectio aut serrato; pappos habet ferè
ut uitis syluestris caustica, ut obseruaui in collibus nõ procul Tridento. eam esse puto quam Plinius
barbam Iouis appellat lib.16. cap. 18. nimirum quòd pappis suis barbam imitari uideatur. Aquas
50 odit (inquit) & quæ appellatur Iouis barba, in opere topiario tonsilis, & in rotunditatem spissa, ar=
genteo folio. nec alibi eius meminit. Coggygriæ folium (inquit Theophrastus) arbuto simile est,
idᾳ; non magnum. Vnde apparet hanc arborem, & eam quæ Iouis barba dicitur, eandem, aut certè
congeneres esse. an uero coccygriæ (uel coccygeᾳ;) usus aliquis sit ad uestes purpureo colore tingen
das, alius præter Hesychium nemo quod sciam tradidit. nec puto barbæ iouis aut scotoni talem ali=
quem usum esse. Græci prunum κοκκύμηλον uocant, quasi cuculi malum, nam & per dissolutionem
uocabuli κόκκυ⊙ μῆλον dicitur, Eustathio teste. Μῆλον δὲ κόκκυγ⊙ καλέυσι, Nicander ut citat Athe
næus. Κοκκύμηλον fructus qui apud nos βρέλιοκκα, Suid. & Varinus. sed bericocci uox corrupta est
à Latina præcox uel præcoquum. sic enim Armeniacum malum appellant aliqui: quod tamen per=
sici non pruni species est. Non probo Grammaticos κοκκύμειλα per α. in pœultima dicentes: improbo
60 illos qui in antepenultima. ¶ Cóccyx herba nominatur ab Hesychio & Varino: nec aliud ad=
dunt. Lenticula quæ in aqua nascitur quàm tenerrima contusa, & antequam cubitum eat ei qui
dolet pedes imposita, deinde interposito tempore sublata, & herba cuculus trita in reliquam partem

G 3

noctis impofita, miré dolores podagrę fedat, Marcellus. fufpicor autem cuculum ab eo folanum in=
telligi. nam inter medicamenta fimplicia ad Paternianum (qui liber Galeno adfcribitur) cap. 83.
uua lupina, hoc eſt folanum hortenſe, cuculus etiam nominatur. quod & cacubalum à Plinio dici=
tur, quod nomen etiam aptd Dioſcoridem inter folani hortenſis nomenclaturas legitur. Caucalis
(lego cuculus) uua lupina, Syluaticus. ¶ Panem cuculi quidam nominant trifolij genus aceto=
ſum, à quo ſapore Plinius oxyn appellauit. Vulgò etiam à Germanis cuculi flos (gauchbluim) ap
pellatur, flos quidam herbæ ſylueſtris, caryophylli ſylueſtris (quam aliqui lychnidem putant) flori
ſimilis, ſed in partes plurimas diſſectus & laciniatus, cuius caulem uulgo aiut cuculi ſaliua aſpergi.
apparet enim in eo ſpuma alba, circa genicula maximé, ut Tragus ſcribit. ego in his ſaliuis locuſias
gigni arbitror. Plutarchus in libro de fluuijs in Apæſanto mōte iuxta Inachum fl. herbam ſelenen 10
gigni ſcribit, à qua deſtillantem ſpumam, paſtores initio ueris pedibus illinere ait ut à ſerpētibus tu
ti ſint. Hæc forte aut ſaliuam ut flos cuculi habet, aut forte chondrilla eſt, in qua ſuccus maſtichæ ſi=
milis concreſcens è uino contra uiperas bibitur. Luna quidem abſurda uulgi perſuaſione ſpumam
quandam demittere creditur, unde & ſpecularis lapis aphroſelenos cognominatus, quaſi ex lunæ
ſpuma concretus. & comitialem morbum lunaticum appellant, quo correpti ore ſpumant.

¶ Coccyx piſcis ſimiliter atq auis unde nomen traxit, uocem emittit, Aelianus.

¶ Coccygium mons eſt Græcię iuxta Inachum fluuium, Dyceium prius appellatus: poſtea coe
cygium, eò quòd Iupiter eo in monte cum Iunone ſorore concubuerit, (in cuculū mutatus ne agno
ſceretur.) naſcitur in eodem paliurus arbor: cui omne animal quod inſederit, hæret tanquam uiſco
retinente, excepto cuculo, Plutarchus in libro de fluuijs. Pauſanias in Corinthiacis hunc montem 20
prius Thornacem non Dyceium uocatum inſinuat, in Corinthiacis ſcribens: Ad Halicen itur & a=
lia quadam uia inter Pronem & Thornacem, ut ueteres appellarunt. Quia uero Iupiter ibi dicitur
in cuculum ſe permutaſſe, montis quoq nomen mutatum aiunt. In eius uertice Iouis templum ſuit.
Stephano θόρναξ mons eſt Laconiæ. Quindecim ſtadijs Heræum ſeu Iunonium templum ad læ=
uam Mycenis diſtat, &c. in eo Iunonis ſimulacrum altera manu malum Punicum gerit, altera ſce=
ptrum. Sceptro cuculus inſidet, quoniam Iupiter, ut aiūt, cum Iunonis uirginis amore captus eſſet,
in hanc ſe auem permutauit, eamq Iuno, ut ludicrum quoddam uenata, comprehendit, Pauſanias
in Corinthiacis. Theocriti Scholiaſtes enarrans hoc carmen poetæ, ϖαῖ τὰ ɤυναῖϰϐ ίϛαυλε, ϰỳ ὡϛ Ζωὺϛ
ἠγάγϐ Ηϛ lw: hoc eſt, Omnia nouerunt fœminæ, etiã ut Iupiter Iunonem duxerit, cuius uſus ad pro= 30
uerbij inſtar haberi poſſe uidetur: Ariſtoteles (inquit) in libro de Hermiones templo, Iouem fabula
tur, cum Iunonis ab alijs dijs ſeparatæ concubitum inſidioſé quæreret, in cuculi forma latére uoluiſ
ſe, & conſediſſe in monte qui prius Thronax (θρόναξ) dicebatur, nunc uerò Coccyx. & cum Iuno ſo
la proficiſcens ad eundem mōtem perueniſſet, Iouem nimia tempeſtate excitata, ad Iunonem quie
ſcentem eo in loco ubi nunc Iunonis πλϭας (id eſt pronubæ uel nuptiarum præſidis) ædes eſt deuo
laſſe frigenti rigentiq ſimilem, & in Iunonis genibus inſediſſe: miſertam eam auis ueſte obtexiſſe,
tum illum priſtinā formam reſumpſiſſe, & cum Iuno copiam ſui negaret, quòd matrem timeret, Io=
uem ſe illi maritum eſſe promiſiſſe, unde precipui etiam Argiuorum deam hanc colunt, cuius ſimu
lacrum in templo inſidens ſolio ſceptrum inſidente cuculo manu tenet.

¶ c. Κόϰϰυξ θρνϭυ λάλϭυ, Io. Tzetzes. θϭρυβρλιϰϐυ ϰỳ φλίϰϐρϭυ, Iſacius Tzetzes. & ἀμϐϐυ apud a= 40
lios. ϖρόϐϐε ἐόνϛ τέϰϐγϭϛ (alias λϭϰϰυγϭϛ) ἰϐρπτέρϐ, Nicamder.

¶ d. De cuculi ingratitudine extat Philippi Melanchthonis declamatio.

¶ e. Aues in paliuro arbore coccygij montis inſidentes, retinentur tāquam uiſco, cuculo tan
tum excepto, Plutarchus in libro de fluuijs.

¶ h. Iupiter in cuculum mutatus, Vide ſupra in Coccygio monte. Luditur à pueris noſtris
ludus quem cuculum appellant, hoc modo: Vnus occluſis oculis manet in loco quem ſolium uel tri
bunal appellant, numeros interim ab unitate deinceps clara uoce paulatim proferens, dum alij diſ=
fugientes paſſim ſe occultant: occultatis omnibus unus cuculi uoce clamat, tum ille à ſolio diſcedit
& paſſim inquirit ſi quem abditum deprehendat. Deprehenſo aliquo tribunal celerrimé repetit, ne
curſu à deprehenſo alióue præueniatur. Vltimus enim inquiſitoris laborem ſubit. Hunc ludum Pol
lux libro 9. apodidraſcindam appellat. 50

¶ Qui cuculum ruri canentem audiunt, petunt ab eo per ludum, aut ex ueteri aliqua ſuperſti=
tione, ut uocem numerum annorum quos adhuc ſuperſtites uicturi ſint ipſis præſagiat. numerant ue
rò totidem annos, quoties ille ſuum λϭϰϰυ per interualla poſt quæſtionem factam repetiuerit.

¶ Prouerbia. Olim qui fuiſſent in re quapiam parum honeſta deprehenſi, uulgari probro cu
culi dicebantur. Id ortum à uinitoribus, qui ſerius cœpiſſent putare uineam, nec hoc munus abſol=
uiſſent priuſquam audiretur ea auis, uelut ceſſationem exprobrans agricolis. Huius uocem imitan=
tes uiatores, deridebant uinitores. Ita Plinius lib. 18. cap. 26. In hoc temporis interuallo (inquit)
quindecim diebus primis agricolæ rapienda ſunt ea, quibus peragendis ante æquinoctium non ſuf
fecerit, dum ſciat inde natam exprobrationem fœdam putantium uites per imitationem cantus ali=
tis temporarij, quem cuculum uocant. Dedecus enim habetur opprobriumq meritum, falcem ab 60
illa uolucre in uite deprehendi, ut ob id petulantiæ ſales etiam in primo uére ludantur. Auſpicio ta
men deteſtabiles uidentur. Adeò minima quæq in agro naturalibus trahuntur argumentis. Porrò
quos

quos Plinius(inquit Erasmus)petulantiæ sales appellat, apud quasdã nationes & hodie licet agno=
scere, Vernis enim mensibus quum auditur coccyx, coniugati mutuis salibus inter sese ludunt, di=
centes:Tibi canit hæc auis:significantes uxorem parum uigilanter custoditam. Quin & Plautus in
Asinaria, sic facit uxorem côuiciantem marito in amica deprehenso. At etiam cubat cuculus,surge
amator,i domum. Ac mox, Cano capite te cuculum uxor ex lustris rapit. Ex Plinij uerbis supra
recitatis , intelligi possunt Horatiani uersus Sermonum 1. 7. Tum Prænestinus salso multumçã
fluenti Expressa arbusto regerit conuitia durus Vindemiator & inuictus, cui sæpe uiator Cel=
sisset magna compellans uoce cucullum. Quem locum Porphyrio explicans : Nam solent(inquit)
leuia(forte pro leuia legendum lenti, ut Erasmo uidetur) rustici circa usam arbusta uindemiantes à
uiatoribus cuculi appellari:quum illi prouocati tãtam uerborum amaritudinem in eos effundunt,
ut uiatores illis cedant, contenti eos cuculos iterum atçã iterum appellare. Acron uiatores cuculos
appellari ait,quasi pigros.Cum his conuenit illud Plautinum,Etiam cubat cuculus,quod grauatim
surgeret assessor puellæ.Quin arbitror in conuicio cuculi allusum ad uocem cubandi. In Pseudolo
pro generali conuitio uidetur usurpasse,Quid fles cucule uiues. Nisi forte lachrymantem ac singul
tientem amatorem cuculum appellat,quasi κοκκύζοντα. Similiter in Mercatore, Isthæc filio non cre
dam qui obsequitur patri,huic non,ut mero cuculo. Itidem in Persa, Tua quidem cucule causa nõ
hercle si os præciderim tibi,Hæc omnia Erasmus. ¶ Astutior coccyce(melius per g.coccyge)di=
cebatur,qui astu sibi consuleret,sumptum ab auis ingenio, oua subijcientis in nidos alienos, Eras=
mus. ¶ Cuculi, κόκκυγες,de ijs qui cũ pauci sint, multi numero esse uidebãtur, Hesychius & Va
rinus.Cuculi nimirum dici possunt qui strepitum, clamorem, aut ostẽtationem magnam exercent,
cum re ipsa parum aut nihil sint aut præstare possint. ¶ Coccygis cantus dicitur de ijs qui eadem
ingerunt semper,Cælius. Cantilenam eandem canere,prouerbiale dictum est apũd Latinos,quod
& Germani usurpant: Su singest ymer ein gsang wie der Guckguck : Cantilenam semper ean=
dem repetis instar cuculi. ¶ Ipse semet canit:huic affine est illud Germanicum,Ser Guckguck
müß jm selbst sein otgycht außrüffen. ¶ Aries nutricationis mercedem persoluit, de homine
beneficijs ingrato,impetit enim aries cornibus. Eiusdem apud Germanos sententiæ est illud, Su
lonest mir wie der Guckguck dem gorsen. Mercedem mihi repẽdis qualem currucæ cuculus,nisi
goriæ nomine Germanico alia auis accipienda sit, passer spermologus forte, ein Æmmerig. Gur
gulum(Cuculum,forte)& grasmuggam (id est currucam) pugnare Albertus scribit. ¶ Cuculus
semper in alio nido parit,nunquam bis in eodem: Ser Guckguck legt ståto in ein ander nest : ui=
detur torqueri posse in hominem improbum & astutum, sed cuius doli facile deprehendantur , ut
nemo iterum ab eo decipiatur,Quanquam & aliter interpretari licet,cuculum semper in alio(id est
simpliciter alieno)nido parere.

¶ Emblema Alciati,quod inscribitur Cuculi.

Ruricolas,agreste genus,pleriçã cuculos
Vere nouo cantat coccyx,quo tempore uites
Fert oua in nidos alienos,qualiter ille

Cur uocitent,quænam prodita causa fuit?
Qui non absoluit, iure notatur iners.
Cui thalamum prodit uxor adulterio.

CVREVS, Κουρεύς,auis quædam est sic dicta à uoce, qua sonum imitatur forficis tonsorum part
ni.καὶ τὸ φθεγγόμϵνα ἐμφϵρὲς ἤχω γναφικῆ μαχαίρα,Hesychius & Varinus. κουρεὺς alioqui tonsorem signi
ficat,γναφικῆς μαχαίρας,forficem interpretor,qua tonsores panni utuntur. γνάφαλον quidem tomen
tum est,hoc est lanugo quæ tondetur à pannis laneis. μάχαιρα uerò non modò gladium aut cultrum,
sed etiam forficem significare uidetur:unde & Germanica uox schår per apheresin facta sit. nã qui
Σχάλιδa hoc instrumentum Græce uocant,authorem non adferunt.Aristoteles in libello de mundo
ad Alexandrum,deum comparat τοῖς ἐν ταῖς ψαλίσι λίθοις τοῖς ὀμφαλοῖς λϵγομϵνοῖς, hoc est medijs lapidi
bus fornicum qui umbilici dicuntur, &c, fornicis quidem figura lapidibus in ea eminentibus per
decussim,forficem apertam uel χ. literam refert.

DE CVRRVCA.

VRRVCA, parua auis, quæ alienos pullos, proprios putans, nutrit, maxime cuculi, ut
Grammatici docent. Tu tibi nunc curruca places , fletumçã labellis Exorbes,Iuue=
nalis Sat.6.de uiro stolido,fictas improbæ uxoris lachrymas miserantis. Codices quidam
pro curruca habent eruca,quod non placet.Meritò enim maritus stultus qui mœchæ uxo
ris siios prosuis & legitimis educat , ut cuculi pullos curruca & aliæ quædam aues,sed illa præci=
puè,currucæ nomine appellatur.Talem Galli uulgò hodie nominant mary coquu, id est maritum
cuculum,impropriè ut uidetur.non enim educat fœtus illegitimos cuculus,sed illegitimus ipse edu
catur.Acron quidem Grammaticus omnino errauit, ubi illud Horatij interpretatur, Magna com=
pellans uoce cucullum. Cucullus enim auis (inquit) hoc uitio naturali laborat, ut oua ubi posterit
oblita,sæpe aliena calefaciat,unde rustici sibi obijciunt quasi alieni curam susineent. Atqui nos cu
culum non aliena oua fouere,sed ipsum potius alia ab aliena matre foueri,satis in Cuculi historia proba
uimus.Quòd si quis tamen adhuc talem maritum cuculum appellare uelit, concedi hoc illi poterit,
ea ratione qua cuculum simpliciter hominem nullìus ingenij & inertem uulgò etiã uocamus. Cur

G 4

10

20

ruca, uulgò Italicè Io cornuto, uxoris & fimilium, Scoppa in Dictionario obſcuriús quàm oportebat. Currucula nomen adhuc in uſu Italiæ eſſe audio, cũ aliquis de ſtoliditate notatur, nomen quoque cornuto detortum à curuca uidetur. ¶ Curuca (ut Gaza uertit per ſimplex rhô. Græce legitur ὑπολαῒς (lib.8.cap.3. de hiſt. anim.) aliâs ὑπολαῒς, quod magis placet) uermes paſcitur, Ariſtot.
Et alibi, Curucæ (ὑπολαῒδς) in nido cuculus aliquando parit, fouet illa, & excludit, & educat: quo
quidem præcipuè tempore & pinguis, & grati ſaporis pullus cuculi eſt. Cuculi genus non extaret,
niſi curuca eſſet, ἠ μὴ ἦ ὑπολαῒς, Theophraſtus de cauſis 2. 14. Gaza uertit, niſi ſua oua alieno in
nido ſupponeret. Ὑπολαῒς (penanflexum Heſychio, paroxytonum Varino: malim oxytonum ut 30
Ariſtoteles & Theophraſtus habent) auis quæ uermiculis uictitat. Ὑπολαῒς, ſpecies auis, ἠ λαῒς, (locus uidetur corruptus,) Iidem. Forſitan autem hypolàis dicta fuerit, quòd ὑπὸ ὅλλαῒς, id eſt ſub
lapidibus uermiculos inquirat. Curucæ uerò apud Latinos nomen per onomatopœiam factum
coniícimus. Eſt & HYPOTHYMIS, ὑποθυμίς, auis nomen in Auibus Ariſtophanis, quæ à Callimacho quoq̃ memoratur.

   ¶ Currucam auem paruam, in cuius nido cuculus pariat, aliqui auiculam interpretantur, quæ
imitetur cantu & magnitudine philomelam, alij caudatremulam, utrunq̃ Albertus Auicennæ authoritate probat: alij alaudam. ſed hi conuincuntur uerbo Græco quod eſt hippolais. quoniam eſt
auis fiſſipes, quæ quia nidificat in oculi concauitate, quæ eſt capitis equi mortui, dicta eſt hippolais.
hæc ruſticè ſartagnia uocatur, Niphus Italus, quod ad etymologíam attinet, ridicula uidetur & ex 40
imperitia linguæ Græcæ ab eo conficta. non enim hippolais Græcè ſcribitur, tanquam ab equo com
poſito nomine, ſed hypolais, à præpoſitione hypo, &c. Deinde quanquam aliqui ſcribant, in alaudæ, chloridis, motacillæ aliarumq̃ auium nidis cuculum parere: non eaſdem tamen omnes curucas
appellant, ut Niphus ſomniat. Sic & Gallicè quidam currucam interpretantur ung uerdon, quæ
uox chloridem auiculam potius ſignificat, in cuius ſimiliter nido cuculus parit.

   ¶ Auis quæ Græcè dicitur andothia (uox eſt corrupta) in Germania uocatur Graſemuſch, phi
lomelæ ſimilis. hæc excludit aliquando oua aliarum auiũ, præcipuè cuculi, & docet pullos aliarum
auium quos nutrit, uoces ſuas proprias, Albertus in Ariſtot. de hiſt. anim. 4. 9. Et alibi in lib.7.
cap.7. Cuculus parit in nido auiculæ, quæ philomelæ cantu & magnitudine refert ac parit in ro-
ſarijs: Germanicè dicta Graſmuck. Pugnãt inter ſe gurgulus (cuculus, quem alibi gugulũ uocat) 50
& auis muſica Graſemuſch dicta, quòd una deuoret oua alterius, Albert. Vſitatum eſt apud Germanos quoſdam prouerbium, Su loneſt mir wie dem kuckuck die gotſe. hoc eſt, Eam mihi gratiam refers quam curuca cuculo, cum contrà potius dícedum uideatur, quam cuculus curucæ. uide
in Cuculo h. circa finem. ¶ Curucam (hypolaida) Ariſtotelis ſuſpicor Anglorum titlingam eſſe.
nam nullam auem in uita frequentius cuculi pullum ſequentem, & pro ſuo educantem, quàm illam
obſeruaui. Eſt autem illa luſcinia minor, ſed eadem corporis figura, colore ſubuiridi. culices & uermiculos in ramis arborum ſectatur, rarò humi conſiſtit. hyeme non cernitur, Turnerus. Et alibi,
Ineunte ſtatim hyeme diſcedit. Alibi lingettam uocat, & à Germanis paſſerem gramineum uocari ſcribit. Ficedula auicula eſt Germanorum graſmuſcho ſimilis, Idem. Coloniæ etiam paſſerem troglodyten aliqui uulgò graſmuſchum appellant. ſed impropriè. nam peritiores quiq̃ aucu 60
pes ein Koelmuſch, hoc eſt paſſerem in foraminibus & cauernis degentem nuncupant. ¶ Germanicum nomen Graßmuck, fortè à Latino curruca per metatheſin factum eſt, uel quaſi paſſerem
                                                            gramí

graminis dicas. Germani enim inferiores pafferem ꝯuſch appellant, ni fallor. Pronunciant autem
noſtri & ſuperiores Germani Graßmuck, inferiores & Flandri Graßmüſſche. Species huius
generis plures ſunt, nempe quatuor aut quinꝗ, ut aucupes noſtri obſeruarunt. Vermiculos autem
edunt omnes. Quædam enim ex eis maiores ſunt, colore fuſco, præ cæteris canoræ. has Lucarni
& circa lacum Verbanum piccaſigas, id eſt ficedulas nominant, quarũ figura in præcedenti pagina
expreſſa eſt. ¶ Aliæ atricapillæ dicuntur, noſtris Schwartzköpff, Italis capi neri, uel teſte nere.
His audio caput in prima ætate rubere, deinde nigreſcere, maribus duntaxat: fœminis uerò ſemper
rubere. auolare eas hyeme. Græcè, ni fallor, hodie uulgò κατζογελτζα uocitant. Atricapillam (inquit
Turnerus) in Anglia nunquam uidi, neꝗ ſæpius in uita quàm ſemel, Ferrariæ in Italia mihi demon
ſtratam. Anglorum lingettæ (ſupra titlingam dixit) & Germanorum graſmuco, quod ad corporis
magnitudinem attinet, ſimilis erat. ſed atrum habebat caput, & reliquum corpus colorem magis ad
cinereum uergentem. Forte hæc potius ficedula dicenda erit quàm prima, quum atricapilla à fi=
cedula Ariſtoteli tempore tantum differat, quo capitis colorem mutat. Sed de ficedula iterum ſuo
loco dicemus. ¶ Tertia ſpecies pectore albo cóſpicitur, capite cinereo, eadem magnitudine qua
prima. hanc nidum aiunt ex lino ſtruere, hinc forte lingetta Anglis dicta. ¶ Quarta corpore mi=
nore eſt, uentre albo, oculis etiam albicantibus, inter ſæpes ferè degit, & hyeme diſcedit: ut luſciniæ
etiam & fringillæ, præſertim fœminæ. nam aliquando hyeme mares tantum complures ſimul appa=
rent ſine ulla fœmina. ¶ Ad currucarum genus aut ficedularum, hãc quoꝗ auem pertinere puto
quæ circa Argentoratum Germanicè Bürſtner appellatur, cuius iconem inter paſſeres dabimus.
nam & ſpecie & magnitudine conuenit, ut ex pictura conijcio, & uuis em pinguescere audio, ut
ficedulas. ¶ Italis pizamoſche (quaſi myiocopos, id eſt muſcas & culices roſtro pungens ac de=
uorans) dicitur illa ex prædictis auibus, in cuius præcipuè nido cuculus reperitur: quam tertiã ſpe=
ciem ſupradictam eſſe conijcio.
¶ Eliota Anglus currucam in cuius nido cuculus parit, ſuſpicatur eſſe eam auem quæ Anglicè
paſſer ſæpium appelletur, an hedge ſparowe: quo nomine dictam apud Anglos auiculã Turnerus
paſſerem troglodyten interpretatur: cui apud Germanos etiam nomen à ſæpibus Zaunſchlipfle.
¶ Graſmuſchi (ſic prima ſpecies ſimpliciter & per excellẽtiam uocatur Germanis, ni fallor) nidum
humi in fruteto ſpinoſo uuæ criſpæ, ut uocant, reperi apud nos circa initium Iunij: in quo oua erant
quaterna, auellanæ magnitudine. Fertur & inter harundines nidificare. ¶ Illyrij graſmuſchum
noſtrum uocant pienige. Gyb. Longolius eundem Græcè ægithum dici ſuſpicatur.

DE CYGNO.

A.

YCNVS, Κύκνος, auis nomen eſt Græcum uetus, quam Græci hodie cyprinum appel=
lant. Latini etiam Græco nomine cycnum, uel potius cygnum c. in g. mutato, frequen=
tius quàm ſuo olorem dicunt. Vergilius tum olorem tum cycnum nominauit.
¶ De Hebraico uocabulo non conſtat. Racham, רחם, Leuitici cap.11. inter aues im
puras numeratur, (aliàs רחמה, rachama ſcribitur,)ubi LXX. interpretes cycnum reddiderunt. ſed
cycnus impuris & cibo negatis auibus, meo quidem iudicio, adſcribi non debet. Iidem LXX. pro
eadem uoce in Deuteronomio uerterunt epopa, id eſt upupã: ubi Complutenſis codex, non epops,
ſed porphyrio habet, & ſimiliter Hieronymi translatio. Chaldæus interpres pro racham transfert
ierakreka, יריקריק, (forte à croceo ſiue flauo colore, quem illis uox ierakrek ſignificat, P. Fagius) in
Deuteron. & in Leuitico. Arabs rakam, רכם, heth litera uerſa in kaph. Perſa uocem Hebraicam re=
tinet. Dauid Kimhi racham docet eſſe auẽ quæ ualde afficiatur in ſuam prolem: ut & R. Abraham,
ſimul indicans doctiſsimum Saadiam eandem auem Arabica lingua rakam (ut diximus) appellari
aſſerere. Racham autem ſic dictam à miſericordia (pietate) qua in pullos afficitur, Iudæi noſtrates
Aglaſter & Atzel Germanicè, id eſt picam interpretantur, Munſterus in Dictionario linguæ He=
brææ, & ſic etiam ipſe reddidit Leuit. 11. Sed racham (ut nos ſupra docuimus in Gypæeto) omnino
auis rapacis nomen eſt quæ cadaueribus ueſcitur: ſiue gypaëtus ea ſit, ſiue oſsifraga ſecundũ alios,
Oſsifragæ quidem, ut & uulturis, mirus in prolem affectus celebratur. Fimus uulturis ſuffitus fœ=
tum ex utero pellit, Dioſcorides. Serapio interpres pro uulture racham tranſtulit. Conſtat igitur
racham omnino neꝗ cygnum, neꝗ aliam, ut alij interpretati ſunt, autẽ eſſe præterquam de aquila=
rũ aut uulturum genere, uel inter utrumque ambigente, unde gypæeto nomen. Tinſchemet,
תנשמת, Leuitici x 1. Chaldæus interpres uertit בותא, baueta uel bota, id eſt cygnum, (in Trilingui
Dictiona.io Munſteri katteta (uel chauetha) legitur, facili tranſitu à litera ב. in ב.) Rabi Salomon in=
terpretatur יריא, zuettam uel ciuetam. ſic Galli noctuam uocant. Alij aliter. uide in Talpa A.
Tinſchemet quidam Hebræorum ſic dictam uolunt, quòd non ſine horrore & ſtupore uideri poſ=
ſit. ſchom (שום) enim Hebreis ſtupere ſignificat. R. Salomon dicit eſſe ſimilem muri noctu uolanti,
hoc eſt ueſpertilio: & ita Iudæi uulgò exponunt. Septuaginta Porphyrio uerterunt. ſed magis arri=
det Hebræorum ſententia. Vulgata æditio cygnum habet, Paulus Fagius. Ianſchuph, ינשוף, Le=

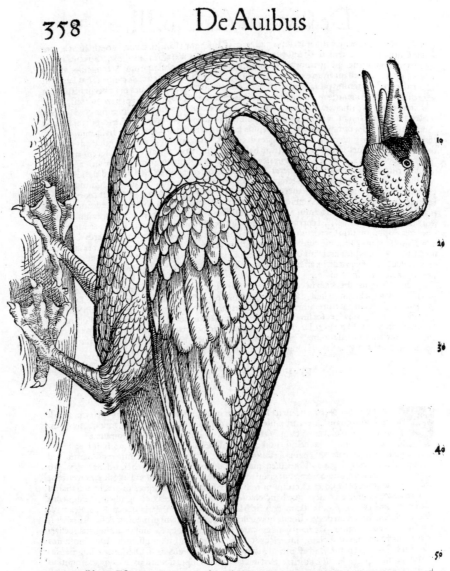

10

20

30

40

50

uitici XI. Abram Efra exponit auem noctu uolantem, Chaldæus kipopha, ut etiam Deuteronomij
XIIII. אםיף ק. Arabs baſchak, בארק.Perſa uocem Hebraicam ſeruat, LXX, ibis transferunt in Le
uitico:in Deuteronomio, cycnus: & ſimiliter Hieronymus. ita enim permutant (confundūt) interpretationem duarum uocum ianſchuph & tinſchemet, ut etiam aliarum quarundam. Sed doctiori-
bus uidetur uox ianſchuph omnino auem nocturnam, nempe noctuam uel ſtrygem ſignificare,
quæ à crepuſculo denominetur.
    ¶ Cygnus Italicè dicitur Io cino, cigno, Scoppa. Tuſci hodie uulgo cigno pronunciant.nam
apud Petrarcham homœoteleuta ſunt cigno & maligno.ceſano Veneti, (quæ uox ad Germanicam
accedit, puto autem etiam anatis feræ genus ab Italis quibuſdam ceſano uocari,) Nicolaus Erythræus. ¶ Hiſpanicè ciſne. ¶ Gallicè cyne uel cygne. ¶ Germanicè Schwan. Saxonibus & noſtris uocatur etiam ólb/Ælbe/ uel (ut alij ſcribunt) Ælps/ólbſch. ¶ Anglicè a ſuuan.
¶ Illyricè labut.
                                                   Hiſpania

B.

Hispania producit cygnos, & eius generis aues plurimas, Strabo lib. 3. Supra Auernium Italiæ lacum iuxta Cumam auem nullam peruolare, falsum est. nam qui illic fuerunt, cygnorum copiam in eo esse narrant, Aristot. in Mirabilibus. Circa fluuios Caicum, Caystrum & Mæandrum abundare eos legimus. In Eridano apparere interdum cygnos, sed paucos, Lucianus ex nautis se audiuisse refert. In Britannia, ut audio, abundant, rarissimi apud nos, nec nisi hyeme aliquando sæuissima cum lacus toti gelu conglaciant capiuntur. ¶ Cygnus uidetur generis anserini esse tum rostri figura, tum pedum, uictuǿ. tempore pugnæ etiam sibilat ut anser, Albertus. Forma uictuǿ anseri similis, sed multo maior, totus candidus, pedibus nigris, Turnerus. Primo anno cinerei colo=
10 ris est, post annum uero albissimus euadit, Albert. Plumæ ei albæ, sed carnes nigræ, Author libri de nat. rerum. Caro cygni nigra est, (præcipuè pedes,) & dura sicut omnium aquaticarum auium maiorum, Albert. Olores purpureos Horatius dixit, ut niuem purpureã Albinouanus. ¶ Pon=
dus oloris, quem nos elbum dicimus (nihil enim differre puto. quamuis nuper quidã rostri colore & corporis magnitudine, ita ut elbus minor esset, rostro nigricante, differre putabat) ad libras (un=
ciarum duodecim) uiginti quatuor accedit. Cygnus rostro est parũ turbinato, colore rutilo (ruffo) in cuius summa parte qua capiti committitur, nigerrimum tuberculum, atǿ id rotundum, & in ro=
strum sese inflectens, existit, Turnerus. Cygno rostrum est sicut anseri, serratum, & falcis instar dentatum, Albertus. Dentes habet in rostro minutissimos, Author libri de nat. rerũ. Collumǿ à pectore longè Porrigitur, digitosǿ ligat iunctura rubentes. Penna latus uelat: tenet os sine acu
20 mine rostrum, Ouidius 2. Metam. Κύκνωρ δ᾽ελιχοδ᾽είρωρ, Homerus Iliad. 9. Poeta cygnos per ex=
cellentiam δ᾽ελιχοδ᾽είρχ cognominat, quod collum ei pro sua portione longissimum sit, & ueluti li=
neæ piscatoriæ usum in aquam porrectum prebeat, Eustathius & Varin. ¶ Olor palmipes est, & ad imum intestinum appendices paucas habet, Aristot.

¶ Cygni, quem elbum uocamus, descriptionem ex inspectione propria olim confeci huiusmo=
di: In longitudinem extésus mediocrem uiri staturam æquat, totus undiquaǿ cãdidus. Rostro lato ut anas, croceo, macula anterius nigra ad spatium unguis humani. Ab oculis uersus rostrum pellis apparet nigricans. Crura nigra. Digiti pedum membranis nigris iungũtur. Plumæ desinunt paulò supra genu. inde ad extremos digitos tres palmi restant longitudinis. Alarũ ambitus superior qua=
tuor palmorum est. longissimæ alarum pennæ palmos septem cum dimidio æquant. Cauda circiter
30 tres palmos longa est: collum circiter octo.

C.

Cygni circa lacus, amnes, paludesǿ uiuunt, Aristot. In locis amœnis circa fluuios, Textor. In stagnis magis quàm fluuijs, Albert. In pratis, littoribus & stagnis aluntur, Oppianus. Fontes, lacus, paludes aliáue loca aquis redundantia incolere solent: ut stagna & fluuios perennes, quorum confluens moderatè & sedatè fertur, Aelianus. In mari Africo à nauigantibus aliquando conspe=
cti sunt, &c. Aristot. Olor grauius habet corpus, nec se cœloǿ Iouiǿ Credit, sed Stagna petit patulosǿ lacus: ignemǿ perosus, Quæ colat elegit contraria flumina flammis, Ouid. ¶ Victu eodem quo anser utitur, Albertus & Turnerus. Aristoteles eum βυδίστην uocat, quòd circa parandum sibi uictum non segnis neǿ iners sit. Herbis uescitur, Athenæus ex Aristotele. Herbis &
40 uermibus & ouis piscium, & huiusmodi, & granis segetum, Albertus. Rostro cribrat cœnum, ut cibum inueniat: & dentibus secat inuũtum, Idem. Cycnus Græcè dicitur, ut Grammatici quidam coniiciunt, eò quòd cibi inueniẽdi causa cœnum præ cæteris animalibus scrutari & turbare soleat, ἀπὸ τȣ κυάειν τὴυ ἰλὐυ, Varinus. Olores mutua carne uescuntur inter se, (alter alterum deuorant,) maximè in uolucrum genere, Aristoteles & Plinius. hoc quidem in pugna per nimiam iracundiam facere uidẽtur. alioqui enim carniuori nõ sunt: & ne piscibus quidem utuntur, ut qui cicures alunt, obseruarunt.

¶ Grus gruit, inǿ glomis cycni prope flumina drésant, Author Philomelæ. Cygnus tempore pugnæ sibilat sicut anser, Albert. Κύκνὸς ᾁδωυ author uel uocis animalium differentias explicat. Olores interdum bombos emittunt ruditui asinino non dissimiles: sed breues, & qui lon=
50 gè audiri non possint, Turnerus. Inter omnes aues suauissimè occinunt: uox tamen, ut sæpius audiens consideraui, anserina est, Cardanus. Iam quidam cum in mari Africo nauigarent, multos ca=
nentes uoce flebili, & mori nonnullos conspexere, Aristoteles & qui ex eo repetijt Aelian. Ego huiusmodi uoces lugubres, inquit Albertus, (non sub mortem tantum, sed) in qualibet tristitia ab eis ædi animaduerti. Cygnis canentibus scopuli & ualles respondent. omnium sanè auium impri=
mis musici feruntur, quo nomine Apollini consecrantur. Canunt autem, non lugubri ut alcedines, sed suaui & mellito cantu, ueluti tibijs aut citharis adhibitis, Oppianus in Ixeuticis. Et rursus, Di=
luculo canunt ante Solis ortum tanquam in aère uacuo per id tempus audiendi clarius. Canunt etiam in maris littoribus, nisi tempestas & procellarum sonus cantum dissuadeant. Hoc enim ui=
gente ne scis quidem ipsi cantilenis satis perfrui possent. Sed ne in senecta quidẽ morti uicina can=
60 tus obliuiscuntur, qui tamen eis in illa ætate remissior est quàm in iuuenta: quum neǿ ceruice am=
plius erigere, neǿ pennas extendere queant. Fauonium tunc ad canendi suauitatem obseruant, ig=
naui iam cruribus & membrorũ uiribus defecti, Moriturus secedit aliquò, ubi nulla auis canentem

audiat, nec olores alij luctuosè interpellent si qui forte adessent, qui similem uitæ exitum sibi immi=
nere intelligerent. Aegyptij senem musicum uolentes demonstrare, cygnum pingunt, quòd hic
senescens suauissimum edat concentum, Orus. Sic ubi fata uocant udis abiectus in herbis   Ad
uada Mæandri concinit albus olor, Ouidius.   Dulcia defecta modulatur carmina lingua   Can=
tator cygnus funeris ipse sui, Martialis lib. 13.   Moriturus flebilem cantum emittit, fixa prius in ce=
rebro penna: quod miror Aristotelem ac Plinium uel ignorasse: uel, si sciuerunt, non tradidisse, Pe=
rottus.   In senecta leniter cum melodia uita soluitur, penna capiti traiecta. Veluti canentia dura
Traiectus penna tempora cantat olor, Ouidius. Cantat enim, ut ait Plato, non ex tristitia, sed potius
lætitia propinquante fato, quòd immortales se sentiant, & ad Apollinem suum remigraturos. Nam
Pythagoræ erat opinio immortalem eos habere animam. Cicero Apollini sacros eos dicit ob uati= 10
cinium finis eorum. Cygnus itaq; allegoricè animæ probi uiri comparari potest qui lætus mortem
obit, Volaterranus. Olori tanta animi est tranquillitas in extremo uitæ spiritu, ut sibi tanquam næ
niam canat. Quod autem non angore atq; molestia implicatus eum extremum cantum edat, Socra=
tes testatur: sed potius alacri animo affectus. Neq; enim qui animo dolorem capit, bilem (uide an
Græcè non χολὼ, id est bilem legatur, sed χολὼ ἄγει, id est ocium & occasionem canendi non habet
qui animo dolet) ducit cantu, Aelian. Cycni canori (ᾠδικοὶ) sunt, præcipuè circa obitum. Cæterum
Alexander Myndius ait se complures cygnos morientes secutum, nec unquam eorum cantum au=
dijsse, Athenæus. Cygnus inter magnas & aquaticas aues sola musica est. & fertur in Hyperboreis
regionibus præcinentibus cantoribus uel melodis, concinere cygnos. sed experientia constat apud
nos quòd non canant nisi tempore doloris ac tristitiæ. quamobrem lamentari potius quàm canere 20
dicendi sunt, Albertus. Plato quidem scribit, Eustathio citante in Iliados π. animal nullum per tri=
stitiam canere. Olorum morte narratur flebilis cantus, falsò, ut arbitror, aliquot experimentis, Pli=
nius. Lucianus in libello de Electro uel Cygnis, se cum per Eridanum nauigaret, cygnos ullos au=
disse negat: & à nautis audiuisse, paucos quidē illos apparere interdum in paludibus fluuij, uocem
uero omnino debilem inconcinnam absurdamq; ædere (κρώζειν ὅτω παίν ἄμουσον καὶ ἀδηὲς) ut coruī
& graculi præ illis sirēnes existimari possint. Cycnum canentem paucissimi audiuerunt, etiamsī
uulgatior fama tenet, ingruente fatali momento ἐυφωνότατον καὶ ᾠδικώτατον ἔλ᾽ π̀ρ κύκνον, id est uoce
cantuq; præcipuè præstare cycnum. Auctor tamen primo Variæ narrationis Aelianus est, audisse
quandoq; se canentem cycnum, Cælius: quem uel memoria lapsum, uel corrupto codice Græco
usum uideo. nam codex impressus, Iusto Vulteio interprete, sic habet; Ego uèrò cycnum nunquam 30
audiui canere, fortasse neq; alius. Eustathius tamen in Iliad. β. experientia inquit constare cycnos
egregiè canoros esse, ἢ ᾠδικὸς ἀληθῶς ἔλ᾽ ὁ κύκνος.

     ¶ Robustæ sunt aues adeò ut etiam aquilas impugnent, Oppianus.   Vim suam in alijs habent,
temperamenti biliosi aues & ob hoc iracundæ, Author libri de nat. rerum.   ¶ Anser, anas & cyg=
nus domesticæ, semel anno tantum pariunt, initio ueris, propter sui temperamenti frigiditatem &
crassitiem, Albertus ni fallor.   Tempore libidinis blandientes inter se mas & fœmina, alternatim
capita cum suis collis inflectunt uelut amplexandi gratia, (colla mares applicant fœminis: deinde
mas fœminam conscendit, Albertus.) Nec mora, ubi coierint, mas conscius læsam à se fœminam su=
git, at illa impatiens fugiente insequitur, non diuturna tamen hæc eis discordia est: sed noxa cessante
reconciliantur, & fœmina maris persecutione relicta post coitum frequenti caudæ motu & rostri 40
se aquis mergens purificat, Author libri de nat. rerum. Post coitum, sicut & cæteræ aues aquaticæ,
immerguntse aquis tam mas quàm fœmina, Albertus. Falsum est autem quod dicitur cum dolo=
re fœminam semē suscipere, & ideo post coitum marem sugere. non prius enim fugit, quàm coëundi
libido cessat, Idem.   ¶ Super aquis nidificat cygnus, de pullis educandis sollicitus, Author libri
de nat. rerum. Cum domesticus est in domibus nidificat, & in lapidibus iuxta aquas: apud nos ue=
rò in paludibus inter herbas, sicut ferè omnis auis aquatica, Albert. sed Aristoteles eo in loco quem
illic Albertus enarrat, non cygnum, sed coccygem tum in domibus tum in petris nidificare ait.
     ¶ Tertio anno parit, Albertus. Cycnus ab Aristotele uocatur καλλίπαις & πολύπαις, quia plures
producat & speciosos fœtus, Cælius ex Aeliani Varijs. sed Aristoteles uoce σύπαις⊙ tantum utitur.
Gaza uertit, non carere eum probitate prolis. Διαιρύσι (Διαίρεσι) oxytonum potius) οἱ καὶ π̀ρ φίλας⊙, 50
Athenæus ex Aristotele. Traijciunt pelagus & per mare uolant indefesso alarum remigio, Aelia=
nus in Varijs. Sed apud Aristotelem hist. anim. 9. 12. legitur: Ἀναπέπτται γὰρ καὶ εἰς πὰ πέλαγⓈ. Vo=
lant etiam in pelagus longius, Gaza interpres. Plinius quum de gruum migratione scripsisset,
subdit: Anseres quoq; & olores simili ratione commeant. sed horum uolatus cernitur, &c. Vide in
Anseribus feris c.   ¶ Cygnus probè natat, non probè ingreditur, uolat mediocriter, Alber. One=
ris impatiens est, & in stagnis quiescere quàm uolare mauult. Pede altero natat, altero se regit ueli
modo, (alterum eleuat, & sursum uersus caudam extendit, ut illo se regat ad uentum,) Author de
nat. rerum & Albertus. Si longius proficisci instituit, gregatim natat aut uolat, & tum posteriores
caput dorsis imponunt anteriorum, Albert. natationem tam facilem esse audio, ut homo in
in ripa expedite progrediens uix illam æquet.   ¶ Cygnus ab Aristotele σύγκεως dicitur, quod ad 60
senectutem satis commodè & non grauem sibi perueniat, quod & Aelianus scribit. Vitam ei lon=
gissimam esse audio; ita ut uulgò uel trecentesimum annum attingere credatur, quod mihi ueri=
simile

ſimile non eſt. ¶ Olori cicuta perniciem infert, Aelianus.

D.

Olores gregales ſunt, Ariſtot. Cicurantur præciſo alæ interioris articulo, Albertus. Ἐνήθες dicuntur ab Ariſtotele, hoc eſt probitate morum inſignes, hiſtor. anim. 9. 12. quamuis enim Græci εὔηθῃ ſtolidum, ſimplicem & ineptum uocant, hoc loco tamen inter cygni laudes ab Ariſtotele ponitur, ut hæc etiam adiuncta, εὔειστ⊙, εὔγηρως, εὔτκκ⊙. Hinc eſt nimirū quòd Aelianus ſcribit eos ſuapte natura mites & pacatos eſſe. nam ſi prouocētur & infeſtentur uel inter ſe, uel ab alio quouis, admodum iracundi & pugnaces ſunt. Cygnus temperamenti bilioſi eſt, atcɔ ideo iracundus, Author libri de nat.rerum. Oloribus ut alter alterum deuoret, in more eſt, maximè in uoluctum genere, ἀλληλοφάγοι εἰσι μάλιστα τῶν ὀρνίων, Ariſtot. Mutua carne ueſcūtur inter ſe, Plinius. μάχιμος δὴ, ἀλληλοκτόνει γὰρ ὁ μάχιμ⊙, (ὁν μάχιμ⊙ potius,) Athenæus ex Ariſtotele, non inuicem ſe deuorare, ſed occidere tantum ſcribens. Cygnus mirè amat pullos, pro quibus etiam acriter pugnat, ſibilat autem pu gnando ſicut anſer, Albertus. Lygon lygeamcɔ Græci uocant & arborem & quoddam herbæ genus, quod, ut inquit Athenæus, in nidos ſuos parituri cygni ferant (authore Bœo,) Hermolaus. ¶ Cygnus non facile ſecum ſe patitur anſeres, uel alterius generis aues quæ eodem cum ipſo cibo ueſcantur, Albertus. Diſſident olores & aquilæ, Plinius. Cygnus impugnat aquilam, uinciícɔ ſæpius, Ariſtot. Et rurſus, Aquilam(indocti quidam hic pro aquila accipitrem ſcribūt) ſi pugnam cœperit, repugnantes uincunt. ipſi autem nunquam niſi prouocati inferunt pugnam. Sæpe altius uolando euecti, aquilas impugnant, ſi quid illæ in ipſos aut pullos eorum mali moliātur. non tamen incipiunt pugnam, ſed pacem quoad licet conſeruant, & placidam uitam alimentis etiam antepo nunt, Oppianus. Plura & ab his diuerſa, leges ſupra in Aquila D. ex Alberto. ¶ Cygni & dracones hoſtes inter ſe ſunt, Aelianus & Philes.

E.

Cygni, anſeres, &c. quomodo capiantur reti in ripis fluuiorum, Creſcentienſis docet lib. 10. cap. 18. Girofalcones capiunt cygnos & grues, Sigiſmundus Baro. ¶ Qui ſibi metuit à uenenoſis animalibus, noctu præſertim dormiens, is nutriat grues, pauones, cygnos, (Bellunenſis pro cygnis ciconias reponit. eſt ſanè utracɔ auis ſerpentibus inimica,) &c. ab his enim terrentur & morſu impe tuntur animalia uenenata, Auicenna. ¶ Cygnus ferus nuper apud nos denarijs ſiue drachmis argenteis quínque cum triente uænundatus eſt. ¶ Laſſus Amyclæa poteris requieſcere pluma, Interior cygni quam tibi lana dedit, Martialis lib. 14. Pellis unà cū plumis paratur pro operimen to pectoris & uentriculi, tanquam uim concoctricem iuuandi peculiari aliqua ui prædita. ¶ Gra tius deſcribens retis genus quod pinnatum uocant, quòd auium pennæ ei imponātur ad terrendas feras: Sunt(inquit) quibus immundo decerptæ uulture plumæ, Inſtrumentum operis ſuit, & non parua facultas: Tantum inter niuei iungantur uellera (id eſt pennæ) cygni, &c. ¶ Cuius olo rinæ ſurgunt de uertice pennæ, Vergilius lib.10. Aen. de Cupaone filio Cycni Ligurum ducis. di cit autem illum cycni pennas in galea habuiſſe, ad memoriam ſcilicet patris in cycnum mutati. Ga lea criſtis adornatur, inquit Nicolaus Erythræus, quò terribilior hoſti fiat, & miles criſtatus proce rior appareat. has autem ex olorinis pennis colligere moris ſuit apud antiquos, & ex equinis ſetis, quum hodie ex ſtruthiocamelo plurimum petātur. Laudant aliqui cygnorum pennas ad calamo rum ſcriptoriorum uſum.

¶ Cygno apud nos hyeme in lacu aliquo apparente, quod petrarò ſit, frigus ingens imminere timetur. Nautæ ſibi hanc autem lætū prognoſticon facere dicunt, ſicut Aemilius ait: Cygnus in auſpicijs ſemper lætiſsimus ales. Hunc optant nautæ quia non ſe mergit in undis, Iſidorius: & Cæ lius Calcagninus, qui hoc etiam addit, hanc autem lubricis pennis adiantum herbam imitari; uideli cet quòd pennæ eius humore ſimiliter non madeſcant.

¶ Strymoniamcɔ gruem, aut album deiecit olorem (ſunda ſcilicet,) Vergilius x 1. Aenid. de filia Metabi.

F.

Cygni menſis apud nos non admodum laudantur, forte quòd nimis annoſi tantum ad nos per ueniant, capiuntur enim rariſsimè. Apud Athenæum quidem dipnoſophiſtis apponuntur. Ad pa tinas ueniunt eadem ferè ratione qua anſeres, Platina. Elixari debent, Idem. Sigiſmundus Baro in libro de rebus Moſcouiticis, Cygnos aſſos(inquit) in aula principis pro primo ſerculo ferè hoſpi tibus, quoties carne ueſcuntur, apponere ſolent, unà cum embammate, hoc eſt aceto ſale & pipere condito. In Friſia cygnos ſaginari & ſaliri audio, ut in diuerſas regiones euehantur. Cygni caro nigra eſt (præcipuè pedes) & dura, ſicut omnium auium aquaticarum magnarum, Albertus. De carne ciconiarum & cygnorum & ſimilium, quæ ut plurimum in paludibus & lacubus uerſantur, dicendum eſt cum Iſaac in libro p.d.quòd minus probentur quàm aues terreſtres, Ant. Gazius. Et rurſus, Caro ſiſonis (inquit Almanſor) & aliarum auium ſylueſtrium, quo plus rubedinis uel ni gredinis habet, tanto ſanguini melancholico propinquior fuerit.

G.

Cycni loco ad remedia anſer ponitur, Syluaticus. Cycni tenellus pullus in oleo decoctus, ad mirabile neruorum medicamentum eſt, Aetius 2. 179. ¶ Præcipuè faciem purgat atque etrugat

H

cygni adeps, Plinius. Ad lentiginem, Cygnæos adipes hilari misceto Lyæo, Omne malum propere maculoso ex ore fugabis, Serenus. Sedis uitijs efficax est cygni adeps, Plinius. Ne acria perurant (Contra ardores sedis) adeps cygni illinitur, côtra hæmorrhoides etiam utilis, Idem. Adeps cygni hæmorrhoidas comprimit, si aut potui detur, aut loca inde tangatur, Marcellus. Vuluarum duritias & collectiones adeps anserinus aut cygni emollit, Plinius. Videtur autem nobis ad eadem omnia profuturus cygneus adeps, ad quæ anserinus prodest. ¶ Ad ignem sacrum, Vel oloris sæcibus oua, Sed non cocta dabis, sic torrida membra fouebis, Serenus.

H.

2. Cygnus Græcè, Latinè olor dicitur, sed etymo Græco à colore, quòd totus sit albus. holon enim Græce totum dicitur, Isidorus & Albertus. Ab eodem scilicet etymo Scoppa grammaticus in nostri sæculi cum aspiratione holor scribit, quod non placet. Olor secundum aliquos dicitur, quasi ὅλ⊕ ὡραῖⓞ, id est totus candidus, (totus pulcher potius,) Perottus. Vergilius & alij primam huius uocis corripiunt. Sed argutos inter strepere anser olores, Vergil. 5. Aegl. ¶ Κύκν⊕ Græcis paroxytonū est, inueni & penanflexum, librariorum, ut puto, errore. penultima enim communis est syllaba, nec natura sed positione producitur, Horatius 4. Carminum corripuit, Donatura cygni, si libeat, sonum. & Theocritus Idyll. 16. ἢ θῆλυι ἐπι χροιᾶς Κύκνον ἔχνω. Cycnus dicitur, quòd cœnum, dum quærit alimentum, κυκᾷ, id est fodere & turbare, præ cæteris aquaticis auibus soleat, Varinus. Sunt qui aliter forment: à uerbo κυῶ (inquiunt) quod est φωνῶ, uocem ædo, clamo, fit κλέω: un de κύκν⊕ quasi κλύκν⊕, est enim auis clamosa sicut anser quoq, Etymologus, uel à terete collo, ὁ ἐγκλοτερῆ ἔχων τὸν τράχηλον, ᾗᾳ τὸ κύκλος, Varinus, sed quærendum an potius per onomatopœiam sic appelletur. Cinnaria, id est cinnus (cygnus) auis, Syluaticus. Κύδ'ν⊕, cycnus, Hesychius & Varinus. Et nimirum fluuius Ciliciæ Cydnus & Cycnus appellabatur. Syri quicquid cādidum est cydnum uocant, (cygnum legit Isidorus, unde Cygno fl. nomen,) authore Prisciano; & Solinus scribit amnem Cydnum à candore Syrorum lingua nomen sortitum. ἄγλα (Hesychius in fine ypsilon scribit) cycnus apud Scythas, Varinus.

¶ Epitheta. Albus olor, Vergilius Aen. 11. & Ouidius epist. 7. Amans flumina cycnus, Ouid. 2. Metam. Amycleos ad frena citauit olores, Statius 1. Sylu. Vide mox in Ledæi. Argutus, Verg. 5. Aegl. Candēti corpore cycnus, Idem 9. Aegl. Canorus ales pro cygno, Horat. 2. Carm. Canus, Politianus. Innocui latè pascuntur olores, Ouidius 2. Amorum. Ledæi, Martialis lib. 1. dicuntur autem Ledæi: quia lupiter in forma cygni cum Leda cōcubuit: & eadem ratione Amyclæi, hoc est Lacones. Niuei, Vergil. 2. Georg. & Valerius 6. Argonaut. Purpurei (id est elegantes, uel splendidi. nam & niuem purpuream dixit Albinouanus,) Horatius 4. Carm. Rauci, Verg. 11. Aen. ¶ Sunt & alia apud Textorem partim in Cygno, partim in Olore posita. Ales. Aonius. Apollineus. Apricus. Argenteus. Blandus. Candidus. Cantor. Caystrius. Dulcis. Flumineus. Imbellis. Lacteus. Mollis. Multisonus. Neptunius. Nitidus. Paphius. Phœbeius. Plumeus. Resonus. Sonorus. Therapnæus. Vagus. Vocalis. ¶ Κύκνοι δ'ελιχό'ειροι, Homerus. Σπρουμόνιοι, Theocritus.

¶ Lycophron in Cassandra Calchantem cycnum nominat, eò quòd (ut interpres Isacius Tzetzes docet) ætate admodum prouectus & uates fuerit. Præsentiūt enim obitum suum cycni, & tum argutissimè canunt, ut Aeschylus etiam testatur his uerbis: Κύκνυ δίκλω τὸν ὕςατον Μιλ↓αζε θανάσιμον γόον. est enim hæc auis deo (Apollini) sacra. Dircæum leuat aura cygnum, Horatius lib. 4. Carminum Ode 2. de Pindaro, quem cygno comparat, se uerò api. Κύκνον τὸν Μεσῶν ἄξια μεμψ'ψάμενον, Suidas ex Epigrammate. Erasmus eleganter cygni & poetæ cōparationem senarijs conscripsit, qui ante translationem eius Hecubæ uel Iphigeniæ Euripidis habentur. Mentiris iuuenem tinctis Lentine capillis, Tam subitò coruus, qui modo cygnus eras, Martialis. Nanum cuiusdā Atlanta uocamus, Aethyopem Cygnum, Iuuenalis Sat. 8. ¶ Cygnum Galenus nominat inter cataplasmata oculorum, lib. 4. cap. 7. de compos. sec. locos. Appellantur (inquit) talia à medicis collyria Libiana, & Cygni ob colorem album qualem etiam cygni habent, præualente in ipsis amylo & terra Samia ac cerusa Rhodiaca. Cygnum collyrium describit etiam Trallianus 2. 5. ¶ De cygno genere nauis, uide inferius inter Icones.

¶ Olorinus adiectiuum, quod oloris est, ut pennæ olorinæ apud Vergilium. & color olorinus, qui & cygneus, teste Thylesio, pro candido. Gasidanen gemmam Medi mittūt, coloris olorini, Plinius. Cygneus adiectiuum à Græcis sumptum est. Illa tanquam cygnea fuit diuini hominis uox & oratio, Cicero 3. de Oratore. Κύκνειον, (absolutè apud Athenæum, subauditur μέλ⊕) τὸ τὸ κύκνυ μέλ⊕, Suidas.

¶ Aquilas cygneas (ut uocant) albedine olori planè similes uidere me memini in Sipylo circa paludem Tantali, ut nominant, Pausanias in Arcadicis. ¶ Olorum similitudinem onocrotalia bent, nec distare existimarentur omnino, nisi faucibus ipsis inesset alterius uteri genus, Plinius.

¶ Icones. Cycnus genus est nauis sic dictæ quod in prora cycnorum effigies haberet, Etymologus. Ἡ ναῦς ᾗ πότερον ἀνόσορὸς ἔθη, ἢ λύκν⊕ ἢ λωύδωρ⊕, Nicostratus apud Athenæum. ¶ De cygno sydere dicemus in Metamorphosi Iouis in Cygnum infra in h.

¶ Olor teste Herodoto lib. 6. Thraciæ rex fuit. ¶ Hercules occiso Cygno, & Marte eius pare

tre uulnerato, Trachinem ad Ceycem uenit. erat autem Cycnus gener Ceycis, filiæ eius Themiſio-
nomæ maritus, ut legimus in Aſpide Herculis apud Heſiodum, & apud Pauſaniam alicubi. Cygnum, inquit, Hercules occidit, Pindarus in Olympijs carmine 2. ubi Scholiaſtes, Cygnum Martis
filium infeſtantem Theſſaliam (Varinus θαλασσιαν habet non θεσσαλιαν) Hercules occidit. Rurſus
etiam in alijs Scholijs in idem Carmen Theſſaliam legimus. Et rurſus in Carmine decimum Olym-
piorum, ubi Pindari uerba ſunt, τραπε δε λευκνεα μαχα και ὑπερβιον Ηρακλεα. Cygnus (inquit) male affi-
ciebat hoſpites, & cum in uia qua tranſeundum erat iuxta mare habitaret, (ὡν προδῳ τῳ θαλασσιας
δικῳ), tranſcuntibus capita amputabat, eo propoſito ut Apollini templum è capitibus ſtrueret. Et
Herculem etiam aliquando tranſeuntem adortus Martis parètis auxilio ipſum fugauit. Sed poſtea
10 tamen ab Hercule occiſus eſt, ut Steſichorus in Cycno tradit. Cygnum Martis filium Hercules
equeſtri certamine uicit, adiutus equo Arione, quem Neptunus in faciem equi transformatus ex
Erinny genuerat, ut Grammatici quidam tradunt. ¶ Cycnum filium Neptuni & Scamandro-
dices, uel Harpales ſecundum alios, Troianis in bello ſocium Achilles occidit, Scholiaſtes Pindari
in Olympijs Carmine 2. Et rurſus alius Scholiaſtes, Hunc (inquit) cum claſſe Troianos iuuaret, &
in anguſtia quadã maris Græcos appellere (ἀπελωιν) prohiberet, Achilles interemit. Meminit eius
& Q. Calaber libro 4. & Ouidius Metam. libro 12. Plura de eo, & an reuera inuulnerabilis fuerit,
&c. leges in Dictionario Varini, primum in Κυκνῳ ἀπρωτ, lu, deinde in Κυκνῳ ὁ Σκαμανδροδικης.
Cycnum Troianum (ſocium Troianorum) à natiuitate canum fuiſſe ferunt, (ut & Tarconem qui
12. ciuitates condidit in Thuſcia ſub Tyrrheno, ſed propter ſapientiam qua à puero claruit, Euſta-
20 thius in Dionyſium. Τίς θηλυν ἀπὸ χροιας Κύκνον ἐγνω; Theocritus Idyl. 16. De Cygno Colonenſe
(idem eſt Cygnus Neptuni filius. is enim Colonis imperauit teſte Pauſania. Colone ciuitas ſupra
Lampſacum in mediterraneo ſita, quæ & Batiea dicebatur, patria fuit Cygni, Hermolaus) ſertur,
illum inuulnerabilè fuiſſe, quòd cum pugnator ſcientiaſcp bellicæ peritiſsimus eſſet, & in bello Tro
iano ab Achille lapide percuſſus fuiſſet, minimè uulneratum eius cadauer inſpicietes homines, in-
uulnerabile dixerint, Palæphatus. Thrax quidam à cygno enutritus, nomen à nutritore habuit,
Varinus ni fallor. Hegeſianax author eſt Cycnum illum qui ſingulare certamen cum Achille ſub
uit, in Leucophrye ab aue eiuſdem nominis nutritum eſſe. Cæterum Bœus ſcribit Cygnum (neſcio
an eundem, Neptuni ſcilicet filium, an potius regem Ligurum, ut alijs placet) in auem converſum
eſſe, &c. Athenæus. Cycnum ferunt uxoris calumnia inductum, filium Tenum (aliàs Tenen, ut
30 habet Euſtathius in Dionyſium. aliàs Tennen, Τηνλω, ut habet Varinus, & Heraclides in Tenedio-
rum repub. & Pauſanias in Phocicis) arcæ incluſum in mare deieciſſe: quæ tempeſtate acta in Tene
dum appulerit, ubi ille ſeruatus inſulæ poſtea imperauerit, Diodorus Siculus. ¶ Cygnus rex Li
gurum Phaëthontis amator, poſt illius interitum diutino fletu in auè nomine ſeruato mutatus eſſe
dicitur in fabulis, ut ſcribit Ouidius Metam. 2. Nãcp ferunt luctu Cycnum Phaëthontis amati,
Populeas inter frondes, umbramcp ſororum Dum canit, & mœſtum Muſa ſolatur amorem: Ca
nentem molli pluma duxiſſe ſenectam, Linquentem terras, & ſydera uoce ſequentem, Vergilius 10. Aeneidos. Meminit & Pauſanias in Atticis. Apud Ligures (inquit) ultra Eridanum Cycnum Muſicæ deditum regnaſſe aiunt, & poſt obitum ex Apollinis ſentètia in auem tranſmutatum
eſſe. Sed Bœus apud Athenæum (ex quo etiam Euſtathius repetit) Cygnum quendam à Marte in
40 auem ſui nominis converſum ſcribit: quæ cum ad Sybarin fluuium perueniſſet, cum grue coierit.
Gruem uerò idem Bœus mulierem fuiſſe ait, &c. Virum hunc ego perimam impuriſsimum,
Barbatum, tremulum, Titanum, Cygno prognatũ patre, Plautus in Menæhmis. ¶ Cygnus equi
nomen à candore, Statio lib. 6. Thebaidos.

¶ Cycnitis, Κυκνιτις, regio in qua Cycnus imperauit, Stephanus. ¶ Cygnus oppidum fuit in
ripa Phaſidis, Plinius 6.4. ¶ Cycneia Tempe nominantur ab Ouidio lib. 7. Metamorph. in quibus puer Phyllio amatus à ſaxo deſiliens, Cuncti cecidiſſe putabant, Factus olor niueis pendebat in aere pennis, ut pluribus in Tauro recitaui ex Ouidio. Mihi uidentur poëtis duo maximè ce
lebrari Tempe, Theſſala : & Bœotia, quæ Teumeſia dicũtur à monte Teumeſſo, & ab Ouidio
Cygneia, Hermolaus Barb. ¶ Cygnum Syti uocant quicquid candidum eſt : hinc & Cygno flu-
50 uio nomen, Iſidorus. ſed alij melius legunt cydnum pro cãdido & pro fluuio, ut ſupra oſtendimus,
prima huius capitis parte.

¶ b. Κύκνν τε πολιωτεραι δη Ἁ δ᾽ ὑπωυβϭσι τριχϭς, Ariſtoph. in Veſpis. Sic & Verg. 10. Aen.
de Cygno in auem mutato, Canentem molli pluma duxiſſe ſenectam. Diomedearum auium for
ma cygnis eſt proxima, Ouidius.

¶ c. Et qualem infelix amiſit Mantua campum, Paſcentè niueos herboſo flumine cycnos,
Verg. 2. Georg.

¶ Cycnus eſt auis quæ cantu delectatur, ὄρνιον φιλωδὸν, Suidas. Si difficilior mœſtiorcp in præ
ſentia eſſem (inquit Socrates in Phædone Platonis) quàm in ſuperiore fuerim uita, deterior equidem cygnis uideri deberem. Illi enim quando ſe breui præſentiunt morituros, tunc magis admo-
60 dum dulciuſcp canunt, quàm antea conſueuerint, congratulantes quòd ad deum ſint, cuius erãt fa
muli, iam migraturi. Homines uerò cum ipſi mortem expaueſcant, cygnos quoque falſo criminan-
tur quòd lugentes mortem ob dolorem cantum emittant, Profectò haud animaduertũt nullam eſſe

H 2

auem quæ cantet,quando esuriat aut rigeat,aut quouis alio afficiatur incommodo. non ipsa philo=
mela, nec upupa, quas ferunt per querimoniam cantare lugentes. At mihi neque hæ aues præ do=
lore uidentur canere,necჳ cygni,sed quia Phœbo sacri sunt,ut arbitror, diuinatione præditi præsa=
giunt alterius uitæ bona:ideoცჳ cantant alacrius gestiuntცჳ ea die,quàm superiori tēpore.Equidem
& ego arbitror me cygnorum esse consertum, eidemცჳ deo sacrum, neque deterius uaticinium ab
eodem domino habere quàm illos,neque ignauius è uita decedere, Hæc ille.   Indi & Aegyptij di=
cunt phœnicem auem in nido tabescentem propempticos hymnos sibijpsi decantare soler. Hoc
ipsum cygnos facere perhibent,qui sapientissimi inter ipsos habētur,Philostratus in uita Apollonij
lib.3. Hic undicჳ clamor   Dissensu magnus uario se tollit in auras.   Haud secus, atცჳ alto in lu=
co cùm forte cateruæ   Consedere auium,piscosoue amne Padusæ   Dant sonitum rauci per stag=
na loquacia cycni,Vergilius X 1. Aen.   Ibant æquati numero, regemცჳ canebant: Ceu quon=
dam niuei liquida inter nubila cycni: Cum sese è pastu referunt,& lōga canoros   Dant per colla
modos;sonat amnis, & Asia longe   Pulsa palus,Idem 7.Aen.imitatus locum Homeri quem reci
taui in Ansere H,c.confert autem ille Græcorum in aciem euntium copias agminibus anserum uel
gruum uel olorum in Asiososic dicto loco circa Lydiæ fluuiū Caystrū, uel asio, id est palustri) prato,
Κλαγγηδὸν πϱοϰαθιζόντων:σμαραγεῖ δὲ τε πόντ Ⴁ. Vare tuum nomen   Cantantes sublime ferent ad sy=
dera cycni, Idem in Bucol.   Cum tuba depresso grauiter sub murmure mugit.   Et gelida cycni
nece torti ex antro Heliconis,   Cum liquidam tollunt lugubri uoce querelam, Lucretius libro 4.
Quòd in cygni formam sit transiturus, cantuცჳ repleturus orbem, Horatius de seipso Carm. 2.20.
O mutis quocჳ piscibus   Donatura cygni, si libeat sonum, Idem ad Melpomenen libro 4. Carm.
Στρομόνιοι μύγεϑε πᾳϱ᾿ ὕδασιν ἄλενα κύκνοι,Theocritus Idyl. 19.   εἰς ὅτε ϰαλὰ νάοντ Ⴁ ἐπ᾿ ὀφρύοιν Γακιωλοῖα
Κύκνοι κινήσωσιν ἑὸν μέλῳ.ἀμφὶ δὲ λειμῶν   Ἑϱσήεις βϱέμεται, ποταμοῖο τε κελὰ ῥέεϑρα, Apollonius 4. Argo=
naut.   Τοιαὺ δὲ κύκνοι, Τιοποποποτίηჳ, Συμμαχᵉ βελῷ ὁμῷ Γῖϱοῖσι κρίνοντες, ἱαχῷ Ἀπόλλω, Τιοποπο
ποτίηჳ,   ᾿Σχϑω ἐφεζόμενοι πᾳϱ᾿ Ἕβϱου ποταμόϱ. Τιὸ πὸ πὸ πὸ.   Διὰ δ᾿ αἰθέϱιοϲ νέφ Ⴁ ἤλϑε Βοαὶ   Γῆξε δὲ
ποικίλεα τε φῦλα ϑηϱῶϱ,   Κύματα τ᾿ ἐσβεσε νήνεμῳ ἄϑϱη, Τοπτοποτοποτοποτίηჳ. Πᾶς δ᾿ ἐπικίνητο
ὄλυμπ Ⴁ,   Εἷλε δὲ ϑάμβ Ⴁ ἀνάκτας. Ὀλυμπιάδες δὲ μελῷ χάϱησε,   Μᾶσαι τ᾿ ἐπωλούψαν Τιοποποτίηჳ.
Κύκνειον ᾆσμα,id est Cygnea cantio uel cantilena,refertur inter Græcanica prouerbia, Notatur & ab
Aeliano in opere de naturis animalium,prouerbij uice.Conuenit in eos (inquit Erasmus)qui supre
mo uitæ tempore facunde disserunt,aut extrema senecta suauiloquentius scribunt, id quod fere so=
let accidere scriptoribus, ut postrema quæცჳ minime sint acerba maximeცჳ mellita, uidelicet per æta
tem maturescente eloquentia.Porrò cygnos instante morte mirandos quosdam cantus ædere,tam
omnium literis est celebratum, quàm nulli uel compertum, uel creditum. Aelianus negat eos ca=
nere,nisi flante zephyro uento, quem Latini fauonium dicunt. Nec desunt philosophi, qui huius
rei causam etiam addere conantur,affirmantცჳ id accidere propter spiritus per collum procerum &
angustum erumpere laborantis. D. Hieronymus in quodam laudans senilem eloquentiam, com=
memoratis aliquot scriptoribus: Hi omnes, inquit, nescio quid cygneum uicina morte cecinerunt,
Idem in Epitaphio Nepotiani, Vbi est ille ᴕϱγϱδίιϰτηϲ noster , & cygneo canore uox dulcior ? Nos
item in Epigrammate quodam, quod olim ex tempore lusimus ad Guilielmum Archiepiscopum
Cantuariensem:Vates uidebis exoriri candidos   Adeò canoros atცჳ uocaleis,uti   In alta fundant
astra cygneum melos,   Quod ipsa & ætas posterorum exaudiat.   Meminit adagij & Athenæus
libro Dipnosoph.14.ex authore Chrysippo, referens quendam adeò impense delectatum fuisse di=
cterijs (φιλοσκώπτειω)ut cum esset à carnifice trucidandus, dixerit se uelle mori decantata cygnea can=
tione, (ὥσπεϱ τὸ κύκνειον ᾆσας,)sentiens dictum aliquod salsum,quod simulatცჳ proloquutus esset,non
contaretur emori.M.Tullius præfans in librum de Oratore tertium, de L. Crasso ita loquitur: Illa
tanquam cygnea fuit diuina hominis uox & oratio, quam quasi expectantes post eius interitum ue=
niebamus in curiam,ut uestigium illud ipsum,in quo ille postremum institisset cōtueremur, Huc
usque Erasmus.   Κύκνειοϱ,ϰ τὸ κύκνϱ μέλῳ, Suidas. Ἐμὲ δἰεῖ κελαδ᾿ εῖϱ, ἐμὲ δ᾿εῖ σκπαχεῖϱ,οἶϲ τι κύκνῳ ἄϱο=
τα ποικιλόπτεϱοϱ μέλ Ⴁ τᾳϱ ἀοιδᾳϱ,Pratinas apud Athenæum lib.14.   Theocritus Idyllio quinto pro=
uerbij specie dixit, Ὀυ δεμιτὸϱ Λάκωϱ ποτ᾿ ἀηδόνα κίοσας εέξειϱ,   ὀυδ᾿ ἔποπας κύκνοισιϱ,Erasmus Roter.
transtulit,Haud fas est Lacon philomelam ut prouocet unquam   Pica nec argutis epopa obstrepat
improba cygnis. Simile est in eodem Idyllio,Σφὴξ βομβῷ τὰ τίλιγ Ⴁ ἐναντίοϱ, Scilicet obstrepitans ar=
gutæ uespa cicadæ,& in eum qui certat longe impar cum superiore, aut qui negotium facessit lōge
sie præstantioribus.   Tum canent cygni cum tacuerint graculi, hoc est, Tum loquētur eruditi,cum
garrulis non erit loquendi locus. aut inter garrulos & obstreperos non est eruditis dicendi locus.
Vsurpauit adagium Gregorius Theologus in epistola,ad Celeusium præsidem.Ῥᾳῶσαι κατασλαυρᾳῦ
ἡμῶϱ διστωπῆς,ἢ σοι παϱοιμιαϱ ὁϱῶ,μάλιστε μὴ ἀληϑῆ,μελίστε δὲ σωτομοϱ,ὅτι τότε ᾄσονται κύκνοι, ὅταϱ κολοιοί σιω
πήσωσιϱ.id est, Aut desine tuis nugis obstrepere nostro silentio ,aut tibi referam prouerbium ut ue=
rissimum,ita breuissimum,Tunc canent cygni,cum tacebunt graculi. Ita nunc loquuntur Cicero,
Vergilius,Horatius,& tacent Pero, Philiscus,Mæuius, qui uiuis illis obstrepebant, tanto loquacio
res quanto indoctiores,Erasmus.   Eodē prouerbio usus est Antipater in Epigrammate quo Erin=
nam poetriam celebrat,Λαῷτεϱ Ⴁ κύκνϱ μιϰϱὸς ϑϱόϱ,ἠὲ κολοιῶϱ   Κϱωγμὸς, ἐϱ εἰαϱιναῖς κιδνάμεϱ Ⴁ νεφέλαις.
Suauidicis potius quàm multis uersibus ædam,   Paruus ut est cyeni melior canor ille,gruū quàm
                                                                                Clamor

Clamor in ætherijs dispersus nubibus austri, Lucretius lib. 4. Inter Ledæos ridetur coruus olores, Martialis lib. 1. Sed argutos inter strepere anser olores, Vergilius 5. Aegl. Ioannis Leluandi Angli liber Cygnea cantio inscriptus extat. Ἄρ᾽τι δὲ κυκνείῳ φθεγγομένου σώματι, Incertus in Epigrammate in Erinnam poëtriam. In Pactoli fluuij Lydiæ ripis tempore uerno κύκνων εἰσαΐεις λιγυρῶν ὄπα, τοι τε κατ᾽ ὕδωρ Ἔνθα καὶ ἔνθα νέμονται ἀεξομέναι ὑπὸ πνοίης, Dionysius Afer. Τίς ὁ κύκνῳ συναναφαίνων τὰ ἐμελῳ ὅταν ἐκπετάσῃ τὸ ἱππόδρομον ταῖς αὔραις, καὶ ποιεῖ μέλ Θ τὸ εὔεργμα; Greg. Nazianzenus.

¶d. Qualis ubi aut léporem, aut candenti corpore cygnum Sustulit alta petens pedibus Iouis armiger uncis, &c. Vergilius 9. uidetur autem imitatus Homericum illud Iliad. o. Ἀλλ᾽ ὅτε τ᾽ ὀρνίθων πετεηνῶν αἰετὸς αἴθων ἜθνΘ ἐφορμᾶται ποταμὸν πάρα βοσκομενάων χηνῶν, ἢ γεράνων, ἢ κύκνων δουλιχοδείρων.

¶e. Et fundam tereti circum caput egit habena, Strymoniamǽ gruem, aut album deiecit olorem, Verg. Aeneid. 11. In regis Angliæ aula multos semper cygnos ali audio.

¶f. In Cotyis Thracum regis conuiuio apud Athenæum, inter ceteras aues cygni apponunt.

¶h. Eubuli poëtæ Προσφθίαν ἢ Κύκνον Athenæus citat, οὐδ᾽ ἐξεπλάνησεν αὐτὰς τὰς κύκνας ποιῶν καὶ μέμναας κωδωνοφαλαροπώλους, Aristophanes, ut Varinus citat in Κωλῶπαφ. Fabulam elegantem de hirundinibus & cycnis Gregorius Nazianzenus in epistola ad Celeusium præsidem recitat. Hirundines (inquit) olim cygnis obijciebant quòd hominum conuersationem recusarent, neǽ musicam publicè exercerent: sed prata, fluuios & solitudinem amarent: & parum admodum cantillarent, idǽ inter se tantum quasi eos musicæ puderet, Nostræ uerò (aiebāt) ciuitates sunt, & homines, & thala mi: nos hominibus canimus, & fortunas nostras eis narramus: nempe uetera illa & Attica, Pādionem, Athenas, Tereum, Thraciam, peregrinationem, nuptias, (τὸ κῖσθς,) stuprum, linguæ exectionem, literas, & postremò Ityn, & quòd ex hominibus in aues transformatæ simus. At cygni loquacitate illarum offensi uix responso eas dignati sunt. Responderunt tamen, Atqui nostri gratia uel in solitudinem exire non desunt qui uelint, ut musicam nostram audiant, quum zephyro ales pandimus ut suauem & concinnum inspiret sonum. Quòd si nō multum nec inter multos canimus, hoc ipsum tamen præcipuè in nobis laudari meretur, quòd cantum mediocritate temperamus (μέτρῳ φιλοσοφοῦμεν,) nec tumultuosam musicam ædimus. Vos uerò etiam in contubernio hominum molestæ estis, ita ut meritò illi uos auersentur, quæ ne linguis quidem exectis silere possitis. Et cum de hac calamitate uestra, ceu uocis priuatione conqueramini, nullas tamen uocales & musicas aues loquacitate non superatis.

¶ Metamorphoses. Fabulantur poëtæ homines quosdam Apollini familiares (παρέδρους) iuxta Eridanum in cygnos mutatos esse, eosǽ etiamnum canere non oblitos pristinæ musicæ, Lucianus. nos hoc de Cygno tantum Ligurum rege Sthenelj filio, circa Eridanum, legimus, Vide supra inter propria. ¶ Cygni pueri in auem transformatio, describitur ab Ouidio Metam. lib. 12. item Hyries filij in cygnum lib. 7. & in eandem alitem Iouis lib. 6. in tela Arachnes. Arachne puella (inquit) cum Pallade certans, in tela sua Fecit olorinis Ledam recubare sub alis. Olorem inter sydera (inquit Higinus) Græci cygnum appellant: quem complures propter ignotam illis historiam, communi genere auium ὄρνιν appellauerunt: de quo hæc memoriæ prodita est causa. Iupiter cum amore inductus Nemesin diligere cœpisset, neǽ ab ea ut secum concumberet impetrare potuisset, hac cogitatione amore est liberatus. Iubet enim Venerem aquilæ similatam se sequi, seseǽ ipse in olorem conuertit, & ut aquilam fugiens ad Nemesin cōfugit, & in eius gremio se collocauit: quem Nemesis non aspernata, amplexum tenens, somno est consopita, quam dormientem Iupiter compressit, ipse autem auolauit: & quòd ab hominibus altè uolans cœlo uidebatur, inter sidera dictus est esse constitutus. quod ne falsum diceretur, Iupiter è facto eum uolantem, & aquilam consequentem, collocauit in mundo. Nemesis autem, ut quæ auium generi esset iuncta, mensibus actis, ouum procreauit: quod Mercurius auferens detulit Spartam, & Ledæ sedenti in gremium proiecit, ex quo nascitur Helena, cæteris corporis specie præstans, quam Leda suam filiam nominauit. Alij autem cum Leda Iouem concubuisse in olorem conuersum, dixerunt: de quo in medio relinquemus, Hæc Higinus. Hyperôa, id est tabulata seu cœnacula domuum superiora Græci prisci ὥϊα uocabant, inquit Clearchus in Amatorijs, Helenam scribes in hisce locis nutritam, uulgò ex ouo prognatam fuisse creditum. Non rectè autem Neocles Crotoniates dixit, ouum è quo nata sit Helena, à Luna decidisse. mulieres enim Lunares (Selenitidas) Herodoro Heracleote authore, oua parere, ex quibus geniti quindecies magnitudine nos excedant. Ibycus etiam de filijs Molionis scribit, Ἀμφοτέρους γεγαῶτας ἐν ὠῷ ἀργυρέῳ. Cæterum Eriphus poëta Ledam anserina oua enixam ait, Athenæus lib. 2. Fabula de metamorphosi Iouis in Cygnum, eleganter describitur à Cælio Rhodigino libro 11. Lectionum antiquarum cap. 19. In Laconica templum est Hilairæ & Phœbes Leucippidum, ubi à lacunari dependet ouum fascijs comprehensum, quod Lede partum esse aiunt, Pausanias in Laconicis. Gallinaceus in somnio Luciani ait se tempore belli Troiani Euphorbū fuisse, nouissēǽ Helenam, non adeò formosam ut fabulantur, sed corpore candido & collo procero, ut eatenus rectè cygni filia credita fuerit, &c.

¶ Cygni Apollini ob præsagium finis sacri habentur, &c. Vide supra in Coruo h. & hoc ipso in capite H. c. ex Phædone Platonis. Itaǽ commemorat ut cygni, qui non sine causa Apollini di-

H 3

cati funt, fed quòd ab eo diuinationem habere uideantur, qua prouidentes quid in morte bóni fit, cum cantu & uoluptate moriantur, Cicero 1. Tufcul. Cygnus Apollini feu Soli confecratur, ob cãdorem diei,ut coruus à nigredine noctis, Varinus & Euftathius. Apollini facer eft cygnus, non folum tanquam auis canora & uaticina,fed etiam propter leucum, id eft album colorem. deriuatur enim eius nomen apud Græcos à uerbo λευσσειν quod uidere fignificat. uidendi autem facultatis au thor eft Apollo, unde & Delius nominatur, ceu qui omnia δηλα, id eft confpicua & uifui expofita reddat, Iidem. ¶ Venerem aliqui cygnis uehi dixère, ut Horatius in tèrtio Odarum, item Oui-dius & Statius:hic in Epithalamio dicens, Amycleos ad frena citauit olores:ille in Metam. Medias Cytherea per auras Cypron olorinis nondũ peruenerat alis,Gyraldus. Cycnis difcedere tempus, Duxerunt collo qui iuga noftra fuo,Ouidius in fine libri 3. de Arte am.   19

¶ Athenis non procul ab Academia monumẽtum Platonis fpectatur, quẽ in philofophia fum mum fore hoc præfagio deus fignificauit.Socrates nocte priore,quàm Plato difcipulus eius erat fu turus,cygnum fibi in finum inuolaffe per fomnum uidit, Paufanias. ¶ Apud Vergilium libro 1. Aen. ex aquilis & cygnis augurium defcribitur huiufmodi. alloquitur autem Venus Aeneam. Nanq tibi reduces focios,claffemq relatam Nuncio, & in tutum uerfis Aquilonibus actam: Ni fruftra augurium uani docuère parentes. Afpice bis fenos lætantes (poft periculum, fecuros iam ab aquila) agmine cygnos, Aetherea quos lapfa plaga Iouis ales aperto Turbabat cœlo: nũc ter-ras ordine longo Aut capere,aut captas iam defpectare uidentur. Vt reduces illi ludunt ftriden-tibus alis, (fignum augurij eft, inquit Seruius,) Et cœtu cinxère polum cantusq dedère: Haud aliter puppesq tuæ, pubesq tuorum Aut portum tenet,aut pleno fubit oftia uelo. Hoc eft ut cy 20 gni ifti poft aquilæ perturbationem,qua difperfi fuerant, ut naues tempeftatibus conftabat effe tur-batas,hilaritate omni lætitiaq recepta, ordine foluto fecuri uolitant: fic & naues tuæ & omnes tui, fecuri degunt ac tuti,Donatus.Cygnos (inquit Seruius) nauibus comparat,aquilam tempeftati.In augurijs autem confyderanda funt,non folum aues,fed etiam uolatus, ut in præpetibus: & cantus, ut in ofcinibus.Quia nec omnes,nec omnibus dant auguria:ut columbæ non nifi regibus dãt, quia nunquam fingulæ uolant,ficut rex nunquam folus incedit. unde in Sexto,Maternas agnouit aues: per tranfitum oftendit regis augurium.Item cygni nullis dant nifi nautis, ficuti lectum in Ornitho-gonia,Cygnus in augurijs nautis gratifimus ales: Hunc optant femper, quia nunquam mergitur undis.Quum cygnus neq in præpetibus,neq in ofcinibus nominetur, cur ab illo fumitur auguriũ? foluitur,quòd augurium ad aquilam poeta retulit:fed docet Verg. bonum omen ad naues facium 30 de cygni uolatu, Hæc Seruius, omen non augurium ex cygno factum fcribens. Ifidorus carmen quod Seruius ex Ornithogonia citat, ad Aemilium authorem refert,& fic legit: Cygnus in aufpi-cijs femper lætifimus ales, &c. Cycnus nautis & his qui freto agi uolunt profperos curfus denun ciat,reliquis inaufpicatus, Alexander ab Alex.

¶ Prouerbia. Cygnea cantio, Vpupæ cum cygnis certant, & Cygni canent tacentibus gracu-lis,explicata funt fupra in н. c. ¶ Cygno nigro rarior,tam ufurpari prouerbialiter poteft, quàm illud Coruo rarior albo. Rara auis in terris,nigroq fimillima cygno, Iuuenalis Sat. 6. de muliere formofa,diuite & pudica. ¶ Anfer inter olores,uide in Graculo prouerbiũ Graculus inter Mufas.

¶ Alciati emblema,quod infcripfit Infignia poetarum:

Gentiles clypeos funt qui in Iouis alite geftant,   Sunt quibus aut ferpens, aut leo figna ferunt. 40
Dira fed hæc uatum fugiant animalia ceras,   Doctaq fuftineat ftemmata pulcher olor.
Hic Phœbo facer, & noftræ regionis alumnus,   Rex olim ueteres feruat adhuc titulos.

DE CYNCHRAMO.

CYNCHRAMVS, κύγχραμΘ,nomen eft auis,Gaza legit apud Ariftot. de hift. anim.8.12.co dex Græcus impreffus habet cychramus,κύγχαμΘ.Sunt qui cenchranum legant apud Plinium, alij cichramus.Apud Hefychium κυγχραΘ legitur per γχ.quanquam in eo ordine ubi fine gamma fcri bi debuiffet. Varinus abfq gamma in fuum Lexicon trafcripfit. Inuenio & λυγχράμας apud eofdem. Vtcunq eft,nomen per onomatopœiam factum uidetur. Cynchramus difcedentibus coturnici- 50 bus ducem fe præbet,ut lingulaca quoq, ortygometra, & otus. A cynchramo coturnices etiam noctu reuocantur, (Græcè eft, ὅππερ αὐτὰς καὶ ἀνακαλεῖται νύκτωρ) cuius uocem cum fenferint aucu pes,intelligunt parari difceffum,Ariftoteles. Cychramus perfeuerantior (quàm glottis, quæ nun quam plus uno die cum coturnicibus pergit,& in proximo hofpitio eas deferit) feftinat etiam per-uenire ad expetitas fibi terras.itaq noctu eas excitat,admonetq itineris, Plinius. ¶ Cynchra-mus auis eft quæ noctu diluculum uerfus primo clamat,quafi uocans aues ad iter, Niphus. Gyb. Longolius cenchranum & ortygometram pro una aue accipit, (quod non probamus,) quæ fcrica à Germanis uocetur,ein fcrecke. ea uerò ortygometra ne potius an cynchramus fit, quoniam alter-utram effe non dubito,iudicent diligentiores.Nam crecem non effe,ut Turnerus putabat, ex cre-cis hiftoria confirmari poteft. Vide plura in Ortygometra,mox poft Coturnicem. Miliaria ea ea- 60 dem fit auis cum cenchramo confideret lector, Vuottonus. Pro cynchramo Albertus depraua-tam habet uocem fababoniz,& gallinã uibicis interpretatur, (Birckhũn) de qua plura fcribemus

inter

inter gallinas syluestres. ¶Est apud nos auis *Brachuogel* dicta, cruribus procerís, & roftro quoque, eodemᵉ inflexo modicé, altera maior, quam Latiné arquatam nominaui: altera minor, inter
gallinulas aquaticas defcripta, quarum alterutra an cynchramus effe poffit inquirendum.

DE AVIBVS QVARVM NOMINA INCIPIVNT A LITERA D.

DE DACNADE.

DACNADES funt auium genus, quas Ægyptij inter potandum cum corónis deuincere foliti funt, quæ uellicando morficandoᵉ & canturiendo (cantitando, Gillius) affiduè, non patiuntur
10 dormire potantes, Pompeius Festus. Δακνίς, auis quædam, Hefych. & Varin. Δακνια (per iôta in
penultima. melius forte per epfilon) auiculæ fyluestres, ὀρνιθάρια ἄγρια, Iidem. Ϸοίσλας, δ'ακνας, Iidem,
an ueró hoc poftremum etiam aues aliquas fignificat, incertum eft mihi, Inuenio & ϸοιλιύς, δ'ακνας
apud Hefychium.

DE DICAERIS INDICIS AVICVLIS.

PARVVLARVM quarundam auium Indicárum natio in excelfis rupibus nidificat, quarum
magnitudo accedit ad ouum perdicum, fandaricino colore eft: Indi fua lingua Dicærum folent nominare: Græci, ficut audio, Dicæum. Eius ftercus fi quis milij magnitudine fumpferit in potionem
20 diffolutum, ad uefperam morietur. mors fuaui fomno fimilis eft, & nullum omnino fenfum doloris habet. Quamobrem fummopere Indi id affequi ftudent. ipfum enim malorum obliuionem exiftimant inducere. Quod quidem ex India muneri miffum rex Perfarum omnibus rebus antefert,
& afferuat, infanabilium malorum remedium, fi fumere fit neceffe: neque apud Perfas quifquam
alius quàm rex id habet, Aelianus. Eædem forté funt aues, quæ ab Hefychio & Varino nominantur ϸοικιλαί.

DE DIOMEDEIS AVIBVS.

IN Diomedea infula fita in Adriatico mari, templum Diomedis effe aiunt mirabile & facrum,
30 id undiᵉ circunfideri auibus infigni magnitudine, quarum magna & dura fint roftra. eas fi Græci
homines aduenerint, quiefcere: fi uero ex uicinis locis barbari aliqui, fuboulare & è fublimi præcipites (κατακρόδοςιν) capita eorum ferire, & roftris ad morté ufᵉ uulnerare. Fabulantur autem Diomedis focios cum ipfe ab Aenea regionum illarum rege dolo occifus effet, naufragio circa infulam
facto, in has aues mutatos effe, Ariftoteles in libro mirabilium narrationum. ¶Diomedeas aues
Iuba cataractas uocat, eis effe dentes oculosᵉ igneo colore, cætero candidis tradens. duos femper
(fuper, Solinus) iis duces, alterum agmen, alterum cogere, (congreges enim uolitant.) Scrobes excauare roftro, inde crate confternere, (furculis in uterúq fuperpofitis imitari texta cratium,
& fic contegere fubtercauata,) & operíre terra quæ antè fuerit egefta: in his fœtificare. Fores binas
omnium fcrobibus: orientem fpectare quibus exeant in pafcua, occafum quibus redeant, (ut lux &
40 moranteis excitet, & receptui non denegetur, Solinus.) Aluum exoneraturas fuboulare femper, &
contrario flatu: (quo proluuies longius auferatur, Solinus.) Vno hæ in loco totius orbis uifuntur,
in infula quam diximus nobilem Diomedis tumulo atᵉ delubro, contra Apuliæ oram, fulicárum
fimiles, (forma illis penè quæ fulicis, Solinus. malim, ardeis.) Aduenas barbaros clangore infeftant,
Græcis tantum adulantur, miro difcrimine, uelut generi Diomedis hoc tribuentes: ædemᵉ eius
quotidie pleno gutture madentibus pennis perluunt atᵉ purificant: unde origo fabulæ Diomedis
focios in earum effigies mutatos, Plinius. Diomedeæ infulæ duæ funt (è regione Gargani, ut quidam fcribunt. Vide Horatium lib.1. Serm. Qui locus à forti Diomede conditus olim, &c.) quarum
altera habitatur: in altera deferta Diomedem difparuiffe quidam fabulantur, comitesᵉ in aues con-
uerfos effe. Eas etiam hac ætate manfuefcere, & humanam quodammodo uitam agere, & uiuendi
50 ordine, & erga benignos manfuetudine: à malignis autem & fceleratis fuga & euitatione, Strabo
lib.7. Diomedem à Daunio interfectum lugentes focij in aues cygnis fimiles conuerfi funt: quæ
barbaros refugiunt, accedunt ueró ad Græcos ita ut ex manibus eorum cibos auferant, & finus eorum fubeant. degunt autem illæ in infula cui à Diomede nomē, quæ fita eft circa Adriaticum mare
& Ionium finum, Varinus in Diomede. Infula quædam nomine Diomedea, auibus Diomedeis
abundat. hæ hominibus natione barbaris neᵉ quippiam nocent, neᵉ eos adeunt: Sin Græcus aduena eo diuerterit, diuino quodam munere ab his auibus aditur, alis explicatis, tanquam manibus,
ad prenfationem & complexum. Græcos fe pertrectantes non refugientes, intrepide fe palpari fu-
ftinent: in accumbentium finus aduolant, uelut ad menfas hofpitales inuitatæ. Vulgò focij Diomedis effe iactantur, qui unà cum eo contra Ilium arma tulerunt. prima eorum natura in auium fpe-
60 ciem immutata, etiam nunc fe effe Græcos & Græcorum ftudiofos perfeuerare, Aelianus. Si uolucrum quæ fit dubiarum forma requiris, Vt non cygnorum, fic albis proxima cygnis: Magna
pedis digitos pars occupat, oraᵉ cornu Indurata rigent, finéᵉ in acumine ponunt, Ouid. lib.14.

H 4

Metam. ubi Diomedis sociorum in aues transformationem describit. Nunc etiam horribili uisu
portenta sequuntur, Et socij amissi petierunt æthera pennis, Fluminibusque uagantur aues (heu
dira meorum Supplicia) & scopulos lachrymosis uocibus implent , Diomedes undecimo Aenei‐
dos, Vbi Seruius, Hoc loco nullus dubitat fabulæ huius ordinem à Vergilio esse conuersum. nam
Diomedis socios constat in aues esse conuersos post ducis sui interitum, quem extinctum impatien
ter dolebant.Hinc eæ aues hodieque Latinè Diomedeæ uocantur, quas Græci ἐρωδιὸς dicunt. cuius
generis auem auspicio dixit Homerus Diomedi & Vlyssi speculatoribus apparuisse : τοῖσι δὲ δεξιὸν
ἧκεν ἐρωδιὸν ἐγγὺς ἐδοῖο Παλλὰς Ἀθηναίη. Habitabant autem in insula quæ est haud longè à Calabria in
conspectu Tarentinæ ciuitatis.Quin etiam de his auibus dicitur, quòd Græcis nauibus lætæ occur
rant Romam uenientibus, Latinas uehementer fugiant, memores originis suę, & quòd Diomedes   10
ab Illyrijs interemptus est, Hæc ille. Has aues aiunt, si barbarus quispiam illuc accessisset, ocyus
aduolantes, unguibusque & rostro oculos & caput petentes, consauciasse & sœdè lacerasse, neque
prius destitisse, quàm ibi illum crudeliter interemissent. fuisse enim illas (rostro) unco, & incuruis
præterea armatas unguibus, Nic.Leonicenus in Varia hist. 1.84. sed authorem nõ adfert, nec nos
usquam legimus rostro & unguibus uncis has aues fuisse. nam & Ouidius rostra earum acuta esse
scribit: & Albertus,Rostris acutis (inquit) cauant molliora rupium in quibus nidificent:& tecta se.
super ex tegulis (surculis) & puluere componunt ad modum magni cyphi. Et rostri figura acuta,
non adunca ardearum generi conuenit. Ardearum autem generis has aues esse & Seruius sentit,
cuius uerba iam recitauimus : & Stephanus Grammaticus testatur. Diomedea (inquit) urbs Dau‐
niorum est,in qua ardeæ cicures(ἐρωδιοὶ χειροήθεις)aduolitant(ad homines, Græcos quidem, non bar‐ 20
baros,)& sinum subeunt, in quas Diomedis socios mutatos aiunt. Cæterum cataractæ dictæ sunt
ἀπὸ τῷ καταράσσειν,ut supra ex Aristotele citauimus: quòd in hominum capita barbarorum præcipi‐
tes ruant,eaque rostris seriat. Alias ab his catarrhactas , hoc est laros marinos albos & paruos, descri‐
psimus supra,quæ & ipsæ è sublimi præcipites ruunt ad piscium prædam.& hæ forsitan sulicis con‐
ferri possunt,non Diomedeæ catarrhactæ, quæ cygnis ab Ouidio comparantur, & insigni magni‐
tudine præditæ ab Aristotele dicūtur. Aut igitur errasse,duasque diuersas aues nominis similitudine
deceptum confudisse Plinium iudico:aut ex Græco aliquo scriptore sulicas pro ardeis reddidisse.
nam & alibi cirrhos sulicis esse scribit,quod ardeis magis conuenire uidetur: ut & color albus. sunt
enim albæ quædam ardeæ etiam maiores cæteris.sed & cataractæ lari,albi traduntur. Rostris serire
& uulnerare,caputque & oculos hominum petere,ardeæ solent. Oculi quoque ignei coloris ab ardea‐ 30
rum genere alieni non sunt.tales enim uidisse memini.& ardeę pellæ,id est sulicę, oculos coitus tem
pore sanguine suffundi quidam tradunt. Cæterum dentes an in ulla aue reperiantur præter aquati
lium,ut anserum anatum & mergorū genere,nõ facilè dixerim.nam uespertilio,quæ dentes habet,
auis est non auis,ut in gripho legimus. Sunt qui morphno etiam, id est anatariæ aquilæ dentes tri‐
buant. Taui est auis habens dentes in palato, Vetus Glossographus Auicennæ. ¶ Diomedeæ
aues magnitudine sunt cygnorum,colore candido,duris & grandibus rostris,circa Apuliam in in‐
sula Diomedea inter scopulos littorum & saxa uolitantes, Isidorus. Obscurus quidam inter recen
tiores sulicam à Diomedea prorsus nõ distinguit. ¶ Diomedis aues hyeme incubant, sorte pro‐
pter uitanda tonitrua, quæ ouis noxia dicuntur,Albertus.
                                                                                                              40

DE DRYOPE.

DRYOPS,δρύοψ,auis una est de choro auium apud Aristophanem, Scholiastes quæ sit nõ ex‐
plicat. Hesychius auem à dryocolapte,id est pico martio,diuersam esse docet. ¶ Dryopes, Δρύο
πες,populi fuerunt iniusti circa Parnassum,quos Hercules superatos bello in Peloponnesum tran‐
stulit,sic autem dicti sunt à Dryope Lycaonis & Diæ Lycaoniæ filio, Varinus. Horum meminit
Vergilius 4.Aen. Cretesque, Dryopesque fremunt. Tamque cadas domitus , quàm quisquis ad arma
uocantem Iuuit inhumanum Thiodamanta Dryops, Ouidius in Ibin. Vide plura in Onoma‐
stico nostro.

DE EDOLIO.

EDOLIVS,ἐδώλιος, auis quædam, Hesychius & Varin. sic dicta forte ab aliqua corporis aut
rostri figura,nam ἐδώλια dicuntur transtra nauium in quibus remiges sedent : & per metaphoram
sedilia in domibus. Apud eosdem EIDALIS quoque auis,εἰδαλίς, memoratur,à pulchritudine for
san dicta. εἰδάλιμον enim formosum & speciosum interpretantur. Sed magis puto corruptas esse
has uoces,nam apud Aristophanem in Auibus ubi textus habet, Καὶ ἐλασᾷ καὶ ἐρωδιῷ, carmine tri
metro dactylico, Scholiastes pro ἐρωδιῷ legit ἐδώλιῷ : & Callimachum pro edolio ait εἰδάλιον per u.
diphthongum inter aues numerare.
                                                                                                              60
                                                                                                              DE

DE ELAPHIDE.

ELAPHIS, ἐλαφὶς, pennas in dorſo omnes ceruinæ pelli colore ſimiles habet, (unde nomen
apud Græcos. Latinè ceruinam aut ceruſam aut ceruariam dixeris.) Paſcitur autem hæc in aquis,
ſicut iynges in terra, linguam nempe longiſſimam, lineæ aut funiculi inſtar in aquam procul extendit, & ſenſim ad fauces deceptumaliquem piſcem, qui ad conſpectam adnatauerit linguam, allicit.
Ad huius imitationem nimirum piſcatores olim, ad longam arundinem ex pilis equinis lineam ſu-
ſpenderunt, Oppianus in Ixeuticis 2,11. Forte hæc auis pennas uarias & maculoſas habuerit hinnulorum inſtar, nam & lupus ceruarius ab iſdem maculis ſic dictus uidetur, & in muſtelorũ piſcium
genere nebrias, Iam cum & aquatica auis ſit, & linguam prælongam exerat, cogitandum eſt an eadem uel certe cognata ſit Ariſtotelis glottis id eſt lingulaca auis, cui à lingue longitudine nomen: &
corporis forma auibus aquaticis ſimilis. ¶ Ceruinæ aues Diodoro Siculo lib. 4. de fabuloſis antiquorum geſtis, non aliæ quàm ſtruthiocameli ſunt, magni cerui magnitudine, &c.

DE ELEA ET ELASA.

ELEAS & ELASAS auium nomina ſunt Ariſtophani in fabula quæ Aues inſcribitur: quænam uero aut quales ſint à Scholiaſte non explicatur. Nominatur autem in duobus uerſibus proximis (dactylicis trimetris) utraq; auis à Comico, Καὶ ἐλέα καὶ βάσκα, Καὶ ἐλασᾶ καὶ ὀρωδίω. Eleas forte
ea auis eſt quæ ἐλέας à Callimacho nominatur, qui ſic ſcribit: Ἔλεα (proparoxytonum) μικρὸν (ὄρνεον)
φωνῆ ἀγαθόν, Scholiaſtes Ariſtophanis. hoc eſt, Elea auis eſt parua, uoce proba. Apparet autem Callimachum ab Ariſtotele mutuatum, qui hiſtoriæ anim.9.16. Heléa, ἱλέα, (inquit) uitæ commoditate
nota, ϑύσιον Θ᾽, ſi qua alia auis, conſiſtit æſtate in umbra & aura, hyeme in Sole & apricis, inſpectat
paludes ab arundinibus ſummis: paruo corpore eſt, ſed uoce proba, (quæ ferè etiam de alcyone Plinius ſcribit, uide in Alcyone A.) Gaza ueliam interpretatur, aſpiratione in u, conſonantem uerſa,
ut pro heſpero ueſperum dicimus, ſed ſequentia quæ ad diuerſam auem gnaphalum Ariſtoteli dictam pertinent, Gaza aut librarij, omiſſa gnaphali mentione, non recte ad ueliam (heleam) omnia
referunt. Erroris occaſionem uideo, quoniam bis legitur φωνῆ ἔχει ἀγαθὼ, primum de heléa, deinde
de gnaphalo. ἐλέας, paroxytonum, auis quædam, Heſych. & Varinus. Ego ex diuerſis iſtis modis quinq; quibus huius auis nomen ſcribi reperio, (cum prima ſyllaba alias denſo alias tenui ſpiritu ſcribatur, media alias per epſilon tantum, alias per ε, diphthongum: ultima per ε. nudè finale,
uel per ας. deniq; accentu uariet, nunc acuto primam nunc mediam occupante, nunc ultimam circunflexo) eum præ cæteris probo, qui apud Ariſtotelē habetur: nempe ἡ ἱλέα, ut uox ſit generis fœminini (nam in ας, maſculini generis foret) paroxytona, prima aſpirata. innuit enim Ariſtoteles nomen ei factum à paludibus quas inſpectat, eas Græci uocant ἕλη. Alexander Myndius apud Athenæum ſcribit ægithali (id eſt pari) genus alterum à quibuſdam uocari ἐλεαιὸν, ab alijs pirian (ſi recte
ſcribitur,) & quo tempore maturæ ſunt ficus ſycalida, id eſt ficedulam, cuius alterum genus melancoryphus appelletur. Sed hæc auicula ab Ariſtotelis heléa & eléa Ariſtophanis, planè diuerſa mihi
uidetur. Vide mox in Ficedula A.

ENTHYSCVS, auis quædam, ὁ ἄσφαλ Θ᾽, Heſychius & Varinus. aſphalos uerò quæ ſit nõ docent. Videtur autem eadem aſcalapho. Vide in Bubone ſupra.

EPIMACHOS pulcherrimos, pſittacos & ſtruthiones grandes prouincia Abaſiæ fert, Paulus
Venetus 3,45. Io. Rauiſius ophiomachum auem eſſe ſcribit quæ ſerpentes impugnet.

DE ERYTHROPODE.

ERYTHROPVS, ἐρυθρόπους, genus eſt auis, Varinus. Memoratur in Choro Auiũ apud Ariſtophanem. Scholiaſtes ait Callimachum quoq; eius meminiſſe, nec aliud addit. Apud Plinium libro 10, cap. 47. hæmatopodis auis (à ſanguineo pedum colore dictæ) mentio fit. ſed Hermolaus hi-
mantopodam legere mauult, Etiamſi (inquit) & auis genus ſit Ariſtophani, quam dicat erythropo-
da, hæc autem ſit an diuerſa, nõ ſtatuo. Eberus & Peucerus hæmatopodem & erythropodem pro
una aue accipiunt, quam Germanicè interpretantur Rotfinck, id eſt fringillam rubram: cum rurſus fringillam etiam ſimpliciter dictam ſic interpretantur. Sed cum nullam huius auis deſcriptionem ueterem habeamus, & ex ſolo nomine coniectare oporteat quod ei à rubente pedum colore
impoſitum eſt, rubent autem illi permultis diuerſæ naturæ & magnitudinis auibus: rem pro incerta
potius relinquere quàm diuinare hominis docti fuerit. Eſt inter aues aquaticas, quas gallinellas
(ſeu gallinagines) aquaticas uocamus, quòd uictum circa aquas quæritent, cruribus omnes proceris, & roſtris pleræcq; oblongis, genus unum quod circa Argētoratum Rotbein, id eſt erythropus,
ut uerbum uerbo reddam, appellatur: cuius figuram dabimus inter Gallinulas aquaticas. ſed hoc
cruribus tantum rubet: Rala uerò Anglorum, quam inter eaſdem Gallinulas duplicē deſcribemus
ſo tum roſtro tum cruribus.

ἘΡΜΑΚΟΝ, ὄρνεον, Heſychius & Varinus.

ERYTHROTAON apud Plinium legitur, alij tetraonem, alij aliter legunt. ea auis inter gal-

linas montanas (alpinas) maxima nobis uidetur, quam uulgò gallum urum appellamus, etsi qui=
dam gallum Indicum esse suspicentur. nos de utrocp inter Gallos & gallinas agemus.

EXTERNAE aues apud Plinium doctis uidentur eæ, quæ hodiecp in Italia siarnæ uulgò no=
minantur, & apud Germanos aliosc̉p simpliciter ueterum perdices (Feldhůner/Rebhůner) hacte=
nus creditæ sunt.

DE AVIBVS QVARVM NOMINA A LITERA F. INCIPIVNT.

FATATOR (facator, Albertus) est auis in Oriente, quæ sobolis procreandæ naturaliter cupi=
da, tempus ueris quo aues cæteræ conceptioni dant operam, anticipat. unde fit ut oua, quæ tum pa 10
rit, (hyeme, mense Ianuario, post solstitium brumale, Albertus) frigore corrumpâtur. quare denuo,
calidiore tempore subsequuto parit, & pullos excludit, (sed hoc Aristoteles de merula scribit,) cum
cæteræ aues agrestes ferè omnes semel tantum anno pariant, Author libri de nat. r.   FETIXe=
tiam secundum Albertum, bis parit æstate, & sobolem numerosam habet, corpore parua, (parua ple
runcp fœcundiora sunt,) & breuis uitæ.

DE FICEDVLA ET ATRICAPILLA.

FICEDVLAE aui nomen à ficu, ut & συκαλις apud Græcos, quod ea (ut Varro ait) pinguis
fiat, uel quòd ficuum tempore capiatur. Italis hodie becquesigo (piccafyga circa lacum Verbanū)
id est συκϊϐϗπος, dicitur, auicula lusciniæ similima tum colore tum magnitudine ferè. Gallis simili= 20
ter becquesigue. Germanis Graßmugg/uel Graßmuſch, id est passer gramineus, ut Turnerus
interpretatur. sed quærendum an à colore potius, quasi Graumuſch, id est passer fuscus sic appel=
letur. nam cum quatuor ferè genera auium (ut pluribus in Curruca docui) grasmuschi nostris uo=
centur, genus fuscum inter cætera præcipuè uidetur ficedula esse. Ficedula auicula est Germano=
rum grasmuscho similis, Turnerus. Phœnicurus, cui nomê à rubente cauda, differt à ficedula quæ
cinereo tota & obscuro colore constat, Eberus & Peucerus.

¶ Ficedulæ & atricapillæ uicibus commutantur. sit enim ineunte autumno ficedula: ab autum=
no protinus atricapilla. nec inter eas discrimen aliquod nisi coloris & uocis est. Auem autê esse ean=
dem constat: quia dum immutaretur, hoc genus utruncp conspectum est, nondum absolute muta=
tum: nec alterutrum adhuc proprium ullum habes appellationis, Aristoteles & Zoroastres in Geo 30
ponicis 15. 1. Alia ratio ficedulis, quàm lusciniis. nam formam (uocem Aristot.) simul coloremc̉p
mutant. hoc nomen non nisi autumno habent, postea melancoryphi uocantur, Plinius. ¶ Melan=
coryphi, genus auium, quæ Latinè uocantur atricapillæ, eò quòd summa earum capita nigra sint,
Festus. Plinius etiam Græcum melancoryphi nomen retinuit. Atricapilla uulgò Italis capisuscu=
la dicitur, Niphus. Et alibi, Atricapillam (inquit) aliqui duplicem esse uolunt, alteram paruam,
quæ non mutatur in ficedulam: nam & hæc tempore ficedulæ uisa est. alteram paululum maiorem,
quæ conuertitur in ficedulam, & hæc nunquam uidetur apparente ficedula. Atricapilla circa Fer=
rariam Italiæ capo nero nominatur, quanquam & parum maiorem alibi capo negro uocari audio.
Gallicè piuone. hæc maximè (inquit Petrus Bellonius) in Creta abundat per fruteta uolitans. &
quoniam huius auiculæ caput caudac̉p & pars corporis nigricant, à multis uulgò asprocolos (id est 40
albicilla, leucopygos) per antiphrasin nominatur, (melampygus potius dicêda.) nam alia quædam
auis, propriè leucopygos (Bellonius Gallicè tantum scribit cul blanc) appellatur, quæ ueterum Græ
corum œnanthe est. alii in Creta magis propriè atricapillam melanocephalum, eadem qua Latina
uox est significatione, nominant. est autem eadem quæ ficedula, Gallis papafigho uel becafigo di=
cta, Hæc ille. Atricapilla Germanis, ut creditur, est ein Graßmuckle, Turnerus. Hanc in Anglia
(inquit idem) nunquam uidi, neqp alias quàm semel Ferrariæ in Italia. &c. uide supra in Curuca A.
Nostri appellant Schwartzkopff/ die Graßmuck mit dem schwartzen kopff. caput enim ut au=
dio, prima ætate eis rubet, deinde nigrescit, maribus duntaxat: fœminis uero semper rubet. Ebe=
rus & Peucerus Germanicè (Saxonicè) interpretantur Wůnchlein/id est, paruum monachum, ni
mirum à macula illa capitis rotunda. curuca (inquiūt) similima est, cinerea, uertice nigerrimo qua= 50
lem auriuittis habet. auriuittem uocant auem quam nostri Gůiger/alii Gůmpel/Goldsinck. ¶ Fi
cetola (Ficedula) auis quædam parua boni saporis, quam nominat Dioscorides (in capite de hirun
dinibus. Serapionis interpres eum locum transferens pro sycalide habet sophlidas, & apud Sylua=
ticum sofadas, id est facetola: Auicenna omisit,) Syluaticus. Alchaugi, id est ficedula auis, Idem.
Ficedulam Græci sycalida uocant, ac ampelida uel ampeliona quocp, ut tradit Pollux, Hermolaus
& Cælius. Ampelis & ampelion sit ne eadem quæ ficedula, nondum constat, Vuottonus. Nos
plura de ampelide priuatim scripsimus in Elemento A.

¶ Beccesigas Itali quidam etiam alias quasdam aues nominant præter hanc de qua agimus lusci
niæ seu curucæ similem, cui præcipuè hoc nomen deberur: nempe galbulam, quam aliter galbedro
& reigalbulo uocitant, Græci hodie uulgo συκφάγον, de qua suo loco dicemus: & galbulam non mul 60
tum magnitudine colorec̉p dissimilem auem picorum generis Plinio, nidum à ramis arborum su=
spen.dentem, quem oriolum barbari quidam nuncupant.

¶ Alter

¶ Alter ex ægithalis (id est paris auibus) à nonnullis ἱλαὸς uocatur, ab alijs πέλας (πυελὶς legit Vuottonus, qui locum hunc Athenæi mendosum suspicatur. uide num ἀιτιας legi possit. est enim spizites ægithali species Aristoteli à magnitudine fringillæ dicta, ut accipiter spizias eidé qui frin-gillas uenatur,) & sycalis eo tempore quo ficus maturæ sunt: cuius alterum genus melancoryphum dicitur, Athenæus. Videtur autem pari & ficedulæ genus confundere, ea (ut conijcio) erroris oc-casione, quoniam ut ficedulæ species atricapilla est, sic & pari genus paruum atro uertice insigne conspicitur. unde ei & nomen apud nos ℜolmeiß: & apud Italos quosdá parus maior ab eodem ca-pitis colore capo negro uocatur.

¶ Falluntur qui Albertum Magnum secuti, gallinaginem, id est beccassam Gallorum, ficedu-lam uocant: ut illi etiam (Gyb. Longolius) qui auem rubente pectore Güger à nostris dictam, quo-niam capite atro sit atricapillam faciunt. Eberus & Peucerus ficedulam interpretantur auem phœ-nicuro adeò similem, ut nisi cauda differrent, quæ illi rubea, huic cinerea est, uix possent dignosci, Germanicé Schnäpfli, Wüstling. prioris nominis causa est, quòd auidissimé hiantibus faucibus muscas & culices captet. Ego uerò hanc potius erithacum quàm ficedulam existimârim.

E.

Ficedula auis paruula est, Platinæ, Grapaldo & alijs, uide in A. Celsus lib. 2. cap. 18. Ex his (in-quit) quæ uolatu fidunt, firmiores sunt (in alimenti ratione) quæ grandiores aues quàm quæ minutæ sunt, ut ficedula & turdus. ¶ Propriũ atricapillæ & lusciniæ præter cæteras aues, ut linguæ sum-mæ acumine careant, Aristot. Eodem caret etiam rubro pectore auis quam dixi à nostris Güger appellari. Reliqua dicta sunt supra in A.

C.

Ficedulam & atricapillam uermiculis nutriri Aristoteles prodidit. qui uictus etiam nostris atri-capillis uulgò dictis & currucis conuenit. sed autumni tempore ficubus etiam pinguescit ficedula, & tum potissimũ capi solet, ut Athenæus & Eustathius referũt. Ficuum esu pinguis fit, Varro de lingua Lat. Vuis quoq; uescitur teste Val. Martiali, hoc disticho: Quũ me ficus alat, quum pascar dulcibus uuis, Cur potius nomen non dedit uua mihi? hinc & ampelídem eandem à uineis nominatam Cælius conijcit. ¶ Atricapilla in arboribus nidificat, Aristot. in cauis arborum sicut apud nos parix, Niphus. Atricapillam etiam plurima ædere aliqui referunt, sed post Africanam stru-thionem. Iam uel decem & septem oua atricapillæ reperta sunt. Sed plura etiam quàm uiginti pa-rit, & numero impari semper, ut narrant, Aristoteles & Plinius. Melancoryphus pullos tam dili-genter alit, ut statim in nidis pinguissimi sint, cum è nido auolant matrem turmatim sequuntur, nec deseruntur ab ea donec sibi alendis sufficiant, Albert. ¶ Amerinæ flore atricapilla perit, Aelian.

E.

Ficedulæ capiuntur tempore ficuum, Athenæus & Eustathius. Κϋτίδλας Græci quidam ficedu-las nominant, & retia quibus capiuntur κϋτίδλα, Hesych. & Varinus.

F.

Ficedulæ pinguissimæ fiunt, & in Italia (ut audio) in magno pretio habentur. Apicius turdos & ficedulas bis uel ter simul nominat, tanquam aues ex æquo delicatas. Negant ullam auem præ-ter ficedulam, totam comesse oportere, Gellius libro 19. Ficedularum, carduelium, reliquarumq; auium minutarum caro, si pingues sunt, modò non nidificent, boni alimenti est, Platina. Ficedula optima est autumno, propter alimentum eis tunc abundans, Galenus in Hippocrat. de uictu acut. ex auibus quæ uolatu fidunt, firmioris sunt nutrimenti quæ grandiores, quàm quæ minutæ, ut fice-dula & turdus, Celsus lib. 2. ¶ Cærea, (id est pinguis) quæ patulo lucet ficedula lumbo Cum tibi forte datur, si sapis, adde piper, Martialis. Si sapis, & calida arescit ficedula. quæris Cur piper, cur melius si bibis, inde coquas? Baptista Fiera. Hirundines uti ficedulæ in cibo (similiter scilicet pa-ratæ, non quòd ficedulæ etiam oculos iuuent) aciei uisus medicamentum præbent, Dioscorides. Ficedulas implumes ac nullibi comminutas aut exenteratas, in folio uitis cum modico salis, fœni-culi ac laridi inuoluens: inuolutaq; cinere calido & carbonibus integes. Ante dimidiũ horæ coquen-tur. assas si uoles, quaternas simul deuincies circa ueru capite & pedibus: ne si transfixæ fuerint, nil habeas quod comedas. Sunt qui in extrema coctura laridum his instillent, Platina. Apicius libro 6. cap. 5. describit ius pro coquendis & condiendis auibus diuersis, turdis, ficedulis, &c. Vide infra in Pauone F. de ficedulæ coctura. Athenæus lib. 4. in opiparo quodam conuiuio porcum assum appositum scribit turdis & ficedulis fartum: qualis etiam Apicij porcus hortulanus est.

H.

a. Ficedula antepenultima longa Martiali, Cærea quæ patulo lucet ficedula lumbo, Iuuenalis licentius corripit Sat. 14. Mergere ficedulas didicit nebulone parente. Συκαλίδας Epicharmus dixit lambda duplicato propter uersum: communiter melius scribitur simplici, Athenæus. Coli-dis, id est ficedula attis, Syluaticus: uoce corrupta (ut apparet) à Græca sycalide. Κϋτίδλες ficedulæ sunt, & κϋτίδλα retia quibus capiuntur, Hesychius & Varinus.

¶ Epitheta. Ἀγλαὰ συκαλίδες, Epicharmus. est autem ἀγλαὸν splendidũ, cum aliàs, tum pingue-dine lucens: unde Martialis, Cærea quæ patulo lucet fic. lum. ¶ Μελαγκόρυφοι, ὁι ἀρρικερουμμένοι, ἁμαι-νη δ' νοείη ὁι ἄνθρωποι, Μελαγκορύφος, μοιχὸς, ἀεὶ γρυνητικὸς ἀνθρωπος, Hesych. & Varinus. uidetur autem

poeta aliquis melancoryphos, id est atricipites appellaſſe homines libidini & ſcortationibus deditos, quòd noctibus fortaſsis laruati, uel capita obuelati, aut facie alieno colore picti, ne facile poſſent agnoſci, uagarentur. ¶ Turdetani & Ficedulenſes nominantur in Captiuis Plauti.

¶ c. Prouerbium illud Græcis uſurpatum, ϲῦϰα φιλ᾽ ὀρνίθϵσι, φυτϵύϵιν δ᾽ ἐϰ ἐθϵλϵσι, id est, Gratæ
auibus ficus sunt, sed plantare recuſant, à ficedulis auiculis præcipuè ductum uidetur, quanquam
& aliæ quædam aues, (ut dixi in A.) ficubus ueſcuntur. Eiuſdem ſenſus est hoc apud Germanos
iactitatum, Felis amat piſces, ſed aquas intrare recuſat: Sie katz hat die fiſch lieb / ſy wil aber nit
inns waſſer.

¶ f. Et eodem iure natantes Mergere ficedulas didicit nebulone parente, Iuuenalis Sat. 14.
Κρϵπιϲ, placenta ex farina & melle, in qua poſitæ erant aues ampelides aut ficedulæ aſſætquibus comeſis placentam quoq̃(cruſtam)iuri intritam edebant, Pollux. Quo die Lentulus flamen Martialis inauguratus est, ficedulæ, turdi, &c. ante cœnam appoſita ſunt, Macrobius. Tiberius Cæſar
Aſellio Sabino H. s. ducenta donauit pro dialogo, in quo boleti & ficedulæ, & oſtreæ & turdi certamen induxerat, Suetonius. ¶ Auguſto aues omnes ficedulæ ſunt, (quia tum temporis plereq̃
pingueſcũt uuis & ficubus,)apud Italos prouerbiali ſenſu dicit, & ad uarias ſententias accõmodat.

¶ h. Emblema Alciati, ſub lemmate paruam culinam duobus ganeonibus non ſufficere,
In tenui ſpes nulla lucri est:unoq̃ reſidunt   Arbuſto geminæ non bene ficedulæ.

DE FRINGILLA SIVE SPIZA, ET PHRYGILO.

FRINGILLA auis dicta est quòd frigore cantet & uigeat, Feſtus. Sunt qui frigillam ſcribant [20]
ex recentioribus,n.litera omiſſa, ſed melius uidetur cum n. ſcribi, nam Itali hodieq̃ in uulgari lingua ſic ſcribunt.Quoniam uerò de fringilla apud ueteres Latinos aliud nihil legimus : & pauca admodum de ſpiza Græcorum, quam Gaza ex Ariſtotele fringillam interpretatur, (& dubium mihi
est an fringilla noſtra eadem quæ ſpiza Ariſtotelis ſit, ut amplius dicam mox in mentione de fringillis diuerſis)placuit ea ſeorſim conſcribere, & ſubiungere quæ de fringilla hodie pleriſque omnibus dicta,obſeruauimus. Auienus ex Arato ſpinum, σπίνον, fringillam reddit inter ſigna tempeſtatis,hoc uerſu: Si matutino fringilla reſultat ab ore,ubi Aratus habet,Καὶ σπίνθ᾽ ἠῶα σπίζων. Acanthis ueterum Græcorum, auis est quæ Gallis ſerin dicitur(Germanis Zinſle) & recentioribus Græcis uulgò ſpinidia,Petrus Bellonius. Vide plura de ſpinis(uel ſpinịs,ſpinthịs, ſpinidịs Græcorũ,)
ſupra in Acanthide H. Fieri quidem poteſt ut una auis tum ſpinos tum ſpiza dicatur Græcis, per [30]
onomatopœiam ſcilicet à uerbo σπίζω:præſertim Arato etiam ſcribente,Καὶ σπίνθ᾽ ἠῶα σπίζων. quanquam uerbum σπίζω etiam extendere ſignificat,unde σπιθαμή dicta extêſio digitorum, & aſpis ſcutum rotundum,non extenſum in longitudinem apud Euſtathium. Σπῐζα dicuntur quælibet aues,
Heſychius:nimirum minores duntaxat: ut paſſeres apud Latinos. Σπῐζα ſanè Ariſtoteli ſpeciê certam ſignificat,pro qua Gaza fringillam reddit. Hæc(inquit Ariſtot.) uermiculos petit : æſtate tepidis, hyeme frigidis locis degit, contra quàm turtur. magnitudine est fringilla æqualis aui floro:
oroſpizæ,id est fringillæ montanæ non admodum diſsimilis, magnitudine quoq̃, qua & ſpiziten
ægithali, id eſt pari ſpeciem refert. ¶ Spiza auicula eſt paſſeri ſimilis, Heſychius & Varinus.
¶ Σπῐζίτηϲ, ϵῖδος ἀϒιδ᾽αλῦ (lego ἀϒιδ᾽αλῦ. Varinus etiam corruptius habet ἀϒιαλίϲ ὀρνίϲ, Heſychius. id [40]
eſt, Spizites (Gaza fringillaginem uertit,) ægithali auis ſpecies eſt, De accipitre ſpizia, id eſt fringillario, dictum eſt inter Accipitres.

¶ Eſt & phrygilus ſeu phregilus auis, cuius in Auibus Ariſtophanes meminit. Si quis (inquit
Chorus auium) fugitiuus & ſtigmatias è uobis eſt , attagâs apud nos uocabitur : ſin Phryx barbarus non minus Spintharo,phregilus(φρϵγιλ@, malim φρυγίλοϲ ut infra etiam, & ſic magis fiet allu-
ſio ad Phrygem.& Suidas quoq̃ hoc loco φρυγίλοϲ legit. Varinus in Sabazio phrygilos oxytonum
legit,cum Scholiaſtes Ariſtophanis è quo tranſcripſit paroxytonum habeat) auis apud nos erit,de
genere Philemonis.nam Philemõ etiam(inquit Suidas)tanquam Phryx & peregrinus notabatur.
Καὶ φρυγίλω σπϵαζίω,Idem poeta paulò poſt. ubi Scholiaſtes iterum monet phrygilum auem eſſe,&
Sabazium, id eſt Bacchum iocoſè ita cognominari, quoniam Phrygum deus eſſet. Frigellus auis [50]
nominatur in uerſibus Salernitanis inter eas quæ in cibo laudantur,Arnoldus Villauonanus autem
interpretatur quæ uuis ueſcatur,& inebrietur etiam,uelocis uolatus,ſturno ſimilis, ſed melioris nutrimenti,circa uineas frequens, initio Nouembris præferenda.

QVAE DE FRINGILLA RECENTIO-
res ſcripſerunt.

A.

FRINGILLA Italicè franguello dicitur,uel frâgueglio. Fringilla Græcis ueteribus ſpiza dicta,hodie in Græcia fringilaro uocatur, Italis fringuello, (frenguelo) Gallis pinſon, [60]
Petrus Bellonius. Audio autem pinſon Gallicè dici hanc auem à pungendo, quod roſtro pungens etiam uulneret interdum, aliqui guinſon appellant, Sabaudi quinſon. nec
                                                                              ſcio

scio an eadẽ sit, quæ (nisi fallor) alicubi
frinson dicitur, quidam beree interpretatur. Eberus & Peucerus Germäni-
cè ſinck, Rotfinck: nostri plerunque
Buchfinck uocitât. Tertium carduelis genus Vinche uulgò dicitur, Alber
tus. Anglicè schaffinche, (uel finch,
ut alij,) a sheld appel, a spink, Turnerus, Elíota interpretatur ruddocke, robin, redbrest, quę nomina Turnerus ru
beculæ ſiue erithaco tribuit. Illyrijs
pinkawa uel pienkawa. Polonis slo-
wick.

B.

Vinchæ aui pectus omnino rubet
instar flammæ, Albertus. colore obscuro & nigricante rubet, Eberus & Peucerus. Fringilla passerem magnitudine æquat: uarijs coloribus, albo nempe, uiridi & ruffo distincta est. maris pectus rubescit, fœminæ pallescit, (pallidius & dilutius est,) Turnerus. Fringilla toto corpore candida aliquando uisa est.

C.

Fringillas puto apud Latinos nomen accepisse, quòd in frigore plures conuolantes cernantur
quàm æstate, Turnerus Anglus. In Heluetia nostra per hyemem recedunt, fœminæ præsertim.
mares enim aliquando complures simul apparẽt sine ulla fœmina. Gregatim uolant ut & reliqua
carduelium genera, Albertus. ¶ De cibo earum dicam mox in mentione uinconũ diuersorum.
¶ Nidulantur in summis fruticum ramis, aut arborum infimis, nidumẽ intus ex lana, forisẽ ex
musco faciunt, Turnerus. Vtuntur ad nidum suum etiam aranearum filis. ¶ De cantu earum
uide mox in E. ¶ Cum uisum caueis inclusæ amiserint, aucupes eis nescio quomodo herba betà
mederi audio.

D. & E.

Fringillas non facile capi audio. quomodo capiantur leges supra in Carduele E. ex Albertò.
¶ Fringillæ (ut Rob. Stephanus Gallicè scripsit) hunc ferè in modum capiuntur. In loco plano, ubi
fringillæ præteruolare solent, tres arbores resectæ eriguntur, parum inter se distantes (en trepied,)
hæ frondibus infrà cinguntur instar attegiæ. per medium funis extenditur pertícæ alligatus, ab altera parte sustinetur furca, & è longínquo tenetur ab aliquo homine. Funi duę aut tres fringillæ an-
nexæ sunt. Virgulæ etiam uisco illitæ per arbores disponuntur, & non procul inde duabus uel tribus caueis inclusæ fringillæ collocantur, quæ præteruolantes uoce alliciant. Illectæ illæ dum curiosius fringillas à fune pendentes uel caueis inclusas inspiciunt, uisco capiuntur. ¶ Cantat mas primo uêre, Turnerus. Cardueles aues omnes canoræ sunt. sed præcipuè quæ per excellentia sic uocantur, deinde spini, tertio fringillæ, postremo linariæ. Omnes caueolis inclusæ cornu suspensum
rostro trahunt ut bibant, sed à potu temere delabi sinunt, Albertus. Aucupes aliqui fringillas æstate tota loco obscuro includunt, aluntẽ: sub hyemem uerò uel autumno, extrahunt canoras. canere
autem incipiunt cum lucem reuisunt (alioqui id temporis mutæ sunt) utunturẽ ita ad retia pro reliquis auibus illiciendis.

DE FRINGILLIS SEV VINCONIBVS DIVERSIS.

AVCVPES nostri fringillam Italicam quãdam nominant, nescio quid à cõmuni nostra disse
rentem. Vt carduelis nomen Albertus commune facit tribus aut quatuor auicularum generibus,
quæ omnes canoræ sunt, & carduorum alijsẽ seminibus uescuntur: ita & Germanicam uocem uin
co (nostri ſinck proferunt) de iisdem ferè omnibus usurpat. nam carduelem, quæ hoc nomen per
excellentiã sibi uendicat, uinconem carduorum appellat, Sifteluinche, ut uulgò etiã hodie Ger
mani. & ziselam nostram, id est spinum, qui minimus carduelium est, aliàs in uinconum genere nu
merat, (Genera, inquit, uinconũ apud nos sunt, aues ceycos (lego Zeyßle) dictæ apud nos: & uinco
cardui, &c. aliàs simpliciter uinconem nominat, Germanicè ſichendulam (nisi corrupta uox est à
librarijs) per onomatopœiam. Rubeum uerò uinconem à colore pectoris (Rotfinck) eum uocat,
quem nos uinconem simpliciter, aut uinconem fagorum (Germanice uinconem spinarum albarum, & rosarum & herbarum: & maximè semen papaueris & lappæ & huiusmodi.
Iam cum Aristoteles acanthophagas, id est carduorum seminibus uictitantes aues, neqʒ uermem ne-
que animal ullum attingere scribat, spizan uerò inter uermiuoras numeret, dubitari potest, an fringilla nostra Aristotelis spiza sit. quamobrem quæ Græci de spiza prodiderint, separatim supra coũ
scribere uolui. Auem cui caput atrum, pectus omnium maximè rubrũ, lingua sine acumine, ſti-
ger à nostris dictam, aliqui Germanice Goldfinck & Lobfinck nominant, alij Blutfinck: infe-

riores Germani quidam Gouttinck. Galli quidam chloridis auiculæ genus, quam nos supra ci=
trinellam, quinson uerdier nominant, ut audio, id est fringillam uiridem.

DE FRINGILLA MONTANA.

MONTIFRINGILLA, ὀρο=
σπίζης, nomen accepit à mon=
tibus in quibus degit, fringil=
lę similis & magnitudine pro
xima, sed collum habet cœruleum. in
montibus degit, uesciturc̄p uermiculis,
Aristot. Fringillæ, id est ueterū Græ=
corum spizæ, à recentioribus Græcis
fringillari uocantur: & similiter orospi=
zæ, id est fringillæ montanæ, quæ Gal=
lis uulgò dicūtur montans uel pinsons
d'Ardaine, Petrus Bellonius. Monti=
fringilla (inquit Turnerus) Anglis ap
pellatur a bramling: Germanice ein
Rowert (uel Schneefinck/ Winter=
finck, id est fringilla hyberna aut niualis, Eberus & Peucerus.) hæc auis fringillæ magnitudine &
corporis figura similis est: sed mas in collo plumas habet cœruleas, quas non æquè promptè in fœ=
mina deprehendas. Rostrum luteum est, & alæ uarijs coloribus, albo, nigro & luteo distinguūtur,
ut auriuittis (sic uocat carduelem uulgò dictam.) Vox illi insuauis & stridula. Nostri eandem aut
proximam auem uocant Waldfinck/id est fringillam montanam: & Thanfinck/ id est fringillam
abietum, cuius figura est quam damus. alæ ei duabus transuersis lineis ex ruffo flauescentibus di=
stinguuntur, media linea nigra interiecta: sunt & lineæ duæ angustiores albæ, sub luteis statim. Ma=
gnitudine fringillam excedit: color in capite, dorso & cauda nigrior quàm fringillæ. supina pars al=
bicat. pectus cum gutture nonnihil ruboris habet, &c. ¶ Itali quidam etiam coccothrausten no=
strum franguel montagno, id est fringillam montanam uocitant: uel, ut alij proferunt, frenguelo
montanino: ut ex eisdem nonnulli auem cui caput atrum, pectus omnium maximè rubrum, lin=
guæ acumen nullum.

DE FVLICA VETERVM.

A.

FVLICA, quæ & sulix dicitur, marina uel stagnensis auis est, ut grammatici quidam scri=
bunt, paulo supra magnitudinem columbæ: dicta à furuo, id est nigro. Chasida Hebrai=
cam uocem aliqui fulicam interpretantur. uidę in Ciconia. Cepphum Theodorus Ga=
za Latinè fulicam reddidit. sed quoniam an rectè id ab eo factum sit, non satis mihi con
stat, & quæ hodie fulica à plerisc̄p populis, qui Latinæ linguæ uestigia retinuerunt appellatur, nihil
cum laris aut cepphis commune habere uidetur, priuatim de singulis quæ apud authores obseruata
mihi sunt, tradere uolui. Larius lacus est Galliæ cisalpinę uicinus alpibus, à fulicarum quæ ibi sunt
multitudine appellatus. Græci enim láron fulicam uocant, Perottus. Schachaph Hebraicam uo=
cem Deute. 14. Septuaginta láron interpretantur, Hieronymus fulicam. Vide in Bubone A. Ego
larum & cepphum aues congeneres esse puto, & cepphum lari speciem esse. uide supra in Ceppho
A. Phalaris auis, ut scribit Kiranidæ interpres, quæ dicitur alba frons, nam tota nigra est, & fron=
tem solum albam habet. inuenitur autem in fluminibus & stagnis. Aggregator solegam interpre=
tatur, id est fulica. Sed plura de phalaride scripsi supra inter Mergorum genera post anates. Vergi
lius fulicas appellat aues, quas Aratus ęthyias, Ioach. Perionius, sed nos æthyias omnino mergos es
se suo loco docuimus. Gaza in libro Aristotelis de communi animalium gressu pro Greco φ̔αλοι
uertit, fulicæ uel potius ardeolæ, quasi dubitans utro modo rectius uerteret. Ερωδιὸν fulicam trans=
fert Augustinus: & Lycophronis interpres larum esse scribit: Ambrosius etiam sturnum, quem ta=
men Græci non erodion, sed psara dicunt, Cælius. Nos erodión ardeam esse sine dubitatione asse
rimus. Diomedeas aues fulicarum similes esse Plinius tradit, & secutus illum Solinus, ego fulicas
illos pro erodijs ex Græco aliquo scriptore uertisse suspicor, ut supra in Diomedeis dixi. Sunt etiã
qui phenen, id est ossifragam pro fulica accipiant imperitissimè, (uide suprà in Ossifraga,) quos e=
tiam Albertus reprehendit. Denic̄p interpres Galeni Euopriston 3. 282. pro nessa, hoc est anate, fu
licam uertit.

B.

Fulicæ sunt aues aquaticæ, anatibus paulò minores, sed corporis forma cōsimiles, Seruius. Sic
& Albertus, Fulica est qui mergus niger uocatur, anate minor. Auis est nigra, aquatica, uulgò
nota,

nota,paulò supra magnitudinē columbæ,Perottus. Fulicæ leues & paruæ, ut Textor citat,à poetis quibusdam cognominantur. A furuo,id est nigro,dicitur fulica,Perottus. Cana fulix,Vergi-
lius. ¶ Fulicarum generi natura(in capite)cirros dedit,Plinius,sed hoc forte de ardeis potius intelligendum est,uidetur enim Plinius(ut in A.ostendi) pro erodijs Græcorū quandoq fulicas transtulisse. Plinius ubi ex autoritate Iubæ Diomedeas aues fulicis similes albas esse tradit,uidetur fulicas omnes albas facere. nam non de eo quod rarius, sed frequentius accidit, in genere loquuntur
classici scriptores,Turnerus.

C.

Palustres fulicæ, Ouidius 8. Metam. Vergilius marinas fulicas dixit ad discretionem fluuia-
10 lium,Seruius. Nidulantur & lari & fulicæ in eisdem locis, in excelsis nempe petris & marinis
rupibus,Turnerus.

E.

Fulicæ matutino clangore tempestatis signa sunt,Plinius. Cana fulix itidem fugiens è gurgitè
Ponti Nunciat horribiles clamans instare procellas, Cicero 1. de diuinat. Marinæ In sicco ludunt fulicæ,Vergilius 2. Georg. inter signa tempestatis. Follatæ siue follegæ & anates tam syluestres quàm domesticæ,quatientes alas,aquam significant; submergentes uerò se & alas quatientes,
uentum præ se ferunt, Obscurus.

G.

Ad araneorum morsus:Renes leporis & fulicæ eius bestiæ, qui ab araneis laborat si crudos de-
20 glutiat,sanabitur:morsis etiam coctidentur,Sextus. Aiunt quidam cor crudæ æthyiæ(fulicæ uertit Crassus)ad comitialem prodesse, Aretæus.
¶ H. a. Epitheta. Leues, Marinæ,Palustres,Paruæ, Vagæ,apud Textor. Cana fulix,Verg.

DE FVLICA RECENTIORVM.

A.

VLICA quæ hodie apud Italos, Gallos & alios quosdam hoc nomen habet, etsi à nōnullis corruptum,siue eadem est quæ ueterum fulica, ut ego existimo:siue diuersa, ut quidam
suspicantur, separatim hîc nobis describetur. A Græcis hodie λόφα per metathesin dicitur. Italis folega,unde etiam indocti quidam,Aggregator & alij,in Latinis libris folega;

follega & follata scribunt: Arnoldus Villanouanus fulsa uel fulca. Sed audio duas esse aues apud
Italos solegæ nomine, minorem de qua hic agimus: & maiorē, quæ in arboribus nidificet ac pisces
tantos fere deuoret quanta ipsa est: quam ego phalacrocoracem uel coruum aquaticum Aristotelis
esse conijcio. ¶ Galli nominant soulque, (Monspessuli hoc nomine marinas tantum quasdam
aues uocari audio diuersas à nostris) alij soucque aut soulcre: Parisijs etiam diabolū à colore nigro,
alibi pulle d'eau, id est pullum aquaticum, ut Itali etiam circa Verbanum lacum polun uel pullon,
& rursus Galli quidam gelinette, quod nomen alij attagenæ nostræ tribuūt, ut hæc melius cum ad-
ditione dicatur gelinette d'eau. Bellonius Gallus fulicam Italis dictam, gallinā aquaticam esse ait,
totam nigram. alij iodelle uel ioudarde. Neocomi belleque. ¶ Heluetij ein Böllhinen, uel Belchinen. circa lacum Acronium ein Belch: quæ nomina facta uidentur, uel ab Italicis solega, pullon;
uel Gallicis, pulle d'eau, belleque. alij Florn, circa Francfordiam ad Mœnum: alij à macula alba
frontis quæ rasum sacerdotis uerticem refert, Pfaff: Sueui Bleß, Blessing. Georg. Agricola
interpretatur Wasserhün, id est gallinam aquaticam, quod corporis magnitudine ad gallinam accedat, unde & Rothennle alicubi appellatur, id est gallina harundinum. Alberto Magno pullus
aquæ. In capitibus quarundam auium (inquit) est substantia dura, media inter carnem & cartilaginem, ut in capite galli & gallinæ. in capite etiam pulli aquatici auis nigræ, tale quiddam est album,
quod non erigitur, sed super uerticem capitis eius iacet instar galeæ albæ. Et alibi, Anas maior est
pullo aquatico. Sunt qui fulicam Germanice reddant Hagelganß, id est anserē grandinis, nescio
qua ratione. alij Taucher, id est mergum, nimis communi uocabulo. alij Schwartztaucher, id est
mergum nigrum. Fulica est qui mergus niger uocatur, anate minor, Albertus lib. 23. in Aquila.
Et rursus in Fulica, Est (inquit) de genere mergorum, in mari & circa stagna degēs, nec uagatur per
diuersa uolitans, sed in loco generationis suæ manet. cadaueribus uescitur, & tempestate gaudere
uidetur. Tunc enim in profundum maris natat & ludit. nidificat in petris quas aqua circunfluit: ubi
& ciborum thesauros recondit, unde etiam extraneis auibus liberaliter impartitur, Albertus & par
tim Physiologus. Fulica stagnis gaudet, esca & pace contenta, nec locum, in quo hæc suppetant,
deserit, Physiologus. Ego Albertum mergi nigri & fulicæ nomine non fulicam nostram de qua
scribimus, sed larum nigrum accipere arbitror, de quo suo loco agetur. Rursus fulicam nostram
Rostochij uocāt Zapp. Hollandi ein Meercoot. lacum illi sua lingua meer, id est mare appellant.
Sed dubito an hæc sit fulica maior potius, uel phalacrocorax. nam à Frisijs genus fulicæ maius &
marinum, audio nominari Marcol. has ferunt coruorum instar exosas esse, quòd cadaueribus
pascantur. inter arundines parere. nidum ab accolis perforari, oua eximi uno tantum relicto in ab-
sentia matris. illam reuersam oua per foramen decidisse suspicari, & alia parere: ijsq́ rursus ademptis alia, donec effœta tandem exhauriatur, emoriaturq́, nisi maturè oua quæ pepererit in nido ei
relinquantur. Alij oua eius nido eximi aiunt uno tantum relicto, secus enim non redire eam. De
aue simili nostræ fulicæ, quæ Anglis dicitur a coote, mox priuatim mētio fiet. Eliota Anglus phalacrocoracem interpretatur a water crowe, (id est cornicem aquaticā,) uel a coote per coniecturam.
Sunt qui fulicam interprētētur Germanorum kyuuittam (Gyfütz, uanellum) quæ cum nec marina
sit nec aquatica, fulica esse nequit, Non desunt qui fulicam, gallinam illam nigram aquaticam, alba
in fronte macula esse uolunt. sed isti Vergilij & Aristotelis autoritate facile erroris conuincuntur:
quorum ille auem facit marinam, hic lib. 8. hist. anim. apud mare uiuere testatur. Quare quum palustris illa gallina neq́ auis sit marina, neq́ apud mare uicium petat, sed in stagnis, paludibus & recentibus aquis perpetuo degat, nec Vergilij fulica, nec Aristotelis cépphos esse poterit, Turnerus.
Atqui an Gaza pro cephho recte fulicam uerterit, non constat. & fulicam duplicem esse nihil fortassis prohibet, aliam marinam, aliam dulcium aquarum, ut & larus apud Græcos. Certum est eam
quæ fulica hodie ab Italis dicitur, in aquis dulcibus agere. Fulica (inquit Niphus Italus) est auis stag
nensis uel lacustris, paulò supra magnitudinē columbæ, à furuo, id est nigro colore. Seruius quoque fulicas aliquas fluuiales esse testatur. & Vergilium æthyias ex Arato fulicas transtulisse obseruatum est. ¶ Fulica nostra Illyrijs, ut audio, lyska dicitur: etsi quidam phalacrocoracem interpre
tentur, uel coruum aquaticum. Polonis kacza uel dzika. ¶ Obscuri quidam authores fulicas
cum Diomedeis auibus confundunt.

B.

Fulica nostra, quam dum hæc consignarem manibus tractaui, magnitudine est gallinæ, colore
nigro per totum corpus, in collo quidē & capite atro, id est nigerrimo, rostrum ex albo subrubescit:
synciput glabrum est, figura ouali, alba pellicula intectum, caluitij specie. Ventris plumæ molles
& confertæ sunt, colore cinereo. alarum superior ambitus per angustam lineam albicat. Digitis pe
dum membranæ nigræ latæ adhærent, non (ut in reliquo ferè palmipedum genere) continuæ, sed di
uulsæ, ut in colymbis magnis ac paruis: sed hoc peculiare habent, quod secantur utrinq́, aut saltem
ab altera parte, iuxta digitorum articulos, præsertim in medio. internodia membranarum semicir-
culos ferè constituunt. Color pedum pullus, supra genu uerò ubi desinunt plumæ, pars femoris in am
bitu ex uiridi flauescit. Collum oblongum, cauda breuissima. Reliqua leges in A.

C.

Fulicæ (maiores puto & marinæ tantum, quę forte phalacrocoraces fuerint) demordent arundines, do-

nes,donec paululum adhuc extent supra aquas,& super stipitibus nidos construunt, ut audio.

F.

Anates & fulcæ(fulicæ)magis per autumnum cōueniunt:sed corporibus temperatis nunquam expedit anatibus aut fulcis uti, Arnoldus Villanou. Fulicæ nostræ nescio quid graue & palustre olent plerunq̃. quamobrem à peritioribus elixantur primo in olla aperta, ut odoris uirus exhalet, deinde assantur condiunturq̃.

DE SIMILIBVS FVLICAE NOSTRAE AVIBVS,
primum Cotta Anglorum,deinde Rallo Italorum,cuius hæc icon est.

10 FVLICAS nostras in Anglia nullas esse au= dio:sed similem eis forma & colore auē quæ uul gò cotte uel kut appelletur, in fluuijs & stagnis reperiri, magnitudine paulò minorem:cuius ro strum tuberculo quodam rubeo insigniatur, cru ra etiam rubeant, nulla syncipitis macula. hanc negant diutius posse uolare, quàm pedis cauo hausta(priusquam uolet)aqua retineatur.urinan do ad aquæ fundū usq̃,alga, limo, gramine, par- 20 uisq̃ cochleis se nutrit, piscibus abstinet. Cæte= rum auis quam Hollandi nominant **ein Meer= coot** phalacrocorax uel fulica maior uidetur. Vi de supra in Fulica recentiorum A.

¶ Misit ad me nuper Geor.Fabricius pictam auem fulicæ nostræ persimilem, undiquaq̃ ni= gram, nisi quod infra oculos utrinq̃ alba macu= la rotunda apparet, caluitiū in syncipite nullum, rostrum quoq̃ & crura nigra sunt:cum illud in nostra albicet, hæc fusca sint. Apud Misenos ni= 30 mium cōmuni nomine **ein Wasserhūn**, id est gallina aquatilis appelletur.

DE RALLO ITALORVM.

RALLVS magis aquatica est auis, q̃ terrestris, ac Mæstris, (rure Venetijs non multum distante) magnis capitur expensis, falconū scilicet, accipitrūm= ue,ac famulorum cateruæ, qui uenaticorum ca= 40 num uice,cothurnis induti per aquas illas modo hac, modo illac errantes, uolucres illas quibus= dam fustibus exturbent, nonnullos frutices, & arbusculas quas incolunt, concutientes, quò ità postmodum præda sint falconum insidijs. Cele= berrima quidē est hæc auis inter proceres illius ciuitatis:uerum,iudicio meo,multò,& turdo,& coturnice gustu inferior, Aloisius Mundella ar= chiater Brixiensis in suis ad me literis,à quo ico= nem quoque accepi. Differt hæc à nostra fulica 50 quòd in alis & circa oculos plus albi coloris ha= bet,rostrum nigrum, crura subuiridia,membra= nas inter digitos non ita dissectas, caluitium nul lum,quantum ex pictura assequor.

DE AVIBVS, QVARVM NOMINVM
initialis litera est G.

DE GALBVLA VEL
Galgulo.

60 DE Galbula galgulòue aue, (una enim utro= que nomine appellari arbitror, ut postea doce=

I 3

bo,) quoniam recentiores non parum diſſentiunt:primum quæ apud ueteres tradita inuenio, ſeorſim conſcribam. ¶ Auis icterus uocatur à colore, quæ ſi ſpecietur, ſanari id malum tradunt, &
auem mori, hanc puto Latinè uocari galgulum, Plinius. Et alibi cum pici meminiſſet illius, qui in
ſurculo arboris nidum ſuſpendit cyathi modo, ſubdit: Galgulos quidem ipſos dependentes pedibus ſomnum capere confirmant, quia tutiores ita ſe ſperant, (non alias etiam aues, caueis incluſas
hoc facere uidimus, ut thraupides, non tamen perpetuo:) unde apparet galgulum Plinij aliam eſſe
auem quàm genus illud pici quod nidum ſuſpendit, cum recentiores quidam confundant. Galbula decipitur calamis & retibus ales, Turget adhuc uiridi cũ rudis uua mero, Martialis lib. 13. Idẽ
ſeparatim eodem libro de ficedula ſcribit, unde erroris conuincuntur illi qui galbulam cum ficedula confundunt.   10

¶ Gaza ex Ariſtotele aliàs celeòn, galgulum uertit, de quo ſupra ſcripſi in Auium nominibus
quæ à c. incipiunt, uidetur autem gallinaginis aquaticæ genus. aliàs κωλιόν, quem omnino picum ui
ridem uulgò dictum exiſtimo, de quo inter picos agemus, Sed nominum ſimilitudo illum, ut conijcio, decepit.

¶ Sunt qui oriolum auem ut barbari nominant, id eſt uideuallum Germanorum, galgulum eſſe putent, ſed uideuallus pici genus eſt, nidos à ſurculis arborum ſuſpendens, quod Plinius, ut pau
lò antè ſcripſi, à galgulo ſeparat.   ¶ Galgulum quidam à galbula differre putant, ut galbula uel gal
bulus ſit icterus, Eberus & Peucerus. Ego ſanè differre non puto, nam quæ uulgò regalbulus hodiè Italis dicitur, quod nomen à galbula factum eſt, galguli etiam ſiue icteri colorem pallidum &
luridum refert. Plinius enim luridum hanc alitem uocat. Icterias gemma(inquit)aliti lurido ſimilis, 20
ideo exiſtimatur ſalubris contra regios morbos. facit autem huius gemmæ genera quatuor. Luridum grãmatici interpretantur quod ſupra modum pallidum eſt, quaſi loridum & loro percuſſum,
Lurida præterea fiunt, quæcunq; tuentur Arquati, Lucretius lib. 4. Sunt qui icterum morbum
non ab aue ictero nominatum uelint, (quam aliqui charadrium interpretantur, mihi quidem non
placet: uide ſupra in Charadrio A.) ſed à quadrupedibus feris quas Græci ictidas (Latini uiuerras
uel martes, ut interpres addit) appellant, Aretæus. ἰκτερίς à multis oxytonum ſcribi reperio, ſed
Oppiani codex noſter in Ixeuticis proparoxytonum facit. Icterus (inquit) auis quædam à colore
nominatur, quã ſi quis huius nominis morbo detetus inſpexerit, mox integrè à morbo liberabitur.

¶ Charadrium galbulam aliqui Germanicè interpretantur Gelbling/ quo nomine auem coloris ferè lutei de genere paſſerum, ſpermolegum, (ein Emmeritz/) aut ſimilem appellari puto, ut il- 30
lam quæ Gaulammer dicitur alibi: Geor. Agricola Hemmerling appellat, & galgulum interpretatur. Quidam nuper auem, quam mihi loxian appellare placuit, ueterum galgulũ eſſe conijciebat.

¶ Ego omnino galgulum galbulámue nullam ex hactenus dictis auibus, ſed peregrinam Germaniæ auem eſſe dixerim, quæ Italicè circa Bergomum galber (galberius, authore Calepino) uoca
tur: Venetijs etiam becquefigo à quibuſdam, ſed impropriè, ut & oriolus auis pici genus, (cui ſimi
lis eſt) cum ficedula tantum luſciniæ ſimilis ſic appelletur: (ſed quidam etiam Latinè, ut di
xi, galbulam cum ficedula confundunt: & Grecos hodie galbulam συκοφάγον nominare audio, nam
ſicubus etiam ueſcitur, non uermibus tantum & muſcis.) alibi rigey & reigalbulo, uel reigalbero,
ut circa Bononiam. alibi galbedro. circa Ferrariam galbedro, uel meleſiozallo. Galbula quam Bononiæ uidi circa initium Auguſti menſis, magnitudine erat turturis ferè, aut turdi & forma ſimili, 40
colore partim luteo per dorſum, partim luteo cum uiridi mixto cõſtabat, præſertim circa caudæ initium, alæ ſuperius nonnihil obſcuræ, inferius fuſcæ & nigricantes. pedes fuſci. idem color in collo
prono, & pectore. uenter albicans lineis per medium nigris diſtinguebatur. pennæ ſub alis minores, luteæ, maiores inferiores q; fuſcæ erant. cauda quatuor aut quinq; digitos longa. Hanc foeminam fuiſſe puto. uidi enim poſtea alias colore elegantiore magiſq; luteo, qui mari conuenit. Rurſus aliàs cum uiderem galbulum, uidebatur mihi oriolo pico ſimilis, ſed minus flauus, & colore potius mixto ex uiridi, fuſco flauóq; conſtare. Niphus Italus galgulum apud Ariſtotelem ex interpretatione Gazæ, à ruſticis uulgò grallum uocari docet. ſed alibi merope quoq; grallum uocari ſcri
bit.   ¶ Cæterum de Græco apud ueteres galguli nomine non ſatis mihi conſtat, conijcio tamen
chlorionem eſſe, cum & color & turturis magnitudo conueniant. Sit ne aliqua naturæ affinitas 50
inter galgulum & oriolũ picum, ac forte etiam meropem, ut conijcio, cenſyderandũ alijs relinquo.

¶ Auium quædam trimeſtres ſunt (id eſt tres menſes tantum nobiſcum manent) ut turtures, &
quæ cum foetum eduxère abeunt, ut galguli, Plinius.   ¶ Galgulum (κωλιόν) crex impugnat, nocet
enim tum ipſi tum pullis, Ariſtot.

¶ C. Iulij Cæſaris futura cædes euidentibus prodigijs denunciata eſt. Pridie Martias idus auem
regaliolum cum laureo ramulo Pompeianæ curiæ ſe inferentem, uolucres uarij generis ex proximo nemore perſecutæ, ibidem diſcerpſerunt, Suetonius. Regaliolus auis eſt, quam Plinius ſcribit
appellari regem auium in Italia. alij putant galgulum, quæ auis Græcè dicitur icteros à colore, Cale
pinus. ego apud Suetonium pro regulo potius acceperim, ut in Cæſarem ac regẽ auis etiam regiæ
omen magis conueniat, & forte regaliſoli nomen uulgus fecit, ceu diminutiuum à regulo, quod rur 60
ſus à rege diminutiuum eſt. auicula enim omnium minima tale nomen meretur. Qui galbulum putant, coniecturam fecère nimirum à uulgari hodie apud Italos nomine, quo hanc auem hodie ali-
                                                                          qui

qui regalbulo uocant. Gerardus Cremonensis quidē in Kiranide pro charadrio transfert regulum. auem enim regiam charadrium esse Kiranides scribit, nimirum quòd à regibus ad huius morbi curationem requireretur. Sed certè galgulus non est charadrius Aristotelis, uide in Charadrio A.

¶ Frisij auiculam fringilla minorem, pectore luteo, cauda oblonga, iuxta aquas degentem sua lingua nominant Gielfincke, hoc est fringillam luteam. hanc Christo oculos in cruce eruisse nugantur aniculæ.

DE GALLO GALLINACEO, ET IIS OMNIBVS
quæ ad Gallinaceum genus in genere pertinent, quorum aliqua interdum sub gallinæ nomine apud authores proferuntur.

A.

ALLVM simpliciter & cum adiunctione gallum gallinaceum, & gallinaceum quoquĕ simpliciter pro eadem aue apud ueteres & probatos authores legimus, Plautum, Varronem, Ciceronem, Plinium, Lampridium, alios. Plinius etiam gallinaceum genus dixit, pro gallis, gallinis, earumq́ pullis, cum ait: Seminarium munitum sit ad incursum gallinacci generis. Gallinaceos uocant totum hoc genus auiũ, quod de gallinario deuolat, Gyb. Longolius. sed nos gallinarum quàm gallinaceorum nomen frequentius ab authoribus pro genere toto usurpari animaduertimus: ut cum dicunt gallinarum multa esse genera, uillaticas, Tanagræas, Rhodias, Africanas, &c. nimirum quòd in hoc genere fœminæ semper plures propter partum alantur, mares perpauci, quòd unus fœminis multis sufficiat. Gallum gallinaceum Albertus & alij linguæ Latinæ imperitiores, capum hoc est gallum castratum interpretantur: Isidorus etiam gallum simpliciter. nam gallos (inquit) ueteres castratos uocabant. Ad quod alludit etiam Martialis, gallum à castratione scribens proprie gallum uocatum iri. sed is iocatur. Constat sane idoneos scriptores omnes, galli & gallinacei nominibus siue iunctim siue seorsim, de gallis marib. id est non castratis usurpasse. Gallinæ trium sunt generũ, uillaticæ, & rusticæ; & Africanæ. è queis tribus generibus proprio nomine uocantur fœminæ, quæ sunt uillaticæ, gallinæ, mares galli: capi semimares, quòd sunt castrati, Varro & Columella. Et alibi Varro, Canterij appellantur in equis, quòd semine carent: in suibus maiales, in gallis gallinaceis capi.

¶ Barbur, ברבור, 3.Reg. 4. Dauid Kimhi ex magistrorum sententia ait esse aues quæ afferantur ex Barbaria, R. Salomon gallos pingues, Kimhi addit castratos. Iosephus uolatilia uertit, Hie-

I 4

ronymus auium altilium, Septuaginta ἐκλεκτῶν, (quasi legerint barur, id est electus:)Chaldęus auem
saginatam uel altilem. Gaber uel geber, גבר, Esaię 22. (Ecce dominus asportari te faciet, sicut aspor
tatur gallus gallinaceus, interprete Hieronymo.)Septuaginta & plærięq; Hebræorum uirum interpretati sunt, (quidam תרגול, tarnegula, id est gallinaceum, teste Dauid Kimhi in Commentarijs,)
Chaldæus gabera, גברא, id est uirum. Sarsir, ירזיר, Prouerbiorum 30. uariè exponũt, Hieronymus
gallum, uide in Aquila A. Quis posuit in renibus sapientiam, aut quis dedit cordi (ut Munsterus
uertit Iob 38. Hebraice legitur שכוי, sekui) intelligentiam? Sunt(inquit Munsterus) apud Hebręos,
qui uocem sekui, tarnegul תרגול, uocem Chaldaicam esse conijcio, cuius ultima syllaba Germanicæ galli nomenclaturæ congruit) id est gallum interpretantur, Dauid Kimhi, Abraham Esre, Chaldaicum Thargum utrunq, R. Symeon ben Lakis in Thalmud, & R. Moses in commẽtarijs in Iob
gallum reddunt: Hieronymus itidem. Septuaginta ποικιλτικω, Eruditus quidam apud nos mauult
cum R. Leui animæ potẽtiam imaginatiuam intelligere. Munsterus in Lexico trilingui pro gallo
scribit etiam סכוי, sikui; & pro gallina סבריא, sakuia. & rursus pro gallo nergal, נרגל: & habur, חמור,
quarum uocum prior ad tarnegul accedit, posterior ad gaber. Gallum hodie Saracenis dic appellari quidam literis prodidit. Auicennæ caput 196. lib. 2. inscribitur Giaziudiuch, interpres Latinus uertit de gallinis & gallo. Gigeg, gallina uel gallus, Syluaticus. Adicasugeg, (Aduzarutzegi,
Vetus Glossographus Auicennæ) gallus uel gallina, Idem. Furogi uel furogigi, gallus, Idem.

   ¶ Gallus apud ueteres Græcos ἀλέκτωρ uel ἀλεκτρυὼν dicebatur : & hodie etiamnum ἀλέκτωρ uel
ἀλέκτορας. Italicè gallo. Gallice un cocq, gau, geau, gal, cog. Hispanicè gallo. Germanicè, Han/
Haußhan/Gul/Güggel. Nam uocabulum Hũn etsi pro gallina ferè usurpatur, tamen communius est ad omne gallinaceum genus. Anglicè cok. Illyricè kokot.

B.

   Et primum DE GALLIS siue Gallinis quæ à regionibus & locis denominantur, nec aliter à
uillaticis communibus differunt quàm magnitudine, aut etiam pugnacitate.

   HADRIANAE gallinæ(Ἀδριανικαὶ, nimirum à regione, non ut Niphus suspicatur quòd forte
ab Adriano Imperatore obseruatę sint, uixit enim Adrianus multò post Aristotelis tempora)paruo
quidem sunt corpore, sed quotidie pariunt, ferociunt tamen, & pullos sæpe interimunt. color his
uarius, Aristot. Et alibi, Multa admodum pariunt, fit enim propter corporis exiguitatẽ, ut alimen
tum ad partionem sumptitetur. Hadrianis laus maxima (circa fœcunditatem,) Plinius. Adrianas siue Adriaticas gallinas (ἀδ Ἀδριανικὸς ὄρνιθας) Athenienses alere student, quanquam nostris inutiliores, utpote multo minores. Adriatici uerò contrà nostras accersunt, Chrysippus apud Athenæum lib. 7. Gallinæ quædam Adriani regis uocantur, quæ apud nos dicuntur gallinæ magnæ,
& sunt magni & oblongi corporis. abundant apud Selandos & Hollandos, & ubiq in Germania
inferiore. Pariunt quotidie, minimè benignæ in pullos suos, quos sæpe interficiunt, Colores earum
sunt diuersi, sed apud nos frequentius sunt albæ, aliæ aliorum colorum. Pulli earum diu iacent sine
pennis, Albertus. Sed hæ forsitan Medicæ potius uel Patauinæ gallinæ fuerint, Gallinæ Adrianæ
non magno & oblongo corpore sunt, ut somniauit Albertus, sed contrà ut Aristoteles & Ephestus
tradiderunt, Niphus. Gyb. Longolius Germanicè interpretatur Leihennen, Variæ sunt(inquit)
rostro candidiusculo. pulli earum columbarum pipiones colore referunt. Ab Adriaticis mercatoribus primum in Græciam aduectæ uidentur, & inde nomen tulisse. Quòd autem ferocire Aristoteles eas scribit, factum esse puto ob patriæ mutationem, cum in calidiores regiones deuectæ & fer
uentioris ingenij redditæ sunt, Hæc ille. Varro Africanas, quas non alias esse constat quàm Hadrianas, uarias & grandes facit, Turnerus. Ego Africanas ab Adrianis multum differre puto, cum
Numidicis uerò easdem esse. Hispanus quidam amicus noster gallinã Adrianam, Hispanicè gallina enána nominat, nimirum quod corpore nana & pumila sit, quale genus in Heluetia apud nos
audio nominari Schortbennen, alibi Erdhennle, alibi Säsebünle. Sed Gyb. Longolius galli
nas plumilas Germanicè uocat Kriel. Vulgares sunt(inquit) & passim extant. per terram reptant
claudicando potius quàm incedẽdo. Licebit autem gallinaceos huius generis pumiliones, gallinas
pumilas cum Columella nominare. sunt enim in omni animantiũ genere nani, ut dixit Theophrastus. Pumiliones, aliàs pumilas, aues, nisi quẽ humilitas earũ delectat, nec propter fœcunditatem,
nec propter alium reditum nimium probo, Columella. Est & pumilionum genus nõ sterile in ijs,
quod non in alio genere alitum, sed quibus certa fœcunditas rara & incubatio ouis noxia, Plinius.

   ¶ Apud TANAGRAEOS duo genera gallorum sunt. hi machimi, (id est pugnaces, uel præ-
liares, ut Hermolaus) uocantur, alij cossyphi. Cossyphi magnitudine LYDAS gallinas æquant, colore similes coruis(coracino, hinc cossyphi nimirum dicti quòd merularum instar atri coloris sint:)
barbam & cristam habet instar anemones, (calcaria & apex anemonæ floris macula modo rubent,
Hermol.)Candida item signa exigua in rostro supremo & caudæ extremitate, Pausanias in Bœoticis interprete Lœschero. Ad pugillatum atq prælia, Græci è Bœotia Tanagricas, item RHO-
DIAS,(ut Athenæus, Columella, Martialis,) nec minus CHALCIDICAS & MEDICAS pro-
bauere, quidam ALEXANDRINAS in Aegypto, Hermolaus. Tanagrici, Medici & Chalcidici, sine dubio sunt pulchri, & ad præliãdum inter se maximè idonei, sed ad partus sunt steriliores,
Varro. Tanagrici plerunq Rhodijs & Medicis amplitudine pares, non multum moribus à uernaculis

naculis distant, sicut & Chalcidici, Columella: cum paulò antè dixisset Rhodij generis aut Medici
propter grauitatem necg gallos nimis salaces, nec foecundas esse gallinas. Et rursus, Deliaci (scriptores) quoniam procera corpora & animos ad prælia pertinaceis requirebant, præcipuè Tanagricum genus & Rhodium probabāt, nec minus Chalcidicum & Medicum, quod ab imperito uulgo
litera mutata Melicum appellatur. Ex gallinaceis quidam ad bella tantum & prélia assidua nascun
tur, quibus etiam patrias nobilitarunt Rhodum ac Tanagram. Secundus est honos habitus Melicis
ac Chalcidicis, ut planè dignæ aliti tantum honoris præbeat Romana purpura, Plinius. Κολσίφρυξ
ἰονὶ ἀλεκτρυόν⊙ μεγαλα γεγονος, Iidem. Κολεκρύωψ, ᾗσ̑ τι τΦ̑ονικ̑ν ἀτρίλιβοις ὅμοιόν ὅϑι, Suidas. Sed uiden
tur in hisce Græcis quædam corrupta. Ταναγραῖοι ἀλεκθείοισι, id est Tanagræi gallinacei, pugnaces
& animosi (θυμικοì) sunt instar hominum, Suidas: qui & hæc Babrij uerba citat, Ἀλεκθείδ̑ων ᾗω̑ μάχω
τωναγραίων, οἷς φασιν ἐῖν θυμὸν ὥσπερ ἀνδρώποις. & hoc prouerbium, Ἀλεκθυόνα καὶ ἀἔλητὼ ταναγραῖον, celebrantur autem (inquit) tanquam generosi, Vide intra inter prouerbia. Χαλκιδικὸς, genus gallinacei,
Hesychius & Varinus. Rhodiæ aues foetus suos non commodè nutriunt, Columella. ¶ Antiqui ut Thetin Thelin dicebant, sic Medicam Melicā uocabant, Hæ primò dicebantur, quia ex Media propter magnitudinem erāt allatæ, quæcg ex his generatæ postea propter similitudinem, Varro
& Festus. Turnerus Gallum Medicū interpretatur Anglicè a bauncok, uel a cok of kynde. Medicæ, generi uillatico adscribuntur, propter magnitudinem in Italiam translatæ. cuiusmodi Patauí-
næ modo sunt, Puluerariæ cognominatæ à uico, ubi grādissimæ ac spectabiles maximè nascuntur:
quas Turcarum rex, is qui Constantinopolim ætate nostra coepit ui, muneris magni loco à senatu
missas habuit, Hermolaus. Patauinæ saginatæ libras sedecim podere exuperant, Grapaldus. Quidam Germanicè circunscribentes interpretantur, gross Welsch hennen, id est grandes Italicas gal
linas. nos tales habemus gallinaceas, altis cruribus, abscg cauda. Grande genus gallinaceorum,
quod pedibus ad pectus ulcg sublatis incedit, plumis ex auro fuluis, patrum memoria in Germaniam ex proximis prouincijs aduectum est, Videntur autem Medici. quanquam non Media modò, uerùm Bœotiæ ciuitas Tanagra & Rhodus Chalciscg insulæ insignes corpore suffecerunt. unde
istos uel Medicos uel Tanagricos uel Rhodios uel Chalcidicos appellare licebit. Vulgus Longo-
bardicos nuncupat, pauci à uillicis educātur quòd parum foecundi sint, Gyb. Longolius. Gallinaceos (ἀλεκτρυόνας, pro toto genere) aiunt in Perside primum natos, atcg inde alio deportatos esse, Mæ-
nodotus Samius apud Athenæum. Aues Persicas uocabant aues Ecbatanis (aduectas) propter raritatem, Scholiastes Aristophanis in Aues. dubitat autem an auis ulla propriè Μήδος dicatur. nam
poeta illic auem quandam (cristatam) peregrinam Μήδον nominârat. Et rursus in eadem fabula, sub
Epopis persona, Ὄρνις ἀφ' ἡμῶν τΦ̑ γλυὶς τΦ̑ τΦ̑ονικ̑, ὥσπερ λέγεται ΔΕΛΟΝΠΑΤ⊙ ἐῖν πανταχῆ Ἀξεως νεόϑ̑ς,
de gallinaceo ut pleriscg interpretantur. Varinus etiam auem Persicam gallum exponit: Suidas
autem Medicam, pauonem. Quin & gallum aliquando Persis imperasse Comicus fabulatur. Sunt
autem Medi Persis finitimi, ut eadem auis ab utriscg denominata sit.

¶ Circa Tarnasari urbem Indiæ gallos gallinascg proceriores uidisse memini quàm usquã alibi,
Ludouicus Patritius. ¶ In Alexandria quæ ad Ægyptum spectat, gallinæ quædā habentur mo
nosiræ, (ex quibus pugnaces oriuntur galli,) bis ac ter anno incubantes, post absolutionem scilicet
pullis ipsis subtractis, seorsumcg enutritis, Florentinus. ¶ Arabiæ pars austrum uersus contra
Aethiopiam assurgens, auium omnium copia abundat præter anseres ac gallinas, Strabo.

¶ Gallinaceo generi soli fidipedum altiliū colores diuersi. nam & aliæ huius generis alites alijs
coloribus uisuntur, & in singulis uel color unus per omne corpus, uel uarij. A gallo candido abstineas. uide inter prouerbia in h. ¶ Gallinacei habent ossium consistentiam laxam, cauam & leuem, Galenus undecimo de usu partium. ¶ Quæcuncg aues pennas duras habent, fortes sunt, ut
coturnices, galli, Aristot. in Physiognom.

¶ In rationis expertibus mari prærogatiuum honorem atcg præstantiam quandam natura largita est. serpens cristatus est: gallus item formæ excellentia illustratur, Aelian. Gallus est auis faucibus & capite cristata, Obscurus de nat. rerum. Solus inter aues peculiarem sibi cristam sortitus
est, sic institutam ut nec caro sit, nec à natura carnis omnino aliena, Aristot. Spectatissimum insigne gallinaceis, corporeum, serratum: nec carnem id esse, nec cartilaginem, nec callum iure dixerimus, uerum peculiare, Plinius. Gallinæ plicabilis crista per medium caput, gallinaceo erecta, Perottus. Magi in febrium medicina utūtur gallinaceorum cristis, auribus, unguibus, & radijs (aliàs
rasis) barbis eorū, ut Plinius prodidit. Gallinaceus crista habet rubram: carnē quæ rostrum cingit
undicg, mentum quidam uocant, Columella etiā genam. Membranosa cutis que sub mento & collo
dependet utrincg paleæ (tanquam palearia, Beroaldus in Columellam) dicuntur. at plumæ longiores quæ collum & ceruicem undicg cingunt, quascg pugnaturi & irati etiam explicant, iubas Columellam nuncupasse uideo. Sub his prominet ceu aqualiculus, omnibus tamen auibus communis:
id primum ciborum receptaculum est, quod à Græcis stomachos dicitur, Gybertus Longolius.
Pauo Indicus necg paleis necg genis præditus est, Idem. Mentum uocant quæ gallinarum rostris
adiacet carnem, Cælius. Grammatici quidam paleam exponunt cartilaginē desiluam à collo galli
gallinacei. Paleæ ex rutilo albicantes, quæ uelut incanæ barbæ dependēt, Columella de gallinaceo.

Galea pro palea apud Columellam in Meleagridis mentione legi coniicio . Similiter & in bobus
palearia dicimus,quæ à collo & pectore dependent. Gaza apud Aristotelem κάλλαιον, ゆ. cristam
uertit:melius barbam redditurus uel paleas . Videntur autem callæa dicta ob purpureum colorem
& floridum. nam κάλλη Græci appellant floridos colores, τὰ ἀλby τῶ ἑαμμός των, ut Ammonius de dif
ferentijs uocum interpretatur:& ibidem κάλλαια, τῶ τῶ ἀλεκτρυόνων πλυγωνας . Et forsitan Latina uox
paleæ à Græcis deducta est, κ, in π, mutato,& lambda uno exempto . Plura de hac uoce leges infra in H. b. item de partibus gallinacei in E. ubi ex rei rusticæ scriptoribus de huius alitis electione
agetur: οἱ τίω ρῖνα ἐγκύλον ἔχοντες τὰ πὸ τῶ μετώπο πεφύςδ, τίω δὲ πεφάφφειαν ἄνω κυκακυίαν, λάγνοι, ἐκ
φέρεται ἀπὶ τῶ ἀλεκτρυόνας, Aristot. in Physiognom. hoc est, ut innominatus quidam transfert: Quicunq nasum concauum habent,& frontem rotundam,& sursum eminens rotundum,luxuriosi,re- 10
feruntur ad gallos . Adamantius nihil tale habet . ¶ Qui oculos splendidos habent, libidinosi sunt,
gallinaceorum instar, Ibidem . ¶ Gallinaceorum testes tempore coitus, grandiores fiunt quàm
aliarum auium,ob salacitatem,Aristot. Coturnix testes sub iecore habet ut gallinacei, Alexander
Myndius apud Athenæum. ¶ Gallinaceo ingluuies præposita uentriculo est, Aristot . Aues
quædam geminos sinus habent : unum quo merguntur recentia, ut guttur: alterum in quem ex eo
dimittunt concoctione maturata, ut gallinæ,columbæ,&c. Plinius. Cato cap.29. gulam pro inglu
uie dixit. ΓρόλοβΘ· auium est ingluuies,quæ ab aliquibus φύσκα dicitur , & inest omnibus gallinaceis,Suidas . ¶ Iecur gallinæ fissum est ab uno extremo in alterum, Albertus: Ad imum intesti
num appendices paucas habet, Aristot . ¶ Aues non uolaces , ut pauones, gallinæ, uropygium
(id est caudam pennis conditam)ineptum habent,(non aptum flecti qua parte cum cute coalescit,) 20
Aristot. Gallus pennas in cauda instar semicirculi curuat , & similiter in collo & dorso,Albertus.
In sublime caudam falcatam erigit,Plinius. ¶ Calcar cum habeant mares,fœminæ magna ex par
te non habent,Aristot. Et rursus,Gallinæ cum mares uicerint, cucuriunt, crista etiam eis caudaç
erigitur,ita,ne facile præterea sit,an fœminæ sint cognoscere.nonnunquam etiam calcaria parua ijs
enascuntur. Galli spiculis aduersis in cruribus armantur. habent & quandoç spicula gallinæ : sed
hoc errore potius quàm opere naturæ, Obscurus de nat. rerum . Natura calcar addidit in auium
genere ijs,quæ ob corporis molem sint ad uolandum minus idoneæ, cuiusmodi sunt galli,Aristot.

¶ Alectorias uocant gemmas in uentriculis gallinaceorum inuentas crystallina specie, magnitudine fabarum:quibus Milonem Crotoniensem usum in certaminibus inuictum fuisse tradi uolunt,Plinius 37. 10. Ferunt in uentre galli alectorium,id est gallinaceum lapidem. Sed is sarda uel 30
achate fingitur,in quo flammea macula apparuet,nam de alectoria uero nihil comperti habeo, Cardanus . Plinius alibi inter remedia calculi , lapillorum meminit qui in gallorum uesica (quasi auis
uesicam habeat) reperiantur. Recentiores quidam non ex gallo mare, sed castrato (quem gallinacei nomine imperite intelligunt) hunc lapidem haberi putant:& quidam lingua uernacula interpre
tantur łapunenſłein,id est caponis lapidem. Gallus aliquando trimus castratur : tum quinto uel
septimo à castratione anno,in iecore eius lapis inuenitur alectorius nomine, quem ubi conceperit,
non amplius bibit. quare homo etiam lapidem hunc gestans non sitire dicitur, Author de nat. r. &
Albertus in historia animalium. Radaim lapidem & donatidem eundem aiunt, qui niger sit & lu
ceat. ferunt autem cum capita gallorum formicis permittuntur , aliquando post multa tempora in
capite maris galli hunc lapidem inueniri.Conferre pollicentur ad rem quamuis impetrandam, Al- 40
bertus de metallicis 2. 17. Lapis alectorius Dioscoride teste (nihil huiusmodi in nostris exemplari
bus Dioscoridis reperitur) inuenitur in uentribus gallorum gallinaceorum crystallo similis uel a-
quæ limpidæ . Albertus scribit lapidem esse nitentem , crystallo obscuro similem.extrahitur autem
ex uentriculo galli gallinacei, postquam castratur supra quartum annum. quidam post nonum extrahi dicunt. melior est de gallo decrepito. maximus in hoc genere fabam æquat. Ore gestantes re
ges & gladiatores inuictos reddit,ac sitim tollit. mulieres uiris côciliat, Syluaticus capite 408. Et
rursus capite 470. Alberti hæc uerba recitat: Vidi sapphirum & lapidem galli oculum intrare sine
ulla oculi noxa. politus enim lapis ac tenuis non lædit oculum, nisi pupillam attigerit. Hic orato-
rem uerbis facit esse disertum. Constantem reddens cunctisç per omnia gratum. Hic circa uene
ris facit incentiua uigentes. Commodus uxori quæ uult fore grata marito , Vt bona tot præstet 50
clausus portetur in ore, Author obscurus de lapidibus . Alectoriæ, quanquam raró, in gallorum
gallinaceorum,& caporum etiam, uentriculo & iecore gignuntur. sed in iecore plerunç maiores,
nam nuper in capo inuentus est longus unciam,latus digitum,altus sescunciam: inferior pars, quæ
latior,humiles habet cauernas:superior,quæ strictior,ad dextram extuberat : ad læuam humilis est
& fusca, cum reliquum eius corpus in fusco candidum sit . At in uentriculo reperti , non raró fere
figura sunt lupini,magnitudine eiusdem aut fabæ:modo in cinereo candidi:modo fusci coloris,sed
diluti:nunc uero crystallina specie,sed coloris obscuri,quæ fibras interdum habent subrubras. Cry
stalli similis si politus inter oculum & palpebram inferiorem interponitur , & ex una parte ad alteram transfertur,oculum non lædit. quod idem facit sapphirus, uel onyx, uel alia gemma polita interposita,modo parua sit, Ge. Agricola.　　　　　　　　　　　　　　　　　　　　　　60

c.

Gallina est tardi uolatus, Albertus, Non uolax est, & uropygiū, quo uolatus dirigitur, ineptum
habet,

habet, ut in B. retuli. ¶ Puluere impendio delectatur, in quo sese uolutādo quodammodo scabit, Grapaldus. Gallina pulueratrix est, ut reliquæ aues non altiuolæ, Aristot. Dixit Ephesius Hera=clitus sues cœno lauari, uelut corrales aues puluere aut cinere, siquidem hisce rebus plumam pin=nasq; emundari. ¶ Solum hoc uolucrum genus cœlum crebro aspicit, Plinius.

¶ Gallinaceis maribus tantum cantus datus est, Aristot. Sed & gallinæ interdum cum gallos uicere cucurire solent, Idem. Gallos gallinaceos in eo loco sic assidue canere cœpisse, Cicero 1. de diuinat. Canorum animal gallus gallinaceus, Ibid. Cantant ante lucem galli, Ibid. Græci autem ἠδ'ειν, id est canere, de gallinaceis dicunt: & quandoq; κικκ´ιζειν (cui simile est apud Latinos uerbum cucurrire) de quo plura scripsi in Cuculo a. Vide infra in H. c. Cucurrire solet gallus, gallina gra=
10 cillat, Author Philomelæ. Elisa uox in illum sonum erumpit, cui Græci κλωσμόν nomen ab imma=turo gallorum (forte pullorum gallinaceorum) cantu dederunt, Quintilianus. est & κλωγμὸς sonus quidam. Quinetiam gallum nocte explaudentibus alis Auroram clara consuetum uoce uoca=re, Lucretius. Gallos uigiles nostros excitandis in opera mortalibus, rumpendoq; somno natura genuit. Norunt sydera, & ternas distinguūt horas interdiu cantu. cum Sole eunt cubitum, quartaq; castrensi uigilia (id est hora tertia post mediam noctem, Vegetius lib. 3.) ad curas laboremq; reuo=cant. nec Solis ortum incautis patiuntur obrepere, diemq; uenientem nunciant cantu, ipsum uerò cantum plausu laterum, Plinius. Gallus diei nuncius, horas noctis discutit, & demum uocem ex=hortationis emittit, cumq; cantus edere parat, prius alas excutit, ac seipsum feriens uigilantiorem reddit, Gregorius in Moralibus. Ex gallis qui animosi sunt, uocem ædunt grauiorem, Aristot. in
20 Physiogn. Nocte profunda cantat ualidius, & matutino leuius, cantus enim cum uento fertur, & antequam æstimari possit longius auditur, Obscurus de nat. rerum. Amant & hunc cantorem mi=lites, quia in castris illis uice horarij gnomonici est. Nam cum statis noctis horis uigilias cōmutare coguntur, hoc indice noctis interualla discriminant. Crepusculo cubitū eunt, tribus ante noctis sta=tum (id est ante mediam noctem) horis cantant. medio eiusdem spatio uocem iterant. tribus itidem ab intempesta nocte horis, iterum cantillant: quod tempus ob id gallicinium appellatur. Itaq; belli=cis curribus aliquando singulis singulos gallos alligāt, Gyb. Longolius. Sigismundus Liber Baro in descriptione itineris sui per Moscouiam, Gallum (inquit) Moscouiticum more Germanorum su=per currum sedentem, frigoreq; iam iam morientem, famulus crista, quæ gelu concreta erat, subitò abscissa, non solum hoc modo seruauit, uerum etiam ut erecto statim collo cantaret, nobis admiran
30 tibus, effecit. Scribit in Diuinationibus M. Cicero, Democritum hisce fermè causam adortum ex=plicare, cur ante lucem concinant galli. Depulso (inquit) & in omne corpus diuiso ac modificato ci=bo, cantus ædunt quiete satiati. Qui quidem, ut ait Ennius, silentio noctis fauent faucibus, rursum cantu plausuq; premunt alas. Sunt uerò qui (huius sententiæ est Ambrosius Leo Nolanus, cuius uerba copiosius recitat Erasmus in prouerbio, Priusquam gallus iterum cecinerit) salacissimæ aui=tij eius naturæ acceptum referri asirunt oportere euentum eiusmodi. Nam cantu significari Ve=neris appetentiam, inde est argumentum euidens, quòd antequam usui Venereo sufficiant, conti=cescunt. Esse porrò in more auibus nonnullis, ut procliuitatem & lubentiam ad initium quolibet præeant cantu, quum alibi comprobat Plinius, tum ubi ait, Perdices fœminas concipere superuo=lantium afflatu, sæpe uoce tantum audita masculi, Contingere autem gallinaceis, quod ferè cæteris
40 usu uenire compertum est, ut peracto cibo, refecto per quietem corpore, ac inde maximè ucgeto, li=bidinis titillentur pruritu. Interuulsus autem somnus, ac identidē repetitus, cantus frequentiæ cau=sam facile suggesserit, Cælius. Gallus si rarum esset animal, non solum forma sed cantu admiratio=ne dignissimum esset. Exultat uoce, proculq; ea exauditur: et nocte etiam ad mille atq; amplius pas=sus. Cum expergiscitur à cibo canit, plerunq; tamen Sole meridiante media q; nocte, ac cum radij primum auroram effingere incipiunt. Robur igitur Solis sequitur, & in octo partes totum diuidit diem naturalē, non tamen oriente Sole, sed cum accedit ad auroræ terminos, sic & ante meridiem, Cardanus lib. 10. de Subtilitate. Galli antelucano tempore canunt, siue ut fertur, naturali quodam sensu Solis ad nos se conuertentis ceu deum salutantes impulsi, siue caliditate suæ naturæ & motus cibiq; sumendi desiderio, Heliodorus lib. 1. Aethiopicorum. Gallum album mensi sacrum, utpote
50 horarum nunciū, credidit Pythagoras. In locis ubi cœli status uuidus est, gallos nō cantare Theo=phrastus inquit, Aelianus. Gallinaceis uox est cum uicere, Aristot. Alijs in pugna uox, ut cotur=nicibus: alijs ante pugnam, ut perdicibus: alijs cum uicere, ut gallinaceis. iisdem sua maribus, Plin.

¶ Gallina unguibus scalpendo uictum quærit, ad quem inuentum pullos uocat, Albert. Chon dros, (id est alica uel far) dabatur in cibo gallinaceis, Athenæus circa finem lib. 3. Piscibus etiam in cibo gaudent. Canes & gallinæ humano stercore uescuntur, Brasauolus. Plura de cibis quibus alia ac saginari genus gallinaceum solet, leges in Gallina E. item in Capo. Veterum sententia fre=quens fuisse uidetur, gallo uim omnia quæ deglutierit conficiendi adesse, Propterea in Vespis Ari stophanes, Ἀλεκρυόν⊙ μ' έφασκε κοιλίαν έχειν, id est, Galli me uentrem habere dicitabat. Id uerò ēnar=rantes Grammatici, Galli (inquiunt) calore uentris feruentissimo cuncta percoquunt, Cælius. Gal
60 linæ calida natura præditæ sunt, nam & uenena conficiunt, & aridissima quæq; semina consumunt, & nonnunquam arenas lapillosq; ingluuie sua deuoratos dissoluunt, Dioscor. ¶ Galli quidam pugnaces sunt nimium & rixosæ libidinis: qui & cæteros infestant, nec patiuntur inire fœminas,

cum ipfi pluribus fufficere non queant,horum procacitas quomodo cohiberi debeat,ex Columella
fcribemus infra in E. Plura etiam de pugna gallinaceorum qui ad certamina ab hominibus com=
mittuntur ibidem leges. In gallorum pugna qui fuperat, coit cum gallinis, & erigit caput ac cau=
dam.uictus tabefcit ob feruitutem,Albertus. Vide plura mox in D. Galli præ omnibus auibus pu
gnaces & libidinofi funt, Oppianus in Ixeuticis. Gallinaceorum genus copia libidinis gaudet,
Ariftot. Clearchus fcribit perdices, paſſeres, coturnices, & gallos gallinaceos non modò cum ui=
dent fœminas,femen emittere,fed etiam cum earum uocem audiunt:caufam eſſe in animo impreſ=
ſionem,quod ipfum coitus tempore cognofces,fi côtra eos fpeculum pofueris: Nam ad imaginem
fuam,quæ inaniter in fpeculo repræfentatur accurrentes,femé emittunt:exceptis gallinaceis,quos
imago confpecta ad pugnam tantum prouocat, Athenæus. Gallinaceus alteri mari cum gallina 10
coitum abſcɜ pugna non permittit,Athenæus. Idem ex Theophrafto refert gallos agreſtes dome=
fticis libidinoſiores eſſe:& mares ſtatim à cubili uelle coire,fœminas autem magis procedente die:
quod & Aelianus repetijt. Gallus auis falax ad unum ouum fœcundandũ multotiens cum eadem
coit gallina,quod ſi multi ſint galli,enecant gallinas nimio coitu,Albertus. Vnicus gallus fufficit
multis gallinis,Io. Textor. Gallinaceus unus pro fex gallinis deſtinari folet, Florentinus. Canes
Indici ex bellua quadam ſimili & cane generâtur: nec non in auibus falacioribus idem fieri uifum
eſt,ut perdicibus & gallinis,Ariſtot. Quæ non unigena coëunt, primos partus ſimiles ſibi edunt,
communi generis utriufque ſpecie. quales ex uulpe & cane generantur, aut ex perdice & gallina=
ceo:fed tempore procedente ex diuerfis prognata parentibus foboles, forma fœminæ inſtituta eua
dit, Alex.Benedictus. Si fœminarum facultas nõ ſit,omnes ſubigunt in cohortem ſuam recentem 20
uenientem,Aelianus. Perdices maritos fuos fallunt,(occultantes ſe dum incubant.) tunc inter ſe
dimicant mares deſiderio fœminarum.uictum aiunt Venerem pati,id quidem & coturnices Tro=
gus & gallinaceos aliquando,Plinius. Gallinacei etiam idem interdum quod perdices faciunt, in
templis enim ubi ſine fœminis muneraríj dicatícɜ uerſantur,non temere eum qui nuper dicatus ac=
ceſſerit,omnes ſubigunt, Atiſtot. Nouiſſimè ſacratum priores accedentes ſubigunt donec alius
quifpiam oſferatur:quod ſi nullus oblatus fuerit, pugnant inter ſe uictumɜ ſemper ſubigit uictor,
Athenæus ex Ariſto. In regione quæ uocatur Leylychynie omnes galli iuniores,nec dum proue=
ctii ætate,inter ſe pugnant:& uictor cum uicto coit,quum gallinæ deſuerint, Albertus. ¶ Gallus
exertam ſemper habet criſtam atɜ rubentem, niſi male ualeat. Gallinacei herba quæ uocatur hel=
xine(alſine potius, de qua dicam in H.a.) annuum faſtidium purgant, Plinius. Galli cum ſangui= 30
nis immoderati copia grauâtur,per criſtam ſeſe purgare ſolent,unguibus ſcilicet ſcalpétes,ut cruo=
rem proficiant.Carnem quæ roſtrum cingit undicɜ mentum quidam uocant, Columella etiam ge=
nam.hac uulnerata cum pituita laborant, quicquid abſceſſit, exprimitur, atɜ ita animal liberatur,
Gyb.Longolius. Gallinacei generis pituitas fumo ſabinæ ſanari tradunt, Plinius. Liguſtri acini
gallinaceorum pituitas ſanant,Idem. Allia & cæpe gallinaceos pituita tentatos ſanant,Galenus 2.
Methodi. Allium contra pituitam & gallinis & gallinaceis prodeſt mixtum farre in cibo, Plinius.
Plura uide infra in Gallina E. Gallinacei cafus ex tumore ſcirrhoſo in tunica cordis defcribitur à
Galeno lib. 5. de Locis affectis. De gallo qui per Mofcouia ſuper curru uectus præ nimio frigore
iam morti uicinus erat, criſia quæ iam gelu concreta erat ſubito abſciſſa reſtitutus eſt, ſuperius hoc
in capite mentionem fecimus. ¶ Taxi fructus edentes in Italia gallinæ nigrefcunt, Diofcorides. 40
Sparti etiam femine depaſto moriuntur. Audio & aquam uitæ (ut uocant) eis letalem eſſe. Ster=
cus hominis qui bibit elleborum album,necat gallinas,Auicēna. Auro fuperlato uis ueneſica eſt,
gallinarum quoɜ & pecorum fœturis,Remedium eſt abluere illatum,& fpargere eos quibus me=
deri uelis,Plinius.forte & gallinæ uiciſſim auro uenenum ſunt;id enim dum ſimul coquuntur in ſe
attrahunt,ut alibi docet Plinius neſcio quàm uere. Salamandra ſi in aceruo tritici reperiatur, to=
tum infici audio,adeò ut & gallinæ inde ueſcentes pereant. Cimicis natura contra ſerpentiú mor=
ſus & præcipuè aſpidum ualere dicitur:item contra uenena omnia,argumentum,quòd dicunt gal=
linas quo die id ederint,non interfici ab aſpide,Plinius.

D.

Gallus gallinis aliquando mortuis tabefcit, Albertus. Contra ferpentes & miluos pro gallinis 50
dimicat,Textor. Gallinas diligenter cuſtodiunt, & alienos à grege abigunt, pro illis dimicantes,
Humelbergius. Mares uiſi nonnulli ſunt,qui cum forte fœmina interiſſet, ipſi officio matris fun=
gerentur,in pullos ductando,fouendo,educando, ita, ne de cætero uel cucurire, uel coire appete=
rent,Ariſtot. Narrantur & mortua gallina mariti earum uiſi fuccedentes in uicem,& reliqua fœtɜ
more facientes,abſtinentéſɜ ſe à cantu,Plinius. Quin & iam inde à primo ortu naturæ, ita non=
nulli mares effœminati proueniunt,ut necɜ cucuriât,necɜ per coitum agere uelint, & uenerem eo=
rum qui tentent fuperuenire patiantur,Ariſtot. Matrice gallina extincta, is ipfe incubat, & pullos
ex ouis excludit,ac tum ſilentio utitur, quòd ſane ſibi conſcius ſit ſe muliebre munus obire, & pa=
rum utriliter facere,Aelianus. Galli partus gallinarum leuare, & doloris participatione folariui=
dentur,dum placida & exili uoce eis accinunt, Oppianus in Ixeut. Maritus etiam inter bruta par 60
tus dolores intelligit,& plurimi ex eis parientibus fœminis condolent,συνωδίνα, ut gallinacei: qui=
dam etiam excudendo iuuant, ut columbi, Porphyrius 3. de abſtin. ab animatis. Recentiores qui=
dam de

dam de gallo caſtrato ſcribunt, ſi pectore & uentre deplumatus urticis perfricetur, pullos fouendos
admittere, quòd eo ſotu pruritum quem urticæ excitarunt mitigari ſentiat, atcp ita delectatum, in po
ſterum etiam pullos amare, ducere, paſcere: quod ſe obſeruaſſe & miratum eſſe Albertus tradit.

¶ E gallinaceis animoſi (δι δύψυχοι) uocem ædunt grauiorem, Ariſtot. in Phyſiognom. Proxi=
me (poſt pauones) gloriam ſentiunt etiam galli gallinacei, Plin. Imperitant ſuo generi, & regnum
in quacuncp ſunt domo exercet. Dimicatione parit hóc quocp inter ipſos, uelut ideo tela agnata cru
ribus ſuis intelligentes: nec finis ſæpe commorientibus. Quod ſi palma contingit, ſtatim in uictoria
canunt, ſecp ipſi principes teſtantur. Victus occultatur ſilens, ægrécp ſeruitium patitur. Et plebs ta=
men æque ſuperba graditur ardua ceruice, criſtis celſa: cœlumcp ſola uolucrum aſpicit crebro, in
10 ſublime caudam quocp falcatam erigens, Plinius. Gallus uictus uictorem ſequitur, Ariſtophanis
interpres. Gallinacei uolunt uincere, ut aliæ animantes innumeræ pro ſola uictoria contendentes,
Galenus 5. de decretis Hippocr. De certamine eorum cum ab hominibus committuntur, ſcribe=
mus ſequenti capite. Sunt ſané natura pugnaces cum aliâs, tum propter fœminas coitus gratia, ut
in c. dictum eſt. Illud item in eo mirificum, cum limen intrat, tametſi ſuperum altiſſimum exiſtit,
is tamen ſeſe inclinat, (αθικλίνει τον λόφον, id eſt criſtam inclinat, Athenæus & Euſtathius:) quod qui=
dem ipſum ſuperbia inductus facere uidetur, ne uidelicet criſta uſpiam offendatur, Aelianus.

¶ Gallinaceum exoriente luna quaſi diuino quodam ſpiritu afflatum bacchari atcp exultare fe=
runt. Oriens quidem Sol ipſum nunquam fallit, tum uehementiſſime uocem contendens, ſemet
magis magiscp cantando uincere conatur, Aelianus. ¶ Philon dicit eum qui Nicomedi Bithy=
20 niæ regi pocula adminiſtraret, à gallinaceo adamatum fuiſſe, Aelianus & Euſtathius. Auctor Ni
cander eſt, Secundum, qui pincerna regius fuit in Bithynia, à gallo amatum eximié cui nomen fo=
ret Centaurus, Cælius. ¶ Porphyrionem auem & gallum in eodem uerſantes domicilio mirificé
inter ſe coniunctos & inuicem amantes animaduerti, tandem gallo propter epulas occiſo, porphy=
rio conuictore priuatus, tantum doloris accepit, ſibi ut inedia morte conſciſceret, Aelian. ¶ Galli
gallinacei terrori ſunt etiam leonibus generoſiſſimis ferarum, Plin. Vide plura in Leone D. Stat
ceruix ardua, qualem Præfert Marmaricis metuenda leonibus ales, Ales quæ uigili lucem uo=
cat ore morantem, Politianus in Ruſtico. Leo & baſiliſcus gallinacei tum aſpectum tum uoce ex=
timeſcunt, Aelianus. Iure gallinacei peruictos pantheræ leoneſcp non attingunt; præcipue ſi &
allium fuerit incoctum, Plinius. Gallinaceorum cantus leones timent, Solinus. Leonem dicunt
30 galli album fugere, Raſis 8.8. Sed hæc ipſa ales quæ leones exterret, metu baſiliſcos exanimat,
miluos extimeſcit, Aelianus. Baſiliſcus & ad uiſum galli contremiſcit, & ad uocem conuulſus mo
ritur, quare qui per Libyam iter faciunt, aduerſus hoc malum comitem itineris gallum ſibi aſſu=
munt, Idem. Aues cicures & domeſticæ audacter contemnunt equos, aſinos, boues: ac ſi cum man
ſuefactis elephantis aluntur, non modo eos non timent, uerum per eos etiam ipſos gradiuntur. Et
gallinacei ut in eorundem dorſis conſidere audent: ſic magnum eis metum muſtela uel præteriens
inijcit. & qui uocem uel mugientium uel rudentium præclare contemnunt, illius clamorem uehe=
menter horrent, Idem. Gallus & attagen inimici ſunt, Aelianus. Columbas etiam gallinaceo ge=
neri inuiſas eſſe aiunt. Veſparum examen metuit Phrynichus uelut gallinaceus: Vide in Prouer=
bijs infra. De animalibus quæ gallinaceum genus infeſtant, lege plura in Gallina E.
40 ¶ Gallinaceis circulo é ſarmento addito collo non canunt, Plinius.

E.

Gallus facile ſentit auræ mutationes ex montibus Solis contingentes, & ideo cantu horas diſtin
guit, & nocte canens ſe erigit, & alis percutit, excutitcp ut uigilantius cantet, Albertus. Hic præ=
ter familiarem uſum, quem in uillam fert, dum gallinas plenas facit; & culinam dapibus opulentat,
magno adiumento patrifamiliâs eſſe conſueuit cantu ſuo, quo ad opera familiam reuocat monetcp,
ut abſterſo ab oculis ſomno, expergiſcatur, & uiuere diſcant, ob id à Græcis αλέκτωρ, uelut á á λέκτωρ,
hoc eſt, á lectis mortales reuocans, Gyb. Longolius. Lege etiam ſupra in c. quomodo cantu ſuo ad
opera mortales excitet, & diei noctiſcp tempora diſtinguat. ¶ Si galli noctu canant citius quàm
ſolent, mutatio aëris aut uentus oſtenditur, Gratarolus. Gallinacei, cæteræcp domeſticæ aues, ala=
50 rum percuſſione concrepantes, geſtientes, exultantes, ſtrepentes, tempeſtatem nunciat, Aelianus.
Noſtri gallum tempeſtatis (ein Wetterhan) appellant, qui peculiari quadam facultate ad indican=
dum aëris ſuo cantu mutationes præditus uideatur. Gallum tempore pluuio canentem, ſerenita=
tem inſtantem polliceri pleriscp credunt. Gallinæ domeſticæ pediculos inquiretes, & maiori uoce
crocitantes, eo ſono qui guttas aquarum crebras imitetur, pluuiæ ſignum faciunt, Aratus. Græca
eius uerba ſurit, και πυλεα (αἱ ἡμεροι και πρακεια) όρνιθώ, τοι αλέκορῷ θξηχύοντ. Εὖ ιφθειεῖϲαντο, και ἴκοων
ξαγ μάλα φωνῆ, ὅτον τι σκελαον ψοφεα αθι ὕδατι ὕδωρ. ¶ De ſaginando gallinaceo genere dicetur in
Capo & in Gallina E. Cum gallina altilis antiquis cœnarum interdictis excepta eſſet, inuentum di
uerticulum eſt gallinaceos paſcendi lacte madidis cibis. multò ita gratiores approbantur, Plinius.
¶ Gallinaceos non attingi à uulpibus, qui iecur animalis eius aridum ederint: uel ſi pellicula ex eo
60 collo inducta, galli inierint, ſimilia in felle muſtelæ legimus, Plinius.

¶ Electio. Ex gallis eligendi ſunt pugnaciſſimi. tales autem diſcernes quum uſu atque expe=
rimento, tum ſignis etiam quibuſdã, Florentinus. Gallinaceos mares niſi ſalaciſſimos habere non

K

expedit.atǫ in his quoǫ ſicut in fœminis,idē color,idemǫ numerus unguiū:ſtatus altior quęritur,
Columel. Galli probantur lacertoſi,Varro. συνιϛϱαμμἐνοι τȣ́ ὄγκȣ, id eſt mole corporis cōtorta,Flo
rentinus. Criſtæ ſunto ſublimes,ſanguineæ (rubentes,Varro. φοινικόλοφοι,Florent.) nec obliquæ.
Oculi rauidi uel nigrantes,Columella. raui uel nigri,Varro.Galli ſint ἀυχεϱωποι τὰς ὄψεις κỳ [malim
ȣ̀] μελανόφθαλμοι,Florent,Cornarius uertit,aſpectum pulchrum habeant,pro ἀυχεϱ. τὰς ὄψ. Andreas à
Lacuna,aſpectu uenuſto ſplendicent. Ego uocem ἀυχεϱωπὸν Græcam eſſe non puto , ſed χεϱωπὸν tan
tum quæ rauum ſignificat: de qua multis egimus in leone. Roſtrum breue, acutum,Varro. breue
& aduncum,Columella.Palea rubra ſubalbicans,Varro. paleæ ex rutilo albicantes, quæ uelut inca
næ barbæ dependent, Columel. barba roſea, χϱúειον ϱόδῐὄϱ,Florentinus.Aures maximæ candidiſſi
mæǫ, Columella, Collum uarium aut aureolum, Varro, bene compactum & coloribus uarium,
(Τϱαχήλȣς ἐχοντȣ δύπαγεῖς,κỳ ποικίλȣς [lego ποικίλȣς] τȣῖς χϱώμασι,) Florent. Iubæ uariæ uel ex auro fla
uæ,per colla ceruiceǫ in humeros diffuſæ. tum lata & muſculoſa pectora, lacertos æque (ſorte la
certoſaǫ) ſimiles brachij, (locus uidetur corruptus. Suſpicor poſt lacertoſaǫ comma aut punctum
notandum. tum hæc uerba, Similes brachij alæ, iungenda.) Alæ tum proceriſſimæ.Caudæ dupli
ci ordine,ſingulis utrinǫ prominentibus pinnis inflexæ , Columella, caudæ magnæ, frequentibus
pinnis,Varro, magnæ & denſæ,Florent.Femina uaſta, & frequenter horrentibus plumis hirta,(pi
loſa, Var.) Crura robuſta,nec longa, (breuia, Var.) ſed infeſtis uelut ſudibus (ſpiculis ſolidis & be
ne mucronatis,Florent.) nocenter armata, Columella. crura ſquamoſa, craſſa magis quàm longa,
Florent. Vngues longi, Varro. Præterea laudantur qui elati ſunt, ac uociferantur ſæpe , in certa
mine pertinaces , Varro. qui pugnam ipſi non auſpicentur , ſed aggredientibus alijs fortiter repu
gnent, & acriter de illis ſe ulciſcantur,Florent. & qui animalia quæ nocent gallinis non modo non
pertimeſcant,ſed etiam pro gallinis propugnent, Varro. Mores autem quamuis non ad pugnam,
neǫ ad uictoriæ laudem præparentur,maxime tamen generoſi probantur,ut ſint elati, alacres, uigi
laces,& ad ſæpius canendum prompti, nec qui facile terreantur . Nam interdum reſiſtere debent,
& protegere coniugalem gregem: quin attollentem minas ſerpentem uel aliud noxium animal in
terficere,Columella. Et rurſus,Nō probo pugnacem,nec rixoſæ libidinis marem. Nam plerunǫ
cæteros infeſtat,& non patitur inire fœminas, cum ipſe pluribus ſufficere non queat. impedienda
eſt itaǫ procacitas eius ampullaceo corio, quod cum in orbiculum formatum eſt , media pars eius
reſcinditur , & per exciſam partem galli pes inſeritur : eaǫ quaſi compede cohibentur feri mores.
Talibus autem maribus (gallinaceis uulgaribus) quinæ ſingulis fœminæ comparantur. Nam Rho
dij generis,aut Medici propter grauitatem,neǫ patres nimis ſalaces, nec ſœcundæ matres, quæ ta
men ternæ ſingulis maritantur:& cum pauca oua poſuerunt,inertes ad incubandum, multoǫ ma
gis ad excudendum raro fœtus ſuos educant. Itaǫ quibus cordi eſt ea genera propter corporū ſpe
ciem poſſidere,cum exceperunt oua generoſarum,uulgaribus gallinis ſubijciunt, & ab his excluſi
pulli nutriuntur.Tanagrici plerunǫ Rhodijs, & Medicis amplitudine pares,non multum moribus
à uernaculis diſtant,ſicut & Chalcidici . Omnium tamen horum generum nothi ſunt optimi pulli,
quos conceptos ex peregrinis maribus,noſtrates ediderunt.Nam & paternam ſpeciem gerunt, &
ſalacitatem ſœcunditatemǫ uernaculà retinent, Idem Columella . Huius igitur uillatici generis
non ſpernendus eſt reditus,ſi adhibeatur educandi ſcientia, quam pleriǫ Græcorum, & præcipue
celebrauere Deliaci. ſed & ij , quoniam procera corpora , & animos ad prælia pertinaceis require=
bant,præcipuè Tanagricum genus,& Rhodium probabat,nec minus Chalcidicum, & Medicum,
quod ab imperito uulgo litera mutata Meſicum appellatur.nobis noſtrū uernaculum maxime pla
cet,omiſſo tamen illo ſtudio Græcorum,qui ferociſſimum quenǫ alitem certaminibus & pugnæ
præparabant,nos enim cenſemus inſtituere uectigal induſtrij patrisfamiliâs,non rixoſarum auium
laniſtæ,cuius plerunǫ totum patrimonium pignus aleæ uictor gallinaceus pyctes abſtulit, Idem.
Nec tamen ſequendum in ſeminio legendo Tanagricos ac Medicos & Chalcidicos:qui ſine dubio
ſunt pulchri,& ad præliandum inter ſe maximè idonei,ſed ad partus ſunt ſteriliores, Varro.

  ¶ De certaminibus gallorum. Galli alij,nempe ferociores,quorum uſus ad certamina futurus
ſit eliguntur:alij,nempe ſalaciores,ad implendas gallinas,ut paulo ſuperius dictum eſt ex Columel
la, qui auium laniſtas aliquando totum patrimonium hoc certamine perdere ait. Maximè pugna=
ces eſſe Tanagricos,Rhodios,Chalcidicos & Medicos,dictum eſt & paulò ante,& ſupra in B. Vi
cti galli ſilere ſolent,canere uictores, Cicero. Si gallus cum altero pugnans uincatur, idcirco non
canit,quòd ex illa mala pugna ſpiritus fracti illi uocem ſupprimant. Cuius offenſionis uerecundia
cōfuſus,in primam quanǫ latebram ſeſe occultat. Is autem qui ex certamine uictoriam reportârit,
tum oculorum eminentia,tū ceruice erecta ſimul & cantus contentione inſolēter effertur, & trium
phanti ſimilis eſt,Aelianus. Lego apud Alexādriam aues haberi monoſiros, unde pugnaces ſub
naſcantur gallinacei,ſi bis aut ter ouis incubârint, Cælius. Perdices & gallinaceos (Gallos & co=
turnices,Dioſco.) pugnaciores fieri putant,in cibum eorum additis adiantj ramulis, Plinius. Gal
linaceis mox compugnaturis allium in cibis obijcere ſolebant,quo acrius decertarent. Ex quo ſace
tiſſimè in ueteri comœdia,ἀνπεπϱσϱμẁῶ,id eſt allio paſtus,pro uehemēti ac nimis in pugnam pro=
cliui dicitur quandoǫ,Cælius. Pergami omnibus annis ſpectaculum galloru publicè æditur ceu
gladiatorum,Plinius. De hoc & coturnicum certamine Pergami Athenisǫ celebrari ſolitis,plura
retuli

retuli supra in Coturnice E. Athenienses post uictoriam eius belli,quod cum Persis gesserunt, le=
gem constituerunt,quotannis ut certo die galli in theatro publice certarent: unde uero initium lex
duxerit,dicam. Contra Barbaros cum Themistocles exercitum duceret, & gallos non ignauiter
pugnantes animaduertisset, exercitum côfirmauit,his uerbis ad milites usus: At hi neqp pro patria,
neqp pro penatibus,neqp pro sepulchris maiorum,atqp libertate, neqp pro pueris mala sustinent : sed
ut ne uincantur,neuter cedit alteri.Quę cum dixisset,Atheniesibus animum auxit.Itaqp id factum,
quôd eis fuisset significatio(incitamentum) ad uirtutem , ad similium factorum monumentum ser=
uari uoluerunt,Gillius ex Aeliani lib.2.Variorum. Gallinacei uolunt uincere, ut aliæ animantes
innumeræ pro sola uictoria côtendentes,Galenus lib.5.de decretis Hippocratis. Vide etiam supra
10 in D. Auium Ianistæ à Columella dicuntur,qui gallinas (gallos) parant, instruuntqp ad certamen.
qui mos hodieqp durat apud Boëmos:ubi primores præparant gallos gallinaceos pugnæ quasi gla=
diatoriæ,fiuntqp sponsiones pretij non parui,dum unusquisqp pecuniam largam deponit,quam au=
fert dominus uictoris gallinacei,Beroaldus. Circa Tarnasari urbem Indiæ gallinaceos procerissi=
mos uidere memini:ex quorum sanè acerrimis conflictibus summam uoluptatem cepi.nam quoti=
die huic ludo per medios uicos Mahumetanorum animi causa opera dabatur , mirumqp est Mahu=
metanorum pro hac re certamen.habent priui priuos gallos gallinaceos, eosqp comittunt alijs, ex=
positis quandoqp pro alitum futura uictoria utrinque aureis centenis singulo congressu. Conspicati
sumus senis horis concertantes alites,nec prius illæ modum prælio faciebant; quam occubuissent,
Ludouicus Romanus.

20 ¶ M. Varro principatum dat ad agros lætificandos turdorum fimo ex auiarijs.proximum Co=
lumella columbarijs,mox gallinarijs facit, Plinius. Gallinaceum fimum mulieres nostræ laudant
pro betonica altili,quæ in uasis colitur:non item ad alia, quod multæ inutiles herbæ ex eo nascun=
tur. ¶ Qui piscandi scientiam in Macedonia tenent, ut pisces quosdam fluuiatiles uarijs distin=
ctos coloribus, (poecilias puto Græcè legi,sic dictos pisces)qui muscis in fluuio uolitâtibus uescun
tur,capiant:purpurascente lana hamum circumuestiunt,& ad eandem lanā gallinacei pennas duas
cerei coloris speciem gerêtes accommodant & côglutinant, &c. Aelianus. Lac coagulatur etiam
à domesticæ gallinæ pellicula, quæ intra uentriculum stercori destinata est, echinus ab aspritudine
Græcis appellata,ceu cortex quidam,Berytius apud Constantinum. ¶ Esca ad capiendos pisces
magnos,omniaqp marina,uelut glaucos, orphos, & quæcunqp sunt huiusinodi : Galli testiculi cum
30 nucibus pineis torrefactis ac tritis committuntur,ita ut sint testiculorum drachmæ octo, nucum pi
nearum drachmæ sedecim,teruntur autem in farinæ speciem , fiuntqp collyria, quorum esca pisces
illectantur,Tarentinus in Geoponicis Græcis. ¶ Cur gallus,simia,serpens, canis, culeo parrici=
dæ inserantur,ex Hier. Cardano scriptum est in Simia E. ad finem. ¶ Seminarium munitum sit
ad incursum gallinacei generis,Plin. ¶ Vuæ florem in cibis si edere gallinacei ; uuas non attin=
gunt,Plin. Vide in Gallina E.

F.

DE GALLINACEI GENERIS TOTIVS IN CIBIS VSV, APPARATV, ET
salubritate,gallorum,gallinarum,& pullorum.De ouis tantum separatim dicetur
in Gallina F. item de Capo priuatim quædam.

40 In Alexandri Seueri conuiuijs esse solebant gallinę,oua,&c.adhibebatur & anser diebus festis,
maioribus autem festis diebus fasianus:ita ut aliquando &duo ponerentur,additis gallinaceis duo=
bus,Lampridius. Pertinax imperator nimium illiberalis , amicis si quãdo de prandio suo mittere
uoluit,misit offulas binas,aut omasi parte,aliquando lumbos gallinaceos,Iulius Capitolinus. Hoc
primum antiquis cœnarum interdictis exceptum inuenio iam lege C.Fannij consulis undecim an=
nis ante tertium Punicum bellum, ne quid uolucrum poneretur præter unam gallinam , quæ non
esset altilis:Quod deinde caput translatum,per omnes leges ambulauit. Inuentumqp diuerticulum
est in fraude earum,gallinaceos quoqp pascendi lacte madidis cibis, multò ità gratiores approban=
tur,Plin. Et mox cum de saginatione gallinarū dixisset,Nec tamen(inquit)in hoc mangonio quic
quam totum placet,hîc clune,alibi pectore tantum laudatis. Constat Messalinum Cottam Messalę
50 oratoris filium palmas pedum ex anseribus torrere,atqp patinis cum gallinaceorum cristis condire
reperisse,Plinius. Heliogabalus sæpe edit ad imitationem Apicij calcanea camelorum, & cristas
uiuis gallinaceis demptas,linguas pauonum & lusciniarum, quòd qui ederet ab epilepsia tutus di=
ceretur,Lampridius.

¶ Apparatus uarij. Apicius lib.5.Artis coquinariæ, cum Conchiclas quasdam(sic dicta edu=
lia à faba conchide,ut puto)cum faba & cum pisa descripsisset : Aliter (inquit)conchiclam sic facies:
Pullum lauas,exossas,concidis minutatim cepam,coriãdrum,cerebella eneruata:mittis in eundem .
pullum:liquamine, oleo & uino serueat.cum coctus fuerit , concidis minutatim cepam & corian=
drum.colas ibi pisam coctam non côditam,accipies conchiclam pro modo,componis uariè : dein=
de teres piper,cuminum:suffundis ius de suo sibi.item in mortario oua duo dissolues,temperas,ius
60 de suo sibi suffundis pisæ integræ elixæ, uel nucleis adornabis , & lento igni feruere facies , & infe=
res. Aliter conchicla farsilis,siue conchiclatus pullus uel porcellus : Exossas pullum à pectore, se=
mora eius iungis in porrectum , surculo alligas, & impensam paras, & facies alternis pisam lotam;

K 2

cerebella, lucanicas, & cætera. teres piper, ligusticum, origanum & zingiber. liquamen suffundis, passo & uino temperabis. facies ut ferueat. & cum serbuerit, mittis modicè & pisam cum condieris, alternis in pullo componis, omento tegis, & in operculo deponis, & in furnū mittis ut coquantur paulatim, & inseres.

EX EIVSDEM AVTHORIS LIBRO VI. CAP. IX.

In pullo elixo ius crudum, Adijcies in mortarium anethi semen, menthani siccam, laseris radicem: suffundis acetum: adijcies caryotam: refundis liquamen, sinapis modicum & oleum: defruto temperas, & sic mittis in pullum, anethatum. Aliter pullus. Mellis modice, liquamine temperabis. Lauas pullum coctum, & sabano mundo siccas, charaxas, & ius scissuris infundis, ut combibat: & cum cōbiberit, assabis, & suo sibi iure pertangis, piper asperges, & inseres. Pullus Parthicus. Pul- 10 lum aperies à naui (pectore forte, nam infra pullum farsilem à pectore aperiri iubet. Sed Humelbergius partem posteriorem uentris accipit) & in quadrato ornas: teres piper, ligusticum, carei modicum: suffundes liquamen: uino temperas: componis in cumana pullum, & condituram super pullum facies, laser & uinum inter illas dissoluis, & in pullum mittis simul & coques, piper asperges & inseres. Pullus oxyzomus. Olei acetabulum maiorem satis modicè, liquaminis acetabulum minorem, aceti acetabulum perquam minorem, piperis scrupulos sex, petroselinū, porri fasciculum. Pullus Numidicus, (qualis apud Numidas cōdiri solebat, aut potius ex pullis gallinæ Numidicæ.) Pullum curas, elixas, lauas, lasere & pipere aspersum assas: teres piper, cuminum, coriandri semen, laseris radicem, rutam, caryotam, nucleos: suffundis acetū, mel, liquamen: & oleo temperabis. Cum serbuerit, amylo obligas: pullum perfundis: piper asperges & inseres. Pullus laseratus. Aperies à 20 naui: lauabis, ornabis & in cumana ponis: teres piper, ligusticum, laser, uinum: suffundis liquamen: uino & liquamine temperabis, & mittis pullum: coctus si fuerit, pipere aspersum inseres. Pullus paroptus. Laseris modicum, piperis scrupulos sex, olei acetabulum, liquaminis acetabulum, petroselini modicum. Pullus elixus ex iure suo. Teres piper, cuminum, thymi modicum, fœniculi semen, menthani, rutam, laseris radicem: suffundis acetum: adijcies caryotam & teres: melle, aceto, liquamine & oleo temperabis: pullum refrigeratum & siccatum mittis, quem perfusum inseres. Pullus elixus cum cucurbitis elixis. Iure suprascripto addito sinape perfundis & inseres. Pullus elixus cum colocasijs elixis. Suprascripto iure perfundis & inseres. Facit & in elixum cum oliuis colymbadibus non ualdè (impletum,) ita ut laxamentum habeat, ne dissiliat dum coquitur in olla: submissum in sportellam cum bullierit, frequēter lauas & ponis ne dissiliat. Pullus Varianus, (à Va 30 rio Heliogabalo fortassis, aliàs Vardanus.) Pullum coques iure hoc: liquamine, oleo, uino: fasciculum porri, coriādri, satureiæ: cum coctus fuerit, teres piper, nucleos cyathos duos, & ius de suo sibi suffundis, & fasciculos proijcies, lacte temperas, & reexinanies in mortarium supra pullum ut ferueat: obligas cum albamentis ouorum tritis: ponis in lance, & iure suprascripto perfundis. Hoc ius candidum appellatur. Pullus Frontonianus, Pullum prædura, condies liquamine, oleo mixto, cui mittis fasciculū anethi, porri, satureiæ, & coriandri uiridis & coques: ubi coctus fuerit, leuabis eum, in lance defruto perfundes, piper asperges & inseres. Pullus tractogalatus, (à tracta & lacte quibus condiebatur, Humelbergius.) Pullum coques liquamine, oleo, uino: cui mittis fasciculum coriandri, cepam: deinde cum coctus fuerit, leuabis eum de iure suo, & mittis in cacabum nouum lac & salem modicum: mel & aquæ minimum, id est tertiam partem, ponis ad ignē lentum ut tepescat: 40 tractum confringis & mittis paulatim, assiduè agitas ne uratur, pullum illic mittis integrum uel carptum, uersabis in mortarium, quem perfundes iure tali. Piper, ligusticum, origanum: suffundis mel, & defrutum modicum: & ius de suo sibi temperas in cacabulo: facies ut bulliat: cum bullierit, amylo obligas & inseres. Pullus farsilis. Pullū sic ne aliquid in eo remaneat, à ceruice expedies: teres piper, ligusticum, zingiber, pulpam cæsam, alicam elixam, teres cerebellum ex iure coctum: oua confringis & commisces ut unum corpus efficias: liquamine temperas, & oleum modicè mittis, piper integrum, nucleos abundantes, fac impensam, & imples pullum, uel porcellum ita ut laxamentum habeat. Similiter & in capo facies. Accipies pullum & ornas ut supra: aperies illū à pectore, & omnibus eiectis, coques. Pullus leucozomus. Accipias aquam & oleum Hispanum abundans, agitatur ut ex se ambulet & humorem cōsumat: postea cum coctus fuerit, quodcunqꝫ olei remanserit, 50 inde leuas: piper asperges, & inseres.

¶ In isicia de pullo, Olei floris lib. 1. liquaminis quartarium, piperis semuncia. Aliter de pullo. Piperis grana XXXI. conteres, mittis liquaminis optimi calicem, caræni tantundem, aquæ X I. mittes: & ad uaporem ignis pones. Isicia de pauo primum locum habent, ita si fricta fuerint ut callum uincant, secūdum isicia de phasianis, tertium de cuniculis, quartum de pullis. Aliter, (Isicium amylatum.) Ossicula de pullis expromas, deinde mittis in cacabum porros, anethum, salem: cum cocta fuerint, addes piper, apij semen: deinde orindam (forte oryzam, cuius & paulò ante meminerat in simili isicio amylato. sed Humelbergius ex Hesychio orindam interpretatur semen simile sesamæ, &c.) infusam teres: addes liquamen & passum uel defrutum, omnia misces & cum isicijs inseres, Apicius 2.2.

¶ Gallus cum oxyliparo apponitur Dipnosophistis apud Athenæum lib. 8. γαλεὸς καὶ βατίδες 60 ὅσα τε τῶν χρόων ἐν ὀξυλιπάρῳ τρίμματι σκδ ἄζει.) Timocles Comicus. Est aūt forte oxyliparum trimma seu con-

seu condimētum, idem aut simile quale supra in pullo oxyzomo Apicius descripsit, quod conficitur aceto, liquamine & oleo quæ liparà, id est pinguia sunt, &c. Inuenio oxyliparon genus esse iuris in quo raiæ ac cæteri eius naturæ pisces mandi soleant, Hermolaus. ¶ Qui morbo regio æstiuo laborat, obsonium edat pullum gallinaceum percoctum, probe conditum cum cepa, coriandro,
caseo, sale, sesamo, & uua passa alba, Hippocrates in libro de internis affectionibus. Egregia quædam cōdimenta pro pullis coctis describit Ant. Gainerius in capite de restaurādo appetitu. ¶ Pullus in agresta. Pullum cum salita carne decoquito: ubi semicoctus fuerit, grana uuæ sublatis è medio
uinaceis, in cacabum feruentem indito: petroselinum & mentham minutatim concidito, piper &
crocum in puluerem conterito. Hæc omnia in cacabum, ubi pullastra cocta fuerit, conijcito, ac pa-
10 tinam statim facito. Hoc obsonio nil salubrius. admodum enim alit, facile concoquitur. stomacho,
cordi, hepati, renibus conuenit, ac bilem reprimit, Platina lib. 6. cap. 16. Et mox cap. 17. Pullus
assus, Pullum bene depilatum, exinanitum & lotum assabis, asso, atcȝ in patinā imposito, antequam
refrigeat, aut succum mali medici, aut agrestā cum aqua rosacea, saccaro ac cinnamo bene trito infundes, conuiuiscȝ appones. Hoc Bucino non displicet, qui acria (acida) simul ac dulcia appetit, ut
bilem reprimat & corpus obeset. Idem 6.9. præscribit quomodo paretur pastillus ex quauis carne
animantis cicuris, ut uituli, capi, gallinæ & similium. Eiusdem è lib. 6. cap. 15. de porcello lactente
condimentis quibusdam farciendo assandocȝ, uerba recitaui in Sue G. Idem autem (inquit) fieri potest ex anate, capo, pullastra. ¶ Qui icteri prima specie laborat, obsonium edat pullum gallinaceum percoctum probe conditum cum cepa, coriandro, caseo, sale, sesamo & uua passa alba, Hippo-
20 crates in libro de internis affectionibus. ¶ Ex capis aut pullastris Mirause Catellonicū, Platinæ
uerbis describemus in Capo F. ¶ E pullastris pastilli, ex libro Germanico Baltasaris Stendelij.
Pastillo confecto pullastras rite paratas membris confractis impone: & pro magnitudine pastilli
tria aut quatuor oua addito, salem, & zinziber satis abunde. per æstatem cōuenit etiam uuas passas
Corinthiacas addi, ut caponibus quocȝ, & aliquid butyri recētis. operculum etiam facies quale pro
pastillo è capone præscribitur, & ouis illines, horis duabus coques. Quòd si frigidum habere malis,
ius per foramen superius effundito, & pingui separato flatu, idem rursus affundito. Cum pulli in
olla operta coquuntur, uel assantur potius in butyro, affuso etiam uino modico cum semiassi sunt,
nostri hoc genus cocturæ uocant verdempffen. Latine forsan suffocare dixeris, quemadmodum
oua pnicta, id est suffocata Græci efferunt. Sunt qui uuarum acinos cum pullo in olla operta co-
30 quant, deinde conterunt, exprimunt, & rursus ad pullum affundunt cum butyro, Baltasar Stendelius. Et rursus ad idem, Pullos rite paratos in ollam inde, uinum & ius carnium affunde, cum modico salis & aromatici pollinis crocei. quod si iusculum erassius desideras, segmenta duo panis albi
tosta bullienti iuri inijcito, cum ferbuerint, extractis unà cum iecore tritis exprimito succum colando per aromaticum pollinem, & rursus affundito, & perfecte coqui sinito. Sunt qui limonum (quæ
poma sunt de genere citreorum) segmenta cum pullis elixant, quæ deinde ijs cum inferuntur imponunt, &c. ¶ Pullos elixos uel suffocatos, ut diximus, nostri aliquando cum pisis recentibus seorsim coctis inferre solent. ¶ Gelu cum expresso succo carnis gallinacei pulli, in Gallia usitatum
pro febrientibus & alijs ad uires restaurandas. Carnem pulli & pedes uituli aut ueruecis discoques
donec caro incipiat dissolui, tum percolabis & exprimes succum, cui adijcies bonam partem sac-
40 chari ac pollinis cinnamomi: purificabis cum albuminibus & testis ouorū, colabis denuò, addescȝ
crocum, aut aliud quippiam pro colore quem desyderas, uiride, rubrum, &c. si acidum placuerit,
aceti aliquid, uel rob, id est defrutū aliquod eius saporis, ut de ribes aut berberis addi potest. ¶ Cibarium contusum: Gallinam uel caponem percoquito donec carnes bene mollescant, & in pila pulpam unà cum ossibus contunde, quod si parum carnis fuerit, licebit etiam segmenta albissimi panis
simul cōterere. tum unà cum iure omnia per æneum uas colatorium exprimes, modicum generosi
uini, & croci aromatumcȝ quantum satis uidebitur adijcies, & coques aliquandiu, cum inferre uolueris, panem tostum subijcies, interdum oua extra testam in aqua cocta impones. Reliquias etiam
gallinarum & caponum à mensa, carnes scilicet cum ossibus aliqui tundunt, & ferculum parant:
cui nonnulli elixum hepar agninum contusum adijciunt. Hic cibus puerperis, & ijs qui uenam se-
50 cuerint conuenit, Baltasar Stendelius.
   ¶ Si uespertinus subito te oppresserit hospes, Ne gallina malum responset dura palato, Doctus eris uiuam misto mersare falerno: Hoc teneram faciet, Horatius 2. Serm. Nux pullo inclusa
illum longè celerius coqui facit, Cor. Agrippa. ¶ In pastillum gallinaceum. Cristas pullorum trifariam, iecuscula quadrifariā diuidito: testiculos integros relinquito, laridum tessellatim concidito,
nec tundito, duas aut tres uncias uitulinæ adipis minutatim concidito, aut loco adipis medullam
bubulam aut uitulinam addito. Gingiberis, cinnami, saccari, quantum satis erit sumito. Hæccȝ omnia cum cerasis acribus (acidis) ac siccis ad quadraginta misceto, inditocȝ in pastillum ad id aptè ex
farina subacta factum. In furno aut sub textu in foco decoqui potest. Semicoctum ubi fuerit, duo uitella ouorum disfracta, modicum croci & agrestæ superinfundes, Platina 6.38. ¶ Edulium in
60 asthmate & alijs affectionibus pectoris, cum ægri infirmi sunt admodū. Pullum uel gallinam iuuenem pinguem cum ordeo puro discoquito donec liquefiat. tum tere pullum cum pulpa & ossibus,
& parum ptisanæ infunde, exprime, cola. præstabit quidem pullo dum teritur aquā rosacea asur-

                                                                                    K   3

dere,& diligenter miscere , Arnoldus in libro de aquis. Idem in libro de conseruanda sanitate: Album ferculum (inquit) de pullis gallinarum frequenter sumi poterit, modo ne fiat de pulpis estilatis,
(sic loquitur,) sed ex trāsuerso subtiliter incisis:& postea cōtritis ac ligatis cum lacte amygdalarum,
paucoue amylo aut polline oryzæ. ¶ Ius gallinaceum cum amygdalis: Cape tibi selibram amyg
dalarum, tres ouorum uitellos exiguos, iccuscula gallinarum, panis e simila modum duorum ouorum, cremæ lactis quantum semiobolo emitur, ius gallinæ ueteris perfecte coctum. Tum amygdalas contusas cū iure percolando exprime,& da. Vel pone prius in hoc iure sic parato pullum prius
coctum,& modicè simul efferuere sinito, ut densiusculum fiat:& modicum cinnamomi, caryophyl
lorum saliscȝ addito, Baltasar Stendelius. Ex eodem ius uiride pro gallina (aut pullo:) Pyretro, sam
sucho, petroselino minutatim dissectis uinum affunde, simul agita, saccharum & aromatis aliquid 10
adde, & affunde iuri in quo gallina cocta est:nec amplius coquito ne color uiridis euanescat. Con
ditura pro gallinis elixis:Gallinam elixam integram, uel in partes diuisam, bene purgatam in ollam
inde, per modicum aquæ affunde cum pauco uino dulci,& butyri modicum adde , & pollinis aromatici nonnihil de macere, cinnamomo, caryophyllis. Cura diligenter ne diutius ad ignem maneat
hoc ferculum. sit enim prorsus inutile. Toles cum ad russum colorem gallina uergit, & ius mediocre habet. Si dulce placuerit, saccarum per se uel cum aromatibus adijcies. Aliud edulium de pul
lis uel capis cum pane rosto, &c. ex eodem, ipse Germanicè uocat pluȝte büner. Pullos aut capos
assos frustatim dissectos saccharo cum aromatibus condies, ac uino dulci perfundes, imponesȝse-
gmentis e pane albo tostis eodem uino dulci madentibus. frigidum pones. Condimentum quo
gallina uel pullus farcitur. iecur & uentriculum gallina manu diligenter eximes, ita ne quid fran-20
gas.hæc minutatim concisa cum ouo permisce,& croceum colorem adde si placet.addes & olus ui
ride concisum, uel uuas passas minores:his immissis pollinem aromaticum affundes.& uentrē galli
næ religabis, eamȝ in olla coques eo genere quod suffocationem uocat, (verdempffen.) Cæterum
pro gallina assanda, condimentum hoc in patella mixtum cum ouo subiges, & in uentrem immittes, Idem. Præscribit & alios quosdam modos, (ein angelegte besi/Enöble von bennen/ quos bre
uitatis gratia relinquo. ¶ Aliqui gallinam pullam in optimo uino albo discoquunt,& dissolutam
coctione diutina exprimunt, colantȝ ius, & cum oui uitello ad ignem miscent. hac sorbitione pro-
stratas ægrorum uires mirificè restaurari aiunt. ¶ Liquamen quomodo fiat ex adipe gallinaceo
& anserino, u. de in Sue F. ex Platina. ¶ Porcelli dimidia parte assi & dimidia elixi, fartiȝ turdis
ac uentriculis gallinaceis, Athenæus meminit libro 9. ¶ Mutagenat, est cibus qui sit in aliquo ua30
se cum lacte seminum communium, (cucurbitarum generis,) iure gallinæ & uitellis ouorum, conditur autem saccharo & polline qui constat cinnamomo, spica, cubebis, calamo aromatico & cari se
mine. coquitur ad ignem,& apposita super uas testa calida, Syluaticus.

    ¶ Ex uolucrium genere gallinæ (gallinaceum genus) omnibus præstant. sint autem altiles, Aë
tius in cura colici affectus. Auium caro minus nutrit quàm quadrupedum, sed facilius concoquitur, præcipuè perdicis, attagenis, columbæ, gallinæ & galli, Galenus 3. de alimentis. Idem in libro
de cibis boni & mali succi enumerans cibaria laudata,& necȝ tenuem necȝ crassum succum (aut san
guinem) gignentia, adnumerat ex auibus gallos & gallinas, &c. quod & in alijs libris ab eo repetitur,& secutis cum authoribus alijs . Temperatum bonumȝ sanguinem ornithopula (id est pulli
gallinacei) gignunt nec tenuem nec crassum plus iusto, Symeon Sethi. Gallinæ (& pullorum gal-40
linaceorum , Sethi) caro facile concoquitur , Galenus in libro de diff. continui. Minus suauis est
quàm phasiani, sed similis ei in coctione & nutrimento, Ibidem. Gallinæ caro accommoda est siccis, Galen. 6. de sanit. tuenda. Gallinacei utiles sunt calidis & siccis, Idem 8. Methodi. Gallinæ
cortales non edendæ sunt homini qui ociosè uiuat, sed montanæ potius, Idem in libro de atten. uictu. Gallinacei pulli prosunt ijs qui minus se exercent & otiosis, (hoc Galenus non concedit, cuius hæc sunt uerba:Gallinaceæ carnis usum, ijs quibus ratione uictus tenui opus est, exercitatis quidem non prohibeo, præsertim earum quæ in montibus fuerint educatæ. at qui se non exercent, ijs
gallinacea carne minus utendum est. alis tamen gallinarum uel in tenui uictus ratione uesci licebit:
quanquam necȝ uiscera, necȝ gallinaceorum testes huic diætæ sunt idoneæ.) & his simul quibus faci
le obstruuntur meatus. his insuper qui stomachum calidum habent, unaȝ aluum promouent, Sy-50
meon Sethi. Gallinarum (uel gallinaceorum pullorum) caro secundo loco est quo ad bonum succum generandum post attagenas, præsertim si pinguis fuerit. talis etiam corpus humectat & otiosos iuuat, coloremȝ bonum comparat,& genitali semini adijcit,& cerebri substantiam auget. & in
primis earum (uel pullorum) medulla. hæc enim cerebrum abunde nutrit. & idcirco aiunt, quod
his qui leuiori ingenio ac mente sunt, prodest, Idem. Caro pullorum gallinaceorum (gallinarum
alterhi intellectum auget. uocem clariorem reddit, & genituram in iuuenibus auget, Auicenna.
Gallorū ueterū caro astringit, ius soluit. (uide infra in G.) gallinarum uerò ius astringit, Galenus in
opere de simplicibus,& ad Pisonem. Galli excipiuntur à cibis ictericorum, nisi moderatè carnosi
fuerint, in libello de cura icteri qui Galeno adscribitur . Pullus cohortalis quo tenerior est, eo minus alimenti præstat, Celsus . Inter aues meliori est caro alduragi, (id est francolini, Bellunensis) & 60
gallinarum est subtilior ea. & non sunt cum nutrimento carnium alchabugi , & altaiaigi & altedari
gi, Auicenna. Gallinę succum gignūt temperatum. nam necȝ calidæ sunt, ut facile in bilem abeāt:
                                                             necȝ

nec frigidæ, ut pituitam augeant. Itacp nescimus qua ratione uulgus &|medici quidam podagricis eas interdicant ceu podagram generãtes. quod si fieret, nullam certam ob causam, sed occulta qua= dam proprietate contingeret, ab authoribus quidem nihil huiusmodi proditum est. (Putauit Aristo teles eum qui aliquandiu gallinas pingues esitauerit, inducere hæreditatem hæmorrhoidum & po= dagræ, Rasis.) Coloris bonitatem faciunt; & cerebella earum substantiam cerebri augent, ac sensus acuunt. Ipsæ in cibo conueniunt conualescentibus & otiosis, præcipuè pulli & antequam coierint, Elluchasem. Idem in tabulis laudat eas quæ pascantur uiridi & libero campo: genituram augere scribit & cerebrum, exercitio utentibus conuenire, præsertim cum bono uino odorato: temperatis, pueris, uerè, calidas esse temperatè, uel in secũdo abscessu. gallos uerò calidos & siccos in secundo, 10 præferri ex eis qui uocis temperatæ sunt, stomachum roborare. conuenire frigidis, decrepitis, hye= me: nutrimentum ex eis non laudari. ¶ Gallina est temperatæ carnis & leuis, Albert. ¶ Galli caro durior quàm gallinæ est, Idẽ. Decrepiti galli carnes teneriores sunt quàm iunioris, & si quid inest uiscosum decoctione consumitur, Idem.

¶ Caro gallinarum iuuenum est calida & humida, licet parum: unde Galenus temperatam esse scripsit. pulchrum colorem efficit, quamobrem à mulieribus appetitur. Sed nimis annosarum caro frigida est & sicca, difficilis concoctu, sicut & gallorum & caponum decrepitorum. Auicenna ter= tia primi: Præstant (inquit) gallinæ quæ in uentre agni aut hœdi assantur. earum enim humiditates conseruantur. Pullorum marium caro est temperata, ad humiditatem declinans quod ad nos. fa= cile concoquitur, sanguinem laudabilem gignit, appetitum roborat, omnibus ferè temperamentis 10 conueniens. ius eorum humores æquat & uentrem soluit Auicennæ. ius uerò gallinarũ magis nu= trit. Pullastrarum uerò caro humidior & minus calida est, non æquè sanis conueniens, sed magis in= temperatis quibusdam, ex his earum quæ nondũ peperêre caro, mediocriter pinguis, proba & tem perata est Auicennæ. Gallina siccior est quàm pulli, & uentrem nonnihil astringit, quem pulli hu mectant. quare elixæ magis quàm assæ gallinæ sunt comedendæ, Isaac.

¶ Electio. Galli gallinæcp ueteres improbantur. eliguntur pulli mediocriter pingues, Sauona= rola. Mares antequam cantent aut coeant: fœminæ antequam pariant, (cum parere incipiunt, Ar= noldus Villanou.) Idem, Sym, Sethi, Auicenna, Rasis, Elluchasem. Capos præpingues assos me= dios inter maciem & pinguedinẽ comedes. idem fiet de gallina & pullastra, Platina. His tanquam saluberrimis uesci debent quotidie uel maiori ex parte, quicũcp sanitatis rationem habent, Ellu= 30 chasem. Gallinæ meliores sunt hyeme. quia tum minus fœtu exhauriuntur, Pulli uerò æstate dum tritura sit, dumcp adhuc de uite omphacium pendet, esui meliores habentur: masculi tamen magis quàm fœmellæ, Platina. Galli ante interfectionem fatigari debent, Elluchasem. Gallinæ (parum iuuenes scilicet, quò minus duræ sint) statim occisæ euiscerari debent, & suspendi à matutino tem= pore uscp ad uespertinum, uel contrà, Arnoldus de Villanou. Vulgò experimento cognitum est pullos albos in uentriculo non facile coqui, ut Gilb. Anglicus scribit. Marsilius tamen præfert albos pro hecticis, tanquam minus calidos, Gaynerius. Gallinas albas nigris aliqui suauiores esse tra= dunt, Chrysippus apud Athenæum. Gallorum & gallinarum caro alimenti est inter aues optimi. quia facile in sanguinem uertitur, & parum excrementosa est. Caro autem gallinarum est melior quàm gallorum, nisi sint castrati, nigrarum quocp & quæ nondum pepererunt caro est melior & le= 40 uior. Veterum autem, præcipuè gallorũ, caro nitrosa est & salsa, cibo inepta, Syluius. Gallinas au= tem carnem tunc habere suauissimam, cum non alimẽto abunde eis exhibito, ipsæ suis pedibus scal pentes non sine labore cibum inueniunt, Clemens 2. Stromat.

¶ Hippocrates in libro de internis affectionibus, A pituita (inquit) maximè in aqua intercutem transitus sit, &c. in hac qui curabilis est, obsonium edat carnem galli assatam & calidam, &c. Et rursus, Qui pituita alba laborat, &c. in cœna utatur galli carnibus & suis tritis. In morbo crasso etiam à pituita putrefacta obsonium è gallinaceo pullo cocto commendat. Et alibi in eodem libro, Ab hepate laborans aqua intercute, &c. galli carnem assatam calidam habeat. ¶ Aretæus in cu= ratione cephalææ carnes nuper interfecti galli laudat. Morsus à cane rabido pullorum ius sorbeat, Arnoldus de Villan. ¶ Qui gallinaceam carnem esitauerint, non statim lac acidum (oxygala) su= 50 mant: quoniam obseruatum est colicos morbos inde fieri, Sym, Sethi.

¶ Gallinarum ius astringit, gallorum uerò ueterum uentrem soluit, ut scribit Galenus lib. 11. de simplicib. & in libro de attenu. uictu. Vide mox in G.

¶ Gallinarũ sanguis non est inferior sanguine suũ, sed multò peior leporino, sunt qui eo uescan= tur, Galenus lib. 3. de alimentis. Et rursus lib. 10. de simplicib. cap. 4. Nõ pauci (inquit) pro alimen= to habent sanguinem leporis & gallinarum[1], & ex ijs etiam qui urbes incolunt complures.

¶ Patina ex capitibus & interaneis caponum & gallinarum: Gallinarum atcp auium iecuscula, pulmones, pedes, capita & colla, bene lauabis. Lota & elixa in patinam sine iure transferes. Indes acetum, mentham, petroselinũ, inspergescp piper aut cinnamũ, ac statim conuiuis appones, Platina.

¶ Gallinaceorum cristæ & paleæ nec probandæ nec improbandæ sunt, Galenus libro tertio 60 de alimentis.

¶ Ventres & hepata anserum pinguium, deinde gallinarum pinguium omnibus præferuntur, Elluchasem. Ventriculus uolatiliũ si cõcoquatur, uberrimè nutrit. gallinæ quidẽ & anseris præstan=

tiſsimus eſt, Galenus in libro de cibis boni & mali ſucci. Ventriculi in cibo laudantur præ inteſtinis, præſertim altilium gallinarum, magiſq̃ etiam anſerum. ſunt enim perquam ſuaues : cæterum
craſsi duriq̃, eoq̃ ad concoquendum difficiles:ſed quibus ſemel coctis multum alimenti inſit, Galenus ſi bene memini. Ventriculi animalium non laudantur in cibo, præter uentriculum gallina=
rum, aut anſerum, aut gruis, Arnoldus Villanou.

¶ Gallinarum alæ bene coquuntur, & bene nutriunt. conueniunt è balneis redeunti. item in
uictu attenuante, Galenus in diuerſis locis. Alæ auium in cibum ſumptæ, ſaluberrimi ſunt alimen
ti, præcipuè autem gallinarum. ſunt qui & anſerinas his addant. frequenti enim motu ſi quid mali
ſucci ineſt, purgatur. Similiter quoq̃ anſerina & gallinacea colla (quàm) cæterarum uolatilium meliora putantur, ſi ſanguine intercutaneo caruerint, Platina. Gallinaceorum lacte nutritorum alæ 10
& teſtes in ſiccitatibus cõueniunt, Galenus 7. Methodi. ¶ Inter hepata primatus anſerino: quod
ut humidius & tenerius eſt, ita ſapore ſuauius : ſecunda laus hepati gallinaceo, Raſis ex Galeno.
¶ Gigeria, inteſtina gallinarum cum his & ita(forte, cum gallinis ita)cocta, Lucilius lib. 8. Gigeria
ſunt ſiue adeò hepetia, (hepatia,) Nonius. Quidam ſic citant, Gigeria ſine oleo, his ueſcamur alacriter. Inteſtina gallinarum cum rebus alijs incocta, ueteres gigleria uocabant, Hermolaus. ¶ Gallinacei teſtes & uiſcera non conueniunt in uictu attenuante, Galenus. ¶ Gallinaceorum renes,
teſtes & iecur, præſertim altilium, boni ſucci ſunt, Galenus. Teſtes eorum ſuauiſsimi ſunt, & probum alimentum corpori conferunt, Idem. 3. de alimentis. Et rurſus, Per omnia optimi ſunt. In ſic-
citatibus(affectibus & conſtitutionib. ſiccis) conueniunt, Idem 7. Methodi. Gallorum lacte altorum teſtes utiles ſunt in ſyncope ex ſuccis tenuibus, Idem 12. Methodi. Cur gallinaceorum teſtes, 20
quos lacte ſaginant, ampliſsimi & concoctu faciles fiant, cauſam adfert Alexander Aphrodiſienſis
in Problematibus 2.73. interprete Gaza. Teſtes galli(aliás galli caſtrati. qui ſcilicet à caſtrãdo eximuntur)laudabiles ſunt & faciles concoctu, Auicenna. Languentibus dari conſueuerunt, Galenus in Commentario in librum de uictus rat. in morb. ac. dandi in tertiana, Idem ad Glauconem.
Iis qui ex ſyncope maraſmo contabeſcunt, teſticulos gallorum, quos Græci orchis & paraſtatas appellant, dare oportet. perpetuò enim omnibus hectica laborantibus commodi exiſtunt, cum abun
de nutrire & uires augere poſsint, ubi probè concocti fuerint. quapropter id alimenti ſemper exhi
bendum eſt, ubi uires nondum ad extremum collapſæ fuerint. quod enim præſidium deinceps eſſe
poteſt, ſi natura alimentum concoquere non poſsit ? Alex. Trallianus. Gallinaceos præparamus
(in uſum præcipuè hecticorum & phthiſicorum) pane in lac acidum & ſeroſum merſo ſi ante nutri- 30
mus quàm iugulemus, ut teſtes habeant gratiſsimos & præſtantiſsimos : idq̃ ante coitum, ne uirus
ex ſemine oleant, ſic enim boni ſunt ſucci, ualidè nutriunt, facile coquentur, Syluius citans Galeni
librum 3. de aliment. ¶ Gallinaceorum teſtes ſubinde ſi à conceptu edat mulier, mares in utero
fieri dicuntur, Plinius.

G.

DE REMEDIIS EX OMNI GALLINACEO GENERE, GALLIS, GALLINIS,
pullis, eorumq̃ partibus & excrementis. De ouis tantum ſeorſim agetur in Gallina G.

Morbo regio reſiſtit gallina, ſi ſit luteis pedibus prius aqua purificatis, dein collutis uino quod
bibatur, Plinius. Gallinaceum pinguem uerno tempore dempta cute & interaneis, ſale ſartum in 40
umbra ſuſpendito, donec areſiat: mox illum exoſſato, atq̃ unà cum ſale conterito, in uitrea hamula
ad uſus ſeruato, obolis duobus ſi bibitur, mirè Venerem concitare dicitur, Alexand. Benedictus.
¶ Mirabile remedium in arthritide à muliere quadam, & adhibetur in quouis loco ubi iuncturæ
exeunt(forte, exiſtunt.)Gallina bene habita quadrima, abſinthio referta, coquatur in tribus ſitulis
aquæ ad duarum partium conſumptionem. hinc æger foueatur (uaporetur, fiat ſiuffa,) bis quotidie
donec liberetur, fricando ſemper ad inferiora, Additiones ad practicam Varignanę. ¶ Pullas &
capos iure & carne uiperarũ cum pane ſubactis nutriuit Matthæus Gradi ad uſq̃ deplumationem,
curaturus horum eſu elephanticos, Syluius. Serpentem uarium, qui inter alios minimum habet
ueneni, & Germanicè uocatur ein huͤſ(uocem à librarijs corruptam cõijcio) cum tritico coque, de
inde ſic cocto tritico gallinam paſce, & idem ius pro potu præbe. Huius gallinæ carnibus accipiter 50
paſtus pennas mutabit, & morbum, ſi quem habet, expellet, Albertus. ¶ Ex gallo uulturino uiuo
remedium ad elephantiaſin Aetius præſcribit, ut recitabimus in Vulture G. qualis autem hic gallus
ſit non docet. idem quidem remedium ex uulture etiam fieri ait.

¶ Ius. Ad uteros: Gallinam iugulato & feſtucam lineo panniculo inuolutam intra auem con=
de, eamq̃ conſuito, elixato, & ius potui dato, Author Euporiſtorum quæ Galeno tribuuntur 3.
257. Gallinarum ius ſimplex aluum retinere, ueterum autem gallorum eandẽ ſubducere experti
ſumus, Galenus lib. 11. de ſimplicibus, & in libro de theriaca ad Piſonem. Gallinarum iuniorum
ius ſimplex ad temperanda humorum uitia datur, & in ardoribus ſtomachi utile eſt, Dioſcorides.
Græcè legitur, διδόται ὑπηραίοιϲ χρείαν τὴν φαυλοτήταν. cum Galenus de eodem ſcribat, ὅτι ὑπηρετικὴ
κῆϲ ὅϑ δυνάμεωϲ, hoc eſt facultatem cohibendi & aſtringẽdi habere. uidetur autem utruncq̃ uerè dici, 60
ut & ὑπηρατητικὸν hoc ius ſit, id eſt fluxiones reprimat: & ὑπηραϲικὸν, hoc eſt humorũ acrimoniam
temperet. Marcellus Vergilius Dioſcoridis interpres, hęc uerba διδόται ὑπηραίοιϲ χρείαν φαυλοτήταν,
ſic red-

sic reddidit in annotationibus: Datur ad emendanda in homine temperamenti sui uitia, quod mi=
nime probo, quum & uerba Græca repugnent, & temperamenti uitia etiam contraria esse possint.
Idem ostendit se hunc locum de galli iunioris iure, in Græcis codicibus Dioscoridis plerisque om=
nibus uno excepto non reperisse, in uetere tamen Latina translatione, & apud Serapionem quoqʒ
extare. Ad sensum quidem necessarius est perficiendum, & sententiam ueram continet. Ius galli=
narum, si æstate in eo grana uuæ immaturæ decoquantur, bilem extinguit, Nic. Massa. Altium cit
& gallinaceorum decoctum, & acria mollit, Plinius. Sed acria mollire , id est mordaces humo=
res temperare, gallinarum iuri magis conuenire iudico, earumqʒ iuniorum : gallinaceorum minus,
& minime quidem ueterum, cui ipsi tamen aluũ ciendi facultas maior. Ius gallinæ iuuenis & pin=
guis temperat complexionem, & est optima medicina leprosis, Auerrois. Ius è gallinaceo dysen=
tericis medetur, sed ueteris gallinacei uehementius, salsum ius aluum cit , Plinius. hic quoqʒ ut galli
iunioris ius in dysenteria prodesse facile concesserim, ita an ueteris quoqʒ gallinacei ius ei cõueniat,
addubito:& uerbum uehementius ita interpretari malim , quasi hoc ius uehementius magisqʒ me=
dicamentosum sit, quàm ut dysentericos iuuet:nõ autem quasi uehementius aut efficacius illis me=
deatur.Itaqʒ galli iunioris ius dysenterijs utile dixerim, ueteris inutile, salsum insuper noxium. Si
torminosi uel cœliaci propter frequentes desurrectiones uiribus deficientur , dandum erit eis ius
gallinæ pinguis excoctæ cum butyro , Marcellus. In iliaco affectu (inquit Aretæus, Iunio Paulo
Crasso Patau. interprete)alimenta aluum ducentia exhibeantur, ut iuscula gallinarum. Ad inflam
mationes tonsillarum & anginas gallinæ hœdiue iusculo utere, Galenus Euporiston 2. 15. Caua ie=
coris purgat galli ueteris ius, Trallianus. Ius è uetere gallinaceo aluũ deijcit. abiectis itaqʒ intera=
neis salem conijci oportet, & consuto uentre decoqui in uiginti sextarijs aquæ, donec ad treis hemi=
nas(Marcellus Vergilius suspicatur sextariorum & heminarum numeros , pro rei necessitate ma=
iores, uitiumqʒ in eorum notis forte esse. Plinius quidem in tribus congijs, id est octodecim hemi=
nis coqui iubet) redigantur: totum id refrigeratum sub diuo, datur. Aliqui incoquunt brassicam ma
rinam, mercurialem, cnicum, aut filiculam. Crudos humores crassosqʒ, atram bilem, & strigmenta
elicit, prodest longis febribus, suspirijs, articularijs morbis, & inflationibus stomachi, Dioscor. Ius
è gallinaceo aluum soluit. Validius è uetere gallinaceo. Prodest & contra longinquas febres, & tor=
pentibus membris tremulisqʒ, & articularijs morbis, & capitis doloribus, epiphoris, inflationibus,
fastidijs, incipienti tenesmo, iocineri, renibus, uesicæ:contra cruditates, suspiria. Itaqʒ etiam faciendi
eius extant præcepta. Efficacius enim cocti cũ olere marino, aut cybio(cnico forte, ut Dioscorides)
aut cappari, aut apio, aut herba mercuriali, aut polypodio, aut anetho : utilissime autem in congijs
tribus aquæ ad tres heminas(id est libras ferè)cum supradictis herbis, & refrigeratum sub diuo dari
tempestiuis antecedente uomitione, Plinius. Ius è gallo uetere (inquit Auicẽna 2.196.) ex Galeni
præscripto sic fit. Gallus nutritus cursu fatigetur donec cadat, tum decolletur & exenteratus implea=
tur sale, consuaturqʒ filo, & coquatur in uiginti sextarijs aquæ usqʒ ad tres cotylas, & id omne semel
bibatur, quod si polypodium & anethum adijciantur, utile erit aduersus articuloru dolorẽ ac tremo
rem, &c. ut Dioscorides. Et rursus, Ius galli ueteris cum polypodio & anetho in colico affectu sa=
luberrimum est. Febribus aut longis galli noua iura uetusti Subueniunt , etiam tremulis medi=
cantia membris, Serenus. Decrepitorum gallorum caro (inquit Io. Mesue lib. 2. de purgantibus
cap.23. Iacobo Syluio paraphraste) nitrosa & salsa, cibo inepta, medicamentosa est, iure suo maxi=
mè, potissimum uerò gallorum ruforum, qui ad motum sint alacres, ad coitum ardẽtes, ad dimican=
dum fortes, obesorum & macrorum medij:quoqʒ uetustiores, eò magis sunt medicamentosi Gale=
no. Id ius ob nitrosam & salsam substantiam calidum est, lauat, terget, tenuat, flatus dissipat, cum se=
mine anethi uel dauci & polypodio & sale gemmæ coctum: & dolorem uentriculi, coli, ilium, re=
num, à flatibus ortum sedat, obstructa aperit. Purgat pituitam quidẽ cum turbit & cnico, ob id con=
fert arthriticis doloribus ex hac natis. melancholiam uerò cum epithymo & polypodio : & cum
ijsdem, atqʒ thymo, hyssopo, anetho & sale gemmæ, arthriticis confert. Gallus autem furfure à Ga=
leno nutritus, alijs etiam melle & pauco sale, plurimum fatigetur uel à nobis trenantibus, uel potius
dimicando, decapitatus, & exenteratus cum sale, aut sale gemmæ, igne lento, aqua sufficiente co=
quatur ad duarum aquæ partium consumptionem : alijs atqʒ alijs simul incoctis pro uarijs medico=
rum scopis. Potatur eius decoctum ad libras duas, Hæc ille. Hierocles in Hippiatricis curationem
equi anhelosi præscribẽs, inter cætera oleum laurinum, rosaceum, crocum, uinum uetus, &c. simul
decoqui iubet unã cum gallinaceo , & hoc decoctum unã cum hydromelite & ouo per dies sex in
equi nares infundi. Veteris galli iure usi sunt frequenter prisci pro medicamento aluũ molliente,
& ad ichores educendos. aluum mirè prorigat, si satis copiosè sumatur , hoc est ad tres uel quatuor
communes pateras. (nam una patera nihil efficit, alibi à libra una ad duas bibi iubet.) in qua copia
potum etiam capi ius uentrem emollit. gallinacei uerò pulli ius etiamsi multò copiosius hauriatur,
nihil omnino educet. Sed plura de his iuribus scripsi in Commentarijs nostris in librum de ratione
uictus in morb. acut. Antonius Musa Brassau. Et rursus, Ius è tetere gallo atram bilem educere, ut
Serapio scribit, cum experirer uerum esse non reperi. Lenit enim & ea solum educit quæ in uentri=
culo & intestinis continentur. Senam quandoqʒ miscui, & atram bilem eduxit: aliàs turbit, pro pi=
tuita detrahenda:aliàs myrobalanos citrinos pro bile flaua. Iura decrepitorum gallorum prosunt

asthmati & defectum cordis patientibus , Albertus. Amatus Lusitanus pro muliere quadragena=
ria, quæ maximo dolore ab ore uetriculi ad imum pectinem cruciabatur, febricitabat, uomebat, nec
quicquam aluo reddebat, post cætera remedia, ius galli præscripsit huiusmodi. Gallum uetere, quatuor ad minimum annorum, defatigatum interfice, & exenterato immitte, salis gemmæ drachmas
tres, seminis cnici, polypodij de quercu recentis & cotusi, ana unciam unam. seminis dauci, anethi,
ameos, ana semunciam. turbith drachmas tres. misce & in libris duodecim aquæ fiat decoctio ad
medias, Huius decoctionis (inquit) uncias sex ieiuna bibebat: & ex eadem interdum clyster paraba
-tur, quibus aluus secessit, ac dolor ex toto leuatus est. Alypon ad purgationem datur e gallinaceo
iure, Plinius. Lathyridis grana stomachum lædunt. itaq inuentum est, ut cum pisce aut iure gallinacei sumerentur, Idem. Aluo soluendæ Mercurialis decoquitur quantum manus capiat, in duo= 10
bus sextarijs aquæ ad dimidias, bibitur sale & melle admixto, nec non cum ungula suis aut gallinaceo decoctum salubrius, Plinius. Heliotropij tricocci illitum seme, & potum in iure gallinacei decoctum, aut cum beta & lente, spinæ ac lumborum sanguinem corruptum trahit, Idem. Clyster ad
omnem colica ex descriptione Io. Gœuroti medici regis Galliarum. Gallus quem uetustissimum
inueneris, uirgis uerberatus decolletur, & in situlam aquæ inijciatur. deplumati exenteratiq uentri immittantur hęc medicamenta: Anisi, fœniculi, cumini, polypodij, seminis cneci, singulorum se=
muncia. turpeti, senæ, agarici in subtili linteo ligati, de singulis drachmæ binæ. florum chamæmali
manipulus. decoquantur usq ad ossium separationem. Huius decocti libra cum oleis de anetho &
de chamęmalo (duabus uel tribus uncijs utriusq) & duobus oui uitellis misceatur, fiatq clyster, qui
tepidus uentriculo uacuo exhibeatur. ¶ Chiron Centaurus pro remedio malidis siue pestilentię 20
iumentorum, præcipit catulum lactentem uiuum in aqua feruenti missum ac depilatum ita decoqui, ut ossa separentur à carne: quibus diligenter ablatis, eius caro cum aqua in qua decocta fuerit,
liquamine optimo, uino ueteri & oleo & pipere cum melle condita, usq ad sextarium debere serua
ri, ac singulis animalibus binas cotylas tepefactas donec ad sanitatem perueniant, diebus singulis
dari per fauces. De gallo quoq gallinaceo albo eadem quæ de catulo obseruanda demonstrat, Ve=
getius 1. 17. Idem remedium Absyrtus in Hippiatricis describit capite 128. enchymatismum ca-
tharticum, id est infusionem purgatoriam appellans, nec aliud admiscens, sed solum catulum aut
gallum in aqua discoquens. Contra malidem humidam equo infunditur per os ptisana ex auena,
percolata, cui incoctus sit canis λαττάβιθ (malim γαλαθηνός, id est lactens, ut supra) bene purgatus &
depilatus: sin minus, gallina, Hierocles. Gallina alba cocta cum dece cepis albis, & cum manipu= 30
lo de aluiule, donec bene cocta sit & comedatur, & bibatur aqua, addit in appetitu coitus, Rasis ni
fallor. ¶ Ius ex gallinaceis potum præclare medetur contra morsus serpentium, Plinius. Ius gal
linaceorum coquitur aliquando cum remedijs astringentibus ad dysenteriam, & cum lacte ad ulce
ra uesicæ, Auicenna. Plinius etiam simpliciter ius e gallinaceo (iuniore nimirum, ut supra monui=
mus,) dysentericis mederi scribit. In febri hepiala, in qua exteriora calent & frigent interiora, ijs ci
bis utere qui hemitritæo phlegmaticæ conueniunt. Gallus antiquus post longam cu altero dimica-
tionem occidatur : coquaturq cum hordeo, passulis enucleatis, pulegio, hyssopo, thymo & uiolis:
temperaturq cum oxymelite acri. propinato quantum uno haustu sorbere possit æger, Brudus Lu
sitanus. Et rursus pro eadem febri cum a simplici pituita dependet, præsertim in homine frigidæ na
turæ: Senescentem gallum (inquit) prædicto modo defatigatum, parato ad hunc modum: Chamæ 40
meli manipulum sesqui: ficuum aridarum, passularum enucleatarum, singulorum manipulum: hordei ab uno cortice exuti manipulos tres, coquito sufficienter & colato. Cum libra huius iuris misce
to adipis anatis recentis uncias tres, aceti albi & pulegio unciam, salis parum. bulliant iterum donec
permisceantur. Dato calidum, quantum uno haustu sorbere possit. efficacissimum est ad crassos hu
mores & lentos febrem generantes. Idem cum capo & pulla efficere possis, sed inefficacius. Dicatur
hæc sorbitio ex adipe anatis. Idem Brudus passim in opere suo de uictu febricitantium, diuersa remedia cum gallinis aut pullis coquenda præcipit, febribus diuersis salubria, ut cucurbitam, pruna,
uuam acerbam &c. quæ propter prolixitatem omittimus. ¶ Gallinacea iura salubriter bibutur,
ubi sumpti ueneni suspicio est. nam aluum subducunt, & stomachum resoluentia proniorem ipsum
ad uomitionem reddunt: & uenenorum acrimonias hebetant: atq meatus obstruentia, celerem ui= 50
rium (ueneni) penetrationem inhibent, Dioscorides: cum ad hunc usum non tantum hæc iurano=
minasset, sed etiam pisces præpingues, uetustas carnes pingues, & quæ adipe aut recenti butyro
parantur. ¶ His qui toxicum biberint, iusculum pulli gallinacei pinguis absorbedum dato postquam uomuerint, Aetius. ¶ Veneficijs ex mustela syluestri factis, contrarium est ius gallinacei
ueteris large haustum : peculiariter contra aconitum, addi parum salis oportet, Plinius. Pinguis
gallinæ ius contra aconitum bibitur, Galenus libro 2. de antidotis & Nicander. Dioscorides aduersus idem malum lixiuiam laudat cum uino & gallina decoctam. Ius salsum ex gallina uel anse=
re auxiliatur illis qui coriandrum sumpserint post uomitionem irino oleo concitatā, Dioscor. Gal
linæ pinguis de pectore caro cocta, uel iusculum inde potum remedio est contra dorycnium, Ni=
cander & Dioscorides.   60

¶ Caro gallinarum claritatem uocis efficit, Auicenna. Aduersus exitum ani (resolutionem uel
tenesmum) pullam gallinaceam assam edito, Obscurus. Cimicum natura contra serpentium mor-
         sus &

fus & præcipuè aspidum ualere dicitur:item contra uenena omnia argumentum, quod dicunt gallinas quo die cimices ederint,non interfici ab aspide:carnes quoq̃ earum percussis plurimum prodesse, Plinius.

¶ Dissectæ gallinæ(gallinarum pulli, Aegineta)& adhuc calentes appositæ, serpentium morsibus auxiliantur.sed identidem alias sufficere oportet(deinde folia oliuæ uiridia trita cum oleo &
sale supponere uulneri,Kiranides)Dioscor. Et alibi,Dissecti gallinarū pulli, cum maximè tepent,
percusso loco applicentur. Nec desunt qui hisce tanquam discordia quadam naturali pugnantibus
utantur.uerum huius rationem inire facillimum fuerit.Gallinæ enim calida natura præditæ sunt:ar
gumento,quòd deuoratum insigne uirus conficiunt, & aridissima quæq̃ semina consumunt. item
10 nonnunquam arenas lapillosq̃ ingluuie sua deuoratos, dissoluunt. Itaq̃ animantis admoti calore
adiutus spiritus,ab icta parte impetum capessens exiliensq̃ secum uenenum exigit. Carnes gallinæ nouiter occisæ,si morsibus imponantur, obsistunt omnibus uenenosis & curant, præter aspidis
morsum, Galenus Euporiston 2.143. Viuum gallinaceum pullum per medium diuidere,& protinus calidum super uulnus(à serpente inflictum)imponere oportet, sic ut pars interior corpori un
gatur,Celsus.facit id etiam hœdus agnúsue discissus, &c. Idem. Ad morsus uenenatos : Optimè
auxiliantur si statim post cucurbitas plagæ imponātur animalia parua discerpta, &c.uide in Hœdo
G. Carnibus gallinaceorum,ita ut tepeant,appositis,uenena serpentium domantur,Plinius. Ad
uiperæ morsum:Primum scarificato:aut gallinam dissecato , & internè adhuc calentem morsui imponito,atq̃ hoc frequenter repetito,Aetius. Obscurus quidam aduersus uirulëtos morsus in uiro
20 gallum discerptum calentemq̃ adhuc imponi iubet,in muliere gallinam: & statim cor(cerebrū potius)è uino bibi. Epilepsia quandocq̃ contingit ex morsu animalis uenenosi. in quo casu quamuis
auem,ut gallinam,pullum,aut pipionē columbámue, per dorsum scindes, & loco morsus calidam
impones.nam sua caliditate uenenū ad se trahit. Vel sic, Gallus gallināue deplumetur circa anum,
& ponatur anus supra locum morsionis,& attrahet ad se , Leonellus Fauentinus. ¶ Si bubo ortus sit in peste,gallus depiletur circa anum,& apponatur loco per horam, & in alia hora apponatur
alter,& sic fiat per totum diem. Sic uenenum attrahitur à corde galli, & gallus subito moritur , Petrus de Tusignano,sed locum prius scarificari iubet. ¶ Amatus Lusitanus catulum uel columbum uiuum dissectum per spinam supra caput mulieris melancholicæ uel desipientis imponi consulit. Similiter ego quosdam gallinam nigram dissectam in eodem casu admouere audio. ¶ At-
30 tactio dicitur,cum neruus pedis anterioris in iumento,à posteriore crure(ut sit aliquando præ festinatione)læditur.hoc malum si recens sit,prima uel secunda die iunctura & locus scarificetur, ut per
scarificationem sanguis exeat : postea gallus per medium scissus superponatur calidus cum omnibus intestinis,Rusius.

¶ Sunt qui scribant sanguinem galli & gallinæ ad meningum, id est membranarum cerebri san
guinis profluuitum prodesse.quem ego cum nihil egregium præstiturum sperarem, experimentum
de eo sumere nolui,ne uel curiosus uel stolidus esse iudicarer,si multis probatísq̃ remedijs ad hunc
usum neglectis,maiorem è sanguine istarum alitum non compertam hactenus utilitatem expecta-
rem,præsertim cum sanguinis ab hac parte profluuium ualde periculosum sit,Est enim omnino experientia huiusmodi periculosa, & à solis regibus circa facinorosos homines usurpanda, Galenus
40 lib.10.de simplicibus.Atqui Dioscorides & alij hoc remediū è gallinæ cerebro,ut infra dicetur, non
è sanguine prodiderunt. Sanguis galli leucomata oculorum & cicatrices cum aqua inunctus sanat,Constantinus. Paucus gallinæ sanguis cum oleo ex ouis permixtus , scabiem cholericam curat,Arnoldus Villanou. Sanguis gallinarum nigrarum aufert maculas fœtidas, & lentigines à facie & huiusmodi,maximè si misceatur ei lapis uaccinus tritus cum baurach rubeo. & reddit faciem
formosam,abstergit,& bonum colorem facit,Rasis. Galli sanguis erysipelata & chimetla sanat, &
ijs qui marinum leporem comederint auxiliatur. Si quis allium contriuerit, & biberit calidum sanguinem cum uino,nullum reptile timebit.pultibus uerò aspersus, & sumptus ad magnitudinē nucis circiter dies decem in cibo ab his qui sursum (per arteriam forte) educunt sanguinem, prodest,
Kiranides. Pullinum(sed hoc remedium forte potius ex sanguine pulli equini accipiēdum est,etsi
50 nihil tale inter remedia ex equo proditum inueniam) sanguinem tepidum in eam aurem quæ obtusior erit uel dolebit,infundes,Marcellus.

¶ Gallinaceum adipem intra corpus empyicis tantum dari legimus, apud Marcellum Empiricum,cuius hæc sunt uerba:Anethi sicci ueteris puluerem, & resinæ pityinæ puluerem, cum adipe
uetere anserino aut gallinaceo, edendum mane ieiuno empyico cochlearia tria, & uespere tantundem dabis,mire subuenies. Adeps galli cum adipe turturis si detur in cibo alicui pōdere quadran
tis drachmæ,infestabitur à tinea,(achoribus, puto,) Rasis.

¶ De facultatibus eiusdem extra corpus. Gallinaceus adeps ad quæ prosit,& quomodo curetur,leges in Anserino ex Dioscoride:& ibidem quomodo odoribus imbui soleant, & qua ratione etiam incurati à putredine præseruentur. In Anate quoq̃ ex Nicolao Myrepso , quomodo re-
60 ponēdi sint adipes anatinus, anserinus & gallinaceus recitauimus. ¶ Gallinaceus adeps medius
est inter anserinum & suillum. anserinus ex his ualentior est. Substituuntur aliquando gallinaceus,
anserinus,suillus,caprinus adipes,quiuis in alterius absentis uicem. Gallinaceus tamen calidior &

siccior est quàm suum,& tenuior,ac minimum terrestris, idcǝ magis etiam si è gallinis syluestribus
fuerit:& tenuitatis ratione profundius penetrat,Galenus 11.de simplicibus,& de compositione me-
dic.sec.genera,& Methodi lib.14. Indurata iuuat,Idem. Anserinus adeps maximè tenuium par
tium est,ob id in uolucrum genere præstat ad scirrhi curationem,gallinaceus illi proximus,Iac.Syl
uius. Galenus lib.3.de compos.sec.loc.cum Apollonij ad aurium dolores uerba hæc recitasset,
Anserinum aut gallinaceum adipem liquefactum sensim instilla, subdit:Adeps harum alitum maximè mitigat omnes affectiones dolores inducentes, simulcǝ ipsarum aliquibus magnificè auxiliatur,&c.ut in Anserino scripsi cum quo hic plerací communia habet. Adeps pullorum calidior est
quàm adultarum gallinarum : & galli quàm gallinæ, Obscurus. ¶ Myricæ semen cum altilium
(gallinarum,ut conijcio)pingui furunculis imponitur,Plin. Ad ambusta: Lardum & adipem gal-10
linaceum adhibito candelæ lumine super aquam liqua,& collecti ex aquæ superficie pingue inungito,Innominatus. Varos(Varices,Marcellus)adeps gallinaceus cum cæpa tritus & subactus(im
positus uel perductus adsiduè,Marcel.)sanat, Plinius. Idem remedium maculas rubeas delere Rasis annotauit. ¶ Cutem in facie adeps anseris uel gallinæ custodit,Plinius. Adeps anseris & gal
linaceus utilis est ad nitorem uultus, ος πεσώπωρ ίδυμελιαχ, Dioscorides,ut Marcellus uertit:ad man
gonizandam faciem,ut Ruellius.ego cum Plinio potius uerterim ad faciei custodiã,aduersus uentos scilicet,frigora & Solem. Fissuras in facie sanat, & faciem reddit lucidam,Rasis. ¶ Adiuuat
adeps gallinæ mirificè ruptas oculorum tuniculas admixtis schisto & hæmatite lapidibus, Plinius.
Eundem præcipuè laudant contra pustulas oculorum in pupillis. Has(gallinas)scilicet eius rei gra
tia saginant,Idem. Gallinarum adeps pustulas oculorum reprimit, Aesculapius & Constantinus.20
Si oculus iumenti dissectus sit, adeps anseris uel gallinæ prodest, ut scripsi in Ansere.

¶ Gallinæ adeps liquefacta & tepide instillata,quodlibet uitium auriũ sanat, Marcellus. Adipem anserinum & alios auricularibus medicamentis Nicol.Myrepsus admiscet. Gliris pingue &
gallinæ adeps,& medulla bubula liquefacta tepenscǝ infusa auribus plurimum prodest,Marcellus.
Apollonius(ut & Rasis)anserinum aut gallinaceum adipem liquefactum doletibus auribus sensim
instillari iubet,ut superius retuli. Adeps gall.cum nardo liquefacta ad dolorem aurium utilis est,
& contra neruorum passiones,Kiranides. Eundem instillatum tepidum etiam aduersus difficultatem auditus proficere obscurus quidam scripsit. Gallinarum adeps auribus purulentis calida
infunditur,Plin. Ad aurium nocumenta ex aqua côfert adeps tum anserinus tum uulpinus,tum
gallinaceus,Galenus Euporiston 1.16. ¶ Adeps ans.aut gall. rimas labiorum egregie curat impo-30
situs,Plinius & Marcellus. ¶ Adeps gallinæ asperitati linguæ confert, Obscurus. ¶ Dentien
tium puerorum gingiuas gallinaceorum pingui molliendas Aegineta côsulit. ¶ Laudant & gal
linarum adipē contra pustulas in papillis:has scilicet eius rei gratia saginant,Vuotton. ¶ Adeps
anser.aut gall.recens & sine sale côditus,ad uuluæ uitia proficit,(uel,ut alibi,muliebribus malis con
uenit:)sale inueteratus,& qui temporis spatio acrimoniam concepit, uuluæ inimicus est, Dioscor.
Anserini uel gall. adipis usum ad fœtum pellendũ in Ansere diximus. Recens laudatur ad dolorem matricis:& in eiusdem apostemate instar emplastri imponitur, Rasis. Cum nardo liquefacta
ad muliebria pessaria facit, Kiranides.

¶ Galli cristam contritam morsibus canis rabidi efficaciter imponi aiunt, Plinius & Kiranides.
Gallinæ cristam aridam da in cibo ei qui mingit in lecto nescienti : curabitur, Rasis, alij hoc reme-40
dium ex gula & larynge galli promittunt. Capitis doloribus remedio est gallinaceus, si inclusus
abstineatur die ac nocte, parti inedia eius qui doleat, euulsis collo plumis circunligatiscǝ, uel cristis,
Plinius, & Marcellus sed paulò aliter. ¶ Ossiculis gallinarum in pariete seruatis,fistula salua, adacto dente, uel gingiua scarificata,proiectocǝ ossiculo, statim dolorem abire tradunt, Plinius. Inguinibus mirabile exhibet remedium,ex gallinacea ala ossiculum extremum, cochleario terebra-
tum,nodiscǝ septē licio ligatum,atcǝ ita brachio uel cruri eius partis quæ inguina habet suspensum,
Marcellus. ¶ Gallinæ tibiæ cum pedibus coctæ,& cũ sale,oleo acetocǝ comestæ, coli(aliás colli)
sedant dolorem,Constantinus & Aesculapius.Ego coli legendum puto ex Marcello Empirico,cu-
ius hæc sunt uerba:Gallinam per totum diem à cibo abstineto.dein postero die cum eam occideris,
crura eius cum sale & oleo inassato,& ieiuno colico qui se pridie cibo abstinuerit mãducanda dato,50
mirificè profueris.

¶ Gallinacei cerebellum recentibus plagis prodest,Plin. Dioscorides animalia theriaca,id est
quæ uim morsibus uenenatis contrariam habeant enumerans,gallinaceorum etiam cerebella in cibo commendat. Gallinarum cerebellum in uino bibendum datur contra serpentiũ morsus, Idem.
Aesculapius & Constantinus.contra scorpionum ictus, Kiranides. Idem galli cerebrũ cum aceto
(aliás condito) aduersus serpentium morsus bibendum consulit. Venena serpentium domantur
gallinaceorum cerebro in uino poto:Parthi gallinæ malunt cerebrũ plagis (morsibus serpentium)
imponere,Plinius. Gallinacea cerebella cum uino pota medentur uiperarum morsibus, Diosco-
rid.ex Erasistrato & Aegineta. Ηἱ σύ γ᾽ ἰγκεφάλοιυ πίεσἱ μίυιγγας ἀφαίας ὄχνιϲϏ λαῖ῾ζοιο ποικίδϛ, Ni-
cander.Petrichus etiam, ut Nicandri Scholiastes refert, contra serpentiũ morsus gallinæ cerebrum 60
commendat. Ad uiperæ morsum:Galli cerebrum cum posca adiecto pipere, his qui à uipera percussi sunt uel morsi,potui dabis,auxilium maximum experiéris, Sextus. Contra omnium phalan
giorum

giorum (aranearum, Rafis) morfus remedium eſt gallinaceum cerebrum cum piperis exiguo potum in poſca, Plinius. Ad cunctos autem morſus ictuſ̃ minorum, Exiguo piperis cerebrum
conſpergito galli, Quo lita(alij authores bibi,non lini uolunt) faneſcunt depulſo membra dolore,
Serenus. Gallinarum cerebellum ſanguinem à cerebri membrana profluentem (per nares à cerebri uelaminibus, Auicenna) ſiſtit, Dioſcorides & Plinius. naribus ſanguine fluentibus prodeſt,
Marcellus. contra fluxum ſanguinis à cerebro; Rafis. Ad ſanguinem è naribus ſiſtendum: Aut
galli cerebro, uel ſanguine tinge columbæ, Quod niſi ſupprimitur ſanguis, potandus & ipſe eſt,
Serenus. Atqui Galenus in libro de ſimplicibus hoc remediũ non tãquam è cerebello, ſed è ſan-
guine gallinæ à quibuſdam memoratum reprobat, ut ſuperius recitaui. Cerebrum gallinarum in
10 cibo ſumptum acuit intellectũ. quare caput aſſeritur caſſare(ſic habet codex impreſſus) cæcitatem,
Arnoldus in Breuiario. Cerebrum gallinarum contra tremorem cerebri commendatur à Rafi.
Gingiuis puerorum infricatur ut dentes abſ̃ dolore naſcantur, Kiranides.

¶ Quæ interiore uentriculi galli ſinu reſidet membrana, ſecti in laminas cornus ſpecie ſimilis,
quæ inter coquendum abijci ſolet,ſiccatur, (& reponitur ad remedia,) Dioſcor. Pellicula ceu cortex quidam intra uentriculum gallinæ ſtercori deſtinata,echinus ab aſpritudine Grecis appellatur,
& lactis coagulandi uim habet,Berytius apud Conſtantinum, hæc uis alioqui propria tribuitur ru
minantiũ adhuc lactentium uentriculis, quos & coagula nominant. Vide plura in Echino terreſtri G. ab initio de nomine huius particulæ. Magna fraude medicamentarij inſtitores nobis imponunt, qui ex uentriculo, quo nihil in aliiſbus iſtis carnoſus eſt,panniculos detractos & ſiccatos
20 pro ingluuie uendunt,& hæc eſt cauſa cur nemo hodie mihi cognoſcatur,qui ſe feliciter in uentriculo roborando,pelliculis iſtis uſum profiteatur: Gyb. Longolius, non ex uentriculo, ſed ex primo
cibi in gallinis receptaculo,quod ſtomachum & ingluuiem uocat, hãc membranam decerpendam
ſentiens. Atqui ego ueteres hanc uim non ingluuiei aut ſtomacho, id eſt ori uentriculi galli galli-
næue, ſed ipſius uentriculi, quem κοιλίαν proprie uocant,interiori membranæ, tribuiſſe aſſeruerim.
Nam & Dioſcorides κοιλίαν nominat de hac membrana agens lib. 2. cap. 43. tum ab initio,tum in
fine eius capitis,quanquam adiecta in fine à quibuſdam adulterina exiſtimantur. Et Galenus libro
II.de ſimplicibus poſt cœlian,id eſt uentriculum mergi ſtatim huius membranæ meminit,intus aduerbium ponens pro eo quod eſt in uentriculo. Vno tantum in loco(libro tertio Parabilium, qui
Galeno falſo adſcribitur)galli gulam una cum larynge(ſcribitur autem Græce etiam γλαν) ijs auxi-
30 liari qui ſtrata permingunt, legimus. Tunica interior gallinarum lixiuio calido hora una maceratur,ter lauatur,deinde uino ter maceratur,& ter lauatur:iterum lixiuio,poſt uino,& ſiccatur clibano ex quo panis extractus eſt, Syluius ex Bartolemæo Montagnana. Ventris gallinaceorũ membrana quæ abijci ſolet,inueterata & in uino trita auribus purulentis calida infunditur, Plin. Galli
gallinacei ex uentriculo interiore membrana,quæ proijci ſolet,arefacta tritaq̃ ex uino,adiecto pau
lulo opij,medicamen auribus utiliſsimum facit,quod calefactum infuſum ſuppurationem eius (earum)expurgat & ſanat,Marcellus. Pellis interior de uentriculo galli trita cum uino auribus prodeſt,&ſputum (pus forte)mouet,Cõſtantinus. ¶ Gallinaceorum uentris membrana inueterata
&inſperſa potioni,deſtillationes pectoris & humidam tuſsim uel recens toſta lenit,Plinius. Ventriculi gallinacei membranam,qua ſordes aqualiculi continentur,arefacta terito diligenter, &
40 uino potui dato,humidam tuſsim ſedabis,Marcellus. ¶ Trita in uino conuenienter ſtomachicis
datur in potu,Dioſcorides. Ant. Gainerius has membranas præparatas miſcet medicameto cuidam ad conſortandum uentriculum: item Leonellus medicamento ad ſtomachi dolorem. Tunicam interiorem uentriculi ſecundi gallinarum miro quodam modo,lotam & ſiccatã, & potam,ſto-
machicis augere coquendi facultatem,falſum eſſe expertus eſt Galenus(de medic.ſimplicib.lib.11.)
Vnde ſubit admirari in ea hæreſi falſa medicos omnes etiam hodie permanere. Putãt,opinor,eam
uim illi eſſe,quod ea ſimilis ſit tunicæ internæ uentriculi noſtri,ſed ui tanta coquendi prædita,ut lapillos conficiat,ſed æquius fuerit,eam tunicam ex ſtruthiocamelo ſumere, quippe cui infra ſit natura coquendi,quæ ſine delectu deuorârit,(ut refert Plinius 10.1.)ut ferrum & oſſa tieruecum inte-
gra.Vnde & pelles eorum cum plumis :mollioribus concinnatas ſtomachicis applicant, Syluius.
50 An non uident harum pellicularum temperamentum uitiari ſiccatione: & uim illam coquendi uiuis ineſſe,non ſupereſſe mortuis:nec fortaſſe pellibus illis inſitam, ſed potius à carne multa craſſa
denſaq̃ pelliculam hanc undiq̃ ambiente: Iac. Syluius. Si hordeo malo aut nimio iumentum læditur,remedium eſt pelliculam de uentre pulli ſiccatam fumo deterere, additiſq̃ octo ſcrupulis piperis,& quatuor cochlearibus mellis, & uncia pollinis ex thure, cum ſextario uini ueteris tepefa-
cto per os dare, Vegetius. ¶ De uſu eiuſdem pelliculæ ad ileon,uide infra in remedio ex iecore.
¶ Hanc pelliculam de gallina nigra quidam è uulgo aduerſus regium morbum edendam ſuadent;
bis autter. ¶ Pellis interior de uentriculo galli trita & cum uino pota uentre aſtringit, Conſtantinus. Gallorum uentriculus(Marcellus Vergilius interpres addit,in ſenecute, quoniam proximè de ueterum gallinaceorum iure dixerat author)inueteratus (κοιλία παχυσκύθεισα) & in umbra ſic-
60 catus pondere trium unciarum(ὅσον γ'.ſic habet codex noſter impreſſus, corrupta ut apparet ponderis nota,drachmæ fortaſsis,quæ deſignatur alibi in Dioſcoride inſtar maiuſculi lambda iacentis,
hoc modo < .)ſumptus,præſenti remedio eſt contra nimias purgationes,quæ à deijcientibus aluũ

L

medicamentis fiunt, quamprimum enim purgationes eas siftit, in quem ufum terendus eft & cùm
aqua bibendus. (δεῖ δὲ ῥιμμα ποιεῖν καὶ ἐνὸν μετὰ ὕδατος καὶ διδόναι, malim ita reddere, in quem ufum
contritus & cum aqua permixtus, [inftar trimmatis aut moreti,] exhibendus eft,) Diofcorides:cu-
ius interpres Marcellus Vergilius, Hunc locum (inquit) Serapio non habet, neqʒ antiqua interpretatio, neqʒ probatiſsimus mihi codex Latinæ translationis, unde fit ut fufpicemur accrcuiffe eum
Diofcoridi, præfertim quum alienus etiam Diofcoridis fermonis in ea re ductus nobis uideatur.
Membrana gallinarum tofta et data in oleo ac fale, cœliacorum dolores mulcet, abftinere autem fru
gibus ante & gallinam & hominem oportet, Plinius. Membrana quæ eft in uetriculo gallinæ ficcata & trita, & cum uino auftero potui ieiuno cœliaco data, medetur:ita ut ipfa gallina prius uel biduo abftineatur à cibo, & qui potionem accepturus eft, antè diem frugi fit, & non cœnet, Marcel- 10
lus. Nicolaus Myrepfus dyfentericam quandam potionem laudatam defcribit, in qua membrana
hæc cum cæteris mifcetur. Membranam è uentriculo gallinacei aridam: uel, fi recens fit, toftam,
utiliter contra calculos bibi traditur, Plinius. Cum uinó pota calculos frangit & per urinam ejicit,
Conftantinus. Celebrant quidam inter calculi remedia gallinacei uetris interiorem membranam,
Alex. Benedictus. Fieri quidem poteft ut aliqui huic membranæ uim calculos diffoluendi ineffe
fibi perfuaferint, ex eo quòd gallinæ etiam lapillos concoquere uulgò credantur, ut Diofcorides
etiam credidit. Ego quoniam experientiam huius effectus hactenus nullam audiui, nec rationem
aliquam qua id effici poſsit uideo, aſsenfionem meam adhuc cohibeo. De uentriculo galli interior
pellicula in uino miffa & ficcata ac trita cum fale, pofita (pota) cum uino uel condito, nephriticos
perfectè fanat, Kiranides. ¶ Ad fiftendam exuberantiam mictionis : Accipe pelliculas quæ funt 20
in uentre gallinarum: de quibus in Sole ficcatis drachmam mifcebis cum thure mafculo, glande ficca, balaustiis, galla, ana ʒ. 13. Trita omnia melle rofato excipies, & ex frigida propinabis ieiuno, Ga
lenus Euporifton 2. 133. Ad inuoluntarium mictum in ftratis: Galli guttur uftum ligulæ menfura
ieiuno ex aqua propinato, Galenus Euporifton 2. 76. Et rurfus, Gallinæ gulâ (ῥόαν) pariter cum
gutture, ure, & tere diligentiſsime, ac ex uino uetere propina, Euporifton 3. 238. Idem remedium
Rafis è crifta galli promittit. In Germanico quodam codice manufcripto inuenio hafce membranas tritas utiliter bibi contra ftranguriam. ¶ Aduerfus abortum: Suffiatur primò mulier cum fi-
lato primo cocto: deinde accipiat graſsilum gallinæ, & pelliculam uentriculi qua cibus continetur
difcutiat lauetqʒ, & modicè coctam in prunis comedat, uel pollinem tritarum bibat, idqʒ faciat per
plures dies: experimento conftat, Author additionum Breuiarij Arnoldi Villanou. apparet autem 30
uerba quædam inter hæc aut corrupta aut barbara effe. ¶ In libro quodam manufcripto inuenio
hanc pelliculam de uentriculo capi utiliter tritam fiftulis prius mortificatis infpergi.

¶ Ileo refiftit gallinaceorum iecur affum cum uentriculi membrana, quæ abijci folet, inueterata,
admixto papaueris fucco. Hepar gallinæ tritum, & cum
hordei farina & aqua emplaftri modo impofitum, podagricis prodeft, Kiranides.

¶ Gallinarum & perdicum fella ad medicinæ ufum cæteris præftant, Galenus. Fel efficaciſsimum creditur fcorpij & callionymi pifcium, marinæqʒ teftudinis & hyænæ : perdicis item & aquilæ, gallinæqʒ albæ, Diofcorides. ¶ Fel gallinæ maculas in corpore illitum aufert, Rafis. Apud
Galenum de compofit. fec. locos, mifcetur medicamentis liquidis ocularibus Afclepiadæ, ad fico-
fas eminentias, ac omnem extuberantiam carnis feu callum. Fel quorundam animalium laudatur à 40
medicis ad uifum acuendum, & principium fuffufionis difcutiendum, ut callionymi & fcorpij pifcium, gallinæ, &c. Idem de fimplic. 10. Galli gallinacei, maximè albi, fel ex aqua dilutum, & inun
ctione adhibitum, leucomata oculorum & hypochyfes fanat, & aciem luminum confirmat, Marcel
lus. Galenus libro 4. de compof. fec. loc. medicamento liquido cuidam ad oculos fuffufos, alios
galli fel, alios aliud adieciffe fcribit. Ad fuffufionem admirabile quod ilico uifum reftituit : Muris
fanguinem, & galli fel, & muliebre lac æquis ponderibus mifce, & bene fubactis utere, probatum
eft enim, & magnificè profuit, Idem Euporifton 3. 16. Vlcera oculorum & albugines felle galli
inungito, Idem Euporifton 2. 99. Fel quoqʒ de gallo mollitum fimplice lympha Exacuit puros
dempta caligine uifus, Serenus. Fel galli cum fucco chelidoniæ herbæ & melle illitum, uifum
acuit perfectè, Kiranides. Gallinaceo felli uis alligato (malim, illito: uel, ad caligationes, ut & aqui 50
lino ficut proximè dixerat) ad argema, & ad albugines ex aqua diluto, (aut fupra forfan rectè, hic ue
rò pro diluto legendum aut faltem fubintelligendum illito.) item ad fuffufiones oculorum, maxi
mè candidi gallinacei, Plinius. Et rurfus cum fimum ruffum gallin. lufciofis illini dixiffet, fubdit:
Laudant & gallinæ fel, fed præcipuè adipem contra puftulas in pupillis. Fellis gallinacei, uel uulturini, quod longè magis prodeft, fcrupulum, & mellis optimi unciam, bene trita coniiges, atqʒ in
pyxide cuprea habebis, & opportunè ad inungendum uteris. hoc nihil potétius caliginem releuat,
Marcellus. ¶ In manufcripto quodam libro Germanico remedium hoc ad epilepfiam traditur:
Fel gallinacei cum aqua mixtum bibat æger, & diebus decem abftemius efto.

¶ Aetius illos qui re Venerea uti non poſsunt inter cætera gallorum tefticulos eſitare confulit,
Galli teftes cum uino poti Venerem iritant, & bonam habitudinem præftat, Kiranides. Gallina- 60
ceorum teftes fubinde fi à conceptu edat mulier, mares in utero fieri dicuntur, Plinius. Ad inuoluntarium urinæ exitû in ftratis: Galli teftem uftum edendû apponito, Galenus Euporifton 3. 257.
¶ Ad

¶ Ad caducos: Galli testiculos contritos cum aqua ieiuno dabis bibere, abstineant autem à uino diebus decem, caducis remedium est. Debebunt autem testiculi sicci seruari, ut cum fuerint necessa rij, continuò sumantur, Sextus & Constantinus. Ad comitiales: Gallinacei testes ex aqua & lacte quidam bibendos censent, antecedente quinq dierum abstinentia uini, ob id inueteratos, Plinius. Galli gallinacei testiculos in puluerem tritos ex aqua & lacte ieiuno propinato, idq diebus quinq facito, uino autem abstinendum est, Trallianus hoc se ex Gallia accepisse scribens. Serapion pro epilepticis probat medicamen côfectum è testibus galli gallinacei: Cælius Aurelianus, improbans ipse ut uidetur.

¶ Gallinaceum fimum omnia quæ columbinum, sed inefficacius, præstat, Dioscor. minus cali
10 dum est columbino, Galenus. Et rursus, Cæterum ut in alijs omnibus animalium partibus aut ex crementis plurimum refert, montanisne locis, an in pratis, paludibus, lacubus & ædibus uersentur. Semper enim quæ exercentur, ijs quæ non exercentur sunt sicciora: & quæ cibis utuntur calidiori bus siccioribusq, ijs quæ humidis frigidisq. Itaq ut columbarū stercus sempet imbecillius exper tus sum quæ in domibus degunt quàm nomadum & montanarum: sic gallinarū quoq inueni mul tò infirmius earum quæ conclusæ seruantur & furfuribus aluntur, nô paulo autem ualentius earum quæ in agris, atrijs aut foris pascuntur. Stercoris gallinacei pulli drachmæ duæ dissolutæ in multa aqua calida, & potæ, uomitū mouent, Arnoldus de Villan. Stercus galli cum succo prasij datum, mox uomitum proritat, Idem. Certò educit per uomitum, quare contra uenena propinatur, Fer dinand, Ponzettus. Idem Gaynerius scribit, sed misceri cum lini urticæue semine in aqua
20 decocto, aut aqua & butyro, &c. Ad felis morsum galli stercus liquidū cum adipe gallinaceo subi gito & imponito, Aetius. Idem ex aceto impositum morsibus canis rabidi, salutare traditur, Kira nides. Gallinaceum fimum priuatim contra uenena fungorum bibitur ex aceto aut uino, (uel oxy melite, Rasis,) Dioscor. Nicander contra idem uenenū commendat πίτυν φαύλοις κατηλοιμένος (ὀπίον.) Galenus etiam aduersus strangulationem à deuoratis fungis gallinarū domesticarum fimum cum oxymelite bibi consulit, in Euporistis 1.131. nimirū ut uomitus subsequatur. Cum medicum quen dam in Mysia gallinaceo utentem stercore côspexissem, in eis qui ab esu fungorum suffocabantur: & ipse quoq sum usus in quibusdam urbem inhabitantibus, qui & ipsi fungos esitarant, ipsum ui delicet ad læuorem contritum tribus quatuórue oxycrati aut oxymelitis inspargens cyathis. & pa lam adiuti sunt, idq celeriter, nam qui præfocabantur, paulò post uomebant pituitosum humorem
30 omnino crassissimum; & exinde planè liberati sunt symptomate, Galenus lib. 10. de simplicibus. Vide etiam inferius inter remedia ex candida parte huius fimi. ¶ Gallinarū fimum recês illitum alopecias celerrimè explet, Plinius. Gallinaceorum stercus cum oleo utróq (nô explicat quibus nam) permixtum, alopecijs utile est, Marcellus. Cum aceto alopecijs impositum prodest, Rasis & Kiranides. Si prius fricetur locus cum panno & cepe donec rubeat, Rasis. Aridum quoque tri tum cum nitro & arido (uox corrupta) unguêto alopeciam inspissat, Kiranid. Recens adpositum podagris, plurimum iuuat, Marcellus & Plinius. Perniones quæ nascuntur in manibus impositum sanat, & omnes morsus, Constantinus. Est qui gallinæ perducat stercore corpus, Serenus in ter carbonis (carbunculi) remedia. De usu huius stercoris ad fistulam curandam, scripsimus in Ru beta G. Phlegmonas quæ nascuntur in naribus impositum sanat, Aesculapius. Furunculo medi
40 cando: Prætereaq fimum, ex gallo quod legeris albo Imbribus ex acidis sidens appone dolenti, Serenus. Vide etiam infra inter remedia ex rufa parte huius fimi. Fimum gallinaceū cum oleo & nitro clauos pedum sanat, Plinius. Marcellus pulli gallinacei fimum rubrum clauellis frequen ter illinendum consulit. Fimum gallinaceum recens inunctum, côtusiones ex calciamentis sanat, aufert etiam myrmecias, Kiranides. Si fiat ex eò cataplasma cum melle, id illitim crustam ignis Persici rumpit, Rasis. ¶ Mactatæ recens gallinæ uentrem unà cum stercore inuoluito melle, & iumentum adhuc calentem in fauces immittito, Pelagonius aduersus tussim iumenti è faucibus uel gutture prouenientem. ¶ Gallinaceum fimum contra coli cruciatus ex aceto aut uino bibitur; Dioscor. cum aqua calida & melle, Rasis. Medicus quidam Mysus hoc fimum bibendum dabat ijs qui diutino coli dolore fuissent uexati ex œnomelite: uel si id non aderat, ex aceto, aut uino aqua
50 diluto, Galenus lib. 10. de simplic. Et rursus in opere de compos. sec. loc. ex Asclepiade: Gallina rum interanea omnia exempta, & in uas fictile côiecta assato, ac trita reponito, usus uerò tempore cochlearium unum & dimidium, & seminis dauci Cretici tusi & cribrati tantundem, ex aquæ mul sæ calida cyathis tribus exhibeto. In libro quodam Germanico manuscripto albam tantum huius fimi partem aduersus colicum affectum è uini cochleario, salubriter bibi legimus. ¶ Stercus gal linæ suffitum secundas educit, Arnoldus Villanou. ¶ Ad iumentorū remedia: Si equus penn nam uorârit, primo uratur in umbilico, deinde in os eius stercus bouis tepidum inseratur: tum fiat phlebotomia, demum omnia interiora gallinæ sanæ in os eius immittes. Et si ne ita quidem libera tur, minue diligenter ipsum, Rusius. Equo ex pituita per nares laboranti, fimū gallinaceum in na res inflabis, Obscurus. Si equa marem non patitur, gallinaceo fimo cum resina terebinthina trito,
60 naturalia eius linuntur, ea res accendit libidinê, Anatolius. Sunt qui ad ulcera iumentorū utantur fimo gallinac. arido trito cribratoq, inspergentes mane, & uesperi succum sambuci immittêtes per dies aliquot: ubi ulcera primum abluerint uino in quo sambuci folia decocta sint cum môdico sale;

L 2

Ad inflationem ilium & uentris equi: Fimum columbinum aut gallinaceum, quantum manus capit, in uino diffoluimus cum nitro, & inde clyfterem iniicimus, &c. Abfyrtus & Hierocles. ¶ Ra
bies canum firio ardente homini peftifera, quapropter obuiam itur per triginta eos dies, gallinaceo
maximè fimo mixto cibis: aut fi præuenerit morbus, ueratro, Plin.

¶ Gallinacei fimi candidi uires. Ad uitiligines quidam illini iubent gallinarum fimum candidum feruatum in oleo uetere cornea pyxide, Plin. Idem cum oleo uetere tenuiffimè tritum & ad-
pofitum, leucomata & hypochyfes fanat, & aciem luminum confirmat, Marcellus. Aduerfus fungos noxios: Philagrius gallinaceum ftercus album (inquit) tritū exhibemus ex pofca aut aceto mul
to, huius enim manifeftum habemus experimentum, quòd ad fungorum ftrangulationes auxilietur, Aetius. Plinius in hyffopo decoctum aut mulfo, uenena fungorum boletorúmép aftringere di
cit. Item inflammationes ac ftrangulationes, quod miremur (inquit) cum fi aliud animal guftauerit
id fimum, torminibus & inflationibus afficiatur. Vide fupra in uiribus Gallinacei fimi fimpliciter.
Illitio ad occultas anginas: Galli ftercus album, & ceruffam colore referens, exiccatū habeto, & ufu
poftulante fubige cum aqua aut melicrato, propinato cochlearium. Defperatos enim fanat. Quòd
fi bibere nequeant, cum melle fubactum intimis partibus illinito, Nic. Myrepfus. Fimum gallinarum duntaxat candidum, oleo in uetere corneis ép pyxidibus adferuant, ad pupillarum albugines,
Plin. Sunt qui huius fimi parte alba duntaxat intra corpus fumpta, fanguinem concretum difcuti
referunt. Fimum gallinac. album & frictum (φρύξας) tere ac potui cófidenter exhibeto aduerfus co
licam, Aetius 9.31. Vide fupra inter remedia ex hoc fimo fimpliciter.

¶ Galli ftercus ruffum, uel ut Plinius habet, ex gallinac. fimo quod eft ruffum. Impofitum furunculos rumpit, & dolorem tollit, Sextus, uide fupra inter remedia ex hoc fimo fimpliciter. Cum
aceto recens filitum furunculos & canis rabidi morfus curat, Plin. & Cófiantinus. Ex fimo pulli
gallinacei quod rubrum fuerit colliges, & impones clauel is, atép inde eos fæpius lines, uehementer medebitur, Marcellus. Stercu. gall. citrinum cataplafmatis inftar impofitum, cum oui uitello
& exiguo croco, quemuis abfceffum purulentum aperit, Rafis. Fimum gallinaceorum duntaxat
rubrum lufciofis illinendum monftrant, Plinius.

¶ Cinis fimi gallinarum. Prodeft ad ictus fcorpionum, Plin. Gallinarum uel columbini fimi
cinis ex oleo impofitus ulcera pedum curat, Marcellus. Fimi gallinacei cinis pedum exulceratio-
nes fanat, columbini fimi cinis ex oleo, Plin.

¶ Lapillos qui in gallinaceorum uefica inueniantur, conteri & potioni infpergi aduerfus calculos iubent, Plin. Alexander Benedictus lapides in gallinaceo uentre repertos, contra calculum à
quibufdam commendari fcribit, ex hoc Plinij loco fortafsis, memoria lapfus. Nos de lapillis qui in
uentribus gallinaceorum reperiantur, plura fcripfimus fupra in B.

¶ Veneficia quædam fiunt ab his quæ eduntur excrementis corruptis, ut fanguine uel urina
leproforum, cum in his frumentum maduerit, gallinæép frumento depaftæ fuerint, Hier. Cardan.

¶ A præfepibus equorum remouebuntur aues domefticæ atép altiles, quæ ea propter reliquias
pabuli fectari folent: & in his non folum pinnulas excutiunt, fed etiam ftercora deijciunt: atque illæ
cum gutturis, hæc cum alui periculo ab equis deglutiuntur, Ioach. Camerarius. De fimo gallinaceo à bobus aut equis deuorato, & remedijs contra eum, plura in Quadrupedum iftarum hiftorijs
fcripfimus. Hierocles equo aduerfus hunc fimum deuoratum auxiliari docet ipfum fimum gallinæ album & folidum: quem conteri iubet cum drachma fcui, (εἰκοσ Θ.) & cum duobus polentæ chœ
nicibus uinoép nigro auftero in mazas redigi, & equo edédas dari. Gallinarum fim um, duntax at
candidum, in hyffopo decoctum aut mulfo, uenena fungorum boletorum ép aftringit: item inflammationes ac ftrangulationes: quod miremur, cum fi aliud animal guftauerit id fimum, torminibus
& inflationibus afficiatur, Plin.

¶ Quidam à gallo gallinaceo pugnante leuiter læfus in rabiem ueniffe dicitur, Cælius Aurelianus de morb. acut. 3. 9.

H.

a. Vt ornis apud Græcos, fic apud Latinos auis etiam aliquando pro gallo gallináue abfolutè
ponitur, Rhodias aues pro gallinis Rhodijs Columella dixit, & Græcè Τаυ χίως ὄρνιθης genere 50
mafc. legimus, id eft alites Tanagræos pro gallinaceis Tanagræis. Gallinaceos mares pro gallis
gallinaceis Columella dixit. Gallos à contrario fenfu appellatos quidam exiftimant, nam Galli fa
cerdotes matris deûm caftrati erāt, hinc Martialis, Ne nimis exhaufto macrefceret inguine gallus,
Amifit tefteis, nunc mihi gallus erit. Etrurfus, Succumbit fterili fruftra gallina marito, Hanc ma
tris Cybeles effe decebat auem. Criftatus aues, pro gallo, Ouidius 1. Faftorum.

¶ Ἀλίκτωρ Græcè dicit à priuatiua particula & lectio: ἐκ τοῦ ἀ καὶ τὸ λέγω, οἷα τὸ ἐκ λέκτρα ἡμᾶς ἐγείρειν,
Euftathius & Athenæus. A tertia perfona præteriti paffiui uerbi λέγω, quod eft dormio, fit λέκτρω,
ἐλίκτωρ: & forte Ηλέκτρα & ἀλέκτρι ώρ, (oxytonum,) Idem. Ἀλεκτρυών nomen uiri Iliados ρ. feruat o. mag
num (non feruat: Vide mox inter Propria) in genitiuo, pro aue uerò Homeri feculum hanc uocem
non agnouit, Varinus. Vtebantur nimirum antiquitus tantum uoce ὄρνις de gallo in genere mafc.
de gallina in fœminino. Gallos gallinaceos alectryónas & alectoras Græci uocant, quia nos à lectio
exufcitēt: gallinas uerò alectorídas & ornithas. Ariftophanes alectoras qui mares fint, alectryanas
quæ

quæ fœminæ, alectryónas utruncp continere, ludens in comœdia monstrauit. Inuenias & pro ma=
ribus alectoridas acceptos, ut inquit Athenæus, Hermolaus. Socrates sanè in Nebulis Aristopha=
nis Strepsiadem docens, reprehendere uidetur quod ἀλεκτρυόνα in utrocp sexu proferat, itaque iubet
eum fœminam ἀλεκτρύαιναν uocare, ficto uocabulo & poëtico, ut ἀ λέων scilicet sit λίαινα: marê uerò
ἀλέκθρα. Apparet autem (inquit Scholiastes) uulgarem hanc consuetudinem tum fuisse, fœminam
quocp ἀλεκτρυόνα nominandi, ut patet ex hisce (Aristophanis) in Amphiarao uerbis: τωλ, τι τό ψοφᾶ
σομ ὄδυρ; Η ἀλεκτρυών Τλω κύλικα κατ αβέβληκεν. οἱμώξεσαί γε. Et in Platonis (Aristophanis, Athenæus.
positum est καὶ πλάτων, pro καὶ πάλιν à librarijs) Dædalo, ἐνίοτε πολλαὶ τῶν ἀλεκτρυόνωρ ὑπ ἰωέμα βία
τίκουσιν ἀλα πολλάκις. ὀ δὲ πᾶς ᾠόβυ τὰς ἀλεκτρυόνας ὠβεῖ. Attici quidem etiam gallinas sic uocabant. Et
10 Theopompus, Vocant uerò gallinam etiam ἀλεκτρυόναις: Hæc Scholiastes. sed locus, quod ad au=
thorum citationes, non rectè distinctus emendari potest ex Athenæo, cuius uerba subieci. Cratinus
(inquit) ἀλεκτρυόνα in fœm. genere dixit, item Strattis, Λι δ᾽ ἀλεκτρυόνόβ ἅπασαι, καὶ τὰ χοιείσλα τέθνηκον.
& Anaxandrides Rhodius Comicus, ὀχευομύας τὰς ἀλεκ τρυόνας θεωρξεσίν ἅσμλνοι. Et Theopompus in
Pace, Ἄχθομαι σί ἰσλαλωλεκώς ἀλεκτρυόνα τίκτουσαι ἀλα πήγηαλα, Et Aristophanes in Dædalo, ᾤομ μὶγ ἱσου τέτο=
κγι ὡς ἀλεκτρυών. Dicitur & ἀλέκτωρ. εἰ᾽σπερ ὀ πόρσκς ὥραμ πᾶσαμ κανακχῶμ ὀλόφωνόβ ἀλέκτωρ, Cratinus.
Veteres ἀλεκτρυόνας uocabant etiam gallinas, Hesychius. Ab ἀλέκτωρ masculino, fœmininum ἀλεκ
τρυὶς deriuatur. Ἀλεκτρυὶς poëticum est, ὡς τὸ ἀλέκτωρ ἑλλίηνικόμ (lego ἀσθίημορ) ὅλως, Varinus. Thomas
Magister quocp annotat, uocem ἀλεκτρυόναμ significare marem & fœminam: ἀλεκτρυεὶς autem esse uo=
cem planè poëticam, ἀλέκτωρ uerò uocabulum esse ἀσθίμιον. Atqui ἀλεκτρυεῖσλα Aristoteles etiam dixit
20 lib. 6. de historia animalium: & Galenus in opere de Simplicibus medic. ἀλεκτρυόνος καὶ ἀλεκτρυεῖσλος
ἅμα. itacp ego uocem ἀλεκτρυόνα prorsus ἀσθίμιον dixerim, ἀλέκτωρ uerò poëticam tantù contra Va=
rinum & Thomam Magistrum: qui cum ἀλεκτρυεῖς poëticam faciat, poëtæ nullius testimonium pro=
ferunt, & ego quocp nullum ex poëtis hac uoce usum memini. ἀλέκθρα uerò in prosa nemo dixit, sed
poëtæ aliquot, Aristophanes, Theocritus, Cratinus. item Septuaginta Prou. 30. & Kiran. Vsus no=
stro tempore obtinuit ut gallinæ ὄρνιθος & ὄρνιθας dicatur, galli uerò ἀλεκτρυόνος & ἀλεκτρυεῖδος, Athenæus.
ὄρνις genere communi priuatim de (auibus) domesticis (id est gallinis) dicitur, Eustathius. De galli=
ὀρνικίσλοι & κατοικίσλοι, pro gallinaceo genere, in scriptis Porphyrij. ὄρνιδας προσφέρειν Suidas in Meli=
to dixit, siue pro gallinacei generis, siue pro alijs etiam altilibus auibus. Ἀλεκτρυεῖσλης, pullus gallina=
ceus, forma patronymica, Suidas, & Varinus in λαγώς. Ἀλεκτρυόνιον & πόρσλιον ab Antiphane no=
30 minantur forma diminutiua: qua etiam ἀλεκτρυεῖσται dicuntur. sed Suidas alectoriscos Tanagræos
nominat, qui grandes sunt gallinacei.

¶ His subiungam rariora quædam gallinacei generis nomina, quæ partim poëtica sunt, partim
glossis & dialectis differunt, partim fortasis etiam barbara. & quoniam ea nō pauca sunt, ordinem
alphabeticum ijs recensendis adhibebo. Βενετός, gallus anniculus, Hesych. & Varin. Βίνακος, galli=
naceus, Iidem. ¶ Κόρκνος, accipiter uel gallinaceus, Hesychius & Varinus. Σέρκος, gallus, & gal=
linæ σίλκομ, Iidem. Κίορυξ, accipitris genus: & gallinaceus, Suidas & Varin. Κίκιρρος, gallinaceus,
Hesych. & Varinus. Κικκός oxytonum, gallinaceus: paroxytonum uerò, parua cicada, ὁ νῖος τέττίξ,
& κικκα (paroxytonum) gallina, Iidem. uox per onomatopœiam facta uidetur, ut Germanica gigg=
gel. Κοκκοβόας ὄρνις, de gallinaceo accipiendum uidetur apud Sophoclem, Eustathius. à uoce nimi=
40 rum, de qua uerbum κοκκύζειν usurpant Græci. Κορύδομ, ἀλεκτρυόναμ, δί νεωνίδες, Hesychius & Varinus.
forte autem sic nominatus fuerit gallus quòd córytha, id est cristam gerat. & eadem ratione fortasis
etiam κορομβικώς apud eosdem, quæ uox sis etiam cophinum & calathum significat. Κόσκινος, καλ τοι=
νισίλοι ὄρνιθας, Hesychius & Varin. Κοῖτοι, gallinacei à crista capitis sic dicti, Iidem in Προκότλα quod est
κεφαλῆς τρίχωμα. Κόττος, ὄρνις: sed equum quocp aliqui sic uocabant, Iidem. Et rursus, Κοττοβολέμ, τὸ
πετρετερέῳ τινὰ ὄρνιν, Κοττύλοιοι (κοττύλιοι, per iota, in penultima, Varinus) κατοικίσλοι ὄρνεις, Hesychius.
Κοττίκες, gallus, Hesych. & Varinus. ¶ Μησλικοί, aues Medicæ, gallinacei, Iidem. Aristophanes in
Auibus Medum (μῆσλομ) auem facere uidetur. Scholiastes gallinaceum accipiendum suspicatur. alibi
quidem dubitat an ulla auis rectè μῆσλος appelletur. Sed cum gallinaceus ab eodē Comico etiam Per
sica auis dicatur, medum quocp uel medicam auem pro gallinaceo accipi ab eo probabile est. De
50 Medicis gallinaceis magnis & pugnacibus, scriptum est supra in B. εἰσπερ ὁ πόρσικς ὥραμ πᾶσαμ κα=
νακχῶμ ὀλοφωνόβ ἀλέκτωρ, Cratinus apud Athenæum. ὀλόφωνόβ, gallinaceus, sic dictus, uel à lopho, id
est crista, uel ab eo quod inter canendum in sublime se erigat, ἀτε τὸ ῳ ζῳ ἀείσειν ὅλοψ ἀερέσθαι καὶ μετεω=
ρίζεσθαι, Hesych. Alexarchus Cassandri Macedonum regis frater, gallum gallinaceum orthoboam
(ὀρθόβοομ, nimirum quòd inter canēdum se erigat, uel ὀλόφωνου dictum quidam conijciunt, ut iam
diximus: nisi quasi ὀρθοβόαμ potius, à matutino cantu, sic appellatum placet,) uocabat, Hermolaus
ex Athenæo. ὀρτάλιχοι. gallinacei, Eustathius. item pulli gallinacei, Vide infra in Pullo. Ὀρτάλιχοι
pulli sunt qui nondum uolare possunt, uolare tamen gestiunt & conantur, παρὰ τὸ γλίχεσθαι τῶ ὀρτεινν
καὶ πέτεσθαι, Etymologus & Varin. Bœoticè etiam ipsi gallinacei sic uocantur, ut apud Aristopha
nem in Acharnensibus, Scholiastes & Varinus. Thebani rerum nomina innouare gaudent. itacp
60 sepiam uocant ὀπισθοτίλαν, ἀλεκτρυόνα ὀρτάλιχον, &c. Athenæus lib. 13. & Varinus in Λεγχώσλαμ. Ὀρτάλις
ἀχμήτισον ὑποδυνηθεῖσα νεοσσοῖς, Nicander de gallina. Ὀρτάλιχοισι χλιεύοῦν Oppianus dixit. ¶ Galli=
naceus Persica auis (πόρσικὸς ὄρνις) dicitur propter cristam. Multos pueros deceperunt amatores, alius

L 3

coturnice, alius Persica aue aliáue donata, Aristophanes in Auibus, ubi Scholiastes, Pretiosa (inquit) omnia, quibus solus rex (Persarum) utebatur, Persica uocabantur. & hoc in loco auis Persica, non certam aliquam auem designat, sunt tamen qui gallinaceum, & qui pauonem interpretentur. Vide superius paulo in Medo. ¶ Σφ̄κος, gallinaceus, (scribitur etiam κφ̄κν⊙, ut supra:) & gallinæ σίλκον, Hesychius & Varinus. κλυ̃ρος ὄρνις, gallinaceus, Iidem: forte quòd procul exaudiatur, κλύεψ enim audire est.

¶ Κρόκος, ⟨ὁ⟩ ἱρορὸγ, (mendum est forte:) & gallinacei qui collum habent eiusmodi, (croceis uel aureis iubis scilicet ornatum,) ἱρόκη, Hesych. & Varinus. Gallus ἱερνίας Hermanubidi immolabatur, Plutarchus. Κώκαλογ, genus quoddam gallinacei, Iidem. χελώνα, gallinacei quidam, Iidem. ψίλικον, τῶν ἀλικτρυόνωγ οἱ νοθαγγῶναι, Suidas & Hesychius. οιελὸς ὄρνις, pro gallinaceo apud Pollucē. 10

¶ Epitheta. Nocte deæ noctis cristatus cæditur ales, Ouidius 1. Fast. Cristatæ⟨que⟩ sonant undique lucis aues, Martialis. Excubitorq diem cantu patefecerat ales, Vergilius. Apud Textorem galli epitheta sunt hæc, Gallinaceus, Metuendus leonibus, Nuncius lucis, Salax, Volucris Titania. ¶ Ὄρταλὶς ἀχμαήσην ὑποδυνηθέισα νεοσσοῖς, Nicander. dixit autē neossos, id est pullos, pro gallinaceis adultis. Κοκκυβόας ὄρνις de gallo dici uidetur apud Sophoclem, Eustathius. Ὀλόφων⊙ ἀλύκτωρ, Cratinus, uidé paulo superius plura de hac uoce. οξύφων⊙, apud Lucianū. Ὀρθροιόκνυξ ἀλικτρυών, Diphilus apud Eustathium. Varinus non rectè habet ὀρθριόκνυξ. Ὄρθει⊙ ἀλίκτωρ, Theocritus Idyllio 7. Ὄρθαβόας, uide superius inter nomenclaturas uarias huius alitis. Ὄρνιχⲟ⊙ φοινικόλοφοι, Theocritus Idyl. 27.

¶ Deriuata. A gallo fit gallina. à gallina gallinaceus, quæ uox & pro gallo simpliciter ponitur, & tanquam epitheton ei adiungitur, differentiæ forsan gratia. nam & Galli populi sunt, & sacerdo- 20 tes Cybeles sic uocabantur. Dicitur etiam adiectiuè gallinaceum quod ex gallis uel gallinis est, ut pullus gallinaceus & oua gallinacea Varroni, & sel gallinaceum Ciceroni 2. de diuinat. ¶ Gallinarium, locus in quo gallinæ nutriuntur, Columella. Idem pro gallinario officinam dixit. Gallinarium est quod & cohors dicitur, unde aues cohortales. Aedicula uerò altera, cuius parietibus corbes affiguntur, in ijsq gallinæ incubant, officina cohortalis (aliás cortalis, das hüßbuß) ob id appellatur, quòd non aliter ac in officinis nostris cuncta parantur, quæ in usum humanum ueniunt, ita istic oua & pulli, quæ in cibum, Gyb. Longolius. ¶ Gallinarius Plinio & Ciceroni 4. Academ. custos est gallinarum qui Varroni & Columellæ gallinarius curator dicitur. ¶ Gallicinium pars noctis appellata est, in qua galli cantant. Primum tempus diei dicitur mediæ noctis inclinatio: deinde gallicinium: inde conticinium, cum & galli conticescunt, & homines etiam tum quiescunt, 30 Macrobius Saturn. 1.3. Noctis gallicinio uenit quidam iuuenis è proxima ciuitate, Apuleius lib. 2. de Asino. Tempus quo galli cantant, tribus ab intempesta nocte horis, gallicinium appellatur, Gyb. Longolius. ¶ Gallulo, pubem emitto. unde gallulasco, pubesco, quòd pubescentes uocem grandiorem ad galli gallinacei similitudinem faciant. Cuius uox gallulascit, Næuius. Aristoteles hoc ποαγᾶγ dixit. Vide in Hirco н. a. ¶ Gallus fortunam corporis significat, ut inquit Quintilianus: id est castratum. nam tales erant Galli sacerdotes Cybeles: de quibus extat prouerbium, Γάλλος τί τέμνξ; Gallos quid execas? id est, Cur affigis afflicium? quid actum agis? Gallum matris deûm sacerdotem Iul. Firmicus archigallum uocat, Brodæus. Matris deûm Cybeles sacerdotum antistites archigalli nominabantur, ut in antiquis elogijs aduertimus. Epitaphiū est Romæ in S. Martino in mōtibus, huiusmodi. D. M. C. Camerius Crescens Archigallus Matris Deûm Magnæ Idææ & 40 Attis Po. Ro. &c. ut recitat Gyraldus: qui Tertulliani etiā uerba de archigallo quodā repetit, Syntagmate quarto de dijs. Archigallum etiam puto eunuchorum genus esse. Quo sydere prodeant hermaphroditi, eunuchi, uiragines, archigalli, ubertim scribit Matheseos tertio Firmicus, Cælius. Parasius pinxit Archigallum, quam picturam amauit Tiberius princeps, Plinius. ¶ Gallipedem quidam in Suetonij Tiberio inepte pro Callipide legunt. ¶ Câres à Persis uocantur galli, eò quòd cristam in galeis habeant, Plutarchus in Artaxerxe.

¶ Ἀλέκτωρ poetis uxorem significat, ἤ ὁμόλικτρⲟⲅ, Eustathius: ut & ἄλοχⲟ⊙. item uirginem lectum siue coniugium non expertam. sic Mineruam ἀλέκτⲟρα legimus, Idem. Pompeianus sophista cum Panathenæa festa celebrarētur Athenis, in quibus iudicia cessant, dixit: τⲟγμέλλⲟς ὅτι τ̃ⲅ ἀλίκτⲟρⲟ⊙ ἀὺⲛⲁⲥ, κⲟ̀ ἄἐλκⲟⲅ ἥ τῆ⟨ⲧⲉⲥ⟩ ἡμέ⟨ρⲁ⟩, Athenæus libro 3. Ion Tragicus tibiam quoq ἀλίκτⲟρα dixit, quòd propter soni eius suauitatem auditores λιγίⲇⲱ, id est dormire nolint, Eustathius. Eadem ratione Sol etiam ἀλέκτⲟρ cognominatur, quòd homines in lectis cubare non sinat, uel (potius) quòd ipse nunquam cubet aut quiescat, Eustathius. ¶ Diitrephes prius pauper, nunc ditatus, ϝⲁⲑⲟⲥ ὅⲥⲓⲡ ⲓⲡⲡⲁⲗⲉⲕⲧⲣⲩⲟⲛ̃, Aristophanes in Auibus, ubi Scholiastes, Nunc (inquit) facta est ales magna & non uulgaris. gallus enim plerisq auibus præstat. Plura de hac uoce leges in Equo ʜ. a. ubi animalia ab equo denominata memorantur. Iubas etiam & capillum Græci alectoridas appellant, Hermolaus. ¶ Ἀλεκϝυοφόρⲟⲩ Aeschines dixit in Axiocho: unde nos etiam forte ὀρτυγⲟφόρⲟⲩ dicere poterimus. nam ὀρτυγⲟκόμⲟⲥ non est in usu, Pollux. uidetur autem significare eos qui has aues uenales gestant: uel ad ludos potius. nam ὀρτυγⲟκόπⲟⲥ dicitur, qui in ludo coturnicis digito ferit, &c. Phrynichus ἀλεκϝⲟⲛⲁ πⲱλⲏⲧήⲣιⲟⲛ dixit: ὥⲥⲧⲉ κⲟ̀ ἀλεκϝⲣⲩⲟνⲟⲛⲧⲱⲗἐⲁ⟨ⲓⲛⲱ⟩ ἄⲙ ἔⲥⲡⲓⲥ, Pollux. ¶ Pilulæ alectoriæ quædam aluum purgantes à Nicolao Myrepso describuntur: quas sic dictas apparet, eò quòd ui sua purgandi eos qui 60 sumpserint, à lecto excitent. ¶ Ἀλεκϝⲩⲟφⲱⲛία, gallicinium, ut quidam in Lexicon uulgare Græco-latinum

latinum retulit. fed apud Marcum Euangeliſtam cap. 13. ἀλεκτροφωνία ſcribitur. ¶ Gallinarium
Græcè ὀρνιθῶνα uocârim, ad uerbum auiarium dixeris. fed illi cum omnem auem, tum gallum galli-
namᶜᵖ per excellentiam ornîn nominant. Itali hodie uulgò pullarium appellant, Calepinus. In uſi
la eſt paſtionis genus, quod appellant Græci ὀρνιθῶνας, καὶ ποδιειρεῶνας, Varro. ὀρνιθονομεῖον, τὸ τὰς ὀρνι-
θας ἔχον οἴκημα, Suidas. Latinè etiam auiaria appellantur, ubi cícures atᶜᵖ omnia genera auium ſegre-
gata ſarcirentur. Hoc & ὀρνιθοβοσκεῖον Varroni dicitur. Μέταυλος, ἢ ῥν περὶ λεγομένη αὐλη, ἒ ὀρνιθὼ νύξη,
apud Ariſtophanem, Varinus. Μέταυρον Grapaldus ex Pollucè interpretatur caueam, in quam ſe
cortis alites cubitum ituræ recipiunt. Μέταυρον Ariſtophanes nominat ὅ τᾶ φυσικῶς ὀρνυλίας ἐγκαλῶ
ν ſⁱ μ̈ ſυμβῆκιτ, Pollux lib. 10. Verum, ut ego conício, non gallinarium totum petaurium nominari
10 debet, ſed tabula uel aſſer (σανίς, Varinus, quaſi πέτευδῃ, ῆᾶ τὸ εὐφῇ ϝ αὐτῇ τὰ πετανὰ, dicîtur etiam
μέταυρα, aſſerculi (σανίδια, nimirum quas Latinè ſcandulas dicimus) quibus ædium tecta teguntur,
ᵥ̈ οἷς ειχοσμεν τὰ θακιζα. quibus hoſpitia, uoce à Latinis ſumpta, teguntur, quod propter leuitatem
facile ad auras & flatus uolitet. Scribitur & πέτευρον Varino, & exponitur tabella tenuis & oblonga, qualis ædium tectis pro lateribus adhibetur. Αἰθάλόχν πέτευρον aliqui trabem interpretantur, &c.
οὐδʼ ὅποτʼ ὀρτάλιχοι μινυροὶ ποτὶ πῶτον ὁραῶν Σεβεμύας πῆερα μάτρος ἐπ᾽ αἰθαλόχῃ πέτευρῳ, Theocritus
Idyl. 13. Τέρφος, μετίωρόν τι ἱκρίον, ἐφ᾽ ἢ ἀλεκτορίαϊ κοιμῶντα, Varinus, Κορταλαβρρυ, οὗθα οἱ ὀρνίθεν κοιμῶν-
ται, Heſych. Κορθρν ſupra gallinaceum interpretati ſumus. ¶ Ratio cohortalis, quam Græci uocant ὀρνιθοτροφίαν, Columella.

¶ Τὰ ἀλεκτόρεια, id eſt gallinacea oua, Syneſius in epiſtolis. Ὀρνίθεια κρέα, id eſt gallinaceæ carnes,
20 Xenophon lib. 4. Anabaſ.

¶ Stirpes. Cunila gallinacea, non alia herba eſt quàm quæ origanum Heracleoticum Græcis
uocatur, Plinio teſte, Ruellius ſic dictam putat quòd à gallinis paſcatur. In Ponto (inquit Plauus)
abſinthium ſit & cunila gallinacea. ¶ Alectorolophos, quæ apud nos criſta dicitur, folia habet ſimilia gallinacei criſtæ, Plin. Syluaticus gallitricum uel centrum galli uulgò dictum interpretatur,
cuius ſemen (inquit, oculis immiſſum) caliginem ad ſe trahit. Eandem alibi ſcarleam uocat, (ut noſtri ſcharlach) quod uiſus claritatem renouet. Et alibi, Eraclea (Heraclea) eſt (inquit) quæ Latinè ſer-
raria nigra uocatur: quam recentiores centrum galli, & gallitricum ſylueſtre uocat. Videtur autem
deſideritſde Heraclea ſentire, quam hodie eruditi quidam herbam Iudaicam uel tetrahit Arabicè
& uulgo herbariorum dictam eſſe putant: quibus ego quoᶜᵖ potius aſſenſerim. etſi illa etiam quam
30 polemonium Ruellius facit, pulchrè ex Dioſcoridis deſcriptione facere uidetur. Vulgarè quidem gallitrici nomen, à galli criſta corruptum uidetur. Inter uerbenacæ etiam nomenclaturas apud
Dioſcoridem criſta gallinacea legitur. Τῷ πηγάλη nominatur apud Nic. Myrepſum unguento 61.
¶ Gallitricus (lego Galli crus) id eſt ſanguinaria, eo quòd naribus impoſita, ſanguinè ſuauiter fluere facit, naſcitur circa uias & ſaxoſis locis, habet in ſummitate uelut pedes galli, Syluaticus. Plura leges de hac herba in Boue H. c. & in Cornice a. Capnos ſiue caphion, hoc eſt fumus, duplex, alia
Dioſcoridi deſcripta, naſcens in hortis & ſegetibus hordeaceis : alia & nomine & effectu ſimilis,
quam pedes gallinaceos uocant (teſte Plinio) in parietibus & ſepibus genitam, ramis tenuiſſimis
ſparſiſᶜᵖ, flore purpureo, ut inquit Plinius: quam nonnulli modo cymbalarem uulgò dictam, neſcio
quàm rectè interpretantur, folio hederæ, prætenui: ut in cotyledone cómonuimus, Hermolaus Co
40 rollario 714. ubi etiam mox craſſiſſimum illorum errore reprehendit, qui ex eo quòd capnon Plinius Latinè pedes gallinaceos uocari ſcribit, capnon etiam à Dioſcoride monſtratum, non aliud genus eſſe putant, quàm quæ uulgò ſanguinaria & galli crus dicitur. quæ gramini (inquit) tàm ſimilis
eſt, ut ab eo forte non admodū ſeiungi poſſit: niſi quòd folio minore cernitur, & fibris potius quàm
radice nititur, id autem quod in utroᶜᵖ ſummo frutice triſarin (trifarium) gallinacei pedis imitationem habet, candidius in hac quàm in gramine conſpicitur. Et alibi, Cotyledon non eſt, ut quidam
rentur, quæ uulgò cymbalaris appellatur, etiamſi cymbalion à Dioſcoride uocetur. eſt autem cymbalaris herba folio tenus anguloſo, hederaceo, flore paruo, purpureo, in muris terræ naſcens, quam
quidem nonnulli genus alterum capni dictæ faciunt, Hæc ille. Vulgaris quidem apud nos hæc herba eſt, & lactis etiam nonnihil habet, floſculo calathiformi ex purpureo ad cœruleum inclinante, ra-
50 dice alba dulci, ut rapulo ſylueſtri congener uideatur. oculis à quibuſdam utilis creditur, nimirum
ut capnos quoᶜᵖ, ut ab eodem effectu nomen idem conîgerit, folioritm ſpecies per ætatem mutatur,
ex rotundiori in longam. quæ uerò eius pars pedes gallinaceos referat, non facile dixerim, niſi forte
mucrones illi in quos diuiditur calyx qui florem ſuſtinet, eos repræſentare dicâtur, præſertim cum
flos deciderit aut aruerit. tunc enim in diuerſa tenſi rigenteſᶜᵖ magis apparent. ¶ Apud Dioſcoridem inter thlaſpeos etiam nomēclaturas pes gallinaceus legitur. Item caucalis (apud cundē) tum
eodem nomine, tum pes pulli uocatur: nimirum quòd extremum folium in gallinæ pedem confor-
metur, ut Ruellius ſcribit. Portulaca Macro etiam pes pulli dicitur, Syluaticus. Adamus Lonicerus tertiam aizoi ſpeciem Germanicè interpretatur, Ȿ̈unerbeer, Ȿ̈unertruben. ¶ Herbā
quam pro ariſtolochia rotunda pharmacopolæ Germani hactenus falſo accepêrunt, à quibuſdam
60 Germanicè Ȿanenſporn, id eſt talcar gallinacei, à floris figura, nominatur. ¶ Alſine herba Grǣ
cis dicta, uulgò morſus gallinæ & paſſerina à quibuſdam nominatur, Germanis Ȿ̈unerdarm,
Ȿ̈unerſeerb, Vogelkraut. ea cū cæteris auibus tum gallinis grata & ſalubris, et faſtidij remediūⁿ

L 4

existimatur:ut helxine etiam,qua Plinius gallinaceos scribit annuum fastidium purgare, si modo
non errore aliquo factum est ut helxine pro alsine scriberetur.

¶ Animalia. κάκαλον,uetustum,& species gallinacei,Hesychius & Varin. κάκαλος etiam no=
men proprium est, Varin. Persæ etiam coruos alectoridas uocant, Hermolaus nescio quo autho=
re.Pausanias quidem in Bœotia gallinaceos quosdam coraxos,id est atro coruorum colore esse scri
bit. Vpupam etiam ἀλεκτρυόνα & γέλασον uocat,Hesych.& Varinus. Cancer Heracleoticus uul=
gò apud Italos gallus marinus, gallo de mare, nominatur, quòd eius chelæ cristam galli referant,
Pet.Bellonius. Piscis quidam ad Oceanum Germanicum,gobijs cōgener,ut ex pictura conijcio,
uulgò Seehan, id est gallus marinus uocitatur. ¶ Gallus matricis,id est mola matricis, Syluati=
cus. Amatus Lusitanus lib. 1. Curationum Medicinalium meminit mulieris quæ geminos utero 10
gestans quinto mense abortiuit,& tertio à primo abortu die, frustum quoddam carnis emisit, galli
cristæ cum rostro gallinaceo simile.

¶ Icones. Asis(regio puto sic dicta)puerum delphino insidentem numis insculpebat, Darda=
nis gallorum pugnam,Pollux lib.9.& Cælius. Persarum rex Artaxerxes Cyri iunioris percussori
ex Caria,uirtutis præmium contribuit,uti in prima acie gallum aureū in hastæ gestaret apice.Nam
Câras omnes Persæ ἀλεκτρυόνας dicunt,id est gallos, propter cristas quas in galeis surrectas habent,
Cælius. ¶ In Apollinis Delphici templo chirotechnæ (id est opifices manuarij) frigida quædam
& curiosa fecerunt,ut qui manui Apollinis gallinaceum imposuit, ut horam matutinam & tempus
instantis ortus designaret,Plutarchus in libro Cur Pythia non amplius carmine respondeat. ¶ La
pis Eislebanus aliquando galli effigiem refert,Georg.Agricola. In arce Eleorum Mineruæ simu=20
lacrum est,cuius galeæ gallinaceus insidet, Pausanias, uide infra in h. ¶ Athenienses Anterotis
aram constituerunt,in qua pueri nudi & formosi signum inerat, in ulnis geminos sustinentis gene=
rosos gallos,& se in caput impellentis,quibus Timagoram & Meletum,seu Melitum(utrunq; enim
legimus)qui amore perierunt,significabant.Historia notissima apud Pausaniam & Suidam:quan=
quam nonnihil inter se euarient,ille in Attica,hic in dictione Melitus,Gyraldus. Gestat autē puer
gallinaceos:quòd unà cū duobus gallis,quos à Melito sibi dono datos ulnis gestabat, ex arce Athe
nis se præcipitasset. Pausanias aliter hanc historiam referens, gallinaceorum quoq; non meminit.
¶ In excelsarum turrium apicibus gallinacei icon ex orichalco conflata, & inaurata plerunq;,impo
ni solet,lamina ad uentum uersatili. Vide Emblema Alciati quod in fine historiæ galli recitabitur.

¶ Propria. Auctor Nicander est, Secundum,qui pincerna regius fuit in Bithynia,à gallo ama30
tum eximie cui nomen foret Centaurus, Cælius. ¶ Alectryon nomen proprium uiri Iliados,
non seruat o. magnum in obliquis, ἀλεκτρυόναν uerò paroxytonū seruat, Eustathius. Υἱόν Ἀλεκτρυόθ-
μεγαθύμου,Homerus. ¶ Alectryon memoratur Amphitryonis pater & filius Alcei,ut testis est He
siodus in Aspide. ¶ Alector filius fuit Argeæ filij Pelopis & Hegesandræ filiæ Amyclæ (Ϝιλάμυ-
κλα,)cuius filia Iphiloche uel Echemelus(Εχέμηλος)Megapenthi filio Menelai nupta fuit,Eustathius.
Fuit & alius Alector filius Epei regis Elidis,&c.Eusiathius in secundum Iliados. ¶ Adræus qui=
dam Philippi militum peregrinorū dux,ἀλεκτρυών cognominabatur. Meminit eius Heraclides Co=
micus his uersibus: Ἀλεκτρυόνα γὰρ τὸ φίλιππε παραλαβών ἀεεὶ κεκνύζοντα,καὶ πλὴν μίνου παθήσετε.
ὲ γὰρ ἄχρι εἰδόντα λόφον. Ἕνα μενπάκψας μάλα συχνὸς ἰδέεντιπο Χάρης Ἀ ἱλωάςς. ut Athenæus citat libro 12.
nam hic Chares(inquit Eustathius)Athenienses in foro epulis excepit, cū sacrificaret epinicia pro= 40
pter pugnam prosperè contra Philippi peregrinos milites gestā.dicit autem illum intempestiue ce=
cinisse(ἀκαίρως κεκνύσαι)eò quòd pugnam intempestiuè aggressus sit:& nondum cristam habuisse, hoc
est inermem adhuc periculo se exposuisse, Vide infra in prouerbio Philippi gallus. ¶ Alectryon
quidam adolescens Marti acceptus fuit, quem Mars aliquando cum Venere cōcubiturus in demo
Vulcani pro uigile secū ducebat,ut si quis appareret,Sol oriens præsertim,indicaret.ille uerò som=
no uictus cum Solis ortum non indicasset,Mars à Vulcano deprehensus & irretitus est, qui postea
dimissus, Alectryoni iratus in auem mutauit unà cum armis quæ prius gerebat, ita ut pro ga=
lea cristam haberet.Itaq; memor deinceps huius rei alectryon, etiam nunc ales, id tempus quo Sol
prope ortum est,quo scilicet Vulcanus domum reuerti solebat,cātu designat. Fabulam memorant
Lucianus,& ex eo interpretatus Cælius Rhodiginus, & Aristophanis Scholiastes,& Eustathius in50
octauum Odysseæ, & Varinus. Alectryonem aliquando Martis ministrū & militem fuisse etiam=
num testantur, crista, animositas, calcaria, ut rhetor quidam scripsit. ἀλλὰ δὲ ἔ γ'ι ὕσφεν μυθοποιικῆς ὲ
σεμνόν ἔδ λάλημα,Eustathius. Alectryon olim tyrannidem gessit, & Persis primus imperauit, etiam
ante Darium & Megabyzum:unde etiamnum ab illo imperio Persica auis appellatur, Pisthetærus
apud Aristoph.in Auibus. Vbi Scholiastes, Forte etiam in præcedentibus(inquit)alectryóna uocat
Medum auem. nam Persas quoque Medos uocabant. Mox autem subdit Epops, Hinc est nimi=
rum quòd adhuc instar magni regis incedit,cyrbasiam (tiaram) in capite solus auiū rectam gerens.
Quanquam enim(inquit Scholiastes)Persæ omnes tiaram ferrent, solis tamē regibus erectam ferre
fas erat:cæteris complicata erat uel in fronte prona uergebat,ut Clitarchus tradit. Adeò uerò præ=
potens(inquit Cælius)& formidolosum fuisse illud imperium aiunt,ut nunc quoq; auibus id genus 60
diluculo præcinentibus,prosiliant ad opera omnes ceu mulctam uerici. ¶ Cornelius Gallus,poe
tæ ueteris nomen. ¶ Gallus,gentile à Gallia. ¶ Est & Gallus siuuius Phrygiæ,cuius aqua fu=
rorem

rorem inducit. Amnis it infana nomine Gallus aqua, Ouidius. Ab hoc, auctore Festo, Galli dice=
bantur facerdotes Cybeles, qui postquam ex eo bibissent se castrabāt, & inter sacrificandum furiose
se gerebant. Crinemᷠrotantes Sanguinei populis ululant tristia Galli, Lucanus lib. 1. Qui=
dam Gallum puerum putauere, qui contracta offensa deæ se execuerit, & simul fluuio nomen dede
rit, Gyraldus. ¶ Gallinaria insula est à gallinis feris sic dicta: uide infra in Capite de gallinis feris.
¶ Et Pontina palus & Gallinaria pinus, Iuuenalis Sat. 3.

¶ b. Formoso regi, cui uertice purpurat alto Fastigiatus apex, dulcíᷠerrore coruscæ Splen
descunt ceruice iubæ, peróᷠaurea colla, Peróᷠhumeros it pulcher honos, palea ampla decenter
Albicat ex rutilo, atᷠtorosa in pectora pendet Barbarum in morem. stat adūca cuspide rostrum,
10 Exiguum spatij rostrum, flagrantᷠtremendum Raui oculi, niueasᷠcaput latè explicat aureis,
Crura pilis hirsuta rigent, iuncturaᷠnodo Vix distante sedet, durus uestigia mucro Armat: in
immensum pinnæᷠ, hirtiᷠlacerti Protenti excurrunt, duplicíᷠhorrentia uallo Falcatᷠad cœ
lum tolluntur acumina caudæ, Politianus in Rustico. ¶ Crista in gallinaceo, uocatur etiam apex
à Politiano. Cristas tollere uel detrahere prouerbium referetur infra. Gallorum cristas aliqui bar
baré ruffas nominant. Ascili, id est crista galli, Syluaticus. Græci λόφον appellant, ut Eustathius.
Aristophanes in Auibus κυρβασίαν: quanquam Varinus Cyrbasiam & Cybarsiam quoᷠcaput gal=
linacei interpretatur, κεφαλὶω ἀλέκτορ⟨⟩: Hesychius κορυφὼν ἀλέκτορ⟨⟩, id est uerticem uel cristam galli.
Hippocrates cyrbasicam pileum acutum ut uidetur, qui & tiara, alij cyrbasiam, alij tiaram erectam,
qua soli Persarum reges utebantur. ὁ τρόπωσις ὄρνις ὁ ἀλέκτωρ λέγεται δία τὼ λοφίαν, Suidas. ¶ Ro=
20 strum, uulgus Italicum becco uocat, uocabulo Tolosano antiquo: quanquam id illis gallinacei ro=
strum significaret, author Tranquillus in Vitellio. Κόραξ, coruus, & summa gallinaceorum rostra,
à colore nigro quem Græci κορόν dicunt, Hesychius & Varinus. Κάλια (lego κάλαια) barbæ gallina=
ceorum, & pennæ in cauda earum secundum Aelium Dionysium, Varinus in uoce Θρόνα. Κάλαιοι
(lego κάλαια) gallinaceorum barbæ, & omnis color purpureus, uel secundum alios uarius. πᾶν πορ=
φυροειδὲς χρῶμα. ψιοι δὲ τὰ ποικίλα, καὶ παρ' Αἰγυπτίοις χρῶμα κυανίνον. Ponitur etiam pro unguento. & και
λάι (malim κάλη, ut Ammonius de differentijs uocum habet,) τὰ βατία θία, Hesychius. Κάλιαύϑη
πορφυρᾶ, Hesychius & Varinus. legendum forte, Κάλη, ανϑη πορφυρᾶ. nam κάλη uocant floridos colo=
res, τὰ ανϑη τῶν βαμμάτων, Hesych. Καὶ ἀπὸ τῶν ὤτων ἐπικρέμανται ἔχει κρεμαίμενα, ὥσπερ δι ἀλεκρυόνων τὰ κάλ=
λαια, Athenæus de tetrace magna. Hermolaus cristas utrinᷠex auribus pendentes reddidit, quod
30 non probo. Sed plura de hac uoce scripsi supra in B. Αἰκάλλειν uerbum dicitur de cane blandiente
auribus & cauda: & per translationem à gallinaceis, κάλλια eorum barbæ (τὰ γένεια) uocantur, Vari=
nus. Quemadmodum barbæ appendiculas quasdam gallinacei possident, sic aries bellua marina
fœmina, cirros ex imo collo pendentes habet, Aelianus. ¶ In pullo partem quandam nauim uo
cat Apicius lib. 6. capite ultimo, pullum à naui aperiri iubens: pectus forte intelliges, nam mox pul=
lum fatilem à pectore aperiri iubet, sed Humelbergius partem posteriorem uentris interpretatur:
qui ut nauis cauus, & figuræ eius non dissimilis sit. ¶ Intestina gallinarū cum rebus alijs incocta
ueteres gigleria uocabant, Hermolaus. alij gigeria legunt. Gigeria pullorum coques, Apicius 4. 1.
¶ Actraltigi, fasianum (imò attagenem) significat, non ut quidam putant testiculos gallorum, Syl=
uaticus. ὄπρα, gallinacei cauda, Hesych. & Varinus. Κάλια (malim κάλαια) barbæ gallinaceorum,
40 & pennæ in caudis eorum secundum Aelium Dionysium, Varinus in Θρόνα. ¶ Γλᾶκρα Atticis
sunt calcaria gallorum quibus pugnant, quæ communiter κέντρα uocantur, Varinus. πλᾶκρον Do=
ricum est, ut & πλακτῆρ apud eosdem. Κόπτρ, κέντρα ὀρνίθεια, Iidem. Calcar tollere prouerbium refe=
retur in h. ¶ Boccatius gallinaceos pedes Sirenibus attribuit ex Albrico ignobili authore, Gy=
raldus. ¶ Plumas sub cauda quæ gallinis aut capis saginandis euelli solent, aliqui priuatim no=
minant **maststädern.**

¶ c. De uoce & cantu gallinacei. Miratur uocem angustam, qua deterius nec Ille sonat, quo
mordetur gallina marito, Iuuenalis Sat. 3. de adulatore. ῥεῖν ἢ τὸ δεύτερον ἀλείρνων (ἀλέκτωρ legi po
test, ut uersiculus constet) ἐφθέγγετο. Prius atᷠgallus cantet iterum cristiger. Prouerbium est à prisca
consuetudine sumptum, qua noctis deliquium & accessum diei galli cantu metiebantur, gnomoni=
50 bus horarijs nondum repertis. Gallus autem tribus interuallis canit, prænuncians diem. Veteres
initium diei à prima media noctis inclinatione ordiebantur, proximum tempus gallicinium uoca=
bant: quod id temporis !ucem multò ante præsentientes incipiunt canere. Tertium conticinium,
cum & galli conticescunt, & homines etiam tum quiescunt. Quartum diluculum, cum incipit dig=
nosci dies. Quintum mane, cum clarus iam dies exorto Sole. Itaᷠsecundus gallorum cantus, mul=
tò Solis exortum anteuenit. Hinc Iuuenalis, Quod tamen ad galli cantum facit ille secundi, Pro=
ximus ante diem caupo sciet. Consimiliter Aristophanes in Cōcionatricibus, οὐδ' εἶ μὰ Δία τότ' ἤλθον,
ὅτι πὸ δεύτερον Αλεκτρυὼν ἐφθέγγετο, Erasmus. Gallus antequam in hac nocte cantet (bis cantet, Mar=
cus) ter me negabis, Matthæus Euangelista. Gallus statim cantauit ut Petrus negauit, Lucas & Io
annes. ¶ Excubitorᷠdiem cantu patefecerat ales, Vergilius. Cristatus ales, Qui tepidum ui
60 gili prouocat ore diem, Ouidius in Fastis. Surgite iam uēdit pueris ientacula pistor, Cristatæᷠ
sonant undiᷠlucis aues, Martialis. Sub galli cantum consulor ubi hostia pulsat, Horatius in Ser=
monibus 1. 1. Auroram gallus uocat applaudentibus alijs, Politianus. ¶ Ipse semet canit, Αὐτοϰ

αὐ ἀρ αὐλῶ, ipse suimet tibicen est:prouerbium conueniens cum aliás tum in illos qui semetipsos lau
dant,qui mos est gallis gallinaceis,etiam quum è pugna se proripuerint. Plato in Theæteto , σαινό-
μυθά μοι ἀλεκτρυόνΘ· ἀγγνὸς δίπλω, πελὶν νενικηκρώαι, ἀ πνὸ δ᾽ ἠσαντες ἀ ρὴ το λόγα ἄδ᾽ αμ, id est , Videmur mihi
ignaui galli in morem,quum ante uictoriam à sermone resilierimus canere , Erasmus.

¶ Ex sambuco magis canoram buccinam tubamᴕ credit pastor sibi cæsa,ubi gallorum cantum fru
rex ille non exaudiat,Plinius. Hoc cur fiat,si modo uerum est, ?inquit Cælius Calcagninus in epi
stolicis quæstionib. lib.2.) nemo facile dixerit. Sunt qui hoc nõ simpliciter, sed συμβολικῶς traditum
putẽt,more Pythagorico,ut multum diuersum quàm dicitur,intelligatur. Sicut proditum est, non
ex omni ligno Mercurium debere fieri: Deum non populari ritu,sed electo ac religioso colendum
esse: sic non uulgari , sed remotiori Musicæ incumbendum esse admonentes, non ex obuia quaᴕ
sambuco tibiam sambuceã coagmentari oportere dixerunt, & expedire ut remotiora petantur,
atᴕ inde decerpatur ubi cantus galli non obstrepat. Nam sic hodie quoᴕ locum longè sepositum ad
quem nemo adeat significantes,dicunt in eo ne gallum quidem unquam exauditum.Aut certe stri
dula illa atᴕ admodum obstrepera uox galli hebetare , & stridore suo quodammodo diffindere &
conuellere potest penetrabilem ac fungosam sambuci materiem:utpote qua leo etiam tantæ animal
constantiæ consternetur. Alij sunt qui eo dicto nil præterea ostendi putent,quàm syluestrem sambu
cum satiuæ multò esse præferendam:quòd ea procul locísᴕ abditis, hæc propè inter nostra septa a
dolescat,Hæc ille. Materies quidem sambuci mire firma traditur. constat enim ex cute & ossibus.
quare uenabula ex ea facta præferunt omnibus. Quoniam ueró loca syluestria (qualia sunt in qui
bus gallorum cantus non auditur) sicciora sunt , ligna etiam illic sicciora solidioraᴕ fiunt, & ex tali
materia tibiam magis canoram tornari credibile est, cum unumquodᴕ corpus eo magis sonorum
sit quo siccius simul solidiusᴕ. ¶ Αλικτροφωνία,id est gallicinium, apud Marcum Euangelistam.
περὶ ἀλεκρύονας ᾠδὰς,ἀλεκρύόνων ἀδόντων, προ τὸν ᾠ δὸν ὄρνιθα,Pollux. Κηρὺξ ὁ ἀλεκτρυών.τρίτος δ᾽ ἄσιδ, Sui
das, Τῆς νυκτὸς ἤδη πρὸ δϊσυτέρων ὅσης ὀρνίθων ᾠδὴω , Synesius in epistola. Ὄρνιθου δρίπου ἀρῆ τὸν ἔρχατον
ὄρθρου ᾀσόυ,Theocritus Idyll.31. Καθ᾽ ὃν λιαρὸν ἀλεκρύόν᾽ ἄδροι, ἀὲς συνοικὼντας ἰσδὼ ληρύγμακ᾽ ὐπὸ ὀβίχρ
ἐγείρον᾽ δ᾽,Heliodorus in Aethiopicis. Διαπερὸν τη κρὰ τιχνοῦς αὐϰβοὣῇσς , Lucianus de gallinaceo quem
& ὀξύφωνον cognominat. Ἕως ἀβόκτῳ ἀλίκτωρ, Homerus in Batrachomyomachia. Ἀδ᾽ ἀν uerbum de
gallinaceorum uoce priuatim usurpatur,Pollux & Eustathius. ut κοκκύζιν de cuculis,Pollux & Ari
stophanis Scholiastes, sed Hyperides & Demosthenes de gallinaceis etiam κοκκύζιν dixerunt, Pol
lux. Gaza Aristotelis interpres pro hoc uerbo cucurrire reddidit. Vide plura in Cuculo a. Κοκκύ
ζειν τὸν ἀλεκρύόνα (ἤγου ᾀσίδιυ ὡς αὐ τῷ ἔΘ·) ἐκ αὐέχοντα, Cratinus apud Eustathium. qui & hoc Platonis
Comici citat, Εἰ δ᾽ κοκκύζοιν ἀλίκτωρ πεκαλεῖτα. Cum Nibas coccyssauerit, ὅταν νίβας κοκκύον: pro
uerbium simillimum illi ad Græcas calendas.Tradunt in Thessalonica Macedoniæ ciuitate uicum
esse,cui nomen Nibas, ubi galli nunquam uocem ædant, (ut Nibas per synecdochen dicatur pro
gallinaceis qui in eo uico sunt.) Hesychius addit (ait) nibades dici capras cristatas,ut ab ijs expecte
tur ἡ κοκκύζιν, quod est gallinaceorum,Erasmus. Νιβάδες, αἱ ἀδὲ λόφας ἴχωσι αἶγες, Hesych. & Vari
nus. ego capras feras quæ montium iuga niuosa incolunt,interpretarer, non ut Erasmus cristatas.
nam & νιββα niuem exponunt: & νιφοβελϣ, ὐψιλϣ. Amator quidam apud Theocritum Idyllio 7.
ne expectemus (inquit) amplius, ὁ δ᾽ ὄρβεΘ· ἄλλον ἀλίκτωρ Κοκκύσδων υαρηασιν (ἀπραξίας) αυηκόσιν δ᾽
δϊή. Gallinacei nomina uel epitheta à cantu eius sumpta,ὀρθροβόας,κοκκοβόας,ὀρθρφοιικὴκκὲ & ὀλόφων·Θ·
supra in H. a. memorata sunt. Ὅταφ ὁ ωφροικὸς ὥραν πᾶσαν κανακχὼ ὀλόφων·Θ· ἀλίκτωρ. Apodus, uox
galli immatura & intempestiua,Scoppa grammaticus. est autem Græca uox ἀπωδὲς, id est abso
nus. Ἀλεκρύόνα τὸν τῷ φιλίπτ πζαλαβὼν Ἀωρι κοκκύζοντα κρὰ μὴ πνώφμιον, Heraclides apud Athenæũ.

¶ Ενδμάχας ἀλίκῖως,Pindarus in Olympijs Carmine 12. id est,gallinaceus intestina & domestica
prælia pugnans,ειλιναενιφοι ἀλεκρύόνων,id est gallinaceis pugnaciores,Erasmus ex Luciano.

Adde gregem cortis,cristatarumᴕ uolucrum Induperatores,laterum qui sidera pulsu
Explaudunt,uigilíᴕ citant Titâna canore, Et regnũ sibi Marte parãt. quippe obuia rostris
Rostra ferunt,crebrísᴕ acuunt assultibus iras. Ignescunt animis,& calcem calce repulsant
Infesto,aduersumᴕ affigunt pectore pectus. Victor ouans cantu palmam testatur,& hosti
Insultans uicto,pauidum pede calcat iniquo. Ille silet,latebrasᴕ petit,dominumᴕ superbum
Ferre gemit, comes it merito plebs cætera regi, Politianus in Rustico. Gallus gallinaceus
Vbi erat hæc (olla) defossa, occepit ibi scalpurire ungulis Circum circa, Plautus. Ipse salax totam
fœcundo semine gentem Implet,& oblongo nunc terram scalpurit ungui Rimaturᴕ cibos,nũc
ædita nubila uisu Explorat cauto , Politianus in Rustico. ¶ Verbena quoque modo applicata
prohibet τὴ τὸ ἀϊδίας πτασιν,ita ut si gallus eam gustauerit,gallinas superuenire nequeat, Kiranidæ
interpres ut gallus gallinam non calcet, (saliat nimirum,) edenda ei uerbenam dari iubet cum fur
fure & polenta.Idem si cinædius lapis gallo detur cum polenta,cinædum futurum scribit. Dicunt
quidam decrepitum gallum, ouum ex se generare,idᴕ in fimo ponere:idᴕ testa,sed melle tam du
ra ut ictibus ualidissimis resistat: atᴕ hoc ouum fimi calore fœcundari ita ut basiliscus ex eo gigna
tur: qui serpens sit per omnia gallo similis,sed cauda longa serpentina. ego hoc uerum esse non pu
to,quanquam ab Hermete proditum,scriptore apud multos fide digno, Albertus. Et rursus, Basi
liscos aliquando dicunt gigni de ouo galli, quòd planè falsum est & impossibile, nam quod Hermes
docet

docet basiliscum generare in utero (generari in fimo) non intelligit de uero basilisco, sed de elixir
(elydrio) alchymico, quo metalla conuertuntur.

¶ d. Quis dedit gallo (sekui, Hebraicè. alij transferunt cordi, uel facultati imaginatiuæ) intel=
ligentiam? Iob 38. Non illum squamea tutò Aggreditur serpens, non raptor ab æthere miluus,
Politianus de gallo. ¶ Si uis ut non cantet gallus, unge frontem eius oleo, Rasis.

¶ e. Tu istum gallum si sapis Glabriorem reddes mihi quàm uolsus ludius est, Plautus Aul.
¶ Proditur memoriæ Socratem Iphicrati duci animos adiecisse, quum ei præmonstrasset gallinaceos coram Callia pennis ac rostro dimicantes. Chrysippus etiam in libro de iustitia (ut refert Sto
bæus) gallorum æmulatione inijci nobis ad fortitudinem stimulos & subijci calcaria prodidit, Cæ=
10 lius. Gallinaceorum calcaribus in pugna plectra quædam siue embola ærea apponebant, Scho=
liastes Aristophanis & Varinus. Cleomenes Cleombroti cum quidam ei gallinaceos pugnaces
offerret, quos pugnando pro uictoria etiam emori dicebat; Quin de illis potius (dixit) mihi dato à
quibus occiduntur. illi enim præstabunt, Plutarchus in Laconicis. Malim ego mihi amicum bo=
num obtingere, quàm optimum (pugnacissimū, ἄρειον) gallinaceum aut coturnicē, Plato in Lyside.
¶ Si contra aduersarium tuum causam obtinere uolueris, calcar galli de crure dextro tecum fe=
ras, & uinces, Rasis. Fel gallinæ si quis illinat uirgæ & mox cum uxore sua rem habeat, non dili=
get alium, Idem. ¶ Crista capitis galli cum grano thuris & pauco cornu cerui gestata, omnem ti=
morem nocturnum & omnem occursum malum aufert, & intrepidum reddit gestantem, Kiranid.
¶ Testiculi gallinacei aridi miscentur escæ cuidam ad pisces omnes magnos in mari capiendos, in
20 Geoponicis Græcis à Tarentino. ¶ Gallus contra orobanchen herbam in aruis nascentem (que
& leo dicitur) circunfertur, uel semina terræ mandanda gallinaceo sanguine rigantur, ut recitaui in
Leone H. a. tanquam & herba leo non minus quàm animal, à gallo abhorreat. ¶ Sybaritæ adeò
molles erant, ut nec gallinaceos nec artifices qui strepitum ullum mouerent, in urbe ali paterem=
tur, ne somni tranquillitas interciperetur, Atheneus. Gallinaceus in Somnio apud Lucianū, præ=
dicat se hoc muneris à Mercurio obtinuisse, ut cuicunq dedisset caudæ suæ dexteram pennam lon
gissimam, quæ præ mollitie incuruatur, is fores omnes aperire posset & inspicere omnia, inuisibilis
ipse interim. ¶ Illud incredibile, quòd calcaneus (calcar potius) pedis dextri galli uictores faciat,
Cardanus. ¶ Ἀλεκτωρ πίνει και ουκ ουρει. μυξοι (forte μυξος) ὁ πίνει και ουρει, incantatio in dysuriam asini
apud Suidam.

30 ¶ g. Antidoti Adriani (inquit Nicolaus Myrepsus) uim experientia plurimi inuenerunt. nar=
rant enim si gallo à serpēte iaculante uenenum demorso aliquid huius antidoti cum aqua tepida in
os immiseris, confestim hunc restitui ac liberari. ¶ Cor gallinæ ea adhuc palpitante, coxæ alliga=
tum, partum accelerat optimè, Kiranides. Vide in h, in Gallo Latonæ sacro. ¶ Gallinacei dexter
testis arietina pelle adalligatus, Venerem concitat, Plin. Et alibi, Magi tradunt inhiberi Venerem
pugnatoris galli testiculis anserino adipe illitis adalligatisq pelle arietina. item cuiuscunq galli gal
linacei, si cum sanguine gallinacei lecto subijciantur. Sed aliter Sextus, Galli testiculi (inquit) cum
adipe ans. in arietis pelle brachio suspensi, concubitum excitant. suppositi lecto cum ipsius sangui=
ne, efficiunt ne concumbant qui iacent. ¶ Cristis & auribus & unguibus gallinaceorum crema=
tis tritisq cum oleo perungi iubent febrientes, cum geminos transit Sol. Si luna, rasis barbis eo=
40 rum, Plinius.

¶ h. Gallinas (id est genus gallinaceum) primi feruntur habuisse Persæ, Hermolaus. ¶ Gal=
lus succinctus lumbos suos, & aries, nec est qui ei resistat, Prouerb. 30. ¶ Fescenninus Niger ob
unius gallinacei direptionem decem commanipulares, qui raptum ab uno comederant, securi per=
cuti iussit, Ambrosius Calepinus ex authore innominato. Platonem legimus hominē definiuisse
animal bipes, sine plumis: & cum Diogenes Cynicus irridendi gratia in academiam eius gallina=
ceum deplumatum immisisset, hunc hominem Platonis esse clamitans, illum postea πλατυώνυχον, id
est latis unguibus præditum, differentiæ causa addidisse. Epitaphiū Anytes in gallinaceum, Epi=
grammatum Græcorum lib. 3. sect. 24. Ουκ έτι μ᾽ ὡς τὸ πάρος πυκιναῖς πτερύγεσσιν ερέσσων ὄρσεις εξ
Ευνῆς, ὀρθριον ἐγρομενος. Η γαρ σ᾽ υπνωοντα σινις λαθρηδὸν επελθων Εκτεινεν λαιμῶ ῥιμφα καθεις ονυχα.
50 ¶ Gallus in Somnio Luciani fingit se olim Euphorbum, deinde Pythagoram fuisse. ¶ De
Alectryone iuuene Marti deo familiari in auem eiusdem nominis mutato, scriptum est supra inter
Propria nomina.

¶ Gallinaceum in Syria cultum pro deo, Lucianus refert in libello de dea Syria. Αλλ᾽ εστιν αλεκ=
τρυων ιερος, οικεει δ᾽ ουδι λιμνη. ¶ Veteribus monumētis traditur, gallinaceorū fibras maximè dijs gra=
tas uideri, Alexander ab Alexandro. Fuit quidem priscis opinio, ut ex hœdis potius & agnis ho=
stiæ fierent, quia hæ mites & cicures essent. nam gallinacei, sues & tauri animo magis abundare ui=
dentur, Gyr. Anubis apud Aegyptios uocatur (uocabulo Græcæ originis) ὁ αναφαίνων τα ουρανια και
των ανω λογ.: hoc est ratio superiorum & cœlestia declarans. & idem interdum Hermanubis, quod
nomen rebus inferioribus conuenit, ut illud superioribus. sacrificant autē utriq gallum, illi album,
60 quòd cœlestia syncera et lucida existimēt: huic κροκιαν, (hoc est pennis & iubis croceis prædit, Gy
raldus etiā croceum transtulit,) inferiora omnia mixta & uaria esse rati, Plutarchus in lib. de Iside &
Osiride. Pyrrhus rex cum splēne laborātibus mederetur, albo gallo sacrum peragebat, Lilius Gr.

Gyraldus. In opertaneis sacris gallinæ nigræ non uidebantur puræ, Idem. Gallum nutrito qui=
dem,ne tamen sacrificato:est enim Soli & Lunæ dicatus.Hoc (inquit Lilius Gr. Gyraldus) ab ali=
quibus inter symbola repositum est. Sunt qui dimidiatum tantum efferant, Gallos enutrias. Non=
nulli præceptum hoc non symbolum faciunt, nec aliud quàm gallum ipsum intelligunt. Sed licet
etiam symbolicè interpretari:uel ut Picus,ut diuinam animæ nostræ partem,diuinarum rerum cog
nitione,quasi solido cibo & cœlesti ambrosia pascamur:Vel simplicius, gallos, id est milites ac bel=
latores homines in ciuitate habendos esse,& in contubernio retinendos,non tamen rei sacræ causa,
seu urbis uigiles & custodes intelligas,quando ij per gallos significari uidentur:& Soli ac Lunæ di=
cati,quoniam tempori hoc hominum genus inseruiunt,quod per Solem & Lunam intelligitur:uel
quòd nos gallus suo cantu admoneat. Alius aliam comminisci poterit expositionem, ut gloriosos 10
& stolidos homines, nimiúmque sibi arrogantes, habendos illos quidem, & non penitus eijciendos:
non tamen ad sacra,id est arcana admittendos, minúsque in serijs & grauioribus sermonibus haben=
dos. Scribit Pausanias in Lacon. (lege,Corinthiacis) Methanam urbem ad Isthmum, in qua ciues
contra Africum uineis florescentibus ac germinantibus infestum, galli pennis albis ac niueis (alas
omnino candidas habentis,Loescherus Pausaniæ interpres,) remedio usos fuisse:quem gallum ho=
mines in diuersa trahentes,discerpebant,per uineas discurrentes:demũ in eundem locum redeun=
tes,ubi discerpserant, gallum sepeliebant. Adeò hi diuersi fuêre à Pythagoræ institutis , quem tra=
dunt gallum album adeò amasse, ut si quando uideret, fratris germani loco salutaret, & apud se ha=
beret,(Vide infrà inter prouerbia,Gallo albo abstineas)suis uerò sectatoribus,qui ciuiles id est po=
litici dicti sunt, permisisse ait Iamblichus,ut gallum,agnum,& alia quædam paulò antè nata, præter 20
uitulum,ritè sacrificarent.Idem scribit Suidas, Sed & Laertius, Sacrificijs (inquit)utebatur Pytha=
goras inanimis.Sunt qui dicant,gallis gallinaceis,& hœdis etiam lacteolis quos teneros dicunt,ag=
nis autem minimè. Cæterum Aristoxenus apud Gellium , cuncta illũ animata in cibum permisisse
ait,boue aratore &ariete exceptis.Idem scribit Suidas:qui & illud ait,à Theoclea sorore,uel potius
(ut est apud Laertium) Themistoclea,hæc placita illum sumpsisse.At uerò Christiani theologi non=
nulli,per gallos concionatores & diuinos homines intelligunt, qui nobis uerba salutis enunciant:
quíq; iacentibus in tenebris & umbra mortis, lucem,qui Deus est,prænunciant, & à nobis mentis
nostræ ueternum ac torporem suo cantu excutiunt,Hæc omnia Gyraldus. Socrates in Phædone
ad mortem se præparans, Aesculapio(inquit)ô Crito gallum debemus, quem reddite neq; negliga=
tis.Hoc uotum tanquam hominis minimè sapientis Lactantius lib.3. Diuin. insit, & in Apologe= 30
tico Tertullianus reprehendunt: defendit Cælius Rhodiginus in Antiquis lectionibus 16.12. his
ferè uerbis.Oblitus est (inquit)Lactantius sententiæ illius, Nunquam futurum Platonicum, qui al=
legoricè Platonem non putet intelligēdum.Quid uerò silis inuolucris sibi Plato uoluerit,iam nunc
ex Platonicorum sententia promere adoriar.Prisci Aesculapio medico, Phœbi filio gallum sacrifi=
cabant,diei Solisq; nuncium,id est diuinæ beneficentiæ morborum omnium curatrici,quæ diuinæ
prouidentiæ filia nominatur,cui diem,id est uitæ lumen se debere fatebantur. Eiusmodi medicum
in superioribus Socrates perquiri iusserat , morborum animi curatorem. præterea priscorum ora=
cula tradunt,animas remeantes in cœlum pæana , id est triumphalem cantilenam Phœbo canere.
Reddit ergò Deo uotum, ut alacer pæana canens cœlestem repetat patriam, Hæc Rhodiginus. So
crates gallum Aesculapio sacrificandũ testamento cauit,cuius rei ex Platone etiam Eusebius, Ter= 40
tullianus & Lactantius meminêre.Artemidorus quoq; in libro Onirocriticôn quinto, somniũ cu=
iusdam narrat, qui gallum Aesculapio uouit, si sanus foret, Gyraldus. Etrursùs in libro de Sym=
bolis Pythagoræ. Aesculapio gallus immolabatur. sunt qui gallinas scribant,& has quidem rostro
nigro,nigrísq; pedibus,& digitis imparibus. Si enim luteo essent rostro, uel pedibus,impuræ pu=
tabantur ab aruspicibus. Ἀσκληπιῷ τὸν Ἀσκληπιῷ ἀνεθήμωά τι καὶ ἄθυρμα , οιονεὶ θρμ᾽πωντα καὶ οἰκέτω πολιπ=
λεύτα τῷ νῷ ῷ ὄρνιν, ὁ Ἀσρφδῖ᾿ ἐκεῖν᾽, Suidas ex innominato,in Ἀλεψὶνένα. ¶ Maiæ,quã & Pro=
serpinam & Cererem uocant,gallinaceum consecrarunt.quamobrem initiati huic deæ auibus cor=
talibus abstinent,nam & Eleusine abstinentia ab his alitibus,& piscibus fabísq; precipitur,Porphy
rius lib. 4.de abstinendo ab animatis. ¶ Gallus etiam Cybeli dicatus fuit, Gyraldus. ¶ Sunt
qui tradant Pythagoram præter sua instituta,bouem quandoq; Musis, & Ioui gallum album immo 50
lasse:quod uix crediderim, propter ea quæ de eo in Symbolis retuli,Idem. ¶ Pecudem spondere
sacello   Balantem,& laribus cristâ promittere galli   Non audent, Iuuenalis Sat.8. ¶ Gallum
Latonæ in amore esse aiunt,& quòd ei affuerit parienti,& quòd etiam nunc parientibus adsit,& fa=
ciles partus efficiat,Aelian. Kiranides quidem gallinæ cor ea adhuc palpitante exemptum,& coxæ
adalligatum,partum egregiè accelerare scribit. ¶ Gallus sacer erat Marti , & in templis dedica=
batur,Eustathius. Hinc forte Aristophanes in Auibus gallum Ἄρηος νεοῆόχ, hoc est Martis pullum
cognominat. Scholiastes quidem sic uocari ait,tanquam fortem & pugnacem. Romani Marti in=
terdum gallum appingebant, ob militum uidelicet uigilantiam: uel propter Alectryonis fabulam,
Martis satellitis,in eam autem conuersi,ut in eius nominis Festiuo libello Lucianus scribit, & Auso
nius poeta uno penè uersu attigit:Ter clara instantis Eoi,   Signa canit serus deprenso Marte satel 60
les,Lilius Gr.Gyraldus. Lacedęmonij cum aliquo strategemate uictoria potiti essent, Marti bo=
uem immolabant:si uerò aperto Marte uicissent,gallum,id quod ab eis nõ sine ratione fiebat, quod
pluris

pluris æstimabant incruentam uictoriam, quàm cruentam, Lilius Gr.Gyraldus:ut duces suos exercerent, non bellicosos tantum esse, sed etiam σρατηγικὸς, (lego σρατηγηματικὸς,) Plutarchus in Laconicis. ¶ Mercurio gallum attribuit Fulgentius, ob mercatorum uidelicet uigilantiam, Gyraldus. Gallinaceus Ἑρμᾶ πάρεδϟ@ memoratur in Somnio Luciani. In arce Eleorum Pallados galeæ insidet gallus, ex pugnacis naturæ argumento. Sed, inquit Pausanias (in Eliacis,) Mineruæ sacram arbitrari, (existimari posse,) quam σὴ γάλω uocant, possumus auem hanc, Cælius, forte quòd ad ἔργα, id est opera, gallus excitet. ¶ Nocti deæ (inquit Gyraldus) gallus sacrificabatur, &nocturno tempore.Nocte deæ noctis cristatus cæditur ales, Quòd tepidum uigili prouocat ore diem, Ouidius in Fastis. ¶ Sacri sunt Soli, cui uenienti assurgunt, quo cum eunt dormitum, Textor. Soli & Lunæ sacrum esse gallum, supra etiam scripsimus in Symbolo Gallum nutrias, &c. Scribunt Laertius & Suidas gallum album non attingendum, inter symbola esse;hoc est ἀλεκρυόν@ μὴ ἀπτίεσθαι λδυκᾶ: quòd Ioui, inquit, sacer est & Lunæ, atᴐ horarum nuncius & diei. Meminit & Plutarchus quarto Symposiacôn, sed causam non adfert, Gyraldus. Gallum album mensi sacrum, utpote horarum nuncium credidit Pythagoras, (quare & abstinere eo iussit, Laertius,) Gyraldus. ¶ Volucris Titania, pro gallinaceo, apud Textorem. ¶ Ludouicus Romanus author est cacodæmonis sacerdotes sanguine gallinacei, cultello argenteo iugulati, carbonibus ignitis aspersi, ei sacrū peragere.

¶ Auguria. Inter diuinationum genera aliqui etiam alectryomantiam numerant, Gyraldus. Præposteros aut uespertinos gallorum cantus optimi euentus multi notauère. Themistocli pridie quàm in Xerxem duceret, auditus gallorum cantus, uictoriæ mox futuræ prænuncium fecit: idᴐ ideo, quòd uictus nequaquam canit:uictor uerò obstrepit & murmurat.contra uerò gallinarū, nam diri aliquid imminère, aut futurum incommodum illarum cantus designauit, Alexander ab Alex. Cecinère galli nocte tota qua magnus Matthæus uicecomes primum suscepit filium:unde Galleacio nomen inditum, portento quodam magnæ successionis, Volaterranus. Gallinaceorum sunt tripudia solistima.hi magistratus nostros quotidie regunt, domosᴐ ipsis suas claudunt aut reserant. Hi sasces Romanos impellunt aut retinent:iubent acies aut prohibent, uictoriarum omnium toto orbe partarum auspices. Hi maximè terrarum imperio imperant, extis etiam fibrisᴐ haud aliter quàm optimæ uictimæ dijs gratæ, Habent ostenta & præposteri eorum uespertini cantus. Nanque totis noctibus canendo Bœotijs nobilem illam aduersus Lacedæmonios præsagiuere uictoriam, ita cōiecta interpretatione, quoniam uicta ales illa non caneret, Plinius. Puls potissimum dabatur pullis in auspicijs, quia ex ea necesse erat aliquid decidere, quod tripudium saceret : id est terripuuium,puuire enim ferire est.Bonum enim augurium esse putabant,si pulli per quos auspicabantur, comedissent:præsertim si eis edentibus aliquid ab ore decidisset. Sin autem omnino non edissent, arbitrabantur periculum imminere, Festus. Moris suit Romanis ducibus pugnam inituris aduocare pullarium, ut offas gallis obijceret ad augurium captandum, si uescerentur, ratum erat auspicium, cum aliquid ore excidisset, terripudium dicebatur tripudium, mox tripudium dictum, quoniam scilicet esca in solo cadebat, Grapaldus. Cum terripudio Flaminius auspicaretur, pullarius diem prælij committendi differebat, M.Tullius lib.1.de Diuinat. Non solum augures Romani ad auspicia primum pararunt pullos, sed etiam patres familiæ rure, Varro. Pullarius dicitur qui pullorum curam habet, & qui è pastu pullorum captat auspicia, Ciceroni ad Plancum lib.10.& Liuio 8. ab Vrbe. Attulit in cauea pullos, is qui ex eo nominatur pullarius, Cicero 2.de Diuinat. P.Claudius bello Punico primo cum prælium natale committere uellet, auspiciaᴐ more maiorum petijsset, & pullarius non exire pullos cauea nunciasset, abijci eos in mare iussit, dicēs : Quia esse nolunt, bibant, Val.Maxim. ¶ Inuenitur in annalibus, in Ariminensi agro M.Lepido, Q. Catulo coss. in uilla Galerij locutum gallinaceum, semel quod equidem sciam, Plinius. ¶ Galenus alicubi in Commentario in primum Epidemiorum, insomnij de cristis gallinaceorum meminit.

¶ Prouerbia. Gallo albo abstineas, Ἀλεκρυόν@ μὴ ἀπτίεσθαι λδυκᾶ:id est, Candido gallo ne manum admoliaris, quòd mensi sacer sit, utpote horarum nuncius, Erasmus in Chiliadibus inter Symbola Pythagorica. Gallo albo abstinendum, id est saluti cuiusᴐ purissime fauendum, (mihi hæc interpretatio non satisfacit,) Plutarchus in Symbolis Pythag. interprete Gyraldo. Pythagoram ferunt gallum album adeò amasse, ut si quando uideret, fratris germani loco salutaret, & apud se haberet, Gyraldus. ¶ Tolle calcar, Αἶρε πλῆκρον ἀμωντήφιον. id est, Tolle calcar ultorium. extat adagium in Aristophanis Auibus, Αἶρε πλῆκρον εἰ μάχῃ, Tolle calcar si pugnas. In eum dici solitum, qui iam ultionem parat.Mutuò sumpta metaphora à gallis pugnā inituris, quibus ferrei stimuli quidam alligari solent, quo se tueantur inter certādum, Erasmus ex Suida & Scholiaste Aristophanis. Prouerbia, Galli cantus ante uictoriam, &, Priusquam gallus iterum cecinerit, memorata sunt supra in h.c. Tollere cristas, (ut, Tollere cornua,) pro eo quod est animo efferri. Iuuenalis, Quid apertius:& tamen illi Surgebant cristæ.id est, Sibi placebat.Translatum ab auibus cristatis, in quibus cristæ erectiores alacritatis atque animorum indicia sunt: nisi ad militum cristas referre malumus, quo sanè hominum genere nihil nec insolentius, nec stolidius. In hanc sententiam Aristophanes in Pace dixit, detrahere cristas, ἥπὸρ ἡμῶν σᴐ λόφᴐ ἀφήλε.Id est, quæ nobis cristas detraxit: uidelicet reddita pace, Contra submittere fasces dicuntur, qui de iure suo concedunt, ac legitimam potestatem ultrò ad priuatam mediocritatem demittunt, &c, Erasmus.

M

¶ Gallus insilit, Ἀλεκτρυόνων ἐπόπνοιζε. ubi quis semel uictus redintegrat certamen. à gallorum certaminibus sumptum. Nam is huic animanti mos est, ut ad pugnam assiliat, quò magis lædat calcaribus suis in hunc usum à natura affixis, Erasmus. ¶ Philippi gallus, Φιλίππου ἀλεκτρυόνε. hoc dici tari consueuit, ubi quis de leui quopiam facinore, perinde ut maximo sese iactaret. Nam Alectryon dux quidam erat Philippi regis, quem Chares Atheniensis confecit. Apparet autem Charetem hunc huius facti, nimium crebro, nimisq́; insolenter apud populum Atheniensem uerba facere solitum, ut hinc uulgò sit usurpatum. Recensetur apud Zenodotum, Erasmus. Vide etiam supra inter Propria. Φιλίππου ἀλεκτρυόνε, ἐπὶ τῶν ἐν μικροῖς κατορθώμασιν ἀλαζονευκότων, Domi pugnans more galli, Εἰσβμάχας ἐπ᾽ ἀλεκτωρ. In eum qui semper domi desidens, non audet uel in bellum, uel in certamina proficisci foras. Nam hoc animal pugnacissimum quidem est, sed domi. Ita quidem interpretes Pindari: sed addubito tamen an scriptum sit ἐνδομάχας, id est domi abditus. (ego ἐνδομάχας ab intestinis pugnis rectè scribi non dubito. ἐνδομάχης dictio noue composita ab ἐν τις & μάχομαι. Hærebit in istos qui domi perpetuò rixantur, quum foris sint placidissimis moribus. Conuenit cum eo quod alibi diximus, Domi leones, Erasmus. Vide supra inter Propria. ¶ Socratis gallus, aut callus, Nonius Marcellus è Varrone citat Socratis gallum in significationem caluitiæ: inuenisse se, quum dormire cœpisset tam glaber quàm Socrates gallus, esse factum ericium cum pilis & proboscide. Sentit quisquis illic loquitur, se quum iret cubitum fuisse leui corpore, nec ullos habuisse pilos toto corpore, in somno transformatum in ericium, qui totus hirsutus est, & suum more proboscidem habet. Scio locum esse mendosum. Aldina æditio pro gallo legit caluum. ego callum malim, &c. Adagium conueniet in nudos & inopes, Erasmus. Nostra æditio Varronis uerba sic citat, Inuenisse se cum dormire cœpisset tam glaber quàm Socrates, caluum esse factum ericium è pilis albis &c. Quod scriptum est in ludicro Senecæ, Gallus in suo sterquilinio plurimum potest, prouerbij speciem habet. Intellexit, inquit, neminem parem sibi Romæ fuisse, illicq́; non habere se idem gratia: Gallum in suo sterquilinio plurimum posse. Alludit ad Claudium imperatorem Lugduni natum. hodieq́; de cane uulgò dicunt, eum in suo sterquilinio plurimum audere. In alieno timidiores sumus omnes, in suo quisq́; regno ferocior est & animosior, Eras. Tappius idem adagium Germanicè usitatum recitat, Ein hane ist uff seinem mist seer kune. Superatus es à gallo quopiam, Ησσήθης ὑπὸ ἀλεκτωρ, iocus prouerbialis in seruos qui dominos à tergo sequuntur, supplices uidelicet & abiecti, cuiusmodi solent esse galli superati in pugna. nam hæc auis in pugna superata silet, & ultrò sequitur uictorem. Sumptum est ex Aristophane nisi me fallit memoria. Refertur ab Eudemo, Erasmus. ¶ Ἀλεκτρυόνα ἀθλητὴν τὸν Ταναγραῖον. celebrantur enim isti à generositate, Suidas. sed magis probo copulatiuam coniunctionem interseri, ut alibi apud eundem habetur, Ἀλεκτρυόνα & ἀθλητὴν τὸν Ταναγραῖον, ubi etiam prouerbialiter usurpari scribit. ut siue gallinaceum Tanagræum, siue athletam Tanagræum dicas, animosum & strenuum intelligas, elegantius autem fuerit, si hominem & athletam pugnacem ac fortem, gallinaceum Tanagræum cognominesːquàm si athletam Tanagræum simpliciter. non enim athletas à Tanagra laudatos legere memini, sed gallos tantum. ¶ Gallinacei in more trepidat, Πτοιεῖδὼς τις ἀλεκτωρ. in malè affectum & commotum, aut etiam pauitantē opportunè dicetur, πτοιεῖδὴ enim Græcis fugitare si gnificat, atq́; expauescere. peculiariter autem de auibus dicitur. Πτοιεῖδὴ Φρύνιχος ἅτε ὁρ ἀλεκτωρ. fuit hic Phrynichus poëta Tragicus, ubi Athenienses mille drachmis mulctârint, quòd Milesiorum excidium tragœdia complexus esset. Quod quidem ego non adscripturus eram inter adagia, nisi commentarius Aristophanis hoc nominatim prouerbij loco retulisset. Meminit huius & Plutarchus in Alcibiade, qui cum antea fuisset ferox & insolens, ex Socratis familiaritate cœpit esse mansuetus ac modestus. Citat autem hunc senarium è poëta quopiam, Ἐσφηξ ἀλεκτωρ ὡς ἡλίνας πτεροῦ. Pauldus refugit more gallinacei, Quum uictus alas ille summittit suas. Meminit huius & in uita Pelopidæ. Cæterum quanquam gallus natura pugnax est, ubi tamen se imparem in conflictu sentit, mirè deiectus ac supplex profugit, risum præbens spectatoribus, Erasmus. Vide paulò inferius, Vesparum examen metuit Phrynichus. ¶ Gallorum incusare uentres, Ἀλεκτρυόνων μέμφεσθαι κοιλίανː de edacibus, ac luxu multum absumentibus facultatum. Huic enim animanti uenter mirificè calidus, ita ut omnia statim concoquat. Ἀλεκτρυόνε μ᾽ ἔφασκε κοιλίαν ἔχειν, Ταχὺ γὰρ καθίψὲν ταρ γνέου, Aristophanes in Vespis, hoc est, Mihi dixerat uentrem esse gallinaceiː Velociterq́; concocturum argutuum. Hoc genus homines Græci dicunt καταπέψιν τὴν τροίαν, id est deuorare substantiam. id enim est atrocius quàm καταφαγεῖν, Erasmus. Quòd si quis gulosus naturam accusaret, quòd calidiorem uentriculum gallis tribuisset & omnia concoquentem, in hunc apto sensu adagium conueniret, Gallorum uentres ab eo incusari. nostri uentriculum huiusmodi, mergi uentriculum appellant, ein scharben magen/qualem homini uoraci inesse aiunt. Vesparum examen metuit Phrynichus uelut gallinaceusːprouerbium conuenit in eos, qui damnum patiuntur. cum enim Phrynichus tragicus Mileti captiuitatem ageret, Athenienses metuentem perhorrescentemq́; lachrymantes eiecerunt, Aelianus in Varijs 13.17. sed alij aliter. Vide paulò superius in Prouerbio, Gallinacei in more trepidat, Πτοιεῖδὴ Φρύνιχος ὡς τις ἀλεκτωρ. Plura etiam ad Aeliani uerba clarè intelligenda lege in Gyraldi historia poëtarum, & apud Suidamːquæ quia nihil ad gallum, omitto. ¶ Gallinaceos amantibus sicum ne serito, Hermolaus Corollario 194. ueluti prouerbiale recenset. ego Græcū carmen, Συκα φιλ᾽ ὀρνίθεσσι, φυτεύῃν δ᾽ ἐκ ἐθέλουσινːhoc est, Aues amant ficus, sed plātare recusant, perperam aut lectum ab eo, aut malè intellectum suspicor.   ¶ Sunt

¶ Sunt & peculiaria quædam Germanorum prouerbia à gallo sumpta, ut, Wenn die hüner für sich kratzend, Cum gallinæ antrorsum scalpent, de eo quod ad calendas Græcas uel nunquam futurum sit. Es witt kein han darnach krähen, Nullus gallinaceus super hac re cucurriet, id est, Nemo curabit. Et quæ Eberhardo Tappio memorantur in Collatione Latinorū adagiorum cum Germanicis. Er duncket jm der beste hane im korbe seyn, Præcipuus gallus in corbe (uel auiario) sibi uidetur, hoc est stulte sibi placet, Accissat. Es stehet wol da ein hane im hauß ist, Res bene habet in domo in qua gallus est, eodem sensu quo apud Latinos, Oculus domini: &, Frons occipitio prior. Er laufft darüber als ein hane über die heissen kolen, Percurrit tanquam gallus carbones ignitos, id est summa celeritate transit, ne minimum quidem immoratur, Vt canis e Nilo. Zwen hanen auff einem mist vertragen sich nit. Zwen narren tügen nit in einem hauß. Duobus gallis in uno sterquilinio, duobus stultis in una domo non conuenit. Vnicum arbustum haud alit duos erithacos. Vnstäter dann ein wätterhane, Inconstantior gallo qui cantum pro tempestate uariat, Cothurno uersatilior.

¶ Emblema Alciati sub titulo, Vigilantia & custodia.

Instantis quòd signa canens det gallus eói, Ad superos peluis quòd reuocet uigilem.
Turribus in sacris effingitur, ærea mentem Et reuocet famulas ad noua pensa manus,
Est leo sed custos, oculis quia dormit apertis, Templorum idcirco ponitur ante fores,

DE CAPO.

A.

IN gallinaceo genere uillatico capi semimares dicuntur, quòd sunt castrati, Varro. En tibi capones, ut euirati neq̃ uocem ædunt, neq̃ gallinis molesti sunt, Pamphilus in dialogo Gyberti Longolij de Auibus, ubi mox ipse Longolius, Ego illos non capones, sed cum Varrone & Columella libentius capos uocauerim. Cantherius hoc distat ab equo, quod capus à gallo, Festus. Gallinaceum ueteres paponem, (capum potius,) recentiores uerò caponem uocauerunt, Albertus. Sed ille gallinaceum pro castrato tantum accipit, non pro mare: uide in Gallo A. & H.a. Capi (ut Grammatici quidam scribunt) galli sunt quibus testes auellūtur, unde meritò galli à similitudine sacerdotum Matris deûm dici posse uiderentur. itaque à contrario sensu

M 2

gallos appellatos quidam exiſtimāt. Gallus à caſtratione uocatus eſt. nam inter aues cæteras huic
ſoli teſticuli adimuntur, ueteres autem abſciſſos uocabant gallos, Iſidorus. Ne nimis exhauſto ma
creſceret inguine gallus. Amiſit teſtes: nunc mihi gallus erit, Martialis lib. 13. ſub lemmate Capo.
Et mox de eodē, Succumbit ſterili fruſtra gallína marito. Hanc matris Cybeles eſſe decebat auem,
id eſt, hæc potius & proprie debebat uocari gallus. Capus uideri poſſet dictus quaſi captus teſtibus, ut captum oculis & auribus dicimus, pro uiſu & auditu priuatum. ut caper etiam dicitur proprie de hœdo uel hirco caſtrato. ſed ſyllabæ primæ quantitas prohibet, quæ producitur. Alius coactos non amare capones, Martialis lib. 3. eſt autem ſenarius ſcazon. Ex recentioribus quidam capum gallinaceum dixit per pleonaſmum. capum enim dixiſſe ſat eſt. Gallus ſpado pro capone,
apud Petronium Arbitrum. ¶ Barbur uocem Hebraicam aliqui capum interpretantur. uide in 10
Gallinaceo A. Italice nominatur capon uel capone. Gallice chappon. Germanice **Kappun/
Kapaun/Kaphan.** Anglice capon.

B.

De alectoria lapide, leges in Gallinaceo B. circa finem.

C.

Capi etiam epilepſiæ obnoxij feruntur, Aloiſius Mundella. Plura quæ partim huc referri poterant, partim ad D. leges mox in E.

E.

Caſtrantur gallinacei parte nouiſſima ſuæ alui, quæ cum coeunt, concidit. hanc enim ſi duobus
aut tribus ferramentis aduſſeris, capos facies. quod ſi perfectus eſt qui caſtratur, criſta palleſcit, & 20
cucurire deſinit, neq́ coitum uenereum repetit. ſed ſi adhuc pullus eſt, ne inchoari quidem ex ijs
quicquam poteſt, cum accreſcit, Ariſtot. Deſinunt canere caſtrati: Quod duobus fit modis, lumbis aduſtis candente ferro, aut imis cruribus, mox ulcere oblito figulina creta. Facilius ita pingueſcunt, Plin. Gallos caſtrant ut ſint capi, candenti ferro inurentes calcaria ad inſima crura, uſq́ dum
rumpantur (ignea ui conſumantur, Columel.) atq́ extet ulcus, quod oblíniunt figlina creta, (dum
conſaneſcant, Colum.) Varro. E gallis apud nos euulſis teſticulis per poſteriora modico uulnere
capones fiunt, Grapaldus. Vulnus quidem tantum fit, quantum digito immittendo & teſtibus ſingulis extrahendis ſufficit, quo teſtes lumbis ſuperius adhærentes inquiruntur ſub inteſtinis galli ſu
pini, inuentiq́ digiti ſummitate reuelluntur. ijs extractis uulnus filo conſuitur, & cinis infricatur,
tum etiam criſta reſecatur, ut uirilitas omnis abſit. Sunt qui in criſtæ abſciſſæ locum calcar è crure 30
exectum inſerant, quod coalito uulnere etiam creſcere ſolet. Galli caſtrati forma quidem maris
ſunt, ſed animo fœmineo præditi. pingueſcunt ita citius, etiāſi ſartura nō obeſantur. uideasq́ quoſdam in eam plenitudinem corporis perductos, ut de magnitudine cum anſere facile certent, Gyb.
Longolius. Cum gallinis paſcuntur: ſed non defendunt eas, non cantant, nec horam diei uel noctis diſcernunt, ad nihil præter cibum utiles, Author libri de nat. rerum. ¶ Capos & gallinas ſaginare liguritores ipſi inuenêre, quò unctius ac lautius deuorarent, Platina. Pingueſcunt capi milij farina cum melle, preſertim & turundis in cibo datis. nam Plinius eo nomine uocat bucceas, quibus farcire ſaginareq́ gallinas, anſeres & capones ſolemus, Grapaldus. Sunt apud nos qui capos
ſaginant hoc modo. Includunt eos loco anguſto, & è farina miſij turundos faciūt, magnitudine ferè
& longitudine articuli digiti mediocris: è quibus ab initio circiter denos eis in fauces inſerunt: & 40
per aliquot deinceps dies quotidie plures paulatim aucto numero. qui poſtea minuitur etiam paulatim. dandum eſt autem eis plus minus pro concoctione, quæ tactu explorata ingluuie animaduertitur. Debent autem turundi mox inſerendi, prius in aquam aut lac immitti ut facilius deſcendant,
& leniter digitis per collum premendo deduci. In defectu miſij, furfur cum pauca de frumento farina & miſij etiam pauca, in turundos redigitur. Sic ferè uiginti diebus obeſantur, mero quidem mi
lio quatuordecim. Sunt qui gallinas & capones breui pingueſcere ſcribāt, ſi cereuiſia eis bibenda
apponatur pro aqua. Capus gliſcens, lo capone impaſtato, nutrito de paſta, Scoppa in Dictionario Latinoitalico, uidetur autem paſtæ nomine turundos intelligere. De gallina farcienda priuatim ſcribemus infra in Gallina E. Videtur autem ratio eadem ſarciendis utriſq́ conuenire.

¶ Capus uentre & pectore deplumatus & perfricatus urticis, pullos fouere & paſcere ſolet, &c. 50
ut recitauimus in Gallo D. Sunt qui hoc modo affectum, non pullos modo curare, ſed oua etiam
incubare dicant: præſertim ſi pane uino madente inebrietur, & mox ebrius in loco obſcuro ouis im
ponatur. ſic enim cum ad ſe redierit, oua propria exiſtimantem, perficere aiunt. ¶ Fabæ ſemina
Græci aſſerunt capi ſanguine macerata aduerſantibus herbis liberari, Ruellius. Ego in Geoponicis adhuc nihil tale reperi.

F.

In Gallinaceo F. permulta à nobis recitata ſunt, quæ omni gallinaceo generi tum ſalubritatis in
cibo tum apparatus ratione cōmunia ſunt: hic ea quæ ad capos priuatim pertinent afferemus. Om
nium auium laudes, quantum ad obſonia pertinet, una caro gallinacea comprehendit. Quid enim
popinis afferunt reliquæ altiles, quod non unus capus in ſe habeat, ſiue elixū, ſiue aſſum uelis? Hu- 60
ius auis patina ſtomachum iuuat, pectus lenit, uocem ſonoram facit, corpus obeſat, Platina. Capi
in cibis gratiores ſunt, utpote remoto Veneris uſu facti pinguiores, & ſalubrioris nutrimenti, Grapaldus.

paldus. Caporum iuuenum in locis altis degentium caro mediocriter pinguis, cæteris omnibus (gallinacei generis, uel quibusuis auibus potius) præstat, substantiæ & qualitatū, & proinde etiam nutrimenti ratione, quod ad homines sanos, Mich. Sauonarola ex Isaac. Ioannes Mesue (inquit idem)huiusmodi capos(cæteris auibus)meliores & leuiores esse addit. Capus in quatuor qualitatibus temperatus est, quare multum alit, & Venerem auget, Isaac. qui alibi etiam capum auibus omnibus præfert, ut qui melius nutrimentum & perfectum generet sanguinem. Gallinacei(capi) caro bona est, & solidior quàm gallinæ, Albert. Capo laudatur in cibo circa ætatem sex uel octo uel septem mensium, Arnoldus Villan.

¶ Pullum farsilem ex Apicio descripsimus in Gallo F. ait autem in capo etiam similiter fieri, 10 De porcello lactente cōdimentis quibusdam farciendo assando&, Platinæ uerba recitaui in Sue F. Idem autem(inquit)fieri potest ex ansere, anate, grue, capo, pullastra. ¶ Apicius lib. 4. cap. 3. in minutal Apicianum testiculos caponū adijcit; gallis nimirū dum castrarentur exemptos. ¶ Fieri ius consumptum, aut ex phasiano, aut ex perdice, aut ex capreolo, aut ex pipionibus, aut ex columbis syluaticis potest. Si ex capo uoles, cacabum sumes, qui aquæ metretas quatuor contineat. Huic capum fractis ac comminutis ossibus indes cum uncia succidiæ mactæ, piperis granis triginta, cinnamo pauco nec nimium tunso, tribus uel quatuor caryophyllis, saluiæ lacera trifariam folijs quinque, lauri duobus. Sinito hæc efferueant horis septē, uel donec ad duas scutulas uel minus redigantur. Caute salem indas aut salita, si ægrotantium causa fiet. parum aromatum hil uetabit quo minus ægroto etiam apponatur. Senibus hoc & ualetudinarijs detur, Platina. ¶ Ius caponis cum caseo.
20 Ius capi affundito segmentis panis albissimi, & caseum optimum tritum in tyrocnestide inspergito cum pauco polline aromatico dulci, hoc ferculum in lance obtectum apponito, Baltasar Stendelius scriptor Magiricæ Germanicus. Idem docet quomodo pastillus è capone fiat, de quo leges etiam in Gallo F. Artocreas de carne uituli, hœdi aut capi elixa, ex Platina recitauimus in Vitulo F. ¶ Mirause Catellanicum: Catellani gens quidem lauta, & quæ ingenio ac corpore Italicæ solertiæ haud multum dissimilis habetur, obsonium, quod mirause illi uocant, sic condiunt: Capos aut pullastras, aut pipiones bene exenteratos & lotos, in ueru collocāt; uoluuntq ad focum tantisper, quoad semicocti fuerint. Inde exemptos, ac tessellatim diuisos, in ollam indunt. Amygdalas deinde tostas sub cinere calido, abstersasq lineo panno, terunt. His buccellas aliquot panis subtosti addunt, mixtaq cum aceto & iure, per cribrum setaceum transmittunt. Posita in ollā hæc omnia, inspersaq cin-
30 namo, gingiberi ac saccaro multo, tandiu efferuere simul in cārnibus procul à flamma lento igne permittunt, quoad ad iustam cocturam peruenerint, miscendo semper cum cochleari, ne seriæ adhæreant. Hoc nihil suauius edisse memini, Multi est alimenti, tardè cōcoquitur, hepar & renes con-calefacit, corpus obesat, uentrem ciet, Platina. Idem lib. 6. cap. 41. & 42. cibaria alba, siue leucophaga, delicatissima, ex pectore capi parare docet. & rursus lib. 7. cap. 48. cibarium croceum ex eodem, Eiusdem libri cap. 49. esitium quoddam ex carne describens, Sunt etiam (inquit) qui pectus capi tunsi nō incommodè addant. Esitium ex pelle caporum ab eodem præscribitur lib. 7. cap. 55. ¶ Aloisius Mundella Dialogo 3. scribit se ægroto cuidam febri cōtinua maligna laboranti, cum iam signa concoctionis apparērent, modo turdum, modo unum aut alterum oui uitellum, modo caponis carnem contusam concessisse, potius quàm uituli. Idem Dialogo 1. describens historiam iuue-
40 nis cuiusdam biliosi febricitantis cōtinuè à se curati, Victus ratio (inquit) fuit caro caponis iuuenis, per diem ante mactati, cum seminibus melonum contusa: nec non panis in eiusdem iure optimè in-coctus, ad uirium(quæ debiles in eo ualdè erant) robur conseruandum.

G.

Obscuri quidam authores caponi attribuunt uires medicas ex Dioscoride & alijs authoribus, quas illi gallinaceis adscripserant: quoniam per imperitiam linguæ Latinæ gallinaceum interpretantur caponem. ¶ Leonellus Fauentinus electuarium quoddam phthisicis præscribens, quod ualdè prædicat, immiscet in id pulpam caponis pinguis & bene cocti, incisam contusamq in mortario lapideo, &c. Medici quidam quoties deiectas uires ægrotantium excitare uolūt, medicamentum dant quod ex carnibus caponum & perdicum cōficitur, quod facile corrumpitur, si aliquo notabili
50 tempore moretur: necq etiam ita ægrotos alit, necq ut quæ prius diximus, (uinum, oua sorbilia, testes gallinacei,) Aloisius Mundella Dialogo 3. Ius caponis mirè restaurans uires, si uel cochlearium paruum inde ægrotus sorbeat. Capum ueterem para, exentera, totum cum ossibus comminue. Tum in uase bene obturato uitreo aut stanneo per sex horas bulliat, adiecto etiam auro, ut annulis uel nomismatis aureis, Obscurus. Capo generosus in aqua pura discoquitur cum folijs boraginis & bu-glossi, ana manip. j. conseruarum de uiolis, rosis, boragine & buglosso, āna unc. ij. adijciatur etiam nonnihil de illis quæ cordialia uocant contritum. destillatum inde liquorem in diplomate (balneo Mariæ)cum puluere diasantalon mixto propter odoris gratiam, propinabis creberrimè, And. à Laguna circa finem libri de peste. Sunt qui in quibusuis morbis, capitis præsertim, & frigidis, & ad
60 uirium imbecillitate, destillatās huiusmodi caponū aquas laudant. & nos colicis affectibus aliquan-do prodesse experti sumus, ijs maximè qui flatuosi fuerint, aqua enim destillata aphysos redditur, ut non amplius inflet, si rectè parata fuerit, adijcientur autē medicamenta alia atq alia à perito medico pro affectuū uarietate. Plura leges in Thesauro Euonymi Philiatri. ¶ Vir nobilis quidam

M 3

in eolíco affectu post multa remedía fruftra tentata, liberatus est tandem epoto cyatho (duarum aut trium unciarum) pinguedinis capi pinguis decocti in aqua (ut fieri folet ad cibum) abſcẽ ſale. opor tet autem pinguedinem iuri innatantem ſe paratam bibere quàm calidiffimam, Ex libro manuſcri pto. Ei qui patitur uarices, ſeui hircini ſelibram, & adipis de capone libram ſimul permiſce, & in linteo die Iouis ceroti more adpone. potenter ſubuenies, Marcellus. Ad fiſtulam cum emortua eſt, (hoc eſt, ut mihi uidetur, cum nullus in ea doloris ſenſus ſupereſt,) pelliculã interiorem de uen triculo capi quæ abijci ſolet, in Sole arefaċtam tere & inſperge, Obſcurus. ¶ Sunt qui oſſa cru rum capi compoſitis ad alba mulierum profluuia medicamentis admiſceant.

DE GALLINA, ITEM DE OVIS TVM
gallinaceis, tum in genere in C. E. F. G. & H. c. &c.

Errore factum eſt per feſtinationem, ut ſuperius gallinacei iconis loco gallina icon poſita ſit: cuius occaſione hic contra gallinaceum pro gallina ponimus.

A.

ALLINAE propriè dicuntur fœminæ in gallinaceo genere uillatico, ſed interdum pro genere toto nominantur, ut ὄρνιθαι etiam uel ὄρνις, id eſt aues, apud Græcos. Vide in Galli naceo A. Domeſticæ uel uernaculæ gallinæ ſunt, quas Varro uillaticas nuncupat, Gyb. Longolius. Plinius uillares. Cohortalis eſt auis quæ uulgò per omnes ferè uillas conſpi citur, Columella. ¶ Hebraica nomína תרנגלא, tarnegolet, & סכויא, ſakuia, pro gallina, ponun tur à Munſtero in Dictionario trilingui. Vide ſupra in Gallinaceo. Gigeg, gallina uel gallus, Syl uaticus. Alibi apud eundem legitur digegi, ut apud Serapionis interpretem digedi. Teſeſe, gal lina

lína Saracenis,ut alicubi legimus. Gallinæ alfethi,secůdum expositores Arabes, sunt gallinę quæ
nondum pepererůt oua,Andreas Bellunen. Galli & gallinæ apud uetustissimos Græcos nomen
nullum peculiare inuenimus, sed communi ὄρνιϑ᷎ uocabulo significasse hanc speciem uidentur.
Aristoteles uerò & alij ὄρνιϑα de auibus in genere proferunt, gallum ἀλεκ͂ρυόνα uel ἀλέκ͂ρα uocant,
gallinam ἀλεκ͂ροίϑα:rursus recentiores Græci ὄρνιυ uel ὄρνιϑα in genere communi, de gallo gallinaϙ̃
dicunt,ut scripsimus in Gallo H.a. ὄρνιϑα etiam hodie Græcis uulgò gallina est casu recto. Italicè
gallina. Hispanicè similiter. Ἀλεκ͂ροίϑϲ εἱϰϛϙϰϛ, id est gallinæ domesticæ, Aristot. Gallicè geline
uel poulle. Sabaudis similiter, uel genillete. Anglicè hen. Germanicè **Ben, Bůn.** ¶ Gal=
10 linas graciles & plumis contractioribus, neϙ̃ ut aliæ garrulas, Germani nouellas **(Vertzbennen)**
uocant,quòd anniculæ sunt,neϙ̃ ouum hactenus pepērere. Quæ uerò glocientes strepitu suo mo=
lestæ sunt,& agmen pullorum ducunt,ueteranę sunt, **(Klückbennen, Gluggeren)**,at omnes quòd
pullis educandis custodiantur,uno nomine matrices **(Bůthbennen)** à Columella dici uideo, Gyb.
Longolius. Gallinas iuuencas & ueteres Plinius dixit, & Gaza (ex Aristotele) eum secutus.
Gallinas teneras quæ primum parierint apud Catonem legimus.

B.

Gallinæ crista ferè carent,Gyb.Longolius. Gallina plicabilem cristam per medium caput ha
bet,gallinaceus erectam,Perottus. Sunt quædam pedibus per totum hirsutis, **gehőßlete Hůner.**
Reliqua leges in Gallo B.supra:& quædam infra in E. de electione gallinarum.

C.

20   Quæ de gallinis hoc in loco dici poterant, pleraque omnia iam supra in Galli historia exposita
sunt.Infra etiam in B.de cibo & puluēratione earum,deϙ̃ alijs quibusdam,authorum uerba referē=
mus. ¶ Pipare propriè gallinæ dicuntur, Nonius. Bos mugit,gallina pipat, Varro Aborigini=
bus citante Nonio. Varro pullos pipare dixit, Nonius. Pipire propriè dicuntur pulli gallinacei
& huiusmodi Columellæ. Pipatio Oscorů lingua clamor plorantis appellatur, Festus. Glocien=
tes rustici appellant aues eas quæ uolunt incubare, Columella. Gallina cecinit, Terentius Phor=
mione. Cucurire solet gallus,gallina gracillat,Author Philomelæ. Glocire & glocidare gallina=
rium proprium est cum ouis incubituræ sunt,Festus. ¶ Ex dialogo Gyberti Longolij de auibus.
Pamphilus,Qua de causa hæc gallina canturit,officinam cortalem petens? Longolius, Non cantu=
rit,sed singultit.hoc enim uerbo Varro uocem gallinarum fractam, & intra rostrum formatam imi
30 tatur,Rusticorum gens Columellæ tempore glocire maluit dicere,Pamphilus, Gallus etiam subin
de singultit. Longolius. Rectè. sed cum cantat cucurrire dicitur Latinè, Græcè autem ϰοϰϰύζϣ.
¶ De morbis gallinacei generis supra in Gallo C. dictum est, diceturϙ̃ etiam infra in E. Gallina=
rum nonnullæ cum adeo ualde peperissent, ut etiam bis die parerent, mox à tanto partu interiēre.
hyperinæ enim, id est exhaustæ effœtæϙ̃ & aues & plantæ fiunt, Aristot. Et rursus , Nonnullæ è
cortalibus bis die pariunt,iam aliquæ in tantum copiæ prouenerunt, ut effœtæ breui morerentur.
¶ Ex gallinis quæ Veneris appetentior est, noctu iuxta gallum proximius considit, Albert. Gal=
linæ & perdices complura oua pariunt,non quidem multa simul, sed sæpe, Aristot. Oua plurima
pariunt gallinæ,perdices,Plin. Coitus auibus duobus modis: fœmina humi considente, ut in gal=
linis:aut stante, ut in gruibus, Idem. Gallina cum clamore accedit ad nidum , & cum clamore ab
40 eodem recedit,quod si impediatur, mox tamen sibi relicta cantum absoluit,Albert. Gallinas in Il=
lyria aiunt nō ut alibi semel parere, sed bis aut ter die,Aristot. in Mirabilibus. Gallinæ pumilæ mi
nus fœcundæ sunt,Columella. Gallinæ Hadrianæ multa admodum pariunt.fit enim propter cor=
poris exiguitatem,ut alimentum ad partionem sumptitetur. Vulgares etiam gallinæ fœcundiores
sunt generosis,corpora enim alteris humidiora, alteris grandiora & sicciora. Animus generosus in
eiusmodi corporibus potius consistit,Aristot. de generatione 3. 1. Gallinæ coëunt & pariunt om=
nibus anni temporibus, exceptis brumalibus diebus, (præterquam duobus mensibus brumalibus,
Plinius, & Aristot. alibi.)magna etiam generosarum nonnullis fœcunditas, quando uel sexaginta
ædunt ante incubitum,quanquam ipsæ minus fœcundæ, quàm ignobiles sunt, Aristot. Est autem
tanta fœcunditas, ut aliquæ & sexagena pariant , aliquæ quotidie, aliquæ bis die, aliquæ in tantum
50 ut effœtæ moriantur.Hadrianis suas maxima, Plin. Pariunt in loculamentis dispositis , aut ab ip=
sismet electis loco abditiore,Grapaldus. Gallinæ ueteres pariunt initio ueris, iuuenes æstate. Sed
autumno quoϙ̃ pariunt,Albert. Gallinarum iuuēcæ pariunt primæ, statim uēre ineunte:& plura
quàm ueteres,sed minora,Aristot. & Plinius. & in eodem fœtu prima & nouissima, (scilicet mino=
ra pariunt,)Plin. Gallinæ iuuenes pariunt æstate, quum superfluus humor exiccatur in eis: & au=
tumno quoϙ̃. Veteres autem magis principio ueris:quòd tum calido humido frigidiora naturæ ea=
rum temperatur, Albert. Aues (gallinæ) nisi pariant, laborant morbo,atϙ̃ intereunt,Aristoteles.
Gallina multa pariens,& non incubans ouis,frequenter ægrotat,& moritur eò quòd non abstrahi=
tur à partu.exhauritur enim uis eius omnis. Ea uerò quæ incubat, ægrotat quidē propter affectum
erga pullos,quem uox acutior indicat:sanatur tamē humore uitali in ea reparato interim dum non
60 parit,Albert. Inhorrescunt à coitu,ac se excutiunt.sæpe etiā festuca aliqua sese lustrant,quod idem
& ædito ouo interdum faciunt,Aristot. Facilius pariunt si festucam è terra ore apprehēsam dorso
imposuerint,Oppianus in Ixeuticis. Gallinæ,ut Theophrastus refert,ouo ædito, religione quadā

M   4

excutiunt se,& circumactæ purificant,aut festuca aliqua sese & oua lustrant, pericarphismum Plutarchus uocauit,Cælius. Gallina post coitum se excutit,eò scilicet quòd per libidinem incitatur in
ea uapor, faciens extensionem, in ea sicut & in homine pandiculatio sit quando languet desiderio
coitus.& tum côfricando se aliquoties festucam ore apprehendit tanquam nidum componens. In
nido etiam sedens sæpe rostro conuértit paleas,ut & aliæ aues, Albert. ¶ Gallinæ etiam ex phasianis côcipiunt,ut copiose scribetur in E. ¶ Gallinæ auesép reliquæ,sicut Cicero ait,& quietum
requirunt ad pariendum locum,& cubilia sibi nidosép construunt, eosép quàm possunt mollissimè
substernunt. Fabas si comedant gallinæ,intercipitur eis generatio ouorum, Auicenna & Crescentiensis. Gallinas aiunt ex assiduo fabarum esu sterilescere, Didymus. Si frequenter edant cortices fabarum,steriles fiunt:quæ etiam arboribus nouellis ad radices appositæ eas exiccant, Clemens 10
3.Stromat. Quo tempore arbores florent,gallinas potissimum pinguescere audio, floribus uescen-
tes:sed tum oua earum etiam præcipuè cito corrumpi & putrescere.

DE OVIS: ET PRIMVM DE IPSORVM FORMATIONE, PARTIBVS, NA-
tura,sexu. deinde de geminis, & de subuentaneis, alijsép corruptis aut monstrosis.
Item de incubatione eorum,& pulli generatione exclusioneép.

    Quæ de OVIS eorumép natura deinceps afferemus,pleraép omnia nô ad gallinas modo sed ge
nus auium uniuersum pertinent,& ad quadrupedes quoép Ouiparas aliqua ex parte: sed quoniam
ea omnia in gallina magis conspicua sunt,familiari præ cæteris nobis alite, ad eius potissimum hi-
storiamreferre libuit. Dicentur etiam nonnulla de auium generatione ex ouis, in cômuni auium 20
historia:sed paucissima aut nihil fortassis , quod hìc quoép annotatum à nobis non sit.
¶ Oui formatio. Ouum est animal potentia, ex ouisicatis producitur superfluo, Aggregator.
Ouum gallinæ consistit à coitu , & perficitur decem diebus magna ex parte, Aristot. A coitu decem diebus oua maturescunt in utero,uexatæ autem gallinæ & columbæ penna euulsa,aliáue simili
iniuria diutius,(tardiùs,)Plin. Ouum è semine galli conceptum , ut plurimum undecimo die paritur ,citius quidem in iuuenca, & regione calida, & nutrimento calido utente, quàm in contrarijs:
Alius autem est conceptus,quando semen galli in matrice inuenit materia oui uenti, aliqua ex parte aut omnino, propter pellem & testam , completam. huic enim coniungitur , & fœcundat totum
ouum:& prout materia in matrice magis minusue præparata fuerit,tardius citiusue eandem perficit,Albertus. Incœpta oua si adhuc paruis desierit coitus,non accrescunt.sed si continuetur , cele- 30
ri incremento augentur,iustamép magnitudinem implent, Aristot. & Albertus. Huius rei causam
inquirit Aristot. de generat. anim. lib.3.cap.1. Concipit fœmina quæ coierit ouum superius ad septum transuersum:quod ouum primò minutum & candidum cernitur:mox rubrum cruentumép,
deinde increscens luteum & flauum efficitur totum, Iam amplius auctum discernitur , ita ut intus
pars lutea sit,foris candida ambiat.Vbi perfectum est, absoluitur atqé exit putamine , dum paritur,
molli,sed protinus durescête,quibuscunqé emergit portionibus,nisi uitio uuluæ defecerit, Aristot.
Auis hypenemia gerens oua,si cœat nondum mutato ouo ex luteo in album, fœcunda ex subuen-
titijs redduntur.item si cõceperit ex coitu oua , si eis adhuc luteis existentibus cum alio mare coiuit,simile eius quo cum postea coiuit, prouenit omne genus pullorum, Aristot. in libris de hist. &
de gener anim. Gallinæ parere à bruma incipiunt.optima fœtura ante uernum equinoctium.post 40
solstitium nata non implent magnitudinem iustam, tantoép minus quanto serius prouenire, Plin.
Confecta bruma parere ferè id genus auium côsueuit:atqé earum quæ sunt fœcundissimæ,locis te-
pidioribus,circa Calen.Ian.oua edere incipiunt:frigidis autem regionibus eodem mêse post Idus,
Columella. In ouo pelliculæ ex umbilico tentæ sunt : & reliqua quæ de puero dicta sunt, sic se habere in ouo uoluctis reperies ab initio ad siné,Hippocrates in libro de natura pueri. Et rursus, Volucris ex oui luteo nascitur,hoc modo. Incubante matre ouum calescit, & quod in ouo inest à matre mouetur:calescens autem id quod in ouo inest,spiritum habet , & alterum frigidum ab aëre per
ouum attrahit. Ouum enim adeo rarum est,ut spiritum qui attrahitur sufficientem ei quod intus est
transmittat;& augescit uolucris in ouo,& coarticulatur modo eodem ac côsimili uelut puer. Nascitur autem ex luteo oui uolucris:hoc dicitur cõtra omnium sententiam.Græcè legitur. γίνεται δ' ἐκ 50
τῦ χλωρῦ τῦ ὠῦ τὸ ὄρνεον.Τροφ̀̀̀εν κỳ αὔξησιν ἔχει τὸ λόυκỳ,τὸ ὧ ἱστ' ἀϖ. Τῦτο ñδ'γ ϖασιν ἐμφανὲς ἐγένετο, ὁπόϑι
πρόσφορον τὸν ϖῦρ.Et paulò ante, τὸ ὄρνεον γίνεται ἐκ τῦ ὠῦ τῦ χλωρῦ,) alimentum uerò & augmêtum habet
ex albo,quod in ouo est.Vbi autem deficit alimentum pullo ex ouo, non habens id sufficiens unde
uiuat,fortiter mouetur in ouo, uberius alimentum quærens. & pelliculæ circum dirumpuntur. &
ubi mater sentit pullum uehementer motum, putamen excalpens ipsum excludit; atqé hæc fieri solent in uiginti diebus. Vbi enim excusa est uolucris , nullus humor in oui testis inest. qui sanè memorabilis existat.expensus est enim in pullum, Hæc ille. Aristoteles de generatione anim. lib.3.
cap.2.pullum ait non ex luteo, sed ex albumine generati:& non albumen,(ut Alcmæon Crotoniates & alij pleriqé putarint,coloris affinitate decepti,)sed luteum pulli in ouo ueluti lac & nutrimentum esse. Candidum membranæ subiectum in ouo principium est, (τῦ ἐϕ̄ δ'ε̄ϑται ἀρχὴ ὑϖὸ τὴν ὑϖᾶτα βο
λόυκỳ.)in hoc enim semen continetur, & non in eo qui neottós, id est pullus uocatur.sic autê uulgò
uocant luteum,quod superfluitas est seminis, decepti sunt enim qui huius opinionis authores fuerunt;

runt, Suidas in Νεοττόν. Et genus omne auiũ medijs è partibus oui, Ni ſciret fieri, quis naſci poſſe
putaret? Ouidius 15. Metam. Oua inter animal & non animal ueluti ambigere uidentur, Cælius.
Oua è quibus mares naſcentur, gallina gerit in parte uentris dextra: è quibus fœminæ, in ſiniſtra,
Phyſiologus. Quónam modo oua in utero increſcant, & quomodo adhæreant, explicat Ariſtoteles lib.3. cap. 2. de gener. anim. Gallinis porrò tertia die ac nocte poſtquam cœpere incubare, indicium præſtare incipiunt, (Vide etiã infra ubi de incubatione ſeorſim agetur.) At maiorum auium
generi plus prætereat temporis, neceſſe eſt. minori autem minus ſufficit. Effertur per id tempus luteus humor ad cacumẽ, qua principium oui eſt: atȹ ouum detegitur ea parte, & cor quaſi punctum
ſanguineum in candido liquore conſiſtit: quod punctum ſalit iam, & mouetur, ut animal. Tendunt
10 ex eo meatus uenales ſanguigeri duo tortuoſi ad tunicam ambientem utranȹ, dum augetur. Membrana etiam fibris diſtincta ſanguineis, iam album liquorẽ per id tempus circundat, à meatibus illis
uenarum oriens. Paulò autem pòſt, & corpus iam pulli diſcernitur, exiguum admodum primum
& candidum, conſpicuum capite & maximè oculis inflatis, quibus ita permanet diu. ſero enim de-
creſcunt oculi, & ſe ad ratam contrahunt proportionem. Pars autem inferior corporis, nullo membro à ſuperiore diſtingui, inter initia cernitur. Meatuũ, quos ex corde tendere diximus, alter ad am
biendum album liquorem fertur, alter ad luteũ uelut umbilicus. Orígo itaȹ pulli in albumine eſt,
cibus per umbilicum ex luteo petitur. Die iam decimo pullus totus perſpicuus eſt, & membra omnia patent. Caput grandius toto corpore eſt. oculi capite grandiores hærent. quippe qui ſabis maiores per id tempus emineãt nigri, nondum cum pupilla. quibus ſi cutem detrahas, nihil ſolidi uide-
20 ris, ſed humorem candidum rigidumȹ admodum refulgentem ad lucem, nec quicquam aliud. ita
oculi & caput. Iam uerò & uiſcera eo tempore patent: & alui inteſtinorumȹ natura perſpicua eſt.
Venæ etiam illæ à corde proficiſcentes, iam ſeſe iuxta umbilicum conſtituunt. Ab ipſo autem umbilico uena oritur duplex, altera tendens ad membranam ambientem uitellum, qui eo tempore humet, & largior, quàm ſecundum naturam eſt; altera permeãs ad membranam ambientem eam, qua
pullus operitur, & eam quæ uitellum, humoremȹ interiectum cõtinet. dum enim pullus paulatim
increſcit, uitellus ſeorſum in duas partes ſecatur, quarum altera locum tenet ſuperiorem, altera inferiorem, & medius humor candidus continetur. nec partem inferiorẽ à uitello liquor deſerit albus,
qualis antè habebatur. Decimo die albumen exiguum iam, & lentum: craſſum, pallidulum nouiſſimè ineſt. Sunt enim quæȹ locata hoc ordine. prima, poſtremaȹ ad teſtã oui membrana poſita eſt,
30 non teſtæ ipſius natiua, ſed altera illi ſubiecta, liquor in ea candidus eſt. deinde pullus cõtinetur obuolutus membrana, ne in humore maneat. mox pullo uitellus ſubiacet, in quem alteram ex uenis
prorepere dictum eſt, cum altera albumen ambiens petat. Cuncta autem ambit membrana cum humore, ſpecie ſaniei. Tum uero membrana alia circa ipſum fœtum, ut dictum eſt, ducitur, arcens humorem, ſub qua uitellus alia obuolutus membrana. in quæ umbilicus à corde, ac uena maiore oriens
pertinet: atȹ ita efficitur, ne fœtus alterutro humore attingatur. Viceſimo die iam pullus ſi quis pu
tamine ſecto ſoliciter, mouet intus ſeſe, pipitȹ aliquantulũ: & iam ab eodem die plumeſcit, quoties
ultra uiceſimum excluſio protelatur. ita poſitus eſt, ut caput ſuper crus dextrum admotum ilibus,
alam ſuper caput poſitam habeat, quinetiam membrana, quæ pro ſecundis habetur, poſt ultimam
teſtæ membranam, ad quam alter umbilicus pertendit, euidẽs per id tempus eſt, pullusȹ in eadem
40 iam totus locatur, & altera quoȹ membrana, quæ & ipſa uicem ſecundarũ præſtat, uitellumȹ ambit, ad quem alter umbilicus procedit, latius patet. Oritur umbilicus uterȹ à corde, & uena maiore,
ut dictum eſt. Fit autem per id tempus, ut umbilicus alter, qui in ſecundas exteriores fertur, com-
preſſo iam animante abſoluatur: alter, qui adit uitellum, ad pulli tenue inteſtinum annectatur. Iam
& pullum ipſum multum humoris lutei ſubit: atȹ in eius aluo fecis aliquid ſubſidit luteum. excrementum etiam album eodem tempore pullus emittit, & in aluo quiddam album conſiſtit. Demum
uitellus paulatim abſumitur totus membrorum hauſtu, ita ut ſi pullo decimo die pòſt excluſo re-
ſcindas aluum, nonnihil adhuc uitelli comperias. Vmbilico uero abſoluitur pullus, nec quicquam
præterea haurit, totus enim humor, qui in medio cõtinebatur, abſumptus iam eſt. Tempore autem
ſupradicto pullus dormit quidem, ſed nõ perpetuò, quippe qui excitetur interdum, & mouens ſeſe
50 reſpiciat, atȹ pipitat. Cor enim eius cum umbilico, ut ſpirantis reſtat & palpitat. Sed auium ortus ad
hunc modum ex ouo agitur, Hæc omnia Ariſtot. de hiſt. anim. 6. 3. quæ etiam Albertus in ſuis de
animalibus libris paraphraſi reddidit, quam in præſentia relinquo. Omnibus ouis medio uitelli
parua ineſt uelut ſanguinea gutta, quod eſſe cor auium exiſtimant, primũ in omni corpore id gigni opinantes: in ouo certè gutta ſalit, palpitatȹ. Ipſum animal ex albo liquore oui corporatur. Cibus eius in luteo eſt. Omnibus intus caput maius toto corpore: oculi compreſsi capite maiores. In-
creſcente pullo, candor in medium uertitur, luteum circunfunditur. Viceſimo die, ſi moueatur
ouum, iam uiuentis intra putamen uox auditur. Ab eodem tempore plumeſcit, ita poſitus, ut caput
ſupra dextrum pedem habeat, dexteram uero alam ſupra caput. Vitellus paulatim deficit. Aues om
nes in pedes naſcuntur, contrà quàm reliqua animalia, Plin. Principio (inquit Ariſtot. de generat.
60 anim. 3. 2.) corde conſtituto, & uena maiore ab eo diſtincta, umbilici duo de uena eadẽ pertendunt,
alter ad membranam, quæ luteum continet: alter ad membranam cui ſecundarum ſpecies eſt, qua
animal obuolutum continetur: quæ circa teſtæ membranam eſt, Altero igitur umbilico cibum ex

luteo aſſumit:quod quidem caleſcens humidius redditur.cibum enim humidum eſſe oportet,qua-
lis plantæ ſuppeditatur. Viuunt autem principio & quæ in ouis , & quæ in animalibus gignuntur
uita plantæ.adhærendo enim capiunt primum & alimentum & incrementum. Alter umbilicus ad
ſecundas tendit,(ut alimentum ex eo hauriat,)ita enim pullum auis uti luteo exiſtimandum, ut fœtus uiuipari ſua parente utitur,&c.Membrana uerò exteriore ncuiſſima ſanguinolêta hic perinde,
ut ille utero,utitur,&c.Creſcentibus umbilicus primũ conſidet,qui ſecundis adiungitur. hac enim
pullum excludi conuenit,reliquum lutei,& umbilicus ad luteum pertinens,pòſt collabitur.cibum
enim habeat ſtatim oportet,quod excluſum eſt. nec enim à parente nutritur, & per ſeipſum ſtatim
capere cibum non poteſt,quapropter luteũ ſubit cum umbilico, & caro adnaſcitur. ¶ Oua quædam ſi aperias diffluunt,uitello præſertim , quod ſignum eſt uetuſtatis, quod ſi uitellus ouo aperto 10
integer manſerit,ac in medio eius gutta rubicũda & ueluti ſanguinea apparuerit(ex qua corda pullorum initio conſtitui ſolent)ſignum eſt oua eſſe ad cibum adhuc laudabilia, Tragus. Ego aliquoties in ouis euacuatis ſemē (das bünle)obſeruaui, & in ſemine uenulam criſpam albiſſimam,quam
umbilici loco eſſe puto, uitello inſertam.
    ¶ Partes oui. Ouum ipſum in ſe ſuum habet diſcrimen , quippe quod parte ſui acutum , parte
latius ſit. parte latiore exit cum gignitur , Ariſtot. Quòd oui pars acutior principium ſit, ut quæ
utero adhæſerit:quodq́ durior ſit parte obtuſa,& poſterior exeat ; & quòd oua quaſi in pedes conuerſa,animalia uerò in caput prodeant, Ariſtoteles docet libro tertio de generatione anim. cap. 2.
Vmbilicus ouis à cacumine ineſt,ceu gutta eminens in putamine,Plin. Ouum æque omnium uolucrum duro putamine conſtat: ſi modo non deprauetur , ſed lege conſummetur naturæ. Gallinæ 20
enim nonnulla pariunt mollia uitio.Et bicolor quoq́ ouum auium intus eſt,luteum interius,album
exterius. Semen genitale uolucrum omnium album , ut cæterorum animalium eſt,Ariſtot. Semen maris perficit ouum uſq́ ad exitum,quod inde patet:Si frangatur ouum perfectum, inuenitur
ſemen galli in ouo,triplici differentia diſtinctum. colore enim albius eſt,utpote purioris ſubſtantie,
& ſubſtantia denſius:quàm reliquum albumen, quo firmius retineat calorem formantem ne facile
exhalet. quod ad ſitum,pertingit per albumen totum uſq́ ad uitellum,cui uerſus partem acutiorem
oui infigitur. nam pulli ſubſtantia ex albumine eſt,nutritur autem è uitello,Albertus. Albedo oui
apud Arabes intelligitur pars albuminis oui uiſcoſa craſſa. Pars uerò eiuſdem albuminis quæ eſt
ſubtilis,apud eos appellatur alzenbach oui ſeu alrachich oui,And. Bellunenſis. Noſtri genituram
quæ in albumine craſſiuſcula apparet, nec facile diſſolui poteſt, auem appellant, den vogel: quòd 30
pullus ex ea naſcatur. Oua albificat ſemen, Galenus in Anatome uiucrum. In animalibus calidioribus candidum & luteũ in ouo diſtincta ſunt: & ſemper eis (auibus calidioribus & ſiccioribus)
plus candidi ſynceriq́ eſt,quàm lutei & terreni.minus uerò calidis & humidioribus contrà,plus lu
tei,ideq́ humidius eſt,ut in paluſtribus auibus,Ariſtot. de gener. anim.3. 1. Albertus in paluſtrium
ouis duplo plus lutei quàm candidi haberi ſcribit. Grandines dictæ,quę initio uitelli adhærent,nil
ad generationem conferunt. quanquam aliqui ita non exiſtimãt. has duas eſſe certum eſt , alteram
parti ſuperiori iunctam,alteram inferiori. Χάλαʒαν in ouo Ariſtot. dixit,pro ea quã mulieres uocãt
gallaturã,id eſt,geniturã. hæ duæ ſunt:altera maior,quæ parti inferiori iũgitur,& ad Sole obtegen
te manu apparet intra putamen.quę uerò parti ſuperiori hæret nõ cernitur,niſi fracto putamine,&
inſpecta parte lutei inſera. eſt pars ſuperior cacumen. inferior uerò pars rotunda huic oppoſita eſt, 40
Niphus. Kiranides oui pelliculam hymena nominat. Oui tunicæ tres ſunt. una uitellum conti-
net:ſecunda albumen,quæ eſt tanquam pia mater : tertia teſtæ adhæret tanquam dura meninx, Albertus. Et rurſus,Prima tunica intra teſtam oui ſubſtantiam à teſta defendit. ſub hac alia mollior
continet albumen,quæ in pulli generatione ſecundarum loco eſt,& pullum complectitur,inter has
tunicas eſt humor crudus qui excernitur dum formatur pullus. Vitellus ſub albumine tunica propria ambitur,uerius partes naturales pulli ſitus,à ſpiritualibus eius remotus.
    ¶ Oui & partium eius natura. Oua integra in aqua dulci merguntur,corrupta innatant, ut di-
cetur pluribus infra in tractatione de ouis corruptis. Toſtum ouum diſſilit facile,non diſſilit aqua
concoctum:ignea ſiquidem ui,quodam ferrumine copulatur quod ineſt, humectum ampliuſq́ calefactum exuſtumq́,plures parit ſpiritus:qui loca nacti peranguſta,exitũ molietes teſtam prærum 50
punt,demumq́ euaporant.Præterea flammæ uis tunicam circunſiliens putaminoſam, amburendo
diffringit:quod & fictilibus euerrire dum torrentur,euidens eſt . Quamobrem perfundi prius frigi
da ſolent oua. calida ſiquidem aqua mollicie ſtatim humorem effundit,& raritatem relaxat,Cęlius.
Vide Aphrodiſienſem problem.1.102. ¶ Oua aceto macerata in tãtum emolliuntur,ut per annu
los tranſeant,Plinius. Acetum mollit oui corticem,ut in anguſtum urceum (phialam uitream anguſti colli) immitti poſsit,me hoc experto. ſed nigrior paulo euadit,aqua uerò dureſcit, Cardanus.
Diſſoluitur aceto forti præſertim deſtillato,uel ſucco limonum,margaritæ,teſtę ouorum,Syluius.
¶ Firmitas ouorum putaminibus tanta eſt,ut recta nec ui,nec pondere ullo frangãtur, nec niſi pau
lulum inflexa rotunditate , Plinius. hoc uerò ita ſe habere quotidianis & uulgaribus experimentis
conſtat. Cur ouum preſſum utroq́ extremo ambabus manibus frangi nequeat: preſſum latere fa- 60
cile frãgitur:Quoniam per angulos tantummodo ſuos manibus renititur opprimentibus. eſt enim
angulus quod quaq́ in ſtructura ualidius conſtet,adde quod preſſum per extrema, parte minima
                                                   ſentit.

sentit. pressum per latera parte ampla conflictatur ut facile possit destrui, Aphrodisiensis problema
tum 2.45. Cur uertigo surgenti potius accidat quàm sedenti? An quoniam quiescenti humor uni=
uersus unum in membrum se colligit : ex quo cruda etiam oua nequeunt circunuerti, sed protinus
decidunt, mouenti autem humor se æquè expandit, &c. Aristot. in problemat. 6.4. Si ouum filo
circunligatum super igne aut candela accensa teneas, filum nõ comburetur, nisi forte post multum
temporis. exudat enim humor, qui lineum filum humectat. idem linteo aridis uini secibus circun=
uoluto accidit. Naturam uitellus oui, & albumen habent contrariam, non tantum colore, uerum=
etiam uirtute. Vitellus enim spissatur frigore, (idem Niphus asserit:) albumen non, sed amplius hu=
met, contrà albumen spissatur igne, uitellus non, sed mollis persistit, nisi peruratur. magisq; in aqua
10 seruente, quàm ad ignem cogitur, atq; induratur. Membrana hæc inter se discernūtur, Aristot. Sic
& Albertus, Vitellus oui cum assatur, nisi comburatur, non durescit, sed mollitur potius sicut cera.
Et quoniam mollescit dum calefit, corrumpitur facile collecto superfluo humore temporis uel loci,
si aliquandiu immoretur. Albumen uerò non facile congelatur frigore: sed humidius efficitur po=
tius, & cum assatur densius: & in generatione pulli densatur in substantiam membrorum. Et rursus
eadem Aristoteles de generatione anim. 3.2. his uerbis: Naturam candidum & luteum contrariam
habent. luteum nanq; gelu duratur & coit, calore contra humescit. quapropter cum uel in terra, uel
per incubitum concoquitur, humescit, atq; ita pro cibo animalibus nascentibus est. Nec uerò cum
ignitur assaturq; quoniam naturæ terrenæ est, ut cera. ideoq; cum plus iusto calescunt, nisi ex recre
mento humido sint, saniescunt reddunturq; urina. at candidum gelu non concrescit, sed magis hu=
20 mescit. ignitum solidescit. quamobrem cum ad generationem animalium cõcoquitur, crassescit, ex
hoc enim consistit animal. ¶ Si quis rupto putamine oua plura in patinam coniicit excreta, & co
quit igne molli & continente, uitelli omnes in medium coëunt : albumina autem circundant, & se
in oras cõstituunt, Aristot. ¶ Candidum ex ouis admixtum calci uiuæ glutinat uitri fragmenta.
uis uero tanta est(oui candido, Hermol.) ut lignum persusum ouo non ardeat, ac ne uestis quidem
contacta aduratur, Plin. Galenus in opere de simplicibus medic. ouorū albumen magis terrenum
oleo esse scribit, & similem ei esse secundum humorem oculi. Albumen mixtum est è substantia
aërea, terrea & aquea simul, sicut oleum: sed magis terrestre est quàm oleum dulce, quare ægrè con
coquitur, Ant. Gazius.

¶ Sexus ouorum. Quæ oblonga sunt oua, & fastigio cacuminata, fœminam ædūt. quæ autem
30 rotundiora & parte sui acutiore obtusa, orbiculum habent, marē gignunt, Aristoteles. eandem sen=
tentiam Albertus approbat: reprehendit uerò translationem sui temporis tanquam contrariam ijs
uerbis quæ nunc recitauimus. Nostri quidem codices Græci & Gazæ translatio eam sententiam
habent, quam nunc retuli, & Albertus cõprobat. Auicenna scribit ex orbiculari ouo breuiq; pro=
gigni marem: ex oblongis acutisue fœminam. ipsum hoc comprobat experimentum & suffragatur
ratio. siquidem uirtutis perfectio in masculinis ouis ambit æqualiter, & continet extrema. at in fœ=
mininis, à centro longius abit materia in quo est uitalis calor. hoc uerò planè imperfectionis argu=
mentum est, Albertus ut citat Cælius. In ouis tam difficile saporum & sexus discrimen sit, ut nihil
gulæ proceribus æquè incertū sit, Marcellus Vergilius. qui cum Columellæ & Aristotelis de sexu
ouorum discernendo sententias contrarias recitasset : Est sanè(inquit) in natura grauis author Ari=
40 stoteles: Columella tamen uillaticam pastionem ex quotidiana obseruatione & experiētia docebat.
nec nostrum est inter tam graues scriptores tantas componere lites. Video Plinium quoq; cum
Columella & Flacco sensisse. Quæ oblonga sint (inquit) oua, gratioris saporis putat Horatius Flac=
cus. Fœminam ædunt quæ rotundiora gignuntur, reliqua marem. Longa quibus facies ouis erit,
illa memento, Vt succi melioris, & ut magis alba rotundis Ponere. nanq; marem cohibent cal=
losa uitellum, Horatius lib. 2. Serm. Cum quis uolet quàm plurimos mares excludere, longissima
quæq; & acutissima oua subijciet. & rursum cum fœminas, quàm rotundissima, Columella. Ex
ouis, præsertim in plenilunio natis, si plenilunij tempore subijciantur incubanda, & ita obseruetur
temporis ratio ut in plenilunio etiam pulli excludantur, omnibus fœminas nõ mares nasci, quidam
apud nos arbitrantur.

50 DE OVIS MONSTROSIS, VT GEMINIS ET MOLLIBVS, &c. DE IRRITIS
uel sterilibus, ut subuentaneis. de corruptis, ut urinis, &c.

¶ Oua gemina binis constant uitellis. qui ne inuicem confundantur, facit in nõnullis prætenue
quoddam septum albuminis medium. alijs uitelli contactu mutuo sine illo discrimine iunguntur.
Sunt in genere gallinarum, quæ pariant gemina omnia, in quibus animaduersum est, quod de ui=
tello exposui. quædam enim duodeuiginti peperit gemina, exclusitq; præterquam, si qua essent (ut
sit) irrita. Cæteris itaq; fœtus prodijt, sed ita gemini excludūtur, ut alter sit maior, alter minor: & tan
dem in monstrum degeneret, qui minor nouissime prouenit, Aristot. Quædam gallinæ omnia ge
mina oua pariunt, & geminos interdum excludunt, ut Cor. Celsus autor est: alterum maiorem, alio=
60 quin negant omnino geminos excludi, Plin. Vetus quoq; Aristotelis interpres (inquit Vuotto=
nus; ad eundem sensum uertit ex Arabico ita: Et in quolibet inueniuntur gemelli, & unus gemello=
rum paruus est, & alter magnus; & multoties est paruus monstrosus, Græca uerò Aristotelis exem

plaria(niſi mendã ſubeſſe iudicemus)ita habent; Τὰ μὲν ἄλλα γόνιμα, πλὴυ ὅσα τὸ μὲν μεῖζον, τὸ δὲ ἔλαττον γίνεται τῶν διδύμων, τὸ δὲ τελευταῖον τερατῶδες, hoc eſt, ut ego arbitror : E cæteris itaꝗ gemina fœcunda ſunt, niſi quibus hoc contingit, ut alter maior fuerit, alter minor, in ijs enim tandē in monſtrum degenerat qui minor nouiſsimè prouenit. Vtra autem ſententia fuerit uerior, indicabit experientia. Videtur certe Plinius uel ex profeſſo cum Ariſtotele hac in re minimè conuenire, quando Celſum authorem nõ Ariſtotelem citet. In quibuſdam exemplaribus Plinianis habetur (uti recte annotauit Claymundus)non alioqui, ſed aliqui negant omnino geminos excludi, Hæc ille. Quærendum an legendum in Ariſtotelis uerbis non πλὴυ ὅσα, ſed πλὴυ ὅτι: & γίνεται præſens loco præteriti ἐγένετο accipiendum ſit, ut non ſimpliciter hîc de ouis geminis ſcribat Ariſtoteles, ſed de illius tantum galli= 10 næ geminis, quorum hiſtoriam hoc in loco recitat hoc ſenſu, Ex ouis octodecim gallinæ cuiuſdam omnibus geminis, pauca quædam irrita fuerunt:cætera uerò omnia (rite) fœcunda: niſi quod è ge= minis pullus alter ſemper minor fuit, & ultimus (alter ſcilicet minor de ouo poſtremo excluſo uel parto)monſtroſus. In ouis quibuſdam gemelli ſunt, ſed alter geminorum comprimit alium:& ali= quando ruptis telis (tunicis) bicorporeus generatur, Albert. Calor fouens gallinæ ſemen illud in fiſtulas(ſic habet codex impreſſus)paulatim oui candidũ uertit, tum uerò & lutei aliquid. nam alæ & crura ex luteo fiunt, indicio eſt, quòd pulli, qui ex ouo cuius lutea duo ſunt abſꝗ ſepiente mem= brana quatuor alis & totidem pedibus naſcuntur, arbitranturꝗ prodigium, quale olim Mediolani contigit, Cardanus. Atqui nos alibi de anate ſcripſimus, & rurſus de columba, quæ tetrapodes tan tum, non etiam tetrapteri fuerunt. Monſtra(inquit Ariſtot. de generat. anim. 4. 4.)ſæpius gignun 20 tur in ijs, quorum partus numeroſus eſt, & præcipue in auium genere, earumꝗ potiſsimum in gal= linis. ijs enim partus numeroſus, non modo quòd ſæpe pariant ut columbæ, uerũ etiam quòd mul= tos ſimul conceptus intra ſe contineant, & temporibus omnibus coëunt, hinc gemina etiam pariunt plura, cohærent enim cõceptus, quoniam in propinquo alter alteri eſt, quomodo interdum fructus arborum complures, quòd ſi uitella diſtinguuntur membrana, gemini pulli diſcreti ſine ulla ſuper= uacua parte generantur, ſed ſi uitella continuantur, nec ulla interiecta membrana diſterminantur, pulli ex ijs monſtrifici prodeunt, corpore & capite uno, cruribus quaternis, alis totidem. quoniam ſuperiora ex albumine generentur, & prius : uitellum enim cibo ijs eſt. pars autem inferior poſtea inſtituitur, quanquam cibus idem diſcretusꝗ ſuppeditatur. in ouis quibuſdã gemelli ſunt. ſed alter geminorum comprimit alium:& aliquando ruptis telis (inuolucris) bicorporeus generatur, Alber. Iam quale certo tempore eſt ouum in gallina, tale aliquando prodijt luteum totum, qualis poſtea 30 pullus eſt. Gallina etiam diſciſſa talia ſub ſepto, quo loco fœminis oua adhæret, inuenta ſunt, colore luteo tota magnitudine oui perſecit:quod pro oſtento augures capiunt, Ariſtot. Audio & trileci= tha, id eſt triplicis uitelli oua interdum reperiri:frequentius uerò dilecitha, eaꝗ in medio teſtæ ple= runꝗ cauitatem habere, Magis nutriunt & ſubtiliora ſunt oua quæ duos uitellos habent, Ellucha= ſem. ❡ Fiunt & tota lutea quæ uocant ſchiſta, cum triduo incubata tolluntur, Plin. ❡ Ego me aliquando ouum uidere memini cuius teſta ab altera parte extrema in anguſtum ueluti collum in= ſtar cucurbitæ ſe colligebat. ❡ Gallinæ nonnulla pariunt oua mollia uitio, Ariſtot. Albertus oua ſine teſta exteriore inter ſubuentanea numerat, ut infra recitabimus. Qui ixiam biberunt, ſum= ptis remedijs uomentes, tales ferè humores reddunt, qualia ſunt oua gallinarum altilium, quæ ſine putamine reddunt propter ictum aut aliam uim quampiam, διὰ τινα πληγὴυ ἢ πρεῖστην, Scholiaſtes 40 Nicandri. Et rurſus, Oua ſine putamine parit(ῥίπτει, eijcit) gallina, ἤδη πληγῆς ἢ ἐκ πλήθυς φωτοκειμένα αὐτῆ, hoc eſt, uel propter ictum aliquem, uel propter multitudinem (ouorum nimirum ſe inuicem comprimentium)in ea, Poetæ quidem uerſus hî ſunt, Ἄλλοτι μὲν πληγῆσι νέου θρομβήια γαςρὸς Ματρναμὲνη (ſcilicet gallina) δ᾽ ὑπωπίσιν ὑπακύνομον ἴηχει γάην. ❡ Pariunt autem oua nonnulla infœcunda, uel ex ijs ipſis, quæ conceperint coitu, nullus enim prouenit fœtus, quamuis incubitu foueantur. quod ma xime in columbis notatum eſt. Sterilitas ouis accidit, uel quia ſubuentanea ſunt, de quibus infra dicetur:uel alijs ex cauſis. corrumpuntur enim ferè quatuor modis. Primo, albumine corrupto, ex quo partes pulli formari debuerant. Secundo, propter corruptionem uitelli, unde alimentum ſup= peditandum erat. itaꝗ formatur pullus imperfectè, & partes quædã in ipſo non abſolutæ inueniun tur & non coniunctæ, ſicut in abortu animalis uiuipari ante perfectionem lineamentorum fœtus. 50 Albumine autem corrupto nihil omnino per incubationem formatur, ſed ouum totum turbatur & corrumpitur, ſicut corrumpitur humor(ſanies)in apoſtemate. quamobre perquam fœtida reddun= tur talia oua. (Hæc eſſe conijcio quæ Ariſtoteles & alij urina uocant, de quibus infra copioſius ſcri= betur. noſtri putrida oua, fule eyer. quanquam Ariſtoteles urina non albumine, ſed uitello corrupto fieri ait.) Tertio contingit ouum corrumpi, membranarum & fibrarum quæ per albumen tendunt, uitio. nam corrupta tunica quæ continet uitellum, humor uitellinus effluit, & confunditur cum al= bumine. itaꝗ impeditur oui fœcunditas. Corruptis autem fibris, corrumpũtur uenæ & nerui pulli, & chordæ:& impeditur nutritio, ligamẽtis deſtructis diſſoluitur, & læſis neruis ſenſus amittitur. Quarto, per uetuſtatem, exhalante ſpiritu in quo eſt uirtus formatiua : unde uitellus pon= dere ſuo penetrat albumen, & ad teſtam fertur in eam partem cui incumbit ouum, His quatuor mo 60 dis oua infœcunda fieri contingit. In ſecundo quidem modo aliquando accidit , quòd humoribus corruptis partes igneæ combuſtæ feruntur ad teſtam oui, eamꝗ aſpergunt: unde ouum in tenebris lucet

lucet quemadmodum quercus putrefacta. Et huiufmodi ouum fibi uifum in regione Corafcena te-
fiatur Auicenna. Sunt & alij forte plures corruptionis ouorum modi, qui fub iam dictis facile com
prehendi poffunt, Hæc omnia Albert.

¶ Subuentanea. Ouorum quæ fubuentanea uel zephyria nominant Galenus meminit lib. 2.
de femine, (Oua facientes, inquit, fine mare aues & pifces funt ficcæ temperaturæ.) & lib. 14. de ufu
partium, ubi caufam adfert cur nihil tale greffilia faciāt. In Lufitania ad Oceanum monte Tagro,
quædam è uento certo tempore concipiunt equæ: ut hic gallinæ quoq; folent, quarum oua hypene
mia appellant, Varro. Sunt qui hypenemia, hoc eft fubuentaneos illos partus, zephyria nominent:
eò quòd uerno tempore aues flatus illos fœcundos ex fauonio recipere uideatur. fed idem faciunt
10 etiam fi digito in genitale palpetur, (τῇ χειρὶ πως ψηλαφωμέναι,) Ariftot. Nouimus altiles gallinas fine
maris opera, mulierum manibus tantum confotas, oua peperiffe, Oppianus in Ixeut. Oua fub-
uentitia (etfi partes uideantur habere omnes) principio carent, quod à maris femine affertur. quapropter animata non funt, &c, Ariftot. de generat. anim. 1.3. Et eiufdem libri capite primo, Perdices fœminæ (inquit) tum quæ coierint, tum quæ nondum coierint, quarum ufus eft in aucupijs, cum
olfaciunt marem, uocemq; eius audiunt, alteræ implentur, alteræ ftatim pariunt. nam ut in homine
& quadrupede fit, quorum corpora accenfa libidine turgent ad coitum, alia enim cum primùm uiderunt, alia cum leuiter tetigerunt, femen emittunt. fic & perdices fua natura libidinofæ, leui egent
motu cum turgent, citoq; fecernunt, (femen emittunt,) ut in ijs quæ non coierunt, fubuentanea con
fiftant: in ijs quæ coierint, oua breui augeantur & perficiantur. Et rurfus in eodem capite: Subuen
20 tanei conceptus in ijs fiunt auibus quæ non uolaces funt ut uncæ, fed multiparæ, quoniā excremen
to ipfæ abundant, uncis in alas & pennas id uertitur, corpufq; exiguum ficcum & calidum habetur.
deceffus autem menftruorum & genitura, excrementum funt. Et paulò pòft, Fiunt fubuentanea
oua, quoniam materia feminalis in fœmina eft, nec menftruorū deceffio fit auibus ut uiuiparis fanguine præditis. Volacibus fubuentanea non gignuntur, fcilicet eadem caufa, qua neq; multa ab ijs
ipfis generantur. Vncunguibus enim parum excreméti ineft, & marem defiderant ad excrementi
commotionem. Gignuntur fubuentanea oua plura numero quàm quæ fœcunda funt, fed minora,
ob unam eandemq; caufam. quòd enim imperfecta funt, minus augētur: quòd minus augentur, plu
ra numero exiftunt. minus etiam fuauia funt, quoniam minus concocta, cōcoctum enim in quouis
genere dulcius eft. Sed auiū aut pifcium oua non perfici ad generatione fine mare, fatis exploratum
30 habemus. Et rurfus, Auium etiam fubuentanea oua colorem duplicem obtinent, habent enim ex
quo utrunq; fit, & unde principium, & unde cibus. Sed hæc imperfecta funt & maris indiga, fiunt
enim fœcunda, fi quo tempore ineuntur à mare. Subuentanea oua fine coitu gignuntur. & falfum
eft quod quidam dicunt ea reliquias effe prægreffi coitus. fatis enim cōfpectum eft in nouella tum
gallina tum anfere, gigni fine coitu, Ariftot. Et rurfus, Non audiendi funt qui oua hypenemia dicta à uento, quafi fubuentanea dixeris, reliquias effe partus, quem coitus fecerit, arbitrantur. Iam
enim aliquas gallinarum & anferum iuuencas, expertes adhuc coitus parere hypenemia uifum fæpius eft. Sunt hæc fterilia & minora, ac minus iucundi faporis, & magis humida (ut Plinius quoq;
fcribit) quàm ea quæ fœcunda gignuntur, fed plura numero. humor eorum craffefcere incubatione
auis nō poteft: fed tam candida, quàm lutea pars fimilis fibi perfeuerat. Pariunt genus id oua plures
40 aues, ut gallinæ, perdices, columbæ, pauones, anferes, (ut Plinius quoq; transtulit) & quæ ab anfere,
& uulpe compofito nomine chenalopeces, id eft, uulpanferes dictæ funt. Oua huiufmodi omnia
funt infœcunda, nec aliud quàm ouum, nifi quo alio modo maris opera contingat, Idem. Et alibi,
Redditur certe ouum fubuentaneum illud fœcundum: & quod iam cōceptum per coitum eft, tran
fit in genus diuerfum, fi prius coëat, quæ uel fubuentaneū, uel femine maris diuerfi cōceptum fert,
quàm ouum ipfum à lutea in candidam ambiente partem proficiat. Ita enim fit, ut fubuentanea oua
fœcunda reddantur: & quæ inchoata à mare priore funt, fpecie pofterioris proueniāt. At fi iam can
didum acceperunt humorē, fieri non poteft, ut uel fubuentanea in fœcunda mutentur, uel quæ per
coitum concepta geftantur, tranfeant in genus maris, qui fecundus coierit. Græcè legitur fubuen
tanea oua fœcunda futura, fi gallina ineatur, πεεὶ μεταβαλείη (τὸ ὠὸν) ἐκ τὸ ἀχρῦ εἰς τὸ λόυκόψ: Niphus uer
50 tit, priufquam candidum obtegat luteum. prius enim oua lutea tantùm apparent in utero: poftea
etiam albumen in eis difcretum. Vbi autem fcribitur oua ex femine maris qui prius coierit concepta, degenerare fi alius inierit poftea, & pofterioris fpeciem referre: Albertus non recte habet, al-
terari ea ad fterilitatem ouorum uenti. Auis quæ ouum coitu conceptum gerit, fi cum alio mare
coierit, fimile eius quo cum poftea coiuit, excludet omne genus pullorum. quapropter nōnulli ex
ijs, qui ut gallinæ generofæ procreentur operam dant, ita mutatis admiffarijs faciunt, tanquam femen maris fua facultate materiam contentam in fœmina qualitate tantù quadam afficiat, non etiam
mifceatur conftitutionemq; fubeat, Ariftot. de generat. anim. 1.20. Irrita oua, quæ hypenemia diximus, aut mutua fœminæ inter fe libidinis imaginatione concipiunt, aut puluere, Plinius: qui hæc
ex authore aliquo Græco mutuatus uideri poteft. Græci ὑφ' ἀφλὼ tum puluerem uocant, tum
60 tactum fiue contrectationem. concipiunt autem gallinæ huiufmodi oua etiam manu contrectatæ,
ψηλαφώμεναι, ut Ariftoteles fcribit. Contra afferri poteft, ἀφλὼ non fimpliciter puluerē, fed illum quo
palæftritæ poft unctionem infpergebantur fignificare, ut Budæus annotauit ; & cum puluitratrices

N

sint gallinæ, & pulueratio quoqǂ contrectatio quædam & affricatio sit, hoc queǂ modo sterilia huiusmodi oua ab eis concipi posse.

¶ De eisdem subuentaneis ouis quæ apud Albertum obseruaui adijciam. Oua uenti (inquit) in auibus concipiuntur ex uento maximê. rara enim corpora habent, & aerea, & locum aui, per quem concipiunt, uento expositum. itaqǂ uento ad libidinem mouentur, sicut etiam mulieres austro matricem aperientes delectantur, unde menstruus sanguis attrahitur. Fit autem hoc frequenter in auibus propter uolatum & continuum caudæ motum, propter etiam attrahitur semen ad matrices earum. Fœminę enim auium testiculos habent super caudam & exteriori parte corporis: mares uerò interius, ubi alijs animalibus siti sunt renes. Et rursus, Zephyria oua concipiunt autumno, flante austrino uento. hic enim aperit corpora auium, & humectat, & fœcundat. Autumno autem abundat in eis sicca uentositas. Aliæ uerò oua uenti concipiunt uêre, receptione uenti austrini, item ad tactum manus supra anum, & per confricationem. Et alibi, Oua uenti dicuntur, eò quòd calor (incubantis auis) resoluere quidem ipsa potest in uentum : sed non formare in pullum. hæc tamen oua coagulabilia sunt hepsesi & optesi, sed non formabilia, proprio formante destituta. ita enim se habent ut seminis fœminæ permixtio cum sanguine menstruo, (sine semine uiri,) unde nihil generari potest. Si oua subuentanea gallinæ subijcias incubanda, nec albugo nec uitellus immutabûtur : sed utruncǂ colorem suũ seruabit. unde apparet errasse Galenum cum dixit, semen fœminæ quoqǂ coagulare in generatione & formare: etsi minus id efficiat quàm semen maris. Inueniûtur quædam oua uenti abscǂ albumine (abscǂ uitello, forte) qualia fiunt quando in materia coitus abundant gallinæ ex aliquo cibo singulariter materiam coitus operante. tunc enim abscǂ uitello testa albumini cir cunducitur: & figura oui datur & producitur. Vidi ego ouum prorsus sphæricum, duabus testis intectum, una intra alterâ, cum albumine aquoso tenui inter utrancǂ abscǂ ullo uitello, & altero etiam albumine intra interiorem testam. quod uerò uitellum solum haberet subuentaneum ouum uisum nullum adhuc est. hic enim pro alimento duntaxat est, membrana discretus ab albumine, quod est sperma fœminæ ui matricis & testium attractum ad oui substantiam. Inueniuntur præterea quædam oua uenti, quæ non habent testam exteriorem, sed membranam tantum quæ testǂ subijci solet. quod fit, quoniam talia oua humida sunt & aquosa: & non habent calorem satis ualidum: præsertim si cibo humido sperma augente alantur gallinæ, Hucuscǂ Albertus. ¶ Auctor est in Hexaemero Magnus Basilius, subuentanea oua in cæteris irrita esse ac noua, (uana,) nec ex illis souendo quicquam excuti: at uultures subuentanea ferê citra coitum progignere fertilitate insignia. Intelligi uerò subuentanea seu hypenemia debent, citra coitum concepta libidinis imaginatione. quæ ratio molam in fœminis quoqǂ producere creditur, uitæ ineptam. quod agens principium ex maris seminio non affuerit, Cælius. Ouum uenti est ouum super quod non cecidit tempore coitus ros & uirtus de semine maris: & uulgò dicitur ouum uenti, quod sterile sit & infœcundũ, Bellunensis. Gallinæ nouellæ, quas à Martio mense Germani denominant, pariunt nonnunquam oua subuentanea, Eberus & Peucerus. τλυθεσι γαρ τοι κỹ ανεμῳ σιγθοδυ θηλεων ορνιν, τηλιω οτιμ τῆσι τοκος, Plutarchus Sympos. 8.

¶ Oua quæ canicularia & urina (κυνόσυρα κỹ σενα) à nonnullis uocantur, æstate magis consistunt, Aristot. interprete Gaza, forte autem ab eo dicta fuerint cynosura, quod æstate & sub Cane magis urina fiunt. alioqui sydus etiam cynosura uocetur, nempe ursa minor. Deprauantur oua (inquit Aristot. de generatione anim. 3.2.) & fiunt quę urina appellantur, tempore potius calido, idcǂ ratione. Vt enim uina temporibus calidis coacescunt, fæce subuersa. hoc enim causæ est ut deprauentur. sic oua pereũt uitello corrupto. id enim in utriscǂ terrena portio est. quamobrem & uinum obturbatur fæce permista, & ouum uitello diffuso. Multiparis igitur hoc accidit meritò, cum non facile omnibus calor conueniens reddi possit, sed alijs deficiat, alijs superet, & quasi putrefaciendo obturbet. Vncunguibus etiã quamuis parũ fœcundis, nihilominus tamen idem euenit. sæpe enim uel alterum ex duobus urinum fit, sed tertium semper ferê. Cum enim calida sua natura sint, faciũt, ut quasi ferueat supra modum humor ouorum. Cum autem plus iusto calescunt, nisi ex recremento humido sint, saniescunt, reddunturcǂ urina. Columbas inquit idem de hist. 6. 4. ut plurimum bina tantum oua parere, & si quando tria pepererint, binos tantum pullos perfici, ouum tertium urinum relinqui. Vrina fiunt incubatione derelicta, quæ alij cynosura dixêre, Plinius. Oua generationi inepta σεα quasi fluctuosa dici legimus. nam σρογ dicunt uentum, quo argumento etiamnum ab Homero mulos dici ορνας coniectant periti, & recenset Eustathius : οξα το αγονου, id est ob insitam non gignendi proprietatem, quòd eorum semen sit ανημαιου, id est spiritosum, & proinde fœcunditatis nescium, Cælius. Vnde fit ut τα αφανισθεντα ωα κỹ ωρεiζαντα, hoc est corrupta & urina oua, fluitentǂ Integra certê κỹ ατεlῆ, confestim sidere, manifestum est. Ac ratio quidem erui illinc potest, quòd aquescant, ac spiritus contabescentia concipiant plurimum. Qua ratione colligitur & illud, cur in aqua pereuntes, primò quidem ima petere : mox ubi computrescere cœperint, emergere ac fluitare soleant, &c. Idem. Ab exhausto ouo facile plenum discernes, si ea in aquam demiseris. hoc siquidem descendet & delabetur, illud uerò natabit in superficie, Leontinus. Ouum recens positum in aqua salsa supernatat, in dulci uerò submergitur, ut Aponensis in problematis scribit. Aquam marinæ similiter salsam reddituri, tandiu salem inijciunt, donec ouum non subsidat. De ouis
iquorum

quorum albumen corruptum eſt, ſicut humor in apoſtemate, unde & infœcundã & omnino ſœtida
redduntur, Alberti uerba recitaui ſupra. Videntur autem eadem urina Ariſtotelis eſſe: quanquam
is urinorum non albumen ſed uitellum corruptum eſſe ſcribit. ¶ Si incubante gallina tonuit, oua
pereunt, Ariſtot. Si cubatu tonuerit, oua pereunt: & accipitris audita uoce uitiantur, remediũ con
tra tonitrum, clauus ferreus ſub ſtramine ouorum poſitus, aut terra ex aratro, Plinius. Tonitrua
incubationis tempore oua concutiunt, unde illa corrumpuntur, & præcipue ſi iam in eis formati
ſunt pulli, ſed aliarum auium ouis magis hæc nocent, aliarum minus: coruorum maximè. itaque uidentur corui partu ſuo & incubitu tempus tonitrui præuenire, & pullos Martio educare, Albert.
Tonitruis uitiantur oua, pulliq́; ſemiformes interimuntur antequam toti partibus ſuis conſummen
tur, Columella.

¶ Incubatio & Excluſio. De incubatione nonnihil ſuperius ſcriptum eſt, & ſcribetur in E. co-
pioſè. Gallinæ cum incubant, non cum pepererint, furiunt, ratione inediæ, Ariſtot. in Problem.
10.37. Ouis triduo incubatis puncti magnitudine apparent uiſcera, Ariſtot. Et rurſus, Oua gallinarum tertia die ac nocte poſtquam cœpere incubari, indicium præſtare incipiũt. maiori quidem
auium generi plus temporis præterea neceſſe eſt, minori minus ſufficit. Schiſta oua Plinius appellat tota lutea, quæ triduo incubata tollitur. Cauſa nominis, ut arbitror, quia diuidantur, & diſcedat uitellus à candido, Hermolaus. In ouo primum apparet caput pulli, Galenus in Anatome ui-
uorum, ſed de formatione pulli in ouo plura ſuperius ſcripta ſunt. ¶ Excludũt celerius incuban
tes æſtate, quàm hyeme, ideo æſtate gallinæ duodeuigeſimo (undeuigeſimo, Plinius) die fœtum excludunt: hyeme aliquando uigeſimoquinto. Diſcrimen tamen & auium eſt, quòd aliæ magis aliis
fungi officio incubandi poſſunt, Ariſtot. Aeſtate locis calidis decimonono die exeunt oua, hyeme
uiceſimonono, Albertus. Caput pulli ad acumen oui conuertitur, & totum corpus ad reſiduum:
& pullus naſcitur ſupra pedes, ſicut & cæteri pulli auium, Idem. Et rurſus, Exit auium in partu
prius pars latior, quæ extrorſum in aue uertitur: poſterius acuta, quæ diaphragma reſpicit. quare
etiam durior eſt eadem & ex calore nonnihil corrugata in ouis gallinarum. Exeunt oua à rotun-
diſſima ſui parte, dum pariuntur, molli putamine, ſed protinus dureſcente, quibuſcunq́; emergunt
portionibus, Plinius.

D.

Gallinæ cum mares uicerint, cucuriunt, & exemplo marium tentant ſuperuentu coire. criſtã
etiam caudaq́; erigitur, ita, ne facile prætereaſit, an fœminæ ſint cognoſcere. nonnunquã etiam calcaria parua iis enaſcuntur, Ariſtot. ¶ Villaribus gallinis & religio ineſt. inhorreſcunt edito ouo,
excutiuntq́; ſeſe, & circumactu purificant, & feſtuca aliqua ſeſe & oua luſtrant, Plin. De hoc gallinarum pericarphiſmo, plura leges in C. εἰς δ᾽ ὄρνις ἀπήϊςι νεοσσοῖσι πεφορβόσι Μάϛακ᾽, ἐπεὶκε λαβῆσι, κακῶς
δ᾽ ἄρα οἱ πέλει αὐτῇ, Achilles Iliad. 1. ſuos quos pro Græcis ſubierat labores & pericula præ nimia in
eos beneuolentia, conferens matricis auis (gallinæ nimirum per excellentiam) in pullos affectui,
quos illa dum paſcit, & cibos ſubinde collectos ore porrigit, ſe ſuamq́; famè negligit. Citat hæc uerba Plutarchus in libro de amore parentum erga prolem. Vbi hæc etiam eius uerba leguntur, ὅτι ἡ
ὀμνιεικὴ ὄρνις τῷ ἑαυτῆς τρέφει λιμῷ τὰ ἔγχονα καὶ τὼ προφῶν δ᾽ γαςρὸς ἀπόλαύων, ἀκρατεῖ καὶ πικζα τῷ ςόμα-
τι, μὴ λάβη κατακπεῖζα. Gyb. Longolius ſic tranſtulit, Homerica auis ſua fame paruulos paſcit: &
nutrimentum quod uentri ſuo deſtinauerat, ore retinet, ne eo in uentre delapſo in obliuionem ipſa
adducatur. Sed lector conſyderabit, an ſic potius reddi debeat uerba poſteriora: Ventris ſui alimen
tum ore tenens, abſtinet tamen, & ne forte nolès etiam deglutiat, mordicus premit. Et paulò poſt
in eodem libro: Quid uerò gallinæ, (inquit Plutarchus,) quas obuerſari noſtris oculis quotidie domi conſpicamur, quanta cura & ſedulitate pullos cuſtodiũt & gubernant? aliis alas, quas ſubeant,
remittunt: aliis dorſum, ut ſcandant, reclinant, neq́; ulla pars corporis eſt, qua nõ fouere illòs, ſi poſſent, cupiant: neq́; id ſine gaudio & alacritate, quod & uocis ſono teſtari uidentur. Canes & angues
(κυνίας καὶ δρακόντιας, forte κίρκας καὶ δρακόντας) cum de ſe agitur, ſibiq́; ſolis metuunt, fugiunt tum
quidem, ſi uero pullorum agmini ab his periculum uerentur, uindicare illud ab iniuria nituntur, &
ſuprà quàm uires patiuntur ſæpe dimicant. Gallinæ aueſq́; reliquæ, ſicut Cicero ait, & quietum
requirunt ad pariendum locum, & cubilia ſibi nidoſq́; conſtruunt, eoſq́; quàm poſſunt molliſſimè
ſubſternunt, ut quàm facillimè oua ſeruentur. ex ouis pullos cum excluerunt, ita tuentur, ut & pen
nis foueant, ne frigore lædantur: & ſi eſt calor à Sole, ſe opponant. Cum autem pulli pennulis uti
poſſunt, tum uolatus eorum matres proſequuntur, Gillius. Super omnia eſt anatum ouis ſubditis
atq́; excluſis, admiratio primò non planè agnoſcentis fœtum: mox incertos incubitus ſolicitè con-
uocantis: poſtremò lamenta circa piſcinæ ſtagna, mergentibus ſe pullis natura duce, Plin. Exeun
tes pullos gallina ſub alas cõgregat, defenditq́; eos à miluo & aliis periculis, Albert. Gallina ſupra
modum diligit fœtum ſuæ ſpeciei, adeò ut præ uoce nimis acuta qua ſuum in pullos amorem teſtatur, ægreſcat. Oua quidem quæ incubat, unde ſint non curat, circa alienum etiam partum ſolicita,
Idem. Gallina ardet ſtudio & amore pullorum: primum enim ui circum auem rapacem ſupra tectum gyros agere cognoſcit, ſtatim uehementer uociferatur, & ceruicem iactans, atq́; in gyrũ con-
torquens, caput in altum tollit, ac omnibus plumis inhorreſcit, tum explicatis alis timidos pullos,
& ſub alato tegmine pipientes protegit, auemq́; procacem retrocedere cogit: Deinde eos ex lati-

N 2

bulo plumeo prodeuntes studiose pascit, Gillius. Nostri misuũ aut accipitris genus à gallinarum
præda uocant den bũnerdieb, id est gallinarum furem. Rubetarium esse credo accipitrem illum
(inquit Turnerus) quem Angli hen harroer nominant. Porrò ille apud nostros à dilaniandis gallinis nomen habet, palumbarium magnitudine superat, & coloris est cinerei. Humi sedentes aues in
agris, & gallinas in oppidis & pagis repête adoritur. Præda frustratus, tacitus discedit, nec unquam
secundum facit insultum, hic per humum omnium (accipitrum) uolat maximè. Vrticarum genera
quędam mortifera pullis, gallina rostro nititur euellere: in quo conatu tantum aliquando laborat, ut
rumpatur interius, Albertus.

¶ Quæ nam animalia gallinis infesta sint, dictum est paulò ante, & supra etiam in Gallo D. dice-
turúq amplius infra in E. Gallinam ferunt eo die quo ouum peperit, à serpente lædi non posse: 10
& tum carnem quoq eius à serpente morsis remedio esse, Albert. Qui serpentium canisue dente
aliquando læsi fuerint, eorum superuentus gallinarum incubitus, pecorũ fœtus abortu uitiãt, Plin.

E.

Electio. Mercari porrò nisi fœcundissimas aues non expedit. eæ sint rubicundæ uel fuscæ plu
mæ nigrisq pennis, ac si fieri poterit, omnes huius, & ab hoc proximi coloris eligantur : sin aliter,
euitentur albæ, quæ ferè cum sint molles, ac minus uiuaces, tum ne fœcundæ quidem facile reperiuntur, atq sunt conspicuæ. propter quod insigne candoris ab accipitribus & aquilis sæpius abripiuntur, sint ergo matrices probi coloris, robusti corporis, quadratæ, pectorosæ, magnis capitibus,
rectis rutilisq cristulis, albis auribus: & sub hac specie quàm amplissimæ, nec paribus ungulis, ge-
nerosissimæq creduntur, quæ quinos habent digitos, sed ita ne cruribus emineant transuersa calca= 20
ria. nam quæ hoc uirile gerit insigne, contumax ad concubitum dedignatur admittere marem, ra-
róq fœcunda, etiam cum incubat, calcis aculeis oua perfringit, Columella. Sint præcipuè nigræ
aut flaui coloris, Palladius. Gallinarum generositas spectatur, crista erecta, interdum & gemina,
pennis nigris, ore rubicundo, digitis imparibus, aliquãdo & super quatuor digitos transuerso uno,
Plin. Qui uillaticas gallinas parat, eligat fœcundas, plerunq rubicunda pluma, nigris pennis, imparibus digitis, magnis capitibus, crista erecta ampla. hæ enim ad partiones sunt aptiores, Varro.
Gallinas educaturus eligat fœcundissimas : quas nimirum ex usu rerum & experientia dignoscet:
imò uerò ex pluribus alijs indicijs. In uniuersum enim quæ colore flauescunt, & sortiuntur digitos
impares, quæq magna possident capita (τᾶς ὄῖ ϛ μμεγάλας, oculos magnos, Cornarius) cristamq erigunt: nec non nigriores & corpulentiores. Eæ omnes gallinæ facile mares ferent: multò erunt præ= 30
stantiores ad partum, oua maxima ædent : ac breuiter, generosos excludent pullos, Florentinus.
Mox quoq sicut in cæteris pecoribus eligenda quæq optima, & deteriora uendẽda: seruetur etiam
in hóc genere, ut per autumni tempus omnibus annis, cum fructus earum cessat, numerus quoque
minuatur, Summouebimus autem ueteres, id est quæ trimatum excesserunt. Item quæ aut parum
fœcundæ, aut parum bonæ nutrices sunt, & præcipue quæ oua uel sua, uel aliena consumunt. Nec
minus, quæ uelut mares cantare, atq etiam calcare cœperũt. Item serotini pulli, qui ab solstitio nati
capere iustum incrementum non poterunt. In masculis autem non eadem ratio seruabitur, sed tandiu custodiemus generosos, quandiu fœminam implere potuerint. Nam rarior est in his auibus ma
riti bonitas, Columella.

¶ Gallinarium. Aedicula ista cuius parietibus corbes (quos Varro gallinarum cubilia appel= 40
lat) affixos uides, in ijsq gallinas incubantes, officina cohortalis ob id appellatur, quòd non aliter ac
in officinis nostris cuncta parantur, quæ in usum humanum ueniunt, ita istic oua & pulli, quæ in ci
bum. Iste qui in gallinarium scandit, & oua manibus uersat, gallinarius curator uel custos rectè dicetur, Gyb. Longolius in dialogo de auibus. ¶ Nõ sunt plures quàm quinquaginta in uno auiario nutriendæ, labefaciantur siquidem in angusto arctatæ, porrò numeri gallinarum pars sexta sint
gallinacei galli, Florentinus. Parandi matrices modus est ducentorũ capitum, quæ pastoris unius
curam dispendant: dum tamen anus sedula uel puer adhibeatur custos uagantium, ne obsidijs homi
num aut insidiosorum animalium diripiantur, Columella. Si ducentas alere uelis, locus septus at-
tribuendus, in quo duæ caueæ coniunctæ magnæ constituendæ, quæ spectent ad exorientem uersus, utræq in longitudinem circiter decem pedes, latitudine dimidio minores (latitudine paulò mi 50
nus, Crescenti.) & altitudine paulò humiliores. Vtriusq fenestræ latitudine tripedali, & eo (uno) pe
de altiores, è uiminibus factæ raris, ita ut lumen præbeant multum, neq per eas quicquam ire intrò
possit quod nocere solet gallinis. Inter duas ostium sit, qua gallinarius curator earum ire possit. In
caueis crebræ perticæ traiectæ sint, ut omnes sustinere possint gallinas. Contra singulas perticas in
pariete exculpta sint cubilia earum. Ante sit (ut dixi) uestibulum septũ, in quo diurno tempore esse
possint, atq in puluere uolutari. Præterea sit cella grãdis, in qua curator habitet, ita ut in parietibus
circum omnia posita sint cubilia gallinarum, aut exculpta, aut affixa firmiter. Motus enim cum incubant nocet, Varro. Gallinaria constitui debent parte uillæ, quæ hybernum spectat orientem:
iuncta sint ea furno, uel culinæ, ut ad auem perueniat fumus, qui est huic generi præcipuè salutaris.
Totius autem officinæ, id est ornithonis, tres continuæ extruuntur cellæ, quarum, sicuti dixi, perpe 60
tua frons orienti sit obuersa. In ea deinde fronte exiguus detur unus omnino aditus mediæ cellæ,
quæ ipsa tribus minima esse debet in altitudinẽ, & quoquouersus pedes septẽ : in ea singuli dextro,
lauóq

lęuoꝗ parietc aditus ad utranꝗ cellam faciendi funt, iuncti parieti, qui eſt intrantibus aduerſus. Huic autem focus applicetur tam longus,ut nec impediat prædictos aditus, & ab eo fumus perue‐ niat in utranꝗ cellam:eæꝗ longitudinis & altitudinis duodenos pedes habeant, nec plus latitudi‐ nis quàm media ſublimitas:diuidantur tabulatis , quæ ſupra ſe quaternos, & infra ſeptenos liberos pedes habeant,quoniam ipſa ſingulos occupant,utraꝗ tabulata gallinis ſeruire debent,& ea paruis ab oriente ſingulis illuminari feneſtellis,quæ & ipſe matutinum exitum prębeant auibus ad cohor tem,nec minus ad ueſpertinum introitum,ſed curandum erit, ut ſemper noctibus claudantur, quo tutius aues maneant,Intra tabulata maiores feneſtræ aperiantur:& eę clatris muniantur,ne poſsint noxia irrepere animalia. Sic tamen, ut illuſtria ſint loca, quo commodius habitent, auiariusꝗ ſubin
10 de debet ſpeculari aut incubantis, aut parturientis fœtus. Nam etiam in ijs ipſis locis ita craſſos pa‐ rietes ædificare conuenit,ut exciſa per ordinem gallinarū cubilia recipiant:in quibus aut oua ædan tur, aut excludantur pulli,hoc enim & ſalubrius, & elegātius eſt, quàm illud,quod quidam faciunt, ut palis in parietes uehementer actis,uimineos qualos ſuperimponant. Siue autem parietibus,ita, ut diximus,cauatis, aut qualis uimineis, præponenda erunt ueſtibula, per quæ matrices ad cubilia uel pariendi, uel incubandi cauſa perueniant, necꝗ enim debent ipſis nidis inuolare , ne dum adſi‐ liunt,pedibus oua côfringant. Aſcenſus deinde auibus ad tabulata per utranꝗ cellam datur iunctis parieti modicis aſſerculis, qui paulum formatis gradibus aſperantur, ne ſint aduolantibus lubrici. Sed ab cohorte forinſecus prædictis feneſtellis ſcandulæ ſimiliter iniungātur, quibus irrepant aues ad requiem nocturnam.Maxime autem curabimus,ut & hæc auiaria,& cætera, de quibus mox di‐
20 cturi ſumus,intrinſecus,& extrinſecus poliantur opere tectorio, ne ad aues feles habeant aut colu‐ ber acceſſum, & æque noxiæ prohibeantur peſtes. Tabulatis inſiſtere dormientem auem non expe dit,ne ſuo lædatur ſtercore,quod cum pedibus uncis adhæſit, podagram creat. ea pernicies ut eui‐ tetur,perticæ dolantur in quadrum,ne teres lęuitas earum ſuperſilientem uolucrem non recipiat conquadratæ deinde foratis duobus aduerſis parietibus induntur, ita ut à tabulato pedalis altitudi‐ nis,& inter ſe bipedalis latitudinis ſpatio diſtent.hæc erit cohortalis officinæ diſpoſitio. Cæterū co‐ hors ita,per quam uagantur,non tam ſtercore, quàm uligine careat. nam plurimum refert aquam non eſſe in ea niſi uno loco , quam bibant, eamꝗ mundiſsimam : nam ſtercoroſa pituitam concitat. puram tamen ſeruare non poſsis, niſi clauſam uaſis in hunc uſum fabricatis.ſint aūt,qui aut aqua re‐ plętur,aut cibo,plumbei canales,quos magis utiles eſſe(quàm)ligneos,aut fictiles côpertum eſt. hi
30 ſuperpoſitis operculis clauduntur, & à lateribus ſuper mediam parté altitudinis per ſpatia palmaria modicis forantur cauis,ita ut auium capita poſsint admittere.nam niſi operculis muniantur, quan‐ tulumcunque aquæ, uel ciborum ineſt, pedibus euertitur. ſunt qui à ſuperiore parte foramina ipſis operculis imponant,quod fieri non oportet:nam ſuperſiliens auis proluuie uētris cibos , & aquam conſpurcat,Columella. Cors ad meridiem pateat , & obiecta ſit ſoli , quò facilius hyeme aliquem teporem concipiat,propter ea,quæ inſunt animalia,quibus etiam ad æſtatis temperādum calorem porticus furcis, aſſeribus, & fronde formari debent,quæ uel ſcandulis,uel (ſi copia ſuppetit)tegulis, uel(ſi facilius,& ſine impenſa placuerit)tegentur caricibus aut geniſtis,Palladius. Gallinæ dome‐ ſticæ in calidioribus & bene munitis ab aëris & frigoris aditu locis ſunt educādæ, in quibus fumus quidam exurgit,In parietibus autem ipſis manſiunculas facere expedit, ut in eis pariant.Intra quas
40 etiam adaptandi ſunt aſſeres, paleæꝗ ſimiliter ſubſternendæ: ne uidelicet delatum ouum in durum incidens dirumpatur. perticæ etiam figendæ ſunt, in quibus aues pernoctant,Florentinus. Galli‐ nas educare nulla mulier neſcit,quæ modo uideatur induſtria. Hoc de his præcepiſſe ſufficiat, ut fu mo,puluere utantur,& cinere,Palladius. Siccus etiam puluis,& cinis ubicunꝗ cohortem porti‐ cus,uel tectum protegit,iuxta parietes reponēdus eſt,ut ſit, quo aues ſe perfundant. nam his rebus plumam,ʼpinnasꝗ emundant:ſi modo credimus Epheſio Heracleto, qui ait ſues cœno, cohortales aues puluere,uel cinere lauari,Columella. Gallina poſt primam emitti, & ante horam diei unde‐ cimam claudi debet:cuius uagæ cultus hic quem diximus,erit:nec tamen alius clauſæ, niſi quod ea non emittitur , ſed intra ornithonem ter die paſcitur maiore menſura. nam ſingulis capitibus qua‐ terni cyathi diurna cibaria ſunt,cum uagis terni uel bini præbeantur. Habere etiam clauſam opor‐
50 tet amplum ueſtibulum,quò prodeat,& ubi apricetur: ideꝗ ſit retibus munitum ne aquila,uel acci‐ piter inuolet:quas impenſas,& curas niſi locis,quibus harum rerum uigent precia,non expedit ad‐ hiberi.Antiquiſsima eſt autem cum in omnibus pecoribus, tum in hoc fides paſtoris , qui niſi eam domino ſeruat,nullus ornithonis quæſtus uincet impenſas,Idem.

¶ Gallinæ ad ouorum partionem à uillico,à nobis uerò in menſam ali ſolent, Gyb. Longolius. Gallinarū fructus ſunt oua & pulli, Varro.item priuatim capus & gallus,Humelberg. ¶ Liben‐ tius ferè & commodius pariunt gallinæ,cum iam prius ouum in nido conſpiciunt:quamobrem ali‐ qui marmor ad oui ſimilitudinem formatum imponunt.

¶ Gallinæ ut oua multa & magna pariant. Vinaceꝗ cibo ſterileſcūt. Hordeo ſemicocto & pa‐ rere ſæpe coguntur, & reddent oua maiora. Duobus cyathis ordei bene paſcitur una gallina quæ ſit
60 uaga,Palladius. Fabæ etiam uel earum cortices ſterilitatem gallinis inducere putantur : Vide ſu‐ pra in c. Naſturtij ſemina trita cum furfure ſubacta uino,gallinis in cibū exhibita, efficiunt ut oua magna pariant,Raſis. Ad idem,Comminutam Laconicam teſtam ac furfuri miſtam lęuigatamꝗ
N 3

uino eis propone, aut ipsius testæ contritæ acetabulum unum duobus chœnicibus furfuris miscens, edendum dato. Sunt qui ad eundem effectum alimento minium (μίλτυ, rubricam, Cornarius) permisceant, Leontinus. Gralegæ (Rutæ caprariæ) semen dicunt mirabiliter fœcundi tatem gallinarum augere, Crescentiensis. Gallinis quæ oua parere nequeunt, gith dato, Obscurus. Galline semine cannabis pastæ ꝑer totam hyemem oua pariunt, quod & urticæ semen facere certum est, Brasauola. Atqui Symeo Sethi, cannabis semen in homine genituram exiccare scribit instar caphuræ. Vrticæ siccantur, atteruntur manibus, seruantur in hyemem, & in aqua seruefiunt pro gallinarum cibo per hyemem, ut inde fœcundiores reddantur. Sunt qui furfuribus coctis tanta crassitie, quanta sumi à gallinis poterunt, matura urticæ semina immiscent : & sic eas per hyemem incalescere & fœcundiores fieri aiunt. Sed de alimentis quæ horum alitum fœcunditatem augent, inferius etiam 10 in mentione de cibis earum dicetur. Aliqui uiscum etiam pro gallinis coquunt. Visci quidem pabulo fœcunditatem dari cuicunꝗ animali sterili arbitrari nonnullos, author est Plinius. Gallinarum quæ absinthium edunt, oua, amariuscula fiunt, Matthæolus.

DE INCVBATIONE: ET PRIMVM QVAENAM OVA SVBIICIENDA,
& quot numero: & quibus gallinis , & quando. Deinde quæ cura parientibus & incubantibus adhibenda. De ouis diuersarum auium, quæ gallinis subijci possunt, De ijs quæ oua propria edunt, &c.

    Oua quæ incubanda subijcies, potius è uetulis sunto, quàm è pullastris, Varro. Aptissima sunt ad excludendum recentissima quæꝗ. possunt tamen etiam requieta supponi, dum ne uetustiora sint 20 quàm dierum decem, Columella. Oua incubari infra decem dies ædita utilissimum. uetera aut recentiora infœcunda, Plinius. Oua decem dierum bene fouentur, & pauciorum usꝗ ad oua quatri duana. quæ infra aut supra hoc tempus sunt, minus ualere probantur, Albertus. Oua plena sint, atꝗ utilia, (fœcunda, Albertus) nec ne, animaduerti aiunt posse, si demiseris in aquam : quod inane natat, plenum desidit. Qui, ut hoc intelligant, concutiunt, errare, quod in eis uitales uenas confundunt. In ijs idem aiunt, cum ad lumen sustuleris, quod perlucet, id esse obinane, Varro, Florentinus & Plinius. Plura uide supra in c. ubi de ouis urinis dictum est. & inferius ubi de incubatione scribetur. Oua ad incubationem eliguntur, in quibus Soli obtentis semen galli apparet. tum à septem dierum incubitu iterum inspiciuntur : & si quod est quod Soli obtentum non appareat alteratum, eijcitur tanquam subuentaneum & inutile, Albertus. Sed alij (ut infra recitabimus, ubi de cura in= 30 cubantium sermo erit) uersus Solem an seme galli appareat contemplari solent, non in ijs ouis quæ ad incubationem initio deliguntur, sed quæ per aliquot dies incubitum iam pertulerut. Cum quis uolet quamplurimos mares excludi, longissima quæꝗ & acutissima oua subijciet: & rursus cum fœminas, quàm rotundissima, Columella. Vide supra in c. In supponendo oua obseruant, ut sint numero imparia, Varro, Plinius, Palladius & Florentinus. ❡ Quæ uelis incubet, negant plus uigintiquinꝗ oportere oua incubare, quamuis propter fœcunditatem pepererit plura, Varro & Plinius. Mulieres nostræ ultra septendecim uel nouendecim oua non supponunt, Crescentiensis. Numerus ouorum quæ subijciuntur, impar obseruatur, nec semper idem: nam primo tempore, id est mense Ianuario quindecim, nec unquam plura subijci debent, Martio XIX. nec his pauciora, u= num & uiginti Aprili. tota deinde æstate usꝗ in calendas Octobris totidem. Postea superuacua est 40 huius rei cura, quod frigoribus exclusi pulli plerunꝗ intereant, Columel. A calendis Nouembris gallinis oua supponere nolito, donec bruma conficiatur. In eum diem ternadena subijcito æstate tota, hyeme pauciora, non tamen infra nouena, Plinius. Supponatur gallinæ, fœcundæ quidem non plura quàm uigintria oua, pauciora uerò non tali: scilicet pro uniuscuiusꝗ natura, Florentinus. Ferè autem, cum primum partum consummauerint, gallinæ incubare cupiunt ab Idibus Ianuarijs, quod facere non omnibus permittendum est, quoniam quidem nouellæ magis edendis, quàm excubandis ouis utiliores sunt. Inhibeturꝗ cupiditas incubandi pinnula per nares traiecta. Veteranas igitur aues ad hanc rem eligi oportebit, quæ iam sæpius id fecerint, moresꝗ earum maxime pernosci, quoniam aliæ melius excubant, aliæ editos pullos commodius educant. At è contrario quædam & sua & aliena oua comminuunt, atꝗ consumunt, quod facietem protinus submouere conueniet, 50 Columella. Oua subijciantur, non quidem ijs quæ florent ætate, aut parere possint, gallinis, sed prouectioribus. uigent enim atꝗ florescunt anniculæ ad emissiones (partiones) ouorum, potissimum autem bimæ. sed minus quæ sunt seniores, Florentinus. Appositissimæ ad partum sunt anniculæ aut bimæ, Varro. Gallinæ incubationi destinandæ, rostra aut ungues non habeant acutos. tales enim debent potius in concipiendo occupatæ esse , quàm incubando, Idem. Quæ non secus quàm gallinacei calcaribus spiculatis armantur, cauendum est ne eæ incubent. pertundunt enim oua, Florentinus. Oportet qua die subditurus es oua, non unam tantum gallinam, sed tres superponere aut quatuor, Idem.

    ❡ Frigoribus exclusi pulli plerunꝗ intereunt. Pleriꝗ tamen & ab æstiuo solstitio non putant bonam pullationem, quod ab eo tempore etiam si facilem educationem habent, iustum tamen non 60 capiunt incrementum. Verum suburbanis locis, ubi à matre pulli non exiguis precijs ueneunt, nec plerunꝗ intereunt, probanda est æstiua educatio, Columella. Aiunt optimum esse partum æqui-
noctio

noctio uerno, aut autumnali. Itacy quæ ante, aut postea nata sunt, & etiam prima eo tempore, non
supponenda, Varro. Oua gallinæ subdenda ab eo potissimum tempore ædi etiam debent, quo spi
rat Zephyrus, uscy ad Autumnale æquinoctium. Nempe à septima Februarij, uscy ad uigesimam se
cundam Septembris. Quare dum emittuntur hoc tempore, separatim seruentur, ut ex eis pullorum
exclusio fiat. Quæ enim ante id temporis æduntur oua, aut etiam eo transacto, quæcy etiam ædidit
primò gallina, eorum certe nullum est subijciendum. Infœcunda siquidem fiunt, imperfectæcy. Est
autem præstantissimum tempus æquinoctium uernum ad incubandum, hoc est à uigesima quarta
Martij uscy ad nonas Maias, Florentinus. Oua Luna noua supponito, Plin. Incubare oportet incipere secundum (post)nouam Lunam. quòd ferè quæ antè (prius inchoata) non succedunt, (non
10 proueniunt,) Varro & Plinius. Semper cum supponuntur oua, côsiderari debet, ut Luna crescen
te à decima uscy ad quintamdecimam (quod & Palladius repetit, & Tragus hodie à mulieribus in
Germania obseruari scribit)id fiat. nam & ipsa suppositio per hos ferè dies est commodissima:& sic
administrandum est, ut rursus cum excluduntur pulli, Luna crescat, diebus quibus animantur oua,
& in speciem uolucrum côformantur, Columella. Oportet subijci oua Luna increscente:hoc est,
à primilunio uscy ad quartamdecimam die. nam quæ ante nouilunium subiecta sunt, tabescunt &
corrumpuntur, Florentinus. Ex ouis natis in defectu Lunæ(non generantur pulli.)sed plurimum
sunt generantia. (horum uerborum sensum nô assequor:& ni fallor, omitti possunt.) eò quòd oua à
nouilunio uscy ad plenilunium & replentur & humectantur, & sunt laudabilia ad generationem.&
econuerso, quæ generantur à plenilunio uscy ad nouilunium, Elluchasem. Audio hanc apud nos
20 quorundam persuasionem esse, ut ex ouis suppositis omnibus fœminæ generentur, subijci oportere
plenilunio, & ea quocy ad hoc præferunt quæ in plenilunio nata fuerint : & ita obseruandam temporis rationem, ut in plenilunio etiam excludantur pulli.

¶ Parientium & incubâtium cura. Gallinas includere oportet, ut diém & noctem incubent,
præter quàm manè & uespere, dum cibus ac potio his detur. Curator oportet circumeat diebus interpositis aliquot, ac uertat oua, ut æquabiliter concalefiant, Varro & Florentinus. Recludere autem hostium est opus, tum diluculo, tum crepusculo uespertino, illiscy pro consuetudine offerre &
nutrimentum & potum: ac postea rursus occludere. quòd si aliquæ non ascenderint ultrò, cogendæ
sunt, Florentinus. Supponendi consuetudo tradita est ab ijs, qui religiosius hęc administrant eiusq
modi. Primum quàm secretissima cubilia eligunt, ne incubantes matrices ab alijs auibus inquieten
30 tur; deinde antequam consternant ea, diligenter emundant, paleascy, quas substraturi sunt, sulfure,
& bitumine, atcy ardente tæda perlustrant, & expiatas cubilibus inijciunt, ita factis côcauatis nidis,
ne ab aduolantibus, aut etiam desilientibus euoluta decidant oua. Plurimi etiam infra cubilium stra
menta graminis aliquid, & ramulos lauri, nec minus allij capita cum clauis ferreis subijciunt : quæ
cuncta remedia creduntur esse aduersus tonitrua, quibus uitiantur oua, pullicy semiformes interimuntur ante, quàm toti partibus suis consummentur. Seruat autê qui subijcit, ne singula oua in cubili manu componat, sed totum ouorum numerum in alueolum ligneum conferat : deinde uniuersum leniter in præparatum nidum transfundat, Incubantibus autem gallinis iuxta ponendus est cibus, ut saturæ studiosius nidis immorentur, néue longius euagatæ refrigerent oua: quæ quamuis pe
dibus ipsæ conuertant, auiarius tamen, cum desilierint matres, circumire debet, ac manu uersare, ut
40 æqualiter calore concepto facile animentur. Quin etiam si qua unguibus læsa, uel fracta sunt, ut re-
moueat. Idcy cum fecerit, die undeuigesimo animaduertat, an pulli rostellis oua percuderint, & au-
sculterit, si pipiant. nam sæpe propter crassitudinem putaminum erumpere non queunt. Itaque hæ
rentes pullos manu eximere oportebit, & matri fouendos subijcere, idcy nô amplius triduo facere.
nam post unû & uigesimum diê silentia oua carent animalibus: eacy remouenda sunt, ne incubans
inani spe diutius detineâtur effœta, Columella. In cubilibus, cum parturiêt, acus substernendum:
cum pepererint, tollere substramen, & recens aliud subijcere, quod pulices & cætera nasci solent,
quæ gallinâ conquiescere non patiuntur, ob quam rem oua aut inæquabiliter maturescunt, aut consenescunt, Varro. Curæ autem debebit esse custodi, cum parturient aues, ut habeant quàm mun-
dissimis paleis constrata cubilia, eacy subinde conuerrat, & alia stramenta quàm recentissima repo-
50 nat:nam pulicibus, alijscy similibus animalibus replentur, quæ secum affert auis, cum ad idem cubile reuertitur. Assiduus autem debet esse custos, & speculari parietes, quod se facere gallinæ testan
tur crebris singultibus interiecta uoce acuta. Obseruare itacy, dum edant oua, & côfestim circumire
oportebit cubilia, ut quæ nata sint recolligantur, notenturcy quæ quocy die sint edita, ut quàm recen
tissima supponantur glocientibus:sic enim rustici appellant aues eas, quæ uolunt incubare. Cætera
uel reponantur, uel ære mutentur, Columella. Cum uolumus ut ouis gallinæ incubent, stramen ni
tidum est substernendum, in eocy imponendus ferreus clauus: quòd is uideatur habere uim uitium
quoduis propulsandi, Florentinus. Oua quæ incubantur, si habeant in se semê pulli, curator quatriduo postquam incubari cœperint, intelligere potest:si contra lumen tenuit, & purum uniusmodi
esse animaduerterit, putant eijciendum, & aliud subijciendum, Varro. Quarto die postquam cœ-
60 pere incubari, si contra lumen cacumine ouorum apprehenso una manu, purus & uniusmodi per-
luceat color, sterilia existimantur esse, procy eis alia substituenda, Plin. Oua incubationi idonea,
quarto die sanguineas habent uenas:quo tempore si quæ ad radios Solis clara apparuerint in acu-

N 4

tiore parte, reijciantur, Albert. Discernitur an id quod latet in ouis uitale sit, & prolificum, si post quartam diem quàm foueri cœperit, nulla facta commotione uehementi sensim contra splendorem Solis & lumen ea quispiam speculetur. Nam si fibrosum aliquid cruentumᛃ uideatur discurrere, prolificum est quod inest: sin côtrà perspicuum maneat, ceu infœcundum est reijciendum, in reiectorumᛃ locum substituenda alia. Nec nobis uerendum est ne corrumpantur oua, uel si ab aliquo sæpius sensim & commode permutentur, Florentinus. Multum refert ne moueantur manu, nam uenæ & humores inuersione corrumpuntur, quod uel inde constat: quod cum gallina in occulto excubat, oua omnia fœcunda fiunt: manibus uerò hominum tractata plura corrumptur, Albertus. Oua incubanda deliguntur, in quibus Soli obtentis semen galli apparet, tum à septem (quatuor, ut Varro & alij) dierum incubitu iterum inspiciuntur. & si quod est quod Soli obtentum 10 non appareat alteratum, abijcitur tanquam subuentaneum & inutile, Idem. Vide supra ubi discurrit de ouorum ante incubationem delectu. Et in aqua experimentum est, (de hoc etiam tanquam ante incubationem potius adhibendo superius scriptum est,) inane fluitat, itaᛃ sidentia, hoc est plena, subijci uolunt. Concuti uerò experimento uetant, quoniam non gignant confusis uitalibus uenis, Plin. ¶ Pulli exclusi à singulis gallinarum statim subtrahendi sunt, subijciendiᛃ illi quæ paucis incubat: quæ tamen sub ea sunt oua uel nondum concreta & formata, distribuere conuenit inter alias quæ adhuc fouent tepôre suo, ut unâ cũ alijs & ipsa calefacta animentur, Florentinus. ¶ Sunt in Alexandria illa quæ ad Aegyptũ spectat, gallinæ quædam Monosirᶒ (ex quibus pugnaces oriuntur galli) bis ac ter incubantes, post absolutionem scilicet pullis ipsis subtractis, seorsumᛃ enutritis, sic ut contingat gallinam unam quadragintaduos, aut etiã sexaginta pullos excludere, Florentinus. 20

    ¶ De ouis diuersarum auium quæ gallinis subijciuntur. Diuersi generis oua aliqui gallinis supponunt, Florentinus. Anatum oua gallinis sæpe supponimus, &c. Cicero. uide in Anate c. Anatum etiam syluestrium oua, ut ibidem scripsimus, si incubãtibus gallinis exclusa fuerint, anates inde cicures nascuntur. Anserum oua quomodo gallinis supponantur, uide supra in Ansere E. item pauonina quomodo, infra in Pauone, & Phasiani in Phasiano.

    ¶ Exclusio. Diebus ferè uiginti excudunt, Varro. Phasiani oua nõ aliter quàm gallinarum, ad uicesimamprimam diem excluduntur, Florentinus.

    ¶ Quæ gallinæ propria comedũt oua, eas sic dissuefacere oportet. Ex ouo enim albumine effuso, in luteum ipsum humidum gypsum inijcito, ut testæ duritiem contrahat. Volentes quippe gallinæ in subiecto ouo gulam explere, nec in eo amplius inuenientes quid succi, citò quidem destite- 30 rint uastare oua, Florentinus.

    ¶ Ex phasiano mare & gallinis gallinaceis quomodo phasiani procreentur, ex dialogo Gyb. Longolij de Auibus, in quo author & Pamphilus colloquuntur. L O N G. Noui quosdam, qui singulari artificio ingentem apud nostrates educatione & seminio phasianorum quæstum faciebant, quorum sanè ædes rectius officinam, quàm uiuarium phasianorum quispiam appellauerit. P A M. Quæso rationem istam explices. L O N G. Phasianum marem, qua poterat diligentia, curabat (quidam in) domuncula decem pedibus longa lataᛃ, uiminibus & luto undiᛃ bene ab aëre tuta, in ea fenestellæ omnes in meridiem spectantes, de summo tecto copiosè satis lumen administrabant, in medio crates uimineæ domunculam diuidebant. interuallum cratium tantum erat opertum, quantum satis suit auis capiti colloᛃ transmittendo. In altero maceriæ latere phasianus solus regnabat. 40 P A M P. Quid uerò altera pars, carebátne habitatore? L O N G. Audies. Sub initium ueris, uillaticas aliquot gallinas sibi comparabat, sed fœcũditatis cognitæ, plumisᛃ uarijs, ut propemodum fœminam phasianum mentiri possent. has aliquot diebus communi pabulo alebat, uerũ ita obiecto cibo, ut phasianus in gallinarum conuiuio, traiecto per craticulam collo, lurcaretur. P A M P. Qua de causa obsecro nõ admittebatur? L O N G. Principio hac ratione consuescere cũ gallinis discunt, deinde molesti esse nequeunt, cum ueluti carcere ab iniuria inferenda prohibeantur. Alioqui ita ferociunt capti, ut ne pauoni quidem parcant, quin mox ore dilacerent. At ubi iam aliquot dies consuetudine gallinarum mitior factus est, una, quam cognouit illi inter reliquas magis familiarem, intromittitur, pabulumᛃ copiosius suggeritur. P A M P. Quid de reliquis fiet? L O N G. Plerunᛃ primam iugulare solet: ne gallinarius itaᛃ custos omni spe sua decolletur, reliquas in subsidiũ alit. 50 P A M P. Quid si res ad triarios redeat, solaᛃ una superest spes gregis? L O N G. Tum latrone comprehenso candente ferro rostrum illius tangunt, & uino Chymico nates illius lauant. P A M P. O Apitianam diligentiam. L O N G. Vbi cognouerint gallinas ab illo plenas factas, diuortium statim procuratur, admittiturᛃ noua pellex, quam cupiũt uxoris more ab illo tractari. Vxorem autem ad ouorum partionem alunt. Oua autem quotquot posuit, incubantibus alijs supponuntur, P A M P. Ea forte ab gallinaceis reliquis nihil distant. L O N G. Imò punctis nigris undiᛃ sunt maculata, & longè maiora speciosioraᛃ. Vbi autem post animationem exclusa sunt, à gallina seorsim educãtur: maximè polenta illius frumenti triangularis, quod uulgò non inepte fagotriticum uocant, quod semen fago, (id est fagi semini,) farina triticeæ perquam similis sit: idipsum aqua ex lacubus fabrorum 60 hausta subigunt, apij folia recentia cultellis domita, immiscent: obijciunt etiam baccas, quæ ex hyeme superfuère, hijs enim maximè delectantur, & ad incrementa proficiunt. P A M P. Non tamen fieri credo, ut per omnia patri similes sint. L O N G. Non sunt: uerum qui fucum istum nõ nouêre,
                                       fraudem

fraudem non facilè sentiunt. Porrò fœminæ ex hoc seminio procreatæ, cum ad patrè admittuntur, primo aut secundo partu, genus ad unguem propagant. P A M P. Mirum ergò mihi, non omnia auiaria phasianis esse plena, L O N G. Non dubito magnum prouentum cuiuis etiã polliceri, modò neque laboris sit impatiens, & sumptus magnos ferre possit. Cogitur enim paupertinos aliquot alere, qui pro baccis quotidie in syluã excurrant. Nam sine hijs nihil ab illis boni sperare licet, Hæc omnia Longolius. Phasiani nõ modo è Media accersebãtur: sed uillaticæ quoqp gallinæ ouis è phasiano mare conceptis copiam illorum præbebant, Ptolemæus apud Athenæum.

¶ Exclusio ouorum absqp incubatione. Si aut tempus sit bene temperatum, aut locus, in quo oua manent, tepidus, concoquuntur & auium oua, & quadrupedum ouiparorum sine parentis in-
10 cubitu, hæc enim omnia in terra pariunt, concoquunturqp oua tepore terræ. nam si quæ quadrupedes ouiparæ frequentantes fouent quæ ædiderint oua, custodiæ gratia potius id faciunt, Aristot. Et alibi, Incubitu auium oua excludi naturæ ratio est: nõ tamen ita solum oua aperiuntur, sed etiam sponte in terra, ut in Aegypto obruta fimo pullitiem procreant. Et Syracusis potator quidam, ouis sub storea in terra positis, tandiu potabat, donec oua æderent fœtum, Iam uerò & cum in uasis quibusdam tepidis (ἀλεεινοῖς) essent coniecta, sponte oua pullos prompsêre. Cæterum Albertus pro recitatis iam postremis philosophi uerbis, ita habet: Ouis positis in uasis calidis, superposita stupa calida, leni calore fouente & non adurente extrahuntur pulli. & præcipuè calore uitali alicuius animalis, ut si in sinu hominis teneantur: aut si forte sub fimo calido ponantur, aut sub cineribus lentè calefactis, aut aliquo huiusmodi. Oua quædam & citra incubitum sponte naturæ gignunt, ut in
20 Aegypti fimetis. Scitum de quodam potore reperitur, Syracusis tandiu potare solitum, donec cooperta terra fœtum æderent oua. Quin & ab homine perficiuntur, Plinius. Et rursus, Liuia Augusta ouum in sinu fouendo exclusit, (ut referetur infra in h.) inde fortasse nuper inuentum ut oua in calido loco imposita paleis igne modico fouerētur, homine uersante pariter, ut stato tempore illinc erumperet fœtus. Si gallina non incubet, hac industria cõplures habebis pullos. qua die incubanti gallinæ oua subijcis, eadem stercus gallinaceum accipiens id ipsum contere, cribraqp ac denique in uasa inijce uentricosa, pennas illi gallinarum circumpone. posthæc autê, figura recta imponito oua, sic ut pars mucronata superne tendat, ac dein rursus ex eodem fimo tandiu illis inspergito, donec undiqp inducta uideantur. At, ubi duos aut tres dies primos sic intacta esse oua permiseris, singulis postea diebus illa conuertito, cauens ne contingãtur mutuò, ut uidelicet ex æquo incalescant. post
30 uigesimam autem diem, dum sub gallina oua excludi incipiunt, inuenies ea quæ in alueis sunt circumfracta. Ob quam nimirum caussam etiam inscribunt diem qua supponuntur, ne dierum numerus ignoretur. Vigesima igitur die putamen extrahens, pullos in cophinum conijcito, eos alens delicatissimè. Ascisce etiam gallinã, quæ moderabitur omnia, Democritus in Geoponicis, Andrea à Lacuna interprete, qui Græcam uocem γαστρας uasa uentricosa interpretatur, Cornarius uentriculos: Hieronymus Cardanus qui hunc locum in libros de subtilitate transcripsit, puluinaria, his uerbis: Puluinaria duo reple stercore gallinarum tenuissimè trito, inde plumas gallinarũ annecte consuendo utriqp molles ac densas, oua uerò capite tenuiore suprà extante, colloca super alterum puluinar, deinde reliquũ superpone in loco calido, permitteqp immota duobus diebus. post uerò ad uigesimam usqp diem illa sic uerte, ut undiqp æqualiter foueantur. inde stata die, quæ iuxta uigesimam
40 primam est, pipillantes iam ex ouo sensim educito. Ego etsi hoc etiã modo oua excludi posse existimem: uideo tamen aliud sensisse Democritum uerbis eius Græcis perpensis, & placet gastran uas uentricosum uerti, ut primum in tale uas intelligamus fimum inijciendum, tum super fimo imponēdas plumas, (ut ἐπίβαλε potius quàm περίβαλε legatur:) in plumis oua: postremo rursus fimum addendum donec cõtegantur oua. Erat & gaster uas, & gastra fictilis Dioscoridi. sed & gasterium uocat Aristophanes, seruatqp adhuc nomen, Cælius. huiusmodi est quod corrupta uoce guiscardum appellant Itali, ut quidam in Lexicon Græcolatinum retulit. Scaphos cauitatem nauis uocat Thucydides, quam, inquit interpres, gastera dicimus, Cælius. Τὸ μὲν ἔδαφος δὴ νεὼς κύτος, καὶ γάστρα καὶ ἀμφιμήτριον ὀνομάζεται, Pollux. Eustathius gastra uocem factam ait ab accusatiuo gastera per syncopen: & uulgo ab idiotis sic uocari fundum nauis. Idem apud Homerum gastram tripodis interpre-
50 tatur cauitatem tripodis aut fundũ eius. Hesychio gástra, posterior pars femoris est. Γάσρα, ἢ ἐς κύτος γυναικὸς τὸ λαιμῦ, Varinus. est autem locus, ut suspicor, corruptus. Fertur in quadam regione inueniri homines, qui furnos ita temperatè calefaciant, ut eorum calor par sit calori gallinæ incubantis, & in furno seu clibano ponere quàm plurimas plumas, & mille gallinacea oua, quæ post uiginti dies nascantur ac erumpant, Crescentiensis. In Aegypto circa Alcaïrũ oua arte excluduntur: Clibanum parant cum multis foraminibus, quibus oua diuersa gallinarũ, anserum, & aliarum auium imponunt. tum fimo calido integũt clibanum: & si opus fuerit, ignem circumquaqp faciunt. sic oua suo quæqp tempore maturescunt, ut serpentiũ apud nos per se in fimo calido, Tragus. Apud Aegyptios magna est copia pullorum gallinaceorum. nam apud eos gallinæ sua oua non incubant, sed ea in clibanis tepore sensim adhibito ita fouentur, ut mirabili arte cõpendiosèqp pulli intra paucos dies
60 progignantur simul & educantur, Paulus Iouius lib. 18. historiarum sui temporis.

¶ Pullorum recens exclusorum cura. Excussos pullos subducendum ex singulis nidis, & subijciendum ei, quæ habeat paucos, Ab eaqp, si reliqua sint oua pauciora, tollenda, & subijcienda alijs,

quæ nondum excuderint,& minus habent triginta pullos. Hoc enim gregem maiorem non facien
dum, Varro. Gallinæ quæ paucis incubat,triginta tantum subijciendi sunt pulli , quandoquidem
generi gallinarum res infensissima est frigus, Florentinus. Veruntamen seruare oportet modum.
neq; enim debet maior esse quàm triginta capitum, negant enim hoc ampliorem gregem posse ab
una nutriri,Columella. Pulli autem duarum aut trium auium exclusi , dum adhuc teneri sunt, ad
unam quæ sit melior nutrix,transferri debent,sed primo quoq; die, dum mater suos,& alienos propter similitudinem dignoscere non potest,Idem. Pullos autem non oportet singulos,ut quisq; natus sit,tollere , sed uno die in cubili sinere cum matre , & aqua ciboq; abstinere, dum omnes exclu-
dantur.Postero die,cum grex fuerit effœtus , hoc modo deponitur.Cribro uitiario,uel etiam lola-
rio,qui (quod) iam fuerit in usu,pulli superponantur:deinde pulegij surculis sumigentur.ea res ui- 10
detur prohibere pituitam,quæcelerrime teneros interficit. Post hæc cauea cum matre claudendi
sunt,& farre ordeaceo cum aqua incocto, uel adoreo farre uino resperso modice alendi. nam maxi
me cruditas uitanda est, & ob hoc tertia die cauea cum matre continendi sunt, priusq;,quàm emittantur,ad recentem cibum singuli tentandi,ne quid hesterni habeant in gutture : nam si uacua non
est ingluuies,cruditatem significat, abstineriq; debent, dum concoquant. Longius autem non est
permittendum teneris euagari,sed circa caueam continendi sunt,& farina ordeacea pascendi, dum
corroborentur.Cauendumq; ne à serpentibus adsentur, quarum odor tam pestilens est, ut interimat uniuersos. id uitatur sæpius incenso cornu ceruino , uel galbano,uel muliebri capillo:quorum
omnium ferè nidoribus prædicta pestis submouetur. Sed & curandum erit , ut tepide habeantur.
nam nec calorem,nec frigus sustinent:Optimumq; est infra officinam clausos haberi cum matre,et 20
post quadragesimum diem potestatem uagandi fieri.Sed primis quasi infantiæ diebus pertractandi
sunt,plumulæq; sub cauda clunibus detrahendæ , ne stercore coinquinatæ durescant, & naturalia
præcludant. Quod quamuis caueatur, sæpe tamen euenit, ut aluus exitum non habeat:itaq; pinna
pertunditur,& iter digestis cibis præbetur,Columella. Obijciendum pullis diebus quindecim pri
mis mane subiecto puluere (ne rostris noceat terra dura) polentam mistam cum nasturtij semine,&
aqua aliquanto ante facta intrita,& ne tum deinde in eorum corpore turgescat, aqua prohibedum,
Varro. Nutrimentum quo utuntur primis quindecim diebus , est farina mista cardami semini, ac
uino perfusa cum aquæ feruefactæ portione,porri etiam folia tenerrima cum caseo musteo contusa,illis porrigimus.Hordeum autem exactis duobus (sex,in Græco codice. sed interpres mendum
suspicatur) mensibus offeratur,Didymus. Vt nutriantur pulli, accipiens hordeaceum fermetum, 30
id,atq; etiam furfur, aqua irrorato, Democritus. Recentes pulli ubi primum in corbem coniecti
sunt,statim suspenduntur in tali loco,ubi leuem sumum excipiant. Alimentum autem duobus pri
mis diebus non sumunt.Vas porrò in quo illis apponitur nutrimentum,simum bubulum in se con
tineat,(ἐολβίτῳ ιλεῖ, bubulo stercore claudatur,ut Cornarius uertit,)Didymus. Asininum siue e-
quinum stercus,in uasa capacia inijcito,ex quo decem diebus exactis nascentur uermes pullorum
nutricationi percommodi,Democritus. Quando de clunibus cœperint habere pinnas,e capite,et
è collo eorum crebro eligendi pedes . Sæpe enim propter eos consenescunt,Circum caueas eorum
incendendum cornu ceruinum,ne qua serpens accedat:quarum bestiarum ex odore solent interi-
re.Prodigendi in solem & sterquilinium,ut se uolutare possint,quòd ita alibiliores fiunt. Neq; pullos tantum,sed omne ὀρνιθεβοσκέον cum æstate, tum utiq; cum tempestas est, molle,atq; apricum eli- 40
gi debet intento supra rete,quòd prohibeat eas extra septa uolare,& in eas inuolare extrinsecus accipitrem,aut quid aliud.Euitare item caldorem,& frigus oportet, quòd utruncq; his noxium. Cū
iam pinnas habebunt, consuefaciendum, ut unam aut duas gallinas sectentur. Cæteræ ut potius ad
pariendum sint expeditæ quàm in nutricatu occupatæ , Varro. Vt pulli multum & cito crescant:
Testas è quibus emerserunt pulli, tunica interiore dempta,contritas,cum sale & ouo cocto duro mi
scebis,& pullis primi alimenti loco appones,Innominatus.

¶ Seruatio ouorum. Oua in lomento seruari utilissimum, Plinius. aut hyeme in paleis, æstate
in furfuribus,Idem & Leontinus. Vt primum emissa sunt oua,statim reponenda sunt in uasis cum
furfure,Florentinus. Qui oua diutius seruare uolunt, perfricant sale minuto, aut muria:atq; ita sinunt tres aut quatuor horas,eaq; abluta condunt in furfures aut acus,Varro. Aliqui aqua abluen- 50
tes oua,ea sale minutissimo inducunt,(κατατπλάτῆεσι, malim κατατπάτῆεσι,id est conspergūt,)& sic con
seruant.Nec desunt qui tres horas aut quatuor,oua ipsa in tepidam salsuginem infundetes, eaq; po
stea eximentes in furfure aut paleis reponunt, Leontinus. Ouorum quoq; longioris temporis custodia non aliena est huic curæ:quæ commode seruantur per hyemem,si paleis obruas,æstate si furfuribus,Quidam prius trito sale sex horis adoperiunt: deinde eluunt, atq; ita paleis, aut fusuribus
obruunt:nonnulli solida, multi etiam fresa faba coaggerant:alij salibus integris adoperiunt.Alij mu
ria tepefacta durant. Sed omnis sal quemadmodum non patitur putrescere,ita minuit oua,nec sinit
plena permanere, quæ res ementem deterret. Itaq; ne in muriam quidem qui dimittunt, integritatem ouorum conseruant,Columella & Leontinus. Sale exinaniri creduntur,Plinius. Oua recentiora quidam seruari aiunt frumenti genere quod secale uocant,nostri roggen:uel cinere, ita ut acu 60
tior pars oui inferior sit,tum rursus secale aut cinerem superinfundunt.

¶ Nonnulli purgant domunculas gallinarum & nidos, ipsasq; aues sulphure, asphalto, picea,
(πόλκας.)

(πολύκαυς,)sed & ferri laminam aut clauorum capita atq; lauri surculos imponunt nidis, ut quæ ad ar
cenda prodigia(δισσημεῖαις;tempestates)omnia magnam uim habere uideantur, Leontinus. ¶ Ius
de carne salsa gallinis mortiferum existimatur. item liquor è uini aut eiusdem fæcis uapore ui ignis
collectus,ni fallor. ¶ Vt gallinæ uertigine afficiantur, ὄρνιθας σκοτῶσαι : Frumentum maceratum
lasere & melle mixtis, obijcito, Berytius. uidetur autem hoc fieri, non tantum ad gallinas,sed alias
etiam aues,feras præsertim,capiendas. quanquam hæc inter ea quæ de gallinis scribuntur in Geoponicis Græcis legantur. Andreas à Lacuna hoc fieri ait , ut gallinæ uertiginosæ non fiant.quod
ego probare non possum,cũ neq; uerba Græca sic habeant:neq; talis aliqua laseris uis legatur apud
scriptores, sed potius plerisq; animalibus propè uenenosa. Pecora enim tradunt eo sumpto cũ egro-
10 tant,aut sanari protinus,quod ferè cõsequitur, aut emori. si quando inciderit pecus in spem nascen
tis,hoc deprehendi signo:oue,cum comederit,protinus dormiête,capra sternutante.serpentes aui-
dissimas uini admistum rumpere. precipitasse se quendam ex alto cum in dentium dolore cauis ad-
didisset inclusum cera.

¶ Contra morbos gallinarum. Pullis iam ualidioribus factis,atq; ipsis matribus etiam uitanda
pituitæ pernicies erit.quæ ne fiat,mundissimis uasis,& quàm purissimã præbebimus aquam. nam
in cohorte per æstatê consistens,immunda,stercorosa,pituitam(coryzam, nostri uocãt das pfitse)
eis concitat,Columella & Paxamus. Nec minus gallinaria semper fumigabimus, & emũdata ster
còre liberabimus, Columella. Inimicissima gallinaceo generi pituita, maximeq; inter messis &
uindemiæ tempus, Plin. Id uitium maximè nascitur cum frigore & penuria cibi laborant aues.
20 item cum ficus aut uua immatura nec(uidetur menda)ad satietatem permissa est, quibus scilicet cibis abstinendæ sunt aues : eosq; ut fastidiant efficit uua labrusca de uepribus immatura lecta, quæ
cum farre triticeo minuto cocta(Plinius simpliciter cibo incocta dari iubet, alibi cum farre miscen-
dam)obijcitur esurientibus : eiusq; sapore offensæ aues , omnem aspernantur uuam, Columella.
Vuæ florem in cibis si edère gallinacei,uuas non attingunt,Plinius(alibi:) fortassis autê œnanthen
è Græco uuæ florem transtulit. A Dioscoride quidê memoratur genus uitis syluestris sterile,quod
fructum non profert,sed florem tantum quem œnanthen uocant. Similis ratio est etiam caprifici,
quæ decocta cum cibo præbetur auibus,& ita sici fastidium creat, Columella. Præseruans contra
coryzam seu grauedinem remedium:Origanum humectans(in aqua macerans)da bibendũ, Leon
tinus. ¶ Gallinacei generis pituitæ medicina in fame:& cubatus in fumo, si utiq; ex lauro & her
30 ba sauina fiat, (sauinæ herbæ fumi aduersus hunc morbum uis alibi etiam ab eo celebratur:)pêna per
transuersas inserta nares,& per omnes dies mota,cibus allium cum farre;aut aqua perfusus, in qua
lauerit noctua : aut cum semine uitis albæ coctus, & quædam alia, Plin. Idem ligustri acinos alibi
hoc malum sanare docet,nimirum in cibo. Pituita gallinis nasci solet , quæ alba pellicula linguam
uestit extremam,hæc leuiter unguibus uellitur,& locus cinere tãgitur , & allio trito plaga mundata
conspergitur,Palladius. Sunt qui spicas allij tepido madefactas oleo faucibus earum inferant, (in-
serant,)Columella. Allij mica (lego, spica) trita cum oleo faucibus inseritur, Palladius. Allia minutim scissa in calidum oleum inijciens,illis ubi refrixerint, ora gallinarũ colluito.quòd si illa etiam
uorauerint,efficacius restituêtur,Paxamus. Allio rostri foramina inunge: aut in aquam ipsum allium conijciens,potandum dato,Leontinus. Aliqui in lotio humano elixantes allia , rostrum gal-
40 linæ fouent:uerũ circunspectè,ne scilicet portio aliqua in oculos illabatur,Paxamus. Lotio abiue,
(rostra nimirum & ora,)Leontinus. Quidam hominis urina tepida rigant ora, & tandiu compri-
munt,dum eas amaritudo cogat per nares emoliri pituitæ nauseam,Columella. Vua quoq; quam
Græci ἀγρίαφ σαφυλὼν uocant,(staphisagria, Pallad.)cum cibo(assiduè,Palladius.sola, aut mista orobo,Paxamus)mista prodest,uel eadem pertrita,& cum aqua potui data,Columella. Munda etiam
scilla,maceratãq; ex aqua,atq; exhibita cum farina,idem præstat,Paxamus. Sunt qui ex origano,
hyssopo & thymo suffimentum molientes,caput gallinæ exponant ut fumum excipiat, allioq; per-
fricent eius rostrum,Paxamus. Atq; hæc remedia mediocriter laborantibus adhibentur.nam si pi
tuita circunuenit oculos, & iam cibos auis respuit, ferro rescinduntur genæ, (scalpello aperiuntur
quæ sub gena consistunt partes,Paxamus,)& coacta sub oculis sanies omnis exprimitur. atque ita
50 paulum triti(subtilissimè,Paxamus)salis uulneribus infriatur,Columella. Vide supra etiam in c.

¶ Si pituita & sanies circumuenit oculos,&c. lege quæ proximè retrò ex Columella recitauimus. Si amarum lupinum comedant, sub oculis illis grana ipsa procedũt,quæ nisi acu leuiter aper
tis pelliculis auferantur,extinguunt(oculos,Crescentiensis.qui hæc ita recitat,ac si remedia quæ sequuntur,ex portulacæ succo,&c.ad hunc ipsum affectum pertineant, quod mihi non probatur : &
Paxamus etiam aliter habet,)Columel. Oculos portulacæ succo forinsecus,& mulieris lacte cure-
mus:uel Ammoniaco sale, cui mel & cyminum æquale miscentur, (particulas affectas fouendo, cæterum ad umbram ducendæ sunt,Paxamus,)Idem. ¶ Pediculos gallinarum (quibus plurimum
infestantur,præcipuè cum incubant,Crescent.)perimit staphisagria, & torrefactum cyminum pari
pondere,& pariter tunsa cum uino: uel amari lupini aqua, (syluestris lupini decoctum in aqua, Pa-
60 xamus,)si penetret secreta pennarum,Palladius & Paxamus. ¶ Diarrhœa correptas curabis, si
farinæ(ἀλφίτων.polentæ,Cornarius)quantum manu apprehendi possit tantundemq; ex cera uino
læuigans, atq; pastam cõficiens,ante alium cibum obtuleris deuorandum : aut pomorum etiam, cy-

doniorúmue decoctum bibendum. Quæ mala, etiam fub cineribus coɕa, auxiliantur, Paxamus.
¶ Suo læduntur ftercore, quod cum pedibus uncis adhæfit podagram creat, Columella. ¶ Gallinæ abortum non facient, fi oui luteum(aliàs album)aflatu cum uuæ paffæ(tofiæ)pari portione con
tufum, ante alium cibum porrexeris, Leontinus & Pamphilus.
¶ De animalibus gallinaceo generi infeftis, leges etiam fupra in Gallo D. Ne gallinæ à catis lę
dantur: Catus non inuadit gallinam, fi ruta agreftis fub eius (gallinæ) ala appendatur, Africanus.
Idem remedium etiam aduerfus uulpes & alias animātes gallinis noxias ualere legimus: & multo
efficacius fore (contra feles nimirum & uulpes) fi uulpis aut felis fel cibo admiftum exhibueris, ut
etiam Democritus confirmat. Vulpes gallinis infidiatur, Albertus. & idcirco forte mutui hoftes
funt miluus & uulpes, quoniam utriɕ gallinas rapiunt, Stumpfius. Circa caueas gallinarū incen- 10
dendum eft cornu, ne ferpens accedat, cuius odore folet interire. Multas à uulpibus & quibufdam
alijs animalibus noxijs patiuntur infidias, ideoɕ circa loca in quibus uerfantur extirpanda & remo
uenda funt omnia in quibus uulpes latere poffunt. Noɕu claudantur in caueis diligenter circun-
quaɕ & feptis, nec permittantur foris cubare.fertur enim uulpem fubdolam intueri eas, quantum-
cunɕ in alto remotas loco, ita ut uideant oculos eius lucentes tanquã faculas: & cauda quafi baculo
quodam minari eis, ut fic præ metu delapfas rapiat. Patiuntur etiam infidias miluorum & aliarum
rapacium auium, præcipuè aquilarum.contra quas tendantur funes uel uites feu uitalbæ(audio uitem fylueftrem caufticam in Italia alicubi uitalbam uocari)fupra loca in quibus interdiu morantur.
Capiantur etiam uulpes taliolis, uel alijs artibus, & milui retibus, fifco uel laqueis, Crefcentienfis.
Putorij & martari(uiuerræ feu muftelæ fylueftres)omnes infefti funt gallinis, quibus captis primò 20
caput & cerebrum auferunt ne clamare poffint, Albertus. Muftela etiam gallinis infefta, oua earum exorbet, & ipfas interficit, Albertus. oua tantum nocet, nec aliter nocet, Stumpfius. Ἀλέκτορας
γαλῆ ἀλείματοῖ, Philes. Vite nigra aiunt fi quis uillam cinxerit (ut modo de uitalba ex Crefcentienfi
retuli)fugere accipitres, tutasɕ fieri uillaticas alites, Plin.
¶ Cibi. Eo tempore quo parere definent aues, id eft ab idibus Nouēbris, pretiofiores cibi fub-
trahendi funt, & uinacea præbenda, quæ fatis commodè pafcunt adieɕis interdū tritici excrementis, Columella. Maximè obferuandum ne uinaceos acinos uorent, ut qui fœcunditatem(Andreas
à Lacuna uertit firmitudinem.legit enim μόνιμα non γόνιμα, quòd non probo) earum cohibeant, Flo
rentinus. Vinacea quamuis tolerabiliter pafcant, dari non debent, nifi quibus temporibus anni
auis fœtus non edit, nam & partus rarò, & oua faciunt exigua, Sed cum planè poft autumnum cef- 30
fant à fœtu, poffunt hoc cibo fuftineri, attamē quæcunɕ dabitur efca per cohortem uagantibus die
incipiente, & iam in uefperum declinante bis diuidenda eft, ut & mane non protinus à cubili latius
euagentur, & ante crepufculum propter cibi fpem temporius ad officinam redeant, poffitɕ numerus capitum fæpius recognofci. nam uolatile pecus facile paftoris cuftodiam decipit, Columella.
Gallinas aiunt illas fuauioris effe carnis, quæ cibo non abunde eis appofito, fed quem ipfæ pedibus
fodientes eruant non abfɕ labore pafiæ fuerint, Clemens Stromatēn fecundo. Chondro, id eft
alica aut farre pafcebantur etiam gallinæ. Βόλομαι δι ἀδηλω ἀλεκρινόν⟨⟩ ἰμφορηβώεται τῆ χένδοω κρεύξαδαι,
Aemilianus apud Athenæum circa finem libri tertij. Cibaria gallinis præbetur optima, pinfitum
ordeum, & uicia, nec minus cicercula, tum etiam milium, aut panicum: fed hæc ubi uilitas annonæ
permittit. ubi uero ea eft carior, excreta tritici minutè commodè dantur. nam per fe id frumentum, 40
etiam quibus locis uilifsimum eft, non utiliter præbetur, quia obeft auibus.poteft etiam lolium de-
coɕum obijci, nec minus furfures modicè à farina excreti, qui fi nihil habent farris, non funt idonei, nec tantum aptuntur(appetuntur,)Columella. Cibus illis eft offerendus, elixum hordeum, aut
milium aut frumenti furfur, aut zizania uocata lolium, quæ quidem ad nutritionem eft commodif-
fima: ac humida folia cytifi. Hæc enim eas maximè durabiles & firmas reddunt, (fœcundiores potius, γονιμῶτέρα, non μονιμῶτέρα,)Florentinus. Cibis idoneis fœcunditas earū elicienda eft, quo maturius partum edant. Optime præbetur ad fatietatem ordeum femicoɕum. nam & maius facit ouo
rum incrementum, & frequentiores partus. Sed is'cibus quafi cōdiendus eft interieɕis cytifi folijs
ac femine eiufdem, quæ utraque maximè putantur augere fœcunditatem auium.Modus autem ci- 50
bariorum fit, ut dixi, uagis binorum cyathorum ordei, aliquid tamen admifcendum erit cytifi, uel fi
id non fuerit, uiciæ, aut milij, Columella. Sed quinam cibi fimul & nutriant & fœcundas reddant,
fupra etiam hoc in capite diɕum eft, non procul initio. Ieiunis cytifi folia, feminaɕ maximè probantur, & funt huic generi gratifsima: neɕ eft ulla regio, in qua non pofsit huius arbufculæ copia
effe uel maxima, Columella. Cytifum in agro effe quàm plurimum refert, quòd gallinis & omni
generi pecudum utilifsimus eft, quod ex eo cito pinguefcit, Idem. Ariftomachus uiridè cytifum
gallinis dari iubet, aut fi aruerit madefacium, Plin. Gallis cytifi femen foliaɕ (arida)perfufa aqua,
offerenda funt, quippe quæ non minus quàm uiridia eos nutriant, Florentinus. Cannabis femen
in homine genituram extinguit, gallinis auget, nam quæ in hyeme hoc femine pafcuntur gallinæ
oua pariunt, cæteræ non item, Amatus Lufitanus.
¶ Saginatio. Vides & hic prope uillæ culinam quafdam caueis inclufas, has uftlica copiofiore 60
cibo pafcit, ut quàm mox plenas factas, cariùs mercatori uendat. has farcias & altiles nuncupant,
(Germani **mafthennen,**) Gyb, Longolius. Altiles diɕæ quòd fagina altæ & enutritæ fint, Platina.

tina. Pafcitur & dulci facilis gallina farina, Pafcitur & tenebris. ingeniofa gula eſt, Martialis ſub
lemmate Gallina altilis. Interdictum eſt lege C.Fannij cõſulis,ne quid uolucrum poneretur, præ=
ter unam gallinam quæ non eſſet altilis,Plin. Capos & gallinas ſaginare liguritores ipſi inuenêre,
quò unctius ac lautius deuorarent,Platina. Gallinas ſaginare Deliaci cœpere:unde peſtis exorta,
opimas aues & ſuopte corpore unctas deuorandi. Fœminæ quidem ad ſaginam non omnes eligun
tur,nec niſi in ceruice pingui cute. Poſtea culinarum artes, ut clunes ſpectentur, ut diuidantur in
tergora,ut à pede uno diſatatæ repoſitoria occupent. Dedêre & Parthi cocis ſuos mores, Plinius.
Hyeme melius quàm æſtate ſaginatio fiet, probabiliorǿ erit fartura, Platina. Gallinæ & capi im=
pinguantur citò,ſi cereuiſia eis in potu apponatur pro aqua. Vide plura ſuperius in Capo E. Pin=
10 guem quoǿ facere gallinam,quamuis ſartoris, non ruſtici ſit officium, tamen quia non ægre con=
tingit,præcipiendum putaui. Locus ad hanc rem deſyderatur calidus maximè, & minimi luminis,
in quo ſingulæ caueis anguſtioribus,uel ſportis incluſæ pendeant aues,ſed ita comprimi, ne uerſari
poſſint. Verum habeant ex utraǿ parte foramina. Vnum,quo caput exeratur:alterum,quo cauda,
clunesǿ,ut & cibos capere poſſint, & eos digeſtos ſic edere, ne ſtercore coinquinentur. Subſter=
natur autem mundiſſima palea,uel molle fœnum,id eſt cordũ. Nam ſi durè cubant,non facile pin=
gueſcunt. Pluma omnis è capite, & ſub alis atque clunibus detergetur. Illic ne pediculum creet,hic
ne ſtercore loca naturalia exulceret. Cibus autem præbetur ordeacea farina, quæ cum eſt aqua con
ſperſa & ſubacta,formantur offæ,quibus aues ſaginantur. Eæ tamen primis diebus dari parcius de=
bent,dum plus concoquere cõſueſcant. Nam cruditas uitanda eſt maximè, tantumǿ præbendum,
20 quantũ digerere poſſint,neǿ ante recens admoueda eſt,quàm tentato gutture apparuerit nihil ue=
teris eſcæ remanſiſſe. Cum deinde ſatiata eſt auis,paululũ depoſita cauea dimittitur,ſed ita ne uage=
tur:ſed potius,ſiquid eſt,quod eam ſtimulet aut mordeat; roſtro perſequatur. Hæc enim ferè com=
munis eſt cura farcientium. Nam illi,qui uolunt nõ ſolum opimas, ſed etiam teneras aueis efficere,
mulſa recente aqua prædicti generis farinam conſpergunt; & ita farciunt,nonnulli tribus aquæ par
tibus unam boni uini miſcent,madefactoǿ triticeo pane obeſant auem, quæ prima luna (quoniam
id quoǿ cuſtodiendũ eſt)ſaginari cœpta, uigeſima perglifcit, Columella. Gallinæ ſaginantur ma=
ximè uillaticæ. Eas includunt in locum tepidum, & anguſtum, & tenebroſum,quòd motus earum,
& lux pinguitudini inimica, electis ad hanc rem maximis gallinis, nec continuò his, quas Melicas
appellant,cum Medicas deberent, Varro. Antiquiſſimum eſt maximã quanǿ auem lautioribus
30 epulis deſtinare. Sic enim digna merces ſequitur operam & impenſam, Columella. Amplas om=
nes è uillaticis,euulſis(pennis extremis,Florentinus)ex alis pinnis,& cauda,farciunt turundis hor
deaceis partim admiſtis ex farina foſiacea, aut ſemine lini ex aqua dulci:(Alij tritici pollinè miſcent.
Sunt qui his omnibus infundant uinum,Florentinus.)Bis die cibum dant; obſeruantes ex quibuſ=
dam ſignis,ut prior ſit concoctus, quàm ſecundum dent. Dato cibo,tum perpurgant caput;ne quos
habeant pedes,& rurſus eas concludunt. Hoc faciunt uſǿ ad dies uiginti quinque. Tum deniǿ pin
gues fiunt. Quidam ex triticeo pane intrito in aquam, miſto uino bono & odorato farciunt, ita ut
diebus uiginti pingues reddant ac teneras. Si in farciendo nimio cibo faſtidiunt, remittendum in
datione pro portione,ſic ut decem primis proceſſit,in poſterioribus ut diminuat eadem ratione, ut
uigeſimus dies & primus ſit par, Varro. Si faſtidiet cibum, totidem diebus minuere oportebit;
40 quot iam farturæ proceſſerint:ita tamen, ne tempus omne opimandi quintam & uigeſimam lunam
ſuperueniat,Columella. Cæterum maior pars milio alunt gallinas, Florentinus. Gallinas & an=
ſeres ſic farcito:Gallinas teneras, quæ primum parierint,cõcludas,polline,uel farina ordeacea con=
ſperſa,turundas facias:eas in aqua intinguat,& in os indat:paulatim quotidie addat,& ex gula con=
ſyderet,quod ſatis ſiet. Bis in die farciat,& meridie bibere dato. nec plus aquam ante (in uaſe appo=
ſitam)ſinas quàm horam j. Eodem modo anſerem alito; niſi prius dato bibere bis in die; & bis
eſcam,Cato.

¶ Febrientibus magis conueniunt gallinæ caſtratæ,quanquam ueteres caſtrationis earum non
meminerunt,ego caſtratas domi alo,quarum caro albior, melior & friabilior eſt. Facile & citò co=
quuntur,& teneræ fiunt & gratæ palato, Mich. Sauonarola.

50 ¶ Si cibus deeſſe ſentiatur apibus,ad fores earum poſuiſſe cõueniet crudas gallinarum carnes;
& uuas paſſas,&c. Plinius.

¶ Albuminis uſus. Aurum marmori & ijs quæ candefieri non poſſunt; oui candido illinitur,
Plinius. Candidum ex ouis admixtum calci uiuæ glutinat uitri fragmenta.tuis uerò tanta eſt,ut lig
num perfuſum ouo non ardeat,ac ne ueſtis quidem contacta aduratur, Plin. Aurum ouatum ex
Grammaticis quidam dictum uolũt,quoniam oui albo antea illito; æra ac marmora auri & argenti
laminis decorarentur. Papauer candidũ panis ruſtici cruſtæ inſpergitur affuſo ouo inhærens,&c.
Plinius. Pharmacopolæ ut ſerapia & alias potiones clariores reddant; oui albumine, aliquandò
etiam teſtis pariter utuntur, decocto interim agitando inijcientes. Oui albumen ex aqua frigida
ſcopulis agita, donec in ſpumam abeat, quam particulatim ſyrupo, uel alteri decocto feruenti inſper
60 gas;& ubi nigruerit, cochleari foraminulento derada, nouam inſpergas: id fac donec erit ſyrupus
clarior. Alij ubi ex bullis clarius decoctũ ui ignis factum animaduertunt in id tepidum (nam cali=
dius decoctum albumẽ coqueret,in frigidiore minus promptè & parcior ſpuma elicitur) albuminã

ɔ

singulis libris singula, sed etiam pluribus pauciora iniiciunt, scopulis agitant, ut spumescat, saccharum in particulas confractum coniiciunt, recoquunt: ubi spuma subsedit, igni aufertur, calidum, si
crassum est & uix colatur. si facile colatur, sed turbidum, tepidum uel frigidum colatur, per mani-
cam Hippocratis, melius autem per pannum claui quatuor, angulis quatuor firmatum. Colatur au
tem ter quater si non satis claruerit: si ne sic quidem albumen separatim in aqua agitatum, scopulis
inspergitur decocto igni reddito, spuma illa usta, alia iniicitur, idcp toties donec bullæ clarum satis
produnt. tunc colatur quoties est necesse, Iac. Syluius. Surrentina uafer qui miscet fæce Falerna
Vina, columbino limum (id est fæcem) bene colligit ouo, Quatenus ima petit uoluens aliena uitellus, Horatius Serm. 2. 4. Vinum ut pellucidum confestim fiat: Alba ouorum conijce in uas
quotquot suffecerint, & uinum quoad spumat concutiatur. cum uino & modicum salis albi tenuis, 10
& fit album, &c. Nic. Myrepsus. Quoniam uitellus oui naturam habet cognatam cum fæce uini
& albugo cum uino: ideo fit quòd cum oua immittuntur uino (turbato per æstatem propter calorem austrinum) cum harena & calce clarificatur uinum. nam harena & calx perforant (penetrant)
uni substantiam, & uitellus attrahit fæcem, Albertus in Aristot. de generat. anim. 3.2.

¶ Vitelli usus. Cum aqua decoquitur in salem, non constat sal, qui terrestris est naturæ, nisi per
oua uel sanguinem. quia sanguis, & uitellus in ouis, eiusdem sunt naturæ, Albertus. De usu uitelli
ad uinum fæculentum purificandum, iam proximè dictum est. quoniam idem ferè albuminis etiam
ad claritatem medicatis potionibus cõciliandam usus esse uidetur. Vitellus oui in plenilunio exclusi, sordes panni abstergit, si uerò alio tempore exclusum sit, id efficere non potest . huius causam
dicunt quidam esse, quia media saginata (sic habet codex impressus, forte sanguinea) gutta in uitel 20
lo, prima quidem generatione existens, calorem penetrantem & diuidentem maculas ex multo lumine lunæ humidum mouente tunc concipit, quod alio tempore facere nequit, Albertus.

¶ Gallinarum pennæ culcitris imponuntur, Crescentiensis.

¶ Maio mẽse caseum coagulabimus syncero lacte, coagulis uel agni, uel hœdi, uel pellicula quæ
solet pullorum (gallinaceorum scilicet) uentribus adhærere, Palladius.

¶ Cauendum est ne ad præsepia boum gallina perrepat, nam hoc quod decidit immistum pabulo bubus affert necem, Columella.

¶ Auienus Arati interpres Latinus inter pluuiæ signa ponit, pectora cum curuo purgat gallinula rostro. Gallinæ si ultra solitum se concutiant in arena: uel segregentur plures earum in uno
loco simul, & in pluuiæ principio quærant locum opertum ubi à pluuia protegantur, signum est ma 30
gnæ futuræ pluuiæ, Gratarolus.

F.
DE OVORVM APPARATV AD CIBVM, ET SALVBRI-
tate, Tractatio septem partium.

Pars 1. De ouorum diuersis nominibus secundum cocturæ differentiam.
2   De ouorum salubritate simpliciter.
3   De eadem pro diuersa cocturæ ratione.
4   Electio ad cibum.
5   De uitello & albumine seorsim quod ad salubritatem, &c.
6   Apparatus diuersi.
7   Primó ne an ultimo loco mensæ sumenda.

    40

De ipsius gallinæ in cibo usu, satis dictum est supra in Gallo F. hîc de ouis tantum agemus, quæ
etsi ex alijs etiã nonnullis auibus in cibum ueniant, de gallinaceis tamen maximè & præcipuè quæ-
cunq̃ hic adferemus accipi debent . ¶ Febrientibus magis conueniunt gallinæ castratæ , Sauonarola.

¶ Oua diuersis modis coqui & ad cibum parari solent, aut simpliciter: aut cum alijs mista, siue
præcipuo ipsa loco, siue condimenti duntaxat. Par est autem ut de ijs quæ parantur simpliciter pri
mò dicatur. Coquuntur autem hæc uel in aqua, uel sub cineribus calidis, uel in sartagine. Et quan
quam quouis horum modo magis minúsue liquida & dura fiant pro coctionis modo, de ijs tamen 50
quæ in aqua elixantur maximè sentiũt authores cum sorbilia, mollia duráue aut similibus oua nomi
nibus appellant. licebit autem horum proportione comparationeq̃ de ijs etiam quæ alio coquendi
modo magis minúsue cocta fuerint, quid sentiendum sit iudicare.

¶ Pars 1. De ouorum diuersis nominibus secundum cocturæ differentiam. Sorbilia, Græcè
ῥοφητά, oua dicuntur, quæ dum coquuntur excalfiunt (incalescunt) tãtum, Galenus lib. 3. de alimen
torum facult. Et in libro de alimentis boni & mali succi , sorbilia prodesse scribit gutturi exaspera-
to, si modus in coctione adhibeatur, ita ut liquidum (albumen) adhuc coactúmq̃ non sit. Brasauo
lus etiã sorbilia interpretatur, quæ uix densari cœpere coctura. his (inquit) nõ utimur, nisi cum oua
sunt recentissima, ut naturalem gallinæ calorem adhuc seruent. Tragus hæc Germanicè interpretatur **gantz lauter gesotten oder gebtaten**. Sed elixa in aqua apud authores sorbilia uocantur, po- 60
tius quàm aliter parata. uidenturq̃ etiam ea potius intelligi quæ è testis suis sorbentur, non autem è
testis euacuata, etsi quod consistentiæ modum attinet idem ferè in utrisq̃ forsan obseruari posset.
    ¶ Oua

¶ Oua quæ coquuntur in aqua, quandoǝ abſǝ teſta , quandoǝ cum teſta imponuntur, & ὀξάφατα à Græcis dicuntur , Braſauolus in Aphoriſmos. Hermolaus in Corollario exapheta eadem facit quæ pnicta. Ego apud Græcos ſcriptores ueteres reperíri hoc nomen non puto, Lexicorum quidem ſcriptores qui uocabula uel Græcè uel Latinè expoſuerunt, non ponunt. Videntur autè mihi ὀξάφατα (ſyll. ultima acuta) oua appellari, quæ è teſtis ſuis effuſa coquuntur integra, ſiue in aquam calidam, ut ſorbilia uel mollia coquenda, ſiue aliter ut pnicta, ut quidam putant. Nam ſi non integra, ſed fracta miſtaǝ liquoribus addendis coquuntur pnicta, (ut mihi quidem uidetur, & explicabo inſerius, non putarim exapheta uocanda. Quod ad uocabuli originem certi nihil habeo. His ſcriptis locum Symeonis Sethi inueni, quem alijs errandi occaſionem dediſſe uideo. ſunt autem uerba

10 hæc. Ἐπαινοῦνται δὲ τὰ πνικτὰ, ὥσπερ γε καὶ τὰ ὀνομαζόμενα ὀξαφατὰ (Gyraldus legit ἔξφαθη, quaſi ἔξω τῶ ὀστίᾳ ἰωλύφος ἰ ὑομένα inſinuans, ſed hoc nomen apud alios authores non extat. malim ego ὀξαφατὰ legere; hoc eſt emiſſa & effuſa, à uerbo ἀφίημι, talia autem uocabula non uſitata ueteribus Græcis, nec analogicè compoſita non pauca recentiores habent à uulgo ſumpta,) τὰ ὑπὸ θερμῷ ὑδʼατῷ ſυνιζόμενα, hoc eſt, laudantur quæ pnicta dicuntur, & exapheta , quæ in aqua calida coquuntur. quòd autem intelligat de ijs quæ in aquam calidam teſta ſua effunduntur, uel hinc patet, quoniam de alijs iam ſupra egerat, & quòd hæc oua ab alijs etiam, præcipuè Arabibus, quos Symeon in multis ſequi ſolet, probantur: & quod Galenus quoǝ eorum meminit poſt pnicta, periphraſticè nominans τὰ ὑπὸ χεομένα ὰτωδῳ ταῖς λοπάσιν, hoc eſt patellis (calida ſcilicet continentibus) infundi ſolita. infundi autem niſi fracta teſta non poſſunt. Symeon autem cum cætera ex Galeno (lib.3. de alim. cap. de ouis) mu

20 tuatus ſit, hanc etiã partem non omiſſam ab eo eſſe credendum eſt. Noſtri hæc uocant in waſſer geſelt/in waſſer geſchlagen: & uel per ſe edenda, ægris præſertim afferre ſolent, uel coctis panis ſegmentis impoſita. In his parandis (inquit Galenus) ſimiliter ut in pnictis curandum eſt, ne ſupra mediocrem conſiſtentiam incraſſentur: ſed cum adhuc ſuccum ſuum retinent , uas ab igne ſubmouendum. Symeon Sethi etiam αὐγοκόλικα oua nominat, quam uocem Gyraldus interpres relinquit. ea forte fuerint quæ nõ ut exapheta extra teſtam effuſa coquuntur, ſed in ipſa teſta , ſiue parũ ſiue multum coquantur. Græcis quidem Symeonis textus corruptus uidetur : nam poſt nominata ſimpliciter ſorbilia, mollia, & dura , mox ſubijcitur : καὶ κοινῶς δὲ τούτων τὰ αὐγοκόλικα, nulla idonea conſtructione. Græci quidem hodie uulgò oua uocant αὐγά. culica teſtas intelligo. nam & culleolam & guliocam (ut Calepinus ſcribit) nucis iuglandis ſummum & uiride putamẽ dici inuenio. ¶ Ad me

30 diocrem uſǝ conſiſtentiam cocta τρομητὰ, id eſt tremula nuncupantur, Galenus & Symeon Sethi. Quod Dioſcorides ἁπαλὸν, id eſt tenerum ouũ dixit, nos ex Celſo molle uertimus, Marcellus Vergilius. Τρομητὰ, tremula interpretantur nonnulli, ut ſint eadem cum ijs quæ liquida ſeu mollia, uel hapala etiam dicuntur. quanquam hoc nomine dicuntur Neapolitanis, quæ ſine teſta enaſcuntur; Cælius. Tenerum, ſiue liquidum, ſiue (ut Cornelius) molle, ἁπαλὸν Græci uocant, quod recentiores elixum & ſemicoctum interpretantur, Hermolaus. Et rurſus, Sunt & quæ τρομητὰ, id eſt tremula dicuntur. ſed hæc alij aliter cognominant, & quantum conijcio, tenera & tremula ſunt eadem. Ego liquida, non ut Cælius & Hermolaus tremula aut mollia dixerim, ſed potius ſorbilia, quæ cum tota adhuc liquida ſint , tota etiam exorberi poſſint. mollibus panis intingi ſolet , dura manduntur dentibus. Sorbile, ῥοφητὸν, ouum uocat Dioſcor. quod in coctura concepto tantum calore uix den

40 ſari incœperit, & liquidum adhuc caleat potius quàm coctũ ſit. Tenerum deinde ſiue molle, quod ulteriore coctura, denſatum quidem, non tamen duratũ penitus fuerit, Marcellus Vergilius. Hapalã, id eſt tenella uel liquida dicuntur oua cocta, ut albumen in coagulati lactis ſpeciem ueniat, recentes ſemicocta interpretantur & elixa, ſed an bene, iudicium ferre nolo. ſunt autem forte illa quæ à Celſo capite ſecũdo lib. 2. mollia dicuntur. Quod ſi adhuc magis coquãtur, ut ad mediocrem uſǝ conſiſtentiam ueniant, & ita fiant, ut cum è putamine educuntur, tremere uideantur, τρομητὰ, id eſt tremula dicuntur. Sunt qui uelint hæc illa eſſe quæ Celſus mollia uocauit. Sed & tremula, & mollia & ſorbilia, ac ſi idem ſint accipimus, nec ullam differentiam quæ digna notatu ſit, facimus. quamuis Galenus ſentiat tremula omnium optimè nutrire: ſorbilia minus, ſed expeditius deſcendere, Braſauolus. Tragus oua mollia uel tremula , interpretatur Germanicè totterweiche eyer. ¶ Ἐφθὰ &

50 ἰψητὰ abſolutè Galeno & Symeoni Sethi dicuntur, non ſimpliciter elixa, ſed ad duritatẽ aliquam. Ouum ſκληρὸν, hoc eſt durum, quod ita ſit coctum ut indureſcat, uidetur autem idem ἐφθὸν, Hermolaus. Ἐφθὰ uocant perfectè cocta, quæ uulgò oua apta ut ex pane comedantur, nuncupamus. at ſi adhuc magis coquantur, dura (ſκληρα) fiunt. Galenus tamen hephthã & dura pro ijſdem ſumere uidetur, Braſauolus. Durum ſiue igne duratum ouum, quod extrema coctura ad eam duritiem peruenerit, ut commãducari & teri dentibus opus ſit, Marcellus Vergilius. Noſtri huiuſmodi oua teſtis ſuis exuunt, & in partes aliquot ſecant, ut alternis uitelli ac albuminis ſegmentis lances acetariorum coronent. Eaſdem etiam partes, ſeorſim utraſǝ, minutim diſſectas, duobus in lance interuallis diſtinguunt, & tertiũ addunt de carne infumata rubente, donec alternis lanx repleatur, quam ſacro die paſcalis qui eccleſiæ Romanæ ritus ſequuntur , in templum ſacerdoti conſecrandtum affe

60 runt. ¶ Aſſa uel toſta, ὀπτὰ ἢ ὀπτηθέντα, quæ in cineribus calidis coquuntur, uel aſſantur, Galeno & alijs. Toſtum ouum diſſilit facilè, non diſſilit aqua concoctum, (ut in c. explicatum eſt.) quam obrem perfundi prius frigida ſolet oua, Cælius. ¶De Gręco penu eſt Babylonios uenatibus aſſuẽ

O 2

tos, ubi in folitudine deprehenderentur, nec cibaria percoquendi effet occafio, cruda oua fundæ im
pofita, uertigine afsidua tandiu rotare confueuiffe, donec coquerentur, Cælius. ¶ Poftremò τη-
γανισ́κ dicuntur oua in fartagine fpiffata, oleo ficilicet uel butyro fricta. nam teganon Græcis patellam uel fartaginem fignificat. noftri uulgò oua in butyro nominant, **eyer in ancken**. His uefci quidam folent, præcipuè in ientaculo, ebriofi etiam aliqui in comeffatione, Tragus. Alhagie ex uitellis ouorum eft cibus, factus in fartagine ex ouis conquaffatis, quem Veneti fritaleam appellant, An
dreas Bellunenfis.

¶ Oua quæ pnicta, id eft fuffocata appellant, elixis (hephthis, id eft duris) & afsis funt meliora,
parantur autem ad hunc modum. ubi ipfa oleo & garo & pauco uini còfperfa fuerint, uas, quo continentur, cacabo aquam calidam habenti indũt. deinde ubi ipfum totum fupernè obturarint, ignem   10
fubftruunt, quoad oua mediocrem habeant confiftentiam. Quæ enim fupra modum fiunt craffa,
elixis & afsis fiunt fimilia. quæ uerò ad mediocrem craffitiem peruenerunt, & melius quàm dura
concoquuntur, & alimentum corpori dant præftantius, Galenus lib.3. de alim. facult. ut quidã tran
ftulit, fed uerbum Græcum ἀναδ́ εύσαντε, quo Galenus & Aegineta utuntur, non confpergere, fed
fubigere & permifcere fignificat: quod miror nec Hermolaum, nec alios (quod fciam) præter Cor-
narium animaduertiffe. is enim in annotationibus fuis in Galeni libros de compof. medic. fec. locos, hæc Aeginetæ uerba fuper his ouis , Ἀναδ́ ελ́θγόντε ὠμὰ μετὰ γαρȣ ϗ οἴνȣ ϗ ελαιȣ, ϗ ἐν δπλώμασι
συμμέτρως πηγνύμѥνα: fic uertit, Cruda cum garo uinoϗ ac oleo fubacta, (Albanus irrigata uertit, &
diplomata ineptè uafa ænea teftaceáue) in duplici uafe coquuntur donec mediocriter còdenfentur.
Galenus lib.11. de fimplic. medic. de ouis agens, utiliter ouum crudum ambuftis imponi fcribit, fiue   20
albumen tantum imponas lana molli exceptum: fiue ouum totum unà cum uitello conquaffatum,
ἀναδ́ εύσας. Ἀναδ́ εύειν, φυξᾶν, μαλάτ́ειν, Hefychius. Δεύειν, βρέχειν, Varinus: id eft irrigare, madefacere.
Videtur autem uerbum compofitum ἀναδ́ εύειν, permixtionem quæ per totum fiat, præfertim in hu
mido uel liquido, (quafi ἄνω ϗ κάτω ϗ δίὰ πανὸς ѥγνομένȣ) fignificare. hanc enim uim præpofitio
ἀνὰ in compofitione quandoϗ habet, ut in uerbis ἀναφυξᾶν, ἀναμιγνύναι, ἀνακινεῖν, ἀναβολεῖν. nam & ex
tra compofitionem ultro citroϗ fignificat, ut ἀνὰ τόπον, ἀνὰ σρατον. itaϗ oua cum oleo & uino ἀνα-
δ́ελόλύξαντα, permixta & agitata uertere licebit: ita ut talè ferè hoc ferculum fuiffe uideatur, (fed defiius
tamen) quale apud nos ius eft cui uulgò à uino calido nomen. neϗ enim oua integra permanent,
fed franguntur agitanturϗ. Hermolaus primum non rectè exaphetà & pnictà confundit. deinde
pnictà interpretatur, quæ in aquam calidam mittuntur immerguntúrϗ cum garo, &c. hoc quoque   30
perperam, ut ex Galeni & Aeginetæ uerbis iam recitatis facile percipitur. Pnictà Galenus uocat
quod præfocari uideantur dum certo genere coquuntur, &c. Cælius : qui nec ipfe uerbi ἀναδ́ εύειν
uim animaduertit. Pnicton uocant etiam quoddam obfonandæ carnis genus. quod equidem reor
haud multum diftare ab eo quod anábraften appellant, Hermolaus. Nos huiufmodi genus coctu
ræ appellamus **verdempffen**, quoniã uafe operto & inclufo intus uapore ueluti fuffocari uideatur
quod intus coquitur. unde etiã oua pnictà non ineptè puto Germanicè dixeris **verdempffte eyer**.
Ad oua pnictà coquenda Galenus oleo utitur, nos butyro, Brafauolus. Sufpicor autè edulium non
aliud ab ipfo intelligi, quàm in quo oua integra relinquantur. audio enim in Italia oua parari, ita ut
eis in uas purum (ftanneum plerunϗ) euacuatis, fuperinfundatur parum aceti, uini, & olei aut butyri, ut oua integantur. coquunt autem donec album denfari fupra uitellos & albefcere cœperit.   40
Sed hæc pnictà Græcorum non effe ex prædictis patet.

¶ Pars 11. De ouorum falubritate fimpliciter. Cibos quot modis iuuent oua, notũ eft. Nullus eft alius cibus qui in ægritudine alat neϗ oneret, fimulϗ uim potus (quidã legunt uini ufum) &
cibi habeat, Plin. Recentia alimẽtum funt fanguini proximum, R. Mofes. Temperamentum oui
(Galenus hoc non de ouo, fed de albumine fcribit. albumen quidem mole fua uitellum in ouo fuperat, ut totum ouũ corporis temperati refpectu frigidius exiftimari pofsit, etfi Aggregator abfolutè
calidum faciat) frigidius eft corpore temperato. refrigerat enim temperatè, & fine morfu deficcat,
Serapio. Temperata funt oua: fed albumen ad frigiditatem declinat, uitellus ad caliditatem. utraϗ
humida fiunt, præcipuè tamen albumen, Auicenna. ¶ Oua, ut author eft Galenus, alimentum hu
mens conferunt, In libro de ptifana. Multum nutriunt, Methodi 8. Vicium plenum faciunt, In 5o
Aphorifmos. Velociter nutriunt propter fuæ fubftantiæ fubtilitatem. Oua cum materia & nutrimentum omnium auium exiftant, neceffe eft ut ualidifsimi & multi fint nutrimenti, totum enim
afsimilatur fanguini, &c. Ifaac. Aliquando uim carnis retinent, ut fcribit Rafis. Nutriunt fecundum omnes fui partes, præfertim uitellos, ita ut ex eis nulla ferè pars excrementitia fit, Nic. Maffa.
Oua, præfertim uitelli, ualde corroborant cor. funt enim naturæ temperatæ, & citò in fanguinem
uertuntur, & parum fuperflui relinquunt: & fanguinem generant fubtilem & clarum : hoc eft con-
formem fanguini quo nutritur cor, Auicenna in libro de medicinis cordialibus. commẽdat autem
oua ex gallina, perdice, phafiano, ftarna. Oua temperata dicũtur, albumine fcilicet & uitello fimul
fumptis: quorum alioqui alterum per fe ad calidum, alterũ ad frigidum inclinat, Nic. Maffa. Oua
humectant & hecticis conferunt, Ant. Gazius. Boni fucci funt, De euporiftis. Craffi & boni   6o
fucci, & humorum acrimoniam infrænant, De uictu in morbis acutis. Non dura bene parata &
cocta, generant bonum humorem, medium inter craffum & tenuè, De diffolutione continui. Ab
                                                                                             aliquibus

aliquibus difficulter coquunt, Libro 1. de locis affectis. Ab ouorum usu multo seni cauendum, Libro 5. de sanit. tuenda. Languentibus dari consueuerunt, De uictu in morb. ac. In febri cum syn
cope ex tenuibus succis Galenus oua (ouorum uitellos) dedit ante quartum diem, & post oua etiam
carnem, Methodi 12. Purgatis tutò exhibetur, In præsagio experim. confirm. Hęc omnia Galenus. ¶ Cibi qui uiscosum aliquid habent, ut oua, acrocolia, cochleæ, edacitatem prohibent, (πολυ-
χρονίω τὼ πολλὼ βρῶσιν,) quòd diutius in uentriculo immorentur, & inhærendo humores (alimentum, chylum) secum detineant, Athenæus. Sunt bona, sed facile & subito tamen oua putrescunt,
Sic nihil ex omni parte iuuare potest, Bapt. Fiera. De ouorum usu in tenui uictu & quòd aliquan
do prohibeantur non quia calidiora sint, sed quia plenius nutriant, pulchrè differit Aloisius Mundella dialogo secundo Medicinalium.

¶ Pars III. De ouorum salubritate pro diuersa cocturæ ratione. Coctura ouorum quæ in a-
qua fit, melior est cæteris: & quæ in calidis cineribus, melior quàm quæ in sartagine, nempe si eiusdem generis semper inter se conferas, dura duris, mollia mollibus. nam mollia in cineribus, duris in
aqua coctis præferre oportet, Brasauolus. Ouum molliculum plus alit sorbili, & durū plus molli,
Dioscor. Quantum sanè ouo cocturæ accesserit, tanto προσφαιμότερον fiet, hoc est tantum in nutriendo uirium illi accrescet, Marcellus Vergilius. ¶ Ouum sorbile cibus est leuissimus, Galenus de
dynamidiis. Boni succi est, non calefacit, uires potest reficere aceruatim, antiquitus sumebatur
cum garo, lenit gutturis asperitates, Galenus in libris de compos. sec. locos. & alibi. Ouum sorbile
boni succi est, pituitam crassiorem facit, imbecillissimæ materiæ est (id est minimum alit. ut durum
ualentissimæ) ouum molle uel sorbile: eadė minimè inflat, Celsus. Vt sapidiora sint & citius è uen
triculo descendant, modicum quid salis addendum est, Nic. Massa. Multos uidi qui ex sorbilibus
ouis molliorem uentrem habuere: & nonnullos qui uno etiam exhausto, quinquies uel sexies deiji
cerent, Brasauolus. Oua mollia omnium præstantissima sunt ad nutriendum. sorbilia minus nutriunt, sed facilius subducūtur, & gutturis leniunt asperitates, Galenus & Symeon Sethi. Salubris
est usus ouorum recentium fractorum (effusorum) in aquam (bullientem) & mollium, Elluchasem,
Arnoldus de Villanoua, & Symeon Sethi. Oua elixa in aqua cum testis suis, peiora sunt quàm fra
cta in aqua. quia crassos & fumosos halitus testa cohibet, unde ex frequente eorum esu inflatio oritur, & stomachi uentrisꝗ grauatio, Isaac. Et rursus, Oua in aqua fracta meliora sunt elixis in testa.
quia calor aquæ temperatè penetrat, & crassas oui partes subtiliat, & grauitatem odoris aufert. Et
alibi, Oua in aqua sine testa cocta, naturalem suam humiditatem seruant, & sui odoris grauitatem
exuunt. Sed aliqui magis appetunt in testa sua cocta quàm effusa, ex quorum numero se etiam fuisse scribit Ant. Gazius. Vitanda sunt oua cocta in uentribus gallinarum, & inuoluta (nescio quid
sibi uelit hæc uox) & frixa, Arnoldus de Villanoua. Crassi succi sunt oua, quæ uel elixa uel tosta,
penitus densata sint. frixa etiam mali succi, fumosæꝗ in stomacho cocturæ sunt, secum etiam admi-
stos cibos corrumpentis. quapropter inter deterrimas earum rerum habentur, quæ concoqui nequeunt. Mediocriter uerò cocta, quæ ideo tremula appellantur, ad concoctionem, digestionem, nū
tritionem, boniꝗ succi generationem præstantiora, Galenus in libro de cibis boni & mali succi.
Oua non obdurata multum alunt, Psellus. Molle ouum stomacho aptum est, Celsus. Oua dura
(ψφλὰ καὶ ὀπλά, id est dura tum elixa tum assa) & ad coquendū sunt difficilia, & tardi transitus, (descen
sus,) crassiusꝗ alimentum corpori tribuūt, Galenus & Symeon. Tardè & paulatim nutriunt, Galenus. Valentissimæ materiæ sunt, (id est plurimum alunt, si concoquantur,) Celsus. Crassum &
uiscosum alimentum præbent, R. Moses. Oua obdurata, assa & frixa, difficulter concoquuntur,
Psellus. Duris in aqua coctis peiora habentur quæ sub cineribus calidis induruerint. nam si quid
habent humidi exiccatum est. & rursus his quoꝗ peiora, quæ in sartagine cocta induruère, Brasauolus. Oua dura uel fastidium mouent, uel non citò descendunt, Elluchasem. Oua in aqua durata sunt fugienda in epilepsia, Galenus de puero epilept. Monachus quidam Franciscanus cum
in festo paschatis collecta à se oua ad duritiem cocta, alba ac rubra (albumina & uitellos: solèt enim
eo tempore incisæ minutatim utræꝗ hæ partes in patinis digeri) ad saturitatem edisset, astricto uen
tre ut neꝗ clysteribus neꝗ medicamentis cederet, obijt, Brasauolus. Duris in aqua coctis tardius
permeant: & crassioris sunt succi quæ in calidis cineribus assantur, (nimium assantur, Symeon,
ὑπεροπτηθωσιν,) Galenus. Oua assata sub cinere, ab igne calorem suscipiunt, ut fumosum quoque &
grauem odorem. itaꝗ magis siccant minusꝗ refrigerāt quàm elixa in aqua, Isaac. Oua cum duobus modis assentur, inter carbones & in cinere, Isaac ea quæ in cinere assantur deteriora esse scribit.
quoniam cum calor foci circumeat ipsa, fumosos eorum halitus extrè prohibet: quod super carbones non fit, Ant. Gazius. In sartagine uerò cocta, (spissata, habent omnibus modis alimentum. nam interim dum concoquuntur in nidorem (ructus fumosos) uertuntur: & non modo
crassum succū, sed etiam prauum gignunt atꝗ excrementitiū, Galenus & Sethi. Et alibi Galenus,
Oua frixa tardè descendunt, mali succi sunt, & corrumpunt etiam secum admixtos cibos, & inter
deterrima earum rerum habentur quæ concoqui nequeunt. Mox in nidorem & cholericos humo
res ac putredinem uertuntur, quare sunt causa fastidij & nauseæ, Isaac. ¶ Oua pnicta elixis (duris in aqua coctis) & assis sunt meliora, Galenus: ut supra recitatum est. Videntur quidem pnicta
tanquam in diplomate cocta, cum sapidiora esse, idꝗ condimentorum quoque ratione, tum magis

O 3

lenire ac mitigare, quàm quæ in uaſe ſtatim igni impoſito parantur, quæ facilius empyreuma aliquod trahunt.

¶ Pars IIII. De electione ouorum ad cibum. Oua gallinarum præ cæteris eligimus. non opus eſt autem aliorum quoqӡ ouorum facultates enumerare, quòd natura eorum cum gallinaceis conueniat, Serapio. Gallinarum ac phaſianorum oua præſtantiora ſunt, deteriora uerò anſerum ac ſtruthocamelorum, Galenus. Inter oua principatum tenent pauonina, deinde uulpanſeris, tertiò gallinarum, Epænetus & Heraclides Syracuſanus apud Athenæum. Secundum à gallinaceis locum merentur oua auium quæ curſu gallinæ procedunt, (quæ affinitatem cum gallinis habent,) ut ſunt altedarigi & alduragi, & alchabegi, & altheiugi, Auicenna. Gallinæ & perdicis oua laudan tur præ cæteris ceu magis temperata, deinde anatis, (fortè, anſeris,) quamuis malum reddant nutri- 10 mentum. Alia uerò oua, ut paruarum auium aut magnarum, comedenda non ſunt niſi medicinæ cauſa, Raſis. Oua gallinarum omnibus præferuntur, maximè ſi ex gallo conceperint. nam zephy ria minus ſapiunt, Platina. Oua ſubuentanea minora ſunt, & minus iucundi ſaporis (utpote minus concocta) & magis humida quàm ea quæ fœcunda gignuntur, Ariſtot. & Plinius. Oua recentia ueteribus plurimum præſtant. quippe optima ſunt recentiſſima, uetuſtiſſima autem peſſima. queӡue rò in horum medio ſunt, proportione receſſus ab extremis, bonitate aut prauitate inter ſe differunt, Galenus lib.3. de alim. & alibi, & Serapio. Oua recentia, plena ſunt: uetuſtiora ut plurimum circa partem latiorem inania. Sunt quæ dum aperiuntur uel refringuntur, diffluant, uitello præſertim: quod ſignum eſt uetuſtatis. Quòd ſi uitellus ouo aperto integer manſerit, & in medio eius gutta ru bicunda & ueluti ſanguinea apparuerit, (ex qua corda pullorum initio conſtitui ſolent,) ſignum eſt 20 oua eſſe ad cibum adhuc laudabilia, Tragus. Sapidiora ſunt oua quæ ex gallinis pinguibus, non macilentis, ſunt nata: & ex depaſtis triticum, hordeum, milium, panicum, potius quàm herbas, Platina. Ex ouis recentibus ſi quæ in uitelli ſuperficie uenulas rubicundas habuerint, in cibo laudari audio. Oua oblonga à quibuſdam maſcula cenſeri, & ſalubriora ſapidioraӡ rotundis, ab alijs uerò rotunda haberi maſcula, recitatum eſt ſupra in c. Arabes præferunt oblonga, parua, tenuia, ut Tra gus citat. Idem oua recentia in plenilunio excluſa, tanquam præſtantiora, cum ad cibum ceu du rabiliora, tum ut gallinis ſupponantur, colligi iubet. De ouis præcipuè uitellus probatur Auicennæ, & oua ipſa potius ſimpliciter parata, quàm alijs admiſta, ut quidam citant. Magis nutriunt & ſubtiliora ſunt oua, quæ duos uitellos habent, Elluchaſem.

¶ Omnia oua, præcipuè paſſerum, Venerem promouent, Auicenna. Gallinæ & perdicis oua 30 genituram augent, & ad coitum ſtimulant, Raſis. Bulbi, cochleæ, oua, & ſimilia, ſemen augere ui dentur, non (tollenda uidetur negatio) eò quòd habeant naturæ ſuæ principium cognatum, (ὁμοέ δεs,) & facultates eaſdem ſemini, Heraclides apud Athenæum. apud quem Alexis poeta quoqӡ oua inter cibos Venerem incitantes numerat. Oua promouent coitum, & maximè cum cepis & ra pis, R. Moſes. ¶ Auicenna in libro de uiribus cordis, ouis quoqӡ cor roborandi potentiam ad ſcribit. Galenus quidem ouum ſorbile uires defectas aceruatim (ἀθρόωs) reſtaurare ſcribit: & in fe bri cum ſyncope ex tenuibus ſuccis oua (ouorum uitellos) ante quartum diem exhibuit, Methodi 12. Vitella, maximè ſorbilia, cor fouent ac membra nutriunt, Platina.

¶ Pars v. De albuminis & uitelli facultatibus alimentarijs ſeorſim. Oua temperata ſunt: ſed albumen ad frigiditatem declinat, uitellus ad caliditatem: utrunqӡ humidum eſt, præcipuè albumen, 40 Auicenna, & Iſaac. quanquam Galenus Ouí crudi albumen (inquit) lana molli exceptum, uel to tum ouum agitatum, utiliter imponitur ambuſtis, quæ moderatè refrigerat & ſine morſu ſiccat. Sed dici poteſt, ouí tum album tum luteum, alimeti quidem ratione corpora noſtra humectare: foris ue rò applicatum nonnihil ſiccare. Ouorum album ægrè concoquitur, Galenus Methodi 12. Vitel li facilius coquuntur quàm albumina, Idem ad Glauconem lib.1. Id cur fiat Aphrodiſienſis inqui rit problematum 2. 84. Vitellus (inquit) calidus, albumen humidum & frigidum eſt. Et rurſus, Vi tellus plus caloris quàm ſiccitatis habet. Dandi ſunt in ſyncope ex tenuibus humoribus, Galenus Methodi 12, quòd cum facillimè concoquantur, ſubitò & multum & probè alant, atqӡ ita uires re ſtaurent. Albumen frigidum eſt & uiſcoſum, nec probum ſanguinem generat, & ægrè concoqui tur: uitellus uerò temperatus eſt, & cæteris albuminis uitijs caret, ut medici quidam referunt. De 50 ouis ſufficit uitellum ſumpſiſſe ab autumni medio uſqӡ ad medium ueris: reliquo tempore albumen etiam cum uitello ſumere licebit, Arnoldus de Villanoua. Vitella, maximè recentia & ſorbilia, ex gallina, perdice, phaſiano, cor fouent ac membra nutriunt. in ſanguinem enim purum conuer tuntur. quare qui inanitate laborant, hoc cibo, repurgato prius ſtomacho, quòd facillimè in alios humores conuertitur, crebrò in prima menſa utantur, Platina. Vitelli laudantur, maximè de galli nis iunioribus mares habentibus, Iſaac.

¶ Pars vI. Apparatus diuerſi ex ouis. De diuerſis ouorum cocturis, in aqua, ſub cinere, in ſartagine, deqӡ ouis pnictis, abundè iam explicatum nobis eſt Parte prima huius capitis. Ouum cum melle, uel garo, uel ſale coctum, eſt compoſitum ex diuerſis facultat. Galenus de uictus rat. in morb. ac. Commentario 1. Candida ſi croceos circunfluit unda uitellos, Heſperius ſcombri tem- 60 peret oua liquor, id eſt garum, Martialis. Ouis ſorbilibus aut mollibus condimenti gratia quidam inſpergunt cari ſemen, aliqui (pauci) aquilinæ ſemina, alij ſcobem nucis myriſticæ. ſal quidem per petuum eſt condimentum omniũ.   ¶ Oua

¶ Oua frixa, œnogarata, obelixa liquamine, &c. Apicius 7. 17. Humelbergius sic legit. Oua frixa œnogaro (silicet affuso inferūtur.) Oua elixa, liquamine, oleo, mero: uel ex liquamine, pipere, lasere. In ouis hapalis, nucleos infusos: suffundes mel, acetum: liquamine temperabis. Oua hapalá (inquit Humelbergius) uocat Apicius tenera & mollia, quæ ᷍ sine cortice & putamine cocta sunt in aqua: qualia & stomachum confortant, authore Scribonio Largo Compositione medicinali 104. Sed Scribonius loco iam citato simpliciter oua hapalá commendat, nec dicit ea sine putamine in aqua coqui: & Dioscorides hapalōn ouum molle appellat, hoc est medium inter sorbile & durum, ut ipse interpretatur: & nos supra quoᷦ ex aliorum sententia retulimus. Tyropatina: Accipies lac, aduersus quod patinam æstimabis: temperabis lac cum melle quasi ad lactantia, (id est la-
10 ctaria, Humelbergius) oua quinᷦ ad sextarium mittis: sed ad heminam oua tria in lacte dissoluis, ita ut unum corpus facias: in cumana colas, & igni lento coques: cum duxerit ad se, piper aspergis & inferes. Oua sphongia ex lacte: Oua quatuor, lactis heminam, olei unciam, in se dissoluis, ita ut unum corpus facias, in patellam subtilem adijcies olei modicum, facies ut bulliat, & adijcies (oleo bullienti) impensam (mixtionem iam dictam ex ouis, lacte & oleo) quam parasti, una parte cum fuerit coctum, in disco uertes, melle perfundis: piper aspergis & inferes, Hæc omnia Apicius. Humelbergius oua sphongia interpretatur cibum qui ouorum formam præ se ferat, & spongiosum, id est ad modum spongiæ rarum, tenerum & inflatum. Nostri hoc uel simile edulium uocant ein bzatne milch: Græce Latineᷦ oogala dici potest. quanquā Cælius, Pultem (inquit) ex ouis & lacte con-
20 cinnatam oogala dicunt medicæ rei studiosi. Laudatur hoc inter cibos dysentericorum ab Aetio, si bene memini. Oua decoquuntur etiam in aqua, uel iure carnis, integra, sine corticibus, quæ sapida & optima sunt, præsertim si cum saccharo & cinnamomo condiantur. Sunt & qui in sartagine primo modo pauxilla oua primum pertractata, in aqua simplici, iuncto pauxillo saccharo uel aqua rosacea percoquunt, quæ ego non uitupero. Fit etiam ex eis laudatissimum ferculum, si confusa in iure carnium comedantur, cum quibus conducit modicum aceti, uel succi uuᷦ acerbæ ponere, Ego tamen in senibus & cōualescentibus uini aromatici aut Maluatici optimi portionem aliquam cum saccharo & cinnamomo libentissimè porrigo. Vtcunᷦ parentur, semper portiunculam salis addere oportet, cum sic facilius & digerantur, & á stomacho etiam descendant, Nic. Massa in epistolis.

¶ Ex Platina. Ouorum albore utimur in ᷦcondituris quorundam eduliorum ac bellariorum. Iusculum croceum è uitellis ouorum cum agresta, iure uituli aut capi, pauco croci, &c. describitur
30 á Platina 6.44. Frictella quomodo fiat ex albamēto ouorum, polline & caseo recenti, leges apud eundem lib.9.cap.3. ¶ Quæ sequuntur ab eodem authore omnia sunt, lib.9.cap. 19. & deinceps prodita. De ouis agitatis & confractis: Oua cum modico aquæ & lactis bene agitata, & confracta aut tudicula aut cochleari, caseo trito cōmiscebis. Mixta, ex butyro uel oleo coques. Suauiora erūt, si & parum cocta, & dum coquuntur, nunquam uoluta fuerint. Herbacei coloris si uoles, his betæ ac petroselini plusculum, succi buglossi, menthæ, amaraci, saluiæ parū addes. Aliter: Easdem herbas concisas, & frictas modicum in butyro aut oleo, superiori impensæ admiscebis, ac coques, Nutriunt hæc, tardè concoquuntur, hepar iuuant, obstructiones & calculum generant. Oua frictellata: In patellam feruentem oleo aut butyro, oua recētia & integra, abiecto putamine, indes: lentoᷦ igne decoques, oleo semper, presertim cochleari aut tudicula suffundendo. Vbi alba esse cœperint,
40 cocta scito. Durioris concoctionis propter fricturam hæc putant medici. Oua elixa: In feruentem aquam oua recentia, abiecto folliculo indes. concreta ubi erunt, statim eximes, tenella esse debent, ac saccharo, aqua rosacea, aromatibus dulcibus, agresta aut succo malaranciij suffundes. Sunt qui & tritum caseum inspergant: quod nec mihi nec Phosphoro placet, qui tali edulio persæpe uescimur. sine caseo enim optimum ac suauissimum est. Aliter: Oua in lacte aut in uino dulci coques, eo modo quo ante. Verum de caseo nulla fiat mentio. plus alit hoc: etsi ad phlegmonen sanguinem ducit. Oua fricta: Oua recentia diu coquēdo dura facies, ablatis deinde putaminibus, qua ipsa ita per medium scindes, ut nullibi albamentum comminuatur. Exempta uitella, partim cūm bono caseo tum ueteri tum recenti, & uua passa contundes, partim reseruabis ad pulmentum colorandum. Parum item petroselini, amaraci, menthæ minutatim concisæ, addes. Sunt qui & duos albores ouorum aut
50 plures cum aromatibus indant. Hac impensa albamenta ouorum repleta & conclusa, lento igne in oleo friges. Frictis, moretum ex reliquis uitellis & uua passa simul tunsis, ac ex agresta & sapa disso lutis, addito gingibere, caryophyllo, cinnamo, infundes: efferueanteᷦ paululum cum ipsis ouis, facies, Hoc plus mali in se habet quàm boni. Oua in craticula: Oua tunsa in patellam extende & coques, donec concreta plicari quadrisariam possint. Hæc in quadræ modum redacta, in craticulam ad focum positam extendes. Oua deinde recentia, ablatis putaminibus, huic indes: saccharumᷦ & cinnamum, dum coquitur, insperges. Cocta cōuiuis appones. Oua in ueru: Veru bene calefacto, oua per longum transfiges, & ad ignem, ac si caro esset, torrebis. Calida sunt edenda. Stolidum inuentum, & coquorum ineptiæ ac ludi. Aliter: Oua recentia in cinere calido diligenter ad ignem uolues, ut æqualiter coquantur. Exudare ubi cœperint, recentia & cocta putato, ac conuiuis appo-
60 nito. Optima hęc sunt, & cuiuis apponi percommodè possunt. Aliter: Oua recentia in ollam cum recenti aqua imposita, ubi parum ebullierint eximito atᷦ edito. Optima enim sunt & bene aluut. Oua fricta Florentinorum more: In feruentem ex oleo patellam, oua recentia, ablatis putaminibus

O 4

singillatim indes,tudiculacქ aut cochleari circunquaცქ reſtringes, iน rotundum redigens. Colora=
tiora ubi eſſe cœperint,cocta ſcito.tenella intus ſint neceſſe eſt.Coqui difficilius hæc,quàm quæ ſuⴷ
prà,conſueuerunt. Aliter;Oua integra in carbones ardentes cõijcito, ac calida dcnec frangantur,
ſuſſe perutito.Cocta & exempta, petroſelino & aceto ſuffundito. Oua fricta: Caſeum pinguem
& tritum,parum menthæ ac petroſelini conciſi,uuæ paſſæ minimum,medicum piperis tunſi, duo
uitella ouorum cruda ſimul miſcebis.mixta,iń oua more Florentino fricta,ubi inde per tenue ſora=
men uitellum exemeris,indito;ac iterum frigito, donec ſarcimen coquatur. Conuoluenda ſæpius
ſunt,& cocta agreſta aut ſucco malarancij cũ gingiberi ſuffundenda ſunt. Oua in paſtilli morem:
Farinam ſubactam, tenuem admodum facies: extenſæ per tabulam, oua recentia diſtincta ſpatijs   10
addes,inſpergendo ſemper unicuicქ parum ſacchari,aromatum, minimum ſalis. Inuoluta deinde,
ut paſtillos ſolemus,aut elixabis aut friges. fricta tamen laudabiliora ſunt. Dura fiant caueto. Huc=
uſცქ Platina. Idem cap. 29. ſeptimi libri iuſculum uerzuſum deſcribit: quod recipit ouorũ uitella
quatuor, ſacchari unc. quatuor, ſucci mali arancij tantundem, ſemunciam cinnami, aquæ roſaceæ
unc.duas.Iubet autem eo modo coqui,quo iuſculum croceũ coquitur: & quo magis placeat,etiam
crocum addere.Hoc genus cibarij (inquit) æſtate præcipuè ſalubre habetur. multum enim ac bene
alit,parum refrigerat,& bilem reprimit.

⁋ Germani Eroſ̃eyer uocant oua cum putamine ſuo in cinere aſſa, uel in butyro frixa, quibus
in mucrone apertis aliquid ſalis & aromatum,ut cinnamomi,macis,& nucis myriſticæ inijcitur,&
omnibus intus ligello inſerto diligenter permixtis,foramen iterum clauditur cruſtula teſtæ cum al=
bumine appoſita,ut in Magirico quodã libro Germanicè ſcripto reperimus. Ex quo etiam ſequen= 20
tem apparatum tranſcribere uolui. Oua farcta:(author anonymus globoſa uocat, Eugelecht eyer:)
Vitellos ouorum agita & miſce cum pane de ſimila friato,nuce moſchata & ſale.hac impenſa teſtas
ouorum reple per foramen, quod cruſtula 'teſtæ albumine illita rurſus claudes, & oua coques pro
libito, elixabis,aſſabis,aut friges in butyro. Placentam quæ ex ouis fit nos frictatã uocamus, quæ
& tardi & nidoroſi nutrimenti cauſa eſt,Braſauolus. Mutagenat, id eſt cibus qui fit in aliquo uaſe
cum lacte ſeminum communium & iure gallinæ & uitellis ouorum cum ſaccharo & miſcella aro=
matica è cinamomo,ſpica,cubebis,calamo aromatico & cari ſemine. coquitur autem in igne & ap=
poſita ſuper uas teſta calida,Syluaticus. Farinam quidam ex ouis aut lacte ſubigunt,Plinius.Idem
mulieres noſtræ faciunt,& phyramata ſic ſubacta cylindro extendunt in tabula,ſubſtrata inſperſacქ
farina,in faſcias oblongas,quas deinde per partes quadratas diuidũt,quantas capere ſartago poteſt, 30
in qua oleo aut butyro frigi debent eyerⴷzle/ milchⴷzle. Sed alia quocქ innumera panum, placen=
tarum,laganorum,eduliorumcქ diuerſorum genera ex ouis,aut eis admixtis,fiunt, uulgò cognita,
(pfannenkuchen/verbꝛütne kuchle/eyermuſer/jüſſel/eyerziger/ gebꝛatne milch,&c.)quæ omnia
perſequi infinitum foret. Sat fuerit ea quæ authores de his tradiderunt collegiſſe.

⁋ Pars VII. Ordo ouorum in cibo. Oua bina menſæ inferri ſecundæ apud priores ſolita ſcri=
bit Athenæus,cum turdis,&c. Apud Romanos cœnæ initia habebant oua, atteſtante Porphyrio
quoცქ.Vnde Horatius,Ab ouo uſცქ ad mala citaret,Sermonum 1. Integram famem ad ouum aſſe
ro:itacქ uſცქ ad aſſum uitulinum(aliás uitellinum)opera iſta perducitur,Cicero in epiſt. ad Pætum.
Vbi integram famem ad ouum afferrè (inquit Cælius) non aliud eſſe uidetur quàm ad ſecundam
uſცქ menſam cibi appetentiam producere. Quòd ſi ſanitatis rationem ſpecies, oua quoquo modo 40
parata tum à ſanis tum ab ægris priore loco ſumenda uidentur. à ſanis, quoniam facilius,ſorbilia
præſertim & mollia,concoquuntur.liquidiora enim & faciliora concoctu,quecქ facile corrumpun
tur,priore ſumi loco debent. à duris quidem ſanos pariter & ægros, & hos multò magis abſtinere
prorſus conuenit, niſi cum aluus ſolutior eſt, quam ſi durius coctis ouis coercere libuerit,ea quocქ
ante alios cibos eſitari conuenit: ut contrà etiam ſi mollire aluum ſorbilius exhauriendis ſtatueris,
id quocქ initio menſæ faciendum.

G.

DE REMEDIIS EX OVIS, PARTES.

Pars I.   De remedijs ex ouis integris in genere primum, deinde particulatim.
    II.   De oleo ouorum. Et remedium ex putidis.   50
    III.   Remedia ex ſorbilibus.   IIII.   E crudis.
    v.   E duris,& uſtis.   VI.   Cum aceto.
    VII.   Cum alijs diuerſis admixtis.   VIII.   De remedijs albuminis.
    IX.   De remedijs uitelli.   x.   De pellicula interiore, & pullis ouorum,
    XI.   De teſtis ouorum.   id eſt, nondum excluſis.

⁋ Pars I. De remedijs ex ouis totis, in genere. Anſerina & pauonina oua idem quod galli=
nacea præſtant,Kiranides. Ouum gallinaceum maximè nobis in uſu eſt, utpote facillimum para=
tu.quare non indigemus alijs, licet eadem facultate præditis. eſt autem temperamento frigidius
ſymmetris, Galenus de ſimplic. 11. Poſſet tamen aliquis hæc omnia ad album duntaxat oui liquo=
rem referre,cum & ante & poſt hæc uerba de eo ipſo Galenus agat. ſed ipſum quocქ integrũ ouum 60
aliqui ad frigiditatem uergere ſentiunt,eò quòd albuminis in eo quàm uitelli copia maior ſit.Et ipſe
Galenus mox in eodem capite,Oui(inquit)uel albumen, uel id unà cum uitello impoſitum ambu=
ſtis,meⴷ

His, mediocriter refrigerat. Dictum est sæpe pharmaca illa quæ uim eximiam nullam obtinent, ue
hementioribus materiæ instar admisceri, unde sit ut polychresta, hoc est multiplici usu celebria habeantur, & potentioribus (diuersis) inseruiant. Huiusmodi etiã ouum est, quod diuerso insuper eli-
xationis aut assationis accedente modo, magis etiam uariũ de se præbet usum. nam siccantibus humores pharmacis, elixando duratum, uel assatum uel frixum miscetur: ijs uerò quæ contentos in
thorace & pulmone humores incidunt, sorbile, hoc est leuiter elixum aqua dum incalescat tantum,
Galenus. Idem in libro de boni & mali succi cibis, ouorum uires prope ad alicam accedere scribit.

¶ De ijsdem particulatim. Oua medentur apostematibus circa anum & pectinem: & suppo-
nitur licinium insusum in eis & in oleo rosarum, propter abscessus ani & percussionem eius, Aui-
10 cenna. Et rursus, Emplastris apostemata prohibentibus miscentur oua: item clysteribus propter
ulcera & apostemata; & erysipelata eisdem utiliter illinuntur cum oleo. Oua confracta contusa
(illita) super tumores apostematum, prohibēt ea augeri, & oleum rosarum cum eis mixtum, Petrus
Aponensis in Problemata Arist. Cur pelles recenter detractæ, maximeq̃ arietum, uerberum uulneribus & uibicibus admotæ, & oua super cõfracta (ἀποκαταγνύμενα) prohibent ulcera, ne consistant,
Aristoteles quærit in Problematis 9.1. Vide in Ariete G. quod autem ad oua, inquit ea uiscositate
sua cutim ueluti agglutinare, & prohib erene ulcerũ calore nimio humores attrahi possint. ¶ Recentia illita adustiones ignis sanant, Kiranides. Ambusta aquis si statim ouo occupentur, pustulas
non sentiunt. quidam ammiscent farinam hordeaceam, & salis parum, Plin. Oua medentur adustioni ignis. ureris autem eis cum lana, & prohibēt ulcerationem. ac similiter adustioni aquæ etiam,
20 Auicenna. Plura leges inferius inter facultates albuminis. Oua cum oleo trita ignes sacros leniunt, betæ folijs superilligatis, Plin. ¶ Tumorem mamillæ repelles agitato ouo cum uino quinquies copiosiore, eo liquore madefactum linteum imponens, Ex libro Germanico manuscripto.
¶ Ouo gallinaceo caput inlinito, postea aqua uel succo herbæ cyclaminis caput lauato: hoc pacto
lendes necati ultra non renascuntur, Marcellus. Galenus alicubi in opere de medic. compon. sec.
locos, oua extergere negat. ¶ Dioscorides inter aconiti remedia numerat oua in oleũ euacuata,
ita ut totum hoc cum muria misceatur & sorbeatur tepidum. Verba Græca sunt, ϳάλτι κρινιθγίντα ώϐι
αὑτὸ κỳ χλιανθγίντα, (Marcellus legit διελθγίντα, quanquam uertit trita) σὑν ἅλμη κỳ ῥοφέμλνα. Aegineta habet, ϳάλτι κρινιθγίντα ὑπ τὸ αὑτὸ, λειανθγίντα, σὑν ἅλμη ῥοφέμλνα. apparet autē uox λειανθγίντα, corrupta à χλιανθγίντα. Cæterum hæc uerba ὑπ αὑτὸ uel ὑπ τὸ αὑτὸ, Ruellius interpretatur in idem, scilicet oleũ, quo-
30 niam impressi codices Græci, proxime ante oleum nominant. tanquam id tum per se, tum cum absinthio potum prosit. Aegineta & Aetius non oleum eo loco, sed uinum merum uel per se uel cum
absinthio potum auxiliari scribunt. & sic Marcellus Vergilius quoq̃ uertit, nec in annotationibus
quicquam admonet, tanquam omnino in codice suo Græco sic legerit. Cornarius ex Aetio lib. 13.
cap. 61. sic reddit, Oua in unum uasculum euacuata, conquassata & repesacta, ex muriaq̃ absorpta.
Rursum Marcellus ἀιὰ κρινιθγίντα ouorum putamina uertit, quod ea tantum ouis depletis & euacuatis supersint, & quòd apud Aeginetam legatur λειανθγίντα, quam uoce ipse exponit trita & infracta.
Nicandri quoq̃ uersus citat ceu qui pro sua opinione faciant: ῥομάκι δ᾽ ὀρταλίχων ἀπεκλύω ἀϐ᾽ ἵνα κρυόω-
στε, Ἀφρῷ ἐπιγκορθάσεως θοὰ ὀρριία κίσφα. Mihi quidem Nicander nequaquam de putaminibus ouorum sentire uidetur, sed de ipsis ouis (synedochicè dico, pro albumine & uitello tantum) euacua-
40 tis, ita ut tota ouſ interna subſtantia in uase aliquo unà cum muria conquassetur & misceatur, biba-
turq̃. nam pro muria (hálmen Dioscorides uocat) Nicāder spumam marinã dixit, qua scilicet pasci
& inescari solent cepphi marinæ aues. Sic & Nicandri Scholiastes sensisse uidetur, scribens: Oua
deplere præcipit & cum spuma marina miscere. Et Hermolaus ex Dioscoride, Oua in patinam de-
pleri & subigi cum salsugine iubet.

¶ Lac cum ouo & rosaceo ualet ad oculorum phlegmonas, Galenus lib. 10. de simplicib. Ad
oculorum dolores & uigilias; Mulsam instillato, & ouum præmaceratum (nimirum in mulsa) ac pu
tamine mundatum, in duas portiones secato, & super oculũ deligato, & somno occupabitur, Idem
Euporiston 3.18. ¶ Cibo quot modis iuuent, notum est, cum transmeent faucium tumorem, cal-
factuq̃ obiter foueant, Plinius. Dantur & tussientibus cocta (ad duritiem nimirũ. hæc enim Græ-
50 ci ἰφθὰ absolutè uocant, & hæc etiam propriè teri possunt. quanquã & sorbilia per se ad tussim prodesse non est negandum) & trita cum melle, Idem. Ad tussim, Ouum melle teres domitum seruen-
tibus undis, & sumes, Serenus. Vide infra in Ouo duro. ¶ Equo strophoso oua quatuor in os
confringe, & ut simul cum putaminibus degluttiat cura, Anatolius. Oua gallin. numero quatuor
adijciuntur cerato cuidam podagrico apud Aetium 12. 43. ¶ Infundũtur & uirilitatis ustijs singula, cum ternis passi cyathis amyliq̃ semuncia à balneis, Plinius.

¶ Pars 1 1. De oleo ouorum. Oleum de ouis experientia plurima probatum est cutim expur
gare, impetiginem, serpiginem, & alia cutis uitia persanare, capillos regignere, ulcera maligna & fi-
stulosa curare. Vitelli ouorum elixãdo duratorum triginta, aut circiter, manibus friati, in sartagine
terrea plũbata (sartagine lapidea, Monachi in Mesuen) frigantur igni mediocri, mouendo cochleari
60 ligneo aut ferreo, donec rubescant, & oleum ab his resoluatur, quod pressi cochleari largius remit-
tent. Vel ijsdem uitelli elixando indurati mola frangãtur, deinde in offas tundantur, & torculari exprimantur, quale in oleo amygdalino explicuimus, & oleum destillabit. Vel ipsi uitelli corpulento

uafi (cucurbitæ deftillatoriæ) oleumᷠ in capitellum (alembicum) ignis uiolentia attollatur, qualiter oleum philofophorum póft dicendum, Io. Mefues paraphrafte Iac. Syluio. Cutis fœditatem
mirè aufert, (inquit Syluius,) ac cicatrices, præcipuè in ambuftis relictas, ferè autem grauiter olet:
minus tamen poftremum sublimando deftillatum. Pilos auget Serapioni in Antidot. aurium, dentium, fedis doloribus, & alijs pleriſᷠ fedis affectibus (utile) Rafi in Antidotario. Oleum ouorum
Nicolai. Vitellos ouorum elixorum frige igni lento prunarum in patella ferrea, femper mouendo
rude ferrea, donec probè affentur, calidiffimos linteo forti, oleo amygd. dulc. madefacto exprime.
Satius eft uitellos crudos frigere, cochleari affiduè moueri, donec affati & cochleari preffi, uafe inclinato reddant oleum: quod phiala conditum etiam diu integrum feruatur. Ex uiginti uitellis extrahes horis duabus unc. quatuor aut circiter, Hæc Syluius. In codice quidem Nicolai Myrepfi 10
quem Leonardus Fuchfius nobis Latinum è Græco reddidit, nullam olei de ouis defcriptionem reperio. Oleum ouorum falubre & experimentis cognitum eft aduerfus impetiginem aliosᷠ morbos, admixto pauco fanguine gallinæ curat fcabiem cholericam. iniectum tepidum fedat ftatim uehementiam doloris in abfcefsibus aurium, et accelerat concoctionem eorum, aperitᷠ ipfos: & facit
nafci capillos. confert etiam aduerfus fiftulas & ulcera melancholica. mitigat dolorem ambufto-
rum & ardorem. cicatricem fubtilem reddit, & dentium dolores aniᷠ eliminat, fi illinatur cum pin
guedine anferis. per diem curat ægrum uehementer affectum dolore hepatis propter flatus contracto. colorem corruptum reftituit, præfertim in albedine oculorum, Arnoldus de Villano. Hoc
oleum ipfe hoc modo fieri obferuaui: Vitelli ouis ad duritiem elixis exempti, in fartagine affentur,
uertendo fubinde uoluendoᷠ paulatim cochleari, donec incipiant ita liquefcere, ut iam in chylum 20
æquabilem & pulti fimilem conuertantur. manet autem materia adhuc flaui coloris. eam mox infundes in linteum, quod utrinᷠ torquens ac circunuoluens oleum fubflauum exprimes. Alij cum
uitelli fic in patella affi ad chylum illum peruenerunt, amplius adhuc coquunt, donec materia tota
ficcari ac denigrari incipiat; quæ paulo póft iterum liquefcit, & multum humorem nigrum & ex
aduftione graueolentem remittet. Tum cochleari materiam in fartagine crafsiufculam comprimūt,
ut oleum & humor omnis uafe in alterum latus inclinato defluat & colligatur. Et hoc tanquam ma
iore deficcandi ui præditum fuperiori præferunt.

⁋ Præfentaneum colicis remedium fic: Oua putidifsima in Sole ponito ut perficcentur, cum
aruerint conteres, & minutifsimè percribrabis, & ad præfidium in doliolo uitreo condes. cumᷠ in
aliquo aufpicabitur coli dolor, in hemina aquæ calidæ dabis bibenda cochlearia tria, Marcellus. 30
⁋ Si oui albumen cum uitello ponatur in matula alicuius, quem ueneno infectum effe fufpicio fue
rit, intra aliquot horas locus ueneni in hepate demonftrabitur. nam fi id in uenis fuerit ultra gibba
hepatis, aut in uijs urinalibus, ouum nigrefcet ac fœtebit. Sin citra concaua hepatis, ut in orobo (co
lo, uel alterius inteftini nomen legendum apparet,) ouum rugas & colorem citrinum contrahet,
abfᷠ fœtore. Hoc annotatum reperi in margine codicis cuiufdam Serapionis iuxta caput de urina, Obfcurus. Ad exuftionem: Ouorum afforum uitellos in fartagine combure, & in modum em
plaftri impone, Galenus Euporift. 3. 198.

⁋ Pars III. Remedia ex ouis forbilibus. Oua forbilia, in quibus liquidū (id eft albumen) co
actum adhuc denfatumᷠ non eft, ad leniendas (læuigandas) gutturis (pharyngis) afperitates idonea funt, Galenus in libro de alimentis boni & m. f. & alibi. In inflammationum arteriæ princi- 40
pijs leniſsima funt (remedia,) Idem libro 7. de compof. fec. loc. Symeõ Sethi fcribit oua anferum
proprietate quadam δυφνίαν, hoc eft bonum ingenium facere, ijs qui cum melle & butyro ea adfi-
duè efitarint. fed uerifimilius eft, oua cum anferina tum non minus gallinacea forbilia, fiue per fe, fi
ue magis etiam cum melle ac butyro fumpta, non δυφνίαν, fed δυφωνίαν, id eft uocis bonitatem, repur
gata læuigataᷠ arteria, præftare. Oua forbilia uocem clarificant, Elluchafem. Ouum forbile mifcetur ijs quæ contentos in thorace & pulmone humores incidunt, & ufurpatur in illis quorum gut
tur exafperatum eft clamore, uel acrimonia humoris. tenacitate enim fua partibus affectis inhæret
& immoratur cataplafmatis inftar: & pariter fubftantiæ fuæ lenitate omnis morfus experti eafdem
mitigat curatᷠ. qua ratione afperitates etiam circa ftomachum, uentrem, inteftina & ueficam obor
tas curat, Galenus. Prodeft nimium calidis œfophago, ftomacho, ueficæ, Elluchafem. Acrochlía 50
ron, id eft leuiter calefactum forptumᷠ prodeft ueficæ rofionibus, renum exulcerationibus, gutturis fcabriciæ, reiectionibus fanguinis, deftillationibus, & thoracis rheumatifmis, Diofcorides tanquam de albumine priuatim: fed uidentur de toto ouo forbili rectè eadem prædicari poffe. Vtile
eft tufsi, pleuritidi, phthifi, raucedini uocis à caufa calida, dyfpnœæ: & fputo fanguinis, idᷠ in pri
mis cum uitellus tepidus forbetur, Auicenna. Sanguinem fpuentibus falutare eft ouum forbile,
Elluchafem. Oua femicocta commendantur ad tormina (dyfenteriam) fine febre, Galenus de uictu in morbis acutis comment. quarto. Semicocta ftomachum roborant, & uires reftaurant, ut ali
bi inter Notha Galeno adfcripta legimus. Reperiuntur qui ex forbili ouo ter quaterᷠ excernãt,
Brafauolus. Ouorum trium aut quatuor candidum in aqua congio concuffum hoc ualde frige-
facit, & ægrum ad aluum exonerandam conturbat, Hippocrates libro 3. de morbis. 60
⁋ De ouis quæ cum remedijs efficacioribus mifcentur, inferius etiã dicetur in genere, & particulatim: in præfentia uerò de forbilibus tantum quæ alijs ammifcentur. In ouum forbile maftiche puluerem

uerem mittes, sed opus est ut mox coagitatum statim sorbeas, ne dilatione fiat crusta: quo exhausto
facile tussem sedabis, si id sæpius feceris, Marcellus. Amylo datur cum ouo his qui sanguinem re=
iecerint:in uesicæ uero dolore, semuncia amyli cum ouo & passi tribus ouis (ea nimirum passi men
sura, quantam tres ouorum testę caperent) sufferuefacta, à balineo, Plin. Ad uomitum nimium re=
primendum sulphuris uiui pusillum, & ramenti de cornu cerui tantundem, in ouo sorbili tritum &
permixtum bibi utile est, Marcellus. Sulfur cum ouo sorptum expurgat in icteris, ut legitur in li=
bello de cura icteri qui Galeno tribuitur. Tussem quamuis grauem maiorum natu intra quinque
dies, paruulorum etiam intra triduum sanat, qui sulphuris triti quątum tribus digitis capere potest,
in ouo semicocto sorbili per triduum ieiuno, aut per quinq́ dies dederit, Marcellus. In ouo sorbili
10 cimicem unum contritum ieiunus ignorans qui sorbuerit, desinet uomere, hoc sæpe expertum est,
Idem. Medici liquida resina raro ututur, & in ouo sere é larice, propter tussim ulceraq́ uiscerum,
Plinius. Eadem ratione sunt qui etiam catapotia ex ouo sorbili deglutiant, quod ita facile commo=
deq́ deuorentur:sed hîc ouum aliud nihil confert, ad tussim uero ulceraq́ uiscerum ipsum quoque
per se nonnihil iuuat.

¶ Pars IIII. Remedia ex ouis crudis integris (id est cum albumine & uitello) absorptis, pri=
mum per se extra & intra corpus: deinde alijs admixtis. Ouum crudum utiliter mox imponitur
ambustis, siue albumen tantum imponas lana molli exceptum, siue totū unà cum uitello agitatum,
(χϱὰ ὰ ἐνόπϱϛ:)refrigerat enim moderatè & sine morsu siccat, Galenus. Ad ignem sacrum: Ouo cru=
do linies corpus ubi seruor fuerit, & desuper folium betæ impones: miraberis sanitatem, Sextus.
20 Ad epiphoras oculorum sedandas:Limaces complures tere in mortario nouo uel nitido, & adijce
ibi ouum gallinaceum incoctum, & tinge illic lanam succidā, & fronti impone, Marcellus. Sæpe
boum languor & nausea discutitur, si integrum gallinaceum crudum ouum ieiunis faucibus inse=
ras, ac postero die spicas Vlpici uel allij cum uino conteras, & in naribus insundas, Columella.
Ouum si sorbeatur crudum, prodest contra sanguinis fluxum, eiusdemq́ mictum, Auicen. Ale=
xander Trallianus oua cruda in renum inflammatione sorberi consulit. Ouum crudum si sorbea=
tur, sistit fluxum muliebrem, & reiectionem sanguinis superiorem, & arteriam attenuat, & clarifi=
cat. Facit etiam ad inflammationem ani, & rupturas, & ad omnem dolorem perfectè, Kiranides.
Ouum crudum sitim prohibet, & raucedinem emendat, ut in nothis Galeno attributis legimus.
Raucus si oua incocta recentia singula per triduum ieiunus hauserit, statim remediabitur, Marcel=
30 lus. Cæterum toto ouo crudo utimur, admixto rosaceo, ad inflammationes circa palpebras, aures
& mamillas, quæ ex ictu istarum partium uel aliter oboriuntur; item circa corpora neruosa, ut cu=
bitum, tendines digitorum, uel articulos in manibus pedibusq́, Galenus. Andromachus apud
Galenum in opere de compos. med. sec. locos, oua cruda integra duo immiscet medicamento cui=
dam composito ad sedem. Oua cruda cum passo oleiq́ pari modo tussientibus dantur, Plin. Si
quis purulentum tussit, (Ad puris & sanguinis excreationem, Plinius) ouū crudum cum pari men
sura succi de porro sectiuo expressi, tantundemq́ optimi mellis (Græci, Plin.) permixtum, calefa=
ctum ieiunus sorbeat, Marcellus. Ad phthisicos:Oua cruda duo in calice uerguntur, eò adijciun=
tur olei optimi, gari floris, passi Cretici, singulorum unciæ quinq́. cumq́ hæc in calicem cōieceris,
axungiæ uetustissimæ tantundem in uase igne dissolues, eundemq́ liquorė calidum cæteris rebus
40 adijcies:omniaq́ pariter super aquam feruentem remittes, & calida phthisicis bibenda præbebis,
Marcellus. Oua in aceto macerata ut emolliatur putamen, cum farina in pane subigunt: quibus
cœliaci recreantur. quidam ita resoluta (aceto mollita) in patinis torreri utilius putant. quo genere
non aluos tantum, sed & menses fœminarum sistunt:aut si maior sit impetus, cruda (præmollita ace
to) cum farina ex aqua hauriuntur, Plinius. Oua ex aceto decocta ardores urinæ, renum ulcera ac
uesicæ mirificè tollunt:& multò magis, si nuper nata & cruda excusso albamento deglutieris, Plati=
na, uide etiam in Vitelli remedijs infra. Oua cruda dysentericorum qui ardorem sentiunt clyste=
ribus adduntur, cum uino modico ac largo rosaceo conquassata, Aetius. Qui præcordiorum ar=
dore uexantur, si etiam febres & lumbricos habeāt, hoc remedio sanabuntur: Ouum crudum sum=
miter apertum exinanies, ideq́ implebis oleo uiridi, & defundes:& lotio uirginis pueri implebis, &
50 defundes:tum adijcies parum mellis, & in unum cum oui ipsius interioribus permiscebis, & potan
dum tenuo dabis. hoc & stercus uetustissimum & lumbricos noxios pellit, & febrem acutissimam
releuat, Marcellus. Ad secundas mulieris morantes:Sapæ cyathos duos, ouum crudum unum, &
aquæ calidæ quod satis est, simul mixta bibenda præbeto, Et si sequitur quidė, confestim ipsam sub=
uertet, eaq́ uomente statim secunda eijcietur. Si uero non exciderit, fœnungræcum cum aqua co=
quito ad tertias. præbe bibendum, est enim probatum, Nic. Myrepsus.

¶ Pars v. Remedia ex ouis duris & ustis. Oua elixando indurata, assa & frixa, miscetur me=
dicamentis ijs quæ humores (fluxiones) exiccare possunt, Galenus. In ouis est astrictio, & propriè
in uitello eorum assato, Auicenna. Aluum astringunt dura oua, magisq́ si assa sunt, Celsus. Oua
assata in cinere sine fumo, medentur solutioni uentris & dysenteriæ, (quod & in nothis quibusdam
60 Galeno adscriptis legitur) cum sumuntur cum aliquibus astringentibus & aqua agrestæ:item aspe=
ritati(ulcerationi)intestinorum ac uesicæ, Auicenna. Galenus hoc scribit de ouis in aceto coctis, ut
inferius referetur. Oua tota sistunt & menses mulierum cocta & ex uino pota, (dura intelligo,)

Plinius ut quidam citat. Si quæ mulier menses ordinato tempore non habuerit, tria oua recentia ad duritiem cocta, putamine separato, & minutatim concisa lateri ignito infundat, & uaporē (quod per canalem aut infundibulum fieri poterit) utero concipiat : sic fiet ut paulatim hoc uitium emendetur, Ex libro Germanico manuscripto. uidetur autem hoc remedium, non prouocandis mensibus, sed coercēdis illis qui intempestiuè fluunt destinatum esse. Oua cocta & cum melle trita tussientibus dantur, Plinius. uidetur autem de duris intelligere, ut supra exposui. Ex ouo duro interius quod est (albumen nimirum unà cum uitello) passo intritum, adiectis aquæ calidæ cyathis duobus, si antequam cubitum eas biberis, quietiorem à tussi maiorē partem noctis habebis, & eius potionis adsiduitate sanabere, Marcel. Putant aliqui oua diutissimè elixa & indurata immodice, homini uenenum fieri.   10

¶ Albumen & totum combustum ouum, & cum uino uel aceto potum uel impositum, omnes fluxus stringit, Constantinus. alij ex Aesculapio, nulla albuminis mentione facta, sic legunt, Ouum totum combustum, &c. Ad sanguinis reiectionem è pectore, Ouorum cinis prodesse putatur, Serenus. Ad profluuium mulieris: Gallinæ ouum totum comburas & conteras, & in uino mixtum illinies, restringit, Sextus. uide in Testa oui usta inferius.

¶ Pars VI. Remedia ex ouis cum aceto coctis, aut solū in eo maceratis & emollitis. Si aceto coctum edatur ouum, exiccat fluxiones uentris, Galenus & Symeon Sethi. quòd si etiã admiscueris aliquid eorum quæ dysentericis & cœliacis prosunt, deinde super igne mediocri & minimè sumoso, qualis carbonum est, frixeris, & exhibueris ægris, non parum eos adiuueris. Conuenienter autem addetur huic remedio omphacium & rhûs, tum ruber dictus qui obsonijs aspergitur, tum   20 succus ipsius: & galla, & sidia, & cinis cochlearum quæ integræ tostæ fuerint : nec non uinacea, & fructus myrti, mespili, corni. his medicatiora sunt balaustia, & hypocisthis, & cytini, Galenus. Oua cocta sicut sunt (in testa sua nimirum) cum aceto , prohibēt effusionem humorum ad stomachum & intestina, & fluxum uentris & dysenteriam : & medentur asperitati gulæ & uentriculi, Auicenna, Ex aceto decocta ardores urinæ, renum ulcera ac uesicæ mirificè tollunt : & multò magis si nuper nata & cruda excusso albamento deglutieris, Platina. Maceratorum in aceto putamen mollitur, talibus cum farina in pane subactis, cœliaci recreantur. Quidam ita resoluta (aceto mollita) in patinis torreri utilius putant. Quo genere non aluos tantum , sed & menses fœminarum sistunt : aut si maior sit impetus, cruda (præmollita tamen aceto) cum farina ex aqua hauriuntur : Et per se lutea ex ijs decocta in aceto donec indurescant : iterumq̃ cum trito pipere torrentur ad cohibendas aluos,   30 Plinius. Cœliacos recreabis pane, Quem madido farre efficies ac mollibus ouis, Quorum testa sero prius emollescat aceto , Serenus. Oua in aceto cum testis suis macerata , & alio die in patella infusa ibiq̃ tosta, cœliacis in cibo data plurimum prosunt, Marcellus. Oua decoquuntur ex aceto donec indurescant, & uitelli eorum tosti cum pipere esui cœliaco dantur, cito medetur, Marcellus. Tussis in equo (inquit Theomnestus in Hippiatricis Græcis) quam æstus aut puluis excitauit, ijs remedijs abigitur. Oua quinq̃ cum suis putaminibus in aceto acri cum aduesperascere cœperit, macerabis, diluculo deprehendes exteriorem callum intabuisse, sic ut ea prorsus emollescant : qualia uideri solent quæ intempestiuè ponuntur & præcoci partu gallinarū eduntur : quorū folliculus tactui non renitens, in uesicæ modum liquoris capax remanet. Vbi os diduxeris, linguam educens, integra singillatim faucibus impelles: singula auripigmento cōuolues. sed caput sublime teneatur, dum   40 singula deuorârit. Sub hæc autē fœnigræci aut ptisanæ cremor melle dilutus infunditur. ea triduo data uitium extenuabunt, Hæc ille. Ad lentigines faciei, Pone in acerrimo aceto oua septem integra, & tandiu dimitte ibi donec exterior testa in modum interioris pelliculæ mollescat , & cum eis admisce pulueris sinapis unc. 4. & simul tere & in faciem inunge frequēter, Trotula. Ad scabiem pruritumq̃: Oua gallinæ integra in acetum acerrimum demitte per diem noctemq̃: quæ si tria fuerint, ipsis cum putaminibus in eodem aceto contritis adijce sulphuris ignem non experti, arsenici scissilis, uuæ taminiæ, cerussæ, spumæ argenti, nerij succi, singulorū unciam unam, olei ueteris quantum satis est, omnibus contritis obline in balneo, Galenus Eupor. 3.77. Oua decem in aceto acerrimo macerato, quoad omnis ipsorum testa marcescat & mollescat. Dein coquito oua cum aceto, & luteis ipsorum cum rosaceo & aceto læuigatis, adijce lithargyri unciam semis. Mixta & subacta   50 bene, redige ad glutinis crassitudinem & illine, Nicol. Myrepsus.

¶ Pars VII. Remedia aliquot ex ouis permixtis cum alijs diuersis remedijs efficacioribus. Etsi in præcedentibus etiam remedia aliquot ex ouis memoratuimus, ubi ea cum alijs quibusdam miscentur, sunt enim oua (ut ab initio huius capitis dictum est ex Galeno) ueluti materia plurimis alijs medicamentis. uisum est tamen hoc in loco separatim quædam recensere, huiusmodi præsertim ubi longè potentioribus remedijs oua adduntur, ita ut propè materiæ solum instar eis sint, nec aliud quicquam suapte ui aut minimum conferant. Cum balsamitis (uox uidetur corrupta , legerim diuersis) rebus mixta oua, multis subueniunt ægritudinibus, Constantinus. Aduersus ictus serpentium cocta oua tritaq̃ adiecto nasturtio illinitur, Plin. Contra fungos gallinarum oua posca pota prosunt, addita aristolochiæ drachma, Dioscorides. Scabiem corporum ac pruritum oleo   60 & cedria mixtis tollunt: ulcera quoq̃ humida in capite cyclamino admixta, Plinius. Ouæq̃ cum betis prosunt sæpe illita tritis, Serenus inter ignis sacri remedia. Oua lacti commista (oogala uocant)

cant)dyſentericis proſint,Aetius 9.45. Torminibus quoq; multi medentur , oua bina cum alijs
piſcis(cum allij ſpicis)quatuor unà atterendo, uiniq; hemina calefaciendo, atq; ita potui dando, Pli=
nius. Fit & dyſentericis remedium ſingulare, oiuo effuſo in fictili nouo, eiuſdemq; oui menſura, ut
paria ſint omnia,melle,mox aceto,item oleo,confuſis crebroq; permixtis. Quo fuerint ex excellen
tiora,hoc præſentius remedium erit. Alij eadem menſura pro oleo & aceto reſinam adijciunt ruben
tem,uinumq;:& alio modo temperant, olei tantum menſura pari , pineiſq; corticis duabus ſexage=
ſimis denariorum,una eius quod rhus diximus, mellis obolis quinque ſimul decoctis , ita ut cibus
alius poſt quatuor horas ſumatur,Idem. Tota oua adiuuant partum cum ruta & anetho & cumi
no pota ex uino,Plin. Oua gallinarum imparia in urina aſini elixata & eſa,nephriticos & colicos
10 ſanabunt mirifice,Kiranides.

¶ Oui teſta aliquando menſuræ uſum præbet medicamentis quibuſdam, quibus ferè etiam ip=
ſum ouum(hoc eſt interiora,albumen & uitellus) adijcitur. Marrubij ſuccũ Caſtor in ouum inane
conijcit,ipſumq; ouum infundit melle equis portionibus tepefactum, uomicas rumpere, purgare,
perſanare promittens,Plin. Ad uomicam aut ſimilem tumorem,Ouum defundes in fictile, dein=
de putamen Marrubij ſucco implebis,poſt melle liquenti Omnia conſociata tepenti proſpera po
nt Sumuntur,reſerantq; malum,purgantq; leuantq;,Serenus. Sed clarius idem medicamētum
à Marcello traditur, his uerbis:Ouum incoctum (crudum) in calice defunditur, & teſta eius ſucco
marrubij impletur,& in ipſum(eundem ſcilicet in quem ouum depletim eſt) calicem defunditur:
& mellis optimi deſpumati tantundem,omnia hæc in ſe permiſcētur,ac tepefacta hauriuntur,miro
20 modo uomicas rumpunt,& ad ſanitatem laborantem ſtomachum perducunt. Ouum recentiſſi=
mum aperies,& in calicem uacuabis,ac teſtam eius implebis melle optimo deſpumato,nec nõ oleo
uiridi bono,& in ipſum(eundem in quem defuſum eſt ouum,) ac ſimul omnia permiſcebis, & diu
agitabis:ac poſtea in calida aqua ipſum calicem tepefacies,& ſic dabis dyſenterico cui medendum
erit,mirè proderit,Idem Marcellus. Paſtillus cœliacis & dyſentericis: Ouum crudum recens per=
forato,& in uaſculum euacuato, & cum teſta ſubſcripta mēſurato : Olei omphacini teſta oui unam,
piperis albi tenuiſſimè triti tantundē,gallarum omphacitidum tantundē, farinæ tritici tantundem.
Omnia (nimirũ cum ouo, id eſt interioribus oui euacuatis) ſubacta & mollita in paſtillos redigito,
& in ſartagine fricta ante cibum dato,Aſclepiades apud Galenum in opere de Compoſ.medic.ſec.
locos. In eodem Galenus ex Archigene deſcribens fomentum, cuius uapor intra os recipiendus
30 eſt,ad gurguliones inflammatos & tonſillas,Origanum (inquit)aut hyſſopum, cũm ſufficiēti aceto
diligenter in olla feruefacito obturata.operculum autem circa medium habeat foramen. deinde ha
rundinem ad foramen operculi ac os ægri adaptato , ac fomentum admittito. Si ueró os à feruore
harundinis comburatur,ouum uacuum utrinque perforatum ægri in ore contineant, & per ipſum
harundo inſeratur.

¶ Pars VIII. De remedijs ex albumine oui. Petrus Aponenſis problem. 69.quærit an albu=
men oui ſit calidum, & uitellus frigidus:contrà ſcilicet quàm communis & recepta medicorum opi
nio eſt.eam quæſtionem nos ceu ſuperuacaneam omittimus. Candidum oui crudum refrigerat,
ſpiramenta cutis occludit,Dioſcorid. Læuat exaſperata,Celſus. Acrimoniæ expers eſt,collinit,
& mitigat acres mordicationes,obſtruit,Galenus in diuerſis locis. Glutinat uulnera,Celſus. Aiũt
40 & uuluera candido glutinari,Plinius. Albore oui utimur in purgandis uulneribus, & in conſtrin
gendis quæ laxa ſunt,Platina. Ambuſta ſi ſtatim eo perungantur puſtulas non ſentiunt, Dioſcor.
Oui crudi albumen lana molli exceptum,uel totum(id eſt albumen ſimul cum uitello)agitatum, Ga
lenus utiliter imponi ſcribit ambuſtis,quòd ea moderatè refrigeret: & ſine morſu ſiccet. Auicenna
(ſi bene memini)uitellum pariter & albumē humectantis naturæ facit, nutrimenti nimirum magis
quàm medicamenti ratione. At ueró ambuſtum flammis qui candidus oui Succus ineſt, penna
inductus ſanare ualebit , Serenus. Lana albumine madens utiliter imponitur locis igne aut aqua
feruida aduſtis, Serapio. Miſcetur utiliter medicamentis profluuium ſanguinis ex cerebri inuo
lucris ſupprimentibus,quæ citra morſum obſtruere & aſtringere poſſunt, Galenus, Auicenna, &
Serapio. Ad ſanguinem fluentem è naribus , aliqui thuris farinam cum calicis oui cinere , & uer=
50 miculato gummi ex oui candido naribus in nares conijciunt, Plinius ſi bene memini. In An=
dromachi quadam potione pro hæmoptoicis apud Aetium lib. 8. alijs quibuſdam aſtringentibus
candidum ouorum duorum adijcitur. Vtendum eſt hoc liquore non ſolum in oculis,ſed etiam cæ
teris omnibus partibus quæcunq; remedijs minimè mordacibus indigent,ut ulcera maligna (rebel
lia)omnia circa ſedem & pudenda,quæ ſcilicet exiccare ea abſq; morſu poſſunt,quale pharmacum
eſt pompholyx lotus,& metallica quædam abluta, Galenus & Serapio. Faciem à Solis aduſtione
tuetur,Dioſcor.& Plin. Epithema ex albumine prohibet corruptionem coloris à Sole & remo=
uet eam,Auicenna. Vtiliter contra hæmorrhoidis ſerpentis morſus crudum ſorbetur, Dioſcorid.
quam uim Plinius luteo adſcribit. Sunt qui ægrotos pleroſque iam deſperatos intra duos ig=
nes ouorum albuminibus conquaſſatis perfricatos , diebus aliquot , ſemel quotidie , reſtitutum iri
60 polliceantur.

¶ Oua conferunt coryzæ,Auicēna:qui forte hoc intelligit de albumine præſertim,quòd fronti
(ut mox dicetur)applicatum,fluxiones à capite deſcēdere prohibet. Lac muliebre mixto ouorum

P

candido liquore, madidaɋ lana frontibus impositum, fluxiones oculorum suspendit, Plinius. La
næ habent & cum ouis societatem, simul fronti impositæ contra epiphoras, non opus est eas in hoc
usu radicula esse curatas: neɋ aliud quàm candidum ex ouo infundi ac pollinem thuris, Idem. Est
& unum de collyrijs mixtum cum thuris manna, ut id lana colligas, & circa tempora imponas, hoc
fluentes oculorum lachrymas stringit; & facit somnum, si exiguum oleum adijcias, Sextus. Infantes apud nos à matribus uel nutricibus post balneum statim quotidie toto corpore illinuntur albumine oui conquassato cum modico uini tepido. Ouo (albo eius potissimum) tanquam sine morsu
exiccante, utimur ad anacollemata quæ fronti imponitur. & palpebrarum etiam pilos (quorum ortus non est directus, Serap.) eodem reflectimus (ἀνακωμῶμεν), idoneo aliquo admixto, quale etiam 10
thus est, præsertim pingue, & non uetus aut aridum. Verum in his nõ oui tempcries, sed lentor ipse
utilis est: quem forte aliquis etiam ideo utiliorem esse dixerit, quòd remedio cui miscetur, aduersus
non sit. nam alia quædam lenta & uiscosa aduersantur, ut uiscum quod acre & calidum est, Galenus
& Serapio. Candido ouorum in oculis & pili reclinantur, ammoniaco trito admixtoɋ, Plinius.
Agglutinatorium ad fluxionem oculorũ, Oui tenuis uitellum cum thure fronti imponito. Aut cochleam cum testa sua & oui candido ad strigmentitiam formam redactam in splenio altero ad alterum extendendo imponito, sua sponte decidit ubi restiterit fluxus, Archigenes apud Galenum de
compos. sec. locos. Candidum oui fronti impositum cum thure fluxiones arcet, auertitɋ, Dioscc-
rides: pro cuius uerbis Græcis Ἀνακωμᾶμαι ὅτι ἑ σϝμαζομένων σὺν λιβανωτῷ ἰϛῇ τῷ μετέωϛ ἀπλέμλων: Bar
bari translationem cum thuris polline, frontibus perunctis, rheumatismos reclinat, Marcellus Ver 20
gilius reprehendit. Ex Plinio enim (inquit) accepto reclinandi uerbo, uoluisse uidetur eadē Plinio,
non Dioscoridi, hoc loco docere : & de reclinandis palpebrarum pilis in hoc scriptore præcipere,
cum non de palpebris reclinandis, compescendis, firmandisue Dioscorides hic præcipiat, nisi nos
fallimur; sed de compescēda omni à superiore parte in oculos destillatione, seu rheumatismo. quam
ob causam iubet fronti imponi. Verbum quidem anacollema, manifestè indicat uim remedij lentore suo glutinantis, aut naturæ suæ ui fluentia firmantis ac retinentis. Verum non eam ob causam, ut
uidetur, ex ouorum candido fieri anacollema Dioscorides ait: sed quoniam glutinoso lentore fronti hæreret, Hæc ille. Et ipsius translationem hoc in loco nos etiam potius quàm Hermolai proba-
muſ. sed reclinandi uerbum cum de palpebris sermo est, compescere aut firmare, ut ipse interpretatur, non significat. neɋ enim ueteres Græci medici ἀνακωλλάσϝ dicunt palpebras (nam de his 30
quoɋ hoc uerbo utuntur æquè, quàm de fluxione retinenda) quæ effluant, sed quæ retortæ in oculum pungendo molestæ sunt, cum ad situm & rigorem naturalem illitis quibusdam (glutinantibus
& rigorem cum aruerint præstantibus) reducuntur. quos pilos aliqui forfice euellunt. Hæc quod
ad propriam uocum significatiõe, quod uerò ad rem ipsam, ipsaɋ remedia, pleraɋ quæ pilos recli
nare possunt glutinoso humore suo, eadē si fronti illinantur, catarrhũ etiã ad oculos sistere posse uidētur. ¶ De anacollemate fronti apponēdo ex albumine ouorũ thurisɋ polline, ne fluxus (lachry
mæ & epiphoræ) in oculos decumbant, & de pilis palpebrarum retortis albumine per se uel cum
ammoniaco reclinandis, paulò ante scripsimus. Oua per se infuso candido oculis epiphoras cohibent, urentesɋ refrigerant, Plinius. Inter ocularia pharmaca mordacitatis maximè expertia sunt
quæ dixi, suntɋ acrimoniæ omnis expertes tres præcipuè liquores, primus fœnigræci decoctum, 40
alter lac, tertius tenuis ouorum liquor. In hoc genere esse existimandum est tum gummi, tum traga
cantham. & nisi prædicta tria copiaɋ & usu prompta & expedita essent, liceret parum gummi aut
tragacanthæ in multa aqua maceratum in eundem usum uelut illa assumere, &c. Galenus in opere
de compos. med. sec. loc. Et rursus, Eiusdem generis cũ prædictis pharmacis, subtenuis ouorum
liquor existit, ex redundanti potens humiditates abluere, & exasperata oblinere. uerum obturandi
meatus uim cum illis æqualiter non habet, sicut neɋ uim reficcandi. Atqui fœnigræci succus quod
ad uiscositatem attinet, similis est albo ouorum liquori, &c. Et iterum, Lenitiuos liquores dico oui
candidum & fœnigræci decoctum, & lac. Vt plurimum uerò albus oui liquor cum accommodatis
pharmacis lippitudines curare sufficit; per collyria uidelicet Monohemera, hoc est unius diei appel
lata, &c. Albus & tenuis ouorum liquor, quo ad ophthalmias etiam utimur, è numero pharmaco- 50
rum ab omni morsu & acrimonia alienissimorum est, nec ita fallit ut lac non raro fallere solet, emul
sum scilicet ab animalibus, quæ cruditate, aut labore nimio, aut siti affecta fuerunt, aut malis usa ciba
rijs, quod in mulieribus sæpe accidit, unde lac intemperatum efficitur. Oua uerò unum duntaxat,
ex uetustate scilicet, uitium habent, quod facile est cauere recentibus utentem, Galenus de simplic.
lib. 11. Albumen oui sedat dolores acres, magis quàm ulla alia eiusdem facultatis: quoniam aggluti
natur & remanet, nec facile recedit ut lac, Auicenna. Gallinæ ouum notissimum est omnibus habere uim ad omnium oculorum dolorem. album infusum in oculos sedat punctiones, Sextus : om-
nesɋ feruores & prurigines, Constantinus. Oui candido ad lippitudines utimur, Galenus. Oua
per se infuso candido oculis epiphoras cohibent, urentesɋ refrigerant. quidam cum croco præferunt, & pro aqua miscent collyrijs, infantibus uerò contra lippitudines uix aliud remedium est, bu 60
tyro ammixto recenti, Plinius. Candidum oui inflammationes oculorum infusum lenit, Dioscor.
Et rursus, Inflammationes oculorum lana exceptum, addito rosaceo, melle & uino, mitigat. Ad
cruentos & suggillatos oculos candidum oui instillatum prodest, atɋ amplius pura lana exceptum
& super-

& supernè impoſitum, Archigenes apud Galenum de compoſ.ſec.loc. ¶ Ad auris dolorem à ca
lore,Oui album inſtillato meatui auris, Nicolaus Myrepſus. Dolores aurium leniuntur oui candido, Galenus de compoſ.ſec.loc. Et rurſus, Ad dolorem auris ex inflammatione obortū, Miſcetur opium muliebri lacti & oui candido,quæ ipſa etiam per ſe ſæpe aurium inflammationibus pro-
fuêre. Ad aurium nocumenta ex aqua, Oui aquato, modo eodem quo in oculorum inflammationibus uti ipſo conſueuimus, præparato utitor, Galenus Euporiſton 1.16. ¶ Summè tepidum
(ἀκροχλίαρου)prodeſt ueſicæ roſionibus,renū exulcerationibus,gutturis ſcabriciæ,reiectionibus ſanguinis,deſtillationibus, & thoracis rheumatiſmis, Dioſcorides : tanquam de candido oui tantum
hæc remedia accipienda ſint.ego de toto ouo acrochliaro,id eſt non cocto, ſed leuiter calefacto ſor-
10 ptoᵗᵩ hæc uterè ſcribi putarim. Aiunt & calculos pel.i candido oui, Plin. Ex albumine ſit clyſter
cum meliloto propter ulcera inteſtinorum & putrefactionem eorum, Auicenna. Dioſcorides quidem uitellum cum meliloto utilem eſſe ſcribit ad inflammationes ſedis & condylomata. Ex albumine ſit peſſarium cum oleo de alcanna,quod ulceribus uuluæ ſalubre eſt,& uuluam lenit,Auicen
na. Ouorum quinᵗᵩ candida adijciuntur cerato cuidam podagrico refrigerati apud Aetiū 12.43.
¶ Eſt quando albumen oui alijs & potentioribus ferè medicamētis admiſcetur,ex quibus nonnulla priuatim hìc conſcribere libuit. Vlceribus ex ambuſto cum candido ouorum toſtum hordeum & ſuillo adipe,mirè prodeſt.Eadem curatione ad ſedis uitia utuntur.infantibus quidè etiam
ſi quid ibi procidat,Plin. Ad combuſta igne , Ordea uel franges atᵗᵩ oui candida iunges: Adſit
adeps,(mira eſt nam forma medelæ,)Iunge chelidonias,ac ſic line uulnera ſuccis,Serenus. Ad ig-
20 nem ſacrum candido ouorum trito cum amylo utuntur,Plinius. Sunt qui ſex aut ſeptem albumina cum thure albo permiſceant,& emplaſtrum inde paratum oſsibus fractis imponant, Obſcurus.
Ad ſanguinem ſiſtendum, Cum oui candido miſtæ & pilis leporis exceptæ aloes pars dimidia &
thuris pars una,medicamentum ſuit optimum, Galenus quinto Methodi & in libro de curandi ratione per phlebot. Felle tauri cum oui albo collyria ſiunt (ad oculos,)aquæᵗᵩ diſſoluta inunguntur
per quatriduum,Plinius. Aetius lib.15.cap.28.deſcribit emplaſtrum ex ouis optimum, quod accipit ſpumæ argenti,ceruſſæ,ana unc.iiij.cadmiæ unc.ij.ceræ lib.j.roſacei lib. ij. ouorum albumina
decem. Metallica(inquit)ex aqua & uino terito,deinde cum ouorum albuminibus ſubigito.poſtea
liquatis quæ liquari oportet admiſceto,unito & utere. Vſum ipſe non exprimit,uidetur autem ad
ulcera maligna facere,quæᵗᵩ circa ſedem ſunt, quæ citra morſum ſiccari conuenit, Deſcribitur &
30 apud Galenum alicubi,in opere de comp.ſec.genera(ni fallor) ceratum quoddā ex ouis. Vt ſplen
deſcat facies:Farinam fabarum miſce cum albuminibus oui,& inunge, Furnerius Gallus. Candido ouorum in oculis & pili reclinantur,ammoniaco trito admixtoᵗᵩ:& uati in facie cum pineis nu
cleis ac melle modico,Plin. Aſclepiades apud Galenum in opere de compoſ.ſec. loc. ad catapotij
adipſi,id eſt ſitim extinguentis compoſitionem; ſeminum cucumeris & portulacæ ana partes duas
capit:& tragacanthæ partem unam ouorum crudorum recentium candido diſſoluit, & probè tritis
alijs addit,& catapotia inde facta in umbra ſiccat, atᵗᵩ unum ſub lingua teneri iubet, ut liquor inde
ſolutus deuoretur. Ramicoſis cochlearū cinis cum thure ex oui albi ſucco illitus per dies x x x.
medetur,Plin. Ad pedum rimas ouorum candido decocto cum ceruſæ denariorum duorum pon
dere,pari ſpumæ argenti,myrrhæ, exiguo deinde uino utuntur, Plinius. ¶ Sunt qui ad uulnera
40 quædam ſananda,oui albumen cum ſale ſubactum in olla noua urant donec ſoluatur & clarum ſiat;
hoc deinde lapide calido in puluerem atterūt,ut in libro quodam Germanico manuſcripto reperi.
¶ Liquor de albumine inſtrumentis chymicis deſtillatus,oculos refrigerat & confortat : & utiliter
miſcetur collyrijs alijsᵗᵩ oculorum remedijs. Facies & manus eo ablutæ nitore & claritate profi-
ciunt.Cicatrices etiam fœdas, combuſtionis aliarumᵗᵩ noxarum cutis ueſtigia emendat frequenti
illitu,Ryſſius ex Brunſuicenſi ni fallor.

¶ Pars i x. De remedijs uitelli. Vitellus ouorum eandem albumini uim obtinet, (hoc eſt ſimiliter conuenit ijs quæ remedia minimè mordacia poſtulant:)quamobrem miſcetur cerotis lenieri
tibus(ἀδʹκλόις)ouis elixis uel aſſis exemptus.intereſt autem parum aliquid, eò quòd oua aſſa,paulò
magis exiccent,eodemᵗᵩ nomine minus leniant aut mitigent.Miſcet & cataplaſmatis aduerſus in-
50 flammationes, ut in ijs quæ circa ſedem ſunt, cataplaſmatis è meliloto, Galenus & Serapio. Oui
uitellus extrinſecus illitus paregoricus uel ſtypticus inuenitur , Inter notha de ſimplicibus Galeno
adſcripta. In ouis eſt aſtrictio,& propriè in uitello eorum aſſato, Auicenna. Corn.Celſus ſcribit
uitellum crudum mollire,diſcutere quæ in aliqua parte corporis coierunt,& uulnera purgare. Vi
telli ouorum incoctorum (id eſt crudorum) coagitati & inliti, liuores qui ex tumore aut colliſione
aliqua facti erunt,etiam ueteres,extenuant,Marcellus. Ad liuentia luteis ouorum utuntur : ſi uetuſtiora ſint,cum bulbis ac melle,Plin. Vitellus aſſatus & tritus cū melle, utiliter imponitur panno & nigredini, (ſuggillatis & liuoribus,)Auicenna: ſed hoc de ſuggillatis ocul.orū apud Galenum
legitur,ut inferius recitabo. ¶ Vitellus aſſatus miſcetur medicamento cuidam ad ſedem ex Andromacho apud Galenum in opere de comp.ſec.loc. Sedis etiam uitijs utilia ſunt ouorum lutea,
60 durata igni,ut calore quoᵗᵩ proſint,Plin. Extalem(id eſt anum)nimis prominentem reprimit gallinaceus uitellus ſi coctus integer ab ipſo ægro illic calidus aſſiduè contineatur, Marcellus. Ouorum lutea utilia ſunt & ceruicis doloribus cum anſerino adipe & roſaceo,& condylomatis cum ro-

P 2

faceo, item ambuftis durata in aqua, mox in pruna putaminibus exuftis, tum lutea ex rofaceo ifti=
nuntur, Plin. Prodeft & tuffientibus per fe luteum deuoratum liquidum, ita ut dentibus nõ attin=
gatur, thoracis diftillationibus, faucium fcabriciæ, priuatim contra hæmorrhoidum morfum illini=
tur, forbeturcp crudum, (Diofcorides hanc uim albumini tribuit.) Prodeft & renibus, ueficæ refio=
nibus exulcerationibuscp, & cruenta excreantibus, Idem. Oua forbilia profunt tuffi & pleuritidi,
& phthifi, & raucedini uocis ex caliditate, & ftricturæ anhelitus, & fputo fanguinis, præfertim cum
forbetur uitellus eorum tepidus, Auicenna. Et rurfus, Vitellus confert ulceri renum & ueficæ,
præcipue fi forbeatur crudus, (hoc Platina de integro ouo fcribit.) Vitelli ouorum crudi quinque
cum uini tribus cyathis hæmoptoicis profunt, Conftantinus & Aefculapius. Cum uini ueteris aut
multi cyathis tribus permixti, & calide per triduum poti, excreationes cruentas emendant, Marcel 10
lus. Suggillata in oculis oui uitellus impofitus difcutit: funt qui mel mifceant, Archigenes apud
Galenum de compof.fec.loc.5.1. Oui affi uitellus mifcetur cataplafmatis ad oculos lippientes, in=
ter Afclepiadis medicamenta in eodem opere 4.7. item ad fluxiones cohibendas. Agglutinato=
rium ad fluxionem oculorum, Oui tenuis uitellũ cum thure fronti imponito, (ωὸ λεπῆ8 λεκυθος, uide
an legendum ωὸ λεπῆόρ [uel λόυκόρ] ἢ λέκυθος. nam & albumen & luteum oui conuenit,) Archigenes
apud Galenum de compof.fec.loc.4.8. Ad hæmalopes & hyposfphagmata, id eft cruentos & fug
gillatos oculos, ftatim à principio tum ad inflammationem tum ad dolorem compefcendum pro=
deft oui affi luteum cum uino impofitũ, Ibidem. ¶ Vitellus apoftemati calido in aure medetur,
Auicenna. ¶ Dolores ftomachi lenit oui uitellus toftus & in farina comminutus, cum polenta
potus, Archigenes apud Galenum de compof. fec. loc. & Euporifton 1.97. Ouorum uitelli cum 20
uino uel oleo cocti, adiecta polenta, mane fumpti, medentur his qui cibos non continent, Conftan.
tinus. In patinis frigitur uitellus ut cibo aluos fiftat, per fe uel admixta galla aut fructu rhois, Dio=
fcorid. Siftunt & menfes mulierum cocta ouorum lutea, & ex uino pota: inflationes quocp uuluæ
cruda cum oleo ac uino illita curant, Plinius.

¶ De remedijs ex eodem cum alijs medicamẽtis admixto: primum extra corpus, deinde intra.
Ad liuentia ouorum luteis utuntur: fi uetuftiora fint, cum bulbis ac melle, Plin. Contra adufio=
nem ignis, unguentum laudatur ex uitellis ouorum recentium, oleo rofaceo, cera alba & fepo arie=
tino, Galenus ut quidam citant. Vitelli cum oleo rofaceo & croco inuncti medentur dolori poda=
gricorum: & fi ualde doluerint, mifceatur modicum opij, Idem ut quidam citant. Ouorum affato=
rum lutea quincp apud Aetium 12.44. adduntur unguento cuidam arthritico anodyno. Ad exan 30
themata curãda oui cocti uitellus cum melle & pfimmythio tritus rectiffimè adhibetur, Marcellus.
Si quæ maligna puftula in facie, uel brachijs uel pedibus, non frangat eam ne forte de uita pericli=
tetur, fed uitellum oui cum pari fale ad fpifitudinem fubactũ imponat & leniter fricet. uel in ouum
albumine eiecto falem iniectum diligẽter mifce, & cum linteo impone & illiga puftulæ, Obfcurus.
¶ Oui uitellus toftus cum rofaceo & croco utilis eft oculorum doloribus, (πϵδια δυνίας,) Diofcorid.
Lutea ouorum cocta ut indurefcant, admixto croco modicè, item melle & lacte mulieris illita, do=
lores oculorum mitigant. uel cum rofaceo & mulfo lana oculis impofita, uel cum trito apij femine
ac polenta in mulfo tilita, Plinius. Si chemofis (id eft utriufcp palpebræ diftortio ex inflammatio=
ne) fortis contigerit, oui luteum cum mufcæ (μνίας, fed in hoc remedio cura muris non mufcæ adhi=
benda legitur apud Galenum Euporifton 1.31.) carne terito, atcp ubi ad cerati formam deducta fue= 40
rint, linteolo excepta impone, confeftim fedant, Archigenes apud Galenum de compof. med. fec.
loc.4.8. Et mox: Oblitiones oculorum, Oui affi luteum cum modico croco ac uino tritum impo=
nito. Vitellus cum croco & oleo rofaceo utiliffimus eft ictibus (magnis doloribus, Diofcor.) ocu=
lorum: & cum ex eo fit cataplafma cum farina hordei auertit fluxionem ab oculis: & cum thure
fronti illinitur eandem ob caufam, Auicenna. Vitellum oui (codẽ die pofiti) aliqui cum fale fubi=
gunt: & uftum inde puluerem oculis equorum lunaticis infpergunt: quo remedio cicatrices etiam
aboleri aiunt. ¶ Ad ceruicum tumores fedandos, ouorũ uitelli cocti cum adipe anferina illiniun
tur, felle caprino, æquis ponderibus permixto, atcp inde ceruices fricantur, Marcellus. ¶ Ad ma
millas Aegineta 3.35. ouorum luteis crudis cum cerato utitur. ¶ Fiffuras ac rimas pudendorum
iuuat refina fricta cum rofaceo trita ad ftrigmentitiam craffitudinem, ammixto etiam oui affati ui= 50
tello, Afclepiades apud Galenum lib.9. de comp, fec.loc. ¶ Luteum oui inaffatum cum meliloto
fedis inflammationibus prodeft & condylomatis, Diofcor. Cum uitello, fale & melle, funt qui &
crocum addant, balani ad aluum proritandam componuntur. Nõnulli cum celeritate opus eft, uel
alia defunt, uitellum copiofo fale mixtum linteolo illigant. Cum propter hæmorrhoides locus in=
flammatur, maximè ubi dura aluus eum locum læfit: tum in aqua dulci defidendum eft, & uitium
fouendum ouis, imponendi uitelli cum rofæ folijs ex paffo fubacti, Celfus. ¶ Ouorum uitellum
(ut alibi etiam candidum) Hippocrates mollitorijs uteri medicamẽtis admifcet.

¶ Intra corpus cum alijs remedijs. Gallinacei oui uitellum femicoctum oleocp permiftum fi
quis forbeat, fitire definet, Marcellus. ¶ Cum uua fruticis eius quem rhoa dicunt, aut galla in pa
tinis frigitur uitellus, ut cibo aluos fiftat: qui per fe etiam offerri folet, Diofcor. Damus & ouorum 60
affatorum lutea dyfentericis cum modico aceto ac rhoë, pauciffimo oleo admixto, Aetius. Quin=
que ouorũ lutea in uini hemina cruda forbentur dyfentericis, cum iure putaminis fui, & papaueris
fucco

succo ac uino, Plin. Vitelli tosti cum pipere esui cœliaco dantur, cito medentur, Marcellus. Lutea ouorum per se decoquuntur in aceto donec indurescant, iterumq́ cum trito pipere torrentur ad cohibendas aluos, Plin. Et rursus, Ouorum lutea dantur cœliacis cum uuæ passæ pinguis pari pondere, & malicorio, per triduum æquis portionibus. Et alio modo, lutea ouorum trium (cum) lardi ucteris & mellis quadrātibus, uini ueteris cyathis tribus trita ad crassitudinem mellis;& cum opus sit auellanæ nucis magnitudine ex aqua pota. Item ex oleo frictâ terna, totis ouis pridie maceratis in aceto. Sic & lienicis. Sanguinem autem reijcientibus cum tribus cyathis musti.

¶ Ad eminentias expertum ualde probatum : Ouum elixato donec durum fiat, & repurgato: quod in eo testaceum est, abijcito, interiorem autem eius partem cum albo ipsius in carbones conijcito, & tantisper assato, donec totum albescat, dein uitellum eius conijce in mortarium plumbeum, cum cerussa & oleo rosaceo sufficienti;& omnia simul diligenter subigito, quoad glutinis crassitudinem nanciscantur. Dein chamæmelon coquito in aqua ad tertias, & foueto cum spongia sæpius locum. Post unctionem desuper cum penna illinito, & sic curato bis die, assiduè obseruando, Nicolaus Myrepsus.

¶ Aqua de uitellis destillata uestigia combustionis & ex alijs læsionibus cutis relicta sanat (ut etiam de albumine destillata) & omnem scabiem cutis;sed multò efficacius ad hæc est oleum de uitellis, (de quo supra scripsimus,) Ryffius.

¶ Pars x. De remedijs ex pellicula oui interiore,& ex pullis ouorum, id est nondum exclusis. Membrana putaminis detracta ouo siue crudo,siue decocto, labiorum fissuris medetur, Plinius. In oui testa membrana quæ hæret, ruptis labijs rectè adponitur, Marcellus. Labiorum fissorum cura mirabilis, Oui internam pelliculam fissuris eorum agglutina, Nic. Myrepsus. Hymen, id est pellicula oui, ad labra scissa & aurium fractionê facit, & ad asperam linguam. item ad cruris fracturam, Kiranid. Vestem (id est tunicam) oui delicatam interiorem siccatam , contere, uino misce, & cola, & ex aqua calida dysenterico da bibendam , Marcellus. ¶ Stomachum dissolutum confirmant pulli ouorum cum gallæ dimidio, ita ut ne ante duas horas alius cibus sumatur. Dant & dysentericis pullos in ipso ouo decoctos, admixta uini austeri hemina, & pari modo olei polentæq́, Plin.

¶ Pars x i. De remedijs ex testis ouorum:primū simpliciter, deinde ustis, tertio de testis ouorum unde pulli exclusi sunt. Amiantum Syluaticus interpretatur testas ouorum è quibus pulli in nido excluduntur, manifesto errore, cū amiantus genus lapidis sit. hoc forsan fieri potest, ut ad medicinam amianti loco testæ ouorum usurpari possint. ¶ Crito apud Galenum lib. 5. de compos. med. sec. loc. præscripto ad lichênas medicamento, Forinsecus (inquit) conseruandi pharmaci gratia uesicæ pelliculam, aut oui testam, aut uiridia folia quantum satis est impone. ¶ Vnguentum ad splendorem faciei:Putaminum ouorum puluis, semina melonum mundata, misceantur cum pinguedine anatis lota, Furnerius. ¶ Oui testa tosta cum mirro (myrto) attritiones pedum ex calcea mentis sanat. omnemq́ tumorem & rheumatismum constringit. Vtilis est etiam in pessarijs, & in his quæ sunt circa sedem, hoc est ad matricis passiones, & dolores sedis:maximè uerò tumores erysipelatum & nascentiarum, Kiranid. ¶ Ad sanguinis narium eruptiones : Putaminis oui partem unam, gallæ omphacitidis partem unam , trita linamento torto aqua aut aceto madefacto excipito & indito. frontem uerò aut nasum gypso aut luto figulino integito. aures autem contentè obturare iubeto, Asclepiades apud Galenum de comp. med. sec. loc. Sunt qui ad hoc remedium oui putamine usto uti malint: Vide inferius. Ad sanguinem sistendum:Cortices ouorum in aceto acri donec molliantur maceratos, in Sole siccabis, conteres, & insperges ubicunq́ sanguis fluit. Vel, puluerem ex ouorum corticibus cum fuligine pistoria mistum , insperge, & mox sistetur, Ex libro Germanico manuscripto. ¶ Ad dolorem dentium: Ouorum putamina, sepiam & oleum misceto & coquito, donec tertia pars relinquatur, & tepidum ore contineto, Galenus Euporiston 3.187. ¶ Si aluus fluat, Torridus ex uino cortex potabitur oui , Serenus. ¶ Recentiores authores inter calculi remedia celebrant oui testas, Alex. Benedictus. Ad eliciendam urinam:Ex ouo recente interiora(album & uitellum) effundas:& testam digitis in calicem uinum continentê confriato: & mox pariter ebibito, urina statim sequetur, Obscurus. Sunt qui ad hoc remedium testa oui ex quo pullus exclusus sit, utantur. ¶ Ad penis dolorem & inflammationem : Cuminum & ouorum putamina bene decoquito, & foueto:effectum miraberis, Galenus Euporiston 3.179.

¶ Equo strophoso oua quatuor in os confringito , & ut simul cum putaminibus deglutiat, cūrato, Anatolius.

¶ E testis ustis remedia. De corticibus ouorum urendis scribit Bulcasis tractatu tertio. Comburi putamina sine membrana oportet, Plinius. Puluis ad ulcus antiquum in crure siccandum: Cortices ouorum & soleas calciamentorum ueterum ure, quibus addes fimum bubulum de mense Maio arefactum & tritum. De his mistis puluerê insperge ulceri,& lanuginem typhæ superinsperge. Calx alba de testis ouorum in furno ustis, chirurgis erodens præstat medicamentum, Tragus. ¶ Oui putaminis cinis in uino potus, sanguinis eruptionibus medetur, Plinius. Si sanguis ex uulnere immodicè fluat, fimi caballini cum putaminibus ouorum cremati cinis impositus mirè sistit, Idem. Si uerò infrenus manat de uulnere sanguis, fimus māni(equi)cum testis uritur oui, Et reprimit fluidos miro medicamine cursus, Serenus. Cortex oui ustus tritusq́ inflatur naribus ad

P 3

sistendum sanguinem, Kiranides. alij etiam non usto utuntur, ut supra dictum est. Ad sanguinis è
naribus profusionem: Oui putamen integrum comburito, & liquorem ex eo extractum cum filstli
arsenico permisceto, in naresque patientis immittito. si arsenicum præstò non sueris, solus oui liquer
sufficiet, Galenus Euporiston 3. 97. Ad sanguinem fluentem è naribus, aliqui thuris farinam cum
calicis oui cinere & uermiculato gummi, ex oui candido, linamento in nares coníiciunt, Incertus.
Putaminis cinis in uino potus sanguinis erupticnibus medetur. sic fit & dentifricium, Plin. Den
tifricium præstat cinis ex ouis, sed non sine uino, Serenus. atqui Plinius in uerbis iam recitatis scri
bens, Sic fit & dentifricium, intelligere uidetur, non quasi id quoque cum uino fiat, ut medicamen
tum proximè ab eo memoratum in uino bibendum contra sanguinis eruptiones: sed usto similiter
putamine, & absque membrana ut de proximo remedio dixerat. Cortex oui ustus collutus (forte 10
affrictus: nisi cum uino colluendum dicas, ut Serenus sentire uidetur) dentes purgat, Kiranides.
¶ Ventris dolori: Præterea niuei sterilis testa uritur oui, Quæ postquam in tetram suerit con
uersa farinam, Ex calidis potatur aquis, & pota medetur, Serenus. ¶ Recentiores ad genituræ
profluuium corticis oui cinerem laudant, Alex. Benedictus. ¶ Si ramex in scrotum descende
rit, utiliter illinitur cinere de testis ouorum mixto cum uino. sic enim intestina in locum suum re
deunt, Obscurus. ¶ Idem cinis mulierum menses cum myrrha illitus sistit, Plinius. Ad profluu
uium mulieris, Gallinæ ouum totum (cum testa scilicet) comburas, & conteras, & in uino mixtum
illinies, restringit, Sextus. Ad alba mulierű profluuia, cineris corticis oui, cineris cornus ceruisa
rinæ succini, seminis anethi, singulorum drachmas duas misce, cribra, fiat puluis, utatur cum aqua.
¶ Remedia de testis ouorum unde pulli exclusi sunt. Nicolaus Florentinus in difficultate uri 20
næ mirificè commēdat corticem oui è quo pullus exclusus est, cuius à pellicula sua repurgati drach
mam propinat. ego eundem cum nobili cuidam fœminæ exhibuissem, emisit duodecim (uasa) ui
trea urina plena. est enim hoc summum remedium, Gatinaria. Alij simpliciter testam oui è uino
propinant. Eosdem cortices, à quibus pullus exierit, & eodem pondere Leonellus cum aqua saxi
fragæ bibi consulit ad prouocandam urinam. Idem remedium bestijs etiam & pecoribus prodesse
reperio. ¶ Si mulieri matrix prociderit, abluat eam aqua, & linteo abstergat, & ungat unguento
quod Martiatum appellant, & postremò inspergat testas ouorum tritas è quibus pulli exclusi sue
rint, Obscurus.

H.

a. Volucrum pleræque à suis uocibus dictæ sunt, ut anser, gallina, Varro. Gallinula diminuti 30
uum, apud Auienum Arati interpretem. Thrax est gallina Syro par, Horatius Serm. 2. 6. Cor
tis aues pro gallinis dixit Martialis. Oua pullina, id est gallinarum, Lampridius. Myricæ semen
cum altilium pingui furunculis imponitur, (gallinarum intelligo,) Plinius. Pumiliones aues (id
est gallinas, ut Græci pro gallinis simpliciter aues dicunt) non nimium probo, Columella. Aui
tia oua pro gallinaceis Cælius Rhodig. dixit, ut Græci ὀρνίθεια. ¶ Ἀλεκτρὶς, θρὶξ ἡ ὑπὸ Φιλαφανῆς τρε
φομένη, καὶ ὄρνις ἡ θήλεια. id est, capillus & gallina, Varinus. sed melius legetur ἀλεκτρὶς, ut Hesychius
habet. Alectoridas Persæ etiam & coruos uocant, Hermolaus. mihi quidem mendum subesse uide
tur. ὄρνις, ὄρνιθΘ- communiter (Dorice ὄρνιξ ὄρνιχΘ-. quanquam Alcman in recto ὄρνις dixit) masc. &
fœm. genere apud ueteres dicebatur de quauis aue, non de gallina tantum ut recentiores uulgo u
tuntur. Menander tamen ὄρνιθας & ὄρνεις, τὰς, dixit pro gallinis, & Antiphanes ὄρνιν θήλειαν pro galli 40
na. ὄρνιθας & ὀρνίθια (Cratinus etiam ὀρνίθια dixit) consuetudo nunc solum gallinas uocat, gallos ue
rò ἀλεκτρυόνας & ἀλεκτρείδιας. Reperitur & ἀλεκτρυὸν & ἀλεκτρύαινα quoque apud Comicum pro gallina:
& apud Nicandrum σποδός, per excellentiam scilicet. non enim de passere modo, sed de quauis aue
σποδέον Græci dicunt. Βοσκὰς ὀρταλὶς, gallina domestica uel altilis Nicandro: qui etiam gallinarū oua
ὀρταλίχων ἀπαλω ὠδῖνα appellauit. Κύμβαι, Hesych. & Varinus. uidentur autem aues simpli
citer intelligedæ: quoniam cymbateutæ etiam aucupes Varino sunt. Κόρκορα, ὄρνις, Pergæis, Iidem.
κίκκαι, gallina, Iidem. λικκὸς etiam gallus est Hesychio. Gallinas Comici aliquando mylacridas uo
cant. quanquam Aristophanes ita appellat bestiolam inter molas nascentem, Hermolaus. Εὖ δὲ
δεύρ᾽ ἡ ὑπθερωδὸς (Scholiastes gallinā interpretatur) ἔξελι, Πολλάκις ἀνασήζετω μ᾽ εἰς ἐκκλησίαν ἀπὸ νυκτῶρ
δίᾳ τωῦ ὀρθρέων νόμον, Vir quidam in Ecclesiazusis Aristophanis. Plura de Græcis gallinæ nomini 50
bus leges in Gallo a. ¶ תרנגל, aijsch, uel תרנגל, Hebraicum nomen syderis est, quod alij draconis sy
dus, alij Pleiades seu gallinā (Germani uocant die Glucghenn) interpretantur, Munsterus. ¶ Dic
me tunm passerculum, gallinam, coturnicem, Plautus Asin. ¶ Gallinarius, gallinaceus, & alia
deriuata à Gallina in utraque lingua reperies in Gallo a. & stirpiű quoque nomina ab hac alite facta.
¶ Epitheta. Ὀρταλὶς ἐσσικὰς Nicandro, gallina altilis. Legitur & ὄρνις κατοικὶς, id est gallina dome
stica, & ὄρνις Φιαρὰ, id est gallina pinguis apud eundē. ¶ Tenera, cohortalis, glociens, glocitans,
querula, apud Textorem.

DE OVO ET SI IN PRAECEDENTIBVS IN A. B. ET D. NIHIL
dictum sit: uisum est tamen hîc in Philologia, eodem de ouo ordine pertracta
re, quem in ipsis alioqui animalibus seruamus: ut in a. conferantur,
quæ ad nomina & denominationes pertinent, in b. partes & c.

o v a Hebraicè bezah dici inuenio, Arabicè beid uel baid apud Auicennam. non probo enim
quod

quod apud Serapionem naid legitur. Syluaticus baadh scribit pro Arabica uoce. Idem barch & cl-
bair nescio cuius linguæ uocabula, (Arabica & corrupta coniicio) oua interpretatur. Munsterus
in Lexico trilingui beza & beia scribit,ב_יצָה_,ביְצִא. Ouum Latini à Græco ᾠὸν dixerunt, interposita u. litera euphoniæ causa. Græci uerò ᾠὸν quasi ὄϊον, hoc est solitarium. singula enim pariuntur,
Etymologus. Hodie uulgò αὐγὸ nominant. Itali ouo. Galli oeuf. Germani ey. Angli an egge. Ouū
ex poetis aliqui ὤϊον uocant, uel ὄϊον, (si rectè scribitur, Eustathius hoc omittit ὤϊον & ᾠὸν tantum ponit, &c.) Alexis ἡμίτομα ᾠῶ dixit. ᴇὖ πολὺ λυῖνύτερον, Sappho. ᴇὖ ᾠὸν, Athenæus. Alij ἀερίου diminutiua forma. Idem & Eustathius. Κρίλα τ' ᾤεα βρύχων, Nicander. id est māsuetarum ouium oua
comedens. ᴇὐέα, τὰ ᾠά, Ἀργεῖοι, ἢ τὰ ἀργὰ ᾤπε, Hesych. ᴇὐοκυῆτας, serpentes nimirum ab ouis deuo-
10 randis. ἀπ̀ τότε ᴇὐοὴλ ᾠὸν, id est ouum, & nux uel lignū Persici, τὸ πὸρσικὸ ἢ φ̩ν̍ὸς, Idem. Ἀρχκλα, ouum,
sed Crêtes hysirichem sic uocant, Hesych. & Varinus. Cyami nomine non aliud intellexisse uide-
detur Pythagoras quàm ouum, quòd sit in eo animaliū κύησις, id est foetura. Vide in f. infra. Ouatus in similitudinem oui factus. Aliis turbinatio pyri, aliis ouata species (Cælius oualem figuram dixit) ceu malorum aliquibus, Plinius lib. 15. Aurum ouatum, ouo illitum. quoniam oui albo antea
illito, æra ac marmora auri & argenti laminis decorarent. Hinc illud subijt, auro sacras quòd ouato-
Perducis facies, Persius Sat.2. nec obstat quòd ouum habeat primam longam. pleraꝗ enim deriua-
tiua primitiuorum naturam non seruant. Hoc Plinius lib. 35. de marmoribus loquens innuere uidetur: quum inquit Claudij principatu inuentum, (Neronis uerò) maculas quæ non essent in cru-
stis inserēdo, unitatem uariare, ut ouatus esset Numidicus, ut purpura distingueretur Sinnadicus.
20 Nonnulli ouatum aurum dici aiunt, ouatione uictoriaꝗ quæsitum : uel ingens & copiosum, quantum ouationibus comparatur. Ouatio, tempus quo gallinæ oua faciunt, Plinius lib.29. Certa luna
capiendum censent, tanquam congruere ouationem etiam (aliâs, operationem eam) serpentium humani sit arbitrij. Ouare, per onomatopœiam, ut & Græcis ᾤζειν, quod Hesychius interpretatur
βοᾷ, καὶ λέγει ὦ ὦ, καὶ θαυμάζει ὦ. Ouatio dicebatur etiam paruus triumphus, ab ouo : uel potius ab
ohe interiectione gaudentium, quasi ohatio. Vel à uoce militum, quæ fiebat geminato oo. litera,
per interpositionem u. euphoniæ causa. ᴅία, (penanflexum) μηλωτή, διφθέρα, & fimbria uestis siue
inferior: siue superior circa collum, quam & πoδιστέμιον & πoδιστραχήλιον uocant, & σῶμα φ̩νοῦματᴏ-. alij
ἀνάκλασιν φ̩νοῦματᴏ- interpretantur, in Psalmo ὡτὶ τῷ ᾤαρ τὸ φ̩νοῦματᴏ- αὐτὸ, Suidas. Apud Hesychium scribitur ᾤα paroxytonum, τὸ πϵϐϵάτϵ ἤ μηλωτή, &c. ᴇία, id est fimbria uestis, ab oue dicta est.
30 quoniam ueteres solebant pellem ouillā extremis uestibus assuere quo minus attererentur, Eustathius. Dicitur etiam ᾤον (in plurali ᾤα) tabulatum in domo superius apud Lacedæmonios, quod &
ὑπερῷον uocatur, Idem. ᴇία pro ὀία, per ectasin & synæresin. est enim pellis ouilla, ὄϊς autem ouis. sed
ᴕπ per o. breue, fimbriam uestis significat secundum Ael. Dionysium, Varinus. ᴏα etiam sorbum
arborem significat & fructum ipsius, id est sorba, non mespila ut quidam scripsit. Sunt & quæ uulgo dici solent ᴇᴠά πάϵιχα, id est oua salsa inueterataꝗ, abdicandi usus, Nunc oua pisciū salita in ofas,
aut in pastillos durata, inclusaꝗ membranulis ᴏᴀ taricha dicuntur, inter lautissimos recepta cibos,
Hermolaus.

¶ Epitheta. Κρίλα ᾤεα, id est mansuetarum auium oua, Nicander. Ouum leue, teres, tractabile, apud Textorem, niueum, Sereno. ¶ Ouum pro arborum fructu apud Empedoclem lector
40 accuratus inueniet, Cælius. Recentiores quidam barbari scriptores cephalæam, id est grauem capitis dolorem, qui unam duntaxat in partem & spatium quantum ab ouo occuparetur incumbit,
ouum appellant. ᴅίον etiam genus est poculi. item ᾠοσκύφιον poculum duplici fundo (διπύϑμϵον) ab
ouo poculi genere & scypho dictum, Eustathius : & Athenæus lib. 11. apud quem legimus pocula
quædam uno & simplici esse fundo, ut phialæ & similia eius pocula. alia uerò duplici quòd præter
fundum proprium τὸ ῃᴢὶ τὸ κύτᴏ- συγχαλκϵύόμϵνον ὅλῳ ῃϵᴃ ἀγγϵίῳ, aliud extrinsecus ab acutiore figura
in latiorem desinens, pedis & basis loco appositum habeant, cuiusmodi sunt ooscyphia, cantharia,
&c. ᴏίνῳ κϵκϵραμϵνῳ φ̩ν ᴡὼ χρυσῳ, ὅϋ αὐτὸς Βασιλϵὺς πίνει, Dinon in Persicis uicante Athenæo. ¶ ᴡᴏ-
κα ζῶα, animalia ouipara Aristoteli. unde uerbum ᾠοσκϵῖν fit, hoc est oua parere. & nomen substantiuum ᾠοσκία. ᴇᴏφυλακϵῖν custodire oua, In Lexico uulgari. ϵπᴡᴢϵιν uerbū dicitur de auibus quæ
50 ouis incubantes clamant, Aristophanis interpres. sed uidetur potius simpliciter incubare significare, factum per syncopē à uerbo ᴇπᴡάζϵιν, quo Aristophanes & Athenæus utuntur. Hinc nomen
ιπασμὸς incubatio: & ιπασικα ἀλϵκϵϵίσϵς, gallinæ in incubādo assiduæ, apud Aristotelem. ᴇᴏϵιδᴙ́ς,
ouatus, ouiformis.

¶ Propria. Ad Gallinam uilla Cæsarum fuit ad Tyberim, &c. uide infra inter Auguria. Ab
insula Baltia non longè Oonæ separantur, quas qui habent uiuunt ouis auium marinarum & aue-
nis uulgò nascentibus, Solinus ex Xenophonte Lampsaceno, & Mela. Oonæ locus Septentrionalis ab auibus copiosis dictus, quarum oua rapta incolæ sale condiunt, & seruant in multum tempus ad cibum, Zieglerus in Schondia sua.

¶ b. Kembergi uno à Vuitenberga miliario nata est gallina quadrupes, quæ anteriores pedi-
60 bus posterioribus oppositos & inuersos habuit, anno Salutis 1522. ut amicus fide dignus ad nos
scripsit. C. Claudio, M. Perpenna c o s s. pullus gallinaceus quadrupes natus, Iul. Obsequens.

¶ Oua decumana, id est magna, Festus. Galedragon Xenocrates herbam spinosam, caule se-

P   4

rulaceo, cui summo capite inhæreat simile ouo, &c. Plinius. ea non alia quàm dipsacos est. Sed & ipsum cœlum à ueteribus ouum dici solitum, & hominem quoq; ceu quandam cœli paruam imaginem comperias, Hermolaus. Democritus & Pythagoras primi uidentur oui nomine cœlum appellasse. Sed & Plato ex Ciceronis interpretameto:Deus(inquit)cœlum ita tornauit,ut uel nihil, uel parum asperitatis haberet, nihil offensionis, ut in uolucrũ cernimus ouis. Quin hominem quoque cœlum esse dictum comperimus:quia sit cœli simulacrũ quoddam,etsi paruum, Cælius. Mirum est in re tam parua,mundi permixtionem intelligi quandam. Ouum quippe elementis consur gere ac compingi quatuor,ueterum medicorum assertione traditum scimus,Nam crustæ modo cir cuniectum obductumq; putamen,terræ imagine quadam,arescentis in frigore uim naturæ presert. Humor autem friges humectusq;,aquam exhibet planè. Sicuti aerem quod inest spiritosum,calens 10 humensq;. At in meditullio luteum fixum,mediocritatem caloris obtines, & aridioris naturæ,igni compar facile colligitur,cui calculum adiecerit & color:si quid tame eiusmodi adesse igni creditur. An non & globata suffragatur figura? Quid, quod inest ouo uitalis uis, ueluti & mundo ? Idem ex libro secundo problematum Aphrodisiensis. Sed hic paulò aliter quædam: Vitellus(inquit)ignem repræsentat.plus enim calidus,minus siccus, quasi uitellus etiam, (nõ calidissimus quidem ut ignis: sed calidior quàm siccior sit.) Deniq; orbis uniuersi,quem mũdum uocamus, speciem in ouo dixe ris demonstrari.nam & ex quatuor constat elementis, & in sphæræ faciem conglobatur, & uitalem potentiam obtinet, Hæc illi. Nec importunè elementis de quibus sunt omnia, ouum comparaue rim,omni enim genere animantium,quæ ex coitione nascuntur, inuenies ouũ aliquorum esse prin cipium instar elementi.In gradientibus enim , lacertæ & similia ex ouo creantur.Quæ serpunt,oui 20 nascuntur exordio. Volantia uniuersa de ouis prodeunt, excepto uno quod incertæ naturæ est, (uespertilione.)Natantia penè omnia de ouis oriuntur generis sui, crocodilus uerò etiam de testeis qualia sunt uolantium.Et ne uidear plus nimio extulisse ouum elementi uocabulo,cõsule initiatos sacris Liberi patris:in quibus hac ueneratione ouum colitur,ut ex forma tereti ac penè sphærali,at que undiq; uersum clausa,& includente intra se uitam, mundi simulacrum uocetur, Disarius apud Macrobium Saturn.7.16.

¶ Στόλος ὀμφαλώδης dicitur, id est umbilicaris appendicula , in ouis imperfectis adhuc , in parte acuta:quæ ouo amplius increscẽte,obtenditur latius atq; minuitur,perfectioq;,mucro exitum com plet, Cælius.

¶ Oui album nominatur à Celso,oui candidum & albumen (ut quidam citant, ego plerunque 30 semper oui cãdidum ab eo nominari inuenio)à Plinio, albus liquor Columellæ, albor oui Palladio. Apicius albamenta ouorum dixit. Candida si croceos circunfluit unda uitellos , Martialis. Re centiores quidam è Græcis transferentes oui aquatum, & tenuem oui liquorem nominarunt. In doctiores albuginem , cum albugo proprie sit in oculo macula siue cicatrix altiuscula, sicut utiq; in summo nubecula,ut probi authores docent. Legimus & oui albi (lego album) succum apud Pli nium in ramicosi infantis remedio:ut apud Serenum quoq; candidum oui succum. Germani uo cant das klar oder wyſz im ey. Galli de blanc d'ung oeuf,aubin d'oeuf. Itali uolume de fouo. Ari stoteli dicitur τὸ λδυκὸν τῶ ωὸ. Sunt qui hunc liquorem lac gallinæ appellarint.

¶ Vitellus & luteum oui (ut Plinius uocat) interior eius lutei coloris liquor est. Recentiores quidam uitellum etiam genere neutro efferũt, ut & Gaza quandoq;,contra ueterum authoritatem. 40 Vitellus à uita dictus est , pars oui rubra , quòd ex ea uiuat pullus. Nihil ne, inquit, de uitello ? Id enim ex ouo uidebatur aurum declarasse,reliquum argentum, Cicero 2. de Diuinat. Hinc uitelli nus.integram famem ad ouum affero.itaq; usq; ad assum uitellinum opera perducitur,Cicero. qui dam deductum hoc adiectiuum esse uolunt à uitulo,ut sit genus eduliJ,quo ueteres mensas claude bant.nam ab ouis eas incipere certum est. Verus exemplar habet uitulinũ, quod placet. Candida si croceos circunfluit unda uitellos,Martialis. Itali uitellũ appellant turlo de l'ouo: Galli le moyen d'un oeuf,le iaulne;Germani todter uel tutter:forte quia mamillam tutten appellãt. alitur autem pullus uitello intra ouum,succo eius attracto , ut inßanus in lucem editus lacte mamillæ. Ozonab, id est uitellus oui,Syluaticus. ¶ Est etiam uitellus à uitulo diminutiuum, unde & ſsum uitelli num fortè apud Ciceronem. C. Valerio,M.Herẽnio c o s s, maris uituli quum exta demerentur, 50 gemini uitelli in aluo eius inuenti,Iul.Obsequens. ¶ Vitellum oui Græci modo lecython, mo do chrysõn uocant,Hippocrates etiam chloròn, (τὸ χλωρὸν τῶ ωὸ, in libro de natura pueri,) Hermo laus. Aristoteles ὠχρὸν uocat:& alibi λέκυθον fœminino genere ut & Dioscorides. Τῶ ωῶν τὰ χρυσᾶ, apud Athenæum inuenio. & ὡ τὸ πυῤῥόν apud Suidam in Νεοσσόν. Veteres oui luteum etiam νεοσσόν uocabant, id est pullum: nimirum quòd pullum ex illo nasci formariq; existimarent. καὶ τῇ λαφρον ὡῶν μετὰ σπόρ φιλτάτην τὸν νεοσσόν,Menãder. Clearchus pulli genituram esse scribit ὠῶ λδυκῶ,καὶ ἐκ τῷ κελαμβίω νεοσσω,διεψθύδκισιν γάρ ἐι πρῶτοι ὀχρον φύσεως,καὶ ἰσι τὸ ἀχρον πτρίτζωμα τῶ σωῤμτρ ὀχρ. Chry sippus in libro de oraculis scribit, quendam somnium suum,quo oua à lecto suo pendentia uiderat, ad diuinatorem retulisse : audisseq; ex illo, inuenturum se ubi foderet thesaurum. Et cum uase in quo aurum argentumq; erat inuento, ad uatem argenti nonnihil attulisset: dixisse illum , τὸ δε νοῖsῷ 60 ωὸν μοι δίδλως;hoc est, De uitello uerò nihil ne mihi dabis? Suidas in Νεοσσόν. Lusit autem is pulchrè circa somnium ouorum,in quibus candidum & luteũ continetur,illud ad argentum,hoc ad aurum
referens,

referens, cum in somnij interpretatione, tum magis argenti tantùm parte muneri oblata. Deme=
trius Constantinopolitanus ὡς τὸ κρόνιον dixit, Eustathius τὸ ῳν τοῖς ὠοῖς κρονιωδες. λεκιθ⊙ (per iôta in
penult.malim per ypsilon)propriè τὸ ξανθὸν τῷ ὠῷ ἐσα τὸ λεπτα κὠθεθαι, Scholiastes Aristophanis. Vi
tellum oui lecithon dici à Græcis scio,& approbat ad Glauconem primo Galenus. Cæterum λεκι=
θ⊙ masc.gen.(Eustathio teste) leguminis genus est, quod pisum (πίσον, Scholiastes Aristophanis.
apud Suidam πισος oxytonum duplici ſ.scriptum non probo) aliàs nuncupant,quod in Pisa Elidis
abundè nascatur:refert autem colore luteum oui,unde ei nomen. λεκιθοπωλης masc.gen.paroxyto=
num verò cum iôta in ultima, λεκιθόπωλις, fœminini, mulier quæ lecithon, id est pisum,& synecdo
chice quævis legumina vendit,ῶν εἰσπωλις, Suidas, aut utilissima omnino,tanquam nugivendula,ut
10 Plauti verbo utamur, Cælius,sunt qui etiam oua vendentem interpretentur, ut Suidas habet,quod
minùs placet. Sed Cornarius libro quinto Commentariorum in Galeni libros de compoſ.sec.loc.
Lecythopolæ(inquit)Græcis appellantur, non qui pisa aut oua vendunt, sed pulmentaria è farinis
leguminum elixatis & pinguedine aliqua conditis,nam edulium ex cicere & reliquis leguminibus
fractis ἐτν⊙ appellatur,sicut ex farina eorundem pulmentarium quod in aqua coquitur pingui ad=
iecto,λεκυθ⊙(malim per iôta in penultima in hac significatione. ut in Galeni etiã Glossis legimus,
λεκιθου φακῶν, ἢ ψοῳν τῷ λεπτα.id est lentium pars interior,intra corticem,uel à cortice separata) uelut
in libro de boni & mali succi cibis Galenus ipse declarat.quare κυαμίνη λεκιθ⊙, nihil aliud est quàm
fabæ lomentum elixatum.Ad clauos & callos facit λεκυθ⊙ κυαμίνη μετ᾽ ὄξες ἐλθεῖσα, Paulo lib.3. cap.
80.Idem ὀρέβινον λεκυθον,id est erui farinam siue lomentum habet libro 3. cap. 25. & Hippocrates in
20 Spurijs ad primum De muliebribus adiectis,υποσπινης(inquit)λεκυθον ἐμβαλων ὄν ροια ὑδατ⊙,ἐν τε μέρες
λιπαρος γινεται.Cæterum Artemidorus lib.5.somnio 85.λεκυθον oui testam appellat, nisi corrupta est
lectio,& κιλυφ⊙ (aut λεπυρον)fortasse legendum. Verba eius hæc sunt:Εσδξι τις δ᾽ελος παρα Τι στωοι=
σιν λαθειψ εληθον,και τον μεν λεκυθον αφρ᷑ξι=ε, τον δε ωα περιχρανειναι, Hæc ferè Cornarius. Etymolo=
gia quidem tum interiori leguminum parti ex qua farina fit, tum oui luteo ferè convenire videtur,
quoniam utrunq; intra suum corticem continetur, quanquam vitellus non immediatè, ἐσα τὸ λεπτα
κὠθεθαι. Legumen omne tribus modis manditur,inquit Athenæus.aut enim ex eo fit quod etnos
dicitur, ut ex faba & piso,aut lecithos, ut ex araco at phace. aut ex aphaca & lente, Hermolaus.
Meleager Græcus author volumen singulare scripsit,lecithi & phaces comparationem continens,
Idem;ubi lecithus absolutè pro sui generis legumine accipiendus videtur : aut pro lente molita uel
30 saltem à corticibus separata. nam φακον lentem crudam interpretantur, φακλω coctam : potest autem
coqui uel cum corticibus suis,ut sic cocta φακη dicatur : uel absq; illis , λεκιθ⊙. Nec illud tacuerim
lecython pro gutto oleario & ampulla falsò à quibusdam cœpisse lenticulam vocari : nescio quàm
peritè,cum lenticula vasculum non sit magis quàm id quod Græci discum vocant, &c. In summa
lecithos pro legumine, aliquando pro putamine, per iôta scribitur : pro vitello per y. pro ampulla
per u.potius quàm per y. Hermolaus. Verum pro ampulla non per u. ut Hermolaus putat, sed per
y.penultima scribitur,prima verò per e.longum,ληκυθ⊙,cum in alijs significationibus per e.scriba=
tur,id est e.breue.Eustathius in sextum Odysseæ ληκυθον olearium uas dictum scribit παρα τὸ ελαιον
κὠθεψ,quod & ὀλπη uocetur,ἐσα τὸ ελαιον ωε πεσδναι,ἤγεν κεχῖσθαι : è pretiosa materia fieri solitum. non
solum enim ad oleum simplex, sed etiam ad unguenta olea usus erat. Hinc forte uerbum ληκυθιζεψ
40 apud Strabonem lib.13. (pro quo quidam ineptè in Lexicon Græcolatinum uulgare retulit λυκιθι=
(ειν)μετ᾽ ῳ φιλοσοφειψ πραγματικως,ἀλλα θεσεις ληκιθιζειψ;quod quidam exponit themata & argumenta fi=
ctitia elaborare. Varinus interpretatur τὸ μειζον βοαψ και ψοφειψ,ληκυθιζειω uerò non τον μεγα βοωντα, sed
contra τον μικροφωνον. Placeta λεκιθιτης dicebatur,cui admixtus erat vitellus oui,Eustathius. Theo=
phrastus loti Aegyptiæ radicem decoctam,lecithodem fieri ciboq; gratam scribit: hoc est araci legu
minis alterius in inodum:quanquam Theodorus albumen oui,quemadmodum in ea voce luteum
intellexerit, uehementer miror.cum lecythos vitellum oui potius quàm candidum significare vi=
deatur,hoc primi uidimus,seu rectè seu perperam : certè si errauimus, utilis & eruditus error futu=
rus est,Hermolaus.uidetur autem aliquid in his verbis esse corruptũ,& sic legendum:Quanquam
Theodorus albumen oui cur potius in ea voce quàm luteũ intellexerit,&c. Locus est apud Theo=
50 phrastum de hist.plant.4.10. Vbi Theophrasti uerba sunt,φλοιὸς ποδὶ αὐτῳ μελας, τὸ δε ῳντος λευκοψ, ἐ ψό=
εψλεψ δ̔ε και ὀπλωμενοψ γινεται λεκιθωδες,ἡδ᾽ ὑς δε ῳν τῃ πθσφορα. Vbi Gaza vertit,elixũ assumũ in speciem
albuminis uerti,sed ineptè,ut Hermolao etiam uidetur. Verum is quoque errat,lecithum hoc loco
aracum legumen interpretatus:cum Dioscorides, qui totũ ferè caput de hac stirpe ex Theophrasto
transcripsit,coctam eius radice scribat τῃ ποιότητι αναλογον λεκυθω ῳδ. hoc est qualitate referre luteum
oui,Marcellus pari saporis qualitate esse transfert. Sed forte ad substantiam potius coloremq; re=
ferri conuenit.cum Theophrastus doceat partem internam aliàs quidem albam esse, coctam uerò
λεκυθωδη fieri.sic enim bilem quoq; λεκυθωδη,id est uitellinam dictam à coloris & crassitiei similitudi=
ne apud ueteres medicos nouimus.

¶ Oui testam Serenus,aliqui putamen, Plinius calicem quoq; uocant. Græci κέλυφ⊙, quod
60 Suidas interpretatur τὸ λεπυρον τῷ ῳδ. item λεπος, ut Anatolius , & λεμμα Aristophanes. Oui puta=
men celyphanon dixit in Alexandra Lycophron.quanquam eo nomine quilibet censeri cortex ua
leat,Cælius. Hippocrates in libro de natura pueri τὸ λεπυρα dixit : Aristoteles ὄστρακον. Nicandri

Scholiastes oua ἀνόςρακα nominat quæ sine putamine redduntur. Ostracóderma oua dicuntur, pu
tamine contecta testaceo, (oua testea Macrobius dixit;) malacóderma uerò quæ molli obducuntur
cute, Cælius. Ἀλλ᾽ ὥσπερ ᾠὸν ν Δι᾽ ἀφλίψαντα χρὴ Ἀπὸ τ κεφαλῆς τὸ λέμμα κᾆθ᾽ ὕτω φιλᾶν, Aristophanes
in Auibus de formosa muliere uel meretrice, quæ laruata (personata) in scenam prodierat, quam
quidam osculari se cupere dixerat. Lecython, id est uitellum oui quidam sic dictum coniiciunt,
ἀ τὸ λέπει κόιβεθαι. Videtur & pro putamine lecythos accipi Artemidoro, nisi potius corrupta est
lectio, ut superius dictum est. Annara (alibi Amiantus) id est testa ouorum unde pulli excluduntur, Syluaticus.

⁋ Algarichi sunt cortices (membranæ potius) subtiles interiores ouorum & arūdinum, Andr.   10
Bellunensis. Hippocrates ὑμένας uocat in libro de nat. pueri.

⁋ c. Ouum in testatis, (ut ostreis, echinis, pectinibus) improprie uocatur. tale enim quid est,
quale est pingue in sanguineo genere cum uigent, Aristot. de partib. 4. 5. ⁋ Incubare ouis uel
pullis gallina dicitur plerunque cum datiuo; Plinius libro 9. cum accusatiuo etiã dixit incubare oua,
Græce ἐπιωάζειν Aristophanes, Athenæus ἐπωάζειν, Porphyrius θάλπειν. Ἐπικαθεζομένης δὲ μὴ πρὸς θερμὰν
νεντα τὸ ᾠὸν, Hippocrates in libro de nat. pueri. Ἡ καὶ ἀφρικὰ τέκνα πλαιβώσσουσιν ὑπὸ πλαθρησισι λόθρεντα,
Nicander. ⁋ Exeunt oua à rotundissima sui parte dum pariuntur, Plinius. Idem gallinas incubantes dixit oua excludere, & fœtum educere. Aues ex ouis excudunt pullos, Cicero 2. de nat.
Varro etiam & Columella oua excudere dixerunt, & anserculum excusum. Καὶ ὁπόταν ἡ ὄρνις ἀσθέ-
τει τὴν νεοττὴν λινθήγκτα ἰσχυρῶς, κολάψασα θέλει λέψην, Hippocrates. Οἱ ἄσσγωδ τῆς πόλεως σφαγᾶν ταῖς θηλείαις συνκ
λέπτοι τὰ ᾠὰ, Porphyrius libro 3. de abstinendo ab animatis. Ἐκβάλλεν οὖν νεοττίες, & ἐκηλύσαιν τὰ ᾠὰ,   20
legimus apud Varinum in Alcyone. & in eadem significatione ἐκκολαπτὴν uerbum in Lexico Græ
colatino uulgari: & nomen ἐκκόλαψις τῶν ᾠῶν. ⁋ Italis chioccia uocatur gallina quæ pullos alit, hoc
est glociens uel glocitans. nostris ein Gluggere eadem origine: incubans uerò ein Brütere. Illam
Latinè matricem dixeris, Matricem glocitatricem Grapaldus nominat. Gallina gracillat, Author
Philomelæ. Gybertus Longolius gallinas crocitantes dixit. Κακκάζειν uerbum est Atticum de gal
linis uocem edentibus circa partum, Hesychius & Varinus. huic simile est illud nostrum, gagagsen.
Vocibus crebrum singultat acutis parturiens, Politianus de gallina. Pollux hoc uerbum de Meleagridum uoce in usu esse scribit. Ἀλεκτορὶς γὰρ βοᾷ ζα συνηχὲς λυπηρὸν ἄκρωμα: ὁ δὲ μιμέμελ Θ᾽ ἀλεκτρωέλα
βοᾷ ζη θαφραίνη, Plutarchus. Sunt qui hoc dictum inter Germanos instar parœmiæ usurpent, So
mancher schrey/ so manches ey thūt vnsere henne leggen. hoc est, Gallina nostra toties parit, quo=   30
ties clamârit. Τὰς ἀλεκτρωέλας ἀπέκτεινεν, τὸ μὴ λελαλ᾽ ὥτες καὶ ἀσ᾽ ἔλες τῶ τοῖς ᾠοῖς μηνύσαι τὸν μοιχὸν, Suidas ex innominato. Vinum in quo trigle uiua suffocata fuerit, uiris impotentiam ad Venerem,
mulieribus ut gallinis (ᾠτριον) quoque sterilitatem adfert, Athenæus. ⁋ Ouum ὑπενέμιον, id est subuentaneum, aliqui ἀνεμιαῖον uocant, ut Plato in Theæteto, Scholiastes Aristophanis. Eadem & ἀνεμιαῖα
uocabant, Athenæus. Amorem siue Cupidinem Aristophanes in Auibus natum fingit ex ouo hy
penemio à Nocte ædito. ⁋ Semina omnia aliquid in se alimenti continent, quod una cum generandi principio natura profundit, sicut in ouis. Qua de causa non ineptè Empedocles, Oua solent
excelsis gignere ramis, inquit. (φωνόκων ὠστοκέων μακρὰ δὲνδρεα.) Enimuero natura seminum ouis proxima est, Theophrastus.

⁋ d. Gallinæ instar uolui congregare filios tuos ô Ierusalem, ut pullos sub alas, & noluisti,   40
Matthæi 23. Vt gallina pullos suos sub alas suas, sic uos ego collegi ingratos, Esdræ 4. 1. ⁋ Ser
pentes pinguescunt ouis, Plinius.

⁋ e. Qui gallinas alere permultas quæstus causa soleret, Cicero Academicarum libro 3. Gal
linam altilem nominat Macrobius 3. 13. Pascales, id est pascuales, & oues & gallinæ appellantur,
quòd passim pascantur, Festus. Grece nomades dixeris. ὄρνιθες σιτσδ᾽νοι uel σιτσνοὶ nominátur ab A-
thenæo libro 14. quæ etiam fœm. g. efferuntur, σιτσντὰ, σιῖσδα. Plumulæ saginandis gallinis uel ca
pis sub cauda & clunibus detrahendæ, uulgò dicuntur mastfädern.

Vocibus interea crebrum singultat acutis   Parturiens coniunx: quæ scilicet oua subinde
Tollit anus, signatosque dies, uigilemque lucernæ Consulit: & Lunæ crescentis tempora seruans,
Vt primū gallina glocit, numero impare subdit. Versatisque diu, solers auscultat an intus   50
Pipiat inuolucer pullus, tenerumque putamē Pertuderit molli rostro, atque erumpere tentet, Poli
tianus in Rustico. ⁋ Vt equi ferocitatem deponant, pennam gallinæ quo uolueris modo eis deglutiendam præbe, Eumelus. Græce legitur, Πτερὸν ὀρνίθιον οἴνῳ (lego ποίον) ὅαλ᾽ τρόπον δέδ᾽ κατατπέψ.
⁋ Σκιμαλίζειν, tactu minimi digiti experiri an gallinæ oua gerant. Vide Varinum, ex Scholiaste Ari
stoph. in Acharnenses, & Cælium 9. 37. Aristophanes utitur pro contemnere, ἐξολιτηίζειν, χλευάζειν.
⁋ Supponere oua gallinis, Cicero. ⁋ Gallinarum pullos eo colore enasci aiunt, quo oua incuban
da tincta fuerint, ut in libello quodam Germanico manuscripto legimus. Sunt qui oua inscribunt
quæcunque uelint intus, quòd cortex sit peruius & admittat colores. Gallas cum alumine tritas aceto subige. inde inscribe hoc liquore quod uelis cortici: & siccatum impone muriæ. uel cera obline
ouum, & inscriptis literis stylo, ut cera dehiscat maneatque lituræ, in quibus humer imponatur, sic=   60
cum ouū coquito, donec durescat. inde acri aceto infunde. sic enim literæ fiunt penetrabiles, quas
cortice detracto uidebis in ouo, Cardanus ex Africano in Geoponicis Græcis. ⁋ Ad lithostrota
conficienda

conficienda(qualia uulgô Mufaica uocant opera) ex fruftulis lapidum diuerforum colorum glutino tenaci inuicem iunctis, fit maltha (glutinum) perpetua ex calce & fuillo adipe, uel pice, aut oui
candido, Cardanus.   Qui colores picturarum illuftrant, oui candidum fpongia frangunt, donec
prorfus tenue & aqueum fiat:quod ita fractum coloribus fuis admifcet, ut uulgares etiam pictores.
Olim ad ornandos crifpandosq́ capillos albi liquoris oui ufus erat etiam pro iuuenibus, qui nunc
puellis relinquitur, Tragus. In fornacibus laterum calx de teftis ouorum uritur alchymiftis utilis,
Idem. ¶ In libro quodam Germanico manufcripto rationem traditam inuenio, qua ebur ficti-
tium èteftis ouorum fiat.   ¶ Non præteribo miraculum, quanquam ad medicinam non perti-
nens:fi auro liquefcenti gallinarum membra mifceantur, confumunt illud in fe. ita hoc uenenum
10 auri ef̂t, Plinius.

¶ f. Nec minimo fanè difcrimine refert, Quo geftu lepores & quo gallina fecetur, Iuuenalis
Sat.5. Si pingui lacertæ, halinitro cyminoq́ farinam tritici mifcueris, gallinæ hoc cibo faginatæ
adeo pinguefaciunt hom̄nes, ut difrumpantur, Cardanus. ¶ Coqui ad fercula quædam oua cochleari conquaffare uel agitare folent, ut undiquaq́ mifceantur, Germani dicunt Klopffen, hoc eſt
pulfare. Ex lacte(inquit Apicius 7.10.)lauas pulmones, & colas quod capere poffunt, & infringis
oua duo cruda. Oua quæ non fint recentia ueterés appellabãt requieta, Hermolaus. Oua uetera
uulgò euanida dicuntur, Ferrariæ ftantia, Latinis requieta, Brafauolus. Oua incocta pro crudis
Marcellus dixit. Flos arbuti cocauus eft tanquam ouum exfculptum ore aperto, Theoph.de hiſt.
3.16. Gaza interprete. Græcè legitur, ἄνθος κοῖλον ὥσπερ ᾠὸν ἐγκεκολαμμένον, (forte ἐκκεκολαμμ.) τὸ στόμα δ΄
20 ἀνεῳγμένον. Iudæos aiunt oua aperire parte acutiore, (ut fi qua illic gutta fanguinis apparuerit, abſti
neant:)Italos obtufiore, noftri in latere aperiunt. Grandia præterea tortoq́ calentia fœno Oua
adfunt ipfis cum matribus, Iuuenalis Sat.11. Ὀνοίδιον γὰρ καταλιπὸντ᾽ ῳοι πικρος, Οὕτω σπνερογγύ
λικα, κάξενόκκιοκ, (id eft ueluti nucleos è nuce pinea euacuaui,) Ἐν μικρῷ ὀλίγοις, ὥσπερ ᾠὸν τε βομβύ, Ni-
comachus apud Athenæum. Ματτύα κοινὸν ὄνομα πάντων τῷν πολυτελῷν ἡδ᾽νομάτων, ut docet Artemidorus fic fcribens de gallina mattya, (ᾦ τις, lego τῳδὲ, ᾖ ὄρνιθὸ ματτύης:) ἐσφάχθω μὲν ὀίὰ τῷ σώματ᾽ ἀπ
τῷ κεφαλῶ,᾽έστω δ᾽ ἐωλ ᾽ καθάπερ ὁ πορδ´λιξ,ἐὰν δὲ θέλης ὡς ἔχει τοῖς ἀήδοσι τῆν τινι μ̄μίλων. Et rurfus, Καὶ νο
μιᾷ τα πεχαίρῳ᾽ ἐτ,καὶ νεοσσὸς τῷν ἡδ´ῃ κοκκυ ὄντων.id eſt, Pafcalem(libere pafcentem)pinguem coque, &
pullos iam cucuriètes. Quòd fi libuerit inter pocula(παρὰ πότην)uti,olera (cocta)in catillum exime,
& minutatim cócifis gallinæ carnes impone, labrufca cum fuis acinis æftate aceti loco iuri adiecta,
30 dum coquitur gallina. quam rurfus eximes tempeftiuè, priufquam uinacea remittat. hæc quidem
mattya fuauiffima fuerit. Naucratitarum nuptialibus cœnis cauebatur, ne quis ouû intuliffe uellet, aut μελίπηκ´τα, id eft mellita, Cælius ex Athenæo, qui Hermeam citat authorem. Aegyptij puri-
ficationis tempore animatis omnibus & ouis quoq́ abftinebãt, Porphyrius. · Pythagoras interdicto illo quo à fabis abftinere (κυάμων ἀπέχεσθαι) iuffit, per fabas oua intellexit. à quibus nimirum
non alia ratione abftineri uoluit quàm à quorumuis animalium carnibus, par homini fore fcelus
exiftimans in aue aut auis ouo peccanti.itaq́ eius difcipuli quotidianum illud iactabant, ἴσον τι (τοι)
κυάμους ἐδᾳν,κεφαλάς τε τοκίων.quod eft non differre comediffe oua,& parentum capita. Vocauit autem ouum cyamon, quòd quafi κύησις, id eft fœtura animalis effet, & conceptum eius intra fe clau-
deret,Marcellus Vergilius. Pythagoras abftinere iuffit ouis, & quæ ex ouis nafcuntur animali-
40 bus,Laertius. Cyami nomine non aliud intellexiffe uidetur Pythagoras,quàm ouum, quòd fit in
eo animalium κύησις, id eft fœtura,Cælius. Plura leges apud Erafmum in Chiliadibus, in fymbolo
Fabis abftineto. ¶ Huc(ad fuperftitionem)pertinet, ouorũ ut exorbuerit quifq́ calices cochlea-
rumq́,protinus frangi, aut eofdem cochlearibus perforari,Plin. Idem hodie circa oua in Bauaria
obferuari Bauarus quidam mihi narrauit.

¶ h. An obfecro hercle habent quoq́ gallinæ manus? Nam has quidem gallina fcripfit, Plaut
tus in Pfeudolo. ¶ Quæftio ouum ne prius fuerit an gallina,mouetur à Macrobio, & à Plutarcho
in Sympofiacis 2.3. ¶ Traditur quædam apis gallinarij cuiufdam, dicentis quod ouum ex quaq́
gallina effet, Plin. Quum ouum infpexerant, quæ gallina peperiffet dicere (aliâs difcernere) fole-
bant,Cicero lib.2. Academicarum. ¶ Extat Niciæ cuiufdam perelegans tetraftichon, quo ride-
50 tur quidam tingendi capilli affectator: qui dum ei rei nimium ftudet, uitiata cute amiferit capillos
omnes,hunc turpiter nudato capite ouum effe factum totum,facetiffimè Nicias cauillatur: Καὶ δια
οὖς ἀν λίχη ᾠὸν ἅπας γέγονε,Cælius.

¶ Scribit Neocles Crotoniata, ouũ ex quo prognata credatur Helena, ex lunâ delapfum. quip-
peoua parere Selenetidas mulieres,indeq́ nafcentes homines quinquies decies effe nobis ampliores,quod approbat Herodorus quoq́ Heracleotes,Cælius ex Athenei lib.2. Superiora ædium tabulata,quæ ὑπερῷα nunc uocant,olim ᾠία(uel ᾠᾶ)uocabant. & Helena in iftis domus partibus nata,
ex ouo genita exiftimata eft, ut Clearchus in Eroticis tradit. Vide plura infra in Prouerbijs, Ex
ouo prodijt,&, Ouo prognatus eodem.

¶ Oui fomnio thefaurus indicatus, ut fupra retuli in b.ex Cælio Rhodigino. διὰ κρατῷν ἐδᾳν τε
60 συμαίνει λύπτες,Suidas.

¶ Liuia Augufta prima fua iuuenta, Tiberio Cæfare ex Nerone grauida, cum parere uirilem
fexum admodum cuperet,hoc ufa eft puellari augurio, ouum in finu fouendo, atq́ cum deponen-

dum haberet, nutrici per sinum tradēdo, ne intermitteretur tepor. Nec falsò augurata proditur, Plinius. Gallinam cum lauri ramulo cecidisse ferunt in sinum Liuiæ Drusillæ, &c. Niphus. Ad Gal
linam uilla Cæsarum fuit ad Tyberim, uia Flaminia. quæ ab eo dicta est, quòd Augustæ ex alto abiecit in gremium aquila conspicui candoris gallinam, lauri ramum suis baccis fœtum rostro tenentem, quam seruari iusserant aruspices, ramum uerò inseri diligenter: quod ad uillam factum est, quę
hac de causa Ad gallinā dicta fuit. Vide etiā infra in Prouerbio, Albæ gallinæ filius. Alia quædam
leges in Gallo h. Orpheus scripsit Ooscopica, ϛ ἰοσκοπικα, Suidas. hoc est de diuinatione ex ouis.
Ouorum quondam purgandis piaculis, lustrationibusꝗ quotidianus erat usus: & in Bacchi Orgijs
aliorumꝗ deorum sacrificijs, ubi pro homine soluendum aliquid deo esset, adhibebantur. Omittimus quæ in Orphicis & Bacchi Orgijs, in hac ipsa re obseruata ab antiquis traduntur. id solum ex
eis repetemus, ideo religioni oua inseruisse, & in tanto honore cūctis gentibus fuisse, quòd capiente
omni mundo tot animalium naturas & genera, nullum ferè est in quo non ex ouo species aliqua
nascatur. Volucres passim ouum gignunt. aquatilia in mari penè infinita. in terrestribus lacertæ, in
ambiguis & quibus in terra æquè quàm in aqua uictus est, crocodili, in bipedibus aues, in carentibus pedibus, angues, in multipedibus attelabi: & ne longiores simus, in pluribus generibus alijs
plura alia. Ob quæ totam referre naturam credita fuerunt: & in religione ad placanda exorandaꝗ
numina gratiorem habere potestatem: Marcellus Vergilius, nimirum ex Saturnalibus Macrobij 7.
16. cuius uerba superius retuli. Καὶ ἔπι εὑροι ἐν τῇ πρίοδ ῳ ἱκάτης ϛεῖπνον πέμπ̄νον, ἢ ἀον ἐκ καθαρσιϛ, Lucianus in dialogis mortuorum, id est, Sicubi comperiat in triuijs Hecates cœnam iacentem, aut ex
catharsio ouum. Catharsium in Græcorum doctrina uidetur purificatio quædam dici, Morem quippe Athenis fuisse produnt, conciones expurgandi, atꝗ theatra, & omnino quemlibet populi con-
uentum. id uerò minutis fiebat porcellis, quos nominabant catharsia. eiusmodi obibant munus, qui
dicebantur à collustratione peristiarchi. Oua expiationibus apta monstrat Iuuenalis illud, Nisi se
centū lustrauerit ouis. Sed & in arte Ouidius, oua hæc lustralia indicat illis uersibus: Et ueniat quæ
lustret anus, lectumꝗ locumꝗ Præferat, & tremula, sulphur & oua manu. Eius autem ab recentioribus ratio promitur, quòd ex animaliū generibus adeò multiformibus, plurima ædantur ouis,
quæ uelut media sint inter animal & non animal. proinde pergrata dijs censuēre ueteres, Cælius,
In purgationibus præterea notamus oua adhiberi solita, & sulphura, tædas, lauros & similia, ut ex
Plinio, Iuuenale, Ouidio, Apuleio poetis cęteris colligimus, Gyrald. Oui quod in Cereali pompa
solitum fuerit esse primum, meminit Varro de re rust. 1. 2. Gallinæ luteo rostro pedibusꝗ, ad rem
diuinam puræ non uidentur: ad opertanea sacra, nigræ, Plin. De Termini sacrificio Prudentius
contra Symmachum ita canit: Et lapis illic Si steterit antiquus, quē cingere sueuerat error Fasceo-
lis, uel gallinæ pulmone rogare, Frangitur, & nullis uiolatur Terminus extis. Aesculapio gallinæ immolabantur, Festus. uide in Gallo h. Libet expectare quis ægram Et claudentem oculos
gallinam impendat amico Tam sterili, (pauperi,) Iuuenalis Sat. 2. immolabāt enim nimirum dijs,
præsertim Aesculapio, pro salute & sanitate donanda gallinas. Magi Zoroastren secuti canes, gal
linas (ὄρνιθας) & terrestres echinos bono deo attribuunt, aquaticos autem malo, Plutarchus in libro
de Iside & Osiride. Ex animatis olim sex sacrificia in usu erant, de oue, sue, boue, capra, gallina &
ansere, Suidas. uide in Oue h. Orpheus scripsit Oothytica, ϛ ἰοθυτικα, Suidas. id est de sacrificijs ex
ouis. Ouorum hecatombe, ϛ ἰῶν ἱκατόμβῃ, ab Ephippo nominatur, (per iocum,) Athenæus.

❧ PROVERBIA à gallina. Feliciter natum, Albæ gallinæ filium dicimus. Quia tu gallinæ
filius albæ, Iuuenalis Sat. 13. Vel quòd læta atꝗ auspicata Latini alba uocant, uel quòd prouerbium
alludit ad fatalem illam gallinam, de qua meminit Suetonius Tranquillus in Galba, his quidem uer
bis: Liuiæ olim statim post Augusti nuptias Veientanum suum reuisenti, præteruolans aquila, gal
linam albam, ramulum laureum in rostro tenentem demisit in gremium. Cumꝗ nutriri alitem, ac
pangi ramulum placuisset, tanta pulloru soboles prouenit, ut hodie quoꝗ ea uilla Ad gallinas uocetur. Tale uerò lauretum, ut triumphaturi Cæsares inde laureas decerperent. Fuitꝗ mos trium-
phantibus, alias confestim eodem loco pangere. Et obseruatum est, sub cuiusꝗ obitum, arborem ab
ipso institutam elanguisse. Ergo nouissimo Neronis anno, & sylua omnis exaruit radicitus: & quic
quid ibi gallinarum erat, interijt. Conueniet igitur adagium in eos, qui rara & fatali quadam felici-
tate successuꝗ rerum utuntur. Huic diuersum est illud apud eundem Iuuenalem, Nati infelicibus
ouis. Non abhorret huic quod scribit M. Tullius libro Epistolarum familiarium septimo ad Curio-
nem: Quum enim salutationi nos dedimus amicorum, quæ sit ex hoc etiam frequentius quàm solebat, quòd quasi auem albam uidentur bene sentientem ciuem uidere, abdo me in bibliothecam.
Veteres enim quod inauspicatum haberi uolebant, atrum aut nigrum uocabant: quod felix, album.
Vnde apud Senecam Asinius Pollio, Albuti sententias, quòd inaffectatæ essent & apertæ, solitus
est albos appellare. Quin & Græcis λευκότρον ἐπ ῶι dicitur, qui clarius rē explicat, Erasmus. Idem
alibi in Prouerbio Alba auis, λευκὸς ὄρνις, eadem quæ nunc recitauimus Ciceronis uerba repetit, interpretatur autem pro re noua atꝗ auspicata. Quadrabit etiam (inquit) in rem admodum raram &
inusitatam, quòd aues perpaucæ sint hoc colore. Ita Iuuenalis, Coruo quoque rarior albo. ❧ Lac
gallinaceum, ὀρνίθων γάλα, id est gallinarum lac. dicitur in opulentos, & quibus quiduis rerum sup-
peditat, ut illud Copiæ cornu, Aut de raris inuentu, atꝗ ob id pretiosis: ut sit hyperbole significans
nihil

nihil omnino deeſſe. Plinius in præfatione hiſtoriæ mundi, irridens Græcorum deliciofas quaſdam
& magnificas inſcriptiones: Cerion (inquit) inſcripſére, quod uolebant intelligi fauũ: alij κϵ̓ρας ἀμαλ-
θιας, quod copiæ cornu, uelut lactis gallinacei ſperare poſſis in uolumine hauſtum. Ἐγὼ γὰρ τὸ° ⱳ̓ ὀρνίθωρ γάλα Ἀντὶ τῶ Βίϛ λάϐωμ' ⱳ̓ ⱳ̓ μὴ νῦι ἀϙρϛ όϛ ϵ̓ις, Ariſtophanes in Veſpis, (in Acharneſibus,) id eſt,
Non lac hercle gallinaceum,   Hacce pro uita capiam, quam mi adimis in præſentia. Euſtathius in
quartum Odyſſeæ, citat hoc adagium ex Anaxagoræ fabula, cui titulus ϵ̓ia, (decipitur Eraſmus, aut
Euſtathius ex quo citat: lege, ex Anaxagoræ Phyſicis,) Rurſum Ariſtophanes Comicus in Auibus, Δώϛωμϵν ὑμῖν Ἁυτοῖς, παισὶ, παιδῶν παισὶν πλᾶϐυγϊειαν, ϐυδ άμμονίαν, Βίον, εἰρ́ὠ lὼ, νϵότητα, γϵλω- = Τα,
χϛϛ̓ϛ, θαλίας, γάλα τ' ὀρνίθωρ. Ϛίετ ωϛ́ρϛϛτα ὑμῖν παϛ́ρϛ̓ Υ̓πὸ τῶ ἀγαθῶρ, id eſt, Dabimus uobis ipſis, filijs,
10 filiorum filijs, opulentiam bonæ ualetudinis, felicitatem, facultates, pacem, iuuentam, riſum, choros,
feſta, lac gallinarum, ut ſitis præ bonorum copia laboraturi. Strabo Geographiæ lib. 14. narrat de Sa-
miorum agris, quòd eſſent omnium rerũ ampliter feraces, illud uulgò iactatum eſſe, quòd lac etiam
ferrent gallinaceum. Idem teſtatur hoc adagium apud Menandrum comicum inueniri. Athenæus
lib. 9. Dipnoſoph. ex mediæ comœdiæ ſcriptore quodam Mneſimacho ſenarios hos adducit, καὶ τὸ
λϵγόμϵνορ, Σπανιώτϵρορ ωϛ̓ρϵϛϛ ὀρνίθωρ γάλα, Καὶ φασιανὸς ἀϛρπτιλμϵ̓ν͜ω καλῶς. id eſt, Et quod dicit prouerbio,   Lac ſuppetit res rara gallinaceum, ac   Plumis reuulſis phaſianus adprobè. Rurſum lib. 9.
adducit ex Numenio, Ηϵ̓ἴ ὅπϵρ ὀρνίθ⊕ καλϵῖται γάλα. id eſt, Atque quod gallinæ dicitur lac, Eraſmus.
Anaxagoras in Phyſicis ſcribit id quod gallinæ lac uocatur, album in ouis liquorem eſſe. Animalibus uiuiparis cibus, qui lac uocatur, in mammis parentis paratus eſt: ſed cõtrà quàm homines pu
20 tant & Alcmæon Crotoniates ait, non enim albumen oui lac eſt, ſed uitellus. hic enim pullis pro cibo eſt. illi albumen pro cibo eſſe exiſtimant, propter coloris affinitatem, Ariſtot. de generat. anim.
3.2. Κατϵϛ́ίω σ' ϵ̓γὼ Τύϛϛϛνορ, ὀρνίθωρ ωϛ̓ρϵ́ϛω σοι γάλα, Piſthetærus Herculi in Auibus Ariſtophanis.
Scholiaſtes Ariſtoph. in Acharn. hoc prouerbium locum habere ait in ijs qui admodum fortunati
ſunt, & nihil non poſsident, ita ut etiam circa res impoſsibiles aliquid lucrentur. impoſsibile enim
eſt ut unquam lac è gallinis habeatur. at fortunati homines id quoꝗ ſi uoluerint comparare ſibi poſſunt.   Meminit & Suidas,   Βύλοιντο μϵ̓ν ⱳ̓ καὶ τῶ ὀρνίθωρ γάλα ωϛ̓ρϵϛϛϵ̓ρ, Syneſius in epiſtolis.   De
herba quam ornithógala Græci uocant, ſcripſimus in Gallo a.   ¶ Germanica prouerbia nonnulla
etiam extant, à gallinis facta, ut ſunt: Per meſſem ferociũt gallinæ, Jn der ᴀrn ſind die hůner raub.
hoc eſt, Satietas ferociam parit.   Gallinis caudam religare meditaris : Su wilt den hůneren den
30 ſchwantz aufbinden: non diuerſo ſenſu ab iſto, Aquilam uolare doces.   Cum alienis gallinis oua in
nidum parere, Ⱳit anderen hůneren ins neſt legen : ut apud Latinos, Alienum arare fundum,
quod eſt cum alienis uxoribus rem habere.

¶ PROVERBIA ab ouis.   Ouum adglutinas, ϛϛ̓ορ κⱳ̓λλϵϛϛ, (ſi rectè legitur, malim κⱳ̓λλϛϛ,) id eſt,
Ouum glutino compingis. Refertur à Diogeniano. Ridiculè laborat, qui fractum oui putamen glu
tino ſarcire & coagmentare conetur, Eraſmus.   ¶ Ab ouo uſꝗ ad mala, prouerbiali figura dixit
Horatius in Sermonibus Sat. 3. pro eo quod eſt, ab initio conuiuij uſꝗ ad finem. Si collibuiſſet (in
quit) ab ouo   Vſꝗ ad mala citaret, iò Bacche modò ſumma   Voce, modò hac reſonat quæ chordis
quatuor ima. Antiquitus enim cœnam ab ouis auſpicabantur, malis finiebant. Erit uenuſtius, ſi lon
gius trahatur, ab ouo uſꝗ ad mala: id eſt, toto colloquio, tota nauigatione, aut toto opere.   Qui rem
40 altius repetunt quàm oportet, notantur illo uerſu Horatiano, Nec gemino bellum Troianum ordi-
tur ab ouo, Eraſmus.   ¶ Ex ouo prodijt, Ἐξ ⱳ̓ ϐϛ̓πλϵϛϛϵ̓ρ, aiunt dici ſolitum de magnopere formoſis
ac nitidis: quaſi neges communi hominum more natos, ſed ex ouo, more Caſtoris & Pollucis. Siquidem eſt in poetarum fabulis Iouis concubitu duo peperiſſe oua, è
quorum altero prodiére gemini Caſtor & Pollux, inſigni forma iuuenes: ex altero nata eſt Helena,
cuius forma literis omnium eſt nobilitata, Eraſmus.   ¶ Ouo prognatus eodem, hoc fortaſsis ſimpliciter dictum eſt ab Horatio. Quandoquidem ad fabulam reſpicit Ledæ, quæ grauida ex Ioue in cygnum conuerſo, ouum peperit, unde gemini prognati Caſtor & Pollux. Id ouum Pauſanias in Laconicis refert. oſtendi apud Lacedæmonios ſuſpenſum tæníjs à teſtudine templi. Verum ſi quis hoc dictum deflectat ad ijſdem natos parentibus, aut ab eodem eruditos præceptore,
50 aut ita conſimilibus ingenijs, ut eodem ouo nati uideri poſsint, nihil æquè fuerit prouerbiale. ueluti
ſi dicas: Vultus, ingenium, mores, facta, ac prorſus omnia ſic huic cum hoc conueniunt, ut iures eodem prognatos ouo. Ariſtoteles quidem oſtendit iuxta naturam fieri poſſe, ut ex eodem ouo duo
pulli naſcantur, Eraſmus.   ¶ Extant apud authores aliquot ſimilitudinis adagia, quorum de numero eſt, Non tam ouum ouo ſimile, de rebus indiſcretæ ſimilitudinis. Vidès ne ut in prouerbio ſit
ouorum inter ſe ſimilitudo? Tamen hoc accepimus, Deli fuiſſe complureis ſaluis rebus illis, qui gal
linas alere quæſtus cauſa ſolerent. Ii cum ouum inſpexerant, quæ id gallina pepeiſſet, dicere ſolebant, Neꝗ id eſt contra nos. Nam nobis ſatis oua internoſcere, Cicero 2. Academic. Idem prouerbium refertur & à F. Quintiliano. Vſurpatur & à Seneca in libello, quem in Claudium Imperatorem luſit, Eraſmus. Ouorum inter ſe miram ac propè indiſcretā ſimilitudinem, ſæpenumero apud
60 animum meum non ſine ſtupore perpendi. Alterum enim alteri ſi compares, fallitur examen, he-
beſcitꝗ intuentis obtutus: tanta prorſum parilitas eſt, tantaꝗ geminitudo, Cælius.   Huic ſimile eſt
aut idem potius apud Germanos, Tappio referête, ϵ̓yer ſind eyern gleych, & hoc, Ⱳᴀr er cinem

Q

hasen so ånlich als einem narren/die hund hetten jn langst zerrissen . ¶ ὡς πολύ λουκότφρον, id est, Ouo multò candidius Sappho dixit, Athenæus. ¶ Apud Tappiũ hæc etiam Germanica inuenio: Ouũ præ gallina sapit, Das ey wil klüger seyn dann die henne. cui illud Latinorum respondet, Ante barbam doces senes. Qui oua desiderat, gallinarum obstreperos cantus ferat oportet: Wår eyer wil haben/der muß der hennen kackelen lyden. Qui uitat molam, uitat farinam. Hollandorũ est, Anserinis neglectis oua gallinacea requiris, Su süst nae thennen ay/vnde lest tgansen ay varen. cui Tappius illud Græcorum confert, Omissa hypera pedem insequeris.

DE PVLLIS GALLINACEIS.

D E pullis gallinacei generis etsi quædam superius dicta sint in Gallinæ historia, capite tertio & quinto & sexto, & alibi fortassis: hîc tamen de ijsdem copiosius separatim agere uolui, superioribus quidem nõ repetitis. neq́; enim ullarum auium pulli ita in usu sunt ad cibum, ac gallinacei. Nominat autem pullos gallinaceos Plautus in Captiuis, fœtus scilicet gallinarum adhuc tenellos: & Martialis in lemmate distichi, Si Libycæ nobis uolucres & Phasides essent, Acciperes. at nunc accipe cortis aues. Sed absolutè etiam pullos pro gallinaceis poni inuenio apud Vegetium & alios. Pellicula quæ solet pullorum uentribus adhærere, Palladius in Maio Tit. 9. Puls potissimum dabatur pullis in auspicijs, Festus, dabatur autē non quibuslibet, sed gallinaceis. Heliogabalus una die non nisi de phasianis tātum edebat, alia die de pullis, Lampridius. Gigeria pullorum coques, Apicius, Pullastrum & pullastram neotericè uocamus, Grapaldus. Pullastræ uocabulo pro parua gallina, Hermolaus, Sipontinus & Platina utuntur. Quidam etiam fœminino genere pullas efferunt, ère centioribus. Pullaster uel pullastra, significat gallum uel gallinam adolescentem. sic à M. Varrone libro 3. de re rust. pullastræ dicuntur iuuencæ gallinæ, ait enim, Et ea quæ subijcias potius è uetulis quàm è pullastris. Pro pullo pulleiacium Augustus dicere solebat, ut ait Tranquillus. Pullicenus (aliàs pullicinus, quod magis placet. nam & Itali hodieq́; pulcinos uel pullicinos appellant) diminutiuum à pullo. Seruos habuit uectigales, qui eos ex ouis & pullicenis & pipionibus alerent, Lampridius de Alexandro Seuero. ¶ Ab Athenæo libro 9. νεοσσοί ὀρνίθων & ἵππων dicuntur. Νεοττὶ οἱ ἀλεκτρυόνων κỳ χηνῶν, Aristoteli sunt fœmellæ iuuencæ è gallinaceo uel anserum genere, quæ nuper scilicet parere cœperunt: possunt etiam sic dici antequam pepererint. Athenæus pullos gallinaceos à Græcis hippos, hoc est quasi equulos uocari scribit: credo, quia pulli propriè sunt equorum, & Hermolaus. ὁ τοῦ νόσσακος ζωμὸς, id est, pulli gallinacei ius, Dioscorides. ὀρτάλιχος (uox poetica) tum gallum ipsum tum pullum gallinaceum significat. sed pullum frequentius. uide in Gallo h. a. Ὀρτάλιχοι, pulli qui nondum uolare possunt: & galli ipsi Bœotis (quod & Scholiastes Aristophanis scribit,) Varinus. Pullos qui recens apparuerunt, (ὀρνίθων τὰ ἐν ὄλίγῳ ἤδη ὄντα) Græci νεοττὰς uocant, aliqui ὀρτάλιχος, Eustathius. Ἀνορταλίζειν uerbum Aristophani in Equitibus efferri & superbire significat: uel leuiter agere, & nimis facile aliquid credere. Propriè autem ὀρταλίζειν dicitur de auibus uolare incipientibus (ἀπὸ τῶν ἀρχομένων ἀναπτηροουσθαι ὀρνίθων, ut & φρυγίζειν) uel de ijs qui pueros in subli me efferunt citato motu, (ἀναῤῥιπτεῖν τὰ νήπια τῶν παιδίων, οἷον ὀρτάλιζουσι ποιεῖν εἰς ὑ↓ Θ,) & impropriè deinde etiam de alijs motibus, Scholiastes Aristophanis.

Aues προπετῖται & πετητῆς dicuntur, quæ antequam ocyptera, id est penne maiores eis enate aut satis perfectæ fuerint, uolare gestiunt, inutili & sæpe noxio conatu, cum cadant interdum & in humum allidantur. eædem ὀρτάλιχοι dicuntur, ὡς λίχοντα (τλίχοντα) ὀρᾷ́ν, hoc est à cupiditate motus & uolatus, Io. Tzetzes 7. 128. Ὀρνίθων φροσορῶν μητρόριν ὀρτάλιχων, Versus à Suida citatus. Ὀυεῖ ἐπάτ ὀρτάλιχοι μυνροὶ ὑλ ποῖτον ὀρᾷ́ν, Theocritus Idyllio 13. Βοσκεδῆης χηνὸς νέοτ ὀρτάλιχοα, Nicander de pullo anseris. Plura de uoce ortálichos lege in Gallo a. Νέϸρακότ, pulli gallinacei masculi, Hesychius & Varinus. Alectryòn Græcis gallus est, unde diminutiuum ἀλεκτρυόνιον: ut ab alector ἀλεκτρυόσκος, & patronymica forma ἀλεκτρυόΐδης, ut scripsimus in Gallo h. a. Pulli Græcè uulgò ἀλεκτορόπελα dicuntur, apud Symeonem Sethi ὀρνιθόπελα. Alfrach (Arabicè) est nomen commune ad omnes pullos, & quandocq́; dicitur de gallina iuuene, quæ nondum oua peperit: sed absolutè prolatum significat pullum columbinum, qui nondum uolare potest, Andr. Bellunensis. ¶ Pullus Italicè dicitur pollo, pollastro, pulcin. sed hic propriè tener adhuc & implumis, pullastro maiusculus & iam mensis aptus. Gallicè poulsin, poussin, pol, pollet, cochet, & pollaille de pullastra adultiore. Germani cè Hünle/Hünckel. Anglicè chyk.

¶ Pullos maturos dicere possumus primo uere exclusos: ut serotinos illos quos patria lingua au tumnales appellamus. Et serotini quidem non pariunt oua sub ueris initio, quemadmodũ illi quos maturos esse dixi. quamobrem non ad pullationem, sed ad ueru aluntur, Gyb. Longolius.

C.

¶ Varro pullos pipare dixit, Nonius. Vide in Gallina c. Pípire propriè dicuntur pulli gallinacei (& huiusmodi) Columellæ. Vrticarum genera quædam pullis mortifera sunt, quæ gallina rostro conatur euellere, Albertus.

E.

¶ Mustelæ cinis si detur in offa gallinaceis pullis, tutos esse à mustelis aiunt, Plinius.

De ijs

F. & G.

De ijs quæ circa falubritatem pullorum gallinaceorum, & apparatum ad cibum & remedia con
fiderantur, abunde dictum eft in Gallinacei hiftoria.

H.

a. Pullus generale uocabulum eft omniũ alitum: & quadrupedũ etiam quorũdam fœtus pulli
dicuntur, ut equi & afini, unde pullini dentes, Grapaldus. Pullos dicimus paruos fœtus quorum-
cunqʒ animalium, fed præcipuè auium: & inter eas gallinarum præcipuè per excellentiam. Sed iumentorum quoqʒ, ut Græci πῶλον, nòs ftile. Ranæ pullos Horatius dixit, de apibus nouellis Columella. Quia tu gallinæ filius albæ, Nos uiles pulli nati infœlicibus ouis, Iuuenalis. Quinetiam
10 arborum atqʒ plantarum pullos dicimus, ut Plinius, unde uerba pullulare, pulleſcere, pullulaſcere.
Pullatio, fœtura pullorum, Columellæ. Pulfties ipfa pullatio uel pulli ipfi: qua uoce idem utitur
de turture, anferibus & apibus. Georg. Alexandrinus in priſcarum uocũ enarratione, pullicium,
(pulliciem legendum arbitror) interpretatur fœturam pullorum è Varronis lib. 3. Pullinus, quod
eft pulli, unde pullini dentes, quos primùm equi iaciunt. Pullarius, qui pullorum curam habet, &
qui è paftu pullorum captat auſpicia, ut in Gallo h. oftendimus.

¶ c. Alulen, id eft cibus pullorum, Vetus Gloſſographus Auicennæ. Infipere, farinam facere pultis, (lego pullis.) Vnde diſſipare, obfipare, ut cum ruftici dicunt, Obfipa pullis efcã, Feftus.

¶ h. C. Claudio, M. Perpenna C O S S. pullus gallinaceus quadrupes natus, Iulius Obfequens.
Vide fupra in Gallina b.   ¶ De auguriÿs uel auſpiciis è pullis, lege in Gallo h. Aduerſus gran-
20 dines olim agnum aut pullum immolabant, Cælius Calcagninus in libro de re nautica.

DE GALLINIS SYLVESTRIBVS.

1. In genere, & de nonnullis etiam particulatim.	2. De ruftica gallina.
3. De meleagride.	4. De Africanis uel Numidicis.
5. De Indicis, uel gallopauis.	6. De alia gallina Indica. 7. De lanatis.
8. De otide uel tarda.	9. De tetraone uel tetrace uel erythrotaone.
10. De uro gallo maiore.	11. De gallo betulæ.
12. De uro gallo minore.	13. De grygallo maiore minoreqʒ.

14. De gallinulis terreftribus, & primum de hegeſchara uulgò dicta.
15. De arquata maiore, & phæopode dupliçi, quarum alteram arquatam minorem uocaui.
16. De ralla terreftri.   17. De gallinulis aquaticis lõgis cruribus in genere.
18. De auibus quarum ueteres meminerunt, quæ ad genus gallinaginum aquaticarum referri
poſſe uidentur.
19. De rufticula, uel perdice ruftica maiore.
20. De gallinagine fiue rufticula minore.
21. De duodecim generibus gallinularum aquaticarũ, quæ circa Argentoratum capiũt, &c.
22. De gallinulis duabus fiue ardeolis marinis.   23. De glottide.

DE GALLINIS SYLVESTRIBVS IN GENERE,
& de nonnullis etiam particulatim.

GALL O S gallináſue fyluestres aut feros feráſue dicamus, utrunqʒ ſexum comprehendendo,
nihil intereft. Dixerim autem fyluestres potius quàm agreftes. Nam agreftes uel paſcales eas po
tius rectè appellari puto, quæ licet domefticæ, non incluſæ tamen, ſed in agris liberè paſcuntur: nomades Græcis: & fimiliter ferè in columbarum genere. Græci animalia fyluestria uidentur ἄγρια uo
care, agreftia uerò ἄγροικα, ut Galenus de cõpoſ. medic. ſec. genera, lib. 3. cap. 5. Sunt ſanè permulta
earum genera, figura, magnitudine, locis in quibus degũt, & aliĳs quæ circa naturam eorum & cibi
rationem confiderantur, longè differentia: ut imperitè illi facere uideantur, qui de gallinis fyluestribus in genere aliquid fcribunt. Quoniam tamẽ à ueteribus, & recentioribus etiam, pauca quædam
50 fic fcripta inueni, ea unum in locum hic coniungenda exiftimaui. Fieri autem poteft, ut certam aliquam ſpeciem per excellentiã generali fyluestris nomine appellarint. Ego uel phaſianum, uel
magnos gallos montanos fyluestris nomine apud ueteres acceperim, medicos præſertim. In theriacæ ratione gallum fyluestrem nominat Galenus: id interpretatus Auicenna faſianum marem eo
nomine intelligendum prodit, Cælius. Gallus fyluestris, id eft faſianus ſiccior altili, Syluaticus.
¶ Theophraftus fcribit ex gallinaceis libidinoſiores domefticis agreſteis eſſe, itemqʒ mares ſtatim
à cubili uelle coire, fœminas autem magis procedente die, Aelian. Vide fupra in Gallo c. ¶ Gallinæ montanæ in uictu attenuante conceduntur à Galeno. ¶ Gallinarum adeps medius eft inter
anſerinum & ſuillum: fed ex agreftibus gallinis tenuiorum eft partium, ut ſcripfi in Gallo uſillatico
G. ſed Græcus codex (lib. 3. de compoſ. medic. ſec. genera) adipis τῶ ἀγροικων ἀλικτρυόνων καὶ ἀλεκτορί-
60 δων mentionem facit, ἄγροικα appellans, quæ non in ciuitatibus ſed ruri paſcuntur, ut ipſe uidetur
interpretari. Sed quod ad remedia, fyluestrium adipes magis etiam quàm agreftium ſubtiles dixeris. ¶ Gallinæ fyluestres, montanæ præſertim, quo cibo captæ ali debeant, non constat. quidam

Q 2.

captas omnino cibum respuere aiunt, aut raró sumere. ¶ Pastilli apparatum é pullastro ex Germanico Baltasaris Coqui libro in Gallo descripsimus.monet autem gallinas syluestres quoq; similiter parari,sed laridum passim infigēdum esse,ut solet astandis. De gallinæ syluestris coctura, uide etiam in Pauone.

¶ Dukiphat,דוכיפת, Hebraicum nomen,Leuitici undecimo & Deut.14. R.Salomon exponit gallum syluestrem duplicata crista,qui uulgo dicatur,חתא,hachpha, (forte legendum hupa,הופא, sic enim Galli upupam uocant:)unde etiam nomen sit,quasi du,id est duas habens,cephot,id est cristas.Chaldaicé uocatur נגר שירא(negarschara,ni fallor)id est artifex montis,propter opera sua,ut inquit R.Salomon.Iudæi uulgò Germanicé interpretantur Vibar, id est maximum gallum syluestrem,nostri upupam,Paul.Fagius. Dauid Kimhi etiam ex magistrorum sententia gallum syluestrem interpretatur. Chaldaica translatio Deut.14.habet טיירא,kagar thura, upupã intelligunt. Arabica חרהח,hadhar;Persica בת בנר אן,an coh benak. Septuaginta Deut.14. porphyrionem uerterunt,Leuitici 11.upupam, ut & Hieronymus, quod probat Sanctes. Sunt qui gallinã Africanam aut Meleagridem intelligant. ¶ Neelasa,נעלסה, Iob 39. Kimhi exponit טייס (ταὼς) id est pauones.Sententia hæc est:Nunquid(dedisti)alas plausibiles pauonibus, aut pēnas ciconiæ & plumas? interprete Munstero.Septuaginta Hebraicã uocem relinquit.Chaldæus pro neelasa ponit תרגיל, ברא, hoc est gallum syluestrem. R.Abraham putat esse struthionem. ¶ Ranan,רנן, ut D.Kimhi docet,auis est quæ exultat & sibi placet ob uocem aut pennas.In commentarijs etiam in Iob cap.39.multos scribit pauonem putare. Alij auem esse conijciunt cantu excellentem, ueluti חריגוייילי (si recté scribitur. lusciniam intelligo, quæ gallis russignole dicitur.) Aliqui uolunt esse auem quæ delectatur in suo cantu,Munsterus.Leui ben Gerson alam aut pennam potius auis intelligit.Interpres noster struthionis pennam reddit. Vtuntur autem struthionum pennis in cristis qui exultant & lætitiam aut superbiam ostentant.Chaldæus uertit תרגיל ברא,id est gallum syluestrem. Septuaginta τερπομένων. ziz, sis uel ziz, Hebræis nomen generale est de omni fera bestia. Rabini quidam auem maximam interpretantur,quæ alis suis extensis Solem obscuret, Psalmo 80. alij simpliciter auem quandam , alij omne reptile agri intelligunt. Septuaginta μονιὸς ἄγριος , id est aprum, (uide in Apro A.)Chaldæus tharnegul,id est gallum syluestrem.rursus Septuaginta ἑραεύντα, Psalmo 50.Hieronymus pulchritudinem. Augustinus species. Esaiæ 66. Septuaginta ἐσϑίω. Ionathan מחמד זיז יקרתא,mechamar sis iekaraha,Hieronymus omnimodam gloriam,Symmachus pinguedinem, Theodot.multitudo,Aquila παντοίαν ἐυ χάρας, malim παντοίαν ἐυ ὥρᾳ.

¶ Vpupam Varinus ἀλεκρυόνα ἄγριον,id est gallum syluestrem interpretatur. & Itali quidã candem galli paradisi uocitant.Videtur autem ei galli nomē attribui propter cristam.quamuis illam é pluma tantum habet,non ut gallinaceum genus ex cartilagine quadã carnosa. Hebraicam quoque uocem dukiphat, qui paulò ante retuli,alij upupam,alij gallum syluestrem exponunt. ¶ Κυπτ- ελιοσια,genus gallinaceorum,Hesych.& Varinus.

¶ A Sueuis circa Rauenspurgum audio genus quoddam galli syluestris Riethanen,id est gallos palustres appellari,magnitudine anseris feré,pedibus gallinacei:capitibus pulchris, magnis,in quibus pennæ rubicundæ spectentur. caudis fere quales galli Italici gerunt.raró capi nisi hyeme aliquando.captos interdum sale condiri. Ab Hieronymo Trago inter feras gallinas nominantur rot büner, id est gallinæ rubicundæ Germanicé dictæ. Longolius hoc Germanicum nomen perdici Græcæ attribuit,uidetur autem perdicem rubram uulgò dictam intelligere. ¶ Lagopodem alpium nostrarum incolæ nominant gallinam saxorū uel niuium, Steinhün,Schneehün,Schratt hün. ¶ Attagenem nostram, id est gallinam corylorum,quidam Gallicé uel Sabaudicé uocant gelinettam,id est gallinulam,uel gallinulam syluestrem. Supra statim post Attagenē de G A L L O P A L V S T R I illo quem Scoti uocant Mirkock,scripsimus, & effigiem eius é Scotia missam addidimus. ¶ Reperitur in Scotia etiam aliud genus galli syluestris, phasiano carne ac magnitudine simillimum:sed nigra pluma, rubentibus admodum palpebris. syluestrem agri gallum nostrates (Scoti)dicunt,estq; frumento uictitans,Hector Boëthius in descriptione Regni Scotiæ. Huius alitis effigiem,quam una cum proximé dicta, Cl.V.Henricus à S.Claro é Scotia nobis transmittendam curauit, hîc adieci. Scoti in hoc genere marē uocant ane blak cok, id est gallum nigrum:fœminam quæ magnitudine inferior & colore dilutior est, ane grey hen, id est gallinam fuscam. Mas eollo,pectore,alis coxisq; punctis rubicundis aspersus est,fœminam leucophæam maculæ nigræ uariant.Supercilia & barbulas in utroq; sexu membrana rubens insignit. Anglus quidam hac icone uisa, in Anglia etiam capi retulit locis erica plenis.

¶ Eandem auem Guil.Turnerus intelligere uidere tur,in descriptione quam statim subdemus, nisi fœminæ alium colorem tribueret,quam ait magis ruffam esse perdice,cum fœmina galli nigri Scotici fusca sit, ut diximus.

Gallina

Gallinaceum syluestre genus apud nos est (inquit Turnerus Anglus, Morhennam uulgo uocant, ni fallor, forte propter colorem maris nigrum ut in Mauris : alij, puto, hethcok, id est gallum erica‐ rum) in quo fœmina à mare ita differt, ut duorum generum istiusmodi rerum imperito uideri pos‐ sint. Mas gallo domestico paulò minor totus niger est, excepta ea parte caudæ quæ podicem tegit, ea enim alba est. Cæterum nigredo huius nonnihil splendescit, ad eum ferè modum quo columbo‐ rum nigrorum torques circa colla splendescunt. ad uiriditatem igitur proximè accedit. in capite ru brum quendam habet, sed carneum cirrum, & circa genas duos habet ueluti lobos rubros, & eos carneos. Fœmina tota maculis distincta est, & à perdice, nisi maior esset, & russa magis, ægrè dig‐ nosci posset. In desertis locis & planis, erica potissimùm consitis, ambo degunt. grano uescuntur,
10 & summis ericæ germinibus. Breues habent alas, & breues faciunt uolatus. Hanc auem attagenem esse conijcerem: sed qui attagenem describunt, marem à fœmina nõ separant. unde colligo eundem fuisse colorem, & eandem figuram maris & fœminæ. Quòd si attagen non sit, gallina uidetur esse Varronis rustica, Hæc ille. Verum hanc auem non esse attagenem, ex eius historia apparebit : præ‐ sertim cum attagen palustris sit, hæc non item. Vide an eadem sit auis, quam Gyb. Longolius at‐ tagenem putauit: cuius uerba recitabimus infra in Grygallo.

DE GALLINA RVSTICA.

ALIA uideri potest gallina rustica, cuius Columella & Varro meminerunt : alia uerò perdix
20 rustica, cuius Martialis, eadem (ni fallor) rusticula Plinio dicta. ¶ Gallinæ quæ uocantur trium generum sunt, uillaticæ, & rusticæ, & Africanæ, Varro & Columella. Rustica gallina non dissi‐ milis uillaticæ, per aucupem decipitur: eaq̃ plurima est in insula, quam nautæ in Ligustico mari si‐ tam producto nomine alitis Gallinariã uocitauerunt, Columella. Gallinæ rusticæ (inquit Varro) sunt in urbe raræ, nec ferè mansuetæ sine cauea uidentur Romæ, similes facie non his uillaticis gal‐ linis nostris, sed Africanis aspectu ac facie incontaminata. In ornatibus publicis solent poni cum psittacis, ac merulis albis, item alijs id genus rebus inusitatis, neq̃ ferè in uillis oua ac pullos faciunt, sed in syluis. Ab his gallinis dicitur insula Gallinaria appellata, quæ est in mari Thusco secundum Italiam contra montes Ligusticos, uigintimilliũ Albingaunium, alij ab his uillaticis inuectis à nau‐ tis ibi feris factis procreatis, Hæc ille. Albingaunij quidem Liguriæ oppidi Plinius etiam meminit.
30 est autem illi uicinum Intemelium oppidum, & sic apud Varronem legendũ puto, (sic & Hermo‐ laum legisse uideo,) non uigintimillium, ut Gallinaria insula sita intelligatur cõtra hæc duo Ligurię oppida & Ligusticos montes. ¶ Syluestres gallinæ quæ rusticæ appellantur, in seruitute non fœ tant: & ideo nihil de his educandis præcipimus, nisi ut cibus ad satietatem præbeatur, quò sint con uiuiorum epulis aptiores, Columella.

¶ Rusticæ gallinæ sunt agrestes (syluestres potius) rostro longiore, quæ per diminutionem ru‐ sticulæ quoq̃ appellantur, Ge. Alexandrinus : quem uideo gallinaginem uel perdicem rusticam, (quam Galli beccassam à rostri longitudine, nostri Schnepff appellant, Plinius, ut uidetur, rusti‐ culam,) pro gallina rustica accepisse. Audio & hodie circa Bononiam in Italia gallinã rusticam siue rusticellam nominari auem palustrem & lautam, haud scio an beccassam, an aliam quandam. Sed
40 cum Columella gallinam rusticam uillaticæ non dissimilem faciat, beccassa uerò longè dissimilior sit illi quàm aliæ quædam syluestres gallinæ, inter alias quærenda est quæ nam tum forma tum ma‐ gnitudine ad uillaticam accedat proximè : qualis illa est cuius è Scotia missæ imaginem paulò antè posuimus: uel illa (nisi eadē sit) quam in Anglia reperiri Turnerus scripsit, ut proximè recitauimus: in quo genere mas totus niger est, fœmina uaria instar perdicis, &c. Rursus cum Varro rusticas non uillaticis gallinis sed Africanis aspectu similes scribat, ac facie incontaminata: Africanas autem non alias quàm Meleagrides faciat, dubitare aliquis posset, tanquã alia Varronis quàm Columellę gallina rustica esset. quod mihi quidem non uidetur. possunt enim rusticę uillaticis reliquo corpore similes esse, facie uerò dissimiles. ¶ Gallina apud nos rustica (inquit Turnerus) nusquam reperi‐ tur, si gallina illa quam morhennam uocant, (quam supra uerbis ipsius descripsimus,) non sit: quam‐
50 uis de eadem an attagen sit dubitamus.

DE MELEAGRIDE.

A. & B.

CIRCA Meleagridis historiã nec ueteres ferè scriptores, neq̃ recentiores consentiunt. quàm obrem ueterum de ijs scripta primo loco adferre placuit, deinde recentiorum seorsim. Græcè scri‐ bitur Μελεαγρίς oxytonum, fœminino genere. ¶ Gallinæ Africanæ sunt grandes, uariæ, gibberæ, (gibbosæ, ut Beroaldus exponit) quas Meleagridas appellant Græci. hæ nouissimæ in triclinium ga nearium introierunt è culina propter fastidium hominum. Væneunt propter penuriam magno,
60 Varro. Simili modo (ut Memnonides circa Memnonis sepulchrum in Ilio) pugnãt Meleagrides in Bœotia. Africæ h̄ c est gallinarum genus, gibberum (alias gilberium, Volaterranus gilbarum le git) uarijs sparsum plumis : quæ nouissimæ sunt peregrinarum auium in mensas receptæ, propter

Q 3

ingratū uirus. Verum Meleagri tumulus nobiles eas fecit, Plinius. Columella diſtinguit: Africa=
na gallina eſt (inquit) quam pleriꝙ Numidicam dicunt, Meleagridi ſimilis, niſi quòd rutilā galeam
& criſtam capite gerit, quæ utraꝙ ſunt in Meleagride cœrulea, Columella. Tranquillus etiā cum
Columella ſentiens, ſeparat Meleagridas à Numidicis (ſeu Africanis. nam Varro, & Plinius queꝙ
ut uidetur non diſcernunt) Volaterranus & Niphus. Meleagrides, & Numidicæ & Gutteræ, a=
ues ſunt quæ & Afræ dicuntur, Ge. Alexandrinus, apparet autem illum pro gibberis apud Varro=
nem gutteras legiſſe: & coniſciat aliquis gutteras forte cognominari poſſe quòd plumis uariis qua=
ſi guttis diſtinguantur, ut Plinius & Athenæus teſtantur de Meleagride. Et picta perdix, Numidi
cæꝙ guttatæ, Martialis. ſed cum gutterum pro guttato alius nemo, quod ſciam, dixerit, non teme=
re quicquam mutârim. In eo etiam quòd galeam Meleagridi rutilam eſſe Columella ſcribit, ut & 10
criſtam, mendum mihi ſubeſſe uidetur: & paleam legendum. uocat autem paleam uel paleas, quæ
ueluti barbæ à gallinarum roſtro dependent, ut in Gallo в. docuimus, quanquam, ut author eſt Cly
tus apud Athenæum, barbam ſeu paleas propriè dictas non habet, ſed eius loco carnem oblongam,
& magis quàm in gallinis rubentem.

¶ Meleagrides ſert ultima Syriæ regio, ut Diodorus Siculus ſcribit. Mneſias Africæ locum (la
cum) Sycionem appellatum tradit, & Cratin amnem in Oceanum effluentem è lacu, in quo aues
quas Meleagridas & penelopas uocat uiuere, Plinius. Meleagrides aues paſcebantur in Acropo=
li, Suidas & Varinus. Meleagrides primi feruntur habuiſſe Aetoli, Athenæus. Strabo libro 16.
circa Arabiam alicubi, in fronte portus magni (ſic dicti) tres inſulas eſſe ſcribit, quarum una Melea
grides multas habeat.
                                                                                          20
¶ Clytus Mileſius Ariſtotelis diſcipulus libro 1. de Mileto, Circa templum Virginis, inquit, in
Olero (codex Grǣcus habet ἀϛρῳ. Gillius uertit ad templum æreum: & idem ſcribit, Hiſtrum in Ole
ro tradere Meleagridas à nullis auibus quæ unguibus ſint uncis uiolari. Volaterranus ex Aeliano
legit, Meleagrides in Lero inſula eſſe. eſt autem Leros inſula in Icario mari. ego in Olero legerim,
quæ urbs eſt Cretæ in alto loco ſita, à qua Minerua (quam & Virginem, παρϑίνον, per excellentiam
uocant) Oleria dicta, & feſtum eius Olerium, apud Stephanum. conijcio autem has alites Miner=
uæ ſacras fuiſſe, cum Athenis etiam in Acropoli educari (ſolitæ fuerint olim) Meleagrides aues ſunt.
locus ubi aluntur paluſtris eſt. pullos ſuos nullo amoris affectu hæc ales proſequitur, & teneros ad=
huc negligit. quare à ſacerdotibus curam eorum geri opcrtet, Magnitudo ei gallinæ generoſæ. ca=
put pro corporis magnitudine paruum, & glabrum, (ψιλὸν,) in quo apex (criſta, λόφῳ) carneus du 30
rus & rotundus ſpectatur, claui uel paxilli inſtar eminens, (in Græco additur, καὶ τὸ ϛῶμα ξυλῶδες,
pro quibus uerbis Gillius nihil aliud poſuit, quàm paxillum quē diximus ligneum eminere. Vuot
tonus roſtrum ligneum uertit. ego pro ϛῶμα, forte χρῶμα legendum conijcio. nam de totius corpo=
ris colore poſterius agit. & apicis illius colorem hoc in loco lector deſiderare poterat. itaꝙ ξυλῶδες
tanquam coloris nomen accipio, etſi Columella Meleagridi tum criſtam tum galeam rutilā tribuit.
Hęc ſcripſeram cum Hermolaum quoꝙ in Corollario nobiſcum facere obſeruaui. Gyb. Longolius
ad totius corporis colorem refert.) Ad malas ab ore (σόμαϛ◌, non ϛόμαϛ◌, ut rectè etiam Hermo=
laus & Vuottonus legunt) orta caruncula longa barbæ loco dependet, rubicundior quàm in gene=
re gallinaceo. quod autem in gallinis roſtro adhæret, πώγωνα uocant Græci quidam (Latini paleam
mentumue) non habet. Roſtrum acutius & maius quàm gallinæ. Ceruix nigra craſſior breuiorꝙ 40
quàm gallinæ. Corpus totum uarium eſt, nigrum uidelicet maculis (ϛίλβοις, forte ϛιλβοῖς) plumarum
candidis, frequentibus, lente maioribus, diſtinctum. ſunt autem orbiculi iſti in rhombis nigris. un=
de ipſi etiam rhombi uarietatem exhibent, (in Græco additur, τὸ μὲν μέλανϛ◌ ἔχονϛ◌ λουκότερον τὸ
χρῶμα, τὸ δὲ λούκῳ μελαντέρου.) Alæ etiam maculis notantur albis, ſpecie ſerrata per uerſus parallelos
(ſpatia æquidiſtantia) digeſtis. Crura ſine calcaribus, cæterò ſimilia gallinaceis. Fœminæ maribus
adeo ſimiles ſunt, ut uix dignoſci ſexus queat, Athenæus. ¶ Gallinæ ruſticæ ſimiles facie ſunt,
non his uillaticis gallinis noſtris, ſed Africanis aſpectu ac facie incontaminata, Varro. facit autem
eaſdem Africanas & Meleagrides.

¶ Verbum κακκάζειν in uſu eſſe de Meleagridum uoce docet Pollux. Heſychius hoc uerbum At
ticis uſitatum eſſe ſcribit de gallinarum uoce circa partum: cui ſimile eſt apud nos gaggſen. Melea 50
grides, ut & attagæ, ſuum ipſæ nomen uoce ſua imitantur, Aelianus. ¶ Meleagridum & phaſia=
norum oua punctis diſtinguuntur, Ariſtot. (& Plinius) de hiſt. anim. 6. 2. ubi Albertus cum pri=
mum rectè nominaſſet meleagridem auem, mox iterum de eadem, Et oua (inquit) cathailar, quæ
Latinè theagridi (ineptè pro melcagride) uocatur. ¶ Quorum tenuior eſt res familiaris in cele=
bribus Iſidis conuentibus anſeres atꝙ aues meleagrides immolant, Pauſanias.

¶ Meleagri qui filius Oenei regis Calydoniæ fuit, hiſtoriam leges apud grammaticos, Euſta=
thium (in nonum Iliados & alibi) & alios, unde nos etiam aliquando eam in Oncmaſticon proprio
rum nominum retulimus. Meleagri ſorores aliqui in Meleagrides aues mutatas ferūt. alij famili=
res (uirgines) Iocallidis uirginis in Lerna, cui diuinos honores præſtant, Suidas & Varinus. Ae=
lianus ſcribit Meleagridas in Lero inſula eſſe, quas fabula uult Meleagri Oenei filij natas fuiſſe, lu= 60
ctu patris in aues conuerſas, quare & lamentabili carmine cantus earum exaudiri, Volaterranus.
¶ Μελιαγρία & μελίαγρα radices quædam dicuntur, ut Suidas ſcribit, qui & hæc innominati authoris
                                                                                              uerba

uerba recitat: Ϝῆϛας ἀυτῶϛ μελεαγρίωϛ ϗϑ λιαϕϑϛας λιαλάμωϛ ἐϛϧϊῶϛ. Videntur autem herbæ alicuius fyl=
ueſtris radices eſſe, adeô dulces ut mel fylueſtre dici meruerint, quales uidentur illę quas Itali uulgô
dulcichinos uocant.

DE MELEAGRIDE RECENTIORVM OPINIONES.

RECENTIORES quidam indocti gallos uros uulgô dictos (**Dthanen**) Meleagrides eſſe cre=
diderunt: ſed & alia non conueniunt, ut in Galli uri hiſtoria apparebit, & quôd hic captus animum
deſpondet, cibumᷘ (non) niſi longo poſt tempore aſſumit. Meleagrides uerô confeſtim ut captæ
ſunt, eſcas non recuſant. Has nobis quandoᷘ Aegyptij pro gallinis Hieroſolymitanis magno meri
dacio uendiderunt, & in Syria captas affirmarunt, certe præter colorem & paleas uris noſtris planè
ſimiles, Gyb. Longolius.

¶ Raph. Volaterranus ſuo tempore Meleagrides duas ſecundum Plinij deſcriptionem Romę
in hortis Cardinalis S. Clementis uiſas ſcribit. Auguſtinus Niphus Meleagrides uulgô Tunes ap
pellari tradit, nimirum ab urbe Africæ Tuneto. Eliota Anglus Meleagrides Anglicè interpreta=
tur, hennes of Genny: Quidam Hiſpanicè gallinam moriſcam. Petrus Bellonius gallinas Indiæ uul
gô dictas: ut & ante ipſum Guil. Turnerus. Qui in ſuo de Auibus libro, Columellæ (inquit) Melea=
grides, uidentur illæ eſſe aues quas nonnulli pauones Indicos appellant. nam illas paleis & cri=
ſtis cœruleis eſſe in confeſſo eſt. Horum ſententiæ ipſe etiam aliqua ex parte accedo, & gallinas
Indicas uulgô dictas Meleagridum ſpeciem eſſe iudico, quôd cum Clyti Peripatetici deſcriptione
à nobis recitata in pluribus quàm ut mihi cognita aliquid conueniant. etſi enim calcaribus non ca=
reant, neᷘ eadem fortaſſis colori uarietate eodemᷘ ordine digeſta ſpectentur: habent tamen api=
cem illum paxilli inſtar à capite prominentem, & barbæ uel palearum loco carnem dependentem
rubram, caput glabrum, &c. Conuenit & magnitudo generoſæ gallinæ, quanquam & colore & ma
gnitudine gallinas Indicas diuerſas reperiri audio. maximas eſſe & præferri nigras, alias albicare,
minimas corpore uario eſſe, maculis nigris corpus albicans diſtinguentibus. & fieri poteſt ut alia
adhuc ſpecies inueniatur, quæ etiam propius ad Clyti deſcriptionem accedat. Iam cum Columella
Africanas criſtæ tantum paleæᷘ (uel eius quod pro palea eſt) colore à Meleagridibus differre ſcri=
bat, utranᷘ auem generali gallinæ Indicæ appellatione comprehendi licebit.

¶ Gallinæ Aphricanæ, Græcis Meleagrides, nunc PHARAONIS aues dicitur, Ge. Alexan=
drinus. Aues Pharaonis dictas, quæ ex Oriente deferri ſoleant, in regno Senegę Nigritarum plu
rimum abundare Aloyſius Cadamuſtus ſcribit.

DE GALLINA AFRICANA SIVE NVMIDICA.

GALLINAE trium generum ſunt, uillaticæ, & ruſticæ, & Africanæ, Varro & Columella.
Numidicæ (gallinæ celebrantur) in parte Aphricæ Numidia, nunc etiam in Italia, Plin. Gallinæ
Africanæ ſunt grandes, uariæ, &c. Varro, uide proximè ſuperius in Meleagridis hiſtoria. Varro
enim non diſtinguit: Columella colore tantum criſtæ paleæᷘ, in Africana rubentiū, in Meleagride
cœrulearum. Numidicarum eadem eſt ferè quæ pauonum educatio, Columella & Varro in Geo
ponicis Græcis. Eſt & phaſianorum educatio eadem, quæ ſuo loco explicabitur. ¶ Tuo palato
clauſus pauo naſcitur, Gallina tibi Numidica, Petronius Arbiter. Pulli Numidici cocturam &
condituram ex Apicio recitaui in Gallo F. ¶ Anſere Romano quamuis ſatur Annibal eſſet,
Ipſe ſuas nunquam barbarus edit aues, Martialis ſub lemmate Numidicæ. Si Libycæ nobis uolu=
cres & phaſides eſſent, Acciperes: at nunc accipe cortis aues, Idem. Plinius gulam illorum re=
prehendit, qui uictu ſimplici & præſentibus non contenti, aues ultra Phaſidem amnem & è Numi=
dia petunt. Nec fruſtum capreæ ſubducere, nec latus Afræ Nouit auis noſter tyrunculus, Iuue=
nalis Sat. II. Phil. Beroaldus etiam ex Horatio Afram auem, gallinam Africanam interpretatur.
De his & Papinius intelligi uoluit in Syluula: Quas udo Numidæ legunt ſub Auſtro.

¶ Manardus in epiſtolis gallinas Numidicas, gallinas deſerti uocari ſcribit. Michael Sauona=
rola gallinas deſerti temperamēto perdici proximas eſſe tradit, ſiccare & aſtringere admodum. Ex
recentioribus quidam dubitat an coturnix ab Italis uulgô dicta, auis Numidicæ, quam quidam de=
ſerti gallinam uocent, aliqua ſpecies ſit. Ego de gallina deſerti certum nihil habeo, auis uerô Numi=
dicæ, id eſt gallinæ Africanæ ſpeciem eam eſſe quæ coturnix uulgô Italis dicitur, neutiquam mihi
ueriſimile fit. ¶ Ariſtoteles Hadrianas gallinas facit uarias & paruo corpore, ut & Plinius: Var=
ro Africanas, quas non alias eſſe conſtat quàm Hadrianas, uarias & grandes facit, Recentior qui=
dam: ſed abſᷘ authore. nam qui Adrianas eaſdem Africanis eſſe ſcripſerit, nullus eſt quod ſciam.
Nos de Adrianis ſcripſimus in Gallo B.

¶ Aphricanæ gallinæ nidos in nemoribus ſtruunt locis uliginoſis. Eæ ſolebāt (circa Coloniam
Agrippinam) eſſe tam frequentes, ut drachmæ pretium in foro non excederet, nunc ſingulas au=
reo numo licentur. Plumis mirificè uarijs fulget, ut eminus uidenti phaſianus uideri poſſit. criſtam
habet purpuream, & caudam minimè longam, corporeᷘ preſſior (quàm phaſianus) eſt. Hanc olim
in auiarijs ſedulô curabant Romani, Gyb. Longolius; interpretatur autem Germanicè Ꝛkirhenn,

Q 4

nescio qua nominis origine. Quòd si Africana eadem cum Meleagride est, uel ita tantum differt
ut Columella putauit,(neḡ enim aliam eius descriptionem à priscis relictam habemus,) non potest
ea esse quam Longolius putat.Existimauit ille fortasis satis esse ad persuasionem,quoniam curhen
na sua uaria sit gallina, cũ Africana quoḡ uaria siue guttata memoretur. Sed nimis insirmũ hoc ar
gumentũ est.Nouimus enim & alias quasdã toto corpore uarias è gallis syluestribus, ut grygallos.

DE GALLOPAVO.

10

20

30

HANC auem cum aliqui gallinam Indicam,alij pauonem Indicum uocitent, nobis compo
sito ex utrisḡ nomine gallopauum appellare libuit, ut & eruditos quosdam ante nos ap
pellasse audio.Etsi enim gallinacei generis eam potius esse quàm pauoníni conset, habet
tamen cum pauonibus communem caudæ explicationem, hoc ut in uno nomine appa- 40
reret,& simul Indici differentiam adijcere non esset necesse, gallopauum diximus. Itali appellant
gallina d'India. Hispani pauon de las Indias. Galli poulle d'Inde. Germani ein Jndianisch oder
Kalekuttisch/oder Welsch hũn. Angli a kok of Inde. Turnerus & Bellonius gallopauum nostrum Meleagridem esse conijciunt;qua de re sententiam meam in Meleagride supra exposui. Iis
qui erythrotaonem esse putant,de quo in Vrogalli historia inferius scribam,non assentior. ¶ Qui
uulgò pauo Indicus appellatur,nihil pauonis habet præter expansam pauonis in morem caudam;
quam tum cum irascitur, subito extendit, Gyb.Longolius.
　　¶ In India gallinacei nascuntur maximi:non rubram habent cristam ut nostri, sed ita uariam &
floridam,quemadmodum coronam ex floribus cõtextam.Pennas posteriores(caudæ, πϵρὶ τὰ πυ-
γαῖα)non inflexas habent,neḡ in orbem reuolutas,sed latas, quas cum non erigunt, ut pauones tra 50
hunt;eorum pennæ smaragdi colorē gerunt, (χρόαυ ƌ ἴχϵι τὰ πϵρὶ τὰ αὐτῶυ χρυσωπὸς τϵ κỳ κυανωγῖς [forte,
χρυσωπλῖυ τϵ κỳ κυανωγῖ]κατὰ τὰ τǜυ σμαράγδυ λίθου,)Aelianus 16.2.in trãslatione P.Gillij.& sanè gallus
hic Indicus non alius quàm noster pauogallus uidetur,uel certe omnino congener. Rursus in Gillij
accessionibus,gallopauum nostrum his uerbis descriptum inuenio: De gallo peregrino: Is quem
ex nouo orbe deportatum uidi, eadem est qua pauo colli proceritate,quod ipsum simul cum capite
à plumis omnino nudum est:tantum purpuraicente pelle obducitur : & tam ualde crassum est, ut
pellem quæ antea laxa & uacua spectabatur,cum uocem mittit,sic contendat & inflet, ut ad brachij
crasitudinem accedat. Vox cum fragore per collum longe lateḡ uagans redditur, ut liquorem in
dolium infusum diceres strepere:in sua tamen uoce quiddam gallinaceum recinit.Eius capitis uertex colore partim albo,partim cæruleo,partim purpureo distinctus, crista caret: quædam rubra ap= 60
pendicula carnea ex eius summo rostro per superiorem rostri acclsuitatem,tantopere eminet, ut digiti longitudine inferius depēdeat quàm rostrum ipsum, quod quidem ipsum ea superintegitur, ut
　　　　　　　　　　　　　　　　　　　　　　　　　　　　　　　　　　　　　hoc

hoc nisi è transuerso uideri nõ queat. Hanc quidem appendiculam cum pastum capessit contrahit,
ut quæ antea digito longior, quàm rostrum propendebat, modò contracta ad rostri longitudinem
non accedat. Huius plumæ tum accipitris speciem similitudinemq́ gerunt, tum extremæ albæ ui=
suntur. Cruribus est procerissimis, eiusdemq́ ungues similiter ut nostratium aduncitatem habent,
& distinctionem. Illius quem uidi corpus & rotũdum erat,& pauonis excelsitatem superabat. ocu=
lorum ambitus cœruleo & purpureo colore efflorescebat, & perinde ut accipitres acri atq́ acuto ui
dendi sensu uigebat, Cum quispiam ad gallinam appropinquat, totus inhorrescit, plumis & gradu
superbo exterrere accedentes conatur: gallina illius alba erat, & pauonem cum is plumas caudæ
amisit, referebat, Hæc omnia Pet. Gillius. Pauogallus (inquit Gyb. Longolius, pauonem Indic.
10 ipse uocat) crista caret: nisi pelliculam istam carnosam, quam per nares adeò demittit irata, ut rostro
promineat, & in pastu ita retrahit, ut uix uideri queat, cristam appelles. Quinetiam neq́ paleis neq́
genis prædita est, quid enim ista rubescens pellis aliud, ac appendix quædam cutis, quam nunc con
trahit, nunc extendit: nunc cœruleo colore, mox pallido, deinde purpureo pro affectibus, ut appa=
ret, suis pingit? Pauo Indus (inquit Hier. Cardanus) caudam in rotam erigit, gaudetq́ hominum
admiratione qui illam intuentur. quo fit ut pauo Indus sit, quem aliqui gallum existimant. nam &
ipse caudam suam miratur in orbem conuersam gestiens: quamuis pulchritudine multum à nostro
pauone decedat. Decoratur tamen pelle circa caput, cuius colorem pro uoluntatis arbitrio mutat.
Cum enim uarij coloris sit, alboq́ ac cinereo quasi distincti, adueniente sanguine modo cœrulea,
modo rubra fit. Et cum sit iracundus, speciem ac affectum irati hominis præbet, pellem illam pro fa
20 cie habens. Sed aliud est maius, quòd eam pellem quandoq́ colligit, ut uix uideatur, tuncq́ pallet.
aliquando uerò eam extendit, adeò ut rostrum totum integat, tuncq́ purpurea plerunque uidetur.
Indicio est igitur illam unà cum sanguine extendi, quanquam & uiderim simul pallentem atq́ ex=
tensam. Colligitur igitur ac contrahitur, quoniam tenuis est & laxa: ut scroti etiam cutis, quæ quan=
doq́ tota contracta uidetur, quandoq́ uerò extensa multum. Igitur laxitas & tenuitas tam exten=
sionis & contractionis, quàm mutationis colorum causæ sunt, Hæc Cardanus. Attagen, id est fran
colinus auis, pennis est uario modo coloratis sicut gallina Indica, interdum tamen colore uiridi &
cœlesti uisitur, Syluaticus: si modo de pauogallo hic loquitur, & non potius de Indica gallina illa de
qua paulò post dicetur. Pellicula in uertice loco cristæ pauogallus, ueluti paxillus quidã est, ut dē
Meleagride Clytus peripateticus scripsit. illum aliquando multum demittit, ut totum rostrum con=
30 tegat, & ad pectus usq́ interdum porrigatur. Colli illa sub rostro appendix carnosa, cum ab aue con
trahitur, tuberculis quibusdam exasperari apparet. In pectore medio ueluti penicillus quidam è se=
tis iubæ equinæ inflexis, ab uno principio se extendes, ad duos circiter digitos longis, in mare præ=
sertim, spectatur: quod pictor noster non expressit.

    ¶ Gallopauum aiunt uocem quandam ædere gallinaceæ non dissimilem nescio quid crocitan=
do. & in frigidis regionibus ægrè ali. minimum ex eis fructum esse, sumptus in educando alendoq́
& curæ multum requiri. in cibo lautissimos haberi, & principum mensis dignos. ¶ Catreus auis
Indica in c. Elemento nobis descripta, cum pauogallo confinem naturam habere uideri posset, nisi
canora & musica esse traderetur.

40

DE GALLINA INDICA.

INDICA Gallina, quam Philippus Traiectensium episcopus in delicijs habuit, cristata plane
fuit, (crista speciosa ornata,) perq́ omnia gallinæ similis, si colorem, quo psittaci in morem uirebat,
excipias. Eam quanquam uiuam non uiderim, exuuiæ tamē, quæ Batauoduri in arce custodieban=
tur, indicant gallinacei generis auem, Gyb. Longolius. Quærendum an hic sit attagen Syluatici,
quem scribit pennis uario modo coloratis esse sicut gallina Indica, interdum tamen colore uiridi &
cœlesti inueniri. Pauones Indi (Gallopaui) pulchritudine multum nostro pauone inferiores sunt,
sed caudam suam similiter mirantur in orbem conuersam, at contrà gallinæ quas ego uidi Indicæ,
50 nostris pulchriores sunt, pennisq́ pauonis decorantur: sed cauda ampla carent, quam nec in orbem
erigunt. igitur non à coloribus, sed operationibus ipsis species animalium sunt distinguendæ,
Cardanus.

    IDEM alterius etiam gallinæ Indicæ meminit hisce uerbis: Gallina Indiæ occidentalis, imò po=
tius uulturis genus (nam cadauera & res corruptas sectatur) bene olet ob caloris uehementiam, &
siccitatem temperiei.

De Auibus

DE GALLINIS LANIGERIS.

Icon hæc desumpta est ex charta quadam Cosmographica.

FVCH ciuitas est maxima uersus Orientem, in qua maximi galli nascuntur. Gallinæ sunt albæ instar niuis, non pennis sed lanis tectæ ut pecus,
Odoricus de Foro Iulij. In ciuitate Quelinsu, in regno Mangi nomine,
inueniuntur gallinæ, quæ loco pennarum pilos habent, ut catti, nigri scilicet coloris, sed oua pariunt optima, M. Paulus Venetus 2, 68.

DE OTIDE.

DE OTIDE quoniam uariæ sunt recentiorum sententiæ, primum
ea seorsim conscribam, quæ apud ueteres mihi lecta obseruaui:
mox de illis etiam auibus priuatim acturus, quas uel otidem ueterū simpliciter esse, uel genus aliquod otidis, ut uel alijs uisum est,
uel nobis uidetur. Et quanquam gallinaceorum generi otidem adscribendam nemo adhuc mo-
nuerit, mihi tamen recte ad id referri uidetur. De tetraone quidem uel tetrace magno (quem nostri
urogallum uocant, & eruditi quidam congenerem otidi faciunt, quibus & ipse astipulor) quin gallinarum generis sit, nemo qui auem ipsam uiderit, dubitare potest.

¶ Auibus quas tetraonas uocant, suus est nitor absolutaq; nigritia, in superciljs cocci rubor. Harum alterum genus uulturum magnitudinem excedit, quorum & colorem reddit, &c. Proximè eis
sunt quas Hispania aues tardas appellat, Græcia otidas, Plinius. Hinc est quòd Gaza etiam Aristo
telis interpres pro otide tardam uertere solet. Otidem auem magnam & gallinacei generis, ut dixi, cum oto aue nocturna nocturæ simili ueteres etiam authores confudisse conijcio. Est otus qui
cum coturnicibus auolat, idem scops Aristoteli, non satis cognitus ei, ut fatetur: cum præteruolan-
do tantum per biduum appareat: pinguis & esculentus alioqui. Hic apud Plinium lib. 10. cap. 23.
non rectè otis uocatur, nam & apud Aristotelem otus legitur: & in quibusdā Plinij codicibus quan
quam glottis & otis & cychramus legatur, paulò pòst tamen, otus bubone minor est, legitur. quod
probo, quod ad nomen: de re ipsa uerò iudicium meum adhuc cohibeo. neq; enim ulla nocturna a-
uis auolare uidetur. quòd si quæ otus dicta auis cū coturnicibus auolat, illius forte descriptio apud
authores non extat. Nam otis magna, si ea est ut docti credunt quam uulgò trapum uocant, non a-
uolat, nisi fallor, ex nostris regionibus, (etsi Heluetiæ rara est,) & hyeme etiam apud nos capitur interdum. Vide mox in c. De oto nocturna aue, plura scribam in Elemento o. Fieri sanè facile potest, ut Aristoteles quoq; harum auium nomina & historias non satis discreuerit, nominum uicini
tate deceptus, aut uulgi consuetudinem secutus. Sunt otides, quos & otos uocant, aues parum uolaces, & quæ uolando citò defatigantur nō aliter atq; perdices, Vuottonus. Alexander Myndius
otum uel otidem (ut scribit Athenæus, qui hæc nomina uel aliorum potius confunden-
tium uerba citat) etiam lagodian (λαγωδίαν) nominari scribit. Mihi lagodiæ nomen à lepore factum,
non otidi (de qua hìc agimus) sed oto nocturnæ simili conuenire uidetur, eò quòd pedes plumis uillo
sos & leporinis ferè similes habeat, qua ratione lagopodi etiam (quam nostri perdicem albam uel
montanam appellant) inditum nomen. Ἐνίσσω δὲ ὠτίδες καὶ ὁρτύγας, Xenophon libro 1. Anaba-
seos. Inuenio & ὠτίδ· per o. breue in prima, & ὠτίδες per v. diphthongū scribi. Galenus in Glossis à Xenophonte lib. 1. Anabas. ὠτίδα per omicron haberi testatur, apud Aristotelem per ω. quod
& Varinus repetijt. Est & ὠτὶς paroxytonum (malim oxytonum) in Hesychij Lexico.

¶ Alhabari est auis magna sicut anser, non multū uolans, nota apud uenatores Damasci, And.
Bellunensis. Interpres Auicennæ tardam uertit. Fimum eius Auicenna ad impetiginem laudat,
& oua ad denigrandos capillos, ut referam in G. quanquam hæc remedia de otide Græci non scripserint. Clas, id est tardus auis, Syluaticus.

B.

Hispania otides producit, Strabo. Pascuntur circa Cephisum aues potissimum quæ otides sunt
dictæ, Pausanias in Phocicis. Otus auis Athenæo (nocturarum generis ut uidetur,) circa Alexan
driam Libyæ maximè capitur. ¶ Otidis magnitudine Scythica quædam auis est, Aristot. & Plinius. uide in Aquila c. ¶ Otides perdicum similes sunt: præ obesitate autem corporisq; pōdere,
parum se alis attollunt, Volaterranus ex Aeliano. Athenæus otidi colorem coturnicis tribuit tanquam ex Aristotele: ex quo hæc etiam citat; Otis auis sidipes est, tribus insistens digitis, magnitudine gallinacei grandioris, capite oblongo, oculis amplis, rostro acuto, lingua ossea, gracili collo. Nos
horum nihil in ijs quæ extant Aristotelis legimus, sed hoc tantum, quòd gula ei tota ampla sit, inglu
uies nulla: appendices paucæ quædam infra qua desinit intestinum. Synesius in epistolis otidem
ab imperito aliquo pauonem existimari posse scribit.

C.

Otides uel oti cibum ruminare dicuntur, Athenæus & Eustathius. Breui uolatu utuntur propter corporis sui grauitatem, unde fit ut uel manu capiantur, si quis celeriter instet, & canibus, ut in
E. recita-

E.recitabo. ¶ Incubat tarda tricenis diebus ut reliquæ etiã alites magnæ, ut aquila, anser, Aristot. Migrat & regioném mutat, Athenæus ex Aristotele. Aristoteles quidé de oto scribit, auolare eum cum coturnicibus: quem locum Plinius repetijt, in cuius codicibus & otus & otis legitur. ego non otum noctuæ similem, quamuis tum Plinius tum Aristoteles ita interprététur eodem mox in loco, sed otidem de qua scribo auolare puto cum coturnicibus: sed corporis grauitate impeditum perse-uerare non posse, & in locis proximis remanere, ut de glottide etiam legimus, Nocturnam quidem auem aut noctuæ similem nullam migrare arbitror.

D.

Attagen ceruum amat, perdix damam, otis equum, Gillius ex Oppiano. Et rursus, Otides cir cum pedes equorum concursant. Itaçş si quis pellem equinam sibi induat, facile quotquot libuerit capiet, Athenæus. Aegyptiorum sapientes hominem uiribus imbecillem significaturi, qui fortio-rem insequentem fugiat, otidem auem & equum pingunt. uolat enim illa uiso equo, (ἀυτη γὰρ ἱπ̓λεα παὶ ὅταγ ἰδ̓η ἵππον,) Orus. Mihi huius auis & otidis pictura, melius ad sequentis hieroglyphici inscri ptionem quadrare uidetur, quæ est: Quomodo significent hominem qui ad patronum suum confu giens nihil ab eo iuuatur: ubi passerem & noctuam pingi legitur, sed ad eandem rem denotandam diuersas fieri picturas nihil obstat. ¶ Vulpes in Ponto sic otidas uenatur, ut & sese auertens, & in terram abijciens, tanquam auis collum, sic caudam extendat: eæ autem hac insidiarum instructione seductæ, ad illam, tanquam ad suam gregalem accedunt: illa uero se uertens nullo negotio capit, Aelianus. ¶ Otis metuit sibi à cane, Philes, uide mox in E.

E.

Otides equis gaudent, & si quis equinam pellem sibi induerit, quotquot uolet uenabitur. nam sponte ad illum accedunt, Athenæus & Eustathius. Equum ubi aspexerit magno statim cum gau-dio ad ipsum aduolat, Aelianus. Qui perdicum in ceruos, idem in equos otidum amor est. quam-obrem huiusmodi industria falluntur. Retia aliquis prope fluuium aut stagnum idoneo loco eri-git, angustoçş per medium transitu relicto, quo eques unus transire possit, equum auibus ostendit. Sequuntur illæ statim pennis omnibus expansis, donec equus ex loco illo angusto recedat, ipsæ ue rò inclusæ omnes irretiantur, Oppianus lib. 3. de aucupio. ¶ Canem nulla non auis paruifacit. Vnam otidem excipio, (Oppianus attagenes etiam ceu parum uolaces canibus posse capi me-minit,) quæ propter corporis sui grauitatem, & tarditatem canem perhorrescit. Eam enim ponde-rosa corporis mole constrictam alæ non facile alleuant: iccircoçş demisso atçş humili uolatu utitur, quia pondere deprimitur. Ex eo fit, ut nonnunquam à canibus capiatur: itaçş conscientia suæ hu-militatis perculsa, simulac canes latrantes audiuerit, in dumeta, aut paludes excursione se impellit, quibus & protegatur, & ab instanti periculo seruetur, Aelianus. ¶ Otidum uolatus breuis, Xe-nophonte teste, qui sic scribit: Otides si quis celeriter instet, capere poterit. breui enim uolatu utun-tur sicut perdices, & mox fatigantur. Verum autem esse quod Xenophon scripsit, Plutarchus aitt qui multas huius generis aues in Alexandriam ex adiacéte Libya uolare ait, capiçş eas hoc modo. Otus ad imitationem natum animal, earum præcipué rerum quas ab homine agi uiderit, aucupes etiam imitari solet. Stant illi è regione, & certo quodam pharmaco oculos sublinunt: & alia quæ-dam glutinosa pharmaca parata proximè alicubi in paruis peluibus apponunt: quibus uisis oti po-stea se illinunt, & conglutinatis oculis ac palpebris mox capiuntur, Athenæus & Eustathius. Sed cum otum ac otidem, ut dixi, confudisse ueteres quidam uideantur, hoc aucupandi genus non ad otidem, sed ad otum noctuæ similem pertinere mihi uidetur. Est enim otus auis, ut & aliæ quædam noctuis similes, (scopes maximè,) omnino ad imitationem apposita, eoçş nomine facilis decepti. Otidem uerò cum canibus & retibus facile sit uenari, hac machinatione nihil est opus.

F.

Hispania aues tardas appellat, quas Græci otidas, damnatas in cibis. Emissa enim ossibus me-dulla, odoris tædium extemplo sequitur, Plin. Atqui Xenophon, citante Athenæo, otidum car-nes suaues esse ait. Ἡδὺ δ̓ε τις καὶ ἀτίδ̓ α ἐδωκεν, ὄρνυομ ἐκτόπως ἡδ̓υ, Synesius in epistolis. Otidû caro media est inter gruum carnem & anserum, non tam dura scilicet atçş fibrosa quàm sit gruum caro. excrementosa est, ac proinde uitanda ijs qui salubri, id est tenui uictus ratione uti uolent, Galenus & Symeon Sethi. ¶ Aethyia, id est mergus, ad saturitaté usçş ab accipitre edi potest. suauissima enim eius caro est, & facilis concoctu: item otidis, Demetrius Constantinop.

G.

Phryges & Lycaones mammis puerperio uexatis, inuenére otidum adipem utilem esse, Plin. Alhabari, id est tardæ auis fimum impetigini medetur, Auicenna. Oua auis tardæ (alhabari, Bellu nensis) sunt tinctura bona capilliorum, ut tertur: quod quidem experiméto apparere aiunt, de laneo eis inserto, & donec nigrescat relicto, Auicenna libro 2. in capite de ouis. & similiter oua alocloæ (alochloch) ut aiunt, Idem. Kiranides ciconiæ oua cum uino soluta capillos denigrare scribit: & oua corui canos nigredine occultare, idé & Sextus, nec de aliarum auiû ouis tale quid proditû inuenio.

H.

Onesicritus perdices conscripsit in India anserum magnitudine esse, Aelianus. hæ forte fuerint otides, uel eius congeneres, conuenit enim magnitudo anseris, uel maior potius, & color perdicis.

¶ Vna ex aquilarum genere quæ Iouis appellatur, carnes non attingit, sed ad uictum ei herba satis est, Aelianus. ego nullam aquilam herbiuoram extare puto: nisi quis otidem aquilæ nomine digne= tur, propter magnitudinem & rostrum, ut in gallinaceo genere, non dissimile aquilino. etsi autem otis quoqɜ carnes edit, herbis tamen & frugibus etiam pascitur.

DE OTIÐE QVID SENTIANT RECENTIORES.

OTIDAS dici putant stardas, quasi tardos anseres, Cælius, & Budæus in Annotationibus in Pandectas. alij tardas scribunt, & Plinius, Tetraoni (inquit) próximæ sunt quas Hispania aues tardas appellat, Græcia otides. Otis nobis cognita perdici similis est: & tarda dicitur, quia tardé conspecta est Romę, Niphus. Idem dubitat an auis illa Scythica, (cuius meminit Aristot. de anima= lib. 9.33.)quę oua sua in leporina aut uulpina pelle deponit, otidis genus sit, sed ab otide nobis nota diuersum. Ego tardæ nomen factum existimo, non quòd tardé conspecta sit Romæ, sed à corpo= ris tarditate potius. Nam & Isidorus, Tarda (inquit) auis apud nos dicitur, eò quòd tardo & graui uolatu detenta, nequaquam ut cæteræ uolucres uelocitate pennarum attollitur. Græcè autem gra= dipes (ego nec hanc nec aliam eiusdem significationis uocem de hac aut alia aue apud Græcos ex= tare puto) uocatur. [10]

Gyb. Longolius otidem interpretatur auem à corylis Germanicè dictā ein Haselhůn, quam Itali francolinum uocant, cum Attagéne nobis descriptam. Eam quo minus otidem esse credam, cum magnitudo tum aliæ notæ in Otidis historia positæ, prohibent. Orix Alberto genus est gal= linæ syluestris, perdice maius, ferè colore perdicis, Haselhůn dicta Germanis, Albertus. nomina quidem orix (quod apud nullum probatum authorem legitur) & otis colludunt: unde Longolius forté auem eandem esse coniecit, & forsitan etiam ex lagodiæ nomine (quod tamen, ut supra docui, oti potius quàm otidis est) ad eandem sententiam impulsus, ac si Germanicum quoque nomen à le= pore potius quàm corylis factum esset, quod nobis non uidetur, neqɜ sané ex nominibus certi quic= quam constanter colligi potest. Longolium Eberus etiam & Peucerus secuti sunt. [20]

TARDAE VEL BISTARDAE HISTO-
ria è recentioribus. [30]

[40]

[50]

TARDAM uel bistardam auem quamuis otidem esse non dubitem, (& eandem quæ Ger manicè Trapp appellatur,)propter diuersas tamē quorundam opiniones, (cum alij oti= dem alio uocabulo recentiorum interpretentur, ut proximè exposui: aliqui tardam seu trapum nostrum, alio uetere, tetracem uel tetraonem uocantes, ut deinceps dicam) uete= rum de otide scripta, & de tarda recentiorum, nostrasɜ obseruationes separaui. Pygargum aqui= læ genus Germanorum literatores (ut Murmellius) trappum interpretantur turpi lapsu, Turnerus. [60] Sig. Gelenius in Lexico Symphono, auem Trap, Illyricè drosa uocari scribit(Poloni trop dicunt) & eam esse coniicit quæ in Lexicis Græcorum ῥάφῷ appellatur. Ῥάφοι, aues quædam, Hesychius & Varinus.

Varinus.ſed cum nulla præterea raphi auis mentio aut deſcriptio extet,nos ex ſola nominum uicinitate,eandem eſſe auem non aſſeremus. Kiranidi pelecanus alio nomine etiam ramphos appellatur , à roſtro uidelicet quod inſigne & omnium latiſsimum habet. ¶ Tarda Gallicè nominatur
ouſtarde,uel houtarde,uel biſtarde. Auis tarda quæ biſtarda uocatur , Syluaticus. Anglicè a buſtard,uel a biſtard. Germanicè ein Trapp,uel Trappganß,uel Ackertrapp.

¶ Trappus apud Ariſtotelem tetrix,(τϵτϱαξ & ὠϱαξ)& Plinio tetrao eſt, Turnerus. Olaus Mag
nus in deſcriptione regionum Septentrional, trappum erythrotaonem nominat.

¶ De tarda, & otidis uel tetraônis tribus generibus Hermolaus Barbarus in Caſtigationibus
Plinianis ita ſcriptum reliquit: Vbi uulgati codices habet,Decet & tetraonas ſuus nitor, Politianus
10 ſimiliter legit, ex Suetonio in Caligula,qui ait: Phœnicópteri,pauones,tetraones,Numidicæ, Meleagrides,Phaſianæ.Et hercule codices antiqui ferè habent tetragonas. quod & fortaſſe rectius eſt
quàm tetraonas,quoniam Græci eas(ut conijcio)tetracas appellant. Tetracis enim meminit Ariſto
phanes in Auibus,Et Athenæus,In Mœſia(Myſia) & Pæonia, inquit, naſcuntur tetraces porphyrionis ſimiles,maximis gallinaceis maiores,criſtis(barbis)ex utraq́ auricula pendentibus,uoce graui,forma conſpicua(florida)ſtruthionis ſapore.Eſt & auiculæ,inquit, puſillæ nomen tetrax,Alexan
dro Myndio Epicharmóq́.Ergo tetraones ſiue tetragones,aut eædē ſunt quæ & tetraces,aut ualde
ſimiles.Merula non diſſentit quidem penitus:ſed & erythrotaonas quoq́ dici eas poſſe credit, ſcripta ad nos epiſtola his uerbis: Peragrauī,inquit,fines patrios,ſecus Aemyliā uiam oblatæ mihi ſunt
paſcentes aues,haud ita multo anſere maiores: quarum ceruix quatenus alas contingit, rubro per-
20 funditur.rubeſcunt item cilia, (atqui in noſtris ſtardis ſeu trappis,quas ipſe uidere potui, cilia prorſus non rubeſcunt.)Rogati de nomine ruſtici, reſpondēre ſtardas appellari, & nidificare inter ma-
tureſcentes ſegetes,præterea caudam in modum pauonis ſubrigere , quarum carnes qui comedēre
non inſuaues aiunt eſſe. eas cōtenderim erythrotaones Plinio uocari,tu quid ſentias quando otium
fuerit perſcribe. Reſpondi ad hunc modū de erythrotaone: Si quæris de nomine,ſubdubito:cum
propter illa Suetonij uerba, qui tetraonas aues in Caligula appellat, tum quòd omnes Pliniani codices manuſcripti retragones ſiue tetragonas habent,nullus erythrotaonas.ſin de re,tecum ſum:ut
genus hoc intelligam,quod(ut ſcripſiſti)Ligures ſtardas uocāt, nam & Veronæ Aquileiæq́ modo
ſterdas,modo trapos eas nominant.Hiſpani tardas,à tarditate dictas ut arbitror.quoniam,ut inquit
eodem loco Plinius , alterum earum diſcrimen uulturum magnitudine coloreq́ conſpicitur. nec
30 ulla,inquit,auis,excepta ſtruthiocamelo, maius corpore implet pondus,intantum aucta, ut in terra
quoq́ immobilis prehendatur.deinde ſequitur, Proximæ (inquit)eis ſunt, quas Hiſpania aues tardas appellat, Græci otidas:ut tria uideantur eius alitis faſtigia. Sed uulgus differentias & interſtitia
tueri diu neſcit.proindeq́ tria earum genera tanquam unum eodem uocabulo ſignificat, tardas ap-
pellando, Hæc Hermolaus.

¶ De tetrace, ex Dialogo Gyberti Longolij de auibus, quem is interpretatur Vrhan Germanicè,id eſt urogallum, uel gallum ſyluaticum maiorem:& cum trappo confundere uidetur, mihi tetrax Athenæi, & Ariſtotelis tetrix, cuius uerba recitat, urogallus uidetur, ut & Plinij tetraon ſiue
erythrotaon: Nemeſiani uerò tetrax, omnino idem qui trappus uel otis. Tetracem eſſe arbitror
(inquit Longolius)quam Ariſtoteles etiam tetricem uocat: Athenæus porphyrionis ſpeciem eſſe
40 docet,Indicat autem porphyrionis uox neſcio quid purpuraſcentis, quem tamen colorem in uro-
gallinaceo nondum deprehendi. Certè Athenæus tetracem ita deſcribit, ut Myſiorum potius nomenclaturæ uideatur tribuere,quod aſſerit,quàm ueritati. Nam ab indigenis ita uocatam auem dicit,Refert autem in Myſia ſibi in ſporta allatū,magnitudine maximi gallinacei,ſpecie porphyrioni
perquam ſimilem,utrinq́ ab auribus propendentibus gallorum inſtar paleis, graui uoce, floridóq́
corpore.Certè urus noſter non paleas,uerum ueſtigia tantum palearum habet: neq́ porphyrionis
forma conſpicitur, cum non adeo longo ſit collo ,ſed inſtar pauonis adducto & gracili,nullaq́ ui-
rentium aut rubentium plumarum imagine ſpectabilis : Vt tetracem tamen appellem, Nemeſiani
poetæ authoritas,qui de aucupio Latinis uerſibus conſcripſit,me adducit. Eos hîc recitare placuit.
Et tetracem Romæ,quem nunc uocitare taracem Cœperunt, auium eſt multó ſtultiſsima,nun-
50 quam(nanq́,forte) Cum pedicas necti ſibi contemplauerit adſtans, Immemor ipſe ſui, tamen
in diſpendia currit: Tu uerò adductos laquei cum ſenſeris orbes, Appropera & prædam pennis crepitantibus aufer, Nam celer oppreſsi fallacia uincula colli Excutit, & rauca ſubſannat
uoce magiſtri Conſilium,& læta fruitur iam pace ſolutus. Hîc prope Pentinum radices Apen
nini Nidificat,patulis quæ ſe ſol obijcit agris. Perſimilis cineri dorſum, (collum forte) maculo-
ſaq́ terga Inficiunt puliæ (nigræ , ut in perdice) cacabantis imagine notæ. Tarpeiæ eſt cuſtos
arcis non corpore maior: Nec qui te uolucres docuit Palamede figuras. Sæpe ego nutantem
ſub iniquo pondere uidi Mazonoim(Mazonomi lego)puerū, portat cum prandia,cirro Quæ
conſul prætórue nouus conſtruxit ouanti. Principio poeta auem iſtam ſtultam uocat, quòd laqueum,quem ſibi coram parari uidet,non fug t, ſed abeunte aucupe, mox accurrens, ſeſe huic in-
60 uoluit,Deinde cacabanti colore & maculis perſimilem aſſerit,hoc eſt,ſi quid ſentio,perdici.etenim
me legiſſe alicubi memini,cacabare perdicis eſſe uocem: neq́ aliter etiam nunc ſonant. Deinde de
magnitudine quàm bene conuenit, ad anſeris pondus collata,Ariſtoteles tetracem (imò tetricem)

R

non tecto sed aperto nido oua ponere scribit, idǫ plurimum in fruticibus. id quod nos etiam obser
uauimus,& nidum eius congestum potius quàm constructum uidimus. Idem ab Atheniensibus
uragem nominari perhibet:unde coniecerit aliquis hodie etiam à nobis urum gallū dici,quod mihi
tamen non uidetur. astruant hoc illi, quibus Germania olim Græcissasse existimatur. Est sanè urus
gallus etiam puluerator,ut omnes propemodum frugilegæ. Nec alius uidetur tetraon uel erythrotaon Plinij , quem è Germania uel Septentrione, anseris specie nigricantem, (uidetur hic Longolius gallum urum & trappum confundere, ut infra etiam in urogallo dicam. nam cum de urogallo
agat,eundem Plinij tetraonem nunc faciens, mox uulgò eundē anseris nomine uenire scribit,quod
trappo non urogallo conuenit. illum enim **Trappganß** appellant,)rubro paulò perfusum, uenire
asserit. Non enim speciem hic ad similitudinem,sed ad magnitudinem refero . Quòd rubro autem 10
perfusum prædicat, id & in coturnicibus & perdicibus uidere licet, & in nostro tetraone eundem
colorem animaduertere. Nam & is à perdice nulla propemodum ratione, præterquam magnitudine,qua uel quatuor propè gallinaceos etiam maximos uincit, distat. quin etiam & gregarius est, &
puluerator,& frugilegus. Sub autumnum ad nos gregatim aduolat, agrum quem insedère, ouium
grege occupatum diceres, tanta est uolucris magnitudo,sæpè mihi conspectæ:nec ullam pestem ma
gis odère holitores. nam uentrem rapis sulcit, & non mediocri præda contentus esse solet. At non
uideo,cur uulgò anseris nomine ueniat,cum nulla in tam magno corpore mica sit,quæ anseris speciem præbeat:nisi quia anserum modo gregatim uolat. (Vide infra in capite de recentiorum scriptis de Tetrace.)

¶ Tetraones, τήτρακ̔ν, **Trappen** Germ. colorem habent album,tendentem ad cinereum,alas 20
nigricantes:magnitudine uultures uel æquant uel superant, Eberus & Peucerus. Sed qui elegan-
tissimus in nostris trappis color est per dorsum, caudam , & alarum partem, ut in ardea stellari uel
perdice rustica distinctus , ab illis non memoratur . ¶ Bistarda auis est (inquit Albertus) bis uel
ter saltum dans,priusquam de humo eleuetur,unde & nomē ei factum, (quasi bisterdans s. saltum.)
Magnitudine & specie aquilam refert.rostro est curuo,unguibus aduncis, alis & cauda alba, reliquo corpore uaria . Carnibus uescitur ut aquila : uolucres tamen non prædatur. sed cadauera forte
inuenta comedit:uel animal innocens aut agnum aut lepusculum occidit. quod quidem sola facere non audet,sed à pluribus sui generis auibus adiuta . Herbis etiam in fame uescitur, ciceris, pisi &
leguminum herbis præcipuè delectatur : quod rarum est in auibus carniuoris . Nidificat, non in
sublimi,propter tarditatem:sed in terra parit,cum matura seges est,Albertus. 30

¶ Trappus in regionibus nostris rarus est, in Alsatia & circa Brisacum oppidū non infrequēs,
ut audio.Memini ter quaterǫ apud nos captum, & in Rhætia circa Curiam,Decembri & Ianuario
mensibus,nec apud nos nec illic à quoquam agnitum . Ego duos ex eis ponderare uolui: quorum
alter libras nouem duodecim unciarum appendebat, alter libras tredecim cum dimidia . Eosdem
cum diligentius inspicerem, descriptionem confeci huiusmodi.Trappi color parte prona(id est dor
so & alis,collo excepto,quod cinereum est) talis est qualis grygalli (de quo infra scribetur) uel per
dicis rusticæ,id est beccalæ,præsertim minoris,uel etiam ardeæ stellaris,sed magis russus,nigris ma
culis undantibus ferè eleganter distinctus.Rostrum gallinæ.Caput & collum cinereum,sed supina
colli pars,ad album uergit: pectus quoǫ & uenter, & crura quatenus plumis uestiuntur ad media
uscǫ femora, alba sunt.Cauda digitos quindecim longa,hoc est palmos ferè quatuor:pēnis pulchris, 40
russis,cum tænijs quibusdam & maculis nigris, superiore interioreǫ parte albis, ut etiam in extremitate,ornata. Collum dodrantale. reliquum corpus à collo ad orrhopygium , circiter quinǫ palmos longum. cauda tres palmos. alarum pennæ maiores candidæ,circa finem nigræ. Crura fusca,
paulò breuiora duobus dodrantibus. digiti pedum & ungues ut in gallina. sed digiti terni tantum
antrorsum tendunt, nullus retro. Vola uel pars interior retro densa torosaǫ est. Ventriculus ma
gnus & herbis quibusdam (auricula muris, genere quodam uiciæ syluestris,& dauci uel apij) refer-
tissimus erat:unà cum duobus calculis albis. Aliàs etiam in uentriculo capti in maxima niue, lapillos tantum quosdam & cortices arborum inuenimus,In extrema gula ante stomachum seu os uentriculi,pars est capacior,& ex multis rotundis ferè carūculis compacta & intricata quodammodo.
Intestinis diductis & extensis, id quod à fundo uentriculi ad aluum rectà procedit, dodrantum est 50
septem cum dimidio,appendices uerò duæ ab aluo retrocedunt,quarum altera tenuior est, circiter
tres dodrantes longa,altera amplior longa dodrantes duos cum dimidio . Tres isti meatus iuxta aluum in unam capacitatem conueniunt.

¶ Starna (à recentioribus dicta) uel est perdix minor , uel auis magna ut anser, grisea,cinerea,
cuius caro laudatur,maximè cum iuuenis fuerit, Conciliator ut citat Ant. Gazius,sed hæc auis ma
gna ut anser,starda uel tarda potius quàm starna dicenda est: quod nomen perdici nostræ uel Exter
næ aui conuenit.

¶ Trappos permultos in Anglia esse audio, & locis gaudere aquosis. Syluaticus tardam auem
in aqua degere scribit.In segetibus sæpe inueniuntur. euolare nisi uento iuuante non possunt: nec
subitò, sed præcedente tantum curriculo aliquo, uel duobus tribusue saltibus. ¶ Has aues per- 60
quam timidas esse audio, & pusillanimes, ita ut uel leuiter uulneratæ moriantur. ¶ Trappi a canibus capiuntur, præsertim cessante uento, item à falconibus & accipitribus . ¶ Trapporum pen
næ à

næ à piscatoribus requiruntur, ut repræsentatas ex eis muscas pro inescandis piscibus, hamis suis annectant. Eædem usum scribendi præbent, ut & anserinæ.

¶ Laudantur à uulgo in cibo trappi, tanquam suaues & teneri. caro quidem eorum alba nõ est. Bistardi carnes uituperantur tanquam crassæ & difficiles concoctu. præferuntur tamen si uno die prius occisæ fuerint. Pectoribus & costis eorum allia passim inseri debent, cum pipere & aromatibus. Quòd si concoquantur, multum alunt. In nidis reperti maioribus præstant. sed debet ab eorum esu chalce mellitum sumi, & uinum bonum uetus cum zinzibere conditum, Elluchasem.

¶ Anapha, נשׁר, ueteres Hebræi exponunt genus milui, nostrates Iudæi uulgò trappium, Paulus Fagius.

10 ¶ IN Merchia Scotiæ regione nascuntur aues GVSTARDES uernaculo sermone dictæ, colore plumæ ac carne perdicibus non dissimiles, sed quæ holores corporis mole exuperant. Rara est eâ auis, atq; humanum aspectum plurimũ abhorrens, nuda humo oua ponit, quæ si ab homine contrectata, aut eius anhelitu & afflatu uel leuiter imbuta senserit (quod facile naturæ beneficio dignoscit) extemplò ueluti inidónea ad pullos procreandos relinquens, alió ad oua parienda se confert, Hector Boethius. Ego è Scotia auis cuiusdam palmipedis iconem accepi, tanquam gustardæ: quam posui supra post anseres feros, quoniam à gustarda siue tarda qua de hic scribimus, planè diuersa est, & in nomine fortassis ab eo qui adscripsit, erratum est. Vera quidè tarda, gustarda dicta uidetur à Britannis: quoniam guß anserem significat, ac si tardum anserem dicas. palmipes tamen non est, & præter magnitudinem nihil cum ansere cõmune habet. ¶ Aliæ aues apud Albertum
20 sunt gosturdi, nempe alaudæ cristatæ.

DE TETRACE, TETRICE, TETRAONE, ERYthrotaone, ex ueterum scriptis.

DE Tetrace uel tetraone scripsimus nonnihil etiam supra in Tarda, præsertim ex Nemesiano, cuius tetrax omnino non alia auis quàm Tarda est. Tetrix, quam Athenienses uragε uocant, nec terræ nec arbori suum nidum committit, sed frutici, Aristot. (Quo in loco Albertus pro tetrix habet radoryz, quæ, inquit, species quædam picorum est, ferè similis turdo, &c.) Et alibi, Tetrix minus uolat, eoq; non in nido, sed frutice condenso prolem suam ædit, nidumq; aure patentem habet.
30 Ab imperatore præfectus eram Mysiæ, (inquit Laurentius ille qui dipnosophistas inuitauit) cum tetracem primum uidi, & sic appellari à Mysijs & Pæonibus didici. At tetracem esse ex dictis Aristophanis recordatus sum. Cum autem existimarem dignam auem esse, de qua mentionem Aristoteles faceret, tractatum illum eius tot talentis æstimatum legens, non de eiusmodi aue quicquam inueni. Itaq; gaudebam me habere locupletissimum testem Aristophanem, qui feces ab illius ætate suit. Ac nimirum cum hæc dixisset, ingressus quispiam est, qui in calatho tetracem ferret: hæc maximum gallinaceum magnitudine superabat, & porphyrionis speciem similitudinemq; gerebat, ac quemadmodum galli barbulas utrinq; ab auribus propendetes habebat. eius uox grauis erat. Cum autem floridam & pulchram auem admirati fuissemus, cocta nobis nõ multò pòst allata fuit, cuius carnes magnarum struthionum non dissimiles sæpe comedimus, Hæc Athenæus lib. 9. Sed eru-
40 ditis quibusdam (ut Longolio & Turnero) Aristotelis tetrix, de qua uerba eius paulò ante recitaui, non alia quàm tetrax magna Athenæo descripta uidetur, quibus ego etiam facile assentior. ¶ Videri autem potest tetrax hæc ales magna à uoce dicta, nam & tetrax parua, spermologo, id est frugilega similis, per onomatopoeiam sic appellatur, ὅτι τετράζει τὴν φωνὴν, quoniã cum oua peperit, talem uocem emittit: de qua inter passeres scribemus. Tetrax, phlexis & elasas aues nominantur in Auibus Aristophanis: nec à Scholiaste super ijs quicquàm adfertur. ¶ Decet & tetraones (alias tettagones, uel retragones, uel tetracones, ut codices quidam antiqui habent, Politianus in Miscellaneis scribit in uetustissimo codice Mediceæ bibliothecæ haberi, Decet & traonas: conijcit autem legendum decet tetraonas. Merula etiam erythrotaones legi posse suspicatur) suus nitor absolutaq; nigritia, in superciliis cocci rubor. Alterum eorum genus uulturum magnitudinem excedit, quorim &
50 colorem reddit, (hæc forsitan otis est Galeno atque Aristoteli, & ôtus Athenæo, Vuottonius:) nec ulla auis, excepto struthiocamelo, maius corpore implens pondus, in tantũ aucta, ut in terra quoq; immobilis prehendatur. gignunt eos alpes, & Septentrionalis regio. in auiarijs saporem perdunt. moriuntur cõtumacia spiritu reuocato. Proximæ eis sunt, quas Hispania aues tardas appellat; Greciotidas, damnatas in cibis, Plin. Est in alpium montibus anserum (forte anserum legit aliquis, ubi Plinius habet, Alterum eorum genus, &c. quanquã tetraces Nemesiani tardas, Germani trappos anseres appellant) genus, inter aues maximum præter struthionem: sed adeò ponderosum, ut manu capiatur, Author de nat. rerum. ¶ Cæterum ut apud Plinium diuersæ sunt lectiones ut dixi, ita apud Græcos etiam uarijs modis hoc nomen scriptum reperio, quos omnes tamẽ ad alitem unam referri conijcio. Iam supra tetrax (unde genitiuus tetragis, τέτραξ, τέτραγ@ : quemadmodum
60 & cum pro passere accipitur) ab Athenæo scribi ostendimus, quem & Eustathius sequitur: ab Aristotele tetrix, τέτριξ (& ὄραξ.) τέτραξ ὄων, auis quædam est Alcæo, Hesychius & Varin. Phasianos aliqui tetraonas (τετράωνας) nominant, Ptolemæus lib. 12. Commentariorum de regia Alexandriæ;

R 2

apud Athenæum lib.14.sed rursus idem Athenæus lib.9.phasianum ab Epeneto tatyram nominari
scribit:& à Ptolemæo Euergete in secundo libro Commentariorum τάταρψον, ubi forte similiter τα-
τρωδωνα potius legendum. Vt autem phasianus olim tetraon dicebatur,sic etiã tetraones nostri (præ
sertim minores.nam urogallum nostrum tetraonem maiorem,siue simpliciter tetraonem Plinij esse
conijcio)à quibusdam uulgò phasiani montani uocantur. sunt enim utriq̃ gallinacei generis ut ui-
detur.Olaus Magnus etiam in regionum Septétrionalium descriptione aues quasdam in niue degentes uocat Germanice Othanen(id est tetraonas)uel phasianos.

RVRSVS DE TETRACE VEL TETRAO-
ne,&c. scripta recentiorum.

VOLATERRANVS & Gyb. Longolius de tetraone Plinij uerba recitantes, anseris specie
eum esse dicunt,quod Plinius non scribit.Coniectura tamen est eum anseri congeneres tetraonem
ac otidem facere,libro 10.cap.22. ubi cum de anseribus egisset, mox subdit, Anserini generis sunt
chenalopeces & chenerotes.Et statim,Decet tetraonas suus nitor,&c. Iidem tetraonas ex Plinio,
rubro paulum perfusas esse scribunt, quod Plinius non dixit, sed in superciljis cocci ruboremeis
esse. Merula eandem auem tetraonem,(uel,ut ipse legere mauult,erythrotaonem)& tardã (uulgò
stardam)facit:& cilia eius rubescere scribit, (ut supra in Capite de tarda recitaui.) Tetrix Aristotelis,& Plinij tetrao,ea est auis quæ uulgò trappus dicitur, Turnerus. Ego in trappis illis uel tardis
tribus quos aliquando uidi,cilia(uel supercilia,ut Plinius de tetraone scribit)neutiquam rubere ani
maduerti:sed in ea aue potius,quam nostri urogallum(Othan)appellãt:cui etiam nitor & absoluta
nigritia conueniunt.In eadem sententia sunt,cum alij quidam uiri docti, tum Ge. Agricola, qui tetraonas interpretatur Germanice Birckhüner,Auerhan. Paucæ aues (inquit idem) hyeme in syl
uis manent,ut tetraones,attagenes. Sigism. Gelenius urogallum tetraonem esse nominum similitudine conijcit,quoniam Illyrica lingua hodieq̃ tetzew uel tetres appelletur. Tetrax Athenæi
nihil ad tetraones.hi enim à Plinio absoluta esse nigritia dicuntur,& quasi coccinis superciljis:qui-
dam tamen uulturum colore. tetracem uerò porphyrioni similem tradit Athenæus, eiusq̃ admiratur τὸ θανθὲς,quasi picturatum significans, & floridum,quod Hermolaus forma conspicua conuer-
tit:tum pendere utrinq̃ ab auribus paleam ostendit, Politianus. Ego contra Politianum uel omnino easdem,uel maximè congeneres aues esse dixerim,utrasq̃ scilicet in syluestri gallinaceorum genere maximas. ¶ Augustino Nipho Aristotelis tetrix, nõ magna aliqua auis, sed alaudæ species
uidetur,absq̃ crista, magnitudine & colore similis cristatæ,quod ego non probo, neq̃ enim id omi-
sisset Aristoteles,cum aliàs ubi de cristata sentit,semper τὴν λόφον ἔχουσαν addere soleat. Quòd si tetri-
cis nomine paruam aliquam auem Aristoteles intellexit,ea non alia quàm tetrax passerum generis
fuerit,de qua suo loco scribemus. ¶ Capitur apud Moschouitas auis subnigra, puniceis superciliis,magnitudine anseris:quæ pulparum sapore phasianorum superat dignitatem, Moschouitica lin
gua tetrao nuncupata,quæ Plinio erythrotao uocatur,Alpinis populis cognita,& maximè Rhetis
qui saltus ad Abduæ amnis fontes incolũt, Paulus Iouius. Est autem hic omnino urogallus noster.

DE VROGALLO.

VROGALLVM imitatione Germanicę uocis hanc auem gallinacei generis feri omnium
maximam appellare mihi libuit:nam quo apud ueteres nomine dicta sit, non cõuenit inter recentiores.Mihi quidem omnino tetraon Plinij uidetur. & quoniam alia etiam non
dissimilis ei gallina fera reperitur in Heluetícis Rhæticísq̃ mõtibus,multò minor tamen,
maioris minorísq̃ differentia addenda fuerit, ut illum de quo hic agimus uel urogal um tetrao-
némuc simpliciter appellemus,uel maiorem:alterũ de quo postea scribemus,urogallum minorem,
uel tetraonem minorem.sic enim etiam montium incolæ Germanice appellitare solent,kleine vnd
grosse Othanen. Vide plura ad uetus huius auis nomen pertinentia, supra in Tarda,& in Capite
de tetrace uel Tetraone è recentiorum scriptis. Videtur autem Germanice Othan uel Othanso
dictus,(aliqui scribunt Awerhan)non quidem ab auribus, sed à magnitudine:ut in boum etiam syl
uestrium genere maximũ uocamus urum, Vrochß, Awerochß : ut pluribus in Vri historia docui.
¶ Gyb.Longolius imperitos quosdam Grammaticos Meleagrides pro urogallis accipere scribit.
Anserem(inquit idem)omnino corporis magnitudine æquant, ut ob id uros (urogallos) à Germanis dictos autumem. Etenim non aliter gallinaceos, ac uri boues nostros , pondere corporis superant. Et rursus, Vri(urogalli)nostrates perdicis in morem dorso sunt uario,uentre subcandicante,
(hæc trappo,id est tetraci Nemesiani , non urogallo nostro conueniunt, ut & aliæ quædam notæ à
Longolio hic recitatæ:ut duas aues diuersas confundere mihi uideatur , ut supra etiã in Tarda scri
psi,nimirum quòd morte præuentus dialogo suo de Auibus extremam manum non imposuerit,)
pedibus cruribúsq̃ tuberosis quarundam columbarum in modum spectantur,capti animũ despon
dent,cibumq̃ nisi longo post tempore non assumunt, Hæc Longolius.
¶ Albertus Magnus lib.7.de animalibus urogallum ineptè putauit ueterũ ortygometram esse.
Ortygo-

Ortygometra(inquit)genus est gallinæ maximum, anseris magnitudine: pennis in pectore hyaciñ thi coloris, in dorso cinerei. Vocatur autem Ꝺꙁban ab incolis alpium, in quibus maximè abundat. Incolit ipsa iuga montium: & ex glacie quæ illic perpetua est, aliquando crystallos deijcit: & inue- niuntur aliquando parui crystallini berylli in gulis (pappis) eius, Hæc ille. Sed urogallus quem ipse obseruaui ac descripsi, dorso non erat cinereo.

¶ Vrogallus apud Italos diuersa habet nomina. nam circa Tridentum cedron uocatur: alibi, ut circa Vincentiam, gallo seluatico, quo nomine qui circa Tridentū habitant, alterum syluestris galli genus domestico simile aut par appellant. alibi, circa Rhætiam, stolzo, uel stolgo, uel stolcho: cuius uocis etymon uideri potest Germanicum. nostri enim ſtolꙁ appellant, quicquid magnificum aut superbum est: ut forte propter magnitudinem ac pulchritudiñe ex adiectiuo nomine ei proprium factum sit. Illyrij tetrzew, quasi tetracem uel tetraonem nominant. Germani Ꝺꙁban, uel etiam Pircꙅbūn, quod nomen etiam alteri cuidam generi attribuitur, quod mox ab Vrogalli historia me- morabimus. Sunt qui phasianis adnumerent, atꝗ ita appellent, Bergfaſan. Phasianus etiam in montibus Helueticis reperitur, perpulchra auis, & flauis pennis splendida, duorum est generum, maior & minor. reperiuntur autem quidam nigri, alij fusci, (urogallos minores intelligo, quorum fœminæ, ut & maiorum magis fuscæ sunt quàm mares, ut eadem auis sit phasianus maior, & urogal lus minor,) admixtis tamen diuersi coloris splendentibus pēnis, Maximi phasiani alio nomine uro-

R 3

galli uocantur, Stumpfius. Dukiphat Hebraicam uocem Iudæi quidam recentiores Germanicè
Vzhan interpretantur, ut supra scripsi in Gallo syluestri in genere.

¶ Vrogalli quidam reperiūtur qui libras duodecim aut quatuordecim appendunt, Stumpfius:
intelligit autem de libris nostris, quæ sedecim uel octodecim unciarum sunt. ¶ Vrogallus à me
inspectus huiusmodi erat: Collum dodrantale, plumis uestitum nigricantibus, sed cinereo diluto co
lore sparsim notatis. alarum longissimæ pennæ palmorum quinq́, nigricantes aut fuscæ potius, re=
liquæ in alis, minores dico & minimæ, castaneæ ferè colore, nigricantibus punctis distinctæ. caput
nigrum, pars infra rostrum nigrior. Rostrum gallinæ, breue, gibberum, latum, ualidum. Supercilia
& pellicula circa oculos rubra. Collum pronum punctis cinereis uarium, quibus pennæ uirides suc
cedunt, Pectus & uenter colore nigro. In medio thorace ubi os pectoris maxime prominet, plumæ 10
aliquot ab altera parte albæ, altera nigræ sunt. Minores plumæ sub alis albissimæ, præterquà in sum
mo: reliquæ albicantes fusco admixto splendidæ. Cauda quinq́ palmos longa, aut paulò plus, pen
nis nigris condita, maculis paucis albissimis extremitates præsertim minorum pennarum & pun=
ctis uariarum insignientibus. In metaphreno (dorso superiore) plumæ castanearum coloris, pun=
ctis aspersæ, ut in alis: in inferiore (dorso) cinereæ, magis uariæ punctis quàm in collo, lōgè pulcher
rimæ, Poplites & femora plumis albis uestiuntur, quæ in cruribus fuscæ usq́ ad digitos pedum de=
scendunt, ut in grygallo quoq́, & urogallo minore. quibus etiam digitos pedum similes habet, &
appendiculas quasdam pectinatim utrinq́ à digitis sed breuiter eminentes, & alia ubiq́ toto corpo
re multa similia, ut congeneres esse aues, magnitudine ferè tantum & colore distinctas, non sit dubi
tandum. Longitudo urogalli à capite extensi ad pedes, dodrantes quatuor cum dimidio. Cauda ex= 20
tensa semicirculum reddebat, triū in circunferentia dodrantum. Ex albis in cauda maculis ætas con
ijcitur. quò enim iuniores sunt, eò pauciores illas habere feruntur. Marem à fœmina quod ad colo
rem nihil differre audio, nisi quòd fœmina minus nigra est.

¶ Versantur urogalli in altissimis montium iugis, Albertus: aut altissimis potius syluis. Folia
stirpium edunt, à quibus etiam nomen uulgare factum urogallo minori, Laubhan.

¶ Species quædam syluestrium gallinarum nomen inuenit ab arboribus & patria ubi potissi=
mum uersatur, ein Birckhan, (betulam arborem nostri uocant Birck) dicitur & Aurhan: forsitan
ab aura, quam facillimè sentit propter rarissimum corpus: aut Vrhan, à senio longissimo: aut cau
da, (quæ Græcis urà est:) aut magnitudine, quia reliquis gallinis maior sit. Hæc etiam coit ore men
se Martio, sed multò aliter quàm bonosæ. Gallus huius speciei sperma ex ore tempore coitus in ue= 30
re excreat & euomit, & uoce magna aduocat gallinas ipsas, (sicut domesticus gallus aduocat galli=
nas inuento aliquo grano) quæ cum aduenerint, sperma eiectum & excreatum à gallo in terram,
ore legunt & reglutiunt, & tali modo concipiunt. Quas deinde ludens gallus omnes ordine com=
primit, (quasi uerò illud comprimere non sit coire,) & quasi ratum facit semen comestum. at non
coit, quod usdi: sicuti semina quorundam piscium, tantum afflatu masculi, teste Plinio, rata reddun=
tur, ut ita dicam. Nam super quas gallinas non ascendit, illæ oua hypenemia pariunt ut domesticæ
gallinæ. Quicquid uerò fugatis gallinis, casu aliquo remanet in terra de spermate galli excreato, hoc
operante Sole nonnunquam, forsitan rore aut pluuia superueniente, & putrefacta materia, muta=
tur in uermes & serpentes quæ dicuntur à Germanis Vrhanschlangen & Birgschlangen (id est
urogallorum serpentes, & montani serpentes.) harum copia est in sylua, quæ à Tangera fluuio no= 40
men habet in ueteri Marchia. Quicquid econtra remanet in terra de spermate ex reato istius galli,
pluuia non superueniente aut rore (non) coincidente, mutatur & coagulatur quasi in uesicà trans=
lucidam & candidissimam, & ueluti lapidescit: & fit gemma quæ à pastoribus & uenatoribus colli=
gitur. & reperitur in locis ubi tali modo galli isti coeunt, auff dem paltz platze, tempore uerno,
wan ybt paltz zeit ist. Hęc illa ipsa gemma facta & coagulata ex spermate galli excreato, mirum in
modum facit ad conceptum datum (data) mulieribus sterilibus, incitat ad Venerem, & auget appe
titum prolis. Gemmæ tales magnitudine & forma & candore margaritarū apparent. nonnunquam
grana harenæ unà coagulata in his reperiuntur, aut pululeres, Christophorus Encelius Saluelden=
sis. Ego huic serpentium & gemmarum è genitura galli generationi, non facile crediderim. nam
si huiusmodi res alienæ prorsus naturæ ex auis semine nasci possent, ex aliorum quoq́ animalium 50
semine, quod proculdubio sæpe in terram delabi contingit, multa & uaria cur minus quàm è galli
semine nascerentur? Præterea hoc auium genus ore coire quis credat? Scribit quidem ipse Ence=
lius ferè omnes gallinas syluestres ore coire, sed modo diuerso. Et paulò ante, Multæ aues (in=
quit) concipiunt & coeunt, ut sunt corui, exosculatione facta ut sit in columbis. licet hoc negat Ari
stoteles, nec ego admodū adfirmo, quia non uidi coeuntes. De graculis tamen siue monedulis mox
adfirmans, Graculi (inquit) profecto ore coeunt tempore uerno. Inter aquatilia etiam lolligines, se=
pias, locustas, squillas, cancros, ore coire scribit. Ferunt & nostri quidam aucupes urogallos coitu
ros aream aliquam puram & planam in terra parare, in qua coeant: fœminam à coitu maris genitu=
ram quæcunq́ effluxerit deuorare & concipere.

¶ Vrogallis audio interim dum gallinas uoce alliciunt & inuitant (faltzen [uel paltzen etiam 60
puto] Germani appellant, & locken,) uisum & auditum intercipi: atq́ interim opus esse magna ce=
leritate aucupis ut bombardæ globo feriat: alioquin enim auditum eius acutissimum esse.

Tetrao

De Gallo betulæ. Lib. III. 475

Tetrao Latinorum est auis quam Itali hodie uocant gallo cedrone, Sabaudi gallum syluaticum, un coc de bois, hæc frequenter in altis Cretæ montibus uidetur, duplæ magnitudinis ad capum, ma cula utrinꝗ iuxta oculos supra tempora insignis, instar phasiani, colore tam atro ut tanquã palum= bi collũ resplendeat.nihil in ea albi, præterquã in alis, crura similiter ut attagenis hirsuta, Bellonius.

DE GALLO BETVLAE.

¶ ARISTOTELES de historia animalium 8.12. inter alias aues quæ auolãtibus coturnicibus duces se præstant, cynchramum quoꝗ numerat: à quo inquit reuocantur noctu, cuius uocem cum
10 senserint aucupes, intelligunt parari discessum. Hunc locum reddens Albertus, Fababorioz (aliâs fababoniz, inquit,) est gallina quam uocamus gallinã sybicis, (uibicis,) quæ est arbor quam quidam nutricam (forte myricam scripsit, quanquam myrica alia arbor est) uocant. eò quòd gallus huius ge= neris in hac arbore insidens frequenter inuenitur, & cantat noctu sicut gallus domesticus, maximè quando discessum parat. Nos de cynchramo scripsimus supra in Elemento c. Cæterum arbor quam uibicem appellat, nõ alia est quàm betula, Germanicè uulgò dicta ein birck: è qua uirgæ con= ficiuntur, quibus uibices & liuores in percussis excitantur. Sunt qui urogallum maiorem etiam Germanicè nominent Birckhũn, uel ut Ge. Agricola scribit, Pirckhũn. Sed is potius Germani= cè dici debet Birghũn, id est montana gallina: hoc uerò genus de quo nunc agimus, Birckhũn,
20 hoc est gallina betulæ, rectè appellatur: siue quòd betulæ gemmis uescatur, siue quòd inter has ar= bores latere solet, siue à colore ut Gyb. Longolius suspicatur. Nam supremum (inquit) à betula cor= ticem si detrahas, qui albo subest, in nigroꝗ rufiescit, præcipuum huius gallinæ colorem imitatur. nam dorsum alioqui instar perdicis maculosum habet: Hæc Longolius, qui hanc auem attagenem esse coniicit. Ego attagenem aliam esse puto, (quoniam à ueteribus palustris describitur auis:) hanc uerò betulæ gallinam, eandem esse quæ à nostris montium incolis Spilhan uocitatur, nos grygal= lum minorem appellabimus paulò pòst, ubi & gallina betulæ seorsim amplius describitur Longolij uerbis. In libro quodam uulgari, in quo rerum nomenclaturæ uarijs linguis enumerantur, auem Germanicè dicta Pirckhũn, Italicè calmaza (corrupta forsitan uoce pro gallinaza) uocari inuenio.

DE VROGALLO MINORE, VEL
30
Tetraone minore.

AVIS hæc quam urogallum minorem uoco, uel tetraonem minorem, uulgus nostrum se= cutus, quod eandem in alpibus Germanicè sic appellat, kleiner Orhan, cum superiore multa cõmunia habet, & post eandem inter syluestres gallinas maxima est. Aliqui Laub= han appellant, à frondibus siue folijs arborum & fruticum quibus uescitur. alij Birgfa= san, id est phasianum montanum.alij Grügelhan, quasi grygallum dicas, à uoce. Sed alius est gry= gallus, cuius historiam proximè subijciemus: alius etiam Spilhan uulgò dictus, grygallo minor, nec aliud ferè differens. Imperiti quidam & uulgus hominũ hæc nomina confundunt: sunt qui sexu tantum differre putent, sed falluntur. Ego enim ipse singula hæc genera diligenter inspexi, præter
40 grygallum minorem, quem nondum uidere potui: & à uiris harum rerum peritissimis, præcipuè clarissimo uiro Aegidio Scudo Claronensi, differentias eorum didici. Colores igitur & alia singu= lis peculiaria, in singulorum descriptionibus leges, hîc magnitudines cõparasse sat fuerit. Est enim ad attagenem (sic uoco gallinam coryli uel francolinum)

Grygallus minor,	ein Spilhan,	sesquialter:
Vrogallus minor,	ein Laubhan,	duplus:
Grygallus maior,	ein Grügelhan,	triplus:

Vrogallus maior omnium maximus, qui etiam anserem quandoꝗ excedat.

In Athesina regione gallinæ syluestris genus capi audio, quod uulgò Germanicè Bromhenn
50 nominetur, forte quòd inter frutices & sentes latere soleat, uillatica maius.quod ego uel urogallum minorem nostrum, uel grygallum maiorem esse coniicio. nam maioris urogalli nomen ubiꝗ idem est:grygallus uerò minor infra gallinam uillaticam est.

Vrogallus minor à me conspectus multò maiora supercilia è pellicula rubente, (cœrulea quan= doꝗ, ni fallor) quàm urogallus magnus, habebat, plumas in uertice nigras. Rostrum nigrũ, breue, longitudine tantum transuersi pollicis. Collum quinꝗ aut sex digitorum longitudine, cœruleis uel Indicis plumis uestitum. Infra collum in medio dorsi & alis plumæ nigricant. alarum tamen me= diæ partes candidæ sunt, item interiores. Venter quoꝗ nigris plumis integitur, post medium dorsi, quod nigricare diximus, iterum caudam uersus plumæ sunt Indicæ ut in collo, utrobiꝗ tamen non totæ plumæ huius coloris sunt, sed margines tantum earum & extremitates, ferè ut in pauonibus.
60 Cauda pẽnis suis nigricat, quæ in medio multæ curtæꝗ sunt, ita ut late extendi possint: utrinꝗ uerò tres longiores extrorsum reflexæ, ita ut lilij figuram qualis depingi solet, cauda extensa quodammo do referat.Circa orrhopygium & poplites plumæ densissimæ, quæ ad digitos usꝗ pedũ extendun= tur, quasi natura ipsos munire uoluerit ne frigoris iniuria læderentur, ut & grygallum maiorẽ (nam

R 4

10
20
30
40
50

minorem non uidi) & urogallum maiorem, & maximè lagopodes. Digitis pedum squamatim com
pactis, utrincɣ squamosæ quædam uel corticeæ appendices eminent ut in caudis cancrorum ferè,
sicut in alijs etiam gallorum montanorum generibus . Magnitudo totius alitis, instar gallinæ uillaticæ, uel paulò maior, & oblongior. Plumæ pedum nigricât, sed maculis albis distinguuntur: & tibiæ
anterius tantum, non etiam posterius, plumis induuntur. ¶ Fœmina in hoc genere, mari similis
est, sed minus nigra, & magis fusca, ut in urogallo maiore.
    ¶ Italicè nominatur fasàn nègro, uel fasiano alpestre, uel gallo alpestre, à montium incolis & uici-
cinis. ¶ Phasianos syluestres nigriores in alpibus capi, qui rubedinem quandam circa collum
prope rostrum habeant, in schedis meis annotatũ inuenio, haud scio an ex authore aliquo, an quòd
ita audiuerim. ¶ Stumpsius etiam memorat phasianos quosdam montanos, nigros & fuscos, ueris phasianis maiores, qui non in summis montium altissimorum, ut urogalli maiores, sed medijs
                                                                                    plerũcɣ

plerunque fyluis reperiantur: de his ipfis, ut uideo, urogallis minoribus fentiens: in quibus nigrior mas eft, foemina dilutior.   ¶ Vrogallus minor raro uiuus capitur, (ut fcripfit ad me, qui mifit olim amicus è montibus Claronę:) capit enim laqueo, ita ut collo aftricto fuffocet & inftar furis pendeat.

¶ Vrogalli minores in Septentrione (in Noruegia & finitimis regionibus) duobus aut tribus menfibus fub niue fine cibo latitant: interim tamen aliquando à uenatoribus capiuntur, Olaus Magnus.   Eaedem forte aut fimiles aues fuerint, de quibus Ariftoteles in libro Mirabiliũ narrationum: In Ponto (inquit) aiunt per hyemem aues quafdam reperiri, quæ neq excernant, neq cum pennæ eis euelluntur, fentiant, neq cum ueru transfigũtur, fed tum demum cum ab igne incaluerint. Nifi quis lagopodes potius accipiat, quæ in fummis & frigidifsimis, ubi ne frutex quidem præ frigore ullus crefcit, alpium iugis degunt.

DE GRYGALLO MAIORE.

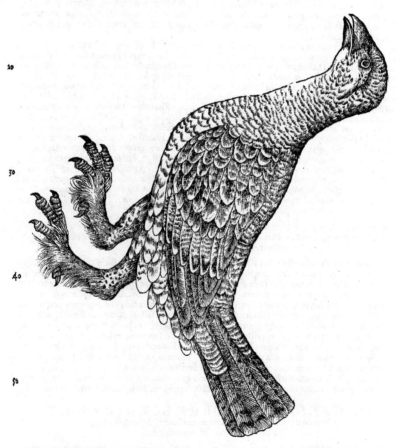

A v i s hæc ad uiuum depicta, in Helueticis alpibus, circa Claronam præcipuè, uocatur cin Grügelhan, per onomatopœiam: quam ego fecutus Latinè etiam grygallum dicere uolui. Græcè etiam γρυγαλλυξ nominari poterit, à particula gry ad uocis imitationem facta, & uerbo κοκκύζeιυ, quod uoci gallinaceorũ peculiariter tribuitur: unde & orthriococcyx pro gallinaceo legitur. Quòd fi quis propter mirificã colorũ uarietatè, qua attagenem & gallinaginem etiam fuperat, attagenẽ alpinum nominare uoluerit, præfertim cum delicatifsimã effe in cibo existimem,non ineptè is mihi facere uidebitur:etsi magnitudine attagenes doctis plerisǫ existimatos (francolinos)ut præcedenti capite docui, triplo fere excedat. ¶A capite ad pedes extensa auis, quam unicam in hoc genere uidi, longa erat tres dodrantes & palmum, rostro ut urogallus maior, sed minore ac nigriore.Toto corpore perdicis fere præsertim rusticæ,uel gallinaginis instar colora ro & punctis distincta ubiǫ maculisǫ nigricantibus,reliquus color ruffus est uel ad castaneæ colorē uergens.est & cinerei aliquid,in collo præcipuè.sunt & albæ quædam alicubi maculæ.Iris oculorum rubicunda.Colore circa oculos,retro præsertim,rubente,angustius tamen quàm in alijs gallis syluæ stribus,nisi fœmina hæc forte fuit quam uidi. Ima colli pars prona rubet, intercedentibus lineis ex cœruleo uirentibus.In uētre plurimum albi est.Crura pedesǫ & digiti similiter ut in urogallis. Va rietasquidem colorum tam multiplex est,ut uarietatem decoremǫ eius uerbis exprimere nequeā. 10

DE GRYGALLO MINORE.

GRYGALLVS minor à me appellatur,qui uulgò in Helueticis alpibus,Claronæ præsertim, Spilhan/uel Spillhan/nescio quam ob causam.Is à superiore,ut audio à uiris harum rerum pe ritissimis,magnitudine tantum differt,dimidio scilicet minor , sesquialter uerò ad attagenam quam coryli gallinam uocamus.

¶Haud scio an eadem auis sit quæ circa Coloniam & alibi Birckhūn/id est betulæ gallina , nō minatur:quam Gybertus Longolius attagân esse putat. Perdici (inquit) persimilis est, sed maior. nomen Germanicum habet,non à montibus, sed ab arbore betula.densa enim loca & opaca,ut ue 20 natoris insidias,maximè bombardarum minas fugiant,petunt. quamobrem sæpe in betuleto latēt: de quo subinde,si diligenter adsis,in fœnilia & sata callidissime excurrere uideas,at quòd nunc non eadem natalia obseruant,in causa est bombardarum frequens usus,qui multis præclaris auibus Ger maniam spoliauit.Alioquin ego non tam à montibus,quàm à betulæ colore auem nuncupatā reor. Nam supremum à betula corticem si detrahas,qui albo subest, in nigroǫ ruffescit, præcipuum hu ius aliis colorem imitatur.perdice enim paulò magis subruffescit,ut de Attagêne Alexander Myn dius tradidit.dorsum quoǫ instar perdicis maculosum habet,Hæc ille. Quærēdum autem an hæc uel eadem sit cum grygallo minore nostro:uel forte fœmina in eo genere quod morhennam appel lant. talem enim omnino describit Turnerus,ut supra dictum est, & dubitat an sit attagen uel galli na rustica. marem uerò in eodem genere totum nigrum facit. Fieri autem potest,ut uel Turnerus 30 deceptus sit, (quod magis puto) talem huius galli fœminam existimando, ut utrunǫ genus diuer sum sit:uel Longolius talem huius fœminæ marem esse ignouerit.Ego quidē in nullo animalium genere,fœminam mari colorum uarietate & pulchritudine anteire puto . Plura de gallina betulæ uide paulò superius in Capite proprio.

DE ORDINE SEQVENTIVM GALLINACEI GENERIS, VT VVLGVS ferè appellat,auium:quæ omnes feræ sunt,gallinis uillaticis aliqua ex parte similes, minores tamen,longis cruribus,&c.

HACTENVS dictum est de illis auibus quas gallinacei generis mansueti aut feri esse, nemo dubitat, & quas ueteres etiam eidem generi adscripserunt . Restat ut de cæteris etiam scribamus, 40 quæ à uulgo nostro aliarumǫ nationum (Italiæ & Galliæ præsertim,quod sciam)gallinellæ ferè (ab Italis) appellantur,(quo nomine communi etiam Latinè dici poterunt,nisi quis gallinagines malit) quòd gallinis similes,sed minores sint, cruribus omnes longis , & rostris pleræqǫ longiusculis, fidi pedes, digitis tribus ante,uno retrorsum extēso,in omnibus, ni fallor(nā inter aquaticas gallinellas Argentorati mihi depictas,duas [Schmirring & Koppziegerle] uideo posteriore isto carere,ne scio an uerè,an quòd pictor non expresserit,quod magis puto) minimè uolaces , & ad cursum po tius comparatæ. quamobrem crura eis longiora data sunt. Plumæ in cruribus ad media femora om nibus descendunt. omnes in delicijs mensarum habentur,carne suaui & tenera, sæpe etiam pingui. Differunt uictu & locis in quibus pascuntur.Sunt enim aliæ aquaticæ,quæ in ripis , littore, glarea, locis aut pratis palustribus uictitat, multorum omnino generum.aliæ terrestres locis siccis,quarum 50 pauca genera nouimus, hæ corpulentiores,illæ graciliores.Primum igitur de terrestribus agendū.

DE GALLINVLIS TERRESTRIBVS: ET
primum de illis quæ uulgò Germanis Hegescharæ dicuntur,
quarum & icon hic expressa est.

VIS hæc à nostris aucupibus uulgò Æggenschâr appellatur, ab alijs Heggeschâr tri bus syllabis,uel Heggschâr duabus:quoniam turmatim iuxta sæpes decurrunt,ubi post fœnisecia deprehenduntur, heggam enim uel hagam Germani sæpem uocant, scharam uerò gregem uel turmam.aut forte quòniam circa sæpes terram sodiant. Verbum enim 60 scharren nobis significat pedibus fodere, ut gallinæ solent. quod tamen an hæ aues faciant certum mihi non est.Sunt qui periphrasticè nominent, ein groß Wasserhünle/hoc est gallinellam aquati cam

eam magnã,ſed non propè aquatica dici debere uidetur. Corpore breui & craſſo eſt:& reliqua ſpe=
cie ſicut hic pingitur. Vix ulli auium digiti pro ſua magnitudine longiores,poſtremus etiam ad an=
teriores circiter dimidiam longitudinem obtinet.Colores non ſatis memini:puto tamen crura ſub=
uiridia eſſe:in dorſo & alis colorem è ſubruffo fuſcum,&c.　Circa Verbanum lacum quidam mihi
ſā Italicè polle nominabant: quod nomen cum pullam ſeu gallinam ſignificet, ñimis generale eſt.
¶ Græcum aut Latinum nomen nullum habeo:poterit tamen trochilus terreſtris dici(nam alij ſunt
aquatici è gallinellarum ſimiliter genere trochili)cum & genus commune ſit, & in curſu celeritas,
unde nomen à Græcis factum.quanquam & minimam auiculam regulum aliqui trochilum appel=
lant.Hegeſchara quidē celerrimè per frutices currit,& aliquando ad latus ſalit,malè uolat,& æger=
rimè in aërem ſe attollit.A falconibus aut accipitribus capitur,qui propter coloris obſcuritatem(ut
audio) difficilius hanc auem quàm coturnicem eminus uiſu deprehendunt.　¶ Vocem eius eſſe
audio aſperam & ſerratam,ut ita dicam,ger,ger, ger, (proferendo g. conſonantem ut Latini ſolent
ante a.)inſtar ſerpentium uocis quodammodo,itacɔ etiam capi ab aucupe uocem eius imitante alle=
ctam,dum cultrum per aridum lignum crenatum deducit.(Sunt qui dicant hageſcharam captam
6ɔuocem inſtar ſciuri emittere.)　¶ Sed alios hoc idem de alia quadam aue referentes audiui:quæ
menſe Iunio & Maio in pratis reperiatur,magnitudine turdi uiſciuori, colore ruffo inſtar perdicis,
cruribus longis,cauda nulla,die noctecɔ obſtrepera,uoce mirabili,quam imperiti prɛcreuntes na=

tricum (ſerpĕntium) eſſe putent, non admodum diſſimili anatum uoci (**der enten retſchen**) ſed argu‌tiore. Hæc (aiunt) inter herbas & gramen ſeſe abdit, ut rarò appareat. Deprehendunt eam tamen ali‌quando fœniſeces in nido. Oua eius duodecim aliquando inuenta ſunt, columbinis paulò maiora. Hæc nobis amicus quidam retulit, cui fœniſeces narrauerant. Apparet autē hanc quoqɜ, ſi alia auis eſt, inter gallinellas terreſtres numerari debere. Quærendū an eadem ſit de qua Turnerus: Eſt apud Anglos (inquit) in Northumbria auis longis cruribus, cætera coturnici, niſi quòd maior eſt, ſimilis: quæ in ſegete & lino, uĕre & initio æſtatis non aliam habet uocē quàm crex, crex. hanc enim ſemper ingeminat, quam ego Ariſtotelis crecē eſſe puto. Angli uocant a dakerhen, Germani **ein Schryck**. (Ea quam nos arquatam nóminauimus, à Friſijs, ut audio, **Schrye** appellatur.) Sunt qui etiā ruſti‌culam minorem, uoce ſua ita obſtrepere dicant, ac ſi quis cultrum per ſerram duceret.

¶ Retulit etiam nuper mihi quidam ſimiles quaſdā hegeſcharæ aues ex India adferri, in Gallia à ſe uiſas, quæ carnem & mures edant grandibus bolis, & oſſa magna deuorent, magnitudine galli‌næ. ¶ Hegeſcharam Anglicè audio ray nominari, & inter ſegetes capi, lautiſſimam auem.

DE GALLINVLA QVAM NOSTRI VOCANT
Brachhůn: uel de arquata maiore, & phæopode duplici, quarum alte‌ram arquatam minorem uocaui.

PHAEOPVS **Brachuogel.**

HAEC auis circa Argentoratū no‌minatur **Brach‌uogel**, corpore ni‌gricāte paucis ruffis & ſub‌flauis maculis aſperſa, ro‌ſtro tenui, oblongo, nigri‌cante, modicè inflexo. collo albicante, inferiore eius par‌te circa medium & infra ad flauum uel ruſſum tēdente, uentre albo, cruribus fuſcis uel cinereis, ut pictura no‌bis oſtendit. unde phæopus cognominari poſſet. quem‌admodū etiā ea cuius figu‌ra proximè ſequet, quam ta‌mē arquatā minorē potius appellare uiſum eſt. Eiuſ‌moi aues Mediolani girar‌dellos nomināt. ¶ Sed ui‌deo etiā turdi genus paruū à Saxonibus **Brachuogel** uocari, quod Eberus et Peu‌cerus coliurionem faciunt. Turnerus etiam batin eſſe coniſcit auiculam quæ uul‌gò uocetur **Klein Brachuo‌gelchen**, Anglis ſtonchat‌tera.

CHRISTOPHORVS Encelius lib. 3. de re Metal‌lica meminit auis quæ in Marchia regione Germa‌niæ uulgò nominetur **ein Brachhůn**, **Brachuogel**, nomine ab agris quieſcen‌tibus (**brach** uocant) impo‌ſito: coloris cyanei, optimi ſaporis, boni chymi. Hoc etiam genus, ut & alias gal‌linas ſylueſtres ore coïre ſcribit circa æquinoctium uernū, mare in os fœmellæ

inferente rostrum & infundente genituram, quod uerisimile mihi nequaquam esse, supra in Vro=
gallo dixi. Nos auem **Brachuogel** descripsimus in Elemento A. Arquatæ nomine, propter rostri
figuram, de qua an sentiat Encelius quoqʒ, incertus sum. color quidem cyaneus arquatæ nostræ nõ
conuenit. Audio autem eam appellari **Brachuogel** in quibusdam locis à mense Iunio quo aduen=
tare ad illos solet: Encelius à quiescentibus & noualibus agris hoc nomẽ suæ brachhennæ factum
ait. Arquatam nostram aliqui etiam **Regenuogel**, hoc est auem pluuiæ appellant, alij uenti uel tem
pestatis auem, **Winduogel, Watteruogel**, quod tempestatis futuræ prognosticon ex ea sumatur.
Sed uideo hæc nomina parum certa esse: nam & aliæ quædam aues ijsdem nuncupantur: quæ quo=
niam ad gallinaginum aquaticarum (ut omnino conijcio ex pictura) historiam pertinent, icones
10 earum hic adijciemus.

HANC auẽ, quam arquatam minorem
dixerim, (de maiore scripsi in Elemẽto A.)
aliqui similiter ut maiorem uocãt **Regen=**
uogel, id est pluuiæ auem, (à qua tamen di
uersa est quæ apud Gallos una uoce plu=
uier, id est pluuialis uocatur.) In Italia qui=
dam tarangolo. Superiori (iam descriptæ)
ferè similis est, cruribus ut illa cinereis, &
uentre albo, & sub capite similiter, itemqʒ
20 rostro, nisi quod paulo oblongius uidetur.
Alæ maculis albis asperguntur, alioqui ex
ruffo fuscæ. sed longiores earum pennæ ni
græ sunt, ut & dorium & collum pronum
nigricant. Collum supinum cum pectore
nonnihil ruboris habet obscuri & ualde di
luti, plurimisqʒ maculis nigricantibus di=
stinguitur. ¶ Arquata minor & ochro=
pus magna, **ein Schnurring**, quanquam
gallinulæ aquaticæ sunt, aliter tamen ferè
30 capiuntur, ut ex aucupe quodam Argen=
tinensi intellexi: nempe alis duabus com=
missis, idqʒ in gramine, non in ripa, alioqui
dispositis ut mox in Capite de Gallinulis
aquaticis capiendis in gẽnere dicetur. Sed
cum hæc duo genera præ cæteris adeò cau
ta sint, ut noctu in locis qui undique aqua
ambiuntur quiescãt, astutia opus est ut alis
istis opportunè dispositis deprehẽdantur.
Si quæ è retibus euaserint, tam altè clamãt,
40 ut spatio itineris ferme horæ exaudiantur.

DE RALA TER=
restri.

RALA uel ralla, nomen apud Anglos
& Gallos in usu, multis & diuersis auibus
incõstanter, ut uideo, tribuitur, nam & ter=
restres & aquaticæ quædã sic appellantur,
omnes tamen gallinularum generis, & cru
ribus oblongis. Petrus Bellonius ortygo=
50 metram uulgò rallã dici interpretatur. He=
gescharam nobis proximè descriptam, An
gli (ut puto) rayl appellant. Perdix rustica
uel rusticula Plinij (inquit Turnerus in epi
stola ad me) ab Anglis uocatur rala. Est au
tem rala duplex, altera cibum è ripis flu=
minum petit, altera degit in ericeto in lo=
cis syluestribus. Aquaticam illam Colo=
niæ diu alui, & malè uolare deprehendi, &
egregiè pugnacem. Rostrum & crura erãt
60 rubra, plumæ multis maculis respersæ. Mon
tana uerò illa & syluestris crura habet mul
tò breuiora aquatili, & plumas undiqʒ ma=

S

gis cinereas. sed rubra interim crura habet & roftrum. auis utraꝗ apud nos regium epulum (real
Itali regium uocant, Galli royal, & forte hinc ductum eft ralæ uocabulū. à colore crurum forte erythropus fuerit) uocatur, Hæc ille. Ego rufticam perdicem uel rufticulam, non ralam Anglis, fed
Vuodcoccum uulgò dictum, Gallis beccaſſam, interpretor. ¶ Quærendum an rallæ aues forte
dici potuerint, quod longis cruribus tanquam grallis infiftere uideantur. Sunt enim grallæ (noftri
ftelzas dicunt) fuftes furculas habentes, quibus nituntur qui super ijs ambulant, tefte Nonio. Vnde grallatorius gradus, id eft magnus, cuiufmodi folet eſſe grallatorum.   Diuerfi generis eft rallus
auis, ut quidam in Italia uocant, quem poft Fulicam defcripfi.

DE AVIBVS SIVE GALLINVLIS AQVATICIS:
longis cruribus &c. quædam in genere.

PRIVSQVAM reliquas huius generis aues fingillatim proponam, in genere prius quædam
adferenda uidentur. Dixi autem iam fuperius quoꝗ nonnulla toti huic generi tum terreftrium tum
aquaticarum gallinaginum communia. ¶ Girardelli Mediolani, & alibi in Italia giarioli (ut audio) uariæ aquaticæ gallinulæ nominantur, quaſi glareolæ:quòd in glarea (ſic uocant loca ſabulo et
lapidibus plena circa fluuios & torrentes) uerſari ſoleant. Noftri ferè omnes huiuſmodi aues in genere Waſſerhūnle/id eft gallinulas aquaticas nuncupant. Sunt autem innumera earum genera, ut
ardearum etiam aquaticarum auium, quarū μνεία ἐσόη eſſe author eft Oppianus:magnitudine præcipuè & coloribus difcreta. Sed ardeæ maiores ſunt & piſcitoræ, roftris omnes rectis, &c. Gallinulæ minores, neꝗ tam piſcibus (ni fallor, niſi minimis forte piſciculis) ſed uermiculis potius & inſe-
ctis circa aquas uictitant. Ariftoteles ortygometram aquaticis auibus corporis ſpecie ſimilem eſſe
ſcribit. Idem ἐν ὄρτυγας (malim ὄρνιθας) τῶ λιμναίων ϲεφότατ΄ eſſe ſcribit in Phyſiognomonicis, hoc
eft pedibus uel digitis pedum anguſtè coniunctis, & naturæ timidæ:unde homines etiam timidi eſſe coniiciantur illi,οἷς τῶ ποδῶν τὰ δ΄άκτυλα συμπεφραγμένα. Est autem, ut nos obſeruauimus, hæc ferè
rè ſpecies aquaticarum auium, ut crura oblonga habeāt, quo cibum commodè circa aquam & in a-
qua quærant, non enim natant, quare palmipedes non ſunt. digitum qui pro calce eft perbreuem
habet (quo quædam omnino carent, ut ea quæ Schmirring Germanicè, & altera quæ Koppzie-
gerle uocatur, quantum ex pictura uideo) corpus gracile & adductum, non craſſum nec in corpulentiam extenſum:caput pleraꝗ omnes puto proportione paruum:plumas plerunꝗ uarias, uerſus
quoſdã criſpantes coloris uarietate (albi uel alterius) redditos:caudam perbreuem. Roſitrū eft longiuſculum, modicè flexum: præterquam in rufticula utraꝗ, & marinis quibuſdam, quartū non omnino rectum eft roftrum. Partem capitis ſupinam, quæ inter roftrum & collum eft, omnibus albêre
uideo, ut etiam uentrem.ſed hoc intereft, quod uenter alijs ſimpliciter albus eft, alijs in albo maculis diftinctus fuſcis. Maximæ alarum pennæ omnibus ferè nigræ aut nigricantes, ochra & erythra
exceptis. Plurimæ etiam circa oculos maculas albas habent. Roftrum pleriſꝗ nigrum: in ochra
& poliopode aliquid punicei habet:& rubri nonnihil in erythra.in ochropode magna, pars dimidia quæ iuxta caput eft, flauet, anterior nigra eft.

EX GALLINVLIS AQVATICIS, QVAS NOVIMVS, SVNT

Roſtro quædã	Recto	Rufticula maior. Rufticula minor. Totanus, maritimę Limoſa	} pedibus	{ cinereis, è uiridi fuſcis. è pallido rubentibus. glaucis, uel è cinereo ſubuiridibus.				
	Modicè in flexo	Longiore	Phæopus, Brachuogel. Poliopus, Seffyt. Chloropus, Glutt. Hypoleucos, Fyſterlin. Arquata minor, Phæopus altera, Ragenuogel. Erythropus maior, Rotbein. Melampus, Rotknillis. Ochropus magna, Schmirring. Rhodopus uel Phœnicopus, Steingällyl.	} Pedibus	cinereis. ſimiliter, uel canis. uiridibus. fuſcis, cū exiguo ſub ruffo colore. è cinereo fuſcis. rubicundis. fuſcis nigricātibus. pallidis uel ſubflauis è fuſco roſeis.
		Breuiore	Erythropꝰ minor, Koppziegerle. Ochropus media, Mattknillis. Ochra, Wynkernel. Erythra, Mattkern. Ochropus minor, Riegerle.	} Pedibus	{ rubicundis. è fuſco uiridibus. obſcurè ſubflauis. è fuſco cinereis. è flauo uiridibus, uel ſubflauis.

Gallinulas haſce omnes ferè à crurum colore denominauimus, præter hypoleucon, à partis inferioris albedine, erythram & ochram, à totius corporis colore.

¶ Auem

¶ Auem Deffyt à crurum colore Poliopodem uocaui: (quamuis etiam gallinula quæ Brach= nogel dicitur superius descripta , fuscos habet pedes , sed minus (ut ex pictura conijcio) canos , ut Phæopus potius sit quàm Poliopus:in ea que Rotknillis dicitur, magis nigricant è fusco, nec ullius in hoc genere nigriora , quare Melampodem cognominabimus. Matkerna uerò etsi fuscos habeat pedes, à totius corporis tamen colore potius Erythram nominare placuit.) ¶ Item pleræᶜ om= nes iam dictæ aues cum aquaticæ sint, & inter frutices ac arbusta riparum uersentur, non alio ferè, quod sciamus, cibo quàm pisciculis aluntur, & initio autumni plerunᶜ ad nos aduectant, & hyemis exitu denuò auolant, ut & aliæ quædam aues migrare solitæ. Aucupium earum mane ante Solis exortum fit, aut uesperi post occasum. Interdiu enim locis palustribus degunt, incipiente uerò ue=
10 spere tam sublimi uolatu euehuntur, ut nõ amplius appareant. Aucupes in ripa, quàm frequentare solent, rete extendunt, ita ut uersus aquam spectet, utrinᶜ autem ad rete eius generis aues quas ca= pere uoluerint, aliquas mortuas, & circiter duas uiuas disponunt: ad quarum allicientium uocem aues è sublimi se demittunt, & reti in aquam deiecto capiuntur. Cæterũ arquatæ minoris & ochro podis magnæ captura nonnihil differt, ut supra indicauimus.

¶ Alcyonem Encelius Salueldensis uulgò à quibusdam **Wasserhünle**, id est gallinulam aqua= ticam, sed improprie appellari scribit.

¶ Almencalbum, seu almebacalbũ, est illud quod Aegyptij uocant albicalmun, & est auis aqua= tica, quam habitantes infra terram Aegyptij in loco nominato Alsemur uocant gallum aquæ, ut do cet Glossa Arabica & Sitasi,Andr. Bellunensis. Sunt qui etiam fulicam nostram (**ein Böllhinen**)
20 pullum seu gallinam aquæ appellent.sed ea palmipes est & natat, nec longa habet crura ut gallinu= læ de quibus hic agimus, quarum nulla palmipes est.

DE AVIBVS QVARVM VETERES MENTIO= nem fecerunt,quæ ad genus gallinaginum aquaticarum re= ferri posse uidentur.

CALIDRIS & CELEVS aues suo loco dictæ sunt, TROCHILVS dicetur. Sunt autẽ tro= chili diuersi,ex quorum genere corythum(κόρυθος) etiam esse Hesychius & Varinus tradunt. NV= MENIS post Arquatæ historiam descripta est, & ATTAGEN quoᶜ auis palustris in A. Elemen=
30 to. ELAPHIS in E. de GLOTTIDE ultimo post Gallinulas loco agetur. PHOENICOPTE= RVS auis palustris à puniceo colore pennarum dicta, in P. non omittetur.

TRYNGAS(Τρύγγας)lacus & fluuios petit, caudam motitat, ut etiã cinclus, albicula & iuncõ. sed inter minores has maiuscula est.turdo enim æquiparatur, Aristoteles. Tryngas Germanicè di citur ein **Wasserhenn**, (id est gallina aquatica,)Anglicè a water hen,or a mot hẽ,(forte a mor hen,) Turnerus.Est autem auis(inquit)tota pulla, excepta ea caudæ parte, quæ podicẽ tegit.ea enim can dida est,& tum cernitur cum caudam erigit,alis parum ualet,atᶜ ideo breues facit uolatus,In stag= nis,quæ nobilium ædes obducunt, & in piscinis apud Anglos plerunᶜ degit. Si quando periclita= tur,ad arundineta densiora solet confugere. Audio & snyt appellari apud Anglos auem longo ro= stro,magnitudine picę,quæ semper iuxta aquam uersetur,& caudam motitet: quæ cinclus,an tryn
40 gas,quærendum est. ¶ Tryngas, ein **Wasserhenne**, nigra tota,fidipes,candido uertice ad ro= strum usᶜ demisso,pedibus altis & nigris,caudam continuò mouet, & loca incolit aquosa, Eberus & Peucerus.

¶ Huc pertinet etiam auis quæ alicubi in Heluetia , ut Claronæ, **Wassertrostle**, id est turdus aquaticus nominatur,rostro breui,cruribus altis,fidipes:quam non memini me uidere,nec an tryn gas sit asserere possum:nisi forte merula aquatica est,de qua suo loco.

DE RVSTICVLA VEL PERDICE rustica maiore.

50
A.

ALLINAGO dicta (ascolopas) per sæpes hortorum capitur (ὲν τοῖς κήποις ἀλίσκεται ὲρκεσι, forte melius uertetur,in hortis capitur retibus. nam ὲρκεσι pro δικτύοις Sophocles etiam di xit,ut Varinus habet)magnitudine quanta gallina est,rostro longo, colore attagenæ.cur= rit celeriter,& hominem mirè diligit,Aristot.de anim.hist.9.26.in quo loco Albertus ha= bet ascolakos.sed eiusdem libri cap.8.circa finẽ σκολόπαξ habet Aristoteles,quod magis placet,Sco= lopax(inquit, ὁ σκολόπαξ Gallinago uertit Gaza)ex auibus non uolacibus,nunquam in arbore con= sistit,sed humi.Facile quidem fuit coniuncto articulo pro ὁ σκολόπαξ, ἀσκαλώπαξ scribere. Scolopax sanè apud Hesychium etiam & Varinum legitur,uidetur autẽ sic dicta hæc auis quod rostrum lon=
60 gum & rectum habeat instar pali.nam palum siue lignum longum rectumᶜ Græci scólopa nomi= nant,σκόλοπα,omnibus syllabis breuibus, cum Nemesianus penultimã producat, ut iam recitabo, apud quem prima per a. scalopax scribitur , quasi σκαλώπαξ Græcè dici deberet. Volatertantus

S 2

inepte Aristoteli scribit hanc auem alectoridem dici, cum alectoris gallinam significet, cui magnitudine tantum comparatur ab Aristotele. Scolopacis auis Herodianus meminit, qui syluestrem perdicem interpretatur, (ut & docti plericp rusticam perdicem à Martiali dictam interpretan 30
tur)quam & Nemesianus sic uocat, & eius uenationem mox post otidem quibusdam notis similem
statim describit, cuius hi sunt uersus: Cum nemus omne suo uiridi spoliatur honore, Fultus
equi niueis syluas pete protinus altas Exuuijs.præda est facilis, & amœna scolopax. Corpore
non Paphijs auibus maiore uidebis, Illa sub aggeribus primis quà proluit humor, Pascitur,
exiguos sectans obsonia uermes. At non illa oculis, quibus est obtusior,etsi Sint nimium grandes, sed acutis naribus instat, Impresso in terram rostri mucrone sequaces Vermiculos trahit,
& uili dat præmia gulæ.Hæc Nemesianus citante Gyb. Longolio, qui hanc auem non aliam facit,
quàm quæ beccassa uulgò dicitur, ein Schnepff.

¶ Eadem planè quæ scolópax Græcorum, Latinorum rustica perdix, uel rusticula esse uidetur.
Rustica sum perdix. quid refert, si sapor idem est? Carior est perdix, sic sapit illa magis, Martialis 40
sub lemmate Rusticula. Rusticulæ & perdices currunt, Plinius. Rusticulam Scoppa interpretatur Italicè gallinam arceram, id est beccassam, ut & Gallicè quidam. Cæterum aliam esse auem que
gallina rustica à Columella nominatur, & gallinæ uillaticæ similis esse fertur, supra dictum est. Humi nidulantur perdices, & rusticulæ,quæ sunt nostrates perdices(quæ uulgò perdices uocantur, ab
Italis starnæ uel externæ. nam propriè perdices sunt maiores, ut Hispanæ, & Chienses, & Siculæ,
Niphus. Et rursus, Gallinago Aristotelis est, quæ uulgò gallinella dicitur. quamuis alij quidam,
sed malè, (ut recognitor ille Papinij,)nostram perdicem intelligentes, dicant gallinellam rusticè dictam,esse rusticulam siue starnam,(externam.) Turnerus rusticulã illam auem esse putat,quæ An
glicè rala dicatur,duûm generum,aquatica & terrestris, ut supra recitaui in Capite de rala.

¶ Scolopacem Theodorus gallinaginem uernaculam uocem secutus (ita enim uulgò nomina- 50
tur)interpretatus est,Hermolaus. Volaterranus & Niphus Italicè uulgò gallinellam dici scribunt.
Effertur & gallinaza à quibusdam,ut circa lacum Verbanum:ubi & pola à quibusdam,nimis generali uocabulo dicitur, id est pulla. Phasiani & turdi & gallinacea (de gallinagine intelligo) magis
hyeme conueniunt, Arnoldus de Villanoua. Arcia circa Brixiam dicitur, ut audio, & alibi gallina arcera,teste Scoppa,alibi pissacare,circa Bononiam: & gallina rusticella, ni fallor,alicubi,sed im-
propriè:in Hetruria accegia. Sunt aues quædam quæ gallinæ syluestres dicuntur, uulgo gallinaceas appellant,quæ ad naturam perdicis & temperamentũ eius proximè accedunt, ut Michael Sauonarola testatur, Anton.Gazius Patauinus. ¶ Gallis nominatur becasse, uel becasse grande, à
rostri longitudine,ac si rostricem Latine dicas.nam becco rostrum appellat uulgus Gallicum, uocabulo Tolosano antiquo:quãquam id illis gallinacei rostrũ significaret, ut author est Tranquillus 60
in Vitellio.Fuerit autem & pico fortassis suum nomen à rostro factum, quod ualidissimum habet,
ut becassa quasi picassa longum, sunt qui scribant bequasse. Normanni uidecocq appellant nõ di-
　　　　　　　　　　　　　　　　　　　　　　　　　　　　　　　uersam,

uersam, ut quidam putant, sed eandem auem. est autem ea uox Anglorum, qui Vuodcok uocitant, nomine semigermanico & semigallico. nam wod eis est sylua, ut nobis wald. cok gallinaceus, ut Gallis. quidam Germanici & Anglici sermonis imperiti, uidecocq dictam suspicantur ridiculè, quòd rostrum instar uirgæ genitalis gallinacei habeat. ¶ Germanica nomina uaria sunt, nam uel simpliciter Schnepff appellatur, & Schnepffhůn, & Rietschnepff, quòd humidis locis gaudeat ac palustribus: & ad differentiam minoris rusticulæ, grosser Schnepff. id est rusticula maior. Brabandis Reppe nominatur, (unde Albertus & alij quidam nepam dixerunt,) à Flandris Sneppe: ab Anglis snype, uel wodcok ut supra scripsi. à Turcis in Asia minore tcheluk. ¶ Græcis hodie uulgò xylornitha, id est gallina syluatica, Bellonius.

10 ¶ Falluntur Britannici Ludimagistri, qui suum Vuodcoccum (id est beccassam) attagenem faciunt, qui solis uescitur uermibus & grana nunquam attingit, Turnerus. ¶ Sunt qui auem (beccassam) cui à rostri longitudine à Germanis nomen rectè inditum est, ueterum ortygometram esse putent, Gyb. Longolius. Ethigoneta (meridose pro ortygometra) auis est similis perdici, sed longo rostro, Arnoldus Villanou. Sed de ortygometra post Coturnicem scripsimus. ¶ Albertus ficedulam, nepam uel sneppam Germanorum interpretatur, ea forsitan solum ratione ficedulam eam uocans, quòd suauis & pinguis sit auis, & messis plurimum quæsita: nam ueterum ficedulam aliam esse fatetur. ¶ Georgius Alexandrinus beccassam, id est perdicem rusticam, cum gallina rustica confudisse uidetur, uulgi forte nomenclaturis deceptus, ut supra in Gallina rustica scripsi.

B.

20 Reperitur hæc auis in omnibus ferè regionibus: apud Heluetios quidem circa loca montana & aquosa, etiam abundat, initio hyemis præsertim. Magnitudine paulò inferior est quàm uillaticâ gallina. Rostro longo: & ea propè crurum forma, qua cynchramum (cynchramum uerò scricam Germanis dictam facit, ein Strecke) esse diximus, ingluuie caret, Gyb. Longolius. Nepa rostrum oblongum habet, in dorso colorem perdicis, in uentre nisi: linguam ualdè longam, quam procumbens in puluere procul extendit, & attrahit uermes, Albertus. Idem ubi Aristotelis libri de hist. anim. noni caput 26. interpretatur: Auis (inquit, nimirum ex Auicenna) ascolacos (ascalopas) ut Græci uocant, in hortis & pratis capitur, magnitudine galli (gallinæ Aristot. sed minor etiam quàm gallina est, ut columbis melius à Nemesiano conferatur,) rostro longo, colore ut attagen, qui declinat ad cinereum cum quodam rubore & flauedine distincta, Moratur autem in hortis. nam diligit

30 loca hominibus uicina, propter semina quæ inuenit incubentis (in areis forte) herbarum hortorum. Sed siue hæc Albertus de suo adiecit, siue ex Auicenna mutuatus est, falsa uidentur. non enim seminibus uescitur scolopax (id est becassa nostra) sed uermibus, ut neq alia auis (quod sciã) cui rostrum sine latitudine oblongum est. Longolius tamen, ut in E. referam, inclusam farina fagotritici pinguescere scribit. ¶ Gallinago quam ipse inspexi instar paruæ gallinæ erat, eadem qua perdix nostra corpulentia, unciarum forte duodecim pondere. colore macularumq̃ uarietate mirificè distincta, ex ruffo uel testaceo colore, albicante, nigro, & alijs. Rostro ab extremitate ad oculos quinq̃ digitos aut amplius longo, anterius nigricãte & asperiusculo. Rostri pars superior ultra inferiorem extenditur. Lingua gracilis, oblonga, neruosa. Crura ferè rosei coloris.

C.

40 Ascolopax auis pulueratrix est, G. Longolius. Versantur circa hortos, & circa domos etiam in urbibus in Italia ut audio, alioqui circa riuos & locis humidis degere gaudent: & per diem ferè inter arbusta latere, noctu in prata prouolare. ¶ Capiuntur Octobri mense ferè apud nos. Autumno manè & uesperi inter arbores uolant, Albert. In die quiescit, in aurora & crepusculo uolat, Idem. Capiuntur in Anglia mane potissimum & crepusculo in syluis, nunquã apud nostrates nisi hyemè uidentur. quare de prole & modo nidulandi nihil habeo quod dicam, Turnerus Anglus. Sæpenumero aduentantibus turdis incipiente capitur autumno in Gallia & patria nostra (circa Brixiam,) Aloisius Mundella. Circa solstitia hyberna nobis uedi solet, Gyb. Longolius. Ficedula (sic uocat sneppam) à quibusdam locis Germaniæ nunquam recedit. in Sueuia enim semper inuenitur, sed à Germania inferiore Aquilonari, quæ multum est aquosa, recedit æstate, & redit in fine autumni,

50 Albertus. ¶ Sneppa solis uermibus uescitur, & grana nunquam attingit, Turnerus. Rostrum molli luto infigit, & cibum uermium requirit: & si aliquando profundius defixo rostro hæserit, pedibus lutum eruens se liberat, Albert. In puluere procumbens longe extendit linguam & attrahit uermes, Idem. Sunt qui dicant gallinaginem spiritu immisso in caua, unde sonus etiam quidam procul audiatur, uermes extrahere: eosq̃ exire propter calorê aëre ex inflatu auis calfacto. sonum autem reddi, si locus cauus, angustus & oblongus sit.

D.

Mirificè amat hominem, Aristotele teste, scolopax.

E.

Nepa in die quiescit, in aurora & crepusculo uolat: & ideo tunc in altû eleuatis retibus capitur,

60 Albert. Mane & uesperi inter arbores uolat. quare rusticè expãsis in altum retibus capitur: eò quòd exeundo & intrando semper easdem uias sequi consueuit, Idem. Capitur apud Anglos diluculo potissimum & crepusculo in syluis, retibus in loco arboribus uacuo suspensis, & ueniente auê de=

S 3

missis. Rusticulæ capiuntur noctu ad ignẽ,tintinabulo,& genere retis quod Galli coopertorium uocant.Ignis quidem fit è pannis ueteribus siccis in seuum liquatum intinctis, tum cõtortis brachij crassitie,longitudine pedis,accensisq́;,Rob. Stephanus. ¶ Scolopaces sæpe in ornithone mihi sagina plenos fieri,uidere contigit.Hæc autem ex farina fagotritici cũ aridis subacta ficubus paratur, quæ in labris paulò latioribus effusa,copiosius aqua conditur. eam rostris illi longissimis hauriunt potius quàm ducunt. Ab hac fartura, quòd magnis impensis fiat, multi abstinent. uerùm illi mihi haudquaquam sapere uidentur. Edunt enim omnium ferè minimum, ut quæ carnosæ admodum sunt,& ingluuie planè careant,Gyb. Longolius.

F.

Snepa carnem habet suauem, Albertus. Habetur quidem in delicijs, minus tamen quàm perdix, & carne minus alba est & magis rubicunda quàm perdix. Gallinacea (id est becassa) magis hyeme conuenit, Arnoldus de conseru.sanitate.in plerisq́; quidem locis hyeme tantũ reperitur.

G.

Gallinaginem aliqui deplumatam exenteratamq́;,in furno torrent & cremant in olla figlina ad quoddam remedium, aduersus calculum ni fallor.

DE RVSTICVLA SYLVATICA.

ALIA

Ａ L I A eft quæ fimpliciter rufticula dicitur, uel rufticula paluftris maior, de qua iam fcripfimus: alia uerò rufticula'fyluatica, de qua nunc agimus, quæ fyluatica potius quàm paluftris eft, unde à Germanis uocatur Ⅶaldſchnepff/ Ꝟoltzſchnepff: maior fuperiore, cum
gallinam ferè æquet: & colore fimili quidem, fed faturatiore, cruribus cinereis, uentre albicante, roftro minus longo, ut pictura oftendit, quam ab Argentoratenfi aucupe eodemꝗ pictore
accepi. Tendiculis feu laqueis capitur.

DE GALLINAGINE SIVE RVSTICVLA MINORE.

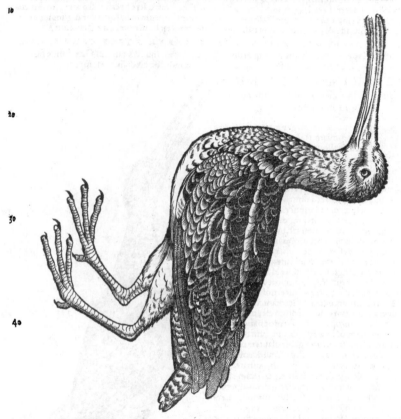

Ａ VIS eft apud Batauos eadem (qua rufticula maior) forma roftri, capitiſꝗ, item corporis:
nifi quòd longè minor fit, menfarum delicijs maximè nobilis. at hæc neꝗ in auiario, neꝗ
in caueis uiuere dignatur, neꝗ mihi conſtat quo nomine hactenus à ueteribus fit appellata. Aduena eft fecūdum uernum æquinoctium, neꝗ à marginibus lacuū & ſtagnorum
quoquam diſcedit, quare neꝗ puluceratrix eſt (ut rufticula maior,) Gyb. Longolius. interpretatur au
tem Germanicè Ꝅarſneff. alij uocant Ꝅerrſchnepff, hoc eſt dominorum & nobilium gallinaginem, alij Ꝥraſſſchnepff, fortè quòd inter gramina lateat: alij uoce diminutiua Ꞩchnepfſtin: alij nimis generali uocabulo Ⅶaſſerhünle. Galli becaſſon. Sabaudi becaſſe petite, id eſt gallinaginē
minorem. Turcæ (ut audio) ielue. ¶ Ebero & Peucero molliceps ab Ariſtotele dicta auis, eadem eſt quæ Germanorum Ꝅarſchnepff: quod mihi nequaquam congruere uidetur, quanquam
Longolius quoꝗ ante illos idem ſenſerit. ¶ In ruſticula maiore inferior roſtri pars aliquanto breuior eſt ſuperiore, non item in minore ruſticula: in qua tamen anterior pars (ſi bene memini) multò
quàm in maiore aſperior eſt.

¶ Rusticulæ minoris uocem auditam pluuiæ prognosticon quidam faciunt. Eandem aliqui talem esse aiunt, ac si quis cultrum per serram ducat. quod tamen alij de alia quadam aue dicunt, de qua supra scripsi inter Gallinulas terrestres. In rusticulæ minoris uentre initio Decembris captæ, inueni scarabeos quosdam, & uermes albicantes, tenues, oblongos, quales farinarios nostri appellant. Caro eius tenera & suauis est.

Rusticulæ siue gallinagini maiori similes esse audio in Frisia aues quasdam. nam ea quæ Wülp nominatur uulgò, rostro & pennis colore illi côfertur, sed magnitudine uincit. item Grütte dicta, rostro, &c. ¶ Hieronymus Tragus inter aues mensis requisitas meminit illarum quæ Germanicè dicantur Bruchschnepsslin oder Habergeißlin: quæ forsitan non aliæ sunt quàm quas supra inter Gallinulas terrestres Brachuogel (ab agris noualibus, rostro ferè becassæ, sed arcuato) nuncupaui. ¶ Hæmatopus, id est pica marina ut Galli uocant, rostrum habet quatuor digitos longum, ut gallinago: unde & gallinaginem marinam (becasse de mer) aliqui nominant, Bellonius.

DE DVODECIM GENERIBVS GALLINVLARVM AQVATICARVM, QVAE circa Argentoratum capiuntur: quarum nulli peculiare aliquod Latinum Græcumue nomen assignare possum. In genere uerò nonnihil de eis dictum est supra.

DE PRIMO GENERE,
quod uulgò Germanicè uocant Rotbein, id est erythropodem.

L V C A S Schan Argentoratensis pictor diligentissimus, & idem auceps, captas à se aliquot gallinulas aquaticas egregiè depictas (nisi hoc aliquis improbet, quòd nô eo qui uiuarum est corporis gestu, sed ut pingendas suspenderat reddidit) mecum communicauit. Ex his iam superius duas dedimus, gallinulâ scilicet à noualibus agris dictam Brachuogel, ut conijcio: (nisi ea potius terrestris est quàm aquatica) & alteram cui à pluuia nomê Regenuogel. Reliquum est, ut cæterarû quoqᷓ icones proponam, & breuissimas à coloribus pictis sumptas descriptiones. uiuas enim aliquot earum non uidi. Præponam autem illas ferè quibus rostrum longius est: quibus id breuius, postponam. Icones quidê ipsæ si colores non addantur, pleræqᷓ parum inter se discernuntur.

¶ Primi huius generis Germanicum nomen à rubente crurum colore factum est, ut dubites an hæc sit erythropus cuius Aristophanes meminit. quanquam & rala Anglorum, tum terrestris tum aquatica (utraqᷓ inter gallinulas terrestres suprà nobis memorata) cruribus simul & rostro rubeat. ¶ Auis cuius hæc icon est, rostro est (ut apparet) oblongo & nigricante, per summû modicè inflexo. pennis fuscis, albo passim aspersis. uentre albo, fuscis per trâsuersum maculis intercepto. Meminit huius auis etiam Turnerus: Est apud Anglos (inquit) in locis palustribus auis quædam, longis & rubris cruribus, nostra lingua redshanca dicta: cui an descriptio hæmatopodis Pliniani conueniat, qui apud Anglos degunt inuestigent & examinêt. Quòd si Anglorum redshanca (ut conijcio) eadem quæ Germanorum Rotbein est, cum utruncᷓ nomen Germanicum sit & eiusdem significationis: non poterit esse hæmatopus Plinij, cui rostrum simul & crura prælonga rubent, nostra uerò rostrum tantum.

¶ Erythopodem alterum minorem Germanicè dictum Koppziegerlin inferius describam loco undecimo.

D B

DE SECVNDO GENERE, QVOD Glutt No-
minant, quasi glottidem.

HVIC aui uulgare nomē
est Glutt, forte tanquā
glottis, cuius Aristote-
les meminit, imposito
à lingua oblonga nomine. quod
si illa non est, congener uideri po
test. nam cum rostro sit longo, lin
guam etiam ei longam esse uerisimile est, ut & gallinagini in hoc
genere, quę cum uermibus pasca
tur, (sicut plerecʒ omnes huiusge
neris puto,) linguā exerit oblongam, ut in eius historia scriptum
est. Sed de ueterū glottide, siue
alia siue eadem est, infra scribemus. Glottis hæc nostra colore
fusco est, albo colore in alis modicè asperso pēnis extremis. alba
est circa oculos, collo, pectore &
uentre toto. Rostrū nigrum est,
crura ferè uiridia, uel mixti è pallido & uiridi coloris. Vocē instar fistulæ argutam ædit.

DE TERTIO GENERE. QVOD Deffyt
nominatur uulgò, à nobis Poliopus.

1o

2o

3o

4o

TERTIV M hoc genus nescio qua ratione Deffyt appellatum, cruribus est cinereis uel 5o
canis, unde poliopodem aliquis dixerit, rostro partim obscurè roseo, partim nigricante,
per collum superne ac dorsum fuscus color ad subrussum accedit, qui in alis multò dilutior & albicantior est, in quibus etiam pennarum margines albi sunt, ut pectus quoq; &
uenter totus.

DE

DE QVARTO GENERE, Schmirring DICTO, NOS
Ochropodem magnum nominabimus.

O CHROPVS magnus, quẽ sic nomino à luteo uel sulfuris in= star subflauo crurũ colore, (qui in rostro etiam ad dimidiũ usꝗ uel ultra apparet. anterior enim eius pars nigra est,) Germanicè Schmirring, per onomatopœiam (ut cõiicio) nuncupatur. Est autem in hoc genere maximè uarius, cum septẽ in eo colores (ut pictura osten= dit) discreti appareant. nam præter subfla uum quem dixi, passim toto corpore ruf= sus apparet: in breuissimis alarum pẽnis extremis etiam rubens ut in rubrica fa= brili. albus tum in capite & circa oculos, tum in medijs alarum pennis & uentre. Longissimæ alarum pennæ nigrę sunt: & alibi passim, in dorso, cauda, collo & alis maculæ nigricant. Palpebrarum margi= nes color croceus tingit. Est & fusci uel cinerei nonnihil in alis. ¶ Digito poste riore pedes carent, nisi pictura me fallit. ¶ Nidificat inter fruticeta è musco & gra mine.

¶ Ochropodes aliæ duæ, media & mi nima, inferius describětur, octauo & duo decimo locis.

DE QVINTO GENERE, QVOD RHODOPO⸗
dem appellamus, uulgus Germanicum Steingállyl.

10

20

30

40

RHODOPVS auis, ut nos appellauimus, roseum uel amethysti ferè colorem in cruribus
habet.rostro est nigro, corpore fusco, cinereæ per alas maculæ: ut per collum quoq,, quod
alioqui album est, uenter absq, maculis candet, caudam albam transuersæ lineæ nigræ cin⸗
gunt, rostrum est nigrum. Causa nominis Germanici ignota mihi est, Turnerus scribit
tinnunculum etiam accipitrem ab Anglis alicubi Steingall uocari.

50

DE

DE SEXTO GENERE GALLINVLAE AQVA=
ticæ, quam Hypoleucon cognomino : uulgus Germanicum appel=
lat Ƒyƒterlin, neƒcio qua ratione.

HYPOLEVCON, hoc eƒt ƒubalbum, genus hoc gallinulæ cognomino, quod tota pars ƒub=
tus collum, pectus & uenter, albi coloris puri & abƒcჳ maculis ƒit, præ cæteris huius gene=
ris auibus, Reliquum corpus fuƒcùm apparet, in alis dilutius, circa collum ƒuperius utrin=
que ruƒƒum uel ƒubflauum nonnihil admixtum eƒt. Crura fuƒca cum modico colore ruƒƒo;
Roƒtrum nigrum modicè flexum anterius.

                                                             T

DE SEPTIMO GENERE, QVOD Rotknillis
uocitant, ego Melampodem cognomino.

ERMANICVM nomen Rotknillis compositum uidetur, à colore. est enim ruffo uel
rubicundo colore cum maculis fuscis in collo hæc auis, & circa oculos. Knillis uerò ne=
scio unde facta uox communior est, cum alia etiã huius generis gallinula proximè descri=
benda, Marknillis dicatur. Nos à crurum colore Melampodis nomen finximus, quod
nigripedem significat. nulla enim huius generis auis, quòd sciam, nigriora habet crura. Corpus fu=
scum est, cum maculis quibusdam sordidi coloris & obscuri. rostrum etiam nigrum est, alas macu=
læ albæ distinguunt.

DE OCTA=50

DE OCTAVO GENERE, VVLGO DICTO
Mattknillis: nobis Ochropus medius.

10

20

30

40

D E Germanico huius auis nomine proximè retrò dictum est. nos ochropodē medium no
minauimus, à crurum colore luteo, uel subuiridi obscure. nam ochropodem magnum su=
pra loco quarto descripsi, minimum duodecimo descripturus. Rostrum ei nigricat, ut &
tota superior pars corporis, alæ ad fuscū tendunt, præter pennas longiores nigras, fuscum
50 est etiam pectus cum collo, ut pictura indicat. Vidi ego captam huius generis auem, initio Februa=
rij, huic similem: sed rostro oblōgiore paulò quàm hic pingitur: dorso minus nigro, fusco potius: cui
uersus caput nonnihil cinerei coloris admixtum erat: in dorso uerò posterius aliquid subruffi obscu=
ti, cauda aliquatenus tota candida erat, sed circa finem duæ lineæ nigricantes spacijs albis distingue=
bantur. Apparebant & exigua puncta albicantia passim, præsertim in minoribus pennis alarum.
uenter cādidissimus. collum cinereum maculosum. rostrum nigrum. pars capitis inferior candida.
crura ferè ex uiridibus fusca. lingua in oblongum mucronem desinens. Magnitudo totius quæ mea=
tulæ, sed corpus paulò gracilius, & collum oblongius.

T 2

DE NONO GENERE, QVOD ERYTHRAM
nuncupo, uulgus Mattkern.

VR Mattkern à uulgò hæc auis dicatur ignoro: ego à totius corporis colore erythrã uo caui. Etsi autem corpus totum ferè (uentrem albicantem rubro tamen suffusum, & crura leucophæa excipio) rubicundum sit, obscurior tamen is rubor in dorso est, & maculis nigris interceptus: clarior in alarum aliquot pennis: in quibus longissimæ ad rubricæ fabrilis colorem accedunt. in collo inferius puncta quædam albicant. Rostrum nigricat, non absque rubore, breuius quàm plerisǫ aliis in hoc genere. ¶ Inter arundines capitur laqueis, (mit böglinen.) Vocem & clamorem ædit quo repræsentâtur sonus fullonum lanas ferientium. Er schꝛyet vnnd schnurret wie die wullenwäber wenn sy die wullen schlabend. ¶ Audio etiam ab aliis Reinuogel, hoc est auem Rheni appellari: paruam quãdam in gallinularum genere, colore uariam subfuscam, & alio nomine Mattkern dici.

DE

DE DECIMO GENERE
Gallinularum, cui Ochræ nomen
fecimus, uulgò **Wynkernnell**
appellant.

DE VNDECIMO GENERE,
quod Erythropodem minorem appello,
uulgus **Kopptiegerle.**

VIVS etiã auis Germanici nö-
minis rationẽ non aſſequor. Ker
nella quidem uulgò Germanorũ
dicta, in anatum quòcǫ ferarum
genere eſt: & Matkerna inter gallinulas
proximè dicta, ego ochram nominaui, à to
tius ferè corporis colore ſubuiridi, ſed ſor-
dido & obſcuro, prona parte magis fuſco.
Caput, collũ, pectus & alæ, punctis & ma
culis candidis inſigniuntur. cauda albicat
aliqua ex parte. roſtrũ partim nigricat, par
tim puniceũ eſt, Crura, ut in ochropodum
genere, lutea.

ERMANI circa Argẽntorátum, ut proximè ſequentem auem **Kiegerle** uocant: ita
eam quam nunc deſcribimus **Kopptieger**
le, neſcio quam ob cauſam. Ego à pedũ co
lore rubénte erythropodem, adiecta minoris differen
tia, nam maiorem ſupra primo loco deſcripſi. Coloris eſt fuſci, & nönnihil ſubruffum habet in alis præſertim & collo. Alas per medium linea alba traſuerſa
diſtinguit, longiores earum pennæ partim nigræ, par
tim cinereæ apparent. cauda alba, roſtrum nigricat.
Digiti pedum poſteriores nulli, uel breuiſſimi uiden
tur, ſi pictura bene habet. Erythropodem maiorem
ſupra primo loco deſcripſi.

T 3

DE DVODECIMO GENERE GALLINV-
larum, quod Ochropodem minorem nomino, uulgus Riegerle.

10

20

30

V V L G O hanc auem Riegerle uocant, (quaſi motriculam dicas. uerbum enim regen/ no
bis moueri eſt. Nam cum aliquid circa aquã audierit hæc auis, ſtatim mouetur, & exigua
uoce ſua argutiſsimè clamat,) ut ſuperiorem Koppriegerle. Minima quidẽ inter gallinu 40
las uidetur. Roſtrum nigricat, collum album eſt, idẽ altius quàm in cæteris, idem linea fu
ſca ceu torque ambitur inferius. Caput quoꝗ nigricat, in quo ſpatium ſupra oculos nigrum inter
albas utrinꝗ maculas continetur. Dorſi alarumꝗ color ad cinereum uergit. longiſsimæ alarũ pennæ nigricant. Crura ſublutea ſunt, à quorum colore Ochropodem minorem hanc auem nominaui,
magnum enim ochropodem iam prius deſcripſi loco quarto, medium octauo.

DE GALLINVLA QVAM ANGLI
Goduuittam uel Fedoam appellant.

S I ſatis exploratum mihi eſſet attagenam auem paluſtrem eſſe, & uarijs maculis diſtinctam, ut
Eraſmus ſcribit, Anglorum goduuittam ſiue ſedoam, attagenam eſſe, indubitanter auderem adſir 50
mare. Eſt autem ipſa gallinagini ita ſimilis, ut niſi paulo maior eſſet, & pectoris color magis ad cine
reum uergeret, altera ab altera difficulter poſsit diſtingui, uiuit in locis paluſtribus, & ad ripas fluminum. roſtrum habet longum, ſed capta triticum non ſecus atꝗ columbi, comedit. triplo pluris
quàm gallinago apud nos uenditur, tantopere eius caro magnatum palatis arridet, Turnerus.
❡ Haud ſcio an illa quoꝗ auis gallinularum generis ſit, quam Friſij TIRCK appellant, pennis &
roſtro non diſsimilem ſturno, cruribus procerioribus.

DE GALLINVLIS SIVE ARDEOLIS MARINIS,
quarum alteram Totanum, alteram Limosam circa Venetias uocant.

TOTANVS.

O T A N V S & L I M O S A, ut Venetijs uocant si bene memini, inter ardeolarum galli-
nularumǼ naturam ambigere ferè uidentur, quòd gallinulis maiores sint, ardeolis minores. Rostra eis recta & acuta, & ad uictum è piscibus apta sunt. In Germaniæ maritimis
has aut similes aues Polſchnep, uel Pfulſchnepff nominari audio: hoc est gallinagines paludum, ut conijcio.

¶ Totanus auis est aquatica, rostro nigricante, præsertim anterius: posterius enim, & magis inferiore parte, ruffum est. uertex cinereus, ut & reliqua pars prona. Alarum ima pars alba, extima nigra est. reliquæ plumæ in ambitu uariæ (ϭικϮάι) sunt & albicantes. cauda palmi longitudine, transuer
sis lineis albis nigrisǼ depicta, ut etiam Limosæ. Pennæ supra caudam ad medium dorsum usǼ al-

T 4

10

20

30

40

50

bicant. Pars omnis supina alba est : in collo tamen & superiore alarum ambitu nigricantes maculæ
uisuntur. Totius auis longitudo ab extremo (rostro) ad pedis extremum extensæ, dodrantem cum
duobus palmis æquat. Rostri longitudo circiter tres digitos, colli totidem. Fidipes est: uerum duo
maiores digiti pedis aliquousq́ membrana iunguntur, ut & Limosæ. Pedes duos palmos longi ex
pallido rubent, unguiculis muniti nigris. Corpus auis ea ferè crassitie est qua Mergulus noster ro
stri acuti.

¶ LIMOSA per dorsum coloribus arquatam maiorem fermè refert, maculis uaria tota parte 60
prona, capite & collo præsertim, similis propè Totano iam descripto (in quo de hac etiam nonnihil
leges) sed paulò maior. rostrum ei undiq́ nigricat. Interna alarum pars uariè maculosa est, reliqua
pars

pars supina albet, in collo tamen maculis distinguitur. Pennæ alarum extremæ lateribus adiunctæ, extremitatem caudę attingunt. Pedes longiores quàm superioris, glauci, uel ex cinereo subuirides. Totius à rostro ad ungues longitudo, dodrantes duo cum palmo: colli, palmus: rostri similiter.

DE GLOTTIDE.

GLOTTIS, Γλωττὶς, auis est Aristoteli, Gaza Lingulacam reddidit. Volui autem hanc quoque Gallinularum aquaticarum historiæ adiungere, quoniam eadem forma qua aues (gallinulas intelligo) lacustres est, ut ortygometra quoq; Aristotele teste. Lingulaca, quæ linguam exerit prælongam, otus & ortygometra, duces se præbet abeuntibus coturnicibus, Aristot. Glottis prælongam exerit linguam, unde ei nomen. Hanc initio blandita peregrinatione (cum coturnicibus) auidè profectam, pœnitentia in uolatu cum labore scilicet subit, reuerti incomitatam piget & sequi: nec unquam plus uno die pergit, in proximo hospitio deserit, uerum inuenitur alia, antecedente anno relicta: simili modo in singulos dies, Plin. Cæterũ quænam hæc auis sit, & quo hodie appelletur nomine, non facile dixerim. nam & alias quasdam aues, lacustrium auium specie, cum coturnicibus auolare puto. Habent autem omnes illæ corpus gracile, crura & rostra longa, & pleræq; etiam linguas longas, quas exerunt ad cibum uermium quibus uescuntur, ut inter cæteras de gallinagine uel rusticula constat. Est inter alias quæ Glutt Germanis appellatur, uocabulo ad Græcum accedente: de qua plura leges supra Loco secundo inter duodecim illas Gallinulas aquaticas quæ circa Argentoratum capiuntur. Est & elaphis apud Oppianum, quæ pennas in dorso ceruinę pelli colore similes habet: & lingua longissima in aquam protensa, sensim ad fauces deceptum aliquem piscem attrahit: quæ & ipsa glottidi Aristotelis cognata uidetur. ¶ Albertus pro glottide ex Aristotele de animalium hist. 8. 12. picum linguosum habet. Niphus etiam lingulacam uulgo Italicè scribit picum tocciulum dici, qui longa lingua sua extrahat uermes & formicas. Sed utruncq; deceptum ap paret neq; enim soli pici longas linguas habent: nec auium lacustrium forma, qua glottis est, picorum generi conuenit.

¶ Lingulaca, piscis etiam nomen est, & herbæ apud Plinium. Glottis Atticum fuerit, communene glosis. Est aut γλωσσὶς etiam pars tibiæ Eustathio. Ἀνδὸνα, ὡσελὼ καὶ γλωσσίδ'α, οἱ δὲ χελιδὸνα.

¶ GAVSALITES, Γαυσαλίτης, auis quædam apud Indos, Hesychius & Varinus.

DE GNAPHALO.

GNAPHALVS, Γνάφαλος, dicta auis, uoce proba est, colore etiam pulchro: nec non ingenio ualet in uitæ officijs, & speciem præ se fert decoram. peregrina hæc auis esse uidetur, quippe quæ rarò nostris locis appareat, Aristóteles. Gaza hunc locum transferens nullam gnaphali mentionem facit (mendoso forte codice usus:) & omnia quæ de gnaphalo scribútur, ad uelíam (ἐλέαν) cuius Aristoteles proximè meminerat, refert. Atqui nostri codices Græci gnaphali nomen exprimunt: & in ueteri etiam traductione tanquam aues diuersæ ponuntur. Albertus pro gnaphalo habet adepellus. Eberus & Peucerus gnaphalum interpretantur fullonem, (nam & piscis γναφευς est, quem fullonem Gaza interpretatur. gnaphalon quidem Græcis tomentum significat, & gnaphalus auis à plumis forte tomenti instar mollibus dici potuit) Germanicè Seydenschwantz/ Wipstertz. hanc autem pulchram esse aiunt, colorum uarietate elegantem, rarò apparere, & hyberno tempore ferè cerni, ut uideatur esse peregrina auis. Ego Germanica hæc auium nomina non agnosco.

DE GRACCVLIS VEL MONEDVLIS IN GE-
nere: & priuatim de illa specie quæ tota nigra est, rostro etiam & pedibus, quam
Aristoteles lycon cognominat: & plæriq; hodie præ cæteris monedulam:
unde & dulæ uel tulæ nomen uulgare apud nos factum: cuius
icon sequens pagina continet.

RACCVLI coruini generis sunt, ut docui in Coruo A. Primitiuum graccus est, diminutiuum gracculus: & quanquam plurimi per c. simplex has uoces scribant: multi tamen ex eruditis c. duplicant, quos sequi placuit, cum aliàs: nam & Graccho ab hac aue cognomen factum aiunt: tum ut semper produci eas in carmine ita certius sit. ¶ Græcis gracculus κολοιὸς est, oxytona uoce. Gaza ex Aristotele monedulam uertit, cuius tres species cum faciat Aristoteles, & primam rutilo rostro κορακίαν nominet: Gaza eandem graccultũ Latinè uocat. Ego gracculum potius nomen generis fecerim: monedulam uerò speciem eius secundam, quæ tota nigra est, rostro etiam cruribusq; ea enim præcipuè monetę rapax est, & talis, qualis ab Aristotele describitur secunda graccli species. accedit & uernaculum Germanis eius nomen tula, quasi dula, ultimis duabus tantum de monedula syllabis seruatis. Def. Erasmus etiam κολοιὸν gracculum potius quàm monedulam uertit. Plinius tamen de iynge loquens ex Aristotele κολοιὸς gracculos transtulit.

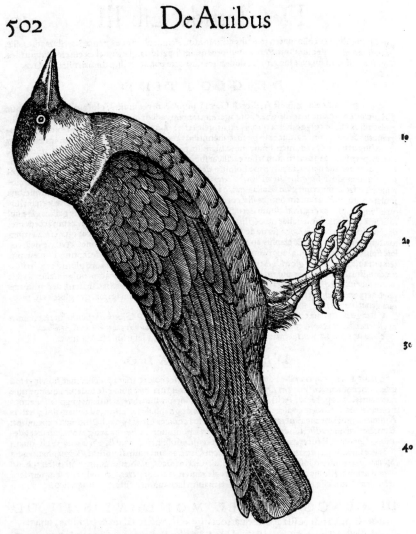

10

20

30

40

Sed nonnunquam Græci etiam ϰὁλοιὁν pro secunda specie priuatim ponunt, ut apud Constantinum 50
Cæsarem de agricult. lib. 14. Nobiscum etiam doctissimi uiri Turnerus & Vuottonus sentiunt:
Monedula (inquit hic) de secunda specie ab Aristot. descripta, nisi fallor, antonomasticè dicitur:cui
& Ouidius immensum illum auri amorem tribuit, cuius & hic uersus: Nigra pedes, nigris uelata
monedula pennis, Ad agrum circa Larium lacum ciconiæ non permeant;sicuti nec octauum citra lapidem ab eo, immensa alioqui finitimo Insubrium tractu examina gracculorum monedula-
rumꝗ,cui soli aui furacitas auri argentiꝗ præcipuè mira est,Plinius.apparet autem ex his eius uer
bis,gracculos & monedulas specie eum distinguere cum simul utrasꝗ nominet: genere non item,
cum mox in singulari numero subiungat,cui soli aui &c.
      ❡ De tribus gracculorū generibus diuersæ sententiæ.   Gracculorum tria sunt genera: Vnum
quod coracias uocatur,magnitudine quanta cornix,rostro rotundo,rutilo. Alterum lupus cogno=
minatum paruum,& scurra. Tertium, quod familiare Lydiæ, ac Phrygiæ terræ,idemꝗ palmipes 60
est,Aristoteles. ❡ Ex his tribus ab Aristotele descriptis gracculi generibus , primùm (inquit Fr.
Massarius) pedibus & rostro rutilis, in Veronensi agro maximè abundat. ibiꝗ tacola nominatur.
                                                         Turnerus

Turnerus hanc auem eandem effe putat, cum pyrrhocorace Plinij, quæ cornice paulò minor eft, ro
ftro luteo, paruo, &c. Vuottonus etiam in eandem fententiam inclinare uidetur, nihil tamen affir=
mat. Nec aliter Eberus & Peucerus fentiunt. Et Albertus Magnus ubi interpretatur Ariftotelis lo
cum de hift. anim. 9.24. Coracias (inquit, quanquam Græca uocabula apud illum ualde corrupta
funt) gracculorum generis, rubei roftri, (φοινικόρυγχ habet Ariftot. id eft, punicei roftri. Gaza uer=
tit pro una hac uoce, roftro rotundo, rutilo, quod nō laudo. In noftro quidem pyrrhocorace, quem
Itali quidam tacolam nominant, roftrum non puniceum aut rutilum, fed luteum eft:) & hæc eft per
omnia ficut genus monedulę montanæ, Albertus. Vocatur autem pyrrhocorax à nonnullis mone=
dula montana. Sed de pyrrhocorace feorfim agemus mox à gracculorum hiftoria. ¶ Secundum
10 gracculi genus, λύκος & Βωμολόχ Ariftoteli dictum, hoc eft lupus & fcurra, Latinis propriè mone=
dula appellatur, ut fupra etiam docui, Turnero & Vuottono confentientibus, De uoce quidem Βω
μολόχ nos plura iam fupra in Afione. Lupus, genus gracculi paruū, fcurapola Venetis uocatur.
tota hæc & pedibus & roftro nigra eft, Fr. Maffarius. λύκω (λύκης potius) genus eft gracculi, He=
fychius & Varinus. ¶ Tertium genus, cuius nomen Ariftoteles nullū expreffit, palmipes, pha=
lacrocoracem Plinij effe fufpicatur Turnerus, & fecuti eum Eberus ac Peucerus. Sed quanquam
ex Ariftotele Gaza tres tantum fpecies gracculi faciat: & Albertus quoq́ fimiliter: Græcum tamen
contextum confideranti, quatuor effe uidétur: primum fcilicet tres fidipedes, deinde quatta palmi=
pes, Verba eius Gręca hæc funt: Κολοιῶν δ' ἐδ͂ιν εἴδη τρία. ᾧ μὲν ὁ κορακίας. ὅυτ· ὅσον κορώνη, φοινικόρυγχ·
ἀλλ᾽ ὁ λύκω καλέμῦ. ἔτι δ᾽ ὁ μικρὸς, ὁ βωμολόχ. ἔτι δὲ κỳ ἄλλο τι γῆ̓ῆ κολοιῶν πὲ τὴν λυσίαν κỳ φρυ=
20 γίαν, ὁ συχνόπην ἐδ͂ι. Gaza hæc uerba, ἔτι δὲ omiffit. quæ fi legam, gracculus ille paruus ὁ βωμολόχ
alius fuerit quàm λύκω. ¶ Monedulæ aliæ funt maiufculæ, fimiliores cornicibus, nifi quòd ni=
griores. aliæ mediæ, quibus & roftra & pedes rubent. aliæ minimæ, Perottus. ¶ Apud Rhætos
tria gracculorum genera agnofci audio : unum quod Tulla uoce Germanis cōmuni appellent, ca=
pite cœruleo: alterum Beena dictum, inter Rhætos qui Germanicè loquuntur, & hanc effe mone=
dulam uulgarem. tertium Germanicè Taba, Italico uerò fermone quo Rhæti utuntur, zorl, pedi=
bus & roftris rutilis, in locis fyluestribus. Eandé effe puto quæ in Bauaria Steintaben, id eft grac=
culus faxatilis appellatur, (& haud fcio an eadem quoque fit Anglorum cornix Cornubiæ,) cuius
iconem ab amico miffam hîc ad=
iunxi. Roftrum ei oblongius, ru=
30 brum, ut etiam crura. reliquū cor=
pus undiquaq́ concolor, nigrum.
Turres maximè in montibus in=
colit, cicuratur, & uefcitur fimila
è lacte, carne, pane, tritico, &c.
mox quicquid illi apponitur de=
guftans.

¶ Stephanió, Στεφανίων, genus
gracculi, Hefychius & Varinus.
hoc forte fuerit genus, quod in
40 quibufdã Heluetiæ locis reperiri
audio, ut circa Tugium, ceteris fi=
millimū, fed albo circulo collum
ambiente diftinctū. de quo tamen
certi adhuc nihil habeo. ¶ Quæ
merula alpina uocatur circa Verbanum lacum, nos Caryocatacten in Elemento c. nominauimus,
quærendum an graculi potius, picæue genus quàm merulæ dici mereatur. ¶ Vuottonus fper=
mologum quoq́ auem cum monedulis numerat, nimirum ex Hefychio qui fpermologum κολοιῶδς
ζῶ͂ον interpretatur, fpermonomum quoq́ uocans. Spermologum, id eft frugilegam Ariftotelis Lon=
golius coniecit effe cornicem graniuoram, roftro albo, cetera nigram, quæ uulgò Germanis dicitur
50 Riich. De fpermologo paffere inter Paffferes loquemur. Cornicem maiorē roftro albicante
aliqui graculum uocant, Albertus.

¶ Auienus Arati interpres κολοιὸς alicubi coruos interpretatur. Lenios fpecies eft monedulæ,
pedibus & roftro nigra, Albertus ex Ariftot. de hift. anim. 9. 19. ubi Ariftoteles nō monedularum,
fed merularum differentias enumerat. Idem alicubi cornicē cum monedula, alibi cum coruo con
fundit: & alibi ubi Ariftoteles κολοιὸν habet, in Alberti translatione coruus legitur.

¶ Graculi uulgò ciagulæ dicuntur, Niphus Italus Sueffanus. Ab alijs in Italia tatula dicitur,
ab alijs taccola (quanquam & pyrrhocoracem aliqui taccolam uocant) ab alijs cutta, & pola, forte à
pullo, id eft nigro colore. ¶ Hifpanicè gracculus gráio uel gráia nominatur. ¶ Gallicè chucas
uel choca, chouette, uel gay. Bellonius auem gay dictam Gallicè, interpretatur graculum: & mul=
60 tis coloribus latera eius uariegata effe fcribit: unde fufpicor hoc nomen Gallicū non graculo, quem
hîc defcribimus, fed generi picæ, (quod garrulum quidam uocant) conuenire. Sabaudi quoq́ gay
nominant, & alicubi etiam chue, ni fallor, à uoce. ¶ Germani Ttil, Dole. Saxones Aelke, uel

Raycke, uel Gacke ut alij scribunt, sunt qui in Heluetia quoq; Graacke proferant. Hollandi, Brabandi & Frisij Ka, uel Cau uel Chau. circa Rostochium, ut audio, Wachtel, quod nomē alij omnes coturnici propriè tribuunt. Aliqui Tahe/Talhe/Sale/Sól. Flandri, Gaey/Hannckin.
¶ Monedulam Angli uocāt a caddo, a chogh, a ka, Turnerus. Eliota Anglus interpretatur a iay,
alij scribunt etiam dawe, choughe, cadesse. ¶ Illyrij kawka, ut Turcæ tschauka. Poloni zegzol-
ka. ¶ Hebraicam uocem anapha, רנזא, quidam graculū interpretantur. uide in Ardea A. Oreb
Hebræis plerunq; coruum significat: uidetur autem continere omne genus coruinum, nempe cornices, graculos. uide in Coruo A.

B.

De gracculis quod ad corporis speciem partesq; attinet, & secundum eas differentijs, iam supra
quoq; in A. nonnihil attulimus. ¶ Gracculus non facile comparet in Alexandria, Hesychius. In
transpadana Italia ad agrum circa Larium lacum ciconiæ nō permeant: sicuti nec octauum citra lapidem ab eo, immensa alioqui finitimo Insubrium tractu examina gracculorum monedularumq;,
Plin. ¶ Gracculus auis est parua, Suidas. Minor cæteris in hoc genere est, quæ βωμολόχ@, id est
scurra cognominatur, ut supra recitaui. Monedula multò minor est pyrrhocorace, Turnerus.
Cornici similis est gracculus, sed longè minor. Formosa est auis, quanquā nigra, & grata, Author
libri de nat. rerum. Simocatus & alij dicunt τὸν κολοιὸν ὑπερβχειν ὅρνιν παιοῦπερπέστητω, Io. Tzetzes.
¶ Monedula uel gracculus auis est nigra, coruini generis, Albert. Superiore capitis parte aliquan
tulum in nigrum colorem uergit & cinereum nitentem, Idem. Nigra est per totū corpus. est enim
de genere cornicis, Author libri de nat. rerum. Nigra pedes, nigris uelata monedula pennis, Ouidius 7. Metam. Monedulas iam uidimus propter frigus habitationis nasci albas, Albert. In Noruegia monedulæ albicant, Gyb. Longolius, qui monedulam albam etiam uisam sibi scribit. ¶ Mo
nedula magno rostro est, albo ubi coniungitur capiti, Albert. Atro colore est ad Indicum uergen-
tę in luce, præsertim in capite & medijs alis. Colli & capitis pars retro oculos in lateribus, ad cinereum colorem inclinat. ¶ Monedulæ (gracculi Plinius) pro ingluuie gulam habent patentiorem
propius uentriculum, Aristot. Atqui Albertus lib. 2. de animalib. tract. 2. cap. 2. quædam (inquit)
aues os stomachi siue meri non habent latum, & papam (ingluuiē) tamen non habent, ut pica & gra
culus. ¶ Monedulæ pedes nigri sunt, Ouidius & Albertus. ¶ Iyngi ungues grandes ceu gracculis, Plinius.

C.

Monedula templorum turres incolit, & in earum latibulis (cauis) nidulatur. Gracculus libenter
in altissimis nidificat: idq; in tanta multitudine, ut in una sæpius arbore septem paria gracculorum ni
dos construant, Author libri de nat. rerum. In altissimis arboribus (in syluis, & in cauis arboribus,
Turnerus) nidos ciusliter construunt, & sæpe complures in una arbore, Albert. ¶ Gracculi aues
sunt loquaces, minimè canoræ sed odiosè garrulæ atq; obstreperæ. Clamosæ sunt, maximè tempore coitus, & pullorum, Albertus & Author libri de nat. rerum. Loquacissimum genus est & uocibus importunum, Isidorus. Gracculi à sono oris uocati sunt, Festus. uocem enim primæ nominis
syllabæ correspōdentem emittunt, Grapaldus. Gracculus frigulat, Author Philomelæ. Græcis,
ut Pollux docet de gracculorum uoce, uerba κλώζειν & κολοιᾶν in usu sunt. Κλώζειν, sono aliquo illu-
dere alicui, à uoce gracculorum qui κλώζειν dicūtur, Varin. ¶ Exprimunt gracculi & humanum
sermonem, ut dicam in D. ¶ Gracculus cadauer non tangit, Albert. Amant carnes & glandes,
ut & genus picæ quod garrulum uocant, Hier. Tragus. Tradunt & monedulā condentem semina
in thesauros cauernarum, eiusdem rei præbere causas, Plinius de insitione. Gracculi forte dicti sunt
à gerendo, quòd iacta segetum semina plurimum gerāt: uel quòd ex oliuetis cubitum se recipientes
duas pedibus baccas, tertiam ore ferant, Festus. ¶ Varro gracculos dictos conijcit quòd gregatim
uolitent. Sturni etiam, ut gracculi, aues sunt clamosæ & gregatim degętes, Eustathius. Gracculos
aues esse minimè solitarias, sed gregales, apparet ex Varrone de re rust. lib. 3. ¶ Rostrorū coniun
ctio coruis & id genus auibus solita est. quod in gracculis, quos mansuetos alimus, planum est, Aristot. Gracculi clamosi sunt, præcipuè tempore coitus (quem in eis tempus excitat uernum, Author
de nat. rerum) & pullorum, Albert. Ore coēunt tempore uerno, Christoph. Encelius: qui & alia
quædam animalia ore coire scribit, ut in Vrogallo maiore recitaui. mihi omnino ullum animal ore
coire uerisimile nequaquam sit. ¶ Gracculi, merulæ, & aliæ aues lauri folio annuum fastidium
purgant, Plinius.

D.

Graculi maximè inter se compatiuntur, Author libri de nat. rerum. Gregatim degunt ac se inuicem diligūt, unde natum prouerbium, Semper gracculus assidet gracculo, Scholiastes Homeri.
Sui generis aues tantopere monedulæ amant, ut hic amor etiam perniciosus eis sit, ut referam in E.
¶ In columbaceo genere mares non relinquunt suas coniuges usq; ad mortem: & coniugum altero
mortuo alter uiduus manet. Idem & gracculi faciunt, Athenæus libro 9. ex Aristotele. nos in ijs quæ
extant Aristotelis nihil tale legimus. ¶ Monedula auis est grata, Albert. Aristoteles minimum
genus gracculi βωμολόχον, id est scurram cognominat: de qua uoce Græca plura scripsi in Asione.
¶ Docilis est gracculus, & facile mansuescit, Textor. Gracculi exprimunt etiam sermonem humanum,

num,quo impensius delectant,et cauteis emissi reuertuntur,Grapaldus. Voces imitantur huma=
nas si adhuc pulli edoceantur. Mane quidem diligentius addiscunt, ut omnes aliae aues, Albertus.
¶ Gracculi,merulae, & aliae aues lauri folio annuum fastidium purgant, Plin. Gracculi παυϱϱγια
δϱφϱϱσι νοσϖν,Clearchus apud Athenaeum. sed pro νοσϖν legerim τϱϖν, scilicet ϱϱτυϱϱν, de qui=
bus proximè dixerat. ut non simpliciter astuti gracculi, sed coturnicibus tamen astutiores sint, nec
eodem quo illae modo capi possint. Scribunt & alij quidam gracculum astutum esse,nec facilè ca=
ptu. Sturnos & gracculos aiunt cum umbra propria pugnare, Eustathius. Vmbrae quidem pro=
priae repraesentatione in oleo capiuntur, ut referam in E. ¶ Huic soli aui (gracculos & monedu=
10 las proximè nominauerat)furacitas auri argentiçp praecipuè mira est, Plin. Quicquid monetae auri
uel argenti inuenerit monedula,tollit & abscondit,Albert. Hinc est quod à moneta ei nomen fa=
ctum est,secundo scilicet generi,non enim omnia gracculorum genera aurum furantur,Turnerus.
¶ Monedula gaudet fricari in capite, Albert.
    ¶ Aristoteles noctuam & cornicem inter se pugnare scribit: pro quo indocti Aristotelis inter=
pretes,& qui eos secuti sunt, aliàs noctuam & monedulam inuicem pugnare reddunt, aliàs mone=
dulam & bubonem, aliàs nicedulam uel incendulam & bubonem. monedulam enim cum cornice
confundunt è Graeco uel Arabico transferêtes,ut cum noctua bubonem. librarij uerò monedulam
etiam in nicedulam peruerterunt. ¶ Pica, cornix, monedula & huiusmodi aues contra aquilam
pugnant,aquila enim deuorat illas, Albert. ¶ Gauia cum monedula amoris coniunctionem ha=
20 bet, Aelianus.

E.

    Gracculum autem perastutam esse audio & perdifficilem captu. Cornicibus & monedulis ca=
ptis pelles detrahunt,faciuntçp ut uiuae uideantur, ad allectandum alias. Non maiores tantum ac=
cipitres & falcones, sed parui etiam ut dendrofalcus & nisus siue speruerius interdum monedulas
capiunt. ¶ Aduersus clamosos gracculos (inquit Oppianus) uenatio talis instituitur. Virga ob=
longa terrae infigitur,cui laqueus ad funiculum additur , & in medio ὑαϖλινξ, quae circumactu suo
uimina utrinçp sita contegat.In summam uirgam oleae bacca imponitur , cui è regione laqueus pen=
det:quem ubi côtigêre graccul, ὑαϖλινξ delabitur, & uirga erecta laqueus ita attrahitur ut auisi cer=
uices inhaereant.Similiter etiam picis insidiantur aucupes. Est & alius dolus gracculis capiêdis ac=
30 commodatus: Vas(ἀϰϱ⊙·ϰϱατηϱ Athenaeus) oleo plenum eo in loco exponitur , ubi conspiciatur à
gracculis.Illi suas in uase imagines intuiti,aliosçp gracculos esse rati,in oleum deuolant:& licet sta=
tim resiliant,madidi tamen oleo ita pennis & membris omnibus grauantur , ut auolare nequeant,
eoçp statim in loco comprehendantur,Haec ille. Oleo quidem similiter eos capi Athenaeus etiam
refert lib.⑨.dipnosoph. Gracculi (inquit)quantumuis callidi, capiuntur tamen cratêre olei plêno:cu=
ius labris qui insederint,mox ad imaginem in eo apparentem se demittunt, (ϰϱταϱάϑϱαν, sic enim le=
gendum ex Eustathio.ἐμπιπϑϱσιν,idem Eustathius ex alio authore.ϰϱτατιϱϱάντϱς,Oppianus)unde peri
nae eis oleo madidae ceu glutino impediuntur. Sui generis aues uehementer monedulae amant,
quae quidem res eas saepe in perniciei inducit.nam si quis pelues olei plenas disponat in loco quem
frequentare solent, curiosa bellè auicula eò profecta, in uasis labro considet, & simul sese inclinans,
40 suam ipsius umbram despicit:& quòd existimet aliam se monedulam uidere, ad eam ipsam festinat
descendere,eoçp ut est delapsa , olei crassitudine circunfusa, sine laqueis, sine retibus constricta te=
netur, Aelianus.
    ¶ In Lemno insula gracculos colunt , aduerso uolatu occurrentes locustarum exitio, Plinius.
Monedularum se beneficiarios existimant Thessali,Illyrij,Lemnij, ob eamçp rem his uictum urbes
publicè praebendum esse decretum fecerunt, qui locustarum fruges uastantium oua perderent, ea=
rumçp sobolem perimerêt,unde magna ex parte locustarum multitudo ueluti in nubem coacta mi=
nuebatur, fruges çp incolumes ad tempestiuitatem perueniebant, Aelianus.
    ¶ Theopompus Venetos inquit Adriam accolentes cum sementes faciunt, monedulis farinas
oleo temperatas muneri idcirco mittere,ut eos permulceât, & cum ipsis tanquam foedus sanciant,
50 ne sementes refodiant, & grana sparsa legant. Lupus cum haec uera esse fatetur , tum eosdem addit
loros rubros eis proponere,& monedularû greges extra fines manere , ac nimirum duos aut treis
ex urbibus tanquam legatos ad eos mitti solere, exploraturos hospitum multitudinem : qui ut eam
perspexerunt,inuitant & reuertuntur.Eae autem inuitatae gregatim proficiscuntur,ac si offas obie=
ctas comederint,se pacem & foedus habere Veneti intelligunt: sin contempserint,& tanquam uilia
non dignentur comedere,indigenae sibi persuasum habent, illorum côtemptum famem ostendere.
Illae enim tanquam muneribus incorruptae, nec ex obiectis escis quippiam gustantes , in arationes
inuolant,& cum maxima animi acerbitate inuestigantes, semina praedantur, Aelian. Eadem ferè
Aristoteles scribit in Mirabilibus : non tamen offis aliquibus , sed omni frugum genere exposito à
Venetis inuitari ait gracculos,quorum saepe multae myriades in eorum regionem inuolent. ¶ Fu
60 gabis gracculos unum captum suspendens.Caeteri nancp uidentes illum aufugient,nimirum illic pu
tantes paratas esse retiû insidias. Gracculos etiam accedere,ac praeterea uolucria omnia prohibebis,
si ueratrum nigrum,maceratum ex uino, cum hordeo disseminaueris, Commodè tamen facies, si

V

priusquam in aruum descendant, strepitu atq́ fragore aliquo illos abegeris, Facileć eos perterrefaciet, tum is qui à crepitaculis sit, tum qui à taurino tergore (κὰ δὶ τουράκς, scuticam intelligo,) editur sonus, Leontinus in Geoponicis.

¶ Prognostica. Graculi aduolātes sub tecta (nimirum ut protectionem quaerant) & alas concutientes, (ut quae aeris humiditatem sentiant, nam quaeuis aues madefactae alas concutiūt,) signum sunt pluuiae, Aratus & Scholiastes. Graculi turmatim syluis ualedicere identidem conspecti, sterilitatem ac triste nescio quid ueteribus semper indicarunt, Gratarolus. Agmen coruorum in futurum excidium retulerunt augures, ut & aliarum quae cadaueribus uescuntur, uulturum, graculorum, &c. Niphus. Monedulae uolātes modo in sublime, modo deorsum uersus, frigus & pluuiam monstrant, Aelianus. Gracculi serò à pabulis recedentes hyemem praesagiunt, Plinius. quod Aratus dixit, Καὶ φῦλα κολοιῶν Ἐκ νομᾶ ἐρχέμενα τραφερὸ ἀπ ὄψιον αὔλιν. Et rursus, Καὶ ὀψὲ ἐοῶντε κολοιοι, similiter inter hyemis (χειμῶν, tempestatis) imminentis signa, Vbi Auienus sic habet, Hesperus aethra Cum redit innumero si cantu gracculus instat. Et Aelianus, Gracculus (inquit) crepusculo uesperti no uocalis, tempestatis aduentum praedicit. Illud uerò quod iam recitaui Καὶ φῦλα κολοιῶν Ἐκ νομᾶ, &c. Vergil. 1. Georg. sic uertit, Et è pastu descendens agmine magno Coruorum increpuit densis exercitus alis: cum Grecè habeatur κολοιῶν, id est gracculorum. Corui & gracculi cum gregatim apparent, & similem accipitribus uocem aedunt, pluuiae signum faciunt, Aratus. est autem accipitrum uox acuta, Scholiastes. Auienus sic transfert, Agmine cum clauso circunuolitare uidetur, Gracculus & tenui cum stridunt gutture corui.

F. 20

Pulli graculorum apti sunt ad cibum, si cum plumis & pelle fuerint excoriati, Albertus & Author libri de nat. r. Sunt apud nos qui fune à fenestris altarum turrium demittantur, ut pullos monedularum è cauis exemptos in saccum, quem annexum habent, recondant, cibi gratia. Monedula gaudet fricari in capite (tanquam pruriens:) & carnes etiam eius pruritum capitis inducunt, Albertus & Author libri de nat. r.

H.

a. Gracculus primam semper producit in carmine, etsi quidam per c, simplex scribant, ut dixi in A. M. Varro graculum dictum putat ab eo quòd gregatim uolet, forte quasi gregaculum. Festus à geredo, quod iacta segetum semina gerat, uel baccas oliuae: aut à sono uocis, (ut Quintilianus quoq́,) quod mihi quidem prae caeteris probatur. Sunt qui à gracilitate uocatos existimēt propter 30 paruitatem, Perottus. ¶ Monedula à moneta, quam furatur, denominata est: Alberto sic dicta ui detur quasi monetam tollens uel diligens. Habet haec uox antepenultimam longam, reliquas breues. Nigra pedes, nigris uelata monedula pennis, Ouidius. ¶ Κολοιὸς auis tumultuosa & clamosa est, denominata à uerbo κολέω, uel uerbo κλώ quod est φωνῶ καὶ κλάζω: à quo etiam κλώζω & κλαγμὸς dicuntur, Eustathius & Etymologus. Κολοιοί, σ κανπις, μικρὰ κορωνιαι, (malim κορωνίδ ὸν, ut Tzetzes habet) Hesychius & Varinus. Κολοιὸς est cornix minor, ἢ μικροτέρα κορωνὶς, Io. Tzetzes in Chiliadib. Σκῶπον, aues quaedam, uel graculi, & genus saltationis, Hesychius, & forte supra quoq́ non σκῶπις, sed σκῶπον, legendum fuerit. uidetur sane scôpis nomen, quod genus quoddam noctuae propriè significat, ridiculum & ad imitationem natum, monedulae etiam ridiculae & stolidae aui potuisse attribui. τῶπ, κολοιὸς, Macedones, Hesychius & Varinus. Κορακίας, Aristoteli genus est gracculi pri 40 mum, ut dictum est supra in A. ab Hesychio exponitur ὁ μέλας, καὶ κολοιὸς, καὶ κορακιῶ ὁμοίος, Κορακίας, μέλας, Suidas. Κολεφῶν, κολοιὸς, & pisces quidam marinus, Hesych. Celcs, alias celtos, id est stragulus auis, Syluaticus, legendum coniicio, Colceos, id est graculus auis, Κολοιὸς τε ψῆρας τε nominat Homerus, ut citat Suidas.

¶ Epitheta. Graculus frigulans, loquax, apud Textorem. ¶ Monedula lasciua, apud eundem. ¶ Κολοιοι ὀξυβόαι, Oppianus. Κραγέται, Pindarus.

¶ Icon. Hesychius admonet colophonem interdum dici graculum: quòd, ut opinor, summis aedium fastigiis auis ea soleat imponi, uelut admonens iuxta cornicem Hesiodiam, ut homines sibi componant nidos: necq́ enim semper fore aestatem, Erasmus in prouerbio Colophonem addidit.

¶ Alia auis est quae κολιὸς, uel κολεὸς: alia item κελεὸς, alia uerò de qua hic agimus κολοιὸς, Κολοιὸς 50 tumultum significat. Ἐν δὲ θεοῖσι κολοιῶν ἐλαύνθη, Homerus Iliados primo. Scholiastes hoc nomen à graculo translatum ait, aue obstrepera, tumultuaria & clamosa, (o, breui scilicet in longum conuerso & iôta subscripto uel adscripto.) Philoxenus uero deriuat à uerbo, κλώ quod est κλάζω, per paragogen, necq́ adscribit iôta. Sunt qui κολοιῶ, ut dixi, à uerbo κολιῶ, quod est tumultuari, deducant. Verbum κολοιᾶν apud Homerum extat, κολοιῶ apud Antimachum. Pollux de gracculorum uoce κολοιᾶν uerbum usurpat, ut & κλαῦζω. Pindarus in Nemeis Bacchylidem uellicans, ut locutuleium impedio, ac humilem, sic ferè pronunciat. Κραγέται δὲ κολοιοὶ ταπεινὰ νέμονται, Caelius. Timaeus historiarum conditor Agathoclem Siciliae tyrannum κολοιὸν nuncupat & βούσγκλων, id est gracculum & 60 buteonem: & graculum quidem fortassis ob latrocinia & furacem naturā. nam latrociniis eum incubuisse ante tyrannidem historia testis est, sed in concionibus quoq́ perfacundus est creditus: quo nomine ab aemulis & inimicis gracculus uideri potest appellatus: ueluti loquax magis esset quàm eloquens, uti de Atilio Palicano pronunciatum nouimus, nam & eadem ratione Gracchum apud Romanos

Romanos cognominatum legimus:quamuis apud Varronem obseruatū sit, Gracchum ideò nūn
cupatum,quod eum mater mesibus duodecim in utero gestasset, quia legitimum pariendi tempus
esset supergressa,proinde ex iunioribus quidam etiam bene doctus, sine siatili scribendum censuit,
quum Quintilianus olim quidem ueteres aspiratione parcissime usos scribat, diuǫ obseruatum ne
consonantibus aspiraretur,ut in Graccis & triumpis. Sed hoc ñon perpetuum fuit, & priscis solis
usitatum,Cælius. A graco aue Gracchi coghomen principio ortum à facundia, quam æmuli lo.
quacitatem uocabant,Perottus. Pusillos item statura κολοιὸς, id est graculos dici consuesse,in Ari=
stophane uideor obseruasse,nam & auis hæc minutula est, ut quæ tota ferè pennis constet, Cælius.
Verbum tulen nostris in usu est,pro eo quod est stulte imaginari, siue à gracculis factum, siue per
10 allusionem nominis toll, quod stolidum significat.

¶ Sunt & coliæ pisces, dicti Theodoro monedulæ,Cælius. Κολίας piscis,ab aue eiusdem nomi
nis,quam Galli uocant un gay,dicta, quòd eius latera coliæ auis modo multis coloribus uariegata
conspiciantur,Pet.Bellonius. sed uideo eum per coliam auem genus illud picæ intelligere , quod
aliqui recentiores garrulum appellant,ego nullam auem Græce coliam dici memini. & κολοιὸς grac=
culus est,non garrulus recentiorum. Vbicunǫ gracculum piscem interpretes Galeni uerterunt,
coracinus scribi & intelligi debet,Bellonius. ¶ Gracculus numeratur inter Diogenis Cynici scri=
pta,Laertius.

¶ b. Bubo apud nos aquilæ magnitudinem habet,in Aegypto uerò graculi, Strabo. Mone=
dulæ simili specie est spermologus auis,magnitudine tetraci æqualis,ut author est Alexander Myri
20 dius, Vuottonus.

¶ c. Gracculorum epitheton à uoce est κραγὲται apud Pindarum, ὀξύϐοαι apud Oppianum. Κό
λοιοὶ ἐλoy κυκλήγοντες,Homerus. id est, Graculi acuta uel densa uoce clamantes : ὀξὺ βοωντες ἢ πυκνὸν,
Graculi non sunt solitaria natura, Varro. Plinius examina gracculorum dixit, Homerus νέφη κο=
λοιῶν. πολλοὶ γὰρ ἥσσι σφε κατπκράξον κολοιοὶ, Aristophanes in Equitibus.uidetur aūt rhetores tanquam
loquaces & tumultuantes nominare gracculos.& uerbo κράζειν utitur alludens ad gracculorum uo
cem de qua propriè κράζειν dicitur. Κολοιῶν κραγμὸς, Antipater in Epigrammate.

¶ d. Non plus aurum tibi quàm monedulæ committebant, Cicero pro Flacco. Adolescen=
tem quendam in Sparta ob speciem gracculus amauit, Aelianus.

¶ e. Nam ubi illò adueni, quasi patricijs pueris aut monedulæ, Aut anates, aut coturnices
30 dantur,quis cum lusitent, Plautus in Captiuis. Gracculis alijsǫ auibus quæ domi aluntur, paxilli
in parietibus figuntur,quibus inuolent & insistant.unde Aristophanes in Vespis, ὁδ᾽ ὥσπερ ὁ κολοιὸς
κἀντῷ πασσάλως ἐνίκρουεν εἰς τὸν τοῖχον, εἶτ᾽ ἐξώλλετο,

¶ h. A Pharsalica pugna quum aufugeret Pompeius, dicēte Nonio quòdam superesse adhuc
aquilas septem,necdum animum esse despondendum.Recte(inquit)moneres, si cum gracculis de=
pugnandum foret,Cælius. ¶ Iupiter regem auium creaturas diem præscripsit in quo aues om=
nes apparere deberent:& cum aliæ aquis sese abluerent,gracculus omniū deformissimus, defluen=
tibus diuersarum auium pennis se exornauit.unde pulcherrima omnium uisus est: & regiam quoǫ
que dignitatem adeptus fuisset, nisi noctua primum agnitam pennam unam de suis euulsisset, &
mox cæteræ aues similiter. Priuatus enim furtiuis pennis mox gracculus, ut initiò erat, gracculus
40 apparuit.Hæc fabula significat,multos rerum alienarum rapina & furtis uincere uideri eos qui ho=
nestum natura & laboribus possident,Io.Tzetzes. Eandem fabulam describit copiose & elegan=
ter Theophylactus Simocatus in epistola quam fingit Themistoclis ad Chrysippum : Pēnis alienis
omnibus ablatis,inquit,gracculus iterum gracculus apparuit. Γέγονεν αὖθις ὁ κολοιὸς κολοιός. Hæc fabu=
la Chrysippe,si ueritatem spectes,ad magnam moderationem nos hortatur. Nam similiter nos ho=
mines quoǫ nihil in hac uita proprium possidemus : sed breui quod hic agimus tempore,ornatu
ficititio superbimus:morientes uerò ijs quæ nostra non erant, priuamur. Fac igitur ut pecuniam &
corpus negligas,& animam immortalem excolas, hæc enim æterna & immortalis est, cætera mor=
talia & ad breue tempus nostra,Hæc Simocatus. ¶ Arne Sithonis in monedulam mutata fertur,
ut refert Ouidius libro 7.Metam. Quamǫ impia prodidit Arne Sithonis accepto quod auara
50 poposcerat auro, Mutata est in auem quæ nunc quoǫ diligit aurum, Nigra pedes, nigris uelata
monedula pennis. ¶ Imperante Antonino Caracalla insedit obelisco uociferabundus gracculus,
mirum dictu,succlamatum ab omnibus,ceu ex composito,Martiali salue,Martiali ab tempore mul
to te uidimus.Hæc autem non intelligenda est gracculi appellatio,sed eius erat nomen,à quo inter=
emptus est mox Antoninus,Cælius. Agmen coruorum in futurum excidium retulerunt augu=
res,ut & aliarum quæ cadaueribus uescuntur,uulturum,graculorum,&c. Niphus.

¶ PROVERBIA. Aesopicus graculus, Αἰσώπε@ κολοιὸς, dicitur qui aliena sibi usurpat,alio=
rumǫ bonis sese uenditat. Vsurpat Lucianus in Pseudologista.Horatius, Moueat cornicula risum
Furtiuis nudata coloribus. (Grammatici quidam Græci gracculum corniculam,id est cornicē par=
uam interpretantur.)Extat apologus(supra à nobis recitatus) inter alios qui Aesopi nomine circun
60 feruntur, Erasmus. Aquila inter graculos primas tenet, Ἀετὸς ἐν κολοιοῖς ἀριστεύει,uide in Aquila h.Pin
darus in Nemeis aquilam graculo comparat,se uocas aquilam, Bacchylidem æmulum gracculum,
quòd illum immenso superaret interuallo : ut recitauimus in Aquila h. in prouerbio Aquila in nu=

V 2

bibus. ❡ Vetus adagium eſt, Nihil cum fidibus graculo, nihil cum amaracino ſui: quod de ijs di=
citur, qui ſe ijs rebus, quas ignorant, petulantius audent immiſcere, uel de rebus ſuis nimium præſu
munt, quale eſt illud, Sus Mineruam: uel quod dici ſolet, Aſinus ad lyram, Perottus. ❡ Graccu=
lus inter Muſas, Κολοιός ὲν ταῖς μύσαις; Indoctus inter doctiſſimos, infantiſſimus inter eloquētiſſimos.
Recte dicetur & in homines oſtentatione falſæ doctrinæ ſeſe iactitantes, & uiris eruditis impuden
ter obſtrepentes. eſt enim graculus auis minimè canora, ſed tamen odioſe garrula atₐ obſtrepera.
Huic confine eſt illud Vergilij, Argutos inter ſtrepit anſer olores, Eraſmus. ❡ Semper graculus
aſſidet graculo, Ἀεὶ κολοιὸς πὰ (πὰρ, aliâs ποτὶ) κολοιῶ ἱζάνει. Refertur à Diogeniano prouerbialis hic ſe=
narius: notatur ab Ariſtotele in Rhetoricis, ubi inter alia complura huius ſentētiæ prouerbia hoc
quoₐ commemorat. item libro Moralium octauo, Καὶ κολοιὸς ποτὶ κολοιὸν, id eſt, Et graculus (inquit) 10
ad graculum. Græcis eſt trochaicus dimeter, haud dubium quin ex poëta quopiam decerptus. Ele=
ganter uſurpauit adagium Gregorius in quadam ad Eudoxium epiſtola, Κολοιὸν δὲ ποτὶ κολοιὸν ἰζάνειν
κου δὲ παροιμίας ἀκούεις, id eſt, Graculum autem aſſidere graculo, audis & à prouerbio. Plutarchus in
libro de polyphilia, Ὀυκ ἀγελαίων ὄζμ ἐδὲ κολοιώδες. id eſt, Non armentarium (gregarium potius) eſt, ne=
que graculeum. Quin huic aui nomen inditum à κολοιῶ, quod eſt conglutino, Eraſmus. ſed uerbum
κολλάω, quod glutino ſignificat per λ, duplex ſcribitur, nec ab eo quiſquam κολοιὸν dictū tradidit, ſed
potius à uerbo κολοιω, ut ſupra oſtendimus. Gregatim degunt & mirè ſe inuicē amant: quare in uſum
uenit hoc prouerbium de ijs qui cum ſui ſimilibus conuerſantur, Suidas & Scholiaſtes Homeri. Eu=
ſtathius conuenire ait de amicitia hominum uilium, πρὸς ἀυτλῶς φιλίας. Simile & Germani uſurpant,
Vögel von einem (einerley) fädern / fliegen gern züſamen. ❡ Graculo magis obſtreperus, in 20
hominem importunę loquacitatis prouerbialiter dici poteſt, authore Eraſmo. Vide ſupra in a. item
illud quod habet Plutarchus in libro aduerſus uſuram, Ἀπὸ ἀνωτάτω κολοιὸς: hoc eſt , Ineptior ad per=
ſuadendum quàm graculus, uel ut Eraſmus transfert, Homo cui minus fidei habeatur quàm gra=
culo. ❡ De ijs qui circa rem aliquam planè nihil operæ & curæ ponunt, paræmia hæc Tzetzæ
locum habebit, Τῶ γαρ ὄςι τοῖς κολοιοῖς φροντὶς δὲ βασιλέαις; hoc eſt, Quid enim graculi de regno curant?
(In lemmate ſic habetur, Ὁπόςον κολοιοῖς βασιλείας καθέσηκι μέλησις. hoc eſt, Quantum graculi regnum cu
rant) Io. Tzetzes. qui cum hanc ſuam eſſe paræmiam dicat, nō uulgarem neₐ ab alijs ſcriptoribus
uſurpatam inſinuat.

❡ Alciati Emblema, cuius lemma Imparilitas.

Vt ſublime uolans tenuem ſecat æthera falco,   Vt paſcitur humi gracculus, anſer, anas: 30
Sic ſummum ſcandit ſuper æthera Pindarus ingens,   Sic ſcit humi tātum ſerpere Bacchylides.

DE PYRRHOCORACE.

A LPIVM peculiaris eſt pyrrhocorax, luteo roſtro, niger, Plinius. Huic aui nomen à co=
loribus inditum apparet, quòd roſtrum ei pyrrhōn, id eſt ruffum uel luteum ſit, reliquū
corpus inſtar coracis, id eſt corui nigrum. Ab hoc primum gracculi genus quod Ariſto
teles coraciam uocat, roſtro puniceo (etſi id in noſtro pyrrhocorace luteū eſt, ut Plinius
quoₐ ſcribit, ſed fieri poteſt ut per anni tempora aut ætatem quoₐ color mutetur) non differre eru
ditis quibuſdam uideri, ſupra oſtendi in Gracculis A. Petrus Bellonius, Gracculus (inquit) cui ro= 60
ſtrum & pedes rubent, Ariſtotelis coracias, Plinij pyrrhocorax , in altis Cretæ montibus abundat,
incolæ ſcurapola nōmināt. Sed pyrrhocorax roſtro luteo deſcribitur, qualem nos hic damus: gra=
culus

culus uerò coracias roftro puniceo, qualem fupra dedimus. Non probo recentioris cuiufdam opi
nionem, qui pici genus maximum, quod Germani Holk̆raͤe nominant, pyrrhocoracem effe fufpi=
catur: quanquam ea auis nigra fit, & magnitudine non multum infra coͤrum, & plumas in capite
rubentes gerat. nos illam inter Picos defcribemus.

¶ Pyrrhocorax nofter ab Italis quibufdam fpeluier uocatur, circa Lucarnum & Veronam tac=
cola, (quamuis alibi gracculum communem etiam taccolam & tatulam dici audio,) circa Bellinzo=
nam pafon, alibi etiam zorl ut audio. Apud Valefios qui ferè Gallica lingua utuntur, choquar uel
chouette, quaͤ tamen communia gracculorum generi nomina funt. ¶ Germanicè qui loquuntur
Valefij, uocant Alprapp, id eft eorum alpinum : circa Claronam Heluetij Alpk̆acĥlen, & wilde
10 Culen, id eft monedulas fylueftres. Aliqui Steinĥeͅen, id eft garrulos (fic enim genus picaͤ recen
tiores uocant) faxatiles. Rhaͤti qui Germanicè loquuntur Beenen: quanquam alij, ut audio, graccu
los communes eodem uocabulo uocitant, pyrrhocoraces uerò Caĥen. ¶ Primum Ariftotelis
graculorum genus (inquit Turnerus) Plinio pyrrhocorax eft: Anglis a cornish choghe; Germanis
ein Bergdoͤl, cornice paulò minor eft, roftro luteo, paruo, & in fine nonnihil adunco. frequens eft
in alpibus, & apud Anglos in Cornubia. uocem habet monedula acutiorem & magis querulam, noͤ
parum etiam maior quàm monedula, (minor tamen coͤru. Sunt qui huius generis roftrum &
crura aͤftate admodum rubere dicant, hyeme uerò lutea & pallida effe ut in merulis. pyrrhocorax
quem ipfe uidi, roftrum luteum, crura rubicunda habebat. Vocem eorum non admodum dissimi
lem merularum uoci effe aiunt, & ad fiftulaͤ fonum nonnihil accedere. Cùm in altum uolant, fri=
20 gus augeri: cum ad humiliora, remittere fperant. Noxij funt agris frumento confitis, (quod granis
fcilicet uefcantur ut etiam communes graculi,) Alicubi apud Rhaͤtos hyeme tantùm cernuntur,
alibi uerò toto anno, ni fallor: circa altifsimos tantùm montes gregatim femper frequentes. ¶ In
cibum non ueniunt, nifi forte apud pauperes, & pulli praͤfertim, ut & reliqui graculi. Quidam pyr=
rhocoracem praͤcipuo fapore effe fcribit, ex Plinio. fed haͤc uerba Plinij, praͤcipuo fapore, ad lago=
podem referuntur, de quo ftatim agit, non ad pyrrhocoracem.

GRAVCALVS, γραύκαλⓈ, auis cinerea apud Ariftotelem, Hefychius & Varinus. Nos apud
Ariftotelem pardalum legimus auem, totam cinerei coloris: de qua plura leges in P.

DE GRVE.

30 S VS, ΣΟΥΣ, uel ΣΙΣ, fis, nomen Hebraicum in Vetere Teftamento grus exponitur, ab alijs
hirundo uel miluus, ut dixi in Equo A. Turtur & hirundo & ciconia cuftodierunt tem=
pus aduentus fui, populus autem meus noͤ cognouit iudicium domini, Hierem. 8. inter=
prete Hieronymo: qui uocabulum fus uertit hirundinem, agur (ΑΓΟΥΡ) uerò ciconia. Mun
fterus eo in loco gruem interpretatur. Idem Efaiaͤ cap. 38. (ubi Hieronymi translatio habet, ficut
pullus hirundinis fic clamabo, meditabor ut columba,) pro fus uertit gruem, pro agur hirundinem.
Hoc quidem ex locis iam citatis conftat, agur auem effe aduenam, & uoce utentem lugubri. Dauid
Kimhi Hebraicam uocem agur, Chaldaicè interpretatur ΣΝΟΥΡΙΘΑ, fenukita, fi rectè fcribo: quàm uo
cem à Thalmudicis ufurpatam R. Hai exponit Arabicè ΒΤΑΡΙΝΑ, cataph, uulgò ΑΡΟΥΡΔΙΝΑ, arundina,
40 id eft hirundo. Sunt qui auem putent loquentem uoce humana ΑΓΖΑ, gazah, uulgo dictam, (id eft
picam, uel genus picaͤ.) Totidem uerbis ferè Kimhi exponit Hieremiaͤ 8. ubi Arabicam uocem po
nit ΝΑΤΟΥΦ, kataph. Salomon hirundinem putat. Septuaginta Efaiaͤ 38. praͤtereunt. Aquila & Theo=
dotion habent agor, Symmachus inclufa. Rurfus Hieremiaͤ 8. Aquila & Symmachus Hebraicum
nomen agor relinquunt, Septuaginta uertunt ἀγρȣ σφωθία, id eft agri pafferes. ¶ Maracarae, id eft
fel gruis, Syluaticus. ¶ Munfterus in Dictionario trilingui pro grue Hebraicè fcribit fas, ΣΟ, &
fenunit, ΣΝΟΥΝΙΘ.

¶ Graͤcè γέραῶⓈ uocatur, quòd proparoxytonum eft nomen : idem nomen Graͤci hodieǵ fer=
uant, fed ultimam acuunt. ¶ Italis eft gru uel grua. Hifpanis grúlla. Lufitanis ema. Gallis
grue. Germanis k̆ran uel k̆rane / quod nomen à Graͤco geranos defumptum uideri poteft. uel
50 k̆ranicĥ/k̆rancĥ: & noftris etiam k̆rye. Anglis a crane. Illyrijs gerzab. Polonis zoraw. ¶ Vi=
pionem uocant minorem gruem, Plinius: ut pipionem pullum columbaͤ.

B.

In Tartaria circa ciuitatem Cianigaͤnorum, quinǵ gruum genera inueniuntur. quaͤdam ha=
bent alas nigras ut corui: aliaͤ funt albaͤ & candidaͤ, quarum pennaͤ ueluti oculis aurei coloris di=
ftinguuntur, ut funt apud nos caudaͤ pauonum. Rurfum aliaͤ noftris non dissimiles. quartò, aliaͤ
paruaͤ, quas pennaͤ ueftiunt longaͤ & pulcherrimaͤ, rubeo ac nigro colore permixtaͤ. quinti gene=
ris funt colore cinereo (grifeo) oculis rubentibus & nigris, ualde magnaͤ, Paulus Venetus. Petrus
Martyr in hiftoria Noui orbis, in pratis quibufdam Noui Orbis (in Cuba) gruum agmina noftrati
bus duplo grandiorum Hifpanos reperiffe fcribit. ¶ Pico Martio & grui Balearicaͤ natura cir=
60 ros (in capite) dedit, Plinius. Virum tu hunc gruem Balearicum, an hominem putas effe? Labe=
rius apud Nonium. In ciuitate Halep, quam aliqui olim Hierapolim, alij Beroͤam dictam putant,
uidimus auem grui fimilem, minus craffam, margine circa oculos rubente, cauda ardeaͤ, uoce mi=

V 3

nore quàm gruis. Hanc ueteres gruem Balearicam appellaſſe credo, Bellonius.
    ¶ Apud Anglos etiam nidulantur grues in locis paluſtribus: & earum pipiones ſæpiſſimè uidi,
quod quidã extra Angliam nati falſum eſſe contendunt, Turnerus.   ¶ Gruum in ſeneſlute peñ=
nas

nas nigrefcere perfpectum eft, Ariftoteles & Plin. Grues fenefcentes effici nigriores afunt. cuius affectus caufa effe poteft, quòd pennarum natura earũ albicet, plus cj̃ humoris fenefcentibus ijs con ftituitur in pennis, quàm ut facile putredini pateat. canicies enim efficitur putredine quadam, Ari= ftot. de generat. 5.5. Albertus quòd in fenecta grues è cinereis nigrefcant, terreftrem naturam hu midi ipforum caufatur, quod à calore iam imminuto non fatis concoqui ait. Grues in fenectute fuluefcunt, Solinus: cum tres iam citati authores eos nigrefcere fcribant. Grues aliquando albi ui dentur, ut oculatus quidam teftis nobis narrauit. & albi coloris gruem fe uidiffe Gyb. Longolius quoq̃ teftatur. ¶ Gruibus roftrum porrectius eft, Ariftot. Arteria eorum cur angufta fit, quæ= rit Aphrodifienfis problematum 1.123.

10 ¶ Grus quam hæc fcribens infpexi, fœmina erat, & oua gerebat. Longa fex pedes ferè uiri me= diocris, extenfa recta à fummo roftro ad imos pedes. Pennæ quædam in alis retro uerfus caudam pulchræ & crifpæ erant, quas aliqui auro uel aliter ornatas pileis addunt. Alarum alioqui maiores pennæ nigricant: fuperiores uerò paruæ & cinereæ funt. Collum duos dodrantes longum. altitudo ab imo pedis ad tergum fummum, quatuor ferè dodrantes. Pondus totius libræ medicinales duo= decim. Cauda breuis longioribus alarum pennis occulitur. Plumæ crurum cinereæ quinq̃ digitis fupra genua definunt. infra plumas cortice ueftiuntur nigro. Digiti humanis non breuiores. Ante= rior colli pars & ad latera nigricat: prona albet. reliqua omnia cinerea, præter maiores alarum pen= nas. Vertex niger cum macula rubente, quæ quidem in mare magis rubet.

C.

20 Gruum uox cur rauca fit inquirit Aphrodifienfis problematum 1.123. Paruus ut eft cycni me= lior canor ille, gruum quàm Clamor in ætherijs difperfus nubibus auftri, Lucretius lib. 4. Grus gruit, Author Philomelæ. Grues nomen de propria uoce fumpferunt. tali enim fono fufurrant, Ifi dorus. Gruere dicuntur grues, ut fues grunnire, Feftus. κλάζειν uerbum rectè dicetur de aquilis, κλαγχάζειν de gruibus, κλαγγη nomen de utrifq̃, Pollux & Varinus. Latinè clangere & clangorem di cemus. Κλάζειν uerbum eft proprium de fono uocis gruum, & auiũ fimpliciter: abufiuè uerò etiam homines, & porci arcus κλαζειν dicuntur, Euftathius. Grues κλάζειν dicuntur, non κρώζειν, (clan= gere, nò clamare,) Idem. Ηΰ τε πὲρ κλαγγὴ γεράνων πέλει ὀρανόθι πρὸ, Homerus Iliad. γ. de Troianis, qui clamore confufo temere in pugnam ruebant. Vox gruis ex alto quotannis clangentis (κεκληγυίης,) tempus arandi fub hyemem denotat, Hefiodus. γέρανΘ ̄ γρώζει, Ariftophanes in Auibus. ἔχουσιν 30 δὲ γέρανοι ἐπὶ ἀπανεπ̃ᾱοντες ἐν τοῖς ἐφανδ̃τοις, Ariftot. ¶ Aues quædam (ingrediendo) ante fe pedes ia= ciunt, ut ciconiæ & grues, Plin. Perq̃ fabam repunt & mollia crura reponũt, Ennius de gruibus, ut citat Seruius in illo Vergilij de equo, Altius ingreditur & mollia crura reponit. Audio gruem etiamnum implumem, tam celeriter tamen currere, ut homo non affequatur. ¶ Congruere di= ctum eft à gruibus, quæ non fe fegregant, fiue cum uolant, fiue cum pafcuntur, Feftus. Et rurfus, Congruere, hoc eft conuenire, à gruibus: quia id genus uolucrum minimè foliuagum eft. ¶ Fru gibus & feminibus uefcuntur, inuifæ eo nomine agricolis, ut dicam in E.

¶ Apud Anglos etiam nidulantur grues in locis paluftribus, Turnerus. ¶ Non confidentæ humi fœmina, fed ftantes coëunt, Ariftot. & Plinius. Pariunt non amplius quàm bina, Ari= ftot. Grus inter duo oua quæ parit, lapidẽ (aliquoties, ut alibi addit) interponit, quod Coloniæ per 40 annos aliquot in horto quodam experti fumus, Albertus. Et alibi, Grues domefticas quotannis uidimus lapidem inter fua oua collocare. fed hunc fine difcrimine acceperunt de lapidibus fortuitò inuentis. dubitari quidem poteft, utrum in libertate lapidem peculiarem quæfituræ fuiffent & uti= liorem. ¶ Gruem haufta uitis lachryma interimit, Aelian. Κ/ξίνει δὲ λιβὰς τὰς γεράνας ἀμπέλου, Phi= les. Grues & fimiles aues annuum faftidium purgant iunco paluftri, Plinius.

DE VOLATV ET MIGRATIONE GRVVM.

¶ Quæ circa uolatum & migrationem reuerfionemq̃ gruum obferuauimus, ea hunc in locum confcribemus omnia: Quando fcilicet auolent, Vnde, Quò, Quomodo, Quàm altè, Quo ordine, Quibus uentis. Tum ducis eorum & cuftodum uigilũmue hiftoriarũ addemus : Et an lapides præ= 50 namq̃ gerant, & quam ob caufam, dicemus. Feffi quomodo defcendant, & quomodo noctu quief= cant, Quando deniq̃ ad nos & quomodo reuertantur. Quòd fi quæ forte unius argumenti nõ uno pariter loco memorabimus, uel caufæ nonnihil fubeffe exiftimabit Lector æquus, aut feftinanti in= ter tantos lucubrandi labores calamo ignofcet. ¶ De gruum migratione nonnulla leges etiam fu pra in Anferibus feris. Grues Septembri menfe difcedere incipiunt, Ariftot. Nos proximo anno Septembris die undecimo grues primum migrantes audiuimus, hora una ante noctem. Grus om nem terrarum orbem peragrat, nec diu in eadem regione permanet, Symeon Sethi. More regis Perfarum æftiua ac hyberna conficiunt, Aelianus. Aues quædam nõ mutant locum apud nos, aut (ut) grues funt continuè & hyeme & æftate, licet regio noftra perquam frigida 47. ferè gradibus la= titudinis ab æquinoctiali diftet, Albertus. Cum Thraciam grues relinquunt, defugiendo iniurias 60 frigoris, frequentes congregantur in (ad) Hebrum fluuiũ Thraciæ, & in turmas ac ordines fe difpo= nunt. Cum uerò iam proximum eft ut auolẽt, hyberni circa Nilum uictus defyderio incenfæ, grus quæ inter alias extremo ætatis tempore affecta fuerit, ter circa uniuerfum gregem uolans (πρώφ̃οτα

V 4

μῶν κυκλοτερῶς, καὶ τὸν σρατὸν τηρήσας, Io. Tzetzes) discedit, supremumᵉ̨ uitæ diem conficit, (statim procidens mortua iacet, Tzetzes:) Hanc primò sepultura reliquæ afficiunt, rectà deinde in Aegy-ptum iter faciunt: necᵉ̨ immensa pelagi spatia alarum robore transmittētes usquam interquiescunt, Aelianus & Io. Tzetzes. Quum Thraciam relicturæ sunt, una reliquas omnes lustrat, (ἀγνίζα,) & exclamat. tum cæteræ auolant, ea quæ collectas aues lustrauit, sola remanente, Oppian. ¶ Grus altè admodum uolat, ut nubes è proximo cóspiciat, neque tempestate agitetur, atᵉ̨ ita altam agat quietem, Orus. Volant altè, ut procul prospicere possint: & si nubes tempestatemᵉ̨ uiderint, con ferunt se in terram, & humi quiescunt, Aristot. Plinius & Oppianus. Cum nubes pluuijs grauidas prospiciunt, clamant & uociferantur, ac ducem suum celeriores captare uolatus solicitant, Isidorus. Grues multa prudenter faciunt. loca enim longinqua petunt, Aristot. Gaza addit, sui commodi gra tia. Grues Scythicæ plagæ hyemem fugientes ad loca circa Nili fontes se conferunt hybernatum, Herodotus lib.2. Grues in Thracia nascuntur, ubi hyems solet esse atrox, & tempestas perfrigida: idcircoᵉ̨ eam, quòd ibi ortæ sint, amore prosequuntur, in qua æstiuo tempore patriæ sedis studio captæ, ætatem ducunt: medio autumno salutis ergò, frigoris uim non sustinentes, tanquam terræ ambitum, cœli mutationemᵉ̨ uarietatem scientia & cognitione comprehenderint, fre-quentes in Aegyptum, Libyam, ac Aethiopiam proficiscuntur, Aelianus. Immensus est tractus quò ueniunt, si quis reputet à mari Eoo, Plinius. Post hyemem uolare feruntur à montibus orien tis, Isidorus, de earum ad nos (ut apparet) reditu loquens. Atᵉ̨qui cæteri authores omnes nõ ad orien te necᵉ̨ ad orientem, sed à septentrione ad meridiem uolare scribunt, cum à nobis discedunt: contrà, cum redeunt. Grus sensuum acrimonia ualet, (ὀξυάκοωτ©̄ est,) & frigus facile præsentit. quare fu-giens frigus & hyberna Thraciæ loca, ad calidiora & Oceanum meridionalem peregrinatur: uel secundum Aristotelē ab extremis ad extrema, nempe à Scythicis campis ad paludes è quibus fluit Nilus, Eustathius. ¶ Quando proficiscuntur, consentiunt, Plinius. Aduersus aquilas aliasᵉ̨ aues (rapaces) se mutuo iuuant & defendunt, Io. Tzetzes. Cum sese ab aquila impeti perspiciunt, in orbem consistunt, & cōtractæ in sinum falcatæᵉ̨ existunt, atᵉ̨ ordinatim tanquam in aciem stru-ctæ, speciem pugnæ ostendunt. quare aquila regreditur. eæ autem ad tergum prætiolantium collis & capitibus adnitentes, nonnullam requietem laboriosi uolatus capiunt, itaᵉ̨ laborem facilem effi-ciunt, Aelianus.

¶ Grues ut facilius aerem incidant, ordinem instituunt triangulum oxygonium, Io. Tzetzes. Trianguli figuram efficiunt, ut hac forma facilius aera aduersum secent. ex triquetra figura sexan-gulam aliquando edunt, Aelianus. Grues Cicero ait, cum loca calidiora petentes maria transmit-tunt, trianguli formam efficere: eius autem summo angulo aer ab ijs aduersus pellitur, Deinde sen-sim ab utroᵉ̨ latere tanquam remis, ita pennis cursus auium leuatur: basis autē trianguli quam effi-ciunt grues, ea tanquam à puppi uentis adiuuatur, Gillius. Vbi uentus exortus est maiori cum ui, & sæuit cœlum, non quomodo cum est tranquillum frontatim ac lunato globi sinu uolant: sed in cu neum momento se traducunt, (nõ falcatæ, sed triquetræ uolant, ne uel circunflante uento ordo con turbetur, uel etiam funditus de suscepto itinere depellantur, Gillius, ac ipso mucrone uentum diui dunt, circum latera frustra luctantem, sic ut nihil acies turbetur, Plutarchus. Cum ab aquila se im peti perspiciunt, in orbem consistunt, & contractæ in sinum falcatæᵉ̨ existunt, ut supra recitaui. Et cœtu cinxère polum, Vergilius primo Aeneid.de cygnis uolantibus. ubi Seruius, Plinius (inquit) in Naturali historia dicit, omnes aues colli longioris, aut recto ordine uolare, ut sequens pondus ca pitis præcedentis cauda sustentet. unde & prima plerunᵉ̨ deficiens relicto loco incipit esse postre-ma: aut in cœtu se omnes inuicem sustinere. Hoc autem uolatu imitantur literas quasdam: unde in Lucano, Et turbata perit dispersis litera pennis: Hæc ille in genere de auium longioris colli uolatu, quæ mihi ad grues potissimū pertinere uisa sunt. Grues unam sequuntur ordine literato, D.Hie-ronymus ad Rusticum de uita Monastica. Syluestres anseres quoᵉ̨, similiter omnes gregatim uo lando, ordinem seruant literatum, Albert. Vide supra in Anseribus feris c. Turbabis uersus, nec litera tota uolabit, Vnam perdideris si Palamedis auem, Martialis de gruibus. Volantes ordine quodam Υ, (Ypsilon) literam faciunt: id quod Palamedem deprehendisse legimus, Grapaldus. In-ter uolandum litera Alpha (Α) ab eis delineari uidetur, uel ut alijs amplius arridet, Ypsilon: cuius in uentionem ex auium uolatu Palamedi attribuunt, id quod indicare uel Philostratus aduertitur, Cæ lius. Recentiores quidam, ut Eberus & Peucerus, grues uolucri suo ordine literam Λ, (Labda) po-tius repræsentare putant. Illud inter omnes constat, Cadmum sedecim literas è Phœnice in Græ-ciam detulisse, Α. Β. Γ. Δ. Ε. Η. Ι. Κ. Λ. Μ. Ν. Ο. Π. Σ. Τ. Υ. his Palamedē Troiano bello quatuor adiecisse, Ξ. Θ. Φ. Χ. quas uolunt simul cum ordine aciei à gruibus didicisse, Perottus. Quòd si, ut Perottus scribit, nec Λ. nec Α. nec Υ. literas, Palamedes inuenit, meritò aliquis dubitet, quomodo ali qua istarum Palamedis litera, aut grues ab eius figura Palamedis autes uocari possint. Mihi qui-dem quod ad ordinis figuram attinet, Λ. literam magis referre uidetur uolantes hæ aues: uolant enim (ut dictum est) trianguli oxygonij figura, siue tum solum cum uenti uis maior urget, ut Plu-tarchus scribit, siue aliàs quoᵉ̨ ut alij. Videtur sanè hic ordo alias etiam cōmoditates habere, quòd sic ducem uidelicet omnes ex æquo prospiciant: & alter alterius prospectum nõ impediat, & uento secundo etiam ex æquo fruantur omnes. ¶ Prouectiores ætate in primum ordinem uolādo col-

locant,

locant,ne scilicet se fatigent nimium sequendo , si iuniores præcederent. Clamorem etiam ædunt,
ne separentur nimium aliæ ab alijs. Si quam sensere defessam, aliæ duæ utrinque alis subleuant,aut
etiam super dorsis & pedibus ferunt, retrorsum enim cœlo sereno pedes extendere solent , Oppia=
nus. ¶ Volant flatu secundo,Aristot. rarò contra impetum uenti,nisi fugiendo,nitentes,Alber=
tus. Secundos uentos & retrò flantes obseruare norūt, Aelianus. Quod de gruibus iactatur, eas
uolatum obuertere contra uentos, id ipsum omnes pisces præclare intelligunt, semper enim contra
fluctum natant,Gillius in Aeliano, contra reliquos scriptores qui non aduersis sed secundis uentis
grues uolare tradunt. ¶ Ducem etiam habent,& eos qui clament(οἳ ἀνευείλοντας)dispositi in ex
tremo agmine,ut uox percipi possit.Cum consistunt,cæteræ dormiunt,capite subter alam condito,
10 alternis pedibus insistentes:dux detecto(nudo)capite prospicit,& quod senserit uoce significat,Ari
stot. Ducem quem sequantur eligunt.In extremo agmine per uices , qui acclament (qui uicissim
acclament,ne qua deesse uideatur,ut quidam citant,) dispositos habent , & qui gregem uoce conti=
neant.Excubias habent nocturnis temporibus lapillum pede sustinentes, qui laxatus somno deci=
dens,indiligentiam coarguat.Cæteræ dormiunt capite subter alam condito, alternis pedibus insi=
stentes:dux erecto prouidet collo ac prædicit, Plin. Cum in terram descenderint cibi gratia, dux
earum caput in altum erigit in custodiam omnium : cæteræ uerò securè pascuntur, Isidorus. Dux
multum clamat,ut omnes conueniant:quod si nimio clamore raucescat, alius constituitur, Albert.
Castigat uoce quæ cogit agmen:ea cum raucescit,succedit alia,Isidorus. Grues in tergo præuolan
tium colla & capita reponunt:quod quia ipse dux facere non potest,quia non habet ubi nitatur, re=
20 uolat,ut ipse quoqʒ quiescat:in eius locū succedit alia ex sequentibus:eaqʒ uicissitudo in omni cursu
conseruatur,Aelianus. Itineris iam experientes duces ad uolatum constituunt : & natu grandio=
res, ut uero proximum est , ad regendum extremum agmen deligunt, minores natu mediæ sunt,
Idem, Gruum gubernandi rationem hominibus regendi respublicas doctrinam dedisse ferunt,
Idem. ¶ Custodes semper ac duces circumeunt,& siue homo siue fera accedat, exclamant,altaqʒ
uoce insidias indicant,ut reliquæ in tempore fuga sibi consulant,Oppianus. Vigiles constituunt,
& decima quæqʒ custodit excubias, Albertus. In longissimis terræ tractibus noctu reliquæ omnes
somnum capiunt,tres aut quatuor ad reliquarum custodiam aduigilant: & ne somno opprimantur,
operoso labore ac molesto stant,nempe lapillū summa cautione sublimi pede continent,ut si quan=
do somnus obrepserit, edito strepitu ex lapilli casu, expergiscantur , Aelianus. Quæ noctu excu=
30 bant in terra,crurum alterutri corpore innituntur, altero adducto prehensum lapillum tenent. Igi
tur illa in retinendo iugitas obrepere diutius somnum non sinit:sed statim ut remisere, decidens cal
culus excitat arguitqʒ negligentem.Itaqʒ non est cur istuc Herculis adeò quisquam miretur, Quod
alæ subdens arcum hærentem brachio, & Dextra clauam regens manu, quiesceret, Plutarchus.
Nocte excubias diuidunt,& ordinem uigiliarum per uices faciunt,tenentes lapillos suspensis digi=
tis,quibus somnos arguant:quod cauendum est,clamor indicat,Isidorus:& Plinius fere similiter ut
superius recitaui. Aegyptiorum sapientes hominem sibi ab aduersariorum insidijs cauentem cum
uolunt significare,gruem uigilantem pingunt.hæ enim hoc seipsas præsidio custodiunt, tota nocte
per uices excubias agentes , Orus. Cum lapis è pede alicuius uigilis exciderit , reliquæ sono per=
cepto omnes clamant,quasi increpantes uigilium somnolentiam,Albertus.
40 ¶Migraturæ grues,lapidem pro se quæqʒ deuorant, ut & unde prandere possint habeāt, & ad=
uersus incursiones uentorum firmamentum assequantur,Aelianus. Et rursus, Lapis quem deuo=
rant,ut eo tanquam saburra firmentur uolantes, auri index est : quem postquam eò ubi habitant se
applicauerunt reuomunt. Quod de lapide narrāt,falsum est.lapidem enim eas tenere fulcimento,
quem,ubi deciderit,accipi utilem ad auri probationem aiunt, Aristot. Idem Albertus quoqʒ fal=
sum esse ait.Lapis enim (inquit)è grege eorum cadens,à pedibus non ab ore cadit. Solent autem ali
quando lapides pedibus complecti, cum digiti pedum eis incuruantur, ut super lapidem dirigant:
in quem usum nō peculiarem ullum lapidem,sed quemuis sine discrimine accipiunt:ut illum etiam
quem ouis incubantes interponunt, nullo discrimine capiunt. Quamobrem ridiculum est quod
Isidorus scribit:Fertur(inquit)grues post hyemem uolātes à montibus Orientis , harenas aureas &
50 aurichalcum lapidem deglutire: & postea in locis transmarinis reuomere. Vnde dixerunt qui ex=
perti sunt,lapidem quem grues euomunt,ignis ui conuerti in aurum. Certum est Pontum transituro
laturas , primum omnium angustias petere , inter duo promontoria Criumetopum & Carambin,
mox saburra stabiliri:cum medium transierint,abijci lapillos è pedibus:cum attigerint cōtinentem,
& è gutture harenam,Plin. Lapidibus non omnes inter uolandum , sed quædam se onerant, quæ
alijs uelociores & leuiores sunt, ne reliquas celeritate uolandi præueniant, & defessæ posteriores
aciem deserant.Lapides quidem ab eis proijci deprehensum est à nautis, in quorum aliquando na=
ues inciderunt , Albertus. Aristophanes Byzantius grues scribit deuorare lapides , ut cum bene
sublimes uolantes,& impetu quodam rectà antrorsum ad cōficiendum iter attendentes, aspectum
ad inferiora impeditum habent,de uia fessæ eos deijciant,& ex lapidum casu percipiant, supra ma=
60 rène an terram suboleant, nam si ad mare lapides deferantur, iter susceptum facere pergunt : sin ad
terram decidant,à uolando requiescunt,Gillius è Scholijs in Aristophanis Aues: unde Suidas etiā
& Varinus descripserunt. Coturnices etiam mare traiecturas lapillis se munire Plinius & Oppia=

nus scribunt. ¶ Grues lapidem deglutientes, Αἱ γεράνοι λίθες κατατατιπωκυῖαι: Suidas ex Aristopha‑
ne citat, ostendens dici solitum de ijs qui summa prouidentia gerunt negotium. idcp inde in uulgi
sermonem ueniste, quod gruibus hic mos sit, ut quoniam admodum sublimes uolant, &c, ut iam in
terprete Gillio recitaui. Verba in Auibus Aristophanis hæc sunt, Ἐκ μὲν γ᾽ Λιβύης ἥκων, ὡς τρὶς μυείας
τεράνοι, θεμελίας κατατατιπωκυῖαι λίθες. hoc est, ut Erasmus interpretatur, Venêre gruum terdena fermê
millia Libycis ab oris, deuoratis maximis Saxis. In eadem fabula sycophanta quidam sic loqui‑
tur: Μὰ Δι᾽, ἀλλ᾽ ἵν᾽ οἱ λησαὶ γε μὴ λυπῶσί με,   Μετὰ τῆς ὁράνων ἐκεῖθεν ἀναχωρῶ πάλιν ;   Ἀνθ᾽ ἕρματ᾽ πολλαῖς
κατατατιπωκὼς λίθες.

¶ Fessis aliquibus ad terram omnes descendunt, ut se inuicem expectent, Albertus. Omnes
uno crure innixæ dormiūt, & capita alis obuelant, Oppianus: duce & uigilibus exceptis, ut dictum 10
est. Cur grus & aliæ quædam aues dormientes uni tantum pedi innitantur, & caput humero alte‑
ri imponant, Hieronymus Garimbertus quærit quæstione 51. Nocte superueniente ad fluuios se
stinant: & in medijs illorum collibus, quos amnis insularum instar circunfluit, resident: atcp hoc ad
insidias cauendas faciunt, quòd insidiosæ feræ aut traijcere flumen non possint, aut traijciendo sal‑
tem strepitum cieant, quo ipsæ à somno excitæ ausugiant, Oppianus.

¶ Grues uolucres aduenæ sunt, Varro. Audio ciconias cum gruibus iniurias frigoris sugien‑
tes, mutatione cœli solum uertere, ac rursus hyberno tempore exacto, ad patriam sedem remigran‑
tes, cum illas, tum has, sicut homines domum, probe nidos suos recognoscere, Aelianus interprete
Gillio. Sed quanquam utræcp hæ aues frigoris iniurias sugiant, diuersis tamen temporibus auola‑
re & redire solent. Ciconias è longinquo uenire non dubium, eodem quo grues modo: illas hye‑ 20
mis, has æstatis aduenas, Plinius. Coturnices semper ante aduenitunt quàm grues, Idem. Cum hy
bernum tempus in Libya & Aethiopia traduxerint, lætissimicp dies ac tranquilli illucescere cœpe‑
rint, retro ad Thraciam uersus gradiuntur, Aelianus. Ab Aethiopia & Nilo migrant (ad nos re‑
deunt) Ἀτλαντ@ νιφόγντα πάγον καὶ χᾶμα φυγεσαι, Oppianus. Cum reuertuntur ad nos (à meridie
ad septentrionem) nullum ducem habent, abeuntes uerò habent, tum enim timent sibi ab auibus ra
pacibus & Pygmæis: in reditu non item, Albertus.

D.

Grues gregales sunt, Aristo. Grus est animal ciuile, & sub duce degit, Idem. Ad communem
custodiam cooperantur, Niphus. Animalia quædam imitantur ciuilitatem in habitaticne congre‑
gata & defensione communi, sicut grus, Albertus. ¶ Quæcuncp grues circa migrationem pru‑ 30
denter & admiratione digna saciunt, in c. retulimus. ¶ Grues inter se pugnant tam uehemêter,
ut dimicantes capiantur, hominem enim expectare potius, quàm pugna desistere patiuntur, Ari‑
stot. ¶ Grus animal est timidum, Eusiathius. Auis est ad ludum & derisionem facilis: nam syl‑
uestris etiam ad uocem hominis clamorem eius repræsentantis ludit & saltat, Albertus. Mansueta
cæ lasciuiunt, gyroscp quosdam indecoro cursu uel singulæ peragunt, Plinius. Aduenæ aues sunt,
ut grues & ciconiæ, quæ certo anni tempore à nobis auolant, certo redeunt: quas cum in auiario,
amputatis pennis longioribus, cludimus, inter mansuetas & domesticas uiuere discunt, feritatemcp
exuunt, Gyb. Longolius. ¶ Grues plurimum se inuicem diligunt & iuuant, Albertus. Aduer‑
sus aquilas aliascp aues rapaces mutuò se iuuant, ut in c. dictum est. Grus mas & fœmina pro pul
lis ducendis inter se decertant. nos quidem oculis nosiris uidimus gruem marê deijcere fœminam 40
gruem, & occidere rostro undecim uulneribus inflictis, eò quod pullos quò minus ipsum sequeren
tur absiraxisset. hoc autem accidit Coloniæ ubi grues mansuetæ generare solent, Albertus.

¶ Grues ex Scythicis campis ad paludes Aegypto superiores, unde Nilus profluit, ueniunt,
quo in loco pugnare cum Pygmæis dicuntur. non enim id fabula est, sed certe, genus tum homi‑
num illic, tum etiam equorum pusillum (ut dicitur) est, deguntcp in cauernis, unde nomen Troglo
dytæ à subeundis cauernis accepere, Aristot. Pygmæos sub terra degentes, supra Gangem posita
loca incolere, & sicut sama de ipsis prædicat uiuere, non uanum est, Philostratus libro 3. de uita A‑
pollonij. Pygmæorum & latrantium (ὑλακτόντων) gentes in India & in Aethiopia reperiuntur,
Idem. Pygmæi homines in Aethiopia sunt, tam parui, ut pueri septem uel octo annorum, &c. ut
legimus in Hebraica epistola regis Aethiopum ad pontificem Romanum in Cosmographia Mun 50
steri. Pygmæos Albertus genus quoddam simiarum esse putauit, quod hominum gestus sermo‑
nemcp imitetur: & nos plura de eis scripsimus in Capite de Simijs diuersis. sed hic quocp nonnulla
adijciemus, quæ illic desiderantur. Pygmæi (inquit Eustathius) statura sua ne cubitum quidem
æquant: denominantur enim à pygone. est autem πυγέν@ uel πυγέσων interuallum, quod à cubiti
flexu ad initium uscp parui digiti, uel ad manum extremam digitis in pugnū (quem Græci πυγμὴ
uocant, ut inde etiam Pygmæi à Pygme dicti uideantur, quòd eorum mensura nō cubitum totum,
sed ad pygmen uscp tantum impleat) pertingit. De his traditur quòd cornua etiam sibi apponant, &
arietum præ se ferentes speciem (ὢ χμιαλὰ κειῶν : nisi malis ὢ ὀχμαλὰ λειῶν, ut arietibus eos in pugna
inequitare intelligamus) ut Hecatæus ait, crepitaculis quibusdam sonent, & hoc modo grues suos
hostes, (τὰς πυγμαιωμάχες γεράνες,) qui breuitatem ipsorum contemnunt, ulciscantur. Sunt autem a‑ 60
griculturæ studiosi: &, ut fertur ridiculè, securim in messem adshibent, (ἀξίνην ἐχή@ντα ἰὼ τὸν ἄσκυνT.)
Cæterum & aquilonares quosdam Pygmæos esse legimus, è regione Thules (Θύλης) circa Inclica
(Ἰγκλικὲ

(ἰγνύκα.τίγλοι etiam nani exponuntur apud Grammaticos.)breui admodum corpore & uita quo=
que breuiſsima,qui telis exiguis & in acus ferè tenuitatem exeuntibus utantur,Nec deſunt qui ho
munciones huiuſmodi à ſe uiſos affirmant.Cæterum Pithecuſſæ dictæ inſulæ non tales(homuncio=
nes)alunt,ſed aliæ quædam feruntur,Hæc ille. Pygmæi homines parui ſunt,qui cum gruibus bel=
lantur,& perdicibus inequitant,Baſilis apud Athenæum. AtMenecles contrà apud eundem,Py=
gmæi(inquit)aduerſus perdices & grues pugnant. Inducias habet gens Pygmæa abſceſſu gruum
cum ijs dimicantium,Plinius. Gerania urbs fuit Thraciæ,(in eo tractu quem Scythæ Aroteres te=
nuére,)ubi Pygmæorum gens fuiſſe proditur, quos Catizos barbari uocant, credunt_p à gruibus
fugatos,Plinius. Γυγμαίωγ τ̓ ὀλιγοδϸαννων (βϸαχυβίωγ interpretor) ἀμυλωὰ ϸϗνϑα, Oppianus. Pyg=
mææ mulieris in gruem mutatio deſcribitur ab Ouidio lib.6.Metam.Vide etiam infra in h.

E.

Grues cum alijs modis,tum ita capiuntur.Cucurbita ſicca & decollata excauatur,uiſco intus il=
linitur,iniſcitur ſcarabeus,qui exitum quærens immurmurabit.eo ſonitu excitata grus accurret,&
capite inſerto,capto_q ſcarabeo,ipſum etiam cucurbitæ uas oculis,capití_q agglutinabit,ut eo pen=
nis hærente iam ne_q uiſu ne_q progreſſu uti ualeat,ſed uno in loco conſiſtat, donec ab aucupe ma=
nibus capiatur.Si deſit ſcarabeus, cepæ folium inieciſſe in aluū cucurbitæ ſat fuerit. Laqueis etiam
facile capietur,ſi quis arundinem ſectam utrin_q perforet,& exiles feſtucas imponat,ac perforatum
lapidem ab arundine ſuſpendat.in media autem arundine ferreum acum figat, & fabam ei inſerat,
quam grus reſpiciens laqueo caput inſinuet.Hac arrepta,iam retractura caput,collum illaqueatum
20 ſentiet:percepto_q dolo,ſurſum euolare nitetur:ſed lapidis pondus obſiſtet,donec ab accurrente au
cupe comprehendatur,Oppianus libro 3.de Aucupio. Gruibus pedicas ponere per hyemē con=
uenit,Vergſilius 1.Geor. Strymoniam_q gruem funda deiecit,Idem x 1.Aeneid.de filia Metabi.
Captæ uel pedica uel retibus in menſas transferūtur,Platina. Grues,cygni,&c. quomodo capian
tur reti in ripis fluuiorum,pulchrè docet Creſcentienſis 10.18. Pantheron retis genus eſt quo utun
tur Galli ad paſſeres,ſturnos,grues,Budæus. Ἄϸκω τε γλαγϸῶγ λαιμοτἵνϗ γϸϗνωγ, In epigrāmate
quodam ueteri. Aquila rapit anſeres,grues,&c.Aelianus. Herodius (ſic uocat aquilam germa=
nam)altiſsimè uolat.nam ſi aues magnæ(quas infeſtatur)altius ſupra eam euaderent, ut grues & ci=
coniæ,roſtrorum acie eum interimerent,Albertus. Falcones capiunt anſeres,grues,&c,Creſcen=
tienſis. Galli falconem gruier,quaſi gruarium,cognominant,qui ad grues capiēdos inſtitutus eſt.
30 Vidimus accipitrem ex genere perdicariorum palumbis magnitudine,gruē tractim deturbantem,
uiſenda ſolertia oculis inuolatam,ita ut præda torpens & in terram decidens à cane leporario exci=
peretur,Budæus. Lanarius falco quomodo inſtituatur ad gruum uenationem,ſupra in eius hiſto=
ria dictum eſt. Girofalcones capiunt cygnos & grues, Sigiſmundus Baro. Per grues domeſticas
aliæ capiuntur grues,Author libri de nat.rerum.

¶ Grues Aegyptios ſementem facientes offendunt, & menſæ (ut ita dicam) in armis ciborum
redundantia extructæ interueniunt,ac tametſi minus inuitatæ,hoſpitalis tamen menſæ iure fruun=
tur,Aelianus. Grues & anſeres nocent agris,Verg.Georg.1. Γέϸανοι γϗωϸγϐ ϗϗτν·νϗμονγο χ̔ωϸϗν ἰατϗϸϗ
μύλω νϗωσι πυνείνϗ οἴτω,Suidas in Γυείνϗ. ¶ Plato in Ciuili in Theſſalicis campis ſcribit eſſe χ̔υνϗ
βονίϗς & γϸϗνοβονίϗς, hoc eſt anſerum & gruum paſcua. ¶ Qui ſibi metuit, noctu præſertim dor
40 miens,à uenenoſis animalibus,nutriat ſecum grues & pauones, Auicenna & Raſis. ¶ Aethio=
pes ex Aſia in locum clypeorum pelles gruum prætendebāt,Herodotus lib.7. ¶ Tibiæ primum
ex gruum tibijs,unde nomen habent,tum ex arundinibus factæ ſunt,Perottus.

¶ Initium hyemis clangore ſuo migrantes in ſublimi grues deſignant. Quin & gaudebit ara=
tor Plebe gruum prima:gaudebit tardus arator Agmine pigrarum, (&c.deeſt,) Auienus. Ob=
ſeruato quando gruis uocem quotannis altè in nubibus clangentis audias,hæc enim ſignum aratio=
nis adfert,& hyemem pluuiam prænunciat,Heſiodus. Cum grus crocitans in Libyam migrat,ſe=
rito,Ariſtophanes in Auibus. Χαίϸει ϗϗὶ γϸϗνοιγ ἀγίλῃς ἀϸϗίϗ ἀϸοτϸον̔́ς ἰϗ̔ϗιογ δϸϗομίωϗς:ὀ δ̓ ἀϗωϸϗ
αὐτίνϗ μάϗωϗ,&c.Aratus,hoc eſt, Agricola qui meſſem celeriorē (uel tempeſtiue ſerere) deſyderat,
gaudet grues maturius migrantes apparere: contrà qui tardiorem meſſem uel ſementem (Theon
50 utro_q modo exponit)optat, tardiore gruum aduentu lætatur. ſolet enim mox à gruum migratione
hyems & pluuia ingruere,ca_q citius,ſi grues maturè & in magnis turmis appareant:tardius ueró,
cum ſeró & non in magnis turmis,ſed per interualla & pauciores, & paſsim moram diutius trahē=
tes migrant. Grues ante blandam tranquillitatem (cum longam tranquillitatem futuram præſen=
tiunt)omnes ſimul ad eundem curſum(uolatum coniunctum uno continuo ordine,& rectà exten=
ſum)ceu bona ſpe fretæ(ἀσφαλῶς,tutæ à tempeſtatibus) pergent, ne_q retró ſe conuertent in ſereni=
tate uolantes,Aratus. Vbi Scholiaſtes Theon,Prſentientes(inquit)tranquillitatem aliquandiu du
raturam,in ſublime ſe efferunt,fiducia plenæ ad tam longinquum iter. Quòd ſi uentus & tempeſtas
inciderint,retró ferri ſolent, & ordinem turbare, & metum clamore teſtari. Βοᾶσι δ̓ πάλιγ ὡς ὑδϸμϗναι,
ὅτϗγ εἰς τϗ̀ θϗ̀μϗ ϑῶν τϗ́πωγ ϗϗ χειμῶνι γϗϗνϗται,hoc eſt,quanquam(non ſolum propter metum,ſed)etiam
60 gaudentes clangūt cum hyemis tempore ad loca calidiora peruenerint. Et mox, Cœlo tranquillo
licet interdum retro & inordinatè uolitent,æqualem tamen & cōtinuum (λείογ) uolatum peragunt.
Fieri quidem uidetur,ut cum aër durior denſiór_q(ut ſit propter uentos & frigus & pluuias)occur=

rit,retrò uertantur grues:cum contra lenis,placidus & æquabilis est,rectâ pergant. Tunc & Stry-
monías circunuolitare(forte,rectâ uolitare)repente Suspicies, & per apta (uersus est mutilus) ubi
mitior annus Sponte procellosum disicerit aera cœli, Auienus ex iam citato (ni fallor) Arati loco. Imminente tempestate,non solent in alto oblongi gruum ordines eodē ductu pergere,sed con
uersi retrorsum feruntur,Aratus. Vbi Theon,Grues(inquit)aiunt,cum pluuiæ futuræ sunt, nec in
sublime ferri,nec ita rectâ pergere, sed retrocedere. Auienus ex Arato sic transtulit, Si Threiciæ
per aperta Sponte grues trepidant,nec sese audacius æthræ Committunt. Grues nauta cū uidet
gyros agere,subindeq̃ reuolutare in medio maris intelligit,contrarijs uentis impellentibus illas,ab
itinere instituto absistere,auium discipulus factus,ad portum renauigat, & nauem incolumem seruat,Aelianus. Grues silentio per sublime uolantes serenitatem,sic noctua in imbre garrula: at se- 10
reno,tempestatem,Plinius. Grues ex mari in mediterranea uolante, tempestatis atroces minas
intelligenti significant:eædem silentio & quiete uolantes,serenitatem promittunt,Aelian. Grues
in mediterranea festinantes uentum præsagiunt,Plinius. Turbulentè clamantes acerbam tempestatem denunciant,Aelianus. Nunquam imprudentibus (hominibus) imber Obsuit, aut illum
surgentem uallibus imis Aeriæ fugêre grues, Verg.Georg.1. Earum clangores pluuias accersere
·fama est,Aelianus. Quum nubes pluuias prospiciunt, clamant & uociferantur, ac ducem suum
celeriores captare uolatus solicitant, Isidorus.

F.

Grues Polluci nominantur inter aues quæ in cibos ueniunt.idem ϡ ϭϼανϭσϭσίας, id est gruum pascua à Platone nominata meminit,ut iam apud ueteres grues cibi gratia anserum instar etiam domi 20
& in uillis nutritas appareat. Balearibus insulis in honore mensarum est uipio.sic enim uocant mi
norem gruem,Plinius. Cor.Nepos,qui diui Augusti principale obijt,scripsit ciconias magis placere quàm grues : cum hæc nunc ales inter primas expetatur, illam nemo uelit attigisse, Plinius.
¶ Gruis & anseris caro conueniunt accipitri in cibo,sed absq̃ multo sanguine,nam si eo copiosiore
utatur accipiter,corde grauatur, (tanquam homo ebrius uino,) & ad uenationem ineptus sit, Demetrius Constantinop. Valentissimæ materiæ est & plurimi nutrimenti, omnis grandis auis, ut
anser,grus,Celsus. Gruum carnes calidæ sunt,siccæ & fibrosæ: & ideo post duos dies quàm iugu-
latæ fuerint,eas esse oportet.Sanguinem temperato crassiorem & magis melancholicum gignunt,
Symeon Sethi. Caro gruis crassa est, neruosa & fibrosa, difficilis concoctu, & sanguinem atribi-
liarium parit,Rasis. Est hæc auis terrestris naturæ, carne dura, Albertus. grauiore quàm reliqua- 30
rum auium,Author de nat.rerum.uitanda illis quos hæmorrhoides crebrò uexant & maximè pulsantes,Arnoldus Villanoua. Gruis caro à Theodosio perhibetur frigida. Ioannes uerò eam calidam ponit.mihi quidē frigida magis quàm calida uidetur.est enim crassæ substantiæ, difficilis concoctu,& sanguinem malum generat. unde eam frigidam & siccam esse conijcio : sicciorem tamen
quàm frigidiorem.Eligenda est iuuenis,per falconem aut aliam auem rapacem capta. Salubriores
erunt,si antequam coquantur suspensæ à collo lapidibus ad pedes alligatis per diem & noctem pen
deant:item si aromatibus condiantur,& uinum generosum superbibatur,Mich.Sauonarola. Elluchasem quoq̃ uno alteróue die post interfectionem seruari eas iubet, lapidibus ad pedes alligatis
suspensas,ut teneræ fiant carnes earum:deinde diu & diligenter decoqui. Post gruum carnem in-
gestam chalce mellitum sumi debet, & uinum bibi sulum, & (cibi aut potus) huiusmodi sumi, qui 40
ut citius distribuantur & excernantur efficiunt. sunt enim hæ aues neruosæ (carnis,) & crassæ pinguedinis,Elluchasem. Ex gruibus cibaria quouis modo cocta,tardè coquuntur : atram bilem augent,& recrementi in se quàm alimenti plus habent, Platina. Grues torminosis in cibo prosunt,
Marcellus. Otidum caro medium quædam locum habet inter anserum & gruum carnes,Symeon
Sethi. Ciconiæ caro eadem ferè quæ gruis est, Platina. mihi quidem ciconiæ caro humidior,gruis
uerò siccior uidetur. ¶ Ius gruum uocem clarificat, & semini genitali adijcit, Symeon Sethi.
¶ Ventriculi animalium non laudantur in cibo, præter uentriculum gallinarum, aut anserum, aut
gruis,Arnoldus de conser.sanit. Occisa grus in pennis saccat (uel potius, collo suspendatur,lapi-
dibus ad pedes alligatis,ut supra dictum est)æstate per diem unum, hyeme per duos. sic enim caro
tenerior(& facilior concoctu,Hali)fiet,Albertus. Grues & phasiani mactati biduo æstate, hyeme 50
triduo seruari debent, Arnoldus de conseru.sanitate. Caro ex auibus habentibus duras carnes,
(ut sunt turtures,grues,anates feræ, & huiusmodi) comedi debet à nece earum duodecim horis in
hyeme,Auenzoar.uel potius uiginti quatuor horis pòst,ut Isaac scribit,Ant. Gazius. Rasis simpliciter ad plures à mactatione dies gruem seruari iubet: Symeon Sethi duos dies postquam iugu-
latæ fuerint nullo æstatis aut hyemis discrimine adnotato. ¶ Mazonomo (genere lancis,Acron)
pueri magno discerpta ferentes Membra gruis sparsi sale multo non sine farre, Horatius. Grus
elixari debet,Platina. Eiusdem de porcello laciente condimentis quibusdam farciendo assando,
uerba recitaui in Sue G.Idem autem (inquit) fieri potest ex ansere, grue, &c. Gruem cum coquis,
caput eius aquâ non côtingat,sed sit foris ab aqua,cum cocta fuerit, sabano calido inuolues gruem,
& caput eius trahe,cum neruis sequetur,ut pulpæ uel ossa remaneant.cum neruis enim manducari 60
non potest,Apicius 6.2.quo in loco uarios grui & anati coquendis seu condiendis communes apparatus describit, quos nos omnes in Anate F. recitauimus.

G, Grues

G.

Grues torminosis in cibo prosunt, Marcellus. ¶ Ius gruum uocem clarificat & semini genitali adijcit, Symeon Sethi. ¶ Caput gruis, oculi, & uenter siccentur, & tosta cum omnibus contentis redigantur in puluerem: quo sanantur fistulæ, cancer, & omnia ulcera, Arnoldus Breuiarij
3.21. ¶ Galenus in opere de compos. medic. sec. locos, recitat compositionem quandam Andromachi ad uitia sedis cui inter cætera cerebrum gruis immiscetur. ¶ Ex medulla cruris gruis fit
alcohol, id est collyrium, Serapio 7.33. Vide inferius in Felle. ¶ Tubera & quæcunque molliri
opus sit, efficacissimè anserino adipe curantur. idem præstat & gruum adeps. Gruis adeps remissus durities omnes soluit, Constantinus. Cum adipe anserino remissus, locorum duritias & concre-
10 tiones discutit, Sextus. Rigor ceruicis adipe anserina, uel potius gruina perunctus, uelocissimè
mollietur, Marcellus. Pingue illud, quod cum coquuntur grues superfluitat, si auribus instilletur,
auditus grauitati mederi creditur. tum & harum pinguedo cum scillitico aceto sumpta (παραλευ-
εανόμενον) in balneo lienis durities iuuat, Symeon Sethi. ¶ Iecur gruis utile est côtra dolorem renum & operationem uidetur) uesicæ, si aridum bibatur pondere drachmæ cum aqua
cicerum, Rasis. ¶ Fel gruis medetur aduersus spasmum oris. & si dráchmæ pondere cum zam-
bac immittatur in nares, Rasis, est autem sententia imperfecta, quæ forte compleri potest ex aliorum
scriptis quæ nunc subijciemus. Fel gruis calidum subtile, si cum aqua sansuci naribus instilletur,
paralysi prodest, & facit titillationem, (uidetur aliquid corruptû,) Haly. Sunt qui tradât, si gruum
fel cum zambacelæo (quidam inepte oleum baccarum oliuæ interpretatur) misceatur, memoriæ lap-
20 sui prodesse. Sunt & qui harum etiam felle ad oculorum morbos feliciter utantur, Symeon Sethi.
¶ Gruis testiculi utilissimi sunt ad albuginem oculorum, si findatur, & apponatur sal gemmæ: tum
aridi terantur, & cum spuma maris & stercore lacertæ & saccharo imponantur oculis. contra ictum
& plagam oculi ablue hoc totum, Rasis. ¶ Gruis & columbæ fimum eandem facultatem obtinet, ut in Antiballomenis Græcis legimus. Anseris, accipitris, gruum, & similiû stercora, de quibus multa nugaces quidam fabulantur, inutilia esse experimento compertum est, Aetius 2,117.

H.

a. Grues masculino & fœminino genere dicuntur, ut Nonius & Seruius obseruarunt. Stry-
moniæφ grues, Verg. 1. Georg. Longior hic quàm grus grue tota cum uolat olim, Lucilius apud
Nonium. Virum tu hunc gruem Balearicum, an hominem putas esse ? Laberius apud eundem.
30 ¶ Grues etiam Naupliadæ uolucres dicuntur, ut Textor annotauit, & Palamedis aues. quoniam
Palamedes Nauplij filius ex earum ordine tres literas reperisse fertur. Clangunt Natipliadæ uolucres, & peruia pinnis Nubila conscribunt, Politianus. uide supra in c. ubi de literato gruum ordine scriptum est.
¶ Γέρανος generis epicœni est, Suidas. Io. Tzetzes in masc. & in fœminino genere utitur, Basilis & Menecles apud Athenæum masc. genere. γέρανος semper in fœminino genere esseres, non
masc. sicut etiam ἵππος, si Atticè loqui uolueris. γέρανος dicitur quasi γηρανω , ἀπὸ τὸ τὴν γλυ (τὰ τῆ
γῆς σπέρματα) φθονεῖν : hoc est, ab eo quòd terræ semina perscrutetur. unde & σπερμολόγ (frugilega)
nominatur, semina enim quæ terra non obruta fuerint in agris, colligit, Varinus & Eustathius. de
auicula exigua quæ spermologus similiter uocitatur, inter Passeres dicam. Aut forte geranos uo-
40 cata est, quod colore cinereo & fere cano tanquam geron, id est senex appareat. quin etiam in senectute color pennarum ad nigredinem ei mutatur. γέρλω, honorandus, γέτιμ , (ut & γορλῶι , &
γέραρός,)δι & γερανός, Hesychius & Varinus. legendum puto γέρλω, id est grus, cum accentu in prima, nam & γέρλω nônullis grus fœmina exponitur, (ut σευεισις mas) secundum Aelium Dionysium,
citante Cælio. τινίς, grus, Tyrrhenis, Hesychius & Varinus. Σευεισις, grus mas, Iidem: dictus forsan à uoce. nam & Aristoteles grues in postremo migrantium agmine σπουείθεν ait. Σέρτης, grus,
Polyrrhenijs, Iidem.
¶ Epitheta. Grues aëriæ, (id est, altius uolantes) Verg. 10. Aeneid. Altiuola, Alciatus. Hyberna Rhodopes grus, Statius Syl.4. Strymoniam gruem, Ver. Aeneid. x 1. Seruius Thraciam
interpretatur. Threicia grus, Ouidius 3. de Arte. Reperio & apud Io. Textorem hæc epitheta:
50 Grues aduenæ, altiuolantes, Thracum uolucres, rapidæ, querulæ, profugæ, granisegæ, uagæ.
¶ Ἀρπάξειραν σπέρματ ὑλιπετη (aliàs ὑλιπετίρω, Suidas in Bistonia) Βιστονίαν γέρανον, In epigrammate. Thracia olim Bistonia dicebatur, ut in Bisone dixi. Ἄερκων τι γλαγερῶν λαιμοπέθαν γέρανων, In
epigrammate. Ἤσπίαι γέρανοι, apud Homerum : Eustathius & alij interpretantur matutinas, uel in
aere uolantes. Vergilius quoque grues aerias dixit. Κρακηναὶ, Calabro. ὑλιπέτης γέρανοι φρε-
τοι νεροφώνων, Oppianus. Λιευοσα γέρανω , Babrius apud Suidam. Ἡ μακρώχυλω ὄρνις, id est auis pro-
ceri colli, pro grue, Melanthius apud Athenæum. Πυγμαιομάχει γέρανοι, Eustathius.
¶ Gruere dicuntur grues, ut sues grunnire: unde tractum est congruere, hoc est couenire. quia
id genus uolucrum minimè soliuagum est, Festus. Et alibi, Congruere dictum est à gruibus, quæ
non se segregant, siue cum uolant, siue cum pascuntur. Ingruere est simul gruum modo inuadere,
60 Perottus. ¶ Γέρανω , imber apud Cyrenæos, ἀπὸ τὸ τὴν ῥύν ῥαίνειν , Varinus. Diades suis scriptis
ostendit se inuenisse corum demolitorê, quem nonnulli gruem appellant, Vitruuius, uide in Coruo a. Sunt qui gruem exponant machinam ad subleuanda onera, sic dictam quòd in longum pro-

X

minens collũ gruis referat, cuius sæpe meminerit Vitruuius. Vide Budæum in Pandectas. Tym
panum, Græci etiam geranon appellant, est rotæ ambitus magni genus, cuius circumactu calcanti-
bus hominibus adfixas pro gradibus regulas, axis fune obuoluitur, atꝗ ita onera extolluntur, aut
sublata deprimuntur, Philander in Vitruuium 10. 4. Nostri hanc machinam uocant ein steinrad/
quod ad saxa potissimum eleuanda huius rotæ usus sit. Geranium uocatur lignum, quo ex puteis
hauritur aqua, celoneum item nuncupatum: nam κᾶλον lignũ est, νούᾑν adnuere, Cælius. Κηλόνειον,
ῤῥάνιον μικρὸν, τὸ ἀνανεύον καὶ κατανεῦον, Varinus. uide in Ciconia a. ῥῥαν⸗ etiam est machina quædam quæ è sublimi demittebatur ad raptum corporis alicuius, quo usa est Aurora cum Memnonis
corpus raperet, Pollux libro 4. Géranos est uncus (harpax) in scena paratus à mechanopœo, quo
persona aliqua rapiebatur, ὃξ ὅ (ᵭ ὅ forte) ὁ ἐσκ̀υασμὑἢ⸗ ὥσπεκπἰς πραγῳᵭὸς (ἁρπάζεται,) Varinus. 10
Dicebatur item ῥῥαν⸗ instrumentum ligneum in quo pistores farinam pinsunt: unde & farinas (τὰ
ἄλφιτα) ῥῥάνεια cognominant, Hesychius & Varinus. Nos tale instrumentum inter uariam rei rusticæ supellectilem, depictum dedimus in Boue H. e. Simili etiam (pila scilicet, cum pistillo quiâ
fune pendet, funis autem alligatus est perticæ flexili quæ per transuersum tabulato superiori affixa
est) figuli nostri utuntur: & simili ferè puto molitores ad excorticanda & frangenda legumina, nec
inepte aliquis etiam malleos istos quibus lintea ad usum chartæ parandæ comminuuntur, grues dixerit.   ¶ Fuit & geranos saltatio, quam nostris literis dicere gruem licet, numerosa erat saltàtium
turba, quadam uolantium gruum similitudine, instituta hæc primum fertur à Theseo apud aram
Deliam, dum exitum de labyrintho imitatur, Cælius. Τὴν ᵭ ῥῥάνιον ᵹᴅ πλῖθⓈ ἀρχᾶντο, ἔκερος ἐφ᾽ ἐκά⸗
σῳ ᵹᴅ εἶχον, τὰ ἄκρα ἑκατέρωθεν ᴛῆς ἡγεμόνᴦ ἐχόντων, ᴛῆς πόᵭ ὀνσῖα πρῶτον πόᵭ τον Δήλιον βωμὸν αῃμμιν⸗αμίνων 20
τῷ δὲ τὸ λαβυρίνθᴦ ἔξοᵭν, Pollux lib. 4. ᵹᴦ ῥῥανελκὸς, princeps & coryphæus chori & saltationis in De
lo, Varinus: quasi geranum, id est sequentem saltationem post se trahens.   ¶ Geranóchrus, color
est lanæ à gruibus uocatus, Hermolaus. Apud Plinium in Epidico de geranio uideo mentionem
haberi, corruptis licet uulgatis codicibus: Cerinum (inquit) uel geranium. & epiphonema statim
per annominationem subiungit, Gerræ maximæ. hanc uerò (uestem) à colore gruis cinericio puto dictam, ut ea sit quam Græci σποδοειᵭῆ uocant, Cælius Calcagninus in Epistolis.   ¶ Geranopí-
pas legitur in scripto quodam Hieronymi ad Eustochium, de sene quodã monacho: Huic (inquit)
inimica castitas, inimica ieiunia, prandium nidoribus probat, & altilis ῥῥανοπίπης, uulgò pipizo no
minatur, Ipse (inquit Cælius Rhodig,) malim legere ῥῥων οἰνοπίπης, id est senex temulentus, quem
plebeia uoce pipizonem dici solitum coniectamus. nam πιπίζειν fugere significat.   ¶ Plato in Ci- 30
uili ῥῥανοβοσίας esse scribit in Thessalicis cãpis: sed Pollux ex Platone ῥῥανοβοσίας legit, ᛁper σ.   ¶ Se
leucus ad nos misit tigrin, & oportebat nos illi uicissim remittere θνείον τειῤῥάνινον, ἐ γὰρ γίνντοι τῷ
αὐτόῦ, Philemon in Neæra apud Athenæũ, ego quid per uocè ᴃιꝝράντιον significetur non assequor.

   ¶ Stirpes. Geranium, ῥῥάνιον, herba à Dioscoride (uel quisquis est qui nomenclaturas diuersas adiecit) pelonitis etiam uocatur, (malim pelargitis: quod scilicet instar rostri uel gruis, uel pelargi, id est ciconiæ, pericarpia sua ueluti acus quosdam rigentes proferat,) & echinastrum (quòd a-
cus illi ueluti spicula in echino rigeant) & geranogeron: cuius formæ uiriumꝗ descriptio, omnino
eam quæ pecten Veneris appellatur quibusdam, referre mihi uidetur: nec obstat quòd eadem forte
caucalis alibi dicta uideatur, alia enim caucalis Dioscoridis esse potest, &c. Est & alterũ geranium
Dioscoridi, folijs maluæ similibus, cui in coliculorum cacuminibus apices quidam prominent simi 40
litudine gruini capitis cum rostro, aut caninorum dentium, nullo in medicina usu. Sunt in follicu
lo illo (pericarpio) geranij secundi cum uiridi colores alij plures, præsertimꝗ cinereus, tam præsen
ti totius colli capitisꝗ & rostri gruini imagine, ut aptiore pictura ostendi à peritissimo pictore animalis eius tota ea pars non potuisset, Marcellus Vergilius. Est & gruina inter secundi geranij nomenclaturas apud Dioscoridem. mihi quidem eadem nominis ratio à gruini rostri similitudine ad
pericarpia in his stirpibus, in utroꝗ geranio conuenire uidetur, etsi authores secundo tantum gene
ri hos acus adscribant, cui folia ut maluæ, uulgò cognito, pedem columbinum uocant. Plinius gera
nij genus unum folijs cicutæ facit, minutioribus : alterum uerò anemonæ folijs &c. uidetur autem
mihi ex diuersis authoribus hæc descripsisse, & unum geranij genus (possunt enim eadem folia uel
anemonæ comparari, uel cicutæ ut minora sint tamen) in duo distraxisse. Est & tertium apud nos 50
geranij genus, folijs ferè pimpinellæ, sed magis diuisis, binis è regione, quam acum pastoris uulgò
quidam nominant. Herba Roberti quoꝗ uulgò dicta, quam inter sideritides ponunt eruditi, &
alia quædam syluestris in montibus ferè nascens, radice sanguinea, (unde nomen ei apud nos, blũt⸗
wurtʒ) apices acuum instar habent eadem qua gerania effigie eminentes. Plinius id genus cui folia anemones, radicem inquit mali modo rotundum habere, cum Dioscorides simpliciter ῥίζαν ὑπό⸗
στρόγγυλον dixerit, hoc est radicem subrotundam : ego oblongam & teretem accipio. Radix è geranio (inquit alibi Plinius) peculiariter secundis inflammationibusꝗ (lego inflationibus ex Dioscoride, & ipso Plinio in præcedentibus de geranio scriptis) uuluarum cõuenit. Apud Hesychium &
Varinum ϳοῥάν⸗ pro herba scribitur.   ¶ Quinquefolium herbã aliqui Germanice uocant kran
füß, id est gruis pedem, quasi geranopodium. ego inter lychnidis coronariæ nomenclaturas apud 60
Dioscoridem geranopodion legere memini.   ¶ ῥῥάνεια, quæ secundum aliquos hydna dicuntur,
hoc est tubera, Eustathius. Cranium, tuber & fungus radice carent, Theophrastus 1, 9, Græcè legitur,

gitur, ὕδνον, μύκης, πύξῷ, κρανίον. ſed Athenæus líb. 2. pro duabus poſtremis uocíbus, habet πίςις & γοράνειον. quanquam is locum Theophraſti citat non ſuper carentibus radíce, ſed ſuper habentibus corticem lævem. Hydnon eſt quod aliquí aſchion uocát, Theophraſtus 1.10. híc etiam Athenæus pro aſchion legit γοράνειον. Quærendum an tuberí appellatío craníj melíús conueniat propter ro‐ tunditatem.

❡ Geranites gemma à gruis colore (alíàs collo) nomen habet, Pliníus.

❡ Grus marínus, piſcis quídam ab Aeliano deſcríptus, &c. NEROGVRVNO, νερογύρυνο, hoc eſt grus nígra, à Græcís uulgò dicítur (ut audío) auís quædam aquatíca. Ardeam Hiſpaní quí‐ dam grou, quaſi gruem appellant, propter quandam corporis ſimilitudinem.

10 ❡ Icones. Aegyptiorum ſapientes homínem ſíbí ab aduerſariorum inſídíjs cauentem cum uo lunt ſignificare, gruem uígilátem pingunt, hæ ením hoc ſeípſas præſidío cuſtodiunt, tota nocte per uíces excubías agentes, Orus. Iidem ſyderalis ſcientíæ gnarum cum ſignifícaht, gruem uolantem pingunt, illa ením altè admodum uolat, Idem. Typographí quídam pro inſigní ſuo gruem habent píctum, quí pede altero attracto lapíllum ſuſtínet, uigilantíæ & diligentíæ monumentum. Guloſí hominís icon gruíno collo ab Alcíato repræſentatur, cuíus Emblema infrà ín fine huíus híſtoríę po nam. Ludouicus Dominicus ín Italíca deſcriptíone Theatrí Iulij Camilli, ínter imagines Iouí at‐ tributas: Sub Gorgoníbus Iouís (ínquit) erat imago gruis, quæ cœlum uolatu petens, roſtro caduʒ ceum tenebat: & elabente è pedíbus eíus pharetra, ſagittæ effuſæ per aerem cadebant diſperſæ: qua‐ lem meminí icónem uídiſſe ín auerſa parte ueterís cuíuſdam nummi. Grus anímum uigílantem ſí‐
20 gnifícat, quí iam defeſſus & faſtidiens mundum eíuſʒ impoſturas, tranquíllitatis deſiderío ad cœ‐ lum euolat, caduceum hoc eſt pacem & tranquíllitatem gerens, E pedíbus ueró pharetra cum ſagit‐ tis excídit, hoc eſt curæ huíus mundi relinquuntur. In hanc ſententíam Pſaltes: Quís dabit (ínquit) mihí pennas ſicut columbæ? & uolabo, & requieſcam.

❡ Propría. Gerana, γοράνα, mulíer quædam fuit, apud Pygmæos olim diuinís honoríbus affe‐ cta, & à Iunone in auem gruem conuerſa: uide infrà ín h. ❡ Geranía urbs fuit Thracíæ, (ín eo trá ctu quem Scythæ Aroteres tenuēre,) ubi Pygmæorum gens fuiſſe prodítur, quos Catízos barbarí uocant, credunteʒ à gruíbus fugatos, Pliníus. Geranía locus eſt ín Laconíco agro, Idem 4.5. Ge‐ rantíæ urbs Laconícæ eſt Pauſaníæ, Stephanus. In ora Græcíæ oppidum eſt Geranea, Idem. Ge ranía uocatur promontorium ín Megaríde (cuíus meminit Lyſías) ín mediterranea uergens, ac ob‐
30 longum, indeʒ ab figura nuncupatum, Cælíus. Stéphanus γοράνα mons eſt ínter Megara & Co‐ rínthum, à quo ſe præcípitem dedit Ino cum fugeret Athamantem, (ut meminit etiam Scholíaſtes Pindarí ín argumēto Iſthmíorū.) A prímitíuo γοράνη (inquit) deriuatur γοράνεια. gentile γοράνεῦς uel γοράνεώτης. Hunc mótem Geraníam fuiſſe appellatum ſcribit Pauſanías ín Attícis, quía Megarús quídam ín diluuio ad uolitantíum gruum clangorem eum tranauerit. Geranídæ, γοράνεῶδαι, íncolę Phocidis, Heſychius & Varín. Gerania, γοράνεια, oppidum Phrygíæ, Stephanus.

❡ b. GROMPHENAM auem in Sardinía reperírí narrant, gruí ſimilem, ignotam iam etiam Sardis, ut exíſtimo, Plín. Stymphalídes aues ad gruum magnitudinem accedunt, Gillíus. Ibís eſt cruríbus gruínis, Valla apud Herodotum. Theophílus ait Philoxenum Euryxídis (τὸν
40 ἐνειξιλ̓Θ̔‐) homínem gulæ præcípuè circa piſces mancipíum, non ſatísfeciſſe ſuæ circa inglúuiem lí‐ bídíní, gruís collum optando: cum potíus oportuíſſet eum omníno aut bouem aut camelū, aut ele‐ phantum fierí, ut & multū & multa cum uoluptate ingereret, Athenæus líb.1. cum pauló antè Phí‐ loxeni Leucadij & alteríus Cytherij opſophagorum, hoc eſt gulæ circa piſces obnoxíorū memí‐ niſſet. Φιλόξενός τις ὁ δ῾ ιξι‐ ὁ Λοφαχ‐ ὢν τὸν φάρυγα αὐτῷ μακρότερον γοράνα γενέδαι ηὔξατο, ὡς ἡδύμεν‐ τῇ αφη, Aríſtoteles in Ethícis 3.10. Ego utrobíʒ Κυθήειον legere malim. nam & Machó Comícús apud Athenæum líb.8. de Philoxenó Cytheríó ſcribit, optaſſe íllum ſibí collum tricubítale: Φιλόξενός ποθ̓ ὡς λέγας, ὁ Κυθήρει‐ Εὔξατο τριῶν ἔχειν τὸν λαρυγγα πήχεων, Ὅπως καταπίνω φηαìν ὅτι πλεῖςον χρόνον, Καì πάντ̓ ἅμα μοι τὰ βρώματ̓ ἡδυνῇ ποῇ. ſed Philoxenum Etyxídis à Plutarcho quoʒ memorarí Cælíus annota‐ uit, quare nihíl definío. Clearchus non Philoxenum; ſed Melanthíum quendam ait optaſſe ſibí ἣ μακραύχην‐ ὄρνιθ‐ τὸν τραχήλον, ἵν̓ ὅτι πλεῖςον τοῖς ἡδέσιν ψαῦτρεῖξι, Athenæus. ❡ Ibís nigra in Aegy‐
50 pto pedíbus eſt gruínis, Herodotus. ❡ Apíon refert Oeneo ín Menide regnante, bícípíté gruem apparuiſſe; tumʒ Aegyptum feracem extitíſſe: atʒ ſub alío rege quadrícipítem auem uiſam fuíſſe; & quanta antea nunquam Nílum alluuíone redundaſſe, frugumʒ ubertatem mirifícam fuiſſe, Aelíanus.

❡ c. Paraſítus quídam apud Athenæum, multa de ſe iactans, ínter cætera nihilo ſe grue inſe‐ riorem eſſe aít ad matutínam abſʒ calceis deambulatíonem: Ανυπόδητ‐ ὄρθοθ πόδιπατεῖν γοράνῷ. ❡ Capra quídem cytíſum ſequítur, lupus índe capella, ὰ γοράκω̃ τừοξόρον, (id eſt grus ueró aratrum,) ἰγὼ δ̓ αὖ τừ μεμάνημαι, Theocrít. Idyllío 10. Trahít ſúa quenʒ uoluptas. Aegírus agrícola ín epiſto‐ lis Theophylactí Simocati, de gruíbus conquerítur Platano ruſtíco, quòd meſſes ípſorū inuadant & ſpem frugum conſumant. ❡ Cattuza & Rhacole Stephano, regío eſt Pygmæorum, & íncolæ
60 Tuſſylí, ut Cares uocabant. Plíníus Catízos hanc gentem appellauit. Ὅθεν δὲ τὰς γοράνας ὁρμᾶν, τὸ χω‐ εíον Βακιάλlω πτοσηγορεύδαι, Stephanus. Pendula ceu paruís moturæ bella colonís Thracía, cum tepido permutant Strymona Nílo, Ordinibus uarijs per nubíla texitur alís Littera, pennarumʒ

X 2

notis inscribitur aër, Claudianus. Τησι δ' ἄρ ἰσπαμβήμσι κατ τὰ εἴχεχ ούρεϊσ' δρμοί Ηθρα π σκιάςτι, κὰι ἄλλυ πομ ὄγμομ ἔχωσι, Oppianus. Clamorem ad sydera tollunt Dardanidæ muris: Quales sub nubibus atris Strymoniæ dant signa grues: atqⱳ æthera tranant Cum sonitu, fugiuntⱳ Notos clamore secundo, Vergilius X. Aeneid. Κλαγγή (clangor) propriè dicitur de gruum uoce, hoc uocabulo ab initio statim tertij Iliados poeta ter utitur, semel de clamore Troianorum pugnam ineuntium, bis de gruum uoce. est enim (inquit Eustathius) grus auis uocalis, (φωνητικὴ:) ut timidiora animalia omnia φωνητικώτερα sunt animosis. Τῶμ δ' ὡς ὀρνίθωμ πετεινῶμ ἔθνεα πολλά, Χλωῶμ, ἢ γεράνωμ, ἢ κύκνωμ σιελιχοδείρωμ, Ασίῳ ἐν λειμῶνι Καϋςρίε ἀμφὶ ῥέεθρα, Ἐνθα κὰι ἔνθα ποτῶνται ἀγαλλόμενα πτερύγεσσι, Κλαγγηδὸμ προκαθιζόντωμ, σμαραγεῖ δέ τι λειμῶμ, Homerus Iliad. β. Ταὶ δ' ἐφέροντο Κλαγγηδὸμ κραιπνῶσιμ ὑποδμήσαι γεράνοισιν, Calaber lib. 3. ¶ Gruem marinum piscem è semine gruum per mare migratium delapso 10 nasci aliqui credunt, ut in Aquatilium historia recitabo.

¶ d. Gruum genus quadam prudentia præditū uidetur, Plato in Ciuili. Ad ciuitatem auium condendam è Libya uenerant ὡς προϊσμύνεαι γέρανοι, θεμελίυς καταπεπτωκυίαι λίθυς. Τότες δ' ἐτύνιϲον (ἔξτον) αἳ κρέκοϊ τοῖς ῥύγχοισι, Aristoph. Ναὶ Δί, ἀλλ' ἵν' οἱ λυςαίγε (piratæ) μὴ λυπῶσί με, Μετὰ τῶς γεράνωμ ἱκαίθω (ab insulis & urbibus) οἱ ἀχωρῶ πάλιμ, Ἀνθ' ἕρματ⊙ πολλὰς καταπιπτωκὸς δίκας, Sycophanta apud Aristophanem in Auibus. ubi Scholiastes, Ἀνθ' ἕρματ⊙, id est pro lapide. grues enim ore lapillos circunferunt, ne in transuersum rapiantur à uentis. ¶ Erasistratus præ nimio aduersus Hippocratem contendendi studio, ne communes quidem omnium hominum notitias obseruat, ἀλλ' ἔτι κὰι τῶ γεράνωμ ἀνοητότερ⊙ ἐνεϊσκεϊται, Galenus in libro de phlebotomia contra Erasistratum. hoc est, Sed ipsis etiam gruibus minus mentis habere deprehenditur. ¶ Ἀλλ' ὡς ὀρνίθωμ πετεινῶμ αὐτὸς αὐθωμ Ἔδνω· ἐφορμᾶται ποταμόμ παρὰ Βοσπορμδοσωμ Χλωῶμ, ἢ γεράνωμ ἢ κύκνωμ σιελιχοδείρωμ, Homerus Iliad. ο. ¶ In breuis staturæ hominem scomma Iuliani: Ἀσφαλέως οἴκησ ἐν ἄς, μὴ σι κελάψη Αἵματι Πυγμαίωμ ἠδ' ὀλίγωμ γεράμω⊙.

¶ e. Gruum cerebrum quippiam amatorium habet, utile ad conciliandam mulierum gratiam, si modo bene animaduerterunt qui hæc primi obseruarunt, Aelianus.

¶ f. In Cotyis Thracum regis conuiuio apud Athenæum grus etiam appositus memoratur:

¶ g. Pulmonis uulturini dextræ partes uenerem concitant uiris adalligatæ gruis pelle, Plin. Iecur ranæ dryopetis (aliàs diopetis) & calamitæ in pellicula gruis alligatum uenere concitat, Idem. Negant illos in ullo labore lassescere, qui neruos ex alis & cruribus gruis habeant, Idem.

¶ h. Iocatur Epicharmus apud Athenæum ludendo circa uoces γέρανομ & γέρανομ. Ὁ Ζεύς μ' ἔκα 30 λιστ Γέλωπί γ' γέρανομ ἐςιῶμ, Ἢ πτεμήνπορομ ὄλιομ ὧ τᾶμ ὁ γέρανⱷ. Ἀλλ' ὅτι γεράνωμ, ἀλλ' γεράνομ τοι λέγω. ¶ Apologus de grue, quæ stipulata mercedem os lupi gutturi inhærens immisso capite eduxit, relatus est in Lupo, in prouerbio, E faucibus lupi. Qui in conuiuijs griphos inenarrabiles quodāmodo probant, Aesopeam uulpē gruemⱳ imitari uidentur, quarum utraqⱳ iactoso conuiuij apparatu alteram delusit ac dimisit incœnem, Cælius. ¶ Pygmæa in gruem mutata memoratur in descriptione telæ Palladis, apud Ouidium Metam. lib. 6. Bœus author est Cygnum regem Ligurum à Marte conuersum esse in sui nominis auem: & cum ad Sybarin fluuium peruenisset cōiuisse cum grue, Idem scribit, insignem quandam muliere apud Pygmæos fuisse (hæc ab Eustathio γεράνα uocatur) quæ cum à ciuibus deæ instar coleretur, ueros deos ipsa cōtempscrit, maximè uerò Iunonem & Dianam. Quare indignata Iuno in speciem informem, auis scilicet, ipsam cōuertit, & Fygmæis, 40 à quibus antea colebatur, inimicam & exosam reddidit. Addit, ex hac & Nicodamante testudinem terrestrem natam esse, Athenæus. Meminit etiam Aelianus de animalib. 15. 29. ¶ Aues hominibus deorum sententiam nunciant, aquila Iouis, grus Cereris, Porphyrius libro tertio de abstinentia ab animatis.

¶ Prouerbia. Grues lapidem deglutientes: Vide supra in c. & in d. ¶ Gruibus stolidior, Vide supra in d. ¶ Ibyci grues, Αἱ ἴϲυκυ γέρανοι, Græcis in prouerbium abierunt, quod dici consueuit, quoties sceleribus nouo quodam & improuiso casu proditis, scelesti pœnas dant ijs quos læserunt. Id ex huiusmodi quodam euentu natum memorant. Ibycus poeta quidam, cum in latrones incidisset iam occidendus, grues fortè superuolantes obtestatus est. Aliquanto post tempore cum ijdem latrones in foro sederent, rursumⱳ grues superuolarent, per iocum inter se susurrabant in aurem, 50 Αἱ ἴϲυκυ ἐκδίκοι παρεισιν: id est, Adsunt Ibyci ultores. Eum sermonem assidentes in suspicionem rapuerunt, maximè desyderato iampridem Ibyco. Rogati quidnam sibi uellet ea oratio, hæsitanter atqⱳ inconstanter responderunt, subiecti tormentis facinus confessi sunt. atqⱳ ita uelut gruum indicio pœnas Ibyco dederunt: ac (aut) potius suo ipsorum indicio, ut dicitur, perierunt. Huiusmodi ferme Plutarchus in Commentario de futili loquacitate. Meminit huius adagij Ausonius in Monosyllabis: Ibycus ut perijt ⱳuindex fuit altiuolans grus. Extat super hac re Græcum Antipatri epigramma, (in Anthologio,) Erasmus.

¶ Emblema Alciati, quod inscribitur Gula.
Curculione (Gurgulione) gruis, tumida uir pingitur aluo,   Qui latū aut manibus gestet onocrotalum.   Talis forma fuit Dionysi & talis Apici,   Et gula quos celebres deliciosa facit. 60

D I

DE GRYPE, PRIMVM EX VETERIBVS,
deinde recentioribus.

G R Y P S generis masculini, in gignendi casu facit grypis, ut apud Græcos γρὺψ, γρῦπος (etsi aliqui primam circunflectant in obliquis, quæ quidem apud Vergilium longa est, iungentur iam gryphes equis. ego utroꝗ modo, aliàs cum acuto, aliàs cum circunflexo, in uetustis Græcorum codicibus scribi reperio) non γρύφῷ, multi tamen Latini, etiam ueteres, gryphas per ph. scripserunt. nos utroꝗ modo utemur, etsi absꝗ aspiratione grypem scribi magis placeat. Non desunt qui etiã gryphum scribant in secunda declinatione, quos non probârim: & minus illos qui gryphonem in tertio tia, τϱυῶῷ, ὁ γρὺψ, Hesych. & Varin. legitur autem apud Lycophronem, λόϋσω διοντα γρυῶν ἐπέσρω-μόδρν, aliqui κορμόῳ, id est truncum uel stipitem interpretatur. Lycophron pro naui accipit, ut Cælius annotat. etiamsi ad Alexandrum posse referri putat interpres. Picos ueteres esse uoluerunt, quos Græci γρῦπας appellant, Nonius. Picos diuitijs qui aureos montes colunt Ego solus supero, Strophilus inuento thesauro in Aulularia Plauti. ¶ Hebraicã uocem peres, פרס, aliqui gryphem interpretantur, nos potius accipitrè, Paulus Fagius. Deuteronomij 14. inter aues immundas Hebraicè peres legitur, in translatione L X X. inter pretum γρὺψ, & sic Procopius quoꝗ habet, (Ἀπο-φάσκα ὁ νόμῷ τὸμ ἀετὸμ κỳ τὸμ γρύπα,) & Hieronymus. & similiter Leuitici 11. alij hanc uocem aliter interpretantur, ut indicauimus suprà in Capite de accipitribus diuersis. Est & asnijh, אזניה, Hebraicum nomen, quod ab alijs atꝗ alijs conuertitur accipiter, smerillus, haliæetus, gryps. In Lexico trilingui Munsteri pro gryphe legitur etiã ברם & ציפיד, hoc est bargesa & adia, si rectè lego, nescio qua dialecto.

¶ Gryphas uolucres auritas in Aethiopia aduncitate rostri fabulosos reor, Plinius. In Asiatica Scythia terræ sunt locupletes, inhabitabiles tamen, nam cum auro & gemmis affluant, gryphes tenent uniuersa, alites ferocissimæ, & ultra omnem rabiem sæuientes: quarum immanitate obsisteri re, aduenis accessus difficilis ac rarus est. Quippe uisos discerpunt, uelut geniti ad plectendam auaritiæ temeritatem. Arimaspi cum his dimicant, ut intercipiant lapides, (gemmas,) Solinus. Gryphas Aristeas ait feras esse leonibus (equis, Leonicenus in Varijs, Aristeam quoꝗ citans, non probo) similes, sed alis atꝗ rostro aquilæ, Pausanias. uerum quæ capita cum incuruis rostris aquilarum more, sed aurita habeant, Leonicenus. Grypibus (γρυὺψ) maculas ceu panthetarũ inesse aiunt, Pausanias in Arcadicis. Aurum quod grypes effodere dicuntur, petræ sunt aureis guttis minutissimis conspersæ, quas hæc fera rostro discindit. Sunt enim huiusmodi aues in India, & Soli sacræ esse perhibentur: easdemꝗ quadrigæ iungunt qui Solis imaginem apud Indos pingunt. Magnitudine autem ac uiribus leonibus pares illos esse tradunt: & ob petrarum cupiditatem sibi inuicem insidiari, elephantos quoꝗ ac dracones superare. Volant autem non multum, sed quantũ partulæ aues. non enim pennatæ sunt, sed rubra pellicula alartum costæ, tanquam digiti (animalium scilicet steganopodum) connectuntur. Itaꝗ in gyrum delatæ aliquantum uolare, & è sublimi pugnare possunt, Philostratus lib.3. de uita Apollonij. Philostratus scribit grypes superare elephãtos & dracones, (Aelianus cum cæteris quidem animalibus grypes pugnare ait, ab elephantis uerò & draconibus uinci,) omnia deniꝗ animalia præter tigridem, quæ ob uelocitatem ab ea aufugit: uultu quoꝗ nõ multum ab humano differre, Volaterranus.

¶ Gryphem Indicum animal audio similiter quadrupedem ut leonem esse, robustissimis item existere unguibus, leonum similibus: tum esse posticis partibus nigrum (κατόπιϑρορ, in nostro codice) anticis uerò rubrum: alas autem ipsas non item eiusmodi, sed albicantes ferunt. Ctesias eos ait (τὸμ δ'ϛϕὴμ κυκνοῖς ᾀλωϑιόϰτα ϯϯϱρόἳς: id est, collum cœruleis pennis floridè distingui) aquilino ore esse, & capite cuiusmodi pictores fingunt: oculis autem igneis, nidosꝗ in montibus facere, utꝗ ætatis processu grandes non capi, ita earum pullos cõprehendi posse. Bactri autem Indis finitimi eos illic auri custodes esse, aurumꝗ effodere aiunt, & simul eo ipso nidos construere: quod uerò auri in terram deciderit, Indos homines auferre. Contra Indi eos auri, quod uerò quidem simile uidetur, custodes esse negant. neꝗ enim gryphes auri egere. at cõtra ipsos cum ad colligendum aurum homines accesserunt, hos de pullis suis maiorem in modum timentes, prœis pugnare, atꝗ cum alijs etiam animalibus concertare, eaꝗ funditus uincere. Contra autem leones & elephantos non stare, (atqui Philostratus has etiã belluas à grypibus superari scribit.) idcirco indigenæ, quòd ab huiusmodi animalium robore timeant, nõ interdiu, sed ad collectionem auri noctu proficisci, quod se tum melius latere arbitrētur. Locus ubi gryphes uersantur, ac ubi aurum effodiunt, desertissimus est. Quocirca aurum uenari studentes, mille, aut bis mille armati eò pertueniũt, simulꝗ fossoria & saccos afferunt, silentem lunam obseruantes. Quòd si gryphes fallant, duplicem cõmoditatem assequuntur, quòd & eorum uita ab illorum atrocitate seruatur, & quòd etiam aurum Indi domum auferunt. Sin in furto deprehendantur, perierunt. Cum semel eò profecti sunt, domũ non nisi trienij, aut quadrienij interuallo reuertuntur, Aelianus.

¶ Sphingem finxerunt unguibus grypis, Scholiastes Lycophronis. Ad Septentrionem Europæ quàm plurimam auri uim esse constat. sed quomodo fiat, pro comperto dicere non queo. Dicuntur tamen id à gryphibus auferre Arimaspi, uiri unoculi, quod quidem non crediderim, ut uiri

X 3

naſcantur unoculi,cæteram naturam habentes alijs hominibus parē, Herodotus libro 3, Ariſteas
Proconneſius in uerſibus ſuis ſcriptum reliquit, grypes ob aurum cum Aſimaſpis (qui omnes luſci naſcantur) ſupra Iſſedonos certare, aurum uerò quod cuſtodiunt terram proferre, Pauſanias.

¶ Aucha uel ancha (neſcio cuius linguæ uocabulum, apud Raſim in libro de 60. animalibus
cap. 39.) auis eſt maxima, teſte Ariſtotele, (nihil tale apud Ariſtotelem extat) ex cuius alarum pennis pharetras fieri aiunt, ad condendas ſagittas, & ex unguibus eius uaſa potoria. Indigenæ ut eas
capiant, duos boues alligant in curru alligato lapidibus, iuxta currum uerò tugurium eſt, in quo latet uenator:qui in promptu ſecum habet ignem & aquam. Et cum aduenerit auis, & unguibus in
bouis corpus infixis nec illum auferre, nec ungues extrahere poteſt, uenator igne alas eius accendit:ijſq́ conſumptis ut uolare non amplius queat (ignem aqua reſtinguit, &) capit. Sunt ſanè animalia omnia in regionibus ab æquatore uerſus meridiem tum corpore maiora,tum magis admiranda, ut elephantes & rhinocerotes, & alia monſtroſa. Cæterum in felle huius auis eſt quædam facultas mirabilis aduerſus comitialem,cum ad ſternutationem ciendam ſumitur drachmæ pondere, (niſium hoc pondus eſt:) præſtat enim plus quàm ociſece, (uox mihi obſcura,) Hæc ille. Aues in
Aethiopia tantæ reperiuntur, ut pedibus bouem uel equum integrum abreptum pro pullis cibandis auferant, Rex Aethiopiæ in epiſtola Hebraicè ſcripta ad pontificem Romanum in Coſmographia Munſteri. ¶ Indorum grypes & Aethiopum formicæ, quanquam ſint forma diſſimiles, eadem tamen agere ſtudent, nam aurum utrobiq́ cuſtodire perhibentur, & terram auri feracem adamare, Philoſtratus. Aurum à formicis aut gryphibus apud Scythas erutum omittamus, Plinius.

¶ Grypi nomen impoſitum mihi uidetur à roſtri & unguium aduncitate, qua aquilam referre
dicitur.grypum enim Græci aduncum uocant. Gryphes & ſtriges an extent in natura, Angelus
Decembrius quærit parte 68. Iungentur iam gryphes equis, Vergilius Aegl. 8. Vbi Seruius, Hoc
genus ferarum in Hyperboreis naſcitur montibus, omni parte leones ſunt, alis & facie aquilis ſimiles, equis uehementer infeſtæ, Apollini conſecratæ. ¶ Grypæ, (γρυπαὶ, ſecundum alios ρυπαὶ) dicuntur nidi uulturum, Heſychius. γρυπῶν χυⱷυλάϰων οἴϰηστις, Euſtathius. Gryphes Hyperborei,
obunci, & Scythici apud Textorem. γρυπαίτος χαλϰιλάτυς, καὶ ἡμαθ᾿ ἱππόϰεμϰνα, Ariſtoph. in Ranis. ſcholiaſtes interpretatur γρυπαίτυς, peregrina (ἀλλόϰοτα) ſcuti inſignia. aquilas enim (inquit) ſolebant in ſcutis pingere. Canathra grypum imagines ſunt ac tragelaphorum ligneæ, quibus iſtiſidentes puellæ circumferebantur in ſpectaculis, ut Xenophon indicat & Plutarchus exponit, Cælius. ¶ Scyles rex Scytharum habuit in urbe Boryſthenitarum ædes magnificas, & circa illas è lapide candido ſphinges & grypes ſtantes, Herodotus libro 4. Athenis in arce ſimulacrum eſt Palladis:cuius galeæ ad partem utranq́ gryphes ſunt additi, in medio imago ſphingis incumbit, Pauſanias. ρορ Ϲαϲ ἔχον (de dapidio picto) ϰαὶ γρύπας ὀϑ ὶολⱷς πινὰς πῆ τορϑρνικῶν,Hipparchus apud Athenæum.

¶ Grypus,naſus gibbus ſeu aquilinus,à gryphis ſimilitudine, Tortellius. Apud Perſas plurimi ſunt grypi.γρυποι, Scholiaſtes in Argon. Apollonij. Grypos, id eſt adunco naſo homines Perſæ
amplexabantur, & regios opinabantur, quòd eiuſmodi fuiſſe Cyrum proditum ſit, Cælius. γρυπόν,
pars de inſtrumentis nauis, & anchoræ, & genus animantis uolucris quòd ρύπην (γύπην * ἐμίσην, Heſych.) uocant, Varinus. ριϲφ⊙,idem quod γρίπος, genus retis piſcatorij, ϗⱥ ὲ γϛ᷎ δ ᴣ ξύω, ἐλϰόμλϲ⊙
γὰρ ξύϛ τɐ̀ λⱷωϰειμϰρίλυ ἄμμοϛ,Euſtathius, hinc & griphus dicitur ſermo obſcurus, & intricatus inſtar
ænigmatis, qui in conuiuio (inquit Euſtathius) proponi ſolebat, propoſita in medium phiala uino
plena, quam qui griphum ſoluiſſet pro mercede ebibebat. Agreſtes boues epigrypos eſſe dicunt
Græci, id eſt rictu leuiter adunco. ¶ Perſina boum armenta, et equorum, ouium, coturnicum ac
grypum ((γρυπῶν) greges præmiſit, partim ut ex unoquoq́ horum animalium genere hecatomben
adornaret, partim ut populus inde aleretur, Heliodorus lib.10.

EX RECENTIORIBVS.

QVIS gryphas auritos in Aſiatica Scythia habitare credat? Perottus. Plinius etiam (ut recitaui) has aues fabuloſas exiſtimat. hinc eſt forte quod nullum eius in linguis diuerſis peculiare nomen reperitur, ſed nationes omnes uſitato Græcis nomine gryphem appellant. cur enim nomen
rei nunquam uiſæ, aut nuſquam (ut ſuſpicamur) extanti, aut certe in ipſorum regionibus nuſquam,
indere homines uoluiſſent? Nam quod Græcorum uanitas indiderit mirum non eſt, quæ centauros etiam & ſphinges & alia huiuſmodi nomina confinxerit. Illyrica tamen lingua gryps appellatur nob. Græcis hodie uulgò γρυπης. Italis & Gallis gryphon, uel griffon. Germanis gryff uel
greiff. Anglis a grype uel gryffon. ¶ Perperam grammatici quidam uulturem gryphem nominant, uulturem & gryphem ineptè confundentes, Turnerus.

¶ Gryphus eſt auis quadrupes, capite & alis aquilæ ſimilis, ſed multò maior. In nido ſuo lapidem agatheum ponit, Author libri de nat. r. Animal pennatum & quadrupes eſt gryphus, (&c. ut
Seruius,) Iſidorus. Gryphes aues ab hiſtoricis potius quàm philoſophis & rerum naturæ peritis
memorantur. Aiunt autem eas anterius, capite, roſtro, alis, & pedibus anterioribus, aquilam referre:poſterius uerò, ut cauda & pedibus leonem. & in aquilinis quidem pedibus, longos habere ungues, in leoninis uerò breues. ex maioribus (ut ex Raſi etiam ſupra ſcripſi) cyphos potorios fieri. 6
hinc eſſe quòd alij longos, alij breues gryphis ungues inueniri dicant, Albertus. Iohannes de Monteuilla ſcribit corpus magni gryphi maius eſſe octo leonibus regionum noſtrarum, nam poſtquam
bouem,

bouem,equum uel hominem etiam armatum occiderit, pleno uolatu illũ auferre. ungues eius tan=
quam cornua bouis esse, è quibus magni pretij pocula fiāt: ut de pennis alarum eius arcus rigidi &
missilia & sagittæ ad saculandum aptę. Memini ego me uidere apud aurifabrum in ciuitate nostra
cornu nigrum læue, & in summo aduncũ, ferè ut in rupicapris, triplo forte crassius, cuius labris ar=
gentum inducturus erat aurifaber, ut pro poculo mensis adhiberetur. id forte bouis alicuius pere=
grini, ut quem Indicum uocant, aut bubali, cornũ erat, ille uerò pro gryphis ungue acceperat.

¶ Ad extremum septentrionem Rhiphæos & Hyperboreos montes aliqui posuerunt, quos il=
lic nullos esse experientia constat. Quinetiam in Iuhra & locis septentrionis non effoditur aurum,
10 argentum, nec alia metalla, nec inueniũtur illic gryphi & magnę aues prohibentes fodere & efferre
aurum. Ego sanè contra ueteres authores gryphos nec in illa Septentrionis, nec in alijs orbis parti=
bus inueniri affirmarim, Matthias à Michou in Sarmatia Asiana. ¶ Vltra Madaigascar maximã
& ditissimam insulam, aliæ quædam insulæ sunt, quæ propter uelocissimum maris cursum difficil=
limè adiri possunt. In his certo anni tempore apparet mirabilis species auis, quæ Ruc appellatur,
aquilæ quidem effigie, sed magnitudine immensa. Aiunt qui iδerunt aues, pleraſcß alarũ pen=
nas longas esse passus duodecim, ea crassitie quæ longitudinis mensuræ conueniat. Auem tanti ro=
boris esse, ut sola sine aliquo adminiculo elephantem capiat: & in sublime raptũ, rursum ad terram
labi sinat, quo carnibus eius uesci possit. Ego Marcus quum primum hæc de illa aue audissem, pu=
tabam esse gryphum, qui pennatus & quadrupes (ex recentioribus tamen aliqui gryphem quadru
pedem faciunt, ueterum nullus quod sciam)sertur, leoni omni ex parte similis, nisi quòd faciem ha
20 bet aquilæ similem. Sed hi qui aues illas uiderant, constanter asserebant, nihil illis cõmune esse cum
ulla bestia, & quòd duobus ut reliquæ aues incederent pedibus. Habebat meo tempore magnus
Cham Cublai nuncium quendam, qui in insulis illis tam diu captus tenebatur, donec incolis earum
satisfactum esset: & hic postliminio domum reuertens, mira retulit de conditione illarũ regionum,
& de uarijs animaliũ generibus quæ in illis inueniuntur, Paulus Venetus. ¶ Lutetiæ in templo
quodam(Palatij, ni fallor)pes gryphis suspensus ostenditur. eum quidam falsum esse suspicantur, &
ex ligno confectum. canonici uerò illius loci, ex Melita uel Rhodo allatum esse asserunt à quodam
huius ordinis equite.

A V I S chym uel kym(Græcè φ[w]η legitur, id est ossifraga)maior est aquila (uultfre, ex Auicen=
na.)& hoc genus aquilæ quidam gryphem esse putant, Albertus, idem rursus uocem kym pro uul=
30 ture ponit.

I N Capite de Aquilis diuersis quarum recẽtiores meminerunt, auem in Misnia Germaniæ re=
pertam descripsi maximam, cuius crura leoninis maiora fuerunt, ungues instar digiti humani.

DE GYGE AVE.

G Y G E S auis est semper clamosa & canora, (ωἀεβόἀμ ἀεὶ κỳ ἄδ'εϖ δικάϖ,) unde & nomen ei impo
situm. Hæc aues amphibias noctu deuorat. Linguam eius ære exectam si quis infanti (qui tardius
loqui incipiat)edendã dederit, mox silẽtium eius soluet ut fari incipiat, Oppianus de aucupio 2.16.

DE HARPE.

H A R P E auis rapacis nomen est inconstans. nam alij miluum, alij miluo similem auem, alij
aliam quandam faciunt. Arba auis est, quæ in lingua nostra uocatur arpa, similis miluo,
sed utcunqß maior, Syluaticus. Harpe (inquit Eustathius in Iliad. τ.) uel miluus est, uel
alia auis aquilæ similis, quæ è sublimi facile in quem uoluerit locũ cum impetu se demit=
tit, alij auem marinam laro inimicam faciunt: quæ cibum (inquiunt) colligere solet & custodire in
stipulis (ἐϖ τοῖς κάφφεσιν)ut pullis suis suppeditet. Harpe auis, quam aliqui miluum uocant, alij ossi=
fragam, Scholiastes in Iliad. τ. Io. Tzetzes etiam harpam cum miluo confundit, Aristoteles ma=
50 nifestè distinguit. Cretenses miluum ἄρπετϖ uocant, Hesychius.

¶ Harpæ (inquit Oppianus)conspectui rarò se offerunt, rupium asperrimarum incolæ. Nidos
enim pullis struunt in altis montium hiatibus. Præcipitijs, ut reliquæ uolucres truncis ac ramis, insi
dunt. Pullos amore miro prosequuntur, adeò ut si quis rusticus pullum harpæ latenter suffuratus
fuerit, illa nidum deinceps, cibo neglecto, non relinquat, & locum omnem gemitu plorantis instar
mulieris impleat, & lachrymarum defluxu genas madefaciat. Vestiuntur autẽ eis maxillæ & men=
tũm tam frequentibus plumis, ut barbæ quandam speciem ad collum demissam repræsentent, (Pli
nius ossifragam quoqß barbatam dici scribit: è Græcis Grammaticis quidam, harpen interpreta=
tur phenen, id est ossifragam : & idem in pullos amor proqß illis amissis luctus utriqß aui tribuitur
remedia etiam ferè eadem)& hæc eis inter omnes aues nota peculiaris est. Lapidibus uescuntur, &
60 pridem mortuorum animalium ossibus. Quòd si deglutire possint, auidè, quod obtigerit, ingerunt.
maiora uerò unguibus apprehensa, in sublime uolantes, per saxa deijciunt toties, donec frangantur
edendoqß sint. Morbos hedera nigra sanant aut præueniunt, Oppianus lib.1. de Aucupio. Harpæ

X 4

hederam nidis imponunt ad custodiam pullorum, (uel ut abigantur blattæ, Zoroastres in Geoponicis) Aelianus.

¶ Harpa cum gauia (laro) & brentho (Gaza anatem uertit, ex Plinio ut uidetur) dissidet, quoniam omnes cibum à mari petunt, Aristot. Harpæ inimica phoix est, uictus enim earum est similis, Idem. Et rursus, Harpa, pifex & miluus amici sunt. ubi Albertus corruptè habet, Archy & archytynos (pro harpe & ictinos) amicitiam colunt. Harpæ & miluo communes inimicitiæ contra triorchin sunt, Plinius. Et rursus, Dissident inuicem, aquaticæ, anates & gauię; harpæ & triorches accipiter. Sed Aristoteles sic scripserat: Dissident etiam inter se qui è mari uiuunt, ut brenthus & larus & harpe: item triorches, rubeta & serpens. Harpa & erodius inimici sunt, Aelianus. Harpa auis montana impetens oculos effodit, Plinius: sed perperam (ut uideo) cum Aristot. de hist. anim. 9.18. phoici (cui inimica harpe sit) peculiare præ cæteris esse scribat, ut oculos potissimum appetat, nec montanam esse harpen, sed alibi ex mari eam uiuere ait.

¶ Harpe Oppiani uidetur mihi genus uulturis illud, quod nostri à partis pronæ colore ruffo uocant ein Goldgyr, id est aureum uulturē, cuius figuram cum uulturis historia ponam. nam & in altissimorum montium petris similiter agit: & sub mento (ut ita nominem) plumas barbæ instar demissas habet. Aristotelis uerò harpe cum uictum ex aqua (mari) petat, & propter eundem anati laroq; infesta sit, ea aut maximè congener uideri potest, quæ Germanicè Maßwy, id est miluus palustris nominatur, quòd è paludibus & lacubus anates & aues aquaticas rapiat, recto (ni fallor) deorsum impetu in eas delata.

¶ Zaucos uel zeuocos, quidam zingion, alij harpen dicunt, species est uulturis alba, deuorantis cadauera, Kiranides 1.6. Et rursus libro 3. Harpe (inquit) auis est rapax, similis uulturi, sed minor & rubicundior. Facultates quidē quas eo in loco ei attribuit, phenæ, id est ossifragæ ab alijs adscriptæ uidentur: & Homeri quoq; Scholiastes, ut supra recitaui, harpen secundum quosdam phenen interpretatur. iam quòd harpen uulture minorem & rubicundiorem esse scribit, uulturi aureo nostro (quem paulò ante harpen Oppiani esse conieci) conuenit.

G.

Harpe species est uulturis alba, deuorantis cadauera. huius intestinū si cui in cibo dederis, rumpetur ingurgitatione, erit enim insaturabilis. Colenteron, id est maius intestinum eius si tritum alicui dederis in potu, aut assum in cibo, colicum perfectè curabit, Kiranides 1.6. Adeps harpæ cum unguento olei inunctus, quartanas expellit. Fimus lepras sedat cum aceto illitus. Iecur eius utcunque modicè datum, interiora omnia corrumpit, Ibidem. addit & phylacterium in quo harpe auis sculpitur, indignum relatu. ¶ Rursus idem libro tertio: Harpe (inquit) auis est rapax, similis uulturi, sed minor & rubicundior. Huius uenter aridus tritus & cum polenta uel farina sumptus dysuriam sanat, & lapides uesicæ frangit: ileon siue condason (forte, chordapson) lumborum sanat. Venter eius gestatus concoctionem summam promouet. Eadem ferè aut similia remedia ossifragæ etiam aui à ueteribus adscribuntur: diximus autem supra, harpen aliquos non aliam quàm ossifragam auem facere.

H.

Harpe (ἅρπη) auem & falcem quoq; significat, Scholiastes Homeri. Δεξιτερῇ δὲ πελώριον ἔλαβεν ἅρπην, μακρὴν, καρχαρόδοντα, Hesiodus. hinc harpedophorus (Suidas habet ἁρπηφόρος) dicitur falcifer. Ἅρπη εἶδος δρεπάνης παρὰ τὸ ἁρπάζω, Varinus. Ἅρπη falcem & uentum significat, Hesychius. sed pro uento harpyia potius scribēdum uidetur. ¶ Harpe Græca dictio (ut annotant Grammatici) ensem falcatum significat quo utitur Mercurius. Et subitus præpes Cyllenida sustulit harpen, Lucanus lib. 9. hoc est incuruum Mercurij gladium. Vertit in hunc harpen madefactā cæde Medusæ, Ouidius 5. Metam. ¶ Ἅρπην ὑπόρραξ, Lycophron de Phæacia insula, id est Corcyra: in qua sub terra latebat falx, qua Iupiter Saturnum castrauit. uel quoniam in illa Ceres harpen, id est falcem à Vulcano accepit, messibus idoneam: & eam ob causam Corcyra drepanon, id est falx nominatur. est & in Sicilia locus Drepanon dictus, quòd in eo abscondita falx sit qua castratum fabulantur Saturnum, Varinus. ¶ Harpides (ἁρπίδες) calciamenta sunt, quæ item crepidas uocant, &c. Harpys, ἅρπυς uerò amorem significat, Cælius. ¶ Ἡ δ' ἅρπῃ εἰκυῖα τανυπτέρυγι λιγυφώνῳ οὐρανοῦ ἐκκατέπαλτο δι' αἰθέρος, Homerus Iliad. τ. de Minerua. τανυπτέρυγα magnas uel longas alas habentem interpretantur. Cæterum acutus clangoris sonus aquilarum generi (Eustathio teste) proprius est. Harpam Mineruæ attribuunt, Gillius.

¶ Emblema Alciati, cui lemma, Aemulatio impar.

Altiuolam miluus comitatur degener harpam, Et prædæ partem sæpe cadentis habet, &c.

DE HARPYIS.

EQVIDEM quæ de harpyis traduntur ficta esse arbitror, Perottus. Harpyiæ dicuntur aues quædam rapaces, Varinus. Harpyias aliqui fabulantur in Thracia fuisse, corporibus uulturum, auribus ursorum, faciebus uirgineis: Isacius Tzetzes, & Varinus in Scylla, ubi pro κύρκων legendum est κορῶν ex Tzetze. ¶ Sophocles in Phineo harpyias nominat catarrhactas, Varinus & Hesychius:

chius: quod uehementi scilicet ac præcipiti ad rapiendu̅ aliquid in terra uolatu ferrentur. ¶ Harpyías malas pro nequissimis mulieribus ueluti ex adagio usurpasse uidetur Apuleius, Cælius. Ἀρἐ καιν ἄμπχ]Ϟ, χιμαιρα πυρπνόϟ, τείρραν Ϟ σκύλλα ποντια κύων, η̅]υνοῖ δ᾿ ἁρπυιῶν γ̅ῥίν, &c. nihil aliud qua̅ scorta fuerunt, ut Athenæus lib. 13. Anaxilæ uersibus recitat. Qui harpyíarum fabulam historicè interpretantur, mulieres fuisse aiunt ἀσώτους δ᾿ἀπαίνος, (si rectè scribitur,) Eustathius. id est in luxum prodigas ac sumptuosas. Sidonius Apollinaris pro crue̅tis sanguinariis᷈ᵱ raptoribus, qui pecuniæ uel immoria̅tur, harpyías usurpasse uidetur: In foro (inquit) Scythæ, in cubiculo uiperæ, in exactio̅ nibus harpyíæ, &c. ut citat Cælius.

¶ Ἅρπυια, subita rapina, ἁρπαγὴ ἢ ὀξι̃ ταχος, Hesychius. Νω̃ δί μιμ ἀκλειῶς ἅρπυιαι ἀνηρέψαντο, Homerus Odysseæ a. Grammatici (ut Scholiastes Homeri, Suidas, Varinus, Hesychius) harpyías interpretantur rapaces deas uel dæmones, alij dæmones alatas fœminas, alij uentos rapidos, alij canes rapaces. Harpyíæ per allegoriam uenti intellibuntur, Varinus. Ἅρπυιαι, αἱ τῶν ἀνέμων συσροφὰ, θύελλαι, Hesychius. Ἅρπυια, ἢ τὸ ἀνύω καταιγίς, ἄνιμϟ καταιγίωδ᾽ης, Eustathius. Harpyías Scholiastes quidam Hesiodi flatus rapaces interpretatur, qui ex aquæ exhalatione nascuntur. unde nimirum Hesiodus ex Electra Oceani filia ipsas natas fingit. quemadmodu̅ & iris in nubibus ab exhalatione ortis apparet, cuius quidem conspectum nemo non admiratur, ut merito Thauma̅tis filia fingatur, quemadmodum & uenti omnia penetrantes. Harpe auis, & falx, & uentus, Hesychius. sed ut uentum significet, harpyía potius scribi debet. ¶ Electra Oceani filia ex Thaumante peperit Irin, Ἠύκομος δ᾿ Ἅρπυιας, Ἀελλώ τ᾿, Ὠκυπέτην, Αἲ ρ᾿ ἀνέμων πνοιῆσιν καὶ οἰωνοῖς ἅμ᾿ ἕπονται, ὠκείαις πδ̅ρὸ γ̅οι̅σι, μεταχρόνιαι γὰρ ἴαλλον, (ἴαλλον, ὠτι τῷ ἐπ᾿ρχου, ἐπὶ πόντου, χρόνου uerò cœlum uocabat, ut sensus sit, Cœli enim motum & cursum sequebantur,) Hesiodus in Theogonia. Harpyíæ dicuntur Ponti (Neptuni secundum alios) & Terræ filiæ, ut ait Seruius, (ut quidam citant:) unde in insulis habitant, partem terrarum, partem maris tenentes. Fabulæ referunt etiam Phinei filias Eraseian & Harpyreian aues fuisse, quæ cibum ab ore senis diripuerint, Varinus. Strophades Graio stant nomine dictæ Insulæ Ionio in magno, quas dira Celæno Harpyiæ᷈ᵱ colu̅t aliæ, Phinea postquam Clausa domus, mensas᷈ᵱ metu liquere priores. Tristius haud illis mo̅strum, nec sæuior ulla Pestis, & ira deûm Stygíjs sese extulit undis. Virginei uolucrum uultus, fœdissima uentris Proluuies, un̅ cæ᷈ᵱ manus, (id est ungues unci) & pallida semper Ora fame, Vergilius 3. Aeneid. Vbi Seruius, Phineus (inquit) rex fuit Arcadiæ: hic suis liberis superinduxit nouercam, cuius instinctu eos cæcauit. Ob quam rem irati dij ei oculos sustulerunt, & adhibuerunt harpyías. quæ quum ei diu cibos abriperent, hic Iasonem cum Argonautis propter uellus aureum Colchos petentem suscepit hospitio, cui etiam ductorem dedit. Hoc ergo beneficio illecti Argonautæ, Zeten & Calaïm filios Boreæ & Orithyíæ, alatos iuuenes ad pellendas harpyías miserunt. Quas quum strictis gladijs persequerentur, pulsæ de Arcadia peruenerunt ad insulas, quæ appellabantur Plotæ. & quum ulterius uellent iuuenes tendere, ab Iride admoniti, ut abstinerent a Iouis canibus, suos conuerterunt uolatus. Quorum conuersio, id est ςροφὴ, nomen insulis dedit, quod Apollonius exequitur plenissime. Vt autem canes Iouis dicerentur, hæc ratio est: quia ipsæ furiæ esse dicuntur, unde etiam epulas dicuntur abripere, quod est furiarum. ut, Et manibus prohibet contingere mensas. Vnde & auari finguntur furias pati, qui abstinent partis. Item ipsas furias esse paulo post idem testatur, dicens; Vobis furiarum ego maxima pando. Furias autem canes dici & Lucanus testatur: ut, Stygias᷈ᵱ canes in luce superna Destituunt. & in sexto Vergilius, Visæ᷈ᵱ canes ululare per umbram Aduentante dea. Sanè apud inferos Furiæ dicuntur & canes, apud superos Diræ & aues, ut ipse in duodecimo ostendit. In medio uerò Harpyíæ dicuntur: unde duplex in his effigies. Has Vergilius tres dicit, Aëllò, Ocypéte, & Celænò: Apollonius duas, quem in 12. Vergilius sequitur: ut, Sunt geminæ pestes, Hæc Seruius. Harpyíarum ue̅ter (inquit Donatus eundem Vergilij locum enarrans) non retinebat cibum, sed statim effundebat quicquid uictus causa recepisset. unde non tantum non satiabantur, sed semper patiebantur famem, atᵱ ex ea pallor succedebat. Tunc littore curuo (inquit Aeneas libro 3. Aeneid.) Extruimus᷈ᵱ toros, dapibus᷈ᵱ epulamur opimis. At subitæ horrifico lapsu de montibus adsunt Harpyíæ: & magnis quatiunt clangoribus alas, Diripiunt᷈ᵱ dapes contactu᷈ᵱ omnia fœdant Immundo: tum uox tetrum dira inter odorem. Rursum in secessu longo sub rupe cauata Arboribus clausi circu̅, atᵱ horrentibus umbris Instruimus mensas: ariis᷈ᵱ reponimus ignem. Rursum ex diuerso cœli, cæcis᷈ᵱ latebris Turba sonans prædam pedibus circumuolat uncis, Polluit ore dapes, &c. Sunt qui putent tribus Harpyis addi ab Homero quartam nomine Thyellam. Apollonij uerò interprés in illis pöetæ uerbis ex Argonauticô primo, Ἀλλὰ θύελλαι Ἀντίαι ἀρπάξ]ω ὀπίσω φόρον. id est, At thyellæ aduersæ raptim retrò ferebant, ita scribit: Thyellæ hyberni flatus & procellæ. unde Homerus per synonymiam thyellas posuit, & harpyías, hoc est procellosos flatus. εἰς δ᾿ ὅτι Φαυδ᾿ αρίσι κόρας ἀνήλοντο Θύελλαι. Τόφρα δὲ τὰς κόρας Ἅρπυιαι ἀνηρέψαντο. Apollonius uerò operis eiusdem libro secundo, Iouis magni canes harpyías dixit illis uersibus: Οὐ δεμῶ ἃ υιὲς Βορηῆς ξιφηεσσιν ἰλάσαι Ἅρπυίας, μεγαλοιο Διὸς κύνας. Et mox subiungit, fugatas à Zete & Calai coniecisse se in specu, quod in Creta uisebatur sub Arginûnte. Sunt ex Græcis qui irin harpyíarum sororem prodiderint, Cælius. Sunt qui Harpyíarum nomine Furias intelligant. unde etiam epulas abripere dicuntur, quod est furiarum. Hinc eleganter Horatius gulam dixit rapacibus

dignam harpyís:intelligi uolens, gulones dignos uideri, quibus harpyíæ furtim inuolantes edulia
surriperent,in ipfo edēdi defiderio & epularum apparatu,ficuti Phineias diripuêre dapes, Cælius.
¶ Ex harpyís unam nomine Celæno(quæ seipsam apud Vergilium furiarum maximam uocat)
Homerus Podargen nominat Iliad. π. & ex ea Zephyrum uentum Achillis equos,Balium uideli=
cet & Xanthum genuiffe dicit: Τὼ ἅμα πνοιῆσι πετέϲϑlω, Τὸς ἔτικτε Ζεφύρῳ ἀνέμῳ Ἅρπυια Ποδ᾽άργυ Βο=
σκομένͷ λειμῶνι πϽαι ῥόον Ὠκεανοῖο. Vbi Scholiaftes, Harpyíarum (inquit) nomina funt Ἀελλὼ, Ὠκυπέτη,
Ποδάργη. funt qui Harpyíam hic armentalis equæ nomen faciant, cui a pedum albedine epitheton
Ποδ᾽άργη factum fit. Podarge nomen proprium eft Harpyíæ, unde & Hectoris Pódargos denomi=
natur,Dicit autem hæc poeta fabulofe propter nimiam iftorum equorum celeritatem,quos & πόδ᾽α
νέμας & ἀελλόποδας cognominat.Naturalis quidem ratio hæc eft:Equæ cōcepta genitalibus fuis ad= 10
uerfa Boreæ aura (aut etiam Zephyri) pullos generofiores pariunt, quales nimirum & Achillis e=
qui fuerunt.Sed nomen etiam & etymología equi uelocis, quem Græci πόδας ἀϽγὸν uocant,ex Po
darge harpyía natum effe, pulchrè colludunt, Euftathius. Et rurfus alibi, Harpyía (inquit) genus
uenti eft: fingitur autem fecundum fabulas dæmonium quoddam alatum equiforme (ἱππόϕυις) ut
& Pegafus fecundum eafdem equus alatus.Quoniam enim uioléti quidam uenti etiam grauia cor
pora infernè fubleuant ac tollunt,confictæ funt harpyíæ uenti quidam craffi (σωμετοειδῆ ἵνα πνεύμα=
τα) forma monftrofa,à quibus rapta dicuntur quæcunqͅ quomodo euanuerint uel quo peruenerint
ignoratur, (ὅϲα ϝίνονται ἀφανῆ:) ut poeta etiam fentit, inquiens, Ἅρπυιαι ἀνηρέιϟαντο. Etfi uero cæteris
Harpyís fabulæ manus attribuant ad raptum idoneas,ea tamen (Podarge) de qua Homerus hoc lo 20
co agit,manibus prædita uideri non poteft propter equinam fpeciem,Cæterum equi Achillis Xan
thus & Balius æquales celeritate dicuntur flatibus (uēti nimirum alicuius,ut Zephyri, aut harpyía
rum uentorum,qui per allegoriam uolare dicuntur,) & ungulis pares harpyís iuxta Harpinnam il
lam apud Lycophr.quod parabolicum eft,& non fimpliciter accipiendum. nimium enim audacis
& mendacis foret equos illos fimpliciter Harpes (Harpyíæ) & Zephyri fobolem effe afferere,Hęc
ille cum alibi tum in primum Odyffeæ. Sunt qui fcribant, ideo uirgines fingi,quòd omnis rapina
arida fit ac fterilis.ideo plumis circundatas,quòd quicquid inuaferit rapina,celat, Volatiles autem,
quòd omnis rapina ad uolandum fit celerrima.Dicitur enim aelló,quafi ἴλαͷ ἄλλο, id eft alienum tol
lens, (etymología eft abfurda:) ocypete,citius auferens, Celænum uero Græci nigrum uocant.Vn
de & Homerus prima Iliados Rhapfodia, Αἶϟα τοι ἅμα μελαινοͷ ἐϼώνϲτε πόϬὶ δ᾽νοῖ. Quæ omnia id de= 30
mum fignificare agnofcimus,quòd aliena concupifcimus primò,mox expetita inuadimus,poftre=
mò inuncata femel abfcondimus illatebramusqͅ. Sed & ipfum Harpyíarum nomen inditum à rapa
citate uidetur,fiquidem eo nomine indicatur Græcis rapina. Vide plura apud Cælium 29.27. Ἅϼ=
πυιαι ἄτλητοͷ ῦϰὴ ϟϟαͷ πνείοντϟ:id eft,Harpyíæ putidum & fœtidum odorem emittebant, Varinus:
conijcio autem carmen effe Apollonij. Sirénas (Varinus corruptè habet Harpyías) Lycophron
ἁϼπυιογόνϟς uocat, ἀͷτὶ τϟ ὀϼνιϑογόνϟς ϟϟ μέρϟς. erant enim alatæ,& partes inferiores ficut aues habebāt,
(fuperiores uirgineas,quod & Harpyís tribuitur. Vtrafqͅ fanè pro meretricibus meritò per allego=
riam interpreteris,) Ifacius Tzetzes. ϟοικότοͷ ἁϼπύιαͷ Καϼπαλίμϟς ϟϟύϟλμοι μέγ᾽ ϟϟόϟρϟυ ἀϽαϟόϟντϟς,
Calaber lib. 4. Exterruit ales Aello, Ouidius libro 3. Metam. Ἀϟλόϟ,furens,uel auis quædam, He
fychius & Varinus.
¶ Recentiores ueterum figmentis non contenti,plura infuper commenti funt:Harpyía (inquit 40
author de nat. r.) primum hominem quem in deferto uiderit occidere ferunt.& fi poftea fortuito a=
quas inuenerit,(uel iuxta mare confederit,) faciemqͅ fuam in eis contemplata fuerit,mox fui fimi=
lem hominem occidiffe fe animaduertentem,immodicè triftari,& omni tempore uitæ fuæ occifum
lugere.Sed hæc (inquit Albertus) fabulofa uidētur,tradita ab Adelino & Iorach. Harpyía quam=
uis rationis expers auis,aliquando tamen cicurata uocem exprimit humanam,Author de nat.r.ine
ptiffimè mendaciffimeqͅ:quafi non fatis fuiffet Vergilium poetam Harpyíarū uni fermone huma=
num tribuiffe,nifi illi etiam qui philofophi uideri uolunt, fimiæ purpuratæ, huiufmodi nugas fim=
pliciter ceu ueras proponerent,quod hominis infanè deliri eft. ¶ Penelope(Odyff. υ.)duas Pan
darei filias orbas à Venere educatas,iā nubiles ab Harpyís raptas & Furijs traditas ait, Euftathius:
ubi Harpyíæ à Furijs diftinguuntur,cum alij eafdem faciant.   50
¶ Harpyía,urbs Illyríæ iuxta Enchelcas, Stephanus. Harpyía etiam nomen eft unius è cani=
bus Actæonis,apud Ouidium.

DE HELIODROMO.

HELIODROMOS eft auis in India,quæ mox nata euolat ad Orientem uerfus Solem: & fta=
tim cum Sol uertit fe ad Occidentem,rurfus eundem fequitur.Annum uitæ unum non excedit,pa
rit marem & fœminam. Hæc auis pota gratiam conciliat. Nam fi quis eam aperuerit,& interiora
eius geftauerit,paffans (condiens, inueterans) eam myrrha, ditefcet. In cibo etiam fumpta bonam
ualetudinem efficit,& qui geftauerit eam cum ab omni morbo tutus perpetuo,tum etiam diues red= 60
detur,Kiranides.
¶ HEMIONION,Ἡμιόνιοͷ,herba & auis quædam, Hefychius.

                                         DE HE=

DE HELORIO.

HELORIVS, Ἑλώει⌖, auis creci similis traditur, hic ut & trochilus & carulus, mari tranquillo littoribus aduolant, uictum ex piscibus quærens. Non probo eos qui elórium sine aspiratione scribunt. uidetur enim hæc auis (ardeæ uel ibidi similis) nomen παρὰ τῶ ἔλη, id est à paludibus accepisse, quòd circa eas nimirum degere soleat. ¶ Homerus ἑλώεια uocat ἑλκύσματα ἢ σπαράγματα: ut Iliados primo, Αὐτὰς ἀπ' ἑλώεια τόϋχε κύϊτοσι, παρὰ τὸ ἔλω τὸ φονεύω, ἢ παρὰ τὸ ἕλκω.

DE HERCYNIAE SYLVAE AVIBVS.

10 IN Hercynio Germaniæ saltu inusitata genera alitum accepimus, quarū plumæ ignium modo colluceant noctibus, Plin. Saltus Hercynius aues gignit, quarum pennæ per obscurum emicant, & interlucent, quamuis densa nox obtegat, & denset tenebras. Vnde homines loci illius plerunque nocturnos excursus sic destinant, ut illis utantur ad præsidiū itineris dirigendi, præiactisque per opaca callium, rationem uiæ moderentur indicio plumarum resulgentium, Solinus. ¶ Emeriæ (nomen corruptum apparet pro Hercyniæ) quæ noctu uolantes pennis aërem illuminant, & in tenebris magis quàm interdiu lucent, sicque produntur & capiuntur, Iorath. Author de nat. rerum & Albertus Magnus has aues lucidias à luce nominant.

DE HIMANTOPODE.

20 PORPHYRIONIBVS rostra & prælonga crura rubent. hæc quidem & himantopodi, multò minori, quanquam eadem crurum altitudine nascitur in Aegypto, insistit ternis digitis, præcipuè ei pabulum muscæ. uita in Italia paucis diebus, Plinius. Dubitandum autem uidetur, cum inquit, hæc quidem & himantopodi, utranque ne partem quæ in porphyrione rubet, hoc est rostrum & crura, an crura tantum intelligere debeamus. nam hic, pronomen cum de duobus dictum est, ad posterius referri solet. Vuottono quidem & Bellonio utranque partem in hac aue, similiter ut in porphyrione rubere placet. Scio hæmatopodas uideri nominatas aues has, à colore pedum sanguineo. Cęterum multi codices Pliniani tam in Indice quàm hoc loco, Imantopodas habent, ex argumēto pedum, quasi loripedes. ait enim crura ijs præalta esse. nam & populi Aethiopiæ, qui serpendo (id est, 30 ut Solinus interpretatur, flexis crurū nisibus) ingrediuntur, Imantopodes Pomponio Plinioque uocantur. In disputatiōe reuoco, non decido rem, Hermolaus in Plinium. Sed himantopodes cum aspiratione scribendum ijs facile constat, qui Græcè sciunt. Lentis cruribus esse Himantopodas scribit Mela Pomponius: tu interpretare loreis, ex nominis quoque etymo, Cælius. Himantopodes (ἱμαντόποδες) aues nomen à crurum tenuitate habent. hoc nouum in eis, quòd maxilla inferiore fixa, superior solum ipsis moueatur, Oppianus lib. 2. de aucupio.

¶ Inter aues omnes mihi cognitas, nulla non quatuor digitos in pedibus habet, præter pluuialem, & tres alias: quarum unam Galli uocāt Guillemot, alteram Canne petiere, tertiam pie de mer, id est picam marinam, (bistardam ego addiderim, & charadrium nostrum) est autem pica hæc ueterum hæmatopus, quæ in nostris littoribus rarò quidem, conspicitur tamen aliquando. ea corporis 40 mole est, qua auis aigretta Gallis dicta, alis prædita instar gauiæ (muettam Gallicè uocat. cuius alæ oblongæ sunt, & in acutum ferè desinunt) corpore phœnicopteri (quem Galli flambant nominant) rostro quatuor digitos longo, ut gallinaginis, unde & gallinaginem marinam aliqui appellāt. figura quidem ab omnibus aliarum auium rostris differt: nam circa finem planum & latiusculum est, & in acutum desinit, (applati & agu par le bout,) & modicè nigrum in fine: cum cætero tota rubeat. Caput totum & collum: & tota superior (prona) alarum pars per transuersum albet, unde à picæ colorē Galli nomen ei imposuerunt. In uentre etiam & sub alis alba est. Cauda in fine nigra, longa ut anatis. Digitos in pedibus duos habet coniunctos, & tertium interiorem separatum. calcis loco nullum habet retrò paruum ut cæteræ aues aquaticæ habere solent. Pedes ei molles, non ita sicci & duri ut in alijs. Crura tres digitos (sic habet textus Gallicus, uidetur autem corruptus, ne crura rostro bre-50 uiora sint) longa. digiti pedum breues, cum ungue uno flexo ut in bistarda. Caro eius improbatur, cum sit dura & ualde nigra. Gula prægrandis est, ampla & ualida, Bellonius in Singularibus Obseruationibus lib. 1. capite X 1. sed rursus lib. 2. cap. 31. Supra (inquit) scripsi de ibide nigra, hæmatopodem esse conijciens: sed nunc re diligentius animaduersa, ibidem nigram cuius Herodotus & Aristoteles meminerunt esse statuo. magnitudine est qua auis Gallicè dicta corlis (arquatam interpretor) uel paulò minor, tota nigra, capite phalacrocoracis, rostro uersus caput plus quàm pollicari crassitudine, quod in acutius tendit, & modicè inflectitur, colore rubro: ut crura etiam, quibus alioqui ardeam stellarem refert. collo ut aigretta Gallorum, ita ut quum primum uidissem hanc auem corpore & habitu uel gestu ardeæ stellari simillima mihi uideretur, Hæc ille. atqui supra (lib. 1. cap. X 1.) hæmatopodem, nō hanc ibidem nigram (quæ mihi coruus sylaticus noster uidetur) sed aliam 60 auem esse coniecerat, quam Galli uulgò picam marinam à coloris uarietate nominent: cum ibis nigra, ut ipse scribit, tota sit nigra.

¶ Est apud Anglos in locis palustribus auis quædam, longis & rubris cruribus, nostra lingua

redshanca dicta:cui an deſcriptio hæmatopodis Pliniani conueniat, qui apud Anglos degunt inue
ſtigent & examinent, Turnerus. Ego hanc auem, de qua Turnerum ſentire coniicio, primo loco
inter duodecim Gallinularum aquaticarum genera deſcripſi, & Erythropodem maiorem nominaui, himantopodis quidem hiſtoria ei non conuenit. ¶ Eberus & Peucerus hæmatopodem & ery
thropodem nō diſtinguunt, & fringillam rubram interpretantur nulla ratione:nam & communem
fringillam ſic uocant, Rotfinck.
     ¶ H I P P O C A M P T V S, ἱπποκαμπῖθ, auicula quædam, Heſych. & Varinus.
     ¶ H I P P O S auis alicubi apud Ariſtotelem nominatur, Gaza piponem uertit:alibi uerò πίπραϙ
ſimiliter piponem. Vide in Pico A.

DE HIRVNDINE DOMESTICA ET IN GENERE. [10]

A.

I R V N D I N V M plura genera ſunt. de apode ſeu cypſelo ſcripſimus in Elemento A. de
cæteris mox poſt præſentem hiſtoriam ſcripturi. in præſentia de hirundine urbana ſiue do
meſtica, & ſi quæ de hirundinibus in genere afferri poterunt, agemus. ¶ Agur Hebraï
cam uocem aliqui hirundinem interpretantur:alij picam, alij gruem eſſe malunt: Vide in
Grue A. ¶ Sus uel ſis, Hebraicè à quibuſdam hirundo exponitur,(ut Hierem. 8.)ab alijs grus, uel
miluus, ut dixi in Equo A. Chauraf, id eſt hirūdo, Syluaticus. apud Serapionem legitur thartaph:
apud Auicennam libro 2. cap.356. chatas uel chataf. Hirundo, chauraf & algardaione idem ſignificant, Syluaticus. ¶ Græcè χελιδών, & hodie utulgò χελιδῦνι, uel χελιδʹωνη. ¶ Italicè rondine,
uel(ut alij ſcribunt)rendena, rondena, rundina, rondinella, ceſila, ziſila. Rondone uerò Italicè dicta
apus eſt, quæ & biui alibi. ¶ Hiſpanicè golondrina, andorinha. ¶ Gallicè harondelle. ¶ Ger- [40]
manicè **Schwalbe/Schwalb**, à noſtris **Schwalm/Buſſchwalm**. Saxonicè **Swale**, Flādris
Swalwe:Brabandis arunde, à Gallica uoce. ¶ Anglicè ſwallowe. ¶ Illyricè wlaſtowige.
B.
     Hirundines Thebarum tecta ſubire negantur, quoniam urbs illa ſæpius capta ſit, nec Biziæ in
Thracia propter ſcelera Terei, Plinius. Hirundo eſt auis leuiſſima, roſtro paruo, forma grata, nigredine decentiſſima, modicam habet carnem & nigram, plumas multas, Author de nat. rerum.
Cyanea, id eſt cœrulea hirundo cognominatur Simonidi apud Athenæum : Ariſtophani ποικίλα,
id eſt uaria. Hirundinis pennæ præ nimio frigore interdum albeſcunt, Ariſtot. Idem in libro de
coloribus aliam cauſam adfert cur hirundo & alia quædam animalia ante tempus albeſcant uel ca-
neſcant, ut recitaui in Ceruo B. ex interpretatione Ruellij. ſed præſtat uerba authoris Græca appo- [50]
nere. καὶ μέλας (λόγκὸς lego cum Ruellio)δ᾽ίποτε πέφηνε καὶ ἔλαφθ καὶ ἄρηζθ. ὁμοίως δὲ τʹότοις καὶ ὄρτυξ, ἔ
πθοῤʹδίξ, ἔ χελιδʹων. ὅταν γαῤ ἀοῤʹηίσωσι τῇ χροίσει πάντα τὰ τοιαῦτα, ἐξε τῶυ ὀλιγότητα δ᾽ προφῆς, πῶ ὥρας ἐκπυτ-
τʹόμενα (forte ἐκπιυῖʹοͷερϋης) γίνεται λόυκά. Albæ hirundines aliquando apparent , ſicut dicit Alexander Myndius, Aelianus. Hirundo alba non minor perdice in Samo apparuit, Heraclides. ¶ Hi
rundo auis eſt parua, dorſo & alis nigra, uentre alba, rubea ſub gutture, Albertus. ¶ Hirundines
domeſticæ primi hirundinum generis ſunt, ſanguinolento pectore nobiles, Turnerus. Et rurſus,
Ad primum genus referri poſſunt hirundines illæ in domibus ruſticorū ſemper nidificantes, quas
à reliquis generibus, duæ ſanguinolentæ maculæ, quas utrinꝗ in pectore uideas, diſtinguunt. Hirundo Tecta ſubit, neꝗ adhuc de pectore cædis Exceſſère notæ, ſignataꝗ ſanguine pluma eſt,
Ouidius. Et manibus Progne pectus ſignata cruentis, Vergilius. Hirundines domeſticæ nigræ [60]
ſunt, Eberus & Peucerus. ¶ Vt pennis prꝗualere, ſic pedibus degenerare uidetur hirundo, Ari
ſtot. Hoc differunt apodes ab hirundinibus tam agreſtibus quàm domeſticis , quòd tibias habent
hirſutas,

hirſutas, Georg. Agricola. ¶ Hirundines caudam habent longam, bifurcatam, Albert. ¶ Sola hirundo ex his quæ aduncos ungues non habent, carne ueſcitur, Plinius. ¶ Hirundini, ut auiː culis omnibus, nõ gula amplior, nec ingluuies, ſed uentriculus longior eſt, Ariſtot. Fel earum alijs uentri, alijs inteſtino adhæret uel in eodem hirundinum genere, Idem.

c.

Hirundo ſola auium non niſi in uolatu paſcitur, Plinius. Carne ueſcitur, etſi unguibus non ſit aduncis, Ariſtot. Sola carne ueſcitur ex ijs quæ aduncos ungues non habent, Plin. Apibus iniuː riam infert, Ariſtot. apes populatur, Plin. Muſcis & apibus inſidiatur, Albert. Capiunt cicadas, Plutarchus, Aelianus & Philes.

10 ¶ Heſiodus teſtatur luſciniam ſolam auium ſomni expertem eſſe, & aſſiduam in uigilijs: hirunː dinem uerò non prorſus ſemperⳍ uigilare, ſed dimidium tantummodo ſomnum perficere, Aeliaː nus in Varijs.

¶ Hirundinum genera ut pennis præualent, ſic pedibus degenerare uidentur, Ariſtot. Voluː crum ſoli hirundini flexuoſi uolatus, uelox celeritas, quibus ex cauſis necⳍ rapinæ cæterarũ alitum obnoxia eſt, Plinius.

¶ Volucrum pleræⳍ à ſuis uocibus nominãtur, ut hirundo, ulula, Varro. Drinſat (aliàs Trinː ſat) hirundo uaga, Authtor Philomelæ. Regulus atⳍ merops, & rubro pectore Progne Conſimilí modulo zinzilulare ſciunt, Idem. Χιλιδόνας ϕιθνείζων apud Pollucem legimus. Τιτυβίζει, ὡς χιλιδ᾽ἀμ ϕωνᾶ, Heſychius & Varinus. Τϱιϑυβίζεται, ποιόϱ ἤχοϱ ἀϱϱ πλειτὰι, ϰαὶ Βαϱαϱῷ, Ἔπϱ χιλιδ᾽ϑῷ πϱίντης ἀκⳁ
20 ϲας μϰϱὰ πϑνϑείζοϲις, Suidas. Cantu ualent hirundines, Aelianus. Nulla auis cum aut fame, aut frigore aut alia moleſtia afficitur, canit, ne ipſa luſcinia quidem, aut hirũdo, & upupa, quam quidem aiunt præ dolore lugentem canere, Plato in Phædone. Hirundo garrula eſt, & diem præcinendo nunciat, Albertus. Cum primum redierint uere, cantu priſtinis nidis inuentis applaudere & ſibi gratulari uidentur, mirifice uario & quaſi articulato, ut uerbis etiam quibuſdam gaudium ſuum teː ſtari uideantur uulgò.

¶ Auium quædam perennes ſunt ut columbæ, aliæ ſemeſtres ut hirundines, Plinius. À noſtris obſeruatum eſt aduenire eas Martio, abire Auguſto. Fauonium quidam ad v i. cal. Martij cheliː donian uocant ab hirundinis uiſu, Plinius. Diſcedunt ante hyemem, Ariſtot. hybernis menſiː bus, Plinius. Abeuntes eas aliquando palumbi aliqui comitantur, Ariſtot. Ciconiæ à nobis prius
30 recedunt quàm hirundines, & hirundines quàm coturnices, Albert. Milui non ante hirundines abeunt, Plinius. Signum orientis Arcturi ſeruetur hirundinum abitus, nanⳍ deprehenſæ intereː unt, Idem 18.31. Hirundo tandiu hominum hoſpitio utitur, dum pullos ex ſeſe pepererit ac alueː rit: deinde ingrata in deſertos receſſus abſtruſa latet, Aelianus. Hirundines (tam domeſticæ quàm agreſtes, G. Agricola) hyeme ad loca tepidiora abeunt, ſi uicina ſint: at ſi longè diſtent, non mutant ſedem, ſed ſe ibidem (in anguſtis montium locis, G. Agricola) condunt, Ariſtot. Iam uiſæ ſunt mulː tæ hirundines in anguſtis conuallium nudæ, atⳍ omnino deplumes: milui etiam de huiuſmodi loː cis euolaſſe, cum primum apparerent, uiſi ſunt, Idem. In uicina abeunt, apricos (aliàs Africos) ſeː cutæ montium receſſus: inuentæⳍ iam ſunt ſibi nudæ atⳍ deplumes, Plinius. Iam uiſum eſt quod hirundines in plantis quibuſdam concauis ſe abdiderunt: & hoc accidit in quadam ſylua ſuperioris
40 Germaniæ, ubi inciſa quercus putrida inuenta eſt plena hirundinibus, & fuit multus puluis lignī putrefacti in quercu: & ſimiliter uiſum eſt de miluis, Albert. Idem hæc Pompeius Columba, uir maximus rerum naturæ rimator, in Germania ſe reperiſſe in concauo cuiuſdam arboris in imo fluː minis exortæ, teſtatus eſt mihi, Auguſt. Niphus. Comperi latere hyeme hirundines in nido ſuo tanquam mortuas, proinde non puto auolare eas. Totam hyemem habent ſecum recentia oua, reː uiuiſcunt autem ſub æſtatem. Quare iudico mirabile quoddam opus eſſe, ac imaginem reſurrectioː nis noſtrorum corporum, Innominati authoris uerba hæc ſunt quæ recitat Gaſp. Heldelinus in En comio ciconiæ. Idem rurſus in excauatis arborum truncis hirundines abſcõdi ſcribit. Hyematum Alexandriam hirundines, miluos cæteraſⳍ uolucres, pontum hyeme aduenientè à noſtris regioː nibus Europæis tranſuolantes, tendere cognoui, Petrus Martyr lib. 2. Legationis Bab. In Libya
50 circa fontes Nili milui & hirundines perennant, (id eſt non recedunt inde, quòd regio admodum calida ſit,) Herodotus lib. 2. Per uer ad nos ueniunt, flare incipiente Fauonio, Grapaldus. Hirunː do cuſtodit tempus aduentus ſui, Albert. Ab Arcturi ſydere ad hirundinum aduentum, notatur cornicem in Mineruæ lucis templiſⳍ raro, alicubi omnino nõ aſpici, Plin. Arcturi ortus & hirunː dinis aduentus à Columella coniunguntur, tanquam eiuſdem temporis.

¶ Hirundo tecta ſubit, Ouidius. Hirundines uolucres aduenæ in tecto pullos faciunt, Varro. Intra domos hominibus habitatas nidificant, Albertus. Nidum hirundo confingit implicito luto feſtucis ad normam lutariæ paleationis: & ſi quando luti inopia eſt, ſeipſa madefaciens uolutat in puluere omnibus pennis, ſtragulum ſibi etiam more hominum facit, duriora primum ſubijciens, & modice totum conſternens pro ſui corporis magnitudine, Ariſtot. Nidum luto conſtruunt, ſtraː
60 mento roborant. Si quando inopia eſt luti, madefactæ multa aqua pennis puluerem ſpargũt. ipſum uerò nidum mollibus plumis flocciſⳍ conſternunt tepefaciẽdis ouis, ſimul ne durus ſit infantibus pullis, Plinius. Si luti facultas ſit, id hirundo unguibus fert, nidumⳍ ex eo fingit: ſin minus luti faː

Y

cultas ei detur, aqua se conspergit, atqꝫ in puluerem se abijciens, alas luto mergit, idꝫ post alis aga
glutinatum rostro excutiens, nidificat, Aelianus. Primum festucis solidioribus ceu fundamento
iactis, molliores insuper adfigunt. Luti, quo cemento & ueluti glutino nidum ædificandum reli-
nunt, cum penuria est, ad lacum sinumue proximum aduolantes, summis alis sic stringunt aquas,
ut humescant liquore tantum, nihil grauentur autè: mox concepto his puluere, illinunt aspera, hian
tia glutinant, Plutarchus. Pulchrè intelligit hirundo, quòd si teneros, ex pennisꝫ nudos in duris
fruticibus pullos requiescere sineret, non ferendis doloribus premerentur: quamobrem in ouium
tergo considens, floccos lanarum euellit, indeꝫ suis pullis nidum quàm mollissimè substernit, Aelianus. Hirundinum duo prima genera (nempe domesticum & quod in cauis riparum nidificat   10
iuxta aquas) artificiosos nidos sibi construunt, grauia inferius, & leuia superius ponendo, & erigen
do parietes. foramen in nido relinquunt, per quod intrent: interiora nidi, pilis plumisꝫ impositis,
mollia & calida faciunt, Albertus. Omnes quæ in muris nidificant, claudunt nidos præter foramen per quod intrant, Idem. Figuram operi nec angulosam, nec multifidam, sed æquabilem, &
quantum id fieri potest sphæricam maximè inducunt. Hæc enim omnium est cum firmissima tum
capacissima, & animantium insidijs minus patet, Plutarchus. Boreæ & uentorum qui ex Thracia
spirant flatus non amant, & nidos inde auersos collocant, Oppianus. Redire quotannis uère ad
eosdem nidos solent.

¶ Auersæ hirundines coeunt, contra atqꝫ cæteræ aues, Aelian. Hirundo fœmina libidinis ima
gine concipit aut puluere, Author de nat. r. ¶ Hirundines bis anno pariunt, Plin. Cætera quæ   20
carne uescuntur, non plus quàm semel anno parere exploratum est, hirúdo una bis anno nidificat,
Aristot. Primi partus oua quandoqꝫ propter hyemem (frigore. prima enim omnium parit) corrumpuntur, posteriora uerò pullos proferunt, Physiologus: ied Aristot. de hist. 5. 13. de merula hoc
refert: cum qua etiam hirundinem nominauerat, ea tatum ratione quòd similiter bis pareret. Non
amplius quinqꝫ ferre in utero atqꝫ parere solet, Aelianus. Hirundines quæ in Italia pariunt, non
in omnibus terris pariunt, Varro. Pausanias cum dixisset hirundines in Daulia non parere, subiungit: Nec in ipsa quoqꝫ Terei Thracis patria, his uerbis: ϭωκεῖς ᷑ λέγꝋσιν ὡς τῇ Φιλομήλη ϗ ὄρνιθι ϭσσ,
Τηρίꝋς ϭὶ σῆμα, ϗ ᷑ πατρίϭ͂Θ ἀπιςꝶ ᷑ Τηρίꝋς, Hermolaus. ¶ Hirundini cæci primo pulli, & serè omnibus quibus numerosior partus, Plinius. Aues nonnullæ imperfectos & cæcos pariunt pul
los, uidelicet quæ cum paruæ corpore sint, multos progenerant, ut cornix, hirundo, &c. quamob-   30
rem si quis hirundinum nouellarum adhuc oculos præpungat, rursum incolumes reddentur. cum
enim fiunt, non facti iam, corrumpuntur. itaqꝫ denuò oriuntur ac pullulant, Aristot. Hirūdinum
pullis, laceratis oculis subnasci alios nonnulli referūt, Aristot. Et rursus, Pullorum hirundinis adhuc recentium oculi, si quis stimulo (acu) eos uexârit, resanescunt: & cernendi uim postea planè recipiunt. Serpentium catulis & hirundinum pullis, si quis eruat oculos, renasci tradunt, Plinius.
Philosophi hos renasci tradunt, quòd imperfecti sint, medici dicerent quòd humidiores sint, Carda
nus. hoc si uerum est, cur non omnibus renascerentur, cum natiua humiditas pullis omnibus maxi
mè abundet? quare magis placet Aristotelis ratio. nam quod læditur antequam perfectum sit, & interim dum crescit, facilius resarcitur. aliorum uerò pullorum oculi statim perfecti sunt. Hirundinum pullos plena Luna excæcant, restitutaꝙꝫ eorum acie capita comburuntur ad oculorum reme-   40
dia, Plinius: quasi plena Luna excæcati facilius restituantur. Aristoteles in Samo ait albam nasci
hirundinem, cuius oculos si quis pupugerit, statim quidem excæcatur, pòst uero uisum recipit: &,
sicut ille dicit, sic acutè quemadmodum à principio uidet, Aelianus interprete Gillio: quasi non in
quauis hirundine (aut cuiusuis potius hirundinis pullis, ut alij authores scribunt, & Aristoteles ipse
in libris de hist. & de gener. anim. Nam in Mirandis narrationibus, albam quidem hirundinem in
Samo nasci scribit, sed nihil aliud addit) sed in alba tantum in Samo hoc accidat. Hirundinis pulli
(inquit alibi Aelianus) similiter atqꝫ canum catuli, tardum uisum accipiunt. Veruntamen eadem
mater admota herba quadam uisum eis affert: & adhuc ex ætatis infirmitate alis hæsitantibus treme
bundos, parumꝙꝫ ad uolandum habiles, è nido ad cibi inquisitionem profert. Huius herbe homines
quamuis compotes fieri summo cupiant opere, nunquam tamen in hac parte eorum studio satisfa-   50
ctum est, Aelianus. atqui alij authores pleriqꝫ omnes chelidoniam, id est hirundinariam hanc herbam nuncupant. Chelidonia hirundines oculis pullorum in nido restituunt uisum, ut quidam uolunt, etiam erutis oculis, Plinius. Et alibi, Chelidoniam uisui saluberrimam hirundines monstra-
uere, uexatis pullorum oculis illa medentes. Si quis hirundinum pullos excæcauerit, hirundinariæ
herbæ rostro demorsæ liquorem oculis infundunt, & noxam cecitatis amoliuntur, Oppianus. Sed
de hoc ex chelidonia remedio, an eo hirundines utantur, nihil omnino certi constat, Niphus. Extrinsecus interdum si ictus oculum lædit, ut sanguis in eo suffundatur, nihil commodius est, quàm
sanguine uel columbæ, uel palumbi uel hirundinis inungere, Neqꝫ id sine caussa fit, cum horum a-
cies extrinsecus læsa interposito tempore in antiquum statum redeat, celeberrimeꝙꝫ (celerrimeꝙꝫ) hi
rundinis, unde etiam locus fabulæ factus est, aut per parentes aut id herba (quidam legit, per paren   60
tes id herba) chelidonia restitui, quod per se sanescit, Celsus. Chelidonia herba in hirundinum stercore nascitur, quæ oculis plurimum suffragatur, Marcellus. ¶ Pullus hirundinis auidè clamat &
ieiunus & de nocte, Author de nat. r.

¶ In

¶ In uentre hirundinum pullis lapilli reperiuntur candido aut rubenti colore, qui chelidonij uocantur, Plinius. Nos quæcunq de his lapillis obseruauimus, omnia in G. referemus.

D.

Hirundo hominis studiosa est, cuius contubernalem se esse gaudet : cum ei rursus bonum uide-tur, discedit. Homines Homeri lege hospitalitatis eam tecto recipiunt: qui præcipit, hospitem præ-sentem esse diligendum, discedere uerò uolentem dimittendum, Aelianus. Hirundines homini-bus maximè familiares & contubernales sunt, Oppianus. ¶ E uolucribus hirundines sunt indo-ciles, è terrestribus mures, Plinius. Hirundinem & murem animalia indomita esse dicunt: sed ego sæpe mansuefactas uidi, & ad manum uolantes sicut aliæ aues aduolant, Albertus. Animalia com
10 plura nec placida, nec fera sunt, sed mediæ inter utrunq naturæ, ut in uolucribus hirundines, apes, Plinius. Ex animalibus duo, quæ hominum hospitio utuntur, musca(mus Plinio, sed de utroq ue rum est)nulla arte ad hominum tractationem masuescere possunt: neq nobis quicquam officij cum quapiam animi grati uel minima significatione compesant. nam musca quòd sibi timeat negotium exhiberi, prehensari perhorret, hirundo uerò sic homini diffidit, ut neq mansuefieri possit, neque quicquam non periculi plenum ab homine expectare, Aelianus. ¶ Hirundinibus aduersus blat tas defensionem natura largita est. nam cum blattæ earū ouis perniciosæ sint, matres apij folia ante pullos proijciunt, ob idq ab illis ad pullos accessus fieri nequit, Aelianus. Quanta solertia earum in nidi extructione sit, dictum est in C. & quomodo pullorum oculis chelidonia herba medeantur. ¶ Hirundinem accipiamus maternæ sedulitatis in filios grande documentum, Ambrosius. In
20 fœtu summa æquitate alternant cibum, Plinius. In enutrienda prole mira tam mas, quàm fœmina equitate laborat. Impartit pullis singulis cibum, obseruans consuetudine quadam, ne qui acceperit, iam accipiat, Aristot. Iustitiam mater hirundo aduersus filios seruat, in distributione cibario-rum suam cuiq tribuens dignitatem. nó enim unica tantum cibi uectione omnes pascit, neq enim posset, cum ea quæ affert pusilla, & pauxillula sint: primum in lucem editum primo pascit: deinde ab illo secundum: tertium, tertio loco partum alit: sicq deinceps usq ad quintum progreditur, Ae-lianus. Pullos suos hoc ordine pascunt, ut illi qui cibo accepto locum mutauerit, nihil amplius lar-giantur, donec ad pristinum suum locum redierit, Oppianus. ¶ Notabili mundicia egerunt ex-crementa pullorum: adultioresq circumagi docent, & foris saturitate emittere, Plinius & Aristot. Lapillum dicuntur pullo excluso dare, Plinius, uide infra in G. Aegyptiorum sapientes, omnes pa
30 rentum opes filijs relictas uolētes innuere, hirundinem pingunt. illa enim iam morti proxima, luto seipsam uolutat, & pullis latebras (nidum, ut in C. dictum est. quanquam alij non moribundam, sed quandocunq nidificare uoluerit, hoc eam facere, id est aqua se aspergere, tum in puluere uolutari scribunt, cum luti inopia est)comparat, Orus 2.32. ¶ Hirundines & apes suas gregales extinctas eijciunt, Aelianus. Io. Tzetzes cadauera sui generis hirundines sepelire scribit. ¶ Quomodo aggerem Nilo, quo minus inundet, opponãt, uide infra in Hirundine riparia. Hostilem in modum apibus insidias moliuntur hirundines, Aelianus : ego non tanquam hostes, sed cibi gratia tantum apibus eas insidiari dixerim. Hirundines & passeres interficiunt se cum cōueniunt in una domo, Auicenna. Albertus hirundines illas quæ in muris exterius & lapidibus nidificant, mirè cum pas-seribus dissidere scribit. uide infra in capite de hirundinibus syluestribus. ¶ Coluber aliquando
40 hirundinis nidum inuadit, ut pullos eius deuoret: ea(parens)primum auolat lugubriter canēs, cum uerò pullos iam perire animaduerterit, superato metu ad colubrum aduolat, & circa eius maxil-las se uoluit, donec ab eodem hoste conficiatur, Oppianus lib. 5. de piscibus.

E.

Hirundo musicæ reuerentia permotis non ab apiarijs occiditur, alioqui ad necandum facilis. sa tis enim est eas prope alueos nidificare prohibere, Aelianus. Hirundines apibus nocent, Idem, Aristot. & Florentius in Geopon. quare nidos earum alueis propinquos apiarij tollunt, Aristot. Absint ab aluearibus meropes, aliæq uoluctes, Et manibus Progne pectus signata cruentis, Ver gilius. ¶ Vulgus hirundinum aduentu gaudet, & tanquam fortunatas aues hospitio libenter suscipit, ut nidos earum uastare plerisq religio sit. ¶ Cecina Volaterranus equestris ordinis qua
50 drigarum dominus, comprehensas in urbe secum uictoriæ nuncias amicis mittebat, in eundem ni-dum remeantes illito uictoriæ colore. Tradit & Fabius Pictor in annalibus suis, cum obsideretur præsidium Romanum à Ligustinis, hirundinem à pullis ad se allatã, ut lino ad pedem eius alligato nodis significaret, quoto die adueniente auxilio eruptio fieri deberet, Plinius. ¶ Hirundo certa aduentus sui tempora obseruat, eoq literis initium nunciat, Aelianus & alij. Veris & aduentum nidis cantârit hirundo, Columella. Garrula est, & diem canendo prænunciat, Albertus. Vêre homines cantãdo excitat, Kiranides. ¶ Aratus inter signa pluuiæ(licet Theon Scholiastes χειμῶνⒼ signum faciat) ponit hirundinem circa lacus aquæ tam proximè uolitantem ut etiam uentre cótingat. Ἢ λίμνῃ πτέλα ἀ΄ ἐλᾷ (συνεχὲς) χελιδόνα ἐΐσσονται τας ὀπι τύπτωσαι ἄντυς εἰλυμβῄοις ὑδ΄ωρ, id est aquam à uento commotam. Aut arguta lacus circunuolitauit hirundo, Auienus ex Arato.
60 Hyemem(tempestatem)presagit hirundo tam iuxta aquam uolitans, ut penna sæpe percutiat, Plini.

F.

Hirundines à pauperculis quibusdam, ut apodes quoq, etiam in cibum admittuntur. Alimenta

Y 2

532

tum ex eis nocuum & feruidum eſt,Bapt.Fiera. Remedij quidem gratia ſumi à medicis iubentur,
ut referetur in G.

G.

Efficaciores ad omnia quæ ex hirundinibus monſtrantur,pulli ſylueſtrium (hirundinum ſunt:)
multò tamen efficaciſsimi ripariarum,Plinius. ¶ Linguæ ulcera & labrorum hirudines in mulſo
(in melle uel mulſo,Sextus,in mulſa,Conſtantinus)decoctæ ſanant,Plinius. Ad morſum canis ra=
bidi laudant hirundinis decoctum epotum,Plinius. Sunt qui hirundines totas cenſeant deuoran=
das aduerſus quartanas, Plinius inter remedia à Magis prodita. Si hirundinum pulli tres tribus
offis in fauces boum(cum uino)deijciantur,toto anno eos ualere quidam ſcripſerunt,Plinius & Co
lumella. ¶ Aqua hirundinum ſic fit:Hirundines iuuenes tritas miſce cum caſtoreo & pauco bo= 10
no aceto,& deſtilla.Hæc aqua à ieiuno pota eſt uera medicina morbi caduci ex quacunꝗ cauſa ob=
orti.& quamuis aliquis hunc morbum quinquénio paſſus fuerit,curabitur,idꝗ perfectè, ſi per dies
quatuor huius aquæ parum biberit.phrenitin quoꝗ pota intra nouem dies curat, cerebrum corro=
borat magis quàm ulla medicina.uentriculum purgat,pectus emollit, neruos confirmat, & reſolu=
tionis eorum cauſas exterminat,genituram auget,& refrigeratos calfacit.Cum hyſſopi decocto po
ta,hydropem ex cauſa frigida curat:item febres quotidianas , & capitis dolorem tollit, ſomnum fa=
cilem præſtat,concoctionem iuuat,& urinæ (aliàs alui) excretionem promouet. Sed abſtinento ea
grauidæ,ne fœtus in utero periclitetur.Pilos remouet ubicunꝗ cuti puræ illinitur,ita ut nunquam
renaſcantur,Lullius & Aegidius. ¶ Hirundines comeſtæ (frequenter,Kiranid.)caducos ſanant,
Sextus. Pulli hirundinum uel aſsi, uel elixi, in cibo ſæpius ſumpti, oculis caligantibus efficaciter 20
proſunt,Marcellus. Hirundines uti ſicedulæ(paratæ)in cibo,aciei uiſus medicamentum prębent,
Dioſcor. Hirundo in cibo acuit uiſum:& aliquando exiccata (inueterata & trita) datur in potu au=
rei pondere,Auicenna. Verum hoc poſterius remedium non ad uiſum acuendum,ſed aduerſus an=
ginam à Dioſcoride ponitur: quanquam id ipſum etiam aduerſus anginam poſitum ab Auicenna
repetitur,Salitur (inquit) & exiccatur, & bibitur aurei pondere aduerſus ſynanchen.Vnde apparet
illum in poſteriore ſecutum Dioſcoridem:in priore uerò Galenum,qui tamen ſimpliciter non tan=
quam ad uiſum acuendum hoc remedium à nönullis uſurpari ſcribit, &c. Et ipſæ & pulli exiccati
(σκιλιϰοδύβγης:Marcellus Vergilius uertit,ſale inueterati,Plinius in ſale ſeruati , Ruellius ſimplici=
ter exiccati)ſi drachmæ pondere ex aqua bibantur , hos iuuant qui angiuæ morbo conflictantur,
Dioſcorid. Sunt multi qui cuiuſcunꝗ hirundinis(domeſticæ,ſylueſtris,aut ripariæ) pullum eden= 30
dum cenſent,ne toto anno metuatur anginæ malum,Plinius. Vulgò audio, ſi quis pullum hirun=
dinis ederit,angina toto anno non periclitari,Celſus. Pullus hirundinis ſylueſtris, uel melius ſi ri
pariolæ,certè etiam domeſticæ aſſus uel elixus comeſtus , anginam uelociſsimè certiſsimeꝗ ſanat:
adeò ut hominem ab hoc morbo per totum annum tutiſsimum præſtet, Marcellus. Aduerſus an=
ginam,Ius in quo hirundinum pulli cocti fuerint accipiatur tepens , & intra fauces continetur, atꝗ
aliquid inde tranſmittitur,Marcellus. Laboranti uuæ diuturno labore hæc cura ſuccurrit:Hirun=
dinem uiuam teſta Africanæ cochleæ includes,eamꝗ phœnicio inuolutam, lino circa collum ſub=
ligabis,intraꝗ diem nonú omni moleſtia liberaberis,Idem. Ad gurguliones inflammatos & ton=
ſillas,aiunt aliqui ſummè facere hirundinum pullos teneros ualde, ſiue recentes , ſiue inueteratos
aſſos & in cibo exhibitos,ſtatim enim leuant ſuffocationem , Archigenes apud Galenú de compoſ. 40
ſec.loc. Hirundo comeſta partum accelerat,Kiranides.

¶ Ex hirundinibus crematis remedia. Hirundines ad remedia ſic rectè urentur:Pullos hirun
dinum implumes in olla noua pones,& modicum ſalis ſuperinijcies:& ollam luto obturatam ſuper
prunas aut in furno collocabis,donec cremati fuerint, Bulcaſis. Hirundines ad remedium contra
anginas(inquit Aſclepiades apud Galenum de compoſ.ſec.loc.)uruntur hoc modo:Pullos ſale con
ſperſos unà cum pennis in fictile conijcimus, obturatumꝗ prunis imponimus. Gratia habenda
eſt Aſclepiadæ (inquit Galenus)ob id quòd tam diligenter deſcribit, quomodo hirundinum pullos
uri iubeat,& quòd ipſa animalia & non eorum recrementa in pharmaci (contra anginam) compo=
ſitionem præparanda cenſeat. Leonellus uerò Fauentinus remedia anginæ deſcribens, hirundi=
nem hoc modo comburi uult:Decolletur (inquit)& ſanguine euacuato deplumetur, & ſaliatur, de= 50
inde ponatur in uaſe uitreato oris anguſti : & claudatur os uaſis cum luto , & relinquatur in furno
donec præ ariditate facile teri poſsit. Plinius ad oculorum remedia uiuas hirundines cremari iu=
bet:alibi uerò ad anginam pullos ſtrangulatos cum ſuo ſanguine comburi. ¶ Vlcus etiam anno=
ſum coaleſcet ſi cineres hirundinis altæ ei inducas, Serenus. Hirundinis pullorum cinis cum lacte
tithymalli ſpumaꝗ cochlearum, pilos in palpebris incommodos euulſos renaſci non patitur,Plin.
Sunt puto qui hirudini uſtę,nö hirundini, pſilothri uim tribuant.ſed cum addiderit pullos Plinius,
hirudini legere non poſſumus. Si ſpina uel aculeus in pede aliàue parte canè leſerit,extrahet illum
impoſitus puluis hirundinellarú(cinerem de pullis hirundinũ intelligo)in olla noua cũ partibus in=
teſtinis(cum ipſis inteſtinis) combuſtarum:quod medicamentũ tanquam ſaluberrimum in pyxide
reſeruandum eſt, Albert. Ego hunc cineris hirundinum uſum apud ueteres non reperio:cæterum 60
harundinis,quam phragmiten cognominat,radicem conciſam per ſe,& unà cum bulbis illitam,ſur
culos & cuſpides extrahere , Dioſcorides tradit. Contra canis rabioſi morſus prodeſt glebula ex
hirundi=

hirundinum nido illita ex aceto, uel pulli hirundinis combufti, Plin. Ad foluendam ebrietatem,
Cineris hirundinum aduftarum quantitatem fufficientem da ebriofo, Author Thefauri pauperum.
Ad comitialem, Aptus muftelæ cinis eft & hirūdinis unà, Serenus. Hi duo cineres mifti comitialibus quotidie in potu dandi funt, Plinius. Nuper amicus quidam nofter remedium aduerfus comitialem à medico quodam in Germania celeberrimo exhiberi folitum his uerbis mihi defcripfit:
Cineri de quatuor hirundinum pullis combuftis, drachmas duas caftorei addebat, & unciam aceti
fortis.hæc mixta linteolo exprimebat, & expreffum inde liquorē ægro ante uel mox poft paroxyf-
mum propinabat. Tam pullorum quàm matrum in fictili olla(ἐν χυτρᾳ, Auicennæ interpres habet
in uitro)crematarum cinis cum melle(fi ex eo fiat alcohol cum melle, Auicenna)oblitus, oculis cla-
10 ritatem adfert, Diofcor. & Kiranides. Hirundines uiuas cremare, & cinere earum cum melle Cre
tico inungi caligines utilifsimum eft, Plinius. Ad oculorum dolores & lippitudines & caligines,
Hirundinis pulli cinerem cum melle in oculos mitte, Sextus. ¶ Hirundinum pulli in cinerem
combufti,faucium morbis medentur, Sextus uel Aefculapius & Conftantinus. Hirundinum ripariarum pulli ad cinerem ambufti,mortifero faucium malo, multisq̃ alijs morbis humani corporis medentur, Plin. Cinerem ex hirundinibus aduerfus anginam aliqui in potu dant, alij illinunt
uel per fe cōtingendo, uel cum melle, alij cum cānna tenui infpirant. Vulgo audio,fi quis pullum
hirundinis ederit, angina toto anno non periclitari: feruatumq̃ eum ex fale cum is morbus urget,
comburi, carbonēmq̃(cinerem)eius cōtritum in aquam mulfam (quæ potui datur)infricari, & pro-
deffe.Id cum idoneos autores ex populo habeat, necq̃ habere quicquam periculi pofsit, quāmuis in
20 monumentis medicorum non legerim, tamen inferendum huic operi meo credidi, Celfus. Anginis fuccurritur cinere hirūdinis ex aqua calida poto. huius medicinæ auctor eft Ouidius poeta,fed
efficaciores ad omnia ex hirundinibus remedia pulli fylueftrium funt:multo tamen efficacifsimi ri-
pariarum.Strangulatos cum fanguine comburunt in uafe,& cinerem cum pane uel potui dant, quidam & muftelæ cineres pari modo admifcent.fic & ad ftrumæ remedia,& comitialibus quotidie in
potu, Plinius. Crematarum hirundinum cinis pro difcutienda angina utilifsimus eft, quem deinceps utinam medici in ufum traherent, Amatus Lufitanus:an uerò intra corpus fumi debeat,an foris adhiberi non exprimit. Palatum cinere hirundinis aduerfus fynanchen utiliter tangitur, Auicenna. Hirundinum combuftarū cinis cum melle Attico mixtus, faucibufq̃ inditus,& anginam
reprimet,& ulcera fi quæ arterijs inerunt cōtacta purgabit fanabitq̃, Marcellus. Præcipuè contra
30 fynanchen prodeft,fi hirundininos pullos uiuos in nido prendas,& uiuos incēdas; ut puluis ex his
fiat,die Iouis,Luna uetere.fed obferua ut impares in nido inuenies, & quāti fuerint exturas. horum
in calida aqua puluerem bibendum dabis, & de ipfo puluere digito locum fynanches ab intro con-
tinges,miraberis remedium,fed inlotis manibus remediũ facies, Idem. Hirundinum cinere cum
melle commodè perunguntur anginæ, Diofcor. & Kiranides. Afclepiades & Andromachus pullorum cinerem anginis illinunt;Diofcorides uerò tam matrum quàm pullorum cinere utitur. Mar
cellus Empiricus cap.15.remedium ad anginam defcribens compofitum; hirundinū pullorum exuftorum cinerem adijcit. & rurfus alteri hirundinum fylueftrium pullorum exuftorum cinerem:
quod quidem Liuiam Auguftam femper compofitum habuiffe dicit,& recondit̃ in uafculo uitreo,facere enim mirificè aduerfum anginam & fynanchen.Eandem compofitionem paululum ua
40 riantem(ubi Galenus habet feminis apij,Marcellus habet opij, quod non placet) Galenus defcribit
lib.6.de compof.fec.locos.uocat autem ftomaticam illitionem ex befafa, hoc eft femine rutæ fylue-
ftris.Celebre eft(inquit)& hoc pharmacum ab Andromacho defcriptum. Id inter alia apud Galenum recipit cinerem hirundinum recentem:apud Marcellum, hirundinum fylueftrium pullorum
cinerem. Hoc ipfum pharmacum (inquit Galenus) etiam Heras fcripfit, ut parum abfit quò minus pēnitus idem fit.de hirundinibus quidem ambo obfcurè tradiderunt, quanquam alij clarè fcri-
pferint,nifi quòd inter ipfos non conuenit. alij enim nidũ urere iubent,ex ftercotibus hirundinum
maximè compofitum,alij ipfas hirundines, alij ipfarū pullos.Hi uerò obfcurius fcripferunt: & Andromachus quidem cineris hirundinum recentis: oportebat autem ipfum apponerē uftarum. tale
enim quiddam cineris uox fignificat;nifi nidum ipfum terere ac leuigarē iubet.Heras autem, hirun
50 dinum recrementi, non apponens uftarum. Forte igitur neuter uult comburi debere hirundinum
recrementum, quemadmodum alij. In quibufdam tamen exemplaribus fic fcriptum eft, Hirundinum tenerarum unciam j. quemadmodum in alijs hirundinum à trabibus. Palàm eft autem acre &
difcufforium hoc pharmacum effe ex hirundinum excrementis conftans: quemadmodum etiam
alia omnia omnium animalium ftercora, aliqua magis, aliqua minus : uelut etiam ipforum animalium uftorum cinis, Hæc Galenus. Aliud ftomaticum,quod facit etiam ad anginas ; Afclepiadæ:
Hirundinum fylueftrium uftarum cineris drachmas iiij.croci drach. j. nardi Indicæ drach. j. melle
excipe.mixtura fit quum iam fub manibus funt affectiones. Pulli hirundinum cum pennis in fictili fuper prunas ufti diachelidonium(διαχελιδόνων potius) ftomaticum ad anginas Andromacho fa
ciunt apud Galenum, Sylurius. Stomaticum ex hirūdinibus ad anginas ut Harpocras (fcripfit, uel
60 ufus eft:) Pullorum hirundinum uftorum numero x I, mellis cyathum j. (aliàs ij.) myrrhæ obolos
tres.Omnia tere,& mifce.Hæc duo præfcripta pharmaca(inquit Galenus de compof.medic.lib. 6.
cap.1.)ex hirundinibus funt abfq̃ befafa,alia autē duo ftomatica hæc præcedentia ex hirundinibus

Y 3

unâ cum befafa confitant.Eft autem & tertia coniugatio pharmacorum eiufdem generis, in qua ea
quæ ex befafa citra hirundines præparantur, continentur. Eandem (nunc recitatam) ad anginas
illitionem Nicolaus Myrepfus quoqȝ defcribit in Capite de illiticnibus,interprete Leonh.Fuchfio,
fed uariantem nonnihil, & ut iudico ex parte deprauatam : Pullos (inquit) hirundinum agrestium
numero xi. fucci myrti uiridis, mellis Attici, ana cyathos ij. feminis myrti fucci (forte ficci legendum,non fucci.Galenus habet tantum myrrhæ) triobolum,mifce. Electariũ diachelidonon Aui
cenna etiam defcribit primo quinti,& Mefue in curatione angine,& Serapio inter Antidota 8.Ad
anginam:Cinerem crematæ hirundinis,cum fimo canis ofsibus pafti mifce. hic puluis infpiretur in
fauces & locum abfcefsus cum cannula fubtili bis uel ter in die, Leonellus Fauent.   ¶ Hirundinum cinere multi melle excepto ufi funt ad affectiones quæcunqȝ circa fauces & uuam cum tumo- 10
re fiunt, Galenus. Hirund. exuftarum cinis ufqȝ ad periculum laboranti uuæ, cum melle mixtus
potenter illinitur, Marcellus. Sic uuæ & tonfillarum inflammationibus fuccurri Diofcorides &
Plinius fcripferunt. Sic & faucium dolor mitigatur, Plinius. Ad gurguliones inflammatos &
tonfillas,Hirundines integras unâ cum pennis uftas ac tritas cum melle illinito, Archigenes apud
Galenum de compof. fec. lo. Et rurfus, Aut cinerem pullorum hirundinum implumium illine.
Hirund. cin. cum melle inunctus ulcera in gutture & lingua, & omnia depafcentia,& gangrænas
perfecte curat, Kiranides.   ¶ Ad oris putredines & cruftas, Vftarum hirundinum cinerem ex
melle illinito, Galenus Euporift. 1. 72. Aut hirund. uftarum & ftercoris humani (pueri, præfertim qui biduo ante lupinos ederit & uinum mediocre biberit, huius autem ftercus exiccatum repo
nitur,Nic. Myrepfus) parem modũ cum melle illine,Idem ex Archigene libro 6. de compof.med. 20
fec.loc.   ¶ Cinis hirund. raucedines fanat cum melicrato potus,Kiranides.
    ¶ Hirundinis matutino pafcentis caput præcifum,maximê Luna plena,lineo panno adalligant
capitis doloribus licio , Plinius.   ¶ Hirundinum pullos plena Luna excæcant, reftitutaqȝ eorum
acie,capita comburuntur. hoc cinere cum melle utuntur ad claritatem & dolores, ac lippitudines
& ictus,Plinius & Marcellus. Hirund. capita ufta cum melle illita leucomata in equis curare in
Hippiatricis Græcis legimus.   ¶ Ex hirundinum pullis fit calliblepharion bonum, quod afpritu
dinem pruriginemqȝ oculorum potenter expurgat, nec patitur quicquam in his moleftiæ concre-
fcere:humidos quoqȝ naturaliter oculos exficcat, quod hoc modo componitur. Capita pullorum
quàm plurima igne lentifsimo comburuntur , & trita in puluerem tenuifsimum rediguntur , quæ
admixta recenti adipe gallinæ inunctioni maximê profunt,Marcellus.   30
    ¶ Comitialibus medetur hirundinum fanguis cum thure, Plinius & Serenus. Nicolaus My-
repfus fanguinem hirundinis mifcet fuffimento ad epilepticos experto . Ad oculorum dolores &
lippitudines & caligines, Hirundinis fel & fanguinem inungito,mirê prodeft,Sextus. Sanguis
eius de fubala dextra medetur oculis, Albertus. Sanguine hirundinis recenti ac tepido inunctus
oculus ictu læfus & cruore fuffufus,ftatim fanabitur,Marcellus. Extrinfecus interdum fi ictus ocu
lum lædit,ut fanguis in eo fuffundatur, nihil commodius eft,quàm fanguine uel columbæ, uel palumbi,uel hirundinis inungere.Neqȝ id fine caufa fit,cum horum acies extrinfecus læfa interpofito
tempore in antiquum ftatum redeat,celeberrimeqȝ (celerrimeqȝ) hirundinis. Vnde etiam locus fabulæ factus eft per parêtes id herba reftitui,quod per fe fanefcit.Eorum ergo fanguis noftros quoqȝ
oculos ab externo cafu commodifsimê tuetur, hoc ordine,ut fit hirundinis optimus, deinde palum 40
bi, minimê efficax columbæ & illi ipfi & nobis,Cellus:quafi non hirundinis tantum oculi extrinfecus læfi , fed etiam columbæ ac palumbi ui interni ipforum fanguinis per fe fanefcant : fed tardius
quàm in hirundine,quòd fanguis eius ad fanandum efficacior fit tum fibi ipfi tum nobis, in illis infirmior. Sanguis hirundinis illitus podagricos dolores mirificê lenit, Trallianus lib.11. Hirundi
ninus fanguis pfilothrum eft,Plinius.
    ¶ Hirundinum caro recens concerpta contra ferpentes auxiliatur,Plinius. Aduerfus uiperæ
morfus in iumentis hirundinis pullos diffectos adhiberi confulit Pelagonius.
    ¶ Hirundinis cerebrum ad fuffufiones facit,Plinius. Galenus in libro de Theriaca ad Pifonem
ad idem remedium mel ei admifcet. Auicenna etiam & innominatus quidam apud Serapionem,
idem remedium cum melle in fuffufionis oculorum (aquam ipfi uocant)principio commendant. 50
    ¶ Hirundinis oculi fronti alligati ophthalmiam fanant , omnemqȝ rigorem febrium auferunt,
Kiranides.
    ¶ Corda hirundinum cum melle deuorari iubent Magi aduerfus quartanas,Plinius. Hirund.
cor recens deuoratum comitialibus prodeft,Plinius. Cor mandito amomis Commixtum, ingenij uis tibi maior erit,Io. Vrfinus. Certifsimum eft (inquit Iacobus Oliuarius) quod ab Hieronymo Montuo medico præftantifsimo didici, corda hirundinum augere memoriam, fi cum cinnamo,amomo , & his quas elephanginas fpecies uocant, fumatur. Hirund. cor potum morbos faucium curat,Aefculapius.
    ¶ Hirundinis fel pfilothrum eft , Plinius. Ad oculorum dolores & lippitudines & caligines,
Hirundinis fel & fanguinem inungito,mirê prodeft,Sextus.   60
    ¶ Ex uentre hirundinis medicamenta quædam leguntur apud Nic. Myrepfum Leonharto
Fuchfio interprete:in quibus ego nidum potius legendum puto. nam in Græcis uocabulis facilis
est mu-

eſt mutatio, uide infra inter remedia è nido hirundinis. Ad omnem uirulentum ictum in iumentis Eumelus pulli hirundinis uentrem, uel eorundem nidum contritum imponi iubet.

¶ Hirundinum ſtercus acre eſt, & digerit, ut aliorum animalium (omnium) magis, minus, Syluius (ex Galeno.) Celſus hirundinis ſtercus inter adurentia numerat. Decoctum & potum aduerſatur morſui rabidi canis, Plinius ut quidam citant. Ponzettus tum illitu tum potum conferre
ſcribit. Aliqui (Magi) fimum hirundinis drachma una in lactis caprini uel ouilli, uel paſſi cyathis
tribus ante acceſſiones aduerſus quartanas propinant, Plinius. Potum naſcentiam (phyma, id eſt
furunculum uel ſimilem tumorem intelligo) ſanat, Kiranides. ¶ Ad faciendum capillos albos:
Stercus hirund. tritum cum felle taurino inunge, Galenus Euporiſton 2.82. Cum felle caprino mi-
10 ſtum capillos tingit nigros, & alphos leproſos nigros ſanat, Kiranides. Vt pili fiant albi, ſuffiantur
ſulfure uel ſtercore hirundinum, Elluchaſem. Oribaſius apud Aetium 13. 129. hirundinis ſtercus
ex aqua illini iubet ad nigras cicatrices inalbandas. Capillis nigrandis infectio optima: Hirundinum ſtercus quantum ſufficiat cum aceti ſextario, mitte in fas fictile, atq; in fimo caballino per dies
35. ſuffoſſum habeto, ac ſic macerato, atq; hoc medicamento raſum caput illinito in umbra per peniculum pictoris: ſed ſeuo ceruino faciem prius perunge, nequid inde deſtillet, & maculet: & dum
ſiccatur infectio, oleum intra os teneto, ne & dentes inticiantur: ac poſtquam impoſueris medicamen quarto die caput lauato, Marcel. ¶ Ad dolorem capitis & temporũ: Hirund. ſtercus priuſquam terram attigerit ſimul cum luto nidi, in uaſculo ligneo, aceto madefac, & illine frontem, ¶ Galenus Euporiſton 2.92. Mirifice medetur albugini oculorum quod iam expertus ſum, Albertus.
20 Stercus hirund. calidum oculos excæcat, Albertus. Contigit aliquando ut fatigato Tobiæ à ſepul-
tura, uenienti domum & obdormienti iuxta parietem, ex nido hirundinum ſtercus calidum in oculos incideret, unde excæcatus eſt. Stomaticæ compoſitioni ex beſaſa, aliqui hirundinum cinerèm
admiſcent, alij hirundinum recrementum (ſimpliciter, alij eiuſdem cinerem, ut Heras) ut ſupra recitaui: mihi quidem cinerem ipſarum hirundinũ addi magis probatur. Hirund. ſtercus in cibo uel
in potu ſumptum, tribuit colo ſanitatem, Marcellus. Idem apud Nic. Myrepſum miſcetur medicamento ad difficultatem urinæ & calculum & colum. Aluum cit & hirundinum fimum adiecto
melle ſubditum, Plinius.

¶ Oua hirundinis denigrant capillos & albugines, Kiranides libro 3. Elemento ultimo. Alij
hanc facultatem fimo hirund. attribuunt.

30 ¶ Nidum hirund. cum uino uetere contritum aduerſus uiperarum morſus in iumento imponito, Pelagonius. Ad omnem quidem uirulentum ictum in iumento Eumelus pulli hirund. uentrem, uel eorundem nidum contritum imponi iubet. Glebula ex hirund. nido illita ex aceto, morſui canis rabidi medetur, Plinius & Valerianus. Aetius Sermone 14. cap. 49. hirundinis nidum
tritum & cribratum ac melle exceptum, contra eryſipelata faciei commendat, tanquam remedium
cito diſcutiens. Ad oculos ſanguine ſuffuſos & ſtaphylomata in equo: Nidum hirund. integrum,
ut nihil prorſus de eo amittatur, in uaſe cum aqua miſce & turba, cola, & liquorè colatum iumento
ſitienti bibendum dato, aut etiam per cornu infundito, Eumelus. Terra nidi hirund. cum aceto cephalalgiam ſedat, Kiranides. Hirundinum ſtercus priuſquam terrã attigerit ſimul cum luto nidi,
in uaſculo ligneo, aceto madefac, & illine frontem, Galenus Euporiſton 2.92. Stomaticæ compo-
40 ſitioni ex beſaſa ad anginas aliqui hirundinum cinerem admiſcent, alij nidum urere iubent ex ſtercoribus hirundinum maximè compoſitum. Terra nidi hirundinum cum aqua ſoluta & inducta,
colli & faucium tumores & ſynanchen curat, Kiranides. Anginæ nidus hirund. mederi dicitur
potus, Plinius. Ad anginam ualet emplaſtrum maturans & reſoluens abſceſſum è nido hirund.
quòd ab Arculano deſcribitur, Leonellus Fauent. Hoc tempore medici pro angina curanda diſ-
cutienſáute emplaſtrum ex nido hirundinis collo imponunt, non ſine magno & euidenti iuuamen-
to, quanquam non deſint aliqui, qui quum nidum ex terra & paleis compoſitum animaduertant,
rebus, ut apparet, ſtypticis, illius admotionè timent, ac metuunt ne forſan aſtrictione ſua materiam
intrò repellat: quo fit ut ſolo nidi decocto utantur, in quo cæteræ res anginam diſcutientes miſcentur, ſed reuera falluntur, quum omnia in hirundinis nido contenta, potius diſcutiendi uim quàm
50 conſtrictòriam aliquam habeant, Amatus Luſitanus. Vide plura apud eundem lib.1. Curatione 40.
Aſclepiades apud Galenum de compoſ. ſec. loc. medicaméto cuidam ad laxatas columellas nidum
hirundinum ſylueſtrium aridũ admiſcet, ubi Galenus, Nidus hirund. ſylueſtrium (inquit) multam
diſcuſſoriam uim habet. Ad inflammatas tonſillas illini debet ſtercus columbæ & uenter hirundinis, Nicol. Myrepſus, ubi Fuchſius (ſi bene memini) κελιάν, id eſt nidum, quàm κοιλίαν, id eſt uentrem, legere mauult. Ad fluxionem gutturis, Nido hirund. trito ex aceto illinito, Galenus Euppo-
riſton 3.283. Emplaſtrum ad pleuriticis mirabile (numero 80. apud Nic. Myrepſum.) Nidũ (nam
Græcus codex κελιάν habet. Fuchſius κοιλίαν, id eſt uentrem legit, quod non probo) hirundinis uniuerſum accipiens terito, & ſucco apij farinaq; fœnigræci imbuto & probè calefacto utere. Contra
calculos ſumi prodeſt cinerem inteſtinorum palumbium ferorum cochlearibus tribus è nido hi-
60 rundinum, Plinius. Vrticæ ſemen & hirund. nidum cum ſapa terito ac illinito, Aetius inter unguenta podagrica 12. 44.

¶ Chelidoniæ lapilli (à recto chelidonias, ut apparet, ὁ χελιδνίας λίθ⊙. quidam chelidonium lapi-

Y   4

dem,& chelidoniam gemmam dicunt)uulgò à nostris *schwalmenstein* uocatur,id est hirundinum
calculi. In uentre hirundinũ pullis lapilli,candido aut rubenti colore,qui chelidonij uocantur,ma-
gicis narrati artibus reperiuntur,Plinius. Et alibi,Chelidoniæ duorũ sunt generum, hirundinum
colore,& alia parte purpureæ,nigris interpellantibus maculis. Aspidi similis est gemma quam uo
cari chelidonià inuenio,Idem 37.11.ubi gemmas nominat quæ ab animalibus denominantur.unde
hanc aspidi chelidoniæ similem,nomen ab ea tulisse conijcimus, & ab ea cui hirundines nomen fecerunt diuersam.Genus quidem aspidum unum est, quas chelidonias uocant, quæ circa ripas fluuiorum,præsertim Nili, latibula habent. Pulli hirundinis Augusto mense lapidem chelidonium
gestant aliquando in hepate uel uentriculo: quem ego diuersorum inueni colorum. Fertur autem
quòd pulli gestantes lapidem hoc signo cognoscuntur, quòd in nido sedent conuersis ad se inuicem 10
uultibus,nam cæteri qui non habent lapidem, posteriora ad se conuertunt, Albertus & Author de
nat.rerum. Lapilli sunt exigui, & tales iam uidimus à socijs nostris extractos è uentriculo hirundinum mense Augusto,tunc enim extracti efficaciores habentur, & frequenter duo simul in una
hirundine inueniuntur,Albert. Chelidonijs,qui in hirund.uentriculis reperiuntur, figura globi
ferè dimidiati,semperȹ intus caui, qua de causa admodum tenues existunt, in eminentia suntȹ le-
runȹ rauo,sed diluto colore,in caua conuexitate purpureo, nigris interdum interpellantibus maculis,atȹ ob id duæ earum species uidentur esse, Georg. Agricola. Lapilli magnitudine sunt, ut
ipse uidi,seminis lini,forma quoȹ simili,ego nigros & ruffos tales uidi lapillos,Christophorus Encelius. Vidi & ipse cum ruffos lentis figura & magnitudine chelidonias: tum alios quosdam candidissimos non tamen perspicuos, quos in monte quodam Sedunorum abunde reperiri audio,in 20
arena inter excelsas rupes,horum unum cum fregissem dentibus multum renitentem, solidum deprehendi,non cauum. ¶ Iidem aut simillimi chelidonijs hodie nominatis lapillis illi mihi uidentur,quorum Strabo libro 17.mentionem facit, his uerbis : Acerui quidam ex tritura lapidum ante
pyramides(in Aegypto)iacent, in quibus lapilli & forma & magnitudine lentis inueniuntur, quidam ut hordei grana,quæ semiexpoliata excurrunt, dicunt reliquias ciborum qui operantibus su-
pererant in lapidem induratas, quod quidem satis uidetur uerisimile. nam & apud nos collis quidam est oblongus,in campo situs,qui tofi calculis in modum lentis plenus est, &c.

¶ Dissectis crescẽte Luna pullis hirundinis qui primo partu exclusi sunt,ἐκ τ πρώτης νεοσσοποϊίας,
è prima fœtura,)in uentre eorum lapillos offendes.è quibus duos,unum colore uarium,alterum pu
rum eximes:(quorum alter colorem unum habet,alter plures,Auicenna.) ij priusȹuam terram atti 30
gerint , in iuuencæ corio, aut ceruina pelle brachio aut collo adalligati , comitialibus proderunt.&
sæpe prorsus eos recreabunt,Dioscor. Sanant uel lapilli è uentre pullorum hirundinum sinistro la
certo annexi.dicuntur enim excluso pullo lapillum dare,Quòd si pullus is detur incipienti in cibo,
quem primum peperit,cum quis primum tentatus sit, liberatur eo malo,Plinius. Lapilli in uentri
culis hirund. reperti & brachio alligati , caducos perfectè sanant, Sextus. De collo puerorum suspensi ad comitiales morbos utiles esse perhibentur , Ge. Agricola. Mirificum hoc ad comitiales
remedium est, duo lapilli in hirundinum pullis dissectis inueniuntur:quorum unus quidem niger,
alter uerò albus existit,comitiali collapso eos imponito, ac ipsum excitabis. nigrum uerò cuti alligato,At hirundines dicuntur primo pullo hos lapillos dare,qui non facile inueniuntur nisi uniuersis pullis dissectis , Alexander Trallianus. Author Additionum in Breuiario Arnoldi antidoto 40
cuidam contra epilepsiam lapidem hirundinis admiscet. Hirundinum pulli lapillos in uentriculis habere consuerunt,ex quibus qui albi maximè fuerint, si in manu etiam singuli teneantur , aut
circa caput lino nectantur,ueterrimos & diutinos capitis mulcent dolores, nisi contactu terræ lapil
lorum potentia minuatur,Marcellus. Et alibi,Hirundinis uentriculo scisso albi ac nigri lapisculi
inueniuntur,qui si lupino aureo includantur,& collo suspendantur,omnem dolorẽ oculorum perpetuò auertent.sed & contra quartanas prosunt,croceo linteo uel panno inuoluti linoȹ ad collum
ualidiore suspensi. Adduntur ad oculorum collyria, Ge. Agricola. Si quid in oculos inciderit,
imponuntur.nam cum minimi & læuissimi sint,nec mole obsunt , nec figura aut angulis:& palpebrarum compressione, id quod inciderit , emouere & elidere possunt, ut & alectorolophi semen.
Dextro brachio suspensi hepaticos perfectè sanant, Kiranides.   50

¶ Quin & è nido earum lapillus impositus recreare (excitare) comitiales dicitur confestim,&
adalligatus perpetuò tueri,Plinius, & Serenus. Lapilli in nidis pullorum hirundinum reperti ap-
pensiȹ,à tussi tutum reddunt.sanant & columellæ uitia & tonsillarum phlegmonen, Galenus Euporiston 2,44.

H.

a. Hirundo primam corripit.Aut arguta lacus circunuolitauit hirũdo, Auienus.uideri autem
potest ab hærendo dicta, quoniam tectis ædium uel trabibus, ubi nidificat, adhæreat. Varro tamen
à sua uoce sic dictam conijcit. A poetis uocatur Progne, ut à Vergilio : Pandionis ales, ab Ouidio
ad Pisonem:Atthis à Martiali, propter fabulam quam in h. referemus, Ἄτθι κόρα μελιδρεπής , in epigrammate lib.1.sect.60.Brodæus hirundinem aut lusciniam interpretatur, ego hirũdinem omnino 60
eo in loco.illæ quidem non uescuntur melle. ¶ χελιδ‘ὼν penultimã producit, Arato, Theocríte,
Aristophani,Vocatur autẽ χελιδ‘ὼν, ἢ παρὰ τὸ τὰ χείλη δονεῖν , ἢ παρὰ τὸ τὰ χείλη οἰδ‘αίνειν , ἢ παρὰ τ̀ τοῖς
                                                            χείλεσι

χελεσιν ἄρ'εν, Etymologus & Varinus. Dicitur & χελιδ'ὰ, χελιδ'ῶς, unde uocatiuus ὦ χελιδοῖ, Eustathius. ποικίλα χελιδοῖ, Aristophanes in Auibus. χελεὰρ, χελιδοίων, χελιδονίας, & piscis quidam, Hesych.
ἀνδ'ὀνα, ὀσίλω, καὶ γλαωσίδ'α, ὅι δὲ χελιδόνα, Etymologus. ὄρνις δ' ὡς ανόνωα δινήσατο, Homerus: alij ωανό-
πτεια legunt & hirundine interpretantur, alij aliter. uide supra in Capite de Aquilis diuersis. Ασίω-
νιῖς, χελιδ'ὸν, καὶ ἡ θεωλαξ, Etymologus. sed magis placet ut Hesychius habet, Ασίων̈νιῖς, ἡ χελιδ'ον, καὶ ἡ θεω
δ'ακίνη. Κεισίν, hirundo, Hesychius & Varin. Thebani, qui nouis rerum nominibus gaudebant,
hirundines κωπλάδ'ας uocabant, Athenaeus lib. 13. & Varinus in λεξολίω. Κωτίλος, auis sic dicta, à
qua etiam loquaces & adulantes uel decipientes κωτίλοι dicuntur:hirundo, Varinis, quanquam ab
illo per λ, duplex scribitur. ολολυγόνα apud Theocritum aliqui hirundinem interpretantur deflen-
10 tem Ityn, alij aliter, uide in Acredula. Σικύπψφορϛ Kiranidϛ interpres hirundinem exponit, alibi uerò
sparuerium, id est accipitrem minorem. Ὄρνις κατὰ δῶμα σωίς̈ϛ ανθρωποισιν, Oppianus de hirundine.
¶ Epitheta. Arguta, Vergilio 1.Georg.& Auieno. Garrula, 4.Georg. Vaga,Sereno. Ve
ris praenuncia, Ouidio 2.Fast. Et apud Textorem Bistonis, peregrina, trinsans, Daulias, lasciua,
Pandione nata,uocalis, nam Agrestis & Rustica differentiae potius sunt, & speciem propriam con
stituunt. **¶** Θρηικία χελιδ'ὼν, Aristophanes in Ranis. Εἰαρινὴ ζεφύρϛ πρωτάγγελϛ ὄρνις, Oppianus.
Ἀγγελε κλυτὴ ἱαρ' ἐολυόδ'με, κυανέα χελιδοῖ, Simonides apud Athenaeum, & Aristophanis Scholiasten.
Κυκρονίδϛ, in Epigrammate. χελίδ'ων etiam epitheton esse potest, ut Latinis garrula. nam & ipsas sub
stantiuè Thebani κωπλάδ'ας uocabant. Hirundo κωτίλη appellatur Hesiodo, Anacreonti & Simonidi, Gyraldus. Cum sexaginta dies à solstitio brumali abierint, initio noctis Arcturus oritur. Τὸν
20 δὲ μετ' ὀρθρογόην (alias ὀρθοβόην)Πανδιονιϛ ωρτο χελιδ'ὼν Ἐς φά ανθρωποις, Hesiodus. Varinus ὀρθογόην exponit, τὸν μεγάλως θρηνωσῃ, ὴ ὑπὸ τὸν ὄρθρον βοωσην, id est magno uel matutino luctu insignem auem. Co
gnominatur & ὀρθόλαλος, (forte ὀρθόλαλϛ:)Κερκίδα, ὀρθόλαλον χελιδ'ον εικελοφωνϛ, ut Suidas citat. Πε-
δ'ὶνα, χελιδ'ον̈ιϛ σικοίκϛ, Αιγύλϛ Τροφοῖς, Hesychius & Varinus. ego χελιδ'ον̈ϛ legendum conijcio, ut πε
δ'ικϛς (quod etiam μέτοικον interpretantur) eius epitheton sit. ποικίλα χελιδοῖ, Aristoph. in Auibus.
Καταλόμηςϛ πρὸς χελίδ'ον̈ϛ (alias χελωνίδ'ϛ) πολυκρότϛ ψόφϛ, Athenaeus libro ϛ. uide in Testudine a.
Ὑπωρόφιϛ.nam Theocritus hirundinis τέκνα ὑπωρόφια dixit. Ὄρνις κατὰ δῶμα σωίς̈ϛ ανθρωποισιν,
Oppianus de hirundine. Ἀπὸ νέφρα μελιδρύτηϛ, λαλϛς λαλον ἁρπάξασα Τέττιγα πτανοῖς δ'αιτα φέρεις τέκεσιν:
Τὸν λαλον ὰ λαλόεσα, τὸν πτανὸν ὰ πτερόεσσα, τὸν ξένον ὰ ξένα, ἀρινὸν ὰρινά, (forte εἰαρινα. nam Oppia-
nus etiam εἰαρινὸν χελιδ'ον̈ϛ dixit.) Ουχὶ ταχϛς βίψεις; ὴ γὰρ θέμις, ὰ τὰ δίκαιον Ὅλνϛ ὑμνοπόλϛ υμνοπόλϛς
30 ῥύμαϛ, Incertus in Epigrammatū lib. 1. sect. 60. ubi Brodaeus Atthidem puellam hirundinem uel
lusciniam interpretatur,ego omnino hirūdinem hoc in loco. cicadas quidem ab hirundinibus capi
Plutarchus & Aelianus scribunt.
¶ Dic igitur me tuam anaticulam,columbam, uel catellum,hirundinem, &c. Plautus. Est &
hirundininus adiectiuum, quo utuntur Plinius & Plautus in Rud. In nido seges est hirundinino,
Martialis lib.11. Ligneis securiclis (Galli hirundinis caudas uocant) cæra & amurca perfusis uete=
res in alligationibus(lapidum)usos ipsa opera docent, Gul. Philander in Vitruuium 2.8.
¶ Χελιδ'ὼν,unguiae concauitas in equis:& in canibus eodem modo secundū aliquos:& in homine pars supra cubitum, ὴ ανωθεν τϛ ἀγκῶνϛ ὴ κατὰ τὰς καμπάς, Hesychius, Suidas & Cælius. Vide
in Equo B. Ornamenta in brachijs quaedam ponebantur circa carpos, ut pericarpia, echini,
40 ὅρας (alias χλιδ'ῶνα, quibus utebantur Samij, ut scribit Athenaeus:) sed αμφιδ'έϛ & χλιδ'ῶνϛ
(χλιδ'ῶνϛ potius,uel χελιδ'ῶνϛ ut supra:nisi utrunqϛ rectè dicatur, & χελιδ'ῶνϛ, & per syncopen χελιδ'ῶνϛ)
tum circa brachia,tum circa carpos nominantur, Pollux. Equorum impetigines sunt squammulae
anteriorum crurum sub armorum partibus in ipsis animalibus natae. has Graeci lichenas uocāt, siue
chelidonas.nos uerò impetigines uel hirundines, Cælius Aurelianus. **¶** Πρὸ χελιδ'όνων, Ante hirun
dines,id est ante hirundinum aduentum, Aristophanes in Equitibus. **¶** Χελιδ'υνίδ'ῶς, hirundinum
pulli, Eustathius. Achaeus durius dixit,Χάσκωντα λιμῷ μόσχῳ ὡς χελιδ'ον̈ϛ, pro νεοττῷ, ἤγϛν χελιδ'ονισίū,
Idem. χελιδ'όνειον μέλος,id est hirundinis cantus, Suidas. **¶** Fauonium quidam ad ν 1 1. cal. Martij
chelidonian(à recto chelidonias, ὁ χελιδονίας ανεμϛ)uocant ab hirundinis uisu, Plinius lib. 2. Est &
chelidonias uel chelidonius lapis,(ὁ χελιδονίας ὴ χελιδ'όνιϛ λιθϛ), uel chelidonia gemma:de quo supra
50 in G.scripsimus.nisi quis distinguendi gratia malit ut is qui nomen ab hirunde habet,chelidonius
lapis uel chelidonia gemma dicatur : alter uerò chelidonias, cui aspis similiter dicta nomen dedit.
Chelidonium etiam genus est cauda bifurca, Brodaeus. nam & auis hirundinis huiusmodi
cauda est. **¶** In Rhodo insula (Eustathij codex impressus in Homerum, non rectè habet Ρωμαιωρ
pro Ροδίωρ)festum siue ludicrum solebat celebrari, in quo cornici aggregatio fiebat quaedam hordei
& id genus rerum aliarum. Vocabant autem carmina illa (τὰ ἀσίματα, alias τὰ ἀσίσιματα) coronismata.
Eiusmodi quippiam & hirundinibus in eadem fiebat insula, ut est apud Theognin tertio de sacrificijs Rhodiorum. Id uerò χελιδονίζειν dicebant,quòd ita cōcinerent:Ἦλθε, ἦλθε χελιδ'ὼν καλὰς ὥρας ἄγϛσα,
καὶ καλὸς φυιαντὸς, id est, Venit, uenit hirundo pulchras ducens horas & annos pulchros, Cælius.
Athenaeus lib.8.integra haec carmina Doricè scripta sic refert, nos ex Eustathio quaedam emenda-
60 uimus, etsi is integra non referat : Ἦλθ', ἦλθε χελιδ'ὼν καλὰς ὥρας ἄγϛσα καὶ καλϛς ἐνιαντϛς, ὑπὶ γαστέρα λευκὸς, ὑπὶ νῶτα
κατὶ νῶτα μέλαινα. Παλάθαν ὑ πκυκλεῖς ἐκ πίονϛ ὄικα, (Eustathius habet, Εἶτα ὡς σωόψει φωίνε, ὴ παλαθ'ειρ
ζ'υπύμία, quod nō placet, exponit autem παλάθW, σύκων ὰ σωωθωιω,) οἴνϛ τε δίπινεσϛν, τυρϛ τε κανύς̈ρϛν

(forte κάνιςρον, Eustathius omittit) καὶ πυρῶς; Χελιδοὺψ καὶ λεκιθίταν (placentam, à lecitho, id est uitel
lo sic dictam) ἐκ ἀπωθεῖται, Ρότῷ ἀπτιμιδὸς, ἢ λαβῶμεθα; Εἰ μὲνᾶ δίκοσετε. (ἀπεισηίκὸς ἐχι: ἔςι δὲ καὶ τῆς ὑπό-
νοιαν, Eustathius.) ἐ δὲ μὴ, ἐκ ἰαξομΐκο. Ἢ τὰρ θύραν φόρωμεα, ἢ δ᾽ ὑπόρθυρον, Ἢ τὰρ γυναῖκα τὰν ἴσω ἰαθυ-
μιλύαν. Μικρὰ μὲν ὅτι ῥᾳδίως μὲν οἴσομεν. Ἅγ δ᾽ ἡ φόρξῃ τι, μέγα δ᾽ ἡ καὶ φόρφις. Ἄνοιγ᾽ ἄνοιγε τὶω θύραν χελι
δόνι. Οὐ γὰρ γέροντες ἐσμὲν, ἀλλὰ παιδία. Fiebat autem hæc collectio mense boedromióne (Iunium interpretantur, quod hîc non conuenit, hirundinis enim aduentus uernus est) à pueris passim circum
eundo cantillantibus: & primum eam instituisse in Lindo Cleobulus Lindius fertur, cum pecunia
colligenda egerent, Hæc Athenæus. Qui hanc cantilenam decantabant, χελιδωνίςαι uocabantur, (&
cantus uel ludus ipse χελιδωνισμὸς Eustathio) ut qui cornicis nomíne stipem colligebant, κορωνιςταί, Eu
stathius & Hesychius. Aeschylus χελιδωνίζῃ uerbum usurpat pro βαρβαρίζῳν, id est barbarè loqui: & 10
Ion in Omphale barbaros χελιδόνας nominat masc. g. (cum alioqui fœm. g. tantum efferantur) Herodiano teste, Scholiastes Aristophanis. uide infra in prouerbio Hirundinum musëa. Vtuntur
& per se succo (chelidoniæ maioris, etsi de utracp proximè locutus sit) in collyrijs, quæ chelidonia
appellantur ab ea, Plinius. Apud Galenum de compos. sec. loc. 4. 7. collyrium chelidonium inuenio, in quod chelidonia herba non recipitur, ab hirundinibus, ut apparet, dictum, quasi oculis ho
minum claritatem ita restituere possit, ut remedio quodã uisum suis pullis ademptum reddere cre
duntur hirundines.

¶ Chelidonia herba est, quæ & chelidonium dicitur, Χελιδωνία ἐοτάνν, Oppianus. Dioscorides &
alij medici χελιδόνιον gen. neutro proferũt. est autem duorum generũ maius & minus. recentiores
quidam Latinè hirundinariam nominant. Creditur chelidonium maius nomē sibi inuenisse, quòd 20
hirundinum aduentu ex terra prodit: discedentibus uerò ijsdem marcescit. Alij uerò tradiderunt, si
quis ex hirundinis pullis in nido excæcatus fuerit, matrem hanc herbam oculis admouentem, cæci
tati eius mederi, (ut inde potius, quàm à tempore nominatum uideatur,) Dioscorides. uide supra
in c. Τὸ χελιδόνιον ἅμα τῇ χελιδονίᾳ ἀνθεῖ, id est chelidonium cũ aduentu hirundinis floret, Theophrast.
de hist. 7. 14. interprete Gaza. Dioscorides non florere tum, sed prodire scribit, ἅμα ταῖς χελιδόσιν φαι-
νομέναις ἀναφύεσθαι. Apud nos quidem chelidonium minus eo tempore & prodit & statim floret:
marcescit idem mense Maio, chelidonium uerò maius Iunio demum floret: ut Plinius nõ rectè scri
pserit, Florent aduentu hirundinum, discessu marcescunt: tanquam de utrocp uerè dicatur. Ρόρὶ ρ
(circa fontem) θεία πολλὰ πτιχινέ, Κυάνεόρ τε χελιδόνιορ, Theocritus. Dioscorides tribuit maiori chelid.
folia colore subglauco. ¶ Hanc capnon quæ nascitur in sæpibus chelidoniam phragmiten uoca=30
re moris est Aetio, ad exinanitiones partium in iocinere curuarum utilem: dictã, ut puto, quoniam
succo discutit caliginem, ut chelidonia: & ob id in medicamenta oculorum additur: ut in collyrium
Marciani eam chelidoniam capnitida cognominantis. Quod si eadem probetur esse cum cymbala-
ri, ut quidam coniiciunt, etiam illa similitudo confluet, quòd folium hederæ habuerit, quale chelido
nio minori contigit. propterea considerari cupio, nunquid non similis, sed eadem omnino sit capnos hæc cum chelidonio minore. multa certe paria comperio, Hermolaus. Eruditi quidam chelidoniam phragmitin eam esse herbam coniiciunt, qua balista pharmacopolæ in Germania pro ari
stolochia rotunda perperam usi sunt. Chelidonion paruum inter fumariæ etiam nomenclaturas
apud Dioscoridem legitur: & chelidonion simpliciter inter uitis albæ & anagallidis purpureæ nomina. ¶ Est & apud Germanos alia ab hirundinibus dicta herba, nescio qua occasione, schwal=40
menkrut, quam multi asclepiadem ueterum esse putant. flore lacteo, ligustri ferè odore: folijs binis
per genicula, lauri ferè, sed in angustum exeuntibus, radicibus albis multis implicatis, &c. quas ali
qui ad ossa fracta consolidãda facere putant, ut eo quidem nomine wallwurtz potius quàm schwal
menwurtz dici deberet, ut & symphytum maius. ¶ Ficus chelidoniæ, ἰχάδες χελιδόνιαι, ficus Atti
cæ sunt, quæ & chelidónes uocantur, Pollux. Commendantur eædem ab Athenæo libro 14. qui
eas colore ἐρυθρομελαίνας, id est ex rubro & nigro permixto esse ait. Purpureæ chelidoniæ, Colu
mella inter ficus. Nouissima sub hyeme maturatur chelidonia ficus, Plin. Grammatici quidam à
Chelidonijs populis in Britannia dictas coniiciunt, nescio quàm rectè. Clemens in Pædagogo nominat ἰχάδ᾽ας χελιδόνιας, δ᾽ ᾶς εἰς Ἑλλάσια πρῖαπεσίας ἅμα μυσελωρη ὁ κακοδαίμων ἐσέλαπε Ρόρσης, Χελιδόνιας,
(Χελιδόνιαι potius,) ἔιδος ἰχάδ᾽ων, Hesych. & Varinus. 50

¶ Χελιδόνιαι λαγωοι, & χελιδόνιῷ δασύποτες leguntur apud Athenæũ lib. 9. Eustathius chelidonias
lepores interpretatur, qui superiore parte nigri sint, inferiore subalbi instar hirundinum. Frisij qui
maritimam Germaniæ partem habitant, prænunciam hirundinum (schwälken vorbott) uocant
auem de genere motacillæ. ¶ Est & χελιδ᾽ώψ, id est hirundo marina, piscis Aristoteli. Volat hirundo (piscis) sanè perquam similis uolucri hirudini, Plinius. Est & alius piscis chelidonias dictus,
χελιδόνιας ὁ, cuius Athenæus ex Diphilo meminit: ut & hirundinis piscis polypo similis. Alterum
exocœti genus circa Byzantium quidam chelidonion uocant, Bellonius. ¶ Piscem Boreum (inter sydera) hirundinis præferre caput, propterea á Chaldæis piscem nun
cupari chelidoniam Theon scribit, Cælius. Cum L X. dies à solstitio brumali abierint, initio no-
ctis arcturus oritur, post illum uerò hirundo apparet, Hesiodus. Χελιδὼν etiam est numisma argen 60
teum Peloponnesiacum, (uel χελώνη potius apud Pollucem.) Aegyptiorum sapientes omnes parentum opes filijs relictas uolentes innuere, hirundinem pingunt, illa enim iam morti proxima,
luto

luto seipsam uolutat, & pullis latebras (φωλεὸν, nidum) comparat, Orus.

¶ Propria. Chelidonius ex Cleopatræ mollibus patrimonium grande possedit, Seneca epistola 88. Χελιδὼν uocabatur Cleopatræ cinædus, Suidas in Χελιδὼν & in Κίναιδ'α. Item uates quidam priscus, Idem. Et nauis quæ in Massiliam traiecit, ἢ ναῦς ἡ ἐς οὖν εἰς Μασσαλίαν ἑλαχομύσκα, Idem. Menippus quidam olim Χελιδὼν cognominabatur, Aristoph. in Auibus, ubi Scholiastes, Διὰ τὸ ἵππε πρόφορον εἶ καὶ παντευεὶς ἐὸψ (forte κωπεία τᾶτω, scilicet χελιδὼν) χρῆδοι, ὅπως ὠνομασδῇ. Chelidonē theologum quendam fuisse aiunt, qui obseruatis prodigijs collegerit rerum exitus, uide infra in Prouerbio, Audi chelidonem. Cicero lib. 3. Verrinarum de Chelidone meretrice agit, quam efficiēt deperibat Verres. ea uerò tum in Vrbana, cum in Siciliensi Verris prætura omniā moderabatur, tran
10 sigebat, decidebat, chelidon quoq; hirundinem autem significat: omniaq; auspicatò, & captatis augurijs Romani agebant, auguresq; & auspices & publicis & priuatis rebus adhibebant. Propterea ait Cicero; Nam ut Verres prætor factus est, qui cum auspicato à Chelidone surrexisset, sortem nactus est Vrbanæ prouinciæ, &c. Quibus uerbis alludit simul & ad auspicium, & meretricis concubitum & cubile, Gyraldus in libro Aenigmatum. ¶ Chelidoniæ insulæ sunt in initio oræ Pamphyliæ, Strabo lib. 11. Et lib. 14. Chelidoniæ insulæ in Pamphyliæ ac Lyciæ confinio iacent. Et rursus in eodem, Prope Hieram promontorium Lyciæ Chelidoniæ insulæ tres sunt, asperæ sane, & magnitudine æquales, ad stadia quinq; inter se distantes, &c. Post Rhodum uersus orientem Χελιδονίαι γεγαλεσι Τρεῖς νῆσοι, μεγάλης Παταρνίδες ψόδνος ἄκρης, Dionysius Afer, Herodianus Χελιδονίαι legit cum acuto in ultima, Eustathius. Chelidoniæ insulæ nauigantibus pestiferæ, Plinius 5.31. Hæ duæ
20 sunt secundum Stephanum, quarum una Corydela, altera Menalippea dicitur, contra Tauri promontorium similiter Chelidonium dictum sitæ. Stephanus has insulas, Chelidonias petras appellat. Chelidonij populi sunt Illyriæ, Stephanus. ¶ Ἐντχελιδὼν, hippodromus Atheniensium, non ab hirundine, sed ab Echelo heroë denominatus est, ut scripsi in Equo h.e.

¶ c. Supra corpus eorum uolant noctuæ & hirundines, Baruc 6.

¶ Garrula quæ tignis nidum suspendit hirundo, Vergilius 4. Georg. Sicut grus & hirundo (agur) sic garriebam, Esaiæ 38. Tecto uaga plorat hirundo, Politianus. Τντεχνίᾳ, Oppianus de hirundine. Ὅπῃ ἦρ῀ ὥρα κιλαδ'ῇ χιλιδ'ὼν, Stesichorus. & Aristophanes in Pace, Ὅπῃ ἡεινὰ μὲν φωνῇ χελιδ'ὼν ἐξομύῃ κελαδ'ῇ. Vlysses neruum arcus intendit, ταμήσατο νόμρης, Η δ'` ὑπὸ καλὸν ἄεισε χελιδόνι εἰκελη αὐδ'λῶ, Odyss. φ. Εἴ συνεχῶς, καὶ πολλὰ, καὶ τεχέως λαλεῖν, Ἢν τῷ φρονεῖν παρέσιμον, αἱ χελιδ'όνες Ἐλ-
30 γοντ' ἄν ἡμῶν σωφρονέσσεραι πολύ, Nicostratus apud Stobæum. Ὄψι μὲν ἡελίοιο ἄνἑα, μὲν ἀύθορον ὄξὺ λαείσα, Oppianus de hirundine. Τραυλὰ μινυρομένα παιπόνι κάμμορε φωνᾷ, In epigrammate authoris incerti. Et rursus Pallades, Τίππε παινμέριθ῀ παιπόνι κάμμορε κϐυ Μυρομύη κελαδέις τραυλὰ ἐξὰ σόμαπωγχ Homerum infantem Aegyptijs parentibus ortum fabulantur, cum mel aliquando ex Aegyptie nutricis uberibus in os eius manasset, ea nocte nouem uoces diuersas ædidisse, hirundinis, pauonis, columbæ, cornicis, perdicis, porphyrionis, sturni, lusciniæ & merulæ, ut recitaui in Columba liuia ex Eustathio. Οὐδὲ πόσον θελύνσιν αὖ ὥραι μακρὰ χελιδών, Theocritus Idyll. 19. Ἐφ᾽ οὗ Δὴ χείλσιν ἀμφιλάσοις δεινὰν ἀπϐέμναται Θρηίκιᾳ χελιδὼν Ἐπὶ βάρβαρον ἐξομύῃ πέταλον, Κελαδ'ῇ δ' ἐπίπλοκτον ἀπθόνιον Νόμον, Aristophanes in Ranis de Cleophônte quem traducit tanquam peregrinū, imperitum, loquacem, ignobilem, barbarum & matre Thrassa genitum. uidetur enim hæc omnia Threiciæ hirundinis ap-
40 pellatione comprehendere. Χελιδὼν δὲ ἀππαιδ'ευσία, Scholiastes.

¶ Hirundo (sis Hebraicè scribitur) & ciconia (agur) custodierunt tempus aduentus sui: populus autem meus non cognouit iudicium Domini, Hieremiæ 8. Χελιδώι σοι νόμμαι χημαίνων, ὣς χελιδ'ὼν, Homerus in Iresione apud Herodotum. Εἰρεσινη, χιλιδόνων ὀροφὴ, id est hirundinum tectum, (nidus forte,) Hesychius & Varinus. Vère nouo cum iam tinnire uolucres Incipient, nidosq; reuersa lutabit hirundo, Calphurnius. Achæus poëta pullum hirundinis durius μόχρον χελιδόν῀ dixit, Eustathius.

¶ d. Aristophanes in Auibus hirundines fingit lutum ore conferre ad extruendam auium ciuitatem. hoc enim faciunt (inquit Scholiastes) cum nidificant. ¶ Μάσακα δ'` δῖα τίκνοισιν ὑπωροφίοισι χελιδὼν Ἀ῁όρφον ταχινὰ πέπεται, βίον ἄλλον ἀγείρει, Theocrit. Idyll. 14.
50 εἰς δ'` ὁπότ᾽ ἀπηλίοισι φωβέα βόσιν ὀρταλίχοισι   Μήτηρ, θιαρινὴ Ζεφύρω πρωτάγγελος ὄρνις.
Οἱ δ'` ἀπαλὸν τρύζοντες ἀλλθρώσκεσι καλιῇ   Γηβοσσυαι πϐὶ μητϐι, καὶ ἱμείροντες ἐδ'ωδ'ῆς
Χάλος ἀναπθνεοσση, ἄπτερ δ'` ὦλ σῶμα λέληκψν   Ἀνδρος ξεινοδ'όκοιο λίγα κλάζυσι νεοσσοῖς,
Oppianus libro 3. de piscatione.

Hybernos peterent solito cum more recessus   Atthides, in nidis una remansit auis,
Deprehendere nefas ad tempora uerna reuersæ,   Et profugam uolucres diripuere suæ.
Serò dedit pœnas, discerpi noxia mater   Debuerat: sed tunc, cū lacerauit Itym, Martialis. Ταῖς δ'` ὄρνις κατὰ δῶμα σωίεσθ῀ ἀνθρώποισιν, Ἀρτίτοκος νεαροῖσι πϐιωναίεσσα νεοσσοῖς Κίρκον ὑπϐ
ἤγω κατηπλίμλεον ἀθρόσκα, ὅξυ μὲν ἐπλαγχθ᾽ αὖτε, καὶ ἀύθορον ὄξυ λακῦσα, Αυχένα δ'` ὑπίσο᾽ ἀπάλον ἐπὶ κόρσι γρωνκία, Καὶ πάσκας ἐπάπερθεν ἑαῖς ἐφερξεν ἰθείαις, Καὶ πθρὰ πάντα χαλασσε ποτὶ χθόνα, τοὶ δ'` αἶμα δ'ωλεῖ
60 τεϐθ῀ ὑπ᾽ δυσμήργω πτυλέθ᾽ τρύζεσι νεοσσοὶ Ἡ δὲ καὶ ἀν᾽ ἐφόβησε, καὶ ἄλασιν ὄρνιν ἀναειδῇ, Ἐρομύῃ Φίλα τέκνα, τά τ᾽ εἰσὶν νήπια φωβέα, Ἀππα λυσικόμων θαλάμων ἀρλύμϐα ἐσμῦ, Oppianus lib. 3. de uenatione. Οἷς δ'` ἀμφὶ μέλαθρα μίγ᾽ ἀχαλόωση χελιδὼν Μύϐνιχ ἀίολα τέκνα, τά τῷ μάλα τετρυγῶτα Ἀινὸς ὄϐις καταδ'αλ.

καὶ ἤκαχε μητέρα κεδνίω. Ἡ δ' ὅτι μὲν χῶρον πεδιπέπατοι ἀμφὶ καλιίω· Ἄλλοτ δ' αὐτύκεσιν πεδὶ πεθύροισι
ποτᾶται, Ἀινὰ κινυρομένη τεκέων ὕπερ, Poeta quidam priscus, Apollonius (ut côjicio) aut Q. Calaber.
Serpens quidam impetu subiturus nidū hirundinis ut pullos eius uoraret, decidit in focum & igne
perijt, ut legimus inter Epigrammata Græca 3. 24. Ἡέ τις εἰαρινῶν χελιδόνοψ ἐγγὺς ἵκυρεν Μυρεμνώας ἰὰ
τίκνα, τὰ τ̓ ἐ ϖϛι λύσεσιν Ἐξ ἄντης, ἃ φῶντς ἀπὶ λυνῆς, νὲ ἐφαίκοντς, Oppianus lib. 1. de Venatione.

¶ e. Kiranides (lib. 3. in Hirundine) ex pullis hirundinum in ollam luto obfirmatam inclusis
& affatis, &c. philtrum siue ϛόρχντρον, & contrarium ei μῖσητρον, superstitiosa & impia persuasione pa
rare docet. Mulier ut non secedat à uiro, iecur hirundinis ustum bibendum clam præbe ex uino,
& non amplius de alio cogitabit uiro, Nic. Myrepsus. χελιδόνοψ φαρμακον, id est Hirundinum phar
macum apud Hipponactem memoratur, quod sit (τὸ ϛ̓ ξγινέμνοψ) ἐπειδάψ χελιδόνα πρῶτοψ τις ἴδοι, Sui 10
das. Ἡ μὲν χελιδ̓ὼψ εἰς̓ (αὐ τὸ) θεῷ ϛ̓ ὦ γυίωκ λαλεῖ, Philemon apud Scholiasten Aristophanis. εἴτε
χελιδ̓όψ(ὥραψ ἐκφαίνει) Ὅτι χρὴ χλαῖναψ πωλεῖψ ἤδ̓ϛ, καὶ λιπόσαρχιόψ τι (θερίςρεψ,ἢ ἀντλὲς ἱμάτιοψ θερινόψ) ϖελε-
δ̓τε, Aristoph. in Auibus.

¶ g. Hirundinis rostri cinis cum myrrha tritus, & uino quod bibatur inspersus, securos præsta
bit à temulentia, inuenit hoc Horus Assyriorum rex, Plin. Hirundinum pullis pasce accipitrem,
& citius mutabit pennas, Demetrius.

¶ h. Apologum de hirundinibus quæ cygnis objiciebant quòd in solitudine caneret, cum ipsæ
suos cantus in ciuitatibus publicarent, &c. recitaui in Cygno h. ¶ Hirundinum genus dijs pe
natibus & Veneri, quæ ipsa quoq; è numero penatium est, charum esse dicitur, Aelianus. ¶ Hi 20
rundines infausti ominis esse, & ancipitem afferre fortunam, multi prodiderunt. nam Pyrrhi tabernaculo, & in naui Antonij insidentes, suscepti belli infelicitatem & funestas clades portenderunt,
Alexander ab Alex. In Pyrrhi pueri tabernaculo nidificans hirundo, rerum actiones quas susci-
peret, non bene & feliciter euenturas esse significauit. Et item Cyro altera nidū in huius tectis con-
struens, quæ ei male casura essent prænunciauit. Contra enim Medos(Scythas, Alexander ab Alexandro)profectus, non reuertit ad suos: sed rebus male gestis, de loco quopiam se præcipitem deiecit. Dionysio priori arcem relinquenti nidificantes ibidem reditū præmonstrarunt, Aelian. Cleopatræ nauis, quæ Antonias dicebatur, signum habuit horrendum, nam cum sub puppi hirundines
nidificassent, superuenere aliæ, & primis per uim expulsis, nidos destruxêre, Plutarchus in Antonio. ¶ Isis in Byblo Aegypti nutriuisse fertur reginæ (quã alij Astarten, alij aliter uocant) filium, 30
digito ei in os pro mamilla inserto: & noctu quæ in corpore eius mortalia erant, adussisse : ipsamq;
hirundinis specie circa columnam lugendo uolitasse : donec regina aliquando noctu infantem am-
buri conspicata clamore emisso, immortalitatem ei ademit, &c. Plutarchus in libro de Iside.

¶ Homerus Odysseæ τ. lusciniæ fabulam, inquit Eustathius, aliter quàm recentiores memorat.
neq; enim Pandionis, ut illi, mentionem facit, (nisi Pandion forte alio nomine etiam Pandareos dictus sit) neq; Procnes, neq; Terei. & Itylum uocat illum, quem recentiores Ityn, quem Pandarei filia è Zetho peperit, κῦρον ζήθοιο ἄνακτος, alia lectio habet ζήτοιο. Sunt & qui Itylum, Ἀντυλον esse nugentur, & prima litera ἄντυλον per ν, ceu qui genus ab Aëte ducat, ut & pater eius Zetes
Boreæ filius. Cæterum recentiores sic tradunt: Pandionis Atticæ tyranni filiæ fuerunt Procne &
Philomela. Ex his Philomela(φιλομήλα)Tereo Thraci nupsit, et sic ex Attica muliere facta est Thra- 40
cia. Porrò Tereum aliquando Athenas profecturum rogauit ut Procnen sororem suam secum ad-
duceret. quod is fecit quidè, sed in itinere puellæ uim intulit : & ne facinus sorori aperiret, linguam
excuit. Procne uerò in tela texendo iniuriam sorori prodidit. Philomela uindiciæ cupida filium
Ityn è Tereo sibi partum, occidit, & patri coctum apposuit. Comedit ille, & ex minutis quibusdam
reliquijs filium esse agnouit. itaq; persequutus sorores occidere parabat. fugiunt illæ, & dijs implo-
ratis, in aues mutantur, Philomela luscinia, (lego, Philo-
mela lusciniæ, Procne uerò hirundinis forma assumpta.) Quamobrē hirundinis uox aspera & cantu insuauis est, ut cui lingua mutilata fuerit : & frequenter Terei ceu balbutiens nomen esferre conatur. luscinia uerò ityn subinde suo cantu repetit. Tereus deniq; in upupam transformatus crebrò
Vbi nam sunt, (τοῦ ἀρα εἰσίψ,) exclamat. Sic quidem recentiores fabulantur : alij uerò Homerum sequuti, Pandarei(inquiunt)cui pater fuit Merops Milesius, filiæ fuerunt Mérope, Cleothera & Aë- 50
dón. Harum maxima natu Aëdon Zetho Amphionis fratri nupta, unicum filium peperit Itylum:
& cum inuideret numerosæ leuiri sui(τῶ δ'ἀσφ῀, τῶ αὐφρασίλλαψ)Amphionis soboli, qua ille ex Nio-
be uxore Tantali & Hippomedusæ filia augebatur, Itylum filium suum cum filijs Niobes ludere &
uno etiam in lecto interdum dormire solitum, seorsim cubare(uel, ut alij scribūt, in lecto interiore)
iussit, ut ipsa intempesta nocte accedens, primū ex Amphionis filijs occideret, Amaleum nomine,
(Ἀμαλέα:) sed cum Itylus uel oblitus esset uel non obtemperasset matri, ea noctu filium proprium,
Amaleum esse rata, occidit. quo cognito præ nimio luctu ut ex hominibus migraret, à dijs petijt.
itaq; in lusciniam mutata, Ityli luctum retinuit, cuius nomen cantu suo repetere solet. Alij Aëdóna
mulierem non ignorantia, sed sponte Itylum filium interfecisse dicunt. occiso enim(aiunt)Amphio
nis filio Amaleo, cum uxorem illius(Amphionis)timeret, mox suum quoq; filium interemit, ut ex- 60
pectandam sibi ab inimica ultionem præueniret. Porrò in sequête Rhapsodia (Odyss. v.) reliquas
duas Pandarei filias parentibus orbas, Penelope à Venere educatas ait : & cū iam nubiles essent ab
Harpyis

Harpyís raptas & Furíjs traditas eſſe. Fortaſsis enim cum forma quidem excellerent, propter orbi‐
tatem tamẽ infelices, in prauam & furioſam aliquam (εἰς ὑπο υόνκλου καὶ ὡς οἷον εἰπεῖν φρυννώδης ἀφθ‐)
uitam præ nimio luctu conuerſæ, obſcuræ perierunt, ut inde á uentis raptas & Furíjs traditas fabu‐
loſé feratur, Hæc omnia Euſtathius.   ¶ Similiter hanc fabulam Varinus quoꝗ refert é Scholíjs
Ariſtophanis in Aues, in uocabulo Ἴτυς. in hoc tamen differt, quod Procnen Terei uxorem, & Ityn
eiuſdem é Tereo filium facit, non Philomelæ ut Euſtathius. Procne (inquit) cum ſororis Philomelę
caſum intellexiſſet, mactatum Ityn filium Tereo edēdum appoſuit, quo ille cognito, gladio eas per‐
ſecutus eſt, clamans τῶ τῶ, (ut ſolent quærentes,) Philomela uerò præ metu Terei nomen efferebat.
Procne uerò filium lugens Ityn, ἴτυ ἴτυ miſerabiliter ſonabat. Ioue autem miſerato, Procne in luſci‐
10 niam, Philomela in hirundinem, & Tereus in upupam mutati, eaſdem adhuc uoces canunt, Hæc
ille. nos Philomelam potius in luſciniam mutatam dicimus, & Prognen (cum Ouidio) in hirundi‐
nem, & huic uocem τηρόυς, illi uerò ἴτυ ἴτυ cõuenire. Ariſtophanes ipſe Terei (ſub perſona Epopis)
uxorem facit aēdóna, id eſt luſciniam.   Io. Tzetzes etiam Heſiodi Scholiaſtes eandem fabulam ſi‐
militer harrat, Procnen ſcilicet Terei uxorem fuiſſe, & in luſciniam commutatam: Philomelam uerò in
hirundinem, Tereum quoꝗ addit Philomelæ in Aulide Bœotíæ uim intuliſſe, & huius fabulæ So‐
phoclem in Tereo meminiſſe.   Procne ex Tereo binos liberos ſuſcepit, & in hirũdinem à Ioue mu‐
tata eſt, Proclus in Heſiodum.   Megaris non procul Hippolytæ Amazonis ſepulchro, tumulus
conſpicitur Terei, qui Prognen Pandionis filiam uxorem habuit. Regnauit autem, ut Megarenſes
aiunt, Tereus, in ijs Megaridis partibus, quæ Pegæ, id eſt fontes appellantur. Sed ut mihi uidetur,
20 & certé adhuc coniecturæ extant, in Daulide quæ ſupra Chæroneam eſt, Tereus regnauit. Olim
enim Barbari, eius quæ nunc Græcia nominatur, multas partes incoluerunt. Ob flagitia uerò quæ
Tereus in Philomelam, & mulieres in Itym commiſerat, ſubigere eos non potuit. Atꝗ ideo ma‐
nüs ſibi ipſi Megaris attulit: cui tumulum confeſtim excitarunt, & adhibitis pro mola calculis, rem
ſacram quotannis peragunt. Vpupam præterea auem primùm ibi apparuiſſe aſſerunt. Mulieres
Athenas peruenerunt, ibíꝗ dum mala deplorant, quæ paſſæ fuerant, quæꝗ ultionis cauſa ipſæ re‐
geſſerant, lachrymando contabeſcunt. Vnam item in luſciniam commutatam eſſe aiunt, alteram in
hirundinem, non aliam ob cauſam, ut puto, quàm quòd eædem quoꝗ auiculę miſerabilem cantum
ædant & lamentis ſimilem, Pauſanias in Atticis.   ¶ Aut ut mutatos Terei narrauerit artus: Quas
illi Philomela dapes, quæ dona pararit, &c. Vergilius Aegl. 6. ubi Seruius, Tereus rex Thracum
30 Pandionis Athenarum regis filiam Prognen duxit uxorem: & Athenas profectus ut ſororem illi
accerſeret Philomelam, in itinere illam uitiauit & linguam abſcidit, Illa tamẽ rem in ueſte ſuo cruo‐
re deſcriptam miſit ſorori. Qua re cognita Progne Itym filium interemit, & patri epulandum appo‐
ſuit. poſtea omnes in aues mutati ſunt, Tereus in upupam, Itys in phaſianum, Progne in hirundi‐
nem, Philomela in luſciniam. Et mox in illud Vergilij, Quas illi Philomela dapes, Atqui (inquit)
hoc Progne fecit, ſed aut abutitur nomine, aut illi imputat propter quàm factum eſt. Idem rurſus
in quartum Georg. ſibi aduerſatur, enatrans illud poetæ, Et manibus Progne pectus ſignata cruen‐
tis, (id eſt hirundo:) Nomen (inquit) poſuit pro nomine, nam Philomela in hirũdinem uerſa eſt: pro
qua Prognen, uel quaſi ſorore poſuit: uel quaſi eam, quæ fuerat illius ſceleris cauſa, nam ipſa miſerat
Tereum ad adducendã ſororem. Quod ait Seruius in Bucolicis, (inquit Erythræus in Indice Ver‐
40 giliano,) Atqui hoc Progne fecit, rectius quidem dixiſſet ex fabula: Atqui hoc pariter cum Progne
fecit. Nam & apud Ouidium in 6. Metamorph, Iugulũ ferro Philomela reſoluit: Ityosꝗ caput Phi‐
lomela cruentum Miſit in ora patris. Tu illinc integram fabulam pete. Hanc quidam in auem ſui
nominis mutatam ferunt, quæ à Latinis luſcinia appelletur, Prognen uerò in hirundinem. Quos
aperté ſequitur Martialis eo diſticho, cuius eſt lemma, Luſcinia. Ait enim, Flet Philomela nefas in‐
ceſti Tereos, & quæ Muta puella fuit, garrula fertur auis. Et alibi idem Martialis: Multiſona feruet
ſacer Atthide lucus. Nam Atthis ab eo luſcinia intelligitur, quaſi Attica auis: quod declarat epithe‐
ton Multiſona, & uerbum Lucus, In lucis enim multis modis canit luſcinia: quùm hirũdo tecta fre‐
quentet. Et hóc à Græcis traxiſſe uidetur, apud quos Tragœdia extabat Philochori de Philomela,
quæ Atthis inſcribebatur. In hac ſententia fuiſſe uidetur & illius carminis auctor, quod Philomelæ
50 titulo circunfertur. Quod etſi omnino negligendum non ſit, Ouidium tamen non refert. Probus ta‐
men, non reprobus Vergilij interpres, prodit, Philomelam in hirundinem, Prognem in luſciniam
conuerſam, quod mihi ueriſimilius ſit, propter garrulitatem hirundinis, quàm ex amputatione lin‐
guæ Philomelæ referat. quom ipſa luſcinia mille modis cãtum uariet. A Probo ſtat M. Varronis
auctóritas, cuius in I I I I. de orig. uerb. hæc uerba ſtat: Luſciola (fortaſſe luſciniola ὑποκοεισμικῶς le‐
gendum) quòd luctuoſé canere exiſtimetur, atꝗ eſſe ex Attica Progne facta auis, Hactenus Ery‐
thræus. Progne pro Greco Procne dicitur, ut cygnus pro cycnus. Primam in Progne corripuit
Petronius Arbiter, quem Quintilianus & Macrobius citant: Atꝗ urbana Progne, quæ circum gra‐
mina fuſæ, Erythræus. Τὰ περὶ φιλομήλαν καὶ Ρρόκνιν ἐν Δαυλίαᾶ μυθεύεται, ἄπικυδεῖ κε δ' ἐν μεγαρίσι φησί,
Strabo. Fabulam omnem copioſius cæteris ex Ouidio (ut conijcio) Nic. Perottus in Cornucopia
60 perſequitur. Itys uerò (inquit) in phaſianam mutatus eſt: quæ auis picturatarum ueſtium colores ſer‐
uat, quibus uti regij pueri ſolebant. Prognen quæ facinus illud in filiũ perpetrauit, & Ityn, in arce
Athenis Alcamenes dedicauit, Pauſanias, Hirundines aliqui ideo auerſas coïre putant, quòd Te‐

Z

reum regem horreant,ne quando latenter irrepens, nouam tragœdiam efficiat, Aelianus. Hirundines in aues mutatæ sunt cum uir adhuc esset Thracius ille Tereus:postquam uero & illum mutatum uiderunt in auem,relicto omni auium consortio, ad hominum domicilia consuguerunt. Quinetiam neque Boreæ,neque uentorum qui ex Thracia spirant flatus amant: & nidos inde auersos collocant,Oppianus. Biziam in Thracia ingredi negantur propter scelera Terei , Plinius. Hesiodus
testatur lusciniam solam ex omnibus auibus somni expertem esse, sedulóque in uigilijs uersari:hirun-
dinem uerò non prorsus semperque uigilare,sed dimidium tantummodo somnum perficere.Has au
tem pœnas luunt propter facinus in Thracia perpetratum in cœnam illam illicitâ, Aelianus in Varijs lib.12. Pandionis ales, Ouidius ad Pisonem, hirundinem intelligens aut lusciniam. nam Pro- 10
gne & Philomela filiæ fuerunt Pandionis. Daulias & Getici tandem secura mariti Ales adest,
plausúque larem cantúque salutat,Politianus de luscinia, (uel hirundine.) Deflet Threicium Daulias
ales Itym,Ouidius in epistola.nam Daulia uel Daulis oppidum fuit Phocidis sub ditione Terei regis Thracum. Daulidas aues etiamnum uocant, Plutarchus in Symposiacis 8.7. Cum hirundo
in Gorgiam sophistam alui onus emisisset, directo in eam uisu,οὐ καλὰ ταῦτα ἐπόιη ὦ φιλομήλα, Idem
ibid. Diluculo autem philomela inter frutices silentem Prognen,inter aceres minurizantem, Sidonius 1. epistolarum,id est parua uoce succinentem, cantillantem,quod & Græci μινυρίζειν dicit.
ἴτυλΘ,ὀρφανὸς,μόνΘ,νέΘ,ἀπαλὸς, Varinus. uocat autem Homerus Itylum quẽ alij Itym. Itys quidem in prouerbio,I modo uenare leporem nunc Itym tenes,quid sibi uelit,nõ facile dixerim. Pro-
gnes apud Textorem epitheta sunt hæc: Daulias,Querula,Impia,Rhodopeia,Pandionia,Getica, 20
Sæua,Dura,Attica,Minuriens,Cruenta,Ismaria,Garrula,Domestica, Acerba,Cecropis. Eadem
& Philomelæ attribuit,& insuper,Flebilis,Tristis,Dulcis,Garrula, Sibilans, Torua. ¶ Præfectos
Pelopea facit,Philomela tribunos,Iuuenal. Sat.7. Philomelides quidam Lesbi rex fuit.
¶ Prouerbia. Audi chelidonem,τύου χελιδόνΘ,id est in tempore curato tua negotia. Quidam à
theologo quodam ortum autumant,cui nomen Chelidoni.nam aiunt huic fuisse morem obseruatis
prodigijs colligere rerum exitus , (Ἀπὸ τΘ ΧελιδόνΘ θεολόγ καὶ τεραπισκόπε , καὶ πόδι τι λιτῶν διειλε-
γμένε, Suid.) atque huius opinionis author citatur Mnaseas Patrensis ὁ ⸫ ⸫ τεφιπὸν, Nonnulli malunt
ad auem hirundinem referri, quòd stridula sit auis,ac lugubris, siue quòd ueris prænunciet aduentum,Erasmus. Huc & illud facere uidetur quod annotauit Suidas,χελιδόνειον μίλΘ,Hirundininum
carmen. est autem uox hirundinis (inquit) non luctus , sed cantus adhortans & incitans ad opera 30
(ἄσμα ᾠδόικον καὶ λελόυσικὸν πρὸς ἔργα:) nam hyeme neque uolant neque canunt,(sed tempore ueris aduo-
niunt,& summo diluculo ad opera mortales excitant.) ¶ Hirūdines sub eodem tecto ne habeas,
Ὁμωροφίος χελιδόνας μὶ ἔχην,Diuus Hieronymus Aristotelis authoritatem secutus, interpretatur abstinendum à commercio garrulorum & susurronum. Verum hoc interpretamentum refellitur apud
Plutarchum Symposiacôn decade octaua, (8.7.) Nam haud æquum uideri (ait,) ut auem domesticam & humani conuictus citra noxam amantem,perinde ut sanguinarias & rapaces (nã hoc etiam
inter Pythagoræ symbola est, ταμψάντχρν οἴκοι μὶ ἔρεφην)propellamus. quod enim de garrulitate cau-
santur,id esse friuolum,cum gallos,graculos,perdices, picas,cumque his alias complureis multò ma
gis obstreperas non arceamus à domestico contubernio:imò nihil pene minus in hirundinem conuenire,quàm garrulitatem,(ψιλυεισμερ μ, γαρ ἥκιστα χελιδόνι μέτεσι, λαλιᾶς δὲ ⓔ πολυφωνίας ε μάλου ἥλιᾗας 40
καὶ περόδεξ καὶ ἀλεκτεων.)Ne id quidem accipiẽdum uidetur, quòd quidam Pythagoricum hoc symbolum ad tragœdiam quæ de hirundine fertur,referunt,quasi triste omen secum adferat.nam hac ra
tione philomelam item eijci oporteret , ut quæ ad eandem pertineat tragœdiam . Itaque uero propius
uidetur,ob id improbatam hirundinem, quòd eidem malo uideatur obnoxia, quo infames habentur aues aduncis unguibus. Siquidem carnibus uictitat,& cicadas,animal maximè uocale ac Musis
sacrum uenatur : præterea humi uolans minutis animalibus insidiatur , quæ sola auium in tectis
uersatur,nullam adferens utilitatem.Nam ciconia quum ne tecto quidem utatur nostro, (ἀκονιᾶης
μετέχορ,ὅτι ἀλίας,)tamen haudquaquam mediocrem contubernij gratiam refert,bufones, serpentes,
hostes hominum è medio tollens. Contra hirundo,posteaquam sub nostro tecto suos eduxuit pullos,abit nulla relata gratia communicati hospitij.Denique quod est omnium grauissimum, duo dunt
xat animalia domestica sunt, quæ nunquam humano conuictu mansuescunt, neque tactu admittunt, 50
neque consuetudinem,neque ullius rei aut disciplinæ communionem. Musca semper pauitat ne quid
mali patiatur,& ob hanc causam indocilis ac semifera. Hirundo item natura uidetur hominem exo
sum habere.proinde nec cicuratur,utpote diffidẽs semper,semperque suspicans mali quippiam . His
de rebus rectè Pythagoras conuictorem ingratum parúmque firmum, hirundinis symbolo monuit
ablegandum,Huiusmodi fermè Plutarchus Erasmo interprete. Quibus illud unum uidetur adden
dum (inquit Erasmus) Ciceronem,seu quisquis is fuit, in Rhetoricis ad Herennium,insidæ amicitiæ similitudinem ab hirundinibus mutuari, quæ uere ineunte præsto sint,hyeme instante deuolẽt:
ita falsi amici, inquit, sereno uitæ tempore adsunt, simulatque fortuna immutata est , deuolât omnes.
Locum è Symposiacis Plutarchi de hirundine hospitio non recipienda , Phil. Melanchthon etiam
conuertit. Hieronymus & Cyrillus & quidam alij , putant nos hoc symbolo moneri, ne garrulis 60
& nugacibus fidem præstemus,néue eorum consuetudinem consortiúmque habeamus.Alij sic inter
pretantur ut cauendum dicant ab ijs amicis,qui infelicitatis tempore recedũt. Talis enim est hirun
dinis

dinis natura, ut garrula sit, & bono tempore, hoc est uerno & æstiuo, nobiscum sit, malo uerò & tur=
bido, hoc est hyberno, demigret, proculép à nobis recedat. Alexander quoçz Myndius & Diony=
sius Heliopolites, hirundinem in somnis malum significare prodiderunt. contrarium tamen sentit
Artemidorus lib. 2. Onirocriticôn, ubi de hirundine quædam scitu digna scribit, L. G. Gyraldus.
Sub eodem tecto hirundines non habendas, id est mutabiles homines in amicitia non habendos,
uel alienos in locum nostrum nô habendos, Plutarchus in libello de symb. Pythagoricis interprete
Gyraldo. Hirundo tandiu hominum hospitio utitur, dum pullos ex sese pepererit, ac aluerit: de=
inde ingrata in desertos recessus abstrusa latet. quamobrem Pythagoras minimè tecto recipiendam
censebat, Aelianus. ¶ Hirundinum musea Aristophanes in Ranis dixit. ἐπιφυλλίδες ταῦτ᾽ ἐδὶ καὶ
10 στωμύλματα, Χελιδόνων μυσεῖα, λωθῆται τέχνης. hoc est, Sunt ista folia, & stulta blateramina, Musea hi=
rundinum, artis ac subuersio, Interpres admonet prouerbium esse in impendio loquaces & obstre=
peros. hirundines enim inepto garritu plus tædij auditoribus adferre quàm uoluptatis. (Τὸ γὰρ χελι=
δόνων γένος πλεῖον ὅσα τὸ πολύ ᾖ ὁδαίης ἀνία τὰς ἀκάοντας, ἢ ὅσα τὸ μέλος εὐφραίνει, Scholiast. Aristoph. hoc est,
magis nimio suo cantu auditoribus molestum est, quàm suauitate iucundum.) Aptè dicetur in poë=
tas indoctos, oratores loquaces magis quàm eloquentes, aut in cœtum hominũ ineptè loquacium,
Erasmus. Sic & alibi Aristophanes, ὧν ποτὰ χεῖλων βρέμεται θρηΐκια χελιδών. Contrario sensu sirênum
& lusciniarum musea legimus, Scholiastes Aristophanis & Varinus. Comicus tragicos poëtas hi=
rundinum musea uocat, quod barbaro & obscuro sermone uterentur, ὡς βάρβαρα καὶ ἀσωνῶν ποιῶν=
τας, Hesych. & Suidas. ποιὸς δ᾽ ἀνέῳξε κισσὸς εὐφυὴς κλάδοις, Χελιδόνων μυσεῖον, Euripides apud Scho=
20 liasten Aristoph. Homines barbari (οἱ ὑποβάρβαροι) & parũ puræ orationis hirundinibus conferun=
tur, & hirundinum musea cognominantur, Eustathius. Χελιδονίζειν pro βαρβαρίζειν Aeschylus dixit,
& Ion barbaros χελιδόνας nominauit, Scholiastes Aristophanis. ¶ Noua hirundo, apud Aristo=
phanem in Equitibus, (etsi Suidas ex Auibus citat, fallente, sicut opinor, memoria:) σκύψασθε παῖδες,
οὐχ ὁρᾶθ᾽, ὥρα, νέα χελιδών; id est, Spectate pueri, non uidetis uer, noua ecce hirundo. Interpres admonet
prouerbiali figura dictum, ac perinde ualere, quasi dicas initium ueris, propterea quòd id temporis
appareat hæc auis. Quemadmodum & Horatius, Zephyris & hirundine prima. Suidas ait dici so=
lere, quoties uerba darentur alicui. Sumptum à ioco puerili. nam hi data opera nouam hirundinem
adsimulantes uidere sese, ostendunt alijs: deinde contemplantibus illis & intentis, interim quod uo
lunt surripiũt, (sic quidem Aristophanes usus est.) Proinde quadrabit in eos, qui falsa spe quapiam
30 iniecta fallunt ac nocet, Erasmus: qui apud Aristophanê distinguit post ὥρα, & νέα χελιδ᾽ὼν coiungit.
codex noster ὥρα νέα coniungit, sed Suidas pro ὥρα habet ἆρα, interrogandi aduerbium. οὐχ ὁρᾶτ᾽ ἆρα;
νέα χελιδ᾽ὼν, id quod placet. ¶ Hirundo totos schœnos anteibit, πρῶτη τις χελιδ᾽ὼν ὅλας ϛοίνας ϖαρέτσα.
Vbi quis immenso uincit interuallo, nam ϛοῖν᾽ος Græcis mensuræ genus est quæ sexaginta comple=
ctitur stadia Herodoto & Hermogenĩ: Plinius alicubi quadraginta stadia illi tribuit, alibi triginta,
scribarum (ut uidetur) uitio. Verum suspicor Chelidonem hoc loco pro uiro accipiêdum, qui haud
scio an cursu celeritatecp præcelluerit, Erasmus. ¶ Vna hirundo non facit uer, Μία χελιδ᾽ὼν ἔαρ ὄ
ποιεῖ. hoc est, unus dies non sat est ad parandam uirtutem aut eruditionem. aut non una aliquod be=
nefactum, benedictúmue sufficit ad hoc, ut uiri boni, aut boni oratoris cognomen promerearis. plu=
rimis enim uirtutibus ea res constat. Aut ut certum aliquid cognoscas, non satis est unica coniectu=
40 ra. Siquidem fieri potest ut una quæpiam hirundo casu maturius appareat. Sumptum ab hirundinis
natura quæ ueris est nuncia. Aristoteles libro Moralium primo, Τὸ γὰρ ἔαρ ὅτι μία χελιδ᾽ὼν ποιεῖ, ὀτ᾽ ἐάρ
ἡμόρα. id est, Ver enim nec una hirundo facit, nec unus dies. & beatum eodem modo felicémue nec
unus dies, nec breue efficit tempus. Aristophanes in Auibus, δέδια δ᾽ ἔοικεν ἐκ ὀλίγων χελιδόνων. id est,
Multa uidetur opus habere hirundine. Interpres indicat allusum ad prouerbium quod modo retu=
limus, Μία χελιδ᾽ὼν ἔαρ ὄ ποιεῖ. Huic affine uidetur illud Sophocleon in Antigona: ρόλις γὰρ ἐκ ᾔ, ἦτε
εὐδρὸς ἐδ᾽ ἕνός. Etenim quemadmodũ unà hirundo non facit uer, ita nec unus homo facit ciuitatem,
nec unus nummus diuitem, Erasmus. Sensus est huius parœmiæ, nô posse uno die sapientem uel
ad perfectionem peruenire, uel ad inscitiâ, εἰς τελέωσιν ἐμβάλλειν ἢ εἰς ἀμαθίαν, Hesychius. Et quoniam
hirundines ueris nunciæ sunt, Aristophanes in Auibus ludens in quendam uetere & la=
50 tonibus consuta ueste indutum, appellat eum ποικίλαν χελιδόνα, id est itariam hirũdinem. Tum alius,
Εἰς δοιμάτιον τὸ σκολιὸν ἄςλαμ μοι δοκεῖ· δέδια δ᾽ ἔοικεν ἐκ ὀλίγων χελιδόνων. id est, nô una hirundine, sed ple=
ni iam ueris tepore indigere uidetur, quo multæ se proferunt hirundines.
¶ Alciati Emblema sub lemmate Garrulitas.

Quid matutinos Progne mihi garrula somnos	Rumpis, & obstrepero Daulias ore canis?
Dignus epops Tereus, qui maluit ense putare	Quàm linguam immodicã stirpitus eruere.

DE HIRVNDINIBVS DIVERSIS.

ARISTOTELES tria tantum hirundinũ genera facit: domesticas, apodes & falculas. Plinius
60 autem quatuor genera facere uidetur: domesticas, rusticas, apodes & riparias, Turnerus. Hirun=
dinum quædam nidificant in domibus, quædam in senestris uitreis, quędam in abruptis montium,
& hæ qualitate & quantitate differunt, Author de nat. rerum. Hirundinum genera sunt quatuor:

Z 2

domesticæ:quæ in muris exterius : quæ in terra (ripis) iuxta flumina: & marinæ dictæ, Albertus.
¶ De apode siue cypselo, hirundinum generis aue, in Elemento A. scripsi. Cæterum marinas nul=
las agnosco.piscis enim est,nõ auis,quam hirundinem marinam ueteres appellant. Nostri tamen
auem meropi congenerem, ut conijcio,**Seeschwalm**, id est hirundinem marinam nuncupant : &
Itali gauias hirundines marinas.aiunt enim earum alias nigras , alias albas esse, & piscibus uiuere.
Plinius apodes hirundinũ specie toto mari cerni scribit,& semper comitari naues, haud scio quàm
recte.fortassis enim aues illæ non apodes,sed gauiarum generis fuerint: quod considerabunt ij qui
propius mare uersantur.   ¶ In quodam Mauritaniæ flumine hirundines(uide ne hirudines legen
dum sit ut conijcio,cum in aqua degant) septenûm cubitorum sunt, & gulam ad respirandum per=
foratam habent,Aelianus interprete Gillio. ¶ Auis quæ caput caprino simile habet, uocatur La to
tinè apud uulgus caper hirundinis, Albertus.

DE HIRVNDINIBVS SYLVESTRIBVS.

HIRVNDINES quædã ru=
sticæ sunt, quæ & syluestres
&agrestes à Plinio nominan
tur : præter enim Pliniũ nul
lus,quod sciã, ex ueteribus earum me=
minit. Alterum genus hirũdinum est
(inquit) rusticarum & agrestium, quæ
raro in domibus , diuersos figura , sed
eadem (qua domesticæ) materia consin
gunt nidos,totos supinos,faucibus por
rectis in angustũ,utero capaci: mirum
qua peritia occultandis habiles pullis,
& substernẽdis molles. In Aegypti He
racleotico ostio molem continuatione
nidorum euaganti Nilo inexpugnabi=

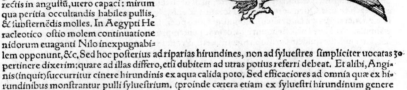

lem opponunt,&c, Sed hoc posterius ad riparias hirundines, non ad syluestres simpliciter uocatas 30
pertinere dixerim:quare ad illas differo,etsi dubitem ad utras potius referri debeat. Et alibi,Angi=
nis(inquit)succurritur cinere hirundinis ex aqua calida poto. Sed efficaciores ad omnia quæ ex hi=
rundinibus monstrantur pulli syluestrium. (proinde cætera etiam ex syluestri hirundinum genere
remedia,supra in domestica requires.)figura nidorum syluestres deprehendit, Hæc Plinius.
¶ Hirundines syluestres illas esse suspicor,quas Turnerus apodes minores uocat, quarum ico=
nem posuimus. Apodes minores.(inquit Turnerus)uoco,quæ in scopulis,templorũ fenestris ædi=
tioribus & summis turribus nidos figunt. has Angli uocãt rok martinettes,uel chirche martnettes:
Germani **Kirchschwalben.** Alij aliter Germanice nuncupãt, **Murspyren/Münsterspyren/Mur**
schwalben, (ut Ge.Agricola:**Bergschwalben/wysse Spyren:** eò quòd in teplis,& muris & mon 40
tibus nidificent. Imo uentre ad collum uscp albicant,reliquo corpore nigræ, Eberus & Peucerus.
In muris ueterum ædificiorum & cauernis ac scopulis montium nidificant, Matthæolus. Hirun=
dinum genus tertium in parietibus murorum (in muris) exterius nidificat, & muscis est infestum.
Idem cum passeribus pugnat. passer enim domicilium (nidum) eius præoccupat initio ueris ante=
quam ueniant hirundines.tum hirundo conatur eum è nido eijcere. Et obseruatum est sæpius Co=
loniæ,hirundinem cum non posset eijcere passerem , stridore suo hirundines multas conuocasse:
quæ simul cum impetu aduolantes,luto quod rostro singulæ gerebant,nidi foramen subito obstru=
xerunt:& passerem ita inclusum suffocarunt,Albertus. Et rursus alibi , Hirundines quæ in muris
& lapidibus nidificant,concludunt luto nidum uscp ad arctum foramẽ per quod intrant & exeunt.
quod si passer intrauerit, & non citò exierit, hirundinibus collectis pluribus & luto obturantibus
nidum suffocatur. postea reparato foramine hirũdo ad quam pertinebat nidus passerem mortuum 50
eijcit. Auicenna hirundines(simpliciter)& passeres se interficere mutuò scribit cum in una domo
conuenerint. Hirundines omnes quæ in muris nidificant,claudũt nidos præter foramen per quod
intrant, Albertus. ¶ Apodes hoc differunt ab hirundinibus tam agrestibus quàm domesticis,
quòd tibias habent hirsutas,Geor.Agricola. Turnerus sanè eas quas nos syluestres hirundines fa
cimus,apodes minores uocat,nullo antiquo nomine imposito : rusticas uerò seu syluestres alias fa=
cere uidetur,quæ scilicet in domibus rusticorum semper nidificant : quas à reliquis generibus (in=
quit)duæ sanguinolentæ maculæ quas utrincp in pectore uideas,distinguũt:quod Ouidius his uer=
sibus pulchre ostendit:Altera tecta subit:nec adhuc de pectore cædis Excessere notæ,signatacp san
guine pluma est,Hæc ille. refert autem has hirundines ad primum genus , hoc est ad domesticas,
quas itidem sanguinolento pectore nobiles dixerat:ut Ouidij uersus de pectore sanguinolento, ad 60
domesticas simpliciter,uel ad utrascp referri possint.

DE

DE HIRVNDINIBVS RIPARIIS, ET PRI-
mum de Drepanide.

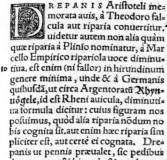

REPANIS Ariſtoteli me=
morata auis, à Theodoro falcula aut riparia conuertitur.
uidetur autem non alia quàm
quæ riparia à Plinio nominatur, à Mar
cello Empirico ripariola uoce diminu=
10 tiua, eſt enim (ni fallor) in hirundinum
genere minima, unde & à Germanis
quibuſdã,ut circa Argentoratũ Rhyn=
uogele,id eſt Rheni auicula, diminuti
ua formula dicitur: cuius figuram nos
poſuimus, quòd alia riparia nõdum no
bis cognita ſit,aut enim hæc riparia ſim
pliciter eſt, aut certè ei cognata. Drepanis ut pennis præualet, ſic pedibus
degenerat,ut & hirundo & apodes. nam tria hæc genera & moribus & uolatu (ὁμοιόπ]ερα) & ſpeciè
20 (tum reliqua ſcilicet, tum paruitate pedum) proxima inter ſe conſpiciuntur, Ariſtoteles. Aeſtate
tantum apparet drepanis cum imber inceſſit,tunc enim & apparet & capitur. deniꝗ rara hæc auis
eſt,Idem. Qui negant uolucerem ullam ſine pedibus eſſe, confirmant & apodes habere, & drepanin in eis quæ rariſſimè apparent, Plinius ex Ariſtotele. Δρπανις Heſychio & Varino cénchron,
id eſt milium ſignificat,ὁρπανιδες uerò eiſdem (lego ὁρπανιδες, quanquam ordinis ratio apud illos
hoc nõ admittat)genus auis eſt. ¶ Tertium hirundinum genus eſt quæ ripas excauant, atque ita
internidificant. nidos enim (propios) non faciunt: migranteꝗ multis diebus antè, ſi futurum eſt ut
auctus amnis attingat, Plinius. Ripariæ in riparum cauis nidificant, Idem. ¶ Alterum genus
hirundinum eſt ruſticarum & agreſtiũ,&c. In Aegypti Heracleotico oſtio molem continuatione
nidorum euaganti Nilo inexpugnabilem opponunt ſtadij ferè unius ſpacio, quod humano opere
30 perfici non poſſet,In eadem Aegypto iuxta oppidum Copton inſula eſt ſacra Iſidi,quam ne laceret
amnis idem,muniunt opere,incipientibus uernis diebus palea & ſtramento roſtri eius firmantes,
continuatis per triduũ noctibus tanto labore,ut multas in opere emori cõſtet. Eaꝗ militia illis cum
anno redit ſemper, Plin. Conijceret autè aliquis hoc opus circa fluuios ad riparias pertinere,quòd
illæ maximè in ripis fluuiorum uerſentur & pariant. Sed obijci poteſt quod alibi ſcribit Plinius riparias nõ facere nidos proprios,ſed in riparum cauis nidificare. itaꝗ tale opus quo Nilus inundare
prohibeatur,nõ efficient.item quòd hoc ipſo in loco Plinius mox à ruſticarum & agreſtium hirundinum mentione hæc ſcripſit, tanquam illas tantum hoc opus perficere ſentiens. Sed Albertus hirundines illas quæ in foraminibus riparum ædificant iuxta aquas,nidos artificioſos ſibi conſtruere
aſſerit,nõ minus quàm domeſticas,ut in illis retulimus,quare rem in medio relinquo. Plutarchus
40 quidem in libro de fluuijs (de Nilo ſcribens) hirundinibus ſimpliciter hoc attribuit: Generantur (in
quit)in Nilo lapides κόλ]ωντς (nimirum à ui agglutinandi, uel glutinoſo humore) quos hirundines
colligunt cum imminuta eſt Nili aqua(ἀρ]τῦ ἀπὸ]εαχ τὸ Νέλυ,locus uidetur corruptus. ego pro ἀπό]-
εαχ reponerem μέιωσιν,uel κατάδασιν,uel ſimile aliquod uocabulum)& chelidonium, id eſt hirundi-
ninum appellatum murum conſtruunt,qui aquæ impetum cohibet, & regionè inundari prohibet,
ut Thraſyllus in Aegyptiacis tradit. ¶ Hirundinum quæ ripas excauant pulli ad cinerem ambu-
ſti,mortifero fauciũ malo,multisꝗ alijs morbis humani corporis medetur,Plin. Remedia quidem
eadem omnia,eodem teſte, ex hirundinum genere domeſtico,ſylueſtri & ripario habentur: ſed effi
caciora è ſylueſtribus, è riparijs efficaciſsima.

¶ Albertus in hiſtoria animalium lib.1.cap.3. pro ijs quæ Ariſtoteles de drepanide ſcripſerat, ſic
50 habet:Hirundinis quædam ſpecies non apparet niſi uno tempore anni poſt pluuiam in fine æſtatis
menſe Auguſto,cum Sol eſt in Leone, ea auis Græcè uocatur abroycayn, & quidam uocant eam
daryachim(aliàs dryacha,uoces ſunt corruptæ à Græca drepanis.) Eſt autem admodum rara:& per
totum annum non niſi ſemel apparet,menſe uno, quo etiam perit,quare generatio eius obſcura eſt.
Et rurſus libro 23.Dryacha(inquit)auis eſt Ariſtoteli pedibus carens, (κάπυς non ἄπυς Ariſtoteli
eſt:)& cum ad terram ceciderit, cubitis alarum & pectore repit ferè ſicut ueſpertilio. Non apparet
autem niſi poſt pluuiam in principio æſtatis,& eo tempore parit, cumꝗ pulli cõualuerint moritur.

¶ Tertium hirundinum genus quod in ripis nidulatur, Angli nominant a bank martnet, Germani ein überſwalbe,aut Speiren, (aliqui Waſſerſchwalme/Rynſchwalme/)Turnerus. Ge.
Agricola apodem eandem cum hirundine riparia facit,(cui non aſſentior,)& Germanicè interpre-
60 tatur Speitſchwalben.Ego diuerſarum hirundinum nomina in diuerſis Germaniæ locis cõfundi
puto,noſtri ſpiras (Spyren)uocant apodes:inferiores uerò Germani riparias ſic nominant,ut dixi
in Apode A. Ripariæ inter hirundines minimæ colorem habent fuſcum ad cinereum uergentem,

Z 3

überſchwalben Germanis dictæ , Eberus & Peucerus. In terra in foraminibus riparum iuxta a=
quas nidificant,& inſidiantur bibionibus (culicibus) qui uolant ſuper aquas, Albertus. Hirundi=
nes quæ in altis ripis fluuiorum nidulantur, ut & cæteræ ſylueſtres , ab Italis rondoni uel tartari di=
cuntur,Matthæolus Senenſis, ab alijs,ut audio,dardanelli,à Gallis martinet,quod nomen etiam ad
apodes ſeu cypſelos pertinet. Volitant ſuper aquas, & occurſu mutuo infeſtæ uidentur,cum inte=
rim nihil aliud quàm muſcarum uenationem ſibi proponant. Arena roſtro allata nidificare eas
aiunt. ¶ Auiculam,cuius figuram pro riparia poſui,in Rheni riparum cauis nidificare certum
eſt.ſunt qui foramina etiam ab ea excauari aſſerant.Eadem ab alijs Germanicè ſeelſchwalm nomi
natur.caudam ut alia genera hirundinum bifurcatam non habet, quantum ex pictura apparet:uen
tre albicat,ut in collo quoꝗ:pectore fuſca eſt. 10

¶ In genere item ripariarũ eſt , cui nidus ex muſco arido ita abſoluta perficitur pila ut inueniri
non poſſit aditus,Plinius 10.33. cum proximè de alijs hirundinibus riparijs egiſſet:quare magis pla
cet ripariarũ legi,quàm ut nonnulli codices habent parrarum, nam Gazam quoꝗ ripariarum legiſ
ſe uideo,etſi eo in loco Plinius non de certo auium genere, ſed in uniuerſum de auium in nidifican
do ſolertia perſcribat. Et mox,Argatilis appellatur eadem figura ex ligno (lino) intexens. Soler
ti porrò ingenio argathylis (Græcus codex habet acanthylis : Gaza uertit argathylis, Plinij ſcilicet
lectionem ſecutus. acanthylis quidem non alia auis quàm acanthis uidetur : Heſychius & Varinus
acanthyllis per l. duplex ſcribunt, & genus paſſeris interpretantur) in ripariarũ genere (Gaza hoc
de ſuo addidit, Plinium nimirum ſequi ratus: cum tamen Plinius non argathylin ripariarum ge=
neris eſſe ſcribat,ſed innominatam aliam de qua proximè egerat) ſuũ inſtruit nidum. filis enim in= 20
texit lineis ſpecie pilæ, aditu arcto, Ariſtot. 9.13. Quærendum eſt an non parrarum, neꝗ ripariaꞃ
rum,ſed parorum (id eſt ægithalorum) generis ſit, quæ ex muſco arido nidificat. talis quidem pati
ſpecies apud nos eſt,quam à caudæ lõgitudine denominamus: ſed nidus eius oblongus eſt,non pi=
læ forma,Aegithalus & argathylis nomina facile permutari potuerunt.

DE HORIONE.

CLITARCHVS in India ſcribit uolucrem amatorio affectu flagrantem , nomine horionem,
naſci, magnitudine herodio ſimilem,rubris cruribus,oculis cœruleis,ſic à muſica inſtructam,ut na
turæ munere tam ſuauiter canat,ut ipſas Sirenes laceſſere poſſit, Aelianus. Ꝺelay ſyderis nomen, 30
aut auis quædã,Heſychius. In noſtro Aeliani codice manuſcripto primæ huius nominis non aſpi
ratur,ut neꝗ Orioni ſyderi.

¶ HORTVLANAM auiculam quandam in cibis expetitam & facile pingueſcentem,Itali cir
ca Bononiam uocant, alaudis (ni fallor) congenerem. Hortulanæ caro calida eſt , geniturã auget,
& renes calefacit ac impinguat,& menſes prouocat,Raſis,

DE AVIBVS QVARVM NOMINA INCIPIVNT AB I. LITERA.

DE IBIDE.

40

A.

EBRAICAM uocem ianſchuph Leuit.11.& Eſaiæ 34. Septuaginta & Hieronymus ibin
interpretantur.doctiores multi noctuam,& auem nocturnam eſſe conſentiunt, à uoce ſa=
naph (uel neſcheph potius) quæ crepuſculum ſignificat , tum temporis enim apparet, ut
Aben Ezra dicit,cum lucem interdiu ferre nequeat.Vide in Cygno ſupra,& Noctua in=
fra. Tinſchemet quoꝗ eiuſdem linguæ uocabulum alij ibin, alij aliter exponunt, ut ſcripſi in Tal
pa A. Auicennæ interpres pro ibide habet auſchuz , ſed Albertus legit caſeuz. Auis (inquit,de
ibide ſentiens) quæ ab Aegyptijs ſecundum Ariſtotelem leheras (aliàs ieheras) dicitur , ſecundum
Auicennam caſeuz uocatur. ¶ Græce ἴβις ſcribitur. ¶ Mentiuntur qui dicunt ibides eſſe ci=
conias : niſi dicant genus eſſe ciconiarũ in orbe noſtro ignotum. habēt enim ciconiꝗ roſtrum rectũ, 50
ibides aduncum,Author de nat. r. & Albertus. ¶ Ibidi forte cognata eſt auis quam Itali falcinel
lum uocitant,mox poſt Ardeas nobis deſcripta: cui roſtrum longum & aduncum,id eſt modicè,ar
cus aut falcis inſtar , inflexum. color pennarum ſubuiridis. Tringo dicta auis à uulgo Gallorum
ad mediterraneum mare, quæ ciconiæ ſimilis eſt & ſerpentibus ueſcitur, nondum mihi cognita eſt.
¶ Bellonius ibidem nigram facere uidetur auem illam,quam nos Coruum ſyluaticum diximus. ui
de ſupra in Himantopode.

B.

Ibis extra Aegyptum nunquam progreditur. quoniam cœli ſtatus illic uuidus eſt, (ꝺiὰ uolωπᾶτϑ
χωϱῶν ἀπαϲῶν Aἰγυπῖος ὄϑγ. id eſt, quoniam Aegyptus magis quàm ulla regio ad meridiem ſita eſt.
quod cum uerum non ſit, Gillius uἰων, humidum trãſtulit,licet in ea ſignificatione uſurpari non pu 60
tem,niſi forte à poeta aliquo:) & Luna omnium maximè planetarũ humida (uolωπᾶτϑ.) Iam ſi quis
ui atꝗ impetu eam ab Aegypto exportet,illa quidem ex inſidiatoribus ultionem capit, uel cum ma
gna

gna fua pernicie. mortem enim fibi fame confcifcens, raptoribus ftudium in fe exportanda extra
Aegyptum uanum effe oftendit, Aelianus. Circa Licham in extrema Africa lacus quidam dulcis
eft,& in eo loco ibes confpiciuntur, Strabo. Vifam in alpibus aĸ fe peculiarem Aegypti ibin, M.
Egnatius Caluinus præfectus earum prodidit, Plinius. Scio ego in alpibus reperiri auem, quam
noftri ciconiam nigram appellant:quam tamen ibin effe roftrum rectum non finit, ut neĸ coruus
fyluatica alpina auis nigra ibis effe mihi uidetur,quanquam roftro adũco, quòd alia quædam non
refpondeant. ¶ Ibes Aegypti duplici genere diftinguuntur.funt enim aliæ candidæ, aliæ nigræ.
candidæ apud Pelufium tantum non funt, cum in reliqua tota Aegypto habeantur. nigræ contrà
apud Pelufium tantum,in cætera Aegypto nullæ, Ariftoteles, Plinius, & Solinus. Roftrum non
10 rectum,fed aduncum (πρόσωπου ὑπίγρυπου,Herodotus) uel obliquum ibidi tribuunt Plinius & Paufanias. Stymphalides aues magnitudine grues æquant,fed ibibus funt fimiles, roftra tamĕ habent
firmiora,& non ut ibes obliqua,Paufanias in Arcadicis. Ibis nigra tota uehementer eft, cruribus
gruinis,roftro maxima ex parte adunco,eadem qua crex magnitudine.pugnant autem nigræ cum
ferpentibus.At earum quæ pedes humanis fimiles habent(omittit hæc Vuottonus. Græcè legitur,
Τῶν δ᾽ ἦ ποσι μᾶλλου εἰλδυμΜύου πόσοι αὐδρώποιοι, ψιλὴ τὴν κεφαλίω (δ᾽κδοτότι ἢ ἰδ᾽έη)και τὴν δ᾽εφλὼ πᾶσῆ)gra
effe caput ac totum collum,pennæ candidæ preter caput ceruicemĸ & extrema alarum & natium,
quæ omnia uehementer nigra funt:crura & facies(πρόσωπου,roftrum) alteri confentanea, Herodotus libro 2. Crex auis marina ibidi fimilis,Hefychius. Ibis magnitudine & figura ciconiæ perfimilis eft,colore autem duplex,nam altera ciconiæ fimilis, altera tota nigra: & nullum Alexandriæ
20 triuium non eis plenum eft,Strabo. Ibes aues funt excelfæ,cruribus rigidis,corneo proceroĸ roftro,Cicero 1.de nat.deorum. Qui Tarícheæ beftijs præfunt, ibidis inteftinum fex & nonaginta
cubitorum effe affirmat.quod idem in Lunæ defectione comprimitur,Aelianus. hinc eft nimirum
quòd etiam decrefcente Luna minus quàm augefcente alimenti hanc auem capere apud eundem
traditur. Ibis iuxta Nilum eft uaria,in Aethiopia(Pelufio malim)uerò nigra:auis magna,in multis
ciconiæ naturam referens,Albertus. Idem alibi ibidem fcribit effe ciconiã totam nigram in dorfo,
& reperiri quoĸ fufcam, (grifeam.)

C.

Ibis licet aquatica fit & fuper (iuxta) Nilum uerfetur,aquam tamen nunquam ingreditur,neque
natare poteft,Albertus & alij obfcuri. Nocte & die femper iuxta litora(ripas)ambulat, Phyfiolo-
30 gus. ¶ Magna tarditate graditur:nec eam ocyus quifpiam ingredi uideat, quàm molli gradu &
tardo,more lautarum mulierum, Aelianus.
¶ Cibus ibidis. Gaudet ibis alimento fœtido,uenenofo,& uoraciffima eft, & inimica ferpentibus,Simocatus. Apud Grĕcos Lexicorum conditores ibin ὀφιοφάγου ab efu ferpentium, & ju-
παροφάγου ab impuritate uictus cognominari inuenio. Nullum Alexandriæ triuium non plenum
eft his auibus,partim utiliter,partim inutiliter. utiliter quidem, quia omnem ferpentem; & omnes
macelli immunditias colligit,inutiliter uerò,quia immunda eft,& omnia comedit,nec facile à muri
dorum coinquinatione arceri poteft,Strabo lib. 17. Ibes nigræ anguium uolucrium cateruas pe-
ftilentes intra Aegyptios fines & ingredi prohibĕt, & pro terra fibi amica propugnantes,illud uniuerfum agmen interficiunt,atĸ cõfumunt. Aliæ uero ibes ex Aethiopia Nili alluuionibus ferpen-
40 tes Aegyptum appetentes conficiunt,eorum conatibus obuiã euntes:quæ caufa prohibet Aegyptios ex acceffu ferpentium perire,Aelianus. Serpentes(paruos,Mela)alatos ferunt initio ueris in
Aegyptum uolare,quos ibides aues occurrentes ad ingreffum planitici interimant: & ob id opus
ibidem magno in honore Aegyptij habent,Herodotus. Ibes maximam uim ferpentũ conficiunt.
auertunt peftem ab Aegypto quum uolucres angues ex uaftitate Libyæ uento Africo inuectas interficiunt atĸ confumunt,ex quo fit, ut illæ nec morfu uiuæ noceant, nec odore mortuæ. Eam ob
rem inuocantur ab ipfis Aegyptijs ibes,Cicero 1. de nat. deorum. Ibes ferpentum populatur oua,
gratiffimamĸ ex his efcam nidis fuis defert. Sic rarefcunt prouentus fœtuum noxiorum. Nec tum
aues iftæ tantum intra fines Aegyptios profunt,nam cum Arabicæ paludes pennatorum anguium
mittunt examina,quorum tam citum uirus eft,ut morfum antè mors quàm dolor infequatur: faga-
50 citate,qua ad hoc ualent,aues excitatæ,in procinctum eunt uniuerfæ, & prius quàm terminos proprios externum malum uaftet,in aëre occurfant cateruis peftilentibus, ibi agmen deuorant uniuer-
fum.quo merito facræ funt & illæfæ, Solinus & Ammianus Marcellinus. Ibis Aegyptijs utiliffi-
ma eft ad ferpentes ac locuftas bruchosĸ delendos , Diodorus. Quòd autĕ calidiffima fit natura,
propterea uel peffimarum rerum cõficientiffima uorago eft. fiquidem ferpentes & fcorpios exeft,
& conficit,atĸ ex his partim facile & calore,quo permulto abundat, exterit, & concoquit : partim
nullo negotio excrementa excernit,atĸ expellit: ægritudine perraro afficitur, Aelian. Ibis iuxta
aquas colligit pifciculos & cadauera reiecta, & alia quæ inuenerit animalia , & maximè ferpentes.
altiores quidem & puriores aquas,in quibus pifces puri degunt, refugit, Albertus & alij obfcuri.
Catarrhactes, ibis, &c.prohibentur, eò quòd aues fint pifcium uoraces,quorũ rapinæ inhiant, Pro-
60 copius. Ibin audio crefcente Luna copiofiore alimento uti quàm decrefcente : & inteftinum cius
in Lunæ defectione comprimi, Aelianus. In quidlibet uel fordidiffimum, quamuis immittit roftrum,ut quippia illic inquirat, ex inquifitione tamen cibi, cum fe quieti tradit, cubile lauat, & purĸ

Z 4

gat, Idem. Ibis nunquam fordidam aut ueneno infectam (medicatam aut infalubrem, Plutarchus)
aquam bibit, Idem.

¶ Ore parit, Solinus. Aegyptij eam ferunt ore coire & parere: ueruntamen ea de re mihi non
facile perfuadent, Aelianus. Ariftoteles de generat.anim.3.6. contradicit illis qui coruum & ibin
ore coire putant, ut retuli in Coruo C. Ibis in palmis, ad euitandos feles, nidificat : non enim facile
in palma, ob eminentem & cultellatum trunci corticem ij faepe repulfi & reiecti, furfum correpere
poffunt, Aelianus. Lunae facra eft, tot enim diebus oua excudit, quot Luna augetur & decrefcit,
Idem. Ibidis oua frangunt Aegyptij, quòd inde bafilifci credantur nafci, Simocatus. ¶ Ibis ro=
ftri aduncitate per eam partem fe perluit, qua reddi ciborum onera maximè falubre eft, Plin. Pur=
gationem qua ibis utitur, falfuginem fcilicet adhibens, aduertiffe & imitati poftea Aegyptij dicun= 10
tur, Plutarchus & Aelianus. fed Aelianus falfuginis mentionem non facit. Vidi ego canem faepe
uomitu utentem, & Aegyptiam auem clyfterem imitantem, Galenus in libro de phlebotomia.
¶ Apion eam ait longiffimae uitae effe. Atq; in eam rem Hermopolis facerdotes citat fibi fane im=
mortalem ibim oftendiffe, quod quidem ipfum huic nõ minus procul à uero abeffe uidetur, quàm
ab omni ratione abhorrere exiftimo, Aelian. Ibis felle hyænæ interimitur, Aelianus.

D.

Mitiſſima (mãſuetiſſima) auis eſt ibis, Strabo. Hæc auis prima clyſteris uſum hominibus mon
ſtrauit, ut retuli in C. ¶ Crocodilum ſi ibidis penna tangas, immobilem reddes , Orus & Aelian.
De ibidum pugna contra ſerpentes ſcripſi in C. Ibidis pennæ ſerpetibus aduerſantur, Simocatus.
Non mouebitur ſerpens penna ibidis ipſi iniecta, Zoroaſtres in Geoponicis. & Florentinus De= 20
mocritum citans authorem. Quilibet ſerpens ibidis pennam uel intueri timet : ſi attigerit, obtor=
peſcit: ſi comederit, uentre dirupto moritur, Philes.

E.

Ibis etſi utilis eſt in Aegypto, ut quæ ſerpentes omnes, & omnes macelli immundicias abſumat:
inutilis eſt tamen tanquam auis immunda, & quæ à mundorum etiam inquinatione non facile ar=
ceatur, ut narraui in C. Ioſephus Antiquitatum Iudaicarum 2. 10. Moſes (inquit) cum ad bellum
contra Aethiopes ab Aegyptijs mitteretur, plectas ex papyro fecit in modum arcarum, easq; com=
plens ibidibus ſecum portabat. hoc autem animal ſerpentibus inimicum eſt, fugiunt enim eas adue=
nientes: & cum ſe celare uoluerint, flatu uelut ceruorum arreptæ deuorantur, Ibides autem ſunt ual
de manſuetæ, & generi tantum ſerpentino feroces. Ibis apud Aegyptios ſacra eſt & amabilis & 30
innocua: ideo quòd nidulis ſuis ad cibum ſuggerens oua ſerpentum, efficit ut rareſcant mortiferæ
peſtes abſumptæ, Ammianus Marcellinus. Veſcitur ibis ſcorpionibus & ſerpentibus, Aelianus.
Aegyptijs utiliſſima eſt ad ſerpentes ac locuſtas bruchosq; delendos, Diodorus.

F.

Ibis, ſiue tinſchemet Hebraicè dicta eſt, ſiue ianſchuph, in uetere Teſtamento, cibis interdicitur:
ſiue etiam neutro iſtorum nominũ, impura enim uidetur, cum ſerpentibus & cibis impuris tantum
alatur. Ibidum oua & caro uenenoſa ſunt, quoniam deuorant ſerpentes, Albertus. Ibis, in Pen=
tateucho, auis Aegyptia, obſcoenitate oris immunda, quo aluum purgare conſueuit, Eucherius.
Ibidem, ciconiam & gruem Baptiſta Fiera in Coena ſua tanquam graues cibos improbat. Ibis (in=
quit) in antiquos, redeatq; ciconia luxus, nos ciconiam quidem menſis receptam legimus, ibin ue= 40
rò nunquam.

G.

Ibidum oua & caro uenenoſa ſunt, quoniam deuorant ſerpentes, Albertus. Oua earum fran=
gunt Aegyptij quòd inde baſilifci credantur naſci, Simocatus. Si quis ea comederit, morietur,
Author de nat. rerum. Aſſa feras (ſerpentes, nidore ſcilicet) depellunt, Kiranides. Cinis ibidis
ſine pennis crematæ potus tormina ſanat, Plinius. Ibidum pennæ uim ſerpentibus contrariam ha=
bent, (non tamen inter hominis remedia commendantur,) ut ſcripſi ſupra in D. ¶ Pro ſolijs eri=
ni, id eſt caprifici, fimus ibidis uel folia mori in medicina ſubſtitui poſſunt, ut legimus in Antiballo.
menis Græcis quibuſdam, ſed folia mori aliàs proximè poſtponuntur, ſubſtituenda ſcilicet pro ra=
dice hibiſci. 50

H.

a. Ibis in gignendi etiam caſu ibis facit, uel ibidis. Cicero & Plinius ibes in multitudinis nu=
mero protulerunt. Inuenio & ἴβυς per u, in ultima apud Athenæum quod non probo. ἴ ἔυξ ἱερὶς
ἔῶις, καὶ ἴβυς, Heſych. & Varinus. ἴβις auis eſt, cuius genitiuus ἴβιδος, & accuſatiuus (pluralis) οὖ ἴβι=
δας, Varinus. quaſi maſcul.generis ſit, Plutarchus in libro de Iſide, & alij omnes (quod ſciam) gen.
foemin. proferunt. ἴβις (malim ἴ ἔυξ per u.)genus eſt auis clamoſæ, à qua Ibycus nomẽ proprium fa=
ctum eſt: καὶ ἴβυκλωιῶσαι, ὅπερ ἰϛὶ μεταφορςàꙟ λέγωντα Βικλωιῶσαι, Etymologus in Ibis. Videri autem poteſt
Ibyx auis nomen per onomatopœiam factum, ut & gifyts apud noſtros : quæ forſitan etiam eadem
fuerit, cũ & clamoſa ſit, & onomatopœia ſimilis. ¶ Ybos uel ibis pro antho aue apud Albertum
legitur, qui eam alicubi imperitè eandem ciconiã facit, uide in Antho. Idem Albertus alicubi ich= 60
neumonem quadrupedem ex interpretis Auicennæ (opinor) translatione anſchycomon & thya=
mon uocans, ibidem auem interpretatur indoctiſſimè.

¶ Ichneu=

¶ Ichneumonis & ibidis imago in statua reperitur Romæ in horto Belueder in palatio Pontificis, Bellonius. ¶ Aegyptij cor uolentes indicare, ibin pingunt, quòd hæc auis Mercurio cordis ac rationis præsidi attributa sit, (ut dicemus in h.) Orus. Iidem pro homine rapace & otioso,
crocodilum pingunt cum ibidis penna in capite, hunc enim si ibidis penna tangas, immobilem red
des, Idem. De ibide aurea quæ in comessationibus Aegyptiorum circunferebatur, uide infra in h.

¶ Ibidis sanguis inter rubi nomenclaturas apud Dioscoridem legitur, item ibidis penna & ibidis unguis pro quinquefolio secundum Magos.

¶ Aristophanes in Auibus Lycurgum ibin cognominatum scribit: ubi Scholiastes ostendit Ly
curgum à plerisq; uel genere uel moribus Aegyptium esse creditum. ¶ Minutianus auctor est,
10 Coruinum ab Ouidio appellatum fuisse ibin ex auis foeditate, cui uentrem rostro purgare insitum
sit, & hoc ex Callimachi imitatione, Cælius. Callimachum inuenio Apollonium poëtam ibin appellasse. Ibis (ut Grammatici scribunt) à similitudine auis eiusdem nominis, pro inuido ponitur.
unde Ouidius conscripsit libellum in inuidum, quem In ibin uocauit. Ibidis (inquit) interea tu quoque nomen habe.

¶ h. In pugna gigantum contra deos Cyllenius (id est Mercurius) ibidis alis latuit, Ouidius 5.
Metam. ¶ Ibin orationis parenti Mercurio aiunt in amore esse, quia orationis speciem similitudinemq; gerat. nanq; eius nigræ pennæ cum tacito, & nondum emisso sermone comparari queunt:
nec dum uero prolatæ orationi, intimorum sensuum enunciatrici, candidæ possunt conferri, Aelianus interprete Gillio, sed aliter ex eodē Volaterranus: Ibis (inquit) à Mercurio diligitur, quòd eius
20 naturæ cōueniat. nam quòd nigra & alba in hoc genere reperitur, altera mentis tantum excogitata,
tacitaq; notantur. altera uero nuncius auditi prolatiq; sermonis extrinsecus significatur. Aegyptij
dicunt ibin statim ab ouo excusam duas drachmas appendere, quantum & cor infantis nuper nati.
Eadem pedum inter se & ad rostrum interuallis designatis trigonum æquilaterum (cordis quadam
specie scilicet) constituit, Plutarchus in Symposiacis 4.5. & in libro de Iside. Illam ibidis etiam uim
de Aegyptiorum libris accepi: eam nimirū cum in pēnas, quæ sub pectus existunt, collum & caput
abdiderit, cordis figuram exprimere. Socrates in Phædro Platonis, Audiui (inquit) circa Naucra-
tem Aegypti priscorum quendam fuisse deorum, cui dicata sit auis quam ibim uocant, deo autem
ipsi nomen Theuth. Eruditi Thoth uel Theuth deum, Mercurium interpretantur. Aegyptij cor
uolentes indicare, ibin pingunt, quod quidem animal Mercurio attributum ac dicatum est, cordis
30 omnisq; rationis præsidi & moderatori. nam & ibis per se ipsa magna ex parte cordi adsimilis est,
de qua re plurimi apud Aegyptios agitatur sermones, Orus 1.36. ¶ Ibis Lunæ sacra est. tot enim
diebus oua excudit, quot Luna augetur & decrescit, Aelianus. In comessationibus (κωμασίαις) Aegyptiorum, aurea eorum simulacra circunferunt: canes duos, accipitrem unum, & ibin unam, &
quatuor hæc simulacrorum idola, quatuor literas uocant. canes duo mundi hemisphæria interpretantur, accipitrem Solem, ibidem Lunam. opacam enim Lunæ partem (τὰ σκιερὰ) nigro ibidis pennarum colori: splendidam albo conferunt. alij per canes accipiunt duos tropicos, per accipitrem
æquinochialem, per ibin deniq; zodiacum: quòd hæc auis præcipuè in numeri & mensuræ cogitationem Aegyptios induxerit, quemadmodum præ cæteris circulis zodiacus, Clemens lib.5. ςρωμα-
τέων. Aegyptij animalium quorundā figuras non sine humani generis emolumento dijs tribuêre,
40 nam cum eorum regio adeò serpentibus scateat, ut nulla maior pestis incolas soleat infestare, pro-
uida natura Deusq; malorum depulsor aues quasdam illuc immisit ibes appellatas, quæ serpentes
interimunt, quamobrem Aegyptiorum sapientes, ut homines Aegyptios ab interficiendis huiusmodi auibus suæ gentis conseruatricibus deterrerent, (neq; enim deerant qui eis mortem molirèn-
tur,) lege cauerunt, ne cui liceret Aegyptiorum ibim interimere, subiecta causa, quòd dij si quibus,
apparerent, in ibium forma sese eis ostenderent, Alexander Aphrod. in 12. primæ philosophiæ Aristot. Aegyptij diuersa animalia colunt uel usus uel symboli gratia: quædam etiam utriusq; ut ibin.
hæc enim reptilia mortifera interimit, hæc prima clysteris usum in seipsa ostendit: & religiosissimi
sacerdotum non alia lustrali aqua purgantur, quàm de qua ibis biberit. neq; enim unquam illa insa-
lubrem aut uenenatam aquam gustat, cum ne accedat quidem, hec designatis inter se pedum gressu
50 distantium & rostri interuallis triangulum æquilaterum efficit. Et nigræ eius pennis albis ita appositæ sunt, ut Lunam amphicyrton referant, Plutarchus in libro de Iside. Ipsi quorum uanitas ridetur Aegyptij, nullam belluam, nisi ob aliquam utilitatem cōsecrauerunt: uelut ibin, quòd maximam
uim serpentum conficiat, Cicero. Vide etiam supra in c. Inuocant Aegyptij ibes suas contra serpentium aduentum, Plinius. Crocodilon adorat Pars hæc (Aegypti), illa pauet saturam serpentibus ibin, Iuuenalis Sat.15. πῶς οὖ μὲν ἂν σώσειν ἴβυς, (ἴβις potius,) ἢ κύων; Timocles in Aegyptijs apud
Athenæum. Aegyptiorum morem quis ignorat: quorum imbutæ mentes prauitatem erroribus,
quamuis carnificinam potius subierint: quàm ibim, aut aspidem, &c. uiolent, Cicero. In Aegypto
si quis aliquā de feris sacris uolens occiderit, morte mulctatur: sin inuitus, plectitur ea mulcta quam
sacerdotes statuerint. Ibin uerò aut accipitrem quisquis necauerit, siue uolens, siue nolens, necessa-
60 riò morte afficitur, Herodotus lib. 2. Diodorus Siculus tamen non accipitrem cum ibide, sed ælurum, id est felem in eodem honore ponit. ¶ In Aegypto sacerdotes non omni aqua se aspergunt,
sed ea duntaxat, ex qua ibim bibisse credunt. nam plane sciunt hanc nūquam aquam impuram aut

ueneno infectam bibere,sacram enim diuinandi quandam uim in se habere hanc auem existimant,
Aelianus.

¶ Emblema Alciati in sordidos: Quæ rostro (clystere uelut) sibi proluit aluum Ibis, Niliacis
cognita littoribus, Transijt opprobrij in nomen quo Publius hostem Naso suum appellat, Bat=
tiadesq́ suum.

DE AVE INCENDIARIA SEV SPINTVRNICE.

INAVSPICATA est & incendiaria auis (de bubone prius scripserat) propter quam sæpenu=
mero lustratam urbem in Annalibus inuenimus: sicut L. Crasso, C. Mario coss. quo anno & bu=
bone uiso lustrata est.Quæ sit auis ea nec reperitur,nec traditur. Quidam ita interpretantur incen=
diariam esse, quæcunq́ apparuerit carbonem ferens ex aris uel altaribus, alij Spinturnicem eam uo
cant. sed hæc ipsa quæ esset inter aues qui se scire diceret non inueni, Plinius. C. Lælio, L. Dani=
tio coss. auis incendaria uisa occisaq́,Iulius Obsequens. Auis incendiaria secundum grammati=
cos quosdam dicta est quòd incendijs nascatur.

¶ INTVBA auis amari iecoris falsò creditur à nonnullis in Vergiliano uersu, primo Georg.
Et amaris intuba fibris:quo doctissimus poeta ad genus illud intubi uidetur alludere quod picris ap
pellatur,Hermolaus in Corollario.

DE ISPIDA.

A.

ISPIDA auis nomen apud recentiores,à sono uocis factum est , ut scribit Author libri de
nat. rerum. Italicè piumbino,id est est plumbina uocatur,& circa lacum Larium marti=
nus piscator:& alibi auis paradisi propter pulchritudinem scilicet, plumbina uerò nomi=
nari uidetur,ut Io. Antonius Clarius Ebolitanus ad nos scripsit, quoniam desuper deuo=
lans,in aqua,tanquam plumbum iacum,deorsumq́ tendens,linea perpendiculari mergitur,ut in=
de pisciculos quibus uescatur,piscetur. Eandem ob causam etiam haliæetum auem piscium rapa=
cem Italis plumbinam dici puto.Græci eadem ratione aues quasdam catarrhactas nominant. Rur
sus Itali quidam hanc auem piscatorem simpliciter nominant,circa Mediolanum: alij piscatorem re
gis,ut Angli quoq́:alij uitriolum,à uitrioli,id est chalcanthi colore,ut coniicio,circa lacum Verba=
num:in Hetruria auem S. Mariæ. ¶ Hispani in Lusitania aruela. ¶ Galli pescheur,id est pisca
torem:alij martinet pescheur, ut & Larij lacus accolæ : alij tartarin per onomatopœiam:alij artre,
quòd artras Gallicè dictas,id est tineas abigat.Circa Lutetiã audio mounier appellari, nescio quàm
rectè.à nonnullis impropriè etiam piuerd,id est picum uiridem,à colore. ¶ Germani Ψβuogel/
uel ℰißuogel/id est glaciei auẽ,ut Albertus Magnus quoq́ interpretatur. nam hyeme etiam apud
nos manet,& circa aquarum ripas glacie cõcretas degit. Pomerani Ψsengart. ¶ Angli the kyn
ges fisher, id est regis piscatorem, ut & Itali quidam. ¶ Ispidam ex recentioribus quidam uete=
rum alcyonem esse putant, uel simpliciter,uel fluuialem: qua de re sententiam meam exposui in Al
cyone A. Christophorus Encelius alcyonem ab ispida diuersam facit;sed illi quoq́ ut huic Germa=
nicum nomen ℰißuogel attribui scribit.

                                                        B. Ispida

B.

Iſpida auis parua eſt,ſed pulchra & pennarum uenuſtate clariſsima:colore medio inter uiridem
& cœruleum,qui ad Solis radios ſapphirum refert: color pectoris inſtar carbonum ardentium eſt.
Binos tantum habet in pedibus digitos,ungues aduncos, roſtrum paruum & rectum, Albertus &
Author de nat.rerum. Iſpidæ (ipſe alcyonem fluuiatilem ſeu ripariam uocat) pectus purpureum
eſt,collum & dorſum in uiridi cœruleum,alæ fuſcæ:roſtrum,ut etiam pedes, cinereum, Ge. Agricola. Iſpidæ(ex noſtra inſpectione)roſtrum eſt nigrum,rectū,in ſummo acutum, tres digitos longum. Vēter totus,& minores ſub alis plumæ,colore ferrugineo uel ruffo tali qualis ferè interiorum
caſtaneæ tunicarum eſt.Pedes breues,rubicundi:in quibus duo longiores digiti ad mediam uſque
10 partem connexi,poſtea finduntur. ſunt autem articulati ab imo digiti multis minutis tranſuerſis li-
neis.Plumæ genua tegunt,inferior pars nuda eſt.Per medium dorſum,à principio eius uſque ad finem caudæ,plumæ ſunt cœrulei coloris diluti & ad album inclinantis, mirum in modum ſplendi-
dæ,ut oculos etiam uiſu immorantes ſplendore ſuo offendant. Pronum caput cum ceruice uidetur
uiridis coloris,tranſuerſis lineis ex albo cœruleis diſtinctum. Virent etiam alæ, ſed interior pars
plumarum in eiſdem ad purpureum ferè tendit uiolaceo dilutum colorem,ut cœrulearum quoque
per medium dorſum.Aſperguntur & alæ lucidis aliquot punctis.longiores earum pennæ exteriorem partem uiridantem habet,interior nigricat.Lingua perbreuis eſt,latiuſcula, ac ſubrubens cum
faucibus palatoq.Oeſophagus ualde longus,uentriculus in infimo corpore iuxta anū, adeps ruffa.

C.

20 Iſpida maximè ſolitaria auis eſt. Manet apud nos etiam hyeme circa ripas glacie concretas,
unde & nomen ei à noſtris impoſitum. Allata eſt mihi nuper Ianuarij initio capta. ¶ Piſcibus
uiuit,unde in uarijs linguis alij piſcatorem ſimpliciter, alij piſcatorem regis, alij martinum piſcatorem uocitant. Circa aquas uolat,piſciculis inſidiatur & uermibus,Albertus & G.Agricola. Terram circa aquas roſtro cauat, ibiq́; nidum congerit ac fœtus facit, Author de nat. rerum. Audio
eam in arena uel in ſcopulo aliquo iuxta aquam nidificare:nidum forma rotunda conſtruere, eminente in angulo foramine exiguo,mollem, ex floribus harundinum : pullos interdum nouem in
nido uno reperiri. ¶ Iſpida cum pullis ſuis ſuauiter olet moſchi odorati ferè inſtar,Hier.Tragus.
Caro eius mortuæ non putreſcit. Vulgo creditur pellem eius detractam (multi unà cum carne ſer
uant,inteſtinis tantum ademptis)& alicubi ſuſpenſam,pennas quotannis tanquam in uiuo corpore
30 mutare:quod ego falſum eſſe expertus ſum in pluribus huius generis auibus per plures annos reſer
uatis,Albertus.

D.

Ali & manſuefieri poſſe hanc auem non puto.

E.

Qui pannos laneos uendunt,huius auis pellem cum pannis habere ſolent, quaſi ui quadam peculiari aduerſus tineas polleat.unde & artram à Gallis quibuſdã dici arbitrantur.hoc autem ut præſtet,ſatis eſſe aiunt in eadem cella eam haberi, atq́; hoc quidam per aliquot annos ſe expertos mihi
retulerunt:ego uſx fidem habuerim. Sunt qui negent: fulgurari domum in qua fuerit nidus ipſius.
Dicunt etiam auguria ſectantes hanc auem cõſeruatam in theſauris, augere illos & amoliri pauper-
40 tatem,Alber. Sunt & ſimiles quædam circa alcyonem ſuperſtitiones,quas retuli in Alcyone H. e.

F.

In cibo non probatur, Hiéron.Tragus.
C O R N I X aquatica apud Morpeteſes Anglos dicta(quam ſupra inter Cornices deſcripſimus)
roſtro eſt paulò breuiore quàm iſpida , ante uolatum eiuſdem more crebrò nutans. Voce eandem
ita refert,ut,niſi uideas,iſpidam eſſe iurares.In ripis etiam fluminum degit, & piſciculis uictitat.
I T Y X,ἴτυξ,auis quædam, Suidas. Sed forte legendum ἴϐυξ, quod auis nomen cõmemoraui ſupra in Ibide H,a,aut ἴτυς.fertur enim Itys puer in phaſianum mutatus.
I V N C O lacus & fluuios petit,caudam motitat ut & cinclus,albicula & tringa.quæ inter minores has maiuſcula eſt.turdo enim æquiparatur. ſunco quidem alaudæ amicus eſt, Ariſtoteles inter-
50 prete Gaza:qui pro Græca uoce σχοινίλ@- iuncó tranſtulit.nam Græci iuncum σχοινοv nominant.&
forte inter iuncos degit cum circa aquas uerſetur. Apud Heſychium & Varinum σχοίνικος legitur
ſine lambda, Σχοίνικος, auriga Amphiarai, & auis quædam, & planta, Heſychius. ¶ Ego(inquit
Turnerus)quum nullam aliam nouerim auiculam,iuncis & harundinibus inſidentem,præter Anglorum paſſerem harundinarium,illum iunconem eſſe iudico,auis eſt parua, paſſere paulò minor,
cauda longiuſcula & capite nigro,cætera fuſca, Turnerus. uocat aũt hanc auem Anglicè a rede ſpar
row,Germanicè ein Reydtmüß,(noſtri potius efferrent ein Rietdtmeiß, id eſt parum paluſtrem.
Nos plura de harundinario paſſere inter paſſeres,& de paro paluſtri(hic enim ab harundinario paſ
ſere differt,etſi Turnerus unam auem faciat)inter paros dicemus:ut de motacillis quoq; diuerſis in
Elemento M. Eberus & Peucerus etiam Turnerum(ut plerunq;)ſecuti iunconem interpretantur
60 Germanicè ein Rietmeiß,id eſt parum paluſtrem. Græcè ab iiſdem ſcribitur σχοινίλ@- uel σχοινίωv.

A.

I Y N X auis apud Aristotelem dicta, ἴυγξ, torquilla uertitur à Theodoro Gaza, tanquam
uulgo (Italorum) sic nominetur. Idem ab antiquis turbinem appellatā scribit. ego nullum
ex antiquis turbinis nomine pro aue usum inuenio. A colli circumactu, reliquo corpore
quiescente, collitorquis appellari potest, Cælius. Italica huius auis nomina uaria obseruauimus, collotorto, stortacoll, capetorto: &, ut author Promptuarij habet, uertilla. Neapoli formicula dicitur, quoniam formicis uescitur. Hispanicè torzicuello. Gallicè terco uel turcot: in
Atho monte Græciæ alcion nominatur, Pet. Bellonius. Germanicè **Windhalß/Natethalß/Na-**
terwendel/Naterzwang/Tråehalß: quæ nomina omnia ei indita sunt quòd collum circumagat,
uel simpliciter, uel serpentis instar. Eberus & Peucerus meropem Germanicè **Krinig,** & **Wind-**
halß interpretantur, quasi uel **Windhalß** Germanicum uocabulum de duabus diuersis auibus in
usu sit, uel merops quoq; collum circunuoluat similiter, quod non puto. Iidem motacillam, uel Græ
ce σεισοπυγίδα eandem faciunt auem: Theocriti (ut uideo) Scholiasten & Suidam secuti. mihi hæc
Grammaticorum opinio non placet: nec iynx nobis cognita, quæ absq; omni cōtrouersia ueterum
iynx est, caudam motitat, quod equidem sciam aut obseruarim, cum uisam dies aliquot aluerim.
quanquam uideo Io. Tzetzen quoq; iyngem interpretari cinclida & σεισοπύγιον: & in opere Galeni
de compos. medic. sec. loc. iyngem etiam cinædum nominari. Sed hoc est iyngem & motacillam
confundere.

B.

Iynx auium una utrinque binos habet digitos. causa est quòd eius corpus minus quàm cæterarum propensum est in aduersum, Aristot. & Plinius. Atqui etiam aliæ picorum & nocturni generis auium, binos utrinq; digitos habent, ut psittaci quoq;. Iynx paulò maior quàm fringilla est, colore uario. Habet sibi propriam digitorum, quam modo dixi, dispositionē, & linguam serpentibus
similem: quippe quam in longitudinem mensura quatuor digitorum porrigat, rursumq; contrahat
intra rostrum. Collum etiam circumagit in auersum, reliquo quiescente corpore, modo serpentum.
(unde torquilla uulgò appellata est, quanquam turbo ab antiquis.) Vngues ei grandes, & similes ut
monedulis exeunt: uoce autem stridet, Aristot. interprete Gaza. Iynx linguā serpentium similem
in magnam longitudinem porrigit. Collum circumagit in auersum. Vngues ei grandes ceu gracculis, Plinius. Aristoteles torquillam fringillæ comparauit, quoniam coloribus similes sunt, Niphus. nam quòd ad magnitudinem torquilla paulò maior est quàm fringilla. pictura quidem à nobis posita magnitudinē iustè exprimit. ¶ Turbo, ut Gaza nominat, fortè à corporis figura dictus
fuerit. cauda siquidem (cuius pars postrema in icone à nobis posita patentior & latior esse debebat)
rhombi alteram partem quodammodo refert. & reliquū corpus cauda & capite dempto rhombum
integrum. Vngues utrinq; bini sunt, ita ut utrobiq; longior alter cum altero breuiore coniungatur.
Linguæ aculeus tam acutus & ualidus est, ut hominis quoq; cutē penetret instar aciculæ, lingua infra arteriæ summum subit, & supra craniū reflexa naribus inseritur. est autē gemina ubi ab occipitio
reflecti incipit. in sincipite rursus conueniunt partes ūtræq;. Marem à fœmina discerni puto cum
aliàs fortè, tum pectore magis flauo.

c. Iynx

C.

Iynx lingua exerta magna celeritate formicas aculeo linguæ suæ transfixas (ut pueri ranas mucrone ferreo per arcum attracto emissóq́; uenari solent)uorat, nec unquam illas rostro attingit ut cę teræ aues suos cibos. Ego aliquando Aprili mense captam per quinq́; dies formicis alui: quæ deinde mortua est,& haud scio an ali diutius possit. ægerrimè enim fert captiuitatem, nec alio præter formicas cibo uescitur:ut diuersis uermiculis,asellis alijsq́; ei obiectis experiri uolui. Rostro lignum ferit & strepitum ferè ut pici mouet. Iynges linguas prælongas,ut piscatores lineas extédunt, qua formicæ transeunt,accelerant illæ tanquam ad escam:& ubi iam plures insederint, paulatim iynges lingua retracta captas deuorant, Oppianus in Ixeuticis. ¶ Si manu teneas caput circumagit in
10 utranq́; partem,non adeo quidem ut rostrum ad medium dorsum omnino retro spectet,sed aliquouisq́;, ulterius scilicet quàm ulla alia auis. ¶ Voce sua stridet, Gaza ex Aristotele. Græcè legitur τρίζει. Grammatici Græci iyngem per onomatopœiam ἀπὸ τῦ ἰύζειν dictà rentur. Vocis sono obli quam tibiam imitatur, Aelianus. ¶ Nidificat in foraminibus arborum ut pici, aliquando etiam in domibus(rusticorum tantum puto.) Hyeme,ut audio,non apparet,sed autumno maximè. ego mense Aprili captam uidi,& aliàs Iulio:quo tempore etiam sobolem habebat. parit autem oua mul ta, circiter octo uel nouem.

D.

Iyngem mirabilem & stultam auiculam dies aliquot nutriui formicis.Ea homine accedente nő facile refugiebat : irascebatur tamen , & collum in sublime erigens & rostro pinsens (sine morsu ta
20 men)ac idem retrahens extendensq́; per uices,tanquam minádo, iram declarabat. plumis interim, præsertim capitis,rigebat,& caudam erigebat dilatabatq́;.

F.

In cibum etiam admittitur,ut Hieronymus Tragus scribit.

G.

Antonij Musæ ad pilos pungentes in palpebris enascentes,trichiasim uocant: Fel auiculæ quæ cinædus appellatur, (est autem iynx,ut ostendemus mox in H,a.) & aconiti dimidium eius , mixtis utere,hoc est euulsis pilis locù illine,Galenus de compos.medic.4.7.inter Asclepiadæ liquida medicamenta ocularia. Aliqui etiam cinædi auiculæ felle per se utuntur, ut eodem in capite legimus.

H.

30 Ἴυγξ auis debebat potius (φυσικώτερον) ἴυξ sine gamma uocari:à uerbo scilicet ἰύζω, ἰύξω, ultima uocali abiecta,Eustathius. Lynx pro iynge, id est illecebra apud Sophoclem legitur, ut citat Athenæus lib.13. Τοιάνδ᾽ ἐν ὄψει λύγγα θηρατηρίαν Ἔρωτ Θ᾽ ἀσραπlὺ τὴν ὀμμάτων ἔχει. Lynx auis,id est uultur, Kiranides. Scribitur etiam ἴνυξ apud Hesychium & Varinum, quod non placet. μίνθον alij mentham interpretantur,alij ἴυγγα,(forte ἴυζω,) Varinus. Τύϊγγα, auicula quædam, Varin. Iynx auis quæ & cynædœon (κιναιδιον, malim κιναίδιον cum Suida) uocatur, Hesych. & Varin. Fel auiculæ quæ cinædus appelletur(ut retuli in G.)medici contra pilos in palpebris pungentes illinunt. Kinædius,id est iynx:& piscis marinus in cuius corpore translucido spinæ apparent,Kiranides. Apud Kiraniden lib.1.in Phoca, nominatur ad superstitiosum quoddà phylacterium formicarius & iynx, (lectio corrupta habet itygos:)puto autem pro iynge ab interprete formicarium redditum esse , &
40 utrunq́; in textum ascitum.nam & Itali quidam hodie iyngem formiculam uocant.

¶ Pindarus ποικίλαν ἴυγγα dixit à uarietate coloris. item πετράκναμον, propter causam inferius explicandam.

¶ Iynx auis quoniam ueneficis ad philtra & amatorias illecebras in usu erat:iyngos etiam uocabulum authoribus Græcis plerunq́; ἐπιθυμίαν, πόθον ἢ θέλκσιν significat: hoc est desiderium, cupiditatem,uoluntatem,lenocinium,illecebram, & quicquid animum ad amorem ac desiderium trahit, ut Grammatici annotant,qui & hæc authorum anonymorum dicta citant: Ἴυγγί τινι ἑλκομένη, Hesychius. Τὸ σὸν λαφθϟντες ἴυγγι, Suidas. Σοφίαν τινὰ καὶ ἴυγγα κίνησον ἐπ᾽ αὐτὴν Αἰγυπτίαν, Heliodorus. Ἡ δὲ Κλεοπάτρα ᾗπετο ταῖς αὐταῖς ἴυγξιν ὥσπερ ἦν Καίσαρ καὶ Ἀντωνία, καὶ μήποι καὶ τὸ σέβας κρατήσειν τρίτο. Καὶ αὖθις, Τοιαύτη τις πεθοῦ ἴυγξ Διογϟξις τοῖς λόγοις τὸ κωμίς, Suidas. Troilus Achillem ἀναλὰλεγ
50 ἴυγγι Τόξων,ἤγου πυρφόρω Βέλει, λέγει δὲ τοῦ ἔρῶτι. Τοιαύδ᾽ ἐν ὄψει λύγγα, (sic citat Athenæus lib.13.)θηρατηρίαν Ἔρωτ Θ᾽ ἀσραπlὺ τὴν ὀμμάτων ἔχει , Sophocles. Per illecebras mutuas , quæ magorum iynges nuncupantur,& sympathiam seu cognationem quandam rerum miracula cósurgunt maxima,Cælius. Est inter erotica infamis quoq́; iynx, propter quod scitè admodum pro cupiditate uehementi dicitur iynx Pindaro:ἴυγγι δ᾽ ἑλκομαι ἦτορ, νεμώνια θιγέμλ, Idem. Qui uehementi & impotenti desiderio trahuntur ad aliquid, iynge trahi dicuntur, Erasmus in Prouerbijs , citans hoc Pindari è Nemeis hymno 4.ἴυγγι ἑλκομαι ἦτορ, id est,Iynge trahor animo.& illud Theocriti in Pharmaceutria, ἴυγξ ἕλκε τυ τἢνον ἐμὸν ποτὶ δῶμα τὸν ἄνδρα. ¶ Iynges uocant philtra & quæcunq́; ad illiciendos amores parantur,ab iynge aue,qua ad hanc rem olim abusæ sunt ueneficæ,ut Grāmatici docent,hanc enim auem aiunt idoneā esse εἰς μαγγανείας, (μάγγανα interpretantur φάρμακα,μηχανήματα,)Hesych. ¶ Sunt
60 qui iynga fuisse antiquis cithara cantus prædulcis tradant,(ut Varinus recitat,)ut inde omne quod expetas iucundius,rectè iynga dicas,Cælius. Iynx etiam fistulam significat ex unico calamo compactam,ut quidā in Lexicon Græcolatinū retulit. ἴυγγες, λητποὶ πόροι καὶ αἱ τόρψες, Suidas & Varin.

Aa

¶ Iyx potius dici debebat quàm iynx, à uerbo ἰΰζω , ultima uocali abiecta: à quo etiam ἰυγμὸς deducitur, Eustathius. ἰυγὴ, uox, clàmor, Hesych. idem quod ἰυγμός. ἰΰζειν legimus apud Homerum de canibus & uenatoribus contra leonem clamantibus, Iliad.ρ. ubi Scholiastes: ἰΰζειν, ἀγροικικῇ φωνῇ πσοσφέροντα, πωσφωνᾶσι, πεποίηται δὲ ἡ λέξις παρὰ τὸ ἰῶι πέφρυκε. ἰυγίμς, Bacchus, Hesychio & Varino. forte quòd uinum homines ad se iyngis instar alliciat, quasi illecebrosum interpretéris. Hinc ego (inquit L. G. Gyraldus) putârim Pindarum quodam hymno Pyth. ad Arcesilaum Cyreneum iyngem auem Bacchi nuncupasse. ¶ Babylone ex testudine loci ubi rex ius dicere solebat, iynges quatuor aureæ pendebant, fatalem conditionem (Adrastiam) significantes, admonentescg regem ne se supra hominem efferret. eas uerò dicunt Magos cum in regiam uenissent, iussisse fieri. Vocat autem ipsas deorum linguas, Philostratus lib.1. de uita Apollonij.   10

¶ Myrus piscis colorem totum similem habet iyngi, tum intus, tum foris, ut scribit Aristoteles libro 5. de animalibus, Athenæus. sed Aristoteles libri iam citati cap.10. aliter , ὅτι ὁ σμύρς ἔδὴν ὁμόχρυς καὶ ἰσχυρὸς, καὶ τὸ χρῶμα ὅμοιον ἔχέι τῇ πίτυι (Gaza uertit larici, non ἰυγι) καὶ ὀδένττς ἔχέι καὶ ἴσωθεν καὶ ἔξωθεν. Hinc igitur Athenæi locus restituetur. Iyngem prima Venus fertur è monte Olympo ad homines detulisse, ac dedisse Iasoni, & docuisse eum incantandi artes, ut Medeæ animum in sui amorem compelleret, Scholiastes Pindari in Pythijs Carmine quarto in Arcesilaum Cyreneū, ubi hæc poetæ uerba legimus, Ποτνία δ᾽ ὠκυτάτων βελέων Ποικίλαν ἰυγγα Τε- Τράνυαμον ὀλυμπόθεν , Ἐν ἀλύτῳ ζεύξαισα κύκλῳ Μαινάδ᾽ ὄρνιν Κυπ϶οϑ϶είεσα φόϱεν Ρρᾶτον αὐθϱώπϋισιν, &c. Cognominat autem iyngem uariam à colore:item τετράανεμον, hoc est quatuor tibijs uel quatuor radijs insignem, quoniam à uenesicis hæc auis ad circulum seu rotam alligari solebat, alis binis superne, & pedibus binis inferne, ut 20 ita quatuor radiorū rotæ speciem præ se ferret. Potest & rota ipsa metaphoricè (inquit Scholiastes) iyngis nomine appellari, quatuor distincta radijs, sed poeta notanter ἰυγγα τετράανεμον dixit, non κύκλον. Iynx auis philtris est accommoda & excantaminibus amatorijs, pendens enim ex rota agitatur, aut cum cerea amburitur rota super ardentes prunas. Tradunt alij eius interanea explicari rotæ circunuoluta , Cælius ex Varino uel Scholiaste Pindari. Ex iynge auicula caudam quatiente ad philtra utuntur priuatim pennis quæ circa caudam sunt, priuatim etiam osse circa pectus labdoide figura, specie simili myopi seu calcari equitum. Collum etiam eius ad alia quædam prodest: & auis tota ad amores, alis suis in aliqua rotula extensa & circunuoluta in nomē amantis, Io. Tzetzes Variorum II. 380. Iynx etiam paruum quoddam instrumentum est, quod ueneficæ solebant circumagere, ceu ita sibi conciliaturæ eos quos amabant, Suidas. Ferunt iyngem ipsam prius mulierem 30 fuisse, filiam Pithûs uel Echûs & Panis quæ cū in Ioue Iūs (ἴυς, ut Scholiastes Lycophronis habet, & Cælius quocg legit. Varinus non rectè habet Ηὖς, id est auroræ) amorem suis ueneficijs excitasset, à Iunone fugata in auem mutata sit, Varinus. Iynx perhibetur filia Echûs aut Pithûs, aut Hieronices aut Veneris (sed Græcè legitur ἰυγξ Ἠχῶς ἤ πειθῶς, θυγάτηϱ Ἱεϱονίκης καὶ Ἀφϱοδίτης,) quæ cum Iouem suo ueneficio affecisset, eam ob causam à Iunone in auem conuersa sit, Suidas, quamuis hic ἀπειλεύϑη habeat, Varinus melius ἀπωρνεώϑη. Iyngis ope puella Theocriti ad alliciendum amatorem utitur.

¶ Emblema Alciati, quod inscribitur Inuiolabiles telo Cupidinis , habet autem adiecta figura iyngem in rotula extensam.

Ne dirus te uincat amor, neu foemina mentem   Diripiat magicis artibus ulla tuam:
Bacchica auis præstò tibi motacilla paretur,   Quam quadriradiam circuli in orbe loces: 40
Ore crucem & cauda, & geminis ut coplicet alis,   Tale amuletum carminis omnis erit.
Dicitur hoc Veneris signo Pagasæus Iason   Phasiacis lædi non potuisse dolis.
¶ Nos quocg olim in iyngis iconem uinctam ad manum hominis lusimus his senarijs.
Cur uinctam iyngem picta detinet manus?   Auis hæc amoris & uoluptatis nota est,
Quæsita philtris: forte quòd quouis agat,   Ante & retrorsus, colla, in orbem, libere.
Sic & uoluptas corda agit mortalium,   Mirumcg torquet in modum quoquò libet.
Hanc tu nisi uinctam cum ratione rexeris,   Mentis peribit quicquid ac sensus habes.
Hoc fascinum putabis, atcg maximum   Philtrum, ueneficiumcg quàm miserrimum.
Hoc torquet animos, turbat, & retro mouet,   Aut igitur omnem tu uoluptatem fuge,
Aut si libet uti, uincla semper admoue.   Nūquam cicuratur, semper est uinclis opus. 50
ΙΖΙΝΕΣ, ἸΖΊΝΕΣ, οἰωνοί, ὄϱνιϑον, πτέχοι, λίβυτοι, tripodes, Hesychius & Varinus.

DE AVIBVS QVARVM NOMINA L. CONSONANS INCHOAT.

DE LAGOPODE.

ALPIVM peculiaris auis est lagopus, præcipuo sapore. pedes leporino uillo insignes ei nomen hoc dedére, cætero candidæ, columbarum magnitudine. Non extra terram in qua nascitur ea uesci facile: quàdo nec uiua mansuescit, & corpus occisæ statim marcescit. Est 60 & ALIA nomine eodem à coturnicibus magnitudine tantum differens, crocco tinctu cibis gratissima, Plinius 10. 48. Si meus aurita gaudet lagópode Flaccus, Martialis lib. 7. In alijs

exemplaribus

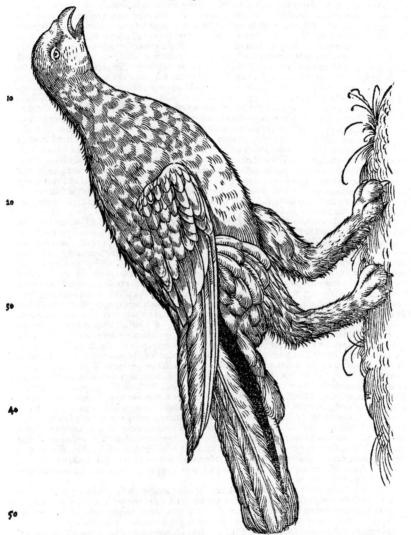

10

20

30

40

50

60

exemplaribus lagopice legitur, quod quidam ancillæ nomen interpretatur, quàm recte ipse uide=
rit, in lagopode quidem prima breuis est, sed licentia produci potuit. Pinguemᶗ uitijs albumᶗ,
nec ostrea, Nec scarus, aut poterit peregrina iuuare lagois, Horatius Sermonum 2. 2. ubi Acron,
Aut(legerim, Lagois est auis quæ)carnem leporis habere perhibetur, aut genus piscis quod in mari
Italo non inuenitur. Λαγωϊνης, auis quædam, Hesychius & Varinus. ¶ Otidem auem, de qua in=
ter Gallinas scribemus, Alexāder Myndius lagodian (λαγωδίαν) cognominari ait. ¶ Est & herba
lagopus, de qua plura scripsi in Lepore a.

¶ Lagopus pedes habet leporinos, & uillum pro plumis, & malè uolat: & ideo in specubus sub
terra uiuit. quòd si ad prædam aliquando prosilit, mox ea capta ad antrum redit & comedit, Alber=
tus:tum hoc ex Plinio addit, nō mansuescere, captam mori, & citissimè putrescere. Sed ex eo quòd

A a 2

illam è ſpecubus ad prędam proſilire ſcribit, nocturni generis auem exiſtimaſſe uidetur. ſunt autem nocturnæ quædam aues pedibus ferè uilloſis & pluma contectis, non tamen inferius quoq; ut nobis cognita lagopus. ¶ Lagopis, quos francolinos uocant, ager Vicentinus abundat, qui optimi ſaporis bonitate faſianos & perdices ſuperant, Zacharias Liſius. ¶ Eberus & Peucerus lagopodem croceam Germanicè interpretantur Æmmerling/Goldammer, quod eſt genus paſſerum.

¶ Auis quam ego pro lagopode pinxi, à noſtris & montium incolis Germanicè nominatur ein Schneehůn / Schneeuogel/ein wyß Råbhůn / ein wild wyß hůn / Steinhůn. Schrathůn. quæ uocabula uel à colore candido facta ſunt: uel à locis ubi degunt, niuibus ſcilicet & ſcopulis circa montium uertices. poſtremi ſignificationem non aſſequor. Bellonius Gallicè uocat perdrix blanche de Sauoie, id eſt perdicem albam Sabaudicam. Ego in Sabaudia Valleſijs finitima arbenne uocitari accepi. cui proximum nomen eſt urblan, Italis in Lombardia uſitatum. Burmij in Rhætis Italicè loquentes appellant rhoncas, alibi herbey; alibi perdice alpeſtre; qui circa Tridentum habitant perniſe bianche de la montaigne, id eſt, perdicem albam montanam. ¶ Ciuis quidam Curiæ Rhætorum uir non indoctus perdices albas in montibus Rhætorum inueniri mihi affirmauit, nihil à uulgaribus noſtris differentes, niſi quòd colorem, quem æſtate fuſcum & noſtris ſimilem habeant, hyeme in candidum mutent, quemadmodum & lepores in ijſdem montibus, quorum pédes etiam uilloſos perdices illæ repræſentent. aiebat autem totas eſſe candidas, præter minimas quaſdam notas quæ circa aures nigricent, lagopodes uerò (die Schneeuögel oder Berg hůner) quamuis eadem magnitudine ſint, nó tamen eſſe perdicum generis: & in frigidiſſimis montium iugis uel cacuminibus morari, ubi ne frutices quidem ulli prę nimio frigore creſcere poſſunt; perdices locis non adeo frigidis reperiri, & maxime inter iuniperos.

¶ Allata eſt ad me aliquando lagopus, initio Maij capta, magnitudine columbæ, tota candida, niſi quòd pēnæ in cauda utrinq; nigræ erant. pedes & digiti undiquaq; hirſuti, ut in lepore. roſtrum quale galli corylorum dicti, quem attagenem interpretor. Auriculæ nullæ, nec aliquid aurium inſtar eminēs, ut mireris cur auritam lagopodem Martialis dixerit. Amplius corpus mari, & à roſtro oculos uerſus linea nigra, qua fœmina caret. Supercilia etiã, id eſt ſemicirculi ſupra oculos in mare magis rubent, in fœmina pallent. Aeſtate fuſcam eſſe aiunt, nó albam: eas uerò quæ non aſcendant in montes, ne hyeme quidem albeſcere. uocem ædere non diſſimilem ceruinæ. prope niuem & glaciem degere in alpium uerticibus tota hyeme. eadem in ijs quæ in perdicibus obſeruari, quòd oua humi pariant, & quòd gregatim uolent nec in ſublime. cauis equorum ueſtigijs per niuem aliquando inſidere, unde ſi quis forte accedat ſubitò euolent, uiatores propè admittere, minimè ſuſpicaces. capi interdum pane tantum obiecto, alio accedente à tergo. ¶ Guſtaui aliquando aſſatæ lagopodis carnem, ſubamaram, guſtu alioqui non ingrato, & delicijs quæſitam, cutis eius nigricat. ¶ Lagopus (quæ Germanicè Steinhůn uel Schneehůn dicitur) non procul uolat: & facile capitur, tanquam ſimplex & ſtolida auis, hoc ferè modo: Lapides oblongo ductu diſponuntur, tanquã ad muri extruendi initium, eò cum peruenerint lagopodes, non tranſiliunt, ſed iuxta illum ſubinde aſcendunt deſcenduntq; tum aucupes funem longum laqueis inſtructum iuxta eundem extendunt, & cum illic uiderint aues, funem tandiu huc illuc trahunt, donec illæ collo illaqueentur, Stumpfius. Quin & ſimplicius interdum capiuntur: Aucupum alter pileum manu rotat, quem dum admiratur auis, alter cum longa arundine & laqueo accedit. Lagopodes hyeme|fuſci fiunt, æſtate candidi: habentq; crura & pedes albo pilo tectos. incolæ montium aiunt carnes earum cibum eſſe lautum, ſalubrem & calidi temperamenti. capiuntur hoc pacto: Lapilli diſponuntur in lōgam ſeriem continui: ad quam uenientes aues cum non audeant tranſire metam poſitorum lapidum, ordine ſequuntur murulum illum, donec in extremitate eius incidant in laqueos & poſitas inſidias, Munſterus. ¶ In Septentrione genus eſt auium niualium, quæ in ſæuiſſima hyeme tantum & magnis niuibus prodeunt, turdi magnitudine & ſapore, totæ candidæ, Olaus Magnus. Mihi quidem hæ aues uel lagopodes, uel eis congeneres uidentur.

¶ Attagen uulgò in Creta Taginari uocatur: aliquibus attagas, ut Conſtantinopoli. Hæc auis noſtræ quæ Gallis uulgò canne petiere dicitur, perſimilis eſt, ſed canna noſtra non habet crura plumis intecta: attagen habet, & roſtrum nigrum, breue, præualidum, corpus quàm canna gracilius. Reliqua, ut color etiam, ferè ſimilia ſunt. Sed attageni color inconſtans. reperitur enim totus candidus, quem coniicio nihil differre à perdice alba Sabaudorum, hoc eſt lagopode Plinij. Memini equidem Venetijs attagenem album uidere. Itali ſiue albo ſiue alio colore inſignem, francolinum appellant, Bellonius.

DE LAGOPODE VARIA, CVIVS ICONEM
in fine libri requires.

 LTERVM etiam hoc lagopodis genus in Heluetiæ montibus reperitur. Auis huius generis quam deſcripſi, mas erat, uentre candido, & alis quoq; albiſſimis. à poſteriori parte tamen pennæ aliquot partim fuſcæ, partim uariæ (ſtriḉæ) erant. Caput, collum & dorſum plumis fuſcis & maculoſis diſtinguebantur. collum ſupina parte plurimum albi, nigri parumha-

rium habebat:prona partim uarias, partim albas plumas. Pellicula supra oculos utrinque semicirculi figura rutila eminebat. Rostrum perbreue, nigrum: cuius pars superior incuruata, inferiorem canaliculatam in se recipiebat. Cauda digitos quinq; longa duodecim pennis nigris constabat, & duabus in medio candidis, & tribus aut quatuor uarijs. Circa coxas densae & multae erant albae plumae, ad imos usq; digitorum ungues adnatae, ita ut nihil plane nudum appareret exceptis unguiculis nigris. Vola pedis tantum & interna digitorum pars sine plumis erant, digiti tamen undequaq; coeuntibus plumis tanquam pilis integi poterant. Magnitudo columbae aut paulo maior. longitudo totius circiter palmos quinq;. ¶ Hanc autem circa Tridentum Italice puto dici otorno, circa Verbanum lacum colmestre. Nostri priuatim **Steinhûn**, id est saxatilem gallinam appellant:ut & prae-
10 cedentem aliqui.sunt qui distinguendi gratia magnitudinis differentiam adijciant, (**Elein oder groß Steinhûn**.)conijcio autem secundum hoc genus paulo maius esse. De priore quidem genere dubium mihi nô est, quin sit lagopus prima Plinij, candida, &c. hoc secundum uero etsi dubitari forte potest an secunda Plinij lagopus sit, quam à coturnicibus magnitudine tantum differre scribit, omnino tamen ad idem genus cum prima referri debet.

¶ LALAGES, λάλαγες, ranae uirides circa paludes, uel genus quoddam auis, Varinus. aliâs λάσπγαβ.

DE LANIIS, ET PRIMVM DE CINEREO.

20 A.

L ANIVM cinereum nostrum, cuius effigiem in fine libri ponemus, alij aliter Latine Graeceue nominari posse coniecerunt.ego cum nulli ueterum descriptioni satis eam accedere uiderem, nouo nomine lanium appellare malui : quòd in alias aues non solum se minores sed maiores etiam aliquas laniando saeuire soleat. Germanica eius nomina habemus **Thornträer/Thornkretzer**, quasi torquispinum uel spinilanium dicas. ferût enim aucupes insecta à se capta & auiculas eum spinis ueprium infigere, & circuntorquedo occidere ; simul etiam rostro laniantem deuoratemq;. Item **Nûnoder/Nûnmôrder**, hoc est enneactonos, apud Vuestphalos, Hessos & Turingos: quòd singulis diebus nouem alias uolucres occidere credatur. Circa Fribur-
30 gum **Waldhäber**, uel **Waldherr**, Angli uocant a shrike, a hynmurder. In Anglia (inquit Turnerus)saepius quàm bis nunquam uidi,in Germania saepissime. Nomen huius apud nostros (Anglos)neminem inueni qui nosset, praeter Franciscum Louellum tam animi quàm corporis dotibus equitem auratum nobilissimum. Itali regestola,nescio quam ob causam: Circa lacum Verbanum oresta.alij regestola falconiera, quòd praedandi natura falcones & accipitres imitetur;uhde alijs gaza speruiera dicitur.circa Ferrariam destolo falconiero. alij gaza marina. gaza quidem pica est. refert autem haec auis picam aliquo modo, cauda praesertim; & in genus etiam quoddam picarum saeuit.alij passera gazera, quam aiunt magnas etiam aues nido suo appropinquantes morsu repellere! nisi hoc nomen forte minori tantum generi laniorum, quod passeris magnitudinem non excedit, conueniat. Sabaudi matagasse:quibus etiã agasse picam sonat.alij pie griayche ; id est pica Graeca; uel pie escrayere. Galli quidam arneat:alij pie ancrouelle, quòd unguibus suis passim adhaereat ar-
40 borum truncis ita ut aliquando uix extricetur. Turcae gezegán. Bellonius scribit uidisse se in Aegypto in saepibus uolantes aues illas ; quae Gallice dicuntur pies grieches (id est picae Graecae) quae (inquit)mures deuorant, ut tinnunculi.

¶ Turnerus in libro de auibus Aristotelis tyrannum esse arbitratur, cui Aristoteles corpus nõ multo amplius quàm locustae tribuit, cristam rutila ex pluma elatiusculam, &c.inde nimirum quod propter saeuitiam in caeteras aues tyranni nomen mereri uideatur. Quanquam Aristoteles (inquit) unum tantum tyranni genus faciat,Colonienses tamen aucupes tria genera esse contendunt. Primum uocant **die grosse Nûnmôrder**, quod Angli etiam schricum nominant: & ego Aristotelis mollicipitem esse conijcio,sturnum magnitudine aequat, color eius à cyaneo ad cinereum uergit.
50 Secundum genus eiusdem est coloris, cuius & superius, sed passerem magnitudine non excedit. Hoc genus etiam in aues saeuit. Tertium genus ; quod Aristotelis tyrannus est, auicula est regulo paulo maior, crista rutila redimita, & caeteris generibus (si aucupibus credere phas sit) caede & corporis effigie non dissimilis. Secundum & tertium tyrani genus apud Anglos hactenus nunquam uidere contigit, & primum genus licet in Anglia sit,paucissimis tamen notum est : sunt tamen;qui norunt, & shricum uocant. Primum genus ex istis a Turnero descriptis spinitorquius noster est, magnitudine merulae, uel turdi fere.alterum genus nostri appellãt spinitorquum minorem , specie, colore & natura simile,sed fringilla aut passere nõ maius. Tertium genus (quod Turnerus in leim mate historiae tyráni Germanice uidetur **Goldhenlin** appellare,nescio quàm recte.Germani enim regulum ab aurea capitis nota **Goldhenlin** appellant,)à Turnero positum, nõ putauerim laniorum
60 generis esse:& Turnerus ipse non id se uidisse, sed ab aucupibus audiuisse insinuat. Vidi quidem in Italia minimum harum auium genus,uertice rubere,reliquo corpore cinereo,tenerum & molle tactu, in cibo laudatum tanquam saluberrimum; (sed hae non sunt quae Germanis **Goldhendle** di-

Aa 3

cuntur.) Eædem uel minimis lanijs pauló maiores sunt, quæ Italicè uulgò (circa Ferrariam) uersí uel uerle dicuntur, rostro pedibus & colore maioribus lanijs similes: ut casazui etiam dicti, magnitudíne media, magis ruffi dorso, pectore uarij, cætera similes, suæni.

¶ Eberus & Peucerus lingulacam, id est glottidem Aristotelis, Sozenbzeer Germanicè interpretantur: quibus ego nullo modo assentior. Iidem mollicipitem, gallinaginem minorem faciunt, (ein Bārschnepf/)non ut Turnerus lanij nostri genus primum.

B.

Auis quæ Germanicè nõ sine causa nominatur Niinmōzder / huiusmodi est: Magnitudíne mínimum turdorum genus æquat, è longinquo contemplanti tota apparet cinerea. Propius autem inspicienti, mentum, pectus & uenter alba apparent, ab utroçq oculo ad collum usçq, longa & nigra macula, sed nonnihil obliqua porrigitur. Capite tam grandi est, ut aui triplo maiori (modò rostrum longius & maius esset) proportione sua satis responderet. Rostro nigro est, & mediocriter breui, & in fine adunco, sed omnium firmissimo & fortisimo, utpote quo manum semel meam duplici chirotheca munitam, sauciauerit, & auium ossa & capita confringat & conterat quàm ocyssimè. Ala utraçq nigra tota est, nisi quòd alba linea grandiuscula, mediâ utrínçq alam transuersim distingat. Caudam picæ similem habet, longiusculam nimirum, & uariam. Tibias & pedes pro ratione corporis omnium mínimos, & eos nigros: alas breues, & ueluti per saltus sursum atçq deorsum uolitat, Turnerus. Ore est firmo, paruo & rotundo, pennis inualidis, sed pedibus ualet, Eberus & Peucerus. Alarum pennæ multæ inferius albicant. pennæ in cauda nigræ sunt, sed extremæ utrínçq sitæ albæ, diuerso modo. nam prima extremarũ tota albet, secunda minus quàm prima, & tertia minus quàm secunda, quarta deniçq minus quàm tertia, ita ut utrínçq ex quaternis pēnis interior semper minus alba sit exteriore. superius tamen, hoc est circa orrhopygium, omnes albicant. qui color etiam in uentre & inferiore colli parte spectatur. Rostrum, crura & ungues nigredine splendent. Rostrum aduncum est ut speruerio. eius pars superior ualde inflexa deorsum duos angulos utrínçq efficit. inferior ueró pars modicè sursum curuatur. Os subrubet intrinsecus, & lingua extrema (ni fallor) in fibras quasdam diuiditur, Hæc ex obseruatione propria.

C.

Viuit ex scarabeis, papilionibus & grandioribus insectis: sed non solis istis, uerumetiam, more accipitris, auibus. Occidit enim regulos, fringillas, & (quod ego semel uidi) turdos. Tradunt etiã aucupes hanc picas quasdam syluestres interdum iugulare, & cornices in fuga adigere. Aues, quas occidit, non unguibus, ut accipitres, uolando perniciter adsequitur, sed ex insidijs adoritur, & mox (quod iam sæpius expertus sum) iugulum petit, & cranium rostro comprimit & confringit. Ossa comminuta & contusa deuorat: & quando esurit, tantos carnis bolos in gulam ingerit, quantos rictus oris angustia potest capere. Ossifraga dici posset, si eius illi magnitudo adesset. nam nec moribus, nec colore ab ea multum abludit. Præter morem quidem reliquarum auium, quando uberior præda contigit, nonnihil in futuram penuriam reponit. Muscas enim grandiores & insecta iam capta in aculeis & spinis arbustorũ figit & suspendit, Turnerus. ¶ Audio lanios nostros plerunçq uersari inter frutices spinosos, & cum confident caudam erigere. in iisdem nidificare. fruticum & humilium arbustorum summis surculis insidere. insanire nouies die: & singulo mense horis uiginti quatuor ægrotare morbo, quem quidam S. Ioannis appellant, Itali malum terræ, quo tanquã mortui iaceant. nullo non die uiuum aliquod animal perimere, aues scilicet aut uermes (ut iulos & erucas) præsertim hirsutos, quos circa spinam aliquam intorqueãt. cantillare, & uarias auium modula tiones imitari latentes in sæpibus, ut aues ad se alliciant capiendas. nam alioqui parum ualent uolatu, itaçq in ipso etiam aere operam dant ut uolent sublimius, id est supra illas aues quas capere conantur: & celeritatem illarum uarijs utentes ipsæ anfractibus impediunt, donec defessas corripiant, sic turdis & similibus maiusculis auibus interdum potiuntur. alioqui muscas captant.

E.

Lanij facile capiuntur, nam cum uident auem aliquam caueæ inclusam, desuper uolant intra sure, tacta ueró decipula mox concidit. ¶ Cicurantur aliquando á pueris accipitrum instar & aluntur, ut passeres captent è nidis. Audio Franciscum Galliarum regem, cicurem habuisse laniũ, eoçq ad manum redeunte aucupari solitum. Omnium auium facillimè cicurantur, & mansuefacti carnibus aluntur, quæ si fuerint sicciores, aut prorsus exangues, potum requirunt, Turnerus.

F.

Hieron. Tragus Ianios & alias aues rapaces in cibo improbari scribit. atqui minimum genus laniorum rubore uerticis insigne, ut supra scripsi, in Italia delicatum & salubre habetur.

DE ALIO LANIORVM GENERE MAIORE.

IMILIS hæc auis est superioribus lanijs, maiori præsertim: quam tamen duplo ferè uin cit magnitudíne, ut ad merulam ferè dupla sit. natura & species corporis eadem, nisi quòd alæ sunt ruffæ. Germanicè circa Argentoratum, Francfordiam & alibi Werckengel uel Warckengel nominatur, nescio qua ratione. Sed Albertus Aristotelis de hist. anim. caputter-

put tertium libri octaui enarrans, hoc nomen Germanicum præcedentibus lanijs tribuit, ita ut com̄ mune potius quàm uni speciei proprium uideri debeat. Aristoteles quidem eo in loco picorum genera duo facit, maius & minus. Albertus uerò inepte (ut solet) pro pico auem kya uel kyliam nominat, Kyliam (inquit) Græce est auis, quæ apud nos **Warckengel** uocatur: & habet rostrum non curuum (rostrum incuruum lego) nec uncos ungues, in quo genere species maior, ad magnitudinem merulæ accedit, minor uerò paulo infra sturnũm est. utriſq̃ color cinereus, & maculæ duæ nigræ iuxta oculos. Venantur aues paruas, quas rostro capiunt. Idem Albertus alibi (in Aristot. de hist. anim. 9. 17.) pro certhio aue (suo nobis loco descripta) habet rarycheus, & Germanice **Warckengel** interpretatur. Et alibi, Auis (inquit) Germanice dicta **Warckengel**, uenatur paruulam auem musicam, quam nos uinconem, quidam Germanice sichendulam uocant (acanthidem intelligo, **ein Zinsle/Zyschen**) ab imitatione soni ipsius auis. Sed lanij nostri uarias auiculas, nõ acanthides tantum discerpunt.

¶ MERVLIS affine genus quoddam est uenaticum & captiosum, colore atrum, splendide canorum, recte ex eo uenaticum (Ἀχρὼς) appellatum, quòd ex auibus multas sui cantus permulsione ad se allicit, & capit: cuius ingenitæ sibi præstantiæ hæc auis non ignara, eo naturæ munere ad se uo luptate & cibo explendam uti uidetur. nam ex sui cantus auditione & bellissimas oblectationes habet, & aucupio & uenatione proxime ad se accedentium auicularum exsaturatur. Quòd si quando quisquam hanc captam concluserit in caueam, nõ modo canere omittit, uerum etiam pro seruitute sua à uenatore pœnas silentio sumens, muta permanet, atq̃ elinguis, Aelianus. uideri autem potest hoc genus lanijs nostris cognatum, cum & magnitudo, & natura uenandiq̃ modus aues cantu alle ctas, conueniant. solus color ater non conuenit. Bellonius in Obseruationibus suis Gallicis, Circa Gazam Syriæ (inquit) uidimus auem, quæ meo quidem iudicio suauitate cantus sui cæteras pleraſ que uincit, ueteribus, ni fallor, uenatica dicta. Magnitudine paulo supra sturnum est, uentre albo, dorso cinereo, ut molliceps auis quam Galli uocãt gros bec à magnitudine rostri: cauda nigra, quæ alas eius excedit ut in pica.

DE LARO.

A.

EPPHVS est qui uulgò larus dicitur, Scholiastes Aristophanis & Suidas. Ego cepphũ é larorum genere auem esse non dubito: quando & inter Grammaticos ueteres id con uenit: & locus ubi degunt uictusq̃ ratio, & ingeniũ, ut conferenti apparebit, non discre pant. Lari quidem nomen latius patère dixerim, quum & marini & fluuiatiles lari sint: cepphum uerò & catarrhacten, larorum marina duntaxat genera esse, quæ colore & magnitudine differant. Lege plura in Ceppho A. Larus uox Græca est, λάρ○:Latine gauiam reddunt, Gaza & alij. Larus in Pentateucho gauiam significat, Eucherius. Hebraicam uocem scharcaph aliqui la rum interpretatur. uide in Fulica ueterum uel in Bubone. Larus Hebraice schachaph nominatur à morbo quo laborat, Hebræi uulgò cuculum sic uocant, quòd hæc auis præ cæteris scabiosa appa reat, P. Fagius. Thachmas, םחתה, Leuit. 11. exponitur auis quædã immunda & rapax, iuxta Thar

Aa   4

gum eſt genus accipitris. L X X.& communis translatio larum uerterunt,quidam uulgò interpre=
tantur luſciniam,ut ſcribit Munſterus,Deuteron.14.L X X.γλαῦκα reddũt,Hieronymus noctuam.
Thargum Hieroſolym.habet chatuphita, חטופיתא, quod ſonat raptorem aut harpyiam. Chaldæus
tarphita, חרפיתא,id eſt laceratorem.Arabs cataph, בטאח,Perſa Hebraicam uocem retinuit. Perot=
tus in Cornu copiæ,Græci(inquit)larum fulicam uocant: quæ auis eſt nigra aquatica, uulgò nota,
paulò ſupra magnitudinem columbæ. quam ego eius opinionem non probo.Sed de fulica tum ue=
terum tum recentiorum,ſuo loco ſatis dictum eſt. Albertus ex Ariſtot.de hiſt. anim. pro laro ha=
bet aleroz,ex Auicenna nimirum : & alibi latroz. ¶ Larorum plura ſunt genera. Albi ſunt qui=
dam,& minoribus columbis ſimiles. His alij maiores & robuſtiores ſunt, ac pennis denſius ueſtiti.
His rurſus tertium genus maius eſt, albis itidem pennis, extremis tantum unguibus & collo nigri= 10
cans:ijsꝙ cæteri omnes lari de paſcuis & ſede tãquam regibus concedunt,Oppianus de aucupio.
Buphagus genus lari,ab inſigni uoracitate dicti, nominatur Euſtathio.

B.

Cepphus auis marina eſt laro ſimilis, Scholiaſtes Nicandri. Lari leues ab Oppiano cognomi=
nantur,ob corporis leuitatem,nimirum quòd propter multas & denſas plumas (πυκινὰ πṫṫρὰ lari di
xit Homerus) leuiores ſint corpore quàm appareant. Cataractes auis inſtar lari minoris eſt(πωὀb=
μοϛ,id eſt ſimilis,ἶϛ malim,id eſt æqualis, ſcilicet magnitudine : quãquam & ſpecie corporis ſi=
milis eſt)robuſtior & colore cãdido,accipitri palumbario ſimilis, Oppianus. ¶Larus coloris eſt
cinerei,inuenitur tamen & albus, qui apud mare uictitat, Ariſtot. Auis peralba illa gauia, Apu=
leius. Laris ſeneſcentibus pennas cœruleus color inficit, Oppianus. Vide plura ex eodem ſupe= 20
rius in A. Larus eſt nigra auis(ſine authore)lato oris rictu, hinc prouerbium larus hians, Textor.
Gauiæ gula tota ampla eſt & lata, Ariſtot.

C.

Lari alij circa dulces aquas,alij circa mare degunt, ut ſcripſi in A. Gauia illa peralba quæ ſuper
fluctus marinos natat, demergit ſeſe propere ad Oceani profundum gremium, Apuleius. Larus
cinereus lacus & fluuios petit : albus apud mare uictitat, Ariſtot. Larus auis eſt rapax & uorax,
Suidas & Varinus. Cibum à mari petit, ideoꝗ cum anate & harpa diſſidet, Ariſtot. Lari aues,ut
Eudemus ſcribit,ſublimeis cochleas ſurripiũt,ac ex alto deijcientes,magna ui ad ſaxa allidunt.itaꝗ
eſculenta teſtis ſeiunctis eligunt, Aelianus. Delphini in littora eiecti à coruis, laris, cæterisꝗ ma=
ritimis auibus exeduntur,Idem. ¶ Quod ad natandi uelocitatem,uix auis illa laro contenderit, 30
Oppianus. ¶ Mergi & lari ſaxis maritimis oua bina ternáue pariunt,ſed lari æſtate, mergi à bru=
ma ineunte uere.& incubant cæterarum auium more : ſed neutra earum auium conditur, Ariſtot.
Gauiæ in petris nidificant,mergi in arboribus.pariunt plurimum terna, ſed gauiæ æſtate, mergi in=
cipiente uere,Plin. Fœtificant in petris, præcipuè à quibus potabilis aqua manat : ut fœtus eorum
uictu quidem marino, aqua uerò(in potu)dulci utantur : donec adulti nidos relinquãt, quo tempore
iam cibo ſimul ac potu ex mari utuntur,Oppianus. ¶ Perit larus mali punici grano, Aelianus.

D.

Lari hominum amantiſſimi ſunt,& prope eos tanquam maximè familiares uerſantur:ac ubi ui=
derint piſcatores extrahere ſua retia,ceu prædæ participes adiungunt ſe nauiculis , & clamore par=
tem aliquam ſibi poſtulant.Illi piſces aliquot proijciunt,quos lari ſtatim uorant, & ſi qui alij forte ſa 40
genas ſubterfugerint, promptè excipiunt, Oppianus in Ixeut. ¶ Larus cum monedula amoris
coniunctionem habet,Aelianus. Harpen aliqui interpretantur animal marinum laro inimicum,
(λάρῳ πολιμέῳ,)Varin. Larus cibum à mari petit, ideoꝗ cum anate & harpa diſſidet, Ariſtot. Aqua
ticæ,anates & gauiæ:harpe & triorches accipiter diſſident,Plin. Ardea odit albos laros, Philes.

E.

Lari marinæ auis penna à piſcatoribus pelamydum ad hamum lineæ annexum alligatur , ut ab
occurrente aqua ſenſim & leuiter agitetur, Aelianus.

F.

Lari in cibum hominum non ueniunt, cum impuræ habeantur tanquam aues rapaces , & pi=
ſcibus & alijs etiam impuris(cadaueribus nimirum circa littora)uiuentes.Prohibentur etiam in ue= 50
tere teſtamento in tranſlatione L X X. & Hieronymi. Homines inexplebiles legiſlator damnat,
prohibitis in cibo paſſeribus & laris auibus , quæ cibos ſemper obuios (τὸ παρεμπίπτον) colligunt,
Procopius. ¶ Accipiter comedat inter alia cor lari cum ſanguine & paucis de pectorē carnibus,
Demetrius Conſtantinop. Et rurſus , Lari cor tantùm & iecur uoret accipiter, cæteræ enim eius
partes graues & uiroſæ ſunt.

G.

In epilepſia dant aliqui cerebrum gauiæ fumo ſiccatũ atꝗ conciſum, infantibus uel pueris odo=
randum, perfectis autem ætatibus bibendum ad modum cyathi cum mulſo & aceto tribus cyathis;
Cælius Aurelianus.

H.

a. Larus auis nomen accepit à laris piſciculis quos appetit,ij uerò ſic appellantur & capiuntur 60
in lacu quodã, qui Theſſalonica diſtat itinere bidui, Siderocapſa uerò dimidij diei,Bellonius,ſed cũ
authorum

authorum nullus huic etymologiæ patrocinetur, mihi quoq; ea parum arridet. ¶ λαρὸ pro aue
paroxytonum eſt, & primam corrípit. Σεύετ᾽ ἔπειτ᾽ ὑπὸ κῦμα λάρῳ ὄρνιθι ἐοικώς, Homerus Odyſſ. ε. cum
uerò ſuauem ſignificat, oxytonum eſt & primam producit. Νῆσον ἐν ἀμφιρύτη λαρῷ πιτυκώμεθα ὕπνον,
Homerus. Et alibi, λαρὸν δ᾽ε̈ οἱ ἄμ᾽ ἀνδρῶπα. Dicitur autem λαρόν, τὸ ἄγαν ἀρηρὸς τῇ ψυχῇ, παρὰ τὸ λα, κỳ τὸ
ἀρῶ,ὃ δηλοῖ ἁρμόζω, κρᾶσει τῆς δ᾽ύο αα,εἰς ᾱ. μακρόν. Hinc ſuperlatiuus λαρώτατ©-, primâ & ſecundam pro-
ducens apud Homerum præter canonem, nam ſecunda per omicron ſcribi debuerat, Euſtathius.
¶ Lycophronis interpres φωοδόν larum eſſe arbitratur, Cælius. ſed erodiòs indubitate ardea eſt.
Κὴξ εἰναλίη, (Cex marina,) auis eſt marina ſimilis hirundini, uel larus, uel mergus, unde genitiuus κη-
κὸς, ὅθεν ἴσως τὸ κηκάζειν ὑπὸ βλασφημίας, Euſtathius & Varinus. Κῆκα̈ν, lari, Heſych. & Varinus. Κὴξ
10 larus ſecundum Appionem:qui & καίνξ dicitur. Τινὲς καὶ εφυίαν (ſic habet codex impreſſus) ἀφροδίσι-
ον, ὅτι δὲ κέπφων.οἱ δὲ ἁφαρπάζοντα ἀλλήλων, Heſychius. Καίνξ,larus Etymologo. In epigrammatis libro 3.
titulo in naufragos legitur καίνξ per υ. Χ᾽ ὦ μὲν ὑπὸ καίνξειν ἢ ἰχθυβόροισι λαρίδεσσι Τεθάμμαι, ἄγγες θυρεὶ ἐν ἀιον
γιαλῳ̈.uerſus ſunt Leonidæ. Et rurſus, Κήγω μὲν ἁλιζώοις λαρίδεσσι Κέκλωμαι, Vídetur autem λαεὶς, diminutiuum à λαρὸ. Ἢ δ᾽ ᾱ τις καίνξ δωλῶ ἀπ᾽ ἁλμυρῶ πέλαγ©-, Antimachus apud Scholiaſten in Argo-
nautica Apolloníj. Videtur autem Græca uox καίνξ, per onomatopœiam facta, & ſimiliter gauia
apud Latinos,aut ad imitationem Græcæ. Καύαξ,larus, Heſych. & Varinus. Καίνξ ἐπὶ τὸ πορκαθη-
μέν©- κλάδῳ, Lycophron. Et rurſus, Καίνξ κυματων δρομὰς. exponitur autem à Scholiaſte larus.
Καίξηξ(Καύληξ, Varinus:quod non placet)larus, propter uoracitatem. καίνξ(καίνγ, Varinus) enim cibus
eſt, Τῆς δὲ̈ ἄθυιαι,οὐδὲ κρυφραῖοι καίνκεσ̈, Euphorion, ut Suidas & Varinus annotarunt. Lycophron tres
20 ſenes,Calchantem, Idomeneum & Sthenelum καίνκαςnominat, quòd ſenes & albi (cani) eſſent inſtar larorum. Καίνξ (καίνξ) enim larum ſignificat apud Aenianes.unde & Hipponax, Κίκωρ ὁ᾽ ὁ πανε
δίαλντ᾽ ἄμμορῳ καίνκι, Iſacius Tzetzes. Κρᾶξ©-,larus, Heſych. & Varinus. Οἱ δὲ κορώνεων (cornicibus marinis)ἴκιλοι κύματων ἐφορίοντο, Homerus.dicit autem Apion eandem eſſe auem quæ & larus,
& æthyia uocetur, Etymologus. Vide in Cornice H.a. ¶ Forte apodes illæ quæ toto mari cernun
tur Plinio,& ſemper comitantur naues,gauiarũ generis ſunt:quod conſiderabunt íj qui iuxta mare
habitant aut qui maria nauigant.

¶ Epitheta. Κῶφοι τε λάροι, Oppianus. Λαρίδεσσιν ἁλιζώοις ἰχθυβόροις, Leonides in Epigrammatis.
Κρυφραῖοι καίνκεσ̈, Euphorion apud Suidam.

¶ Larus pro homine rapace & fure accipitur, item pro paraſito & pro ſtolido: ut oſtendetur in-
30 fra inter prouerbia.

¶ Larius lacus eſt Galliæ ciſalpinæ uicinus alpibus, à fulicarum quæ íbi ſunt multitudine ap-
pellatus.Græci enim larum fulicam uocant, Perottus.nos fulicam à laro differre oſtendimus.quare
magis probo Catonis ſententiâ, qui in Orig. Larius lacus(inquit)dictus eſt,quia Hetruſci larunem
(alias laronem.barones etiam pro uiris fortibus quidam putant eſſe Latinum) uocât nobilem principem. Lari inſulæ dictæ, λαρῶ νησία, Aphricæ adiacent propè terram, Ptolemæus. Leuce inſula
dicta ab auibus albis,laris forte aut ciconíjs, Euſtathius in Dionyſium.

¶ g. Larus eadem poteſt quæ alcyon. Huius cor tenens à mulierem partu laborantem ingre
dere, & mox pariet.Recedes autē mox ut peperit,ne & aliud quid(ipſe uterus)ſubſequatur. Venter quoq; eius aridus potus & geſtatus,concoctionem maximè confirmat, Kiranides.

40 ¶ h. Vulgò celebratur opinio laros olim homines fuiſſe, qui primi uenatione & prædam marinam exercuerint:deinde, ſic uolentibus díjs,in aues mutatos, iuxta urbes & portus uolitantes, ueteris etiamnum artis meminiſſe, Oppianus de aucupio. ¶ Aquam bibebat etiam Lamprus Mu-
ſicus:de quo Phrynichus ait,luxiſſe eum laros,inter quos mortuus ſit argutus ille Muſarum ſophiſta. In Pontica inſula,quæ Achillis inſula uel curſus dicitur,multæ ſunt aues, & inter alias innume
ras lari,quæ Achillis fanum colunt, ut ſcripſi in Aethyia. ¶ Epicureus quidam (apud Athenæum)
cum placentam nimis calidam deuoraſſet,ἐξεφόρει᾽τὸ,(euomebat.) quo uiſo Cynulcus ait, Ἀποφέρεται
ἐκ δὲ βρογχοκραταιέξιως ὁ λαρὸ.

¶ Homerus Odyſſeæ quinto Mercurium laro aſſimilat,non corpore, ſed motu & uolandi ſuper mare impetu. Verba poëtæ hæc ſunt: Σεύετ᾽ ἔπειτ᾽ ὑπὸ κῦμα λάρῳ ὄρνιθι ἐοικώς, Ὅσε τῇ δεινὸς κόλπας
50 ἁλὸς ἀπρυγίτοιο ἰχθῦς ἀγρώσσων, πυκινὰ πτερὰ δεύεται ἅλμη. Larus Mercurio conuenit,utpote auis alba
deo argiphonte, nam argòn album ſignificat. διὰ τὸ λουκὸν,ὃ δηλοῖ φαργγὲς,τῶ λόγω, commendatur autem
oratio cui præeſt Mercurius, cum perſpicua & quaſi candida fuerit,aut propter ſuauitatem, διὰ τὸ
λαρὸν καὶ ἡδύ.laron enim ſuaue eſt. oratio autem res ſuauis & iucũda, Euſtathius & Varinus. Laro
confertur Mercurius Odyſſ. quinto. ut inde ſacer ei uideri poſſit. ſed Herculi magis conuenit hæc
auis,ſiue larus ſimpliciter, ſiue is qui buphagus nominatur. talis enim Hercules quoq; celebratur.
nam Athenæus & alíj tradunt fuiſſe eum βαθοίναν,id eſt integri bouis deuoratorê, inq; eo certamine
Lepreum uiciſſe,Euſtathius. Herculi propter uoracitatem ſacer eſt larus, qui & Βρφάχ©- cogno
minatur, Athenæus ab initio libri 10. Ariſtophanes quidem in Auibus eandem ob cauſam Herculi larum attribuit: Si quis (inquit) antehac Herculi bouem ſacrificârit, pro eo iam laro plenas &
60 bene farctas placentas(νασὸς μελιτῶ͂νὰς πλᾶς)immolet. ¶ Τὰς λαρὸς ἅπαξ εὑρὼν ποτε ἐυεβσκον μελεὸς, κỳ τότας
αὐπήνεμα εἰς τὴν ὁδοῦ ἱερᾶν τὴν πλησίον τῆς θαλάσσης, Paſtor apud Dionem Chryſoſtomum in Euboico.

¶ Prouerbia. Cepphus,larus: in garrulum ac uecordem dicebatur, præcipuè qui cuiuſuis rei cupiditate deceptus capitur, Eraſ. Vide plura ſuprà in Ceppho h.   Laros uocamus ſtolidos, (σὺ δυνάτως,) quemadmodum & cepphos & otos, Euſtathius.   γενεάλε λαρῳ ὀρνιθι ἐοικὼς, Matron parodus de paraſito apud Athenæum, comparat autem paraſitum laro propter inſatiabilem in utriſᶜᶜ uoracitatem: uel propter nominis ſimilitudinem, tanquam à uerbo λαρινόυεϑαι, quod eſt ὀτιζεϑαι, id eſt paſci & ali: unde & boues & ſues larini dici uidentur, Euſtathius.   ¶ Larus hians, λαρᵒ λιχνῶς, dicebatur ubi quis auidius inhiaret prædæ. eſt enim larus auis auida uoraxᶜᶜ. λαρᵒ λιχνῶς ἐπὶ τῶ περας δημηγορῶν, Ariſtophanes in Equitibus, Cleonem ob rapacitatem larum uocans: quod quemadmodum auis in ſcopulis obuerſatur, ſi quid piſcium poſſit uenari, ita ille uerſaretur in reipub. negotijs adminiſtrandis (in foro. τλὼ δὲ πόνησαι λιγ͵δ, ὁσὰ τὸ ἔημα τὸ ᵒν τῇ πυνκι, Scholiaſtes,) ſuum interim agens negotium, Refertur hic trimeter apud Athenæum lib. 8. ὁ ψωφαγος ἄσε σὺ λαρὸς ἐπ Σύρας. Eſſe uti laros opſo 10 niorum auidos Syros, Eraſmus. In Nubibus quoᶜᶜ Ariſtophanes Cleonem uocat larū munerum & furti, κλεωνα τὸν λαρον δ᾽ωρων καὶ ϋλοπῶς. Larus hians, in rapaces & furaces dicitur. nam & larus auis rapax & uorax eſt, Suidas & Varinus.   ¶ Larus in paludibus, λαρᵒ ᵒν ἕλοι: Suidas ſcribit dictitatum de ijs qui faciles ſunt ad dandum. ductum à laro aue, quæ quia facile decipitur illicitureᶜ, proinde prouerbio locum fecit, Eraſmus. παροιμία ἐπὶ τῶ ταχὺ ἀποδιδόντων, Suidas & Apoſtolius. mihi quidem Eraſmi interpretatio non placet, tanquam lari dicantur qui faciles ſint ad dandum. neqᶜ enim talis eſt lari natura, ut liberalis ſit aut facile communicet: ſed contra potius rapax uoraxᶜ eſt. quare uel mendum in dictione ἀποδιδόντων ineſſe ſuſpicor, & ἀποτιμῶων aut tale quid legendum: uel certe alio ſenſu accipiendum, ut de homine uorace, qui ſubinde ingerat egeratᶜᶜ, ut ἀποδιδόναι, ſcilicet τλὼ τροφὼ, pro eo quod eſt cibum egerere accipiatur. ferè enim omnes piſciuoræ aues famelicæ 20 ſunt, & mox aluo reddũt quod acceperint.   ¶ Larus parturit, prouerbium apud Eraſmum, quod potius efferri debet Cepphus parturit. uide ſupra in Ceppho h.   ¶ Lari uitam uiuit, λαρᵒ ειον ζῶ, Aelianus in epiſtolis de mercatore perpetuò nauigante.

     ¶ Gurgulione gruis, tumida uir pingitur aluo, Qui larum, (producit primam quæ correpta eſt,) aut manibus geſtet onocrotalum, Alciatus in Emblemate Gula inſcripto.

DE LARORVM GENERIBVS DIVERSIS
quorum mentio fit apud recentiores.

QVAE de laris eorumᶜᶜ generibus diuerſis, (quæ magnitudine & colore differunt, & locis e- 30 tiam, cum alij circa aquas dulces degant, alij circa mare,) apud recentiores obſeruaui, unum hic in locũ digerere placuit, ita ut primum illa ponerem quæ ad laros in genere pertinere uiderentur, dein de quæ ad genera ſingula priuatim.

¶ Larus eſt de genere milui, tam in aqua natans ad prædam, quàm in aere uolans, Albertus. Mihi miluis adnumerare aut cognatos facere laros nequaquam placet, cum palmipedes ſint omnes mihi cogniti lari, roſtro oblongo & recto ferè, (uel in extremo modicè inflexo,) non breui & adunco ut milui, magnitudine columbæ plus minus, alis oblongis & ualidis, quæ pari cum cauda longitudine extenduntur, colore in eiſdem cinereo, reliquarum enim partium colores differunt, cruribus breuiuſculis, corpore leuiſſimo, multis et denſis plumis induti, multa circa pellem pinguedine, clamoſi, uolaces, famelici, piſciuori, &c.   ¶ Lagus (corruptè pro larus) eſt auis aquatica, mergo 40 utcunᶜᶜ moribus contraria. Nam ſicut mergus tempeſtatem maris fugit: ſic larus in tempeſtate læta tur & ludit, Iorath. Larus eſt auis quæ & in aere uolat, & in aqua natat, Elicius in Leuiticũ. Vulgò uocatur raſſe, Obſcurus.   ¶ Gauiæ paluſtribus in locis per hyemem latent, Gaſpar Heldelinus. uidetur autem non laros (quos Ariſtoteles latere negat. apud nos quidem non latere certum eſt) gauiarum nomine intelligere, ut debuerat, ſed aues illas quas aliqui uanellos uocant, noſtri Gyſitz: quæ larorum & magnitudine & leuitate ſunt, & ſimiliter clamoſæ, unde & per onomatopœiam utriſᶜᶜ inditum nomen: & à Germanis Oceani accolis lari etiam Gyſitz appellantur: ſed alijs multis tum corpore tum natura differunt.

¶ Larus in Creta uulgò antiquum nomen Græcum retinet, Iaros, Bellonius. Crocali uel crocay gauiæ uulgò nominantur circa Adriaticum mare, aliæ albæ, aliæ cinereæ, (ſunt qui crocalos mi 50 hi dixerint aues eſſe albas, in dorſo aliquid fuſci habere, roſtro falcato, pedibus nigris:) in alijs Italiæ locis, ut audio, rondene marine, id eſt hirundines marinæ, quæ & nigræ & albæ inueniuntur, & piſcibus uiuant: alibi hoche marine, id eſt anſeres marini, non à magnitudine, ſed forte quòd ſimiliter palmipedes ſint.   ¶ Larus Gallicè uocatur mouette, & alibi (ut ad Oceanum circa Dieppam) mauue, Bellonius. alibi gabian, à Latino nomine gauia.   Germanicè Mewe / ut quidam putant, Murmellius. à qua uoce etiam Gallica mauue detorta uidetur. eſt autem onomatopœia: ut & Ma wen de uoce felium, quam gauiæ aliquo modo referunt. Laros eſt auis alba marina quam nos mel bam (meuuam) uocamus, Albertus. Sed uideo etiam laros qui circa dulces aquas uiuunt Me wen uocari, ut commune hoc nomen ſit: marinos uerò Seemewen priuatim. Aues quædam palmipedes habent aliquando partem aliquam qua comprehendant ea quæ ſunt in aqua, & collum il- 60 lis eſt ſicut harundo piſcatorum, & ideo eſt longum: roſtrum uerò eis eſt pro hamo, Albertus ex Ariſtot. de partib. anim. 4. 12. Et talis eſt (addit Albertus de ſuo) auis quæ meba Germanicè uocatur.

Audio

Audio etiam alicubi Meerſchwalm, id eſt hirundinem marinã uocari, ut & ab Italis quibuſdam: circa Gandauũ Mieſen, tum fluuiatiles tum marinas gauias. ¶ Illyricè wlaſtowige uel morſka. ¶ Gauiæ aduolantes ad piſcatores qui retibus piſcantur, copiæ piſcium capiendæ ſpem faciunt. ¶ Imminente uento, ſublimes in aëre uolitant & uento ſe obuertunt: quod & ueterum quidam de cepphis prodidit.

DE LARIS QVI CIRCA AQVAS DVLCES DE-
gunt, & primum de cinereo, quem ſic cognomino quòd plus cine-
rei habeat quàm reliqui.

A V I A cinerea, quæ ad flumina & lacus aſcendit, querula ſemper & clamoſa eſt, piſcicu-los captat & uermes ad ripas lacuum, Turnerus. Hæc Italicè circa Comum galedor uo-catur, circa Verbanum lacum & alibi galetra, Gallis gauian uel mouette, uel glaumet. Sabaudis grebe, uel griaibe, uel beque, uel heyron, quamuis ardeæ potius id nomen con-ueniat. Germanis Meb/Mew/Mieß/noſtris Holbrot/Holbzůder, circa Acronium lacum Alenbock. Anglis ſecob, ſeegell. Turcis bahare. Vide plura paulò ante de communibus laro-rum generi uocabulis. uidentur enim pleraǽ huic etiam generi quod circa dulces aquas degit uel ſimpliciter attribui, uel fluuiatilis differentia adiecta, quamuis non deeſſe puto è uulgo qui fluuia-tiles etiam laros, impropriè marinos cognominent, (ut Germani quidam & Itali hirundines mari-

nas)propter speciei similitudinem. ¶ Apud Frisios audio hanc auem Rabel uel Meew uocitari, quæ rusticos arantes sequatur propter uermiculos: perquam φιλόστοργον esse in sobolem, oua terna parere, idꝗ in magnis gregibus, ita ut aliquando ducentæ ue per interualla dispositos ha
beant nidos: oua colore & magnitudine similia esse ouis auium quas Schꝛen appellant. ¶ Me-
aucæ (aliàs Meancæ) aues ab imitatione uocis nominantur, colore cinereo, &c. Albertus. Vide plura supra in capite De anatibus Germaniæ inferioris & maritimæ. Eberus & Peuccrus gauias cinereas Germanicè interpretatur Kybitz: quæ colore (ut scribunt) cinereo propemodum nigricant,
uentre albent, cristam capite gerunt, amnes & flumina petunt uictus causa. Ego nullam gauiam
cristatam circa aquas dulces uersari adhuc cognoui. Kybizam quidem nos uanellum aliàs dictam
auem uocamus, quæ cristata est, sed non gauiarum generis, colore uiridi ferè, &c. interim scio idem   10
kybizæ uocabulum ad gauias quoꝗ transferri.   ¶ Gauia communior apud nos, huiusmodi est:
Crura rubent, membranis digiti rubris sæpiuntur, rostrum quoꝗ leniter incuruum rubet. magnitudo parum superat columbam, oblongior. alæ magnæ & oblongæ, color undiꝗ albus, in dorso tan
tum & alis cinereus. extremæ & longiores alarum pennæ altero latere albæ sunt, altero partim albæ
partim nigræ. Tota leuis est ac plumis abundat. parum carnis habet, Os etiam interius totum & lin
gua rubent. Linguæ extremitas bifida est.

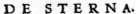

DE STERNA.

IVSDEM generis eſt & alia parua auis, noſtrati lingua ſterna appellata, quæ marinis laris ita ſimilis eſt, ut ſola magnitudine & colore ab illis differre uideatur: eſt enim iſte larus, marinis minor & nigrior, Tota æſtate tam improbè clamoſa eſt, quo tempore parturit, ut iuxta lacus & paludes degentes, immodico clamore tantum non obtundat. hanc ego ſanè auem eſſe credo, cuius improba garrulitas adagio, Larus parturit, locum fecit. uolat ferè perpetuò super lacus & paludes, nunquam quieſcens, ſed prædæ ſemper inhians. Nidulatur hæc in denſis arundinetis, Turnerus Anglus. Friſij quoque hanc auem **Stirn** appellant: & aiunt eſſe coloris fuſci, clamoſam, laro proximè deſcripto minorem, minus albam, uertice nigro. Cruribus & roſtro rubet ut ſuperior. Circa Argentinam **Spyrer** appellant, noſtri **Schnirring**. capitur aliquando uirgis uiſco illitis circa Limagum noſtrum, ex alto ad prædam piſcium ſe demittit, Volant aliquando frequentes, nimium clamoſæ.

DE LARO PISCATORE.

ETSI larorum genus omne piſcari & piſcium præda uiſtitare ſolet, hunc tamen priuatim piſcatorem circa Argentinam appellari audio, ein **Fiſcherlin**. Circa Oppenhemium eandem, aut aliam certe ſimilē gauiarum generis auem uulgò **Fel** uocitat, albicare eam aiunt, uertice nigro. Minor eſt hic quoq laro cinereo, uertice nigro ut ſterna, roſtro & cruribus è fuſco pallidis, uolatus celerrimi, & dūm piſces captat etiam in aquam ſe mergens, quod larus cinereus non facit. Sunt qui etiam aquilæ ſpeciem quæ circa paludes anatibus ac piſcibus inſidiatur, piſcatorem (**Fiſcher**) Germanicè nominent.

B b

DE LARO NIGRO.

ARVS hic niger est rostro, ca=
pite, collo, pectore, uentre &
dorsi parte superiore saltem (ne
que enim ex pictura de toto iu=
dicare licet)alis cinereis, ultra caudam ex=
tensis:cruribus leui rubore notatis. Circa
Argentoratum Meyuögelin/ id est auis
Maij appellatur.

Haud scio an idem sit larus ille niger,
qui in Germania inferiore, ut circa Gan=
dauum, Branduogel nominatur, à colo=
re nimirum. nam & ceruos & uulpes co
lore nigricâtes Germani uocant Brand=
hirtz & Brandfüchs. Laro cinereo maio
rem esse aiunt, & homines perquam auer
sari. Alibi meuam nigram appellant, ein
schwartzen Mew.& forsan eadem fulica
ueterum fuerit. Albertus quidem fulicæ
& mergi nigri appellatione non fulicam
nostram, (ein Böllhinen/ quæ alia quàm
ueterum fulica est,) sed larum nigrum ac=
cipere mihi uidetur. Vide supra in Fulica
A.& in Capite de anatibus Germaniæ in=
ferioris.

DE LARIS MARINIS,
& primum de albo.

LARVS marinus Anglicè nomina=
tur seecob uel seegell: etsi Turnerus larũ
simpliciter ita interpretatur. Eberus &
Peucerus laros albos marinos etiam Ger
manice Seegallen uocant, & Albuken.
albæ sunt (inquiunt) hæ gauiæ, & in mari
circunuolitant coniunctæ fulicis. Gauiã
albam à fulica parum differe arbitror, so=
lo nimirũ cirro & rostro, Turn. In petris
& rupibus marinis nidificat, Idem. Aues
quædam maritimæ ita callidæ sunt ut raro
capiantur, ut quam Græci chikyloz, nos

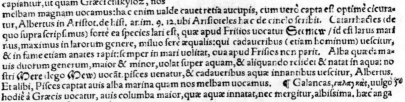
melbam magnam uocamus:ha c enim ualde cauet retia aucupis, cum uerò capta est optimè cicura=
tur, Albertus in Aristot.de hist. ar.im. 9. 12.ubi Aristoteles ha c de cinclo scribit. Catarrhactes (de
quo supra scripsimus) forte ea species lari est, quæ apud Frisios uocatur Seenew/ id est larus mari
rius, maximus in larorum genere, miluo serè æqualis:qui cadaueribus (etiam hominum) uescitur,
& in fame etiam anates rapit:semper in mari uolitat, oua apud Frisios ncn parit. Alba quædã ma=
uis duorum generum, maior & minor, uolat super aquam,& aliquando residet & natat in aqua: no
stri Mere (lego Mew) uocãt. pisces uenatur, & cadaueribus aquæ innantibus uescitur, Albertus.
Et alibi, Pisces captat albas marina quam nos melbam uocamus. ¶ Galancas, καλαγ κας, uulgo
hodiè à Græcis uocatur, auis columba maior, quæ aquæ innatat, nec mergitur, albissima, hæc an ga
uiarum generis sit quærendum.

¶ Gauiæ marinæ, ab accolis Oceani Germanici (ut supra scripsi)kybitzæ per onomatopœiam
nominantur,& generali uocabulo see oder meeruögel. Has nautæ aiunt uentorum & tempestatis
ui è suis locis procul impelli,& ut ipsi loquuntur in alia atq; alia maria peruenire:cuius autem singu
læ regionis sint alumnæ facile ex ipsa specie dignoscunt, Magna celeritate propter uim tempestatis
urgentis aliquando ad maximas naues aduolant, ceu circa summas earum malos quietem & prote=
ctionem quærant, & in ipsas aliquando naues incidunt. Videntur & clamore suo tanquam mu
tationem tempestatis prænunciare, unde nautæ pleriq; de nauigatione sua consilium capiunt. Ple=
ræq; sunt albæ, quædam ad cœruleum uel cinereum colorem dorso & alis inclinant, uentre interim
albo. Britannicis circu'us rubicundus collũ insignit, ut Danicis niger:Lusitanicæ paulò maiores cæ
teris capita acuminata & plumis cristata habent ferè ut upupæ: Prussicarum capita partim albo, par
tim nigro colore distinguuntur.   DE LI=

DE LIBYO.

LIBYVS, λιβυός, & galgulus pugnant, Aristot. de hist, anim. i. 9. interprete Gaza, pro galgulo quidem Græcè κελιός legitur, quam ego auem non galgulu, sed gallinulis aquaticis adnumerandam censeo. Rursum inferius eodem capite hæ duæ aues λιβυός & κελιός, inter amicas nominatur. causam addit philosophus. quoniam celeos iuxta fluuios & nemora degat, libyus (Gaza hic lædus uertit, Alberti translatio habet, dedos serpens manet in lapidibus & montanis) uerò saxa & montes incolat: suisqȝ locis uterqȝ contentus degat pacificè. Quamobrem superiorem locum aut deprauatum, aut abundare iudico.

DE LINARIA.

INARIAM hanc auiculam appellaui, imitatione Gallorum qui linotam uocat, quòd lini seminibus potissimum uescatur. etsi Ruellius linotam uulgò dictam auiculam, miliariam interpretetur. dicuntur autem miliariæ aues quædam à rei rust. scriptoribus quòd inclusæ milio ad cibum pinguescant: uide infra in M. Elemento. Ea quam nos hic pinximus passeris est magnitudine & specie, colore subruffo aut testaceo, passim etiam nigricans aut fusca, cum alibi, tum maximè cauda, alis extremis & dorso, uenter testaceus colore maculis aspergitur fuscis. crura ferè punicea. A milio aues miliariæ dicuntur, ut Varroni placet, quòd (ut arbitror) ad hanc frugem cateruatim se conferant, eoqȝ uescentes pinguescant. Vulgus Gallicum linotas, uel melius linarias appellitat. quia cum rarior apud nos sit usus milij; ad linum & cannabim turmatim aduolent, sicut cardueles ad carduos. inde nomen adhuc uulgo remansit, Ruellius. ¶ Italicè fohonelo dicitur, uel fanello, alicubi canuarola, nimirum à cannabi. ¶ Gallis, linotte. Sabaudis lynnette. ¶ Germanis, Lynfinck/Schöffzlin/Senffling/Flachssinck. Frisijs priuatim Rubin. ¶ Anglis linota. ¶ Turcis, gezegen. ¶ Vide quædam in Carduele ex Alberto.

¶ Eberus & Peucerus eleam siue ueliam auem scribunt esse paruam, colore pulchro, inferne croceo, quæ uoce ualeat, & æstate umbrosa, hyeme aprica loca petat. Germanicè interpretantur gelhempfling: & alteram eius speciem, cineream cognominantes, Heidenhempfling. mihi hæ linariæ species, his quidem nominibus, ignotæ sunt. Eleam quidem auem, uel potius heleam à paludibus quas ab arundinibus summis inspectat dictam, neque linariam, neque aliquam eius speciem esse arbitror.

¶ Gyb, Longolius linariam siue miliariam esse rubetram (batin Aristotelis) putabat, quòd rubis crebrò insideat. Sed quum Anglorum buntinga in rubis tam frequens sit, quid uetat quo minus & ipsa quoqȝ batis dici possit: nihil itaqȝ de hac aue (bati) certum habemus, Turnerus.

¶ Suauiter canit linaria, eaqȝ gratia ut carduelis alitur. Cibus apponitur cannabis, panicum, & auena fracta, inuicem permixta plerunqȝ. Dum in caueis alitur, corripitur quandoqȝ comitiali morbo, ¶ Acanthides, cardueles & linariæ, cornu suspensum rostro trahunt: sed post potum temere delabi sinunt, Albertus. Cum in libertate adhuc est linaria, si accipitrem persequentem euaserit, mirificè cantu sibi de salute gratulatur. ¶ Quomodo capiatur leges in Carduele E. ex Alberto. ¶ Est & linaria herbæ nomen apud recentiores, cui folia lino similia.

Bb 2

DE LINARIA RVBRA.

LINARIAM rubram hãc auem uocare uolui, quòd linariæ fuprafcriptæ congener uideatur uel nomine apud noftros aucupes, etfi rarius capitur. Schöfferle appellant, aliqui(ni fallor, ut circa Francfordiam ad Mœnum) Stockhenfling: Itali circa Verbanum lacum finett. Confiderandum an hic forte fit Oppiani after, nifi is carduelis uulgò dicta eft. Cantu nõ adeò probatur ut fuperior. Magnitudine & figura roftri ad ligurinũ accedit, colore differt. Cocci color in uertice faturatus. In pectore & fupino collo, & ultimæ dorfi pennæ eundē colorem dilutiorem & non continuum habent: licet nonnullæ in pectore ualde rubeant. Ventris color albicat, alæ fubnigræ. Ceruix & dorfum dimidium fuperius pennas è fufco ruffoq́ mixti coloris habent. roftrum flauet, fed medius fuperioris partis angulus liuet, breue, ex lato in acutum definit. ¶ Hæc auis Norimbergæ, ut audio, Tschütscherle uocatur. Aduolant aliquando turmatim, & ferè peftilentia breui fequutura expectatur.

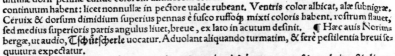

LINVRGI aues, Λινεργοι, capiuntur laqueis(παγίσι καὶ βρόχοις)ut anates & cenchritæ, & alia anferum genera, celerefq́ pheleni & phalarides, Oppianus lib.3. de aucupio. unde nos facile linurgos aues aquaticas & palmipedes effe conijcimus, quæ forte lini feminibus obiectis pafcantur illician turq́, ut cenchritæ milio. mox enim fubiungit poeta, aues iam nominatas aliasq́ plurimas ex amphibijs, obiectis circa lacuum amniúmue ripas, hordei, olyræ aut milij feminibus decipi.

DE LOXIA.

HANC auem lingua Germanica Krützuogel, id eft cruciatam, uel Krumſchnabel, id eft curuiroftram appellat, Illyrica krziwonoſka, id eft naficuruam, à roftri figura utraque. Sola enim hæc auium fummas roftri partes ac mucrones inuicem tranfponit ac decuffat, quare nos loxian ab obliquitate nominauimus. Capitur apud nos non infrequens, magnitudine fupra maximum parum, colore per corpus uario, quē tempore etiam & ætate mutat. Habui ego nuper Septembri captum nigricantem, qui fequente menfe colorem mutabat in magis rubicundum. Primũ rubere folent pectore, uentre & collo inferius, deinde flauere. Cœruleus in uertice, ceruice, & circa oculos color apparet: in cauda & extremis alis è fubruffo nigricans. Crura rubicunda. Hyeme præfertim colorem mutat. Sunt qui colores eius quotannis mutari afferant, ita ut nunc ad flauum, nunc ad uiridem, rubrum aut cinereum magis declinet. Frigoribus gaudet, & canit: æftate ferè filet cum cæteræ aues canunt. Nidificat Ianuario menfe aut Februarij initio in abietibus, quarum etiam nucleis uefcitur. pulli quidē eius multò ante capiuntur quàm aliarum auium.

Vorax

Vorax est auis, simplicis & stolidi ingenij, caueis inclusa rostro ac pedibus sursum deorsumᵹ rep=
titat. hominem fere nihil reformidat. Cepi aliquando manu syluestrem (nisi illa forte alibi cicurata
euaserit)quæ ad alteram quam in cauea alebam aduolauerat, Cannabis semine in primis delectatur.
Cum satis biberit, pocillum rostro reijcit, si extrahere possit: forte quòd imaginem sui conspiciat.
Cantillat interdum satis suauiter. Audio eam cadaueribus quoᵹ uesci, æstate non insuauem esse in
cibo.   ¶ Quærendum an hæc sit Aristotelis chlorion: etsi illam potius, quam galbulam Latini uo
cant, hodie uulgò regalbulum circa Bononiam, chlorionem esse coniectem.

DE LVSCINIA.

A.

LVSCINIAM ex Latinis pleriᵹ alio nomi=
ne philomelam nuncupant, ut hirundinem
Prognen, propter fabulã quam in Hirundine
retuli. Græcorum uerò pleriᵹ philomelæ no
mine non lusciniam, sed hirundinem accipiunt. Philo=
mela dici debet non philomena, suffragante Pausaniæ
authoritate, qui φιλομίλαρ dicit, Cælius.   ¶ Thachmas
Hebraïcam uocem, aliqui lusciniam interpretantur, alij
aliter: uide in Laro A. sic & ranan, aliqui lusciniam, alij
aliter. uide in Gallo syluatico.   ¶ Enondon, ruscinio=
lus auis, Syluaticus. uox corrupta uidetur à Græca ae=
don, ἀηδώρ, quæ lusciniam significat: ut & audon, apud Auicennæ interpretem. Odorbrion, id est
russignolus auis, Syluaticus. Hodie uulgò à Græcis adoni uel aïdoni uocatur, Bellonius. scribunt
autem ἀηδύνη uel ἀειδύν.   ¶ Italicè rosignuolo, roscignolo, ruscigniuolo, roscignuolo, uscigniuolo,
lusigniuolo. Luscinia æstate cum colorem uocemᵹ mutauit, in Italia alio nomine appellatur, Ari=
stot. Hoc nomen (inquit Niphus Italus) quo luscinia æstate dicatur, non est traditum à Latinis nec
notatum: licet Albertus dicat apud Italos hyeme lusciniã dici unisonum.   ¶ Hispanicè ruissennór.
¶ Gallicè rossignol uel roussignol, quod tamen nomen (Bellonio teste) etiã phœnicuro attribuunt,
appellantes illum rossignol de mur.   ¶ Germanicè Nachtgall.   ¶ Anglicè nyghtyngall.   ¶ Illy=
ricè slawik.

B.

Lusciniarum color æstate mutatur, Plinius & Aristot. Luscinia tum colorem tum cantum mu
tat, Iidem & Clemens in Pædagogo. Poëtæ hanc auem à ceruicis colore χλωραύχχνα & ποικιλόθειρορ
cognominant: id est collo insignem uario, aut uiridi, nisi synecdochicè per collum uocem accipias,
quam uariam & floridam ædunt. Lusciniæ & atricapillæ proprium est præter cæteras aues ut lin=
guæ summo acumine careant, Aristot. Linguis earum tenuitas illa prima non est, quæ cæteris aui=
bus, Plinius.

C.

Philomenæ uermibus uictitant, formicas auidissimè legunt, & oua earum, & ex his conuales=
cunt infirmæ, Albertus. Plura de cibo earum leges infra in E.   ¶ Nidificant ferè inter frutices &
in sæpibus loco denso non procul à terra. nidum è folijs arborum, paleis & musco parãt oblongum.
¶ Luscinia aliquando coit cum xanthiuro, (phœnicuro) Christophorus Encelius.   ¶ Parit æstate
quinᵹ aut sex oua, Aristot. Vêre primo parit, cum plurimum sena oua, Plinius. Minores aues,
ut philomena & alauda, semel anno pariunt quatuor aut quinᵹ oua, Albertus.   ¶ Cuculus cum
in aliarum auicularum, præcipuè curucæ, tum in lusciniæ nido aliquando parit, ut audio.   ¶ He=
siodus testatur lusciniam solam ex omnibus auibus somni expertè esse, seduloᵹ in uigilijs uersari,
Aelianus in Varijs. Luscinia peruigil custos cum oua quodam sinu corporis & gremio souet, in=
somnem longæ noctis laborem cantilenæ suauitate solatur, quò possit nõ minus dulcibus modulis
(ut mihi uidetur) quàm fotu corporis oua animare quæ souet, Ambrosius ut quidam citant. Neᵹ
quantum lusciniæ dormiunt, ουδ'' ὅσορ ἀκηδύνΘ ἱωπίωσορ, (prouerbium quod recitatur à Varino,) in eos
conuenit qui somni parcissimi sunt. Lusciniæ minimum dormire feruntur, uel propter Ityn extin=
ctum, uel ob timiditatem. Equidem magis arbitror dictum, quòd lusciniæ uernis mensibus per om
nem ferè noctem perpetuo cantu garriant, Erasmus Roter.   Ἀκηδύνωρ ὑπΘ (δ᷉) μὺῑ ὑπνΘ ῤ ἐλάχιϚορ, ὑπὸ δῖ
λύπης ῤ ϛοφρότατορ, Hesych.   ¶ Luscinia æstate adulta non diu apparet. abdit enim sese & latet,
Aristot. Hyeme non cernitur, Plinius. Conditur ab autumno usᵹ ad uernos dies, Aristot.
¶ Cantus. Luscinia Græcis ἀηδώρ dicitur, ut Grammaticis placet, ἀξ τὸ ἀεὶ ἀδ'ειρ, quòd sine in=
termissione ferè cũ cœpit, canat. Catrei auis uox acuta & cõcisa est, sicut lusciniæ, Aelianus. Ευσο=
μύαρ uerbum de lusciniarum uoce Pollux habet. Scribere me uoces auiũ philomela coëgit, Quæ
cantu cunctas exuperat uolucres. Dulcis amica ueni noctis solatia præstans, Inter aues etenim
nulla tibi similis. Tu philomela potes uocum discrimina mille, Mille potes uarios ipsa referre
modos. Nam quamuis aliæ uolucres modulamina tentent, Nulla potest modulis æquiuale

Bb   3

tuis. Insuper est auium spatijs garrire diurnis: Tu cantare simul nocte diecȝ potes, Author Phi=
lomelæ. Luscinia canere solet assidue diebus ac noctibus quindecim, cum sylua frōde incipit opa=
care,dein canit quidem,sed non assiduo,mox adulta æstate, uocem mittit diuersam,non insuper ua
riam,aut celerem,modulatamcȝ,sed simplicem,colore etiam immutatur, Aristot. Colorem & uo
cem per æstatem in aliam speciem immutat,necȝ enim sic cantum uariat, distinguit, inflectit, acuit,
quemadmodum uerno tempore,Aelianus. Lusciniis diebus ac noctibus continuis 15. garrulus si=
ne intermissu cantus,densante se frondium germine,nō in nouissimum digna miratu aue.Primum
tanta uox tam paruo in corpusculo, tam pertinax spiritus. Deinde in una perfecta musicæ scientia
modulatus æditur sonus:& nunc continuo spiritu trahitur in longum, nunc uariatur inflexo, nunc
distinguitur conciso,copulatur intorto,promittitur reuocato: infuscatur ex inopinato:interdum & 10
secum ipse murmurat,plenus,grauis,acutus,creber,extentus,ubi uisum est uibrans,summus, me=
dius,imus.Breuiitercȝ,omnia tam paruulis in faucibus,quæ tot exquisitis tibiarum tormentis ars ho
minum excogitauit: ut non sit dubium hanc suauitatem præmonstratam efficaci auspicio, cum in
ore Stesichori cecinit infantis.Ac ne quis dubitet artis esse,plures singulis sunt cantus, & nō iidem
omnibus,sed sui cuicȝ. Certant inter se, palamcȝ animosa contentio est. Victa morte finit sæpe ui=
tam,spiritu prius deficiente quàm cantu. Meditantur aliæ iuniores, uersuscȝ quos imitentur acci=
piunt.Audit discipula intentione magna & reddit, uicibuscȝ reticent, (audit attenta discipula,red=
ditcȝ uicibus cantum,ut citat Author de nat. r.)Intelligitur emendatæ correctio,& in docente quæ
dam reprehensio.Ergo seruorum filiis precia sunt,& quidem ampliora quàm quibus olim armigeri
parabantur.Scio sestertiis sex candidam (Sestertia sex,150. coronati) alioquin,quod est prope inusi 20
tatum,nēhisse,quæ Agrippinæ Claudij principis coniugi dono daretur. Visum iam sæpe,iussas ca
nere cœpisse, & cum symphonia alternasse: sicut homines repertos, qui sonum earum, addita in
transuersas harundines aqua, foramen inspirantes, linguaue parua aliqua opposita mora, indiscre=
ta redderent similitudine.Sed eæ tantæ tamcȝ artifices arguitæ à 15. diebus paulatim desinunt, nec
ut fatigatas possis dicere aut satiatas. Mox æstu aucto in totum alia uox sit, nec modulata aut uaria.
Mutatur & color,Plinius. De luscinia Plinius falso scribit quòd à coitu uocem deponat & mutet
colorem.audiuimus enim nos illam sæpe canentem dum oua adhuc incubaret,Albertus:qui Plinij
uerba non recte animaduertisse uidetur. Hæc auis mira modulatione audientes exhilarat. gaudet
ad ortum Solis,præitcȝ lætitia uenientem. uerno tantum tempore cantat, hyberno nunquam. Ini=
tio quidem ueris adeo suæ uocis amœnitate delectatur,ut rarissimè comedat,& hoc cum summa se= 30
stinatione,Author de nat. rerum. Luscinia modulos suos pullos docere, uersuscȝ quos imitaren=
tur tradere uisa est,Aristot. Lusciniæ mares canunt perinde ut suæ fœminæ. fœmina tamen cessat
cantu,cum incubat,pulloscȝ educat, Aristot. Auium quarundam maribus eadem uox quæ fœmi=
nis,ut lusciniarum generi,Plinius. Cicadarum mares tatum canunt,non fœminæ,tanquam sic mo
nente natura mulieres decere silentium.nam & lusciniarum fœminæ ἀμιλῶς (cantu priuatæ, Cælius
Rhodig,) sunt,Eustathius Iliad. r. Luscinia longæ noctis tædia cum oua fouet dulcibus cantibus
releuat,& diem nunciat,Albertus:& catu oua uiuificat,Albertus:ut supra recitaui, Phi=
lomela inter incubandum cantat,& dixerunt aliqui Platonicorum oua eius non posse sine cantu pa
rentis uiuificari,id quod uerum esse (aliqua ratione) uidetur.nam spiritus lenis & calor eleuans san
guinem in talibus animalibus mouet in eis cantus iocūditatem,& desiderium gaudij. talis uerò pa 40
rentum calor incubando magis uitalis est quàm alius, Albertus. Petrus Aponensis Aristotelis
problemata enarrans,philomenas Scotiæ scribit non tam suauiter canere quàm Italicas : & oblecta
ri eas cantu humano. Lusciniæ domesticæ (præsertim mares) ineuntem brumam catu admodum
uocali,tacentibus reliquis produnt,Incertus. Charmidem Massiliensem audio dicentem,non mo
do musicæ perstudiosam esse lusciniam,uerum gloriæ etiam cupidam. Cum enim in deserta solitu=
dine sibi tantum canit,tum simplicem cantum & illaboratum edit: cum autem captiua tenetur, &
non caret auditoribus,cantum uariat,contendit, remittit, exprimit, obscurat, Aelianus interprete
Gillio.Græcè legitur, ποικίλον τι ἀναμέλπτầν,κỳ τακεφῶς ἐλιϯϯầν τὸ μέλఴ. Καταϭ´ϭ ἡ ἀποϭ´ών ϭημαίϭων χα=
ϭ´ℓϑℓℓ ϭυϭνμώταντε ὀϭνίϑఴℓ κỳ πϭφώπầτỗ,Aelianus lib.1. de anim. Atqui in cauea lusciniam minus bene
canere Eberhardus Tappius inter sententias prouerbiales ponit, tanquam libertatis desideriū can= 50
tus earum suauitatem imminuat. Philostratus in uita Apollonij libro 7. adolescentem quendam
scribit philomelas & merulas & alias aues docuisse hominum uoces imitari.

¶ His adiungere libuit narrationem quam amicus quidam uir doctissimus & fide dignus ad
me perscripsit. Quoniam de auibus perscripturus es Gesnere, dicam tibi de lusciniis sermones ho
minum imitantibus mirabile quiddam,ac propemodum incredibile,quod tamē & uerissimum est,
& ipse his meis auribus audiui atcȝ expertus sum proximis Comitiis Ratisbonen. Anni 1546. cum
istic in publico diuersorio ad auream Coronam agerem,habebat hospes tres luscinias separatim col
locatas,ita ut singulæ singulis caueis opacis includerentur. Per id uero tempus uernum , quo alio=
qui continuo ac indefesse cantare solent,aduersa ualetudine ex calculo ita laborabam, ut quàm mi=
nimum mihi somno indulgere liceret. Tum circa , & post quidem mediam noctem, cum nihil us= 60
quam turbarum esset,miras altercationes & æmulationes duarum lusciniarum Germanico sermo=
ne inter sese colloquentium audiuisse plane hominum sermones imitatium, me ob admirationem
propemo=

propemodum obſtupeſcente. Promere enim ac conferre inter ſeſe nocte ſilentio hominum facto, quicquid interdiu ab hoſpitibus colloquentibus inaudierant ac meditatæ fuerant. Duæ autem inter eas erant eius artis inſignes atcp præcipuæ, uix decem pedum ſpacio diſiunctæ, tertia longè remotior aberat, quam non ita lecto decumbens exaudire poteram. Sed duæ illæ mirum dictu quàm inuicem altera alterã laceſſendo ac reſpondendo inuitabant, nec uoces tamen ſimul confundebant, ſed potius alternatim reddebant. Præter autem quotidiana & recenter à conuiuis prolata, duas potiſsimum hiſtorias mutuo inter ſeſe prolixè & à media nocte in auroram uſcp, donec nullus homi-num ſtrepitus fieret, decantabant, & ea quidem modulatione ſua natiua & uario inflexu uocis, ut niſi intentus nemo hominum facile ab illis beſtiolis expectaſſet uel animaduertiſſet. Et quærenti

10 mihi ex hoſpite num linguæ earum fortaſſe nouacula ſolutæ eſſent, aut aliquid loqui edoctæ, reſpon-debat, minimè: num item animaduertiſſet, aut intelligeret quæ noctu occinerent, ſimiliter negabat. Idem dicebat familia tota. Ego uerò qui totas noctes ſæpe dormire non poteram, auſcultabam be-ſtiolas auidius ac diligentius induſtriam earum & certamen profecto admiratus. Altera hiſtoria ſeu colloqutio erat de pincerna ſeu oikete, eiuscp uxore, quæ poſtulantem maritum profecturum in bellum ſequi noluerat. Conabatur enim maritus uxori, quantum ex auiculis aduertebam, perſua-dere ſpe prædæ ut diuerſorio eo ſeruitiocp relicto ſecum proficiſceretur in bellum. Illa uerò recu-ſans ſequi, uel Ratisbonæ manſuram, uel Norimbergam abituram ſe recipiebat. Fuerat utrincp ma-gna & longa contentio, ſed amotis (quantum intelligebam) arbitris atcp hero inſcio hanccp totam reddebant auiculæ. Si quid etiam ſecretius tacendumcp magis inter diſceptandum forte euomue-

20 rant, illæ prodebant, ceu neſcientes diſcrimẽ inter honeſtas & inhoneſtas uoces. Et hanc quidem contentionem & altercationem beſtiolæ ſæpe noctu repetebant, ut quæ firmiſsimè, ut coniiciebam, hærebat, ac probè meditata fuerat. Altera erat tunc imminentis belli Cæſaris contra proteſtantes hiſtoria, & ceu præcinium quoddã, rem enim omnem, quæ paulo poſt accidit, uelut præſagientes ac uaticinantes decantare uiſæ ſunt. Tum & immiſcebant ea, quæ antea contra ducem Brunſuicen-ſem geſta erant. Sed ut ego puto, auiculas illa hauſiſſe omnia ex nobilium ſeu Capitaneorum quo-rundam priuato & clandeſtino colloquio, quod eo loci, ubi auiculæ detinebant, tanquam in publico diuerſorio, frequens eſſe potuit. Hæccp nocte (ut dixi) & præſertim poſt mediam, cum profundius eſſet ſilentium, faciebant. interdiu uero magna ex parte ſilebant, & nihil quàm apud ſe illa quæ forte uel in menſa conuiuæ uel deambulando conferebant, meditari uidebantur. Ego profecto nunquam

30 Plinio noſtro credidiſſem multa adeò miranda de auiculis illis ſcribenti, niſi ipſe has beſtiolas talia promentes & oculis uidiſſem & auribus hiſce audiuiſſem. Necp ſatis ex tempore tamẽ mi Geſnere iam iſta ad te omnia perſcribere poſſum, & ſingula comminiſci longum eſſet.

D.

Philomelas gaudere cantu humano ſcribit Petrus Aponenſis in problemata Ariſtot. Philo-mela, ut expertus ſum, aduolat ad cantantes, ſi bene cantent. & dum cantant, auſcultat tacens, & pò-ſtea quaſi uincere conans canendo reſpondet. Et ſic etiam ſeipſas mutuò prouocant ad cantum, Al-bertus. Sermonem humanum addiſcunt, ut referam in E. Luſciniæ tanquam amantiſsimæ ſuæ ſobolis Oppianus meminit lib. 1. de piſc. Ariſtoteles affirmat luſciniam quæ ad canendum pullum

40 inſtitueret obſeruatam. Aſtipulatur certe, quod inconcinnius canunt, quaſcuncp matres ob exilita-tem uocis amandant. docentur contra quæcuncp degunt unã, diſcuntcp, non quæſtus laudiſue ſtu-dio, ſed quia modulari uolupe eſt, tum quia magis elegantiam quàm uſum uocis amauere, Plutar-chus. Dedit & luſciniis natura miram cõcentus ſuauitatem, hæ pullos ſuos ad cantũ potius quam temere educant: & quorum putauerint eſſe genuinos cantus, illos omni diligẽtia curant: mutos au-tem occidunt, tanquam indignam Atticis luſciniis ſobolem. Quinetiam libertatis amorem tantum pullis ſuis inſtillant, ut ſi capiantur cantum omnino recuſent ac elingues fiant, Oppianus de aucu-pio. Quòd ſi capiatur iam confirmata ætate, & incluſa aſſeruetur in cauea, idcirco ſe & cantu & cibo abſtinet, & pro ſeruitute uenatorem ſilentio ulciſcitur, quia omnium uehementiſsimè auium libertatis retinens eſt, quarum rerum expẽrientes uiri, iam ætate grandes capere omittunt, & pullos comprehendere ſtudent, Aelianus. Luſciniæ pulli ſi qui capiantur adhuc cantandi rudes, interẽcp

50 homines alantur, ideo peius canunt, quòd ante legitimum tempus à magiſtris parentibus ſubducti fuerint. cum igitur aluntur cum parentibus, erudiuntur & diſcunt, non ob quæſtum, ſed quòd ex cantu mirificam uoluptatẽ capiãt, Gillius. atqui noſtri aucupes luſcinias omnes è nido eximi opor-tere ut alij poſsint, aſſerunt. adultiores cibum omnem detrectare. Luſciniam ſi ſe audiri ſentiat ſua-uius canere audio: ſerpentem timere, atcp ideo fruteta ſpinoſa quærere.

E.

Luſcinia auis eſt ſtolida & curioſa, ideócp captu facilis. ſi quis in terra alicubi foſſulam faciat, & diſcedat, aduolat illa curioſè. formicis uel ouis facile ineſcatur. Oppiani uerba de merularum & luſciniarum aucupio, referam in Merula. ¶ Cur me Donace formoſa reliquit? Munera nancp dedi, noſter quæ non dedit Idas, Vocalem longos quæ ducit aëdona cantus: Quæ, licet inter-

60 dum contexto uimine clauſa, Cum paruæ patuere fores, ceu libera ferri Nouit, & agreſtis in-ter uolitare uolucres. Scit rurſus remeare domum, tectũcp ſubire Viminis, & caueam totis præponere ſyluis, Alcon apud Nemeſianum. Luſciniæ educandæ circa initium Maij nidis exi-

Bb 4

muntur, eliguntur autem mares, quorum color aliquanto obscurior est quàm fœminarum. canere illi(pulli Maio exempti)incipiunt mense Augusto paulatim, canuntq́ fere anno toto. Aluntur uermibus quibusdam aquaticis: uel melius farinarijs uermibus, qui apud pistores reperiuntur, & copiosius apud textores pannorum è lino uel cannabi. utuntur enim illi miscela quadam è sursuribus aceto & axungia:qua destillante putrescenteq́ uermes nascuntur, & conseruantur pro luscinijs in furfure. Edunt & carnem, corda bubula, crudam quidem libentius, uel coctam sed absq́ sale, oua gallinacea cocta, & oua formicarum tempore ueris præsertim. Facile pinguescunt, ut etiam extinguantur præ adipe, quare carnem crudam, ne nimis alat, dissectam uel contusam aqua interdum prius abluere solent, cibos pingues non dant. aquam in uase aliquando apponunt, ut si libuerit lauent. Domini & loci consueti mutationem non facile ferunt. Dominum quidem suum agnoscere 10 & amare uidentur. Hyeme ob frigus facile pereunt:quæ in Italia ultra hyemem educatæ fuerint, magno uæneunt. ¶ Habebant Cæsares iuuenes (Drusus & Britannicus Claudij filij)luscinias Græco atq́ Latino sermone dociles:præterea meditantes in diem, & assidue noua loquentes, longiore etiam contextu. Docentur secretò & ubi nulla alia uox misceatur, assidente qui crebrò dicat ea quæ condita uelit, ac cibis blandiente, Plinius.

¶ Lusciniæ domesticæ, præsertim mares,ineuntem brumam cantu admodum uocali tacentibus reliquis produnt, Incertus. Cantu diem nunciant, Albertus. Veris nunciam lusciniam Sappho cognominauit.

F. G.

Auiculas diuersas quæ Augusto mense & autumno pinguescunt ficedulas Itali uocant eo tem= 20 pore (becquefigas uulgò)& inter alias (ut audio)lusciniã quoq́, uel potius auem lusciniæ similem, nimirum curucam. Pro cachecticis in cibo laudãtur alaudæ, lusciniæ, &c. Alexander Benedictus. Heliogabalus sæpe edit ad imitationem Apicij calcanea camelorũ, & cristas uiuis gallinaceis demptas, linguas pauonum & lusciniarum, quòd qui ederet ab epilepsia tutus diceretur, Lampridius. Carnes lusciniæ aiunt in cibo sumptas uigiliam promouere, Aelianus.

H.

a. Aëdon uox Græca usurpatur etiam à Nemesiano poëta Latino. Luscinia incipiente uére non desinit cantare dies ac noctes flebili & luctuosa uoce, unde etiam nomen accepit ut Grammaticis placet. Lusciola (lego lusciniola)quòd luctuose canere existimetur, atq́ esse ex Attica Progne in luctu facta auis, Varro de lingua Latina. Idem de re rust.3.5. ornithotrophiũ operosissimum 30 describens, Intra rete (inquit) aues sunt omne genus, maxime cantrices, ut lusciniolæ ac merulæ. Plautus etiam in Bacchid.lusciniolam dixit. Luscinia dicitur quasi lucinia, quæ cantu suo solet signare diei surgentis exortũ, Isidorus. Luscinia à Cicerone acredula uocatur, Idem. sed Cicero acredulam uertit pro aue quam Aratus ὀλολυγόνα nominat. Pandionis ales:Ouidius ad Pisonem, hirundinem intelligens aut lusciniam. nam Progne & Philomela filiæ fuerunt Pandionis. Vide in Hirundine H.h. Lusciniæ nota est fabula, quapropter Philomena (Philomela potius) & Daulias & Pandaris à Græcis appellatur, Volaterranus. Daulias ales, id est luscinia, à Daulide oppido, Seneca in Hercule Oetæo. Daulia cornix, id est luscinia, Suidas & alij, ut copiosè scripsi in Cornice H.a. Euboi, hoc est luscinia, echinus maris, Kiranides 1.5. Acanthis auis est, quam alij lusciniam, alij car 40 duelem esse uolunt, Grammaticus quidam. nos nostram aliorumq́ de acanthide sententiam, ab initio huius libri retulimus. Ἀηδών, genitiuum facit ἀηδόῦ, Suidas: penultima breui. Reperitur & ἀηδόῦς, contractè ἀηδὼς, poëticè apud Sophoclem:& uocatiuus ἀηδῖ, tanquam à recto ἀηδὼ, ut λητὼ, sic à χελιδὼν, χελιδῦς & χελιδῦ, Eustathius & Varin. Ἀηδών fit à uerbo ἀείδω, mutatione Aeolica ει, diphthongi in η.impropriam diphthongum, Eustathius & Etymologus. Recentiores quidam deriuant ab ἀεὶ & ἀδ́ω, quòd sine intermissione fere cum cepit canat. Ἀηδὼν pro ἀηδόνι, Theocritus Idyl.19. Ἀηδῦνα, Hesychius & Varinus. Τετράσυσον, ἀηδόνα, Iidem. Ἀτθὶ κὁρα μελιδέρπης, &c. Epigrammatum libro 1. sectione 60. Brodæus eo in loco Atthidem hirundinem uel lusciniam interpretatur, ego hirundinem omnino. Ἀ δ́ ἐλελυγὰμ Τηλόγε ὲν πυκινῖσι Βατʼαν πρύγισσην ἀπαύσας, Theocritus Idyl.7. hoc est luscinia (uel hirundo) Ityn deplorans, Scholiastes & Varinus. sed alij aliter interpretantur, ut in Acredula & in Rana c. exposui. Ἀηδονιδῦς, lusciniola, diminutiuum est patrony= 50 micæ formæ. Οἵοι ἀηδονιδῆς ἐφιζζ μῦνοι ὑπὸ δ́ρεφ́ων Γωτῶντι ησφρίγαμ πεφ́ωμ́νοι οἴξ́ου ἀπʼ οἴξ, Theocritus. Est & ἀηδυις apud eundem pro ἀηδὼς, Idyl.19, ut ἀηδῦναρ pro ἀηδὼαρ. Ἄΐπον ὁμοίον Μωσίσδέ Δάφνις τᾳῖσιν ἀηδῦσιν, Theocritus Idyl.7. Ἀηδῦς, lusciniæ pullus, & pudendum muliebre apud Archilochum, & locus in quo cantabant, & officina, (Φγχελιου,) Hesychius & Varinus. Ἀηδῦναμ γχ́ι= alicubi apud Aristot.legitur, ubi Gaza alcyonem transtulit: quære in Alcyone A.

¶ Epitheta. Aëdon uocalis, Nemesianus. Epitheta quædam Philomelæ & Prognæ commu= nia retulimus in Hirūdine h. Aëdon & aëdonis apud Textorem inter epitheta Philomelæ, ipsam potius philomelam siue lusciniam significant. ¶ Ἀηδὼμ δύφων Θ., ἀιολόφων Θ., Oppianus. Ἡ ἀγγελος ἱμ́ρ φ́φων Θ. ἀηδών, Sappho apud Suidam. Λιγυαινὶ Θ. (apud Varinum λιγύμοχ́ Θ.) ἀηδὼν τανυσι= πʼοφε, Aristophanes in Auibus. Λιγέα, εσ́ησεν ἴτυ, ροέα, Aeschylus. Ἡδ́υμελῆ ξύμφωνον ἀηδῦνα μῦσης, 60 Aristophanes in Auibus. Ἀσύνετος ὄρνις, Sophocles in Electra. Οιηρ́ώς ὄμ̇νιέ Θ. ἀηδὼς, Ἰδὲ apud Suidam, Ρωικιλόδ́ εηρ Θ., Hesiodus. Μυλίγηρ Θ., in epigrammate Philippi, Χλωρηἱς ἀηδὼν, uel quòd degat
in locis

in locis uiridibus, ἢ ὡς ἅμα τοῖς χλωροῖς φαινομᵋνῃ. uere enim apparet, uel propter colorᵋ, à quo & apud
Simonidem ἀηδόνᾳ χλωραὐχενᴂ cognominantur, Scholiaſtes in Odyſſ. τ.

¶ Sunt in bombardarum genere, ut uocant hodie, quæ neſcio quam ob cauſam luſciniæ dicunᵗ.

¶ Ἀηδόνᴂ, Sirenes apud Lycophronem, propter ſuauem ac demulcentem earum cantum, Eu=
ſtathius & Iſacius Tzetzes. Ἀηδόνᴂ ἀετλφᴂς, τᴂς ἀυλᴂλᴂς, Lycophron. Libyſſa aëdon (apud autho=
rem innominatum.) quoniam in Carthagine Libyæ mulieres ſunt quæ filios ſuos neſcio qua reli=
gione Saturno ſacrificabant. aliqui ϙηιϻίαμ, id eſt uaſtitatem (uel orbitatem) expoſuerunt, non rectᵋ,
Heſychius. Quidam in epigrammate cicadam aëdóna cognominat, hoc eſt muſicam & ſuauiter
cantillantem. Ἀκελᴂδ τῇ κατ᾽ ἀϙϙᴂν ἀηδόνι, Ἀηδ᾽ὼη pro gloſſide, id eſt lingula tibiæ per metaphoram le=
10 gitur apud Euripidem in Oedipo: qui tibias quoꝗ alicubi λωτίνᴂς ἀηδόνᴂς nominauit, Heſychius &
Varinus. Ἀηδόνᴂ, φδ᾽lὼ κὴ γλωσίδ᾽ᴂ. οἱ δὲ χελιδόνᴂ, Etymologus. Τᴂμ ᴂδ᾽ φη ἀϙϙημώσημ ἀηδόνᴂμῶσημ, Eu=
ripides in Palamede, ut citat Iſacius Tzetzes. Κᴂρκίδᴂ τ᾽ ἀυπόιηπομ ἀηδόνᴂ, ἀημ φη ἐϙείδοις Βακχυλᴂς δὑκεϻ=
τᴂς (ſic habet codex impreſſus) ἰῦ διἐκεμᴂ μἰτᴂς, ut citat Suidas in μιτῷ. Ἀηδ᾽ὼη, Minerua apud Pam
phylios, Heſychius & Varinus. Λᴂμπϻᴂς μημϙᴂς ὑπϙϙομᴂϻᴂνᴂς μᴂσᴂλῳ ϙκᴂλϵϻᴂς ἀηδ᾽όνᴂὼη ἁπίᴂκᴂη ὑμμ᾽ ἀϙδᴂ,
Phrynichus apud Athenæum. ¶ Ἀηδόνᴂι φδ᾽lὴ κὴ ἀηδόνᴂιομ μἰλᴂς, Suidas & Varinus. Κὴλᴂδᴂἱ δ᾽
ἐπίπλᴂυτομ ἀηδόνᴂιομ νόμομ, Ariſtophanes in Ranis, id eſt, Lugubri cantu perſtrepit quaſi filium deflet
luſcinia. Ἀηδ᾽όνὴς, luſciniola, & locus in quo canebant, Varinus.

¶ Fabricius Luſcinus, uiri nomen apud Ammianum Marcellinum libro ʒ. uidetur autem Lu=
ſcinus à luſco potius quàm à luſcinia deriuatum. ¶ Aedōn, Ἀηδ᾽ὼη, uocabatur maxima natu filia=
20 rum Pandarei, ut retuli in Hirundine h.

¶ b. Curuca minor eſt luſcinia, ſed eadem corporis figura, colore ſubuiridi, Turnerus. Et rur
ſus, Colore luſcinia & corporis magnitudine auiculam illà proximè refert, quam Angli lingettam,
& Germani paſſerem gramineum nominant. Audio in quibuſdam Heluetiæ montibus, ut circa
thermas Fabarias paſſeri ſpecie & magnitudine non diſſimilem auiculam reperiri, inſtar luſciniæ
canoram, quæ & ipſa forſan è curucarum genere fuerit.

¶ c. Homerum infantem Aegyptijs parentibus ortum, fabulantur cum mel aliquado ex Ae=
gyptiæ nutricis uberibus in os eius manaſſet, ea nocte nouem diuerſas ædidiſſe uoces, hirundinis,
pauonis, luſciniæ, &c. ut recitaui in Columba liuia ex Euſtathio. Luſciniæ uocem aiunt eſſe ἴτυ
ἴτυ, tanquam amiſſum filium Ityn deflentis, ut in Hirundine h. retulimus. Ageſilaus cum inuita=
30 retur ad audiendum quendam luſciniæ uocem egregiè imitantem, recuſauit, ipſam ſe luſciniam
ſæpe audiſſe dicens. Poëtæ cantiones & carmina, ut quæꝗ dulciſsima ſunt, non alijs quàm luſci=
niarum cygnorumꝗ modulis comparant, Plutarchus. Nec querulæ ceſſant tenerum tinnire uo=
lucres, Fluctibus alcyone, denſa philomela ſub umbra, Politianus.

¶ T. Veſpaſiani Strozæ carmen in Philomelam libro 6. Eroticōn.

Aemula diuini ſuauiſſima carminis ales,   Quæ uirides umbras & loca ſacra tenes
Mollibus & uarijs quæ tot diſcrimina uocum   Flexibus humana dulcius arte refers:
Munere pro tali tibi quid philomela rependam?   Præmia que tanto digna labore putem?
Dum uagus huc illuc hortis genialibus erro,   Miror & artifici culta uireta manu,
Hoſpitis officio tu protinus uſa benigni,   Fingis in aduentu carmina mille meo.
40 Nec procul hinc denſis canis abdita frondibus, altæ   Ilicis in ramo populeiſue comis,
Verum hic iuniperi inſidis mihi proxima trunco, Non imitabilibus me uenerata modis,
Et licet hac perſtem tibi tam uicinus in umbra,   Deꝗ tua ſuaui garrulitate loquar:
Nil tamen ipſa times, nec gutturis iſta canori   Sedulitas ideo dulce remittit opus.
Grata ſed in longum luco reſonante querela   Ducitur, argutis continuata modis.
Nos uerò tali quoniam dignaris honore,   Dicimus in laudes hæc tibi pauca tuas,
Humanas auium quæ mulcent cantibus aures   Cedere carminibus carmina cūcta tuis.
Viue diu, ſimiliſꝗ tui generata propago   Finiat extremum non niſi ſera diem.

¶ εἰς δ᾽ ὅτι Πανδ᾽αϻίᴂ κᴂϙη χλωϙηΐς ἀηδ᾽ὼη
Κᴂλὸμ ἀϵίδησημ ἰαϙϙ φ νἰᴂη ἱϛᴂμἰμᴂιᴂ,   Δϙφδ᾽ϵίωμ ὢμ πϵτᴂλᴂιϛι κᴂθϵζᴂμἰμη ϙωκινᴂιϛι,
50 Ἠ᾽ πϵθᴂμᴂ τϙωπ᾽ᴂῶϛᴂ χἰει πᴂλυκηχἰᴂ φωνᴂ́,   Γᴂᴂλ᾽ ἀλᴂφυϙᴂμἰνη ἴ᾽τυλᴂμ φίλᴂμ, ὅμ πᴂτϵ χᴂλκᴂ́
Κτᴂνε δ᾽ ἀφϙᴂδ᾽ίᴂς κᴂϙημ Ζηθᴂιᴂ ἀυᴂκϖϙ,   δἰς κᴂᴂἰμᴂι δ᾽ηᴂ θυμᴂ́ς ὀϙώϙϵτᴂι ὧδᴂ κὴ ὧδᴂ, Penelo=
pe apud Homerum Odyſſ. τ. Πᴂλυκηχἰᴂ φωνᴂ̄, multiſonam uocem, hoc eſt quæ multis mutetur ac ua
riet modis interpretor. aliqui (inquit Aelianus) legunt πᴂλυδ᾽ευκἰᴂ φωνᴂ̄, τὴμ πᴂικίλως μεμμϙμὑϻἰμᴂ, ὡς
τὴμ ἀδ᾽υνᴂίδ᾽ᴂ, τὴμ μηδ᾽ᴂλως εἰς μίμηϛημ πᴂϙᴂτϙᴂπᴂῶσᴂμ. Pandaris ut quondam florente ætate puella
Vêre nouo ramis denſa ſuper arbore mœſtum Ingeminans carmen uarijs loca cantibus implet,
Volaterranus ex Homero. Luſcinia uêre πᴂλυνᴂχᴂ κὴ πᴂικίλως φδ᾽εῖ, Aelianus. ¶ Ἀηδ᾽όνᴂι δ᾽ωνιᴂ
νᴂιηϛμᴂδ᾽ νϙᴂᴂμᴂι πᴂτὶ φὑλλᴂις, Theocritus Idyl. 19. Et rurſus, Ὁνᴂ᾽ πᴂϙημ πᴂκ᾽ ᴂϵϛᴂμ φη᾽ ϛᴂμπᴂλίᴂιϛημ ἀηδ᾽ωη.
Item Idyl. 12. Ὁϛᴂυ ἀηδ᾽ωη Συμπᴂντωμ λιγυφϙμω φ ἀᴂιδ᾽ᴂττ᾽η πετἰμωμ Τᴂϛᴂμ ἰμ᾽ ἀυφϙᴂνᴂς τυ φᴂνεις.

¶ Ὁνᴂι δ᾽ηπᴂς γᴂᴂμ ὀϙνιθῷ ἀηδ᾽ϵς ᴂϛει δ᾽υϛμᴂϙῷ. ἀλλ᾽ ὀξυτόνᴂς ὠδ᾽᾽ᴂς δϙημᴂιϛι. χᴂϙᴂπλὴκει δ᾽ ἐ πᴂϙημ πᴂᴂῦντᴂ
60 δᴂῖπᴂμ, Sophocles apud Suidam. Et rurſus, Ἀλλ᾽ ἰμᴂ́ γ᾽ ἁ ϛᴂνᴂϵϛ᾽ ἀϙᴂϙᴂ φϙϵνᴂς, (Attice, pro ἰομ τᴂς φϙϵ=
ϛιμ,) δ᾽ ἴ᾽τυμ δλᴂφὑϙϵτᴂι, ὄϙνις ἀτυζᴂμἰνᴂ Διᴂς ἀγγϵλῷ. Dicit autem ſe imitari & æmulari luſciniam
meritò lugentem Ityn: quam Iouis nunciam uocat, quòd uer prænunciet, uel diem: uel quòd ſuam

ipsius calamitatem, illam uulgari sermone iactatâ nunciet. ἤ ἄγγελ Θ, ὅιον τέβας, τὸ παρ᾽ αὐτῆς γινέμθνον εἰς τεραιτέαν φύσεως, ut apud Suidam legimus. Ω φίλη, ὦ ξεθη, ὦ φίλτατη ὀρνίθων, πάντων ξύνομαι τῶν ἐμῶν, ὕμνων ξύνιτροφ᾽ ἀηδοῖ, ἦλθεϚ, ἦλθεϚ, ὤφθηϚ ἡδὺν φθόγγον ἐμοὶ φέρϚ· Σ᾽ ἀλλ᾽ ὦ καλλιβόαν κρέκουϚ αὐλόν, φθέγμασιν ἠρινοῖϚ ἄρχε τῶν ἀναπαίϚων, Chorus ad Lusciniam in Auib. Aristoph. In eodem dramate Epops lusciniam sic alloquitur: Ἄγε σύνομαί μοι παῦσαι μὲν ὕπνυ, χῦον δὲ νόμαϚ ἱερῶν ὕμνων, οὖϚ ἐςὰ θείᾱ τόματοϚ θρηνεῖϚ· Τὸν ἐμὸν καὶ σὸν πολύδ᾽ ἀκρυ ἴτων Ἐλελιζομθνον θρηνοϚ· διᾱ φύλλων· δι᾽ ἐρινῶν κομαροκόμων ὅλβων μελέϚ· ῑγνυϚ κεθηϚ καθαρᾱ χωρεῖ (αὐτὶ τῷ χωρήϚει) διᾱ φυλλοκόμου σμιλακοϚ ἄχη, πρὸϚ Διος ἕδραϚ, ἵν᾽ ὁ χρυσοκόμαϚ φοῖβοϚ ἀκούων, τοῖϚ σοῖϚ ἐλέγοιϚ θρηνοιϚ Ἀντιψάλλων ἐλεφαντόϚεμον φόρμιγγα, θεῶν ἵϚησι χορούϚ, διᾱ δ᾽ ἀθανάτων Ϛομάτων χωρεῖ ξύμφωνΘ ὁμὸ θεᾱ μακαρων ὀλολυγή, Αὐλεῖ τιϚ. Tum Euelpis subdit: ὦ zεῦ Ϛασιλεῦ τὸ φθέ γματΘ τόρνιθιϚ, ὅιον κατεμέλιτωσε τἢν λόχμἢν ὅλἢν. 10

¶ d. Qualis populea mœrens philomela sub umbra, &c. Vergilius Georg. 4. ubi Seruius eum speciem pro genere posuisse ait, philomelam pro quauis aue. Nulla auis cum aut fame aut frigore, aut alia molestia afficitur, canit: ne ipsa luscinia quidem, aut hirundo & upupa, quam quidem aiunt præ dolore lugentem canere, Plato in Phædone.

¶ e. Cor lusciniæ si quis ea adhuc palpitante cum melle transglutierit, & aliud cor eiusdem auis cum lingua portauerit, suauis ad loquendum erit, & sonoræ uocis, & libenter audietur, Kiranides.

¶ f. Luscinias soliti impenso prandere coemptas, Horatius Serm.2.3. Lusciniæ plumas cum quidam detraxisset, & parum omnino carnis inuenisset, Vox tu (inquit) es, & aliud nihil, Plutarchus in Laconicis. 20

¶ g. Magi oculos earum (forte eorum, scilicet cancrorum, de quibus proximè dixerat) cum carnibus lusciniæ in pelle ceruina adalligatos, præstare uigiliam somno fugato tradunt, Plinius. Si quis oculos lusciniæ abstulerit, eamᵹ uiuam dimiserit, eosᵹ portauerit, nullo modo dormiet, quandiu portauerit. Fel autem eius cum melle illitum uisum perfectè acuit, Kiranid.

¶ h. Extat Philippi cuiusdam carmen inter Epigrammata Græca 1. 40. de luscinia, quæ boream fugiens quum per mare uolaret delphini dorso suscepta uectaᵹ sit, & illum nantem carminibus suis delectârit, ut uel hoc historiæ Arionis fidem faciat. ¶ In Auibus Aristophanis lusciniæ personam gerit meretricula habitu ornata meretricio, capite uerò lusciniam referens, (plumis nimirum eius auis capiti circumpositis:) unde quidam dicit, ὅιον δ᾽ ἔχ᾽ τὸν χρυσόϛ, simul ad auis uarietatem in collo, simul ad meretricis ornatum respiciens. Apologum accipitris & lusciniæ Hesiodo scriptum, retuli in Accipitre h. ¶ Pandareo filiæ fuerunt Merope, Cleothera, & Aedon. quarũ hæc 30 in lusciniam mutata fingitur: secundum alios Progne in lusciniam, & soror eius Philomela in hirundinem, ut copiosè prosequuti sumus in Hirundinis historia. Sunt qui contra Prognen in Hirundinem, Philomelam uerò in lusciniam transformatam putent.

¶ Picus Martius & luscinia efficaci auspicio habentur, prosperaᵹ semper & felicia decreuerũt, Alexander ab Alex. Mira lusciniæ cantus suauitas, &c. ut non sit dubium hanc suauitatem præmonstratam efficaci auspicio, cum in ore Stesichori cecinit infantis, Plinius.

¶ PROVERBIA. Bubo canit lusciniæ, à Calphurnio Aeg.6. prouerbij specie usurpatur, his uersibus: Nyctilon ut cantu rudis exuperauerit Alcon Astile, credibile est ut uincat acanthida cornix, Vocalem superet si dirus aedona bubo. Videtur autem transtulisse ex isto Theocriti Idyl. 40 1. ΔαφνιϚ ἐπὶ θνάσκᾱ, καὶ τὸϚ λύκαϚ ὤλᾱξᾱϚ ἔλᾱξι. Κᾱξ ὀρίων τοὶ σκώπεϚ ἀηδόνι ταρύσαντο. Et quanquam scops alia auis est quàm bubo, utraᵹ tamen nocturna & absonæ uocis est. Eiusdem sententiæ est etiam illud Theocriti Idyllio 5. Pica cum luscinia certat, οὐ θεμιϚὸν λακων ποτ᾽ ἀηδόνι λῖοϛεϚ ἐριϛδεν, οὐδ᾽ ἔποπαϚ λύκνοισι. ¶ Lusciniæ deest cantio: prouerbialis allegoria (inquit Erasmus) perinde quasi dicas, Mulieri desunt uerba, poetæ uersus, oratori color, sophistæ cauillum. Nulla enim auium æquè canora atᵹ luscinia, etiam fœmina, sicuti testatur Plinius 10. 29. Ego quoᵹ pol metuo ne lusciniolæ desuerit (desuat) cantio, Plautus in Bacchidibus. Tappius etiam Germanis quibusdam usitatum hoc ait, **Sie nachtgall kan nit singen.** ¶ Corui lusciniis honoratiores, cum indocti doctis præferütur, &c. uide in Coruo h. ¶ Lusciniarum musea, Ἀηδόνων μυσεῖα, apud Varinum ex authore innominato in prouerbio Χελιδόνων μυσεῖα, id est Hirundinum musea, cuius sensus côtrarius uideatur, de barbaris & loquacibus & molestis: quale scilicet hirundinum genus est, quod nimio cantu suo audientes magis molestat quàm suauitate oblectet. lusciniæ uerò etsi cum cœpere canant assiduè, tanta tamen earum cantus & suauitas & uarietas est, ut auditores mirificè capiat: sic hominum eloquentia & eruditione præstantium orationes, scripta, bibliothecas, uel etiam doctorum conuentus, pulchrè lusciniarum musea appelles. Sic & Sirenum musea dicuntur, eodem loco apud Varinum. ¶ Lusciniæ nugis insidentes, ἈηδόνεϚ λέσχαιϚ ἐγκαθήμθναι. Proximum illud (Hirundinum musea, inquit Erasmus) ad imperitos & tamen garrulos conuenit, hoc ad eruditos qui tamen immodicè suo studio delectentur, quod genus sunt poetæ potissimum. Plautus in Bacchidibus ad puellam transtulit, Metuo (inquit) ne lusciniolæ desuerit cantio. Quanquam in Græco prouerbio iocosa deprauatio uidetur inesse, ut pro λόχμαιϚ dictum sit λέσχαιϚ. Sumptum est autem ab incredibili canendi 60 tum studio, tum arte, quæ huic auiculæ tribuitur. Λέϛχαι loca dicebantur publica, in quibus colloquendi uel epulandi uel se calfaciendi gratia homines conueniebant: & quoniam pleriᵹ iis in locis

de rebus

de rebus inutilibus sermones miscebant, factum est ut eadem dictio nugas significet, in hoc tamen prouerbio nugas interpretari non placet, cum non ad indoctam loquacitatem, ut Erasmus ipse testatur, sed eruditos sermones pertineat: ut idem nimirum sensus sit etiã superioris prouerbij Lusciniarum musea. ¶ Necȝ quantum lusciniæ dormiunt: uide supra in c. ¶ Luscinia uocalior, prouerbialiter usurpari posse Erasmo placet. Vocalem superet si dirus aëdona bubo, Calphurnius. ¶ Io. Tzetzes in Varijs 8.244. cum parœmias duas commemorasset, Quantum graculi de regno curant, &, Quantum aquilis leges Platonis curæ sunt, subdit: Hæc quoqȝ similis est superioribus parœmia, Syllogismorum quæ cura est lusciniis: siue librorum qualiumcuncȝ Aristotelis: Συλλογισμῶ γάρ τις φροντίζϵι ταῖς ἀηδόσιν: Ἐίτϵ καὶ βίβλων οἱασϵῦ τῆν Ἀριστοτϵλϵίων;

10

DE AVIBVS QVARVM NOMINA INCIPIVNT AB M. LITERA.

MAGNALES aues sunt Orientis ualde magnæ, pedibus magnis (aliâs nigris, malim magnis,) & rostro (scilicet magno) hominibus non nocentes. Piscibus in fluminibus & stagnis insidiantur, quos deuorant, Albert. Eædem forsitan onocrotali sunt.

MATTYES Σ, dictio Macedonica, nomē auis, & lágana quæ è iure eius circunferuntur, Hesych.

MELANDERVS, Μϵλάνδϵρ@, auicula quædam, Hesychius & Varinus: à colli scilicet nigro colore dicta.

DE MEMNONIIS AVIBVS.

AVCTORES sunt, omnibus annis aduolare Ilium ex Aethiopia aues, & confligere ad Memnonis sepulchrum, quas ob id Memnonidas (Memnonias, Solinus) uocant. Hoc idem quinto quoque anno facere eas in Aethiopia circa regiam Memnonis, exploratum sibi Cremutius tradit, Plinius & Solinus. Circa Memnonis sepulchrum quinto quoque anno cum biduo circunuolarint, tertio die pugnam ineunt, & se rostris & unguibus lacerant: deinde reuertuntur in Aegyptum, Albertus. ¶ Terram Mariandyneam aues aspectu nigras incolere ferunt, (Græcus codex noster manuscriptus habet, τ̀ω τ̀ω πϵριὰρ καὶ τ̀ω γϵίτονα Κυζίκῳ ὄρνιθας οἰκϵῖν μέλανας ἰδϵῖν φασι,) quæ figura corporis & forma accipitribus similes esse uidentur: eæ usu carnium cum se abstinent, tum in omniructus ratione se continent, eis enim ad cibum semina satis sunt. Cum autumnus esse

30

cœpit, Ilium gregatim aduolant. Eas autem idcirco Memnonias uocant, quòd rectà ad Memnonis filij Auroræ & Tithoni sepulchrum proficiscantur. id enim uel etiam nunc à Troadis incolis ad ornamentum Memnonis côditum sibi fuisse dicitur, atcȝ Memnonis cadauer ex cæde à matre in Susa tantopere decãtata exportatum fuisse, ut humatione afficeretur, ecȝ dignitate illius exequiarum iusta ei persoluerentur. Aues igitur Memnonis gentiles (ἐπανύμας) quotannis eò proficisci, ibícȝ primum in contrarias partes distrahi, deinde pugnam committere, eamcȝ summa contentione tandiu pugnare, dum ex his media pars pereat, altera uictrix discedat, Aelianus. ¶ Memnones aues (Ὁι ὄρνις ὁι μέμνονϵδ, malim Μέμνον@ in genitiuo, id est, Memnonis aues. Sic & Hesychius & Varinus; Antipsychi, inquiunt, uocantur Memnonis aues) genus à nigerrimis Aethiopibus ducunt, sed Aethiopia relicta, ut quæ nimio calore fœturam impediat, ne nidos quidem in ea struunt (Sol enim stã

40

tim oua omnia combureret) & Aquilonem uersus ac Thraciam feruntur. Cum autẽ ad Hellespontum ac Troiam peruenerunt, super Memnonis sepulchro inter se tanta prælia miscent, ut strepitus alarum scuta resonãtia repræsentet, deinde cum desitum est pugnare circa montem Aesepum (Aesepus est fluuius Lyciæ sub Ida, cuius meminit Homerus lib. 2. & 4. Iliadis) se lauant, & in arena se uolutantes puluere sparguntur, ac super Memnonis sepulchro alas ad Solem siccant, collectũmcȝ pennis puluerem monumento inspergunt: uel hoc argumento, ni fallor, ex humana in auium formam se transijsse, & necȝ regium honorem, necȝ belli meditationem à se negligi declarãtes, Oppianus in Ixeuticis. ¶ Ouidius lib. 13. Metamorph. Memnonides aues è fumo & fauillis rogi in quo Memnon ab Achille occisus cremabatur, primum natas fingit, colore nigro, unguibus aduncis. Aues aliquas in Numidiam atcȝ Aethiopiæ sepulchra peti, Plinius reprehendit. Ουδ᾽ ἐξϵπλήτϵτ᾽ αὐ-

50

τὰς κύκνος ποιῶν καὶ μέμνονας κωδοκϵφαλοπώλης, Aristophanes ut Varinus citat, in Κώδωνορ. Ου τόσον ἠῴοισιν ὀν ἄγκισι πᾶσλα τὸν αϵς ἰ-σϵάμϵνδ πϵθὶ σᾶμα κινϵγατο Μϵμνον@ ὄρνις, Theocrit. Idyl. 19.

DE MEROPE, CVIVS EFFIGIEM EX PETRI
Bellonij peregrinationibus mutuati sumus.

A.

MEROPS, Μϵρ́οϥ, auis nomen usitatũ est Bœotijs, Aristot. Meropes aues uocantur apiastræ, quia apes comedunt, Seruius. Merops qui & apiaster, Gaza apud Aristotelem. Alberto eadem auis muscicapa nominatur, ut suspicor, sine authore. Aëropes uel aëri-

60

podes dicuntur parentes suos alere ut ciconiæ, Aristophanis Scholiastes & Suidas Aristotelem citantes: sed legendum apparet μϵρ́οπϵδ tribus syllabis: quamuis Hesychio etiã & Varino ἀϥρ́οπϵς aues quædam sint. Eberus & Peucerus ἀϥρ́οπϵς dici arbitrantur ab aëreo colore, nos aliam

meropis etymologiam adferemus. Alkemus uel akeuius auis apud Raſim de L X. animalibus, cap. X L V I I I. non alia mihi quàm merops uidetur, ſcribit enim eam apibus ueſci, &c. Marochos pro merope apud Albertū legitur. ¶ In Creta uulgò meliſſophago dicitur à comedēdis apibus, Bellonius. A nonnullis Græcis hodie μελιοσοφος. Meropes aues quę & flori (φλῶροι) dicuntur, Va rinus: nimirum à floridis coloribus. ſed alia auis eſt anthus, quam Gaza Latinè florū reddit. Phlo= rus, Φλόρ®, per o. breue auis eſt, per o. longum uerò, Φλωρ®, propriū uiri nomen, Suidas. Anthum auem à Græcis hodie uulgò florum dici Bellonius teſtatur. ¶ Meropes dicuntur aues, quas in Italia uocant barbaros, Probus in Georgica, ego dardos uel dardaros legerim. darda enim Græcis hodie apiculam ſonat : & dardo circa Bononiam alibíꝙ meropem auem, quæ apes muſcaſꝙ ut hi rundines ripariæ (quæ uulgò ſimiliter Italis dardani, dardanini & tartari dicuntur) uolando deuo rant. Meropes aliter gauli uulgo Italico dicuntur, ut aiunt : & ieuoli, Ant. Mancinellus. Vulgo apud nos grallum appellant, Niphus. ſed idem alibi galgulum quoꝗ grallum interpretatur. Me ropem Neapoli audio lupo de l'api uocitari: in Sicilia picciaferro, à ferrea roſtri duritie. ¶ Hiſpa= nicè aueiurico. ¶ Gallicè dici poſſet gueſpier, Bellonius. ¶ Germanicum nomen fingere li cebit, ein Imbenwolff, uel Imbenfraß.

¶ Darharcaria Latinè meroli (merops) uocatur, & eſt picus uiridis, Albert. Et alibi, Merops (inquit) eſt de genere picorum. Sed longe alia auis eſt picus uiridis, ut hiſtoriam utriuſꝗ & icones conferenti facile erit animaduertere. ¶ Galli & Germani quidam putauerunt meropem eſſe auem quæ Gallicè meſange appellatur, (ea parus eſt Latinorum,) quod falſum eſt, Bellonius. Ebe rus & Peucerus auem Germanicè dictam Krinitz uel Winthalß, meropem faciunt, quum ea om nino iynx ſit.

B.

Auis eſt merops tam uulgaris in Creta, ut nuſquam non in illa uolare appareat: rara alibi, & ip ſis etiam Græcis per continentem incognita, uix unquã uiſa Italiæ, Bellonius. Nos in quibuſdam Italiæ locis ſatis frequentem eſſe accepimus. Colore eſt longè pulcherrimo, quo uel cum egregio pſittaco certat, paulo maiòr ſturno, Bellonius. Etrurſus, Magnitudine ſturni eſt, ſimilis ferè iſpidę uulgò dictæ aui, (ipſe iſpidã alcyonem interpretatur.) Muſcicapa auis eſt maior turture & colum ba, colore pennarum ſicut lanarius, pedes & roſtrum habet ſicut hirundo, Albertus. hæc forte me ropi non conueniunt. Meropes aues ſunt uirides, Seruius. Errat Seruius qui meropem inquit uiridem eſſe & uiridiores pennas habere, Perottus. Pernæ huius auis inferiores pallidæ ſunt, ſu periores cœruleæ, ut alcyonis: poſtremæ pinnulæ rubrę habentur, Ariſtot. interprete Gaza. Græcè legitur, τὰ δ᾽ ἐπ᾽ ἄκρωϙ τῶ πτερυγίωϙ ἐρυθρὰ: id eſt, in ſummis alis rubra. Plinius ex Ariſtotele ſic, Merops eſt pallido intus (in uentre, Iſidorus: quod magis placet) colore pennarum, ſupernè cyaneo, priori (Iſidorus legit pectore. ſed malo priori, cum Græcè ſit, ἐπ᾽ ἄκρωϙ) ſubrutilo. ¶ Meropes ru bentibus ſunt cruribus & ore prælongo, Textor. Græci hodie ſuum meliſſophagum roſtro ob= longo eſſe dicunt: Siculi duriſſimo, unde & picciaferrum nominant. Rictum oris tantum habet muſcicapa, ut muſcas multas in os eius gratia humoris inſidentes capiat, Albertus. Oris rictum habet

habet amplissimum propter muscas & ciniphes, quibus uescitur. rostrum tamen inter aues, comparatione sui corporis habet minimum, & pedes similiter, Liber de nat. rerum. sed meropis rostrum
non uidetur mihi corporis reliqui comparatione in eo minimum. Idem coloris esse flaui audio.

C.

Meropes comedunt apes (inter uolandum instar hirundinum, Bellonius:) unde & apiastræ Latinis dicuntur, & Græcis uulgò melissophagi. Cicadas quoque deuorant, Bellonius. Muscicapis
nomen quia muscas capiunt, quibus solis & uermiculis uescuntur, Albertus. ¶ Regulus atque
merops, & rubro pectore Progne Consimili modulo zinzilulare sciunt, Author Philomelæ. Me-
10 ropes sic dicuntur Græcè, quoniam earum uox multiplicem capit partitionem, à merismo opòs, id
est partitione uocis, Probus in 4. Georg. Longè auditur merops, ac uoce ædit quodammodo instar hominis, qui ore in rotundum clauso sonaret grul gruru ururul, sono tam alto quàm oriolus,
Pet. Bellonius.   ¶ Contrà uolat atq; cæteræ aues. aliæ enim omnes quasi sursum ad oculos uersus:
illa uero retro (ad caudam uersus) uolat. Et profectò naturam uolatus admiratione & insolentia ple-
ni, quem facit hoc animal, summopere miror, Aelianus. Volat ferè cum alijs sui generis auibus,
raro solus, frequens circa montes thymi feraces ubi apes deuorat, Bellonius. Muscicapa pigra est
in uolatu, Albertus. ¶ Solus merops subiens terræ cauernas facit cunabula, Aristot. Cunabula
in terra facit, corporis grauitate prohibitus sublime petere, Nidificat in specu sex pedum defossa altitudine, Plinius. Parit sex aut septem æstate, (ϗ τͷ ὀπῳρᾳ,) in præcipitijs mollioribus, intrò uel
20 ad quatuor cubita subiens, Aristot.

D.

Sunt qui meropes quoq; idem facere confirment, quod ciconiæ, uicemq; reddi, ut parentes non
modo senescentes, uerumetiam statim, cum iam datur facultas, alantur opera liberorū: nec matrem
aut patrem exire, sed in cubili manentes pasci labore eorum, quos ipsi genuerunt, enutrierunt, edu-
carunt, Aristot. & Aelianus. Genitores suos reconditos pascunt, Plinius. Aëropes dicuntur parentes suos alere, & in pennis gestare ut ciconia, Aristophanis Scholiastes. Meropes soliciti sunt
de pullis suis; & quando iam senescunt & uolare nequeunt, pulli fouent eos & alunt quandiu uiuunt, Iorath.

¶ Merops auis est astuta: quæ pullos ne quis capiat mutat de loco ad locum. ipsa quoque cum
aliquem suos pullos quærentem uidet, ad loca diuersa se transmutat, ne forte cognoscatur ubi eos
30 nutriat, Kiranides.

E.

Meropes apibus iniuriam inferunt, Aristot. Vergilius, Aelianus & Florētinus in Geoponicis.
Quare nidos eorum alueis propinquos apiarij tollunt, Aristot. ¶ Pulchritudine eorū inuitat pueros in Creta ut cicadis eos capiant, sicuti apodes, id est hirundines maiores, hoc modo : Acicula instar hami curuata cicadam transfigunt. aciculam filo alligant, cuius ipsi extremitatem tenent. Cicada sic transfixa in aërem euolat, eam conspectam merops impetu petit, & deuorata filo hærente capitur, Bellonius.

F. G.

Merops in cibo improbatur, Bellonius. Caro auis alkemi est austera, prauæ (difficilis) conco-
40 ctionis: utilis tamen contra inflationes, Rasis. Si fel eius misceatur cum gallis, oleo omphacino, capillos denigrat nigredine firma, Idem.

H.

a. Pro merope Auicennæ interpres habet merū. Merops, id est para auis, est omnino uiridis,
quam quidam grangenam uocant, Kiranidæ interpres. Merops uocatur, eò quòd cito hominem
ad amorem conciliet, Idem. Mͤρῳ ϸͷ hominum epitheton est apud poëtas, aliquando autem absolutè sine substantiuo ponitur imperfectè, ut etiam Βρͷͷ, Eustathius & Varin. Mͤρͷ ϸͷ homines di
cuntur ab eo quòd uocem articulatam habeant, & diuisam in dictiones, syllabas & literas : uel quia
linguis & dialectis utuntur diuersis, ὄϖϞ quidem & αͻϭ͗λͻ poëtæ de hominum uoce duntaxat efferunt, Eustathius & Varinus. uel à Merope Coo qui ante Phaëthontem fuit, Hesychius.
50 ¶ Pandareum Meropis Milesij filium canem aureum in Creta furatum aiunt, &c. Eustathius.
Huius Pandarei filiæ memorantur Merope, Cleothera & Aëdon, &c. ut retuli in Hirundine h.
Merops Côus ante Phaëthontis tempora fuit, Hesychius. MͤρͷϖϞ, nomen unius Pleiadum, Eustathius. Merope fuit Atlantis & Pleionæ filia, quæ Sisypho nupsit, atq; ob id fingitur stella inter ple
iades obscurissima, de qua Ouidius: Septima mortali Merope tibi Sisyphe nupsit: Pœnitet, & facti sola pudore latet. Eustathius refert quòd Côs insula olim dicta sit Merope & Meropeis, Mͤρͷ-
πͻͺς (Suidas habet μͤρͷπͻς, ut & Plinius 5. 31. Hercules Troia euersa per Aegæum pelagus redien-
ui tempestatis actus est in Côn Meropidem, ͻͺς Kͷͻ Mͤρͷπͻϭͻα, Scholiastes Homeri in Iliad. f.) quoniam populi quidam Meropes in ea habitarint: deinde Côs à Cô Meropis filia. Merops filius fuit
Triopæ (Thessalorum regis) à quo Coi Meropes dicti sunt, & insula ipsa Mͤρͷπͻς, Stephanus. Idem
60 in dictione Kͷ͏ς, Vocabatur (inquit) hæc insula MͤρͷπϞ Θ (lego μͤρͷπͻς) à Merope gigante, Côs postea
dicta à Cô Meropis filia. Siphnus quoq; insula (eodem teste) olim Merope dicebatur. Merops dictus est unus ex terrigenis gigantibus illis, qui affectasse regnū cœleste dicuntur: hoc est qui turrim

C c

Babel extruxerunt, in qua ædificanda cum interuenerit linguarum confusio, uocumȼ diuisio, qui
eam moliebantur, dicti sunt Meropes, id est diuersarum uocum, ut grammaticus quidam annota=
uit. Meropem Coum fabulantur cum uxoris mortem deflere non desineret, & in luctu hospitio
Rheam suscepisset, in aquilam mutatum semper adesse Ioui: Vide in Aquila h. ex Eustathio & Higino. Meropis Percosij uatis meminit Homerus Iliad.ß. Aëropes populi in Trœzene, & genus
quoddam in Macedonia, Hesychius, scripsimus autem supra in A. meropem quoȼ auem á nonnul
lis aëropem uocari. Legitur & Aërope Atrei uxor, adulterio à Thyeste Atrei fratre corrupta.
Meropus, mons Grecis iuxta Thessaliam, uarijs præruptus anfractibus, unde & nomen habet. nam
cum ex uarijs anfractibus, undiȼ referente Echo, uoces diuersas reddat, ab effecto hãc appellatio=
nem sortitus est, Grammaticus quidam.

¶ e. Si akeuium auis decollata frigatur cum oleo, & inde manus alicuius inungatur, qui po=
stea eam in apes immittat, non lædetur, Rasis. ¶ Merops ad multa facit, sicut & alcyon, Kiranid.
Cor eius ad nimium amorem aptum est, Idem.

¶ g. Meropis cor in cibo cardiacos, ictericos & stomachicos iuuat, Kiranides. Fel eius cum
melle ac succo rutæ suffusionem oculorum sanat, Idem.

DE MEROPE ALTERO.

 EROPEM qui uiderunt, aui quam hic pictam damus non dissimilem esse aiunt, tum co=
loribus tum corporis specie. Mihi quidem neutram adhuc uidere contigit. Ea quam hic
ponimus ab aucupe quodam & pictore Argentinensi (rarissimè tamë circa Argentinam
conspicitur) expressa est, nomine Seeschwalm/id est marina hirundo, uidetur enim par=
tim

tim forma corporis, ut pedum breuitate: partim natura, ut uolatu, & quòd inter uolandum muscis pascitur, hirundinem referre. (Cælius Calcagninus tamen alcyonem hodie uulgò alicubi in Italia hi rundinem marinam nominari scribit.) Versatur, ut audio, circa aquas, crassior merope, uel sturno, (ut pictura ostendit:) rostrum habet oblongum, nigrum, & eiusdem coloris lineam à rostro per ocu lum retro ad colli initium pertingentem: crura fusca, breuia, dorsum ex flauo & uiridi ferè mixtum: caudam & extremas alarum pennas uirides, uentrem & pectus cœrulea. partem sub rostro flauam. synciput ei albicat, uertex & occiput rubent.

DE MERVLA.

10

20

30

40

50

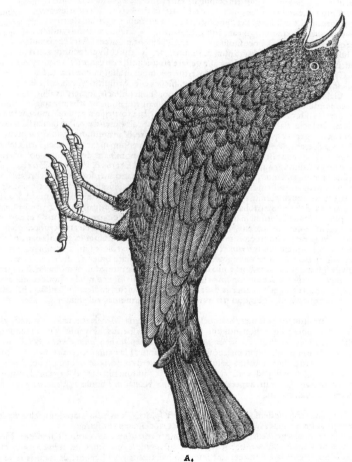

A.

MERVLA fœminino genere tantùm apud classicos authores, à recentioribus etiam me rulus effertur, ut ab authore Philomelæ. quidam à nigro colore uoce nõ Latina nigretum appellauerunt. Archia, id est merulus auis, Syluaticus: nescio qua lingua. Cossyphos certe Aristoteles merulas intelligit, item cottyphos, Hermolaus. ΚόψιχΘ auis, quæ κόσσυς φΘ à nonnullis dicitur, Hesychius & Varinus. Suidas habet κόσσυφΘ per iota in penultima, quod 60 non placet. ΚόψυχΘ, ἀϑ ὀρνέωψ: κόσσυφΘ, ᾧϑ ἰχϑύωψ, Suidas absᶜᶜ authore. proximè quidem scripserat κόψυχΘ εἶδϛ ἰχϑύΘ. ΚόψιχΘ, glossa (uox alicui gēti peculiaris) est: κόσσυφΘ, communius, Eustathius. Merula auis hodieᶜᶜ Græcis κοτζιφός nominatur. Ab hoc Græco nomine corrupto leguntur, apud

Cc 2

Syluaticum cosesos uel cossisos, kepsos: apud Albertū sastozoz uel sarrakoz, cokoylos, folkynos, & chyricos, & socoton. ¶ Hæc quoꝗ barbara sunt, & nescio cuius linguæ, apud Syluaticum omnia, Alsia, merulus: Echus, idem: Euchus, meruli uenter: Nithoseuchis, Idem. item edulcus & ethida, pro merulo. Sed uideo omnia hæc uocabula corrupta esse ab æthyia Græcorū, quæ Latiné mergum non merulum sonat.

¶ Merula Italis dicitur merlo. Hispanis mierla. Lusitanis melroa, Gallis merle. Germanis Amsel: Merl in Germania inseriore, ut Coloniæ, in Hollandia, &c. quidam Flandricé scribunt Merlaer, uel Meerel. Hollandi etiam peculiare uocabulum usurpant een Lyster. Anglis a blak osel, a blak byrd. Illyrijs kos, quæ uox sacta uidetur à Græca kossyphos. Turcis seluek.

¶ Merularum genus unum nigrum & uulgare est, Aristot. Nigra merula rostro rutilo est, colore nigro & nitente, cætera non dissimilis turdo, Eberus & Peucerus. Merularum genus alterum undiquaꝗ nigrum est, (de susco genere intelligo, cui rostrum quoꝗ nigricat:) alterum rostro cereo, κηϱᴂ τᴂ χάλꙇ πϐσϱοιϐε,) idemꝗ magis canorum, Oppianus. ¶ Genus alterum candidum est, magnitudine quidem compari, & uoce simili: sed circa Cyllenam (montem) Arcadiæ familiare, nec usquam alibi nascens, Aristot. in hist. anim. & Plinius. In Cyllene cossyphi penitus albi reperiuntur: à comicis autem qui ita appellantur ex alio genere auium sunt, non canori, Pausanias in Arcadicis. In Cyllene Arcadiæ merulas albas gigni sertur, nec usquam alibi, uoce uaria: ad Lunam progredientes, interdiu uerò, si quis experiatur, captu difficiles esse, Aristot. in Mirab. & Eustathius in Iliados ß. Gallinæ rusticæ in ornatibus publicis solet poni cum psittacis, ac merulis albis, item alijs id genus rebus inusitatis, Varro. Io. Carus qui cum Hispanis (in nouum Orbem) nauigauit albos coruos & merulas isthic se uidisse adserit, Gyb. Longolius. In Noruegia merulæ & monedulæ albicant, Idem. In Heluetia etiā apud nos aliquando captæ sunt albæ merulæ, rostro tamen flauente. ¶ Est etiam ex hoc genere quæ similis nigræ sit, sed susca colore, & magnitudine paulò minor, uersari hæc in saxis & tectis (ᴂπ τῶ κοϱᴂμωϱ) solita est: nec rostrum rutilum ut merula habet, Aristoteles. Quærendum an hoc genus sit quod nostri passerem solitarium nominant, de quo infra post Merulam torquatam priuatim agemus: uel genus illud merulæ quod Eberus & Peucerus Birckamsel, id est merulam montanam interpretantur. Vidi ego nuper Ianuario mense & initio Februarij hoc genus suscum, in uentre ad cinereum colorem inclinans, mas paulò nigrior est & pectore magis ruffo & maculosiore quàm fæmina, rostro color idem in utroꝗ sexu. Autumno adueniunt, & ad cibum tanquam lautæ & opimæ probantur, nostri quoque uocant Birgamßlen uel Hagamßlen. Hanc esse puto cuius descriptionem olim conseci huiusmodi: Auis est paulò infra turdū maiorem, colore nigricat in capite, dorso & alis, ruffo quodā modicé admixto, cauda est atra, crura ex glauco nigricante ruffoꝗ compositum colorem habent, pectus obscuré maculosum ex plumis partim subfuluis, partim nigricantibus. os interius & lingua luteo seu melino colore sunt, rostrum nigrum & concolores digiti, uentris color ex nigro cinereoꝗ mixtis constare uidetur. Albertus enarrans Aristotelis de hist. anim. caput 19. libri 9. pro merula hæc susca(ipse monedulam mōtanam interpretatur, cum merulam dicere debuisset)nomen leneos ponit, cui in Græco nihil respondet, nisi φαιὸς forte ita deprauatum sit. nam Theodorus φαιὸς legit, quod est suscus. codices uulgati βαιὸς habent, quod est paruus: quod non probo, quum mox sequatur, magnitudine paulò minor.

B.

Aristoteles turdum tricháda merulæ æqualem facit, Athenæus, Merula rota ualde nigra est, solo rostro aureo, Kiranides: nigra aliquantulum, susca pectore, Albertus. Hyeme ex nigra redditur ruffa, (ruffescit, Plinius,) Aristot. ξανϐὸς(ᴂποφαιϐϱ, Aelianus)ᴇκ μέλανϱ γίνϱϱα, Aristot. & Clemens in Pædagogo. Varinus cossyphon melanósticton esse scribit. Hæc auis croceum quantulumcunque colorem habet in pectore, (rostro potius:) reliquum uerò corporis occupat nigredo, Author de nat. rerum. Rostrum & pedes crocei habet coloris & multum nitentis, Albertus. Rostrum anniculis in ebur transfiguratur, duntaxat maribus, Plin. Rostrum singulis annis mutant in candorem, Author de nat. rerum.

C.

Merula uersatur in locis densis, consitis arboribus & spinetis, & in sissuris lapidum, Albertus in Aristot. de hist. anim. 9. 11. ubi Aristoteles hæc omnia de trochilo tantum scribit.

¶ Merulæ cantu ualent, Aelianus. Dulcisonæ sunt, & æstate multum canunt, Kiranides. Merula dicebatur olim medula: quia mirabiles uocis modulos reddit, maximé cum uernū tempus imminere prospexerit. nam hyeme tacet, tantummodo balbutiens, Author libri de naturis rerum. Merula domestica dulce canit, & uocis amœnitate seipsam oblectat, Idem. Clausa ergastulis propter pinguedinem diutius cantat: & tunc contra naturam carnibus uescitur, & propter eas libentius cantat, Albertus. Cantui educatur, Volaterranus. Et merulus modulans tam pulchris concinit odis: Nocte ruente tamen carmina nulla canit, Author Philomelæ. Aues quædam per anni tempora tum colorem tum uocem mutant, ut merula quæ ex nigra ruffescit, & uocem cohibet, (τὴϱ φωϱλὴϱ ἴϱχϱι.) Gaza uertit, uocem reddit diuersam. canit enim hyeme uerò strepitat & tumultuantem ædituocem, Aristot. Gaza aliter, Strepitat enim per hyemem, cum per æstatem tumultuans cantet. sed Græcé legitur : ἐϱ μὲϱ γᴂϱ ᴃῶ ϑϱϱὰ ᴂϱϱϱ, τὸ δὲ χϱιμῶνϱϱ πιϱπϱγϱὶ ϰϱὶ φϑϱγγϱϱϱ ϑϱϱ ϱνϐϱδηϱ.

ευῶδὲς, cui lectioni aſtipulatur etiam Aelianus, Κόσυφ𝜎· θρὸς μὲν ἄδἐα, χειμῶνℊ δἐ πατταγε̃ℊ παραργυμένω φθίγγεται, & Clemens in Pædagogo, Γατηγκτικὸς ἐξ ᾠδικῆ γίνεται. Item Plinius qui ſic tranſtulit, Canit eſtate, hyeme balbutit, circa ſolſtitium muta. Merularum genus alterum undiquaꝗ nigrum eſt, (fuſcum uidetur intelligere:) alterum roſtro cereo, quod & magis canorum eſt, Oppianus. In Cyllene coſſyphi penitus albi reperiuntur: à comicis autem qui ita appellātur ex alio genere auium ſunt, non canori, Pauſanias in Arcadicis. Κολιχας οἴζων apud Pollucem legimus. Οἷα πιππίζοι καὶ τρίζωσι βλακτικραγόντας, Ariſtophanes in Auibus de merulis. Philoſtratus in uita Apollonij lib.7.adoleſcentem quendam ſcribit philomelas & merulas docuiſſe hominum uoces imitari.

¶ Merula domeſtica contra naturam carnes comedit, Author de nat. rerum. & propter eas (pin
10 gueſcens) libentius cantat, Albertus. Iiſdem quibus colluriouescitur, Ariſtot. Myrtis, lauris & cupreſſo conſitis nemoribus gaudet: & læta populo, picea pinuꝗ frondoſa, deniꝗ hedera ſe oblectat, Oppianus. Vermes & locuſtas edit, Elluchaſem. Pomis ſorborū, & orni ſambuciꝗ acinis etiam ueſcitur. ¶ Lauare amat, & plumas roſtro purgat, Author de nat. rerum. ¶ Aues quædam ſaliunt, ut paſſeres, merulæ, Plinius. Merum, ſolum antiquis: unde & auis merula, quòd ſoliuaga & ſolitaria paſcitur, Feſtus: quòd mera, id eſt ſola uolitat, Varro. Hyeme uolare uix poteſt propter pinguedinem, Author de nat. rerum. ¶ Plumas non exuit ſicut cæteræ aues, Idem. Pennas nō mutat contra naturā auium, Alber. ¶ Merula hyeme latet, Ariſtot. Quædam cum æſtate æuum degant in ſyluis, hyeme demigrant in finitimos locos apricos, montium receſſus ſecutæ, ſicuti ſturni, turdi, merulæ, &c. Ariſtot. Abeunt & merulæ turdiꝗ & ſturni ſimili modo in uicina. ſed hi plu
20 mam non amittunt, nec occultantur, uiſi ſæpe ibi (aliás, niſi ſpe cibi) quo hybernū pabulum petunt, Plinius, ſed Platina ſic legit, Occultantur hæc animalia ſæpibus, ibiꝗ hyberno tempore pabulum quærunt. Merulæ aliquando in anguſtis montium locis latere conſueuerunt, Georg. Agricola. ¶ Paraſitus quidam in Ariſtophontis Pythagoriſta apud Athenæum inter cætera de ſe gloriatur, ſi frigus ſub dio ferendum ſit, ſe cōpſichon, hoc eſt merulam, eſſe. Ὑπάδεσℊ χειμῶνα ἐλάγειν κόλιχℊ. ¶ Merula bis anno parit, ſed eius primi partus intereunt frigore hyberno: omnium nanque auium prima hæc parit. poſteriorem autem partum educat, & feliciter ducit ad finem, Ariſtot. Merulæ bis anno pariunt, Plinius. Ante exactam hyemem fœtificant, Oppianus. apud nos ferè Martio uel Aprili, ut aucupes narrant. Fatator (deprauatum nomen cōijcio, nec aliam auem quàm merulam indicare) ante alias aues parit: ſed oua eius prima frigore pereunt, ſecūda excludit & pullos educat,
30 Author de nat. rerum. ¶ Nidum durum & quaſi glutino quodam firmatum conſtruit merula. ¶ Lauri folio faſtidium annuum purgat, Plinius. ¶ Mali punici grano perit, Aelianus.

D.

Philoſtratus in uita Apollonij de adoleſcente quodam ſcribit, qui merulas docuerit ſermonem humanum imitari. ¶ Merulæ & turdi (turtures, Ariſtot.) amici ſunt, Plin. Rubeculam audio (cui à rubente pectore nomen uulgus impoſuit) merulam amare, eamꝗ ſequi, & noctu ferè iuxta merulam aut in proxima arbore quieſcere. Merulam crex impugnat. nocet enim ipſi pulliſꝗ, Ariſtot. Merulas, turdos & garrulos (picarum generis) præcipuè infenſas eſſe noctuæ aiunt, & ad eius clamorem mox aduolare.

E.

40 Accipitres capiunt merulas, turdos, &c. Creſcentienſis. Merulas (inquit Oppianus in Ixeuticis) & canoras luſcinias capere licebit laqueo inter denſa fruteta collocato, quem bini orbes conſtituant, ſub intortis ſinibus retis latentes, & marinis retibus, quæ ϊώπκὰς uocant, ſimiles. Intenduntur etiam longiſſimi nerui bubuli, poſita in medio uirga, à neruis funiculus & laqueus ſuſpenduntur. Ad hæc eſca imponitur uermiculus aliquis, aut lumbricus, qua ineſcata auis illaqueatur, & omnibus illis quæ ad capturam deſtinata erant, circumactis, detineatur. Cæterum in merulas alium etiam captionis modum adoleſcētes excogitarunt. Scrobem hyeme fodiunt, cum auis maximè cibi inops eſt, & oliuæ aut lauri baccam inijciunt, ac propè teſtæ fragmentum uel lateris ponunt: ſcrobi item paxillum inſerunt, quo teſtas binas intendunt. Apponitur & altera auis laqueo ligata. Sic omnino merula famelica aduolabit, & ſcrobem ſubibit, Hæc ille. ¶ Merula cantui educatur, Volaterra-
50 nus. uide in c. Varro de re ruſt.3.5. ornithotrophion operoſiſſimè deſcribens, Intra rete (inquit) ates ſunt omne genus, maximè cātrices, ut luſciniolæ ac merulæ, quibus aqua miniſtratur per canaliculum, cibus obijcitur ſub rete. Merulæ quomodo clauſæ ſaginentur, in Turdis leges. ¶ M. Varro principatum dat ad agros lætificandos turdorum (& merularum, ut ipſe Varro habet 1.38.) fimo ex auiarijs, Plinius.

F.

Tum pectore aduſto Vidimus & merulas poni, & ſine clune palumbes, Horatius 2. Serm. Galenus in libro de cibis boni & mali ſucci, merulas numerat inter cibaria laudata, & neꝗ tenuem neꝗ craſſum ſuccum gignētia. Merularum caro durior eſt quàm perdicis, columbæ, gallinæ, &c. Idem libro 3. de alimentis. Aluum aſtringit, Celſus. Merulæ improbantur in cibo, eò quòd uer-
60 mibus & locuſtis paſcantur: unde carnis acrimonia in eis percipitur, & odor ingratus. ſed neꝗ colore placent, deteriores cuzardis, (id eſt alaudis,) Elluchaſem ex quo etiam Mich. Sauonarola quædam repetijt. Turdorum & merularum carnes ſunt calidæ & ſiccæ in fine primi gradus, uſq; ad

Cc 3

principium secundi, ut Iesus docet. Eligi debent pingues & laqueo uel retibus captæ secũdũ Bal-
dach.nonnulli præferunt captas cum aue, (noctua.) Difficiles sunt concoctu:quod caueatur si in iure humectante decoquantur.Merulæ quidem turdis (ego turdos merulis prætulerim,quod & Volaterranus facit:merulas sturnis) sunt meliores,Mich. Sauonarola. Merulæ tardè concoquuntur,
parum alunt, melancholiam augent, Platina. Medici Salernitani inter aues laudatas eam nume-
rant.Arnoldus teneram eligit. Alexander Benedictus etiam pestilentiæ tempore eam laudauit.
Arnoldus interdicit eius cibo illis quos hæmorrhoides crebrò uexat,& maximè pulsantes. ¶ De
merulæ coctura,dicetur aliquid in Pauone.   ¶ Ad artocreas è merulis: Accipe caseum optimũ,
& indito in auem medullam bubulam,lardum minutatim incisum,& gingiber,Coquus Gallicus.

G.   10

Merulæ torminosis in cibo prosunt,Marcellus. Turdus inassatus cum myrti baccis dysenteri-
eis medetur:item merulæ, Plinius. Oleum uetus in quo merula discocta est donec dissoluatur,in-
unctum opisthotonon & ischiadem curat,Kiranides. Merularum (sturnorum potius,quos oryza
pasci ut simo eorum crocodilea adulteretur, Dioscorides meminit) qui oryza uescuntur,simus tri
tus & cum aceto mixtus,morpheæ nigræ impositus,& lentiginem quoqʒ extirpat,Hali.

H.

¶ a. Merum solum antiquis. unde & auis merula, quòd soliuaga est, & solitaria pascitur, Festus. Isidorus merulam ait antiquitus medulam uocatam eò quòd moduletur. Merulæ nomine
fœminino mares quoqʒ sunt, Varro. Τὼπις,merula,Hesychius & Varinus. Brenthum aliqui merulam interpretantur,Iidem.uide in Brentho supra inter Anates. Sisofigius auis merula, Syluati- 20
cus. mihi potius motacilla uidetur, uoce corrupta à Græco σισσπυγις. Pausanias Bœoticarum gal
linarum duo genera describit,quorũ alterũ cossyphos,id est merulas appellat , à colore scilicet atro.
¶ Fungos qui riguis prodeunt, longo pediculo, callo corporis in turbinem mucronato , Galli
uulgò merulios uocãt,non à merula aue,sed à metʒ figura,quasi metulios,ut Ruellio placet. ¶Est
& merula saxatilis piscis Plinio,nimirũ à colore auis dictus , quem Græci ab eadem aue cóssyphon
nóminant. A merula merulatim pro solitariè dicimus,Grapaldus. ¶ Cornelius Merula consu-
lari familia ortus nominatur à Varrone de re rust.3.1. Georgius Merula Alexandrinus uir inter
utriusqʒ linguæ cognitione claros floruit circa annum Salutis M. D. XCIIII. ¶ Merula fluuius
est qui Albingæ ciuitatis latus alluit, alio nomine Centena dictus,quia centenis amnibus augeatur.
¶ b. Caprimulgi appellantur aues grandioris merulæ aspectu, Plinius. Merula sandaricino 30
colore,Næuius apud Festum.sed color sandaracæ rostro merulæ duntaxat conuenit.
¶ c. Euolare merulas, Cicero 5. de finibus. ¶ Κόσσυφοι ἀχεῦσι ποικιλότραυλα μέλη , Incertus in
epigrammate. ¶ Ferunt merulam quandam olim adeò excelluisse in nouem modis uocum,qui-
bus omnis cantilena componitur,exprimendis,ut nullus hominum perfectè illam imitari potuerit:
eamqʒ quasi ostentantem sæpe in præsentia hominum nouem ordine notas formasse , Albertus &
Author de nat. rerum. Homerum infantem Aegyptijs parentibus ortum fabulantur,cum mel ali
quando ex Aegyptiæ nutricis uberibus in os eius manasset,ea nocte nouem uoces diuersas æddidis-
se,hirundinis,pauonis,columbæ,merulæ &c,ut recitaui in Columba liuia ex Eustathio. ¶ Herbæ quas à radicis figura testiculos & satyria uocant, ex spermate turdorum & merularum nasci uidentur,Hieron. Tragus.   40

¶ In merulam quercui insidentem Argentarij epigramma.

Μηκέτι νῦν μινύρεζε πὸα δρυΐ,μηκέτι φώνα	Κλωνὸς ἐπ᾽ ἀκροτάτη κώσσυφε λεκλιμέλΘ·
Ἐχθρόψ Ϭι τόδε Αγ(άδε)ρυ,ιπείχεο δ᾽ ἄμπελος φύτα	ἈντλΜΘ,γλαυκῶν σύσκιΘ ἐκ πετάλων.
Κεῖνης τάρσου σφείδεου ἐπι λιλάδου,ἀμφί τε λεάνη	Μέλπ᾽,λιγυὶ πτεχέων ἐκ σόματΘ βέλαδου.
Δρὺς γάρ ἐπ᾽ ὀρνίθεσσι φοβρέ πὸυ ἐλαφροπόυ ἰξόυ.	Ἡ δ᾽ε,ὄστρωμ,ἐφ᾽γά δ᾽ ὑμνοπόλυς βρόμυΘ·.

¶ Archiæ epigramma in merulam quæ è reti euasit turdis detentis.

Αὐταῖς σὺ λίχλυσιν ὑπὲρ φραχμοῖο σλαχθεις	Κώσυφε ἄλεις κόλπου δ᾽ἐν νεφέλης.
Καὶ τὰς μὲν σιωοχνεδου αὐνκέροομΘ ἄχματι θώμυξ,	Τὸν δὲ μόνον πλεκτῶν αὖθι μεθῆκε λίνων,
Ἱρόψ,ἀοιδοπόλων ἔτυμος γόνΘ·, ἢ ἀρα πόλλυ	Καὶ λωφοὶ πηνῶμ φροντίδ᾽ ἔχωσι πάχαι.

¶ e. Testudo fit magna,in qua millia aliquot turdorum ac merularum includi possint, Var- 50
ro. ¶ Τοῖς τε λιοψίχοισιν ἐς τὰς ρίνας ἐγχεῖ τὰ πτερά, Aristophanes in Auibus,ubi Scholiastes,Merulæ
(inquit) cum oua pariunt, pungunt ea. quamobrem aucupes pennas eis inserunt, ut rostra pennarum mollitie hebetent,uel ne pituita laborent, (ἵνα μὴ κορυξ̃ωσι, lego κορυζ̃ωσι,) aut iugulatis pennas in
serunt,ut ab illis suspensæ ab omnibus conspiciantur.
¶ f. Apud Nicostratum quidam emi ad cibum iubet, νηΐία κgλ κοψίχος. Κομψέα,carnes merularum,Hesychius.
¶ h. Σὺ κοψίχω γ᾽ἔοικας σπάζιορ ἀρπέλαμένω,Aristoph.in Auibus.Scaphium (inquit Scholiastes
& Suid.) tonsuræ genus est,ἱερά ἢ ἐν χρẽ.ὁ δ᾽λῖπΘ·,τὸ πὲ μετώπη λεκοσμῆσδαι.
¶ VENATRIX auis (Ἀχευς) uenatica & captiosa, colore nigro , merulis affinis est,&c. uide
supra post Laniorum historiam.   60
¶ Est quoddam merularum genus quod CAPRIMVLGVS uocatur,Albertus. Aristoteles magnitudine tantum merulæ caprimulgum confert,ita ut paulo maior sit,alioqui auis nocturna est.

¶ Brabandi

¶ Brabandi uulgò aues quaſdā totas lutei uel aurei coloris, ut audio, Goldmerles, hoc eſt ME-RVLAS aureas uocant, uel OLIMERLES. Ego hanc auem eſſe puto quæ obſcuris quibuſdam Latinis ſcriptoribus oriolus dicitur, quam Plinius uidetur picorum generi adnumerare, ſed ea nigrum colorem in alis habet, non tota aurea eſt.

¶ Verbani lacus accolæ Italico ſermone MERVLAM alpinam nominant auē, merle alpadic, quam nos ſupra Caryocatactē appellauimus: ſed merulam torquatā potius ſic uocandam coniicio.

¶ Auis quædam Germanis uocatur Brachuogel uel Brachamſel, id eſt MERVLA noualium, quòd in noualibus agris ferè degat, & circa loca paluſtria, roſtro & cruribus oblongis, corporis reliqui ſpecie uel magnitudine non diſsimilis merulæ puto, uide ſupra in capite de Gallinulis terreſtribus.

DE MERVLA TORQVATA.

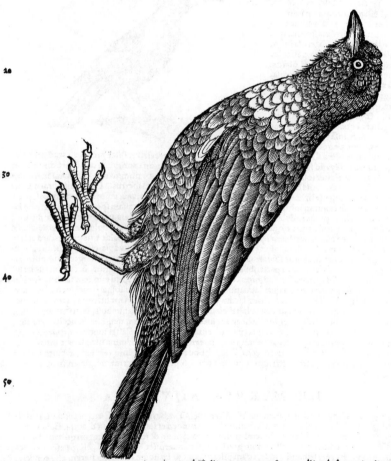

MERVLAE tertia quædam ſpecies à Gallis uocatur merle au collier, habet enim lineā albam ſub gutture uerſus pectus: quæ totum eius collum ambit. Hoc genus maximè abundat in ualle Morienna & uallibus Sabaudiæ, Bellonius. Apud nos etiam circa montes reperitur: & uulgò nominatur Ringamſel, hoc eſt merula torquata: uel Waldamſel, id eſt merula ſyluatica. Magnitudine ferè & colore turdi eſt, inter collū & pectus parte prona plumas

Cc 4

habet albas duorum digitorum latitudine, reliqua pars tota inferior uaria & maculosa est, nigris in medio pennis, ambitu albis, rostrum inferius subflauum, tota pars superior fusca, alarũ pennæ margine extrinseco albicant, præsertim quæ in medio sunt. Auis barbatula est ut turdus. Nomina ei apud nostros diuersa, Birgamsel/Steinamsel: hoc est, merula montana, merula saxatilis. Roßamsel, quod in syluis uermiculos quærat in fimo equino. Ruteramsel, forte quòd circa Curiam Rhætorum in montibus degat, sed Birgamsel uocatur etiam merula fusca non canora, de qua supra in Merula A. Italis quibusdam merulo alpestro.

DE PASSERE SOLITARIO.

EST etiã ex merularũ genere quæ similis nigræ sit, sed fusca colore, & magnitudine paulò minor. uersari hęc in saxis & tectis solita est: nec rostrũ rutilum ut merula habet, Aristot. Merula fusca, id est nec nigra nec alba, passer solitarius est à recentioribus dictus. quoniam soliuaga est, & tecticola, & saxicola, Niphus: cuius sententię ego quoqȝ astipulor, cõueniunt enim, genus merulæ, color, magnitudo, & habitatio. Alia, sed huic congener, ut conijcio auis est, de merularum & ipsa genere, in saxis habitans, unde petrocossyphus, id est merula saxatilis à Græcis uulgò dicitur, à nostris Steinrötele, similiter propter cantũ pretiosa, de qua supra in Cyano scripsimus. Est & alia merula fusca, non canora, de qua supra diximus in Merula A. ¶ Passer solitarius circa Tridentũ merulus solitarius nominatur. Romani merulum stercorosum uocant, quia habitat in latrinis antiquis & rimosis, Albertus. Germani nomen Latinum seruant Passer solitari, ab Italis nimirum acceptum. in Germania enim hanc auem nasci non puto, sed ex Italia tantum mitti, uel Rhætia nobis transalpina, quæ Italiam spectat. circa Larium lacum in dumosis rupibus nidulatur: & solitarius degit, non cũ alijs auibus, unde nomen: nec mirum, cum de genere merularum sit, quibus inde nomen quòd meræ, id est solæ uolitent. Mediolani & Geneuæ in foro aliquando has aues uendi aiunt magno pretio. Grapaldus imperitè carduelem putat esse passerem solitariũ suauiter cantillantem. ¶ Passer solitarius auis est nigra, (fusca,) merula minor, canora: & dicitur solitarius, quia cum nullo sui generis unquam congregatur nisi tempore generationis. Versatur in parietibus, & cum alijs passeribus coniungitur, & cum eis uolat ad pasium, eos qui sui generis sunt omnino contemnens, Albertus. Apud eundem falconarius Federici Imperatoris ad remedia quædam utitur fimo passeris Indici siue solitarij, uel loco eius passeris communis. Vidi ego iuxta Larium lacum passerem solitarium, uel montanum ut uocabant, fœminam ni fallor: quæ eadem cum merula habebat communia quæ cyanus auis, (ein Steinrötele,) nempe rostrum, pedes, & magnitudinẽ. caput cinereum ferè: dorsum, uentrem & pectus cœrulea, (uersus Solem præsertim:) alæ & cauda uno colore nigricabant. ¶ Passer solitarius, σποδιον μοναϰον, auis aliquanto grandior passere ac subnigrior, solus per domorum culmina incedens, cantu suauis, Calepinus. ¶ Passer solitarius in tecto, Zippor boded al gug, Psalmo 102. hinc factum puto ut recentiores passeri, quem solitarium cognominant, nomen imposuerint. neque enim apud ueteres reperitur.

DE MERVLA AQVATICA.

AVIS hæc à nostris appellatur Wasseramsel/Bachamsel, hoc est merula aquatica uel riualis. Lucarni & circa Verbanum lacum nomen ei folor, uel folun d'aqua, Bellinzonæ lerlichirollo. Mense Nouembri aliquando captam & in cibum paratam gustaui, saporis erat mediocris, non admodum grati. Vescitur uermiculis aquaticis, illis præsertim quos nostri uocant Kerderle: haud scio an etiam pisciculis. ¶ Eandem aut congenerem esse conijcio, quam Turnerus in Alcyone describit, cornicem aquaticam nominãs, sturno paulò minorem, &c. cuius uerba recensui supra post Cornicem uariam. Cognata etiã illa uidetur, quam cinclũ Turnerus facit, Germani puto Lyßliker appellant, cuius effigies inter Motacillas ponetur. ¶ Nostra quidẽ merula aquatica capite & dorso fuscis est: alis partim nigra, partim cinerea: collo & pectore alba: uentre rubicundo, cum maculis quibusdã albis aut cinereis, cruribus roseis, cauda nigra breui. rostro

rostro nõ longiore ferè quàm merularum, nigro: fidipes. ¶ Cæterum Eberus & Peucerus etiam palmipedem auem, minimam in mergorum genere, quam urinatricem ueterum esse putant, Germanicè interpretantur Wafferamſel & Schwarßtücherlin, id eſt merulam aquaticam & mergu lum nigrum. ¶ Georg. Agricola merulam interpretatur Amſſel & Sehamſſel, merulam quan dam marinam uel maritimam quoǫ reperiri inſinuans.

¶ METHYDRIDES, μεθυδρίϊλς, paruæ quædam aues, Heſych. & Varinus.

DE MILIARIA.

MILIARIAE à cibo dicuntur, quõd milio fiant pingues, Varro de lingua Lat. In ornithone præter alias aues quidam alunt miliarias ac coturnices, quæ pingues uæneunt carè, Idem de re ruſt. Coturnix eſt auis miliaris, hoc eſt milio ut plurimum ueſcitur, Al. Mundella, & fanè licebit coturnicem hoc modo miliarem dicere, ſi adiectiuè accipias: ſi uerò ſubſtantiuè, miliaris nomen eſt auis à coturnice diuerſæ, Varrone, ut iam recitaui, diſtinguente: quæ nimirum præ cæteris auibus milio maximè farciri ſoleat: ut quæ hortulanus uulgo ab Italis hodie nũcupatur, ortelano. hanc enim alau dæ non diſsimilem eſse audio, etiam colore, minorem. autumno captam per menſem milio ali, & mirè pingueſcere. Ruellius linariam auem uulgò dictam, miliariam facit, de qua in L. Elemento nobis ſcriptum eſt. ¶ Vuottonus an eadem ſit auis miliaria cum cenchramo dubitat: ego planè diuerſas puto, quanquam & cenchramus apud Græcos ab eadem fruge nomen inueniſſe uideatur: ſed alij cynchramum ſcribunt, &c. Diuerſa etiam cenchris eſt, nempe tinnunculus accipiter, κεγ χρίς: nimirum à uarietate punctorum milij inſtar, cenchritæ uerò auium aquaticarum genus milio ineſcatum capitur. Vide in Accipitre tinnunculo H. ¶ Eubulus inter ſtrutharia hoc eſt auiculas nominat acanthylides, bittacos, ſpinia, & κορχυϊόλας: à recto κορχυϊς. quæ forte eadem miliariæ Latinorum fuerit. quanquam ſic etiam ſcripta hæc uox alibi tinnunculũ ſignificet, qui tamen cum par. ua auis non ſit, non poteſt apud Eubulum intelligi.

DE MILVO.

A.

MILVVM Plinius ex accipitrum genere eſſe ſcribit. Vocatur & Miluius. ¶ Daah, דאה & איה aiah, noſtrates Iudei interpretantur pro generibus miluorum. & daah miluum ſim pliciter exponunt. aiah uerò miluum rubeum, uulgo Rörelwy. noſtri interpretes uultu rem reddunt. Chaldaicè טרפיתא taraphitha dicitur, uidelicet à rapacitate. nam taraph rapere ſignificat. Quidam ex Hebræis ſentiũt aiah à notis inſulis quas inhabitet ſic uocari. אי, ai enim

Hebraicè insulam significat, איים
iijm, insulæ, Paul. Fagius. Aiah,
איה, Rabino Kimhi auis est quæ
uulgò gaza uel agassa, id est pica
dicitur, Deut.14. & Leuit.11. ubi
Chaldæus interpres taraphtha trã
stulit, hoc est uulturé: Arabs zeda,
זירא. Persa mar an tih, מר אן טיה.
Septuaginta ἰκτῖνον &ἰκτῖνα, id est
miluum. Hieronymus uulturem.
Daiah, דיה, nomen auis, miluus,
Deuteron.14. in plurali dauoth,
דיות, Esaiæ 34. Munsterus, Daiah
autem Elias Leuita suspicatur dictam ab atrore. Deuter.14. Chaldæus uertit דאה, daietha, uel daia
tha. Arabs cheda, אירא. Persa an

dih, רייא אן. (uox quidem dih, accedit ad Germanicam wih.) Septuaginta prætereunt. Esaiæ autem
40. ἐλάφοι (aliàs ἰλάφοι, cerui) reddunt pro douoth, דיות. Hieronymus miluus. Eodem capite Esaiæ
Kimhi interpretatur uulgari lingua אילול, aultul. (nimirum austour', quod Gallis est uultur.) R.
Salomon al torisch, אל טורש, uulturem interpretatur. Daah, ראה, miluus, auis ob pernicem uolatum sic uocata, Munsterus, à uerbo scilicet daah, quod est uolare. hoc nomen in Leuitico cum delata (rectius nimirum,) in Deuteron. cum rhô scribitur. Deuteron.14. Chaldæus uertit bath kane-
pha, בת כנפא. Arabs gadach, אירא. Persa mar an daah, מר אן ראה. Septuaginta gyps, id est uultur.
Hieronymus miluus. Chaldæus in Leuitico daietha, item in Deuteron, R. Abraham probat eos
qui uolunt idem esse nomen cum raah, ראה. Alhada est auis quæ dicitur miluus, Andr. Bellunen.
¶ Hasida uel chasidah, Hebraicam uocem Thalmudistæ aliqui daiah lebano, id est miluum album
interpretantur: & sic dictum uolūt quòd faciat gratiam siue pietatem cum sodalibus suis, distribuendo eis cibos. uide in Ciconia A. ¶ Sus uel sis Hebraicè grus exponitur, uel hirundo uel miluus,
ut docui in Equo A. ¶ Anapha, אנפא, ueteres Hebræi exponunt genus milui irritabile, quasi deductum nomen sit à uerbo anaph, quod irasci significat, ut etiam Aben Ezra explicat. nostrates Iudæi uulgò Trapp/ P. Fagius, uide in Ardea A. ¶ Ardrias, burdo & actiros, nescio quæ uocabula, singula Syluatico miluum significant, postremum à Græco ictinos corruptum apparet.
¶ Miluus Græcis ἰκτῖν⁕ uel ἰκτήν uocatur. Io. Tzetzes cum de ictino, id est miluo scripsisset,
multos hoc nomen ineptè cum ictide (id est uiuerra) confundere subiungit. Harpe auis rapax a-
lijs miluus est, alijs miluo similis auis, alijs alia quædam. uide in Harpe A. Miluus auis est quam uo
camus harpam, Tzetzes. Harpetos, Ἀρπετὸς, miluus est Cretensibus, Varinus & Hesychius. Ari
stoteles & Plinius harpen à miluo manifestè distinguunt. Miluus hodie à Græcis uulgò λάπη dicitur, nimirum à lupina rapacitate, Varinus in ἰκτῖνα. Bellonius tamen licadurum hodie uocari scribit. ¶ Miluus auis Italicè lo nichio, miluio, Scoppa. Nibius corruptè uulgò dicitur, Niphus.
Inuenio & nibbio scriptum, & niggo. Poyana quoq Italicum uocabulum est, quasi pullana, ni fallor, à raptu pullorum, haud scio miluus an buteo potius. ¶ Hispanicè, miláno. Miluus quosdam
Hispani regales appellant, Pet. Martyr. ¶ Gallicè milan, & escorffie quoq Roberto. ¶ Germanicè Wy/ Weye: uel ut Peucerus & Eberus scribunt, Weiher. Flandris Wiuwe. Genus
quoddam milui Saxonicè Rüttelwy dicitur: Paulus Fagius scribit Rötelwy/ & miluum rubeum
interpretatur. Vulgus nostrum miluum furem pullorum appellat, Hünerdieb. Miluus Wei
uel Hünerarb/ Ge. Agricola. Angli uerò accipitris generi, quem rubetarium esse conijcit Turnerus, à dilaniandis gallinis nomen imposuerunt, hen harroer. Ego circum accipitrem priuatim
gallinis insidiari legisse memini. ¶ Anglicè, a glede, a puttok, a kyte, Turn. ¶ Illyricè, luniak.
¶ De generibus miluorum. Duo miluorum genera noui, maius & minus: maius colore propemodum ruffo est, apud Anglos frequens, & insigniter rapax. Pueris hoc genus cibum è manibus
in urbibus & oppidis eripere solet. Alterum genus est minus, nigrius, & urbes rarius frequentans.
Hoc genus ut in Germania sæpissimè, ita in Anglia nunquam me uidisse recordor, Turnerus. Et
rursus in epistola ad me, Miluos tales habemus in Anglia, quales nusquã aliàs uidi. Nostrates sunt
Germanicis multò maiores, clamosiores, ad albedinem magis uergentes, & multò rapaciores. Tan
ta enim est nostrorum miluorum audacia, ut panem pueris, pisces fœminis, & sudaria sepibus, & ui
rorum manibus eripere audeant. Imò sæpe pileos hominum capitibus, eo tempore, quo nidulantur, ui auferre solent. Miluorum duo sunt genera: alteros tempestate nostra regales, (nimirum Rö
telwyen Germani. Hispani etiam regales quosdam miluos appellant. Niphus regalem aquilã quan
dam à quibusdam pygargum existimari scribit.) alteros nigros, qui & robustiores sunt, Belisarius.
¶ Albertus pro ictino perperam habet acrinoz & iartinoz: quod (inquit) paruum genus est milui, & uocatur apud nos miluus risus, Ego conijcio illum Germanicam uocem Lachwy/ sic uoluisse
interpretari:

interpretari.quæ ſicubi in uſu eſt,cur à riſu deriuetur rationem nullam uideo. etiamſi lachen Ger=
manis ridere ſignificat.quin potius ſuſpicor harpam uel milui genus circa aquas & paludes uerſari
ſolitum,quod Maßwy noſtrum uulgus appellat, id eſt paluſtrem miluum, alicubi Lacchwy uo=
citari.paludem enim Germani & maß & lacchen,quaſi lacum,appellant. Eodem in loco ubi Ari=
ſtoteles(de hiſt. anim.alicubi)habet,γαλῶ, κελεόψ, λιεύόψ, imperite miluorum generis facit, barbaris
quibuſdam uel Græcis potius corruptis nominibus utes. ſic & pro chlorione aue,habet glaro,& ge
nus milui parui exponit. Corône,id eſt cornix,occidit tapynū,Ariſtot. Albertus pro tapyno mil=
uum habet. Noſtri neſcio quod milui genus uocant ôtliwy. ¶ Aquilam percnopterum ab ala=
rum notis uel colore dictam,forte non imperite ait Albertus miluum eſſe,Niphus. ego imperitiſsi=
10 me dictum puto. ¶ Aſtures ex genere infimo aquilarum uel miluorum eſſe putamus, P.Iouius.

B.

Milui ex accipitrum genere magnitudine differunt,Plinius. Miluus ex accipitrum genere ijſ=
dem & magnitudine & pennis reſpondet,Eberus & Peucerus. Buteonem aliqui natura formaꝗ
miluo non diſsimile eſſe putant. Miluo magnitudo eſt accipitris,pennæ ruffæ,ungues & roſtrum
adunca ſimiliter,Albertus,ſed alas curuas & non rectas habet,in quo ab illis differt, Author de nat.
rerum. Ictericorum oculi pallidi(ὤχροι)& nigri ſunt,ſicut ictinorū, id eſt miluorum, Suidas. Mil=
uo uentriculus eſt feruentior,Ariſtot. Iecori eius ſimul & inteſtino iungitur fel,Ariſtot.pleriſque
toto inteſtino continetur,ſicut accipitri,miluo,Plinius. Fel quibuſdam diſpergitur in hepate, uen
tre,& inteſtino inferiore inuoluto primo, ut accipitri & miluo, Albertus. Miluis,ut magnæ parti
20 auium,lien adeo exiguus eſt, ut propemodum ſenſum effugiat, Ariſtot. Aelianus ſcribit marem
miluum non inueniri,&c. Volaterranus Aelianum authorem citans,ſed falſô.nam Aelianus 2,45.
de uulturibus hoc ſcribit, de miluis uerô mox alia quædam.

C.

Oculos miſuinos pro acutiſsimis Politianus dixit. ¶ Miluum quidam coniiciunt fictitio no=
mine dictum à uoce quam ædit. Iugere milui dicuntur cum uocem emittunt, Feſtus. Accipiter
pipat,miluus hiansꝗ lipit,Author Philomelæ. ¶ Miluus uidentur arte gubernandi docuiſſe cau=
dæ flexibus,in cœlo monſtrante natura, quod opus eſſet in profundo, Plinius. Sunt qui miluum
à molli uolatu dictum putent. Rahaph,רחה,motus quidam eſt,quali ſcilicet miluus in aëre moue=
tur immotis alis,&c.Munſterus. ¶ Rapaciſsima & ſemper famelica hæc auis eſt, Plinius. carni=
30 uora,Ariſtot. Inſidiatur auibus domeſticis, maximeꝗ pullis gallinaceis & anſerinis, & quos in=
cautos uiderit,ſtatim rapit. Sectatur etiam cadauera , quare circa coquinas & macella uolitat, ut ſi
quid carnis crudæ proiiciatur foras , mox rapiat, Albertus & alij. Nullum genus falconum cada=
ueri inſidet ſicut faciunt aquilarum & miluorum genera, Albert. Miluus auis eſt quam uocamus
harpam,rapiens pullos gallinarum,Io.Tzetzes. Miluus cubitus (uidetur uox corrupta)cum à ni
do egreditur,perfectis iam alis,aues magnas uenatur : & cum ualidior fuerit, debiliores tum capit.
tandem cum ad ſummum uigorem peruenit,muſcas, culices,ac lumbricos terreſtres captat, & tunc
fame moritur,Iorath. Fertur etiam uulgò miluum primo anno adeo audacem eſſe , ut nihil mor=
tuum guſtet,ſecudo nihil uiuum præ metu,tertio ſame mori. Veſcuntur & glande aues quædam
uncorum unguium,pomisꝗ multæ,ſed quæ carne tantum non uiuunt,excepto miluo,Plinius. In
40 Aegypto palmulis etiam ueſcuntur,teſte Bellonio. ¶ Miluus quądoꝗ uiſus eſt bibere, ſed rarô,
Ariſtot. Miluum aiunt ex ſolis aquis pluuialibus bibere, eo ſolum tempore quo pluuia cadit, Io.
Tzetzes. Punicæ malo nunquam eos inſidere ferunt, & ne aſpectum quidem eius ſuſtinere. Fer=
tur autem,ſi credere dignum eſt , uirum quendam amiſſa uxore, ex qua filiam nomine Siden (ſide
etiam malum punicum ſignificat)ſuſceperat,libidinis affectu in filia arſiſſe, illam uerò ne à parente
contaminaretur,ſuper materno ſepulchro ſeſe iugulaſſe,poſtea uerò dijs hunc caſum miſeratis, ter=
ram de ſanguine arborem produxiſſe: & patrem mutatum in miluum,calamitatis ſuæ monumenta
refugere,nec inſidere huic arbori,Oppianus. ¶ Milui hyeme ad loca tepidiora abeunt, ſi uicina
ſint:at ſi remota fuerint,non mutant ſedem, ſed ſe ibidem condunt. Iam enim de anguſtijs uallium
euolaſſe,cum primum apparerent,uiſi ſunt,Sic & hirūdines,Ariſtot. Miluus de genere unco pau
50 cis quibuſdam diebus latet, & noctua,Idem. Hybernis menſibus latent , non tamen ante hirundi=
nes abeuntes,Plin. In Libya circa fontes Nili milui & hirundines perennant , Herodotus libro 2.
id eſt non recedunt inde per hyemem , quòd regio admodum calida ſit. Accidit in quadam ſyl=
ua ſuperioris Germaniæ,ubi inciſa quercus putrida,inuenta eſt plena hirundinibus, & fuit multus
puluis ligni putrefacti in quercu.& ſimiliter uiſum eſt de miluis. miluus enim ad breue tempus la=
tet,ita ut multi ipſum latere neſciant. Aues ſua tempora norūt, quando ſcilicet ad calida loca fe=
ſtinantes,rigorem hyemis debeant declinare,et principio ueris ad regiones ſolitas redire.Vnde ſcri
ptum eſt,Miluus non apparet niſi in æſtate,ſicut nec turtur & hirundo. In hyeme nanꝗ manent in
nido,uel latent in cauernis arborum,uel ad alia loca calidiora ſe transferunt,Author Gloſſæ in Hie=
remiam. Hyematum Alexandriam hirundines,miluos(quos regales Hiſpani appellant)ceterasꝗ
60 uolucres,pontum hyeme aduen iente à noſtris regionibus Europæis transuolantes,tendere cogno=
ui,Pet.Martyr. Cuculi tempus habent & ipſi ueniendi miluorum ſcapulis ſuſcepti propter bre=
ues & paruos uolatus, ne per longa aëris ſpacia farigati deficiant, Iſidorus. Milui in Aegypto ni=

dificant dum abſunt à noſtris regionibus, & illic adeò manſueti ſunt, ut ad feneſtras uſqʒ domuum aduolent, & dactylis paſcantur. Aeſtate in Europam tranſeunt, ut Solis æſtum declinêt, Bellonius. ¶ Pariunt milui bina magna ex parte:interdum tamê & terna, totidemeqʒ excludunt pullos. ſed qui ætolius nuncupatur, uel quaternos aliquando excludit, Ariſtot. Sed Plinius 10. 60. ægolius legit, quod eſt ulula, non ætolius. Singulos ferè parit, nunquam plus ternos, is qui ægolios uocatur qua-ternos, Plinius ibidem:cuius loci lectionem nos ex Ariſtotele ſic reſtituimus, Miluus binos ferè pa rit, nunquam plus ternos, &c. Vicenis diebus incubat, Ariſtot. & Plinius. Milui rhamnum ni-dis ſuis imponunt ceu faſcinationis remedium, (uel neſcio contra quas noxas,) Aelianus. ¶ Tra duntur à ſolſtitijs affici podagra, Plin. Arthritica auis eſt & podagrica, ideoqʒ timida : & latet ali-quando, circa ſolſtitia frequêtius, quòd tunc morbo (podagræ) magis obnoxia ſit, Albertus. Certo 10 anni tempore magnum in pedibus dolorem patitur, Oppianus.

D.

Impudentiſſimi omnium milui ſunt, qui etiam ad hominum uſqʒ manus prouolant, Oppianus. Buteones paulò minus audaces miluis ſunt. remotius enim à domibus prædantur, Stumphius. Vi ribus & audacia deſtituitur miluus, niſi quòd pullis domeſticis inſidiatur, Albertus. Aquilæ quæ-dam non ſolum aues uiuas, ſed etiam mortuas deguſtant:& hæ declinant ad naturam & ignobilita-tem miluorum, Albertus. Miluus audax eſt in paruis, timidus in magnis. fugatur à niſo, quamuis triplo maior illo, Author de nat. rerum. Primo ætatis ſuæ anno animoſior eſſe fertur, deinde pau-latim timidior fieri, ita ut tertio anno etiam fame intereat. uide ſupra in c. ¶ Notandum in mil-uis, nihil eos unquam eſculenti rapere ex funerum ferculis, nec Olympiæ ex ara, ac ne ferentium 20 quidem manibus, niſi lugubri municipiorum immolantium oſtento, Plinius. Miluus in rapinas faciendas eminentiſſimus ſi ſuperior extiterit, carnes è macello rapaciſſime auſert:ex Olympia ta-men aris (de carnibus Ioui ſacrificatis, in Græco legitur, nulla Olympiæ mentione) eas nunquam attingit, Aelianus. Meminit & Pauſanias in Eliacis : & Ariſtoteles in Mirabilibus, Miluos (inquit) eſſe aiunt in Elide, qui carnes ab illis qui per forũ gerunt rapiant, ſacrificatis uerò abſtineant. ¶ Cũ harpa miluus amicitiæ ſeruat, Ariſtot. & Aelianus. Communes inimicitiæ harpæ & miluo con-tra triorchin, Plinius. Habent & cuculi ueniendi tempus miluorum ſcapulis ſuſcepti, propter bre ues & paruos uolatus, ne per longa aëris ſpatia fatigati deficiant, Iſidorus. Vulpem & miluum ini micitias exercere aiunt; forte quia ambo rapiunt gallinas, Stumphius. Miluus cum coruo diſſidet. eripit enim miluus à coruo quicquid tenet, ut qui & unguibus ſit præſtantior, & uolatu. ita fit, ut 30 eos quoqʒ uictus ratio faciat inimicos, Ariſtot. plura leges in Coruo D. Gallus cum cantu ſuo ter-reat leones, & baſiliſcos exanimet metu, miluum tamen timet, Aelianus. Gallus contra ſerpentes & miluos pro gallinis dimicat.

E.

Milui capiuntur ut accipitres : lege in Accipitre E. Quomodo irretiantur milui & aquilæ, & aliæ aues quæ cadauera appetunt, Creſcentienſis præſcribit 10. 22. Miluorum uenationem primus demonſtrauit Alfonſus rex Neapolitanus patrum noſtrorum memoria, cõmiſſa in aëre falconum (magnorum accipitrum & falconum, Volaterranus) cum eis pugna, Niphus. Volatilis aucupij (per accipitres & falcones) ſtudium hodie flagrantiſſimum eſt, ita ut nec ardeæ nec milui intra nu-bes conditi, euadere humanas manus poſſint, Budæus. Milui nigri regalibus uulgo dictis robu- 40 ſtiores ſunt, ut quamuis etiam ad terrã uſqʒ capti, & à ſacris falconibuſqʒ circumacti, per aëra deſcen dant, à falconum tamen manibus quandocqʒ euadant. Capiuntur autem præcipuè à ſacris qui bini ſe inuicem iuuant, Beliſarius. ¶ Coruorum & miluorum pulli apud Indos quomodo cicurentur & inſtituantur ad prædam hominum adferendam, leges in Aquila E. ex Aeliano. ¶ Milui olim ue ris ineuntis ſignum erant;uide infra in Prouerbio, Prouolui ad miluos. ¶ Agmen coruorum in futurum excidium retulerunt augures, ut & aliarum quæ cadaueribus ueſcuntur, uultorum, mil-uorum, &c. Niphus. Milui ludentes & ſpatiantes in aëre, alter cum altero uolando, ſignificant ca-lorem, ſiccitatem, aërisqʒ ſerenitatem, Gratarolus. ¶ Reptilia abiguntur ſi milui fimus cum ſty-race ſuffiatur, Florentinus in Geoponicis.

F.　　　　　　　　　　　　　　　　　　　　　　　　　50

Auicenna miluinam carnê craſſam eſſe ſcribit:& alibi, duræ carnis. ¶ Miluus in ſacris Deut. 14. & Leuit. 11. cibo interdicitur. Moſes in Lege miluum inter alias aues rapaces menſis Hebræo-rum abdicauit, innuens (ut Barnabas exponit) non oportere cõiungi uel aſſimilari hominibus illis, qui non labore ac ſudore uictum comparant, ſed rapto & iniquitate uiuunt, Clemens Stromat. 6. & Pædagogi 3.

G.

Surculus ex nido milui puluino ſubiectus dolentis caput prodeſt, Plinius & Marcellus. Cer-uicis neruis & opiſthotono ex milui nido ſurculus uitis adalligatus auxiliari dicitur, Plinius. De miluo quidam affirmant, ſi inueterato tritoqʒ quantũ tres digiti capiant bibatur ex aqua, podagram ſanari. ut ſi pedes ſanguine miluino aut palumborum urtica trita permixta illinantur : uel pennis 60 eorum cum primum naſcutur tritis cum urtica, Plinius & Marcellus. Milui caput aiunt podagri-cos iuuare, ſi quis eius ſiccati abſqʒ pennis, quantum tribus digitis capitur, ex aqua biberit, Galenus
　　　　　　　　　　　　　　　　　　　　　　　　　　　　　　　　　　ad Piſo-

ad Pisonem.(& Aegineta lib.7.in Κεφαλαι.) Ad comitialem, Miluum in olla cremato uiuentem, cineremᵱ propinato,& fanabis, Galenus Parabilium.2.3. ¶ Milui iecur ad inunctiones oculorum uitiorum laudatur, Plinius ut quidam citant. Ad comitiales prædicatur iecur milui deuoratum, Plin. Ad comitialem, Milui iecur exuſtum & tritum ex aqua potui dato, Galenus Parabilium 2.3. Aridum tribus obolis in aquæ mulſæ cyathis tribus potum opiſthotonos fieri prohibet, Plinius. ¶Qui in Venerem infirmior erit,teſticulos millonis(miluum uel buteonem uidetur intelligere,uide in Buteone G.) ex aqua fontana quæ perennis eſt, cum melle decoctos edat ieiunus per triduum,ſtatim remediabitur, Marcel. Fimus miluorum articuloru doloribus illinitur, Plin.

H.

a. Miluus dicitur quaſi mollis auis,ſcilicet uiribus & uolatu, Iſidorus. quidam fictum hoc nomen ab eius uoce putant. ¶ ἰκῖνΘ legitur media producta in Auibus Ariſtophanis. Sæpe proparoxytona hæc uox mihi reperta eſt:ſæpe etiam penanflexa. Euſtathius in Iliados rhô, Ictinum inquit uiri nomen eſſe,quod ſimiliter ut auis nomen & ſcribatur & penanflectatur. ἰκτῖνα, ſignificat auem quam Græci uulgò lupam uocant, παρὰ τὸ ἰκνέμαι. Plato proparoxytonum facit,ut Ariſtophanes quoᵱ in hoc ſcenario ἰκῖνα παντόφθαλμον,&c. Varinus. ſic & Clemẽs tertio Pædagogi ἰκῖνα nominat à recto ἰκῖνα. ἰκτῖνα penanflexum,apud Pauſaniã in multitudinis numero. ἰκτῖς,ιντῖνΘ, Pergæis, Heſychius. Harpe etiam & harpetòs nonnullis miluum ſignificat:uide in A. Βαθυβρνγαλν, miluus Lydis, Heſychius. Itali & Hiſpani hodie genus miluorum infirmius regales nominant. Δίκτυς,miluus apud Lacones, Heſychius & Varinus. Sunt & dictyes ſemel Herodoto nominatæ, quadrupedes uiuiparæ,ut coniicio,de quibus alibi diximus. ἘλαιΘ,miluus,Heſych.& Varinus. ΚασανδέμαλυVarinus ſ,duplici ſcribit)miluus,Iidẽ. Item ſκίλΘ apud eosdem. ¶Albertus epiſaidem auem genus milui temerè interpretatur,& tympanum genus milui parui.

¶Epitheta. Rapidiſſima uolucris miluus, Ouidius 2. Metamor. Hinc propè ſumma rapax miluus in aſtra uolat, Martialis. Raptor ab æthere miluus, Politianus. ἰκτῖνα παντόφθαλμον ὀρπάγα τρόφων, Ariſtophanes ut citat Varinus.

¶Miluus de homine rapaci dicitur per translationem. Plaut. Rud. Vidi petere miluũ, etiam quum nihil auferret tamen. Idem Penul. Tene ſis me arctè mea uoluptas,malè ego metuo miluos, Mala iſta beſtia eſt,ne fortè me auferat,pullum tuum. ¶ Miluinus, adiectiuum, quod milui eſt. Madida quæ mihi appoſita menſam miluinam ſuggerant, Plautus Menæh. Miluinus pullus,per translat,Cicero ad Q.Fratrem. Hieracites gemma alternat tota,miluinis nigricans ueluti plumis, Plinius. Aquilinus,quod ad aquilam pertinet,aut quod eſt aquilæ ſimile. An tu inuenire poſſit las quenquam cocum, Niſi ſit miluinis, aut aquilinis ungulis? Plautus Pſeud. id eſt rapacibus. ¶Miluina,genus tibiæ acutiſſimi ſoni, Feſtus.

¶Pes miluinus herba à Columella in uſum colligi & reponi iubetur,ſed qualis ſit nõ explicuit. Ruellius cornu ceruinum hodie uocatum eandem ſuſpicatur. Nam extremum folij in articuli aut milui pedem articulatur.Nos cornu ceruinum ſupra coronopodem interpretati ſumus in Cornice. Pes milui herba alio nomine pepanus dicta, folia habet diuiſa ſatis & ſubalbida, cum flore & capitello oblongo ſicut cauda animalis, Syluaticus.ſed alia eſt Plinij pepanus,bugloſſi folio, pulmonaria Latinè dicta,&c.Aliqui dicunt ſinonum eſſe pedem milui,alij alexãdrum(oluſatrum.) ſed falſò utriᵱ.nam pes milui ſeu pepanus folia ſatis maiora & pinguiora habet, & flores à floribus ſinoni ſatis differentes,multos,albos, & ſimul coniunctos in lumine eaule, apparentes inſtar caudæ felis: folia ut Valeriana. Sinonum uerò floret ſicut petroſelinum commune, &c. Syluaticus cap. 648. Pes milui ſimilis eſt aro folijs,niſi quòd aron folia cornuta fert, pes milui uaria, Obſcurus quidam in Synonymis medicinalibus. Pes milui,id eſt cetrach, Idem. ¶ Hieracium minus rura noſtra alicubi uocant wyenſchwantz,hoc eſt caudam milui.

¶Ictinus cognominatur quartum genus lupi,à rapacitate nimirum,ut ſecundum etiam circus. ſunt enim hæ aures rapaces. ¶ Auis quæ uulgò à noſtris Waſſwy, id eſt miluus paluſtris uocatur,uidetur Ariſtotelis harpe. ¶ Eſt & miluus piſcis Plinio,qui Græcis ἱέρᾱξ, id eſt accipiter dicitur,à uolatu,quem repræſentat,harum auium nomina ſortitus.

¶Propria. Audit cum magno blateras clamore furisᵱ Mulius,Horatius lib.2. Sermonum: ubi Acron legit Miluius, qui paraſitus fuerit: Calepinus mulium in eo loco pro mulione accipit. ¶Miluium pontem Subliciam interpretatur Hermolaus Barbarus. ¶ ἰκῖνα, nomen proprium, Suidas. ¶Ictinus, ἰκτῖνΘ,Eleuſinæ Cereris phanum myſticum apparauit,Strabo lib.9.meminit huius opificis Euſtathius quoᵱ,& Græcè ἰκτῖνΘ penanflexum ſcribi docet. Parthenòn, id eſt Mineruæ templum fuit fanum ad Acropolin curante Periclè conditum, ab Ictino architecto, ut eſt apud Strabonem.Ictini meminit & Vitruuius, Hermolaus.

¶b. Quod ſi omni tempore ſimiles miluiis ſint ſtymphalides atᵱ aquilis, aues mihi uidentur Arabicæ, Pauſanias in Arcadicis. Catanances uſus ad amatoria tantum. electa eſt ad hunc uſum coniectura,quoniam areſcens contraheret ſe ad ſpeciem unguium milui exanimati, Plinius.

c. Ἐπὶ ποῖον ἱερεῖου καλεῖς Ἁλιαιετος καὶ γῦπας;ουχ ὁρᾶς ὅτι ἰκῖνΘ ἐς αὖ ὑπὲρ δίχρου ἁρπάσας;Ariſtophanes in Auibus.Solent milui(οἱ ἰκῖνοι)ſi quid incuſtoditum fuerit & rapere, & cum rapuerint in tutum aliquem locum ſecedere priuſquam deprehendantur, Xenophon in Hipparch. Miluus in

Dd

gyrum uolat, subitoq̃ se demittit cum in gallinas aut columbas inuolat. Ducitq̃ per aera gyros Miluius, Ouidius Eleg. 2.6. ¶ Miluus thryon comedit, Philes: tanquam remedium scilicet aduersus aliquos morbos.

¶ e. Quia non rete accipitri tenditur, neq̃ miluio, Qui male faciunt nobis, illis qui nihil faciunt tenditur, Terentius in Phormione. Sunt autem uerba Parasiti, qui sibi nõ metuit insidias aut uim ab eo, qui eam faceret maiore suo periculo, quàm alieno. Aues capiuntur uel gulæ gratia, uel delectationis, tale nihil in miluo aut accipitre, qui ad cibum non expetuntur, quosq̃ nemo alere uult, quia sunt nimis edaces: nemo habere cupit, quia malefici. Ideo autem tutiores sunt, quia in illis & fructus perditur, & opera luditur.

¶ h. Vt sibi liceret miluium uadarier, Plautus Aulularia. ¶ Arbor erit anima scilicet è corpore migrãs apud Platonẽ, illius qui nutritioni deditus die noctuq̃ torpuerit: miluus, qui raptu uiuet per cõcupiscentiã, Cælius. Oὐ γὰρ οἶμαι ἰασθαι ὦ γήρα μηταπλημθείω ἐλεφνγαῖφ τὴν λυγέμἰκοφ πὼ τὸ ἰκτῖνε μῦθον: ὃς ὄρνις αν ἀδθιμέλӨ ὑπο χαματίζει, ἀμφοῖν ἤμαρτι, ἀγεσικίης τε ἅμα ναὶ ἀγιότητϘ, Suidas in ΙκτῖνϘ ex authore incerto : in eum qui rationem uiuendi in senectute immutat ut uidetur. ¶ De patre Sides puellæ in miluum mutato, uide supra in c. ¶ ΕὔχεϬ τῇ Εσίᾳ τῇ ὀρνιθέῳ, Καὶ ὑπὸ ἰκτῖνϘ ὑπὸ ἰσαγχῳ, Aristophanes in Auibus. ¶ Vescuntur & glande in hoc genere (uncos ungues habentiũ auiũ) pomisq̃ multæ, sed quæ carne tantum non uiuunt, excepto miluo : quod ipsum in auguriis dirum est, Plinius. Miluij qui potissimum inter aues gaudent rapinis, sacrificantes in Olympia nulla affi ciunt iniuria. Sin autem aliquando rapiantur à miluijs intestina aut carnes, signum inauspicatum sacrificati putatur oblatum, Pausanias in Eliacis. uide in D. supra. C. Valerio, M. Herennio Coss. miluus in æde Apollinis Romæ comprehensus est, Iul. Obsequens. Agmen coruorũ in futurum excidium retulerunt augures, ut & aliarũ quæ cadaueribus uescuntur, uulturũ, miluorum, &c. Niphus. Miluus diri maliq̃ ominis, semperq̃ infortunia præmonstrare creditur, Alexãder ab Alex.

¶ Prouerbia. Quantum non miluus oberret: prouerbialis est hyperbole, de homine supra modum locuplete, cui tantum sit agrorum quantum nec miluus peruolet. Persius de Vectidio: Diues arat Curibus, quantum non miluus oberret, Id imitatus Iuuenalis Satyra nona: Miluus, inquit, intra tua pascua lassis, Erasmus. Quantum non miluus oberret, Persius dixit : uel secundum prouerbium, quo dici solet, Quantum non milui uolant: uel ὑπερβολικῶς ex prouerbio, tantam dicit regionem, quam uolans miluus circumire non possit, Hæc uetus Persij interpres. ¶ Milui & columbæ adulterium. Horatius in Epodo, Mirus amor, iuuat ut tigres subsidere certuis, Adulteretur & colũba miluio. παροιμία ἐκ τῷ ἀδυνάτε, pro summa discordia & naturali impotentia: primùm quòd aduersum animal columbæ sit miluius: deinde quia columba nulli alij succubere dicitur, quàm cui semel se iunxit, ut inquit Porphyrio interpres, & copiosius enarrat Plinius. ¶ Non rete accipitri tenditur, neq̃ miluio. uide superius in e. ¶ Prouoluitur ad miluios, προκυλινδεῖται ἰκτῖνϘ, id est, Adorat miluum. Initio ueris prodeunt miluij, quare læti tenues quòd iam hyeme sint leuati, prouoluuntur, eosq̃ uelut adorant. Accommodari potest in eos qui noua spe gestiunt. Suidas prouerbij loco commemorat. Item Iuuenalis, Durate atq̃ expectate cicadas. Sumptum est autem ex Auibus Aristophanis προκυλινδεῖϬ τοῖς ἰκτίνοις. Causam adscribit interpres, docens quatuor partes anni per aues denunciari hominibus. uer attribuit miluis, Erasmus. ΙκτῖνϘ ἦν τῶ Ελλἀνίων ἀρχὴ τότ', κᾀκεῖσίαδσι, Καὶ κατέδεξχν γ' οὗτϘ πρῶτϘ Βασιλεύων, προκυλινδεῖϬ τοῖς ἰκτίνοις, Aristophanes in Auibus. ubi Scholiastes, Ineunte uere (inquit) apud Græcos miluus apparet, ad cuius conspectum lætati homines, tanquam certum hyemis exactæ signum, in genua ceu adorantes procidebant, sicut reges adorantur, itaq̃ ictinum regem olim fuisse fingit. Sed hic honos temporis mutationi potius quàm aui habebatur. Et rursus in eadem fabula Aristophanes, ΙκτῖνϘ φανεὶς ἱστόραγ (ἱκετευλὼ) ὥραγ ἀρφαίνε.

¶ Emblema Alciati, inscriptum Aemulatio impar.
Altiuolam miluus comitatur degener harpam,   Et prædæ partem sæpe cadentis habet.
¶ Eiusdem aliud, sub lemmate Male parta, male dilabuntur:
Miluus edax, nimiæ quem nausea torserat escæ,   Hei mihi mater ait uiscera ab ore fluunt.
Illa autem, quid fles: cur hæc tua uiscera credas,   Qui rapto uiuens sola aliena uomis?

DE MOLLICIPITE.

MOLLICEPS (Μαλανὀκρανἰς, à cranei mollitie) eodem in loco semper sibi statuit sedem, atque ibidem capitur. gradi & cartilagineo capite est, magnitudine paulo minor quàm turdus, ore firmo, paruo, rotundo, colore totus cinereo, depes (codices nostri habent οὔπϟε, quod est pedibus ualens) & pennis inualens est. Capit maxime per noctuã, Arist. Molliceps auis ea est, quæ Lutetiæ uocatur vn gros bec, à magnitudine rostri, à qua etiamnum in monte Atho nomen sortitur: & alibi in Gallia vn pinson royal, id est fringilla regalis, dorso cinereo, quemadmodũ & uenatica dicta auis, Bellonius in Singularibus. Coccothrauste nostro si color conueniret totus cinereus, molliceps uideri posset. ¶ Longolius mollicipitem esse putauit auem illam quam nos supra rusticulam minorem uocauimus, ein Bárschnepff : quem Eberus etiam & Peucerus sequuntur. ego minimè probo. ¶ Turnerus auis illius quam nos lanium appellauimus, & Germani uocant ein Nünmórder,

mōtder, genus unum mollicipitem effe coniicit. mihi quidem fecus uidetur. Lanios noftros ipfe ty
rannos uocat communi uocabulo, præcipuè uerò minimum ex eis, crifta rutila infignem, Ariftote‐
lis tyrannum effe arbitratur, maximum uerò, mollicipitè: qui fturnum (inquit) magnitudine æqua t,
colore è cyaneo ad cinereum uergente. Idem de paffere magno, ut Actuarius uocat, fcribens, mol
licipitis ex Ariftotele defcriptione magna ex parte ei conuenire ait. ¶ Gallinaceos pugnaces
fieri aiunt apud Alexandriam ex ouis quibus aues M O N O S I R I bis aut ter incubarint, Cælius.

DE MOTACILLIS, ID EST CAVDAM MOTI‐
tantibus diuerfis auibus : & primum quædam in genere.

MOTACILLAE nomen auibus diuerfis conuenire uidetur, cum plures fint quæ caudam ir‐
requietè motitant. Græca aliqui transferentes, cinclum motacillam uerterunt, alij fifopygida, alij
iyngem, nos non folum de Græcis iftis diuerfis fiue diuerforum, fiue unius interdum auis nomini‐
bus feparatim agemus: fed de alijs quoque aliarum linguarum. ¶ Motacilla dicta eft quòd femper
moueat caudam, Varro. Motacillæ formiculis pafcuntur, Arnobius contra gentes 7. Bacchica
auis præftò tibi motacilla paretur, Alciatus de iynge fentiens. ¶ Pleræque caudam mouentes
aquaticæ aues funt, mufcis quidem uefci commune omnibus, quamobrem ubi illæ abundant, ut
circa aquas & circa pecora, uerfari folent.

¶ Σεισοπυγίς, eft paffer qui iuxta riuulos aquarum & torrentes inuenitur, cauda femper mobili,
Kiranides. Κίλυρος, σεισοπυγίς, Hefychius & Varin. Cillere Latinis mouere eft, unde (& cilia forte
dicta: &) furcillæ, quibus frumenta cillentur, Seruius in Georg. 2. Quidam cinclum & fifopygida
pro eadem aue accipiunt, ut apud Hefychium & Suidam legimus. Iyngem quoque aliqui cum fifo
pygide confundunt. Iynx auis quæ fifopygis dicitur, Suidas. uide in Iynge A. Iynx quæ & cinclis
dicitur, caudæ motu infignis auicula, quam & σεισοπύγιον ab argumento (φφωνύμως) uocamus, Io.
Tzetzes 11.380. Iyngem aiunt fuis carminibus Iouem in Iûs amorem pellexiffe : quare à Iunone
in hanc auem conuerfam fuiffe, quæ fifopygis etiam, à noftris autem motacilla nuncupatur. addit
Hefychius cinædion etiam (fimiliter fcilicet à clunium motu,) appellatam, Gyraldus. A Syluatico
imperitè fifofigius fcribitur, & imperitius merula exponitur. In Lexico Græcolatino etiã σεισορα
fcribitur, idem quod σεισοπυγίς. Σεισορα & κολοσωπα nomina funt Græciæ noftro tempore ufitata. colo‐
fufam interpretor παρα το τον κολον ηγου πυγας σειειν. Si quis fifopygida cum pennis fuis ollæ inclu‐
fam cremarit, & puluerem illũ mulieri in potu dederit, faciet eam diffolui præ amore & liquefcere,
Summus enim & inuictus hic amatorius potus eft, Kiranides. ¶ Iideon, ירעי, uel ijdeoni, 1.Re‐
gum 28, & Deut.18. R. Salomon diuinum intelligit, qui utitur offe animantis, quod iadu, ירעי, uo‐
catur. ita Kimhi etiam. funt qui motacillã putent. ¶ Motacilla Italicè nominatur la cogiuuanella,
codatremola, la codacinciola, cotretola, titifpifa, authore Scoppa. Inuenio & couatremola, fquafa‐
coa, & balarina, etfi hoc poftremum aliqui ad motacillam albam priuatim referunt. ¶ Hifpanicè
pezpitalo, & aguza nieue, (hoc eft auis niuis, ni fallor.) Eadem eft, ut coniicio, quæ Venetijs quo‐
que Vcciello di neue uocatur, id eft auicula niuis, pifpiffa Siculis per onomatopœiam. hyeme per
uicos apparet, nunquam quiefcit, cauda femper tremit, colore uario, æqualis pafferi aut minor, gra‐
cilis. Eandem & Nic. Maffa defcribere uidetur in Epiftolis, cuius uerba mox recitabo inter Re‐
media ex caudatremula ad calculos. ¶ In Gallia Narbonenfi guignecue: alibi battemure.

¶ Traguliduntes Arabicè, Græcè fafurion, Latinè caudatremula: auis eft omniũ minima, quæ
lapidem de renibus & uefica expellit, &c. Syluaticus cap.674. Apparet autem nõ caudatremulam
uel motacillam hanc auem effe, fed omnino pafferem troglodyten Aetij. nam troglodyten corrupe
runt in traguliduntes, (uetus interpres Auicennæ adruculudidos habet,) & ftruthon uel ftruthion,
id eft pafferem, in fafurion, uel fafarahun. Et cum Aetius fcribat circa fæpes & muros uerfari, ipfi
(imperiti Arabum fectatores) circa pifcinas & parietes reddiderunt: & cum caudam erigere dicere
debuiffent, mouere dixerunt. hinc natus eft error, ut motacilla uel caudatremula crederetur. An‐
dreas Bellunenfis apud Auicennam lib.2, tract.2 cap.659. legit fafarahun. Recentiores autem
celebrant inter calculi remedia cinerem motacillæ: putamus ex Pauli fententia troglodytẽ uoluiffe
dicere, Alexand. Benedictus. Caudatremulæ cinis in medicina adminiftratur, Nicolaus. ¶ La
pidem educit puluis crematæ auis quæ caudatremula dicitur, Leonellus Fauentinus. Aduerfus
lithiafin prodeft auis quæ caudatremula dicitur, cuius mira uis in atterendo calculo. Ea pennas ha‐
bet circa dorfum colore auri, (imo, ut Aetius refert, paffer troglodytes regulo fimilis eft in multis,
nifi quòd in frõte auricolores pennas nõ habet, &c.) & in cauda puncta alba. Et quidã putant quòd
fit parix. Sed potius uidetur illa quæ uulgò dicitur caudatremula, & præparaſ fic: Auis hæc cũ pen
nis fuis, uel ut aliqui uolunt absque pennis) ollæ obftructæ inclufa in furno torre‐
tur. Eius pulueris drachma una uel altera datur cum aqua faxifragiæ: aut uino albo generofo, Leo‐
nellus Fauentinus. Vide etiam Nic. Florentinum in 5. de cura lapidis, & Montagnanam Confi‐
lio 182. Serapionem & Auicennam 18.3. item in Alauda G. quomodo quæuis auis ad remedia cre‐
mari debeat. Inter aues quæ eduntur funt etiam caudatremulæ, quæ frequentiffimè ad nos (Ve‐
netias) per hyemem accedunt. Non funt autem illæ quas medici lapidem in uefica & renibus fran‐

Dd 2

gere dicunt, hæ enim raro ad nos aduolant. inueniuntur tamen aliquando nimirum hyemis tempo
re, cum boreales uenti uigent, & sunt paruo corpore, colore cinereo, alis rubro ac nigro hinc inde
colore distinctis. (Vide superius inter nomina uariarum gentium.) Quare uideant qui has aues ad
frangendum lapidem uenantur, ne similitudine decepti in cassum laborent, N. Massa in Epistolis.
Ad calculum etiã uesicæ, motacillæ genus quod à luteo colore denominatur Germanis, (gäl bach=
ſtelzen,) in olla uritur pariter cum plumis: tum sanguis ceruinus similiter in olla tostus admiscetur,
& è uino potente propinatur utiliter, Ex libro Germanico manuscripto. Medici quidam in Gallia circa Monspessulum, ut audio, ad talculi remedium iſpidam auem (quam alcyonem fluuiatilem
quidam esse putant) comburunt. arbitror autem illam quoq̃ caudam mouere, ut & alcyon marina
forte mouet. nam cinclus (inquit Aelianus) caudam semper mouet, quemadmodum cerylus (sic uo **10**
catur alcyon mas) apud Archilochum. Ego non admodum referre coniicio quænam auis comburatur: cum cineris prope omnium uis eadem uideri possit. prætulerim tamẽ illa auium genera, quæ
insectis uescuntur, muscis, formicis, &c. Cinis quidem etiam ex alijs quàm plurimis remedijs in ani
malium & stirpium genere, ad lithiasin cõmendatur. Plura uide infra inter Passeres in Troglodyte. ¶ Arnoldus Villanou. in capite de calculo renum, laudat hanc auem, & ego quoq̃ mirabilem eius experientiam uidi. Reperitur autem apud nos frequens æstate ac hyeme, sed æstate non
uersatur in ciuitatibus: hyeme uero ciuitates & piscinas frequentat, Lombardis uulgò caudatremu
la, aliquibus beuerina, Author Luminaris maioris.

DE CINCLO.   **20**

LACVS & fluuios petunt iunco, cinclus, albicilla (in Græco nihil est quod uoci albiculæ re=
spondeat) & tringa: quæ inter minora hæc maiuscula est. turdo enim æquiparatur. omnibus his cau
da motitat, Aristot. Et alibi, Cinclus apud mare uitam traducit. is astutus & capi difficilis est. sed
captus omnium maximè mitescit. Læsus est, & incontinens parte sui posteriore. Suidas quoque
auem marinam facit cinclum tum in uoce ἡμέναι, tum in Κίγκλ, legendum Κίγκλ. Cinclus uo=
latilis bestia quòd posteriore sui parte debilis sit, ideo suapte natura, & per se dicunt non posse nidũ
fingere, & construere, sed in alienis parere: eamq̃ ob rem bonorum inopes (qualem Catullus descri
bit Furium, cui neq̃ uillula fuerit, neq̃ domus, neq̃ arca. hoc genus homines Græci ἀνέσιος uocant,
hoc est expertes penatium, Erasmus) in rusticorum prouerbio cinclos appellari solere. Hæc semper **30**
caudam mouet, Aelianus & Suidas. Cinclus est auis quæ subinde clunes mouet, quam aliqui σω=
σοπυγίδα uocant. est autem pertenuis. unde prouerbium Cinclo pauperior, Πτωχότερ κίγκλυ, quo
Menander in Thaide usus est, Suidas. Cincalus, Κίγκαλος, auis est tenuis & minimè carnosa, à qua
factum est prouerbium, Mendicior leberide atq̃ cincalo, Πτωχότερ ἢ λεβηρίδος καὶ κιγκάλυ, Idem ut
Erasmus legit, qui hunc Menandri in Thaide uersum esse ait, uidetur autem alpha insertum carminis implendi gratia. ¶ Non placet quod aliqui κιγκλός oxytonum scribunt. ¶ Volaterranus
falsò & sine authore cinclum auiculam esse palmipedem scribit. Idem memoria lapsus Plinio quæ=
dam de cinclo uerba attribuit, quæ Aristotelis sunt. ¶ Iynx auis est, quæ & cinclis dicitur, κιγκλὶς
oxytonum, Io. Tzetzes. Eandem aliqui σωσοπυγίδα esse putant, Idem & Hesychius. ¶ Ab hac
aue fit uerbum κιγκλίζειν, quod ἐσκαπέσθαι, Hesychius. Erasmus interpretatur cõmoueri & obstre= **40**
pere. sed actiuè accipiendum uidetur. Κιγκλίζειν, σπλεδύειν, μοχλεύειν, κινεῖν, ἤχον ποιεῖν, Varin. Cincli
auis Aristophanes etiam in Amphiarao meminit: Ὀσφυϊ δ᾽ ἂξ ἄκρωυ ὀſακίγκλισον, id est, Lumbis cẽute=
to summis, Et, Ὄυτε κίγκλυ ἀνδρὸς πρεσβύτε: id est, Neq̃ cincli (pauperis nimirum & infirmi) hominis
senis, Et in Geralordo, (forte, Gerytade, huius enim nominis fabulam Aristophanes Athenæus ci=
tat,) Κιγκλωβάτην (κιγκλοβάτην) ῥυθμόν, hoc est cinædicum & cæuentem ingrediendi uel saltandi mo=
dum, Et Autocrates in Tympanistis: Ὅια παίζουσιν φίλαι παρθένοι ἀυ λῶῳ κὺραι κᾶφα παιδλῶσαι κύμας, καὶ ἀνα
κρὺσαι χρόϊν, ἔφρισαν παρ᾽ Ἄρτεμιν, κάλλις᾽ ἂν καὶ τοῖν ἰςχίοιν τὸ μὲν κάτω, τὸ δ᾽ ἀυ εἰς ἄνω ἰξάρασαι, ἔια κίγκλᾳ
ἄλλεται, hoc est, Vt gratæ ad tibias puellæ saltitant Leuiter, comasq̃ iactitãt, manus mouent, Dia=
næ in festo, natibusq̃ motitant Sursum deorsum sese, ita ut cinclus salit.

¶ Turnerus cinclum auem Anglicè interpretatur à water swallow, (quasi dicas hirundinem **50**
aquaticam,) Germanicè ein Steinbeiſſer, (sed nostri aliam auẽ, coccothrausten nostrum, Stein=
beiſſer appellant.) Auicula (inquit) quam ego cinclum esse puto, galerita paulò maior est, colore in
tergo nigro, uentre albo, tibijs longis, & rostro neutiquam breui. Vêre circa ripas fluminum ualde
clamosa est & querula. breues & crebros facit uolatus. ¶ Huic Turneri descriptioni cognata ui=
deri potest merula aquatica nostra: magis uerò illa, quam circa Argentoratum Lyßklicker appel=
lant: quam non similem modo Turneri cinclo, sed prorsus eandem esse coniicio, cuius figuram se=
quens pagina cõtinet. De eadem, ni fallor, Eberus quoq̃ & Peucerus sentiunt: similiter enim Ger=
manicè interpretantur Steinbeiſſer & Steinbicker, (quasi lithocopon dicas: quòd nimirum in
ripis calculos rostro feriat dum muscas & uermiculos petit.) Magnitudine (inquiunt) ruticillæ est, **60**
ex cinereo albicans, caudam mouet. Nostra, cuius iconẽ damus, rostro recto, nigro & longiusculo
est. uentre albo, pectore cinereo, cauda breui, ita ut eadem alarum longitudo sit. alis dorsoq̃ fusca.
cruribus ex ruffo ferè luteis, ut pictura repræsentat. ipsam enim auem non memini uidere.

¶ Βωκελίτη,

¶ Βεκολίνη, cinclus, (κίγκλΘ· perperam ſcribitur,) Heſychius & Varinus.
apparet autem nomen hoc à bucolijs,
id eſt armentis factũ, quòd hæ aues pe-
còra ferè ſequantur, propter muſcas ni
mirum, nam & apud nos genus mota-
cillarum unũ eſſe audio, quod à bobus
Rinderſchyſſer appelletur. ¶ Κίγκλης,
auis quædam marina, Suidas & Varinus. eadem cinclo nimirũ. In Cotyis
Thracum regis conuiuio apud Athenæum nominâtur cygni, grues, κίγκλοι,
κίγκλοι legerim. ¶ Κιγκλιςμὸς, Βϱαχαῖα
(κỳ) ϛωηχης κίνηοις, à cinclo animali, Galenus in Gloſsis in Hippoc. Κιγκλὶς ianua eſt biforis uel biualuis, &c. Varin.

DE CERCIONE.

20 IN India auis ad ſturni magnitudinem accedens, uarijs coloribus picta, naſcitur, quæ & humanam uocem effingit, & pſittacis uocalior, & maiore eſt docilitate & ingenio, non tamen humanum
uictum æquo animo ſuſtinet, ſed libertatis deſiderio famem potius quàm ſeruitutem cibis refertam
amplectitur. Vrbes quas Alexander in India excitauit, ideo cercionem appellant, quòd ſimiliter
caudam (Græci κέϱκον uocant) atque cinclus mouet, Aelian. Græcè κεϱκίων ſcribitur per iôta acutum in penultima. Κεϱκυὼψ uerò cum y.in penultima, oxytonum, nomen uiri eſt Euſtathio.
¶ TRINGA lacus & fluuios petit, caudam motitat, ut etiam cinclus & IVNCO.ſed tringa inter minores has maiuſcula eſt. turdo enim æquiparatur, Ariſtot. Græcè legitur penultima per y,
ὁ τϱύγγας, tryngas in prima declinatione. ¶ De iuncone ſcripſi ſupra in Elemento I.

30 ## DE MOTACILLA QVAM NOSTRI
albam cognominant.

MOTACILLA alba noſtra uno nomi-
ne albicula uel albicilla uocari poterit.
Cinclus, iunco, albicula (ſed quod huic
nomen in exemplaribus noſtris Græ-
cis reſpondeat nullum eſt) & tringa, quæ inter mi
nores has maiuſcula eſt, turdo enim æquiparatur,
Ariſtot.interprete Gaza. Germanicè appellatur
40 ein wyſſe oder grawe Waſſerſteltz oder Bachſteltz: Quikſtertz, id eſt alba aut fuſca motacilla. à
S. Hildegardi Begeſtertz, uel Wegeſtertz, cuius
temperamentum illa calidum & humidum eſſe

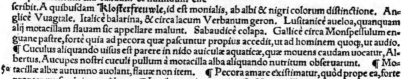

ſcribit. A quibuſdam Kloſterfreuwle, id eſt monialis, ab albi & nigri colorum diſtinctione. Anglicè Vuagtale. Italicè balarina, & circa lacum Verbanum geron. Luſitanicè aueloa, quanquam
alij motacillam flauam ſic appellare malunt. Sabaudicè colapa. Gallicè circa Monſpeſſulum en-
guane paſtre, fortè quia ad pecora quæ paſcuntur propius accedit, ut ad hominem quoqʒ, ut audio.
¶ Cuculus aliquando uiſus eſt parere in nido auiculæ aquaticæ, quæ mouens caudam uocatur, Albertus. Aucupes noſtri cuculi pullum à motacilla alba aliquando nutritum obſeruarunt. ¶ Mo=
50 tacillæ albæ autumno auolant, flauæ non item. ¶ Pecora amare exiſtimatur, quòd prope ea, fortè
propter muſcas, circunuolet. ¶ In cibum etiam uenit, teſte Hieron. Trago.
¶ Turnerus in libro de Auibus Cnipológon Ariſtotelis (id eſt culicilegã interprete Gaza) hãc
auem eſſe putat. Culicilegam (inquit) eſſe iudico auiculam, quam aliqui motacillam nuncupant. eſt
autem illa albo & nigro uariè diſtincta: cauda longa, quam ſemper motitat. degit plurimum ad ri=
pas fluminum, ubi muſcas captat & uermiculos. quin & aratrum uermiũ cauſa ſequitur, quos uer=
ſat & exhibet cum gleba aratrum. Sed poſtea in epiſtola ad me, Culicilegam Ariſtotelis (inquit) in
terra Bergenſi uidi. tota cinerei ferè coloris eſt, & ſpeciem habet pici Martij. illa uerò quam culicile=
gam eſſe putabã, eſt uariola, niſi fallor. ¶ Culicilega, Germanis Fligenſtecher, differt à motacilla,
Eberus & Peucerus. Vide ſupra in Culicilega.

Dd 3

DE MOTACILLA FLAVA.

OTACILLAE quam flauam à colore
uentris imi appellamus, nomina conueniunt quæcunq̃ fuperiori, flauæ tantum
differentia adiecta. Priuatim tamẽ à Gallis nominatur battequeue, nõnullis battelefsifue,
battemara. Italis cotremula. Sabaudis auffecue,
uel hauffequeue. Turcis belbék. Auis eſt magnitudine pari maioris, caudam femper mouet, quæ
ei bifurcata eſt, reliquo corpore multò lõgior, pen

nis longioribus octonis condita, quarum duæ ex-
tremæ utrinque tres difcretos colores habent, plurimum albi, minus nigri, minimum lutei, interiores uerò, itidem utrinque duæ nigricant cum pauciſsimo luteo. ſunt & paucæ in medio breuiores.
Roſtrum longiufculum, rectum, gracile, nigricat. Cranium molliſsimum. Venter albicat cum pau
ciſsimo luteo, qui color initio caudæ inferius intenſior eſt: ut & fuperius infra orrhopygium color
ex luteo & uiridi mixtus fpectatur. Caput & dorſum fuſca ſunt. Pennæ in alis nigricant, in medio
per tranſuerſum albicant, præter extremas quæ totæ nigræ ſunt. Alæ ſunt breues, caput pro portione paruum, cruſcula fuſca. ¶ Motacillas albas autumno migrare audio, flauas manere. Vtræq̃
armenta & pecora amant, nimirũ propter muſcas quibus uictitant. ¶ Ab accipitre perſequente
ſi euaſerint, egregie cantant, tanquam ſibi de ſalute gratulantes. ¶ Caueis nõ includuntur: in hy-
pocauſto tamen uel diæta liberius uolantes ali aliquandiu poffunt. ¶ Ad remedium aduerſus cal
culum motacilla torretur ollę incluſa in furno, ut ſupra ſcripſimus in Motacillis in genere. Sunt qui
flauam in hoc remedio præferant.

    ¶ Albertus cum ex Ariſtotele mouentes caudas aliquot aquaticas aues nominaſſet, addit: Et
ſunt apud nos quædam fortiſsimi uolatus & boni greſſus, & uelociter currentes in ripis fluuiorum
& maris.

    ¶ MOTACILLAE quædam uulgò Ryſerle & Rinderſchyſſer dicuntur, genus (ni fallor) ab
alba & flaua motacilla diuerſum: quod & ipſum caudam motitat, & pecora præ cæteris amat, quòd
muſcæ circa ea abundent: colore mixto è fuſco & uiridi, ut audio: unde coniicio, eandem forte eſſe
auiculam illam quæ circa Argentoratum Gickerlin appellatur. Bucoline Heſychio auis eadem
quæ cinclus eſt, bucoliorum ſcilicet, id eſt armentorum amans, & caudam quatiens. Sunt & budytæ auiculæ Oppiano dictæ à bobus, quos ſubeũt ſcilicet & circunuolãt. uide ſupra in Elemẽto B.

    ¶ PRAENVNCIA Hirundinum uulgò in Friſia appellatur, Schwalben vorbott, cui cauda
ſemper agitatur, caput utrinq̃ rubet linea medium nigra trãſeunte. magnitudo fringillæ, ſed pedes
& cauda longiores. Nidificat in haris nido tignis affixo. paſcitur in ſtercoretis.

    ¶ Dicuntur & AVES quædam Germanicè Todtenuógel, neſcio quam ob cauſam, niſi forte
quòd rarius appareant & ferè imminente peſte. hæ quoq̃ caudis mouendis nunquam quieſcunt,
rubeculæ magnitudine, albicantes circa caudam. Aliqui Muggenſtecher, id eſt myiocopos uel
myiophagos appellant, ſolis enim muſcis ueſcuntur. Roſtra eis ueluti hirundinum. Auguſto & Se
ptembri aliquando capiuntur. Sed non degunt circa aquas, ut pleræq̃ cæteræ motacillæ.

    ¶ PHOENICVROS etiam, die Huſtrôtele, caudis motitare obſeruauimus.

    ¶ Auis Anglicè dicta A SNYT, longo roſtro, magnitudine picæ, ut fertur, ſemper ad aquas
conſiſtit, & caudam agitat. Hæc an forte ſit tryngas Ariſtotelis quærendum eſt.

    ¶ TREMVLVS in Regimine Salernitano inter aues bonas & ſalubres nominatur, cum per-
dice, phaſiano, columba, &c. Arnoldus Villanouanus, Auis eſt, inquit, quæ ſolet degere iuxta mare, gallina minor, colore fuſco, altè clamans & uelociſsimè uolãs: & quando ingreditur ſuper terra,
cauda eius ſemper tremit, & ſuper capite plumas habet longas. Non eſt autẽ parua illa auis longam
habens caudam, quæ à medicis caudatremula nominatur, Hæc ille. Quærendum an hæc auis aliquod genus fulicę ſit, utpote cirrhata & circa mare uelociter uolans & clamoſa: aut forte uanelli, de
quo in v. Elemento ſcribemus.

DE MOTACILLAE GENERE, CVIVS ICO-
nem Io. Kentmannus, deſcriptionem Ge. Fabricius ex Miſnia
ad me dederunt.

AVIS quæ à Germanis in Miſnia ein Pilwenckgen, uel Pilwegichen, uel Pilente nominatur, caudam ſine intermiſsione mouet, ut motacilla. Primum nomen Germanicũ com
poſitum eſt à ſono uocis, & ab agitatione caudæ: alterũ à quadam ſimilitudine cum anate
impoſitum. quanquam hæc auis palmipes non eſt, & roſtrum longum (molle & colore ci
nereum) ac alta crura habet. Eius duo genera ſunt, maius & minus. Minus eſt, cuius picturam in ſe
quente pagina damus, magnitudine merulæ: tergum cinereũ, uenter albus, alæ & cauda ſuperiore
parte

parte cinereæ, inferiore cum albo diftinctæ. Flumina colit, & in ripis hac illac uagatur, nidificat &
20 incubat arenis: & aut in ijsdem, aut inter saxa, oua ponit, eaq́, ut & hirundines ripariæ, nullis ftipu=
lis aut herba tegit. Supra octo pullos non excludit uno tempore. Vefcitur mufcis, uermibus, pifci=
culis: domi uerò cum alitur, pane, & malorum putaminibus. In mufcis capiendis arte utitur. lento
enim fufpenfoq́ gradu accedens, roftro eleuato primum defignat, tum captam prædam deglutit.
Manfuefcit non difficulter, & côclauia ab araneis purgat. Aeftate capitur in nafsis, in quas propter
efcam fe immergit: hyeme, perticis glutine (uifco) illitis: pedicis uerò è pilis equorum factis, quouis
anni tempore. Vocem noctu lachrymantis aut lamentantis inftar ædit. A pueris aliquando de=
lectationis caufa alitur.

¶ M Y T T E X, μύττηξ, auis quædam, Hefych. & Varinus.

30   DE AVIBVS QVARVM NOMINA N. LITERA INCHOAT.

N E R T O S, Νϕῖϕ, auis apud Ariftophanem in Choro auium, quæ fit non conftat, nec adfe=
runt quicquam fcholiaftæ.

DE NOCTVA.
A.

O C T V A à tempore noctis dicta quo canit uel uo=
lat, Feftus. Quanquam uerò multa nocturnarum
auium genera fint, hæc una tamen præ cæteris apud
Latinos nomen à nocte accepit, ut uefpertilio apud
Græcos nycteris. Albertus tamen uidetur noctuam ad om=
nes aues nocturnas generale uocabulum facere. ¶ Hebrai=
cum nomen kos, ‏כוס‎, noctuam interpretantur, cui finitima eft
Germanica uox ᚱᚢᚷ: alij nycticoracem, alij aliter. uide in Bu
bone A. ¶ Pro uoce iaanah, ‏יענה‎, Leuitici 11. Septuaginta
uerterunt glaux, id eft noctua: item Deuteron. 14. ubi commu=
nis etiam trâslatio noctuam habet: alij nycticorax. Munftero
iaanah fecundum Abraham Iob 39. eft auis quæ ponit oua fua
in terra, & uulgò uocat ftruza, id eft ftruthio. ¶ Ianfchuph,
‏ינשוף‎, omnes Hebræi fentiunt effe auem nocturnam, à ianaph,
(nefcheph potius, ‏נשף‎) quod crepufculum fignificat. tum tem=
poris enim apparet, ut Aben Ezra dicit, cum lucem interditi
ferre nequeat, noftri (& Septuaginta Leuit. 11.) ibin exponunt,
P. Fagius. Munfterus Deuter. 14. noctuam. Vide fupra in Cy
gno A. Noctua (ianfchuph) & coruus habitabunt in ea, Efaiæ
34. Munftero interprete, hoc eft, defolata reddetur. exponunt autem hoc loco etiam Hebræi ian=
fchuph pro nocturna aue. ¶ Tachmas, ‏תחמס‎, auis quædam impura & rapax Leuit. 11. Septua
ginta larum interpretantur, Deuteronomij uerò 14. γλαῦκα, Hieronymus noctuam, uide in Laro A.
Tachmas eft nycticorax, fic dictus quod rapiat & fpoliet cæteras aues. unde Thargum Hierofoly=
60 mitanum habet hatuphitha, à rapacitate. hataph (‏חטף‎) enim rapere fignificat. Idem quoque hamas,
Chaldaicè dicitur zizia, ‏צציא‎, ab elatis plumis, P. Fagius. ¶ Tinfchemet, alijs noctua, alijs aliud
animal fignificat, ut fcripfimus in Talpa A. ¶ Lilith interpretantur lamiam, onocentaurum, no=

                                                                   Dd   4

ctuam, ut annotauimus in Onocentauro. & forte ululam significat, alludente uocabulo. ¶ Kipod non noctua, nec aliud animal est, ut quidam suspicantur, sed omnino erinaceus. ¶ In trilingui dictionario Munsteri alia etiã noctuę nomina inuenio: nempe kimus, כימוש: & kiphupha, קיפופא.

¶ Allakaliki, id est aues nocticulæ, Syluaticus. uidetur autē noctuas intelligere. Albertus no= ctuam halatron inquit Græcè dici, imperitissimè: uidetur autem Persica uel Arabica ea uox esse ex Auicenna. Idem Albertus noctuam & bubonem in Aristotelis de animalibus scriptis non se= mel confundit.

¶ Noctua Græcè γλαυξ nominatur à glauco oculorum colore. & per onomatopœiam cicca= ba, & cicymis. unde etiam uox κικαβαυ conficta est apud Aristophanem in Auibus. καρτ᾽ ἀγαθὴ κι= κυμίς, Callimachus, ut citat Scholiastes Aristophanis, unde gignendi casus κικυμίδος, Hinc &cicumę ἲο nomen Latinum fortè Gaza finxit, quo nycticoracem interpretatur ex Aristotele. Volunt autem aliqui nycticoracem eandem esse auem cum noctua, ut Isidorus: alij diuersam, ut Albertus & nos quoqȝ. Nycticorax noctua est: multi bubonem esse contendunt, sunt etiam qui adserunt esse orien= talem auem, quæ nocturnus coruus appelletur, Eucherius. κικυμῖς, noctua, Hesych. malim κικυ= μις. κυελωαις, γλαυξι, Iidem. κικκαβαρν, noctua, Hesych. & Varinus. hodie etiam uulgò Græcis κικκα= βαγιε dicitur. Homerus noctuam à dijs chalcidem dici scribit, nimirū quòd eius pennæ æs colore referant: ab hominibus cymindin. Χαλκιδ᾽α κικλησκυσιν θεοι, ανδρεσ δε κυμινδιν, Homerus Iliad.τ. acce= dit autem cymindis uox ad cicymis. Vide in Cymindide inter accipitres. ¶ Βωφοι, noctuæ apud Symeonem Sethi. uide in Bubone A. τυτω, noctua, Hesych. & Varinus, per onomatopœiam ut coniicio: forte à uoce tu tu, ut Plautus habet. κειγγ, noctua, uel dæmones, idola, Iidem. ζιζυν alij ἲο noctuam, alij picam aut accipitrem interpretantur, Iidem. ¶ Glastus (glaux potius) auis Palladi sacra, coronam in capite pennatam habet, oculos ut nycticorax magnos, in agris degit, Kiranides.

¶ Fr. Alunnus noctuam interpretatur nottola, bubonem uerò ciuetta, nescio quàm re= ctè. Ego bubonis alia Italica nomina suo loco attuli, ciuettam non aliam quàm noctuam arbitror. Scribunt alij ziuetta, zueta, ziguetta, & magnæ paruæqȝ differentiam addunt, à sexu nimirum pe= titam, ut sit in genere uncunguium, nam & alteram quæ chio ab ipsis dicitur, & noctua minor est, similiter in maiorem minoremqȝ distinguunt. Gimus & gimeta quoqȝ apud Crescentiensem 10. 16. non alia mihi uidetur auis quàm noctua maior & minor. ¶ Noctua Hispanis appellatur le= chúza. Lusitanis mocho. ¶ Gallis hibou, & chathuant, ut Rob. Stephano placet, nisi is potius bubo est. noctua uerò circa Lugdunū nominatur siuette, alibi chouette, souette, zoetta Auinione, ʒo & cheueche quoqȝ, ni fallor, alicubi. ¶ Germanis Kuz, uoce Hispanicæ finitima. Alij pleriqȝ, ut Turnerus, Ge. Agricola, Eberus & Peucerus, noctuam Germanicè interpretantur ein Eul/ Nachteul/ Schleyereul/ Stockeul/ Steineul, quæ quidem uocabula omnia ululæ potius mihi tribuenda uidentur. ¶ Anglis an owl, or an howlet, Turnero interprete. ¶ Illyrijs kalus, uel kalaus. ¶ Polonis szowa. ¶ Turcis baigús.

¶ Noctuarum quatuor sunt genera. Vnum, cui pluma aurium modo eminet, quod maximum est, & asio uocatur, (ōtus Græcis.) Alterum eximij candoris in gutture & uentre, alioqui candidis & luteis maculis alternis distinctum, Tertium paruū, quo (ut etiam quarto) aucupes uenantur aues. Quartum minus illo, quod in rupibus saxisqȝ uersatur. hoc, sicut & tertiū, cinereis & candidis ma= culis uariat, item alternis, Ge. Agricola. Auis Kuz uel Kuzlin apud nos dicta, magnitudine 40 turturis est, quæ è Gallia cisalpina & locis circa Mediolanum ad nos adfertur, tetradrachmi ferè in singulas pretio: colore subflauo, oculis elegātibus, claris. noctu musculos uenatur, aucupijs quæsita. ¶ Noctuam auritam (ein Or.Kuz) audio uocari auem paulo minorem, sed longiorē, ulula cōmuni, subruffam, circa oculos albicantem: oculis nigris, ambitu flauo, cruribus ad imum usqȝ pluma inte= ctis. Hanc otum uel asionem esse dixerim. ¶ Noctuarum generis est etiam Steinkuz, id est sa= xatilis noctua dicta auis, (eadē forte illi quam Eberus & Peuccrus Steineul uocant: qui hanc sco= pem esse coniiciunt: quod nō placet, cum scops auritus sit.) Magnitudo ei columbæ: crura & digiti pedum hirsuta plumis albidis. imi tamen digiti ad terram nudi sunt. ungues nigri, adunci. Color ei tota parte prona fuscus, modico ruffo permixtus, albicātibus maculis distinctus. caput ad reliquam magnitudinem prægrande, iris oculorum flaua & oculi magni. rostrum breuissimum, aquilinum, 50 quæ pleraqȝ cum alijs noctuini generis auibus communia habet. In aue extincta rostrum superius rubebat, cum prius non uideretur rubere. Inter oculos & rostrum pennulæ quædam ceu pili aut barbulæ rigent. in uentre plus albidi habet quàm cæteris partibus. In montanis & saxosis locis eam uersari puto, ideoqȝ ad frigus cauendum plumas cruribus digitisqȝ induisse, (nam aliæ noctuæ non sunt hirsutis pedibus, colore ruffo è fusco) sicut & lagopodes & aliæ quædā. Speciem eius sequens pagina continet. Italicis noctuis saxatiles istas nostras similes esse audio, sed minus alacres, inter= diu ferè cæcas. ¶ Adferuntur & ex inferiore Germania noctuæ quædā, Niderlendisch kuzen.

¶ Quærendum an scopes sint minimæ in noctuarū genere, auritæ, quas nostri paruas noctuas Italicas uocant, (kleine frembde oder Welsche Kuzle/ Köpple,) Itali chus uel zus in agro Pata= uino, alibi chio per onomatopœiam, quòd noctu talem ædat uocem. harum caudas maculis uarias 60 esse aiunt. His simile genus est apud nos, quod uulgus nominat Tschauytle, (ab Italico ciuetta forte corrupto nomine,) exiguū, Italicis albius, cauda longiore, auriculis altioribus. Audio apud nos no=

10

20

30

nos noctuam aliquando captam ætate perfecta, magnitudine alaudæ, drachmis undecim uænijsse. Eberus & Peucerus scópis genus quod semper apparet, Keutzlin interpretantur.

B.

Noctuam Creta non habet: & si inuehatur, emoritur, Plinius, Solinus, & Aelianus. Noctuæ neq̃ maiores neq̃ minores in alpinis Heluetiæ regionibus inueniuntur, præter aduectas è Longobardia, uel Germaniæ ad Rhenum inferiore tractu, Stumpfius. ¶ Noctua auis est uaria, uarietas autem eius ad albedinem uergit, crura habet plumosa, caput ingens, rostrum curuũ, maior est niso, oculis glaucis, Albertus. magnis & glaucis oculorum pupillis, Ambrosius. Zuetis (id est noctuis) & bubonibus collũ perbreue, (pro sua magnitudine,) Albert. Noctua appẽdices paucas quasdam habet infrà quà desinit intestinum, Aristot. Otis (lego Otus) bubone minor est, noctuis maior, Plinius. Noctuæ pars inferior gulæ paulò latior est, Aristot. Noctuis ut magnæ parti auium lien adeò exiguus est, ut propemodum sensum effugiat, Aristot. Vncos ungues & nocturnæ aues habent, ut noctuæ, bubo, Plinius. Zueta cauda breui est, ut & bubo, Albertus. Noctua è genere adunco est, Aristoteles.

C.

Noctua uagatur noctu, Aristot. Nocte uolat, Albertus. Dicta est à tempore noctis quo canit uel uolat, Festus. quo canit ac uigilat, Varro. ¶ Noctuas nouem uoces habere tradit Nigidius, Plin. Nomen ei quia noctu canit, Varro & Festus. Habet & noctua cantus suos, Ambrosius. Seros exercet noctua cantus, Vergilius. Vox ei rauca, Albertus. Noctuæ cognationem habent cum bubone & ulula: sed differunt uoce. nec ehim ululant, uerum ædunt sonum, quem Aristophanes κικκαβαῦ nominauit, Ge. Agricola. A sono quidem κικκαβαῦ ipsam quoq̃ noctuam Græcis ciccabam dici Aristophanis Scholiastes meminit. Noctua lucifuga cucubat in tenebris, Author Philomelæ. γλαῦκας uἴζαν author est Pollux. Cum mulier in Menæhmis Plauti, palla è domo subrepta, ad Menæhmum quem surripuisse suspicabatur, semel ac iterum diceret tu, tu(surripuisti:) & Peniculus idem diceret, adderetq̃ amicæ Erotio eam detulisse, quærit Menæhmus, Egon' dedi? Tum Peniculus, Tu tu inquam. uin' afferri noctuam, quæ tu tu, usq̃ dicat tibi? nam nos iam nos defessi sumus. Hinc & τυτὼ forte nomen noctuæ apud Græcos confictum. Serus & intortus noctuæ cantus est, Apuleius. ¶ Noctua & nycticorax magnis & glaucis oculorum pupillis nocturnæ

40

50

60

rum tenebrarum non fentit horrorem: & quò fuerit obfcurior nox, eò crebrior uolatus exercet in-
offenfos. Die autê uidere non poteft: quia exorto fplendore uifus eius hebetatur, Ambrofius. Noctuæ uifum in tenebris ualere aiunt, interdiu obcæcari, propter nimis ficcum & tenuem oculi humorem non ferentem uim luminis, Varinus ex Euftathio. Bubonem quoq; audio per diem nihil
ferè uidere, minus quàm noctuam. Noctuæ & cicumæ & reliqua, quæ interdiu nequeût cernere,
noctu uenando cibum fibi acquirunt. Verum nõ tota nocte id faciunt, fed uefpertino & matutino.
Venantur autem mures, lacertas, uerticillos, & eiufmodi alias quafdã beftiolas, Ariftot. Noctua
mures & bruchos noctu capit, Albert. De cibo noctuarũ nonnihil adferetur etiam in E. ¶ Noctua & miluus ex unco genere auiũ paucis quibufdã diebus latent, Ariftot. & Plin. Noctuas fexa-
genis diebus hyemis cubare tradit Nigidius, Plin. ¶ Hylas tradit noctuam, bubonem, &c. à cau 10
da de ouo exire: quoniam pondere capitum peruerfa oua pofteriorem partem corporum fouêdam
matri applicent, Plinius. hoc fieri Alberto nõ probabile uidetur. uide in Bubone c. ¶ Noctuam
aiunt folam inter uncungues & carniuoras non parere cæcos, propter igneam eius oculis infitam
uim, quæ tenebras etiam penetrat. quare etiam luna filente uidet, (ἰδὲ τὸ πῶ ἄν ὀφθαλμὸς πυρώδης, ὁ
τμηπικὸμ ὂν διαιρᾶ τὶυ διάῳ. Διὸ κỳ ἐν ταῖς σκοτομluίαις ὁρᾶ,) Euftathius & Varinus.

D.

Noctuæ cum formicas à fuis pullis abigere cupiunt, uefpertilionis cor in nido habent: tanquam
formicis fua etiam latibula deferentibus, fi quis cor uefpertilionis impofuerit, Oppianus. ¶ Noctuæ oues oderunt & infeftant, Idem. ¶ Diffident noctuæ & cæteræ minores aues, Plinius. No
ctuarum contra aues folers dimicatio. Maiore circundatæ multitudine (auium quæ eas deplumare 20
conantur) refupinæ pedibus repugnant, collectæq; in arctum, roftro & unguibus totæ teguntur. au
xiliatur accipiter collegio quodam naturæ, bellumq; partitur, Idem & Albertus. ¶ Cum noctua
cornix diffidet, inuicemq; oua furantur, hæc interdiu, illa noctu. plura uide fupra in Cornice D.
¶ Paffer aliquando dum aucupum uenatione petitur, ad noctuam accurrit tanquam auxilium fpe-
rans, à qua mox opprimitur, Orus. ¶ Noctua cum orchilo diffidet. nam is quoq; oua exedit noctuæ. Sed die uel cæteræ auiculæ omnes noctuam nimirum circumuolant, quod mirari uocatur,
aduolantesq; percutiunt. Quinetiam qui rex auium appellatur, priuatas cõtra eandem inimicitias
gerit, Ariftot. Vix ullam auem tam citò noctuam aggredi audio, ac picæ genus quod garrulũ quidam uocant. Quomodo cæteræ aues per noctuam ab aucupibus capiantur leges in E. ¶ Noctua
apibus contraria, & uefpis, crabronibusq; & fanguifugis, Plinius. 30

E.

Otus, quem aliqui afionem Latinè uocant, capitur haud difficulter ut noctuæ (quodam genere
faltationis,) intenta in aliquo circumeunte alio, Plinius. Fœminæ præferuntur mafculis, ut inter
omnes aues rapaces. Gimeta optimè habetur in aliquo columbario uel fimili loco, Crefcent. Si
bene cicurata fuerit gimeta, optimè capiet mures in domibus, Idem. Gimus & gimeta ufuunt de
quibuslibet carnibus, præcipuè de muribus noctu. & cum femel faturatæ fuerint, duobus, tribus, uel
quatuor diebus poftea ieiunant: gimus quidem uel ad nouem dies abftinens non læditur. Edunt
etiam lacertas & ranas, & omnia carnem habentia, Crefcent.

¶ Mulieribus ueneficia & cantiones exercentibus fimilis eft noctua, captiofum animal. Hæc
enim rapta, fuos in primis aucupes fic captionibus fuis in fe elicit, ut eam uelut ludicrum quoddam 40
in humeris circungeftent. Noctu quidem uigilat, & uoce quafi quibufdam præftigijs ac illecebris
aues allicit, easq; fibi afsidere facit. Interdiu uerò alia aucupij inductione utitur, auibus illudit, nimi
rum in aliam atque aliam fpeciem uultum conuertens: quibus aues peradolefcentes in admirationem raptæ, manere apud eam perfeuerant, maximo eorũ in quæ fe format timore perculfæ, Aelian.
Auiculæ omnes noctuam circumuolãt, quod mirari uocatur, aduolantesq; percutiunt. quapropter
aucupes ea conftituta, auicularum genera multa & uaria capiunt, Ariftot. Septembri menfe in
amitibus apparetur aucupium noctuæ, cæteraq; inftrumenta capturæ, ut circa calendas exerceatur
Octobris, Palladius. Noctua in apfide ærea expofita, auceps funiculum fubinde attrahens, & cir-
cumpofitas undiq; uirgulas uifco illinens, aduolantes ad noctuam capiendam alaudas capit, Oppianus. Noctua ab aucupibus ponitur iuxta retia, ut per eam aues cæteræ capiantur, (alliciantur,) 50
Albertus. Paffer maior agreftis maximè capitur noctua, Actuarius. Gimus & gimetta (inquit
Crefcentienfis 10. 16. quidam Germanicè uertit Æülen vnd Kußen, malim Kuß vnd Küßle)
funt eiufdem naturæ, animalia fcilicet nocturna potiùs quàm diurna. nam earũ oculi noctu melius
quàm interdiu uident. Cum igitur deformia fint, & rarò ab alijs animalibus uideantur, admirantur
eas reliquæ aues & uidere cupiunt, ceu rem nouam ac infolitam. Quamobrem homines uidentes
alias uolucres circumuolare gimo & gimetæ, & eas cum auiditate plurima intueri, excogitauerunt
nouum aucupij modum: nempe ut his auibus ad fpectaculum propofitis allectas cæteras uifco aut
retibus fibi quærant. Aues capiuntur cum gimetta & capite cattæ (fuper amite,) Idem.

¶ Noctua in imbre garrula, ferenitatem præfagit: at fereno, tempeftatem, Plinius & Aelianus.
Κỳ νυκἱelỳ γλαῦξ Ἡσυχοy ἀείδωσε μαραινομὲνis χαμῶνῷ τινiὰ τι σῆμα. hoc eft, Et nocturna noctua 60
quietè canens tempeftatis deficientis tibi fignũ efto, Aratus inter figna ferenitatis. Noctua fignificat pluuiam, fi cecinerit poft Solis occafum, Seruius in illud poetæ 1. Georg. Solis & occafum
feruans

feruans de culmine summo   Nequicquam seros exercet noctua cantus.
¶ Contra grandinem, noctua penis patentibus extensa suffigitur, Palladius.   ¶ Ebriosis oua
noctuæ per triduum data in uino tædium eius adducunt, Plinius. uide in G.

F.

Damnantur in lege Mosaica (Leuit. 11.) noctis ac tenebrarum amicæ aues, noctua, uespertilio,
&c. nam tales mala faciunt. ait enim Christus, omnem qui mala perpetret odisse lucem, Procopius.
¶ Noctuæ caro frigida, sicca & crassa est, Rasis. Carnes pullorum accipitris & noctuæ, sunt saporis boni, quæ corroborant animam, & prosunt melancholicis & mente perturbatis, R. Moses in
Aphorismis: si recte translatum est.

G.

Contra pituitam gallinarum prodest cibus aqua perfusus, in qua lauerit noctua, Plin.   ¶ Noctuæ sanguinem aliqui orthopnoicis utilem dicunt, quos reprehendit Galenus de medic. simplic.
10.27. ut recitaui in Ciconia G. inter remedia e fimo eius. Cum aduersus spirandi difficultatê multa parabilia pharmaca habeamus, nihil sanguine noctuæ indigebimus: cuius aliqui sanguinem propinant, alij coctam ipsam edi iubent in iure simplici. Sanguine uero aliqui aquæ instillant, alij uino
miscent. Ego cum à quodam hunc sanguinem mulieri frequenter anhelosæ commendante interro-
garem, quámnam spirandi difficultatem hoc remedio curatam sciret, nullam huius affectionis differentiam agnoscebat. & cum mulier eo usa esset, nihil profecit, Idem cap. 3. eiusdem libri. Aetius
1. 319. noctuæ sanguinem numerat inter psilothra, quæ palpebris post euulsos pilos adhibentur.
¶ Noctuæ carnes paralyticos curant, ut quidam e Plinio citant. Vide supra in F.   ¶ Capitis doloribus remedio est noctuæ cerebrum in cibo sumptum, Plinius. Noctuæ maris cerebrum in collyrio adhibitum, aufert prauitatem uidendi de nocte, (nyctalopiam,) Rasis. Cerebrum eius uel iecur
cum oleo infusum auriculæ aut parotidi utile est, Plin. Noctuæ iecur diligenter seruatum atq; ex
unguento nardino trito auriculis subinde infusum, celeriter parotidum uitiu omne persanat, Marcellus. Ad parotidas conuenit noctuæ cerebellum butyro mixtum adponi. discutit enim fere eas
sine dolore & molestia. oportet autem per aquam marinam feruentem, nouis spongijs illic demer-
sis, & linteo uel sabano intorto, utrinq; expressis, uaporare eas, atq; ita oblinire hoc medicamêtum,
superq; tegere lana sulphurata totam maxillam. Anginis succurritur cerebro noctuæ, Plinius.
¶ Fertur cum decollatur noctua, oculum eius alterum apertum manere, alterum claudi: & si clausus supponatur capiti non dormientis, dormiturum: si uero apertus, uigilaturum, Rasis.   ¶ Iecur
uel cerebrum noctuæ, auriculis & parotidi prodest. uide in Cerebro. Iecur noctuæ siccum in
potu sumptum inducit colicam, & difficultatem solutionis, & frigiditatem stomachi, Rasis Aristotelem citans.   ¶ Oua noctuæ diuersæ sunt naturæ. nam ex medullio (medio) primi quòd peperit, si inungatur pars aliqua, eradicantur pili & nô renascuntur. & ex secundo ouo si ponatur in loco
nudo pilis, producit pilos, Rasis. Ebriosis oua noctuæ per triduum data in uino, tædium eius adducunt, Plin. Philostratus de uita Apollonij lib. 3. Cum quidam apud Indorum sapientes (inquit)
conquereretur, filios quidem sibi nasci, sed cum primum bibere uinu coepissent, omnes morisse respondit Iarchas: Melius cum illis agi quòd moriantur, si enim superstites essent, omnes euasuros in-
sanos, quòd ex semine (ut apparet) minus calido procreati essent. Vino igitur abstinendum est silijs
uestris, ita ut ne cupiditate quidem ipsius moueantur. Si qui igitur posthac filij nascetur, obseruare
oportet ubi noctua nidû faciat, & illius oua mediocriter elixata infanti comedenda prebere. si enim
illa comederit, (priusquam uinum biberit,) uinum oderit, & modestius deget, quia temperatior siet
naturalis calor. Proditum est si infantes noctuæ oua assumpserint, perpetuò uinu odisse: & id non
modo non bibere, sed & temulentos formidare, ut Philostratus auctor est, Gyraldus.

H.

a. Et coeunt (Bacchæ contra Orpheum) ut aues, si quando luce uagantem   Noctis auem (noctuam) cernunt, Ouidius x 1. Metam.   ¶ γλαῦξ nomen, inquit Euphronius, Attici circunflectunt,
Dores acuunt, Aristophanis Scholiastes, communiter noctuæ acuitur, Attice circunflectitur, Varinus &
Eustathius. γλαῦξ, νυκτοβόας, auis nocturna, Hesych. Στεγλχ auis quæ & νυκτοβόα dicitur: alij nycticoracem reddunt, Idem. Strix quidem etiam Latinis auis nocturna est. Nyctimene puella in
noctuam mutata fertur: & pro noctua usurpatur. uide infra in h. Varia in diuersis dialectis noctuæ
nomina retuli supra in A.
¶ Epitheta. Noctua lucifuga, Seruius & Author Philomelæ. An mage noctuolæ tibi traditur alitis usus, Martianus Capella. Noctis auis, & Palladis ales (apud Ouidium 2. Fastorum) apud
poetas pro noctua uel tanquam epitheta, uel per antonomasiâ usurpantur. Item apud Textorem,
Garrula, solicana, noctiuida, improba, fera, præhuncia fati.   ¶ Νυκτοφίη γλαῦξ, Aratus.
¶ γλαῦξ inter saltationum genera nominatur apud Athenæum lib. 14. in qua fortassis gestus &
circumactus colli noctuæ aliquis imitabatur. nam & ipsa noctua genere quodã saltationis capitur,
teste Plinio.   ¶ γλαύκιον ωòν, id est noctuinum (ut Nic. Perottus & Erasmus reddunt) ouum, Suidas.   ¶ Glaux, γλαῦξ, stirps quædam, Hesychius: quæ à Dioscoride describitur. Eustathius habet
γλάξ, quasi γαλάξ. lactis enim copiam facere dicitur.   ¶ Auis quæ glaucium dicitur, γλαυκίον, ab
oculorum colore glauco, anati similis est, (paulò minor, Athenæus,) Eustathius.   ¶ Est & glaucus

piſcis quidam.& glaucus, γλαυκὸς, adiectiuum coloris nomen. Dionyſius Afer beryllum glaucam ὑγρὰυ, id eſt humidam dixit: quòd corpora glauca nimirum humida eſſe uideantur propter perſpicuitatem, (ut laminæ cornu ſcilicet:)quin etiam muris epitheton eſt glaucus, Euſtathius. Byſſi tinctura ut pulchrior reddatur glauca miſcetur crocus, γλαυκὰ κρόκῳ, ſecundum Empedoclem, Plutarchus in libro De oraculis defectis. In tragœdijs homines calamitoſi, & præcipuè exules, induebantur ἤ λδυκὰ δ᾽υσπηνῆ, ἤ φαιὰ, ἤ μέλανα, ἤ μήλινα, ἤ γλάυκινα, Pollux. ¶ Γλαυκώπης, qui oculos glaucos habet, gen. maſc. unde glaucôpis, γλαυκῶπις, fœmininum, ſic autem Minerua cognominabatur poetis, quòd ôpas, id eſt oculos tum colore glaucos, tum inſuper terribiles haberet: ſic & leones glauci cognominantur, & dracones glaucôpes, Euſtathius. Plura reperies apud Gyraldum Syntagmate X 1. de dijs. Hinc & glaucopiſ dicta, quæ ei ſacra erat arx Athenis, Idem. γλαυκιόωυ apud Homerum, qui uiſu ardente & ueluti igneo intuetur: à uerbo γλαύσσω, à quo etiam γλαῦξ, Varinus. γλαυκιάω, oculos uertere, & quod in eis glaucum eſt oſtedere, (ὑποφαίνειυ;) Idem. Γλαυκιόωυ τὸ βλέμμα, καὶ βραδὺυ ἅμα καὶ γοργὸυ προσβλέπωυ, Heliodorus lib.7. ἐγλαυκώσας, ἱμὲλέψαι, Heſychius & Varin. γλαυκίζειυ, τὸ ἀμβλυώτ᾽ειυ, hallucinari, cæcutire, iidem. Ἐπιλλίζειυ, oculis conniuere, quod propriè noctuarum eſt, eò quòd die non cernunt, Varinus. Aues quæ noctuam ſpecie & natura referunt, γλαυκώδες Græcè dicuntur, & ſuperiore palpebra conniuent, Vuottonus. ¶ Κίκυμῳ, λαμπτήρ, ἤ γλαυκὸς, ὁμοίως καὶ κίκυμῳ, Heſych. & Varinus. Κικυμῶειυ, τυφλώτ᾽ειυ, δυσέλέπειυ, iidem. Κιτύμνα, (malim Κινύμνα, etſi literarum ordo repugnet,)γλαυκὰ, Heſychius. ¶ Noſtri hominem ſtolidum & improbum plebeio conuicio appellant ein Kutz, id eſt noctuam. Noctuam in magna Italiæ uulgò ciuettam uocant, eodemꝗ uocabulo hominem nihili & luciſugam, eſt enim noctua auis omnibus auibus contemptui & ridicula, Lil. Greg. Gyraldus.

¶ Icones. Aegyptij hominem qui ad proprium patronum confugiat, nec eius ſubleuetur auxilio, monſtrare cupientes, paſſerem & noctuam pingunt, hic enim dum aucupum uenatione petitur, ad noctuam accurrit, à qua mox opprimitur, Orus. Minerua plerunꝗ cum noctua effingebatur. Vide infra in h. Noctua Mineruæ ſacra eſt:quamobrem in eius honorem (Athenienſes)noctuam in numiſmatis effingebāt, Scholiaſtes Ariſtophanis. Et alibi, In nummis tetradrachmis noctuam formabant, & nummos etiam ipſos noctuas nominabant. Vnde Ariſtophanes in Auibus: Γλαῦκες ὑμᾶς ὄποτ᾽ ὠπλέψ᾽υσι λαυρεωτικαὶ, ΑΛΛ᾽ φωικήσωψ φὴδη, ὥτε τοῖς βαλλαντίοις ἐννεοσόύσαι, κἀκλέψ᾽υσι μικρὰ κέρματα. hoc eſt, Noctuæ non uos relinquent Laurioticæ, ſed hæ Aedibus aderunt in ipſis, inꝗ loculis nidulos ſibi parabunt, nummulosꝗ paruos excudent: Athenienſium ſcilicet auaritiam notans. Et rurſus, Nomiſma tum temporis quatuor drachmas appendés, noctua dictum eſt. erat enim eius inſigne noctua & facies Mineruæ, cum priores nummi duas tantum appenderent drachmas, & pro inſigni bouem haberent. Noctuæ Laurioticæ, ſtatêres erant argenteī(ἀργυροςατῆρόυ,)in Laurio enim(ut Pauſanias meminit) metalla erant argentea, Heſychius. appendebat autem etiam ſtater drachmas quatuor. Diobolis nummis noctuæ ſignum erat Athenis cum Iouis facie, nam tetrobolum duas habuiſſe noctuas compertiſſimum eſt, Cælius ex Polluce. Apud Suidam & Varinum legimus noctuam in Attico nomiſmate aureo impreſſam fuiſſe. Sunt qui tradunt noctuæ imaginem in nummo triobolo, id eſt hemidrachmio fuiſſe, (alij diobolo legunt, ſed tres oboli in dimidia drachma ſunt,)cum Iouis effigie ab altera parte. Noctuæ Laurioticæ: Hoc uelut ænigmate pecuniarum uim ſignificabant. Laurios enim Atticæ regio eſt auri uenis frequens,&c. Eraſmus. L.G.Gyraldus in Aenigmate:Multæ ſub tegulis cubant noctuæ:Athenienſes(inquit)num ínum quém tetradrachmon uocabant, noctua & Minerua capite ſignare ſolebant, cum antea didrachmos fuiſſet bouis imagine notatus: qua de re in nono Iul.Pollux. Atque hinc illud frequens apud Græcos emanauit, Bos eſt in lingua:quod in eum dicitur qui pecunia corruptus uel ſilet, uel loquitur.A tetradrachmo igitur numo, noctua ſignato, ſerui illius ænigma emanauit, qui cum domini furtū indicaret:Multæ(inquit) ſub tegulis cubant noctuæ:hoc eſt, pecuniæ ſub tegulis obtectæ ſunt. Hiſtoriam ſcribit Plutarchus in uita Lyſandri.

¶ Propria. Euſtathius meminit Glauci Anthedonij in dæmonem marinum mutati, & Glauci Potniei ab equis diſcerpti, & aliorum eiuſdē nominis:& Glauconis ſuffocati in dolio mellis. Glauceus Hippolochi filius memoratur Homero Iliad.8. Fuit & Glaucus quidam Samius uel Libycus, à quo factum eſt prouerbium Glauci ars. Γλαυκέτης, uiri nomen in Pace Ariſtophanis. De his partim, & alijs eiuſdem nominis plura in Onomaſtico reperies. Glauce nomē Nereidis, Euſtathius. ¶ Glaucus nomen fluuij Phaſin ingredientis apud Euſtathium in Dionyſium Afrum. Glaucia, oppidulum Ioniæ, Stephanus.

¶b. Otus auis ſimilis eſt noctuæ, ſed non nocturna, Athenæus.

¶c. Aedes emit Aper, ſed quas nec noctua uellet Eſſe ſuas, adeò nigra uetusꝗ caſa eſt, Martialis. Cum Archippe meretrix Sophocli iam ſeni adhæreret, Smicrynes qui illam prius amauerat à quodam interrogatus quid ageret Archippe, reſpōdit; εἶωπερ αἱ γλαῦκες ἀλλὰ τάφῳ κάθηται. id eſt, Tanquam noctuæ ad ſepulchrum ſedet, Athenæus lib.13. Super hoc extat Emblema Alciati recitatum in Bubone. Cuculus atꝗ noctua(Hebraice pro noctua legitur kippod, quod eſt hericius, ut fecte uertit Hieronymus)pernoctabunt in ſuperliminaribus eius, Sophoniæ 2. ¶ Si homines coarit aues, tum uites eorum nullam experientur iniuriam parnopum; Ἀλλὰ γλαυκῶψ λόχϱ αὐδὸς καὶ κόρχνιόλωῳ κϱ χνιά δωρ ὠλητρί ↓α, Aristophanes. ¶ Ἐγὼ δ᾿ ὑπὸ τῶν γλαυκῶν γε πάλαιʼ ἀπόλυμαι ταῖς ἀγρυπνίαισι κακκαϐιζοσῶν ἀεί, Idem in Lyſiſtrata.

¶ d. Noctuæ uiuas uolucres etiam eiuſdem generis inuadunt atꝗ interimunt, Plutarchus in uita Romuli.

¶ e. Cõtra formicas, ſi in horto habent foramẽ, cor noctuæ admoueamus:ſi foris ueniũt,omne horti ſpacium cinere aut cretæ candore ſignemus,Palladius. ¶ Si cor noctuæ magnum ponatur ſupra ſiniſtram mamillam mulieris dormientis,confitebitur quæ fecerit bona uel mala, Raſis.

¶ h. Τὴν γλαῦκα τωθέζειν τὴν δὲ, αὐτὴ ταὐτὴν, Suidas ex innominato. ¶ Ἀλλʼ ὄφιλσὶ θανεῖν ἢ ταντί ϛατορ ὀρχίσεσθαι, ἐπὶ εισὶ τὴν γλαῦκα ὅταν λάϐωσι τὰ παιδία πδιάχϱοσιν, ἢ δὲ μὴ βλέπνσα δ᾿ ἡμέρας ὥσπερ ὀρχεῖται ὅταν πληγῇ τελδυτῶσι σρέφεται ὥσπερ ὀρχϱμένη. Καλλίμαχϱ ᾧ Ἑκάλη λέγει περὶ αὐτῆς, Suidas in Ἀλθ.

¶ Leucippe, Ariſtippe & Alcithoë,ſorores dictæ Minyades. mutatæ finguntur, una in cornicem,altera in ueſpertilionem,tertia in noctuam,Aelianus lib.z. Variorũ. Vide in Veſpertilione h.

¶ Nyctimene poſtquam cum patre(Nycteo)concubuit, & agnouit facinus, in ſyluis ſe abdidit, & lucem refugit, ubi deorum uoluntate côuerſa eſt in auem quæ tanto ſcelere omnibus auibus eſt admirationi,Seruius. Metamorphoſin iſtam deſcribit Ouidius libro 2. Metamor. Vide Nycteus in Onomaſtico.

¶ Noctua ſacra eſt Mineruæ, quamobrem abundat in Attica, & in honorem deæ noctuam in numis repræſentant,Scholiaſtes Ariſtophanis. De numis noctuæ imagine inſignibus,leges ſupra inter Icones. Minerua Græcè Ἀθήνη dicta uidetur ἀπὸ τὸ ἀθρεῖν. hoc eſt, à uidendo, ceu quæ præui-
20 deat quæ ueluti in tenebris queꝗ futura ſunt.ſic & γλαυκὸν nomen deriuatur à γλαύοσω,quod eſt θεω-ϱῶ,uideo,ſignificans id quod ſubalbum & facile uiſu eſt. Quod ſi γλαύοσειν & ἀθρεῖν uerba eiuſdem ſignificationis ſunt, ea etiam quæ ab eis deriuantur nomina cognationem inter ſe aliquã habebunt. Itaꝗ uiſus glaucus Mineruæ tanquam uiſu pollenti conuenit: & ipſa glaux, id eſt noctua auis ei ſacra habetur,non modo quòd noctu uideat,quemadmodum prudentia in rebus obſcuris rectè præuidet & conſulit:uerum etiam propter ſimilitudinem deriuationis, ut diximus:cum duo illa uerba γλαύοσειν & ἀθϱῶ,à quibus nomina γλαυξ & ἀθήνη deriuantur,ſynonyma ſint:quod & in alijs nonnullis auibus,quæ alijs dijs conſecrantur,obſeruatum animaduertimus,&c. Euſtathius. Palladias ales pro noctua, Ouid.2.Faſtorum. Mineruæ ſententiam hominibus crex & noctua denunciant,Porphyrius lib.z.de abſtinendo ab anim. Solebant priſci aues unicuiꝗ deo ſacras in capite eius ſimu-
30 lachri collocare. Mineruæ uerò Archegetidis ſimulachrum noctuam manu tenebat, Scholiaſtes Ariſtophanis. Minerua plerunꝗ cum noctua effingebatur, nunc ad pedes, nunc in capite : ſed & cum dracone.Quare cum in exilium iret Demoſthenes, dixiſſe fertur, Mineruam tribus immanibus oblectari feris,noctua,dracone,populo, Lilius Gr. Gyraldus. Minerua habuit in ſua ægide pictam ad pectus ſuum noctuam & gorgonem:hanc, ut metuendam prudentiꝗ uim:iſtam, ut conſiliorum profunditatem oſtenderet. Nihil enim tam abditum,tam obſcurum, quod prudentia non percipiat : quemadmodum noctuæ oculi obſcuriſſima nocte uiſu non deſtituuntur, Io. Tzetzes. Videbatur mihi Minerua ex urbe uenire,& noctua ei inſidere,Ariſtophanes Equitibus. ¶ Noctua auis inuiſa fuit Baccho,utpote cui uitem denegârit,ſolamꝗ à ſuis racemis abegerit, quòd mortalibus uinum criminata ſit.Quin & illud proditum eſt,ſi infantes noctuæ oua aſſumpſerint, perpe-
40 tuò uinum odiſſe,Gyraldus. ¶ Si animantium cruore afficiuntur ſuperi, cur non mactatis illis accipitres,noctuas:Arnobius 7.contra gentes.

¶ Auſpicia. Oſcines aues Appius Claudius eſſe ait, quæ ore canentes faciant auſpicium, ut cornix,noctua,Feſtus. Oſcinum tripudium eſt quod oris cantu ſignificat quid portendi,cum cecinit cornix,noctua,&c.Idem. Noctua non ſemper infortunia facit:nanꝗ uolans inſignem de hoſte uictoriam quandoꝗ apportauit , Alexander ab Alexandro. Noctua uolat , γλαυξ ἵπταται ſiue ἵπτατο:prouerbium(apud Zenodotum & Suidam) quod rebus feliciter atꝗ ex animi ſententia ſuccedentibus dici conſueuit.Priſcis Athenienſibus noctuæ uolatus uictoriæ ſymbolum exiſtimabatur:propterea quòd auis hæc Mineruæ ſacra crederetur, quæ quidem dicta eſt etiam malè conſulta Athenienſium bene fortunare. Non illepide dicetur uolaſſe noctua,quoties res non uiribus,ſed pe
50 cuniarum interuentu confecta creditur , quòd Athenienſium nomiſma noctuam haberet inſculptam.unde & illud,Laureoticæ noctuæ.Plutarchus in uita Periclis tradit illi è ſuperiore nauis tabulato concionanti,noctuam ad dextram aduolaſſe, ac malo inſediſſe:quod omen effecit ut omnes irent in illius ſententiam, Eraſmus. γλαυξ ἵπταται, Noctua uolauit. Ante pugnam in Salamine noctuam præteruolantem aiunt uictoriæ omen feciſſe, Heſych. Aiunt reuera noctuam uictoriꝗ nunciam per exercitum Athenienſium uolaſſe , cum bellum eis contra barbaros eſſet, Ariſtophanis Scholiaſtes. Ἂν γλαυξ ἀνακϱάγη, δεδίνϱμϱ,Menander.hoc eſt,Si noctua clamauerit,timemus. Accedenti ad ſeriam actionem homini occurrentem noctuam inauſpicatâ ſignificationem dare aiunt. Cui quidè rei teſtimonio fuit Pyrrhus Epirotarũ rex:cum enim in illius Argos profiſcentis haſta quam erectam ferebat,hæc auis ſediſſet,ei malũ auſpicium dedit, nam Argos ingreſſus, ualde in-
60 gloria atꝗ ignobili morte occubuit.Quare mihi Homerus(lib. 10. Iliad.) præclarè intellexiſſe uidetur,auem hanc mali auſpicij eſſe, cum Diomedi ad caſtra Troianorum exploranda proficiſcenti, Mineruam facit auſpicato mittentem erodium,non noctuam,Aelianus. Diuitibus ſupremus ho-

Ee

nos,prænuncia fati   Noctua præcedit, Architrenius. Nocte(ut uulgus opinatur) mortes hominum prænunciare uidetur uocibus importunis, Author de nat.rerū. Noctuas in Creta non nasci,
& inuectas etiam mori aiunt. quamobrem Euripides inconsideratè singere uidetur Polyidum (in
hac insula glauce, id est noctua conspecta)coniecturam & auspicium sibi concipere de inueniendo
etiam Glauco defuncto Minois filio, Aelianus.

¶ PROVERBIA. Aquilam noctuæ comparas. uide in Aquila h. ¶ Noctuas Athenas,
γλαῦκας εἰς Ἀθήνας, (Erasmus non rectè, Vlulas Athenas,)subaudiendum portas aut mittis. Cōueniet
in stultos negociatores,qui merces eò comportant, ubi per se magis abundant: ut si quis in Aegyptum frumentum,in Ciliciam crocum inuectet. Venustius fiet,si metaphora ad res animi transferatur:ut si quis doceat doctiorem,carmina mittat poetæ,consilium det homini consultissimo.Cicero ad Torquatum,Sed rursus γλαῦκας εἰς Ἀθήνας, qui hæc ad te. Idem ad fratrem, Et tibi uersus quos
rogas,hoc est Athenas noctuam mittam. Aristophanes in Auibus, Τίφησι, τίς γλαῦκ᾽ Ἀθήναζ᾽ ἤγαγε; id
est,Quid ais?quis,oro,uehit Athenas noctuam? Vsurpat idem atꝗ exponit Lucianus in epistola
ad Nigrinum.Porrò parœmia inde fluxit,quòd noctua in Attica plurima est, ei regioni quasi peculiaris.Demon quidem apud Aristophanis interpretem existimat, non ob id solum dici,Noctuas
Athenas,quòd Athenis noctuarum sit copia,sed quòd in nummis etiam tum aureis tum argenteis
Atheniensium noctua inscalpi soleat unà cum facie Mineruæ,(sed probabilius uidetur ab auibus
tantùm illic abundantibus ortum esse adagium,)Erasmus.   Conuenit hoc prouerbium in eos qui
potentioribus & nullarum rerum indigis aliquid mittunt, Io. Textor. Hesychius exponit, de illis
qui aliquid frustra faciant,&c. Varinus ἐπὶ τῶν συμβαλλόντων γῶδα μὴ χρεία συμβολῆς: ἢ ἐπὶ τῶν θαυμαζόντων, 20
γῶδα πολὺ τὰ ἐπὶ τὸν πληθ⁘. Οἱ δὲ παλαιοί φασι καὶ ὅτι τὸ γλαῦκας Ἀθήναζε, ἁρμόῆσα ἐπὶ τῶν ἄλλοθεν μάταν τὰ πλεο
νάζοντα ὡς σπανία τινα ἐμπορευομένων: ὁ καὶ ἐπὶ ὅμοιον ὶεϊ τύξον (Varinus perperam habet ρυξόν) εἰς Κυτώρον
ἤγαγες, ἢ ἰχθὺ εἰς Ἑλλήσποντον, Varinus ex Eustathio: apud quem etiam sic effertur, γλαῦξ εἰς Ἀθήνας: ut
apud Aristophanis Scholiasten, Τίς εἰς Ἀθήνας γλαῦκ᾽ φνίνοχον·   ¶ Γλαῦξ ἐν πόλει, Noctua in ciuitate,
παροιμία ταῖς ἀληθείαις.εὔκετο γὼ ὑπὸ φαέξην ἐν τῇ ἀκροπόλει, Hesychius. mihi quidē sensus obscurus est.
¶ Noctua aliud sonat,aliud cornix, in dissidentes & quibus male inter se conuenit. uide in Cornice D.   ¶ Noctua inter cornices,hodie uulgò dicitur, ubi stupidior aliquis in homines petulantes
ac dicaces incidit:simile illi apud Græcos,Asinus inter simias, Erasmus. Germanicè effertur, Æ in
eise vnder einem hauffen Kråhen.. Vocabulum autem eise ululæ potius quàm noctuæ conuenit.
¶ Noctuinum ouum, γλαύκειον ᾠόν,refertur à Nicolao Perotto in Copiæ cornu prouerbij loco, nec 30
explicatur tamen.Fortassis antiquitus abstemium & à uino abhorrentem hoc adagio significabant.
Philostratus enim oua noctuæ infantibus data uini odiū in eis excitare scribit. Sunt qui negent noctuinum ouum inueniri.Prouerbium itaꝗ quadrabit uel in hominem nihili,nullius frugis,iuxta fa
bulamentum Aeliani,(sed ex Aeliano quædam hoc in loco transferens Erasmus, nycteridem imperitè noctuam uertit:)uel in rem raram inuentu iuxta horum sententiam, Erasmus. ¶ Noctua
uolat:uide supra inter Auspicia.   ¶ Noctuæ Laureoticæ, prouerbium iam inter icones explicatum est:& illud,Multæ noctuæ sub tegulis latitant, ibidem.   ¶ Noctuæ quid commune cum Mineruæ uidetur prouerbialiter dici posse,sicut & illud Mineruæ felem comparas, nihil enim his animalibus cum Mineruæ commune præter cæsios oculos.

¶ Emblema Alciati,Senex puellam amans inscriptum: 40
    Noctua ut in tumulis,super utꝗ cadauera bubo,   Talis apud Sophoclem nostra puella
    (Archippe)sedet.Integrum in Bubone scripsimus. uide etiam supra in H.c.
¶ Eiusdem aliud sub lemmate, Prudens magis quàm loquax:
    Noctua Cecropijs insignia præstat Athenis,   Inter aues sani noctua consilij.
    Armiferæ merito obsequijs sacrata Mineruæ est,   Garrula quo cornix cesserat ante loco.
¶ CHARADRIVS uidetur species noctuæ, Niphus. sed noctuæ nomen nimium extendere
uidetur.non enim omnem nocturnam auem rectè noctuam appellabimus.

¶ ASIO noctuarum genus est maximum, quibus pluma aurium modo emicat, Plin. Græci
quandoꝗ scôpas uocant,aliquando nycticoracas, id est ululas:& quandoꝗ otos quasi auritas,Hermolaus. Vide supra in Elemento A.   50
¶ Apud Nigritas reperiunt uespertiliones & noctuæ magnitudinis triū palmorū,Cadamustus.

DE NYCTICORACE.

NYCTICORAX genus auis solitariæ, Varinus. Νυκτὶ πιτύμλ⁘, ὁ νυκλιπόραξ,Idem & He
sychius.   Obscurus quidam ineptè nocticoracem scribit,& bubonem interpretatur. Eu
cherius,Isidorus,& Ambrosius noctuam & nycticoracem pro una aue accipiunt.uide in
Noctua A.   Nycticoracem multi bubonem esse contendunt.sunt etiam qui asserunt esse
orientalem auem,quæ nocturnus coruus appelletur,Eucherius. Aduduc est nycticorax, & secun
dum alios est auis quæ dicitur bubo, Vetus glossographus Auicennæ.uide in Bubone A. γλαῦκες, 60
id est noctuæ & nycticoraces,nominantur ab Aristotele de hist.anim.9.34.ubi Albertus, Auis au
tem quæ hein uocatur, & ea quæ glaux, sunt genera bubonum, & aliæ quædam genera sunt noctuarium.

ctuarum. Et alibi(in librum 8.cap.3.hift.anim.)coruum nocturnum Græcè ait kanen uocari,quæ
uox forte Arabica aut Perfica eft, & ab Auicenna ufurpata. nihil minus enim quàm Græca eft.
Nycticorax dicitur etiam cicuma.Sunt qui otum dicant nycticoraca, Hieronymus noctuam, Cælius. Theodorus apud Ariftotelẽ in oti auis defcriptione pro nycticorace uertit ululam,quod non
probo.alibi uerò ẽgolion ululam interpretatur,nycticoracem cicumam. Fefto cicuma eft auis no-
ctua.nifi forte legendum eft nocturna. Græci etiam noctuam cicymida nominant, per onomatopœiam ut uidetur.Vide in Cymindide inter accipitres. Chaldæus Pfalmo 102. pro Hebraico nomine kos,uertit kiphupha,קיפופא,(noctuam quidam interpretantur:) quod ad cicumam Latinum
accedit:& ad cucupha Aegyptiacum,quod eft upupa: nam & kos upupam aliqui reddunt. Afio-
nes noctuarum genus maximum Græci fcôpas uocant, aliquando nycticoracas, id eft ululas: &
quandoq otos quafi auritas,quoniam plumeas eminentes habent aures,ut inquit Plinius,Hermo-
laus. Scoppa nycticoracem Italicè barbaiane interpretatur: quæ uox ulularũ generis auem fignificat,ein Schleiereül. Audio & nitoran effe Italicum nomen auis nocturnæ,peregrinæ, & fimilis ciæ ab Italis dictæ. uidetur fanè nitoran nomen à Græco nycticorax factum. Georgius Agricola Germanicè Nachtrabe, id eft coruum nocturnum: cuius iconem hic pofuimus. Στρίγλαξ
auis quæ & νυκτόϐοα dicitur: alij nycticoracem reddunt, Hefych. Strix quidem etiam Latinis auis
nocturna eft, γλαυξ,νυκτόϐας eft, auis nocturna,Idem. Sunt qui nycticoracem uelint effe uefpertilionem,Niphus. ¶Ego noctuam,bubonem,ululam,& uefpertilionem, quatuor diuerfa auium
genera effe fentio: & quintum ab eis diuerfum nycticoracem. ¶Hebraica nomina kos & tachmas aliqui nycticoracem transferunt:de priore uide in Bubone A. de altera in Noctua. Schalak,
Deuteron.14.in translatione Græca & communi Latina nycticorax uertitur:uide in Mergo in genere. Septuaginta Regum 1,26. kore uocem Hebraicam faciunt nycticoracem, alibi perdicem.
uide in Perdice A.

B.

Cicuma auis eft nocturna,unguibus aduncis,carniuora,Ariftot. Ad imum inteftinum appen-
dices paucas habet,Idem. uulgati quidem codices Latini corruptè ciconiam habent pro cicuma.
Nycticorax hoc eft coruus nocturnus niger eft,ut alterius generis coruus, fed eo plerunq minor,
Ge.Agricola. Nigræ uarietatis eft, minor quàm noctua, Albertus. Magnitudine turturis Al-

Ee 2

berto, colore niger, Niphus. Caput habeţ ingens, nec ut aues cæteræ formatũ, rostrum aduncum ut nisus, ungues hamatos & asperos, Author de nat. rerum, à noctua hanc auem non distinguens.

C.

Nycticorax est auis loca deserta amans & ruinosa, & fugiens habitata, Suidas & Varinus. In domicilijs & parietibus, præcipuè rimosis quæ sine tecto sunt, libenter habitat, & pullos suos fouet. humanis uocibus delectatur, mures & omne genus eorum persequitur, Author de nat. rerũ, hanc auem cum noctua confundens. Auis est uigil, teter coruus noctis, habitans in ruinis, ubi parietes stant sine fundamento: unde scriptum est, Factus sum sicut nycticorax in domicilio, Author glossæ in Psalterium. Noctuæ & nycticoraces, (apud Athenæũ mutila est lectio, córaces) & reliqua quæ interdiu nequeunt cernere, noctu uenando cibum sibi acquirunt. Verum nõ tota nocte id faciunt, sed uespertino & matutino. Venātur aũt mures, lacertos, uerticillos & eiusmodi bestiolas, Aristot. ¶ Nycticoracis uox est eho, (aliàs choho,) & quum uocat (uolat, legit Niphus) reuoluit se conuertendo in aere, consuetudo ei & uenatio eadem quæ noctuæ, & est similiter lucifuga. Pedes ei debiles sunt, ut omnibus ferè nocturnis auibus, uolatus autem uelocissimus. Raró uidetur, & plerunq; circa ædificia diruta ac templa apparet, augurijs infausta auis, bis uisa nobis, Albertus. Niphus sibi nunquam uisam ait. Nycticorax mortem significat, quemadmodum enim hic derepente pullos noctu, sic & mors homines nec opinató inuadit atq; opprimit, Orus.

E.

Otus auis laudata & saltans capitur, uelut nycticorax, Aelius Dionysius apud Eustathium.

G.

Albugines oculorum tinges illito nycticoracis ouo, Archigenes apud Galenum de compos. sec. locos. & Galenus Euporiston 1.43.

¶ h. Extat facetum Lucillij distichon in citharœdum infœlicem huiusmodi: Νυκλικόραξ ἄ̓δε θανατηφόρον, ἀλλ' ὅταρ ἄ̓ση Δημόφιλος, θνήσκει καὶτ̀ος ὁ νυκλικόραξ.

¶ TVRNERVS in literis ad me missis caprimulgum auem se uidisse scribit prope Bonnam, (Germaniæ ciuitatem ad ripam Rheni, supra Coloniam,) ubi à uulgò appelletur Nachtrauen, id est coruus nocturnus. Nos in præcedente pagina effigiem adiecimus auis quæ circa Argentoratum, ut audio Nachtram, alibi Nachtrab nominatur. quæ tamen neq; caprimulgus, neq; nycticorax mihi uidetur, cum iuxta aquas & inter arundines eam uersari audiam, ubi nocte clamet uoce absona & tanquam uomiturientis, Nidificat in altis arboribus, oua terna aut quaterna parit. piscibus uescitur.

DE AVIBVS, QVARVM NOMINA O. LITERA INITIALI SCRIBVNTVR.

OCEN aliqui legunt apud Plinium, ubi ita scribunt: Qui negant uolucrem ullam sine pedibus esse, confirmant & apodas habere, & ocen (Hermolaus non ocen sed nycterin legit) & drepanin in eis quæ rarissimè apparent. Sed cum locus translatus sit ex Aristotelis historia animalium 1.1. ubi oce prorsus (ut nec usquam alibi apud ullos authores) nõ nominatur, sed nycteris tantum, nos cum Hermolao omnino nycterin, id est uespertilionem, legemus: aut potius nycterida uel nycteridem.

DE OENANTHE.

DE Oenanthe aue, quæ Aristoteli statos latebræ dies habet, exoriente Sirio occultata, ab occasu eiusdem prodiens, Gaza uitifloram uertit: scripsimus nonnihil supra in Capite de Columbis feris, è quarum numero est auis etiam quæ œnás appellatur. Nulla auis in Creta magis abundat, quàm cui Gallicum nomen est piuoine, quæ per humilia fruteta uolat. Ea quoniam parua auis est, capite, cauda & parte corporis nigra, multis uulgò asprocolos nominatur, quasi albicilla a podice albo, contraria significatione. (nam alia quædam auis propriè albicilla (cul blanc, Gallicè) uocatur, œnanthe Græcorum, Latinè uitifloram dixeris.) Sunt qui piuoinam nostram congruentius melanocephalon, hoc est atricapillá nominent, ut ueteres Greci melácoryphon. est autem auis eadem sycalis, Gallis papafiga uel becafiga, Latinis ficedula, Bellonius in Singularibus obseruationibus. ¶ Italis circa Ferrariam auis quædã chullo (culo) bianco appellatur uulgò, quę uermibus, muscis et alijs insectis uescitur, ut audio: & degit in agris proscissis.

¶ Circa Argentinam auiculã quandam ficedulæ magnitudine, ut pictura ostendit, uulgò Bürstner appellant, quam uuis pinguescere audio. color ei fuscus,

fuſcus, pars ſupina alba, maculis aliquot aſperſa cinereis, partem etiam ſub cauda albere puto. longiores alarum pennæ nigricant. roſtrum longiuſculum modicè inflectitur. Sed cum de occultatio-
ne eius nihil cognorim, œnanthen eſſe non aſſero. Speciem eius in præcedente pagina adiecimus.

DE ONOCROTALO.

Icon hæc onocrotali eſt, capti in Heluetia in lacu prope Tugium, quem ipſi inſpeximus.

Onocrotali caput, à pictore quodam olim nobis communicatum.

*Onocrotali figura ex tabula Septen-
trionali Olai Magni.*

A.

HANC auem à Latinis truonem appellari Verrius Flaccus ſcripſit: unde Cæcilius Comicus (ut citat Feſtus) irridens quendam ob naſi magnitudinem dixerit: Proh dij immortales, unde hic prorepſit truo? Kaath Hebraicam uocē, קאת, interpretantur alij cuculum,
alij onocrotalum, pelecanum, mergulum, upupam; ut diximus ſupra in hiſtoria Mergi in

Ee 3

genere. Esaiæ 34.numeratur inter aues solitudinis, ubi onocrotalum Hieronymus uertit, Septuaginta simpliciter ὄρνεα, id est aues. Leuitici XI. Septuaginta primum, deinceps reliqui interpretes
Græci & Latini, onocrotalum transtulerunt: & Deuteron. XIIII. Dum pisces uenatur ingluuie
repleta aqua per oris spiramenta illam reuomit, atq; ita præda uescitur. ab hoc aquæ uomitu kaath
Hebræis dicta existimari potest. nam uerbum kaah uomere significat. In medio Assur cuculus
(kaath, Hieronymus onocrotalum uertit,) atq; noctua (kippod, id est hericius) pernoctabunt, Sophoniæ 2. Similis factus sum pelicano (kaath) deserti, Psalmo 102. Kaath in Thalmud (teste R.
Dauid Kimhi)auis esse dicitur solitaria,in locis maritimis degens,quæ alio nomine kik, ק֭ם֯, appelletur. Iudæi uulgò kra, id est cornicem interpretantur, Paulus Fagius. Sunt qui chasida etiam Hebraicum auis nomen onocrotalum uertant. uide in Ciconia. ¶ Græcè onocrotalus, ὀνοκρότλΦ⁻, 10
appellatur propter absonam uocem, qua rudentem asinum refert : quod nomé etiam hodie Græcia
seruat. Italicè grotto, & agrotto secundum Matthæolū Senensem, uel grotto molinaro, uel grotto
marino:aliqui ocello d'el ducha, id est auem ducis. Albertus aliquoties hanc auē uulgò uolinare
dici scribit,nec addit qua lingua.ego nomen Italicæ linguæ molinaro corruptum puto. sic quidem
Itali hodie molitorem uocant,cui quid cum hac aue conueniat nescio. Nomen grotto ab onocrotalo corruptum uidetur. ¶ Hispanicè cróto. ¶ Gallicè uel Sabaudicè potius circa Lausannam
gouttreuse,quasi gutturosa,ab ingluuie quæ strumæ instar propendet. ¶ Germanicè Schneeganß,ut Ge.Agricolę placet:nos anseri fero hoc nomé tribuimus. Aliqui,ut audio, Meergans,
id est anserem marinum appellant.ferè enim peregrina à mediterraneis marina uocantur. & quanquam in dulcibus etiā aquis reperiatur onocrotalus, magis tamen frequentat marinas. Machliniæ 20
in Germania inferiore,ubi publicè iam supra quinquaginta annos onocrotalus alitur,ficto nomine
uulgò nominatur Vogelheine. In Austria,ut audio, ein Onuogel, quasi dicas auem absurdam &
à communi auium natura multum diuersam, ut hominem absurdum uocamus ein Onmensch.
Possent etiam fingi nomina, Eselschyer, à uoce asinina : Kropffuogel, ab ingluuie prominente.
¶ Turcicè sackagusch.
    ¶ Bellonius onocrotali nomine se intelligere scribit nō boues tauros,id est ardeas stellares : ne-
que aues Gallicè dictas pales,(plateas interpretor:)sed quas Aristoteles pelecanos nominet. Gaza
quidem ubicunq; Aristoteles pelecānas nominat,Plinium imitatus,plateas uertit. Ego quoq; plateas à pelecanis non distinxerim, onocrotalum uerò genus diuersum iudico, licet recentiores quidam confundant, & ex antiquioribus etiam Oppianus. Vide infra quoq; in Pelecano A. Amicus 30
quidam iam senex mihi narrauit,adolescentem se Romæ uidisse onocrotalum à nostro diuersum,
rostro anterius lato cochleariŋ̃ æmulo, sed cauo instar conchæ alicuius, dependente ab eo utre non
nudo,sed plumis tecto : multò minorem cygno, paulò maiorem ansere, colore albo & nigro uel
fusco distinctum.Quòd si is rectè meminit,hæc onocrotali species propter rostri formam pelecano
uel plateæ congener fuerit.
    ¶ Onocrotalos uocant aues rostro longo,quorum duo sunt genera,Isidorus. Albertus genus
unum aquaticum,alterum syluestre facit. ¶ Osina est auis alba, cygno maior uel æqualis, quam
nostri quidam uolinarum uocant, Albertus. Matthæolus Senensis non osina, sed ossifraga apud
Albertum legit,describens hanc auem in suis in Dioscoridem commentarijs,onocrotalum interim
esse nesciens. Sed author etiam de nat. rerum osyna habet, adiuncta descriptione quæ omninò 40
onocrotali est.
    ¶ In prouincia Manzi uel India superiore,præcipua ciuitas est Censcalan. in hac anseres haben
tur pulchri,duplo maiores nostris, toti albi, cum osse supra caput unius breui (sic habet codex manuscriptus)quantitate , colore sanguineo. Sub gula pellis per semissem pendet,pinguissimi sunt,
Odoricus de foro Iulij. Apparet sanè hanc auem uel onocrotalum ipsum esse, uel alterum eius ge
nus. Sed & Celam auem Aeliano memoratam, cui nomen à cela, id est struma uel utre à gutture
prominente,onocrotalum Indicum dixerim. Lege supra in Elemento c. Magnales quoq; Orientis,ut scribit Albertus, maximæ,pedibus magnis (aliàs nigris)& rostro, hominibus innoxiæ , piscibus in fluminibus & stagnis insidiantes:nisi onocrotali fuerint,ut sanè uidentur, quò referā nescio.
¶ Onocrotalum eandem auem cum botauro,quæ ardea stellaris est,arbitrārium, crassior est error, 50
quàm qui pluribus refelli debeat, nihil enim his auibus præter soni absurditatem , quo hæc mugit,
illa rudit,commune.

B.

    Onocrotalos Gallia septentrionalis proxima Oceano mittit, Plinius. Circa Lausannā Sabau-
diæ, (in lacu Lemano nimirum,)semel tantum anno apparere audio, & peregrinum esse. Martialis Rauennatem onocrotalum cognominat,à ciuitate Italiæ circa quam conspicitur, (in paludibus
scilicet,)quanquam Bellonius Galliæ & Italiæ incognitum esse scribit, nisi quòd interdum in lacu
Mantuæ uideatur. Reperitur & in Benaco lacu interdum. Sed Matthæolus Senensis,In Hetru-
riæ maritimis(inquit)uulgaris est omnibus,præsertim his qui circa Argentarium promontorium
habitant.nam circa Herculis portum & Vrbecelli stagnum,frequens reperitur, incolæ agrotto no 60
minant. In Heluetia rarissimus est.ego semel tantum captum memini circa finem Februarŋ̃, in
lacu prope Tugium,omnibus ignotum & facie & nomine. Circa Strymonem fluuium abundat,
Bellonius.

Bellonius. Circa Gazaram Aegypti ciuitatem uidimus greges onocrotalorum uersus mare uolantes, Idem. In flumine Physon inuenimus aues albas, magnis roftris, ut funt aues Pattauiæ infulæ Danubij,quæ roftra in ufu funt ad aquam è nauibus proijciendā, Innominatus qui Italicè feri-
pfit de Terra fancta. Circa Fortem infulam in Nouo orbe confpectus eft onocrotalus ingens, Petrus Martyr. Author de nat. rerum auem effe fcribit quæ loca ad Orientem incolat. In Holela
lacu Finlandiæ,quæ pars eft Scandinauiæ regionis uel infulæ ad Septentrionē remotiffimæ, (item
in lacu albo Biarmiæ regionis in eodem tractu)auis reperitur(inquit Olaus Magnus)magnitudine
anferis,faccum fub roftro habens,in quo partem cibi recondit, & magnum clamorem ædit, inftar
botauri auis,Nos figuram ex tabula Olai depictam fupra pofuimus. adfcribitur autem in tabula il-
10 lius uox Surpeff,quafi nomen illarum auium eo in loco.

¶ Plinius onocrotalum oloris fimilitudinem habere fcribit:nec diftare (inquit)æftimaretur omnino,nifi faucibus ineffet alterius uteri genus:nō folum colore fpecieč corporis fimilem,fed etiam
magnitudine parem innuens. Recentiorum aliqui cygno æqualem,uel etiam maiorem effe fcri-
pferunt:Ant, Nebriffenfis duplo maiorem: Petrus Martyr uulture maiorē. Olaus Magnus anferi
comparat. ¶ Auis quædam alba eft cygno maior,eius extenfio alarum excedit quantitatem ex-
tenfionis brachiorum hominis in utracč parte, Albertus. ¶ Duos onocrotalos mihi uidere con-
tigit:alterum cominus in foro Bononienfi, (croton uocabāt) ad uulgi fpectaculum publicè expofi-
tum:alterum eminus ad Anæ fluminis ripam, ad cuius uolantis monftrofam magnitudinem uifen-
dam,multi mortales concurrerunt. æquiparabat fanè mole fua agnum annicult, Ant. Nebriffenfis,
20 ¶ Onocrotali nihil ab oloribus diftare exiftimarentur,nifi faucibus ipfis ineffet alterius uteri genus,miræ capacitatis,Plin. Cygnis aliquo modo perfimilis eft. Plinius quidem quid per uterum
hic intelligat fatis liquet.nec tamen per(hoc)nomen(propriè)fignificatur quod ipfe uult,hoc eft ingluuies,quæ à Græcis πρόλοϐۏ dicitur.hæc in onocrotalo mirum in modum eft ampla, quippe quč
amphoræ menfuram aut non multò minus capiat:de qua Martialis lib. 11. Turpe Rauennatis guttur onocrotali,nam turpe guttur, pro magna ingluuie pofuit, Ant. Nebriffenfis. Vteri qui huius
auis faucibus hæret, tanta eft capacitas, ut ipfi uiderimus ingentis ftaturæ hominem ocreatum pedem ufč ad genu in fauces immittentem, eximentemč fine læfione, Perottus. Vidi & ego qui
bombarda occifæ huius auis fiue gulam fiue ingluuiem appelles , capiti fuo inftar cuculli impone-
ret,reliquo corpore à tergo pendente. Roftrum hæc auis magnū habet,prælongum, & ualidum:
30 & à gutture ufč ad pectus inftar facculi(magni facci,ante guttur & pectus, ex roftri inferiori parte
ante pectus pendens)receptaculum longum & amplum,rubicundum,foras prominens,radici linguæ eius annexum. In hoc cibus receptus primum emollitur : & inde ad ftomachum digerendus
tranfmittitur,alia cibi receptacula non habet,& ideo aquis uiuere dicitur, Albertus & partim Author de nat.rerum. Quidam in onocrotalo uiuo ingluuiem illam latere mihi retulit, præterquam
cum cibum cepit aut capere parat : ego mortuum tantum uidi. Rurfum alius in Italia onocrotali
hanc partem albam, non rubicundam uidiffe fe narrauit : & fit nimirum ut per ætatem mutetur.
¶ Albertus onocrotali genera duo faciens aquaticum & fyluestre, utruncč folum inter aues fplene
carere fcribit. ¶ In Rhodo uidimus onocrotalum cicurem, per ciuitatem circumeuntem: paulò
minorem cygno,multò maiorem anfere,undiquač album:cruribus cygno fimilem, ut etiam pedi-
40 bus,fed colore cinereo,dura pelle intectis. Roftrum ei largum & inftar canalis eft,acutum & recur
uum in fine.plumas à uertice retro tendit,ut uanellus fuam criftam, Bellonius.

¶ Onocrotalus Machlinienfis, quæ Vogelhain à Brabantis uocatur,quinquaginta annis , ut
ipfi ferunt,Machliniæ uixit,cygno maior eft.pennæ foris albicant,in fundo uerò rubrum quiddam
oftendunt.collum duas fpithamas longum eft, aut paulò longius, roftrum,quod rubrum habet,do-
drantali longitudine eft & quatuor uncias longius, & in fine hami propemodum more incuruum,
& uerfus finem latius latiusč proturbinatur. crura anferinis fimilia, breuia, nimirum pro magnitudine tanti corporis : in pectore magnum habet uelut facculum protuberantem. Alis eft longiffi-
mis,& ipfis in fumma extremitate nigris, Guil. Turnerus in epistola ad me. De eadem auc Io.
Culmannus Goppingenfis,uir eruditus & mihi amiciffimus,in hęc uerba ad me fcripfit,icone etiã
50 miffa:Auis quam Mechliniæ mihi confpectā Vogelhain appellant, cygno uel anferi fimillima eft,
fed magnitudine fuperat,colore albo omnino,præter pēnas quas in alis fubtus gerit, nifi quòd præ
fenectute iam rubefcere paulatim incipit,roftrum habet oblongum & latum aliquatenus.fub roftro
ftrumam amplam quæ interdum inflatur,De ea dicunt huius regionis homines fide digni, octoge-
nariam effe,& Cæfaris Maximiliani caftra aliquot annis præceffiffe, & quafi caftris locum figna-
uiffe.idem etiam temporibus Philippi huius imperatoris parentis facium autumant.Poftea in aula
reginæ aliquandiu dum per ætatem uolare potuit, femper ex præparatu aulicorum profectionem
adornari cognouiffe dicitur, Itacč quandiu per ætatem licuit, reginam quafi auis cicurata fequuta
effe fertur.nunc quod ego uidi impenfis regijs à quadam uetula illic alitur, quatuor nummis quos
ftipheros uocant in fingulos dies ei decretis. pafcitur nunc pifcibus, & cibis liquidioribus ut pane
60 ex iure,&c. Et rurfus, Hæc auis ab anu quā dixi, eiusč patre , annis quinquaginta fex nutrita eft,
De ætate ipfius & unde aduenerit non cōftat.Alarum extenfarum fpatium quatuor ulnas Braban-
ticas æquat,hoc eft quinč Heluetieas ferè. Ante uiginti annos tam fublimi in aerem uolatu quam-

Ee 4

doque euehebatur, ut hirundine nihilo maior appareret. Ab eo tempore non nisi raro ex ædibus
ubi asseruatur in aulam Cæsaris, quæ ferè contigua est, uolauit. Iam rostrum & pedes colore cœruleo & quasi subflauo uidentur, cum olim ruberent, propter senectutem. Piscibus tantum uiuis alitur, parcius nunc quàm olim, Hæc ille.

¶ Cæterum onocrotalus quem ipse captum uidi circa finẽ Februarij, in lacu ad Tugium, duobus Tiguro miliaribus nostris distāte, cuius integri iconẽ dedimus, talis erat. Rostrum ad oculos
usq̃ duos dodrātes longum, circiter tres digitos latum. Rostro diuaricato ab una extremitate ad alteram duo pedes spatij intererant. Margines rostri utrinq̃ admodum acuti. Longitudo ab initio rostri ad pedes ultimos extensæ auis, hominis proceritatem æquabat. Latitudo inter extrema alarum
circiter decem pedes. Color crurum & pedum fuscus ut in cygnis. Totus erat albus, præter maio- 10
res alarum pennas fuscas. Pondus totius auis libræ duodecim unciarum, uigintiquatuor. Magnitudo & latitudo supra cygnum. Ingluuies rubicunda ad croceum inclinans, dodrantis longitudine
à posteriore rostri parte rectà deorsum: tam ampla ut brachium cum pugno facillimè procul insere-
retur. Lingua nulla. Arteria aspera in ingluuiẽ ad sex digitos pertingebat. Ingluuies ipsa toti rostro
adhæret, angustior ad extremum rostrū, & paulatim profundior ad trianguli ferè figuram. Plumis
munitur densissimis, ut omnes ferè aquaticæ aues. Lien exiguus & subrotundus erat, quanquam
huic aui lienem Albertus neget. iecur magnum, ut etiam cor. uentriculus angustus & oblongus, in
quo succus quidam uiridis continebatur & uermiculi quidam. Vesicam quoq̃ nescio qua corporis
parte (alius enim qui exenterauerat uiscera ad nos misit, puto autem circa uentriculi principium sitam fuisse, collum uersus) continebat, tenui membrana constantem, cylindri forma, diametro am- 20
bitus palmari: nescio in quem usum, nisi forte ut commodius natet ac minori labore.

¶ Bononiæ uisus est mihi onocrotalus (uerba sunt ex epistola Angli cuiusdam amici ad me) plu
mis cinereis tectus, cygno maior, palmipes, capite mergi, rostro quatuor palmos ferè longo, & in
fine adunco, collo deplumi, amplissimo, ut anatem deuorare posset. Captam aiebant in lacu Benaco.

C.

Onocrotalus auis est aquatica, Albertus. palmipes enim est & aqua ut anser utitur. Fluuios ac
piscinas inhabitat, Author de nat. rerum. Pascitur tum in salsa tum in dulci aqua, Bellonius. In
Aegypto uidimus uolantes onocrotalos, qui à septentrione uersus meridiem tendebāt: ab ijs autem
locis hyeme reuertuntur, (ad mare scilicet,) Bellonius. Ciconiæ quæ æstatẽ in Europa transigunt,
circa Antiochiam parte hyemis degunt, sicut etiam in Aegypto, item onocrotali, Idem. ¶ Ono- 30
crotalus auis est rapax, longo rostro, quod in aquam uel terræ lutum ponit & insigit: & quasi cornu
sonans horribilem uocem emittit, Albertus. instar rugitus, Author de nat. rerum. instar botauri uel
ardeæ stellaris, Olaus Magnus. Onocrotalus dicitur quòd collum aqua mergẽs, spiransq̃, ueluti
ruditum asini ædat, Perottus. ¶ Nunquam hæ aues nisi in aqua diffusiori & piscibus abundanti
habitant. paruam enim aquam citissimè, etsi piscibus copiosam, ingluuie sua euacuant, Author de
nat. rerum & Albertus. Omnia inexplebile animal in genus illud uteri, quod faucibus inest, congerit, mira ut sit capacitas. mox perfecta rapina (postquam omnia ingurgitauit) sensim in os reddita
in ueram (aliàs, inferam in) aluum ruminantis modo refert, Plin. Ingluuiem aqua explet, atq̃ ore
aperto piscibus se obiectat. quos cum sentit deprehensos intra ingluuiem, aquā per oris spiramenta
euomit, atq̃ ita præda uescitur. Ab hoc aquæ uomitu, ego suspicor ab Hebræis auem cognomina- 40
tam, caath, quod uomitum interpretantur, Antonius Nebrissensis. Cicuri si quis piscem libralem
aut maiorem (audio enim eos pisces uel trilibres deuorare) in os imponat, ita inuertūt ut rostro præ-
misso deglutiant. Pisces intra ingluuiem colligit, donec paulatim glutiendo digerat, Albert. In
faucibus folliculum (utrem quendam) habet, in quo primum cibum concipit, & post horam in uen
trem suum mittit ac digerit, Author de nat. rerum. Amplam piscium copiam in utre faucium se reponit, ut scilicet in tanta mole diffusa natura non egeat, paulatimq̃ digestis in uentre cibis inueniat
paratum quod præbeat, Idem. Solis uictitat piscibus, & bis tantum anno bibit, Turnerus. Eum
qui Mechliniæ cicur alitur, liquidiore etiam cibo, ut pane & iure, uesci diximus. Cibus ingluuie receptus primum emollitur: & inde ad stomachum digerendus transmittitur. alia cibi receptacula nõ
habet, & ideo aquis uiuere dicitur, Albertus. Pisces, præsertim anguillas, auidissimè uorat botau- 50
rus auis, Turnerus. idem amicus quidam de onocrotalo ad me scripsit. ego onocrotalum quidem
hoc facere non dubito: de botauro dubitari potest, præsertim cum multi etiã non indocti cum onocrotalo eum confundant. Onocrotalus conchas deuorat, quas calore interno apertas reuomit, &
carnem ab ostreis seligit, Bellonius. Veteres de pelecano tantum hoc scribunt: quem Bellonius eun
dem onocrotalo facit. ego distinguo quidem, sed fieri posse conijcio ut auis utraq̃ hoc faciat. Nam
& Oppianus pelecino (sic uocat, non pelecanum) hoc adscribit. constat autem ex uerbis ipsius pelecinum ab eo pro onocrotalo sumi. Pelecini (inquit) non minus quàm lari uoraces, nõ toto tamen
corpore merguntur. sed ut solent qui se in caput præcipites uoluunt, colla, quibus ulnæ (ὀϱγυιᾶς) proceritas est, subinde demittunt, dorsis interim supra mare prominentibus. piscem obuium quenque
amplissimis faucibus exceptum deuorant. Sinus (κόλπ⊙) quidam ante pectus dependet, in quem 60
cibum omnem tuburcinantes aliquantisper recondunt, & ne testa quidem intectis abstinent, (ἐπ
σύνωψ, forte ϫελίνωψ, ὅτι σκληϱῷ μυῶϰ.ἀπϵχόμϵνοι:) sed unà cum testis primū quod se obtulerit deglutiunt:

tiunt:deinde mortua in os reuocant,& reiectis testis pulpam uorant. Nam quæ dum uiuerent oc=
clusæ erant conchæ,uita spoliatæ aperiuntur ac dehiscunt. ¶ Cum uolat,sonum alarum ictu ciet
instar cygni,Bellonius.

D.

Auis est alacris & animosa,capite recto & sublimi,Bellonius. Facilè cicurat,ut in b. diximus.

E.

Pelle gutturis onocrotali,quæ longè amplissima est,(forte dimidiæ ulnæ amplitudine,)fenestræ
alicubi(in Italia,ut audio)integuntur.transparet enim tanquam membrana. Eiusdem detracta pel
lis cum plumis,substernitur puerorum lectis.non læditur enim urina. aliqui eandem uestibus subdi
10 & assui curant. ¶ Multi piscatores Nili in nauiculis suis non aliud aquæ exhauriendi instrumen
tum habent,quàm onocrotali rostro suo tanquam ansæ hærentem, ea figura quæ reticu
lum quo in pilæ ludo utuntur refert.nam si rostra posteriore sui parte quæ uersus caput est ligantur,
circulum ingluuies repræsentat.humiditate quidem non uitiatur, & longo tempore durat.

F.

Onocrotalus assus in cibo mihi gustanti grauis & ferini odoris, nec grati saporis uisus est, etsi
prius in aqua & uino pariter mixtis elixus fuerat, conijcio autem annosum fuisse.

H.

a. Prò dij immortales unde hic processit truo? Cæcilius irridens magnitudinem nasi, Perot=
tus. Trua nomen est uasis,quod à transuolando aliqui dictum putant,quòd transuolet ex ea aqua.
20 unde & truo auis dicta est,ob colli magnitudinem,quòd per id aqua transuolet, Perottus. ¶ Ra
uennatem onocrotalum Martialis dixit.licebit & turpem,rudentem,pisciuorum,uoracem, & lon=
gæuum cognominare.

¶ c. Nostri sæculi quidam monachos imperitos non ineptè phalacrocoraces & onocrotalos
nominauit.

¶ h. Gurgulione gruis tumida uir pingitur aluo; Qui larum, aut manibus gestet onocrota=
lum,Alciatus in Emblemate Gula inscripto.
¶ Eiusdem aliud in garrulum & gulosum:
Voce boat torua,prælargo est gutture,rostrum   Instar habet nasi multiforisق tubæ.
Deformem rabulam,addictum uentriق gulæق   Signabit,uolucer cum truo pictus erit.
30 OPHIOMACHVS auis est dimicãs in serpentes,unde accepit nomê,Io.Ratisius. ego ophio=
machum,uel ophiomáchen locustarum generis tantum esse inuenio,absق pennis. Paulus Vene=
tus scribit aues epimachos dictas pulcherrimas in prouincia Abasiæ inueniri.
OPHIVRVS, ὀφίουϼℴ, auis quædam in Aethiopia,Hesychius & Varinus.apparet autem no=
men illi à cauda serpentina inditum,qualis nimirum basilisco,quem uulgus appellat, tribuitur.
OPILO,genus auis,Festus.
ORCHILVS oua noctuæ exedit,Aristoteles. Καὶ ὀρχίλℴ,ἢ καὶ ἐρίθευς Διώνον ἀπίνϰίλας ὀχίℴς;Ara
tus inter signa tempestatis,hoc est,Orchilus & erithus cum caua terræ foramina subeunt.Scholia
stes nihil quàm auium genera esse dicit.Auienus quoق interpres Latinus nomina Græca reliquit,
his uersibus: Orchilos infestus si floricomis hymenæis   Ima petit terræ,si deniق patuus etitheus.
40 Conijcio autem non alia ratione hymenæis infestam hanc auiculam eum dixisse, quàm quia tem=
pestatem indicat:cum nuptiæ sereno tranquilloق cœlo gaudeant. Ego orchilum non aliam quàm
trochilum auem esse puto,cum utranق paruam auiculam esse & foramina subire legamus: utranق
noctuæ inimicam.facilè aũt uulgus uel negligentia,uel ioco(ad ὄρχϵϛ,id est testes, alludens)trochili
nomen in orchilũ mutauit. Alius est trochilus auis quæ iuxta aquas degit, & celeriter currit, inde
nomine imposito,multorum generum. ¶ Ὄσον ᷒ πλῦϑℴ καϟϰτϼπᷓσιᷓ ᷒ ὀρχίλωϛ;Aristophanes in Ve
spis de filijs Carcini poetæ:quos ceu paruos(ut orchilus auis parua est)& libidinosos(à testibus quos
Græci ὄρχϵϛ nominant)traducit:uel tanquam magna habentes genitalia,uel saltationi deditos. nam
ὀρχϵίϑαι saltare est,ut Scholiastes admonet. Idê in Auibus,Si quis Ioui(inquit)sacrificauerit arie=
tem,rex nunc est orchilus auis, βασιλϵὺϛ ἐϛ' ὀρχίλℴ ὄρνιϛ.solebãt autem Ioui κϵιϼ ᷒νοϼϥανᷓ,id est arietem
50 marem non castratum sacrificare.Ioui quidem orchilus auis facerè adscribitur, tanquam libidinoso
& adultero,ᷓῑᷓ αᷰᷣᷴ ὄρχϵϛ,id est à testibus,à quibus poeta hoc nomen confinxit, ut scribit Scholiastes,
& repetit ex eo Varinus. Præterea cum trochilus auis Aristotele teste, alijs nominibus rex & se=
nator(βασιλϵὺϛ,πϼέϛϐυϛ)appelletur, nimirum eandem auiculam non immeritò orchilum faciemus,
quæ hic Ioui regi tanquam & ipsa rex attribuitur. ¶ Ὀρχίλℴ,auicula uilis, quæ ab aliquibus σπλα
μυϼιϛ dicitur,Hesychius.
IN Hieroglyphicis Ori 1. 4. de ORYGE legitur tanquã aue,ᷓῑᷣ μόνον ᷒ πῑίωῶν,sed perperam,
& Ꝋϰϲῶν forte aut κῑίωῶν legendum. oryx enim quadrupes est, & piscis. orygem uerò auem nemo
tradidit,& eo etiam in loco pro quadrupede accipi certum est.

De Auibus

DE OTO.

A.

TVS & otis aues sunt longè diuersæ. De otide inter gallinas feras scripsimus, otus uerò noctuæ similis est, sed maior, ut bubone minor, auribus plumeis eminentibus, unde & no men illi. quidam Latinè asionem uocant, teste Plinio. Sed cum Gaza ex Aristotele scópem Latinè asionem interpretetur, nos quoq scópis historiam in Elemento A. sub Asio nis nomine posuimus: & obiter quædam de oto tradidimus, hîc non repetenda: præsertim quòd otus Latinè asio uerti debeat, secundum Plinium, qui etiam asionem noctuarum genus maximum 10 esse scribit: scops uerò, qui noctua minor est, Latinum nomen quod sciam non habet. Item quòd au thores aliqui otum cum otide cõfundere uideantur, ut Athenæus, Aristoteles, Plinius: nisi ea libra riorum alicubi culpa est, de qua re pluribus etiam in Otide scriptum nobis est. ¶ Otus(ὦτος, pri ma circunflexa: quanquam codices impressi ultimam acuunt) noctuæ similis est, pinnis circiter au res eminentibus, unde nomen, quasi aurium dicas. nõnulli nycticoracem appellant, (Gaza uertit, nonnulli ululam eum appellãt, alij asionem,) Aristot. Asiones noctuarum genus maximum, quas Græci quandoq scópas uocant, aliquando nycticoraces, id est ululas: & quandoq otos quasi auri tas, Hermolaus Barb. in cuius uerbis nos reprehendimus: Primum quòd asionem Græcorum sco pem esse dicit: alterum quòd nycticoracem interpretatur ululam, in utroq secutus Gazam. Asio noctuarum genus maximum est, cui pluma aurium modo emicat, Plin. Quidam otum uocant bu 20 bonem, Obscurus. Otum lagodíam uocari (à lepore nimirũ, quòd pedes plumis uillosos habeat,) Alexander Myndius author est apud Athenæum.

¶ Otus Hispanis, ut audio, dicitur mochuelo. Gib. Longolius, item Eberus & Peucerus Ger manicè interpretantur Schleiereiıl, ut ante eos Turnerus, qui etiam aliud nomen Germanicum adfert Ranßeiıl: & Anglicum a horn oul: ut Eliota a shryche oule. Sed auis quam nostri uocant ein Schleiereiıl, aurita non est, ululatum generi in v. elemento à nobis adnumerata. Ego potius otum eam auem esse conijcio, quam aucupes nostri uulgò uocant ein Othşıwel. ¶ Otus bubonis figuram habet, & ideo à multis bubo uocatur, aures habere uidetur, plumis instar aurium erectis. uox eius est huhu, tanquam hominis frigore nimio affecti, Albertus. Auis est quæ uulgò (Gallis puto) huans dicitur à sono uocis huhu, quam noctu horrifica emittit, impropriè uocem humanam 30 simulans, ita ut hominem contractum frigore clamare credas. sed certæ regiones sunt, in quibus hu iusmodi uoces profert, in cæteris ut plurimum muta: bubone minor, noctua maior: rostro ac pedi bus uncis, plumis circa aures eminentibus, nocte uolat, præda uiuit, carnibus uescitur, mures perse quitur, & ab auibus cæteris odio habetur, Author de nat. rerum, & partim Albertus.

B.

Quod ad partium oti descriptionem, nõnulla iam in A. retulimus. Pinnulæ ei circa aures emi nent, unde auritus uocatur: ut & buboni & aluconi minori, & scopi uel noctuæ minimæ. quãquam Plinius scribat buboni tantum & oto plumas uelut aures haberi, cæteris cauernas ad auditum. Athenæus oto magnitudinem columbæ tribuit, & formam humanam (nimirum quod ad faciem,) tanquam ex Aristotele, apud quem nos nihil tale reperimus. Otum uncis unguibus esse apparet 4 ex lib. 8. historiæ animalium cap. 12. prope finè. Reddens enim causam quod otus planipes & imi tator sit, subdit: Omnes deniq aues uncæ breui sunt collo, & lingua lata, aptæq ad imitandũ. Quin & noctuæ similem esse testatur, habet autem noctua uncos ungues.

C.

Otus noctuæ similis est, non nocturna tamen, Aristoteles citante Athenæo. ego nihil tale apud Aristotelem inuenio, & otum quoq nocturnam auem esse puto.

D. & E.

Otus est blatero, & hallucinator & planipes, (κόβαλ & καὶ μιμητής, uide in Asione, ubi uocem κό βαλον copiosè explicui, &c.) saltates enim imitatur. capitur intentus in altero aucupe, altero circum eunte, ut noctua, Aristot. Auis est imitatrix ac parasita, & quodam genere saltatrix. capitur haud 50 difficulter ut noctuæ, intenta in aliquo, circumeunte alio, Plinius. Otus imitatur omnia quæ ho mines faciunt: quos saltantes cum imitari conatur, capitur, (ἀντορχόμεν ἁλίσκεται.) In aucupio illa rum, qui saltandi peritissimus fuerit, saltat in conspectu earum, & simul ipsos contra aspicientes ad saltationem inducit, (καὶ τὰ ζῶα βλέποντα εἰς τὸν ὀρχόμενον ἀυτοραπτεῖται.) Alius à tergo latès uoluptate imitandi captas comprehendit. idem & scopes facere aiunt, &c. Athenæus. Otus laudata & è re gione saltans capitur, sicut & nycticorax: quamobrem etiam homines stolidos & ambitiosos otos appellabant, Aelius Dionysius apud Eustathium. Orus in Hieroglyphicis turturem quoq salta tione ac tibia capi scribit. Capiuntur & otides uenatorum imitatione oculos aqua è pelui inungen tium, & aquæ loco in altero uase relinquentium uiscum, siue otides uerè id faciant, siue pro otis ab authoribus nominentur: Quære in Otide E. 60

G.

Glaucomata magi dicunt curari felle recenti asionis, Plinius.

H. Ôûς

H.

ὀυς uel ὤτιον auricula est, habent autem auriculas solæ quadrupedes uiuiparæ. Sed quoniam in oto aue plumæ utrinq̃ in capite auricularum instar eminent, Græci otum quasi auritam dixerunt, ut hodie aliqui cornutam hanc auem esse dicunt. ¶ Otus auis laudata & saltans capitur, (ut scripsimus in E.)unde otos item dicimus qui nullo negotio decipiuntur, aut gloriæ uanitatem affectan tes, Cælius. χαυνος καὶ κυφούβρις ωτος ἐκάλων, Aelius Dionysius apud Eustathium & Suidas. Qui frau dibus expositi sunt, ac negotio propè nullo insita simplicitate decipiuntur, oti à comicis uocantur, ex auis natura, quæ quum imitatrix sit, inde ab aucupibus facile capitur, Cælius. Qui facile à quo uis falluntur, oti dicebantur. aptius quidem illi, qui solo auditu nulla ampliore cura cõsyderatis uer bis decipiuntur, sic dicerentur, Eustathius. Vt cepphus, sic & otus hominem stolidum uel simpli cem imposturis expositum indicat. Quare & Comicus traducens Athenienses ceu qui facile dictis quæcunq̃ audirent fidem habentes deciperentur, ὁ μόνοs ωτοι τω̃ν ἐκλυιων, dixit, Idem.

¶ Otum (ὠτον) & Ephialten Aloei & Iphimediæ filios fuisse aiunt & Martem ligasse : cuius fa bulæ expositionem requires apud Eustathium in Iliad.ε. Maximi hi fratres fuisse feruntur, & bel lum cœlo ac superis inferre ausi, in quo Apollinis sagittis cõfecti sint: alij in uenatione imprudentes inuicem se iaculis transfixisse aiunt Dianæ consilio, &c. Eosdem primos Musis sacra fecisse aiunt.

¶ Emblema Alciati Fatuitas inscriptum:

Miraris nostro quòd carmine diceris otus,   Sit uetus à prouais cum tibi nomé Otho.
Aurita est, similes & habet ceu noctua plumas,   Saltantéq̃ auceps mancipat aptus auem.
Hinc fatuos, captu & faciles, nos dicimus otos,   Hoc tibi cõueniens tu quoq̃ nomé habe.

DE PARADISEA, VEL PARADISI AVE.

PARADISEAM uel paradisi auem, uel apodem Indicam appello illam, cuius figura se quens est, à clarissimo uiro & doctissimo I.C.felicis memoriæ Conrado Peutingero no bis communicata: qui & mortuam similem sibi uisam testabatur, ut & alij multi fide digni homines alij alias se uidisse mihi testati sunt. Et nuper charta quædam Norimbergæ ex cusa, quæ huius auis simillimam nostræ iconem continet, ad nos missa est, his uerbis adiectis: Para disea uel apus Indica magnitudine est turdelæ, miræ leuitatis, alis prædita oblongis, teneris & uisu peruijs, & pennis (si pennæ dici debent, potius quàm setæ, deplumes enim sunt, in nostra effigie nõ expressæ) duabus longis, angustis, nigris, duritie cornea, pedes nulli, perpetuo uolat, nec usquam quiescit nisi in arbore aliqua (ab altera de longis illis setis ramo implicata pendens.) Nulla nauis tam celeriter in mari pergit, aut tam procul à continente, quam non circumuolet. Callida est, præsertim circa uictum. Magni pretij propter raritatem. primates in militia galeis pro crista inserunt. Osten tatur Norimbergæ apud Io. Kramerum, & numis argenteis octo drachmarum ferè, (quos à ualle Ioachimica denominant,) centesis indicatur.

¶ In Moluchis insulis sub æquinoctio (inquit Hier. Cardanus lib. 10. operis de subtilitate) auis mortua in terra aut mari colligitur, (manucodiatam uocat, uocabulo linguæ indigenarũ) que uiuens nunquam uideri solet, quoniam pedibus careat: tametsi neget Aristoteles auem ullam pedibus ca rere. Hæc igitur, quam ter uidere iam contigit, sola ut ita dicã ob id pedibus caret, quòd in sublimi aere atq̃ procul ab omni uisu humano habitet. Corpus eius rostrumq̃ magnitudine & forma simile hirundini : pennæ alarum & caudæ accipitrem magnitudine dum alas extendit superant, æquant uerò fermè aquilam. Pēnarum crassitudinem excogitare potes. tanta enim est, qualem pro auiculæ paruitate conuenire ratio docet. Sunt igitur tenuissimæ, & persimiles præter tenuitatem pennis pa uonum fœminarum ex toto, neq̃ masculorum pauonum pennis assimilantur, quòd non sint ocu latæ, ut quæ in masculi pauonis cauda cernuntur. Masculi dorsum auiculæ huius sinuatur intius, in eamq̃ cauitatem oua fœmina facere ratio ipsa docet, cum & ipsa fœmina cauum habeat uentrem, ut sic utraq̃ cauitate possit oua incubare. Masculo hæret in cauda filium longius tribus palmis, co loris nigri, medium inter quadratum rotundumue, neq̃ crassum, neq̃ admodum tenue, uerum ei non absimile quò crepidas cerdones cõsuere solent. Hoc existimamus dum fœmina oua incubat alligari firmius illam masculo. Neq̃ mirũ est in aere perpetuò habitare. nam cauda & alis in orbem extensis haud dubium est sponte sustineri. Vicissitudo etiam si quid est lassitudinis illam excutere potest. Cibum nullum esse puto præter cœli rorem, qui simul sit cibus & potus, & ita natura proui disse diligenter tanto miraculo uidetur, ut in aere habitare posset. Vesci autem aere puro haud ue risimile est, quòd nimis tenuis sit. Vesci animalculis: neque id, quòd ibi non fiat congregatio ad ge nerationem illorum haud dubiè necessaria: neq̃ in auium uentribus illa cernuntur, qualia in hirun dinum, sed tamen hoc non cogit, cum manucodiatas solo senio confici credendum sit, at nec uapo re, cum infrà copiosior sit, unde descendentes uiderētur. uapor etiam nõnunquam perniciosus est. rore igitur per noctem uesci uerisimile est, Hæc ille. Et rursus in struthiocameli mentione, Sunt qui ob raritatem nunc manucodiatæ tum alas tum caudam in cristas figant, addita etiam superstitione qui secum habeat in bello non uulnerari.

10

20

30

40

50

¶ Sunt qui hanc auem Germanicè Lufftuogel appellent, hoc est auem aeris: siue quòd in aere semper ferè degat, siue quòd eo etiam uiuere uulgò existimetur. Quidam receptaculum putant sub alis habere fœminam, ubi oua soueat. ¶ Reges Marmin (in Moluccis insulis) paucis antè annis immortales animas esse credere cœpere : haud alio argumento ducti , quàm quòd auiculam quandam pulcherrimam, nunquam terræ aut cuiquã alij rei quæ in terra esset insidere animaduerterent, sed aliquando ex summo æthere exanimem in humum decidere, Et cum Mahumethani qui ad eos commercij causa commearent, hanc auiculam in paradiso ortam, paradisum uerò locum animarum quæ uita functæ essent, attestarentur, induerunt hi reguli Mahumethi sectam, quòd hæc de hoc animarum loco mira polliceretur. Auiculam uerò mamuco diata, id est auiculã dei appellant:quam adeò sanctè religiosecẽ habent, ut se ea reges tutos in bello existimẽt, etiamsi suo more in prima acie
                                            collocati

collocati fuerint. plebeij autem caphræ, id est gentiles sunt. Reges harum insularum auiculas nume
ro quincp, singuli singulas dono ad Carolum V. miserunt, Maximilianus Transsyluanus.

¶ Milites in aula Turcarũ imperatoris quos Genissarios appellant, cum multa superbe faciunt,
tum pennis struthionum se ornant, & rhyntacis auibus, quas Arabes uendunt exiccatas carne
adempta, ita ut pellis tantum supersit, à qua pennæ procedunt pulcherrimæ in unum ceu manipu=
lum collectæ, ea crassitie quæ capi est. Hanc aliqui recentiorum apodem uocãt, ego phœnicem ue=
terum esse conijcio, Bellonius.   Nos de Phœnice & Rhyntace auibus infra suo loco dicemus.

¶ Hæc iam perscripseram, cum Melchioris Guilandini Borussi (doctissimi iuuenis, & incom=
parabilis circà simplicium medicamentorum indagationem doctrinæ ac diligentiæ) literæ Patauio
missæ ad me peruenerunt, in quibus paradiseam auem his uerbis describit: Memoriæ ac literis (in=
quit) proditum est, apud eos qui integra de Hispanorum nauigationibus in alienum & tot iam sæ=
culis incognitum orbem, uolumina condidere, in Moluccis insulis auiculam quandam pulcherri=
mam oriri, mole quidem corporis exiguam: uerum pennarum ob causam, quæ ei sunt longissimæ
incp orbem digestæ, ita ut amplioris circuli describant ambitum, primo aspectu uideri maximam.
Auicula est corporis magnitudine & penè forma coturnici similis, pennarũ ambitu uenusto discolore, ue=
rum uenusto admodum & decoro, usucp iucundissimo undique exornata. Caput quale hirundinis
maiusculum, pro corporis amplitudine. Pennæ superiorem eius partem à prima ceruicis uerte=
bra ad rostri uscp initium exornant, breues sunt, crassæ, duræ, spissæ, coloris lutei insigniter splen=
dentis, & auri purissimi modo, radiorũmue solarium instar fulgentis. Cæteræ quæ mentum conte=
gunt, & molliores, & tenuiores, atcp ex cyaneo mirè equidem uirides deprehenduntur, haud planè
colore ijs absimiles, quas in anatum masculorum capitibus, dum lucidissimo obuertuntur syderi,
conspicimus. Rostrum item quàm sit hirundini prolixius. Pedes nulli. Pennæ alarum ardeis forma
pares, tenuiores tantum longiorescp, colore fusco, inter ruffum & nigrum, fulgentes. Verum cum
omnes, tum quæ alas constituunt, tum quæ caudam efformant, in orbem extendantur, rotæ simili=
tudine, etenim cuti animantis ueluti infixa hærent spicula, immobiles planè, mirum uideri non de=
bet, sponte sustineri, neque unquam in terris quoad in uiuis est conspici, quando & pedibus usus
nullius in aere existentibus, prorsus destitui, (quod tamen placitis Aristotelis scholæ Peripatetico=
rum summi principis refragatur, auem ullam pedibus carere negatis,) paulò ante dictum sit. Cæte=
rum exoriuntur iuxta singulas maiorum pennarum, alas constituentium, origines, aliæ quocp mino
res, necp sanè paucæ pennulæ, quæ supra maiorum principia extensæ, ea obtegunt, dimidio quispu=
liatæ, ruffæ, coccineæue, reliqua parte croceæ, & fuluo auri colore splendidæ, multum hercule gra=
tiæ ac uenustatis auiculæ ob eximiam illam & singularem colorum disparitatem conciliantes. Cor=
poris reliqua moles tota, pennis fuluis in ruffum uergentibus obducitur, ita tamen ut aliquid ad=
huc inter eas discriminis animaduertas. Nam quæ in pectore & uentre collocantur, & frequentissi=
mæ sunt, & pariter latissimæ, duorum triũmue digitorum amplitudine, colore fuluo, & eo quidem
nitidissimo, haud sanè alio, quã iecur ipsum splendentes. Quæ uero dorso infixæ sunt, rariores necp
ita frequentes esse apertè cognoscimus: & insuper amplis diuisoris hiare, pennarum omnino ardea
rũm tergo adhærentium similitudine, clarè uidemus. Necp etiam ad tam insignem latitudinem ac=
cedere, aut præstantem illum hepatis colorẽ adæquare, quin puniceo potius colore, carni æmulo,
obscuriore etiamnum relucere, plenissimè perspicimus. Porro pennæ hæ simul omnes, tûm quæ
à uentre suam trahunt originem, tum quæ à dorso enascuntur, caudam, cum sint longissimæ, consti=
tuunt, quia ea cæterarum auicularum more minime exornatur. Nec id equidem mirum, quando
& alæ ipsæ diuersa sint ratione concinnatæ, quippe quæ in arctum contrahi, uel latum diffundi, pro
animantis libitu, nequeant, sed naturaliter uno tantum eodemcp modo perpetuò consistant. Præ=
terea masculi huius auiculæ dorsum omni ex parte depressum inflexumcp est, adeo ut sinum quen=
dam soueamcp efformet. In eam cauitatem oua fœminam deponere ratio ipsa claro est argumento,
quum & fœmina uentrem cauũ obtineat, ut hoc pacto oua facilius possit incubare, ac tandem pul=
los excludere. Denicp adnectuntur maris dorso fila gemina, nigra, cornuum modo utrinque in re=
ctum extensa, tres & amplius palmos lõnga, necp rotunda exactè, necp etiam perfectè angulata, sed
figura inter quadratum & rotundum media, nec crassa ualde, nec summe tenuia, uerum sutorio filo
haud planè dissimilia. Horum usum talem esse, cum cæteris sæculi huius uiris eruditissimis existi=
mo, quo nimirum fœmina, dum oua incubat, mari firmius alligetur, copuleturue. Cibus eis nullus
præter cæli rorem, qui simul est cibus & potus, interiora si spectes, inane nihil reperias, uerum con=
tinua ac perpetua pinguedine auiculam totam expletã uideas. Hæc auiculæ ipsius integra & certa
historia, cui neotericorum peritissimi quicp calculum uno ore omnes adijciunt, præter unum An=
tonium Pigafetam, rostrõ prolixo, & pedibus palmi unius longitudine donari, falsissime affirman=
tem, quum hoc me hercule longe ab omni ueritate sit alienum, quod ipse aliter se rem habere, iam
bis (necp enim pluries uidere contigit) oculis manibuscp proprijs liquidissimè deprehẽderim. Hæc
Guilandinus ad nos. suspicatur autem hanc esse rhyntacen auem, cuius in uita Artoxerxis Plutar=
chus meminit: de qua nos suo loco in R. elemento scribemus.   ¶ Sunt qui nucem, ut ispidam
uulgò dictam uestibus apponi scribant aduersus tinearum iniuriam.   ¶ Prereugotyranni auis In=
dicæ Varinus meminit, quæ fortè paradisea nostra est, uide infra mox post Psittacos.

De Auibus

¶ S V N T & aliæ aues paradiſi dictæ, ut author de nat. rerum ſcribit, (apud Aegyptios, Alber⸗
tus) non quia ex paradiſo ueniant, ſed ob inſignem pulchritudinem: qua ita excellunt, ut nullus eis
color deeſſe uideatur. magnitudo eis anſerū, uox mirè dulcis & blanda, captę gemere non deſinunt
donec in libertatem reſtituantur. Super Nilum habitant, qui de paradiſo profluere perhibetur, rarę
aliàs repertu.

¶ Nauigando in flumine Phyſon inuenimus aues quæ aues paradiſi nominantur, mirabili co⸗
lorum uarietate conſpicuas: ita ut ſi quis propius intueatur, nimio earum ſplendore uiſum propè
amittat, Author incertus, qui de Terra ſancta Italicè ſcripſit.

¶ A L I A E præterea in Aegypto aues eodem nomine ueniunt, fuſci coloris & ſubrutili, mone⸗
dulis minores. aues autem paradiſi uocantur, quia ubi naſcantur, unde ueniant, & quò ſe recipiant, 10
neſcitur. non enim coitus earum uidetur: ſed certis temporibus collectę terras quas habitant tranſi⸗
turæ relinquunt, Albertus & Author de nat. rerum.

¶ Iſpidam quoq̨ auem propter pulchritudinem colorum, nonnuſquam in Italia auem paradiſi
uocari audio: & ſimiliter upupam Venetijs.

DE PARDALO.

P A R D A L V S, παρδαλ⟨Θ⟩, etiam auicula (ὄρτυψ, auis) quædam perhibetur, quæ magna ex parte
gregatim uolat, nec ſingularem hanc uideris, colore tota cinereo eſt, magnitudine proxima molli⸗
cipiti, (qui paulo minor turdo eſt, etiam ipſe totus cinereus, pedibus ualens, pennis non item: etſi 20
Gaza pro οἴττος, legit ἄττος, ut neq̨ pedibus neq̨ pennis ualeat) ſed pennis ac pedibus bonis, uocem
frequentem (πολλὼ) nec grauem emittit, Ariſtot. Pardalis, παρδαλις, auis quædā, Heſych. Grau⸗
calus, ρωκαλος, auis cinerea, Idem & Varinus. ſuſpicor autem corruptum eſſe uocabulum pro par⸗
dalo, quæ Ariſtoteli colore tota cinereo eſt. quanquam & caucalias auis quædam iſdem Gramma⸗
ticis memoratur. ¶ Gyb. Longolius, eumq̨ ſecutus Turnerus, ut hunc Eberus & Peucerus, par⸗
dalum auem uulgò pluuialem dictam interpretātur, ein Puluer, de qua infra priuatim ſcribemus.

¶ P A R O N I S auis Feſtus meminit, ni fallor: ut & uaronis & rupicis ex Lucilio.

DE PARRA.
30
P A R R A, uel ut alij ſcribunt para, per ſimplex r. (ut & Hermolaus) auis eſt, quæ oriente Sirio
(ipſo) die non apparere, donec occidat, traditur, Plin. Ariſtoteles hæc eadem de œnanthe ſcribit,
ut auis una exiſtimanda ſit. Sed alia uidetur inauſpicata illa Horatij parra, cuius meminit Car⸗
minum 3. 27. his uerbis: Impios parræ recinentis omen Ducat, & prægnans canis, &c. In capite
paucis animalium, nec niſi uolucribus apices: alijs aliter, phaſianæ corniculis, præterea parræ, Pli⸗
nius. alij paro legunt, Hermolaus parco: quæ uerò ſit auis parcus fatetur ſe ignorare. uide infra in
Vanello. Feſtus duobus in locis parram numerat inter oſciens aues, quæ ore canentes faciant au⸗
ſpicium. ¶ Author libri de nat. rerum parram cum regulo confundit. Regulus (inquit) qui &
parra, quaſi auis parua, dicitur, multa eſt prole & garritu.

DE PARIS DIVERSIS, ET PRIMVM IN GENERE.
40
A.

A E G I T H A L V S, Αἰγιθαλος, auis Ariſtoteli memorata, cuius tres ſpecies deſcribit, nos plu⸗
res agnoſcimus, à Gaza uertitur parus, recentioribus eadem parix eſt, Alberto & alijs.
In Campania & alijs regionibus parula uocatur auicula, cuius uertex nigricat coronæ
ſpecie, quæ an parus ueterum ſit nondum perſpexi, Hermolaus Barb. mihi quidem ean⸗
dem eſſe dubium non eſt. ſed & alia pari ſpecies eſt cœruleo uertice, nigro tres aut plures. Parus,
uulgò parizola, ruſticè apud nos parascius, Niphus Italus. In alijs Italiæ locis parruza, in alijs zin
zin, & orbeſina nominatur parus communi pluribus ſpeciebus uocabulo. ¶ Gallicè meſange 50
uel ſparuoczolo, Bellonius. Iacobus Syluius etiam meſangā uocat. Sabaudicè mayenche. ¶ Ger⸗
manicè ein Weyſe uel Mayſz. ¶ Anglicè a tit mouſe. ¶ Illyricè, ni fallor, ſykora. ¶ Galli
& Germani quidam putauerunt meropem eſſe auem, quæ Gallicè meſang appellatur, quod fal⸗
ſum eſt, Bellonius.

B.

In capite paucis animalium, nec niſi uolucribus, apices, alijs aliter, phaſianæ corniculis, præ⸗
terea parræ, Plinius. aliàs paro, Hermolaus legit parco. uide infra in Vanello. Paro maximo pe⸗
ctus luteum eſt, &c. cæterorū corpora albo, nigro, pallido & cyaneo coloribus diſtinguuntur, Tur⸗
nerus. Pari omnes ferè iuxta oculos maculas albas habent.

C.
60
Pari gregatim uolitant. ¶ Parus enim quamuis per noctē tinniet (aliàs tinninet) omnem, At
ſua uox nulli iure placere poteſt, Author Philomelæ ; tanquam parus noctu canat, quod forte para
uel para

uel parra facit. ¶ Parus uermiculis uescitur, Aristot. & Albertus. Iniuriam apibus infert, Ariſtot. & alij, unde apiastram aliqui esse coniecerunt, quæ tamen merops est. Vescuntur pari non ſolum uermibus: sed & canabino semine & nucibus, quas rostris suis acutioribus solent perforare. sæuo duo priora genera(parus magnus, & montanus) delectantur, Turnerus. ¶ Pari omnes unguibus suis reptare & facile ubi uolunt adhærere possunt: ita ut ad nucem à filo eis suspensam adhærescentes comedant. ¶ Capiuntur apud nos etiam media hyeme. ¶ In cauis arborum nidificant, Albert. Oua plurima ædere feruntur, Aristot.

D.

Parus auis est animosa, & ad se defendendã strenua, pro sua magnitudine: uocalis, clamosa, uoꞇa latu impetuosa, præsertim maior, Noctuam odit.

E.

Gregatim uolant: quare sæpe complures capiuntur per noctuam. Gustatu farinæ uino dilutæ primum inebriati capite grauantur, deniq; cadunt, & abiecti uolare non queunt, & facile tolluntur ab apiarijs, nocent enim apibus, Aelianus. Paros & luscinias audio stultas esse aues & facile capi, quòd propter curiositatem mox ad eum locum accedant à quo aucupes abierint.

F.

Veniunt etiam in cibum pari apud nos, etsi non admodum delicati.

G.

Sunt qui paro eandem facultatem tribuant, quam ueteres ictero uel galgulo aui, ut scilicet reꞏgium morbum aspectu patientis in se recipiat, ille sanetur.

H.

Αἰγίθαλ@, nomen auis, & saltationis genus, Suidas & Varin. Αἰγίθαλ@ & αἰγιλ@ herbæ sunt, Varinus. Aristophani in Auibus ægithallus scribitur l. duplici: ubi Scholiastes, Aegithalus auis est de genere accipitrum, sic dicta quod capram sugat, παρὰ ᴣ ἰᴣ αἰγὸς τεθηλακυῖαι, ut quidam putant. Sed quæ capram sugere fertur auis nocturna est, αἰγοθηλᾶς Græcis dicta, id est caprimulgus, quæ forſitan para uel parra Latinorum fuerit: ægithalus uerò parus, nõ à capra dictus, quam Græci æga uocant, sed ab impetu fortassis quo utitur uolando. nam & αἰγίδα, qui flatus est impetuosus, à uerbo ᶂίᴣσαν deriuari suspicor. Sed uideo Oppianum quoq; lib.3.de aucupio ægithalum pro caprimulgo accipere: forte quòd heroicum carmen quo usus est ægothelæ uocabulum respueret. Aegithalum 30 (inquit) capturus capræ papillam uisco circumlinat. Cæterum auis caprinã lac haustura, cum ultra sæpes in stabulum peruolauerit, & sugere capram inceperit, effuso ei ad pedes usq; uisco deprehenditur. ¶ Pari piscis meminit Bellonius de piscibus lib.1. cap.1. item Vuottonus. ¶ Vt Græci struthópoda, hominem cuius crurum tenuitatem notare uoluerint, sic nostri à pari crusculis meiſenbeinle nominant.

DE PARO MAIORE.

ARI genus quod maius est fringillago uocatur, αἰγίθαλος ανίᴣίτης, quippe quod fringillam æquet, Aristot. Genera parorum plura sunt, quamuis Aristoteles tria tantum refert, fringillago, maxima omnium, pulchra, inferius ex luteo uirescens, in uertice nigricans, quem Germani uocãt Spiegelmeiß/ Kolmeiß, Eberus & Peucerus. Longolius etiam & Turnerus parum maiorem Kolmeiß interpretantur, hoc est parum carbonarium, ab atro colore capitis, qui utrinq; etiam à collo descendit per pectus & uentrẽ medium, longiore in maribus, breuiore & angustiore in fœminis spatio: nostri partem hanc nigram bracham appellant, die bꝛůch. Sed nostri aucupes parum alium minorem uertice nigro Kolmeiß appellant: maiorem uerò Spiegelmeiß à colorum pulchritudine quibus distinguitur. eundẽ Germani quidam, Bꝛandtmeiß, similiter ab atro colore: aliqui groſſe Meiß, id est parum magnum. Brabanti masenge, ut Galli mesange. Sabaudi maienze. Angli the great titmous, or the great oxei. Itali parisola uel parussola, orbesina, quanquam communia hæc nomina etiam alijs paris uidentur: uel parisola domestica, & circa alpes tschirnabò. alicubi etiã capo negro, quod nomen ficedulæ potius uel atricapillæ conuenit. Lusitani tintilaum. Turcæ alá. Ex ægithalis alter (quasi duo tantum genera sint à nonnullis ἴλλαὼς uocatur, ab alijs meise (uox uidetur corrupta, Vuottonus legit πυελίς:) & sycalis, id est ficedula tempore quo ficus maturæ sunt, aliâs melancoryphus, Athenæus. uide in

Ff 2

Ficedula, & in Elea. Sed & alij pari, prȩter cœruleum, omnes melancoryphi funt, propriè uerò melancoryphus dicta auicula, id eſt atricapilla, tempore tantum à ficedula differt, à paris plurimum.
¶ Parus maximus ineunte ſtatim uère cantiunculam quandam breuem, nec admodum iucundam
exercet, aliàs mutus. huic pectus luteum eſt, intercurſante linea nigra maiuſcula, Turnerus. Pari
magni à quibuſdam in ædibus aluntur, & muribus quoq; uefcuntur cute tantum detracta obiectis:
& cantillant interdum. ¶ Aduerſus calculum renũ motacilla feu caudatremula uulgò dicta, furno ſiccata, efficaciſſima creditur, item quæ uulgo Gallorum meſſengua dicitur, Iac. Syluius. Vide
in Motacilla. Eaſdẽ quas ueteres galeritæ auiculæ uires ad colicos & nephriticos cruciatus, easq́;
probatiſſimas, tribuunt aliqui pulueri auiculæ quam uulgus meſenguam uocat, Ant. Mizaldus.

DE PARO COERVLEO.

P A R V S alter mõticola cognomine eſt, quoniam in montibus degat, cui cauda longior.
tertius magnitudine ſui exigui corporis diſcrepat, quanquam cætera ſimilis eſt, Ariſtot. Turnerus parum ſecundum facit qui Germanicè di-
caſ ein Weelmeiſſe, (Anglicè the leſs
titmous,) ſed hæc eadem eſt, quam nos
Blawmeiß uocamus, id eſt cœruleum
parum, qui cæteris minor eſt, & ſolus
cœruleo inſignis capite, quod in alijs
omnibus nigrum eſt uel totum uel ex
parte. atqui ſecundus Ariſtotelis parus
caudam habet longam præ cæteris pa-

ris, quamobrem eum nos eſſe putamus qui à noſtris Pfannenſtil nuncupatur, cuius iconem infrà
dabimus. ¶ Tertium parum (inquit Turnerus) Angli nonnam, à ſimilitudine quam cum uelata
monacha habet, nominant. Sabaudi parum cœruleum noſtrum moyne uel moyneton hoc eſt monialem : atq; hoc tertium pari Ariſtotelis genus eſſe nobis uidetur. alij in eadem regione, ni fallor,
lardera. Gallis marenge. Itali paruſſolin, uel parozolina. Hiſpani & Luſitani chamaris, ni fallor, uel alionine, uel milheiro. Noſtri Blawmeiß: circa Norimbergam Bymeiſſe, quòd apiculas
deuoret. Parus minor uulgò nominatur ein Pimpelmeiß oder Weelmeiß, Gyb. Longolius.
¶ Genus hoc pari ut alijs pleriſq; minus, ita etiam manſuetioris ingenij eſt & minus impetuoſum.
¶ Titmous Anglorum oua ferè ſedecim parit : unde & paruas mulieres fœcundas eiuſdem auiculæ nomine uulgò appellant.

DE PARO ATRO.

P A R V M atrum appello, quem pleriq;
Germani Kolmeiß, id eſt parum carbonarium nominãt, quanquam etiam
parum maiorem Saxones & alij qui-
dam ſimiliter appellãt. Alba macula ei infra oculos eſt, & alia in occipitio, reliquũ caput atrum,
uenter luteus, crura fuſca. ¶ Noſtri non hoc,
ſed paluſtre genus pari, de quo iam dicetur, carbonarium cognominant.

DE PARO PALVSTRI.

P A R V s paluſtris, Germanicè ein Wür-
meiß oder Rietmeiß/ oder Reitmeiß:
noſtris Kolmeiß, cum alij genus prȩce-
dens ſic appellent : capite prorſus nigro

eſt : cum ſuperior in medio per occipitium maculam albam habeat. Pectus & uenter albicant, crura
roſea ſunt, ut pictura indicat. Dorſum & cauda fuſca, aut ferè cinerea : unde etiam Aeſchmeiſle à
quibuſdam appellatur: ab alijs Kaatmeiſle, fortè quòd circa cœnũ & paludes degat. Habet etiam
aliquid ruffi in ſupremo dorſo: ut pictura Argentoratenſis præ ſe fert. Ego cum captum nuper parulum carbonarium ſiue atricapillum noſtrum inſpicerem, deprehendi illum paulò minorem eſſe
cœruleo parulo, corpore fuſco ad cinereum uergente: macula nigra continua per totum caput medium

dium insignem, utrinque candicantem:
uentre è cinereo albicante, cauda ma=
gis quàm uertex nigricante, crusculis
ad coeruleum inclinantibus. Turne=
rus hanc auem Aristotelis iunconem
(schoeniclon)facere uidetur, & à passe=
re harundinario non distinguere.

DE PARO CRI=
stato.

ARVS cristatus nigro est ca
pite cum paucis punctis al=
bis, crista retrò extensa, cor=
pore prono fusco, pectore al=
bo, cruribus cinereis. Germani à cri=
sta uocant Robelmeiß/Strußmeiß=
lin: uel Heübelmeiß, & Heiden=
meiß, ut Eberus & Peucerus interpre
tantur. Galli mesange hupée. Minor
est paro maiore, montano par magni=
tudine, Eberus & Peucerus.

DE PARO CAV=
dato.

ARVM caudatum hanc auē
uoco, quòd caudæ longitu=
dine paros cæteros excedat.
hæc esse uidetur parus alter
Aristotelis, monticola cognomine, quoniā in
montibus degat, cauda longiore. Caudę lon
gitudo nomen ei apud nos fecit, Schwantz=
meißlin oder Pfannenstil: ut loca montana
quæ frequentat, Berckmeißle. Parus αἰολου=
ίᾳ᷄, minimus quidem omnium in genere pa
rorum, sed longissimam habet caudā, Zagel=
meiß/Pfannenstiglitz, Eberus & Peucerus.
Niger est parte prona, albus supina, in medijs
alis rubet, ut & circa uentrem imum sed dilu=
tius. ¶ Tempore uerno uocem ædit incon=
ditam, guickeg, guickeg. Gregatim uo=
lant, deni aut duodeni. Vescuntur uermibus,
araneis, forte & gemmis arborum. Foecunda
est auis: nam octo, decem aut duodecim ferè
pullos educat. Rarò inuenitur nisi tempore frigido. Nidum struit duos ferè palmos cum dimidio
longum ex musco & filis (araneorum, ut uidetur) compositum, aditu semper angusto, inter frutices,
facit autem oblongum, propter caudæ longitudinem. In genere ripariarum Plinio auis est, quæ ni
dum è musco arido struit, non quidem oblongum, sed pilæ figura tam absolutè ut inueniri non
possit aditus.

DE PARO SYLVATICO.

IC quoque parus perquã exiguus
est, macula per medium uerti=
cem rubente conspicuus, parti=
bus utrinque nigris, crusculis fu=
scis, alis nigricantibus, & cauda quoque ex=
trema: reliquo corpore uiridis, dilutius in
uētre. Nostri à syluis in quibus degit, prę=
sertim circa abietes & iuniperos, uocant
Waldmeißle/Thannmeißle: aliqui mi=
nus propriè Waldzinßle. alij à uoce Zil=
zelperle. cantillat em zul zil zalp. Turcę.

Ff 3

ut audio,agulgufsin. Auceps quidam apud nos aliquandiu aluit, fed mutam.

¶ Audio & mounier apud Gallos nominari quandam pari fpeciem,exiguam,atro capite, reliquo corpore fubcœruleo uel cinereo:quæ nidum rotundum aditu gemino ad arboris alicuius trun
cum fufpendat,& multa oua pariat.

DE PASSERE.

A.

PASSERIS nomen etiamfi ad omnes ferè minores aues extenditur, (uide infra in H.a.)
priuatim tamen fpeciem certam fignificat, de qua præcipuè hic fcribimus. ¶ Zippor
Hebraicè, צפר,fecundum aliquos eft generale uocabulum auium, tametfi translatio noftra fæpe uertat paſſerem:& inuenitur in utroꝗ genere. Kimhi dicit quòd aliquando capiatur pro certa auium fpecie,nempe Pfalmo 84.pro aue parua quæ uulgò uocetur paſſer. Pluralis numerus eft ziparim, Efaiæ 31. Secundum Mofen Gerundefem auis eft quæ mane ad afcenfum
auroræ incipit cantare,Munfterus. Zipor Deuter. 14. dicitur de omnibus auibus mundis, Chaldæus eo in loco habet zipar, Arabs taér, עוף.Perfa gongefcheck, גנגשך. Nominãtur autem aues
omnes ab unguibus(ziparen unguis eft)ziparim, ut à uolatu ophim,Leuitici 14.ubi de mundatio-
ne leprofi agitur,Chaldæus pro paſſere habet zepara, צפר. Arabs,azbur, עצבור. Perfa etiam retinet generale uocabulum gongefchek. LXX. ορνεθος ponunt, Hieronymus paſſerem. Agur etiam
Hebraicam uocem aliqui paſſerem interpretãtur:uide in Grue fupra. Alhaſſafir, id eft paſſerum,
Andr.Bellunenfis. Stupion(Struthion legerim)paſſer, Syluaticus. Lefan alhaſſafir(aliàs alafafir)
id eft lingua paſſerum, de fructu fraxini uel orneogloſſi arboris legitur apud Arabicos medicos.
Babebot eft auis quædam omnium calidiſsima, Venerem ftimulans, mihi ignota,Syluaticus.uide-
tur autem eſſe paſſer.

¶ Στρουθία,omnes auiculæ: fed σπαθος propriè qui τρωγλιτης dicitur, Varinus. Στρουθος ex Arifto-
lis defcriptione auis illa uidetur,quæ uulgò τρωγλιτης dicitur,fpecialiter accipiendo.nam alioqui generale nomen eft,Euftathius fi bene memini. Xuthros,alijs firuthos,uel pyrgites,alij trogliten uocant,Kiranides. Paſſerculus in Creta uulgò fporguitis appellatur,Bellonius.funt qui αποεργατες uel
ὑποεργιται uulgò uocari mihi retulerint.uidetur autem hæc nomina corrupta à prifca uoce πυργιτης:
quòd hoc genus auium circa turres uerfari foleat. Στρουθοι πυργιται,id eft paſſeres turricolæ,Galeno
de fanitate tuenda libro 6. cap. 16. dicũtur, qui in turribus quæ in locis excelſis funt nidulantur.
Alaudæ criftatæ aues funt fimiles paſſerculis, ut inquit Galenus,qui pyrgitæ ac troglitæ nominantur in oppidorum muris ac turribus frequentes,extraquàm galero quo illi carent,Hermolaus. nos
idem legimus apud Aetium 9.31. Troglitæ quidem dicti mihi uidentur domeftici paſſeres, quòd
paſsim in ædium troglis,id eft cauis uerfari ac nidulari foleant:(ut & troglodytæ ab his diuerfi in ca
uis terræ circa fæpes præcipuè)& ijdem quoꝗ pyrgitæ, nifi quòd circa turres & loca excelfiora degunt,quare etiam falubriores habentur. In paruorum paſſerum (ad differentiam nimirum τῶν με-
γαλων σρουθῶν,hoc eft ftruthocamelorum) numero πυργιται etiam funt, Galenus lib. 3. de alimentis.
Cypfelos Pfellus in libro de uictus ratione trogletas nuncupat,quia in foraminibus & cauis ferè latitent,Cælius.Laudat quidem Pfellus in cibo paſſeres & troglatas (ut Ge. Valla transfert) quæ hirũndinibus fimiles,pedibus curtis,foraminibus turrium folum fe cõmittunt. Ego uerò hæc ucrba,
hirũndinibus fimiles,pedibus curtis,à Valla imperitè adiecta exiftimo,ut fic quas ipfe aues troglatas eſſe putaret, interpretaretur. illas fane hirundinibus fimiles aues apodes & cypfelos appellant
Græci,quas in cibum admitti nullis equidem hominibus nifi fame coactis exiftimem. quare Pfel-
lum de paſſeribus troglitis & pyrgitis fenſiſſe dixerim. nam & alibi inter attenuantes cibos cum

perdicibus

perdicibus & auiculis montanis trogletas nominat. Ego non trogletam neq́ tróglatam, ſed trogli-
tam per iôta in penultima ſcribendum cenſeo. Vulturem ódit τρωγλίτης, Philes. Eſt & ſimi τρὸ-
γλίτε mentio apud recentiorem quendam Græcum, qui de morbis accipitrum ſcripſit.

¶ Italicè paſſara, uel celega, uel paſſara cazarenga. Paſſerculum pullatum uulgus ciſegam dicit modo, uti coniecto, quaſi ſpiciſlega, ſiue frugiſlega: quod genus ſpermologon nuncupant Græci,
Ceſius ex Hermol. ¶ Hiſpanicè gorrión uel paxáro. Gallicè moineau, moucet, paſſe, paſſereau,
paſſerat, paſſereau. ¶ Germanicè Spar/Spatz/Huſſpar. Saxonibus Sperck/Sperlinck.
alijs Lüninge. Germanis inferiorib. Muſche/Spatze. ¶ Anglicè ſparrou. ¶ Illyricè wrabecz.

¶ Alexander Myndius duo paſſerū genera eſſe dicit, alterum manſuetum, alterū ferum, Athenæus. Struthocameli quoq́ paſſeres feri, ἄγριοι στρουθοὶ dicuntur, Euſtathio teſte. ¶ Paſſer duorū eſt
generum, unum griſeum (cinereum aut fuſcū,) quod in tectis degit & nidificat: & alterū minus, rubeum in uertice, in cauis arborum nidificans, Albertus.

B.

Paſſer eſt auis parua, cinerea, Albert. Fœminæ ubiq́ ſunt coloris cinerei, Idem. Color κιράμιος
ῶς, id eſt teſtaceus, paſſeri eſt & pleriſque pulueratticibus, G. Longolius. Paſſeris pennæ quotie's
frigora urgent acriora interdum in albas tranſeunt, Ariſtot. qui alibi etiam paſſerem quandoq; album conſpectum memorat: audio & noſtra memoria eodem colore uiſum. Nigrities quæ eſt in
roſtro uel mento æſtate incipit, cum ueris initio nōdum ſpectetur: uſde infra in c. de uita paſſerum.
Paſſeri, ut auiculis omnibus, nō gula nec ingluuies, ſed uentriculus longior eſt, Ariſtot. Ad imum
inteſtinum appendices paucas habet, ſed perexiguè, Idem. Paſſeribus alijs uentri, alijs inteſtinó
ſel iungitur, Idem. Mares guttulis nigris & albis diſtinguuntur, Albertus. Mas nigredinem habet circa os, fœmina uerò albedinem, Obſcurus. Alexander Myndius fœminas dicit roſtro eſſe
colore magis (quàm in maribus) corneo, facie uerò nec admodum alba neque nigra, Athenæus.
¶ Domeſtici ſylueſtribus corpore paulo maiores ſunt, & capite pro corporis portione ſatis magno, Longolius.

C.

Paſſer uocem ſibi peculiarem habet, ſicut & turtur, Obſcurus Ariſtotelem citans: apud quem nihil eiuſmodi extare puto. Peſſimus at paſſer triſtia flēdo pipit, Author Philomelæ. Pipire pullos
gallinaceos Columella dixit, pipare gallinas Varro. Sed circunſiliens modò huc, modò illuc, Ad
ſolam dominam uſq; pipilabat, Catullus de paſſere Lesbiæ. τιτζίζειν uerbum fictum eſt ad imitationem uocis auium, Suidas & Varinus. uidetur autem paſſeribus præcipuè conuenire. Titos palumbes dici interpretor ex paſſerum ſalacitate, qui ſolent τιτζειν, Cælius. Et rurſus, Paſſerculi creduntur titzein, id eſt titiſſare: ex quo titis corriuatur, ut ſcribit Ael. Dionyſius, auiculæ ſpecies, aut
etiam auis quælibet minutior. Draco deuorat paſſerculos ἱλανὰ τετριγῶτας, Iliad. β. alioqui τετζειν
uerbum proprium eſt uoci ueſpertilionum. Qui ſtridunt potius quàm canant, στρουδίζειν Græcè dicuntur, quod Latinè enunciare licet ſtruthiſſare: ex paſſerum uoce qui ſtruthi uocantur uerbo de-
flexo, Cælius. ¶ Paſſer uermiculis ueſcitur, Ariſtoteles & Albert. Muſcas uenari fertur, Obſcurus. Hordeum præ cæteris in cibo amat, & corticem celeriter à grano ſeparat: & ſi quando nimium auidè paleam cum grano deuorauerit, ſuffocatur, Albertus. Veſcitur & acinorum quorundam granis, ut ſambuci, Tragus. Mox digerit quicquid deuorârit, unde corpus eius cibo nōn pin
gueſcit, ſed ſuſtentatur tantum, Author de nat. rerum. Auicula eſt naturæ perquam calidæ, (omnibus auibus calidior, Author de nat. rerum.) libidinoſa & multi motus, quas ob cauſas non obeſatur,
Albertus & alij. ¶ Stercus eius calidiſſimum eſt quando emittitur, ſed mox refrigeratur, Author
de nat. rerum. ¶ Paſſer tum lauare, tum puluerare ſolet, Ariſtot. ¶ Aues quædam ſaliunt, ut
paſſeres, merulæ, Plin. ¶ Paſſer gregatim ad paſtum uolat, Author de nat. rerum. ¶ In tectis
habitat & in altis locis, in petræ foramine nidificat, Obſcurus. Pyrgitæ paſſerculi nominanť quod
circa turres uerſari ſoleant. Paſſeres domeſtici in ædium & turrium cauernulis, quinetiam capſu-
lis penſilibus nidum collocant, G. Longolius. Paſſer griſeus in tectis degit & nidificat: alterū uerò genus in cauis arborum nidum ſtruit, Albertus. Conſcientia uel ſuæ infirmitatis, uel ſui corpu-
ſculi exiguitatis, paſſeres in ramorum cacuminibus, modò ab ijs ſuſtineri queant, nidos contexunt,
ſæpeq́ numero ea machinatione ſibi factas à uenatoribus inſidias declinant: eò ſanè ij propter rami
tenuitatem aſcendere non queunt, Aelianus: paſſerum nomen forte communius pro auiculis quibuſuis paruis uſurpans. ¶ Paſſer ſupra modum libidinoſus eſt, Author de nat. rerum. hinc illud,
Paſſere ſalacior, Eraſmus prouerbij ſpecie uſurpari poſſe ait. Paſſer animal eſt libidinoſum & fœcundum, quare Terpſicles eos etiam qui paſſeribus in cibo utuntur, ad res uenereas ait proclitio-
tes fieri. Perdices mares, ut & paſſeres, genituram emittunt, non ſolum conſpectis fœminis, ſed
etiam uoce earum audita, Euſtathius ex Athenæo. Paſſer pyrgites immodica ira & copia ſeminis
ductus (ᾱπὸ ὀργῆς forte ὁρμῆς καὶ πολυαναφμίας ὀλιάμενθ·) ſepties in hora fœminam init, copioſum con-
fertimq́ ſemen effundens, Orus. Paſſer adeò ſalax eſt, ut in una hora forte uigeſie's coeat, Albertus.
Aliqui eum trecenties die coire aiunt, Vrſinus. Sunt qui paſſerum etiam mares anno diutius durare non poſſe arbitrentur, argumento quòd ueris initio nulli mentum habere nigrum ſpectentur,
ſed poſtea, tanquam nullius anni ſuperioris ſeruetur, fœminas uerò hoc in genere eſſe uiuaciores

Ff 4

uolunt.capi enim has cum nouellis,cognoſciꝗ labrorũ callo (duritie quadam) aſſeuerant, Ariſtot.
de hiſt.anim. Et in libro de longitudine uitæ, Mares (inquit) ſi ſalaces fuerint, breuioris uitæ ſunt
quàm fœminæ,ut in genere paſſerum. Paſſeri minimum uitæ,cui ſalacitas par (ut columbis & tur
turibus)mares negantur anno diutius durare,argumento quia nulla uêris initio appareat nigritudo
in roſtro,quæ ab æſtate incipit.fœminis longiuſculũ ſpatium,Plin. Ariſtoteles ſcribit paſſ.marem
uno anno tantum uiuere,quod de paſſeribus Orientis credimus. nam & illa nigredo de qua dicit
quòd ſit in collo(mento)maſculi,non eſt in eis qui ſunt apud nos,ſcilicet in Europa,Author de nat.
rerum. Aetas paſſeris apparet in roſtro,quia iuuenis habet illud cinereũ,& circa fauces croceum,
ſenex uerò durum & nigrum,Idem. Mares parum uiuũt propter coitum & nimium motum, quæ
exiccant in eis humidum uitale,Albertus. Alexander Myndius ait fœminas maribus infirmiores
eſſe,Athenæus. Mares hyeme perire,fœminas uerò durare Ariſtoteles putat, probabiliter ex co
lore hoc coniiciens immutato,Idem. Albertus paſſerum uitam computat à tempore coitus. dicit
enim nullum paſſerem uiuere à tempore coitus plus uno anno. Epheſius fortaſſe magis ad uerba
Ariſtotelis attendens, computat annum à tempore natiuitatis, aſſerens nullum paſſerem uiuere à
tempore ſuæ natiuitatis plus uno anno, Niphus. ❡ Paſſer bis anno uel ter parit,in ſingulas uices
ſeptena ut plurimum,ut minimum quaterna oua,Albertus. Parit ad ſummum octona,Athenæus
Ariſtotelem citans. Aues nonnullæ imperfectos & cæcos pariunt pullos, uidelicet quæ cum par
uæ corpore ſint, multos progenerant, ut paſſer, hirundo, Ariſtot. Cuculi oua paſſeris in nido re
perta deuorant & ſua ſubijciunt:hic poſt illa ſuſcepta fouet & nutrit,Iſidorus. ❡ Paſſer comitialem
morbum, imò & lepram pati creditur,Iac. Oliuarius abſꝗ authore: quanquam Author de nat. re
rum,In quibuſdam regionibus(inquit)morbum caducum hæc auis patitur: nimirum quia ſemine
hyoſcyami paſcitur, ut Ariſtoteles credit. Ego nihil huiuſmodi apud Ariſtotelem. Plinius uerò
de coturnice,elleboro eam ueſci, & ſolam præter hominem comitiali obnoxiam eſſe tradit.

D.

Paſſer eſt auicula ualde circunſpecta,Obſcurus. ❡ Paſſeris pulli cum euolare debent , uicini
paſſeres cum eorum parentibus conatus ipſorum euolantium comitantur, ut imbecilles ſi neceſſe
ſit plurium conſtipatione adiuuentur,Author de nat.rerum. In furorem citò cöcitantur, ſed nulla
mora diſcordiæ,Idem. ❡ Paſſer dum aucupum uenatione petitur,ad noctuã accurrit,à qua mox
opprimitur,Orus. Apud nos pica aliquando deuorat paſſerem iuuenem,Albertus. Hirundines
& paſſeres interimunt ſe mutuo cum cöueniunt in una domo,Auicenna,uide in Capite de Hirun
dinibus ſylueſtribus. Vulturem timet troglites,Phíles.

E.

Paſſeres ſylueſtres facilius capiuntur,domeſtici difficilter. ❡ Struthi(id eſt, auiculæ in gene
re)diuerſi uiſco capiuntur:& ramis duobus myrti colligatis annexo funiculo,&c.ut ſcribit Oppia
nus de aucupio 3.3. Capiuntur uiſco paſſeres & cæteræ aues paruæ uel magnæ, ſi uirgulæ inuiſca
tæ ponantur in locis ubi paſci uel morari conſueuerunt,Creſcentienſis. Et rurſus, Capiuntur paſſe
res præcipuè iuuenes minus ſagaces cum ſaxa ſeu brechoëllo,quæ eſt quædam cauea ex iuncis con
ſtructa,de qua exire non poſſunt,cum ad paſſerum pullos impoſitos ingreſſi fuerint. Coturnices,
perdices,& paſſeres,quàm ſint libidinoſæ aues,& quomodo libidinis earum tempore ſpeculo pro
poſito capiantur,recitauimus in Coturnice c. Pantheron retis genus, quo Galli ad paſſeres, ſtur
nos,& grues utũtur,Budæus deſcribit in Annotationibus in Pandectas. Accipitres capiunt paſ
ſeres,& alias aues diuerſas,Creſcentienſis. E nidis quos in parietibus habent muſtelis aut uiuerris
cicuribus immiſſis extrahuntur. Aues etiam quas nos lanios appellauimus pueri cicures alunt,
ut paſſeres è nidis captent.

❡ In Media(aliquando)adeò ingens paſſerum inoleuit copia,iacta abſumentium ſemina,ut ho
mines malo acti ad alia migrarint loca,Diodorus Sic.lib. 4. de fabuloſis ant.geſtis. ❡ Paſſer cla
mans mane tempeſtatem ſignificat,Gratarolus.

F.

Paſſeres & turdi in delicijs habentur præ cæteris cibis,Suidas. Auiculæ (omnes ſcilicet mino
res,ut præcipuè paſſeres)& cuzardi(alaudæ)improbantur. nam ſi parum de oſſibus eorum deglu
tiatur,gula & inteſtina aliquando exulcerantur.Quòd ſi de pullis harum auium fiat froſa(edulium)
cum ouis & cepis,promouent coitum,Iura earum uentrem ſoluunt, carnes aſtringunt, maximè ſi
macræ ſint.Deteriores ex eis ſunt,quæ ſaginantur in domibus,Elluchaſem. Caro paſſerum calida
eſt uſꝗ ad tertium gradum, & ſicca ferè in eodem,difficilis concoctu,cotporibus temperatis inſalu
bris.aliarum quoꝗ auicularum carnes declinant ad caliditatem, ſed magis ad ſiccitatem. quamob
rem de cæteris (auiculis, non paſſeribus) præferuntur pingues, harum enim caro laudabilis eſt, &
boni nutrimenti, facilis concoctu,& conualeſcentibus ſalubris, Michael Sauonarola. Paruorum
paſſerum,inter quos & pyrgitæ ſunt,caro durior eſt quàm gallinarum, perdicum & ſimilium, Ga
lenus. Pſellus trogletas laudat & attenuare ſcribit. Trallianus tympanicis concedit ex minutis
paſſerculis illos qui pingues non fuerint.

❡ Ex auibus laudantur perdices cum montanis omnibus paſſeribus, deinde gallinæ, phaſiani,
&c,Galenus de ingenio ſanitatis capite 2. quo in loco Conciliator per paſſeres ſe intelligere ſcribit
aues miſ

aues minutas,& non paſſeres propriè dictos,qui(inquit) calidiſsimi ſunt, (teſte etiam Raſi) & libi‑
dinem incitant. Paſſerum ac palumbiū caro dura & difficilis concoctionis eſt,maliéq̃ nutrimenti,
ſanguinem calidum & ſiccum generans,Haliabbas S.Theoricæ,cap. 22. Et paulò poſt, Omnino
uitandi ſunt paſſeres domi nutriti.procreant enim ſanguinem peſsimum. Paſſeres auium calidiſ‑
ſimi ſunt,& præ cæteris auiculis aſtringunt,& ſanguinem accendunt,Iſaac. Et alibi,Calidi & ſicci
ſunt,ſtomachum corrumpunt.quamobrem rarò ſunt admittendi.calfaciunt enim, & facilè in nido‑
roſos uapores & bilem rubeam conuertuntur, præcipuè ſylueſtres & macri. concoctioni ſua ſicci‑
tate obſiſtunt,& uentrem aſtringunt. Paſſeres omnes calidi & ſicci ſunt in fine caloris, Auerroisi
Hæc omnia ex recitatione Antonij Gazij.

10 ¶ Paſſeres omnes mali ſunt,Auicenna. Paſſeres & ipſi ſalaces ſunt,& ueſcentes eis procliuio‑
res in Venerem fieri Terpſicles prodidit,Athenæus. Vide etiam in G. & de cerebellis paſſerum ad
eundem uſum parandis,ibidem. ¶ Paſtillus à paſſerculis:Cape bubulā aut uitulinam,& adipem
uituli inciſum minutatim,& caſeum optimum,aromata & crocum, Coquus Gallicus.

¶ Omnia quidem oua,ſed præcipuè paſſerum,rem Veneream promouent,Auicenna. Vene
rem conciliant oua paſſerum in cibo,Plinius & Marcellus. Paſſerum oua cęteris calidiora ſunt,&
ſanguinem feruidiorem generant,Ant.Gazius.

G.

Paſſer aſſus in cibo ſumptus delectationem facit & mouet Venerem,Kiranides. Paſſeres in
cibo Venerem conciliant,Plinius & Marcellus. In libro Secretorū qui Galeno attribuitur, com‑
20 poſitio quædam præſcribitur ad coitum promouendum:qua cum(inquit author)paſſeres quando‑
que decoquuntur. A ſalacioribus inuentum eſt paſſeres pinguiuſculos commanducare, Alexan‑
der Benedictus. Vide etiam in F. ¶ Cinis paſſerum ſarmentis crematorum cochlearibus duobus
in aqua mulſa(potus)morbo regio reſiſtit, Plinius. Similiter crematorum paſſeris pullorum cine‑
rem ex aceto aduerſus dentium dolorem utiliter infricari tradunt, Idem. ¶ Paſſeris adeps poni‑
tur in emplaſtro Nic.Myrepſi ad tofos ſeu poros, numero 70. ¶ Cibarium factum ex capitibus
paſſerum,& maximè maſculorum,adiuuat coitum,R.Moſes. Cerebella animalium quomodo re‑
poni debeant,docetur ex Bulcaſi in uulgari & barbara æditione Nic.Præpoſiti lib.1.cap.13. Pecu‑
liariter uerò cerebella auium(inquit Bulcaſis) quorum ad remedia uſus eſt, accipi debent de auicu‑
lis quæ nidificant in domibus,tempore autumni aut ueris.quibus decollatis exempta cerebella po‑
30 nantur in uaſe mundo, & purgentur à uentriculis (membranis) ambientibus. pro ſingulis uerò ce‑
rebellis decem,uitellum oui recentis nati ex gallina à gallo cōpreſſa addes: & mixta ſiccabis in pa‑
tella ſuper cinere calido:deinde inſolabis ut amplius deſiccentur,aut iterum ad ignem pones. Sunt
qui ſine uitellis hoc medicamen faciant, aliqui cerebellis mox recentibus utuntur, alij cerebellis &
ouis parum mellis admiſcēt,& ad ignem coagulata reponunt. Cerebella paſſerum uēre occiſorum
lauantur,purgantur.Ex his decem cum uitello oui ſubacta, parum igni friguntur, deinde Sole uel
igne ſiccantur:adiecto,ſi libet,pauco melle, ad Venerem incitandā parantur, alij ut adipes & me‑
dullas parant,Syluius. ¶ Paſſeris fel pondere dauic ſolutum in zambacelæo pondere aurei,uir‑
gæ teſtibus & inguinibus inungitur,ut uim ad Venerē confirmet,Raſis. ¶ Paſſeris fimus à len‑
tigine purgat faciem:quod ſi ſputo hominis uarices illinantur,extirpat eas,Hali. Dolore dentium
40 ſtatim abire tradunt ſimo paſſerum cum oleo calefacto,& proximæ auriculæ infuſo. pruritum qui‑
dem intolerabilem facit,Plinius. Stomacho exoluto & nauſeabundo paſſerum ſtercus aridum uē
lut polentam,ſiue aquam biberint,ſiue uinum,inſpergito, Archigenes apud Galenum de compoſ.
medic.ſec.loc. Paſſeris ſtercus cum uino potum erectionem facit magnā: cum adipe uerò porcino
inunctum alopeciam ſanat & explet,& carbunculos frangit,Kiranides. Remedijs contra accipi‑
trum & falconum lumbricos aliqui paſſeris(aliàs paſſeris Indici,uel ſolitarij:uel, ſi is deſit, commu‑
nis)ſtercus admiſcent. Troglitæ fimum uel carnem cum uino aut melle accipitri contra morbum
quendam dari iubet incertus author Græcus recentior : εἰς συγχεανόμνου ἱσ'απα. ¶ Oua paſſerum
in cibo ſumpta Venerem augent,Hali & alij.uide in F.

H.

50 a. Paſſer dubij generis nomen,in maſc.gen.uſurpari ſolet.unde diminutiuū paſſerculus apud
Plautum,Ciceronem,& Varronem. Paſſeres ſunt minuta uolatilia à paruitate uocata. Verbum
ſροϑός non modo paſſerem aut ſtruthionem ſignificat,ſed & aues alias:quod & nos(Latini)quando‑
que ſequimur:ut Cicero cum dixit,omnibus paſſeribus inſitam à natura uoluptatem. hodiéq̃ aues
ipſas in commune paſſeres uocant Hiſpaniarum uernaculi,Hermolaus. Paſſeres dici poſſunt om
nes aues minutæ,Syluaticus. ¶ Στροϑός oxytonum eſt,(ſecundum canonem Euſtathio relatum,)
Atticè uerò penanflectitur Herodiano, ut ſcribit Ariſtophanis Scholiaſtes in Aues. Generis eſt
communis,Euſtathius. Στροϑός nomen alijs etiam auibus commune eſt. ſed placet magis ſροϑός uo
cari ut plurimum aues illas Homericæ ſtrutho (quarum ſcilicet Iliados ſecundo ille meminit) con‑
generes,Idem. Στροϑία dicuntur omnes minimæ auiculæ: ſροϑός uerò propriè qui (uulgò) προγλίτης
60 dicitur, Varin. Reperitur & ſροϑάεων pro paſſerculo. Στροϑός dicitur ab eo quòd cum furore quo‑
dam in libidinem feratur , παρὰ τὸ μετὰ ὁἰσρε θὲῳ (πὸ̀ς τὲν ὀχείαν,) Euſtathius. Nicander inter reme‑
dia contra aconitū ſροϑόν pro gallina dixit,& contra fungos σπάτον ſροϑοῖο ναττνικάδς pro ſimo gallinæ.

nam & ὄρνις per excellentiam pro gallina ponitur. Κίχλαι, εἶδος σρουθῶν, Varin. Legitur & σρουθός pro struthione uel struthiocamelo, ut Ἀφαῖον ἐλεφαίντων ἄρματα ἦ ᾗ, συνωρίδες προάγου, ἐξήκοντα, βασιλίων, ἰς σρουθῶν, ὀκτώ, citante Eustathio. Σρουθὸν Attici simpliciter pro struthocamelo dicunt, Hesych. Aliás uerò σρουθοκάμηλοι, μεγάλαι σρουθοί, & ἄγριαι σρουθοί dicuntur. Vbi de historia plantarū quarto Theophrastus σρουθὸυ πτεροὶ dixit, ac Theodorus struthorum alas reddidit, auium transferre maluit Plínius: tanquam struthos Graecis quandoꝗ de auitio dicatur, sicuti Latinè passer, Caelius. sed Theophrastus de struthocamelis sensit, non de passeribus. nam Indicas quasdam arbores describens, sic inquit: Ἔτερον ᵈέ ᵉ̄ τὸ φύλλον, τίω μὲν μορφίω πρόμηκον, τοῖς τῶν σρουθῶν πτεροῖς ὅμοιος, ὰ παρατίθενται παρὰ τὰ κρανίᾳ. Σρᾶς, ὁ σρουθὸς, καὶ ὅσσιον, Hesychius. Elei passeres uocant Ἀλεῖτας, ut Nicander Colophonius ait, Athenaeus. Δίγηροδι, passeres, Hesychius: Varinus penanflectit. Inuenio & Αἴγηροδιν, δ'κγήροδιν, & ὄρκι γὰρ pro passeribus apud eosdem. item ἐρωόι, Macedonum lingua. ἐλλόποδιs & ἰλλοί (Hesychius habet ἰλλόπιδ'εs) passeres & hinnuli, ᵉὰ τῶ ἐλλόδω, & catuli serpentis, Hesych. & Varin. Κιλίκε, passer mas, Iidem. Σμαρδίνου, σρουθίου, Iidem, hinc σμαρδιωπύλαι, qui passeres uendunt.

¶ Epitheta. Arguto passere uernat ager, Martialis. Leuis passerculus, Varro apud Nonium. Passer saltitans, cantillans, soliuagus, apud Textorem. ¶ εὐκίνδι σρουθοί, παχεῖς, ὀνησρεπῶς, κάφοι, Hesychius & Varinus.

¶ Passer ille Catullianus allegoricōs, ut arbitror, obscoeniorem quempiam caelat intellectum, quem salua uerecundia nequimus enunciare. Quod ut credam, Martialis epigramma illo persuadet, cuius hi sunt extremi uersiculi: Da mi basia; sed Catulliana, Quae si tot fuerint, quot ille dixit, Donabo tibi passerem Catulli, Politianus. Strutheum Latinè, ut est apud Festum, à salacitate passeris, membrum uirile significat, praecipuè in mimis: ut qui passerem in Martialis & Catulli uersibus aliter accipiunt, nihil mihi dixisse uideantur: ne quis in ea re Politianum, quia siue authore loquitur, somniasse cauilletur, Hermolaus in Corollario. Dic igitur me tuum passercūm, gallinam, coturnicem, &c. Plautus in Asin. ¶ Σρουθὸς, homo salax & libidinosus, Hesych. Σρουθὸς, ὁ λελακώς μῖό, Suidas. Οἴμοι κανολάμψωμ, σρουθὸς ἀνὴρ γίγνεται. Ἐκπήωνται, ὡς αὖ σι μοι ὁ Δικίνος; Aristophanes in Vespis. ubi Scholiastes senē, inquit, quia saltat, famulus passerem fieri ait. Idem in Auibus Philocratem ϸρ σρουθίου (inquit) si quae auis occiderit, talentum accipiet. ubi Scholia, Ἀνὰ ἐσην ἐκ τῶ ὀρνίου. Σρουθίον δ'έ ἐσην ὡς μήλιου. In eadem fabula Cleocritus quidam traducitur ὡς σρουθὸς, τοῦτοι μεγαλόπης; (ἀ struthocameli pedibus fortasis: uel à passerinis per antiphrasin; ᵃ ὡς τίω ὄψιν σρουθῶ ἧς, Scholiastes. Ego struthopoda eum dixerim cui pedes & crura exigua fuerint, ut nostri meisenbeinle: Sic & Plinius: Eudoxus (inquit) author est, in meridianis Indiae uiris plātas esse cubitales: foeminis adeò paruas, ut Struthopodes appellentur. Plautus cruscula todila dixit, citante Festo, cui todus est genus auis paruae. Monstrosi partus in utero fiunt, uel parte aliqua magnitudine excedente, ὡς τὰ μεγαλοκίφαλα (scilicet τέρατα:) uel deficiente, ὡς τὰ σρουθοκίφαλα, Author Definitionū medicinalium quae Galeno attribuuntur, habet autem & struthiocamelus quoque caput proportione exiguum. Σρουθίαζη uerbum à nomine σρουθὸς, quod est passer, deriuatur, & cantum uilem aedere significat, ϸ φωνλᵈ'ς (aliàs δυπλᵈ'ς, quod placet) ᵂως ᵈ'εῳ, Eustathius. Quae stridunt potius quàm canant, σρουθίαζη Graecè dicuntur, ex passerum uoce, Caelius. Σρουθίζων, ηρίχων, Suidas. Poculum quoddam Persicum σρουθίου dictum Athenaeo, à quibusnam struthis (passeribus) denominatū sit non constat, Eustathius. Struthio herbae folium oleae est, quod à medicis aureum poculū uocatur. ab hac similitudine potorium quoddam uasculum fortasse struthion appellatū sit, Hermolaus. Strutheum, in mimis praecipuè, uocant obscoenam partem uirilem, à salacitate uidelicet passeris, (etiamsi anseris in codicibus plerisꝗ scriptum est, Hermolaus) quae Graecè σρουθὸς dicitur, Festus.

¶ Passer marinus, quem uocat uulgus struthiocamelum, Festus. Graeci σρουθὸν simpliciter pro struthiocamelo ponunt, ut supra ostendi: aliquando ἀγρίαν, uel Λιβυοσαν, uel μεγάλίω cognominant. Est & passer marinus piscis, Graecorum ψῆττα.

¶ Stirpes. Struthium à nostris (ut Plinio) radicula uocatur: spinosa herba, nō tamen acanacea. Flos spectabilis aestatibus, sine odore, caule lanuginoso, semen nullum, radix magna, quae conciditur purgandis lanis, mirum quantum conferens candore mollitiaꝗ, &c. Smyrnaea mulier Galena florem hunc non struthion, sed strythion uocauit, Hermolaus. Σρουθίου, radix herbae lanis eluendis apta, Hesychius. Σρουθιομνίᾳ Graecis dicuntur struthio herba repurgata (uellera,) Caelius. Dioscorides ad oesypum laudat lanas ἀσρουθίωᵉꞌ, hoc est illotas & radicula non curatas. Medicis hodie & orbi nostro, in quo prouenire etiam non puto, struthium ignoratur. Serebatur olim passim. Sponte uerò nascitur in Asia Syriaꝗ, & trans Euphratem. Hippocrates commendat nascens in Andri insulae littoribus. ¶ Alterum syluestris papaueris genus heraclion uocatur, ab alijs aphron, solijs (si procul intuearis) speciem passerum praesentantibus, semine spumeo. Ex hoc lina splendorē trahunt aestate, Plinius 20.19. Dioscorides huic papaueri folia tribuit σφόδρα μικρᾶ, σρουθίου νοιοῦ̄τα: id est, minima uel breuissima, struthio similia, herbae uidelicet, non passeribus. tribuunt autem quidam struthio herbae folium oleae: ut lapsus uideatur Plinius, nam Theophrastus quoꝗ de historia plant. 9. 13. (unde & Dioscoridem & Plinū mutuatos apparet,) Papauer Herculanū (inquit, interprete Gaza) folio constat struthi, quo splendorem linteis tribuunt. ϸ φύλλον ἔχον οἶον σρουθίου, ᵂ τὰ λῖνα λουκαίνουσι.

¶ Māla struthia, μῆλα σρουθία, σρουθιόμηλα, è cotoneorum genere, minori amplitudine, & serotino prouentu,

uentu,odoratius usbrat.Aetius uero struthia uocat,quæ magna sint & surauiora, minoricp placeant
acerbitate. Nominat struthium etiam Macrobius inter malorum genera 3. 19. Et Callistruthis,ro▪
seo quæ semine ridet, Columella ficuum genera enumerans. codex noster habet Challistruthis.
¶ Errant qui passerinam uulgò dictam florem candidum serentem,anagallida existiment,Hermo▪
laus. Passarina,inter leucoñ nomenclaturas apud Dioscoridem. Ticedillo,id est herba passerina,
quam ignoro, Syluaticus. Centumnodia,lingua passerina,Idem. Lingua passerina, ut quidã uo▪
cant,genus minus lithospermi , quod in aruis reperitur, radice inutili, Tragus. ¶ Auicenna 2.
435.lasan alasasir,uel lesan alhassasir, (linguam auis interpretantur,Bellunensis linguam passerum)
arborem quandam uocat,quæ Græcis recentioribus orneoglosson est. uidetur autem fraxinus uel
16 fraxini species,in cuius siliquis medulla inest linguæ auis similis, &c. Syluaticus cap. 703. usnen
herbam interpretatur stercus passerum,uel herbam kali,&c. albam esse aiunt, & panos ea lauari ac
dealbari.quærent diligentiores struthióne an papaueri spumoso descriptio eius conueniat. mihi ad
struthium potius accedere uidetur.
¶ Icones. Aegyptij hominem qui ad proprium patronum confugiat , nec eius subleuetur au▪
xilio,monstrare cupientes,passerem & noctuam pingunt,hic enim dum aucupum uenatione pedi▪
tur,ad noctuam accurrit,à qua mox opprimitur,Orus. Iidem hominem semine abundantem uo▪
lentes designare,passerculum pyrgiten pingunt, Idem.
¶ Propria. M. Petronius Passer nominatur apud Varronē de re rust. 3. 1. σρύθας, Struthas,
satrapæ regij nomen est apud Xenophontem rerum Græcarum lib.4. ¶ Passer,nomen loci, cu▪
20 ius meminit Martialis: Non mollis Sinuessa,feruidícp Fluctus Passeris, aut superbus Anxur.
¶ b. Ilia passeris,Horatius 2. Serm. σπίζαν auiculam passeri similem esse tradunt Hesychius
& Varinus:item σαραξάνου. Corydalus passerculus est, similis passerculis quos pyrgitas à turribus,
& troglifas ab antris & cæiternis appellant, sed maior & cristatus, Aetius. Sirénes superne specie
sunt σρυθῶν,id est passerum,Gyraldus. ὁ ψιν ἐχεις σρυθὸν σανυμσίον, ἢ ῥά σε Κίξκη ἐς πτλωῶ μντβκκε φύσιν
νυκκώνα πότα,Distichon Iuliani. Passerem quadrupedem circa paludes Liberdæ oppidi in Lusa▪
tia captum,Ge.Fabricius nobis significauit.
¶ c. Ἐκολάκδυσιν ὁ συμπτίσκε τὸ σῶμα ὥσπερ πολέμι@,ἀλλὰ τοῖσι σρυθίοισι χαυνῶσι ὁμοίως, Comicus qui▪
dam apud Eustathium.uidetur autem significare quandam alicui assentatam ore non compresso,
sed pleno & hiante,ut hiare solent auiculæ. ¶ In Domino confido.quomodo dicitis animæ meæ,
30 uola(de)monte uestro(sicut)passer:Psalmo 10. Et passer quolibet uadens, Prouerb. 26. Factus
sum sicut passer solitarius in tecto,Psalmo 102. Aristophanes passerum nubem dixit, σρυθῶν νίφ@
αφρύγ'ἐκ τῆς ἀγρῶν τὸ σαρζμ' αὐτῶν ἀναπέψαι. Illic (in arboribus)passeres(zipatim,autes,Munsterus)ni▪
dificabunt,Psalmo 103.in translatione Hieronymi. Passer inuenit sibi domum,Psalmo 83. a.
¶ d. Passer aliquò strepitum magnum faciens uolat, ne laqueo uenantium capiatur: unde in▪
quit,Anima nostra sicut passer, &c. Glossa in Psalm.124. ¶ Τὸ σρυθίον διειλδη ὄρνιον ὁν ὑπὸ ἀγανίκτ
ἐλαύνει τον ὕπνον,Suidas in Nycticorax.
¶ Passeres duo nónne asse uæneunt, & unus ex illis non cadet super terram sine patre uestro?
Matthæi 10. Passeres quincp nónne uæneunt dipondio? Lucæ 12. Καὶ γὰρ πόσω κάλλιον ἐκετοῦ ποί▪
φειν Ἄνθρωπόν ἐσ' ἄνθρωπον,αἰ ἔχῃ βίον, ἢ σρυθόν,ἢ πόλνκον; Eubulus apud Athenæum. Pestem à milio
40 atcp panico sturnorum passerumue agmina scio abigi herba, cuius nomen est ignotum, in quatuor
angulis segetis defossa:mirum dictu, ut omnino nulla auis intret,Plinius. Multi ad milij remedia,
rubetam noctu aruo circumferri iubent,priusquã sarriatur, defodícp in medio inclusam uase fictili:
ita nec passerem,nec uermē nocere:sed eruendam priusquam metatur, alioqui amarum fieri,Idem.
¶ h. Χρώ ὁ θεὸς Ἀειστοδίκω τῶ Κυμαίω ἱκέτας σοῦ σρυθὸς αὐτῶ ἐφε τῆ,Porphyrius lib. 4. de abstinendo
ab animatis.
¶ Apollonius cum Ephesios doceret,oportere eos sese mutuò nutrire atcp nutriri,passeres for▪
tè in arbore quadam taciti considebant : unus autem ex ipsis tanquam alicuius rei nuncius uocem
emisit,qua uisus est aliquid cæteris prædicere.Eo audito cæteri clamorem tollentes post ipsum uo▪
larunt.Tunc aliquandiu tacuit Apollonius , sciens quidem quam ob causam passeres uolitassent,
50 nondum tamen auditoribus id enarrans. Vbi uerò omnes in se conuersos , & quasi portentum ali▪
quod admirantes aspexit,tunc rupto silentio sic est locutus:Puer quidam effusum frumentum in ar▪
cam manibus demittens,cum negligenter illud collegisset, abijt, multa grana passim in angipórto
sparsa relinquens:quæ cum passer ille inuenisset,cæteris (ut uidistis)nuncians, inuentũ cibum com▪
municauit.His uerbis permulti commoti, ad hoc uisendũ cucurrēre. ipse uerò his qui manserunt,
coeptum sermonem de communi societate seruanda prosecutus est. Postquã uerò qui uisum ierant
cum clamore atcp admiratione summa reuersi sunt: Videtis(inquit Apollonius)quo pacto passeres
mutuam de se curam habeant, quantumcp communi gaudeant societate, nos autem homines eam
colere dedignamur,&c.Philostratus lib.1.de uita Apoll. Draco quidam terribilis octo pullos pas▪
seris una cum matre deuorat,& mox à Ioue in lapidem conuertitur , Iliados secundo : quod prodi▪
60 gium Calchas interpretatur,fore ut Græci circa Ilium nouem annis pugnent, (ut draco passeres no▪
uem deuorârat,)& decimo demum obtineant. Ex passerum numero belli Troiani annos augura▪
tus est Calchas,Cicero 1.de diuinat. Et rursus, Cur autem de passerculis coniecturam facit, in qui▪

bus nullum erat monstrum? Sic Apollonius apud Philostratum(lib.1.de uita Apollonij) ex leæna capta,in cuius uentre cæso octo catuli reperti erant,annuam & mensium octo futurã prædixit,&c. ¶ Σπαθὸν κρατῶν φεύγοντα πασσέθικα Βλάβλω , Senarius onirocriticus apud Suidam, id est, Passerem fu gientem si comprehenderis,damnũ expecta. ¶ Passer auicula parua est,Veneri sacra, tum pro pter fœcunditatẽ eius in tantillo corpore, tum quod libidinosa sit auicula, Eustathius. Passeribus Venerẽ subuehi Sappho cecinit, Cælius. ¶ Qui purificat,offerat duos passeres uiuos,Leuit.14. ¶ Prouerbio celebratur apud Italos passerem uetulum non illaqueari. Passaro uecchio non tra se in gaio uel gaiola:ut apud Latinos Annosa uulpes non capitur laqueo, & Simia non capitur la queo,in eum qui longa ætate,multaꝙ rerũ experientia est callidior ꝗ ut dolis capi possit, Scoppa.

DE PASSERE SYLVESTRI PARVO. SIVE TORQVATO. 10

PASSERES quidam in arborum truncis,qui longo situ foraminosi sunt, nidificãt, uitæ quàm domestici diuturnioris,corporeꝙ multo minores. horum colla plumæ candidæ, ueluti torques ali qua,circundant,unde & apud nostrates nomen inuenêre,(Ringelspatz:) qui per hyemem ferè om nes auolare consueuêre, G. Longolius. Passer torquatus non solum torque albo à cõmuni passere differt,sed & uoce & modo nidificandi. Hoc genus in Germania frequens est,sed apud Anglos ra rum, Turnerus. atqui Eberus & Peucerus passerem in harundinetis nidificantem, de quo mox pri uatim scribemus,torque albo insigniri aiunt. ¶ Hieronymus Tragus passerem quendam syluee strem uocat Waldspatz,id est passerem syluaticum. ¶ Est & alius syluestris passer maior, quem 20 mox describemus.

DE PASSERIBVS DIVERSIS, QVORVM
scriptores Græci meminerunt.

ACANTHYLLIS,genus est passeris, Hesychius.
HIPPOCAMPTVS,passerculus quidam, Idem & Varinus.
PITYLVS,πίτυλ@, auicula quædam syluestris,ὀρνιθάειόν τι ἄγριον, Iidem.
SPARASION,Σπαράσιον,auis passeri similis, ἥιοι σκί↓, Iidem.
SPERGVLVS,Σπέργυλ@, auicula syluestris, Hesychius & Varin. Ab hac uoce corruptum 30 uidetur ϛεργύλιον, quod ijdem interpretantur ὀρνιθάειον ἄγγα λευκόν.
PASSERES pyrgitæ & troglitæ à Græcis cognominati, nihil opinor à passeribus domesticis differunt.solent enim domestici passeres uel circa domos in cauis se abdere & nidificare, unde tro glitæ dicuntur:uel altiùs circa turres,unde pyrgitæ dicti. uide supra in Passere A.
PSARIS,ψάρις,genus est passeris, Hesychius & Varinus.

DE PASSERE SYLVESTRI MAGNO.

PASSERIS syluestris(magni,non superioris qui paruus est)caro neꝙ redundans,neque con coctu difficilis est,sed si quæ alia boni succi. Testatur autem Tragon medicus cerebellum eius pro prietate quadam comitialibus auxiliari. Est autem passer(hic)magnus,terrestris: neꝙ in arboribus 40 neꝙ domibus habitat:uerùm in summis fruticum surculis desidet, uoce nimis quàm garriens, (κι λαειζων.)pascitur autem in tritico hordeumꝙ ferentibus agris, & nidum in terra collocat. colore & magnitudine alaudæ similis, hyeme non uisitur. capitur uero maximè noctua, Actuarius lib.2. Regatum sermonũ,ut Gyb.Longolius citat enumeratis etiam uerbis Græcis. ¶ Passerem ma gnum Actuarij uarijs de causis Anglorum buntingam,& Germanorum Gersthammer esse suspi cor, Turnerus in libro de Auibus. in margine etiam adjicit huic passeri mollicipitis apud Aristo telem descriptionẽ magna ex parte conuenire. ¶ Passer magnus solitarius est, paulo minor me rula, Germanis Gersthammer,Eberus & Peucerus.

DE TETRACE PARVA. 50

TETRACEM autem magnam in Gallinaceo genere descripsi.sed alia tetrax est auicula,passe rum generis,ut mihi uidetur,quoniam mentio eius apud authores cum spermologo sit & passere. magnitudo enim his tribus,ni fallor,ferè eadem, & uictus similis, è granis ut plurimum : neꝙ cantu nobiles sunt,ut eo nomine à passerum usium auicularum genere eximi debeant. Tetrax auicula est à uoce dicta, quam oua pariens emittit, (ὅτι τετράζει τὼ φωνὼ, ego τετράζω uerbum per onomato pœiam accipio , nec probo illum qui uocem quadruplicem ab hac aue cum peperit ædi reddidit.) Plumis color macularum sorde uarius, perpetuisꝙ (μεγάλαις γραμμαῖς, lineis magnis) lineis, magni tudine spermologi, Hermolaus ex Athenæo:qui colore tetracis κράμιον esse ait, id est ruffum qua lis est lateris uel testæ coctæ,figlinum dixeris. & carpophágon esse addit, id est frugibus uesci, ex 60 Alexandro Myndio. Athenæus ipse auiculam minimam esse ait. Epicharmus apud Athenæum, λαμβάνοντι γὰρ ὄρτυγας, ϛραβὲς τι καὶ κορυδάλες φοινικέωμενας τέτρυγας, απ ϕμαπολόγες τι, ubi epitheton φοινι
κοέμενες

ὠείμονας ad alaudas an galeritas referri debeat,dubitari poteſt : & an ασϕματπλόγυς pro aue ſui generis accipiendum,an tanquam epitheton tetragum: utruncꝗ enim fieri poteſt. Et rurſus, πέτραγίς τε
καὶ ασϕματολόγοι. ❡ Τιϕαῖου,ὀρνιϑάριόυ τι, id eſt auicula quædam, Heſych. & Varinus. ❡ Apud
Ariſtotelem τετρὶξ ſcribitur,Gaza Græca uocem reliquit. Alauda & tetrix condenſo frutice prolem muniunt, Ariſtot. Niphus hanc auem eſſe coniícit quæ uulgò calandrella uocetur, côgenerem
alaudæ,magnitudine etiam & colore ſimilem, abſcꝗ apice. Ariſtoteles quidem alibi genus alaudæ
non criſtatum deſcribens, nullum ei peculiare nomen tribuit, ſed calandrella alterum alaudæ non
criſtatæ genus eſt.

DE SPERMOLOGO PARVO.

SPERMOLOGVS nomine auis alia maíor eſt, de genere graculi uel cornicis, de qua ſuperius ſcripſi inter cornices.alia ueró auicula exigua,quam ad paſſerum genus referre uolui, propter
cauſas íam proximè in Tetrace paruo aſsignatas, cuí magnitudine confertur ab Alexandro Myndio. Epicharmus pro ſpermologo ſpermatologum dixit,ut citaui in Tetrace. Τότε χρὶ ϛρεθῶν νίϕ⊙·
αρθγὶ, Καὶ ασϕμολόγων ἐκ τῶν ἀγρῶν τὸ ασϕμ᾽ αὐτῶν ἀνακαύϛαι, Ariſtophanes in Auibus. Scholiaſtes
ſpermologos auículas dictas ait εϛα ὃ ὀρνήϱων τὰ ασϕματα κωὶ ἰδίαυ, (ἀναλέγειν, Suidas) hoc eſt, ab eo
quòd ſemína in agrís eruat & deuoret. Frugſlega uermículos petit, Ariſtot. Spermologum nos
ſpicilegam ſiue frugilegam uocare poſſumus:quanquam frugilega(καρποϕάγον nimírū) nomen generis eſt,íta uíctum quærentís apud Ariſtotelem, Rura(Italíæ)ipſum paſſerculū uocant ſpicilegam,
detrita modo priore ſyllaba,Hermolaus. ❡ Nuper quidam ſpermologum auem ſpecie ſimilí mo
nedulæ eſſe ſcripſit,magnitudine tetraci æqualem: ſed is aues diuerſas pro eadē accepít. ❡ Quærendum an ſpermologus ſit genus íllud paſſeris, quod uulgo noſtri emmerizam uocant,cuius íco-
nem paulò pòſt ponemus. ❡ Eberus & Peucerus pícam glandaríam noſtram, garrulū ipſi uo
cant, Græcorum ſpermologum eſſe putant,à quibus ego longè diſſentio. ❡ Gruem Græci géranon uocant quaſi γηρόλνον, ab eo quòd terræ ſemína ſcrutetur;& alíter ασϕμολόγον,id eſt frugilegam,
quòd frugum ſemína quæ humo non obruta fuerínt, ab agrícolis depaſcatur, Varínus.ego ſpermologum,potiùs epitheton gruis eſſe díxerím,quàm ipſam gruem.
❡ Ὅλαςπί, ασϕμολόγοι, κωὶ ὀλαςπί, Heſychíus & Varínus.uidetur autem ὀλαςϕς hæc auis dicta quaſi
hordearia, (ut miliariam dicimus.) ὀλαὶ enim & ἄλαὶ,hordeum interpretantur. quod hac fruge paſci
gaudeat. Σαρκάϕ,ασϕμολόγ⊙,Iidem. Ariſtophanes in Auibus, auium quædam genera à uíctu co
gnominat κοπνοϕάγα, alia κωϑοϕάγα & ασϕμολόγα. ❡ Spermologus auis eſt quæ frugibus nocet,
quæ & ασϕμονόμ⊙ dicitur, ab ea ſpermologos uocabant Attici homines (inopes) circa emporía &
fora commorantes,& ea quæ de mercibus forte deciderent(τὰ ἰκ τῶν ϕορτίων ϛαπίπτοντα) colligentes.
Per tropum etiam ſpermologí dicuntur homines nullius pretíj,(nullius ſolidæ doctrínæ) qui ex col
lectítia quadam & paſsim emendicata conſutaꝗ erudítíone gloríam ſibi aucupantur. unde & uerbum ασϕμολογεῖν,ἀντὶ τῦ ἀμϐόλως κωὶ μαϑήμωνϛ ἔκ τινων ασϱακοςμάτων ἀλέγοντεϛιϑαι, Euſtathius. Ἀπε-
ριόϑων ἔν κωὶ οἱ δίαι κωὶ τὰ ἀκροάματα βωμολοχίας κωὶ ασϕμολογίαις πολλὰς γίμοντα, Clemens lib.10. ϛρωμετ.

DE PASSERE TROGLODYTE.

AETIVS libro XI.cap. XI. quod commu-
nía remedia aduerſus ueſícæ & renum calculos continet : Paſſer troglodytes (inquit)
eſt paſſerculus mínímus,íuxta ſæpes & mu
ros uíctum quæritās. eſtꝗ hoc anímalculum omnium
auícularum mínímum,ea excepta quæ regulus appel
latur.ſimilis eſt autem regulo in multis, præterquam
quòd in fronte auricolores pennas non habet. eodem
paulo maíor eſt , & nigríor, caudamꝗ ſemper ſubre-
ctam,& albo colore retro interpunctam habet. magis
item garrulus quàm regulus eſt: & ſanè iuxta ſummū
alæ líneamentum cínereí amplíus colorís,(ψαρότερ⊙,
id eſt magis uaríj colorís, Vuottonus.)breues item uo
latus facit.Naturalem autem uím omnino admíratio-
ne dígnam habet.Itacꝗ ſale condítus & crudus in cibo
acceptus,morbum perfectè ſanat. & noui etiam quoſ-
dam ob eius uſum nunquam amplíus ab affectíone uexatos. Conditur autem optímè pennis euulſis,atcꝗ inde largo ſale adobrutus, & poſtquam fuerít arefactus comedítur, & affectíonem perfectè
ſedat.Melíus autem eſt etiam alíter ípſos edere ſi plures contígerint, coctos nimírum, eius præſer-
tím generis quod per hyemem ubiꝗ apparet. Exhíbetur autem & alío modo.Paſſerculus non deplumis in ollulam coníjcitur, ac deinde operculo addíto uritur, anímaduerſíone aſsidua habíta,ne

Gg

fallaris, quum in cinerem sit redactus, & (ne) in aerem exhalans per exustionem totus consumatur, consueuit enim hoc contingere tum ipsi, tum alijs quæ uruntur. quapropter præstat ollæ operculum non oblinire, ut per interualla quædam operculo adempto ustionis modum intueamur. Exhibendus est autem semel omnis unius passerculi usti cinis per se, aut modico phyllo & pipere admixto (καὶ ἑκατὸν, καὶ μετὰ πεπέριος καὶ φύλλα σύμμετρον δι᾽ εὐκρατομέλιτος πινομένη ἡ τέφρα, Aegineta) quò saporis iucunditate ori commendetur. Vsus itaꝗ passerculus peregre proficiscentibus commodus est, licetꝗ melle cocto exceptum in promptu habere. Melior autem mihi uidetur condiendi modus, atꝗ adhuc dictis præstantior, si quis præeuulsis pennis uiuum passerculum sale adobruat. quod & ego facio, inquit Philagrius. Arbitror enim & sanguinis naturam quiddam in se complecti, quod minimè uulgariter prosit; cui amplius stercoris efficacia accedit, quam exustione debiliorem reddi 10 planè credo. Proderit etiam eis qui abundant assatos edere integros, ita ut nihil ex eis præter pēnas abijciant. ¶ Eadem uerò breuius scribit Paulus Aegineta libro 3. cap. 45. Troglodytes (inquit) paulò maior est regulo, & colore illi similis inter cinereum & uiridem, rostro tenui, & c. mihi hic inter cinereum & uiridem color non troglodytæ, sed regulo tantum conuenire uidetur.

¶ Nihil est in Aetij descriptione quod non ad amussim nostram auiculæ conueniat, quam Angli sepiarium, Colonienses aucupes koelmusshum nominant. Vocatur apud Anglos an hedge sparrow, hoc est passer sepiarius, & a dike smouler. hoc est, in sepibus delitescens. Vulgus Coloniense hunc passerem ein Graßmusch (nostri curucam uel atricapillam hoc uocabulo nominant) appellat, uerum peritiores quiꝗ aucupes ein Koelmusch, (nostri parum minorem capite atro, alij maiorē Kolmeiß, uel Kolmusch appellāt,) hoc est passerem in foraminibus uel cauernis degentem, nuncupant. Hic 20 Germanos monitos uolo, quum duæ sint aues, grasmuschi sua lingua uocatæ, illam solam esse troglodyten, quæ per totum annum regulo similis cernitur: & non illam quæ circa fauces plumosa ineunte statim hyeme discedit. Nidum huius passeris semel humi factum inter urticas uidi: & pullos antequam uolare possunt, relicto nido, inter herbas fruticesꝗ reptitātes, sæpius obseruaui. Vermibus pascitur, & paulò ante uesperum solet impensiùs strepere, & omnium ferè auium postrema ad somnum se recipit, Turnerus. Currucam in cuius nido cuculus parit, conijcimus esse Anglicè dictum passerem sæpium, an hedge sparowe, Eliota.

¶ Troglodyten esse credo hunc quem Germanorum uulgus regulum uocat, sæpibus obuolantem crebro, unde & Zaunschlipfflin cognomento appellant. Siquidem huic ipsi descriptio Aetij perbellè congruit; & doctissimus Tanstetterus Collimitius remedium ex troglodyte ad hunc mo- 30 dum, quem Aetius præscripsit, comperit & expertus est in aliquot calculosis, efficacissimum, Io. Agricola Ammonius. Audiui & ipse à fide digno homine, qui nōnullos feliciter remedio ex hac auicula usos mihi asserebat. Quomodo autem quæuis auis aut aliud quoduis animal rectè ad medicinam uri debeat, scripsimus in Alauda G. Recentiores quidam medici, & Arabes, uel eorū interpretes potius, pro troglodyte passere caudatremulam ineptè interpretātur, & nomine corrupto tanquam Arabico tragulidunten appellant. Auicenna safarahun, alij safurion: & remedium aduersus calculum ex caudatremula parant, ut copiosius in Motacilla scripsi.

¶ Troglodytes auis, τρωγλοδύτης, nomen habet à subeundis troglis, id est cauernis, ut & Troglodytæ populi, trogites uerò, uulgò apud recētiores Græcos dictus, passer communis domesticus est. Et quoniam passer troglodytes auicularū minima est, ac regulo similis, multi populi regulum 40 appellarunt. Itali reatin, riatino: circa Verbanum lacum aryotin, circa Florentiam fiorrancio, id est flos calendulæ (nisi hic fortè uerus regulus est, qui aurei calendulæ floris colorē maculis utrinꝗ in uertice refert.) Scoppa Grammaticus Italus regaliolum interpretatur reillo, & scricciola, quæ nomina ad troglodytē pertinere puto, uide in Regulo. Perchia chagia Siculis est auicula minor passere, sæpes perforans, inde nomen, non alia quàm troglodytes. ¶ Gallis roy, alibi beurichon, alibi sarfonte. Normannis rebetre, quasi roybetre. Sabaudis roy des oiseaux, roytolat, rezeto, redoyell; & alibi conta fasona, quòd saltitando uideatur numerare fasciculos. ¶ Germanis Zunschlipffle, in Saxonia Thurnkönick/Schnykünig/Zunkünig. circa Rostochium Nesselkünig/ Winterküninck. alicubi Meußkönig, & Sumeling, id est pollicaris, à paruitate. Flandricè Kuningssen. ¶ Anglis wren. ¶ Polonis krolik. ¶ Turcis bilbil. ¶ Eberus & Peucerus trochi- 50 lum interpretantur, ein Zaunköning / Schneeköning, qui troglodytes noster est, (sed trochilus idem qui regulus est, à troglodyte diuersus.) Passerem uerò troglodyten passerculi genus faciunt, qui Germanicè nominetur Baumsperlingk, uel Moßsperlingk, id est passerculus arborum uel palustris. in arborum (inquiunt) cauitatibus nidificat, supernè fuscus, sed uarius & transuersis albis lineis distinctus, infernè cæsius, uertice purpureo, sub collo nigris candidisꝗ maculis eleganter uariatus.

¶ Passerculus troglodytes noster iuxta parietes domuum & sæpes nidulum è musco struit, plumis etiam impositis, Vide infrà in Reguli nidificatione ex Turnero. Araneas uenatur. Mira eius in cantu suauitas, sed ali non potest. Maio præcipuè cantillat, ut ferunt. ¶ Regulus bis anno pa- 60 rit, circiter nouem oua uno tempore, Albertus. uidetur autem reguli nomine passerem troglodyten intelligere.

¶ Antidotus ad difficultatem & stillicidium urinæ mirifica: Passerculum quē troglodyten nominant.

minant(Græcè ſilέπτπιδ᾽æ ſcribitur, uoce hautd dubiè barbara, intelligit autem paſſerē troglodyten, Fuchſius, uide an Græcum nomen corruptum ſit pro σιιοπυγίδα, quod nomen motacillam ſignificat, quam recentiores ad idem remedium pro troglodyte accipiunt) integrum cremato, & ſumpto cinere ac tenuiter contrito bibendum ex mero dato, quantitate cochlearij, (minoris, quod pendet drachmam unam, Fuchſius.) Si autem uolueris admiſceto etiam farinæ prædictarum cicadarum quartam cochlearij partè, & ieiuno ex uino præbeto, Nicolaus Myrepſus antidoto **60.** ¶ Aetius cum præſcripſiſſet remediū efficax ciendæ Veneri, nempe ut paſſer troglodytes dictus in cibo acciperetur, ſubdit: Verum his qui frequentius & ſupra quàm conuenit inde coëunt, urinam capræ bibendam præbe. Cerebellum paſſerum in antidotum diaſatyrion alteram, numero **66.** apud Nic. Myrepſum recipitur: & rurſus in aliam numero **68.** cerebellum ſimul & oua, hæc quidem apud Aeginetam lib.7.etiam in unguentum entaticon immiſcentur.

¶ Narrant quidam(ex Italis)de hac auicula, deplumatam quoꝗ ligno(ueruculo) infixam ad ignem, paulatim aliquoties per ſe conuerti. Albertus hoc de regulo ſcribit. ¶ Galli fabulantur troglodyten in feſto trium magorum, omnes quos eo anno educauerit pullos congregare, & cum eis cantillare, addunt, regem eſſe auium, quoniam cum conueniſſet inter aues ut rex eſſet quæ altiſſimè uolaſſet, hæc aquilæ tergo clam inſidens, cum illa iam defeſſa altius uolare non poſſet, paulò ſublimius euolârit, regno quod uiribus nequibat arte ſibi cōparato. Hoc alij de regulo ſcribunt, ut infra recitabo. ¶ Τρωγλοδιυτέμ uerbum cauernas ſubire ſignificat. ¶ Angli hanc auiculam (troglodyten)uulgò aiunt eſſe fœminā, & marem eius rubeculâ eſſe, quod falſum eſt. Vtraꝗ imminentem pluuiam uoce prædicit. ¶ Troglodytæ Herodoto populi ſunt Aethiopiæ.

DE PASSERIBVS QVIBVSDAM, ILLIS PRAEſertim quorum nomina Germanica tantum nobis cognita ſunt. Et primum de paſſere harundinario.

SCHOENICLOS auis Ariſtoteli eſt, (quam Gaza iunconem uertit,) quæ ad ripas lacuum & fluminum uiſitat, & caudam frequenter motitat, turdo minor. Turnerus, Ego (inquit) quum nullam aliam auem nouerim iuncis & harundinibus inſidentem, (atqui hoc Ariſtot, non ſcribit, ſed ex etymologia probabile eſt,) præter Anglorum paſſerem harundinarium, (Anglicè a rede ſparrow,) illum iunconem eſſe iudico. Auis eſt parua, paſſere paulò minor, cauda lōgiuſcula, & capite nigro, cætera fuſca, Hæc ille, nominat autem Germanicè etiam alio nomine eiū Reydtmūß. quem parum paluſtrem eſſe cōficio, de quo ſupra priuatim ſcripſi. De iuncone ſupra poſt iſpidæ hiſtoriam egimus. ¶ Paſſer aquaticus in harundinetis nidificat domeſtico cætera ſimilis, niſi quòd collum albus cingit torques, Rhorſperling, Eberus & Peucerus, nos de paſſere torquato ſupra priuatim ſcripſimus. Auis Rorſpätzle etiam Hier. Tragus meminit. Vocatur & à noſtris Rorſpar, minor paſſere, uentre fuſco, torque albo, &c. Circa Argentoratum aliud paſſeris genus Rorgytz, uel Rorgeutz dicitur, in quo(ut pictura loquitur)uenter albus eſt, pectus cinereum, mentum nigrum, ut & uertex & pars circa oculos, ſed non contigua, hæc enim figlini coloris eſt, ut alæ etiā, ſed nigris maculis uariantibus. longiores earum pennæ prorſus nigræ ſunt. dorſum fuſcū, partim cinereum, cauda partim nigricat, partim obſcurè teſtacei coloris eſt. crura roſea. retro oculos & in parte colli albus eſt color. noſtri aucupes uocant Wydenſpatz, id eſt paſſerem ſalicum, autumno in frutetis reperitur. ¶ Calamodyten auem cedri folium perdit, Aelianus, apparet autem ex etymologia hoc quoꝗ nomen paſſeris eſſe uel alterius auis inter arundines degentis.

DE PRVNELLA.

PRVNELLAS aucupes noſtri uocant auiculas à colore qui obſcurè ruſſus eſt, uel figlinus ſaturatus, quidam linarijs eas comparant, alij paſſeribus, quibus minores ſint, colore ſimili ferè. canoras eſſe audio, & cantillare inſtar troglodytæ paſſerculi, nunquam auolare. ali à quibuſdam in caueis propter cantum. Crura roſea ſunt. color circa collum & pectus ad cœruleum inclinans, in uentre dilutior. retro oculos macula figlina. roſtrum nigrum.

DE EMBERIZA FLAVA ET ALBA.

Icon hæc Emberizæ flauæ est.

DE paſſere ſpermologo paulo antè ſcripſi:idẽ uero aliquan do mihi uiſum eſt hoc ge- nus , quod noſtri Embꝛiꞇ, uel Emmeriꞇ appellant, alij Emmer- ring,uel Emmerling. Circa Roſto- chiũ Galgenſiken. In Brabantia Ja ſine, à colore flauo, qui Gallis eſt iau- ne. Alibi Gilbling,ut in Briſgoia Hel uetiæ Gilberſchen,uel Gilwertſch,ab eodem colore. Circa Glaronã Korn uogel, ab eo quòd granis frumenti pa- ſcitur.Alicubi Geelgoꝛſt, (in Germa- nia inferiore puto.) Galgulum aliqui eſſe putant Germanorũ Emmerling, cut Ge.Agricola, qui cum aſpiratione ſcribit Hemmerling:) alij Widewol uulgò dictam auem (id eſt oriolũ)nos eam eſſe conijcimus cui uulgare nomen Geelgoꝛſt,Eberus & Peucerus. Iidem lagopodem interpretantur Emmerling / Goldammer. Ego eandem auem ab alijs Germanis Geelgoꝛſt, ab álijs Geelgoꝛſt appellari exiſtimo. Gyb.Longolius chloreum interpretatur Geelgoꝛſt. Turnerus auem Geelgoꝛſt,Anglicè uocari ſcribit a yelowham,a yowlring:& ean dem Ariſtotelis chloreum uel luteum luteámue eſſe ſuſpicatur. Italica nomina uaria eſſe au- dio,nempe cia,megliarina,uerzerot,paierizo:& circa Bellinzonam ſpaiarda. Gallica bruyan, uerdun,uerdrier;uerdereule,uerdere. Illyrij,ni fallor,ſtrnad appellant.

Gelgorſta auicula Turnero paſſere paulo maior eſt. maris pectus & uenter lutea ſunt. fœmi- næ uero pectus luteum, & uenter pallidus eſt,in capite,dorſo,& alis,pẽnis fuſcis luteæ intermiſcẽ tur.Roſtrum utriꝙ firmum & breue,in quo tuberculum quoddam dentẽ mentiens,reperias; præ- ter uermes,hordeo & auena libenter ueſcitur. Cauda huius auiculæ longiuſcula eſt , & frequenter motitans, Hæc Turnerus.cõuenit autem hæc deſcriptio emmerizæ noſtræ:quam alij etiam Gold- hammer uocant,quaſi aureolam dicas,à colore. Hyeme hanc auem in ſtercoribus equinis ali- mentũ quærere audio. Turmatim uolitant,ut paſſeres,circa uillas,horrea & ſtabula,ueſcitur enim granis,hordei,tritici,pane,&c. Includitur à quibuſdam caueis ad cantum. Apud nos plerun que inueniuntur cuculi in nidis auicularum,graſemuſchæ(id eſt curucæ:) & citrinæ cuiuſdam auis quam alij gurſam,alij ameringam uocant, Albertus. Hinc natum eſt prouerbium de homine be- neficijs ingrato, Su loneſt mir wie der guckauch dem goꝛſe,(alij ſcribunt, wie dem guckauch die goꝛſe:) Eam mihi mercedem reddis quam cuculus ameringæ nutrici. Genera uinconum (cardue- lium)& auis Gurſe dicta,animal nullum attingunt : edunt uero ſemina ſpinarum albarum & roſa- rum, & herbarum, & maximè ſemen papaueris & lappæ, & huiuſmodi, Albertus.

Eberus & Peucerus auem Germanice dictam Emmerling,eandem alio nomine Goldam mer appellãt,alij Gollammer ſcribũt,alij Gaulammer, quo nomine miſſa ad me Argento- rato effigies à noſtra emmeri- za uel emmerlinga differre ui- detur. eſt enim roſtro, colore, & reliqua ſpecie diſsimili. na- tura uerò,ut cõijcio,ſimili. uo- lat enim cateruatim, auenæ & aliarum frugum ſeminibus pa ſcitur.nidificat inter fruteta,& terna uel quaterna oua parit. Tota pars ſupina flauet, ſupe- rior nigricat, per alas medias & dorſum medium ruffa eſt.

DE EM

DE EMBERIZA ALBA.

10

20

EMBERIZA alba quæ mihi demõſtrata eſt media hyeme apud nos capta,(ein wyſſe Emberitz.)maior eſt ſuperiore,roſtro breui,latiuſculo,flaui nihil habet,colore ſimilis alaudę, alioqui diſsimilis, uentre albicante,à quo etiam albam cognominauimus.In ſuperiore roſtri parte retro mucronem tuberculum intus conſpicitur.Digiti fuſci ſunt,crura album & puniceum colores mixtos præ ſe ferunt. ¶ Italis cia montanina uocatur, ut audio. ¶ Quæren dum an hic ſit paſſer magnus,de quo ſupra ſcripſimus.

30

DE EMBERIZA PRATENSI.

40

50

EMBERIZAM pratenſem uoco, quam aucupes noſtri Wiſemmertz à pratis in quibus uerſari ſolet, appellant,hæc, ut pictura indicat, colore eſt teſtaceo ſeu figlino, cruribus,pe= ctore,uentre,alis,& cauda media:utrinq; enim in ea nigræ ſunt pennæ. Dorſum quoque nigricat.& in alis ſuperiùs maculæ nigræ ſunt ſubrotundæ: inferiùs uerò margines pen narum ſecundum longitudinem nigricant. roſtrum fuſcum, uertex niger. infra quem utrinq; ma cula albicans retrorſum tendit: tum rurſus aliæ duæ nigræ & albicantes per interualla ſequuntur. Hanc auem circa lacum Verbanum ceppa uocant.

DE PASSERE MVSCATO.

60

INDIA mittit muſcatum paſſerem,quem qui uolantem uiderit, tum ob celeritatē, tum ob par uitatem,crabronē aut ueſpam iure exiſtimet.pennis aureis uiridibusq;, alijsq; uerſicoloribus orna= tur, magnitudo ape paulò maior, roſtro uelut acus eſt tenuiſsima; totus cum nido grana tritici

Gg 3

XXIIII.uix pondere æquat.hunc è cotto côficit.audax est,& nidum petentibus oculos inuadit,
celeritate & paruitate tutior.Constataq; auem hanc tenuissimæ esse substantiæ,calidamq;,ob id
& audacem.nam cum rostrum,pedes,linguam,alas,uiscera,plumã,ungulas,cerebrumq; habeat,
tum alia multa,subtilem substantiam illius,ac bene elaboratam esse oportuit,atque ut reor hæc est
auium omnium minima,Cardanus. Coniecerim ego muscatum dictum,quod instar muscæ ferè
sit,paulò maior scilicet ape.

DE PASSERE STVLTO.

AVIVM solertissima in India habitat,quam stultum uocant passerem,contrario sensu. Nigra
est auis,intermicantibus pennis albis in collo,turdi magnitudine.quæ aduersus caudatas simias,
quarum ibi numerus est incredibilis,hoc modo se munit,ut nec homo tot cômoda aduersus pericu
lum inuenire queat.Eligit primò arborē excelsam,ac spinis obsitam,ut metu terreatur ob altitudi=
nem,& à spinis arceat ob incômodum.Ramis huius arboris maximè aculeatis suspendit nidū præ=
durum,ne frangi ab inimico possit:instruit aditum angustum,ut hostis arceatur,ipsa sola possit in=
gredi:latum in imo,ut commodè cum pullis degere possit,tum maximè quòd in eodē excrementa
illorum colligere cogitur,nullo exitu patente alio quàm per quem in suprema parte est ingressus.
Verum quia hostem uti nouit manu non secus quàm hominem,nidi longitudinem ad quatuor pal
mos extendit,ut cum manum immiserit etiã procul absit ab imo,atq; ea ratione oua uel pullos qui
intus latent tueatur,Cardanus.

DE ALIIS PASSERIBVS QVIBVSDAM,
præsertim quorum Italica tenemus nomina,de antiquis Lati=
nis aut Græcis dubitamus.

DE passere solitario,supra post merulam scripsimus.Italis uulgò passara solitaria dicitur. Re
medijs contra lumbricos accipitrum & falconum,aliqui passerum stercus admiscent: alij PASSE=
RIS Indici uel solitarij,uel si is desit,communis.

TYRANNVM auiculam Auicenna & Albertus inter passeres numerant,nos (Itali) uulgò
uessiuillum nuncupamus,Niphus.

PASSARINVM Italicè uocant passerculum capite coloris ruffi uel spadicei. idem fortè est,
qui alibi passorono dicitur.Est & passara montanina,id est montanus passer quidam apud Italos di
ctus:& passara ualina,à uallibus nisi fallor.

BOARINA uel buorino apud Italos auis est æqualis regulo,ut audio,dorso eodem colore quo
rubecula.

PAGOLINO apud eosdē uocatur auicula mirabilis,magnitudine & colore passeris,nisi quòd
caput eius magis inclinat ad colorem quem Itali pauonaceum uocant.& rostrū eius est instar nerui
subtilis,qui tractus extenditur,remissus contrahitur,ut ligulæ è corio subtiles & molles,res fermè
incredibilis,cuius etiam Aluigus Pulcius meminit in libro Morgante inscripto Italicè.

DE PAVONE.
A.

PAVO auis etiam pauus dicitur,& fœm.gen.paua. Hebraicè tuk,תך,quamuis eam uo
cem aliqui simiam interpretantur.uide in Cercopitheco. Ranan,רנן,aliás uerbum est,
& cantare ac uociferari significat:aliás nomē,quod pauonem interpretatur,alij struthio=
nem uel lusciniam.uide in Gallo syluestri. Similiter neelasa,עלסה,uocem Hebraicam
alij pauonem,alij gallum ferum transferunt,alij struthionem:de qua itidē plura scripsimus in Gallo
syluestri.R.Kimhi Iob 39.neelasa exponit טווס,taos,quod est pauo. Hoben,הבן,uel הבן,Ezech.
27.unde pluralis num.hobanim. D.Kimhi super huius uocis significatione uarias opiniones recen
set.Sunt qui animal putant ex cuius ossibus côficiuntur opera,ut ex ebore.(Munsterus aliquos ele=
phantem interpretari scribit.)Syrus interpres reddit tauasin,טווסי,pauones.Magistri quoq; Thal
mundici,טווס,tauasa,pauonem uocant,ut Arabica lingua,teste Kimhi,tauas,טאוס,nimirū uoce
mutuo accepta à Græca ταὼς.Alij lignum intelligunt quod uocant רבני,ebenum nimirum.LXX.
ἐϊσωγομύχοις.Rectius Kimhi in Ezechiele lignum dicit,quod Arabicè uocatur abnus,אבנוס: & Hie
ronymus ligna ebeni ex India,quæ nigri coloris pretiosissima sint. ¶ Vt pauo uel pauus Lati=
nis,sic Græcis ταὼς uel ταὼς dicitur.uide infra in H.a. Vulgò hodie παγόνι,uel παγόνι. ¶ Italicè pa
uon,pauone,pagone,fœmina priuatim pauonessa. ¶ Hispanicè pauón. ¶ Gallicè paon.
¶ Germanicè Pfaw,fœmina Pfäwin. Flandricè Pauw. Saxonicè Pagelûn. ¶ Anglicè a pe
cok. ¶ Illyricè paw.

B.

Pauo rara olim auis fuit,ut Antiphanes & Eubulus indicant,nostro uerò tēpore ita abundant
Romæ,

Romæ, ut uel coturnicibus nihilo rariores sint, Athenæus. Theophrastus tradit inuectitios esse in Asia pauones, Plinius. Pauo ex Barbaris ad Græcos exportatus esse dicitur, Aelianus. In India omnium maximi qui ubiq̃; sunt pauonēs nascuntur, Aelianus. Pauonum greges agrestes trans-marini esse dicuntur in insulis Sami in luco Iunonis. item in Planasia insula M. Pisonis, Varro. Pauus è Samo præstantior est, Gellius lib. 7. Pauí Iunoni sacri sunt, ut scribit Menodotus Samius in descriptione templi Samiæ Iunonis: & forte (inquit) in Samo primum & nati & educati sunt, at inde in alia loca distributi, ut recitat Athenæus. Babylonia pauones plurimos colore uario distin-ctos nutrit, Diodorus: tanquam illic maior pulchrior q̃; eorum uarietas sit quàm alibi, ut Cælius ac-cipit. Clemens in Pædagogo homines gulosos pauonē Medum celebrare scribit. ¶ Pauo auis uaria est toto genere, Aristot. Colores (uarios) incipit fundere in trimatu, Plinius & Aelian. Pa-uonis pennæ magnum quidem ornamentum habent, sed is sine corpore existit, Aelian. Auis est pulcherrima, & pulchritudinis studiosa, Author de nat. rerum. Pauoni naturæ formæ è uolucribus dedit palmam, Varro. ¶ Pauonis apicem crinitæ arbusculæ cōstituunt, Plinius. Auis est paruo capite, & quasi serpentino, & longis pennis coronato, ruffo, Albertus. Pluma ei in capite instar co-ronæ uel potius cristæ, Author de nat. rerum. Collum longum, sapphiri colore, Idem & Albertus. Pauonum ceruix, quoties aliquò deflectitur, nitet, Seneca lib. 1. nat. quæst. Pectus quoque colore sapphiri est, lucidum, alæ ruffæ: dorsum cinereum, ad ruborem declinans, Albertus. Pedes fissi, Aristot. apud Athen. Aues non uolaces, ut pauones, gallinæ, uropygium (caudam pennis condi-tam) ineptum habent, (non aptum flecti qua parte cum cute coalescit,) Aristot. Cauda pauoni ad ornatum data est, Cicero 3. de finibus. Cauda mari est longa, pennis plumosis, & in fine pennarum habet orbes ex uiridi quasi chrysolithi splendore, & auri & sapphiri coloribus distinctos, Albertus. Caudaq̃; pauonis larga cum luce repleta est, Consimili mutat ratione obuersa colores: Qui quo-niam quodam gignuntur luminis ictu, Scire licet sine eo fieri non posse putandum, Lucret. lib. 2. Miraris quoties gemmanteis explicat alas? Et potes hunc sæuo tradere dure coco, Martialis. Pa-uonis caudæ pennarum oculos & gemmantes colores Plinius dixit, uide in D. Nullam autem pul-chriorem pauone nostro fingere naturam posse credam, nisi cùm uidero, tot oculis in cauda tam

Gg   4

longa atcp denſa plumis, tanta colorum uarietate, tanto nitore, tam ſelectis etiam colorum generi=
bus, ut album ac nigrum, quorum unus per ſe triſtis eſt, alter reliquos alios obſcurat, colores deui.
tentur, Cardanus.

¶ Gyb. Longolius ſcribit ſe pauones albos aliquando tanquam rem raram admiratum Colo=
niæ, poſtea uerò frequentiores illos factos eſſe: aduectos primũ à mercatoribus è Nortuuegia. Nam
cum ſpectaculi cauſa (inquit) pauones uarij à noſtris eſſent in regionem iſtam inuecti, primò genti
fuêre miraculo, numero deinde per ſeminium aucto; cùm penitius in frigidiora loca commearent,
iamcp matres in ipſo uêre ouis incubantes niuoſa illa montium iuga perpetuò ob oculos uiderent,
ex ouis iam animatis albos pullos excluſerunt. Produnt nonnulli & in animalibus alba naſci, ex
genitoribus alba imaginantibus, ſicuti relatum de pauonibus eſt, Cælius. Inueniuntur in locis hu=   10
midis & frigidis albi pauones, qui dictos (caudæ) colores quaſi per pānum album præferunt, Alber
tus. In Medera inſula paui quàm plurimi ſylueſtres ſunt, colore ad albedinem inclinato, Aloyſius
Cadamuſtus. Curiana regio noui orbis pauones habet, ſed non pictos aut uerſicolores, diſcrepat à
fœmina parum maſculus, Pet, Martyr.

C.

Pauo etiam, ut pleræcp uolucres, à ſua uoce dictus eſt, Varro. Pupillat pauo, Author Philo=
melæ. ¶ Pauo cum ad libidinem extimulatur, ſemetipſum uelut mirantem caudæ gemmantibus
pinnis protegit: idcp cum facit rotare dicitur, Columella. Gémantes ſuas pinnas ipſe miratur, illis
ſemetipſum protegens quum rotari dicitur, Cælius. uide infra in D. ¶ Pauo (mas, ut quidam ad=
dunt) amittit pennas cum primis arborum frondibus: recipit cum germine earundem, Ariſtoteles.   20
Cauda annuis uicibus amiſſa pudibundus quærit latebram, donec renaſcatur, Plinius. Colores ua
rios fundere incipit in (à) trimatu, Idem. Ariſtot. & Aelian. ¶ Pauo eſt ποιολόγ, hoc eſt gramine
uictitat, Ariſtot. apud Athenæum. De pauonum tum adultiorum tum pullorum uſu, leges infrà
in E. ¶ Λίνου δὲ τινὸς τοῖς πφοροῖς βύσας φφσα, Philes loquês de auibus quibuſdam quæ res diuerſas uel
edunt, uel nido imponunt. ¶ Coeunt uêre, Ariſtot. Pauo cum calcat (coit) clamat: & poſtquam
coierit, in poſteriora recedit. ſolum autem uêre calcat, Kiranid. Pauones ab idibus Februarijs ca=
lere incipiunt, Palladius. Pauonem & alias quaſdam aues quidã falſò concipere ſine coitu putant,
Albertus. Mares ſinguli quinis ſufficiunt coniugibus, &c. Plura de partu & incubatione eorum,
leges infrà in E. ¶ Partus breui à coitu agitur, Ariſtot. Semel tantummodo anno parit oua duo=
decim, aut paulò pauciora, nec cõtinuatis diebus, ſed binis ternisue interpoſitis. primiparæ octona   30
maximè ædunt, Idem. Irrita & ſubuentanea oua pauones etiam nonnunquam pariunt ut gallinæ,
Idem, Aelian. & Plinius. Pariunt maximè à trimatu, Idem. Pauo primo anno unum aut alterum
ouum parit, ſequenti quaterna quináue, cæteris duodena, non amplius: intermittens binos dies ter=
nósiue: & ter anno, ſi gallinis ſubijciantur incubanda. ¶ Excludit pauo diebus tricenis, aut paulò
tardius, Ariſtot. Partus excluditur diebus ter nouenis, aut tardius triceſimo, Plin. Pauonis &
anſeris oua ad uiceſimam nonam diem excluduntur, Florentinus. Ter ſeptenis diebus opus eſt
gallinaceo generi. at pauonino & anſerino paulò amplius ter nouenis, quæ ſi quando fuerint ſup=
ponenda gallinis, prius eas incubare decem diebus alienigenis patientur. Tum demum ſui generis
quatuor oua, nec plura quàm quincp fouenda recipient. ſed & hæc quàm maxima. nam ex puſillis
aues minutæ naſcuntur, Columella, & partim Varro. Gallinis ſubijciunt incubanda oua pauonia: 40
quoniam mas dum fœmina incubat, aduolans ea frangat, quam ob cauſam & ſylueſtres nonnullæ
aues pariunt fugientes marem, & incubant. Subijciuntur maximè bina, cum plura ſuo incubitu ne=
queant aperire, curacp adhibetur ut cibus aſſit, ne deſiderio eius diſcedês gallina, intermittat fouen
di operam, Ariſtot. Mares oua frangunt deſiderio incubantium. quapropter noctu & in latebris
pariunt, aut in excelſo cubantes: & niſi molli ſtrato excepta franguntur. ¶ Mortui pauonis caro nec
marceſcit, nec fœtet, ſed manet tanquam condita aromatibus, Kiranides. ¶ Pauo uiuit annos ui=
gintiquincp, Ariſtot. ¶ Pullus paui ſi totus madeſcat & polluatur, aliquando perit, Albertus.

D.

Inter alites (id eſt magnas aues) pauonum genus reliquas præcedit, cum forma, tum intellectu
eius & gloria. Gemmantes laudatus expandit (cum iactatione, Platina) colores aduerſo maximè So   50
le, quia ſic fulgentius radiant. Simul umbræ quoſdam repercuſſus cæteris qui in opaco clariùs mi=
cant, conchata quærit cauda: omnes cp in acerum contrahit pennarum, quos ſpectari gaudet ocu=
los, Plinius. Formam ipſe ſuam pauo miratur, & ſi quis formoſum appellauerit, mox floridas &
auricomas pennas expandit, & ueluti pratum floribus refertum erigens oſtentat, & oculis ipſe lu=
ſtrans in orbem circunducit. Adeò cauda ei tanquam ſtellata nitet: ac ſi quis eum laudauerit de pul
chritudine, ambitioſius ſe gerit: ſi uerò reprehenderit, cauda recondita quaſi calumniatorem odio
ſibi eſſe teſtabitur, Oppianus. Erecto pênarum flabello ſeipſum miratur, Textor. Pandentemcp
alas, caudamcp ad terga rotantem Pauonem ſpectare. Triſtatur ſuis pedibus pauo, cauda gloria=
tur, Petrus Aponenſis. Caudam laudatus extendit, & ſi pedum deformitatem uiderit, mox depo=
nit. Quòd ſi à tacito ſpectetur, pennas omnes quas ſpectari gaudet, contractis oculis abſcondit. No=   60
cte experrectus, cum ſe in tenebris conſtitutum intueri non poteſt, clamans pauidè, ſuam pulchri=
tudinem amiſiſſe ſe putat, Author de nat. rerum. Sentit pauo pulchritudinem ſuam, exclamatcp
dum

chim pedes intuetur, deformitatem eorum aspernatus, caudamᵠ in rotam erigit, exponitᵠ Soli ut pulchrior uideatur, gaudetᵠ hominum admiratione qui illam intuentur:ob id usᵠ ad lassitudinem eam continet, Cardanus. Pauo se non ignorat ex auibus formosissimum esse, uerum etiam ubi for-mæ sita sit pulchritudo, præclare tenet, atᵠ ea elatus & ceruiculam iactat : & ex pennis, quæ ei non mediocre ornamentum afferunt, maximos spiritus sumit, his enim spectatoribus metum inijcit, & æstiuo tempore natiuum & non accersitum habet tegmentum. Quòd si quem uelit exterrere, pen-nas primum explicat, deinde ad inijciendum terrorem his concrepat, capitisᵠ elatione ac superbo supercilio uelut triplicem cristam iactat. Cum refrigeratio ei necessaria est, tum passis pennis & in anteriorem partem reflexis, ex sese corpus suum opacans, caloris uim frangit & propulsat. Si retro 10 atque à tergo uentus flat, alas paulatim pandit, atᵠ uentus interspirans auras & molles & suaues ei afflat, unde is refrigeratur. Quòd si laudatur, tanquam formosus puer aut mulier pulchra, corporis præstantiam belle ostentat, sic is ipse pennas ornate & ordine erigit ; ut uel florido prato, uel uariæ picturæ similis esse uideatur. Ac uero ante pictorum oculos se ad imitandum exponens, abunde sui pingendi potestatem facit, & spectatorē conspectu suo experi facile patitur: Et quaquauersus con-chatam caudam intorquens, & gemmatiorem & uariam magis quàm sint Medorum Persarûmue uestes, suam stolam ambitiose admodum & elatè ostentat, Aelianus.

¶ Pauo pulchritudinis (puritatis) studiosus, gradu composito incedit ne maculetur : & dum est pullus, madidus aliquando totus & pollutus expirat, tanquam impuritatis impatiens, Albertus.

¶ Pauones inuidi, & ornatus ac polituræ studiosi sunt, Aristot. Ab authoribus non gloriosum 20 tantum animal hoc traditur, sed & maleuolum, sicut anser uerecūdum. quoniam has quoᵠ quidam addiderunt notas in his, haud probatas mihi, Plin. Pauones fimum suum resorbere traduntur, in-uidentes hominum utilitatibus, Idem. Pauo cauda annuis uicibus amissa cum folijs arborum, do-nec renascatur iterum cùm flore, pudibundus ac mœrens quærit latebram, Plinius.

¶ Pullos suos tanquam alienigenas persequuntur, priusquam illis cristarum nascatur insigne, Palladius. Retulit mihi quidam ob zelum pauonum oua quandoque frangi. pugnant enim pauo & paua pro incubatione ouorum præ nimio insobolem amore, Albertus. Clearchus author est in Leucadia pauonem tantopere adamasse uirginem, ut ea defuncta commoreretur, Athenæus lib. 13. Eustathius & Cælius. ¶ Amici sunt pauones & columbæ, Plin. ¶ Phasiani capti recens ita se rociunt, ut ne pauoni quidem parcant, quin mox ore dilacerent, Gyb. Longolius.

30 **E.**

Pauones prisci etiam domi cicures alebant, Athenæus. In hortis Indiæ pauones & phasiani mansueti aluntur, Aelianus.

¶ Pauo ex Barbaris ad Græcos exportatus esse dicitur. Primum autem longo temporis in-teruallo rarus:deinde studiosis elegantiæ & pulchritudinis, pretio spectatus fuit Athenis, & uiros & mulieres admittentes ad huiusmodi spectaculum, ex eo quæstum fecerunt: atque, ut in oratione contra Erasistratum Antiphon inquit, marem & fœminam mille drachmis æstimarunt. De pauo-nibus (inquit Merula apud Varronem) nostra memoria greges habere cœpit, & ueniere magno. ex his M. Aufidius Lurco н s sexagena millia numûm in anno dicitur capere. Eundem Plinius scribit ex hoc quæstu reditus sestertiûm sexagena millia habuisse. Seius à procuratore ternos pullos exi-40 git:eosᵠ cum creuerint, quinquagenis denarijs (hoc est, libris decem Turonicis, Rob. Cenalis Gal-lus) uendit, ut nulla ouis hunc assequatur fructum, Varro. Pauonum pretia multi extulerunt ita, ut oua eorum denarijs ueneant quinis, ipsi facile quinquagenis, grex centenarius facile quadrage-na millia sestertia ut reddat, ut quidam Albutius aiebat, si in singulos ternos exigeret pullos, per-fici sexagena posse, Idem. Hunc locum citans Macrobius in Satur. 3. 13. Ecce res (inquit) non ad-miranda solum, sed & pudenda, ut oua pauonum quinis denarijs ueneant, quæ hodie non dicam, utilius, sed omnino nec ueneunt.

¶ Numidicarum gallinarum eadem est ferè quæ pauonum educatio, Columella.

¶ Pauones nutriri possunt in septis uillæ affixis, Varro. Et rursus, In auiarijs stabulātur turdi ac pauones. Pauones nutrire facillimum est, nisi fures, aut animalia inimica formidessqui plerun-50 que per agros uagantes sponte se pascunt, pullosᵠ educunt, & altissimas uespere arbores petunt. Vna uero his cura debetur, ut incubantes per agrum fœminas, quæ hoc passim faciunt, à uulpe cu-stodias. Ideo in insulis breuiori sorte nutriuntur, Palladius. In insulis potissimùm manu-factis, multisᵠ herbis & floribus luxuriantibus, educantur pauones, Didymus. Pauonum educa-tio magis urbani patrisfamiliæ, quàm tetrici rustici curam poscit. Sed ne hæc tamen aliena est agri-colæ captantis undiᵠ uoluptates acquirere, quibus solitudines ruris eblandiantur. Harum autem decor auium etiam exteros, nedum dominos oblectat. Itaᵠ genus alitum nemorosis, & paruulis insulis, quales obiacent Italiæ, facilimè cōtinetur. Nam quoniam nec sublimiter potest, nec per lon-ga spatia uolitare, tum etiam quia furis ac noxiorum animalium rapinæ metus non est, sine custode tuto uagatur:maioremᵠ pabuli partem sibi acquirit. fœminæ quidem sua sponte tanquam seruitio 60 liberatæ studiosius pullos enutriunt. Nec curator aliud facere debet, quàm ut diei certo tempore signo dato, iuxta uillam gregem contrahat, & exiguum ordei concurrentibus obijciat, ut nec auis esuriat, & numerus aduenientium recognoscatur. Sed huius possessionis rara conditio est, quare

mediterraneis locis maior adhibẽda cura est, eaǫ sic administretur. Herbidus, syluestrisǫ ager plā=
nus sublimi clauditur maceria, cuius tribus lateribus porticus applicantur : & in quarto duæ cællæ,
ut sit altera custodis habitatio, atǫ altera stabulum pauonum : sub porticibus deinde per ordinem
fiunt arundinea septa in modum cauearum, qualia columbarij tectis superponuntur, ea septa distin
guuntur uelut clatris intercurrentibus calamis, ita ut ab utroǫ latere singulos aditus habeant. Sta=
bulum autem carere debet uligine: cuius in solo per ordinem figuntur breues paxilli, eorumǫ par=
tes summæ ligulas edolatas habent, quæ transuersis foratis perticis inducantur. hæ porrò quadratæ
perticæ esse debent, quę paxillis superponuntur, ut auem recipiant adsilientem, sed idcirco sunt ex=
emptiles, ut, cum res exigit, à paxillis deductæ liberum aditum cõuerrentibus stabulum præbeant,
Columella.   Seius pauonum oua emit, ac supponit gallinis, à quibus ex his excussos pullos refert   10
in id tectum, in quo pauones habet, quod magnum pro multitudine pauonū fieri debet : & habere
cubilia discreta, tectorio læuata, quò neǫ serpens, neǫ bestia ulla accedere possit. Præterea locum
habere ante se, quo pastum exeant diebus apricis. Vtrunǫ locum purum esse uolunt hæ uolucres,
Itaǫ pastorem earum cum batillo circumire oportet, ac stercus tollere, ac conseruare, Varro.

¶ Hoc genus auium, cum trimatum expleuit, optime progenerat, siquidem tenerior ætas aut
sterilis, aut parum fœcunda est, Columella.   Fœminæ pariunt trimulæ. iuniores autem uel exclu=
dunt uel enutriunt pullos, Didymus.   Ad greges constituendos parantur bona ætate, & bona for
ma. Huic enim natura formæ è uolucribus dedit palmam. Ad admissuram hæ minores bimis non
idoneæ, nec iam maiores natu, Varro.   Vegeti & ualidi à languidis separãdi sunt. quandoquidem
hos illi opprimunt maximè, Didymus.   20

¶ Aliquanto pauciores esse debẽt mares, quàm fœminæ, si ad fructum spectes : si ad delectatio=
nem, contrà, formosior enim mas, Varro.   Mares singuli quinis sufficiunt coniugibus, Plinius &
Palladius. cum singulę aut binæ fuêre, corrumpitur salacitate fœcunditas, Plinius.   Masculus pauo
gallinaceam salacitatem habet, atǫ ideo quinǫ fœminas desyderat. nam si unā, uel alteram fœtam
sæpius compressit, uixdum concepta in aluo uitiat oua, nec ad partum sinit perduci, quoniam im=
matura genitalibus locis excidunt, Columella.   Ab idibus Februarijs calere incipiunt, Palladius.
Ferè locis apricis ineundi cupiditas exercet mares, cum Fauonij spirare cœperunt, id est tempus ab
idibus Februarijs ante Martium mensem, Columella.   Faba leuiter torrefacta in libidinem prouo=
cantur, si eis quinto quoǫ die tepida præbeatur. Sex cyathi uni sufficiunt, Palladius.   Signa sunt
extimulatæ libidinis, cum semetipsum uelut mirantem caudæ gemmantibus pinnis protegit: idǫ   30
cum facit, rotare dicitur, Columella.   Cupidinē coeundi masculus confitetur, quoties circa se ami=
ctum caudæ gemmantis incuruat, & singularum capita occulta pennarum locis suis exerit cum stri
dore procurrens, Palladius.   ¶ Masculi oua & pullos suos persequuntur uelut alienigenas, prius=
quam illis cristarum nascatur insigne, Idem.

¶ Post admissuræ tempus confestim matrices custodiendæ sunt, ne alibi quàm in stabulo fœtus
ædant, sæpiusǫ digitis loca fœminarū tentanda sunt. nam in promptu gerunt oua, quibus iam par=
tus appropinquat. itaǫ includendæ sunt enitentes, ne extra clausum fœtum ædant: maximeǫ tem=
poribus ijs, quibus parturiunt, pluribus stramentis exaggerandum est auiarium, quò tutiùs integrí
fœtus excipiantur. nam ferè pauones, cum ad nocturnam requiem uenerint, prædictis perticis in=
sistentes, enituntur oua, quæ quo propius ac mollius deciderint, illibatam seruant integritatem, Co= 40
lumella.   Parturientibus per totam mansiunculam fœnum aut stramen est substernendum, ne con
fringantur oua cadentia. Stantes siquidem pariunt anno semel atǫ iterum oua emittentes, eaǫ om
nino duodenum numerum non transcendentia, Didymus. Gallinis oua pauonia subijciunt incu=
banda, quoniam mas dum fœmina incubat, aduolans ea frangat. Subijciuntur maximè bina, cum
plura suo incubitu nequeant aperire: curaǫ adhibetur ut cibus adsit, ne desiderio eius discedens gal
lina, intermittat fouendi operam, Aristot.   Quotidie diligenter eam temporibus fœturæ stabulæ
circumeunda erunt, & iacentia oua colligenda: quæ quanto recentiora gallinis subiecta sunt, tanto
commodiùs excluduntur : idǫ fieri maximè patrisfamiliâs ratione conducit. nam fœminæ pauo=
nes, quæ non incubant, ter anno ferè partus ædunt: at quæ fouent oua, totum tempus fœcunditatis
aut excludendis, aut etiam educandis pullis consumunt. Primus est partus quinǫ ferè ouorum. Se= 50
cundus quatuor. Tertius aut trium, aut duorum. Neǫ est quod committatur ut Rhodiæ aues pauo
ninis incubent, quæ ne suos quidem fœtus commodè nutriunt. sed ueteres maximè quæǫ gallinæ
uernaculi generis eligantur: eæǫ nouem diebus à primo lunæ incremento nouenis ouis incubent,
sintǫ ex his quinǫ pauonina, & cætera gallinacei generis. Decimo deinceps die omnia gallinacea
subtrahantur: & totidem (quot ablata sunt) recentia eiusdem generis supponantur, ut trigesima luna
(hoc est expletis triginta diebus) quæ est ferè noua, cum pauoninis excludantur. Sed custodis cura
non effugiat obseruare desilientem matricem, sæpiusǫ ad cubile peruenire, & pauonina oua, quæ
propter magnitudinem difficilius à gallina mouêtur, uersare manu: idǫ quo diligentius faciat, una
pars ouorum notanda est atramento, quod signum habebit auiarius an à gallina conuersa sint. Sed,
ut dixi, meminerimus cohortales quammaximas ad hanc rem præparari : quæ si mediocris habitûs 60
sunt, non debent amplius quàm terna pauonina, & sena generis sui fouere. cum deinde fecerit pul=
los ad aliam nutricem gallinacei debebunt transferri, & subinde qui nati fuerint pauonini ad unam
congregari,

congregari, donec quinque & uiginti capitum grex efficiatur, Columella, Palladius & Didymus. Natos pullos fi ad unam transferre à pluribus uelis, dicit Columella uni nutrici uigintiquinqȝ fufficere. Mihi uero, ut bene educi pofsint, uidentur quindecim fatis effe, Palladius. Vltima parte hyemis concitantibus libidinem cibis utriufqȝ fexus accendenda uenus eft. maxime facit ad hanc rem, fi fauilla leui torreas fabam, tepidamqȝ des ieiunis quinto quoqȝ die: nec tamen excedas modum fex cyathorum in fingulas aueis. hȩc cibaria non omnibus promifcue spargenda funt, fed in fingulis feptis, quȩ arundinibus intexi oportere prȩpofueram, portione feruata quinqȝ fœminarum & unius maris ponenda funt cibaria: nec minus aqua, quȩ fit idonea potui. quod ubi factum eft, mares fine rixa deducuntur in fua quifqȝ septa cum fœminis, & ȩqualiter uniuerfus grex pafcitur. nam etiam
10 in hoc genere pugnaces inueniuntur mafculi, qui & à cibo, & à coitu prohibent minus ualidos, nifi fint hac ratione feparati, Columella.

¶ Pafcuntur omne genus obiecto frumento, maxime ordeo. Itaqȝ Seïus his dat in menfes fingulos, ordei fingulos modios, ita ut in fœtura detur uberius, & antequam falire incipiant, Varro. Pauonum fingulis dare conuenit in nutrimentum, hyeme quidem, fabarum torrefactarum in prunis fex cyathos, idqȝ ante alium cibũ aquamqȝ puriſsimam exhibere. Sic enim fœcundiores redden tur, Didymus. Cum erunt editi pulli, fimiliter ut gallinacei primo die nõ amoueantur, poftero die cum educatrice transferantur in caueam. primifqȝ diebus alantur ordeaceo farre uino refperfo: nec minus ex quolibet frumento cocta pulticula, & refrigerata: poft paucos deinde dies huic cibo adji ciundum erit concifum porrum Tarentinum, & cafeus mollis (recens) uehementer expreſsus. nam
20 ferum nocere pullis manifeftum eft. Locuftȩ quoqȝ pedibus ademptis utiles cibandis pullis habentur. atqȝ ijs (ita) pafci debẽt ufqȝ ad fextum menfem. poftmodum fatis eft ordeũ de manu prȩbere (fo lenniter.) Poffunt aũt poft quintũ, & trigefimum diem quàm nati funt, etiã in agro fatis tuto educi, fequiturqȝ grex uelut matrem gallinam fingultientem. ea cauea claufa fertur in agrum à paftore, & emiffa ligato pede longa linea gallina cuftoditur, ad quam circumuolãt pulli: qui cum ad fatietatem pafti funt, reducuntur in uillam requentes, ut dixi, nutricis fingulus. fatis autem conuenit inter autores non debere alias gallinas, quȩ pullos fui generis educant, in eodẽ loco pafci. nam cum con fpexerunt pauoninam prolem, fuos pullos diligere definunt, & immaturos relinquunt, perofȩ ui delicet, quod nec magnitudine, nec fpecie pauoni pares fint, Columella & Palladius. Primis duo bus diebus alimenti nihil eft offerendum pullis. tertio autem die, hordei farina fubacta uino & triti
30 co (πυρῷ πηλώϑη, ut Cornarius legit, cui affentior) & zea decorticata madefactaqȝ ex aqua, pafcun tur, Didymus.

¶ Pituitas & cruditates ijs remedijs fubmouebis, quibus gallina curatur. Maximum illis pericũ lum eft, cum incipit crifta produci. nam patiuntur languores infantũ fimilitudine, cum illis tumentes gingiuas denticuli aperire nituntur, Palladius. Vitia quȩ gallinaceo generi nocere folent, eadem has aueis infeftant. fed nec remedia traduntur alia, quàm quȩ gallinaceis adhibentur. nam & pituita, & cruditas, & fi quȩ aliȩ funt peftes, ijfdem remedijs, quȩ prȩpofuimus, prohibentur. Septimum deinde menfem cum exceſferint, in ftabulo cum cȩteris ad nocturnam requiem debẽt includi, fed erit curandum, ne humi maneant. nam qui fic cubitant, tollendi funt, & fupra perticas imponendi, ne frigore laborent, Columella.

40 ¶ Pauo clamore fuo ferpentes deterret, & omnia animalia uenenata depellit: nec facile prope morari audent, ubi uox illius frequenter auditur, Author de nat. rerum.

¶ Pauo quum alte afcendit, pluuiȩ fignum eft, Author de nat. rerum. Cognito apparatu uȩne nofi medicamenti, ad locum prodeunt, clamitant, feqȝ ipfos expandunt, & medicamentum ex ua fis difpergunt, aut etiam effodiunt, fi quidem fit fub terram defoffum, Incertus. Rafis & Auicen na eos qui fibi à uenenofis animalibus timent, pauones & muftelas nutrire iubent. Pauones, ut Theophraftus afferit, cum paucitant, (ultra folitum clamant,) pluuiam indicant, prȩfertim noctu, Incertus & Gratarolus.

¶ Marium pennȩ funt pulchrȩ, ideoqȝ puellis pro fertis & alijs ornamentis aptȩ, Crefcentiẽ. ¶ E caudȩ pennis muscaria artificiofa & elegantia conficiuntur, quale defcribemus in H.E. Lam
50 bere quȩ turpes prohibet tua prandia mufcas, Alitis eximiȩ cauda fuperba fuit, Martial. ¶ Ster cus pauonum ad agriculturam idoneum eft, & ad fubftramen pullorum, Varro. ¶ Pauonis oua ad aureum colorem faciendum conducunt, ficut & anferina, Kiranides.

F.

Pauones primus Q. Hortenfius augurali cœna pofuiffe dicitur, quod protinus factum tam lu xuriofi quàm feueri boni uiri laudabant, Varro: uel (ut Macrobij quidam codices habent in Satur. 3.13.) quod potius factum tam luxuriofe quàm feuere. Et crudum pauonem in balnea portas, Iuue nal. Sat. 1. Veniat ante omnes aues ad patinam pauo: & quonia uiuus gloria delectatur, mortuus quoqȝ eiufdem fit particeps, Platina. Ditiſsimorũ menfis duntaxat pauones ac phafiani nati funt, Idem. Samius pauus numeratur inter cibos electiles, Cȩlius. Heliogabalus exhibuit palatinis ingentes dapes extis illorum refertas, & capitibus fafianorum & pauonum, Lampridius. Helioga
60 balus fȩpe edit ad imitationem Apicij linguas pauonum, &c. Idem. ¶ Pauonis caro cocta non perit, Auguftinus de ciuit. Dei. Pauo triginta annos integer incorruptufqȝ feruatur. calor enim

non facile compactam exiccatamq́; naturam potest diſſoluere, neq; rurſus humorē expellere naturalem, Herm. Barbarus. Extincti pauonis caro nec marceſcit, nec fœtorē contrahit, ſed manet tanquam condita aromatibus, Kiranides. Pauonis caro tam dura eſt, ut putredinem uix ſentiat, nec
facilè coquatur, Iſidorus. Olim amicus quidam pauonis carnem per tres menſes integram ſe
aſſeruare mihi ſignificauit: à quo tempore quandiu ſeruarit nondum reſciui.

¶ Pauo occiſus per biduum ſeruari debet: uel ſi annum ætatis exceſſerit ut minimum triduo,
ut durities carnis eius remittatur, Arnoldus de Villan. æſtate per diem relinqui debet, hyeme duobus uel tribus, Iſaac. Pauones & alia duræ carnis animalia, poſtquam interſecta ſunt, per duos aut
tres dies relinquere oportet ſuſpenſa, pedibus ad pedes eorū alligatis, Haliabas. quidam ſinunt eos
ſuſpenſos ſine pondere per decem dies, Mich. Sauonarola. Bene decoqui debent, Elluchaſem. 10
Pauones ueteres hyeme magis conueniunt, Villanouanus. Pauonem, phaſianum, &c. aſſabis,
hæ quoq; aues ſi elixentur cum pipere & ſaluia, non inſuaues uidebuntur, Platina. ¶ Vt pauo coctus uiuus uideri poſſit: Necatur pauo, aut penna ſupernè in cerebrū demiſſa, aut iugulatur ut hœ-
duli ſolent quo ſanguis exeat. A gutture deinde uſq; ad caudam pellis leniter ſcinditur, ſciſſaq́; cum
proprijs pēnis à toto corpore ad caput trahitur, quo abſciſſo cum pelle reſeruato cruribuſq;, pauonem ipſum aromatibus ac odoriferis herbis refertum, ueru aſſabis, infixis tamen prius per pectus
caryophyllis, inuolutoq́; collo linteo albo, cōtinuè aqua humectato, ne omnino deſiccetur. Coctum
pauonem ex ueru exemptum, propria pelle integes, & ut pedibus ſtare uideatur, uirgulas ferreas
infixas tabulæ ad hoc fabrefactas per crura, ne cernantur, per corpus ad caput & caudam adiges.
Sunt qui ad ludum & riſum camphoram cum lana ori indant, ignemq́; ubi ad menſam fertur, inji- 20
ciant. Inaurare etiam pauonem aſſum & aromatibus conſperſum, bracteis aureis licet ad uoluptatem & magnificentiam. Idem etiã fieri de phaſianis, gruibus, anſeribus, capis, ac cæteris auibus poteſt, Platina. Apicius libro 6. cap. 5. iura quædam deſcribit pro diuerſis auibus, turdis, ſicedulis, pa
uo, &c. ut inſcriptio habet, quanquam in cōtextu orationis nulla harum auium nominatur. Idem
lib. 2. cap. 2. de pauo (inquit) iſicia primum locum habent, ita ſi cocta fuerint ut callū uincant, ſecundum locum habent de phaſianis.

¶ Caro pauonis incorrupta ſeruatur, ut diuus Auguſtinus experiētia comprobauit: nec immerito quidem, quoniam (Galeno authore) dura & fibroſa caro eſt, frigida nempe & ſicca, & propter
duritatem (Galeno teſte de alimentis 3. 18. & de diſſolutione continui) difficilis concoctionis, ſed
guſtu iucundiſſima, (ſatis bona, Creſcentieñ.) Incertus. Pauonum caro fibroſa ſeu neruoſa eſt, & 30
ſuperuacanea, & difficilis cōcoctionis, & mali etiam ſucci, (quod & Raſis teſtatur,) Symeon Sethi.
Sunt qui uelint pauonis carnem craſſi & modici alimenti eſſe, ac difficilis concoctionis, atramq́;
bilem augere: cuius naturæ etiam ſtruthiocameli caro habetur, Platina. Pauonis caro propter duritatem ut putredinem uix ſentit, ita non facile coquitur, Iſidorus. Hepaticis ac ſpleneticis nocet,
Platina. Omnis grandis auis ualentiſſimæ materiæ eſt, & plurimi nutrimenti, ut pauo, anſer, Celſus. Auicenna etiam inter aues carnis duræ pauonem numerat. Pauones calidi ſunt & humidi
circa ſecundum, iuxta recentiores (Mich. Sauonarolam) & ſanguinem melancholicū generant: non
admittendi in cibum niſi domi nutriti ſint, ut author eſt Iſaac. & quanquam (inquit idem) plus nutriant anatibus, reliquis tamen auibus duriores & grauiores ſunt, ſicut etiam grues, Ant. Gazius.
Eſt cibus malus eis qui utuntur quiete, & bonus (magis conueniens, Elluchaſem) utentibus exer- 40
citio. Præparentur ita ut in Grue dictum eſt, (aromatibus condiantur,) & uinum generoſum ſu-
perbibatur, Mich. Sauonarola. Vino bono uetere ſuperpoto, facilius concoquuntur, Elluchaſem.
Multum (aliàs, melancholicum, quod placet) ſanguinem gignunt, præſertim uetuſtiores, Idem. qui
etiam odoratas eorum carnes eſſe ſcribit. Eis quos hæmorrhoides crebrò uexant, diligenter uitan
dæ ſunt grues & pauones, &c. Arnoldus Villanou. ¶ Inter oua principatum tenent pauonina,
Athenæus. Peſſima omnium ſunt pauonis oua, propter horribilem odorem carnis eorum,
Ant. Gazius.

G.

Fumum de pennis pauoninis, oculis exceptum, lippis uel rubentibus oculis mederi inuenio in
libro Germanico manuſcripto. ¶ Fel pauonis ſimiliter ut perdicis, &c. ut indocti quidā è Dioſco 50
ride citant, qui nihil tale habet. ¶ Pauonis ſimus potus, caducos mirabiliter ſanat, Sextus & Kiranides. hinc fortè eſt quòd ſimum ſuum hominum utilitati inuidens reſorbere fertur. Idem ſeruo
rem podagræ dicitur mitigare, ut quidam neſcio ex quo Hieronymo citant. ¶ Anſerina & pauonina oua, idem quod gallinacea præſtant, Kiranid. ¶ Ferunt pauonis ius quadam peculiari proprietate pleuriticos ſanare, præſertim ſi pingue ſit. Pauonis adeps cū rutæ ſucco & melle, affectus
colicos ex humore frigido factos, optimè tollit, Eius autē oſſa aduſta, & in aceto trita & illita, lepras
& uitiligines emendant, Symeon Sethi.

H.

a. Paua fœmina pauonis ab Auſonio dicitur, tamen Columella ſemper pauonem fœminam
dicit. Iunonis auem pro pauone Iuuenalis & Martialis dixerunt. Explicat atq; ſuas ales Iunonia 60
pennas, Ouidius Eleg. 2. Gemmata uolucris Iunonia cauda, Statius Sylu. 2. Sydereas Iunonis
aues, Idem Sylu. 7. ¶ Ταοὶ nominantur apud Pollucem, & à Menodoto ut Athenæus citat. Ταὼς,
ταὼ διὰ

ταῶ dicitur, & ταῶν, ταῶν : & Atticè ταῶς, ταῶ, circunflexum, Eustathius. ὁ ταῶς Antiphon rhetor in suo de pauonibus sermone, duabus syllabis inflectit. Attici uerò cum dicãt ταῶνι, indicant rectum esse ταῶν, quare & rectus pluralis uariat, in quo numero rari sunt obliqui. Herodianus cum ijs quæ in ων desinentia circunflectuntur, ut χγνοφῶν, hæc duo etiam, τυφῶν & ταῶν, enumerat, eaq́ sola per ντ declinari negat, quoniam & alteram terminationem habeant, nempe ταῶς & τυφῶς, Idem. Ταῶς (ταῶς) dicitur à caudæ extensione. aliqui à uoce ταῶς deducunt, ο. breui in longum uerso, & mutato accentu. quod non recipimus. nam ταῶς, ut ait Herodianus per ο. breue non est usitatum Græcis. Sunt qui (si à ταῶς deduceretur) ταῶς potius proferendum fuisse dicant, ut λαῶς à λαῶς. Nonnulli ταῶς ultima aspirata scribunt, Varinus. Ταῶς ἐκ δ᾽ ταῶως τῆν πτερῶν, id est ab expandendis pennis, Athe-
16 næus: apud quem etiam Seleucus hanc uocem (ultima huius uocis) ait Atticè præter rationem aspi- rari & circunflecti, ταῶς : cuius scriptionis Tryphonem quoq́ testem citat : & sic apud Eupolidem legi ait. item apud Aristophanẽ in Auibus, Τηρεὺς γὰρ εἰς ναοῦπτερου ὄρνιν, ἅ ταῶς. In datiuo etiam ταῶνι efferunt Attici, ut Aristophanes ibidem. Antiphón rhetor sermonem condidit περὶ ταῶν, id est de pauonibus inscriptum: in quo tamẽ nulla huius nominis mentio sit, aues uerò uarias (ὄρνεις ποικίλας) sæpe in eo nominat, Athenæus, atqui Eustathius ὁ ταῶς inquit duabus syllabis inflectitur ab Anti- phónte, fortè ex libri inscriptione tantum ita sentiens, quæ est περὶ ταῶν. Persicam auem, περσικον ὄρ- νιν, apud Aristophanem in Auibus, aliqui interpretantur lautissimam quamuis : quoniam pretiosa. omnia quibus solus rex utebatur Persica dicerentur. aliqui gallinaceũ, alij pauonem, περὶ ταῶ, Scho- liastes. Medica auis, Μηδικὸς ὄρνις, pauo, Suidas, alij gallũ interpretantur. uide in Gallo B. Ex Argi
20 sanguine ortus est pauo, Theocritis Idyll. 20. utitur autẽ periphrasi tali, ὄρνις ἀγαλλόμεν⊙ πτερύγων πουλυανθεῖ χροιῇ, Ταρσὸν ἀναπλώσας, ὡς ἔτι τις ἀκίναλος ύλης Χρυσοῖο παλαίροιο πτεράεκτπε χείλια ταρσοῖς. Τοῖ⊙ ἔλω τέλαρ⊙ πτεριπαλλεὶς Εὐρωπείης.

¶ Epitheta. Gemmei pauones, Martialis. Picti, Ouid. 2. Metam. Et apud Textorem, Vo- lucris Saturnia, Laudatus, Iununius, Auis Iununis, Pythagoreus, Crinitus, Eximius, Sydereus, Re- gius, Rotans, Speculosus, Pupillans, Oculeus, Samius, Superbus, Inachius. ¶ Ή δ᾽ Σάμου Ήρα τὸ χρυσῷ φασιν ὀρνίθων γλιό· Τὰς καλλιμόρφος καὶ πολυβλέπτος ταῶς (ἔχει), Antiphanes apud Athenæũ. Ταῶς ὄνπήλης, ὁ Μηδικὸς καὶ χρυσοπτερ⊙, καὶ ἀλαζονικὸς ὄρνις, Suidas. ὁ δὲ ταῶς ὄνπήλης χλωρῶ ἀεὶ βόσκοιτο χόμα- τ⊙ ποίαν, Babrius apud eundem.

¶ Pauoninus adiectiuum est, ut pauoninum ouum. Pauonius, idem, Varroni: qui oua pauonia
30 dixit, sed castigatiora exemplaria habent pauonina. Aceris genera plura sunt, quod Gallicum uo catur: & alterum crispo macularum discursu, qui cum excelletior sit, dicitur pauonium, à caudarum pauoninarũ similitudine, (uide infra in b, ex Plinio.) Martialis de lecto pauonino, Nomina dat spon dæ pictis pulcherrima pẽnis Nunc Iununis auis, sed prius Argus erat. hoc in Istria Rhætiacꝗ præ- cipuum est, Perottus. In Belgica prouincia candidum lapidem serra qua lignum, facilíusꝗ etiam secant ad tegularum & imbricum uicem: ut si libeat ad quæ pauonacea uocant tegendi genera, quo in loco doctiores legunt, pauimentata tegendi genera, hoc est pauimentorum more constructa, cu- iusmodi permulta hodie uidemus. ¶ Phœniceus siue puniceus color, flagrat uelut uiola flam- mea: atꝗ ita à multis olim purpura uocata fuit uiolacea, hodie penè nomẽ seruat (apud Italos,) nam
40 paonacius, quasi puniceus dicitur: etsi aliqui uocem hanc uernaculam à pauonis colore factam uo- lunt, Ant. Thylesius. Color pauonis, id est color azurus, Andr. Bellunensis. A pauonis natura Itali uerbum pauoneggiare deduxerunt, pro eo quòd est seipsum mirari. ¶ Ταῶς, id est pauones appellant Græci nitidius cultos & uersicoloribus amictos, (ut attagàs seruos stigmatias,) Erasmus. In uestitu si nimium splendorem & uarietatem affectes, non declinabis scomma quale apud Lucia- num lectitatur, Εἀρ᾽ ποῖς, καὶ πόθεν ὁ ταῶς; Iam uer adest, & undénam pauor? Cælius. Ἀχθωμαι τοῖς ταῶσιν, τοῖς τ᾽ ἀλαζονίμασιν, Aristophanes, hoc est, Moleste fero pauones & fasium. Pauones interpretantur finus (uestium) uarios, à uarietate colorum pauonis: η ὅτι ποιφύσσει ἱχθὺν τε καὶ παρέας, Suid. in Ἀχθωμένων.

¶ In Hyphasi fluuio Indiæ pisces quos pauones appellant oriri perhibent, nec alibi usquã. Vo- eantur autem eodem quo & aues nomine, quia ipsis etiam coeruleæ sunt cristæ, squamæ autem uer
50 ficolores, cauda uerò aurea in quácunꝗ uoluerint partè uersatilis, Philostratus. Pari piscis memi- nit Bellonius ab aue dicti lib. 1. de piscibus cap. 1. ubi paui legendum cõiecissem, nisi pauones etiam pisces separatim nominaret. ¶ Persicariam uulgò dictam herbam, Germanicè quidam nominant pfawenkrꞇt, uel pfawenspiegel, id est pauoninam herbam, uel pauonum specula. quod folia eius ita nigris insigniantur maculis, ceu speculis oculisue, ut pauonum caudæ: unde & molybdænam, id est plumbaginem Plinij quidam esse uoluerunt. Fungi seu boleti genus quoddam globosum, sessile, terræ locis syluestribus hærens, quod initio album uegetumꝗ reperitur, deinde in aridissi- mum puluerem nigrum redigitur tenui membrana nigricate inclusum, Galli crepitum lupi, nostri pfawenfyst, id est pauonis fimum appellant. puluerem illum chirurgi quidam à uenæ sectione in- spergunt ad sistendum sanguinem. uide in Lupo H. a. ¶ Ταῶς gemma pauoni est similis, Plinius. Kiranidi taòs lapis est de capite pauonis.

60 ¶ Icones. Iununis templum quindecim stadijs ad læuam Mycenis distat: ubi inter cætera do- naria pauonem uidi, quem (quia Iunoi sacram hanc auẽ esse credunt) ex auro gemmisꝗ splenden- tibus Hadrianus imperator consecrauit, Pausanias in Corinthiacis. In numis etiam pauonis effi-

Hh

- 813 -

giem sculpebāt Samiī, quòd Iuno, cui hæc auis sacra habetur, peculiariter apud eos coleretur, Athenæus. Kiranides in tao, id est pauone lapide, pauonem auem sculpi iubet, tenentem turturem (try-
góna) marinum piscem, &c. ad superstitiosos usus.

¶ Fircellius Pauo Reatinus nominatur apud Varronem de re rust. 3.2.

¶b. Classis regis Salomonis ibat per mare in Tharsis cum classe Hiram, ferēs aurum & argentum, dentes elephantinos, simias & pauones, Regum 3. 10. & Paralip. 2. 9. Antiphón rhetor apud
Athenæū author est pauones (Athenis) aluisse Ἄδμον τὸν πολυλάμπος, & multos è Lacedæmone etiam
ac Thessalia ad hasce aues spectandas confluxisse, & ut oua sibi compararent operam dedisse. Ad-
mittebantur autem, inquit, spectaturi in nouilunijs tantum, idq́ per annos plus quàm triginta facti-
tatum. Quod uerò ad speciem eorum, sic scribit: Εἴ τις ἐθέλει καταβαλεῖν εἰς πόλιν ἑῶν ὄρνιθας, οἰχήσονται 10
ἀναπτάμενοι. καὶ δὲ τῶν πτερύγων ἐκτέμνῃ, τὸ κάλλ⁙ ἀφαιρήσεται, καὶ πτερὰ γὰρ αὐτῶν τὸ κάλλ⁙ ὅδὶν, ἀλλ' ἡ σῶμα. Ego sic uerterim, Quòd si qui (Athenis acceptas) has alites in aliam ciuitatem transferre uelit,
pristinum locum uolatu repetent, pennis uerò amputatis, (ne auolare queant,) decor omnis amittitur: qui sanè non in corpore eorum, sed in pennis totus est positus. ¶ Pauonis magnitudine est
catreus auis, &c. Aelianus. Otidem auem imperitus aliquis conspectam, pauonem dixerit, Synesius in epistolis. Tuo palato clausus pauo nascitur Plumato amictus aureo Babylonico, (id est ta-
petum Babylonicorum instar ornato,) Petronius Arbiter.

Οἷον δ' ἡ νυ ταώνϊ ἐν δόμῳ (δ'ίμας) ἀγλαόμορφον   Γνατὸν ἰδισκιάσσιν ἀριπρεπὲς ἀειλόνωπον,

Τῶν ἀέλῳ μορφᾶ ἐωσι Διὸς τεχνήσατο μῆτις   Φαιδρότερον, πορφυροῦσιν ἐν ὄμμασιν εἰσοράασθαι.

Τοῖον ἐπ' ὀρνίθεσσιν ἀριζήλοις ἀμαρύσσει   Χρυσῷ πορφυρέοντι μεμιγμένον ἀείμβλεον πῦς, 20

Oppianus lib. 2. de uenatione. Et rursus lib. 3. Τόσσον δ' ἐν θήρεσσι μὲν ἔξοχ⁙ ἔπλετο τίγρις, ὅσσον ἐν ἠε-
ρίοισι ταὼς καλὸς οἰωνοῖσι. Melibœæq́ fulgens Purpura Thessalico concharum tecta colore Aurea
pauonum rident imbuta lepóre, Lucret. lib. 2. Solonis dictum de pauonū pulchritudine, uide in
Phasiano b. Anzadarahec, est arbor folia habens lucida, ut penna pauonis, semper uirens, Syluaticus. Theombrotion Democritus scribit triginta schœnis à Choaspe nasci, pauonis picturis similem, odore eximio, Plin. Corydalus (id est galerita) auicula in uertice cristam habet instar pauonis,
Aegineta. Aceris genus alterum crispo macularum discursu, qui cum excellentior fuit, à similitudine caudæ pauonum nomen accepit, in Istria Rhætiaq́ præcipuum, Plin. Et alibi, Sunt & unda-
tim crispæ mensæ, maiore gratia, si pauonum caudæ oculos imitentur. Pantheræ maculas ὀπωπᾶς
uocat Oppianus, Plinius oculos, ut & in pauonis cauda aliqui. 30

¶ c. Vocat Iunonius ales Consortem thalami, & speculosa uolumina uersat. Cauda micat,
medijs fulgent sua sydera pennis. Venit amans, cupidis miscēt simul oscula rostris. Iungit amor geminos geminataq́ gaudia gliscunt, Io. Textor, ex nescio quo poeta. ¶ Homerū infantem Aegyptijs parentibus ortum, fabulantur cum mel aliquando ex Aegyptiá nutricis uberibus in os eius,
manasset, ea nocte nouem uoces diuersas ædidisse, hirundinis, pauonis, &c. ut recitaui in Columba
liuia ex Eustathio.

¶ d. ὁ ταὼς ἐναβρυνόμεν⁙ τῷ ἑαυτῶ κάλλει, τοῖς ὁρῶσι τὲν ὑρὰν ὑξαπλῶν ἀσφαικυϊά, Varinus.

¶ e. Pauonis cerebrum amatorium poculum est, & cor eius gestatum beneuolentiam ac fœlicitatem præstat, Kiranides. ¶ Cum amicus quidam mihi olim muscarium ex pennis pauoninæ
caudæ faberrimè concinnatum donasset, ego tum ut illi gratias agerem, tum ut ingenium in elegan 40
tissimi muneris descriptione exercerem, hanc ad ipsum epistolam dedi: Accepi pulcherrimum munus tuum muscarium pauoninum, pro quo maximas tibi gratias habeo. Video & admiror in illo
summam artem, & manuum tuarum dexteritatem artificiosissima illa pennarum in capulo imple-
xione, nodis & internodijs elegantissimè confectis. Tu uerò non contentus artificio tuo, & natiua
pennarum pulchritudine, ornamenta etiam alia addidisti, filis distinxisti aureis, sericisq́ discolori-
bus, & uillos bombycum textorij operis mollissimæ instar fluxeq́ comæ puellaris ad basin capuli
appendisti. Caput eiusdem instar Gordij nodi pennarum caulibus ita implicasti, ut nec initium ullius neq́ finis appareat. Quod idem in cæteris quoq́ nodis capuloq́ toto mirificè à te præstitū est.
Artificiosissimū uerò illud est in omni opere, si ars quàm maximè occultetur: neque ex initio aut
fine partium operis, ratio eius & constructio prodatur. ea enim quorum modum & rationem uide- 50
mus, admirari desinimus. Iam cum caules in nodis crassiusculi sint, per internodia uerò in subtiles
& tenuissimas fibras extensi secundum capuli longitudinem, hoc quoq́ admirationem auget. Has
strias tanquam stamen in tela, transuersis & obliquis filorum e serico auroq́ ductibus ueluti subteg-
mine intertextis, operis Musaici & phrygionum qui acu pingunt æmulatione felici, rhombis alijsq́
figuris & labyrinthis distinxisti, cancellasti, totumq́ uarium & iucundissimū uisu opus perfecisti.
Hoc scilicet non modo conatus, sed assequutus etiam mihi uideris, ut cum ipsa natura cōtenderes,
& (si dicere fas est) superares quoq́. Quid enim in ipso pauone, & elegantissima eius parte, quam
toties tanquam hinc se laudari intelligens, non sine summa ambitione & ipse in se admiratur, & spectatoribus expandit ostentatq́: quid in hac inquam, tam pulchrum, splendidum, uarium & admirabile est, qui oculi, quæ gemmæ, aut quouis modo appelles, quod nō in ornatissimo flabro tuo uel 60
par uel superius spectetur? Fila caudæ plumata in opere tuo ut ex pennis minutissimis sectis constant, in multam longitudinem promissa, sic leuissimo etiam impulsu auram copiosam citant, nec
uentilando

uentilando tantum refrigerant,sed muscas,culices,&omne uolucrium insectorum genus abigunt,
gratissimo per æstatē beneficio,ut Hercule musciperda,cui in Olympijs olim Græci sacrificabant,
nihil ad hanc rem opus sit. Sed desino tecū certare, hoc est uerbis exprimere uelle speciosissimum
donum tuum, cuius artificium ne Cicero quidem disertissimus,& cum Roscio mimo contendere
solitus,ipse uerbis rem eandē magis uariare posset,an Roscius histrio gestibus corporis, satis pro
merito depinxerit.Cedo itacp tibi tuæcp arti, & me uinci fateor.

¶ f. Num esuriēs fastidis omnia præter pauonem rhombumcp,Horatius Serm.1.2. citat etiam
Seneca ad Lucilium. Vix tamen eripiā posito pauone,uelis quin Hoc potius, quàm gallina ter-
gēre palatum, Corruptus uanis rerum,quia uæneat auro Rara auis,&c.Horat.Serm.2.2. Apud
10 Alexidem Comicum quidam negat se tantū argenti consumere potuisse, etiamsi pauones esitasset,
(ceu longè pretiosissimam auem,)ut Athenæus recitat.

¶ g. Sanguis pauonis potus dæmonia expellit,Kiranides. Interiora eius & simus suffitu om
ne malum abigunt,ipse dysentericos sanat,Idem.

¶ h. Pauo quondam Argus erat,qui conuersam Io in uaccam,Iunonis ira, custodiebat,à Mer
curio demum interfectus:ex cuius cadauere tellus auem,protulit,in qua etiamnum signa centum
quos habuit oculorum apparent,Oppianus. Vide Ouidium Metam.lib.1. Argum aiunt in pauo
nem conuersum esse,quamobrem Aristophanes ait,ῥότϑϱοϕ ὄϱϛυις ἄ σὺ ὁ λεγόμϵϑϖ Τηϱόϛϛ; id est, Num
tu auis illa es quæ Tereus dicitur?à uerbo τηϱϵῖν,quod est custodire:eò quòd Argus custodiuerit Iò
uaccam,Varinus. ¶ Valle Banæ res nota,& uix credenda poetis, Sed quæ & uera prodit hi
20 storia Fœmineam in speciem se uertit masculus ales, Pauacp de pauo constitit ante oculos, Ausonius Sectione 1.

¶ Alexander Macedo eiusmodi aues apud Indos uidens, earum admiratione cōmotus, in eos
qui has occiderent,grauem pœnam constituit,Aelianus. Pauo sacer erat in Libya, ita ut quisquis
huius generis autem læsisset,non ferret impune,Eustathius. ¶ Iunoni pauo & anser dicabantur.
De pauone fabula est apud Ouidium in Metam.& Athenæum,Gyrald. Ingreditur liquidū pauo
nibus aera pictis,Ouidius de Iunone Metam.2. Iunonis uolucrem quæ cauda sydera portat,Idem
13.Metam. Didicit iam diues auarus Tantum admirari, tantum laudare disertos, Vt pueri Iunonis auem,Iuuenalis Sat.7. Iunonis templum quindecim stadijs ad læuā Mycenis distat;ubi inter cætera donaria pauonem uidi,quem(quia Iunoni sacram hanc auem esse credūnt)ex auro gem-
30 miscp splendentibus Hadrianus imperator cōsecrauit,Pausanias in Corinthiacis. ¶ Μήϖϛϛ ὄϱήϕϖ
ϖαϱὰ ϕϑϱσϛϕόνϛ ϖιόνδϛ ϖϛὼϐ,ὅϛ σϖϛ ἄϑϐνϛαϛ(forte ϛὐϑϐνϛαϛ)ἐγϛίϱϛι, Eupolis apud Athenæum. ¶ C.Cali
gula eò uesaniæ processisse traditur , ut sibi tanquam numini sacro phasianos & pauones mactari
iusserit,Gyraldus.

¶ Prouerbia. Laudant ut pueri pauonem. Prouerbij faciem habet quod scripsit Iuuenalis in
auaros,qui carmina laudant duntaxat,nihil autem largiuntur poetæ.Didicit laudator auarus Tan
tum admirari,tantum laudare disertos, Vt pueri Iunonis auem. Idem alibi, Probitas laudatur &
alget.Notior est metaphora, quàm ut oporteat explicare.Ouidius alicubi de pauo, Laudatàs osten
dit auis Iunonia pennas, Si tacitus spectes,illa recondit opes, Erasmus. ¶ Coquus quidam apud
Athenæum lib.3. uarijs & diuersis cibis in sartaginem coniectis ἐϖϛίϛσϛν' αὐϑϐ(ϑϐ ϖήγϛϛϖϛ)ϖϛιϛιλϛα-
40 ϖϑϐϛϛ ϖϛὼϐ,hoc est sartaginem reddidit pauone magis uariam. Erasmus in prouerbio, Magis uarius
quàm hydra,hunc senarium citans non rectè legit αὐϑϐϛ, ad hominem referens. Pauonem cogno
minabant Græci hominem uestitu nimis splendido & uario utentem : ut supra in H. a. inter deriuata exposui.

PEGASVS ales est Aethiopici cœli; quæ præter aures equinum nihil habet, Solinus. Plura
leges in Equo H.h.

DE PELECANO.

A.

50

ELECANVS auis à nobis nominabit, per l. simplex,
& e. breue in utriscp prioribus syllabis, declinatione secunda, quoniam à Græcis quocp ϖϛλϛϰϛν dicitur, quam
recentiores quidam pelicanum dixerunt, ut Eucherius:
alij pellicanum(per l.duplex)ut Albertus: & eruditi quidam pele-
cânem à recto pelecán,imitatione Græcorum ut Hermolaus. Pe
licanus siue pelicanis,ut ab Aristotele in 8. (lib. hist. anim. cap.12.
ubi tamen ϖϛλϛϰϛϛνῶϐ legimus,ut etiam lib. 9. cap. 10. Gaza plateas
uertit Plinium imitatus)appellatur:à Plinio(10.4.0.)platea dicitur,
60 à Cicerone in secundo de nat. deorum platalea, Volaterran. Cicero non plateam,sed plataleam tradit hanc uocari,ut in ipso forte
Ciceronis codice sit error, Hermol. Oppianus de aucupio 2.7.

Pelecanus ut uulgò à pictoribus effingitur.

Hh   2

Pelecani seu platræ nostræ figura.

non pelecanum, sed pelecinum (πελεκῖνον) hanc auem nominat. Aristophanes uerò in Auibus pelecanum & pelecinum simul nominat, tanquam aues diuersas. Et rursus in eadem fabula tetracis
auis cum porphyrione & pelecino meminit. ¶ Hebraicum nomen kaath, קאת, Septuaginta Leuit. 11. pelecana uertunt, & Psalmo. 102. Dominus ponet Niniuen sicut desertum, & pernoctabunt
in superliminaribus eius cuculus (kaath) atq; noctua, Sophoniæ 2. Munstero interprete. qui tamen
Esaiæ 34. kaath interpretatur pelecanum. Pelicanus (inquit propheta) & ulula, noctua, & coruus,
habitabunt in ea. loquitur aut de syluestribus & solitarijs auibus, ut kaath etiam talis sit, non aquatica. Plura de nomine kaath scripsi in Mergo in genere, & in Onocrotalo. Chasida quoq; Hebraicam uocem, aliqui pelecanum, alij onocrotaltm, alij aliter interpretantur. uide in Ciconia. ¶ Alberti

berti ex Ariſtotele translatio alicubi ſalakynes, alibi kalakanez pro pelecanes habet. Auicenna
autem(inquit)appellat balazub. Ramphius auis eſt quæ dicitur pelecanus, Kiranides: nimirum à
magnitudine roſtri, quod Græci rhamphos nominant. Sunt & ῥάφοι aues quædā Heſychio & Varino. ¶ Pleræſ gentes pelicani nomen tanquam peregrinæ & incognitæ auis, quam pro arbitrio
pictores hactenus finxerunt, adunco ut uidetur roſtro pectus ſauciantem, & effluente ſub ea ſanguinem hiante ore excipientibus pullis: cum nulla talis, opinor, in rerum natura auis ſit, niſi quis
Aegyptios de uulture hoc uerè tradere putet, quod Orus literis mandauit, eum ne ſame pulli pereant, ſemori ſuo uulnus infligere, & emanante ſanguinem ab illis exorberi. Verum pelecanum,
cuius iconem poſuimus, Itali quidam hodie appellant becquaroueglia. ¶ Galli pale, truble, po-
10 che, à palæ uel cochlearis figura, quam roſtri latitudine refert. uox poche Burgundis cochlear magnum ſignificat. ¶ Germani Löffler/ Löffelganß: hoc eſt cochleariam, uel anſerem cochlearium, circa Coloniam Leſſel proferunt. Friſij Lepler. ¶ Angli a ſchoſler, uel ſhouelard, noſtri
proferrent Schuſler. palam enim uel batillum ſchuſel appellamus. ¶ Sigiſ. Gelenius pelicanum
Germanicè Fauſer interpretatur, nomine mihi ignoto: Illyricè bucacz. ſed hæc ardea ſtellaris noſtra eſt, non onocrotalus.

¶ Videtur ſanè mihi pelecanus noſter ardearum generi adnumerandus, à quo non tam alio inſigni quàm roſtri latitudine differt, quàquam Ariſtoteles etiam ardeæ albæ roſtrum latum & porrectum tribuit. ego albardeolas in Italia uidi roſtro non lato, ſed cæteris ſimili. Albardeolam ſi non
uidiſſem in Italia, Anglorum ſhouelardam albardeolā eſſe iudicaſſem, Turnerus. Albertus etiam
20 auem quam cochleariam uocamus, ardeam albam eſſe putauit. hæc ardea(inquit)tota alba eſt, & figura ſimilis cinereæ, ſed melius pēnata, collo longiore, & roſtro anterius rotundo, tanquam circulo
uno ſuper alterum impoſito.

¶ Aues quas Ariſtoteles pelecanos, Plinius onocrotalos appellat, Bellonius, uide ſupra in Onocrotalo A. Duo dicuntur eſſe pelecanorum genera: unum aquaticum, quod piſcibus: alterum terreſtre, quod ſerpentibus & uermibus uiuit, & dicitur delectari lacte crocodilorum, quod crocodilus ſpargit ſuper lutum paludum: unde fit ut pelecanus crocodilum ſequatur, Albertus. Quidam
ex D. Hieronymo recitāt pelicani duo eſſe genera, unum uolatile, alterum aquaticum. Pelicanus
auis eſt parua quæ ſolitudine delectatur. Eſt & aliud pelicanorū genus in Nilo, penè cygnis ſimile,
niſi quod paulo maiores ſunt, quidam ita & onocrotalos uocant, Eucherius. Oppianus quoſ pe-
30 lecanum(ipſe pelecinum appellat)ab onocrotalo nō uidetur diſtinguere, cum ſinum ei ante pectus
dependere ſcribat, κόλπον ὁξηφʹτιδοιω πε τὸ ςέρνε. Nos cum de onocrotalo abunde ſcripſerimus ſupra: in præſentia de illa aue ſcribemus cuius iconem poſuimus, & quam ueterum pelecāna uel plateam eſſe non dubitamus. ¶ Pelecanum aliqui cum porphyrione confundunt, ut in Porphyrione oſtendam.

B.

Pelecanus auis ſecus Nilum & in paludibus Aegypti moratur, Kiranid. Auis eſt Aegyptiaca,
habitans in ſolitudine Nili fluminis, unde & nomen ſumpſit. nam canopos Aegyptus dicitur, Iſidorus. In tabulis quibuſdam quæ orbis terrarum deſcriptionem cōtinent, pelicanum auem totam
albam in Africa circa Aegyptum degere inuenio. ¶ Roſtrum(rhámphos)habet magnum, Scho-
40 liaſtes Ariſtophanis. hinc ſcilicet etiam rhamphius à Kiranide nominatur: & à roſtri latitudine platea uel platalea à Græcis, à noſtris cochlearia, à Gallis pala. ¶ Oppianus pelecino ſuo collū ulnæ
(orgyiæ)proceritate tribuit, & ſinum ante pectus propendentem: quæ ad onocrotalum, non pelecanum noſtrum pertinent. Ariſtoteles pelecanis ingluuiem tribuere uidetur, ῤον πε ρ κοιλίας τόπον
nominans, hiſt. anim. 9. 10. ¶ Pellicanus dicitur quaſi pellem habens canam, id eſt plumas albas,
(ridicula etymologia, quanquam res uera eſt.)hæc auis ſemper macie afficitur: & quicquid glutit,
citò digerit. quia uenter eius nullum habet diuerticulum, quo cibum retineat. ſolum enim uiſceris
(inteſtinorum)habet ductum, qui ab introitu oris uſcſ ad ſecreta naturæ pertingit, Author de nat. rerum. Nos noſtræ plateæ inteſtina multis anfractibus inuoluta reperimus. Rarò apud nos capitur, frequentius(ut audio)in Bohemia, & apud Anglos in littore maris. ¶ Capta apud nos platea
50 prope urbem in ripa lacus, circa finem Septembris, ad me allata eſt, candida pennis omnibus, præterquam ultimis & maximis alarū, quæ ex parte inferiore nigricant. pedes & crura nigra ſunt, magnitudo parum infra anſerem. lingua breuiſsima, uel ſignum potius & initium linguæ. collum digitos longum circiter decem. oculi glauci. cauda breuis, quinſ aut ſex digitos longa. crurum altitudo
paulò infrà duos dodrantes. inter digitos pedum aliquid membranæ eſt, idſ amplius inter duos
maiores. ungues breues, nigri, acuti. Obeſa admodū erat, multa circa cutim pinguedine undiquaſ,
inteſtina admodum inuoluta, præpinguia. fel uiride. In uentriculo herbas quaſdam aquaticas uirides reperiebam, & ramenta quædam radicum geniculata, harundinum puto. In aquam immiſſa
natabat, & quærebat aliquid immerſo roſtro in fundo. Iraſcens adeuntibus roſtro aperto colliſoſ
ſonitum ædebat. Pediculis quibuſdam latis infeſtabatur.

C.

60 Platea noſtra, ut audio, circa mare præcipuè degit, & innatat quoſ: rarò circa dulces aquas, Ariſtot. tamen hiſtoriæ anim. 9. 10. pelecânes fluuiatiles memorat. Capitur in Anglia in littore maris:

Hh 3

& cicurata piſcibus ueſcitur, inteſtinisϙ gallinarum & aliſs culinæ reiectamentis. Sunt qui ranis quoϙ & ſerpentibus eam ueſci referant. Pelicanus lacte crocodili uiuit, quod utiϙ beſtia præ nimia mamillarum abundantia in aliquo paluſtri loco copioſe fundit:unde & crocodilum libenter pelicanus ſequitur, Author de nat.rerum, & Albertus. Pelecani fluuiatiles(οἱ πελικαῦδϲ οἱ ἐν τοῖϲ ποταμοῖϲ γινόμϗοι) conchas maiuſculas læuesϙ fodiendo erutas deuorant: & quū iam multas ingeſſerint, ingluuieϙ ſua coxerint, euomunt,ut hiantibus iam teſtis carnes lectas deuorēt, Ariſtot. in hiſtoria animalium & in Mirabilibus narrationibus,& Aelianus,& Cicero 2. de nat.deorū. Platea (aliàs Platalea)nominatur aduolans ad eas quæ ſe in mari mergunt, & capita illarum morſu corripiens, donec capturam extorqueat. Eadem cum deuoratis ſe impleuit conchis,calore uentris coctas euomit,atϙ ita ex iſs eſculenta legit teſtas excernens, Plinius & Cicero. Vt conchas pelecanus quas deuorarit,uentris calore diſcuneatas reuomit, & pulpam à teſtis ſeligit: ſic herodius (ardea) oſtrea teſtis obducta uorat,& ingluuie concalefaciens tandiu cuſtodit, quoad calore ſtomachi diſcluduntur.poſtquam uerò iam diductas ſenſerit teſtas, eas euomit, & carnem ad ſuſtentandum ſe retinet, Aelianus,Plutarchus & Philes. Oppianus quanquam pelecini nomine onocrotalum,ut dixi, intelligat,eadem tamen de eo ſcribit. Pelecini(inquit) non minus quàm lari uoraces,non toto tamen corpore merguntur, ſed ut ſolent qui ſe in caput præcipites uoluunt(οἱ κυβιϛῶντεϲ,) colla quibus ulnæ (ὠγυιάϲ) proceritas eſt,ſubinde demittunt,dorſis interim ſupra mare prominentibus, piſcè obuium quenϙ ampliſsimis faucibus exceptum deuorant,Sinus quidam ante pectus dependet, in quem cibum omnem tuburcinantes aliquantiſper recondunt:& ne teſta quidem intectis abſtinent: ſed unà cum teſtis primum quod ſe obtulerit deglutiunt : deinde mortua in os reuocant , & reiectis teſtis pulpam uorant.Nam quæ dum uiuerent occluſæ erant,uita ſpoliatæ aperiuntur ac dehiſcunt,Hæc ille. ¶ Cum ut aliæ aues in locis à terra altis pelecanus nidum conſtruere poſsit, tamē imprudentia quadam in ſcrobe, quem in terra facit ouà ex ſeſe parit, Orus. Pelecânes etiam migrant , & de Strymone amne ad Iſtrum aduolant,prolemϙ ibi faciunt.abeunt uniuerſe,ac priores expectant poſteriores,propterea quod ubi montem ſuperarint,uideri priores à poſterioribus nequeant,Ariſtot.

D.

In Anglia plateas cicures ali audio:ego Ferrariæ in Italia manſuefactam uidi , quæ culinæ reliquiſs ueſcebatur. ¶ Conchas integras à pelecano deuorari,& teſtis calore dehiſcētibus reuomi ut pulpam ſeligat , ſuperius in c. perſcripſimus. ¶ Ciconias & pelecanos poſtquam conſenuerint pulli proprij alunt,& ingreſſum uolatumϙ eorum promouent, Io. Tzetzes. Herodios & pelecanos ſimiliter ut ciconias in pullis ſuis enutriendis, ſingulari beneuolentia uti audio : nempe ut cum aliunde cibus non ſuppetit,eſculenta quæ prius ederant,euomant, & in educandos fœtus conuertant:& ad uolandum pullis imperitis duces ſint,Aelianus. Pullos ſuos tantopere amat,ut dum ignem circa nidum ab aucupibus excitatum extinguere alis uentilando conatur, illas ſibi adurat, ut in e.referemus. Pelicani cum ſuos à ſerpente filios occiſos inueniunt,lugent,ſeϙ & ſua latera percutiunt,& ſanguine excuſſo, corpora mortuorum ſic reuiuiſcunt, Hieronymus in epiſtolis. Pulli pelecanorum ubi parum adoleuerint,mox parentes ſuos percutiunt in faciem:cuius illi iniuriæ impatientes pullos colaphizant(cædunt ceu colaphis roſtrorum) & interſiciunt,deinde miſerti eorum lugent(per triduum,ſecundum aliquos obſcuros.)Eadem(Tertia , ſecundum alios) uerò die mater ſua latera dilanians aperit:& ſanguinem ſuper filios ſuos mortuos effundēs eos reſurgunt & pulli pro ſua ac matris cibatione euolare cogantur. Sed horum quidam propter ignauiam uel impietatem in matrem exire nolunt, (& pereunt. quidam autem!ſeipſos quidem paſcunt, ſed matrem penitus negligunt. Mater ubi conualuerit pios filios nutrit : impios uerò abijcit & contemnit, Author de nat. rerum) hos cum uoluerit(ualuerit)abijcit,& prouidentes ſibi ſe ſequi permittit.Sed hæc à quibuſdam literis prodita,nullo affirmari experimento poſſunt , Albertus. Aegyptij etiam uulturem ardentiſsimè ſuos pullos amare aiunt,& per centum ac uiginti dies in terra commorando ita ut nuſquam humo tollatur,ſic in alendam prolem incumbere,ut non ſe ex pullorum loco commoueat:ac ſi quando nutrimenti facultas deſit,ne fame pulli pereant femori ſuo uulnus infligere, & effluentem ſanguinem eis exorbendum dare. ¶ Pelecanus de coturnicis exitio acerbè & crudeliter cogitat. rurſus coturnix ab ea uehementer diſſentit,Aelianus & Philes. Pugnà ciconiarum & pelicanorum aduerſus cornices,coruos,uultures aliasϙ carniuoras aues deſcripſimus in Ciconia c.ex Kiranide.

E.

Pelicanus nidificat in ſcrobe in terra:quod non ignorantes aucupes, bubulo ſtercore locum circumlinunt,ignemϙ ſuccendunt. ea uerò fumum aſpiciens, aggreditur ignem alis reſtinguere, uerum tamen ei tantum abeſt ad extinguendum aſtutia , ut magis magisϙ ſua tanquam uentilatione incendat,idcircoϙ alis exuſtis capiatur, Orus. ¶ Fel pelicani argentum obſcurum ſplendidum reddit, Kiranides.

F.

In Cotyis Thracum regis conuiuio apud Athenæum nominatur inter cæteras aues pelecán. Ibis , porphyrio & pelecán prohibentur menſis (in uetere teſtamento) eò quòd aues ſint uoraces
piſcium,

piscium,quorum rapinæ inhiant,Procopius. Aegyptiorum sacerdotes pelecanum,quòd pro libe
ris in discrimen se conijciat,(dum ignem circa nidum accensum alis uentilando extinguere conatur,ut in E.retuli)non edunt.Multi tamen ex Aegyptijs eo uescuntur, ut qui eum dicant non iudicio ac prudentia quadam ut uulpanseres , sed beneuolentia duntaxat & mira in sobolem pietate
certamen hoc suscipere,Orus. ¶ Platea nostra aliquando mihi gustanti grata,& anseri non dissimilis uisa est. apud Anglos in delicijs haberi audio.

G.

Fel pelecani cum nitro mixtum, nigros alphos sanat : & cicatrices nigras eiusdem coloris cum
reliqua carne facit:& argentum obscurum splendidum reddit,omnem deniq; nigredinem pellit &
10 abstergit,Kiranides.

H.

Πελεκὰν oxytonū: πελεκᾶν⊙,penultima in obliquis circumflexa,(etsi Grāmatici quidam acuant,
nisi librariorum is error est,)lingua communi dicitur,(ut apud Aristotelem,Aelianum,Orum.) πε
λικάν,πελεκᾶντ⊙ Attica(apud Aristophanē in Auibus:)πελεκᾶς,πελεκᾶ , Dorica, Suidas, Varinus,
& Aristophanis Scholiastes. Idem Scholiastes dubitat utrum casus rectus penultimam potius
acuere debeat,ut πελεκᾶς scribatur sicut ἀλέκας. Ὀρνίθων ἴσασιν τίκτουσιν Σοφώτατοι, πελεκαῦντις,οἳ τοῖς ζύγα
χίσιν Ἀπετελέκησαν τὰς πύλας,ἳὰ ὃ ἐξ᾽ ἵνος Αὐτῶν πελεκῶντων (malim πελεκόντων participium) ὥσπερ
ἐν ναυπηγίᾳ,Aristoph.in Auibus. πελεκᾶντες,παρὰ τὸ πελεκᾶν τὰ ξύλα, ut pulchrè iocatus sit poeta,&
uocabuli allusione,& rerum quoq; similitudine,habet enim hæc auis rostrum magnum latumq;,&
20 instar πελέκεως seu dolabræ aptum dolationi. ¶ Est quando pelecàn, non auem de qua scribimus,
sed picum significet,iuxta Grammaticos, nam apud authores nusquam sic usurpari puto. πελεκὰν
ὄρνεον τὸ κλάπτον καὶ τρυπῶν τὰ δένδρα, Suidas & Hesychius, ἀφ᾽ ὃ καὶ δ᾽νδροκολαπτὴς κϱλεῖται, Varin.
¶ Sunt & ex anatum genere syluestres lato admodum rostro, quas Galli & Angli pochardas,id est
cochlearias appellant, quemadmodum ab eadem rostri figura plateæ nomen & illi & nostri istdi-
derunt. ¶ Fr.Alunnus Italus pelicanum etiam piscis nomen facit, sine authore , & eadem quæ
alij pelicano aui attribuit. ¶ Σπέλεκὸς,pelecàn,Hesych. Βανδυκαῦσθν,pelecânes,Idem & Varinus.
¶ Pelecinus apud medicos Græcos genus est herbæ,cuius semē πελέκεως,id est securis speciem
refert.est enim in siliquis cornutis latiusculum è parte altera crassiore uersus alteram paulatim tenuius. Inter cepe genus condimentarium Græci gethyon, nostri pallacanam uocant , Plinius.
30 πελεκὰν,genus poculi lignei,uel peluis lignea,ἤ ἔ πελύκεως,Hesych.& Varinus:inde dictum
quod non torno,sed dolabra factum sit.dolare enim Græcis est πελεκᾶν,πελεκάν,πελεκίζειν. πελεκινος,
ἐπὸ πελέκεως σελενὸς,παρὰ τὸ πεπελεκῖσθαι,Scholia in Iliad.v. ¶ Pelicanum chirurgi uocat organum
quo dentes apprehensi extrahuntur: & chymistæ genus uasis utrinq; canalibus in orbem tanquam
ansis extensis. ¶ Πελιγνᾶσθν,οἱ ψύσθεοι,παρὰ δε Σύροις οἱ Βυλαντύ,Hesychius. ¶ Aegyptij pelecano
picto amentem ac imprudentem significant,Orus. non enim in alto nidum struit , sed in scrobe in
terra parit;& ignem ab aucupibus circa nidum excitatum dum alis extinguere conatur, seipsum
amburit. ¶ Atilium Palicanum loquacē magis quàm eloquentem fuisse legimus,Cælius. Pele-
cania nomen est loci inter Cephisum & Melanam, Theophrastus de hist.plant.4.11.dicti forte à pe
lecanis auibus,nam & lacum illic esse meminit.

40 PELORIS,πελωρίς,genus est auis à magnitudine dictæ,nam πέλωρον Græci magnum uocant,
Varinus. Cum uerò aliorum nemo peloridem auem memoret, facile conijcio non εἶδος ὀρνίϛ,sed
εἶδος ὀσρέα legendum:hoc est genus conchæ,peloridem enim conchā apud bonos authores legimus.

DE PERDICE.

A.

PERDIX eodem nomine Latinis appellatur,& Græcis πέρδιξ.recentiòri Grecíæ πέρδικα
uel πέρδικα. Hebraicè kore, קורא. nam Kimhi Hierem. 17. & 1.Reg. 26. חרדידי, per-
drise,Gallica uoce,id est perdicem exponit. Chaldæus 1.Reg. 26. habet korea, קוריא. &
50 Hierem.17.koriah, קוריה.R. Salomon alibi perdicē interpretatur , alibi uulgari lingua
(Gallica) קוקו גלירינש,coquu Gallicè cuculum uocant. Nicolaus Lyranus auem uulgò dictam co-
quin,quæ insequatur muscas & alias res uiles.Septuaginta Reg.1.26. nycticoracem, Hieronymus
perdicem, ut & Hierem. 17. ubi Septuaginta quoq; perdicem uerterunt. ¶ Scriptores Arabici
uel eorum interpretes ea de auc cubeth scribunt,quæ Græci de perdice. In Auicēnæ translatione
historia animalium quæ circumfertur,pro perdice cubes legitur,& alibi cunteg. Cubata Auicēn-
næ perdix est,Albertus. Altaiugi uel alteiugi est auis quæ dicitur perdix: alij phasianum interpretantur,alij,ut Ebenbitar,asserunt auē similē esse coturnici in omnibus,nisi quòd sub alis habet quasdam pennas nigras & albas, Bellunensis. Vide in Phasiano A. Theiugi uel teyuz sunt perdices,
Idem. Cubugi(Cabegi,Bellunensis) auis est cui attuiugi communicat in formis suis, Auicenna 2.
60 186. malim altuiugi, cū al articulo. In capite de ouis, oua alchabegi & altheiugi, id est utriúsq; perdicis,comparat ouis gallinæ. Et alibi,Inter aues(inquit)præstat caro alduragi, (attagenis:) & gallinarum est subtilior ea;& non sunt cum nutrimento carnium alchabagi & atheiz, (Bellunensis prœ

Hh 4

atheiz legit altaiaigi.) Altei, uel alteiem, uel alteiei, est perdix masculus, Syluaticus & uetus glosso
graphus in Auicennam. Alereze, perdix mas, Syluaticus. Alcubi, perdix uel phasianus, Idem.
Diuersas barbaras uoces Aduranti, Altinagi, Roselhageli, Bonion, omnes ab eodem pro perdice
exponi reperio. Politicum, id est parua starna, Idem.

¶ Perdix, cuius iconem damus, ab Italis quibusdam perdice dicitur: ab alijs pernisette, (circa
Verbanum lacum pernigona) id est perdix minor: ut maior pernise, de qua priuatim postea: ab alijs
starna. Starna est perdix minor, Syluaticus: quanquam aliqui starnæ nomine auem accipiunt ma- 30
gnitudine anseris, cineream, ut Ant. Gazius annotat: quæ quidē mihi non starna sed starda uel tarda potius uulgo dicta uidetur. Sunt qui starnas ueterum attagenas esse putarint, quos reprehendit
Volaterranus. Starnæ enim potius (inquit) aues externæ uocantur. Hieron. Accorombonus medicus quoq; externas aues esse scribit, quas uulgus perdices uocet. Aduenerunt bellis Bebriacen
sibus ciuilibus in Italiam aues externæ, quæ adhuc nomen retinent, paulum infra columbas magnitudine, turdorum specie, sapore gratæ, Plinius. ¶ Hispanice, perdiz. Lusitanice codornix, quod
uocabulum tamen ad coturnicē pertinere apparet. ¶ Gallice perdris simpliciter, uel perdris grin
gette aut griesche, uel perdris des champs, uel perdris grise (à colore) uel perdris goache, teste Bello
nio. Circa Montempessulū rascle per onomatopœiam. ¶ Germanice Rähhün/Valdhün. Flan 40
dri Gallico nomine utuntur Pertrijs. ¶ Anglice a pertrige. ¶ Illyrice kuroptwa. Polonice ko
ropathwa. ¶ Turcice zil.

¶ Rusticulæ (Plinio dictæ) sunt nostrates perdices. etenim proprie perdices sunt maiores, ut Hispanæ, & Chienses, & Siculæ, Niphus. De perdice non satis compertū nobis est, quo nomine nostra ætate indicetur hæc auis: tam multiplex est diuersis locis earum genus & seminium, Marcellus Vergilius. ¶ Quas nos perdices uocamus, scioli quidā quibus nihil uulgo acceptū placet,
perdices esse negant. Atqui cū pro regionum uarietate, differentes quoq; nō forma modo, uerùm
etiam sono & moribus aues eiusdem generis uideantur, id ipsum sane in perdicibus animaduertere
maximè licet. Athenæus miratur in Italia perdices rostris non esse cinnabarinis, cum in Græcia eo
colore quotquot sunt spectabiles sint. Germania nostra utrunq; genus habet. Nam & uulgares istas 50
nemo est qui ignorat, & qui rostro cinnabari colorato sunt sæpe in hac urbe (Coloniæ) uidentur, Lon
golius. Intelligit autem perdicem maiorem, cui rostrum rubet & crura, de qua postea seorsim agemus. Et alibi, Perdices (inquit) cacabare dicuntur à ueteribus, neq; aliter etiam nunc sonant. Quæ
Aristoteles & Ouidius de perdice scribunt, omnia nostræ perdici uulgari conueniunt. nempe uolandi nidulandíq; ratio, astutia, circa prolem solicitudo, corporis grauitas, & uocis stridor, à quo
etiam nomen accepisse uidetur, Turnerus in epistola ad nos. Perdicum in Italia genus alterū est,
corpore minus, colore obscurius, (ἀμαυρὸν τῇ χρόᾳωσι, Vuottonus uertit, uolatu incόposito, Gillius
infirmo uolatu,) rostro non cinnabarino, (Vuottonus negationem tollendam suspicatur, quod non
probo,) Athenæus. Otides perdicum similes sunt, præ obesitate autem corporisq; pondere parum
se alis attollunt, Volaterranus ex Aeliano. In hydrope ascite cōueniunt turtures, perdices, & quæ 60
rostro pedibusq; rubris, phœniceis alis, frequēti in Creta & Cypro insula sobole, domestica etiamnum mansuefactis fœtura, perdices ab incolis uocantur, Alex. Benedictus. Ex his facile est colligere, perdicum genus duplex esse, alterum minus, alterum maius. Nos hic & de minore priuatim, &

tim, & de utroque in genere scribimus: de maiore postea.

B.

Portus Indorum rex Augusto dona misit perdicem uulture maiorem, Strabo lib. 15. Et rursus, Onesicritus author est perdices in India anserum magnitudine esse. ¶ Cirrhæi (Circa Cirrham, Athenæus) perdices neq; ad certamina ualent, nec suauiter cantant: ne uerò cibi gratia capiantur, allia deuorant & carnem plane insuauem reddunt, Aelianus. Perdices non transuolant Bœotiæ fines in Attica, (in Atticam lego,) Plinius, in Bœotia sui iuris nō sunt, sed in ipso aere quas transire non audeant metas habent, inde ultra notatos iam terminos nunquam exeunt, nec in Atticum solum transmeant, Solinus. Bœotij perdices in Atticam non transeunt, uel si transierint uocis mutatione agnoscuntur, Athenæus. Cum quidam perdices duas in Anaphen immisisset, tanta perdicum uis illic exorta est ut incolæ de insula relinquenda periclitarentur. Apud Heluetios perdices multæ capiuntur, non quidem in montibus, sed in uallibus & agris, Stumpfius.

¶ Perdix coloris est rufi, nigris interpictis longis maculis, Albert. Otis est colore coturnicis, secundum alios perdicis, Athenæus. Color testaceus cōmunis est fere pulueratricibus, ut alaudæ, perdici, &c. G. Longolius. Perdix uisa est aliquando alba, Aristot. in libro de coloribus. Perdici ingluuies præposita uentriculo est, Idem & Plinius. Perdix ad imum intestinum appendices paucas habet, Aristot. In Paphlagonia bina perdicibus corda, Plinius, Idem à Theophrasto proditum Athenæus & Gellius testantur. Coitus tempore testes habent magnitudine insignes (præ cæteris auibus propter salacitatem, aliàs uerò omnino obscuros: ita ut hybernis mensibus ne ullos quidem testes in his haberi nonnulli arbitrentur, Aristot. Perdici nostrati color omnino uarius, nec facilis descriptu, Rostrum subfuscum est, crura e fusco albicant. Sinciput, partes circa oculos & prora capitis cum initio colli inferioris, ruffo colore simplici insigniuntur, reliquum caput superius e ruffo fuscum est. singulæ autem plumæ per medium maculis distinguuntur ruffi coloris diluti. Collum & pectus cinerea sunt, exiguis maculis nigris quasi per uersus crispos & undantes interstincta, qualis in sciuris ponticis color apparet. In medio uentre utrinq; pennæ quædam ruffi coloris ad fuscum tendentis sunt. Inferiora uentris & crura modice supra genu plumæ albicantes subfuscæ uestiunt. Dorsum cauda & alæ, uarios alternis colores ostendunt, nam in dorso caudaq; nigricantem, subflauum & ruffum saturum colores uideas, per transuersum alternatim dispositos. minimū autem nigri est, & quasi per puncta uersuum undantium. In alis pennæ maiores fuscæ sunt, maculis ruffis maiusculis per transuersum aspersæ. In ijsdem minores superioresq; pennæ magis uariæ & splendidæ sunt, eodem fere quo per dorsum colore, sed singulas linea media albicans elegantissime distinguit. Latera etiam cinereo colore sunt ut in collo & pectore, sed maculæ aliquot latiusculæ ruffæ per transuersum intercipiunt. Longitudo caudæ digiti quatuor, & colli similiter uel paulò minus, &c. Et talis quidem mas erat, ni fallor, mihi hæc condenti inspectus: fœmina forte nonnihil differt, uncias appendebat duodecim cum dimidia.

C.

Perdix auis est terrestris, Athenæus. Perpaucæ aites hyeme in agris manent, quartim in numero sunt perdices, G. Agricola. Perdices multæ capiuntur in Heluetiorum uallibus & agris, non etiam in montibus, Stumpfius. Frequenter eas inter iuniperos degere audio.

¶ Vox. Dicta est perdix à sono uocis, Albertus. Garrula perdix, Serenus. Caccabat hinc perdix, hinc gratitat improbus anser, Author Philomelæ. Perdicum alij caccabant, alij strident, Aristot. cuius uerba hæc Græca sunt, οἱ μὲν κακκαβίζωσιν, οἱ δὲ τροίζωσι. Perdicum uox nunquā eadem, sed uaria & multiplex est, alia Athenis ultra uicum Corydalensium, alia citra. Harum uariarum uocum quæ sint nomina Theophrastus explicat. In Bœotia & Eubœa idem sonant, ac (ut sic dicam) eiusdem sunt linguæ, Aelian. Theophrastus in eo opere quod cōscripsit de uaria uoce auium eiusdem generis, Athenis inquit perdices citra Corydalum uicū uersus urbē κακκαβίζειν, ultra illum uerò τιτυβίζειν, Athenæus, negans perdices omnes caccabare. Perdix à strepitu & uoce stridente nomen accepisse uidetur. quæ enim auis uerius stridet, & serræ stridorem magis imitatur, quàm perdix nostra? Turnerus in epistola ad me. Coturnicibus in pugna uox, perdicibus ante pugnam, Plinius & Aristot. Perdices non modo canunt, uerum etiam strident, & uoces alias quasdam emittunt, Aristot. Perdices uocat caccabas (alij caccabidas) Alcmenes, qui genus cantiunculæ composuit Caccabidum, profitens se id à perdicibus cantare didicisse. Itaq; Chamæleon Ponticus dicit antiquos musicam excogitasse ex auibus in solitudine cantantibus, Gillius. Bœotiæ perdices aut non transeunt in Atticam: aut si trāsierint, uocem mutant, (& caccabant, Gillius,) Athenæus. τιτυβίζειν (Athenæus τ. duplex habet) de perdicibus quibusdam dicitur, ut de alijs κακκαβίζειν, (Eustathius habet κικκαβίζειν, quod non probo. unde, inquit, apud Comicum κικκαβάω habetur.) unde apud Comicum κακκαβάν, Cælius. atqui apud Comicum (Aristophanem) nusquam κακκαβάν, sed κικκαβάω aduerbium de uoce noctuæ legere memini. Apud Pollucem perdices τιτυβίζειν (lego τιτυβίζειν) aut κακκαβύζειν, (lego κακκαβίζειν,) legitur. Varinus uerbum τιτυβίζειν etiam de uoce hirundinis usurpari docet. Κακάβα, & κάκκαβος, perdix, Varinus. Perdices quædam uocis contentione & cantu ualent, Aelianus. Grammatici quidam perdicem dictam putant παρὰ τὸ πτερύσσεσθαι ᾄδειν. Perdici porrum prodesse ad uocem sonoram apud Aristot. legitur problematum 11. 39. Plutarchus in libro aduersus usuram, quendam proscindens, illum dicit ἀφωνότερον πέρδικος, id est perdice magis mutum, Cælius. Perdicem uidetur Papinius docilē intellexisse, aptumq; sermoni humano enunciando, cum Syluula quadam libri 2. de psittaco Melioris ita canit: Quicq; refert iungens iterata uocabula perdix. Domitius interpres ingenij longè præcellentis, eius rei rationē poetæ ipsi excutiendam reliquit. Id quod reprehendent fortè aliqui, ac referendum putabunt non ad auis docilitatem, sed ad uocis sonum, qui auis eius est genuinus. Est autē κακκαβίζειν: indecq; ob syllabæ repetitionem, quæ in eo uerbo est, à poeta dictum uideri, iterata uocabula à perdice referri. Est sanè id uerbū perdicum uoci peraccommodum, sed non omnium, ut qui loci ratione differant. καὶ οἱ μὲν κακκαβίζουσι, οἱ δὲ τρίζουσι. Verùm hæc etsi uera sint, nihil tamen ad Papinium, à quo eæ tantum recensentur aues, quæ humani sermonis enunciationi sufficiunt. Sic autem habēt ipsius carmina: Plangat Phœbeius ales, Auditasq; memor penitus dimittere uoces Sturnus, & Aonio uersę certamine picę, Quicq; refert iungens iterata uocabula perdix, Et quæ Bistonio queritur soror orba cubili, (lusciniam, nō hirundinem intelligit.) Ferte simul gemitus. Plutarchus quidem in Symposiacis perdicis loquacitatem non tacuit, quin esse uocalem ac discere comprobat idem alibi. Sed & in Laconia haberi perdices uocales, monstrauit in Dipnosophistis Athenæus, Cælius. Plura ad hunc locum uide suprà in Cornice C. Κρατῖνος ἀδύφωνον ἰδίως καλεῖ τὸν ὄρτυγα, πλὴν εἰ μή τι παρὰ τοῖς Φλιασίοις ἢ τοῖς Λάκωσι φωνάεντες, ὡς καὶ οἱ πέρδικες, Athenæus.

¶ Cibus. Perdices comedunt limaces, Aristot. Perdices in Sciatho insula cochleas edunt, Athenæus. Vide in Ardea D. Hexlinen herbam aliqui perdicium uocant, quoniam perdices ea præcipuè uescantur, Plin. Perdices circa Cirrham allia deuorant, ut caro eorum ad cibum ingrata putetur, gnari se cibi duntaxat gratia peti ab aucupibus, non ad cantus necq; certamina, Aelianus. Porrum eis ad uocem sonoram prodest, Aristot. problem. 11.39.

¶ Aues quædam currunt, ut perdices, rusticulæ, Plinius. ¶ Perdix pulueratrix est, non enim altè uolat, Aristot. Terræ propinqua uolat, spatijsq; breuibus, unde Ouidius: Nec facit in ramis altocq; cacumine nidos, Propter humum uolitat, ponitq; in sepibus oua. Auium quædam breuis uolatus sunt, ut perdix, Xenophonte etiam teste, Athenæus. χαμαιπετὲς τὸ ζῶον, καὶ μὴ πολὺ διανεῖσθαι ἐν ἀέρι δυνάμενον. unde & perdicem uocari quidam conijciunt παρὰ τὸ πέδον, id est ab humo. Pennis plausit, Ouidius de perdice 8. Metam.

¶ Libido perdicum, præcipuè marium. Vsque adeò tum perdices tum coturnices copia libidinis gaudent, ut in aucupantes corruāt, & sæpenumero capitibus eorum residant, Aristot. Rabie quidem tanta feruntur, ut in capite aucupantium sæpe cæcæ metu sedeant, Plinius. Quomodo hæ aues libidinis tempore proposito eis speculo capiantur, recitaui in Coturnice C. Ad libidinem Veneris inflammatissimi sunt perdices: idcirco cum fœminis assiduè uersantur, Aelian. Secernuntur uerno tempore de grege per cantum & pugnam, coniugatim mares cum fœminis, quamcunq; sibi quisq; fortè acceperit, Aristoteles. Depugnant inter se propter Venerem, ad quam tempore ueris præcipuè mouentur, & cum gregatim per nemora pascentibus eis fœmina se offert, dissidium pugnamq; cient, cedit autem fœmina uictori. ille protinus tanquam preclarus aliquis bellator auro aut puella, aut alio honorario munere donatus, exclamat, Oppianus. Illum autem qui uiribus uidetur antecelluisse, in posterum sequūtur fœmellæ omnes. Qui quidem superbiens & iactabundus detrectat uictum antagonistam. Qui sanè reliquum temporis in ordine fœminarū etiam uictorem sequitur, Berytius. Fœminis præsentibus acrius inter se certant, ut in D. referemus, ubi dicetur de pugna perdicum, qua cicures inter se committuntur. Oua mares quæ compererint peruoluunt, (proruunt,) & frangunt præ sua salacitate, ne fœmina incubet, Aristot. incubans enim marem non admittit, Athenæus & Plutarchus. Illæ quidem & maritos suos fallunt: quoniam intemperantia libidinis frangunt earum oua, ne incubando detineantur, Plinius. Oua fœminis incubare non permittunt, eaq; ob nouum Veneris desiderium suffurantur. quanquam & ipsæ matres nonnunquam præ libidine pullitiē negligunt, Oppianus. Cum diffugerit fœmina ut incubet, mares tumultuant, clamitant, pugnamq; inter se conserunt, quos cœlibes (uiduos) uocant. qui autem uictus in pugna fuerit, sequitur uictoris Venerē patiens, nec ab alio, nisi à suo uictore subigitur. sed si à comite principis, aut quouis uulgari uincatur, clàm à principe ac furtò subigitur. Verum hoc non ita fieri semper, sed certo tempore anni planum est. Hoc idem à coturnicibus quoq; agi animaduertimus, Aristot. ex quo Athenæus etiam citat, & eadē ab Alexandro Myndio prodi testatur. Tunc (incubantibus clàm fœminis) inter se dimicant mares desiderio fœminarum. uictum aiunt Venerem pati. id quidem & coturnices Trogus inquit, & gallinaceos aliquando. perdices uerò à domitis feros & nouos, aut uictos, iniri promiscuè, Plinius. Perdices uidui se inuicem abutuntur, Orus. Perdices mansueti iam & domestici subigunt feros, & spernunt, contumeliosecq; tractant, Aristot. Phocylides in animantium brutarum genere masculam Venerē reperiri negat. Aelianus quidem ichneumonem quoq; huic turpitudini obnoxium esse scribit. Pulli etiam ipsi subiguntur à mare statim cum procedunt, Aristot. Sæpe & fœmina incubans exurgit, cum marem fœminę uenatrici attendere senserit, occurrensq; seipsa præbet libidini maris, ut satiatus negligat uenatricē, Idem. Adeò uincit libido etiam fœtus charitatem, ut fœmina perdix furtim & in occulto incubans, cum sensit fœminam aucupis accedentem ad marem, recanat reuocetq;, & ultrò præbeat se libidini, Plinius. Vide

Vide plura in E.de aucupio perdicum per allectatores mares aut fœminas eiuſdem generis.

¶ Conceptio. Perdix fœmina eo tempore quo libidine incitatur, ſi cõtra marem ſteterit, aurã ab eo ſlante ſit prægnans, atcg extemplo inutilis aucupijs. olfacïũ enim eſſe exquiſitum perdicibus creditur, Ariſtot.hiſt.anim.6.22.quem locũ Niphus enarrans, Videtur(inquit)Epheſius hoc quod Ariſtoteles dicit de conceptione facta ex aura ſlante à mare, intelligere de ouis ſubuētaneis, quibus impleri ait præ nimia libidine. Quam expoſitionem Albertus probauit, aſſerens ſe nõ credere eam conceptionem poſſe eſſe fœcundam, niſi fortaſſe ad ouum, & non ad pullum, quoniam, ut inquit, ad pullum neceſſaria eſt receptio ſeminis corporea. Præterea ſe obſeruaſſe ait domeſticas perdices coire ut cæteræ aues faciunt. Inſuper euaporatio ſeminis non habet præſinitum motum in uuluam

10 fœminæ, cum multiplicetur circulo ab mare perdice, qui eſt ueluti centrum circularis euaporationis. Sed Alberti & Epheſij ſententiæ aduerſantur uerba Ariſtotelis lib.5.(quæ mox referemus:)ubĩ apertiſſimè Ariſtoteles expoſuit, perdices non ſolum ad oua, ſed ad pullos concipere per contrapoſitionem maris. Si enim Ariſtot.intelligeret de conceptione ad ouum, & non ad pullum, nõ ſolum perdix conciperet in contrapoſitione maris, ſed etiam nullo mare inſpecto, nec audito. quare cum hæc expreſſe aſſerat in perdice, & in nulla aliarum auium, ſit, ut perdix ſola, ea ratione concipiat & ad ouum & ad pullum. Et quanquam Albertus dicat ad conceptionem quæ eſt ad pullum, neceſſariam eſſe corpoream ſeminis receptionem: negaret tamen hoc Ariſtoteles, quoniam in ſolius perdicis conceptione aliquando, præ nimia libidine, ſufficit ſpiritalis genituræ receptio. Quin uero etiã obſeruauimus perdicem biſariã concipere poſſe, aliquando receptione ſeminis corporea, cum non

20 nimia libidine agitur:aliquando ſola ſpiritali conceptione, cum ſurit præ nimio amore. Nec obſtat quod aſſert de circulari euaporatione:tum quia ſpirante uento à mare, diffunditur uapor ſeminalis per ſphæram conuerſam in rectum:tum etiam , quoniam perdix fœmina tunc concipit ſpiritali receptione ſeminis, cum nimio amore exardet, & inuenitur intra circulum euaporationis: Hæc ille, pluribus etiam in libris de generatione ſe hac de re dicturũ pollicitus. Perdices ſi aduerſæ maribus ſteterint, uentusɋ inde afflet, ubi mares ſtant, concipiunt, & maritantur. plerunɋ etiam uoce marium utero ingraueſcunt, ſi geſtiunt, ac libidine turgent. uolatu quoɋ ſuperne marium effici idem poteſt:uidelicet dum mas ipſe in fœminam fœtiſicum ſpiritũ demittit , Ariſtoteles : In cuius uerbis Epheſius fœtiſicum ſpiritum interpretatur uaporem, qui deſert calorem eleuatum à genitali ſemine maris:quiɋ ſuſceptus per meatus perdicis penetrat ad menſtrua illius, & ſic conceptio euenit , ut

30 Niphus recitat. Perdices fœminæ, & quæ nondum coierunt, & quæ coierunt (quarum uſus eſt in aucupijs)cum olfaciunt marem, (uel cõſpiciunt, Athenæus & Euſtathius,) uocemɋ eius audiunt, alteræ implentur, alteræ ſtatim pariunt. Eſt hoc auium genus ſua natura libidinoſum, ut leui egeat motu cum turget, citoɋ ſecernat, ut in ijs quæ non coierint, ſubuentanea conſiſtant: in ijs quæ coierint, oua breui augeantur & perſiciantur, Ariſtot.& ex eo Athenæus. Ariſtoteles dicit perdicẽ fœminam,ὅταν ἰϑῖ νὄτα (forte ϰατ᾽ ἄνεμον) γίνεται τὸ ἄῤῥϱ, ἐγκύμονα γίνεϑαι φύσει τινὶ ἀῤῥήτῳ, Aelianus. Si contra mares ſteterint fœminæ, aura ab his ſlante prægnantes ſiunt, Plin. odore, Solinus. Perdices, ut Archelaus ſcribit, uoce maris audita concipiunt, Varro. Mares quoɋ non ſolum uiſis fœminis, ſed etiam uoce earum audita, genitura fundunt, Euſtathius. Quod Auicenna dicit perdicem fœminam concipere ex uento ſlante à mare, & uoce maris, & commiſceri eos per linguas in

40 coitu, nec Ariſtoteles dixit, neɋ uerum eſt.ſed potius hæc tria(uētus à mare, uox, & lingua exerta) libidinem ante coitum excitant:ut poſtea coēunt ſicut gallus & gallina : ut ſæpiſſimè in Germania uiſum eſt, & nos quoɋ in domeſticis perdicibus obſeruauimus, Albert. Et alibi, Perdices & alias quaſdam aues quidam falſo concipere autumant ſine coitu, libidinem quidem ſentientes ad ſe inuicem conuertuntur, & confricando mares ad coeundum excitant, ſicut & columbæ. coeunt enim &, ſemen inferius ſicut aliæ aues recipiunt: & coitus tempore fœtent. Hiantes exerta lingua per id tempus æſtuant, concipiuntɋ ſuperuolantium afflatu, ſepe uoce tantum audita maſculi, Plin. Ore hiante exertaɋ lingua & mares & fœminæ coeunt, Ariſtot. Libidinis tempore hiantes uolant, linguaɋ exerta in utroɋ ſexu, Athenæus ex Alexandro Myndio.

¶ Nidus. Nidiſicant humi mares & fœminæ, ſinguli locum ſibi peculiarẽ parantes, (οἱ ἄῤῥϱνϱ

50 ϰϱὴ αἱ ϑήλειαι, διϰυδμδνοι ἑϰαϛον [forte διϰυόμϱνοι ἑϰαϛι]οἶϰον,) Athenæus ex Alexandro Myndio. Bina ouorum receptacula faciunt perdices:in altero fœmina incubat, in altero mas:excludïtɋ ſua uterɋ & educat, Ariſtot. Perdices ſpina & frutice ſic muniunt receptaculum, (receptus ſuos, Solinus,) ut contra feras abunde uallentur, Plin. Perdix in condenſis ſpinarum nidiſicat, Albertus. Nec facit in ramis altoɋ cacumine nidos, Propter humum uolitat, ponïtɋ in ſepibus oua, Ouidius. Septem diebus nidum contexit, Aelianus. Perdices cum ſunt uicinæ ad pariendum, aream(ἄλωϱ, Ari ſtoteles uocat ϰϱνιϛρϱν ψὴ λείϱ)molliter ſubſternũt, atɋ fruticibus & ſurculis circumſæpiunt: Contextus areæ cauus eſt , & ad incubandum accommodatus. cum enim puluerem inſixerunt, & molle quiddam uelut cubile effecerunt, in idipſum ingrediuntur : poſt ſeſe deſuper fruticum inuolucris occultantes, contra auium rapacitatem, hominumɋ inſidias in multa pace incubant, Aelian.

60 Et rurſus, Incubantes locum fruticibus & aliter ita muniunt, ut & ipſæ lateant, &rorem ac imbrem humoremɋ omnẽ auertant. oua enim humefacta ſtereleſcunt, niſi mox à parente iterũ concalſiant. Perdix nõ nido, ſed in condenſo fruteto parit, minus ẽ uolat, Ariſtot. Vide ſuprà in Coturnice c.

¶ Perdices in pariendo dies septem consumunt, Aelianus. Oua plurima pariunt, Plinius & Aristot. Pariunt oua non pauciora quàm decē, sed sæpius sedecim, (quindecim & sedecim, Athenæus,) Aristot. Ἄϊρόκ καὶ πωγκαίσκηφ οὰ δεφτίκτει πορϑίϑ, Aelianus. Perdix bis anno parit, quindecim aut quattuordecim oua, uno partu octona, & altero totidem aut paulò minus, Albertus. Cum quidam duas perdices in Anaphen inuexisset, tanta perdicum uis enata est, ut incolæ de insula relinquenda periclitarentur, Athenæus. Perdicum oua candida sunt, Aristot. & Plin. Pariunt & hypenemia interdum, Iidem.

¶ Incubitus & exclusio. Refouent suos pullos sub se ipsæ ducendo more gallinarum, & coturnices, & perdices. nec eodem in loco & pariunt, & incubant, ne quis locum percipiat longioris temporis mora, Aristot. Incubat perdix & educat pullos sicut gallina, Athenæus ex Aristotele. Ouis stragulum molli puluere contumulant, nec in quo loco pepererē: néue cui frequentior conuersatio sit suspecta, transferunt alió, Plin. Clanculo reuertuntur, ne indicium loci conuersatio frequens faciat. Plerunq; fœminæ transferunt partus, ut mares fallant, qui eos (eas) impatientius affligunt, sæpissimè adulantes, Solinus. Mares oua quæ compererint, peruoluunt, & frangunt præ sua salacitate, ne fœmina incubet, quod ne accidat fœmina emoliens, clanculum diffugiens parit. sed fit sæpius, ut præ turgore parturiendi quolibet loco ædat, & mare presenti. uerum ut oua seruentur, nunquam ex eo quo peperit loco discedit, & si ab homine uisa est, ita se ab ouis astutè quemadmodum à pullis subtrahit, labans ante hominis pedes, dum dimoueat, (de qua astutia plura leges in D.) Aristoteles. Non uni loco oua committunt, sed quasi migrantes ea in alium locum important. in magno enim timore sunt, nequando deprehendantur si in eodem loco diu commorentur. Itaque alio loco nidificantes, rursus pullos etiamnunc teneros inuehunt, fouentq;, & suis alis tepefaciunt, pennisq; tanquam fasciolis quibusdam inuoluunt: non eos quidem lauant, sed puluere respergentes nitidos efficiunt, Aelian. ¶ Perdix aliena oua tanquam propria fouet. uerùm mox cum pulli nati fuerint, ad proprios genitores reuertuntur, & quæ eos fouerat, desertam relinquunt, Kiranid. Perdix incubauit oua quæ non peperit, parauit diuitias non iustè: in medio dierum suorum eas deseret, & in fine erit insipiens, Hieremias propheta, quem locum explanans Hieronymus, Perdix (inquit) & aliena oua calefacit, si furto propria amiserit. sed quum creuerint in nidis pulli, euolant, & ad parentes suos redeunt, ementitum omittentes. Huic opinioni astipulatur etiã Kimhi, nisi quòd non addit alienæ perdicis oua eam fouere, sed simpliciter auiculæ alterius, (quærendum an cuiruc̃æ hoc potius conueniat: uel utriq;.) Perdix est auis astuta, quæ alterius perdicis oua diripes, corpore suo fouet: sed fraudis suæ fructū habere nõ potest, quia cum pullos suos eduxerit, eos amittit. Vbi enim uoces illius audierint, quæ oua generauit, relicta ea ad illam se naturali quodam munere & amore conferunt, quam ueram sibi matrem cognoscunt, Ambrosius & Albertus. Perdix oua perdit: sed eius mos est ouorum perditorum damna resarcire, alterius matris oua surripiẽdo, Obscurus. Perdicum fœtus intra ouum etiamnunc circumplicatione testarum comprehensi, à parentibus sui exclusionem ex ouis minimè expectant, sed per se ipsi tanquã fores pulsantes, oua elidunt, & iam foras eminentes seipsos impulsu suo impellunt, ouiq; etiamnunc tegumento circumuestiti, currunt, atque ex dimidia testæ parte, si adhuc tergo adhærescat, semet expellentes, uelocissimè ad cibi inquisitionem prosiliunt, ac postquam pedes extra oui testam posuerunt, statim cursu maximè ualent, ut anaticularum pulli, primum ut lucem aspiciunt, continuó à partu natant, Aelianus. Aues quæ uo laces non sunt, ut attagen, perdix, & huiusmodi, mox natæ ingredi possunt & plumis uestiuntur, Theophrast. apud Athenæum. & cibū per se capiunt. Perdix septē diebus pullos enutrit, Aelian.

¶ Aues quædam salaciores generis diuersi coeunt inter se, & sobolem educunt, ut perdices & gallinæ, Aristot. Et alibi, Ex perdice & gallinaceo primi fœtus communi generis utriusq; specie generantur. sed tempore procedente diuersi ex diuersis prouenientes, demum forma fœminæ (id est primæ genitricis suæ) instituti euadunt.

¶ Noctu conuersis posterioribus perdices sedent, Author de nat. rerum. Tempore quo non coeunt caudas ad se inuicem conuertunt, & sunt multi stercoris, Albertus.

¶ Quædam non pinguescunt, ut lepus atq; perdix, Hermolaus. ¶ Perdices lauri folio annuum fastidium purgant, Plin. ¶ Pro amuleto & custodia pullorum, perdix arundinis gramen (arundinis bulbum, uel φορϐιω, forte φόειω, id est iubam, Zoroastres) nido imponit, Aelian. Philes arundinis comam à perdice contra fascinum non nido imponi, sed edi scribit.

¶ Vita. Perdicum uita ad sedecim annos durare existimatur, Plin. Amplius quàm ad sedecim annos, Aristot. hist. anim. 6. 4. quo in loco cum de columbaceo genere agat, suspecta est dictio πορϑίκου, & tradunt aliqui, ut Niphus annotauit, in uerioribus codicibus legi πίλεαι. Perdix uiuit annos quindecim: fœmina etiam pluribus. nam in auium genere fœminæ maribus uiuaciores sunt, Athenæus ex Aristot. Porrò alibi apud Aristot. legimus huic aui uitam ad quinq; & uiginti annos extendi, errore forsitan exemplaris Græci aut scriptoris, ut Vuottonus suspicatur.

D.

In regione circa Trapezuntem, quæ Pontus olim dicebatur, uidi hominem ducentem secum supra quatuor millia perdicum. Is iter faciebat per terram, perdices per aerem uolabant: quas ducebat ad quoddam castrum nomine Thanega, quod à Trapezunte distat trium dierum itinere. Hæ

perdices

perdices, cum duci ipsarū homini quiescere aut dormire libebat, omnes quiescebant circa eum tan
quam pulli gallinarum:& sic ducebat eas Trapezuntem usc ad palatium imperatoris. Cum uerò
sic quiescebant circa eum, capiebat de ipsis quantum uolebat numerum, reliquas ad locum in quo
prius erant reducebat, Odoricus de Foro Iulij. ¶ Perdix cum in multis astuta sit, in hoc dicitur
esse fatua, quod capite alicubi occultato, credat se totam latere, & cum neminem uideat, à nemine
quoque uideri, Obscurus. ¶ Dicitur sicci esse cerebri, & ob hoc obliuiosa, & nidi proprij obli-
uiscens, sed hoc falsum est, & non philosophicè dictum. memoria enim in sicco firmior est: & perdix ipsa ad nidum reuertens, ostendit se nidi sui meminisse, Albert. ¶ De perdicis docilitate ad
enunciandum sermonem humanum scripsimus supra in c. ¶ Perdices aiunt & ciconias & pa-
10 lumbos uulneri accepto origanum imponentes ad sanitatem redire, Aelianus. ¶ Malitiosa astu-
taq auis hæc est, Aristot. Perdicis uafricia in prouerbium abijt. Quàm uafrè quidem & sibi &
pullis contra aucupum insidias prospiciat, iam referemus. Qua cura quidem & astutia circa incubationem utatur, dictum est in c. alio enim loco pariunt & incubant:& ne frequens conuersatio suspecta sit, oua alio transferunt, sic & mares fallunt qui oua earum frange e solent. ¶ In uniuersum
dolosæ sunt: adeo ut pulli quoq accedentem aucupem decipere calleant, frondibus aut ramis aut
alia materia se occultantes: qui dolus etiam polyporum est proximæ cuiusc petræ colorem simulan
tium, Oppianus. Perdices festucas pedibus arripiunt, & ita se supinas abijciunt, ijsq tectæ periculum declinant, Aristophanis Schol. Pullos, quantisper fugitare per ætatem non licet, assuefaciunt,
ut quoties uenator instet, supini sternant sese, gleba festucisue (συρφετῷ) corpori ueluti integumento
20 superingestis. ipsæ uenatorem alia abducunt interim. circumagunt enim se, ac impedite uolant, tan-
tumq non deficere cursu simulant, captarum hoc pacto speciem tantisper præbentes, dum procul
à pullis hominem auellant, Plutarchus in libro Vtra animaliū, &c. & in libro de amore in sobolem.
Si ad nidum auceps cœperit accedere, procurrit ad pedes eius fœta, prægraue aut delumbem sese
simulans, subitoq in procursu aut breui aliquo uolatu cadit (tanquam) fracta aut ala aut pedibus:
procurrit iterum iamiam prehensurum effugiens, spemq frustrans, donec in diuersum abducat à
nidis. Eadem in pauore libera, se materna uacans cura in sulco resupina gleba se terræ pedibus apprehensa operit, Plin. Sed Solinus Plinij simia aliter posteriorem partem legit, ut ex uerbis eius
coniecto: Si quis hominum (inquit) ubi incubant propinquabit, egressæ matres uenientibus sese
sponte offerunt, & simulata debilitate uel pedum, uel alarum, quasi statim capi possint, gressus sin-
30 gunt tardiores. hoc mendacio solicitant obuios & eludunt, quoad prouecti longius à nidis auocen-
tur. Nec in pullis studium segnius ad cauendum. cum enim uisos se persentiscunt, resupinati glebu-
las pedibus attollunt, quarum obtectu tam callidè proteguntur, ut lateant etiam deprehensi, Hæc
ille. Perdix si ab homine uisa est, ita se ab ouis astute, quemadmodum à pullis subtrahit, labans ante
hominis pedes dum dimoueat, Aristot. Cum ad nidū quis uenando accesserit, prouoluit sese perdix ante pedes uenantis, quasi iam possit capi, (ὡς ὑπὸ λιμῷ ϊσα,) atq ita allicit ad se capiendam hominem, eousc dum pulli effugiant: tum ipsa auolat, & reuocat prolem, Idem & recitans ex eo Athe
næus, Aelianus, & Aristophanis Scholiastes. Quòd si Pisiæ filius portas uult prodere infantibus,
τῷδ᾽ἐξ ᾑνίκα τὸ πατρὸς νεόϑιον, ὡς παρ᾽ ὑμῖν ὑδ᾽ὡ ἀιχρὸν ὅτι ἐκπεϱδικίσαι, Aristoph. in Auibus. id est,
perdix, & uersutus similiter ut pater, fiat. Decipere enim (uel fugere & exulare) nihil apud nos tur-
40 pe est. Educit pullos in pascua, quòd si hominem uiderit, sibilo id sijis significat: qui confestim re-
supinos se collocant: adeo ut ne si palpitando quidē pericliteris, aduertas. Mox ubi uenator quadam
tenus est progressus, rursum pater sibilat, at illi euolant protinus. Hoc igitur est ἐκπεϱδικίσαι, Cælius
ex Aristophanis Scholiaste. Idem Scholiastes, ἐκπεϱδικίσαι (inquit) pro fugere uel exulare accipi
potest, ut Pisiæ filius tanquam exilio mulctatus traducatur, nam perdices sua uafricie facilè ab aucupibus euadunt, sæpe se resupinantes & festucis integentes. ἐκπεϱδικίσαι, astu & dolo effugere,
ἐϰδιϰύναι πανύϱγως, metaphora à perdicum ingenio sumpta, Suidas, Etymologus & Varinus. Δια-
πεϱδικίσαι, ἐϰγαλϰύσαι (lego διολιϑῶσαι ex Apostolio) ἐϰφυγῶν, Hesych. & Varinus. Erasmus in prouerbijs, ἐκπεϱδικίσαι (inquit) Græci prouerbiali metaphora uocant elabi ac suffugere: ab auibus quæ
nonnunquam elabuntur è retibus sua laqueis. Chenalópex etiam, quam Angli bergandrum uo-
50 cant, ut Turnerus scribit, dum teneri adhuc pulli sunt, si quis eos captare tentet, prouoluit sese ante
pedes captantis, quasi iam capi possit, atq ita allicit ad se capiendam hominē, donec pulli effugiant,
tum deinde reuocat prolem. Idem de uanello refertur. ¶ Perdices si ad hoc fuerīnt ut capiantur, similem sibi colore lapidem quærunt, & inibi supinos se componunt, Cælius.

¶ Pugna. Perdicem uenatorem dux syluestrium primus inuadit, pugnamq obuiam conse-
rit,&c. uide in E. hic enim de illa perdicum pugna potius scribimus, ad quam ab hominibus utrinq
committuntur. Homines qui perdices ad certamen alunt, cum eos ad pugnam inter se incitare uo
lunt, suam cuicq uxorem præsentem esse curant, hac enim machinationis commētatione perdicum
timiditas repellitur, & mala pugna uitatur. nam male pugnando uictus nunquam in conspectum,
nec ad amatam, nec ad coniugem audet uenire, ac potius morte occumbit, quàm commissam pu-
60 gnam non summa cōtentione pugnatam amica uideat. quocirca nequid à se turpe commissum illa
uideat, atq ut amicæ suæ probetur, omnes neruos contendit, Aelianus. Perdicibus uox est ante
pugnam dum suos aduersarios prouocant, Aristot. & Plin. Perdices & coturnices pugnaciores

Ii

fieri putant in cibum eorum additis adianti ramulis, Plinius. Palumbes & perdices bene inter se
sentiunt, Aelianus. Perdices damarum amore tenentur, Gillius ex Aeliano. Et rursus, In dama=
rum dorso perdices alas explicantes se refrigerant. Perdices amicæ & familiares sunt dorcis, &
prope pascuntur, & prope cubant, quare & capiuntur dorcis allectæ:& contra etiam dorci perdici=
bus alliciuntur, Oppianus lib. 2. de uenatione. Gillius dorcos uertit damas, malim capreas. Per=
dices mirifice ceruos amant, & pasci cum eis gestiunt: nec usquam discedere uolunt, sed comitan=
tur, & una currunt, & dorsis insidentes pilos eorum uellicant, quare etiam facile capiuntur ab aucu
pe, qui cerui imaginem eis ostenderit, Oppianus de aucupio 1. 9. ¶ Perdici hostis testudo est,
Aelianus & Philes. ¶ Parui illi homunculi qui cum gruibus belligerâtur, perdicibus inequitant,
(πορ᾽ἀἕιν ὀχ́μασι χῶντα,) ut Basilis scribit: Menecles uero tam cum perdicibus quàm cum gruibus 10
eis pugnam esse, Athenæus & Aelianus.

E.

Perdices neq propter fœcunditatem,neq propter suauitatem saginâtur, sed sic pascendo fiunt
pingues, Varro de re rustica,si recte legitur. De perdicibus nutriendis & saginandis, leges in Pha
siano E.& in Turdo. ¶ De pugna perdicum qua inter se cicures committuntur, scriptum est in D.
    ¶ Aucupium. Vsq adeo perdices copia libidinis gaudent, ut in aucupantes corruant, & sæ=
penumero capitibus eorum residant, Aristot. Quàm uafre perdices aduersus aucupum insidias
& ipsæ sese & pullos tueantur, dictum est abunde in D. Ex perdicibus qui uocis contentione &
cantu ualent, & linguæ facultati confidunt, quiq pugnaces & ad certamen habiles sunt, se minimè
dignos credunt, qui ad extruendas mensas capiantur: unde sit, quia minus contra uenatores de sua 10
libertate depugnent, ut comprehendantur, sibi præfidentes quòd à cæde studiosè ad cantus & cer=
tamina seruabuntur. Reliqui autem perdices, & potissimum qui nuncupantur Cirrhei, sibi conscii,
quòd nec ad certamina ualent, neq pulchrè cantare sciunt, qui si capiantur, erunt his prandium qui
ceperint. itaque naturali quadam machinationis commentatione seipsos macie côficiunt: nimirum
cum ab omni alia esca, quæ ad pinguitudinem eos perducere queat, se sua sponte abstinent, tum ut
ne idonei sint ad hominum mensas, cupide aliis uescuntur: cuius rei experientes, his preteritis, alio
uenationem conuertunt. Qui uero hoc ipsum ignorant, eos si facultas sit capiunt, quicunq autem
ipsos captos decoxerit, eorumq insuaues carnes expertus fuerit, se iam & tempus & operam co=
gnoscit in his uenandis perdidisse, Aelianus. Capiuntur perdices pugnacitate libidinis, contra au=
cupis indicem exeunte in prælium duce totius gregis. Capto eo procedit alter, ac subinde singuli. 30
Rursus circa conceptum fœminæ capiuntur,côtra aucupum (aliàs aucupem) fœminam exeuntes,
(aliàs fœmina exeunte,) ut rixando abigant eam (aliàs abigat eum.) neq in animali alio par opus li=
bidinis, Plinius. Perdicem uenatorem dux syluestrium primus inuadit, pugnamq obuiam conse=
rit, quo capto compage (ὣ ταῖς ϣωκ]αῖς) alter occurrit, tum alius, atque ita singulis dimicatur, si mas
sit, qui uenatur. Sed si fœmina est, quæ uenatur & canit, ubi dux ad eius uocem occurrerit, cæteræ
uniuersæ eum inuadunt, feriunt, fugant ab ea fœmina, inuidentes quòd non sibi, sed illi accesserit,
hic tacitus ob eam rem sæpe accedit, ne uoce percepta oppugnetur. nonnunquam marem adeun=
tem efficere, ut fœmina obmutescat, ne re cognita pugnare cum cæteris maribus cogatur, periti re=
ferunt, Aristoteles: cuius uerba Græca, Τὸν ἄῤῥενα ϣοσιόντα φασὶ τὴν δήλειαν κατασιγάζειν, duobus mo=
dis accipi possunt, ut uel mas fœminam silere faciat, uel fœmina marem. posteriorem sensum Athe= 40
næus sequitur, qui hæc uerba tanquam Alexandri Myndii recitat : Ενίστε ἡ δήλεια τὸν ἄῤῥενα ϣοσιόντα
ἐκατασιγάζει. priorem Gaza interpres, cui & ipse assentior. fœmina enim est, ἡ ϑηρωθῶσα κỳ ἄδ᾽ουσα, se=
cundum Aristotelem. Producitur perdix uenator in capturam, ad illiciendos feros, & ante retia
(τῇ πτέρυξ) propositus, cantum ædit eos lacessentem ad pugnam, eosdemq ut ex insidiis in laqueos
inserat incitantem, contrà cantans. syluestrium dux suum gregem præcurrens, obuiam procedit,
cum hoc luctaturus. cicur autem per malitiam semper insidias instruens, pedem refert, se timere si=
mulans: alter uero spe atq animo inflatus, simul & sibi iam uictoriam spondens, impetum facit, sed
mox captiuus compage tenetur. Quòd si uenator perdix, qui ad illecebras uenatorio instrumento
assidet, mas sit, cæteri gregales ei ipsi captiuo opem ferre conantur: sin qui positus est in insidiis fœ=
mina est, captiuum ipsum omnes feriunt, ut qui libidine incensus, in seruitutem ceciderit, Aelian. 50
interprete Gillio. cuius uerba Græca posterius sic sonant: Καὶ ἐαν μὲν ἡ ἄῤῥην ὁ τοῖς θηρατηριοις ϣαρεμένων,
ϣεραγῶνται ἀδικεφεὴν οἱ σωύνομοι ϣρ᾽ ἑαλωκό͂τι, &c. (id est, ut ego interpretor : Quòd si perdix uenator mas
fuerit, tum (fero perdici) capto cæteri gregales auxiliari conantur, sin fœmina uenatrix fuerit, per=
dicem captum omnes feriunt, alius aliunde. Si pugnas (ὁ ϣαλαίων, malim ϣαλαίων, id est perdix al=
lectatrix & uenatrix) sit fœmina, ne mas incidat, fœminæ quæ sunt extrà, illum ex casu in compa=
gem propinquo seruant, suo cantu tanquam amatorio quodam retractum, Idem. Perdices sibi in=
sidiantur, etsi afferunt illos ad syluam qui eos habent, uocem emittit absconsi, sicq ueniunt cæteri,
ac in retia præcipitantur, plusq pedibus quàm pennis fugiunt aucupantes, Cælius. Aucupes fœ=
minam includunt in cauea quæ maculas habet, per quas à mare fero conspicitur : & habet recepta=
culum in quod potest intrare in una parte: mas igitur ferus ad eam ingressus capitur, & aliquando 60
plures intrant. duce quidem capto cæteri sequi solent, Albertus.
    ¶ Aues gregariæ gregatim etiam capiuntur, Cardanus. Perdices capiuntur retibus, aut instru=
                                                                                                          mento

mento aucupatorio quod πτυκτίοlας uocant, (Aristoteles πηκτάς nominat, Gaza compagem. uidetur
laqueorum uel tendicularum genus esse, nam Aelianus πάγιω dixit:)aut uoce perdicis, aut prouos
catæ ad pugnam,aut ceruina pelle. Vehementer enim ceruos amant,& pelle decipiuntur,hoc mo=
do.Si quis pellem cerui indutus cornua capiti imponat,& furtim accedat, illæ uerum ceruum esse
ratæ,suspiciunt coluntق́ eum:& accedente gaudent adeo,ut discedere ab eo nolint,ac si familiarem
aliquem & coætaneum adolescentem à longa peregrinatione reuersum uiderent. Hac beneuolen=
tia & amore nihil quàm laqueos aut plumbata retia lucrantur, ac ut pro ceruo uenatorem detecta
fraude aspiciant,Oppianus. Vt ceruus,ita etiã dorcis (capreis) gaudent, eorumق̄ imagine allectæ
capiuntur,ut in D.retuli ex Oppiano. Fictis equis quidam perdices illaqueant, Gyb. Longolius.
10 Robertus Stephanus in Appédice dictionarij Gallicolatini bouis imaginem ex linteis fieri scribit,
quæ ab aucupe gestetur,ita ut post imaginem lateat:& sic decipi perdices. Et rursus, Quidam (in=
quit)ad aucupium perdicum(a la tonnelle,ou tomberel Galli uocant)utuntur uaccæ effigie è ligno,
aut equi,coloribus additis, & ita effigiem ceu animal uiuum paulatim admouent, donec perdices
tendiculis ante effigiem dispositis implicentur. Perdices cito uenaberis,si farinam illis uino exce=
ptam obieceris,Anatolius. Perdices(Starnæ)irretiendi modos duos Crescentiensis præscribit lib.
10, cap.18, & rursus alium cap.24. Quomodo laqueis è pilis caudæ equinæ capiantur, ex eodem
scripsi in Coturnice E. Supra etiã in Gallinagine E.modum perdices noctu ad igné capiendi repe
ries. Perdices,coturnices & passeres, quàm sint libidinosæ aues, & quomodo libidinis tempore
speculo proposito capiantur, recitauimus in Coturnice C. Accipitres & falcones capiunt perdi=
20 ces,Crescentiensis. Accipiter mas perdices capit,Tardiuus. Sunt qui nisorum etiã genus, quo=
rum pectus maculis rubris insignitur (rote Sperber) ad perdicum capturam laudant. De perdi=
cothera uel perdicario accipitre leges in capite de accipitribus diuersis. Canes sagaces è longin=
quo persentiscunt feras,perdices & lepores,aduerso uento eorum odorem captátes.Equidem ipse
sæpe admiratus sum perdicarios & campestres canes,quum cursu præcipiti in longum contendere
spatium eos cernerem,non aliter atق̄ si obiectam prædam oculis sequerentur,quoad uiderem emi=
cantes inde & euolantes perdices quò illi contenderant, Budæus. Quomodo utendum sit accipi=
tre & cane aduersus perdices, pluribus ex Demetrio Constantinopolitano scripsi in Accipitre E.
¶ Propter perdicum & phasianorum aucupium principes aliquando facinorosos quosdam & ob
alia scelera mortem commeritos se suspendere fingunt, & harum uolucrum pennis circundari iu=
30 bent,ut ita rusticos ab earum aucupio deterreant,Ant.Brasauolus.
¶ Quum Astypalensis quidam duas perdices inuexisset in Anaphen, tanta perdicũ uis in Ana
phe nata est,ut incolæ de insula relinquenda periclitarentur,Athenæus & Eustathius. Samij cum
in Sybarin nauigassent, & Siritin regionem occupassent, perdicum euolantium strepitu deterriti
fugerunt, & in naues regressi aliò se contulerunt,Hegesander apud Athenæum.
¶ Scribit Ael.Lampridius Heliogabalum non facilè cubuisse in culcitris seu accubitis,nisi quæ
leporinum pilum haberent,aut perdicum plumas subalares.

F.

Ponitur Ausonijs auis hæc rarissima mensis: Hanc in lautorum mandere sæpe soles, Martia=
lis de perdice. Homines circa gulam exercitati in perdicibus alas præcipuè laudant. Perdicis pe=
40 ctus cum superioribus perquam sapidum est, inferior pars non æquè, Isidorus. ¶ Perdices Cir=
rhæi(circa Cirrham)carnem minimè esculentam habent propter pabulum, Athenæus. ¶ Perdices
aliæ quæruntur cantibus,aliæ certamini:quæ uero uocantur Cirrhæi,sibi quodãmodo conscij,nulli
uirtuti se esse idoneos, degustatis alijs de industria marcescunt,ut ab aucupe ne quidè cibo dignen
tur(propter maciem & odoris uirus,)Volaterranus ex Aeliano.
¶ Perdices ueteres debent ut minimum per diem naturalem adseruari(suspensi) antequã præ=
parentur ad cibum, Arnoldus Villanou. Recens quidem mactatas non esse edendas Galenus
etiam scribit in libro de attenuante uictu. Post diem unum aut alterũ comedi debet,sic enim amit=
tit quod durum est,Symeon Sethi. Hyeme magis conuenit in cibo si prouectior ætate fuerit, Ar=
noldus. Obseruandum est in omni carne assanda,& peculiariter in perdicibus,ne nimium siccen=
50 tur & torreantur,Idem. Phasiani eduntur ut plurimum assi,& aliquando elixi,aspersi aromatibus
temperatis:& similiter perdices, Nic. Massa. Præstare mihi uidetur ut perdices elixentur potius
quàm ut communiter sit assentur,ut ex humiditate aquæ siccitas earum nonnihil temperetur, nisi
corpora sumentium humida fuerint,Eligi autem debent iuuenes & pingues, (atqui Plinius perdi=
cem pinguescere negat,)Ant. Gazius. ¶ In perdice & attagena & turture,ex Apicio. In elixis,
Piper,ligusticum,apij semẽ,mentham,myrrham & baccas,uel uuam passam:mel, uinum, acetum,
liquamen & oleum:uteris frigido.Perdicem cum pluma sua elixabis, & coctura madefaciam depi=
labis perdicem.concisa perdix potest ex iure coqui dum indurescat,si iterũ ferbuerit, elixa condiri
debet. Aliter in perdice & attagena, & in turture.Piper,ligusticum,mentham,rutæ semen:liqua=
men,merum & oleum calefacies, Hæc Apicius.
60 ¶ Perdicem assabis.elixa etiam cum pipere & salsa non insuauis uidebitur, Platina. Patina
Catellonica in perdices:Perdicis assæ ac propè(probè)coctæ alas & pulpam circunquaق̄ abscindes,
indesق̄ in locum modicum salis , aromatum, caryophyllorum contusorum, Succus citri aut mala=

rantij, quò melius simul hæreant, misceri his debet. Inuoluatur tamē citò necesse est, ac calida deuo‐
retur oportet. Edulium cum pectore perdicis ab eodem describitur 7. 49. Ex perdice ius con‐
sumptum quomodo paretur, in Capo leges. ¶ Artocreas de perdice:Impone perdici lardum mi‐
nutatim incisum, & insperge zinziber tritum cum caryophyllis, Coquus Gallicus. ¶ Perdix mi‐
nor in cibo minus laudatur maiore. huius enim carnes albicant, illius subfuscæ sunt.

¶ Galenus in libro de cibis boni & mali succi, cibarijs laudatis, & neqʒ tenuem neqʒ crassum suc
cum gignentibus, perdices adnumerat. Idem has aues coctu faciles esse, & sanguinem generare
laudatissimum scribit, lib. 3. de alim. facultatib. Boni succi esse, præsertim iuuenes, in libro de reme‐
dijs paratu fac. Montanas edendas in uictu attenuante, in libro de uict. atten. Conuenire eas stoma‐
chicis, lib. 8. de compos. sec. loc. siccis, sexto de sanitate tuenda & septimo Methodi med. calidis & 10
siccis, octauo Methodi. Idem alicubi lupum piscem perdici comparat. Sanguinem tenuem gig‐
nit, & si sanguinem crassum contingat, extenuat, & præsertim alæ, quæ reliquo huius uolucris cor‐
pore facilioris sunt concoctionis. Profunt uerò otiosis inexercitatisqʒ, ac ijs qui imbecilliores sunt
& inualidi, & qui tenuioris diætæ esse dicuntur, quiqʒ humido sunt stomacho, Symeon Sethi. Ex
uolucrium genere gallinæ altiles omnibus præstant, Aetius in cura colici affectus phlegmatici.
¶ Ventrem sistit perdicum caro, Symeon Sethi, Rasis & alij: propter siccitatem suam, Isaac. siue
assa, siue elixa, Auerrois. Auicenna idem de cubugi, hoc est perdice maiore scribit. R. Moses de star
na. Aues autem quæ sicci temperamenti sunt, non debent edi nisi altiles & saginatæ fuerint, ut tur‐
tures & perdices, Isaac. Caro pullorum perdicis leuis est, ut caro coturnicis, Rasis. Caro perdicis
masculi tenuior (leuior) est carne aliarum auium, & citius concoquitur, Idem. Et rursus, Caro per‐ 20
dicis maris calida est & humida, inflat, Venerem promouet, cbesat, calfacit, & sanguinem multum
auget, conuenit conualescentibus quorum corpus refrigeratum & imminutum fuerit. Auicenna
de cubugi, id est maiore perdice eadem ferè scribit. Auium laudatissimæ perdices declinānt parum
ad frigiditatem & siccitatem:& similes sunt gallinis deserti, Auerrois. Rasis quoqʒ eas frigidas &
siccas esse alicubi scribit, cum alibi perdicem marem calidum & humidum faciat, ut citat Ant. Ga‐
zius. Multum nutriunt perdices, humiditatem stomachi exiccant, & putredinem arcent, maximè
si cum succo pomorum dulcium coquantur. Retinent (astringunt) & roborant uirtutem. Ius etiam
earum temperatū est, boniqʒ odoris & saporis, Rasis. Starnæ caro in auium genere leuissima est,
& uictui subtili conueniens. deinde caro coturnicis (uulgo Italis dictæ, id est perdicis maioris:) quæ
parum excrementi relinquit, nec admodum calida est, & probiorem quàm gallinæ sanguinem gig 30
nit, & genituram auget. perdicis uerò caro crassior est, & uentrem constringit, Idem Rasis ut citat
Ant. Gazius, quasi tres diuersæ aues sint, perdix minor, & coturnix Italorum, id est perdix maior,
& perdix simpliciter. ¶ Starnæ, id est perdices minores, naturæ sunt temperatæ, sed ad calidita‐
tem declinant. pingues ex eis humidæ sunt, conueniunt conualescentibus, uentriculo frigido no‐
cent, noxa earum emendatur si præparentur cum fermento. sanguinem temperatum generant, &
hominibus temperatis conueniunt, Elluchasem. Et rursus, Starnæ phasianis natura proximæ sunt.
Quod ad temperamentum & subtilitatem, primo loco starnæ habētur:deinde phasiani, tertio per‐
dices (maiores) propter uim exiccandi earum. (in quibus uerbis ego primum locum accipio de ijs
quæ minus talia fuerint, ut aliquid primo gradu calidum dicimus.) His cibis sani uti non debent, &
maximè qui exercentur. Coturnices eiusdem temperamenti sunt cuius perdices, sed paulo siccio‐ 40
ris. probe nutriunt, Nic. Massa coturnices qualeas interpretans. ego hæc non de qualeis, sed de co‐
turnicibus Italorum uerè dici asseruerim. Perdix nutrimentum mediocre, sed aliquatenus subtile
præbet, teste Isaac:cuius inter uerba, Inter aues starna subtilior est, ac pulli perdicū & pulli gal‐
linacei. deinde perdix, phasianus, & gallina. Et in Vniuersalibus, Starnæ (inquit) & perdicis pulli
sunt subtiles in tertio gradu subtilitatis, Hæc ille ut citat Ant. Gazius. Phasiani caro magis nutrit
quàm perdix, minus tamen imbecilles particulas roborat. caro enim phasiani media est inter per‐
dicem & pullam gallinaceam, (inter perdicem & capum, Platina) Brudus Lusitanus. Inter aues
perdicis caro parum recrementi, nutrimenti multum in se habet, cerebri uim & genituram auget,
Platina. Carnes temperamento proximæ, ut starni (starnæ) pulli, cito concoquuntur, & facile ue‐
nas penetrant, ac sanguinem generant laudabilem, omniqʒ ætati & temperamento congruunt: sed 50
quoniam citò dissoluuntur particulas corporis parum corroborant: quare ad tuenda sanitatem po‐
tius quàm uires augendas faciunt, Isaac. Sani perdicibus & huiusmodi (delicijs) uesci non debent,
ut superueniente morbo habeant aliquid quod ultra consuetudinem comedant, Mich. Sauonarola.
¶ Pulli perdicum quia solum autumno reperiuntur, eo tempore ad cibū magis congruere dicendi
sunt, Arnoldus Villanou. ¶ Iure perdicum stomachus recreatur, Plin. Vide in G. ¶ Aretæus
inter cibos elephantiacorum perdices omnes laudat.

¶ Heliogabalus exhibuit palatinis ingentes dapes extis illorū refertas, & perdicum ouis, Lam‐
pridius. Oua, præsertim uitelli, ualde roborant cor: nempe ex gallina, perdice, phasiano, starna,
sunt enim naturæ temperatæ, & uelociter in sanguinem conuertuntur, & parum excrementi relin‐
quunt:& sanguinem subtilem clarumqʒ generant: hoc est conforme sanguini quo nutritur cor, 60
Auicenna in libro de medicinis cordialibus. Oua gallinæ & perdicis sperma augmentant, & ad
coitum incitant, Rasis. Auicenna in capite de ouis, oua alchabegi & altheiugi (id est utriusque
perdicis)

perdicis)comparat ouis gallinaceis. Oua perdicum funt fubtiliora ouis gallinarum, & minoris nu
trimenti,Probé autem apparabuntur,fi elixentur in aqua bulliente cum fale & aceto, ita ut fuperfi
cies aquæ æquetur extremæ fuperficiei ouorum. Nec minus laudatur modus præparationis cum
oleo,muri(garo)& modico uino,in uafe operto & fufpenfo in caldario continente aquam calidam.
Frixa in oleo,mala funt.gignunt enim calculos,& faftidiũ mouent, & colicam,in aqua ueró cocta,
meliora funt,Elluchafem.

G.

Perdix cocta cum malis cydonijs & eſtata,iuſᵹ potum cum uino ſtyptico, cœliacos & ſtoma
chicos ſanat,Kiranides. Medici quidam pulpas caponum aut perdicum medicamẽtis quibuſdam
ꝉo miſcent ad reſtaurandas deiectas ægrorum uires, quod nullus feré eruditorum probat. ¶ Iure
perdicum ſtomachus recreatur, Plin. Ad iecoris dolorem ius perdicis ſumitur, Serenus. Ileo
reſiſtit ius perdicum,Plinius:item regio morbo, ut quidam citant ex eodem. Perdicis medulla ſi
cum uino hauriatur ictericos ſanat, Symeon Sethi. ¶ Perdicum, columbarũ,turturum,palum
bium ſanguis,oculis cruore ſuffuſis eximié prodeſt,Plinius.Vide plura in Columba G. inter reme
dia ex ſanguine columbino. Earundem auium ſanguis nyctalopas ſanat, Plinius. ¶ Cerebrum
perdicis é uini cyathis tribus potũ,morbo reſiſtit regio,Plinius,Sextus, & Conſtantinus. ¶ Ven
triculus perdicum per ſe contritus, ex uino nigro reſiſtit ileo , Plin. ¶ Perdicis ſecur aridum tri
tumᵹ potum,comitiali morbo laborantibus confert, Haly & Symeon Sethi.
¶ Si ſingulis menſibus felle perdicum tempora perungantur,memoriam facit, Symeon Sethi.
ꝝo ¶ Fel inter aues præſtantiſsimum perdicis,aquilæ & gallinæ albæ,Dioſcorid. Gallinarum & per
dicum fella, ad medicinæ uſum præſtant,Galenus: præcipué ad remedia aduerſus hebetudinem ui
ſus,& incipientes ſuffuſiones. Fel perdicis recipitur in compoſitiones quaſdam ad omnem uiſus
hebetudinem, & cicatrices & incipientes ſuffuſiones, apud Galenum de compoſ.ſec.locos 4. 7. &
apud Aetium 7.ııı. Compoſitioni cuidam Aſclepiadæ exacuenti uiſum & ad glaucedinem apud
Galenum de comp.ſec.loc.miſcetur fel perdicis ſylueſtris, (id eſt non altilis,) ſed aliás legitur ſucci
herbæ perdicij. Fel perd.ſuffuſionibus oculorum à principio ualde prodeſt.facit & ad ipſorum he
betudinem, Symeon Sethi. Fel perdicum cum mellis æquo pondere ad claritatem oculorum lau
datur,Plinius:ut quidam citant,& placet,quanquam apud ipſum Plinium ita refertur , ac ſi contu
ſis oculis medeatur,& ſic Vuottonus quoᵹ recitat. Perd. fel cum æquali melle Attico caliginem
ƷO tollit,ſi oculis adſidué infundatur,Marcellus. Ad albugines ſæpe comprobatum remedium : Per
dicis maſculi felle ex melle illinito,Galenus Euporiſton 3.14. Fel perd. cum melle & opobalſamo
& ſucco marathri uiſum acuit, Kiranides. Ad caliginem, incipientem ſuffuſionem & leucomata,
(glaucomata, Marcellus:) Hæc eſt cõpoſitio uera, uehemens, quod frequentius ipſi experti ſumus.
Perdicis fellis ueſicula quicquid habuerit,ad hæc commiſcens opobalſamum cyatho uno, cyprum
Sydoniæ(cyperi Sidonij, Marcel.)cyatho dimidio, in ſe commixtum contere diligenter, (ad ſum
mam leuitatem,Marcel.)& repone in pyxide ſtanneaſiue argentea, (plumbea, Marcel.)& inde in
unges, miraberis.Et licet quòd prorſus nõ uideat,ſed tamen ſi pupillam integram habet, ſine diffi
cultate curabitur.Hoc nos ipſi frequenter tentauimus , Sextus. Eadem deſcriptio apud Conſtan
tinum Africanum legitur, ſed deprauatior. ¶ Ad difficilem auditum & ſurditatem, perdicis fel
ꝙo calidum inſtillato, Nic. Myrepſus.
¶ Ad apoplexiæ periculum cauendum, remedium inuenio traditum in libro quodam manu
ſcripto Germanicé,ſi fiat ſuffitus é cumini ſylueſtri genere, quod conſolidam regiam uocant, pen
nis perdicis,& thure albo. Sunt qui aduerſus uteri ſtrangulationem crematas perdicum pennas
in linteolo ad olfaciendum porrigant.
¶ Oua perd.ſoluta cum melle,uiſum acuunt,partum quoᵹ accelerant , Kiranid. In uaſe æreo
decocta cum melle,ulceribus oculorũ & glaucomatis medentur, Plin. Oua perd.in cibo ſumpta,
Venerem incitant,ſunt autem amatorius potus, Kiranid. Aetius etiam eis qui re Venerea uti nõ
poſſunt,inter cætera ut perdicum ouis ueſcantur,conſulit. Oua perd,ſi ſorbeantur,fœcunditatem
facere putant,& lactis copiam,Plin. Cum adipe anſerino ſoluta,mammisᵹ nutricum inuncta, co
ƒo piam lactis educunt,Kiranides. Vt caſtigentur (conſtringantur) papillæ : Aut ouum illitum tule
rit quod garrula perdix,Serenus ꝝo. Ouorum perd. putaminum cinis, cadmiæ mixtus & ceræ,
ſtantes mammas ſeruat,Plin. & Kiranides. Putant & ter circunductas ouo perdicis mammas non
inclinari,Plinius.

H.

a. Perdix & maſc.genere dici poteſt.Varro Admirandis, Perdicas Bœotios, Nonius. Per
dix dicta eſt à ſono uocis,Albertus. ¶ ꝓρ᷎δὴξ πάρά τὸ πεδιοςὶϛ ἀϱ᷎ειμ,ἢ πάρά τὸ πηδϊαμ ἀϰὶ τόπα εἰς τόπομ
ἥ ὁ πεδιοςος διωκόμϵν᷍ ϰαὶ φϵύγωμ.ἢ πάρά τὸ πϵϱδω,ὃ ςημαίνϵι τὸ χϵιμα, τὲυ χλω, χϵιμωπϕτϕς γάρ τὸ ζωϊμ,ϰαὶ μὴ
ϲφόδρα εἰς ὑϟ᷍ αἰρόμϵνομ,μηδ᷍ πεδι϶νϵϊδϊα ϕν ἀϵϱι διωϰάμϵνομ,Etymologus & Varinus. ὁ ꝓρ᷎δὴξ maſcu
lino genere,frequens eſt apud probatos authores. Aliqui corripiunt iôta in caſibus obliquis, ut
бo Archilochus, ᵽϕωοϰϓϰαμ ὥϛτϵ πϵρ᷎δικα.χϕνικα.Attici plerunᵹ producunt,ut Sophocles, ὄϱνϊ
θ᷍ ἥλϕ᷎ ἰπϕνϕμϕ᷍ πϵρ᷎δϊϰος ϕν Κλϵινοϊϛ Ἀθλιωαϊωμ πάγϵϛ.& Pherecrates, Εϳϵςϕμ ἀϰϰϕμ διδϕρϕ πϵρ᷎δϊϰος τρόπωμ.
& Phrynichus, Τὸρ Κλϵόμϐροτόμ τι τϕ ꝓρ᷎δϊϰος υἱόμ, Athenæus. Perdix à uoce per onomatopœiam

Ii 3

καικάϐα (καικάϐα potius)etiam & καικαϐ@ dicitur, ut Varinus habet. Vocantur perdices à nõnullis καικάϐαι:ut ab Alcmane sic dicente:Επηγε δε καὶ μίλ@ Αλκμαν,ιὐρε τι γλωοσαμλνον(forte γλωοσόκομον)
καικαϐιλον ὄνομα σωϐεμλν@,σαφῶς εμφανίζων ὅτι παρα τω περδίκων ἀδ'ειν εμελλων, Athenæus. Cartha-
go etiam aliquando καικαϐυ dicta est,Eustathius in Dionysium. ρϊιεξ,perdix apud Cretenses, Hesychius & Varin. Σιωλαρ@,perdix Pergæis,Iidem. Κιπιδος σκίλ@,το περδίνος,Hesych.& Varin.

¶ Epitheta. Garrula perdix,Serenus. Aprica,Idem. Picta,cacabans,apud Textorem. So
domitica,Grapaldo. ¶ περδίκαϐ δέροι,πυρρώδεϐ,διολόϐαιρου,Oppianus.

¶ Athenæus(lib.3.) Aristomenem Atheniensem,Adriani libertum,dici à patrono solitum(scri
bit) Atticoperdica, quum esset comœdiæ ueteris histrio, Cælius. ¶ περδίκιον pro perdice parua
dixerunt Menippus Cynicus,Anaxandrides & Antiphanes, apud Athenæum. περδικωϐεις,pulli 10
perdicum,Eustathius,à recto singulari περδικιδ'ης, Varinus in λαγωὸς,forma est patronymica. περδίκαϐ (περδίκιον) παρα,και περδίκαϐ wὸς,Suidas. Perdicotheras,περδικωϐηρας,accipiter perdicarius.
Οικίσκος περδικικὸς nominatur apud Aristophanem,& περδικιπροφειον apud Hyperidem, Pollux.

¶ Helxinen aliqui perdicium uocant, quoniam perdices ea præcipuè uescantur, Plinius. Et
alibi,Perdicium & aliæ gentes quàm Aegyptij edunt,nomen dedit auis, id maximè eruens.crassas
plurimasꝗ habet radices,Plinius. Herbaceorum pleraque radices habent grandes & carnosas,ut
spalax,crocum,perdicium,sic dictu quòd perdices se ad id uolutent, Theophrastus historiæ plant.
1.11. Apud Apuleium perdicalis inter helxinæ nomenclaturas est. ¶ Perdicitin siue perdiciatin
lapidem ad omnes duritias pollentem,requiri inuenio in compositionem illam quæ pamplethes &
diacinnabareos uocatur ab Aegineta Paulo,(lib.7.)Hermolaus in Corollario. In tractu Hildeshei= 20
mio quà itur uersus occasum à fossa mœniorum urbis septentriones spectante, reperitur lapis qui
exprimit striis & colore perdicum pennas quas in pectore habent, Georg. Agricola.

¶ Icones. In Rhodo Iouis Colossus unum ex septem miraculis fuit.iuxta columnam Protogenis picturæ erant Ialysus ac Satyrus : super columna perdix, ad quam ita homines hiabant, cum
nuper tabula esset posita,ut illam solam admirarentur, Satyrum ueró contemnerent, quanquã per-
fectissimum opus.Augebant admirationem perdices mansuetæ,quæ à nutritoribus allatæ, & contra pictas appositæ,canebant ad picturam & congredi gestiebant. Protogenes uidens rem præter
opinionem euenisse,ædituos rogat,ut se delere permittant, quod & ita factum est, Strabo lib. 14.
In Rhodo erat pulcher ille perdix, celebre illud Protogenis parergon, Eustathius in Dionysium.
Perdices in Aegyptiorum literis contumeliosos monstrare uidentur:quoniã istiusmodi aues senio 30
confectæ(uidetur pro χηρδύωσιν inepte legisse γηρδύωσιν apud Orum, cuius uerba iam recitabo) contumelia se afficiant,Cælius. Perdix auis ad libidinis denotationem symbolicè usurpatur. Aegyptij obscœnum puerorum amorem designantes,geminos perdices pingunt; qui cum uidui sunt se
inuicem abutuntur,Orus 2.96.

¶ Propria. περδιξ μλι ὑς κάπηλ@ ὠνομάζετο,Aristoph.in Auibus:ubi Scholiastes : Prius dictum
est Perdicem illum claudum fuisse:à quo etiam factum aiunt prouerbium, Perdicis crus , in ualde
leptópodas, id est pedum prætenuium. Et rursus, Perdicis (uiri) claudi etiam in Anagyro meminit,& alij multi. περδινος καπηλεον.Perdix uir quidam erat claudus & mutilus, à quo etiam natum
aiunt prouerbium,Hesychius:apud quem πηρὸς lego, non πηλός. Erasmus Rot. hoc prouerbium
à Perdice caupone claudo ortum scribit,& conuenire in crura gracilia distortaꝗ. Refertur(inquit 40
à Suida περδίκαϐ wὸς,id est,Perdicis pes. In loripedes quadrat. Κιπιδος σκίλ@ παρροιμιϐεις ἰω,περ-
δινος σκίλ@,Hesych.& Varinus. ¶ Perdicis templum(Athenis)iuxta Acropolin erat.Eupalamo
enim liberi fuerunt Dædalus & Perdix,(ὴ περδιξ,)Perdicis filius Calos, (Καλως:) quē Dædalus propter inuidiam artis ab Acropoli deiecit.propter quod Perdix seipsam suspendit.Athenienses ueró
ei honores decreuerunt.Cæterum Sophocles in Comicis,Perdicem (non Cálon) illum quem Dædalus occiderit uocatum fuisse scribit. Proditum à mythicis est, Perdicem fuisse uenatorem, qui
sit matris infando amore correptus.dum ueró utrinꝗ immodesta libido ferueret, & noui facinoris
uerecundia reluctaretur,consumptus,atꝗ ad extremam labē(tabem) perductus memoratur.Hunc
primum inuenisse serram scribunt nonnulli.nam primi cuneis scindebant fissile lignum.Fenestella
Martialis scriptum reliquit,hunc Perdica fuisse initio uenatorem , cui quum cruentum institutum 50
& solitudinis studiosa meditatio displicere cœpisset, eo studio desito agriculturæ se totum manci-
passe:quo nomine terram,quasi matrem omnium fertur adamasse, quo labore consum-
ptus,ad maciem prolapsus dicitur.Quòd ueró cunctis uenatoribus detraheret, serram, ueluti linguæ uirulentiam dicitur excogitasse. Matri eius indidēre nomen Polycaste , quod interpretantur
Polycarpem,à fructuum numerositate quos humanis usibus terra parens producit,Cælius. Vide
infra in h.de metamorphosi perdicis.

¶ b. Perdices διολόϐαιροι, Oppianus. Inter aues aquila αρρχωπος est , perdix ueró δηλύμορφ@,
Adamantius. Cleanthes Tarentinus nihil non inter pocula uersibus efferebat,ut : ἔχχι πᾱμ μοι,και
τω περδίκων τις,ή μλακὼντα τις ὅτω, Athenæus. Ἀμιδα ϐτω τις,ή μλακὼντα τις ὅτω,Athenæus.

¶ c. Homerum infantē Aegyptijs parentibus ortum,fabulantur cum mel aliquando ex Aegy 60
ptiæ nutricis uberibus in os eius manasset, ea nocte nouem uoces diuersas ædidisse, hirundinis,pa-
uonis,columbæ,cornicis,perdicis,&c.ut recitaui in Columba liuia ex Eustathio.

¶ d. Nos

¶ d. Nos aliquando Carthagine perdicem cicurē quæ aduolauerat aluimus, & temporis progressu adeò familiarem effecimus, ut non modò adulari, colere nos & colludere uideretur, sed nostræ etiam uoci occurrere, & quantum fieri poterat, respondere alio quodam tenore, quàm quo se inuicem perdices uocare solent, Porphyrius lib.3.de abstinentia à carnibus. Perdices uolunt uincere, Galenus lib.5.de decretis Hippocratis. Flet uiduus perdix, Politianus in Rustico. οἰκωϱνὴς ἄελωϱ᾽ ἐμέω πσϱδίκα φαγῶσα, Ζώεω ἡμετέϱοις ἔλπετσι ὧ μεγάϱοις, Suidas in οἰκωϱνής.

¶ e. Aristippum aiunt iussisse aliquando perdicem 50. drachmis emi. & tantum luxuriæ grauiter ferēti cuidam respondisse, Tu istam obolo non emeres? & cum annuisset ille, Mihi uerò, inquit, 50.drachmæ tantum ualent, Laertius. Ἀφϱοδίσιαν ἄϱϱαν apud Sophoclem aliqui perdices interpretantur, qui apti sint ad expiationem, perdice fœmina cicure exposita capti. (τῇ δὲ θηλεία πσλαύοντες ἄϱϱσην αἱϱᾶσ᾽.) Sed hos alij reprehendunt, porcum dicῐ̄es & agnum expiationibus adhiberi, non perdicem, Hesychius in Ἀφϱοδίσια.

¶ f. Lautorū dubijs perdix Sodomitica cœnis Aptior, ægrotis iuscula sæpe dedit, Grapald.

¶ h. Talus (Κάλως forte secundū Græcos.uide suprà inter Propria) puer serræ circiniᵭ̄ inuentor in perdicem mutatur apud Ouidium Metam.8.

¶ Οὐκέτ᾽ αὖ᾽ ὑλᾷϖ ᵭϱῖϖ (ut legit Suidas in Δελϖ, quod est τόπος σωίδφϱος.aliâs ὑλᾷϖν ᵭϱνὸς) δύσκιοϱ ἄγϱότα πσϱδἰξ Ηχήσεις σύκεις γήϱῳ ᵭϰ σύμετϖ Θηϱδύϱων ἀγϱείϱς σωομήλικες ὧ νομῶ ὑλης. Εἴχεο γάϱ πυμάτηϱ εἰς Ἀχϱοντῖ᾽ ὁδ᾽όϱ, Simmias Anthologij lib.3.sectione 24. Ibidem leguntur epitaphia duo Agathiæ Scholiastici, & unum Damocratis Grammatici, in perdicem à sele occisum.

¶ Perdix sacra est Ioui & Latonæ, Aelianus. ἄθνεμα τὸ Διὸς ϰὼ Λητοῦς.

¶ PROVERBIA. Perdicis crura, suprà inter Propria: & Ἐκπσϱδικίσαι, suprà in D. exposita sunt. Ἀφωνότεϱϖ πσϱδἰκος, id est, Magis mutus quàm perdix, Plutarchus in libro aduersus usuram. Perdicis uafricia in prouerbium abijt, Cælius, quàm uafrè autem & sibi & pullis contra aucupum insidias prospiciat, dictum est suprà in D. Perdicis libidinem usurpari posse adagio scimus, prò efferata, turpi atᵭ̄ infami, demumᵭ̄ perniciosa, Cælius.

DE PERDICE MAIORE, QVAM ITALI
uulgò Coturnicem uocant.

A.

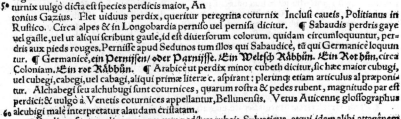

PERDICEM maiorē uocò auem cuius hæc delineatio est, quòd plerunᵭ̄ perdice nostra uulgari, de qua superius scriptum, maior sit, quanquam Bellunensis magnitudine parē faciat. Athenæus miratur in Italia perdices cinnabarinis rostris non haberi, cū in Grecia omnes eo colore spectabiles sint. quamobrem Gybertus Longolius perdicē hanc Græcam nominat. In Creta & Cypro uulgò simpliciter perdices dicuntur, Alex. Benedictus. Vide plura de eis in præcedenti capite de perdice simpliciter inscripto, in A.præsertim: quanquam & alia pleraᵭ̄ de perdice simpliciter scripta & huic (id est maiori) & illi communia esse uidentur. Coturnix Italis dicta (uulgò hodie, aliqui scribunt chotronisse) in Creta etiam coturno uocatur. nam perdices nostræ uulgò Gallis grises uel goaches cognominatæ in Creta non sunt, Bellonius. Coturnix uulgò dicta est species perdicis maior, Antonius Gazius. Flet uiduus perdix, queritur peregrina coturnix Inclusi caueis, Politianus in Rustico. Circa alpes & in Longobardia pernisò uel pernisa dicitur. ¶ Sabaudis perdris gaye uel gaille, uel ut aliqui scribunt gaule, id est diuersorum colorum. quidam circumloquuntur, perdris aux pieds rouges, Pernisse apud Sedunos tum illos qui Sabaudicè, tū qui Germanicè loquuntur. ¶ Germanicè, ein Pernissen/ oder Parnisse. Ein Weltsch Råbhůn. Ein Rot hůn, circa Coloniam. Ein rot Råbhůn. ¶ Arabice ut perdix minor cubeth dicitur, sic hæc maior cubugi, uel cubegi, cabegi, uel cabagi, aliqui primæ literæ ʿc. aspirant: plerunᵭ̄ etiam articulus al præponitur. Alchabegi seu alchubugi sunt coturnices, quarum rostra & pedes rubent, magnitudo par est perdici: & uulgò à Venetis coturnices appellantur, Bellunensis. Vetus Auicennæ glossographus alcubigi malè interpretatur alaudam cristatam. ¶ Perdices, sunt perdices magnæ cum pedibus rubeis, Syluaticus. atqui idem alibi attagĕnem interpretatur coturnicem, uulgò dictam, (quæ scilicet perdix illa est pedibus rubeis.) Vide suprà in

Ii 4

Attagêne A.   ¶ Porphyrionem esse crediderim eam auē, quam Siculi & Romani uernacula lingua coturnicem appellant, nam aliam esse à phœnicoptero, ex pennis rubentibus nomen adepto, certo certius est, Grapaldus: cuius ego sententiam priorem laudo, posteriorem minimè. ¶ Coturnicem quæ uulgò appellatur, nõ esset forte admodum absurdum gallinaginis aliquam speciem esse putare, siue auis Numidicæ, quam quidam deserti gallinam uocant, Aloisius Mundella. Nos quid de gallinagine, quid de aue siue gallina Numidica sentiamus, suprà suo loco docuimus.

B.

Perdix maior reperitur in alpibus Sedunorum, Rhætorum, & uersus Longobardiam, & Sabaudorum. Nõ tam altis nec tam syluestribus locis ut lagopodes, Stumpfius. In uinetis montanis circa Coloniam Agrippinam, Gyb. Longolius. Coturnix uulgò (Italis) dicta, perdice maior est, **10** eiusdem ferè coloris, pedibus & rostro rubens, Arnoldo Villano. Genæ, rostrū & pedes rubent, reliqua pennarum facies ad leucophæum uergit, magnitudo aliquantulum supra perdicem, Aloisius Mundella. Rostrum in hac aue (ut ipse manibus tractans obseruaui) cocci colore, pedes minus rubent, color cinereus per dorsum, pectus & caput. Ab oculis linea nigra retrò per collum tendit: inde reflexa per pectoris partem supremam semicirculum facit, quod intra eam est albicat. Oculorum quoq palpebræ marginibus rubent. Venter subruffus est. Vtrinq ad latera pennæ uarijs coloribus distinguuntur, albo, subruffo, & nigro splēdente. Magnitudo & rostri figura quæ columbæ. ¶ Corporis species, breuitas & crassities ad perdicem accedit, magnitudo par uel paulò plenior, Stumpfius.   ¶ In India liuiæ columbæ sunt uirides, quarum labra & crura colore Græciæ perdicibus sunt similia, Aelianus.   **20**

C.

Perdices cinnabarini rostri sæpe etiam circa Coloniam uisuntur. In uinetis ferè uictitant, sed ijs, quæ in montibus sita sunt, & arbustum aliquod densum sibi uicinum habent. Ego illos primùm prope arcem nobilem, quam à speciositate situs Chorostephanon (**Landstron**) uocant, haud ita multùm à Regiomago distantem, conspexi. Nulla dies erat, qua non ad excelsissima usque mœnia gregatim scandebant. gaudebant enim elutabulo, quo sordes culinariæ profluebant, Gyb. Longolius.   ¶ Indigena & stataria auis est, (non aduena & peregrina ut ueterum coturnix,) & in alpibus nobis uicinis moratur, Aloisius Mundella Brixiensis. Granis seu frugibus & seminibus, ut & perdix minor, uescitur.

D. & E.   **30**

In Creta & Cypro insula frequentes sunt, domestica etiamnum mansuefacti fœtura, Alex. Benedictus. Cum in Burmijs (Rhætorum) medicum agerem, nostratium coturnicum marem & fœminam in domo altiles habui: quæ adeò cicures & mansuefactæ reddidæ sunt, ut postea cum domesticarum gallinarum corte promiscuè habitarent, simulq uescerentur, Aloisius Mundella. Si à prima ætate ab homine alantur, planè cicures & amabiles aues redduntur, Stumpfius. Alui & ipse olim è Sedunis allatam huius generis auem, quam seles domestica præsente aliquo homine non lædebat: sed se morderi etiam & abigi ab illa patiebatur. mordax enim & pugnax auis est. tandè uerò nemine præsente dilaniauit.

F.

Cabegi caro est de subtilioribus carnibus, impinguat, abstergit cor (stomachum, Bellunensis:) **40** leuis est, uentrem astringit, & Venerem promouet, Auicenna 2. 186. Et rursus cap. 221. scribit carnem auis duraz præferendam esse carni auis cubugi & alfuachat, (quod est genus turturis Bellunensis.) Vide etiam supra in Perdice minore F. Coturnix uulgò dicta grati est saporis, quod intelligens Rasis carnes eius post carnes starnæ (perdicis minoris) præfert, Arnoldus Villanou. Nostri ferè primum locum attageni siue gallo corylorum nostro tribuunt, secundum perdici maiori, tertium minori, quartum gallinagini, has quatuor scilicet aues inter se conferendo. Perdicis rubente rostri q carnes in hydrope ascite conueniunt, Alex. Benedictus. Arabes quidem siccandi astringendiq uim in perdice maiore efficaciorem esse aiūt, quàm in minore. ¶ Coturnicem nostram, quantum iudico ex gustu, & odoratu & loci natura, in quo continuè commoratur, & ex ijs quibus pascitur (nam illa grati admodum sunt odoris) si probè à nobis cõficiatur, boni & laudabilis esse ali- **50** menti existimo, & propterea in cibis meritò expetendam esse. Verum utile esse ducerem, si postquam interempta fuerit, sub dio per aliquot dies ad gelu relinquatur (quemadmodum narrat Galenus de multis uolucribus, quæ alas fibrosas, & uniuersam carnem huiusmodi habent) prius quam eam aqua coquas aut asses, ut magis tenera & friabilis reddatur illius caro, quæ paulum quidem solida est. accidet enim ut facilius deinde à uentriculo concoquatur, Aloisius Mundella.

¶ Oua alchabegi & altheiugi (id est utriusq perdicis) gallinarum ouis comparat Auicenna in Capite de ouis.

G.

Inter fella auium laudatur fel galli, duragi & cubugi, (id est, attagæ & perdicis maioris,) Auicenna. ¶ Perdicis maioris caro magis siccare, magisq astringere uentrem traditur quàm minoris, ut **60** supra in Perdice simpliciter annotauimus.

DE PER-

DE PERDICIBVS DIVERSIS.

SYROPERDIX (Συροπέρδιξ) in Antiochia Pisidiæ lapides exest & conficit, (καὶ στεῦτα καὶ λί=
θες:) perdice minor est, niger item est, excepto rostro, quod russum spectatur: non mansuescit ut per=
dix communis: sed semper perseuerat ferus esse. eius carnes & densiores sunt quàm cæterorum, &
suauiorem cibi usum præstant, Aelianus. Volaterranus non rectè transtulit cibo inutilem esse.

¶ SCOLOPAX auis memoratur ab Herodiano, syluestrem perdicem interpretante: ut docti
plerìcꝫ hodie rusticà perdicem. Rustica sum perdix, quid refert, si sapor idem est? Carior est per=
dix, sic sapit illa magis, Martialis sub lemmate Rusticula.

¶ LAGOPODES aliqui hodie perdices albas uocant. Sunt qui perdices nostras uulgates hye
me in altis montibus, ut & lepores albescere scribant: & alias esse quàm lagopodes uel aues niuium
à Rhætis dictas, ut pluribus scripsi in Lagopode. Bellonius lagopodem, perdicem albam Sabau=
diæ interpretatur : Itali quidam perdicem alpinam uocitant, ut Galli uel Sabaudi quidam perdi=
cem montanam.

¶ COTVRNICES Theophrastus fortè perdices nanos dicet. sic enim per omnia perdicem
imitantur, ut præter exiguitatem & pressitudinem corporis planè nihil distent, Gyb.Longolius.

DE PHALACROCORACE.

QVAEDAM animaliû naturaliter caluent, sicut struthiocameli, & corui aquatici, quibus apud
Græcos nomê est inde, Plinius. Vnde apparet Plinium phalacrocoracem Latinè uoluisse coruum
aquaticum nominare, an uerò idem sit coruus aquaticus Aristotelis, dubitari potest. Vide suprà
mox post Corui historiam in Capite de Coruis aquaticis. Phalacrocoraces aues per alpes etiam ca
piuntur, Balearium insularum peculiares, Plinius. Hispani hanc auem, ut audio, coruum caluum
appellant, cueruo caluo, Græci uocabuli significatione expressa. Galli, ut Rob.Stephanus inter=
pretatur, ung corbeau d' eaue, ung cormorant, corbeau pescheret. Angli cormerant. Eliota An=
glus eam esse auem coniicit quæ Anglis dicitur a water crowe (id est, cornix aquatica,) uel illa quæ
uulgò a coote nominatur. Germani inferiores Schwemmergenß, hoc est anserem natantem, si
rectè interpretor, huic maculam (caluitium) esse aiunt in medio capite. Nuper Gallus quidam no=
bis narrauit cormorants uulgò dictas aues esse latiusculo rostro, instar anatum rostri: magnitudine
inter anatem & anserem ferè. Eodem nomine apud Anglos auis, anguillas edit (ut audio) quas in=
tegras deuorat. Illæ mox per intestina rursus elabuntur, ita ut uel nouies aliquando auis una ean=
dem anguillam deuoret priusquam retineat. ¶ Nostri sæculi facetus quidam monachos imperi=
tos non ineptè phalacrocoraces & onocrotalos nominauit.

DE PHASIANO.

A.

HASIANVS auis à Phasi uel Phaside amne apud Colchos dictus est, quod illic abûdet;
uel ab Argonautis inde in Græciam primum aduecta sit, teste Martiali. Φασιανικὸς ὄρνις ab
Aristophane nominatur: qui & ὄρνις φασιανὸς dixit: alij ferè φασιανὸς absolutè, ut Aristoteles
& Speusippus apud Athenæum. ὀρνίθων φασιανικῶν, Pollux, Phasianum Epænetus taty=
ran, Ptolemæus tetarton & tetràona uocati dixit. Vt autem phasianus tetraon, sic etiam tetraones
nostri præsertim minores, à quibusdam uulgò phasiani montani uocantur. Sunt quidem utrìcꝫ gal=
linacei generis, & per onomatopœiam sic dicti, ut coniicio, ᶒ ᶒ τιτράζειν τῇ φωνῇ. Vide suprà in Te
trace. Phasianus auis uocatur alicubi πατύρας, ut Pamphilus scribit, (sic & Hesychius & Varinus
habent:) & alibi τιταρτ Θ (fortè τιτράων) ut Ptolemæus Euergetes, Athenæus. Lampridius fasia=
num scribit per f. ab initio. Plinius phasianam fœminino genere. ¶ Hebraicum nomen schelau
aliqui phasianum interpretantur: alij coturnicem, quod magis probo, uide in Coturnice A. Mun=
sterus in Lexico trilingui phiseon, פסיונים, habet pro phasiano.

¶ Atedenim & aditrigi barbaras uoces Syluaticus phasianum interpretatur: item adrungi. Al=
tedarigi sunt phasiani aues, Bellunensis. Adempto quidem al articulo reliqua uox ad tetarton uel
tetraonem nonnihil accedit. Alibi alderariz apud Auicennam legitur, ubi Bellunensis reponit al=
tedarigi, ut alibi pro atederaz: & alibi atadrogi, ubi Bellunensis, altedarugi. ¶ Altaiugi, uel alte=
iugi, est auis quæ dicitur perdix: alijs phasianus: alijs, ut Ebenbitar, auis similis coturnici in omni=
bus, nisi quòd sub alis habet quasdam pennas nigras & albas, Bellunensis. Altamegi, uel altahiegi,
id est fasiani, Syluaticus. Tueiugi, id est fasianus, Idê. Ego his uocibus altaiugi & similibus, solam
perdicem accipio. Alcubi, id est perdix, secundû alios phasianus, Syluaticus. nos supra non cubi,
sed cubeth pro perdice scribi ostendimus. ¶ Foradòr, quem nos phasianum dicimus, Albertus
in Aristot.de hist.anim.6.16.ubi Græcè κόρυδΘ, id est alauda legitur. Alibi etiam foraydec, phasia=
num interpretatur.

¶ Phasianus utpote peregrina auis in plerìscꝫ linguis nomen unum retinuit. Italicè fasan, fa=

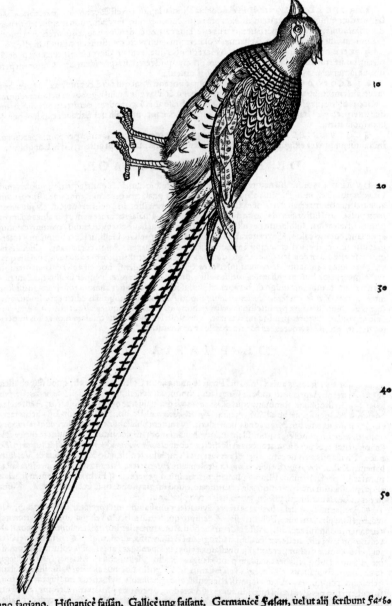

10

20

30

40

50

sano, fagiano. Hispanicè saisàn. Gallicè ung saisant. Germanicè **Fasan**, vel ut alij scribunt **Fa-bo sian**: & apud Flandros **Fasant**. Anglicè similiter a fesan, vel sesant. Illyricè baziant. Polonis basant. Turcis suglùn.

                                                      B. Pha-

B.

Phasianus auis dicta est, quòd apud Phasianos populos abundet, Eustathius. Accersebatur olim è Media, Athenæus. Phasianos circiter ducentos Fridericus Saxoniæ dux in Saxoniam immisit, & uetuit capi. itaq; hoc tempore nunc multiplicati dicuntur. Phasianos siue gallos syluestres in quibusdam Scandinauiæ locis ad plures menses sine cibo sub niue latitare, Olaus Magnus prodidit. Heluetici môntes phasianos quàm plurimos alunt, Stumpsius. Mihi hactenus nullos usquà apud Heluetios uidere contigit, quamuis plurima loca montana inuiserim. In regnis Ergimul & Cerguth Magno Cham tributarijs, maximi fasiani reperiuntur, qui caudas habent longitudinis decem aut octo palmorum, Paulus Venetus.

10 ¶ Phasianæ in capite cornicula sunt, Plinius. Et alibi, Phasianæ in Colchis geminas ex plumis aures submittunt subriguntq́. Fel renibus & parte tantum altera iungitur intestino in coruis, phasianis, Idem. Phasianis nunquam quicquam speciosius contemplatus sum. Valeant pictores omnes. ipse Apelles si rediuiuus foret, uarietatem & splendorem pennarum plumarumq́ imitari non possit, Gyb. Longolius. Phasianus est gallus syluaticus, auis perpulchra, pennis coruscis instar ignis. Cœruleus interdum ac uiridis, (fortè, Cœruleis interdum ac uiridibus) rubeisq́ pennis interscribitur nitor, Author de nat. rerum. Igneis & rubentibus pēnis, & interdum uiridibus in capite decoratur, Albert. Aures geminas uidetur habere in capite plumis extantibus, quas subrigit cum libet atq́ submittit. Cristis in capite, & spiculis in cruribus caret, Author de nat. rerum, & Albertus. Azurini (Cœrulei) coloris est in collo, & in corpore: & aliquando cœrulei coloris ad terreum incli
20 nantis, Albertus. Non citò rubricatas habent barbas, uel in pedibus calcaria sicut galli domestici, sed tractu temporis, Obscurus Aristotelē citans. Gallina in hoc genere minus speciosa est, Alber.

C.

Fasiana pulueratrix est. haud enim altè uolat, Aristot. Auium illæ quæ breuis uolatus sunt, ut gallus, perdix, fasianus, mox ab ouis exclusæ & ingredi possunt, & plumis uestiütur, Theophrastus apud Athenæum. ¶ Seminibus & granis uescitur hæc auis. Auena delectatur, Albert. ¶ Ptolemæus eam tetarton & tetraona uocari dixit, per onomatopœiam ut conijcio. Cœlo pluuio tristatur, & in rubetis ac syluis se abdit. Pennas præ pinguedine mutat, iterumq́ sæpe renouat, Obscurus Aristotelē citans. ¶ Phasianus solus inuenitur in prima parte hyemis loca mutare & de sylua ad syluam. At non mutat regionem apud nos, sed instabilis est, per syluas distantes discurrens: & in
30 illo discursu aliquando quiescit in hortis hominum, in uillis & ciuitatibus. Etiam quidem sæpius in horto nostro Coloniæ inter saluiam & rutam quiescens est inuentus, lassus ex uolatu, Albertus in Aristotelem de hist. anim. 8. 12. ubi Aristoteles nihil tale habet. ¶ Phasiani tantum libidinis tempore simul degunt, cæteris uerò temporibus separatim, Obscurus Aristotelē citans. Oua quædam punctis distincta sunt, ut meleagridum & phasianarum: rubrū tinnunculi est, Aristot. de hist. anim. 6. 2. interprete Gaza: & sic etiam Græcus contextus habet: ut non rectè uerterit Plinius, si ita uertit ut in codicibus nostris legitur, nempe: Ouorum alia punctis distincta sunt, ut meleagridum: alia rubri coloris, ut phasiani, cenchridis. Phasiani semel in anno fœtus creat. uiginti ferè ouis pariendi ordo concluditur, Palladius. Trigesimus (fortè Vicesimus) dies maturos pullos in lumen emittit, Idem. Phasiani oua non aliter quàm gallinarum ad uicesimam primā diem excluduntur, Floren-
40 tinus. Phasiani cicures ad gallinas gallinaceas admitti possunt. uide in Gallina E. ¶ Pediculis intereunt, nisi se puluerent, Plin. & Aristot.

D.

Phasianus rostrum in terra figens, abscondit se, & se totum latere putat, Obscurus tanquam ex Aristotele. Struthiocamelum aiunt cum delitescendum habet, caput solum planè totum in cōdensum abscondere, reliquam se in aperto relinquere: ita dum se caput secura est, nuda qua maior est capitur tota cum capite, Tertullianus. Et idē, At nos phasianas aues hoc facere uidemus. ¶ Quāquam & in capite crista, & in cruribus spiculis careat, animosa tamen & audax auis est, Author de nat. rerum. Phasiani capti recens ita ferociunt, ut gallinis nō parcant, sed ne pauoni quidem, quin mox ore dilacerent, Gyb. Longolius.

50

E.

In hortis Indiæ pauones & fasiani mansueti aluntur, Aelianus. In phasianis nutriendis hoc seruandum est, ut nouelli ad creandos fœtus parētur, id est qui anno superiore sunt editi. ueteres enim fœcundi esse non possunt. Ineunt fœminas mense Martio, uel Aprili. Duabus unus masculus sufficit, quia cæteras aues salacitate non æquat. Semel in anno fœtus creant. Viginti ferè ouis pariendi ordo concluditur. Gallinę his melius incubabunt, ita ut quindecim phasianina oua nutrix una cooperiat, & cætera sui generis supponantur. In supponendo, de luna & diebus quæ sunt in alijs dicta seruentur. Trigesimus (fortè, Vicesimus, uide suprà in C.) dies maturos pullos in lumē emittet. Sed per quindecim dies discocto ac refrigerato leuiter ordei farre pascentur, cui uini imber aspergitur. Post triticum fractum præbebis, & locustas, & oua formicæ. Sane ab aquæ prohibeantur accessu, ne
60 eos pituita cōcludat. Quod si pituitam patientur phasiani, allio cum pice liquida trito rostra eorum debebis assiduus perfricare, uel uitium, sicut gallinis fieri consueuit, auferre. Saginandi hæc ratio est, unius modij triticea farina in breuissimas offulas redacta clauso phasiano per X X X. dies mini-

strata sufficiat: uel, si ordeaceam satiriam præbere uolueris, unius & semissis modij farina per prædictos dies saginam replebit. Obseruandum sanè est, ut offulæ ipsæ oleo leuigentur asperso, & ita inserantur faucibus, ne sub infima linguæ parte mergantur: quod si euenerit, statim pereunt. Illud quoque magnopere curemus ne præbeantur noua alimenta, nisi digestis alijs, quia eos facillimè onus
cibi hærentis extinguit, Palladius.

¶ Quomodo educentur phasiani, Numidicæ, perdices & attagenæ, uerba Varronis, ut in Geoponicis Græcis recitantur: Hæ aues (inquit) sunt educandæ, quemadmodum & pauones educandos
esse docuimus. Saginantur enim optimè inclusæ, sic ut prima die nihil accipiant pabuli. At secunda
hydromel, aut uinum est offerendum. Cibus porrò sit farina hordei aquæ infusione subacta. Quæ
quidem offeratur non simul, sed uicissitatim, adijciendumʻ illi paulatim est. Dein uerò lomentum fa- 10
baceum, hordeum, & milium minimè insectum, (κίγχϱον ὑγιῆ,) ac deniʻ linospermon elixans, po-
lentæʻ hordeaceæ permiscens, adijciensʻ oleum, atʻ ex omnibus tandè faciens pulticulas, (μάζας,
id est offas,) eas ipsis ut expleantur in alimentum apponito. Sunt qui ad quinʻ dies aut sex, porrigant fœnograecum, euacuare aues purgareʻ studentes. Pinguescunt autem ut plurimum diebus
sexaginta. Genera harum auium curantur remedijs dictis illic ubi de gallinis domesticis mentionem fecimus.

¶ E phasiano mare & gallinis gallinaceis quomodo phasianis similes gallinæ procreentur: quæ
deinde ad patrem admissæ fœtum parenti omnino similem ædant, copiosè scripsi in Gallina E.

¶ Phasiani quomodo capiantur laqueis ex pilis caudæ equinæ, item quomodo retibus, uerba
Crescentiensis lege in Coturnice E. Circa uesperam uel auroram phasianus de sylua egreditur, 20
& facile capitur, Obscurus tanquam ex Aristotele. Et rursus, Phasianus sic capitur: Aliquando auceps panno in quo hæc auis depingitur coopertus, phasiano se ostèdit: qui sequens coopertum, nec
fugientem, nec retrocedentem, tandem à socio aucupis in insidijs latitante reti inuoluitur. Auis fatua est, & facilè decipit. Si enim pannus albus quadrangulus inter quatuor uirgas uel baculos inde
flexibiliter distensus pictum in se phasianum rubei coloris præferat, adeò phasianus miratur picturam, ut non aduertens uenatorem retrorsum in rete contrudatur. Adhuc longè præparatum rete
etiam per modum dicti quadrangulum erigitur, & baculo sustentatur, ita quod leui motu cadere
potest: & in baculo sustentante chorda est sub niue uel folijs ad latibulū protensa aucupis: & sub illo
reti cibus auenæ, qui est pabulum fasiani positus, & super congregatos ibi fasianos rete deijcitur. Capitur autem etiam laqueis in uijs per quas de sylua uadit ad aquam distensis, Albertus. Quo pacto 30
accipitris aucupio aduersus phasianos utendū sit Demetrij Constantinop. uerba retuli in Accip. E.

¶ Phasianorum pennis piscatores aliqui nescio quod genus muscarum certis anni temporibus
repræsentant, quibus hamo infixis pisces decipiant.

                       F.

Ditissimorum mensis duntaxat pauones ac phasiani nati sunt, Platina. Fasianus ponebatur
Alexandro Seuero in maioribus tantum festis, Lampridius. Pertinax imperator nimium illiberalis, fasianum nunquā priuato conuiuio comedit, aut alicui misit, Iulius Capitolinus. Ptolemæus
rex lib.12. operis de palatijs regijs Alexandriæ & animalibus quæ in eis nutriuntur, fatetur se phasianum nunquam gustasse: sed tanquam κῃμήλιον (rem pretiosam, ἐχώϱ το γὰϱ οἱ παλαιοὶ αὐτοῖς ὡς ἀγάλματα) quoddam aues has reseruasse. Nostrū uerò singulis (inquit Athenæus dipnosophista) apud Lau 40
rentium Romæ conuiuantibus singuli appositi erant phasiani.

¶ Phasiani occisi, æstate biduo, hyeme triduo seruari (suspendi) debent, priusquam parentur ad
cibum, Arnoldus Villanou. Phasianum assabis: quòd si etiam elixetur cum pipere & saluia, nō insuauis uidebitur, Platina. Editur ut plurimum assus: & aliquando elixus, aspersus aromatibus temperatis, Nicolaus Massa. Esitium ex carne abdominis porcini aut uitulini cocta ac concisa, cum
casei ueteris parte dimidia ad carnem, pauco pingui, herbis odoriferis & aromatibus, paratur. sunt
qui etiam pectus capi tunsi, uel phasiani, non incomodè addant, Platina. Ex eodem in Capo scripsimus, ius consumptum quomodo ex capo aut phasiano fiat. Phasiani coctura, uide in Pauone.
Apicius lib.6.cap.5. iura pro diuersis auibus describit, ut inscriptio quidem habet, pro pauo, phasiano, &c. sed harum auium nulla priuatim in contextu descriptionum nominatur. De pauo isicia 50
primum locum habent, ita si cocta fuerint ut callum uincant: secundum de phasianis, Apicius 2.2.

¶ Phasianum auem omnium libri decantant, quam primam ferè in mēsis esse iudicant propter
carnis bonitatem, à qua medicinæ professores ueluti à scopo de temperamentis ciborum iudicia au-
spicantur, Gyb. Longolius. Huius auis caro, quod ad concoctionem & nutrimentum attinet, gallinarum carni similis est, suauitate uerò in edendo superior, Galenus & Sethi. Idem Galenus phasianum adnumerat cibarijs laudatis, & quæ neʻ tenuem neʻ crassum succum gignunt. Phasiani
probè concoquuntur & facilè, boniʻ succi sunt, & bonum sanguinem gignunt, Sethi. Phasianos
non pingues purulentis in cibo Trallianus concedit. Phasiani caro magis nutrit quàm perdix, minus tamen imbecilles particulas roborat. media enim est inter perdicem & pullā gallinaceam, Brudus Lusitanus. Medium inter perdicem & capum obtinet: licet Auerrois hanc auem in cibo cæ- 60
teris anteferat, Platina. ¶ Inter aues excellit caro alduragi (attagenis:) & gallinarum est subtilior
ea: & non sunt cum nutrimento carnium alchabegi & altaiaigi & altedarigi, (id est perdicis maioris
                                                        & mino-

& minoris & phasiani, Auicenna. Inter aues starna (perdix minor) est subtilior, (leuior,) pulliᷠ
perdicis & pulli gallinacei: deinde perdix, fasianus & gallina, Isaac. Elluchasem quoᷠ phasianos
minus subtiles facit, minusᷠ temperatæ naturæ quàm perdices. Inter aues syluestres (inquit Conciliator) phasiani præferuntur ad sanitatem pariter & robur: & fortè etiam domesticis, cum gallinis
proximè sint, & eiusdem speciei ferè: sintᷠ illis siccioris aeris ac alimenti, & exercitij amplioris. Sequuntur eos perdices, starnæ, &c. Phasianus cibus est salubris, subtilis, pullis (gallinis) assinis: corroborat hecticos (extenuatos,) & eos qui à morbis consumpti sunt: & ui quadam singulari côfirmat
facultatem concoquendi, & corruptos in uentriculo humores præparat, (emendat,) Rasis. Phasiani caro temperata est, (tenera, ualde alba, & temperata, Albertus,) & multũ nutrit, nocet autem
10 his qui ualidè exercentur. eligendus est iuuenis & pinguis, Mich. Sauonarola. Starnæ, phasiani,
perdices, proxima inter se natura sunt: & consequenter se habent quod ad temperamentum & subtilitatem, nam starnæ primo loco sunt, phasiani secundo, tertio perdices, propter siccitatem earum.
His quidem sani uti non debent, ut superueniente morbo aliquid ultra consuetudinem comedant,
Elluchasem ut Sauonarola citat. Gallus syluestris, id est fasianus, siccior est altili, Syluaticus. Fasiani magis conueniunt hyeme, Arnoldus de Villanoua.

¶ Oua gallinarum & phasianorum præstantiora sunt, Galenus 3. de alim. Oua gallinæ sequun
tur oua auium quæ cursu eius procedunt, ut altedarigi, (id est phasiani,) &c. Auicêna. Vide supra
in Perdice F. circa finem. In Gallina quidem quæcunᷠ de ouis, quod ad alimenti rationem, dici
possunt, exposuimus: quæ omnia gallinaceis & similis naturæ auium, ut perdicum fasianorumᷠ
20 ouis communia sunt.

G.

Medulla arietis non castrati inter uenena numeratur, humanæ naturæ adeò contraria, ut memo
riæ functionem aboleat. resistunt ei carnes phasiani, Arnoldus in libro de dosib. theriacal. Leonellus Fauentinus medicamento cuidam ad phthisicos restaurandos adijci iubet carnes testudinis, aut
phasiani, aut cancrorum fluuialium. Remedium ad tortiones: Phasianum uiuum in uino necabis,
dabisᷠ ex eo uino bibere ei qui patitur tortiones, confestim remediabitur, Marcellus. ¶ Phasiani
sanguis antidotum est contra uenenũ: adeps, tetanicis prodest & matricis passioni: fel, uisum acuit:
stercus inunctum uel potum, erectionem facit, Kiranid. Adeps anseris & phasiani miscetur discu-
tienti emplastro diapyranu apud Paulum Aeginetam.

H.

30
a. Phâsis, penultima longa, fluuius est dictus à Phaside patre Colchi: cui ciuitas eiusdem nominis adiacet, & Phasiana regio, inde & phasiani aues dictæ uidentur, ceu quæ illic abundarint, Eu
stathius in Dionysium. Argoa primum sum transportata carina: Antè mihi notum nil nisi Phâsis erat, Martialis sub lemmate Phasianus uel potius Phasiana. ρλῆθ٠ ἀι ὀρνίθων τᴗ καλκριτων φα-
σιανῶν φαιτᴗ προφῆς χέιᴗ πᴗς τὰς ἐμϐολὰς τῶ σωμάτων, Agatharchides Cnidius de Phasi fluuio scribens.
Aues ultra Phasidem amnè peti Plinius uituperat. Philostratus lib. 8. de uita Apollonij, à Phaside
Mæoniáue aduectas aues inter delicias numerat. Iam Phasidis unda Orbata est auibus, Petronius in Satyris. Homines gulæ ac uêtri dediti non desinunt celebrare ὄρνις σᴗ ἀχ ἀχ Φασιϐδς, Clemens
in Pædagogo. Phasidis ales, id est phasianus, Statius libro 4. Sylu. Si Libycæ nobis uolucres &
40 phasides essent, Acciperes: at nunc accipe cortis aues, Martialis. Ἀλικλρυόνωρ τι νοσσοὶ, πὸρδίκωρ φά-
σεῶν τι χύd'αι, Philoxenus apud Athenæum. Non magni corporis ingens Phasiacis robur profuit
alitibus (contra impetum accipitris,) T. Vespasianus Stroza. Gallus syluestris, phasianus uocatur,
Albertus. In Theriacæ ratione gallum syluestrem nominat Galenus: id interpretatus Auicenna
fasianum marem eo nomine intelligendum prodit, Cælius. Vide supra in Gallo syluestri in genere.
Φασιανοὶ, ἀλικρυόνᴗ, κᴗ ὄρνεις τινὲς, Suidas & Varinus. Malim ego, Φασιανοὶ ἀλικρυόνᴗ, ὄρνεις τινὲς. id est,
Phasiani galli, aues quædam. Licebit enim in phasiani genere marem, phasianũ gallum nominare:
& fœminam, phasianam gallinam. Itys etiam pro phasiano ponitur, ut recentior quidam scribit.
quoniam Itys puer in hanc alitem mutatus fertur.

¶ Epitheta. Phasianus Scythicus, Phasiacus, Phasius, apud Textorem. Sed dicêdum potius
50 Phasiacam auem, aut Phasiam aut Phasidem, per periphrasin dici pro phasiano. Scythicum uerò
epitheton esse posse concedimus. Sed Iuuenalis Satyra 5. Scythicas uolucres periphrasticè pro
phasianis dixit.

¶ Φασιανὸς, Phasianos, apud Aristophanem, alij aues interpretantur: alij equos habentes insigne
(χέϱϰγμα) phasiani (in femore, Suid. inustum, Cælius:) uel à Phaside fluuio Scythiæ, ubi egregij equi
nascebantur, Varinus. Phasianus quidem adiectiuum & gentile nomen est. nam & Phasiana regio dicitur. quare & phasianum alitem, & phasianam auem, ita canem equumᷠ phasianum dicere
possumus. Apud Stephanum gentilia sunt Φασιάτης, Φασιανὸς (fortè Φασιανικὸς) & Φασιανός, unde fœmininum Φασιανή, apud T. Vespasianum Strozam Phasias pro Medea ponitur. Idem Phasiacas alites dixit. Fortè & Phasis aliquando adiectiuè accipitur, Φασὶς scribendum cum acuto in ultima: ut
60 differat à proprio fluuij & ciuitatis Φᾶσις quod penanflexum est: ut si quis Phasidê auem, id est Phasianam auem dicat. Phasiani, aues quædam, alij Ponticos (populos scilicet in Ponto ad Phasidem
amnem) interpretantur, Hesychius. ¶ Phasianum (Φασιανικὸν) Aristophanes in Auibus quendam

Kk

appellat, nimirum quasi sycophantā traducens, παρὰ τὸ φαίνειν. Et in Acharnensibus, Μήτ᾽ ἄλλ@ ἐστι φασκνὸς ἐσ᾽ ἀνὴρ. Scholiastes exponit sycophantam, παρὰ τἰω φάσιν, ὃ ἔστι φαίνειν. ¶ Phasianarius, qui phasianos pascit. Paulus iureconsultus, Phasianarij autem & pastores anserum non continentur. ¶ Vrogallum minorem nostrum, genus galli montani, Italicè quidam alpium accolæ fasanellam, alij montanum phasianū, aut nigrum appellant. In Scotia auis est phasiano carne ac magnitudine simillima: sed nigra pluma, rubētibus admodum palpebris, syluestrem agri gallum Scoti uocitant, uictitat autem frumento, Hector Boethius.

¶ b. Profectò nunquam ego credidissem, naturam rerum parentem eam pulchritudinem excogitare potuisse. Necȝ mihi admiratione dignus posthac Solon est, quem de Græciæ sapientibus maximum fuisse ad regem Crœsum in regali solio diademate & purpura auroȝ superbum, inter 10 rogantemȝ, nunquid speciosius quidquam spectasset, dixisse ferunt, phasianos & pauones uenustiores sibi uideri: quoniam naturali ornamento decoratæ, non ascititio fuco spectabiles essent, Gyb. Longolius.

¶ f. Heliogabalus habuit istam cōsuetudinem, ut una die non nisi de fasianis tantum ederet: item alia die de pullis, &c. Lampridius. Et rursus de eodem, Psittacis atcȝ fasianis leones pauit & alia animalia. Καὶ φασιανὸς ἐκ τυπλμλ@ καλὸς, Mnesimachus apud Athenæum.

¶ h. De phasi (phaside) aue T. Vespasiani Strozæ carmen legitur, lib. 4. Eroticôn. Ityx, ἴτυξ, auis est, Varinus. quærendum an Itys potius legendum, ut phasianus auis intelligatur: in quam Itys (qui & Itylus secundum aliquos) puer Procnes uel Philomelæ ex Tereo filius, mutatus fertur, ut Seruius & Perottus scribunt. Nos fabulam integrā prolixè in Hirundine h. exposuimus. I modo 20 uenare leporem, nunc itym tenes, prouerbium in Lepore nobis declaratum. Alij Itylum scribunt filium fuisse Zethi ex Aedone coniuge, quem mater noctu per errorem interfecerit, putans eum esse Amaleæ Amphionis filium, inuidebat enim Amphionis uxori, eò quòd illi sex essent filij masculi. Hanc errore cognito cum mori optaret, deorum commiseratione in carduelē uersam Itylum deflere aiunt. ¶ Caius Caligula eò uesaniæ processisse traditur, ut sibi tanquã numini sacro phasianos, phœnicopteros & pauones mactari iusserit, Gyraldus. ¶ Εἰ δίκ γέ μοι Τὼς φασιανὸς ὃς τρέφει Λεωγόρας, Aristophanes. Hoc (si mihi phasianos dederis quos alit Leogoras, Scholiastes tanquam prouerbialiter dictum interpretatur, in eos qui quouis pretio aliquid se facturos negarint, ἀλλ τῶ εἰς τι πρᾶγμα ἀπαγορυόντων, interpretantur autem hic phasianos, ut suprà quocȝ monui, alij equos, alij aues. 30

PHLEXIS, Φλέξις, auis quædam nominatur in Auibus Aristophanis. Ea quæ sit, inquit Scholiastes ignorantiam suam confessus, ex animalium historia quærendum.

DE PHOENICOPTERO.

PHOENICOPTERVS, Φοινικόπτερ@, auis est palustris à puniceo colore dicta in Auibus Aristophanis. Auis quam Galli uulgo pica marina uocant, corporis mole similis est aui ab eisdem uocatæ aigrette, alas habet ut larus, & corpulentiam auis quam Galli uocant un flambant, Latini phœnicopterum, Bellonius in Obseruationibus Gallicis 1. 11. Audio auem flambant (uel flamman) uulgò dictam in mediterraneo mari Gallico non procul à litore gregatim natare, magnitudine ciconiȝ 40 uel paulò maiorem, rostro sesquialtera ferè longitudine ad ciconiæ rostrum, colore rubro instar sanguinis, superius crasso & tuberculis quibusdam aspero, cruribus rubris, ea proceritate qua in ciconia sunt, uel procerioribus: palmipedem, pennis albis parte prona: rubentibus per collum, pectus, uentrem, & alas, pisciuorum esse, in cibum uenire. Hæc mihi amicus quidam, quātum meminisse poterat, narrauit. Ego Gallicū nomen à rubro & flammeo rostri, crurum, pēnarumȝ in aliquibus partibus colore inditum coniecerim: uel potius quoniam ex Flandria hyeme ad Narbonensis prouinciæ maritima uolat, nam Flandrum Galli Flammain appellant. Rursus alius quidam retulit auem (un flamming) non procul à Monte Pessulano capi, similem ciconiæ, sed rostro recuruo, breuiore dimidio: totam albam, præter illas inalis partes rubras quæ nigræ sunt in ciconijs. ¶ Dat mihi penna rubens nomen, sed lingua gulosis Nostra sapit. quid si garrula lingua foret? Martialis. 50 Phœnicopteri linguam præcipui saporis esse Apicius docuit nepotum omniū altissimus gurges, Plinius. Nomencȝ dedit quæ rubetibus pennis, Martialis lib. 3. Solis animal est phœnicopteros, habens alas puniceas, Kiranides 1. 7. Auis est Nili, Heliodorus lib. 6. Phœnicopterum ingētem Iuuenalis nominat Sat. 11. inter cibos lautiores. Auem quam Ital uulgò coturnicè appellant, aliam esse à phœnicoptero ex pennis rubentibus nomen adepto, certo certius est, Grapaldus.

¶ F. Philostratus in uita Apollonij lib. 8. phœniceam auem (φοινίκεον ὄρνιθα) (uidetur autē phœnicopterum intelligere) inter delicias numerat. Heliogabalus exhibuit palatinis ingentes dapes extis illorum refertas, & cerebellis phœnicopterorum, &c. Lampridius. ¶ Phœnicopterum elīxas, lauas, ornas: includis in cacabum, adijcies aquam, salem, anethum, & aceti modicum, dimidia 60 coctura alligas fasciculum porri & coriādri ut coquatur: prope cocturam defrutum mittis, coloras: adijcies in mortarium piper, cuminum, coriandrum, laseris radicem, menthā, rutam, fricabis: suffun dis acetum: adijcies caryotam: ius de suo sibi perfundis: reexinanies in eundem cacabum, amylo obligas,

obligas,ius perfundis,& inferes. Idem facies & in pſittaco. Aliter. Aſſas auem : teres piper, li=
guſticum,apĳ ſemen,ſeſamum defrictum,petroſelinum,mentham,cepam ſiccam,caryotam:melle,
uino,liquamine,aceto,oleo & defruto temperabis,Apicius.

¶ Ὄρνιϑα φοινικόπτερου Cratinus nominat. ¶ Phœnicopteron inter phœnicis herbæ nomencla=
turas apud Dioſcoridem legimus. ¶ C. Caligula eò ueſaniæ proceſsiſſe traditur, ut ſibi tanquam
numini ſacro phaſianos,phœnicopteros,& pauones,mactari iuſſerit, Gyrald. Idem pridie quàm
periret ſacrificans,reſperſus eſt phœnicopteri ſanguine, Suetonius. ¶ Phœnicopterus auis circa
lacus & paludes uictitat,uiſu pulchra, & colore decora purpureo. Videtur autem inſigni eſſe ma=
gnitudine,ex Suetonio in Caligula.Hoſtiæ erant (inquit) phœnicopteri, pauones, erythrotaones,
10 non tamen inter maximas aues numerandus , ſed inter mediocres magnitudine potius uidetur ex
Cor.Celſo, Vuottonus. Omnis grandis auis ualentis materiæ eſt,& plurimi alimenti, Celſus. Et
mox,Aues omnes à minimis ad phœnicopterum,mediæ materiæ ſeu mediocris alimenti ſunt.

¶ PHRYGILVS,Φρυγίλος,genus eſt auis Scholiaſtæ Ariſtophanis. Comicus quidē Bacchum
ioco ſic uocat,quòd à Phrygibus coleretur.

DE PHOENICE.

AETHIOPES atq̃ Indi diſcolores maximè & inerrabiles ferunt aues,& ante omnes nobilem
Arabia phœnicem,haud ſcio an fabuloſè,unum in toto orbe,nec uiſum magnopere.Aquilæ narra=
20 tur magnitudine,auri fulgore circa collum,cætera purpureus,cœruleam roſeis caudam pennis di=
ſtinguentibus,criſtis faciem(fauces, Solinus:quod nō placet) caputq̃ plumeo apice cohoneſtante,
(cohoneſtata,)Primus atq̃ diligentiſsimus togatorum de eo prodidit Manilius, neminem extitiſſe
qui uiderit ueſcentem:ſacrum in Arabia Soli eſſe:uiuere annis ſexcentis ſexaginta, (quadraginta
& quingentis, Solin.)ſeneſcentem caſia thuriſq̃ ſurculis conſtruere nidum,replere odoribus, & ſu
peremori. Ex oſsibus deinde è medullis naſci primo ceu uermiculum,inde fieri pullũ. Principioq̃
iuſta funeri priori reddere,& totum deferre nidum prope Panchaiam in Solis urbem, & in ara ibi
deponere. Cum huius alitis uita magni conuerſionem anni fieri prodit idem Manilius, iterumq̃
ſignificationes tempeſtatum & ſyderum eaſdem reuerti. hoc autem circa meridiem incipere, quo
die ſignum Arietis Sol intrauerit.Et fuiſſe eius conuerſionis annũ prodente ſe P.Licinio, M.Cor=
30 nelio COSS. CCXV.Plinius. Cum phœnicis uita magni anni fieri conuerſionem , rara ſides eſt
inter autores:quamuis plurimi eorum magnum annum, non quingentis & quadraginta, ſed duo=
decim millibus noningentis quinquagintaquatuor annis conſtare dicant, Solinus. Cor. Valeria=
nus phœnicè deuolauiſſe in Aegyptum tradit Q.Plautio,Sex.Papinio COSS. Allatus eſt & in ur
bem Claudĳ principis cenſura,anno urbis d c c c.& in comitio propoſitum,quod actis teſtatum eſt,
ſed quæ falſa(aliás, quem falſum) eſſe nemo dubitârit, Plin. Anno octingenteſimo urbis conditæ
iuſſu Claudĳ principis in comitĳs publicatus eſt:quod geſtum, præter cenſuram quæ manet,actis
etiam urbis continetur,Solinus. Phœnicem aiunt ſub Claudio Cæſare Aegyptĳs comparuiſſe,οζ
τετρακρων καὶ ιχ ίπῶν,Suidas. Claudĳ Tiberĳ temporibus uiſus eſt apud Aegyptum phœnix, quam
ferunt uolucrem anno quingenteſimo ex Arabia memoratos locos aduolare, S. Aurelius Victor.
40 ¶ Eſt in Aegypto uolucris ſacra,nomine phœnix,quam equidem nunquã uidi,niſi in pictura.
Etenim perrara ad eos commeat, quingenteſimo quoq̃ (ut aiunt) Heliopolitani anno, & tunc de=
mum,& cum pater eius deceſsit.Is ſi picturæ aſsimilis eſt, talis tantuſq̃ eſt : Pennæ coloris partim
rubidi,maxima ex parte cũ habitu tum magnitudine ſimillimus aquilæ. Eum aiunt(quod mihi nō
ſit ueriſsimile)hoc excogitare:Ex Arabia proficiſcentem in templum Solis, geſtare patrem myrrha
obuolutum,& in eo templo humare:Sic autem geſtare:Primum ex myrrha ouum cōponere,quan
tum ipſe ferre poſsit:deinde ferendo illud experiri. Hoc expertum , ita demum ouum exenterare,
atq̃ in illud parentem inferre:& qua parte ouum exinaniuit,patremq̃ intulit, eam partem alia myr
rha inducere.Et cum tantundem ponderis impoſito parete effectum ſit,obſtructo rurſus foramine
baiulare illud in templum Solis,Hæc facere hanc auem commemorant,Herodotus lib. 2. ¶ Vnã
50 eſt quæ reparet,ſeq̃ ipſa reſeminet ales, Aſſyrĳ phœnica uocant,nec fruge, nec herbis, Sed thu=
ris lachrymis & ſucco uiuit amomi. Hæc ubi quinq̃ ſuæ compleuit ſæcula uitæ, Ilicis in ramis,
tremulæq̃ cacumine palmæ Vnguibus & duro(alias puro)nidũ ſibi conſtruit ore: Quò ſimulac
caſias & nardi lenis ariſtas, Quaſſaq̃ cum fulua ſubſtrauit cinnama myrrha, Se ſuperimponit,
finitq̃ in odoribus æuum. Inde ferunt totidem qui uiuere debeat annos, Corpore de patrio par=
uum phœnica renaſci. Cum dedit huic ætas uires,oneriq̃ ferendo eſt, Ponderibus nidi (per ap=
poſitionem) ramos leuat arboris altæ, Fertq̃ pius cunaſq̃ ſuas, patriumq̃ ſepulchrum: Perq̃ le=
ues auras Hyperionis urbe potitus, Ante fores ſacras Hyperionis æde reponit,Ouid. Metam. 15.
¶ Auem phœnicem eſſe percredimus,quæ quingenteſimo quoq̃ anno in Aegyptũ ueniens huc
ipſam Indiam ſuperuolat.Aiunt autem unicam tantum hanc auem eſſe , & ex ſe radios emittere,
60 atq̃ auri colore fulgere.Magnitudine uerò formæq̃ aquilæ in nido conſidere,quem prope Nili ſon
tes ex aromatibus ipſamet ſibi conſtruxit.Hæc uerò quæ de ipſa decantant Aegyptĳ, quo pacto in
Aegyptum deferatur,ipſi etiam Indi teſtificantur,ſermoni conſentientes, quo dicunt, phœnici in

Kk 2

nido liquescenti propempticos hymnos decantari oportere, Iarchas Indus apud Philostratum in
uita Apollonij lib.3. Sed aliter Io.Tzetzes Variorum 5,6.Philostratus(inquit)in uita Apollonij,
phœnicem auem per omnem uitam unica esse scribit,quæ pauone formosior sit, & maior citra col=
lationem,& auri colore splendidior.nidum ex aromatibus compingere in arboribus.Ex hoc mor=
tuo uermem gigni,qui Sole calfactus,rursum in phœnicem excrescat.migrare eum in Aegyptum,
mori in Aethiopia,Hæc ille. Volaterranus etiam eundem Philostrati librũ citans,phœnicem scri=
bit annos uiuere sexcentos. ❡ E cinere phœnicis in suo nido combusti uermem enasci, & ex eo
phœnicem alterum fieri,qui in Aegyptũ e regione incognita deuolet, Suidas quoq; tradit authore
non nominato. ❡ Phœnici apud Indos(ut perhibent)longissima & secura uita contigit,cum nul
lis hominum insidijs petatur,non sagittis,non lapidibus, non calamis, non deniq; laqueis. Mors ei **10**
initium uitæ.Nam ubi iam per ætatem ad uolatum debiliorem se, aut aciem oculorum obtusam sen
serit,collectis in excelsa rupe cremijs & festucis,rogum sibi mortalem,uitalem autem nouę proli ni
dum construit:qui à solaribus radijs, insidente aue, incensus conflagrat. Sic illa consumpta, altera
noua phœnix e cinere surgit,& pro more patrio ijsdem in locis uitam degit.Res mira,sine genito=
re,sine genitrice,solo splendore Phœbæo auem hanc procreari, Oppianus. ❡ Aegyptij instau=
rationem diuturnam, & quæ post multa fiat sæcula, uolentes indicare, phœnicem auem pingunt.
Hic enim dum nascitur, rerum uicissitudo fit & innouatio. Gignitur autem hunc in modum:Iam
iam moriturus phœnix,in terrã sese summo impetu projicit,unde & uulnus accipit. Ex sanie uerò
defluente alius gignitur:qui simulac pennæ ei natæ sunt, cum patre Heliopolim,quæ in Aegypto
est,proficiscitur:quò cum peruenerit,pater illic, simulac Sol ortus est,moritur: post cuius mortem **20**
pullus in propriam redit patriam. At phœnicem hunc defunctum Aegyptij sacerdotes sepulturæ
mandant,Orus. Et rursus, Quin & eum innuentes qui longo tempore peregrinatus, tandem in
solum natale remeet,phœnicem pingunt.Hæc enim in Aegyptũ, cum tempus mortis instat,quin=
gentesimo demum anno regreditur.ubi si naturæ debitum persoluerit, magna solennitate ac ritu su
neratur.Quæcunq; enim in cæteris sacris animantibus religiose obseruant Aegyptij,& ea phœnici
tribui debent. fertur siquidem Sole magis apud Aegyptios gaudere, quàm apud cæteras gentes:
ideoq; Nilum ipsis ex huius dei calore inundare. Animam quoq; quæ diutissimè in hac uita mo=
ram traxerit,aut inundationem commonstrare uolētes,eandem auem pingunt, Animam quidem,
quòd omnium quæ toto orbe sunt animantiũ,hoc maximè diuturnæ uitæ est. Inundationem uerò,
quòd uelut signum Solis sit phœnix: quo̓nihil in orbe maius, cũ omnia subeat, omnia scrutetur & **30**
disquirat,Hæc omnia Orus. ❡ Phœnix uiuit sex annis & septē milibus,& moritur in Aegypto,
ut scribit Chæremon Aegyptius sacrarum literarum scriba, Io. Tzetzes. ❡ Phœnicem aiunt tre
centis quadraginta annis uiuere solitariam.Caput ei tribuitur pauonis,Cum se grauem ætate sense=
rit,cõstruit nidum in alta & abdita super limpidum fontem sita arbore,ex uarijs aromatibus, in hoc
radijs feruentibus Solis se obijcit,quos etiam resplendentibus pennis suis multiplicat, donec ignis
elicitur:cuius mox ui in cinerem uertitur. Die altero uermem aiunt in cinere nasci, qui alis die ter=
tia assumptis,intra paucos dies in auem pristinæ figurę commutatur,& auolat, Albertus. Conuer
sus ad Solis radios alarum plausu uoluntarium sibi incendium nutrit, Isidorus. ❡ In terra mea est
phœnix auis, cuius anni uitæ sunt trecenti.hæc prope finem uitæ tam altè uersus cœlum euolat, ut
accendatur à Sole.tum descendens & nido suo se ingerēs,totus comburitur. è cinere uerò subnatus **40**
uermis,in aliam eiusdem generis auem excrescit, Rex Aethiopiæ in epistola ad Pontificē Roma=
num,quam Cosmographię suæ Munsterus inseruit. ❡ Et Tyrio pinguntur crura ueneno, Vuot=
tonus de phœnice,nescio ex quò poeta.

❡ Ex Lactantij etiam poematio,quod Phœnice inscripsit, ea quæ præcipuè ad hanc auem per=
tinent,excerpta subiungemus. Primum igitur locum describit,paradisum ut uidetur,ad Oriētem
situm,in quo cœlum sit clementissimũ,nec ulla caloris frigorisq; intemperie, nec alijs tempestatum
mutationibus noxium,nullis corporum morbis,nullis fortunæ luctibus, nullis deniq; animorũ ui=
tijs aut peccatis infamem. Illic planities tractus diffundit apertos, Nec tumulus crescit, nec caua
uallis hiat. Sed nostros montes quorum iuga celsa putantur, Per bis sex ulnas eminet illa locus.
Hic Solis nemus est,& consitus arbore multa Lucus, perpetuæ frondis honore uiret. In medio **50**
fons est,quem uiuum nomine dicunt, Perspicuus,lenis, dulcibus uber aquis. Hunc lucũ incolit
auis unica phœnix Soli sacra. Cum primum est aurora surgit, Ter quater illa pias immergit cor=
pus in undas, Ter quater e uiuo gurgite libat aquam, Tum in altissimam arborem euolans Solis
ortum expectat:qui cũ apparere incœperit,Incipit illa sacri modulamina fundere cantus, Et mira
lucem uoce ciēre nouam. Cum uerò iam totus apparet, Illa ter alarum repetito uerbere plaudit,
Non errabilibus nocte dieq; sonis. Atq; eadem celeres etiam discriminat horas: Igniferumq; ca=
put ter uenerata, silet. Quæ postquam uitæ iam mille peregerit annos, locis sanctis relictis, Di=
rigit in Syriam celeres longæua uolatus, Phœnices nomen cui dedit ipsa uetus. Tum legit aerio
sublimem uertice palmam, Quæ gratum phœnix ex aue nomen habet: super qua in summa aeris **60**
tranquillitate nidum ex omni genere aromatum construit,in eo æstuans corpus & aereo de lumine
concipiens ignem. Flagrat, & ambustum soluitur in cinerem. E cinere nascitur uermis colore la=
cteo. Creuit in immensum subitò cum tempore certo, Seq; oui teretis colligit in speciem. Inde
reforma=

reformatur, qualis fuit ante figura: Et phœnix ruptis pullulat exuuijs. Nullo noſtri orbis cibo
ueſcitur, Ambroſios libat cœleſti nectare rores, Donec maturam proferat effigiem. Aſt ubi pri=
mæua cœpit florere iuuenta, Euolat ad primas iam reditura domos. Ante tamen, proprio quic=
quid de corpore reſtat, Oſſaꝙ, uel cineres, exuuiasꝙ ſuas, Vnguine balſameo, myrrhaꝙ, & thu
re ſoluto Condit, & in formam conglobat ore pio. Quam pedibus geſtans contendit Solis ad or=
tus, Inꝙ ara reſidens ponit in æde ſacra. Et mox de forma eius: Principio color eſt, qualis ſub
ſydere cœli, Mitia quæ croceo punica grana legunt. Qualis ineſt folijs quæ fert agreſte papauer,
Cum pendens ueſtit Sole rubente polus. Hoc humeri pectusꝙ decens uelamine fulgent: Hoc
caput, hoc ceruix ſummaꝙ terga nitet, Caudaꝙ porrigitur fuluo diſtincta metallo, In cuius ma=
10 culis purpura miſta ruber. Clarum inter pennas inſigne eſt deſuper, iris Pingere ceu nubem de=
ſuper alta ſolet. Albicat inſignis miſto uiridante ſmaragdo, Et puro cornu gemmea cuſpis hiat.
Ingentes oculos credas, geminosꝙ hyacinthos: Quorū de medio lucida flamma micat. Æqua=
tur toto capiti radiata corona, Phœbei referens uerticis alta decus. Crura tegunt ſquamæ flauo
diſtincta metallo: Aſt ungues roſeus pingit honore color. Effigies inter pauonis miſta figuram
Cernitur, & miſtam phaſidis inter auem. Magniciem, terris Arabum quæ gignitur ales, Vix
æquare poteſt, ſeu fera, ſeu ſit auis. Non tamen tarda eſt, ut aues magni corporis: ſed leuis & uelox.
Ad huius ſpectaculum Aegyptus conuenit. Protinus inſculpunt ſacrato in marmore formam, Et
ſignant titulo remꝙ diemꝙ nouo. Contrahit in cœtum ſeſe genus omne uolantum, Nec prædæ
memor eſt ulla, nec ulla metus. Alitum ſtipata choro uolat illa per altum: Turbaꝙ proſequitur
20 munere læta pio. Fœmina uel mas hæc, uel neutrum ſit mage, felix, Felix, quæ Veneris fœdera
nulla colit. Ipſa ſibi proles, ſuus eſt pater, & ſuus heres, Nutrix ipſa ſui, ſemper alumna ſibi, Huc=
uſque Lactantius. ¶ Extat & Claudiani de phœnice carmen in Epigrammatis. Phœnix decan
tatiſſima illa uolucris ſub æquinoctiali ad orientem & meridiem reperitur, Nicephorus Calliſtus.

H.

a. Φοῖνιξ in recto iota uocalem breuem habet, poſitione quidē longam, in obliquis uero natura,
Euſtathius. De palma arbore (quam Græci phœnicem uocant) mirum accepimus, cum phœnice
aue, quæ putatur ex huius arboris argumento nomen accepiſſe, iterum mori ac renaſci ex ſeipſa,
Plinius: & partim Lactantius, ut ſupra recitaui. Phœnix auis dicta eſt eo quod colorem phœni=
ceum habeat: uel quod ſit in toto orbe ſingularis & unica. nam Arabes ſingularem & unicam phœ=
30 nicem uocant, Iſidorus. Claudianus in Epigrammatis Titanium alitem pro phœnice dixit: & rur=
ſus alitem longæuam lib. 2. de raptu Proſerpinæ. Quod ſemper caſiaꝙ cinnamoꝙ, Et nido niger
alitis ſuperbæ Fragras, Martialis lib. 6.
¶ Epitheta eius apud Textorem ſunt, Reparabilis, Viuax, Nobilis, Pharius, Longæuus, Vni=
cus, Auis Solis, Gangeticus, Rarus, Aſſyrius, Soligena.
¶ Φοῖνιξ arborem quoꝙ palmam ſignificat, (uide ſupra in a.) & fructu eius. item colore ruſſum,
unde φοῖνιξ ἵππος in Iliade: & tincturæ genus, & populum, & organum quoddam Muſicum apud
Athenæum, Euſtathius. Phœnix collyrium Apollonij, deſcribitur apud Galenū de compoſ. ſec.
locos 4.7. ¶ Eſt & phœnix herba apud Dioſcoridem, a colore opinor dicta. ¶ Hygrophœ=
nix, ὑγρὸς φοῖνιξ, piſcis quidam maris rubri eſt Aeliano, ac ſi humidū phœnicem dicas, ad aeri & uo
40 lucris nimirum differentiam, Coniſcio autem phœnicis nomen ei communicatum, quod coloribus
ſimiliter fere ut auis diſtinguatur uarijs & elegantibus.
¶ Phœnix apud Homerum nomen proprium eſt pædagogi Achillis: & eiuſdem nominis ſta=
tuarius Plinio: & fluuius quidam Herodoto. Et nomen unius ex equis Cleoſthenis Epidam=
nij Pauſaniæ.
¶ c. Cinamomum & caſias fabuloſa narrauit antiquitas, princepsue Herodotus, auium nidis
& præcipue phœnicis, in quo ſitu Liber pater educatus eſſet, ex inuijs rupibus arboribusꝙ decuti,
carnis quam ipſæ inferrent pondere, aur plumbatis ſagittis, Plin. Cinamomum quidem Hebraice
uel Arabicæ originis uocabulum mihi uideri, a uoce קן, ken, quæ nidū ſignificat, quod e nidis auis
uel phœnicis uel cinamomi decuti a quibuſdam traditum ſit, expoſui ſupra in Cinamomi auis hiſto
50 ria. Quæ ſibi præſternat uiuax altaria phœnix, Statius 3. Syluṭ. in propemptico Metij Celeris.
Martialis libro quinto Erotio puellæ comparatum facit inamabilem ſciurum, & frequentem phœ=
nicem. Et uiuax phœnix unica ſemper auis, Ouidius 2. Amor. Eleg. 6. De ætate phœnicis, cor=
nicis, cerui & corui, uerſus Heſiodi Græcos, & innominati ueteris Latini recitaui in Cornice c.
Phœnix ſemel anno quingenteſimo naſcitur, Seneca alicubi. ¶ Inter prima proditæ ſunt etiam
(a magis) ex cinere phœnicis nidoꝙ medicinæ: ceu uero id certū eſſet, atꝙ non fabuloſum. Irridere
eſt uitæ remedia poſt milleſimum annum reditura monſtrare, Plinius.
¶ h. Heliogabalus fertur promiſiſſe phœnicem coniunijs: uel pro ea libras auri mille, ut in præ=
torio eas dimitteret, Lampridius. Fertur iam aliquando in Heliopoli Aegypti ciuitate accidiſſe,
ut phœnix ſuper lignis ad ſacrificia compoſitis aromata congerens ſe incenderet: unde in conſpe=
60 ctu ſacerdotis primum uermis natus ſit, deinde ex illo facta auolârit. Plato magnus author eſt
non decere nos calumniari ea quæ libris ſacrorum delubrorum conſcripta referuntur, Albertus.
Doceat nos phœnix exemplo ſuo reſurrectionem credere, quæ ſine exemplo & ſine rationis præ=

Kk 3

ceptione fibi infignia refurrectionis inftaurat, Ambrofius.

¶ Phœnice uiuacior. Ἢν μὴ φοίνικος ἔτη βίῳη, Lucianus in Sectis.id eft, Ni phœnicis annos uixerit,ut citat Erafmus inter prouerbia. Phœnicis etiam raritas(inquit) prouerbio fecit locum, Phœnice rarior.quale eft illud,Coruo quoq; rarior albo. Negat enim phœnicem effe nifi unicam,fi qua
fides fcriptoribus. Idem alibi,Phœnice rarior, φοίνικος σπανιώτερ⊖, prouerbio(inquit) dicitur,de rebus aut etiam hominibus inuentu perquam raris.

DE PHOICE.

P H O I X, φῶϊξ, (uel potius φῶϊξ penultima circunflexa,) inimica harpæ eft: quoniam uictus fimi- 10
lis eft.peculiare ei præ cæteris, ut oculos auium deuorare potifsimum appetat, Vuottonus ex Ari-
ftotele.fed Ariftot.de hift.animalium 9,18.de phoice fcribit, μάλιστα ἐπὶ ὀφθαλμοβόρον Ῥ̔ ὀρνίθωυ:hoc eft,
præ cæteris auibus oculos eam appetere uel deuorare. quid fi ὀφθαλμοβόλον legas ꞏ Videtur fanè ardearum generis,cum ftatim poft ardeas illic ab Ariftotele nominetur : & pifcibus uictitare, nam &
harpe cibum à mari petit. Harpa auis montana impetens oculos effodit, Plinius. fed deceptus uidetur,cum Ariftoteles(ex quo träsfert)de phoice, cui inimica eft harpe,hoc fcribat. Sunt qui phoi-
cem uocent phoicum,ruftice quoq; aliqui dicunt fraudium, Niphus. ρῶϊξ auis eft quædam Arifto
teli in hiftoria animalium, Hefych. & Varin. fed in codicibus noftris phoix tätum eft, poyx nullus.

DE PICA IN GENERE, PRAECIPVE VERO 20
de illa quæ uaria & caudata,à caudæ longitudine cognominatur, cuius
iconem fequens pagina continet.

A.

P I C A auis ueteribus Græcis κίσσα dicta, hodie quoq; nomen retinet in Græcia. Hebraicum nomen raham, רחם, uel rahamah, רחמה, auem effe docent dictam ab eo quòd pia &
benigna fit in pullos fuos.Leuitici cap.11.translatio uulgaris porphyrionem habet, Mun
fterus picam uertit.fic enim Iudæi noftrates interpretantur. Deuteronomij 14. Septua- 30
ginta upupam.Vide fuprà in Offifraga inter Aquilas, & in Gypæeto. Ego planè nec pica nec porphyrionem hoc uocabulo fignificari afferuerim, fed aquilæ genus aliquod aut uulturis. Eiufdem
linguæ dictionem agur, עגור, uariè exponunt,hirundinem, picam,gruem,ciconiã, pafferem, Efaiæ
38.uide in Grue. Item aiah uocem,alij picam,alij uulturem aut mifuum,ut leges in Miluo. Mun
fterus in Lexico trilingui pro pica ponit nefcio cuius dialecti uocabulum ferakrak, שרקרק. Auicennæ interpres barbarus pro κίσσα habet cacha, obfcuri quidam kiches: & Albertus afchytahez,
qui uidetur numerus pluralis à fingulari afchyta, corrupto nimirum à Græco uocabulo, ut prima
litera abundet,uel articuli loco fit. ¶ Italicè gazzuola uel gazzara dicitur,item gazza,regazza,
putta,& picha apud Alunnum:qui & ghiandaica Italicum auis nomen, alibi Latinè autem glanda-
rem,alibi picam interpretatur.Sed pica glandaria alterum picæ genus eft, quod glande uefcatur di 40
ctum:ad cuius differentiam ea de qua hic fcribimus, uaria uel caudata à caudæ longitudine cogno-
minatur.quanquam glandaria etiam uaria eft,præcipuè in alis, quam ob caufam aliqui confundere
uidentur. Apud Crefcentienfem alicubi gaza auis nominatur, alibi aregaza uel aregata, nifi corrupti funt codices noftri ut fufpicor:alibi gaza auis cauda longa. Kirandæ interpres Cremonēfis
'cittan uertit gaiam uel gazam uel glandariam. fed gaia & glandaria, alterius tantum picæ nomina
funt, de qua poftea priuatim agemus.gaza uerò comune nomen ad utranq;. ¶ Hifpanicè pigáza.
¶ Gallicè,pie,faquette,dame, & agaffe: quod poftremum Sabaudiæ ufitatius eft. ¶ Germanicè à
noftris Aegerft,ab alijs Aglaſter/ Agelaſter/ Algaſter, (quod ad Sabaudicum agaffe accedit: id
uerò ab Italico gazza deriuatũ uidetur:Gelenius Agerluſter fcribit Germanicè quafi agriluftram,
cui non affentior.)ab alijs Elſter/Atzel. Flandricè Aexter. ¶ Anglicè a pie, a py, or a piot. ¶ Illy 50
ricè ſtrakauel, krziſtela.

¶ Nuper & adhuc tamen rara ab Apennino ad urbem uerfus cerni cœpere picarũ genera quæ
longa infignes cauda uariæ appellantur, Plinius. Idem facilius ait fermonē humanum addifcere
picas quæ glande uefcuntur,& quinos habent digitos in pedibus:eas nunc Itali glandarias uocant.
Picam quæ prægnantium faftidio & appetitioni abfurdæ nomē fecit,credimus eam effe quæ à Plinio longa infignis cauda defcribitur,& uaria,id eft non fibi concolor, fed quæ alias plumas & pennas candido,alias nigro colore oftendat. Nulla enim in picarum genere longiore cauda eft. Quæ
enim uerficolores funt,glandariæ ab eodem Plinio & ab alijs manifefte dicuntur.fcribentesq; Græ
corum medici in prægnantibus ciffan uocari ἔσα τὸ ποικίλον τὸ ζῶα, id eft ob uarietatē auis, facilè per-
fuaferunt eam effe quam Plinius, ut díximus, uariam appellat:gens noftra priuatim gazã nunc uo-
cat:Marcellus Vergilius,aliam picam uariam,aliam uerficolorem & glandariam faciens, quo cum 60
etiam Perottus Sipontinus fentit.Pica(inquit) auis eft alis uario colore, & præfertim cœruleo depictis,uerba proferens ad fimilitudinem humanæ linguæ. Eft & alia pica fub uentre alba, fuperius
nigra,

nigra,quæ uaria appellatur,rara olim (circa
urbem,)nunc frequentissima per omnē Ita=
liam. Plinius duo picarum genera ui
detur : posterius hoc genus Plinij, picarum
genus esse uidetur , quod passim in Germa=
nia & Anglia longa cauda præditum,oua &
pullos gallinarum populatur. Aliud genus
picæ, tam longa cauda ornatum, quàm hoc
est, non.noui. nostra quoque pica uulgaris
10 caluescere quotannis solet. Alterum autem
picæ genus diu sane dubitaui quódnā esset,
& adhuc non satis teneo. Cùm essem in Ita
lia ad ripam Padi, ambulantibus mihi,& iti
neris mei comitibus , auis quædam picæ si=
milis,lingua Britannica iaia,& Germanica
mercolphus appellata, conspiciendam sese
commodùm obtulit, cuius nomen Italicum
quum à monacho quodā,qui incubat forte ade=
rat,percontarer, picā granatam (forte,glan=
20 dariam)dici respondit.Quare cùm apud Ita
licum etiam uulgus non solùm pristinæ lin=
guæ Romanæ , sed & rerum scientiæ , non
obscura uestigia adhuc superesse deprehen=
derem, suborta est mihi hinc suspicio, auem
hanc è generibus picarum esse : & quòd sci=
rem eandem,altera uulgari pica, multò ex=
pressius humanas uoces imitari, ita suspi=
cionem meam auxit, ut parùm.absit, quin
credam hanc esse alterius generis pica.nam
30 & glandibus uescitur magis omnibus alijs
auibus, Turnerus, eiusdē opinionis Perot=
tum quoq; authorem citans. ¶ Eberus &
Peucerus picæ genera duo faciunt,unum ur
banum, garrulum, cæcos pariens, uocē sub=
inde mutans,caluescens quotannis:alterum
syluestre,toto corpore uarium , pennis can=
didis, cinereis, cœruleisq; mixtis, alis uerò
nigris,quas Plinij uarias esse putant:& Ger
manice interpretātur Heidenelster/ Krig=
40 elster.(Quærendū an hæc sit cornix illa cœ=
rulea, cuius figuram in Paralipomenis da=
bimus.) Picam uerò glandariam nostram,
quam cum recentioribus garrulum appel=
lant,Græcorum spermologum esse putant,
quod minimè probo. ¶ Achani est auis
omnibus nota, & uocatur pica achani, Syl=
uaticus. Sunt qui picam Latinos à Græco
ποικίλος deriuasse coniectent:cum & nomen
conueniat, & res ipsa, uidelicet τὸ ποικίλον,
50 hoc est coloris uarietas. Hesychio & Uari=
no simpliciter ποικίλος auis quędam est. Ari=
stoteles semel tantum pœcilidum auiū me=
minit (uarias Gaza reddit) ab alaudis eas dissidere scribens. Theocriti Scholiastes in Idyllion 7;
acanthidem auiculam esse docet canoram & uario colore, ideoq; ποικιλίδα etiā dictam. Gelenius
noster picam uariam Græcis ποικιλίδα dictam arbitrabatur, eandemq; ἀγλάσπαν apud Græcos recen
tiores(uocabulo nusquam mihi reperto)cui Germanicum nomen Aglaster accederet.

B.

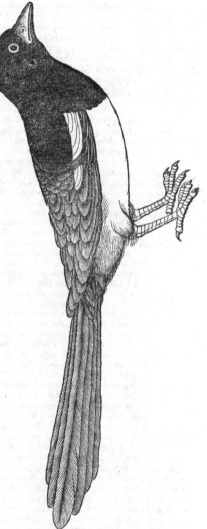

    Picis forma non uulgaris est,quamuis non spectanda,Plinius. Aristoteles turdum maximum
uisciuorum,picæ æqualē facit. Pica auis(ut quidam scribunt)magnitudine est columbæ,alis uario
60 colore,& presertim cœruleo depictis. Auis est uaria ex albo & nigro colore,sed in cauda niger co
lor splendescit in uiridem cum sapphirino permixtum,Albertus. Latior est ijs lingua : omnibusq;
in suo cuiq; genere quæ sermonem imitantur humanum , Plinius & Suidas in Psittaco. Auium

Kk 4

quæcunҩ similem habēt linguam & maxillarum positionem (διάτρησιν,) humanum aptæ sunt imitari
sermonem, ut picæ, psittaci, & similia, Suidas & Varinus. Nuper, & adhuc tamen rara, ab Apennino ad urbem uersus cerni cœpere picarum genera, quæ longa insignes cauda uariæ appellantur,
Plinius. Quædam aues os stomachi non habent amplum, & ingluuiem tamen nō habent, ut pica
& graculus, Albertus 2.2.2. Pica garrula breuitatem alarum cauda longiore recompensat, Obscurus. ¶ Picas albas in Septentrionalibus terris reperiri quidam tradit. Picarum genus quod glan
de uescitur, & in eo magis illæ quibus digiti quini in pedibus, sermonem exprimunt humanum Pli
nio. Solinus & Apuleius eum secutus, psittacis quinos digitos tribuũt, cum Plinius, quē imitantur,
omnino hoc de pica non de psittaco scribat. Fertur & porphyrio pentadactylus, nec alia auis,
quod sciam. **10**

c.

Picam uariam, de qua scribimus, Eberus & Peucerus urbanam faciunt.

¶ Vox. Pica uoces plurimas commutat. singulis enim ferè diebus diuersam emittit uocem,
Aristot. imò, ut nos obseruauimus, eadem die ac eadem hora uocem uariat. Albertus addit picam
huiusmodi uocum mutationē facere potissimùm tempore coitus. nos uerò obseruauimus hanc mu
tationem uocum eam facere omni tempore. immò aliquando per hyemem ita fingit uocem uenato-
ris, ut canes moueat ad se, Niphus. Picҩ in uocis imitatione singularem naturam, & quàm diuersa
animalia repræsentet, quis facile dixerit? Ego aliquando garrientem picam audiens hœdi uocem ar
bitrabar, qui à matre separatus iuxta arborem eam requireret, cui clamans pica insidebat. Et iterum
ædito mugitu, uitulum referebat. deinde utis instar balabat. postremò fistulam siue sibilum pastoris **20**
imitabatur, quo ille post pascua oues ad potum ducit. Vix uerò tandē pica per ramos saliente cōspe
cta miratus sum tanta cum in cæteris rebus, tum in auibus, diuinҩ largitatis dona splendere, Oppianus. κίτ]ας κιτ]αλίζειν legimus apud Pollucem. Scimus picas loquaces esse, Aelian. Pica loquax
uariás modulatur gutture uoces. Scurrili strepitu quicquid it audit, ait, Author Philomelæ. Pica cum alias uoces, tum maximè humanam imitatur, Aelianus. Statius etiam picas inter aues humani sermonis imitatrices nominat. Picæ minor quàm psittaco nobilitas, quia non ex longinquo
uenit, sed expressior loquacitas certo generi picarum est. Adamant uerba quæ loquuntur. Nec discunt tantum, sed diligunt: meditantesҩ intra semet, cura atҩ cogitatione intentionem non occultant. Constat emori uictas difficultate uerbi, ac nisi subinde eadem audiant, memoria falli: quærentes mirum in modum hilarari, si interim audierint id uerbum. Nec uulgaris ijs forma, quamuis nō **30**
spectanda. satis illis decoris in specie sermonis humani est. Verũ addiscere alias negāt posse, quàm
quæ ex genere earum sunt, quæ glande uescuntur. & inter eas facilius quibus quini sunt digiti in
pedibus, ac ne eas quidē ipsas nisi primis duobus uitæ annis, Plinius. Pica loquax certa dominum
te uoce saluto. Si me non uideas, esse negabis auem, Martialis. Augustus Cæsar picam, à qua salu
tatus erat, emi iussit, Macrobius Sat. 2.4. πάντα δὲ τὰ τῶν ζώων σύγλωτ]α καὶ διηθρωμένα δὶ τὴν φωνὴν,
καὶ μιμεῖται όσα τῶν ἀνθρώπων καὶ τῶν ἄλλων ὀρνίθων ἄχος, ὥσπερ ψιτ]ακὸς καὶ κίτ]α, Athenæus. quid si legas?
πάντα δὲ τὰ πλατύγλωτ]α τῶν ζώων, σύγλωτ]α, &c. nam & Plinius sic habet: Latior picis est lingua: omni-
busҩ, in suo cuiҩ genere, quæ sermonem imitantur humanum: quanquã id penè in omnibus contingit. Τῶν πτηνῶν όσα παρκπήνισιαν ἔχει τὴν γλῶτ]αν, καὶ τὴν τῶν χμένων διάτρησιν, τὴν τῶν ἀνθρώπων δύνανται μι
μεῖσθαι διάλεκτον, οἷον κίτ]αι, καὶ ψιτ]ακοὶ, καὶ τὰ ὅμοια, Suidas. Tonsor quidam (inquit Plutarchus in libro **40**
Vtra animaliũ, &c. ex multis Græcis Romanisҩ hominibus, iisҩ qui interfuere memorabilem
hanc historiam se accepisse præfatus) officinam Romæ habens ex aduerso templi quod forum Græ
cum uocant, picam prodigiosè streperam & loquacem, humana uerba, ferarum sonos reddere, in-
strumentorum omnium garritus & strepitus effingere, idҩ nullo cogente, sed sponte sua assuefa-
cientem sese, ac nihil indictum inimitatumҩ relinquere gestientem, habebat. Accidit autem ut hãc
dives quispiam ingenti tibicinum strepitu efferretur, hi quia nobilitati fama erant, & canere iussi
fuerant, moram istic fortè, ut sit, diutius hominum studijs se dando canendoҩ traxerunt. pica postridie muta elinguisҩ fuit, adeò, ut nec quam inter quotidianas necessitates uocem solita fuerat,
mitteret. Præbuit his qui norant antea, silentium subitum admirationem ingentem, tum illis ipsis
qui adire hæc loca consueuerant, muta ac perturbata omnia cernentibus, tristitiam incussit. Vene- **50**
num alij per eiusdem opificis homines datum, plerisҩ tubarum uoce auditũ obstupefactum, unaҩ
uocem extinctam suspicabantur. Sed neutrum fuit, apparabat. quippe omni ingenij studio intrò
reuocato, uocem sic quemadmodum organum aptabat instruebatҩ. Subitò enim rediȷt illuxitҩ
spectatoribus suis, non consueta illa ueteraҩ imitamenta, sed tubarum cantum ijsdem prorsus pe-
riodis sonans, transitus omnes insuper, omnes numeros eodem planè pacto seruans.

¶ Cibus. Pica & aliæ quædam aues glandes reponentes obruunt terra, Theophrast. de causis
plant. 2.23. Glandes cum deficiunt colligit, & in repositorio abditas reseruat, Aristot. De glandibus maturis cibum sibi sufficientem colligit, Author de nat. rerum. E suum alueis interdum uescitur. Sermonem humanum addiscere picas alias negant posse, quàm quæ ex genere earum sunt,
quæ glande uescantur, Plinius: tanquam non omnes picæ hoc fructu uescantur. priuatim quidem **60**
glandarias hodie Itali appellant genus alterũ, de quo dicemus proximè. Pica fructibus (acrodryis)
gaudet, sed mox fastidit quos gustàrit, & alios quærit in diuersas subinde arbores transuolãs, Varin.

A uis

Auis est gulosa (ὄρνιον λιχνότατον) & ad libidinem maximè procliuis, Idem. Vorax est, & uaria curiosè degustat, Idem. Audio picas etiam teneris gallinarum pullis insidiari. Viscum satum nullo
modo nascitur, nec nisi per aluum auium redditum, maximè palumbis & turdi, Plinius 16.44.
Theophrastus non turdos sed picas, id est cittas ponit, atq; ita Theodorus interpretatur. forteq; deprauatum id in Theophrasto fuerit, ut pro cichla, quod turdum significat, città librarius ascripse-
rit, Hermolaus.

¶ Nidum in arboribus facit ex pilis & lana, Aristot. Nidum cum duobus foraminibus construit, per quorum unum intrat, per alterum caudam emittit, Obscurus. Nidum extrinsecus spino
sum facit & tegit. & duo foramina in oppositis lateribus in nido ad intrandum & exeundum con-
10 struit, & frequenter duos habet nidos, ut aspicientes decipiat, & dubitari faciat in utro sint oua, Albertus. Nidum inter loca spinosa constituit, eumq; terra interius, & spinis exterius in circuitu subtus ac desuper diligentissimè sæpit ac munit. arctissimum enim tantum foramē per quod ingredia-
tur in latere relinquit: & hoc eo loco, quo nidus inaccessibilior est: quem cum ab homine uisum senserit, oua transfert alio, commoditate digitorum iuuante, Author de nat. rerum. ¶ Pica parit no-
uenos, Plinius. circiter nouem numero, Aristot. Auium nonnullæ imperfectos & cæcos pariunt
pullos, uidelicet quæ cum paruæ corpore sint, multos progenerant, ut cornix, pica, passer, Idem.
¶ Pica pennas paulatim exuit, non uno tempore simul ut accipiter, Albertus. ¶ Picis uarijs, lon
ga insignibus cauda, proprium caluescere omnibus annis cum seritur rapa, Plinius. Rapa quidem
duas habet sationes, seritur enim & uère ante calēdas Martias, & Augusto, ex Plinio, Columella &
20 Palladio. Plinius de secunda satione, quæ mēse sit Augusto, intelligere uidetur, Vuotton. Nostra
quoque pica uulgaris caluescere quotannis solet, Turnerus. Picas epilepsiā quoq; sentire ferunt,
Aloisius Mundella.

Picæ pulli educati & ad uolatum roborati, pascunt parentes suos in senectute, faciuntq; eos ma
nere in nidis absq; ullo labore, Author de nat. rerum. ¶ Pica est auis calidissima, Author de nat.
rerum. derisiua, Albertus. Picæ cum diligentius uisum ab homine nidum sensère, oua transferunt
alio, Plinius: commoditate digitorum iuuante, Author de nat. rerum. Ferunt picam oua sub digitis pedum aliquando de nido ad nidum ducere, Albertus. De calliditate eius circa nidum, leges su
prà in c. Instituerant ramis imitantes omnia picæ, Ouidius 5. Metam. Pica auis est sagax, imitans
30 uocem hominis, Kiranides. Picasq; docuit nostra uerba conari, Persius. ¶ Apud nos pica aliquando comedit passerem iuuenem, Albertus. Apud nos pugnant cum aquila cornix, pica, monedula, & huiusmodi aues. quoniam aquila deuorat eas, Albertus. uide suprà in Aquila D. Picas
aluco & ulula tenantur, Aristot. ¶ Vidi aliquando picam adulolantē ad auem bassie in quodam
loco ligatam: & cum illa frustula carnis comedere uellet, pica sua cauda ea remouit: unde picam
auem esse aliarum auium derisiuam cognoui, Auicenna in nonum Aristot. hist. anim.

Pica quomodo capiatur una ab altera, scriptū est nobis in Cornice. Reti quomodo capiantur,
Crescentiensis docet 10.20. & quomodo oliuæ fructu illectæ laqueo intricentur, in Graculo ex Op
piano. Accipitres capiunt regazas, (id est picas) & glanderas siue gazas, Crescentiensis. Picarios
40 accipitres Budæus nominat, qui picas captant. Speruerij generosi etiam picas captant. ¶ Picæ
gallinarum pullis insidiantur. ¶ In hoc laudantur, quòd horto uel loco in quo nidificant, prospiciunt, multo enim clamore fures produnt, & sæpe illos à proposito auertunt, Obscurus. ¶ Pica
auis, quæ & pluuiæ auis ueteribus dicta est, amplius solito stridēs, certò imbrē indicat, Gratarolus.

Picæ in cibum non ueniunt, sed pulli earum interdum nidis exempti, à pauperibus eduntur.
Esus pullorum picæ assiduus, uisum auget, Plinius. sed nisi excoriati prius fuerint, non facile concoquuntur, Author de nat. rerum & Albertus. Picæ caro est calida, ualde abominabilis: & est in
ea subtilitas, Rasis. Accipitribus picæ omnis caro utilissima est, Demetrius Constantinop.

50 Picam uiuam dissectam aliqui imponunt articulis laborantibus. Auis pica (picus, apud Kiranidem) assa elixáue comesta, citò sanitatem restituit ægrotis, & incantatione ligatos soluit & sanat,
& prosperitatem tribuit, Gilbertus apud Arnoldum. Liquor stillatitius è pullis picarum chymicó
uase collectus, uisum infirmum & hebetem roborat & acuit, Io. Gœurotus. Ryffius (ex Brunsuicensi nimirum) liquorem ita exceptum è picis minutatim incisis, oculis rubentibus & obscuris prodesse scribit: & oculorum leucomata uel pterygia tollere: ignem sacrum (quem S. Antonij uocant)
restinguere, linteolis ex eo madētibus sæpe impositis. Esus pullorum picæ assiduus, uisum auget,
Plinius. recentiores quidam excoriari iubent, ut facilius concoquantur. Pica combusta in olla sigillata quocunq; modo data contra noctiluam, & cardiacam, & melancholiam de causa frigida, &
cancrum in uirga uirili curat locum cum licio, Author Additionū ad Breuiarium Arnoldi. Pica
60 cocta & esitata reparat spiritus uisisuos, Item pica deplumetur & exēterata decoquatur in uino albo
usq; ad uini consumptionem, & separationem carnis ab ossibus, & tunc simul cum iure teratur, ac
Soli per triduum exponatur, & cum opus est cum carpia uel linteo subtili oculis imponatur. ocu-

lorum enim aſperitatem,obſcuritatē,ruborem & dolorem tollit,& ſpiritus temperat,Idem. Picam unam uel plures integram pones in olla noua uitreata,luto diligenter obducta clauſaq; & in furno torrebis,ut facile in puluerem uertatur, nec aduratur tamen. hic puluis oculis immittatur, aut fiat ex eo collyrium,aut ſumatur per ſe. hæc enim peculiaris picæ uis eſt,ut quocunq; modo ſumpta uel adhibita uiſui conferat,Gordonius in capite de imbecillitate uiſus. Io.Gœurorus oculis caligino-ſis hunc pollinem cum aqua fœniculi inſtillari iubet. ¶ Picæ fel utile eſt immiſſum oculis ambu-lantium per niuem,Raſis. ¶ Oua eius ſicca trita oculis immiſſa cōtra albuginem medenť,Idem.

H.

à. Picumnus eſt auis Marti dicata , quam picum uel picam uocant , Nonius. ſed authores qui extant omnes,quod ſciam, picum duntaxat Marti ſacrum faciunt,& à pica diuerſum. Pica dicitur 10 quaſi poetica,eo quòd uerba in diſcrimine uocis ut homo exprimat , Iſidorus. Sunt qui uocabulū Græcæ originis rentur, παρὰ τὸ ποικίλον,id eſt à colorum uarietate. Κίσσα commune eſt,κίϑϑα At-ticum. Κίσσα ἐτυμολογεῖται παρὰ τὸ κίειν,καὶ μετὰ ϲφοδρότητ[...] ϲυνίεϑαι πρὸς ϲυνεσίαν, Varin. Apud La-cones κώσσα,dicitur,Heſychius & Varinus. Iiſdem βάσκιλ[...] picam ſignificat:item κραχύον. Σἶϑον aliqui noctuam,alij picam uel accipitrem interpretantur,Iiſdem.

¶ Epitheta. Pica loquax,Martialis & Author Philomelæ. Improba,Martialis. Et apud Tex torem,Garrula,ſalutatrix,diſerta.

¶ Olim multis hominibus nomina imponebantur auium, ut Chærephonti Veſpertilio , Syra-cuſano Pica, Ariſtoph.in Auibus. Scholiaſtes Syracuſanum iſtum in foro uerſari ſolitum ſcribit, & ab Eupolide eum tanquam loquacem traduci. Argò nauim Lycophron uocat λαλίϑρον κίσσαν. eſt 20 enim pica auis loquax,& carinam Argûs loquutam aliquādo ferunt. ¶ Κιϑία, πρόγονοι, Heſych.& Varinus. ¶ Noſtri picæ oculum uocant (**ein Agerſtenaug**) uerrucæ genus, quod Latini clauum appellant,ni fallor. cuius generis gemurſa etiam Feſto dicta uideri poteſt, tuberculum eſt (inquit) ſub minimo digito pedis, dictum quod gemere faciat eum qui gerit. ¶ Picarios accipitres à ca-piendis picis Budæus dixit. ¶ Cittoſin dicunt Græci,quum ab racemis dilapſi acini pereunt,Cæ lius. ¶ Gallis uerbum gazouiller eſt cornicari,inepte garrire: nimirum à pica aue,quam Itali ga-zam uocant.

¶ Citta,id eſt pica morbus prægnantium. Malacia prægnātium(inquit Cælius)Plinio(lib.33.) eſt mollities quædam & defectio,quum languētes modo hoc,modo illud appetunt, adeò ut terram quoq; uorare appetant nōnullæ,carbones etiam extinctos,aut cimoliam, inquit Paulus Medicinæ 30 primo:quæ res nuncupatur κίϑλη(κίϑϑα)id eſt pica. Nam & gethyllidas(gethyum uel porrum capita-tum interpretantur)Latonæ ſacras ſcribit Athenæus, quoniam prægnans id cibi expetiſſet genus. Prouenit incommodum id ab conceptu menſe potiſſimum tertio, nequeunte fœtu interim delata in uulua omnia ratione alimenti abſumere,inſita imbecillitate,proindeq; in ſtomacho multorum facta redundantia,ex qua etiam abſurdorū ſeſe promit appetentia. Indidem quoq; nomē nacta affe-ctio eſt, ὅϳα τὸ ποικίλον τῷ ζωϱ ϑὶ κίϑϑης:id eſt ex auis uarietate. Vel, ut ſcribit Paulus Aegineta , quòd malo id genus (pica auis) corripiatur frequentius, Hæc Cælius. Et rurſus alibi,Galenus(inquit)in libro De dignoſcendis locis affectis , affectionem illam ſcribit qua malos affectant cibos mulieres, κίϑϑαν aut κίϑϑαν,id eſt picam & picationem uocari, contingere uerò hæc ſecundo aut tertio à conce ptu menſe,quòd appetentiæ organum(id uerò os uentriculi eſt)ſit obleſum,infanti non ſuppetente 40 ui ad alimenti conſumptionem. Κίϑϑα,id eſt pica,in prægnantibus dicitur. quoniã auis illius uariæ modo ſolent uaria appetere. nam & cruſtas (ut cætera taceam) ex fluminibus in eſcam petunt non-nullæ,Grapaldus. Κιϑϑαν,id eſt picare,quidam denominant à pica aue , ut Gaza ſuppleuit : quod prouerbium demonſtrat,quod de eo qui uaria cupit, dicitur, uidelicet (ueluti) pica prægnans, Ni-phus. Citta in prægnantibus circa ſecundum aut tertium menſem fit, à prauis humoribus uteri ad ſtomachum euectis,unde abſurda quædam appetunt,teſtas, lapides,carbones,labruſcas, Varinus. Sunt qui definiāt languorem & mollitiem diſſoluti & cuncta faſtidiētis ſtomachi in grauidis:quòd picæ aues quoque uaria appetere ſoleant cum ſunt prægnantes. οἱ κιϑϑῶντες ϑὶ εἰϱήνης, Ariſtoph. in Pace.id eſt,auidè deſyderātes pacem.eſt enim pica(inquit Scholiaſtes,& ex eo Suidas) auis uorax, omniuora,& curioſe uaria deguſtans.unde & de mulieribus prægnantibus, ciborum abſurdorum 50 appetentia laborantibus, & de alijs hominibus auidè aliquid deſiderantibus,κιϑϑαν uerbum uſurpa-mus. οὖτο κιϑϑῶ ὅϳα ϑῶ ϲανίϑ[...]ων μετὰ χοιείνης πϑωιλϑῶν,Ariſtoph.in Veſpis.ubi Scholiaſtes, Κιϑῶ,ὥϑυ-μῶ,γλίχομαι.ἀπὸ ϑῶ ἀϱϑίως ϑικϑυϲῶν (forte ἀϱϑίως κυϲϲῶν) γυναικῶν, καὶ ὥϑλυμϲῶν ϑικϑῶν.nam pica auis fru-ctus arborum (acrodrya)appetens, mox faſtidit quos guſtauerit, & diuerſos ſubinde appetens, in alias atq; alias arbores tranſuolat. Polemon apud Athenæum ſcribit, Latonam in utero gerentem appetiiſſe gethyllidem,κιϑϑῆϲαι γηϑυλλίδος. Hanc in mulieribus grauidis affectionē Arabicè uocari inuenio alguaham,uel(ut alij ſcribunt) alguama, uel algaham. Acidam citri partem Dioſcorides à mulieribus edi dicit πϱὸς ϑὶ κίσσαν,id eſt aduerſus faſtidia quæ ipſis pregnātibus ſuperueniunt:quo-rum Ariſtoteles quoq; meminit,libro de animalium hiſt.ſeptimo,Manardus. Potus è uitium folijs expreſſus ſuccus iuuat κισϲώϲας,Dioſcorid.id eſt abſurda in cibo appetentes mulieres. Vbi Marcel- 60 lius Vergilius,Κίσσα(inquit) & κισϲᾶν uerbum, uehemētiores & impetus magis quàm appetitus pro-poſitarum rerum in gerentibus uterum ſignificant, quæ quotidianos cibos faſtidientes, abſurda &

insueta

insueta homini comedisse tunc cupiunt:carbones,terram,cæmenta,& aspertimi äcèrbicȹ saporis ci
bos.Deinde Hermolaum reprehendit,qui hoc in loco,à conceptu mulierum defectiones reddide=
rit:& Ruellium etiam,qui malaciam stomachi.sed Ruellius Plinium imitatus rectè excusatur. Et
mox,Credimus picam quæ huic malo nomen fecerit, non glandariam esse,sed illam quæ à Plinio
longa insignis cauda & uaria describitur. Plura de hoc affectu leges apud Actium 16.10.ubi admo
net quosdam ab hederæ similitudine,quam Græci cittòn uocant, cittan hoc morbi genus appela=
tum sensisse,nam sicut illa diuersis plantis quæcuncȹ occurrerint,uarie implicari solet,ita mulieres
pica laborantes diuersissima edulia appetunt,præsertim oposita,quæ tum uoluptatem tum tristitiam
gustantibus afferunt. Memini ego in muliere quadam hoc malum in grauiditate ortum, à partu
10 etiam ultra annū durasse,nec scio quouscȹ.pallida erat,phlegmatica,macra,menses ferè detinebā=
tur,fluere albo infestabatur,infans breui interijt. Grammatici(Suidas,Varinus)interpretantur etiam cum uoluptate concipere,à pica aue, quæ gulosa admodum sit, & ad libidinem
procliuis,sed hoc sensu in sacris tantum literis hoc uerbū reperiri puto. ἰδ'ὁ γὰρ ἠν ἀνομίαις συνηλήφθω,
καὶ ἐν ἁμαρτίαις ἐκύσησέ με(poterat etiam legi,ἐκύησέ με)ἡ μήτηρ μυ,Dauid. Κισσὸς,id est hedera,circum
uoluí solet proximis quibuscȹ,arboribus,ædificijs,alijs. hinc factum uerbum κισσᾷν de muliere, pro
eo quod est cum uoluptate concipere, Varinus. Ἐγκισσήσασιν,συλλαβέωσιν,ἐπιθυμήσωσιν, ἐγκισσήσεις,ἢ ὀχλή-
σεις,Suidas.

¶ Κίσσα,auis & piscis,Hesychius. ¶ Itali quidam auem,cui nos lanij nomen finximus,gazam
marinam,id est picam marinam uocant,quòd coloris uarietate & caudæ longitudine ferè picam re=
20 ferat:alij gazam sperueriam,quòd prædandi natura accipitrem minorem imitetur : alij regestolam,
quod nomen forte diminutiuum à regazza est , sed detortum. alij passera gazéra, hoc est passerem
picarium.Sabaudi matagasse:est autem agasse eisdem pica.alij pie griayche, quasi picam Græcam.
Galli quidam pie ancrouelle,quòd unguibus suis passim adhæreat arborum truncis. In Palestina
uidi aues similes illis quas picas Græcas(pies griesches)nominamus,quæ deuorant mures sicut tin
nunculi,Bellonius. Pica marina alia est Gallicè uulgo dicta, similiter (ut arbitror à coloris distin=
ctione,)rostro quatuor digitos longo ut gallinago,unde gallinaginem (beccassam) marinam aliqui
nominant,Bellonius.uide in Hæmatopode. Eadem an diuersa sit pica marina Anglorum (a sepy)
auis milui quantitate,ut audio,nōdum comperi. Nostri genus pici picarium cognominant (äger-
stenspecht)albo nigrocȹ colore ut pica ferè distinctum.

30 ¶ Minutius Pica nominatur Varroni de re rust.3.2. ¶ Dicunt Macedones Caranum Macedoniæ regem pugna superasse Cisseum,qui in uicina regione principatum obtinebat, Pausanias in
Bœoticis. Cum Alcimedontis herois filia Phillò, Herculem Phigalij aiunt concubuisse. Vt uerò
peperisse eam sensit Alcimedon,in montem exposuit, ut unà cum puero interiret,quem Aechma-
goram appellant Arcades. Puerum itacȹ expositītium pica auis & plorantem audiuit, & ploratum
est imitata.Cæterum Hercules,cum forte illac transiret,audita pica, uocem non uolucris,sed infantis ploratum esse ratus,rectà ad uocem deflexit.Re itacȹ cognita , ipsam uinculis soluit , & puerum
seruauit.Ex eo fons uicinus Cissa, id est Pica dicitur, Pausanias in Arcadicis. ¶ Cissa est fluuius
Ponti Cappadocij,authore Ptolemæo.

¶b. Aues quæ ut plurimum mergi uocantur,uariæ sunt ut picæ,Albertus.

40 ¶d. Inde salutatias picæ respondet arator,Martialis. Corui & picȹ homines(uoce) imitatur,
& eorum quæ audierint meminerunt,Porphyrius lib.3.de abstinendo ab animatis. ¶ Iacobi Mi-
cylli epigramma de mirabili historia quadam duorum falconum & picæ,recitaui in Falcone d.

¶f. Cotyis Thracum regis conuiuium describens Athenæus,inter cæteras appositas aues,pi-
cas quocȹ nominat.

¶g. Picæ cor gestatum cum radice cissi, id est hederæ,contractas mulieres sanat : similiter &
dysuriam curat,Kiranides.

¶h. Picæ epitaphium,authore Archia, legitur Anthologij Græci libro 3. sectione 24.
Audio picam etiam cancris uesci:& contigisse aliquando ut cancer à pica in arborem sublatus,
collo eius suis forcipibus cōpresso eam interemerit. Pieri filiæ nouem cum Musis ausæ cantu de
50 certare,in id genus auis mutatæ sunt,unde Statius : Et Aonio uersæ certamine picæ. Ouidius lib.
5.Metam.hanc fabulam prosequitur:Pierus has genuit Pellæis diues in oris, Pæonis Anippe(inde Anipides,per systolen,cognominantur ab Ouidio in eodē libro)mater fuit,&c. Et circa sinem
lib.5.Plangere dumcȹ uolunt per brachia mota leuatæ, Aere pendebant nemorum cōuicia picæ.
Nunc quocȹ in alitibus facundia prisca remansit, Raucacȹ garrulitas,studiúcȹ immane loquendi.
¶ Improba Cecropias ostendit pica querelas,Martialis. ¶ Baccho loquacitatis ratione picam esse
sacram prodidēre,Cælius. Picā auem nugacȹ huic deo cōsecrarunt,ut Phurnutus prodit,Gyrald.
¶ PROVERBIA. Pica cum luscinia certat:uide in Cygno H.c.ubi de Cygnea cantione scripsimus. Οὐ δὴ μὰ γὰρ Λάχων ποτ' ἀκνδύνα κίσσας ἰείσῃ, οὐδ' ἔποπας κύκνοισι,Theocritus Idyl.5. ¶ Κισσᾷν
uerbi usus prouerbialis esse uidetur , de ijs qui magna auiditate quædam ita desiderant , ut experi-
60 iantur de aliquo animi corporisue deteriore statu periclitentur. uide supra in h.a. Sic nostri desiderium huiusmodi significantes,abortiendi periculo aliquid appeti dicunt,etiam de uiris, (Das er
nit vmb das kind kome,) metaphora à grauidis sumpta mulieribus. ¶ Germanis (inferiori=

bus)uſitatum eſt illud, Die egſter kan er hüppen nicht lathen, Pica ſuos ſaltus (ſaltationes per in
terualla)relinquere non poteſt: de ijs qui nunquam mutaturi ſunt ingenium, quicquid enim nati
uum, id haud facile mutatur, ut Aethiops non dealbeſcit, Tappius. ¶ Nihil temere uulgò dicti
tari, & aliqua ſaltem ex parte uerba aut ſermones rebus conuenire ijdem innuentes, nullam eſſe pi
cam dicunt, quæ non aliqua macula aut uarietate ſit inſignis: Es iſt kein atzel/ ſy hab dann etwas
bundtes.

DE PICA GLANDARIA, VEL GARRVLO AVE.

10

20

30

40

50

A.

ICAS negant ſermonem humanum addiſcere alias poſſe, quàm quæ ex genere earum
ſunt quæ glande ueſcantur. & inter eas facilius, quibus quini ſunt digiti in pedibus: ac ne
eas quidem ipſas, niſi primis duobus uitæ annis. latior ijs eſt lingua, Plinius. Mihi qui
dem Plinius picas ſimpliciter uocare uidetur illas quæ glandibus ueſcuntur, quas Itali
glandarias hodie uocant, de quibus in præſentia ſcribimus: uarias uerò, & longa inſignes cauda co
gnominare, de quibus ſuprà ſcriptũ eſt nobis: has ſuo tempore raras circa urbẽ, illas uulgares. Om
nia ſane quæ de picis ueteres ſcripſerũt, glandarijs nõ minus quàm uarijs attribui poſſunt, ni fallor:
quædam

quædam etiam magis, ut uariarum uocũ & sermonis humani imitatio. Plura lege suprà in Pica. A.
¶ Italicè gaza uocatur, etsi id nomen potius utriq; picæ commune esse iudico. & à glandibus alibi
ghiandaia, uel ghiandara, Crescentiensi glandara uel glandara, alibi gaza uerla, ad differentiam alterius, alibi berta. ¶ Gallicè gay. Sabaudicè gaion. ¶ Germanice apud nos *Häher*, alibi *Hä*-
tzel uel *Hätzler*: quod nomen accedit ad alterius picæ nomen *Atzel*, ut id quoq; ad Italicũ gazza,
alibi *Baumhätzel*, circa Friburgum Heluetiorum, *Herrenuogel*, alibi *Här* per syncopen, pro
Häher. In Sueuia ein *Jäck*. Alibi deniq; *Margraff*: item *Marcolfus*/ *Holtzschreier*, ut Eberus & Peucerus interpretatur. Brabantis *Gitau* uel *Richau*. ¶ Anglis a iay. ¶ Illyricè soyka.
¶ Græcis hodie uulgo καρακάξα dicitur, ut audio, pica uarijs distincta coloribus, caudam assiduè
10 quatiens. ¶ Bellonius auem Gallicè dictam vn gay, graculum interpretatur, cuius ego opinioni
non assentior.

¶ Garrulus auis est à garrulitate dicta, quam Germani *Heher* uocant, Albertus. Hanc nonnulli falsò opinantur eandē esse cum graculo, sed graculus alia auis est unius coloris: garrulus uerò
colore distinguitur ex diuersis plumis, dictus à garriendo, Author de nat. rerum.

B.

Garrulus tanta plumarum uarietate distinguitur, ut nullus ei cæterarum auium color deesse dicatur, in alijs quidē uersus inferiorem partē colore nitet pulcherrimo cœruleo, Albertus & Author
de nat. rerum. Garruli dorsum ad cœruleum colorem tendit: alæ cœruleæ & plurimis alijs uenu-
stissimè coloratæ sunt, uenter purpurascit, & uelut ὑακυνθίζει, (hyacinthi colorem repræsentat,) Ebe-
20 rus & Peucerus. ¶ Ego aliquando manibus tractans hanc auem, descriptionem reliqui huiusmodi: Magnitudine est columbæ, (palumbæ, Perottus.) colores per totum corpus uarios habet. rostrum breue, nigrum, robustum. pedes sine colore certo, ex albo ferè, fusco russoq; æquali mensura
mixtis, digiti pedum multis articulis flectuntur. cristam in capite ex plumis erigit, anterius partim
albidam, partim nigrā: retrorsum uersus mixtus est ex rufo cæsioq; color. similiter per totā partem
pronam, nisi quòd in dorso minus ruffi, plus cinerei admiscetur. Pennæ ab orrhopygio ad caudam
candidæ extenduntur. Cauda pennis constat nigris, tam longa ab orrhopygio retrorsum, quanta ab
orrhopygio ad caput longitudo est. Alarum pennæ oblongæ & ualidæ sunt, partim prorsus nigræ,
partim candidæ, partim ex nigro albicante, & cœruleo coloribus ordine distinctis uariantes. Supina pars eiusdem ferè coloris est cum prona, sed remissioris: & quo propius caudam fuerit, eò magis
30 ad album uergit. A rostro plumæ aliquot atræ retrorsum subtus oculos tendunt.

C.

Garrulus dicitur à garriendo, non enim eum quisquam transire potest, cõtra quem non garriat.
Cæterarum quidem auium uoces uel modulos non ad delectamenta lætitiæ, sed tantum ad garrien
dum dicitur imitari. Captus in iuuentute clauditur, ut articulata uerba loqui uideatur: quæ etiã ubi
didicerit, magis garrire gestit, & quandoq; dum garrulitati intendens sibi non prospicit, à niso ino-
pinatè rapitur, Author de nat. rerum. Omnes inclamat, & omnium uoces imitatur, (utpote auis
derisiua, & ueluti illudens aliarum auium uocibus, ut nostri aucupes aiunt,) propter quod etiam à
quibusdam marcolfus uocatur. In caueis autem detenta etiam articulatas uoces hominum nonnũ
quam imitatur, Albertus. Vide etiam suprà in A. ab initio, & in Pica. (nam quæ de picæ uoce tum
40 aliàs, tum circa sermonis humani imitationē ueteres tradiderunt, glandariæ aut æque aut etiam ma
gis conuenire uidentur. ¶ Garrulus fructibus arborum ut glandibus uescitur, Eberus & Peucerus. carnes & glandes amat, Tragus. Audio etiam passeres & alias auiculas ab eo deuorari.
¶ Frequenter insanire (præ iracundia adeò furere) dicitur, ita ut plerunque inter furcatos arborum
ramos se suspendens perimat, Albertus & author de nat. rerum. Sunt qui epilepsia eum corripi asserant.

D. E.

Noctuæ infestus est, & ad eius clamorem statim aduolat, & adoritur præ cæteris ferè auibus.
¶ Accipitres capiunt aregazas, & glanderas siue gazas, Crescentiensis. Idem libro 10. cap. 20.
de his auibus scribit quomodo reti capiantur.

F.

50 Garruli à pauperibus tantum eduntur.

H.

h. In historijs quibusdam Germanicis legitur anno à nato Domino 1482. picarum & garrulorum examina copiosa apparuisse uolantia in aere, & per spatium miliarium aliquot inter se uehementer depugnasse, secuti cuiusdam prælij præsagium.
¶ GARRVLORVM tria genera esse nostri aucupes narrant: ex quibus unum *Nusshäher*,
id est garrulos nucum (iuglandium) appellitant, sturni ferè instar maculosum, &c. Hos nos suprà Ca
ryocatacten nominauimus, & gracculis potius quàm garrulis siue picis adnumerandum ostendimus.

L l

DE GARRVLO QVI CIRCA ARGENTO-
ratum **Roller** appellatur.

A VIS hæc cuius figuram ponimus, circa Argentoratum **Roller** uocatur per onomatopœiam, ut audio, in aere perquam altè uolat: multis & uarijs ornata coloribus, ut pictura
repræsentat, alis præcipuè uaria, in summo cœruleis, circa medium ad uiridem colorem
uergentibus, pennis maioribus posteriori parte nigris: est & quod albicet in ijsdem, sed
modicè & punctis tantum, dorsum & cauda ruffi ferè coloris sunt, rostrū nigricat, &c. Hanc auem
memini me uidere aliquando Bononiæ in Italia, gazæ nomine quod cōmune est generi picarum.
Erat illa, ut tunc annotaui, coloribus distincta pulcherrimis, alis in summo splendētibus colore cœruleo ad puniceum inclinans: circa medium subuiridibus, parte postrema nigricante ab uno latere, ab altero ad puniceum è nigro tendente colore. erat & albi nonnihil in medio cum modico partim uiridi partim cœruleo colore mixtum. In dorso & posteriore alarū parte ruffus è fusco. in principio dorsi color idem qui in summis alis, hoc est cœruleus ad puniceum inclinans, Reliquæ partes
omnes subuirides.

DE GARRVLO BOHEMICO.

G ARRVLVM Bohemicum appello auem hanc, cuius pictura ab Argentoratensi pictore
accepi, qui nomen eius ignorabat, sed ab alijs postea didici hac specie auem circa Norimbergam uocari **Behemle**, id est Bohemicam, (quanquam & turdi genus minus aliqui similiter nominant.) Corporis quidem forma & colores fermè ad garrulū communem nostrum accedere mihi uidentur. Alij alio Germanico nomine **Zinzerelle** uocitant, haud scio an à uocis imitatione. Rari sunt plerisq; in locis, & cum apparent pestilens aeris mutatio expectatur. Plumeus in capite apex retro spectat, ruffi coloris, cum pennis aliquot cinereis. Collū anterius nigrum
est, ut etiam posterius, latera colli ruffa. In pectore & uentre roseus ferè color est, dilutus, fuscis quibusdam & cinereis intermixtis pennis. Alæ superius è ruffo nigricant, tum color cinereus sequitur,
tertiò candidus, quartò maculæ quinæ egregiè rubentes, quas natura corneas esse quidam mihi retulit. longiores alarum pennæ nigræ sunt, maculis aliquòt è uiridi subflauis distinctæ. Cauda nigra
est, extremitas uerò in ruffo flauescit. Rostrum nigricat, crurum color fuscus ad cœruleum accedit.
Hæ fortè aues fuerint quæ in Hercynia sylua noctu ignium modo collucēt, si uerè ueteres quidam
prodiderunt. Hæc dum scribērem, Germanus quidam mihi asseruit, se in patriæ suæ Votlandiæ
Bohemis uicinæ syluis, auem quandam uidisse turdi minoris magnitudine, colore partim cœruleo, partim aureo siue croceo, quam noctibus lucere fama esset: se tamen neque lucentem uidisse,
neque nomen nosse aiebat. Addebat aliam auem, non maiorem carduele, alaudæ ferè colore, & canoram, circa Norimbergam uulgò **Behemle** uel **Beemerle** nominari: & earum aduentum pesti-
lentiam ferè subsequi. ¶ Garruli Bohemici anno Salutis M. D. L I I. inter Moguntiam & Bin-
gam iuxta Rhenum maximis examinibus apparuerunt in tanta copia, ut subito qua transuolabant,
ex umbra earum ueluti nox appareret: & in plurimis circa Moguntiam locis capti, in cibum uenerunt.

nerunt. Hoc ueluti prodigium annotatum, & excusa auis icone (absᶓ nomine tanquam ignotæ) à
typographis publicatum est. Magnitudo eis ferè quæ merulæ attribuitur.

DE PICIS MARTIIS ET PICORVM GE-
nere in uniuersum.

A.

DRYOCOLAPTEN (Δρυοκολάπίω) ex Aristotele picum Martium conuertit Theodorus
Gaza, genera eius plura sunt, ut dicemus: & in uictu quidem conueniunt omnia, à quo
& nomen apud Græcos habent, rostro enim arbores feriunt (τας δρῦς κολάπίεσι) dum uermiculos & formicas quærītant, pleraᶓ etiam specie corporis, rostrum omnibus rectum
ualidum: ungues plerisᶓ bini antè, & totidem retró. Dicuntur autem uel pici simpliciter, uel pici
Martij, tum quia sacri sunt Marti, tum forte ut à pica diuersa aue discernantur, & à gryphe, quem ue
teres Latini picum nominabant. ¶ Dryocolaptæ tria genera sunt, unum minus quàm merula,
cui rubidæ aliquid plumæ inest, alterum maius quàm merula, tertium non multo minus quàm gallina, Aristot. Obserua ubi Aristot. duo tantum picorum genera facit, (ut ubi pipram maiorem &
minorem describit, & utranᶓ dryocolapten appellari ait,) ibidem eum galgulum (κολιόψ) describere:
& ubi tria facit eundem omittere, Turnerus. Δρυοκόπω nominantur Aristoteli in opere de partibus
animalium, huius generis aues: Gaza roborisecī generis aues transtulit. ¶ Hebraicum nomen
anapha aliqui picum interpretantur: Vide in Ardea A. Auicennæ interpres in hist. animaliũ pro
pico alicubi habet belschiat. Inuenitur genus unum dura siue pici, quod uocatur koduron Græcè:
quod quidam uocant kasraheos cyboleth: sub quo etiam comprehenditur aliud genus quod uocatur ruboz, quod maximè perforat ligna, Albertus in Aristotelis hist. anim. 9. 9. Καλστύπος, δρυοκολάπτης, Hesych. & Varinus: quod cálon, id est lignum & arbores rostro tundat ac feriat. Scribitur
& drymocólaps apud Hesychium, cuius hæc sunt uerba, ἵππα, ὁ δρυμοκόλαψ ἰνικῶς, κỳ Ἔρα. Aristoteles lib. 9. cap. 21. cyanũ auem inquit crura habere breuia τῇ ἵππω παρόμοια: Gaza hippon piponem
uertit. Lutea & pipra (πίπρα) dissident, oua enim inuicem exedunt, Aristot. hist. anim. 9. 1. Gaza piponem uertit, ut alibi quoᶓ ubi Aristot. pipram maiorem minoremᶓ facit: quorum uterᶓ dryocolaptes uocetur. Pipo (πίπ) inimica ardeolæ est, oua enim & pulli ardeolæ uiolantur à pipone,
Aristot. Ἱππώ, ὄρνεον πολεμικὸν, ὡς τινὸν, ὁρωδιός, (lego ὁρωδιῷ,) Hesych. Alia est ibos auis Alberto &
Authori de nat. rerum, anthus scilicet Aristotelis uocem equi imitans: unde illi etiam hippon, id est
equum dicere uoluisse uidentur, ut pluribus in Antho scripsi. Est & πππώ auis quædam marina,
pulchra & decora, ut Lycophronis interpres & Varinus accipiunt. Lycophron quidem Hesionem
sic appellat, quòd pulchra esset uirgo & in littore maris belluæ exposita. est sanè anthus quoᶓ Aristoteli auis pulchri coloris, & circa aquas & paludes degens.

¶ Picus Græcis hodie κορυκανίσκης uocat. ¶ Italis pico, picchio. ¶ Hispanis bequebó, ni fallor.
¶ Gallis un pic, uel pimar (aliàs pieu mart) uel besche bos, à pungendis arboribus. ¶ Germanis
Specht. In Carinthia Baubecker. Flādris Spicht. ¶ Anglis aspecht, uel a Vuodpecker, uel
raynbyrde. ¶ Polonis dzieziol. ¶ Turcis sægarieck. ¶ Sunt qui iyngẽ cum pico confundant.

Ll 2

B.

Picus Martius in Tarentino agro negatur esse, Plin. ¶ Pici Martij paruæ sunt aues, Idem. ¶ Cirros (Antias, Perottus) in capite gerit, Idem. ¶ Roboriseci generis auibus robustum & prædurum rostrum est, Aristot. Pico rostrum est ualidissimum, Kiranides. aptum ad perforandas arbores, Albertus. Aelianus tribuit ei ῥάμφῶ ἐπίκυρτον lib.1.cap.44. Gillius uertit incuruatu & aduncum, nos picis omnibus rostrum rectum esse obseruauimus. Duro sera robora rostro Figit, & iratus longis dat uulnera ramis. Purpuream chlamydis (Pici, qui in sui nominis auem mutatus est) pennæ traxêre colorem: Fibula quod fuerat, uestemq̀ momorderat aurum, Pluma fit: & fuluo ceruix præcingitur auro, Ouidius 14.Metam. ¶ Picus linguam maiusculam & latiusculam habet, (πλατεῖαν καὶ μεγάλην,) Aristot. uetus quidem interpres uertit, longam & latam, ut Vuottonus annotat. Nos longam & acutam linguam in genere picorum animaduertimus, & per occiput uerticem uersus extensam, ita ut cum exeritur in longum inde reuoluta extendatur, sicut etiam in torquilla. Vide infra in Picis uarijs circa finem. Aues quædam compositam linguam habent, posterius è carne, antè ex cornu acutissimo, sicut picus niger, qui infigit linguam in lignum, & pungêdo extrahit uermes, Albertus. ¶ Cyanus auis crura habet breuia τῇ ἵππῳ παρόμοια, (similiter ut pipo, Gaza,) Aristot. ¶ Picus Martius ungues habet uncos, Plinius. commodiores quàm monedula, ad tutiorem arborum reptationem, his enim affixis ascêdit, Aristot. ¶ Pauca genera auium duos tantum digitos habent anterius in pede, & duos posterius, ut & apud nos bubo tantum & genera picorum, Albertus. (picus tamen cinereus, ein Chlān, & oriolus qui nidum ab arbore suspendit, digitos anteriores ternos habet, pro calce unum.) Hæc enim dispositio digitorum apta est scansioni arborum: & habent digitos ualde côiunctos, ut firmius apprehêdant arbore quam scandunt, Idem.

C.

Picus auis aliquando perfectè loquitur: Albertus, citans illud Martialis, Parua loquax uolucris, &c. quod tamen ad picam pertinet, non ad picum. Minor in genere picorum est altioris uocis quàm maior: & sunt isti pici cinerei coloris, Albertus. sed Aristoteles, Dryocolaptes (inquit) maior & minor similes inter se sunt, uocemq̀ similem ædunt, sed maiorem qui maior est. Pulli picorum in syluis clamantes longè audiuntur, & immaturi adhuc existimantur quandiu clamant. ¶ Picus rostro quercus (ƌρῦς, id est quasi uis arbores) tundit, unde à Græcis dryocolaptes appellatur, Aelian. Pascitur formicis & cossis, (uermibus, σκώληξι.) cum cossos uenatur, tam uehementer excauare ut sternat arbores dicitur. Iam uerò mitescens quidam amygdalum, quod rimæ inseruerat ligni, ut fixum constanter ictum reciperet, tertio ictu pertudit, & nucleum edit, Aristoteles. Picus omnis capit formicas & uermes, qui sunt in lignis & corticibus arborum: & in capiêdo perforat arbores fortiter: ita quòd exiccat ramos earum: & Auicenna quidem dicit picum nigrum aliquando uno ictu exiccare ramum arboris, Albertus. Picus rostro tam duro est, ut amygdalum in foramine arboris positum perforet, & comedat nucleum. Et hoc sæpius experti sumus, ponendo amygdalum in foramine quod picus fecerat. rediens enim perforauit illud nobis uidentibus, & fracto osse comedit nucleum, non quòd illum in cibum appetat: sed foramine quod fecerat obstructo, præ auiditate quærendi uermes, deuorat nucleum amygdali & uermes sub eo quærit, Idem. Vermes lingua sua ferè cornea & acuta transfixos extrahit, Symp. Campegius. Picus uermium & culicum causa quercus tundit, ut exeant. recipit enim egressos lingua sua, Aristoteles: è quo Gaza σκνῖπας culices uertit. Vide suprà in Cnipologo aue. Omne genus picorum uictitat uermibus qui in cortice lignorum nascuntur, Albert. Percussi corticis sono pabulum subesse intelligunt, Plinius: è sono nimirum coniectura de soliditate facta, ferè enim partibus non solidis uermes insunt. ¶ Martius picus humi nunquam consistere patitur, Aristot. In saxis non considet ne aciem unguium retundat, Albert. Scandit per arborem omnibus modis: nam uel resupinus more stellionum (καθάπερ οἱ ἀσκαλαβῶται) ingreditur, Aristot. ut Gaza & Hermolaus interpretantur. Plinius ascalabotas hic feles reddidit: Pici (inquit) arborum cauatores scandunt in subrectum felium modo, illi uerò & supini, Vide in Stellione A. Picum in arboribus ingredi aiunt ascalabotaru instar, etiam supinum, & in uentrem, (καὶ ὑπτίον καὶ ἐπὶ τὴν γαςέρα,) Aristot. in Mirabilibus: nimirum non modo sursum per arborem reptando, sed etiam deorsum, & sub ipsis ramis pedibus & uentre sursum, tergo deorsum uersus terram côuerso: id quod ὑπτίον dicere uidetur, & per epexegesin etiam in uentrem. Niphus uerò aliter pici ingressum accipiens, Resupinus (inquit) ascendit arborem, id est humeris iuxta positis ad arborem, & pedibus (similiter) uersis ad arborem: rostro uero & pectore conuersis ad contrarium arboris. Vngues etiam habet commodiores quàm monedula, ad tutiorem arborum reptationem, his enim affixis ascendit, Aristot. ¶ Nidulatur picus in arboribus cum alijs tum oleis, Aristot. Pici genus nigrum apud nos, cæteris maius, paulò infra gallinā, semper nidificat super arbores, & præcipuè oliuas in regionibus ubi illæ proueniunt: apud nos uerò omnia picorum genera in arborum cauis nidificant, Albertus. Pullos in cauis (arborum) educant auium soli, Plinius & Kiranides. (Aristoteli etiam upupa stipites arborum subiês in cauis parit.) In arbore locum excauant, in quem tanquam nidū pullos imponunt: ad nidi instructionem non ferulis inter se cônexis egent, neq̀ ædificatiunculis, Aelianus. Alcyonis nidus non facilè ferro secatur propter artificiosam materiæ constructionem: ut neq̀ pici nidus, qui construitur è lignis inter se consertis & innexis: quin

potius

potius nidi huiusmodi & ligna e quibus constant manibus separantur: ut & nux pinea e lignis in=
uicem ualidè consertis constat, quæ facilius manu auferuntur quàm ferro scindantur, Albert. Pi=
cum audio pullos septem uel octo educare. Hyeme in cauis arboribus latet, Ge.Agricola.

D.

Picum etiam mitescere apud Aristotelem legimus. ¶ Adacto cauernis eorum à pastore cu=
neo, admota quadam herba ab his, elabi creditur uulgò. Trebius auctor est clauum cuneúmue ada=
ctum quanta libeat ui arbori, in qua nidum habeat, statim exilire cum crepitu arboris, cum insederit
clauo aut cuneo, Plinius. Si quis lapide (aut ligno) immisso ei foramen nidi obstruxerit, ille ex his
coniectura assecutus insidias sibi oppositas esse, herbam lapidi contrariam affert, eámq́ contra la=
pidé ponit. lapis uelut offensus, & non facilè ferens uim herbæ, exilit, atq́ rursus foramen pico ape=
ritur, Aelianus & Oppianus. Hanc herbam qui nôrit, nullo negotio ianuarum etiam seras resol=
uet, Oppianus & Kiranides. ¶ Lutea & pipo (pipra) dissident. oua enim inuicem exedunt, Ari=
stoteles. Et rursus, Pipo (πίπω) inimica ardeolæ est. oua enim & pulli ardeolæ uiolantur à pipone.
ubi Albertus habet, Auis hyckyppo pugnat cum aue arodycam, (erodio.) πιπώ, ὄρνεον πολεμικὸν, ὡς
πνῶ, ᾠωδὸς (lego ᾠωδῶ,) Hesychius.

E.

Pici sono suo (de quo nostri uerbum rollen usurpant) prognosticon pluuiæ faciunt.

G.

Ad eminentias intrinsecas & extrinsecas ani , Picum Martium torrefactum cum sale applica=
to, Aetius.

H.

a. Picum Martium ideo appellatum constat, quia Marti sacer est, Perottus. Quærendum an
picus à rostro dici potuerit. Tolosani enim olim rostrū uocabant beccum. unde beccassæ, id est gal=
linagini apud Gallos nomen. Picum Plinius non solet simpliciter nominare; sed uel arborarium,
uel arbores cauantem cognominare. Aliqui picum aiunt dictum à Pico rege quem in hanc auem
fabulantur cōuersum: de quo plura scribemus infrà. Picumnus est auis Marti dicata, quam picum
uel picam uocant: & deus qui sacris Romanis adhibetur. Higinius, Picumnus est parua ueste picus
Maris. Fabius Pictor rerum gestarum libro primo, Et simul uidebant picum Martium, Nonius.
Δρυοκολάπτης auis quæ rostro δρῦς, id est quercus & quasuis arbores κολάπτει, id est ferit: quæ & dryco=
laptes à Comico tribus syllabis dicitur, Eustathius. Δρῦς apud ueteres non modo quercum, sed ar=
borem quamuis significabat, Scholiast. Aristophanis. (unde δρυτόμ@, &c.) apud quem & δρυοκο=
λάπτης scribitur, per η in secunda, perperam ut iudico. Colaphus dicitur ἀπὸ τὸ κολάφ[τ]αι ὁ μηρ@ τὸ
πληπόμ[εν]ον, id est à quatiendo illud quod percutitur. unde δρυοκόλαφ@, id est picus Martius, quia
rostro arbores quatiat, Meletius de natura hominis. Pelecan non modò plateam auem lato rostro
insignem, sed etiam picum significat Varino. uide in Pelecano H.a. Σπίλικος, πελικᾴν, Hesychius.
Germanicum sanè nomen specht, ad Græcum spélectos accedit.

¶ Epitheta pici apud Textorem, Martius, Mauortius, Rostricauus. nam læuus non epitheton
est, sed differentia in uolatu auspicibus obseruata.

¶ Dixit Democritus, credidit Theophrastus esse herbam, cuius contactu illatæ ab alite, quam
retulimus, (à pico) exiliret cuneus à pastoribus arbori adactus. Quæ etiam si fide carent, admiratio=
nem tamen implent; coguntq́ confiteri multum esse, quod uero supersit, Plinius. Hanc herbā qui
nôrit nullo negotio ianuarum etiam seras resoluet, Oppianus. Omne genus pici foramē nidi ob=
structum herba quadam aperit: quam adhuc sibi cognitam nullus, quod sciam, professus est, Albert.
Plura leges suprà in D. Ferunt aliqui picum excutere quicquid nido eius infixum fuerit, admota
herba quam putant Lunariam maiorem dici, folijs sampsuchi, cœruleis: crescētem & decrescentem
cum Luna. sunt qui addant, radices eius & flores quoq́ coloris flaui esse. Sed hæc & nobis incom=
perta sunt, & nullo certo authore nituntur. Plinius Aethiopidem herbam uocat, cuius tactu, ut qui=
dam (magi) scripserunt, clausa omnia aperiantur. Aelianus upupam quoq́ catum parietis in quo
uersatur luto obstructum herba quadam admota aperire author est. Nos plura de lunarijs diuersis
aliquando in Stirpium historia docebimus.

¶ Picos ueteres esse uoluerunt quos Græci χίνκ@ appellant. Plautus Aulularia, Picos diuitijs
qui aureos montes colunt Ego solus supero, Nonius.

¶ Picus Canentis nymphæ filiæ Iani maritus, cum Circen ipsum amantem audire nollet, in sui
nominis auem ab ea conuersus est, ut describit Ouidius lib.14.Metam. Picum (auem) quidam di=
ctum putant à Pico rege Aboriginum, quo dissolutus sit, Festus. Huic aui nomen dedit Picus,
quem Saturni filium fuisse finxerūt. Ouidius, Picus in Ausonijs proles Saturnia terris. Vergilius,
Fauno Picus pater, isq́ parentem Te Saturne refert. Fertur Pomonā deperisse pomorum deam:
propter quod à Circe, quæ amore eius ardebat, in picum auem esse cōuersum. cuius figmenti ratio
est, quia Picus rex Latinorum, Fauni pater, & Latini regis auus, auguriorum peritissimus fuit, &
in primis hac aue usus est in auspicijs, eiq́ nomen dedit, Perottus. Picus equûm domitor, quem
capta cupidine coniunx Aurea percussum uirga, uersúmq́ uenenis Fecit auem Circe, sparsitq́
coloribus alas, Verg.7.Aeneid. Picus (πᾶκος) qui & Iupiter dicebatur, cum Occidentis imperium

LI 3

filio Mercurio tradidisset,obijt post uitam annorum centum & uiginti:& corpus in Creta insula humari iussit,cum inscriptione,Hic conditur defunctus Picus Iupiter. Meminerunt autem sepulchri huius plurimi in suis libris,Suidas. Vide plura apud Gyraldum de dijs. ¶ Picumnus dicebatur deus,qui in sacris Romanis adhibebatur. Aemilius Macer in Theogonia,Et nũc agrestes inter Picumnus habetur.Fabius Pictor Iuris pontificij libro tertio,Pilumno & Picumno,ut Nonius citat. Vide Pilumnus in Onomastico nostro,& Gyraldum de dijs. Est & Martius Picus nomen uiri uel dei apud Antiatem in secundo historiarum,cuius uerba recitat Arnobius in quinto : Numam, inquit,regem,cum procurandi fulminis scientiam ei noscendi cupido esset,Aegeriæ monitu castos XII. iuuenes apud aquam cælasse cum uinculis,ut cum Faunus & Martius picus ad id locorum ue nissent haustum,inuaderent,colligarent,sed quo res fieri expeditius posset,regem pocula nõ parui numeri uino mulsoq̃ complesse,circaq̃ accessus fontis insidiosam uenturis opposuisse fallaciã,&c. ¶ Picena regio,in qua est Asculum,dicta quòd cum Sabini Asculum proficiscerentur,in uexillo eorum picus consederit,Festus.

¶ b. Linguæ penè similitudinem habet ea glossopetra nigricans,quam Germani natricis linguam uocant,cui similis non est,sed magis linguæ pici,Ge.Agricola.

¶ c. Hylas qui de augurijs scripsit,tradit picum arbores cauantem à cauda de ouo exire : quoniam pondere capitum peruersa oua posteriorem partem corporum fouendam matri applicent, Plinius.uide in Bubone c.

¶ e. Pici Martij rostrum secum habentes non feriuntur ab apibus,Plinius. Et alibi,Eos qui arborarij pici rostrum habeant,& mella eximant,ab apibus non attingi quidã scripserunt. ¶ Glycysidam noctu effodiendam præcipiunt,nam interdiu,à pico Martio uisus quispiam,fructum quidem legens,oculis periclitabitur:radicem autem secans sedem procidet,Theophrast.de hist.9.9. Glycysidas tradunt noctu effodiendas,quoniam pico Martio impetum in oculos faciente,interdiu periculosum sit,Plinius. Et alibi,Pæoniam præcipiunt eruere noctu:quoniam si picus Martius ui deat,ruendo in oculos impetum faciat.

¶ g. Picus auis assata uel elixa & comesta,sanitatem ægris celeriter reddit: & incantatione (& incarceratione,aliàs additur)ligatos soluit & sanat,& prosperitatem tribuit,Kiranides. idem aliqui recentiores de pica scribunt,suo scilicet uel librariorum lapsu,quibus facile fuit picam pro pico legere. Pici oculi gestati uisum acuunt,Kiranides. Rostrum eius ad collũ suspensum,omnem dentium dolorem & uuulæ & anchiadæ (lego antiadum,id est tonsillarum)& synanches curat,Idem.

¶ h. Romulo & Remo infantibus expositis lupam ferunt præbuisse ubera: ad hæc picum accessisse,qui simul pueros nutriret custodiretq̃. Putantur uerò ea animalia Marti sacra esse. picus quidem semper à Latinis summo cultu & honore est habitus,Plutarchus in uita Romuli. Quid est quòd Latini picum colunt,& omnes ab hac aue mirum in modum abstinent ? An quia Picum(πῖκον)dicunt pharmacis mulieris in sui nominis auem mutatum oracula reddere & uaticinari interrogantibus?An hoc fabulorum & fide indignũ est:uerisimilior uerò fabula,quæ Romulum & Remum infantes expositos narrat non à lupa solum lactatos esse,sed etiam à pico aduolante pastos: nam nunc quoq̃ in locis nemorosis & circa montes (ἐπαρείοις ϗ ϑρυμώδεσι)ubicunq̃ picus apparet, ibi etiam lupus,ut Nigidius scribit. Siue potius quòd ut aliæ auium alijs dijs,ita hæc Marti sit sacra. est enim fortis & animosa,(ἐυϑαρσὴς ϗ γαῦϱ⍥,) & rostri robore tanto,ut arbores etiam subuertat, quarum tundendo medullã attigerit,Plutarchus in rerum Romanarũ quæstionibus cap.21. ¶ ὀυκ ἀϙϱ᾽ὠσει ταχίως ὁ Ζιυὶς τὸ σκῆπϱον ϗ ϑρυκολάπϯης Aristophanes in Auibus,ubi Scholiastes,Iocatus est (inquit)Comicus circa quercus nomen,quæ arbor Ioui sacra est. uel quoniam sceptrum è ligno sit. drys uerò apud ueteres quoduis lignũ significabat,& drycolaptes auis in quercubus(arboribus)reperitur. Hæc si feceris,aquila in nubibus fies;Si uerò non dederis,ὀυκ ἴσϯ᾽ ἢ ᾽πυγὰν,ὀϛ᾽ ἀυτϛ᾽,ἢ ϑϱυ κολάπϯης,In eadem fabula in oraculo Bacidis.

¶ De Pici mutatione in auem,lege supra inter Propria nomina in a.

¶ Pici Martio cognomine insignes in auspicijs magni sunt,Plinius. Et rursus,Ipsi principales Latio sunt in augurijs,à rege qui nomen huic aui dedit. Oscines aues Appius Claudius esse ait, quæ ore canentes faciant auspicium,ut coruus,&c. alites autem quæ alis ac uolatu,ut buteo,&c. Pica aut Martius(lego,Picus autem Martius)Feroniusq̃,& parra,& in oscinibus & in alitibus habentur,Festus.ego picum feronium nusquam legi.Feronia quidem dea est quæ in Italia colebatur. Idem Festus alibi quoq̃ picum inter oscines numerat. Picus rex Latinorum(de quo supra scripsimus)auguriorum peritissimus fuit: & in primis hac aue usus est in auspicijs,Perottus. Picus rex ideo fertur in picum Martium mutatus,quia augur fuit,& domi habuit picum,per quem futura noscebat,quod pontificales indicant libri,Seruius. Martium ideo cognominatum constat,quia Marti sacer est.siquidem proficiscentes in bellũ non nisi auspicatò urbem egrediebantur,Perottus. A dextra coruus,& à sinistra cornix uel picus,spem non ambiguam & ratum auspicium secêre, Alexander ab Alex. Picus & cornix est ab læua, coruus porrò dexter,Plautus Asin. Teq̃ nec læuus uetet ire picus,Nec uaga cornix,Horatius Carm.3.27. Picus Martius & luscinia aui eaci auspicio habentur,prosperaq̃ semper & felicia decreuerunt,Alexander ab Alex. In uexillis Sabinorum insidens felix augurium fecit,Idem. Picena regio dicta est,quòd cum Sabini Asculum proficisce-

proficisce-

proficiscerentur, in uexillo eorum picus consederit, Festus. In capite prætoris urbani L. Tubero-
nis, in foro iura pro tribunali reddentis, sedit ita placidè, ut manu apprehenderetur. Respondére uates, exitium imperio portendi si dimitteretur: at, si exanimaretur, prætori. Et ille autè protinus con-
cerpsit: nec multo post impleuit prodigium, Plinius. Pedius Pætus cum esset prætor urbanus, &
sedes in sella curuli ius diceret populo, picus Martius aduolauit, atq; in capite eius assedit, Nonius.

DE PICO MAXIMO VEL NIGRO.

A RISTOTELES pici Martij tria genera faciens, tertium ex illis nõ multò minus quàm
gallinam esse ait. Hoc genus (inquit Turnerus) Anglia non nouit : Germani autem cra-
spechtam (Erâspecht) id est cornicinum picum appellant, quòd cornicem plumarum colore & magnitudine etiam penè æquet. Pici quidam nigri sunt, ualde magni, Albertus,

LI 4

Picus quidam niger eſt, magnitudine cornicis, & roſtro intra cortices ſiccarum,& putreſcẽtium ar‐
borum infixo ſonum terribilem inſtar tubæ ædit, Idem. Et rurſus, Pici genus nigrum apud nos
eſt, maius cæteris, paulò infra gallinã, hoc ſemper nidiſicat in arboribus, & præcipue in oliuis, (Ari‐
ſtoteles hoc de picis ſimpliciter ſcribit,) ſi regio ferat: in noſtris ucrò terris omnia picorum genera
in arborum cauis nidiſicant. ¶ Plumas habet hic picus (ut nos inſpicientes annorauimus) in uer‐
tice coccino uel flammeo colore reſplendentes: cætera niger, paruæ gallinæ magnitudine, roſtro
parui digiti longitudine, ualido: cuius ſuperior pars eminet, & binas utrinꝗ ſtrias habet, ut folium
cyperi ferè. ſuperior eiuſdem iuxta caput pars lata eſt & ualde craſſa, lingua ut in picorum genere
oblonga, dura & aſpera extremitate. Crura plumis induta multis ad digitos uſꝗ pedum dependen‐
tia. Vngues unci. Vocatur à noſtris ᚠolꝛꞇræ, uel melius ᚠolꝛꞇræ, id eſt cornix ſyluatica, ab
alijs nõ rectè ᚠolꝛbũn, id eſt gallina ſyluatica:& per periphraſin, ein groſſer ſchwartzer Specht,
hoc eſt, picus magnus niger. Ab Italis, ut audio, una ſgaia. Ab Hiſpanis bequebó. etſi id cõmune
picorum nomen eſſe conijcio. ¶ Eberus & Peucerus ᚠolꝛꞇræ cornicem feram interpretantur.
eſt autem non alia auis quàm picus maximus. Ge. Agricola ſcribit ᚠolꝛꞇrabe, & eorum inter‐
pretatur cuius caput rubra macula ſit inſigne, qui propterea pyrrhocorax à Græcis nominetur. nos
de pyrrhocorace, qui in alpibus noſtris gregatim uolat, aliter ſentimus. Hanc etiã auem, ut picum,
hyeme in cauis arboribus latère idem Agricola tradit.

DE PICORVM GENERE VARIO
ex albo & nigro.

SVNT pici Martij tria genera, unum minus quàm merula, cui rubidæ aliquid plumæ in‐
eſt, alterum maius quàm merula, tertium non multò minus quàm gallina, Ariſtot. Pri‐
mum pici genus Angli ſpechtam, & wodſpechtam, Germani Elſterſpecht (id eſt pica‐
rium uel picæ inſtar albo nigroꝗ diſtinctum picum. noſtri proferunt Aegerſtſpecht)
nominant: Secundum genus Germani picum uiridè nuncupant, Turnerus. Sed forte & primum
& ſecundum genus ab Ariſtotele memoratum ad picos uarios pertinet. nam picus uiridis etſi de
picorum genere ac merula maior ſit, priuatim tamen coliòs ab Ariſtotele nominari mihi uidetur, ut
& ipſi Turnero alibi. Picorum minimus qui pipo dicitur, (atqui pipo uel pipra potius Ariſtoteli,
idem quod dryocolaptes eſt: hoc eſt, nomen & paruo & magno pico commune,) corpore merula
inferior, uarius, ex nigro alboꝗ commixtas pẽnas habet, Germanis Bunterſpecht / Elſterſpecht,
à colore. Eſt & alius minor, Graßſpecht Germanicè, id eſt picus graminis dictus, Eberus & Peu‐
cerus. Pici genus aliquod eſt paruulum, uarium, Albertus. Et alibi, Sunt apud nos tria genera
picorum uariorum, maiora & minora. & aliud genus pici maius iſto, (iſtis, forte,) quod apud nos
Motol (uidetur uox corrupta, arbitror autem hunc picum eſſe maximũ, de quo ſupra ſcripſimus)
uocatur. & hoc robuſtius eſt in perforando: cuius garritum & uolatum obſeruant augures. Picos
uarios noſtri, ut dixi, uocant Aegerſtenſpecht: aliqui Wyßſpecht, id eſt picos albos: uel periphra‐
ſticè geſpreggelte Specht oder Spechtle, hoc eſt uarios picos. & uel duo uel tria eorum genera fa‐
ciunt, magnitudine tantum diuerſa: quorum minimũ paro conferunt magnitudine, rarius magnis.
¶ Mino‐

¶ Minores pici uarij circa arbores inferius uolitant, ut audio, & auellanis uefcuntur. memini ego huius generis auem in fine Nouembris apud nos captam, quæ obiectos iuglandium nucleos edebat. In diffecta aliquando obferuaui linguam per occipitium extenfam uerfus finciput reuolui bipartitam, nam in faucibus ftatim bifurcatur: & per caluam, quam proximè nudam attingunt, reuolutæ antrorfum utrææ partes in medio oculorum fpatio rurfus in idem coeunt, & fermè os caluæ illic fubire uidentur. Lingua attracta partes illæ bifurcatæ fequuntur. Exiftimo aũt in cæteris etiam picis linguam fimiliter fitam diuifamæ effe.

¶ Epops, id eft upupa, nominatur Ariftoteli hiftoriæ anim. 6.1. ubi Albertus picum mãrinũ no minat.& eft(inquit)picus uarius, qui impropriè marinus cognominatur. Idẽ alibi cum de alcyone fcripfiffet, mox fubiungit; Alia autem auis eft quæ uocatur Græcè fauorath, quæ eft picus marinus & agreftis, maior aliquantulum paffere, &c. Sed hæc quoæ non alia quã alcyon eft, ut facilè ex illis quæ fubijcit apparet. Fieri quidem poteft ut epopem exiftimauerit meropem Albertus, aut quem fequitur Auicennæ interpres. merops autem non ineptè (puto) picus marinus appellabitur, roftri præfertim ratione. ¶ Hier. Tragus picum uarium Germanicè nominat Aßelfpecht inter aues quæ edendo fint.

DE PICO VIRIDI.

RISTOTELES aues lignipetas, hoc eft quæ pabuli gratia roftro arbores tundunt feriuntæ, ut uermiculis potiantur, enumerans, primum picos nominat: deinde κολιὸρ, quam auem totam uiride effe ait, (χλωρὸρ enim hîc uiride potius quàm luteum, ut Gaza, interpretor,)lignipetam admodum, magnaæ ex parte more picorũ ad ligna (arbores) uiuere, magnitudine turturis, uoce magna, incolã maximè Peloponhefi effe. Quòd fi hæc auis picus uiridis à nobis dictus non eft, quæ fit ignoro. Gaza galgulum uertit pro Græco nominē κολιὸς, ut alibi etiam pro-nomine κελιὸς, quæ tamen diuerfa eft auis, ut fuprà oftendi in Celeo ĩ Elemento c. Galgulum crex impugnat, lib.9.hiftoriæ anim. cap.1.Græcè eft Κολιῷ κρὲξ πολέμιῷ, ubi κολιὸς per ι. in penultima fcribitur. Galgulus quidem mihi icterus auis potius uidetur, de quo fuo loco fcripfimus. Omnia quæ Ariftoteles hactenus colio fiue galgulo tribuit, Anglorum huholo, & Germanorum grunfpechto, fi incolam maximè effe Peloponhefi exceperis, (mihi hoc quoæ nihil impedire uidetur,)conueniunt. nam turturem ferè magnitudine æquat, lignipeta eft, maceriem (materiem potius id eft ligna)cõtundit, & uocem grandem emittit. Sed nihil hîc definio, inquiro tantum, Turnerus. Vidi in alpibus abieti infidentẽ auem, magnitudine turturis, uiridibus ueluti maculis in luteo diftin etiam, quæ tota corporis effigie picũ Martiũ retulit. fed caput reliquo corpori (fecus atæ in pico fit) colore fuit fimile. roftrum longiufculum. An hæc galguli fpecies fuerit, nihil ftatuo, fed fuiffe fufpicor, Idem.

¶ Apud Germanos Grammatici non indocti funt, qui grunfpechtum fuum meropem effe doceant, fed Ariftotele & Plinio reclamãtibus, Turnerus. Auis quæ Græcè darhatcaria, Latinè meroli(merops)uocatur, picus uiridis eft, cuius uõcem & uolatum multũ obferuant augures. fimiliter autem auis quam obarcham Græci uocant, oua parit in foramine terræ quod roſtro ſuo conſtruit, Albertus exponens uerba Ariſtotelis de hiſt.anim.6.1. ubi apud Ariſtotelem ſolū meropis nomen legitur,quem ut cum pico uiridi cōfundit,ſic Græca quæ citat nomina nulla ſunt. Omnes pici ex uermibus qui in cortice arborum naſcūtur,uiuunt: ut is etiam qui Latinè merops dicitur (Ariſtot. nihil hîc de merope) Græcè kaloz (κολιός) cui magnitudo eſt auis taringen (turturis,) Albertus in Ariſtot.de anim.hiſt.8.3. ¶ Auis quædam fraudius (Græcè eſt σίττη, Gaza ſittam legit) nomen habet,quòd fraudulenta & callida ſit, ingenij tamen manſueti & bonorum morum, pullos multos educat:& ab aliquibus putatur eſſe merops. eſt enim auis pulchra,uiridis,numeroſæ ſobolis,de ab-ſciſſione arborum(ύλοτομύοπ) uiuens : quam ualde ſequuntur necromantici & augures, eo quòd de multis rebus certiores eos facit magis quàm cæteræ aues,Albert.in Ariſtot.de hiſt.anim.9.17.Nos 10 de ſitta aue picorum generis, ut uidetur,alia tamē quàm uiridi pico,in Pico cinereo mox dicemus.

¶ Picum uiridem Hiſpani nominant pico uerde. Galli un piuert. ſed iſpidam etiam aliqui in Gallia per imperitiam eodem nomine uocitant,à coloris nimirum & roſtri aliqua ſimilitudine,No ſtri Grünſpecht. Angli huhola. Poloni zotna. Itali pigozo.

B.

Picus uiridis capite ruffo eſt, croceo pectore, collo dorſoq́ uiridi, alis cœruleis, merula maior, Eberus & Peucerus. Pennæ eius ſuperiores uirides ſunt,inferioreſq́(niſi malè memini) luteæ aut ſaltem pallidæ,Turnerus. Ex genere picorum pulchriores(ac maiores,Author de nat.rerum)ſunt in uertice ruffi,in pectore crocei,circa collum uirides,in alis cœrulei,in cauda coruſci,Albertus. 20

C.

Picus uiridis nidum ſibi roſtro ſuo in arboribus facit. ubi enim picus arborem tundens,illam ex ſono ſubcauam eſſe deprehendit,inſtante tempore partus,eam in qua poſtea nidulaturus eſt,roſtro perforat,Turnerus. Apud nos nidum aliquando facit in cauernis ueterum arborum putrefacta-rum,Albertus ubi meropem picū uiridem interpretatur, qui in cauernis terræ nidificat. ¶ Nulla uſpiā arbor tam alta eſt,quā impediēte ulla corporis grauitate nō uolatu traijcere poſſit, Turnerus.

E.

Nuper quidam cum Aprili huius auis clamores apud nos audiuiſſet, niuem adhuc metuēdam prædixit.æſtate enim eam ferè ſilere aiunt.

G.

Ad calculum renum remedium huiuſmodi in libro quodam Germanico manuſcripto reperi: 30 Oſſa pici uiridis in pollinem redacta (toſta nimirum prius uel uſta) poculo ſuo è quo uinum album bibat ægrotus immittito.

¶ Pici Martij genus alterum maius quàm merula eſt, Ariſtot. Hoc genus (inquit Turnerus) Angli huholam,hoc eſt foraminum dolatorem,Germani grunſpechtum nuncupāt, (id eſt uiridem picum.) Ego uerò uiridem picum κολιόπ Ariſtotelis eſſe conijcio,ut dixi. alterum uerò picorū ge-nus eiuſdem, non aliter quàm magnitudine à primo differre, & utrunq́ ad picos uarios pertinére. quanquam Eberus etiam & Peucerus cum Turnero ſentiant:quibus ut hoc concedatur,picum ui-ridem tamen propriè picum Martium Latinorum eſſe,abſq́ authore aſſerunt.

DE PICO CINEREO VEL SITTA. 40

MINOR in genere picorū eſt altioris uocis quàm maior, (atqui Ariſtoteles dryocola-ptæ maioris uocem quoque maiorem eſſe ait:) & ſunt iſti pici cine-rei coloris,Albertus.uidetur autem de aue illa picorum generis ſentire, quæ à noſtris Chlän appellat, pleriſq́ enim huius generis auibus minor eſt,& cine-rei ferè parte ſupina coloris, uel cœru-lei diluti. Turnerus hanc ſittam Ari-ſtotelis eſſe conijcit. Sunt aui quæ ſitta dicitur(σίττη.Gaza legit σίτη.Albertus habet fraudius auis,quòd callida et frau-dulenta ſit. hanc , inquit, multi putant

eſſe meropem,[picum uiridem.] eſt enim uiridis de abſciſſione arborum uiuens) mores pugnaces, ſed animus hilaris,concinnus,compos uitæ facilioris,rem maleficam ei tribuunt,quia rerum callet cognitione.prolem hæc numeroſam,felicemq́ progignit.uiuit materiem contundens, (ύλοτομύοπ,) 50 Ariſtot. Sitta & trochilus cum aquila diſſident. ſitta enim oua aquilæ frangit. aquila tum ob eam 60 rem,tum etiam quòd carniuora eſt,aduerſatur,Idem. Apud Nigidium ſubis appellatur auis, quæ aquilarum oua frangat,Plinius.hæc an eadem quæ ſitta ſit dubitari poteſt. Vbi ſittæ meminit Ari-ſtoteles

stoteles lib.9.cap.1.ibi Albertus, Camulgum (inquit) Latinè dicunt uocari, psittacum Græcè: sed im
peritius quàm ut refelli sit opus. Auicula, inquit Turnerus, quam Angli nucipetam uocant (a nut
iobber) & Germani meiſpechtum (ein VOeyſpecht, id eſt picũ Mari): alij ein Nuſſbacker, à tunden-
dis nucibus) paro maximo paulò maior eſt, pēnis cyaneis, roſtro longiuſculo, & per arbores eodem
modo quo picus aſcendit, & eaſdem uictus gratia cõtundit. nuces roſtro etiam perforat, & nucleos
comedit. nidulatur in cauis arboribus more pici, uoce ualde acuta & ſonora eſt. Eberus etiam &
Peucerus ſittam uel ſippam auem interpretantur Germanicè ein Nuſſbacker uel Nuſſbaer.
Sitta (ἡ σίτη) & aliæ quædam aues, dextræ (à dextra uolātes,) fœlix amoris auſpicium faciunt, Didymus Ariſtophanis Scholiaſtes: qui & hæc uerba citat ex authore innominato, ἐγὼ μὲν ὡς λοὐνίπᾳν
10 δεξιὰν σίτη, uidetur autem aliquid in eis corruptũ aut mutilum. Σίꞁας, auis quædam, aliqui pſittacum
interpretantur, Heſych. Σίꞁη, auis quædam, picus ſecundum aliquos, Idem. ¶ Auis apud nos
dicta Chlån, ab alijs (ut audio) uocatur ein Tottler, uel Kottler in Sueuia. circa Argentoratum &
alibi ein Nuſſbicker. (Auis quidem Germanicè dicta Nuſſbickel, à Trago numeratur inter aues
menſis non improbatas.) alijs periphraſticè Blawſpechtle, id eſt picus paruus cœruleus, præſertim
in Carinthia: in Saxonia Baumbecker: circa Norimbergam Klåber. Ab accolis Verbani Italicè
generali nomine pic, & circa Bellizonam ziollo. à Turcis agaſcakán.

B.

Picus cinereus noſter magnitudine fringillam uel parum maiorem paulò excedit. roſtrum ei ni
grum, directum, & longiuſculum ut in picis. Color in ore & lingua albicat. lingua anterius fiſſa eſt,
20 & ſimiliter ut in alijs picis per occipitium uerſus ſinciput reuoluitur, non tamen ad uerticem uſque
peruenit (niſi fallor, fieri enim poteſt ut inter ſecandum linguam in ore nimis attraxerim) cum in cæ
teris ultra uerticem extendatur ad medium inter oculos ſpacium. In capite, dorſo, initio alarum &
cauda color cinereus ad cœruleum inclinat. A roſtro maculæ nigræ retrò tendunt. In cauda præter
ſubcœruleas pennas quædam nigræ ſunt, maculis anterius albis. Supinæ partis color ſubflauus eſt,
ex albo ruffo flauoꞯ ferè permixtus: pedum uerò ex glauco nigricante & modico flauo.
¶ Roſtro ualide ferit, & ſpecularia uitrea aliquando, & caueas ligneas quibus includitur, frangit. Muſcas perſequitur. Arbores ſcandit ut cæteri pici, etſi digitos non ut cæteri binos ante, ſed
ternos habeat: retrò unum. hyeme etiam hortis ciuitatum apparet. In arbore ſi foramen amplum
inuenerit, quod incolere libeat, terra & limo obſtruit ſolidiſſimè, anguſto tantùm aditu ſibi relicto.
30 AVDIO etiam Blindchlån, quaſi chlanium cæcum (chlanium enim picum cinereũ appellant)
nominari auem picorum naturæ quæ per arbores tanquam cæcæ reptare ſoleat, idem an diuerſum
genus haud ſcio, quærendum an hæc ſit certhius Turneri, Baumkletterlin.

DE PICO MVRALI.

PICVM muralem nomino hanc auem,
quòd muris ita adhæreat, turrium præcipuè, ut pici propriè dicti arboribus,
unde à noſtris appellatur VOurſpecht,
40 & Klåttenſpecht. Per hyemem, ut audio, maximè apud nos inuenitur, ſemper circa muros in ciuitatibus, ubi uermiculos & fortè araneas quærit.
alas ſemper motitat: magnitudine infra merulam,
unguibus acutis. Pitſchat Sabaudicè circa Neocomum uocatur. Italis communi nomine pico, id
eſt picus. Roſtrum eſt oblongũ & tenue, pectus
candidum: dorſo color cinereus: ut & alis partim, quæ uerſus uentrem rubent, longiores in eiſdem
pennæ nigræ ſunt, ut & dorſum inferius, cauda, uenter, crura & roſtrum ferè, ut ex pictura notaui,
quanquam & auem ipſam aliquoties uidi & habui.

DE PICIS DIVERSIS.

CRAVGVS, Κραυγὸς, genus pici, Heſych. & Varinus. Κραυγόν, auis quædam, Iidem.
DE CNIPOLOGO, quæ auicula minima eſt, & picorum uideri generis poteſt, ſcripſimus in
Elemento c.
DRYOPS, Δρύοψ, auis quædam eſt à dryocolapte diuerſa, Heſychius & Varinus. nominatur
in Auibus Ariſtophanis, nec explicatur à Scholiaſte quæ ſit. ¶ Dryopes populi ſunt circa Py-
thonem, Suidas.
GENVS auium piſcoſum, (picoſum lego,) roſtri magnitudine & corporis celebre in occiden-
60 tali India eſt ALCATRAZ dictum, cinerea croceaꞯ pluma diſtinctum, roſtro duorũ palmorum
in acutum tendente, cum tamen parum ab hac magnitudine abſit roſtrum tum ciconiæ tum gruis.
Sed PICVTO roſtrum maius eſt toto corpore: corpus aũt coturnice paulò maius. Roſtrum igitur

longius, latum ubi capiti iungitur tribus digitis, adūcum, quo terebrat arbores: atꝗ ibi à caudatis ſi-
mijs arte ac roſtro, quanquam puſillus, ſe tuetur pulchrè. Illud in eo mirum, quòd pennam habeat
loco linguæ, unde à natura aliarum auium multum diſsidet. Sibilat uehemēter. Hunc etiam eadem
terra alit quæ alcatraz, Cardanus.

¶ GLOTTIS auis Ariſtoteli linguam prælongam exerit. Hæc (inquit Albertus) apud nos picus linguoſus uocatur, quòd linguam habeat cæteris picis lōgiorem: & rarò inuenitur niſi in receſ-
ſibus magnarum & ueterum ſyluarum. Ego neꝗ picum hoc cognomine agnoſco ullum, neꝗ om
nino glottidem picorum generi adnumero, ſed auium uel gallinularum paluſtrium potius. Glott-
tis uel lingulaca eſt, qui uulgò picus tocciulus dicitur, lingua oblonga extrahens uermes & formicas, Niphus Italus.

¶ PICVS alius eſt marinus, alius ſylueſtris: uterꝗ caiat cortices arborū, pabulum ſubeſſe ſpe-
rans, Albertus. ſed uideo picum marinum eius, uel interpretis Auicennæ, non aliam eſſe quàm alcyonem, ut ſcripſi in Alcyone A.

¶ TETRIX, quam Athenienſes uraga uocent, nominatur Ariſtoteli de hiſt. anim. 6. 1. Vbi
Albertus ſic habet: Radoryz (inquit) ſpecies quędam picorū eſt, ferè ſimilis turdo, &c. quod appro-
barí neutiquam poteſt.

¶ SVNT qui lingua uernacula noſtra alios etiam picos mihi ignotos nominent: ut picum rubrum, ein Rotſpecht: & picum paruum nigrum pectore rubro, Ein ſchwartz ſpechtlin mit roter
bruſt: & picū paruum aquaticū coloris mixti è cœruleo & uiridi, Ein grün blaw waſſerſpechtli.

DE ORIOLO, VEL PICO NIDVM SVSPENDENTE.

A.

ALLI auem cuius hæc effigies eſt, uulgò nominant orio uel loriot, Author de nat. rerum
& Albertus oriolum, ſiue à ſono uocis, ut ipſi aiunt: ſiue ab aureo colore quem ijdem ei tri
buunt. Quòd ſi chlorion hæc auis eſſet, ut quidam conijciunt, orioli uocabulum originis
Græcæ eſſe ſuſpicari quis poſſet. Guil. Budæus quidem chlorionem eſſe putat, quæ Gallicè lorion (loriot potius) dicatur, eius deinde ſententiam ſecutus eſt Turnerus, ut Turneri Eberus
& Peucerus. Nos de Chlorione ſuprà ſcripſimus. Orioli ſunt de picorū generibus, & apud Ger
manos Vuidewali uocantur, Albertus. Picorum aliquis nidum ſuſpendit in ſurculo primis in ramis cyathi modo, ut nulla quadrupes poſsit accedere, Plin. Turnerus nulla aliam auem præter uireonem (chlorionē, quem Vuidewalum noſtrū interpretatur) ita nidulari in Europa ſe noſſe ſcribit.

¶ Germanicum huius auis nomen alij aliter ſcribunt uel efferunt: nēpe Witwol/Weidwail,
ut Turnerus habet: Widwol, ut Eberus & Peucerus. Widwal, ut Tragus. Widdewal, ut Albertus Magnus. Wedewal ut Longolius, chlorionem interpretans. Noſtri ferè Wittewalch.
Sunt & alia eius nomina, ut circa Francfordiam ad Mœnum Bierolſſ/Brūder berolff. In Heſsia
Gerolff. In Saxonia Byrolt, & Tyrolt, Ebero & Peucero authoribus. Circa Coloniā ein Ker-
ſenriſe, à maturitate ceraſorum, quo tempore apparent frequentiores. ijs enim ueſcuntur. In Germania inferiore Goldmerle, id eſt merula aurea. ſunt enim merulis ferè pares, uel paulò maiores,
colore aureo. In Brabantia Slimerle. Species quædam meropis braacya dicitur, & uocatur à quibuſdam Widdewal: quæ non eſt merops, ſed ſpecies quædam eius, Albertus. Anglis quoque, ut
Germanis uocatur a witwol, Turnero teſte. ¶ Galgulum (uel galbulam) quidam auem Germanicè dictam Widwol eſſe putant, Eberus & Peucerus. Hiſpanus quidā galbulam ſua lingua mihi
interpretatus eſt Oroyendola, hoc eſt oriolum ut mihi uidetur. Oriolus circa Vincentiam & Venetias becquaſiga & bruſola uocatur: in Longobardia galbedro. huius enim nominis auem totam
flauam

flauam effe aiunt præter alas,& iuniores magis fubuirides effe,annuas omnino flauas. Ego galbu
lam auem diuerfam arbitror : propter magnitudinis uerò & colorum fimilitudinem, cum oriolo à
nonnullis confundi:& becquefigam quoꝗ utranꝗ nominari,quòd ficubus deleƈtentur. Vocatur
& garbella alicubi in Italia,nimirum quafi galbula,eam enim auem merula paulò maiorē effe aiunt.
alas(faltem maribus)effe nigras,corpus reliquum fuluum, roftrum rubrum,ficos & cerafa edere:ni
dum inftar corbis fufpendere.

B.

Vide quædam fuperius in A. Oriolus coloris eft aurei per totum, excepto quòd in alis habet
pennas quafdam cœrulei(crocea,Albertus)uarietate diftinƈtas,Author de nat.rerum. Digiti pe-
dum(non ut in cæteris picis)terni antè,& finguli retrò funt.

C.

Oriolus diƈtus eft à fono uocis,Author de nat.rerum.fic enim ferè cantillat orio,loriot. Sed uariat uocem,& aliquando inftar fiftulæ canit,præfertim imminente pluuia. ¶ Venit ad nos plerun
que Maio menfe, uel circa decimum Aprilis : in calidioribus locis prius apparet, ut in quibufdam
Galliæ Martio. ¶ Nidum in ramis arborum minutifsimis mira fubtilitate fufpendit, ita ut in aere
folo pendere uideatur de terra cernētibus. Ipfum quoꝗ nidum aduerfus imbrem camerat ac denfa
fronde protegit,Author de nat.rerum. De lanugine nidum tanto artificio conftruit, ut bureti(bi-
reti fortè,id eft pilei:uel biretarij qui pileos facit. Plinius nidum ab eo fufpendi fcribit primis in ramis cyathi modo,ut nulla quadrupes accedere pofsit;ego ita humilem aliquando uidi, ut ferè attin-
gerem, inter duos arboris ramos) artem uideatur imitari:& chordis (funiculis) fufpendit ad extremos furculos ramorum arborum,ita ut in aere uideatur pendere:& per omnia nidus fpeciem refert
tefticulorum arietis; & relinquit in eo canalem , in quo eft porta introitus fui, Albertus. Sunt qui
dicant in nido orioli fericum reperiri:nidificare eum plerunꝗ non procul ab aqua:nidum è mufco,
& quibus eum fufpendat funiculos è pilis equinis cōtexere.Ego nidum eius è fœno & culmis contextum uidi inftar calathi uel corbis ficarij è iuncis intexti : culmis & filis quibufdam furculis toto
circuitu annexum,ita ut fila non dependerent,fed furculis planè annexa effent.Vincula autem illa
non feligere eum puto,fed obuia quæꝗ arripere,ut culmos,iuncos, fila è lino aut ferico,pilos equi-
nos. Pfittaci & in India occidentali paffer ftultus nidos fuos fufpendunt à ramis arborum , oriolus alligat potius quàm fufpendit. ¶ Orioli fruƈtibus arborū uefcuntur, nempe cerafis,ficubus.

D.

Oriolus circa nidi fui locum aues omnes abigit. Fabulantur aliqui pullos eius in quatuor partes diuifos nafci;easꝗ à parente herbæ Iuliæ diƈtæ ui confolidari.

E.

Capitur noƈtua. ¶ Cum ad nos aduenerit, quod fit aliquando circa decimum Aprilis, bona
fpes eft pruinas non amplius futuras. Imminentem pluuiam præfagit quum uoce fiftulam refert;
item quum ad domos propius aduolârit.

F.

Hieronymus Tragus oriolum inter aues numerat quæ in cibum hominis ueniunt.

G.

Vuideuuallus curat iƈterum, & ipfe flauefcit Hildegardis. hoc ueteres de iƈtero aue uel galgulo fcribunt.

¶ h. Viteualli uocem & uolatū præ omnibus auibus non rapacibus obferuat augures, Albert.
¶ PIPHALLIS, πιφαλλὶς, πιφιγξ,Hefychius & Varinus. Piphinx,πιφιγξ,alauda,Iidem. Pi-
phix, πιφιξ, auis, à uerbo πίω.gaudet enim aquis, Varinus & Etymologus. Pifex,harpa & miluus
amici funt, Ariftot.fcribitur autem Græcè πιφιγξ per φ.in ultima.
¶ PLOAS, πλωὰς, genus auis magnæ, Varinus. apud quem etiam πλωὰς paroxytonum legitur
pro aue:fed magis placet oxytonum.

DE PLVVIALI.

HVIVS auis figurā Guil.Rondeletius uir doƈtifsimus (quod uel libri eius de pifcibus nuper æditi egregiè teftantur)è Gallia ad nos mifit. Gallicum eius nomen eft un pluuier.
Gibertus Longolius Germanicè uocat ein Puluier. Turnerus ein Puluer. Eberus &
Peucerus ein Puluier uel Pulroß. Heluetijs incognita aut certè rarifsima hæc auis eft.
appellari autem poteft ein grawer Gyfitz,hoc eft uanellus fufcus. nam Angli etiam, ut audio, uanellum auem fubuiridem,nominant pluuialem uiridem,a grene pluuer.
¶ Longolius & Turnerus hanc auem Ariftotelis pardalum effe fufpicantur.ego nōdum affen-
tior.neꝗ enim pluuialis colore tota cinereo eft, ut pardalus.
¶ Viuit plurimū circa lacus, quanquā & in agris quoꝗ fæpe capiatur , præclara ifta auis quam
Romano nomine à puluere fortè Germani appellant.eft enim pulueratrix. Coloris eft cinerei,ma-
gnitudine paulò turture minor.gregatim uolat, neꝗ temere à quoquam fingularis confpicitur.uo-
cem emittit frequentem & minimè grauem:fed eo ferè modo quo illa noftratibus appellatur.quan-
Mm

quam autem cinerei coloris sit, pennas tamen luteis ijsꝗ obscuris maculis conspersas habet, unde à
Græcis pardalus appellatur, (tanquam pardi instar sit maculosus.) quanquam Aristoteles minimè
aduenam hanc auem, sed semper cospicuam ut coruos & cornices esse testatur: id quod forte uerum
est in Græcia, regione longe feruentiore quàm nostra. nam apud nos nulla prope auis est, quæ per
hyemem aut locum non mutet, aut non lateat, Gib. Longolius.

¶ Si auis illa pardalus sit, quam esse suspicor, celerrimè currit: & sibilum, quem pastores & au-
rigarum pueri labijs porrectis ædunt, uoce imitatur. Pennas habet ad cinereum colorem proximè
uergentes, quarum singulæ singulis flauis maculis sunt respersæ: & ea auicula, quam mollicipitem
(auis illius quam nos lanium appellauimus genus unum mollicipitem esse conijcit Turnerus) esse
conijcio, multò maior est. Fieri potest ut eius auis plures sint species, Turnerus. ¶ Pluuialis auis
est prope ad magnitudinem perdicis, uarijs pennis ornata, croceo & albo nigroꝗ distincta. Aëre
solo uiuere dicitur, huius argumentum est, quòd licet pinguescat, nihil tamē unquam in eius uisceribus inueniri potest, Author de nat. rerum. Pluuiales aues quanquàm præpingues aliqui solo aere
uiuere putant, quóniam in uentribus earum nihil inuenitur. Sed eius rei causa est, quia intestinum
ieiunum solum habent, in quo nunquam aliquid inuenitur. & hoc in multa animalia cadit, ut alibi
ostendimus. Aër certe purum elementum nutriendo corpori accedere non potest, Albertus. Ex
auibus omnibus mihi notis, nullam uidi quæ non quatuor digitos haberet, excepta pluuiali, & pica
marina ut uulgò uocant: & alijs duabus quarū altera Gallis uulgò Guillemot dicitur, altera Canne
petiere, quæ de genere lagopodum est, Bellonius. Ego pluuialem uanello congenerem existimo.
nam & nomen commune ambabus tribuitur apud Anglos, adiecta tantum coloris differentia, sed
differunt etiam quòd uanellus cristam habet, pluuialis non habet: & digitis pedum, Pluuialis enim
posteriorem nullum habet, uanellus breuissimum.

¶ Sunt qui excrementa lumbricorum ab his auibus edi asserant.

E.

Hæ aues dicuntur capi dum plumbatæ sagittæ (baculi plumbati) ultra eas (altius) in aere proijꝗ
ciuntur. sic enim territæ humilius uolant, & in retia iuxta terrā expansa incidunt, Albertus & Author de nat. rerum, capiuntur autem gregatim.

F.

Lautæ sunt in cibo & in magnis delicijs: & uiridibus, quos aliqui priuatim uanellos uocant, lon
gè præferuntur. In hominem delicati cibi nimium appetentem, ne pluuiali quidem apposita cōten=
tum fore, alicubi tanquam prouerbio dicitur. Sunt e uulgo qui neget eam cibo solido uesci, & pro=
inde ne exenterandam quidem existimant, ut & alias quasdam lautas & opimas aues.

¶ An hæc Plutarchi rhyntace esse possit, & an eadem sit quam Itali quidam piuier nomināt (per
onomatopœiam, in pratis palustribus degentem auem, corpore fusco, pectore albo, ut audio) di=
ligentiores inquirant.

DE POR-

DE PORPHYRIONE.

A.

ORPHYRIO auis hactenus nobis ignota est: cuius picturam à præstantissimo medico Guil. Rondeletio ex Montepessulano mittendam expectamus. Quid sit porphyrio non constat, Niphus. Porphyriones à nobis uisi sunt in agro Patauino allati ex Hispania, quos ibi telamones uocant, siue quiasstatuæ uiriles; quibus mutili & coronæ sustinentur, ita nominantur: siue quasi thalamorum & pudicitiæ custodes. etenim scribit Athenæus uolucrem hanc sensum adulterij habere, &c. nisi quis telamones quasi nutriculas esse dictos putet. ita enim Græci altrices uocant, Hermolaus in Corollario. ego telamonum uocem de his auibus potius bar-baram quàm Græcæ originis existimârim. Quod uero telamonem Græcis nutriculam significare scribit, non probo, nisi thelamòn cum aspiratione scribat, nimirum ἀπὸ τῷ θηλάζειν. nam & θηλάςρια, τροφὸς exponitur. Θηλαμὼν, τάφ@, ἡ τροφός, παρὰ τὴν θήσω μέλλοντα, ὃς δηλοῖ τὸ θηλάσω. τὸ γὰρ θῶ (sic legen-dum, non θύσω. Vide in Θῶ & in Θήδω) δʹ ὁ σημαίνει, τὸ τιθῶ, κỳ τὸ θηλάζω, Varin. Hesychius nihil ha-bet, quàm Θηλαμὼν, τάφ@. suspicor autem librariorum culpa pro τροφὸς scriptum fuisse τάφ@.

¶ Hebraicum nomen dukiphat Septuaginta Deut. 14. porphyrionem interpretantur: Leuitici 11. epopem, id est upupam, quod magis placet. uide suprà in Gallo syluestri in genere. ¶ Sic & ra ham uel racham Deuter. 14. uulgaris translatio porphyrione uertit, Septuaginta upupam. neutrum probo. omnino enim aquilæ aut uulturis aliquod genus hac uoce significatur. Lege suprà in Gy-pæeto, Ossifraga & Cygno. Sunt qui porphyrionem cum Pelecano côfundant, eandem auem ar-bitrati, eò quòd Septuaginta alicubi pelecanum reddiderint, ubi Hieronymus translatio porphyrio-nem habet. Munsterus in Lexico trilingui porphyrionê Hebraicè nominat racham & ierakreka. ¶ Tinschemet quoqʒ Hebraicum uocabulum uariè interpretatur, uespertilionem, porphyrionem, talpam, cygnum, noctuam, ibin. Vide in Talpa & Cygno. Iudæi doctiores ferè uespertilionem ac-cipiunt. ¶ Chasida Hebraicè auis est, quam translator noster uocat miluum & porphyrionem, Munsterus. uide suprà in Ciconia.

¶ Grapaldus nô rectè porphyrionem credit esse auem quam Itali uulgò coturnicem appellant, quum ea perdix maior sit.

B.

Porphyriones laudatissimi in Comagene, Plinius lib. 10. cap. 43. Et rursus cap. 49. Nobiliorem etiam supradicto (è Comagene scilicet misso) porphyrionem Baleares insulæ mittunt. Vltima Sy-riæ fert porphyriones, Diodorus Siculus. Alexâder Myndius Libycam auem esse ait, Athenæus. ¶ Porphyrionem Aristoteles scribit colore cœruleo esse, (uel cœruleum imitante,) pedes habere fissos, crura longa, rostrum puniceum, (ῤύγχ@ ἡεγμ̀λόυ ἐκ τῆ κεφαλῆς φοινικᾷ,) magnitudine esse galli-nacei: quinis pedum digitis, quorum maximus sit medius, Athenæus. Porphyrio animal est quod tùm formæ pulchritudinê excellit, tum maximè suo maximè respondet, Aelianus. ὡραιότατόν τε ἅμα κỳ φοβερώτατόν ὅτι ζῶον. Tetrax auis magna porphyrionis speciê similitudiniémqʒ gerit, Lauren-tius apud Athenæum. Porphyrio uocatur à puniceo rostri colore, Eustathius. Porphyrio, cui à colore nomen, rostrum habet rubicundum: & in capite ueluti cristam, qualê faciunt & gestât sagit-tarij Persæ: par magnitudine gallinis altilibus, sed crura ei longiora, Oppianus. Rostra ijs & crura longa crura rubent, Plinius. Hæmatopus multò minor est quàm porphyrio, quãquã eadem cru-rum altitudine, Vuottonus. Guttur (ingluuiem) quo merguntur recentia aues quædam habent, ut gallinæ: aliæ carent, sed gula patentiore utuntur, ut gracculi, corui. quædã neutro modo, sed uen-trem proximum habent, quibus prælonga colla & angusta, ut porphyrioni, Plinius. Porphyrio, ut & reliquæ aues longi angustiqʒ colli, ingluuiei gulæqʒ amplitudine caret: longitudine autem admo-dum prolixa utitur, Aristot. Ardeolæ & porphyriones uropygium (caudam) parum aptum rece-perunt, Aristot. in libro de com. anim. gressu. ¶ Forte & horion Indica auis porphyrioni cognata fuerit, cum herodio similis & rubris cruribus describatur, sed distinguitur cantus suauitate quã mire celebratur.

¶ Recentiores porphyrioni quędam præter ueterum authoritatem attribuunt, ut Isidorus: Por-phyrio (inquit) est auis, cui hoc peculiare quòd pedem unum habet latü ad natandum, alterum uerò fissum ad ambulandum. In quo notatur quòd utroqʒ elemento gaudet, & in aqua natans ut anates, & in terra ambulans ut perdices. Idem Albertus scribit, sed tanquã de aue sibi ignota, & ipse etiam fidem non adhibens. Alij recentiores huiusmodi pedes auriphrygio suo uel haliæeto adscribunt. Meliores in hoc auium genere sunt quæ rostrum habent magnum & crura prælonga: Albertus & Isidorus, ex male intellectis, ut apparet, Plinij uerbis.

C.

Porphyrio est auis fluuialis, quia in fluminibus abundat, Kiranides. ¶ Pul, uerulentis uolu-tationibus non mediocriter gaudet: in locis ubi columbarum lauatio esse solet lauatur, Aelianus in-terprete Gillio. Græcè legitur, Χαίρει κονιόμλυ@, ἥδʹη δὲ κỳ λέυται τὸ τῆ πόσεις ἐφῶν λυτρόν. Non prius ta-men se uel in pul, uerem uel lauationem dat, quàm in ambulationem ueniens certa spatia côfecerit, Idem interprete Gillio. Sed aliter Athenæus ex Polemone: Non prius (inquit) cibum capit, quàm

Mm 2

locum aliquem sibi commodum inuenerit in quo deambulet; peracta deambulatione (μεθ' ὅν, lego μεθ' ὅ) pulueratur, tum lauat, postremò cibum sumit. Solus auium morsu bibit, Aristot. & Plinius. Σκέπτων δὲ πίνει, Athenæus: lego λαδικνῶν. Idem est (edit) proprio genere, (suo quodam & peculiari modo,) omnem cibum aqua subinde tingens, deinde pede ad rostrum ueluti manu afferens, Plin. Hic solus præter psittacum pede suo instar manus aquam suscipiens (hauriens) ad rostrum defert & potat; seq; humano modo pascit, quia cum omni cibo bibat oportet & cũ solo morsu. aliter enim cibus ei propter appetitus debilitatem non descenderet, Isidorus & Albert. Sed uideo eos Plinij sensum nõ satis assecutos, neq; enim cum omni cibo uel bolo, ut Albertus habet, bibit porphyrio iuxta Plinium: sed cibum omnem in aquam intingit, intinctum pede rostro admouet: aliâs uerò cum bibit, morsu bibit. Cum digitos quinq; habeat hæc auis, commodius pede loco manus uti potest. δεῖ τῶν λαμβανομένων εἰς τὸν πόδα ταμιεύεται μικρὰς τὰς ψωμίδας, Polemon apud Athenæũ. hoc est, De cibo autem quem pede apprehenderit paruas buccellas decerpit. quanquam ταμιεύεσθαι an hoc sensu accipiatur, dubito. Leonicenus in uaria hist. ex hoc loco scribit, eum pedibus comminuta frusta ad futurum usum seruare, quod nõ placet. Ταμιεύεσθαι τὴν τύχην, quidam interpretatur, pecunijs parcè uti, hoc est non uno tempore multum uel omnia consumere. ita & hæc auis nimirum non uorax, sed parca, exiguas subinde buccellas sibi decerpit. Cum pascitur, se testes sui prandij habere dolet, itaq; secedit, & latens in occulto comedit, Aelianus & Eustathius. Callimachus in libro de auibus porphyrionem ait cibum ita capere, ut ab hominibus non uideatur. odio enim haberi ab eo illos qui ad cibum eius accesserint. Pisces deuorat, Procopius Gazæus. ¶ Alui excrementum, ut & reliquę aues longi angustiq; colli, humidius quàm cæteræ solent, reijcit, Aristot. ¶ Ardeola & porphyrio uropygium (caudam) parum aptam habent, & ad uolatum dirigendum loco uropygij pedes protendunt, Idem. Volans non sublime fertur, Aelianus.

D.

In hominum conspectu nunquam coniugi suæ miscetur. natura enim adeò castus est, ut ne maritum quidem uxori concumbentem uidere sustineat: & si adulterium deprehẽderit, nimio dolore contabescit, Oppianus. Acerrima riualitate ardet (porphyrio qui in domo alitur,) & mulieres quę sunt sine uiro obseruat, (τὰς ἀνάνδρους τῶν γυναικῶν, ut codices nostri habent, & Gillius quoque legit: fortè quòd illæ ad concubitum cum uiris procliuiores & magis expositæ uideantur. sed malim ὑπάνδρους, hoc est uirorum libidini se supponentes, ex Athenæo.) Adulteria sensu quodam naturæ deprehendit: & si de ijs suspicetur, uita laqueo finita crimen domino præmonstrat, (si cum matrefamiliâs stuprum fieri cognouerit,) Aelianus. Auis tam studiosa est castitatis, ut conspecto tantũ scorto moriatur, Io. Tzetzes. Quemadmodum adulteris obtrectet & inuideat porphyrio animal etiam prudentissimum, non modo moderatissimum, alibi (ut iam recitauimus) me dicere memini, Aelianus. ¶ Porphyrio præterquam quòd & riualis est, & obtrectator, ea sanè etiam naturæ indole præditus est, ut eorum, quibuscum usu coniunctus est, amãtissimus esse dicatur. Eum ipsum & gallum in eodem uersari domicilio percepi, easdemq; ambulationes & æqualia spacia conficere solitos, eisdem uesci cibis, communiter puluerulentis uti uolutationibus, mirificumq; ex his rebus amorem inter se mutuum contraxisse. At enim cum utriusq; dominus festo quodam die cum sodalibus, ut epulare sacrificium faceret, gallum occidisset, porphyrio conuictore priuatus, tantum doloris accepit, sibi ut inedia mortem conscisceret, Aelianus. ¶ In obscuro loco cibum capit, & accedentes ad cibum ipsius odit, Eustathius.

E.

Porphyrioni capiendo neq; uiscum neq; retia adhiberi opus est: sed ubinam solus consideat obseruare, & saltando paulatim accedere. Saltationis enim spectaculo tantopere delectatur, ut licet accedentem magis magisq; hominem uiderit, non tamen auolet: sed ipse etiam se moueat & ad saltandum membra componat, donec capiatur, Oppianus. ¶ Porphyrio gratus est hominibus, quamobrem caute & studiose ipsum alunt. itaq; magnificis ædibus pro ludicra delectatione est: uel in templo aliquo sacro nutritur, & liberè oberrat, & sacer intra claustra circumit: Aelianus, ut nos conuertimus, quòd Gillij translatio non placeret.

F.

Porphyrio Iudæorum mẽsis interdictus est, quòd auis sit uorax piscium quorum rapinæ inhiat, Procopius. Pro tinschemet Hebraica uoce Septuaginta porphyrionem uerterunt, qui inter immundas aues reputatur quòd luxuria (libidine) insignis sit, ut quidam scribũt, Paulus Fagius. Porphyrionem cibi gratia in cœnis apposuisse hominem scio neminem, nec Calliam, nec Ctesippum uiros Athenienses, nec Hortensium Romanum, quos è multis lurconibus paucos mihi commemorasse satis fuerit, Aelianus. Quòd si in cibum non ueniunt, miror cur Plinius laudatissimos è Comagene, nobiliores è Balearibus insulis mitti scripserit.

H.

a. Aristophanes in Auibus mentionem fecit tetracis auis (magnæ) cum porphyrione & pelecino. ¶ Porphyrion & auis & piscis cuiusdam nomen est, Hesychius.

¶ Alcyoneus gigas Purpurei (aliâs Porphyrionis) frater ab Hercule telis est cõfossus. Nomen habet magni uolucris tam parua gigantis: Et nomẽ Prasini Porphyrionis habet, Martialis lib. 13.

Constat

Constat inter gigantes principatum obtinuisse Porphyrionem & Alcyoneum. Prasinus quoqʒ au‹
riga,cuius in Nerone Tranquillus mentionem facit,Prasinus Purpurio dictus est,Perottus. ἤ κι‹
ϐελένα κỳ πορφυρέων,exclamat quidam in Auibus Aristophanis:scite autem Cebrionæ & Porphyrio‹
nis gigantum nomina coniunxit,præsertim cum eadem duo etiam auium nomina sint.conuenit &
argumento.nam ut gigantes illi deos olim impugnauerunt,ita & aues in hac fabula eos impugnare
moliuntur.Porphyrion quidem gigas à Venere uictus fertur.Scholiastes & Varinus in Cebrione.
ρέμψω δ᾽ πορφυελωνας ὂν τῦ ὑρανὸν ὄχνις ἐπ᾽ αὐϐὸμ παρὸ᾽ ελᾶς ᾠκημμϐλος, Aristoph. in eadem fabula. Mi‹
natur autem quidam se aduersus Iouem cœlo immissurum porphyriones, siue aues siue gigātes ac‹
cipias. Typhὸs & Porphyrion gigantes in Pythijs Pindari Carmine 8.memorātur,tanquam utri‹
10 que fulmine icti. Scholiastes monet Typhòn tantum fulminatum, Porphyrionem uero Apollinis
sagittis occisum,Eundem ait Herculis boues per uim abducere conatum fuisse.

¶ e. Homerum insantem Aegyptijs parentibus ortū fabulantur,cum mel aliquando ex Aegy
ptiæ nutricis uberibus in os eius manasset,ea nocte nouem auium uoces diuersas ædidisse,& inter
cæteras porphyrionis,ut recitaui in Columba siua ex Eustathio.

¶ e. Multos pueros quos amabant muneribus deceperunt amatores, donata alius coturnice,
alius porphyrione, Aristoph.in Auibus.

¶ P O Y X,ϕῶϊξ,auis quædam Aristoteli de animalibus,Hesychius & Varinus.Ego hoc nomen
apud Aristotelem legisse non memini.Phoix quidem(ϕῶϊξ)apud eum inimica harpæ est, & ardea‹
rum generis mihi uidetur,ut suprà scripsi. Sunt & πώϋγχϐ mergi, aliâs bunges dicti,à uoce & cla‹
20 more,παρὰ τ̀ὺ Βοϟὺ κỳ τ̀ὺ ἰυγ̀ὺ, Varinus.

¶ P O R P H Y R I S,πορφυεὶς,auis nominatur apud Aristophanem in choro Auium.Est autē alia
quàm porphyrio,ut Callimachus in libro de Auibus testatur.Ibycus aues quasdam λαϐιπόρφυρα no‹
minat,cuius hæc uerba apud Athenæum legimus : τὰ μὲν ωττέλοιση ἐπ᾽ ἀκροτάτοιση ϟαυϐὸιση ποικίλαι
παυίλοη ὂν ἀελοϟ᾽ ϟροι,πορφυεὶδε,κỳ ἀλκυόνϐι τανυσιπρϐροι,quasi ut alcyones & penelopes, ita etiam por
phyrides marinæ quædam uel maritimæ aues sint. Et rursus,Αἰεί μ᾽ ῶ φίλε ὓ μι τανυπτρϐρϐ ῶς ὁ καιπορ‹
φυεὶς,locus uidetur corruptus.& legendum fortè, ῶς λαϐιπορφυεὶς. Porphyrides ex auium sunt ge‹
nere,à porphyrionibus diuersæ:sicut ab utroqʒ latiporphyrides,siue adiporphyrides & latiporphy‹
ræ,Hermolaus in Corollario.apparet aūt ipsum ex Atheneo hęc mutuatū, & de lectione dubitasse.

P S I P H A E O N,ψιφαῖον,uelum uel stoream significat:uel auiculam paruam, Hesych.& Varin.

DE PSITTACO.

Psittaci genus cætera sequenti simile coloribus, nisi quòd per medium alarum plurimum flaui coloris
habet, nonnihil etiam in cauda , quare E R Y T R O X A N T H V M nominabimus. nam cœrulei
multò minus habet quàm sequens.

A.

S I T A C V S auis humanam uocē reddit.hanc mittit India,& sitacem uocat,uiridem toto
corpore,&c. Plinius. Hermolaus legendum conijcit hoc in loco psittacen, ex Aristotele,
ut ait.qui item non masculino(inquit)sed fœminino genere pronunciat hanc alitem. Cæ‹
terum in Indica historia,quam Arriano sunt qui tribuant, sittacen per σ. non per ψ. legi‹
mus initio uocatā.Est Aristoteli auis sitta,sed omnino alia, Hæc Hermolaus. Ego psittace (ψιτϟάκην)
apud Aristotelē in nostris codicibus per t. duplex scribi inuenio, ut & apud alios Græcos authores

Mm 3

De Auibus

Aliud genus Pfittaci parte fupina rubet, alis fuperius in flauo uiridibus, cetero coeru-
leis, cauda partim rubra partim coerulea, ut pictura ad nos miffa indicat, in qua pars prona
non apparet, caput etiam cum collo undiq; rubet, nifi quod color candidus circa oculos eft.
Nos cum á precipuis coloribus ERYTHROCYANVM cognominabimus.

omnes femper t, duplex, fiue pfittacus, fiue pfittace, fiue fittacus ab illis fcribatur. Arrianus quidem
in Indicis (ut noftri codices habent) σιτ̣ακην fcribit, fittacum, non ut Hermolaus citat fittacen. Vιτ̣α-
κος & σιτ̣ακος oxytona funt & mafculina: ψιτ̣ακη foemininum paroxytonum. Latini quidam, prae-
fertim recentiores (Gaza, Volaterranus, Grapaldus) pfitacum per t, fimplex fcribunt, quod nó placet. poetae primam femper producunt. Sittas, ΣιΤ̣ας, auis quaedam, aliqui pfittacum interpretantur,
Hefychius & Varin. Sitta auis gen, foem. fuprá inter picos nobis defcripta eft. Sittas mafculinum
fuerit, fed pro eadem, ut conijcio, aue accipiendum. ¶ Haftaialga (uocabulum ut conijcio Perfi-
cum, quanquam Albertus Graecum effe ait, uir Graecae linguae imperitus) eft auis parua de genere
pfittaci, &c. Albertus in Ariftotelis de hift. anim. 8, 12, ubi Ariftoteles pfittaci fimpliciter meminit.
¶ Graece uulgò παπιγας hodie uocatur. ¶ Italicé papagallo. ¶ Hifpanicé papagáio. ¶ Gallicé
papegay: uel perroquet, Sed aliqui genus quoddã maius & coerulei coloris priuatim perroquet nominant.

minant. ¶ Germanicè **Pappengeij/Sittich/Sickuſt.** ¶ Anglicè a popinſay, uel a popingey, ¶ Illyricè pappauſſek. Polonicè papuga. Turcicè dudi. ¶ Plurimis quidem linguis papagalli nomen commune eſt. Pſittacus, qui uulgò papiagabio, id eſt principalis ſeu nobilis gabio dicitur, Obſcurus.

¶ Vltima Syriæ fert pſittacos, Diodorus. Apportantur ad nos ex regionibus ſub æquinoctiali ad Orientem & Meridiem ſitis, Nicephorus Calliſtus. Inueniuntur in Thebaide Aegypti, & in India, Kiranides. Plinius ait inſulam eſſe Gagaudem in Aethiopia, inde primum uiſos eſſe pſita-cos à Neronis exploratoribus. Sola India mittit pſittacū, Plinius & Pauſanias. Regio quædam Luſitanis in Indiam nauigantibus reperta, abundat pſittacis multijugi coloris, tantæ q proceritatis,
10 ut cum gallinis magnitudine contendant, Aloiſius Cadamuſtus. Eſt uarietas pſittacorum in coloribus magna, unde pulcherrimi etiam apud Indos exiſtimantur. nam præter colorum aptam uarietatem illam, ſplendor etiam quidam affulget, Cardanus. Circa Pego urbem Indiæ pſittacos uoca-liores habent quàm uſquam alibi offenderim, eoſdem q pulchriores, Ludouicus Romanus. In re-gione circa Tarnaſari Indiæ urbem, pſitaci omnium pulcherrimi ſpectantur, albicantes ſepteno co-lore præſertim diſtincti, Ludouicus Patricius. Hiſpanæ inſulæ pſittaci, alij coloris praſini, alij ſului ſunt, alij uerò Indis non abſimiles, id eſt torque miniato, Chriſtophorus Columbus. Hiſpani (ex Hiſpaniola inſula & uicinis) pſittacos, quorum alij uirides erant, alij flaui toto corpore, alij ſimiles Indicis torquati minio, uti Plinius ait, quadraginta tulerunt, coloribus uiuaciſsimis & lætis ma-ximoperè, Pet. Martyr. In regno Senegæ apud Nigritas tota regio ſcatet pſittacis, qui triplici co-
20 lore diſtinguuntur, ſubcinericeo, uiridi ac ueneto, Aloiſius Cadamuſtus. In Calechut reperiuntur alij praſini coloris, alij ſcutulati, alij purpurei, Ludouicus Romanus. Supra Caput Bonæ Spei Le-begio uecti uento Luſitani, nacti ſunt nouam tellurem quam appellarunt Pſittacorum. quoniam inibi inueniuntur alites huiuſmodi incredibilis proceritatis, utpote qui brachium & dimidium lon-gitudine excedant, multijugi coloris, ut ſcribit quidā in Noui orbis hiſtoria. Pſittacos nunc ex Lu-ſitania inſuliſ q uicinis Aethiopicis præſtantiſsimos adduci uidemus, uario q colore diſcriminatos, Volaterranus. Gracchana Noui orbis inſula fert pſittacos phaſianis multo maiores, nec alijs ſimi-les. nam alas habent uerſicolores, cætera rubei, Chriſtophorus Columbus. Prouincia Abaſiæ pſit-tacos habet, Paulus Venetus. Pſittacorū genus peculiare audio à Gallis parroquet uel perroquet uocari, uiridibus maius, roſtro magis adunco, uocalius, maioriſ q pretij. ¶ Pſittacis è Braſilia,
30 quem pictum habeo, collum, alæ & dorſum uiridis ferè coloris ſunt: ſed dorſum ad cœruleum incli-nat, cauda ſimiliter, in qua longiores pennæ rubent: longiores in alis nigræ ſunt. in uiridibus earun-dem maculæ quædam uel puncta rubent. caput cinereum eſt, uenter coloris flaui. ¶ Cinereum quoq uel ſubcœruleum toto corpore, pictum habeo, in cauda tantum rubẽtibus pennis, parte circa oculos candida, hunc ex Mina ciuitate diui Georgij adferri aiunt.

B.

Quibus in regionibus reperiantur iam ſuprà dictum eſt. ¶ India (ſola, Solinus) mittit pſitta-cum auem, uiridem toto corpore, torque tātum miniato, (puniceo, Solinus,) in ceruice diſtinctam. Magnitudine & coloribus diuerſi reperiuntur, ut in A. oſtendimus: priſci uiride genus tantū agno-uiſſe uidentur. In India liuiæ columbæ uirides pennas habent, ut is primo aſpectu, qui ſit rudis in
40 ſcientia auium, pſittacum non columbam dicat, Aelianus. Pſitacus Indiæ auis eſt. inſtar illi mini-mo minus quàm columbarum, ſed ne colorum (non colores) columbarum. Non enim lacteus ille, uel liuidus, uel utrunq (utcunq) ſubluteus, aut ſparſus eſt: ſed color pſitaco uiridis, & intimis plu-mulis & extimis palmulis, niſi quòd ſola ceruice diſtinguitur. Enimuero ceruicula eius circulo mi-neo, (minij colore,) uelut aurea torqui, pari fulgoris circumactu cingitur & coronatur, Apuleius Florid. 1. Viredo in toto corpore pſittaci lutea, præter collum miniato diſtinctum torque, Eberus & Peucerus. Auis eſt tota uiridis, ſed roſtro & pedibus rubet, Kiranides. Similis eſt aliquantu-lum obelo (uox uidetur corrupta) & falconi: uirides habet plumas, pectus rotundum, roſtrum adun-cum, tantæ fortitudinis ut cauex ſuæ uirgas ferreas ui frangat, Obſcurus. Roſtro uel ferrum rum-pit, Kiranides. Capitis oſſa duriſsima pſittacis, Plinius. Capiti pſittaci duritia eadem quæ roſtro,
50 Idem. quare cum diſcit ſermonem hominis, radio uerberatur ferreo: & cum deuolat, roſtro ſe exci-pit, propter pedum infirmitatem, ut in C. dicetur. ¶ Omnes aues uncæ breui ſunt collo, & lingua lata, aptæ q ad imitandum. nam & pſittaca auis Indica talis eſt, Ariſtot. Lingua ei lata, multo q la-tior quàm cæteris auibus: unde perficitur ut articulata uerba penitus eloquatur, Solinus & Apu-leius. Hinc eſt quòd ἀνθρωπόγλωτ̄ον dicunt, quaſi humanam linguam referentem, Vuottonus. ¶ Inter nobiles & plebeios diſcretionem digitorum facit numerus. qui præſtant, quinos in pede ha-bent digitos: cæteri ternos, Solinus & Apuleius. Sed Plinius lib. 10. cap. 42. de picarum genere hoc ſcribit, nõ de pſittacis, nempe facilius diſcere ſermonem humanum illas quibus quini ſunt digiti in pedibus. Habent pſittaci digitos binos ante, & totidem retro, ut picorum genera.

C.

60 Cnici uel cneci, ut uocant, ſemine ueſcuntur pſittaci: & ſaccharo delectātur. In Calechut tanta harum auium copia eſt, ut exhibendi ſint cuſtodes ſeruandæ oryzæ in aruis, ne eam depaſcantur, Ludouicus Romanus. Pede ſeipſos paſcunt & ori admouent eſcas, ut manu homo, Author de

Mm 4

nat. rerum. ¶ Dum bibit, pedibus suspensus caudam in altum, & caput deorsum ad aquam extendit, caudam enim diligenter custodit, & sæpe rostro componit, Albert. ¶ Quemadmodũ pueri erudiuntur, sic psittaci ex tribus Indiæ generibus omnes humanæ uocis usum addiscunt. In syluis inconditam uocem, cuiusmodi aues indoctæ edere solent, mittunt: non autem expressum os & explanatum habent, Aelianus. Vox eius naturalis est ualde sonora, Albertus. Imitatur uoces hominum omniumq́ animalium, Kiranides. Auium quæcunq́ linguam cõsimilem (humanæ) habent, & maxillarum dispositionem (auibus pro maxillis rostrum est) humanum aptæ sunt imitari sermonem, ut psittaci, picæ, & similes, Suidas. Psittacen auem ἀνθρωπόγλωττον dicunt, quasi humanam linguam referentem, Vuottonus. De lingua eius uide suprà in B. Psittacus à uobis aliorum nomina discam: Hoc didici per me dicere, Cæsar aue, Martialis. Psittacus humanas depromit uoce loquelas, Atq́ suo domino χαῖρε ualeq́ sonat, Author Philomelæ. Articulata uerba penitus eloquitur. quod ingenium ita Romanæ deliciæ miratæ sunt, ut barbari psittacos mercẽ fecerint, Solinus. Omnes aues uncæ breui sunt collo, & lingua lata, aptæq́ ad imitãdum. nam & Indica auis psittace, quam loqui aiunt, talis est, & loquacior (ἀκολαστότερος) cum biberit uinum redditur, Aristot. Plinius uocem ἀκολαστότερος uertit lasciuior. recẽtiores quidam ad libidinem referunt. mihi quidem Aristoteles hoc uocabulo intempérantiam linguæ maximè significasse uidetur. Super omnia humanas uoces reddit psittacus, & quidem sermocinatur. imperatores salutat, & quæ accipit uerba pronunciat, in uino præcipuè lasciua. Capiti eius duritia eadem quæ rostro. Hæc cum loqui discit, ferreo uerberatur radio, (ferrea clauicula Solinus & Apuleius,) non sentit aliter ictus, Plinius. Dum pullus est atq́ adeò intra alterum ætatis suæ annum, quæ monstrata sunt & citius discit, & tenacius retinet. Maior paulò segnior est, & obliuiosus & indocilis, Solinus & Apuleius. sed Plinius hoc de pica, non de psittaco scribit lib. 10. cap. 42. Ad disciplinã humani sermonis facilior est psittacus, glande qui uescitur: & cuius in pedibus, ut hominis, quini digituli numerantur. non enim omnibus id insigne, Apuleius. sed hoc quoq́ apud Plinium eodem in loco ad picas non ad psittacos pertinet. Id quod dicit psittacus, ita similiter nobis canit uel potius eloquitur, ut uocem si audias, hominẽ putes. Nam quidem si uideas idem conari non eloqui. Verùm enimuero & coruus & psittacus nihil aliud quàm quod didicerunt pronunciant. Si conuitia docueris, conuiciabitur, diebus ac noctibus perstrepens maledictis, Apuleius. Augustus Cæsar picam à qua salutatus erat, item psittacum emi iussit, Macrobius Satur. 2. 4. Non silebo parte hac miraculum insigne nostris uisum temporibus: Psittacus hic fuit Ascanij Cardinalis Romæ, aureis centum comparatus nummis, qui articulatissimè continuatis perpetuò uerbis Christianæ ueritatis symbolum integrè pronunciabat, perinde ac uir peritus enunciaret, Cælius. Sturni coruiq́ & psittaci, quoniam loqui discunt, & uocis spiritum tam sequacem, tam æmulum, pensandũ formandumq́ docentibus præbent, ea ipsa docilitate adesse patrocinariq́ cæteris animalibus uidentur, & tantum non uoce testari, etiam cæteris omnibus proferendi sermonis, & uocis articulandę uim natura concessam, Plutarchus. ¶ Cum deuolat, rostro se excipit, illi innititur, leuioremq́ se ita pedum infirmitati facit, Plinius. Rostri tanta durities est, ut cum è sublimi præcipitatur (præcipitat, Apuleius) in saxũ, nisu se oris excipiat, & quodam quasi præsidio utatur extraordinariæ firmitatis, Solinus. rostro se uelut anchora excipit, Apuleius. Qui memoria nostra terras antiquis ignotas peragrarunt, (ut Aloisius Cadamustus, apud quem hæc similiter leguntur) mirifica animi solertia in construendo nido psittacos esse affirmant. Etenim procerissimam inuestigant arborem, tenuibus ramis, & intolerabilibus ad quiduis graue sustinendum: ad quorum cacumina pensilem surculum alligant, ex quo nidum affabre & callidissimo artificio factum suspendunt, pilæ modo rotundum, sanequàm exiguo ad aditum & exitum relicto foramine. Quod quidem ipsum eos moliri asserunt, ut serpentium insidijs uiam obstruant. non enim ex tam subtilibus ramis pensilem nidum serpentium natio corpore grauis inuadere audet, Gillius. Est & oriolus dictus picorum generis, qui nidum à ramis suspendit, (uel potius alligat,) & passer stultus in India occidentali. ¶ Psittacus aquas alias quocunq́ modo patitur, sed pluuia moritur. idcirco in montibus Gelboe nidificare fertur, in quibus raro uel nunquã pluit, Albert. Multa humiditate in cuti eius abundante moritur, Obscurus.

D.

Psittacus inter aues ingenio sagacitateq́ pręstat, quòd grãdi sit capite, atq́ in India cœlo syncero nascatur: unde etiam didicit nõ solum loqui, sed meditari. meditantur ob studium gloriæ. participes enim sunt & huius & amoris: unde memoria non uulgaris illis, Cardanus. Amat hæc auis loqui cum pueris, à quibus etiam cæteræ aues facilius loqui addiscunt, Albertus. Caudam suam summo studio custodit, pennasq́ rostro suo frequentius extergit, Author de nat. rerum. Miræ etiam calliditatis est in excitando risum. Homines quoque osculari domesticos consueuit. Admoto speculo propria forma deluditur, & nunc gaudẽti nunc dolenti similis efficitur. Aspectu uirgineo multum delectatur, & uino inebriatur, Obscurus. In uino præcipuè lasciuus est, Plinius. Vidi ego psittacum mirè amantem pueros imberbes. Gaudent sanè hæ aues conuersatione puerorum, & sermonem humanum coram eis exprimere. Nuper etiam quidam fide dignus mihi asseruit, nouisse se hominem adeò amatum à psittaco, ut ob discessum eius semper lugeret auis, & æmulatione erga alios psittacos duceretur, Auicenna. ¶ Psittacus & lupus simul pascuntur, semper enim uiridem hanc

auem

auem amant lupi, Oppianus 2. de uenat. Turturibus amici sunt, Plinius & Ouidius. uide in Turture D.

E.

Caueis inclusi aluntur psittaci, ut tum aspectu suo colorisq́ue gratia & formę raritate, tũ sermonis humani imitatione oblectent. Gallinæ rusticæ in ornatibus publicis solent poni cum psittacis ac merulis albis, Varro. Seruare eos non in ligneis sed ferreis caueis (κλωβοῖς) oportet, Oppianus. ¶ In regno Senegæ apud Nigritas tota regio scatet psittacis, quos Nigritæ plurimũ oderunt: quoniam totam plagam ferè circunuolitantes, fruges & præsertim legumina deuastant, Aloisius Cadamustus. In Calechut tanta eorum copia est, ut collocandi sint custodes seruandæ oryzæ in aruis, 10 ne eam depascantur. Vocales sunt admodum, ac uili pretio, utpote gemino denario, id est media solidi parte singuli uæneunt, Ludouicus Romanus.

F.

Gracchana insula psittacis mirè abundat. incolæ eos saginant & in cibatu gratissimos habent, Christophorus Columbus. ¶ Phœnicopteri apparatum ex Apicio suprà scripsimus. idem autem facies (inquit) & in psittaco.

G.

Psittacus potest quæcunque & anser, Kiranides. In cibo iuuat quosuis ictericos, & phthisicos sanat, Idem.

H.

20 a. Sittacum & psittacum ueteres dixerunt. nam σ. & ψ. inter se permutantur quandoque. sic & οἰ̂τα & ψίτα effertur, quæ acclamatio pastorum est ad boues, capras aut sues. Sitta auis diuersa memoratur Aristoteli 9.1. ubi Albertus, Camulgum (inquit) Latinè dicunt uocari, psittacum Græcè, sed & psittacus auis alia est, (licet apud Hesychium legatur, σίτας auis est, quam nonnulli psittacum faciunt,) & camulgus Latina uox non est. ¶ Viridis auis, id est psittacus, per antonomasiam uel periphrasin, Semper & à uiridi turtur amatur aue, Ouidius. Et si qua loquendi Gnara, coloratis uiridis defertur ab Indis, Claudianus in Eutropium.

¶ Epitheta. Psittaci epitheta apud Textorem sunt, Ales, Canorus, Dux uolucrum, Garrulus, Imitator, Loquax, Viridis. Psittacum ἀνθρωπόγλωτον dicunt, quasi humanam linguam referĕtem, Vuottonus. Βροτόγηρ⊕, Philippo in Epigrammate.

30 ¶ Ψιτακία, genus calciamenti muliebris, Hesych. & Varinus. Psittacion emplastrum numero 24. describitur apud Nicolaum Myrepsum.

¶ Propria. Psittacum Alceus γαλερίον, id est uentri deditum uocat, Pollux ut nostri codices habent, sed Pittacum legendum conijcio. ¶ Terra psittacorũ alicubi in Nouo orbe nominatur, ubi maximi psittaci uariorum colorum reperiuntur. ¶ Psittacene, ψιταληνὴ, regio Persidis, Aristoteli in Mirabilibus. ¶ Psittace, ψιτάκη, urbs est iuxta Tigrin, ubi Psittacia fructus (quos alij pistacia uocant) nascuntur. hinc Psittacius & Psittacenus, Stephanus. Psittaces Persicæ Aelianus alicubi meminit in Historia animalium.

¶ b. Tu poteras uirides pennis hebetare smaragdos, Tincta gerens rubro punica rostra croco, Ouidius in psittacum.

40 ¶ c. Vide quædam in h. πάντα τὰ τῶ̂ ζώων ἄγλωττα, καὶ ἀνεδρωμένα ὅτι τὴν φωνὴν, καὶ μιμεῖται οὖ̂ τῶ ἀνθρώπων καὶ τῶ ἄλλων ὀρνίθων ἤχας, ὡσπερ ψιτάκας καὶ κίτα, Atheneus, malim, πάντα δὲ τὰ πατάγλωτα τῶ ὀρνίων, ἄγλωττα, &c. Apsephas rex Libyæ fertur instruxisse psittacos, ut per aerem uolantes sonarent Ἀψεφᾶς θεός ἐσιν: ut quidam annotauit in margine ad orationē Dionis Chrysostomi de regno: ubi Dion scribit hominem improbum non posse esse uerum regem & dominum, neq́ue sui nec alio rum, etiamsi non solum homines eum admirentur, eiq́ue obediant: sed etiam aues uolantes & feræ in montibus. Nuper amicus quidam recitauit nobis iucundam de psittaco historiam: quèm aiebat Londini in Anglia è palatio regis Henrici octaui in præterlabentem fluuium Thamesin decidisse, & uoce consueta ijs qui quatiuncunq́ue pretio (ut in periculo aliquo constituti, ut alij etiam ioco) portitorem ex opposita ripa uocant, a bott a bott for twentye pownd: quod est, Cymba cymba uel pro 50 uiginti libris, quam sæpissimè enunciari audierat, & tum commodissimè meminerat, exclamasse. Ea excitatum portitorem quendam, propere adnauigasse & sustulisse auem, & regi (ad quem pertinere agnoscebat) reddidisse, tantum mercedis sperantem, quantum auis promiserat. Rex pactus est ut quam auis interrogata denuò mercedem dixisset, acciperet. Placuit. Respondit auis, Gibe the knabe a grott: id est, Da nebuloni solidum.

¶ e. At tibi quanta domus rutila testudine fulgens? Connexusq́ue ebori uirgarum argenteus ordo? Argutumq́ue tuo stridentia limina cornu? Et querulæ iam sponte fores? uacat ille beatus Carcer, & angusti nusquam conuitia tecti, Statius 2. Syluarum de caue psittaci mortui. ¶ Rostrum psittaci gestatum dæmones abigit, Kiranides.

¶ f. Heliogabalus exhibuit palatinis ingentes dapes refertas capitibus psittacorum & fasiano- 60 rum, &c. Lampridius. Psittacis atq́ue fasianis leones pauit & alia animalia, Idem. In hortis Indiæ regis psittaci aluntur, & sursum deorsum ultro citroq́ue circum regem uersantur: nec psittacum idcirco Indorum quisquam, etsi eorũ magna illic multitudo sit, edit, quòd eos sacros putent, & Brach mânes quidem ex auibus plurimi hunc exiſtiment: ut qui ſolus humana uerba uocis côformatione conſequatur, Aelianus.

¶ g. Roſtrum pſittaci geſtatum, omnem rigorem febrium curat, Kiranides.

¶ h. Anthologij lib. 1. elegans Philippi in pſittacum epigramma legimus, quod recitare libuit.

Ψιτακὸς ὁ βροτόγηρ@, ἀφεὶς λυγοτρυχία κύρτυμ   Ἤλυθεν εἰς δρυμὸς ἀυθοφυῶ πτέρυγι.
Ἀίεί δ᾽ ἐκμελετῶμ ἀσπάσμασι καίσαρα κλεινόμ,   οὐδ᾽ ἀυ ὄρη λήθω ἠγαχυ ὀνόματ@.
Ἔδραμε δ᾽ ἀκυδιδ᾽ακυς ἅπας οἰωνός, ἐκεων   Τίς φθλῶσι δυώτται δαίμονι χαιρ᾽ φυίτατμ.

¶ Ouidius Elegiarum 2. 6. in mortem pſittaci his carminibus luſit:

Pſittacus eois ales mihi miſſus ab Indis   Occidit, exequias ferte frequenter aues
Omnes, quæ liquido libratis in aere curſus,   Tu tamen ante alias turtur amice dole.
Plena fuit uobis omni concordia uita,   Et ſtetit ad finem longa tenaxᵹ fides.
Non fuit in terris uocum ſimulantior ales,   Reddebas blæſo tam bene uerba ſono.
Plenus eras minimo, nec præ ſermonis amore   In multos poteras ora uocare cibos.
Nux erat eſca tibi, cauſæᵹ papauera ſomni,   Pellebatᵹ ſitim ſimplicis humor aquæ, &c.

¶ Extat & Statij Epicedion in pſittacum Melioris Atedij Sylu. 2.

Pſittace lux uolucrū, domini facunda uoluptas,   Humanæ ſolers imitator pſittace linguæ, &c.
Occidit aeriæ celeberrima gloria gentis,   Pſittacus ille plagæ uiridis regnator eoæ:
Quem non gemmata uolucris Iunonia cauda   Vinceret aſpectu: gelidi non phaſidis ales,
Ille ſalutator regum, nomenᵹ loquutus   Cæſareum, & queruli quondam uice functus
amici, &c. Legimus etiam in pſittacum uocalem carmen T. Veſpaſiani Strozæ lib. 6. Eroticôn.

¶ Pſittacos in India ſacros exiſtimari, & idcirco non uenire in menſas, paulò ante in f. ex Aeliano recitaui.

¶ PROVERBIA. Alia uoce pſittacus, alia coturnix loquitur, uide ſuprà in Coturnice h.

¶ Eraſmus Rot. in adagio Senis mutare linguam: Ne hoc quidem (inquit) prætermittendum, quanquam uulgò iactatum: Senex pſittacus negligit ferulam. Et mox receſet Apuleij uerba ex ſecundo Floridorum de pſittaco, cui ſermonem noſtrum addiſcenti ferrea clauicula (loco ferulæ) caput à magiſtro tundatur. Diſcit autem (inquit Apuleius) ſtatim pullus uſᵹ ad duos ætatis ſuæ annos, ſenex autem captus & indocilis eſt & obliuioſus. Quæ poſteriora uerba (quòd pullus uſᵹ ad biennium facilè diſcat, ſenex indocilis ᵹt) Apuleius, ut uideo, à Solino mutuatus eſt: hic à Plinio. & quâquam Plinius hæc de pica non de pſittaco ſcribat, poſſunt tamen fortaſſis huic etiam côuenire. ſin minus, ratio ſaltem prouerbij non impedit. ¶ Vſitatum eſt apud Germanos quoſdam prouerbium, Arbitrium (libertas) auro præferendum eſt, aiebat pſittacus caueæ incluſus. **Wille gebet für gold/ ſprach der papegeye/da ſaß er im korbe.** Tale eſt & illud, In cauea minus bene canit luſcinia.

¶ PTEREVGOTYRANNVS, πτεβευτοτύραννο, (malim Pterygotyrannus, ut ordo etiam literarum ſcribi poſtulat apud Heſychium,) auis eſt quædam in India Alexandro data, Varinus. Quærendum an hæc eſſe poſsit auis paradiſi dicta, uel apus Indica: quæ cum pedibus careat, & alis pennisᵹ ſuis perpetuò in ſublimi uehatur, non immerito Pterygotyrannus appellabitur: tanquam principatum inter aues obtinens quod ad remigium alarum.

DE PYRALIDE.

PYRALIS, Πυραλίς, auis nominatur apud Ariſtot. hiſtoriæ anim. 9. 1. ubi Gaza ignariam uertit. Pyralidem (inquit) turtur impugnat, locus enim paſcendi uictusᵹ idem eorum eſt. nec alibi uſquam eius meminit. Turtur & pyralis diſsident, Plinius. Quòd ſi Callimacho fides eſt adhibenda, palumbus, pyrallis, (πυραλίς per duplex λ.) columba & turtur, nihil habent inter ſe ſimile, Aelianus in Varijs. Πυῤῥαλίς (per duplex rho & lambda ſimplex) auis quædam, Heſychius & Varinus. Pyralis auis eſt quædam, quæ etiam ruſticè ſic uocatur, Niphus Italus. ¶ Eſt & pyrrhulas auis, Gaza rubicillam uertit, de qua in R. elemento ſcribemus. Item PYRIS, πυρίς, ſecundum aliquos apud Ariſtophanem. uide ſuprà in Ceblepyri.

¶ Oppianus de aucupio lib. 3. cap. 10. cum merularum capturam præſcripſiſſet, ſubdit: Eodem etiam modo capiuntur PYRRHIAE aues, ᾱ (forte οἱ) πυῤῥίαι. Pyrrhiæ uocabantur ſerui qui in comœdijs introducebantur, Euſtathius.

DE AVIBVS QVARVM NOMINA INCIPIT R. LITERA.

DE REGVLO VEL TROCHILO EX VETERIBVS.

A.

TROCHILVS uocatur alijs nominibus ſenator & rex, Ariſtot. Gaza interprete. Græca nomina ſunt, τροχίλος, πρέσβυς, βασιλεύς. Trochilus rex appellatur auium, Plin. ¶ Eadem etiam orchilus dicitur, ut docui ſuprà in O. elemento. ¶ Trochilos in Aegypto uocatur, rex auium in Italia, parua auis, quæ crocodili in ſomno hiantis os & dentes repurgat, Plinius.

Plinius,sed trochilus ille Niliacus & crocodilo familiaris longè alia auis mihi uidetur,gallinularum aquaticarum generis,sub quo species diuersæ continentur,ut in T. elemento dicemus. ¶ Regulus Græcè tum βασιλεύς uocatur,tum uoce diminutiua βασιλίσκος Aetio, Aeginetæ & Aristophani in Auibus. ¶ Regaliolus quoqȝ non alius quàm regulus uidetur:etsi quidam pro galgulo accipiant. uide in Galgulo. Pridie easdem idus(antequam Cæsar interficeretur) auem regaliolū cum laureo ramulo Pompeianæ curiæ se inserentem, uolucres uarij generis proximo nemore prosequutæ ibidem discerpserunt,Suetonius in Iulio Cæsare.

B.

Passerculus troglodytes auicula omnium minima est regulo excepto:quo paulò maior est & nigrior,similis est autem ei in multis,præterquam quòd in fronte auricolores pennas non habet, &c. & iuxta summum alæ lineamentum cinerei amplius coloris,(Græcè legitur ψαρότερος,id est magis uarij,Vuottonus,)Aetius. Troglodytes paulò maior est regulo,& colore illi similis,inter cinereū & uiridem,(μεταξύ τεφρȣ καὶ χλωρȣ, mihi hic color non troglodytæ, sed regulo tantum conuenire uidetur,Vuottonus suspicatur legendum μεταξύ τεφρȣ καὶ ὠχρȣ,)rostro tenui,Aegineta.

C.

Trochilus fruteta incolit & foramina, Aristoteles. ¶ Passerculus troglodytes magis garrulus quàm regulus est,Aetius. Regulus atqȝ merops & rubro pectore Progne Consimili modulo zinzilulare sciunt,Author Philomelæ, ¶ Regulus uermiculos edit,Aristot.

D.

Trochilus fugax atqȝ infirmis moribus est, sed uictus probitate & ingenij solertia præditus. uocatur idem & senator & rex. quamobrem aquilam cum eo pugnare referunt, Aristot. Idem historiæ anim.9,1.trochilū cum aquila pugnare scribit. Aquilæ & trochilus,si credimus,dissident.quoniam rex appellatur auium, Plin. ¶ Rex auium priuatas cōtra noctuam inimicitias gerit,Aristot. Alibi etiam orchilum noctuæ infensum tradit:quem nos eundem trochilo esse ostendimus.

E.

Capi difficile potest, Aristoteles. ¶ Orchilus subiens caua terræ signum facit futuræ tempestatis,Aratus.

H.

Immusculus auis genus,quam alij regulum,alij ossifragum dicunt,Festus. Plura de immusculo leges in capite de aquilis diuersis. In Auibus Aristophanis cum auis quædā seruus Epopis,quænam esset non diceret, sed tantum ad domini sui mandata subinde se τρίχειν, id est currere:subijcit quidam:Es igitur τροχίλος auis,alludens ad uerbum τρίχειν. ubi Scholiastes, Trochilus,inquit,fertur esse auis acris,(ὄρνιον ȣ δριμυ.) uolūt autem aliqui mediam syllabam acui debere:quasi in textu τροχίλος scribatur. sed codices nostri τροχίλος paroxytonum habent. Et rursus cum quidam dixisse se currere ὑπὶ τροχίλȣ:alius subdit:Hic auis est trochilus.abi igitur ô Trochile & dominum nobis accerse. ¶ Κόρβιλος,auis quam aliqui βασιλικὸν uocāt,Hesychius & Varin. ¶ ὑόκμος,basiliscus auis, Iidem. ¶ τείκκος,auicula quædam, & rex apud Eleos, Iidem. ¶ Acalanthis, nobilissimi canis nomen: quidam tamen eo nomine aues intelligunt,quas nonnulli basilicas nuncupant, Cælius. ¶ Γρεοβυς apud Aristot. historiæ anim. 9. 1. ubi Albertus basit habet, quod ex Græco corruptum uidetur ut pleraqȝ apud ipsum.basit(inquit) Arabicè, apud nos autem senecta uocatur. ¶ Hesychius orchilum auiculam uilem ab aliquibus σαλπιγκτίω dici refert , nimirum à uoce qua forsitan tubæ imitatur sonitum.

DE EADEM AVE QVID PRODIDERINT ALbertus, & eiusdem sæculi scriptores.

REGVLVS,qui & parra,quasi auis parua dicitur , multa est prole & garritu, Author de nat. rerum. Trochilus est auis minima omnium , quam regulum uocant: quæ licet paruo sit corporè, ausu tamen magno contra aquilam pugnare conatur.Solitaria uolat.pullis fœcunda est.nam plurimos uno fœtu producit, uno specu uel antro in hyeme multi conduntur, ut ad calorem turba conferente calor qui paruus est in tam minimis corporibus augeatur,Albertus & Author de nat. rerū. Vermibus & araneis uescitur , Author de nat. rerum. Est etiam auis musica, & præcipuè cantat tempore magni & sicci frigoris in hyeme,Albertus. Auis minima est,sed quanto minor, tanto uelocior,adeoqȝ animosa,ut etiam cōtra aquilam aliquid conari audeat,Homines quoqȝ deludit.nam cum se proximè quasi manu capiēdam obtulerit,casso hominis conatu & labore impigra profugit, Author de nat.rerum. ¶ Conuenerant aliquando aues inter se, sicut fabula refert,ut illa pro rege haberetur,quæ sublimi uolatu omnes alias uinceret : cumqȝ aquila omnies alias aues transcenderet, exiliens parra quæ sub ala eius latuerat,insedit aquilæ capiti , & inde se esse uictricem asseruit, Author de nat.rerū. Si deplumatus regulus in ueru paruo exponatur igni, uoluit seipsum, ut nos experti sumus,Albertus. ¶ Hæc illi de regulo : an uerò aliquid ad passerem troglodytē potius pertinens, (quem uulgò in plerisqȝ uulgaribus linguis regem auium nominant, & recētiores etiam aliqui cum regulo cōfundunt)regulo adscripserint,ut mihi quidem uidenᵗ,considerandum relinquo,

ADHVC DE EADEM AVE EX SCRIPTORI-
bus nostræ memoriæ, & obseruationibus proprijs.

A.

REGVLVS omnino ea auis mihi uidet, cuius hic figurã posui, id quod primum ex doctissimi medici Io. Agricolæ Ammonij scriptis me cognouisse profiteor. Reguli (inquit) in Bauaria plerisq; locis turmatim uolant, auricoloribus pennis, quibus in capitibus loco aurearum coronarũ insigniuntur: appellantq; Germanicè eam ob rem Goldhendlin. hi cum bruma est gelidissima in urbibus, reliquo uerò tẽpore in syluis conspiciuntur. & ubi nidificant sex aut septem oua tam parua quàm est pisum ædunt, Foemellas inter eos percipimus pallidioribus capitis pennis, loco coloris aurei cõspicuas esse, Hæc ille. ¶ Italicè sior rancio, id est flos calendulæ appellatur, à macula uerticis nimirum aurea. ab alijs ochio bouino, id est oculus bouinus, à magnitudine, ni fallor: ut etiam Germanis Ochseneugle, id est ocellus bouinus: quanquam alij (in Bauaria, & circa Argentoratum & Francfordiam ad Mœnum) Goldhendlin nominant. circa Bernam in Heluetia, Strüßle. aliqui Thannmeißle, id est parum uel parulum abietum, sed improprie. ¶ Angli wren. ¶ Turcæ Serce.

¶ Auis regia est quam nos uocamus regillum, Syluaticus Italus. Trochilus, Io reillo, Scoppa Italus. Regaliolus auis, reillo, scricciola, Idem. Quidam Italicè regulum rectino interpretantur. ¶ Gallicè aliqui rottolet, roytolat, petit roy. ¶ Flandricè Köningtin. Polonicè krolik. Sed omnia hæc nomina in diuersis linguis à rege denominata passerem troglodyten significant, quem cum regulo multi confundunt.

¶ Trochilus (Turnero) est auium omniũ minima, cauda longa & semper erecta, rostro longiusculo, sed tenuissimo, colore ferè fuluo, nidũ facit foris ex musco, intus ex plumis aut lana, aut floccis, sed plurimum ex plumis. Oui erecti & in altero suo fine consistentis, formam nidus habet, in medio ueluti latere hostiolum est, per quod ingreditur & egreditur. In posticis ædibus & stabulis stramine tectis, interdum nidum construit, sed sæpius in syluis. auis est etiam soliuaga, & gregatim nunquam uolat, imò quoties alium sui generis offendit, mox illi bellum indicit, & conflictatur. Quare aues illæ, quæ in Bauaria pẽnis auricoloribus, quas in capitibus ceu coronas aureas ferunt, in syluis æstate degentes, & gregatim ad urbes hyeme aduolantes, reguli non sunt sed tyranni Aristotelis, Hæc ille. mihi quidem hæc quæ scribit omnia passeri troglodytæ conuenire uidentur, corporis forma, cauda semper erecta, nidificatio, uolatus solitarius. Quòd autẽ regulus Agricolæ Ammonij & noster gregatim uolat, hoc non obstat, ut ipse putat, quò minus sit regulus, neq; enim uete rum aliquis regulos solitarios esse prodidit, sed Albertus Germanus, qui passerculum troglodyten, ut Germani uulgò, pro regulo accepisse uidetur. Aucupes quidam nostri auiculas Goldhendle, non gregatim, sed paucas simul uolitare mihi retulerunt. Turneri de trochilo sententiam Eberus & Peucerus comprobant: & inter Gallos Bellonius, qui in libro Gallico Singularium Obseruationum suarum, Auis (inquit) quam nos roitelet uocamus Græci (in Creta) uulgo trilato uocitãt, uoce accedente ad ueterem Græcam trochilus. Atqui Gallorum roitelet passer troglodytes est, ut dixi: & trilato uox Græca à troglodyte per syncopen mihi facta uidet. Hac uerò minor auis (mox subdit) tettigon ab ijsdem uulgò uocatur, (à magnitudine, quò minus sit regulus,) à Latinis (ab Aristotele) tyrannus: Gallis un poul uel soucie uel sourcicle, (à superciliis.) habet enim plumas in capite flauas utrinq; instar cristæ, quæ oculos eius inumbrãt ut supercilia in nobis: nec multò maior est locusta, Hæc ille. ego omnino regulum esse puto, quam ipse tyrannum, in regulo autem nostro non utrinq; plumæ illæ capitis aureæ habentur, sed in medio tantum. Mihi soucie Gallis dici uidetur non tanquam sourcicle à superciliis (quo forte nomine corrupto uulgus utitur) sed à simili in uertice colore floris calendulæ, quam Galli uulgò soucie, quasi solsiam uel solsequiam appellant: præsertim cum Italicè quoq; hæc auicula alicubi sior rancio, id est flos calendulæ appelletur. Tyrannus minutissima auium, paulò suprà locustam, cristam gerit rutilam. color corporis ex citrino rubescit supernè, infernè cæsius est: ὄρνεον οὔχχεα καὶ σθρυθμον, ein goldhenli, Eberus & Peucerus. Nostram de regulo & passere troglodyte sententiam nuper etiam Melchior Guilandinus Borussus iuuenis doctissimus & in longinquis regionibus peregrinatus, in sua ad me epistola confirmauit.

¶ Reguli nostri autumno ferè capiuntur: auiculæ colore subuiridi, uerticis colore partim luteo partim flammeo, pallidiore in fœminis, muscis, uermiculis & cossis uescũtur. Sunt qui eos muscis adeò

adeò ingurgitari dicant, ut aliquando de uita periclitentur. ¶ Regulus qui & bitriſcus dicitur, Io.Saresb.in Polycrat. Gerardus Cremoneñ.pro charadrio apud Kirandẽ uertit regulum, uide in Charadrio A. ¶ Inter iuniperos degit regulus noſter,ut audio.Niphus tamẽ regulum rubrum eſſe ſcribit,præparuum, & in ripis riuorum agere. Minima auiũ apud nos eſt regulus, qui per dumeta uolitat,paſſerculo dimidio minor,Cardanus. ¶ Aucupum noſtrorum alij regulos peren nare apud nos aiunt: alij hyeme auolare, poſt omnes alias aues quæ migrare ſolent. ¶ Regulus bis anno parit,oua circiter nouem uno tempore, Albertus. uidetur autem is reguli nomine paſſe rem troglod.intelligere.

¶ Baltaſar Stendel, qui de arte coquinaria Germanicè ſcripſit,lib.6.cibarium quoddam (ex bu tyro,ouis, farina) deſcribit,quod eodem quo regulum Germani nomine Goldhãlde nominat.

¶ Nos deum putamus ardeis,trochilis & coruis uti, ut harum auiũ uoce aliquid ſignificet,Plu tarchus in libro De eo quòd Pythia non amplius carmine reſpondeat, an uerò trochilos intelligat regulos,uel eiuſdem nominis aquaticas aues, non habeo quòd aſſeram.

¶ RHAPHI,Ῥάφοι,aues quædam ſunt, Heſychius & Varin. Kiranides pellicanum ramphon uocat, nimirum propter roſtri(quod Græci ramphos appellant)magnitudinem.

¶ RHINOCEROS,Ῥινόκϵρως,fera quadrupes,& auis quædã in Aethiopia, Heſych.& Varin.

¶ RHYNTACES, Ῥυντάκης, parua auicula (μικρὸυ ὀρνίθιου) in Perſis naſcitur, cui excrementi nihil eſt,ſed totum corpus interius pinguedine plenum : quamobrem uento & rore eam ali exiſti mant.Hanc Cteſias prodidit cultello altero latere ueneno illito Paryſatim (Artoxerxis matrem)di uiſiſſe,dimidiam partem ueneno infeciſſe, & quæ ueneno intacta atꝗ incorrupta erat, ipſam in os iniectam exediſſe, Statiræ(uxori Artoxerxis)autẽ uenenatam partẽ porrexiſſe. Sed Dinon ab hoc parumper diſſentiens,ait non Paryſatin, uerum Melantam partitum cultello Statiræ infectam par tem appoſuiſſe,Plutarchus in uita Artoxerxis. ¶ Rhyndace,Ῥυινδάκη,auicula æqualis columbæ, ὀρνίθιου ἥλικου πϵλϵιάδα,Heſych.& Varin. Pluuialis quidem auis lautiſsima, de qua in P.ſcripſimus, cibo ſolido ueſci negatur à nonnullis,quoniam nihil in ea reperiatur.itaꝗ non exenteratur. magni tudine eſt columbæ.ſed rhyntacem eſſe non aſſero. Bernicla quoꝗ auis, (de qua inter anates egi mus,)quæ ex arbore aut ligno naſci uulgò creditur in Britanniæ & Flandriæ quibuſdam locis, ſu perſlui aliquid non habet, ut neꝗ arbores, Obſcurus. Sed rhyntacen aliqui eam eſſe auem coni) ciunt,quæ auis Paradiſi appellatur,ut in Elemento P. ſcriptum à nobis eſt.

¶ RVBETRA uermiculis alitur,Ariſtot.hiſtoria anim.8.3.nec alibi huius auis meminit. Le gitur aũt Græcè Βατὶς oxytonum,fœminino genere, Gaza rubetram uertit. Niphus ait eſſe auem quæ uulgò ab Italis barada dicatur. ¶ Rubetra Ariſtotelis quænam auis ſit,prorſus diuinare non poſſum.Gybertus Longolius linariam ſiue miliariam eſſe rubetram putabat, quòd rubis crebrò in ſideat.Sed quum Anglorum buntinga (ea eſt auis quam Germani uocant Gerſthammer, uide in Paſſere maiore & in Linaria)in rubis tam frequens ſit,quid uetat quò minus & ipſa quoꝗ batis dici poſsit?Nihil igitur certi habemus,quod nomen Britannicum aut Germanicum ſit huic auijmpo nendum. Sed quum auium ſupra commemoratarũ,altera (miliaria) ſeminibus herbarum ueſcatur, altera(buntinga) hordeo & tritico, & batis Ariſtotelis uermiuora ſit, deligẽda eſt auicula quæpiam quæ ſolis uermibus paſcitur:qualis eſt auicula Anglis ſtonchattera,aut mortettera dicta, & Germa norum Klein Brachuogelchen. hæc ſi batis non ſit, mihi prorſus ignota eſt, Turnerus. ¶ Ebero & Peucero rubetra minima eſt turdorum generis,rubi fructu & ſambuci uictitans. Atqui Ariſtoteles nihil quàm uermiuoram eſſe ſcribit. ¶ Eſt & Βατὶς uel Βατία, piſcis lati genus à bato diuerſi.

DE RVBECVLA ET RVTICILLA, VEL ERI-
thaco & Phœnicuro ex ueteribus.

A.

ERITHACVS,Ἐρίθακος, auis pro qua Gaza rubeculam reddit, nimirum à rubro colore pectoris:alibi uerò ſyluiam,(forte quòd in ſyluis degere ſoleat per æſtatem:) hyeme cum propius ad domos accedit phœnicurus dicitur, ut Ariſtot. ſcribit. Rubeculæ (inquit)& quæ ruticillæ(phœnicuri) appellantur,inuicem tranſeunt.eſtꝗ rubecula hyberni tempo ris,ruticilla æſtiui,nec alio ferè inter ſe differunt, niſi pectoris colore & caudæ. Erithacus hyeme, idem phœnicurus æſtate,Plinius. Quædam certis temporibus transformari uidẽtur, ut erithacus, & qui uocantur phœnicuri æſtiui,Conſtantinus in Geoponicis 15.1. Phœnicurus, φοινίκϵϱ⊙, pro paroxyt. Erithacus auis quæ & ἰϵθυὸς dicitur, Heſych. & Varin. Erithacus auis à pleriſꝗ dicta, à nonnullis ἰϵθυὸς,ab alijs ἰϵθύλος uocatur, Scholiaſtes in Veſpas Ariſtophanis.

C.& D.

Erithacus auis eſt ſolitaria, (ὄρνιου μονῆρϵὶϛ κϑὶ μονότροπον, Varinus,) quæ nunquam ferè in eodem ſaltu niſi una reperitur.uide infra in prouerbio Vnicum arbuſtũ, &c. Rubecula uermiculis ueſci tur,Ariſtot. ¶ Corui,picæ & erithaci, homines imitantur (ſcilicet uoce,) & meminerunt eorum quæ audierint,Porphyrius lib.3.de abſtinentia ab animatis.

Nn

E.

Orchilus aut eritheus, (ἰεθιὸς, prima breui, sequentibus longis,) caua terrę subiens, signum facit tempestatis futurae, Aratus. ab Auieno conuertitur, paruus eritheus. Rubecula auis stabula circumiens, & habitata loca lustrans, ex aduentu tempestatis se fugere declarat, Gillius.

H.

Αἰοανὸς, erithacus auis, Camers. Idem & Hesychius æsacum interpretatur ramum lauri, quem manu tenentes hymnos deorum dicebant. Ααὸθαλος, erithacus auis, Hesych. & Varinus. scribitur autem ab illis ἰεθιὸς oxytonum, (ut & à Varino in Αἰοανὸς. in Erithaco uerò proparoxytonū, quod placet) nisi librariorum erratū sit. ¶ Ἐεθανκὶς, mulier pro mercede laborans, Eustathius. Proprium hoc nomen puellæ uidetur apud Theocritum Idyl. 3. ¶ Ἐεθͅοι agricolæ, quòd eran, id est terram colant: abusiuè uerò etiam ἱεθͅργοι, id est qui circa lanam laborant, uel mercenarij, Hesych.

¶ Vnicum arbustum haud alit duos erithacos. Zenodotus author est hoc adagio notatos illos, qui ex rebus minutis festinant ditescere. Mihi uidetur non intempestiuiter dici posse in eos, quibus parum conuenit, nec in eodem munere concorditer uersari queunt. Est autem erithacus auis quædam solitaria, ut eodem in saltu non temere nisi unam inuenias. Thomas Magister ait à quibusdam ἰεθͅμα uocari, ab alijs ἰεθͅυλον, à plerisͅꝗ ἰεθͅανκὶ. Aristophanes eleganter ad hoc allusit adagium in Vespis, οὐ γὰϼ ᾶν ϖοτε τϼέφειν δͅυναατ᾽ ἀυ μια λόχμη κλίϊα δͅυο. Non enim fieri potest Fures ut unquam sal tus alat unus duos. Non omnino dissimile est huic quod dixisse fertur Alexander Magnus : Mundum nō capere duos Soles, Erasmus Rot. Eiusdem sententiæ est illud Germanis quibusdam usitatum, ut Tappius scribit, Duobus gallis in uno sterquilinio, duobus stultis in una domo non conuenire. Zween hanen auff einem mist vertragen sich nit. Item, Zween narren tügen nit in einem hauß.

¶ Emblema Alciati inscriptum, Paruam culinam duobus ganeonibus non sufficere: In modicis nihil est quod quis lucretur, & unum Arbustum geminos non alit erithacos. Aliud, Intenui spes nulla lucri est: unoꝗ resident Arbusto geminæ non bene ficedulæ.

DE RVBECVLA, HOC EST AVE QVAM
plerique à rubicundo pectoris colore denominant, scripta recentiorum.

A.

C V M Aristoteles tum Plinius (inquit Turnerus) de erithaco & phœnicuro scripserunt, transire uidelicet has aues in se inuicē, hanc hyberni, illam æstiui temporis esse. Qua in re uterꝗ aucupum relatibus magis quàm sua experientia nixus, à ueritatis tramite longissimè aberrauit. nam utracꝗ auis simul conspicitur, & rubeculæ domitæ & in caueis alitæ (idem nostri aucupes affirmāt) eandem perpetuò formam retinent. quin & eodem tempore nidulantes, sed modis longè diuersis, sæpissimè in Anglia uidi. Rubecula, quæ non secus æstate quàm hyeme rubrū habet pectus, quàm possit longissimè ab oppidis & urbibus in densissimis uepretis, & fruticetis ad hunc modum nidulatur. Vbi multa querna reperit folia, aut quernis similia, ad radices ueprium, aut densiorum fruticum, inter ipsa folia nidum construit: & iam constructum, opere ueluti topiario folijs contegit. Nec ad nidum ubiꝗ patet aditus, sed una tantùm uia ad nidum itur. ea quoꝗ parte, qua nidum ingreditur, longum struit ex folijs ante hostium nidi uestibulum, cuius extremam partem pastum exiens, folijs claudit. Hæc, quæ nunc scribo, admodum puer obseruaui, non tamen inficias iuerim quin aliter nidulari possit. Si qui alium nidulandi modum obseruauerint, ædant, & huiusmodi rerum studiosis, & mihi cum primis nō parùm gratificabuntur. Ego, quod uidi, alijs candidè sum impertitus. Phœnicurus, quem ruticilla uocat, in excauatis arboribus & (quod sæpe expertus sum) in rimis & fissuris murorum, posticarum ædium, in medijs urbibus, sed ubi hominum minor frequentia cōcursat, nidulatur. Phœnicurus mas nigro est capite, & cauda rubra, cætera fœminæ, nisi quòd subinde cantillat, similis. (Rubeculam æstate cantantem nunquam audiui.) Caudam semper motitat uterque. Phœnicuri fœmina, & proles adeo rubeculæ pullis similes sunt, ut uix ab oculatissimo discerni possint. Verùm motu caudæ dignoscuntur. Rubeculę licet caudam moueant, postquam tamen submiserint, statim erigunt, nec tremūt bis aut ter more ruticillarum. Ruticillæ uerò, postquam simul atꝗ cauda mouere cœperint, non cessant donec ter aut quater simul leuiter mouerint, ut alas, iuniores auiculæ cibum à matribus efflagitantes, motitant. Rubeculæ in æstate, ubi in syluis satis superꝗ alimenti suppetit, nec ullo infestantur frigore, (quæ res cogit illas in hyeme ad urbes, oppida & pagos cōfugere)

cum

cum prole ad deſertiſſima quæcʒ loca ſecedunt. Quare minus mirandũ eſt, rubeculas in æſtate non
paſſim occurrere. Ruticillas quid miri eſt in hyeme non eſſe obuias, quum per totam hyemem de=
liteſcant? Adhæc cum rubeculæ pulli, in fine autumni perfectam ferè in pectoribus rubedinẽ nacti,
ad pagos & oppida propiùs accedunt: ruticillæ, quæ antea per totam æſtatem cernebantur, diſpa=
rent, nec amplius in proximum uſcʒ uer cernuntur. Quæ quum ita ſe habeant, quid Ariſtoteli aut
illi hoc referentibus erroris anſam præbuerit, facilè quiuis poteſt colligere, Hucuſcʒ Turnerus.

¶ Erithacus hyeme, phœnicûrus æſtate, auis eſt quam uulgò pectus rubeum uocant, Perottus.
Vulgò ab Italis petto roſſo dici inuenio, ab alijs per ſyncopen petuſſo pro pettoruſſo. Ab alijs pec=
cietto, (quæ uox pectuſculum ſignificat,) uel pechietto, uel ut nos proferremus petſchetto, alibi ſer=
10 bott. ¶ Luſitanis pitiroxo. ¶ Gallicè, ut Bellonius ſcribit, rubeline uel gorge rouge nominatur.
Ab alijs rouge gorge uel berée. Eadem fortè fuerit Sabaudis dicta rouge bourſe. ¶ Germanicè
Rôtele/ Winterrôtele/ Rotbꝛuſtle/ Waldꝛôtele/ Rotkropff/ Rotkropfflin, & apud Saxones
Rotkelchyn, ut Eberus & Peucerus annotant. ¶ Anglicè a robin, a redbreſte, Turnerus & Elio=
ta. (Sed Eliota alibi frigillam interpretatur a ruddocke, or robin, redbreſt:) alibi a robbyn rock.
Paſſerem troglodyten Angli uulgò fœminam tantum eſſe aiunt, & marem eius a robbyn rock.
¶ Illyricè czierwenka.

B.

Rubeculæ rubro ſunt pectore, unde & in pleriſquis linguis nomen ſortiuntur. dorſo & capite
fuſco. Veteres colorem eius hyeme mutari putarunt, & ruborem è pectore in caudam tranſire,
20 unde & nomen mutetur in phœnicurum, qui rurſus æſtate in erithacum, id eſt rubeculam tranſeat:
ſed aues has eſſe ſemper diuerſas, nec ex alterius mutatione alteram fieri, in A. iam ſcripſimus ex
Turnero.

C.

De rubeculæ nido, & quomodo caudam moueat aliter quàm phœnicurus: & quòd æſtate in ſyl
uis ac locis deſertis degat, in fine autumni ad oppida & pagos propius accedat, Turneri uerba re=
citauimus in A. ¶ Rubecula ueſcitur apibus, Bellonius. Dômi captiua muſcis, micis panis &
nucleis iuglandium conciſis alitur, & per hyemem quocʒ cantillat, phœnicûrus non ante uernum
tempus. ¶ Comitiali interdum corripitur, qui morbus in alijs etiam auiculis incluſis quando=
que obſeruatur.

D.

30 Domi ſi duæ aut plures ſimul alantur, pugnare inuicem ſolent. unde in ſyluis etiam eas eſſe pu=
gnaces ueriſimile eſt, & ut prouerbium habet, Arbuſtum (Frutetum) unum non alere duos eritha=
cos. ¶ Rubecula, ut audio, merulã amat, eãcʒ ſequitur, & noctu ferè in proxima arbore quieſcit.

E.

Noctuæ inſenſa eſt. ¶ Imminentem pluuiam uoce prædicit.

DE RVTICILLA SEV PHOENICVRO ITE=
rum copioſius, ex recentioribus.

A.

40 ERITHACI & phœnicuri
inuicem tranſeunt. eſtcʒ eri=
thacus hyberni tẽporis, phœ
nicûrus æſtiui. nec alio ferè
inter ſe differũt, niſi pectoris colore &
caudæ, Ariſtot. Nos aues eſſe diuer=
ſas, nec inuicem tranſire ſuprà oſten=
dimus. ¶ Φοινίκας᷒ proparoxytonũ
Græcè ſcripſerim, Latinè phœnicû=
50 rus penanflexum. φοινικουργός alicubi
apud Ariſtotelem non rectè legitur.
¶ Italicè nominatur reuezôl, quaſi ru
bicellus uel rubicilla. alibi coroſſolo à
cauda ruffa. ¶ Galli rouſſignol uo=
cant tum luſciniã, tum phœnicurum,
qui circa muros ſeu parietes degit, Bellonius. Ego phœnicurum non ſimpliciter rouſſignol à Gal
lis appellari audio, ſed rouſſignol de mur, hoc eſt luſciniã murorum. ¶ Germani, ut noſtri, **Huſʒ
rôtele**, quod eſt rubecula domorum, nam circa domos & hortos uolitat, uel **Summerrôtele**, id eſt
rubecula æſtiua, quòd hyeme appetente auolet uel lateat. Alibi **Rotſchwentʒel**, à cauda rubra, ut
60 circa Francfordiam ad Mœnum **Rotʒågel**. Eberus & Peucerus interpretantur **Rotſtertʒ**. Mur=
mellius **Rotſtert**. Audio etiam **Wyntôgele** alicubi nominari, quaſi ampelidem à uineis: quum
tamen uuis non ueſcatur. ¶ Angli a redetale.

Nn 2

¶ Circa Argentoratum alia quædam auis Rotſchwentzel à cauda rubente, minus tamē & obſcurius quàm ſuperiori, nominatur, cuius iconem adiungimus. Tranſuerſa etiã per alas macula obſcurè rubet. Fuſcus color ca pitis & dorſi eſt. maiores alarũ pennæ nigricant, ut in dorſo quædam, & roſtrum. Crura fuſca. ſuperior alarum pars ſubruffi coloris ſordidi eſt. Pectus & uenter albent. Pars circa oculos in fuſco albicat, ut pictura demonſtrat. nam auem ipſam nondum uidi.

B.

Phœnicurus mas nigro eſt capite, & cauda rubra, cætera fœminæ ſimilis, Turnerus. Differt à ſicedula, (ſicedulam Germanicè interpretantur Schnäpffli/ Wüſtling,) quæ cinereo tota & obſcuro colore conſtat, Eberus & Peucerus. ¶ Phœnicurus (ut aliquando conſideraui captum in fine Iunij) macula alba rotunda inſigne habet ſinciput, pennæ ſub roſtro nigræ ſunt, caput cum dorſo cinerei uel fuſci coloris. Alarũ pennæ fuſcæ modicè ad ruffum inclinant. Ruffus color eſt in pectore uentre & cauda. ſed uenter imus magis albicat. cauda pennis octonis conſtat. Magnitudo totius infra parum (maiorem) eſt, rubeculæ æqualis. Roſtrum nigricat, tenue, oblongum, rectum. (Rectitudo & tenuitas in icone noſtra non bene expreſſæ mihi uidentur.) Crura nigricant.

C.

In fine autumni auolat, ut noſtri aucupes aiunt, aut ſe abſcondit, uerno tempore ad nos redit. ¶ Quòd ſi domi alantur, per hyemem non cantillant ut erithaci, ſed uerè primum. aluntur autem difficilius, & ſæpius pereunt. ueſcuntur ijſdem quibus rubeculæ, nempe muſcis, micis panis, & nucleis iuglandium conciſis: item ouis formicarum, & (ni fallor) araneis quoq̃. Auceps quidam non imperitus phœnicurum uictu eodem, quo curruca (ein Graßmugg) uti mihi retulit: & natura ferè illi cognatam eſſe, niſi quòd non inter harundines nidificat. ¶ Mas ſubinde cantillat, Turnerus. Canit ferè in ſublimi aliquo ædificio, ut pinnaculis, ſummis caminis. Primo diluculo præcipuè ſuauiter cantillat. Pullis iam excluſis, ut & philomela, non canit: ſed inter incubandum. Prætereunte aliquo clamitat. ¶ Caudam ſubinde motitat, ſed aliter quàm rubecula, ut ſuprà ex Turnero ſcripſi. ¶ Nidificat, ut audio, in muris uel parietibus, uel iuxta domorum tecta, uel in foraminibus arborum. Plura de eius nido leges ſuprà, ab initio Hiſtoriæ de rubecula ex recentioribus, uerbis Turneri. Oua bina aut terna parit. Nutrit & cuculi pullũ aliquando: quem nuper in phœnicuri nido in ripa riui cuiuſdam conſtructo quidam ſibi deprehenſum retulit.

E.

Noctuæ infenſus eſt, ut erithacus quoq̃.   40

H.

a. Pyrrhulas eadem uidetur quæ phœnicurus: quanquam Theodorus rubicillam interpretatur, cum phœnicurum ruticillam uocet: ſi cui ſecus uideatur, non contendo, Vuottonus. ¶ Sigiſmundus Gelenius noſter pſittaci etiam genus quoddam cauda rubente phœnicurũ uocabat. Encelſius Salueldenſis phœnicurum uidetur xanthiurum appellare, luſciniã quandoq̃ cum xanthiuro coire ſcribens.

DE AVIBVS DIVERSIS RVBECVLAE AVT
Phœnicuro cognatis.

PHOENICVRVM currucæ (graſsmuſcho noſtro, uel atricapillæ) cognatũ eſſe ſuperius ſcripſi. ¶ AVCVPES noſtri genus quoddã rubeculæ Kätſchɜörele nominant, (per onomatopœiam, ut puto,) colore fuſcum, quæ primæ auium ũdueniant uerno tempore, & ſub hyemem primæ recedant. Hyeme in altis montibus latere aiunt. ¶ EBERVS & Peucerus ſicedulam Germanicè interpretantur Schnäpffli uel Wüſtling. huic (aiunt) Latinum nomen inde factum eſt, quòd cum ficus matureſcunt, tum primum ferè prodit & conſpicitur: cognata phœnicuro uero, adeò ſimilis, ut niſi cauda differret, quæ illi rubea, huic cinerea eſt, uix poſſent dignoſci. Schnäpffli uerò inde nominatur, quòd auidiſsimè hiantibus faucibus muſcas captat & culices, Hæc illi. RVBECVLARVM generi cognatæ fuerint forſan etiam aues duæ, quarũ alterum Bürſtner Germani uocant, alteram Wegflecklin, hanc in Appendice deſcribemus, illam iam ſuprà cum Oenanthe deſcripſimus.

DE RV

DE RVBECVLA SAXATILI.

YANVM Aristotelis Bellonius à Græcis hodie
petrocossyphum appellari scribit, de eo copiosè suprà in C. elemento scripsimus. Rhæti circa Curiam
(ubi interdum capitur hæc auis, sed rarò: & magno
uenditur, uterq; sexus drachmis octonis, aut pluris) Steinrötele, id est rubeculam saxatilem, uel Steintröstel, id est
turdum uel turdelam saxatilem appellant. Nec alia, ut puto,
est auis quæ circa Augustam Blawuogel, id est cœrulea no
10 minatur. Hanc circa Clauennam Rhætorum captam, uir
doctissimus & poeta insignis Franciscus Niger olim ad me
misit, & Italicè corossolo appelluit, quod nomen haud scio
an ruticillæ potius conueniat. circa Bellizonam crosseron
uocant. Nidulatur in rupibus. Natura & specie ferè & canen
di suauitate merularum generi, imprimis quidem passeri solitario, cognata uidetur. ¶ Auis est toto corpore uariÿ coloris, maximè nigro, ruffo & albicante distincta, plurimum
albi in uentre, plurimum ruffi circa orthopygium & in cauda. circa collum cinereus color est, ad cœruleum inclinans.
20 Ventris plumæ ruffum & album notis in medio nigris di-
stinguentibus eleganter pinguntur. Rostrū est merulæ, corpus paulò minus.

DE RVBICILLA SIVE
Pyrrhula.

A.

RVBICILLA uermiculos edit, Aristoteles semel
in hist. anim. nec alibi eius meminit usquam. Græ-
30 cè πυρρύλας scribitur, Gaza rubicillam uertit. Hæc
auis (inquit Niphus) rusticè à nostris (Italis) rubec-
cius uocatur: licet rubicilla & rubecula iuxta uersionē Gazæ
non sint idem. ¶ Pyrrhulas eadem uidetur quæ phœnicurus: quanquam Theodorus rubicillam interpretatur, si cui
secus uideatur, non cōtendo, Vuottonus. ¶ Pyralis etiam
semel tantum nominatur ab Aristotele, quæ cum turture pu
gnet, eo quòd locus pascendi uictusq; idem eorū sit. Gaza uertit ignariam. Hanc à pyrrhula diuer-
siam esse apparet ex eo quòd uictus eit diuersus.

¶ Pyrrhulam Turnerus esse coniÿcit, auem quæ à Germanis Blütfinck nominatur, ab Anglis
40 bulsinche, cuius hæc est figura. Rubi-
cilla (inquit Turnerus) Aristoteles inter eas aues cōnumerat, quæ uermibus
uescuntur: sed pluribus uerbis eā non
describit. Ego nominis etymologiam
sequutus rubicillam, Anglorum bulfin
cam esse coniÿcio. Nam omnium quas
unquam uidi auium mas in hoc genere
pectore est longè rubidissimo: fœmina
uero pectore toto est cinereo, cætera
50 mari similis. Sed ut faciliùs omnes intelligant, de qua aue scribam. Magnitudine passeris est, rostro breuissimo,
latissimo & nigerrimo, lingua latiore
multo quàm pro corporis magnitudi-

ne. Pars ea linguæ, quæ cibi sapores dijudicans, oris cœlum tangit, carnea & nuda est, reliquæ partes cornea pellicula obducuntur. Supremam auis partem plumæ cyaneæ contegunt. cauda nigra
est, & capite etiam nigro. Vescitur libentissimè primis illis gemmis ex arboribus ante folia & flores
erumpentibus, & semine canabino. auis est imprimis docilis, & fistulam uoce sua proximè imitatur. nidulatur in sæpibus, & oua quatuor excludit, ut plurima quínq;. eundem colorem per totum
60 annum seruat, nec locum mutat. Quæ quum ita se habeant, non potest hæc atricapilla esse, ut quidam uolunt, (Gyb. Longolius melancoryphum hanc auem esse putabat) utcunq; extremo linguæ
acumine carere uideatur, Hæc Turnerus.

Nn 3

¶ Auis cuius icône in præcedenti pagina dedimus, Italicè nominatur suffuleno, uel franguello montano, id est fringilla montana: quamuis & aliæ quædam aues fringillæ montanæ uocentur. & alibi circa alpes franguel inuernengk, id est fringilla hyberna. ¶ Gallicè piuoine, quanquam & ficedulæ uel atricapillæ idem nomen attribuit Bellonius. Lotharingis pion. ¶ Germanicè Güg ger apud nos per onomatopœiam: alibi Blütfinck, id est fringilla sanguinea, à rubro colli, pectoris & uentris superioris colore. alibi Gütfinck/Bzommeiß/Bollenbysser/Rotuogel/Hail/Goll: in Austria Gympel, in Brabantia Pilart: Rostochij Thumbert. Eberus & Peucerus hanc Ari stotelis chrysomitrin, id est auriuittem esse putant, quod non probarim. inuitauit illos nimirū Ger manicum nomen Goldfinck (id est fringilla aurea) alicubi usitatum, adferunt & alia nomina, Lob finck, (quasi fringilla frondium, forte quòd frondium gemmas deuoret,) Thumpfaff, (quod nescio 10 quomodo sacerdotis canonici habitū præ se ferat, & Gumpel. Fœmina (inquiūt) priuatim Quetsch uocatur à uoce quam ædit. Iidem rubicillam uel Pyrrhulam Germanicè interpretantur Büch finck, (nos fringillam simpliciter ita nominamus,) Quecker/Blütfinck. ex quibus penultimum no men mihi ignotum est: ultimum quidem non fringillæ, sed aui de qua hic scribimus conuenit & at tribui solet. itaq̃ cum hac aue fringillam confudisse uidentur quod ad nomina. Eandem auem esse puto quæ circa Francfordiam ad Mœnum Pfäfflin dicitur, aiunt enim auem esse fuscam, pectore rubro, uertice nigro, hinc nimirum etiam Thumpfaff dicitur, quòd nigrū habeat circa caput quasi cucullum. ¶ Illyricum ei nomen est dlask.

¶ Quidam apud nos non indoctus hanc auem Plinij taurum esse coijciebat, à uoce dictam, sed taurum cum Bellonio potius senserim botaurum uulgo dictum siue ardeam stellarem esse. 20

B.

Auis est magnitudine ferè alaudæ, colore fusco, uel cinereo in alis superioribus & dorso, capite, alarum parte inferiore & cauda nigris. post oculos, collo & pectore rubra, qui color uentrē uersus dilutior est, imo uentre albicat, nigro circa caput ueluti cucullo insignis, rostro breui, crasso, nigro, & ferme triangulo, quo se etiam excipere solet. Vide suprà in A. descriptionem ex Turnero recita tam. ¶ Fœmella in hoc genere tota cinerea est, (pectore non rubro ut mas, sed cinereo,) uertice tamen nigro ut mas, Eberus & Peucerus.

C.

Vescitur semine cannabis, & primis arborum gemmis, Turnerus. Gemmas præcipuè florum mali aut piri priusquam se aperiunt, deuorat: ad quod aptum & bene comparatum habet rostrum, 30 unde & nomen ei apud Germanorum aliquos Bollenbysser: inde & aliam auem (coccothrausten nostrum, den Steinbysser) aliqui Bollebick nominant, hoc est nymphocopon. nymphas enim ap pello flores priusquam dehiscant. Nuces etiam edit: & acinos quorundam fruticum, rubentibus præcipuè, ut sambuci aquaticæ, & solani perpetui cognominati, siue aliàs etiam, siue per hyemem tantum, cum cibos alios nō inuenerit. ¶ Auis perquam docilis est, & fistulam uoce sua proximè imitatur, Turnerus. Fœminam audio nō minus quam marem canere, quod in alio auium genere non sit. Eruditus quidam apud nos hanc auem taurū Plinij esse suspicabatur ex uoce. nos taurum potius ardeam stellarem facimus. Docetur exprimere omnes cantus auium, ut audio, sibilando & quasi canendo: interdum etiam, sed raro, humanum quoq̃ sermonem, Lingua enim ei lata est. Fœ mina priuatim Germanicè Quetsch appellatur à uoce quam ædit, Eberus & Peucerus. Mas quo 40 que per onomatopœiam uocatur a nostris Gügger. ¶ De nido eius & ouis, leges suprà in A. in uerbis Turneri.

D. & E.

Hyeme ad domos aduolant & capiuntur facilè. Ego in decipula lignea aliquoties non paucos cepi in circuitu sparsis rubentibus solani perpetui acinis. ¶ Cicures admodum euadunt, ita ut do mi etiam pariant & educent interdum.

DE AVIBVS QVARVM NOMINA INCIPIT S. LITERA.

SALPINX auis, Σάλπιγξ, tubæ sonitum imitatur, Aelianus. ¶ Hesychius orchilum auiculam uilem ab aliquibus σαλπιγκλ͠ω dici meminit. ¶ ὁ δὲ ἀγίδαλος, ὅτ᾽ ἰεσισάλπιγξ, Callimachus apud Scho 50 liasten Aristophanis in Aues. ἰεσισάλπιγξ, auis quædam, Varinus. ¶ Picus quidam niger est, ma gnitudine cornicis, qui infixo rostro intra cortices siccarum ac putrescentium arborum sonum ẽdit terribilem, sono tubæ non dissimilem, Albert. Sic & ardea stellaris rostro. in cœnum aut foramen aliquod iuxta paludē inserto, tubā uoce repræsentat, à qua diuersa ei nomina Germani posuerunt.

DE SALO SIVE AEGITHO AVE.

AEGINTHVS nomen est auis apud Aristotelẽ, Gaza salum conuertit, Plinius habet ægithus sine n. litera, ut & Aristot. hist. anim. 9. 1. Αἴγινθ⊙ ή, & ἀγίνθ⊙ ὁ. legimus in Ixeuticis Oppiani 1. 10. & rursus ἄγινθ⊙ ὁ. 3. 11. ¶ Salus (Græcè legitur ἄγινθ⊙, malim ἄγινθ⊙) uitæ commoditate & par 60 tus numero commendatur: sed alterius pedis claudicate cedit, Aristot. historiæ anim. 9. 15. Græcè le gitur, Τὸν δὲ πόδα χωλός ὅτι. Alberti translatio habet, ægithum habere pedes citrinos, ut interpres ali quis

quis pro χωλὸς legerit ὠχρός. Plinius non hanc auem, sed circum scribit claudum esse altero pede, est autem circus de genere accipitrum: sicut æsalon quoq; & sane recentiores quidam, ut Albertus & alij salum auriculam cum æsalone accipitre confundunt. Ego Aristotelem hanc auriculam pedibus infirmis esse sensisse arbitror, non altero tantum, sed utroq; nam & cyano pedem magnum esse scribit, per synecdochem scilicet. Salo præliū cum asino est, propterea quod asinus spinetis sua ulcera scabendi causa atterat, (scabendi causa atterens nidos eius dissipat, Plin.) tum igitur ob eam rem, tum etiam quod si uocem rudentis audierit, oua abigat per abortum, pulli etiam metu labantur in terram, itaq; ob eam iniuriam aduolans, ulcera eius rostro excauat, Aristot. & Oppianus in Ixeuti=cis 1.10. Acanthis in spinis uiuit, idcirco asinos & ipsa (ut ægithus) odit flores spinæ deuorantes;
10 Plinius. ¶ Aegithus, florus (anthus) & spinus, odium inter se exercent: & nimirū sanguinem ægi=thi & flori misceri nō posse dicitur, Aristot. Aegithum anthus odit intantū, ut sanguinem eorum non credant coire, multisq; ob id ueneficijs insament, Plin. Spini & sali sanguis in eodem uase nō possunt misceri, ut Aristoteles ait. hunc sacrum esse aiunt genijs qui præsunt hominibus itinera in=gredientibus, Aelianus. uide in Acanthide D. ¶ Aeginthus capitur cauea, (κλωβῷ,) cui alius pri=dem captus ad alliciendum uoce includitur. Fores utrinq; binæ. esca nux ponitur, aut uermiculus, aut aliquid aliud, cui uoce illecta auis aduolet. Has quidē fores laqueus (ὑποληγξ) ambiat, ne ingres=sus ægithus iterum euolet, Oppianus in Ixeuticis.

¶ Pro ægitho Alberti translatio aliâs simpliciter passerem habet, aliâs uoces à Græca corruptas, argicus, agyrthus, habynoz.

20 ¶ Salus auis parua est, ut quidam aiunt, magnitudine passeris, aliquantulum ruboris habens su pra caput. hæc enim est quæ asino est hostis: quoniam eius rudore abortit oua, & pulli è nido excu=riuntur, Niphus. Eberus & Peucerus salum interpretantur Germanicè Zötscherlin, colore cine=reo, magnitudine luteolæ, uertice miniato. Hæc nimirum est auicula superius nobis descripta Li=nariæ rubræ nomine, quam nos Schöfferle nominamus. Gyb. Longolius ægithū auiculam ean=dem curucæ facit, Germanis dictā ein Graßmusch.

¶ IN VRBE Calechut sunt quædam alites sarau nomine, psittacis nonnihil inferiores, si pro=ceritatem respicias, concentu tamen longè suauiores amœnioresq; Ludouicus Romanus.

¶ SARIN, Σαριψ, genus auis simile sturno, Hesychius & Varinus.

¶ IN SCYLLAE auis uentre chloriten gemmam herbacei coloris magi inueniri dicunt, Plin.
30 De Scylla Nisi filia in auem, quam aliqui cirin uocant, mutata, abunde scripsimus suprà in Accipi=trum historia, mox post circum accipitrem.

¶ SCIPS, Σκιψ, uidetur auis esse nomen. nam apud Varinum legitur sparasion auis esse passeri similis: secundū aliquos scips. Scnipes quidem uel cnipes, insecta quædā uolucria sunt, ut culices.

¶ SELEVCIDES aues uocantur, quarum aduentum ab Ioue precibus impetrant Casij mon=tis incolæ, fruges eorum locustis uastantibus. Nec unde ueniant, quóue abeant, compertum, nun=quam conspectis (conspectæ) nisi cum præsidio earum indigetur, Plinius lib. 10. Seleucis, Σελόυκις, auis est locustis uescens, Hesych. & Varinus. Auis est uentriculi multum & facile concoquentis, insatiabilis, maligna uel astuta, (ὄρνεον ὑπνηπον καὶ ἀνόρεσον καὶ πανοῦργον) & locustis deuorandis maxi=mè inhians, Suidas. accipit autem ὑπνηπον actiuè præter consuetudinem. ¶ Voracissima auis est
40 Seleucis, & agricolis maximè exoptata, cū fruges locustis infestantur. Has enim partim deuorant, partim uel umbra sui enecant. Ingestas nullo negotio per aluum excernūt. Aduentum sanè ipsarum peregrinorum militum subsidio rectè comparauerit aliquis, nisi tamen gratitudinis aliquod speci=men in ipsas mutuò referatur, cōseruatas à se fruges populantur. Iam si quis mentis parum compos Seleucidem interfecerit, reliquæ ad defendendas à locustarum iniuria fruges in regionem non re=uertuntur. Auiculæ quas nostrates in Asia Seleucidas uocant, iugiter locustas edunt, easq; celeri=ter excernunt, Galenus lib. 6. cap. 3. de locis affectis.

¶ Seleucis genus est poculi à rege Seleuco dicti, Athenæus, Hesychius & Varinus. item calcia=mentum muliebre, Hesych. & Varinus. Pocula quædam unicum fundum habent: alia duplex, ut ooscyphia, cantharia, Seleucides, &c. illorum fundum uasis corpori continuum fabricatum est: in
50 his præterea alterum, quod è figura angustiore in ampliorem extenditur, cui poculum insistit, Athe næus. Seleucia ciuitas est prima Syriæ, uel Ciliciæ Tracheæ, quam Seleucus Nicanor condidit. item aliæ urbes eiusdem nominis. Mesopotamia quoque aliâs Seleucia dicta est. uide Onomasti=con nostrum.

¶ SIALENDRIS, Σιαλυνδρις, auis quædam est apud Callimachum, Hesych. & Varinus.

¶ SIALIS, Σιαλις, auis nomen Athenæo. Is enim lib. 9. cum de uoce coturnicis scripsisset, sub=dit: Sialis quoq; forsan à uoce, ut Didymo placet, nōminata fuerit, ut auium pleræque. Est & σιαλις piscis idem qui blennus apud Grammaticos.

¶ TARTARIAE regio Camandu habet aues, quæ sincolinæ dicuntur, permisti coloris, albi scilicet & nigri, quarum pedes & rostra rubescunt, Paulus Venetus 1.22.

Nn 4

DE SIRENIBVS, QVAS ALATAS ET SEMI-
uolucres fingunt plerique ueterum.

SIRENES ab aliquibus etiam inter nymphas connumerantur, (inquit Gyraldus,) quæ & à patre Acheloides cognominatæ fuerunt, de quibus Homerus in Odyff. 12. & Orpheus in Arg. itemǿ Apollonius in quarto, (ne Latinos commemorem,) in commentarijs Tzetzes in Hesiodum, quod & ipse in Musis retuli. Filiæ dicuntur Terpsichores seu Melpomenes & Acheloi, (uel Acheloi & Steropes Amythaonis filiæ, Eustathius.) Seruius tamē Calliopes ait. Quidam tres commemorant, Parthenopen, Leucosiam, & Ligiam. (Παρθενόπην, Λίγεια κỳ Λουκωσία apud Stephanum,) Alij duas tantum, & sine nomine, ut Eustathius notat, alij quatuor: nec qui quinǿ scripserint desuêre. Græci tradunt Grammatici Sirenas à pectore habuisse ad superiora σπαθῶν, id est passerum, speciem; inferiora uerò mulierum. De his ita propemodum Seruius: Sirênes secundum fabulam tres, in parte uirgines fuerunt, & in parte uolucres, Acheloi fluminis & Calliopes Musæ filiæ, harum una uoce, altera tibijs, alia lyra canebat. & primò iuxta Pelorum, pòst in Capreis insula habitauerunt: quæ illectos suo cantu in naufragia deducebat. Secundum ueritatem, meretrices fuerunt, quæ transeuntes quoniam ducebant ad egestatem, his fictæ sunt inferre naufragia, has Vlysses contemnendo deduxit ad mortem. Buccatius ex Albrio ignobili scriptore, eis uirgineum corpus umbilicotenus attribuit, & gallinaceos pedes. Quidam eas in pratis, ubi multa essent mortuorum corpora statuerunt: uel, ut Vergilius cecinit (Aeneid. 5.) Iamǿ adeò scopulos Sirenia aduecta subibat, Difficiles quondam, multorumǿ ossibus albos. In Bœoticis est à Pausania proditum, Sirenas ab Iunone impulsas, ut cum Musis canendo certarent: quas cum cantu facile Musæ uicissent, eis pennas euulserunt, sertaǿ ex ijs sibi effecêre. Stephanus & Apteram (Ἄπτερα potius neutro genere, numero plurali) urbem in Creta ex re appellatā scribit, quo loco certamen fuit. Strabo de Sirenis libro primo agit, deǿ earum sacello, & Sirenusis insulis, quæue loca ipsæ incoluerint. Prætermitto quæ traduntur à Palæphato, & à Fulgentio, ne nimius sim: si uacat, eos legito, Hæc omnia Gyraldus.

¶ Lycophron Harpyias (Sirenes lege ex Isacio Tzetze) uocat ἀερποιογένας, quasi ὀρνιθογένας. erant enim alatæ, & partes inferiores sicut aues habebant: quas cum Musæ cantu uicissent, pennis earum coronatæ sunt, excepta Terpsichore quæ mater erat Sirenum. hæc circa Cretam gesta aiunt. unde & Ἄπτερα dicta est Cretæ urbs, quòd illic uictæ Sirenes pennas amiserint. Erant autem Sirenes (ut diximus) infra aues, superius homines, & circa Tyrrheniam habitabant, Varinus in Harpe. ¶ Nec Sirênes impetrauerint sidem, licet affirmet Dino, Clitarchi celebrati autoris pater, in India esse, mulceríǿ earum cantu, quos grauatos somno lacerent, Plinius. ¶ Monstra maris Sirênes erant, quæ uoce canora Quaslibet admissas detinuêre rates, Ouidius. ¶ Sirenussæ, Σειρλωσσαι, memorantur insulæ in Italia iuxta fretum Siculum, in ipso promontorio loci auulsi sitæ: qui locus intra sinus suos continet Cymen & Posidoniam, ubi etiam templum Sirenum est in magna ueneratione. Meminit Stephanus. & Strabo lib. 5. Athenæum siue Prænussum promontorium iuxta sinum Posidoniaten, in quo templum Mineruæ est ab Vlysse conditum, circumflectens, exiguæ tres (inquit) occurrunt insulæ, saxosæ atǿ desertæ, quas Sirenas appellant, &c. ¶ Surrentum, Συρρεντον, Campaniæ oppidum à Græcis conditum, quod alio nomine dicitur Petræ Sirenum. Meminit Plinius lib. 3. cap. 5. his uerbis, Surrentum cum promontorio Mineruæ, Sirenum quondam sedes. De hoc & Vergilius Aeneid. 5. Iamǿ adeò scopulos Sirenum aduecta subibat.

¶ Eustathius in commētarijs suis in Odysseæ 12. de Sirenibus scribit ex Hesiodo, uentos etiam ab eis demulceri in fabulis tradi, ita ut mare tranquilletur. (Et alibi, unà ex eis Ligeiam dictam παρὰ τὸ λιγαίνειν.) Et quòd cum uitam uirgineam sibi delegissent, per iram Veneris in aues conuersæ (ὀργι-σθεῖσαι) in Tyrrheniam auolarint, & Anthemusam quādam insulam incoluerint in mari Tyrrheno. Homerum Σειρλώσιν protulisse in duali numero tanquam duæ tantū Sirenes fuerint, quarum aliqui nomina dicunt Aglaophéme & Thelxiepeia. alios tres facere, Parthenopen, Ligeam & Leucosiam, ut Lycophron: & Parthenopes tumulum apud Neapolitanos esse, ijsdem (inquit) alatas faciunt, non item Homerus, facturus eas alioqui sequentes & aduolantes ad fugientem Vlyssis nauem. Addunt aliqui ueterum, eas præ dolore quòd solus Vlysses cantu earum inuictus præterue-ctus esset, in mari se præcipitasse, & undis eiectas esse in loca ab eis denominata. Sunt qui natas eas dicant è sanguine qui manârit è cornu Acheloi cum lucta ab Hercule uictus esset. Sirenum & ceræ Plutarchus etiam in Symposiacis meminit. Sirênes etiam astra dicuntur, ut scribit author Lexici Rhetorici, à uerbo σειεῖν, quod est fulgere, lucere, inflammare, unde & Sirius (canis sydus) priuatim & per excellentiā ita dictus. Est qui σειράω uerbum interpretetur, σρέφειν, πινάσσειν, (quod factum coniicio à nomine σειρὰ catenam significans.) Est & apud Aristotelēm animalculum insectum quod siren masc. genere uocatur, uidetur autem illud quoǿ ædere uocem quandam σημειώδη, (id est futurum aliquid significantem.) Κηληδόναι quædam à Pindaro memorantur, quæ suauitate cantus sui ita demulcent (κηλεῖν Græcis demulcere est) auditores, ut alendi corporis obliti contabescant: quo ille nomine Sirênasne an alia quædam dæmonia canora significârit, incertum. ¶ Sirenum fabulam uariè interpretantur, allegoricè, historicè, physicè. Per allegoriam enim significare uidentur illam philosophiæ partem quæ contemplationi rerum incumbit, cum aliarum tum naturalium,

ralium, & historiæ & matheseos cognitioni, quieta & ab actionibus remota. Itacp canunt apud Homerum omnia se nosse, & historiam belli Troiani & quæcuncp in terra euenerint, ut quisquis ipsas audierit, illum tum lætiorem ex uoluptate percepta, tum cognitione sapientiorē abire. Quanquam autem hæc philosophiæ pars & uoluptatis & eruditionis multum habeat, ita ut hominem uix à se di mittat, & ad officia actionesqp humanæ uitæ necessarias, ut circa res in familia aut repub.gerendas, progredi uix patiatur, (unde etiam ligatus fingitur Vlysses, tanquam ad omnem actionem impeditus,) philosophum tamen qui per Vlyssem indicatur, non nimium his studijs immorari decet, sed contentum hanc uoluptatem se degustasse, nec omnino taliū rerum cognitionis se expertem esse, ad ea quæ in hominum utilitatem administranda & prudenter gerenda sunt pergere, uinculis qui-

10 bus agere prohibebatur solutis, ut non sibi tantū sed alijs quoqp natus uideri possit, & perfectus esse philosophus cum parte illa quæ cōtemplatur, tum altera quæ agit & mores ac uirtutes officioqp exercet. ¶ Sunt qui Sirēnas psaltrias quasdam & meretriculas fuisse coniiciant, quæ transeuntes uiaticis priuatos, non mori quidem (hæc enim fabulosa hyperbole est) sed misere in posterum uiuere effecerint. ¶ Alij senserunt fuisse loca caua, è quibus continuus quidam spiritus emitteretur, qui per fistulas quasdam ab incolis appositas sonum tam suauem reddiderit, ut prætereuntes ad se alliceret & in admirationem aliquandiu immorantes traheret. Et sanè cōstat huiusmodi ueluti cantum sponte naturæ multis in locis ēdi, non modo cauis ore angusto(ὁ μόνον ἀδι συνύμμω πόπεψ:) sed in littoribus etiam modicè cauis, ad quæ undæ per motus diuersos allisæ sonum non ingratum eliciunt.

20 ¶ Athenæus coqui cuiusdam facetè per Sirenum fabulam iocantis hæc ferè uerba recitat: Si semel culinam meam arte instituero, id planè futurum uidebis, quod olim circa Sirenes contigit. Præ suauitate enim nidoris nullus per proximum uicum transire poterit: sed accedens quiuis hians ad fores tanquam affixus stabit, donec alius quispiam naribus obturatis adcurrēs eum abstraxerit, Hæc omnia Eustathius in duodecimum Odysseæ, ex tempore à nobis conuersa.

¶ Sirenes existimare conuenit illecebrosas & fraudulentas esse uoluptates: quæ delicatis, blandis mellitisqp præstigijs omnes homines grauiter irretiant, quicunque uitam tanquam mare quoddam nauigant. Has uoluptates ille superabit, qui exemplum Vlysis imitatus, animæ facultates & sensuum instrumenta connata, diuinis rationibus actionibusqp ueluti cera referserit, ità ut inani nullo relicto spatio, illæ frustra occinentes admitti experiantur: corporeos autem impetus robustissimo philosophiæ uinculo cōpescuerit, externisqp machinis inexpugnabiles effecerit. Hoc

30 enim pacto licet sentiens non sentire uidebitur, & audiens obaudire. Etenim uoluptates simpliciter expertum esse, non statim animam corrumpit, sed per omnem uitam ipsis adhærere uelle temperantiæ optimarum actionum immemorem, hoc uerò est quod præsentem animæ internecionem affert, Author incertus qui morales interpretationes errorum Vlyssis condidit, quas nòs aliquando è Græcis Latinas fecimus.

¶ Apollonius Argonautas scribit mare nauigantes uidisse insulam Ânthemoëssam (sic & Hesiodus uocat,) in qua Sirenes fuerint. Ένθα λίγειαι Σειρᾶνϵς οἰνωνϯ Ἀχελωΐδϵς ἠδϵίηϲιν Θϵλγϲϲαι μολπῇσιν, ἅ, της ᾳϵρα ῶϲςμα Βάλοιη. Addit eas Acheloi & Terpsichores filias esse, & comitatas aliquando Proserpinam adhuc uirginem, aliàs auibus, aliàs uirginibus similes aspectu. Nomina earum à Scholiaste annotantur hæc, Thelxiópe uel Thelxinóe, Molpé, & Aglaóphωnos.

40 ¶ Siren uel sirena, ut recentiores quidam Grammatici scribunt, monstrum maris est sic dictum ἀϲϯ τὸ ϵ́ρϵιψ, quod cōnectere uel retinere significat. Vel à σϵιρᾶ quod est catena, eò quòd libidinis uiniculum Sirenes fuerint. uel à σύρω quod est traho, unde quidam per ypsilon scribunt, sed perperam, Vel à uerbo σϵίω. Sed friuolæ istæ Grammaticorum coniecturæ sunt, quarum una si mihi recipienda foret, ᾳϵρὰ τὴω σϵιρᾰ̀ν, id est à fune uel catena Sirenes fuisse dictas probarim: quòd audientes scilicet uoce illarum capti ab ea tanquam fune penderent, & tanquam alligati traherentur, ut ab Herculis Gallici ore procedēte caténa uincti quidam illum sequuntur apud Lucianum, quod ad demonstrandam eloquentiæ uim confictum est. Nec displicuerit si quis à sar Hebraico uerbò deriuet, quod canere & psallere significat. Eisdem zar ligare est, unde σϵιρᾰ forte dicitur, quod est funis & uinculum. ¶ ΣϵιρᾺσιν, ἀι ϑ́ Ψυχῆς ϵ̓ναρμόνιοι ϗ μϲϲικαὶ δͺωάμεϲ, Suidas: apud quem etiam

50 ΣϵιρᾺνιον μϵ́λος legimus. Sirenes fabulantur fuisse specie muliebri à thorace & suprà, inferiùs uerò auitia, Idem. Et rursus, ΣϵιρᾺνας φασι ϑᾳλυπρόσωπα ὀρνίϑια ϵ̃ν, &c. hoc est, Sirenes aiunt aues quasdam facie muliebri fuisse, quæ præternauigātes uocis dulcedine demulsos meretricio cantu deceperint, & tandem mori compulerint. Rei autem ueritas est, esse locos quosdam marinos (πὸπϲ ϑᾳλαϑϵίϲ, in ipso scilicet mari uoragines, non in littore) in angustum redactos inter colles quosdam eminentiores, (ὃρϲι πϲϯμ̀ϵ̓ςγμϵνϲ, quales nimirum circa Syrtes sunt, ubi colles seu tumuli arenarum sub ipso mari sunt. nisi quis malit angustias maris inter scopulos aliquos montium instar utrinqp extra mare eminentes intelligere) in quibus undæ marinæ compressæ & conflictantes argutum quendam sonum ædunt, quo percepto præternauigantes, & fluctibus se credentes, unà cum nauibus intereunt.

60 Cæterum Sirenes & Onocentauri apud Esaiam dæmones quidam sunt, certa quadam corporis figura assumpta, ad desolationem ciuitatis alicuius, ira numinis. Syri uerò cygnos interpretantur. Hi enim loti ex aqua sursum in aerem uolant, & suauem quendam cantum ædunt. Vnde Iob. 30. Frater factus sum Sirenum (לבנות, letannim, draconū, Hieronymus & Munsterus) & socius passerum,

(σρⱨθῶν, struthocamelorum, ut hoc in loco Suidas accipit.) Hoc est, calamitates meas cano, quemad＝
modum Sirenes, Hucuſcꝗ Suidas: qui illud etiam ex Græco quodam epigrammate citat : Καὶ τὸ λά＝
λυμα κεῖνο τῆς σειρλύίων γλυκύτϱϱον. Habitabūtꝗ ibi filiæ ſtruthionis (iaana) & piloſi(dæmones, ſeirim,
ſatyri,) Eſaiæ 13. Vox quidem ſeirim accedit ad ſirenes. Sed Septuaginta pro ſeanim uertunt ſire＝
nes. uide in Struthione A. Σειϱλύίων, οἱ μϧ̀ ἴϛω γυναῖκες φαςὶ μελᾳϛδϛϛις, ὁ δⱨ Αχίλλες σϱθϛνίϛμηλϧ, Hesych.

¶ Vobis Acheloides unde   Pluma, pedesꝗ auium, cum uirginis ora geratis?
An quia cum legeret flores Proſerpina uernos,   In comitum numero mixtæ Sirénes eratis?
Quam poſtquàm toto fruſtra quæſiſtis in orbe,   Protinus ut ueſtram ſentirent æquora curã,
Poſſe ſuper fluctus alarum inſiſtere remis   Optaſtis, facilesꝗ deos habuiſtis, & artus
Vidiſtis ueſtros ſubitis flaueſcere pennis.   Ne tamẽ ille canor mulcẽdas natus ad aures,   10
Tantaꝗ dos oris linguæ deperderet uſum,   Virginei uultus, & uox humana remanſit,

Ouidius lib.5.Metam. unde apparet malè quosdam ſcripſiſſe poſtremã Sirenum corporis partem
in piſcem deſinere, authoritate Ouidij : cum hoc neꝗ Ouidius, neꝗ alius quiſquam ueterum ſcri＝
pſerit: etiam ſi pictores aliqui noſtri temporis Sirénas inferiùs piſces faciant, decepti nimirum uo＝
cabulo uulgi, quod huiuſmodi mõſtra marina uirgines marinas uocitat. itaꝗ ſuperius uirgines pin
gunt, & inferiùs piſces, quoniam in ipſo mari eas degere putant atꝗ natare : ad quod piſcium non
auium forma requiritur. Sed hæc forma Nereidum potius quàm Sirenum fuerit, de quibus inter
Aquatilia nobis ſcribendum eſt. ¶ Siren, Σειϱλὼ, dicitur etiam genus tunicæ tenuis & perſpicuæ,
qualem ſcilicet ſub Sirio (id eſt in magno æſtu) geſtari cõuenit, Suidas. uideri autem poteſt talis tu＝
nica ſerica eſſe cum & res & nomen conueniant. ¶ Neſcio quis in Lexicon Græcolatinum retu＝ 20
lit, ſirenem etiam auiculam quandam eſſe, quod ego apud nullum hactenus probatum authorem le
giſſe memini. Galli quidem uulgò canoram quandam auiculam & ſuauiſſimè argutam ſua lingua
ſerin appellant, fortè quaſi ſirenem. eſt autem ea ueterum acanthis. ¶ Βίᾳ ὗν ὥσπⱨϱ ὑπὸ τῆς Σειϱλύίων
ἑλκόμϧϛ τὰ ὦτα, οἴχομαι φϛύϛον , Plato in Symposio. οἱ Σⱨⱨγες ἐὰν ἴδϛωσιν ἡμᾶς ϛϛαλεγϛμϧϛϛς, κⱨὶ πⱨϱⱨ＝
πλέοντας σφᾶς ὥσπⱨϱ Σειϱλύίας ἀκηλήτϛς, ὁ γⱨϱας ἴχϛσι πⱨϱⱨ θϛᾶν ἀνθϱώπϛσι ϛϛϛϛναι, τάχ̓ ἂν ϛϛϛῃ ἀγⱨϛθῷⱨϛις, Idem
in Phædro.

SITARIS, Σιταϱὶς, auis, Varinus. De ſitta aue inter picos diximus.
SMERINTHVS, Σμέϛϛϛθϛ, auis quædam, & funiculus, Hesych. & Varinus.
SODES, (Σῶϛϛϛ, ϛ̄,) uiſco decipiuntur, Oppianus Ixeut. 3.3.
SPARASION, Σπⱨϱⱨϛϛϛν, auis paſſeri ſimilis, ſecundum aliquos ſcips, Varinus.   30
SPERGVLVS, Σπⱨϱϛϛⱨϛϛϛ, auicula agreſtis, Hesych. & Varinus.
SPHICAS, Σϛϛ̓ⱨⱨς, genus auis, ut quidam in Lexicon Græcolat.retulit, ſine authore.
SPYNGAS, Σπϛ́ⱨϛⱨς, auis, Heſychius, dicta nimirum à uocis ſono.
SPINTVRNIX eſt auis genus turpis figuræ, occurſatrix, unde artificum perditas. Spintur＝
nix ea Græcè dicitur, ut ait Santra, σπϛϛϛϛϛϛϛϛ, Festus, eſt autem locus obſcurus & mutilus. Eandem
incendiariam uocant. Vide ſuprà in Elemento I. Græci ⱨⱨⱨϛϛ̈ϛⱨⱨ & ⱨⱨⱨϛϛϛⱨⱨϛϛⱨ ſcintillam uocant. In＝
cendiaria autem auis dicenda putatur quæcunque ex aris uel altaribus carbonem (ardentem nimi＝
rum & ſcintillantem) rapuerit.

STETHIAS, Σⱨⱨϛϛϛⱨⱨ, auis quædam, Hesych. & Varinus. nomen ei à pectore factum apparet,
quod forte inſigni aliquo colore in ea conſpicuum eſt: ut à ruſſo pectoris colore rubeculam Itali pe＝ 40
chietto quaſi pectorinum uocitant.

DE STRIGE.

VOLVCRVM ueſpertilio tantũ mammas habet. fabuloſum enim arbitror de ſtrigibus, ubera
eas infantiũ labris immulgere. Eſſe in maledictis iam antiquis ſtrigem conuenit: ſed quæ ſit auium,
conſtare non arbitror, Plin. ¶ Ouidius libro ſexto Faſtorum tradit Ianum cum Crane nympha
concubuiſſe, & pro concubitu ſus cardinis ei donauiſſe, ut à cardinibus ſcilicet & foribus noxia &
infauſta omnia depellere poſſet: & eo munere illam ſtriges nocturnas aues, quæ Procam inſantem
infeſtabant, & corpore unguibus laniato ſanguinem eius exorbebant, adhibitis precibus, ceremo＝ 50
nijs, ſacrificijs & uirga de ſpina alba, abegiſſe. Ipſas autem ſtriges his uerſibus deſcribit,

Sunt auidæ uolucres, non quæ Phineia menſis   Guttura fraudabãt, ſed genus inde trahunt,
Grande caput, ſtantes oculi, roſtra apta rapinæ,   Canicies pennis, unguibus hamus ineſt.
Nocte uolant, puerosꝗ petunt nutricis egentes,   Et uiſitant cunis corpora rapta ſuis.
Carpere dicuntur lactentia uiſcera roſtris,   Et plenum poto ſanguine guttur habent.
Eſt illis ſtrigibus nomen, ſed nominis huius   Cauſa, quod horrenda ſtridere nocte ſolent.
Siue igitur naſcuntur aues, ſeu carmine fiunt,   Neniaꝗ (ſic habet codex noſter. nænia qui＝

dem gen. fœ.carmen eſt lugubre.) in uolucres falſa figurat anus,   In thalamos uenere Procæ, &c.
Eſt igitur, aut ſingitur, ſtrix auis nocturna, inauſpicata, à ſtridore dicta, uel, ut Feſtus ait, à ſtringen＝
do: fortaſsis quòd noctu pueros conſtringere exiſtimentur. Quod trepidus bubo, quod ſtrix no＝ 60
cturna queruntur, Lucanus lib.6. Plumaꝗ nocturnæ ſtrigis, Horatius. Inſauſtæ ſtrigis omen
triſte, Seneca Herc. fur. Semper & è tectis ſtrix uiolenta canat, Tibul. lib.1. Eleg. Strix nocturna
                                           ſonans,

sonans, & uespertilio stridunt; Author Philomelæ. Lamias puerorum esse terriculamenta uel ex Apuleio satis constat. sunt qui striges putant, quæ infantium in cunis sanguinem sugunt, Gyraldus. Sed de lamijs abunde scriptum nobis est in Quadrupedum uiuip. historia.

¶ C. Titinius poeta fabulas togatas scripsit, ex huius sententia Q. Serenus puero qui sit à strige fascinatus, allium præcepit annecti, quòd eo præsidio & amuleto seruetur, his carminibus: Præterea si forte premit strix atra puellos, Virosa immulgens exertis ubera labris, Allia præcepit Titini sententia necti, (nostri codices non rectè habent, Vecti, tanquam nomen proprium, ut Gyraldus monet:) Qui ueteri claras expressit more togatas. ¶ Si utrunqͭ oculum uiuentis hyænæ extraxeris, & alligaueris utriqͭ brachio in purpureo panno , abiges omnem timorem nocturnum, & strix quæ necat infantes & partubus insidiatur, & omnis dæmon fugiet, Kiranides.

¶ Striges dicuntur inauspicatæ aues quæ syrnia Græcè nuncupantur, à quibus nomé inditum maleficis mulieribus, quas (ut ait Festus) uolaticas etiam dicebant. Itaqͭ solent (inquit) eas auertere ijs uerbis: Εὐρυνία πομπεύειν νυκτιπόμα, σρίγγα δ᾽ τ᾽ ὀλοὸν ὄρνιν ἀνώνυμον, ὠκυπόρον τι πνίκα, (codex noster impressus, πνύκα per v. habet, non probo.) Hæc ideo apposui, quòd erant in Festo deprauatissima: nec ante diem hunc quisquam ea uerba legit, nedum ut intelligere potuerit, literis mutilatis & malè con sequentibus. Est autem sensus, Vti syrnia noctiuaga, strigesqͭ detestabiles inauspicati nominis , & uelocis offocationis alites abigátur, Hermolaus. Ego tres aues diuersas, omnes inauspicatas, in uer bis istis Græcis nominari dixerim, cum suis singulas epithetis: nempe syrnia νυκτίνομα, (sic enim potius legerim quàm νυκτίνομα,) & strigem perniciosam abominabilem auem, & pnica (uel pniga) ὠκυπόρον, id est uelocem uel celerem. Et forte pnix auis quædam credita fuerit, quæ noctu πνίγον, id est suffocare dormientes conaretur: quemadmodū & incubus, pnigalion Græcis uel ephialtes dictus, (item ἠπίαλος uel ἠπιόλης,) eiusdem maleficij monstrum siue spectrum nocturnum uulgò creditur, nostri uocat das Schrättele: alij Schretzlin/Jochincken/Nachtmäile. Angli mare, id est equā. Nisi quis syrnium tantum & strigem pro auibus accipiat, πνίκα uerò pro incubo spectro. Medicis pnix hysterica, suffocationem ex utero significat.

¶ Στείγξ pro strige apud Vuottonū reperio, ex Festo nimirū, qui σρίγγα nominat in accusatiuo. Στείγλος, τὰ ᾠὰ τὸ κόρατ᾽, νυκτιφωτον, (legendum uidetur ὄρνιον νυκτίφοιτον:) καλεῖται δὲ κỳ νυκτβόα, οἱ δὲ νυκλιοβόρακα, Hesych. & Varinus. De nycticorace plura díximus suo loco. Noctua etiam à non nullis νυκτόβας dicitur, quasi νυκτβόα nimirum. Strix auis Græcè σίαρχος dicitur , si rectè nescio quis hoc uocabultim Ambr. Calepini dictionario adiecit: quod ego apud authorem nullum reperio, ut neqͭ simile aliud præter εὐρύνιον apud Festum. A strige aue nocturna striges appellamus mulieres puellos fascinãtes suo contactu, & lactis munerumqͭ oblatione, Calepinus. Striges non à stringendis infantium corporibus, ut quidam falso existimant, (atqui Festus eas à stringendo dictas ait,) sed à stridore nomen habent, Perottus.

¶ Striges aues sunt nocturnæ, sic etiam uulgo appellatæ, Volaterranus. Italicum uulgus strigas uel magas uocat uetulas, quæ transformentur in feles & alias formas animalium d uersas, & san guinem infantium sugant, Fr. Alunnus. Scoppa Italus Grammaticus strigem interpretatur la ianara, fattureia, la strea, stría. Et alibi lamiam quoqͭ la ianara, strea, la magara. Nomen quidé strea uidetur accedere ad Germanicum Schrettele, quo incubum significamus. ¶ Gryphes & striges an extent Ang. Decembrius quærit parte 68. sed certi nihil adfert. ¶ Strix à uulgo ama (amma, Albertus per m. duplex. sic autem Germanicè uocatur nutrix quæ lactat infantem,) uocatur eo quòd pullos amat, & (uel) sic dicitur, quòd sola inter aues pullis humorem lacteum instillat, Author de nat. rerum & Albertus. atqui ueteres strigem non suis pullis, sed pueris & infantibus noctu lac instillare ex uulgi opinione tradunt.

¶ Strygis, Στρύγις, ἡ, frumenti genus apud Hippocratem, quod tritico leuius est, & uentrem ma gis soluit: sunt qui dubitent an pro trago accipiant. Grammatici quidam recentiores, striges inter pretantur olera uilia apud Plautum, cuius hæc in Pseudolo uerba sunt: Et homines cœnas sibi coquunt: quum condiunt, Non condimentis condiunt, sed strígibus. Sed quærendum an hic etiam striges genus illud frumenti indicetur, quod strygis Hippocrati dicitur, uilius nimirū cæteris. ¶ In columna striata pars eminula dicitur stría, pars caua strix, Vitruuius lib. 10. Striæ in columnis par tes, & (ut ita dicam) femora uel quæ prominent, exochas Græci uocant : sicut ipsa caua, hoc est canaliculi strigles (striges forte) ab eodem Vitruuio dicuntur lib. 4. Circa striglium (strigum) inquit caua & angulos striarum, item lib. 7. canaliculus earum qui striglix (forte strix) appellatur : Hæc ita citat Hermolaus in glossematis suis in Plinium. Hinc nimirum strigiles dicitur canaliculi è ligno aut ferro dentati , quibus pellis animalium perstringitur & abstergitur. ¶ Striga est ordo rerum inter se continuatè collocatarum, ut ait Festus, quòd unà sint constrictæ. Similia & Germanis uocabula sunt, ein strich/ein strym: hoc est ductus rectus, oblongus, latitudinis nullius uel modicæ plerunqͭ. Strigosa animalium corpora dicimus (præsertim in pecore & equo) malè habita & gracilia, hæc enim strijs & rugis deformantur. Sunt qui strigosum dictum putent, quasi à strige exhau stum, Perottus.

A.

S TRVTHOCAMELVS nomen Græcum est, quod etiam Latini receperunt, Plinius
& alij: etsi quidam struthiocamelum sex syllabis scribant, quod non probo. Recentiores
Latini struthionem dicunt, ut Hieronymus & eo posteriores: (apud Iul. Capitolinũ struthiones Mauros legimus: sexcentorum struthionum apud Lampridiũ) quos etiam docti
quidam imitantur, Gaza & alij. Et quoniam Græci ςρȣθὸν μεγάλω uel Λιϐυκλω, hanc auem uocant,
plerunꝗ fœminino genere (Aristoteles tamẽ ςρȣθὸς ὁ ᾧ Λιϐύη, masc. gen. Gaza struthionem Africam
dixit, & alibi struthionem Libycum,) recentiorum quoꝗ nõnulli fœm. gen. struthionem magnam
uel Lí-

uel Libycam dicunt. Nõ desunt etiam ex recentioribus qui struthium efferant, ut Valla in transla=
tione Herodoti lib. 4. ut & apud Philostratum in uita Apollonij στρουθοὶ πολλαί. Gaza ex Theophrasto
de hist. plant. 4. 4. struthum inquit generari in parte Africæ qua non pluit, ubi etiam Græcè στρουθόν
simpliciter legimus κατ᾽ ἐξοχίω. Struthionem magnam Sextus Pompeius & Ausonius passerem
marinum appellant, Gillius. Passer marinus quem uocat uulgus struthiocamelum, Festus. Sipon=
tinus stritomellum legit, & auis genus esse dicit, quod non probo. Est & passer marinus inter pisces
Plinio. Persa apud Plautum curriculo uolare iussus, respondet: Istuc marinus passer per circum (fa=
cere) solet. quod ego de struthocamelo acceperim, non de pisce. ¶ Στρουθὸς μεγάλη Aristophani in
Auibus nominatur. Struthocameli nomen ueteribus inusitatum est, qui has aues στρουθοὺς μεγάλας ap=
10 pellant, Galenus lib. 3. de alimentis, cap. 19. Aelianus quoq; passim στρουθόν μεγάλω uocare solet. Λι=
ϐυκὸς ὄρνις, id est Libyca auis, eadem struthocamelo, ut in hoc carmine: ἀλλὰ Λιϐύοσας Στρουθὸς ἁλιστικὸς
μελίη πλάζε καὶ ἀμφοτέϱοις, Varinus. Afra auis, struthio, Acron in Horatium. Græcè hodie uulgò στρι=
φοκάμπλος dicitur.

¶ Azida iuxta physiologum, auis eadem est quæ struthio, Obscurus. Asida à quibusdã Græ=
cè uocatur, ab alijs cameleon, Albertus, sed pro cameleon, scribendum struthocamelus. Asida uerò
Hebraicum nomen (non Græcum) esse uidetur, non tamen asida sed chasida ab Hebræis profertur,
(uide in Ciconia A.) & nominatur Iob. 39. unà cum neelasa aue, quam Kimhi pauonem, Chaldæus
gallum syluestrẽ interpretatur. R. Abraham putat esse סטרורא, struza, id est struthionẽ, בת יענה,
bath iaana, Dauid Kimhi ponit in themate ain, ענה, & exponit aues degentes in solitudine, quæ uo=
20 cem lugubrem emittant. Idem ait bath, בת, minorem esse: ieanim, יענים, maiores, Esaiæ 13. Septua=
ginta sirenes transferunt. Hieronymus struthiones. Animal esse aiunt semper solitudinis appetens:
quod cum pennas habere uideatur, tamen de terra altius non eleuetur, & hoc struthioni conuenit,
ut & Scripturæ loci omnes, in quibus huius animantis fit mẽtio. Deuteronomij 14. (& Leuitici 11.)
Chaldæus interpres habet בת נעמיתא, bath naamitha. Arabs נעאמה, ncamah. Persa prætermisit, ni=
mirum eandem uocem positurus, ut per uersum totũ fecit. Septuaginta interpretes στρουθοὶ, Hierony=
mus struthio. Struthio auis est deserti, Hebraicè iaenah, ab ululatu sic dicta. ianah enim ululare est
aliquando Hebræis: unde est quòd quidam ululam interpretantur. Dicitur bath iaenah, id est filia
struthionis, eo quòd homines fœmella ferè uesci solent, & cum adhuc parua est, teste R. Dauid Kim
hi in libro Michlol, P. Fagius. Iaanah Iob 39. secundum Abraham est struthio. uide in Noctua A.
30 Iob inquit se factum esse fratrem sirenum, & socium στρουθών. στρουθὸς autem dicit quos nos struthoca=
melos uocamus, Suidas in Sirenibus. Sirenes ethnici (οἱ ἔξω) interpretantur mulieres quasdam mu
sicas, (μελῳδούσας,) Aquila uerò struthocamelum, Hesych. Habitabuntq; ibi filiæ struthionis, (iaa=
nah,) Esaiæ 13. interprete Munstero. Esaiæ etiam cap. 34. iaanah. Sunt qui ranan quoq; Hebrai=
cam uocem, struthionem transferant. uide in Gallo syluestri. Thalim, id est struthio mas, Syluati=
cus. Vetus glossographus Auicennæ legit Thaliz. codices nostri Auicennæ 1. 719. Thalium ha=
bent. Thalium (inquit) explicauimus in capite de struthione. Vox fortè Persica fuerit. Naam, id
est struthio auis, Syluaticus. Codex noster Auicennæ 2. 523. habet nahã: Bellunensis legit Nham:
& est (inquit) auis struthius. alia lectio, nacham, quæ est auis magna palustris. ¶ Græcum nomen
ut Latinæ, sic linguæ aliæ pleræq; seruant, utpote auis peregrinæ. ¶ Italicè nominatur struzzo,
40 uel sturzo apud Scoppam. ¶ Hispanicè auestruz. Lusitanicè ema di gei. ema enim simpliciter
gruem eis designat. ¶ Gallicè autruche uel austruche. ¶ Germanicè Strauß/Struuß. ¶ An
glicè an oistris uel ostrige. ¶ Illyricè pstros. Polonicè strus.

B.

Apud Afros pastorales ad orientem reperiuntur struthij subterranei, (στρουθοὶ κατάγαιοι,) Herodo=
tus lib. 4. interprete Valla. Parte Africæ qua nunquam pluit struthum gigni aiunt, Theophrastus
de hist. plant. 4. 4. Struthiocamelos Africos & Aethiopicos Plinius nominat. Struthi magni in
Arabia non pauci sunt, Xenophon lib. 1. Anabas. Diodorus Siculus etiam in Arabia has alites gi=
gni scribit. Apollonius dextra Gangen, sinistra uerò Hyphasin fluuios habens ad mare descendit:
in quo itinere struthiones multi ei occurrerunt, Philostratus lib. 3. de uita Apoll. Prouincia Abasiẹ
50 struthiones grandes habet, asinis haud minores, Paulus Venetus 3. 45. In nostras terras rarò adue=
huntur, Venetias aliquando & Antuerpiam.

¶ Struthio Africus eodem modo (ut uespertilio) partim auem, partem quadrupedem refert:
quippe qui ut non quadrupes pennas habeat: ut non auis, sublimis non uolet, nec pennas ad uo=
landum commodas gerit, sed pilis similes, (πτέρα πηχυώθη.) item quasi quadrupes sit, pilos habet pal=
pebræ superioris: & glaber capite & parte colli superiore est, itaque cilia habet pilosiora, sed quasi
auis sit, infrà pennis integitur. Bipes etiam tanquam auis, bisulcus tanquã quadrupes est. non enim
digitos habet, sed ungulam bipartitam: quarum rerum causa, quòd magnitudine non auis, sed qua=
drupedis est. Magnitudinem enim auium minimã esse, propè dixerim, necesse est. corporis enim
molem sublimem moueri nequaquã facile est, Aristot. in fine lib. 4. de partib. anim. Auium gran
60 dissimi sunt & penè bestiarũ generis struthiocameli Africi uel Aethiopici. altitudinem equitis in=
sidentis equo excedunt, celeritate uincunt: ad hoc demum datis pennis ut currente adiuuent. Vn=
gulæ ijs ceruinis similes, (instar ungularum arietis, Obscurus,) comprehendendis lapidibus utiles,

Oo

quos in fuga cõtra fequentes ingerunt pedibus, Plinius. Struthiocamelus alitum fola, ut homo,
utrinc palpebras habet, Idem. Tetraonum genus alterum, uulturum magnitudinem excedit: nec
ulla auis, excepto ftruthiocamelo, maius corpore implet pondus, Idem.

¶ Hæc tria ex minimis euadunt maxima animalia: ex aquatilibus, crocodilus: ex uolucribus,
magna ftruthio: ex quadrupedibus, elephantus. Τῆς ἧπoι μιχλϴ ειλϵ ὑπσρϐιoγ,ϐoσoγ ὑπσρϐϵ Νϵϖπις ϐυγυ-
τϵτισι φϵϝϵιγ υϵoϐηλιϵ κϵϝϝoγ,&c. Oppianus. hoc eft, Magnitudo ei eximia. dorfum tam latum, ut puerum lactetem fuftinere pofsit, (uel, ut quidam Italice fcripfit etiam hominem adultum infidentem,)
Crura alta, fimilia cruribus camelorum, crebris corticibus ceu fquammis intecta, ufc ad geminos
duros poplites. In altum porrigit, caput quidem exiguum, ceruicem uerò magnam & proceram.
Collum (inquit Gillius) longum & cyanei coloris eft, oculi magni, roftrum breue acutumc: molles 10
plumæ, ungula fiffa. ¶ Arabia fert animalia quædam naturæ duplicis, ut ftruthiocamelos, qui è
ftruthione camelisc conftant, magnitudine ad cameli nafcentis modum. capite funt pilis minutis,
oculis crafsioribus nigrisc. non difsimili forma & colore camelis. collo oblongo. roftro breui atc
acuto, elati, mollibus pennis, duobus cruribus, ungulis bifidis, ut terreftre fimul uolatilec animal
uideatur, Diodorus Siculus lib. z. de fabulofis antiquorũ geftis. Struthocamelus auis quidem eft,
fed pedes & collum afini habet, Suidas in Sirenes, nefcio quàm rectè. quod ad pedes quidè afinus
folipes, ftruthocamelus bifulcus eft. Struthiocamelus præ cæteris auibus pennas alarum undiqua-
que æquales habet, Orus in Hierog.

¶ Struthiocamelus à terra non difcedit unquam, ut auem dicere non pofsis, nifi ad formam re- 20
fpicias. Nomen, ut reor, fumpfit, quòd colli & crurium longitudine camelum imitetur, eft enim homine ipfo paulo procerioris ftaturæ. Struthio autem pafferculus dicitur Græcè, (ςρoϐιoγ,) quafi per
ironiam nomine compofito, uelut fi quis pygmæum gigantem diceret fimul, uel homunculum gi-
ganteum. E pafferis genere eft ftruthiocamelus, fed cameli magnitudine: collum, roftrum, oculi, caput, anfer, fed pro magnitudine propria refpondent. alæ & cauda pennis uerficoloribus, cœruleis,
candidis, rubris, nigris, uiridibus: nec ulli auium in pennis tanta iucunditas aut pulchritudo, ob id
galeas milites non alijs ornant. Corpus igitur raris plumis, rarioribus crura teguntur, adeò ut humana crura non auis uideantur. nam magnitudine rotunditatec, ac quòd in anguftum, nec admodum, fed fenfim iuxta genu finiantur, humanum femur, quodc plumis careant, cãdida carne, imitantur. Pedes bifidi ut bobus, cũ ungulis, crus ut anferi, fed pro magnitudine, Cardanus lib. 10. ope- 30
tis de fubtilitate. Alibi etiam pilos hanc auem habere fcribit in fuperiore palpebra. Alitum fola
utrinc genas habet & palpebras, Perottus. Et rurfus, Præter hominem & ftruthiocamelum nulli
animali funt palpebræ, nifi quibus & in reliquo corpore pili.

¶ Struthio ingens eft corpore, rara in plumis, Author de nat. rerum. ¶ Struthio alta eft à pedibus ad dorfum circiter quinc uel fex pedes. collum habet longifsimum, caput anferinum, & roftrum refpectu fui corporis ualde paruum, iuuenis (primo anno) cinerea eft, & tota bene pennata,
fed pennis mollibus inualidis. fecundo anno & deinceps paulatim in coxis, collo & capite pennas
prorfus amittit (naturaliter caluet, Plinius) denudato corpore, fed duritie pellis cõtra frigus munitur. Pennæ dorfi nigerrimæ & inftar lanæ redduntur. coxas habet prægrandes, crura carnofa pelle
alba, & digitos in pede ficut camelus. item fpicula quædam in cubitis interioribus alarum, quibus 40
ferit eos quibus infilit, Albertus. Ofsiculum paruum fub alis habet, quo fe in latere purgat (pungit) & agitat, quum prouocatur ad iram, Author de nat. rerum. In extremis alis, ut audio, offei quidam mucrones extant, quibus ceu calcaribus inter currendum fe incitat, infligendo eos coxis ubi
deplumis eft, ut in plerifc alijs partibus corporis. Caput ei exiguũ, cerebrum ferè nullum. ¶ Corpus habet ferè ad magnitudinem afini ftaturæ mediocris. in pectore magnum os & latum, ad protectionem tanti corporis, Author de nat. rerum. Scriptor quidam Italicus hanc alitem equi grandis altitudinem æquare tradit. ¶ Beftia quædam magis quàm auis, licet pennata, breui capite,
protracta ceruice, cætera altegradia, Tertullianus. ¶ Multæ huius auis partes anferinis conferun-
tur, nifi quòd magnitudine excedunt: ut collum, roftrũ, oculi, caput, crus: nulla alteri alicui auium,
fed quædam quadrupedum partibus, præcipuè cameli. quare chenocamelum (ut chenalopeca) po- 50
tius quàm ftruthocamelum curiofus aliquis dixerit. ¶ Quidam pictura noftra infpecta, roftrum
aiebat latius debuiffe exprimi, anferinum ferè: & pedes magis bifulcos ut uituli, eofdemc breuiores & latiores, Iudicent teftes oculati. mihi enim hanc auem nondum uidere contigit.

C.

Vocem eius nunquam audiui, Cardanus. ¶ In ftruthionis uentre incifo, expurgatis fordibus,
lapides inueniuntur, quos hæc pofteaquàm deuorauit, in omafo prope reticulũ diu afferuatos concoquit, Aelianus. Ferrum deuoratum concoquit. quia calidifsimæ naturæ eft, Author de nat. rerum. Ferrum concoquere aiunt: quod ob caliditatem uehementem, & uentriculi contingit crafsi-
tudinem, Cardanus. Struthiocamelis mira natura coquendi quæ fine delectu deuorârint, Plinius:
ut ferrum & offa ueruecum integra, Syluius. Struthiocamelum uolunt aliqui (non proprietate ulla,
fed) ui fui caloris ferrum concoquere, quod abfurdum penitus. Leo enim qui longè quàm ftruthio- 60
camelus calidior eft, ferrum concoquere non poteft: Aphrodifeus in præfatione fua in primum librum problematum, ex quo etiam Cælius Rhodig. repetijt. Struthocamelum ferunt ferrũ edere
& con-

& concoquere, quod ego non sum expertus. nam ferrum à me pluribus huius generis auibus obie＊
ctum est, quod illæ deuorare noluerunt: ossa tamē magna in breues partes truncata, & lapides, aui＊
dè comederunt, Albertus. Caput huic aliti exiguum, cerebrum ferè nullum. hinc absque delectu
quicquid tetigerit uorat, lintea, ferrum, lapides. Verum hæc inconcocta & integra in eius uentri＊
culo manent:& si nimia fuerint, tandem animal ad mortem uel ad tabem deducunt, ut in dissectis
apparuit. ¶ Non bene uolat propter corporis molem, Obscurus quidam Aristotelem citans.
Struthiocameli Africi uel Aethiopici altitudinem equitis insidentis equo excedunt, celeritate uin＊
cunt: ad hoc demum datis pennis, ut currentem adiuuent: cætero non sunt uolucres, nec à terra tol＊
luntur, Plinius. Propter grauitatem neq; altius extolli, neq; uolare potest, sed uelociter terra gradi＊
10 tur, Diodorus Siculus. Non uolat, sed alis erectis currit ut equus, adeò celeriter, Cardanus. Lentè
incedit, Idem: nimirum cum non libet festinare, nec est quod urgeat. Auis est densa pennis, (mul＊
tis pennis, Oppianus,) sed in altum uolare non potest: currit tamen celerrimè, & utrinq; in alas in＊
gruens uentus, tanquam uela eas extendit & sinuat, Aelianus. Adeò uelox est, ut uel cum alite uo
lante contendere possit, Oppianus. ¶ Pedibus pugnat quibus hominem quoq; prosternit, Gra＊
paldus. uide in E. ¶ Ferunt eam oculo altero cœlum intueri, altero terram, Obscurus. ¶ Non
coeunt struthiocameli ut aues, sed auersi ut cameli Bactrianæ, Oppianus. Multum coeunt & mul＊
tum excrementi habent, sicut gallina & perdix, Obscurus quidam tanquam ex Aristotele citans.
Pedibus nidum ex sabulo architectans, in solo humilem nidum fingit, & construit, cuius medium
concauum efficit: labra ambientia alte exaggerat, ac tanquam muro circummunit, ut munitio emi＊
20 nens pluuiam in nidum influere, & pullos etiamnū teneros alluere prohibeat. Amplius octoginta
oua ex sese parit: non tamen uno eodemq; tempore ex ouis pullos excludit, sed ex his partim iam
in lucem proferuntur, partim intra oua informantur & cōglutinantur, partim etiam fouentur, Ae＊
lianus. Et rursus, Etsi permulta oua parit, non tamen omnia ad frugem perducit. sed fœcunda ab
infœcundis secernit, tātumq; frugiferis incubat, simul & ex ijs pullos excludit, & sterilitate affecta,
eis ipsis æditis pullis alimēta præbet. Plurima ædit oua struthio Africa, post ipsam atricapilla, Ari＊
stot. Et alibi, Multiparæ sunt quædam quæ sæpe pariunt sed non multa, ut gallinæ, perdices, stru＊
thio Libycus. Plurima pariunt struthiocameli, gallinæ, &c. Plinius. Ouum parit maximum, du＊
rissima & quasi lapidea crusta munitum, Oppianus. Oua eius tanta sunt, ut ex transuerso secta,
uasa potoria fiant. uide in E. Propter duritiem & spissitudinem testæ non facile franguntur, Alber＊
30 tus. Caput infantis magnitudine referunt, rotunda, cum senescunt ebur effingunt, Cardanus.
¶ Struthio solo uisu ita fouet oua sua in arena recondita, ut ex eis pulli egrediantur in lucem, Ob＊
scurus & Cælius Rhod. Variorum 20.5. Oua mense Iulio parit, & in sabulo abscondit, quæ calore
Solis excuduntur, ut alia multa oua animalium: & ideo ad ea non reuertitur, quòd nudo corpore ea
fouere non possit: & (subinde) respicit ad locum in quo condita sunt, unde falsò aliqui crediderunt
quòd uisu ea foueat, Albertus de animalibus lib. 23. Et rursus lib. 6. Struthionis (inquit) oua sub
arena calore Solis uiuificantur & exeunt. & ideo prouerbium est. (uulgò fertur) quòd ducatur (assi＊
ciatur) ad oua tanquam non sua. Exeuntes enim pullos non pascit, qui nati per se statim comedunt.
Inutiliter quidem incubaret mater, neq; calore profutura ferè deplumis, & pondere suo grauatura.
Iam quòd ea uisu fouere perhibetur, falsum est. nullum enim animal hoc facit. & forte rarò ea in＊
40 tuetur propter custodiam: unde uulgus imperitum uidendo eam sua oua fouere putat. Non ocu＊
lis fouet oua, uerùm obseruat, calore enim Solis pulli educuntur, Cardanus. ¶ Struthiocameli na
turaliter caluent, Plinius.

D.

Struthio fœtus suos tanto amore prosequitur, ut peracutas etiam ferreas cuspides circa nidum
suum à uenatoribus defixas, negligat, atq; ita transfixa morte afficiatur, ut referetur in E. Fertur de
natura huius auis quòd matres semper uolent, ac pullos suos relinquant, qui ob inopiam cibi flent
atq; ululant. ad quod sæpe alludit Scriptura, ut Micheæ 1. Faciam planctū sicut dracones, & luctum
sicut filiæ saenah, id est ululæ siue struthionis. item Threnorum 4. Filia populi mei crudelis caiee＊
nim, id est sicut ululæ uel struthiones, P. Fagius. Struthio relinquit oua sua, Iob. 39. ¶ Illa quam
50 uidi mitis erat, reliquarum mores ignoro, Cardanus. ¶ Mira huius auis stoliditas in tanta reliqui
corporis altitudine, cum colla frutice occultauerit, laterè sese existimantis, Plinius. Idem aliqui de
perdice ferunt, & inter quadrupedes de bubalo ueterū seu bubalide, inter pisces de sciæna. Quum
effugere uenatores non potest, inter arbusta sæpius aut umbrosa loca caput abscondit, non naturæ
desidia, ne uideatur aut conspiciatur ab alijs ut quidam putant, sed quia corporis pars cæteris de＊
bilior umbram sibi pro tutela parat, Diodorus Siculus. ¶ Struthio equum naturaliter odit, &
miro modo persequitur. equus etiam illam in tantum odit ac retinet (timet,) ut eam intueri non su＊
stineat, Author de nat. rerum.

E.

Struthum Arabicum nemo capere potuit: & equites qui persequebantur mox desistebant. au＊
60 fugiens enim procul abducebat, pedibus scilicet ad cursum, & alis simul erectis instar ueli utens,
Xenophon Anabas. 1. Capitur non ut cæteræ aues uisco aut calamis: sed equis, canibus & retibus,
Oppianus. In cursu deficiens lassitudine comprehenditur ab equitibus, etenim in orbem currit.

Oo 2

uerùm equites ei orbem præcidentes, currendo defessam assequuntur, Aelianus interprete Gillio. Græcè sic legitur. Θεῖ μὲν γὰρ εἰς κύκλον, ἀλλ᾽ ἕχωτέρω πθλεύσεται. οἱ δὲ ἱππεῖς ἐχ ἐναντίας ὑπαντιμένονται κύκλω, καὶ ἐλαήσου πθλεύοντες ἀπεπέσται χ δρόμω ἀχρείωσιν αὐτλιω χόνω. Quæ uerba hoc sonare uidentur: Currit enim in orbem, sed patentiorem & extrinsecum: equites uerò persequêtes interiùs & breuiore uia (ὑποτέμνονται pro ἀντέμνονται forte) circumeunt, donec defessam demum comprehendant. Hanc aiunt cum delitescendum habet, caput solum planè totum incondensum abscondere, reliquam se in aperto relinquere: ita dum in capite secura est, nuda qua maior est capitur tota cum capite, Tertullianus, uide suprà in D. Quòd si quis eam insectetur, propter corporis grauitatem uolando effugere nequit, sed duntaxat explicatis alis, gressu ipso effugere aggredif: sin propior facta est, ut capiatur, obuios lapides sic pedibus retro ad hosteis uersus tanquã funda iaculatur, Aelian. & Diod. Sic. Vngulæ ijs ceruinis similes, quibus dimicant, bisulcæ, comprehendendis lapidibus utiles, quos in fuga contra sequentes ingerunt pedibus, Plin. Pedibus pugnat, quibus hominem quoc prosternit, Grapaldus. Elephanti cum uenatores inuadunt, aures patulas intendunt & pandunt, more magnarum struthionum, quæ uel dum fugiunt, uel dum inuadunt, explicatis alis feruntur, Aelianus. Capitur struthio (inquit idem) ad hunc quoque modum: Cum ipsam sic incubantem (ut in c. relatum est) uir eius uenationis bene peritus animaduerterit, peracutas ex ferro cuspides spiculorum more rectas circum nidum defigit, & alicubi prope in occulto latens, ex insidijs rei euentum acerrimè expectat. Struthio uerò quoniam amore, quem erga fœtus suos acerrimũ habet, flagrans sitienter cum eis uersari cupiat, ex inquisitione pastus reuertitur, ac nimirum priusquam in nidum introeat, huc illuc uersans oculos, circũspectat, quòd metuat ne quis sese speculetur. Deinde ardentissimo pullorum studio uicta, etsi ferrum splendescit, ita tamen alis passis (tanquam uelis contento fune explicatis) intra nidum mirabiliter ingreditur, nam cuspidato ferro trãsfixa, acerba morte afficitur. Venator uerò repentinus eò accedit, & simul cum matre pullos capit.

¶ Supra Elephantophagos in Arabia sunt Struthophagi, gens non admodum magna: apud quos aues dicuntur esse, ceruorũ magnitudine, quę uolare non possunt, sed celeriter currunt quemadmodum struthocameli. Nonnulli eas arcu uenãtur, nonnulli pellibus struthorum tecti, nam dextram manum pelle colli operiunt, atc eam sic mouent, quemadmodum animalia collum. sinistra uerò semen spargunt è suspensa pera eductum, eo auem allicientes, in conualles detrudunt, ubi uiri animal circumsistentes obtruncant. Atque hi huiusmodi auium pelles induunt & substernunt, Strabo lib. 16. Mihi quidem aues istæ ceruinæ nõ aliæ quàm struthocameli uidentur, quum in tota descriptione conueniant omnia, nihil aduersetur: & ipsi scilicet struthophagi dicti sunt, quod struthis siue struthionibus quas capiunt, non alijs quibusdã auibus uescantur. adde allici eas à uenatore struthionis pelle induto, conuenit autem aues easdem ab ijsdem allici. Ea etiam quæ de hisce auibus cer uinis Diodorus Siculus scribit, cum struthocamelis per omnia congruunt. Sic autem ille lib. 4. de fabulosis antiquorum gestis Pogio Florêtino interprete. Populi (inquit) qui partes Aethiopię supra Aegyptum ad hesperum pertinentes habitant, Aethiopes simi: ad meridiem spectantes Struthophagi cognominantur. Est apud eos auium species natura terrestribus animantibus mixta, unde & aues ceruinæ nominatæ sunt. Hæ magnitudine sunt magni cerui, collo oblongo, rotundis lateribus atc alatis, capite tenui oblongoc, cruribus ac iuncturis firmissimis, fixo pede. Altè uolare propter grauitatem nequeunt: uerùm ocyssimè summis pedibus terram tangentes, præsertim quum flans uentus alas ueluti nauem extentis uelis impellit, currunt. Venatores feriunt lapidibus, fermè lateris magnitudine, pede iactis. Cessante uento, alarum præsidio destitutæ, cursuc uictæ, prehenduntur. Harum quum magna sit multitudo, uarijs artibus plurimas barbari facilec capiunt: & carnes quidem edunt, pellibus uerò pro uestibus utuntur ac lectis. Ab ijs uerò quos simos Aethiopes dicunt, sæpius uenatione lacessitæ, rostris se tuentur: quæ quum magna sint & ad incidendum apta, magno sunt incolis usui, quum haud parua habeatur horum animantium copia, Hæc ille.

¶ Arabes struthocamelorum (ςρεθῶν) pellibus loco thoracum & scutorum muniebãtur, Pollux. Aethiopes captos à se struthiones excoriant, & carnem in cibo absumunt, pelles uerò cum plumis suis reseruant ut mercatoribus uendant, qui eas in magna copia Alexandriam uenales aduehunt: inde per alia loca distribuuntur. Nam Turcæ etiam pileos suos uel galeas his pennis ornant, Bellonius in Singularibus. Cristas galearũ ex olorinis pennis colligere moris fuit apud antiquos, quom hodie ex struthiocamelo plurimum petantur, Nic. Erythræus. Componebantur olim etiam ex equinis setis hæ cristæ, unde galea hippuris cognominata Grecis. In Gallia audio esse artifices qui non alia quàm huius alitis pennas adornãdi arte uicitent. Præmia, ex struthiocamelis conos bellicos & galeas adornantes pennã, Plinius. ¶ Oua propter amplitudinem pro quibusdam habentur uasis, Plin. Ex transuerso secta uasa fiunt potoria, Author de nat. rerum. Caput infantis magnitudine referunt, rotunda, cum senescunt ebur effingunt. Suspendi solent in templis. diu enim manent, quòd durissima sint, humorec exempto quasi ossea redduntur, Cardanus. ¶ Vrina struthionis atramenti lituras abluit, Hermolaus: tanquam ulla sit auis urina præterquam uespertilionis.

F.

Struthio tanquam auis immunda cibo interdicitur Leuit. 11. & Deuter. 14. ¶ Bath iaenah, id est filia struthionis Hebraicè dicitur, eo quòd homines fœmella ferè uesci solet, & cum adhuc parua est, teste eſt,teſte R.Dauid Kimhi in libro Michlol,P.Fagius. Struthophagi Arabiæ populi ſunt,uide infrà in H.a. Aethiopes captis à ſe ſtruthionibus ueſcuntur,Bellonius.

¶ In ſtruthione elixo:Piper,mentham,cuminum aſſum,apij ſemen,dactylos uel caryotas:mel, acetum,paſſum,liquamen & oleum modicè:& in cacabo facies ut bulliat,amylo obligas,& ſic par‐ tes ſtruthionis in lance perfundis, & deſuper piper aſpergis. Si autem condituram coquere uolue‐ ris,alicam addis,Apicius 6.1. Aliter in ſtruthione elixo:Piper,liguſticum,thymum aut ſatureiam, mel,ſinape,acetum,liquamen & oleum,Idem.

¶ Tetracis magnæ carom agnorum ſtruthionum carni (quam & ipſam ſæpe guſtauimus) non diſſimilis eſt,Athenæus. Sunt qui uelint pauonis carnè craſſi & modici alimenti, ac difficilis con‐
10 coctionis eſſe, melancholiamép augere. eiuſdemép naturæ ſtruthij caro habetur, quem Africa pe‐ culiariter nutrit,Platina. Caro ſtruthionis omnium craſſiſſima iudicatur,eam ob cauſam uitanda, Raſis. Ex grandibus ſtruthis membra omnia dura, excrementoſa & concoctu difficilia ſunt, Ga‐ lenus de cibis boni & mali ſucci,& lib. 3. de aliment. facult. Alæ eorum non ſunt deteriores cæte‐ rarum auium alis,Idem. Carnem nham quidam medici magnificè laudauerũt: quam ſcribunt eſſe calidam,pinguem,appetitum excitare,confirmare corpus , & laudabilem eſſe quando cõcoquitur. ſed eſt mali ſaporis &(Vetus translatio,eſt debilis & uacua)craſſa,& (non facile) concoquitur. coi‐ tum promouet, Auicenna 2.523. ¶ Heliogabalus ſtruthiones & camelos exhibuit in cœnis ali‐ quoties,dicens præceptum Iudæis ut ederent,Lampridius. Et rurſus de eodem,Sexcentorũ ſtru‐ thionum capita una cœna multis exhibuit ad edenda cerebella. ¶ Oua ſtruthionum in Arabia ſe
20 non inſuauiter comediſſe Aloyſius Cadamuſtus ſcribit. Oua ſtruthocameli comedens,guſtũ quen dam ſapidum habere inueni, Braſauolus. Gallinarum & phaſianorum oua præſtantiora ſunt, de‐ teriora ũerò anſerum & ſtruthocamelorum, Galenus 3. de alim. Inter oua ſicciora ſunt oua anſe‐ ris & ſtruthij,Auicenna. Oua ſtruthionum craſſa ſunt & difficilia concoctu: qui eis ueſci uoluerit, uitellis tantum utatur,Tacuinus.

G.

In ſtruthionis uentre inciſo lapides inueniuntur,quos hæc deuoratos tandem concoquit, ij ſanè ad efficiendam oculorum medicinam ſalutares ſunt,Aelianus. Græcè legitur, αγν δ' αὖ ὅτι γὰ ανθρώ‐ πω ὄψεως ἀγαθόν.ubi γὰ coniunctio ſimilitudinem aliquã cum præcedentibus inſinuat,& rei ipſius natura πίψεως potius quàm ὄψεως legendum dictat: ut lapides in uentriculo animalis omnia conco‐
30 quentis in homine etiam concoquendi uim promoueant & confirment: (Hæc ſcripſeram cum Ki‐ ranidem quoqʒ lapidem è uentriculo ſtruthionis collo ſuſpenſum bonam facere concoctionem ſcri bere legi.)Qua ratione etiam echinus ſiue interior membrana gallinarum in cibo ſumpta,tanquam illi etiam uis cõcoquendi lapillos inſit:& exteriores pelles animalium quorundam uoracium foris applicatæ,cum ſuis plumis aut pilis,mergi,cygni, lupi, bonam facere concoctionem exiſtimantur. quod ſi faciunt,calori forſan per illas aucto adſcribendum fuerit, non occultæ cuipiam proprietati. poterat autem ſimiliter alijs quoqʒ calidis aut calfacientibus impoſitis augeri. Struthocameli uen‐ triculus falſò laudatur ceu medicamentum quod iuuat coctionem, Galenus 3.de alim.facultatibus. Struthiocamelis mira natura coquẽdi quæ ſine delectu deuorarint, ut ferrum, & oſſa ueruecum in‐ tegra,unde & pelles eorum cum plumis mollioribus concinnatas ſtomachicis applicant, Syluius.
40 Struthiocameli uentriculus,& aliarum auium ſimiliter, cochleariorum duũ menſura ex uino po tus febri abſente , præſente uerò ex aqua, uentris profluuio medetur, Galenus Euporiſton 2. 46. Cortex interior uentris ſtruthionis ſumptus confert ſtomachicis & calculum diſſoluit, R. Moſes. eadem uis echino ſeu interiori membranę uentriculi gallinarum attribuitur. ¶ Struthionis adeps & nerui auxilium & ſalutem neruis hominum afferunt,Aelianus. ¶ Cum auctio regia per Cato‐ nem Vticenſem fieret,ſeuum ſtruthiocamelinum ſeſtertijs L X X X. uænijt, efficacioris ad omnia uſus quàm eſt adeps anſerinus,Plinius. Nicolaus Myrepſus adipem ſtruthiocameli miſcet acopo ex uulpe in oleo decocta,itẽ unguento 12.ad arthriticos. Eundẽ Paulus Aegineta inijcit in empla‐ ſtrum diacinnabareos ad tofos alioſqʒ tumores induratos. ¶ Vrina puerorũ impubium Salpe illi‐ nit Sole uſta,cum oui albumine, efficacius ſtruthiocameli,binis horis, Plinius. Struthocameli oua
50 podagricis inuncta proſunt,Kiranides.

H.

a. Struthius auis eſt grandi corpore & graui,fœmina uocatur ſtruthio, Textor R auiſius : ſed abſque authoritate. Vaſta ales pro ſtruthocamelo,Claudianus in Eutropium lib.1. Afra auis pro ſtruthione,uide infra in h. Aues ceruinas dictas, eaſdẽ ſtruthocamelis eſſe, in E. docuimus ſuprà. ¶ Μεγάλαι ςρυθοὶ dicebantur etiam λιβυκαὶ ςρυθοὶ,& ςρυθοὶ ſeparatim, ut Αρείβυ ἱλεφαίνταν ἄρματα καὶ ςυνω‐ είσἒς τράγων,ἐξηκοντα ςρυθόυ,ὀκτὦ,Euſtathius (ex Athenæo.) Σρυθοὶ οἱ Ἀρέβιοι,Heraclides. Σρυθὸς,ὁ κα‐ τωφερὴς καὶ λάγνۑ. Ἀλίπυι δὲ τὰς ςρυθοκαμήλως,Heſychius. Ἀγρίας ςρυθοκάμηλος,Idem & Varinus,ſed lo cus uidetur mutilus,& legendum, ἄγριαι ςρυθοὶ,αἱ ςρυθοκάμηλοι,ut Aelius Dionyſius habet citante Eu‐ ſtathio. Λιβύνης πῖρθ᷄όγυ Βότρυ ἀγκυλόδ᷄ειρον,Oppianus lib.4.de piſcat. Μετὰ ςρυθοῖο κάμηλος,Idem. Ve‐
60 ſpertilionem in gripho auem non auem uocant, uidetur autem ſtruthio quoqʒ auis non auis poſſe appellari,cum licet auis non uolet,& multis partibus ad quadrupedes accedat.

¶ Epitheta. Ἀγκυλόδ᷄ης ۑ, Oppianus. Quòd ſi Græcè ςρυθὸν per excellentiam pro ſtruthoca‐

O o 3

melo accipias, epitheta fuerint, Λιϐυκὴ, μεγάλη, ἀγρία.

¶ Seuum struthiocamelinum Plinius dixit. Nostri hanc auem uocāt **ein Struß**, & quoniam pennis eis pilei & galeæ ornantur, deducitur inde nomen **ein strüßle** pro quauis crista, & uerbum **strüssen**, pro eo quod est superbè se erigere.

¶ Icones. In libro Notitiarum Orientis & Occidentis, qui insignia diuersarum Romani imperij prouinciarum continet, animalia quædam pinguntur inter Arabiæ insignia, serpentes, struthio, & aquila aut phœnix. Aegyptiorum sapientes cum eum qui ius æqualiter omnibus impertiatur significare uolunt, struthiocameli pennam pingunt. hoc enim animal præter cætera pennas alarum undiquaq; æquales habet, Orus in Hieroglyph. Est in Helicône Arsinoæ imago, quam frater eius Ptolemæus duxit. Arsinoën gestat struthio (ςϼϴϐὸs) ænea, de genere magnarum illarum 10 auium quæ propter magnitudinem & grauitatem uolare non possunt, Pausanias in Bœoticis. Extat Gordiani sylua memorabilis, picta in domo rostrata Cn. Pompeij: in qua pictura etiã nunc continentur, struthiones Mauri miniati trecenti, onagri triginta, &c. Iulius Capitolinus.

¶ Struthocamelus inter struthij herbæ nomenclaturas legitur apud Dioscorid.

¶ Albertus in opere de animalibus ex Auicēna nominat chychelinches aues ex ansere & struthione compositas, ubi chenalopeces, id est uulpanseres legendum, ut monui in Ansere c.

¶ De Struthophagis populis diximus suprà in E.

¶ b. In India gignitur arbor quædam cui folium specie prælongū, simile pennis struthiorum, quæ super galeis imponuntur, longitudine duorum cubitorū, Theophrast. de hist. plant. 4.5. Struthionis penna similis est pennis herodij & accipitris, Iob 39.   20

¶ c. Habitabuntq; ibi filiæ struthionis, Esaiæ 13. & Hierem. 50. Et socius struthionum, Iob 3. Erit cubile draconum, & pascua struthionum, Esaiæ 34. Filia populi mei fidelis quasi struthio in deserto, Hierem. Thren. 4. Faciam planctum meum uelut draconum, & luctū quasi struthionum, Micheæ 1. Struthio quãdo oua sua derelinquit in terra, tu forsitan in puluere calefacies ea, Iob 39. Struthio cum tempus fuerit, in altum alas erigit, Ibidem.

¶ d. Struthio dura est in suos pullos, quasi nõ sint sui, frustra laborauit nullo timore cogente, Iob 39. Struthionem deus priuauit sapientia, non dedit illi intelligentiam, Ibid.

¶ e. Struthiorum pennę super galeis imponuntur, Theophrast. ¶ Struthiocamelus habet in uentriculo echinum, quod dicitur suffuchium, (nomen uidetur corruptum,) aridum hoc tritum & 30 datum in potu occulte, amorem & libidinem excitat, Kiranides.

¶ f. Heliogabalus habuit istam consuetudinem, ut una die nõ nisi de phasianis tantum ederet, item alia die de pullis, alia de porcis, alia de struthionibus, Lampridius. Regi Persarum inter cæteras animantes quotidie etiam struthi Arabici mactabantur, Heraclides.

¶ g. Lapis de echino, id est uētriculo struthiocameli, cum grano (pondere grani) satyrij tritus, & datus in cibo uel potu latenter, magnam facit intentionem, maxime frigidis & impotentibus ad concubitum. Ipse etiam lapis solus ad collum suspensus, bonam concoctionē facit, (uide suprà in G. ex Aeliano,) & intentionem ad concubitum, Kiranides.

¶ h. Glorificabit me bestia agri, dracones & struthiones, Esaiæ 43. Aristophanes in Auibus Rheæ matri deorum struthocamelum comparat propter eius magnitudinem.

¶ PROVERBIVM Afra uel Libyca auis, Λιϐυκὸν ὄρνεον, refertur à Suida de prægrandibus, 40 quòd ex ea regione deportentur aues immani magnitudine. Horatius de prælauta usurpauit. Non Afra auis (Meleagridem hic uel Numidicam gallinam, non struthionem acceperim) descendat in uentrem meum Iucundior, quàm lecta de pinguissimis Oliua ramis arborū. Nam gallinas prægrandes olim mittebat Africa, quas easdem Numidicas aues appellãt. Acron uidetur de struthione sentire, quæ & ipsa auis mira mole corporis esse fertur. Mea quidem sententia non inepte iacietur & in hominem peregrino cultu notabilem. Et Plautus alicubi Pœnum auē uocat, ob manicas alarum instar utrinq; pensiles. Prouerbium extat in Auibus Aristophanis. Interpres indicat cõuenire in barbaros ac meticulosos. Sunt enim homines prægrandes ferè timidiores. Terentius, Hic nebulo magnus est, Erasmus.

                                                                          50

DE STVRNO.

A.

TVRNVS auis, à quibusdam parum Latinè sturnellus dicitur, ut Italis uulgò sturnello. Græcè ψὰϱ uel ψαϱός, ut bis habet Aristoteles: item Galenus & Varinus. Ἐρωδιὸν (alij aliter interpretantur, nos omnino ardeam,) Ambrosius sturnum transfert, quē tamen Gręci non erodiòn, sed psara dicunt, Cælius. ¶ Sarsir Hebraicam uocem nonnulli astarem uel sturnum aiunt significare, alij aliud animal: uide in Aquila A. Alzarazir sunt aues apud Arabes, turdorum ferè magnitudine, sed colore diuerso. habent enim plumas & pennas nigras aliqua insignes albedine, & apud Venetos dicuntur stornelli, And. Bellunē. Auicenna meminit simi al. 60 zarazir oryzam edentium: ubi uetus interpres non recte turdos trãslulit. Serapio de remedio ex eodem simo citans Galeni uerba, pro sturno zezir habet: & eadē ex Dioscoride transferens ineptè
                                                       turturem

turturem pro sturno posuit. Napellus (Cicuta) uenenū (imo cibus) est zaratro, id est sturno, Auer=
rois interpres. Sturnelli qui dicuntur azuri, Interpres Auerrois. Asseudeni est auis nigra, rostro
luteo: secundum aliquos sturnus, And. Bellunensis. sed uidetur potius merula. ¶ Sturni Italicum
uulgare nomen est storno, stornello uel sturnello. ¶ Lusitanicum sturnino. ¶ Gallicum estour=
neau. ¶ Germanicum Staar, quod nomen à Latino efficū est: Rinderstaar, quòd circa boum
armenta uersari soleat. Aliį scribunt Stär/Stöz/Starn. Circa Argentoratum & Francfordiam
ein Sprehe. Flandris Spreuwe, Brabantis Sprue. ¶ Anglicum a sterlyng, a starll, a stare.
¶ Illyricum & Polonicum sspacziek, uel spatzek.

B.

Sturnus uarius est, (Gaza uertit: niger est, albis distinctus maculis,) magnitudine merulæ, Ari=
stot. de hist. anim. 8, 16. Auis est uariį coloris, omnibus nota, Kiranides. Nigra est, aliquantulum
in cinereo pallescens (cinereis maculis pallidis) respersa, Albertus. Linguam habet latam, Idem.
Auis parua est, fusco nitens colore, Author de nat. rerum.

C.

Dum turdus trutilat, sturnus tunc pisitat ore, Sed quod mane canunt, uespere non recolunt,
Author Philomelæ. Sturnus pisistrat & isitat uoce, F. Alumnus, nescio quàm recte. Sturni ut &
graculi aues clamosæ & gregariæ sunt, Eustath. Τῶμ δ᾽ ὥϛε ψαρῶμ νέφ⊙ ἔρχεται, ἠὲ κολοιῶμ, Οὐλομ κε=
πληγοντες (ὀξὺ βοῶντες ἤ πωκνόμ) ὅτι πϐῖδ᾽ωσιμ ἰόντα Κίρκομ, ὅϛε σμικρῆσι φόνομ φόϐα ὀρνίθεσσιμ, Homerus in
fine Iliados ϱ. Dicit autem Troianos turmatim Hectorem & Aeneam ducem secutos esse perse=
quendo Grecos: & in hoc quidem simile est, quòd turmatim feruntur: dissimile uerò quòd Troiani
Græcos fugant, sturni circo accipitre conspecto fugiunt. Audio sturnos qui ab homine aluntur
ualde canoros esse, & aliarum quarumuis auium uoces imitari. Sturnus linguæ est latæ, & perfe=
ctissimè loquitur, Albert. Cæsares iuuenes (Drusus & Britannicus Claudiį filiį) habebant turdum
imitantem sermones hominum, item sturnum, luscinias Græco atcʒ Latino sermone dociles, Plin.
Sturni loqui discunt, uide supra in Psittacis ex Plutarcho. Papinius etiam sturnum inter humani
sermonis imitatrices nominat. ¶ Sturni in arenis & paludibus (& pratis aquosis) assiduè uersan=
tur, & cum armentis uaccarum etiam propter pascua quæ de stercoribus colligunt, Albertus. unde
& nomen eis nostri à bobus indunt, Rinderstaten. In agros milio & panico consitos agminatim
inuolant, Plin. Sunt qui sturnos captos oryza tantum pascunt, & eorum simo crocodileam adul=
terent, Idem. Magno impendentis uindemiæ damno ueniunt, Volaterr. Sambuci acinis grana
insunt sesamacea non ingrata turdis sturniscʒ, Ruellius. Cicuta sturnis alimentum est, ut ellebo=
rus coturnicibus, utruncʒ homini uenenum, Galenus in opere de temperam. & in libro de theriaca
ad Pisonem: item Kiranides. Elleborus uenenum (imò cibus) est coturnicibus, & napellus (cicuta)
zaratro, id est sturnello, Auerrois uel eius interpres potius. Aduersus napelli uenenum (inquit
Ant. Gainerius) darem puluerem musconum (muscarum uel culicum) napellum depascentium, uel
puluerem coturnicis seu turdi. Sed apparet illum deceptum ab Arabibus uel eorum interpretibus,
qui coturnices napello uel aconito pasci scripserunt, cum sturnos (non turdos) conio, id est cicuta
non aconito pasci scribendum fuisset, ut copiosè in Philologia de lupo exposui, de aconito scribens.
Cicuta quidem pinguescunt etiam sues Aeliano teste. ¶ Sturnorum generi propriū (cum abeunt
è nostra regione) cateruatim uolare, & quodam pilæ orbe circumagi, omnibus in medium agmen

Oo 4

tendentibus, Plinius. Gregatim uolant & compressè quasi ad aciei centrum, propter timorem accipitris. hunc enim supernè uel à latere accedentem alis euentant, (uento alarum coniunctarum repellunt:) & subtus uolantem stercoribus opprimunt, Albertus. Sturni aues se inuicem amant &
gregatim degunt, sed mutuo se iuuare (propter infirmitatè, contra aues rapaces) non facilè possunt,
Eustathius. Maximè gregatim uolant, modò in acie directi, modò globatim condensati, tanta mul
titudine atque impetu, ut nubè facere & tempestatis more sonare primo uolatu uideantur: & pulchrè
Homerus ψαρῶν νέφος, id est sturnorum nubem dixit. Vespere aggregantur & immensis turmis
commurmurant, nocte silent, aurora rubente murmur excitant. demum uero diuisi per turmas ad
cibum uolant, Author de nat. rerum. ¶ Ter anno pariunt, ut audio: uno tempore septem uel octo
oua. ¶Sturnus hyeme latet, Arist. Abeùt & merulæ turdiq et sturnisi misi modo in uicina. sed hi　10
plumam non amittunt, nec occultantur, uisi sæpe ibi, quo (aliàs, nisi spe cibi quo) hybernum pabulū
petunt, Plinius. Aliter legit Platina: Abeunt merulę (inquit) et turdi, similiter ac sturni, sed in uicina
loca. occultantur hæc animalia sepibus, ibiq hyberno tempore pabulum quærunt. Aues quædam
cum æstate æuum degant in syluis, hyeme demigrant in finitimos locos apricos, montium recessu
secutæ, ut sturni, turdi, &c. Ge. Agricola. Et rursus, In angustis montiū locis laterè aliquando consueuerunt turdi, sturni, &c. ¶ Sturno allij semen mortiferum est, Aelianus.

D.

Animalia quædam imitantur ciuilitatem in habitatione congregata & defensione communi, ut
grus, sturnus, anas, Albertus. Sturni quidem natura φιλάνθρωποι & συναγελαστικοί sunt, ut Eustathius
& Io. Tzetzes scribunt. uide supra in c. ubi hoc etiam annotauimus, sturnos accipitrem fugere, &　20
quomodo aduersus eum se tueantur: & quod humano etiam sermone dociles sint. Ad quemlibet
impetum accipitris comprimuntur in aere, & uento alarum coniunctarū repellunt accipitrem: qui
si infra eos uolet, stercoribus eorum inquinatur ita ut appropinquare non possit, Albertus. ¶ Hoc
experientia deprehensum est, sturnum sibi ipsi medicinam facere. Cum enim quidam luscinias simul & sturnum aleret, & huic pes luxatus esset, oua formicarū, quibus uescuntur lusciniæ, sturnus
rostro minuit: & deposita sub alis atq calefacta, rostro ad pedem attriuit. Qua ratione intra paucos
dies integer, ut antea, incessit, ut Ge. Fabricius suis ad nos literis testatus est. ¶ Canem à sturno
abhorrere fertur, Blondus.

E.

Animalia quæ gregatim degunt, facilius decipiuntur ab aucupibus. positis enim quibusdam suę　30
speciei auibus, uel imaginibus auium iuxta retia, statim accedunt & capiuntur, ut anates, sturni, Al
bertus. Sturni ad quemlibet impetum accipitris comprimuntur in aere, & uento suis alis excitato
repellunt eum, &c. uide in D. Pantheron retis genus quo utitur Galli ad passeres, sturnos, &c. Bu
dæus describit in Annotationibus in Pandectas. Funiculis longis inuiscatis capiuntur sturni, qui
ualde gregatim uolant, cum habetur aliquis sturnus ad cuius pedem ligatur funiculus inuiscatus, &
manu tenetur. dimittitur autem cum grex sturnorum prope uidetur. tūc enim cum funiculo dimissus ad gregem accedit, & cum ipso strictè (quàm proximè & contiguè) uolitat: multiq tangentes fu
niculum inuiscantur, & ad terram simul cum eo ruunt, Crescentien. In quibusdam Italiæ locis, mu
stelis domesticis (ut audio) utuntur, ut aues è nidis extrahant, passeres, sturnos, &c. Capiuntur in
uolatu, Eberus & Peucerus. Facile eos aiunt capi hyeme laqueis quibusdam (in böglinen) in pra　40
tis aquosis. ¶ Sturnus domi ut parasitus educatur, Volaterr. Est apud nos qui sturnum octauo
iam anno domi alit: & auceps qui septimo: ait autem is ualde canorum esse, & aliarum quarumuis
auium uoces (quas scilicet in eadem domo subinde audit) imitari. ¶Magno impendentis uindemiæ damno ueniunt, Volaterranus. Pestem à milio atq panico sturnorum, passerúmue agmina
scio abigi herba, cuius nomen est ignotum, in quatuor angulis segetis defossa, mirum dictu, ut omnino nulla auis intret, Plin. ¶ Starnes (Sturni coniicio legendum) si mane uolauerint congregatæ, mane erit tempestas: si autem tardè, tardè & multo tempore erit tempestas: & si reuertantur uolantes, tempestatem significant, Gratarolus ex authore barbaro.

F.

Sturni carnes habent siccas & sapidas, Albertus. Sunt quibus uideātur ferinum quid resipere,　50
quod nostri dicunt wiltelen. Non laudantur in cibo, Nic. Massa. Sturni, quos uulgò diabolicam
carnem habere dicimus, omnino ab obsonijs lautorū reijciantur, Platina. Galenus lib. 6. de tuenda
ualetud. inter perdices, turdos, merulas, & huiusmodi, quæ quidem boni succi esse ab omnibus existimantur, ψάρας, hoc est sturnos, etiam commemorat, qui à multis illaudabilis esse nutrimenti iudi-
cantur. Cui obiectioni sic occurri posse arbitror: Galenum in eo libro in calculi renum uitio sturnos
tanquam tenuis alimenti approbasse, similiter & palumbes turritósue passerculos, quos Græci πυρ
γίτας appellant: uel sturnos non ita fortasse improbi succi esse, præsertim iuuenculos, ut uulgus putat. quædam nanq animalia in tenella adhuc ætate boni succi sunt, ut uituli & hœdi: si uerò annosa
fiant, praui. hæc enim (ut ait Galenus in tertio de alim. facult.) carent & concoctionis & boni succi,
& nutritionis laude, Aloisius Mundella epistola 6. Medicinalium. Et paulò post, Nec obstiterit　60
(inquit) quò minus boni succi sint quòd cicuta interdum pascantur, ut neq coturnicibus quòd elleboro. Et rursus dialogo 4. Medicinalium, Galenus (inquit) lib. 6. de tuenda ualetud. sturnos inter
attenuan-

attenuantis optimiq́ue alimenti cibos connumerat, qui tamen ab omnibus ferè qui de illis tradidere, & praui succi & saporis ingrati habiti sunt. Et fieri quidem potest ut uox illa psaros, id est sturnus, ab alio Galeni contextui, non ab ipso authore addita fuerit. Vel Galenum ibi de sturnis iuuenculis locutum fuisse dicemus, qui nimirum tenelli adhuc succi laudabilioris fuerint quàm adulti, &c. Vel potius existimabimus illum intellexisse de sturnis qui in montibus degunt, non autem qui circa pa ludes & loca campestria uersantur: quos sanè si comedas, cum præsertim nouellæ sunt ætatis, adeò miram cibi illius suauitatem senties, ut uix illos à turdis discernere possis, Hæc ille. Sturni sunt ca lidi, Galeno lib.3.de alim.facult.accommodi siccis, libro sexto de sanit.tuenda, non aduersantur re nibus, Ibidem. Sturnos tanquam melancholicum & uitiosum generantes humorem reijcimus,

10 quum & cicuta illi nutriantur, Amatus Lusitanus in Curatione ulceris cancrosi. Sturni caro cras sior est quàm pulli (gallinæ uel coturnicis, uentrem astringit, & multum nutrit, Rasis ut quidam ci tat. Sturni phasianis natura proximi sunt, Elluchasem : sed titulus habet, Perdices paruæ seu stur næ: lego starnæ.sic autem Itali uulgò uocant perdices minores. Sturni & alchata (species palum bium) habent in se superfluitates, & sunt malæ concoctionis, maliq́ue nutrimenti: & sanguis ex eis ge neratus est calidus & siccus, Elluchasem. Sturnelli sunt calidi & sicci, difficiles concoctu, crassi succi, Auerrois. Eis quos hemorrhoides crebrò uexant, & maximè pulsantes, expedit ut diligenter euitent grues, sturnellos, &c. Arnoldus de conS.sanit.

G.

Sturnus in cibo sumptus iuuat omnes qui mortiferum aliquid biberunt: & si quis prægustaue

20 rit, omnino non lædetur, Kiranides. ¶ Crocodilea adulterant amylo aut cimolia, sed maximè (stur norum fimo) qui captos oryza tantum pascunt, Plinius. Plura de huius fimi usu ad faciem ornan dam ex Dioscoride, Plinio, & Galeno, attuli in Scinco G. Ad alphos conuenit crocodilea & fimus sturnorum cum oryzam comederint, Aegineta. Stercus turdorum (alzarazir, id est sturnorum) edentium rizi, confert ad pannum & morpheam, Auicenna. Stercus zezir (sturni) oryza pasti, impetigines efficaciter abstergit, Serapio citans Galenum.atqui Galenus lib.10.de medic.simplic. fimum crocodili terrestris cutim abstergere & siccare scribit, ut & sturnorum oryza pastorum, qui tamen multò imbecillior sit: crocodili uerò terrestris tam efficax, ut ephelides etiam & alphos, & li chenes tollat. Eiusdem Serapionis interpres ex Dioscoride transferens, pro fimo sturni, imperitè posuit turturis.

30

H.

¶ a. Psaros, id est sturnus auis, Syluat. qui & paros alibi habet pro sturno, sed mutilâ dictio nem. Græcè in recto singulari ψάρος effertur, ut λόγος: uel ψὰρ, ut καρ, inde obliqui ψαρός, ψαρί, oxy toni: etsi non meminerim illos apud authores legere. pluralis quidem numerus ψαροὶ uoce paroxya tona, & ψαρῶν circunflexa, non infrequens est. ψῆρες poeticū est, Eustathio teste: quod cum penan flectatur, miror ψᾶρες etiam non penanflecti præsertim cum primam producat Homerus, ut in hoc uersu: Τῶν δ' ὥςε ψαρῶν νέφος ἔρχεται ἠὲ κολοιῶν. ψαρόι dicuntur παρὰ τὸ ψαίρειν, Μαχνῶσιν γὰρ τὰ παρα πίπτοντα οἱ ψαροὶ ἐν τῷ διαχέεσκειν (forte διαχαράσσειν) καὶ ἐντείν προσφιλῶ τινα κάπαδον, Eustath. hoc est, ab eo quòd terram pedibus mouent & radunt, & obuia quæque uerrunt dum alimentum sibi quærunt. ψαροί, genus auis, sunt qui dicant hanc uocem apud nullum authorem reperiri, Hesych.& Varin.

40 ψαρὶς genus auis, (γγιος σρεθὸ,) uel triremis, Iidem. Ὄρνις θήλεια, ψαρόν, Antiphanes apud Athenæum. ψῆρσι, genus auium, Hesychius & Varinus. Suidas interpretatur ψαρος, id est sturnos, & citat illud Homeri, Κολωιὸς τε ψῆρας τε. Ὁ περὶ ἐγὼ καὶ ψῆρα, καὶ ἁρπάξαγαν ὀρύκων Σπέρματ' ἐξ ἰππὶν Βισονίῳ γόρλνων, Suidas ex Epigrammatis. Ἀσραλός, ὁ ψαρός, (malim ὁ ψαρός) oxytonum,) Thessali, Hesych.& Varinus: inde forsan quòd punctis ceu stellis quibusdam insigniatur. Βύϑα, sturnus, Iidem. ϝόλ μις, sturnus, Iidem. Targula barbaris scriptoribus quibusda turtur est: aliqui (inquit Albertus) stur num interpretantur, sed locus qui ex Aristotele transfertur, turturem esse ostendit.

¶ Epitheta. Sturnus edax, pisitans, Textor.

¶ Sturni proprium habent cateruatim uolare: unde sturnatim, sicut graculatim, Grapaldus.

¶ ψαρὸν ἵππον, Aristoph.in Nubibus.Scholiastes & Suidas interpretatur celerem, ἀπὸ τῶ ψαίρειν,

50 unde & ἀνίψαρός deducatur. uel qui colore tali sit. Scribitur autem ψαρὸς adiectiuū oxytonum, pro aue uaria, quæ dicitur ψὰρ, in genitiuo ψαρός, æquus similiter uarius, καὶ ὡς εἰπεῖν βαλιὸς, ψαρὸς cognominatur, Eustathius. ψαροὶ ποικίλοι, καὶ εἶδος χρώματος, Varinus. ψαρὸν de turdi in collo colore Gaza apud Aristot.hist.anim.9.49.uertit murinum, Plinius concolorem. neutrum probo. malim enim uarium uel maculosum. Passerculus troglodytes similis est regulo, sed iuxta summum alæ lineamentum ψαρόπερῶ, Aetius, id est magis uarius. quidam uertit, cinerei amplius coloris. Lapis hic quem ex Plinio à maculis sturni psaroniū, uel (quod ex lapidicinis The banis excidatur) Thebaicum nomino, supra omnes lapides duriori corporis callo cōstat, Bellonius de operibus antiquis cap.8. ¶ Sunt & psari pisces, à uarietate coloris nimirum dicti, sicut & equi psari, quòd sturnorum instar maculosi sint. ¶ Sturnini, Italiæ populi, Plinius 3.11.

60 ¶ b. Σαέψ, auis genus sturno simile, Hesych. & Varin. Frigelli aues sturnis similes in uineis reperiuntur & uuis inebriantur, Arnoldus de Villanoua.

¶ c. Homerum infantem fabulantur, cum mel aliquando ex Aegyptiæ nutricis uberibus in os eius manasset, ea nocte nouem auium uoces diuersas ædidisse, hirundinis, pauonis, sturni, &c. ut recitaui in Columba Liuia ex Eustathio.

¶ d. ἔθνσιν δ᾽ ὄια πομάχωρ ὄρνκι ἰοικὼς εἰκὼς, ὅσσ᾽ ἐφόβησεν πολσιὼς τε ψῦρας τι. Homerus Iliad. π.

¶ f.   Sturne peregrinas mendices aridus uuas,   Socratici cœna nolumus esse tua, Bapt. Fiera. Nunc sturnos inopes, fringillarumᶜᵩ querelas, Martialis lib. 9.

DE STYMPHALI AVIBVS SEV STYMPHALIDIBVS.

A D aquam Stymphali fama inualuit aues quondam fuisse enutritas, quæ humanis carnibus uescebantur. Has sagittis confecisse Hercules dicitur. Pisander uerò Camirensis aues ab Hercule 10 occisas negat, sed crotalorum strepitu fuisse abactas. Arabia quidè deserta feras exhibet tum alias, tum aues Stymphalides nomine, quæ nõ minus in homines grassantur quàm leones aut pantheræ. Ad has capiendas si qui proficiscantur, in eos uolatu feruntur, rostrisᵩ uulneratos occidũt. Si quæ homines gerant ex ære facta aut ferro, ea aues perforant. sin autem uestem phloinam crassam contexant, rostra Stymphalidum ea ueste non aliter quàm minorum auium alæ uisco detinentur. Magnitudine grues æquant, sed ibibus sunt similes. rostra tamen habent firmiora, & non ut ibes obliqua. Vtrum autem mea etiam ætate Arabicis auibus, idem cum illis quæ in Arcadia olim fuerunt, nomen, forma uerò sit diuersa, exploratum non habeõ. Quòd si omni tempore similes misuijs sint Stymphalides atᵩ aquilis, (ut Loescherus uertit. Græcè legitur, Εἰ δὲ τὴν πάντα αἰῶνα ὑϊὴ τὰ αὐτὰ ἰσφάξι καὶ ἀετοῖς ἡ Στυμφαλίδες εἰσὶν ὄρνιθᵒν, &c. hoc est, ut ego uerterim, Quòd si Stymphalides aues semper 20 in rerum natura sunt, ut aliæ auium species, accipitres uidelicet & aquilæ,) aues mihi uidentur Arabicæ. Et fieri potest ut pars quædam ex illis in Arcadiam Stymphalum transuolârit: Arabes autem alio eas nomine principiò, non Stymphalidas appellauerint. Sed Herculis gloria, & qui Barbaris semper fuerunt prælati Græci, in causa fuerunt ut & illæ in Arabia deserta, Stymphalides nostra ætate uocarentur, Pausanias in Arcadicis. ex quo transferentes Gillius & Loescherus ἰδῆτα φλοίνεω corticeam uestem uerterunt, Nicolaus Lonicerus in Varijs multiplicem pannosamᵩ tunicam. sed phlûs uel phleos genus est stirpis Theophrasto, ex qua phloinæ uestes conficiebantur, quarum & Pollux meminit.   Stymphalides aues innumeras ex Stymphalide palude Hercules abegit, Diodorus Siculus.   ¶ Stymphalides aues Herculem negant abigere potuisse, nisi crotali (crepitaculi) 30 ærei sonitu perterrefactas, quod à Vulcano fabrefactum Minerua acceperit & donauerit Herculi. Stymphelus quidem (Στύμφηλος) Arcadiæ oppidum est, & Stymphalis lacus, Στυμφαλὶς λίμνη : circa quem Stymphalides aues fuerunt ploïdes etiam dictæ (πλωΐδες) Apollonio in Argonaut. Seleuco & Charoni, eo quòd in lacu isto natarent. Priuatim Mnaseas author est Stymphali cuiusdam heroïs & Ornithos mulieris filias fuisse Stymphalides, quas Hercules occiderit, quòd ipsi hospitium negassent, & Molionas suscepissent. Pherecydes uerò non mulieres sed aues fuisse ait, ab Hercule interfectas. Similiter & Hellanicus: qui addit Stymphalidem lacũ per uoragines quasdam (δὲ βωρέθρεων) emissum exaruisse. Has aues scribit Apollonius circa Aretiadem insulam fuisse, quam primum ab Otrera Martis filia habita ferunt. sunt autem his alitibus pēnæ ferreæ. Meminit earum Timagetus, & Pisander in Scythiam eas auolasse tradens, unde etiam primò uenerint, Scholiastes Apollonij. Canit autem Apollonius Argonauticorum secundo, missitus earum pēnas esse, quibus tanquam 40 sagittis homines uulnerarint.   ¶ In capite paucis animalium, nec nisi uolucribus apices: phasianæ corniculis, stymphalidæ cirro, Plinius 11. 37.   Equidem quæ de harpyis & stymphalidibus traduntur ficta esse arbitror, ut de plerisᵩ alijs auibus, Perottus.   ¶ In Stymphalide palude aues quædam fuerunt tantæ magnitudinis ut Solis radios obumbrare dicerētur, omnem Arcadiam deuastantes. has Hercules nõ sagittis, ut quidam putant, sed sonitu ahenei crepitaculi fugauit, & usᵩ ad insulam Aretiada propulit, Grammatici quidam. Stymphalides pepulit uolucres discrimine quinto, Vergilius de laboribus Herculis.   ¶ Author obscurus qui de naturis rerum scripsit, uanellum autem uulgò dictam stymphalidem Plinij esse arbitratus est, non alio ut apparet argumento persuasus, quàm quòd stymphalidi Plinius cirrhum tribuit, & uanellus quoᵩ cirrhatus est: sed eadem ratione felem Mineruam feceris, quòd cæsij utriᵩ oculi. 50

S V B I S appellatur auis apud Nigidium quæ aquilarum oua frangit, Plin. Aristoteli sitta quoᵩ aquilarum oua frangit.

HISTORIAE AVIVM, QVARVM INITIALIS LITERA T. EST.

TAVTASVS & TENGYRVS, Ταύτασος, Τεγγύρος, auiũ esse nomina apud Hesychium & Varinum legimus, uidentur autem per onomatopœiam facta.

TELEAS, Τελέας, uiri nomen in Auibus Aristophanis, qui traducitur tanquam incõstans, auis instar. Symmachus tamen auis nomen esse putauit, citans alium poetæ locum, Τελέα, καὶ τετράδι, καὶ τρυεῖνι, καὶ Βασιλίσκω, Scholiastes. Est & eleas auis, de qua in Elemento E. iam scripsimus.

THOVS, Θωὸς, auis quædam, Hesychius & Varinus. 60

THRACES, Θράκες οἱ, aues mergorum generis sunt marinæ, de quibus in A. Elemento Oppiani uerba retulimus.

            THRA

THRATTA, Θρᾶπα, mulierem in Thracia natam significat, est etiam piscis & auis nomen, Stephanus Grammaticus in Θράκυ.

TIPHIA, Τίφια, aues quædam palustres, ὄρνια τὰ ᾧ τοῖς ἕλεσι γινόμθμα, Hesychius & Varin. Τῖ φ⊕ idem est quod ἕλος, id est palus.

TITYS, parua est auicula à sono uocis dicta, ἰχ τὸ πτίζειν, (aliàs πτύζειν.) aut fortè quælibet parua auicula à ueteribus ita uocatur. quidam per onomatopœiam uel mimesin dictam scribit, Varin. Seruius in Bucolico ludicro titos scribit dici columbos, non Latinè quidem, sed multorum auctoritate tanquam Latinè. Titos uerò palumbes dici arbitror ex passerum salacitate, qui solent πτίζειν, id est titissare. hinc fortè titis deriuatur, ut scribit Dionysius, auiculæ species, aut etiam auis quæli10 bet minutior, Cælius. TITII sodales sacerdotes extra urbem habitabant, & in tugurijs certa auguria seruabant, quoniam ad id deputati à Pont. erant. Nomen inditum est ab auibus, ut Varro ait, quas in augurijs certis obseruare solebat. horum meminit & Lucanus, Septemuirꝗ epulis festus, Titijꝗ sodales, Gyraldus. Sunt qui hos sacerdotes Apollinis fuisse scribant.

TITYRVS, Τίτυρ⊕, Satyrus, calamus, uel auis quædam, Hesychius & Varinus. prò aue quidem & calamo siue harundine, cuius pro fistula usus erat, nomen ad soni imitationem factum uidetur. cum fistulis autem etiam Satyri pingebantur. Vergilio pastoris nomen est.

TITYRAS, Τίτυρας, auis quædam, ὄρνις ποιὸς, ἢ πιτυρώδης, Idem. Athenæus phasianum à nonnullis πιτύραν nominari scribit, uide in Tetrace inter Gallinas.

Equidem & TRAGOPANADEM, quam plures affirmant maiorem aquila, cornua in tem20 poribus curuata habentem, ferruginei coloris, tantum capite phœniceo, fabulosam reor, Plin. Videtur tragopanadem dicere à recto tragopanas, quod Grecè scripserim τραγοπανὰς genere fœmino, ut Πανὰς: nimirum quòd cornuta sit hirci instar uel Panos dei pastorum. apud Solinum tamen tragopa legitur: Aethiopica (inquit) auis est tragopa, maior aquilis, cornibus arietinis proferens aramatum caput. ¶ Auis certè cornuta alia nulla legitur. nam Claudianus lib.1.in Eutropium, Profert iam cornua uultur, de re minimè uerisimili dixit.

TODI genus auium paruarū. Plautus, Cum extortis talis, cum todilis crusculis, Festus. Greci struthopodem dicunt cui cruscula sint gracilia, ut nostri ſ⟨Weisenbeinle⟩.

TRICCVS, Τρίκκος, auicula quædam, & rex apud Elienses, Hesychius & Varin. Fieri potest ut regulum auiculam hoc nomine aliqui uocarint.

DE TROCHILIS AQVATICIS.

TROCHILVS (Τροχίλος) aquas adamat, Aristot. Crocodilis hiantibus trochili aues inuolantes depurgant dētes, (inhærentes hirudines rostro in fauces inserto extrahunt, Aelianus,) quo munere & ipsi aluntur, & crocodilus sentiens commodè secum agi, nihil nocet. sed cum egredi auem uult, ceruicem mouet, ne comprimat, Idem. Plura leges in Crocodilo D. Alius est trochilus, qui regulus uel rex auium alio & frequentiore nomine appellatur: cuius historiam in R. Elemento absoluimus. Trochilus auis est è genere palustrium, & iuxta ripas fluuiorum oberrat, ubi obuia quæque legens depascitur: nutritur uerò etiam à crocodilo, hoc est hirudinibus quæ faucibus eius inhærent, 40 cui etiam se gratum ostendit. nam dormienti crocodilo ichneumon insidiatur, & sæpe ceruicè eius (mordicus) inhærens strangulat. Trochilus clamat, & crocodili nasum ferit, & excitatum aduersus hostem irritat, Aelianus. Iam tametsi non pauca sint trochilorum genera, & nomina, quæ sanè quidem quoniam dura sunt, & ab aure religiosa & terete auersa, prætereo: haudquaquam cum ijs omnibus fœdere deuincitur, amicitiamꝗ colit crocodilus, sed cum solo nuncupato cladoryncho societatem, atque amicitiam facit. Enimuero nulla hic offensione hirudines ei legere potest, Idem interprete Gillio. Hermolaus in castigationibus in Plinium cladarorynchum legit. Κλαδαρόρυγχ⊕, τροχίλος ἔιδος, Hesych. & Varin. Videtur autem sic dictus à motu & concussione rostri. nam κλαδ'ὄϛ αἱ exponunt σέ̓ισαι, id est concutere, pro κραδ'άσαι nimirum, Sic & κλαδ'αρόμμαπι, οἱ σύσεισι τὰ ὄμμα τα.

¶ Sunt etiam ex amphibijs auibus trochili dicti, hi per littora discurrūt, tanta sæpius celeritate, 50 ut cursus eorum uolatu etiam pernicior sit: atꝗ hinc nomen eis apud Græcos meritò impositum. Pisces magnos non aggrediuntur: cancellis, et si quæ fluctibus ad littora propelluntur, contenti. Mares seorsim à fœminis, fœminæ à maribus pascuntur. Ineunte uere, priores fœminæ solicitant mares ad coitum. sequuntur enim, & prope eos peculiari quodam cantu strident: quo uix tandem allecti mares accedunt. mox iterum fœtu procreato separantur, & ad sua sexus uterꝗ pascua seorsim reuertitur. Tunc mares omnem fœturæ & Veneris curam relinquunt: fœminis labor solis incumbit: eumꝗ illæ inter se partiuntur. Iam aliæ oua in nidis fouent, aliæ fouentibus cibum congerunt, & sic alternis oua suis plumis concalfacere pergunt. Pullos iam adultos ad littus producunt, ubi mares uersari solent: ibi fœmellæ etiam ex pullis cum suo sexu remanent, masculi ultrò separantur. sic oues inter pascendum mixtæ à pastoribus secernuntur, Oppianus lib. 2. de aucupio. Helo60 rius, trochilus, & catulus mari tranquillo littoribus aduolant, uictum ex piscibus quærentes, Athenæus. Τροχίλος auis à currendo dicta est, Varinus: cui paroxytonum hoc nomē est, ut & Athenæo, Aeliano, & alijs plerisꝗ: apud Herodotum penanflectitur: proparoxytonum est Hesychio in Νυ

menio. Aristophanes in Pace inter lautitias ciborum enumerat, χλω̃ας, νη̃ϻας, φαϑϻας, τροχίλϰς. Et in
Acharnensibus inter Bœotorum delicias, φαλαϼίδας, τροχίλϰς, κολυμϐϰς, &c. ¶ Albertus authori‐
tate Auicennę asserit trochilum esse auem similem picæ, sed aquaticam & uariam, cuius rostrum si‐
mile sit rostro anatis, Niphus. nos huius anatis, uel potius mergi genus uocamus ein Rynent oder
wysse Merch. Ego uero trochilos non anatum aut mergorum generis, quibus uelocitas in cursu nõ
conuenit, sed gallinularum aquaticarum esse dixerim, quas in ripis & arenis celeriter currere no‐
tum est, cũ cursu magis quàm uolatu ualeant, eoꝙ cruribus sint oblongis, caudis uero perbreuibus.

¶ Trochilorum genera non pauca esse testatur Aelianus, & inter alia cladarorynchum, croco‐
dilo familiare, ut suprà retuli. Sisophelos etiam, Σκοϕϰλος, trochilorũ generis est apud Hesychium
& Varinum. Corythus, Κόϼυϑϴ, unus de trochilis, Hesychius. hæc fortè cirrhata aut cristata est, & 10
inde Græcum nomen sortita auis. Numenius, Νϰμίωϳϴ, ὁ ϗϲὶ τρόχιλϰς, idem qui trochilus, Hesych.
Vide suprà in Arquata A.

H Y L A S autor est trogonem, cornicem & alias quasdam aues, à cauda de ouo exire: quoniam
pondere capitum peruersa oua posteriorem partem corporum fouendam matri applicent, Plinius.
hoc cum in bubone non probabile uideatur Alberto, ne in cæteris quidem uidebitur.

DE TVRDIS IN GENERE: ET PRIVATIM
de illo quem pilarem Gaza nominat, Aristot. tricháda, cuius figu‐
ram sequens pagina continet.   20

A.

T VRDORVM Aristoteles tria genera facit: unum uisciuorum, magnitudine picæ, quod
à nostris etiam à uisco denominatur ein Mistler: alterũ trichâda uocat, pilare Gaza uer‐
tit, quod (inquit) sonat acutè, & magnitudine merulæ est. hoc nostri auem iuniperorũ no‐
minant, quod earum baccis pascatur: tertium quod iliacum quidam uocant, minimum
inter hæc, minusꝗ maculis distinctum. hoc esse conijcio auem quæ Germanis Winsel uel Bee‐
merle nuncupatur. Est insuper eiusdem generis quam aliqui turdelam tanquam Latinè nominant,
Germani ein Tróstel, præ cæteris musica. Sed de alijs infrà suo loco priuatim agetur: hic uerò par‐
tim de turdis in genere, partim etiam de turdo trichade, ubi id exprimetur, ne quid confudisse ui‐ 30
deamur. hoc quidem genus cæteris ferè in cibo præfertur: & magis peregrinum est, ut Varro per
aduentitios turdos hoc maximè genus intellexisse uideatur.

¶ Præfertur turdorum genus quoddam reliquis maiusculum, pectore albo, nigrantibus macu‐
lis uariegato, quod merulæ magnitudine per hyemem iuniperi baccis enutritum, præsertim mon‐
tana mittere sub pillaris nomine consueuerunt, Grapaldus. Ego pillaris nomen non uulgare esse
puto, sed Latinum à Gaza confictum, ut Græcum τροχὰς exprimeret. τρόχα enim Græci pilum di‐
cunt. scribit autem Gaza pilarem per l. simplex. qua ratione autem à pilis hoc turdi genus dicatur,
non uideo: & fortè non inde sed per onomatopœiam inditum illi hoc nomen est à Græcis. Porrò
an illam auem, quam nos hic pro pilari delineatam dedimus, pro pilari Grapaldus quoꝗ accipiat,
dubito, neꝗ enim pectore albo est. Veteres quidem hoc ei non attribuunt. ¶ Turdi Græcè κίχλαι 40
dicuntur: & uulgo schinopoulli, id est aues lentisci uocantur: ab alijs myrtopoulli, quòd harum stir‐
pium fructibus pascantur, Bellonius. Sunt qui turdi nomen Græcis hodie uulgare mihi esse affir‐
marint κύχλα, alij τόϳχλα, alij τησυ. ¶ Alchamari, id est turdus auis, Syluaticus. Cichlæ leguntur
apud Aristotelem historiæ animalium 6. 1. ubi Alberti translatio habet triangel & aulones. Alza‐
razir Auicennæ interpres turdos conuertit, cum sturnos debuisset.

¶ Turdus pilaris quia corpus & rostrum acutum habet, rusticè apud nos dicitur schiron, Ni‐
phus Italus. In alijs Italiæ locis, ut Lombardia, uiscada uocatur: quamuis alius sit à turdo uisciuoro
Aristotelis, quem ipsi dresso appellant. utrunꝗ genus uisco pabulo quærere audio. Scoppa Gram‐
maticus nescio quomodo Dauliam auem interpretatur Italicè maluizo, tordo. sed tordo est quæ à
nobis Tróstel uocatur: maluiccius uerò, ut Nipho placet, Iliacus, hoc est minimus turdorum. 50
¶ Hispanicè tórdo uel zorzól. ¶ Gallicè une griue, un tourd, ou oiseau de nerte, Rober. Stepha‐
nus. Bellonius turdos Gallicè exponit griues, mauuiz, trasles & touretz. sed turdũ maiorem pro‐
priè griue dici ait, minorem mauuis: & pilarẽ, mediæ magnitudinis litorne. ¶ Germani turdum
pilarem appellant Krametuogel, uel (ut alij scribunt) Krametzuogel/ Kranwituogel, nostri Re‐
ckolteruogel: alij Wachholteruogel/ Wecholterziemer. nam Ziemer nomẽ commune turdorum
est. ¶ Angli a feldefare, uel a feldsfare, uel a filsfar. ¶ Illyrij kwicziela, (ut Dores κύχλα,) Poloni
gluch, śemiolucha.

¶ Turnerus, & secuti eum Eberus ac Peucerus, turdi genus minus & canorum, quod nostri
Tróstel appellant, turdum pilarem esse putarunt: quibus nõ assentior. Verùm Turnerus post ædi‐
tum de auibus librum in suis ad me literis, non hanc amplius auem, sed Germanorum Krametuo‐ 60
gel, mediæ magnitudinis turdum, (quem prius collurionem esse putârat,) turdum pilarem se existi‐
mare scripsit. ¶ Turdones pro turdi, apud Arnoldum Villanou.

                                                    B.   Adue‐

B.

50 Aduenerunt bellis Bebriacensibus ciuilibus in Italiã aues externæ, quæ adhuc nomen retinent, paulum infra columbas magnitudine, turdorum specie, sapore gratæ, Plin. ¶ Turdus pilaris magnitudine merulæ est, Aristot. & citans ex eo Athenæus. ¶ Mutat & turdus colorem: quippe qui collo æstate uarius, (ποικίλος,) hyeme murino distinctus, (ψαρός,) spectetur, Aristoteles interprete Gaza: quem Gillius etiam in transferendo Aeliano sequitur: cuius hæc uerba Græca sunt: κίχλη χειμῶνΘ· δὲ ψελωτέρα (lego ψαροτέρα εx Aristotele) ἰσίαιν, θέρυς δὲ τὴν αὐχένα ποικίλον ὑποδείκνυσι. Turdis color æstate circa collum uarius, hyeme concolor, Plinius. De uocis ψαρός significatione scripsimus in Sturno A. ¶ In Germania hyeme turdi maximè cernuntur, Plinius. In Italia temporibus quidem diuersis, sed alias alijs locis, uide in C. Apud nos in Heluetia per hyemes abundãt plerunq̃, præsertim circa Tigurum nostrum.

60 ¶ Turdus auis est cinerei coloris, non magno corpore, Albertus. Turdus trichas nigris quibusdam in cinere maculis distinguitur, Gyb. Longolius. Auis quam collurionem esse puto, (de turdo nostro pilari loquitur,) turdum (uidetur turdum uisciuorum uel maiorem intelligere) magni-

Pp

tudine æquat, sed caudam habet longiorem, & magis mobilem, & pectus maculosum, Turnerus.
¶ In regionibus ad Septentrionem remotis turdi albi reperiuntur, teste Olao Magno. ¶ Turdus
pilaris corpus & rostrum acutum habet, Niphus.

¶ Turdum pilarem nostrum curiosiùs olim inspectum his uerbis descripsi: Rostrum ei subfla=
uum in extremo nigricat, tota ferè magnitudine & figura est merulæ. os etiã intrinsecus & linguam
flauus color, sed dilutior quàm in merulis pingit. collum pronum cinereum est, ut etiam caput, sed
nigris maculis aspersum. dorsum charopum seu ruffum obscurè, & per medias pennulas nigricans.
Pars circa orrhopygium rursus cinereis plumis obtegitur. caudam pēnæ nigræ cõstituunt. Collum
supinũ & pectus uaria sunt. nam flauescentes in eis plumas nigræ distinguunt maculæ. Alæ interio=
res albæ sunt. Latera etiam intra alas (sub alis) in extremitate plumarum albicant, inde lineis rufis di 10
stinguuntur: intima parte latius nigrescunt. Plumæ uentris albæ. Vngues digitiq́ pedum nigricant.
Pennæ alarum partim nigricant, partim rufo colore, ut dorsi, minores præsertim & breuiores, appa
rent. Sexus in hoc genere non facile distinguitur. Intestinum eius appendices non habet: nec gula
uersus stomachum dilatatur, nec ingluuiem (ni fallor) superius habet.

C.

Turdi à tarditate uocati sunt. hyemis enim confinio se referunt, Isidorus. In Germania hyeme
turdi maximè, æstate in nostris montanis locis: autumno, in plano & collibus inueniuntur. Hyeme
præterea loca maritima, & iuniperis ac myrtis abundantia, etiam apud nos frequentant, Platina Ita=
lus. In æstate apud nos aut rarò aut nunquam uidetur turdus pilaris. in hyeme uerò tanta copia
est, ut nullius auis maior sit, Turnerus Anglus. Turdi & turtures trimestres sunt, Plinius. id est tri= 20
bus tantùm mensibus manent. Turdus hyeme latet, Aristot. Merulæ, turdi & sturni, in uicina
abeunt. sed hi plumam non amittunt, nec occultantur, nisi spe cibi, quo (aliàs, ussi sæpe ibi, quo) hy=
bernum pabulum petunt. (Platina aliter, Occultantur hæ aues sæpibus, ibíq́ hyberno tempore pa=
bulum quærunt.) Itaq́ in Germania hyeme maximè turdi cernuntur, Plin. Quædam cum æstate
æuum degant in syluis, hyeme demigrant in finitimos locos apricos, montium recessus secutæ, ut
sturni, turdi, &c. Ge. Agricola. Et rursus, [In angustis montium locis conditi aliquando turdi repe
riuntur. Turdi sunt de genere auiũ aduentitio, ac quotannis trans mare in Italiam aduolat circiter
æquinoctium autumnale, & eodem reuolant ad æquinoctium uernum, & alio tempore turtures &
coturnices immani numero. Hoc ita fieri apparet in insulis propinquis, Pontia, Palmaria, Panda=
taria. ibi enim in prima uolatura cum ueniunt, morantur dies paucos requiescendi causa, idemq́ fa= 30
ciunt cum ex Italia trans mare remeant, Varro. Pilares apud nos postremi adueniunt. Versan=
tur turdi in glebis agrorum quiescentium, Albert. ¶ Turdus pilaris sonat acutè, Aristot. Alius
ei hyeme color, alius æstate: uoce tamen eadem est, Idem. Dum turdus trutilat, sturnus tunc pisitat
ore, Sed quod mane canunt, uespere nõ recolunt, Author Philomelæ. Turdus quidem per ono=
matopœiam dictus uideri potest. Turdus pilaris gregatim uolat, & inter uolandum obstreperus
est, Turnerus. Turdi loquacissimi sunt, Erasmus Rot. sunt tamen qui mutum, item qui surdum fa
ciant turdum, ut paulò post dicetur. Agrippina coniunx Claudij Cæsaris turdũ habuit (quod nun
quam antè) imitantem sermones hominum, cum hæc prodere, habebant & Cæsares iuuenes, (Dru=
sus & Britannicus Claudij filij,) item sturnum, luscinías Græco atq́ Latino sermone dociles, Plin.

¶ Turdum audio uermiculis & muscis uesci. Ab transenna hic turdus lumbricum petit, Plau= 40
tus Bacch. de amatore loquens. Si homines colãt aues inter alia ab eis commoda hoc etiam lucra=
buntur, ὅτι οἱ κνῖπες ἰϰ ψῆνες ἀεὶ τὰς συϰᾶς ϰατέδοντα, Ἀλλ᾽ἀναλέγει πάντας ϰαθαρῶς αὐτῶν ἀγέλη μία ϰιχλᾶν:
hoc est, Ficos eorum non semper deuorabunt culicum genera, sed omnes illos uel unus turdorum
grex absumet, Aristoph. in Auibus. Turdus pilaris baccis aquifoliæ arboris, sorbi minimæ & si=
milium arborum uescitur, Turnerus. Pascuntur apud nos cum alijs arborum fructibus, tum sorbi
alpinæ, & orni, (ornum appello arborem quam nostri Wielåschen, alij groß Wålbaum,) nucleos
nimirum excerpentes. Fagi glans turdis expetitur, Plin. Turdi pilares præcipuè iuniperi baccis
delectantur, unde & nominantur à Germanis. & in uulgari ænigmate quæritur quæ sit auis quæ pa
bulo trimo pascatur. iuniperi enim baccæ tertio demum anno maturescere creduntur. Ego in pi=
laris turdi uentriculo dissecto reperi baccas iuniperi, & ossa spinæ albæ fruticis, (quam oxyacan= 50
tham interpretatur,) & berberi uulgo dicti granorum semina. Non sic destructa macrescit turdus
oliua, Vt Lycidas domina sine Phyllide turbidus erro, T. Calphurnius. In sambuci fructu grana
insunt sesamacea, non ingrata turdis sturnisq́, Ruellius. Turdi Græcis uulgo schinopoulli dicun=
tur, ab alijs myrtopoulli, id est lentisci uel myrti aues, quòd baccis earum pascantur, Bellonius. Tu=
runda turdis esca solis cognita, M. Ant. Flaminius. De turdis saginãdis leges infrà in E. Lõbardi
turdum pilarem uiscadam appellant à uisco: nostri uerò turdum maiorem à uisco denominant eũ
Mistler. utruncq́ genus uisco pabulum quærere audio. Aristoteles maiorem duntaxat turdũ, uisci=
uorum cognominat, quod non nisi uisco ac resina uescatur. Turdela quasi maior turdus dicitur,
cuius stercore uiscum generari putatur, Isidorus. Viscum satum nullo modo nascitur, nec nisi per
aluum auium redditum, maximè palumbis, (ἀνωδὸς Athenæus), & turdi. Hæc est natura, ut nisi ma= 60
turatum in uentre auium non proueniat, Plinius 16.44. Theophrastus non turdos, sed picas, id est
cittas (aues) nominat, quarũ simo gignatur uiscum, atq́ ita Theodorus interpretatur, fortè depra=
uatum

uatum id in Theophrasto fuerit, ut pro cichla quod turdum significat, cittam librarius afcripferit,
Hermolaus. Vifcum non putredine aliqua nafcitur, nec prouenit nifi femine, ubi aues quæ fructum deuorauerint, excremetum in arbore egefferunt, Theophraftus de caufis plant.1.13. Oenadem ferut fi deuorato uifci femine aluum exonerârit, uifcum nafci, Athenæus lib.9. Vnius plantę
ramus fæpe innafcitur & fuccrefcit alienæ arbori. Caufam cur id fiat Theophraftus, abftrufas reru
naturas perfcrutatus, affert: Aues enim arborum fructum comedentes, poftea & in arboribus con-
fidentes, excrementa egerere, femen & in cauernas delapfum pluuia irrigatum enafci & pullulare,
itaq in oliua ficum, in alijs & alias ingenerari, Aelianus. Turdus ipfe fibi malum cacat, Κίχλα (κίχλα
melius)χέζει αὐτῆ κακόυ: prouerbium (inquit Erafmus) in eos dici folitu, qui fibiipfis miniftrarent exi-
10 tij caufam. Siquidem uifcum non prouenit nifi redditum per auium aluű:cuius rei meminit & Seruius in fextum Aeneid. Quoniam autem uifco capiuntur aues, ipfæ fibi malum cacant uidelicet.
Plautus paulò diuerfius extulit:Ipfa(inquiens)fibi auis mortem creat,quanquam equidem non du
bitem affirmare à Plauto cacat,non creat fuiffe fcriptum: deinde locum à quopiam Græcanici prouerbij ignaro deprauatum. In hos igitur quadrabit parœmia : aut in eos, qui potentes fibi generos
afcifcunt,à quibus poftea per uim opprimantur,Hæc ille. ¶ Surdior turdo,Κωφότερ⊙ κίχλης.Ze
nodotus ex Eubuli Dionyfio citat,adfcribēs furditatem huic aui peculiarem, cum fit loquacifsima,
uel prouerbio tefte. (Ego non de turdi , fed trygonis ,id eft turturis loquacitate prouerbium legiffe
memini.) Vnde concinne dicetur in eos, qui perpetuò blaterantes ipfi nō aufcultant quid uicifsim
ab alijs dicatur,quod uicium in multis licet deprehendere, Erafmus. Κωφότερ⊙ κίχλης· ωερ Εὐδύλῳ
20 ἐν Διονυσίῳ λέγεται ἀφωνότερ⊙ κίχλης, Suidas & Varinus. hoc eft,apud Eubulum in Dionyfio legitur,
non furdior fed magis mutus quàm turdus. Nos de uoce & loquacitate turdi diximus fuprà.
¶ Turdi oua decem à conceptu diebus pariunt & fouent,Albertus. ¶ Turdi nidos ex luto,ut hirundines,faciunt in excelfis arboribus,ita deinceps continuato opere, ut quafi catena quædam nidorum contexta uideatur,Ariftot. In cacuminibus arborum luto nidificantes,pene contextim,in
feceffu generant, Plinius.

D.

Turdos aliquando fermones hominum imitari, fcriptum eft fuprà in C. ¶ Palumbes laurum
edit contra fafcinationis noxam,turdus myrti comam,Philes. Zoroaftres in Geoponicis turdum
hoc facere fcribit contra blattarum iniuriam. ¶ Merula turturem amat,Ariftot. Merulæ & turdi
30 amicæ funt aues,Plinius. forte autem turdi non rectè fcriptum eft pro turtures.

E.

Tempore hoc per humiles fyltas,& baccis fœcunda uirgulta ad turdos, & cæteras aues capien
das,laqueos expedire conueniet. Hoc ufq in Martium menfem tendetur aucupium,Palladius in
Decembri menfe. Tenus eft laqueus dictus à tendicula.Plautus Bacchidibus,Nunc ab tranfenna
hic turdus lumbricum petit: Pendebit hodie pulchre, ita intendi tenus,Nonius. Dum turdus
uifco,pedica dum fallit alaudas, Alciatus in Emblematis. Pellaci cătu deceptus ab aucupe turdus,
Politianus in Ruftico. Accipitres cum alias aues tum turdos capiunt,Crefcentienfis, Μακάνιον,
retis genus quod turdis tenditur, νεφέλη à quibufdam dictum, Hefychius & Varin. Turdis regio
Heluetiorum quibufdam annis abundat, ut circa Tigurum : ubi aucupes funt periti, qui fundis in
40 fublimi aere longo fpacio(ad iter horæ interdu aut amplius)has aues perfequuntur,donec ad defcen
fum coactos retibus non fupra hominis ftaturam erectis cateruatim implicent, Stumpfius. Oppianus lib. 3. de aucupio cap. 10. modum quendam merulas capiendi præfcribit, eodem & turdos
etiam capi ait, Vide in Merula E.

¶ Lucullum turdos æftate in auiarijs alere folitum fcribit Plutarchus, Volaterranus. Cor.Ne
pos,qui diui Augufti principatu obijt,turdos fcribit paulò antè cœptos faginari, Plinius. In auiarijs ftabulantur turdi ac pauones, Varro. In prima parte ornithônis funt aues terra modo contentæ,ut funt pauones,turtures,turdi,Idem. ¶ In uilla materteræ meæ in Sabinis,ad quat m & uicefimum lapidē uia falaria à Roma, ornithon eft, ex quo uno quinq millia fcio uæniffe turdorum
denarijs ternis,ut H S fexaginta millia ea pars uillę reddiderit eo anno,bis tantu quàm tuus(Axium
50 alloquitur)fundus ducentorum iugerum Reate reddit,Varro de re ruft.3.2. Et rurfus fequenti ca
pite,Non difsimulabo,quod uolo de ornithône primum,quod lucri fecerunt hoc nomen turdi, H S
enim fexaginta millia fircellina excandêre me fecerunt cupiditate. Et mox, Ornithônis alteriū ge
nus fructus caufa eft,quo genere macellarij,& in urbe quidam habent loca claufa, & rure maximè
conducta in Sabinis , quòd ibi propter agri naturam frequentes apparent turdi. Impenfa cura &
(ut par eft)adhibita, M. Terẽtius ternis fæpe denarijs turdos fingulos emptitatos effe fignificat auo-
rum temporibus,quibus qui triumphabant populo dabant epulum.At nunc ætatis noftræ luxuries
quotidiana fecit hæc pretia,propter quæ ne rufticis quidē cõtemnendus fit hic reditus,Columella.
Turdi fi alieno tempore faginentur, (id eft eo tempore quo non reperiuntur ut capi pofsint) & uoluptatem cibi & reditum maximum præftant,parcitati beneficium miniftrante luxuria, Palladius.
60 ¶ Turdis maior opera & impenfa præbetur,qui omni quidem rure, fed falubriùs in eo pafcuntur, in
quo capti funt.Nam difficulter in aliam regionem transferuntur, quia caueis claufi plurimi defpon
dent.quod faciunt etiam cum eodem momento temporis à rete in auiaria coniecti funt, itaq ne id

Pp 2

accidat,ueterani debent intermifceri, qui ab aucupibus in hunc ufum nutriti, quaſi allectores ſint
captiuorum,moeſtitiamǫ eorum mitigent interuolando. Sic enim confuefcent & aquam & cibos
appetere feri,ſi manfuetos id facere uiderint,Columella. Claudantur illæſi,& recenter capti miſtis
aliquibus ante nutritis, quorum focietate ad capiendos cibos pauidam nouæ captiuitatis moeſtitu-
dinem cõfolentur, Palladius. Dicam,quod te malle arbitror Axi,de hoc ornithône, quod (quem)
fructus cauſa faciunt:unde nonnulli fumuntur pingues turdi. Igitur teſtudo (ut periſtylum tectum
tegulis,aut rete)ſit magna, in qua millia aliquot turdorum, ac merularum includere poſsint. Quidam cum eo adijciunt præter eas aues,alias quoǫ, quæ pingues uæneunt care,ut miliariæ ac cotur-
nices.In hoc tectum aquam uenire oportet per fiſtulã , & eam potius per canales anguſtas ſerpere,
quæ facile extergeri poſsint.Si enim latè ibi aqua diffuſa,& inquinatur facilius, & bibitur inutilius,   10
& ex eis caduca quæ abundat & exit per fiſtulam,facit ut luto aues laborẽt. Oſtium habere humile,
& anguſtum, & potiſsimum eius generis,quòd cochleã appellant, ut folet eſſe in cauea,in qua tauri
pugnare folent.Feneſtras raras, per quas non uideantur extrinfecus arbores, aut aues,quòd earum
afpectus ac deſyderium macrefcere facit uolucres inclufas. Tãtum luminis habere oportet,ut aues
uidere poſsint,ubi aſsidant,ubi cibus,ubi aqua ſit.Tectorio tecta eſſe leui circum oſtia,ac feneſtras,
ne qua intrare mus,aliáue quæ beſtia poſsit. Circum huius ædificij parietes intrinfecus multos eſſe
palos,ubi aues aſsidere poſsint. Præterea & perticas inclinatas ex humo ad parietẽ, & in eis tranſ-
uerfas alias gradatim modicis interuallis annexas, ad fpeciem cancellorum fcenicorum ac theatri.
Deorfum in terram eſſe aquã, quam bibere poſsint.Cibatui oſſas poſitas ; eæ maximè glomerantur
ex ficis & farre miſto,Diebus uiginti ante quàm quis tollere uelit turdos, largius dat cibũ, & aquæ   20
plus ponit,& farre ſubtiliore incipit alere.In hoc tecto,caueaǫ tabulata habeant aliquot ad perticæ
ſupplementum.Contra hoc auiarium eſt aliud minus,in quo quæ mortuæ ibi ſunt aues, ut domino
numerum reddat,curator feruare folet. Cum opus ſunt ex hoc auiario,ut fumantur idoneæ,exclu-
duntur in minufculum auiarium,quod eſt coniunctũ cum maiore oſtio,& lumine illuſtriore,quod
fecluforium appellant.Ibi cum eum numerum habet excluſum,quem fumere uult, omnes occidit.
Hoc ideo in fecluforio clam,ne reliqui, ſi uideant, defpondeant animum, atǫ alieno tempore uen-
ditori moriantur. Non enim ut aduenæ uolucres faciunt pullos, ut in agro ciconiæ,in tecto hirundines, ſic aut hic, aut illic turdi, Varro de re ruſt.3. 5. Turdi locum æque munitum, & apricum,
quàm columbi defyderant, fed in eo tranfuerfæ perticæ perforatis parietibus aduerfis aptantur,qui-
bus inſidant, cum ſatiati cibo requiefcere uolunt, eæ perticæ non ab altius à terra debent fubleuari,   30
quàm hominis ſtatura patiatur,ut à ſtante contingi poſsint, Columella. Sub columbario cubicula
duo fubijciantur,unum quo turtures claudantur,&c. aliud uerò cubiculum turdos nutriat. Sit autem locus mundus & lucidus,& undiǫ læuigatus. Tranſuerſæ in hoc perticæ figuntur,quibus poſſint poſt incluſum uolatum federe.Rami etiam uirides ſæpe mutentur, Palladius. Turdi in calida
domo uictitant.ipſius autem muris domunculæ,perticæ inferendæ ſunt,ac lauri furculi, alteriúsue
cuiufpiam circa angulos collocandi, Didymus in Geoponicis. Cibi ponuntur ferè partibus his
ornithonis,quæ ſuper ſe perticas non habent, quo mundiores permaneant. femper autem arida ficus diligẽter pinſita, & permiſta polline,præberi debet,tam largè quidem, ut ſuperſit, hanc quidam
mandunt, & ita obijciunt. Sed iſtud in maiore numero facere uix expedit. quia nec paruo condu-
cuntur qui mandant,& ab ijs ipſis aliquantum propter iucunditatem cõfumitur. Multi uarietatem   40
ciborum,ne unum faſtidiant, præbendam putant. eæ eſt quæ obijciuntur myrti & lentiſci ſemina:
item oleaſtri,& ederaceæ baccæ,nec minus arbuti. Ferè enim etiã in agris ab eiufmodi uolucribus
hæc appetuntur:quæ in auiarijs quoǫ deſidentium detergent faſtidia, faciuntǫ auidiorem uolatu-
ram,quod maximè expedit. nam largiore cibo celerius pinguefcit. Semper tamen etiam canaliculi
milio repleti apponuntur, quæ eſt firmiſsima efca. nam illa, quæ ſuprà diximus, pulmentariorum
uice dantur. Vaſa quibus recens & munda præbeat aqua,non diſsimilia ſint gallinarijs, Columella
& Palladius. Caricæ tunſæ miſtis pollinibus largiſsimè præbeantur,Palladius. Pabulum in loco
pauimenti mundiori ponitur : hoc eſt, arida ficus perfuſa aqua, maceratæǫ, immò etiam minutim
ſciſſa farinæǫ miſta,aut etiam polentæ hordeaceæ.Baccæ præterea myrti, lentiſci, fructus hederæ,
(item lauri & oleæ, Cornarius,) atǫ omnia id genus turdis pafcendis ſunt. Pinguiores tamen eos   50
reddit milium atǫ panicum, nec non limpidiſsima aqua, Didymus in Geoponicis Andrea Lacuna interprete.

❡ Ad agrum ſtercorãdum præſtare arbitror ſtercus ex auiarijs turdorum ac merularum,quod
non ſolum ad agrum utile, ſed etiam ad cibum ita bubus & fuibus,ut fiant pingues.itaǫ qui auiaria
conducunt,ſi caueat dominus ſtercus ut in fundo maneat, minoris conducunt, quàm ij quibus id
accedit, Varro. M.Varro principatum dat ad agros lætificandos turdorum (& merularum) fimo
ex auiarijs : quod etiã pabulo boum ſuumǫ magnificat, neǫ alio cibo celerius pinguefcere aſſeue-
rat.De noſtris moribus bene ſperare licet,ſi tanta apud maiores fuêre auiaria, ut ex his agri ſterco-
rarentur,Plinius.

❡ Turdorum greges qui non rari & ſparſi,ſed turmatim uolitent,aliqui imminentis peſtilẽtiǫ   60
præſagium faciunt.

ϝ. Turdus

F.

Turdus boni & præcipui saporis est, Albertus & alij. Præ cæteris auibus inter lautitias habetur, Aristophanis Scholiastes. Nil melius turdo, Horatius 1. Epist. Inter aues turdus, si quis me iu dice certet, Inter quadrupedes gloria prima lepus, Martialis. Texta rosis fortasse tibi, uel diuite nardo, At mihi de turdis facta corona placet, Idem. Et alibi, Illic coronam pinguibus grauem tur dis uideres.

¶ Galenus in libro de cibis boni & mali succi, cibarijs laudatis, & neq tenuem neq crassum suc cum gignentibus turdos adnumerat. Ex auibus quæ uolatu sidunt firmioris sunt nutrimenti quæ grandiores quàm quæ minutæ, ut sicedula & turdus, Celsus 2. 18. Bapt. Fiera pinguem merulam
10 turdo præfert: ambo (inquit) sistunt, sed turdus calidior est, & grauius redolet. ab aucupe tamen la queo uel reti captum non minus quàm merulam probat. Vide suprà in Merula F. Tympanicis, ex auibus præponi debent ferè mansuetis, ut palumbus, turdus, Trallianus. Eis quos hæmorrhoides crebrò uexant, & maximè pulsantes, expedit ut diligenter euitent turdos, grues, Arnoldus de conseru. sanit.

¶ Turdos, merulas, &c. assabis. hæ quoq aues, si elixentur cum pipere & saluia, non insuaues uidebuntur, Platina. In turdo: Vbi turdum assaueris eo modo quo conuenit, amygdalas bene tu sas, saleq inspersas, cum agresta & iusculo miscebis, modicumq gingiberis & cinnami insperges. Mixta hæc omnia per cribrum setaceum in cacabum transmittes. Vbi modicū ebullierint, in ollam in quam turdos assos reposueris, infundes. Sunt item qui satius dicūt in assos turdos uel malarancia
20 exprimere, uel aromata dulcia inspergere, Idem. Apicius lib. 6. cap. 5. titulum habet, Iura in diuer sis auibus, turdis, sicedulis, pauo, phasiano, ansere: sed in contextu nullius harum auium priuatim mentio fit præterquam anseris. Ab Alexandro Benedicto laudatur tempore pestilentiæ in cibo turdus biduo maceratus aceto. Pectora turdorum in patinam Apicianam conijciuntur libro 4. cap. 2. Apicij Magiricæ. Heliogabalus exhibuit Palatinis ingentes dapes extis illorum refertas, & cerebellis turdorum, &c. Lampridius. Porcellus dimidia parte assus & dimidia elixus, apud Athe næum lib. 9. fartus erat turdis & uentriculis gallinaceis, &c. Item lib. 4. porcus assus apponebatur, turdis & sicedulis fartus. Turdi quomodo parētur cum iecore ouillo, uide in Oue F. De pastillis è pullastris in Gallo F. Baltasaris Stendelij uerba recitauimus: similiter autem inquit pastillos etiam è turdis fieri, quos non ultra horam coqui iubet.

30 **G.**

Turdos edisse cum baccis myrti prodest urinæ, Plin. Et rursus, Turdus inassatus cum myrti baccis dysentericis medetur. ¶ Puluerē coturnicis uel turdi Ant. Gainerius aduersus napellum commendat, deceptus nimirum ab interpretibus Arabum, & ijs qui napellum, aconitum, & cicutam ferè confundunt: cum sturnos nō turdos conio, id est cicuta pasci ueteres testentur. ¶ Stercus turdorum (alzarazir, id est sturnorum) edentiū oryzam cōfert ad pannum & morpheā, Auicenna.

H.

a. Turdi à tarditate uocati sunt. hyemis enim confinio se referunt, Isidorus, mihi per onomato pœiam potius dicti uidentur. Turdi cum sint nomine mares, re uera fœminæ quoq sunt, Varro de re rust. Turdi masc. sunt generis, ut plerunq lectum est: fœminini apud Varronem Quinqua
40 tribus, Nonius. ¶ Albertus turdorum species enumerans ex Aristotele, turturem pro turdo im peritè ponit: ut & Auicennæ interpres alicubi, ut testis est Aggregator. ¶ κίχλα aliqui & τρόγλα efferunt, non rectè. nam fœminina in λα omnia debent habere λ. duplex (secundum Atticos) ut κόλλα, σκίλλα, βδέλλα, &c. quæ uerō λ. simplex habent per u. scribuntur, ut ωγλη, ὁμίχλη, &c. Varinus, qui Herodiano etiam hunc canonem placere ait. κηλαι, turdi, Hesychius & Varin. κιχλας pro κίχλας Doricum esse aiunt, apud Comicum & Epicharmum. Syracusani quoq κιχλας uocant, tan quam & ipsi δωέξοντε, Athenæus & Varinus. κιχλας per pleonasmum pro κίχλας. κριαντορυίθια (le go, κρια τ ορνίθεια) κιχλαων, Varinus. ἴχλα, ἡ κίχλα, Suidas & Hesychius. ἴχλαο piscis quidam uel tur dus auis, Hesych. & Varin. ἴσκλαο, turdi, & melotæ (pelles) caprinæ, Iidem. Cicla & clice uoces
50 à Græca κίχλα corruptas Syluaticus turdum interpretatur. κίλλα, animal uolucre, Varinus non suo loco, sed ubi κίχλα scribi deberet.

¶ Epitheta. Turdos pingues & crassos Martialis dixit. Obesus turdus, Horat. 1. epist. Apud Textorem turdi epitheta sunt, Edax, Auidus, Vagus, Trutilans (ex authore Philomelæ), Aduena, Raucus. ¶ Epicharmus ἐλαιοφιλοφάγος κιχλας dixit, Varinus: quanquam apud Athenæum ἐλαιο φυλλοφάγος perperam legitur.

¶ Deriuata. Turdarium, locus in quo turdi saginantur. Verba ex uerbis ita declinari scri bunt, ut uerba literas alia assumant, alia mutent, alia commutent, (forte amittant,) ut fit in turdo, & turdario, turdelitio, M. T. Varro. ¶ Turdus piscis est Columellæ, Plinio & Quintiliano. Piscem asellum nō à corporis similitudine, sed à colore dicimus, ut umbram atq turdum, author M. Varro. Sic & apud Græcos κίχλη tum auem turdum, tum piscem marinum significat, Hesychio & Varino.
60 κίχλη auis est, & piscis similiter uarietate punctorum insignis, ωσπερ ὁ κόσυφος μελανόστικθος, Varin. ¶ κιχλισμόν risum interpretantur, non quemuis, sed tenuem, (id est tenui uoce emissum,) exiguum, (alij contra uehementem, immoderatum,) muliebrem, meretricium, sed quoniam alij aliter & in

Pp 3

terpretantur & scribunt, singulorum uerba enumerabo. Κιχλισμός, ὁ λιπῆος καὶ ἀκόλαςος γέλως, Suidas.
Varinus similiter scribens exponit μικρὸν γέλωτα, ἢ πολιὸν καὶ ἄκοσμον: & rursus, muliebrem risum.
Apud eundem & Hesychium κιχλισμός per η.in penultima, risus uehemens est. item κικλισμός, risus
simpliciter, Iisdem. Κιχλιασμός, risus muliebris & meretricius, Clemens in Pædagogo. Κιχχλιασμός,
risus turpis & immoderatus uel lasciuus, αἰσχρός γέλως μετὰ ἀταξίας, Hesych. & Varinus. Γιγγλισμός,
uel γιγλισμός, uel γιγγλισμός, γαργαλισμός ἐπὶ χειρῶν, κιχλισμός γέλως, Iidem. Ego ex diuersis istis scribendi
modis nullum probârim, præter unum κιχλισμός. Homerus Odysseæ antepenultimo ancillas turdis cichlis & columbis comparat: illud forte propter risum immodestum (διὰ τὸν κιχλισμὸν [lego κιχ-
λισμὸν] τῶν γελώντων:) hoc uero propter libidinem ad quam columbarum genus procliue est. Κιχλίζειν prouerbio dicebantur qui pinguibus coturnicibus aut turdis uescerent: aut qui riderent lasciue to
parumꝗ; decore. Proinde & κιχλισμὸν risum mollem & impudicum appellant. Quadrabit igitur uel
in liguritores & cupedijs addictos, uel in lasciuius ludentes, Erasmus: qui uoce κιχλίζειν coturnissare
uertit. nam Aristophanis interpres in Nubibus idem uerbū interpretatur pro eo quod est pingues
coturnices aut turdos esitare, aut indecore & immoderate ridere, ex quo Suidas etiam & Varinus
repetunt. Sed cum cichla turdum non coturnicem significet, turdari potius uertendum fuerat. Comicus ipse in Nubibus simul nominat ὀλοφαγεῖν, κιχλίζειν, (Athenæus lib.8.legit κιχλάζειν,) καὶ ἔχειν τὰ
πόλ' ᾠαλάξ. Multæ puellæ iubet me sibi colludere noctu, Κιχλίζοντι δὲ πᾶσαι, ἐπὶ μ' αὐταῖς κιχλισυσι,
Cyclops apud Theocritum. Κιχλίζεις χρυλέπιισμα γάμϖ ποικίλοϊθϋον ἰεῖσι, Suidas ex epigrammate. Varinus κιχλίζειν uerbum interpretatur etiã pro eo quod est moueri & agitari, σαλεύεσθαι, κινεῖσθαι: in qua 10
significatione ego κιγχλίζειν scripserim. id enim Hesychio est κινεῖν, σαλεύειν, μοχλεύειν, περιἕχειν, quanquam & κιγλίζειν & κιγχλίζειν apud illum scribitur, corrupte ut arbitror. Idem à cinclo aue, quæ caudam subinde mouet, κιγκλίζειν uerbum factum ait, pro eo quod est σεασεῖσθαι, concuti. Videntur &
κιγκλίδες θύραι ab hoc uerbo dictæ, quod circa cardines suos moueātur. Et forte κιγχλισμός (sic enim
scribere malim quàm κιχχλισμός uel γιγλισμός) risus tam uehemens fuerit, qui totum agitet & concu-
tiat corpus: sed κιχλισμὸν potius dixerim à turdis: quòd homines saturi cibis præsertim delicatiori-
bus, ad risus lasciuos dissolutiores sint. Habent Germani uerbum kitzeren non dissimile Græco,
& eiusdem fere significationis. Κιχλάζειν, quod & καχλάζειν, affatim ridere, ἀθρόως γελᾶν, per translationem ab undis & fluctibus cum attolluntur & æstuant, Varinus. Κιχλήσκειν, γελᾶν, μειδιᾶν, ridere,
Hesych. & Varinus. Ταγαπίζειν, κιχλίζειν, Iidem. Epicichlides carmen dictum quod in Homerum 30
refertur authorem à quibusdam, quoniam dum id pueris præcineret, turdis donabatur, Athenæus
& Cælius. ¶Κιχλεῶτις, portulaca herba, Hesychius & Varin. Onocichle herba composito nomine ab asino & turdo, quæ particulatim floreat, memoratur Theophrasto historiæ plant.7.10.(Gaza turdariam uertit)& Plinio 17.16.

¶Turdetani & Ficedulenses nominantur in Captiuis Plauti. Turdetania regio quæ uulgò
Andelucia dicitur, Scoppa.

¶c. Si mihi Picena turdus palleret oliua, Martialis 9.55. pascitur enim oleæ & oleastri baccis
turdus, ac inde pinguior & præ pingui pallidior, id est magis cereus euadit. hinc turdos ἐλαιοφιλοφάγος Epicharmus dixit, ut recte legit Varinus. nam Athenæi codices impressi non recte habent
ἐλαιοφυλοφάγος. ¶Pœciliæ pisces turdi uolucris uocem ædere dicuntur, Pausanias. Herbæ quas
satyria & orches appellant, uidentur nasci è genitura turdorum & merularum, Hieron. Tragus. 40

¶e. Subdola tenditur crassis modo retia turdis, Martialis. Archia epigramma in merulam
quæ è reti euasit turdis detectis, retuli in Merula H.e. ¶Philocrates ὁ Στρόβιθ‑ φυσῶν τὰς κίχλας δ' ἔκνυ-
σι καὶ λυμαίνεται, in Auibus Aristophanis, uenditurus scilicet quas inflabat ut pingues apparerent.

¶f. Turdus, Siue aliud priuū dabitur tibi, deuolet illuc, Res ubi magna nitet domino sene,
Horatius Serm.2.5. Tiberius Cæsar Asellio Sabino H s.ducēta donauit pro dialogo, in quo boleti
& ficedulæ & ostreæ & turdi certamen induxerat, Suetonius. Aristophanes in Pace inter lautissima cibaria nominat amylos placētas & turdos aues. Τίμην τε φαθήας καὶ κίχλας ὁμοῦ σιτίνοις, Ephippus
apud Athenæum. Philoxenus cum mentio incidisset quòd turdi essent pretiosi, & forte adesset
Corydus, qui se adolescentem prostituerat: At ego memini (inquit) Corydum (corydus Græcis alau
dam quoꝗ; sonat) obolo uænisse, Athenæus. Gulæ dediti quidam turdos Daphnios laudauerunt, 50
Clemens in Pædagogo. Ὁπηᾷ δὲ κίχλαι μετ' ἀμητίσκων εἰς τὸ φάρυγξ εἰσεπέτοντο, Teleclides de uceri
beata uita. hoc est, Turdi assi unà cum placentis in fauces eis inuolabant. Κίχλαι ἐκκαέστη' ὁλόκλῃροι μὲ
λιπ σέαμερμυχμέναι, Plato Phaone apud Athenæum. Ὁπῆάι κίχλαι ἀναξραπ' ὠρτυμέναι, Pherecrates. Et
rursus, Κίχλαι τ' ἀναξράσεις, melius ἀναξράσεις.

¶DE PROVERBIIS, Turdo surdior, & Turdus malum cacat sibi, leges suprà in c. Κιχλίζειν, uide suprà in H, a.

DE TVR-

A.

10

20

30

40

50

60

DE Turdis in genere multa ſcripſimus, inter quæ multa etiã uiſciuoro priuatim dicto conueniunt, quem Ariſtoteles ἰξοϐόϱον, Athenæus ἰξοφάγον nominat. Hic magnitudine picæ
eſt Ariſtoteli, nec niſi uiſco atcp reſina ueſcitur. uide ſuprà in c.in Turdis in genere: ubi
turdum pilarem quoque uiſco paſci ſcripſimus: unde ab Italis uulgò tiſcada uocatur uel
uiſcardo:hic uerò, de quo nunc agimus, dreſſo:quem & ipſum non uiſco ſolum, ſed etiam baccis iu
niperi ueſci aiunt. Turdella turdi genus alterum eſt, (nõ alterum Ariſtotelis, ſed ſimpliciter diuerſum,)quod in Venetia prouincia drexanos uulgò nominant , in Liguria priſcum nomen retinent:
maiores turdo ſunt, penna ſubtus uaria , Hermolaus in Corollario. Turdela maior eſt turdo, Monachi in Meſuen Itali, Turdela quaſi maior turdus dicitur , cuius ſtercore uſcũ generari putatur,
Iſidorus. ¶ Turdus uiſciuorus maior alijs, une griue Gallice , Bellonius. Griue ſiſalle apud Sa-
baudos(ut amicus quidã ad me ſcripſit) turdus maior eſt, colore columbino, roſtro merulæ,nidum
facit ex muſco in pariete, oua quaterna parit. Turdum uerò pilarẽ ijdem ſimpliciter(ni fallor) griuẽ

Pp 4

nuncupant. ¶ Germanicè *Miſtler* & *Miſtelfinck* in Heluetia, à uiſco: alibi *Ziering*. Carinthijs *Zerrer*. Bauaris **Schnerrer**. Gyb. Longolius, qui circa Coloniã in Germania uixit, Primum (inquit) turdi genus, quod picæ magnitudine eſt, nondum, quod ſciam, in noſtra regione conſpexi. ¶ Anglicè a poluer. ¶ Illyricè prskawecz. ¶ Turcicè garatauk.

B.

Turdus uiſciuorus noſter maior eſt cæteris turdis, paulò infra columbam: capite alis & uentre fuſcus. plumis tamen iuxta caudam aliquid flaui admixtum apparet, cutim intra roſtrum pallidus & ſubruber color mixti tingunt. Pedes digitiſ́ꝗ flaueſcunt, præſertim poſteriore neruo tibiarũ. Vngues & roſtrum nigricat. Collum parte prona uenterèꝗ totus nigris punctis in albicantibus plumis & alicubi flauis uariant. Plumæ ſub alis candidæ ſunt.

C.

Veſcitur turdus uiſciuorus noſter non uiſco tantum & reſina, ut Ariſtot. ſcripſit, ſed uuis quoꝗ, & iuniperi liguſtriꝗ́ baccis. Cicuratur etiam, & paſcitur omni genere ciborum, pane, caſeo, &c. Aeſtate (ut audio) in ſyluis ſe abdit. Nidificat in noſtris regionibus.

D. E.

Noctuam odit, (ut & iliacus turdus,) & ea clamante aduolat: ſed non proximè ipſam, niſi arbor aliqua prope ſit. Turdos huius generis ſingulos ſingulas uiſci feraces arbores occupare aiunt, & ſemper proximè eas uerſari, neꝗ admittere alias, ſed perſequi & depellere. quod eorum ingenium etiam in cauſa eſt ut facilè capiantur. Aucupes enim caueam cui auis una huius generis ſit incluſa, & reti obtecta ut conſpici poſſit è ſublimi, cum decipula ſuperſtructa, ad arborem aliquam uiſcum ferentem unco ligneo prælongo ſuſpendunt. mox turdus ferus conſpecto incluſo, impetu in illum delapſus, ut de arbore ſua depellat, decipulæ operculo cadente capitur. & ſic deinceps ad arbores multas caueam eandem ſuſpendunt. ¶ Vtuntur hoc turdo etiam aucupes ad accipitres capiendos in attegia, amiti impoſito. nam cum accipitrem uiderit, clamat. ¶ A ruſticis quibuſdam accepi, ſi turdus uiſciuorus circa finem hyemis in cacumine alicuius arboris inſidens, & ſupra arborem eminens cantillet, hyemis diutius duraturæ ſignum eſſe: ſi uerò in medio arboris conſidat, ita ut non appareat, aut ægrè, æſtatem propinquam ſignificari.

F.

Viſciuorus turdus minoris apud nos pretij eſt, minusꝗ in cibo lautus habetur quàm pilaris.

DE TVRDO MINORE, QVEM ILLADEM uel tyladem cognominant.

TVRDI genus tertium eſt, quod iliacum (*ἰλιάς* quidam uocant) minimum inter cætera (minus pilari & uiſciuoro) minuſꝗ maculis diſtinctum, Ariſtot. Turdi genus tertium & minimum illas uocatur: uel, ut Alexãder Myndius ſcribendũ arbitratur, tylas, (τυλάς,) proinde Theodorus qui non illáda, ſed iliáda (Athenæus etiam ἰλιάδα habet) legerat, iliacum turdum conuertit. ſed erat commodius illadicum, Hermolaus. Alexander Myndius apud Athenæum dicit hoc genus gregale eſſe, & nidificare ut hirundines. Cleomenes apud eundem nominat τυλάδας πρϒτικὰς μυείας, χϒνιϊ πτερϒκϥά μϒϑϊ. ἰλιάς etiam genus uinculi eſt Euſtathio, ex Ioris &

loris & uíminibus, à uerbo ἰλὼ uel ἵλω, quod est contorqueo.

¶ Turdus iliacus (id est minimus) Italicè uulgò dicitur maluiccius, (maluizò,) Niphus. Alibi (ut audio) cion uel cipper, ut circa lacum Verbanum. ¶ Gallicè un mauuis, minor alijs, magnitudine sturni, in uentre & sub flexu alarum magis flauus, Bellonius. Sabaudice griuette, id est turdulus. ¶ Germanicè Winsel uel Wintze apud nos à uoce suà. Claronæ in Heluetia Bergtrostel. alibi Boemerle/Bömerlin/Beemerziemæ, uel Behemle, quasi Bohemica auis, uel turdulus Bohemicus. in Bohemia enim nidificare fertur. (sed alia quoq; auis est Bohemica uulgò à quibusdã dicta, cui nihil cum turdis cõmune, cuius icon in Appendice dabitur.) Alibi Wyntrostel, id est turdus uinearú, forte quòd uuis pascat: & Rottrostel, id est turdus ruber, ad differentiã alterius tùrdi
10 minoris, quem nostri Trostel simpliciter, alij Wystrostel, id est turdum album uocitant. Turdus iliacus qui reliquis minor est, & gregatim plerunq; uictitat, in dumetis & inter humiliores syluas, iuniperos & aquifolias degit: cui uulgus Germanicum (circa Coloniam) ab amaritudine nomen indidit, (ein Bitter,) Gyb. Longolius. Circa Basileam nomen habet Giverle, per onomatopœiam, ut cõnijcio. Iliacus turdus cinereus est ad fuscedinem uergés, sed minus uarius, Germanis (Saxonibus) Weindzuschel/Weingartuogel, Eberus & Peucerus. ¶ Anglicè a silsar, uel seldfare. quod nomen turdis omnibus commune in Anglia esse puto. ¶ Illyricè gikawecz.

¶ Vuinsela nostra per totum dorsum fusca est. pèctus ei uarij coloris, medius uenter albicat, rubet utrinq;, ut etiam pars sub alis. Interiora òris penitus flauescút, Deniq; similis est tum specie tum magnitudine illi quam Trostel nominamus. ¶ In uentriculo dissectæ Vuinselæ Nouèbri mense
20 reperi baccas spinæ albæ, quam oxyacantham interpretantur. Peregrinæ sunt aues, neq; apud nos nidificant, sed in Bohemia (ut audio) uel Vngaria. Aduolant ad nos initio hyemis per xiiij. ferè dies ante turdos pilares: circa Pascha recedút. Laqueis capiuntur (in böglinen) sed difficilius quàm pilares. nam si laqueus sit albus, remouent, ut transgrediantur.

¶ Tertium turdi genus ab Anglis a wyngthrushe, & à Germanis ein Weyngaerdsuogel nuncupatur. Hic turdus utrinq; iuxta oculos, & in pectore & in ipso alæ flexu, intus & foris maculas habet latiusculas rubras. Huius nidum nunquam uidi: nec mirum, quum per æstatem apud nos nusquam uideatur. primum genus non nisi hyeme in Anglia cernitur, aut si uideatur, rarum est.

¶ Auceps quidam apud nos auem dictam Beehemle, id est turdulum Bohemicum, aliam à Vuinsela nostra esse mihi asseruit, sed similem: quam ipse aliquando in cauea cerasis aridis aluerit,
30 quorum ossibus integris ab aue redditis aluo in subiectam caueam delapsis, coccothraustes (ein Steinbysser) illi inclusus nutritus sit.

DE TVRDO MINORE ALTERO, QVEM
Itali turdum simpliciter, nostri Trostel uocitant.

A.

VRDELA auis est quæ uulgò Stoschele uocatur. Sed Itali quidam hodie, ut in Ligúria, turdelam appellant turdum maiorem uiscivorum, ut supra docuimus. Author Philomelæ hanc auem, nescio qua lingua, palàram appellat: cuius hoc carmen est, Dulce pa-
40 làra sonat, quam dicunt nomine drostam. ¶ Itali simpliciter turdum appellant, turdo, tordo, tuordo. ¶ Galli, ni fallor, trasle. ¶ Germani Trostel, quod nomen ab Italico turdela factum uideri potest. Alij aliter scribunt & efferunt: Gyb. Longolius, qui Coloniæ scripsit Stoessel: Turnerus qui ibidem, Stossel uel Surstel. Hieron. Tragus Trossel. Murmellius Trusel. Eberus & Peucerus Sangdzuschel, id est turdũ musicum, ad differétiam turdi iliaci superioris, (quem aliqui Rottrostel, id est turdum rubrum appellant: hunc uerò, de quo scribimus, Wystrostel, id est turdum album: quòd non admodum nisi colore quarundam partium differant.) Iidem trostelam nostram, Aristotelis turdum pilarem faciunt, quod ñ probo. ¶ Anglia a trossel, aut a mauis, Turnerus. (sed Itali maluiccium uocant turdum minorem rubrum, de quo supra egimus: & Galli eun-
50 dem mauuis,) alij a thrushe, quod nomè tamen primo & maximo turdorum generi Turnerus Anglus adscribit. ¶ Illyrij & Poloni drozd.

B.

Magnitudine & ferè colore turdum refert : & est coloris cinerei, declinans in pectore ad uarietatem croceam, Albertus. Pectore est ualde maculoso, Turnerus. Auis est uaria & maculosa, magnitudine merulæ, Eberus & Peucerus. ¶ Magnitudo & species huic generi (ex inspectione nostra) eadem ferè quæ minori proximè descripto. crura ei albicant. pectus, uentrem, & latera puncta nigra insigniunt. Venter alioqui candidus est, ut caudæ etiã pars supina in minoribus pennis. pectus subflauo & russo colore in unum mixtis. idem sub alis color merus & absq; maculis in minoribus pennis est. Tota pars prona uno ferè & simplici colore, nempe fusco. Alæ fusco russum
60 miscuerunt, & maculas subflauas habent. Sexus, ut audio, non facile discernitur, nisi cantu.

C.

Per totum annum apparet , & cantus sui gratia à multis in caueis alitur, Turnerus. Probè adé modum cicuratur, Albertus. Auis est musica, canens uere, uocis multiplicis, Idem. Dulce palâra sonat, quàm dicunt nomine drostam, Sed fugiente die nempe quieta silet, Author Philomelæ. Vocem ædit acutam cum obscura quadam fuscedine, Eberus & Peucerus. Nidum intus ex luto aut lignorum carie liquore mixta, & artificiosè læuigata, foris ex musco in ramis arborum aut fruti=cum facit, Turnerus. superficies nidi intus solida, læuis & dura est. Martio mense apud nos uel Aprili ouis incubant.

D.

Turdus hic, ut etiam uisciuorus, noctuam odio habet.

F.

Caro eius bona est, & ad cibum expetitur, Albertus. 10

¶ Turdus Iliacus, quem nostri Winsel appellat, alibi uocatur, Bergtrostel, id est turdela mon tana: alibi Wintrostel, quod uuis uescatur, ni fallor.

¶ Apud Carinthios auis dicta Leymtrostel, cognata est turdis minoribus, sed pedibus albis.

¶ Auis ex turdorum genere minima est, quæ Germanicè (Saxonicè) Ziepdzuschel uocatur, fi=gura alioqui & colore iliaco turdo (Vuinselæ nostris dictæ) similis. circa rubos uiuit & uersatur. delectatur enim fructibus eorum & sambuci baccis, Eberus & Peucerus: qui hâc Aristotelis batin esse conijciunt. quoniam bátos Græcis rubus est. ¶ Apud nos turdi genus exiguum, tertia ferè parte turdelis uel iliacis minus, Waldtrostel uel Kleintrostel: hoc est turdelam syluaticam uel mi=norem uocant. Eberus & Peucerus turdum quendam paruum, minorem merula, maiorem frin=gilla, acuto rostro, breuibus pedibus, Germanicè Klein zimmer, id est turdū paruum nuncupant; 20 & Aristotelis cyanum, id est cœruleum esse conijciunt. Nos de cœruleo opinionem nostram in c. elemento protulimus.

¶ In Heluetia alicubi, ut circa Claronam, Steintrostlen, id est turdelas rupiū nominant aues, quæ ab alijs Steinrötele dicuntur, ab alijs (ni fallor) Blawuögel, id est cœruleæ aues: de quibus copiosè in Cœruleo scriptum à nobis est. Ibidem (circa Claronam) Wassertrostlen, id est turdelæ aquaticæ uocantur, aues quædam cruribus oblongis, breuibus rostris, fidipedes, quæ iuxta aquas degunt: eædem fortè merulis aquaticis. ¶ In multis Germaniæ regionibus, ut Misnia, Turingia, Hassia, merulam torquatam nostram audio nominari ein Meertzische dzuessel, id est turdum Mar=tium, quòd mense Martio canere incipiat.

¶ Sabaudis griue turdus pilaris est; & alia turdi species paulò nigrior, une tortue. 30

¶ Circa Francfordiam (si bene memini) Halbuogel, id est dimidia auis nominatur, quam inter turdos uendi aiunt, cum tamen non sit turdus. Hinc uulgò apud aucupes hoc dictum celebratur Germaniam quinq; aues habere cum dimidia, ein Krametuogel/ ein Enntuogel/ ein Pfuogel/ ein Brachuogel/ ein Speiuogel der fligt über sy all/ und ein Halbuogel.

¶ Ex turdorum genere est auis Germanicè (Saxonicè) dicta Brachuogel: quæ capitur sub hye=mem maximè, nec figura nec magnitudine multū dissimilis merulæ: colore fusco, terreo, obscuro, ut humi sedens uix agnosci & à terræ colore discerni possit, Eberus & Peucerus: qui hanc Aristo=telis collyrionem faciunt. Turnerus quidem cum in libro suo de auibus turdum pilarem nostrum, collyrionem esse coniecisset, postea in epistola ad me missa turdelam nostram (ein Trostel) iam po=tius collyrionem sibi uideri scripsit. Porrò Germanicum nome Brachuogel, uagum & incertum 40 est. nam & arquatæ & generi cuidam gallinaginis tribuitur: quòd hæ aues in noualibus & quiescen tibus agris immorari soleant.

¶ Venere in Italiam Debriacensibus bellis ciuilibus trans Padum externæ aues (ita enim adhuc uocantur) turdorum specie, paulum infra columbas magnitudine, sapore gratæ, Plinius.

¶ TYMPANVS (Τύμπανος) à cornice occiditur, Aristot. historiæ anim. 9.1. nec alibi quod sciã eius meminit. ¶ Tympanus est de genere paruorum miluorum. in nõnullis codicibus τήπνος, qui etiam rusticè sic appellatur. Sed ex sola nominis similitudine argumentum idoneum nullum est: neque ullum milui genus à cornice occidi uerisimile. Apparet autem Niphum secutum esse translationem Alberti, in qua pro tympano legitur, miluus qui dicatur Græcè cochyno. 50

DE TYRANNO.

TYRANNO auiculæ corpus non multò amplius est, quàm locustæ, crista rutila ex pluma ela=tiuscula. est & cætera elegans cantuq; suauis hæc auicula. Vescitur uermiculis, Aristoteles. ¶ Ty=rannum auiculam Auicenna & Albertus inter passeres numerant. nos rusticè uessiuillum nuncu=pamus, Niphus. ¶ Turnerus eumq; secuti Eberus & Peucerus tyrannum auiculam Germanicè interpretantur Goldhendlin. Sed Turnerus etiam aliud Germanicum nomen adfert ein Tiin=mürder, quod conuenit generi auium quas lanios appellaui, quòd in cæteras aues etiam se multò maiores laniando & cædibus sæuiant. est autem inter illos quoq; species quædam minima, uertice rutilo insignis. ¶ Trochilo (uel passere troglodyte potius) minor est auis (inquit Bellonius) quæ à 60 Græcis uulgò tettigon uocatur, (nimirum à magnitudine, qua cicadam uix excedit: à Latinis, (ab Aristotele,) tyrannus: Gallis un poul, uel soucie uel sourcicle, (à superciliijs,) habet enim plumas in capite

capite flauas utrincʒ, inſtar criſtæ, quæ oculos eius inumbrant, ut ſupercilia in nobis: nec multò ma=
ior eſt locuſta, Bellonius in Gallico libro Singularium. ego omnino regulum eſſe puto quam ipſe
tyrannum:nec utrincʒ plumas illas capitis aureas haberi, ſed in medio tantum.

DE AVIBVS QVARVM NOMINA AB V. LITERA INCIPIVNT.

DE VANELLO.

A.

ANELLVM hanc auem nominant author de nat. rerum & Albertus, Gallici (ut appa=
ret) nominis imitatione un uanneau, quanquam per n. ſimplex. Iidem hanc auem uete=
rum Stymphalidem eſſe putant, nimium leuiter hoc uno, quantum uideo, decepti argu=
mento, quoniam uanellus cirrhatus eſt: tribuit autem cirrhos etiam Stymphalidi Plinius.

Vannellus (per n. duplex) à barbaris dicitur auis, eo quòd inter uoladum magnum strepitum ædat, Turnerus: forte quòd alis instar uanni aut uentilabri commotis strepitu excitet. Auis quæ in compluribus Galliæ locis uocatur dixhuict, (per onomatopœiam. sic etiam uocant numerũ octodecim. similiter Cretenses cuculum auem uulgò nominant decocto, quòd suo cantu tale quid sonare uideatur,) & Parisijs un uanneau (& circa Montempessulanum:) quamcis Romani ueteres parcum uocarunt, Itali hodie paoncello, Græcis uulgò æx (αἴξ) dicitur antiquo nomine, id est capra : eo quòd subinde uocem caprinæ similem ædit. ab alijs πτὼς ἄχριΘ, hoc est pauo syluestris, eo quòd cristam in capite erigat instar pauonis uel alaudæ cristatæ, Bellonius. Aristoteles quidem nihil aliud de capra aue scribit, quàm circa lacus & amnes eam uersari. In capite paucis animalium, nec nisi uolucribus, apices: alijs aliter, phasianæ corniculis, præterea parræ, (aliàs paro,) Plinius 11. 37. Hermolaus pro parræ, habet parco, quod quidem nomen nondũ hactenus se legisse fatetur, ut mirer Bellonium scribere nomen parci apud Romanos ueteres extitisse, sed ut parcum legas, non tamen uanellum auem eo nomine accipi licebit, cum cornicula illi non conueniant. non enim instar phasianæ cornicula habet uanellus noster, sed apicem simpliciter, uel ex plũmis cristam simplicem à medio uertice retrò extensam. cornicula uerò utrincis eminẽt, ut in bubone, & alijs quibusdam nocturnis auibus. quamobrem parræ potius legerim, ut codices nostri habent, (uel paræ per simplex r.) quæ & nocturna auis est, & alijs quocis authoribus memorata. Imposuit forte Bellonio, quod in Corollario Hermolaus scribit, his uerbis: Differt ab alauda & parcus, etiamsi quidam negant, (cõfuderunt forte aliqui eo quòd utricis apex tribuatur. sed Plinius ipse siue parcum siue parram legas, loco iam citato, à galerita liquidò secernit.) Est autem parcus auicula palumbo minor aliquanto, subtus candida, cætero pauoni similis, & crista quocis. Vanellum quidem his uerbis ab eo significari non est dubium.

¶ Vanellus circa Patauiũ in Italia pauonzino nominatur, quasi paruus pauo, à colore & crista. Venetijs paon, id est pauo. ¶ Lusitanis a bybe. ¶ Germanicè apud nos ein Gyfitz, ab imitatione uocis. alibi Gyuitt, uel Gybytz, Murmellius scribit ein Kyuitz. alibi ein Zweiel. Ein grüner oder blawgrüner Gyfitz, ad differentiam pluuialis. ¶ Anglicè a lapuuing, ab implicatione alarum frequenti, ut audio. nam uuing illis est ala, lap implicare. ¶ Illyricè czieyka. ¶ Turcicè gulguruk.

¶ Literatores plericis omnes Britãnici, upupam eam nominant auem, quam barbari ab alarum strepitu uannellum nuncupant, & ipsi sua lingua lapuuingam uocãt, Turnerus. Sunt etiam (inquit idem) in inferiore Germania literatores aliqui, qui fulicam kyuittam suam esse uolunt, ex eo forsan opinionem suam adstruentes, quòd apud Plinium fulicæ cirrũ tribui legerint, sed cum kyuitta nec auis marina sit (Vergilius enim marinam facit) nec aquatica, satis liquet eam non esse fulicam. Sunt quidem uanelli larorũ & magnitudine & leuitate, & similiter clamosi, unde & per onomatopœiam utriscis inditum nomen. nam à Germanis Oceani accolis lari etiam Gyfitz appellantur : qui tamen alijs multis & corpore & natura à uanellis differũt, è larorum autem genere etiam fulica ueterũ est.

B.

Vanellus auis est satis pulchra, columbina magnitudine, cristato capite ut pauo, in collo uiridi colore & lucenti, reliquo corpore uaria, Author de nat. rerum & Albertus. Cornice minor est, plumis ferè uiridibus & nigris per totũ dorsum & caput & collum: uentre albo: longa & semper erecta in capite crista plumea, alis obtusioribus, Turnerus. ¶ Ego ex præsenti inspectione olim descriptionem huius auis reliqui huiusmodi: Coloribus est elegantissimis, per totum dorsum uiridi, maculis quibusdam purpureis utrincis, alæ partim uirides, partim cœruleæ sunt. extremæ uerò & longiores earum pennæ nigræ, quæ inuersæ præ atro colore splendent. Venter & alarum interior pars plumas habẽt albas, cirrhi à capite retrorsum tendunt ex plumis nigris oblongis conditi. Rostrum nigrum sesquidigiti longitudine. Sunt etiam plumæ subruffæ circa caput & ceruicem. sub rostro & prona colli parte albicant. In pectore color ex uiridi nigro cœruleocis mixtus uidetur in plumis, sed earum quocis extremitates per quosdam ordines albicant. Totius auis longitudo est circiter dodrantem & palmum manus mediocris, qui sunt digiti X V I.

C.

Germanicum nomen Gyfitz uel Kyuitt, & Gallicum dixuuict, per onomatopœiam huic aui indita sunt. Bellonio uocem caprinæ æmulam ædit, inde æx, id est capra Aristoteli, & hodie uulgò Græcis dicta. ¶ Circa nidum suum subinde circunuolitare solet. Lapuuinga Anglis dicitur ab implicatione alarum frequenti. Alis est obtusioribus, & inter uoladum magnum strepitum ædentibus: unde & uanellus à barbaris dicitur. A quis uermiũ gratia, quibus solis uictitat, appropinquat, sed ipsas non ingreditur. In planis & in locis erica consitis plurimum degit, Turnerus.

D.

Cum hominem etiam à longè nido suo appropinquare senserit, egressa statim de nido cum clamore occurrit. sicis stulta dum hominem à nido suo repulsuram se sperat, ipso clamoris indicio nidum prodit, quem progressus homo spoliare contendit, Author de nat. rerum & Albertus. Sunt qui dicant hanc auem dum pullos fouet, ad hominem à quo nidum inquiri suspicatur proximè accedere, & ueluti deditionem simulare, donec paulatim à nido abducat: quod idem de perdicibus & chenalopece fertur.

E. Capiun-

E.

Capiuntur uanelli gregatim, ut audio. ¶ Ad depopulandum uermes Angli eos sæpe in hortis alunt, Turnerus.

F.

In cibo commendantur, sed minus quàm pluuiales quibus cognati sunt. Mihi aliquando gustanti & boni saporis, & alimenti probi, sed leuis ac tenuis (propter assiduum uolandi exercitium nimirum,) huius auis caro uisa est.

H.

a. Hieronymus Tragus inter aues quæ in Germania edantur nominat 𝕭igitzen, haud scio an uanellos intelligens. ¶ Ἴϋξ (apud Hesychium ultima per ypsilon scribitur ἴϋξ & ἴϋς.) genus est auis clamosæ, unde & Ibycus nomen proprium, & ἰϐυϰλωίσαι: ὅπερ ἰϑὶ μεταφοϱὰν λιγ·ται Βϰλωίσαι, Etymologus. legendum suspicor, ὅπερ ϰατ᾽ ἀφαίρεσιν λιγ·ται Βικωίσαι: aut si legendum est per metaphoram, Βϰλωίσαι in fine abundabit. Vide ἰϐυϰινίσαντες apud Hesychium, quanquam nihil est quod ad ibyn aut ibycem auē pertineat. Hæc sane auis per onomatopœiam dicta uidetur: & cum clamosa sit, ac uocis similitudo accedat, de genere uanelli forsitan fuerit. ¶ Mulieres per contumeliam aliqui in Gallia uanneauz, id est uanellos uocāt, uagabundas puto & inconstantes: aut fortè clamosas.

DE AVIBVS VANELLO COGNATIS.

VANELLOS etiam candidos reperiri audio, (kyuittas candidas:) nisi fortè de laris candidis id accipiendum est. Item uanellos sine crista: quales aliquando colore fusco & maculis uarios Brugis in Heluetia uidi: nec satis memini an eadem sit pluuialis Gallorum, de qua in P. elemento egimus. nam & illa de genere uanelli est, sine crista, colore quo diximus. quamobrem utrunque aliqui Germanicè kyuittam appellant: sed uanellum, uiridem: pluuialem uerò, fuscam. Itali puto piuier pro pluuiali efferunt. ¶ Quærendum an eiusdem generis sit auis TREMVLVS dicta in Regimine Salernitano, quæ inter aues salubres numeratur. Hęc ut plurimum propè mare uersatur, (inquit Arnoldus in suis Annotationibus,) minor gallina, coloris fusci, altè clamās & uelocissimè uolans: quæ cum super terra incedit, semper tremit cauda, unde ei nomen.

¶ VARIAE aues, (ut Gaza uertit ex Aristotele de hist. anim. 9.1. pro Græco ποικιλίδες,) cū alaudis pugnant. nec alibi earum meminit. Sunt & uariæ picarū generis, de quibus suo loco diximus. Ποικιλίδα Theocriti interpres acanthidem interpretatur, auem uariam & argutam.

¶ VARONVM ac rupicū squarosa incondita rostra, Lucilius apud Festū in dictione Squarosi. quænam uerò hæ aues sint nusquam explicatum inuenio. Petrones rustici ferè dicuntur propter uetustatem, & quòd deterrima quæcꝗ ac prærupti iam agri petræ uocantur: ut rupices ijdem à rupinis, (à rupibus,) aliter à petrarum asperitate & duritia dicti, Festus. sed locus uidetur corruptus. Gaza charadrium alicubi rupicem uertit.

DE VESPERTILIONE.

A.

VESPERTILIO nomē habet quod uespere & noctu uolare soleat: & Græcis etiā νυϰῖϖριϛ à nocte dicitur. Græca uoce Plinius quoꝗ alicubi utitur: quamobrem à Leoniceno notatur, quasi auem à uespertilione diuersam putârit. Vulgò Græcè νυϰῖϖρίδα dicitur. Nuper quidam uespertilionem in Græcia hodie γλαύϰη & ϰαϰαϐίγια nominari scripsit: quæ tamen nomina alibi rectius noctuæ attribuit.

Q q

¶ Tinschæmæth Hebraicam uocem uariè reddunt, uespertilionem, cygnum, talpam. uide in Cygno & in Talpa. Ataleph, עטלף, uespertilio, reptile alatum, Leuit. 11. unde pluralis numerus atelaphim Isaiæ 2. & capitur pro imaginibus uespertilionum, Munsterus. accedit sanè hæc uox ad Græcam attelabus, quod reptile est alatū. D. Kimhi interpretatur ataleph murē alatū nocte uolantem, id est uespertilionē. Chaldæus Deut. 14. habet atalapha, אטלפא. Arabs baphas, באשש. Persa an seb perak, או שב פרק. Septuaginta νυκῖδρίς, Hieronymus, ut & Leuitici x 1. hic & illi. Sunt qui upupam interpretantur nomen Hebraicum ataleph, quod non laudo. In die illa proijciet homo idola argenti sui, & simulacra auri sui, quæ fecerat sibi, ut adoraret talpas & uespertiliones, Esaiæ 2. in translatione uulgari. Munsterus sic reddit, In die illa proijcientur aurei & argentei dei in fossuras talparum & uespertilionum. Hebraicè pro talpis legitur peros, pro uespertilionibus laatalephim. Abraham Esra Esaiæ 2. cheporperot legit, quam uocem alij distingunt, & aues noctu uolantes exponunt. uide in Talpa A. Auicenna lib. 2. cap. 739. uespertilionem chasas nominauit. inde puto corrupta esse uocabula cafesci apud ueterem Auicennæ glossographum, & apud Syluaticum casekso, utrunq pro uespertilione. Sizarach est lac uespertilionis, uel secundum alios urina uespertilionis, And. Bellunensis. quam ego uocem reor esse Persicam: quanquã Persa Deuter. 14. pro Hebraica ataleph, id est uespertilione, uerterit seb perak, uoce non admodum differente. Hinc corruptæ uidentur uoces Scetazirach pro uespertilione apud Syluaticum. Secranrach apud eundem, & Sceirazirai apud ueterem Auicennæ glossographum, utrunq pro lacte uel urina uespertilionis. Alcionetus, id est uespertilio, Syluaticus nescio qua lingua.

¶ Verspertilio Italicè dicitur notula, uel nottola, quam uocem aliqui noctuam non rectè interpretantur. Alibi sportegliono, ut Scoppa scribit. alibi ratto penugo (in Lombardia ratto penago, id est mus pennatus) uel barbastello: item pipistrello, uispistrello, uilpistrello. ¶ Lusitanicè morcego, uel murziegalo, id est mus cæcus. ¶ Gallicè chauue souriz, uel souris chaulue, si rectè scribo, quasi mus caluus & glaber: uel ratte uolage, uel ratte sauuage. ¶ Germanicè Fladermauß. Hieronymo Trago Speckmauß, quòd laridum corrodat. ¶ Anglicè a bal, a reare mous. ¶ Polonicè nietopersz. Illyricè netopyrz. ¶ Sunt qui nycticoracem uelint esse uespertilionē, Niphus.

B.

Vespertilio animal est mediæ cuiusdam inter auem & murem speciei, ut mus alatus dici possit. Animal est uolucre, biforme, de quo Varro in Agathone: Quid multa? factus sum uespertilio, neq in muribus plane, neq in uolucribus sum, Nonius. Vituli marini & uespertiliones, quoniam ambigunt, illi cum aquatilibus & terrestribus, hi cũ uolucribus & pedestribus, ideo participes & utrorunq & neutrorum sunt. Vespertiliones quidem pedes ut uolucres habent, sed ut quadrupedes nõ habent. cauda etiam tam quadrupedis quàm uolucris carēt. nam quia uolucres sunt, cauda quadrupedis uacant: quia pedestres, uolucris: quod ijs necessario accidit. habent enim cuteas pennas, nullũ autem uolatile caudam habet, nisi penna scissa uolatile sit. genus enim id caudæ ex penna eiusmodi constat. cauda uero quadrupedis generi uolatili adiuncta, uel impedimento eius pennis proculdubio esset, Aristot. de partib. anim. lib. 4. in fine capitis penultimi. Vespertilio est quasi mus uolucris. caput enim habet muris. sed canini etiam capitis speciem refert, & inuenitur aliquando cum auribus quaternis. Dentes habet serratos (in utraq maxilla) nõ ut mus, in quo duo anteriores oblongi sunt, sed potius ut canis, qui caninos dentes longos habet. Voce etiam canis potius gannitum quàm sibilum muris imitatur. Corpus habet pilosum fuluo pilo. alas membraneas: & in cubitis (flexibus) alarum digitos singulos cum unguibus acutis, quibus se retinet quũ parietibus adhæret, Albertus. Volucrum nulli dentes, præter uespertilionem, Plinius. Volucrum animal parit uespertilio tantum. eadem sola uolucrum lacte nutrit ubera admouēs, geminos uolitat amplexa infantes secumq deportat, Idem. Parit ut quadrupes, & lactat pullos, Kiranid. Formatos pullos parit & nutrit lacte quos generat, Macrobius. Sola uolucrum & lac in mamillis habet, & mox æditum fœtum lactat, Suidas. Animalium sola mamillas in pectore habent, homo, uespertilio, & elephas, Pollux. Vespertilio in pectore mamillas habere deprehendi per anatomen earum in magna pyramide Aegypti, & intra labyrinthum Cretæ facta: ubi etiam matres uidi lactare suos fœtus admotis uberibus, Bellonius. Mulierem lactantem ac bene nutrientem ubi pictura exprimere uolebant Aegyptij turturem pingebant. Sola enim inter omnes uolucres hæc dentes ac mammas habet, Orus in Hieroglyphicis 2. 53. Legitur autem Græcè etiam τρυγόνα, id est turturem. sed omnino apparet legendum νυκῖερίδ'α, id est uespertilionem. Vespertilionis uulua dum partum gerit acetabula habet, Aristot. est enim uiuipara. ¶ Vespertilio non habet aures, (lego pennas uel plumas,) sed est pilosa, Alber. Et rursus, Et quia accedit ad naturam quadrupedis, ideo habet aures (auriculas) sicut quadrupes in superiori parte laterum capitis sui: cum homo & cætera bipeda aures uel earum meatus habeant in inferiori parte lateris capitum suorum retro articulum maxillæ. ¶ Vespertilio uolat quidem pellitis alis, sed inter uolantia non habendus est, Macrobius. Pennis (Alis) cuteis uolat, Aristot. Pinnæ (Alæ) membraneæ huic uni (uolucrum,) Plinius. uni, aliàs non legitur, quod placet. non enim hæc sola cute uolat, sed etiam alópex, id est uulpecula, Aristoteli. quamobrē ὄρνεα ἀμφιβῖόρα dicuntur. Vespertilio etsi pennas (πῖῖφά, quidam non rectè uertunt alas) non habet, uolat tamen, Orus. ¶ Animal quod uolucre tantum sit, nullũ nouimus, nam & quæ alis cuteis uolant, ingredi possunt.

unde

unde uefpertilioni etiam pedes funt, Ariftot.hift.anim.1.1.unde etiam Plinius transferens:Qui negant (inquit) uolucrē ullam fine pedibus effe, cōfirmant & apodas habere & nycterin, ubi quidam
legunt & ocen & nycterin, quod non probamus. ego ocen omiferim, aut legerim & alopecem &
nycterin. Vefpertilio eft animal quadrupes, Kiranides. Quatuor pedibus graditur, Macrobius,
mihi nullis ingredi pedibus uidetur, ne pofterioribus quidem qui perfectiores funt. femper enim
aut uolat alis, aut toto corpore iacet, aut digitis alarum (quos digitos potius quàm pedes dixerim,
quòd imperfecti & finguli fint, ueluti unci alarum) adhæret & affigitur ædificiis, faxis, arboribus.
Vefpertilio licet non habeat nifi duos pedes in membrana fuæ caudæ, habet tamen duos pedum di
gitos in cubitis alarum, quibus utitur loco duorum pedum.quare cum cadit excipit fe alis, Albert.
10 ¶ Coxendix huic aui una traditur, Plinius.

C.

In monafterio quodam deferto Mifnię, tantam uefpertilionum copiam uidi,ut de excremento-
rum aceruis carrhi aliquot onerari potuiffent, Amicus quidam in epiftola ad nos.
¶ Vox. Strix nocturna fonans & uefpertilio ftridunt, Author Philomelæ. Vefpertilio non
tam uoce refonat quàm ftridore, Ifidorus. Minimam pro corpore uocem Emittunt, peraguntǫ
leui ftridore querelas,Ouidius. Vefpertilio imitatur uoce exili grunnitum (gannitū) & latratum
canum potius quàm fibilum murium, Albertus. ¶ Τρίζειν (uerbum ὀνοματοποιημένον) eft tenui
uoce inftrepere , qualis eft uefpertilionum fonus , τρύζειν uero per ypfilon de turturum uoce (afpe-
riufcula, Cælius) dicitur, Euftathius & Varinus. inde nomen τριγμός,ftridor uefpertilionum uel mu
20 rium, Euftath. Νυκτερίδας ντρειγίναι author eft Pollux.

τίς δ᾿ ὅτι νυκτερίδες μυχῷ ἄντρου διεσσοῖο   Τετρίσσαι ποτέονται, ἐπεί κέ τις ἀποπέσησιν
Ὁρμαθὖ ἐκ πέτρης, ἀνά τ᾿ ἀλλήλησιν ἔχονται: τὶς αἱ (ἅτε τῶν μνηστήρων ψυχαὶ) τετριγυῖαι ἅμ᾿ ἤϊσαν,

Homerus Odyſſeæ ultimo. Vbi Euftathius, Conuenit (inquit) τεισμός, id eft ftridor & tumultuatio
quædam animis articulato fermone iam priuatis;& animas in nocturnum abeuntes locum νυκτερί-
σιν,id eft nocturnis auibus uefpertilionibus poeta conferre uoluit. Troglodytæ Aethiopes lingua
nulli alteri fimili utuntur, fed uefpertilionum more ftridet, ντρείζουσιν, Herodotus. Τετρίζειν etiam eft
ftridere uel frendere dentibus præ iracundia, & nix cum calcatur, τετρίζειν dicitur. Quin & iugum bi
lancis aliquando τετρίζα, de quo poeta aliàs κείγειν, Euftathius. Τετρειγίαι dicuntur auium pulli, uel
fpertiliones & nix, cum pedis latitudine calcatur, Idem. Inuenitur etiam de elephanti uoce uer-
30 bum τετρίζειν.

¶ Cibus,&c. Vefpertilioni in cibatu culices gratiffimi, Plinius. Cibus eius funt mufcæ & cu
lices:quem nocte uolans inquirit.uefcitur etiam carnibus, & lardum uel fuccidiam fufpenfam, corrodit,Albertus,quamobrem à quibufdam Germanicè Speckmuß appellatur. Cum capti claui
affiguntur parietibus,fine cibo multos dies uiuunt. ¶ Vrinam quoǫ reddit fola auis. Andreas
Bellunen.fizarach (Perficam puto uocem) lac uel urinam uefpertilionis interpretatur. ¶ Noctu
uidet,interdiu ferè nihil, Aphrodifienfis problematum 1. 66. Ab Hifpanis morcego uel murziegalo,id eft mus cæcus appellatur. ¶ Ferunt hanc auem ftrepitum quærere, Ifidorus. ¶ Parafitus adulandi ftudio uigilans uefpertilioni apud Athenæum cōparatur. Si frigus(inquit parafitus)
fub dio,merula fum:fi ne minimum quidem dormiendum, uefpertilio aut lepus, &c. ¶ Vefper-
40 tilio etfi pennas non habet,uolat tamē, Orus. Cute(alis cuteis)uolat:uide in B. Volat ut hirundo,
Kiranides. Noctu uagatur, Ariftot. Nomen ei,quòd uefpere fe ad uolatum præparat noctis, No
nius. Vefpertilio dicitur,eo quòd luce fugiens uefpertino crepufculo circunuolet præcipiti motu
acta, Ifidorus. Tectaǫ non fyluas celebrant, lucemǫ perofæ Nocte uolat,feroǫ tenent à uefpere
nomen, Ouidius. De uolatu huius auis, greffu & affixione, leges quædam fuperius in B. Nonftat
neǫ fedet ficuti alia animalia:fed cum nō uolat, aut fufpenditur in parietibus & rimis obfcuris , aut
latet in cauernis, Albertus. Vlyffes Odyffeæ μ, fingitur ramis arboris adhærefcere inftar uefpertilionis,fiue(ut inquit Euftathius) ad oftendendum robur ramorum arboris, à quibus Vlyffes non
tanquam grauis corpore heros, fed tanquà leuis uefpertilio adhærefceret: fiue quòd hæc auis fuper
ramis ingredi non folet, fed ab eis pendere. Τῷ (ἱερνῷ) προσφὺς ἐχόμlυ,ὡς νυκτερίς,ὐδ᾿ ἐ πη ἔχον, οὔτε ενέ-
50 ξαι ποσὶν ἐμπεδον,ἔτ᾿ ἀπιβῆναι. Proprium uefpertilionum eft, ut Homerus etiam canit (uide fuprà ab
initio huius capitis C.)continuata quadam ferie(ὁρμαθνδόν) inter fe cohærere, Euftathius. ¶ Volucrum animal parit uefpertilio tantum, Plinius. Volantia uniuerfa de ouis prodeunt, excepto uef-
pertilione,qui incertæ naturæ eft : qui formatos pullos parit, & nutrit lacte quos generat, Macrobius. Volucrum uefpertilio tantum mammas & lac habet, Plinius. Vefpertilionem pullos fuos
lactare,gripho Germanico celebramus, Ein vogel on jungen/ Der ander faugt feine jungen.
De lacte huius auis, quodǫ eo pullos alat, leges fupra quoǫ in B. Nidum non conftruunt, fed in
aere fufpenfi uncis alarum(digitis) pullos fimiliter pendentes ad fornicem (uel parietem)lactant,
Bellonius. ¶ Salamandra & uefpertilio fœtus fuos ædunt uiuos, fed nulla inuolutos tunica, (nullis fecundis.eò nimirum quòd oua in eis concipiantur initio:)& fimiliter uefpertilio,quod nō fit in
60 muribus, talpis , & huiufmodi animalibus quibus illa fimilis eft, Idem. ¶ Vpupa dormit hyeme,
ficut & uefpertilio, Alber. ¶ Vefpertiliones hederæ fuffitu moriũtur, Zoroaftres in Geoponicis.

Qq 2

D. & E.

Hederæ suffitus(exustæ odor)perimit uespertiliones, Africanus & Zoroastres in Geoponicis,
Platani aduersantur uespertilionibus,Plinius. Ne uespertiliones ingrediantur,(inuolent,) Ad ingressus omnes platani folia suspédito,Africanus. Ciconia & uespertilio inimicæ sunt, hic quidem
ciconiæ oua solo contactu sterilia efficit, ni cauerit illa impositis in nidum platani folijs, quæ accedentibus uespertilionibus torporem inferunt, Aelianus,Philes,& Zoroastres in Geoponicis. Est
& formicarum genus uenenatum,non ferè in Italia,solipugas Cicero appellat, salpugas Bætica. Iis
cor uespertilionis contrarium, omnibusꝗ formicis, Plin. Noctuæ cum formicas à suis pullis abigere cupiunt,uespertilionis cor in nido habent: tanquam formicis sua etiam latibula deserentibus,
si quis cor uespertilionis imposuerit, Oppianus. Vespertilionum pennis (Græcè πϯϟρὰ legitur, id 10
est alæ:quas tamen non habet hæc auis, sed alas) ad formicarum nidos admotis nulla ex ipsis egreditur,Orus. ¶ Crepusculo uespertino si quis gladium nudum & micantem in sublime porrigat,
uespertiliones ad illum aduolare,& offensi interdum decidere solent. ¶ Locustæ tractū aliquem
infestantes locum subiectum transuolabunt,si quis uespertiliones uenatus, elatioribus ipsius regionis arboribus eos alligauerit, Democritus in Geoponicis. ¶ Perseuerabunt columbæ si caput
uespertilionis posueris in columbarij fastigio, Didymus in Geoponicis. ¶ Vespertiliones si uesperi citius & plures solito uolarint,signum est calorem & serenitatem posiridie fore,Gratarolus.

F.

Auis est impura,non solum lege Iudaica, sed uel aspectu abominabilis.

G.   20

Vespertilionem decola(decolla)& arefactū tere,inde propina (cum syrupo & aceto) quantum
tribus digitis cōprehenditur. Aut septem uespertiliones pingues decollatos repurga, & in uase uitreato acetum forte eis superinfunde : & uas luto obstructum in furnum impone ut decoquantur.
Tum uase extracto & refrigerato,uespertiliones in aceto digitis dissolue,inde propinabis quotidie
pondus drachmarum duarum.Remedium enim hoc experimento constat,Auicenna de curatione
scirrhi lienis. ¶ Psilothrum: Vespertiliones plures uiuos pone in bitumine, & dimitte ut putre-
fiant,& unge quencunꝗ uis locum,Galenus Euporiston 2.85. ¶ Ad podagram: Vespertiliones
tres aquæ pluuiali incoquito,deinde hæc adijcito:lini seminis triti unc. iiij. oua cruda tria. olei cyathum j.bubuli stercoris,ceræ, utriusꝗ unc. iiij.Omnia in unum corpus redacta subigito,& cubitum
eunti semel atꝗ iterum applicato,Idem Euporist.3.148. ¶ Arthriticis doloribus utile est oleum 30
uespertilionū,quod ita paratur.Accipe uespertiliones duodecim:succi almarmacor (marmacor uel
marmauzi est herba quam Veneti uulgò appellant herbam S.Ioannis,cuius semen est semē maru,
Bellunensis. Monachi qui Mesuæ compositiones interpretantur , marmacor ab alijs aliter exponi
docent,ipsi melissophyllon esse potissimum approbant,negant autem esse herbam quæ herba S.Io-
annis dicatur in ditione pontificis Rom. quam ipsi eupatorium Mesuæ faciunt,à uulgò quidem in
diuersis regionibus diuersæ herbæ S.Ioannis appellantur)& olei ueteris(ana)librā ſ. Aristolochiæ,
castorei,ana drach. iiij.Costi drach. iij,Decoquantur simul ut consumatur.aqua (succus herbæ)& remaneat oleum,Auicenna 3.22.2.11.

¶ Iumentorum urinæ tormina uespertilione adalligato finiuntur, Plinius. ¶ Ad epilepsiam
accipitris, Vespertiliones captos coque, & in cibo præbe,curabitur,Demetrius Cōstantinop. Ac= 40
cipitri flenti & querulo obijce uespertilionem edendum , qui tria siaphisagriæ grana deuorârit, &
conto eum alligato,quod si non statim concoxerit,flebit per biduum, postea uerò desinet,Idem.

¶ Attritis medetur cinis uespertilionis , Plinius. De uespertilionibus ad medicinam urendis,
scribit Bulcasis tractatu 3. Cinis uespertilionis acuit uisum,Auicenna.

¶ Sanguis. Magi sanguinem uespertilionis cum carduo contra serpentium ictus inter præcipua laudant,Plinius. Sanguis ex uespertilionibus sic extrahitur,decollatur sub aure;& sanguis calidus,ut fluit,illinitur,ut auferat pilos ad tempus:uel in perpetuum,si illinatur sæpius fricando,Ar-
noldus in libro de ornatu mulierum. Sanguinem uespertilionis scribunt quidam,si uirginum uberibus illinatur, plurimo ea tempore ab extuberatione tueri, quod falsum est : ueluti & quòd enasci
sub alis pilos prohibeat, id quod rectè Xenocrates tanquam mendacium calumniatus est. Verum 50
ipse censet post illius usum aut chalcanthon inspergendum, aut semen cicutæ. aitꝗ ubi hoc factum
erit,aut prorsum pilos non prodituros, aut certè lanuginosos: ceu leue atꝗ exile medicamentū ad-
deret cicutæ semen,ac nō per sese sufficiat strenuè refrigerare partes quibus fuerit impositum. Sunt
qui & puerorum pudendis sanguinem uespertilionis illinunt, credentes ita diutissimè eas partes à
pube seruari posse immunes. atqui non oportebat putare diutissimè, uerum perpetuò fore tales, ue
lut existimant & alas. Sanè ex refrigeratione partis uehementi, eiusmodi quippiam posse contingere,non est à ratione alienum. non tamen adeò frigidæ facultatis est uespertilionis sanguis. Nam
in totum nullus sanguis frigidus est, Galenus de simplic. medic. 10. 4. In Auicennæ translatione
legitur unguentum uespertilionum prohibere ortum pilorum,quod falsum sit:& incrementum ma
millarum in puellis,sed legendum est sanguinem uespert. inunctum uel illitum hoc præstare perhi- 60
beri. Tribuuntur etiam similes effectus falsò,sanguini alharbe, id est chamæleonis, & ranunculi uiridis,uide in Ranunculo uiridi in Historia quadrup. ouiparorum. Vespert. sanguis psilothri uim
habet:

habet:sed malis puerorum illitus non satis proficit,nisi erucæ uel cicutæ semen (erucæ semē nihil ad
psilothra.quare hoc uel omiserim,uel legerim:chalcanthum uel cicutæ semē, ut Galenus habet)po-
stea inducatur. Sic enim aut in totum tolluntur pili,aut non excedunt lanuginem. Idem & cerebro
eorum profici putant,est autem duplex,rubens utic̨ & candidum. Aliqui sanguinem & iecur eius
admiscent,Plinius.   Ad uitiligines uespertilionum sanguinem illini iubent, Idem.   ¶ Pilos oculis molestos diligentissime uelles , atc̨ eorum loca uespertilionis sanguine recenti inlines,Marcel-
lus:& non renascentur alij pili,Kiranides.   Si oculi infestentur pilis palpebrarum,Ergo locum crinis uulsi continge cruore,   Quem dat auis,tremulis simulat quæ pellibus alas,Serenus.   Ad idem
incommodum,trichiasin uocant,Archigenes apud Galenum de compos.medic.sec.locos 4.8. ue-
10 spertilionis sanguinem alijs quibusdam miscet,ut & Ant. Musa præcedēti ibidem capite. Sanguis
nycteridum cum succo rhamni & melle illitus,uisum acuit,& curat suffusionem, Kiranides. Magi
uespertilionis sanguine contacto uentre in totum annum caueri dolorem tradunt, Plinius. Grauissimum uitium ileos appellatur.huic resisti aiunt discerpti uespertilionis sanguine, etiā illito uentre subuenire, Idem & Marcellus.   Quotiens dolor & contractio intestinorum uentris orietur,ue-
spertilionis sanguine uentrem manu perfricato,& ad præsens subuenies,& in totum annum mede-
bere,Marcellus. Si uespertilionis sanguine uētrem oblinas torminosi, in omne tempus dolore re-
leuabis,Idem.   ¶ Psilothrum:Cerebrum uespert. misce cum lacte mulieris, & unge, Galenus Eu
porist.2.85.   Fel herinacei psilothrum est , utic̨ mixto cerebro uespertil. & lacte caprino, (canino
forte,)Plinius.   Marcellus idem hoc remediū renibus impositum prodesse scribit. uide in Echino
20 terrestri G. Cerebrum uesp.duplex est, rubens utic̨ & candidum : & uim psilothri habet similiter
ut sanguis,Plin. uide superius inter remedia ē sanguine. Cerebrum hirundinis aut uespertilionis
cum melle ferunt mederi principio aquæ descendentis in oculum, (suffusionis,)Auicenna.   ¶ Si
mus araneus iumenta momorderit,fel uespertil. cum aceto imponitur, Plinius.   ¶ Vesp.sanguis
psilothri uim habet,aliqui & iecur admiscent,Plinius.   ¶ Stercus uesp.aliquando excæcat oculos,
Arnoldus Villanou.   ¶ Sceirazirae (Bellunensis legit Sizarach) est lac uel urina uespertilionis:
quod abstergit,ualde calefacit,& curat ungulam & albuginem, Auicenna.

¶ Caput uespertilionū scilicet tertiarū necat statim quod bemasar & uerificat de lactante.Ex totum continens,qui comederit linguam uel cor ipsius,morietur hydrophobicus nisi curetur, Arnol
dus Villanou.in libro de uenenis. sunt autem omnia plane corrupta. nos ita recitauimus ut codex
30 impressus habet. Alibi etiam,si bene memini,morsum eius uenenatum facit.nos de letifero morsu
uespertilionū Indiæ scribemus infra.   ¶ Vrina uespertilionis uulgo apud nos uenenosam quandam & septicam uim habere existimatur.ego aliquos ea sine noxa aspersos fuisse audio.

H.

a. Vespertilio animal biforme,dictum quod uespere se ad uolatum præparat noctis, Nonius.
Dicta est quasi uespere alis utens, Albertus. Plinius, Macrobius & alij eruditi masc. genere effe-
runt:recentiores quidam,ut Albertus, fœminino. Victorinus uespertilionem soricis nomine appellat,uide infra in h. Auis,tremulis simulat quæ pellibus alas, periphrasis uespertilionis apud Se
renum.   ¶ Nycterin & drepanin Plinius dixit:nycterídem malim & drepanidem,quoniā rectius
eorum oxytonus est. φάλκη, squalor comæ, & uespertilio, Hesychius & Varinus. Romphæa est
40 auis nycteris,id est uespertilio(quamuis interpres noctuam reddit) omnibus nota, Kiranides 1.17.
Νυκτ[άλωψ & φιλίασφ⊙ pro uespertilione leguntur apud Philen. Griphus studio ac cura componitur,ænigma lusum potius habet. Griphum alio uocabulo ænum dicunt, quod ex Eustathio est:
uti apud Clearchum, Vir non uir,auis nec tamen auis,lignum non lignum,lapis non lapis. Signifi-
cantur uero hæc,eunuchus,uespertilio, ferula, pumex.Qui de his plura nosse cupit Athenæū adeat
Dipnosophistarum decimo, Cælius.   Verba Athenæi hæc sunt: Καὶ τὸ ρωιαρκῶς δ'ὶ ὅτι τοῖστον, ὡς φησι
Κλέαρχ⊙ ἐν τῷ πὲὶ γρίφων,ὅτι βάσκι ξύλω τε κ̀ οὐ ξύλω,καὶ μ̄ρόλιω ὄρνιδα κỳ ὐκ ὄρνιδα, ἀνήρ τε κ̀ ἐκ ἀνήρ, λίθῳ κ̀ ὐ λίθῳ. Suidas etiā in Αἰν⊙ sic habet, Αἰν⊙ τις ὅζω, ὡς ἀνήρ τεκὰτ ἀνήρ, Ὄρνιδα κ̀ ἐκ ὄρνιδα * (forte
πετομθλω,aut tale quid) δ'ὅμως, Ἐπὶ ξύλα τε κ̀ ὐ ξύλα καθημθλω, Λίθω τε κ̀ ὐ ἱ᾿θῳ Βαλὼν διώλεσν. In his
non probo quod nycterida καθημθλω,id est sedentem legimus:nec̨ enim sedere aut stare instar alia-
50 rum auium solet : sed uolare tantum aut adhærere. Νυκτιειδὸς ἀύν⊙ ἀινιγματωδὸς δ̔λοῖ πὲὶ νυκτιειδὸς,
Suidas. Struthocamelus etiam auis non auis dici posset.

¶ Epitheta uespertilionis nulla occurrunt apud Latinos , esse tamen possunt, biformis, ambi-
guus, &c.Græcum esse potest δέφμόττοφ⊙, ab alis cuteis.

¶ Olim multis nomina erant auisum,ut νυκτιεὶς Chærephônti,Aristoph. in Auibus. Scholiastes
Chærephontem Socraticum magno (procero) & tenui corporis habitu fuisse scribit : & apud alios
quoc̨ nycterídem uocari.Et rursus,Chærephon non inepte uespertilio uocatur.quoniam nec̨ hoc
animal interdiu apparet,ut nec̨ philosophi. latent enim & philosophantur. Chærephontem lego
Socratis perfamiliarem fuisse ἰχνόφωνου:& quia simul nigricantis erat coloris, interfuso pallore,ny-
cterida cognominatum:atc̨ item pyxinon, id est buxeum,Cælius. Nihil natura (corporis habitu)
60 à Chęrephônte differes,οὐ δὲν διοίσεις Χαιεφῶντ⊙ τλὺ φύσιν,in homines pallidos & graciles.talis enim
corporis specie erat Chærephon, utic̨ philosophiæ studijs exhaustus , unde & nycteris nominabatur, Suidas in Αιοίσωυ. Vespertiliones quinam dici possint prouerbialiter, uide infra in h. ¶ Ny-

Qq 3

cteridem herbam,quam unguetum Helenes appellant, oleo decoquito, & per diem unam in oleo
manere sinito,percolatoq̃ & illinito,Aetius 12.1.in curatione ischiadis. Idem lib.7.cap.39. remedia quædam ad cicatrices oculorum & albugines subigi iubet cum succo herbę nycteridis & melle.
Ruellius anagallidem hoc nomine intelligendam conijcit,quoniam hæc eius appellatio inter cæteras apud Dioscoridem legatur. Codices nostri Dioscoridis inter anagallidis nomenclaturas nycteritin ponunt,tanquam ita à magis appelletur. Est & nyctegreton Plinio herba coloris ignei,folijs
spinæ,nec à terra se extollens. eruitur post æquinoctium uernum radicitus, siccaturq̃ ad lunam tri
ginta diebus,ita lucens noctibus. ¶ Hamerocœta siue callionymus piscis,supra caput habet ocu
los:interdiu in arenis semper iacet,noctu tantum excitatur & errat,ex quo nomen traxit ut uespertilio uocetur,Gillius ex Oppiano. Niphus uespertilionem marinum facit, qui non solum natare, 10
sed etiam uolare queat.uidetur autem piscem aliàs hirundinem dictum intelligere. habet enim pin
nas grandes,oblongas,& ferè cuteas ut uespertilio.

¶ Icones. Mulierem lactantem ac bene nutrientem significaturi Aegyptij, turturem (τρυγόνα.
uidetur omnino legendum νυκ]ι¢ἰα,id est uespertilionem)pingebant,sola enim inter omnes uolucres hæc dentes ac mammas habet,Orus in Hieroglyphicis 2. 53. Iidem imbecillem hominem &
temere audacem monstrare uolentes,uespertilionem pingunt,hæc enim etsi pennas (π]ι¢¢. melius
π]ᵉᵣυγας,id est alas)non habet,uolat tamen,Idem.

¶ b. Vespertilionum alis similes processus quosdam in hominis cranio apud medicos leguntur. ¶ Dumq̃ petunt tenebras paruos membrana per artus Porrigitur,tenuesq̃ includunt brachia pennæ, Ouidius 4. Metam. Non illas pluma leuauit, Sustinuêre tamen se perlucentibus 20
alis,Ibidem.

¶ c. Volucrum solus uespertilio (σαρκοτικ]ει) carnem parit, id est uiuiparus est, cæteræ ouiparæ,Suidas. In lapidicinam seu Pseudolabyrinthum Cretæ inter Gnosum & Cortynam, cum can-
delis ingredi opus est ducibus incolis. sed in eo tot uespertiliones stabulantur, ut nisi quispiam sibi
ab eis caueat,dum obuolant,suis alis faces extinguant. In lapidicinæ aut centro magni reperiuntur
stercorum uespertilionum acerui,tenellíq̃ adhuc eorum catuli pendentes.Patres cum uolare desierint,se nec parieti affigunt,nec in pedes stant,sed illic in trabe pendent, quod nostri in lignorum rimis faciunt,Bellonius in libro de Operibus antiquis.

¶ e. Sculpatur nycteris in rhinocerote lapide(qui est in extremo cornu rhinocerotis) & ad pedes eius raphis,id est acus piscis,& sub lapide radix herbæ immittatur. Hoc gestatum dæmonia fu- 30
gat,& si posueris ad caput alicuius nescientis, non dormiet,Kiranides. Similiter & caput nycteridis iuuentis abscissum si ligaueris in pelle nigra,& apposueris lævo brachio alicuius,nunquam dor
miet donec auferatur,Idem. Vespertilionis caput aridum adalligatum,somnum arcet, Plin. Cor
etiam eius gestatum,magnam uigiliam præstat,Kiranid. ¶ Huius generis (id est magicæ uanitatis,qualia proximè de bubone dixerat)propè uideri possunt quæ tradunt & de uespertilione:quòd
si ter circunlatus domui uiuus per fenestram inuerso capite infigatur,amuletű esse:priuatimq̃ oui-
libus circunlatum toties,& pedibus suspensum sursum in superliminari,Plin. Tarchon ut fulmina
prohiberet, suas sedes percinxit uitibus albis. Hinc, Amythaonius docuit quæ plurima Chiron,
Nocturnas crucibus uolucres(uespertiliones, ut conijcio,quas nycterides Græci, id est nocturnas
appellant)suspendit,& altis Culminibus metuit(uetuit)feralia carmina flere,Columella. ¶ Ma- 40
leficia quædam fiunt de characteribus scriptis sanguine uespertilionis, Arnoldus Villanou. Vespertilionis corde,sanguine,alijsq̃ membris ad ueneficia uti dicuntur mulieres maleficæ.

¶ g. Magi tradunt uespertilionis sanguinem collectum flocco,suppositumq̃ capiti mulierum,
libidinem mouere,Plin. Si sanguinē eius quis susceperit in panno, & fœmina nesciente posuerit
sub capite,& concubuerit cum ea,mox concipiet.Habet & alios usus,quos non oportet publicare,
Kiranid. Magi perungi iubent febrientes, crematis tritisq̃ cum oleo cristis & auribus & unguib.
gallinaceorum, cum geminos Sol transit:si Luna, radijs barbisq̃ eorum. Si sagittarium alteruter,
uespertilionis alis,Plinius.

¶ h. Mineides uel Mineiades,Alcithoē & duæ sorores, quòd Bacchum eiusq̃ orgia contem-
psissent, in uespertiliones mutantur apud Ouidium Metam. 4. At non Alcithoē Mineias orgia 50
censet Accipienda dei,&c. Finis erat dictis,& adhuc Mineia proles Vrget opus,spernitq̃ deű,
&c. Et triplices operire nouis Mineidas alis. Aelianus in Varijs lib.3.Minyades scribit(per ypsilon in antepenultima)tres sorores fuisse,Leucippen,Aristippen, & Alcithoen:quarum una in cornicem mutata sit,altera in uespertilionē, tertia in noctuam. ¶ Auibus cunctis exulare aliquando
iussis edicto,uespertilio dixit se murem esse: rursus alio super exilio murium promulgato, auem se
esse dixit. ¶ Victorinus in libro de Orthographia uespertilionē soricis nomine appellat, propter
stridorem uocis forsitan.ait enim soricem auem ab auguribus Saturno attributam: quia tarditati &
uetustati & senectuti cōuenit,quòd & in ueteranis uersetur locis, & noctium sit, & maximè noctis
primæ:quod Ge.Fabricius nos admonuit.

¶ PROVERB. Vespertiliones uidentur appellari,(inquit Erasmus,) qui grauati ære alieno, 60
luce domi se continent,ne à creditoribus appellentur, noctu prodeunt. Vlpianus lib. Pandect. 21.
tit.De Euictionibus,Si quis ita stipulanti spondeat,sanum esse, furem nō esse, uespertilionem non
                                                             esse,&c.

esse,&c. Quidam hoc loco pro uespertilione legunt uespillonem, aut uersipellem. Alciatus inter iu
reconsultos undequaq́ doctissimus, in Comḿetarijs suis de rerum significationibus, putat uespertilionem dictum, quemadmodum modo diximus, qui metu creditorum interdiu latitat, noctu prodit. Adagium esse sumptum uidetur ex apologo quopiam, siue Aesopi, siue alterius illum imitati,
(nam Aesopo uidetur indignus,) qui narrat uespertilionem mergum & rubum inisse societatem, ut
conflatis sortibus pariter negociarentur. Vespertilionem contulisse pecuniam à foeneratoribus mtt
tuó sumptam, mergum aliud quippiam, rubum uestem. Quum omnes è naufragio nudi enatassent,
uespertilionem metu creditorum interdiu latitare, noctu uolare tantum : mergum obsidére littora,
ac subinde collum demittere in fundū, sicubi reperiat merces suas, uel eiectas in littus ; uel in fundó

10 hærentes: rubum prætereuntium adhærere uestibus, si quam forté suam reperiat. Poterat uideri parum quadrare, seruum ære alieno grauatum esse: quis enim credat seruo ? nisi legeremus apud Te-
rentium, Dauum Getæ quod debebat reddidisse. Mihi tamen itidetur uespertilionis nomé & in su-
gitiuum seruum cópetere, qui noctu ab hero solitus sit subducere sese, latitatéq́ ubi periculum est ne
agnoscatur. Nam inibi mox proximo capite pro uespertilione ponit erronem ac fugitiuum: Quum
quis, inquit, stipulatur furem non esse, fugitiuum non esse, erronem non esse. Prisci tamen ea uoce
secus usi sunt, uidelicet pro homine ancipitis fidei, qui nec huius ordinis sit, nec illius, cum utroque
tamen colludat: eo quód uespertilio sic est utrunq̄, ut nec inter uolucres, nec inter mures habeat locum. Vnde Varro in Agathone, Factus sum uespertilio, neq̄ in muribus plané, neq̄ in uolucribus
sum. Vespertilionis conuicium torqueri poterit & in amantes, qui noctu uolitant: quos Plautus in

20 Trinummo uocat tenebricolas. Elegans, inquit, despoliator, latebricolarum hominum corruptor,
Hæc omnia Erasmus. ¶ Chærephón Socraticus philosophus cur uespertilio cognominatus sit,
leges suprà in a.

¶ A L B E R T V S lib.1. de animalibus, ex Auicenna abasic interpretatur genus uespertilionis:
sed perperam. nam Aristoteles eo in loco apodis tantum & hirundinū meminit. Vide in Apode A.

¶ I N amplissima Aegypti pyramide multos offendimus uespertiliones, nostris in hoc dissimiles quód caudam habent ut mures oblongam, multum (quatuor digitis : cum in nostris cauda non
excedat alas, ut in Gallico libro Singularium scribit) extra alas prominentem: qui cum unicum, interdum binos pepererint catulos, hamis, quos in alis habent, de lapidibus suspendunt: eos deinde
uberibus lactant, quæ in pectore hominū more posita habent, Bellonius in lib. de Operib. antiquis.

30 ¶ B O R S I P P A urbs est Babyloniæ, quæ Mesopotamiæ coniuncta est, inter Euphratis conuer
siones, in qua maximum lanificium est, & maxima uespertilionum multitudo, qui longé maiores
sunt, quàm qui in cæteris locis cápiuntur, & in esum condiuntur, ex Strabonis lib.16.

¶ V E S P E R T I L I O N I B V S similes feræ alatæ, stridore diro, & uiribus præualetibus in Ara
bia degunt in palude & circa paludem in qua casia (bitumen, uetus Persij interpres) nascitur : quam
qui collecturi sunt, cum reliquum corpus, tum faciem præter oculos corijs obligat, alijsq̄ pellibus,
& seras ab oculis arcentes sic casiam metuūt, Herodotus lib. 3. Casiam fabulosa narrauit antiquitas, princépsue Herodotus (colligi) circa paludes, propugnante unguibus diro uespertilionum genere, aligerisq̄ serpentibus, his commentis augentes rerum pretia, Plinius.

¶ V E S P E R T I L I O in calidis regionibus maior est quàm in frigidis. nam in India, ut in epi-
40 stola Alexandri legitur, magnitudine columbæ sunt, & inuadunt facies hominum percutiendo &
uulnerando, ita ut interdum partes aliquas (nares, aures, & alias) mutilent, Albertus & Isidorus.

¶ A P V D Nigritas reperiuntur uespertiliones & noctuæ magnitudinis trium palmorū, Cadamustus. In Dariene Noui orbis regione Hispani noctu uespertilionum morsibus torquebantur,
quæ si dormientem forté momorderint quempiam, exhausto sanguine trahunt in uitæ discrimen:
& mortuos fuisse nonnullos ea tabe compertum est. Si gallum aut gallinam sub dio noctu uespertiliones deprehenderint, in cristā aculeo fixo, interimunt, Pet. Martyr Oceaneæ decadis tertiæ lib. 6.

I N Pariæ siue Indiæ plerisque locis Hispani inuenerunt uespertiliones, turturibus nó minores:
quæ ad ipsos acri furore, primo noctis crepusculo, uolitabant: & uenenato morsu ad rabie usq̄ læsos
trahebant, ita ut aufugere inde, uelut ab harpyis fuerint coacti, Idem Oceaneæ Decadis 1.lib.10.

50 I N Vraba Noui orbis amplissima insula maximus est fluuius, ex cuius paludibus uespertiliones inquiunt prodire noctu, turturibus non minores, morsu lethali nostros (Hispanos) infestantes.
Id aliqui ex ijs qui morsus experti sunt, testantur, Ancisus prætor eiectus, interroganti mihi de uespertilionum uenenato morsu, retulit se fuisse inter dormiendum à uespertilione demorsum in talo
pedis æstate ob calorem detecti: nec magis nocuisse, quàm si alterius animalis non uenenosi dentibus læsus fuisset. Dicunt alij uenenosum esse morsum, sed aqua marina illico lotum curari, Idem
Oceaneæ decadis secundæ lib. 4.

¶ V V L P E C V L A (Ἀλώπηξ) & uespertilio uolant cute, Aristoteles. unde apparet hanc auem ue-
spertilioni cognatam esse, & similiter non pennis, sed cuteis alis uolare. Niphus aliquos non auem
sed uulpem marinam accipere ait, quæ cuteis alis uolet, ego Aristotelé omnino de aue sensisse con-
60 ijcio. Arnoldus Villanouanus harbe animal uulpam interpretatur, uespertilionem (ni fallor) intelligens. nam & Itali quidam uilpistrello nominant, etsi id nomen corruptū uideri potest à uespertilione, & ab alijs aliter effertur. Sed harbe uox Arabica chamæleontem proprié significat.

Qq   4

A.

THEODORVS ἀιγωλιὸν ex Aristotele ululam interpretatur: in oti uerò descriptione, dicente Aristotele otum à nõnullis nycticoracem uocari, ipse nycticoracem uertit ululam, cum nycticoracem alibi cicumam transferat, uide in Nycticorace in Elemento N. Aetolius alicubi apud Aristotelem scribitur perperam ut iudico pro ἀιγωλιὸς, ut dicam in C. ἔπτολιὸς, genus auis nocturnæ, Suidas: apud quem hoc nomen similiter scribitur in uocabulo ἡμιρινὰ, ego utrobiq; ἀιγωλιὸς legerim.

¶ Iim, אִיִים, Hebraicũ nomen, uariè transferunt, onocentauros, ululas, bubones: uide in Quadrupedum uiusp. historía in Onocentauro. Vlulæ Esaiæ 13, ab omni translatione nomine ipso Hebræo Iim appellantur, Septuaginta tantum interpretes pro his onocentauros in translatione posuerunt. Sunt qui ululas putent aues esse nocturnas, ab ululatu uocis, quas uulgò cauános dicunt, Eucherius. Lilith interpretantur lamiam, onocentaurum, noctuam, ut annotaui in Onocentauro: & forté ululã significat alludente uocabulo. Struthio Hebraicè iaenah dicitur ab ululatu; ianah enim ululare est aliquando Hebræis: unde est quòd quidam ululam interpretantur, Paul. Fagius, lege in Struthocamelo & in Noctua. Kipod nõ ulula, nec aliud animal est, ut quidam suspicantur, sed omnino erinaceus, quod in historia eius demonstraui.

¶ Vlula apud Italos aliquos nomen seruat, ut audio, ab alijs uulgò barbaiano dicitur. Scoppa nycticoracem barbaiano interpretatur. alludit nonnihil hoc nomen ad Hebraicum iaenah, & bath iaenah. ¶ Lusitanis corusa dicitur, nomine forsan à coruo deducto, ut sit idẽ nycticoraci. ¶ Gallis cheueche, uel hibou secundum alios, Robertus Stephanus. alij scribunt hybou (sed hybou, alijs bubo est) uel grimauld, uel machette, ut Auinione. ¶ Germanis Owel / iil / Eul / Nachteul / Stockeul. quanquam aliqui hæc nomina etiam noctuæ tribuunt, sed impropriè. nam siue per onomatopœiam, siue à Latino nomine facta sunt, ululam non noctua (cuius uox est diuersa) significant.

Ge. Agri-

Ge.Agricola ululam Germanicè interpretatur **Huhu**. ¶ Anglis an owl, an howlet:uel, ut alij scribunt, an owele, an howlet, an oull. ¶ Illyrijs fowa. Polonis Puszzyk.

B.

Aluco maior gallinaceo est, ulula compar, (id est æqualis gallinaceo,) Aristot. Vuottonus uocem παραπλήσιον nõ ad magnitudinis comparationem refert:sed ad formæ similitudinem, ueterem in hoc interpretem secutus. ego quanquam aluconem & ululam aues specie non dissimiles esse fateor, Aristotelem tamen hoc in loco magnitudinem utriusq ad gallinaceum comparasse (cui æqualis sit ulula, aluco maior) non dubitarim. Vlula, asio, aluco simili specie constant, Idem alibi. Vngues habet aduncos, Idem & Plinius.

10 ¶ Vlulæ (Nachtiilen) apud Heluetios abundant, Stumpfius. ¶ Vlulæ genus quod aliquando inspexi, huiusmodi erat:Magnitudo gallinæ uel supra. color ruffus nigro conspersus, rostrum albicans, breue, ut in genere noctuarũ, aduncum, ita ut superior pars multo longior sit, oculi magni, nigri, pupilla obscurè ruffa. margines palpebrarum rubicundi, membrana nictanti supernè obducebatur, Pinnulæ inter oculos & rostrum multæ, densæ, cinereo ferè colore, Collum agile multum retrò, Crura albicantia, punctis cõsparsa liuidis, hirsuta ad pedes usq. Pedum digiti bini ante, totidem retrò, quod in illo genere cuius picturam in præcedenti pagina dedimus, non contingit:sed in altero, cuius historia proximè sequetur.

C.

Vlula auis est lucifuga, Albert. Nocturna est, carniuora, picas uenatur ut etiam aluco, Aristot.
20 Nocte uagatur ac pascitur, die raro apparet. colit hæc etiam saxa & speluncas. uictus enim gemini est. pollet ingenio ac industria in uitæ muneribus, Idem. ¶ Oculi earum interdiu hebetes, ut & aliarum nocturnarum auium, Plinius. ¶ Vlulam Varro à sua uoce dictam scribit. Ast ululant ululæ lugubri uoce canentes, Author Philomelæ. Seruius nominatam ait ἀπò τοῦ ὀλολύζειν, quod est ululare ac flere. Auis luctisona est & funebris, Textor. A planctu & luctu nominatur. clamatis enim aut fletum imitatur aut gemitum, Isidorus. Quibusdam auibus breuem & temporarium natura cantum commodauit, hirũdinibus matutinum, noctuis serum, ululis uespertinum, bubonibus nocturnum, Apuleius 2. Floridorum. ubi etiam querulum ululæ carmen appellat. Noctuæ cum bubone & ulula cognationem habent: sed differunt uoce. nec enim ululant, uerùm ædunt sonum quem Aristophanes κικκαβαῦ nominat, Ge. Agricola. ¶ Qui ægolius uocatur, quaternos ferè pa-
30 rit, Plinius 10.60. ex Aristotelis historiæ anim. 6.6. ubi ἀετωλιὸς τ. pro γ. perperã legitur, quod Gaza non animaduertit.

D.

Vlula colærem rapit, cæterisq adunci, unde his oritur bellum, Aristoteles: qui alibi ululam & aluconem cittas, id est picas uenari scribit, ut suspicer nomen colarem fortè corruptum esse, præsertim cum nec ipse Aristoteles alibi, nec alius quisquam eius meminerit: cittan aut κολοιόν malim, aut collurionem.

G.

Vlula auis cocta in oleo, cui liquato miscetur butyrum ouillum & mel, ad ulcera sananda ualet, Plin. Vlulæ sel prædicatur ad albugines, suffusiones, caligines: adeps similiter ad claritatẽ, Idem.

H.

40 ¶ a. Onocrotalus est auis illa quæ fixo in palude rostro horrendè clamat, & uulgò butorius dicitur, (hæc ardea stellaris est, nõ onocrotalus,) quæ etiam in Esaia uocatur ulula, Obscurus, tres aues longè diuersas in unam confundens.

¶ c. Certent & cygnis u'ulæ, sit Tityrus Orpheus, Vergilius Aegl. 8.

¶ d. Est sine lætitia uolucris, altera sine sanguine, ut fertur in ænigmate quodam Germanico: ululam & apiculam interpretantur.

¶ h. Auis est luctisona & funebris, Textor. Apud augures, si lamentetur, tristitiam: si taceat, ostendere fertur prosperitatem, Isidorus. Vlula clamans, tristitiam: tacens autem & cõtra dextram sedens altè, uel ad dexteram uolans & tacens, prosperitatem denunciat, Albertus.

50 ¶ PROVERBIA. Noctuas Athenas uertendum fuerat ab Erasmo Rot. ubi conuertit, Vlulas Athenas. Vide in Noctua. ¶ Inuenio Germanica quædam prouerbia apud Eberhardum Tappium:**Ein Eule becket keinen blawfüß. Ein Eule becket kein falcken. Ein yeden dunckt das sein Eul ein falck sey. Ein Eul vnder einem bauffen krähen.** Primis duobus Latinum illud opponit, Esquilla non nascitur rosa, tanquam eiusdem sententiæ. Tertio illud, Suus rex reginæ placet. Quarto illud, Asinus inter simias, ubi stolidus aliquis incidit in homines nasutos & contumeliosos.

De Auibus

DE ALTERO GENERE VLVLAE, QVOD
quidam flammeatum cognominant.

10

20

30

40

FIGVRA hæc est generis cuiusdam ululæ, quod Germani circa Argentoratum uocant Schleyeriil, id est ululam flammeatam, quod nescio quomodo plumis circa faciem mulieris peplo seu flammeo obuolutæ caput & faciem referat. Flandri Kirchiil, id est ululam templorum. Hollandi Ranfulle, nescio quam ob causam. ¶ Facies & tota ferè pars supina ei albicat, ut pictura ostendit, quam à pictore & eodem aucupe Argentoratensi accepi, nam ipsam auem nondum uidi, Prona pars omnis ad cinereum inclinat, maculis & lineis aspersa nigris passim: per alas etiã ruffis maculis, quarum una per transuersum oblonga est, Frontem transuersam linea plumis cõdita flauis insignit, Crura fusci uel cinerei coloris, binos ante digitos & totidem 50 retrò habent. ¶ Turnerus & secuti ipsum Eberus ac Peucerus otum interpretantur Germanicè, Schleieriil / Ranßiil : Anglicè Turnerus etiam a hornoul. Ego otum diuersum facio, ut in eius historia ostendi. Primus omnium Gyb. Longolius otum noctuam flammeatam interpretatus est, sed diuersam ab ea quam nos sic nominamus, auem intelligẽs. nam plumas eam circa aures erigere scribit, auriculaséq ueras imitari, & de eadem fortè etiam Turnerus intellexit, quoniam Anglicè nominari tradit a hornoul, id est ululam uel noctuam cornutam. ¶ Nuper amicus quidam eruditus hanc auem, cuius figuram posuimus, à Gallis cisalpinis uulgò damam, id est matronam nominari mihi retulit, eandem ob causam propter quam nostri flammeatam appellant. noctuæ similem esse aiebat, sed maiorem: cuius etiam digitum demonstrabat ungue magno & nigro munitum, pilis obtectum subruffis uscp ad unguem, quod in eo genere quod pictum nos damus non apparet : ut duæ 60 forsan eiusdem generis species sint.

VOISGRA auis quæ se uellit, augures fecilitram appellant, Festus.

DE VPV.

DE VPVPA.

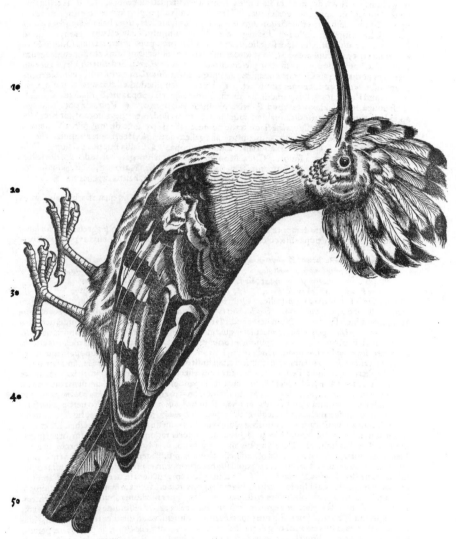

A.

VPOPS, Ἔποψ, Græcè dicitur auis quæ Latinis upupa, utroǫ per onomatopœiam nomine facto:quanquam Latinum à Græco deriuari potuit. ¶ Kaath, קאת, Hebraicum nomen Munſterus alicubi upupam exponit, ut & Iudæi recentiores ferè,alij aliter, onocrotalum, pelicanum,cuculum,uide in Mergo in genere, & in Onocrotalo. Cos etiam, כוס, uariè interpretantur, noctuam, upupam, &c. lege in Bubone. Item ataleph, עטלף, aliqui upupam, quod non probo, alij ueſpertilionem, ut in Veſpertilione ſcripſimus. Racham, רחם, omnino genus ali-quod aquilæ aut uulturis genus eſt, quanquam Septuaginta upupã tranſtulerint, uide in Gypæeto & Oſsifraga inter aquilas. Anapha etiam & chaſida Hebraicas uoces nõ deſunt qui upupam uer-

tant.de hac plura leges in Ciconia, de illa in Ardea. Dukiphat, רוכיפת, Leuit. 11. R. Salomon expo
nit gallum syluestrem duplicata crista, unde etiam nomen sit quasi du cephot, id est duas cristas habens, Septuaginta upupam transferunt, & Deuteronomij 14. porphyrionem, uocatur sanè etiam
upupa à quibusdam Græcè alectryòn agrios, id est gallus syluestris, ut ab Italis quibusdam gallus
paradisi. Lege suprà in Gallo syluestri in genere. Huic finitimum est uocabulum cucupha, quod
Aegyptiacum uidetur. Kiranides sanè lib. 1. cap. 7. cucufam pro upupa interpretatur. Orus in Hieroglyphicis 1.55. Cucupha, Κακαφα, (inquit) parentibus senio confectis nidum extruit, pennis eorum
euulsis, &c. hoc alij de upupa referunt, pietate eius in parètes celebrata. Sed uidetur Orus, aut eius
interpres potius aliquis Græcus cucupham ab upupa auem diuersam existimasse, cum hic cucupham, alibi uerò libro 2. epopem nominet. ¶ Alhudud seu alhedud est auis quæ dicitur upupa, 10
uulgò apud Patauinos gallus paradisi, Bellunen. Fitomos, id est upupa auis, Syluaticus. Garesol,
id est upupa, Idem. Hakocoz apud Albertum inuenio pro upupa. ¶ Vpupæ à uoce sua uulgò
apud Italos buba nomen inditum: alij ad upupam antiquam alludentes upega uocant, (ut circa Vin
centià:) & à crista, qua insignis spectatur tertio nomine gallo de paradiso dicitur, (circa Venetias,)
Erythræus in Indice Vergiliano. Alicubi in Italia galleto de magio, Bellizonæ puppula. Siculis
(ni fallor) cristella. ¶ Hispanis abubilla. Lusitanis pópa. ¶ Gallis huppe, uel hupe. Et in
quibusdam locis putput, à fœtore. Circa Montempessulanum lupege. Sabaudis etpie, ni fallor.
In ualle Augusta, putta. ¶ Germanis **Wydbopff/Widehopffe/Kathaan**, id est gallus stercorarius: circa Rostochium **Wedehoppe**. Flandris **Hupetup**. Brabantis **Huberon**. ¶ Anglis
a howpe. ¶ Illyrijs dedek. Polonis dudek. Turcis ibik. 20

¶ Literatores pleríq; omnes Britannici, upupam eam nóminant auem, quam barbari ab alarum
strepitu uannellum, & ipsi sua lingua lapuuingam, Turnerus.

B.

Vpupa mutat faciem tempore æstatis & hyemis, sicut cæterarum quoq; agrestium plurimæ,
Aristot. Etrursus, Vpupa cum colore, tum uerò specie immutatur, ut Aeschylus poeta satis carmine suo exposuit.

Τὸτον δ᾽ ἐπόπτὴν ἔποπα τῆς αὐτῶ κακῶν   Πεποικίλωκε, κὴ ἀφριλιλώσας ἔχει
Θρασὺ πτετραΐου ὄρνιυ ἐν παντεΰχία.   Ὃς ἦρι μὲν φαίνοντι δ᾽απτάλλει πτεφόν,
Κίρκε δ᾽ ἐπ᾽ ἄχρε, δύο γὰρ ἐν μορφαῖς φάνει,   Παιλὸς τε αὐτῶ νηδ᾽υῶ μιᾶς ἄπο.
Νίαες δ᾽ ἀπώρας ἡνίκ᾽ ἂν ξανθῇ στάχυς,   Τίκζει νιν αὖθις κᾳμφινομὲν πτεφυξ. 30

Hos uersus Theodorus ita transtulit: Quín fert sui spectantem, & epopem mali, Colore speciem multimodo pingens suam. Saxicolam & improbum arma gestantem alitem. Adulti infantis forma hic sese refert. Nam uere candicas ubi extitit nouo, Aestate tum deinde, ut recan-
duit seges, Alas repente uarius maculatas quatit. Nos Græcè nònnihil quàm in impressis codicibus nostris habetur, melius descripsimus: prorsus quidem restituere absq; codicis melioris authoritate nec libet nec licet. Apparet sanè Aeschylum mentionem facere Terei in upupam mutati, &
in hac facie suam ipsius calamitatem inspicere, ubi ludit in uocabulis ἔποψ & ἐπόπτης, tanquam ita diceret, Iupiter (aut quisquis Tereum mutauit in auem) effecit eum suorum spectatorem malorum, &
pennis insigniuit uarijs, & ferocem illum antea in sua panoplia, auem cum eadem (nam rostrum lon
gum pro ense est, crista pro galea) reddidit timidam. Conjicio enim legendum ἀφ᾽αιλώσας pro 40
per ψ, ut ἀφ᾽αλῶῳ uerbum significet δ᾽αλῳ ποιεῖν, sicut ποικίλῳ ποικίλοϛ ποιεῖν. Pro uerbo φαίνει fortè
φύει legendum, ut carmen constet, sensu eodem, pro κᾳμφινομὲν, fortè κᾳμφιχνύνομεν, hoc est, & uestit
uel induit: ut sensus sit, eam tempore uèris plumas amittere, messe denuò ijsdem uestiri. De cæteris
obscuris non habeo nunc quod dicam. Quædam temporis ratione mutari uidentur, ut accipiter,
upupa, & similes uolucres, Theophrastus historiæ plant. 2. 6. Mutat & upupa colorem, ut tradit
Aeschylus poeta, auis crista uisenda plicatili, còtrahens eam subrigensq; per longitudinem capitis,
Plinius. Vpupa auis est magnitudine paulò supra coturnicè: in capite uerò ei plumæ instar cristæ
subriguntur, ἐν λόφῳ χῆμα, Pausanias. Vertitur in uolucrem, cui stant in uertice cristæ, Prominet
immodicum pro longa cuspide rostrum. Nomen epops uolucri, facies armata uidetur, Ouidius 6.
Metam. Diximus & cui plicatilem crista dedisset natura, per medium caput à rostro residentem, 50
Plinius. Vpupa est septicolor, regimen (cristam) habens in capite altitudine digitorum duorum,
quod aperitur & contrahitur: estq; quatuor colorum, conueniens ad quatuor tempora anni, Kiranides. Auis est cristis extantibus galeata, Isidorus. Galeam de pelle (lego, de plumis uel pennis)
habet in capite, toto reliquo corpore uaria & pulchra, Albertus. Auis est perpulchra, Author de
nat. rerum. ¶ Nusquam in tota Britannia upupa (quod ego scio) reperiri potest, apud Germanos
tamen frequentissima. Ea est magnitudine turdi, alis per interualla fuscis, albis & nigris pennis distinctis, crista in capite ab ea parte rostri, qua capiti committitur, ad extremum usq; occiput in longitudinem porrigitur, quam pro adfectibus suis aut contrahit, aut dilatat, ut equus aures arrigit aut
demittit. tibijs est ualde breuibus, alis obtusioribus, Turnerus. Color in upupa reperitur cincreus,
albus & nigricans. Rostrum ei nigrum, oblongum. pennæ albis & nigris maculis alter natim distin- 60
ctæ, Crista ruffa, in summo tamen nigra.

c. Vpu-

C.

Vpupa à sua uoce dicta est, Varro. Pollux ἐπωπας πυπίζην scribit. Vpupę uocem quidam esse
aiunt pû pû, quod Græcis sonat, Vbi, ubi: quod Tereus qui in hanc auem mutatus est, dum Procnen
& Philomelam iugulaturus quæreret, hac uoce sit usus, ut in Hirundine h. recitauimus. To-
rotinx in Auibus Aristophanis alij upupæ, quod non placet: alij alterius cuiusdam auis innominatæ uocem esse aiunt. Vpupa una tantum uoce, sicut & cuculus, importuna est, Author de nat.
rerum. Hyeme latet muta: & uére unius est uocis, clamosa, Albert. Quidam dicunt upupam alia
uoce per æstatem sonare, alia per hyemem. Auicenna tamẽ (ut Aristot. quoq) colorem potius quàm
uocem his temporibus ab ea mutari ait, Albertus. Vpupa si ante uitium tempus cecinerit, bonita-
10 tem & copiam uini promittit, Orus. ¶ Auis est pastu obscœna, Plin. Semper in sepulchris &
humano stercore commorans, foetenti pascitur fimo, Isidorus. Aristophanes in Auibus upupam
myrti baccas & serphos (uermes quosdam, uel formicis similia animalcula) deuorare facit. Apiculas deuorant, Philes. Audio eas formicis uesci inter cætera. Vpupa si uiuæ pastu læsa fuerit, adiantum ori inserens circumambulat, Orus. ¶ Lentè admodum uolat, Turnerus. ¶ Montes incolit & syluas, Aristot. Vagatur hæc semper fastidiens locos. Deserta quærit nemorum & inuias
plagas, Aeschylus apud eundẽ Gaza interprete. Græca uerba sic habent, Ἀεὶ δὲ μισεῖ τόνδε ἀπ᾽ ἄλλων
εἰς τόπον Δρυμὸς ἐρήμας ἀπάγε᾽ ἐκμίσει. Quæ quoniam corrupta sunt, nec ullum genuinum sensum
exprimunt, sic forte legere poterimus, Ἀεὶ δὲ μισεῖ τὸ γυναικεῖα γένος Δρυμὸς ἐρήμας ἀπάγε (uel ὑπάγε, etsi
neutrum carminis ratio admittat) ἐκμίσεω, hoc est, Semper autẽ propter odium muliebris generis,
20 in syluas solitarias confert se habitatura. Nam & Aelianus sic scribit: Δοκεῖσί μοι οἱ ἔποπες τῶν πρωτέρων τῶν
ἀνθρωπικῶν ζῆ μνήμης, καὶ μέλιστοι καὶ μνήμη τὸ γένος τῆν γυναικῶν ὑποπλέκειν τὰς κακίας ἐν ταῖς ἐρήμοις, καὶ τοῖς
πλαγίοις (lego πάγοις, nam & Volaterranus uertit in desertis altisq; montibus: & Aeschylus autem
hanc petræam, id est rupicolam nominat. págos autem rupes est, uel mons saxosus) τοῖς ὑψηλοῖς.
¶ Vpupa nidum potissimè è stercore hominis facit, Aristot. inde apud Germanos Kaatbane, id
est gallus stercorarius appellatur. Nidũ luti loco hominis stercore circumlinit, ut intolerabili odoris fœditate homines à nido & pullis depellat, Aelianus. Humano stercore nidum struit, & ideo
iuuenis fœtet, Albertus. Industria quadam naturali materiam nido suo conuenientem colligit stercus hominis. quia id uim quandam uenenis aduersam habet, quod & leopardus & leo agnoscunt,
Idem. Auis est spurcissima, semper in sepulchris & humano stercore cõmorans, Isidorus. Vpu-
30 pa una suo in genere (τῶν καθ᾽ ἑαυτῶν νοσσευόντων) non nidificat, sed stipites arborum subiens, parit sine
ullo stramento in cauis, Aristot. non in ipsis puto stipitibus, sed subtus. nam picus Martius solus,
Plinio teste, in cauis arborum nidificat. Terna ferè oua parit, ut audio. ¶ Postquam pullos compleuit, in eodem nido plumas commutans exuit: & interim à pullis alitur, Albertus. uide infrà in D.
Hyeme latet & nuda est, uére prodit, Author de nat. rerum. Οἱ ἔποπες εἰσιν ἐρνίθων ἀπηλιώτατοι, Aelianus. Gillius uertit upupam auium inimicissimã esse, (legerat forte ἀπηλιώτατην:) malim, maximè nudam. hoc est, præ cæteris auibus plumis ac pennis eam nudari. aut si quis mauult, minimè uolacem.
est enim alis obtusioribus, & lentè admodum uolat, authore Turnero. Dicuntur autem propriè
ἀπηλιώτω auium pulli inuolucres adhuc, ut à positiuo ἀπηλύ, superlatiuus fiat ἀπηλιώτατω, sicut à σώφρων
fit σωφρονέστατω. Hyeme latet muta, Albert. Dormit hyeme, sicut & uespertilio, Idem. Vpupæ,
40 sturni, &c. in angustis montium locis latere consueuerunt, Ge. Agricola. Et rursus, Vpupæ quædam hyeme latent in cauis arboribus. Siue autem in arboribus, siue in montibus latuerint (quæcunque in eis latere solent aues) ea de causa uerno tempore deplumes solent conspici. Quædam cum
æstate æuum degant in syluis, hyeme demigrant in finitimos locos apricos, montium recessus secutæ, sicuti palumbes, upupæ, &c. Idem. Aues quædam trimestres sunt, (id est tribus mensibus nobiscum degunt,) ut turdi & turtures: & quæ cum fœtum eduxére abeunt, ut galguli, upupę, Plinius.
¶ Procopius Gazæus upupam inter aues noctis ac tenebrarum amicas numerat cum erodio, noctua & charadrio: nescio quàm rectè. Isidorus eam semper in sepulchris & humano stercore cõ-
morari scribit. ¶ Dorcadis adeps upupam interficit, Aelianus & Philes.

D.

50 Vpupæ aduersus parentes existimantur piæ, Aelianus. Aegyptij gratum indicantes animum,
cucupham pingunt : propterea quòd solum hoc ex mutis animantibus, posteaquam à parentibus
educatum fuerit, ijsdem senio confectis parem refert gratiam. Quo enim loco ab ipsis enutrita est,
eodem nidum ipsis extruit, pennis eorum euulsis: cibumq; subministrat, donec renatis pullis parentes sibi ipsis opem ferre queant. unde & diuinorum sceptrorum cucupha insigne atq; ornamentum
apud eos esse solet, Orus. Vpupæ parentes senescentes inter pullos iam adultos in nido plumas
exuunt, & interim à pullis pascuntur, donec uires plumasq; recuperẽt. Cum enim senio uisum amiserint, pulli notam naturaliter herbam colligunt, & excæcatis oculis illitu uisum restituunt, Author
de nat. rerum & Albertus. Vpupæ pulli cum parentes senuisse uiderint, ita ut neq; uolare neq; uidere queant, uetustissimas eorum plumas euellunt, & oculos eorum illinunt, fouétq; ipsos sub alis,
60 donec pennæ eis renascantur, & oculorum renouetur acies: sicq; mutuã uicem parentibus reddunt,
Obscurus. Parentes suos fouentes anhelant super oculos ipsorum, ut uisum recuperent, Iorath.
¶ Vpupa gramen edit aduersus βασκανίαν, (id est fascinationem, uel nescio quas iniurias,) Philes.

R r

Aelianus adianton, id est capillum Veneris, upupam contra fascinationes nido suo imponere scribit. In Geoponicis Græcis 15.1. authore Zoroastre hoc remedium ab eis contra blattas fieri fertur.
perperam autem amianton pro adianto legitur. Vpupa si uua esitata læsa fuerit, adiantum ori inferens circumambulat, Orus. ¶ Cum aliquando in parietis diruti & deserti rima uetustate acta
peperisset upupa, id ipsumq́ parietis curator animaduertisset, luto rimam expleuit & obstruxit.
Vpupa uero rediens ac uidens recessum ac latebram suam clausam, herbã attulit, qua ad lutum admota, dissolutum est lutum & defluxit. Illa in cauum ad pullos suos ingressa est. & cum postea ad inquirenda cibaria rursus proficisceretur, homo ille iterum parietis cauernam oblinẽs obstruxit. auis
uero eadem ipsa herba rimam aperuit. quod ipsum tertiò factum est. Cuius factum parietis curator
intelligens, herba illa è luto sublata, non quidẽ ad eos usus, ad quos upupa, utebatur, sed ad resignan 10
dos thesauros ad eum nihil pertinentes, Aelian.   Idem alibi author est picum quoq́ herba quadam
allata foramen suum lapide aut ligno immisso obturatum aperire.

E.

Vpupa si canat ante uitium tempus (antequam uites germinent) insignem simul bonitatem ac
copiam uini prænunciari aiunt, Orus.

F.

Vpupa quocunq́ nomine Hebraico appelletur, auis impura haberi debet, uel eo nomine quod
in stercore moretur: &, si uerum scribit Isidorus, etiam in sepulchris. Procopius inter aues noctis ac
tenebrarum amicas ideoq́ abdicandas mensis eam numerat. Auis est lugubris & luctum amans:
quamobrem in lege prohibetur. quia seculi tristitia mortẽ operatur, Author Glossæ in Leuiticum. 20
¶ Vpupæ caro austera est, Rasis.

G.

Colum sanat cum pinnis upupa exusta, & ex uino cinis eius potui datus, Marcellus. In puluere upupæ est remedium contra morsum cancri, (canis.) decollatur autem & scinditur, & sit cataplasma super locum, Rasis. ¶ Sanguis upupæ illitus homini dormienti dæmoniaca gignit phan-
tasmata, Pythagoras in libro Romanorum, ut citat quidam obscurus. Pennæ uerò positæ super caput hominis, sedant sodam, id est dolorem capitis, Idem. Pennarum upupæ suffitus uermes expellit, Rasis. ¶ Lingua eius suspensa super hominem nimis obliuiosum, prodest ei, Pythagoras in
libro Rom. ¶ Vpupæ cor in lateris doloribus laudatur, Plinius.

H.   30

a.   Vpupa Græcè dicta est, (epops,) eo quòd stercora humana consideret, & fœtenti pascatur
simo, Isidorus. Nobis probabilius est à uoce sua dicta, ut Varroni placet. ¶ Epops auis est multorum nominum, nam & σιϞτ̃ω eam uocant, & ἀλεκϞυόνα, & γέλασον, Hesychius & Varin. ἔποπα,
ἀλεκϞυόνα ἄξϞιον, Iidem non suo loco, nempe post ἐπώνυμα. ἔϞο⸦, auis quædam, Iidem. cõiicio autem
uocem esse corruptã, & legendum uel μόϞο⸦, uel ἔπο⸦, etsi ordo literarum apud illos neutrũ admittat. Syluaticus alaudam autem cum upupa confundit, nimirũ quoniam utraq́ cristata est. Idem ha
nabroch, (alij kambrah uel kanabir scribunt,) quæ uox Arabica alaudã significat, imperitè upupam
interpretatur. Albertus alicubi ex Aristotele (de hist. anim. 6.1.) pro epope picum marinum, uel
picum uarium posuit.

¶ Epitheta. Epops est auis sordida & cristata, Textor. Obscœna pastu, Plin. ¶ ϞεϞεϞίαϞ no 40
minat eam Aristoph. quasi triplicem habeat in galea cristam, uti in scholijs habetur. forsitan ab insigni crista sic dicta fuerit, Vuottonus. ΜαϞϞοϞίϞϞαϞϞ῀ ἔπο⸦, & ϞοϞυϞϞάϞϞος etiam à crista capitis cognominatur (à poetis,) Hesychius & Varin. ΘϞασὺν πετϞαϞον ὄϞνιϞ, Aeschylus apud Aristotelem, id est,
Audacem saxicolam auem. Videri autem potest audax & minax, quòd instar militis galeata siue
cristata sit.

¶ Vpupa pro meretrice. Plautus Captiuis, Itidem huc mihi adueniẽti upupa, quæ me delectet,
data est. ¶ Aristophanes in Auibus Philoclem upupæ nomine traducit, tanquam ὀξυϞίϞαϞοϞ uel
πϞϞίϞαϞοϞ.

¶ Icones. Cucupha apud Aegyptios picta (propter gratitudinem huius auis in parentes, uide
in D.) gratum animum significat. Diuinorum etiam sceptrorũ apud eosdem insigne atq́ ornamen- 50
tum esse solet, Orus. Præsagium quoq́ copiæ uini significates, upupam pingunt. hæc enim si ante
uitium tempus cecinerit, insignem uini bonitatem simul ac copiam prænunciat, Idem. Vuæ esu
offensum & sese curantem notantes, hanc auem pingunt & adiantum. hæc enim si uua comesta læsa
fuerit, adiantum ori inserens obambulat, Idem.

¶ b.   Vpupa magnitudine coturnicem paululum excedit. in capite autem pennas habet cristarum instar insublime elatas, Pausanias. ΤίϞ ἤ πϞεϞωϞις; τίϞ τϞόπϞ῀ ϞϞ ϞϞιϞοϞίϞϞς; Euelpis de epope quærens apud Aristophanem in Auibus. ubi Scholiastes, Mirãtur (inquit) tanquam peregrinam auem.
pennis enim uestitur dẽsis, & tres in crista apices habet. Vpupam Megaris, ubi Tereus sibi manus
attulit, primum apparuisse asserunt, Pausanias.

¶ c.   Nulla auis cum aut fame aut frigore, aut alia molestia afficitur, canit. ne ipsa luscinia qui- 60
dem, aut hirundo & upupa, quam quidem aiunt præ dolore lugentem canere, Plato in Phædone.
¶ Fœtet ut upupa, dictum apud Italos uulgare. Lapis quirin, (aliàs, quiricia) ut scribunt Euax &
Albertus,

Albertus, inuenitur in nido upupæ aliquando, quæ tota est auis præstigiosa & auguralis, (aliàs, & multa augurans,)ut ferunt magi & augures. Hunc lapidē aiunt secreta prodere, & phantasias pro= mouere, impositum pectori dormientis, Syluaticus.

¶ e. Vpupæ adhuc uiuæ & palpitantis cor exemptum deglutito conuersus ad Solem, initio horæ primæ uel octauæ, die Saturni, Luna Orientali existente, & superbibito lac uaccæ nigræ cum modico melle ex compositione recitanda. Vide ut sanum & integrum deuores cor, & eris præscius eorum quæ in cœlo, & quæ in terra (fiunt:) & quid cogitent homines cognosces, & res quæ in locis remotis geruntur, & futuras. Deinde mellis compositionem recitat, quam meliorem esse ait si cor & iecur upupæ immittatur, sed inde periculum esse ait phthiriasis, id est pedicularis morbi, qui ne
10 superueniat remedium subiungit, Harpocration ut citat author Kiranidum. Kiranus autē (inquit idem) partim conueniens, partim discrepans, addidit de upupæ gustu, præscientiam ex eo fieri om= nium mundanarum rerum. Mox & magico cuidam gestamini upupæ cor & hepar & capitis co= ronam adiungi iubet, Hæc ille libro 1. elemento ןאת: & rursus similia elemēto φ. de corde & sangui= ne upupæ. Et libro 2. in Talpa, In pelle upupæ auis (inquit) cum duobus oculis eiusdē auis si quis suspenderit uel ligauerit cor aspalacis, omnia præsciet, quandiu gestauerit eam castus. Quod si cor huius auis gestauerit interius, magnus & potens erit. Si Luna noua decollaueris upupam, & cor eius palpitans deglutiueris, scies omnia quæ fiunt, & mentes hominum, & multa cœlestia, Arnol= dus Villan. Fertur si suspendatur dens hominis & ala upupæ dextra ad caput hominis dormien= tis, non expergisci illum donec auferantur, Rasis.

20 ¶ g. Corium upupæ impositum dolenti caput, sedat dolorem, Rasis. Tempora inuncta san= guine upupæ quando dormiendum est, faciunt terribilia uideri somnia. Vpupam etiam ipsam, & eius membra, præcipuè cerebrum & linguam & cor multum quærunt incantatores, Albert. Lin= gua upupæ suspensa super obliuiosum, reducit ad memoriam ea quæ oblitus est, Rasis. Si oculus eius suspendatur supra leprosum, curatur lepra, Rasis.

¶ h. Tereum Thracum regem fabulantur mutatum in upupam, militaremép adhuc in capite cristam gerere, & rostro oblongiore ensem referre, quo habitu uxorem (Procnen & Philomelam) insequebatur: & quasi adhuc filium quæritaret sonare πȣ πȣ. Vide copiosissimè in Hirundine. In= dicam Vpupam duplo maiorem nostra & formosiorem Indorum rex amores & delicias suas cir= cumgestat, & eius uenustatem summa admiratione frequenter intuens, magnam lætitiam uolupta=
30 temép capit. Brachmānes uerò fabulam huiusmodi de ea narrant. Regi Indorum (inquiunt) olim fi= lius fuit minimus natu, quem fratres cæteri maiores cum planè improbi & iniqui essent, propter ætatem contempserunt. Cum uerò parentes quoép iam senectute graues contumeliosè ab eis tracta= rentur, ut improbitatem eorū declinarent, assumpto filio minimo discedunt ac fugiunt: & propter laborem in itinere moriuntur. Defunctos filius in sui capitis uulnere, quod ense sibi infixerat, sepe= lit. Insignem hanc eius pietatem cōspicatus admiratúsép Sol, puerum in auem formosam admodum & uiuacem conuertit, crista supra caput eius erecta, de sepultis ab eo parētibus eadem in parte mo= numento. Talia quædam de alauda etiam fabulantur Athenienses, ut in Auibus Aristophanis ap= paret, (uide in Alauda:) qui fortè hanc de upupa Indorum fabulam, non satis quænam auis esset in= telligentes, ad alaudam (quæ & ipsa cristata est) transtulerunt, Aelianus.
40 ¶ Vpupa animal est sacrum, Kiranides. Aegyptij upupis honorem habent, quòd aduersus pa= rentes existimentur piæ, Aelianus.

¶ PROVERBIVM, Vpupa cum cygnis certat, uide in Cygno H.c. in Cygnea cantione.

DE VVLTVRE.

A.

AIAH, היא, Hebraicè uulturem interpretātur, ut Hieronymi & Munsteri translatio habet, Deuteron. 14. & Leuit. 11. item daah uel daiah eiusdem linguæ uocabula, דאה, היה, unde daioth Esaiæ 34. pluralis numerus, nonnulli similiter uulturem, nos de his omnibus plura
50 diximus in Miluo A. Legitur & raah, ראה, Deuteron. 14. inter aues impuras, quæ uox ad daah proximè accedit, auem esse aiunt acuti uisus, (nimirum inde nomen sortitam. nam raah ui= dere est.) Munsterus uulturem reddit in translatione sua (ut & Septuaginta γύπα) in Dictionario uerò miluum, interpretatio communis ixon, obscurus quidam in historia animalium xyon scripsit, auis est (inquit) impura secundum Legem, cuius natura non satis est nobis nota. est autem, ut legi= tur & Albertus quoép tradit, de genere uulturum, sed minor quàm uultur. Rachame uel rocham Arabicis scriptoribus uultur est, ut colligo ex interprete Auicennæ & Serapione. uide inter Aqui= las in Gypæeto & in Ossifraga: item in Cygno. Auis quæ dicitur machame, (lego rachame,) uul= tur est, Auicennæ interpres. Inuenio & aradam (aliàs aridam) pro uulture apud Albertum, ubi ara= cham fortè scribendum. Kipoz quoép Hebraicum nomen alij uulturem, alij uulturem interpretan=
60 tur. uide in Echino terrestri. Item chasida, upupam, uulturem, uel uulturem candidū, alij aliter, lege in Ciconia. Item anapha, uulturem, miluum, ardeam, &c. ut in Ardea scripsi. ¶ Rescheph, רשף, unde pluralis numerus reschaphim, Dauid Kimhi carbones intelligit, & filios (carbonū) scintillas.

Rr 2

10

20

30

40

50

Abraham Eſre Iob 5. & Deuteron. 32. auem ſentit, ut & Moſes Rambam Iob 5. Hieronymus Aba= cuc 3. Iudaicam fabulam exponit, dæmonemqnidecepit homines in paradiſo auem & uolatile nun cupari. Septuaginta uertunt in Deuteron. ὀρνέων. Cant. 8. ἄνθρακες, Iob 5. γύπα, Abacuc 3. πτεδνὸν. Pſal= mo 76. κρατὴρ, Pſalm. 78. ωυεέ. Hieronymus quoqꝫ mirè uariat interpretationem: diabolus, extermi= nator angelus, auis, uolucris, uolatilia, lampades, ignis. Propriè quidem (ut uir huius linguæ doctiſ= ſimus nobis dictauit) hæc uox carbonem ſignificat: ſunt autem ſcintillæ filij carbonis: per tropum uerò iacula ignita, & morbos uehementiſsimi ardoris, atqꝫ inflammationes peſtilentes. ¶ Taui, uel tagi, uel taram, eſt auis habens dentes in palato, uultur ſecûdum aliquos, Syluaticus. Albertus (Auicennam nimirum ſecutus) pro phene, id eſt oſsifraga, alicubi habet chym uel kym. alibi uerò kym ponit pro uulture. ¶ Ariſtoteles & alij quidam philoſophi aquilam & uulturem ad idem ge= nus auis referunt, Albertus; nos neqꝫ apud Ariſtotelê nec alium ullius authoritatis ſcriptorem hoc legimus.

Vultur quem Germani uocant Aßgyr uel Hasengyr.

legimus, sed ipse Albertus & alij quidam recentiores indocti uulturem cum aquila confundunt, &
pleracp aquilæ propria uulturi adscribunt, ita ut Al
bertus alicubi uulturem uerum pro aquila uera dicat. ¶ Vulturis nomen apud Græcos ueteres est
γὺψ, apud recentiores γίπης. Lynx auis exponitur egips apud Kiraniden 1. 11. ego pro egips puto
legendum gyps, uel ægypios. quanquam alijs lynx
10 est iynx. ¶ Italicum auoltoio. ¶ Gallicum uau-
tour, uel uaultour. Sabaudicum uauteur. ¶ Ger-
manicū Gyr/Geir. ¶ Anglicū a geir. ¶ Illyricū
sup. Polonicum semp, uel sep.
    ¶ Harpe Oppiani(in H. elemento descripta) ui-
detur mihi genus uulturis illud, quod nostri à pectore ruffo uocant ein Goldgyr, id est aureum uulturem: cuius figuram posuimus. Zaucos uel Zeuocos, quidam zingion, alij harpen dicunt, species
est uulturis alba deuorantis cadauera, Kiranid. 1.6.
20 ¶ Vulturum duo genera sunt, alterū paruum &
albicantius: alterū maius ac multiformius, Aristot.
Quo in loco Albertus: Vulturis(inquit)genus unū
maius est, cinerei coloris, quod uocamus uulturem
griseum; alterum paruum, & hoc est albius, & sæpe
apparet sedens in rupibus Rheni fluminis & Danubij, & ab incolis Germaniæ uocat uultur albus.
De genere albicante minore sunt qui uocant Fisch-
geyer, Eberus & Peucerus. sed quærendū an ijdem
rectius Uißgeir, id est albi uultures, nominētur, ut Albertus habet: quàm Fischgeir, id est piscium
30 uultures, ut illi. album quidem & piscis similibus uocabulis apud Germanos, (presertim inferiores,
qui in plerisqp u. consonantem pro f. ponunt,) efferuntur. Vultures undiquaqp albos in nonnullis
Heluetiorum montibus, ut circa Claronam, interdum reperiri audio. ¶ Vulturum præualent ni
gri, Plinius: uiribus scilicet & robore. nam alibi minus uirium esse nigris scribit, in usu medico, ni
fallor, intelligens, ut pennarum nidore ad abigendos serpentes. Vultures tum coloris Bætici tum
nigri crebri sunt in montibus Cretæ, Bellonius. ¶ Τόργꙟ, genus est uulturis sanguinem sorben-
tis: & uultur ipse apud Siculos, Hesychius & Varin. Τόργιον mons est in Sicilia, in quo nidificant
uultures, à quo ipsi etiam torgi dicuntur, Varinus. Τόργꙟ pro uulture sanguinario (hæmatorrho-
pho, id est sanguisorbo) apud Lycophronē legitur. Astorgium pro asture, id est accipitre maiore
apud Pausaniam legi Volaterranus annotat: quem ego Pausaniæ locum hactenus non inueni.
40 ¶ Ex ossifragis uultures progenerantur minores, & ex ijs magni qui omnino non generant, Plin.
uide in Aquila c.
    ¶ Auis apud Heluetios dicta Steinbrüchel, uidetur nonnullis genus esse uulturis. uide in
Ossifraga. ¶ Accipitrem fringillariū Eberus & Peucerus interpretantur Rotelgeyer, id est uul
turem rubicundum. ¶ Apud Saxones uulturis genus audio nominari ein Stoßgyr, id est uulturem serientem, qui non perinde magnus sit, sed animosus, & gallinam uno rostri impetu feriens
prosternat.
    ¶ Vulturis genus unum minus est, magisqp albicat, ut diximus: alterū maius, & ἀπρεδεωδίεσφον,
(id est magis cinerei coloris,) ut Hasengeyer & Ofgeyer. sagacissimè hi odorantur, & biduo tri-
duóue ante circumuolitant loca, in quibus cadauera futura sunt, Eberus & Peucerus. Ego hoc ge
50 nus Germanicè Aßgyr, id est cadauerum uulturē rectè nominari puto: unde & Keibgyr dicitur.
ab alijs Rossgyr, ab equis: nimirum quòd eorum cadauera appetat. ab alijs (ut circa Claronā Hel
uetiorum) Hotzgyr, nescio qua ratione, nisi forte deprauatum est nomen ab Aßgyr. alibi Stein
gyr, à rupibus in quibus nidificat. Agnos & hœdos rapit, ut audio: & nimirum lepores quoque,
ut inde illi factum sit nomen Hasengyr. uide infra in c. Pectore non ita fuluo est hic ut uultur au
reus noster, magnitudine inferior, id quod mihi uidetur. sunt enim qui hunc maiorem esse dicant.
Agnos, hœdos, & in rupibus hinnulos rupicrarum rostro impetens ferit, & si collabantur, iacen-
tium corpora depascitur. De hoc simpliciterne uultur sit, quod magis puto: an ex uulture & aquila
composita genus sit, quale Græci gypæetum & ægypium, nomine ab utracp alite composito, iudi
cent alij. Veterum quidem gypæetus, qui & oripelargus dicitur, cuius iconem inter aquilas posui,
60 multum ab hoc differt. Iconem eius Germaniæ nostræ ornamentum Ge.Fabricius ad me misit, hac
etiam descriptione adiecta: Vultur, quem Germani ein Hasengeier appellant, rostro est obunco
nigro, fœdis oculis, corpore firmo & magno, alis latis, cauda longa & directa, colore in rutilo nigri-

Rr   3

cante,pedibus flauis. Stans aut fedens criftam quafi cornutam in capite erigit: quæ in uolante non
apparet. Alæ extenfæ menfuram orgyiæ excedunt:inceffu, duorum palmorum fpatio, gradũ facit.
Ex auibus perfequitur omne genus:ex feris uenatur lepores,cuniculos,uulpes,hinnulos : nec non
pifcibus infidiatur. Non manfuefcit feritate. Nec folum uolatu, ex præcipiti, uerum etiã curfu prædam infequitur:uolat magno & fonoro impetu. Nidificat in denfis & defertis fyluis, & in altifsimis
arboribus. Pedibus nõnulli utuntur, ut ijs imponant candelabra. Pafcitur carnibus & extis animalium,ne à cadaueribus quidem abftinens:famem quatuordecim dierum fpatio tolerat,quamuis uorax. Eiufmodi uultures duo capti in Alfatia, m. d. xiii. menfe Ianuario, in ditione Gerolce-
ckenfi:fuperioribus annis unus Rotachi in Francis montanis:proximo & hoc ipfo anno,plures ex
nido,in altifsima quercu cõftructo,inter arcem nouam Mauricij principis, & Mifenam oppidum. 10
Vulgus opinatur effe aquilas,necp aliter de Alfaticis in Chronicorum libris fufpicatur Hedio : cuius defcriptio cum ijs uulturibus,quorum tres hic uidimus,maxima ex parte conuenit.

B.

De uulturum coloribus diuerfis:& de nonnullis eorum corporis partibus,fuprà in A. nonnihil
fcripfimus:ubi etiam integram uulturis cadauerum fiue leporarij à noftris cognominati defcriptionem reperies. Vergilius 6. Aeneid.uulturem roftro obunco dixit.Mihi quidem uulturum genus
ab aquilarum & accipitrum falconumcp genere,quod ad roftri figuram, differre uidetur in hoc maximè,quòd nõ ftatim ut illis in uncum flectatur , fed rectum primò ad duos uel amplius digitos fit,
deinde curuetur deorfum, ut apparet in uulture aureo pariter & leporario, quorũ hic picturas ex-
hibuimus:& in gypæeto,quem inter aquilas pofuimus.nam cum uultures ferè cadauera tantum ag 19
grediantur,non fimiliter adunco & ita ualido roftro fuit opus, ut rapacibus cæteris quæ uiuas pleruncp inuadunt & rapiunt animantes. Crura in aureo uulture ad pedes ufcp hirfuta funt, ut etiam
in illo genere aquilæ, cuius iconem in Aquilæ fimpliciter dictæ hiftoria delineauimus : nimirum
quod horum generum alites , in altioribus & niuofis montium iugis ac rupibus degant : quare aduerfus tempeftatum ac frigoris iniurias natura has in eis partes plumis induit, ut etiam in alijs quibufdam montium aut faxorum incolis auibus,lagopode,gallinis mõtanis diuerfis, attagena noftra,
& nocturnis quibufdam. ¶ Vultur eft magnitudine & pondere infigni, Albertus.

¶ Vulturis aurei pellem ad nos aliquando ex Rhætis Alpinis miffam,roftro adhuc & cruribus
hærentibus cum contemplarer,hoc modo defcripfi:Multa hic uultur communia habet cum genere
aquilæ alpinæ,(cuius figuram fuprà pofui in hiftoria aquilæ , defcriptionem daturus infrà inter Pa- 30
ralipomena:)fed per omnia maior eft. longus à roftro ad extremam caudam fex dodrãtes & paulò
amplius:ad extremos ungues v.dodrantes aut paulò minus.longitudo fuperioris roftri, quantum
eius aperitur,feptem ferè digiti tranfuerfi. Caudæ longitudo circiter tres dodrantes. Tota pars fu
pina, id eft collũ inferius, pectus & uenter & pedes quocp ruffo colore funt , dilutiore quidem caudam uerfus , rubentiore autem uerfus caput. Digiti pedum fufco uel corneo colore funt. Alarum
penna longifsima iiij.ferè dodrãtes æquat. Subnigricant feu fufcæ funt omnes alarum pennæ,uno
ferè colore:parululæ tamen fupremæ in alis nigriores funt, & per mediũ aliæ fubruffis maculis,aliæ
fubalbidæ circa imum diftinguuntur.eò nigriores autem funt, quo propiores dorfo, ubi præ nigredine fplendent. Pennæ per medium dorfum nigræ funt, fplendentcp in earũ medio cauliculi albi,
præfertim quæ circa medium dorfum funt & dimidia colli parte.reliqua enim colli pars pennas ex 40
albido ruffas habet. Caudæ pennis idem color eft qui alarum, nempe fufcus.

C.

Dum clangunt aquilæ uultur pulpare probatur,Author Philomelæ. Clangorem aquilarum &
uulturum Gillius ex Aeliano dixit.

¶ Vultur eft auis rapax,utpote roftro & pedibus uncis. Vultures carniuori funt,Ariftoteles.
Ὄρνεα σαρκοφάγα καὶ νεκροφάγα, Hefychius.hoc eft, aues quæ carne uiuunt & cadauera fectantur. Ca
dauera appetunt,& exercitus fequuntur,futuram hominum ftragem præfentiẽtes, (ut infra alicubi
copiofius dicetur,) Aelianus. Vulture edacior, prouerbialiter ufurpari poteft, ut Erafmo placet.
Γῦπες καὶ κόρακες ποδὲ νεκρὸς νέμονται , Scholiaftes Ariftophanis. In hominum cadauera uultures infe-
ftifsimi feruntur,in quæ incurrentes tanquam hoftilia inuadunt, ac hominem uicinum ad morien- 50
dum quando fupremum uitæ diem agat,diligenter obferuant, Aelianus. Herodotus Ponticus teftis eft,uultures effe omnium animalium innocentifsimos,quia nihil prorfus attingant eorum,quæ
ferant homines,plantent, alant:animantium præterea nullam interimant:uolucribus quocp uel mor
tuis abftineant,(quodam cognationis intellectu,) Plutarchus in uita Romuli. Vultur etiam maiores aues rapaces,ut accipitrem,infequitur,Obfcurus. Vultur infeftifsimo animo cætera perfequitur atcp interimit,Orus. Vultures crebri funt in montibus Cretæ,ubi rapiunt agnos,hœdos & lepores quos fub dio deprehenderint,Bellonius. In altis etiam Heluetiæ montibus, ut in Ammano
prope lacum Riuarium,agnos à uulturibus rapi audio:alibi etiam lepores (unde nimirum leporarij
cognomen,ein **Hafengyr**,)hinnulos ceruorum & caprearum, & alia animalia infirma uel nõdum
adulta. Vultur etiam uulpem prehendit, Obfcurus Ariftotelem citans, qui de aquila hoc,non de 60
uulture prodit.fic & Albertus inepte uulturem à meridie ufcp ad noctem uenari fcribit,& à matutino tempore ufcp ad meridiem quiefcere, quum hoc etiam de aquila tantùm Ariftoteles tradat. Se-
felis uel

felis uel filis Cretici femen effe & uultures dicuntur, Plinius lib.20. Demetrius Constantinopolita
nus in libro de remedijs accipitrum , γνπονόμον herbam aliquoties nominat, & interpretatur σίλιω τὸ
λιγόμενον, hoc est quod uulgo fil uel filer scribatur. utitur ea alicubi ad lumbricos, &c. & herbam gra
uis esse odoris infinuat. apparet primam per y. fcribi oportere, & à uulturum pastu inditum esse no
men. ¶ Quædam cum æstate æuum degant in syluis, hyeme demigrant in finitimos locos apricos, montium receffus fecutæ: ficuti uultures, milui, &c. Ge. Agricola.

¶ Vultur & ferè grauiores, nifi ex procurfu aut altiore tumulo immiffæ, non euolant: cauda re-
guntur, Plin. Vultur à uolatu tardo nominatus putatur. propter magnitudinem quippe corporis
præpetes uolatus non habet, Ifidorus. Tardè uolat: fed cum à terra se eleuauerit, bene & altè uolat:
10 & ideo docent quidam à uolando uulturem uocatum, Albertus. Auis est magna & grauis. quare
tribus faltibus uel pluribus uix à terra eleuatur: & ideo antequam eleuetur, frequêter capitur, Idem.

¶ Ex omnibus animantibus perspicacissimi uisus est uultur, ut qui oriente quidem Sole in occasum, occidente uerò in ortum prospiciat : atq̃ è longissimo interuallo quæ sibi usui sint comparet
edulia, quamobrem Aegyptij aspectum significantes uulturem pingunt, Orus. Sedet uultur in altissimo loco, tum ut inde facilius prouolet, (à terra enim difficulter euolat:) tum ut loca remota cir-
cunspiciat. quamobrem fertur folum uulturem effe auem Dei, Obfcurus.

¶ Vultures fagacius quàm homines odorantur, Plin. Nos aper auditu, lynx uisu, fimia guftu,
Vultur odoratu præcellit, aranea tactu, Difticho uulgare. Vultures, ficut & aquila, ultra maria
cadauera fentiunt. altius quippe uolantes, quæ multa montium obfcuritate celantur ex alto illi con-
20 fpiciunt, Ifidorus. Mellis apes quamuis longè ducuntur odore, Vulturijꝗ cadaueribus, Lucret.
Vulturum odorandi uis mirifica apud auctoribus traditur classicis. nam & in Magia fignificat Apuleius: Si uerò (inquit) naribus nidorem domesticum præsensit, uincit idem fagacitate odorãdi canes
& uulturios. Scribit diuus Thomas per quingêta millia passuum ab uulturibus (addit Hieronymus
etiam ab aquilis) præsentiri cadaueris putorem, fed & eo amplius. Illuc autem usꝗ odorem, uel cor-
poralem euaporationem pertingere, prorsus abfurdum, præsertim quum fensibile medium immu-
tet undiꝗ fecundum eandem diftantiam, nifi præpediatur. neꝗ enim sufficeret ad tantum spatij oc-
cupandum, etiamfi in fumidam refolueretur euaporationem integrum cadauer, &c. Cælius. Vmbricius tradit uultures triduo ante uolare, ubi cadauera futura funt, uide infra in h.

¶ Vultures dicuntur fine concubitu concipere & generare ; Ambrosius. Inter uultures mas
30 non est. gignuntur autem hunc in modum: Cum amore concipiendi fœmina exarferit, uuluam ad
Boream uentum (ἄνελκον, lego ἄνεμον) aperiens, ab eo uelut comprimitur per dies quinꝗ, quibus nec
cibum nec potum omnino capit, fœtus procreationi intenta. Sunt porrò & alia uulturum (γυπῶν,
lego ὠῶν, ut & Basilius uidetur legiffe , cuius mox uerba recitabo) genera quæ ex uento concipiunt
quidem, fed quorum oua ad efum duntaxat ipforum , non item ad fœtum fuscipiendum ac forman
dum funt accommodata. At eorum uulturum quorum non est fubuentaneus duntaxat & inefficax
coitus, oua ad gignendam tollêdamꝗ fobolem funt imprimis idonea, Orus. Auctor est in Hexaë-
mero Magnus Bafilius, fubuentanea oua in cæteris irrita effe ac uana, nec ex illis fouêdo quicquam
excuti, at uultures fubuentanea ferè citra coitum progignere fertilitate infignia , Cælius. γυπτῶ δ'
ἡμέρας πᾶς πυγλὺ ἀντόμβροι αὔνεμοι, (lego πᾶς πυγλὺ ἀντόμβροι αὔνεμοι,) Κυελίω συλλαμβάνεσι γονίω cælus
40 μίαν, Io. Tzetzes 12.439. Vulturem non nasci marem aiunt, fed fœminas omnes generari. quam
rem non ignorantes hæ beftiæ, pullorumꝗ folitudinem ac inopiam timentes, ad gignendos pullos
talia machinantur. Aduersæ Auftro uolant: uel fi Aufter non fpirat, ad Eurum uentum oris hiatu fe
pandunt. fpiritus uenti influens, ipfas implet, Aelianus interprete Gillio. Græcè legitur, Ἀντίπρωρα
τῷ νότῳ πιτόμβνοι, κεχήνασιν, hoc est, aduersus Auftrum uolantes, hiant. ego utero potius quàm ore
hiante & aperto, uentum eas concipere dixerim, ut Orus etiã fentit. In Geoponicis hæc tanquam
Aristotelis uerba legimus, τὰς γῦπας μὴ συγγίνεσται, ἀλλ' ἀντιπρώρως τῷ νότῳ πιτόμβνας ἐγκυμονεῖν, καὶ ὀξία
τριῶν ἐτῶν τίκτειν. Tertio à conceptu anno pariunt: nec nidum ftruunt, ut fertur, fed ægypti mediæ
inter uultures & aquilas naturæ, etiam mares funt (utriufꝗ fexus) ut audio, & nigri colore: eorum
nidi oftenduntur, uultures uerò non parere oua, aiunt, fed ftatim pullos, eosꝗ mox à natiuitate uo-
50 lucres, Idem ut nos uertimus, aliter quàm Gillius. Vultures triennio gerunt uterũ, nullus enim est
mas inter eos: fed fœminæ ore aperto (uide ne in Græco χαίνοντες tantum fit) extensisꝗ alis, zephyrum, aut eius loco Eurum hauriunt, ac inde concipiunt materiam quandam, quæ ob sui tenuitatem
plurimo tempore eget ad animalis perfectionem. animal enim non ouum pariunt , Simocatus.
Aiunt eos fæpe fine coitu parere ex uêto & calore ac radijs Solis, Varinus in οἰωνός. Vultures quidam temere dicunt animalia parere, & lac & mamillas habere , & cætera talia. ego uerò ut tigrides
omnes mares effe inuenio, (apud authores:) fic & uulturum genus omne fœmineum, Io. Tzetzes.
Annum fignificantes Aegyptij uulturem pingunt. quoniam animal hoc trecêtos illos ac fexaginta
quinꝗ dies quibus completur annus ita distribuit, ut centum quidem ac uiginti diebus prægnans
(ἐγκύῳ, non ἐγκα῾ὸ ut Gillius legit: qui alia etiam huius loci nõ rectè transtulit) maneat, totidem pul-
60 los enutriat: reliquis uerò centum ac uiginti sui curam gerat, neꝗ uterum ferens, neꝗ alendis addi-
ctum liberis, fed feipsum duntaxat ad aliam parans conceptionem. Quinꝗ autem illos qui super-
funt anni dies in uenti, ut iam dictum est, compreffionem & coitũ infumit, Orus. Sed uarians non-

Rr 4

nihil Tzetzes Chiliade 12.cap.439. Oua(inquit) subuentanea procreant centum & uiginti diebus:
& totidem alijs excudunt ac pullos producunt: deniq̃ alijs totidem usq̃ ad uolandi facultatem eos
educant. per quinq̃ uerò dies ex uento concipiunt. Haliæeti suũ genus non habent,sed ex diuerso
aquilarum coitu nascuntur. Id quidẽ quod ex ijs natum est, in ossifragis genus habet, è quibus uultures progenerantur minores:& ex ijs magni,qui omnino non generant, Plinius ex Aristot.in Mi
rabilibus,uide in Aquila c. ¶ Pariunt uultures oua bina,Aristot. Et alibi,Aedunt nõ plus quàm
unum ouum, aut duo complurimum. Fœtus sæpe cernuntur ferè bini, Plinius. Et rursus, Vmbricius haruspicum in nostro æuo peritissimus , uulturem parere tradit oua tria : uno ex ijs reliqua
oua nidumq̃ lustrare, mox abijcere. Immussulum aliqui uulturis pullum arbitrantur esse,Plinius.
Plura de immussulo leges in Capite de Aquilis diuersis.   **10**

¶ Vultur nidificat in excelsissimis rupibus : unde fit, ut raro nidus & pulli uulturis cernantur.
Quocirca Herodotus Brysonis rhetoris pater , uultures ex diuerso orbe nobis incognito aduolare
putauit, argumento, quod nemo nidum uidisset uulturis, & quod multi exercitum sequentes repente appareant.sed quanquam difficile nidũ eius alitis uideris,tamen uisus aliquando est,Aristot.
Et rursus, Vulturis uel pullum uel nidum à nemine uisum adhuc nonnulli aiunt. & nimirum ob
eam rem Herodotus Brysonis rhetoris pater,aliunde-situ eminentiore quodam uenire dixit : argu-
mentumq̃ afferebat,quod breui tempore multi apparerent,& tamen unde, constaret nemini. Sed
causa huius rei est,quod rupibus inaccessis pariat:neq̃ locorum plurium incola auis hæc est. Vul
turum nidos nemo attigit,ideo etiam fuêre qui putarent illos ex aduerso orbe aduolare falsò. Nidificant enim in excelsissimis rupibus, fœtus quidem sæpe cernuntur, ferè bini, Plin. In montibus **20**
qui sunt inter ciuitatem Vangionum, quæ nunc Vuormacia uocatur, & Treuerim, singulis annis
nidificant uultures,ita ut magnus undiquaq̃ fœtor ex cõgestis cadaueribus sentiatur.Quod autem
fertur quosdam uultures non coire, falsum est.nam illic quoq̃ sepissimè permisceri uidentur,Alber
tus. Niphus etiam in Italia se uulturis nidum uidisse scribit. Vultures, aquilæ & falcones nidificant in Creta,non in arboribus ut cæteræ aues , sed in difficilibus rupium præcipitijs super mare
propendentibus, ita ut uideri uix possint,nec pulli eorum nidis eximi , nisi quis fune à rupibus de-
mittatur,Bellonius. Aiunt uultures non nidificare, Aelianus si bene memini. ¶ Ex Hieronymo compertum nobis est,uulturem quum cœperit oua ædere, quippiam ex Indico tractu afferre,
quod est tanquam nux,intus habens quod moueatur, sonumq̃ subinde reddat. Id uerò sibi ut ap-
posuerit,multos fœtus producere,sed unum tantum remanere, qui immussulus à plerisque dicitur. **30**
Masurius uerò pullum aquilæ eo nomine intelligit, priusquã albicet cauda, Cælius. Hoc quidem
quod ex Indico tractu affert instar nucis,&c. aëtiten lapidem esse dixerim, quo aquila etiam ad par
tum promouendum utitur,ut quidam credunt:de quo copiose suo loco scripsimus.Aquilæ quidem
& uulturis historiam recentiores ferè confundunt. ¶ De uulturibus apud Ambrosium comperi,
nasci eos absq̃ coitu : & ita natos in multum superesse æui, adeò ut ad annum centesimum uitæ series producatur,Cælius. Vultur fertur penè usq̃ ad centum annos procedere,Isidorus. In extrema senecta quidam adeò rostrum eius incuruari scribunt, ut præ fame moriatur : sed hoc ueteres de
aquila. ¶ Vultur hepatis dolore affectus uenatur aues magnas, & hepata earum uorat, Rasis &
Albertus. ¶ Vultures & aliæ quædam aues mali punici grano pereunt, Aelianus. Animalia
quædam ab his quæ nobis suauissimè olent perimuntur,ceu uultures ab unguentis, & canthari ro- **40**
sis, Theophrast.6.4.de caus.& Aristot.in Geoponicis. Et rursus in libro de odoribus, Animal nul
lum suaui odore per se delectari uidetur, sed tantum quatenus is cibo coniungitur : quædam etiam
offenduntur,si uerum est quod de uulturibus & cantharis fertur. Vulturibus unguentum perniciem infert,Aelianus & Zoroastres. Odorum & unguentorum suauitas uulturibus morte affert,
Aelianus. Vultures unguento qui fugantur,alios appetunt odores:scarabei rosam,Plinius. sed lo
cum à librarijs corruptum apparet. Hermolaus legit scarabei rosa, scilicet fugantur. Rosam interpretor unguentum rosaceum.uidetur autẽ ῥόδη in singulari numero,ut rosa apud Celsum, pro rho-
dino accipi,non item in plurali,etsi quidam scribant uultures interire τῇ ὀσμῇ τῶ ῥόδ'ων, ut in Geopo
nicis Aristot.& Theophrastus,οἱ κάνθαροι ὑπὸ τῶ ῥόδ'ων ἀναιροῦνται, οἱ γῦπες καὶ κάνθαροι ῥόδ'ινω χριόμενοι
μύρῳ τελθτᾶν λέγονται, Clemens 2. Pædagogi. Vultures aiunt odore unguentorum perire,si quis **50**
uel inunxerit, uel cibum unguento illitum obtulerit, Aristot. in Mirabilibus. Cadauerum fœtore
gaudent, & tantopere auersantur unguẽta,ut ne armenta quidẽ mortua, quorum carnes unguento
illitæ fuerint,attingant,Oppianus.

                  D.

Vultur prægrandis quidem auis est,sed pigra & ignobilis, Albert. Vultures soli uncunguium
gregatim degunt,ita ut aliquando quinquaginta in uno grege appareant, ut in Aegypto se obseruasse scribit Bellonius. Vulturem animalium omnium innocentissimum,Hermodori(Herodori,
uide etiam infrà inter Auguria ex uulture circa principium) Pontici sententia pronunciauit : quia
nil prorsus attingat eorum quæ serant homines , plantent, alant. animantium præterea nullam in-
terimat.uolucribus quoq̃ uel mortuis abstineat, quodam cognationis intellectu,Cælius. ¶ Mise- **60**
ricordem significantes Aegyptij, uulturem pingunt, quod quibusdam forsan uidebitur alienissi-
mum,præsertim quũ hoc animal infestissimo animo cætera persequatur atq̃ interimat. Sed ut hoc
                                      pictura

pictura uulturis innueret, eo impulsi sunt, quòd centum(& uiginti) illis diebus quibus suos educat, penè nunquam euolet, (ἀλλ πλεῖον ἢ πέντται,)sed omnem curam ac solicitudinem illis alédis adhibeat. quod si eo tempore cibus non suppetat, quo eos sustentet, proprio femore uulnerato sorbēdum eis exhibet & impertitur sanguinem, ut ne cibi penuria atcʒ inedia cóficiantur, Orus. Hanc in pullos pietatem recentiores quidam pelecani non uulturi attribuunt. ¶ Vmbricius haruspex uulturem parere tradit oua tria: uno ex ijs reliqua oua nidumcʒ lustrare, mox abijcere, Plinius.

¶ Vultur & æsalo inuicem inimici sunt, ungues enim utricʒ unci habentur, Aristot. Vultures & aquilæ pugnant, Idem, Aelianus & Philes. Iustæ magnitudinis accipitres & integræ ætatis, sæ= penumero etiam contra aquilas & uultures pugnare aiunt, Gillius. Clangorem quidem aut aqui= 10 larum aut uulturum facile columbæ spernunt, non item circi & marinæ aquilæ, Aelianus.

E.

Vultur propter sui corporis molem, uix tribus aut pluribus saltibus à terra eleuatur, & ideo an= tequam euolet frequenter capitur. & ipse aliquando unum persequendo cepi. sed is satur erat cada= uere, & eò grauior, Albertus. Scythæ, & maximè inter eos qui carne humana uescuntur, & Me= lanchlæni & Arimaspi, aquilarum & uulturum ossibus pro tibijs utuntur, Pollux. Gratius descri= bens retis genus quod pinnatum uocant, eò quòd pennæ ei ad terrendas feras imponantur: Sunt (inquit) quibus immundo decerptæ uulture plumæ, Instrumentum operis fuit, & non parua fa= cultas: Tantum inter niuei iungantur uellera (id est pennæ) cygni, &c. Et mox, Ab uulture dirus aitaro Turbat odor syluas, meliuscʒ alterna ualet res. Vultures in montibus Cretæ à pastoribus ca= 20 piuntur, tum quia agnos & hœdos eorum rapiunt: tum ut pennas eorum uenundent opificibus, qui illas sagittis accommodant:pelles uerò pellificibus, qui illas præparatas satis magno precio uen= dunt, Bellonius. Sic & aliarum magnarum alitum pelles præparantur, tanquam uentriculo salubres, ut impositæ concoctionem promoueant. Vulturinæ pennæ literis etiam exarandis idoneæ sunt si aptè parentur. ¶ Penna uulturis si scalpantur dentes, acidum halitum faciunt, Plinius. ¶ Tradunt aliqui uultures duos aut tres, aut etiam septem dies, futuram hominū in bellis præ= sentire stragem, & illuc aduolare ubi cadauera futura sunt, uide infra in h.

F.

Vultur in lege Mosaica inter aues impuras censetur: nec immeritò, ut scribit author Glossæ, ut qui bellis & cadaueribus gaudeat. Vultur, aquila & similes aues prohibentur, quòd sublimi suo 30 uolatu (humilia enim oderunt) superbiæ symbolum sint, Procopius. ¶ Vulturis caro neruosa, tardæ concoctionis est, & prauos humores gignit, Rasis.

G.

Vultur eadem omnia potest quæ aquila, sed inefficaciùs, ita & accipiter eadem quæ uultur, sed hic quocʒ infirmiùs, Kiranides. ¶ Zaucos uel zeuocos, quidam zingion, alij harpen dicunt, species est uulturis alba deuoran= tis cadauera, Kiranides 1.6. remedia quæ ibidem illi adscribit recensuimus suprà in Harpe. ¶ Contra comitialem morbum uulturem in cibo dari iubent, & quidem satiatum humano cada= uere, Plinius.

40 AD ELEPHANTIASI AFFECTOS, CARCINOMATA, PODAGRAM, AR= ticularem morbum, strumas, condylomata & conuulsiones neruorum, ex Aetij libro 13. cap. 124.

Vulturis cerebrum una cum capitis ossiculis & plumis ac carnibus capitis accipito, & in uino dulci coquito, atcʒ excolata quidem illa proijcito: cùm iusculo uerò ipso euphorbij, croci, atramenti Indici, piperis albi, castorij, zingiberis, cuiuscʒ sextantem coquito. & foliorum rubi, seminis satyrij, picis, cuiuscʒ quadrantem. succi mandragoræ, cedriæ, cuiuscʒ unciam unam. fel tauri aut capræ in= tegrum, uermes ex lignis putrescentibus & marcidis numero tres addito. Hæc sanè omnia in uini dulcis sextarijs nouem simul coquito, Hoc iuramento adstrictus accepi, ne cuipiam reuelarem. Hic apparatus ad illitionem in nouem dies sufficit, & eminētias ipsas exterit. Cæterum cum penna 50 uulturis etiam illinatur.

ALIVD (EX EODEM LOCO) AD ELEPHANTIASIN, ABSCESSVS, CON= dylomata, strumas, eminentias corporis, steatomata, paronychias, bronchocelas, adcʒ omnes malignas eminentias quacunque corporis parte, multo experimento cognitum.

Vulturem uiuum accipito, eumcʒ in uini dulcis aut sæpe sextarijs nouem aut sex suffocato : aut uulturinum gallum eodem modo tractato, id à uespere uscʒ ad matutinum tempus ad uitis ligna co quito. Cæterum ægrum tenui uictu connutrito:sæpe etiam inediam perferre iubeto, & per subscri= ptum medicamentum purgato, percʒ dies septem ex marina aqua lauato, Postquam uerò uultur cō 60 ctus fuerit ac excolatus, ossa ipsius cotrita cum ægri sudore, præsertim qui à Sole prolectus est, cani edenda proijcito. massas uerò septem inde formatas cani dato. Vulturem autem ipsum per triduum à uespere uscʒ ad matutinum tempus, ne ab aurora conspiciatur, coquito, atcʒ id similiter tertia die

facito, probeǫ̃ contectum omni die mane in domo tenebricofa reponito. Atǫ̃ ubi tandem ita per=
coctum ac excolatum habueris, ad iufculum in nocte, minimè uerò in die fequentia addito. Salis
fofsilis marini in petris condenfati trientem, (alij unciam j. habent.) atramenti futorij, (chalcanthum
legit interpres. alia lectio habet galbani) opopanacis, utriufǫ̃ fextantem. colophoniæ, picis, utriufǫ̃
quadrantem. euphorbij, caftorij, fanguinis capræ, ammoniaci thymiamatis, cuiufǫ̃ trientem. folio=
rum femperuiui numero feptem. catanancæ herbæ fcrupulos tres. amianti fcrup. j. polypodij herbę
quæ per contrariam affectionem Luna definente auxiliatur, lapidis gagatæ, cedriæ, fingulorū qua=
drantem. bituminis Iudaici fextarium j. artemifiæ herbæ, chamæmeli herbæ, cuiufǫ̃ fextantē. Hæc
omnia cum iufculo, ut dictum eft, apparato. probè trita committito & unito. Cæterū uulturem pri= 10
mum unà cum pennis ufǫ̃ ad pedes excoriato, atǫ̃ ita in fapam cōiectum fuffocato. Pellem autem
ipfam cum pennis myrrha conditam, & in fumum fufpenfam exiccari finito. Pedes uerò in oleo co
quito, & cum oleo podagricos, per uulturis etiam pennā, illinito. Neruos uerò ad pedes podagrici
pro amuleto appendito, & ab affectione eum liberabis. Porrò purgatiuum cuius mentionem feci
hocce eft: Aloés unciæ dimidium, gari, aceti, parem menfuram unito, & octauam fextarij partem
bibendam præbeto.

DE RELIQVIS E VVLTVRE REMEDIIS.

Vulturis offa combufta & trita, infperfa, fanant omne ulcus, & contra dolorē profunt cum uino
perfufa, (colluta,) Kiranides. ¶ Offa è capite uulturis adalligata (fufpenfa collo, Sextus) capitis do
lorem fanat, Plinius & Marcellus. Offa capitis de pullo uulturis filo purpureo ad cubitū fufpenfa 20
cephalalgiam fanant & ueterem fcotomiam, Kiranid. Ad hemicraniam: Aquilæ capitis os, fimile
fimili, ut dextrum latus dextro, appende: perinde & uulturis, Galenus Euporifton 3.34. ¶ Ad pe
diculos & phthiriafin: Vulturis uiui excifam medullam contritam cum uino dabis bibere, prodeffe
dicimus, Sextus. ¶ Penna uulturina fubiecta pedibus, adiuuat parturientes, Plinius: efficit ut fine
labore partum ædant, Sextus. apud nos etiam uir quidam hac in re credulus, tantam uulturinæ pen
næ pedibus fubiectæ ad partum educendum uim effe, ut nifi tempeftiuè auferatur, uteri etiam de=
trahendi periculum fit, mihi aliquando (qui minimū huiufmodi remedijs tribuo) affirmauit. Penna
uulturis fi fcalpantur dentes, acidum faciunt anhelitum, Plinius. Vulturis pennas fi comburas fu=
gabis ferpentes, Sextus & Aefculap. & Samonicus. Ex uolucribus in auxilio contra ferpentes
primum uultur eft, annotandum quoǫ̃, minus uirium effe nigris. pennarum ex his nidore, fi uran= 30
tur, fugari eas dicunt, Plinius. Pennæ uulturis fuffitæ lethargum & fuffocationem uteri, & phre=
niticos fanant, Kiranides. ¶ Aegrè concoquentes aliqui pellem uulturinam ftomacho applicant,
Alex. Benedictus. Super uulturis pelle bene calida defidere, falutare effe ferunt podagricis & qui
defluxionibus aliquibus tentantur, Rafis. ¶ Adeps uulturis diffoluit, ficut adeps afini fylueftris,
Rafis. Adeps uulturinus cum uetre arefactus, contritufǫ̃ cum adipe fuillo inueterato, neruorum
dolores tollit & nodis medetur, Plinius. Si uerò occultus neruos dolor urit inertes, Vulturis ex ci=
fos adipes, rutamǫ̃ remitte, Aut cerā, & tali recreabis languida fotu, Serenus. Adeps uulturis mix=
tus cum porcino adipe iuuat arthriticos, tremulos, refrigeratos, podagricos, ftomachicos, paralyti=
cos, & eos qui nimia euacuatione patiuntur fpafmum, Kiranides. Vulturis adeps & uentriculus
cum axungia contritus & peructus, omnem neruorum dolorem tollit & articulorum emendat, 40
Sextus. Adeps uult. dolorem oculorum (articulorum potiùs) fanat, & dolores neruorum euacuat,
Aefculap. Neruis & arthritidi adeps uulturina cum felle eiufdem, & axungia uetere ac melle, ma
lagmatis more adpofita medetur, Marcellus. ¶ Sanguis (fel potius, uide infrà in Felle) uult. cum
fucco marrubij caliginem oculorum fanat, Aefculapius. Vulturinus fanguis cum chamæleo=
nis albæ, quam herbam effe diximus, radice & cedria tritus, contectusǫ̃ braffica, lepras fanat, Plin.
¶ Medicamentum podagricum quod pedes & manus præferuat: Neruos uulturis ex cruribus ac
fummis pedibus collectos ad talos ægri alligato, curås, ut neruos dextri pedis uulturis, dextro ægri
pedis alliges, & finiftros finiftro. Similiter etiam cubitorum, manuum, & humerorū neruos, alasǫ̃,
Trallianus lib. 11. ¶ Ad dolorem capitis: Cerebrum uulturis terens unge caput & tempora, Ga
lenus Euporifton 2. 91. Cerebrum uulturis fi cōmifceas cum oleo cedrino, & inde nares frequen= 50
ter tangas, capitis dolorem aufert, Sextus & Plinius. Vulturis cerebro paululum cedri (cedriæ) fi
immifcueris, & nares inde intrinfecus caputǫ̃ perfricueris, omnes capitis dolores ftatim minues,
Marcellus. Cerebrum eius cum cedria folutum & oleo ueteri, & inunctum temporibus, omnem
cephalalgiam fanat, Kiranides. Fama eft uulturis cerebrum in cibo fumptū, morbum comitialem
difcutere, cuius ego periculum non feci, Aretæus. Si uulturis cerebro mulieris uenter & uiri li=
niantur, fterilitas inducitur, Kiranides. ¶ Pulmonis uulturini dextræ partes Venerem cōcitant
uiris adalligatæ gruis pelle, Plin. Sanguinem reijcietibus pulmo uulturinus uitiginefis lignis com
buftus, adiecto flore mali punici ex parte dimidia, medetur, Idem. Obfcurus quidã recentior ad
uerfus epilepfiam commendat cor & pulmonem uulturis arida trita, in potu. ¶ Cor pulli uult. li=
gatum in pelle omnem fluxum fiftit, Kiranides. Cor pulli uulturini adalligatum aduerfus comitia= 60
lem morbum prædicatur. quidam pectus eius bibēdum cenfent, & in cerrino calice, Plin. Contra
epilepfiam, Cor & pulmonem uulturis arida propina, Obfcurus recentior. Ex pofterioribus non=
nulli de

nulli de corde uult.scribunt,si in corio lupi adalligetur,tædium Veneris afferre,Alex.Benedictus.
¶ Iecur uulturis tritum cum suo sanguine ter septenis diebus potum (per dies septem; Sextus &
Aesculap.)aduersus comitialem morbum prædicatur, Plinius. Lusciosus uescatur beta, uulturis
iecore assato, eiusq́ felle illinatur, Archigenes apud Galenum de compos. medic. Serenus ad ie
coris dolorem, uulturis iecur commendat. Idem iecur(Plinius cor)exectum de uulture gestari iu
bet ceu prophylacticum aduersus serpentium morsus. Ex uentriculo uulturis remedium diximus
in Adipe superius.
¶ Lusciosus uescatur beta, uulturis iecore assato, eiusq́ felle illinatur, Archigenes apud Gale=
num de compos.sec.locos. Vulturis fel ex aqua dilutum,albugines sanat oculorum,Plinius lib.19.
10 ut quidam citant. Fellis gallinacci uel uulturini, quod longe magis prodest, scrupulum,& mellis
optimi unciam,bene trita coniunges,atq́ in pyxide cuprea habebis,& opportune ad inungendum
uteris,hoc nihil potentius caliginem releuat, Marcellus. Ad caliginem oculorum prosunt uultu=
ris atri Fella, chelidoniæ fuerint queis gramina mista. Hæc etiam annosis poterunt succurrere
morbis,Serenus. Nubeculæ & caligationes suffusionesq́ oculorū, inunguntur aquilæ felle,quam
diximus pullos ad contuendum Solem experiri,cum melle Attico. eadem uis & in uulturino felle
est cum porri(melius,marrubij,ut alij etiam authores habet: & facile Plinius prason, id est porrum,
pro prasio,id est marrubio,deceptus accipere potuit)succo & melle exiguo,Plin. Omnem oculo=
rum obscuritatem incipientemq́ suffusionem curat fel uult. cum marrubij succo & melle Attico:cu
ius si nulla sit copia,tenero ac molli utere. esto autē tum succi marrubij, tum mellis dupla ad ipsum
20 fel portio,Galenus Euporiston 1.44. Sanguis(Fel,potiùs)uult. cum succo marrubii,caliginē ocu=
lorum sanat,Aesculap. Vult.fel mixtum cum succo marrubij omnem caliginem discutit,incipien=
tem suffusionem pariter insistit, Sextus. Fel pulli uult. cum melle & succo prasij suffusionem ocu=
lorum sanat,Kiranides. Et alibi, Vult.fel cum succo prasij,& opobalsamo & melle solutū, omnem
colliquationem(caliginationem)oculorum & suffusionem summe sanat. Comitiali Prodest cum ue
teri Baccho fel uulturis ampli. Sed cochlear plenum gustu tibi sufficit uno, Serenus. In Germa=
nico quodam manuscripto codice uulturis fel cum sanguine eius è uino diebus decem potum,inter
comitialis remedia inuenio. Neruis & arthritidi adeps uulturina cum felle eiusdem,& cum axun=
gia uetere ac melle, malagmatis modo adposita medetur, Marcellus.
¶ Tonsillis renes uulturini aridi in melle triti uel decocti,mirum remedium præstant, si pro em
30 plastro adponantur,Marcellus. ¶ Vulturini fimi nidore partus excuti produntur,Dioscorides.
Vt facile pariat mulier,stercus supponunt uulturis atri, Serenus.

H.

a. Vultur,auis,masc.g.& Vulturis,uulturis.Ennius,Vulturis in syluis miserum mandebat ho
monem,Et Vulturius,uulturij,apud Lucretium,Catullum,& alios.Crinitus fœm.gen. protulit ex
Varrone. Cicero uulturiū dixit,& Plautus in Curculione uulturios quatuor. Vultur à uolando
quibusdam dictus uidetur,Albertus:uel à uolatu tardo,ut alij. Propter corporis grauitatē in terra
libentius sedet quàm in arbore,nisi timeat:unde ab antiquis grapides (uox uidetur corrupta)uoca=
batur,Albert. Ales auida,pro uulture,Senecæ in Hercule Furente. Perperam Grammatici qui=
dam uulturem & gryphem confundunt,Turnerus. ¶ τὸ γ̀ ψ,παρὰ τὸ γυρδύειψ τὰ ψ ὕλη, Varinus. γῦ
40 πὸς prima producta effertur,admonente Eustathio, ut in illo Homeri Iliad. Σ. πολλὸς δὲ κυνῶ κỳ γῦ
πὸς ἐδόντα Τρώων. Cipes,id est uultur, Syluaticus : inepte, cum gyps uel gypes scribere debuisset.
Orus in Hieroglyphicis fœminino tantũ genere τὰς γῦπα effert, quod uultures omnes fœminas ar=
bitretur:alij plericç masculino genere utuntur. οἰωνοὶ dicuntur omnes aues carniuoræ,ut uultures,
corui,Varinus. οἰωνὸς dicitur uultur παρὰ τὸ οἶο τὸ μονός:eo quòd solitaria in suo sexu & sine coniuge
auis sit,aiunt enim aliqui eam absq́ coitu sæpenumero ex uento & calore & Solis radijs concipere,
Idem. Αὐτὰς δ᾽ ἑλώρια (ἑλκύσματα,σπαράγματα)τεῦχε κύνεσσιν, οἰωνοῖσί τε πᾶσιν,Homerus Iliad.α. ubi
Scholiastes annotat accipere eum per οἰωνοὺς aues carniuoras, ut uultures, coruos. οἰωνοῖσί ν δαῖτα,
Idem alibi. Non tibi parentes claudent oculos mortuo, ἀλλ᾽ οἰωνοὶ ὁμηςὰζ φύσοι πỳὰ πέρα πυκνὰ Βα
λόντες,Iliad.λ. Ἀλλ᾽ ἄρα τόγ γε κύνες τε ἠ ỳ οἰωνοὶ κατέδαιψαν,Odyss.γ. Μηδ᾽ ὑπ᾽ ὠμηστῶν κυνῶψ Εἴχε᾽ ὁλέθαι,
50 μηδ᾽ ὑπ᾽ οἰωνῶν τινός, Sophocles Antigone. οἰωνοὶ δὲ πλεῦ πλέον, ἠ γυναῖκας, Iliad. λ. Memorabile est
quod tomo De ideis primo, ubi πολλὰ σημνότητ᾽ λόγȣ disseritur, Hermogenes adnotauit, quosdam ap
pellare solitos uultures, τάφȣ ἐμψύχȣ, id est animata sepulchra. παρὰ δὲ τοῖς ὑποσξύλοις τούτοισι σοφισταῖ
πάμπολλα τύροις ἄν, τάφȣς τε γὰρ ἐμψύχȣς σῶ γῦπας λέγȣσιν,ὧψ πέρ᾽ εἰσι μάλιστα ἄξιοι, καὶ ἄλλα τοιαῦτα ψυχρούεν=
τα πάμπολλα.id est,Apud subligneos uerò hosce sophistas plura inuenias utiç. quippe uultures di=
cunt sepulchra esse animata,quibus digni sunt ipsi maximè: & frigidiora his alia non pauca,Cælius.
Mari sepeliri dicitur,qui in id demersus fuerit:& uentribus belluarum,ab eis deuoratus. sic & uul=
tures illum quos laniarint deuorarintç,uentribus suis tanquam sepulchris cōdunt. quare etiam se=
pulchra uiua nonnulli eos appellare ausi sunt,Varinus in Τυμβεῦσαι: in cuius uerbis pro ὅπα καὶ πινων
τάφȣψ,lego ὡς καὶ πινωψ τάφων.
60 ¶ Epitheta. Vulturem amplum Samonicus cognominat. Atrum, idem & Iuuenalis. Ab
uulture dirus auaro Turbat odor syluas,Gratius. Auido uulturio,Catullus. Ales auida pro uul=
ture,Seneca in Herc.furēte. Dirus uultur,Samonicus,& Valerius 4. Argonaut. Edax,Ouid.1.

Amorum. Immanis obunco roſtro, Verg. 6. Aeneid. Immundus, Gratio. Tardus; Samonico.
Et præterea apud Textorem, Auidus, Caucaſeus, Cupidus, Montanus, Niger, Obſcœnus, Palati‐
nus, Palpās, Promethæus, Rapax. ¶ τύπα θηλύγονοι, id eſt é foeminis tantū procreati, Io. Tzetzes.
γαμψώνυχοϐ, ἀγκυλοχεῖλαι, epitheta ſunt ægypij, ſed quæ etiam uulturi conueniant.

¶ Vulturius homo per translationem pro rapace. Cicero in Piſonem, Appellatus eſt hic uultu‐
rius illius prouinciæ, ſi dijs placet, imperator. Quoniam hæc ales cadauera iam tabida ſummé affe‐
ctat & rapit auidiſsimé, propterea quodam loco Apuleius cauſidicos & oratores forenſes probroſis
inceſſens uerbis, quòd eis (ut Columella dixit grauiſsimé) conceſſum ſit in medio foro latrocinium,
togatos nominauit uulturios. ſicut M. Tullius pro Sextio uulturios paludatos appellauit Gabiniū
& Piſonem imperatores, qui pretio nundinarentur omnia. Porrò & ratione eadé ſalibus ſuis Plau‐ 10
tus inſeruit uulturios pro talis in Curculione. ut enim uultures carniuori ſunt & rapto uiuunt, com
pari modo & tali uoratores ita ſunt, ut diſpoliēt ex toto aleatorem, Cælius. Captatores quoqꝫ dici
uulturios, non Seneca modò, ſed indicauit Catullus item illo uerſiculo, Suſcitat à cano uulturium
capite, Idem. ¶ Vulturnus, uentus qui ab Oriente hyberno ſpirat, ut ait Plinius 2. 47. dictus à
uulturis uolatu, ut quidam aiunt, quoniam alté reſonat. Græci Euronotum uocant, quòd inter No
tum & Eurum ſit. Hi igitur ſunt tres uenti Orientales, Aquilo, Vulturnus, Eurus: quorum medius
Eurus eſt, Gellius 2.22. Vulturnalia celebrabantur ſexto Calendas Septembris, Varro. Vulturi‐
nus, quod eſt uulturis, adiectiuum apud Plinium. Eſt & ſubuulturius adiectiuum. Eia corpus cu‐
iuſmodi, Subuulturium: illud quidem ſubaquilum uolui dicere. Plautus Rud. Grammatici inter‐
pretantur, rapiens ad ſe homines. ſubaquilū uerò, ſubfuſcum. ¶ Plautus ſalibus ſuis inſeruit uul‐ 20
turios pro talis in Curculione. ut enim uultures carniuori ſunt, & rapto uiuunt, cōpari modo & tali
uoratores ita ſunt, ut diſpoliēt ex toto aleatorem, Cælius Rhod. Plauti uerba hæc ſunt : Iace (inquit)
parumper. Iacit uulturios quatuor. talos arripio, inuoco almam meam nutricem, (Venerem nimi‐
rum,) Herculem iacto baſilicum. Vulturij autem (inquit Cælius Calcagninus) uidentur appellati,
uel à rapacitate, uel à fœcunditate, quòd id animal foret naturæ ſymbolum Aegyptijs.

¶ Gyponomum herbam ſil uel ſeſeli Creticum interpretor, à uulturum paſtu. uide ſuprà in c.
τυπόμακρόυ, Varinus & Heſychius. γευπάι, uel γυπάι, (quod magis placet) nidi uulturum, Iidem.
ρύπας (oxytonum malim) interpretantur tuguria & latebras (καλύβᾱς καὶ θαλάμᾱς) uel uulturū nidos:
uel uias ad uias (ὁδοὺς εἰς ὁδούς,) uel habitationes ſubterraneas, uel ſpeluncas, καὶ ὑπώγεια τὰ αὐτά. (lego
γυπώλεια, ut idem ſit γυπᾶ, & diminutiuum γυπάριον.) οἱ δὲ ἀζώσας, ἀυαστυνεμβᾱας, Heſych. & Varinus. 30
γύπη, (ultima uidetur acuenda,) κοίλωμα γᾶ, (lego γῆς,) θαλωδιν, γωνία, Iidem. Καὶ πῶς οὐ φιλεῖς; ὃς ἔφερέ
ὁρᾶν οἰκῶντ᾽ ἐν ταῖσι πέτρᾱσιν, Καὶ γυπᾱλοις, καὶ πυργιδίοις, ἐπ᾽ ὀγδοην ἐν ἐλαίαις, Ariſtoph. in Equiti‐
bus. Vbi Scholiaſtes, γύπας (inquit) aues ſunt. luſit autem Comicus propter ſimilitudinem ſequentis
uocabuli πυργιδίοις. uel quia hæ aues maximé ſolent inſidēre in turribus & mœnijs, in quibus Athe‐
nienſes etiam cubabant tempore belli ad cuſtodiendam ciuitatem. debuit autem dicere in latebris,
ſpecubus uel locis anguſtis. nam ſecundum Cratinum omnem locum anguſtum uel latibulum ita
nominabant. ¶ Pediculi uulturis mentio ſit apud Auicennam 4. 6. 5. 12. inſectum eſſe aiunt ue‐
nenoſum, ſimile pediculo paruo, uel pediculo naſcenti in inguine. nomen eius Perſicum faciunt
pedi, uel potius dedi, inuenio & dede, dedey, & declin apud Syluaticum : item meluke, tagomus,
uel ragarius Indicé, tafaris uel taſatis pro eodem animali. Eſt ſicut paruus altadan, (aliás alcandan) 40
Syluaticus. Altamula (Althabuha) eſt animal multipes, acuti ueneni, & quo idem iudicādum quod
de pediculo uulturis & ueſpis, Auicenna 4.6.5.13. ego ſcolopendram eſſe conijcio. de pediculo au
tem uulturis diuinare nihil poſſum. Auicennæ de ipſo uerba, referam in Hiſtoria inſectorum.

¶ Aegyptij, Αἰγυπιοι, mediæ inter aquilas & uultures naturæ ſunt, utriuſcꝫ ſexus, (cum uultures
omnes fœminæ exiſtimentur,) colore nigro. harum nidos & oua oſtendi audio : uultures uerò non
oua, ſed ſtatim pullos parere, Aelianus. Aegypiōn Grammaticorum alij genus aquilæ, alij uultu‐
rem interpretantur, ἀπὸ τῶ ἀἴσσω. ego potius nomen compoſitum dixerim, ἀπὸ τῶ αἰπὸ καὶ γυπός. Hi
forté fuerint quos Plinius uultures nigros appellat: niſi gypæetū eſſe placeat, cui caput albicat, &c.
Plura de ægyptio leges ſuprà in Capite de aquilis diuerſis, quarū ueteres meminerunt. Nicander
à uulture diſtinguit hoc uerſu, Αἰγυπιοὶ, γύπές τε, κόραξ τ᾽ ὀμβρήσια κεφίσω. 50

¶ Icones. Cánathra, uehiculi genus plegmata habens, in quibus uirgines per pompam ad He
lenæ templum uehebantur, ſimulachris (ut quidam tradunt) ceruorum aut uulturum ornata, Varin.

EX ORI HIEROGLYPHICIS.

Annum ſignificantes Aegyptij uulturem pingunt. quoniā hæc ales annum ita partitur, ut tertia
feré eius parte prægnans ſit, altera incubet & excudat oua, altera educet, ut in c. retuli. ¶ Aſpe‐
ctum quoqꝫ indicaturi eundem pingunt, quòd ex omnibus animantibus perſpicaciſsimi uiſus ſit.
uide in c. ¶ Miſericordem quoqꝫ pictus illis denotat uultur, propter peculiarem eius in ſobolem
ſuam affectum & amorem. lege in D. ¶ Item ſignificantes limitem : quòd cum belli conficiendi
tempus inſtat, locum ubi pugna committenda ſit, ſeptem ante diebus ad eum accedens præfiniat & 60
circunſcribat. Item præſagium cum eandem ob cauſam, tum etiam quòd ad eam exercitus partem
ſeſe conuertere ſoleat, ubi maior ſit futura clades, uide infrà in h. Præterea matré, quòd in hoc ani‐
mantium

mantium genere mas non sit. Aegyptij in uulture naturæ genium ac maiestatem indicabat, quòd
inter has uolucres fœminæ duntaxat inueniant:de quo & Marcellinus Ammianus in Rom. histo=
ria scribit,& Plutarchus item Chæroneus,Crinitus. Mineruam quoq; ac Iunonē uulturis pictura
eis significat: quoniam uidetur apud Aegyptios Minerua quidem superius cœli hemisphærium
occupasse,Iuno uerò inferius. Quæ & causa est ut absurdum censeant cœlum masculino genere
efferre:quippe cum & Solis & Lunæ cæterorumq; siderū genitura in eo perfecta sit, qui nimirum
fœminæ actus est.Complectitur autem uulturum quoq; genus fœminas tantum.Quam ob causam
& cuiuis fœminei sexus animanti Aegyptij uulturem,ut in eo sexu principem ac primarium, appo
nunt,ex quo & deam omnem, ne singillatim unamquanque percurrens prolixior sim,significant
10 Aegyptij. Similiter etiam innuentes ϛϱανίϗ,hoc est cœlum (neq; enim placet ipsis, ut dixi, mascu=
lino genere ὀϱανὸν dicere)quoniam horum omnium generatio inde est. Duas deniq; drachmas uul
ture picto denotant,quòd apud Aegyptios duæ lineæ unitas est.Vnitas uerò cuiuslibet numeri or=
tus est ac principium. Optima itaq; ratione duas drachmas indicare uolentes , uulturem pingunt,
quòd generationis ipse sibi autor materq; ac principium, quemadmodum & unitas, esse uideatur.
Postremò Vulcanum indicantes, scarabæum & uulturem pingunt : Mineruam uerò, uulturem &
scarabæum.solis enim his,nō etiam masculis,mundus uidetur consistere.Vulturem autem pro Mi=
nerua pingunt, quòd hi soli ex dijs apud ipsos mares sint simul ac fœminæ.

¶ Propria. Vultur mons est in Apulia,ut quidam annotant. ¶ Vulturnum,Βὸλτϱνον,Cam
paniæ oppidum est,cum fluuio eiusdem nominis,ut scribit Plinius lib. 3. cap. 5. Pomponius Mela
20 lib.2. Fluctuq; sonorum Vulturnum,Silius lib.8. Fluuius quidē non neutro gen.ut oppidum,
sed masculino Vulturnus dicitur.hic per Campania labens,haud longè ab Cumis mergitur. Am=
nisq; uadosi Accola Vulturni, Verg.7.Aeneid. Seruius fluuium esse scribit qui iuxta Cumas ca=
dit in mare. Delabitur inde Vulturnusq; celer, &c. Lucanus lib. 2. Meminit eius etiam Strabo.
¶ Est & Vulturnum Hetruscorum oppidum,teste Liuio lib.4.ab Vrbe. ¶ De Vulturno uento
scripsi suprà inter deriuata. ¶ Vulturna uel Voltunna celebris Hetruscorum dea fuit,cuius non
semel meminit T.Liuius,&c. Gyraldus.

¶ b. Decet tetraones suus nitor absolutaq; nigritia.alterum eorum genus uulturum magnitu=
dinem excedit, quorum & colorem reddit, Plinius. Porus Indorū rex Augusto inter cætera dona
misit perdicem uulture maiorem,Strabo. Percnopterus aquila uulturina specie est,&c. Plinius &
30 Aristoteles. Phlegyam apud Hesiodum aliqui interpretantur auem uulturi similem. Harpyiæ in
Thracia habent uulturum corpora,aures ursinas, & facies κύϱκιυ,(lego κϱϱδιυ, id est uirginum,) Va
rinus in Scylla. ¶ Lapis quandros aliquando inuenitur in cerebro uulturis, (coloris candidi, ut
quidam addit,)cui uis tribuitur contra quoslibet noxios casus, & replet mamillas lacte : authores,
Euax,Albertus,Syluaticus.

¶ c. In cane requiritur uulturina sagacitas , Budæus. ¶ Et qui uulturibus seruabat uiscera
Dacis Fuscus,Iuuenalis Sat.4. Lingua exerta auido sit data uulturio, Catullus. ¶ Δὸϱⁱϱον Gre=
cè aliqui rostrum interpretantur.eo autem quæcunq; ederint lancinant uultures. τὸτα δὲ ὀϳαϗνοσϗον ϗ
αὖ ἰϑίϗϗιν οἱ γῦπϱ,τᾗ κϱϱϗτι τῷ ϱάμφϱϛ, Varinus. οἱ δ'ανϱϛϱ ϱῦ χϱμϛϛϛ γυπῶν ϗίνϗν ἱϗϑοϛι ϗϗ ϗϱωϗϗϱϗϗν
ϗῶϛ δ' ϱϱ'ϗϗον ϱϗω ϱϗϗονϗϛ,Plutarchus in libro de nō accipiendo mutuo pro fœnore. Γῦπϗ δὲ μὴ ιϗϗϛ
40 ὀ τϱ'δϗ πϱϛϛϛμϱ̈́νϱν ᾗπϗϗ̈́ ἕκϛϱϱον Δϗϱ'τϱϱον ἴϛω ϗ'νϱντϗ,Homerus de Tityo. οἱ δ' ϱ̇ύ γϱίϗϛ Κϗϱϗϛ γῦπϗσϗϛ πϱϛ
λύ φίλϗϗϱϛ ἢ ἀλόϗοιϛιν,Iliad.λ. ϱϱλλϱ̀ϛ δϗ κύϛϛ ϗϗ γῦπϛϛ ϗ'δϱντϱ Τϱϗϛν,Iliad.Σ. Τϗϱϗ κϱ̀ ϗ κϛϛϛ ϗϗ γῦ
πϱϛ ϗ'δϱνϗϗ,Iliad.Χ. Τῷ ϗ' ϱ̇δϗ̈́ϗ γῦπϗϛ ϗ'δϛνϗϗ,Odyss.Χ. Ἐπϗ πϱϗ ϱ ἱϱ'ϗϗϛν κϛϛϛϛ Ἀλιϗϛ̈́ϗϗϛν ϗϗ γῦπϗϛ ; ϱ̀ϗ
ϱϱϱ̀ϛ ϱ̈ϗ ἰϗλϗ̈́ν ϱ̈́ϛ ϱϗ̈ ϱ̇ρϱ οϗϗϱϗΐ ϱ̇ϱπϱ̈́ϗϗϛ;Aristophanes in Auibus. Μηδὲ τϗϗϗϛ κυϱ̀ ϱ̀ϗ̈́ϗ ϛ) γυ'ϗᵉ ϱ̈́λϱϱϱ,
Phocylides. Τϗ ϱ ϗϗ πϱϱϗ δ'ϗϛτϗ δϗδϗϱϛμϱ̈́ϱν δϗφϱϱν δυμϱ̇ Πίνϛιϱ· μηδϗ βϱϗ̈ κϗκϗκϛϛμϱ̈́ϗν κϗ'τϱ γῦπϗ̈ Ηϗϛ
πλημμϱ̇ϱϱντϗ λϛλϛϛμϱ̈́ϱϛν δϗφϱϱνϛϱϗϗϛν,Panyasis apud Stobæum. Vulturem aliqui sepulchrum uiuum
dixerunt.uide suprà in a.

¶ e. Oculum uulturis si quis manu dextra gestet,gratiam & fauorem omniū quibus cum uer=
sabitur,sibi conciliabit,Obscurus. ¶ Os eius uel rostrum cum lingua gestatum facit ad itinera no=
cturna.fugat enim dæmones & feras & omne reptile , & cuncta animalia. & uirsliter dicamus om=
50 nem uictoriam,& rerum abundantiam,sermonum facundias, & causas, & gloriam ac honorē por=
tanti acquirit.Porta ergo cum lingua & oculos,& seruabis corpus tuum ab omni castitate,Kiranid.
¶ Cor uulturis habentes,tutos esse ferunt ab impetu non solum serpentium, sed etiam ferarum la=
tronumq;,ac regum ira,Plin. Cor uulturis ligatū in pelle lupina, si circa brachium habeas, nullum
medicamentum nocere tibi poterit,nec serpens,nec latro, nec ulla malicia, nec quidem phantasia
senties,Sextus. Eum qui gestauerit cor uel pulli uulturis,omnia dæmonia fugient,& maximæ feræ.
habebit autem is quoq;gratiā cum apud omnes homines,tum mulieres, & locuples uiuet.idem ge=
statum rebus in omnibus uictoriæ cōpotem reddit,Kiranid. Adulti uulturis cor elixum & datū in
cibo latenter,aut siccum datum in potu mulieri,magnam amicitiam & desiderium lasciuum eius fa
cit,Idem. ¶ Eiusdem pedes gestati ad facundiam sermonum,& lucrum,& taciturnitatem inimi=
60 corum,& uictoriam ab aduersarijs summe faciunt,Idem. ¶ Vngues eius combusti,& cum uino
uetere soluti,totiq; corpori inuncti,& poti,ad uictoriam de inimicis summe faciunt,Kiranid. Qui
pedem uult.in mensa habuerit,tutus est à ueneno,Obscurus. Sunt qui hac spe ducti candelabra è

S s

uulturinis pedibus conficiant. arbitrantur enim si uenenum in mensa superuenerit, extinctum irí candelam quæ inserta fuerit tali candelabro,ita ut infima cãdelæ pars uulturis pedem attingat. nam pars(sinus)superior cui inseritur candela ex metallo additur. ¶ Si quis cum modico uerbenacæ herbæ & simo uulturis fumum fecerit super siccario(sic habet codex nosterm anuscriptus)decident folia,Kiranides 1.10.

¶ g. Si mulier cerebro uulturis liquefacto inunxerit uentrem suum per 7. dies, & uiri etiam uentrem inunxerit,non concipiet omnino, Kiranides. Vulturis crus si ablata carne suspendatur supra erus excoriatum, auferetur dolor, & sanabitur, Rasis. Corium cauillæ eius si applicetur po-dagrico,dextrum lateri dextro,sinistrum sinistro,prodest manifeste,Idem.

¶ h. Inimicus si quid delinquas inhæret affixus scrutaturæ. & profecto uulturum exprimere 10 uidetur mores.hi quippe tabida tantum consectantur cadauera. nam pura beneéæ habentia ne sen-tiunt quidem.Consimiliter inimicum uitæ modo labes mouet, ægra illum excitant ac quæ compu-truerint,Cælius ex commentariolo Plutarchi de utilitate ab inimico capienda. Creditores in foro debitores tanquam loco miseris assignato uulturum instar exedunt & arrodunt,rostro in eorũ cor-pus inserto,δ'δὲ σητρον εἰσω δυώονγεϛ, Plutarchus in libello de non accipiendo mutuo pro fœnore. De uulturijs scitus admodum narratur apologus aduersum fœnore sese illaqueãtes:Vulturius quidam uehementer agitatus uomere amplius cœpit, simuléæ etiam queri, ac sese afflictare, quòd intestina eiectare uideretur.Pax sit rebus,inquit alter: non est quòd ægro sis animo. neque enim tui euomis quippiam,sed cadaueris portiones,quod nuper conscidimus.Eadem ratione fœnore adobruti non agros euomunt distrahuntéæ proprios, sed fœneratoris,quem ijs dominum præfecerunt,Cælius. 20

¶ Fulgentius in Mythologico Promethei iecur apud inferos non ab aquila, sed à uulture cor-rodi tradit, & perbellè interpretatur,cui & Petronius Arbiter in his hendecasyllabis congruit: Cui uultur iecur ultimum pererrat, Et pectus trahit, intimaséæ fibras, Non est, quem tepidi uocant poetæ, Sed cordis mala,liuor atque luxus. Vide in Aquila h. ¶ Ales auida,pro uulture iecur Tityi iugiter exedente,Seneca in Herc.furente. Vulturis atri pœna, Iuuenalis Sat. 13.

Nec non & Tityon terræ omniparentis alũnum   Cernere erat,per tota nouem cui iugera corpus
Porrigitur,rostroéæ immanis uultur obunco   Immortale iecur tondens,fœcundaéæ pœnis
Viscera rimaturéæ epulis,habitatéæ sub alto   Pectore,nec fibris requies daï ulla rēnatis, Ver-gilius 6.Aeneid.ubi Seruius,Tityus(inquit) secundum aliquos filius Terræ fuit, secundum alios à 30 terra nutritus.unde elegit sermonem poeta quo utrunéæ significaret:nam alumnum dixit.Hic ama-uit Latonam,propter quod Apollinis telis côfixus est.Damnatus est autem hac lege apud inferos, ut eius iecur uultur exedat. Quanquam Homerus uicissim dicat duos uultures sibi in eius pœnam succedere:unde hæc canit de Tityo:

Καὶ Τιτυὸν εἶδον γαίης ἐρικυδέϛ υἱόν,   Κείμενον ὂν δ'ἀπὶ δ'ω.ὁ δ' ἐπ' ζενία κᾱπ πέλεθρα.
Τύπτε δὲ μιν ἑκατέρθϋ παρμμένω ἦπαρ ἑκαιρῳ,   Δσήτρον εἰσω δυώονγεϛ.Per hoc quod porrigi etim ca
nit ad nouem iugera,quantum ad publicam(primam)faciem,magnitudinem ostendit corporis:sed illud(aliud)significat,quia de amatore loquitur, libidinem latè patēre. Sanè de his omnibus rebus mirè reddidit rationem Lucretius,& confirmat in nostra uita esse omnia,quæ finguntur de inferis. dicit enim Tityon amorem esse,hoc est libidinem : quæ secundũ physicos & medicos in iecore est, ut risus in splene,iracundia in felle.Vnde etiã exesum à uulture, dicitur in pœnam renasci. etenim 40 libidini non satisfit ne semel peracta, sed recrudescit semper : unde ait Horatius, Incontinentis aut Tityi iecur,Hæc Seruius. Cui uacat,adeat etiam Eustathium. ¶ Eurynomus dæmon,quē mor-tuorum carnes arrodere fingunt,ita ut nihil præter ossa relinquat, colore pingitur inter cœruleum & nigrum,qualis est muscarum quæ carnibus insident:& dentes exerit,& pellis uulturis ei subster-nitur,Pausanias.

¶ In Onirocriticis scribit Artemidorus in Italia ueteri lege uultures à nemine solitos necari: quin & illis insidias côcinnantes ἀσεβεῖς(inquit)opinabantur,Cælius. Marti sacros censuit uultures ueterum auctoritas,uti scribit Phurnutus, quoniã plurimi uisantur ubi sint πτῶμματα πολλὰ ἀρήφατα, Cælius. Easdem uolucres Iunoni sacras Aegyptij ducunt, atéæ earum pennis Isidis caput, & uesti-bulorum fastigia ornant,Aelianus.in Græco manuscripto codice nostro legitur, ὅπ τῶ πεπυλαίων 50 ὀρόφοις ὑπερέρβυσαν γυπῶν πηέρυγας,hoc est, sub fastigijs uestibulorum alas uulturum eos insculpsisse. Vultur pictus Mineruam & Iunonem significat Aegyptijs,imò deam omnem,Orus,uide suprà in a.inter Icones. Vulcanum indicantes Aegyptij,scarabæum & uulturem pingunt: pro Minerua uero uulturem & scarabæum, ut suprà inter icones docuimus. ¶ Quòd si animantiũ cruore affi-ciuntur superi,cur non mactatis illis canes,uulturios?&c.Arnobius contra gentes.

¶ Accolæ Phasidis fluminis homines quosdam facinorosos in uoraginem impiorum dictam (εἰς τὸ κελαίνον σόμμον τῶ ἀσεβῶν)inijciunt. ea ferè rotunda est, & puteo consimilis : & quod iniectum fuerit post trigesimum diem in Mæotin paludem uermibus iam refertũ eructat.ubi uultures subito & ex improuiso inuolantes dilaniant,authore Ctesippo in Scythicis,Plutarchus in libro de fluuijs.

¶ Barcæi gens Hesperia ex aliquo morbo mortuos, ut muliebriter & ignauiter defunctos,ad no- 60 tandam mortis ignominiam igni cremant:eos uero qui in bello morte occuberint, ut summa uir-tute ornatos,uulturibus deuorandos obijciunt:quòd easlaues sacras existiment,Aelian. Diogenes dicebat,si mortui ipsius corpus à canibus lacerari contingeret,Hyrcaniam fore sepulturam:sin uul-

                                                              tures,

ñires,ἀπήεοψ,ut Stobæus annotauit. ubi pro ἀπήεοψ uoce deprauata, fortè Βαρχαίωψ legendum fuerit.
quanquam non hos solum, sed Indos etiam & Iberos & Caspios corpora defunctorum uulturibus
lancinanda proposuisse legimus.

¶ Auguria ex uulturibus. Quid est quòd Romani uulturibus ad auguria maximè utuntur?
An quia etiam Romulo urbem condenti uultures duodecim apparuerunt? Vel quoniam auium
omnium hæc minimè frequens & cõsueta homini est.necp enim facilè quisquam in uulturis nidum
inciderit.derepente enim & inopinatò aduolant alicunde è longinquo. quo fit ut eorum aspectus
semper aliquid significet.Vel hoc etiam ab Hercule didicerunt.siquidem omnium maximè,si uerè
dicit Herodorus, (aliàs Herodotus Ponticus, ut legitur in uita Romuli,) uulturibus gaudebat Her
10 cules qui circa rerum gerendarum principia comparuissent : ut qui uulturem inter cunctas carniuoras aues iustissimum existimaret. Primum enim nullum animal uiuum attingit, necp animatum
ullum interimit,quod aquilæ, accipitres & nocturnæ aues faciunt.sed extinctis tantum corporibus
pascitur:& inter ea etiam suo generi parcit.nunquam enim uolucrem aliquam gustare uisus est uul
tur, cum aquilæ & accipitres cognatas maximè aues persequantur & feriant.atqui iuxta Aeschylum auis auem deuorans pura esse non potest. Deinde hominibus etiam ferè minimè nocet, cum
necp fruges consumat aut uastet,necp stirpes nec animantes mansuetas lædat.Quòd si, ut Aegyptij
fabulantur,omne genus eorum fœmineum est & hausto subsolani flatu concipiunt, ut arbores fauonio,prorsus firma certac̨ ab eis signa colligi probabile fuerit:cum in cæteris auibus ex libidinis
motu,rapinis,fugis & persecutionibus,magnam turbationem & inconstantiam oboriri necesse sit,
20 Plutarchus in Quæstionibus rerum Romanarū 89. & partim in uita Romuli. Vulturius à Festo
numeratur inter alites uolatu auspicia facientes. Vulturum conspectum Aristoteles & Plinius
semper in malum retulerunt,Niphus. Hic uultur, hic luctifer bubo gemit, Seneca de palude Cocyti. Vulturem auem in augurio infœlicissimam:id est,innocuos(an quia uultur nõ nocet uiuis?)
homines facilè esse infelices,Plutarchus in Symbolis Pythagoricis. Vulturemc̨ frequenti foro in
tabernaculum deuolasse,Liuius 7. belli Punici. Sæpe uulturem in ædem Iouis aut deorū uolasse
prodigij loco receptum,ideo uelut portentum malic̨ auspicij procuratum fuit, Alexander ab Alexandro. P.Crasso, Q. Scæuola coss. uultures canem mortuum laniantes occisi ab alijs & comesi
uulturibus,Iulius Obsequens. L.Sylla, Q.Pompeio coss. Stratopedo,ubi senatus haberi solet,
corui uulturem tundendo rostris occiderunt, Idem. Dareio accipitrum uisio duo uulturum paria
30 uellicantium, omen fuit quòd è coniuratis sumpto supplicio, haud multò pòst Persarum regno potiretur, Alex.ab Alexandro. ¶ Romulus & Remus urbem condituri, conuento inter se sequun
dis auibus dijudicare litem (de loco urbis,) diuersa loca ad inauguradūm capiunt, Priori Remo au
gurio uenisse serunt sex uultures,cum duplex numerus Romulo se ostendisset. Sed dicitur à quibusdam uerè Remum uidisse,Romulum uerò esse ementitu:sed cum accessisset Remus, tunc Romulo duodecim apparuisse:inde mansisse morem Romanis ex uulturē augurādi. Meminit etiam
Plinius de uiris illustribus cap.1. Scripsit Varro Terentius in libris Antiquitatum (inquit Petrus
Crinitus in opere de honesta disciplina 16.5.)fuisse Romæ Vectium in augurandi disciplina nobilem,eumc̨ affirmasse futurum Rom.imperij terminum, post M. & cc. annos:si modò,inquit,ue-
rum foret quod in historijs annalibusc̨ Romanis traditur de XII. uulturibus, quas Ennius
40 corpora sancta appellat. Sic autem Varro, Si uerum est quod de   omuli augurio traditur in condenda urbe,dec̨ XII. uulturibus,ad M. & cc. annos Romanus populus perueniet, cum cxx.
annos incolumis præteriisset. Qua in re factum est quidem iudicium ex numero alitum, ut singulæ
uultures centenos annos portenderent. Censorinus uerò in perquirendis ueterum monumentis
uir diligens,& qui M.annos ab urbe condita uixit,minimè ad suum iudicium pertinere asseruit hoc
ipsum dijudicare,ne in re parum comperta minus prudenter posteritati faceret impostũam : quod
his ferè hominibus accidit, qui maiore studio quàm consilio fortunæ aleam pensant, temporumc̨
uarietatem considerant. Cæterum tali sententiæ Vectij uidetur annorum numer   conuenire. siquidem cc. annis post authorem Censorinum adiectis,imperantibus Cæsaribus Constantijs, Romana illa dignitas consumpta est, quæ Italiæ fines egressa Byzantium urbem se recepit. Nam in-
50 gruentibus in Italiam Vnnis, Vandalisc̨ & Gothis,tum maximè Rom.imperium cladibus multis
affectum est atc̨ deletum.Quòd autem XII. uultures auspicij fœlicitatem Romulo prænotassent,
cum historiæ multorum testantur, tum Q. Ennius in annalibus: qui Romulum inquit ipsum in
Auentino monte secessisse, ad auspicium capiendum de urbe condenda & nomine imponendo.
itaque studijs summis de hoc inter eos peractum refert. Certabant urbem Romámne Remámue
uocarent. Omnibus cura uiris uter esset induperator, Hæc omnia Crinitus. Eadem partim Cælius Rhod.repetit Lectionum antiquarum 27.8.& insuper, Scribit(inquit)libro 16. Paulus Diaco-
nus, Adouacrem cum fortissima Herulorum manu Italiam irrupisse,quo percussus terrore Augu-
stulus purpuram sponte deposuit:ac ita cõditæ urbis anno millesimo ducentesimo uigesimo noно,
Occidentis imperium finem est assequutum , anno ab incarnatione Verbi quadringentesimo-
60 quinto. Cæterum quod uultur unus, ut Crinitus tradit, annos centum significasse existimetur in
auspicio Romuli,inde forsitan sumptum est, quòd uita singulorum centesimum ferè annum attingere putatur.quanquam Aegyptij uulture picto annum unum duntaxat significarint, propter causam in c.expositam;nempe quia annum totum hæc ales in conceptu,in partu & incubitu ouorum,

Ss   2

& pullorum educatione consumat. In somnis apparens uultur annum significat, Io. Zzetzes, Romulus in Palatino colle ex duodecim uulturibus optima auguria egit. Nam ex auium numero commutatione in duodecim homines facta, principes totidem Romanos, quot aues perspexisset, uirgis antecedere iussit, Aelianus. Caesar quum in campum Martium exercitum deduceret, sex uultures apparuerunt, conscendenti deinde rostra, creato consuli, iterum sex uultures conspecti, ue luti Romuli auspicijs nouam Vrbem condituro signum dederunt, Iul. Obsequens. Octauio Augusto primo consulatu augurium capienti, duodecim se uultures, ut Romulo ostenderunt, Suetonius. Auctor est historicus Dion post Caesaris caedem Octauio in campum Martium descendenti uultures sex augurium fecisse, mox uero apud milites concionanti duodecim: unde ab eo coniectatum Romuli monarchico se principatu constanter potiturum, Caelius.   10

¶ Quod stragem designent exercitus quem sequuntur. Vultures tradunt futuram stragem praesensione quadam mire percipere: & comprobat in Hexaemero magnus Basilius, Celius. Expeditos in bellum exercitus praesensione quadam consequuntur, plane scientes & quod ad bellum proficiscuntur, & quod omnis pugna strages edere solet, Aelianus. Traditur ingruentis mali certissimum haberi praesagium, ubi exercitum uultures insequuntur, Caelius. Si uultures, corui, & (aut) aquilae in unum coirent, cedem haud dubiam interpretabantur, Alexander ab Alexandro. Huius quidem (ex uulturum praesensione) augurij rationem scrutari difficillimum censuit Albertus, ni stellarum potestate occultiore fieri, collibeat credere, Caelius. Auium quarumuis quae cadaueribus uescuntur, (ut sunt uultures, aquilae, cornices, gracculi, milui,) agmen cum in aliqua regione apparuerit, ac per aliquot dies ibi sederit, esse futuri excidij signum, consentiunt omnes, Niphus. Solent uultures mortem hominis quibusdam signis annunciare. cum enim lachrymabile bellum acies inter se instruunt, multo uultures sequuntur agmine, & eo significant, quod multa hominum multitudo bello casura sit, futura praeda uulturibus, Ambrosius. Communis hominum opinio est uultures in exercitibus gregatim uolantes esse futuri excidij praesagium. Vultures enim & aquilae ultra maria cadauera sentiunt, altius enim uolantes, quae multa montium obscuritate caelantur, ex alto conspiciunt: & non modo praesentia, uerum etiam (ut Plinius inquit) biduo aut triduo futura, Niphus. Vmbricius haruspex uultures tradit triduo ante aut biduo uolare eo, ubi cadauera futura sunt, Plinius. Hoc quidem (inquit Niphus) experientia constat: & in excidio Troianorum ita accidisse meminit Aristoteles in augurijs. Iam quasi uulturij triduo prius praediuinabat, quo die esurituri sient, Plautus Trucul. Limitem significantes Aegyptij uulturem pingunt, quod cum belli conficiendi 30 tempus instat, locum ubi pugna committenda sit, septem ante diebus ad eum accedens praefiniat & circunscribat, Orus. Et mox, Praesagium quoq; eodem picto repraesentant, tum eandem ob causam, tum etiam quod ad eam exercitus partem sese conuertere soleat, ubi maior sit futura clades, sibi ex cadaueribus alimentum seponens, ac in futurum prouide reseruans. Vnde & prisci reges exploratores mittebant, per quos in utram aciei partem respexissent uultures, cognoscerent, indeq; uincendos ac internecina strage delendos colligerent, Idem & Aelianus. Vulturu, & aliarum alitum quibus strages cadauerum pabulo est, ingens uis, exercitum aduolauit, Iul. Obsequens.

¶ PROVERBIA. Si uultur es, cadauer expecta, prouerbium usurpatum à Seneca in Epistolis 15.96. Captatores testamentorum (inquit Erasmus) & haeredipetae, uulgata metaphora uultures 40 appellantur, quod senibus orbis ceu cadaueribus inhient. Nam huic aui propriu, cadaueribus tantum uiuere eorum quae sponte interierunt uel ab alijs relicta sunt: non fruges, no uiuum quicquam attingere, & à sui generis, hoc est auium cadaueribus abstinere: hoc minus nocens, quam sint homines isti diuitum funeribus imminentes. Vnde mirum est hanc auem innocentissimam apud homines tam male audire. Proinde qui diuites audent aut accusare, aut ueneno tollere e medio milui) uocantur: qui uero duntaxat obsequijs & adulationibus aucupantur, ut misceantur testamento, uultures prouerbio dicuntur, Martialis lib. 6. Amisit pater unicum Silanus. Cessas mittere munera Oppiane? Heu crudele nephas, malaeq; Parce, Cuius uulturis hoc erit cadauer? Diogenianus in Collectaneis meminit huius adagij, sed alia figura, Απο γυπος, id est uulturum ritu, admonet aut dictum de ijs, qui uel ob haereditatis, uel alterius alicuius emolumenti spe insidiantur cuipiam. ¶ Vulturis umbra, γυπος σκια, de nullius precij homine dicebat, Refertur à Diogeniano. Mihi magis quadrare 50 uidetur in haeredipetas, aut alioqui rapaces inhiantesq; praedae, Respondet illi, Si uultur es, cadauer expecta, Erasmus. γυπος σκια, παροιμια αλλ' τ μηδεν λογυ αξιου υπο φθονυ πραττοντων, Hesych. & Varin. Suidas uero simpliciter, αλλ' τ μηδιχνος λογυ αξιου. ¶ Profert iam cornua uultur, Claudian. lib. 1. in Eutropium de re minime uerisimili. Sola quidem auium tragopanas cornuta scribitur à Plinio, sed fabulosa ut arbitrar. ¶ Vulture edacior, tanquam prouerbiale memoratur Erasmo, idem Germani sic efferunt, **Frässig wie ein Gyr**.

¶ Leaena & aper dum certant, uultur spectator prandia captat, Alciatus in Emblematis.
¶ Emblema eiusdem quod inscribitur Opulenti haereditas:

Patroclum falsis rapiunt hinc Tröes in armis,   Hinc socij atq; omnis turba Pelasga uetat.
Obtinet exuuias Hector, Graeciaq; cadauer: Haec fabella agitur cum uir opimus obit.   60
Maxima rixa oritur, tandem sed transigit haeres,   Et coruis aliquid uulturijsq; sinit.

F I N I S.

APPENDIX DE AVIBVS

NONNVLLIS IGNOTIS, VEL INNOMINATIS,
VEL QVARVM NOMINA IN DIVERSIS LINGVIS EXTRA GRAE=
cam & Latinam reperimus : & de quibus, an ulli auium suprà à
nobis descriptarum ceu cognatæ adiungi pos=
sent, incerti eramus.

Ἀνθαισιν, ὀρνίοις, Suidas.

¶ Τρωλητιν, genus auis, & cicadæ uel serpentis exuuium, Hesychius & Varinus. Poterant quidem hæc duo auium nomina, in præcedenti uolumine ordine literarum suo collocari, sicut & alia non pauca posuimus, ordinis literarum duntaxat respectu habito, etsi ad quod genus quámue cognationem referri deberent, incertũ esset. Eæ uerò quæ sequuntur uolucres, cum & innominatæ sint, & genere etiam suo nobis ignotæ, non alio quàm hoc loco memorari potuerunt.

¶ Eumeliçp domum lugentis in aëre natam Respicit, Ouidius 7. Metam. sentiens de Eumeli filia in uolucrem innominatam mutata.

¶ Aspilatem gemmam Democritus in Arabia gigni tradit, ignei coloris. eam oportere cameli pilo spleneticis alligari, inueniriçp in nido Arabicarum alitum, Plinius.

¶ In insula Sylan aues sunt bicipites, magnitudine anserum, Odoricus de Foro Iulij.

¶ In insula Ascensionis dicta uidimus complures aues, anatum nostrarum magnitudine: uerùm adeo simplices doliçp expertes, ut quo minus (ut comminus) manibus eas corripere liceret nauim circumuectas. Sed ubi corripueris, ferociam præ se ferunt incredibilem, cum prius quàm caperen= tur ueluti stupidi ad omnem conspectum nos instar miraculi cuiuspiam contuerentur, unde conij= ciebamus hominum aspectum eis planè insolitum esse. insula enim inhabitabilis est, Ludouicus Ro manus Nauigatiónum suarum lib. 7. cap. ultimo.

¶ In tabula Regionum Septentrionalium Olai Magni circa B. literam in lacu quodam auis pin gitur, magna, ut uidetur, rostro oblongo serpentem tenens, capite cristato. Sed neqp nomen eius ne= que historiam ullam in Tabulæ explicationibus reperio.

DE AVIBVS QVARVM NOMINA ITA=
lica tantum audiui.

ARZAVOLA, Chorchalone maior & minor, Cholanze ; Chorchalle diuersorum generum, albæ & ni= græ: Chouaduri, Fangarolla, Felizete aut Souzge, Gitara, Guachi albi & nigri, Lagan, Penazi, Piueri, Sporzana, & Strapocino, omnes circa Ferrariam reperiuntur & piscibus uiuunt. Inter has corcallæ fortè cepphorum siue la= rorum generis sunt. Cochalli ab alijs uocantur aues, gallina maiores, albissimæ, qua piscibus uicti= tare uidentur. assiduè enim circa aquas tum marinas tum fluuiorũ (Padi, Ticini & aliorum magno= rum) uolitant. In cibum ueniunt tum ipsi, tum oua eorum, quibus magnitudo quæ anserinis. Vide suprà in Capite de larorũ generibus diuersis apud recentiores. Piuero forsitan ea est auis quam Galli & Germani quidam pluuialem uocant.

¶ BARELLO auis ad prædam in manu gestatur.

¶ Vermibus & muscis & alijs insectis uescuntur el cbullo biancho (quasi albicillam dicas à cauda alba, uide suprà in Oenanthe) auis quæ degit in agris aratro proscissis, œnathe forsan: la rezestolla alba & cinerea & ruffa: item Pendolina, omnes circa Ferrariam sic dictæ. ¶ Ibidem Spargadollo & Langanina aues granis & seminibus uescuntur.

¶ FORSANELLI uulgò Patauij dicuntur aues turdorum magnitudine, rostro duos digitos longo rubroçp, pectore cinereo, palustres, ut suspicabatur qui nobis retulit.

¶ GARDE, auis sic uocata, Syluaticus. ardea fortassis.

¶ NITORAN auiculę inescantur melle & scaiola: quod granum esse aiunt panico æquale, ob= longius, cortice similiter tectum ut panicum, ex Hispania uehi.

¶ PAIPO de ualle, paruus & magnus, circa Ferrariam.

¶ PAIPO, auis cauda bifurcata, parua, ibidem.

¶ PANEDRA piscibus uiuit.

¶ QVARO, albus & niger, qui uolat per campos, circa Ferrariam.

¶ TOTONE Patauij dicitur auis à uoce quam ædit, & Ferrariæ rundine di mare, id est hirun= do marina. est enim hirundini similis, sed duplo maior, plumis in capite nigris ut audio. Quæren= dum an cepphi aliquod genus sit. Nos inter gallinas aquaticas totani Italicè dicti auis diuersæ ico= nem dedimus.

¶ Auis quædam habetur circa Patauium magnitudine gallinæ, rostro tenui, palmum lõgo: tota ferè ex cinereo coloris ferruginei, uentre albo, tibijs longis, lacustris, ut quidã ex Italia reuersus no= bis dictauit. Hanc equidem inter gallinas aquaticas numerârim cùm totano & limosa uulgò dictis.

Ss 3

DE AVIBVS QVARVM GALLICA TANTVM
nomina ad nos peruenerunt.

AIGRETTE nominatur à Bellonio.

BIIEN auis quædam Sabaudis.

BLEREAV auis apud Gallos, ut quidam nobis retulit, cùm melem alioqui, id est taxū, sic appellent Galli.

BVBO auicula cantillatrix, quæ Chamberiaci in cauea nutriri solet, & singulæ denario aureo uæneunt, à bubone nocturno toto genere diuersa.   10

CANNE grigne, genus anatis minoris puto.

CANNE petiere Bellonio auis est, cui circulus ambit pectus sicut in merula torquata & perdice Damascena. Vide mox in aue Guillemot.

CHARGAIS auis apud Sabaudos fusca & alba, quaterna parit oua. Eadem, ni fallor, alio nomine torcu appellatur, auis uulgò maledicta; & minimè musica, uide an iynx.

CHEVALIER, id est eques, cuius meminit Bellonius in Singularibus.

CRIBLETTAE dictæ Sabaudis aliæ albæ suñt, aliæ cœrulei coloris & criblettæ marinæ cognominantur.

CROCHERANT per onomatopœiam Sabaudicè dicta est à uoce crot crot.

GROLLE auis similiter nomen meruit à uoce grol grol, apud Sabaudos: rostro ruffo, & pennis pellucidis.   20

GVILLEMOT Gallicè dicta ternas tañtū in pedibus digitos habet, ut pluuialis etiam, et canne petiere, (quod genus est lagopodis attageni simile,) & pica marina uulgò Gallis dicta, Bellonius in Singularibus.

MARGAIRES à Sabaudis uocatæ aues albæ sunt, aliæ ruffæ, aliæ nigræ.

PEREGRINAS quasdam auiculas uulgò appellant, Budæus in Pandectis.

QVINSON auicula est Sabaudis, magnitudine passeris.

TORCOL auis quædam ijsdem: iynx forte, quæ collum torquet.

DE AVIVM QVARVNDAM NOMINI-
bus Germanicis.

     30

Buchbisser.

Flügelschlapp.

Guckerlin uel Guckerlin, uel Grienuögelin, auicula muscis uictitat: quamobrem circa pecora & armenta uersari solet, quòd muscæ circa ipsa abundēt. Ante hyemem plurimæ collectæ auolant. Color per dorsum fuscus, (ut pictura indicat) partim ex fusco subuiridis, ut in lateribus quoque & parte alarum. pectus nigris maculis distinguitur in albo, uenter sine maculis albicat. in cauda superius, & maiores alarum pennæ nigricant, crurum color roseus, rostrum rectum, & reliqua species,   40 ut in icone apparet, quam ut à pictore Argentoratensi accepi hic apposui, Milio quoq pinguescit, ut audio.

     50

Hünckel nescio quæ auis memoratur ab Hier. Trago.   60

Sesener Francfordiæ ad Mœnum auicula quædam minima, & suauiter canora ni fallor.

Wamber, si bene memini, alicubi nescio cuius auis nomen est.

                          Wegflecklin

Wegflecklin, auis circa Argentoratum dicta, magnitudine & specie phœnicurũ seu ruticillam refert, collo & pectore cœrulei coloris diluti, maculis distincti nigris: capite, cauda superiùs & ma= ioribus alarum pennis nigricat, reliqua pars prona fusca est. sed circa orrhopygium, & pina & uentris superiore parte color ruffus est, reliqua pars supina albicat. rostrum fuscum, longiu= sculum: crura rubicunda, ut ex pictura Argentorati expressa descripsi, quam hîc exhibeo. Vidi &

ipse aliquãdo apud nos (raram alioqui) Septembri mense captam hanc auem, pectore cœruleo, par= te inter pectus & uentrem media ex flauo subruffa: qui color etiam in pennis caudæ (supinis) non usq̃ ad extremum tamen, & circa orrhopygium ei erat. rostrum paulò breuius quàm hîc exprimi= tur. uenter cinereus, non albus ut in Argentoratensi pictura. crura fusca, non ruffa ut in eadem: & plumæ sub rostro statim non cœruleæ, ut in eadem, sed fuscæ & uariæ. Quærendum autem an hæc differentia ad sexum, aut ætatem, aut speciem forte eiusdem generis diuersam referenda sit. Ger= manicum nomen partim à uijs ei impositum est. nam circa uias, itinera & agros uersatur: & inde, ut conijcimus, uermiculos & alia in terra obuia (semina) ad cibum legit. partim à cœrulea pectoris ma= cula, quantum coniectura assequor.

Wydengückerlin, circa Argentoratum a= uicula est minima, colore partim fusco, ut par= te prona, partim subflauo ut supina; partim al= bicante, ut per latera & iuxta collum, crusculis subruffis, cuius hæc figura est, Argentorato ad nos missa. Capitur apud nos etiã interdum, & alijs noĩbus uocatur Wyderle, à salicibus, quas amat, ut ferunt, quãuis aquatica non sit: & Zilzepsle à frequẽti uoce zilzel/ uel tiltapp. muscis & araneis, alijsq̃ circa salices (uermicu lis) uescitur: quibus ut fruatur, alias auiculas a= bigit. Vidi captam Iulio mense, rostro gracili, recto, &c.

Wiggügel, auis circa Francfordiam ad Mœnũ, pulcherrimis est coloribus, ut audio.

Wißkern, circa Francfordiam, si bene memini, auis, coccothraustæ nostro similis, colore fusco: cantu ut auis Gerle uulgò dicta.

Zierolf ibidem uocatur auis coloribus uaria, magnitudine fringillæ.

A V I C V L A parua aliquando circa urbem nostram capitur, rostro tenui, recto, acuto, nigrican= te: minor paro. colore fusco, alis, cauda & cruribus nigricantibus, in alis tamẽ medijs maculæ trans= uersæ albæ sunt. speciès tota huiusmodi. Aucu= pes quidam nostrates nominant eam Todten= uõgele. fortè quòd imminente pestilẽtia frequen tiores & propius ciuitates appareat: & Fliigen= stecherlin, id est, muscipetam. solis enim muscis uictitat ut hirundines, quibus etiam rostrum si= mile gerit. Solitaria semper est: & alas subinde motitat, per arbores semper irrequieta uolitans.

Q V AE circa Argentinam Gyntel nomina= tur auicula, seminibus uescitur, ut linaria, papaue ris alijsq̃. Gregatim uolat. Oua terna aut quater

Ss 4

na parit, eo colore quo linaria. Per dorſum, caudam & caput fuſca eſt, cruribus rubicundis: pectore ruffo, fuſcis di
ſtincto maculis: uētre inferiore albicat,
ut pictura præ ſe fert.

CIVIS quidā noſter aliquando mi
hi narrauit, Tiguri ſibi uiſas aues à ruſti
co allatas omnibus ignotas, multis &
uarijs coloribus inſignes: in quibus cor-
nei quidam proceſſus flammeo colore
rubentes digiti ferè tranſuerſi longitudine, craſsitie pennæ anſeris qua ſcribimus, eminuerint neſcio qua parte alarum. Hæ forte aues illæ fuerint quæ in
Hercynia ſylua noctu igniū modo col-
lucent, ſi uerè ueteres quidā prodiderunt. nam noſtro tempore nihil tale audimus, ne ab ijs quidem
qui circa eam ſyluam habitant. Quærendum an hic ſit garrulus Bohemicus, quem inter picas deſcripſimus, adiuncta etiam icone.

¶ A NOPE in Anglia auis eſt magnitudine ferè paſſeris, magno capite, in cuius ſummitate pi
li nigri ſunt, utrinqʒ ſub oculis maculis nigris: pectore flauo, pertranſeunte nigra linea ab ingluuie
uſqʒ ad caudam. In collo plumis uirentibus, in tergo ex albo purpuraſcentibus. cauda, alisqʒ paſſeri ſimilib. cæruleis: roſtro nigro: per arbores repit, ibiqʒ uictum quærit, easqʒ excauat: cibus eſt, glandes, nuces & ceraſa. Dicunt eam noxiam eſſe aluearijs. Hæc Anglus quidam amicus noſter ad nos
perſcripſit. uideri autem poteſt hæc auis picorum generis, illi præſertim cognata quem cinereū uel
cæruleum picum nominauimus.

ABENAGI, auis quædam, Vetus gloſſographus Auicennæ.

DE NOMINIBVS QVIBVSDAM AVIVM ARA-
bicæ, Perſicæúe, aut aliarum forte barbararum linguarum.

ADORAM nomen loci, & auis ab eodem ſic dicta, quæ non reperitur in noſtris regionibus,
Syluaticus.

AFABYHVC auis confirmat uim retinendi, Raſis.

ALBASACH, uel baſich, auis rapax ingnota nominatur ab Auicēna 2,614. Eadem fortè eſt
baſi Hebraice, albaſi Arabicè dicta auis.

ALBEGATH, ſunt aues magnæ, quæ ſemper uolant iuxta terrā, Andreas Bellunenſis: haud
ſcio quaſuiſne aues magnas & pulueratrices intelligens, an genus aliquod peculiare.

ALKALKAN, apud Raſim in libro de 60. animalibus auis eſſe uidetur. nam ſimo eius easdem
uires eſſe ſcribit, quæ ſunt columbino. Caro eius (inquit) frigida eſt, auſtera, & meatus corporis
obſtruit. cibus ex ea lepram inducit: quinetiam ex odore iuris in quo decocta fuerit periculum eſt
ne lepra contrahatur. Cerebrum eius, ut philoſophus quidam tradidit, pondere trium aureorum in
cibo datum, hominem ſtupidum reddit. Carnes eius & melangia quæ ſemen habent ſi pariter ſubacta dederis mulieri cum micis panis uel iure calido, uterum eius corrumpes. Folliculus fellis eius
ſupra oculū ſuſpenſus ſalutaris eſt. Item pellis citrina de iecore eius mouet partum: & ſimo eædem
ſunt uires quæ columbino.

ALKARAVEN, uide Aztor paulo inferius.

ALMELIKI, eſt auis magna aquatica, Andreas Bellunenſis.

ANACANATI, id eſt auis mouens caput, Syluaticus.

ASSIKAKAK, multum ſunt citrini, in cibo ſumpti aſsi, & frangunt lapidem in renibus. idem
facit cinis eorum, ſi crementur, potus, Raſis.

AZEDARAZ, auis quædam, Vetus gloſſographus Auicennæ.

AZTOR, uel ALKARAVEN apud Raſin de 60. animalibus cap. 41. auis (inquit) multam ha
bet carnem, modicum habentem abominationis, temperamenti calidi: & cibus ex ea non eſt ualidus, Venerem tamen confirmat. Adeps eius calefacit renes, & mouet libidinem: quam ob cauſam
reges eam inquirunt. Cerebrum eius cum æquali pondere piſcis ſagittæ (ſcinci) miſceatur, & melle
colato excipiatur: adiecto butyro uaccino ad pondus omnium. hoc remedium eſt Veneris incita-
tiuum. Aues omnes uenaticæ, ut aztor, aquila & ſimiles, carnes habent craſſas, neruoſas & duras:
& adipem ſicciorem calidioremqʒ quàm aliarum auium uel etiam quadrupedum: & ſimiliter fel.
Sunt qui tradant carnem aztor mederi aduerſus morbum capitis quem ouum appellant. Fel eius
prodeſt contra uehemētem hemicraneam naribus immiſſum podere unius uel alterius grani cum
lacte mulieris maſculum nutrientis. Cum contigerit aztori tela in oculo, præpara ei lac muliebre,
Hæc ille. Nomen quidem aztor accedit ad nomen aſtur, quod accipitrem maiorem ſignificat, &
　　　　　　　　　　　　　　　　　　　　　　　　　　　　　　　　ſimiliter

similiter auis rapax est, sed accipitri ea remedia non tribuuntur ab alijs authoribus, quæ Rasis huic auí adscribit.

CAPTILVS, id est auis quam uenatur draco cum debilior est quàm ut hœdos & arietes uenari possit:& hepate eius deuorato uires ac appetitum recuperat, Syluaticus.

CHERVBIM, ברים, à singulari cherub, ברוב, formæ quibus angelorum figura in tabernaculo repræsentabatur. Hebræi animalia quædam uolucria esse suspicantur, Iosephum & ueteres illos synagogæ magistros secuti. Hieronymus ad Marcellam, In Exodo cæterisꝗ locis ubi describitur uestes arte plumaria contextæ, opus Cherubim, id est uarium atꝗ depictum esse facturi describitur: ita tamen ut uau literam cherubim non habeat. quia ubicunꝗ cum hac litera scribitur, animalia magis quàm opera significat. Quid si (ut eruditus quidam apud nos conijcit) uehiculum & currus triumphales eo nomine significetur? quoniam in laudibus diuinis celebratur & hoc, quòd Dominus sedeat super cherubim.

CVMEN dictæ auis caro humidiorem gignit sanguinem & subtiliorem quàm perdix, Rasis.

FETIX, auis bis per æstatem parit, & plurimos pullos æstate educat. est enim corpore parua, & breuis uitæ: cuiusmodi animalia fœcunda esse solent, & semen copiosum emittere, Albertus.

GENGES auis caro uentrem astringit, Rasis.

HABERI auis membrana interior uentriculi arida peculiari ui prodest aduersus aquam in oculum descendentem, (suffusionem,) admixto antimonio, R. Moses.

KOMOR auis quinquies uel sexies anno parit.

MADION, id est auis diuersorum colorum, Vetus glossographus Auicennæ.

SARSAR, auis est, Syluaticus. Vetus interpres apud Auicennà libro 2.cap.660.sarsar serrum interpretatur: Andreas Bellunensis gryllū insectum, quod probo. Scribit enim Auicenna, si oleum cui sarsar incoctus fuerit destilletur in aurem, dolorem & pulsationē eius remoueri. nisi quis malit asellos seu multipedes interpretari.

SPVMOS, id est stringulus auis, Syluaticus.

FINIS.

PARALIPOMENA QVAE CON

TINENT AVIVM ALIQVOT FIGVRAS ET

DESCRIPTIONES IN PRAECEDENTIBVS
suis locis omissas.

ACCIPITER MINOR MAS, QVEM VVLGO NISVM VEL
speruerium appellant. Sperwer.

10

20

30

ANAS CICVR MAS. Zamer Entrach.

40

50

HANC iconem supra pag. 95. cum eius historia posuisse oportebat: sed errore factū est ut anatis 60 cuiusdam marinæ icon illic poneret, quæ Germanicè Seeuogel, id est auis marina nominat:cuius corporis partes & colores descripsi supra in cap. de anatib. platyrhynchis, id est latirostris, pag. 117.
DE ANA•

DE ANATE INDICA MARE, CVIVS FIGVRAM SEQVENS PAGINA
continet: quæ uerò hîc exhibetur pica marina est.

EST apud nos(inquit Io.Caius,qui figuram huius
quis & descriptionem ex Anglia ad nos misit)ex India
anas,eadem planè corporis figura,eodem rostro & pede,quo uulgaris , sed ex dimidiò maior ea & grauior.
Caput illi rubescit ut sanguis , & bona pars coniuncti
colli à posteriore parte. Id totum callosa caro est & in-
10 cisuris distincta: quaq; ad nares finit,carunculâ demittit à reliqua carne figura separatam , qualis cygnis est,
rostro côiunctam. Nudum plumis caput est,& ea colli
pars quæ rubescit , nisi quòd in summo capite crista est
plumea atq; candida per totam capitis longitudinem:

quam, cum excandescit,erigit. Sub oculis ad rostri initium per inferna , inordinatæ maculæ nigræ
carni sunt inductæ:& una atq; altera à summo oculo ad superna eleuatæ.Oculus flauescit,separatus
à reliquo capite circulo nigro. Sub extremo oculo in auersum macula est singularis, separata à cæ-
teris.Rostrum totum est cœruleum, nisi quòd in extremo macula nigrescit una. Pluma illi per tô-
tum colli processum reliquum,alba.Qua corpori collum iungitur,circulus est plumeus,niger,rara
20 pluma alba maculosus & inequalis,per ima angustior,sed summa latior.Post eum per totum imum
uentrem pluma alba est:per summum corpus,fusca : sed ab circulo illo nigro pluma alba in summo
diuisa.Extremæ alæ atq; cauda cum splendore uirescunt, ut cantharides. Tibiarum cutis fusca est,
incisuris leuibus per circuitus ducta. Membrana per interualla digitorum pedis pallescit magis,una
atq; altera respersa macula fusca,incerta lege disposita,nisi in interuallo sinistri pedis,ubi sex per digiti extremi longitudinem ordine disponuntur. Tardo gradu incedit propter corporis grauitatem. Vox illi non qualis cæteris anatibus,sed rauca, qualis faucibus humanis catarrho obsessis.Ma-
ior mas est fœmina.Ea similis mari est,nisi quòd non ita uariegato corporis colore est. Viuit ex cœnosis aquis, & alijs quibus cætera uulgaris anas gaudet. ¶ De hoc anatum genere forsan intellexit Christophorus Colûbus ubi scribit, In Hispana insula turtures syluestres & anates nostris pro-
30 ceriores inuenimus,anseresq; oloribus candidiores,capite tantùm rubeo.

DE MERGO MARINO.

MERGVS marinus Venetijs uulgò dictus mergo di mare , magnitudine anserem syluestrem
æquat, palmipes, tergo plumis tecto cinereis,cum maculis nigris inspersis : uentre candido:rostro
tres digitos longo & tenui,ut amicus quidam ad nos scripsit.

ANAS QVADRVPES, CVIVS HISTORIAM HABES SVPRA CIRCA
finem paginæ 117 ,in Capite de anatibus, quas Ge.Fabricius apud
Misenos nobis descripsit.

Paralipomena.

DE PICA MARINA PALMIPEDE.

10

20

A V I S quædam marina eſt (inquit Io. Caius Anglus, qui pariter etiam iconem miſit) anatis magnitudine & figura corporis, pedibus palmatis & rubeſcentibus, ad poſteriora magis poſitis quàm
cęteris palmipedibus: roſtro tenuiore magis latitudine ſe demittère, quàm longiore proceſſu ſe ex-
tendente, quàtuor inciſuris rubris à ſumma, duabus ab ima parte ſulcato, in colore pallentis ochræ. 30
Quod inter has & caput eſt, ſubcœruleum eſt, & ea figura, qua luna eſt, cum exacti dies decem ſunt
à coitu. per ſumma corporis totius nigreſcit, niſi qua oculi ſunt, qui in albo conſtituti ſunt : per ima
exalbeſcit tota, niſi ſummo pectore, qua nigricat, uiuit ex mari. Latitat in cauernis , ut charadrius.
eam ob rem educta è cuniculi caua auis eſt, loco non procul à mari poſita, à uenatore quodam immiſſa uiuerra. Si animo conceperis totam hanc auem albam eſſe, ac dein ſuperinductam illi ueſtem
nigram cucullatam , tum ſi aliud nomen deſit , fratercula marina rectè ex argumento dici poſſet.
Et rurſus , Hanc auem ioco fraterculam uocaui ; ſeriò forſan pica marina nominari poteſt , donec
aptius nomen occurrat.

DE AQVILAE GENERE QVOD IN ALTISSIMIS RHAETORVM ET 40
Heluetiorum montibus reperitur: cuius iconem dedimus cum
aquilæ hiſtoria pagina 163.

H AE C auis extenſa à roſtro ad extremos ungues , quinq dodrantum longitudinem habet : ad
caudam uerò extremam , quinq dodrantum & palmi unius. Alæ ſunt ingentes, in quibus longiſ-
ſima penna longa eſt dodrantes tres. Collum cum roſtro duos habet dodrantes. Colorem non
unum habet, ſed plumas, alibi fuſcas, nigricantes, alibi charopas rufas : quemadmodum & in alis:
pennæ in alis quo maiores ſunt, eò magis nigricant: quo minores, eò plus rufi habent. pedes denſi
ſunt plumis ad digitos uſque pedum, qui perquam craſſi, ſquamoſi, & flauo colore ſunt. Vngulæ
aduncæ, robuſtæ, nigræ. digitus craſſior, alioqui breuior, ſed ungue longiſſimo, inſtar pollicis tri- 50
bus reliquis opponitur, qui longiores quidem ſed minus craſſi ſunt, & breuioribus unguibus. Callum in medio manus carnoſum & amplum ueluti uolam habet. Medius digitus humani medij lon
gitudine eſt. Roſtrum tribus aut quatuor digitis lōgum, aduncum, nigrum: inferius, quod cauum,
canaliculatum & rectum ferè eſt, ſubit cauitatem ſuperioris. In collo prono pennulæ ſunt uario colore rufo & albido ſplendentes, ueluti in gallinaceo.

DE OENÁ·

OENAS, columbacei generis eſt, columbo maior, palumbē minor, ἐλάττων φάβος, Ariſtot. eſt autem phaps palumbus minor, phatta palumbus maior, ut in Palumbis hiſtoria docuimus. nec plura de hac aue quiſquam ueterum. Scribitur autem Græce οἰνὰς apud Ariſtotelem, (ut Gaza quoꝗ
legit, qui uertit uinago,) Athenæum & Euſtathium. Rondeletius tamen uir doctrina & iudicio
præſtantiſſimus ἰνὰς per iota tantum in prima legendum cenſet, ut ita dicatur hæc auis ἐκ ᷑ ἰνῶν,
hoc eſt à fibris carnis. ita enim fibroſa & dura eſt, ut neꝗ edi neꝗ ad cibum parari niſi detracto tergore commodè poſſit. Auis eſt gregalis, & circa Monſpeſſulum uulgò angelus (un angel) uocatur:
ſimillima perdici, ſed roſtro & pedibus nigris. plumis ex fuſco colore in nigrum uergentibus, & luteis in ruſſum, cætera, magnitudine præſertim, perdici perſimilis, ut Io. Culmannus noſter pereru-
ditus ac diligens iuuenis ad nos perſcripſit.   ¶Ego eandem auem eſſe coniicio quæ apud Arabes
ſcriptores alchata, uel alſuachat, & filacotona nominatur: uide ſupra in Capite de Palumbe, A. circa
finem. hoc unum fortè obſtiterit quòd pedes alchatæ perbreues tribuit Belluneñ. hoc tamen non
impediet quin ſaltem eiuſdem generis, proximi ſpecies ſint diuerſæ. & ſanè angelo etiam Monſpeſſuli dicto, ut pictura oſtē dit, pes propriè dictus, hoc eſt inferior & digitatus, breuis eſt proportione,
& poſtremus digitus minimus.   ¶Cognata omnino auis eſt etiam quæ à Bellonio perdix Damaſci uocat, & deſcribitur ab eo in Singularibus obſeruationibus quas Gallicè ædidit, libro 2. cap. 93.
niſi quòd minor eſt & cauda breuiore. Perdix Damaſci (inquit) minor eſt tum maiore tum minore
perdice noſtrarū regionum. Color ei in dorſo & collo ſuperiùs qui becaſſæ, id eſt gallinaginio. Alarum pars propior corpori pennas habet albas, fuſcas & fuluas: pennæ uerò maiores decem cinereæ
ſunt. Venter & alarū pars interior albent. circulus pectus ambit ſicut in merula torquata (uel in aue
quam Galli uulgò canne petiere uocitāt) coloris mixti ex rubeo, flauo, & fuluo. Et ſanè credidiſſem
hanc auem eſſe de genere pluuialis, uel illius quam raſle de genet Galli uulgò appellant, niſi crura
ei plumis integerentur ut perdici albæ Sabaudicæ, (lagopodi,) uel columbæ daſypodi.

TVRTVR. Turteltaub.

Tt

CORNIX VARIA, MARINA, HYBERNA: CVIVS HISTO=
riam habes pagina 319. Nebelkrae.

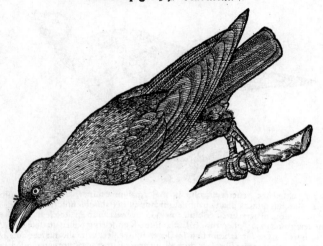

10

20

CORNIX COERVLEA, CVIVS ICONEM IO. KENT=
mannus, historiam uerò Ge. Fabricius mise=
runt è Misnia.

30

40

HAEC auis planè syluestris & immansueta à Misenis ein wilde Holtzkrae, ab alijs Galgenre= 50
gel, uel Balckregel appellatur. Trans Albim in saltu Luchouiano & in syluis finitimis reperitur.
uersatur in locis non frequentatis. Nidum ut upupa ex oleto construit: & praeter caetera à proiectis
cadaueribus uictitat. A colore quidam eam nominant ein Teütschen Pappagey, id est Psittacum
Germanicum. Deportatur hinc in alias nationes, nulla alia commendatione nisi coloris. Haec G. Fa
bricius. Rostrum, ut pictura ostendit, nigrum est: crura fusca & pro portione corporis parua. Coe=
ruleo colore passim nitet, in capite, alis, cauda, circa orrhopygium & tota parte supina: alibi synce=
riore, alibi admixto uiridi. Dorsi & colli proni color fuscus est. maiores alarum pennae nigrae.
¶ Quaerendum an haec sit pica illa syluestris quam Eberus & Peucerus Germanicè uocant Hei=
denelster/Krigelster. uide supra in Pica A.

CVCVLI

CVCVLI FIGVRA VERIOR QVAM QVAE SVPRA
cum eius historia ponitur. Guggauch.

10

20

CVRRVCAE quoddam genus inueniri audio capite (uertice) flauo uel croceo.

30

DE DIOMEDEIS AVIBVS.

IN Diomedeis insulis, quæ hodie Tremiti uocantur, sub imperio Venetorũ in Adriatico mari,
Canonici regulares sunt D. Augustini Lateranensis institutionis. In eisdẽ aues quædam raræ uulgó
artenæ dictæ (tanquam ardeæ) nec alibi reperiuntur: ut amicus quidam, qui in illis aliquandiu habi-
tauit, quantum meminisse poterat, nobis per literas significauit. Fatebatur autem non omnium exactè se meminisse. Magnitudine (inquit) sunt qua gallinæ satis corpulentæ: sed collo & cruribus longiusculis. Color eis fuscus uel cinereus obscurus. & (nisi fallor) nonnihil albi habent sub uentre, ut co
lumbi syluestres quandoꝗ. Rostrum prædurum, & aduncum ut aquilæ ferè, non adeò tamen: colore egregiè rubrum, si bene memini. Oculi formosi, igneo colore, non admodum magni. Vidi enim
aliquando unam , quæ uirga percussa in capite oculos aperiebat , & clamabat: sed mox recludebat,
40 cum lucem Solis ferre non posset. Piscibus uiuũt, quos noctibus tantum uenantur. Digitos habent
uncos, ferè ut accipiter minor. Non longè à scopulis insularum Diomedis prouolant. Incolæ in cauernis scopulorum & in terra eas nidificare affirmabant. Fœcundissimas equidẽ esse scio. In cauis
autem degunt, ut lucem Solis declinent: qua ne offendantur, interdiu latent: noctu uerò circa scopu
los non longè supra aquam uolitant. Carnes earum in cibum non ueniunt, propter uirus piscium
quod resipiunt. Euadunt autem immodicè pingues , ita ut uisa à me sit huius generis auis quæ præ
pinguedine pedibus se sustinere non poterat. Ex hoc pingui unguentum fit, colore croceum, odore grauissimo, neruorum morbis salubre, conuulsioni, arthritidi, ischiadi, defluxionibus frigidis, &
multis aliis malis quæ humores frigidi crearint, quod experientia mihi constat. Egregiè enim calfacit: & omnino lędit affectus calidos, in uulneribus, rupturis, aut aliis morbis calidis. Canonicũ quen
50 dam eius loci olim quotidie hoc unguento uentriculum sibi inungere solitũ audiui, ut melius con-
coqueret & plura appeteret. Deplumatas exenteratasꝗ aues in Sole suspendunt, & adipem destil-
lantem colligunt. Vocè ædunt similem uagitui infantiũ. Et aiunt olim ducem Vrbini Franciscum
Mariam Guidonis Vbaldi nostro tempore ducis patrem, cum forte ad illas insulas appulisset, ac no
ctu harum auium uocem audiuisset, infantium esse uagitus putauisse, & canonicos scortatores: donec aue ab illis allata & præsentis audito clamore se deceptum intellexit. Falsum est quod Plinius &
sequutus eum Augustinus in libris De ciuitate Dei referunt , aduenas barbaros has aues clangore
infestare, Græcis adulari. Nec illud uerum, quod ab eodem Plinio traditur, ædem Diomedis (cuius adhuc uestigia extant, facello ibidem extructo) quotidie eas pleno gutture & madentibus pernis perluere atꝗ purificare. Color quoꝗ earum non simpliciter albus est, ut Plinius scribit, sed ad
60 cinereum uergens, ut in fulicis (larorum generis) etiam, quibus eas comparat. Dentatæ an sint, non
obseruaui. rostrum sanè habent ualidum & longiusculum, (supra etiam aduncum dixit, quod ardea-
rũ generi non cõuenit.) Scrobes eas rostro cauare, inꝗ eis fœtificare, incolæ testantur. Verè etiam

Tt 2

scriptum puto, omnium scrobibus fores binas esse, unas orientem uersus, quibus exeant in pascua: alteras ad occasum, quibus redeant, Mordent crudeliter, & unguibus aduncis quod uolunt sicut accipitres arripiunt, Hæc ille.

¶ I N capite de fringilla, & mox in sequente de fringillis diuersis, dixi me dubitare an fringilla sit eadem auis quæ nostris uulgò Finck, Gallis pinson dicitur: quod spizam Aristoteles, Gaza fringillam uertit, inter uermiuoras aues numeret, finca uerò nostra seminibus uiscitet, sed postea intellexi præter semina uermiculis quoq; eam uesci: & cuculi etiam pullum (qui uermiculis tantù pascitur) in eius nido quandoq; reperiri. Quare iam minus dubito fincam nostram esse fringillam, præsertim cum Bellonio quoq; & alijs eruditis uiris sic uideatur.

DE MELEAGRIDE, VEL GALLO NVMIDICO AVT MAVRITANO
syluestri, cuius iconem & descriptionem à Io. Caio Britanno accepi: qui gallinam domesticam quoq; à nostra diuersam eiusdem regionis, se missurum promisit.

G A L L V S Mauritanus pulcherrima auis est, magnitudine corporis, figura, rostro, & pede phasiano similis: uertice corneo, in apicem corneum à posteriori parte præcipitem, in anteriori leniter accliuem eleuato, armatus, Eum natura uoluisse uidetur inferiori capitis parti tribus ueluti lacinijs se promittentibus committere atq; deligare: inter oculum & aurem utrinq; una, & in fronte media item una: omnibus eiusdem cum uertice coloris: ita ut insideat capiti eo modo, quo ducalis pileus illustrissimo Duci Veneto, si quod iam aduersum est, auersum fieret. Rugosus is est inferius, per circuitum: qua se attollit, in directum. In summo collo ad occipitium, nascuntur erecti quidam atq; nigri pili (non plumæ) in contrarium uersi. Oculi toti nigri, æquè & in orbem palpebræ atq; cilia, si maculam in summa & posteriori parte supercilij utriusque demas. Imum caput per longitudinem utrinq; caro quædam callosa colore sanguineo occupat, quæ ne propendeat ueluti palea, ut replicatur na=

retur natura uoluit, & auerſo ductu in duos proceſſus acutos à capite liberos finiret. Ex hac carne attollunt ſe utrínᵹ carunculæ, quibus mares in ambitu ueſtiuntur, & caput in anteriori parte à cætero róſtro pallido ſeparatur. Harum ad roſtrum margines inferiores, replicantur etiam leniter ſub utroᵹ nare. Quod inter uerticem & carnem eſt à dextra & ſiniſtra parte, album deplume eſt, leui cœruleo mixtum. Color uerticis atᵹ apicis, idem prorſus eſt cum colore dactyli. Tibiæ nigræ ſunt, & in anteriori parte, ſquamoſa inciſura duplici notatæ: in poſteriori, nulla, ſed læues, & ueluti punctis quibuſdam ſui coloris reſperſæ. Color illi ſub faucibus exquiſitè eſt purpureus : in collo obſcurè purpureus: in cætero corpore per ſumma contuenti qualis conſurgit ſi album & nigrum polliné utcunᵹ tenuiter tritum, colori fuſco rariùs aſpergas, nec tamen commiſceas. Tali colori maculæ albæ
10 ouales aut rotundæ per totum corpus ineſſe uiſuntur, per ſumma minores, per ima maiores, comprehenſæ interuallis linearum, ut apparet in plumarum compoſitione naturali, quæ ſe mutuo interſecant obliquo hinc inde ductu per ſumma tantum corporis, non item per ima. Id non ex toto corpore ſolum deprehendes, ſed ex ſingulis auulſis plumis. Superiores enim, obliquis lineis ſe mutuo interſecantibus, aut, ſi mauis, orbiculis quibuſdam ex albo & nigro(ut dixi) polline côfectis, & per extremitates coniunctis, ut in fauis aut retibus, maculas oualas aut rotundas in ſpatijs fuſcis comprehendunt: inferiores non item. Vtræᵹ tamen ſimili lege poſitæ ſunt. Nam in alijs plumis, ordine ita iunctæ ſunt, ut ferè triangulos acutos faciant, in alijs, ut oualem figuram repræſentent. Huius generis ordines tres aut quatuor in ſingulis ſuis plumis ſunt, ita ut minores in maiorum complexure-
20 ponantur. In extremis alis & in cauda, rectis lineis æquidiſtantibus procedunt per longitudinem maculæ. Inter gallum & gallinam uix diſcernes, tanta eſt ſimilitudo, niſi quòd gallinæ caput totum nigrum eſt. Vox illi eſt diuiſus ſibilus, non ſonorior, non maior uoce coturnicis, ſed ſimilior uoci perdicis, niſi quòd ſubmiſſior ea eſt, nec ita clara. Hæc oīa Caius. ¶ Ego omnino Meleagridem hanc auem, uel Numidicam gallinam appellârm, de qua ſuo loco inter Gallinas ſcripſimus. Eadem nimirū fuerit Afra auis in uerſu Horatiano, Non Afra auis deſcendat in uentrem meum, &c. uide in Struthocamelo h. in prouerbio Afra auis.

FERRARIAE in horto ducis, quem Montagna uulgò nominant, duas aues uidi, gallinis pau-
lò maiores, totas cinereo colore, eoᵹ albicante, cum nigris rotundiſᵹ maculis inſperſis : capite pauonibus ſimillimas, & criſtatas plumis inſtar pauonum. GALLINAS INDICAS uocabant, Io, Fauconerus in epiſtola ad nos.
30

GALLINAGINIS VEL GALLINVLAE GENVS
nomine ignoto.

40

50

GALLINVLARVM ſylueſtrium, præſertim aquaticarum genus, multiplex eſt. inter cæteras
60 ea quam hic pictam exhibeo rara & inſignis eſt, colore atro & ruffo per totum ferè corpus, (quantum memoria teneo,) niſi quod uenter albet, pulcherrimè diſtincta. Et quoniam color ater in ea holoſerici inſtar ſplendet, Germanicum eius nomen fingere libuit ein 𝕾𝖆𝖒𝖊𝖙𝖍𝖚̈𝖓𝖑𝖊. crura alta & fuſ-

Tt 3

sca sunt, digiti prælongi, sed postremus breuis: rostrum oblongum.

s v b Aequatore ad orientem & meridiem uersus reperiuntur uariæ punctisq; distinctæ aues, quas quidam GARAMANTIDAS uocant: nomine à gente, unde plurimæ afferuntur, eis imposito, Nicephorus Callistus.

HORTVLANA, VT VVLGO IN ITALIA
uocant, circa Bononiam.

1●

2●

3●

H v i v s auis effigiem Vlysses Aldrouandus, uir cum in re medica tum stirpium historia præstantissimus, ad nos misit. Est autem, ut pictura præ se fert, huiusmodi: Magnitudine alaudæ, rostro & cruribus rubicundis: iride oculorum alba, exteriore ambitu flauo. in collo & pectore partim flauus, partim uiridis color est, discretus uterq;. Venter croceus maculis distinctus cinereis: quo colore maculæ alibi etiam passim in eo uidentur. Alarum & caudæ pennæ nigræ sunt, est tamen & ruffi & cinerei nonnihil in eisdem. Vide etiam supra in Hortulana & in Miliaria.

LAGOPVS   4●

LAGOPVS VARIA. Steinhůn. HISTORIAM EIVS
supra posuimus, post Lagopodem candidam.

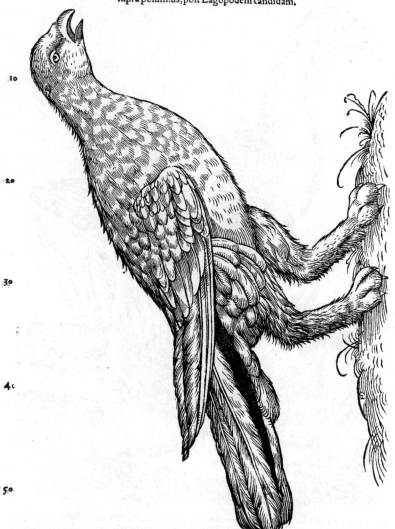

VIDIMVS nuper tertiam quoq̃ huius generis speciem, initio Septembris captam, uario pror
fus & maculoso colore insignem, albido & nigricante ferè passim distinctam, uentre tantum & ma=
foribus alarum pennis candidis, magnitudine qua gallina sex mensium. Hæc fortè attagen est Bellonij, aut ei proxima auis, hic enim attagenem lagopodis speciem facit, est autem hæc inter lagopodes quod sciam maximè uaria & maculosa.

Tt 4

10

20

30

40

50

PORPHYRIONEM pictū Io. Culmannus, amicissimus meus, è Montepessulo misit, uiri in
uniuersa rerūm naturaliū historia doctissimi Gulielmi Rondeletij beneficio. Cæruleus ei toto corpore color, media caudæ extremæ pars in cinereo albicat, oculi nigri sunt, rostrum & crura purpureo rubore splendent, Digitos quaternos tantum pictura ostendit, ita dispositos ut in picorum genere, non quinos, ut ueterum quidam scripserunt, Rara est auis, ni fallor, in Narbonensi Prouincia, frequentior Hispaniæ.

L A N I V S

LANIVS CINEREVS. Thoznträer/Nünmözder.

10

20

L A N I O S aues appellare uolui, cum aliud uetus nomen non inuenirem, eò quòd aues alias inuadere & laniare soleant, falconum uel accipitrum instar : unde ab Italis genus unum eorum re= gestola (fortè quasi regazula uoce diminutiua. nam gaza & regaza ijsdem pica est) falconiera, uel gaza speruiera dicitur. Eandem alibi in Italia falconellum uocari audio.

F I N I S.

EMENDANDA VEL ADDENDA PASSIM
TOTO OPERE. PRIOR NVMERVS PAGINAM, SECVN-
dus uersum denotat. L, id est, lege.

PAG. 3.in fine uersus 13. adde, Vide plura infrà in Fringilla, Bellonius acanthidè Græcorum ueterum, Gallis uulgò serin dictam, Grecis hodie spinidia uocari docet. 45. 60. L. Italicè buzza
uocatur:& fortè etiam poyana, quasi pagana. 51.40.L. maiorem & minorem, nimirum propter sexum magnitudine differentem, Aliqui,&c. 66.30.L. dictus, Quidam. 76.57. πραλίτης, adde, sed
hæc dictio potiùs trogliten, id est passerem domesticũ significare uidetur. 85. 13. Sed quid si legamus,&c. usq̃ ad dorsum utriq̃ cœruleum. hæc omnia tanquam superuacua inducantur. 95.1.pap-
pos, adde: de qua uoce plura leges in Ansere A. In eadẽ pagina anatis cicuris effigies poni debuerat, quam in Paralipomenis requires. huius autem auis quæ hic non suo loco posita est, hoc est anatis seræ marinæ, descriptionem reperies infrà pag. 117.uersu.7. quæ incipit, His aliam speciem,&c.
111.45.in fine uersus adde, Vide infrà etiam in Anate muscaria.

¶ 115.9.Hæc uerba, Georg.Fabricius aliam nobis,&c. usq̃ ad finem illius historiæ per sex uersus, omnia delenda sunt. 117.7. His aliam speciem,&c. hæc anas fera marina est, cuius figura superiùs loco anatis cicuris per errorem posita est. 117.57.L. ad nos misit, quam inter Paralipomena habes, Vidi ego,&c. 118.12.in fine uersus adde, Hæ forsan anates Indicæ fuerint, de quibus leges in
Paralipomenis. 121.14. peculiari proprietate, adde, ¶ Fama est crudæ æthyiæ (quidam transtulit
sulice)cor comesum comitialem morbum discutere. ipse quidem periculũ non seci, Aretæus. 124.
37.piscibus quidem uiuit, adde, ni fallor. 129.52. anseri similis, adde (unde nos merganserem appellauimus. 133.52. pro chenalópeca L. hipparion. 160.2. interpretantur, adde. Sed aliæ sunt meropes aues quæ φλῶροι quoq̃ dicũtur teste Varino. 160. 58. Wurspyren, adde, sed hoc nomen puto
rectiùs cõuenire ijs quas Turnerus apodes minores nominat, den Wünsterschwalmen. 161.5.L.
in Elemento H. 189.37.astipulatur, adde, & Aelianus, ut uidetur, lege infrà in Vulture H. a. inter
deriuata. 190.28.L. seu plangam, & percnum, & morphnum. 199.15.L. colore ex eo qui castaneę
est nigricante. 200.uersum 28.cuius initium, In India referunt,&c. cum quatuor sequẽtibus dele.
200.41.in fine uersus, adde, Talem auem super trium arborum ramis nidificantem Olaus Magnus
in Tabula Septentrionali depinxit:quam nos picturam in Paralipomenis posuimus.

¶ 205. 65. airon negro, adde (sic & falcinellum aliqui uocant.) 210. 17. aut fuser, delenda hæc.
216.56.L. pareudistas. 218.8.L. Italicas uocant. Ibidem L. uel zus, uel chio. 227.40. cucubas no
minent, adde, Plura de Chaldaica uoce kiphupha leges in Vpupa.) 229.7.L. Alũnus. Ibidem in
fine uersus 8. adde, Barbaianum alij nuncupant genus ululæ quod flammeatum Germani cognominant. 230.61.L. commendat ad neruorum dolores & nodos, cum lilij,&c. 234.60. in fine uersus, adde. Oppianus etiam lib.3. de aucupio ægithalũ pro caprimulgo accipit: cuius uerba inseriùs
in Paro h. quo modo capiatur à nobis recitata, hoc potiùs in loco recitari debuerant. 237.57.L.
alpina(quod nomen merulæ alpinæ suo loco describendæ potiùs conuenit.) sed, &c. 243.34. G.
cum duobus sequentibus uersibus deleantur tanquam nõ huius loci. 244.44.L. carduele. Ibid.
46.L. Chloridis. Ibid. 47. Baumbeckel. adde (picum cinereũ etiam Saxonicè Baumbecker uocant.) Ibid, in fine uersus 44. adde, Vide ne potiùs dici debeat Rindenkläber, quòd corticibus arborum adhæreat. 265.36.L. fortè, ubi si ossa cerasorũ desint, seminibus cannabis ali potest. Nam
nuper,&c. 279.52.L. repere possit, Crescentiensis. 295.7. medicis dicta, adde, Plura de Oenanthe aue leges infrà in Elemento O. 296.inter uersum 25.& 26.H. litera signum Philologiæ notetur.

¶ 301.38.L. Verg. Buc. Aliquando masc. Macrosq̃,&c. 310.30. L. perfringere ualeant, Plin.
Imitantur,&c. 320.16.L. appellat: nisi hoc genus gracculi potius est, rostro & pedibus rutilis. pyr
rhocoraci enim rostrum luteum est. 336.9.L. Cum uir opimus. Ibid. uersu 37. appellant, adde, &
recentiores de porphyrione & auriphrygio. 338.12. ut cõijcio, adde, è gryllorum genere. 348.36.
L.P.Fagius. Quidam kore Hebraicum nomen interpretantur cuculum. uide in Perdice A. 349.
Cuculi figura uerior in Paralipomenis ponitur. 369. 38. in fine uersus adde. ¶ Eleam seu ueliam
Eberus & Peucerus auem inquiunt esse paruam, colore pulchro, infernè croceo, ualentem uoce:
quæ æstate umbrosa, hyeme aprica loca petat. & Germanicè interpretant Zigelhempfling. Scio
Germanos aliquos linariam nostram Hempfling uocare : cuius ego nullam speciem ueliam esse,
aut circa paludes uersari arbitror. 370.59.nomẽ debetur: ut & alias, & galbulam, &c. Ibidem 60.
& galbulæ non multum, &c. usq̃ ad finem paginæ, dele. 371.14.L.hanc potiùs erithaco cognatam
quàm sic. 378.33.putaui cum ista scriberem, Italorum auem quam uocant galberio, galbedro,&c.
aliam esse ab oriolo seu pico nidum suspendente. nunc dubito, uel potiùs eandem esse puto. 379.
Gallinæ figura pro gallinaceo hic posita est , ut contra gallinaceæ infrà pro gallina. 380. 23. Et primum, dele. 386.13.omitte parenthesim, & L. similes brachij alæ, tum procerissimæ caudæ duplici
ordine, &c. 386.inter uersum 47. & 48.insere uersus circiter nouem, qui habentur circa finem in
Gallina E. infrà, nempe de usu pennarum & echini in genere gallinaceo : & ne gallinæ ad præsepia
boum accedant: & prognosticum tempestatis. 395.uersu 49. & 50. L. Pullinum (de gallinaceo genere in-

nere intelligo. uide infrà in Gallina ʜ. a.) sanguinem, &c.

¶ 409.48.L.puriſsime(forte legendum puriſsimi,ut clarior ſit interpretatio. albus enim color puritatem ſignificat)fauendum,Plutarchus in Symb.&c. 411.58.uocauerim,adde. Atqui Martialis quoq caponem dixit. 434.Verſus 23.cum octo ſequentibus, referri debet ad Gallinaceum ᴇ. pag.386.ut ſuprà monui. 463.25.& fieri poteſt,&c.uſq ad accedat,dele hæc uerba.nam uera Meleagris in Paralipomenis ponitur. 479.46.L.ſed nõ propriè aquatica dici poſſe uidetur. 418.15. in titulo,L.Ƶꝛachbũn:uel de phæopode duplici,quarum,&c.

¶ 503.27.appellatur,adde,in Atheſina regione Steinkꝛãe, id eſt cornix ſaxatilis. 516.2.mutilus,adde,pro apta forte legendũ aperta.) 521.41.in noſtro codice,adde,uidetur κατάπυϱον legen-
10 dum. 527.3.L.aduolat,uictum ex piſcibus quærens,Atheneus. 227.17.in fine uerſus adde.Vide infrà in Garrulo Bohemico poſt picas. 535.54.L.ubi Fuchſius κοιλίαν,id eſt uetrem , quàm καλιαν, id eſt nidum,legere mauult. 544.8.In quodam Mauritaniæ flumine,&c.hęc uerba delenda ſunt, uſq ad interprete Gillio.omnino enim hirudines,nõ hirundines legi debet,ex Strabone. 546.34. expunge hæc uerba,alaudis(ni fallor)congenerem. 553.44.θλασμ,adde,(forte θλᾶξιν,id eſt mulcimentum.) 566.22.L.quæ forte alia quàm,&c. 567.51.Anglorum buntinga,adde(Germanorum gerſthammera.) 568.18.in fine uerſus,adſcribe. Lege infrà in Salo. 581.49.L.πολλὼ.in fine eiuſdem uerſus adde,Extat hoc libro 1.Anthologij, ubi etiam aliud Pauli Silentiarij eiuſdem argumẽti legitur. 594.41.in fine uerſus adde, Figuram habes inter Paralipomena. 595.27.in fine uerſus adſcribe.Quærendum an hic ſit Schœniclus, id eſt iunco Ariſtotelis: uel tryngas,cui turdi magni-
20 tudo tribuitur. 597.iconi exhibitæ inſcribendum , Noctua ſaxatilis , de qua leges præcedente pagina,uerſu 45.

¶ 602.25.pro his uerbis,mihi quidem ſenſus obſcurus eſt,lege,hoc eſt,Et prouerbio dicitur,& reuera Phædrus in arce noctuam conſecrauerat. 603.Addatur figuræ inſcriptio hæc,Nycticorax, non ueterum,ſed uulgò ſic dictus circa Argentinã,auis piſciuora. 604.uerſu ultimo,audio.adde, Inter condenſa fruticum degit, infrequens alioqui. oua ferè ut curuca humi fouet. 651.55.baccas, adde,(forte myrti baccas,) 668.51.L.opificij, 670.26.Cælius,adde, Apud Theophraſtum 5.3.de cauſis legitur κρέϗϑωσις & κϱᾳ ᾖϗϑσιϛ, Gaza exuperantiã uertit,malim uarices. 682.19.in fine uerſus, adde,Hæc dum ſcriberem inſpectus mihi picus uiridis,mas an fœmina neſcio, huiuſmodi erat. In uertice rubor cocci.Collum ac dorſum uiride. Alæ etiam uirides : ſed maiores in eis pennæ fuſcæ,
30 albis per interualla diſtinguentibus maculis.latus earundem anguſtius, ſubuiridi colore. Pectus & uenter è ſubuiridi albicabant.Circa orrhopygium tantum croceus color. Cauda pennis denis condita fuſcis:ex quibus quatuor mediæ per interualla maculoſæ erant,maculis minus fuſcis:in fine in mucronem ferè tendebãt. 687.Porphyrionis figuram & deſcriptionem in Paralipomenis requires. 688.10.digitos quinq,adde(quatuor,ut pictura noſtra oſtendit,ſed aptos apprehenſioni,cum bini ante ac totidem retro ſint,ut in pſittaco & picorum genere.) 691.29.L.Pſittaci. 696.24.Angli wren,dele hæc uerba,nam wren Anglorum troglodytes eſt. 697.2.regulum,adde,(legendum puto regalbulum,ſic enim charadrium aliqui interpretantur.) 697.50.per æſtatem.adde,hæc uerba ex Nipho forte aut alio recentiore nobis deſcripta ſunt. Gaza nuſquam nominat ſyluiam, quod ſciam,ſed hiſt.anim.8.3.ſiluiam [per i.ſcribens] cum rubecula nominat inter aues quæ uermiculos
40 petunt,ubi Græcus codex noſter nomen quod ſiluiæ reſpondeat nullum habet.

¶ 729.38.uocatur,adde, Albertus.

F I N I S.